Handbuch der Baugeologie und Geotechnik

Wolfgang Dachroth

Handbuch der Baugeologie und Geotechnik

4., neu bearbeitete und aktualisierte Auflage

Mit Beiträgen von Jiri Brezina, Tilo Dachroth, Michael Heinrichs, Baldur Junker, Marco Lichtenberger, Rüdiger Phillipps

Springer Spektrum

Wolfgang Dachroth
Wilhelmsfeld, Deutschland

ISBN 978-3-662-46885-2 ISBN 978-3-662-46886-9 (eBook)
DOI 10.1007/978-3-662-46886-9

Die Deutsche Nationalbibliothek verzeichnet diese Publikation in der Deutschen Nationalbibliografie; detaillierte bibliografische Daten sind im Internet über http://dnb.d-nb.de abrufbar.

Springer Spektrum

Planung: Merlet Behncke-Braunbeck

Gedruckt auf säurefreiem und chlorfrei gebleichtem Papier

Springer Spektrum ist Teil von Springer Nature
Die eingetragene Gesellschaft ist Springer-Verlag GmbH Deutschland
Die Anschrift der Gesellschaft ist: Heidelberger Platz 3, 14197 Berlin, Germany

Widmung

Architecti est scientia pluribus
disciplinis et variis eruditionibus ornata,
cuius iudicio probantur omnia quae ab
ceteris artibus perficiuntur opera.
Ea nascitur ex fabricia et ratiocinatione.

Vitruvius
De Architectura Libri Decem

Das Wissen des Baumeisters ist durch die Kenntnis mehrerer Wissenschaften und durch vielseitige Bildung geschmückt. Seiner Prüfung und Beurteilung unterliegen alle Werke, die von den übrigen Künsten geschaffen werden. Dieses Wissen erwächst aus Handwerk und geistiger Arbeit.

Vitruv
Zehn Bücher über Architektur, Band 1 (geschrieben etwa 33–14 v. Chr.)

Vorwort

Untersuchen und Beraten für geotechnische Zwecke setzt geowissenschaftliche, bautechnische und verfahrenstechnische Kenntnisse voraus. Das Buch führt aus der Sicht eines Geologen in den Themenkreis „Baugeologie und Geotechnik" ein und bietet dem Leser das hierfür erforderliche Vokabular. Es ist das Ziel des Buches, für das Untersuchen und Benennen von Baugrund und Baustoffen sowie für das Entwickeln grundbaulicher Konzepte eine zwischen Bauingenieuren und Geologen fachübergreifende Sprache zu pflegen.

Daneben ist es Aufgabe der angewandten geotechnischen Wissenschaft, mögliche Folgen und Gefahren zu erkennen und zu benennen, die mit einer geplanten Nutzung von Flächen oder geplanten Eingriffen in den Baugrund verbunden sind.

Zunehmend sind Baufachleute bereit, den Baugrund nicht nur als homogenen Baustoff zu betrachten, sondern auch die von seiner Entstehung, Lagerung und Verwitterung verursachten Inhomogenitäten und Anisotropien zu berücksichtigen sowie mögliche, im Laufe der Zeit oder Nutzung eintretende Änderungen bei den angetroffenen geologischen Gegebenheiten zu berücksichtigen.

Für das Beschreiben baugeologischer Gegebenheiten werden, z. B. beim Thema „Verwitterung", bestehende Klassifizierungsversuche zwar genannt, darüber hinaus aber die Gesteinsansprache auf das fachlich Notwendige erweitert. Für das Erkunden baugeologischer Gegebenheiten werden neben den allgemein gebräuchlichen geophysikalischen sowie boden- und felsmechanischen Untersuchungsmethoden auch neuere Methoden und Geräte, wie z. B. der MacroGranometer zum Bestimmen von Korngrößen oder das Cereskop zum Bestimmen von Spannungszuständen im Untergrund, beschrieben; Methoden, denen gegenüber sich die „Geotechnik" sehr konservativ verhält. Für das Bewerten ermittelter Untersuchungsergebnisse und Kenngrößen wird in die vielfältige Boden- und Gesteinsklassifikation eingeführt, welche die Grundlage für das Bemessen nach Erfahrungswerten ist.

Fachingenieure und Baugeologen müssen Verständnis für Baugrund, Bauwerk, Bauverfahren, Berechnen/Abschätzen von Standfestigkeiten und Sicherheiten sowie Kostenfragen aufbringen. Der Baugeologe soll sich die Fachsprache, Denkweise und Berechnungsmethoden der Ingenieure aneignen. Er muss in der Lage sein, für die von ihm angeratenen Maßnahmen den Nachweis der Durchführbarkeit zu erbringen, was gegebenenfalls überschlägige erdstatische Berechnungen erfordert. Soweit geologische Besonderheiten vorliegen, die dem Ingenieur nicht bekannt sind, muss er über die Einzelberatung hinaus in das Programm der Planung und Bauausführung eingreifen.

Mit der 4. Auflage des vorliegenden Handbuches blickt der Autor auf 45 Jahre Entwicklung im baugeologischen Erkunden und beim geotechnischen Ausführen und Gestalten von Bauaufgaben zurück. Die Entwicklung der Erkundungsmethoden schreitet nur langsam voran. Wichtig sind zunehmend zerstörungsfreie Untersuchungsmethoden. Auch beim Umsetzen grundbaulicher Aufgaben wird statisches Verharren in bekannten Baumethoden beobachtet. Neuerungen setzen sich etwa alle 30 Jahre durch. Zunehmend sind solche Bauaufgaben wichtig, die tief in den Grundwasserkörper eingreifen, ohne diesen zu verändern. Vielseitige dynamische Entwicklungen erfahren die technischen Regelwerke. Motoren für diese Dynamik sind zum einen europäisches, US-amerikanisches und globales Denken, zum anderen aber auch aus unterschiedlicher Motivation gesteuerte Interessen nationaler Verbände oder Vereine. Solche Neuregelungen können auch zu Irritationen führen, z. B. beim Bezeichnen von tonig, schluffigem Sand, welcher nach DIN 4022 mit *S,u,t* und nach DIN ISO EN 14688-1 in umgekehrter Reihenfolge mit *cl si Sa* zu bezeichnen ist. Das Beachten der in großer Zahl vorliegenden technischen Regelwerke ist aufwendig und kostenintensiv. Beim Planen, Vergeben und Ausführen von Bauaufträgen besteht bisweilen die Versuchung, die anerkannten Regeln der Technik zu umgehen. So kann es vorkommen, dass seit langem bekanntes Wissen unberücksichtigt bleibt.

Das Handbuch wurde gegenüber den vorangegangenen Auflagen aktualisiert, erweitert und in einzelnen Kapiteln neu gegliedert. Neu hinzugekommen ist das Kap. 17 – Geothermie.

Sehr verbunden bin ich den Autoren der aufgeführten Beiträge. Mein Dank gilt dem Springer-Verlag und dessen Mitarbeitern für Druck und Ausgestaltung des Buches.

Wolfgang R. Dachroth
Wilhelmsfeld, März 2017

Inhaltsverzeichnis

Autorenverzeichnis

Dr. Jiri Brezina
Abschnitt 1.15 Korngröße und Korngrößenverteilung (Mitwirkung)

Dipl.-Ing. (FH) Tilo Dachroth
Kapitel 12 Bau von Verkehrswegen (Aktualisierung)

Dipl.-Ing. Michael Heinrichs
Abschnitt 14.3 Küstenschutz (Aktualisierung)

Dr. Baldur Junker
Kapitel 3 Umweltverträglichkeitsprüfung

Dr. Marco Lichtenberger
Kapitel 17 Geothermie

Dr. Rüdiger Philipps
Kapitel 16 Rekultivieren von Halden, Deponien und Tagebauen

Erkunden und Beschreiben des Untergrundes für bautechnische Zwecke

Wolfgang Dachroth

W. Dachroth, *Handbuch der Baugeologie und Geotechnik*, DOI 10.1007/978-3-662-46886-9_1

Aufgabe einer Erkundung ist es, Aussagen über den Untergrund für geplante Maßnahmen zu treffen und diesen nach Art, Lage und Zustand von Boden, Gestein und Grundwasser zu beschreiben. Mit den geotechnischen Untersuchungen des Untergrundes im Hinblick auf ein Projekt und dessen beabsichtigte Nutzung soll das geologisch bedingte Risiko eingegrenzt werden. Die Ergebnisse der Untersuchung sollen dazu beitragen, Unsicherheiten bezüglich des Untergrundes zu verringern, Fehlinvestitionen zu vermeiden, Bauschäden vorzubeugen und eine möglichst wirtschaftliche Lösung zu erreichen. Entsprechend sollen die von einer Baumaßnahme oder einem Bauwerk auf den Untergrund einwirkenden Kräfte beurteilt werden, wobei auch verschiedene Bauzustände zu berücksichtigen sind. Es ist die Aufgabe des Sachverständigen, den Untergrund angepasst an die Erfordernisse der geplanten Maßnahmen geologisch anzusprechen, zu beproben, labor- oder messtechnisch zu untersuchen, zu bewerten und zu beschreiben. Das Untersuchen, Bewerten und Beschreiben der Untergrund- oder Baugrundverhältnisse setzt vielseitige Kenntnisse aus Geologie, Boden- und Felsmechanik, Labor- und Messtechnik, Umwelttechnik, Gerätetechnik und Bautechnik voraus.

Der Untergrund, in dem ein Bauwerk gegründet oder der durch Baumaßnahmen beeinflusst und beansprucht wird, wird als Baugrund verstanden. Baugrund kann aus „gewachsenem Boden", also aus geologisch entstandenen Boden- oder Gesteinskörpern, aus technisch veränderten Boden- oder Gesteinskörpern (Auflockerung, Verdichtung, Verfestigung) oder aus künstlichen Schüttungen bestehen.

Bei natürlich „gewachsenem" Untergrund wird zwischen Baugrund aus Boden (Ton, Schluff, Sand, Kies, organisches Material und deren Mischungen; DIN 18196) und Baugrund aus Fels (Gebirge, Festgebirge) unterschieden. Eine Sonderstellung nimmt bei vielen geotechnischen Fragen ein Untergrund ein, der Steine, Blöcke und große Blöcke (Gesteinsblöcke) enthält oder aus einer Ansammlung von Steinen, Blöcken und großen Blöcken besteht. Steine und Blöcke sind Lockergesteine. Der Untergrund ist zunächst als Boden, natürliche Ansammlung von Steinen und Blöcken, künstliche Aufschüttung oder anstehendes Gestein (Fels) zu erkennen und zu benennen. Zur Unterscheidung eignen sich visuelle Methoden und Labormethoden. Das visuelle Erkennen der Böden und Gesteine ist eine der grundlegenden Lehraufgaben der Geologie.

Das Benennen der den Untergrund aufbauenden Böden richtet sich nach Korngröße, Korngrößenverteilung, Kornform, plastischen Eigenschaften und Gehalt an organischen Bestandteilen.

Das Benennen der den Untergrund aufbauenden Massen aus natürlich abgelagerten Steinen und Blöcken richtet sich nach den geogenen Ablagerungsbedingungen (Hangschutt, Flussschotter) sowie nach Blockgröße, Blockform, Gesteinsart und Ausfüllung der Hohlräume.

Das Benennen der den Untergrund aufbauenden künstlichen Aufschüttungen richtet sich nach der aufgeschütteten Materialart (Bauschutt, Erdaushub, Berge, Schlacke, Müll, Sand), dem ursprünglichen Zweck der Aufschüttung (Halde, Deponie, Damm) und, soweit erkennbar, nach der Aufschüttungsart und Verdichtung.

Das Benennen der den Untergrund aufbauenden Gesteine richtet sich nach Art, Mengenverhältnis und gegenseitiger Kornbindung der gesteinsbildenden Minerale sowie nach der Gesteinsentstehung und der im Laufe der Gesteinsgeschichte veränderten Eigenschaften. Zusammenhängende Gesteinsmassen werden als Fels bezeichnet.

Es ist Aufgabe der Baugeologie, für Boden und Fels die stofflichen Eigenschaften aufzuführen. Böden und Gesteine mit innerlich gleichem oder ähnlichem Stoffbestand sind als Homogenbereiche (Schicht, Masse, Basement) zusammenzufassen und von andersartigen Böden und Gesteinen abzugrenzen. Sofern der Untergrund mehrschichtig aufgebaut ist, ist es sinnvoll, die räumliche Ausdehnung der einzelnen Schichten mit Mächtigkeit und Lagerung in bauwerksbezogenen Geländeschnitten darzustellen.

Tab. 1.1 Benennen der Bodenarten für geotechnische Zwecke nach Korngrößen und Korngrößenverteilung (Atterberg, DIN EN ISO 14688-1, DIN 4023). Das Verwenden der Kurzzeichen nach DIN 4023 ist nach dem nationalen Anhang NA zur DIN EN ISO 14688-1 weiterhin möglich

Bodenart	Korngröße [mm]	Kurzzeichen DIN EN ISO 14688-1	Kurzzeichen DIN 4023
Blöcke (und Steine)	*63–> 630*	*Bo*	
Große Blöcke	> 630	LBo	
Blöcke	200–630	Bo	Y
Steine	63–200	Co	X
Kies	*2–63*	*Gr*	*G*
Grobkies	20–63	CGr	gG
Mittelkies	6–20	MGr	mG
Feinkies	2–6	FGr	fG
Sand	*0,063–2*	*Sa*	*S*
Grobsand	0,63–2	CSa	gS
Mittelsand	0,2–0,63	MSa	mS
Feinsand	0,063–0,2	FSa	fS
Schluff	*0,002–0,063*	*Si*	*U*
Grubschluff	0,02–0,063	CSi	U
Mittelschluff	0,0063–0,02	MSi	U
Feinschluff	0,002–0,0063	FSi	U
Ton (Feinstes)	*< 0,002*	*Cl*	*T*

1.1 Begriffe zum stofflichen Beschreiben und Benennen von Boden

Boden (Lockerboden) besteht stofflich aus mineralischer und/oder organischer Substanz und liegt in körniger Form vor. Die mineralische Bodensubstanz bildet ein natürliches oder künstliches, lockeres (nicht mineralisch gebundenes) Gemenge von Körnern, Kornaggregaten, Gesteinsfragmenten oder Kristallen aus einer oder mehreren Mineralarten. Die organische Bodensubstanz besteht aus lebenden Organismen, Kleinlebewesen, Wurzeln und aus abgestorbenen Resten pflanzlicher und tieri-

■ Tab. 1.2 Benennen der Bodenarten/Kornfraktionen für bodenkundliche Standortbeurteilung. Grus/Kies, Steine und Blöcke bilden das Bodenskelett, Ton, Schluff/Silt und Sand den Feinboden

Kantiges Korn	Kurzzeichen	Korngröße mm	Rundes Korn	Kurzzeichen
Großblöcke	gX	> 630 mm	Gerundeter Großblock	gO
Blöcke	mX	200–630 mm	Gerundeter Block	mO
Steine	fX	63–200 mm	Gerundeter Stein	fO
Grobgrus	gGr	20–63 mm	Grobkies	gG
Mittelgrus	mGr	6,3–20 mm	Mittelkies	mG
Feingrus	fGr	2,0–6,3 mm	Feinkies	fG
Grobsand	gS	0,63–2,0		
Mittelsand	mS	0,2–0,63		
Feinsand	fS	0,063–0,2		
Grobschluff	gU	0,02–0,063		
Mittelschluff	mU	0,0063–0,02		
Feinschluff	fU	0,002–0,0063		
Grobton	gT	0,00063–0,002		
Mittelton	mT	0,0002–0,0006		
Feinton	fT	< 0,0002		

scher Lebewesen sowie aus deren Zersetzungsprodukten. Der Begriff „Boden" umfasst Verwitterungsböden, umgelagerte Verwitterungsböden und Sedimente. Die Verwitterung bewirkt im Gestein Lösung, Mineralumwandlung und Zerfall. Durch mechanischen Zerfall entstehen Gesteinsfragmente (Lockergestein) in Sand-, Kies-, Stein- und Blockgröße. Mit zunehmendem Verwitterungsgrad gehen Gesteine in einen mürben bis zerreiblichen Zustand über. Durch Erosion bzw. Deflation, Transport und Ablagerung (Sedimentation) von Bodenmaterial findet eine Trennung nach Korngrößen statt.

Begriffe für kohäsionsfreie und kohäsive Böden unterschiedlicher Entstehung sind:

- *Grus, Sand, Gesteinsmehl*
  Es sind Begriffe für kohäsionslose, zerreibliche Verwitterungsprodukte.
- *Lehm, Braunlehm, Gelblehm, Rotlehm, Porzellanerde, Laterit, Bauxit*
  Es sind Begriffe für kohäsive Zersetzungsprodukte. Diese Böden bestehen aus bei der Verwitterung neu entstandenen Mineralen (Tonminerale, Limonit, Hämatit, Böhmit u. a.) und aus chemisch unverwitterten und meist physikalisch zerkleinerten Mineralkornpartikeln des ursprünglichen Gesteins (z. B. Quarz).
- *Hangschutt, Schwemmlehm*
  Es sind Begriffe für umgelagerte Verwitterungs- und Zersetzungsprodukte. Mischungen mit anderen Sedimenten sind möglich.

■ Tab. 1.3 Benennen der Bodenarten nach Wentworth/ASTM

Fraktion	Korngröße [mm]
Stones	> 254
Cobbles	76,2–254
Gravels	2–76,2
Very coarse sand	1–2
Coarse sand	0,5–1
Medium sand	0,25–0,5
Fine sand	0,1–0,25
Very fine sand	0,05–0,1
Silt	0,002–0,05
Clay	< 0,002

- *feinkörnige Bodenarten*
  Sie bestehen aus Ton (Feinstes) und Schluff (Silt). Trockenes, kohäsionsfreies feinkörniges Material heißt Staub. In Wasser suspendiertes, kohäsionsfreies feinkörniges Material heißt Schweb. Kompakt gelagerter und/oder feuchter bzw. nasser feinkörniger Boden ist kohäsiv (bindig).
- *grobkörnige Bodenarten*
  Sie bestehen aus Sand und Kies (Grus) und sind kohäsionslos (rollig).
- *organische Bodenarten*
  Sie bestehen aus Humus (Rohhumus), Mudde, Torf, Braunkohle und deren Mischungen mit mineralischer Substanz.

1.1.1 Beschreibung von Boden und Mineralstoffen nach Korngröße und Korngrößenverteilung

▪ Boden

Boden ist nach Korngröße, Korngrößenverteilung, plastischen Eigenschaften, organischer Substanz, sowie Lagerungsdichte, Dichte und Zustandsform zu beschreiben. Hierzu werden nach der Korngröße gesonderte Fraktionen des Bodens entsprechend ihrer Korngröße Gruppen zugeordnet und benannt. Die Gruppeneinteilung folgt der von Atterberg aufgestellten Skala, die in DIN EN ISO 14688-1 (2011; ■ Tab. 1.1) und DIN 4220 (2008; ■ Tab. 1.2) übernommen wurde. Die für diese Gruppeneinteilung verwendeten Maßzahlen folgen der Normzahlenreihe R2 (■ Tab. 1.26 und 1.27).

In den USA wird mit der von Wentworth (1922) aufgestellten und in die ASTM aufgenommenen Skala gearbeitet (■ Tab. 1.3).

In Deutschland verwenden verschiedene Wissenschaftsdisziplinen für diese Korngrößengruppen teilweise abweichende Begriffe wie Ton/Feinstes, Schluff/Silt oder Kies/Grus. Der vorwiegend in der englischen Literatur benutzte Begriff „Silt" ist/war zahlenmäßig mit 0,02–0,05 mm definiert (ASTM).

Für Aufgaben der Ingenieurgeologie und Geotechnik (Baugrund und Grundwasser) sind Boden, Steine, Blöcke und gebro-

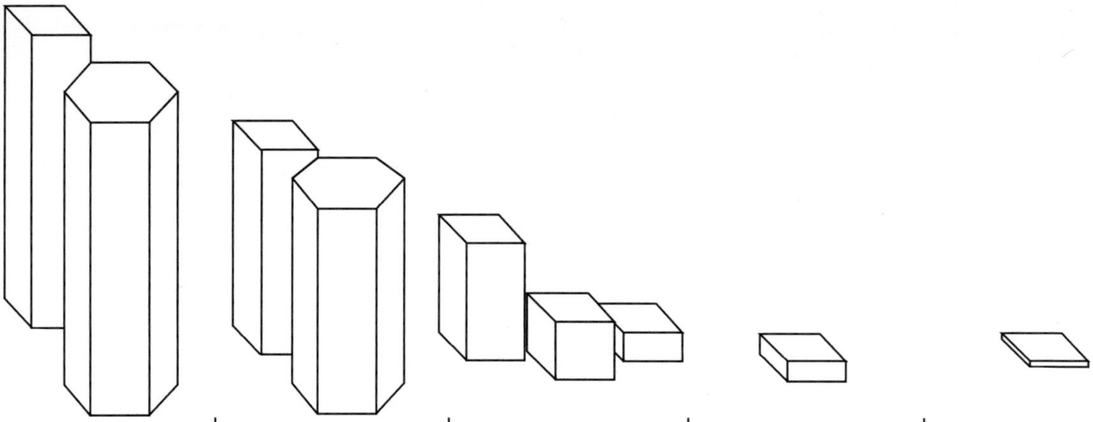

d/h	1 : 5	1 : 2 - 1 : 5	1 : 2, 1 : 1, 2 : 1	2 : 1 - 5 : 1	5 : 1
>60 cm	großsäulig	dicksäulig	großwürfelig großquaderig	dickplattig	plattig
6-60 cm	säulig	kurzsäulig	würfelig quaderig	dünnplattig	tafelig
<6 cm	stengelig griffelig faserig	prismatisch	kubisch kleinquaderig	kleintafelig	blätterig dünnblätterig

Abb. 1.1 Form und Bezeichnung regelmäßiger Kluftkörper in Abhängigkeit von der Größe

chenes Gestein nach DIN EN ISO 14688-1 (2011) zu benennen. Hierfür unterscheidet diese Norm bei Mischböden zwischen Hauptanteilen und Nebenanteilen. Bei grobkörnigen Böden ist die mit > 40 % Massenanteil vertretene Kornfraktion der wirksame und namengebende Hauptanteil. Die Böden werden nach dem jeweiligen Hauptanteil mit einem Substantiv benannt und als Kurzzeichen durch große Buchstaben dargestellt – z. B. „Sa" für „Sand" oder „MSa" für „Mittelsand" (Tab. 1.1).

Sind bei grobkörnigen Böden zwei Bodenarten etwa gleichstark vertreten, dann wird dieser Boden mit beiden durch einen Schrägstrich verbundenen Substantiven benannt, z. B. „Sand/Kies" (Sa/Gr).

Die Nebenanteile werden durch Adjektive und als Kurzzeichen durch kleine Buchstaben dargestellt – z. B. „grSa" für „Sand, kiesig".

Grobkörnige Böden enthalten weniger als 5 % Feinkornanteil (Schluff, Ton). Bei höheren Feinkornanteilen werden bodenphysikalische Eigenschaften wie Durchlässigkeit, Frostsicherheit, Festigkeit u. a. mit zunehmendem Feinkornanteil auch von den plastischen Eigenschaften des Bodens bestimmt.

Bei feinkörnigen Böden (veraltete Bezeichnung: „bindige Böden") und bei Mischböden mit hohem, wirksamem Feinkornanteil wird der Hauptanteil solcher Böden durch die Plastizität bestimmt. Der Boden wird nicht allein nach der Korngrößenverteilung benannt.

Das Benennen feinkörniger Böden nach der Korngrößenverteilung entsprechend Tab. 1.1 ist gegeben, wenn eine der Bodenarten Ton oder Schluff, oder beide zusammen, mit mehr als 40 % Massenanteil vertreten sind. Im Übrigen erfolgt das Benennen feinkörniger Böden und der Mischböden mit hohem wirksamem Feinkornanteil nach dem Plastizitätsgrad des Bodens und seiner Lage im Plastizitätsdiagramm nach DIN EN ISO 14688-2 (▶ Abschn. 1.1.2 und 1.16.3).

Die Eigenschaft grobkörniger Böden kann durch weitere Bodenkennwerte wie Lagerungsdichte (▶ Abschn. 1.17.4), Scherfestigkeit (▶ Abschn. 1.19.3) und Konsistenzzahl (▶ Abschn. 1.1.2 und 1.16.3) quantifiziert werden.

Für Aufgaben der bodenkundlichen Standortbeurteilung (Nutzungspotential Boden, Bodenwasserhaushalt, Bodennutzungsschäden, Rekultivieren und Renaturieren, Erosionsgefährdung, Altlastenverdachtsflächen) sind Boden, Steine und Blöcke nach DIN 4220 zu benennen (Tab. 1.2).

Für das Benennen von Mischböden nach den in Tab. 1.2 genannten Bodenarten, welche zu unterschiedlichen Anteilen aus Ton, Schluff und Sand bestehen, unterscheidet und definiert DIN 4220 zum Themenkreis „bodenkundliche Standortbeurteilung" Bodenartenhauptgruppen und Bodenartenuntergruppen.

Die Bodenartenhauptgruppen sind Sande, Lehme, Schluffe, Tone.

Bodenartenuntergruppen der Sande sind reiner Sand, schwach schluffiger Sand, schwach lehmiger Sand, schwach toniger Sand, mittel schluffiger Sand, stark schluffiger Sand. Die Bodenartenuntergruppen der Lehme sind schluffig-lehmiger Sand, stark lehmiger Sand, mittel toniger Sand, schwach sandiger Lehm, mittel sandiger Lehm, stark sandiger Lehm, schwach toniger Lehm, sandig-toniger Lehm, stark sandiger Ton, mittel sandiger Ton.

Die Bodenartenuntergruppen der Schluffe sind reiner Schluff, sandiger Schluff, schwach toniger Schluff, mittel toniger Schluff, sandig-lehmiger Schluff, stark toniger Schluff, schluffiger Lehm.

Die Bodenartenuntergruppen der Tone sind mittel toniger Lehm, mittel schluffiger Ton, stark schluffiger Ton, schwach sandiger Ton, lehmiger Ton, schwach schluffiger Ton, reiner Ton.

▪ Mineralstoffe/Technische Produkte

Technische Produkte sind das Siebgut natürlicher Mineralstoffe (Rundkorn/„Flusssand", Feinriesel, Riesel, Betonkies), gebroche-

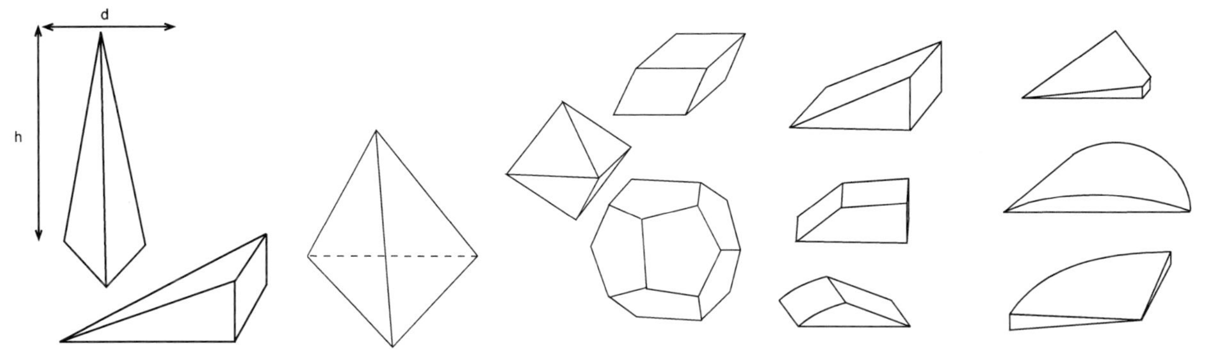

d/h	1 : 5	1 : 2 - 1 : 5	1 : 2, 1 : 1, 2 : 1	2 : 1 - 5 : 1	5 : 1
>60 cm 6-60 cm	spitzpyramidal	pyramidal	rhomboidal/trapezoidal bipyramidal polyedrisch-kugelig	keilförmig	scharfkantig
<6 cm	spitzkantig	splittrig	gedrungen	scherbig	schuppig

Abb. 1.2 Form und Bezeichnung unregelmäßiger Kluft- und Fragmentkörper in Abhängigkeit von der Größe

ner Mineralstoffe (scharfkantiges Korn/Brechsand, Splitt, Schotter, Bruchsteine) und des aufbereiteten (recycelten) Baustoffmaterials. Diese werden entsprechend den „Technischen Lieferbedingungen für Gesteinskörnungen im Straßenbau" (TL Gestein-StB) in bestimmten Lieferkörnungen gehandelt. Die Körnung wird jeweils für das Kleinstkorn und das Größtkorn in Millimetern angegeben. Außerdem sind die zulässigen Höchstwerte für Unterkorn und Überkorn in den Lieferkörnungen definiert.

- Die Lieferkörnungen für Natursand und Kies sind:
  Natursand 0/2; Kies 2/4; Kies 4/8; Kies 8/16; Kies 16/32; Kies 32/63.
- Die Lieferkörnungen für Brechsand-Splitt, Splitt und Schotter sind:
  Brechsand-Splitt 0/5; Splitt 5/11; Splitt 11/22; Splitt 22/32; Schotter 32/45; Schotter 45/56.
- Die Lieferkörnungen für Füller, Edelbrechsand und Edelsplitt sind:
  Füller; Edelbrechsand 0/2; Edelsplitt 2/5; Edelsplitt 5/8; Edelsplitt 8/11; Edelsplitt 11/16; Edelsplitt 16/22.

Auch Schlacken (z. B. Rückstandsmaterial von Kohlekraftwerken und Hütten) werden gebrochen, gesiebt und klassiert angeboten.

Beschreiben der Körner von Boden nach der Kornform und Kornoberfläche

Neben der Korngrößenverteilung besteht im Boden eine Kornformverteilung. Für die Angabe von Körnungen ist eine Bezugskornform anzugeben. Hierzu können für gedrungene Körper in Anlehnung an Guggenmoos (1934) sowie Russel und Tayler (1937) folgende Rundungstypen (Kornformtypen) unterschieden werden:

- sehr gut gerundet (polierte Kugel);
- gut gerundet (matte raue Kugel, polierter Diskus oder poliertes Ellipsoid);
- gerundet (matter rauer Diskus oder mattes raues Ellipsoid);
- angerundet (stengelige, plattige und birnenförmige Körner, allseits gerundet, matt, rau oder poliert);
- eckig bis kantengerundet (subangular, Kanten matt, rau oder anpoliert);
- sehr eckig, scharfkantig (angular, rau oder ebene Spaltflächen, Kristallflächen).

DIN EN ISO/TS 14688-1 kennt die Rundungsformen scharfkantig, kantig, kantengerundet, angerundet, gerundet, gut gerundet.

Körper, deren ursprüngliche Gestalt (Kluftkörperform, Abb. 1.1 und 1.2) von der gedrungenen Form stark abweicht (z. B. plattige, stengelige oder spitzkantige Kluftkörper), sind bei stärkster Abrundung bei Diskusform als gerundet, bei anderen Formen als angerundet anzusprechen.

Natürliche Ansammlungen von Kies, Steinen und Blöcken mit sehr eckigen Formen werden als Schutt oder Schotter, bei Sanden als scharfkörniger Sand bezeichnet. Künstlich gebrochene Produkte mit sehr eckigen Kornformen werden als Brechsand, Splitt, Schotter und Bruchsteine bezeichnet.

Aus Kornform und Kornoberfläche lassen sich andere Stoffeigenschaften wie Benetzbarkeit, Durchlässigkeit, Verdichtbarkeit und Bearbeitbarkeit ableiten. (Abweichend hiervon erfolgt das Klassifizieren in der Sedimentologie nach der aus Kornform und Kornoberfläche ableitbaren Rundungsarbeit, was Aussagen zu Transportart und Transportlänge erlaubt.)

Tab. 1.4 Benennen der feinkörnigen Böden nach Wasserbindevermögen und Plastizität

Boden	Fließgrenze w_L [%]	Plastizitätszahl I_P [%]
Leichtplastische Tone	< 35	> 10
Mittelplastische Tone	35 - 50	20 - 30
Ausgeprägt plastische Tone	> 50	> 30
Leichtplastische Schluffe	25 - 35	5 - 10
Mittelplastische Schluffe	35 - 50	10 - 20
Ausgeprägt zusammendrückbare Schluffe	> 50	< 20

1.1.2 Beschreiben von Boden nach Wassergehalt, Plastizität und Konsistenz

Beschreiben nach dem Wassergehalt

Die im Untergrund als Boden oder Aufschüttung angetroffenen Massen können Unterschiede bei Wassergehalt und Wassersättigung aufweisen. Verbale Unterschiede bieten die Adjektive trocken, feucht, sehr feucht, nass, sehr nass bzw. wassergesättigt (▶ Abschn. 1.16).

Beschreiben nach der Plastizität

Böden mit plastischen Eigenschaften heißen auch bindige Böden. Sie werden zutreffend nach ihrer Plastizität und Konsistenz (▶ Abschn. 1.16.3) bewertet und benannt (DIN EN ISO 14688-2: „Plastizitätsdiagramm zum Benennen von Bodenarten" und DIN 18196: „Plastizitätsdiagramm mit Bodengruppen", ◘ Abb. 4.1). In Abhängigkeit von mehreren Komponenten (Korngröße, Mineralarten, Anteil der organischen Substanz, Ionenbelegung der Tonminerale, Konsolidation der Tonminerale, teilweise Verfestigung) sind die feinkörnigen Bodenarten in unterschiedlich starkem Maße in der Lage, Wasser zu binden und plastisch zu reagieren. Unterschieden werden „nicht plastische", „leicht plastische", „mittelplastische" und „ausgeprägt plastische" Schluffe und Tone. Das Benennen erfordert Laborversuche mit Bestimmen der Wassergehalte bei der Fließgrenze w_L und der Ausrollgrenze w_P sowie hieraus das Ermitteln der Plastizitätszahl I_P. ◘ Tab. 1.4 gibt einen Überblick zu den Plastizitätsbereichen (Plastizitätsgraden) feinkörniger Böden, zum Wassergehalt w_L an der Fließgrenze und zur Plastizitätszahl I_P.

Das Benennen nach den gewichtsmäßigen Anteilen von Schluffkorn und Tonkorn nach DIN EN ISO 14688-1 korrespondiert oft nicht mit dieser an der Plastizität orientierten Benennung nach DIN EN ISO 14688-2. Mittelplastische Eigenschaften und ausgeprägte Zusammendrückbarkeit treten bei Schluffen mit organischen Beimengungen auf.

Beschreiben nach der Konsistenz

Nach der Konsistenz wird bei feinkörnigen Böden im Feldversuch (DIN EN ISO 14688-2 und DIN 18122-2) unterschieden zwischen:

- *fest (hart)*
  Der Boden ist ausgetrocknet und zeigt gegenüber dem feuchten Boden eine hellere Farbe. Der Boden lässt sich nicht kneten. Die beim Zerbrechen entstehenden Stücke lassen sich nicht zusammenballen.
- *halbfest* $I_C > 1{,}0$
  Der Boden zeigt die dunkle Farbe des feuchten Bodens. Einzelne Stücke lassen sich in der Hand zusammenballen. Er zerbröckelt beim Versuch, ihn zu 3 mm dicken Walzen auszurollen.
- *steifplastisch* I'_C 0,75–1,0
  Der Boden lässt sich schwer kneten und zu 3 mm dicken Walzen ausrollen.
- *weichplastisch* I_C 0,5–0,75
  Der Boden lässt sich leicht kneten.
- *sehr weich* I_C 0,25–0,5
- *breiig* $I_C < 0{,}25$
  Beim Versuch, den Boden zu kneten oder in der Faust zu pressen, quillt das Material durch die Finger.

1.1.3 Beschreiben von Boden nach der organischen Substanz

Böden, die nur aus organischer Substanz bestehen, werden organische Böden genannt. Die häufigsten organischen Böden sind Torf, Schilftorf, Seggentorf, Braunmoostorf, Bruchwaldtorf, Mudde und Faulschlamm.

Schluffe und Tone mit organischen Beimengungen sowie grob bis gemischtkörnige Böden mit Beimengungen humoser Art (Mutterboden, künstlich zugeschütteter oder fossiler Mutterboden, Paläoboden) werden nach DIN EN ISO 14688-2 als organische Böden bzw. als Mischböden mit organischen Anteilen, nach DIN 18196 als organogene Böden eingruppiert. Nach dem organischen Massenanteil, gemessen in % der Trockenmasse, wird nach DIN EN ISO 14688-2 unterschieden zwischen „schwach organischen Böden (2–6 %)", „mittelorganischen Böden (6–20 %)" und „stark organischen Böden (> 20 %)".

Entstehung und Vorkommen organischer Böden Angetroffen werden organische Böden in Talauen und in verlandeten Seen, Teichen und Flussläufen. Der Untergrund kann dort aus rein organogenen Torfen oder aus Mischungen von mineralischem und organischem Material bestehen. Organische und organogene Böden bilden sich in verlandenden Gewässern und Mooren. Bei Mooren werden die Landschaftsformen Hochmoor und Niedermoor unterschieden:

- *Hochmoore (ombrogene Moore)*
  Hochmoore sind vom Grundwasser unabhängige und nur aus Niederschlägen gespeiste Moore. Im unentwässerten Zustand wölbt sich das Hochmoor über seine Umgebung auf. Als Unterlage dienen Mineralböden oder Niedermoore. Torfbildner sind Moose, Wollgras und Heidekraut.

- *Niedermoore (topogene Moore)*
  Niedermoore bilden sich in Niederungen wie verlandenden Seen, Teichen und Flussläufen.

Je nach Verlandungsfortschritt oder Uferferne bilden sich die nachstehenden unterschiedliche Arten von organischem Boden oder Torf:

- *Klei, Schlick, Seekreide*
  Die regional unterschiedlich verwendeten Ausdrücke beschreiben Mischungen aus feinkörnigen Bodenarten (Schluff, Ton) mit organischem Material, wobei die mineralische Substanz überwiegt. Die Böden zählen zu den organogenen Bodenarten. Diese Sedimente entstehen im Anfangsstadium der Moorbildung unter freier Wasserfläche in uferfernen Teilen von verlandenden Seen. Bei zunehmender Vermoorung wird die mineralische Schwebfracht festgehalten und gelangt nur noch bei Hochwasser auf die freie Wasserfläche.
- *Mudde, Tonmudde, Kalkmudde, Gyttja, Faulschlamm*
  Die regional unterschiedlich verwendeten Ausdrücke beschreiben Mischungen aus organischem Material mit Ton, Schluff, Sand und/oder Kalk, wobei die organische Substanz überwiegt. Die Böden zählen zu den organischen Bodenarten.
- *Schilftorf, Riedtorf*
  Organischer Boden aus Wurzeln und Blättern von Schilfpflanzen mit Beimengungen von Mudde.
- *Seggentorf, Riedtorf*
  Organischer Boden aus Wurzeln und Pflanzenteilen verschiedener Seggenarten und Sumpfpflanzen.
- *Braunmoostorf*
  Organisches Sediment aus verschiedenen wasserliebenden Moosarten.
- *Bruchwaldtorf*
  Holzreiche Torfschichten, vorwiegend an der Basis von Niedermooren. Diese Torfart ist durch Vernässen von Mineralböden entstanden.

Zersetzungsgrad organischer Böden Die organische Substanz tritt im Boden in unterschiedlichem Zersetzungsgrad auf. Die Unterscheidung erfolgt visuell und nach dem Ausquetschversuch. Unterschieden wird zwischen:

- *nicht zersetz*
  Alle Pflanzenreste sind gut erhalten, beim Quetschversuch tritt klares Wasser aus.
- *mäßig zersetzt*
  Der größere Teil der Pflanzenreste ist gut erhalten, beim Quetschversuch tritt trübes Wasser aus.
- *stark zersetzt*
  Etwa die Hälfte der Pflanzenreste ist erhalten, beim Quetschversuch tritt neben trübem Wasser Torfmasse aus.
- *sehr stark zersetzt*
  Es sind nur einzelne Pflanzenreste erhalten, beim Quetschversuch quillt ein Großteil der Torfmasse durch die Finger.
- *völlig zersetzt*
  Alle Pflanzenreste sind zersetzt, beim Quetschversuch quillt die ganze Torfmasse durch die Finger.

1.2 Begriffe zum stofflichen Beschreiben und Benennen von Gesteinen

Gestein (Festgestein) ist ein natürliches, über mineralische Bindungen fest verbundenes Gemenge von Körnern, Kristallen, Mikrokristallen und amorpher Grundmasse einer oder mehrerer Mineralarten. Natürliche Gläser und zusammenhängende glashaltige Massen (Schlacken) werden den Festgesteinen zugerechnet.

1.2.1 Beschreiben von Gesteinen nach der Petrographie

Die Wissenschaften der Petrographie und Regionalen Geologie kennen und verwenden eine Vielzahl von Gesteinsnamen und Fachbegriffen. Einen umfassenden Überblick *gibt der Symbolschlüssel Geologie – Symbole für die Dokumentation und Verarbeitung geologischer Feld- und Aufschlussdaten* (Landesamt für Bergbau, Energie und Geologie, Hannover, 2009). Der *Symbolschlüssel Geologie* ist als Sammelwerk für Begriffe der Geologie zu verstehen und dient mit seinen Kurzzeichen der digitalen Erfassung. Neben der Anwendung dieses Symbolschlüssels kann der geologische Sachverhalt auch durch frei formulierte verbale Texte (Klartexte) beschrieben werden. In einigen Bundesländern gelten abweichende Schlüssellisten, welche bei den Geologischen Landesdiensten nachgefragt werden können.

Für die Zwecke der Baugeologie und Geotechnik sind in DIN EN ISO 14689-1 Definitionen für Begriffe wie „Fels", „Gebirge", „Gestein", „Felsart", „Matrix", „Struktur", „Textur", „Schieferung", „Trennflächen", „geologische Struktur" gegeben und deren nähere Bezeichnung durch Adjektive erläutert. DIN 4023 Tab. 2 (2006) gibt Namen, Kurzformen, (Symbole), Zeichen und Farben für Felsarten. Diese Zusammenstellungen genügen dem Geologen oft nicht, um den Sachverhalt im ausreichenden Maße zu vermitteln. Frei formulierte Texte sollten die Kennzeichnung nach diesen Normen ergänzen. Besonders bei größeren Projekten, wie beim Planen von großflächigen Abgrabungen, Aufschüttungen, Deponien, Bau von Sperranlagen, Dämmen, Tunneln, Deponien, Objekten der Geothermie und Tiefengeothermie, dem Einsatz von Fracking für das Gewinnen oder Speichern von Flüssigkeiten und Gasen und bei der Aufnahme von tiefen Bohrungen ist der *Symbolschlüssel Geologie* anzuwenden.

Eingeführt in die geotechnische Literatur sind Begriffe wie Erstarrungsgestein, Metamorphit oder metamorphes Gestein, Sedimentgestein, Schichtgestein, Granit, Diorit, Gabbro, Porphyr, Basalt, Gneis, Glimmerschiefer, Phyllit, Schiefer, Tonstein, Schluffstein, Mergelstein, Kalkstein, Dolomit, Quarzit, Sandstein, Salz, Gips, Anhydrit, Kohle.

Neben der petrographisch oder stofflichen Bezeichnung bestehen in der regionalen Geologie genetische Begriffe, von denen eine begrenzte Anzahl in den bautechnischen Sprachbereich eingeführt ist (Glei, Schlick, Klei, Löss, Lösslehm, Lehm, Schwemmlehm, Auelehm, Verwitterungslehm, Hanglehm, Hangschutt, Geschiebelehm, Geschiebemergel, Moräne, Flusskies, Felsenkies, Mudde, Kalkmudde, Kalktuff, Kreidestein, Seekreide).

Es werden auch Schicht- und Formationsnamen wie Buntsandstein, Muschelkalk und deren Unterteilungen verwendet, also Begriffe, die in der geologischen Karte und in der stratigrafischen Literatur eingeführt sind. Diese in der stratigrafischen Geologie (Erdgeschichte) als Zeitbegriff benutzten Ausdrücke, hinter denen sich durchaus sehr unterschiedliche Gesteine verbergen, können in der Geotechnik und im Bauwesen zu Missverständnissen führen, z. B. wenn nach einer Materialbeschreibung Bunt*sandstein* erwartet wird und Sand, Schluff oder Schluffstein angetroffen wird. Vom Bauingenieur oder Bauunternehmer wird unter diesen Begriffen jeweils die fazielle Ausbildung erwartet, in der sie diesem Personenkreis regional und schichtmäßig bekannt sind. Das Verwenden nicht eingeführter geologischer oder petrographischer Begriffe kann folgenschwere Fehleinschätzungen nach sich ziehen und in Ingenieurkreisen zu Verwirrung führen.

Zum anderen sind im geologischen Kartenwerk und in der geologischen Literatur einzelne Schichtglieder detailliert bekannt, welche in der Baugeologie ausgesprochene Schwächezonen (z. B. Gleithorizonte) darstellen. Ohne diese regionalgeologischen Sachkenntnis kann dem rein ingenieurmäßig arbeitenden Geotechniker die Existenz und Bedeutung solcher Schichten verborgen bleiben.

1.2.2 Beschreiben von Gesteinen nach dem Wassergehalt

Steine und im Untergrund angetroffene Gesteinsmassen können Unterschiede bei Wassergehalt und Wassersättigung aufweisen. Verbale Unterschiede bieten die Adjektive trocken, feucht, sehr feucht, nass, sehr nass bzw. wassergesättigt (▶ Abschn. 1.16).

1.2.3 Beschreiben von Gesteinen nach dem Verwitterungsgrad

Beim Beschreiben des Verwitterungszustandes von Gesteinen und Gesteinsverbänden (Fels, Gebirge) ist grundsätzlich zwischen physikalischen und chemischen bzw. biochemischen Vorgängen zu unterscheiden (▶ Abschn. 2.3 bis 2.3.13). Auch ist klarzustellen, ob der Verwitterungszustand am Stein oder im Gesteinsverband/Fels beschrieben werden soll. Der Verwitterungszustand am Stein betrifft Qualitätsfragen. Der Verwitterungszustand im Fels/Gebirge betrifft Fragen der Lösbarkeit, Standfestigkeit, Durchlässigkeit.

Physikalische Verwitterung am Stein bei magmatischen Gesteinen, metamorphen Gesteinen und mineralisch gebundenen Sedimentgesteinen Nach dem Grad der physikalischer Verwitterung ergeben sich bei dichten magmatischen Gesteinen (Granit, Basalt, Porphyr u. a.), metamorphen Gesteinen (Gneis, Schiefer) und bei mineralisch gebundenen Sedimentgesteinen (Kalkstein, Dolomit, Gips, Quarzit, kieselig oder karbonatisch gebundener Sandstein) sowie bei Ziegelsteinen, Mörtel, Putz und Beton die Begriffe:

- frisch (unverwittert)
  Der Stein hat hohe günstige Werte der Dichte, Druckfestigkeit, Zugfestigkeit, Schlagfestigkeit, Abriebsfestigkeit, Elastizität, Schleifbarkeit, Polierbarkeit. Der Klang bei Anschlagen ist hell. Die Gesteinsoberflächen sind tektonisch (Kluft) oder technisch angelegt (gesprengt, gesägt, bossiert, poliert, bei Ziegel gepresst und gebrannt, bei Beton gegossen, etc.).
- feinrissig
  Der Stein zeigt bei Lupenvergrößerung feine Risse.
- rissig und entfestigt
  Der Stein ist gerissen. Durch die Anlage solcher neu entstandenen und sich aufweitenden Risse, welche den Stein von der Oberfläche aus durchziehen, sind Schwächezonen für möglichen Zerfall in Stücke mit scherbigem Umriss vorgezeichnet.
  Häufig beobachtet wird auch die Anlage einzelner Risse, die Natursteine (Kieskorn bis Block) durchziehen („Kernsprünge") und das Aufspalten in zwei oder drei Stücke vorzeichnen. Betonträger, wie z. B. Tür- oder Fenstersturz, können in regelmäßigen Abständen durchreißen. Derart rissige Steine haben noch einen inneren Zusammenhalt. Die Festigkeitswerte sind erniedrigt.
- durchrissen, aufgelockert
  Der Stein zerbricht beim Bearbeiten, beim Belasten oder durch Frost in scherbige Stücke (z. B. Pflastersteine aus Hartstein, Kalkstein, Beton!). Große Gesteinskörper können an neu entstandenen Rissen („Kernsprünge") auseinanderbrechen. An geformten Steinen brechen Ecken und Kanten ab. Sandstein und Beton sanden an Ecken, Kanten und Gebrauchsstellen ab.
- zerbrochen, zerfallen
  Der Stein zerreißt und zerfällt in brecciöse Stücke (natürlicher Schotter). Bei großen Steinen und Blöcken spricht man von Kernsprung und Blockzerfall.

Nach Art und Aussehen der abgewitterten Steinfläche ergeben sich bei Sandsteinen die Begriffe

- gleichmäßiges Absanden in der Fläche
  An historischen Bauwerken und Denkmälern lassen sich z. B. am kieselig gebunden Sandstein der Karlstal-Felszone/Pfalz (Buntsandstein, Volpriehausen-Folge) Rückverwitterungsraten in der Größenordnung von 0,5 mm pro Jahrhundert ermitteln.
- Lochverwitterung, Wabenverwitterung, zitzenartiges Abwittern
  Derartige Verwitterungsformen treten an Felsen und Bauwerken oft an der Südseite auf (Ahnert 1996). Der Verwitterungsfortschritt kann bei mehreren Zentimetern pro Jahrhundert liegen, sodass z. B. bei mittelalterlichen Burgen und Bauwerken deren Standfestigkeit bedroht ist.

Physikalische Verwitterung an veränderlich festen Steinen Nach Art der physikalischen Verwitterung, besonders durch Wasseraufnahme, Austrocknen und Frost ergeben sich bei Tonstein, Schluffstein und tonig gebundenem Sandstein je nach geologischem Vorkommen, Formation und Alter Begriffe wie:

- sehr fest, massig, bankig,
- fest, rissig, entfestigt,
- halbfest, bröckelig, aufgeblättert, aufgequollen, absandend,

- steifplastisch, zerbröckelt, zerfallen,
- weichplastischer Ton, Schluff, Lehm, lehmiger Sand.

Beim Beschreiben können Begriffe wie z. B. „Papierschiefer", „Bröckelschiefer", „Tuffstein" verwendet werden, welche für Gesteine der jeweiligen Schicht oder Formation typisch sind. Eine weitergehende Klassifizierung und Graduierung ist wegen der Verschiedenheit solcher Sedimentgesteine nicht angebracht. Bei Bedarf ist der Verwitterungszustand differenzierter zu beschreiben.

Chemische Verwitterung am und im Stein Die durch chemische Verwitterung eingetretene Veränderung im Mineralbestand (► Abschn. 2.3.4) kann graduiert über mehrere Zwischenstufen vorliegen und betrifft die Farbe und die Beschaffenheit der einen Kluftkörper/Steinblock begrenzenden Trennflächen. Im und am Stein sind Polierfähigkeit, Ritzfestigkeit, Dichte (Rohdichte, Reindichte), Druckfestigkeit, Elastizitätsmodul, seismische Wellengeschwindigkeit u. a. erniedrigt; Wasseraufnahme, Wasserdurchlässigkeit und Frostverwitterung bei Zutritt von Salz sind erhöht bzw. verstärkt.

Nach dem Verwitterungsgrad ergeben sich die Begriffe:

- *frisch* (unverwittert)
  Das Gestein hat hohe, günstige Werte der Dichte, Druckfestigkeit, Scherfestigkeit, Zugfestigkeit, Schlagfestigkeit, Abriebsfestigkeit, Elastizität, Schleifbarkeit, Polierbarkeit. Der Klang beim Anschlagen ist hell. Kratzspuren sind weiß, beim Bearbeiten ist Staubbildung möglich.
- *angewittert*
  Einzelne Kluftkörper, Gesteinsblöcke, (bearbeitete) Gesteinsstücke sind an Kanten und Oberflächen angewittert. Damit ist häufig eine Farbänderung verbunden. Das Gesteinsstück ist im Kern frisch erhalten. In den angewitterten Partien sind die obengenannten Festigkeitseigenschaften herabgesetzt. Im Felsverband ist die Scherfestigkeit zwischen den einzelnen Kluftkörpern gegenüber dem frischen, unverwitterten Zustand erniedrigt.
- *verwittert*
  Im Stein oder Gesteinsblock sind von den das Gestein aufbauenden Mineralien bei einem niedrigen oder geringen Verwitterungsgrad zunächst diejenigen Minerale umgewandelt oder aufgelöst, die eine geringe Verwitterungsstabilität besitzen (► Abschn. 2.3.4). Die Kornbindung zwischen den verbleibenden Mineralkörnern mit höherer Verwitterungsstabilität (z. B. Quarz, Kalifeldspat, Muskowit) ist herabgesetzt. Dichte und Festigkeitseigenschaften sind gegenüber dem frischen, unverwittertem Zustand erniedrigt. Bei stark eingeschränkter Verwendbarkeit können im Kornverband und entsprechend für die Kluftkörper im Felsverband noch relativ hohe „Rest"-Festigkeiten bestehen („fauler Stein", „fauler Fels"). Der Klang beim Anschlagen ist dumpf. Die Gesteine sind nicht frostbeständig.

Beim Zustand „verwittert" unterscheidet

DIN EN ISO 14689-1 zwischen

- „schwach verwittert",
- „mäßig verwittert",
- „stark verwittert" und
- „vollständig verwittert",

der Symbolschlüssel Geologie zwischen

- „schwach verwittert",
- „verwittert" und
- „stark verwittert".

Die so unterschiedenen vier bzw. drei Verwitterungsstufen stellen unterschiedliche Auflösungsgrade der gesteinsbildenden Minerale dar, beginnend mit Auflösungserscheinungen an den Mineralkornoberflächen und fortschreitend mit graduierter Teilauflösung (Teilverwitterung) bis zur vollständigen Verwitterung der betroffenen Mineralkörner. Im frühen Stadium der Mineralkornverwitterung geht die mineralische Kornbindung zwischen den das Gestein aufbauenden Mineralkörnern zunächst teilweise, später gänzlich verloren. Solche unterschiedlichen Auflösungsgrade können durch unterschiedliche Verwitterungsstabilität (► Abschn. 2.3.4) der gesteinsbildenden Minerale, aber auch durch unterschiedliche Korn- bzw. Kristallgrößen und Kristallverwachsungen verursacht sein (z. B. bei Ganggesteinen wie Aplit, und Granitaplit).

Es wird empfohlen, den Verwitterungszustand und die Eigenschaften solcher unterschiedlich stark verwitterter Gesteine verbal zu beschreiben und für die relevanten Merkmale wie Farbe, Dichte, Porosität, Durchlässigkeit, Festigkeit u. a. geschätzte Kenngrößen zu nennen oder bei Bedarf die Kennwerte wie Dichte (► Abschn. 1.17.4), Druckfestigkeit und/oder Punktlastfestigkeit (► Abschn. 1.19.1) und/oder Scherfestigkeit (► Abschn. 1.19.3) durch Versuche zu quantifizieren.

Nach dem räumlichen Ausmaß der verwitterten Bereiche im Stein oder im Gesteinsblock lässt sich der Verwitterungszustand beschreiben als:

- ungleichmäßig verwitterter Stein Am Fuß von Felsen, an Sockeln von Bauwerken und Monumenten kann in der Spritzwasserzone und an den im belebten Boden eingebundenen Teilen der Stein verwittert sein. Gleiches kann z. B. archäologische Monumente betreffen, die halbseitig im Boden eingebettet waren.
  Bei „Wollsackverwitterung" enthalten die unter Bodenbedeckung liegenden und vom Verwitterungsmaterial umgebenen Gesteinsblöcke einen Kern aus frischem oder bereits angewittertem Material und sind schalenartig von stärker verwittertem Gesteinsmaterial umgeben. Die Festigkeitseigenschaften nehmen in den stärker verwitterten Schalen nach außen ab. Bei solchen an der Oberfläche liegenden Gesteinsblöcken platzen die so verwitterten oder angewitterten Gesteinspartien durch Desquamation (physikalische Verwitterung) ab.
- gleichmäßig verwitterter Stein (zersetzter Stein) Die Kornbindung zwischen den das Gestein aufbauenden Mineralkörnern ist weitgehend aufgehoben. Das über das Korngefüge noch zusammenhaltende Gesteinsstück kann mit geringem Kraftaufwand in die das Gestein aufbauenden Mineralkörner zerschlagen, zerdrückt oder zerrieben und in einen Lockerboden (sandiger Kies) überführt werden.

Tab. 1.5 Bezeichnung von Fels nach der einaxialen Druckfestigkeit des felsbildenden Gesteins. (ENV 1997; DIN V 1054-100)

Bezeichnung	Einaxiale Druckfestigkeit [MN m^{-2}]
Hart	50–100
Mäßig hart	12,5–50
Mäßig mürb	5–12,5
Mürb	1,25–5
Sehr mürb	< 1,25

1.2.4 Beschreiben der Gesteine nach der Festigkeit

DIN EN 1997-1:2009, Anhang G und DIN 1054:2010, A 6.10.4 und Bild A 6.3 teilen Fels als Baugrund nach der einaxialen Druckfestigkeit des felsbildenden Gesteins ein (Tab. 1.5). Die IAEG-Empfehlung (1981) und die SIA-Empfehlung (1975) teilen Naturstein nach der einaxialen Druckfestigkeit ein (Tab. 1.6).

1.2.5 Beschreiben der Gesteine nach der Beständigkeit oder Veränderlichkeit

Nach der Beständigkeit bzw. Veränderlichkeit werden Festgesteine und veränderlich feste Gesteine unterschieden:

- *Festgesteine*
  Festgesteine besitzen eine mineralische Kornbindung. Sie behalten ihre Festigkeitseigenschaften auch bei Zutritt von Wasser, Frost, Kristallisationsdruck und Temperaturwechsel bzw. Hitzebeanspruchung bei. Der natürliche Verwitterungsfortschritt ist sehr gering.
- *veränderlich feste Gesteine*
  Die Gesteine verlieren ihre Festigkeit beim Zutritt von Wasser, Frost, Kristallisationsdruck und Temperaturwechsel bzw. Hitzebeanspruchung. Hierzu zählen Tonsteine, Schluffsteine, Mergelsteine, schluffige Sandsteine sowie verwitterte magmatische und metamorphe Gesteine. Bei mehreren Gesteinsarten, besonders bei Sandsteinen, Arkosen, Konglomeraten und Brekzien, kann durch den Einfluss der Verwitterung eine Entfestigung im Korngefüge eintreten. Im Gegensatz zum unverwitterten (festen) Stein zählen die entfestigten Gesteine zu den veränderlich festen Gesteinen. Der Verwitterungsfortschritt ist groß. Entfestigte Gesteine werden besonders in Böschungsanschnitten angetroffen.

Durch Kristallisationsdruck, welcher bei der Umwandlung einzelner im Gestein eingeschlossener Minerale nach Zutritt von Wasser und Atmosphärilien entsteht, können scheinbar feste Gesteine und künstliche Schlacken in kurzer Zeit ihre Festigkeit bis zum Zerbröckeln verlieren. Minerale, von denen die Gefahr der Gesteinszerstörung ausgeht, sind sulfidische Minerale (Pyrit, Magnetkies u. a.), Olivin, Nephelin, Analcim und Glas in Basalten, „Kalkolivin" (Dicalciumsilikat) in Schlacken und Anhydrit in Sedimentgesteinen.

Tab. 1.6 Bezeichnung der Festigkeit von Naturstein nach der einaxialen Druckfestigkeit

Bezeichnung	Einaxiale Druckfestigkeit [MN m^{-2}]	Gesteine
Sehr hohe Festigkeit	> 230	Basalt, Gabbro
Hohe Festigkeit	120–230	Granit, Diorit, Quarzporphyr, Quarzit
Mittlere Festigkeit	50–120	Einzelne Kalksteine, Gneis, Trachyt
Geringe Festigkeit	15–50	Sandstein, Travertin, Tuffstein, Schiefer
Sehr geringe Festigkeit	< 15	Ton-, Schluffstein, toniger Sandstein

Bei der Verwitterung von Eisensulfiden bilden sich Limonit und Schwefelsäure. Mögliche Folgen sind Gesteinsverfärbung (Rostflecken) und Gesteinszerstörung (z. B. Absplittern bis Zerfallen von Schieferplatten).

Bei Sonnenbrennerbasalten bilden sich zunächst sternförmige, helle Flecken und Haarrisse. Von diesen geht Auflockerung im Mineralgefüge und Gesteinszerfall aus.

Bei Schlacken wird von Dicalciumsilikat ausgehender „Kalkzerfall" beobachtet. Von Dicalciumsilikat kennt man mehrere nicht beständige Modifikationen. Modifikationsänderung kann zur Zerstörung des Interngefüges und zum Zerfall von Schlackenstücken führen.

Anhydrit kristallisiert unter Aufnahme von Wasser in Gips um. Der Vorgang ist mit Volumenzunahme verbunden. Massige Anhydritsteine können zerbröckeln, Ton- und Mergelsteine mit feinverteiltem Anhydrit erfahren Volumenzunahme (► Abschn. 13.5.2, Abb. 13.8).

Nach der Beständigkeit im Frost-Tau-Wechselversuch kann folgende Unterscheidung getroffen werden:

- *formbeständig und frostsicher*
  Die Prüfkörper zeigen nach 28fachem Frost-Tau-Wechsel keine Zerfallserscheinungen. Nach Versuchsablauf sind sie für einaxiale Druckversuche geeignet.
- *begrenzt formbeständig*
  Die Prüfkörper zeigen nach 28fachem Frost-Tau-Wechsel leichte Zerfallserscheinungen. Prüfkörper bröckeln an Ecken und Kanten ab.
- *nicht formbeständig und frostgefährdet*
  Die Prüfkörper zerfallen während des 28fachen Frost-Tau-Wechselversuches.

1.2.6 Beschreiben der Gesteine nach der Härte und Bearbeitbarkeit

Es kann folgende Unterscheidung getroffen werden:

- *harte Festgesteine*
  Es sind Festgesteine, die sich durch hohe Druckfestigkeiten als Folge inniger Verwachsung der einzelnen Mineralkörner und durch großen Gehalt an harten Mineralen (Mohs-

sche Härteskala bzw. Ritzhärte) auszeichnen. Hierzu zählen Basalt, Gabbro, Granit, Diorit, Quarzporphyr, Grauwacke, Quarzit, quarzitischer und verkieselter Sandstein mit Druckfestigkeiten über 180 N mm^{-2}.

- *mittelharte Festgesteine*
  Es sind Gesteine, die zwischen harten und weichen Festgesteinen einzugruppieren sind und Druckfestigkeiten zwischen 80 und 180 N mm^{-2} besitzen (z. B. Basaltlava).
- *weiche Festgesteine*
  Es sind Festgesteine, die sich durch geringere Druckfestigkeiten (< 80 N mm^{-2}) auszeichnen. Dies kann aus unzureichender Verwachsung zwischen harten Mineralkörnern (z. B. schwach verkieselter Sandstein) oder aus einer Verkittung harter Mineralkörner mit weicheren Mineralen (z. B. Kalksandstein) herrühren. Weiterhin zählen die Gesteine aus weichen Mineralen wie Kalkstein, Marmor, Dolomit, Travertin und Tuffstein zu dieser Gruppe.

1.2.7 Beschreiben der Gesteine nach der Löslichkeit

Alle Gesteine können von Wasser angegriffen oder aufgelöst werden. Nach der Löslichkeit kann folgende Unterscheidung getroffen werden:

- *sehr leicht lösliche Gesteine*
  Hierzu gehören hygroskopische Salze wie Magnesiumchlorid und Calciumchlorid.
- *leicht lösliche Gesteine*
  Hierzu gehören Steinsalz und Kaliumchlorid. Die möglichen Lösungsmengen liegen bei über 300 g l^{-1}.
- *lösliche Gesteine*
  Hierzu gehören Anhydrit und Gips. Die möglichen Lösungsmengen liegen bei 5 g l^{-1}.
- *schwer lösliche Gesteine*
  Hierzu gehören Kalkstein und Dolomitstein sowie calcitische oder dolomitische Bindemittel in Sandsteinen und Mergelsteinen. Die mögliche Lösungsmenge an CaO als Calciumhydrogencarbonat in Wasser liegt bei > 0,3 g l^{-1}.
- *sehr schwer lösliche Gesteine*
  Hierzu gehören die silikatischen Gesteine (z. B. Granit). Die möglichen Lösungsmengen von SiO_2 liegen im Oberflächenwasser bei 0,1–1, selten bei 5 mg l^{-1}. In Thermalwässern können bis über 170 mg l^{-1} gelöst sein.

1.2.8 Beschreiben von Kohle und brennbaren Gesteinen

Kohle oder inkohlte organische Substanz kann im Untergrund in Form von Torf, Weichbraunkohle (Lignit), Hartbraunkohle (Mattbraunkohle, Glanzbraunkohle), Steinkohle (Flammkohle, Gasflammkohle, Gaskohle, Fettkohle, Eßkohle, Magerkohle), Anthrazit und Graphit vorkommen. Kohle kann neben der inkohlten organischen Substanz mineralische Beimengungen (Sand, Schluff, Ton) enthalten oder kann in diesen enthalten sein (kohlehaltiger Ton- oder Schluffstein). Eine Prüfung erfolgt über Brennwert und Aschegehalt. Bei untertägigen Arbeiten in kohleführenden Gesteinen ist auf die Gasführung zu achten (► Abschn. 13.1.4).

Torf und Weichbraunkohle sind organische Bodenarten. Hartbraunkohle, Steinkohle, Anthrazit und Graphit sind brennbare Festgesteine. Bei Zutritt von Sauerstoff werden diese langsam aufoxidiert, womit ein Volumenschwund verbunden ist. Diese Veränderlichkeit der Kohlegesteine darf in ihrer Auswirkung nicht überschätzt werden. Oft ist die Veränderlichkeit in den Begleitgesteinen zum Kohlelager ungünstiger zu bewerten als die Oxidation der Kohle.

Im Felsverbund anstehende Kohle hat vom Nachbargestein stark abweichende geotechnische Eigenschaften (engstehende Klüfte, Schlechten) und neigt in der Felswand zum Ausbrechen oder Nachbrechen.

Kohle tritt meist lagenweise in Form von Flözen auf. Daneben gibt es unregelmäßige Massen als Abbild verfüllter Hohlformen (Subrosion).

Das im Kohlebergbau anfallende Nebengestein wird auf Bergehalden und Kippen abgelagert. Es besteht aus einer Mischung aus Kohle und nicht brennbaren Gesteinen. In Abhängigkeit vom Schwefelgehalt kann die Kohle in den Halden zur Selbstentzündung neigen und in den Begleitgesteinen (Bergematerial) einen Brennvorgang bewirken. Tonsteine können durch diesen Brand verfestigt (verziegelt) werden. Im unveränderten Haldenmaterial bestimmt die Veränderlichkeit der Begleitgesteine dessen geotechnischen Eigenschaften.

Selbstentzündung kann bei sorgfältiger Verdichtung durch hohlraumarme Lagerung vermieden werden.

Im Unterstrom von Kohlewaschanlagen können junge Flusssedimente Kohlepartikel in Sand- und Schluffgröße enthalten (Kohleanlandungen). Diese Kohlepartikel erweisen sich als sehr beständig. Die geotechnischen Eigenschaften dieser Kohleanlandungen richten sich auch nach der Korngröße der mineralischen Beimengungen.

1.2.9 Beschreiben erdölhaltiger Gesteine

Erdölhaltige Gesteine sind überwiegend bituminöse Schiefer und ölerfüllte oder ölhaltige poröse Sandsteine und Kalksteine. Erdöl oder Bitumen kann mit unterschiedlicher Viskosität als Leichtöl, Schweröl oder Hartbitumen bzw. Naturasphalt vorliegen. Gegenüber dem ölfreien Gestein kann Öl bzw. Bitumen eine Verfestigung bewirken (Asphalt). Zum Zwecke der Bodenverfestigung wurde und wird auch Erdöl im Straßenbau eingesetzt.

Beim Antreffen von bituminösen Gesteinen ist vorrangig auf Gasführung und Explosionsgefahr zu achten (► Abschn. 13.1.4).

Bei Anwesenheit von Öl können natürliche und künstliche Bausteine und Baustoffe zu schnellem Zerfall neigen (Funktion der Schwefelsäure!). Dies erfordert Abdichtmaßnahmen. Ölhaltiges Material bedarf als Abfall der besonderen Behandlung (► Abschn. 1.11).

1.3 Begriffe zum stofflichen Beschreiben und Benennen von Fels

Der großräumige, natürliche Gesteinsverband *in situ* wird in seiner morphologisch aufragenden Bergformation als „Gebirge", im Baugrund als „Fels" bezeichnet. Der Begriff „Gebirge" wurde im Stollenbau, mittelalterlichen Bergbau und im neuzeitlichen Tunnelbau übernommen und bezeichnet dort den hohlraumumgebenden Gesteinsverband. Das aus dem Gebirge oder Fels herausgebrochene oder herausgewitterte Material wird als „Gestein" bezeichnet. Im Gegensatz zum immobilen Fels oder Gebirge ist Gestein mobil.

Fels und Gebirge enthalten im *In-situ*-Verband natürliche Hohlräume (Kluft-, Poren-, Karsthohlräume). Daneben können künstlich geschaffene Hohlräume unterschiedlichster Art im Untergrund vorliegen. Die Hohlräume enthalten Luft und/oder Wasser. Es ist u. a. ein Lebensraum mikrobiologischer Lebewesen, z. B. von Bakterien. Im oberflächennahen Bereich können in Klüften/Spalten Wurzeln bis in größere Tiefen (etwa 30 m) vorkommen. Es sind, von außen betrachtet, Bestandteile des Begriffs „Fels/Gebirge". Fels kann massig ausgebildet oder durch Trennflächen mehr oder weniger zerklüftet oder zerspalten und in Kluftkörper zerlegt sein.

Das Beschreiben von Fels erfolgt primär nach den petrographischen Eigenschaften des anstehenden Gesteins sowie nach dessen Frische bzw. Verwitterungsgrad. Festigkeit, Verformbarkeit und Durchlässigkeit von Fels bzw. Gebirge werden wesentlich vom Trennflächengefüge (Diskontinuitätsgefüge) bestimmt. Beim Beschreiben von Fels sind Trennflächenart, Trennflächenabstand, Durchtrennungsgrad, Auflockerungsgrad, Trennflächengefüge, Raumstellung der Trennflächen, Oberflächenausbildung der Trennflächen, die Öffnungsweite von Klüften und Spalten mit Füllung und Wasserführung sowie die Scherfestigkeit auf den Trennflächen zu beachten.

1.3.1 Beschreiben von Fels nach der Art der Trennflächen

Trennflächen sind offene (durchrissene oder durchtrennte) oder teilweise offene Schicht-, Kluft-, Schieferungs- oder Störungsflächen. Nach der Entstehung, Reichweite und Art der Trennwirkung der Trennflächen (Klüfte) ergeben sich die nachstehenden Begriffe.

▪ **Schichtfugen (Schichtflächen)**

Schichtfugen sind Trennflächen in Sedimentgesteinen. Sie trennen Gesteinsschichten, die entweder aus unterschiedlichen Sedimentationsvorgängen mit unterschiedlichen Materialeigenschaften entstanden sind oder Gesteinsschichten die im Zuge der Diagenese unterschiedlich verfestigt worden sind. Der Vorgang gleichmäßiger Sedimentation, der sich z. B. in Anlagerungsstreifen erkennen und deuten lässt, führt in der Regel zu massiger Schichtausbildung. Die mehrfache Wiederholung gleichartiger Sedimentationsvorgänge mit Ausfällung aufgewirbelter Teilchen unterschiedlicher Größe aus stehendem Wasser oder Luft führt zu dünnschichtiger Gesteinsausbildung. Als Schieferton bezeichnet man feinkörnige Gesteine, die sich nach der Schichtung aufspalten lassen.

▪ **Bankungsfugen**

Massengesteine wie Granit zeigen ein orthogonales Kluftsystem mit horizontalen Bankungsfugen. Die Anlage des Trennflächensystems in Graniten wird teils als Schrumpfungsrisse bei der Abkühlung, teils als Lagerungsklüfte aus Temperaturschwankung und Entlastung gedeutet. Für Entlastung sprechen Beobachtungen, dass die Bankungsstärke und auch die vertikalen Kluftabstände mit der Tiefe zunehmen (z. B. in Sachsen).

▪ **Kleinkluft**

Die Trennfläche durchtrennt die vorliegenden Gesteinsbänke nur teilweise. Der Durchtrennungsgrad ist < 1. Die beobachtbare Trennflächenlänge ist $< 0{,}5$ m, die zugehörige Trennflächengröße liegt in der Größenordnung $< 1\ m^2$. Kleinklüfte bedingen die Spaltbarkeit des Gesteinskörpers.

▪ **Kluft**

Die Trennfläche durchtrennt die vorliegende Gesteinsbank vollständig. In Massengesteinen erstreckt sie sich in einer Größenordnung weniger Meter bis Zehnermeter. Die zugehörigen Trennflächengrößen liegen in der Größenordnung < 10 bis $100\ m^2$. Palmström (1997) unterscheidet nach der einsehbaren Länge:

- kurze Kluft (bis 1 m);
- mittlere Kluft (1–10 m);
- lange Kluft (10–30 m).

▪ **Großkluft**

Die Trennfläche durchtrennt das Gebirge in der ganzen einsehbaren Aufschlusswand, unabhängig von wechselnder Gesteinsart und Bankungsstärke. Die beobachtbare Trennflächenlänge ist > 30 m, die zugehörige Trennflächengröße liegt in der Größenordnung $1000\ m^2$.

▪ **Kluftschar**

Wenige engständige Großklüfte durchziehen das Gebirge.

▪ **Störung**

Unter Störung versteht man die enge Scharung von Großklüften mit Querklüften, häufig mit Verwerfungsbetrag. Das Gebirge ist über die Breite der Störung (etwa 0,3–3 m) kleinstückig zerbrochen.

▪ **Verwerfung**

Es ist die geologische Bezeichnung für eine Gesteinsverschiebung an einer oder mehreren Trennflächen. In plastischen Gesteinen kann der Gesteinsverband massig erhalten sein; die Verwerfung hat dann die Eigenschaft einer Großkluft. In Hartsteinbänken ist die Verwerfung meist als Störung ausgebildet. Beiderseits der Verwerfung können unterschiedliche Gesteine auftreten.

▪ **Großtektonische Struktur**

Das Gebirge ist bei weiter Längserstreckung über eine große Breite (> 10 m) stückig zerbrochen. Beiderseits dieser Struktur treten meist stark unterschiedliche Gesteine auf. Das Gebirge innerhalb des gestörten Streifens hat, unabhängig vom Bestand der Nachbargesteine, eigene stoffliche Eigenschaften und ist, besonders bei tektonisch aktiven Strukturen, als eigenständiger Körper zu beschreiben.

Fossile tektonische Strukturen

Fossile tektonische Strukturen, an denen seit längeren geologischen Zeiträumen keine Bewegungen mehr stattgefunden haben (in Mitteleuropa Alttertiär und älter), beinhalten als Baugrund vielfach kein besonderes Risiko. Im untertägigen Hohlraumbau können jedoch Gebirgsverspannungen wachgerufen werden. Messtechnisches Prüfen und Überwachen derartiger Zonen ist angeraten.

1.3.2 Beschreiben von Fels nach dem Trennflächenabstand

Beim Benennen von Fels nach dem Abstand der Trennflächen müssen die Maßangaben im Verhältnis von konstanten Quotienten stehen. Üblich ist die Einteilung nach der Normzahlreihe R2 (▪ Tab. 1.26 und 1.27). Nach dem Abstand der Trennflächen, bei Schichtgesteinen meist nach dem Abstand der Schichtflächen, ergeben sich die in ▪ Tab. 1.7 genannten Begriffe.

Die Begriffe „Schiefer" und „Schieferung" beinhalten eine Aussage zu Trennflächenabstand und Spaltbarkeit. Hierzu wird folgende Begriffserläuterung gegeben:

- *Schiefer*
  Dies ist eine Bezeichnung für meist feinkörnige Gesteine mit parallelgerichteten Trennflächen im Abstand von 1–2 mm und kleiner. Die Schieferung bewirkt eine gute Spaltbarkeit in dünne Tafeln bis dünnste Scheiben oder Blätter.
- *Schiefer mit sedimentärem Gefüge*
  Feinkörnige Gesteine (Tonstein, Schluffstein) und dünnschichtige Sandsteine können nach der Schichtfläche (Sedimentstruktur) spalten. Flächenhafte Einregelung von plättchenförmigen Mineralen (Glimmer, Tonminerale) oder organischer Substanz (Blattreste, Mazerale) bewirkt die Schiefrigkeit. Solche Gesteine haben Namen wie Papierschiefer, Sandschiefer, Ölschiefer, Mergelschiefer. Eine veraltete Bezeichnung, die auf die Spaltbarkeit und geringe Verfestigung abhebt, ist Schieferton.
- *Schiefer mit tektonisch angelegtem Gefüge*
  Stark verfestigte und gefaltete feinkörnige Gesteine können durch tektonische Beanspruchung (Faltung) im Abstand von wenigen Millimetern und kleiner durchschert sein (Tonschiefer, Tafelschiefer, Griffelschiefer). Metamorph veränderte Gesteine mit Schieferung sind Phyllit und Glimmerschiefer.

1.3.3 Beschreiben von Fels nach dem Trennflächengefüge

Im Fels oder Festgebirge können Trennflächen in drei oder mehr Raumlagen ausgebildet sein. Dabei ist das Gestein häufig nach einer Raumlage bevorzugt durchtrennt und aufgelockert (Haupttrennfläche, Hauptkluftfläche, Schichtfläche).

▪ **Tab. 1.7** Beschreiben von Fels nach Trennflächenabstand und Schichtdicke

Abstand/Dicke [m]	Bezeichnung nach Trennflächenabstand	Bezeichnung nach Schichtdicke
> 2,0	Sehr weitständig	Sehr massig
0,6–2,0	Weitständig	Massig
0,2–0,6	Mittelständig	Bankig (0,4–0,6 m dickbankig)
0,06–0,2	Engständig	Dünnbankig
0,02–0,06	Sehr engständig	Plattig
0,006–0,02	Dichtständig	Dünnplattig
0,002–0,006	Sehr dichtständig	Tafelig
< 0,002	Schiefrig	Blätterig, dünnblätterig

Häufig werden drei senkrecht aufeinanderstehende, „orthogonale" Kluftscharen angetroffen (Lagerungsklüfte). Gefaltete und tektonisch beanspruchte Felspartien können (zusätzlich) von diagonal verlaufenden Trennflächen durchzogen werden. Vulkanische Gesteinsmassen können, häufig auf einzelne Gesteinslagen begrenzt, in sechseckige Säulen aufgeteilt sein (Schrumpfungs- bzw. Abkühlungsklüfte). Trennflächenabstand und Raumlage der einzelnen Trennflächenscharen bestimmen Größe und Form der Kluftkörper (Trennflächenkörper) und die Standfestigkeit von Wänden und Hohlräumen im Fels. Die Klüftigkeitsziffer ist ein Maß für die Zerteilung der Felsmasse. Die Begriffe zur Zerteilung einer Felsmasse sind nachfolgend erläutert.

Kluftkörperformen

Der Durchtrennungsgrad der unterschiedlichen Trennflächenscharen kann in tiefen Baugruben im nicht aufgelockerten Zustand stark von dem Bild an der Oberfläche abweichen. Auch im tektonisch beanspruchten und gefalteten Fels, z. B. Schiefer, sind jung angelegte Lagerungsklüfte in aller Regel durchtrennt und prägen beim Lösen den Abbauvorgang. Die aus tektonischer Beanspruchung abzuleitenden diagonalen Trennflächenscharen (z. B. Schieferungsflächen) haben häufig einen Durchtrennungsgrad < 1 und werden erst nach intensiverer Beanspruchung oder Entspannung durchtrennt und wirksam. Im tieferen Untergrund vorliegende große kubische Blöcke, z. B. aus Schiefer, können dann in dünnplattige oder plattig-scharfkantige Kluftkörper aufgeteilt werden. Die Ermittlung der für den Abbau wirksamen Kluftkörperform und Kluftkörpergröße nach Vergleichen mit Verwitterungsschutt (z. B. für den Wiedereinbau von Aushubmassen) kann zu Fehleinschätzungen führen.

Orthogonale Trennflächensysteme (Lagerungsklüfte oder Schichtfugen, Längsklüfte, Querklüfte) prägen die häufigsten Kluftkörperformen. Bei vulkanischen Gesteinen (Basalt) sind sechskantige Säulen häufig. Bei etwa gleichen Trennflächenabständen in den drei senkrecht aufeinanderstehenden Trennflächenscharen sind es würfelige Körper. Bei ungleichen Trennflächenabständen in den senkrecht aufeinanderstehenden

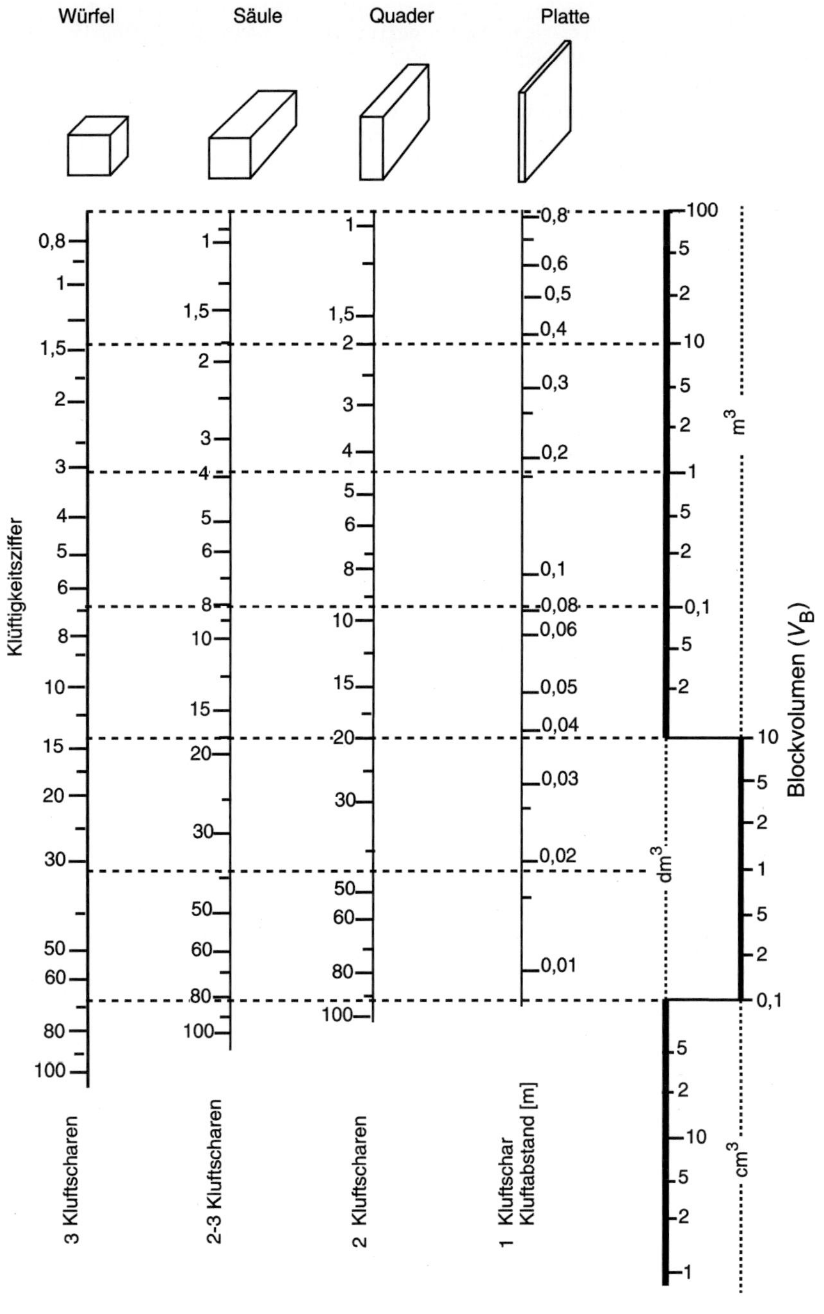

Abb. 1.3 Beziehungen zwischen Klüftigkeitsziffer *k* (Stiny 1922) und Kluftkörpervolumen V_b für die Kluftkörperformen Würfel, Säule, Quader und Platte nach Palmström (1997). Die Darstellung setzt ein gleichmäßiges Kluftgefüge und ein konstantes Seitenverhältnis bei den gewählten Kluftkörperformen voraus. Abweichungen beim Kluftabstand in nur einer Richtung bewirken potenzierte Abweichung beim Kluftkörpervolumen

Trennflächenscharen sind es Körper, die in Richtung Quader, Säule oder Platte tendieren.

Wird Fels zusätzlich von Diagonalklüften (diagonal verlaufende Trennflächen) durchzogen, so bedingt dies vom rechtwinkligen System abweichende, unregelmäßig gestaltete Kluftkörperformen. Die verwendeten Begriffe zur Kluftkörperform beinhalten zugleich eine Aussage zur Kluftkörpergröße (Abb. 1.1 und 1.2).

Für regelmäßig begrenzte, kleinstückige Kluftkörper mit Kantenlänge bzw. Durchmesser bis etwa 6 cm werden die Begriffe blätterig (dünnblätterig), kleintafelig, kleinwürfelig (kleinkubisch), kurzsäulig und stengelig (griffelig) verwendet.

Für regelmäßig begrenzte Kluftkörper mit Kantenlängen 6–60 cm werden die Begriffe tafelig, dünnplattig, würfelig/quaderig, kurzsäulig und säulig verwendet.

Für regelmäßig begrenzte, große (massige) Körper mit Kantenlängen über 60 cm werden die Begriffe plattig (großplattig), dickplattig, großwürfelig/großquaderig, dicksäulig und großsäulig verwendet.

Für unregelmäßig begrenzte, kleinstückige Kluftkörper- und Fragmentformen werden die Begriffe schuppig, scherbig, gedrungen, splittrig und spitzkantig verwendet.

Für unregelmäßig begrenzte, große Kluftkörper- und Fragmentformen werden Begriffe wie scharfkantig (Platte), keilförmig (Quader), massig (Block: rhomboidal, trapezoidal, polyedrisch, rund), pyramidal und spitzpyramidal verwendet.

Soweit auf das Beschreiben der Form größerer Wert zu legen ist, empfiehlt es sich, die textlichen Festlegungen durch Zeichnungen, Aufmaße und Fotodokumentation zu ergänzen.

- **Klüftigkeitsziffer**

Die von Stiny (1922) eingeführte Ziffer k bezeichnet den reziproken Wert der Kluftabstände im Fels, also die Anzahl der Kluftschnitte pro Meter. Im Fels werden für alle Kluftscharen die zugehörigen mittleren Kluftabstände (Zahl der Kluftschnitte pro Meter in normaler Richtung zur Kluftfläche) ermittelt und als Teilklüftigkeitsziffern k_1, k_2, k_3, k_n angegeben. k_1 betrifft die Haupttrennflächenschar, k_2, k_3, k_n nachgeordnete Trennflächenscharen. Die Klüftigkeitsziffer k ergibt sich aus der Addition aller Teilklüftigkeitsziffern. k ist die Anzahl von Kluftschnitten pro Kubikmeter. Fels mit hoher Klüftigkeitsziffer besteht aus kleinen Kluftkörpern. Aus der Klüftigkeitsziffer und der mittleren Kluftöffnungsweite lässt sich der Klufthohlraum eines Gesteins abschätzen.

- **Kluftkörpervolumen**

Bei gleichmäßig geklüfteten Gesteinen kann aus Klüftigkeitsziffer und Kluftkörperform auf das mittlere Kluftkörpervolumen geschlossen werden (Palmström 1997; ◘ Abb. 1.3).

1.3.4 Beschreiben von Fels nach der Raumlage der Haupttrennflächen

Für die den Fels durchziehenden Trennflächenscharen kann unter besonderer Hervorhebung der Haupttrennflächen deren räumliche Lage (Raumstellung) dargestellt werden. Die Messung erfolgt mit einem Geologenkompass (Bussole). Die Angabe der Bussolenmesswerte für Streichen (Winkel zwischen der Nordrichtung und dem Verlauf einer horizontalen (Höhen-) Linie auf einer geneigten Ebene bzw. Schichtfläche) und Fallen (Ablaufrichtung von Wasser auf der geneigten Fläche und Neigung der Fläche) oder für den Vektor der Fallrichtung genügt nicht. Für die messtechnische Festlegung und Darstellung der räumlichen Lage von Trennflächen wird heute allgemein empfohlen, die Winkel für Richtung und Neigung des Einfallens anzugeben. In den Geowissenschaften erfolgt dies in einem Lagenkugeldiagramm. Da diese Darstellung dem Ingenieur in der Regel nicht bekannt ist, ist es sinnvoll, die Lage der Trennflächen mit Bezug auf Bauwerk oder Ausbruchwand anzugeben oder grafisch darzustellen (◘ Abb. 5.3, 7.5 und 7.6).

Nach der Raumstellung ergeben sich die in ◘ Tab. 1.8 definierten Begriffe.

◘ **Tab. 1.8** Begriffe für die Raumlage von Haupttrennflächen bzw. Schichten

Bezeichnung	Fallwinkel [°]
Söhlig	0–10
Flach	10–30
Geneigt	30–60
Steil	60–80
Senkrecht (saiger)	80–90

1.3.5 Beschreiben von Fels nach der Oberflächenausbildung der Trennflächen

Zur Oberflächenausbildung von Trennflächen ergeben sich unterschiedliche Merkmale in Abhängigkeit vom Material und von der Größe der betrachteten Flächen. Nach Fingerprobe und optischem Eindruck ergeben sich folgende Begriffe zur Oberflächenbeschaffenheit der offenen Klüfte:

- sehr glatt, „seifig“ (Phyllit);
- glatt, glänzend (Harnisch im Tonstein);
- stumpf, matt (Schiefer, Schluffstein und Mergelstein);
- rau, körnig (Sandstein, Kalkstein und Magmatite);
- sehr rau, grobkörnig (Konglomerate, angewitterte bzw. aufgewachsene Kristalle);
- glitschig belegt (z. B. reibungsmindernde Aufwachsung von Pilzmyzel).

Für Flächen in der Größenordnung 1 m^2 ergeben sich nach Augenschein oder Aufmaß die Begriffe:

- eben, planar;
- leicht gebogen, leicht gewellt;
- stark gebogen, stark gewellt;
- stufig abgesetzt, hakenförmig verbogen;
- zahnartig suturiert (Stylolithen, Kristallaufwachsungen).

1.3.6 Beschreiben von Fels nach Kluftöffnungsweite, Spaltenfüllung und Wasserführung

Zur Öffnungsweite und Verfüllung von Klüften ergeben sich folgende Begriffe:

- geschlossene Fuge;
- an Materialbrücken absetzende, teilweise offene Fuge;
- offene Fuge (Spalte);
- offene Fuge, mit Verwitterungsmaterial oder Lehm gefüllt;
- teilweise gefüllte Fuge mit Teilberührungen der Wände.

Fugen und Spalten können mit sehr unterschiedlichem Material gefüllt sein. Neben anthropogenem Eintrag (Schadstoffe und Verpressmittel) sind es vorrangig geogen eingetragene Stoffe. Als Feststoffe können sehr unterschiedliche Minerale auf Kluftflächen und in Spalten enthalten sein. Es sind Ausscheidungen aus dem Grundwasser. Kluft- und Spaltenmineralisation führt meist zur Erhöhung der Rauigkeit der Kluftflächen, kann aber in einigen Fällen auch zur Erniedrigung der Rauigkeit führen (glitschiger Belag). Rauigkeit und Auflast bestimmen die Reibung zwischen den Trennflächen.

Die Verwitterung kann von der Verfärbung des Gesteins auf den Kluftflächen bis zum Zersatz der an die Kluft angrenzenden Gesteinsmasse führen. In solchen Fällen ist die Reibung zwischen den Kluftflächen erniedrigt und wird von den Eigenschaften der Verwitterungsprodukte bestimmt.

In offene Fugen und Spalten kann Material von der Oberfläche und auch von benachbarten Gesteinen eingespült werden (Ton, Schluff, Lehm, Sand, Kies). In Zerrüttungszonen können

Spalten mit Brekzie erfüllt sein. Über erdölhaltigen Gesteinen im Untergrund kann Bitumen in der Spaltenfüllung enthalten sein (Naturasphalt). Über und unter kohlehaltigen Gesteinen kann körniges Kohlematerial als Spaltenfüllung auftreten. Spaltenfüllungen können weich oder ausgehärtet vorliegen.

Nach der von der Spaltenfüllung ausgehenden Reibung zwischen den Kluftflächen lassen sich in Anlehnung an Palmström (1997) folgende Begriffe unterscheiden:

- aufgewachsene Kristalle: Calcit, Quarz u. a.;
- lockeres Material hoher Reibung: Sand, Schluff;
- hartes kohäsives Material: Ton, Chlorit, Talk;
- weiches kohäsives Material: Ton, Chlorit, Talk;
- quellfähiges Material: Ton.

Bei Wasserführung können die Trennflächen im Fels trocken, feucht, sehr feucht, nass oder sehr nass angetroffen werden. Im Fels wird durch Wasser die Rauigkeit auf den Kluftflächen erniedrigt. Zeitweise oder dauernd wassererfüllte Spalten stehen unter hydraulischem Druck in Abhängigkeit von der jeweiligen Höhe des freien Wasserspiegels. In Tallagen kann auch gespanntes Wasser artesisch aufsteigen. In Hanglage kann sich Fließdruck im strömenden Grundwasser einstellen. Wichtig sind Angaben und Bewertungen zu Wasserführung, Wasserdruck und Fließdruck in offenen Fugen und Spalten. Die Rauigkeit kann durch Wasser verringert werden.

Reibung wird bei Beanspruchung einer Trennfläche bzw. Gefügeebene auf Schub wirksam. Der Widerstand τ gegen Verschieben ergibt sich aus dem wirksamen Reibungswinkel ρ und der Auflast σ. Der Reibungswinkel ist stofflich vorgegeben durch die Oberflächenausbildung der Trennfläche und/oder durch die stofflichen Eigenschaften einer vorhandenen Kluftfüllung. Durch Wasserüberdruck in der Kluftfuge kann die Reibung bis $\rho = 0$ vermindert werden. Zum Abschätzen der parallel zur Trennfläche einwirkenden resultierenden Schubspannung muss der räumliche Spannungszustand in ein auf die beanspruchte Gefügeebene orientiertes Koordinatensystem (x', y', z') transformiert werden (Wittke 1984).

1.3.7 Beschreiben von Fels nach dem Grad der physikalischen Verwitterung und nach dem Auflockerungsgrad

Trennfugenabstand, Durchtrennungsgrad und Kluftöffnungsweite geben Hinweise zum Auflockerungsgrad. Hieraus ergeben sich folgende Begriffe zur Felsqualität:

- *sehr massiger Fels*
  Klüfte fehlen oder durchziehen das Festgebirge nur teilweise und sind weitgehend geschlossen. Das Festgebirge zeigt keine Auflockerung. Klüfte sind nur im sehr weitständigen System als offene Fugen bzw. Spalten ausgebildet.
- *massiger Fels*
  Im weitständigen Trennflächensystem sind einzelne Klüfte als offene Fugen ausgebildet. Wenige offene Spalten im sehr weitständigen Trennflächensystem sind möglich. Das Festgebirge ist entsprechend im weitständigen bis sehr weitständigen Trennflächensystem geringfügig (sehr wenig) aufgelockert.
- *Fels*
  Im mittelständigen Trennflächensystem sind einzelne Klüfte als offene Fugen ausgebildet. Einzelne offene Spalten im weitständigen Trennflächensystem sind möglich. Das Festgebirge ist entsprechend im mittel- bis weitständigen Trennflächensystem wenig aufgelockert. Durch diese Diskontinuitäten wird die Geschwindigkeit seismischer Wellen (◘ Tab. 4.2) neben anderen Festigkeitseigenschaften erniedrigt. Die Festigkeit im Felsverband ist hoch. An den Klüften hat keine Bewegung stattgefunden.
- *aufgelockerter Fels*
  Im engständigen Trennflächensystem sind Klüfte als offene Fugen ausgebildet. Offene Spalten im mittelständigen Trennflächensystem sind möglich. Das Festgebirge ist entsprechend im eng- bis mittelständigen Trennflächensystem aufgelockert. Die Festigkeit des Gebirges (der Felsmasse) ist stark erniedrigt. An einzelnen Trennflächen hat Bewegung stattgefunden.
- *stark aufgelockerter Fels*
  Klüfte sind im sehr engständigen Trennflächensystem als offene Fugen ausgebildet. Im engständigen und mittelständigen System sind Klüfte als offene Spalten ausgebildet. Das Gebirge ist entsprechend stark bis sehr stark aufgelockert. Die Festigkeit der Gesteinsmasse ist sehr stark erniedrigt. Schieferton blättert nach der Schichtung, Schiefer oder Tonschiefer nach der Schieferung im dicht- oder sehr dichtständigen Trennflächenabstand auf.
- *Lockermaterial, Lockergestein*
  Alle Trennflächen sind als offene oder verfüllte Spalten ausgebildet, oder das Gestein ist auf den Trennflächen zersetzt. Durch offene Spalten ist die Gesteinsmasse in getrennte Scheiben oder Säulen aufgelöst, in welchen Kluftkörper ohne festen Verbund übereinander liegen. Steil anstehende Gesteinsmassen neigen zum Nachbruch. Für das Lösen der Massen sind keine besonderen Arbeitsgänge erforderlich.

1.3.8 Beschreiben von Fels nach dem Grad der chemischen Verwitterung

- frisch (unverwittert)
- angewittert
  Ausgehend von Trenn- und Störungsflächen, welche das tektonische Gefüge des Felskörpers bilden, sind die Kluftkörper teils einseitig, teils allseitig angewittert und farblich verändert. Das Gestein ist im Inneren der Kluftkörper frisch (unverwittert). Im Felsverband ist die Scherfestigkeit erniedrigt.
- teilverwittert (ungleichmäßig verwittert)
  Im Felsverband bestehen nebeneinander verwitterte Partien und nicht verwitterte Partien. Dies kann bei Massengesteinen die äußeren Teile der ehemaligen Kluftkörper, bei lagig aufgebauten metamorphen Gesteinen, bei vulkanischen Gesteinen und bei Sedimentgesteinen einzelne Gesteinslagen/Schichten betreffen.

- im Kluftkörperverband ungleichmäßig verwittert
  In Hanglagen der Mittelgebirge kann in kristallinen Gesteinen die morphologische Form der „Wollsackverwitterung" angetroffen werden. Meist handelt es sich um Verwitterungsformen aus dem Tertiär. Durch talwärtige Bewegung im Hang waren Trennflächen und Klüfte oberflächennah aufgerissen und aufgeweitet. Der ursprünglich massige Fels war in Kluftkörper aufgelöst. Die dabei entstandene anisotrope Verteilung der Sickerwasserbahnen ließ den chemischen Witterungsangriff unterschiedlich stark auf Ecken, Kanten und Flächen der Kluftkörper einwirken. Unter Bedeckung von Bodenmaterial hinterließ der ins Innere der Blöcke fortschreitende Verwitterungsangriff runde Blöcke, welche von ihrem Verwitterungsmaterial umgeben sind. Im Kern können solche Blöcke noch frisches unverwittertes Gestein enthalten. An den ehemals wasserführenden Spalten ist das Gestein in Lehm umgewandelt. Bei der in magmatischen Gesteinen häufigen Wollsackverwitterung liegen große, unverwitterte Blöcke in ihrem noch anhaftenden Verwitterungsmaterial im Untergrund vor. Das verwitterte Material ist in meist konzentrischen Schalen angelagert. Das Ausgangsmaterial für Wollsackverwitterung ist oft ein homogenes, regelmäßig und weitständig geklüftetes magmatisches Gestein.
- im Gesteinsverband ungleichmäßig verwittert
  Im Gesteinsverband liegen unverwitterte Gesteinsmassen neben verwitterten Gesteinsmassen vor. Diese Inhomogenität kann durch schichtweisen Wechsel unterschiedlicher Gesteine, durch unterschiedliche tektonische Beanspruchung der Gesteine (Verwitterung in Kluft- und Störungszonen) und durch unterschiedliche Angriffsmöglichkeit der Verwitterung bedingt sein. Es gibt verschiedene Verwitterungsformen (▶ Abschn. 2.3.2).
- im Schichtverband ungleichmäßig verwittert
  Bei metamorphen Gesteinen, bei vulkanischen Sedimentgesteinen/Tufflagen und bei feldspatreichen Sandsteinlagen (Arkose) können einzelne Lagen oder Schichten hydrolytisch verwittert sein, während andere Gesteinslagen oder Bänke frisch erhalten sind. Oberflächennahe Teil der Kohleflöze werden durch Oxidation in CO_2 überführt. Dies kann auch zu Höhlenbildung führen.

- gleichmäßig verwittert
  In Stein bis Blockgröße (Handstück, Baustein) können gleichmäßig verwitterte Stücke auch in teilverwitterten kristallinen oder schichtigen Gesteinsvorkommen angetroffen werden. In größeren Mengen und Stückgrößen werden gleichmäßig verwitterte kristalline Gesteine in den Tropen bis in größere Tiefen (mehrere Zehn bis Hunderte Meter) angetroffen. Sie sind von zersetzten Gesteinsschichten überlagert. Die Verwitterung schreitet von oben nach unten fort. Die Oberfläche ist weitgehend eben (peneplain). Die tiefliegenden und dort der Verwitterung ausgesetzten Gesteine verbleiben unter der Auflast der darüberliegenden Gesteins- und Erdmassen. Im verwitternden Fels sind die gesteinsinternen Strukturen erhalten. Die Ursache für gleichmäßige Verwitterung ist im ▶ Abschn. 2.3.4 beschrieben.
  Das Verwitterungsprofil ist von oben nach unten graduiert und stellt eine Abfolge von mehreren gesteinstypischen Verwitterungsstufen zwischen Lehm oder Rotlehm, zersetztem Gestein, unterschiedlich stark verwittertem Gestein und frischem Gestein dar.
  Neben den Vorkommen, die sich gegenwärtig in den Tropen bilden, finden sich z. B. in Mitteleuropa unter der Auflagerung bestimmter Schichten aus Zechstein, Buntsandstein, Kreide und Tertiär fossile Abfolgen solcher tiefgründig verwitterter Gesteine in großer Mächtigkeit.
- zersetzt
  Die Kornbindung zwischen den das Gestein aufbauenden Mineralkörnern ist weitgehend aufgehoben, doch kann durch das Korngefüge eine Kohäsion im grobkörnigen Gesteinszersatz (z. B. vergruster Granit) erhalten sein. Das zersetzte Gestein kann in senkrechten Wänden anstehen und zeigt visuell noch strukturelle Eigenschaften des ursprünglichen Felsgesteins. Beim Abgraben und Zerkleinern entsteht eine grobkörnige Sand-Kies-Mischung (Granitgrus, „Felsenkies").
  In einem weiteren Stadium des Zersatzes können die das Gestein aufbauenden Minerale weitestgehend aufgelöst oder umgewandelt sein. Im Zuge der Verwitterung sind Tonminerale und Limonit neu entstanden. Die ursprüngliche Gesteinsmasse ist vollständig verfärbt und in Lehm umgewandelt. Unter besonderen Bedingungen, z. B. bei tiefgründiger Verwitterung unter morphologischen Hochflächen, kann der Verwitterungsboden, z. B. „Gneiszersatz", als Lehm oder lehmiger Sand in fester bis halbfester Zustandsform vorliegen. Auch in diesem Zustand können noch strukturelle Eigenschaften des ursprünglichen Festgesteins, z. B. die Kluftkörperform, erhalten sein. Bearbeitungs- und Kratzspuren glänzen.
  Zersetzte Gesteine sind im Sinne bautechnischer Vorschriften als Boden einzustufen; ihre Festigkeitseigenschaften sind nach den Kriterien der Bodenmechanik zu bewerten. Häufig sind mehrere Zehn Meter mächtige Gesteinslagen gleichmäßig zersetzt/vergrust (Granitzersatz, Gneiszersatz, Gesteinszersatz). Dies betrifft vorrangig großflächige Vorkommen in den Tropen. In Mitteleuropa wird Gesteinszersatz in großer Mächtigkeit aus lang zurückliegenden Erdperioden unter der Auflagerung bestimmter Schichten aus Zechstein, Buntsandstein, Kreide, Tertiär angetroffen. Bisweilen wird beobachtet, dass solcher Gesteinszersatz nach unten mit einer scharfen Grenzfläche endet, – wohl einem fossilen Grundwasserstand. In den zersetzten Gesteinsmassen sind die ursprünglichen Felsstrukturen und Trennflächen noch erkennbar, Ganggesteine können als Fels erhalten sein.
  Beim vollständigen Zersetzen von kristallinen Gesteinen vergehen/verschwinden im Zuge der chemischen Verwitterung die gesteinstypischen Minerale wie Hornblende, Glimmer, Feldspat etwa in der Reihenfolge der Verwitterungsstabilität von oben nach unten. Es bilden sich neue Minerale wie Ton und Limonit oder Hämatit. Als Endprodukt vollständig zersetzter kristalliner Gesteine entstehen Lehm (Verwitterungslehm), Laterit, Bauxit.

1.4 Allgemeine Anforderungen an das geotechnische Untersuchen von Boden und Fels

Geotechnische Untersuchungen sind die ingenieurgeologischen, hydrogeologischen, hydrologischen, geophysikalischen, bodenmechanischen und felsmechanischen Arbeiten, die für das Beschreiben und Bewerten von Boden und Fels und die sich hieraus für die jeweilige Aufgabenstellung ergebenden Folgerungen notwendig sind. Geotechnische Untersuchungen umfassen auch vorbereitende Bagger- und Schachtarbeiten sowie die Bohr- und Sondierarbeiten, gegebenenfalls unter Einsatz schwerer Geräte. Solche Arbeitseinsätze können sich in der Landschaft und Natur störend auswirken. Die für das Untersuchen vorgesehenen Maßnahmen und Eingriffe dürfen der Schutzwürdigkeit von Bäumen, Sträuchern und seltenen Pflanzen sowie der Agrarvegetation nicht entgegenstehen. Gegebenenfalls sind die vorgesehenen Untersuchungen mit Grünflächenämtern und Naturschutzbehörden abzusprechen. So können Flächen, Felswände, Höhlen etc. aus Gründen des Artenschutzes, zeitweise, z. B. bei brütenden Vögeln oder zu Zeiten der Winterruhe, oder auch dauerhaft, z. B. in einem Geotop, unter Schutz stehen. Bei Nichtbeachten solcher Vorgaben können Genehmigungen für Bohr-, Bagger- oder Sprengarbeiten entzogen werden.

Die eigentlichen geotechnischen Untersuchungen umfassen die Aufnahme von Aufschlüssen und Bohrgut, die Entnahme von Boden- oder Gesteinsproben, Laborversuche, Feldversuche, messtechnische Verfahren und Modellversuche. Die Ergebnisse und Folgerungen dieser Untersuchungen sind im Sinne der Aufgabenstellung in einem Geotechnischen Bericht zusammenzufassen. Der mit einer geotechnischen Untersuchung beauftragte Sachverständige muss sich über das jeweilige Projekt und seine Baudurchführung informieren. Er muss in der Lage sein, alle für die Realisierung der geplanten Maßnahme resultierenden Probleme zu erkennen und gegebenenfalls von sich aus hierzu die entscheidenden Fragen an die mit der Planung Beauftragten stellen. Die Anforderungen an geotechnische Untersuchungen sind in DIN 4020 („Geotechnische Untersuchungen für bautechnische Zwecke") detailliert geregelt. Diese Norm bezieht sich zwar nur auf bautechnische Untersuchungen, kann aber weitgehend auch auf Untersuchungen für andere Maßnahmen und Fragestellungen übertragen werden.

Den Geotechnischen Bericht hat nach DIN 4020 ein Sachverständiger für Geotechnik zu erstellen. Dabei hat er zunächst die erforderlichen Untersuchungen zu planen und die fachgerechte Ausführung der Aufschlüsse und der Feld- und Laborversuche zu überwachen. Des weiteren hat er die sich aus dem Aufschluss und Untersuchungsbefund ergebenden Folgerungen für Planung und Konstruktion zu ziehen und die Wechselwirkungen zwischen den angetroffenen Bodenverhältnissen einerseits und der Planung, Konstruktion und Bauausführung andererseits darzulegen. Die Aufgaben eines solchen Sachverständigen verlangen gründliche Kenntnisse der angewandten Geologie, Bau- bzw. Ingenieurgeologie mit Kenntnissen in allgemeiner und regionaler Geologie, der Boden- und Felsmechanik und des allgemeinen Bauingenieurwesens.

Umfang und Begriffe dieser geotechnischen Untersuchungen sind in DIN 4020 geregelt.

In einem Geotechnischen Bericht müssen die maßgebenden Baugrundeigenschaften beschrieben und die erforderlichen Kennwerte genannt werden.

Dies setzt umfangreiche Erfahrung voraus!

Anschließend sind, getrennt nach Bauwerk und verschiedenen Bauzuständen während der Bauausführung, die möglichen Verformungen in Baugrund und Bauwerk, die Sicherheit gegen Grenz- und Bruchzustände, die Lasteinwirkungen auf das Bauwerk oder auf Bauwerksteile aus Baugrund und Grundwasser, die Einwirkungen des Bauwerkes auf die Umgebung sowie zusätzlich erforderliche Maßnahmen bei der Baudurchführung zu beurteilen. Vorhandene oder möglicherweise neu auftretende Boden- und Grundwasserkontaminationen sind anzusprechen.

Um den Untersuchungsaufwand anhand der Schwierigkeit von baulicher Anlage und Baugrund unter Berücksichtigung von Randbedingungen gezielt festlegen zu können, wurden in DIN 4020, Anhang A drei geotechnische Kategorien gebildet. Damit werden bei komplexen Bauvorhaben oder schwierigem Baugrund über Standarduntersuchungen hinausgehende Untersuchungen, Berechnungen und Beurteilungen gefordert.

- Geotechnische Kategorie 1
  Gleichmäßiger Baugrund mit übersichtlichen Bodenverhältnissen, tiefliegendes Grundwasser.
  Setzungsunempfindliche Bauwerke mit geringen Stützlasten (bis etwa 250 kN/m^2) oder Streifenlasten (bis etwa 100 kN/m).
- Geotechnische Kategorie 2
  Baugrundverhältnisse mit mittlerem Schwierigkeitsgrad; Bauwerk und deren Gründung müssen an den Baugrund angepasst werden (◘ Abb. 11.1 bis 11.6).
  Bauobjekte mit mittlerem Schwierigkeitsgrad bei üblichen Konstruktionen.
- Geotechnische Kategorie 3
  Schwieriger Baugrund, (z. B. Bauen in Rutschhängen oder im Gelände mit Auslaugungen, Höhlen oder Bergbau im Untergrund), tiefe Baugruben, variierende Wasserstände, erforderliche Wasserhaltung.
  Hohe und/oder außergewöhnlich Bauobjekte, weitgespannte Brücken. Maschinenfundamente mit hohen dynamischen Belastungen für Bauwerk und Untergrund, Bau von Stauanlagen mit Stauhöhen über 2 m.

Die Untersuchung des Baugrundes nach DIN 4020 bietet bei gleichmäßigem und stofflich beständigem Untergrund eine ausreichende Erkundung. Beim bodenmechanischen Bewerten wird der Untergrund als homogen, isotrop und unveränderlich stabil betrachtet werden. Nicht in ausreichendem Maße können nach DIN 4020 die geologisch bedingten Ungleichheiten im Untergrund erkannt werden. Hier ist eine grundlegende geologische Ausbildung vorteilhaft, da durch den Aufbau des Geologiestudiums mit umfangreichen Geländeübungen der Blick für das Außergewöhnliche geschult wird. Neben der geotechnischen Ansprache des Bodens ist es die Aufgabe der Bau- bzw. Ingenieurgeologie, auf Inhomogenitäten und Veränderlichkeiten hinzuweisen. Ungleichheiten im Untergrund können schichtbedingt, verwitterungsbedingt und tektonischer Art sein. Gegenüber einem homogenen Untergrund können Versagensformen auf derartige Inhomogenitäten zurückzuführen sein.

Die Gesteine sind im Untergrund weder immer gleichmäßig ausgebildet, noch sind sie gleichmäßig bearbeitbar. Die Natur bietet eine große Vielfalt an Festgesteinen, Lockergesteinen und Böden. Die Variationsbreite reicht von großen, zusammenhängenden, gleichmäßigen, mineralisch gebundenen, festen Massen bis zum häufigen Wechsel verschiedener Gesteinsmassen mit unterschiedlicher Auflockerung und unterschiedlichen Festigkeitseigenschaften. Zur Ansprache, Dokumentation und Bewertung des geologischen Aufbaus im Untergrund oder der stofflichen Eigenschaften des Baugrundes können direkte und indirekte Aufschlussverfahren eingesetzt werden.

In DIN 4020 werden die bautechnischen Maßnahmen nach dem geotechnischen Risiko in die Kategorien 1–3 eingestuft. Soweit der Sachverständige für Geotechnik seiner Herkunft und Denkweise nach „Geologe" und das Baugrundrisiko boden- oder felsmechanischer Art ist, sollte ab Kategorie 2 ein Boden- bzw. Felsmechaniker hinzugezogen werden. In gleicher Weise sollte ein Sachverständiger mit ingenieurkundlicher Ausbildung bei Fällen, in denen wegen geologischer oder hydrogeologischer Komplikationen die Kategorie 2 oder 3 zutrifft, einen Geologen hinzuziehen.

Der Sachverständige für Geotechnik muss bei Aufgaben der Kategorie 3 vertiefte Kenntnisse und Erfahrungen auf den entsprechenden Teilgebieten besitzen (DIN 4020, Pos. 5.2, 2003). Eine solche allseitig hochspezifische Ausbildung kann nicht von jedem Sachverständigen erwartet werden. Das Hinzuziehen weiterer Sachverständiger ist dann geboten.

1.4.1 Qualitätskriterien für Bodenproben

Für das geotechnische Erkunden und Beurteilen ist die Qualität der Bodenproben (Bohrgut) von großer Bedeutung. Nach DIN EN ISO 22475-1, Tab. 1 können bei Bodenproben aus Bohrlöchern 5 Güteklassen unterschieden werden. Die erzielbare Güteklasse hängt vom Boden und vom Bohrverfahren ab. Bodenproben aus Bohrlöchern eignen sich zum Bestimmen nachstehender Eigenschaften:

- *Güteklasse 1*
  An den Bodenproben können Bodenart, geologische Zuordnung, mineralogische (stoffliche) Zusammensetzung, Schichtgrenzen, Feinschichtung mit Art der Lagerung und Anlagerung der Körner und Kornaggregate sowie alle bodenmechanischen Kenngrößen bestimmt werden (Korngrößenverteilung, Wassergehalt, Konsistenzgrenzen, Konsistenzzahl, Plastizitätszahl, Art und Anteil der organischen Substanz, Korndichte, Dichte des feuchten Bodens, Porenanteil, Grenzen der Lagerungsdichte, Durchlässigkeit, Scherfestigkeit und Steifemodul).
- *Güteklasse 2*
  An den Bodenproben können Bodenart, geologische Zuordnung, mineralogische (stoffliche) Zusammensetzung, Schichtgrenzen und Feinschichtung mit Art der Lagerung und Anlagerung der Körner und Kornaggregate sowie die meisten der bei Güteklasse 1 genannten bodenmechanischen Kenngrößen bestimmt werden. Die Bodenproben sind in ihrem Gefüge gestört und für Untersuchungen zum Bestimmen von Scherfestigkeit und Steifemodul nicht geeignet.
- *Güteklasse 3*
  An den Bodenproben können Bodenart, geologische Zuordnung, mineralogische (stoffliche) Zusammensetzung und Schichtgrenzen sowie ein Teil der bei Güteklasse 1 genannten bodenmechanischen Kenngrößen bestimmt werden. Die Bodenproben sind in ihrem Gefüge gestört und aufgelockert. Derartige Proben sind zum Bestimmen von Scherfestigkeit, Steifemodul, Dichte, Porenanteil und Durchlässigkeit nicht geeignet.
- *Güteklasse 4*
  An den Bodenproben können Bodenart, geologische Zuordnung, mineralogische (stoffliche) Zusammensetzung und Schichtgrenzen sowie wenige der bei Güteklasse 1 genannten bodenmechanischen Kenngrößen bestimmt werden. Die Bodenproben sind in ihrem Gefüge gestört, aufgelockert und haben einen von der natürlichen Lagerung abweichenden Wassergehalt. Derartige Proben sind zum Bestimmen von Scherfestigkeit, Steifemodul, Dichte, Porenanteil, Durchlässigkeit, Wassergehalt und Konsistenzzahl nicht geeignet.
- *Güteklasse 5*
  An den Bodenproben können Bodenart, geologische Zuordnung, mineralogische (stoffliche) Zusammensetzung und Schichtgrenzen erkannt werden. Die Bodenproben sind gestört. Alle bodenmechanischen Kenngrößen, auch die Korngrößenverteilung innerhalb enger Schichtabschnitte, sind verändert.

■ Lagern von Bodenproben, Bohrgut und Bohrkernen

Bis zur geotechnischen Aufnahme sollen frisch gewonnene Bodenproben und Bohrkerne im bodenfeuchten Zustand gehalten und wettergeschützt gelagert werden. Aufweichen, Austrocknen und Gefrieren ist zu vermeiden.

1.4.2 Qualitätskriterien für Bohrgut aus Festgestein

Das im Kernbohrverfahren gewonnene Bohrgut kann unterschiedliche Qualität aufweisen. DIN 4022, Teil 2 unterscheidet die Gruppen A, B, C und D. Die Qualität der Bohrkerne hängt von den technischen Einwirkungen beim Bohrvorgang und von geologischen Gegebenheiten ab. Wenn aus Gesteinsfolgen mit stark wechselnden Festigkeitseigenschaften Bohrkerne gewonnen werden sollen, müssen Gerät und Geräteführung diesen unterschiedlichen Anforderungen angepasst werden. Zu beachten sind Bohrfortschritt und Spülmittelverlust oder Spülmittelanstieg. Erfahrungen werden nicht nur vom Geräteführer, sondern auch von dem die Bohrung betreuenden Geotechniker verlangt. Für nicht geologisch geschulte Geotechniker besteht die Gefahr, dass in der regionalen Geologie bekannte und im Bohrloch zu erwartende Schichten beim Bohrvorgang nicht angepasst angegangen werden. Gefahr für

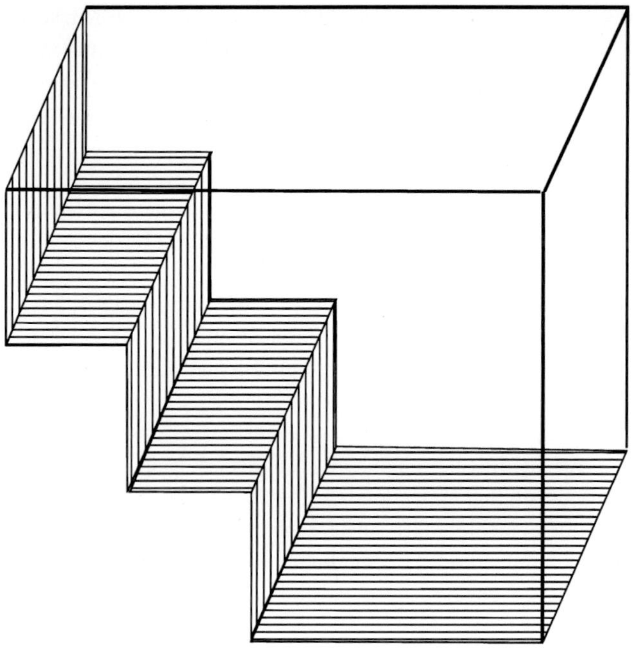

Abb. 1.4 Getreppte Schürfgrube für das direkte Untersuchen des Baugrundes, etwa 5 m lang, 3,5–4,5 m tief, 1–1,2 m breit. Bei nicht standfestem Boden ist die Grube zu sichern. Die Stufen dienen der Entnahme ungestörter Bodenproben. Sie werden vom Bagger grob angelegt und mit dem Spaten unmittelbar vor Probenahme nachgearbeitet

Fehlbohrungen besteht im Übergang von verwittertem zu unverwittertem Gestein.

Es ist vorrangige Aufgabe des Geotechnikers zu erkennen, ob eine mindere Qualität von Bohrkernen bohrtechnisch oder geologisch bedingt ist. Durch Anpassen der Bohrtechnik an Gestein und Gesteinswechsel sollen repräsentative Bohrkerne von möglichst hoher Qualität gewonnen werden.

Nachfolgend wird die in DIN 4022, Teil 2 geforderte Gruppierung nach „Art der gewonnenen Proben" erläutert und um die Gruppe E (Kernverlust) ergänzt:

- *Gruppe A: hohe Bohrkernqualität*
  Der Bohrkern ist als idealer Zylinder ganz erhalten und zerfällt nur an geologisch vorgegebenen offenen Trennfugen in Teilstücke. (Ausnahmen sind Bruchstellen durch Kernabriss und Bohrkernteilung beim Aufteilen in Kernkisten.)
  Bei massigen Gesteinen liegen zusammenhängende, lange Kernstücke vor. Das Gestein hat sich unter dem Einfluss der Spülung und Bohrbeanspruchung in seinen Eigenschaften nicht verändert. Das Kernmaterial eignet sich zum Bestimmen von Gesteinsart, Körnung und Kornbindung, mineralogisch-petrographischen Eigenschaften, tektonischer Beanspruchung, Verwitterungsgrad, zum Festlegen von Gesteinsgrenzen und zum Bestimmen von Dichte, Wassergehalt, Durchlässigkeit, Festigkeit und Verformbarkeit.
- *Gruppe B: verminderte Bohrkernqualität*
  Der Bohrkern ist weitgehend als idealer Zylinder ganz erhalten. Unter dem Einfluss von Spülung, Bohrbeanspruchung, Entlastung und Luftzutritt können im Bohrkern Veränderungen eintreten. Das Gestein oder hierin enthaltene Minerale können bei Zutritt von Wasser auf- oder angelöst werden, umkristallisieren und bei Druckentlastung quellen. Im Gestein enthaltene Flüssigkeiten oder Gase können austreten. Oxidierbare Bestandteile können mit Sauerstoff reagieren. Unter Druckentlastung kann der Bohrkern reißen, in mehrere Kernstücke auseinanderfallen oder sich anderweitig verformen. Austrocknen kann Schrumpfen bewirken.
  Solche Veränderungen am Bohrkern können in vielen Fällen vom bohrbegleitenden Geotechniker und vom Geräteführer nicht beeinflusst werden. Gegebenenfalls sind vom Gutachter besondere Anordnungen für das Aufbewahren der Kerne zu treffen.
  Das Kernmaterial eignet sich zum Bestimmen von Gesteinsart, Körnung und Kornbindung, mineralogisch-petrographischen Eigenschaften, tektonischer Beanspruchung, Verwitterungsgrad und zum Festlegen von Gesteinsgrenzen. Es eignet sich nur bedingt zum Bestimmen von Dichte, Porosität, Durchlässigkeit, Festigkeit und Verformbarkeit.
- *Gruppe C: geringe Bohrkernqualität*
  Das Bohrgut besteht aus Stücken des durchbohrten Gesteins, die nicht mehr zu einem Zylinder zusammengefügt werden können. Das Gestein wurde beim Bohren zerrissen. Einzelne Stücke wurden mehrfach angebohrt und/oder gerundet. Bei einer Wechselfolge von Gesteinsschichten mit voneinander stark abweichenden Eigenschaften sind nur aus einzelnen Lagen qualitativ gute Bohrkerne erhalten. Die Kernkisten sind entweder nicht vollständig gefüllt (Kernverlust) oder für das aufgelockerte Material zu klein.
  Das Bohrgut eignet sich zum Bestimmen von Gesteinsart, Körnung und Kornbindung, mineralogisch-petrographischen Eigenschaften, Verwitterungsgrad und zum Festlegen von Gesteinsgrenzen. Nur an einzelnen Bohrkernstücken können Dichte, Porosität, Durchlässigkeit, Festigkeit und Verformbarkeit bestimmt werden, wobei eine Repräsentanz für größere Bohrstrecken nicht garantiert werden kann.
- *Gruppe D: nicht ausreichende Bohrkernqualität*
  Im Kernrohr wird zerbohrtes Gestein gewonnen. Das Gestein ist zu Sand- und Kiesgröße zerrieben oder zerbrochen. Scharfkantige Bruchstücke können durch die Drehbewegung im Bohrrohr gerundet sein. Das Bohrgut eignet sich zum Feststellen von Gesteinsart und Tiefenlage. Zerbohrtes Gesteinsmaterial ist schwierig zu bewerten. Eine Ansprache des zerbohrten Gesteins seitens des Geotechnikers nach dem optischen Eindruck als Bodens ist falsch.
  Eine geotechnische Bewertung erfordert die Wiederholung des Aufschlusses oder Zusatzuntersuchungen. Ursache für zerbohrtes Gestein kann eine nicht angepasste Bohrweise sein, z. B. Bohren mit Einfachkernrohr, zu hoher Anpressdruck, falscher Spüldruck, zu hohe Drehgeschwindigkeit, falsche Bohrkrone.
- *Gruppe E: Kernverlust*
  Die durchbohrte Strecke entzieht sich, abgesehen von fernsehoptischen Untersuchungen im Bohrloch, der direkten Betrachtung. Es ist davon auszugehen, dass prinzipiell oder z. B. bei nicht erkanntem Gesteinswechsel nicht gesteinsangepasst gebohrt wurde. Das Gestein wurde zerbohrt und mit der Spülflüssigkeit abgeführt.

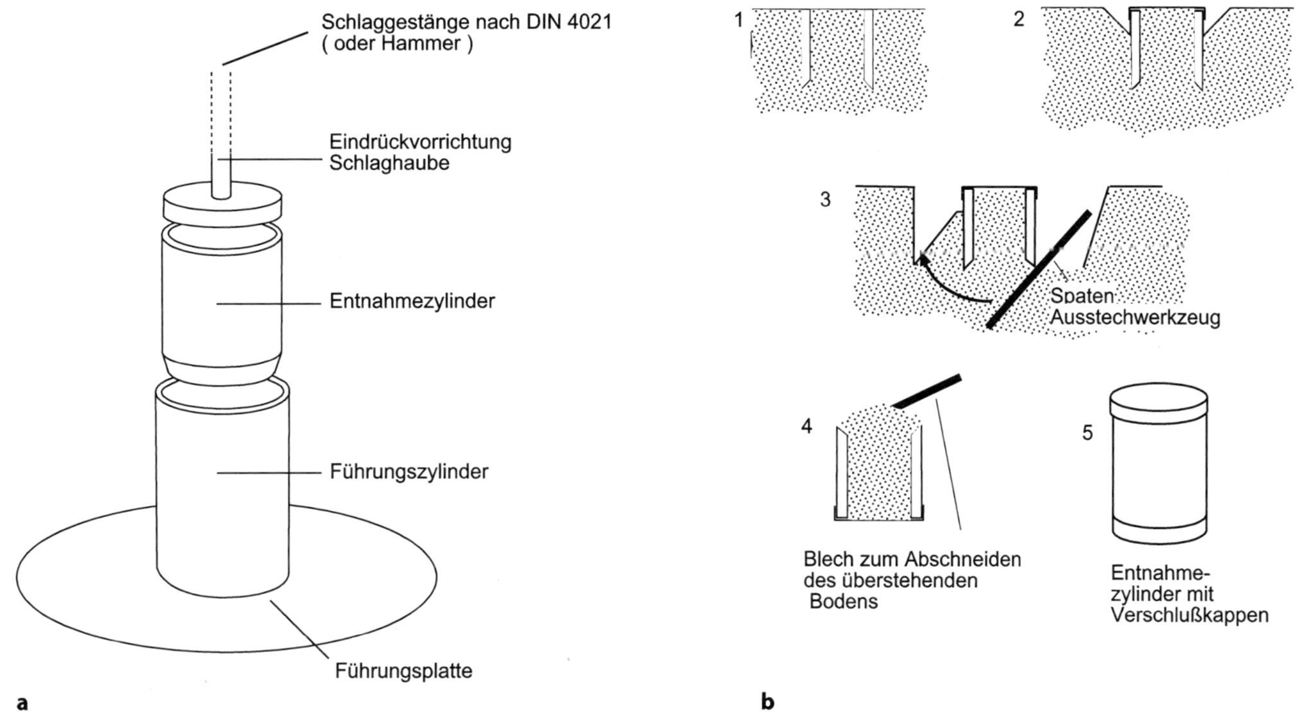

Abb. 1.5 **a** Vorrichtung für die Entnahme ungestörter Zylinderproben nach DIN 4021, **b** Arbeitsschritte bei der Entnahme ungestörter Zylinderproben

Das geotechnische Bewerten der im Untergrund anstehenden Gesteine erfordert die Wiederholung des Aufschlusses oder Zusatzuntersuchungen.

1.5 Direktes Untersuchen des Untergrundes in begehbaren Aufschlüssen

Direkte Erkundungsverfahren können in bestehenden Aufschlüssen oder in für die Untersuchung neu geschaffenen Aufschlüssen durchgeführt werden. Boden- oder Gesteinsansprache, Beschreiben, Probenahme und Probeanalyse sind direkt möglich.

Im Boden und im leichten Fels können mit Baggergeräten, in besonderen Fällen auch von Hand, Schürfe oder Schlitze ausgehoben werden. Wenn tief reichende Aufschlüsse erforderlich sind, können hierfür Brunnen oder Schächte abgeteuft werden. Im Fels können Gräben, Gruben, Untersuchungsstollen und Untersuchungsschächte ausgebrochen werden. Derartige Aufschlüsse oder Aufschlussmethoden ermöglichen einen großflächigen Einblick in den Untergrund, und die Entnahme von Boden- und/oder Gesteinsproben. ◘ Abb. 1.5 und 1.6 zeigen Vorrichtungen für die Entnahme ungestörter und gestörter Bodenproben.

1.5.1 Aufschlüsse

Aufschlüsse wie natürliche Felsen, Steilufer, Böschungen, Steinbrüche, Sand-, Ton- und Lehmgruben ermöglichen das direkte Betrachten des anstehenden Gesteins. Besonders bei Einzelaufschlüssen natürlicher oder künstlicher Art im sonst verdeckten Gelände dürfen die Erkenntnisse aus diesen in aller Regel nicht ohne Diskussion für bautechnische Zwecke übernommen werden. Es ist zu bedenken, dass der in natürlichen Aufschlüssen anstehende Boden und Fels nicht unbedingt typisch für das Gesamtvorkommen ist. In den natürlichen Aufschlüssen stehen bevorzugt die stabilen und verwitterungsresistenten Boden- und Gesteinsausbildungen an. Für Felsen ist typisch, dass die den Felsen aufbauenden Gesteinsmassen im Zuge der besonderen morphogenetischen Geschichte des Felsens langsam freigelegt, entspannt und teilweise auch verfestigt wurden. Die Gleichsetzung der stofflichen Eigenschaften von Boden, Gestein und Fels aus natürlichen Aufschlüssen mit denen im Untergrund kann zur Fehlbeurteilung und zur Überbewertung der Festigkeitseigenschaften führen.

1.5.2 Schürfe

Mit Baggern lassen sich im Regelfall 4 bis maximal 6 m tiefe Schürfgruben im Boden und baggerfähigen Fels ausheben. Begehbare Schürfe sollen nach den Sicherheitskriterien von DIN 4124 ausgeführt werden (▶ Abschn. 7.1.2), wobei jedoch bei einem Verbau der eigentliche Zweck der Schürfgrube, nämlich Einsicht in den Baugrund und Möglichkeit zur Probenahme, verlorengeht. In der Praxis hat es sich bewährt, mit Hydraulikbaggern etwa 1–2 m breite und 4–6 m lange Gruben auszuheben. Stufen für Probenahme sind von Hand nachzuarbeiten (◘ Abb. 1.4). Für extrem tiefe Schürfarbeiten können Spezialgeräte mit in der Länge variablem Greifarm (bis ca. 35 m) eingesetzt werden.

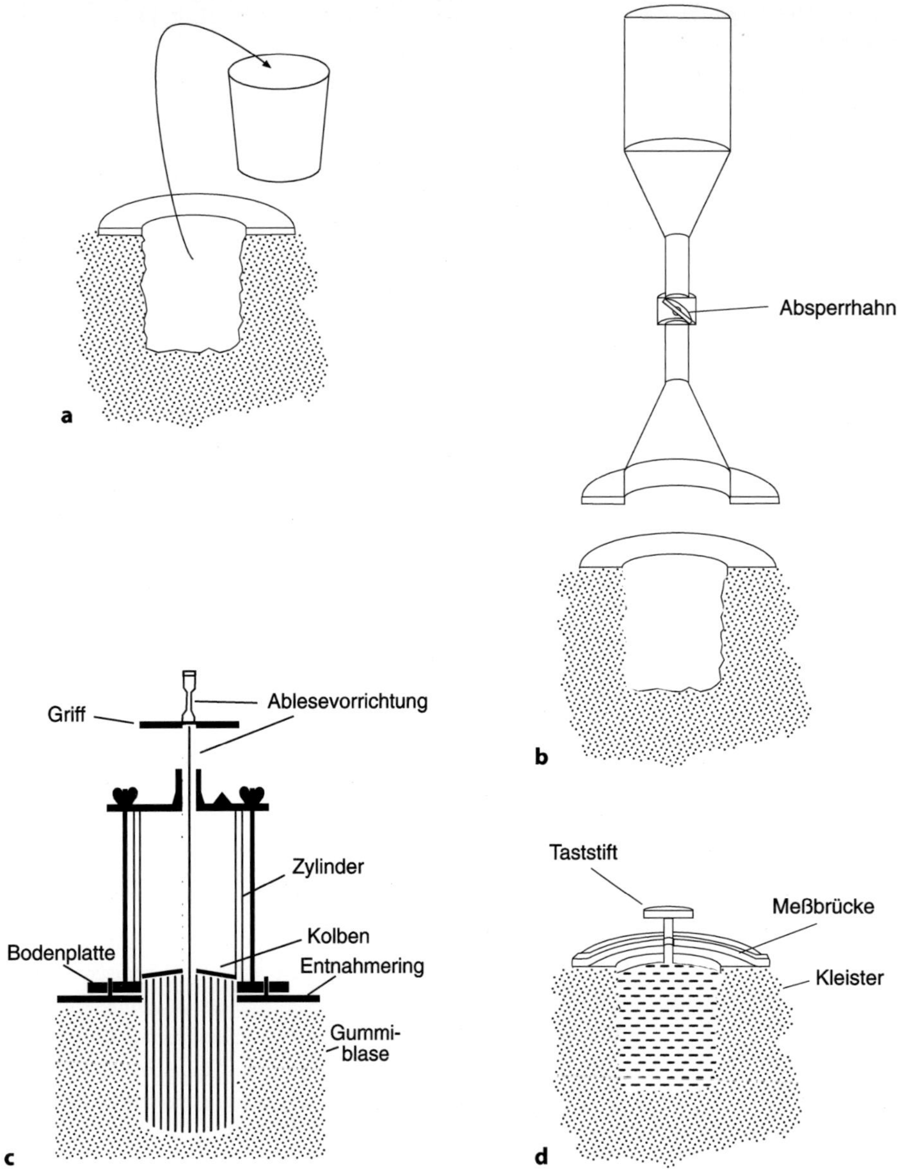

Abb. 1.6 Entnahme von gestörten Bodenproben und Bestimmen des entnommenen Bodenvolumens durch Ersatzverfahren mithilfe einer Stahlringplatte. **a** Entnahme, **b** Sandersatzgerät, **c** Ballongerät, **d** Messbrücke für Ersatzverfahren mit Flüssigkeiten oder Kleister

Schürfgruben bieten einen guten Einblick in den Untergrund und ermöglichen eine zuverlässige Bodenansprache mit gezielter Probenahme. Sande und feinkörnige Böden können mit dem Ausstechzylinder nach DIN 4021 (Abb. 1.5) beprobt werden. Aus Böden, die Kieskörner oder Steine enthalten, können gestörte Proben entnommen werden (Abb. 1.6a). Sofern die Dichte eines solchen Bodens zu ermitteln ist, kann diese mit einem Ersatzverfahren bestimmt werden (Abb. 1.6b–d). Aus Fels können Gesteinsproben in Kluftkörpergröße entnommen werden.

Art, Zusammensetzung, Zustand, räumliche Lage und Wasserführung können für den erschlossenen Untergrund festgestellt werden. Für Untersuchungsarbeiten in geringer Tiefe (flache Rutschungen, Rohrleitungsbau, Gründungen) sind Schürfgruben bezüglich des Untersuchungsaufwandes und des erzielbaren Einblicks in den Untergrund die optimale Aufschlussmethode, die zudem Daten zur Bearbeitbarkeit (Baggerfähigkeit) der anstehenden Gesteine liefert und die Möglichkeit zur Durchführung von Feldversuchen bietet.

Bei flachliegendem Grundwasser sind Schürfgruben nicht oder nur bedingt zu empfehlen. Ungünstig sind mögliche Fließbewegungen im Sand (Fließsand).

In der Nachbarschaft von Bauwerken sind Sicherheitsabstände zu den Gründungskörpern vorzusehen. Auch ist darauf zu achten, dass Schürfgruben nicht im Einflussbereich von Gründungskörpern des geplanten Bauwerkes ausgehoben werden. In Hanglagen kann es je nach Aufgabenstellung sinnvoll sein, statt Schürfgruben Schürfschlitze in der Falllinie anzuordnen.

1.5.3 Schächte

Schächte sind lotrechte oder stark geneigte begehbare Aufschlüsse mit größerer vertikaler Ausdehnung. Solche Untersuchungsschächte dienen der Ansprache und dem Beschreiben des Baugrundes und der Entnahme von Proben; sie ermöglichen das Durchführen von Feldversuchen. Je nachdem, ob standfester

Fels oder Boden ansteht, ist die Bauweise stark unterschiedlich: Brunnenbau (Abb. 11.4), sprengtechnischer, frästechnischer oder bohrtechnischer Schachtbau (▶ Abschn. 13.8.6, Abb. 13.28, 13.29). Schächte werden sowohl zum Erkunden von Lagerstätten und Rohstoffen als auch zum Erkunden und Sanieren des tieferen Untergrundes, z. B. bei Rutschungen mit tiefliegenden Gleitflächen im engbebauten Gebiet, erstellt. Im Verbund mit Untersuchungsstollen oder Kontrollstollen sind Untersuchungsschächte im Talsperrenbau üblich.

1.5.4 Stollen

Stollen sind waagerechte oder wenig geneigte, begehbare unterirdische Gänge. Solche Untersuchungsstollen dienen der Erkundung von Baugrund, Lagerstätten und Rohstoffen. Im Bergbau sind Untersuchungsstollen üblich. Beim Tunnel- und Verkehrswegebau sind Richt- oder Pilotstollen üblich (▶ Abschn. 13.1.2). Beim Talsperrenbau sind Kontrollstollen unter Staumauern üblich. Auch zum Untersuchen von Gleithorizonten unter rutschgefährdeten Bergmassen wurden Erkundungsstollen über mehrere hundert Meter Länge ausgeführt.

1.6 Direktes Untersuchen des Untergrundes durch Bohren

Für das Bohren steht eine Vielfalt von Bohrverfahren zur Verfügung. Mit den unterschiedlichen Verfahren werden sehr verschiedene Bohraufgaben bewältigt. Bohrungen dienen folgenden Zwecken:

- Erkunden von Baugrundverhältnissen;
- Erkunden von Grundwasserverhältnissen;
- Erkunden von Lagerstätten;
- Fördern von Wasser, Laugen, Thermalwasser und Dampf;
- Fördern von Erdöl und Erdgas;
- Versenken von Wasser, Dampf, Gasen;
- Sprengen und Auflockern von Fels;
- Verpressen von Injektionsmitteln;
- Einbau von Ankern, Nägeln und Pfählen;
- Verlegen von Leitungen (Mikrotunneling);
- Vortreiben von Stollen und Tunneln;
- Abteufen von Brunnen und Schächten.

Aus Bohrlöchern, Bohrproben, Bohrarbeiten, Bohrwiderständen und den beim Bohren beobachteten Gas- und Flüssigkeitsaustritten sowie Wasser- und Druckverlusten können Erkenntnisse über den Untergrund gewonnen werden. Unterschiedliche Fragestellungen können bei Erkundungsaufgaben am gleichen Objekt verschiedenartige Bohrverfahren erfordern.

Kernbohrungen, Rammkernbohrungen und fernsehoptische Untersuchungen der Bohrlochwände geben nur Einblick in einen kleinen Beobachtungsquerschnitt. Wichtige Strukturen wie Kluftabstand, Kluftkörpergröße oder offene Spalten können mittels vertikaler Bohrungen nicht immer in ausreichendem Maße erkannt werden. Für solche Untersuchungen sind Schrägbohrungen vorzunehmen.

Zur Dokumentation des Untergrundes und der möglichen Verformungen im Baugrund sowie im Komplex „Baugrund und Bauwerk" sind messtechnische Untersuchungen und Geländeaufnahmen erforderlich. Gemessen werden Längen, Höhen, Winkel, Bewegungen, Verformungen, Spannungen und Spannungsänderungen.

Meist werden künstliche Aufschlüsse nur für den Zeitraum der Voruntersuchung angelegt. Man kann künstliche Aufschlüsse aber auch so ausbauen, dass langfristiges Beobachten und Kontrollieren der Untergrundverhältnisse möglich ist.

Beim Bohren kann die Qualität von gewonnenem Bohrgut oder Bohrkern stark variieren. Die Ursache hierfür kann geologisch oder technisch bedingt sein. Geologische Ursachen sind der Wechsel von Schichten oder Gesteinen mit unterschiedlicher Festigkeit. Technische Ursachen können beim Bohrverfahren, bei der Arbeitsweise und bei der Erfahrung des Bohrmeisters/Geräteführers liegen. Beim Gewinnen oder Entnehmen von Bohr- oder Bodenproben sind Mindestanforderungen an die Qualität der Proben anzustreben, welche sich aus dem geotechnischen Erfordernis ergeben. Die für den jeweiligen Zweck anzustrebende Brauchbarkeit des Probenmaterials ergibt sich aus den Güteklassen nach DIN 4021. Für das Benennen, das geologische Zuordnen, das geotechnische Bewerten und für das Bestimmen oder Ermitteln bodenmechanischer Kennziffern ist das Einhalten gewisser Qualitätskriterien eine grundlegende Voraussetzung. Dem geotechnischen Erfordernis angepasst ist mit der Wahl eines für den jeweiligen Zweck geeigneten Bohrverfahrens und gegebenenfalls auch mit der Wahl eines erfahrenen Bohrunternehmens die für die angestrebte Güteklasse gewünschte Qualität zu erzielen. Zu beachten sind die DVGW-Richtlinien/Merkblätter W 120, W 121, W 115.

Es ist Aufgabe des Geotechnikers, für den jeweiligen Bau- oder Untersuchungszweck das geeignete Bohrverfahren zu benennen und Festlegungen für Bohrdurchmesser, Bohrlochneigung, Bohrtiefe bzw. Bohrlänge, erforderliche Verrohrung, Abstand und Qualität der zu entnehmenden Boden- oder Gesteinsproben zu geben. Bohr- und Ausbaupläne sind auszuarbeiten. Auch das Ausschreiben von Bohrarbeiten obliegt dem Geotechniker. Zu beachten sind „Verdingungsordnung für Bauleistungen" (VOB C, DIN 18301). Für geotechnische Untersuchungen kommen neben Kleinbohrverfahren vorrangig LKW-montierte Bohrgeräte zum Einsatz.

Bohrverfahren und Bohrdurchmesser richten sich nach der Bohraufgabe, der Bohrtiefe und den zu durchbohrenden Gesteinsarten. Für die Auswahl des Gerätes sind Vorhersagen zur Bohrbarkeit des Gesteins und zur Bohrleistung des einzusetzenden Gerätes von grundlegender Bedeutung.

Die unterschiedlichen Bohrverfahren sind in DIN 4021, Tab. 1–3 aufgelistet. DIN 4021 unterscheidet zwischen Bohrverfahren in Böden, Bohrverfahren im Fels und Kleinbohrverfahren in Böden (Ulrich 1991, Herrmann 1998).

Bohrungen sind von der Bohrfirma der zuständigen Behörde bzw. dem Geologischen Landesamt mitzuteilen und unterstehen ab 100 m Tiefe der Bergaufsicht. Eingriffe in das Grundwasser bedürfen der Zustimmung der Unteren Wasserbehörde.

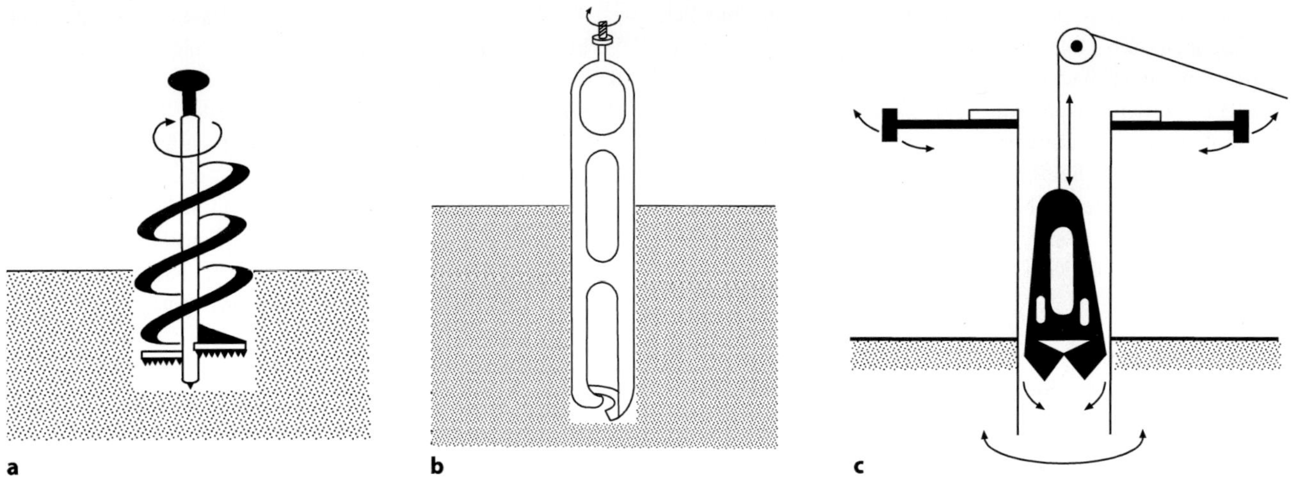

Abb. 1.7 Bohren in Boden. **a** mit Schnecke, **b** mit Schappe, **c** mit Greifer. Eine erforderliche Verrohrung kann, wie bei der Greiferbohrung dargestellt, durch Hin- und Herschockieren mit einer Druckluftschwinge eingebaut werden

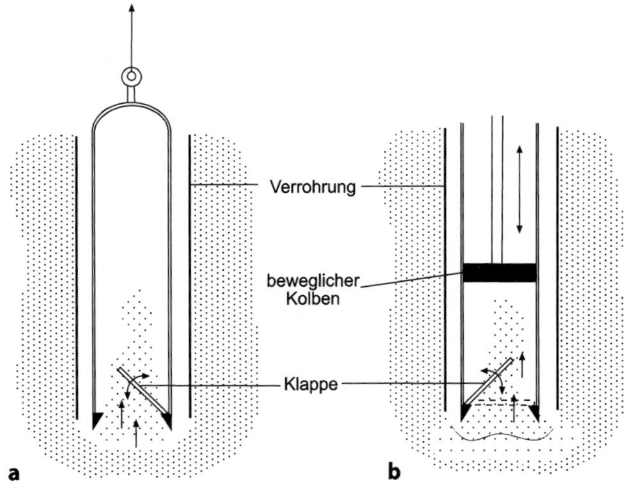

Abb. 1.8 Bohren in Boden mit Ventilbüchse (a) oder Kiespumpe (b). Die seilgeführte Ventilbüchse schlägt auf lockeren Sand- und Kiesboden auf und bohrt sich in diesen ein. Durch die geöffnete Ventilklappe dringt mit dem Wasserstrom Sand und Kies ein. Hiervon wird ein Teil beim Zufallen der Klappe gewonnen. Bei der Kiespumpe wird das Einströmen von Wasser mit Sand und Kies durch Kolbenhub verstärkt

1.6.1 Bohrverfahren in Böden

Das den Boden aufbauende Lockermaterial ist mit Bohrwerkzeug zu umfahren oder zu unterfahren und aus dem Bohrloch zu heben. In bindigen Böden kann mit Kernrohr, Schnecke oder Greifer gebohrt werden. In Sand und Kies kann mit Greifer, Schappe, Kiespumpe und Kernrohr mit Fangvorrichtung gebohrt werden.

■ **Drehbohrverfahren mit Schnecke**

Mit einem Drehbohrgerät wird ein Schneckenbohrer in den Boden getrieben.

Der im Bohrloch aufgelockerte Boden steigt stark gestört auf den Windungen der Schnecke nach oben und kann nicht immer einer bestimmten Tiefenlage zuerkannt werden (■ Abb. 1.7a, Güteklasse 5). Je nach Standfestigkeit des Bodens wird mit oder ohne Verrohrung gearbeitet. Schnecken mit Innenrohr eignen sich für den Einbau von Pfählen.

Bei Bohrverfahren mit kurzer Schnecke wird diese an ein Bohrgestänge montiert. Das abgebohrte Material kann mit der Schnecke gehoben und oberhalb des Bohrloches beprobt und abgeschleudert werden. Bei anderen Arbeitsweisen wechseln die Arbeitsgänge Bohren (Lösen) mit Schnecke und Fördern des Bohrgutes mit Schappe einander ab.

■ **Schneckenbohrung als Kleinbohrverfahren**

Schnecken und Spiralen können als Handdrehbohrung oder auch motorbetrieben im Kleinbohrverfahren eingesetzt werden. Das Verfahren eignet sich bei feinkörnigen Böden sowie feuchtem Sand bis Mittelkies (Güteklasse 4).

■ **Drehbohrverfahren mit Schappe**

Mit einem Drehbohrgerät wird eine Schappe in den Boden getrieben. Die Schappe besteht aus einem Rohr mit Längsschlitz und Schneide am unteren Rohrende (■ Abb. 1.7b). Mit der Schappe können bindige und schwach kohäsive Böden gelöst und aufgenommen werden. Gewonnen wird stark gestörtes Bodenmaterial. Soweit Nachfall ausgeschlossen ist, kann das gewonnene Bodenmaterial einer Tiefenlage zugeordnet werden (Güteklasse 5). Die Schappe kann auch im Kleinbohrverfahren eingesetzt werden.

■ **Bohrverfahren mit Greifer**

Mit einem seilgeführten Greifer wird im Bohrloch im Schutz einer Verrohrung Material entnommen (■ Abb. 1.7c). Das Verfahren eignet sich für große Durchmesser. Es bestehen Gleichheiten zum Brunnenbau.

Das Verfahren eignet sich nicht für feste bindige Böden und Blöcke > 0,5 D_e (Innendurchmesser des Bohrwerkzeuges). Beim Einsatz ausreichend großer Geräte und Verrohrungsdurchmesser (40–250 cm) ermöglicht das Verfahren Aussagen über Steine und Blöcke im Untergrund sowie deren Stückgröße und Prozentanteil.

Das entnommene Material ist gestört (Güteklasse 4). In der Regel wird dem geförderten Bohrgut pro Meter eine Probe ent-

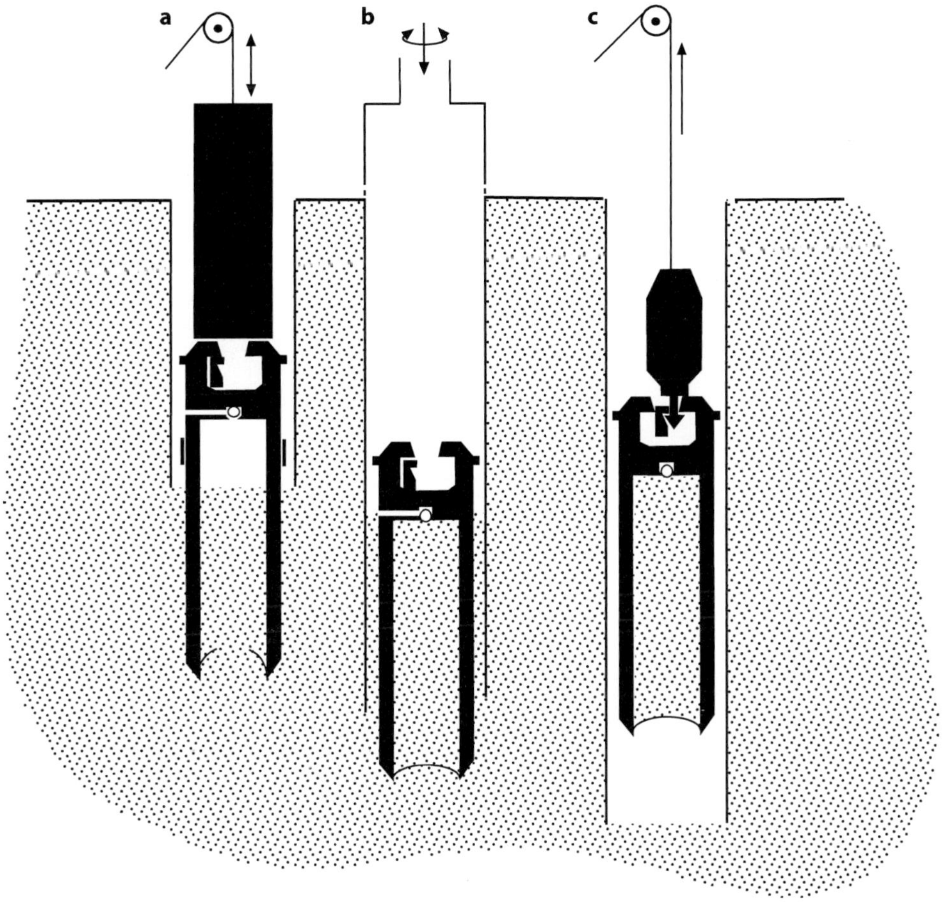

Abb. 1.9 Bohren in Boden. Schematischer Ablauf einer Rammkern-Seilkernbohrung. **a** Rammvorgang mit seilgeführtem Rammbären, **b** Freibohren des Kernrohres durch Nachdrücken der Verrohrung, **c** Ziehen des Kernrohres. (Homrighausen 1993)

nommen. An entnommenen Proben können Bodenarten und deren ungefähre Tiefenlage bestimmt werden.

Schlagbohrverfahren mit Ventilbüchse oder Kiespumpe

Die Ventilbüchse besteht aus einem Stahlzylinder mit Klappe. Die seilgeführte Büchse fällt auf den Grund des Bohrloches, bohrt sich in den Sand und Kies ein und wirbelt diesen auf. Mit dem Wasserstrom gelangt Sand und Kies in das Innere der Büchse. Bei nachlassender Strömung schließt sich die Klappe (Abb. 1.8a). Die Kiespumpe arbeitet mit einem beweglichen Kolben (Abb. 1.8b). Das Verfahren eignet sich bei locker gelagertem Sand und Kies unter Grundwasser. Die gewonnenen Proben sind stark gestört und kornentmischt (Güteklasse 5).

Rammkernbohrverfahren

Ein Rammkernrohr mit Schnittkante wird in den Untergrund eingedrückt oder eingerammt (Abb. 1.9). Die Bohrprobe wird entweder in einem gesonderten Entnahmestutzen (ungestörte Sonderprobe, Güteklasse 1) oder im Kernrohr (Güteklasse 2) gewonnen. Das Verfahren eignet sich bei kohäsiven feinkörnigen Böden, Torf, feuchtem Sand und bedingt bei feuchtem Sand mit Kiesanteilen. Übliche Durchmesser liegen zwischen 80 und 200 mm, meist bei 110 mm.

Bei locker gelagertem Sand und Kies, trocken oder unter Grundwasser, sind spezielle Entnahmegeräte mit Fang- oder Schließvorrichtung, mit Ventil oder Kolbenentnahmegeräte für Sonderproben erforderlich (DIN 4021, Tab. 6).

Bei scharfkantigen Kiesen und Sanden kann es im Kernrohr zu einer Brückenbildung kommen. Bei Wechsellagerung von festen und weichen Bodenschichten können die weichen Schichten verdrängt oder verformt werden.

Derartige Vorgänge können eine Minderung der Güteklasse und/oder Kernverlust bewirken.

Bei nicht standfestem Untergrund ist das Bohrloch zu verrohren. Eine Verrohrung kann durch Kombination von Rammkernbohrung und Seilkernbohrung oder durch Kombination von Rammkernbohrung und Schneckenbohrung (Abb. 1.10; Formazin 1987) eingebaut werden.

Rammkernbohrung als Kleinbohrverfahren

Es werden mit Hammer, Rammbär oder motorbetriebenem Schlagbohrhammer Schlitzstangen oder halboffene Rohre in den Boden eingetrieben. Außendurchmesser reichen von 22 mm (Gestänge der Leichten Rammsonde) über 36 mm (Pürckhauer-Bohrstock) bis 80 mm (Gestänge der Schweren Rammsonde). Da die Bohrwerkzeuge von Hand oder mit leichtem Gerät gezogen werden müssen, sind die Einsatztiefen begrenzt. Das Verfahren eignet sich zum Erkunden von Bodenart und Schichtenfolge bis etwa 6 m, in weichen Böden bis etwa 12 m Tiefe. Bei Innendurchmessern von 30–70 mm können Bodenproben der Güteklasse 3–4 gewonnen werden (Abb. 1.11a–c).

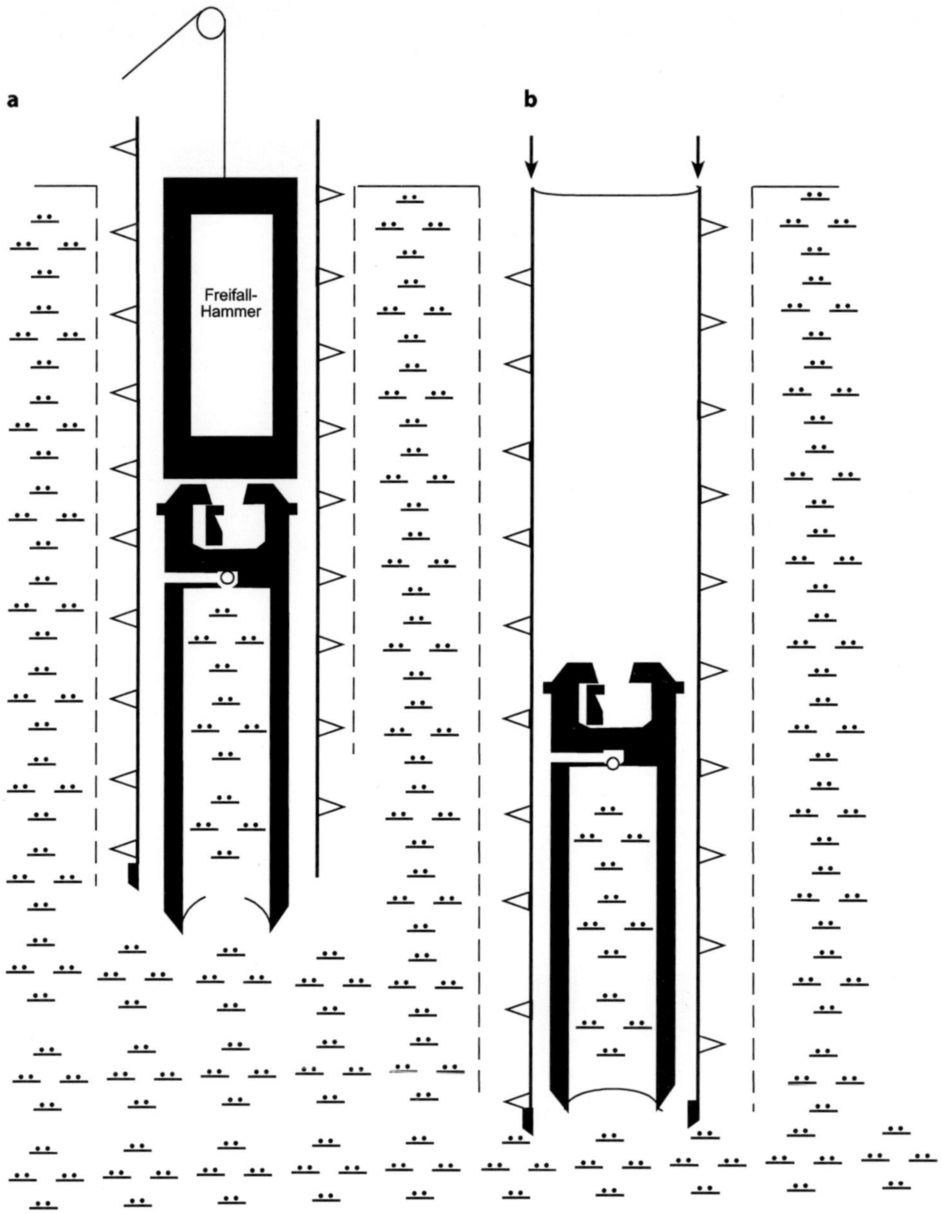

Abb. 1.10 Bohren in Boden. Prinzipskizze für das Rammkernverfahren mit Hohlbohrschnecke. **a** Eintreiben des Rammkernrohres mit seilgeführtem Rammbären, **b** Überbohren des Rammkernrohres. Der Bohrvorgang erfolgt in den drei unterschiedlichen Arbeitsgängen Eintreiben, Überbohren und Ziehen des Rammkernrohres. (Umgezeichnet nach Homrighausen 1993)

- **Drehbohrverfahren mit Kernrohr**

Es werden Kernrohre drehend in den Boden eingedrückt. Proben aus einem Einfachkernrohr sind gestört (Güteklasse 3–4). Mit einem Doppelkernrohr können weitgehend ungestörte Bodenproben gewonnen werden (Güteklasse 1–2).

- **Schlauchkernverfahren, Hülskernverfahren**

Es wird mit einem Doppelkernrohr gearbeitet. Der Bohrkern ist von einem flexiblen Schlauch oder Plastikrohr umgeben. Das Verfahren ist für weiche bis flüssige oder pastöse Stoffe und für fein- und grobkörnige Böden (Sand bis Mittelkies) geeignet. Es liefert gute geologische Aufschlüsse mit durchgehenden, nur wenig gestörten Kernen (Güteklasse 1–3, Abb. 1.12a, b).

1.6.2 Bohrverfahren im Festgestein

Bei Fels oder im Boden eingelagerten Gesteinsblöcken, Steinen und anderen Bohrhindernissen (Stahl-, Stein- oder Betoneinbauten im Untergrund für Fundamente, Rohrleitungen, Tunnel, Stollen, Bergwerke, Brunnen, Bunker und überschüttete Bauwerke) ist das Eindringen des Bohrwerkzeuges in den Untergrund mit hohem Arbeitsaufwand verbunden. Die Gesteinsfestigkeit muss mechanisch überwunden werden. Fels und Bohrhindernisse müssen in der Sohle des Bohrloches in kleinstückiges Bohrgut zerrieben, zersplittert oder zersägt werden. Bei Vollkernbohrungen wird das Gestein in der Querschnittsfläche der Bohrung zerkleinert. Bei Kernbohrungen wird das Gestein in einem die Querschnittsfläche umgebenden Ringraum, in welchem Bohrkrone und Kernrohr Platz nehmen, zerkleinert (Abb. 1.13). Die beim Bohren anfallenden Massen aus zerkleinertem Gestein (Bohrklein, Bohrschlamm, Bohrschmant) werden bei Trockenbohrverfahren mit Greifer oder Schappe, bei Nassbohrverfahren

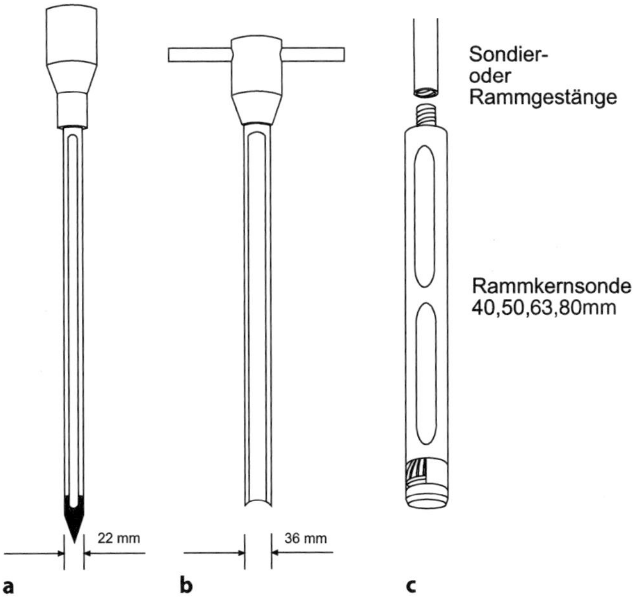

Abb. 1.11 Bohren in Boden mit leichtem Gerät. **a** Schlitzsonde (Außendurchmesser 22 mm), zum Gestänge der Leichten Rammsonde passend, **b** Pürckhauer-Bohrstock (Außendurchmesser 36 mm), **c** Rammkernsonde (Außendurchmesser bis 80 mm) für motorbetriebenes Einrammen

mit dem Spülstrom gefördert. Bei Kernbohrungen wird der vom Kernrohr umgebene Kern gewonnen.

▪ Schlagbohrverfahren

Ein an einem Drahtseil hängender Meißel wird angehoben und frei auf die Bohrlochsohle fallengelassen. Das Bohrklein wird mit Schlammbüchse, Schappe oder Greifer in einem getrennten Arbeitsgang gefördert.

Das Verfahren eignet sich für homogene mittelharte Gesteine und Bohrhindernisse. Inhomogenitäten, besonders Geröll- und Konglomeratlagen, können zu Verklemmungen führen.

▪ Bohrverfahren mit Tiefloch- bzw. Imlochhammer

Der am Gestänge montierte Tieflochhammer (Imlochhammer) wird mit Druckluft betrieben. Verwendet werden mit Halbkugeln aus Stahl besetzte Warzenmeißel (Vollbohrkrone), die drehend mit bis zu 1000 Schlägen pro Minute auf die Bohrlochsohle einwirken und das Gestein zerkleinern. Die Druckluft bewegt den Schlagmechanismus, kühlt den Warzenmeißel und befördert das Bohrklein von der Bohrlochsohle durch den Ringraum zwischen Bohrlochwand und Bohrgestänge nach oben. Das Verfahren eignet sich bei homogenen harten bis sehr harten Gesteinen für das Erschließen von Wasser und geothermischer Energie (▶ Abschn. 17.7.4).

▪ Spülbohrverfahren mit Rollenmeißel

Am Bohrgestänge ist ein Rollenmeißel montiert. Dieser wirkt drehend unter der Auflast des Bohrgestänges auf das Gestein ein. Bei zu geringer Auflast ist das Verwenden von Schwerstangen erforderlich. Bei dem bekannten Rotarybohrverfahren wird Spülflüssigkeit durch Gestänge und Spülungskanäle im Bohrmeißelkopf zur Bohrlochsohle geleitet. Die Spülflüssigkeit (Spülung) reinigt und kühlt Meißel und Bohrlochsohle, fördert das Bohrklein im Ringraum zwischen Gestänge und Bohrlochwand nach

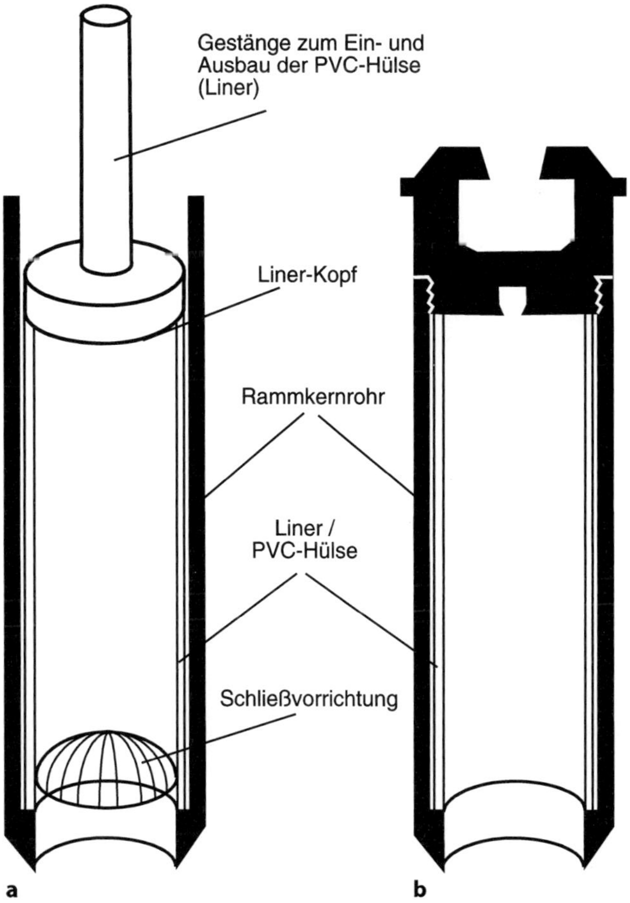

Abb. 1.12 Bohren in Boden. Prinzipskizzen für Rammkerngarnituren mit Hülse. **a** Rammkernausrüstung für breiige, fließfähige Böden und pastöse Stoffe, **b** Rammkernausrüstung für kohäsive und feste Böden. (Umgezeichnet nach Homrighausen 1993)

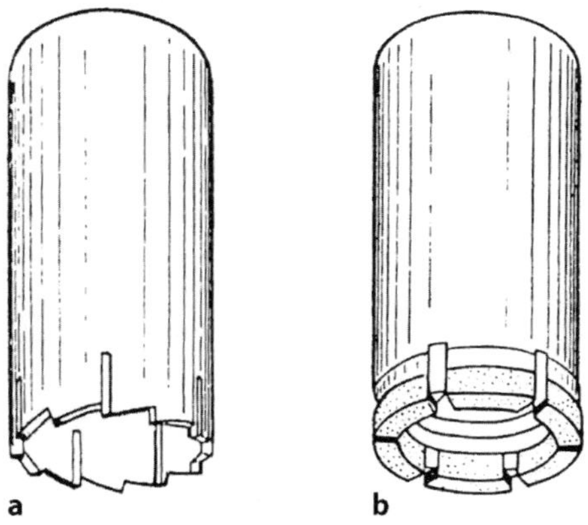

Abb. 1.13 Bohrkronen für das Bohren im Festgestein. **a** Bohrkrone mit Hartmetallstiften, **b** Diamantbohrkrone

oben und stützt das unverrohrte Bohrloch. Als Spülmittel wird Wasser oder Wasser mit Spülungszusätzen wie Bentonit, Methylzellulose, synthetischen Polymeren und Gesteinsmehl aus Kreide oder Schwerspat verwendet. Das Spülmittel wird im Kreislauf verwendet. Das Bohrklein wird in Abscheidevorrichtungen aufgefangen. Das Überwachen von Spülung, Spülungsverlusten und Spülungsdruck ist für die Standfestigkeit des Bohrloches und geringen Geräteverschleiß wichtig. Drehzahl, Anpressdruck und Spülungsvolumen sind aufeinander abzustimmen. Das Verfahren

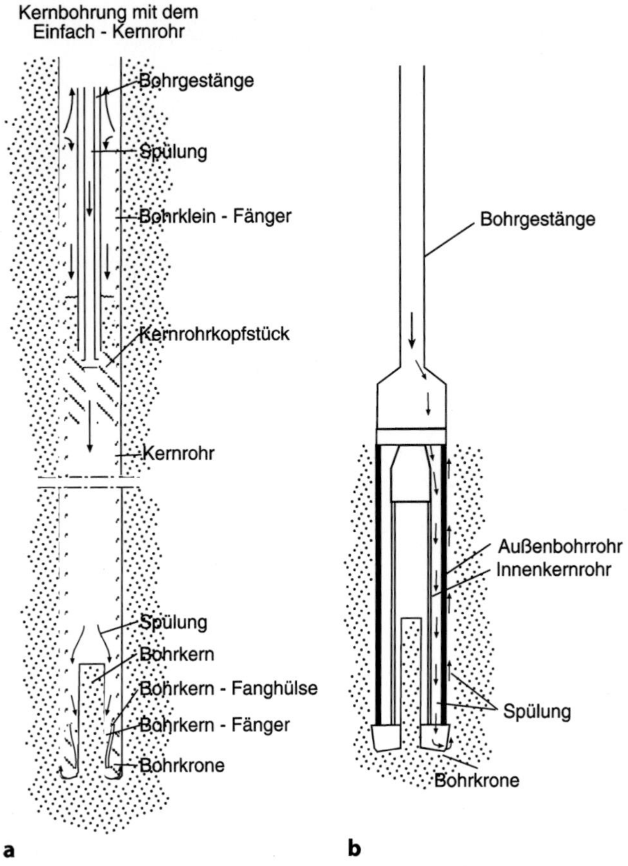

Abb. 1.14 Bohrvorrichtung für Kernbohrungen. **a** Einfachkernrohr, **b** Doppelkernrohr

eignet sich für tiefe Bohrungen mit Durchmessern zwischen 4 und 16 Zoll und wird für das Erschließen von Wasser, geothermischer Energie, Erdöl und Erdgas eingesetzt (▶ Abschn. 17.7.4).

▪ Drehkernbohrverfahren

Gearbeitet wird mit Kernrohr und Kernbohrkrone (Hohlbohrkrone). Das Kernrohr wird an das Bohrgestänge montiert. In weichen Gesteinen (Kalkstein, Sandstein, Tonstein) werden Hartmetallbohrkronen verwendet. Für Bohrarbeiten im harten Gestein (Basalt, Granit, Quarzit) eignen sich Diamantbohrkronen. Zwischen Rohr und Bohrkrone ist eine Fanghülse oder Kernfeder montiert. Der freigebohrte Kern wird vom Kernrohr umschlossen. Beim Ziehen des Gestänges klemmt sich die Fangvorrichtung am Kern fest. Der freigebohrte Kern wird vom Untergrund abgerissen und mit dem Kernrohr gezogen. Kernbohrverfahren erfordern, dass nach dem Abbohren der von der Länge des Kernrohrs vorgegebenen Strecke das Bohrgestänge gezogen und zerlegt werden muss. Für das Montieren und Demontieren des Bohrgestänges fallen Arbeiten an, die mit zunehmender Tiefe des Bohrloches stark ansteigen. Die in einem Arbeitsgang abgebohrte Strecke wird als Kernmarsch bezeichnet. Der Kerngewinn sollte der Länge des Kernmarsches entsprechen.

Im nicht gestützten Bohrloch kann sich nach Ziehen der Kernbohrvorrichtung Nachfall einstellen. Aus der Wand im höheren Teil der Bohrung brechen Massen aus, die dann im nächsten Kernmarsch angetroffen werden. Es ist Aufgabe des bearbeitenden Geologen, Nachfall zu erkennen.

Beim Drehkernbohrverfahren wird der Bohrvorgang über Vorschub, Andruck der Bohrkrone, Menge und Druck der Spülflüssigkeit und Drehgeschwindigkeit geregelt. Abhängig von der Gesteinsart hängt die Qualität der Bohrkerne von der Art der verwendeten Verrohrung und auch vom Bohrdurchmesser ab. Um ein Zerbohren des Gesteins (z. B. Sandstein zu Sand) zu verhindern, muss das Bohrverfahren dem Gestein angepasst werden. Im nicht standfesten Gebirge kann eine Schutzverrohrung erforderlich werden, welche bei einem Doppelrohrverfahren gleichzeitig mit dem Bohrgestänge einrotiert wird.

Beim Drehkernbohrverfahren kann mit einfachem, doppeltem und dreifachem Kernrohr gearbeitet werden:

- *Einfachkernrohr*
  Bei Bohrarbeiten mit Einfachkernrohr dreht sich das Kernrohr um den freigebohrten Kern. Die Spülflüssigkeit wird im Kernrohr abgeleitet und steigt im Ringraum zwischen Kernrohr und Gebirge auf. Drehbewegung und Durchnässung können sich negativ auf die Qualität des Bohrkernes auswirken.
  Das Einfachkernrohr kann zum Durchbohren der Deckschichten und der verwitterten Gesteinszone eingesetzt werden. Im Festgestein kann damit gebohrt werden, wenn z. B. unter Boden Fels in ausreichender Mächtigkeit nachzuweisen ist (◘ Abb. 1.14a).
- *Doppelkernrohr*
  Die Spülung wird zwischen Außen- und Innenrohr geleitet und tritt erst im Bereich der Bohrkrone aus. Der Kern wird nur in geringem Maße der Spülung ausgesetzt. Die Spülflüssigkeit steigt im Ringraum zwischen Kernrohr und Gebirge auf. Mit dem Doppelkernrohr können auch bei weichen und brüchigen Gesteinen qualitativ hochwertige Bohrkerne gewonnen werden (◘ Abb. 1.14b).
- *Dreifachkernrohr*
  Der Kern wird von einer Hülse aus Metall oder Plastik aufgenommen. Die Hülse steht fest. Bei Plastikummantelung kommt der Kern nicht in Kontakt mit der Spülung. Dieses Verfahren eignet sich bei wasserempfindlichen Gesteinen.

▪ Schrägbohrungen

Wenn es die Untersuchungsaufgabe erfordert, dass die Ausbildung von Klüften und Spalten erkannt werden soll, können, z. B. bei Bohraufgaben im Hangbereich, Schrägbohrungen ausgeführt werden.

▪ Orientiertes Bohren

Wenn es die Untersuchungsaufgabe erfordert, dass am Bohrkern das Einfallen von Schichten oder Klüften erkannt werden soll, muss der Bohrkern orientiert gewonnen werden. Hierzu stehen mehrere Verfahren zur Verfügung:

- *Orientieren von Kernen mit dem Ritzverfahren*
  Der freigebohrte, aber noch mit dem Gebirge im festen Verbund stehende Kern wird auf seiner Mantelfläche längs angeritzt.
- *Orientieren von Kernen mit einer Pilotbohrung*
  Es wird randlich zur geplanten Kernbohrung eine Pilotbohrung mit kleinem Durchmesser abgeteuft. Die Pilotbohrung wird bei der anschließenden Kernbohrung so

überbohrt, dass im Bohrkern eine nutartige Einkerbung verbleibt.

- *Orientieren von Kernen durch Überbohren eines Nagels*
  Im stark klüftigen Gestein kann im Bohrloch einer Pilotbohrung ein Nagel mit dem Fels vermörtelt werden. Pilotbohrloch und Nagel werden anschließend überbohrt. Der Kern wird durch den Nagel zusammengehalten. An solchen Kernen kann auch bei starker Zerstückelung des Gesteins die Lagerung von Schichtung, Schieferung und Trennflächen bestimmt werden.
- *Orientieren von Kernen am Gesteinsmagnetismus*
  Kerne aus einheitlich magnetisierten Gesteinskörpern können über die im Gestein messbar enthaltene gesteinsmagnetische Ausrichtung orientiert werden.

1.6.3 Horizontalbohrverfahren

Für Erkundungsaufgaben im Untergrund können horizontale und schräge Bohrlöcher aufgefahren werden. Die angewandten Methoden lehnen sich eng an die in der Geotechnik angewandten praktischen Methoden bei Bergbau, Tunnelbau, Mikrotunnelbau und unterirdischen Leitungsbau an. Dabei können für Erkundungszwecke Bohrverfahren mit kleinem Durchmesser dem Durchörtern des Untergrundes mit großem Querschnitt vorausgehen und das Erkunden des Baugrundes von der Oberfläche aus ergänzen oder ersetzen. Die Kenntnis der Baugrundverhältnisse ist für den unterirdischen Leitungsbau wichtige Voraussetzung bei der Wahl des Bohrverfahrens und bei der Kalkulation. Sie ist entscheidend für Erfolg und Misserfolg des Bauvorhabens. Herkömmliche Verfahren arbeiten mit Vorpressen (◘ Abb. 13.34 und 13.44), Durchschlagen, Durchrammen, drehend Durchbohren mit Bohrschnecke (◘ Abb. 13.43), Rollenmeißel oder Schneidmesser (◘ Abb. 13.12).

Für oberflächennahe Horizontalbohraufgaben wurde das hydrodynamisch arbeitende HDD-Bohrverfahren (Horizontal Directional Drilling) entwickelt. Es ist ein steuerbares Spülbohrverfahren (Bayer 2005). Der Vortrieb erfolgt im Boden und Lockergestein mit einem das Boden- oder Gesteinsgefüge aufbrechenden scharfen Wasser- oder Suspensionsstrahl, welcher unter Hochdruck aus Düsen am Bohrkopf austritt. Der gelöste Gesteinsschlamm wird über den Rückfluss ausgespült, zum Teil auch in den umgebenden Boden eingespült oder eingepresst (Spülvortrieb, ◘ Abb. 13.46). In Gesteinen mit geringer Festigkeit (z. B. verwitterte oder zersetzte Gesteine, wenig verdichtete Sedimentgesteine) kann das Lösen durch schlagunterstütztes HDD-Bohren verstärkt werden (Schlagvortrieb). Gearbeitet wird mit Verdrängungshämmern mit über 1000 Schlägen pro Minute. Fels lässt sich mit speziellen „MUD-Motoren“ durchörtern. Dies sind vom Wasserdruck der Bohrspülung hydraulisch angetriebene Motoren, die einen rotierenden Bohrkopf antreiben (rotierender Vortrieb, Bohrvortrieb).

Ein in der Bohrlanze eingebauter Sender lässt von der Oberfläche aus mit einem Ortungsgerät die Ortslage des Bohrkopfes erkennen. Der asymmetrisch aufgebaute Bohrkopf ermöglicht ein Kurvenfahren (minimale Kurvenradien 12 m bei Kleingeräten) und kann von der Oberfläche aus gesteuert werden.

Mit im Bohrkopf eingebauten Radarantennen (Bayer, Koch, Rameil 2009) kann während des Vortriebes dessen Umgebung untersucht werden. Mit Pilotbohrungen bietet das Verfahren die Möglichkeit zum oberflächennahen Erkunden des Untergrundes und zum Aufspüren von im Boden befindlichen Hindernissen wie Findlinge, Felsaufragungen, Fundamente, unterirdische Bauwerke, Hohlräume, Rohre aus Beton, Faserbeton, Steingut, Plastik, Stahl, Kupfer und Kabel. Nahe am Bohrkopf gelegene Stromleitungen lösen ein Warnsignal aus.

Für kleinere Anlagen werden die möglichen Bohrlängen mit einigen Hundert Metern, die Bohrtiefen mit 8 bis 12 m angegeben. Mit größeren Maschinen ist ein Vortrieb über größere Bohrlängen und größere Bohrtiefen möglich.

1.6.4 Geotechnische Aufnahme von Bohrgut aus Festgestein

Für Bohrungen im Festgestein ist vom Geräteführer ein Schichtenverzeichnis nach den Vorgaben von DIN EN ISO 14688-1 und ISO 14689-1 (◘ Tab. 1.9) zu erstellen. Die Eintragungen des Geräteführers in das Formblatt sind vom Geotechniker zu überprüfen und zu ergänzen. Darüber hinaus erfolgt das geotechnisch-wissenschaftliche Bearbeiten in den nachstehend beschriebenen vier Schritten:

1. *technische Aufnahme*
   Die vom Geräteführer vorgegebene Aufteilung in einzelne Kernmarschlängen mit Tiefenangabe wird überprüft. Getrennt nach einzelnen Kernmarschlängen, wird der Kerngewinn auf Vollständigkeit geprüft und der Kernverlust ausgewiesen. Das Bohrgut wird nach den in ► Abschn. 1.4.2 aufgeführten Qualitätskriterien bewertet und auf Spuren von Bearbeitung oder Zerfall untersucht, welche nach dem Gewinnen eingetreten sind. Am Bohrgut werden Anzahl und Länge der Bohrkernstücke pro Meter ermittelt. Diese Angabe bezieht sich auf das frisch gewonnene Bohrgut. Infolge Bearbeitung oder Zerfall eingetretene Zerstückelung ist getrennt aufzuführen.
2. *geologische Aufnahme*
   Das Bohrgut wird unter Berücksichtigung der Tiefenlage nach der Gesteinsart petrographisch benannt. Gesteins- oder Schichtgrenzen werden ausgewiesen. Die aufgeführten Gesteine werden nach ihren stofflichen Eigenschaften sowie nach tektonischer Beanspruchung, Verwitterungsgrad und Wassergehalt eingestuft und beschrieben. Besonderheiten wie Fossilführung, Ölführung oder anthropogene Verschmutzung werden vermerkt.
3. *geologische Bewertung*
   Bei Bedarf bzw. Vermögen können die erbohrten Gesteine bestimmten geologischen Einheiten zugeordnet werden. Aus der Kenntnis von Gebirge, Gestein und Schichtenfolge ergeben sich Bewertungsmöglichkeiten für Qualitätskriterien am Bohrgut mit Aussagemöglichkeiten zu technisch oder geologisch bedingter Minderqualität. Kernverlust kann bei genauer Kenntnis des Gebirges einer bestimmten Gesteinsausbildung oder Schicht zugeordnet werden.

Tab. 1.9 Beispiel für die Schichtenaufnahme einer Bohrung, Schichtenverzeichnis nach ISO 14688-1, ISO 14689-1. (WST-GmbH 2014)

Name d. Unternehmens: WST GmbH Name d. Auftraggebers: XXXXX Bohrverfahren: Rammkernsondierung – Datum: 07.07.2014 Durchmesser: 80/60 mm – Neigung: 0,00° Projekt: Rohrbrückenlager		Schichtenverzeichnis nach ISO 14688-1 und ISO 14689-1 Name und Unterschrift des qualifizierten Technikers: M. Mustermann, Dipl.-Geol.			Aufschluss: KRB 1 Projektnr.: AB0102	
1	2	3	4	5	6	7
Tiefe bis m	Bezeichnung der Boden- bzw. Felsart Ergänzende Bemerkungen Geol. Benennung (Stratigraphie)	Farbe Kalk-gehalt	Beschreibung der Probe - Konsistenz, Plastizität, Härte, einachsige Festigkeit - Kornform, Matrix - Verwitterung	Beschreibung des Bohrfortschritts - Bohrbarkeit/Kernform - Meißeleinsatz - Beobachtungen usw.	Proben Versuche - Typ - Nr. - Tiefe	Bemerkungen - Wasserführung - Bohrwerkzeuge/Verrohrung - Kernverlust - Kernlänge
0,40	Auffüllung: Sand, kiesig, steinig - Bauschutt	braun kalkfrei	weich, feucht	sehr leicht zu bohren	0,0-0,4 m	erdiger Geruch
1,40	Ton, schluffig, sandig, schwach organisch	graubraun kalkhaltig	feucht, steif	mäßig schwer zu bohren	0,4-1,4 m	erdiger Geruch
2,30	Schluff, tonig, sandig	grau kalkhaltig	weich bis steif, feucht	mäßig schwer zu bohren bis schwer zu bohren	1,4-2,3 m	erdiger Geruch
3,30	Feinsand, schwach mittelsandig	graubraun kalkhaltig	feucht	mäßig schwer zu bohren	2,6-3,3 m	erdiger Geruch
4,10	Mittelsand, feinsandig, schwach schluffig	hellbraun bis graubraun kalkhaltig	feucht	schwer zu bohren	3,3-4,1 m	erdiger Geruch
5,90	Sand, stark kiesig	graubraun kalkhaltig		mäßig schwer zu bohren	4,1-5,0 m 5,0-5,9 m	muffiger Geruch nass ab 4,10 m; Wsp. (Ende der Bohrung): 3,62 m
7,00	Kies, schwach sandig	grau kalkhaltig	nass	mäßig schwer zu bohren bis schwer zu bohren	5,9-7,0 m	Lösemittelgeruch
7,90	Kies, stark sandig	grau kalkhaltig	nass	mäßig schwer zu bohren bis schwer zu bohren	7,0-7,9 m	ohne auffälligen Geruch
8,05	Steine, sandig, Kalksteinhorizont	grau stark kalkhaltig	stark verwittert feucht Kornform des grobkörnigen Bodens: kantig	sehr schwer zu bohren kein weiterer Bohrfortschritt ab 8,05 m, da Fels		ohne auffälligen Geruch

4. *labortechnische Untersuchung*
   An Bohrkernen können die Werte für Festigkeit (einaxiale Druckfestigkeit, Punktlastindex, Rückprallwert, Zugfestigkeit und Scherfestigkeit) und Verformbarkeit (Elastizitätsmodul) sowie weitere mineralogische, chemische und physikalische Stoffeigenschaften bestimmt werden.

Methoden zum geotechnischen Bewerten von Fels nach der oben beschriebenen Bohrgutaufnahme wurden von Deere (1973), Barton et al. (1974), Bieniawski (1977) (► Abschn. 13.2.2 bis 13.2.4) und Palmström (1997) aufgestellt. Bei diesen Verfahren wird bestimmten stofflichen Eigenschaften ein Zahlenwert zugeordnet. Aus den Einzelparametern wird ein gesteinstypischer Gesamtparameter errechnet, welcher ein anwendungsbezogenes Qualitätskriterium darstellt.

1.6.5 Zeichnerisches Darstellen von Schichtenfolgen

Das wissenschaftliche Darstellen erbohrter Schichtenfolgen erfolgt in Anlehnung an DIN EN ISO 14688 und DIN EN ISO 14689 (oder an die alten Normen DIN 4022 und DIN 4023, welche von einigen Sachbearbeitern weiterhin angewendet werden). Das Benennen und Erläutern der einzelnen Schichten oder Proben kann entsprechend in der Form eines Klartextes, in Form der Kurzzeichen nach DIN EN ISO 14688 und DIN EN ISO 14689 oder in Form der Kurzzeichen nach DIN 4023 erfolgen. Das Darstellen erfolgt meist in Form eines rechnergestützten Ausdruckes (Abb. 1.15, Tab. 1.9).

Die Ergebnisse von Gesteins- oder Schichtaufnahmen in bestehenden Geländeaufschlüssen sowie in für die Erkundung

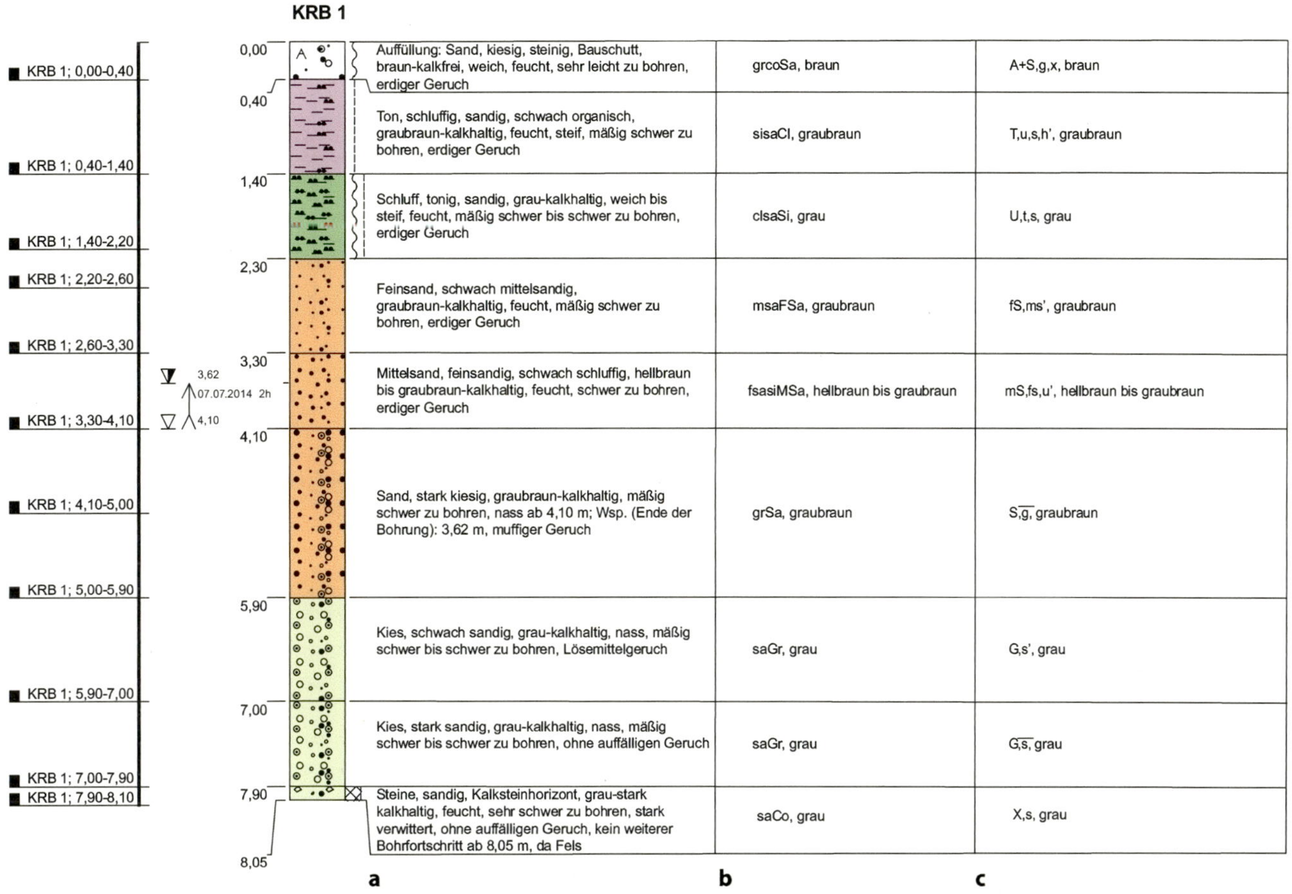

Abb. 1.15 Beispiele für das zeichnerische Darstellen von Schichtenfolgen. **a** mit Erläuterung in Form eines Klartextes, **b** in Form der Kurzzeichnen nach DIN EN ISO 14688 und DIN EN ISO 14689, **c** in Form der DIN 4023. (WST-GmbH 2014)

angelegten Schürfen, Schächten, Stollen und Bohrungen werden üblicherweise nach DIN 4023 sowie hierauf aufbauenden Vorschlägen und Symbolschlüsseln (z. B. „Symbolschlüssel Geologie" des Landesamtes für Bergbau, Energie und Geologie, Hannover) zeichnerisch dargestellt. Es ist üblich, die dort angegebenen Kurzzeichen für Bodenarten, Gesteinsarten, Beimengungen und Gruppensymbole nach DIN 18196 bei der Schichtaufnahme im „Feldbuch" zu verwenden und diese Kurzzeichen direkt mit der entsprechenden Software in den Computer einzugeben. DIN 4023 regelt weiterhin Zeichen für die Qualitätsangaben nass, breiig, weich, steif, halbfest, fest und klüftig sowie Symbole für Grundwasserstände und entnommene Grundwasserproben und Gesteinsproben. Weitere Gesteinsbegriffe sowie Quantitäten und Qualitäten beschreibende Adjektive sind ebenfalls im Symbolschlüssel der Geologischen Landesämter aufgenommen. Der Symbolschlüssel wird für die Anwendung im Arbeitsbereich der Geologischen Landesämter laufend aktualisiert und fortgeschrieben.

1.7 Messtechnisches Untersuchen und Überwachen im Baugrund

In Aufschlüssen, Schürfen, Stollen, Schächten und Bohrungen können Schichtstärken, Bankungsstärken, Lagerungsverhältnisse für Trennflächen und Schichtfugen, Trennflächenabstände, Kluftkörpergrößen, Stückgrößen, Nachbrüche, Bohrlochaufweitungen, Bohrtiefen sowie Veränderungen, Auflockerungen und Verschiebungen direkt gemessen werden. Das Messen von Spannungen und Spannungsänderungen bedarf bislang spezieller, hierfür in den Untergrund eingebauter Messgeräte.

1.7.1 Geodätisches Einmessen von Höhen, Längen und Winkeln

An zugänglichen Punkten können die Oberflächen von Fels, Boden und Bauwerken mit geodätischen Messgeräten eingemessen, kontrolliert und überwacht werden. Je nach Aufgabenstellung werden Messstrecken oder Messraster angesetzt und die einzelnen Messpunkte markiert (z. B. durch Einbau von Messbolzen). Gemessen wird die Orts- und Höhenlage der Punkte und der Abstand zwischen den Messpunkten. Für Kontrollzwecke werden die Messungen in Zeitabständen wiederholt.

Zu den einfachsten Kontrollen gehört das Fluchten (Alignement) von Messpunkten (z. B. Messlatten) über zwei festinstallierte Messpunkte, wobei die Visierlinie auch durch Laserstrahl oder gespannten Draht ersetzt werden kann. Verwendet werden Nivelliergerät, Theodolit, Computertachymeter, Bandmaß, Konvergenzmessgeräte und Fissurometer (Rissmonitoren).

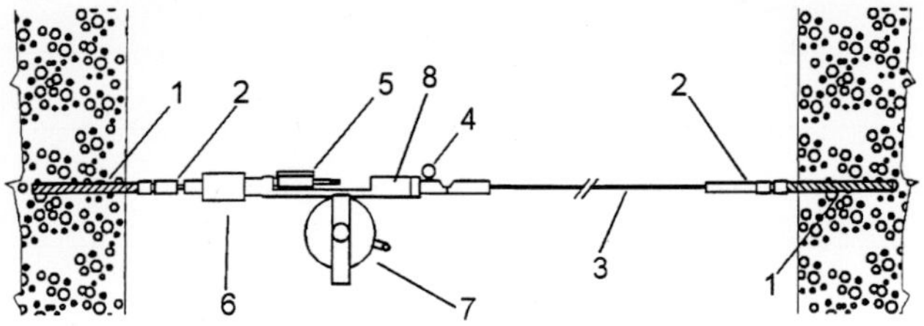

Abb. 1.16 Prinzipskizze für Konvergenzmessungen nach dem Messsystem „Glötzl" (Firmenprospekt): *1* Konvergenzmessbolzen, *2* Kugelgelenk mit Anschlussstück, *3* Stahlband mit Löchern, *4* Arretierstift, *5* mechanische Messuhr, *6* Spannvorrichtung, *7* aufgerolltes Maßband, *8* Gehäuse mit Spannungsfeder und Markierung

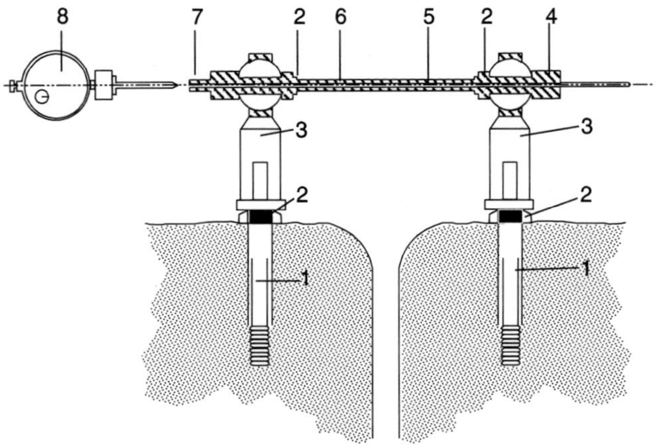

Abb. 1.17 Mini-Fissurometer zum Messen von Relativbewegungen an Rissen. *1* Ankerdübel, *2* Kontermutter, *3* Kugelgelenkkopf, *4* Halterung für *5* Messstange, *6* Schutzrohr, *7* Messanschlag, *8* Messuhr. (Umgezeichnet nach Firmenprospekt Interfels GmbH)

■ **Konvergenzmessungen**

Konvergenzmessungen werden bevorzugt im unterirdischen Hohlraumbau eingesetzt. Sie erlauben das Bestimmen des Abstandes und der absoluten Bewegung zwischen zwei Messbolzen (Abb. 1.16). Das Messen mit dem traditionellen Konvergenzmessgerät kann jedoch den Arbeitsablauf und den Tunnelbetrieb empfindlich stören. Anstelle der Messung mit Bandmaß werden heute auf Konvergenzmessbolzen, die mit dem Gebirge oder dem zu messenden Bauteil verbunden sind, Reflex-Targets oder Tripelprismen aufgesetzt und diese mit einem elektronischen Tachymeter mit selbstregistrierender Datenerfassung eingemessen.

■ **Beobachtung an Rissen (Fissuren)**

Zum Messen von Verschiebungen und zum Überwachen von Rissen, Klüften, Spalten und Dehnungsfugen werden sogenannte Fissurometer so installiert, dass sie einen Riss in Messrichtung überbrücken. Die zwei Ankerfüße eines Fissurometers werden dazu auf je einem Rissufer fixiert. Relativverschiebungen zwischen den Ankerpunkten können mit einer Messuhr (Genauigkeit: 0,01 mm) oder mit einem elektronischen Wegaufnehmer gemessen werden (Abb. 1.17). Rissmonitoren sind vereinfachte

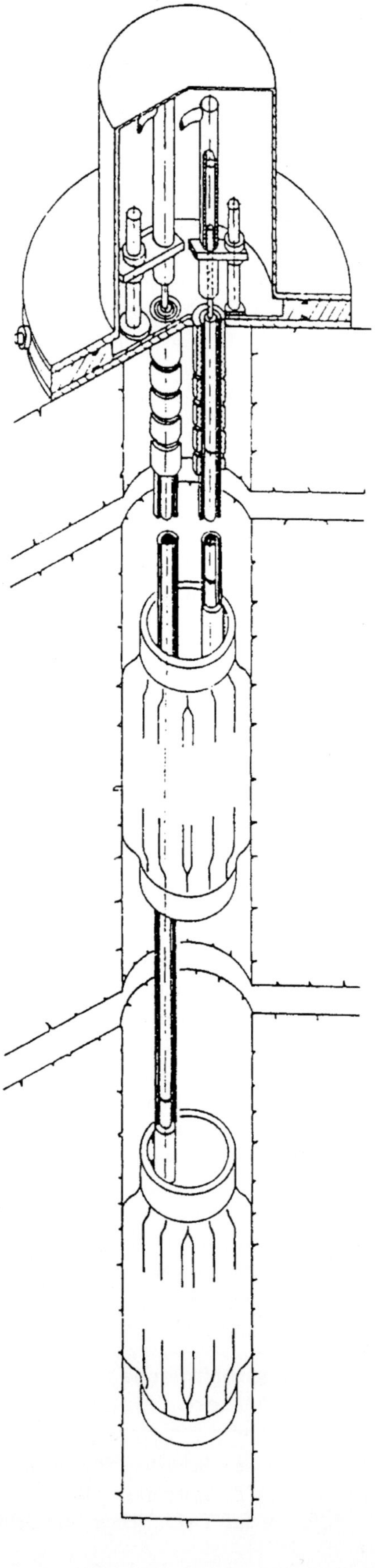

Abb. 1.18 Mehrfachstangenextensometer zum Erfassen von Längenänderungen zwischen Ankerpunkten in einem Bohrloch und dem Extensometerkopf als Referenzpunkt am Bohrlochmund. Das Fixieren der Extensometerstange erfolgt mit einem Packeranker. (Firmenprospekt Interfels GmbH)

Konstruktionen mit vergleichbarem Aufbau, die ein direktes Ablesen der Verschiebung an einer eingebauten Skala erlauben. Soweit Verschiebungen im Dezimeterbereich und größer erwartet werden, können auf den beiden Rissufern L-förmig gebogene Stangen so eingebaut werden, dass ihre Enden mit geringem Abstand aufeinanderzeigen. Weiterhin sind zur preisgünstigen Erstinformation an sich bewegenden Rissen noch immer Gipsmarken gebräuchlich.

1.7.2 Bohrlochmessungen

In Boden und Fels können nicht zugängliche Bereiche über in Bohrlöchern installierte Messgeräte direkt vermessen werden. Gebräuchlich sind Extensometer, Inklinometer und Pendelanlagen.

- **Extensometertechnik**

Ein Extensometer besteht aus einem Messgestänge (Edelstahl), welches an seinem Ende in einem offenen Bohrloch verankert ist und am Extensometerkopf über Messuhren oder elektronische Weggeber das Messen der Relativbewegungen zwischen Bohrlochmund und Verankerungspunkt zulässt (Längenmessung mit Genauigkeit 0,01 mm). Ein Hüllrohr umgibt das Messgestänge und lässt bei hoher Einbaugenauigkeit eine optimale Beweglichkeit zu. In ein Bohrloch können mehrere Extensometer eingebaut werden (Mehrfachstangenextensometer, ◘ Abb. 1.18 und 1.19). Unterschiede bietet die Art der Verankerung (Vermörtelung, Packeranker) in der Empfindlichkeit gegenüber Querversetzungen. Extensometer können in Längen bis über 200 m eingebaut werden.

- **Inklinometertechnik**

Verformungen quer zur Bohrlochachse werden mit Neigungsmessgeräten, Inklinometern oder Pendellotanlagen (◘ Abb. 1.20) gemessen. Mit mobilen oder stationären Geräten wird im Bohrloch abschnittsweise die Neigung des Bohrloches ermittelt. Bei mobilen Inklinometer-Bohrlochsonden oder Neigungsmessern werden Spezialverrohrungen mit vier über Kreuz liegenden Längsnuten eingebaut. In zwei jeweils gegenüberliegenden Längsnuten wird die Inklinometersonde eingeführt und die Bohrlochneigung wird nacheinander in zwei senkrecht aufeinanderstehenden Ebenen gemessen. Dazu wird das Führungsrohr schrittweise von unten nach oben abgefahren. In jedem Messschritt erfasst die Sonde den Neigungswinkel zwischen der Vertikalen und der Sondenlage. Die Inklinometermessungen werden in gewissen zeitlichen Abständen wiederholt. Aus dem Vergleich der in zeitlicher Abfolge erstellten Neigungsprofile kann die Neigungsänderung bestimmt werden.

Wenn der Messaufwand mit einer mobilen Sonde zu groß ist oder wenn Messwerte aus verschiedenen Lagen ständig verfügbar sein müssen, wird mit stationären Ketteninklinometern gearbeitet. ◘ Abb. 1.21 gibt ein Beispiel für den Einsatz einer Inklinometersonde.

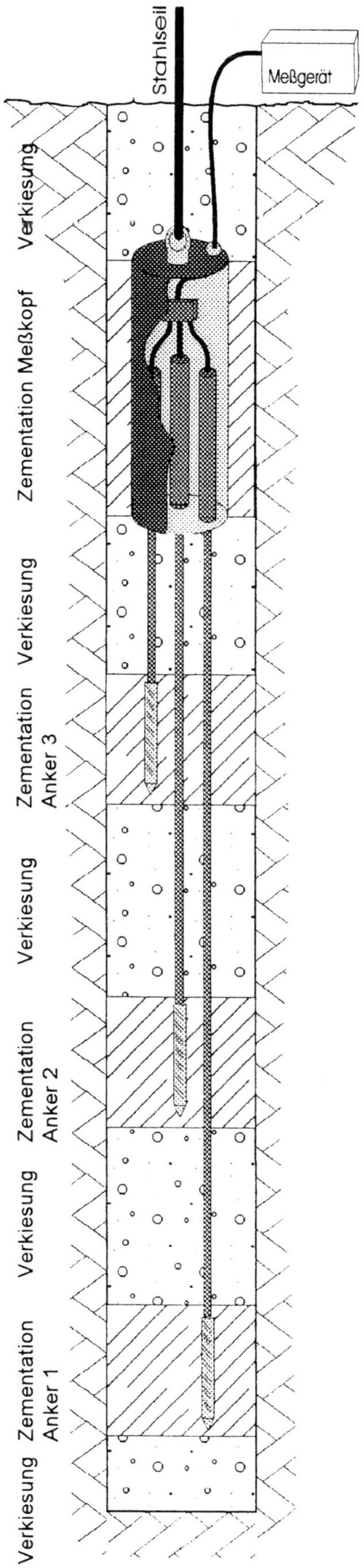

◘ **Abb. 1.19** Mehrfachstangenextensometer zur Kontrolle von Sohlhebung und Bauwerkssetzung. Der Messkopf liegt an der künftigen Bauwerkssohle und ist mit elektrischen Wegaufnehmern zur Messwerterfassung und Übertragung ausgestattet. Das Gerät wird vor Aushub installiert und später überbaut. (Firmenprospekt Glötzl GmbH)

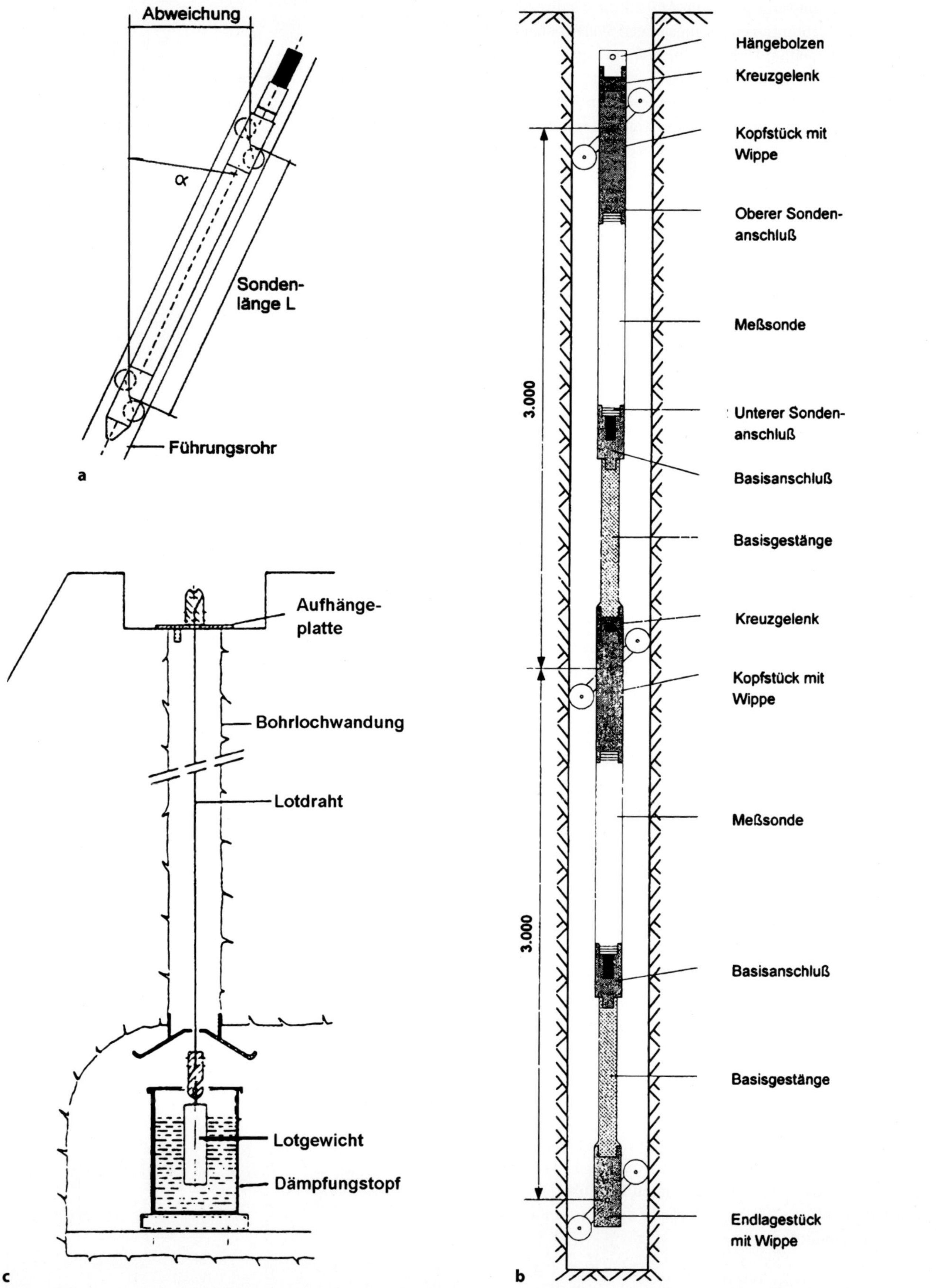

Abb. 1.20 **a** Mobile Neigungsmesssonde im Führungsrohr, **b** Aufbau eines Ketten-Neigungsmessgerätes mit zwei Kettengliedern, als mehrfach wiederholbare Messeinheiten hintereinandergeschaltet werden (Firmenprospekt Glötzl Baumesstechnik), **c** Schema einer Gewichtslotanlage bzw. Normalpendelanlage. (Firmenprospekt Interfels GmbH)

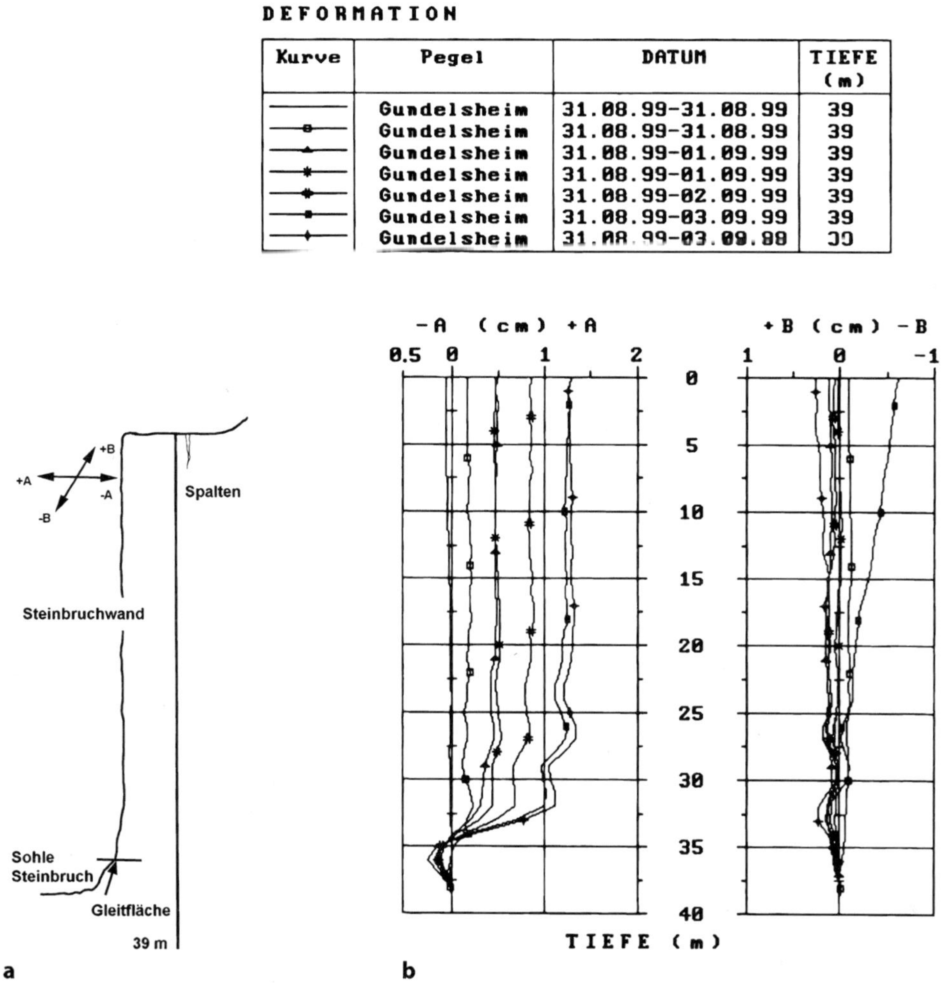

DEFORMATION

Kurve	Pegel	DATUM	TIEFE (m)
———	Gundelsheim	31.08.99-31.08.99	39
—□—	Gundelsheim	31.08.99-31.08.99	39
—▲—	Gundelsheim	31.08.99-01.09.99	39
—*—	Gundelsheim	31.08.99-01.09.99	39
—✱—	Gundelsheim	31.08.99-02.09.99	39
—■—	Gundelsheim	31.08.99-03.09.99	39
—♦—	Gundelsheim	31.08.99-03.09.99	39

Abb. 1.21 Beispiele für den Einsatz einer mobilen Inklinometersonde zum Messen translatorischer Felsbewegungen. **a** Situation in der beobachteten Steinbruchwand, **b** Ausdruck und Aufzeichnung der Deformation in den zwei Messrichtungen

Bei Talsperren, Schächten, Dämmen und in Rutschgebieten können Verformungen quer zur Bohrlochachse und Neigungsbewegungen von Bauwerken über eine Pendellotanlage mit sehr hoher Genauigkeit kontrolliert werden. Auftretende Bewegungen werden in zwei Horizontalrichtungen gemessen. Neigungsbewegungen werden erfasst, indem relativ zum freihängenden Lotdraht die horizontale Verschiebung des Bauwerks gemessen wird.

1.8 Indirektes Untersuchen des Untergrundes durch Sondieren

Zu den indirekten Erkundungsverfahren zählen Ramm- und Drucksondierungen sowie geophysikalische Messungen. In aller Regel werden diese Untersuchungen zur Ergänzung der aus Bohrungen und Schürfen gewonnenen Erkenntnisse eingesetzt.

Beim Sondieren wird eine Sonde (Stab bzw. Gestänge mit Sondenspitze) senkrecht in den Baugrund eingebracht. Gemessen wird der Eindringwiderstand. Sondierfähig sind Böden. Große Steine und Blöcke im Untergrund stören. Soweit Sondierungen zum Erkunden des Baugrundes eingesetzt werden, sind grundsätzlich ergänzende direkte Aufschlüsse auszuführen.

1.8.1 Rammsondierungen

Bei Rammsondierungen wird eine Sonde mit einem Rammbären eingerammt. Der Rammbär wird auf gleichbleibende Fallhöhe angehoben. Das Anheben erfolgt per Hand (Leichte Rammsonde) oder maschinell per Luftdruck oder per Kettenzug (Mittlere und Schwere Rammsonden). Fallhöhe und Gewicht des Rammbären ergeben eine auf den Spitzenquerschnitt bezogene Rammenergie je Schlag. Gezählt werden die Schläge pro 10 cm Eindringtiefe N_{10} (Abb. 1.22). Es ist mit relativer Sicherheit möglich, anhand der Ergebnisse von Rammsondierungen Angaben über die Tiefenlage des liegenden Fels zu treffen. Allerdings sind Fehlinterpretationen dann möglich, wenn in den Deckschichten Steine und Blöcke eingelagert sind. Steine und Blöcke können in Hangsedimenten, in Moränen und selten in Tal- und Seeablagerungen angetroffen werden. Künstliche Widerstände sind Blöcke oder Beton in Auffüllungen sowie Einbauten im Boden wie Rohrleitungen oder Fundamente. Von der Mittelschweren und Schweren Rammsonde können Steine und kleinere Blöcke verdrückt oder gespalten werden.

Die Kenntnis der Tiefenlage des liegenden Fels und damit der Dicke des überlagernden Lockergesteins ist im Gebirge ein wesentlicher Parameter beim Beurteilen der Tragfähigkeit von Flächengründungen oder beim Dimensionieren von Pfahlgründungen. Es genügt, wenn die Qualität des tragenden Fels

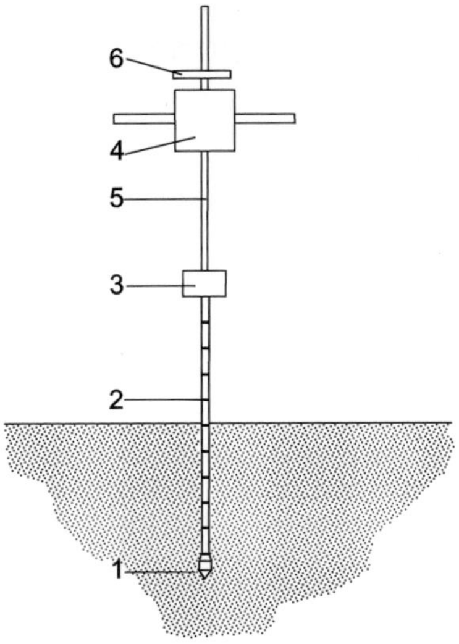

■ **Abb. 1.22** Leichte Rammsonde DPL-10 nach DIN 4094. *1* Sondierspitze mit Querschnitt 10 cm², *2* Gestänge mit Querschnitt 22 mm und Markierungen im Abstand 10 cm, *3* Amboss, *4* Rammbär 10 kg, *5* Gestänge für 50 cm Hub- bzw. Fallhöhe, *6* Hubbegrenzung

in einigen verbindlichen Bohraufschlüssen in ausreichender Tiefe erkundet wird und ergänzend hierzu Rammsondierungen durchgeführt werden. ■ Abb. 1.23 und 1.24 zeigen Gegenüberstellungen der Ergebnisse von Rammsondierungen verschiedener Rammenergie. Der Vergleich zeigt, dass sich bei Arbeiten mit leichtem Rammsondiergerät Dichteunterschiede im Boden klarer herausstellen.

Der Einsatz von Mittelschwerer und Schwerer Rammsonde ist bei Erkundungstiefen über 6 m und bei störenden Blöcken im Baugrund angebracht. Bei Sondiertiefen bis 6 m und blockfreiem Untergrund lassen die Sondierergebnisse der Leichten Rammsonde in der Regel eine differenziertere Aussage zu. Besonders der manuelle Betrieb der Leichten Rammsonde macht dem (jungen) Geotechniker die Zusammenhänge zwischen Sondierwiderstand, Bodenart sowie Dichte und Tragfähigkeit des Baugrundes begreifbar.

In DIN EN ISO 22476-2 und DIN 4094 Teil 3 sind die Rammsondiergeräte DPL, DPM, DPH, DPSH-A und DPSH-B und der Sondiervorgang definiert. Beim Sondieren ist die Sonde mit etwa 15 bis 30 Schlägen pro Minute kontinuierlich in den Boden einzutreiben. Nach jedem Meter Sondiertiefe ist die Sondierstange mit einem Drehmomentschlüssel um 1,5 Umdrehungen zu drehen und das gemessene Drehmoment aufzuzeichnen. Bei hohen Schlagzahlen, besonders in Ton-, Lehm- oder Schluffschichten, soll das Drehen häufiger erfolgen, etwa aller 50 Schläge. Das Drehen dient der Minderung der Mantelreibung. Für Sondieraufgaben mit gewünschten Aussagen zu Eindringtiefe, Sondierwiderstand und Mächtigkeit/Tiefe der untersuchten Bodenschichten stehen folgende Geräte zur Verfügung.

- **Leichte Rammsonde DPL-10**
Rammbär 10 kg, Fallhöhe 50 cm, Gestängequerschnitt 22 mm, Querschnittsfläche der Sondierspitze 10 cm², auf den Spitzenquerschnitt bezogene Rammenergie 50 kJ m⁻².
Mögliche Sondiertiefe 6 bis 10 m.

- **Mittelschwere Rammsonde DPM-A**
Rammbär 30 kg, Fallhöhe 20 cm, Gestängequerschnitt 22 mm, Querschnittsfläche der Sondierspitze 10 cm², auf den Spitzenquerschnitt bezogene Rammenergie 60 kJ m⁻².
Mögliche Sondiertiefe 15 bis 20 m.

- **Mittelschwere Rammsonde DPM**
Rammbär 30 kg, Fallhöhe 50 cm, Gestängequerschnitt 32 mm, Querschnittsfläche der Sondierspitze 10 cm², auf den Spitzenquerschnitt bezogene Rammenergie 150 kJ m⁻².
Mögliche Sondiertiefe 15 bis 20 m.

- **Schwere Rammsonde DPH**
Rammbär 50 kg, Fallhöhe 50 cm, Gestängequerschnitt 32 mm, Querschnittsfläche der Sondierspitze 15 cm², auf den Spitzenquerschnitt bezogene Rammenergie 167 kJ m⁻².
Mögliche Sondiertiefe 15 bis 20 m.

- **Superschwere Rammsonde DPSH-A**
Rammbär 63,5 kg, Fallhöhe 50 cm, Gestängequerschnitt 32 mm, Querschnittsfläche der Sondierspitze 16 cm², auf den Spitzenquerschnitt bezogene Rammenergie 194 kJ m⁻².

- **Superschwere Rammsonde DPSH-B**
Rammbär 63,5 kg, Fallhöhe 75 cm, Gestängequerschnitt 35 mm, Querschnittfläche der Sondierspitze 20 cm², auf den Spitzenquerschnitt bezogene Rammenergie 238 kJ m⁻².

- **Überschwere Rammsonde DPG**
Rammbär 200 kg, Fallhöhe 50 cm, Querschnittsfläche der Sondierspitze 50 cm².

1.8.2 Bohrlochrammsondierungen

Das Sondieren erfolgt in Kombination mit dem Erkunden des Untergrundes durch Bohren. Der Bohrdurchmesser liegt optimal bei etwa 15 cm. Das Rammen erfolgt von der eingeebneten und gesäuberten Bohrlochsohle aus. Das Bohrlochrammsondieren erfolgt nach DIN EN ISO 22476-3 mit unterschiedlichen Geräten und unterschiedlichem abschnittsweisem Auszählen des Sondierwiderstandes. Beide Verfahren lassen Korrelationen mit Bodenkenngrößen zu, z. B. nach Bild 1 bis 7 der DIN 4094-2. Eine ausführliche Beschreibung gibt Siebenkorn 2008.

Wenn der auswertende Geotechniker beim Bohrvorgang anwesend ist, kann erreicht werden, dass die Tests innerhalb des Bohrloches dort angesetzt werden, wo es aus Sicht der Auswertung erforderlich ist.

Wird das Ansetzen von Bohrlochrammsondierungen auf den Geräteführer übertragen, kann das Umsetzen der Anweisung ohne Berücksichtigung der wechselnden Untergrundverhältnisse erfolgen. Hier liegt eine erhebliche Fehlerquelle, die nur ausgeschaltet werden kann, wenn solche Tests in geringen Abständen über die gesamte Bohrtiefe oder über Teilabschnitte der Bohrung ausgeführt werden. Dies ist jedoch zeit- und kostenaufwendig.

Quantitative Zusammenhänge zwischen dem Sondierergebnis und einer Bodenkenngröße für die jeweilige Bodenart kann inner-

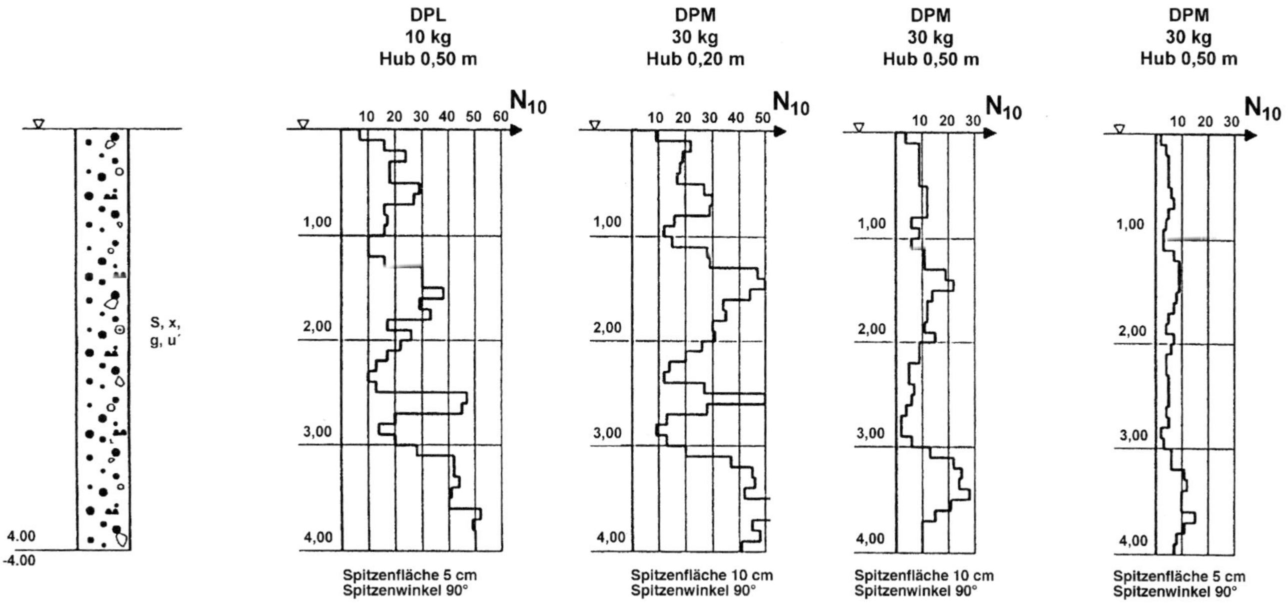

Abb. 1.23 Gegenüberstellung der Ergebnisse von Rammsondierungen N_{10} verschiedener Rammenergie, ausgeführt in einer definiert aufgebauten Schüttung „Roter Sand" (Abtragmaterial der Staufer Schichten, Zechstein, Rheinland-Pfalz; Rosenthal 1995)

halb definierter Gültigkeitsgrenzen statistisch ermittelt werden. Für das qualitative Auswerten von Sondierungen, z. B. für Aussagen über Gleichmäßigkeit oder Ungleichmäßigkeit des Bodens, Schichtabgrenzungen, Dichten und Konsistenzen sind Kenntnisse aus direkten Untersuchungen des Untergrundes erforderlich. DIN 4094-2 gibt in mehreren Darstellungen den Vergleich und Zusammenhang von Sondierergebnissen mit Schlagzahlen und Spitzenwiderständen q_c anderer Sondierarten sowie Zusammenhänge zwischen Sondierwiderständen und den Bodenkenngrößen Lagerungsdichte, Steifebeiwert und Reibungswinkel für Sande und Sand-Kies-Gemische. In etwa zutreffende Angaben zur Dichte anhand der Ergebnisse von Rammsondierungen sind nur dann möglich, wenn zum Vergleich Rammdiagramme von identischen Schichtenfolgen vorliegen, bei denen zuvor, über die gesamte Schichtenfolge durchlaufend, z. B. im Zuge von Schüttarbeiten, die Dichte ermittelt wurde.

▪ Bohrlochrammsondierung nach DIN 4094-2

Die Rammvorrichtung (Rammbär 63,5 kg, Fallhöhe 76 cm, Querschnittsfläche der Sondierspitze 20 cm^2, auf den Spitzenquerschnitt bezogene Rammenergie 241 kJ m^{-1}) hängt am Seil. Das Gerät für die Bohrlochrammsondierung ist in DIN 4094-2, Bild 1 bis 3, dargestellt. Das Durchführen und Auswerten der Sondierung, das Darstellen der Ergebnisse sowie das Bewerten und Ableiten geotechnischer Kenngrößen ist unter Pos. 5 bis 8 dieser Norm beschrieben und demonstriert.

Beim Rammen werden die ersten 15 cm als Anfangs- oder Anpassungsrammen als Schlagzahl N_0 vermerkt. Gezählt (Schlagzahl N_{30}) und als Eindringwiderstand bewertet werden die Schläge zwischen 15 und 45 cm unter der Bohrlochsohle. Der Sondierwiderstand N_{30} wird beim Auswerten mit der erbohrten Schichtenfolge (Schichtenverzeichnis) korreliert und als Zahl oder Balken neben der jeweilig durchrammten Tiefenangabe und Schicht eingetragen. Aus dem Vergleich mit im Labor ermittelten Bodenkenngrößen kann aus dem Sondierwiderstand auf solche Kenngrößen (Bodenart, Korngröße, Lagerungsdichte D, Konsistenz, Steifebeiwert E_s, Reibungswinkel φ) rückgeschlossen werden.

▪ Standard-Penetrationstest nach DIN EN ISO 22476-3

Das Sondieren erfolgt von der Bohrlochsohle aus. Gearbeitet wird mit SPT-Probeentnahmegerät, einem geteilten Zylinder mit Außendurchmesser 51 mm und Innendurchmesser 35 mm. Das Probeentnahmegerät besteht aus einem Eintriebschuh, einer Entnahmehülse (>45 cm) und einem Verbindungsrohr (Kopfstück) mit Rückschlagventil (hierzu Bild 1 in DIN EN ISO 22476-3). Probeentnahmegerät und Rammvorrichtung (Rammbär 63,5 kg, Fallhöhe 76 cm) sind über ein Gestänge miteinander verbunden. Es werden zunächst die ersten 15 cm als Anfangs- oder Anpassungsrammen mit Schlagzahl N_0 vermerkt. Das Gerät wird anschließend in zwei Abschnitten à 15 cm mit jeweils in die eigentlich gewünschte Untersuchungsstrecke eingetrieben und die zugehörige Schlagzahl N vermerkt. Das Durchführen und Auswerten der Sondierung, das Darstellen der Ergebnisse sowie das Bewerten und Ableiten geotechnischer Kenngrößen ist unter Pos. 5 bis 7 sowie in Anhang A und B dieser Norm beschrieben und demonstriert.

1.8.3 Drucksondierung

Bei der Drucksondierung CPT nach DIN 4094 T.2 und DIN EN ISO 22476 T 1 wird die Sonde mechanisch und mit gleichbleibender Geschwindigkeit von etwa 2 cm s^{-1} in den Baugrund eingedrückt. Die Sondenspitze besteht aus der Sondierspitze, einem darüber angebrachten Messkörper und einer den Messkörper umgebenden zylindrischen Reibungshülse. Für das Untersuchen und Testen des Untergrundes durch Einpressen einer kegelförmigen Sondenspitze (Cone penetration Test) gibt es zwei unterschiedlich große Sondenspitzen/Kegel, CPT 10 mit 10 cm^2 und CPT 15 mit 15 cm^2. Bei

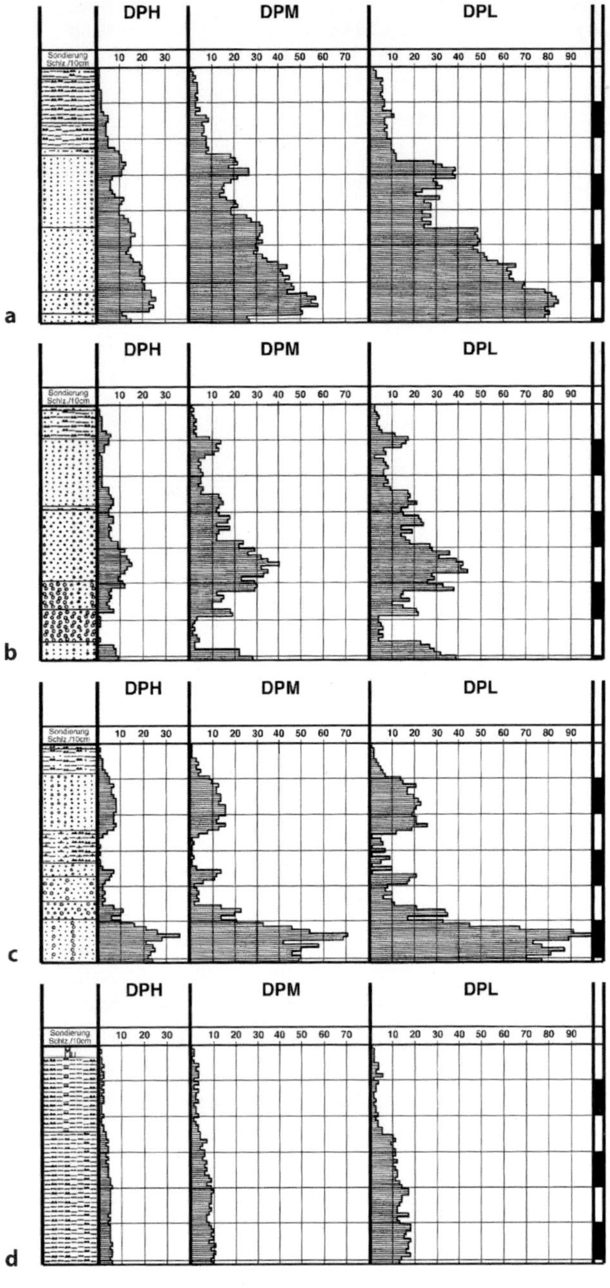

Abb. 1.24 Gegenüberstellung der Ergebnisse von Rammsondierungen N_{10} mit der Schweren (*DPH*), Mittleren (*DPM*) und Leichten Rammsonde (*DPL*), ausgeführt in natürlich anstehenden Böden. **a** Schluff über Sand und Kies, Mannheim, **b** Sand über Kies, Rastatt, **c** Wechselfolge Schluff-Sand-Kies, Rastatt, **d** toniger Schluff, Birkenau. Tiefenangaben in Metern. (Stephan 1997)

CPT 10 beträgt die Oberfläche der Reibungshülse 150 cm^2, der Kegeldurchmesser 37,5 mm und der Gestängedurchmesser 36 mm. Bei CPT 15 beträgt die Oberfläche der Reibungshülse 225 cm^2, der Kegeldurchmesser 43,8 mm und der Gestängedurchmesser 36 mm. Gemessen werden kann der Eindringwiderstand Q_c der Sonde ab Geländeoberfläche, der Spitzenwiderstand q_c direkt über der Spitze im Sondierloch und die lokale Mantelreibung f_c in der jeweilig durchfahrenen Schicht (Abb. 1.25).

Regelwerke für Drucksondierungen sind DIN EN ISO 22476-1, DIN EN 1997 und DIN 4094-1 (zurückgezogen). Versuchsaufbau und Geräte, das Durchführen, Auswerten und Darstellen der Ergebnisse sowie das Bewerten der Ergebnisse und das Ableiten geotechnischer Kenngrößen war in DIN 4094-1, Pos. 5 bis 8 und Anhang C und D beschrieben und demonstriert. Als CPTU werden demnach Sondierungen bezeichnet, bei denen während des Eindringvorganges über eine Piezo-Spitze zusätzlich der Porenwasserdruck gemessen wird.

Die Drucksonde eignet sich zum Untersuchen von Sanden und Sand-Kies-Gemischen und kann auch zum Untersuchen von feinkörnigen Bodenarten eingesetzt werden. Bei Sand und sandigem Kies lassen sich aus dem Spitzendruck Aussagen zur Lagerungsdichte und zum Winkel der inneren Reibung treffen.

Bei feinkörnigen Böden (Ton, Lehm, Schluff) lassen sich aus dem Spitzendruck und dem Porenwasserdruck Aussagen zu Bodenart, Konsistenz, Steifemodul, Reibungswinkel und undränierter Scherfestigkeit ableiten. In Grobkies, in stein- und blockreichen Lagen sowie allgemein im Mittelgebirge ist die Drucksonde nur bedingt einsetzbar. Entsprechend der regionalen Verteilung dieser Bodenarten wird die Drucksonde vermehrt in Norddeutschland und weniger in Mittel- und Süddeutschland eingesetzt. DIN 4094-1 gibt Vergleiche zwischen dem Spitzenwiderstand der Drucksonde q_c [MPa] und den Bodenkenngrößen Lagerungsdichte, Reibungswinkel und Schlagzahl N_{30} (SPT) von Sanden und Sand-Kies-Gemischen.

1.9 Geophysik – Indirektes und zerstörungsfreies Untersuchen des Untergrundes mit physikalischen Verfahren

1.9.1 Seismik

Seismische Verfahren bieten die Möglichkeit, eine dreidimensionale Aussage zum Schichtenbau des Untergrundes zu treffen. Gemessen und ausgewertet werden Geophonabstände und Laufzeiten von in den Untergrund eingeleiteten Erschütterungen. Die Erschütterungen werden am Anregungspunkt durch Sprengung, Vibration, Hammerschlag oder Aufschlag eines Fallgewichtes erzeugt. Dabei entstehen seismische Wellen (Erschütterungswellen). Nach physikalischer Definition sind es Longitudinalwellen (Kompressionswellen) und Transversalwellen. Die Geophysik benutzt hierfür die Fachausdrücke „Schallwellen" und „Scherwellen".

Die Schallwellen bewegen sich schneller durch die Gesteine als die Scherwellen.

Die Wellen breiten sich zunächst strahlenartig nach allen Richtungen aus. An Gesteinsgrenzen werden die unter steilem Winkel einfallenden Wellen zurückgebeugt oder reflektiert, die unter flachem Winkel einfallenden Wellen gebrochen oder refraktiert. Als direkte Welle wird der Wellenstrahl bezeichnet, der auf dem kürzesten Weg vom Anregungspunkt zum Messpunkt läuft.

Gesteine haben die Eigenschaft, Schallwellen mehr oder minder schnell zu leiten, wobei innerhalb einer einheitlichen Gesteinsfolge in größerer Tiefe eine konstante und hohe Schallgeschwindigkeit (Formationsgeschwindigkeit) gemessen wird.

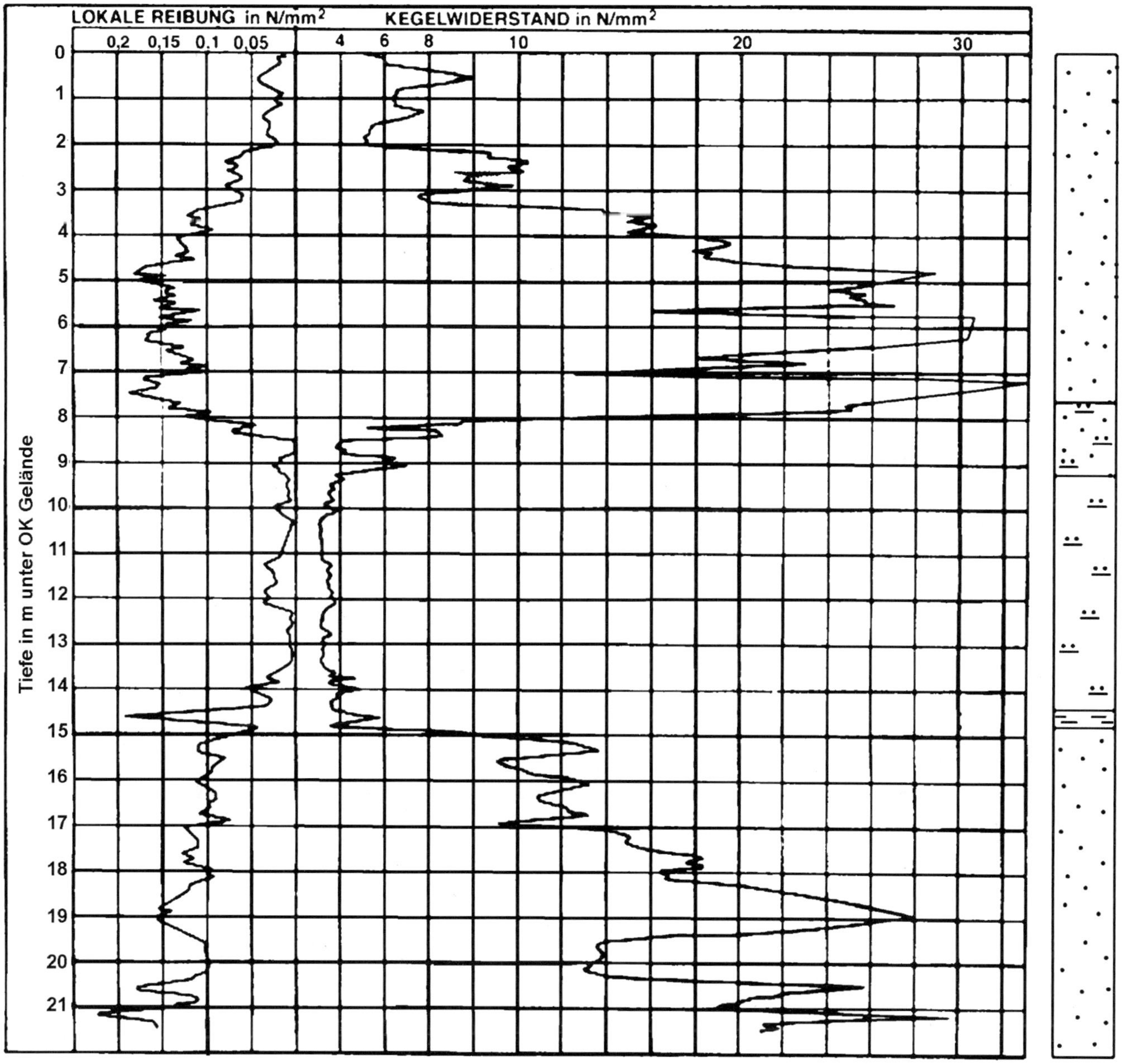

Abb. 1.25 Zeichnerische Darstellung einer Drucksondierung mit lokaler Mantelreibung, Spitzenwiderstand und Schichtenfolge

Oberflächennah werden allgemein geringere Schallgeschwindigkeiten mit stärkerer Variation gemessen. Die Fortpflanzungsgeschwindigkeit einer Welle im Gestein ist von der Dichte und der Poisson-Zahl abhängig. Gesteinsart, Porosität, Auflockerung im Kluftsystem und in porösen Gesteinen die Lage zum Grundwasserspiegel sind geologische Kriterien für unterschiedliche Fortpflanzungsgeschwindigkeiten (Schallhärten).

Aus der Auswertung seismischer Daten können die Fortpflanzungsgeschwindigkeit der Wellen, die Lage von Schichtgrenzen und, bei Kenntnis der Gesteinsdichte, die elastischen Materialeigenschaften Poisson-Zahl, Elastizitätsmodul und Kompressionsmodul ermittelt werden (Schulze und Tietze 1983; Vogelsang 1991).

Bei den angewandten seismischen Verfahren wird zwischen Refraktionsseismik und Reflexionsseismik unterschieden.

■ Refraktionsseismik

Bei der Refraktionsseismik werden im Normalfall Geophone in einer Messstrecke ausgelegt. Die Anregungspunkte befinden sich an beiden Enden der Strecke. Es ist üblich, die Strecke von beiden Seiten aus durchzumessen (Gegenschussaufnahme). Gemessen wird der Geophonabstand und die Zeit zwischen Anregung und Eintreffen der ersten Welle (Primärwelle, P-Welle) am Geophon. Der Messbeginn (Aufzeit) für die Laufzeitbestimmung wird über einen Kontakt im Hammer, in einer Hammerplatte oder über ein Geophon direkt neben dem Anregungspunkt ausgelöst.

Die vom Anregungspunkt abgestrahlten Kompressionswellen durchlaufen die anstehenden Boden- und Gesteinsschichten mit der jeweils von der Boden- oder Gesteinsart und deren Dichte abhängigen Geschwindigkeit. Bei schichtigem Gesteinsaufbau liegen in der Regel Schichten mit geringerer Dichte und gerin-

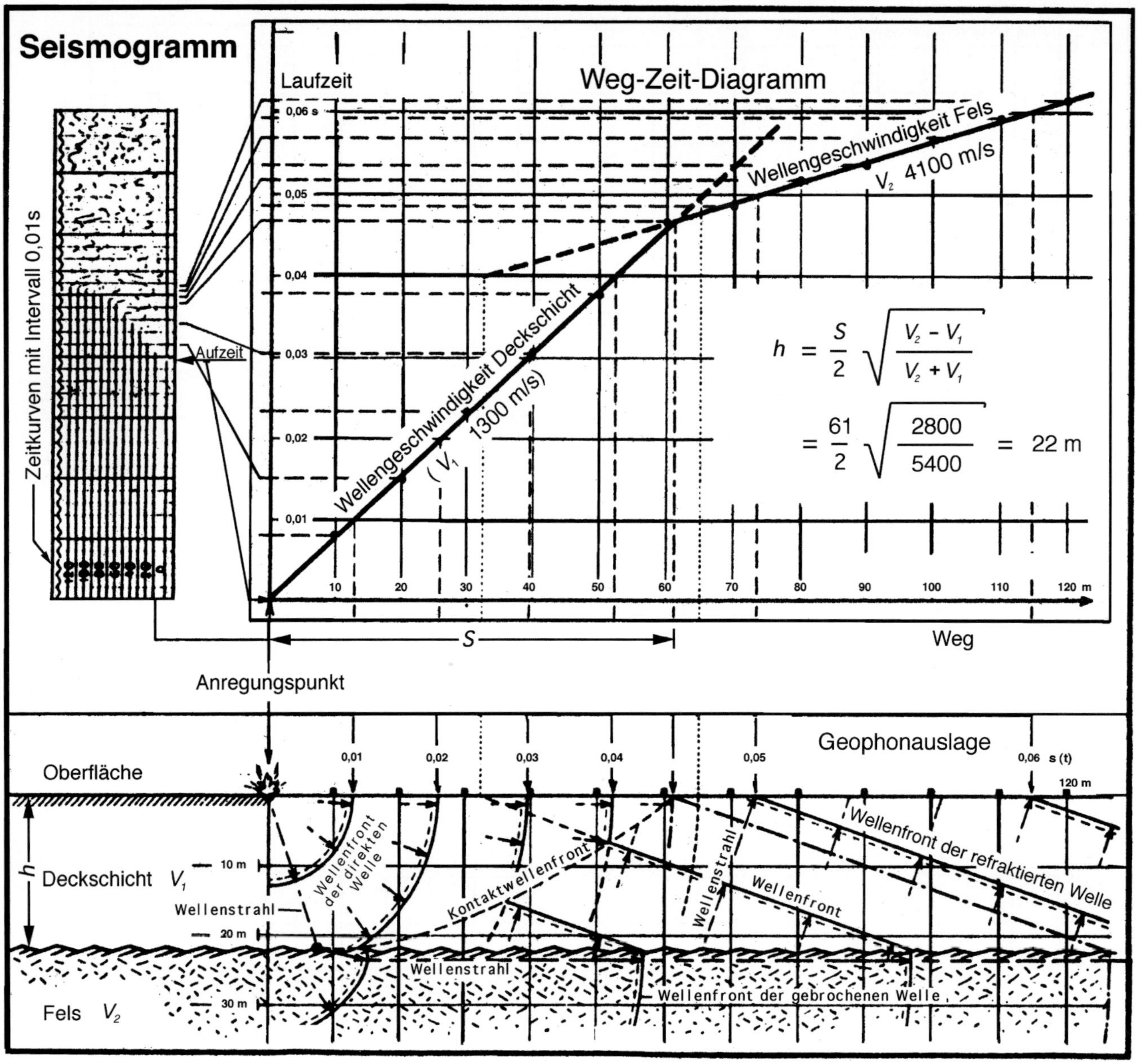

■ **Abb. 1.26** Refraktionsseismische Auslage und Auswertung. *Unten*: Messprofil mit Anregungspunkt (Fallkugel, Sprengung) und Geophonauslage für refraktionsseismisches Erkunden des Untergrundes mit Mehrkanalapparatur. Darstellung der Pfade und Fronten für die direkte Welle (Oberflächenwelle), die gebrochene Welle und die refraktierte Welle im Zweischichtenfall. *Oben*: Aufgezeichnete Laufzeitkurven für lockeren Boden über Fels und Berechnung der Tiefenlage *h* für OK Fels

gerem Leitvermögen für die Schallwellen oben. Es sind Verwitterungsboden, Auflockerungsbereich oder Deckschichten, in Tallagen auch weiche Sedimentlagen wie Schwemmlehm, Auelehm oder Torf über Sand und Kies. Die Deckschichten haben gegenüber dem tiefer liegenden Gestein eine geringere Wellengeschwindigkeit v_1. Die tiefer liegenden, dichteren, den Schall besser leitenden Gesteine/Fels haben eine höhere Wellengeschwindigkeit v_2. Unter solchen Bedingungen mit $v_2 > v_1$ kommt es im tiefer liegenden Gestein/Fels zur Ausbildung einer gebrochenen Wellenfront, welche sich vom Anregungspunkt aus an der Felsoberfläche kreisförmig, im Fels selbst halbkugelförmig, ausbreitet (■ Abb. 1.26). Die Wellenfront der gebrochenen Welle strahlt auf ihrem Weg entlang der Grenzfläche Fels/Deckschichten ständig in Form einer refraktierten Wellenfront Energie nach oben ab. Die diese refraktierte Wellenfront aufbauenden refraktierten Wellenstrahlen treffen auf die Geophone und lösen dort einen Impuls aus. Die Zeitspanne zwischen Aufzeit am Anregungspunkt und erstem Impuls am Geophon ist die auf den Geophonabstand bezogene Laufzeit. Die Entfernung zwischen dem Anregungspunkt und dem ersten Eintreffen refraktierter Wellen an den ausgelegten Geophonen ist die Knickpunktentfernung *s*.

Ein Teil der in den oberen Gesteinsschichten/Felslagen gebrochenen Energie wird nach unten abgestrahlt. Der tiefere Untergrund kann aus schallhärteren oder schallweicheren Gesteinslagen oder Felspartien bestehen.

Im Falle einer Unterlagerung von Gesteinen mit einer geringeren Wellengeschwindigkeit als v_2 liegt eine Geschwindigkeitsinversion vor, deren Echo nach der mit der Geschwindigkeit v_2 gemessenen Laufzeit am Geophon eintrifft. Ein solches Echo wird bei üblicher Anwendung der refraktionsseismischen

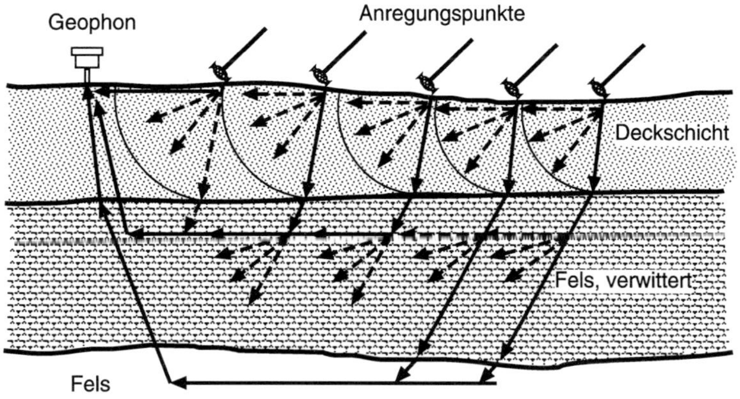

Abb. 1.27 Schema eines Messprofils für refraktionsseismisches Erkunden des Untergrundes mit einer Einkanalapparatur (Hammerschlagseismik) und Darstellung möglicher Wellenstrahlen nach dem Drei-Schichten-Modell. Die durchgezogenen Strahlen erreichen auf schnellstem Wege das Geophon, die gestrichelten Wellenstrahlen erreichen das Geophon mit Verzögerung und werden nicht ausgewertet

Methode nicht erkannt. So lässt sich die Lagerung poröser Sedimentgesteine unter einer Basaltdecke nicht eindeutig auflösen.

Üblicherweise werden die Geophonabstände und die gemessenen Laufzeiten in einem Weg-Zeit-Diagramm als Laufzeitkurve aufgetragen. Hieraus kann die Geschwindigkeit der direkten und der refraktierten Welle abgelesen und die Mächtigkeit h der Deckschichten bestimmt werden.

Im Falle einer Unterlagerung von Gesteinen mit einer höheren Wellengeschwindigkeit als v_2 kommt es in diesen schallhärteren Gesteinsschichten/Felslagen erneut zur Ausbildung einer gebrochenen Wellenfront, welche kontinuierlich refraktierte Wellen mit der Wellengeschwindigkeit v_3 nach oben abgibt. Ab einer kritischen Entfernung vom Anregungspunkt treffen diese im Untergrund vorauseilenden Wellen vor denen mit der Geschwindigkeit v_2 an den ausgelegten Geophonen ein (■ Abb. 1.27).

Nahe dem Anregungspunkt stammen die in den Geophonen ausgelösten Impulse von der sich in den Deckschichten fortbewegenden direkten Welle. Von dieser ist der am Nullpunkt ansetzende gerade Teil der Laufzeitkurve mit der Wellengeschwindigkeit v_1 verursacht (■ Abb. 1.26). Ab der oben genannten Knickpunktentfernung vom Anregungspunkt wird das Erstsignal an den Geophonen von einer refraktierten Welle, der „Mintrop-Welle", ausgelöst. Der im Laufzeitdiagramm von der Laufzeitgeraden der direkten Welle abzweigende Teil mit höherer Laufgeschwindigkeit v_2 ist von der refraktierten Welle verursacht. Die Verlängerung dieser Geraden nach links schneidet die Zeitachse oberhalb des Nullpunktes. Im Dreischichtenfall und im Mehrschichtenfall können noch flachere Äste der Laufzeitkurve mit zugehörigen höheren Wellengeschwindigkeiten v_3, v_4, v_n unterschieden werden, welche die Zeitachse entsprechend höher oder später schneiden. Für diese sind noch kürzere Laufzeiten typisch.

Aus der kritischen Entfernung und der ermittelten Wellengeschwindigkeit kann die Tiefenlage der Refraktionsfläche abgeleitet werden. Form und Neigung der Grenzfläche ergeben sich aus der Gegenschussaufnahme.

Mit der Refraktionsseismik lässt sich die Tiefenlage der Grenzfläche (z. B. lockerer Boden über dichterem Untergrund) und deren Lagerung erkennen. Gut zu unterscheiden sind Auflockerung über Fels und in grobkörnigen Böden die Lage des Grundwasserspiegels.

Die Apparaturen zur Refraktionsseismik reichen von tragbaren Geräten (Hammerschlagseismik) über LKW-montierte Großanlagen mit Fallkugel (ca. 200 kg) bis zu Großanlagen. Bei großräumigen Untersuchungen wird eine Vielzahl solcher Großgeräte gleichzeitig eingesetzt. Je nach Aufgabenstellung und erforderlicher Erkundungstiefe sind unterschiedlich starke Anregung und unterschiedlich lange Messstrecken erforderlich. Bei Untersuchungen im Nahbereich soll die Länge der Untersuchungsstrecke mindestens 5 m betragen. Der Untersuchungsabstand beträgt bei geringer Erkundungstiefe 1–2 m, bei größeren Erkundungstiefen 2–5 m.

Zur Aufnahme der Impulse (Fallgewichtseismik, Explosionsseismik) werden in der Regel Mehrkanalempfänger eingesetzt. Die Geophone werden längs der Messreihe ausgelegt und mit dem Seismographen verbunden (■ Abb. 1.26). Bei der Hammerschlagseismik erfolgte anfänglich die Aufzeichnung über ein stationäres Geophon (Einkanalempfänger), und der Anregungspunkt wurde entsprechend dem Geophonabstand bei Mehrkanalempfängern verändert (■ Abb. 1.27). Heute werden auch bei den tragbaren Geräten Mehrkanalempfänger verwendet.

Das Auswerten refraktionsseismischer Messungen erfolgt bei kleinflächigen bzw. kleinräumigen Aufgaben nach dem Interzept-Verfahren (■ Abb. 1.26). Bei gleichmäßigem und horizontalem Gebirgsaufbau ergeben sich bei diesem Verfahren von rechts nach links und von links nach rechts deckungsgleiche Kurven. Eine Neigung des Refraktionshorizontes gibt sich durch unterschiedlich große Wellengeschwindigkeiten in der Refraktionsfläche zu erkennen. Bei solchen einfachen Lagerungsverhältnissen mit geradlinigem Verlauf der Laufzeitkurven sind die Ergebnisse mit nur geringem Fehler behaftet. Komplexe Untergrundverhältnisse mit variierenden Formationsgeschwindigkeiten verlangen nach komplexen Auflösungsverfahren mit mehreren Anregungspunkten und mehreren sich kreuzenden Geophonauslagen sowie nach rechnergestützten Auswerteverfahren. Schichtenfolgen mit Schichten geringer Geschwindigkeit oben und größerer Geschwindigkeit unten lassen sich mit der Refraktionsseismik aufgliedern und darstellen. Für das geotechnische Erkunden der Schichtmächtigkeit h und der Schichtlagerung längs des Geländeschnittes im Untergrund und für das flächendeckende Bestimmen der Schichtmächtigkeit und der Tiefenlage des Refraktors Fels oder eines den Schall besser leitenden Mediums (Wasserspiegel) ist die Refraktionsseismik gut geeignet und wird entsprechen häufig angewendet. Einfachen geologischen Verhältnissen mit gleichmäßigen Schichtenfolgen und mit Schichten geringer Geschwindigkeit oben und größerer Geschwindigkeit unten lassen sich mit der Refraktionsseismik aufgliedern und

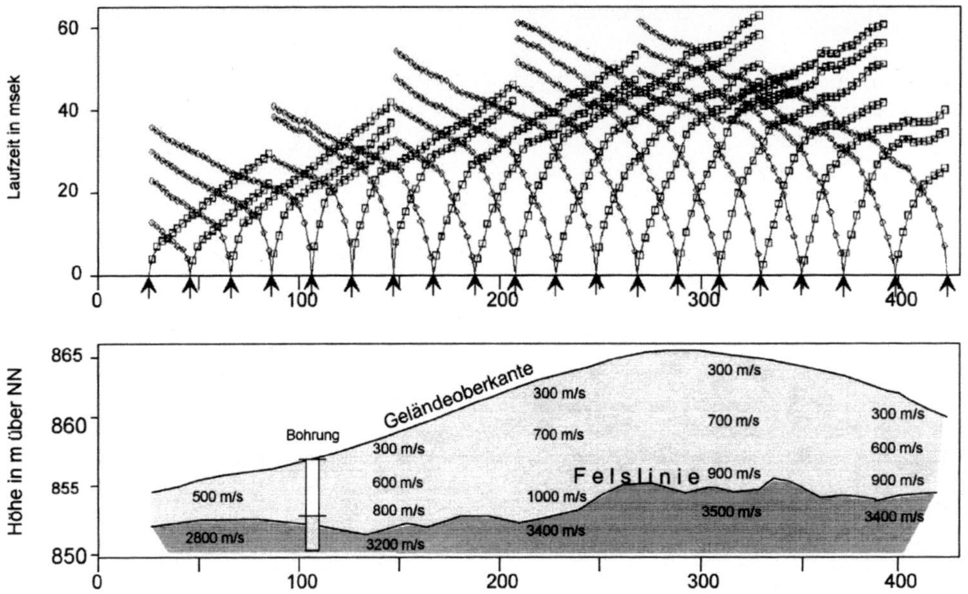

Abb. 1.28 Bestimmen der Mächtigkeit der Verwitterungszone mittels Refraktionsseismik (Illich 2012, GGU-Fallbeispiel – Gesellschaft für Geophysikalische Untersuchungen Karlsruhe). Das refraktionsseismische Untersuchungsergebnis liefert einen durchgängig belegten Zweischichtenfall mit einer mit der Tiefe zunehmenden Kompressionswellengeschwindigkeit zwischen 300 bis 1000 m s^{-1} in den nach unten zunehmend konsolidierten Deckschichten (Ton) und eine relativ ruhige Morphologie der Felsoberfläche/Festgesteinsoberfläche (Tonstein) mit Wellengeschwindigkeiten zwischen 2800 und 3500 m s^{-1}. *Pfeil*: Ort der Signalanregung; Quadrat *und* Raute: Welleneinsatz am Geophonort von Vor- und Rückschuss

darstellen. Das refraktionsseismische Untersuchungsverfahren für den Zweischichtenfall wird in der Geotechnik am häufigsten angewandt (Abb. 1.28). Es bietet hinreichend brauchbare Tiefenangaben für den Refraktor. Die Genauigkeit dieser Tiefenangabe hängt von der Homogenität der Deckschichten und vom Geschwindigkeitskontrast an der Grenze zwischen Deckschicht und refraktierendem Untergrund ab. Im häufigen Fall einer nach unten zunehmenden Schallhärte kann deren Wellengeschwindigkeit bestimmt und somit können Gesteinspartien gegenseitig abgegrenzt werden (Abb. 1.28 und 1.31a). Abb. 1.29 gibt ein Fallbeispiel für ein Drei-Schichten-Modell. Frei (1995) beschreibt Messbeispiele und zeitgemäße rechnergestützte Auswerteverfahren zur refraktionsseismischen Erkundung.

Reflexionsseismik

Bei der Reflexionsseismik werden im Normalfall Geophone in einer Messstrecke ausgelegt. Der Anregungspunkt befindet sich in der Mitte der Strecke.

Die vom Anregungspunkt ausgehenden Wellen werden im Untergrund an Diskontinuitätsflächen zurückgebeugt oder reflektiert, gebrochen und refraktiert oder in den tieferen Untergrund transmittiert. Die transmittierten Wellen können im tieferen Untergrund an Schichten oder Felskörpern mit deutlichem Kontrast in Dichte und Impedanz zu den höher liegenden Schichten erneut gebeugt und gebrochen werden (Abb. 1.30). Dabei wird ein Teil der Wellenenergie, unter Umständen sogar die ganze Wellenenergie, reflektiert. An nicht ebener (rauer) Diskontinuitätsfläche wird der Wellenstrahl diffus in verschiedene Richtungen reflektiert.

An glatten Diskontinuitätsflächen erfolgt das Zurückbeugen nach dem Reflexionsgesetz. Einfallender und reflektierter Strahl liegen in derselben Ebene; Einfallswinkel und Reflexionswinkel sind gleich.

Dabei ist der Reflexionswinkel zwischen Anregungspunkt und jeweiligem Geophon bei den in geringer Tiefe liegenden reflektierenden Schichtflächen größer als bei tiefliegenden Reflektoren. Zum reflexionsseismischen Erkunden werden, besonders bei tiefliegenden Reflexionshorizonten, die nahezu senkrecht zur Schichtgrenze einfallenden Wellen betrachtet. Bei den vom Anregungspunkt ausgehenden Wellen ist zu unterscheiden zwischen den schnell laufenden Kompressionswellen v_p und den langsamer laufenden Scherwellen v_s. Im Gegensatz zur Refraktionsseismik werden die Geophone nacheinander von allen eintreffenden Kompressionswellen und Scherwellen erschüttert. Die nacheinander eintreffenden Impulse werden gleichzeitig an bis 120 und mehr ausgelegten Geophonen aufgenommen und am Seismographen in bis 120 und mehr Bahnen parallel aufgezeichnet.

Gearbeitet wird mit vertikalempfindlichen oder horizontalempfindlichen Geophonen. Durch die Wahl der Geophone kann der Störpegel der bei der Aufzeichnung unerwünschten Scherwellen oder Schallwellen gemindert werden. Aufgezeichnet und ausgewertet werden alle nacheinander an den Geophonen ankommenden Signale. Das Zuordnen bestimmter Reflexionshorizonte und das Bestimmen der Schallgeschwindigkeit innerhalb bestimmter Gesteinsschichten erfolgt an Erkundungsbohrungen.

Das Verfahren wird traditionell zum Erkunden des tieferen geologischen Untergrundes eingesetzt, vorwiegend für Zwecke der Erdölindustrie. Für das Erkunden des oberflächennahen Untergrundes mit Reflexionsseismik liegen nur wenige Erfahrungen vor. Die Messergebnisse sind schwierig zu deuten, da die schwachen Signale aus oberflächennahen Reflexionshorizonten sich nicht deutlich von den starken Signalen der noch nicht abgeklungenen Oberflächenwellen abheben.

Es werden Geophone mit Eigenfrequenz 40 bis 100 Hz verwendet, wobei die hohe Eigenfrequenz zum Erkunden

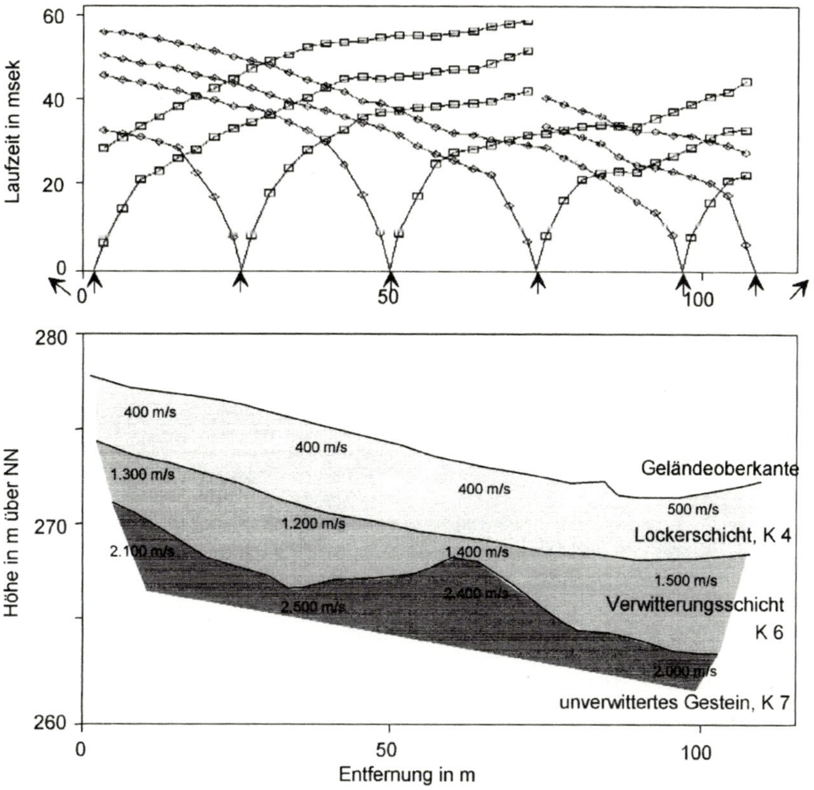

Abb. 1.29 Schichtmodell abgeleitet aus den Ersteinsätzen der Kompressionswellen. Bestimmung der Kompressionswellengeschwindigkeiten. Unterscheidung zwischen Deckschichten (Löss und Lösslehm), einer entfestigten Verwitterungsschicht und dem unverwitterten Gestein (Tonstein und Tonstein-Sandstein-Wechsellagerung) mittels Refraktionsseismik. Die Datenauswertung führt zu einem Drei-Schichten-Modell für den Untergrund. Das Untersuchungsergebnis liefert drei Schichten mit unterschiedlichen Kompressionswellengeschwindigkeiten, welche den Felsklassen K4, K5 und K6 nach DIN 18300 (Abschn. 4.1.2) zugeordnet werden können. *Pfeil*: Ort der Signalanregung; *Quadrat* und *Raute*: Welleneinsatz am Geophonort von Vor- und Rückschuss. (Illich 2012, GGU-Fallbeispiel – Gesellschaft für Geophysikalische Untersuchungen Karlsruhe)

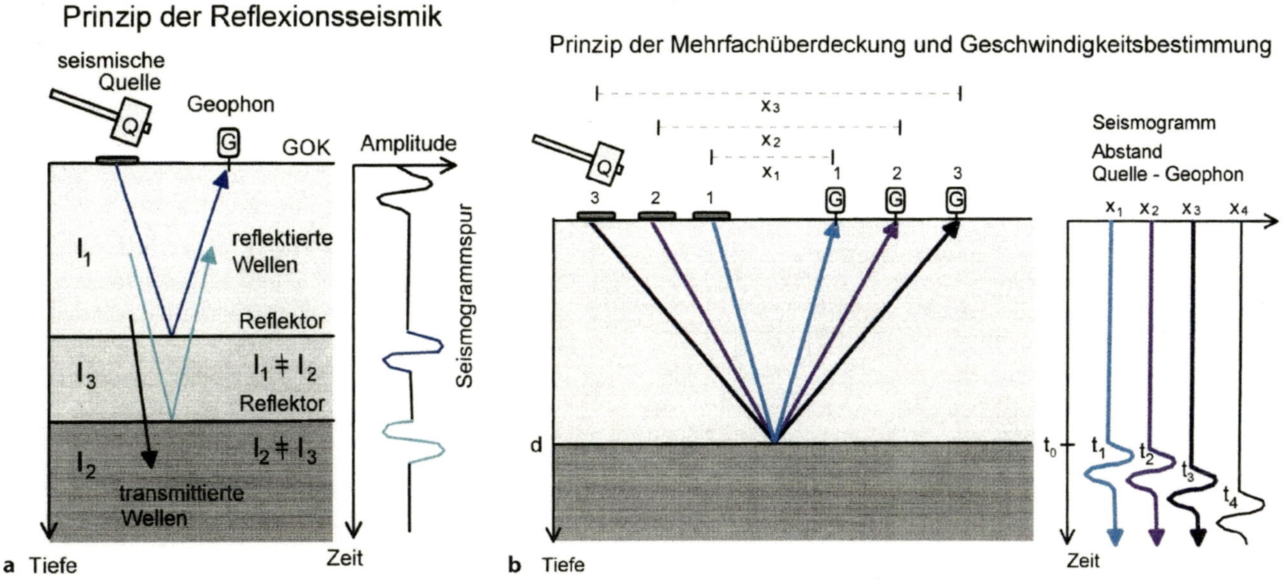

Abb. 1.30 **a** Modell für den Strahlengang, **b** Prinzip der Mehrfachüberdeckung und Geschwindigkeitsbestimmung bei der Reflexionsseismik. (Illich 2012, Gesellschaft für Geophysikalische Untersuchung Karlsruhe)

des Untergrundes in geringer Tiefe und die langen niederfrequenten Wellen zum Erkunden großer Tiefen geeignet sind. Die Reflexionsseismik hat allgemein ein sehr hohes vertikales und laterales Auflösevermögen und zeichnet sich durch hohe Detailfülle aus (Gaertner et al. 1995, Girmscheid 2013). Zur Baugrunderkundung wird die Reflexionsseismik nur selten verwendet.

Reflexionsseismisches Messen mit hoher lateraler und vertikaler Auflösung kann für das Erkunden oberflächennaher Strukturen eingesetzt werden.

▪ Hybrid-Seismik

Das Verfahren der hybriden Seismik (Frei & Keller 2000) ist eine Kombination von Refraktionsseismik und Reflexionsseismik, bei dem sich die Vorteile beider unabhängiger Disziplinen ergänzen. Die herkömmliche Refraktionsseismik liefert oberflächennah Ergebnisse mit ausreichend hohem Detaillierungsgrad, stößt aber bei komplexen Untergrundstrukturen mit zunehmender Tiefe an die Grenzen verlässlicher Aussagefähigkeit. Bei der Hybrid-Seismik erfolgt das refraktionsseismische Erkunden nach den Vorgaben zur Tauchwellentomographie.

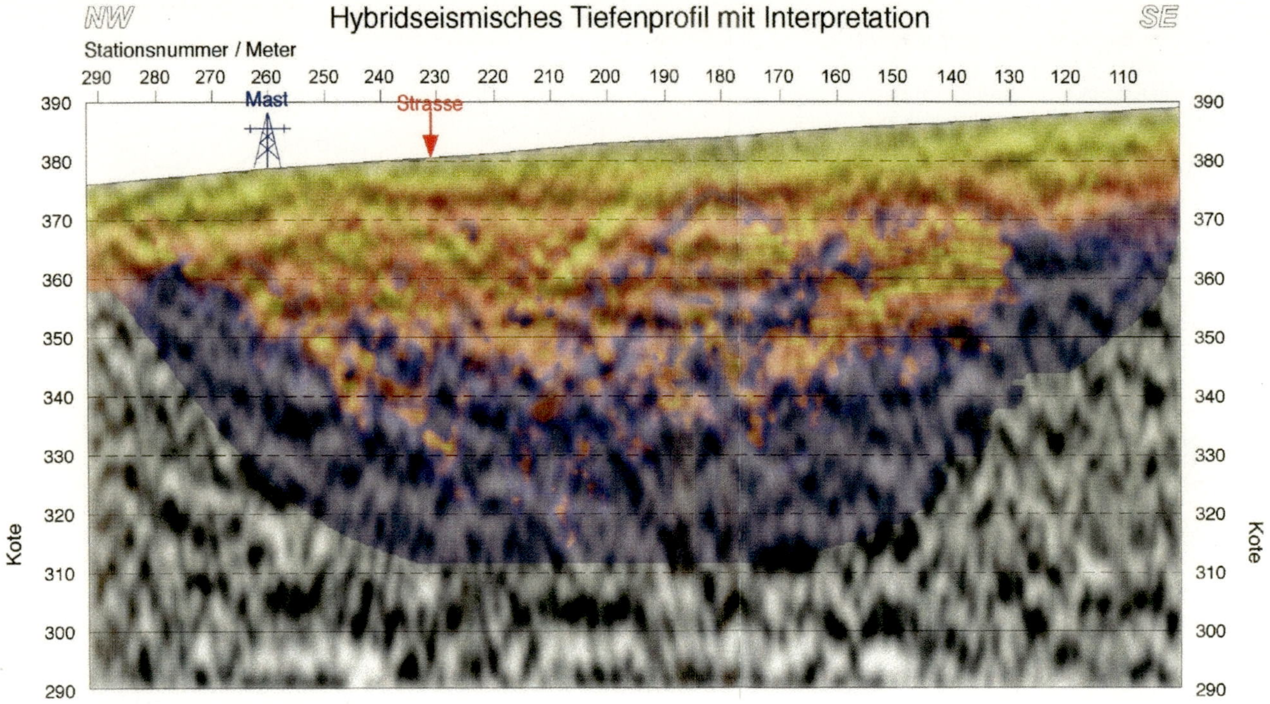

Abb. 1.31 Hybridseismisches Profil zur seismischen Erkundung von vermuteten Karsthohlräumen – Steinbruch Eberstädter Tropfsteinhöhlen. Feldparameter: 192 Kanäle, 1 m Geophonabstand, Geophontyp 20 Hz, Anregungsabstand 2 m, Hammer 8 kg, CDP-Abstand 0,5 m, Überdeckung 48-fach, Abtastrate 0,25 ms, Registrierzeit 250 ms. (Frei W. 2003)

- **Tauchwellentomographie**

Das refraktionsseismische Verfahren der Tauchwellentomographie hat gegenüber der herkömmlichen Methode des refraktionsseismischen Erkundens den Vorteil, dass es in der Lage ist, auch Geschwindigkeitsinversionen aufzuzeigen (Frei & Keller 2000, Frei 2003). Dem Untersuchen nach dem tomografischen Prinzip liegt demnach die Anforderung zugrunde, dass der Untergrund durch eine große Anzahl von Wellenstrahlen in möglichst vielen Richtungen durchlaufen wird. Dies setzt eine dichte Abfolge von Anregungspunkten und Empfängern/Geophonen voraus, wie dies bereits bei der reflexionsseismischen Methode praktiziert wird. Die Praxis verlangt eine Messapparatur mit 120 bis 200 Kanälen. Beim Auslegen der Messapparatur soll die Länge der Empfängeranlage 4-mal größer als die anvisierte Tiefe sein. Wegen der geringen Abstände zwischen den Empfängern wird von jedem Anregungspunkt aus eine große Anzahl der Empfängerstationen aktiviert. Für die zu ◘ Abb. 1.31 durchgeführten Untersuchungen betrug der Grundabstand der Empfänger- und Anregungsstationen etwa 1 m.

Die eingehenden Signale werden sowohl nach denen der Reflexionsseismik wie nach denen der Refraktionsseismik ausgewertet. Beide Auswerteverfahren sind voneinander unabhängig und ihre Aussagen sind somit komplementär. Die geologische Interpretation gewinnt mit der Hybrid-Seismik an Aussagesicherheit.

- **Bohrlochseismik – Downhole-Prinzip**

Bei diesem Prinzip werden Geophone im gleichen Abstand im Bohrloch eingebaut oder es wird ein Geophon nacheinander an verschiedenen Positionen platziert. Der Erregungspunkt liegt neben dem Bohrloch. Gemessen und als Seismogrammspur, aufgezeichnet werden für jede einzelne Position die Laufzeiten für die direkte abwärts laufende Kompressionswelle und für die später eintreffenden aufwärtslaufenden reflektierten Wellen. Die einzelnen Seismogrammspuren werden zu einem Seismogramm zusammengestellt. Hierin lassen sich die Laufzeiten der direkten Welle und Geschwindigkeitssprünge an Knickstellen erkennen. Die Laufspur der verspätet ankommenden reflektierten Wellen setzt an den Knickstellen der Laufzeitkurve ein (gestrichelte Linie). Hieraus lassen sich Schichtmächtigkeit und Laufzeit innerhalb der Schicht ermitteln (◘ Abb. 1.32, Illich, Gesellschaft für Geophysik, Karlsruhe, 2012).

- **Bohrlochseismik – Crosshole-Prinzip**

Gearbeitet wird mit 2 Bohrlöchern. In ein Bohrloch werden Bohrlochgeophone oder Hydrophone eingebaut, in das andere Bohrloch werden seismische Bohrlochquellen eingebaut (◘ Abb. 1.33). Der Untergrund wird zwischen den auf gleicher Tiefe liegenden Apparaturen durchschallt. Gemessen werden direkte Wellen, refraktierte Wellen und gebeugte Wellen. Die direkte Welle bildet im homogenen Boden die Ersteinsätze auf den Seismogrammspuren. Über die Laufzeit der direkten Welle und den Bohrlochabstand wird die Wellengeschwindigkeit berechnet. Bei großen Bohrlochabständen kann eine refraktierte Welle den Erstimpuls am Geophon auslösen, was beim Berechnen der Wellengeschwindigkeit stört. Hohlräume und aufgelockerte Bereich bewirken eine Laufzeitverzögerung und können als Anomalie erkannt werden (Illich, Gesellschaft für Geophysik, Karlsruhe, 2012).

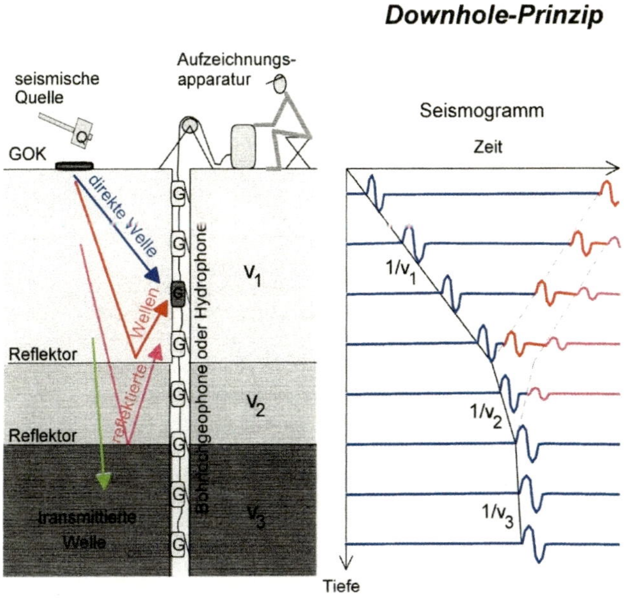

■ **Abb. 1.32** Bohrlochseismik: Bohrlochgeophonmessung nach dem Downhole-Prinzip. (Illich, Gesellschaft für Geophysik, Karlsruhe, 2012)

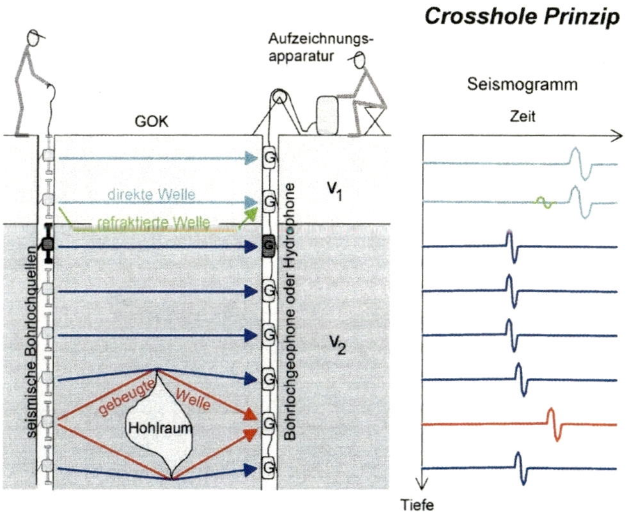

■ **Abb. 1.33** Bohrlochseismik: seismisches Durchschallen des Untergrundes nach dem Crosshole-Prinzip. (Illich, Gesellschaft für Geophysik, Karlsruhe, 2012)

1.9.2 Geoelektrische Widerstandsmessung

Durch Messen des geoelektrischen Widerstandes lassen sich gutleitende und geringleitende Körper im Untergrund erkennen und die Lage des Grundwasserspiegels sowie die Grenzen zwischen Süßwasser, Brackwasser und Salzwasser bestimmen. Ton- und Mergelschichten lassen sich von Sand und Kies unterscheiden. Soweit an Verwerfungen Gesteine mit hohem spezifischen Widerstand gegen Gesteine mit niedrigem spezifischen Widerstand versetzt sind, lässt sich auch die Lage von Verwerfungen ermitteln. Der spezifische Widerstand ρ und die spezifische Leitfähigkeit $\sigma = 1\,\rho^{-1}$ sind Materialeigenschaften des Bodens/Untergrundes, zu welchem Bodenart, Mineralart, Bodenfeuchte, Wassergehalt und Sättigungsgrad beitragen. Die Zustände trocken/feucht prägen vorrangig den Gesamtwiderstand und führen zu einer großen Bandbreite bei gleichartigen Böden und Gesteinen. Illich/GGU Karlsruhe 2012 gibt folgende Anhaltswerte für spezifische Widerstände, wobei in der Praxis große Abweichungen möglich sind.

Oberboden/Mutterboden	50 bis 200 Ωm
Ton, erdfeucht	5 bis 20 Ωm
Schluff, erdfeucht	20 bis 100 Ωm
Sand, erdfeucht	100 bis 1000 Ωm
Kies, erdfeucht	> 1000 Ωm
Sand, Kies, wassergesättigt	50 bis 200 Ωm
Tonstein	100 bis 1000 Ωm
Sandstein	200 bis 5000 Ωm
verwittertes Gestein	100 bis 1000 Ωm
frisches Tiefengestein	> 5000 Ωm
Süßwasser	20 Ωm
Salzwasser	< 1 Ωm

Beim Messen werden nach der Anordnung der Stromelektroden *A* und *B* und der Sonden *M* und *N* die Verfahren „Schlumberger" (■ Abb. 1.34), „Wenner", „Dipol-Dipol" und „Pol-Dipol" oder „Gradienten" unterschieden (■ Abb. 1.35, Militzer und Weber 1985, Illich/GGU Karlsruhe 2012, Wikipedia > Geoelektrik). Weitere individuell gewählte Anordnungen sind möglich. ■ Abb. 1.35 zeigt verschiedene Messanordnungen.

Bei dem häufig eingesetzten Gleichstromverfahren nach Schlumberger wird an zwei weit auseinanderstehenden Elektroden *A* und *B* eine Spannung angelegt und dadurch ein künstliches stationäres Feld erzeugt. Der Elektrodenabstand *L* liegt in der Größenordnung < 10 bis > 200 m und wird im Laufe der Versuchsdurchführung von klein nach groß verändert. In der Mitte der Messstrecke werden zwei Sonden *M* und *N* eingesteckt. Der Sondenabstand wird während der Messung nicht verändert (■ Abb. 1.35). Wird an den Elektroden Strom eingespeist, so bilden sich an diesen elektrische Felder aus. Zwischen den Sonden kann ein Spannungsunterschied ΔU gemessen werden. Aus dem Spannungsabfall ΔU kann für den homogen-isotropen Halbraum der spezifische elektrische Widerstand ermittelt werden. Dieser Spannungsunterschied ΔU verändert sich mit dem Elektrodenabstand *L*. Beim Vergrößern des Elektrodenabstandes wird die Wirkungstiefe vergrößert.

Mit der fixen Anordnung der Sonden am Untersuchungspunkt 0 (■ Abb. 1.34a) erhält man eine Widerstandskurve. Aus den spez. Widerständen lässt sich ein Tiefenmodell berechnen. Bei diesem Verfahren werden geringmächtige Schichten nicht erfasst. Die Interpretation der geoelektrischen Sondierkurven ist an direkten Aufschlüssen zu eichen. Für Zwei- und Dreischichtfälle gibt es geoelektrische Modellkurven für verschiedene Widerstandsverhältnisse, z. B. ρ_2/ρ_1 für die Widerstandsverhältnisse von Untergrund zu Deckschicht (Bender 1985).

Wird der Untergrund fortlaufen entlang einer Linie durchgemessen, lässt sich aus den Messdaten ein Geländeschnitt konstruieren. Dabei werden die Sonden Schritt für Schritt von einem Messpunkt zum anderen versetzt und der Elektrodenabstand jeweils von klein nach groß verändert. Das Ergebnis ist eine Mehrzahl von Widerstandskurven, die sich jeweils als Schichtenfolge interpretieren lassen.

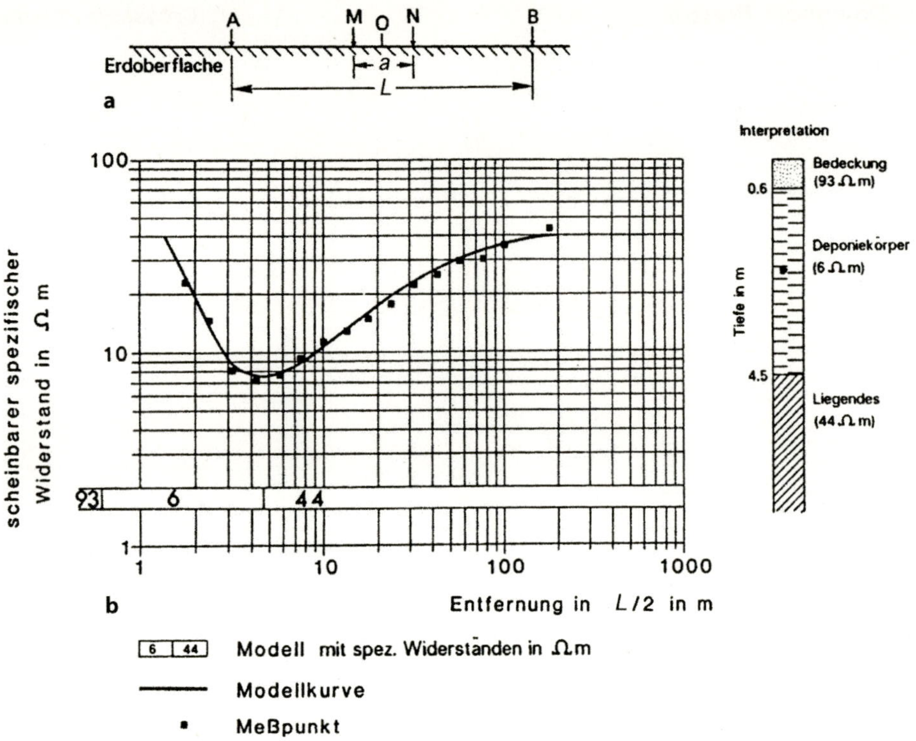

◘ Abb. 1.34 Geoelektrische Widerstandsmessung. *a* Schlumberger Anordnung für die Elektroden und Sonden bei einer geoelektrischen Widerstandsmessung. *b* Beispiel für eine Sondierkurve und Interpretation mit elektronisch berechneter Modellkurve nach einer Widerstandssondierung in Schlumberger Anordnung. (Vogelsang 1991)

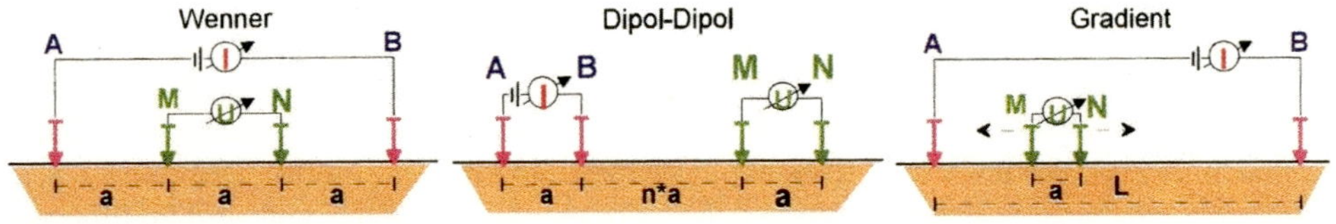

◘ Abb. 1.35 Mögliche Messanordnungen für geoelektrisches Kartieren und Profilieren. (Illich, Gesellschaft für Geophysik, Karlsruhe, 2012)

Aus mehreren auf der Untersuchungsfläche durchmessenen Geländeschnitten und/oder aus Einzelpunktuntersuchungen lässt sich ein Isolinienplan des scheinbaren spezifischen Widerstandes erarbeiten, welche auch in einen geologischen Schichtlagerungsplan uminterpretiert werden kann (◘ Abb. 1.36).

1.9.3 Bodenradar (Georadar)

Beim Bodenradar oder Georadar (*ground penetrating radar*, GPR, Radio Echo Sounding, RES) werden die Reflexionen hochfrequenter elektromagnetischer Wellen an Materialgrenzen gemessen. Ausgesendet werden Impulse mit Frequenz zwischen 20 und 2000 MHz. Das Ausbreiten dieser Wellen im Untergrund hängt von den elektromagnetischen Materialeigenschaften der anstehenden Böden, Gesteine und Fremdkörper ab. Dies sind:

elektrische Leitfähigkeit σ $[\mathrm{S}^{--1}]$. Die elektrische Leitfähigkeit ist bei Metallen hoch: Größenordnung ~10 bis 61 10^{+6} S pro Meter, bei Nichtmetallen und Kohlenwasserstoffen/Nichtleitern niedrig: Größenordnung ~10 10^{-6} S pro Meter. Die elektrische Leitfähigkeit eines Bodens oder Gesteins im Untergrund hängt von der Verfügbarkeit beweglicher Ladungsträger (Ionen) ab. Sie beträgt bei destilliertem Wasser ~5 10^{-6} S m^{-1}, bei Süßwasser ~5 10^{-2} S m^{-2}, bei Meerwasser ~5 S m^{-1}*.

Dielektrizität ε $[\mathrm{S\ m}^{-1}]$. Nichtmetallische sowie schwach leitende und nicht leitende Stoffe (Festkörper, Flüssigkeiten, Gase) werden als Dielektrika bezeichnet. Ihre Ladungsträger sind nicht beweglich. Beim Anlegen eines elektrischen Feldes werden deren Ladungsträger polarisiert. Es bildet sich in ihnen ein elektromagnetisches Feld aus.

Beim eigentlichen Messvorgang werden Sender und Empfänger über den Untergrund bewegt. Über einen Sender werden kurzzeitige Impulse in den Boden abgestrahlt. Der Empfänger registriert die reflektierten Signale. Dabei ist der Abstand zwischen Sender und Empfänger konstant. Beim Messen werden über einem Punkt bzw. über einer sehr kurzen Strecke zum Verbessern des Signal-Rausch-Verhältnisses die Signale von bis zu mehreren hundert Messungen gestapelt. Die Laufzeit ist von den elektrischen Eigenschaften des durchstrahlten Materials abhängig. Sind diese Eigenschaften durch Messungen bekannt, kann aus der Laufzeit auf die Tiefenlage eines Reflektors geschlossen werden.

Für jede gestapelte Einzelmessung wird im Radargramm eine vertikale Linie aufgezeichnet. Diese Linie ist bei homogenem Untergrund eine Gerade und zeigt bei im Untergrund vorliegenden Reflektoren Ausschläge (◘ Abb. 1.37). Durch das Bewegen der Georadar-Messvorrichtung über eine Linie oder Messstrecke entsteht ein Radarprofil oder Radargramm (◘ Abb. 1.38). Dieses entspricht einem Geländeschnitt. Für das Umwandeln der Laufzeiten in Tiefenangaben ist das Radargramm an Bohrungen zu eichen. Beim Vergleich mit der zugehörigen Schichtenfolge

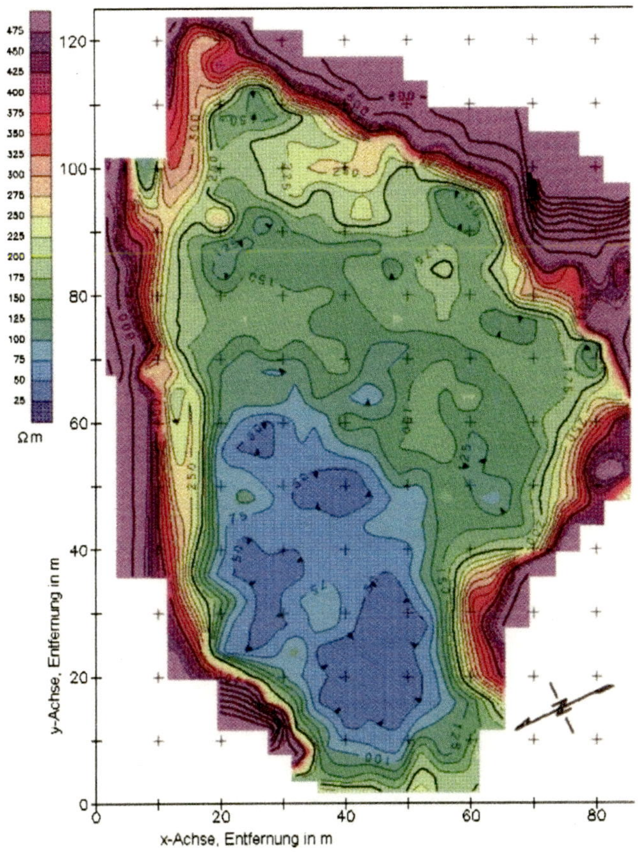

Abb. 1.36 Isolinienplan des scheinbaren spezifischen Widerstandes, ermittelt durch geoelektrische Widerstandskartierung. Die Werteverteilung zeigt die Grenzen einer verdeckten Deponie. (Illich, Gesellschaft für Geophysik, Karlsruhe, 2012)

kann das zeitliche Eintreffen der Signale den bodenspezifischen Ausbreitungsgeschwindigkeiten angeglichen werden.

Von der Messfrequenz hängt die Eindringtiefe der elektromagnetischen Wellen ab. Die Frequenz ist mit der Tiefenlage des im Untergrund befindlichen, interessierenden Horizontes oder Objektes abzustimmen. Langwellige Impulse dringen tiefer in den Untergrund ein als kurzwellige Impulse. Erfassbare Tiefen liegen allgemein in der Größenordnung von Metern bis Zehnermetern.

Die Reichweite bzw. Eindringtiefe von Georadar ist nach Illich/GGU Karlsruhe, 2012 abhängig von

- Reflexionskoeffizient: Es muss ein Materialkontrast vorhanden sein. Dieser ist bei eingelagerten Metallgegenständen hoch und diese sind gut erkennbar.
- Signalabsorption: Im gut leitfähigem Medium (z. B. feuchter Schluff) ist die Absorption groß.
- Signalstreuung: Im trockenen homogenen grobkörnigen Boden und Fels ist die Reichweite groß, die Streuung gering. In künstlichen Auffüllungen (Bauschutt, Müll) ist die Streuung groß.
- Entfernung: Mit zunehmender Entfernung des Reflexionshorizontes nimmt die Stärke des reflektierten Signals durch die räumliche Divergenz ab.
- Objektgröße und Ausbildung der Oberfläche. Große glatte Flächen reflektieren einen höheren Signalanteil als kleine raue Flächen. Geneigte Reflektorflächen können Signale seitlich ablenken und am Empfänger vorbeilenken.

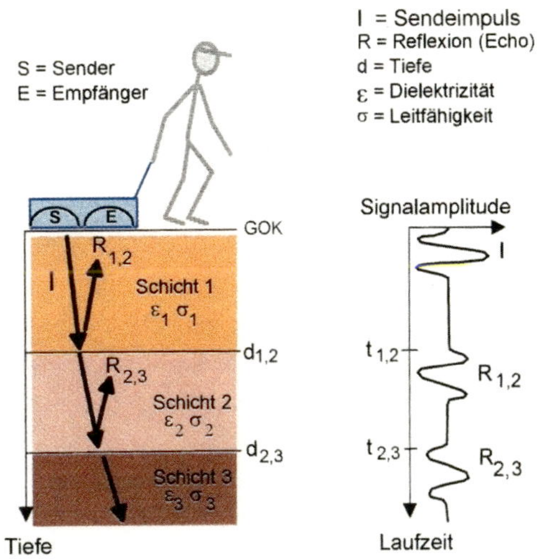

Abb. 1.37 Model für das Untersuchen des Untergrundes mit Georadar. (Illich, Gesellschaft für Geophysik, Karlsruhe, 2012)

- Niederfrequente Signale haben eine größere Reichweite, jedoch eine geringere Auflösung.
- Messmethodik: Durch Variation bei der Anordnung von Sender und Empfänger kann u. U. eine bessere Reichweite erzielt werden.
- Datenverarbeitung: Durch angepasste/geeignete Datenverarbeitung kann eine Reichweitenverbesserung erzielt werden.

Illich/GGU Karlsruhe 2012 gibt praktische Anhaltspunkte für die Reichweite in häufigen Bodenarten mit Angaben zur Feuchtigkeit. In der Praxis können diese Anhaltswerte auch über- oder unterschritten werden.

Sand und Kies	trocken 5 bis 10 m, wassergesättigt 2 bis 5 m
Sand und Kies, schluffig	feucht 2 bis 3 m
feinkörnig, bindige Böden	trocken 2 m, feucht 1 m
Fels, Gestein	5 bis > 10 m
Dolomit, Marmor, kompakt	> 20 m
Süßwasser	4 bis 6 m
Salzwasser	0 m

Feuchte und feinkörnige (bindige) Bodenbestandteile vermindern aufgrund hoher elektrischer Leitfähigkeit die Reichweite.

Bodenradarmessungen eignen sich für Untersuchungstiefen bis 30 m. Die maximal erreichbare Untersuchungstiefe ist von der verwendeten Frequenz, der Antennenankopplung an den Boden und der Sendeleistung abhängig. Bei höheren Frequenzen verringert sich die erreichbare Untersuchungstiefe und verbessert sich die räumliche Auflösung. Homogener, trockener Untergrund mit hohem elektrischen Widerstand bei geringer Objekttiefe gibt beste Ergebnisse. Bindige Sedimente mit hohem Wassergehalt verringern die Erkundungstiefe stark (Abb. 1.38).

Bodenradarmessungen mit niedrigen Sendefrequenzen von 20–100 MHz erreichen Untersuchungstiefen bis 35 m bei räumlichen Auflösungen von 0,5–0,8 m. Solche Messanordnungen eignen sich zum Erkunden von Schichtaufbau und Interngefüge des Bodens und der Lage der Grundwasseroberfläche.

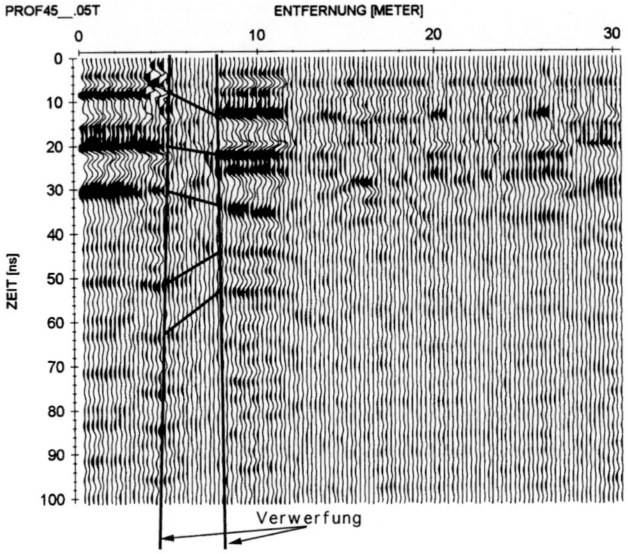

Abb. 1.38 Georadarerkundung von mäßig konsolidierten Sedimenten. Radargramm mit Interpretation. Es handelt sich um Verwerfungen, an welchen sich synsedimentär die Bewegungsrichtung geändert hat. Wellengeschwindigkeit etwa 7–15 cm ns^{-1}

Bodenradarmessungen mit mittleren Frequenzen von 200–500 MHz sind zum Orten von Leitungen, Kabeln, Fundamenten, Hohlräumen, Findlingen, Konkretionen, Bomben und vergrabenen Gegenständen geeignet.

Hohe Frequenzen zwischen 500 und 1000 MHz haben nur eine Erkundungstiefe von 1–2 m, jedoch eine Auflösung im Millimeterbereich. Mit diesen hohen Frequenzen lassen sich im Bauwesen Materialdicken messen. Da alle Grenzflächen zwischen Materialen mit verschiedenen elektrischen Leitfähigkeiten erkannt werden, kann dieses Verfahren auch dazu verwendet werden, Kunststoffe (Plastikrohre, Plastikminen) zu lokalisieren.

1.9.4 Geomagnetik

Das Erdmagnetfeld (Magnetosphäre) gleicht zu großen Teilen dem eines magnetischen Dipolfeldes. Die magnetischen Feldlinien treten am antarktischen erdmagnetischen Südpol (dies ist nach physikalischer Definition ein „Nordpol") vertikal aus der Erdkugel aus und treten am arktischen erdmagnetischen Nordpol (nach physikalischer Definition ein „Südpol") vertikal in die Erdkugel ein. Die Achse des Erdmagnetfeldes ist derzeitig gegenüber der Drehachse der Erde um etwa 11,5° geneigt. Eine Kompassnadel ist daher in großer Entfernung vom Pol auf Nord ausgerichtet und wird mit Annäherung an den Pol zunehmend von der Missweisung beeinflusst. Die Ortslage des arktischen erdmagnetischen Nordpols variiert in zeitlich unterschiedlichen Größenordnungen von Jahrhunderten bis Jahrtausenden im Rahmen der Säkularvariation, in geologisch zurückliegenden Zeiträumen von Jahrhunderttausenden bis Jahrmillionen durch Umpolen. Der erdmagnetische Nordpol lag früher im Bereich der kanadischen Inseln im Polarmeer, liegt heute nordwestlich von diesen im arktischen Ozean und wandert bei variierender Geschwindigkeit mit 30 bis 50 km pro Jahr in Richtung Sibirien (Wikipedia). Das erdmagnetische Hauptfeld mit > 95 % der Feldstärke wird nach bestehenden Theorien im Inneren des Erdkörpers durch Ströme erzeugt. Seine Totalintensität liegt bei 47.000 nT (nanoTesla). Tesla (T) ist die Si-Einheit für die magnetische Flussdichte. Diese wurde bis 1970 im cgs-System mit der Einheit Gauß (Gs) bezeichnet. In der Geomagnetik wurde/wird mit der Einheit γ oder nT gearbeitet. Die genannten Messeinheiten stehen in folgendem Verhältnis:

$$1\,\text{Gs} = 10.000\,\gamma = 10^{-4}\,\text{T};\ 1\,\gamma = 10^{-9}\,\text{T} = 1\,\text{nT}.$$

Das Erdmagnetfeld wird durch kosmische Einwirkungen, besonders den Sonnenwind, beeinflusst. Solche Einflüsse variieren in kürzester Zeit und sind allgemein am Tag stärker als in der Nacht. Veränderungen des Erdmagnetfeldes durch magnetische Stürme, ausgelöst durch Eruptionen der Sonne, können die Totalintensität der magnetischen Feldstärke in der Größenordnung bis 1000 nT verändern. Die zeitliche Entwicklung des Erdmagnetfeldes wird kontinuierlich in magnetischen Observatorien mit Magnetometern gemessen, erfasst und als Tagesvariation aufgezeichnet. Auch wird das Erdmagnetfeld über Satelliten eingemessen und kontrolliert. Magnetische Messwerte aus dem Gelände für Deklination, Inklination, Totalintensität und Vertikalintensität sind zeitlich mit den Messgrößen benachbarter geomagnetischer Messstationen abzugleichen.

Die gleichmäßige Ausbildung und Änderung des Erdmagnetfeldes, dargestellt durch Linien gleicher Inklination, Deklination, Totalintensität oder der häufig gemessenen Vertikalkomponente z, zeigt über Störkörpern im Untergrund anomalen Linienverlauf. Das Auffinden und Ausmessen solcher Anomalien ist die Aufgabe der angewandten Geomagnetik.

Das Messen der Ausrichtung des Magnetfeldes erfolgt mit dem Kompass bzw. der Kompassnadel. Das Messen der Deklination (Winkel zwischen geogr. Nord und magn. Nord) erfolgt mit Kreiselkompass und hochempfindlicher Magnetnadel (Genauigkeit: 2 Bogenminuten, Brenken 1963, Krause 1966).

Das Messen der Intensität erfolgt mit Magnetometern (Gaußmeter, Teslameter). Verwendet werden mechanische Magnetometer wie magnetische Feldwaage oder Torsionsmagnetometer und elektronische Magnetometer wie Fluxgate-Magnetometer, Saturationskernmagnetometer, Förstersonde oder Protonenmagnetometer. Bei den Protonen-Magnetometern ist die erforderliche Messzeit pro Punkt sehr kurz (etwa 1 s). Das Aufstellen und horizontale Einstellen der Feldwaage ist zeitaufwendig.

Um im regionalen Maßstab geologische Fragen zu klären, kann das Messen vom Schiff aus oder aeromagnetisch durch Überfliegen in geringer, aber etwa gleichmäßiger Höhe (wenige Hundert Meter) erfolgen. Kleinräumige, nicht geogen verursachte Störfelder können dabei nicht erkannt und nicht berücksichtigt werden.

Einzelmessungen an ausgewählten Punkten längs von Trassen oder im Gitternetz sind aufwendig (Abb. 1.39 und 1.40). Dabei wird bei größerem Messabstand der in die Darstellung eingehende Wert aus mehreren Einzelmesswerten gemittelt. Die Messwerte sind nach Gerätegang, Tagesvariation, Breitenkorrektur und Längenkorrektur zu korrigieren.

Geomagnetische Karten oder Trassen geben mit den darin aufgezeichneten Anomalien Hinweis auf Gesteinslagerung im Untergrund sowie auf das Vorkommen von sehr schwach ma-

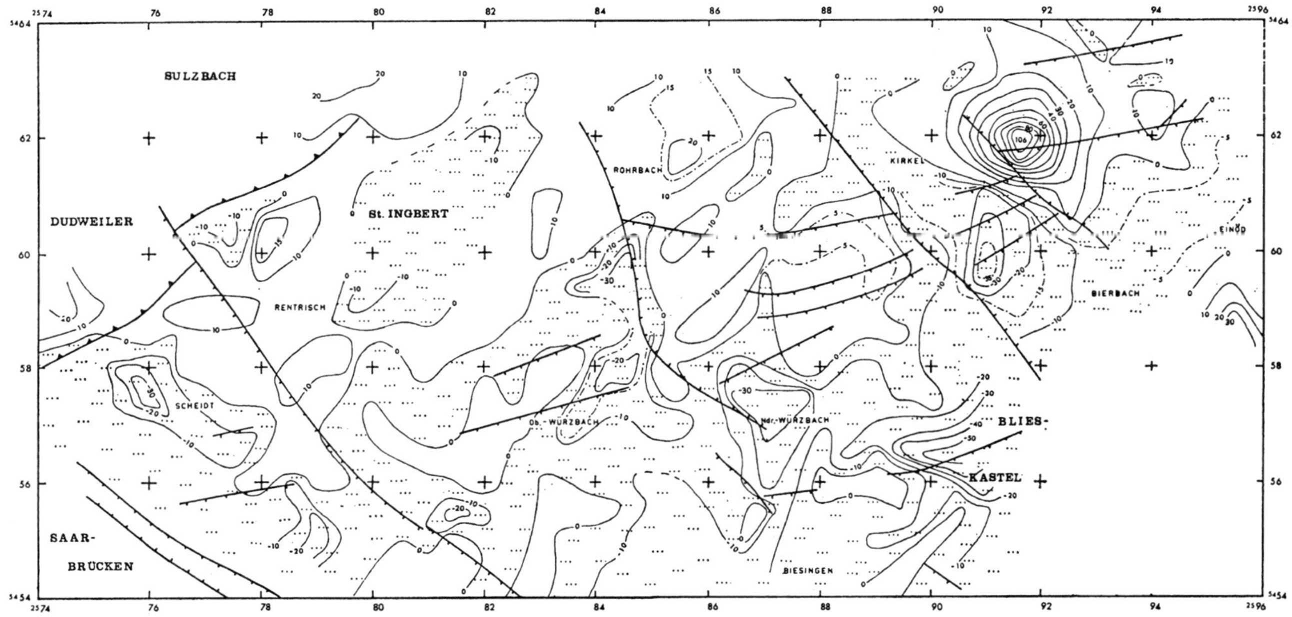

Abb. 1.39 Magnetische Isanomalienkarte (Δz) für das östliche Saarland (Dachroth 1970). Das Kartenbild zeigt mehrere schwache Hochlagen, die in der Streichrichtung des Buntsandsteins und wohl auch des tiefer gelagerten Grundgebirges liegen. Aus diesen Anomalien und aus dem Vergleich zu Anomalien bei der Deklination (Krause 1966) sowie zu Schichtausfällen im Buntsandstein kann auf eine weitere Sattelstruktur im Südosten des Saarbrücker Karbonsattels geschlossen werden

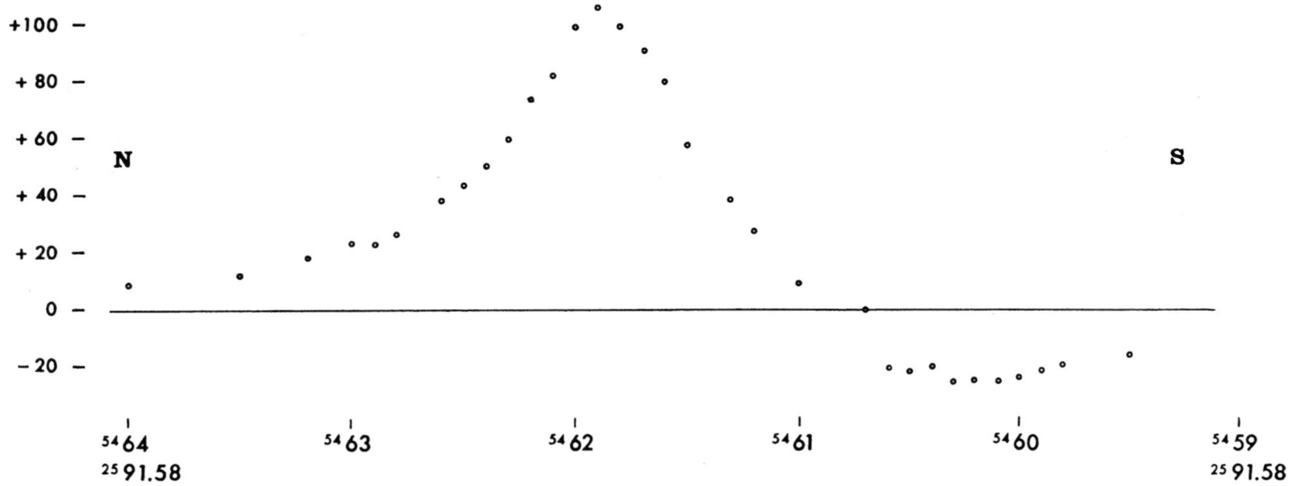

Abb. 1.40 Magnetisches Δz – Profil durch das Kirkeler Hoch auf Abb. 1.39. Für den Störkörper ergibt sich aus der Halbwertsbreite eine Tiefenlage von 350 bis 400 m. Zu vermuten ist ein vulkanisches Gestein unter der diskordanten Auflagerung des Buntsandsteins

gnetisierten Gesteinskörpern (Salz) und besonders von stark magnetisierten Gesteinskörpern (z. B. Basalt, Erz). Bei den stark magnetisierten Gesteinskörpern kann sich die gesteinsmagnetische Ausrichtung auswirken. Bei Gesteinen mit durchschnittlichem oder nur geringem Gehalt an ferrimagnetischen Mineralien spielt die Paläomagnetrichtung im regionalen Maßstab keine Rolle (Dachroth 1971, 1976, 1988). Auffällige geogen verursachte Anomalien geben Hinweis auf Eisenerz (Magnetit, Maghämatit) und Gesteine mit großen Massenanteilen an solchen Mineralen im Untergrund. Störende Einflüsse beim Messen gehen aus von oberflächennahen Elektroleitungen und Verkehr.

Das geomagnetische Untersuchen im kleineren ingenieurgeologischen oder archäologischen Maßstab erfolgt längs von Trassen oder im engmaschigen Gitternetz bei kleinen Abständen der Messpunkte (1 m bis wenige Meter). Es eignet sich zum Erkennen und Abgrenzen von Störkörpern in geringer Tiefe wie Müll, Schrott, Eisenrohren, Bomben, Minen etc. (Abb. 1.41).

Zur Größenordnung von Magnetfeldwerten gibt Illich/GGU Karlsruhe 2012 an:

Erzlagerstätten:	mehrere 10.00 n*T*,
Basalt:	500 n*T*,
Hausmülldeponie:	2000 n*T*,
Metallfass, 2 m tief:	100 n*T*,
Straßenverkehr, PKW 5 m abseits:	200 n*T*,
Pipeline 10 m abseits:	100 n*T*,
geologische Strukturen im Untergrund, z. B. Rinnenfüllung:	100 n*T*,
archäologische Objekte:	bis 50 n*T*.

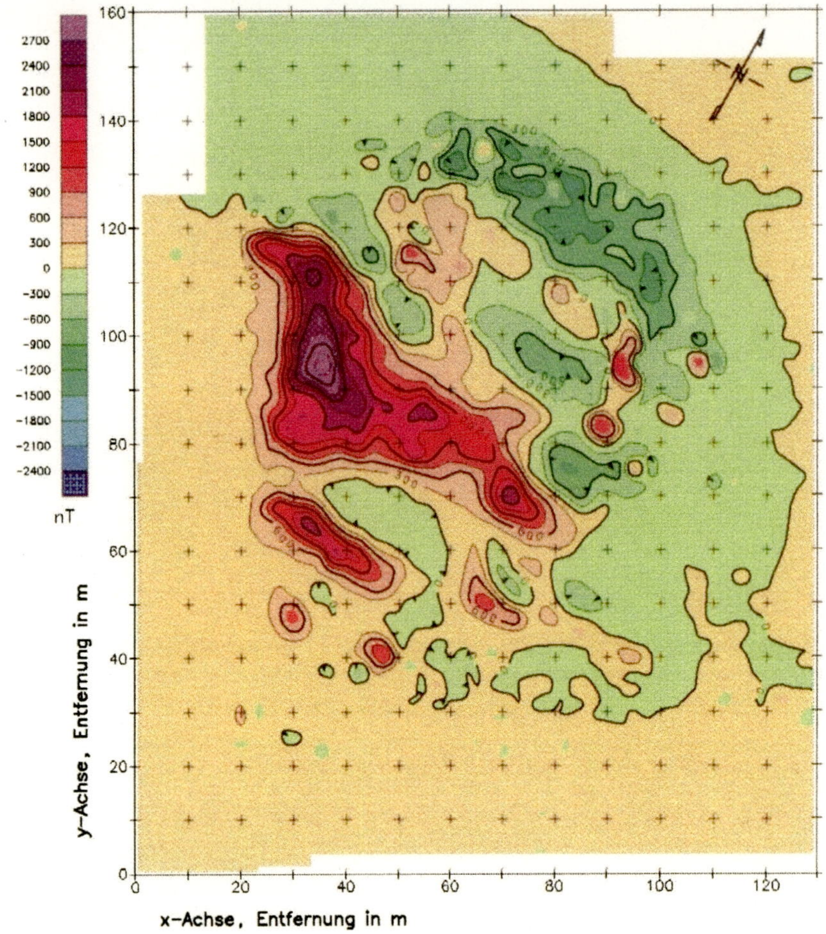

Abb. 1.41 Isanomalienkarte der Totalintensität über einer mit Müll verfüllten Tongrube. Zur Zeit der Messung gab es an der Oberfläche keine augenscheinlichen Hinweise für diese Grube und Deponie. Das Gelände war abgedeckt und landwirtschaftlich genutzt. (Illich, Gesellschaft für Geophysik, Karlsruhe, 2012)

1.9.5 Cereskopie – Messen natürlich ermittierter elektromagnetischer Impulse – NPEMFE

Gesteine, Minerale und Kristalle emittieren unter Druck und Druckänderungen beim elastischen und plastischen Verformen elektromagnetische Wellen (EM-Wellen) bzw. Electromagnetic Radiation (EMR). Solche Vorgänge sind bekannt:

- in Verbindung mit Erdbeben (Fraser-Smith et al. 1990, Hayakawa et al. 1993, Kuznetsov et al. 1999),
- in Verbindung mit Vulkanismus,
- in der Größenordnung geologisch-geotektonischer Strukturen, eingespannt unter dynamisch tektonischem Druck (Reuther et al. 2002, Lichtenberger 2005, 2006, Greiling et al. 2006),
- in der Größenordnung ingenieurgeologischer Probleme bei dynamischem Schweredruck, Auflockerungsdruck, Füllungsdruck, Blähdruck, Felszerreißen, Rutschungen, Erdfällen, Firstschlägen, Sohlhebungen (Lauterbach 2006, Lichtenberger 2005, 2006, 2008),
- im Labormaßstab (Bahat et al. 2002).

Die EM-Emissionen sind gepulst und damit unterscheidbar von periodischen anthropogenen Signalen.

Bei Spannungsänderungen können Gesteine sich verformen, komprimiert oder dekomprimiert werden, zerbrechen (Kataklase, Risse im Mikro- und Nanobereich), abscheren, aufquellen. Bei Bruchvorgängen im Mikromaßstab werden Atombindungen zerrissen. Unter solchen Einwirkungen kann das beanspruchte Gestein teils plötzlich und einmalig aufblitzen, teils permanent EM-Impulse emittieren. Blitze (kurzwellige Emissionen) werden beobachtet beim Schlagen (Feuerstein), Brechen oder Ausbrechen von Fels (z. B. mit einem Bagger oder Brecher), beim Bohren, Sägen, Sprengen und Stürzen (Block-, Fels-, Bergsturz) von Steinen und Felsmassen (Rabinowitch, Bahat, Frid 2002). Sehr langwellige, niederfrequente EM-Emissionen können tiefliegenden Quellen, kurzwelligere EM-Emissionen sehr nahe befindlichen Quellen zugeordnet werden. Für das Auftreten solcher niederfrequenten Emissionen können unterschiedliche Effekte ursächlich sein (Lauterbach 2006, Lichtenberger 2006). Verschiedene Effekte können gleichzeitig und nebeneinander wirken und sind unter Feldbedingungen nicht quantitativ abgrenzbar. Die Emissionen können u. a. ausgehen von dem/der

- Aufreißen kleinster Risse im Nanobereich und Trennen von Atombindungen,
- Verformen von Quarzkristallen (piezoelektrischer Effekt),
- Zunahme der elektrischen Leitfähigkeit bei Deformation fester nicht leitender Körper (Stepanov-Effekt),
- Entstehen eines Hochpotentials und dem elektrischen Aufladen der Kristallflächen deformierter Kristalle (Nichtpiezoelektrischer Effekt),

- Emission von Elektronen und elektromagnetischen Strahlen bei Relaxation,
- Zerreißen der Sternschicht und wassererfüllter Kapillaren in feinkörnigen Böden (elektrokinetischer Effekt),
- Fließen ionenhaltigen Grundwassers (Induktion),
- Verändern der remanenten gesteinsmagnetischen Eigenschaften bei Beanspruchung (piezomagnetischer Effekt).

Die natürlichen EM-Emissionen können durch anthropogen verursachte Strahlen, z. B. sehr lange Radio- und Navigationssignale, und auch durch natürliche EM-Strahlen der Ionosphäre bei Erdbeben gestört werden.

Mit dem Cereskop, einem tragbaren Gerät, können EM-Emissionen im Frequenzbereich 5 bis 50 kHz registriert und ausgewertet werden. Gemessen wird im Sekundenabstand jeweils für die Dauer von 100 ms. Als Sensor dient eine Richtantenne (Ferritantenne). Gemessen wird die EM-Strahlung, auf die die Antenne ausgerichtet ist. Der Anwender hat die Möglichkeit, über ein im Gerät grafisch angezeigtes Frequenzspektrum typisch anthropogene Störstrahlen zu erkennen und zu unterdrücken und das natürlich emittierte Strahlenspektrum zu registrieren.

Folgende Parameter der EM-Emission werden bestimmt:
- Impulszahl (Zahl der in 100 ms gezählten Impulse),
- Zahl der Bursts (Zahl der in 100 ms gezählten Impulspakete/Impulsgruppen),
- mittlere Amplitude,
- Energie der Impulsgruppen,
- mittlere Frequenz.

Das Cereskop kann bei geologischen, geotechnischen und bautechnischen Fragen zur Anwendung gebracht werden (Obermermeyer 2006/FGSV: H GeoMess). Das Messen kann zeit- oder ortsgetriggert erfolgen.

Zeitgetriggertes Messen, das Beobachten und Registrieren der EM-Emissionen an einem festen Ort über eine längere Zeit, kann auf aktive tektonische oder vulkanische Vorgänge im tiefen Untergrund hinweisen. An tektonisch sehr aktiven Orten, z. B. im Bereich der Randverwerfung des Oberrheingrabens bei Schriesheim, können solche zeitlichen Veränderungen so stark sein, dass wiederholtes ortsgetriggertes Linearmessen über der gleichen Strecke abweichende Messergebnisse erbringen.

Zeitabhängig bzw. windabhängig sind messbare Emissionen in der Umgebung von Schwingungen übertragenden Maschinen, z. B. Windrädern (◘ Abb. 1.42).

Ortsgetriggertes Messen kann linear, horizontal oder vertikal erfolgen.

▪ Linearmessung

Das EM-Feld wird mit nach unten gerichteter Antenne entlang einer Messstrecke gemessen. Die Strecke wird mit gleichmäßiger Geschwindigkeit durchschritten oder durchfahren. Über die Zeit wird die Entfernung als Picket aufgezeichnet. Der Bearbeiter kann beim Auswerten und Wiedergeben der gemessenen Emissionen zwischen den genannten Parametern wählen (◘ Abb. 1.42, 1.43, 1.44 und 1.45).

▪ Horizontalmessung

Das EM-Feld der Erdkruste ist ein Abbild des mechanischen Spannungszustandes der Erdkruste mit den orthogonal aufeinanderstehenden Spannungsvektoren σ1, σ2, σ3. Dieses für geotektonische und für ingenieurtechnische Fragen wichtige Spannungsfeld wird bislang u. a. durch nachstehende aufwendige Verfahren ermittelt
- Herdflächenauflösung von Erdbeben (Ahorner 1975, Schneider 1975),
- Überbohrverfahren mit Spannungsmessung über die Deformation von Dehnungsmessstreifen am Bohrlochende (Doorstopper-Verfahren),
- Überbohren von Spannungsmesszellen (► Abschn. 1.21),
- Bohrlochschlitzverfahren (► Abschn. 1.21),
- Bohrloch-Randausbrüche als Folge ungleicher Horizontalspannung,
- Core-Discing – Zerfallsspuren an Bohrkernen aus großer Tiefe (Engelder 1993).

Mit dem Cereskop kann durch Zählen der Impulsrate die größte und kleinste Horizontalspannung minutenschnell festgestellt werden. Für das räumliche Ausmessen des horizontalen Spannungszustandes wird die Richtantenne mit Bezug zur Nordrichtung horizontal im Kreis gedreht. Das Drehen der Antenne im EM-Feld der Erde zeigt auf dem Bildschirm eine Kurve mit zwei um 180° versetzte Maximalausschlägen und zwei um 90° dazu versetzten Minimalausschlägen. Diese Messwerte können als Polardiagramm dargestellt werden (◘ Abb. 1.46). Eine solche Messung sollte bei allen anderen Messungen vorab zur Orientierung und zum Feststellen möglicher Störfelder erfolgen.

▪ Vertikalmessung

Unter Tage senkrecht zur Strecken-, Stollen- oder Tunnelachse vertikal im Kreis gedreht (◘ Abb. 1.47). Nach Lichtenberger et al. 2008 soll das Messen an der Mitte der Firste beginnen und die Kreisbewegung über E- oder S-Ulme, Sohle und W- oder N-Ulme bis zum Ausgangspunkt ausgeführt werden. In Tunneln und Untertagebauwerken erweisen sich EMR-Messungen als schnell durchführbare Methode, die durch viel höhere Dichte herkömmliche Messungen ergänzt und detaillierte Daten zur Interpretation von Spannungsfeldern liefert (◘ Abb. 1.48).

1.9.6 Geophysikalische Bohrlochuntersuchungen

Zur Identifikation einzelner Gesteinsschichten können verschiedene geophysikalische Messverfahren angewendet werden (Exler 1983; Hatzsch 1994; Schreiner und Kreysing 1998). Hierzu werden Sender und/oder Messsonden im Bohrloch abgelassen. Die jeweiligen physikalischen Messdaten können kontinuierlich oder abschnittsweise gemessen und aufgezeichnet werden. Die zu einer Messart gehörende Aufzeichnung für das Bohrloch wird als Log (z. B. Gamma-Ray-Log oder GR) bezeichnet. In der Regel werden mehrere Logs gefahren und nebeneinander aufgezeichnet (◘ Abb. 1.49). Mit folgenden gängigen Methoden können

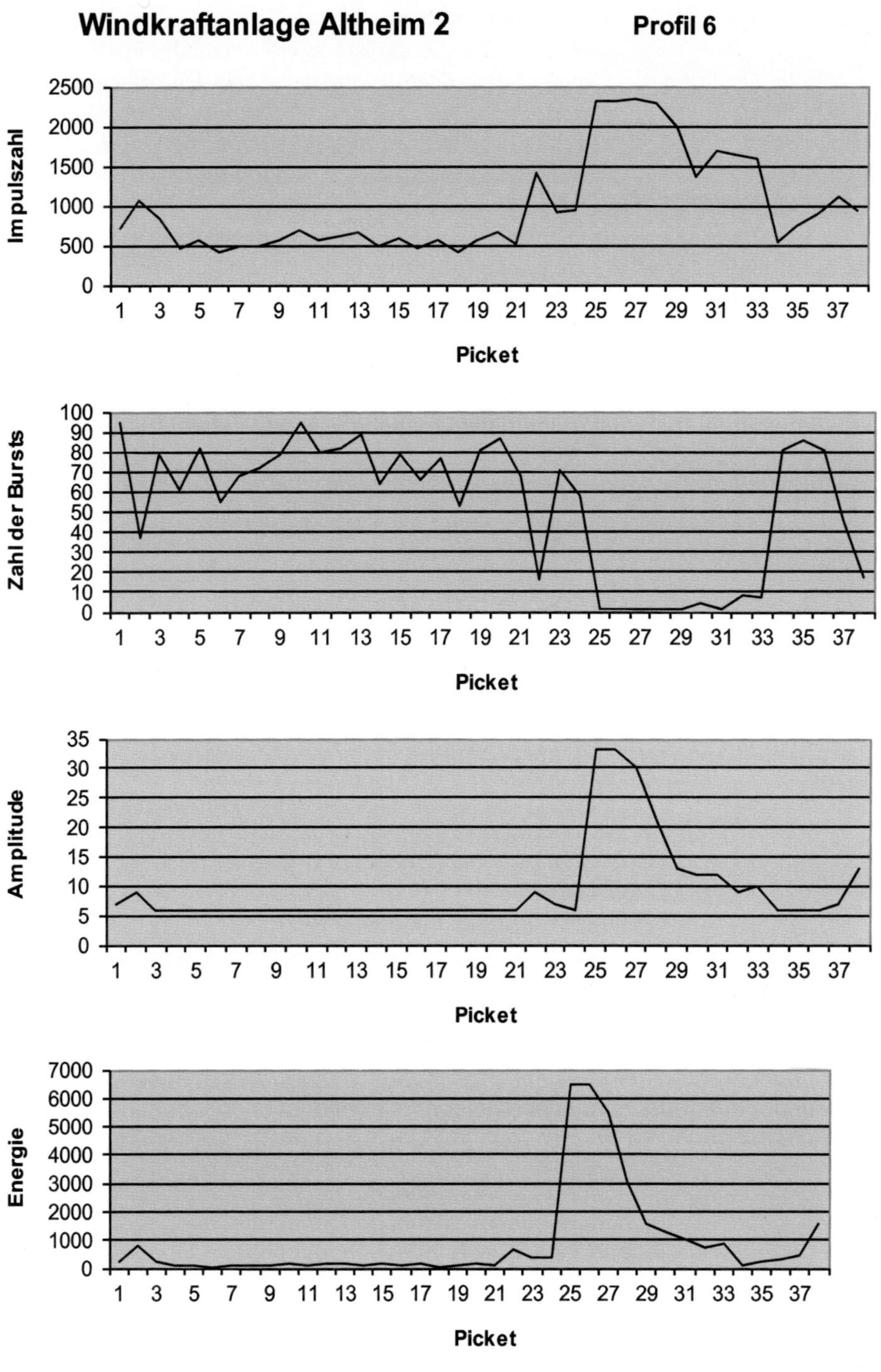

Abb. 1.42 EM-Emissionen als Abbild der von einer Windkraftanlage in den Untergrund eingetragenen Energie. Dargestellt sind die mit dem Cereskop gemessenen Parameter *A* bis *D*. Der Mast der Anlage steht bei Picket 25, der Wind weht von links nach rechts. (Dachroth)

die Eigenschaften von Bohrloch, Boden, Fels und Grundwasser erkundet werden:

- *Kaliber* (*CAL*)
  Gemessen wird der Bohrlochdurchmesser. Die Bohrlochwand wird mechanisch mit meist vier beweglichen Armen abgetastet. Es gibt verschiedene Modifikationen, bei denen die Tastlänge der einzelnen Arme (*CAL.n*) mit $n = 1–4$, die Tastlänge der gegenüberliegenden Arme (*CAL.x*, *CAL.y*) oder zusätzlich die Orientierung des 1. Kaliberarms in Bezug auf Nord (*CAL.RI*) angezeigt werden können. Das Kaliber-Log lässt Ausbrüche oder Auswaschungen in der Bohrlochwand und somit Störungs- und Zerrüttungszonen sowie durchbohrte Schichten aus veränderlich festen Gesteinen erkennen. Mit einem Kaliber-Log können z. B. beim Bau von Bohrbrunnen die erforderlichen Mengen an Filterkies, Ton oder Beton errechnet werden.
- *elektrisches Eigenpotential* (*SP-Log*)
  Gemessen wird die natürliche Potentialdifferenz zwischen einer gut geerdeten Bezugselektrode (meist an der Erdoberfläche) und einer im Bohrloch beweglichen Messelektrode. Das Messverfahren kann nur in unverrohrten Bohrlöchern durchgeführt werden und setzt voraus, dass der Widerstand der während des Bohrvorganges eingebrachten Spülung und der Widerstand des Porengrundwassers unterschied-

Abb. 1.43 N-S-Profil längs der Dammkrone des Hochwasserrückhaltebeckens Kanzelbach bei Schriesheim, TK 1:25.000, Heidelberg-Nord. Länge 80 m. Die Stauanlage versagte beim ersten Anstauen mit Schlucklöchern längs seiner südlichen Böschung (Picket 160–170) und einem Dammausbruch/Rutschung bei Picket 100–130, beides unterhalb des Stauzieles/Überlaufs. Die Cereskopie zeigt zwischen Picket 30 bis 99 und 130 bis 168 hohe Einzelimpulse über der Dammschüttung (a). Zwischen 100 und 130 geringe Impulszahlen über dem nachgebesserten Damm, bei 85 geringe Impulse über einem Betonschacht. Die hohe Impulspaketzahl/Bursts (b) zwischen Picket 160 und 170 liegt über der geologischen Störung/Verwerfung. (Dachroth)

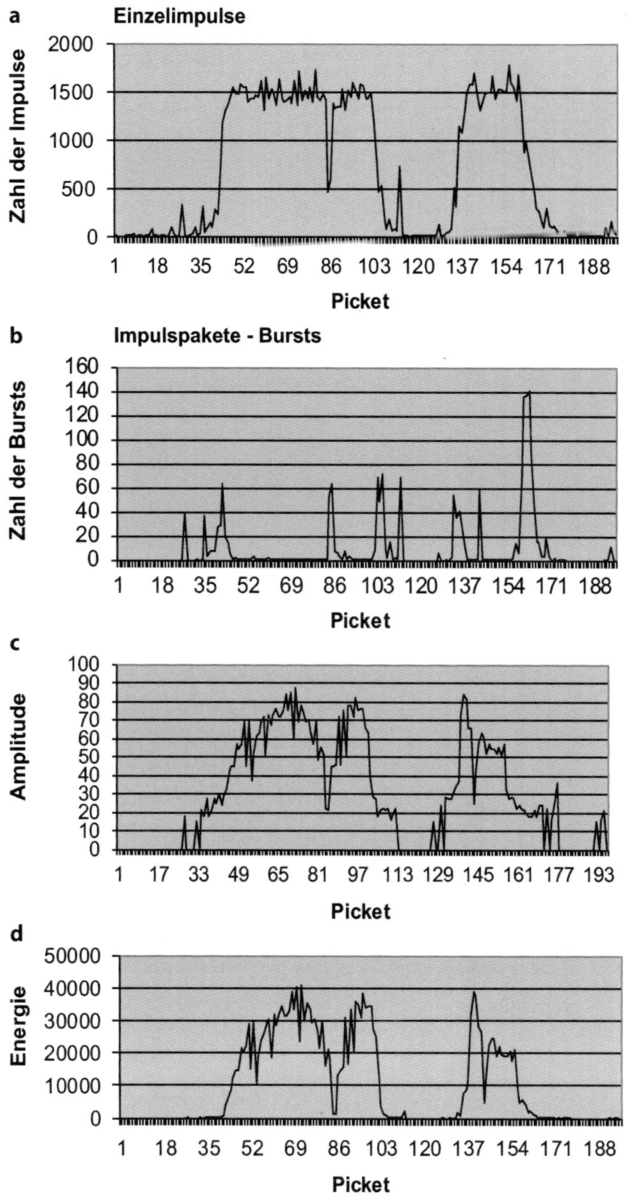

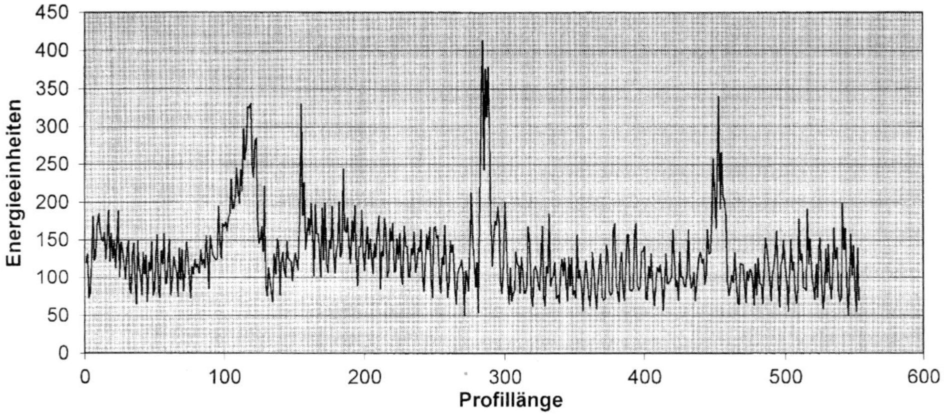

Abb. 1.44 Profil natürlich emittierter elektromagnetischer Impulse (NPEMF) am Rand des Oberrheingrabens bei Grötzingen, gemessen mit dem Cereskop®. Die Cereskopie® in eindimensionaler Darstellung zeigt an vier Stellen erhöhte Impulsraten, die hier tektonisch aktiven Verwerfungen entsprechen. (Obermeyer)

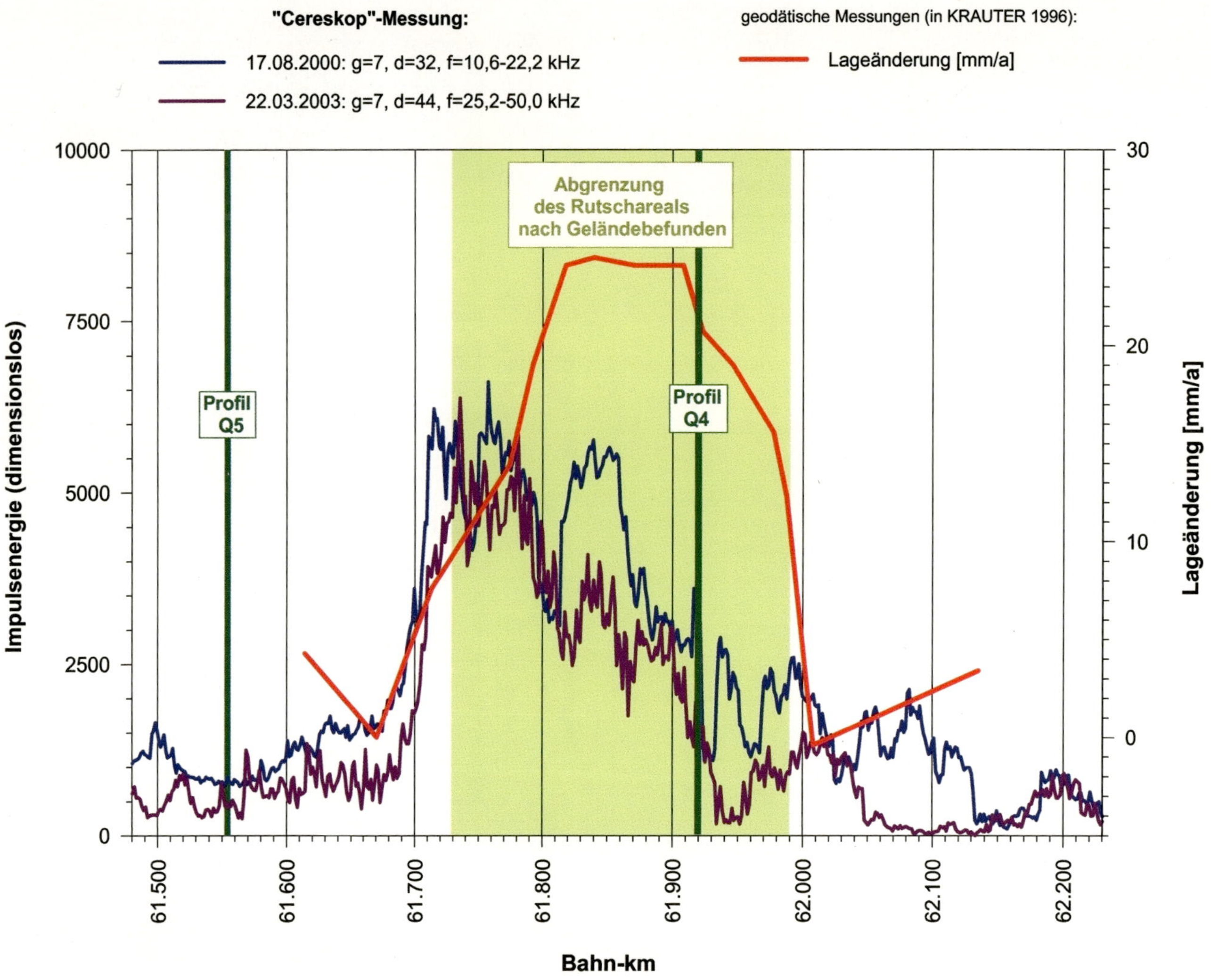

Abb. 1.45 Aufmaß einer Rutschung an der Mosel entlang eines Wirtschaftsweges im Hang parallel zur Bahnlinie. Dargestellt sind die Grenzen des Rutschungsareals nach Geländebefunden, die im Hang geodätisch ermittelte Lageänderung in mm/a und die mit Zeitabstand 2,5 Jahren Cerescop-Messungen, dargestellt als Impulsenergie. (Lauterbach 2006)

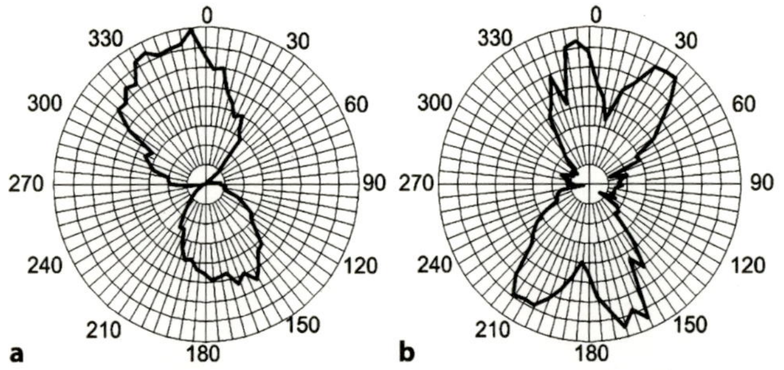

Abb. 1.46 Beispiele für die Darstellung der maximalen Horizontalspannungsrichtung Θh im Polardiagramm, gemessen als horizontale gepulste geogene Strahlung EMR mit dem Cereskop. **a** zeigt eine Ausrichtung (Hauptausrichtung), **b** zeigt zwei Ausrichtungen der EMR. (Lichtenberger 2005)

lich groß sind. Mit diesem Verfahren können grobkörnige (durchlässige) und feinkörnige (undurchlässige) Bodenarten unterschieden werden.

- *elektrischer Widerstand (EL-Log)*
  Gemessen wird der spezifische elektrische Widerstand (Gesteinswiderstand) von Böden oder Gesteinen in Ωm.
  Zwischen zwei Elektroden (Stromelektroden) wird eine pulsierende Spannung (Gleichstrom oder Wechselstrom) angelegt und ein sich ständig änderndes Feld erzeugt. Zwischen den beiden Messelektroden wird der Spannungsabfall gemessen und der Widerstand aus Stromstärke und Spannungsabfall ermittelt. Es gibt hierzu mehrere voneinander abweichende Messverfahren.
  Nach dem Messabstand der Elektroden werden Kleine Normale *EL.KN* (0,5 m), Große Normale *EL.GN* (1,0 m), 16″-Normale *EL.N 16* und 64″-Normale *EL.N 64* unterschieden. Ober- und Unterkantensonden werden als *EL.OK* bzw. *EL.UK* gekennzeichnet.
  Über den spezifischen elektrischen Widerstand können Gesteine unterschiedlicher elektrischer Leitfähigkeit, z. B. Sandstein und Tonstein, unterschieden werden.
- *Gamma-Ray (GR)*
  Gemessen wird die natürliche γ-Strahlung der durchteuften Schichten. Hauptquelle der Strahlung ist das radioaktive Kalium-Isotop ^{40}K. Dieses Isotop ist vorwiegend den Tonmineralen angelagert. Es können Tone und Tonmergel

Abb. 1.47 Beispiele für vertikale Querschnittsmessung aus dem Belchentunnel. (Lichtenberger)

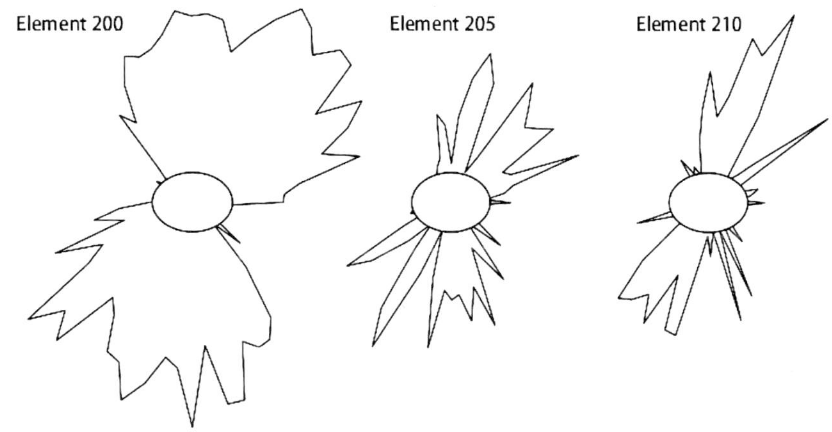

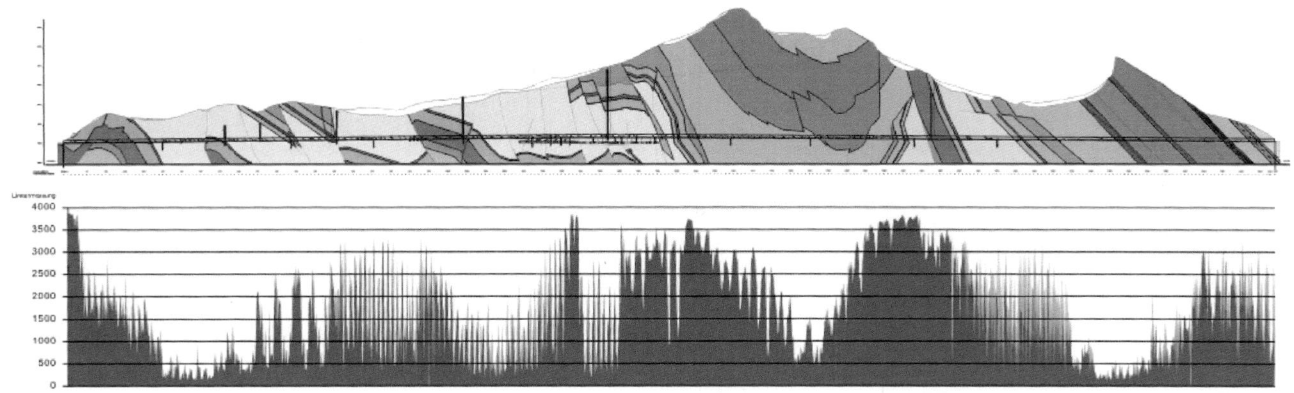

Abb. 1.48 Belchentunnel. Vergleich von geologischem Längsschnitt und EMR-Längsprofil, zusammengestellt aus Querschnittsmessungen im Abstand 10 m. Jeder einzelne *Strich* entspricht der maximalen Impulszahl einer Vertikalmessung. (Lichtenberger 2008)

mit höherer GR-Strahlung von Sandsteinen, Kalksandsteinen und reinen Kalksteinen mit niedriger GR-Strahlung unterschieden werden.
Mit dem SGR-Verfahren wird die Summe der Strahlungsaktivität (API) gemessen.
Mit dem NGS-Verfahren können bestimmte Spektralanteile dieser Strahlungen gemessen werden, z. B. der Spektralanteil von ^{40}K.

- *Neutronenverfahren (NN-Log/NG-Log)*
  Gemessen wird durch künstlichen Neutronenbeschuss abgebremste Neutronenstrahlung (NN-Log) bzw. die induzierte γ-Strahlung (NG-Log).
  Bei dem Verfahren wird eine Neutronenquelle im Bohrloch bewegt. Diese sendet Neutronen aus. Die Neutronen werden beim Auftreffen auf andere Atome, besonders beim Auftreffen auf Wasserstoffatome und Chloratome abgebremst (NN-Log) oder unter kurzzeitiger Aussendung von γ-Strahlen (NG-Log) eingefangen. Diese Abstrahlung wird mit einem entsprechenden Zählrohr (NN-Log) oder Szintillationskristall (NG-Log) gemessen. Sie ist ein Maß für Wassergehalt, Porosität und Salz. Es gibt hierzu mehrere voneinander abweichende Messverfahren.
- *Sonic-Log AL*
  Gemessen wird die Laufzeit von Ultraschallimpulsen zwischen einem Ultraschallsender und einem oder mehreren Ultraschallempfängern. Die Messstrecke beträgt in der Regel 30,5 cm (= 1 Fuß) oder 61 cm. Die Schallgeschwindigkeit ist von Stoffeigenschaften, Dichte und Porosität anhängig und erlaubt somit die Unterscheidung verschiedener Gesteinsschichten aufgrund ihrer akustischen Eigenschaften. Diese Geschwindigkeitsbestimmung dient auch zur Laufzeitbestimmung seismischer Wellen und somit zur Interpretation reflexionsseismischer Messungen. Es gibt hierzu mehrere voneinander abweichende Messverfahren.
- *Flowmeter-Messung (FM)*
  Die fließende Grundwassermenge kann über mechanische Flowmeter oder Thermoflowmeter kontrolliert werden. Der im Bohrloch aufsteigende Wasserstrom bewegt einen Messflügel. Gemessen wird die Drehzahl des Messflügels (mechanischer Flowmeter) bzw. die Abkühlung eines stromdurchflossenen, beheizten Widerstandes durch den Wasserstrom (Thermoflowmeter). Aus der Drehzahl kann unter Berücksichtigung des Bohrlochdurchmessers bzw. Kalibers auf den Durchfluss geschlossen werden. Gemessen werden kann bei Stillstand des Messgerätes (Standmessung) oder bei gleichmäßiger Absenkung (Fahrtmessung). Das Gerät spricht auf Fließgeschwindigkeiten ab 3 mm s^{-1} an. Änderungen der Fließgeschwindigkeit können durch Zufluss bzw. Verlust, aber auch durch Kaliberänderungen (Verengung bzw. Aufweitung) verursacht sein. Daher muss für die Interpretation ein Kaliberlog (CAL) vorliegen! Bei starker Strömung im Bohrloch kann für das Messen geringer Einzelzuflüsse der Zufluss aus tieferen Schichten mit einem Packer abgesperrt werden.

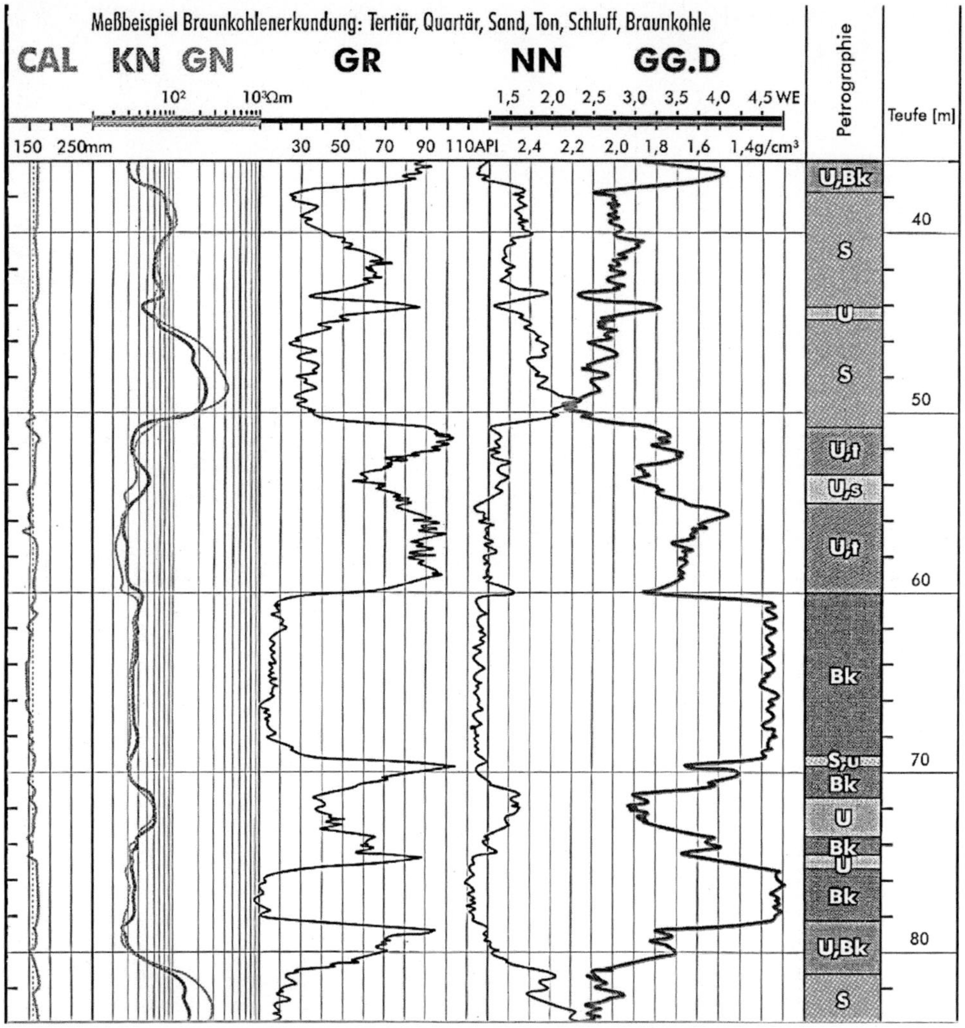

Abb. 1.49 Beispiele für geophysikalische Bohrlochmessungen. *CAL* Bohrlochkaliber; *KN* kleine Normale, *GN* große Normale des elektrischen Widerstandes in Ωm; *GR* natürliche γ-Strahlung; *NN* Neutron-Neutron-Messung in Wassereinheiten *WE*; *GG.D* Gamma-Gamma-Dichtemessung in g cm^{-3}; Schichtenfolge. (BLM GmbH, Gommern, Firmenschrift „Bohrlochmessung", 1997)

1.10 Wasser im Baugrund

Wasser tritt als oberirdisches und unterirdisches Wasser auf. Oberirdisches Wasser wird in Niederschlagwasser und Oberflächenwasser unterschieden. Das unterirdische Wasser umfasst das Grundwasser im weitesten Sinne, das Sickerwasser und das Haftwasser. Hierzu gibt DIN 4094-1, -2 und -3 Begriffserklärungen.

1.10.1 Niederschlag

■ **Niederschlag**
Niederschlag ist eine zeitlich stark variable Komponente des Wasserkreislaufs. Zu ihm zählt das aus der Atmosphäre ausgeschiedene Wasser in Form von Regen, Schnee, Hagel, Graupel (fallende Niederschläge), Tau, Nebel und Reif (absetzende Niederschläge). Die Niederschlagshöhe ist die in einer Zeitspanne *t* (Tag, Monat, Jahr) an einem Ort gemessene Niederschlagsmenge, ausgedrückt als Wasserhöhe [mm].

1 mm Niederschlag entspricht $1\,\mathrm{l\,m^{-2}} = 0{,}001\,\mathrm{m^3\,m^{-2}} = 10\,\mathrm{m^3\,ha^{-1}} = 1000\,\mathrm{m^3\,km^{-2}}$.

Der Gebietsniederschlag [mm] ist die mittlere Niederschlagshöhe in einem definierten Gebiet (Einzugsgebiet).

■ **Niederschlagsspende**
Die Niederschlags- bzw. Regenspende [$\mathrm{l\,s^{-1}\,km^{-2}}$ oder $\mathrm{l\,s^{-1}\,ha^{-1}}$] ist der Quotient aus der Niederschlagsmenge und dem Produkt aus Zeit und Fläche. Sie ist ein Durchschnittswert für die in einer Zeitspanne (Jahr, Monat, Dauer eines Regenereignisses) in einem definierten Gebiet gefallene Niederschlagsmenge. Die Niederschlagsintensität bzw. -stärke ist der Quotient aus Niederschlagshöhe durch Niederschlagsdauer (h_N/D). Für das Bemessen von Abflüssen (Hochwasser, Kanalisation) haben die Starkniederschlagshöhen h_N [mm] und die zugehörigen Niederschlagsspenden R_N [$\mathrm{l\,s^{-1}\,ha^{-1}}$] Bedeutung. Im Atlaswerk „Starkniederschlagshöhen für Deutschland, Kostra" (DWD 2000) sind für jeden Ort der Bundesrepublik Deutschland die extremen Niederschlagshöhen in Rasterfeldkarten (Kantenlänge 8,45 km, Fläche des Rasterfeldes 71,5 km^2) enthalten. Angaben für kleinere Einzugsgebiete kön-

Tab. 1.10 Starkniederschlagstabelle für Musterort (Kostra-Atlas, DWD 2000). *T* Wiederkehrzeiten, *D* Niederschlagsdauer einschließlich Unterbrechung, h_N Niederschlagshöhe [mm], R_N Niederschlagsspende [$l\ s^{-1}\ ha^{-2}$]

T	0,5		1		2		5		10		20		50		100	
D	h_N	R_N	h_N	R_N	h_N	R_N	h_N	R_N	h_N	R_N	h_N	R_N	h_N	R_N	h_N	R_N
5 min	5,4	181,5	7,1	237,5	8,8	293,4	11,0	367,4	12,7	423,4	14,4	479,3	16,6	553,3	18,3	609,3
10 min	6,7	112,4	9,0	149,8	11,2	187,3	14,2	236,8	16,5	274,2	18,7	311,7	21,7	361,2	23,9	398,6
15 min	7,6	84,8	10,3	114,4	13,0	144,0	16,5	183,2	19,2	212,8	21,8	242,4	25,3	281,5	28,0	311,1
20 min	8,3	69,5	11,3	94,5	14,4	119,6	18,3	152,7	21,3	177,8	24,3	202,8	28,3	235,9	31,3	261,0
30 min	9,4	52,4	13,0	72,2	16,6	92,0	21,3	118,2	24,8	138,0	28,4	157,8	33,1	184,0	36,7	203,8
45 min	10,7	39,5	14,9	55,2	19,1	70,8	24,7	91,5	28,9	107,2	33,2	122,8	38,8	143,5	43,0	159,2
60 min	11,6	32,3	16,4	45,6	21,2	58,8	27,5	76,3	32,3	89,6	37,0	102,8	43,3	120,4	48,1	133,6
90 min	13,0	24,0	18,3	33,9	23,7	43,9	30,8	57,0	36,1	66,9	41,5	76,8	48,6	89,9	53,9	99,8
2 h	14,0	19,5	19,8	27,5	25,6	35,6	33,3	46,3	39,1	54,4	45,0	62,4	52,6	73,1	58,5	81,2
3 h	15,6	14,5	22,2	20,5	28,7	26,6	37,3	34,6	43,8	40,6	50,4	46,6	59,0	54,6	65,5	60,7
4 h	16,9	11,7	24,0	16,7	31,1	21,6	40,4	28,1	47,5	33,0	54,6	37,9	64,0	44,4	71,1	49,3
6 h	18,8	8,7	26,8	12,4	34,7	16,1	45,3	21,0	53,2	24,6	61,2	28,3	71,7	33,2	79,6	36,9
9 h	21,0	6,5	29,9	9,2	38,9	12,0	50,7	15,6	59,6	18,4	68,5	21,2	80,3	24,8	89,3	27,6
12 h	22,7	5,3	32,4	7,5	42,1	9,7	54,9	12,7	64,6	15,0	74,3	17,2	87,1	20,2	96,8	22,4
18 h	24,5	3,8	35,8	5,5	47,1	7,3	62,0	9,6	73,4	11,3	84,7	13,1	99,6	15,4	110,9	17,1
24 h	25,9	3,0	38,4	4,4	50,8	5,9	67,3	7,8	79,8	9,2	92,3	10,7	108,7	12,6	121,2	14,0
48 h	30,2	1,7	45,5	2,6	60,7	3,5	80,8	4,7	96,1	5,6	111,3	6,4	131,5	7,6	146,7	8,5
72 h	33,3	1,3	50,2	1,9	67,1	2,6	89,3	3,4	106,2	4,1	123,1	4,7	145,3	5,6	162,2	6,3

T Wiederkehrzeit [a]: mittlere Zeitspanne, in der ein Ereignis einen Wert einmal erreicht oder überschreitet
D Niederschlagsdauer einschließlich Unterbrechungen [min, h]
h_N Niederschlagshöhe [mm]
R_N Niederschlagsspende [$l\ s^{-1}\ ha^{-1}$]

nen beim Deutschen Wetterdienst in Auftrag gegeben werden. Der Kostra-Atlas unterscheidet für die Niederschlagsdauer *D* 18 Dauerstufen von 5 min bis 72 h, für die Jährlichkeit 8 Wiederkehrzeiten zwischen zweimal jährlich und einmal in 100 Jahren (Tab. 1.10).

- **Bemessungsniederschlag**

Für die Auslegung bautechnischer Maßnahmen und Bauwerke wird allgemein mit dem Bemessungsniederschlag R_{N15} (Wiederkehrzeit $T = 1$ Jahr, Niederschlagsdauer $D = 15$ min; s. ► Abschn. 12.2.4) gearbeitet.

Regenereignisse werden an Regenmessstellen aufgezeichnet und ausgewertet (Abb. 1.50). Beim Bemessen und Bewerten eines Regenereignisses wird der Regenabschnitt mit 15 min Dauer aus dem Gesamtregenereignis gewählt, in welchem die maximale Niederschlagsmenge gefallen ist. Aus dem Vergleich mit der langjährigen statistischen Häufigkeitsverteilung ergibt sich die Einstufung der jährlichen Häufigkeit. Für örtlich nicht direkt aufgezeichnete Regenereignisse können vom Deutschen Wetterdienst aus Aufzeichnungen der umliegenden Messstationen sowie aus der Kenntnis von Region und Wetterablauf die wahrscheinlichen Niederschlagszeiten und Niederschlagsmengen gutachterlich erarbeitet werden.

Niederschlagwasser versickert im Boden oder fließt flächenhaft zur nächstgelegenen Vorflut ab.

Niederschlagwasser, das nicht versickern oder abfließen kann, sammelt sich in Pfützen, Senken und Gruben an und kann zur Vernässung von Boden oder Baugrund beitragen. In Senken und Gruben werden Wasseransammlungen, die direkt dem Niederschlag entstammen, als Tagwasser bezeichnet.

Eine Sonderform von Niederschlagwasser ist Schmelzwasser, welches aus zurückliegenden Niederschlagsereignissen stammt. Es führt regelmäßig zur Vernässung des Baugrunds, wenn der noch gefrorene Untergrund geringdurchlässig ist.

1.10.2 Oberflächenwasser

Oberflächenwasser ist Wasser aus oberirdischen natürlichen Gewässern (Bäche, Flüsse, Seen, Meer) und aus künstlichen Gewässern (Teiche, Kanäle, Stauseen, Häfen) sowie oberirdisch gestauter oder abfließender Niederschlag.

Fließgewässer Fließgewässer wie Wasserrinnen, Bäche und Flüsse ermöglichen den linienhaften Abfluss aus einem Ein-

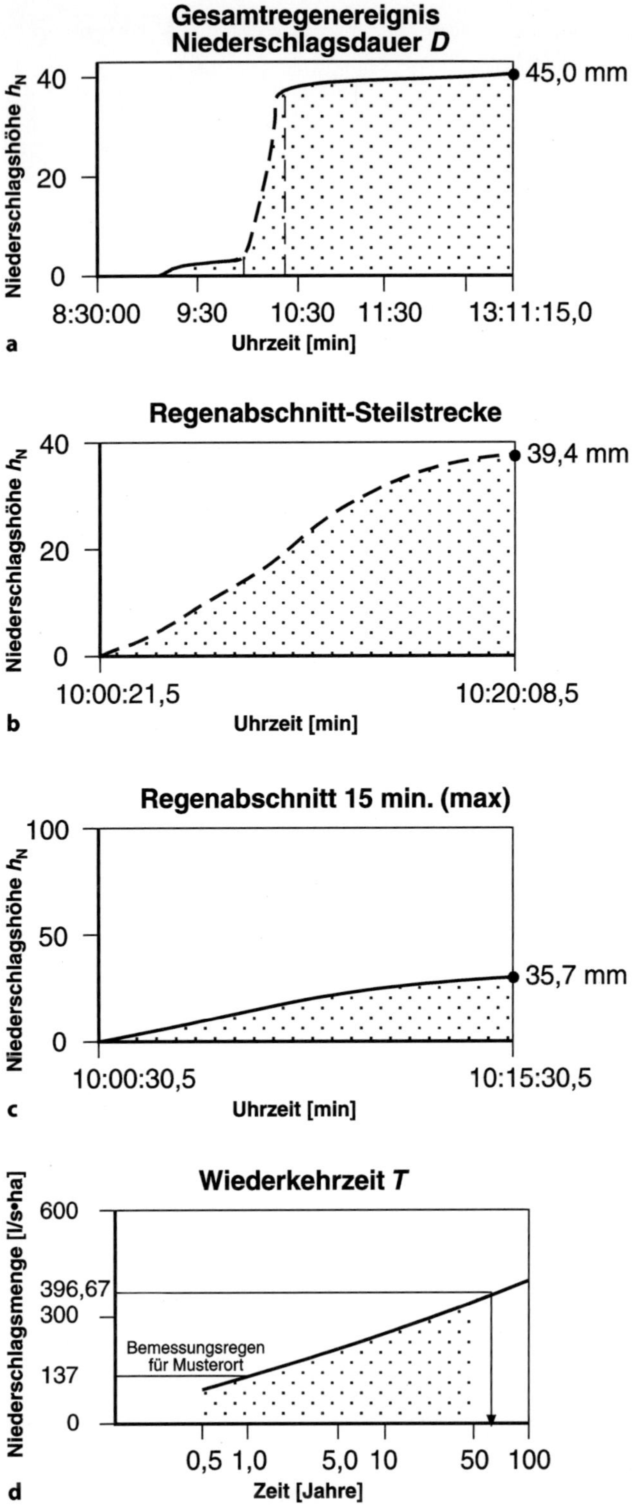

Abb. 1.50 Aufzeichnung und Auswertung eines Regenereignisses

zugsgebiet. Der flächenhafte Oberflächenabfluss ist meist auf Fließgewässer, längs von Küsten und Ufern auf das Meer oder auf Seen ausgerichtet. Jedes Fließgewässer hat eine Vorflut. Hierunter versteht man den Ort, Geländepunkt oder Fluss, auf den das Fließgewässer ausgerichtet ist und/oder in den es einmündet.

Das Einzugsgebiet ist das durch oberirdische Wasserscheiden begrenzte Gebiet, aus dem Wasser einem Vorfluter zufließt. Hierin bedingen die Klimafaktoren Niederschlagshöhe, Niederschlagsverteilung und Verdunstung neben den Geofaktoren Versickerungsrate und Durchlässigkeit im Untergrund ein für jedes Fließgewässer typisches Abflussregime. Die Verteilung der Bäche und Flüsse in einem Einzugsgebiet ist vom Abflussregime, dem Relief und der Beschaffenheit des Untergrundes abhängig.

Der Unterschied zwischen Bächen und Flüssen lässt sich hydrologisch nach dem Charakteristikum „Vorflut für das Grundwasser" definieren. Bäche sind keine Vorflut für das Grundwasser. Sie werden aus dem Niederschlag, dem Niederschlagsabfluss und aus fallenden Quellen gespeist. Flüsse zeichnen sich im allgemeinen dadurch aus, dass der Grundwasserstrom auf sie ausgerichtet ist.

Stehende Gewässer Unter stehenden Gewässer werden oberirdische Gewässer verstanden, die keine durch Höhenunterschiede verursachte Messbare Fließbewegung zeigen. Diese werden landläufig als Seen, Weiher oder Tümpel bezeichnet. Teiche, Baggerseen und Stauseen sind künstlich angelegte stehende Gewässer.

1.10.3 Vadoses Wasser – unterirdisches Wasser in der ungesättigten Bodenzone

Das unterirdische Wasser kann die Gesteinshohlräume vollständig oder teilweise erfüllen. Unterschieden wird zwischen dem aus Niederschlagwasser oder Versickerung herrührenden vadosen („sehr seicht") Wasser der ungesättigten Zone (Boden-Wasser-Luft-Zone), welches sich weitgehend vertikal von oben nach unten bewegt, und dem Grundwasser, welches in der gesättigten Zone den dort herrschenden hydrodynamischen Fließbedingungen unterliegt (◘ Abb. 1.51). Synonyme für Grundwasser sind Bodenwasser, phreatisches („Brunnen") Wasser und plerotisches („voll", „angefüllt") Wasser.

Das aus Niederschlagwasser herrührende unterirdische Wasser hat am Wasserkreislauf teilgenommen und ist durch Umweltisotope markiert.

Juveniles Wasser soll nach bestehenden Theorien bei magmatischer Differentiation freigesetzt und erstmals dem Wasserkreislauf zugeführt werden. Isotopisch wurde solches Wasser bislang nicht eindeutig nachgewiesen.

In der ungesättigten Zone wird zwischen Sickerwasser, Haftwasser und Kapillarwasser unterschieden.

- **Sickerwasser**

Sickerwasser ist unterirdisches Wasser, welches sich in der ungesättigten Bodenzone schwerkraftbedingt senkrecht nach unten bewegt (◘ Abb. 1.51). Aus dem Verband gelöster durchlässiger (grobporiger) Boden oder Fels tropft ab. Aus dem Verband gelöster feinkörniger (feinporiger) Boden oder Fels tropft nicht ab (wasserhaltender Boden). Im natürlichen Boden lässt sich Sickerwasser nicht in Dränagen auffangen und ableiten. Unter Erdbauwerken (Deponien, Halden) lässt sich Sickerwasser über einer Sohldichtung auffangen und ableiten.

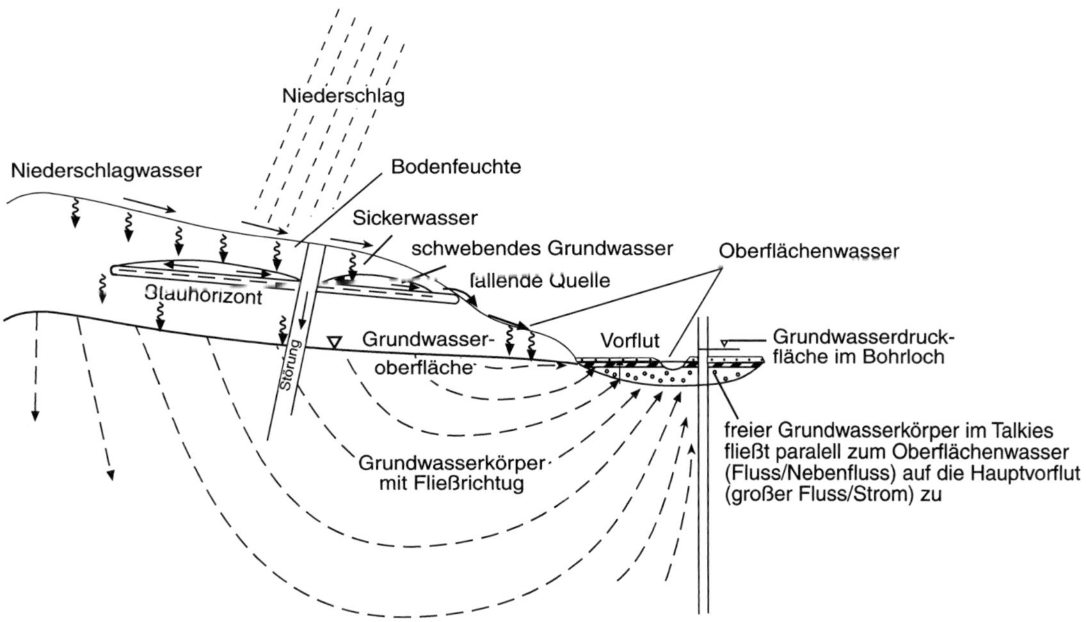

Abb. 1.51 Erscheinungsformen des unterirdischen Wassers

Regenereignisse bedingen Erhöhung der Bodenfeuchte mit Verstärkung des Wasserfilms am einzelnen Korn und dem Einsetzen oder Erhöhen von Fließbewegungen im Wasserfilm längs der Kornoberflächen. Die bei einem Regenereignis versickernde Wassermenge [mm] schiebt im Boden enthaltenes älteres Wasser aus vorangegangenen Ereignissen vor sich her (Piston-Flow-Modell/Kolbendruck-Modell/Boxen-Modell). Im grobkörnigen Boden betrifft dies nahezu die gesamte Wassermenge. Die Angabe erfolgt in Volumenprozent, ausgedrückt als Wassersäule in Millimeter. Bodenfeuchte, jährliche Versickerungsmenge und jährliches Fortschreiten der Sickerfront stehen im Verhältnis.

- **Feldkapazität**

Durch die Bindung an das Korngerüst des Bodens bzw. Gesteins ist Wasser unterhalb eines bodentypischen Grenzwassergehaltes nicht fließfähig. Als Feldkapazität wird der Wassergehalt bezeichnet, bei dem gerade keine vertikale Sickerbewegung eintritt.

Sie ist die Summe aus Haftwasseranteil und Kapillarwasseranteil.

- **Haftwasser**

Haftwasser ist das durch kornspezifische Saugspannung immobile Adsorptions- und Porenwinkelwasser. Es haftet in einem dünnen Film den Körnchen an und füllt die Zwickel zwischen den Körnern mehr oder weniger aus. Durch seine Bindung an Kornoberflächen ist es unbeweglich und steht dem hydrologischen Kreislauf nur eingeschränkt zur Verfügung. Innerhalb des Haftwassers findet Transport durch Diffusion statt.

An der Partikeloberfläche von Körnern oder Kolloiden befinden sich Wassermoleküle in fester Bindung zum Festkörper. Die Oberflächen der Festkörper besitzen ein elektrisches Potential und sind positiv oder negativ geladen. Die die Oberfläche des Festkörpers bzw. Kolloids bildenden Moleküle sind durch isomorphe Substitution im Kristallgitter, z. B. durch Adsorption von Kationen und Anionen, gleichartig geladen. Wassermoleküle reichern sich als Gegenionen an die potentialbestimmenden Ionen an und bilden eine starre Schicht, die sogenannte Stern-Schicht. An die Stern-Schicht schließt eine bewegliche Schicht mit diffus verteilten Ionen an (Mattheß 1990, Gisi 1997, Stahr 2012).

- **Kapillarwasser**

Kapillarwasser ist unterirdisches Wasser, das durch Kapillarkräfte im Porenraum oder in engen Spalten angesaugt und gehalten wird (gebundenes Wasser). Die Bindung erfolgt durch Adhäsions- und Kohäsionskräfte. Kapillarkräfte wirken vertikal und lateral. Die Stärke der Saugspannung ist abhängig vom Durchmesser der Kapillaren. Über freiem Grundwasserspiegel bildet sich im Boden oder Gestein ein Kapillarsaum aus, in welchem alle Porenräume mit Wasser erfüllt sind (geschlossene Kapillarzone). Durch Schwerkraft kann die geschlossene Kapillarzone nicht direkt entwässert werden. Sie verschiebt sich jedoch mit steigenden oder fallenden Wasserständen. Über oder neben der geschlossenen Kapillarzone liegt die offene Kapillarzone. In dieser Zone enthalten die Poren Wasser und Luft. Der Abstand zwischen Grundwasserspiegel und Oberkante des geschlossenen Kapillarsaumes wird als kapillare Steighöhe h_k bezeichnet.

- **Staunässe**

Wird durchlässiger Boden in geringer Tiefe (bis 1,3 m) von einem geringdurchlässigen Horizont oder von gefrorenem Boden unterlagert, wird die abwärts gerichtete Wasserbewegung gehemmt. In dem den Stauhorizont überlagernden Boden kann sich bei anhaltendem Niederschlag oder Tauwetter Staunässe einstellen. Staunässe ist für Bodenbearbeitung und Kulturpflanzen ungünstig.

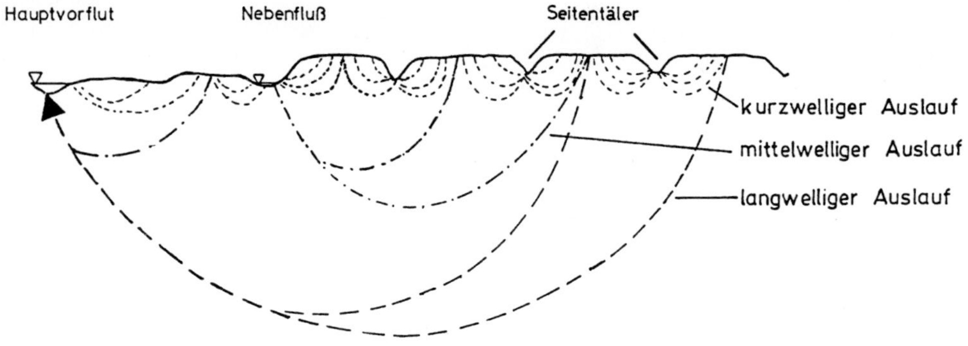

Abb. 1.52 Modell für Grundwasserzirkulationssysteme. Die auf die Seitentäler, auf den Nebenfluss oder auf den Hauptvorfluter ausgerichtete Grundwasserströmung greift unterschiedlich tief in das anstehende Gebirge ein. Es lassen sich Fließwege mit kurzfristigen, mittelfristigen und langfristigen Durchlaufzeiten unterscheiden. Grundwasserkörper mit derart unterschiedlichen Fließwegen sind in der Regel durch Gesteinswechsel voneinander abgesetzt

- **Schwebendes Grundwasserstockwerk (Schichtwasser)**

Ein schwebender Grundwasserleiter ist ein Grundwasserleiter, unter dem eine ungesättigte Zone besteht. Schwebendes Grundwasser (Schichtwasser) ist aufgestautes Sickerwasser. Der Aufstau von Sickerwasser erfolgt an Schichten oder Zonen mit geringerer Durchlässigkeit. Das Wasser schwebender Grundwasserstockwerke ist ein junges Wasser. Altersangaben liegen bei Sandaquiferen in der Größenordnung von Jahren bis Jahrzehnten, bei Karst- und Kluftaquiferen in der Größenordnung von Tagen bis Monaten.

Aus schwebenden Grundwasserstockwerken und aus Wasserläufen ohne Vorflutcharakter für das Grundwasser (Bäche, Kanäle) kann über einen vertikal nach unten gerichteten Sickerwasserstrom Wasser dem Grundwasser zusickern. Dabei kann zeitweise oder ständig Wassersättigung vorliegen.

1.10.4 Grundwasser – unterirdisches Wasser in der gesättigten Bodenzone

Grundwasser ist unterirdisches Wasser, welches die Hohlräume des Gesteins zusammenhängend ausfüllt und sich unter dem Einfluss der Schwerkraft bewegt. Es bewegt sich von der größeren Piezometerhöhe zur geringeren Piezometerhöhe. Die Piezometerhöhe berücksichtigt den hydrostatischen Druck und die Lage zu einem Bezugsniveau (Kinzelbach und Rausch 1995). Sie ist definiert als

$$h = p/(\rho_W g) + z$$

p = Druck [Pa]
ρ_W = Dichte des Wassers [kg m^{-3}]
g = Erdbeschleunigung [m s^{-2}]
z = Ortshöhe [m]

Als Grundwasserspiegel bezeichnet man die ausgeglichene Grenzfläche des Grundwassers gegen die Atmosphäre in Brunnen, Grundwassermessstellen und Höhlen.

Fließbahnen des Grundwassers – Grundwasserzirkulation Aus der Überschichtung im Grundwasserkörper resultiert ein hydrostatischer Druck und hieraus eine Fließbewegung vom Grundwasserberg zur Vorflut. Für die Grundwasserbewegung besteht das Strömungsmodell auf Fließbahnen oder Fließfäden. Man kann zwischen sehr tief reichenden, weniger tief reichenden und flachen Grundwasserfließwegen unterscheiden.

Bei nur geringer oder ausbleibender Grundwasserneubildung (Wüsten, z. B. Sahara) werden nur (noch) die tieferen Grundwasserfließwege vom Wasser erfüllt und durchströmt. Das Wasser strömt auf solchen tieferen Grundwasserfließwegen einem in der Regel entfernt liegenden Hauptvorfluter zu. Ein solcher Grundwasserdurchfluss benötigt sehr lange Zeiten in der Größenordnung zwischen 5000 und 100.000 Jahren, bei geringen Durchlässigkeiten auch Millionen von Jahren.

Im humiden Klima sind die Grundwasserleiter bis zu einem hohen Grundwasserstand aufgefüllt. Der Großteil der einem aufgefüllten Grundwasserleiter zufließenden Wassermassen fließt über kurze und flache Grundwasserfließwege dem nächstgelegenen Vorfluter (Tal, Fluss) zu. Der Grundwasserdurchfluss benötigt auf solchen flachen und kurzen Fließwegen relativ kurze Zeiten in der Größenordnung von Tagen (bei Karst- und Kluftgrundwasserleitern) bis etwa 100 Jahren (bei Porengrundwasserleitern). Zwischen den sehr flachen und den sehr tief reichenden Grundwasserfließwegen sind in Abhängigkeit vom geologischen Bau und der Durchlässigkeitsverteilung weitere „mittlere" Fließwege und Durchflusszeiten möglich.

In der Landschaft sind die Fließbahnen des Grundwassers durch Schichtung und Klüftung vorgegeben (Abb. 1.52 und 1.53). Aus dem geologischen Bau und dem auf das Grundwasser einwirkenden Überlagerungsdruck ergeben sich folgende Begriffe.

- **Grundwasserleiter**

Gesteinskörper oder Schichten mit guter Durchlässigkeit werden als Grundwasserleiter bezeichnet. Unterschieden werden Porengrundwasserleiter bei grobkörnigen Lockergesteinen, Kluftgrundwasserleiter bei stark klüftigen Festgesteinen und Karstgrundwasserleiter bei verkarsteten Festgesteinen.

Das Grundwasser kann demnach in Gesteinsporen, Klüften und Karsthohlräumen fließen. Poren, Klüfte und Karsthohlräume werden als Teil der Gesamtporosität aufgefasst. Geklüftete poröse Festgesteine können demnach als Doppelporositätsgrundwasserleiter angesehen werden, wobei die Teilporositäten „Poren" und „Klüfte" mit stark unterschiedlichen Durchlässigkeiten parallel geschaltet sind. Karstkörper können analog dazu als Dreifachporositätsgrundwasserleiter angesehen werden.

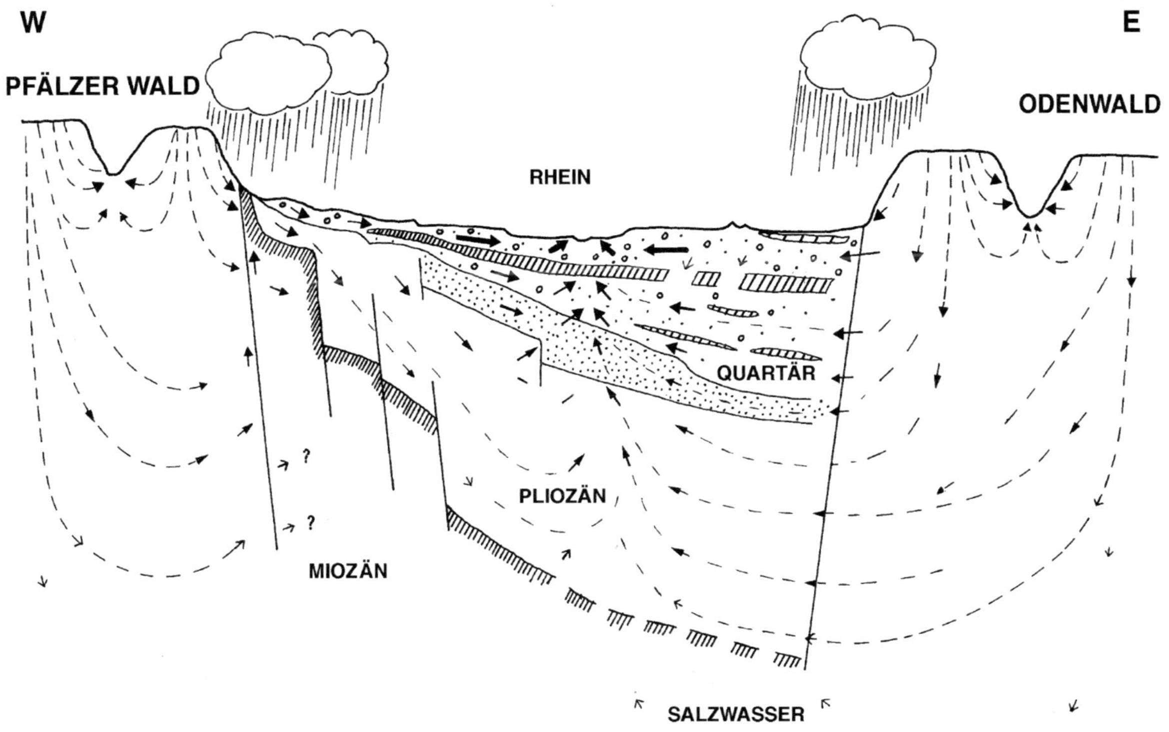

Abb. 1.53 Modellschnitt durch die Grundwasserlandschaft im Rhein-Neckar-Raum mit Unterscheidung zwischen Grundwasserleitern und Grundwasserhemmern und den möglichen Fließbahnen des Grundwassers

Wenn in einem Grundwasserleiter mehrere Porositätsarten vorliegen, werden die unterschiedlichen Wege der Wasserbewegung in den Fließweg mit Vorflutcharakter einmünden, auf dem der Grundwasserstrom den geringsten Fließwiderstand zu überwinden hat.

▪ Grundwasserhemmer

Gesteinskörper mit im Vergleich zu benachbarten Grundwasserleitern geringeren Durchlässigkeiten werden als Grundwasserhemmer oder Grundwassergeringleiter bezeichnet. Gesteinsschichten, die im Beobachtungsbereich kein Wasser durchlassen (z. B. Anhydrit), heißen Grundwassernichtleiter.

▪ Grundwasserstockwerk

Sind Grundwasserleiter durch Grundwasserhemmer voneinander getrennt, so kann die Grundwasserlandschaft in Stockwerke gegliedert werden. Die Zählung der Grundwasserstockwerke erfolgt von oben. Liegt über einem Grundwasserleiter ein Grundwassergeringleiter, so stellt die Basis des Grundwassergeringleiters zwangsläufig die Oberfläche des gewinnbaren Grundwassers dar.

▪ Gespanntes Grundwasser

Grundwasser wird als gespannt bezeichnet, wenn die in Bohrlöchern gemessenen Piezometerhöhen höher liegen als die Oberkante des wassererfüllten Grundwasserkörpers. Nach Anbohren des Grundwasserleiters steigt im Bohrloch der Grundwasserspiegel an. Die Fläche, die durch alle Piezometerhöhen gebildet wird, heißt Grundwasserdruckfläche. Die Grundwasserdruckfläche wird für die einzelnen Grundwasserstockwerke getrennt angegeben.

▪ Artesisch gespanntes Grundwasser

Artesisch gespanntes Grundwasser (benannt nach der Grafschaft Artois) ist Wasser von Grundwasserkörpern, das aus Bohrlöchern an der Oberfläche ausläuft. Die im Bohrloch gemessene Grundwasserdruckfläche liegt oberhalb der Erdoberfläche. Natürliche Grundwasseraustritte aus solchen Grundwasserkörpern werden als aufsteigende Quellen oder artesische Quellen bezeichnet.

▪ Freies Grundwasser

Ist die Grundwasserdruckfläche identisch mit der Grundwasseroberfläche, so wird das Grundwasser als frei oder ungespannt bezeichnet.

Freies Grundwasser ist ein meist oberflächennahes, nach oben offenes Grundwasser. Grundwasserspiegel und Grundwasserdruckfläche sind identisch (Freispiegelgefälle). Je nach Lage der Grundwasseroberfläche eines freien Grundwasserkörpers zur Wasseroberfläche eines Oberflächengewässers kann Grundwasser dem Oberflächenwasser zufließen, oder es kann Oberflächenwasser dem Grundwasser zufließen.

▪ Fließbahnen des Grundwassers im Porenraum

Grundwasser fließt im Porengrundwasserleiter stets in Richtung des fallenden Druckgradienten. Porengrundwasserleiter besitzen bei schichtigem Aufbau unterschiedliche Durchlässigkeiten für horizontalen und vertikalen Durchfluss. Verringerte Durchlässigkeit in der Vertikalrichtung wird als vertikale Anisotropie beschrieben. Bei inhomogenem Schichtaufbau kann in Porengrundwasserleitern gelegentlich auch horizontale Anisotropie beobachtet werden.

Auch in porösen Festgesteinen kann beim Wasserdurchfluss Anisotropie beobachtet werden. Der Anisotropieeffekt bewirkt

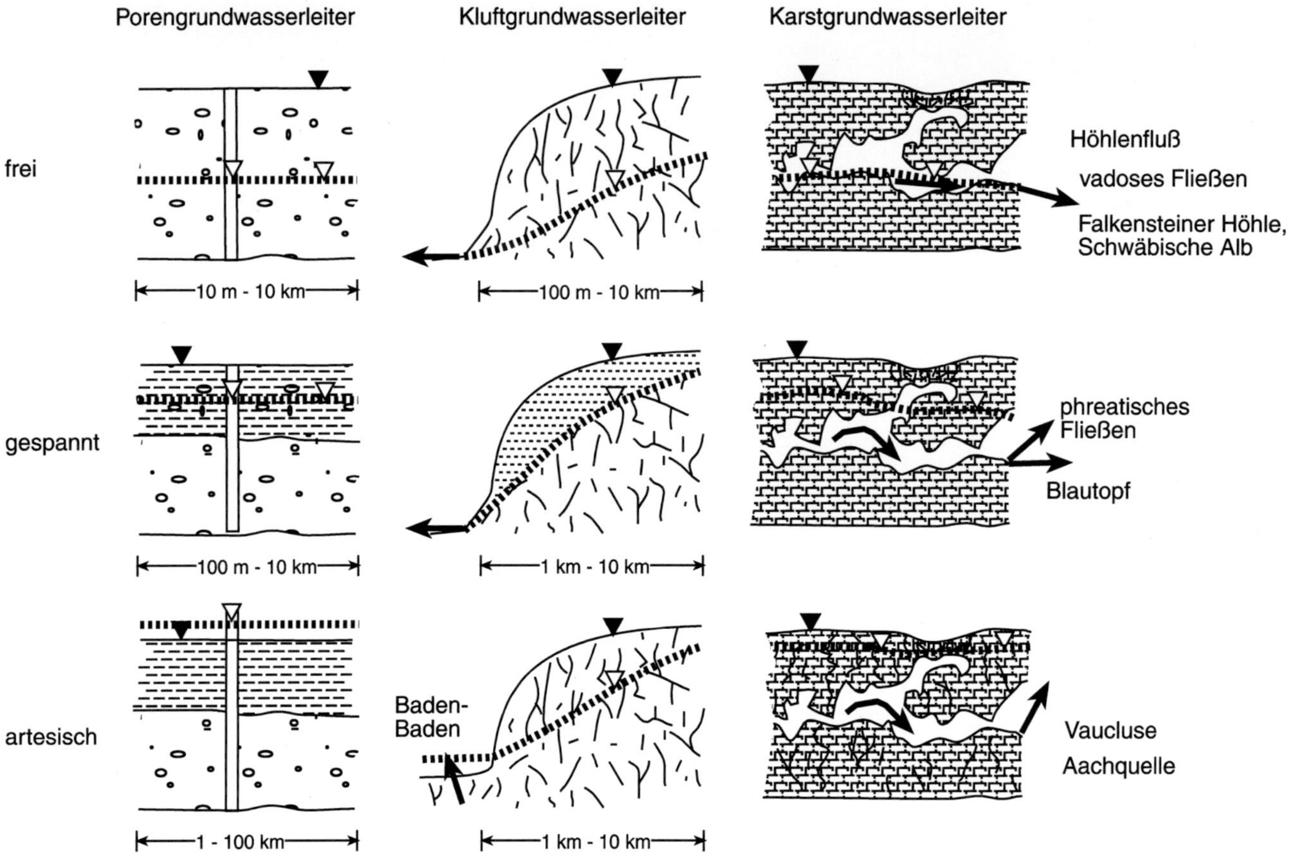

Abb. 1.54 Vergleich freien, gespannten und artesisch gespannten Grundwassers in Poren-, Kluft- und Karstgrundwasserleitern

in der Regel, dass in Porengrundwasserleitern der horizontale Durchfluss größer ist als der vertikale Durchfluss. Dies lässt sich dadurch erklären, dass sich während der Sedimentation und der Diagenese Inhomogenität im Porenraum eingestellt hat.

■ Fließbahnen des Grundwassers im Klufthohlraum

Kluftgrundwasserleiter leiten das Grundwasser im Poren- und im Klufthohlraum des Gesteins. Die Wasserdurchlässigkeit des Porenraums von Festgesteinen ist in der Regel klein im Vergleich zum der im Klufthohlraum. Die Porendurchlässigkeit wird im englischen Sprachraum als primäre Permeabilität, die Kluftdurchlässigkeit als sekundäre Permeabilitität bezeichnet.

Die primäre Permeabilität von Gesteinsproben kann nach DIN 18130 ermittelt werden. Mit solchen Untersuchungen wird die Gesteinsdurchlässigkeit bestimmt. Die Gesamtpermeabilität kann als Gebirgsdurchlässigkeit nur durch Feldversuche festgestellt werden. Die Unterscheidung von Gebirgsdurchlässigkeit und Gesteinsdurchlässigkeit darf nur in homogenen, räumlich isotropen Porenaquiferen vernachlässigt werden. Jedoch sind solche Bedingungen selten.

Im geklüfteten Gebirge bestimmen offene Spalten und die Richtung des Druckgradienten den Fließweg. In offenen Spalten kann die Fließrichtung des Grundwassers lokal bis zu 90° von der Richtung des fallenden Druckgradienten abweichen. Das vom Grundwasser durchflossene Gestein verhält sich nach Durchlässigkeit und Fließrichtung stark anisotrop.

Die Häufigkeit von Klüften und Spalten, also Kluftabstand und Öffnungsweite, richtet sich in nicht gefalteten Schichten häufig nach der Schicht- oder Bankungsstärke. Kompetente, massige Sandsteinbänke zeigen im Felsverband offene Spalten im Abstand von mehreren Metern.

Tonsteine und Mergelsteine sind in der Regel dünnschichtig und kurzklüftig. Die Öffnungsbreiten dieser Klüfte sind gering. Im Gegensatz zum aufgewitterten und aufgequollenen Ton kann Tonstein im Felsverband Klüfte enthalten. Die Gleichsetzung des oberflächennahen Verwitterungsproduktes „Ton" mit dem nicht aufgequollenen Tonstein im Felsverband ist bezüglich der Durchlässigkeit nicht möglich. Die gleiche stratigrafische Benennung und kartenmäßige Dokumentation für den oberflächennahen „Ton" und den veränderlich festen Tonstein kann zu Irritationen führen. Geklüfteter Tonstein hat stets eine höhere Durchlässigkeit als Ton.

Die hydraulischen wirksamen Parameter werden im Festgestein mittels Pumpversuchen und Markierungsversuchen erkundet (Strayle et al. 1994). Markierungsversuche zeigen Verbindungen der Wasserwege und die Verweildauer im Untergrund an.

■ Fließbahnen des Grundwassers im Karsthohlraum

Verkarstung geht vorzugsweise von Trennflächen im verkarstungsfähigen Gebirge aus. Der Fließweg wird vom Verlauf der zu Röhren, Schächten oder Höhlen aufgeweiteten Hohlräume und vom Druckgradienten des Wassers bestimmt. Das vom Grundwasser durchflossene Gestein verhält sich nach Durchlässigkeit und Fließrichtung stark anisotrop. Im Extrem ist in bestimmten Bereichen mancher Karstaquifere eine Umkehr der Fließrichtung möglich.

Eine Unterscheidung in gespannten und ungespannten Aquifer ist auch beim Karstgrundwasser möglich. Im seichten Karst besitzt das Karstgrundwasser eine Grenzfläche zur Atmosphäre, entspricht also einem ungespannten Grundwasser. Das Grundwasser des tiefen Karsts füllt die Karsthohlräume vollständig aus. Da seine Druckoberfläche stets höher liegt als seine Oberfläche, entspricht es einem gespannten Grundwasser (◘ Abb. 1.54).

■ **Quellen**

Quellen sind örtlich begrenzte Austrittsstellen von Grundwasser. Bezogen auf die Lage zum Grundwasserleiter, lassen sich fallende bzw. absteigende Quellen und aufsteigende bzw. artesische Quellen unterscheiden. Die Größe der Quellschüttung ist von den Klimafaktoren Niederschlagshöhe, Niederschlagsverteilung, Verdunstung und den Geofaktoren Größe des Einzugsgebietes, Versickerungsrate, Durchlässigkeit im Untergrund und Grundwasserneubildung abhängig. Im gleichen Gestein reagieren Quellen mit kleinem Einzugsgebiet schnell auf Niederschläge. In homogenen Porengrundwasserleitern führen aus Starkregenereignissen hervorgehende Sickerwasserfronten nach dem Piston-Flow-Modell (Boxen-Modell, Kolbendruck-Modell/▶ Abschn. 1.10.3) zu flächendeckendem Anstieg der Grundwasserspiegel um einige Dezimeter. Damit wird das auf den Grundwasserkörper einwirkende hydraulische Potential um diesen Betrag erhöht und es kommt zu verstärkten Quellschüttungen. Solche verstärkte Quellschüttungen aus dem Porenraum des Grundwasserleiters setzen zeitverzögert ein und nehmen danach über einen Zeitraum von mehreren Monaten langsam ab (◘ Abb. 1.55, flacher Ast der Trockenwetterfalllinie). Schnelle und starke Zunahme der Quellschüttungen rührt in sonst weitgehend homogenen Porengrundwasserleitern von punktuell meterhoch aufgefüllten Großporen wie Spalten, Klüfte, Wurzelröhren, Wühlgänge (letztere auch fossil) sowie anderen Anomalien. Ausgehend von solchen Anomalien kann sich schnell ein hoher hydraulischer Druck aufbauen, welcher im Grundwasserkörper vorübergehend zu einer Beschleunigung aller Fließbewegung und somit zum raschen Ansprechen der Quellschüttung auf Starkniederschläge führt. Der punktuell in den genannten Anomalien eingetretene hohe Grundwasserstand baut sich schnell ab. Der steile Ast in der Trockenwetterfalllinie ist entsprechend zu deuten. Das Quellwasser hat in beiden Fällen ein gleichhohes Alter wie auch bei geringer Schüttung zu Zeiten von Wasserklemmen. Wasser aus Talquellen in Buntsandsteingebieten hat oft ein Alter von 100 bis > 200 Jahren, nachzuweisen über Isotopen-Altersbestimmungen und verschiedene bodenmechanische und hydrologische Modellrechnungen. Für das Alter von Quellwasser bei Schichtquellen werden entsprechend der kürzeren und weniger tief reichenden Fließbahnen geringere Alter angetroffen (bis etwa 50 Jahre). Abhängig von der Tiefenlage des Grundwasserspiegels ist z. B. bei großem Abstand unter Bergen verbreitet von langen Sickerzeiten in der Größenordnung von 10 und mehr Jahren auszugehen, ehe das Sickerwasser den Grundwasserspiegel erreicht und in den Grundwasserkörper einmündet. Unter Wiesen und Felder hat Sickerwasser, das etwa einen Meter tief eingedrungen ist, alle Chancen Grundwasser zu werden. Unter Wald hängt die Grundwasserneubildung stark von der Wurzeltiefe der Bäume ab, welche im Frühjahr und Sommer der durchwurzelten Bodenzone gleichmäßig das Wasser entziehen. Bei Dünensand liegt die alljährliche Eindringtiefe der Sickerwasserfronten aus den Monaten September bis April bei etwa 5 Metern. Die Wurzeltiefe der Bäume ist dieser Eindringtiefe angepasst. Die Grundwasserneubildung unter Wald geht punktuell von Effekten wie durch Stammablauf verursachte Pfützenbildung am Stammfuß aus. In der unter solchen Pfützen befindlichen wassergesättigten Bodensäule kann sich entsprechend dem Darcy-Gesetz eine schnelle vertikale Wasserströmung mit Abstandsgeschwindigkeiten in der Größenordnung mehrere Meter pro Tag einstellen.

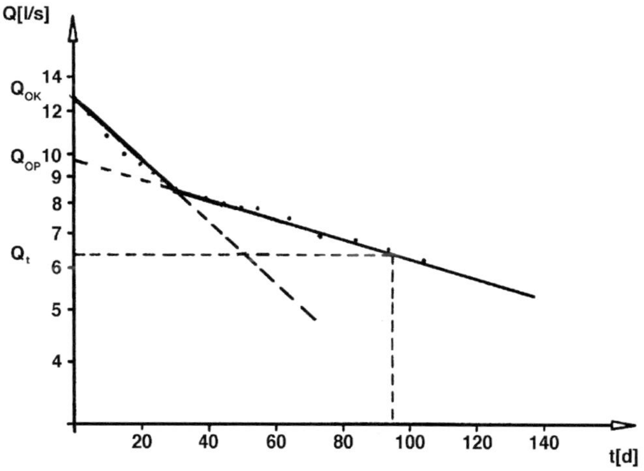

◘ **Abb. 1.55** Trockenwetterfall-Linie. Diagramm zum Ermitteln des Austrocknungskoeffizienten α einer Quelle im geklüfteten Sandstein. Die durch die Punktschar gezogenen ausgleichenden Geraden lassen Unterschiede zwischen dem Auslaufen der Klufthohlräume ($\alpha = 4{,}6 \cdot 10^{-2}/d$) und dem Auslaufen der Porenhohlräume ($\alpha = 4{,}4 \cdot 10^{-3}/d$) erkennen ($d$ Zeit in Tagen)

Grundlage für die hydrogeologische Beurteilung von Quellen sind Schüttungsmessungen, die entweder regelmäßig oder in Anpassung an Regenereignisse und den sich hieran anschließenden Rückgang der Quellschüttung durchgeführt werden. Die Ergebnisse der Schüttungsmessungen werden als Quellschüttungsganglinie dargestellt. In Trockenzeiten lässt die Schüttung der Quellen nach. Dies kann in einer Trockenwetterfall-Linie (TWL) dargestellt werden. Nach Maillet (1905) ist der Auslaufvorgang gesetzmäßig und folgt einem exponentiellen Verlauf (◘ Abb. 1.55). Es gilt:

$$Q_0 = Q_t\, e^{-\alpha}$$

$$\alpha = \frac{\log Q_0 - \log Q_t}{\Delta t \log e}$$

Q_0 = **Quellschüttung zum Zeitpunkt** $t = 0$
Q_t = **Quellschüttung zum Zeitpunkt** t
Δt = **Zeitspanne zwischen** $t = 0$ **und** t
α = **Austrocknungskoeffizient**

Der Wert α ist Ausdruck für eine inverse Zeit. Er ist von der Größe des Einzugsgebietes sowie vom wassererfüllten Hohlraumanteil und der Durchlässigkeit im Aquifer abhängig. Große α-Werte bedeuten einen steilen Abfall der Schüttung und deuten auf ein geringes Speichervolumen und Rückhaltevermögen. Kleine α-Werte stehen für einen flachen Abfall der

Schüttung und deuten auf ein größeres Speichervolumen und Rückhaltevermögen.

Der noch abflussfähige Grundwasservorrat Q_s [m^3] kann zu einem bestimmten Zeitpunkt *t* abgeschätzt werden:

$$Q_s = \frac{Q_t}{\alpha}.$$

In einem weiteren Auswertungsschritt können die Ergebnisse von Quellschüttungsmessungen statistisch ausgewertet werden, z. B. durch Errechnen von Schüttungsquotienten wie *NQ:HQ* (kleinste zu größter Quellschüttung). Bei Karstquellen beträgt dieser Quotient etwa 0,1, bei Quellen aus gut durchlässigen Porengrundwasserleitern etwa 0,7 (Hölting 1996). Der Schüttungsquotient ist bei aufsteigenden Quellen größer als bei fallenden Quellen.

▪ Fallende Quellen

Im Bergland können schwebende Grundwasserstockwerke Ursache für Quellaustritt sein. Das austretende Wasser entstammt dem nach unten gerichteten Sickerwasserstrom. Es ist immer vadoses Wasser. Die Quelle kann dauernd oder nur zeitweise schütten. Das Wasser kann kurz nach Quellaustritt wieder im Untergrund versickern, oder es kann als Oberflächenwasser abfließen.

Absteigende Quellen reagieren auf Niederschlagsereignisse nach einer charakteristischen Verzögerung mit einer deutlichen Schüttungszunahme. Grund für diese Verzögerung ist das gravitative Fließen im Grundwasserleiter. Das Verhältnis von *NQ* zu *HQ* ist größer als bei aufsteigenden Quellen (> 5).

In Massengesteinen kann Sickerwasser in dem oberflächennah aufgeweiteten Kluft- und Spaltensystem versickern. Das nach der Tiefe zu sich verengende Kluft- und Spaltensystem bewirkt Wasserstau mit seitlichem Quellausfluss. Solche Schichtwasseraustritte sind meist zeitlich eng an Regenereignisse gebunden. Quellen können unregelmäßig in unterschiedlichen Höhenniveaus austreten.

In Sedimentgesteinen mit Wechsel von Schichten unterschiedlicher Körnung und unterschiedlicher Wasserdurchlässigkeit kann Sickerwasser an geringdurchlässigen Schichten aufgestaut werden. Innerhalb der umgebenden ungesättigten Bodenzone liegt dann eine wassergesättigte Schicht (schwebendes Grundwasserstockwerk, ◻ Abb. 1.51). Das in dieser Schicht enthaltene Wasser unterliegt den Fließgesetzen nach Darcy und kann seitlich abfließen. Das schwebende Grundwasser kann am seitlichen Ende des Stauhorizontes entweder dem tieferen Grundwasser zusickern oder am Hang als fallende Quelle austreten.

Bei verkarsteten Gesteinen werden fallende Quellen als Seichtkarstquellen bezeichnet.

Nach dem geologischen Bau, der den abwärts gerichteten Sickerwasserstrom zu Aufstau und Quellaustritt veranlasst, lassen sich Schichtquellen und Überlaufquellen unterscheiden. Es sind Sonderformen der fallenden Quellen (◻ Abb. 1.56).

▪ Schichtquellen

Bei mit dem Hang geneigter Schichtlagerung treten in Fallrichtung oberhalb des Ausbisses der wasserstauenden Schicht Quellen aus.

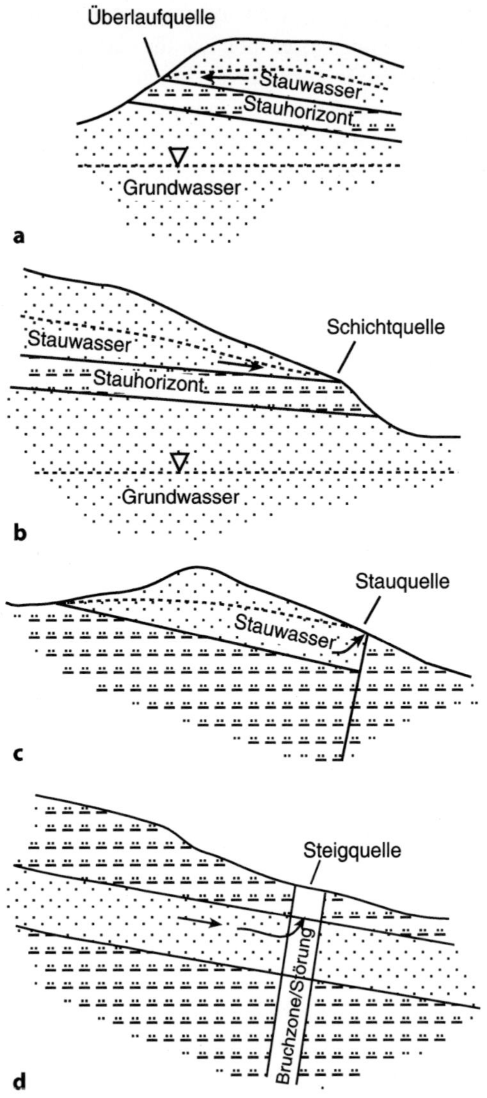

◻ **Abb. 1.56** Quelltypen aus dem abwärts gerichteten Strom des unterirdischen Wassers. Durch Stau an geringdurchlässigen Gesteinen baut sich ein Wasserdruck auf und bewirkt seitlichen Quellausfluss. **a** Überlaufquelle (Sonderform einer Stauquelle), **b** Schichtquelle, **c** Stauquelle, **d** Steigquelle (Sonderform einer Stauquelle)

▪ Überlaufquellen

Bei gegen den Hang geneigter Schichtlagerung reihen sich Quellen am Ausstrich der stauenden Schicht.

▪ Stauquellen

Der von einem Stauhorizont unterlagerte, geneigte, wassererfüllte Grundwasserleiter ist in Richtung des Fließgefälles von wasserstauenden Schichten begrenzt.

▪ Aufsteigende Quellen (Quellen mit artesisch gespanntem Grundwasser)

Bei aufsteigenden Quellen sinkt das Grundwasser im hochgelegenen Einzugsgebiet bis in größere Tiefen ab und steigt unter dem Vorfluter oder auf dem Weg in Richtung Vorfluter wieder auf. Aufstiegsbahnen können Spalten, Klüfte, Karströhren und Bohrlöcher sein. Auch kann das aufsteigende Wasser in einen Porengrundwasserleiter einfließen und sich dort mit jüngerem, oberflächennahem Wasser vermischen und/oder direkt dem Vorfluter zufließen. Aufsteigende Quellen setzen voraus, dass der Grundwasserdruckspiegel an der Geländeoberkante oder höher liegt.

Das Wasser entstammt artesisch gespannten Grundwasserleitern. Aufsteigende Karstquellen werden als Tiefkarstquellen oder Vaucluse-Typ bezeichnet.

Aufsteigende Quellen reagieren empfindlich auf Druckerhöhung oder Druckabfall im gespannten Grundwasserleiter. Der artesische Quellauslauf wird vom Druck (Druckfließen) bestimmt. Bei schneller Druckübertragung in wassererfüllten Spalten oder Karsthohlräumen kann die Schüttung aufsteigender Quellen schnell auf Niederschläge ansprechen. Das Verhältnis von *NQ* zu *HQ* ist niedrig (< 5).

Auf Wasserentnahme reagieren aufsteigende Quellen unmittelbar mit einer durch Druckverlust hervorgerufenen Schüttungsminderung. Großvolumige Grundwasserleiter können durch Abpumpen oder Grundwasserhaltung jedoch nicht trockengelegt werden.

Aufsteigende Quellen zeigen ausgeglichene Temperatur- und Konzentrationsganglinien. Die Empfindlichkeit des Grundwasserkörpers gegenüber Verschmutzungen ist gering. Wenn jedoch der Grundwasserspeicher einer aufsteigenden Quelle mit persistenten Substanzen kontaminiert ist, kann eine solche Verschmutzung sehr nachhaltig sein. Nichtpersistente Substanzen und mikrobiologische Verunreinigungen werden in der Regel während der Verweilzeit des Grundwassers im Untergrund abgebaut (■ Abb. 1.57).

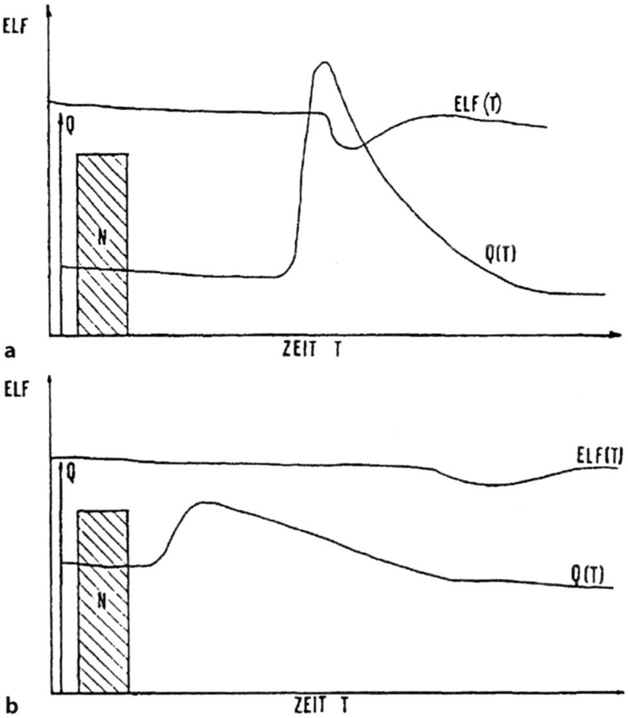

■ **Abb. 1.57** Beispiele für Ganglinien bei absteigenden und aufsteigenden Quellen am Beispiel von Karstquellen. Bei einer Quelle, die seichten Karst entwässert (*a*), schwanken Schüttung, Temperatur, Leitfähigkeit, *p*H und mitgeführte Inhaltsstoffe stark. Eine den tiefen phreatischen Karst entwässernde Quelle (*b*) spricht unmittelbar, jedoch wegen der großen Speicherkapazität abgeschwächt und länger anhaltend auf ein Regenereignis an

1.10.5 Erkunden der hydrologischen Situation

Erkunden und Bewerten von Oberflächenwasser Für oberirdische Gewässer kann auf weit zurückreichende Beobachtungen und Aufzeichnungen zurückgegriffen werden. Diese Aufzeichnungen werden in der BRD im Deutschen Gewässerkundlichen Jahrbuch veröffentlicht. Beim Beschreiben oberirdischer Gewässer sind zu berücksichtigen:

- Art, Ausdehnung und Lage des Gewässers;
- Gewässermorphologie mit Ausweisung der Erosions- und Sedimentationszonen;
- Einzugsgebiet, Gebietsmerkmale und Abflussregime;
- Lage der Vorflut;
- Wechselwirkung zwischen oberirdischem und unterirdischem Wasser;
- Bilanzierung des Gewässerhaushaltes;
- natürliche stoffliche Zusammensetzung des Wassers;
- anthropogene stoffliche Zusammensetzung des Wassers;
- Ökologie des Gewässers.

Erkunden und Bewerten des Abflusses An Flüssen und Bächen wird der Abfluss regelmäßig kontrolliert und gemessen. Der Abfluss wird als Abflussmenge Q [$m^3\,s^{-1}$] oder als Wasserstand [m] angegeben. Aus den langfristig erfassten und statisch ausgewerteten Abflussdaten von Flüssen sind die gewässerkundlichen Hauptzahlen (■ Tab. 1.11) erarbeitet worden. Diese ermöglichen es, einen neu gemessenen Abflusswert dem System zuzuordnen.

Die an einer Messstelle ermittelten Abflüsse und/oder Wasserstände können zeichnerisch als Abflusslinie oder Wasserstandsganglinie dargestellt werden. Aus einer solchen Darstellung kann abgelesen werden, wie oft ein bestimmter Wert über- oder unterschritten wird.

Wenn für ein Einzugsgebiet keine langfristigen Abflussmessungen vorliegen, kann der Abfluss aus meteorologischen Aufzeichnungen über die Abflussspende abgeleitet werden. Jahreszeitliche Besonderheiten, wie z. B. Schneeschmelzen, sind bei der Umsetzung von Niederschlagsdaten zu Abflusswerten zu berücksichtigen.

Das Ermitteln von Bemessungszahlen zum Dimensionieren von Bauwerken erfolgt unter Einbeziehung der gewünschten Lebensdauer des Bauwerkes und des vertretbaren Risikos während dieser Zeit. Ein nur wenige Jahre benötigtes Bauwerk (Baustelleneinrichtung) muss nicht das Risiko eines Jahrhunderthochwassers berücksichtigen.

Wird festgestellt, dass für eine angenommene Lebensdauer das hydrologische Risiko mit der Wiederkehrzeit für ein Ereignis n Jahre beträgt, so ist der Abfluss Q_n der Bemessungsabfluss oder der Wasserstand W_n der Bemessungswasserstand.

Erkunden und Bewerten von Grundwasser Durch geeignete Untersuchungen in direkten Aufschlüssen (Bohrungen, Schürfgruben) ist zu erkunden, in welcher Form und Tiefe Wasser im Untergrund vorliegt.

Beim Antreffen von Wasser ist die Art des Vorkommens zu erkunden. Es ist zu unterscheiden, ob es sich um eine lokale An-

Tab. 1.11 Gewässerkundliche Hauptzahlen für Abfluss, Wasserstand und Abflussspende. (Richtlinie für die Aufstellung des Deutschen Gewässerkundlichen Jahrbuchs)

Bezeichnung der statistischen Bezugsgrößen	Abfluss Q [$m^3 s^{-1}$; $l s^{-1}$]	Wasserstand W [m]	Abflussspende q [$l s^{-1} km^{-2}$]
Höchster bisher bekannter Wert	HHQ	HHW	HH_q
Höchster bekannter Wert in einem Zeitraum	HQ	HW	H_q
Arithm. Mittel der Höchstwerte MH verschiedener Abflussjahre	MHQ	MHW	MH_q
Arithm. Mittel M in einem anzugebenden Zeitraum	MQ	MW	M_q
Arithm. Mittel der Niedrigstweite MN verschiedener Abflussjahre	MNQ	MNW	MN_q
Niedrigster Wert in einem Zeitraum	NQ	NW	N_q
Niedrigster bisher bekannter Wert	NNQ	NNW	NN_q
Median für einen anzugebenden Zeitraum	ZQ	ZW	Z_q
Häufigster Werte für einen anzugebenden Zeitraum	DQ	DW	D_q
Wert einer Beobachtungsreihe der von n Werten dieser Reihe erreicht oder überschritten wird; n = Jährlichkeit	Q_n	W_n	q_n

sammlung von Stauwasser über geringdurchlässigen Schichten oder um einen weitgestreckten Grundwasserkörper handelt. Die wasserführenden Schichten oder Gesteinskörper sind nach der Art der Wasserführung (Porengrundwasser, Kluftgrundwasser, Karstgrundwasser) zu beschreiben. Es ist zu prüfen, ob die Wasserführung ständig oder zeitweise zu erwarten ist. Soweit ein geplantes Bauwerk in das Grundwasser einbindet oder eine geplante Nutzung das Grundwasser tangiert, müssen für den Aquifer Tiefenlage, Mächtigkeit, Ausdehnung sowie Gebirgs- und Gesteinsdurchlässigkeit bekannt sein. Neben dem Höchststand des obersten Grundwasserleiters kann auch die Höhe der Grundwasserdruckflächen anderer, tieferer Grundwasserstockwerke wichtig sein.

Grundwasseraufschlüsse Grundwasser wird in Brunnen und Grundwassermessstellen erschlossen. In Entnahmestellen für Kies, Sand und Steine, die unter den Grundwasserspiegel eingreifen, können auftretende Grundwasserblänken als Sonderform des Grundwasseraufschlusses angesehen werden.

Brunnen

Brunnen sind künstliche Anlagen mit meist lotrechtem Aufschluss zur Gewinnung oder Infiltration von Wasser. Unterschieden werden Bohrbrunnen und Schachtbrunnen:

- *Bohrbrunnen*
  Bohrbrunnen werden im Grundwasserleiter mit Filterrohren (gelochte oder geschlitzte Brunnenrohre) und zwischen diesem und der Oberfläche mit vollwandigen Brunnenrohren ausgebaut. Im Ringraum zwischen Filterrohr und Bohrlochwand wird ein meist gestufter Sand- und Kiesfilter (DIN 4924) eingebaut. Im Ringraum zwischen Aufsatzrohr und Oberfläche wird, angepasst an die geologischen Verhältnisse, eine Ringraumabdichtung aus Ton und nach oben abschließend eine Erdschüttung eingebaut. Der Durchmesser des Kiesfilters beträgt 200–800 mm. Den oberen Abschluss bildet der Brunnenkopf, von welchem aus der Brunnen betrieben wird. Der Grundwasserstand kann über ein Peilrohr abgelesen werden, welches im Sand- und Kiesfilter eingebaut ist. Der Brunnenkopf kann in einem Brunnenhaus oder unter der Oberfläche in einem Brunnenschacht untergebracht sein (Abb. 1.58).
  Aus Bohrbrunnen, die der Wassergewinnung dienen, wird das Wasser mit einer unter Wasser eingebauten Druckpumpe über eine Steigleitung gefördert. Aus weniger tief reichenden Bohrbrunnen kann das Wasser mit Handpumpen (z. B. Abessinier Rohrbrunnen) oder Saugpumpen gehoben werden (Abb. 6.8).
- *Schachtbrunnen*
  Schachtbrunnen sind großvolumige Wassersammler mit Durchmesser bis etwa 5 m. Als handgeschachteter und mit Stein ausgebauter Brunnen ist er die älteste Form der Grundwassererschließung. Im modernen Schachtbau erfolgt der Erdaushub mit einem Greifer. Die Schachtwand besteht aus ineinander versetzten Betonrohren. Schachtbrunnen können für Wassergewinnung, Wasserhaltung, Wasserversenkung und Brunnengründung (Abb. 11.4 und 11.5) eingesetzt werden. Als herkömmliche Brunnenbauweise werden Schachtbrunnen noch heute im ländlichen Raum der Entwicklungsländer zur Trinkwasserversorgung angewendet. Sie eignet sich in Gesteinen mit geringer Wasserführung. Der Schachtbrunnen dient der Wassererschließung und der Wasserspeicherung. Im Schachtbrunnen ist die Wasserfläche freigelegt und möglicher Verschmutzung ausgesetzt. Das Wasser kann per Hand mit Eimern oder mit einer an eine Pumpe angeschlossenen Steigleitung gehoben werden.
  Eine Sonderform stellen Schachtbrunnen mit horizontal eingebauten Filterbrunnen dar. Solche Horizontalfilterbrunnen kommen zur Wassergewinnung aus geringmächtigen Grundwasserleitern zur Anwendung.

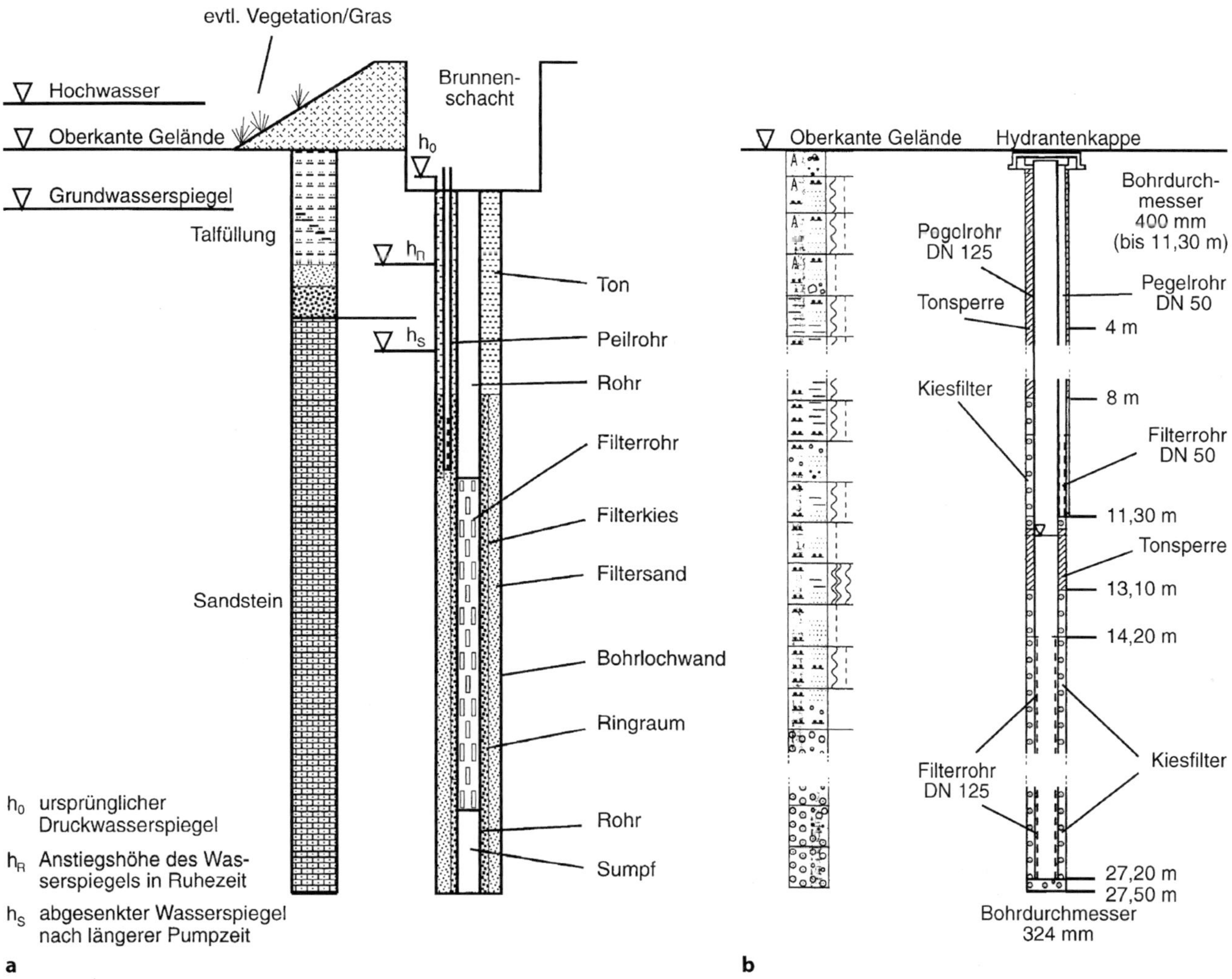

Abb. 1.58 a Schema eines Bohrbrunnens zur Wassergewinnung mit Ausbau, b Schema einer Grundwassermessstelle mit Ausbau

Schachtbrunnen werden heute zur Wasserhaltung, z. B. bei Ringdränagen, eingesetzt und dienen vorwiegend zum Entwässern geringdurchlässiger Böden.

▪ Grundwassermessstellen

Grundwassermessstellen sind Anlagen zur Grundwassererkundung. Der Durchmesser des Filterrohrs beträgt 50–150 mm. Zum Erkunden und Überwachen der Grundwasserbeschaffenheit sind Filterrohrdurchmesser von mindestens 100 mm erforderlich. Bei geringeren Durchmessern (< 100 mm) kann sich die Beschaffenheit des Grundwassers durch die Entnahme ändern. Die Filterstrecke kann die gesamte Mächtigkeit des Grundwasserleiters erfassen (vollkommener Brunnen). Verschiedene Grundwasserstockwerke sind stets durch verschiedene Messstellen zu erkunden. Die Filterstrecken sind nach oben und unten abzudichten. Das Verfiltern mehrerer Grundwasserstockwerke in einer Messstelle gilt als Kunstfehler. Da unterschiedliche Grundwasserstockwerke unterschiedliche Grundwasserdruckflächen haben, kann es bei durchgehender Filterstrecke zum Vermischen von Wasser aus diesen unterschiedlichen Aquiferen kommen. Möglich ist auch das Verschleppen von Schadstoffen aus der ungesättigten Bodenzone in das Grundwasser und aus oberflächennahen Grundwasserstockwerken in tiefere Stockwerke. Umgekehrt ist bei durchgehender Verfilterung der Aufstieg von hochmineralisiertem, salzigem Tiefenwasser in höhere Grundwasserstockwerke möglich.

Grundwassermessstellen können einfach oder mehrfach unterteilt (Multilevel) ausgebaut sein. Alle Anlagentypen sollen DIN 4046, DIN 4047 und den DVGW-Regeln W 121 entsprechen (Abb. 1.58b und 1.59).

Ermitteln der Piezometerhöhen Das Ermitteln der Piezometerhöhe (Höhenlage der Grundwasserdruckflächen) erfolgt durch Abstichsmessungen an Grundwassermessstellen. Der Abstich ist die Strecke zwischen dem Grundwasserspiegel im Peilrohr und der eingemessenen Oberkante des geöffneten Peilrohrs oder eines anderen Messpunktes. Die Höhenlagen der Grundwasserdruckflächen werden landesweit von den verschieden Messstellenbetreibern regelmäßig (meist wöchentlich) gemessen und von den Wasserbehörden gesammelt, ausgewertet und verwaltet. Für ausgewählte Grundwassermessstellen werden Grundwasserganglinien aufgezeichnet. Für wasserwirtschaftlich wichtige Gebiete gibt es Grundwasserkarten, in denen der Datenschatz vieler Jahre ausgewertet ist.

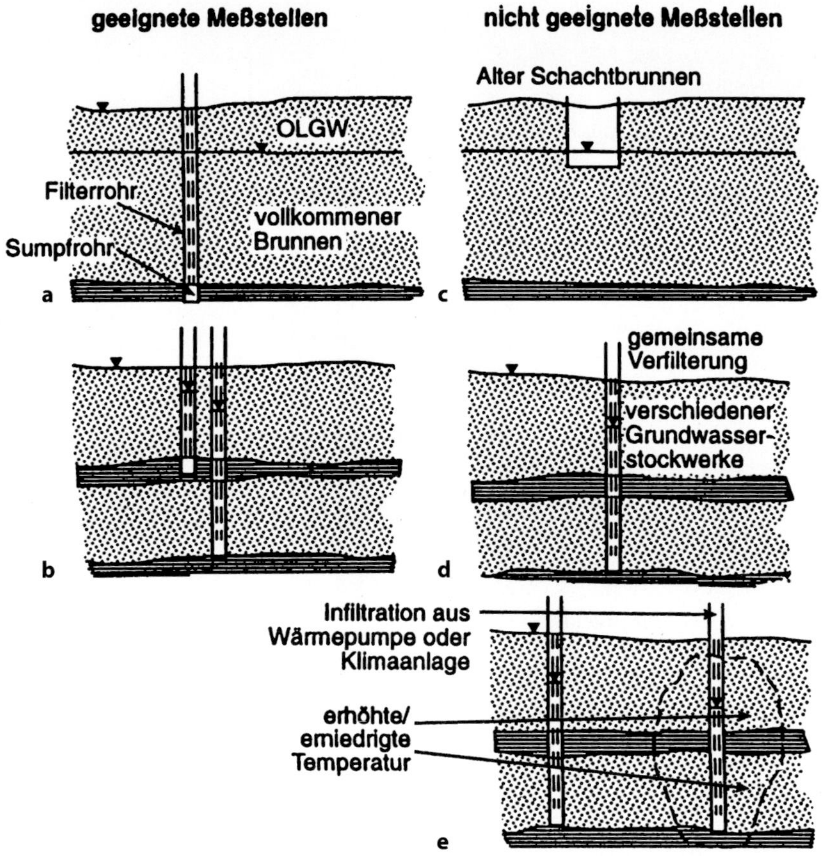

Abb. 1.59 Geeignete und ungeeignete Grundwassermessstellen. **a** Vollkommener Brunnen, verfiltert über die Gesamtmächtigkeit des Grundwasserleiters, **b** oberer und unterer Grundwasserleiter werden getrennt erfasst, **c** im Schachtbrunnen ist der Grundwasserleiter unvollkommen erschlossen, **d** verschiedene Stockwerke sind gemeinsam verfiltert, **e** die Wasserqualität ist in der Grundwassermessstelle durch künstliche Infiltration verfälscht

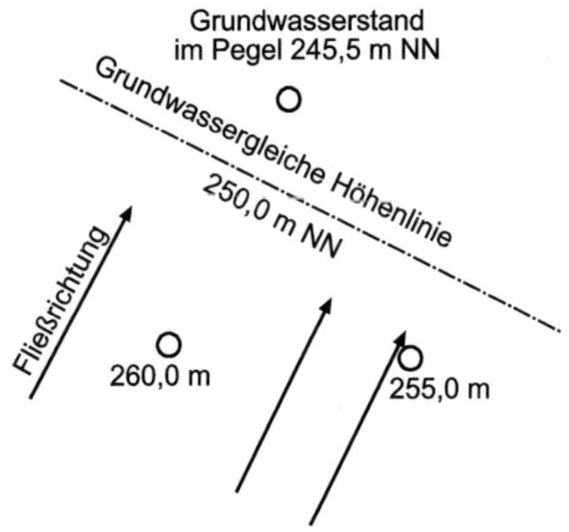

Abb. 1.60 Bestimmen der Grundwasserfließrichtung aus drei Pegelbeobachtungen

▪ Flurabstand

Der Flurabstand ist die Strecke zwischen Grundwasserdruckfläche und Geländeoberkante. Beim ungespannten Grundwasserleiter ist die Grundwasseroberfläche mit der Grundwasserdruckfläche identisch. Beim gespannten Grundwasserleiter kann der Abstand zwischen Grundwasseroberfläche und Geländeoberfläche größer sein als der Abstich.

Flurabstandskarten zeigen den Abstand zwischen Erdoberfläche und Grundwasseroberfläche. Der in Baugrundfragen häufig interessierende höchste bekannte Grundwasserstand kann solchen Karten entnommen oder bei der zuständigen Wasserbehörde gegen Gebühr erfragt werden.

Beim Aushub unter dem Druckwasserspiegel wird in feinkörnigen geringdurchlässigen Böden wird mit dem wasserhaltenden Boden ein Teil des Grundwasserkörpers entnommen und dadurch ein hydraulisches Gefälle zur Baugrube hergestellt. Der geringe Grundwasserzufluss wird während der Bauzeit nicht bemerkt und neben dem Tagwasseranfall nicht beobachtet. Dieser geringe Grundwasserzufluss hält nach Verfüllen der Baugrube an und kann zur Vernässung im Bauwerk führen.

▪ Grundwassergleichen

Grundwassergleichenkarten geben Linien gleicher Höhe [m ü. NN] der Grundwasserdruckflächen für einen Stichtag. Die Grundwasserfließrichtung verläuft senkrecht zu diesen Linien. Ein möglicher Wechsel in der Grundwasserfließrichtung kann aus dem Vergleich von Grundwassergleichenplänen erkannt werden, welche für Tage mit mittlerem, hohem und niedrigem Grundwasserstand erstellt wurden.

Außerhalb bestehender Grundwasserkartierungen kann es bei Erkundungsaufgaben erforderlich sein, dass zum Ermitteln von Flurabstand und Grundwasserfließrichtung sowie der Beschaffenheit des Grundwassers neue Grundwassermessstellen zu bauen sind. Für das Bestimmen der Fließrichtung durch Triangulation mit linearer Interpolation sind mindestens drei Beobachtungspunkte erforderlich (Abb. 1.60). Das großräumige Bestimmen der Fließrichtung erfolgt mit geostatistischen Methoden.

1.10.6 Ermitteln der Grundwasserqualität

Im irdischen Wasserkreislauf gibt es kein reines Wasser. Es enthält stets andere Stoffe und Gase in verschiedener Konzentration. Die im Grundwasser gelösten Stoffe sind überwiegend natürlichen Ursprungs. Anthropogen verursachte Inhaltsstoffe sind häufig. Die geogene Grundwasserbeschaffenheit ist die Bemessungsgrundlage für den Grundwasserschutz (Baumann und Wagner 1993; Gabriel und Ziegler 1997, Hölting und Coldewey 2013).

Bei ungünstiger Beschaffenheit kann Wasser Baustoffe und Bauwerksteile angreifen, auflösen oder korrodieren. Das Abbinden von Beton kann beeinträchtigt werden. Im Rahmen einer Bauplanung ist zu klären, ob im Baugrund auftretendes Wasser betonaggressive Eigenschaften aufweist. Die Untersuchungen regelt DIN 4030. Wasser ist das wichtigste Lebensmittel. Dem Schutz des Grundwassers gebührt deshalb nach Güte und Menge gegenüber anderen konkurrierenden Interessen der Vorrang. Der Schutz des Grundwassers vor Verunreinigung erfordert Qualitätskontrollen. Zu unterscheiden ist zwischen chemischen und physikalischen Schnelltestuntersuchungen, welche vielfach im Gelände durchgeführt werden, und der chemischen und/oder bakteriologischen Hauptuntersuchung, welche in einem hierfür spezialisierten Labor durchgeführt wird.

Die Probenahme von Wasser ist/wird in DIN EN ISO 5667-1 und -3 (Probenahmetechniken und Konservierung der Proben), in DIN EN ISO 22475 (Probeentnahmeverfahren) und in mehreren Teilen der DIN 38402 geregelt. Erschienen sind die Teile DIN 38402 A-11 für Abwasser, A-12 für stehende Gewässer, A-13 für Wasser aus Grundwasserleitern, A-15 für Fließgewässer, A-16 für Meerwasser, A-18 für Mineral- und Heilquellen, A 20 für Tidegewässer, A 24 für Schwebstoffe

Untersuchen auf betonaggressive Inhaltsstoffe In natürlich zusammengesetzten Wässern können Substanzen gelöst sein, die auf Baustoffe aggressiv wirken (DIN 4030). Gefährdung geht vorrangig von freien Säuren sowie den säurebildenden Gasen Schwefeldioxid, Chlorwasserstoff und Schwefelwasserstoff aus. Die Kontrolle und Beurteilung erfolgt über *p*H-Messung. Es gilt:

- $pH < 4{,}5$: sehr stark angreifend;
- pH 4,5–5,5: stark angreifend;
- $pH > 5{,}5$: schwach angreifend.

Schädigende Wirkung geht weiterhin von Sulfaten, Magnesium, Ammonium und kalklösender Kohlensäure aus (Tab. 1.12). Das Untersuchen erfolgt im Labor oder mit Reagenziensatz und Teststäbchen im Gelände. Die Angabe erfolgt in mg l^{-1}.

Außerdem können Öle und Fette Beton angreifen. Humusstoffe können das Abbinden von Beton beeinträchtigen.

Bei der Bewertung betonangreifender Grundwässer ist der Grundwasserfluss zu berücksichtigen. Eine Schadwirkung kann nur dann vom Grundwasser ausgehen, wenn dieses ausgetauscht wird. In geringdurchlässigen Böden ist der Angriffsgrad des Bodens zu prüfen. Untersucht wird auf Sulfid (Grenzwert für besondere Beurteilung bei 100 mg S_2 pro kg Boden) und auf Sulfat (über 5000 mg pro kg Boden gilt als stark angreifend, unter 5000 mg kg^{-1} als schwach angreifend).

Tab. 1.12 Betonaggressive Wirkung von im Wasser gelösten Stoffen

Substanz	Aggressivität	Konzentration [mg l^{-1}]
Ammonium (NH_4^+)	Schwach angreifend	15–30
	Stark angreifend	30–60
	Sehr stark angreifend	> 60
Magnesium (Mg^{2+})	Schwach angreifend	100–300
	Stark angreifend	300–1500 (Meerwasser!)
	Sehr stark angreifend	> 1500
Sulfat (SO_4^{2-})	Schwach angreifend	200–600
	Stark angreifend	600–3000 (Meerwasser!)
	Sehr stark angreifend	> 3000
Kalklösende Kohlensäure (CO_2)	Schwach angreifend	15–40
	Stark angreifend	40–100
	Sehr stark angreifend	> 100

Die Untersuchungen können mit Schnelltestsystemen, z. B. dem Wasserlabor für die Bauindustrie zur Untersuchung von betonangreifendem Wasser (Hersteller: Merck), durchgeführt werden.

Voruntersuchungen zur Wasserqualität mit Schnelltestsystemen Wasser kann mit Schnelltestsystemen auf seine chemischen und physikalischen Eigenschaften getestet werden. Entsprechende Testsätze sind von verschiedenen Anbietern im Handel, z. B. von Merck unter den Namen Merckoquant (ionenspezifische Teststäbchen), Aquamerck (titrimetrisches Verfahren), Aquaquant (Küvettentest mit Vergleich über Farbkarten), Microquant (Küvettentest mit Farbvergleich über 10-Stufen-Drehscheibe) und Spectroquant (Küvettentest mit Farbvergleich über Digitalphotometer). Derartige Tests sind bezüglich der Empfindlichkeit so aufgebaut, dass sie den interessierenden Bereich bzw. den als Grenzwert vorgeschriebenen Bereich umfassen.

Physikalische Parameter werden mit Leitfähigkeitsmessgeräten, pH-Messgeräten, mV-Messgeräten und Sauerstoffmessgeräten für den biochemischen (BSB) und chemischen (CSB) Sauerstoffbedarf ermittelt.

Im Bohrloch kann die Wassersäule mit speziellen Sonden kontinuierlich oder schrittweise auf die Parameter Lage des Grundwasserspiegels, Lage unter Grundwasserspiegel, Temperatur, *p*H-Wert, elektrische Leitfähigkeit, Salinität, Redoxpotential, Sauerstoffgehalt und Luftdruck gemessen und aufgezeichnet werden. Herkömmliche Verfahren zum Messen von Sauerstoff im Grundwasser verlangen ein Anströmen der Sonden, wobei die Sonde selbst Sauerstoff verbraucht. Es muss deswegen stetig neues Grundwasser zugeführt werden. Beim Arbeiten mit solchen herkömmlichen Sauerstoffmesszellen können die Sauerstoffwerte verfälscht sein. In einigen Bundesländern wird die Anströmgeschwindigkeit vorgegeben.

Für das horizontierte Messen von Sauerstoff im stehenden Wasser, in Bohrlöchern und Brunnen werden Sonden mit optischem Sensor eingesetzt. Solche Sonden müssen nicht angeströmt werden und verbrauchen beim Messen keinen Sauerstoff.

Hauptuntersuchungen zur Wasserqualität im Speziallabor Die Grundwasserqualität, auch Grundwasserzusammensetzung genannt, wird durch chemische und physikalische Methoden ermittelt. Die Methoden sind durch Normen und Richtlinien festgelegt. Die geforderten Qualitätsanforderungen erbringen nur wenige spezialisierte Labors. Die hohen Anforderungen erstrecken sich auf Ausbau der Grundwassermessstelle, Probenahme, Probentransport und Analyse.

Die Entnahme von Grundwasserproben soll nur aus hierfür geeigneten Grundwassermessstellen erfolgen. Für die Eignung können jedoch nur begrenzt Regeln erstellt werden (Toussaint 1989). Das Untersuchungsziel ist das entscheidende Kriterium für die Wahl von Messstelle und Beprobungsverfahren.

Sollen Grundwassermessstellen, die im Rahmen der Grundwasserbewirtschaftung als vollkommene Brunnen ausgebaut wurden, als Grundwassergütemessstellen genutzt werden, so kann die Aussage nur eine orientierende sein. Die im Grundwasser solcher Messstellen analysierten Grundwasserinhaltsstoffe und die hieraus abgeleiteten Grundwasserqualitäten entsprechen einem Mittel über die gesamte Grundwassermächtigkeit. Das Verfahren ist unter dem Stichwort „repräsentative Probenahme" bekannt. Für viele wasserwirtschaftliche Belange sind solche Antworten ausreichend.

Bei Fragen der Emittentenbewertung und bei Risikoanalysen ist das Untersuchen einzelner Bereiche des Grundwasserleiters erforderlich. Bei vertikal differenzierten Grundwasserleitern können belastete Horizonte im vollkommen ausgebauten Brunnen mit herkömmlicher Probenahme nicht erkannt werden. Eine in einem solchen Brunnen ermittelte Grundwasserqualität entspricht weder dem unbelasteten noch dem belasteten Grundwasser.

In vollkommenen Brunnen ist nach Toussaint (1989) das Beproben einzelner Teilbereiche über Verfahren mit Mehrfachpackern und Schutzbeprobung möglich.

Günstiger ist der Bau von Grundwassergütemessstellen, deren Konstruktion und Ausführung der örtlichen Situation angepasst ist.

1.10.7 Hydraulische Eigenschaften von Böden, Gesteinen und Gebirge

Dem durch die Hohlräume eines porösen Körpers (Filters) strömenden Wasser wird ein Widerstand entgegengesetzt. Das Maß für diesen Widerstand ist der Durchlässigkeitsbeiwert k [$\mathrm{ms^{-1}}$]. Er ergibt sich aus der Beziehung zwischen der in einem porösen Filter durchflossenen Strecke (Fließweg), der Querschnittsfläche des Filters, dem Höhenunterschied zwischen Ein- und Auslauf des Wassers und der Durchflussmenge pro Zeiteinheit. Diese Beziehung beschreibt das Darcy-Gesetz, aufgestellt von Henry Darcy (1803–1858). Es besagt, die Durchflussmenge Q [$\mathrm{m^3\,s^{-1}}$] verhält sich proportional zur Größe der durchströmten Querschnittsfläche F [$\mathrm{m^2}$], der für den Durchfluss zur Verfügung stehenden Zeit t [s] und dem hydraulischen Gradienten i. Der hydraulische Gradient i einer Grundwasserströmung ist definiert als Spiegelhöhendifferenz Δh zwischen Einlauf und Auslauf (Potentialdifferenz), geteilt durch die Länge des Fließweges Δl (◘ Abb. 14.44):

$$i = \Delta h / \Delta l.$$

Bei vertikalem Durchfluss ohne Überstau ist $i = 1$. Das Darcy-Gesetz lautet:

$$Q = kiF,$$
$$k = Q/iF.$$

Das Darcy-Gesetz beruht auf drei Voraussetzungen:
1. Konstanz des durchströmten Filterraumes;
2. Konstanz der Fluideigenschaften;
3. laminares Strömen.

In der Folge werden diese Voraussetzungen stets als gegeben angenommen, obwohl dies nicht der Fall sein muss. Besonders wird darauf hingewiesen, dass die für das Fluid Wasser ermittelten Durchlässigkeitswerte auf andere Fluide, wie z. B. Erd- und Mineralöl oder chlorierte Kohlenwasserstoffe, ohne Berücksichtigung deren Fluideigenschaften nicht zu übertragen sind.

Der Durchlässigkeitsbeiwert k_f hat die Dimension einer Geschwindigkeit [$\mathrm{m\,s^{-1}}$]. Der spezifische Durchfluss kann deshalb auch als Filtergeschwindigkeit v_f definiert werden. Durch Multiplikation mit der durchströmten Querschittsfläche wird der Filterdurchfluss [$\mathrm{m^3\,m^{-2}\,s^{-1}}$] ermittelt.

Im homogenen grobkörnigen Boden, in dem alle Poren gleich durchflusswirksam sind, kann die Abstandsgeschwindigkeit mit

$$v_a = v_f / n$$

abgeschätzt werden.

◘ **Tab. 1.13** Größenordnung der Durchlässigkeit von Boden

Bodenart	**Durchlässigkeitsbeiwert [m s']**
Kies, gleichkörnig	$2 \cdot 10^{-1}$–$1 \cdot 10^{-2}$
Kies-Sand-Gemische	$2 \cdot 10^{-1}$–$1 \cdot 10^{-2}$
Sand, grobkörnig	$5 \cdot 10^{-3}$–$5 \cdot 10^{-4}$
Sand, mittelkörnig	$1 \cdot 10^{-3}$–$5 \cdot 10^{-5}$
Sand, feinkörnig	$5 \cdot 10^{-4}$–$2 \cdot 10^{-5}$
Sand (Brechsand), abgestuft	$2 \cdot 10^{-4}$–$5 \cdot 10^{-6}$
Sand, lehmig, schluffig	$1 \cdot 10^{-5}$–$5 \cdot 10^{-7}$
Schluff, geringplastisch	$1 \cdot 10^{-5}$–$1 \cdot 10^{-7}$
Schluff, mittelplastisch	$2 \cdot 10^{-6}$–$1 \cdot 10^{-9}$
Schluff und Ton, geringplastisch	$5 \cdot 10^{-8}$–$1 \cdot 10^{-9}$
Ton, mittelplastisch	$5 \cdot 10^{-8}$–$1 \cdot 10^{-10}$
Ton ausgeprägt plastisch	$1 \cdot 10^{-9}$–$1 \cdot 10^{-11}$
Schluff und Ton, organisch	$1 \cdot 10^{-9}$–$2 \cdot 10^{-11}$

Tab. 1.14 Verbale Festlegung der Durchlässigkeit von Boden. Merkmale und Eignung des Materials bezüglich seiner Durchlässigkeit

Durchlässigkeitsbereiche nach DIN 18130	Bodenart	Merkmale	Eignung
Sehr gut durchlässig	Blöcke, Steine, Grobkies	Wasser wird sehr schnell aufgenommen und abgegeben	Wellenbrecher, Drän- und Filtermaterial im Wasserbau
$1 \cdot 10^{-2}$ m s^{-1}			
Gut durchlässig	Kies und Sand	Wasser wird schnell aufgenommen und abgegeben, rasche Versickerung von Regen- und Fremdwasser	Drän- und Filtermaterial bei Brunnenbau und Dränagen
$1 \cdot 10^{-4}$ m s^{-1}			
Durchlässig	Feinsand, schluffiger Sand, Mutterboden	Langsame Versickerung von Regenwasser	Dammschüttmaterial im Wasserbau
$1 \cdot 10^{-6}$ m s^{-1}	Grenze für Pfützenbildung und Frostempfindlichkeit		
Schwach durchlässig	Lehm, Schluff, tonig-schluffige Mischböden	Keine sichtbare Versickerung, Pfützenbildung	Dichtzwecke im Wasserbau
$1 \cdot 10^{-8}$ m s^{-1}			
Sehr schwach durchlässig	Ton und Tonstein	Keine sichtbare Versickerung; Filtergeschwindigkeit in der Größenordnung cm a^{-1} bis mm a^{-1}	Dichtzwecke im Deponiebau

Ermitteln der Boden- und Gesteinsdurchlässigkeit Der Durchlässigkeitsbeiwert k_f als boden- oder gesteinstypische Kenngröße kann an ungestörten Zylinderproben oder Bohrkernen im Labor nach DIN 18130 Teil 1 ermittelt werden. Bei Gesteinen ist die räumliche Aussagereichweite des ermittelten Ergebnisses oft nur so groß wie der Durchmesser der Gesteinsprobe.

Geräte zum Bestimmen des Durchlässigkeitsbeiwertes von feinkörnigen Böden sind die Triaxialzelle mit konstanter Druckhöhe und das Kompressionsdurchlässigkeitsgerät.

Für Sand und Kies eignen sich Durchlässigkeitsversuche im Versuchszylinder mit Standrohr und konstantem oder veränderlichem hydraulischem Gefälle.

Anregungen, die zeitaufwendigen Durchlässigkeitsversuche zu umgehen, führten zu der Ableitung des Durchlässigkeitsbeiwertes aus der Korngrößenverteilung (z. B. Hazen 1892). So ermittelte Durchlässigkeitsbeiwerte weisen in der Regel große Fehler auf und sind als Grundlage für weitere Berechnungen oder Schlussfolgerungen nicht geeignet. Tab. 1.13 gibt eine Übersicht zur Durchlässigkeit von Boden, Tab. 1.14 zur verbalen Festlegung der Durchlässigkeit von Böden mit Bodenart, Merkmalen und Eignung.

Ermitteln der Gebirgsdurchlässigkeit Die Aussagereichweite der ermittelten Durchlässigkeitsbeiwerte ist von der Heterogenität des Grundwasserleiters abhängig und im allgemeinen sehr klein. Für Festgesteine, also den Bereich der Kluft- und Karstgrundwasserleiter, verbieten sich solche Laborverfahren, da stets nur der Porenanteil der Permeabilität, nicht jedoch der Kluft- und Karstanteil mit erfasst wird.

Insofern bietet es sich an, den Begriff des Durchlässigkeitsbeiwertes k_f stets im Zusammenhang mit der Durchlässigkeit des Porenraumes und damit als Gesteinsdurchlässigkeit aufzufassen.

Hiervon wird die Gebirgsdurchlässigkeit unterschieden, die die wirksame Durchlässigkeit aller im Grundwasserleiter vorhandenen Räume darstellt. Die Gebirgsdurchlässigkeit kann nicht im Laborversuch an Gesteinsproben ermittelt werden, sondern nur durch Feldversuche am Grundwasserleiter selbst. Das Ermitteln der Wasserdurchlässigkeit ist in DIN 18130 Teil 2 geregelt. Die Gebirgsdurchlässigkeit kann bei einem vollkommen homogenen und isotropen Porengrundwasserleiter genauso groß sein wie die Gesteinsdurchlässigkeit, ist in der Praxis jedoch stets größer. Die Differenz zwischen den beiden Durchlässigkeiten ist um so größer, je höher der Permeabilitätskontrast zwischen den Aquifertypen (Poren, Kluft, Karst) ist.

Ein repräsentatives Profil durch einen Doppelporositäts- oder Dreifachporositätsgrundwasserleiter ergäbe einen mittlere Durchlässigkeitsbeiwert mit

$$k_f = \frac{\int_0^t k_{fi} m_i}{m} = \sum k_{fi} m_i$$

m_i = **Mächtigkeit der Schicht** i

k_{fi} = **Durchlässigkeitsbeiwert der Schicht** i

In der Gleichung bedeutet $_0$ die Höhe der Schichtunterkante und t die Höhe der Schichtoberkante eines Homogenbereiches.

Das Integral des Durchlässigkeitsbeiwertes über die Mächtigkeit des Grundwasserleiters m_i ist die von Theis (1935) auf anderem Wege entwickelte Transmissivität. Die Transmissivität T [m^2 s^{-1}] steht damit für die Gebirgsdurchlässigkeit.

Die Feldmethoden zum Ermittln der Transmissivität basieren auf der Entnahme oder Zugabe von Wasser in den Grundwasserkörper und den daraus resultierenden Veränderungen der Grundwasserdruckhöhe in den Beobachtungsmessstellen.

Daraus folgt, dass T, das Integral des Durchlässigkeitsbeiwertes über die Mächtigkeit, für gespannte Grundwasserleiter konstant ist, für ungespannte jedoch veränderlich, da die Mächtigkeit des wassererfüllten Raumes schwanken kann.

Der Speicherkoeffizient S ist das Volumen Wasser, welches bei einem Körper mit gleichem Volumen bei einer Druckhöhendifferenz von 1 m entnommen werden kann. Der Speicherkoeffizent ist dimensionslos. In einem ungespannten Aquifer ist der Speicherkoeffizient gleich groß dem durchflusswirksamen (nutzbaren) Porenraum P^*:

$$\text{freier Aquifer: } S = P^*.$$

In einem gespannten Aquifer ist der Speicherkoeffizent sehr klein, da keine Entleerung des Porenraums des Grundwasserleiters, sondern nur eine Druckänderung stattfindet.

Feldversuche zum Ermitteln der Gebirgsdurchlässigkeit Die Gebirgsdurchlässigkeit wird für Quellen und Bohrungen unterschiedlich ermittelt.

Für Quellen kann aus der Trockenwetterfall-Linie und dem α-Wert nach Maillet (▶ Abschn. 1.10.4, ◘ Abb. 1.55) auf die Gebirgsdurchlässigkeit geschlossen werden.

In Bohrungen kann aus den Ergebnissen von Pumpversuchen auf die Gebirgsdurchlässigkeit geschlossen werden (obenstehende Gleichung).

Durch Entnahme einer konstanten Durchflussmenge (Pumpmenge, Förderrate) Q [$m^3\ s^{-1}$] über eine längere Beobachtungszeit werden die Druckverhältnisse im Grundwasserleiter verändert. Diese Veränderung ist im Umkreis des Brunnens an veränderten Piezometerhöhen ablesbar. Es bildet sich ein Absenktrichter aus. Aus Durchflussmenge, Absenkung und Reichweite des Absenkungstrichters kann auf die Gebirgsdurchlässigkeit geschlossen werden (Dupuit 1863).

Zum Durchführen von Pumpversuchen werden ein Brunnen oder eine zur Wasserentnahme geeignete Grundwassermessstelle und nach Möglichkeit mehrere Grundwassermessstellen zum Beobachten der Piezometerhöhen benötigt. Der Entnahmebrunnen sollte als vollkommener Brunnen ausgebaut sein. Um das radialsymmetrische Modell eines gespannten, homogenen, isotropen und unendlich ausgedehnten Grundwasserleiters an die lokalen geologischen Verhältnisse anzupassen, ist eine geologische Erkundung des Grundwasserleiters erforderlich.

Das Wasser wird in der Regel mit einer Pumpe entnommen und abgeleitet. Es muss vermieden werden, dass das entnommene Grundwasser wieder in den Grundwasserleiter zurückfließt. In den Beobachtungspegeln bzw. Grundwassermessstellen können die Piezometerhöhen automatisch aufgenommen und aufgezeichnet werden, oder es können Abstichmessungen durchgeführt und die Absenkungsbeträge protokolliert und aufgezeichnet werden.

Die Versuchsdauer wird so bemessen, dass der Grundwasserleiter über den gesamten Beobachtungsraum deutlich auf die Entnahme reagiert. Die Größe des Beobachtungsraumes richtet sich nach Ausdehnung und Heterogenität des Grundwasserleiters. Pumpversuche in Kluft- und Karstgrundwasserleitern erfordern in der Regel deutlich größere Beobachtungsräume und Versuchsdauern als Porengrundwasserleiter. Allgemein liegen die Versuchsdauern zwischen 100 und 500 h. Wenn innerhalb dieses Zeitraumes keine ausreichende Reaktion des Grundwasserkörpers auf die Entnahme zu beobachten ist, sollte ein weiterer Versuch mit größerer Entnahmerate durchgeführt werden.

Eine technisch orientierte Anleitung für das Planen und Durchführen von Pumpversuchen gibt DVGW-Merkblatt W 111.

Bei Pumpversuchen für ingenieur- und hydrogeologische Zwecke geht es alleine um das Ermitteln der geohydraulischen Kenngrößen des Grundwasserleiters, besonders um die Transmissivität T und den Speicherkoeffizient S.

Besondere Probleme können auftreten, wenn Grundwasser, welches im Zuge einer Wasserhaltung abgeleitet werden soll, vor dem Ableiten einer Reinigung unterzogen werden muss.

Bestimmen der Transmissivität Die allgemeine Gleichung für das Ermitteln der Transmissivität T aus Pumpversuchen lautet:

$$T = \frac{Q W_u}{4\pi s_{r,t}}$$

$s_{r,t}$ = Grundwasserabsenkung im Abstand r von der Entnahmestelle zur Zeit t

W_u = Theis'sche Brunnenfunktion (u und Wu können Tabellen oder grafischen Darstellungen entnommen werden; Hölting 2013)

Da die Transmissivität T auch ein Bestandteil der Brunnenfunktion ist, ist die Theis'sche Gleichung nicht direkt, sondern nur durch iterative oder grafische Verfahren lösbar.

Das Auswerten von Pumpversuchen erfolgt in zwei Schritten:

1. Darstellen der Absenkung s im Laufe der Versuchsdauer t:
   - linear (s gegen t);
   - halblogarithmisch (s gegen lg t, s gegen lg r, s gegen lg $(t + t')/t'$);
   - doppellogarithmisch (lg s gegen lg t, lg $(\delta s/\delta t)t$ gegen lg t).

   Der Vergleich mit Typkurven (z. B. Typkurvenverfahren nach Hantusch, DVGW-Arbeitsblatt W 111) ermöglicht die Identifikation des Grundwasserleitermodells.
2. In einem zweiten Schritt der Parameterermittlung finden folgende Verfahren Anwendung:
   - einfache grafische Verfahren;
   - Typkurvendeckungsverfahren;
   - numerische und iterative Verfahren;
   - rechnergestützte Modellierung als indirektes Verfahren.

Grundlage für alle direkte Verfahren zum Auswerten von Pumpversuchen ist das Auswerteverfahren nach Theis und Jacob. Diesem Auswerteverfahren liegen folgende vier Annahmen zugrunde:

1. Der lateral unendlich ausgedehnte, homogene, isotrope Grundwasserleiter ist von gleichbleibender Mächtigkeit. Der Brunnen wird auf radialkonzentrischen Bahnen angeströmt.
2. Der Grundwasserleiter ist gespannt. Die Mächtigkeit der den Brunnen anströmenden Wassersäule ist konstant, die dritte räumliche Dimension kann vernachlässigt werden.

3. Die Entnahme von Wasser aus dem Grundwasserleiter verursacht eine unmittelbare proportionale Vorratsänderung. Nach dem Kontinuitätsprinzip bleibt die Wassermenge im Grundwasserleiter unverändert.
4. Der vollkommene Brunnen hat keine speichernden Eigenschaften und wird mit konstanter Rate abgepumpt.

Da diese Bedingungen Idealzustände darstellen, die in der Praxis nicht realisiert werden, werden Korrekturen für die verschiedenen Randbedingungen eingerechnet. Die Korrektur für ungespannte Grundwasserleiter berücksichtigt zusätzlich die vertikale Sickerstrecke des Grundwasser durch Annahme einer korrigierten Absenkung s'.

Die besonders bei großen Brunnen auftretende Speicherung wird durch den Brunnenspeicherterm berücksichtigt.

Die Infiltration von Grundwasser aus einem anderen Grundwasserleiter oder aus einem Oberflächengewässer kann durch Spiegelung der konstruierten Grundwasserdruckfläche erkannt und durch Korrekturterme berücksichtigt werden. Das gleiche gilt für undurchlässige Ränder (◘ Abb. 1.61).

Pumpversuche sind ein universelles Werkzeug für das Erkunden der hydraulischen Eigenschaften von Grundwasserleitern. Sie haben eine große Aussagereichweite über den gesamten Bereich der Grundwasserabsenkung. Bei wasserwirtschaftlichen Fragestellungen sind sie unerlässlich (Langguth und Voigt 1980; Busch et al. 1993; DVGW-Arbeitsblatt W 111).

Pumpversuche können jedoch auch Nachteile und Schwierigkeiten aufweisen:

- Die Förderrate des Grundwassers muss zeitlich konstant gehalten werden. Kommt es zu Schwankungen, so muss der Versuch von neuem begonnen werden.
- Die Qualität des Pumpversuches hängt in starkem Maße von der Anzahl der verwendbaren Grundwasserbeobachtungsstellen ab. Sind nur wenige Beobachtungsstellen oder nur Beobachtungstellen in einer Richtung vorhanden, können die Randbedingungen oft nicht ausreichend abgeschätzt werden.
- Pumpversuche können bei Temperaturen unter −5 °C nicht mehr durchgeführt werden.

Beim Durchführen von Pumpversuchen in kontaminierten Grundwasserleitern kann es zu Schwierigkeiten bei der Ableitung oder Reinigung des abzuleitenden Grundwassers kommen. Eventuell muss das Wasser vor dem Ableiten in einer Abwasserreinigungsanlage vorbehandelt werden.

In kontaminierten Grundwasserbereichen, bei geringmächtigen Porengrundwasserleitern und bei Beobachtungsräumen mit wenigen Grundwassermessstellen kann ein Kurzpumpversuch mit Auswertung des Wiederanstiegs empfohlen werden. Hierzu wird in einer Grundwassermessstelle oder in einem Brunnen eine Pumpe über einen Zeitraum von 2–6 h derart betrieben, dass der Grundwasserspiegel deutlich abgesenkt wird. Nach Erreichen eines Beharrungszustandes bei deutlicher Absenkung im Entnahmebrunnen wird die Entnahme beendet und der Wiederanstieg in engen Zeitabständen bis zum Wiedererreichen des ursprünglichen Zustandes gemessen. Hierzu bieten sich Datenlogger zur Aufnahme der Piezometerhöhe an.

Der Vorteil des Verfahrens liegt in der kurzen Zeitdauer, der relativ kleinen entnommenen Grundwassermenge und darin, dass Schwankungen in der Förderrate nicht berücksichtigt werden müssen.

Ferner sind keine weiteren Beobachtungsstellen erforderlich. Förderbrunnen und Beobachtungstelle sind in der Regel identisch.

Mächtigere Grundwasserleiter können mit Kurzpumpversuchen nicht ausreichend angeregt werden. Nachteilig sind auch Flachbrunnen und Grundwassermessstellen, die zu englumig ausgebildet sind und/oder nicht tief genug in den Grundwasserleiter hineinreichen.

Oberflächennahe Grundwasserleiter lassen sich im Zuge ingenieurgeologischer Erkundungen mit Kurzpumpversuchen testen.

1.11 Schadstoffe im Baugrund

Sind im Baugrund Substanzen vorhanden, die eine Schadwirkung entfalten können, spricht man von Schadstoffen. Die Schadwirkung kann darin bestehen, dass die Substanzen oder ihre Metabolite unter mehr oder weniger hohem Kostenaufwand entfernt werden müssen oder dass sie auf ein Bauwerk eine Schadwirkung ausüben. Es kann sein, dass die Funktion eines Bauwerkes wegen einer solchen Schadwirkung im Laufe des Nutzungszeitraumes nicht mehr gewährleistet wird.

Bei den Schadstoffen kann es sich um bodeneigene oder bodenfremde Substanzen handeln. Bodenfremde Substanzen sind Stoffe, die im Laufe der Nutzung durch den Menschen in den Boden eingebracht wurden. Sie werden als Altlasten zusammengefasst.

Die Schadstoffe können im Boden in fester, flüssiger oder gasförmiger Form vorliegen.

Bodeneigene Schadstoffe sind Stoffe, deren Existenz mit der Gesteinsentstehung oder der Gesteinsverwitterung unmittelbar verknüpft ist. Typische Gesteine sind bituminöse oder kohlige Gesteine.

Von uranhaltigen Gesteinen geht die Gefahr einer Strahlenbelastung durch Radon aus, welches in hoher Konzentration dem Untergrund entweichen und in der Atemluft angereichert werden kann. Gefährdete Räume mit hoher Strahlenbelastung werden im Bergbau (Schneeberger Krankheit), aber auch in Häusern, besonders in Keller- und Untergeschossen angetroffen. Eine Übersicht zu gefährdeten Regionen in Deutschland mit Prognose der Radonkonzentration in der Bodenluft gibt der Radon-Atlas Deutschland (Bundesanstalt für Strahlenschutz). Eine gesetzliche Regelung zur Strahlenexposition durch Radon besteht in Deutschland nicht. Gesundheitsgefahren bestehen über die Zerfallsprodukte des eingeatmeten Radons in der Lunge. Die Aufnahme von Radon über Nahrung und Trinkwasser sind in der Regel vernachlässigbar klein gegenüber der Aufnahme über die Atemluft. Nach Empfehlung der deutschen Strahlenschutzkommission und dem Radon-Handbuch Deutschland liegen Grenzwerte für die Raumluft in Neubauten bei 100 Bq/m^3. Die Grenzwerte für bestehende Gebäude (Altbauten) werden mit 300 und 400 Bq/m^3 angegeben (Wikipedia: Radon).

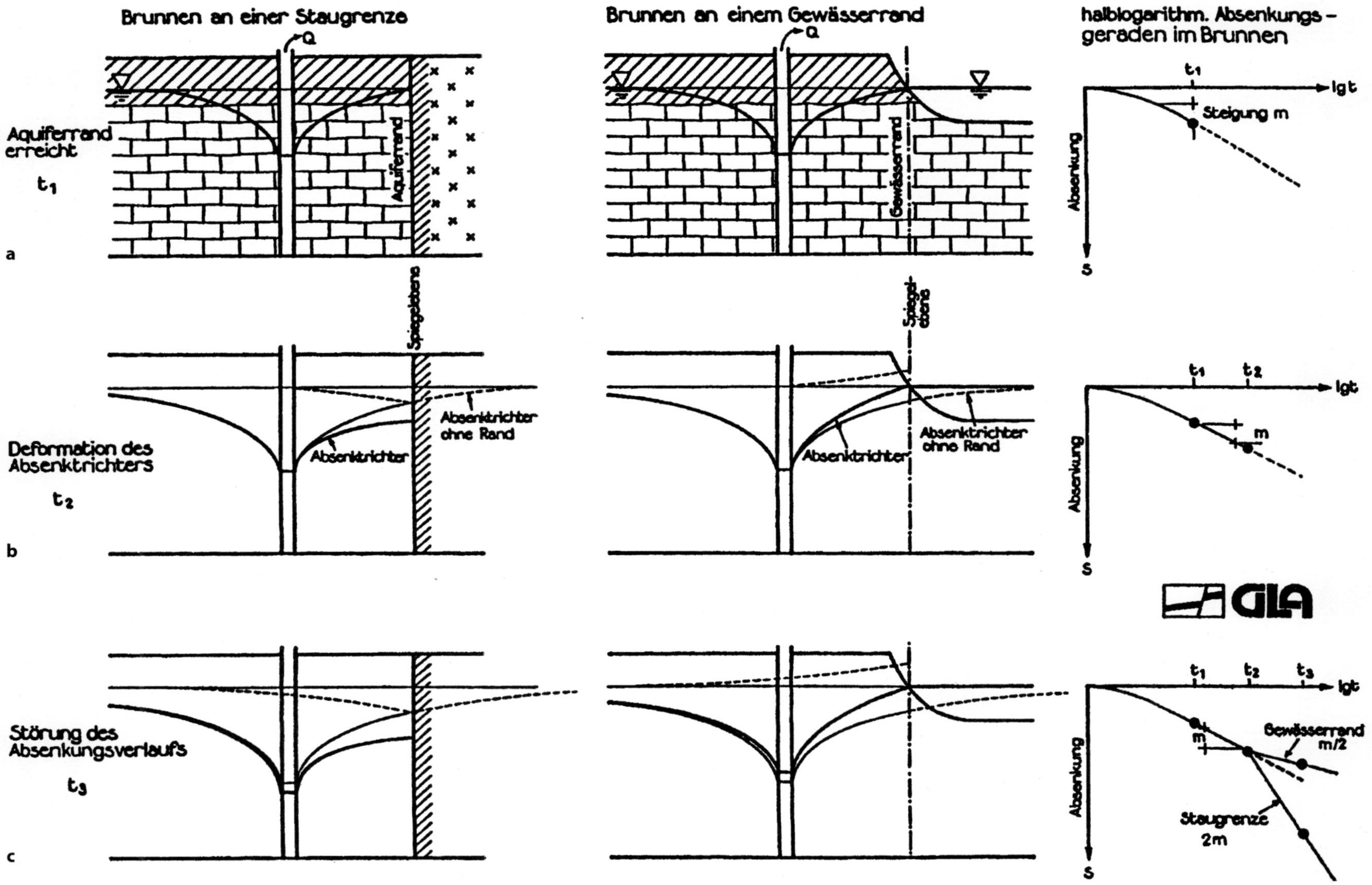

Abb. 1.61 Auswirkung von undurchlässigen Rändern und Infiltrationen auf die Absenkung. (Strayle et al. 1994)

Das Messen von Radon in der Boden- oder Raumluft kann folgendermaßen geschehen:

- Dosimeterverfahren
  In Wohn- oder Arbeitsräumen und bezüglich des Baugrundes in Bohrlöchern oder Pegeln werden Dosimeter/Exposimeter eingestellt und nach einer Dauer von 7 bis 14 Tagen wieder entnommen. Zu protokollieren sind Anfangs- und Endzeit, Angaben zum Aufstellungsort und zur Raumgröße sowie die Wetterdaten. Die auf das Dosimeter einwirkende α-Strahlung hinterlässt im Dosimeter eine Reaktion (z. B. Schwärzung bei Filmdosimeter), aus welcher über die Einwirkzeit die Radonbelastung rechnerisch abgeschätzt werden kann.
- Radonmessgeräte
  Verwendet werden spezielle Radonmessgeräte, z. B. ATMOS 12 dpx oder Alpha-Zähler AZ-3. Das Messen wird auf Grundlage der Bodenluftuntersuchung erstellt. Die Probenahme kann dabei über eine Bodenluftsonde oder über ein Anschlussventil im Deckel der Messstelle erfolgen. Es wird zunächst das doppelte Totvolumen der Messstelle abgepumpt und der CO_2-Gehalt und der O_2-Gehalt der abgesaugten Luft kontrolliert, um ein Ansaugen von Außenluft auszuschließen. Nach Einstellen stabiler Konzentrationen kann mit dem Messen der Radonkonzentration begonnen werden. Die Dauer üblicher Messintervalle liegt zwischen 10 und 30 min. Kürzere und längere Messintervalle sind möglich und richten sich nach den Vorgaben des Auftraggebers und nach der Aufgabenstellung. Bei Bodenluftuntersuchungen für Bauland sind pro ha etwa 10 Messpunkte mit einer Entnahmetiefe zwischen 1 und 1,5 m vorzusehen.

Grundwasser in oder aus salz- und sulfathaltigen Gesteinen kann baustoffaggressiv wirken.

Die Palette anthropogener Schadstoffe reicht weit. Sie umfasst das gesamte Spektrum menschlichen Handelns. Die Freisetzung von Schadstoffen, welche bis ins Altertum zurückreicht, kulminierte im Zeitalter der industriellen Revolution durch Stoffvielfalt und Stoffmenge.

Mit dem vom RAT (1989) definierten Altlastenbegriff wird deutlich, wie weit der Begriff „Schadstoff" gefasst werden muss. Nicht nur die besondere Schadwirkung auf Bauwerke, sondern auch die Wirkung auf allgemeine Schutzgüter wie Grundwasser, Atmosphäre, nutzungsfähigen Boden, menschliche, tierische und pflanzliche Gesundheit und fremde Güter muss evaluiert werden.

Das Beurteilen der möglichen Schadwirkung eines Stoffes auf allgemeine Schutzgüter beruht auf der akuten und chronischen Toxizität der Substanz, ihrer geochemischen Mobilität und chemischen Stabilität. Da eventuelle Synergieeffekte zu berücksichtigen sind, entzieht sich dieses human- und ökotoxikologisches Bewerten dem Geotechniker. Er nutzt vielmehr die aus dieser Bewertung und der Flächennutzung abgeleiteten Richtwerte.

Das Abschätzen der Schadwirkung auf geplante Bauwerke bleibt hingegen generell die Aufgabe des Sachverständigen für Geotechnik.

Bis auf wenige Ausnahmen (z. B. DIN 4030: „Beurteilung betonangreifender Wässer, Böden und Gase") sind für diesen Fall keine allgemeinen Regeln existent, und es obliegt dem Sachverstand des Geotechnikers, die Schadwirkung realistisch einzuschätzen und entsprechende Maßnahmen zu veranlassen.

Sind durch die mutmaßliche Schadwirkung Rechte Dritter tangiert – und dies ist der Fall, wenn allgemeine Schutzgüter betroffen sind –, so sind diese und die verantwortlichen Behörden zum Beurteilen heranzuziehen. Der Entscheidungsprozess zum weiteren Erkunden und zum Abschätzen möglicher Gefahren ist von diesem Personenkreis zu treffen. Maßnahmen sind festzulegen. Die dabei zu berücksichtigenden Regelwerke sind vielfältig. Das Abschätzen von Gefahren ist komplex.

Das Baugrundrisiko trägt der Bauherr. Die Entdeckung eines schutzgutrelevanten Schadstoffes macht ihn, ohne dass er diesen Zustand verursacht hat, zum Zustandsstörer. Da der Verhaltensstörer nur selten und wenn, dann nur gerichtlich ermittelbar ist, halten sich die Behörden in der Regel an den Zustandsstörer, der in der Folge die Kosten zur Gefahrenabwehr zu tragen hat.

In diesem Zusammenhang ist zu empfehlen, ein Grundstück bereits vor dem Erwerb so zu erkunden, dass dieses Risiko minimiert wird. Diese Empfehlung gilt besonders dann, wenn für ein Grundstück eine vorausgegangene industrielle Nutzung bekannt ist oder vermutet wird.

Die Anforderungen an das Untersuchen und Bewerten von Schadensfällen sowie das Planen von Sanierungsmaßnahmen sind in der Bundes-Bodenschutz- und Altlastenverordnung (BBodSchV) vom 12. Juli 1999 festgelegt. Diese Verordnung gilt für:

- Untersuchen und Bewerten von Verdachtsflächen, altlastverdächtigen Flächen, schädlichen Bodenveränderungen und Altlasten;
- Anforderungen an Probenahme, Analytik und Qualitätssicherung;
- Anforderungen an die Gefahrenabwehr durch Dekontaminations- und Sicherungsmaßnahmen;
- Anforderungen an Sanierungsuntersuchungen und Sanierungspläne;
- Anforderungen zur Vorsorge gegen das Entstehen schädlicher Bodenveränderungen;
- Festlegen von Prüfwerten, Maßnahmenwerten und Vorsorgewerten.

Auf Flächen des Bundes ist für die Probenahme von Boden, Grundwasser, Bodenluft, Abfall, Bausubstanz, Hinterlassenschaften des Militärs etc. eine Akkreditierung nach DIN EN ISO 17025 nachzuweisen.

1.11.1 Wirkung von Schadstoffen

Nach der Art der Schadwirkung auf Bauwerke kann unterschieden werden:

- *mechanische Wirkung durch Volumenänderung*
  Im Baugrund, Baustoff oder Bauwerk kann durch Quellen eine Volumenvergrößerung eintreten (Quellen bei der Umwandlung von Anhydrit, Pyrit, Schlacken und Bergen). Volumenverkleinerung kann durch Lösen oder Auslaugen von Gips- oder Salzgesteinen verursacht werden.

- *physikalische Wirkung durch Veränderung der Kohäsion*
  Durch in den Baugrund oder Baustoff eingedrungene Schadstoffe kann die Kohäsion verändert sein.
- *physikalische Wirkung durch Veränderung der Reibung*
  Durch in den Baugrund oder Baustoff eingedrungene Schadstoffe (Schmier- und Schweröl) kann die Reibung herabgesetzt sein.
- *physikalische Wirkung durch Veränderung der Ionenbelegung bei Tonen*
  Durch in den Baugrund oder Baustoff eingedrungene Schadstoffe (Calcium, Natrium, organische Stoffe) kann die Ionenbelegung an den negativ geladenen Tonoberflächen und Zwischenschichten verändert sein. Dies kann Auswirkung auf Durchlässigkeit, Plastizität und Adsorptionsvermögen haben.
- *chemische Wirkung durch Veränderung chemischer Gleichgewichte*
  Durch Salze (Magnesium) und organische Stoffe (Huminsäuren) kann das Aushärten von Beton verhindert werden. Mineralsäuren lösen und zerstören Beton.
- *chemische Wirkung durch Veränderung des Stoffbestandes*
  Durch chemische Veränderungen im Stoffbestand können die Festigkeitseigenschaften von Baugrund und/oder Baustoff verändert werden.
- *chemische Wirkung durch Korrosion*
  Von Schadstoffen im Baugrund oder Bauwerk kann eine korrodierende Wirkung auf Stahl und andere Metalle ausgehen. Solche Korrosion bewirkenden Stoffe können auch als Zersetzungsprodukt von chlorierten Substanzen auftreten.

1.11.2 Erkunden von Schadstoffen

Das Erkunden von Schadstoffen erfolgt über direkte Aufschlüsse wie Bohrlöcher und Schürfe. Die Entnahme von Bodenproben, Bodenwasserproben, Bodengasproben und Grundwasserproben zum Zwecke der chemischen Untersuchung ist unerlässlich.

Bei Kontamination mit organischen Verbindungen müssen die Proben gekühlt werden (4 °C). Es soll verhindert werden, dass über Mikroorganismen die Inhaltsstoffe zersetzt werden und es im Labor zu Minderbefunden kommt (DIN EN ISO 5667-3).

Die Lage der direkten Aufschlüsse wird nach Voruntersuchungen auf den Verdachtsflächen festgelegt. Zu den Voruntersuchungen gehören Erkundigungen über die frühere Nutzung des Geländes (historische Erkundung) und geophysikalische Untersuchungen (2D-Gleichstrom-Geoelektrik, Geomagnetik, Georadar; Büttgenbach und Höfflin 1993).

In der Regel wird die Anlage von Aufschlüssen auf die ermittelten Verdachtsflächen begrenzt. Ein lückenloser Nachweis der Schadstofffreiheit ist bei dieser Vorgehensweise nicht möglich. Wird dies z. B. für forensische Fragestellungen gefordert, kann eine rasterförmige Anordnung von Aufschlüssen nach rechnerischem Nachweis des erforderlichen Rasterabstandes bedeutsam sein. Die zu erkundende Schadensherdgröße bestimmt die Aufschluss- und Untersuchungsdichte: Kleinere Schadstoffherde bedingen höhere Aufschluss- und Untersuchungsdichte. Wirtschaftliche Überlegungen können zur Ermittlung eines Erkundungsoptimums herangezogen werden (■ Abb. 1.62).

■ Erkunden fester Schadstoffe

Das Erkunden von festen, nichtflüchtigen Schadstoffen in der ungesättigten Zone kann in Schürfen, Rammkernsondierungen (Kleinbohrverfahren) und Bohrungen erfolgen. Schürfe haben bei geringer Tiefenerstreckung den Vorteil, eine gute räumliche Ansprache des Gesteins, seiner Komponenten und seiner Raumlage zu ermöglichen. Sie ermöglichen die orientierte Entnahme großer Probemengen.

Im Kleinbohrverfahren ausgeführte Rammkernbohrungen sind relativ preisgünstig und können Tiefen bis 15 m erreichen. In der hohlen Bohrstange (Schlitzstange) können tiefenorientiert Proben gewonnen werden. Die Tiefenorientierung ist gewährleistet, wenn Proben im Abstand von einem Meter gezogen werden. Mit einem Bohrlochdurchmesser von maximal 50–80 mm ist die gewonnene Probemenge relativ klein, in der Regel aber ausreichend für chemische Untersuchungen. Zur Bedienung werden ein bis zwei Mann benötigt.

Beispiel: Gesucht ist ein Schadherd mit Durchmesser $d' = 20$ m. Bei 16 Untersuchungspunkten im Rasterabstand $d = 22$ m wird ein solcher Schadherd in wahrscheinlich drei Punkten angetroffen. Bei einem Rasterabstand $d = 25$ m besteht die Möglichkeit, dass kein Untersuchungspunkt den Schadherd trifft. In diese Betrachtung geht das Verhältnis von Zahl und Rasterabstand der Untersuchungspunkte, nicht aber die Größe der Fläche ein.

Bohrungen mit meist LKW-montierten Geräten erreichen größere Tiefen und ermöglichen bei größeren Bohrdurchmessern die Entnahme von mittelgroßen Probemengen. Für das Erkunden von Schadstoffen kommen nur Trockenbohrverfahren zur Anwendung, da vermieden werden muss, dass Schadstoffe in unkontaminierte Bereiche gespült werden und die Schadstoffkonzentration in den entnommenen Proben durch Bohrspülung verdünnt wird. Schneckenbohrungen können in vielen Lockergesteinen bis in mittlere Tiefe vordringen. Ihr Nachteil besteht darin, dass ausschließlich gestörte und durchmischte Proben entnommen werden können. Diesen Nachteil hat auch das Lufthebeverfahren, bei dem die Förderung des Bohrkleins mittels Druckluft erfolgt. Bei Kleinbohrungen ist der Einsatz von Brennkrafthämmern nicht zulässig, da die Gefahr einer Kontamination durch Kohlenwasserstoffe und PAK besteht.

■ Erkunden flüssiger Schadstoffe

Für das Erkunden von flüssigen Schadstoffen kommen Verfahren in Frage, die die Probe noch am Ort der Gewinnung sichern, wie z. B. das Hülskern- oder das Schlauchkernbohrverfahren. Die Entnahme von Proben mit flüssigen Schadstoffen auf der Sohle von Schürfen kann lediglich orientierenden Charakter haben. Es ist empfehlenswert, Grundwasser- und Sickerwassermessstellen einzurichten, welche speziell auf die zu erwartenden Schadstoffe abgestimmt sind.

■ Erkunden flüchtiger und gasförmiger Schadstoffe

Boden- und Gesteinsproben, die flüchtige und gasförmige Schadstoffe enthalten, erleiden bei herkömmlicher Probenahme nicht bestimmbare Verluste in unbekannter Höhe. Durch die Entnahme von Bodengasproben kann dieses Problem umgangen werden.

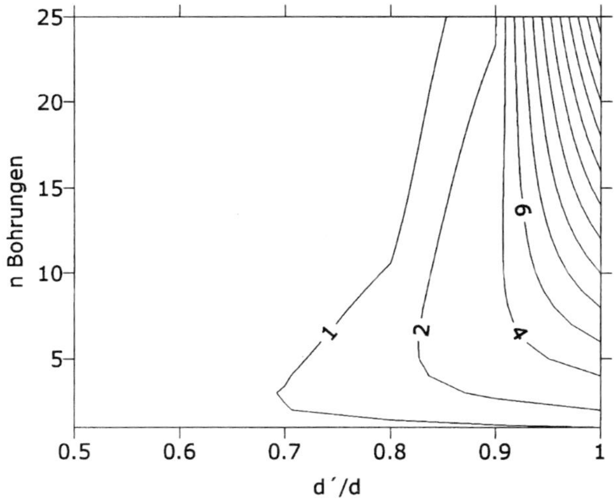

Abb. 1.62 Erkundungsoptimum, Beprobungsraster. Bevor die Zahl der zu erkundenden Untersuchungspunkte, z. B. Bohrungen, und ein Rasterabstand für diese Untersuchungspunkte festgelegt wird, ist die zu suchende Schadherdgröße zu definieren. Dargestellt ist die Trefferwahrscheinlichkeit *z*, mit insgesamt *n* Bohrungen (y-Achse) einen Schadherd mit Durchmesser *d'* in einem Rasterabstand *d* zu treffen

1.11.3 Probenahme

- **Entnahme von Bodenproben zum Untersuchen auf Schwermetalle und schwerflüchtige organische Substanzen**

Bodenproben bei denen ein Verlust oder eine Fremdkontamination nicht zu befürchten ist, können problemlos mit einem Edelstahlspatel entnommen werden und in Gläsern mit dichtem Deckel gelagert werden.

Stets wird die Entnahme als Einzelprobe angestrebt. Nur in begründeten Ausnahmefällen sollten Mischproben angefertigt werden. Für das Entnehmen von Proben ist ein Probenahmeprotokoll nach LAGA 32 anzufertigen (Tab. 1.15).

Für Untersuchungen zu den Wirkungspfaden Boden-Mensch und Boden-Nutzpflanze sind in der Bundes-Bodenschutz- und Altlastenverordnung (BBodSchV) nutzungsorientierte Beprobungstiefen genannt (Tab. 1.16).

- **Entnahme von Bodenproben zum Untersuchen auf flüchtige Metalle (Hg, Cd) und leichtflüchtige organische Substanzen**

Sind Substanzen zu erwarten, deren Dampfdruck so hoch ist, dass während der Zeit zwischen Probenahme und Analyse ein Übergang in die Gasphase zu erwarten ist, so ist die Bodenprobe unmittelbar nach der Entnahme mit dem Edelstahlspatel mit einem geeigneten Lösemittel zu überschichten. Ein alternatives Entnahmeverfahren ist Probenahme in das Headspace-Glas. Hierfür sind feinkörnige Böden und Sande bis Korndurchmesser 2 mm geeignet.

- **Entnahme von Wasserproben zum Untersuchen auf leichte, mit Wasser nicht mischbare Flüssigkeiten (LDNPL)**

Die Entnahme von Wasserproben erfolgt regelmäßig als Pumpprobe in Grundwassergütemessstellen oder als Zapf- bzw. Schöpfprobe an Quellen.

Tritt eine leichte, mit Wasser nicht mischbare Substanz (Mineralölkohlenwasserstoffe) als Phase auf, so ist die Probeflasche zu zwei Dritteln zu füllen und senkrecht zu transportieren. In besonderen Fällen kann die Entnahme mit einem Schichtmessheber aus einer im Ruhezustand befindlichen Grundwassermessstelle erfolgen. Die Schichtstärke der leichteren Phase kann im Schauglas des Schichtmesshebers abgelesen werden.

- **Entnahme von Wasserproben zum Untersuchen auf schwere, mit Wasser nicht mischbare Flüssigkeiten (HDNPL)**

Die Entnahme von Wasserproben erfolgt wie oben, mit dem Unterschied, dass die Probeflaschen vollständig gefüllt und luftblasenfrei verschlossen werden. Hierdurch soll der Übergang von Schadstoffen in die Gasphase sowie deren Oxidation vermieden werden.

- **Entnahme von Wasserproben zum Untersuchen auf mischbare Kontaminanten**

Sind die Schadstoffe im Wasser gelöst, hat die Probenahme die Eigenheiten des zu untersuchenden Schadstoffes zu berücksichtigen. Bei Schwermetallionen, Schwermetallkomplexen und gelösten organischen Stoffen sind Maßnahmen zu ergreifen, die geeignet sind, Oxidation, Sorption und Fällung zu verhindern. Eine solche Maßnahme kann bei Schwermetallen das Ansäuern der Wasserprobe mit konzentrierter Salpetersäure (1:100) unmittelbar nach der Entnahme sein.

Für die in Anwendung befindlichen Verfahren gibt es bislang keine einheitlichen Regeln. Neben der DVWK-Regel 128 sowie den Regelungen anderer Fachverbände bestehen Anforderungskataloge seitens der Länderverwaltungen. Es wird empfohlen, die Probenahme mit dem spezialisierten chemischen Fachlaboratorium abzusprechen.

- **Entnahme von Bodenluft**

Bei der Entnahme von Bodenluft sind drei grundsätzliche Techniken zu unterscheiden:

- *Adsorptionsverfahren*
  Adsorptionsverfahren basieren auf der Adsorption einer Substanz auf einem Trägermaterial (XAD-Harz, Tenax, Aktivkohle). Hohe Anreicherungsfaktoren sind erreichbar, wenn große Luftmengen durch das Trägermaterial gesaugt werden (aktives Verfahren). Alternativ zum Untersuchen von Raumluft können Passiv-Sampler eingesetzt werden. Dabei werden mit Adsorptionsmaterial versehene Behälter über mehrere Tage aufgestellt und danach dem chemischen Untersuchen zugeführt. Zu beachten ist die VDI-Richtlinie VDI 3865 Blatt 2, aufgestellt vom Verein Deutscher Ingenieure. Alle Adsorptionsmateriale haben unterschiedlich hohe Blindwerte. Schwere Verfälschungen können auftreten, wenn Feuchtigkeit auf dem Trägermaterial kondensiert.
- *direkte Entnahme von Bodengas*
  Bodenluftproben können aus einem Sondier- oder Bohrloch mittels PROGA-Sonde gewonnen werden. Bei dieser Sonde wird die Bodenluft über vier Löcher in der Sondenspitze in ein verschlossenes Headspace-Glas (20 ml) gesaugt. Das Septum des Headspace-Glases ist von zwei

Tab. 1.15 Probenahmeprotokoll

PROBENAHMEPROTOKOLL

nach LAGA 32-LAGA PN 98, Dez. 2001, Anhang C1

A. Allgemeine Angaben	Probenbezeichnung: **MP Erdaushub**
Projektnummer	100XYZ
Projekttitel	Bauvorhaben Flurstück 1234/1 Hauptstraße 1, Ortstadt
Auftraggeber	ABC-Ing. Büro für Geo- & Umwelttechnik

1 Veranlasser / Auftraggeber: ABC-Ing. Büro für Geo- & Umwelttechnik	Betreiber / Betrieb: Gärtnerei Müller
Ortstadt	11111 Ortstadt
2 Landkreis / Ort / Straße: Landkreis Akreis	Objekt / Lage: Flurstück 1234/1
11111 Ortstadt	
Hauptstraße 1	

3 Grund der Probenahme:	Aushubüberwachung, Deklaration Abfall
4 Probenahmetag / Uhrzeit:	19.08.2013, 10:35 Uhr
5 Probenehmer / Dienststelle / Firma:	Dipl. Geol. M. Mustermann, WST-GmbH
6 Anwesende Personen:	Dipl. Geol. M. Mustermann, WST-GmbH; Herr A. Müller (Grundstückseigentümer)
7 Herkunft des Abfalls (Anschrift):	Erdaushub Gartenbaugrundstück
8 Vermutete Schadstoffe / Gefährdungen:	Keine näheren Hinweise. Das Flurstück wurde nach Angaben des Eigentümers gartenbaulich genutzt.
9 Untersuchungsstelle:	Laboranalytik GmbH , 11111 Ortstadt

B. Vor-Ort-Gegebenheiten	
10 Abfallart / Allgemeine Beschreibung:	Mineralischer Abfall; Erdaushub mit Bauschuttmaterial
11 Gesamtvolumen/ Form der Lagerung:	ca. 150m³; geschüttete Halde
12 Lagerungsdauer:	ca. 2 Wochen
13 Einflüsse auf das Abfallmaterial (z.B. Witterung, Niederschläge):	Allgemeine Witterungsbedingungen: Sonne, leichter Niederschlag
14 Probenahmegerät und -material:	Eijkelkamp Handbohrstock, Verlängerung (Spiralbohrer DN 40), Spaten, Schaufel (Stahl); 10 l-Eimer PE mit Deckel

Tab. 1.15 *(Fortsetzung)*

PROBENAHMEPROTOKOLL

nach LAGA 32-LAGA PN 98, Dez. 2001, Anhang C1

15 Probenahmeverfahren: Handbeprobung	Probenbezeichnung: **MP Erdaushub**
16 Anzahl der Einzelproben: …20…. Mischproben: …5… Laborproben: ….5….	
Sonderproben (Beschreibung):	keine
17 Anzahl der Einzelproben je Mischprobe:	4
18 Probenvorbereitungsschritte:	Teilen, Homogenisieren. Erstellen Mischproben
19 Probentransport und -lagerung:	Dunkel, gekühlt zum Labor; keine Lagerung
Kühlung (evtl. Kühltemperatur):	Kühlbox mit gefrorenen Kühlelementen, ca. 4° C.
20 Vor-Ort-Untersuchung:	Organoleptik: keine optischen oder geruchlichen Auffälligkeiten; Kalkgehaltsbestimmung: Aushub kalkhaltig
21 Beobachtungen bei der Probenahme/ Bemerkungen:	Vegetation: Halde schwach bewachsen (s. Foto)
22 Topographische Karte als Anhang? [ ] ja [x] nein	Hochwert: Rechtswert:
23 Lageskizze (Lage der Haufwerke, etc. und Probenahmepunkte, Straßen, Gebäude u.s.w.):	

24 Ort:Ortstadt	Unterschrift(en): Probenehmer: *M. Mustermann*
Datum: 19.08.2013	Anwesende / Zeugen: Probenehmer WST-GmbH; Herr A. Müller (Grundstückseigentümer)

Tab. 1.16 Nutzungsorientierte Beprobungstiefen bei Untersuchungen zu den Wirkungspfaden Boden-Mensch und Boden-Nutzpflanze. (Anhang 1, Tab. 1 zur Bundes-Bodenschutz- und Altlastenverordnung, BBodSchV, vom 16. Juli 1999)

Wirkungspfad	Nutzung	Beprobungstiefe [cm]
Boden-Mensch	Kinderspielfläche, Wohngebiet	0–10[a] 10–35[b]
	Park- und Freizeitanlage	0–10[a]
	Industrie- und Gewerbegrundstücke	0–10[a]
Boden-Nutzpflanze	Ackerbau, Nutzgarten	0–30[c] 30–60
	Grünland	0–10[d] 10–30

[a] Kontaktbereich für orale und dermale Schadstoffaufnahme, zusätzlich 0–2 cm bei Relevanz des inhalativen Aufnahmepfades
[b] 0–35 cm: durchschnittliche Mächtigkeit aufgebrachter Bodenschichten; zugleich max. von Kindern erreichbare Tiefe
[c] Bearbeitungshorizont
[d] Hauptwurzelbereich

Kanülen durchstochen, wovon eine zum Absaugen des Gases aus dem Glas genutzt wird. Über die andere Kanüle wird Bodenluft angesaugt. Durch diese Probenahmetechnik wird das Probenglas mehrfach mit Bodenluft gespült. Nach Absaugen einer bestimmten Menge Bodenluft wird die Sondenspitze abgeschraubt und das Headspace-Glas abgezogen. Die Kanüleneinstiche im Septum verschließen sich gasdicht. Das Headspace-Glas wird bis zur Analyse dunkel und isotherm gelagert.

- *Verfahrensvariante bei Sand und Sand-Kies-Gemischen*
  Die Mindesteinbringtiefe beträgt 1,3 m. Nach Schlagen des Sondier- oder Bohrloches wird die PROGA-Sonde an einem Stahlrohr in das Loch eingeführt und auf der Sohle des Bohrloches aufgesetzt. Dann wird die Sonde vorsichtig weitere 15–20 cm tief eingeschlagen. Nach Entfernen des Schlagkopfes wird Bodenluft über einen Gasmonitor bis zum Erreichen einer stabilen CO_2-Konzentration abgesaugt und danach das Headspace-Glas entnommen.
- *Verfahrensvariante bei bindigen Böden (Lehm, Löss, Schluff, Ton)*
  Die Sonde wird auf der Sondierlochsohle aufgestellt. Das Sondierloch wird zur Atmosphäre hin mit einem Gummimanschettenpacker verschlossen. Das Absaugen erfolgt mit einem Deponiegasmonitor oder mit einer Handpumpe (10 Pumpenhübe).

- *Ausfrieren von Bodengas*
  Bodengas wird über eine Sonde abgesaugt und in einem Rohr durch flüssigen Stickstoff geleitet. Die Bodenluft liegt dann einschließlich aller Schadstoffe als Flüssigkeit vor. Die verflüssigten Bodengasproben werden in Headspace-Gläser abgefüllt.

1.11.4 Chemisches Untersuchen

Es gibt Voruntersuchungen, die durch Geologen und Geotechniker am Ort der Probenahme im Gelände durchgeführt werden können und orientierenden Charakter haben. Darunter fallen chemisch-physikalische Untersuchungen im Wasser (*p*H-Wert, Temperatur, elektrische Leitfähigkeit, Redoxpotential, Sauerstoffgehalt) und Gasuntersuchungen mit direkt anzeigenden Reaktionsröhrchen (Farbumschlag!).

Die Detailuntersuchung wird durch geeignete und spezialisierte Fachlaboratorien durchgeführt. Mit diesen ist auch die Art der geeigneten Probenahme abzusprechen.

1.11.5 Darstellen aufgefundener Schadstoffe

Einzelwerte und Mittelwerte können im Säulendiagramm (Abb. 1.63) oder im Kreisdiagramm (Abb. 1.64) dargestellt werden. Liegen Messwerte in räumlich dichter Form vor, so kann ein Isoliniendiagramm der Schadstoffverteilung erstellt werden (Abb. 1.65).

1.11.6 Grenz- und Richtwerte der Bundesbodenschutzverordnung

In Anhang 2 der Bundes-Bodenschutz- und Altlastenverordnung (BBodSchV) vom 12. Juli 1999 werden Maßnahmen-, Prüf- und Vorsorgewerte für die Wirkungspfade Boden-Mensch, Boden-Nutzpflanze und Boden-Grundwasser sowie Vorsorgewerte für Böden und zulässige zusätzliche jährliche Frachten an Schadstoffen über alle Wirkungspfade genannt.

Wirkungspfad Boden-Mensch

Bei diesem Wirkungspfad ist vom direkten Kontakt auszugehen. Bei den betrachteten Flächen wird zwischen Kinderspielflächen, Wohngebieten, Park- und Freizeitanlagen sowie Industrie- und Gewerbegrundstücken unterschieden.

Festlegungen zu Maßnahmenwerten und Prüfwerten sind in Tab. 1.17 und 1.18 enthalten.

Wirkungspfad Boden-Nutzpflanze

Bei den betrachteten Flächen wird zwischen Ackerbau (ackerbaulich und erwerbsgärtnerisch genutzte Flächen), Nutzgarten und Grünland (Dauergrünland) unterschieden.

Festlegungen zu Maßnahmewerten und Prüfwerten sind in Tab. 1.19, 1.20 und 1.21 enthalten.

Wirkungspfad Boden-Grundwasser

Die Prüfwerte zur Beurteilung des Wirkungspfades Boden-Grundwasser sind in Tab. 1.22 enthalten. Sie gelten für den Ort der Beurteilung am Übergang von der ungesättigten zur wassergesättigten Bodenzone. Der Ort der Probenahme stimmt nicht notwendigerweise mit dem Ort der Beurteilung für das Grundwasser überein.

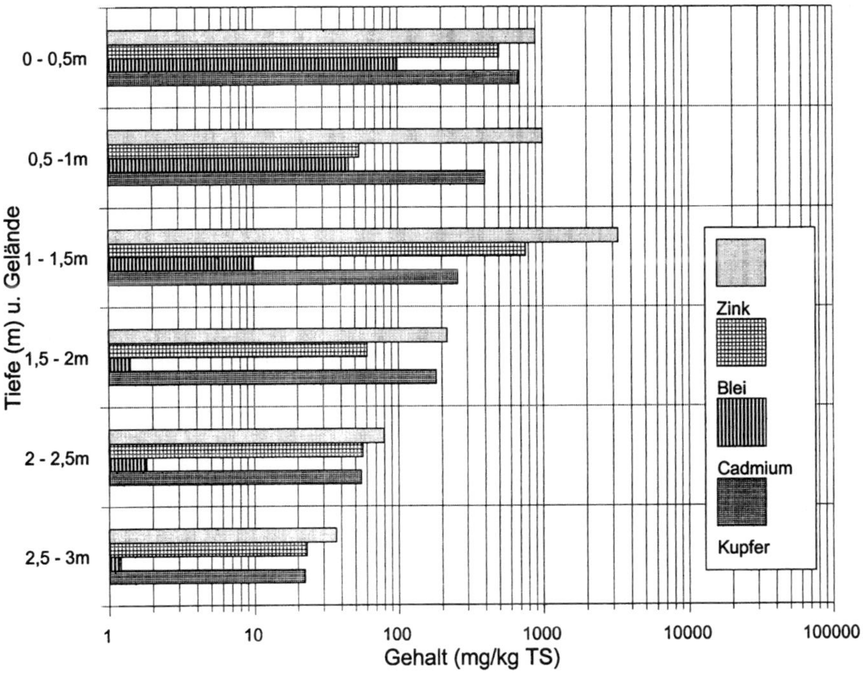

Abb. 1.63 Säulendiagramm zur Belastung des Untergrundes eines ehemaligen Hüttengeländes in Luxemburg mit verschiedenen Schwermetallen in Abhängigkeit von der Tiefe (arithmetische Mittelwerte aus 30 Rammkernbohrungen; Dr. H. Marx GmbH, Spiesen-Elversberg)

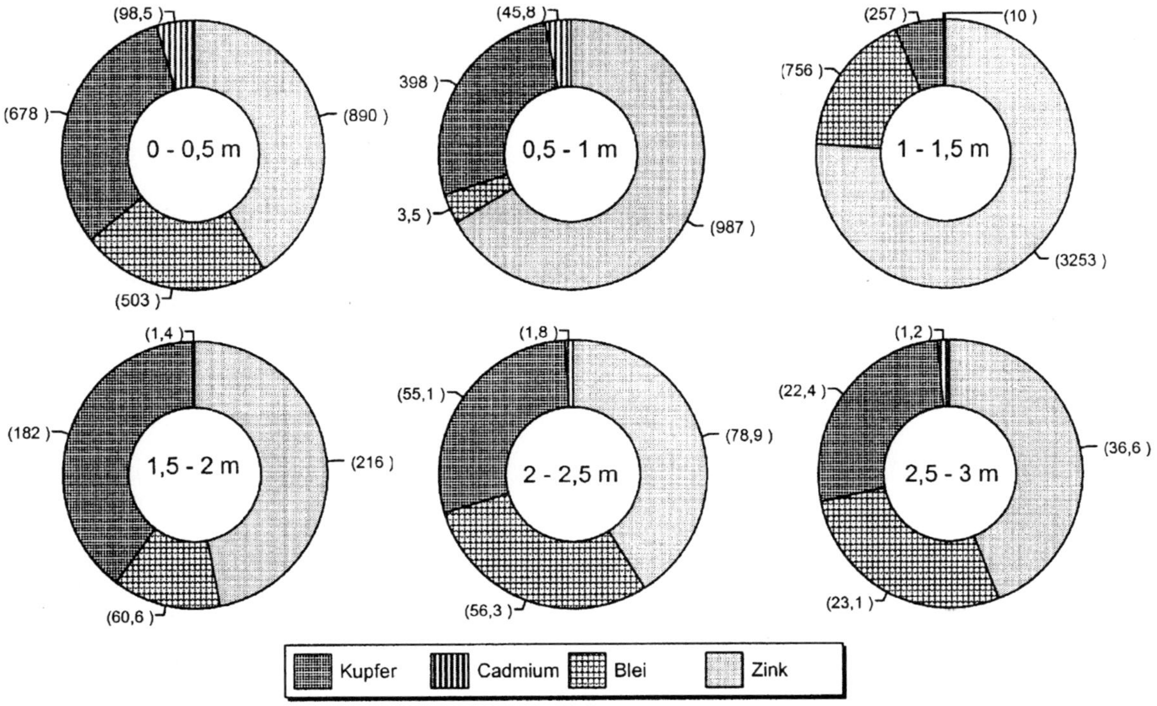

Abb. 1.64 Kreisdiagramm zur Belastung des Untergrundes eines ehemaligen Hüttengeländes in Luxemburg mit produktionsspezifischen Schwermetallen in verschiedenen Tiefen (arithmetische Mittelwerte aus 30 Rammkernbohrungen, Angaben in mg kg^{-1} TS; Dr. H. Marx GmbH, Spiesen-Elversberg)

Nach Möglichkeit soll die Schadstoffkonzentration am Ort der Beurteilung gemessen werden. Aus Messungen, die an anderen Stellen vorgenommen werden, kann unter Umständen auf die Qualität des Sickerwassers am Ort der Beurteilung rückgeschlossen werden. Für eine solche Bewertung sind Veränderungen der Schadstoffkonzentrationen im Sickerwasser sowie die Grundwasserflurabstände und deren Schwankungsbreite zu berücksichtigen. Bei Altablagerungen kann aus den unterschiedlichen Schadstoffkonzentrationen im anströmenden und abströmenden Grundwasser eine Abschätzung der Schadstoffkonzentrationen im Sickerwasser erfolgen. Die geogene Hintergrundsituation ist zu berücksichtigen.

Schädliche Bodenveränderungen und Altlasten, die in der wassergesättigten Bodenzone liegen, sind hinsichtlich einer Gefahr für das Grundwasser nach wasserrechtlichen Vorschriften zu bewerten.

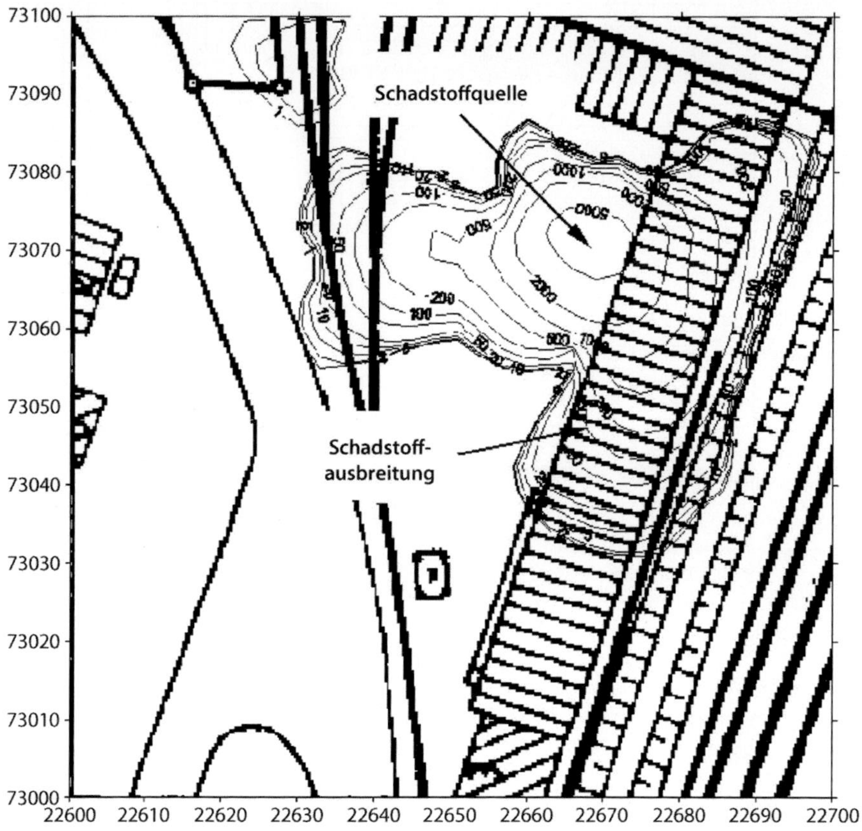

Abb. 1.65 Isoliniendiagramm zur Verteilung des Schadstoffes Tetrachlorethen in der Bodenluft in 2–4 m Tiefe

Tab. 1.17 Maßnahmenwerte für Dioxine und Furane. (Anhang 2,1.2 Bundes-Bodenschutz- und Altlastenverordnung, BBodSchV, vom 16. Juli 1999)

Stoff	Maßnahmenwerte [ng I-TEq/kg TM][a]			
	Kinderspielflächen	Wohngebiete	Park- und Freizeitanlagen	Industrie- und Gewerbegrundstücke
Dioxine/Furane (PCDD/F)	100	1000	1000	10.000

[a] Summe der 2,3,7,8-TCDD-Toxizitätsäquivalente (nach NATO/CCMS)

▪ Vorsorgewerte für Böden

Die Vorsorgewerte berücksichtigen den vorsorgenden Schutz der Bodenfunktionen bei empfindlichen Nutzungen. Schädliche Veränderungen im Boden sollen verhindert werden. Beim Überschreiten der in Tab. 1.23 und 1.24 genannten Werte hat der nach § 7 des Bundesbodenschutzgesetzes Verpflichtete Vorkehrungen zu treffen, um weitere Schadstoffeinträge zu vermeiden.

Unterschieden wird nach den Bodenarten Ton, Lehm/Schluff und Sand. Zusätzlich ist bei Cadmium, Nickel, Zink und Blei der *p*H-Wert des Bodens zu beachten.

Bei Tonboden mit *p*H < 6 gelten für Cadmium, Zink und Nickel die Vorsorgewerte der Bodenart Lehm/Schluff.

Bei Tonboden mit *p*H < 5 gilt für Blei der Vorsorgewert der Bodenart Lehm/Schluff.

Bei Lehm- und Schluffboden mit *p*H < 6 gelten für Cadmium, Zink und Nickel die Vorsorgewerte der Bodenart Sand.

Bei Lehm- und Schluffboden mit *p*H < 5 gilt für Blei der Vorsorgewert der Bodenart Sand.

▪ Zulässige zusätzliche jährliche Frachten an Schadstoffen über alle Wirkungspfade

Werden die in Tab. 1.23 festgesetzten Vorsorgewerte bei einem Schadstoff überschritten, ist insoweit eine Zusatzbelastung bis zu der unter BBodSchV, Anhang 2, 5 (Tab. 1.25) festgesetzten jährlichen Frachten des Schadstoffes zulässig. Dabei sind die Einwirkungen auf den Boden über Luft und Gewässer sowie durch unmittelbare Einträge zu beachten. Im Einzelfalle sind die geogenen und großflächig siedlungsbedingten Vorbelastungen zu berücksichtigen.

Tab. 1.18 Prüfwerte für die direkte Aufnahme von Schadstoffen in mg pro kg Trockenmasse Feinboden. (Anhang 2,1.4 Bundes-Bodenschutz- und Altlastenverordnung, BBodSchV, vom 16. Juli 1999)

Stoff	Prüfwerte [mg/kg TM]			
	Kinderspielflächen	Wohngebiete	Park- und Freizeitanlagen	Industrie- und Gewerbegrundstücke
Arsen	25	50	125	140
Blei	200	400	1000	2000
Cadmium	10[a]	20[a]	50	60
Cyanide	50	50	50	100
Chrom	200	400	1000	1000
Nickel	70	140	350	900
Quecksilber	10	20	50	80
Aldrin	2	4	10	–
Benzo(a)pyren	2	4	10	12
DDT	40	80	200	–
Hexachlorbenzol	4	8	20	200
Hexachlorcyclohexan (HCH-Gemisch oder β-HCH)	5	10	25	400
Pentachlorphenol	50	100	250	250
Polychlorierte Biphenyle (PCB_6[b])	0,4	0,8	2	40

[a] In Haus- und Kleingärten, die sowohl als Aufenthaltsbereiche für Kinder als auch für den Anbau von Nahrungspflanzen genutzt werden, ist für Cadmium der Wert von 2,0 mg/kg TM als Prüfwert anzuwenden

[b] Soweit PCB-Gesamtgehalte bestimmt werden, sind die ermittelten Messwerte durch den Faktor 5 zu dividieren

Tab. 1.19 Prüf- und Maßnahmenwerte für den Schadstoffübergang Boden-Nutzpflanze auf Ackerbauflächen und in Nutzgärten im Hinblick auf die Pflanzenqualität in mg pro kg Trockenmasse Feinboden. (Anhang 2, 2.2 Bundes-Bodenschutz- und Altlastenverordnung, BBodSchV, vom 16. Juli 1999)

Stoff	Ackerbau, Nutzgarten		
	Methode[3]	Prüfwert	Maßnahmenwert
Arsen	KW	200[b]	–
Cadmium	AN	–	0,04 / 0,1[c]
Blei	AN	0,1	–
Quecksilber	KW	5	
Thallium	AN	0,1	–
Benzo(a)pyren	–	1	–

[a] Extraktionsverfahren für Arsen und Schwermetalle: *AN* Ammoniumnitrat, *KW* Königswasser

[b] Bei Böden mit zeitweise reduzierenden Verhältnissen gilt ein Prüfwert von 50 mg/kg Trockenmasse

[c] Auf Flächen mit Brotweizenanbau oder Anbau stark Cadmium-anreichernder Gemüsearten gilt als Maßnahmenwert 0,04 mg/kg Trockenmasse: ansonsten gilt als Maßnahmenwert 0,1 mg/kg Trockenmasse

Tab. 1.20 Maßnahmenwerte für den Schadstoffübergang Boden-Nutzpflanze auf Grünlandflächen im Hinblick auf die Pflanzenqualität in mg pro kg Trockenmasse Feinboden. (Anhang 2, 2.3 Bundes-Bodenschutz- und Altlastenverordnung, BBodSchV, vom 16. Juli 1999)

Stoff	**Grünland**
	Maßnahmenwert
Arsen	50
Blei	1200
Cadmium	20
Kupfer	1300[a]
Nickel	1900
Quecksilber	2
Thallium	15
Polychlorierte Biphenyle (PCB_6)	0,2

[a] Bei Grünlandnutzung durch Schafe gilt als Maßnahmenwert 200 mg/kg Trockenmasse

Tab. 1.21 Prüfwerte für den Schadstoffübergang Boden-Nutzpflanze auf Grünlandflächen im Hinblick auf die Wachstumsbeeinträchtigung bei Kulturpflanzen in mg pro kg Trockenmasse Feinboden. (Anhang 2, 2.4 Bundes-Bodenschutz- und Altlastenverordnung, BBodSchV, vom 16. Juli 1999)

Stoff	**Ackerbau**
	Prüfwert
Arsen	0,4
Kupfer	1
Nickel	1,5
Zink	2

Tab. 1.22 Prüfwerte zur Beurteilung des Wirkungspfades Boden-Grundwasser. (Anhang 2, 3.1 Bundes-Bodenschutz- und Altlastenverordnung, BBodSchV, vom 16. Juli 1999)

Anorganische Stoffe	***Prüfwert [µg l^{-1}]***
Antimon	10
Arsen	10
Blei	25
Cadmium	5
Chrom, gesamt	50
Chromat	8
Kobalt	50
Kupfer	50
Molybdän	50
Nickel	50
Quecksilber	1
Selen	10
Zink	500
Zinn	40
Cyanid, gesamt	50
Cyanid, leicht freisetzbar	10
Fluorid	750

Tab. 1.22 *(Fortsetzung)*

Organische Stoffe	***Prüfwert [µg l–1]***
Mineralölkohlenwasserstoffe[a]	200
BTEX[b]	20
Benzol	1
LHKW[c]	10
Aldrin	0,1
DDT	0,1
Phenole	20
PCB, gesamt[d]	0,05
PAK, gesamt[e]	0,20
Naphthalin	2

[a] *n*-Alkane (C10 C39), Isoalkane, Cycloalkane und aromatische Kohlenwasserstoffe

[b] Leichtflüchtige aromatische Kohlenwasserstoffe (Benzol, Toluol, Xylole, Ethylbenzol, Styrol, Cumol)

[c] Leichtflüchtige Halogenkohlenwasserstoffe (Summe der halogenierten C1- und C2-Kohlenwasserstoffe)

[d] *PCB*, gesamt: Summe der polychlorierten Biphenyle: in der Regel Bestimmung über die 6 Kongeneren nach Ballschmiter gemäß Altöl-VO (DIN 51527) multipliziert mit 5; ggf. z. B. bei bekanntem Stoffspektrum einfache Summenbildung aller relevanten Einzelstoffe (DIN 38407-3-2 bzw. -3-3)

[e] *PAK*, gesamt: Summe der polycyclischen aromatischen Kohlenwasserstoffe ohne Naphthalin und Methylnaphthaline; in der Regel Bestimmung über die Summe von 15 Einzelsubstanzen gemäß Liste der US Environmental Protection Agency (EPA) ohne Naphthalin; ggf. unter Berücksichtigung weiterer relevanter PAK (z. B. Chinoline)

Tab. 1.23 Vorsorgewerte für Metalle in mg pro kg Trockenmasse Feinboden. (Anhang 2, 4.1 Bundes-Bodenschutz- und Altlastenverordnung, BBodSchV vom 16. Juli 1999)

Böden	Cadmium	Blei	Chrom	Kupfer	Quecksilber	Nickel	Zink
Bodenart Ton	1,5	100	100	60	1	70	200
Bodenart Lehm/Schluff	1	70	60	40	0,5	50	150
Bodenart Sand	0,4	40	30	20	0,1	15	60
Böden mit naturbedingt und großflächig siedlungsbedingt erhöhten Hintergrundgehalten	Unbedenklich, soweit eine Freisetzung der Schadstoffe oder zusätzliche Einträge nach § 9 Abs. 2 und 3 dieser Verordnung keine nachteiligen Auswirkungen auf die Bodenfunktionen erwarten lassen						

Tab. 1.24 Vorsorgewerte für organische Stoffe in mg pro kg Trockenmasse Feinboden. (Anhang 2, 4.2 Bundes-Bodenschutz- und Altlastenverordnung, BBodSchV, vom 16. Juli 1999)

Böden	Polychlorierte Biphenyle (PCB_6)	Benzo(a) pyren	Polycycl. Aromatische Kohlenwasserstoffe (PAK_{16})
Humusgehalt > 8 %	0,1	1	10
Humusgehalt < 8 %	0,05	0,3	3

Tab. 1.25 Zulässige zusätzliche jährliche Frachten an Schadstoffen über alle Wirkungspfade in g ha^{-1}. (Anhang 2, 5 Bundes-Bodenschutz- und Altlastenverordnung, BBodSchV, vom 16. Juli 1999)

Element	Fracht [g ha^{-1} a^{-1}]
Blei	400
Cadmium	6
Chrom	300
Kupfer	360
Nickel	100
Quecksilber	1,5
Zink	1200

1.11.7 Bewerten von Schadstoffen im Baugrund – rechtliche Fragen

Es ist Aufgabe des Geotechnikers, die im Boden aufgefundenen Schadstoffkonzentrationen mit den vorgegebenen Grenz- und Richtwerten zu vergleichen und auf Überschreitungen aufmerksam zu machen. Nur im Sonderfall ist es Aufgabe des Geotechnikers, die Ursache zu benennen.

Das Bewerten über die Sanierungspflicht und über zu treffende Maßnahmen übernimmt die für den Boden- und Grundwasserschutz zuständige Behörde.

Entfalten die im Boden vorgefundenen Schadstoffe Schadwirkungen auf geplante Bauwerke oder bestehende Bauwerke und Nutzungen, so ist ein selbständiges Bewerten der Schadstoffe durch den Geotechniker vorzunehmen.

1.12 pH-Wert von Böden

Für das Bestimmen des *p*H-Wertes von Böden bestehen Regelungen in DIN 19682 Teil 13 („Bodenbeschaffenheit – Felduntersuchungen“ – Bestimmungen der Carbonate, der Sulfide, des pH-Wertes und der Eisen-II-Ionen).

DIN 38414 beschreibt eine Methode, die vor allem für die Feldarbeit geeignet ist.

Eine frisch gewonnene Probe wird mit gerade so viel Wasser verrührt, dass ein konstantes Messen mit der Messsonde erfolgen kann. Naturgemäß zeitigt diese Methode keine hohe Genauigkeit, da es dem Anwender überlassen bleibt, welche Menge an CO_2 und salzfreiem Wasser er zufügt. Der Fehler durch Verdünnen, vor allem des gelösten CO_2,kann von Fall zu Fall verschieden groß sein.

DIN 19684 beschreibt eine Methode, die für das Messen des *p*H-Wertes im Labor geeignet ist. Hierbei wird lufttrockener Boden in einer $CaCl_2$-Lösung angesetzt. (Durch das Ansetzen in der $CaCl_2$-Lösung sollen Messfehler durch adsorbierte Wasserstoff-Ionen in neutralen und sauren Böden vermieden werden.) Die Lösung wird gut umgerührt, und nach einer Stunde und nochmaligem Aufrühren wird der *p*H-Wert der Suspension gemessen.

Diese Messmethode erlaubt eine hohe Genauigkeit bezüglich der Wiederholbarkeit der Ergebnisse.

Bei alkalischen Böden gibt diese Messmethode jedoch kaum den *p*H-Wert des Materials *in situ* wieder. Der *p*H-Wert hängt in alkalischen Böden nicht nur von den gelösten Feststoffen ab, sondern ist in einem nicht zu vernachlässigenden Maße vom CO_2-Partialdruck in der Bodenluft abhängig. Der CO_2-Partialdruck liegt bereits in 0,5 m Tiefe deutlich höher als in der Atmosphäre und variiert mit den Jahreszeiten.

Einer im Labor aufbereiteten Probe wird aber während verschiedener Bearbeitungsschritte wie Probenahme, Transport, Lagerung, Austrocknen und Aufschlämmen der Großteil des natürlichen CO_2 entzogen. Der hierdurch entstehende Messfehler kann bei stark alkalischen Böden bis zu 1,5 *p*H-Einheiten betragen. Der nach DIN 19684 unter atmosphärischen Bedingungen ermittelte *p*H-Wert muss daher einer Korrektur unterzogen werden, die den CO_2-Partialdruck berücksichtigt, um zutreffendere Aussagen über die *p*H-Verhältnisse *in situ* zu erhalten (Martin und Dachroth 1994).

Alkalische Böden sind im Hinblick auf die Stabilität eingebrachter Stoffe und Schadstoffe (Deponien, Geotextilien, Vorsorgewerte für Böden) in jüngerer Zeit in das Interesse geraten.

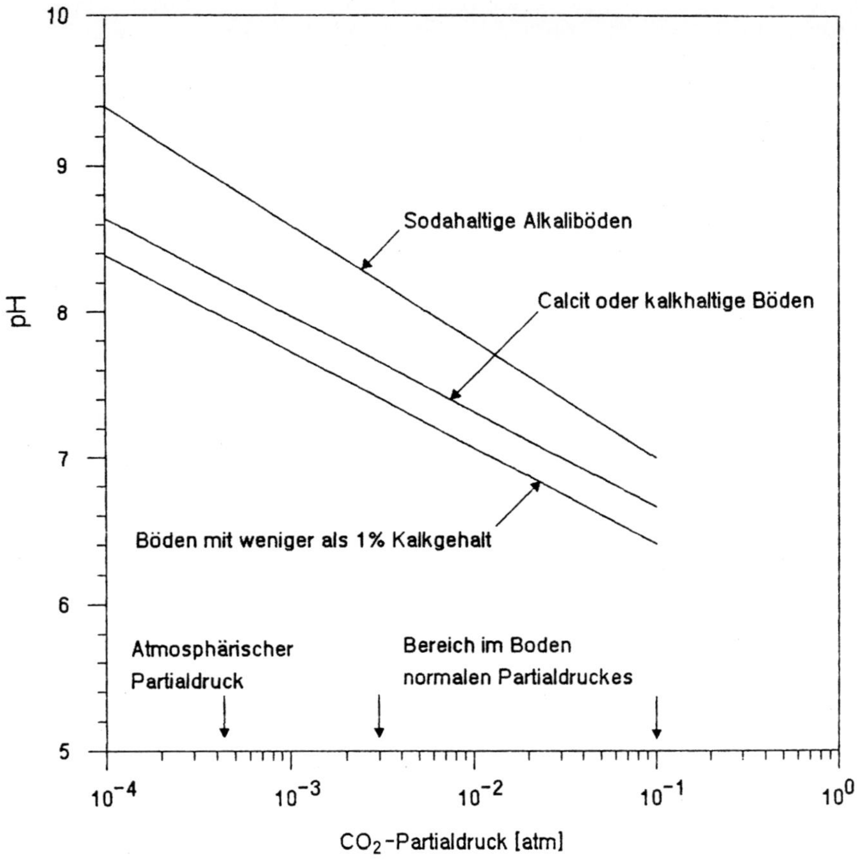

Abb. 1.66 *p*H-Wert in Abhängigkeit vom CO_2-Partialdruck für verschiedene Böden. (Yaalon 1957)

▪ Streubreite der *p*H-Werte in Böden

Der *p*H-Wert der meisten Böden bewegt sich in einem Bereich zwischen 4,5 und 6,5; nur in seltenen Ausnahmefällen werden Böden außerhalb eines *p*H-Bereiches von 3,0–8,0 angetroffen.

▪ Alkalische Böden

Nach Mückenhausen (1982) werden Böden mit einem *p*H-Wert von 7,1–8,0 als schwach alkalisch bezeichnet, bis zu einem *p*H-Wert von 9,0 als mäßig alkalisch, bis 10,0 als stark alkalisch und darüber als sehr stark alkalisch.

Alkalische Bodenreaktionen beruhen im allgemeinen auf der Anwesenheit von Carbonaten. Lösliche Carbonate, wie etwa Soda, erzeugen im Extremfall Bodenreaktionen bis zu *p*H = 13; Kalkböden hingegen zeigen nur äußerst selten *p*H-Werte über 8,3 (Scheffer und Schachtschabel 1998, 2009). Bei vielen Böden trockener Klimate (Solontschake, Solonetze, Xerosole und Yermosole), in denen sich stark alkalische Minerale bilden, treten hohe *p*H-Werte auf. In Mitteleuropa hingegen sind Reaktionen oberhalb eines *p*H-Bereiches von 8,5 auf Kalkböden unter Salzeinfluss beschränkt, nämlich auf die Salzmarschen der Küste. Bestimmte landwirtschaftlich genutzte Böden in Ost- und Südeuropa zeigen aufgrund extensiver Bewässerung in Verbindung mit hoher Evapotranspiration und geringem Abfluss ebenfalls mäßige bis starke alkalische Reaktion.

Für gesättigte $CaCO_3$-Lösungen gilt bei 25 °C:

$$pH = 6{,}00 - 0{,}66 - \log pCO_2.$$

Für Böden mit weniger als 1 % Kalkgehalt gilt:

$$pH = 5{,}75 - 0{,}65 - \log pCO_2.$$

Für sodahaltige Alkaliböden gilt:

$$pH = 6{,}20 - 0{,}8 - \log pCO_2.$$

Für kalkhaltige Böden ergibt sich hieraus in Abhängigkeit vom CO_2-Partialdruck (pCO_2) eine Schwankungsbreite von 1–2 *p*H-Einheiten. In den Böden treten aufgrund biologischer Aktivität – u. a. abhängig von dem mit der Jahreszeit – schwankenden Durchfeuchtungs- und Durchlüftungsgrad üblicherweise Partialdrücke von $3 \cdot 10^{-3}$ bis 10^{-1} bar auf. Der atmosphärische CO_2-Partialdruck beträgt hingegen etwa $3 \cdot 10^{-4}$ bar (Abb. 1.66).

▪ Bestimmen des *p*H-Wertes

Mit nach DIN 19684 gewonnenen Messwerten können folglich keine zutreffenden Aussagen über den *p*H-Wert alkalischer Böden getroffen werden.

Sollen Aussagen über die *p*H-Verhältnisse alkalischer Böden *in situ* getroffen werden, so muss das Kohlendioxid in der Bodenluft, also der CO_2-Partialdruck, berücksichtigt werden. Hierzu wird von Martin und Dachroth (1994) eine Messmethode vorgeschlagen, die die bestehende DIN 19684 um einen CO_2-bezogenen Korrekturwert erweitert.

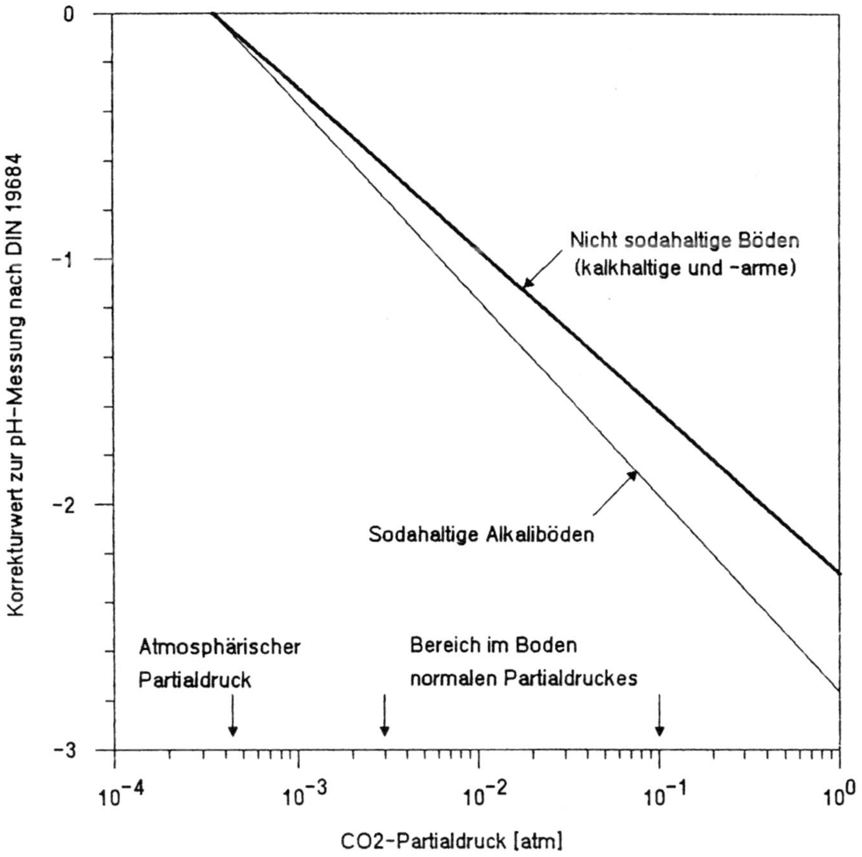

Abb. 1.67 Geraden für die CO_2-bezogene Korrektur des nach DIN 19684 ermittelten *p*H-Wertes für verschiedene Böden. (Martin und Dachroth 1994)

Zur Erlangung dieses Korrekturwertes muss der CO_2-Gehalt der Bodenluft bekannt sein. (Im wassergesättigten Bereich kann der *p*H-Wert direkt gemessen werden.) Nach dem Gewinnen von Bodenproben, beispielsweise aus einer Rammkernbohrung, wird der CO_2-Gehalt der Bodenluft im zur Atmosphäre abgedämmten Bohrloch (Packer) bestimmt. Hierzu dienen direkt anzeigende Messgeräte; auch können Bodenluftproben zur späteren Analyse im Labor gezogen werden.

Aus dem gemessenen CO_2-Gehalt der Bodenluft lässt sich über die oben aufgeführten Formeln oder über eine grafische Auswertung ein Korrekturwert ermitteln, der zu dem nach DIN 19684 ermittelten *p*H-Wert addiert werden muss (Abb. 1.67).

1.13 Homogenität und Inhomogenitäten im Baugrund

Baugrund kann seiner Beschaffenheit nach gleichartig oder unterschiedlich beschaffen sein. Homogenität besitzen Gegenstände oder Strukturen, wenn sie in allen Teilen gleich beschaffen sind. Baugrund ist als Festgestein oder Boden in sich inhomogen und besteht aus den Phasen Feststoff, Bodenluft und Wasser. Die Feststoffe können zudem aus unterschiedlichen Mineralkörnern oder organischen Bestandteilen bestehen. Aus statistischer Sicht können Homogenbereiche ausgegliedert werden. Die Petrographie beschreibt Gesteine als Homogenbereiche, welche in sich aus gleicharten oder verschiedenartigen Mineralen aufgebaut sind.

Die Geotechnik beschreibt Boden und Fels als Baugrund. Ein Homogenbereich im Baugrund besteht aus im Betrachtungsraum gleichartig beschaffenem Gestein oder Boden. Homogenbereiche können durch gleiche Entstehung (Schicht, Gang, Intrusion), durch gleiche tektonische Beanspruchung (Störungszone, Bereich intensiver Verformung, Bereich geringer Verformung), durch gleiche Verwitterung (Verwitterungslehm, Laterit, Gesteinszersatz, Gesteinsentfestigung) und durch gleiche Verkrustung oder Erhärtung (Kalkkrusten, ausgehärteter Sandstein) entstanden sein.

1.13.1 Stoffliche Homogenbereiche

- **Sedimente und Sedimentgesteine**

Sedimentgesteine (Schichtgesteine) sind durch Ablagerung von mineralischen oder organischen Stoffen entstanden. In diesen ist der schichtweise Wechsel stofflich unterschiedlicher Gesteine eine häufige Form für Inhomogenität. Bei geschichtetem Baugrund können die bodenmechanischen oder felsmechanischen Eigenschaften sowie deren Beständigkeit oder Veränderlichkeit von Schicht zu Schicht variieren.

■ **Schicht**

Eine einzelne Schicht ist gekennzeichnet durch gleiche physiko-chemische Eigenschaften, gleiche petrologische Eigenschaften, gleiche lithofazielle Eigenschaften und gleichen Fossilinhalt. Sie unterscheidet sich von darüber und darunter liegenden Schichten. Schichten sind tafel- oder plattenförmige Gesteinskörper, deren Dicke oder Mächtigkeit gegenüber der horizontalen oder ursprünglich horizontalen Verbreitung gering ist. Die untere und obere Begrenzungsfläche von Schichten verläuft bei ebenflächiger Schichtung parallel zueinander. Seitwärts auskeilende, linsenförmige Sedimentkörper haben gebogene Schichtflächen.

Eine Schicht kann durch Schichtfugen in Bänke oder Platten unterteilt sein.

■ **Schichtung**

Die Begriffe „Schicht" und „Schichtung" sind mit der Entstehung der sedimentären Böden und Sedimentgesteine verbunden. Unter Schichtung wird der Lagenaufbau und Wechsel einzelner Schichten verstanden. Die einzelnen Schichten unterscheiden sich nach Farbe, stofflicher Zusammensetzung, Kornaufbau, Korngröße, Kornform, Dichte und Verfestigung. Die Unterschiedlichkeit resultiert aus abweichenden Sedimentationsbedingungen wie veränderte Körnung als Folge veränderter Fließgeschwindigkeit, veränderte chemische Zusammensetzung als Folge von Konzentrationsänderungen bei der Ausfällung, veränderte organische Zusammensetzung als mögliche Folge veränderter Klimabedingungen.

■ **Schichtenfolge**

Die übereinander lagernden Schichten werden als Schichtenfolge nach DIN 4023 dargestellt. Bei Schichtwechsel im Zentimeter- bis Dezimeterbereich werden Schichten nach Möglichkeit zu Schichtpaketen von mehreren Metern Mächtigkeit zusammengefasst, denen für die geotechnische Beurteilung einheitliche bodenmechanische oder felsmechanische Kenngrößen zuerkannt werden.

■ **Magmatische Gesteine**

Magmatische Gesteinskörper sind von der Entstehung her weitgehend homogen. Sie sind als Magmatite (Granit, Diorit, Gabbro u. a.) in größerer Tiefe entstanden und bilden große Massen (Plutonite) einheitlicher Gesteine. Als Ganggestein (Porphyr, Basalt, Aplit, Pegmatit) können Magmatite in ein anderes Gestein eingedrungen sein. Dadurch kann im Gesteinsverband Inhomogenität vorliegen. Liegen magmatische Gesteine parallel zur Schichtung oder Bankung, spricht man von einem Lagergang. Durchschlagen solche Gesteine die Schichtung oder Bankung in meist steiler Lagerung, spricht man von einem „Gang" oder „Schlot". Ganggesteine können auch durch Ausscheidung aus wässriger Lösung entstanden sein (Erzgang, Quarzgang).

Vulkanische Gesteine sind je nach Vulkantyp, Zusammensetzung und Mächtigkeit der geförderten Produkte (Lava, Tephra; Abschn. 2.2.1) als homogen oder inhomogen einzustufen. Aus Tephra (Tuff, Tuffit) können homogene Massen mit großer Mächtigkeit und Verbreitung bestehen.

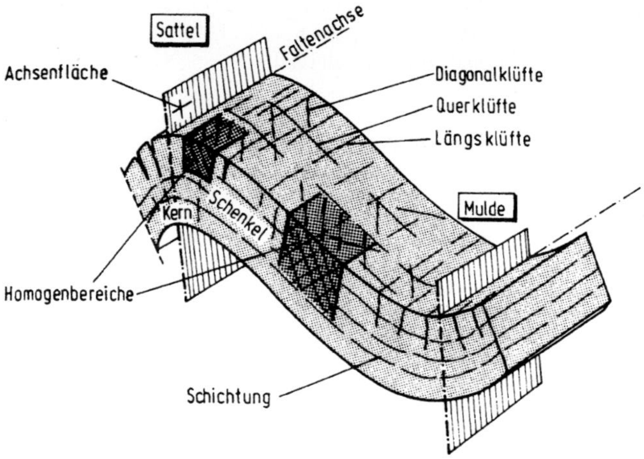

Abb. 1.68 Strukturen in einer Falte mit Homogenbereichen. (Wittke 1984)

■ **Metamorphe Gesteine**

Metamorphe Gesteine sind aus anderen Gesteine durch Umwandlung unter hohem Druck und hohen Temperaturen entstanden. Sie können eine petrographische Vielfalt zeigen. Im technischen Sinne sind sie von der Entstehung her als Homogenbereich anzusprechen.

1.13.2 Homogenbereiche in tektonisch verformtem Gebirge

Gesteinskörper können durch tektonische Beanspruchung geklüftet, zerschert, verstellt, verlagert und verformt sein. Der Formenschatz der Tektonik beschreibt mit Bruchstrukturen, Faltenstrukturen und Diapiren betont außergewöhnliche Strukturen im Untergrund. Das Trennflächengefüge zerteilt den Gesteinskörper in Kluftkörper. Hieran können unterschiedliche Trennflächenarten beteiligt sein (► Abschn. 1.3.1). Regelmäßig zerklüftete, gleichartige Gesteinsmassen können als Homogenbereich angesehen werden. Der Faltenbau im Gebirge zeigt lagenweise Verformung mit einen komplexen Wechsel von Druck- und Zugbeanspruchung der Gesteine. Großklüfte, Kluftscharen, Störungen, Verwerfungen, Bruchstrukturen, Überschiebungen, Abschiebungen, Flexuren und Blattverschiebungen treten als Einzelelemente auf und tragen zur Inhomogenität bei.

Homogenbereiche im gefalteten Gebirge Innerhalb des gefalteten Gebirges lassen sich Schichten unterschiedlicher Kompetenz erkennen. Als kompetent bezeichnet man Gesteinslagen, die in der Lage sind, ohne eigene Verformung den Druck auf andere Gesteine zu übertragen. Als inkompetent bezeichnet man Gesteinslagen, die unter Druck plastisch verformt wurden. Stets haben sich im gefalteten Gestein einige Lagen gegenüber anderen verformten Lagen kompetent verhalten. Es lassen sich entsprechend Kompetenzreihen aufstellen. Die Kompetenz der Gesteine ist temperaturabhängig.

Gefaltete Lagen weisen Sattel- und Muldenstrukturen auf. Zusätzlich können sie von unterschiedlichen Trennflächen durchzogen sein. Homogenbereiche lassen sich nur in gleichartig beanspruchten und verformten Teilen einer Falte ausweisen (Wittke 1984; Wittke und Erichsen 2001; ◘ Abb. 1.68).

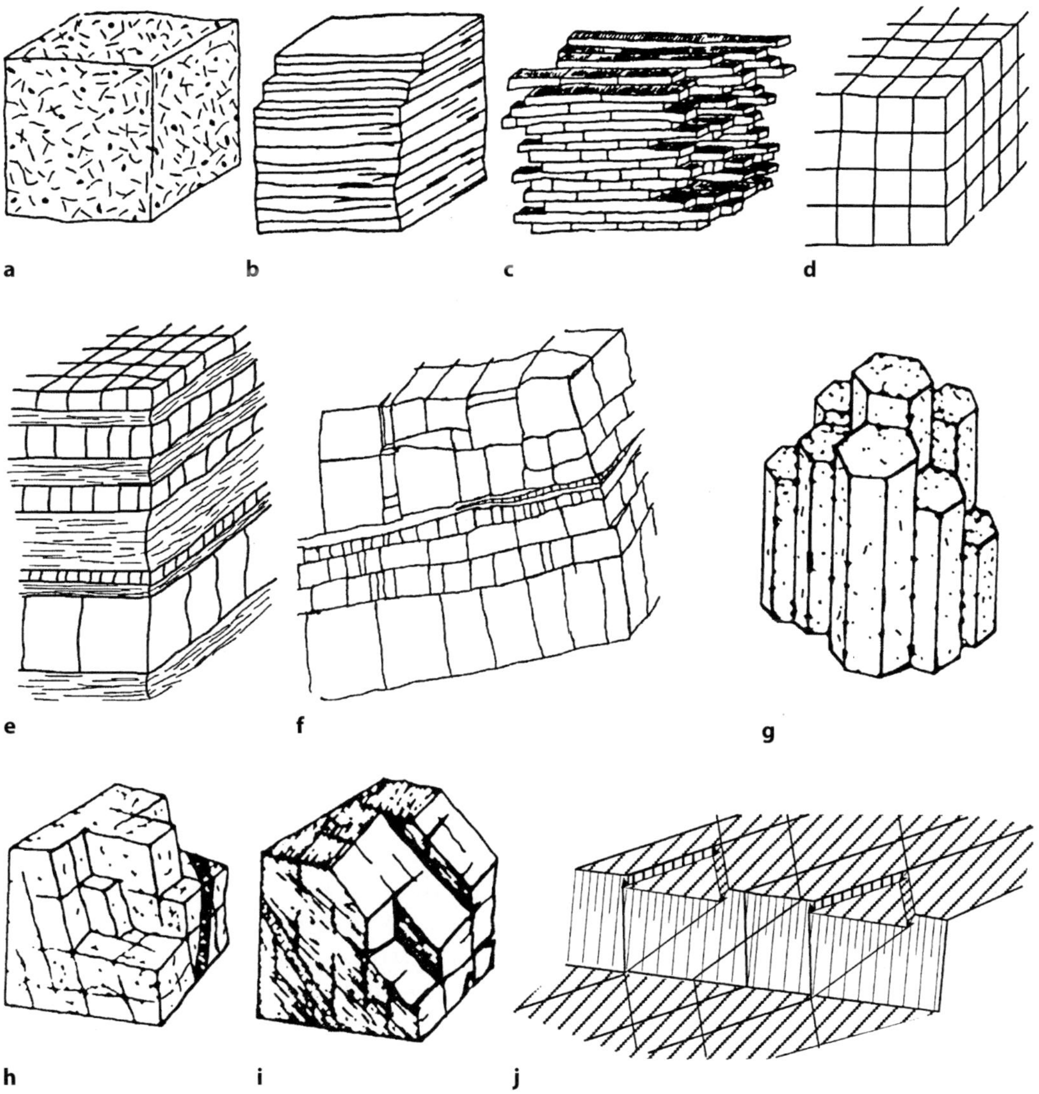

▣ **Abb. 1.69** Homogenbereiche in Boden und Fels. **a** Stofflich homogener, isotroper Boden und Fels ohne Trennflächen (Dünensand, Ton, Schluff, Verwitterungslehm, nicht geklüftete Festgesteine), **b** geschichteter Boden und Fels, nach Schicht- und Schieferungsflächen anisotrop (Schichtgesteine, Schiefer, engscharig geklüftete Massengesteine), **c** dünnbankiger bis plattiger, linear anisotroper Fels mit engschariger Klüftung und langgestreckten Kluftkörpern (metamorphe Gesteine, Griffelschiefer), **d** orthogonal geklüfteter Fels mit drei gleichwertigen Trennflächenscharen (Granit), **e** Wechsellagerung dünnbankiger, harter Gesteinslagen (Kalkstein, Sandstein) mit kluftarmen, meist veränderlich festen Gesteinslagen (Tonstein, Schluffstein, schluffiger Sandstein); der Gesteinsverband ist nach der Schichtung stark inhomogen und anisotrop, **f** gebankter Fels mit wechselnder Bankungsstärke (Sandstein, Quarzit); der Gesteinsverband ist nach der Bankung und Klüftung stark anisotrop, **g** Fels mit hexagonal angelegten Abkühlungsklüften und Querklüften in unregelmäßigem Abstand (Basalt), **h** räumliches Trennflächengefüge mit Abweichungen vom orthogonalen System (tektonisch beanspruchte Massengesteine, Granit, Quarzit), **i** Fels mit Haupttrennflächen in steiler Lagerung, stark anisotrop (Schiefer), **k** Fels mit sich im steilen Winkel verschneidenden Trennflächen und hierauf ausgleitenden Kluftkörpern (tektonisch beanspruchte Gesteine, Kalkstein, Schiefer, Gneis)

Homogenbereiche im geklüfteten Gebirge Trennfugen (Klüfte) im Gebirge können unterschiedliche Ursachen haben. Unterschieden werden Lagerungsklüfte, Entlastungsklüfte, Abkühlungsklüfte und tektonische Klüfte (▣ Abb. 1.69).

▪ Lagerungsklüfte

Zusammenhängende Gesteinsmassen unterliegen der Einwirkung von Spannungen aus Schwerkraft, Schrumpfprozessen und Temperaturwechsel. Dies führt in verfestigten Gesteinslagen (Kalkstein, Dolomitstein, Kalksandstein und kieselig gebundener Sandstein) zur Ausbildung von Lagerungsklüften. Gesteinslagen aus oder mit hohen Anteilen an Feinkorn sind kluftarm bis kluftfrei. Lagerungsklüfte liegen im Gestein orthogonal vor (Trennflächen nach Schichtung oder Bankung sowie senkrecht zueinander stehende Längs- und Querklüfte). In söhlig bis flach liegenden Gesteinslagen sind Lagerungsklüfte die vorherrschende, wenn nicht einzige Kluftart. Kluftabstand und Kluftöffnungsweite sind in unterschiedlich mächtigen Gesteinsbänken verschieden und oft der Bankstärke angepasst. Würfel und Quader sind häufige Kluftkörperformen. Das Gefügemodell im Gesteinsverband mit unterschiedlich starken Bänken aus Sandstein oder Quarzit unterscheidet zwischen den Trennflächen nach der Schichtung, welche den Felskörper einheitlich durchziehen, und Trennflächen senkrecht zur Schichtfläche, welche nur die einzelne Bank durchziehen. In manchen Sandsteinvorkommen ist zudem die Ausrichtung der Klüfte in den unterschiedlichen Bänken verschieden. Gleichmäßig geklüfteter

Fels aus Sandstein, Quarzit, Kalkstein, Dolomitstein und Tuffstein kann trotz unterschiedlicher Bankungsstärke und unterschiedlicher Kluftabstände als Homogenbereich angesprochen werden.

- **Entlastungsklüfte**

In allen Gesteinen können sich oberflächenparallele Klüfte als Folge von Druckentlastung einstellen (▶ Abschn. 2.3.1). Ursache für Druckentlastung kann Erosion oder künstlicher Abtrag sein. Entlastungsklüfte treten als Einzelelemente auf und tragen zur Inhomogenität bei. Der Abstand der Entlastungsklüfte liegt oberflächennah bei 0,1–0,5 m und liegt wenige Meter unter oder hinter der Oberfläche im Meterbereich.

Zur Tiefe nimmt der Abstand der Entlastungsklüfte deutlich zu. Entlastungsklüfte haben Bezug zur Oberfläche und sind oft rundbucklig ausgebildet.

- **Abkühlungsklüfte**

In magmatischen Gesteinen entstehen Klüfte bei der Abkühlung. In Tiefengesteinen (Granit) kann ein gleichmäßiges orthogonales Kluftsystem vorliegen. In Vulkaniten (Basalten), welche oberflächennah erstarrt sind, wird oft eine unregelmäßige Ausrichtung der Klüftung angetroffen. Im Inneren von Lavaergüssen und im Vulkanschlot erstarrte Basalte können Säulenklüftung aufweisen. Kluftabstand und Durchmesser der meist sechseckigen „Basaltsäulen" werden in der Größenordnung von wenigen Zentimetern bis zu mehreren Metern angetroffen, wobei innerhalb eines Vorkommens oder einer Lage alle Säulen etwa gleiche Durchmesser haben. Die Länge der Basaltsäulen kann ein Vielfaches des Durchmessers betragen. Kluftabstände sind in der Längsrichtung benachbarter Säulen unregelmäßig und werden häufig in der Größenordnung des Vier- bis Achtfachen des Säulendurchmessers angetroffen. Das Gefügemodell im säulig geklüfteten Basalt kennt primär keine den Fels einheitlich durchziehenden Kluftflächen.

- **Abkühlungsklüfte bei Kissenlava**

Kissenlava entsteht beim Lavaausfluss unter Wasser. Dabei wird die Lava in als Kissen bezeichnete ellipsoidale Blöcke aufgeteilt. Die Kissen sind zwischen 60 und 120 cm lang und haben ihre Form in einem Zustand mit noch formbarer Haut aus teilweise erstarrter Lava (Glas) erhalten. Die Unterseite der Kissen ist unregelmäßig, die Oberseite konvex. Kissenlaven erstarren zu einem Festgestein mit einem von anderen Festgesteinen stark abweichenden Trennflächengefüge. Vorherrschend sind rundbucklige Trennflächen in ebener Lagerung (Schichtung). Das Gefügemodell im Fels aus Kissenlava kennt primär keine den Fels einheitlich durchziehenden Kluftflächen.

- **Tektonische Klüfte**

Tektonische Klüfte sind durch tektonische Spannungsfelder im Gestein verursacht.

Gleichmäßig in das Gestein eingetragene Spannungen konzentrieren sich in vom Material abhängigen regelmäßigen Abständen. Heterogenität im Mikrogefüge führt zu Mikrorissen und zum initialen Versagen der Scherfestigkeit. Gerichtete Spannungsverlagerung in Richtung Rissende führt zum progressiven Bruch. Tektonisch angelegte Klüfte sind relativ ebene und glatte Trennflächen. Sie durchziehen das Gestein als parallel orientierte Einzelklüfte. Das Kluftsystem besteht aus unterschiedlich orientierten Kluftscharen, die sich in vom rechtwinkligen oder orthogonalen Kluftsystem abweichenden Winkeln verschneiden und im Extrem das Gestein diagonal durchziehen. Zu den tektonischen Klüften zählen auch Großklüfte, Kluftscharen und Störungen, die als weit durchhaltende Diskontinuität das Gestein durchziehen. Das Auftreten von Kluftscharen oder Störungen trägt zur Inhomogenität bei.

1.13.3 Homogenbereiche in Verwitterungsböden

Verwitterung und Zersatz von Gesteinen (▶ Abschn. 2.3) erfolgt vorrangig unter dem Einfluss der Atmosphärilien an der Oberfläche. Die Oberflächenverwitterung findet im Bereich der ungesättigten Bodenzone statt. Die Tiefenwirkung reicht im Maximalfall bis zum Grundwasserspiegel. Daneben wird Gesteinszersatz im von Grundwasser (Thermalwasser) durchflossenen tieferen Untergrund beobachtet.

- **Oberflächenverwitterung**

An der Oberfläche führt physikalische Verwitterung zur Ansammlung körniger oder stückiger Lockermassen. Diese sind meist vom Ort der Verwitterung verlagert und schichtartig akkumuliert. Durch physikalische Verwitterung können stoffliche Homogenbereiche entstehen. Verwitterungsprodukte aus physikalischer Verwitterung können zusätzlich durch Bodenbildung und chemische Verwitterung verändert sein.

In humiden Klimaten führt chemische Verwitterung zum Zersatz der die Gesteine aufbauenden Minerale. Die chemische Verwitterung findet oberflächennah in der ungesättigten Bodenzone (Boden-Wasser-Luft-Zone) statt. Als oberste Lage entsteht ein Boden (Mutterboden) als Standort für Pflanzen. Dabei zeigen die Gesteine unterschiedliche Verwitterungsresistenz.

Verwitterung und Bodenbildung führen in der oberen Bodenzone zum Zersatz der silikatischen Minerale und zur Bildung von Tonmineralen.

Im gemäßigten Klima führt die Bodenbildung zu geringmächtigen Verwitterungsböden mit unterschiedlichen Bodenhorizonten und trägt somit zur Inhomogenität bei. In tropisch-humiden Klimabereichen können hingegen unter dem Einfluss der Bodenbildung feinkörnige homogene Böden in großer Mächtigkeit (mehrere Meter bis Zehnermeter) entstehen (Laterit).

In tieferen Bodenzonen (Felsverwitterungszone) können Gesteine im Mineralverband entfestigt sein. Bei magmatischen Gesteinen und bei klastischen Sedimentgesteinen ist die Kornbindung verloren gegangen. Die Gesteine der Felsverwitterungszone sind in den Grenzbereich zwischen Festgestein und lockerem Boden einzustufen. Im Extrem liegen mürbe, zerreibliche Gesteinsmassen aus sand- bis kieskorngroßen Gesteinskomponenten bzw. Gesteinsgrus (Granitgrus) vor. Die Felsverwitterungszone kann mehrere Meter bis Zehnermeter tief reichen. Häufig wird diese Verwitterungsform nach unten durch den Grundwasserspiegel begrenzt. Bei entsprechender Mächtigkeit können entfestigte Gesteine der Felsverwitterungszone als Homogenbereich angesprochen werden. Häufig führen jedoch in der Felsverwitterungszone geringe petrographische Unterschiede sowie Unterschiede in der Exposition zu unterschiedlichem Festigkeitsabfall mit breit gestreuter Varianz in den verbliebenen Festigkeitswerten. Ein großer Teil der Arbeiten mit Ziel Felsabtrag oder Hangsicherung erfolgt in der Felsverwitterungszone mit den diesen angewitterten Felspartien eigenen Inhomogenitäten.

Eine andere Form tiefgreifender Oberflächenverwitterung führt bei kristallinen Gesteinen zur „Wollsackverwitterung". Ausgehend von den Klüften, werden große Kluftkörper randlich zersetzt. Der Zersatz schreitet in Form konzentrischer Schalen auf einen nicht verwitterten oder weniger verwitterten Kern zu. Im Extrem können große, massige, unverwitterte Gesteinsblöcke in einem lockerem Boden aus Gesteinsgrus und Verwitterungslehm vorliegen. Wollsackverwitterung führt zur Inhomogenität im Verwitterungsboden. Die Tiefenwirkung der Wollsackverwitterung kann gleichfalls mehrere Meter bis Zehnermeter tief reichen und wird nach unten durch den Grundwasserspiegel begrenzt. Häufig ist fossile Wollsackverwitterung, deren untere Begrenzung einen fossilen Grundwasserstand anzeigt.

- **Hydrothermaler Gesteinszersatz**

Im tieferen Untergrund kann durch Grundwasser und besonders durch Thermalwasser Gestein bis in große Tiefen (mehrere tausend Meter) gelöst oder zersetzt werden. Die Lösungsvorgänge führen zu Hohlraumbildung und Subrosion und tragen zur Inhomogenität bei. Der hydrothermale Zersatz von Gesteinen geht im Festgebirge von wasserwegsamen Klüften aus. Der Zersetzungsgrad im Gestein reicht von Feldspatverwitterung und Tonanreicherung auf Kluftflächen über lagenweisen Zersatz im sonst unverwitterten Festgesteinskörper bis zum vollständigen Zersatz von Gesteinskörpern. Der hydrothermale Zersatz trägt zur Inhomogenität im Fels bei.

1.13.4 Nässe- und feuchtigkeitsbedingte Inhomogenitäten

Böden und Festgesteine können bei Zutritt von Wasser unterschiedlich reagieren. Der Zutritt von Wasser stellt in fast jedem Falle eine Arbeitserschwernis dar. Zusätzlich kann der Baugrund bei Zutritt von Wasser eine Änderung seiner Festigkeit erfahren (veränderliche feste Gesteine). Neben der Nennung von Bodenart oder petrographischer Bezeichnung sind Angaben zum Wassergehalt, zu den plastischen Eigenschaften sowie zur Lage und Schwankungsbreite von Wasserständen Kriterien für die Abgrenzung von Homogenbereichen.

1.13.5 Felsgestein an der Oberfläche – Felsen, Blöcke und Krusten

Morphologisch hervorragendes, freistehendes Festgestein wird als Felsen bezeichnet. Felsen finden sich auf Bergspitzen, an Geländestufen, Steilküsten, Talhängen und als Härtlinge auf Rumpfflächen. Felsen werden als verwitterungsresistentere Festgesteinsmasse durch Erosion oder Abtrag aus der Festgesteinsmasse herauspräpariert. Die Formung der Felsen durch Steinschlag, Blocksturz oder Felssturz setzt an Trennflächen im Gebirge an und führt zu teils ebenflächigen, teils kantigen Felsformen. Die Formung der Felsen durch Abmehlen, Absanden oder Abgrusen setzt im Korngefüge der Gesteine an und führt zu abgerundeten Felsformen.

Felsen sind beständige morphologische Formen im Festgebirge mit Standzeiten von über 10.000 Jahren bis Millionen von Jahren. Im veränderlich festen Gebirge bilden sich in vergleichbarer Position „Badlands" mit Erdpyramiden und anderen felsenförmigen Erosionsresten. Diese haben Standzeiten von wenigen Jahren bis einigen hundert Jahren.

Felsen sind Einzelgebilde und tragen stets zur Inhomogenität im Baugrund bei. Für die Beurteilung von Felsen ist neben Trennflächengefüge und Gesteinseigenschaften die Kenntnis der morphogenetischen Vorgeschichte wichtig. Vielfach haben sie ihre Form in einer vom heutigen Klima abweichenden Zeit erhalten. Die Kenntnis der Felsengenese ist wichtig, wenn im Festgesteinsanschnitt (Fels) naturnahe Böschungsgestaltung gewünscht ist.

Im Felsen steht unverwittertertes, frisches Festgestein oder zusätzlich verfestigtes Gestein an der Oberfläche. Das Gestein liegt seit langer Zeit an der Oberfläche und ist diesem spannungsfreien Zustand angepasst.

Festgestein kann an der Oberfläche durch mineralische Ausscheidungen eine Verfestigung bis Verkrustung erfahren. Häufig werden in Krusten, Felsen und Blöcken größere Gesteinsfestigkeiten als im unverwitterten Fels (z. B. aus Bohrungen) angetroffen. Genese und Zerfall von Felsen kann auf folgende Prozesse zurückgeführt werden.

1.13.5.1 Felsen

- **Erosionsformen im Gebirge, in Flusstälern und an Steilküsten**

Oberhalb der Vegetationsgrenze unterliegt das Festgebirge der physikalischen Verwitterung. Das bereitgestellte Lockermaterial wird durch Wind, Wasser und Steinschlag abgetragen und sammelt sich am Fuß der Felswand im Schuttkegel an. An steilen Talflanken und Steilküsten kann sich bei schnellem Abtrag keine Bodenbildung einstellen. Das nach seinen chemisch-petrographischen Eigenschaften unveränderte Festgestein steht steil an. Die Formung des Gebirges erfolgt durch Ausbrüche und Nachbrüche unter Bevorzugung der Trennflächen und der von diesen gebildeten Schwächezonen. Dadurch können Bergkuppen oder Bastionen als Felsen herauspräpariert werden. Zusätzliche Formung und Gliederung der Oberflächen durch Erosion, Gletscherschliff, Rutschungen, Denudation und Abrasion ist möglich.

- **Erosionsformen an Schichtstufen und Tafelbergen**

Schichtstufen sind einseitig, Tafelberge allseitig von niedrigerem Gelände umgeben. Oberfläche und Stufen werden von gegen Abtrag und Verwitterung resistenten, meist festen Gesteinsschichten gebildet. Der tiefer liegende Hang (Sockel) wird von veränderlich festen Gesteinsschichten gebildet. Dem Hangabtrag im Sockel folgt ein Felsabbruch an der Stufenkante. Dabei ist das Trennflächensystem formgebend. Felsen können als Bastionen oder als von der Schichtstufe abgetrennte Erhebungen (Zeugenberge) erhalten bleiben.

▪ Erosionsformen an Rumpfstufen, Inselbergen und Härtlingen

In ariden, semiariden und subhumiden Klimabereichen werden weite Ebenen angetroffen. Die Einebnung des Geländes zu Rumpfflächen kann in verschiedenen Niveaulagen erfolgen. Die Einebnung erfolgt unabhängig vom geologischen Untergrund. Geländeanstiege zwischen unterschiedlichen Niveaulagen heißen Rumpfstufen. Rumpfstufen sind im Gegensatz zu Schichtstufen vom geologischen Bau unabhängige morphologische Landschaftsformen. An Rumpfstufen zwischen verschiedenen Flächenniveaus kann Festgestein durch Täler zergliedert und in meist rundbucklige Felsen aufgelöst sein. Chemische Verwitterung findet unter Verwitterungsboden im unteren Hangbereich, unter Talsedimenten und unter den der Rumpfstufe vorgelagerten Sedimenten einer Pedimentfläche statt. Das in der Rumpfstufe anstehende Festgestein kann durch Erosion, Rutschungen, Höhlenbildung und Abrasion zusätzliche Formung erfahren.

Einer Rumpfstufe vorgelagerte Einzelberge werden als Inselberge bezeichnet. Geologisch vorgegebene Gesteinskörper mit hoher Verwitterungsresistenz (Quarzgänge, Basaltgänge, Basaltschlote) können an einer Rumpfstufe als Härtling herausmoduliert sein.

▪ Karstformen

Durch Lösungsvorgänge können aus einem gleichmäßig dichten Gesteinskörper Hohlformen herausgelöst werden. Die zur Hohlform verbleibende Wand kann zusätzlich krustenartig überzogen und verfestigt sein. Durch Ausweiten der Hohlformen kann die verbleibende Gesteinsmasse in Karstrücken und einzelne kegel- bis turmförmige Erhebungen aufgeteilt sein. Zusätzliche Formung und Gliederung der Karstlandschaft durch Erosion, Gletscherschliff, Rutschungen, Denudation und Abrasion ist möglich.

▪ Verfestigte Erosionsformen im Sandstein

Im Sandsteingebirge können Felsen unabhängig von der Regelmäßigkeit einer Schichtstufenlandschaft in unterschiedlicher Niveauhöhe am Hangfuß, im Hang, auf Hochflächen und auf Bergrücken auftreten. Unverwitterter Sandstein wurde in einer Zeit mit vom heutigen Klima abweichenden Bedingungen vom Boden und von der Felsverwitterungszone freigelegt und ist an der Oberfläche erhärtet. Die Felsen im Sandstein können sowohl aus einheitlichen wie auch aus stark unterschiedlichen Sandsteinschichten aufgebaut und nahezu gleichartig ausgehärtet sein. Standzeiten liegen in der Größenordnung von 10 bis 100.000 Jahre.

▪ Verfall von Felsen

Im humiden Klima kann die Verwitterung von den mit Lockermaterial und Vegetation überdeckten Bergflanken aus unter die Felsaufstandsfläche eingreifen und dort Gesteinszerfall bewirken. Über aufgelockertem Untergrund können ausgehärtete Felsteile abdriften und zu Felszerreißung, Felssturz und Blockbildung beitragen.

▪ Felsaufragungen

Ehemalige Felsen können von Lockermaterial (Hangschutt, Anlandungen, Verwehungen) verdeckt oder überlagert sein. Im Baugrund verborgene Felsengebilde oder Felsrippen werden als Felsaufragung bezeichnet. Felsaufragungen tragen zur Inhomogenität im Baugrund bei.

▪▪ Blöcke

Blöcke können im Hangschutt, in Moränen, in Felsenmeeren, in vulkanischen Auswurfsmassen, im Verwitterungsboden und vereinzelt in den unterschiedlichsten von Wasser abgelagerten Gesteinsschichten angetroffen werden.

Im Baugrund tragen Blöcke zur Inhomogenität bei.

Im Hang können Blöcke rollend, stürzend, gleitend oder driftend bewegt werden.

In Hangschuttmassen können kantige Kluftkörper neben runden, abgewitterten Blöcken vorkommen. Die aus einer Felswand abstürzenden oder anderweitig herausgelösten kantigen Kluftkörper können in Blockhalden (Sturzhalden) angereichert sein.

Große Gesteinsblöcke sind oft im Verwitterungsmaterial aus Gesteinsgrus, Sand und Lehm eingebettet oder liegen dem Hangschutt auf.

Als Felsenmeere werden Ansammlungen großer Blöcke bezeichnet. Die Anreicherung der Blöcke ist dann sekundär durch den Austrag von Boden (Suffussion) zu erklären.

Ferntransport von Blöcken ist als Gletschertransport oder schwimmend auf Eis oder an Holz (Wurzeln) möglich. Die durch Ferntransport abgelagerten Blöcke werden als „Findling" bezeichnet. Sie bestehen aus Gesteinen, die nicht in der unmittelbaren Nachbarschaft ihres Fundortes anstehen.

In wechselfeuchten Klimaten können Gesteinsblöcke an der Oberfläche über feinkörnigen plastischen Böden angetroffen werden. Der feinkörnige Boden kann Fels als Verwitterungsboden überlagern (z. B. Verwitterungsboden über Basalt) oder kann als Sediment über Fels abgelagert sein. Durch den Wechsel von Schrumpfen und Quellen werden Blöcke (Kluftkörper, „Wollsäcke") im plastischen Boden vom Felsuntergrund abgehoben und an die Oberfläche gedrückt.

▪▪ Krusten

Krusten (► Abschn. 2.4) können Boden aufliegen oder umschließen. Sie tragen meist zur Inhomogenität des Bodens bei. In bestimmten Lagen können jedoch mehrere Meter starke Krusten oder durch Verkrustung verfestigte Schichten vorliegen, die dann einen Homogenbereich bilden.

1.13.6 Höhlen und Hohlräume im Baugrund

Im Baugrund können Höhlen oder Hohlräume vorliegen und zu dessen Inhomogenität beitragen. Die Hohlräume können Luft, Wasser oder locker gelagertes Erdreich enthalten. Durch Hohlräume im Untergrund können Bauwerke, besonders wenn es sich um oberflächennahe Hohlräume handelt, bei Nachbrüchen plötzlich zerstört werden. Gefürchtet sind stufenförmige Abbrüche, Erdfälle und offene Spalten (► Abschn. 2.7.1, 2.7.2).

Hohlräume können als primäre Höhlen gleichzeitig mit dem Gestein entstehen. Bei vulkanischen Gesteinen können Hohlräume als gaserfüllte Hohlräume (Gasblasen), als leergelaufene Lavatunnel und in locker gelagerten Schweißschlacken entstehen. Geologisch junge Ausscheidungen von Kalktuffen, Sinterkalken und Riffkalken können Hohlräume unterschiedlicher Größe enthalten. Dabei können Hohlräume anstelle von organischem Material verbleiben und Grobporigkeit im Festgestein bewirken (Porenweite im Millimeter- bis Zentimeterbereich). Größere Hohlräume im Dezimeter- bis Meterbereich können von Sinterkalk oder Korallenkalk umschlossen werden.

Sekundäre Hohlräume und Höhlen bilden sich bei Gesteinsverformung, Verwitterung und Abtrag. Als „tektonische Höhlen" werden Hohlräume bezeichnet, die durch das Öffnen von Gesteinsfugen, Klüften und Spalten entstehen. Einen großen Raum nehmen die durch Gesteinslösung entstehenden Karsthöhlen (▶ Abschn. 2.3.3) und die durch Verwitterung (Entfestigung) und Materialaustrag entstehenden Verwitterungshöhlen (z. B. Tafoni) ein. Versturzhöhlen oder Trümmerhöhlen werden durch nachbrechende Gesteinsmassen geformt. Erosionshöhlen (Brandungshöhlen) entstehen durch erodierende Wirkung des bewegten Wassers. In bindigen Böden (Schluff, Löss, Laterit) können durch Erosion (Gullywirkung) Schlucklöcher und unterirdische Fließgänge entstehen. In den oberen Bodenschichten können Hohlräume als Wurzelgänge und als Grab- oder Wühlgänge durch biologische Tätigkeit entstehen. Große Bedeutung haben aktiver und aufgelassener Bergbau sowie historischer Altbergbau.

Zur Beurteilung der durch Bergbau verursachten Schäden besteht im Fachbereich „Bergbau und Markscheidewesen" die Fachrichtung „Bergschadenkunde" (Kratzsch 1974, 2012, Nendzda 1992, ▶ Abschn. 2.7.2).

Das Auffinden und Begrenzen von Hohlräumen ist mit großen Schwierigkeiten verbunden. Über geophysikalische Verfahren zum Orten oberflächennaher Hohlräume berichten Dresen (1974) sowie Gaertner et al. (1995). Als neue geophysikalische Erkundungsmethoden zum Orten von Hohlräumen bieten sich Georadar (Pawellek 1998) und Cereskopie (▶ Abschn. 1.9.3 und 1.9.5) an. Werden Hohlräume im Baugrund durch Bohrungen, Stollen oder Schächte erschlossen und freigelegt, so sind diese nach Größe und Ausmaß zu vermessen oder abzuschätzen. Aus der Kenntnis von Raumgröße und Felsqualität kann auf Standzeiten geschlossen werden (▶ Abschn. 13.2.1).

Im Untergrund vorhandene Hohlräume können instabil vorliegen und eine Gefahr bei zusätzlicher Belastung durch Bauwerke darstellen. Das geologische Erkunden und Bewerten der Untergrundverhältnisse ist geboten. Soweit erforderlich, können Hohlräume durch statische Konstruktionen überbrückt, verfüllt oder stabilisiert werden. In löslichen und leicht löslichen Gesteinen (Salz, Gips, Anhydrit) ist zu befürchten, dass natürliche Hohlräume während der Bestandszeit von Bauwerken neu entstehen oder dass bestehende Hohlräume sich durch Lösungsvorgänge gefahrbringend vergrößern. Bei schwer löslichen Gesteinen (Kalkstein und Dolomitstein) und sehr schwer löslichen Gesteinen (silikatische Gesteine) sind solche Befürchtungen nicht angebracht. Bei Hohlräumen kann die Gefahr des Nachbruches bestehen. Hierauf sind Deckengewölbe zu untersuchen.

Erdbauwerke (Deiche, Straßen, Flugplätze) und flachgegründete Bauwerke über lockerem Boden können durch unterirdische Erosion (Suffussion, Erosionsgrundbruch, Piping, Ausspülung im Bereich von Leitungen) und durch Wühltätigkeit von Tieren Schaden nehmen.

1.14 Isotrope oder anisotrope Spannungsverteilung im Boden

Die Begriffe Bodenmechanik und Felsmechanik sowie Erdbau und Grundbau sind untrennbar verbunden. Es ist die Aufgabe dieser ingenieurtechnischen Wissenschaften, die Folgen von Eingriffen in den Baugrund zu erkennen und hieraus grundbauliche Konzepte zu entwickeln.

Während geowissenschaftliche Disziplinen versuchen, Boden und Fels in eine Vielzahl von Gliedern mit Einzelbezeichnung aufzuteilen, ist es das Ziel dieser Ingenieurwissenschaften, ein vereinfachtes Modell für den Baugrund zu erstellen. Eingriffe in den Baugrund und Belastungen des Baugrundes bewirken im Untergrund Veränderungen im Spannungszustand. Diese können im Untergrund zu Verformungen oder (bei zu starker Beanspruchung) zum Versagen führen.

Es ist das Ziel der boden- bzw. felsmechanischen Betrachtung, die Spannungszustände im Untergrund und die Veränderungen der Spannungszustände in mathematischen Modellen zu erfassen. Das übliche Berechnungsmodell ist der elastischisotrope Halbraum. Für dieses Modell wird für den idealisierten Untergrund ein homogenes, elastisches und isotropes Material mit unendlicher horizontaler Geländeoberfläche angenommen. Die natürlichen Spannungszustände im Untergrund ergeben sich aus der Eigengewichtskraft des Baugrundes γ mit Dichte ρ in Abhängigkeit von der Überlagerungshöhe z zu $\gamma \cdot z$, aus dem hydrostatischen Druck der Wassersäule u, aus dem Porenwasserüberdruck Δu infolge Spannungsänderungen und aus von Kapillarkräften hervorgerufenen Spannungen, welche jedoch meist unberücksichtigt bleiben.

Das Verhältnis von vertikal wirkender Spannung (σ_z) zu horizontal wirkender Spannung (σ_x, σ_y) wird in der Tiefe z durch die Querdehnungszahl m (reziproker Wert zur Poisson-Zahl ν; $m = 1/\nu$) ausgedrückt. Die Querdehnungszahl m für Wasser ist 1, jene für Boden und Fels ist meist kleiner 1.

Durch das Aufbringen von Lasten ergeben sich Spannungsänderungen und Änderungen der natürlichen Gleichgewichte, z. B. durch Abtrag oder Erosion. Eine der Aufgaben der obengenannten Ingenieurwissenschaften ist es, aus dem Spannungs-Deformationsverhalten von Boden und Fels die infolge von Spannungsänderungen eintretenden Deformationen im Baugrund zu berechnen.

Die Bodenmechanik versteht sich als wissenschaftliche Grundlage zur Beurteilung von Standsicherheitsfragen bei Gründungen, Erdbauwerken, Böschungen, Stützbauwerken, Verankerungen und Hohlräumen im Boden bzw. Lockergestein. Für den Homogenbereich im Boden (Schicht) wird die quantitative Größe (Bodenkenngröße) der geotechnisch wirksamen Bodenkennwerte aus Feld- und Laborversuchen ermittelt. Das Ermitteln der Bodenkennwerte erfolgt in der Regel nach in Prüfvorschriften geregelten Versuchen. Sammlungen von Versuchs- und Prüfvorschriften sind DIN-TB 113, DIN-TB 133, die „Technischen Prüfvorschriften für Boden und Fels im Straßenbau" (TP BF-StB) und die „Technischen Prüfvorschriften für Gesteinskörnungen im Straßenbau" (TP Gestein-StB). Bei Laborversuchen wird die Größe der Kennwerte aus einer Anzahl von Einzelproben ermittelt. Bei nicht homogenem Bodenaufbau ist zu prüfen, welche Bodenschichten als belastbarer Homogenbereich zusammengefasst werden können.

Mit solchen Bodenkenngrößen werden mit erprobten wie auch mit ständig erweiterten oder neuerstellten Berechnungsverfahren die natürliche Spannungsverteilung und die Spannungsänderungen im Boden berechnet und hieraus mögliche Verformungen abgeschätzt.

Die Felsmechanik versteht sich als wissenschaftliche Grundlage zur Beurteilung von Standsicherheitsfragen bei Hohlräumen, Gründungen, Böschungen, Stützbauwerken und Verankerungen im Fels. Für den zu untersuchenden Fels wird die quantitative Größe (Felskenngröße) der geotechnisch wirksamen Felskennwerte in Feld- und Laborversuchen bestimmt. Das Ermitteln felsmechanischer Kennwerte erfolgt in der Regel nach den Empfehlungen des Arbeitskreises „Versuchstechnik Fels" der Deutschen Gesellschaft für Geotechnik (DGGT). Diese Empfehlungen sind Bestandteil der „Technischen Prüfvorschriften für Boden und Fels im Straßenbau" (TP BF-StB, C 1–17). Für den Rechenansatz werden wirklichkeitsnahe Gefügemodelle erstellt, die für den betrachteten Raum einen Homogenbereich darstellen. Dieser Homogenbereich ist durch eine oder mehrere Scharen annähernd ebener, zueinander paralleler Trennflächen zerteilt. Durch Unterschiedlichkeit in der inneren Gestalt können im Fels Anisotropien vorgegeben sein. Anisotropien ergeben sich im Fels vorrangig aus Gesteinstextur, Schichtung, Trennflächengefüge und tektonischer Deformation. Andere Ursachen können Hohlräume, Hohlraumverfüllungen sowie konkretionäre Einlagerung härterer oder weicherer Massen sein. Die Frage nach Isotropie oder Anisotropie orientiert sich an bestimmten physikalischen Eigenschaften wie Elastizität, Plastizität, Festigkeit, Durchlässigkeit. Ein Körper ist hinsichtlich der gefragten physikalischen Eigenschaft isotrop, wenn er sich nach allen Richtungen gleich verhält. Fels verhält sich anisotrop, wenn eingetragene Kräfte durch seine innere Gestalt in bevorzugter Richtung abgetragen werden (◘ Abb. 1.70). Gesteinsfolgen mit einem schichtweisen Wechsel zwischen zwei und mehr Gesteinsarten sind zudem noch inhomogen und verlangen ein entsprechend angepasstes Berechnungsmodell.

Zu unterscheiden sind nachstehende geologisch bedingte Ursachen für Anisotropien:

- *texturbedingtes anisotropes Verhalten*
  Die Textur beschreibt die räumliche Anordnung der Gemengeteile im Gestein. Bei metamorphen und magmatischen Gesteinen sind Glimmer, Feldspäte und andere Minerale oft in parallelen Flächen angeordnet. Damit sind bevorzugte Spaltrichtungen, Durchflussrichtungen, aber z. B. auch bevorzugte Lagen elektrischer Leitfähigkeit gegeben. Der Untergrund verhält sich bei entsprechender Beanspruchung anisotrop.

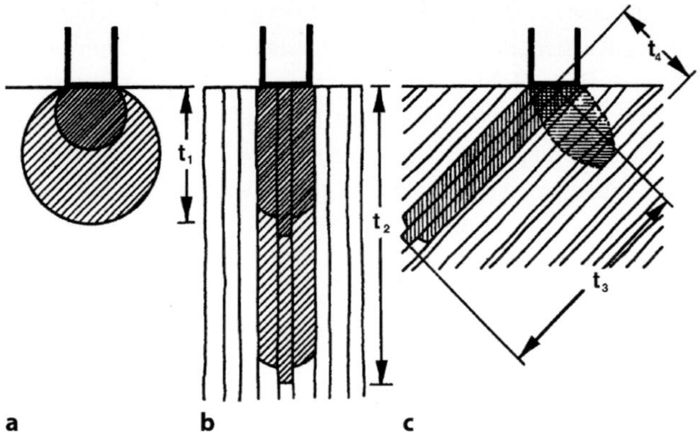

◘ **Abb. 1.70** Beeinflussung des Kraftflusses durch Anisotropie des Gebirges. Kraftausbreitung unter einem Fundament. **a** im isotropen Halbraum, **b** im Halbraum mit steil stehenden Bänken, **c** im Halbraum mit geneigten Bänken. (Müller 1963)

- *schichtungsbedingtes anisotropes Verhalten*
  Das anisotrope Verhalten wird durch den Wechsel von Schichten mit unterschiedlichen physikalischen Eigenschaften (Mächtigkeit, Dichte, Durchlässigkeit, Festigkeit, Elastizität, Verformbarkeit) und unterschiedlicher Ausbildung der Trennflächengefüge in den einzelnen Schichten bedingt.
- *gefügebedingtes anisotropes Verhalten*
  Das Trennflächensystem besteht aus verschiedenen Kluftscharen mit Unterschieden in Durchtrennung, Kluftöffnung, Kluftabstand, Kluftfüllung, Verwitterung auf den Kluftflächen und Reibung auf den Kluftflächen. Diese Unterschiede bedingen bei Belastung die Anisotropie.
- *deformationsbedingtes anisotropes Verhalten*
  Gesteinsschichten gleicher Zusammensetzung können durch tektonische Kräfte verfaltet, gezerrt, gestaucht, geschiefert, zerbrochen und gegeneinander verschoben sein. Je nach Verformung und Richtung einer Krafteintragung können solche Gesteine unterschiedlich reagieren.

1.15 Korngröße und Korngrößenverteilung

J. Brezina, W. Dachroth

▪ Probevorbereitung

Es ist Aufgabe der Probevorbereitung, die bei der Analyse störenden Eigenschaften des Materials zu beseitigen und die Probemenge den Repräsentativitätsansprüchen und dem jeweiligen Analyseverfahren anzupassen. Zu den störenden Eigenschaften zählen unerwünschte nicht analysierbare Stoffe, die außerhalb des Messbereiches liegen, wie z. B. organische Stoffe und bei der Sedimentationsanalyse lösliche Stoffe.

Die Korngrößenverteilung als Qualitätsmerkmal des Materials ist an repräsentativen Proben zu bestimmen. Repräsentative Proben erhält man durch Teilen der Proben mit einem Probeteiler. Die besten Ergebnisse werden mit Rotationsprobeteilern erreicht.

Für das Vorbereiten der Proben kann ein erforderlicher Zeit- oder Arbeitsaufwand in gleicher bis mehrfacher Größenordnung wie für die Analyse selbst anfallen. Für Probeabnahmeverfahren,

z. B. aus Lieferungen körniger Massen, und für das Aufteilen der gewonnenen Proben sind die Vorgaben der DIN EN 932-1 zu beachten.

▪ Dispersitätsgröße

Korngrößenverteilung ist eine Kennzeichnung eines Partikelkollektivs, bei der die Korngröße als Dispersitätsgröße gewählt und die Menge von Elementen (Partikel, Körner, Teilchen) durch eine Verteilungsfunktion dargestellt wird (Rumpf und Ebert 1964).

Dispersitätsgröße ist eine durch Zahlenwert und Maßeinheit bestimmte und messbare physikalische Größe. Als Dispersitätsgröße ist jede beliebige Eigenschaft geeignet, nach der die Körner eindeutig eingeteilt werden können (Rumpf 1975). Die geläufigste Dispersitätsgröße ist die Korngröße.

Die Kornform ist Teil der Definition der Korngröße. Ohne Definition der Kornform hat die Korngröße keinen Inhalt. Die Kornform muss nicht für alle Körner gleich sein. Sie kann variieren, sodass sie als eine Verteilung, nämlich als Kornformverteilung, ausgedrückt werden kann.

Die einfachste Kornform ist die Kugel, weil sie in allen Richtungen die gleiche Abmessung hat. Bei allen anderen Formen sind die Abmessungen verschieden. Für die Korngröße muss dann eine von unendlich vielen möglichen Abmessungen gewählt werden, z. B. Länge, Breite und Dicke. Die Art der ausgewählten Messgröße ist anzugeben.

Innerhalb eines Kollektivs haben natürliche Partikel verschiedene unregelmäßige, komplizierte und schlecht definierbare Kornformen, die von der Kugel stark abweichen. Zur Vereinfachung wird für alle Körner eine bestimmte Kornform, die sogenannte Bezugskornform, in der Regel die Kugel, als Konstante angenommen.

Bei der Anwendung von Korngrößenverteilungen, z. B. Permeabilitätsberechnungen, spielt die spezifische Oberfläche, das Verhältnis zwischen Oberfläche und Volumen, die wichtigste Rolle. Die spezifische Oberfläche ist nicht nur von der Korngröße stark abhängig (sie vervierfacht sich mit halbierender Korngröße), sondern auch von der nichtkugeligen Kornform.

Weil die extreme Bezugskornform „Kugel" die kleinste spezifische Oberfläche hat, reduziert man mit der Wahl dieser Bezugsform die errechnete oder angenommene spezifische Oberfläche erheblich und verfälscht somit die von der Korngröße abgeleiteten physikalischen Eigenschaften (z. B. Permeabilität) des Partikelkollektivs. Mit der Anwendung einer realistischeren Bezugskornform können solche Fehler reduziert werden.

Für die meisten Anwendungen hat sich der Kornform-Faktor („shape factor", *SF*) nach Corey (1949) sowie McNown und Malaika (1950) bewährt:

$$SF = a/(bc)^{0,5}.$$

a, b, c sind die zueinander senkrechten Abmessungen des Partikels mit $c \geq b \geq a$.

Dieser Kornform-Faktor drückt die Flachheit der Körner aus. Für natürliche Sandkörner empfiehlt es sich, einen realistischen Wert für *SF* zu wählen (z. B. 0,65), auch wenn dieser nicht gemessen wurde. Dabei ist der Fehler wesentlich kleiner als der, der mit dem extremen Wert für die Kugel (*SF* = 1,0) verursacht würde.

Korngrößen können als geometrische Korngröße oder als Sedimentations-Korngröße angegeben werden.

Bei Angaben zur geometrischen Korngröße ist nach der beim Messen berücksichtigten Dimension zu unterscheiden zwischen:

- dimensionslos gemessener Korngröße;
- eindimensional gemessener Korngröße;
- zweidimensional gemessener Korngröße;
- dreidimensional gemessener Korngröße.

▪ Menge

Auch die für die Verteilungsfunktion gemessene Menge ist nach der beim Messen berücksichtigten Dimension zu unterscheiden (Herdan et al. 1960):

- *dimensionslos gemessene Menge*
  Anzahl der Körner in den Kornfraktionen, ausgezählt z. B. mit Counter.
- *eindimensional gemessene Menge*
  Gesamte Länge der Körner in den Kornfraktionen, ermittelt durch Längenmessung.
- *zweidimensional gemessene Menge*
  Gesamte Fläche der Körner in den Kornfraktionen, ermittelt durch Flächenmessung (z. B. photometrisch, an Kornschnitten oder Kornprojektionen).
- *dreidimensional gemessene Menge*
  Gesamtes Volumen der Körner in den Kornfraktionen (hierzu gehört auch die als Masse ausgewogene Menge der Körner in den Kornfraktionen).

Die dreidimensional gemessene Mengenart ist bei vielen Korngrößenanalysen mit der Masse (bzw. dem Gewicht) der Körner dargestellt, was meistens dem Volumen entspricht, weil die Körner (insbesondere bei Böden) eine weitgehend einheitliche Dichte besitzen.

Die Dimensionswahl der Menge spielt eine fundamentale Rolle. Beim Zählverfahren wird die gemessene Menge feiner Körner im Vergleich zu groben Körnern am stärksten hervorgehoben. Auch bei Längen- und Flächenmessungen wird die gemessene Menge feiner Körner hervorgehoben. Erst bei einer dreidimensional gemessenen Menge (Volumen- oder Massenmessung) wird die Mengenverteilung unserer Vorstellung entsprechen. Die dreidimensional gemessene Menge stellt eine ausgeglichene Wertung dar und soll als Standard für Korngrößenanalysen bevorzugt werden. Es wird empfohlen, ein- oder zweidimensional gemessene Mengen in dreidimensionale Mengen zu transformieren. Solche Transformationen sind jedoch nie ohne gravierende Fehler durchführbar, weil die dafür notwendigen Kornformverteilungen meistens nicht bekannt sind.

1.15.1 Geometrische Korngrößen

Nach der Messart werden unterschieden:

- *dimensionslos gemessene Korngrößen*
  Dimensionslos gemessene Korngrößen sind durch die Anzahl der Rasterpunkte pro Korn definiert. Ein typisches Messverfahren ist das Zählverfahren beim Bearbeiten von Dünn- und Anschliffen mithilfe eines Mikroskops.

- *eindimensional gemessene Korngrößen*
  Eindimensional gemessene Korngrößen werden durch die gemessene Länge von Körnern definiert. Weil die Länge die am häufigsten für die Darstellung angewendete Größe ist, darf man besonders bei eindimensionalen Korngrößen nur die Mess- und nicht die Darstellungsgröße als Kriterium betrachten. Intuitiv wird die Korngröße als Länge verstanden. Auf diese Weise ausgedrückte Korngrößen gehören nicht zu dieser Gruppe, wenn sie mehr- oder weniger-dimensional gemessen werden. Typische Messverfahren sind Siebanalyse und Messungen, z. B. mit dem Leitz-Integrationstisch, an Dünn- und Anschliffen.
- *zweidimensional gemessene Korngrößen*
  Zweidimensional gemessene Korngrößen werden durch die Projektions- oder Schnittfläche definiert. Ein typisches Messverfahren ist die Photometrie. Eine zufällig geführte Schnittfläche ist bei dreidimensionalen Objekten kleiner als eine zufällig geführte Projektionsfläche.
- *dreidimensional gemessene Korngrößen*
  Dreidimensional gemessene Korngrößen werden durch das Volumen der Körner definiert. Bei einheitlicher Dichte der Körner ist die Masse dem Volumen proportional.
  Ein typisches Messverfahren ist das Tauchverfahren von Kieskörnern und Steinen. Aus dem Volumen kann der kugeläquivalente (nominale) Partikeldurchmesser nach Wadell (1932, 1935) sowie Krumbein und Pettijohn (1938) errechnet werden. Weil aber natürliche Partikel weitgehend nichtkugelig sind, soll man eine realistischere Form als die Kugel für die Referenzkornform annehmen und mit einem Kornform-Faktor (typischer Wert: 0,65) charakterisieren.

Kornform und Messanordnung sind wichtige Einflussfaktoren zur Definition der geometrischen Korngröße.

Bei der Ansicht loser Partikel werden die maximalen Kornprojektionen betrachtet. Bei der Ansicht von Anschliffen und Dünnschliffen werden Zufallsschnitte betrachtet, die eine veränderte Verteilungsfunktion und veränderte Parameter aufweisen: der Mittelwert wird um fast 30 % kleiner, und andere Verteilungsparameter, wie die Streuung und Schiefe, werden meistens größer.

Messverfahren

Die geometrische Korngröße kann durch mechanische, optische und andere physikalische Verfahren bestimmt werden. Zu den mechanischen Verfahren zählen das lineare und das volumetrische Ausmessen einzelner grober Partikel und das Sieben. Zu den physikalischen Verfahren zählt das Bestimmen flächenabhängiger Eigenschaften wie Permeabilität und Kapillardruck. Zu den optischen Verfahren zählen mikroskopisches Untersuchen, rechnergestützte Bildanalyse und Strahlenabsorption. Das lineare und volumetrische Ausmessen und das Sieben sind gleichwertige Messverfahren:

- *lineares Ausmessen*
  Grobe Partikel werden mit Lineal oder Schieblehre in drei Dimensionen ausgemessen. Aus den drei Messwerten wird das geometrische (nicht das arithmetische) Mittel, also die dritte Wurzel aus ihrem Produkt, berechnet.
- *volumetrisches Ausmessen*
  Grobe Partikel werden in einem Messbecher getaucht. Gemessen wird das verdrängte Volumen der Flüssigkeit, aus dem der Durchmesser einer Kugel

  $$d_K = (6\,V/\pi)^{1/3}$$

  berechnet wird.

d_K = Durchmesser der Kugel
V = Volumen der verdrängten Flüssigkeit
π = Ludolphsche Zahl (3,14159 ...)

Sieben

Beim Sieben wird eine von der Korngröße abhängige Menge des Siebgutes durch mehrere Siebe in Fraktionen getrennt und es werden deren Massenanteile ermittelt. Die Maschenweiten müssen im Verhältnis von konstanten Quotienten stehen. In Europa sind diese Quotienten an die dekadischen Reihen in Millimetern angelegt (in Deutschland DIN, in Frankreich AFNOR, in Russland GOST und andere Normen); in den USA sind sie an eine halbierende Reihe (Wentworth, ASTM-Norm) in Millimetern oder Inch angelegt.

Es gibt verschiedene Grundreihen, die nach dem Prinzip der geometrischen Reihen aufgebaut sind, d. h. die Nachbarzahlen der Reihe stehen in einem bestimmten Verhältnis zueinander. In den USA haben sich Reihen auf der Basis von 2 (1 / 2) nach C. K. Wentworth (1922), in Europa auf der Basis von 10 (1 / 10) nach dem französischen Erfinder Charles Renard (1877) als Normzahlreihen R in ISO 3 und DIN 323 (ursprünglich DIN 3) durchgesetzt.

So sind die Siebreihen mit verschiedenen Quotienten entstanden. Dabei wird der Quotient durch einen Exponenten $n = \log_{10} q$ definiert. Der Zahlenwert des Quotienten wird als Stufensprung bezeichnet. Nach ISO 3 und DIN 323 werden u. a. die in ◘ Tab. 1.26 genannten Reihen vorgegeben.

Die Zahlenreihe R5 (R10, R20, R40) ist so aufgebaut, dass das dekadische Intervall zwischen 1 und 10 aus 5 (10, 20,40) logarithmisch äquidistanten Intervallen besteht.

Die gerundete Reihe R5 lautet am Beispiel der Dekade 1 bis 10:

$$1 \quad 1{,}6 \quad 2{,}5 \quad 4{,}0 \quad 6{,}3 \quad 10$$

Diese Zahlenreihe ergibt sich aus folgender Multiplikation:

$$1 \quad 1{,}6\cdot 1 \quad 1{,}6\cdot 1{,}6 \quad 1{,}6\cdot 2{,}5 \quad 1{,}6\cdot 4 \quad 1{,}6\cdot 6{,}3$$

Die gerundete Reihe Rio lautet am Beispiel der Dekade 1 bis 10:

$$1 \quad 1{,}25 \quad 1{,}6 \quad 2{,}0 \quad 2{,}5 \quad 3{,}15 \quad 4{,}0 \quad 5{,}0 \quad 6{,}3 \quad 8{,}0 \quad 10$$

Die Rn/3(z. B. R10/3)DIN-Reihen nähern sich weitgehend der auf der Basis von 2 aufgebauten US-Normen, an die die DIN 18123 angeglichen ist.

In Deutschland erfolgt die Siebanalyse allgemein nach DIN 66165 und speziell für Boden als Baugrund nach DIN 18123 sowie speziell für das Prüfen von Mineralstoffen (Gesteinskörnungen, Korngemische) nach DIN EN 933-1. DIN 66165-1

Tab. 1.26 Definitionen der Normzahlreihen (Haupt- und Nebenreihen). (Nach ISO 3 und DIN 323)

Reihe	R5/3	R2	R10/3	R5	R20/3	R10	R40/3	R20	R80/3	R40	R80
Exponent *n* von 10	3/5	1/2	3/10	1/5	3/20	1/10	3/40	1/20	3/80	1/40	1/80
Quotient *q*	$10^{0,6}$	$10^{0,5}$	$10^{0,3}$	$10^{0,2}$	$10^{0,15}$	$10^{0,1}$	$10^{0,075}$	$10^{0,05}$	$10^{0,0375}$	$10^{0,025}$	$10^{0,0125}$
Stufensprung	3,9811	3,1623	1,9953	1,5849	1,4125	1,2589	1,1885	1,1220	1,0902	1,0593	1,0292

und 66165-2 behandelt die Grundlagen der Siebanalyse, welche beim Ermitteln der Partikelgrößenverteilung eines dispersen Gutes zu beachten sind. Sie berücksichtigt die Einflussgrößen der Siebung (verfahrenstechnische und siebgutabhängige Einflüsse, Siebdauer, Trenngrenze) und benennt das größtzulässige Schüttvolumen des Siebrückstandes pro Flächeneinheit des einzelnen Siebbodens (Abb. 1.71).

DIN 18123 wird im Erd-, Wasser- und Verkehrsbau als Grundlage für das Benennen und Klassifizieren von Böden nach DIN 4022 und DIN 18196 angewendet. Es ist im Vergleich zu DIN 66165-1 und DIN 66165-2 eine „Schnellmethode".

Es werden die in Tab. 1.27 aufgeführten Siebsätze verwendet. Die Probemenge ist dem Größtkorn anzupassen und ist als Mindestmenge (in g) für den Siebsatz (nicht für den einzelnen Siebboden) festgelegt, wodurch die Möglichkeit der Überlastung der feineren Siebböden besteht (systematischer Fehler): feinere Körner bilden mehrere Schichten, sodass die Messwahrscheinlichkeit der Einzelkörner stark abnimmt.

DIN 52098 orientiert sich bei Zusammenstellung des Siebsatzes, Siebverfahren und zulässigen größten Siebrückständen auf den Siebböden an DIN 66165. Bezogen auf die obere Prüfgröße, sind für Straßen- und Asphaltbau sowie für Betonzuschlag die erforderlichen Probemengen der Messproben in Tabellen festgelegt.

Eine große erforderliche Probemenge, z. B. bei Sand mit Stein- und Kiesanteilen, kann vor dem Aussieben der feineren Korn- bzw. Sandanteile eine Probeteilung erfordern. Eine solche Forderung kann sich aus den zulässigen größten Siebrückständen auf Siebböden ergeben. Für die Korngrößenverteilung ist dann der Prozentanteil der Sandkörnung an solchen Teilproben dem direkt ausgesiebten Kiesanteil hinzuzufügen.

▪ Optische Korngrößenanalyse – Bildanalyse

Die rechnergestützte Bildanalyse ermöglicht das Einlesen und Auswerten von mikroskopischen oder elektronenmikroskopischen Aufnahmen von Streupräparaten, Anschliffen, Dünnschliffen und strömenden Suspensionen. Für das Anfertigen von Streupräparaten werden die Partikel im Ultraschallbad oder chemisch dispergiert und in einer dünnen Schicht auf eine Trägerplatte aufgetragen. Nach photoelektronischer Aufnahme erfolgt das Umwandeln des Bildes in ein Binärbild. Durch das Anwenden elektronischer Filtermethoden können einzelne Korn- oder Mineralarten differenziert werden. Es können verschiedene Korneigenschaften gemessen und als Verteilung dargestellt werden: Kornart, größter Durchmesser, kleinster Durchmesser, Projektionsfläche, Rauigkeit, Faserlänge, äußerer und innerer Umfang, Orientierung, Fläche der Einschlüsse, Fläche der konkaven Aussparungen (Abb. 1.72 und 1.73).

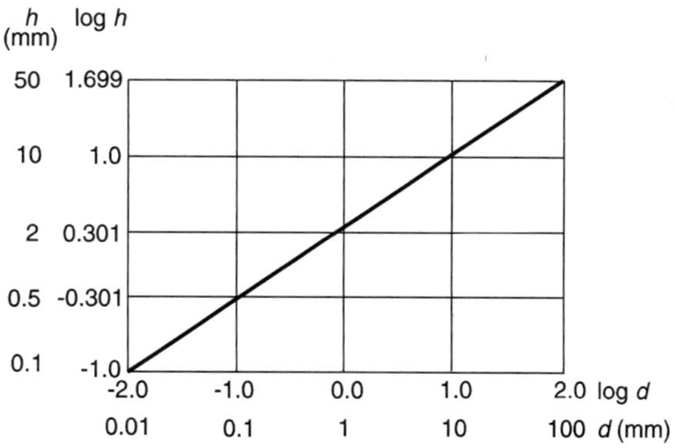

Abb. 1.71 Größtzulässiges Schüttvolumen des Siebrückstandes, angegeben als Höhe *h* über der Siebfläche, in Abhängigkeit von der Feinheit der einzelnen Siebböden (*d* in mm) nach DIN 66165. Die größtzulässige Aufgabemenge liegt beim doppelten Wert des Schüttvolumens

Die optische Korngößenanalyse ist vom kleinsten bis zum größten Korndurchmesser durchführbar, wobei das Abbild des Präparates je nach Gegebenheit zu vergrößern oder zu verkleinern ist.

1.15.2 Sedimentationskorngrößen

In einer Flüssigkeit geringerer Dichte sinken Körner in Abhängigkeit von ihrem durch Auftrieb geminderten Gewicht und dem Widerstand der Flüssigkeit, in der Regel Wasser, unterschiedlich schnell. Das Sinken wird durch die Schwerkraft oder eine Zentrifugalkraft angeregt. Gemessen wird die relative Bewegung der Körner gegenüber der Flüssigkeit. Man lässt die Körner entweder in stehender Flüssigkeit sinken oder sich in strömender Flüssigkeit trennen. Die Messgröße ist in beiden Fällen die Sedimentationsgeschwindigkeit. Gemessen wird die Sedimentationszeit über eine Messstrecke.

Die Korngröße wird unter bekannten physikalischen Bedingungen aus der Sedimentationsgeschwindigkeit berechnet. Diese Bedingungen sind:

- Gravitationsbeschleunigung;
- Dichte der Körner;
- Dichte der Flüssigkeit;
- kinematische Viskosität der Flüssigkeit.

Die letzten zwei Variablen sind von der Temperatur und in geringem Maße vom Druck abhängig.

▪ Einfluss der Kornform

Die Korngröße wird nur unter Annahme einer Bezugskornform definiert. In der Regel wird die Kugel als Bezugskornform gewählt.

Tab. 1.27 Normzahlenreihen nach DIN 323 und Maschenweiten für Drahtsiebböden nach DIN und ASTM; zu den mm-Werten sind die *PHI*-Äquivalente angegeben

R2	R10/3	R20/3	R10	R20		ASTM			
DIN 4022 [mm]	DIN 18123 [mm]	DIN 66165 [mm]	[mm]	[mm]	*PHI*	*PHI*	[mm]	[inch]	Mesh
63	63	63	63	63	–5,9773	–6,0000	64	2,5	
				56	–5,8074				
			50	50	–5,6439	–5,6668	50,8	2	
		45		45	–5,4919	–5,4741	44,45	1,75	
			40	40	–5,3219	–5,2517	38,1	1,5	
				35,5	–5,1497				
	31,5	31,5	31,5	31,5	–4,9773	–4,9887	31,75	1,25	
				28	–4,8074	–4,7495	26,9	1,06	
			25	25	–4,6439	–4,6668	25,4	1	
		22,4		22,4	–4,4854	–4,4983	22,6	0,875	
20			20	20	–4,3219				
				18	–4,1699	–4,2479	19	0,75	
	16	16	16	16	–4,0000	–3,9887	15,875	0,625	
				14	–3,8074	–3,7549	13,5	0,53	
			12,5	12,5	–3,6439	–3,6668	12,7	0,5	
		11,2		11,2	–3,4854	–3,4854	11,2	0,4375	
			10	10	–3,3219				
				9	–3,1699	–3,2517	9,525	0,375	
	8	8	8	8	–3,0000	–2,9887	7,9375	0,3125	
				7,1	–2,8278				
6,3			6,3	6,3	–2,6554	–2,6668	6,35	0,25	3,25
		5,6		5,6	–2,4854	–2,5008	5,66		3,5
			5	5	–2,3219				
				4,5	–2,1699	–2,2510	4,76		4
	4	4	4	4	–2,0000	–2,0000	4		5
				3,55	–1,8278	–1,7485	3,36		6
			3,15	3,15	–1,6554				
		2,8		2,8	–1,4854	–1,5008	2,83		7
			2,5	2,5	–1,3219				
				2,24	–1,1635	–1,2510	2,38		8
2	2	2	2	2	–1,0000	–1,0000	2		10
				1,8	–0,8480				
			1,6	1,6	–0,6781	–0,7485	1,68		12
		1,4		1,4	–0,4854	–0,4957	1,41		14
	1	1	1,25	1,25	–0,3219	–0,2510	1,19		16
				1,12	–0,1635				
			1	1	0,0000	0,0000	1		18
				0,9	0,1520				

Tab. 1.27 *(Fortsetzung)*

R2	R10/3	R20/3	R10	R20		ASTM			
DIN 4022 [mm]	DIN 18123 [mm]	DIN 66165 [mm]	[mm]	[mm]	*PHI*	*PHI*	[mm]	[inch]	Mesh
			0,8	0,8	0,3219	0,2498	0,841		20
		0,71		0,71	0,4941	0,5002	0,707		25
0,63			0,63	0,63	0,6666				
				0,56	0,8365	0,7490	0,595		30
	0,5	0,5	0,5	0,5	1,0000	1,0000	0,5		35
				0,45	1,1520				
			0,4	0,4	1,3219	1,2515	0,42		40
		0,355		0,355	1,4941	1,4901	0,356		45
			0,315	0,315	1,6666				
				0,28	1,8365	1,7515	0,297		50
	0,25	0,25	0,25	0,25	2,0000	2,0000	0,25		60
				0,224	2,1584				
0,2		0,18	0,2	0,2	2,3219	2,2515	0,21		70
				0,18	2,4739				
			0,16	0,16	2,6439	2,4982	0,177		80
				0,14	2,8365	2,7466	0,149		100
	0,125	0,125	0,125	0,125	3,0000	3,0000	0,125		120
				0,112	3,1584				
			0,1	0,1	3,3219	3,2515	0,105		140
		0,09		0,09	3,4739	3,5064	0,088		170
			0,08	0,08	3,6439				
				0,071	3,8160	3,7563	0,074		200
0,063	0,063	0,063	0,063	0,063	3,9885	3,9885	0,063		230
				0,056	4,1584	4,2379	0,053		270
			0,05	0,05	4,3219				
		0,045		0,045	4,4739	4,5063	0,044		325
			0,04	0,04	4,6439				
		0,032		0,036	4,7959	4,7563	0,037		400
			0,032	0,032	4,9658				
				0,028	5,1584				
			0,025	0,025	5,3219				
				0,022	5,5063				
0,02			0,02	0,02	5,6439				

Bei ungleich großen und ungleichförmigen Kornaggregaten werden durch die Sedimentation, anders als durch das Sieben, die Körner miteinander gruppiert. So können z. B. Feinsand und millimetergroße Glimmerblättchen in einer Sedimentationsfraktion zusammen vorkommen, während das Siebverfahren diese voneinander trennt.

▪ Sedimentationsvariablen

Strömung und Sedimentation werden durch die dimensionslose Reynolds-Zahl Re charakterisiert (Reynolds 1883). Grob unterschieden werden laminarer Bereich (Stokes'scher Bereich; $Re < 0{,}1$), Übergangsbereich ($0{,}1 < Re < 10^3$) und turbulenter Bereich (Newton'scher Bereich; $10^3 < Re < 10^5$). Die Reynolds-

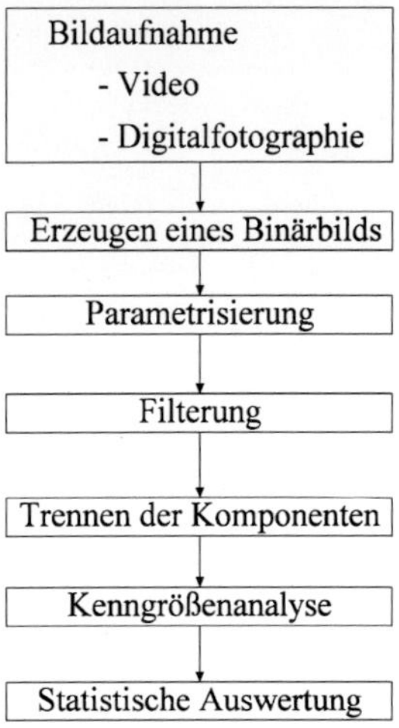

Abb. 1.72 Vorgehensweise bei der Bildanalyse

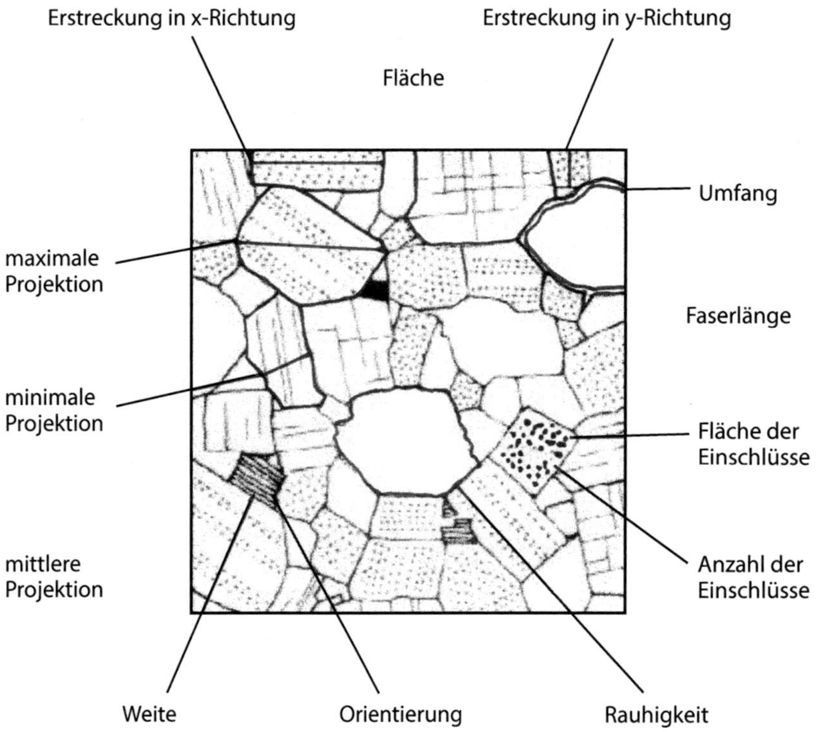

Abb. 1.73 Bildanalytisch auswertbare Korneigenschaften

Zahl beschreibt das Verhältnis der Trägheitskraft des Partikels zur Reibungskraft (Viskositätskraft) der Flüssigkeit und ist definiert als:

$$Re = \frac{d V \rho_f}{\eta} = \frac{d V}{v}$$

d = Korngröße [cm]
V = Sinkgeschwindigkeit [cm s^{-1}]
ρ_f = Dichte der Flüssigkeit [g cm^{-3}]
η = dynamische Viskosität [g s^{-1} cm^{-1} = Poise]
v = kinematische Viskosität [cm^2 s^{-1} = Stokes]
ρ_s = Korndichte [g cm^{-3}]

Die Sedimentation eines Partikels wird durch den Widerstandsbeiwert C_D („drag coefficient") beschrieben:

$$C_D = \frac{4d(\rho_s - \rho_f)g}{3V^2}.$$

Der Widerstandsbeiwert ist eine nichtlineare Funktion der Reynolds-Zahl, die sowohl für kugelige als auch für nichtkugelige Partikel bekannt ist. Für verschiedene *SF*-Kornformwerte gilt die als Polynom ausgedrückte Funktion nach Brezina (1979):

$$C_D = A\, Re^{-1} + B\, Re^{-0,5} + C$$

Abb. 1.74 Widerstandsbeiwert log C_D als Funktion der Reynolds-Zahl log *Re* für unterschiedliche *SF*-Kornformwerte. Die Funktion gilt für Partikel mit natürlicher Rauigkeit. Diagonal sind die Werte von *PHI* (binärlogarithmische Korngröße), *PSI* (binär-logarithmische Sinkgeschwindigkeit) und *SF'* (Corey-Kornform) eingetragen. (Brezina 1979)

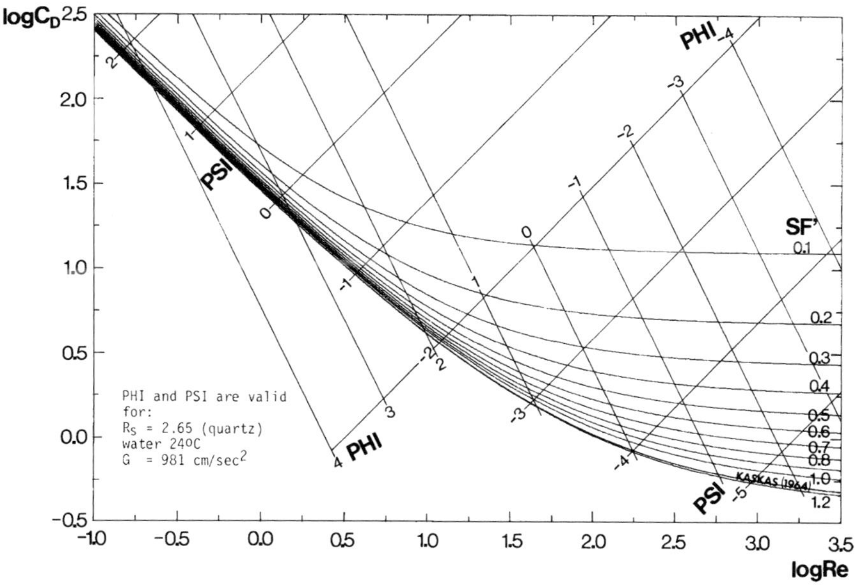

mit

$$A = P_2 SF^{P_1};\quad P_1 = -0{,}1572509737;\quad P_2 = 24{,}66$$

$$B = P_4 SF^{P_3};\quad P_3 = -0{,}0161675868;\quad P_4 = 4{,}07$$

$$C = P_6 SF^{P_5};\quad P_5 = -1{,}398809673;\quad P_6 = 0{,}49.$$

Abb. 1.74 zeigt die grafische Darstellung dieser Funktion in dekadisch-logarithmischen Koordinaten.

Diese Funktion ist durch eine Regression aus mehr als 10.000 Werten abgeleitet worden. Die Formel gilt für $10^{-7} < Re < 10^{4}$. Damit werden die von Stokes (1845), Newton und anderen für Kugeln aufgestellten Beziehungen auf nichtkugelige Partikel erweitert.

Mit der oben beschriebenen Funktion $C_D = f(Re, SF)$ lassen sich alle Variablen numerisch lösen. Die binär-logarithmische Sinkgeschwindigkeit *PSI* ist in Abb. 1.75 und 1.76 als Funktion der Korngröße *PHI*, der Kornform *SF* und der Korndichte ρ dargestellt.

Erläuterung der *PHI*- und *PSI*-Werte

Nach Krumbein (1934, 1964) sowie Krumbein und Pettijohn (1938) wird die geometrische Korngrößenskala von Udden (1898) in eine binär-logarithmische Skala (unter Verwendung von Logarithmen zur Basis 2) konvertiert. Die damit gewonnene Einheit wird mit dem griechischen Buchstaben *PHI* (Φ) bezeichnet (Tab. 1.28):

$$PHI = -\log_2 X_i.$$

Nach Middleton (1967) wird die Sinkgeschwindigkeit analog zu *PHI* binär-logarithmisch dargestellt. Die damit gewonnenen Einheiten werden mit dem griechischen Buchstaben *PSI* (Ψ) bezeichnet:

$$PSI = -\log_2 Y_i$$

X_i = **dimensionsloses Verhältnis der gegebenen Korngröße [mm] zur Standard-Korngröße 1 mm**

Y_i = **dimensionsloses Verhältnis der gegebenen Sinkgeschwindigkeit [cm s^{-1}] zur Standard-Sinkgeschwindigkeit 1 cm s^{-1}**

Das Berechnen der Logarithmen zur Basis 2 erfolgt durch Division der dekadischen Logarithmen durch den dekadischen Logarithmus von 2 ($\log_{10}2 = 0{,}30103$). Für den gesuchten Logarithmus zur Basis 2 von z. B. 0,063 gilt:

$$\log_2 0{,}063 = \log_{10} 0{,}063/\log_{10} 2$$
$$= -1{,}20066/0{,}30103$$
$$= -3{,}9885.$$

Bei den *PHI*- bzw. *PSI*-Werten ist auf das Vorzeichen zu achten. Im oben aufgeführten Beispiel ist dann:

$$0{,}063\ \text{mm} = +3{,}9885\ PHI,$$

$$0{,}063\ \text{cm s}^{-1} = +3{,}9885\ PSI.$$

Einfluss der Partikelkonzentration

Bei der Sedimentationsanalyse leitet man die Korngröße aus der Sinkgeschwindigkeit der einzelnen Partikel ab. Die Sinkgeschwindigkeit ändert sich proportional zur Partikelkonzentration. Die von der Partikelkonzentration verursachten Fehler lassen sich kaum erfassen und deshalb auch mathematisch nicht korrigieren. Folgende Einflüsse machen sich bemerkbar:

- jedes einzelne Partikel erhöht die Dichte und die Viskosität des Mediums. Zusätzlich bewirkt jedes einzelne absinkende Partikel eine entgegengesetzte Strömung des Mediums, welcher die Nachbarpartikel ausgesetzt sind;
- feinkörnige Partikel, die mit Reynolds-Zahl $Re < 0{,}1$ laminar sedimentieren (Stokesscher Bereich), können sich wegen ihrer geringen Sedimentationsgeschwindigkeit nicht voneinander trennen. Sie bilden dichtere Suspensionsbereiche (Wolken bzw. Strähnen), die schneller sinken und die Sinkgeschwindigkeiten der einzelnen Partikel innerhalb dieser Bereiche erhöhen. Das entgegengesetzte Umströmen des Mediums verzögert die Sedimentation der Nachbarbereiche;
- gröbere Partikel, die mit Reynolds-Zahl $Re > 0{,}1$ sedimentieren (Übergangsbereich), haben eine ausreichend hohe Sedimentationsgeschwindigkeit und können sich voneinander trennen. Diese Partikel bilden bei Beginn der Sedimentation mit Überschichtung auch dichtere, aber sich schnell auflösende Bereiche.

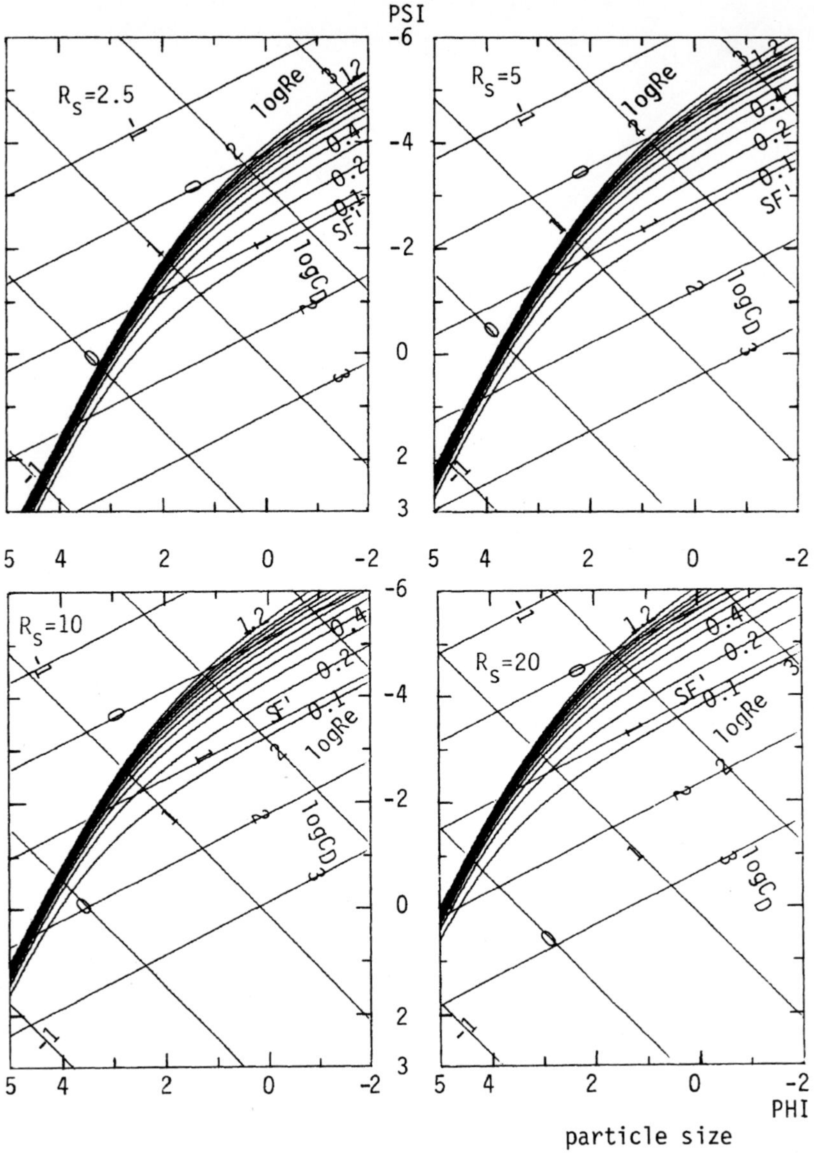

Abb. 1.75 *PSI* (binär-logarithmische Sinkgeschwindigkeit) als Funktion von *PHI* (binärlogarithmische Korngröße) und *SF* (Corey-Kornform) für vier Korndichten ρ_s = 2,5; 5; 10 und 20 g cm^{-3}. Die *Kurven* für verschiedene *SF*-Werte divergieren im Grobkornbereich und konvergieren im Feinkornbereich. Die Kornform beeinflusst also stark die Sinkgeschwindigkeit grober Partikel, während sie bei den feinen Partikeln fast keinen Einfluss ausübt. (Brezina 1979)

Aus diesen Gründen ist die Partikelkonzentration zu minimieren. Die Probemenge ist möglichst klein zu wählen, sodass die Repräsentativität gerade noch gewährleistet ist. Fehler aus der Partikelkonzentration können z. B. durch Partikelbeschleunigung (Zentrifuge) und durch die Suspensionsanordnung (Überschichtung) reduziert werden.

Sedimantation im stehenden Medium bzw. Fluid Disperse Feststoffe können in zwei unterschiedlichen Anordnungen zur Sedimentation im stehenden Medium (Wasser oder Luft) freigegeben werden:

- aus homogener Suspension (Odén 1915);
- aus einer Schicht in reiner Flüssigkeit (Überschichtung).

Bei der Überschichtung hat die entstehende Suspension zunächst eine größere Dichte als die darunter liegende, leichtere Flüssigkeit. Eine solche Anordnung stellt eine hydrodynamische Instabilität dar. Beide Flüssigkeiten fangen an, ihre Lage durch Konvektionsströmung auszutauschen, um zu einer stabilen Anordnung zu gelangen. Die Konvektionsströmung ist besonders bei feinen, also langsam sinkenden Partikeln eine wesentlich größere Fehlerquelle als bei sandkörnigen, also schnell sinkenden Partikeln.

Die Sedimentation aus homogener Suspension ist frei von diesem Fehler. Die Dichteanordnung einer homogenen Suspension wird im Laufe der Sedimentation nie instabil: sie nimmt im oberen Teil ab und im unteren zu.

Dabei treten jedoch andere Nachteile und Fehler auf:

- es ist nur die Sedimentationsstrecke der Partikel aus der obersten Ebene bekannt, diejenige aller anderen Partikel ist jedoch unbekannt. Der Anteil dieser Partikel aus tieferen Ebenen muss deshalb mathematisch durch eine Derivation (Ableitung, Differenzbildung) abgezogen werden. Diese Derivation vergrößert die vorhandenen Messfehler um ein Vielfaches;
- die Sedimentation der Partikel mit der bekannten maximalen Sedimentationsstrecke ist durch die Sedimentation der anderen Partikel gestört: diese behindern den Sedimentationsweg der bekannten Partikel und bilden mit der Flüssigkeit ein Medium mit sich ändernder Viskosität und Dichte, welche höher als die des reinen Mediums sind;
- die am Anfang zum Homogenisieren in das Medium eingebrachte Strömung verfälscht die Messwerte der ersten Minuten.

Abb. 1.76 *PSI* (binär-logarithmische Sinkgeschwindigkeit) als Funktion von *PHI* (binärlogarithmische Korngröße) und *SF* (Corey-Kornform) für vier *SF*-Kornform-Werte *SF* = 0,15; 0,3; 0,6 und 1,2. Die *Kurven* für verschiedene Korndichten ρ_s verlaufen unabhängig von der Korngröße parallel zueinander. Dies zeigt, dass die Korndichte bei groben und feinen Partikeln auf die Sinkgeschwindigkeit einen gleichen relativen Einfluss hat, sodass sich sowohl grobe als auch feine Partikel nach der Dichte durch Sedimentation trennen lassen. (Brezina 1979)

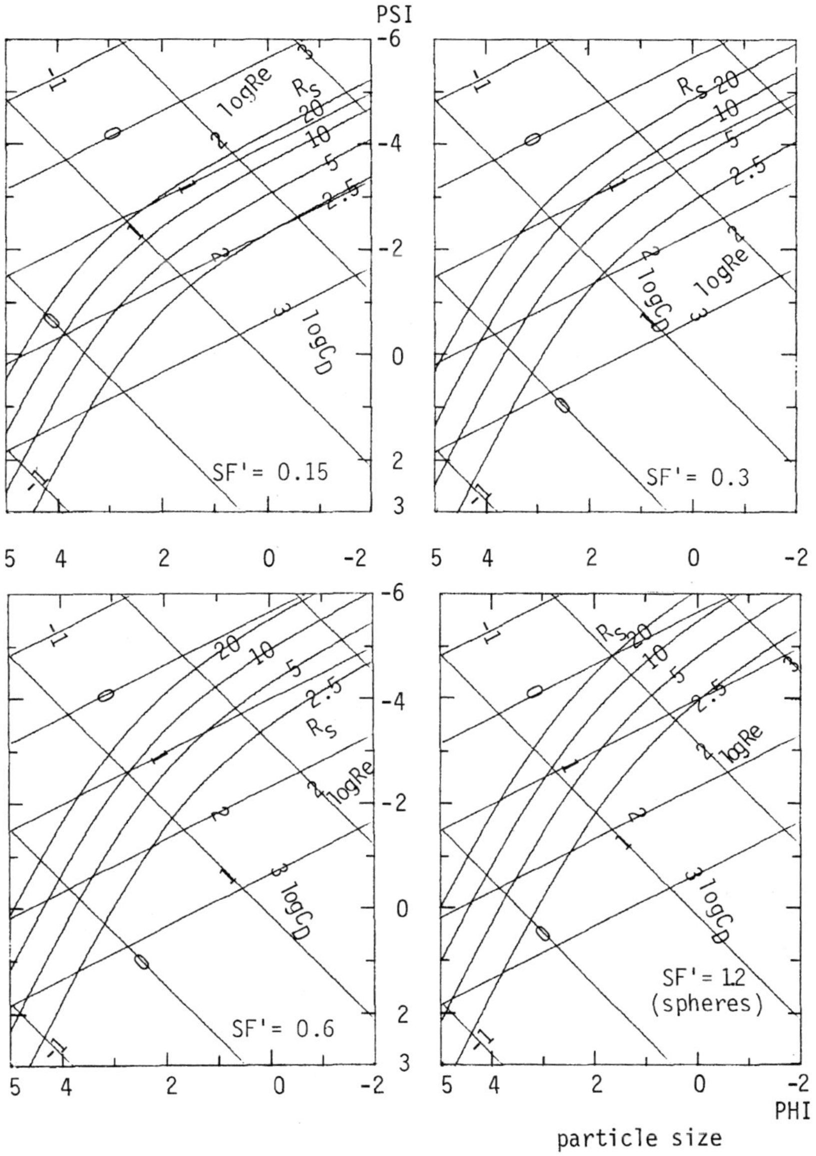

Mathematische Ableitungen können durch bestimmte Sedimentations- und Messanordnungen vermieden werden, z. B. durch Sedimentation mit Überschichtung, durch Differenzmessung zwischen zwei geringfügig verschiedenen Sedimentationslängen etc.

Die Sedimentation kann in beiden Anordnungen über zwei grundsätzlich unterschiedliche Ansätze verfolgt werden (DIN 66111):

- über die abnehmende Konzentration der Suspension in einer bestimmten Höhe in der Suspensionssäule (inkrementale Methoden);
- über die zunehmende Sedimentmenge oder die abnehmende Gesamtmenge des suspendierten Feststoffes (kumulative Methoden).

Sedimentation aus homogener Suspension

Zu den kumulativen Methoden gehören:

- Bestimmen des Massenanteils des Sedimentes mit der Odénschen Sedimentationswaage (Odén 1915; DIN 66116; Abb. 1.77a), hergestellt u. a. von den Firmen Sartorius, Mettler und Cahn;
- Bestimmen des Massenanteils des Schwebstoffes durch die kumulativ manometrische Messung nach Wiegner (Wiegner 1918; von Hahn 1928; Abb. 1.77b);
- Bestimmen des Massenanteils des Schwebstoffes durch Dichtemessung mit dem Aräometer nach A. Casagrande (Casagrande 1934a, b; DIN 18123; Abb. 1.77c).

Zu den inkrementalen Methoden gehören:

- Bestimmen des Massenanteils des Schwebstoffes in einer bestimmten, konstanten Suspensionsmenge, welche mit einer Pipette aus einer bestimmten Tiefe im Sedimentationsgefäß entnommen wird (Pipette-Verfahren; Andreasen 1928, Andreasen und Lundberg 1930; DIN 66115; Abb. 1.77d).
- Bestimmen des Massenanteils des Schwebstoffes durch differenziell manometrische Messung nach Crowther (1927). Gemessen werden Druckunterschiede (Abb. 1.77e).
- Bestimmen des Massenanteils des Schwebstoffes durch Dichtemessung mit an einer Waage aufgehängtem Tauchkörper nach Schurecht (1921), von Hahn (1928), Haas (1997) etc. Gemessen wird der abnehmende Auftrieb als Gewichtszunahme (Abb. 1.77f).

Tab. 1.28 Gegenüberstellung von Korngröße [mm], Sinkgeschwindigkeit [cm s^{-1}], *PHI*, und *PSI*

mm und cms^{-1} geometrische Reihe Quotient = 2 (1 / 2)	*PHI* und *PSI* arithmetische Reihe Differenz = ±1
0,001953125	9
0,00390625	8
0,0078125	7
0,015625	6
0,03125	5
0,0625	4
0,125	3
0,25	2
0,5	1
1,0	0
2,0	−1
4,0	−2
8,0	−3
16,0	−4
32,0	−5
64,0	−6

- Bestimmen des Massenanteils des Schwebstoffes durch Dichtemessung mit freischwebenden Tauchkörpern nach Berg (1940; ▪ Abb. 1.77g). Gemessen wird die Sedimentationsstrecke und die Sedimentationszeit von mit den Tauchkörpern markierten Dichtezonen in der Suspension, die sich im Laufe der Sedimentation aus der homogenen Suspension entwickeln. Gearbeitet wird mit verschiedenen Tauchkörpern im Dichtebereich zwischen 1,0005 und 1,01 g cm^{-3}.
- Bestimmen des Massenanteils des Schwebstoffes durch photometrische Verfahren (Absorption elektromagnetischer Strahlung, Photosedimentometer, γ-Strahlen-Sedimentometer). Gemessen wird der Strahlungsdurchgang (▪ Abb. 1.77h).

Sedimentation mit Überschichtung

Bei der Überschichtung ist die Sedimentationsstrecke aller Partikel bekannt. Während bei Verfahren mit homogener Suspension die Partikelkonzentration im unteren Teil der Sedimentationssäule zunimmt, sinkt diese beim Verfahren mit Überschichtung mit fortschreitender Sedimentation. Die Probe muss gleichzeitig horizontal-homogen in die oberste Schicht zur Sedimentation freigegeben werden. Zu Beginn der Sedimentation ist die Partikelkonzentration am größten, sodass hieraus eine inverse Dichteschichtung entsteht (▪ Abb. 1.78). Damit verursachte Fehler aus Konvektion sind auf diesen Zeitraum begrenzt.

Einer solchen Instabilität kann man mit einer stabileren Dichteschichtung entgegenwirken. Diese Stabilisierung kann erreicht werden, wenn im obersten Teil der Sedimentationssäule die Dichte der Suspensionsflüssigkeit so klein gewählt wird (z. B. durch Erwärmen), dass sich hier eine Gesamtdichte der überlagernden Suspension (Flüssigkeit plus Feststoff) ergibt, die kleiner ist als die Dichte der darunter liegenden reinen Flüssigkeit.

Beim Absinken müssen sich die Partikel voneinander trennen. Die dazu notwendige Kraft ist nur bei groben Partikeln mit Reynolds-Zahl > 0,1 vorhanden, was etwa natürlichen Quarzpartikeln > 0,05 mm entspricht. Bei feineren Partikeln kann diese Kraft (*Re* > 0,1) durch Zentrifugalbeschleunigung erzeugt werden.

Sand-Sedimentationsanalyse

Die Sedimentation sandkörniger Partikel kann über das Erfassen der Suspension oder des Sedimentes analysiert werden:

- *Suspensionerfassung*
  Die Suspension kann manometrisch oder anderweitig (z. B. photometrisch differenziell) erfasst werden. Beim Erfassen der Suspension kann man den Konzentrationsfehler nicht durch die Wahl einer niedrigeren Partikelkonzentration verringern, weil diese die zu erfassende Messgröße ist.
  Die bekannteste Anwendung erfolgt manometrisch in den Ausführungen nach Mason (1949), Appel (1953), Whitney und Ziegler (1960, Woods Hole Rapid Sediment Analyzer), Schlee (1966) sowie Brezina (1964, 1967).
- *Sedimenterfassung*
  Die Sedimentmenge kann volumetrisch oder gravimetrisch gemessen werden. Beim Erfassen der Sedimentmenge kann man den Konzentrationsfehler durch die Wahl einer niedrigeren Partikelkonzentration verringern. Die bekanntesten Methoden zur volumetrischen Sedimenterfassung wurden von van Veen (1936), Emery (1938, Emery's Settling Tube), Fowler (1954), Poole (1957, St. Anthony Falls Hydraulic Laboratory), Sathapathi (1957), Rukavina (1961) sowie Rukavina und Duncan (1970) beschrieben.
  Diese Verfahren sind mit folgenden Fehlerquellen behaftet:
  - die Sedimentpartikel lagern sich in Abhängigkeit von Korngröße, Kornform und Korndichte verschieden dicht ab, und die Sedimentsäule sackt mit der Zeit in sich zusammen;
  - das Sedimentvolumen wird über eine konische Verengung einem engen Messrohr zugeführt, wo es gemessen wird; auf der konischen Fläche wird die Sedimentation verzögert;
  - das Sedimentvolumen wird in bestimmten Sedimentationszeitintervallen visuell erfasst.

  Die bekanntesten Methoden zur gravimetrischen Sedimenterfassung (Unterwassergewicht mit einer Sedimentationswaage) wurden von Doeglas und Brezesinska-Smithuysen (1941), Plankeel (1962) Walger (1966), Felix (1969), Geldof (1978), Geldof und Slot (1979), Gibbs (1971, 1974), Gibbs et al. (1971), Flemming (1976), Amos et al. (1981) sowie Brezina (1971, 1979) beschrieben.
  Die entwickelten Geräte unterscheiden sich vor allem durch die Probenaufgabe, die Abmessungen der Sedimentationssäule und die Zeitkonstante der Waage.
  Marktreife hat das MacroGranometer™ erreicht (Brezina 1971; ▪ Abb. 1.79).

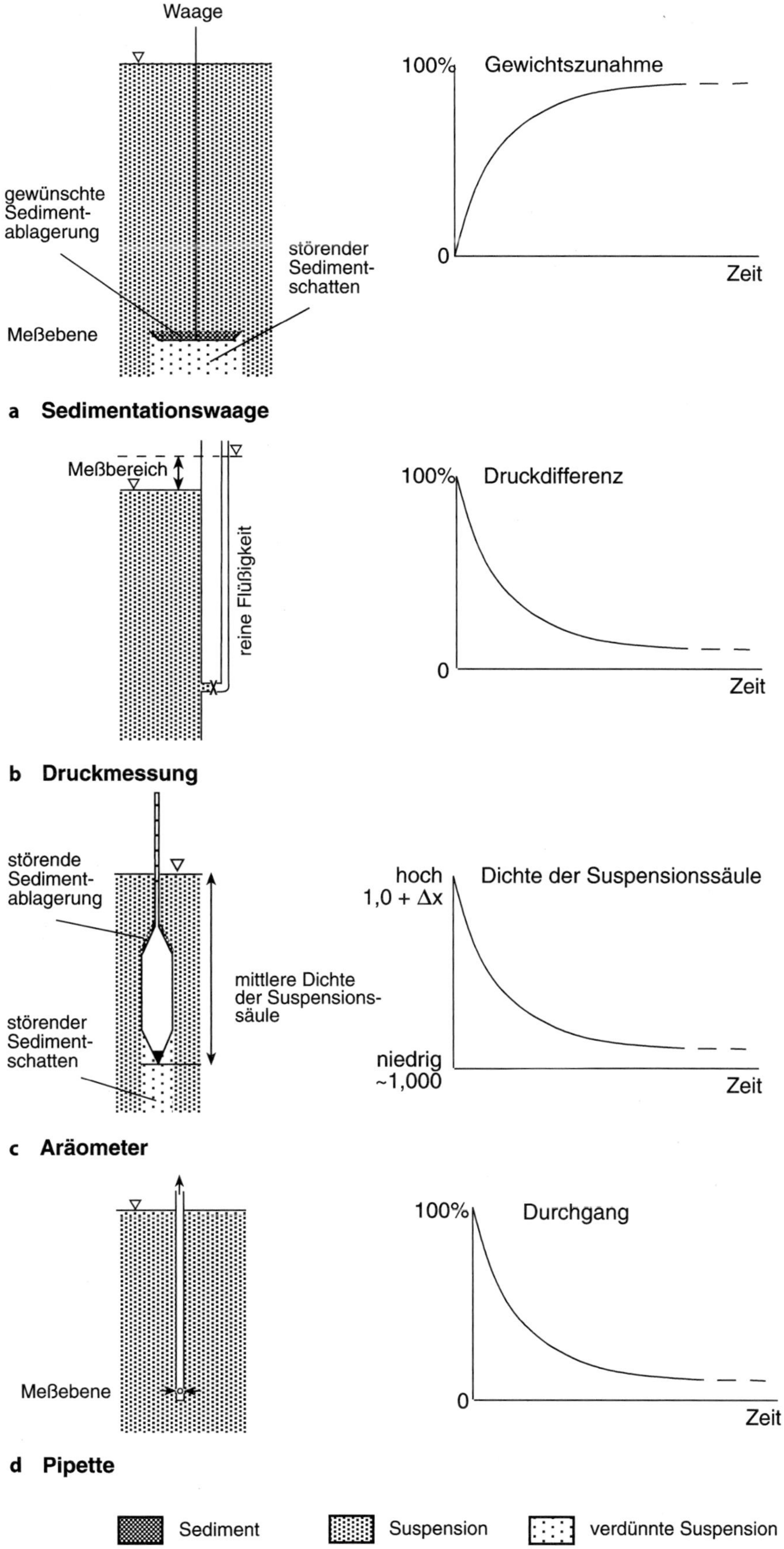

Abb. 1.77 Messverfahren zum Bestimmen der Korngrößenverteilung feinkörniger Partikel durch Sedimentation im stehenden Medium (Wasser). **a–c** kumulative Verfahren, **d–h** inkrementale Verfahren

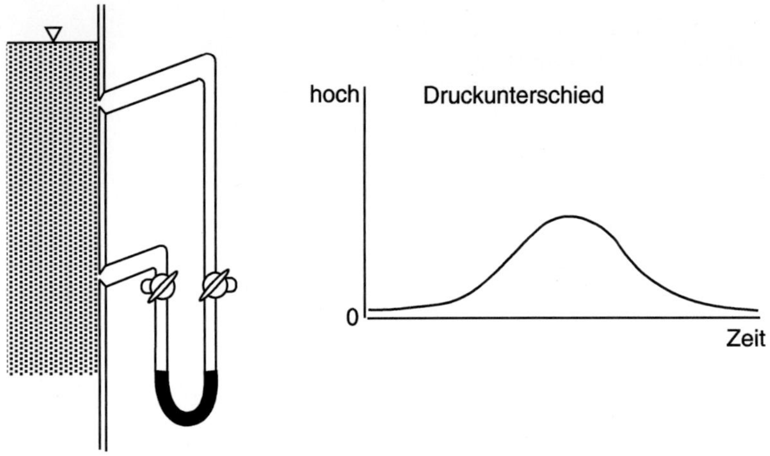

e Differenz-Druckmessung

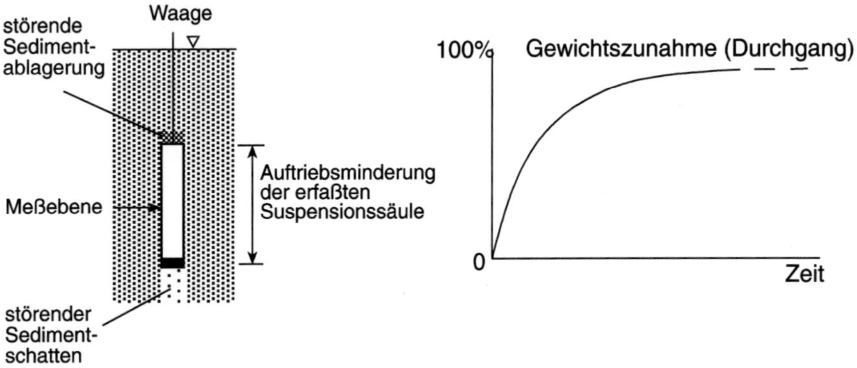

f Tauchkörper

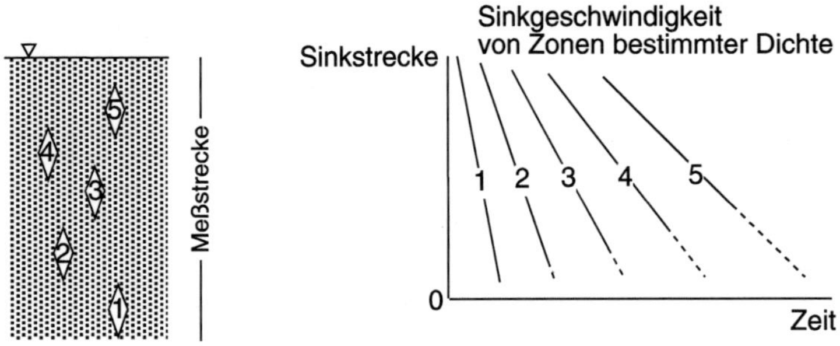

g frei schwebende Tauchkörper

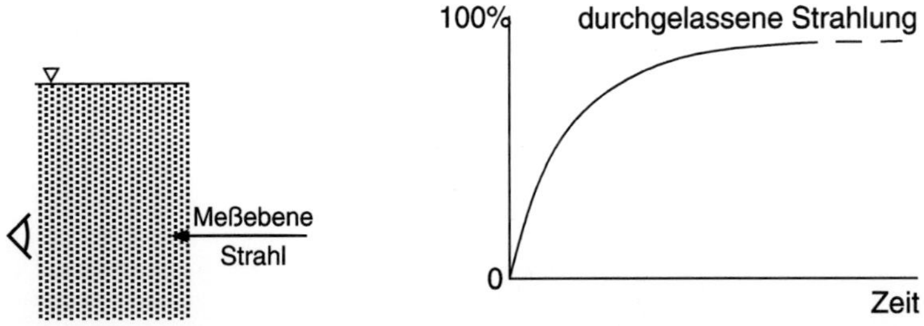

h Strahlendurchgang

Abb. 1.77 *(Fortsetzung)*

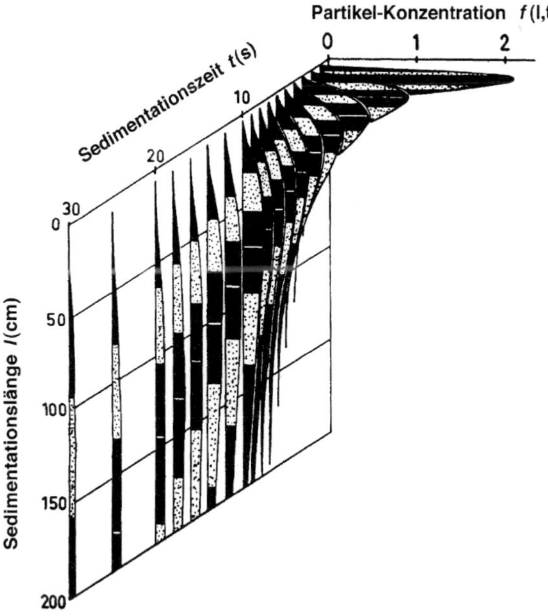

Abb. 1.78 Verbreitung der Partikelkonzentration entlang der Sedimentationslänge bei Sedimentation mit Überschichtung im Laufe der Zeit. Dargestellt ist eine sedimentierende Probe mit normaler (Gauß'scher) Korngrößenverteilung, *PHI* (1;1), was bedeutet: die mittlere Korngröße ist 1,0 *PHI*, die Standardabweichung (σ) ist 1,0 *PHI*. (Dr. Brezina, GranoMetry, Neckargemünd)

Für die Analyse mit dem MacroGranometer wird die kleinste gerade noch repräsentative Probemenge zwischen 0,1 g (Feinsand) und 10 g (Grobsand) benötigt. Sie besteht aus 15.000–20.000 Partikeln. Die Probe wird über eine Jalousie zur Sedimentation in einer 185 cm hohen Sedimentationssäule freigegeben. Es wird das Unterwassergewicht des Sedimentes induktiv im Abstand von Millisekunden gemessen und über ein logarithmisches Zeitintervall gemittelt.

Sedimentation im strömenden Medium bzw. Fluid Neben der Korngrößenanalyse durch Sedimentation im Schwerefeld (DIN 66111) gibt es Trenn- und Messverfahren zur Sedimentation im strömenden Medium (Wasser oder Luft), z. B. die Sichtanalyse nach DIN 66118, 66119 und 66120 sowie die Korngrößenbestimmung aus der spezifischen Oberfläche nach DIN 66126 sowie DIN ISO 9277.

1.15.3 Darstellen der Korngrößenverteilung

Korngrößenverteilungen können dargestellt werden als

- Tabellen;
- Diagramme, Summenkurven, Histogramme;
- Verteilungsgleichungen mit ihren Parametern.

In Tabellen und Kurven werden Mengen- bzw. Massenanteile gegen die Korngröße aufgetragen. Dabei können verschiedene Skalierungen sowohl der Korngröße als auch der kumulativen (evtl. auch differenziellen) Mengenanteile gewählt werden (Abb. 1.80). Weil die Skalierung die Wertung der Verteilungen stark kontrolliert, soll die Wahl der Skalierung immer mit großer Sorgfalt erfolgen.

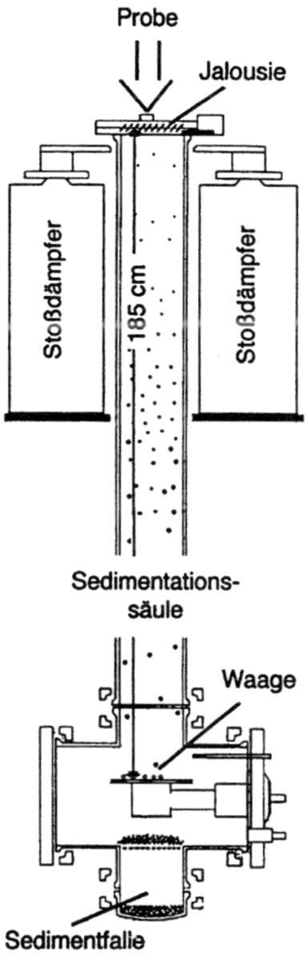

Abb. 1.79 MacroGranometer™ nach Brezina zur Sedimentationsanalyse sandkörniger Partikel. (Umgezeichnet nach Vorlage von Dr. Brezina, GranoMetry, Neckargemünd)

Die Korngröße (grafisch als *x*-Achse dargestellt) ist relativ zu bewerten. Deshalb wird sie in einer geometrischen Reihe skaliert. Eine geometrische Reihe der Korngrößen entspricht einer arithmetischen Reihe der Korngrößenlogarithmen (vgl. Tab. 1.28). Dieses Prinzip der Skalierung hat sich schon seit mehr als 175 Jahre intuitiv als sinnvoll bewährt und sich sowohl in Europa als auch in den USA in allen Normen durchgesetzt.

Die Mengenprozente (*y*-Achse) können angeordnet werden:

- linear;
- nach der Gauß'schen Normalverteilung;
- nach der Rosin-Rammler-Bennett-Verteilung (Rosin und Rammler 1934; Rammler 1952).

Eine logarithmische Anordnung der Mengenprozente ist für die Korngröße nicht geeignet und sollte nicht angewendet werden.

Statistische Parameter

Die Ergebnisse für geologische und insbesondere für sedimentologische Anwendungen werden häufig auf vier statistische Parameter reduziert. Für diese Parameter wurden ursprünglich die statistischen Momente der 1. bis 4. Ordnung verwendet. Im Vergleich zur Gauß'schen Normalverteilung beschreiben sie folgende Eigenschaften:

- Mittelwert (Zentraltendenz);
- Streuung (Dispersion bzw., als ihr Gegenteil, die Sortierung);
- Schiefe (Asymmetrie, „skewness");
- Exzess (Kurtosis, „peakedness").

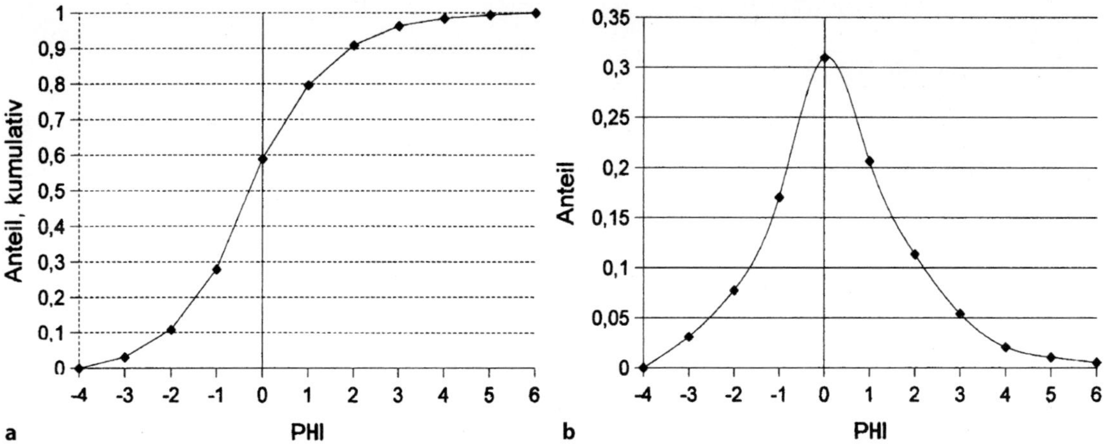

Abb. 1.80 Gebräuchliche Darstellungen der Korngrößenverteilung als Verteilungssummenkurve (*a*) und als Verteilungsdichtekurve (*b*) am Beispiel eines Sand-Kies-Gemisches mit 50 % Grobsand, 28 % Fein- und Mittelkies, 19 % Fein- und Mittelsand und 3 % Schluff

Entsprechend ihrer Definition können diese Verteilungseigenschaften direkt mit den vier Momenten beschrieben werden. Weil früher das Berechnen dieser Größen zeitaufwendig war, war es üblich, die Perzentil- bzw. Quantilwerte zu schätzen.

Als erster von diesen Parametern wird der Median (50%iger Perzentil bzw. Quantil) z. B. aus dem Lehrbuch der statistischen Methoden von F. C. Mills (1924) übernommen. Trask (1932) führt den Sortierungs- und den Skewness-Koeffizienten als Analogien zur Quartilabweichung und Quartilschiefe ein. Für das Berechnen der Kurtosis verwendet Krumbein den 4. Moment um den Mittelwert, zunächst in *PHI*-Einheiten (Krumbein 1936), dann in *ZETA*-Einheiten (Krumbein 1937). Eine Zusammenfassung ist in Krumbein und Pettijohn (1938) enthalten.

Auf der Basis von Charakteristiken einer Gauß'schen Normalverteilung hat Inman (1952) seine vier Perzentilparameter abgeleitet. Folk und Ward (1957) sowie Folk (1966) modifizieren diese Parameter so, dass sie mehrere Perzentile benutzen. Damit wird zwar der mittlere Teil der Verteilung besser erfasst, was für bimodale Verteilungen vorteilhaft ist, die Extremwerte der Verteilungen (Minimal- und Maximalkorngrößen) nehmen jedoch einen unangemessen hohen Einfluss auf solche Parameterwerte, fast so stark wie die Momentparameter. Diesen nachteiligen Einfluss haben viele Anwender leider nicht erkannt.

1.15.4 Bewerten der Methoden zur Korngrößenanalyse sandkörniger Partikel

Die nach verschiedenen Verfahren erarbeiteten Korngrößenanalysen erfassen die Korngröße über unterschiedliche Variablen, welche auf nicht erfüllte Annahmen in verschiedener Weise reagieren. Deshalb sind die Analysenergebnisse aus verschiedenen Verfahren nicht direkt miteinander vergleichbar.

▪ Sieben

Die Verteilung der sandkörnigen Partikel wird meist durch Sieben bestimmt. Einen Überblick zu diesem Analyseverfahren geben Schmidt, Körber und Coppers (2003). Das Durchführen und Auswerten der Körnungsanalyse durch Sieben und das Darstellen der Korngrößenverteilung als Körnungslinie (Verteilungsdichtekurve) ist in DIN 18123, Pos. 5, 7, 9 und 10 und in DIN ISO/TS 17892-4 bzw. in CEN ISO/TS 17892-4 beschrieben und demonstriert. Für Gesteinskörnungen (gebrochenes Material und Zuschlagsstoffe) gilt das Regelwerk DIN EN 933-1 bis -10. Nachteile dieser geometrisch-statistischen Methode treten bei Anwendungen ein, bei denen die spezifische Oberfläche eine physikalische Einflussgröße ist.

Beim Sieben werden die Partikel nach Maschenweiten klassiert. In der Praxis werden jedoch feinere Partikel mit kleinerer Wahrscheinlichkeit gemessen, weil sie sich in mehreren Schichten vor den Maschen aufstauen. Dieser Nachteil wäre durch eine längere Siebzeit, durch Sieben mit einem Luftstrahl oder durch Nasssieben auszugleichen. Ohne diesen Ausgleich werden die feineren Partikel gröber gemessen, also unterrepräsentiert dargestellt.

Nichtkugelige Partikel, die eine größere spezifische Oberfläche haben, werden gemeinsam mit gröberen Partikeln, die eine kleinere spezifische Oberfläche haben, also inkonsistent bezüglich der spezifischen Oberfläche, gemessen. Durch diese systematische Vergröberung von nichtkugeligen Partikeln errechnet sich für ein Partikelkollektiv eine kleinere spezifische Oberfläche.

Ein weiterer Nachteil ist, dass das Korngrößenspektrum nur in wenige Intervalle unterteilt wird. In der Darstellung der Siebergebnisse ergibt sich eine Verschiebung um die Intervallbreite (etwa 0,25 *PHI* oder 8 der Korngröße) in Richtung feinere Teilchen (▪ Abb. 1.81b). Wegen dieser systematischen Fehler ist die Siebanalyse für die Güteüberwachung gesiebter oder durch Sieben klassierter Produkte nur bedingt geeignet.

Eine Kombination von Sieb- mit Sedimentationsanalysen ist wegen des Anschlusskörnungsbereichs zwischen 0,05 und 0,1 mm problematisch. Die Korngrößen beider Verfahren sind unterschiedlich definiert, das Anschlussintervall ist groß, und beide Verfahren stoßen an ihre Gültigkeitsgrenzen. Deshalb entstehen im Anschlusskörnungsbereich zwangsläufig Fehler.

Die Sedimentation von Quarzpartikeln $> 0{,}05$ mm ($Re > 0{,}1$) ist nicht mehr laminar und kann deshalb nicht mit der Stokes'schen Gleichung beschrieben werden. Diesen Fehler umgeht die Gleichung nach Brezina (1979), die die Übergangsströmung berücksichtigt.

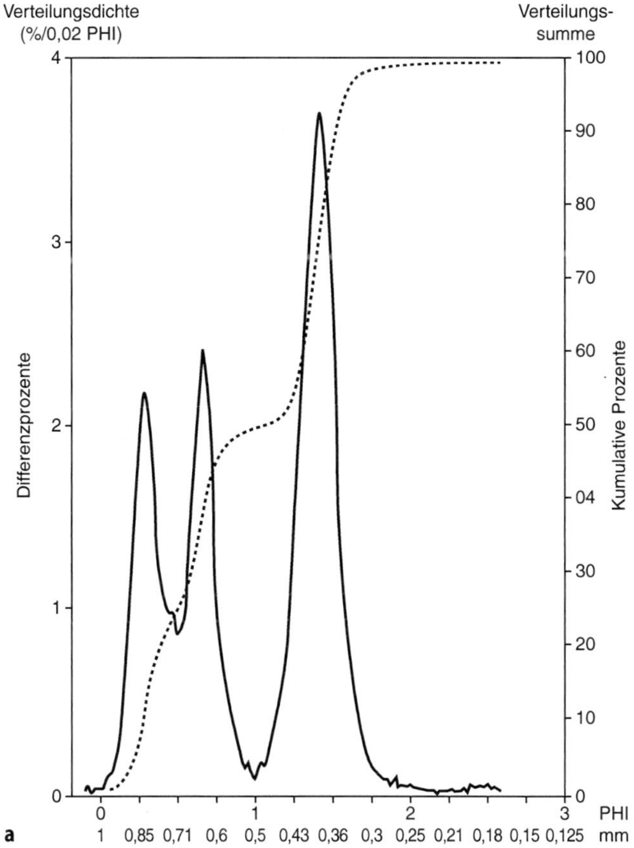

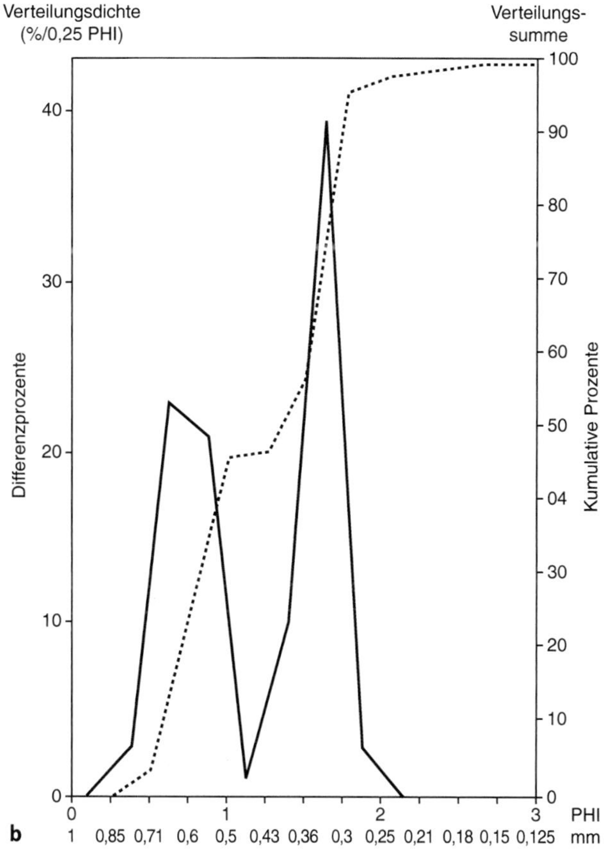

Abb. 1.81 Vergleich der Ergebnisse von MacroGranometer-Analyse (**a**) und Präzisionssiebanalyse (**b**) einer Kalibrationsprobe mit Glaskugeln gleicher Dichte. Die Kalibrationsprobe enthält eine Mischverteilung aus drei engen Siebfraktionen, ausgesiebt mit Präzisionsrundlochsieben. Es ergeben sich folgende Unterschiede: **a** Die Auflösung ist bei der MacroGranometer-Analyse um den Faktor 12,5 größer. Die drei eingegebenen Komponenten, auch die nahe beieinanderliegenden Grobsandkomponenten, werden erkannt und getrennt erfasst. **b** Die mit dem Intervall 0,25 *PHI* erstellte Siebanalyse löst die beieinanderliegenden Grobsandkomponenten nicht auf und ergibt eine nur zweigipfelige Verteilungsdichte. Verteilungssumme und Verteilungsdichte sind um 1 / 8 des Korndurchmessers bzw. um etwa 0,25 *PHI* (Intervallbreite) in Richtung feinere Teilchen verschoben. (*Ausgezogene Linien*: Verteilungsdichte Kurven, *punktierte Linien*: Verteilungssummenkurven. Gezeichnet nach Analysewerten Dr. Brezina)

■ MacroGranometer

Beim Arbeiten mit dem MacroGranometer erfolgt das Klassieren durch Sedimentation mit Überschichtung. Nichtkugelige Partikel, die eine höhere spezifische Oberfläche haben, sedimentieren mit feineren Partikeln, die ebenfalls eine höhere spezifische Oberfläche haben. Die Sedimentation wird also bezüglich der spezifischen Oberfläche konsistent gemessen. Das Korngrößenspektrum wird in bis zu 450 logarithmisch äquivalente Intervalle unterteilt. Das Verfahren eignet sich zum Bestimmen von Partikeln bis zu ca. 0,05 mm (bei Quarz). Der Anschluss an die Sedimentationsanalyse feinkörniger Partikel ist problemlos. Die Analysezeit liegt zwischen 1 min (Mittelsand) und maximal 15 min (Feinsand), sodass pro Tag zwischen 24 und 100 Analysen erstellt werden können (■ Abb. 1.79, 1.81a).

1.15.5 Methodenbewertung zur Korngrößenanalyse feinkörniger Partikel

Die in ■ Abb. 1.77 dargestellten Methoden erfassen die Korngröße über unterschiedliche Variablen, welche auf nicht erfüllte Annahmen in verschiedener Weise reagieren. Die Analysenergebnisse aus diesen verschiedenen Verfahren sind nicht direkt miteinander vergleichbar.

Von den in ■ Abb. 1.77 dargestellten Methoden sind die Sedimentationsanalyseverfahren mit der Sedimentationswaage, der Pipette und dem Aräometer genormt.

■ Sedimentationswaage

Mit der Sedimentationswaage wird das Sediment auf der Waagschale unter Wasser gewogen. Daten können in kurzen Zeitabständen kumulativ gemessen und erfasst werden. Die Partikelkonzentration kann gering gehalten werden (Feststoff-Volumen-Konzentration $C_V = 0{,}1–0{,}2$ %).

Fehler ergeben sich aus dem Auftrieb im Sedimentschatten unter der Waagschale und hieraus hervorgehenden Konvektionsströmungen. Diese lassen sich im Versuchsaufbau konstruktiv (DIN 66116) eliminieren oder verringern.

■ Pipette-Verfahren

Mit einer Pipette werden 10 ml Suspension aus der Messebene (Durchgang) entnommen, und der hierin enthaltene Sediment- bzw. Schwebstoffinhalt wird nach Austrocknen gewogen. Damit wird die augenblickliche Feststoffkonzentration in der Messebene ermittelt (inkrementales Verfahren).

Es kann mit geringen Partikelkonzentrationen gearbeitet werden (Feststoff-Volumen-Konzentration C_V = 0,1–0,2 %). Es werden neun Teilproben im Zeitraum von 28 h entnommen, gewogen und erfasst. Die Sedimentationshöhe verringert sich mit jeder Messung.

- **Aräometer-Verfahren**

Für das Aräometer-Verfahren (DIN 18123) werden zwischen 10 und 50 g Boden im Messzylinder (1000 cm^3) aufgeschlämmt (Feststoff-Volumen-Konzentration C_V = 0,4–2 %). Es wird mit hohen Partikelkonzentrationen gearbeitet. Es werden acht Messwerte in 24 h abgelesen. Gemessen wird die mittlere Dichte der Suspension innerhalb der Eintauchtiefe des Aräometers. Mit der Dichteabnahme vergrößert sich die Eintauchtiefe. Die Dichteabnahme wird inverskumulativ erfasst.

Kalkulierbare Fehler gehen u. a. von der hohen Raumkonzentration der Partikel, der Ablagerung von Sediment auf dem Aräometer, dem zusätzlichen Auftrieb sowie von Konvektionsströmungen aus dem Sedimentationsschatten unter dem Aräometer aus. Nicht kalkulierbare Fehler gehen von Strömungen aus, die beim Herausnehmen und Eintauchen des Aräometers in der Suspension verursacht werden.

Geräte sowie das Durchführen und Auswerten der Korngrößenanalyse durch Sedimentation und das Darstellen der Korngrößenverteilung als Körnungslinie (Verteilungsdichtekurve) ist in DIN 18123, Pos. 6, 7, 9 und 10 und in CEN ISO/TS 17892-4, Pos. 6 für die Aräometeranalyse, in Pos. 5 für die Pipettenanalyse beschrieben und demonstriert.

- **An Waage aufgehängte Tauchkörper**

Beim Verfahren der Dichtemessung mit einem an einer Waage aufgehängten Tauchkörper (Schurecht 1921) wird der Auftrieb der Suspension-Dichtezone gemessen, die den Tauchkörper umgibt. Damit wird die augenblickliche Feststoffkonzentration in der Messebene ermittelt (inkrementales Verfahren). Mit den absinkenden Dichtezonen nimmt der Auftrieb ab. Fehler gehen u. a. von der hohen Partikelkonzentration, der Ablagerung von Sediment auf dem Tauchkörper, dem zusätzlichen Auftrieb sowie von Konvektionsströmungen aus dem Sedimentschatten unter dem Tauchkörper aus. Das Beseitigen der Ablagerungen auf dem Tauchkörper durch Herausnehmen und Eintauchen (Haas 1997) zerstört die zu messende Schichtung der langsam sinkenden Suspension-Dichtezonen. Schon von Hahn (1928, S. 297) ist der Ansicht, dass die Fehler eine allgemeine Verwendung dieser Methode nicht ratsam erscheinen lassen.

- **Frei schwebende Tauchkörper**

Das Verfahren mit Tauchkörpern nach Berg (1940) arbeitet mit geringer Partikelkonzentration und mehreren kleinen Tauchkörpern, deren Sinkgeschwindigkeit über die Sedimentationsstrecke und Zeit gemessen wird. Da diese innerhalb einer Suspensionsschicht mit gleicher Dichte frei schweben und mit dieser absinken, kann sich auf ihnen kein Sediment ablagern.

Das Verfahren liefert eine Vielzahl von Daten zur Dichteverteilung und zu Sinkgeschwindigkeiten von Dichtezonen in der Suspension, welche – vermutlich schon nach kürzeren Sedimentationszeiten – Aussagen zur Kornverteilung erlauben.

Das während der Kriegswirren publizierte Verfahren hat in Literatur und Praxis nur geringe Würdigung erfahren. Eine Anpassung an zeitgemäße Techniken steht aus.

- **Druckmessverfahren**

Druckmessverfahren werden heute kaum mehr verwendet.

1.15.6 Korngrößenunabhängige Analyseverfahren

- **Bildanalyse**

Die Bildanalyse deckt den größten Korngrößenbereich ab und übertrifft damit alle anderen Verfahren. Sie bietet kaum ausschöpfbare Analysemöglichkeiten zum gleichzeitigen Beschreiben der Kornform, Kornart und Korngröße. Die reine Analysenzeit beträgt bis zu einer Minute. Mit Probenvorbereitung können pro Arbeitsstunde etwa 12–15 Bildanalysen durchgeführt werden. Von Vorteil ist die Möglichkeit, neben Streupräparaten auch Anschliffe, Dünnschliffe und Suspensionen verarbeiten zu können.

Nachteilig ist, dass mit der Bildanalyse nur zwei Dimensionen erfasst werden und die dritte Dimension unberücksichtigt bleibt. Fehlermöglichkeiten ergeben sich aus der Art der Bildaufnahme, wobei zwischen den Extremen von Zufallsschnitt und Projektion zu unterscheiden ist.

Bei starken Vergrößerungen ist man auf Beobachtungen im konvergenten Licht angewiesen. Dadurch bilden sich die Partikel verzerrt ab.

- **Zufallsschnitte**

In Anschliffen und Anschnitten werden Zufallsschnitte betrachtet, in denen die angeschnittenen Partikel kleiner als die volumenäquivalenten Kugeldurchmesser eingemessen werden. Die Streuung und andere statistische Verteilungsparameter werden verfälscht.

- **Projektionen**

Bei Streupräparaten, in denen die Partikel die stabilste Lage einnehmen, stellen die Projektionen die größten Schnittflächen dar. Ihre flächenäquivalenten Kreisdurchmesser sind immer größer als ihre volumenäquivalenten Kugeldurchmesser. Auch wenn man erreicht, dass die Teilchen sich nicht waagerecht mit ihrer größten Projektionsfläche, sondern zufallsorientiert einregeln, sind ihre Projektionen meist größer. Die Streuung und andere statistische Verteilungsparameter werden verfälscht.

- **Dünnschliffe**

Dünnschliffe stellen einen Übergang zwischen Projektionen und Zufallsschnitten dar. Dabei ist es wichtig, in welchem Verhältnis die Korngröße zur Dünnschliffstärke liegt. Partikel, deren Durchmesser wesentlich kleiner als die Stärke des Dünnschliffes (0,025 mm) ist, stellen sich in der Projektion dar und werden größer eingemessen. Je mehr die Partikel größer als die Dünnschliffstärke sind, desto stärker nähern sich ihre Abbilder den Zufallsschnitten und die Partikel werden kleiner eingemessen.

1.16 Wassergehalt

Im Boden oder Gestein kann Wasser als Kristallwasser, Haftwasser und als frei bewegliches Porenwasser enthalten sein. Letzteres kann kapillar gebunden sein oder als fließfähiges Wasser vorliegen. Der Anteil dieser unterschiedlichen Arten von Wasser ist abhängig von der mineralogischen Zusammensetzung, den Adsorptionskräften auf der Oberfläche der feinkörnigen Bodenteilchen, den Kapillarkräften an Berührungsstellen der Bodenteilchen und der Lage zum Grundwasserspiegel.

Das Haftwasser bestimmt die physikalischen Eigenschaften des Bodens.

Bei feinkörnigen Böden und Gesteinen kann der Wassergehalt auch oberhalb der Wassersättigung durch Wasseraufnahme und Quellen bzw. durch Wasserabgabe und Schrumpfen variieren (Konsistenzbereiche plastisch bis halbfest). Bei sensitiven wassergesättigten Tonböden können scheinbar geringfügige Wassergehaltsschwankungen (Größenordnung 1 %) zu Bauwerksschäden führen. An Laborversuchen weist Bachmann (1999) nach, dass im wassergesättigten Tonboden bei Wasserabgabe Saugspannungen aufgebaut werden. Er zeigt auf, dass eine Wassergehaltsabnahme von 30,5 auf 29 % den Aufbau einer Saugspannung in der Größenordnung 250 kN m^{-2} zur Folge haben kann.

Beim Bestimmen des Wassergehaltes ist zwischen dem nach DIN 18121 erfassbaren Wassergehalt, dem für Konvektion effektiven Wassergehalt (mobiles Wasser) und dem für Diffusion effektiven Wassergehalt zu unterscheiden.

- **Wassergehalt nach DIN 18121 – Gesamtwassergehalt**

Für den Erd- und Grundbau ist der Wassergehalt in DIN 18121, Teil 1 definiert.

Der Wassergehalt w ist das Verhältnis der in einer Probe enthaltenen Wassermasse m_w zur Masse der trockenen Probe m_d. Der Wassergehalt wird in Massenprozent, bezogen auf die Trockenmasse, angegeben. Nach dieser Definition können z. B. organische Böden mit geringer Trockenmasse Wassergehalte deutlich über 100 % enthalten.

$$w = \frac{m_w}{m_d} \text{ [Massen-\%]}$$

Das Bestimmen erfolgt gravimetrisch durch Trocknen im Ofen bei 105 °C. Das Durchführen und Auswerten der Analyse ist in DIN 18121-1, Pos. 7, 8, 9 und Anhang und in DIN ISO/TS 17892-1 beschrieben und demonstriert. Für Gesteinskörnungen (gebrochenes Material und Zuschlagsstoffe) gilt das Regelwerk DIN EN 1097-5.

Bei Schnellverfahren nach DIN 18121, Teil 2 kann das Trocknen mit Infrarotstrahler, Elektroplatte, Gasbrenner, Mikrowellenherd oder ohne Trocknen mit Tauchwägung, Calciumkarbidverfahren oder Luftpyknometerverfahren erfolgen.

Der Wassergehalt dient zum Beurteilen der geotechnischen Eigenschaften von Boden. Er geht in die Berechnung der Trockendichte ρ_d ein und bestimmt Zustandsform, Volumenänderung beim Quellen oder Schrumpfen und Festigkeitseigenschaften fein- und gemischtkörniger Böden sowie die Verdichtungsfähigkeit von fein- und grobkörnigen Böden.

Der durch Trocknen ermittelte Wassergehalt wird pauschal als „Gesamtwassergehalt" betrachtet. Kristallwasser und Haftwasser werden nicht gesondert erfasst, und deren Bedeutung wird in der Geotechnik weitgehend negiert!

1.16.1 Effektiver Wassergehalt

Für bestimmte geotechnische und hydrogeologische Fragen ist das Bestimmen des effektiven Wassergehaltes wichtig.

Für Stofftransporte im Grundwasser muss zwischen dem für die Konvektion effektiven Wassergehalt und dem für die Diffusion effektiven Wassergehalt unterschieden werden.

Ein effektiver Wassergehalt kann durch Trocknen nur bei solchen Böden und Gesteinen bestimmt werden, die bei Temperaturen bis 105 °C kein Kristallwasser abgeben, z. B. bei Quarzsand. An Böden und Gesteinen, die Feinkorn, Tonminerale, organische Substanz oder Minerale mit Kristallwasser enthalten, welches bei Temperaturen unter 105 °C abgegeben wird, z. B. Gips, wird durch Trocknen ein Mischwert aus unterschiedlich zu bewertenden Wasseranteilen bestimmt. Nach DIN 18121, Teil 1 ermittelte Massen für die trockenen Proben können noch Kristallwasser und Teile des Haftwassers enthalten, deren Austreiben vom Dampfdruck (Vakuum, Temperatur) und der Einwirkzeit bestimmt wird. Solches Wasser kann beim Anwenden von Schnellverfahren nach DIN 18121, Teil 2 in unterschiedlichem Maße ausgetrieben werden. Es werden dann abweichende Wassergehalte ermittelt.

Indirekte Methoden der Wassergehaltsbestimmung arbeiten mit dem Messen von Diffusionsströmen, elektrischer Leitfähigkeit, Wärmeleitfähigkeit, Geschwindigkeit bzw. Dämpfung einer elektromagnetischen Welle (Georadar) und Wasserspannung bzw. Matrixpotential (Tensiometer).

- **Effektiver Wassergehalt für Konvektion**

Dieser Wassergehalt kann als Differenz zwischen wassergesättigtem Boden und der Feldkapazität definiert werden. Das Bestimmen der Feldkapazität erfolgt am wiederholt ge- und entwässerten Boden. Das Wässern kann durch Unterdruck (z. B. im Exsikkator) forciert werden. Die ungestörte Bodenprobe wird sofort nach dem Wässern gewogen und zum Abtropfen auf ein Drahtgitter gestellt. Das Abtropfen geschieht in einem geschlossenen Gefäß (◘ Abb. 8.15) und wird über die Gewichtsabnahme kontrolliert. Ist Gewichtskonstanz erreicht (2. Wägung), wird der Boden bei 105 °C im Ofen getrocknet. Der für die Konvektion effektive Wassergehalt ist die Differenz zwischen erster und zweiter Wägung bezogen auf die Trockenmasse.

▪ Effektiver Wassergehalt für Diffusion

Der effektive Wassergehalt für Diffusion kann nach Chr. Sonntag (Institut für Umweltphysik, Heidelberg) durch Austausch zwischen einer wassergesättigten Boden- oder Gesteinsprobe mit einer kleinen Menge tritiumhaltigen freien Wassers bestimmt werden. Dazu werden die Gesteinsprobe und eine Menge tritiumhaltigen Wassers in einem offenen Schälchen in ein wasserdichtes Gefäß gestellt. Es wird der molekulardiffusive Austausch zwischen Porenwasser und freiem Wasser über die wasserdampfgesättigte Luft im Gefäß abgewartet (Dauer je nach Größe der Gesteinsprobe einige Wochen). Nach dieser Zeit hat das Porenwasser den bekannten Tritiumgehalt des freien Wassers angenommen.

In einem zweiten Austauschexperiment wird die Rückdiffusion zwischen dem tritiumhaltigen Porenwasser und einer definierten Menge tritiumfreien Wassers abgewartet. Nach erreichtem Austauschgleichgewicht wird der Tritiumgehalt der freien Wassermenge radiometrisch bestimmt.

Aus dem anfänglichen Tritiumgehalt des Porenwassers beim Rücktausch und dem Tritiumgehalt am Ende des Rücktauschs sowie aus der ursprünglich tritiumfreien Wassermenge lässt sich durch eine einfache Mischungsrechnung die Porenwassermenge bestimmen, in die sich das Tritium während des ersten Austauschexperimentes ausgebreitet hat.

Der Austausch erfolgt über die Luftfeuchte im geschlossenen Gefäß. Zum Vermeiden von Kondenswasserbildung an der Gefäßwand und von Kapillarkondensation in der Gesteinsprobe wird der Sättigungsdampfdruck über dem freien Wasser durch Ansalzen auf mindestens 10 g NaCl pro Liter abgesenkt.

Der so ermittelte effektive Wassergehalt für Diffusion ist ein Maximalwert.

Dieses Austauschverfahren kann in abgewandelter Form auch für in Porenwasser gelöste Gase (z. B. Helium) und im Porenwasser gelöste Salze oder sonstige Stoffe durchgeführt werden. So kann deren molekulardiffusive Ausbreitung im Porenwasser ermittelt werden.

Aus der Dauer des Rücktausches kann die Diffusionskonstante bestimmt werden.

1.16.2 Angabe des Wassergehaltes in Volumenprozent

Für bestimmte hydrogeologische Fragestellungen ist der Wassergehalt in Volumenprozent gefragt. Es ist das Verhältnis des in einer Probe enthaltenen Volumens der Wassermasse V_w [g = cm^3; $m_w = V_w$] zum Probevolumen V [cm^3]:

$$w_v = \frac{m_w}{V} \text{ [Vol.-\%]}.$$

Soweit der Wassergehalt nur in Massenprozenten bekannt ist, muss für das Umrechnen in Volumenprozent der Wasseranteil m_w je nach Trockendichte des Bodens ρ_d mit einen Faktor zwischen 1,8 und 2 multipliziert werden.

1.16.3 Wassergehalt zum Ermitteln von Plastizität, Konsistenz und Schrumpfmaß feinkörniger Böden

Die Konsistenz natürlicher feinkörniger Böden ist von den Materialeigenschaften des feinkörnigen Mineralbestandes mit Art, Menge, Ionenbelegung und Ladung der Tonminerale, Schluffkörner und zersetzten organischen Substanz sowie von den geologischen Prozessen Sedimentation, Konsolidation, Verfestigung, Diagenese oder Verwitterung und Auflockerung vorgegeben und kann in Abhängigkeit vom Wassergehalt variieren.

Die Konsistenzbereiche der feinkörnigen Böden sind fest, halbfest, bildsam und flüssig. Mit zunehmendem Wassergehalt können feinkörnige Böden vom festen in den halbfesten Zustand, vom halbfesten in den bildsamen (plastischen) Zustand und vom breiigbildsamen in den flüssigen Zustand übergehen. Bei Wasserabgabe kann sich in begrenztem Umfang Konsolidation in umgekehrter Reihenfolge einstellen.

Die Grenzen zwischen flüssig und bildsam sowie zwischen bildsam und halbfest werden nach DIN 18122-1 als Grenzwassergehalte bestimmt:

- *Fließgrenze* w_L: Grenze zwischen flüssig (nach Atterberg) und plastisch;
- *Ausrollgrenze* w_P: Grenze zwischen fest und plastisch;
- *Plastizitätszahl* I_P: Differenz [%] zwischen Fließgrenze und Ausrollgrenze: $I_P = w_L - w_P$.

Geräte sowie das Durchführen und Auswerten der Analysen zum Bestimmen von Fließgrenze und Ausrollgrenze sind in DIN 18122-1, Pos. 6 bis 11 und in DIN ISO/TS 17892-12, Pos. 4 bis 6 beschrieben und demonstriert.

▪ Konsistenzzahl

Die Konsistenzzahl I_C ist ein zahlenmäßiger Ausdruck für die Beziehung zwischen (natürlichem) Wassergehalt und plastischen Eigenschaften des Mineralbestandes einer feinkörnigen Bodenprobe. Der I_C-Wert ist eine Zahl zwischen 0 und 1.

$$I_C = \frac{w_L - w}{w_L - w_P}$$

▪ Liquiditätszahl

Die Liquiditätszahl I_L ist definiert als:

$$I_L = 1 - I_C.$$

Die Zustandsformen des plastischen Bereiches sind in ◘ Tab. 1.29 definiert.

▪ Aktivitätszahl

Die Aktivitätszahl I_A ist definiert als Verhältnis von Plastizitätszahl I_P zum Massenanteil der Tonfraktion (Körner < 0,002 mm).

■ Tab. 1.29 Zustandsformen des plastischen Bereiches

Zustandsform	Konsistenzzahl I_C	Liquiditätszahl I_L
Breiig	0–0,5	1–0,5
Weich	0,5–0,75	0,5–0,25
Steif	0,75–1	0,25–0

▪ Schrumpfgrenze

Die Schrumpfgrenze w_s ist definiert als Wassergehalt am Übergang von halbfester zu fester Zustandsform (DIN 18122-2). Dieser Übergang ist mit dem Farbumschlag von dunkel zu hell verbunden. Nach der genormten Versuchsdurchführung wird beim langsamen Trocknen (Zimmertemperatur) der Wassergehalt zum Zeitpunkt des Farbumschlages bestimmt.

▪ Schrumpfmaß

Das Schrumpfmaß V_s [%] beschreibt die Volumenänderung beim Trocknungsvorgang feinkörniger Böden:

$$V_s = \frac{\text{Anfangsvolumen} - \text{Endvolumen}}{\text{Anfangsvolumen}}.$$

Geräte sowie das Durchführen und Auswerten der Analysen zum Bestimmen der Schrumpfgrenze ist in DIN 18122-2, Pos. 6 bis 11 beschrieben und demonstriert.

Das Schrumpfmaß ist ein Kriterium für das Beurteilen austrocknungsgefährdeter Böden. Allgemein wachsen die Schrumpfmaße mit der Plastizitätszahl I_P an. ■ Tab. 1.30 zeigt die Bewertung von schrumpffähigem Boden als Baugrund oder Baustoff.

Die vorgenannten Bodenkenngrößen werden in Laborversuchen ermittelt. Für die qualitative Feldansprache der Konsistenz gelten folgende Faustregeln:

- *breiig*
  Breiig ist ein Boden, der beim Pressen in der Faust zwischen den Fingern hindurchquillt.
- *weich*
  Weich ist ein Boden, der sich leicht kneten lässt.
- *steif*
  Steif ist ein Boden, der sich schwer kneten lässt. Er lässt sich zu 3 mm starken Röllchen ausrollen.
- *halbfest*
  Halbfest ist ein Boden, der beim Versuch, ihn in 3 mm starke Röllchen auszurollen, zerbröckelt. Er ist feucht genug, um sich aus Einzelteilen zu einem Klumpen zusammendrücken zu lassen.
- *fest*
  Fest ist ein Boden, der ausgetrocknet ist und der sich nicht kneten und sich nicht zu einem Klumpen zusammenballen lässt. Zwischen halbfester und fester Konsistenz findet ein Farbumschlag von dunkel zu hell statt. Der Boden oberhalb der Schrumpfgrenze verändert sein Volumen in Abhängigkeit vom Wassergehalt. Unterhalb der Schrumpfgrenze ist das Bodenvolumen vom Wassergehalt unabhängig und nahezu konstant.

■ Tab. 1.30 Eignung von schrumpffähigem Boden als Baugrund oder Baustoff

Schrumpfmaß V_S [%]	Bewertung
< 2	Geeignet
2–5	Bedingt geeignet
5–10	Schlecht, wenig geeignet
1–15	Ungünstig bis ungeeignet
> 15	Sehr ungünstig/ungeeignet

1.17 Wichte und Dichte

1.17.1 Wichte

Die Wichte γ ist die auf das Volumen bezogene Eigenlast G eines Körpers und hat die Einheit kN m^{-3}. S i e berechnet sich als Produkt der Erdbeschleunigung[1] g mit der Dichte ρ.

Als volumenbezogene Kraft geht die Wichte in die Spannungsberechnungen für den Untergrund ein. Sie ist Grundlage für das Berechnen von Erdlasten und Spannungsverteilungen im Boden sowie für das rechnerische Abschätzen von Setzmaßen, Erddrücken und erforderlichen Reibungskräften bei Grundbruch, Geländebruch, Stützmaßnahmen, Reibungspfählen und Ankerungen.

Es wird unterschieden zwischen dem Wert für die Wichte des erdfeuchten Bodens γ, dem Wert für die Wichte unter Auftrieb γ' und dem Wert für die Wichte des wassergesättigten Bodens γ_r.

1.17.2 Dichte

Die Dichte ρ wird als Verhältnis Masse pro Volumen gemessen und hat die Einheit g cm^{-3} oder t m^{-3}. Als Masse m geht die feuchte Probe einschließlich der mit Flüssigkeit oder Gas gefüllten Poren ein. Als Volumen geht beim Bestimmen das Probevolumen V ein:

$$\rho = m / V.$$

Die Dichte des feuchten Bodens ist Grundlage für Lastberechnungen bei Aushub, Transport und Wiedereinbau sowie für das

1 Die Erdbeschleunigung g ist abhängig von der geographischen Breite, der Höhe des Ortes, der morphologischen Ortslage und der Dichte der Gesteine im Untergrund und muss für jeden Ort gemessen werden. Der theoretische Wert für g auf Meeresniveau (NN) variiert zwischen Äquator mit 9,78 m s^{-2} und Pollage > 9,83 m s^{-2}. Diese Angabe von g in m s^{-2} ist für geophysikalische Arbeiten zu grob. Daher wird die Erdbeschleunigung nach internationaler Absprache von 1967 in g. u. („gravity unit") gemessen. 1 g. u. = 10^{-6} m s^{-2}, entsprechend: 10 g. u. = 1 Milligal. Die theoretische Erdbeschleunigung beträgt für NN in Äquatoriallage g_{norm} = 9.780.318,5 g. u. und berechnet sich für die NN-Werte anderer Breitengrade L zu: g_{norm} = 9.780.318,5 + 51.629,27 $\sin^2 L$ + 229,5 $\sin^4 L$. Die Differenz zwischen Pol und Äquator beträgt 50.000 g. u. In den mittleren Breiten zwischen 40 und 50° ändert sich der Schweregradient g um etwa 8 g. u. pro km Nord-Süd-Distanz. Der häufig zitierte Wert g = 9,81 m s^{-2} gilt etwa für den 49. Breitengrad auf NN. In der deutschen bautechnischen Normung wird g vereinfachend mit 10 m s^{-2} angenommen. Entsprechend werden Bodenkenngrößen für die Dichte ρ einfach mit dem Faktor 10 in γ umgeschrieben.

Abschätzen der bleibenden Auflockerung oder Überverdichtung (Abschn. 8.8). Sie ist die Ausgangszahl für das Berechnen der Kennwerte für Trockendichte und Wichte.

Das Bestimmen der Dichte kann entsprechend DIN 18125 durch Auswiegen der Probemasse und Ausmessen des Probevolumens erfolgen. In Abhängigkeit von der Bodenart werden folgende Methoden der Volumenbestimmung angewendet:

- *feinkörnige Böden und Sand*
  Ausstechzylinderverfahren (■ Abb. 1.5); Probemenge: 1,5–3 kg; Wägegenauigkeit: 1 g;
- *Sand-Kies-Gemisch*
  Ersatzverfahren mit Sand (■ Abb. 1.6b) oder Gips; Ballonverfahren (■ Abb. 1.6c); Probemenge: 3–6 kg; Wägegenauigkeit: 10 g;
- *sandfreier Kies und Schotter*
  Ersatzverfahren mit Wasser, Bentonit oder Kleister (■ Abb. 1.6d); Probemenge: 6–20 kg; Wägegenauigkeit 10 g;
- *Stein-Block-Gemische*
  Schürfgrubenverfahren; Probemenge: 0,7–2 t; Wägegenauigkeit: 1–20 kg.

Geräte sowie das Durchführen und Auswerten der Analysen zum Bestimmen der Dichte des Bodens im Labor (Ausstechzylinderverfahren) sind in DIN 18125-1, Pos. 7 bis 10b und in DIN ISO/TS 17892-2 beschrieben und demonstriert. DIN 18125-2 beschreibt Geräte und das Durchführen von Feldversuchen mit Ersatzverfahren. Das Bestimmen der Rohdichte von Gesteinskörnungen (Steinbruchindustrie) regelt DIN EN 1097-6.

Neben der Dichte der feuchten Probe können von Boden weitere Kennwerte wie Trockendichte, Korndichte, Porenanteil, Porengröße, Sättigungszahl, Proctordichte und Lagerungsdichte bestimmt werden.

■ Trockendichte

Die Trockendichte ρ_d ist die Masse m_d des trockenen Bodens, bezogen auf das Probevolumen V einschließlich der mit Luft (Gas) gefüllten Poren:

$$\rho_d = m_d / V.$$

Die Trockendichte lässt sich bei Kenntnis der Dichte ρ und des Wassergehaltes w errechnen:

$$\rho_d = \frac{\rho}{(1 + w/100)}.$$

Die Trockendichte ist Ausgangswert für Aussagen über den Verdichtungsgrad eines Bodens.

■ Korndichte

Die Korndichte ρ_s ist die Masse der Körner m_d (nach Trocknung bei 105 °C), bezogen auf das im Kapillarpyknometer bestimmte Volumen V_k der Körner:

$$\rho_s = m_d / V_k.$$

Das Bestimmen erfolgt in der Geotechnik als Korndichte ρ_s nach DIN 18124. Beim Prüfen von Naturstein und Gesteinskörnungen erfolgt das Bestimmen als Korndichte ρ_k nach DIN EN 1936.

Geräte sowie das Durchführen und Auswerten der Analysen zum Bestimmen der Korndichte mit dem Pyknometer (Kapillarpyknometer und Weithalspyknometer) sind in DIN 18124, Pos. 7 bis 10 und in DIN ISO/TS 17892-3 beschrieben und demonstriert.

Die Korndichte ist Hilfsgröße zum Bestimmen der Korngrößenverteilung durch Sedimentation (DIN 18123), des Porenanteils (DIN 18125), des Wassergehaltes durch Tauchwägung (DIN 18121-2) und der Proctordichte (DIN 18127). Das Ermitteln der Korndichte erfolgt nach DIN 18124 durch Bestimmen der Probemasse bei Wägegenauigkeit 0,001 g, des Probevolumens im geeichten Kapillarstopfenpyknometer (100 cm^3) und der Temperatur mit Genauigkeit 0,1 °C.

Die Korndichten der gesteinsbildenden Minerale liegen zwischen 2,5 und 3,3 g cm^{-3}. ■ Tab. 1.31 gibt Dichtewerte für die häufigsten Mineralarten.

Boden besteht stofflich aus mineralischer und/oder organischer Substanz und ist ein Gemenge von Körnern, Kornaggregaten, Gesteinsstücken oder Kristallen aus einer oder mehreren Mineralarten. Dementsprechend ergibt sich die Korndichte von Böden als Mischwert aus Korndichten verschiedener Körner bzw. Minerale. Daraus folgt, dass dieser Bodenkennwert für jeden Standort zu bestimmen ist.

■ Porenanteil

Der Porenanteil n beschreibt das Verhältnis des Porenvolumens (gefüllt mit Wasser und/oder Luft) zum Volumen der Bodenprobe. Der nicht von Poren eingenommene Anteil der Bodenprobe besteht aus mineralischer Substanz mit der Korndichte ρ_s der den Boden aufbauenden Minerale. Der Porenanteil [%] lässt sich bei Kenntnis der Dichte ρ, der Korndichte ρ_s und des Wassergehaltes w errechnen:

$$n = 1 - \frac{\rho_d}{\rho_s} \text{ oder}$$
$$n = 1 - \frac{\rho}{(1 + w)\rho_s} \text{ oder}$$
$$n = \frac{\rho_s - \rho_d}{\rho_s}.$$

■ Porenzahl

Die Porenzahl e beschreibt das Verhältnis des Porenanteils zum Anteil der Festmasse (Trockenmasse). Die Porenzahl lässt sich bei Kenntnis der Dichte ρ, der Korndichte ρ_s und des Wassergehaltes w errechnen:

$$e = \frac{n}{1 - n}.$$

■ Tab. 1.31 Korndichte ρ_s [g cm^{-3}] der gesteinsbildenden Minerale

Mineral	Korndichte ρ_s [g cm^{-3}]
Quarz	2,65
K-Feldspat/Orthoklas	2,55–2,63
Na-Feldspat/Albit	2,63
Ca-Feldspat/Anorthit	2,76
Muskovit	2,77–2,88
Biotit	2,7–3,3
Hornblende	3,0–3,44
Pyroxen/Augit	3,3–3,5
Mg-Olivin	3,27
Fe-Olivin/Fayalit	4,2
Glas/Opal	2,1–2,2
Calcit	2,72
Dolomit	2,85–2,95
Gips	2,3–2,4
Anhydrit	2,96
Baryt/Schwerspat	4,5
Soda	1,42–1,47
Steinsalz/Halit	2,17
Kaolinit	2,61–2,68
Montmorillonit	2,75–2,78
Illit	2,6–2,86
Eis	0,9175

■ **Porengröße**
Die Größe (Öffnungsweite) der Poren und Porenkanäle ist ein Maß für die Durchlässigkeit des Bodens. Sie wird in Millimetern für den Porendurchmesser angegeben.

■ **Sättigungszahl**
Der Porenanteil n ist ein Maß für den Hohlraumgehalt. Bei Lage unter dem Grundwasserspiegel ist n ein Maß für den Wassergehalt in Volumenprozent. Oberhalb des Grundwasserspiegels können die Poren mit Wasser und/oder Luft gefüllt sein. Hieraus ergeben sich Aussagen zur Wassersättigung. Das Maß der Wassersättigung ist abhängig von der räumlichen Lage, von Witterung und Klima und von der Porengröße im Boden bzw. der wirksamen Korngröße des Bodens. Die Sättigungszahl S_r ist der Kennwert für den mit Wasser gefüllten Porenraum n_w. Sie ist eine Zahl zwischen 0 und 1. Der Wert 1 entspricht einem wassergesättigten Boden mit Wassergehalt w_{ges}.

$$S_r = \frac{n_w}{n} = \frac{w}{w_{ges}}$$

■ Tab. 1.32 enthält die üblichen Bezeichnungen für Boden nach der Sättigungszahl.

■ Tab. 1.32 Bezeichnungen von Boden nach der Sättigungszahl S_r

Sättigungszahl S_r	Bezeichnung
0	Trocken
0–0,25	Feucht
0,25–0,5	Sehr feucht
0,5–0,75	Nass
0,75–1	Sehr nass
1	Wassergesättigt

■ **Dichte und Wichte von wassergesättigtem Boden**
Der wassergesättigte Boden oberhalb eines Grundwasserspiegels hat die Dichte

$$\rho_r = (1 - n)\rho_s + n\rho_w \text{ [t m}^{-3}\text{]}.$$

Die zugehörige Wichte ist:

$$\gamma_r \approx 10\,\rho_r \text{ [kN m}^{-3}\text{]}.$$

Der wassergesättigte Boden unter dem Grundwasserspiegel steht unter Auftrieb. Er hat theoretisch die geringe Dichte

$$\rho' = (1 - n)(\rho_s - \rho_w) \text{ [t m}^{-3}\text{]}.$$

Die Wichte unter Auftrieb ist:

$$\gamma' \approx 10\,\rho' \text{ [kNm}^{-3}\text{]}.$$

1.17.3 Proctordichte

Mit dem Proctorversuch wird die Verdichtbarkeit und der Verdichtungsgrad einer verdichteten Schüttung kontrolliert (■ Tab. 1.33, ■ Abb. 1.82, ► Abschn. 12.4 und 12.5). Verdichtung ist die bleibende Verminderung des Porenanteils n bzw. die bleibende Erhöhung der Trockendichte ρ_d. Die Verdichtungsleistung ist vom Wassergehalt w und der eingesetzten Arbeit abhängig (Abschn. 8.3). Die Proctordichte ρ_{Pr} ist die unter Versuchsbedingungen nach DIN 18127 erreichbare größte Trockendichte ρ_d. In Abhängigkeit vom zulässigen Größtkorn (20; 31,5; 60 mm) wird mit unterschiedlich großen Versuchszylindern und Verdichtungsgeräten gearbeitet (d_1 = 100 mm, h_1 = 120 mm, Hammergewicht m_1 = 5 kg; d_2 = 150 mm, h_2 = 125 mm, m_2 = 4,5 kg; d_3 = 250 mm, h_3 = 200 mm, m_3 = 15 kg).

Geräte, Durchführen des Versuches, Auswerten, Bestimmen und Berechnen des Wassergehaltes und der Trockenmasse im Einzelversuch, das Bestimmen der Proctordichte und das Darstellen der Ergebnisse sind in DIN 18127, Pos. 5 bis 9 mit Anwendungsbeispielen im Anhang erklärt.

Als Verdichtungsgrad D_{Pr} einer Schüttung wird der Quotient aus Trockendichte ρ_d und Proctordichte ρ_{Pr} bezeichnet:

■ **Tab. 1.33** Im Proctorversuch ermittelte Kennwerte für die Konstruktion der Sättigungslinie in ■ Abb. 1.82

Punktbezeichnung	A	B	C	D
Wassergehalt [%]	25	30	35	37,5
Temperatur [°C]	20	20	20	20
Dichte des Wassers [g cm^{-3}]	0,998	0,998	0,998	0,998
Kornrohdichte [g cm^{-3}]	2,71	2,71	2,71	2,71
Sättigungszahl S_r	1	1	1	1
Trockendichte ρ_{dSr} [g cm^{-3}]	1,614	1,493	1,39	1,343

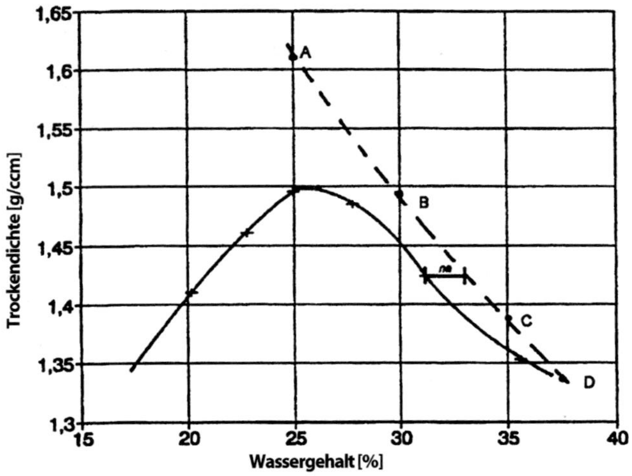

■ **Abb. 1.82** Proctorkurve mit Wassersättigungslinie. Die Proctorkurve wurde aus den nach DIN 18127 bestimmten Einzelwerten für die Trockendichte (1,410; 1,461; 1,496; 1,485; 1,423 und 1,353 t m^{-3}) konstruiert. Hieraus wird die Proctordichte $\rho_{Pr} = 1{,}5$ t m^{-3} und der optimale Wassergehalt $w_{Pr} = 26$ % abgelesen. Die *Sättigungslinie* ist nach den Werten der ■ Tab. 1.33 konstruiert. Der mit Luft erfüllte Porenanteil ergibt sich aus dem Abstand zwischen *Sättigungskurve* und Abstand eines *Punktes* auf der *Proctorkurve*

$$D_{Pr} = \frac{\rho_d}{\rho_{Pr}}.$$

Zum Festlegen des für den Einbau optimalen (günstigen) Wassergehaltes w_{Pr} sind für das Prüfgut die Proctorkurve und die Sättigungslinie ($S_r = 1$) zu ermitteln und grafisch darzustellen (■ Abb. 1.83a). Parallel zur Sättigungslinie werden die Linien mit 90 und 80 % Sättigung, bei groben Sanden und Kiesen auch mit 65 % Sättigung eingetragen.

Bei groben Sand-Kies-Gemischen ist das Bestimmen des optimalen Wassergehaltes w_{Pr} in der Regel nicht möglich. Als Proctordichte ρ_{Pr} gilt dann die bei nassem Zustand des Gemisches erreichte größte Trockendichte ρ_d des Bodens. Nach dem „Merkblatt für die Herstellung von Tragschichten und Deckschichten ohne Bindemittel" (Forschungsgesellschaft für Straßen- und Verkehrswesen 1995) kann ein für die Verdichtung günstiger Wassergehalt aus dem Schnittpunkt der Proctorkurve mit der 65 %-Sättigungslinie ($S_r = 0{,}65$) abgeleitet werden (■ Abb. 1.83b).

Die Konstruktion der Sättigungskurven erfolgt nach der Beziehung

$$\rho_{dSr} = \frac{\rho_s}{1 + \frac{w\rho_s}{\rho_w S_r}}.$$

Die zu ermittelnden Trockendichten ρ_{dSr} sind nicht mit den für die Erstellung der Proctorkurve ermittelten Trockendichten ρ_d identisch. Sie dienen allein dem Erstellen der Sättigungskurve aus Korndichte ρ_s, Wassergehalt w, Dichte des beim Versuch verwendeten Wassers ρ_w und Sättigungszahl S_r. Der mit Luft erfüllte Porenanteil ergibt sich aus dem Abstand zwischen Sättigungskurve und Abstand eines Punktes auf der Proctorkurve. Er kann auch aus nachstehender Beziehung berechnet werden:

$$n_a = 1 - \rho_d \frac{1}{\rho_s} + \frac{w}{\rho_w}.$$

1.17.4 Lagerungsdichte

Die Lagerungsdichte D und die bezogene Lagerungsdichte I_D ergeben sich aus normierten Versuchsanordnungen nach DIN 18126, bei denen das Bodenmaterial einmal möglichst locker und einmal möglichst dicht in einen Versuchsbehälter eingefüllt wird. Untersuchungen mit dem Schlaggabelverfahren sind nur in Regionen üblich und eingeführt, wo nahezu schlufffreie Sande den Untergrund bestimmen. Das Rütteltischverfahren eignet sich für Böden mit einem Feinkornanteil bis höchstens 15 %.

Geräte, Durchführen und Auswerten des Versuches sind in DIN 18126, Pos. 5 bis10 beschrieben und dargestellt.

Die Grenzen der Lagerungsdichte werden durch Korngrößenverteilung und Kornform beeinflusst. Gleichkörnige Sande mit rundem Korn (Dünensande) haben bei lockerster Lagerung einen maximalen Porenanteil von 45–47 % (theoretischer Grenzwert $n_{max} = 47{,}6$ %) und bei dichtester Lagerung einen minimalen Porenanteil von 25–27 % (theoretischer Grenzwert $n_{min} = 25{,}9$ %). Bei abgestuften Korngemischen und gedrungener Kornform ergeben sich kleinere Werte für den Porenanteil n und höhere Werte für die Dichte ρ_d. Bestimmt werden

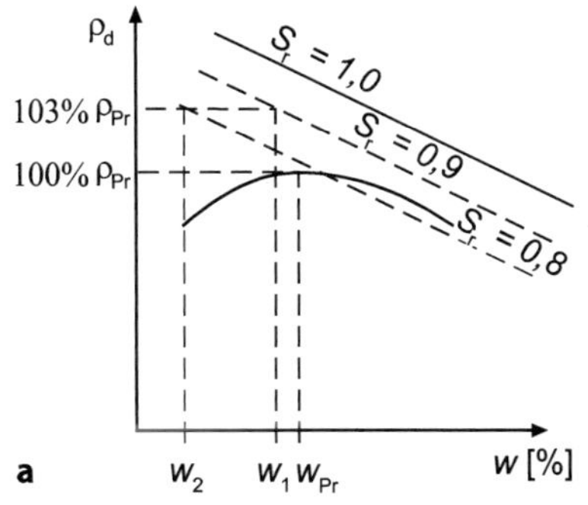

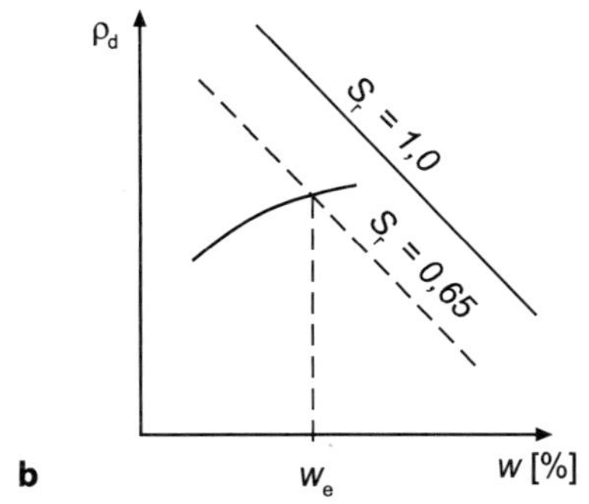

Abb. 1.83 **a** Ermitteln der Proctordichte ρ_{Pr} und des optimalen Wassergehaltes w_{Pr} für den Einbau bei feinkörnigen, gemischtkörnigen und fein- bis mittelsandigen Böden. Soll ein solcher Boden mit 103 % Proctordichte eingebaut werden, ist ein Wassergehalt zwischen w_1 und w_2 anzustreben. **b** Ermitteln des optimalen Wassergehaltes von groben Sand-Kies-Gemischen aus Proctorkurve und 65 %-Sättigungskurve

$$n_{max} = 1 - \frac{\rho_{d\,min}}{\rho_s} \text{ bei lockerster Lagerung und}$$

$$n_{min} = 1 - \frac{\rho_{d\,max}}{\rho_s} \text{ bei dichtester Lagerung.}$$

Für die Lagerungsdichte D gilt folgende Beziehung:

$$D = \frac{n_{max} - n}{n_{max} - n_{min}} = \frac{\rho_d - \rho_{d\,min}}{\rho_{d\,max} - \rho_{d\,min}}.$$

Die bezogene Lagerungsdichte I_D bezieht sich auf die Porenzahl e und entspricht

$$I_D = \frac{\rho_{d\,max} D}{\rho_d}.$$

Die Lagerungsdichte D und bezogene Lagerungsdichte I_D geben Auskunft über den Verdichtungszustand eines sandigen Bodens.

Tab. 1.34 gibt die Begriffe für unterschiedliche Lagerungsdichten D und bezogene Lagerungsdichten I_D.

1.18 Organische Substanz

Organische Substanz kann in Form von Pflanzen- und Tierresten (organische Kohlenwasserstoffe) als Bodenart oder Beimengung im Baugrund enthalten sein. Organische Substanz tritt im Oberboden in Mischungen mit allen Bodenarten, in Auesedimenten in Verbindung mit Sand und/oder feinkörnigen Bodenarten (Auelehm), in Seeablagerungen in Verbindung mit feinkörnigen Bodenarten (Mudde, Klei), in Mooren als Torf sowie in Kohleflözen und kohlehaltigem Gestein auf. Die Eigenschaften der organischen Substanz sind für geotechnische Belange ungünstig. Stark inkohlte Substanz (Steinkohle, Anthrazit) ist dabei anders zu beurteilen als wenig verändertes organisches Material.

Tab. 1.34 Begriffe für den Verdichtungszustand von Boden nach der Lagerungsdichte D und der bezogenen Lagerungsdichte I_D

Verdichtungszustand	Lagerungsdichte D	Bezogene Lagerungsdichte I_D
Sehr lockere Lagerung	< 0,15	0 bis 0,15
Lockere Lagerung	0,15–0,3	0,15 bis 0,35
Mitteldichte Lagerung	0,3–0,5	0,35 bis 0,65
Dichte Lagerung	0,5–0,75	0,65 bis 0,85
Sehr dichte Lagerung	> 0,75	0,85 bis 1,0

Torffasern sind in der Lage, Wasser anzulagern und zu quellen. Trockengefallener Torf gibt neben schwerkraftbedingtem Absickern von Wasser auch über einen längeren Zeitraum hinweg das an die Torffasern gebundene Wasser ab. Durch Schrumpfen von Torffasern kann die Oberfläche trockengefallener Moorgebiete beträchtliche Absenkung erfahren.

Weiches organisches Material im Untergrund ist zusammendrückbar und nicht oder nur gering belastbar. Die Festigkeit (Scherfestigkeit) variiert mit dem Zersetzungsgrad (► Abschn. 1.1.3) und ist bei zersetztem organischem Boden (Faulschlamm) sehr gering. Schon geringe Anteile von zersetzter organischer Substanz vermindern die Scherfestigkeit und erhöhen die Verformbarkeit von Böden gravierend.

Nicht zersetzte organische Substanz (Holz, Torffasern, Pflanzenfasern) kann dem Boden eine begrenzte zusätzliche Festigkeit geben. Im alten Ägypten wurden, vergleichbar zum System „Bewehrte Erde", Lagen aus Schilf in Erdbauwerke aus feinkörnigem Boden eingebaut.

Organische Anteile im Boden verhindern das Abbinden und Erhärten von Zementen und sind durch Zumischen von Zement nicht stabilisierbar. Organische Böden sind in der Regel für geotechnische Zwecke unbrauchbar. Der Grenzwert liegt bei 3 % Anteil an organischer Substanz. Für Baugrundzwecke wird der organische Anteil im Boden über die Bestimmung des Glühverlustes V_{gl} nach DIN 18128 ermittelt. Geräte, Durchführen und Auswerten des Versuches sind unter Pos. 5 bis10 dieser Norm beschrieben. Gewogen wird die trockene Masse vor (m_d) und nach (m_{gl}) dem Glühen.

$$V_{gl} = \frac{m_d - m_{gl}}{m_d}$$

Tab. 1.35 Festigkeiten wichtiger Gesteine (zu beachten sind die besonderen Hinweise zu Tab. 1.34)

Gesteinsart	Dichte [t m^{-3}]	Druckfestigkeit [N mm^{-2}]	Spaltzugfestigkeit [N mm^{-2}]	Biegezugfestigkeit [N mm^{-2}]
Granit	2,6–2,67	150–180	12–16	10–15 (19)
Syenit	2,8–2,9	150		12–15
Diorit	2,85–3,0	150–180	14–19	13–20
Dolerit		200–250	21–29	
Gabbro	3,0	200–300	25–29	18–20
Gneis	2,64–2,7	100–180	11–13	11–17
Glimmerschiefer	2,6–2,75	240–250	25	17–34
Quarzporphyr	2,55–2,6	150–250	12–25	13–24
Andesit	2,8	100–150	13–14	3,3–7,3
Trachyt	2,4–2,45	93–140		5,6–13
Basalt	3,0–3,3	200–300	26–31	20–30
Kalkstein	2,4–2,8	30–120	3–9	11–23
Travertin	2,3	45–55	5–7	7,4
Quarzit	2,55–2,75	120–160	10–15	20
Sandstein	2,0–2,3	15–40	1–4	
Tuffstein, vulk.	1,6–2,0	20–35	2–4	1–5
Tonstein	2,35–2,45	10–30	3–5	

Die Gleichsetzung des Glühverlustes mit dem Gehalt an organischer Substanz ist bei feinkörnigen Bodenarten durch die Abgabe von Kristallwasser verfälscht. Bei kalkhaltigen Böden geht freigesetztes CO_2 in den Glühverlust ein. Ein genaueres Bestimmen kann durch Nassoxidation mit 30 %igem Wasserstoffperoxid (H_2O_2) oder 3 %iger Natronlauge (NaOH) durchgeführt werden.

1.19 Festigkeit

Festigkeit ist die Grenze der Widerstandsfähigkeit eines Körpers gegen mechanische Beanspruchung. Unterschieden werden Druckfestigkeit, Zugfestigkeit und Scherfestigkeit (Tab. 1.35).

Ein mechanisch beanspruchter Körper wird verformt (Erreichen der Fließspannung) oder zerstört (Erreichen der Bruchspannung). Dabei wird die Festigkeit durch die Dauer der Belastung und durch die Geschwindigkeit der Lastaufbringung beeinflusst; kurzzeitige und schnell aufgebrachte Belastungen ergeben scheinbar größere Festigkeiten.

Unter Fließen versteht man das Verschieben der Feinbauteile eines Körpers, das zu einer bleibenden Änderung seiner inneren und äußeren Form führt. Bei gleichbleibendem Volumen ändert sich die Gestalt. Eine langsame fließende Verformung unter gleichbleibender, ständiger Belastung wird als Kriechen bezeichnet. Die Kriechverformung kann bei gleichbleibender Belastung zur Verdichtung führen; sie kann abklingen, konstant bleiben oder sich steigern und zum Bruch führen (Bruchfließen bzw. Bruchkriechen).

Unter Bruch versteht man das Versagen eines festen Körpers bei Beanspruchung durch Aufteilung in zwei oder mehrere Teilkörper entlang einer oder mehrerer neu entstehender oder neu aufspaltender Trennflächen (Bruchflächen, Scherflächen).

1.19.1 Druckfestigkeit

Die Druckfestigkeit σ_u ist die maximale Spannung (Bruchspannung) σ_{max}, die ein einaxial belasteter Körper aufnehmen kann. Die Begriffe „Würfeldruckfestigkeit" und „Zylinderdruckfestigkeit" beziehen sich auf die Form des Prüfkörpers.

- **Einaxiale Druckfestigkeit**

Für Sachfragen des Erd- und Grundbaus wird die einaxiale Druckfestigkeit im Druckversuch nach DIN 18136 ermittelt (Abb. 1.84a). Die Prüfkörper haben kreisförmigen oder quadratischen Querschnitt und zylindrische oder prismatische Gestalt. Das Verhältnis von Durchmesser oder Kantenlänge zur Höhe beträgt 1:2,5 bis 1:2. Nach Empfehlung 1 des Arbeitskreises „Versuchstechnik Fels" soll die einaxiale Druckfestigkeit an zylindrischen Proben getestet werden. Geräte, Durchführen und Auswerten des Versuches sowie das Darstellen der Ergebnisse sind in DIN 18136, Pos. 5 bis10 und in DIN EN 1926 Pos. 6 bis 9, für feinkörnige Böden auch in DIN ISO/TS 17892-7, Pos. 4 bis 7 beschrieben und demonstriert.

Die Druckfestigkeit ist im Rahmen der Materialprüfung von Steinen und verfestigten Böden oder Schlämmen zu bestimmen.

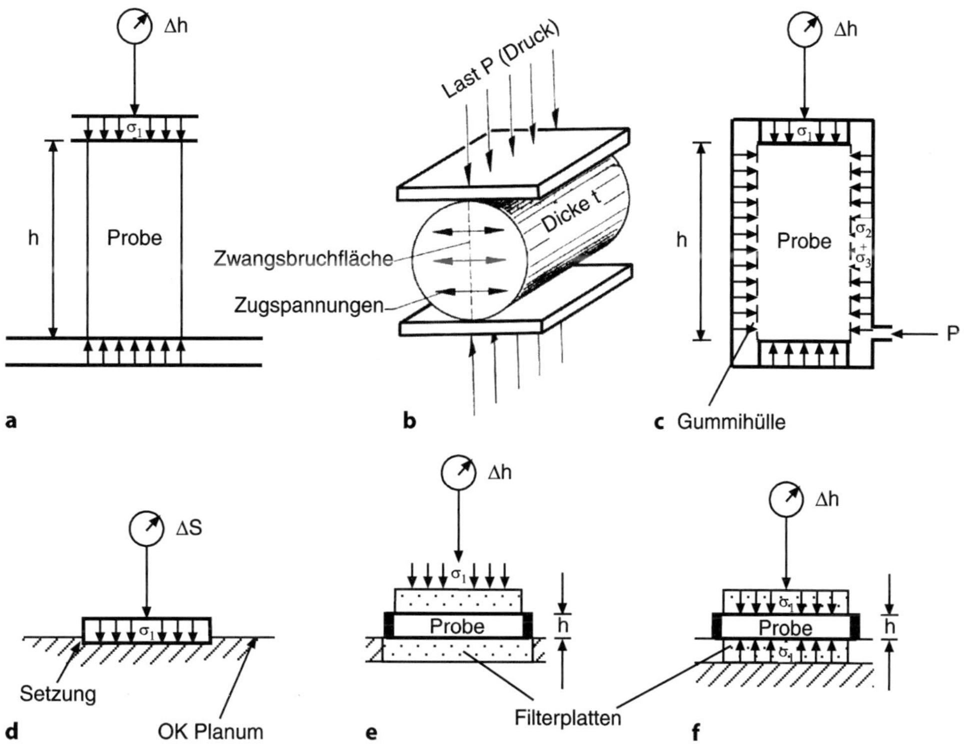

Abb. 1.84 Versuchsaufbau für **a** einaxiale Druckbelastung, **b** Spaltzugversuch (Brasili-Test), **c** triaxiale Druckbelastung, **d** Plattendruckversuch, **e** Kompressionsgerät (Ödometer) mit festem und **f** mit schwebendem Ring

Die Druckfestigkeiten von Stein und Beton geben Aussagen zur Belastbarkeit, so u. a. die Bemessung. An getrockneten und nassen Proben wird die Erweichbarkeit bestimmt. Versuche an gefrorenen und aufgetauten Proben geben Aussagen zur Frost- und Wetterbeständigkeit. Die Druckfestigkeit ist die höchste Festigkeitsgröße eines Gesteins. Bei anisotroper Gesteinsstruktur (Schichtung, Schieferung) ist anzugeben, ob die Last senkrecht, schräg oder parallel zur Anisotropie aufgebracht wurde (DIN EN 1926, Bild 2).

Für Sachfragen der Steinbruchindustrie wird die Druckfestigkeit von Naturstein nach DIN EN 1926 an Würfeln mit 50 mm Kantenlänge, bei grobkörnigem Gefüge an Würfeln mit 100 mm Kantenlänge bestimmt.

Das Prüfen nach DIN EN 1926 ergibt höhere Festigkeitswerte als nach DIN 18136.

- **Festigkeitsindex nach dem Punktlastversuch**

Der Punktlastversuch gibt Anhaltswerte zur Druckfestigkeit. Dabei werden Gesteinsproben zwischen zwei abgerundeten Kegelspitzen ($r = 5$ mm) bis zum Bruch belastet (Abb. 1.85). Gemessen wird der Abstand a zwischen den Kegelspitzen, der Durchmesser d und die Bruchlast F [N]. Der Festigkeitsindex I_s ergibt sich zu:

$$I_s = \frac{F}{a^2}\ [\mathrm{N\ m^{-2}}].$$

a und d sollen bei gedrungenen Proben 50 mm messen. Bei axial belasteten zylindrischen Prüfkörpern soll das Verhältnis der Probelänge L zum Lastpunktabstand a (= Durchmesser d) > 1,4 sein (Wittke 1984). Abweichende Lastpunktabstände können korrigiert werden (Abb. 1.86).

Aus dem Festigkeitsindex bei Lastpunktabstand 50 mm kann nach statistischen Auswertungen auf die einaxiale Druckfestigkeit geschlossen werden:

$$\sigma_u = \alpha I_s.$$

Erfahrungswerte für α liegen bei homogenem, hartem Gestein mit isotropen Festigkeitseigenschaften in der Größenordnung 24–25. Bei verwitterten Gesteinen und bei Gesteinen mit anisotroper Festigkeit zeigen ermittelte Festigkeitsindizes große Streuung.

1.19.2 Zugfestigkeit

Die Zugfestigkeit σ_z ist der maximale Widerstand, den ein Körper dem Zerreißen entgegensetzt. Sie wird als Zugspannung σ_z, also als die auf die Flächeneinheit A bezogene Zugkraft F, angegeben:

$$\sigma_{\mathrm{maxZug}} = \sigma_z = \frac{F}{A}\ [\mathrm{N\ m^{-2}}]$$

- F = bei Brucheintritt gemessene Zugkraft [N]
- A = Anfangsquerschnittsfläche der Probe [$\mathrm{cm^2}$ oder $\mathrm{mm^2}$]

Obwohl kohäsive Böden in Abhängigkeit von der Konsistenz geringe Zugfestigkeiten aufweisen, spielen diese in der Geotechnik meist keine Rolle. Die nachfolgenden Betrachtungen betreffen feste Prüfkörper. Die Zugfestigkeit ist bei spröden Stoffen wie Stein oder Beton die geringste Festigkeitsgröße.

Auf Zug werden Gesteine in der Natur bei Volumenausdehnung und Volumenkontraktion beansprucht. Ungleichmäßige

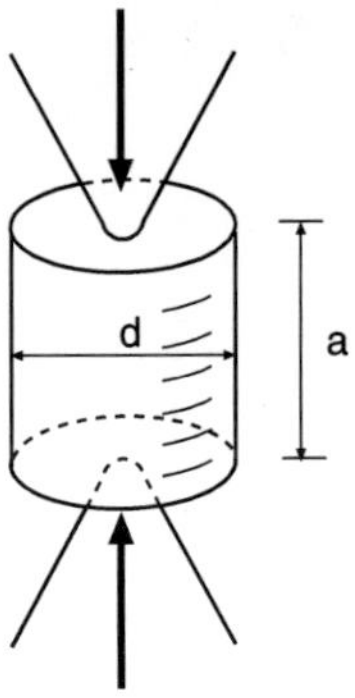

Abb. 1.85 Punktlastversuch

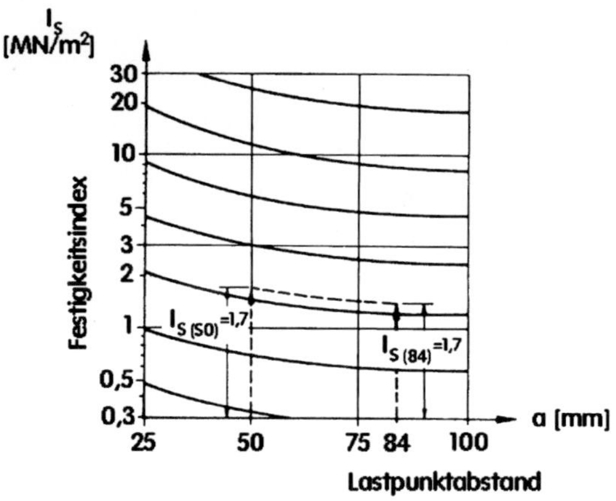

Abb. 1.86 Korrekturwerte zum Punktlastversuch für abweichende Probekörper auf den Lastpunktabstand 50 mm. (Wittke 1984)

Volumenausdehnung kann durch Temperaturschwankungen, Wasseraufnahme (Quellen), Frosteinwirkung, Kristallisationssprengung (Schwellen), Wachstumsdruck von Pflanzenwurzeln und auch durch Entlastung von Gesteins- und Felsmassen verursacht sein. Volumenkontraktionen treten beim Abkühlen magmatischer und metamorpher Gesteine und beim „Schwinden" diagenetisch verfestigter Sedimente auf. Im Sonderfall treten erhöhte Zugkräfte in Zonen aktiver tektonischer Verformung auf.

Beim Felsreißen sowie bei Bohr- und Sprengarbeiten werden Fels und Gestein direkt auf Zug beansprucht. Im Böschungsbau, Tunnelbau und Bergbau werden Pfeiler, Streckenstöße und das die Hohlräume und Steilwände aufbauende Gestein teils auf Druck und teils auf Zug beansprucht. Im Straßenbau werden die Baustoffe (Schotter) auf Druck, Zug und Schlag belastet.

Zwischen der Druckfestigkeit und der Zugfestigkeit der Natursteine besteht die ungefähre Beziehung 10:1 bis 15:1 (Hirschwald 1912).

Für das Bestimmen der Zugfestigkeit bestehen verschiedene Untersuchungsverfahren mit entsprechend abweichenden Messgrößen.

■ **Einaxialer Zugversuch**

Beim einaxialen Zugversuch wird der Prüfkörper eingespannt und auseinandergerissen. Der Bruch tritt an der schwächsten Stelle des Prüfkörpers ein. Mit diesem Verfahren werden die geringsten Zugfestigkeiten (Verbandszugfestigkeiten) ermittelt. Der versuchstechnische Aufwand ist hoch (Abb. 1.87).

■ **Spaltzugversuch**

Beim Spaltzugversuch (Brasili-Test) wird ein zylindrischer Prüfkörper in der Längsachse zwischen Lastplatten eingespannt und belastet (Abb. 1.84b und 1.87; gleiche Versuchsapparatur wie zum Bestimmen der Druckfestigkeit). Der Versuch wird in der Geotechnik in Anlehnung an die Betonnorm DIN 1048 oder an die ISRM-Empfehlung (ISRM-Commission 1978; Scheibenproben) durchgeführt. Beim Versuch induziert eine Druckkraft die Zugspannung und spaltet den Prüfkörper längs einer Zwangsbruchfläche. Es entsteht ein diametraler Riss. Dieser Riss deckt sich nicht zwangsläufig mit der schwächsten Stelle im Prüfkörper. Jedoch können durch entsprechend orientierten Probeneinbau vorhandene Anisotropien im Gestein getestet werden.

Die σ_{Sz}-Werte des Spaltzugversuches liegen leicht über jenen des einaxialen Zugtests.

■ **Biegezugversuch**

Beim Biegeversuch oder Balkenbiegeversuch (Abb. 1.87) wird ein länglicher Prüfkörper bzw. Balken zwischen zwei Auflagepunkten mittig belastet. Dabei erfährt der belastete Balken auf der konkaven Seite Stauchung und Druckspannung, auf der konvexen Seite Dehnung und Zugspannung. Diese Spannungen erreichen an der Oberfläche des Prüfkörpers ihren Maximalwert. Der Bruch des Prüfkörpers wird beim Überschreiten der Zugfestigkeit eingeleitet.

Für die Durchführung des Biegezugversuches sind verschiedene Belastungsanordnungen möglich. Bevorzugt werden Dreipunktbelastung oder Vierpunktebelastung. Die ermittelten Biegezugfestigkeiten σ_{Bz} können um den Faktor 2 und mehr über den Werten des einaxialen Zugversuches liegen.

1.19.3 Scherfestigkeit

Die Scherfestigkeit τ_f ist die maximale Schubspannung τ, der ein belasteter Körper in einer Scherfläche Widerstand entgegensetzen kann. In Boden und Fels wird dieser Grenzzustand der Scherfestigkeit überschritten, wenn auf einer oder mehreren Flächen Verschiebungen stattfinden, die keine weitere Steigerung der Schubkräfte (Scherkräfte) erfordern. DIN 18137, Teil 1 gibt Begriffserklärungen und grundsätzliche Versuchsbedingungen zum Bestimmen der Scherfestigkeit an Böden.

Die Scherfestigkeit τ_f setzt sich aus dem Kohäsionsanteil, angegeben als c [kN m^{-2}], und aus dem Reibungsanteil, angegeben als Reibungswinkel φ [°], zusammen:

$$\tau_f = c + \tan\varphi\sigma \ [\text{kN m}^{-2}].$$

Der Reibungsanteil der Scherfestigkeit ist abhängig von der Normalspannung σ. Diese Normalspannung ergibt sich als normal wirkende Kraft, bezogen auf die gesamte Größe der Schnittfläche A. Diese Kraft errechnet sich aus der Überlagerungshöhe h, der Wichte γ des Baugrundes oberhalb dieser gedachten Schnittfläche und aus Zusatzlasten P mit Normal- und Tangentialkomponenten:

$$\sigma = \frac{\gamma h + P}{A} \ [\text{kN m}^{-2}].$$

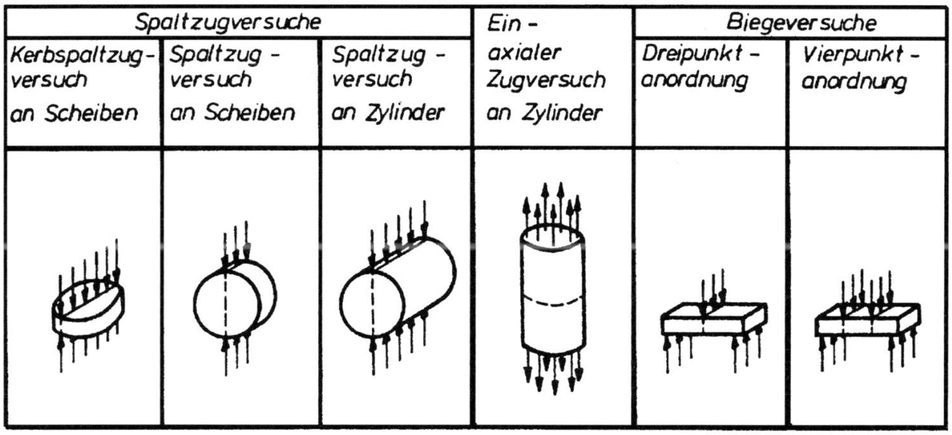

Abb. 1.87 Vergleich der Belastungsarten verschiedener Zugversuche

Porenwasserdruck wirkt der Auflast entgegen und kann den Reibungsanteil bis $\varphi = 0$ verringern.

Der auf Kohäsion beruhende Anteil der Scherfestigkeit ist eine von der Belastung weitgehend unabhängige Bodenkenngröße. Meist wird die Kohäsion als konstante Größe angesehen. Die Kohäsion bindiger Böden kann sich jedoch im Laufe der Zeit ändern. Während z. B. bei Schüttungen vielfach ein Kohäsionsaufbau beobachtet wird, wird bei bestimmten Böden, z. B. in Abtragsböschungen, Kohäsionsabfall beobachtet.

Die Kohäsion ist der Zusammenhalt der Bodenteilchen. Dieser Zusammenhalt kommt bei feinkörnigen Böden über verschiedene Kräfte und Bindungen im Feinkornbereich zustande. Bei Gesteinen und verfestigten Böden sind es mineralische Bindungen und Verkittungen.

Im Baugrund mit Kohäsion können standfeste senkrechte Wände gebildet werden. Im Baugrund ohne Kohäsion liegen die maximalen Hangneigungen in der Größenordnung des Winkels der inneren Reibung, etwa in der Größenordnung zwischen 30 und 40°.

Die Scherfestigkeit ist bei grobkörnigem Boden, feinkörnigem Boden und Fels jeweils unterschiedlich verursacht und wird durch unterschiedliche Anteile von Reibung und Kohäsion bestimmt.

Scherfestigkeit grobkörniger Böden Die Scherfestigkeit grobkörniger Böden ist ausschließlich durch den Reibungsanteil bestimmt und wird durch die Reibung zwischen den Körnern verursacht. Der Reibungswinkel hängt von Kornform, Kornrauigkeit, Korngröße, Dichte, Porenvolumen, Wassergehalt, Porenwasserdruck und auch von den gewählten Versuchsbedingungen ab. Er liegt bei Sand und Kies zwischen 30 und 40° (■ Tab. 1.36). Der Böschungswinkel trocken aufgeschütteter Massen entspricht im Grenzfall dem Reibungswinkel. Feuchter Sand enthält eine mit dem Wassergehalt variierende Kapillarkohäsion (scheinbare Kohäsion) und kann in steilerem Winkel abböschen. Da die Kapillarkohäsion beim Austrocknen oder bei Wassersättigung den Wert Null annimmt, ist die Standfestigkeit aller übersteilten Böschungen im feuchten Sand gefährdet (Kieslinger 1962).

Für Standsicherheitsberechnungen wird die Kohäsion bei grobkörnigen Böden mit Null angesetzt und die Kapillarkohäsion in der Regel nicht berücksichtigt. In der Praxis wird die Kapillarkohäsion von Sand dann genutzt, wenn Böschungen, z. B. von Baugruben, mit ca. 45°, also steiler als im Winkel der inneren Reibung, angelegt werden.

Längliche und plattige Körner und Gerölle können im Sand, Kies oder Schotter eingeregelt vorliegen (primäre Gefügeeinregelung, Dachziegellagerung, Imbrikation). Daraus resultiert wie bei einem Trockenmauerwerk eine Gefügekohäsion.

In anstehenden Zersatzsanden (Gneiszersatz, Granitzersatz bzw. vergruster Granit) bewirkt das erhaltene und in dichter Packung vorliegende Korngefüge eine Gefügekohäsion (Kohäsion durch Umschließung; Kieslinger 1962). Diese kann bei Abgrabungen eine hohe Standfestigkeit der Wände bewirken.

Auf Sanddünen kann die dichte Packung eingeregelter Sandkörner eine feste befahrbare Deckschicht abgeben.

Dichter oder verdichteter grobkörniger Boden und überverdichteter feinkörniger Boden werden unter dem Einfluss einer Scherspannung zunächst bis zum Wert der Bruchfestigkeit mit der größten Scherfestigkeit τ_f weiterverdichtet. Bei geringer Änderung im Scherweg steigt die Scherspannung in der Probe stark an. Im Zustand des Zerbrechens oder Zerscherens wird der Boden aufgelockert, und der weitere Abschervorgang bewirkt zunächst eine Volumenvermehrung bei gleichzeitiger Abnahme der Scherfestigkeit bis zu einer kritischen Dichte mit zugehöriger kritischer Scherfestigkeit τ_{kr}. Diese Verformungen können sich auf eine Fläche konzentrieren (Ausbildung einer Scherfuge), oder es kann ein größerer Bereich des Baugrundes oder der Scherprobe von dieser Auflockerung erfasst werden (Ausbildung mehrerer Scherfugen). Bei sehr langen Scherwegen fällt die Scherfestigkeit auf einen Minimalwert ab, welcher der Gleitfestigkeit oder Restscherfestigkeit τ_r entspricht (■ Abb. 1.88).

Bei lockeren grobkörnigen Böden und bei weichen feinkörnigen Böden steigt die Scherspannung mit zunehmendem Scherweg flach an. Der Boden wird bis zur kritischen Dichte verdichtet. Es ergibt sich ein gleicher Wert für τ_f, τ_{kr} und τ.

Scherfestigkeit feinkörniger Böden In feinkörnigen Böden wirken anziehende und abstoßende Oberflächenkräfte zwischen den Teilchen.

Die Scherfestigkeit feinkörniger Böden wird von Reibung und Kohäsion bestimmt. Sie ist bezüglich des Reibungsanteils unterschiedlich zu bewerten. Neben einem echten Reibungsanteil ist ein Teil der Reibung durch unterschiedliche Ladung der Tonminerale zu erklären. Beim Abschervorgang muss in der Gleitfuge die

Tab. 1.36 Größenordnung der Kohäsion und Reibung von verschiedenen Lockergesteinen und Böden. Die Tabellenwerte zeigen die Schwankungsbreite. Besonders groß ist die Schwankungsbreite in Mischböden. Diese und vergleichbare Tabellen geben Anhaltswerte und sollen der Beurteilung der Ergebnisse von Laborversuchen dienen. Die in der Praxis leider oft zu beobachtende Nennung von Bodenkenngrößen ohne Absicherung durch Versuche zum Bestimmen der Scherparameter sowie anderer Kennwerte ist nicht vertretbar. Analog entspricht dies einer Bewehrung von Baukonstruktionen ohne statische Berechnung

Art des Lockergesteins oder Bodens	Gruppe nach DIN 18196	Reibungswinkel φ′ [°]	Kohäsion c′ [kN m^{-2}]
Blockschutt, kubisch, rau, dicht		42,5–45	
Blockschutt, kubisch, rau, locker		40–42,5	
Gesteinsschutt, plattig, rau, dicht		37,5–40	
Gesteinsschutt, plattig, rau, locker		32,5–35	
Gesteinsschutt, plattig, glatt, dicht		27,5–35	
Gesteinsschutt, plattig, glatt, locker		20–30	
Schotter und Splitt, gut abgestuft, dicht	GW, GI	40–42,5	
Schotter und Splitt, gut abgestuft, locker	GW, GI	37,5–40	
Kies und Sand, gut abgestuft, dicht	GW, GI	40–42,5	
Kies und Sand, gut abgestuft, locker	GW, GI	32,5–35	
Kies, gleichkörnig, enggestuft, dicht	GE	37,5–40	
Kies, gleichkörnig, enggestuft, locker	GE	32,5–35	
Sand, rau, gut abgestuft, dicht	SW, SI	37,5–40	
Sand, rau, gut abgestuft, locker	SW, SI	32,5–35	
Sand, rundkörnig, gut abgestuft, dicht	SW, SI	32,5–37,5	
Sand, rundkörnig, gut abgestuft, locker	SW, SI	30–32,5	
Sand, rundkörnig, enggestuft, dicht	SE	30–35	
Sand, rundkörnig, enggestuft, locker	SE	30–32,5	
Feinsand, dicht	SF	32,5–37,5	
Feinsand, locker	SF	30–32,5	
Kies-Sand mit Feinkorn (Lehm), dicht	GU, GT	27,5–37,5	0–15
Kies-Sand mit Feinkorn (Lehm), locker	GU, GT	22,5–35	0–15
Sand mit Feinkorn (Lehm), dicht	SU, ST	25–32,5	0–20
Sand mit Feinkorn (Lehm), locker	SU, ST	22,5–30	0–20
Schluff, leicht plastisch (Löss), dicht	UL	27,5–30	5–10
Schluff, leicht plastisch (Löss), locker	UL	25–27,5	5–10
Schluff, mittelplastisch, halbfest	UM	25–30	5–20
Schluff, mittelplastisch, steif	UM	22,5–27,5	5–20
Ton, leicht plastisch, halbfest	TL	22,5–27,5	10–30
Ton, leicht plastisch, steif	TL	20–25	10–30
Ton, mittelplastisch, halbfest	TM	20–25	15–40
Ton, mittelplastisch, steif	TM	10–20	15–40
Ton, ausgeprägt plastisch, halbfest	TA	15–25	20–50
Ton, ausgeprägt plastisch, steif	TA	7–15	20–50
Organische Böden, vorbelastet	F, H, OT	15–25	5–20
Organische Böden, nicht vorbelastet	F, H, OT	5–17,5	2–10
Hausmüll, dicht eingebaut		28–31	10–20
Hausmüll, locker abgelagert		15–17,5	5–10

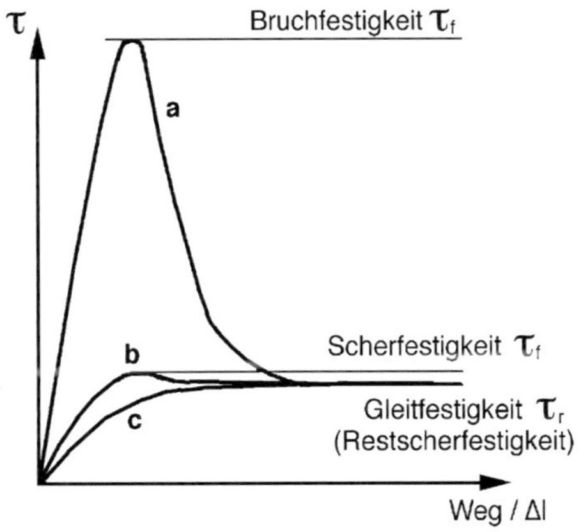

Abb. 1.88 Weg-Scher-Diagramm für **a** überkonsolidierten, **b** normalkonsolidierten und **c** nicht konsolidierten Boden. Überverdichtete Böden zeigen im allgemeinen in der Spannungs-Verformungslinie einen ausgeprägten Spitzenwert (Bruchwert). Die *Linie* fällt anschließend auf einen Restwert und bleibt dort annähernd konstant. Nichtverdichtete Böden zeigen den Anstieg bis zum Wert der konstanten Restscherfestigkeit (Gleitfestigkeit). Normal verdichtete Böden zeigen einen Bruchwert wenig über der Restscherfestigkeit

abstoßende Wirkung aus elektrostatischen Kräften überwunden werden. Diese Wirkung ist von Kornart, Korngröße, Kornform, Tonanteil, Art der Tonminerale, Ionenbelegung der Tonminerale, Ladung der Tonminerale, Wassergehalt, Ausdehnung der Doppelschicht, Elektrolytgehalt der Porenlösung und der sich hieraus einstellenden Pression im Boden abhängig. Die Ausdehnung des in der Doppelschicht gebundenen Wassers kann in feinkörnigen Böden über Ionenaustauschvorgänge gesteuert werden.

Im feinkörnigen tonigen Boden stellt sich ein osmotisches Druckgleichgewicht zwischen Porenlösung und Doppelschicht ein. Dieser Druck heißt Pression und stellt als abstoßende Kraft eine Gegengröße zu den anziehenden Kräften dar. Die Pression findet Ausdruck in der Ausdehnung der Doppelschicht und spiegelt sich in verschiedenen Bodeneigenschaften wider. Dies sind der Winkel der inneren Reibung und die mit diesem korrelierenden Eigenschaften wie Wasseraufnahmefähigkeit, Saugspannung, Wasserdurchlässigkeit, Plastizität, Konsistenz und Zusammendrückbarkeit.

Der Reibungsanteil wird bei feinkörnigen tonigen Böden, abhängig von deren Art und Zusammensetzung, durch die genannten Kriterien beeinflusst und bewirkt.

Bei Mischboden kann sich die Reibung aus echten mechanischen Reibungskräften und aus der genannten Pression zusammensetzen.

Die Kohäsion wird bei feinkörnigen Böden durch die Summe der anziehenden Kräfte gebildet. Sie ergibt sich aus dem Zusammenwirken von adhäsiven Oberflächenkräften, Van-der-Waals-Kräften, polaren Bindungen und Ionenbindungen (Martin 1992). Diese Bindungsarten werden mit wachsendem Teilchenabstand unwahrscheinlich. Die Kohäsion nimmt mit wachsender Doppelschicht und zunehmendem Wassergehalt ab.

- **Adhäsion und Kapillarkohäsion**

Die Adhäsion ist von der Ausdehnung der Doppelschicht unabhängig. Sie wirkt in Kapillaren und Zwickelräumen zwischen Körnern. Die von der Adhäsion des Wassers verursachte Kapillarkohäsion (scheinbare Kohäsion) tritt nur im feuchten, nicht wassergesättigten Boden auf. Die die Adhäsion verursachende Oberflächenspannung ist in Elektrolytlösungen höher als in destilliertem Wasser.

- **Van-der-Waals-Kräfte**

Elektromagnetische Wechselwirkungen zwischen den Elektronenwolken benachbarter Moleküle bewirken gegenseitige Anziehung. Diese Kräfte sind nur bei sehr geringen Teilchenabständen wirksam und nehmen in der sechsten Potenz ab.

- **Polare Bindungen und Wasserstoffbrückenbindungen**

Es teilt sich ein negativ polarisiertes Wasserstoffatom zwei Elektronen mit seinem positiv polarisierten Nachbarmolekül, z. B. F, O oder N. Hieraus entstehen Bindungskräfte, die die Van-der-Waals-Kräfte deutlich übersteigen.

- **Ionenbindung**

Zwischen benachbarten Ionen oder Ladungsträgern (Anionen und Kationen), die sich Elektronen teilen, bildet sich die stärkste bindende Kraft.

Scherfestigkeit von Fels Bei Fels hängt die Scherfestigkeit von der Druckfestigkeit des den Fels aufbauenden Gesteins und von der Ausbildung des Trennflächensystems ab. Die Kohäsion wird bei Gesteinen durch mineralische Bindung und bei verfestigten Böden durch Verkittung verursacht.

Die Kohäsion von Gesteinen und mineralisch verfestigten Böden wird über die einaxiale Druckfestigkeit geprüft. Die Restscherfestigkeit eines zerbrochenen und abgescherten Gesteins wird nur durch die Reibung bestimmt und ist viel kleiner als die einaxiale Druckfestigkeit.

Im geklüfteten Fels wird die Scherfestigkeit vorrangig durch das Trennflächensystem bestimmt. Die vom Felsverband aufnehmbare maximale Schubspannung ist abhängig von der räumlichen Lage der Trennflächen, vom Trennflächenabstand und von der Trennflächenausbildung. Die Ausbildung der Trennflächen kann zwischen wenig durchscherten Klüften mit bestehenden Materialbrücken und offenen Fugen mit Materialfüllung und/oder Wasserführung variieren. Der Fels besteht aus ineinandergefügten Kluftkörpern, welche eine auf Reibung aufbauende Gefügefestigkeit besitzen.

Eine mit vorgegebener Beanspruchungsrichtung einwirkende Schubspannung ist im Trennflächensystem nach Anisotropieeffekten zu beurteilen (Abb. 7.5 und 7.6). Anisotropie wird aus der Lage der verschieden orientierten und verschieden stark ausgeprägten Trennflächenscharen und aus der möglichen unterschiedlichen Beanspruchung durch Schubspannungen im Fels hervorgerufen. Nicht immer wirken angreifende Kräfte in der Richtung vorgegebener Schwachstellen mit geringer Scherfestigkeit auf bestehenden Trennflächen ein, sodass sich aus günstiger Raumlage der Trennflächen für beanspruchte Felsmassen eine höhere Scherfestigkeit ergeben kann.

Schubspannungen, die entlang von Trennflächen wirken, können nur von Reibungskräften kompensiert werden. Die Reibung ist abhängig von der Kluftrauigkeit und der Kluftfüllung. Zunehmende Rauigkeit der Kluftflächen bewirkt Öffnen der Fugen und Verringern der Berührungspunkte zwischen den aneinanderliegenden Kluftkörpern. Klaffende Fugen können mit Verwitterungslehm oder eingeschwemmtem Lehm ausgekleidet oder verfüllt sein und somit in der Reibungswirkung stark erniedrigt sein. Wasser und besonders Druckwasser kann die Scherfestigkeit in den Fugen herabsetzen. Vielfach ist dies die Ursache für Rutschungen im Fels.

Die Scherfestigkeit von Fels kann in Großversuchen (Geländeversuchen) oder großdimensionierten Rahmenscherversuchen (Labor) getestet werden.

Bei unvollkommener Durchklüftung mit nur teilweise durchgehenden Trennflächen (Durchtrennung < 1) ist zwischen der Scherfestigkeit der noch bestehenden Materialbrücken und der Scherfestigkeit in bereits geöffneten Fugen (Gleitfugen) zu unterscheiden. Es ist Aufgabe der Geotechnik herauszufinden, mit welchen Scherfestigkeiten zu rechnen ist. Es muss jedoch beachtet werden, dass Fels dazu neigt bei starker Spannungskonzentration sich im Trennflächensystem aufzulockern. Nicht abgescherte Gesteinsbrücken können durchreißen, oberflächenparallel können sich neue Trennflächen ausbilden.

Die Reibungswinkel in den Trennflächen der Felsgesteine liegen in vergleichbarer Größenordnung zu gleichen körnigen Materialen im Boden, also in der Größenordnung zwischen Sanden und tonigen Schluffen. Es ist falsch, beim Anstehen von Fels für erdstatische Berechnungen ungeprüft Kennwerte des Bodens zugrunde zu legen. Es ist vielmehr erforderlich, das Trennflächensystem mit Streichen und Fallen aufzunehmen und hieraus Bruchmechanismen zu konstruieren. Nur auf diese Weise können unter Umständen Analogien zu Bodenbetrachtungen getroffen werden.

Versuchsanordnungen zum Bestimmen der Scherparameter Zum Bestimmen der Scherparameter sind folgende Versuchsanordnungen üblich:

- *Triaxialversuch*
  Im Triaxialversuch nach DIN 18137, Teil 2 wird eine zylindrische Bodenprobe in einer Gummihülle zwischen zwei Druckplatten eingebaut und ringsum über eine Druckflüssigkeit belastet ($\sigma_1 = \sigma_3$) Durch Steigerung des Druckes über die Druckplatten ($\sigma_1 > \sigma_3$) wird die Probe gestaucht. Wird die Scherfestigkeit nach kurzer Stauchung überschritten, spricht man von sprödem Bruch. Wird die Probe stärker gestaucht, spricht man von plastischem Bruch und bei sehr großer Stauchung von plastischem Fließen.
  Die Versuchsanordnung gestattet die freie Ausbildung von Scherflächen (■ Abb. 1.89a). Der Versuch eignet sich für gestörte und ungestörte bindige Böden, aus denen sich standfeste Probekörper erstellen lassen. Es können auch nicht standfeste Probekörper aus bindigen und nicht-bindigen Böden hergestellt und untersucht werden.
  Geräte, Herstellen der Probekörper, Durchführen und Auswerten des Versuches sowie Darstellen der Ergebnisse sind in DIN 18137 Teil 2, Pos. 5 bis 8 und in DIN ISO/TS 17892-8, Pos. 5 bis 8 beschrieben und demonstriert.
- *Direkter Scherversuch mit dem Rahmenschergerät (Kastenschergerät)*
  Der Versuch wird nach DIN 18137 Teil 3 durchgeführt. Der Geräteaufbau ist dort unter Pos. 5.1.1, der Einbau der Probekörper, das Durchführen und Auswerten des Versuches, das Bestimmen der Scherparameter sowie das Darstellen der Ergebnisse sind in Pos. 6 bis 9 dieser Norm beschrieben. In der europäischen Norm CEN ISO/TS 17892-10 (gleich mit DIN ISO/TS 17892-10) wird das Rahmenschergerät unter Pos. 4.1 beschrieben. Zusätzlich zum konventionellen Gerät der DIN 18137-10 kennt diese Norm ein parallel geführtes Rahmenschergerät.
  Die Bodenprobe wird in die Scherbüchse eingebaut und durch eine Normalkraft σ_1 stufenweise belastet und konsolidiert. Die Scherbüchse besteht aus zwei starren Rahmen, von denen der eine fest, der andere beweglich ist. Die Probe wird in Höhe der Rahmenfuge zwischen den beiden Rahmen abgeschert (■ Abb. 1.89b). Es werden vier bis fünf Versuche bei verschiedenen Laststufen durchgeführt. Der Versuch eignet sich für feinkörnige Böden und für Sande. In großen Scherrahmen können auch Kiese und Gesteinsblöcke abgeschert werden, letztere zum Bestimmen der Reibung auf Kluftflächen. Feinkörnige Proben können gestört bei der Fließgrenze oder ungestört eingebaut werden.
  Die Restscherfestigkeit wird durch mehrfaches Abscheren und Zurückfahren des Scherschlittens ermittelt und für den Widerstand bestimmt, bei dem keine Änderung der Scherkraft mehr eintritt.
- *Kreisringscherversuch*
  Beim Kreisringscherversuch wird die Probe in einen Ring eingebaut. Die Scherkraft wird durch Drehen des oberen Rahmens aufgebracht (■ Abb. 1.89c). Der Scherweg ist unbegrenzt. Die Restscherfestigkeit wird abgelesen, wenn keine Änderung der Scherkraft mehr eintritt.
  Der Versuch wird nach DIN 18137 Teil 3 durchgeführt. Der Geräteaufbau ist unter Pos. 5.1.2, der Einbau der Probekörper, das Durchführen und Auswerten des Versuches, das Bestimmen der Scherparameter sowie das Darstellen der Ergebnisse sind in Pos. 6 bis 9 und in der europäischen Norm CEN ISO/TS 17892-10 (gleich mit DIN ISO/TS 17892-10) beschrieben und demonstriert.
- *direkter Scherversuch, Großscherversuch*
  Der direkte Scherversuch wird im Gelände bei grobstückigem Boden und bei aufgelockertem Fels durchgeführt. Es werden durch seitliches Abgraben würfel- oder quaderförmige Versuchskörper so aus dem Gesteinsverband herauspräpariert, dass sie anschließend durch seitliches Abpressen über ihre Grundfläche abgeschert werden (■ Abb. 1.89d; Habetha 1968).
  Die Normalkraft σ_1 resultiert aus dem Eigengewicht des Bodens, aus einer künstlich aufgebrachten Auflast oder im Tunnelbau aus gegen die Firste abgestützte Pressen.
- *Flügelscherversuch/Flügelsondierung*
  Weiche feinkörnige und organische Böden können im Gelände mit der Flügelsonde nach DIN 4094-4 auf die Scherfestigkeit des undränierten wassergesättigten Bodens untersucht werden. Die Flügelsonde besteht aus einem Stab mit über Kreuz stehenden Flügeln am unteren Ende. Die Flügelbreite beträgt 50 bzw. 75 mm, die Flügelhöhe 100 bzw. 150 mm und das Verhältnis von Flügelhöhe H zu Flügelbreite D 2:1.
  Geräte sowie das Durchführen und Auswerten des Versuches sind in DIN EN ISO 22476 T. 9 und in DIN 4094-4,

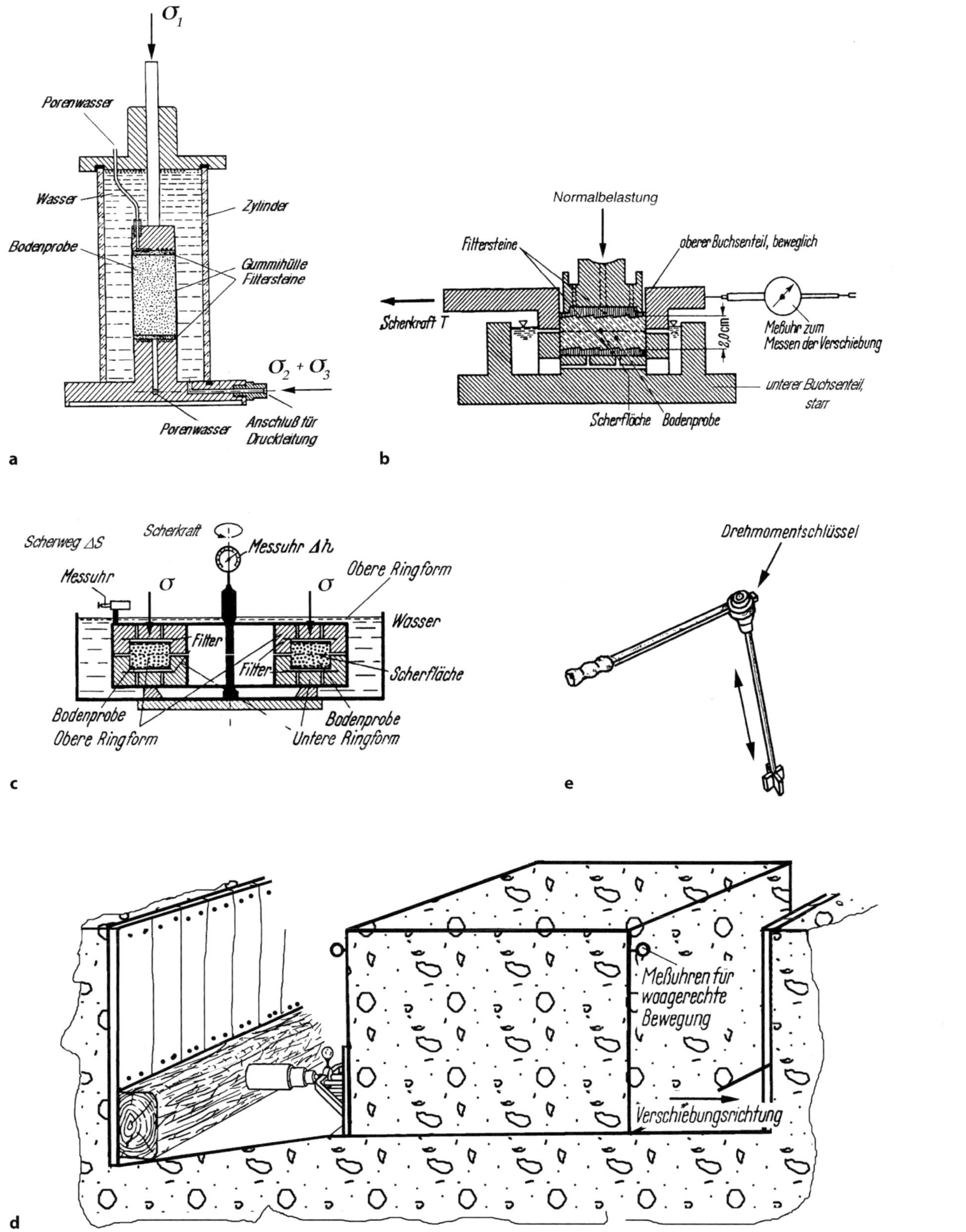

Abb. 1.89 Versuchsanordnungen zum Bestimmen der Scherfestigkeit. **a** Triaxialgerät, **b** Rahmenschergerät, **c** Kreisringschergerät, **d** Großscherversuch, **e** Flügelsonde. (Umgezeichnet nach Schultze und Muhs 1967)

Pos. 5 bis 9 geregelt. Die Flügelscherversuche werden nach der Flügelbreite wie folgt bezeichnet: Flügelscherversuch DIN 4094-FVT 50; Flügelscherversuch DIN 4094-FVT 75. Die Flügelsonde wird langsam und gleichmäßig gedreht, und der Drehwiderstand wird mit einem Drehmomentmessgerät bestimmt (◼ Abb. 1.89e). Die Drehgeschwindigkeit soll in weichen Böden mit geringer Sensitivität bei etwa 30° pro Minute, in Böden mit hoher Sensitivität bei 5–10° pro Minute liegen. Maßgebend ist das maximale Drehmoment M_{max}, welches beim erstmaligen Abscheren auftritt. Das maßgebende Moment für die Restscherfestigkeit M_r kann auf gleiche Weise ermittelt werden, nachdem die Flügelsonde zuvor mehrfach gedreht wurde (etwa zehn Umdrehungen im Zeitraum von sechs Minuten bei etwa 10° pro Sekunde). Abgelesen wird ein Wert für die Scherfestigkeit. Reibung und Kohäsion können nicht unterschieden werden. Der Scherwiderstand τ wird als Kohäsion in kN m^{-2} angegeben, und zwar für den maximalen Scherwiderstand als c_{fv} und für den Restscherwiderstand als c_{rv}. Er ergibt sich zu

$$\tau_{max} = c_{fv} = 0{,}273\, M_{max}/D^3$$

und

$$\tau_r = c_{rv} = 0{,}273\, M_r/D^3.$$

Die Laborflügelsonde wird zum Bestimmen der undränierten Scherfestigkeit von Klärschlämmen eingesetzt (ATV-Arbeitsbericht 1989).

Versuchsarten zum Bestimmen von Scherparametern Abhängig von Versuchsbedingungen können für den gleichen Boden unterschiedliche Parameter φ und c gewonnen werden.

Es werden folgende Versuchsarten unterschieden:

- *dränierter Versuch*
  Beim dränierten Versuch (D-Versuch) wird das Abscheren derart langsam durchgeführt, dass der Porenwasserdruck im Inneren des Prüfkörpers praktisch konstant bleibt und sich kein Überdruck aufbauen kann. D-Versuche können mit Triaxial- und Biaxialgeräten sowie mit Geräten für den direkten Scherversuch durchgeführt werden.
  An wassergesättigten Prüfkörpern werden die effektiven Scherparameter c' und φ' bestimmt An teilgesättigten Prüfkörpern, z. B. aus Proben mit natürlicher Bodenfeuchte, werden die Scherparameter c und φ bestimmt, welche zusätzlich einen Anteil aus der Kapillarkohäsion c_c enthalten.
- *konsolidierter, undränierter Versuch*
  Beim konsolidierten, undränierten Versuch (CU-Versuch) werden konsolidierte Prüfkörper so abgeschert, dass aus diesen kein Wasser austreten kann. Der Versuch wird an Prüfkörpern aus wassergesättigtem feinkörnigem Boden durchgeführt. CU-Versuche können mit Triaxial- und Biaxialgeräten mit Vorrichtungen zum Messen des Porenwasserdruckes durchgeführt werden. Bestimmt werden die Scherparameter des undränierten Bodens c_u und φ_u.
- *konsolidierter, dränierter Versuch mit konstant gehaltenem Volumen*
  Der konsolidierte, dränierte Versuch mit konstant gehaltenem Volumen (CCV-Versuch) wird an konsolidierten Prüfkörpern durchgeführt. Durch fortlaufende Regelung von mindestens einer Hauptspannung wird bei konstantem Porenwasserdruck Volumenänderung verhindert. Der CCV-Versuch kann anstelle eines CU-Versuches durchgeführt werden.
- *unkonsolidierter, undränierter Versuch*
  Der unkonsolidierte, undränierte Versuch (UU-Versuch) ist ein Scherversuch an Prüfkörpern aus feinkörnigem Boden mit gleichem Wassergehalt wie im Baugrund. Bei geschlossenem Porenwassersystem werden die Prüfkörper belastet und abgeschert. Der Porenwasserdruck wird nicht gemessen. Bestimmt werden die Scherparameter des undränierten Bodens c_u und φ_u.
  UU-Versuche können mit Triaxial- und Biaxialgeräten (◼ Abb. 1.84c) durchgeführt werden. Bei einaxialen Druckversuchen und bei Flügelsondierungen wird nur ein Punkt der Grenzbedingungen erhalten. Es sind demnach vereinfachte Sonderfälle zum UU-Versuch.

Bewerten von Scherparametern Für das Berechnen der Standsicherheit von Bauwerken werden die wirksamen Scherparameter c' und φ' eines wassergesättigten Bodens oder die Scherparameter c und φ eines teilgesättigten Bodens verwendet.

Für das Berechnen der Anfangsstandfestigkeit, z. B. von Schüttungen aus oder auf geringdurchlässigen nassen Böden, wird die undränierte Scherfestigkeit τ_u aus dem undränierten Scherversuch (CU-Versuch oder UU-Versuch) mit den Scherparametern c_u und φ_u verwendet.

Für das Beurteilen von aktiven Rutschungen und Gleitungen ist die Größe der wirksamen Restscherfestigkeit τ_r von Interesse. Bei überkonsolidierten Tongesteinen besteht zwischen Bruchfestigkeit und Restfestigkeit (Gleitfestigkeit) ein großer Abfall.

Das Bestimmen der Restscherfestigkeit erfolgt bei feinkörnigen Böden in einem dräniertem Versuch, bei dem von der Probe und besonders von der Gleitfläche Wasser aus der Umgebung aufgenommen werden kann. Bei feinkörnigen Böden sowie bei normal konsolidierten und überkonsolidierten Tonen oder Tonsteinen erhält man gleich niedrige Werte für die Scherparameter.

Bei gemischtkörnigen Böden kann die Restscherfestigkeit aus den wirksamen Spannungen nach großen Scherwegen abgeleitet werden, z. B. durch mehrfaches Abscheren im Rahmenscherversuch oder Kreisringscherversuch.

Es ist Aufgabe der Geotechnik festzustellen, welche Scherparameter im speziellen Fall wirksam sind und unter welchen Versuchsbedingungen diese zu bestimmen sind.

1.20 Verformbarkeit

Bei Laständerung (Belasten oder Entlasten) können Böden und Gesteine ihr Volumen und ihre Form ändern. Zu unterscheiden ist zwischen elastischer und plastischer Verformung (◼ Abb. 1.90). Eine einseitige Beanspruchung eines Körpers in einer bestimmten Richtung mit der Spannungsänderung $\Delta\sigma$ bewirkt in Richtung dieser Krafteinwirkung, z. B. in der Länge des

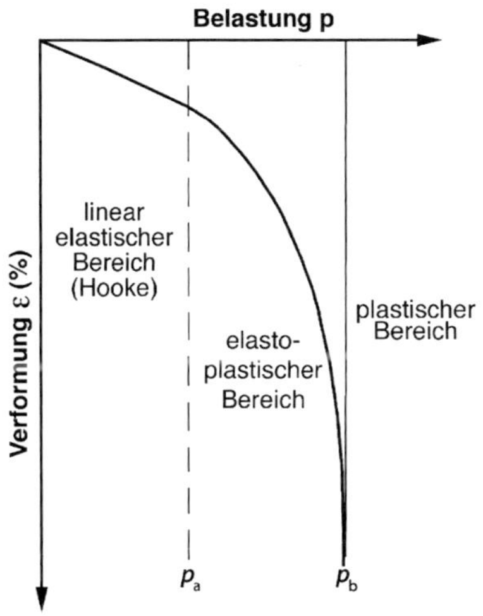

Abb. 1.90 Spannungs-Verformungs-Diagramm für Böden mit elastischem Bereich, plastischem Bereich und einem weitgehend unbekanntem Bereich mit elastoplastischem Verhalten. p_a Belastung am Übergang vom elastischen in den elastoplastischen Bereich; p_b Bruchlast

Prüfkörpers l eine Stauchung Δl. Damit ist stets eine Änderung des Querschnitts d um die Verdickung Δd verbunden. Das Verhältnis von Änderung in der Querdimension zur Änderung in der Längendimension beschreibt die Poisson-Zahl v:

$$v = \frac{\Delta d}{\Delta l}$$

Die Poisson-Zahl v liegt für einen volumenkonstanten Körper in der Größenordnung 0–0,5.

In der Regel liegt die Poisson-Zahl v bei Festgesteinen zwischen 0,1 und 0,3, bei dichten und mineralisch verfestigten Böden zwischen 0,25 und 0,4.

Der reziproke Wert der Poisson-Zahl ist die Querdehnungszahl m:

$$m = \frac{\Delta l}{\Delta d} = \frac{1}{v}$$

Die Verformung ε_l beschreibt das Verhältnis von Stauchung Δl zur Probelänge l:

$$\varepsilon_l = \frac{\Delta l}{l}\ [\%].$$

Die Verformung ε_d beschreibt das Verhältnis von Querdehnung Δd zum Probequerschnitt d (Abb. 1.91).

Die Verformung von Körpern wird durch Moduln charakterisiert. Häufig verwendet werden Elastizitätsmodul, Verformungsmodul, Steifemodul und Schubmodul.

Elastizitätsmodul

Der Elastizitätsmodul E beschreibt das Verhältnis von Spannungsänderung $\Delta\sigma$ zur Änderung in der Verformung $\Delta\varepsilon$ aus dem linearen (reversiblen) Teil der Spannungs-Verformungs-Kurve (Abb. 1.92).

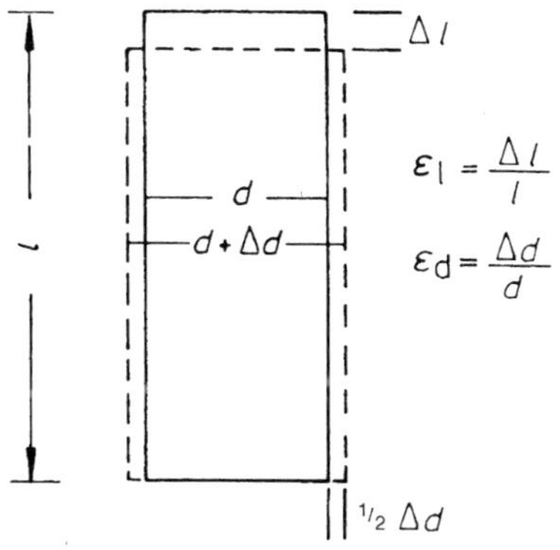

Abb. 1.91 Stauchung ε_l und Querdehnung ε_d eines Prüfkörpers

$$E = \frac{\Delta\sigma}{\Delta\varepsilon}\ [\mathrm{MN\ m^{-2}}].$$

Im anisotropen Fels können Poisson-Zahl und Elastizitätsmodul in den drei senkrecht aufeinanderstehenden Betrachtungsrichtungen (x, y, z) verschieden groß sein.

Für felsmechanische Fragestellungen ist der Elastizitätsmodul der einzelnen Gesteinsprobe nur selten relevant. Gefragt ist vielmehr das elastische und plastische Verhalten des Baugrundes bzw. Gebirges unter Einbeziehung des Trennflächengefüges und der möglichen Auflockerung. In der Felsmechanik werden E-Moduln für Fels aus Verformungsmessungen im Labor und aus *In-situ*-Versuchen in Fels und Boden ermittelt. *In-situ*-Versuche werden in Bohrlöchern oder in untertägigen Hohlräumen durchgeführt. Gearbeitet wird in Schlitzen mit Druckkissen, in Bohrlöchern mit Druckpatronen, Bohrlochaufweitungssonden, Dilatometersonden, Seitendrucksonden, in untertägigen Hohlräumen und Gräben mit Druckstempeln, Lastplatten, Doppellastplatten, Druckplatten, Radialpressen. Die so aus statischen Versuchen bestimmten Elastizitätsmoduln werden mit $E_{stat.}$ gekennzeichnet. Bei bekannter Dichte und Poisson-Zahl können Elastizitätsmoduln aus den unterschiedlichen Wellengeschwindigkeiten von Longitudinal- und Transversalwellen (Seismik) berechnet werden. Die so ermittelten Elastizitätsmoduln werden mit E_{dyn} gekennzeichnet.

1.20.1 Verformbarkeit von Boden

Verformungsmodul

Der Verformungsmodul E_v beschreibt das Verhältnis zwischen Spannungsdifferenz $\Delta\sigma$ und der dazugehörenden Verformung ε aus dem nichtlinearen Teil der Spannungs-Verformungskurve (Abb. 1.92).

In Boden und Fels werden die Verformungsmoduln mit den gleichen Geräten wie der Elastizitätsmodul als bleibender Verformungsanteil gemessen. Der Elastizitätsmodul ergibt sich aus der Entlastungskurve.

Plattendruckversuch Im Straßen- und Flugplatzbau wird der Verformungsmodul neben der Proctordichte als baubegleitende Maßnahme zur Gütekontrolle von Bodenverdichtung und Straßenbefestigung bestimmt. Das genormte Prüfverfahren (DIN 18134) erfolgt mit dem Plattendruckgerät (Abb. 1.84d). Geräte, Durch-

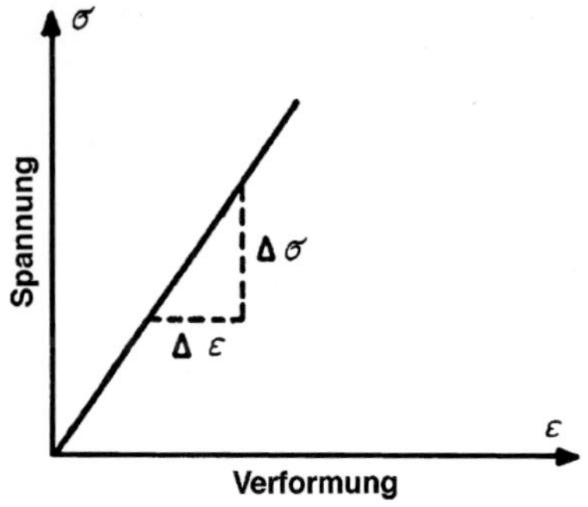

Abb. 1.92 Spannungs-Verformungs-Diagramm für den elastischen Bereich. Der *E*-Modul entspricht der Steigung der Geraden und ist über die Länge des dargestellten Bereichs gleich

führen, Belasten, Entlasten, Ermitteln des Verformungsmoduls EV und des Bettungsmoduls ks sowie das Auswerten und Darstellen der Messergebnisse mit Anwendungsbeispielen sind unter Pos. 5 bis 9 dieser Norm beschrieben und demonstriert. Beim Versuch wird eine Last (meist LKW) in Stufen auf eine Lastplatte mit 300 mm Durchmesser (Regelfall) aufgebracht. Die Belastung wird so lange gesteigert, bis das Setzmaß von 5 mm oder die Sohlspannung von 0,5 MN m^{-2} erreicht ist. Im Sonderfall und bei weicheren Böden können Lastplatten mit 600 mm Durchmesser (Grenzwerte: 7 mm, 0,25 MN m^{-2}) oder 762 mm Durchmesser (Grenzwerte: 13 mm, 0,2 MN m^{-2}) verwendet werden. Die eintretende Setzung wird bei Platten mit Messtunnel über einen Tastarm im Mittelpunkt der Platte gemessen, oder es wird eine Dreipunktmessung mit einer Messbrücke durchgeführt. Gemessen werden die Sohlspannungen σ_0 und die Setzwerte bei Erstbelastung, bei Entlastung und bei Wiederbelastung. Es wird eine Druck-Setzungslinie aufgezeichnet, und die Verformungsmoduln E_{v1} und E_{v2} werden rechnergestützt aus der Neigung der Sekante für Erst- und Zweitbelastung berechnet (Abb. 1.93).

■ Dynamischer Verformungsmodul

Der dynamische Verformungsmodul E_{vd} ist eine Kenngröße für die Verformbarkeit des Bodens unter der im dynamischen Plattendruckversuch definierten vertikalen Stoßbelastung $\sigma = 0{,}1$ MN m^{-2}. Bei diesem Prüfverfahren wird der Boden über eine Lastplatte ($D = 30$ cm, Masse = 15 kg) durch ein Fallgewicht (10 kg) belastet (Abb. 1.94).

Die fallende Masse wirkt über ein Dämpfungssystem mit der maximalen Kraft F_s als stoßartige Belastung auf das zu prüfende Planum ein. Im Boden wird eine elastische Verformung hervorgerufen. Diese wird als vorübergehende Einsenkung der Platte gemessen und aufgezeichnet. Das Setzmaß *s* wird aus der aufgezeichneten Setzungsamplitude herausgemessen (Abb. 1.95).

Das Messprinzip und die Anforderungen an die Prüfgeräte sind in den „Technischen Prüfvorschriften für Boden und Fels im Straßenbau“ (TP BF-StB, Teil B 8.3) der Forschungsgesellschaft für Straßen- und Verkehrswesen (1997) und in der „Richtlinie für die Anwendung des Leichten Fallgewichtsgerätes im Eisenbahnbau“ (DB NGT 39) (1997) geregelt.

Der dynamische Verformungsmodul wird wie folgt berechnet:

$$E_{vd} = 1{,}5\, r\sigma/s \text{ [MPa] oder [MN m}^{-2}]$$

oder unter Einhaltung der für das Leichte Fallgewichtsgerät festgelegten Konstruktionsmerkmale und Kalibrierungen:

$$E_{vd} = 22{,}5/s \text{ [MPa] oder [MN m}^{-2}].$$

■ Bettungsmodul

Für Aufgaben im Straßen- und Flugplatzbau kann der Bettungsmodul k_s nach DIN 18134 mit einem Plattendruckversuch mit der Lastplatte mit 762 mm Durchmesser ermittelt werden. Aus der Last-Setzungs-Linie der Erstbelastung wird die Belastung herausgegriffen, der das Setzmaß $s = 1{,}25$ mm zuzuordnen ist. Der Bettungsmodul wird bestimmt zu:

$$k_s = \frac{\sigma_0}{s} = \frac{\sigma_0}{0{,}00125} \text{ [MPa] oder [MN m}^{-2}].$$

Beim Berechnen des Bettungsmoduls für Fundamentbemessungen soll der maßgebliche Abschnitt der Druck-Setzungs-Linie anwendungsbezogen mit den unter dem Bauwerk auftretenden Sohlspannungen gewählt werden. Der Bettungsmodul wird dann ermittelt zu:

$$k_s = \frac{\Delta\sigma}{\Delta s} \text{ [MPa] oder [MN m}^{-2}].$$

Nach dem Modellgesetz kann ein so ermittelter Bettungsmodul auf andere Durchmesser und Fundamentbreiten umgerechnet werden. Die Übertragbarkeit ist im Einzelfall zu diskutieren.

$$\frac{k_{s1}}{k_{s2}} = \frac{d_2}{d_1}$$

■ Steifemodul

Der Steifemodul E_{oed} (altes Symbol E_s oder auch Zusammendrückungsmodul M_E/Schweiz) ist der Verformungsmodul für die einaxiale Verformung:

$$E_{oed} = \frac{\Delta\sigma'}{\Delta\varepsilon'} \text{ [MP}_a\text{] oder [MN m}^{-2}].$$

Beim Versuch wird die Bodenprobe in einem Metallring ebenbündig eingebaut und einaxial belastet (Abb. 1.84e). Der Versuch wird in DIN ISO/TS 17892-5 (Pos. 5 bis 8) beschrieben. Beidseitig angeordnete Filtersteine gestatten das Zu- oder Abströmen von Porenwasser. Übliche Ringgrößen für feinkörnige Bodenarten haben Querschnittsflächen zwischen 40 und 80 cm^2 und die Höhe h_a (Anfangshöhe) 14 oder 20 mm. Grobkörnige Böden können nur aufbereitet eingebaut werden, oder es muss eine dem Größtkorn angepasste Ringgröße und Belastungsvorrichtung gewählt werden. Eine Fehlerquelle ist die Mantelreibung, die über Ringgröße, Probehöhe und Versuchsaufbau berücksichtigt werden kann. Beim Versuchsaufbau mit festem Ring ist die Unterseite der Probe stabil und bündig gelagert. Unter dem Belastungsstempel verdichtet sich die Probe. Die Oberkante der Probe wird unter dem Stempel in den Ringraum hineingedrückt. Die Verschiebungsbewegung zwischen den Teilchen der Bodenprobe und dem Metallring ist an der Oberkante der Probe am größten

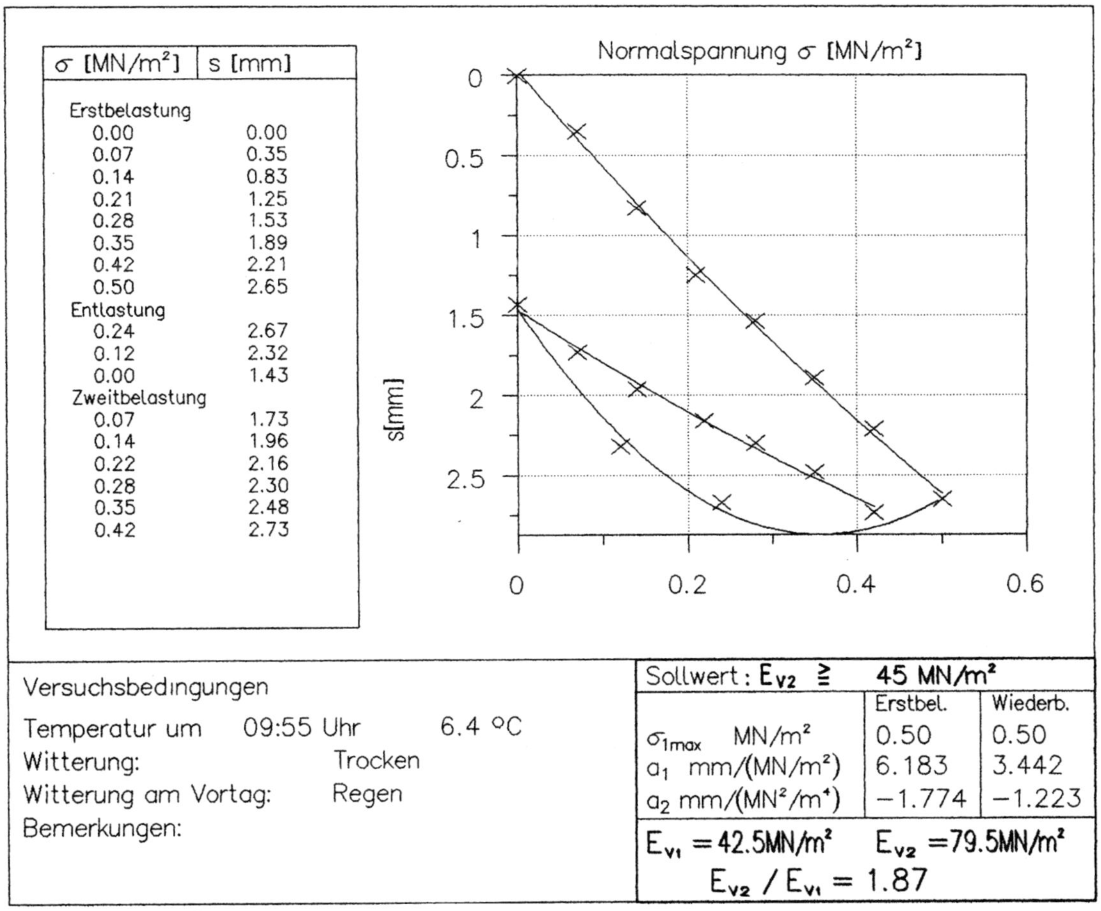

Abb. 1.93 Auswertung eines Plattendruckversuches. (Nach DIN 18134)

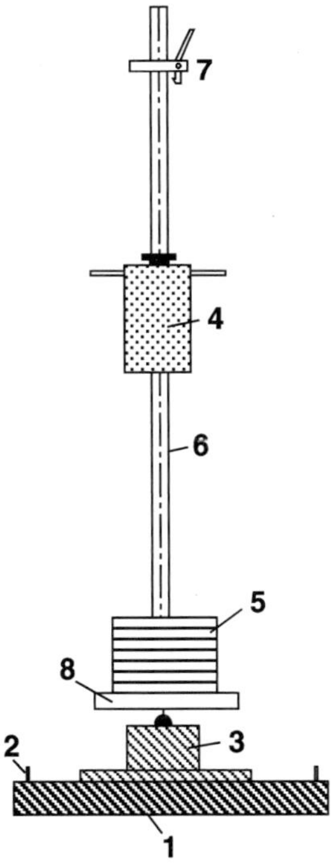

Abb. 1.94 Prinzipskizze des Leichten Fallgewichtgerätes nach „Technische Prüfvorschriften für Boden und Fels im Straßenbau" (TP BF-StB, Teil B 8.3), Forschungsgesellschaft für Straßen- und Verkehrswesen. *1* Lastplatte, *2* Traggriffe, *3* Setzungsmesseinrichtung, *4* Fallgewicht, *5* Federelement, *6* Führungsstange, *7* Ausklinkvorrichtung, *8* Kippschutzvorrichtung

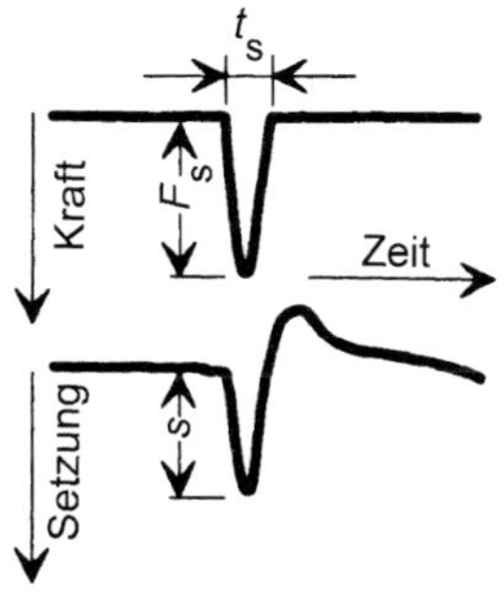

Abb. 1.95 Zeitlicher Verlauf von Stoßkraft und Setzung bei Stoßbelastung mit dem Leichten Fallgewichtgerät nach „Technische Prüfvorschrift für Boden und Fels im Straßenbau" (TP BF-StB, Teil B 8.3), Forschungsgesellschaft für Straßen- und Verkehrswesen

und nimmt zur Unterkante der Probe auf null ab. Beim Versuchsaufbau mit schwebendem Ring (Kompressionsgerät/Ödometer, Abb. 1.84f) dringen zwei Stempel in den Ringraum ein. Die Mittelfläche der Probe liegt stabil mit der Bewegung null. Die Teilchen aus Ober- und Unterkante der Probe werden um den jeweils halben Betrag der Setzung am Metallring vorbeibewegt.

Beim Versuch wird die Belastung stufenweise aufgebracht und von Laststufe zu Laststufe verdoppelt. Die Dauer der Belastung ist bodenabhängig und soll bei allen Laststufen gleich sein (bis 24 h pro Laststufe!) Es wird jeweils die Endsetzung Δh abgelesen und auf die Anfangshöhe der Probe bezogen.

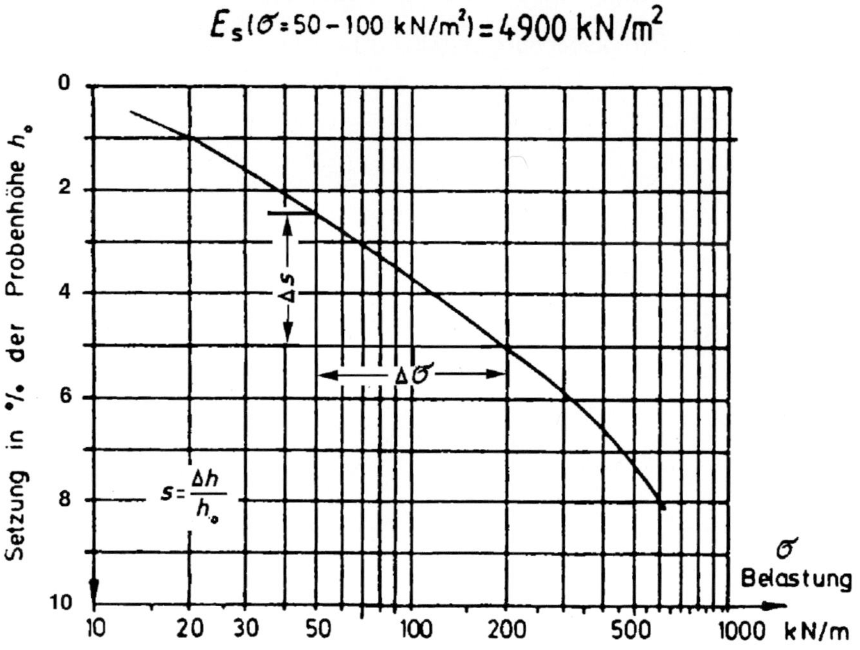

Abb. 1.96 Druck-Setzungs-Linie für einen Kompressionsversuch, Schluff, steifplastisch

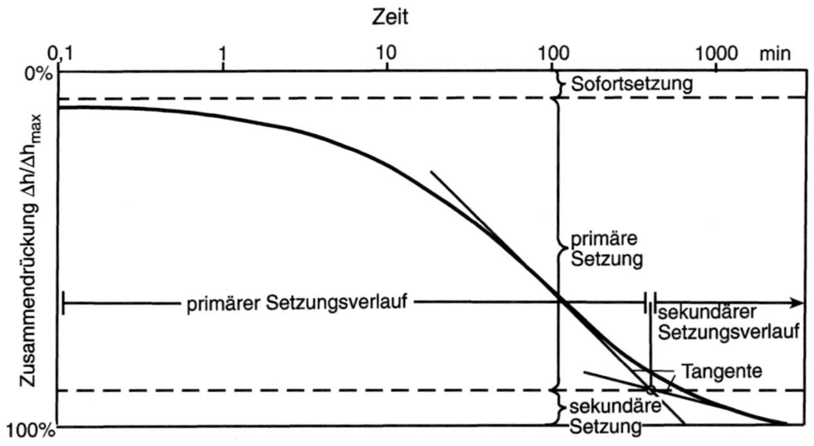

Abb. 1.97 Zeit-Setzungs-Linie mit Unterscheidung von Sofortsetzung, primärer Setzung und sekundärer Setzung. (Aus Schultze und Muhs 1967)

$$s' = \frac{\Delta h}{h}$$

Die auf die Anfangshöhe „bezogene Setzung" s' wird in ein halblogarithmisches Druck-Setzungsdiagramm gegen die Auflast σ eingetragen (Abb. 1.96).

Zeit-Setzungsversuch Beim Zeit-Setzungsversuch wird die nach Ablauf von Zeitabschnitten eingetretene Setzung abgelesen. (Bei Direktablesung kann folgendes Schema gewählt werden: 6, 12, 24, 48, 60 s; 2, 4, 8, 15, 30, 60 min; 2, 4, 8, 16, 24 h.) Das zeitabhängige Setzmaß wird im zeitlogarithmischen Maßstab aufgetragen (Abb. 1.97). Der Setzungsvorgang klingt bei gut durchlässigen und kohäsionsfreien Böden (Sand, Grobschluff, Löss) schnell ab. Bei feinkörnigen, nur geringdurchlässigen Bodenarten dauert der Setzungsvorgang lange an. Die Zeit-Setzungs-Kurve lässt dann eine Unterscheidung von Sofortsetzung, Primärsetzung und Sekundärsetzung zu. Der Zeit-Setzungs-Versuch dient zum Abschätzen der erforderlichen Zeit von Setzungsvorgängen unter Bauwerkslasten. Er dient weiterhin zum näherungsweisen Ermitteln des Durchlässigkeitsbeiwertes k (von Soos 1990, 2001).

Das Druck-Setzungs-Diagramm enthält bei jung abgelagerten feinkörnigen Böden einen Knickpunkt mit der Vorbelastung σ_p. Laststeigerungen über die Vorlast hinaus führen zu einem steileren Verlauf der Druck-Setzungskurve. Der gleiche Effekt kann durch Entlasten und Wiederbelasten erreicht werden, wobei der Wiederbelastungsast im Diagramm flacher verläuft als der Erstbelastungsast (vgl. Abb. 1.93).

Der Steifemodul E_{oed} wird aus der Steigung der an die Setzungskurve angelegten Tangente ermittelt:

$$E_{oed} = \frac{\Delta\sigma}{s'} = \frac{\Delta\sigma}{\Delta(\Delta h/h_a)} \; [\mathrm{MN\,m^{-2}}] \text{ oder } [\mathrm{MP_a}].$$

Der Steifemodul dient zum überschlägigen Abschätzen von Setzungsvorgängen unter Gebäuden. Der Steifemodul ist lastabhängig und für den projektierten Belastungsbereich unter der Gründungssohle zu ermitteln. Tab. 1.37 gibt einen Überblick zur möglichen Schwankungsbreite der Steifemodule E_{oed} (altes Symbol: E_s) für verschiedene Bodenarten.

Der Steifemodul von jungen Ablagerungen ohne starke Vorbelastung und ohne Verfestigung kann im Regelfall ab der Spannung

Tab. 1.37 Schwankungsbreite der Steifemoduln E_{oed} für Böden. Die realen Werte sind von der Bodenart, der Kornrauhigkeit, der Lagerungsdichte, dem Wassergehalt, dem Anteil der organischen Substanz, der Auflast und von der Vorgeschichte des Bodens abhängig. Ein Zuordnen des vorgefundenen Bodens zu Tabellenwerten ist, besonders bei feinkörnigen Böden, nur sehr begrenzt zulässig (zu beachten sind die besonderen Hinweise zu Tab. 1.36)

Boden	Gruppe (DIN 18196)	Steifemodul E_{oed} [MN m^{-2}]
Kies, sandig, dicht	GW, GI	100–200
Kies, sandig, mitteldicht	GW, GI	50–100
Kies, sandig, locker	GW, GI	20–40
Sand, dicht	SW, SI	50–100
Sand, mitteldicht	SW, SI	30–50
Sand, locker	SE, SW, SI	10–30
Sand, lehmig, schluffig	SU, ST	5–15
Schluff, Ton, weichplastisch	UL, UM, UA, TL, TM, TA	2–5
Schluff, Ton, steifplastisch	UL, UM, UA, TL, TM, TA	5–15
Torf, Mudde, organischer Ton, weich	OU, OT, HN, HZ	1–3

$\sigma' > \gamma z$ gut verwendet werden. Über dem Grundwasser entnommene Proben dürfen im Versuch nicht geflutet werden. Unter dem Grundwasser entnommene Proben dürfen erst ab der Laststufe, die der Vorlast bei OK Grundwasser entspricht, geflutet werden.

Die Steifemoduln aus überkonsolidierten Tonsteinen fallen häufig zu niedrig aus, verursacht von Quellvorgängen und Auflockerungen an der Oberfläche. Die richtige Einschätzung ist abhängig von Materialeigenschaften, Schichtenbau und Versuchsablauf. Das Fluten der Proben beim Versuch und das Anbringen von Korrekturen wird bei verschiedenen Autoren unterschiedlich gehandhabt.

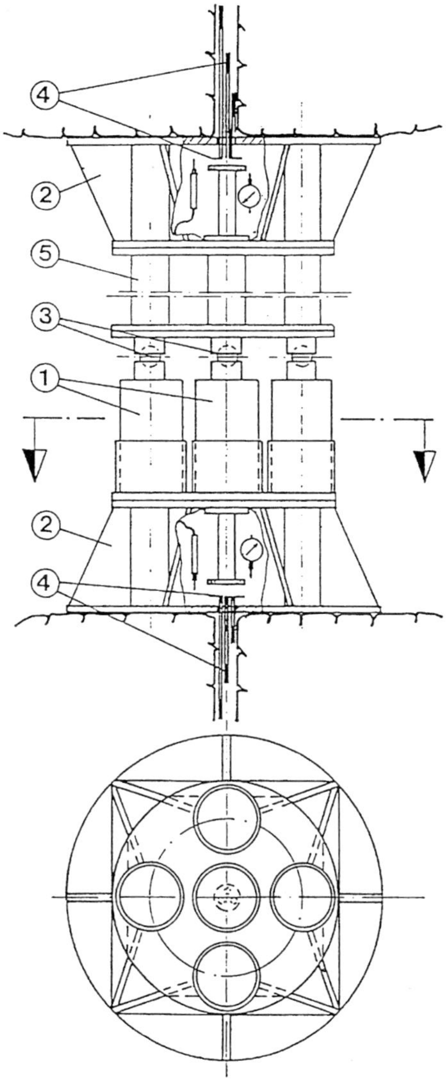

Abb. 1.98 Versuchsausrüstung für Plattendruckversuche mit doppelter Lastplatte und Drucklast bis 5 MN. *1* Fünf hydraulische Druckzylinder à 1 MN bzw. 100 t; *2* Lastplatten mit zentraler Öffnung für Extensometer; *3* Kugelgelenk zur zentrischen Lastaufbringung; *4* Mehrfachstangenextensometer; *5* Verlängerungsstücke zum Überbrücken großer Öffnungsweiten. (Umgezeichnet nach Gesamtkatalog Interfels GmbH, Bad Bentheim)

- **Volumenzunahme beim Quellen, Quelldruck**

Feinkörnige Böden können unter Wasseraufnahme der Tonminerale (Einbau zwischen die Schichtgitter) eine Volumenzunahme erfahren. Volumenzunahme und Quelldruck werden im Ödometer oder in einer Drucksetzungskammer bestimmt. Als Quelldruck wird die Spannung [MPa] oder [MN m^{-2}] bezeichnet, bei der die Quellerscheinung durch Gegenlast kompensiert wird. Quelldrücke liegen in der Größenordnung von etwa 2 MN m^{-2}. Höhere Drücke treten bei Umkristallisationsvorgängen auf (▶ Abschn. 13.5.2).

1.20.2 Verformbarkeit von Fels

Für das Planen und Bemessen von Baumaßnahmen im Fels, besonders für das Bemessen der Belastbarkeit von Untergrund oder von Widerlagern sowie für das Dimensionieren der Sicherung und Auskleidung von Stollen und Druckschächten werden felsrelevante Messgrößen für Elastizitätsmodul, Verformungsmodul und Bettungsmodul benötigt. Versuche können an zugänglichen Messpunkten wie in untertägigen Hohlräumen und Geländeeinschnitten oder in Bohrlöchern durchgeführt werden. An zugänglichen Messpunkten werden Plattendruckversuche und Versuche mit Druckkissen durchgeführt. In Bohrlöchern werden Bohrlochaufweitungsversuche, Dilatometer-, Seitendrucksonden- und Pressiometermessungen eingesetzt. Da das anstehende Gebirge selten homogen ist, muss ein repräsentatives Gebirgsvolumen geprüft werden. Um die durchschnittliche Gebirgsstruktur zu erfassen, soll die Versuchsfläche nach Möglichkeit mehrere Kluftkörper überdecken.

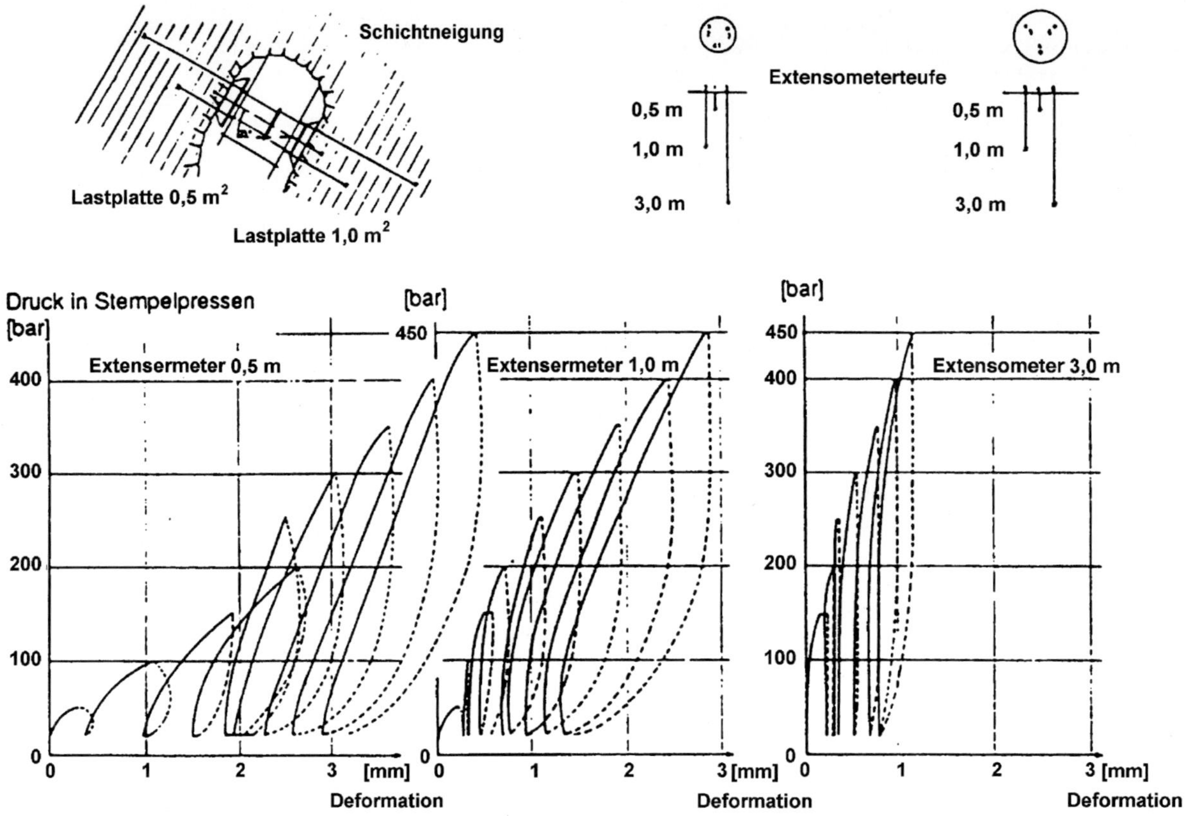

■ **Abb. 1.99** Messbeispiel mit Versuchsaufbau (*oben*) und Last-Verformungs-Diagrammen (*unten*) eines Plattendruckversuches. (Gesamtkatalog Interfels GmbH, Bad Bentheim)

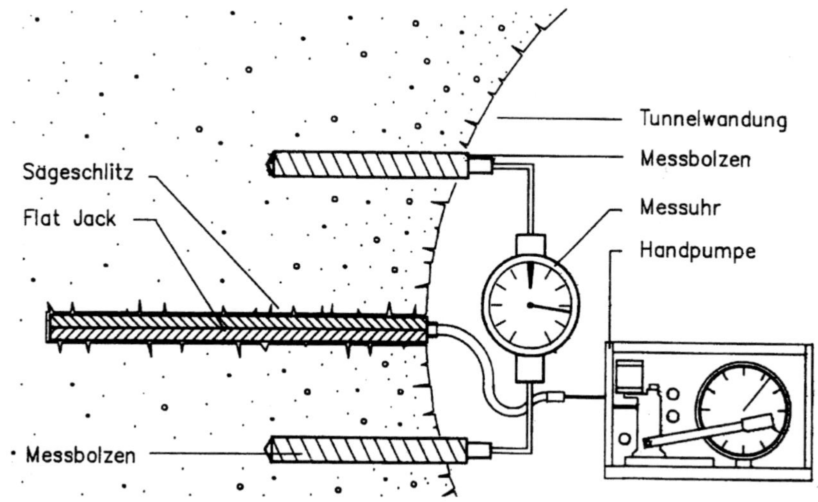

■ **Abb. 1.100** Einbauprinzip für ein Druckkissen nach dem System „Glötzl". Die beim Schlitzen im Gebirge aufgetretene Entspannung und Verformung wird durch die im Kissen aufzubringende Spannung kompensiert. Der aufzubringende Druck entspricht der ursprünglichen Spannung

■ Plattendruckversuch

In Schlitzen, Schächten, Stollen oder Testkammern können die Verformungseigenschaften von Fels mit Plattendruckversuchen ermittelt werden. Beim einfachen Plattendruckversuch wird eine Seite getestet. Die gegenüberliegende Seite dient als Widerlager. Beim doppelten Plattendruckversuch (■ Abb. 1.98) werden zwei zueinander parallele Oberflächen über zwei gegenüberliegende, kreisförmige Belastungsplatten belastet. Die entgegengesetzt wirkenden, gleich großen Kräfte liegen in der Verbindungslinie der Plattenmittelpunkte und sind senkrecht zur belasteten Fläche gerichtet. Jede Platte bildet das Widerlager für die gegenüberliegende Platte. Die Verschiebungen in Richtung der Belastung werden an mehreren Stellen am Gebirgsstoß gemessen. Aus der Beziehung zwischen aufgebrachter Kraft und diesen Verschiebungen werden Elastizitätsmoduln und/oder Verformungsmoduln des Gebirges ermittelt. Plattengröße, Belastungsrichtung und zeitlicher Versuchsablauf (Kriechverhalten) werden unter Berücksichtigung des Trennflächengefüges der Problemstellung angepasst. Die größte Pressung soll höher als die spätere Gebrauchslast gewählt werden. Die Belastung soll ausreichend große Verschiebungen hervorrufen, welche mit genügender Genauigkeit gemessen werden können (■ Abb. 1.99).

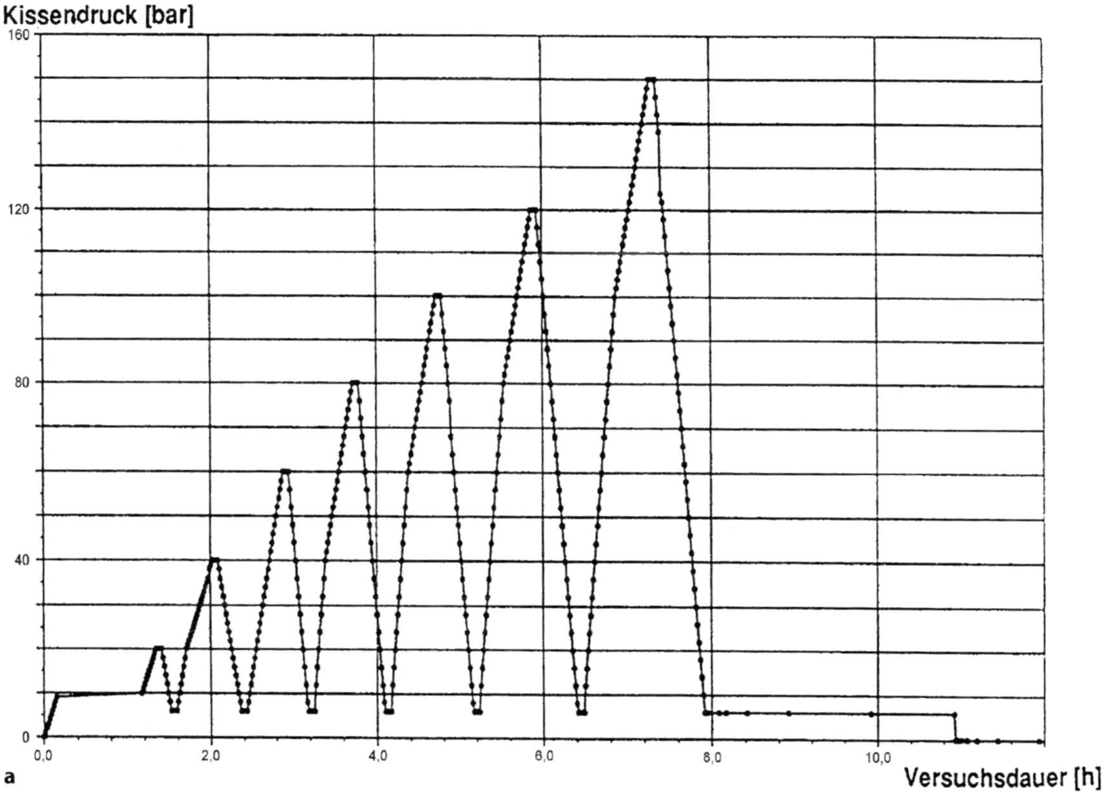

a

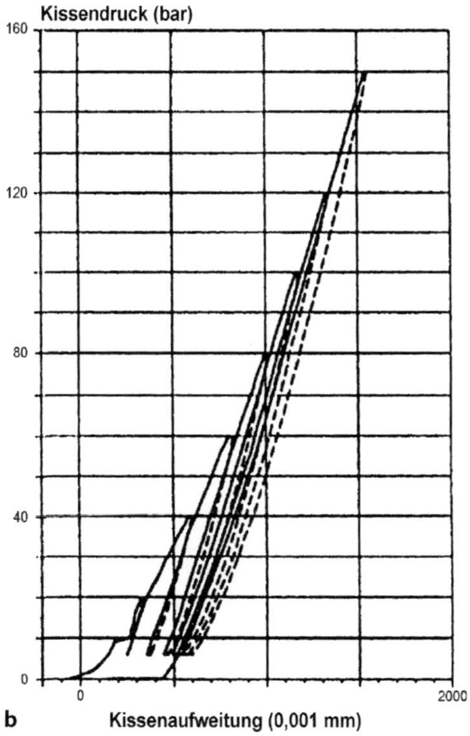

b

Abb. 1.101 Auswertebeispiel eines Kissendruckversuches mit sieben Laststufen. *a* Gegenüberstellung von Kissendruck und Versuchsdauer; *b* Gegenüberstellung von Kissendruck und Kissenaufweitung. (Umgezeichnet nach Gesamtkatalog Interfels GmbH, Bad Bentheim)

- **Druckkissenversuch**

Druckkissenversuche werden üblicherweise in Teststollen oder Testkammern durchgeführt. Für den Versuch werden mit einer Diamantsäge Schlitze in den Fels gesägt (bis 1,2 m breit und bis 2,5 m tief). Der Sägeschlitz wird zentrisch oder exzentrisch auf das Bohrloch einer Vorbohrung angesetzt. In den Schlitz wird ein 6 mm hohes Druckkissen eingefahren. Bei Drücken bis 150 bar wird das Kissen hydraulisch aufgeweitet und der Fels auseinandergepresst. Die Ablesegenauigkeit liegt bei 0,001 mm. Der Test kann in der Sohle oder im Stoß durchgeführt werden (Abb. 1.100 und 1.101).

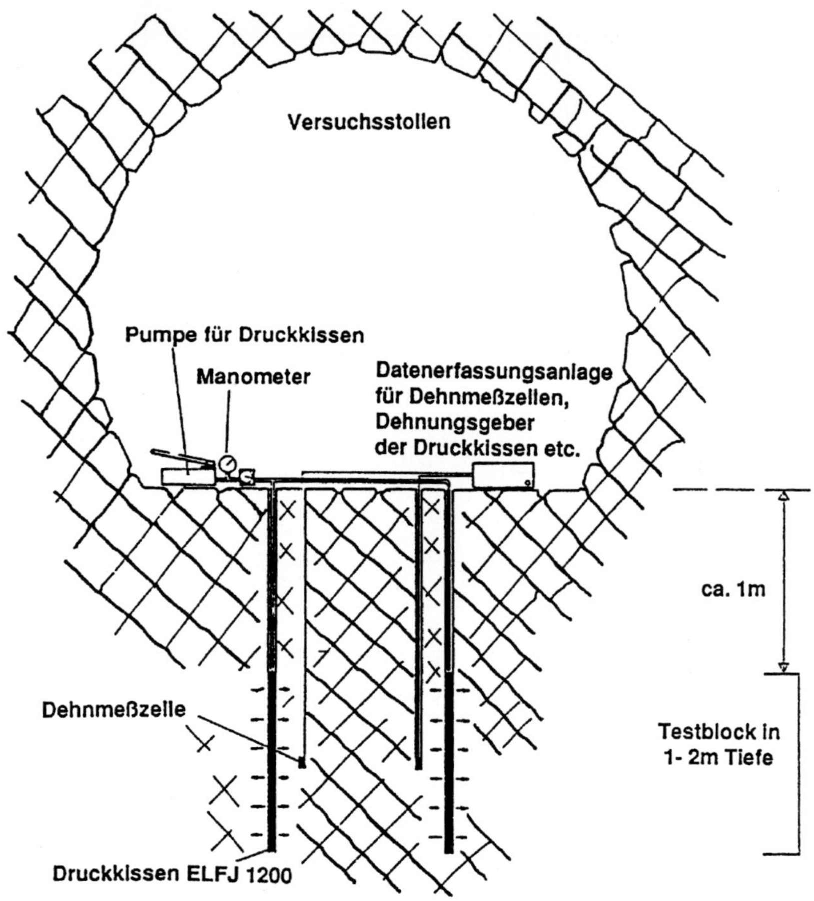

■ **Abb. 1.102** Biaxialversuch, *In-situ*-Messung mittels Druckkissen. (Umgezeichnet nach Gesamtkatalog Interfels GmbH, Bad Bentheim)

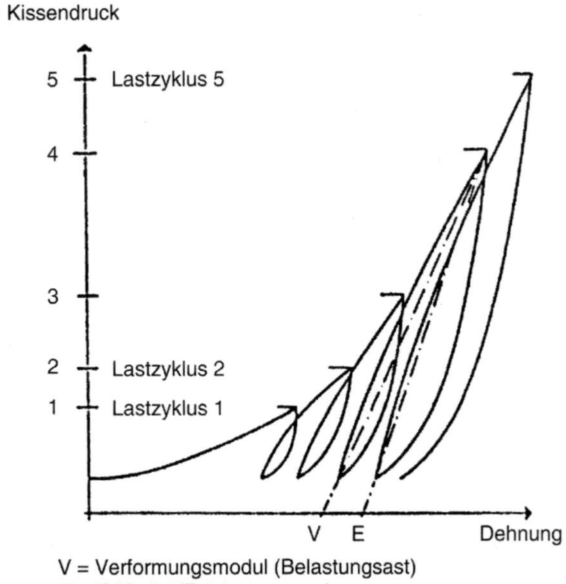

■ **Abb. 1.103** Definition der im Biaxialversuch ermittelten Gebirgsmoduln. Der Verformungsmodul wird am Belastungsast, der Elastizitätsmodul am Entlastungsast bestimmt. (Gesamtkatalog Interfels GmbH, Bad Bentheim)

Der Versuch wird zum Bestimmen der *In-situ*-Spannungszustände von direkt zugänglichen Felsoberflächen angewendet und ist auch zum Überprüfen der Belastungszustände in Bauteilen wie Pfeiler, Gründungsmauerwerk oder Tunnelauskleidung alter Bauwerke geeignet. Der Versuch besteht aus zwei Versuchsphasen. Zunächst wird mit einer Gesteinssäge ein Schlitz hergestellt. Verschiebungen an den Schnittufern werden eingemessen. Danach wird ein hydraulisches Druckkissen in den Schlitz eingeführt (■ Abb. 1.100) und der Druck wird solange erhöht, bis die Verschiebungen an den Schnittufern wieder rückgängig gemacht (kompensiert) sind. Der Vorteil der Methode ist, dass für das Auswerten keine Materialkennwerte benötigt werden. Die zu bestimmende Spannungskomponente normal zum Schlitz σ_n berechnet sich aus dem Druck im Kissen p, einem Formfaktor des Kissens K_m und dem Verhältnis von Fläche Druckkissen zu Fläche Schlitz K_a:

$$\sigma_n = pK_m K_a.$$

Es wird pro Versuch eine Normalspannungskomponente ermittelt.

■ Biaxial- und Triaxialkissenversuch

Für das geotechnische Beurteilen größerer Felsbauwerke mit hohem Sicherheitsbedürfnis (Talsperren, Kavernen, risikobelastete Untertagedeponien) sind Verformbarkeit, Standsicherheit und Belastbarkeit des umgebenden Gebirges von besonderer Bedeu-

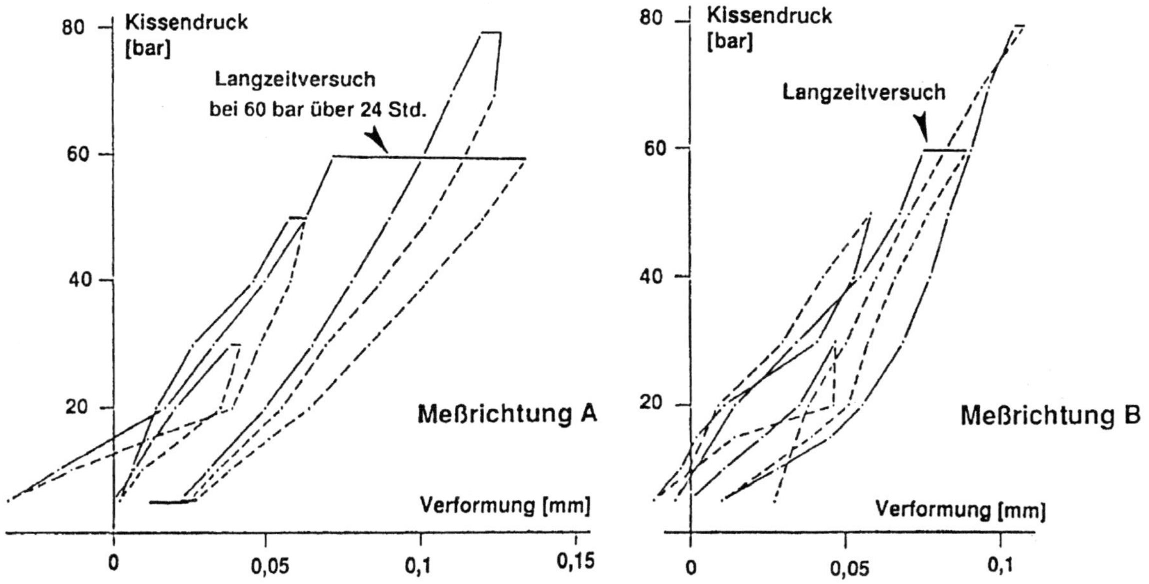

Abb. 1.104 Grafische Darstellung der Druck-Verformungs-Kurven bei einem Biaxialversuch. (Umgezeichnet nach Gesamtkatalog Interfels GmbH, Bad Bentheim)

tung. Die felsmechanischen Eigenschaften des anstehenden Gebirges sind in verschiedenen Richtungen zu testen.

Beim biaxialen Druckkissenversuch werden zwei Paare von Druckkissen in quadratischer Anordnung eingesetzt (Abb. 1.102, 1.103 und 1.104). Beim triaxialen Versuch wird zusätzlich eine senkrecht wirkende Normallast auf den von Druckkissen umgebenen Gebirgskörper aufgebracht (Abb. 1.105).

Bei der triaxialen Versuchsanordnung wird der Gebirgskörper in allen Richtungen kontrolliert geprüft.

Die Orientierung der Belastung kann bei biaxialem wie triaxialem Versuchsaufbau so gewählt werden, dass sie in Beziehung zur erwarteten Beanspruchungsrichtung durch das Bauwerk steht. Gearbeitet wird mit einer maximalen Gebirgspressung von 15 MPa. Für das untersuchte Gebirge lassen sich mit diesen Versuchen Verformungsmodul, Elastizitätsmodul, Querdehnungszahl, Festigkeitsparameter, Anisotropieverhältnisse, Kriechverhalten und *In-situ*-Spannungszustand jeweils in zwei oder drei Richtungen bestimmen. Der untersuchte Versuchskörper hat üblicherweise Abmessungen von 1,2 · 1,2 · 1,2 m und wird mit einer Schlitzsäge oder Bohrvorrichtung aus dem Gebirgsverband herausgetrennt.

Bohrlochaufweitungsversuche

Bohrlochaufweitungssonden bieten die Möglichkeit, den Untergrund vom Bohrloch aus auf seine Verformbarkeit zu testen. Mit Hilfe einer zylindrischen, radial dehnbaren Sonde können an beliebiger Stelle innerhalb eines Bohrloches statische Belastungsversuche durchgeführt werden. Die Vorteile eines solchen *In-situ*-Verfahrens bestehen in der Möglichkeit, die Eigenschaften des Baugrundes im nahezu ungestörten Zustand zu erfassen. Die Dilatometerversuche erfassen einen Bereich von etwa dem Zwei- bis Dreifachen des Bohrlochdurchmessers, also den Dezimeter- bis knappen Meterbereich. (Inhomogener Baugrund mit Wechselschichtung im Boden soll zusätzlich zu den Bohrlochaufweitungsversuchen über Plattendruckversuche im Meterbereich oder in Versuchen mit übergroßen Druckkissen im Meter- bis Zehnermeterbereich getestet werden.) Das Spektrum der Elastizitätsmoduln E und Verformungsmoduln E_V von Boden und Fels erstreckt sich von ca. 1 MPa (1 MN m^{-2} oder 1 N mm^{-2}) für weiche Böden bis etwa 100 GPa (100.000 MN m^{-2}) für festen Fels. Die üblichen Bohrlochaufweitungssonden decken jeweils nur einen Teil dieser Anwendungsbereiche ab (Abb. 1.106).

Bohrlochaufweitungsversuche, Geräte und Versuchsauswertung sind in DIN 4094-5 geregelt. Diese Norm unterscheidet zwischen Dilatometerversuchen im Boden (SDT, *soil dilatometer test*), Dilatometerversuchen im Fels (RDT, *rock dilatometer test*), Pressiometerversuchen (MPT, *Ménard pressuremeter test*) und Seitendruckversuchen (BJT, *borehole jacking test*):

- *Dilatometerversuch*
  Die Dilatometersonde ist ein mit einer Gummimanschette ummantelter Stahlzylinder (Gummipacker; Abb. 1.107) mit einem Durchmesser zwischen 73 und 101 mm. Der Druck wird auf pneumatischem oder hydraulischem Wege auf die Bohrlochwand aufgebracht (1–100 bar) und über Feinmessmanometer kontrolliert. Das Aufweiten der Bohrlochwand wird über drei Wegaufnehmer (Messtaster) mit einer Messgenauigkeit von 0,001 mm bei einem Messweg von bis zu 36 mm gemessen. Unterschieden werden Geräte mit Messtaster an der Bohrlochwand für das Messen im Fels (RDT) und Geräte mit Messtaster am Inneren der Gummimembran für das Messen im Boden (SDT). Die Sonde kann mithilfe eines Gestänges orientiert in das Bohrloch eingebaut werden.
  Für das Messen mit der Dilatometersonde muss die Beschaffenheit des Bohrlochs bekannt sein. Festigkeitsunterschiede, offene Spalten, Klüfte und Felsausbrüche können bei hohen aufgebrachten Drücken Schäden am Gerät verursachen.
  Die Sonde wird im unverrohrten Bohrloch innerhalb von Homogenbereichen an Stellen mit glatter Bohrlochwand orientiert eingebaut und mit einem Anfangsdruck an die Bohrlochwand angelegt; Anfangsdruck Δp_{d1} und Anfangsdurchmesser d werden aufgezeichnet.

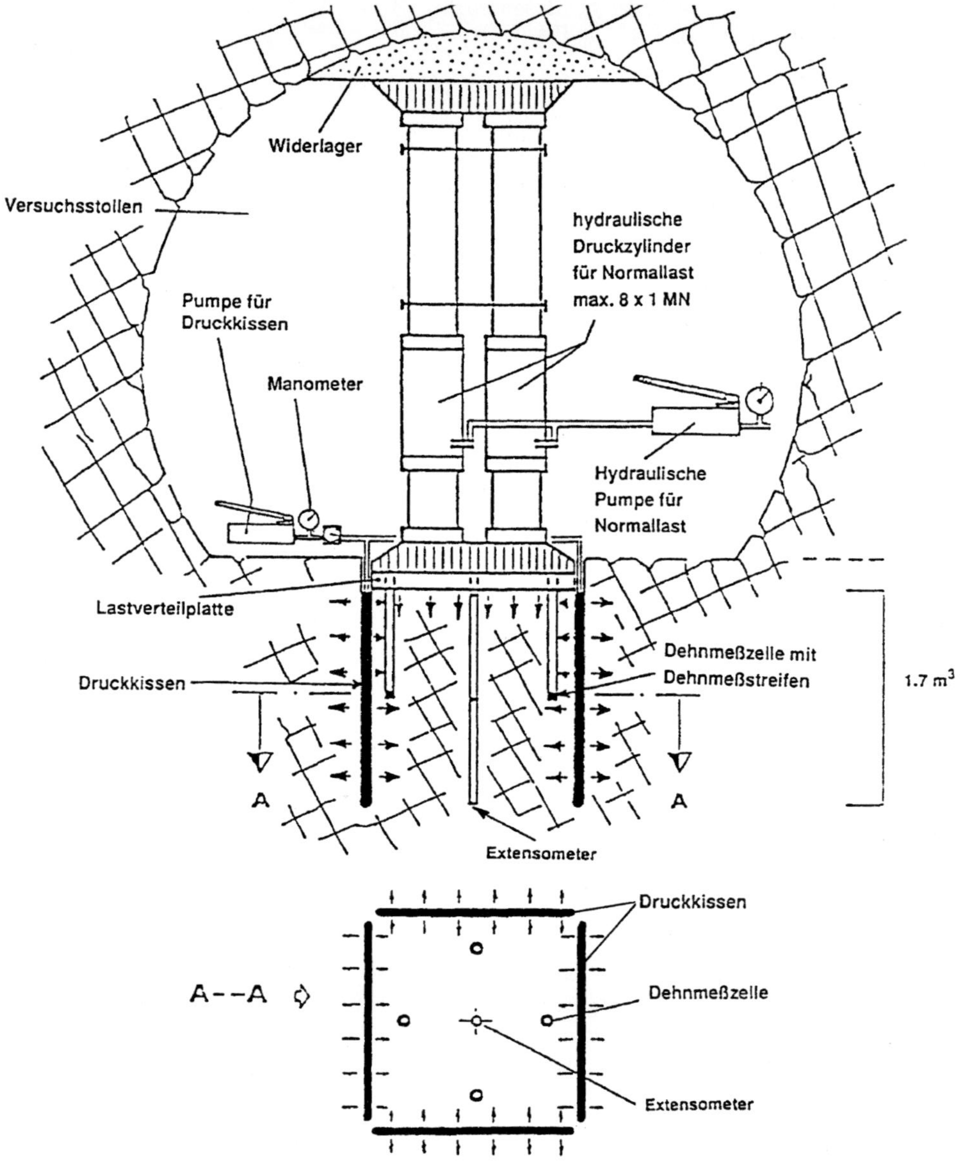

Abb. 1.105 Versuchsanordnung des Triaxialversuches. Verschiebungen parallel zur Krafteinwirkung der Prüfpressen werden mit Mehrfach-Stangenextensometern gemessen; Verschiebungen normal zu den Druckkissen werden mit in den Druckkissen eingebauten Dehnungsgebern gemessen. (Gesamtkatalog Interfels GmbH, Bad Bentheim)

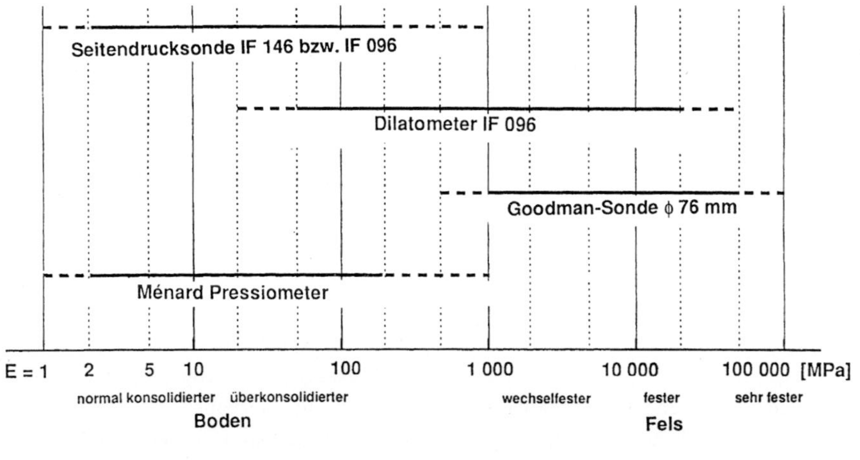

Abb. 1.106 Anwendungsbereich verschiedener Bohrlochaufweitungsmesssysteme. (Gesamtkatalog Interfels GmbH, Bad Bentheim)

Das Belasten der Bohrlochwand erfolgt in mehreren Lastzyklen. Verformungen des Bohrlochs Δd werden bei jeder einzelnen Laststufe Δp_d abgelesen und in der jeweiligen Endstufe des Lastzyklus Δp_{d2} bis zum Abklingen verfolgt. Der Maximaldruck p_{max} wird beim Zweifachen der zu erwartenden Bemessungsgrößen angesetzt. Die Messergebnisse werden in Belastungs- und Entlastungskurven dargestellt (▣ Abb. 1.108). Mit den *in situ* gemessenen Daten d = Anfangsdurchmesser der Bohrung [mm], Δd = Bohrlochaufweitung [mm], $\Delta p_{d2} - \Delta p_{d1}$ = Druckdifferenz [MPa] und v = Poisson-Zahl (aus Laborversuchen) lassen sich der Dilatometermodul E_D und der Entlastungsmodul E_E ermitteln:

$$E_D = d(1+v)\frac{\Delta p_d}{\Delta d}.$$

Bei Versuchen in homogenem Fels darf unter der Annahme, dass sich dieser isotrop und linear elastisch verhält, der Entlastungsmodul E_E mit dem Elastizitätsmodul E gleichgesetzt werden. Der Steifemodul kann nach folgender Gleichung ermittelt werden:

$$E_s = \frac{E(1-v)}{(1+v)(1-2v)}.$$

Der Dilatometerversuch ist in DIN EN ISO 22476 Teil 5 als Versuch mit dem flexiblen Dilatometer genormt.

- *Pressiometerversuch*
  Das Ménard-Pressiometer ist eine Schlauchdrucksonde mit Durchmesser 60 mm. Es besteht aus einer Messzelle (Länge: 210 mm), welche nach oben und unten durch je eine Schutzzelle (Länge: 120 mm) begrenzt ist. Die Gummimembran der Messzelle wird hydraulisch radial gegen die Bohrlochwand gedrückt und weitet das Bohrloch auf. Die Schutzzellen werden mit Druckluft gefüllt und gesteuert. Sie stützen die Messzelle und verhindern das Verformen der Messzelle in Richtung der Bohrlochachse.
  Gemessen werden die Flüssigkeitsmenge (Volumen) und der Flüssigkeitsdruck in der Messzelle sowie der Gasdruck in den Schutzzellen.
  Mit dem Pressiometer können die Verformungsmoduln in weitgehend ungestörtem Boden bestimmt werden. Die Sonde wird am Bohrgestänge montiert oder an einem Seil hängend in das Bohrloch hinabgelassen. Das Belasten der Bohrlochwand erfolgt in mehreren Laststufen. Aus der Last-Verformungs-Kurve werden unter Berücksichtigung einer Eichkurve die Verformungs- und Elastizitätsmoduln ermittelt. Bestimmt werden der Ménard-Modul E_M und die Grenzlast p_{LM}.
  Aufgrund örtlicher Erfahrungen kann aus dem Ménard-Modul und der Grenzlast des Bodens auf den Steifemodul geschlossen werden. Der Pressiometerversuch nach Menard ist in DIN 4094-5 und DIN EN ISO 22476-4 genormt. Für das geotechnische Erkunden und Untersuchen mit dem selbstbohrenden Pressiometer und mit dem Verdrängungspressiometer sind die Teile 6 und 8 der DIN EN ISO 22476 in Vorbereitung.

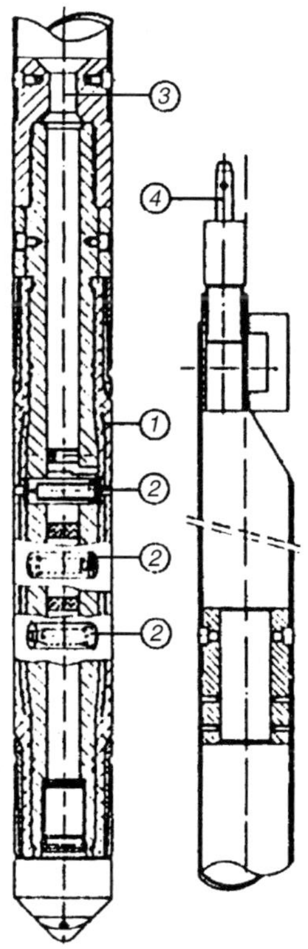

▣ **Abb. 1.107** Schematischer Schnitt der Dilatometersonde IF 096. *1* Hochdruckschlauch zur Druckbeaufschlagung der Bohrlochwand; *2* Wegaufnehmer zum Bestimmen der Bohrlochdurchmesser; *3* Druckleitung; *4* Sumpfrohr mit Anschlussstutzen für das Gestänge. (Umgezeichnet nach Gesamtkatalog Interfels GmbH, Bad Bentheim)

- *Seitendruckversuch*
  Das Seitendruckgerät besteht aus zwei halbschaligen, zylindrischen Stahldruckplatten, welche hydraulisch diametral gegen die Bohrlochwand gedrückt werden und das Bohrloch gerichtet aufweiten. Zum Messen der Spreizung werden elektrisch gesteuerte Wegaufnehmer verwendet. Neben einer mittleren Spreizung kann auch gegenseitiges Kippen der Druckplatten gemessen werden. Die empfohlenen Bohrdurchmesser liegen bei 101–146 mm.
  Die Sonde wird mithilfe eines Richtgestänges in das Bohrloch mit beliebiger Neigung eingeführt und orientiert. Das Bohrloch soll unmittelbar vorher als Kernbohrung niedergebracht werden. Die Sonde wird im unverrohrten Bohrloch innerhalb von Homogenbereichen an repräsentativen Stellen mit glatter Bohrlochwand orientiert eingebaut. Das Belasten erfolgt in drei bis fünf sich bis zur Endlast steigernden Lastzyklen.
  Ermittelt werden der Seitendruckmodul E_B, der Entlastungsmodul E_E und das Seitendruckkriechmaß k_B. Unter der Annahme, dass sich der Fels isotrop und linear elastisch verhält, kann der Steifemodul auf gleiche Weise wie beim Dilatometerversuch bestimmt werden. Der Seitendruckversuch ist in DIN EN ISO 22476 Teil 7 genormt.
  Bei der Goodman-Sonde (Interfels GmBH) wird mittels zweier hydraulisch gespreizter Lastplatten die Bohrlochwand einer gerichteten Belastung ausgesetzt. Dabei können Wechselwirkungen zwischen Sonde und Bohrlochwand auftreten (Heuze und Amadei 1985), die die Einführung eines Stressfaktors K_1 für das Verhältnis der Querdehnungszahl v zum Öffnungswinkel 2 β der Lastverteilungsplatten sowie eines Faktors k_2 für den Wechselwirkungseffekt zwischen Lastplatte und Bohrlochwand erfordern.

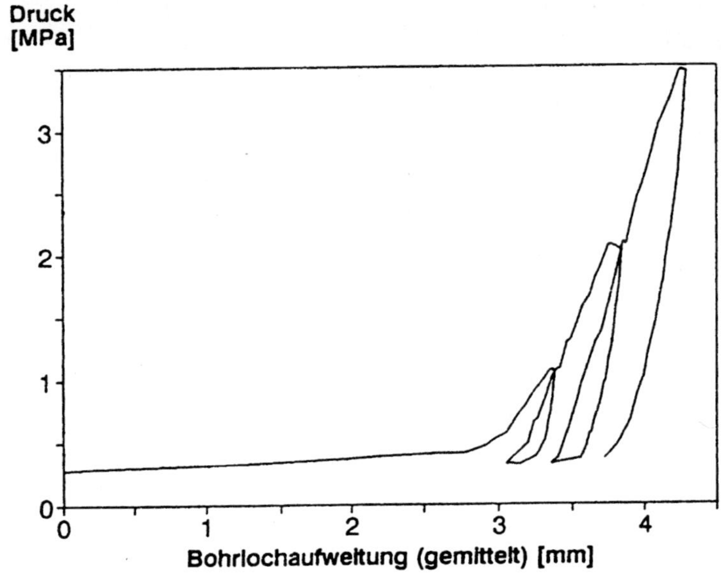

Last Zyklus Nr.	Druckstufe [MPa] von ... bis	Ermittelte Moduli [MPa]			
		Erst - belastung	Wieder - belastung	Ver - formung	Ent - lastung
1	0,3 1,1	26	---	26	309
2	0,3 2,1	365	276	312	486
3	0,3 3,5	516	452	469	759

◘ Abb. 1.108 Auswertebeispiel für einen Dilatometerversuch mit der Sonde IF 096. Bohrlochaufweitungskurve und Tabelle der ermittelten Moduln. (Gesamtkatalog Interfels GmbH, Bad Bentheim)

1.21 Messen von Spannungen und Spannungsänderungen

Spannungen im Baugrund rühren von der statischen Auflast aus überlagernden Bodenschichten, überlagernder Wassersäule, Bauwerkslasten und von aus diesen hervorgehenden dynamischen Bewegungen (Rutschungsdruck, Fließdruck) sowie von statisch tektonischem Druck und dynamisch tektonischem Druck (Abschn. 13.5). Durch künstliche Eingriffe wie Aushub, Verbau und Überlagerung der Einflusszonen verschiedener Bauwerke können Spannungsänderungen im Baugrund eintreten. Spannungen können im Baugrund und unter Bauwerken mit Druckdosen, Spannungsmesszellen, Bohrlochschlitzsonden und Druckkissenversuchen gemessenen werden.

Die vom Gestein bei Spannungsänderung emittierten elektromagnetischen Impulse können mit dem Cereskop (▶ Abschn. 1.9.5) gemessen werden. Dadurch kann die Lage von Spannungskonzentrationen und Bruchstellen geortet werden (◘ Abb. 1.42, 1.43, 1.44, 1.45 und 1.48).

▪ Druckdosenmessungen

Druckdosen sind rund bis oval gestaltet und bestehen aus einer dicken Grundplatte und einer flexiblen Deckplatte. Zwischen diesen miteinander verschweißten Platten befindet sich eine Druckflüssigkeit, die bei Druckaufnahme den Druck hydraulisch auf eine Messstation überträgt. Druckdosen können in verschiedener Ausrichtung eingebaut werden und erlauben somit die Druckmessungen aus verschiedenen Richtungen. ◘ Abb. 1.109 zeigt Anwendungsbeispiele für den Einsatz von Druckdosen in der Geotechnik.

▪ Überbohren von Spannungsmesszellen

Das Verfahren dient zum Bestimmen absoluter Spannungszustände im Fels. Von der Sohle eines Bohrloches mit Durchmesser 116 mm wird mit einem zentrierten Kernrohr (Durchmesser 36 mm) ein zentrales Bohrloch von 1,2 m Länge ausgebohrt. In dieses wird eine Spannungsmesszelle (2D-Messzelle „Doorstopper" oder 3D-Triaxialmesszelle von Interfels) eingebaut und mit der Bohrlochwand verklebt. Nach Abbinden des Klebers und einer Nullmessung wird die Spannungsmesszelle mit dem umgebenden Fels überbohrt (Durchmesser 116 mm). Durch die Entspannung tritt im überbohrten Kern eine Deformation ein, die sich auf die Messzelle überträgt. Die Entspannung des Kerns wird über einen Zeitraum von mindestens 24 h mit Ablesungen alle 4–6 h kontrolliert. Unter Kenntnis der im Labor bestimmten Poisson-Zahl ν und des Elastizitätsmoduls E lassen sich die 3 Hauptspannungen aus den gemessenen Dehnungen berechnen (◘ Abb. 1.110). Das Verfahren kann auch in Horizontal- und Schrägbohrungen angewendet werden.

▪ Spannungsmessungen mit der Bohrlochschlitzsonde

Bohrlochschlitzen ist ein zweidimensionales Spannungsmessverfahren und basiert auf dem Prinzip lokaler Spannungsentlastung. Mithilfe einer Bohrlochschlitzsonde (Durchmesser 90 mm) mit

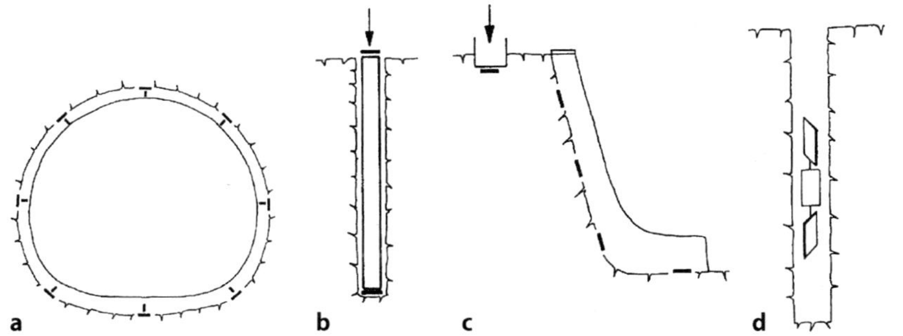

■ **Abb. 1.109** Einsatz von Druckmessdosen in der Geotechnik. **a** Messen von Radial- und Tangentialdrücken im Tunnelbau, **b** Messen der am Pfahlkopf und Pfahlfuß einwirkenden Kraft, **c** Messen von Erddrücken hinter Stützmauern, **d** Messen von Gebirgsdrücken in Bohrlöchern und zum Überwachen von Spannungsänderungen bei einem sekundären Spannungszustand. (Abschn. 13.5.2; Gesamtkatalog Interfels GmbH, Bad Bentheim)

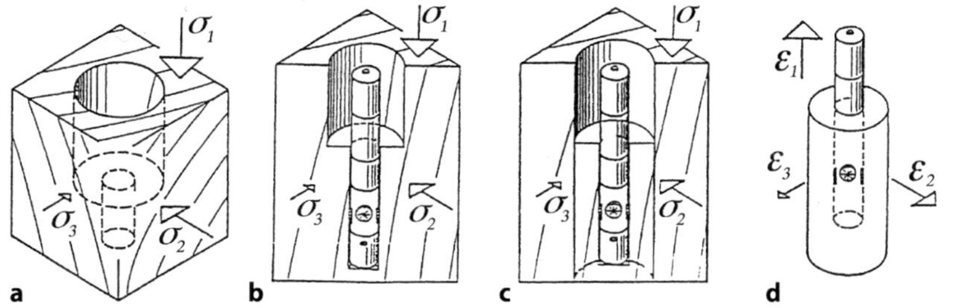

■ **Abb. 1.110** 3D-*in-situ*-Spannungsmessungen mit der Triaxialzelle von Interfels. **a** Vorbereitende Bohrung (116 mm) und Pilotbohrung (36 mm) im Fels mit primärem Spannungszustand (σ_1, σ_2, σ_3), **b** Einbau der Sonde in das Pilotbohrloch, Verkleben der Dehnungsmessstreifen und Nullmessung, **c** Überbohren und Kerngewinn mit innenliegender Sonde, **d** Entspannung des Kerns, Folgemessungen an den Dehnungsmessstreifen. (Gesamtkatalog Interfels GmbH, Bad Bentheim)

eingebauter pneumatisch angetriebener Diamantsäge (Winkelschleifer, Durchmesser 90 mm) werden Radialschlitze (1 mm weit, bis 25 mm tief) in die Bohrlochwand gesägt. Während des Schlitzens wird ein Kontaktdehnungsaufnehmer an die Bohrlochwand gedrückt. Gemessen wird die tangentiale Dehnung der Bohrlochwand, die mit dem Schlitzen einhergeht. Am jeweiligen Messort im Bohrloch werden nacheinander Schlitze in voneinander unabhängigen Richtungen gesägt. Üblich sind drei um 120° versetzte Schlitze. Dies ermöglicht das Bestimmen eines zweidimensionalen Spannungszustandes. Unter Kenntnis der im Labor bestimmten Poisson-Zahl ν und des Elastizitätsmoduls E lassen sich die 3 Hauptspannungen aus den gemessenen Dehnungen berechnen (Becker und Werner 1995, 1996).

■ Abb. 1.46 und 1.46 zeigen mit dem Cereskop eingemessene Gebirgsspannungen und Spannungsrichtungen bei horizontaler und vertikaler Messanordnung.

Literatur

Peer reviewed

Lichtenberger M (2005a) Determination of horizontal principal directions of stress in the Lower Muschelkalk in Northern Baden-Württemberg (Germany) from geogenic electromagnetic radiation. Neues Jahrbuch für Geologie und Paläontologie – Abhandlungen 238(2): 279–312

Lichtenberger M (2005b) Regional stress field as determined from electromagnetic radiation in a tunnel. Journal of Structural Geology 27(12): 2150–2158

Lichtenberger M (2006a) Bestimmen von Spannungen in der Lithosphäre aus geogener elektromagnetischer Strahlung. Gaea heidelbergensis 16, 130 p.

Lichtenberger M. (2006b) Underground Measurements of Electromagnetic Radiation Related to Stress-induced Fractures in the Odenwald Mountains (Germany). Pure and Applied Geophysics 163: 1661–1677

Lichtenberger M, Obermeyer H, Noher H-P, Kister B (2008) Das Auffinden aktiver Zonen im Tunnelbau durch Messung der natürlichen elektromagnetischen Strahlung. Felsbau- Magazin, September 2008

Abstracts

Greiling RO, Lichtenberger M, Obermeyer H (2006) Electromagnetic radiation (EMR) and its interpretation in terms of stresses in the lithosphere. TSK 11 Göttingen, 2 p.

Lichtenberger M (2006) Electromagnetic radiation in tunnels and its relation to local and regional stresses. Geophysical Research Abstracts 8: 00403

Lichtenberger M, Greiling RO (2005) Principal stresses as determined from electromagnetic radiation at the NE margin of the Upper Rhine rift (Odenwald, Germany). In: Dezes P (ed.) Abstracts 6th EUCOR-URGENT International Symposium, Mt-St. Odile, Oct. 10th–12th

Lichtenberger M, Greiling RO (2006) Electromagnetic radiation studies and its implications on the regional stress field in the Caledonides of northern Scandinavia. Geophysical Research Abstracts 8: 01478

Geogene Gefahren

Wolfgang Dachroth

W. Dachroth, *Handbuch der Baugeologie und Geotechnik*, DOI 10.1007/978-3-662-46886-9_2

2.1 Erdbeben und Erschütterungen

Erdbeben sind Erschütterungen des Bodens bzw. Baugrundes, die durch natürliche oder durch künstlich induzierte Vorgänge ausgelöst werden. Natürliche Vorgänge sind tektonische Beben, vulkanische Beben, Einsturzbeben und Impaktbeben. Künstlich können Beben durch Bergbau, Talsperrenbau, Einsturz von Bauwerken, Absturz von Flugkörpern (künstlicher Impakt) und durch Sprengungen induziert werden. Die bei Erdbeben im Erdreich übertragene Schwingungsenergie schwankt in sehr weiten Grenzen zwischen für Menschen nicht spürbar und einer bis etwa 30 s lang anhaltenden Starkbebenphase. Letztere kann mit katastrophalen Zerstörungen an Bauwerken und tiefgreifender Umgestaltung der Erdoberfläche verbunden sein. Die Erdbebenherde sind auf der Erde nicht willkürlich verteilt, sondern vielfach in Zonen konzentriert. Weltweit konzentriert sich die stärkste seismische Aktivität entlang der Pazifikküste und auf einem Band von Südostasien bis zum Nordrand des Mittelmeeres. In Mitteleuropa sind Erdbeben auf Oberrheingraben, Bodensee und Schwäbische Alb mit den Schwerpunkten Hohenzollern und Basel sowie auf den Raum Köln-Aachen und die südwestlichen Landesteile von Sachsen konzentriert.

Erdbebenhäufigkeit, Erdbebengefahr und Erdbebenrisiko haben Bedeutung für Bauentscheidung, Betriebssicherheit, Standsicherheit und Versicherungsschutz von Bauvorhaben. Seismik ist die Wissenschaft, die sich mit Erdbeben und Erschütterungen befasst.

2.1.1 Ursache von Erdbeben

- **Tektonische Beben**

Die Mehrheit der Erdbeben entsteht, wenn spröde Gesteinsmassen entlang einer Scherfläche (Verwerfung) plötzlich gegeneinander verschoben werden. Nach der Theorie des „elastischen Rückstoßes" baut sich Spannung über Hunderte oder Tausende von Jahren langsam auf. Im schwächsten Bereich der beanspruchten Gesteinsmasse, meist an bereits bestehenden Trennflächen einer Verwerfung, verursachen plötzliche Entspannungen einen Versatz mit Beträgen bis zu mehreren Metern. Der Versatz breitet sich entlang der Verwerfungslinie mit einer Geschwindigkeit aus, die geringer ist als die Geschwindigkeit der seismischen Welle im umgebenden Gestein. Die aufgestaute elastische Spannungsenergie wird freigesetzt, indem die beiden Flanken der Verwerfung in einen mehr oder weniger ungespannten Zustand zurückfallen. Je länger und breiter der Bereich des Versatzes ist, desto mehr Energie wird mit der Bebenwelle freigesetzt. Bei großen Erdbeben können sich an der Oberfläche mehrere Meter hohe, steile Bruchstufen bilden, die sich entlang der Verwerfungslinie über 10, manchmal bis über 100 km erstrecken.

Nach der Tiefenlage des Erschütterungsherdes (Hypozentrum) wird zwischen Tiefbeben und Flachbeben unterschieden. Tiefbeben haben Herdtiefen zwischen 70 und maximal 700 km (Bolt 1995). Im allgemeinen sind Tiefbeben an der Oberfläche schwächer als Flachbeben.

Der Mechanismus tiefer Bebenherde lässt sich nicht mit den Bruch- oder Scherkriterien spröder Gesteine erklären.

- **Vulkanische Beben**

Als Begleiterscheinung von Vulkanismus können unterschiedlich verursachte Erschütterungen auftreten. In der Umgebung eines aktiven Vulkans werden durch Eindringen und Platznahme von Magma in dem vom Vulkanismus tangierten anstehenden Festgestein Spannungen aufgebaut. Dies kann zu Bruchtektonik und Erschütterungen führen. Weitere Quellen für Erdbebenwellen können schnelle Bewegung des aufsteigenden Magmas in Förderröhren unterhalb des Vulkans sein. Durch explosives Entladen von Gasen und Wasserdampf in meist anhaltender Folge werden Beben (Tremor) erzeugt, die durch relativ konstante Wellenlängen gekennzeichnet sind. Vulkanische Beben können in gleicher Stärke wie tektonische Beben auftreten.

- **Einsturzbeben**

Durch Bergstürze, Lawinen und den Zusammenbruch großer Hohlräume entstehen Bebenwellen. Dabei wird die Gravitationsenergie der fallenden Masse in seismische Wellen umgewandelt. Bei großer Massenbeteiligung können Einsturzbeben über lange Messzeiten als „Tremor" aufgezeichnet und wahrgenommen werden. Von den nacheinander aufschlagenden Sturzmassen gehen zahlreiche Einzelwellen mit geringer Energie aus. Die Schadwirkung ist gering.

- **Impaktbeben**

Impaktbeben entstehen durch den Einschlag von Himmelskörpern (große Meteoriten). Große Ereignisse sind sehr selten. Als bekanntestes Ereignis ist der Tunguska-Meteorit aus dem Jahre 1908 zu nennen.

- **Künstlich induzierte Beben an Stauseen und bei Injektionen**

Durch den Aufstau großer Wassermassen mit teilweise über 100 m Stauhöhe kam es an einigen Stauseen zu künstlich induzierten Erdbeben (Kissin 1992). So wurden Erdbeben mit Epizentrum am Kariba-Damm in Sambia, am Hoover-Damm (Lake Mead am Colorado River in den USA) und am Assuan-Staudamm in Ägypten als künstlich induziert gedeutet. Vermutet werden Spannungsänderungen durch Wasserauflast im Grundwasserkörper mit Porenwasserüberdruck im Kluftgefüge und Spannungsänderungen durch Auftrieb in den unter Wasser gesetzten Gesteinsmassen.

Auch bei Injektionen von Wasser und beim Versenken von Abwasser über tiefe Bohrlöcher wurden Erdbeben ausgelöst.

- **Durch Explosion induzierte Beben**

Durch Sprengen werden künstliche Bebenwellen in den Untergrund eingetragen, die bei der Refraktions- und Reflexionsseismik (▶ Abschn. 1.9.1) zum angewandten Erkunden des Untergrundes genutzt werden. Zur Erkundung des Aufbaus der Erdkruste wurden früher künstliche Beben genutzt, die bei der heute nicht mehr üblichen Kammersprengung im Bergbau sowie bei anderen Großsprengungen freigesetzt wurden. Weiterhin förderten unterirdische Kernwaffentests und die gegenseitige Überwachung des Atomteststoppabkommens von 1963 die Kenntnis über die Ausbreitung der Explosionswellen und deren Unterscheidung von natürlichen Erdbebenwellen.

▪ **Durch Bergbau induzierte Beben**

Es existiert eine Vielzahl von Beobachtungen, Messergebnissen und Fotodokumentationen von Schäden, die auf bergbauinduzierte Erdbeben zurückzuführen sind. Ursächlich sind Deformationen des Gebirges und der Auskleidung im Umkreis des Hohlraums. Bekannt sind Bergschläge (Bräuner 1992), worunter das plötzliche wuchtartige Eindringen von Gestein oder Kohle in einen Grubenbau verstanden wird. Entsprechend ihrer Häufigkeit können folgende Gebirgsschläge unterschieden werden:

- Bruch der Ortsbrust wegen erhöhter Spannungskonzentration;
- Bruch an einer geologischen Störungszone;
- Scherbruch des Liegenden entlang von Bergfesten, Pfeilern, Stempeln;
- Scherbruch des Liegenden entlang der Abbaukante.

Berg- oder Gebirgsschläge führen zu seismischen Ereignissen mit Magnituden zwischen $M = 2{,}4$ bei Versagen der Ortsbrust, $M = 3{,}8$ beim Versagen der Bergfeste und $M = 4{,}5$ beim Versagen an geologischen Störflächen (Lenhardt 1998). Stärkste, vom Bergbau in jüngerer Zeit ausgelöste Beben ereigneten sich 1989 im Kalibergwerk Merkers mit M 5,6, 1996 in der Kaligrube Teutschenthal mit M 5,5 und 2008 im Bergwerk Saar bei Saarwellingen mit M 4 bis 4,5 (Wikipedia: Gebirgsschlag und Erdbebenhäufigkeit). Induzierte Seismizität im Bergbau kann ein beträchtliches Risiko für Belegschaft und Produktion sowie gegebenenfalls für benachbarte Baulichkeiten darstellen. Das Abschätzen des Risikos ist von großer Bedeutung. Dieses Abschätzen muss für jedes Abbaugebiet gesondert erfolgen und ist nicht auf andere Bergbaugebiete übertragbar.

▪ **Durch Abpumpen oder Verpressen von Wasser aus/in tiefen Bohrlöchern ausgelöste Seismizität**

Durch das Gewinnen von Thermalwasser, Erdöl und Erdgas aus großen Tiefen, aber auch durch das Verpressen von Wasser in große Tiefen, wie z. B. bei der Tiefengeothermie und beim hydraulischen Aufbrechen von Gesteinsschichten (*hydraulic fracturing*), kann Seismizität induziert werden. Die Stärke solcher induzierten Beben ist gering und für den Menschen kaum wahrnehmbar. Bei stärkeren Beben kann es sich um ausgelöste Seismizität (*triggered seismicity*) handeln. Dabei wird eine sich im Untergrund aufbauende Spannung vorzeitig entladen, das Auftreten eines stärkeren Bebens möglicherweise vermieden.

▪ **Erschütterungen durch Maschinen und Verkehr**

Von Maschinen und vom Verkehr gehen Schwingungen aus, die bei ungünstigen Bodenverhältnissen in den Untergrund eingeleitet und auf Bauwerke übertragen werden können. Erschütterungen können als kurzzeitige Erschütterungen durch Fallimpulse oder Sprengung, als an- und abschwellende Verkehrserschütterung und als Dauererschütterung von beweglichen oder festinstallierten Maschinen wie Rammgeräten, Flächenrüttlern, Hammerwerken und Brecheranlagen auftreten.

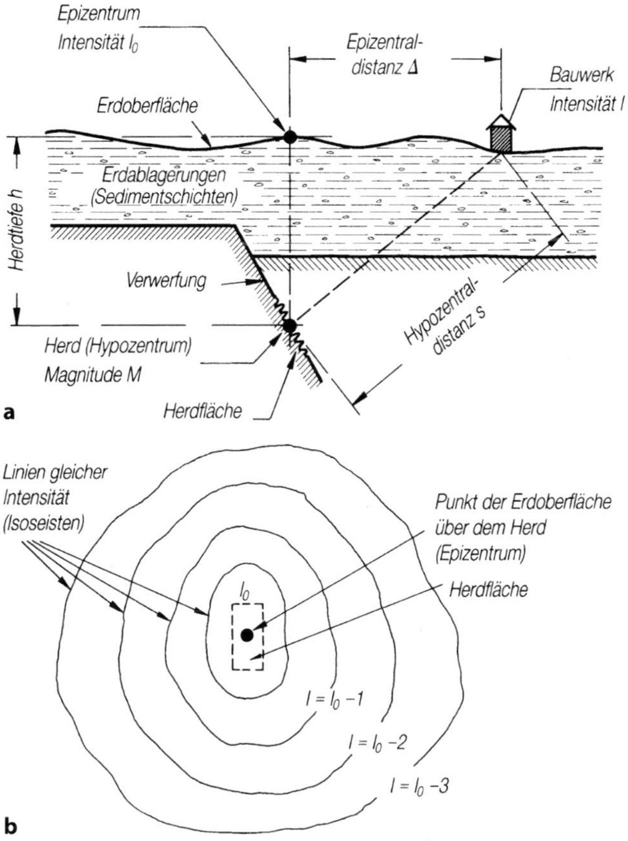

Abb. 2.1 Begriffe zum Beschreiben der Ausbreitung und Wirkung von Erdbebenwellen. **a** Schnitt durch das Herdgebiet, **b** Isoseistenkarte. (Wirtschaftsministerium Baden-Württemberg 1995)

2.1.2 Ausbreiten von Erdbebenwellen

Die im Bebenherd (Hypozentrum) erzeugten Erschütterungen breiten sich im elastischen Medium nach allen Richtungen in Form longitudinaler und transversaler Raumwellen aus. Die schnelleren Longitudinalwellen (Schallwellen, Verdichtungswellen) werden als P-Wellen bezeichnet. Die Transversalwellen (Scherungswellen) werden als S-Wellen bezeichnet. Die Wellen wandern mit einer vom Gestein abhängigen Fortpflanzungsgeschwindigkeit in die Fortpflanzungsrichtung (in Granit: P-Wellen 5500 m s^{-1}, S-Wellen 3000 m s^{-1}). Das Ausbreiten folgt den Gesetzen der geometrischen Optik. Von Seismographen werden die von den P-Wellen und den S-Wellen hervorgerufenen Erschütterungen nacheinander aufgezeichnet. Die gemessene Zeitdifferenz zwischen P- und S-Wellen ist ein Maß für die Entfernung vom Bebenherd. Aus den Aufzeichnungen eines Bebens an zwei oder mehr Stellen lassen sich Lage und Entfernung des Epizentrums und Tiefenlage des Hypozentrums bestimmen (Abb. 2.1).

2.1.3 Stärke von Erdbeben

Um die Stärke von Erdbeben und deren Schadenswirkung auf Bauwerke vergleichen zu können, wurden Erdbebenskalen entwickelt. Am häufigsten verwendet werden die Magnitudenskala (Richterskala) und die Intensitätsskala (MSK).

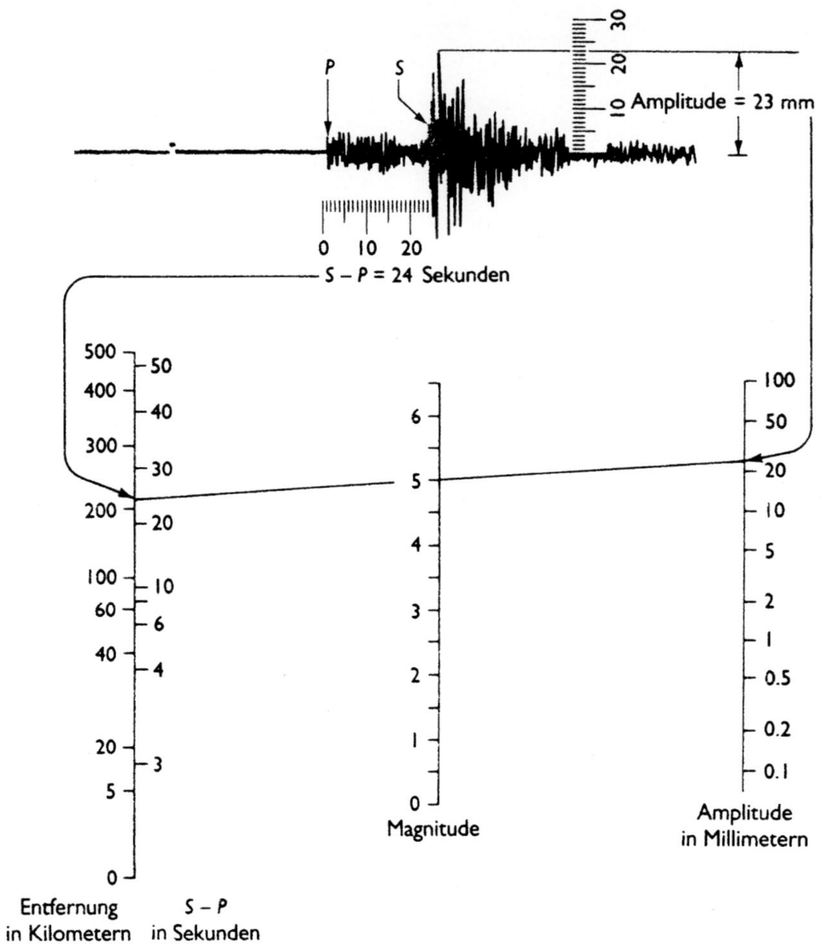

Abb. 2.2 Nomogramm zum Ermitteln der Richter-Magnitude M_L eines Erdbebens. Gemessen wird der Zeitintervall zwischen P- und S-Wellen in s und die Höhe der Amplitude in mm. (Bolt 1984)

▪ Bebenstärke und Magnitudenskala

Das 1935 von Richter eingeführte System klassifiziert Erdbeben nach der Amplitude (maximaler Geräteausschlag in mm) der vom Seismographen aufgezeichneten seismischen Welle. Die Stärke eines Erdbebens wird durch seine Magnitude *M* auf der nach oben und unten offenen Richterskala (Magnitudenskala) charakterisiert.

Die Magnitude wird aus den Maximalwerten der während eines Erdbebens gemessenen Bodenschwingungen und der Entfernung vom Bebenherd (Zeitdifferenz zwischen P- und S-Wellen) abgeleitet. Sie gibt einen Hinweis für die Größenordnung der im Bebenherd freigesetzten Energie (◘ Abb. 2.2).

Die Magnitude *M* eines Erdbebens kann, abhängig vom Messinstrument, von der Art der ausgewerteten Welle und vom Erdbebenmoment abweichend berechnet und gekennzeichnet (M_s, m_b, M_w) werden.

Mit hochempfindlichen Seismographen können schwächste Beben mit der Magnitude $M = -2$ registriert werden. Die Magnituden gerade noch spürbarer Erdbeben liegen bei $M = 1$ bis $M = 2$. Die stärksten bislang weltweit gemessenen Erdbeben liegen bei $M = 8{,}7$. Die stärksten in Deutschland seit 1800 verzeichneten Erdbeben liegen bei $M = 5$ bis $M = 6$.

▪ Bebenwirkung und Intensitätsskala

Die Intensität eines Erdbebens wird als Maß seiner Wahrnehmbarkeit durch den Menschen und seiner örtlichen Schadenswirkung auf Bauwerke und Landschaft verwendet. Die Intensität wird durch Bewerten und Vergleich verursachter Schäden sowie durch Einschätzen der Wahrnehmbarkeit ermittelt und einem Intensitätsgrad in der zwölfteiligen MSK-Skala zugeordnet (◘ Tab. 2.1). Das Eingruppieren von Beben in die Intensitätsskala basiert nicht auf Messwerten. Die Intensität eines Bebens nimmt mit der Entfernung vom Epizentrum ab. Baugrundbeschaffenheit und Bauweise haben erheblichen Einfluss auf die lokale Schadenswirkung. Verbindungslinien zwischen Punkten gleich starker Bebenwirkung werden Isoseisten genannt (◘ Abb. 2.1b).

2.1.4 Erdbebenhäufigkeit, Erdbebengefährdung und Erdbebenrisiko

Jährlich werden weltweit Hunderttausende von Erdbeben registriert, von denen die meisten unterhalb der menschlichen Wahrnehmung liegen. Etwa 800 Erdbeben weisen im Jahresdurchschnitt Magnituden über 5 auf der Richterskala auf (◘ Abb. 2.2).

▪ Mittlere Wiederholungsperiode

Die Wiederholungsperiode T_m von Erdbeben ergibt sich aus der Zahl N_k der beobachteten Beben und der Länge der Beobachtungszeit *T*. Für die Beziehung zwischen der Standzeit von Bau-

Tab. 2.1 Intensitätsskala (MSK-Skala) nach Medwedjew et al. (1964, zitiert in: Wirtschaftsministerium Baden-Württemberg 1995)

Grad	Stärke	Wirkungen auf		
		Personen	Gebäude	Natur
1	Unmerklich	Nicht verspürt		
2	Sehr leicht	Vereinzelt verspürt		
3	Leicht	Vor allem von ruhenden Personen deutlich verspürt		
4	Mäßig stark	In Häusern allgemein verspürt	Fenster klirren	
5	Ziemlich stark	Im Freien allgemein verspürt, aufweckend	Hängende Gegenstände pendeln, Verschieben von Bildern	
6	Stark	Erschreckend	Leichte Schäden an Gebäuden, feine Risse im Verputz	Vereinzelt Risse im Feuchten Boden
7	Sehr stark	Viele flüchten ins Freie	Mäßige Schäden an Gebäuden, Risse im Verputz, in Wänden und Schornsteinen	Vereinzelt Erdrutsch an steilen Abhängen
8	Zerstörend	Allgemeiner Schrecken	Zerstörungen an Gebäuden, große Risse im Mauerwerk, Giebelteile und Dachgesimse stürzen ein	Veränderungen in Quellen, Erdrutsch an Straßendämmen
9	Verwüstend	Panik	Allgemeiner Gebäudeschaden, an einigen Bauten stürzen Wände und Dächer ein	Bodenrisse, Bergstürze, viele Erdrutsche
10	Vernichtend	Allgemeine Panik	Allgemeine Gebäudezerstörungen, Einstürze vieler Bauten	Verbiegen von Eisenbahnschienen, Abgleiten von Lockerboden an Hängen, Aufstau neuer Seen
11	Katastrophe		Schwere Zerstörungen, selbst an bestkonstruierten Bauten	Umfangreiche Veränderungen des Erdbodens, Flutwelle
12	Große Katastrophe		Hoch- und Tiefbauten werden total zerstört	Tiefgreifende Umgestaltung der Erdoberfläche, Flutwellen

werken T_n, der Eintrittswahrscheinlichkeit E eines Bebens und der mittleren Wiederholungszeit T_m gilt:

$$T_m = \frac{T_n}{\ln(1 - E)}.$$

Erdbeben, die sich durchschnittlich alle 100 Jahre ereignen (T_m = 100 Jahre), treten daher in 100 Jahren (T_n = 100 Jahre) mit 63 % Wahrscheinlichkeit (E = 0,63) auf. Wenn ein Gebäude über einen Zeitraum von 50 Jahren bestehen soll und eine Eintrittswahrscheinlichkeit eines Bebens von 10 % nicht überschritten werden darf, folgt aus dieser Gleichung eine mittlere Wiederholungsperiode T_m von 475 Jahren. Mehr als die Hälfte aller Staaten, die eine Erdbebennorm publiziert haben, verwendet heute diese mittlere Wiederkehrzeit als Bemessungsgrundlage (Lenhardt 1996). Für Talsperren gelten besondere Auflagen (Riemer 1995; Huber und Linsbauer 1996; Kolymbas 2011).

Erdbebengefährdung

Unter Erdbebengefährdung versteht man die Wahrscheinlichkeit, mit der eine bestimmte Bodenbewegung an einem definierten Standort auftritt. Für das Planen und Errichten von Bauwerken sind Erdbebengefährdungsbewertungen von Bedeutung (Abb. 2.3).

Man unterscheidet zwischen probabilistischen Gefährdungsaussagen, die auf statistischen Berechnungen beruhen, und deterministischen Aussagen, für die ein Beben mit bestimmter Magnitude festgelegt wird. Für das Bewerten seismotektonischer Strukturen sind aktive Verwerfungen zu lokalisieren und deren nachweisliche Verschiebung während der letzten 100.000 Jahre zu bestimmen. Hieraus ergibt sich eine jährliche Verschiebungsrate in mm a^{-1}. Nach einem Vorschlag von Cluff und Cluff (1984, zitiert in Riemer 1995; Tab. 2.2) kann hiermit eine Klassifikation von aktiven Verwerfungen durchgeführt werden. Die Festlegung erfolgt aufgrund geologischer und seismotektonischer Gesichtspunkte. Die mögliche Auswirkung am Standort wird berechnet. Derartige Gefährdungsabschätzungen sind wichtig für besondere Bauwerke wie Talsperren und Atomkraftwerke, für die zusätzliche Nachweise der Betriebssicherheit erbracht werden müssen, welche weit über die für übliche Hochbauten geltenden Anforderungen hinausgehen.

Schwingungsverstärkung durch Böden und Bodenverflüssigung

Auf lockeren Böden über Fels treten meist größere Beschleunigungen auf als auf Fels. Häufig sind die Werte um den Faktor 2–3 größer. Besonders gefährlich sind Situationen, bei denen

Abb. 2.3 Erdbebengefährdung (Intensitäten in 50 Jahren mit 10 % Eintrittswahrscheinlichkeit) in Deutschland, Österreich und der Schweiz (Lenhardt 1996). Der Intensitätsgrad 7 wird in mehreren Regionen Österreichs, der Schweiz und Baden-Württembergs sowie in Nordrhein-Westfalen und Sachsen erreicht. Der Intensitätsgrad 8 wird in Baden-Württemberg (Hohenzollerngraben), im Raum Basel und in Österreich an der Grenze zu Italien nahe der Bebenzone von Friaul erreicht

Tab. 2.2 Klassifikation aktiver Verwerfungen nach Cluff und Cluff (1984). Die Erdbebengefährdung nimmt von Klasse 1 (*hoch*) bis Klasse 6 (*niedrig*) ab. (Aus Riemer 1995)

Klasse 1		***Klasse 1A***	***Klasse 1B***
Verschiebungsrate [mm a^{-1}]	≥ 10	≥ 5	
Einzelereignis [m]	≥ 1		< 1
Bruchlänge [km]	≥ 100		
Magnitude, Ms	≥ 7,5		< 7,0
Rekurrenzintervall [Jahre]	≤ 100	≤ 1000	≤ 100
Klasse 2		***Klasse 2A***	***Klasse 2B***
Verschiebungsrate [mm a^{-1}]	1–10		
Einzelereignis [m]	≥ 1	< 1	≥ 5
Bruchlänge [km]	50–200		≥ 100
Magnitude, Ms	≥ 7,0	< 7,0	
Rekurrenzintervall [Jahre]	100–1000	< 100	≥ 1000
Klasse 3			
Verschiebungsrate [mm a^{-1}]	0,5–5		
Einzelereignis [m]	0,1–3		
Bruchlänge [km]	10–100		
Magnitude, Ms	≥ 6,5		
Rekurrenzintervall [Jahre]	500 – 5000		

Tab. 2.2 *(Fortsetzung)*

Klasse 4		***Klasse 4A***	
Verschiebungsrate [mm a^{-1}]	0,1 – 1		
Einzelereignis [m]	0,01–1	≥ 0,5	
Bruchlänge [km]	1–50	≥ 10	
Magnitude, Ms	≥ 5,5	≥ 6,5	
Rekurrenzintervall [Jahre]	1000–10.000		
Klasse 5			
Verschiebungsrate [mm a^{-1}]	< 1		
Rekurrenzintervall [Jahre]	≥ 10.000		
Klasse 6			
Verschiebungsrate [mm a^{-1}]	< 0,1		
Rekurrenzintervall [Jahre]	> 100.000		

der Boden zur Bodenverflüssigung neigt. Betroffen sind sandige und schluffige Böden sowie Aufschüttungen mit unzureichender Verdichtung über Fels. Die lokale Mächtigkeit der Lockersedimente übt einen großen Einfluss auf die Lokalintensitäten aus. Langwellige Frequenzen unter 2,5 Hz werden im lockeren Boden verstärkt, alle anderen Frequenzen werden gedämpft. Von dem breitbandigen Frequenzspektrum im Epizentrum eines Erdbebens werden mit zunehmender Entfernung nur noch die niedrigen Frequenzen wahrgenommen. Wenn die Eigenfrequenz von Bauwerken mit jener des Untergrundes und der einfallenden Erdbebenwelle koinzidiert, kann es auch an vom Epizentrum weiter entfernten Orten zu Schäden kommen. Die Erschütterungen bewirken im Boden Verdichtung, Porenwasserüberdruck und Abbau der Scherfestigkeit bis zur Verflüssigung. Für Bauwerke auf Flächengründungen bestehen Gefahren in Form von Grundbruch, Geländebruch und Setzungen. Lenhardt (1996) und Kolekova et al. (1996) empfehlen, Bauwerke in derart gefährdeten Gebieten über Pfähle zu gründen.

▪ Erdbebenrisiko

Das Erdbebenrisiko beschreibt die Wahrscheinlichkeit möglicher Schadenskosten durch Erdbeben und ist vorrangig für Versicherungsfragen von Interesse. Während die Zahl der pro Zeiteinheit (Jahrzehnt) beobachteten starken Erdbeben (hohe Magnitude auf der Richterskala) weltweit in etwa konstant oder sogar rückläufig ist, steigt als Folge des Bevölkerungswachstums und der baulichen Verdichtung in Ballungsräumen das Erdbebenrisiko. Die Erdbebenstatistik weist für den Zeitraum von 10 Jahren (1985 bis 1995) 40 schwere Beben aus, denen 90.000 Menschen zum Opfer fielen. Der Sachschaden liegt bei über 200 Mrd. Dollar. Japan und Kalifornien dominieren in dieser Statistik. Als Industrieländer auf tektonisch sehr aktivem Untergrund sind sie hinsichtlich der Erdbebenhäufigkeit und Erdbebenstärke besonders stark gefährdet. Das Erdbebenrisiko ist in diesen Ländern sehr hoch. Ein Erdbeben in der Wirtschaftsregion Tokio von gleicher Stärke wie im Jahre 1923 würde heute die Weltwirtschaft weit härter treffen. Aufgrund der internationalen Verflechtung des Kapitals besteht für Versicherer die große Gefahr („worst case"), dass das angelegte Deckungskapital einerseits zur Deckung der direkten Erdbebenschäden benötigt wird, sich andererseits jedoch der Wert dieser Anlagen an den internationalen Finanzmärkten vermindert.

In Europa gibt es etwa alle 200 Jahre ein verheerendes Erdbeben (Basel 1356, Wien 1590, Lissabon 1755, Messina 1908, Friaul 1976, Mittelitalien 2016). Aus Gebäudeschäden und der Weite des Schüttergebietes wird für das Erdbeben von Basel auf eine Magnitude $M = 7$ geschlossen. Auf der Intensitätsskala wird es auf 9–10 eingestuft, womit es das stärkste Beben in historischer Zeit nördlich der Alpen war. Beben mit Lokalmagnitude 5,8, wie das für Erdbebenschäden in Deutschland typische Albstadt-Beben vom 03.09.1978, haben in Deutschland eine Eintrittswahrscheinlichkeit von etwa 30 Jahren (DGEB 2000).

Das Risiko der Wiederholung eines solchen Bebens muss kalkuliert werden. Im Großraum Basel existiert eine der weltweit dichtesten Konzentrationen der chemischen und pharmazeutischen Industrie. Bei einem Beben können aus Tanklagern, Transportbehältern und Leitungen z. T. hochtoxische Gase, Flüssigkeiten und Feststoffe austreten. Zusätzlich zu den Bauwerksschäden können vor Ort Atemluft und Gewässer sofort gefährdet werden. Eine Ausbreitung von Schadstoffen über Wind und Wasser könnte sich europaweit auswirken.

Die Vorsorge gegen solche Erdbebenfolgen und die Anwendung erdbebensicherer Bauweisen für Bauwerke und technische Anlagen ist eine wichtige Zukunftsaufgabe.

2.1.5 Erdbebensicheres Bauen

▪ Technische Regelwerke

In Erdbebengebieten sind im Vergleich zu Gebieten ohne Erdbeben erhöhte Risiken zu erwarten. Betroffen sind Standsicherheit und Verkehrssicherheit baulicher Anlagen. Zu beachten sind die technischen Regelwerke DIN 1311, Teil 1–4 („Schwingungslehre"), DIN 4149 („Bauten in deutschen Erdbebengebieten") und Eurocode 8, DIN EN 1998 T1–6 („Auslegen von Bauwerken gegen Erdbeben").

- **Berechnen bodendynamischer Einwirkungen**

Über die Beanspruchung infolge dynamischer Erregungen und über Berechnungsverfahren für die Dämpfung und Erdbebensicherung von Bauwerken berichten Klein (1990), Bachmann (1995), Klein (2001), Vrettos (2008).

- **Konstruktionsmerkmale**

Erdbebensicheres Bauen beinhaltet erdbebengerechtes Planen bei Grundrissgestaltung, Massenverteilung im Bauwerk, Bauwerksform, Bauwerksaussteifung und Zähigkeit des Bauwerks (Wirtschaftsministerium Baden-Württemberg 1995). Günstig sind kompakt gegliederte, durch Fugen unterteilte Formen mit gleichmäßig verteilten Bauwerksmassen und tiefliegendem Massenschwerpunkt. Es ist ein steifes Gesamtbauwerk anzustreben. Durch die Decken ist eine Scheibenwirkung herzustellen. Bei gemauerten Wänden ist auf sorgfältige Verbindung zwischen tragenden und quer aussteifenden Wänden zu achten. Sie sind gleichzeitig hochzuführen.

Im Leitungsbau sind Sicherheitsventile und Schalter vorzusehen, die im Bebenfall den Fluss gefährlicher Stoffe (Gas, Öl, Strom) unterbrechen.

- **Zähigkeit**

Ein Erdbeben führt einem Bauwerk über das Fundament Energie zu. Das Bauwerk speichert diese Energie über Schwingungen in Form kinetischer und potentieller Energie und zerstreut sie über Dämpfung. Die Konstruktion muss die zugeführte Energie verteilen und in andere Energieformen umwandeln oder dissipieren. Energiedissipation erfolgt durch Dämpfen und plastisches Verformen, wobei für den Fall stärkster Beanspruchung große plastische Verformungen im Bauwerk möglich sein sollen, ohne dass der Versagenszustand eintritt. Hohe Zähigkeit besitzen Stahlbauten. In Bauwerken aus Stahlbeton haben die einzelnen Bauteile eine begrenzte Zähigkeit. Durch konstruktive Maßnahmen kann die Bauwerkszähigkeit erhöht werden (DIN 4149, DIN EN 1998). Keine Zähigkeit besitzt Mauerwerk. Mauerwerksbauten werden in Erdbebengebieten auf wenige Geschosse begrenzt. Holzbauten besitzen über die Verformbarkeit der Verbindungen zwischen den einzelnen Balken eine begrenzte Zähigkeit.

- **Gründungen**

Im Gründungsbereich lässt sich der Zusammenhalt eines Bauwerks am besten durch Stahlbeton-Plattengründungen sichern, die zusammen mit den Wänden und der Decke des Untergeschosses Steifigkeit erhalten. Bei Streifenfundamenten sind die Längsstreifen durch Querstreifen zu verbinden. Zwischen Einzelfundamenten sind zug- und druckfeste Zerrbalken vorzusehen. Bei Pfahlgründungen sind die Pfahlköpfe über Gurte zug- und druckfest zu verbinden. Die Verbindung der Einzelfundamente kann auch über eine Bodenplatte hergestellt werden. Für Gründungen sind gleichartige Gründungselemente vorzusehen und diese auf gleichartigem Baugrund zu führen. Teilunterkellerungen sind zu vermeiden.

2.1.6 Vorhersage von Erdbeben

Die Vorhersage von Stärke, Ort und Zeitpunkt künftiger Erdbeben ist ein Ziel, mit dem die Anordnung umfassender Maßnahmen zur Rettung von Menschen, Tieren und Sachwerten möglich wäre. Vage Prophezeiungen lassen nur halbherzige Warnungen und begrenzte Sicherheitsvorkehrungen zu. Auch die Annahme, dass an bestimmten geologischen Strukturen in regelmäßigen Zeitabständen die Erde bebt, sowie deren plattentektonische Begründung sind kein Beitrag für zuverlässige Erdbebenvorhersage.

In der Vergangenheit hat es mehrfach zutreffende Erdbebenvorhersagen gegeben, bei denen der Schaden durch entsprechende Warnung gering gehalten wurde (z. B. in China: Haicheng-Beben 1975, Yünnan-Beben 1976). Diesen Vorhersagen stehen starke Erdbeben, die ohne Vorhersage eingetreten sind, sowie Fälle von Fehlalarm gegenüber.

Bekannte Vorstellungen von Erdbebenvorhersagen beruhen auf dem Verhalten von Tieren, welche Erdbeben bereits vor deren Eintreten spüren sollen. Ob und wie seismische Aktivität durch anomales Tierverhalten vorhergesagt werden kann, lässt sich allerdings nicht zuverlässig nachprüfen.

Andere Vorstellungen gehen von Beziehungen zwischen bestimmten Planetenkonstellationen und der Erdbebenhäufigkeit aus. Diese Beziehungen haben sich nicht bestätigt.

Es gibt bislang keine wissenschaftlich anerkannte Methode, mit der zuverlässige Vorhersagen möglich sind.

2.1.7 Messtechnisches Überwachen erdbebengefährdeter Gebiete – Monitoring

Die Bemühungen zur Erdbebenvorhersage konzentrieren sich seit Beginn der neunziger Jahre auf das Messen bestimmter physikalischer und chemischer Eigenschaften, deren Änderung Erdbeben vorausgehen soll. Erdbeben geht eine Spannungsänderung im Untergrund voraus. Mit dem Aufbau tektonischer Spannungen stellen sich im Boden und im Grundwasser Veränderungen ein, die mit physikalischen und chemischen Methoden gemessen werden können. Solche Änderungen werden von Kissin und Jasko (1992) als hydrogeodynamische bzw. als hydrogeochemische und hydrogeothermische Erdbebenvorzeichen beschrieben. Zur ständigen Kontrolle der Spannungszustände im Untergrund können in erdbebengefährdeten Gebieten an nach tektonischen und hydro-geologischen Kriterien ausgewählten Stellen Grundwasserbeobachtungspegel eingerichtet und hierin spannungsabhängige Veränderungen gemessen werden. Es ist das Ziel, solche Änderungen an möglichst vielen Punkten zu messen, um aus dem Vergleich der gemessenen Änderungen Rückschlüsse auf Spannungszustände und erdbebenauslösende Faktoren ziehen zu können. Sollte sich diese Methode bewähren, wären die erdbebengefährdeten Gebiete mit einem Netz von Messstationen zu überziehen. Die Messstationen können via Satellit in ständiger Funkverbindung mit einer Zentrale stehen, wo der permanente Datenvergleich und die Bewertung von Gefahrensituationen erfolgt. Der Stand der Satelliten- und Computertechnik bietet hierfür eine ausreichende Basis. Diese komplexe Methode geodynamischer Vorhersagen wurde z. B. von B. O. Schkandrij und V. W. Rogatschenko am Ukrainischen Institut für Mineralressourcen in Simferopol betrieben. Die Methode umfasst geophysikalische und hydrogeologische Observationen:

- geophysikalische Observation: erdbebenseismische Observation zum Erkunden von Art, Häufigkeit und Häufigkeitszunahme der Beben; geoelektrische Observation zum Erkennen möglicher Veränderungen des spezifischen elektrischen Widerstandes im Untergrund; Geländevermessung (Deformationsmonitoring, Hüttle 2011); zum Erkennen von Hebungen und Senkungen an der Geländeoberfläche; seismische Untersuchungen zum Erkennen möglicher Veränderungen der Geschwindigkeit seismischer Wellen (P-Wellen) im Untergrund.
- hydrogeologische und hydrochemische Observation: Beobachtungen zur piezometrischen Druckhöhe des Grundwassers aus verschiedenen Tiefen und Grundwasserleitern; Beobachtungen zur Entgasung des Grundwassers; Beobachtungen zu Änderungen der Radonemission; Beobachtungen zu Änderungen der Gaskonzentration von Helium, Radon, Methan und Kohlendioxid im Grundwasser.

Der Anteil der im Wasser gelösten Gase ist druckabhängig. Unter Berücksichtigung der hydrogeochemischen Gegebenheiten (Kontrolle anderer Inhaltsstoffe wie Na, Ca, Mg, K, Fe, Mn u. a.) kann an Veränderungen der Gasgehalte im Grundwasser der Aufbau tektonischer Spannungen abgelesen werden.

2.1.8 Erschütterungen und Schwingungsübertragung auf Bauwerke

Künstliche Erschütterungen können vom Verkehr und von Maschinen ausgehen. Ortsfest sind Industrieanlagen wie Hammerwerke, Brecheranlagen und Stanzen. Bewegliche Erreger sind neben dem Verkehr Rüttelmaschinen, Verdichtungsmaschinen und Rammgeräte. Kurze (einmalige) Impulse gehen von Sprengungen und vom Sturz schwerer Massen aus. Auch Überschallenergie von Flugzeugen kann Ursache für in Bauwerke eingetragene Erschütterungen sein.

In Bauwerken können lose oder elastisch gelagerte Bauteile bereits durch geringe Energiezufuhr eine Resonanz-Aufschaukelung erfahren und zu selbständigen Schwingungen angeregt werden. Davon betroffen sind Gläser im Schrank, Lampen, Bilder, Wandkacheln, leichte und nur schwach eingebundene Wände, Treppen und Tragprofile. Solche Schwingungen werden dann gefährlich, wenn aufgrund spezifischer Gegebenheiten dieser Massen der sogenannte Resonanzfall eintritt. Die gefährliche Eigenart der Resonanzerregung liegt darin, dass im Resonanzfall nur noch geringe Energiezufuhr notwendig ist, um hohe Amplitudenausschläge mit großen Schwingwegen der Massen gegen ihre Lagerung oder Befestigung zu generieren. Wenn die Bindungen (Federbindungen) der im Resonanzfall schwingenden Massen diese Bewegungen nicht erlauben, können diese von ihrer Befestigung abreißen. Schadensbilder sind Risse und Ablösungen betroffener Bauwerksteile. Für Bauwerke gefährlich sind Frequenzen zwischen 1 und 25 Hz.

Künstliche Schwingungen werden im allgemeinen durch schwingungsdämmende Lagerung abgefedert („schwimmender Estrich“ zur Trittschalldämmung; Gummilagerung von Maschinen; vom übrigen Bauwerk getrennte, weich gegründete Einzelfundamente). In den Boden eingetragene Schwingungen werden auf kurze Distanz gedämpft. Im Fels können sich Schwingungen und insbesondere niederfrequente Schwingungen über weite Distanzen bei nur geringer Dämpfung ausbreiten (■ Abb. 2.4). Beim Einsatz schwingungserregender Maschinen ist zum Vermeiden von Resonanzschäden mit entsprechender Sorgfalt vorzugehen. Gefahrensituationen, wie sie bei flachgründigem Fels bestehen, können durch schwingungstechnische Analysen erkannt werden.

2.2 Vulkanismus

Vulkanismus ist die Gesamtheit aller Vorgänge und Erscheinungen, die mit dem Aufsteigen von Magma (Gesteinsschmelze) aus dem tiefen Untergrund und deren Austritt als Lava oder Lavamaterial an der Oberfläche zusammenhängen. Der Aufstieg von Magma und die Förderung von Lavamaterial kann sich bis zur explosiven Eruption und Explosion steigern. Ursache hierfür ist die Expansion von Gasen, die mit dem Magma aufsteigen, und der beim Kontakt zwischen heißer Gesteinsschmelze und Grundwasser entstehende Wasserdampf. Vulkane können ständig aktiv sein oder zwischen den aktiven Phasen für längere Zeit ruhen. Die durch den Vulkanismus geschaffenen Landschaftsformen – Vulkane, Krater, Maare und Calderen – können in kürzester Zeit entstehen oder sich verändern. Große Vulkane erreichen Höhen von mehreren tausend Metern und entstehen im Laufe von Jahrmillionen. Die im Zuge meist unregelmäßiger vulkanischer Eruptionen erhöhte Landschaftsform „Vulkan“ unterliegt zugleich ständiger Abtragung durch Erosion und Rutschungen. Die im Mittel über längere Zeit verbleibende Landschaftsaufhöhung liegt bei großen Vulkanen in der Größenordnung von Millimetern pro Jahr. Die gleiche Größenordnung wird auch in sich tektonisch heraushebenden Gebirgsregionen beobachtet. Die unregelmäßigen, heftigen Landschaftsveränderungen, die in begrenzten Arealen in auffälligem Maße Landschaft, Baugrund und Bauwerke betreffen, sind nicht kalkulierbar. Die Erdgeschichte kennt Vulkankatastrophen größten Ausmaßes, bei denen Landschaften in der Größenordnung 30.000 km^2 zerstört, überschüttet und verändert wurden. Nach statistischem Vergleich ist etwa alle 100.000 Jahre eine solche Katastrophe wahrscheinlich, in historischer Zeit jedoch nicht eingetreten (Francis 1988).

Die von Vulkanen geförderten Produkte sind Lava, Tephra und Gase. Diese wechseln, auch quantitativ, in ihrer chemischen und petrographischen Zusammensetzung. Unterschiedliche geochemische Zusammensetzung der Lava verbunden mit variierendem Gasanteil bewirkt unterschiedliche Formen der Produkte, der Landschaft, der Eruptionen und der damit verbundenen Gefahren.

Je nach Klimaregion und Höhe des Vulkans werden Vulkanlandschaften bis nahe an den Kraterrand landwirtschaftlich, forstwirtschaftlich und auch touristisch genutzt. Ein Großteil der tätigen Vulkane befindet sich jedoch in dünnbesiedelten oder nicht besiedelten Gebieten.

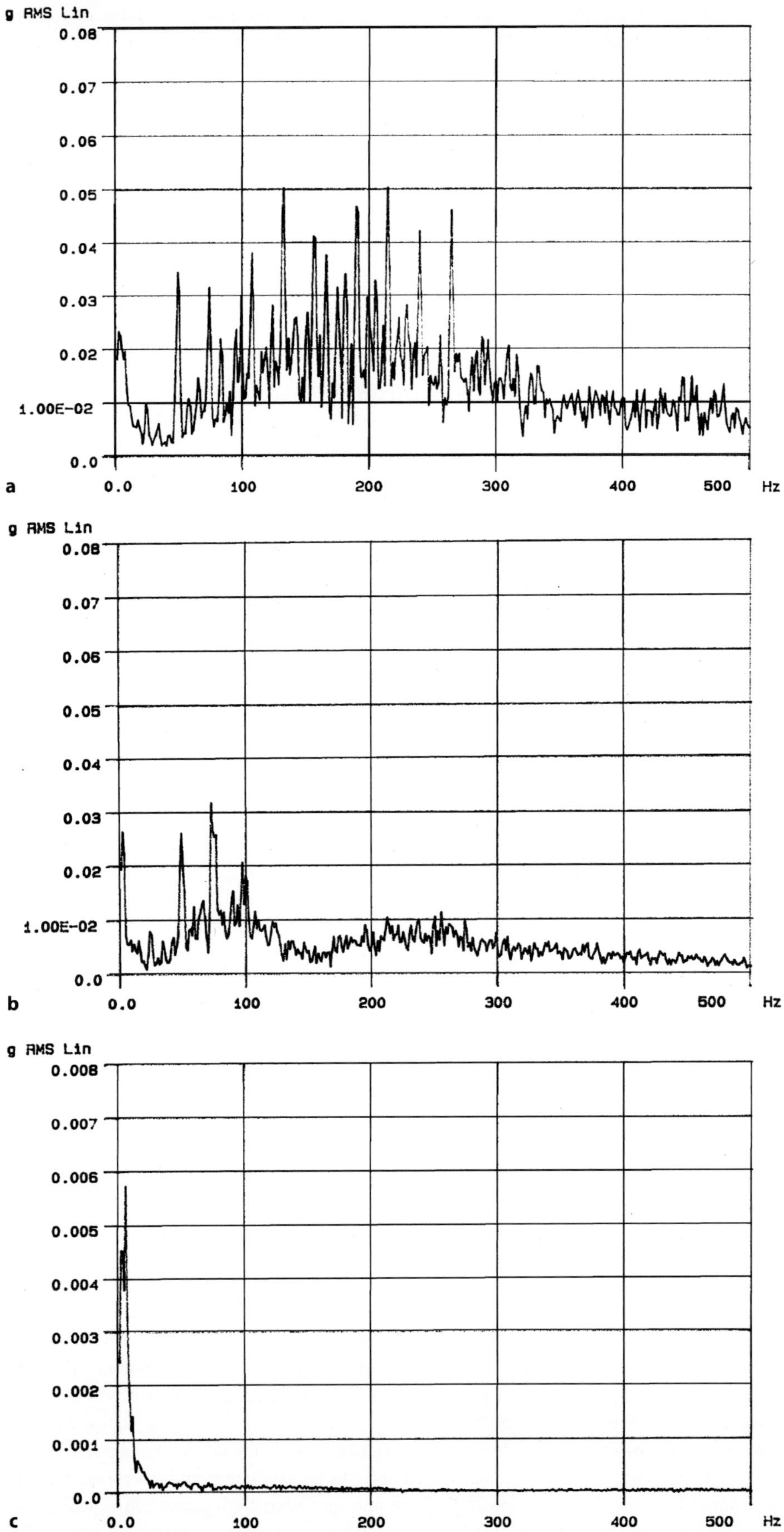

Abb. 2.4 Beispiel für hochempfindliche Schwingungsanalysen zur Klärung eines Schadensfalles. Erreger: 500-kp-Rüttler von Wacker; Messgerät: Fast-Fourier-Schwingungsanalysator (FFT von Diagnostic Instruments), Tastsonde 103 mV g^{-1}. Der Erreger steht auf Pflaster über Sandbettung und Fels (Tonstein). Aufgezeichnet wurden die vertikalen Schwingungen im Frequenzbereich 0–500 Hz. Die Amplitude wird als *RMS* („root mean square", quadratischer Mittelwert einer Folge von Messwerten) dargestellt. **a** Messpunkt in 0,3 m Abstand vom Erreger mit starker Anregung und Dämpfung oberhalb 300 Hz, **b** Messpunkt in 1 m Abstand vom Erreger mit Dämpfung oberhalb 100 Hz, **c** Messpunkt (Kellerfußboden) in 30 m Entfernung vom Erreger mit starker niederfrequenter Amplitude (1–10 Hz). Die Anregung kommt fast ungedämpft an

Es ist Aufgabe der Vulkanologie, die am Vulkan lebenden Menschen rechtzeitig vor möglichen Gefahren zu warnen. Jeder Vulkan hat seine charakteristischen Eigenheiten. Diese sind der im Umkreis wohnenden Bevölkerung und besonders den wissenschaftlichen vulkanobservatorischen Instituten bekannt. Bei geplanten Bauvorhaben ist bezüglich möglicher Gefahren vorrangig auf örtliche Erfahrungen zurückzugreifen. Aktiver baulicher Schutz ist jedoch nur in seltenen Fällen möglich.

2.2.1 Vulkanische Produkte

Die von Vulkanen hervorgebrachten Produkte sind Lava, Tephra und Gase.

Der Ausfluss von Lava heißt Effusion, der Auswurf von Lavamaterial Eruption.

▪ Lava

Gesteinsschmelzen, die an die Oberfläche gelangen, und deren erkaltete Produkte heißen Lava. Die Art der Effusion wird von der Viskosität der Lava bestimmt. Niedrigviskos sind basaltische und andesitische Laven. Hochviskos sind Laven mit viel Kieselsäure, z. B. rhyolithische Laven. Nach Fließverhalten und Erstarrungsform wird zwischen Seillava, Brockenlava, Blocklava und Kissenlava unterschieden.

Dünnflüssige Laven können auf geneigten Flächen mit großer Geschwindigkeit (ähnlich wie Wasser) abwärts fließen. Nach den Oberflächenformen, die durch Zusammenschieben der abgekühlten plastischen Haut über heißer fließender Lava entstehen, heißen solche Laven Seillava oder Gekröselava.

Als Brockenlava bezeichnet man unregelmäßige, scharfkantige Brocken eines blasenreichen, porösen Gesteins an der Oberfläche und den Seiten des erkalteten Lavastroms.

Als Blocklava bezeichnet man glattwandige, eckige Blöcke aus blasenfreiem, dichtem Gestein an der Oberfläche und den Seiten des erkalteten Lavastroms.

Kissenlava entsteht beim Lavaausfluss unter Wasser. Dabei wird die Lava in kissenartige ellipsoidale Blöcke aufgeteilt. Die Kissen sind zwischen 60 und 120 cm lang und haben ihre Form in einem Zustand mit noch formbarer Haut aus teilweise erstarrter Lava (Glas) erhalten. Die Unterseite der Kissen ist unregelmäßig, die Oberseite konvex.

▪ Tephra

Von Vulkanen ausgeworfenes Lockermaterial nennt man unabhängig von Zusammensetzung und Korngröße Tephra. Pyroklasten ist der Oberbegriff für die einzelnen vom Vulkan ausgeworfenen Partikel oder Stücke. Nach der Korngröße unterscheidet man Aschen, Lapilli und Bomben (◘ Tab. 2.3). Bomben können aus plastisch verformbaren Lavafetzen oder aus Festgestein bestehen.

Tephra kann sich schnell verfestigen und erhärten. Verfestigte Tephra heißt Tuff.

◘ Tab. 2.3 Von Vulkanen ausgeworfenes Lockermaterial – Tephra

Bezeichnung	Bodenart	Korngröße [mm]
Asche	Sand und Staub (Schluff)	< 2
Lapilli	Kies	2–63
Bomben	Steine und Blöcke	> 63

▪ Gase

Die volumenmäßig bedeutendsten vulkanischen Gase sind Wasserdampf (H_2O), Kohlendioxid (CO_2), Stickstoff (N_2), Schwefeldioxid (SO_2), Salzsäure (HCl), Wasserstoff (H_2), Schwefelwasserstoff (H_2S), Kohlenmonoxid (CO), Stickstoffdioxid (NO_2), Flusssäure (HF), Schwefel (S_2), Chlor (Cl_2), Argon (Ar) und Helium (He). Daneben können andere Gase in Spuren auftreten. Die Zusammensetzung der Gase unterliegt großen Schwankungen. Das von Vulkanen exhalierte Wasser ist zugelaufenes Grundwasser und als solches durch Umweltisotope gekennzeichnet. Gleiches gilt für Thermalwasser in Vulkangebieten.

2.2.2 Vulkanische Landschaftsformen

Die Austrittsstellen von Vulkanen sind punktförmige Schlote oder langestreckte Spalten. Die Art der Austrittsstelle und die mit unterschiedlichen Anteilen geförderten Produkte (Lava, Tephra, Gase) lassen die unterschiedlichen vulkanischen Landschaftsformen wie Schildvulkan, Tafelvulkan, Stratovulkan, Aschevulkan, Maar und Caldera entstehen. Die Vulkanform lässt auf die Art der vulkanischen Eruptionen und Effusionen schließen.

▪ Schildvulkan

Schildvulkane entstehen durch Effusion dünnflüssiger Lava über sehr lange Zeiten an gleicher Stelle (Zentraleruption). Die nacheinander austretenden Lavaströme fließen radial divergirend auseinander und bilden flach geneigte Vulkankegel mit 3–6° Neigung an den auslaufenden Flanken und bis zu 12° Neigung am zentralen Austrittspunkt. Schildvulkane bestehen überwiegend aus Lava.

▪ Tafelvulkan, Spaltenvulkan

Lava fließt aus einer Spalte und überlagert großflächig die Landschaft mit Flutbasalt bzw. Plateaubasalt. Bekannt ist diese Vulkanform vom Ausbruch der Laki-Spalte in Island im Jahre 1783. Plateaubasalte als fossile Produkte von Spaltenvulkanismus sind weltweit verbreitet.

▪ Stratovulkan

Stratovulkane entstehen durch den Wechsel von Lava-Effusion und Tephra-Eruption an gleicher Stelle (Zentraleruption). Im Schlot oder Zentralbereich können solche Vulkane festes Lavagestein enthalten. Die den Schlot umgebenden Kernzone besteht aus brekzisierten Intrusivgesteinen. Das aus dem Vulkan ausgeworfene pyroklastische Material baut sich zu einem Kegel mit einer Neigung von 30–35° auf. Dieser wird durch Erosion zerfurcht und ständig abgetragen. Ausfließende Lava kann in durch Erosion vorgegebenen Abflussrinnen abfließen und erstarren. Von Lavagestein erfüllte Abflussrinnen bieten der Abtragung erhöhten Widerstand und bleiben vorübergehend als Härtling an der Oberfläche (Reliefumkehr) oder werden von Tephra überlagert. Durch Rutschungen wie Muren, Schuttströme und Schlammströme können in den Flanken des Vulkans große Abrisse entstehen.

- **Aschevulkan**

Aschevulkane entstehen durch Eruption pyroklastischen Materials an gleicher Stelle (Zentraleruption). Es sind Kegel mit 30–35° Neigung. Nur im Schlot können solche Vulkane festes Lavagestein enthalten.

- **Maar**

Maare sind trichterförmige Sprengkrater. Sie entstehen durch einmalige Eruption (Wasserdampfexplosion). Dabei werden keine Bergformen aufgebaut.

- **Krater**

Krater sind durch Explosion geschaffene runde Hohlformen. Krater liegen auf oder seitlich am Vulkankegel oder als Maar im nicht erhöhten Gelände. Der Kraterrand ist in Tephraablagerungen (Stratovulkan, Aschevulkan) trichterförmig gestaltet. Im Hartstein können die Kraterwände senkrecht anstehen. Soweit der Krater mit dem Eruptionskanal übereinstimmt, wird er auch als Schlot bezeichnet.

- **Caldera**

Große kesselartige Vertiefungen mit Durchmessern von mehreren tausend Metern bis Zehnerkilometern werden als Caldera bezeichnet. Sie entstehen als meist runde Kollapsstrukturen im Zuge von Vulkaneruptionen.

2.2.3 Arten und Gefahrenpotential der Vulkaneruptionen

Die Vielfalt an Vulkaneruptionen kann nach einem auf Mercalli (1907) zurückgehenden, später erweiterten Vorschlag untergliedert werden (Green und Short 1971). Namengebend sind typische Vulkane und Vulkanausbrüche. Das Spektrum reicht vom „milden“ Ausfließen von Lavamassen bis zur katastrophalen Explosion. Berücksichtigt werden Art und Menge der Förderung von Lava, Tephra und Gasen sowie die Reichweite und Ausdehnung der vom Vulkanausbruch betroffenen Gebiete, unterschieden nach Reichweite der Lavaausflüsse, Reichweite des Niederschlages von Bomben, Lapilli, Bimsstein und Asche und Reichweite der Hitzeeinwirkung von Glutwolken und Glutlawinen. Teilweise parallel zur Klassifikation zwischen einem dominanten, gleichmäßigen Lavaausfluss und hochexplosiver Eruption verschiebt sich das Verhältnis zwischen der Dauer der vulkanischen Aktivität und der Dauer der Ruhepausen. Im allgemeinen kann davon ausgegangen werden, dass bei explosiven Vulkanen das Ausmaß katastrophaler Eruptionen mit der Dauer der Ruhepausen ansteigt.

Neben der physikalisch-energetischen Betrachtung nach Masse, Hitzeeinwirkung und Brisanz vulkanischer Eruption bis Explosion ist auch die Art, Menge und Giftigkeit der austretenden Gase ein Kriterium zur Klassifikation von Vulkankatastrophen.

- **Isländischer Typ**

Basaltische Lava fließt frei aus einer Spalte aus (Spalteneffusion). Der Ausfluss ist ruhig und (relativ) gasarm. Es können große Mengen an Lava austreten und über große Areale fließen, wo sie als Plateaubasalte erhärten. Letztmals konnte eine Spalteneffusion im Jahre 1783 beim Ausbruch aus der Laki-Spalte auf Island beobachtet werden, wobei mit 12,3 km^3 die größte in historischer Zeit geförderte Lavamenge ausfloss. Mit der Lava wurden mehrere Millionen Tonnen Schwefeldioxid sowie Flusssäure und Salzsäure in gasförmigem Zustand gefördert.

- **Hawaiianischer Typ**

Aus einem Krater oder aus Spalten fließt dünnflüssige basaltische Lava ruhig aus. Eingeleitet wird der Lavaausfluss von explosiven Lavafontänen, bei denen gashaltige Lavaprodukte (Lavafetzen) mehrere hundert Meter hochgeschleudert werden. Die hochgeschleuderten Lavafetzen fallen im noch flüssigen Zustand auf den Vulkanrand zurück und können einen sekundären Lavastrom bilden. Die Effusion dünnflüssiger Lava ist dominant, der Anteil vulkanischer Aschen gering.

Die häufigen Eruptionen dauern Tage bis Monate und können große Lavamengen hervorbringen, die in Strömen hangabwärts fließen. Dabei bedrohen sie Verkehrswege, Ortschaften sowie genutzte und ungenutzte Flächen. Menschenopfer sind nur selten zu beklagen.

- **Strombolianischer Typ**

Typisch sind regelmäßige Eruptionen im Abstand von wenigen Minuten. Geringe Mengen an Lava werden von aufsteigenden Gasen als Lavafetzen bis maximal 100 m in die Luft geschleudert. Der Vulkan fördert vorwiegend Gas mit wenig Schmelze. Die Eruptionen sind regelmäßig, die davon ausgehenden Gefahren sind kalkulierbar.

- **Subplinianischer Typ (Vulcanianischer Typ, Vesuvianischer Typ)**

Am Vulkan wechseln Eruptionsphasen mit längeren Ruhezeiten (beim Vesuv etwa 50 Jahre). Der Vulkanausbruch beginnt mit dem Aufbruch des mit ausgehärteter Lava verstopften Schlotes und dem Auswurf von Bomben, Lapilli und Asche. Es bilden sich große, schwarze Aschewolken. Nach der explosiven Phase tritt zähflüssige Lava aus und fließt hangabwärts. Insgesamt findet eine gemischt explosiv-effusive Eruption statt. Die Eruptionen haben eine räumlich begrenzte Schadenswirkung im näheren Umkreis des Vulkans.

- **Plinianischer Typ**

Dieser Ausbruchstyp ist nach dem antiken Schriftsteller und Naturforscher Plinius d. Ä. benannt, der beim Ausbruch des Vesuv im Jahre 79 ums Leben kam.

Bei plinianischen Ausbrüchen handelt es sich um sehr heftige Eruptionen von Gas und pyroklastischem Material in Form einer sehr hohen Eruptionssäule. Die Eruptionsgeschwindigkeit der ausgeworfenen Massen ist sehr groß (> 500 $m\ s^{-1}$) und lässt eine Eruptionssäule entstehen, die im unteren Teil als Gasschubsäule und darüber als Konvektionssäule der mitgerissenen erwärmten Luftmassen aufsteigt. Gas, Asche und Staub werden in sehr große

Höhen verfrachtet und breiten sich dort schirmartig aus. Der Eruption gehen sehr lange Ruhezeiten voraus; zurückliegende vulkanische Aktivität ist historisch meist nicht belegt. Plinianische Eruptionen halten einige Tage bis Wochen an. Es werden große Mengen an Gas, Bims und Asche ausgeworfen, von denen die gröberen Anteile im Umkreis des Vulkans niederfallen. Im Zuge einer Eruption kann die nähere Umgebung des Vulkans mehrere Meter dick mit Tephra zugedeckt werden. Rutschungen als Glutlawinen (pyroklastische Ströme) und Lahars sind möglich (▶ Abschn. 2.6.3).

Die bei plinianischen Eruptionen ausgeworfenen und in der Eruptions- und Konvektionssäule hoch aufgestiegenen Aschen und vulkanischen Aerosole können sehr weit verfrachtet werden. Die in der Wolke verfrachteten Feststoffe (Staub) fallen im Laufe von 10–14 Tagen aus. Für große Vulkaneruptionen werden Verbreitung und Mächtigkeit der ausgefallenen Aschen kartographisch festgehalten. Aerosole kondensieren aus vulkanischen Gasen. Sie bestehen aus Schwefelsäure (H_2SO_4), Salzsäure (HCl), Flusssäure (HF) u. a. Vulkanische Aerosole können 1–2 Jahre in den höheren Luftschichten der Stratosphäre verbleiben und während dieser Zeit die Temperatur beeinflussen (Abkühlung um 0,5–1 °C). Historische Beispiele sind die Ausbrüche des Vesuv 79, des Krakatau 1883 und des Mt. St. Helens 1980.

▪ Ultraplinianischer Typ

Derartige Eruptionen sind verheerende Naturkatastrophen, wie sie die Erde etwa alle 100.000 Jahre einmal erlebt. In historischer Zeit hat kein Ausbruch ultraplinianischen Typs stattgefunden. Die Bildung großer Calderen, z. B. der Yellowstone-Caldera vor 600.000 Jahren, wird mit derartigen Katastrophen in Verbindung gebracht (Francis 1988).

▪ Peléanischer Typ

Der katastrophale Ausbruch der Montagne Pelée auf Martinique (1902) ist hierfür namengebend. Es handelt sich um hochexplosive Vulkaneruptionen, bei denen neben Tephra große Gasmassen gefördert werden. Zähflüssige Lava kann an den Flanken des Stratovulkans ausbrechen. Es entstehen Glutwolken, die unabhängig von der Morphologie mit großer Geschwindigkeit die Landschaft überziehen und alles Leben vernichten. Glutwolken stellen eine der Hauptgefahren dar, die von Vulkanen ausgehen.

2.2.4 Von Vulkanen ausgehende Gefahren

Durch Vulkanausbrüche kann die umgebende Landschaft direkt und indirekt bedroht werden. Direkte Bedrohungen gehen von Lavaausfluss, Eruption und Erdbeben, dem Auswurf von Bomben, Lapilli und Asche sowie dem Austritt von Glutlawinen und Gaswolken aus.

Indirekt von Vulkanen ausgelöste Gefahren sind Überschwemmungen, Eislawinen, heiße Schlammströme (Lahars) und Muren. Solche Auswirkungen von Vulkanausbrüchen sind für die Menschheit oft gefährlicher als die eigentliche Eruption.

Es ist anzustreben, für alle der weltweit etwa 500 bis 550 tätigen Vulkane Gefahrenkarten zu erstellen.

Die häufigsten Gefahren sind:

- *Ausfluss von Lava*
  Fließende Lava kann die Landschaft, Siedlungen und Verkehrswege bedrohen.
- *Bomben, Lapilli*
  Durch die Luft fliegende Bomben und Lapilli gefährden Leben und Bauwerke.
- *Asche*
  Bei heftigem Aschefall können dicke Aschelagen die Landschaft bedecken. Dächer können überlastet werden und einbrechen. Der Aschegehalt in der Luft belastet die Atmung.
- *Glutlawinen*
  In Glutlawinen gerät frisch ausgeworfene glutheiße Tephra in trockene Fließbewegung. Fließmedium sind eingeschlossene Gase und Luftanteile. Die in Glutlawinen transportierten, noch flüssigen Lavaanteile gasen während des Transportes weiter aus und erhöhen dadurch gegenüber kalten Lawinen das Transportmedium Gas, den Gasdruck und die Transportweite. Glutlawinen folgen vorgegebenen Tälern. Die aus Glutlawinen abgelagerten Gesteine heißen Ignimbrite.
- *Lahars*
  Aus der Mischung heißer Tephra (Bomben, Lapilli, Asche, Bimsstein) mit Wasser können sich heiße Schlammströme (Lahars) bilden, die die betroffenen Flusstäler über weite Strecken bedecken.
- *Erdbeben*
  Neben ständigen Erschütterungen (Tremor) können von Vulkanen Erdbeben ausgelöst werden, die bei subplinianischen und plinianischen Eruptionen im näheren Umkreis des Vulkans zerstörende Wirkung haben können. Davon ausgelöste Fernwellen (Tsunamis) können auch an weit entfernt liegenden Küsten Schäden verursachen.
- *Eislawinen*
  Gletschereis kann bei Eruptionen abbrechen und als Eislawine talwärts bewegt werden.
- *Hochwasser*
  Auf dem Vulkan befindliche Eis- und Wassermassen (Gletscher, Kratersee) können beim Vulkanausbruch mobilisiert werden. Schmelzwasser und auslaufendes, ausgeschleudertes oder verdrängtes Kraterseewasser kann einen Wasserschwall und damit eine Block- und Geröllflut auslösen und die Tallandschaften bedrohen.
- *Muren, Schlammströme*
  Wasser kann lockere Tephra aus früheren Eruptionen durchdringen und Schlammströme auslösen.

2.2.5 Vulkan-Observation (Monitoring)

In verschiedenen Gebieten mit Vulkanismus bestehen heute vulkanologische Institute und Vulkanobservatorien, die die Vulkane in verschiedener Weise überwachen. Hierfür werden unterschiedliche physikalische und chemische Parameter fortlaufend gemessen und aufgezeichnet (Monitoring). Ziel ist es, aus der Veränderung von Messwerten und aus der direkten Beobachtung vulkanischer Erscheinungen (Größe und Farbe der ausgestoßenen Wolken, Effusion, Explosion) Gesetzmäßigkeiten der eruptiven Mechanismen zu ergründen, Gefahrensituationen zu erkennen und Schutzmaßnahmen einzuleiten. Besondere Gefahren gehen von Vulkanen aus, die als erloschen angesehen werden und daher keiner ständigen Observation unterliegen.

Vulkanausbrüchen geht eine unterirdische Platznahme von Magmen voraus. Diese Platznahme ist mit Veränderungen im Untergrund und an der Geländeoberfläche verbunden, deren Auswirkungen direkt oder indirekt gemessen werden können.

Folgende Observationen können Beiträge zur Gefahrenerkennung liefern:

- optische und fotografische Observation: Infrarotphotographie zum Erkennen möglicher Aufheizung der Oberfläche; Luftbildauswertung zur Kontrolle vulkanischer Aktivitäten; geodätische und satellitentechnische Vermessung zur Kontrolle von Hebungen, Senkungen und Verformungen der Oberfläche.
- geophysikalische Observation: erdbebenseismische Aufzeichnungen zum Erkunden von Tremor und Lokalbeben; seismische Untersuchungen zum Orten von Magmenkammern (flüssige Magmen!); Gravitationsmessungen zum Erkennen möglicher Änderungen im Schwerefeld; geoelektrische Messungen zum Erkennen möglicher Änderungen der elektrischen Leitfähigkeit im Untergrund; geomagnetische Messungen zum Erkennen möglicher Änderungen der magnetischen Eigenschaften im Untergrund.
- hydrogeologische und hydrochemische Observation: Kontrolle des Grundwasserspiegels und Deutung möglicher Änderungen als Folge von Deformationen; Kontrolle der Seewasserspiegel (besonders im Kratersee) und Deutung möglicher Änderungen als Folge von Deformationen; Kontrolle des Quellabflusses und der betroffenen Wassermengen; Kontrolle der Temperatur von Grund- und Oberflächenwasser und Deutung möglicher Erwärmung als vulkanischer Prozess; Kontrolle periodischer Wasseraufbrüche (Geysire, Wallbrunnen); Kontrolle der Grundwasserchemie und der im Grundwasser gelösten Gase; Kontrolle der Seewasserchemie und der im Seewasser gelösten Gase.
- Observation an Gasen: Kontrolle der Temperatur und Zusammensetzung austretender vulkanischer Gase; Kontrolle der Solfatarentätigkeit.

Es ist anzustreben, für alle der etwa 500 bis 550 tätigen Vulkane Gefahrenkarten zu erstellen. In solche Gefahrenkarten sind die potentiellen Risiken (Lavaströme, Glutlawinen, Lahars, Richtung und mögliche Reichweite der durch Explosion ausgeworfenen Massen, Richtung und mögliche Reichweite des Ascheregens) einzuzeichnen.

2.2.6 Katastrophenvorhersage und Schutzmaßnahmen

Die mögliche Art und Stärke eines bevorstehenden Vulkanausbruches kann aus der Kenntnis des Vulkans, seiner Vorgeschichte und aus observatorischen Daten mit begrenzter Genauigkeit vorhergesagt werden.

Die Vorhersage soll Aussagen zu Art, Ort, Zeitpunkt und Dauer des Ausbruches sowie zum hiervon betroffenen Gebiet umfassen. Entscheidungskriterien hierfür können die Häufigkeit und Stärke von Erschütterungen (Erdbeben) am Vulkan und die Deutung von Deformationen an der Oberfläche des Vulkans sein. Die Vorhersage und ihre politische Umsetzung (Evakuierung: ja oder nein?) ist je nach Art des Vulkans und der zu erwartenden Eruption unterschiedlich schwer zu bewerten. Schwierig ist auch die Vorhersage von Gefahren indirekter Art. Ausmaß und Zeitpunkt des Eintritts von Überschwemmungen, Schlammströmen, Lahars oder Eislawinen können, besonders in Verbindung mit Gletschereis, nur schwer abgeschätzt werden.

Das Risiko eines Fehlalarms, aber auch einer Unterschätzung der vulkanischen Aktivität ist groß. Dennoch ist das Evakuieren des gefährdeten Gebietes die wichtigste (passive) Schutzmaßnahme. Hierfür sind Evakuierungspläne zu erstellen, Warnsysteme einzurichten und die Bevölkerung entsprechend auszubilden.

Aktive Schutzmaßnahmen sind bei Vulkanausbrüchen nur begrenzt möglich.

Lavaströme, die Städte und Bauwerke bedrohen, können im besonderen Fall durch Gräben, Barrieren oder Sprengungen (z. B. gezielten Bombenabwurf) abgelenkt werden.

Kraterseen, deren Wassermassen die unterliegenden Täler mit Hochwassern, Schlammströmen und Lahars bedrohen, können durch technische Maßnahmen entleert werden (Stollen, Horizontalbohrungen, Heberanlagen).

Unter der Last dicker Aschelagen können Dächer zusammenbrechen. Dies betrifft besonders Flachdächer und wenig geneigte Dächer. Gefahrbringende Ascheansammlung und Überlastung der Dachflächen lässt sich durch rechtzeitiges Entfernen der Asche vermeiden.

2.3 Verwitterung

Böden und Gesteine, die im Baugrund mit bestimmten physikalischen Eigenschaften für Dichte, Wassergehalt, Festigkeit und Verformbarkeit angetroffen werden, können diese Eigenschaften im Laufe der Zeit verändern. Veränderungen der Minerale und Gesteine, die im Kontakt zu Hydrosphäre, Atmosphäre und Biosphäre (Atmosphärilien) eintreten und in der Regel zur Erniedrigung von Dichte, Festigkeit sowie Zunahme der Verformbarkeit führen, werden unter dem Begriff „Verwitterung" zusammengefasst. Grundsätzlich ist zwischen physikalischer und chemischer Verwitterung zu unterscheiden. Die Intensität der Verwitterung ist in unterschiedlichen Klimazonen verschieden. Als Baustein eingesetzte Natursteine sind in Häusern, Mauern und anderen Bauwerken gegenüber dem im natürlichen Verband befindlichen Gestein besonderen Verwitterungsbedingungen ausgesetzt. Sie zeigen häufig von natürlichen Bedingungen abweichende Verwitterungserscheinungen. Festgesteine, die einseitig den Atmosphärilien ausgesetzt sind (Felswände, Bausteine in Bauwerken), wittern an der Luftseite auf und werfen aufgewittertes Material ab (Abgrusen, Absanden, Abmehlen). Durch diesen Vorgang der Rückverwitterung wird die Frontseite des freistehenden Festgesteins in Richtung Bergseite bzw. Bauwerk verschoben.

Am Hang führt die einige Meter tief greifende Verwitterung zur generellen Abfolge:

- Mutterboden,
- Gesteinszersatzzone,
- Felsverwitterungszone,
- Felsauflockerungszone,
- Fels.

Bei tiefgreifender chemischer Verwitterung im tropischen Klima (bis über 70 m) entfällt die Felsauflockerungszone.

2.3.1 Physikalische Verwitterung

Die Auflockerung von Fels und der Zerfall von Gesteinen und Mineralen in kleinere stoffgleiche Teilchen wird als physikalische Verwitterung bezeichnet. Ursachen hierfür können Druckentlastung, Druckwechsel, Temperaturwechsel, Frostsprengung, Kristallisationssprengung (Salzsprengung), Wurzeldruck von Pflanzen und mechanische Beanspruchung sein. Zerstört werden Festgesteine und veränderlich feste Gesteine.

Physikalische Verwitterung am Stein

Physikalische Verwitterung an freiliegenden Steinen und Gesteinen findet vorrangig in morphologisch hervortretender Expositionen (Felsen, Bauwerke) statt. Verstärkt tritt sie unter extremen Klimabedingungen (Wüste, Kältewüste) und an Orten mit starkem Angriff der die physikalische Verwitterung fördernden Prozesse auf (Gebirge, Hang, Ufer, Flussbett, Küste). Die physikalische Verwitterung am Stein kann ursächlich von Druckentlastung, Druckwechsel, Frost und Frost-Tau-Wechsel, Temperaturwechsel und von der Auskristallisation von Salzen ausgehen. Räumlich kann sie von solchen Oberflächen ausgehen, die den atmosphärischen Einflüssen besonders ausgesetzt sind. Es gibt gesteinstypische Unterschiede beim physikalischen Verwitterungsbild.

Druckentlastung am Stein

Druckentlastung ist eine häufige Ursache für Gesteinsauflockerung und Gesteinszerfall.

Durch Erosion oder künstlichen Gesteinsabtrag wird ursprünglich tiefer liegenden Gesteinen die Auflast ($\gamma \cdot h$) genommen. Mineralkörner, Gesteine und Felsverbände reagieren mit Ausdehnung und oberflächenparalleler Rissbildung oder Kluftaufweitung (Kieslinger 1958, 1960).

Die entstehenden Risse können im Millimeter- bis Meterabstand auftreten. Bei aus großer Tiefe gewonnenen Werksteinblöcken kann die Druckentlastung zu Rissen und zur Zerstörung von hieraus gefertigten Ziersteinen oder Plastiken führen. Im Felsverband führt Druckentlastung zur Bildung und/oder Aufweitung oberflächenparalleler Risse.

Druckwechsel im Stein

Druckwechsel führt in der Brandungszone zur Auflockerung des Felsverbandes und zur Gesteinszerstörung. Durch das Aufschlagen der Wellen findet in Gesteinsrissen ein steter Wechsel zwischen Belastung und Entlastung mit Sogwirkung statt. Der Brandung ausgesetzte Gesteine und Bauwerke sind kurzlebig und müssen etwa alle 10 Jahre nachgebessert oder erneuert werden.

Eissprengung im Stein

Eissprengung (Kryoklastik) wirkt schnell und intensiv. Sie ist in der Eigenschaft des Wassers begründet, beim Gefrieren sein Volumen um etwa 9 % zu erhöhen. Eisbildung im Poren- und Klufthohlraum der Gesteine beansprucht die Zugfestigkeit von Gestein und Felsverband. In Steilwänden können poröse Gesteine (z. B. Tonsteine, Tonmergelsteine, schluffige Sandsteine) alljährlich durch Frost um mehrere Zentimeter zurückwittern. Schäden durch Eissprengung können, besonders bei mehrfachem Frost-Tau-Wechsel, kurzfristig auftreten.

Temperaturwechsel (Insolationsverwitterung) am Stein

Der extreme Wechsel zwischen Erwärmung (Aufheizung) und Abkühlung bewirkt in den äußeren Gesteinspartien einen starken Wechsel zwischen Ausdehnung und Kontraktion. Helle und dunkle Minerale erwärmen sich unterschiedlich stark. Unterschiedliche Ausdehnungskoeffizienten bewirken Spannungen, die im Festgestein, aber auch innerhalb der Mineralkörner zur Rissbildung führen. Kernsprünge an Steinen und Blöcken, schaliges Gesteinsablösen (Desquamation) und zu Staub zerfallende Mineralkörner (besonders Feldspäte) sind die Folge.

Salzsprengung im Stein

Salzsprengung tritt in den Trockengebieten der Erde, aber auch an Orten mit aridem Mikroklima auf. Die im Wasser gelösten Inhaltsstoffe werden nicht abgeführt, sondern durch Verdunstung angereichert. Aus übersättigten Lösungen können Salze auskristallisieren und, analog zur Eissprengung, einen gesteinszerstörenden Kristallisationsdruck aufbauen. Festzustellen ist, dass auch im humiden Klimabereich in Gegenwart von Salzen (z. B. Streusalz) Gesteine schneller zerfallen. Deshalb sind Pflastersteine bei Frost-Tau-Wechselversuchen auch in Salzlösungen zu testen.

Kristallisationsdruck kann von Natriumchloriddihydrat ($NaCl \cdot 2H_2O$) ausgehen, welches bei Temperaturen unter −10 °C auskristallisiert.

Die Kristallisation verschiedener Magnesiumsulfate findet bei Temperaturen zwischen 0 und 48 °C bzw. zwischen 48 und 68 °C statt. Bei Temperaturen zwischen 1,5 und 32,4 °C kristallisieren verschiedene Natriumsulfate mit unterschiedlichen Wassergehalten aus und können zur Kristallisationssprengung beitragen. Unter atmosphärischen Bedingungen sind bei diesen Salzen Hydratations- und Dehydrationsvorgänge im Tages- oder Jahresrhythmus möglich. Neben dem Kristallisationsdruck können in Gegenwart von Salzen auch Vorgänge der Lösungsverwitterung und der chemischen Verwitterung verstärkt auf das Gestein einwirken (Fitzner 1988).

Gesteinstypische Bilder der physikalischen Verwitterung am Stein

- *Dichte, massige Gesteine*
  Bei dichten, massigen Gesteinen (Granit, Porphyr, Basalt, Kalkstein, Quarzit) führen solche Einwirkungen zum Aufsplittern und Absplittern kleinerer Gesteinspartikel (Staub/Schweb, Sand) und auch zum Zerreißen der oberflächen-

nahen Gesteinspartien in größere brecciöse Gesteinsstücke (scharfkantige Kieskörner/natürlicher Schotter, Steine und Blöcke). Stein und Fels werden durch solche Vorgänge oberflächennah entfestigt und aufgelockert. Die Oberflächen derart verwitternder Gesteine und Gesteinsstücke sind primär rau und kantig. Unter der Einwirkung von Sand in bewegtem Wasser können die Oberflächen von Steinen und abgesprengten Körnern gerundet und glatt, unter dem Einfluss von Sandtrieb/Sandsturm gerundet und matt sein.
Durch Insolation treten an und unter den Gesteinsoberflächen Temperaturunterschiede auf, verursacht z. B. durch Unterschiede beim Einstrahlungswinkel. Helle und dunkle Minerale besitzen zudem unterschiedliche Ausdehnungskoeffizienten und bewirken das Absplittern und Abspalten von Gesteinspartikeln. Wenige Millimeter bis Zentimeter unter der Oberfläche können sich in dichten Gesteinen infolge Temperaturschwankungen Risse bilden, welche oberflächenparallel oder senkrecht zur Oberfläche verlaufen. Im Fortgang der Verwitterung werden solche Risse aufgeweitet und das Gestein wird entfestigt, aufgelockert und in scherbige Stücke zerlegt.

- *Feinkörnige Sedimentgesteine und tonig gebundene Sandsteine*
  Ton- und Schluffsteine, tonig gebundene Sandsteine und feinkörnige vulkanische Tuffsteine sind „veränderlich feste Gesteine". Meteorologische Einwirkungen wie Beregnen, Durchfeuchten, Austrocknen, Temperaturwechsel, Frost-Tau-Wechsel, Erosionskraft von fließendem Wasser führen zum Aufweichen, Aufreißen, Aufbröckeln, Aufblättern und Zerfallen dieser Gesteine.
- *Sandsteine*
  Bei massigen Sandsteinen hängt die Festigkeit und Verwitterungsresistenz gegen meteorologische Einwirkungen von Gesteinsentstehung, Korngrößenverteilung, Verfestigung und Zementation ab. Der Witterungsangriff führt zum Absanden und zum Zerfall in ihre ursprünglichen körnigen Bestandteile. Die flächenhafte Rückverwitterung kann bei kieselig gebundenen Sandsteinen bei etwa 0,5 mm in 100 Jahren liegen. Je nach Exposition kann Wabenverwitterung und auch Lochverwitterung auftreten. In karbonatisch gebundenen Sandsteinen können Formen der Karstverwitterung auftreten.

■ Physikalische Verwitterung im Fels oder Gebirge

Durch Abtrag freigelegte Gesteinsflächen, Böschungen und Felswände sind der physikalischen Verwitterung ausgesetzt und können oberflächennah auflockern, Blöcke, Steine oder Grus abwerfen und Sand und Staub für den Windtransport (Abrasion) freisetzen. Dies kann zum Rückverwittern und Versagen von Böschungen und Felswänden führen. Davon betroffen sind Flurstücke und Bauwerke oberhalb und unterhalb der Abgrabung. Die Zeit vom Freilegen der Felsfläche bis zum Eintreten des Versagens wird als Standzeit bezeichnet. Diese ist abhängig von der bei den Abtragsarbeiten verwendeten Technik, vom räumlichen Ausmaß der Freilegung, von technischen und/oder geologischen Spannungseinflüssen aus der Nachbarschaft sowie von Gesteinsart, Trennflächensystem, Wasserverhältnissen und dem Einwirken der Atmosphärilien.

Der Verwitterung ausgesetzte Böschungen und Steilwände haben im gleichen Gestein gegenüber dem unterirdischen Hohlraumbau (▶ Abschn. 13.2) verkürzte Standzeiten. Dies betrifft besonders nicht verkleidete und nicht gesicherte Böschungen von Steinbrüchen und Baugruben aus scheinbar standfestem Fels. Beeinträchtigt werden Bauwerke und Häuser, die dicht vor ungesicherten Felswänden hochgezogen werden. Die Rückverwitterung kann in Geländeanschnitten eine große Gefahr darstellen. Rosenthal (1995) beschreibt aus dem Pfälzer Buntsandstein Hohlkehlen in einem 120 Jahre alten Bahneinschnitt, die 1,2–1,6 m, im Extremfall bis 3 m tief ausgewittert sind, woraus sich eine jährliche Rückverwitterung zwischen 1 und 2,5 cm ergibt. Die physikalische Verwitterung kann gewöhnlich nicht aufgehalten oder eingedämmt werden. Unterschutzstellung von künstlich angelegten Steilwänden, Steinbrüchen, Gruben und Hohlwegen kann diesen natürlichen Zerfallsvorgang nicht aufhalten und ist häufig wirkungslos.

■ Druckentlastung im Fels/Gebirge

Druckentlastung ist eine häufige Ursache für Auflockerung im Fels/Gebirge. Wird einem Felsverband die Auflast oder die seitliche Abstützung, bzw. der seitliche Gegendruck genommen, so kann dieser sich ausdehnen und mit dem Öffnen und Aufweiten vorhandener Klüfte und neu aufreißender Risse/Klüfte reagieren. Es bilden sich oberflächenparallele Klüfte. Der Abstand solcher oberflächenparalleler Klüfte nimmt von der abgetragenen Fläche nach unten und nach der Seite zu. Er kann großflächigem geologischem Abtrag oberflächennah im Bereich von Dezimetern, tiefer von mehreren Metern liegen. Auch an Talhängen kann der Fels durch oberflächenparallele Klüfte mehrere Meter tief aufgelockert sein. Beim Aushub von Baugruben, beim Abtrag von Böschungen und beim Ausbruch unterirdischer Hohlräume kann der Fels/das Gebirge in gleicher Weise etwa oberflächenparallel aufreißen, sich auflockern und zu ungewolltem Mehrausbruch führen (▶ Abschn. 5.3.1, ■ Abb. 5.3, und ▶ Abschn. 13.4, ■ Abb. 13.9).

■ Druckwechsel und Druckerhöhung im Fels/Gebirge

Belastungsänderungen durch starke Schwankungen bei Grundwasserstand und Wasserdruck und im Hochgebirge auch Frost können mehrere Meter bis Zehnermeter tief in den Fels/das Gebirge einwirken. Der Fels/das Gebirge kann durch solche Vorgänge in seinem Trennflächengefüge entfestigt und aufgelockert und die Wasserwegsamkeit erhöht werden. Beim Aufstau von Talsperren, besonders beim ersten vollen Einstau, wird der Untergrund einseitig belastet. Dies kann zu Brüchen im Untergrund bis hin zum katastrophalen Versagen der Talsperre führen (Bruch der Staumauer Barrage Malpasset oberhalb Frejus, Frankreich, 1959). Auch das Kracken tiefliegender Gebirgsschichten zum Erhöhen und Verbessern der Wegsamkeit für Wasser bei der Wassergewinnung und bei der Tiefengeothermie, für Gas und Öl beim Gewinnen dieser Energieträger geschieht durch erhöhten Wasserdruck im Gebirge.

In der Brandungszone führt der vom Wellenschlag verursachte Druckwechsel zur Auflockerung im Felsverband. Durch

Sogwirkung öffnen sich Klüfte zu offenen Spalten, Kluftkörper werden aus dem Verband gerissen. Vom Wellenschlag bewegte Steine fördern am Kliff das Entstehen von Brandungshohlkehlen und damit das Untergraben und Nachbrechen von Steilküsten. Im kleineren Maßstab können solche Vorgänge auch an Flussufern beobachtet werden.

- **Biologische Gesteinsauflockerung – Bioturbation im Fels**

Pflanzenwurzeln können, wenn sie in Risse und Spalten eindringen, durch ihr Dickenwachstum und die auf die Wurzeln übertragene Windlast mechanischen Druck auf den Gesteinsverbund ausüben und Gesteinsblöcke auseinanderdrücken.

In Felsböschungen bewirken große Bäume mit dicken Wurzeln physikalische Auflockerung und Zerstörung. Durch die grabende Tätigkeit von Tieren, durch den Wurzeldruck von Pflanzen und besonders durch umstürzende Bäume (Windbruch) wird der Boden mehrere Meter tief umgelagert und verstärkt der chemischen Verwitterung ausgesetzt. Die Bioturbation ist in der oberen Bodenzone besonders stark. Flachgründende Bauwerke, z. B. wenig befahrene Fahrbahndecken aus Pflaster, können in wenigen Jahren durch die grabende Tätigkeit von Tieren, z. B. von Ameisen, oder durch den Wurzeldruck von Pflanzen zerstört werden.

2.3.2 Chemische Verwitterung

Als chemische Verwitterung bezeichnet man Prozesse, die Gesteine durch stoffliche Änderungen im Mineralbestand zerstören. Die chemische und biochemische Verwitterung findet in humiden Klimabereichen unter mehr oder minder mächtiger Bodenbedeckung statt. In den Tropen kann die Mächtigkeit solcher Verwitterungsschichten mit Gesteinszersatz bis > 70 m betragen. Betroffen sind die Gesteine in der Sickerwasserzone. In vulkanisch aktiven Zonen der Erde können Gesteine unter Einwirkung von heißem Wasser und den darin mitgeführten gelösten Stoffen intensiv verwittern (Schlammvulkane). Auch werden, z. B. in Graniten, Hohlräume angetroffen, die teils Verwitterungston, teils Quarzdrusen enthalten. Solche Hohlräume oder Höhlen sind im Einflussbereich von geothermalem Tiefenwasser entstanden. Auch von hydrothermalen Erzgängen durchzogene Gesteine sind häufig am Kontakt zur ehemaligen Aufstiegsbahn des erzabscheidenden geothermalen Tiefenwassers verwittert.

Die Vorgänge der chemischen und biochemischen Verwitterung führen zu Änderungen im Mineralbestand und entfestigen das Korngefüge zwischen den das Gestein aufbauenden unterschiedlichen Mineralkristallen. Von diesen werden zunächst die verwitterungsempfindlichen aufgelöst. Die chemischen Reaktionen sind Lösen, Hydrolyse, Oxidation und Komplexbildung. Auswirkungen der chemischen Verwitterung sind teilweises oder vollständiges Lösen und Wegführen von Gesteinsmassen bzw. Verringerung von Gesteinsdichte und Gesteinsfestigkeiten bis zum Gesteinszerfall. In der ungesättigten Bodenzone und besonders in der belebten Bodenzone tragen Bakterien, Algen, Pilze und Wurzeln zur Verstärkung der chemischen Verwitterung bei (biochemische Verwitterung). Als Säuren wirken Kohlensäure, Schwefelsäure, Salpetersäure und eine Vielzahl organischer Säuren wie Oxalsäure, Äpfelsäure, Citronensäure, Huminsäuren und aromatische Säuren. Der chemische und biochemische Verwitterungsangriff hängt von den Faktoren Temperatur, Wasserdargebot, Wasseraustausch, biologische Aktivität in den überlagernden Bodenschichten und Zuführung mineralangreifender Stoffe ab. Mineralangreifende Stoffe können als Lösungsinhalt im Wasser oder als Aerosol auf das Gestein einwirken. Die Verwitterungsresistenz der Gesteine hängt von der Gesteinsart und dem physikalischen Verwitterungsgrad, besonders Oberflächenausbildung und Massigkeit der Gesteinskörper, ab.

2.3.3 Lösungsverwitterung

Gesteine können von Lösungsmitteln angegriffen, angelöst oder aufgelöst werden. Die in Lösung gegangenen Anteile werden mit dem Wasser weggeführt. Nicht gelöste Gesteinsmassen können im Zustand der ursprünglichen Festigkeit (Kalkstein, Dolomit, Gips, Anhydrit, Salz) oder als Residualstoffe (Residualton; scherbig bis kleinstückig zerbrochene, veränderlich feste Gesteinsstücke) verbleiben. Lösungsverwitterung führt zur Verkarstung. Karstverwitterung kann an der Oberfläche (Oberflächenkarst), unter Bodenbedeckung (bedeckter Karst) oder auf freien Felsflächen (nackter Karst) erfolgen. Karstverwitterung an freistehenden Kalksteinfelsen, Blöcken und Bausteinen ist auf den Lösungsangriff der Niederschläge und darin gelöster Stoffe (CO_2) zurückzuführen.

Die Löslichkeit löslicher und leicht löslicher Stoffe bzw. Salze in Wasser (▶ Abschn. 1.2.7) ist von der Temperatur und der Lösungszusammensetzung des Wassers abhängig. Die Löslichkeit einiger Salze (z. B. $CaSO_4$) nimmt mit steigendem Lösungsinhalt an anderen Salzen im Wasser stark zu. Wichtig für den Bestand leicht löslicher Salze im Untergrund ist deren geologischer Abschluss durch Ton und Gips gegen den Grundwasserkreislauf. Das chemische Lösen von Kalkstein, Dolomitstein und Mergelstein folgt dem Kalk-Kohlensäure-Gleichgewicht und ist abhängig vom Dargebot an Kohlensäure. Die Löslichkeit silikatischer Gesteine erfolgt durch Hydrolyse, vorrangig durch Hydrolyse der Feldspäte in Magmatiten (Granit), verfestigten Tuffsteinen und feldspathaltigen Sandsteinen.

- **Lösen von Salzgesteinen**

In Salzgesteinen, meist NaCl, kann zutretendes Grundwasser etwa 270 $g\,l^{-1}$ lösen. Konzentrierte Salzlösungen können von dem das Salzvorkommen umströmenden Grundwasser aufgenommen und in stark verdünnter Form an die Oberfläche gebracht werden. Teilweise entwickeln schwere Salzlaugen im Untergrund eine eigene Fließdynamik und unterschichten leichteres Süßwasser.

Nach oben sind geologische Salzkörper durch einen meist ebenen Salzspiegel begrenzt, an welchem das Salz mit scharfer Grenze gegen die nichtlöslichen Deckschichten stößt. Reguläre Salzablaugung reicht im humiden Klima Deutschlands bis in Tiefen zwischen 300 und 500 m, irreguläre Auslaugung bis in Tiefen über 1000 m (◘ Abb. 2.5). An Stellen mit starkem Diapirismus (tektonisches Hochpressen von Salzmassen) und in vor

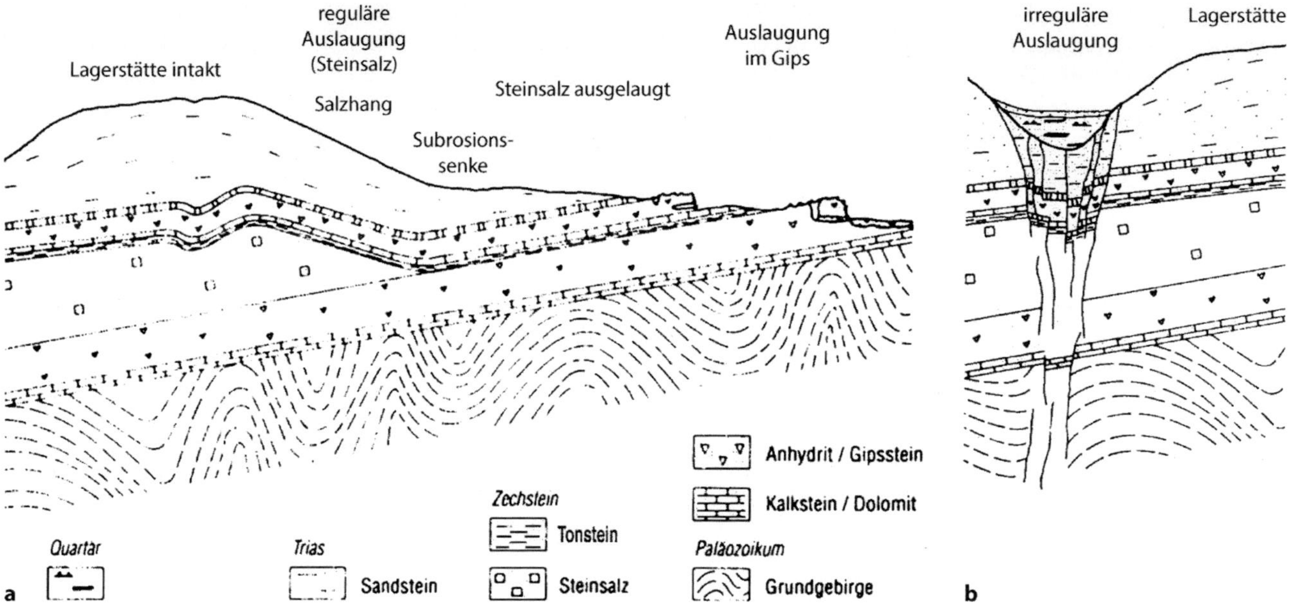

Abb. 2.5 Schema der regulären (**a**) und irregulären (**b**) Auslaugung. (Nach Weber 1952)

Ablaugung geschützter Hochlage kann Steinsalz auch in geringerem Abstand unter der Oberfläche auftreten (Lüneburg 40 m, Ormesheim/Saarland 80 m).

▪ Hydratation von Anhydrit

Anhydrit ($CaSO_4$) wird bei Wasserzutritt unter 60 % Volumenzunahme (Schwellen) in Gips ($CaSO_4 \cdot 2H_2O$) umgewandelt. Damit werden Klüfte verschlossen, und der Anhydrit, welcher häufig leicht lösliche Salzlagen einschließt oder überdeckt, umgibt sich mit wasserundurchlässigem Gips (Gipshut). Reiner Anhydrit kann als massiges oder geschichtetes Gestein im Untergrund und im künstlichen Aufschluss auch an der Oberfläche auftreten. Anhydrit kann auch mehr oder weniger fein verteilt in feinkörnigen Sedimenten auftreten.

Bankweise Umwandlung von Anhydrit in Gips führte unterirdisch zu Stauchfalten, oberflächennah zu Schichtaufwölbungen und Höhlenbildungen. Bekannt sind die „Zwergenhöhlen“, welche dadurch entstehen, dass an der Oberfläche liegende, zusammenhängende Schichtplatten aus Anhydrit (10–50 cm stark) sich beim Schwellvorgang vom Untergrund abheben, sich aufwölben und bis etwa 1 m hohe und 2–3 m weite Hohlräume bilden.

Im Untergrund kann Wasser über offene Spalten (Störungen) oder über Kluftgrundwasserleiter (Kalkstein oder Dolomitstein im Liegenden der Anhydritlagen) an den Anhydrit herangeführt werden. Anhydrit wird auch hier durch zutretendes Wasser in Gips umgewandelt („Grundgipsschichten“).

Als Anhydritspiegel bezeichnet man die Fläche, unter der Calciumsulfat im Gestein als Anhydrit und über der es als Gips vorliegt. Bei feinverteiltem Anhydrit im Tonstein können Sohlhebungen in der Sohle von Baugruben und unterirdischen Hohlraumbauten bzw. Tunneln auftreten (Schwelldruck; ▶ Abschn. 13.5.2 , ◘ Abb. 13.8).

Die Wasseraufnahme von Anhydrit und seine Umwandlung in Gips ist abhängig von dessen Massigkeit, Reinheit und Dichte. Bei feiner Verteilung im Tonstein (süddeutscher Gipskeuper) erfolgt die Umwandlung innerhalb weniger Tage bis Wochen. Der einmal eingeleitete Vorgang hält sehr lange an und lässt sich nicht stoppen. Bei Baumaßnahmen, die Gesteine mit feinverteiltem Anhydrit anschneiden, ist jede Art von Wasserzutritt zu vermeiden. Bei massigem Anhydrit (z. B. Verwendung als Baustein) erfolgt die Hydratation langsam und gestattet eine begrenzte technische Nutzung.

▪ Lösungsvorgang bei Gips

Gips wird von zutretendem Wasser an seiner Oberfläche, dem Gipsspiegel, gelöst. Der Gipsspiegel bezeichnet die meist unregelmäßige Fläche zwischen gipsfreiem, ausgelaugtem Gestein (Rückstandston, Residualton) und gipshaltigem Gestein. Das an den Gipsspiegel herangeführte Grund- oder Oberflächenwasser kann in Abhängigkeit von der Lösungszusammensetzung des Wassers zwischen 2 und etwa 10 g $CaSO_4$ pro Liter lösen. An der Oberfläche führt dies zu Lösungserscheinungen des Oberflächenkarstes wie Karren (millimeter- bis dezimeterbreite Gesteinsrippen, Furchen, Rinnen und aufgeweitete Klüfte), trichterförmigen Vertiefungen (Lösungsdolinen), Karstmulden (Uvalas), Karsttälern, Poljen und Ponoren. Das Lösen des Gipses kann sowohl an der Oberfläche (nackter Karst) wie auch unter einer Bodenbedeckung (bedeckter Karst) erfolgen. Karstverwitterung an freistehenden Gipsfelsen, Blöcken und Bausteinen aus Gips ist auf den Lösungsangriff der Niederschläge zurückzuführen.

▪ Lösungsvorgang bei Carbonatgesteinen durch Kohlensäure

Das chemische Lösen der Carbonatgesteine folgt dem Kalk-Kohlensäure-Gleichgewicht. Das den Lösungsvorgang bzw. die Ausfällung bestimmende Agens ist die Kohlensäure. Die Kohlensäure ist in der Bodenluft gegenüber der Atmosphäre etwa um den Faktor 20–50 angereichert. Sie entstammt biologischen Prozessen im Boden. Andere mögliche Quellen für Kohlensäure sind Vulkanismus, postvulkanische Prozesse und kohlensäurehaltiges Erdgas.

Kohlensäure liegt im Wasser überwiegend als Gas (freie Kohlensäure) vor. Nur etwa 1 % liegt dissoziiert als

$$H_3O^+ + HCO_3^- \text{ oder } 2H_3O^+ + CO_3^{2-}$$

vor und kann mit Calciumcarbonat reagieren:

$$CaCO_3 + H_3O^+ + HCO_3^- \longrightarrow Ca^{2+} + 2HCO_3^- + H_2O.$$

Das Gleichgewicht ist druck- und temperaturabhängig.

$$c(CO_2) = Kc^2(HCO_3^-)c(Ca^{2+})$$

- K = druck- und temperaturabhängige Tillmann-Konstante
- $c(CO_2)$ = Konzentration der freien Kohlensäure in mmol l^{-1}.
  Es ist eine gewisse Menge an freier Kohlensäure erforderlich, um eine gewisse Menge an Ca^{2+} in Lösung zu halten (zugehörige Kohlensäure). $c(CO_2)$ berechnet sich als halbgebundene Kohlensäure in $mmol^{-1}$.
- $c(Ca^{2+})$ = Konzentration von Calcium- oder anderen Erdalkali-Ionen in mmol l^{-1}.

Ist der Gehalt an freiem CO_2 größer als für das Kalk-Kohlensäure-Gleichgewicht erforderlich, dann liegt freie aggressive Kohlensäure vor. Das Wasser hat einen $pH < 7$.

Wenn im Wasser die Konzentration an zugehöriger Kohlensäure verringert wird (CO_2 entweicht), fällt $CaCO_3$ aus.

Unter dem Grundwasser kann Korrosion von Carbonatgesteinen stattfinden, wenn CO_2 als Gas zugeführt wird, etwa als Erdgas oder aus postvulkanischer Herkunft.

Ab einem Druck von 25 bar steigt die Löslichkeit von $CaCO_3$ in Wasser, was Auswirkung auf die Bildung des tiefen Karsts hat! Aus großer Tiefe aufsteigendes Wasser scheidet entsprechend $CaCO_3$ aus.

Mischungskorrosion wird bei der Mischung von tiefen und flachen Karstgrundwässern vermutet. Unterschiedliche Temperatur und unterschiedlicher Gehalt an freier Kohlensäure sollen nach der Theorie ein nicht kalkgesättigtes Mischwasser ergeben, da die Funktionalbeziehung zwischen Gehalt an freier Kohlensäure und Kalksättigung nicht linear ist.

Das Kalk-Kohlensäure-Gleichgewicht wird durch assimilierende Tätigkeit von Pflanzen und Mikroplankton in Richtung Kalkausfällung verschoben, indem CO_2 assimiliert und dem Gleichgewicht entzogen wird. Die assimilierenden Pflanzenteile verkrusten.

Nach dem Gehalt an gelöstem $CaCO_3$ im Wasser wird die Härte des Wassers bestimmt. ◻ Tab. 2.4 nennt die nach der Wasserhärte üblichen Bezeichnungen.

Die Erscheinungsformen des Carbonatkarstes sind an der Oberfläche und im Untergrund den Karsterscheinungen im Gips ähnlich. Karstverwitterung kann an der Oberfläche (Oberflächenkarst), unter Bodenbedeckung (bedeckter Karst) oder auf freistehenden Felsflächen, Blöcken oder Bausteinen (nackter Karst) erfolgen. Karstverwitterung an freistehenden Kalksteinfelsen, Blöcken und Bausteinen aus Kalkstein ist auf den Lösungsangriff kohlensäurehaltiger Luft und Niederschläge zurückzuführen. An der Oberfläche und unter Bodenbedeckung können sich Lösungsformen wie Karren, Rillen, Näpfe und Löcher, häufig mit stehengebliebenen scharfkantigen Graten, bilden.

◻ Tab. 2.4 Benennen von Wasser nach Härteäquivalenten

Härteäquivalent [mmol l^{-1}]	°d à 10 mg CaO l^{-1} (veraltet)	Bezeichnung
< 1,43	< 4	Sehr weich
1,43–2,86	4–8	Weich
2,86–4,28	8–12	Mittelhart
4,28–6,42	12–18	Ziemlich hart
6,42–10,72	18–30	Hart
> 10,72	> 30	Sehr hart

Im Untergrund kann der Lösungsangriff zum Aufweiten von Spalten (Karstspalten) und zum Ausbilden von Röhren, Gängen, Höhlen und Schloten führen. Karsthöhlen bestehen häufig aus mehreren Stockwerken von Höhlen und Gängen, welche über Schachtröhren verbunden sind. Die Höhenniveaus der Stockwerke werden mit Stillständen bei Tiefenerosion und anhaltend konstanter Höhenlage des Vorfluters erklärt.

▪ Lösungsangriff und Zerstörung von Carbonatgesteinen durch Schwefelsäure

Kalkstein, Dolomitstein, Marmor und Gesteine mit calcitischem Bindemittel wie Kalksandsteine und Kalkmergelsteine können von Schwefelsäure (Rauchgas) angegriffen und zerstört werden. Schwefeldioxid (SO_2) wird als Aerosol verfrachtet und kann in diesen Gesteinen Lösungserscheinungen, Gipsausscheidung und Zerstörung herbeiführen (Rauchgasverwitterung).

▪ Lösungsformen bei Silikatgesteinen

Hohlräume in magmatischen Gesteinen, wie z. B. die über 100 m^3 große Höhle im Grimselgranit, sind als Lösungshohlräume zu deuten. Das Lösen der Minerale erfolgt unter dem Einfluss von Thermalwasser. So lassen sich die Lösungsinhalte der Thermalwässer im Nordschwarzwald aus dem Mineralbestand des Granits herleiten (Bender 1995). Probleme bereitet die mit der Existenz solcher Hohlräume verbundene Gebirgsdurchlässigkeit beim Ausweisen von Standorten für die Endlagerung gefährlicher Abfälle.

Aus Venezuela und Brasilien beschreiben Genser und Mehl (1977) Subrosionsformen aus silikatischen Gesteinen. Große Einsturzlöcher im Quarzit werden durch unterirdische Feldspatverwitterung (Hydrolyse) erklärt. Voraussetzung für diese Art von Subrosion sind hohe Niederschläge im tropisch-humiden Klima, tiefreichende Grundwasserzirkulation und offene Spalten, durch die Verwitterungsprodukte (feinkörniger Kaolinit) mit dem Grundwasserstrom als Suspension ausgetragen werden können.

Mögliche Oberflächenformen des Silikatkarstes sind Rillenkarren und schüsselförmige Vertiefungen (Opferkessel; Ahnert 1996), in ariden Gebieten hohle Gesteinsblöcke und ausgehöhlte Felsen (Spitzkoppe, Namibia).

2.3.4 Hydrolytische Verwitterung der gesteinsbildenden Minerale

Bei der hydrolytischen Verwitterung werden Mineralkristalle, die mit ihrer Umgebung im chemischen Ungleichgewicht stehen, aufgelöst und ihre Inhaltsstoffe werden in andere Mineralarten umgewandelt oder dem Grundwasser zugeführt. Die Verwitterung beginnt an den Kristallflächen und Verzahnungsflächen der verwitterungsempfindlichsten Mineralkörner. Von den Oberflächen schreitet die Verwitterung in das Innere der Kristalle/Mineralkörner fort. Das Auflösen der Kornbindung geschieht über den von außen an die Mineralkörner herangetragenen chemischen und biochemischen Verwitterungsangriff, verursacht vom Zusammenwirken von Bakterien, Pflanzenwurzeln, Sickerwasser und den darin gelösten oder mitgeführten Ionen und Gasen.

Die Begriffe „angewittert" und „verwittert" haben für Mineralkörner, Gesteine und Fels eine jeweils eigene Bedeutung. Bei Mineralen, Steinen und Gesteinen betreffen sie Qualitätsfragen. Bei Fels und Gebirge betreffen sie Fragen der Lösbarkeit, Standfestigkeit, Durchlässigkeit.

- Bedeutung des Begriffes „angewittert" am Stein
  Beim Stein bedeutet der Zustand „angewittert", dass auf, an und nahe unter der Oberfläche des Steins Kristallflächen und einige Kristalle befallen und verändert sind. Dem Geologen und Petrographen dient der Geologenhammer dazu, die angewitterten Gesteinspartien abzuschlagen um das frische Gestein einsehen zu können.
- Bedeutung des Begriffes „verwittert" am Stein
  Im Zustand „verwittert" sind im Stein Kristallflächen und Kristalle in einem solchen Ausmaß befallen, dass die Gesteinsfestigkeit und andere Kennwerte erniedrigt sind. Die technische Verwendungsmöglichkeit ist stark eingeschränkt („fauler Stein").
  Die Geowissenschaft/Petrographie kennt etwa 10 Gruppen gesteinsbildender Minerale. Die häufigsten sind Feldspäte, Pyroxene (Augit), Amphibole (Hornblende), Olivine, Quarz und Glimmer. Sie bilden die Hauptgemengeteile der magmatischen und metamorphen Gesteine und bestimmen deren quantitativen Mineralbestand. Diese Minerale unterscheiden sich in ihrer chemischen Zusammensetzung, Farbe, inneren Kristallstruktur und äußeren Kristallform. Die Kombination dieser Minerale als Hauptgemengeteile drückt die Bezeichnung einer Gesteinsgruppe aus, z. B. Gabbro und Basalt aus Pyroxen (Augit), Feldspat (Labradorit) und teilweise Olivin oder Granit aus Kalifeldspat (Orthoklas), Kalzium-Natrium-Feldspat (Oligoklas), Quarz und Glimmer (meist Biotit), seltener Pyroxen (Hornblende). Im Gestein kann die prozentuale Zusammensetzung, die Kristallgröße und das Kristallgefüge variieren, wobei für das Benennen der Gesteine und das Abgrenzen von anders benannten Gesteinen prozentuale Grenzwerte festgelegt wurden.
  Sind magmatische oder metamorphe magmatische Gesteine bestimmten Verwitterungsbedingungen ausgesetzt, werden von den gesteinsbildenden Mineralen die dunklen Gemengeteile Olivin, Pyroxen, Amphibol, Biotit schneller angegriffen und zersetzt als die hellen Minerale Feldspat, Muskowit und Quarz. Gesteine sind in sich inhomogene Mineralgemenge aus unterschiedlich schnell verwitternden Mineralen und verhalten sich beim Verwittern entsprechend unterschiedlich.

Die Verwitterungszone im Boden ist durch den Umwandlungsprozess von Mineralen gekennzeichnet, welche mit ihrer Umgebung nicht im chemischen Gleichgewicht stehen. Die chemische Verwitterung führt über die Hydrolyse zur Zersetzung der silikatischen Gesteine und zur stofflichen Umwandlung der meist groben Mineralkörner (Feldspat, Hornblende, Augit, Olivin, Glimmer) in Tonminerale mit plättchenförmigen Kristallen. Mit dieser Umwandlung sind Veränderungen bei Korngrößenverteilung, Dichte, Porosität, Wasserempfindlichkeit, Festigkeit und Verformbarkeit verbunden. Die Verwitterung greift unregelmäßig in den Untergrund ein. Bestimmte Lagen oder Schichten sowie Gesteinspartien längs offener Spalten können bevorzugt verwittern und im Verwitterungsfortschritt der übrigen Gesteinsmasse vorauseilen. Hiermit verbunden sind Inhomogenitäten und Anisotropien im Untergrund.

Durch Hydrolyse der Silikate wird beispielsweise der Orthoklas oder Kalifeldspat in einen „Wasserstoff-Feldspat" umgewandelt:

$$KAlSiO_3O_8 + H^+ + OH^- \longrightarrow HAlSi_3O_8 + K^+ + OH^-.$$

Der weitere Verlauf der Hydrolyse bewirkt die Bildung von Aluminiumhydroxid und Kieselsäure:

$$HAlSi_3O_8 + 8H_2O \longrightarrow Al(OH)_3 + 3H_4SiO_4 + H_2O.$$

Bei längerer Einwirkung des Wassers auf Feldspat und andere Silikate führt dies zu deren völligen Zersetzung und zur Neubildung von Tonmineralen. Bei der hydrolytischen Verwitterung von Plagioklas, Hornblende, Augit und Olivin werden neben Aluminiumhydroxid und Kieselsäure erhebliche Mengen von Na-, Ca- und Mg-Ionen freigesetzt. Oberflächennah werden die freigesetzten Stoffe von Pflanzen aufgenommen oder mit dem Sickerwasserstrom fortgeführt. In tieferen Gesteinsschichten werden die gleichen Minerale unter dem Einfluss von Thermalwasser zersetzt. Im Thermalwasser erhöht sich die Lösungsfracht (Mineralwasser).

Die Geschwindigkeit der hydrolytischen Verwitterung wird im feuchtwarmen Klima durch Kohlensäure und organische Säuren bei niedrigem *p*H-Wert beschleunigt. In geringeren Mengen vorhandene starke Säuren (Schwefelsäure, Salpetersäure) aus natürlichen oder anthropogenen Quellen (Luftverschmutzung) erhöhen die Verwitterungsintensität. Es verändern sich zunächst die verwitterungsempfindlichsten Minerale, während andere (noch) beständig und frisch bleiben. So kann z. B. im Granit der Biotit verwittert sein, während die in größerer Menge vertretenen Feldspäte noch frisch erhalten sind und dem Stein weiterhin Festigkeit verleihen.

Die Verwitterungsstabilität der Silikate steigt für vergleichbare Korngrößen in der Reihenfolge

$$\text{Olivin} < \text{Anorthit} < \text{Augit} < \text{Hornblende} < \text{Albit} < \text{Biotit} < \text{Muskowit} < \text{Orthoklas} \ll \text{Quarz}.$$

Die Verwitterungsresistenz der Gesteine gegen Hydrolyse ist nicht nur von der Mineralart, sondern auch von Mineralverwachsungen und der texturellen Ausbildung (z. B. Glimmerlagen) abhängig. Petrographisch gleiche Gesteine können unterschiedliche Verwitterungsresistenz haben. Olivin- und anorthitreiche Gesteine sowie Gesteinsgläser können in wenigen Monaten bis Jahren zerfallen (Sonnenbrennerbasalt). Andere Gesteine erfahren zwar im Zeitraum der Gebrauchsdauer keinen Festigkeitsabfall. Jedoch können angeschliffene oder polierte Flächen aufrauen. Salze können den Zerfall von Gesteinen beschleunigen.

In der Verwitterungszone wird die Zeitspanne für die Umwandlung von Mineralgrus in Boden mit einigen hundert bis einigen tausend Jahren angegeben. Diese Zeitspanne ist von der Mineralart und Körnigkeit des Ausgangsmaterials sowie vom Klima abhängig.

Bei der hydrolytischen Umwandlung von Gesteinsmaterial in Boden (Standort für Pflanzen) entstehen als Verwitterungsprodukte neue Minerale. Die Tonminerale gehören zu den wichtigsten bei der Verwitterung entstehenden Mineralen. Diese Mineralgruppe kommt in Böden und in Sedimentgesteinen vor. Es sind plättchenförmige Kristalle (Schichtsilikate). Die Tonminerale verleihen den Böden die Eigenschaften Plastizität, Quell- und Schrumpffähigkeit sowie das Vermögen, in großem Umfang Ionen und Moleküle zu adsorbieren und zu desorbieren.

Die Bildung bestimmter Tonminerale aus Feldspäten, Hornblende (Pyroxen) und Augit (Amphibol) hängt vom *p*H-Wert in der Bodenlösung, den chemischen Inhaltsstoffen im Bodenwasser und dem Löslichkeitsprodukt der einzelnen Minerale ab. In warmen Klimaten und unter dem Einfluss von Thermalwasser ist die Verwitterung beschleunigt. Für baugeologische und bodenmechanische Fragen interessiert vorrangig der Anteil an quellfähigen Tonmineralen im Boden. Die Analyse erfolgt im Röntgendiffraktometer.

Tonminerale bestehen vorrangig aus SiO_2, Al_2O_3 und Fe_2O_3, daneben aus CaO, MgO, K_2O und Na_2O. Nach Strukturmodellen bestehen Tonminerale aus Schichten gleicher Anordnung von SiO_4-Tetraedern und Schichten gleicher Anordnung von $Al(O,OH)_6$-Oktaedern.

Tonmineralogisch werden folgende Gruppen unterschieden:

- *Zweischicht-Silikate (Kaolinit und Halloysit)*
  Kaolinit ist als Verwitterungsmineral weit verbreitet und entsteht auch hydrothermal. Kaolinit kommt in den meisten Tonen vor. Kaolinit ist nicht quellbar.
- *Dreischicht-Silikate*
  Nichtquellfähige Strukturen sind Illit, Glaukonit, Talk und Biotit. Illit ist ein häufiges Tonmineral. Quellfähige Strukturen sind Vermiculit und Smectit:
  - *Vermiculit*
    Vermiculit ist ein Verwitterungsprodukt aus Biotiten und Mg-reichen Gesteinen. Es sind grünlichbraune quellfähige Minerale. Im Boden verursachen sie die Fixierung des Kaliums. Beim Erhitzen blättern Vermiculite auf ein Vielfaches ihres ursprünglichen Volumens auf und werden in diesem Zustand als Isolier- und Verpackungsmaterial verwendet.
  - *Smectit*
    Smectit kommt in der Form von Montmorillonit häufig vor, besonders als Verwitterungsbildung basischer Vulkanite. Smectite, speziell Montmorillonit, können große Mengen Wasser einlagern. Dabei lagert Ca-belegter Montmorillonit weniger Wasser ein als Na-belegter Montmorillonit. Na-Montmorillonit kann Wasser aufnehmen bis zum Gefügezerfall. Diese Wassereinlagerung bei Smectit (Montmorillonit) bewirkt starkes Aufquellen bei Wasserzufuhr und starkes Schrumpfen beim Austrocknen.
- *Vierschicht-Silikate (Chlorite)*
  Dies sind meist grünlich gefärbte, nicht quellfähige Minerale.

2.3.5 Oxidationsverwitterung

Bei der Verwitterung primärer Silikate werden die in Feldspat, Hornblende, Augit oder Olivin gebundenen Elemente Eisen, Mangan, Aluminium und Titan sowie Teile des Siliziums freigesetzt und in oxidische Form überführt. Die Oxidationsverwitterung kann im Boden zu einer Verkrustung und Verfestigung führen.

Aluminiumoxide und Aluminiumhydroxide treten in hochverwitterten Böden, insbesondere in Bauxiten, als Gibbsit, Böhmit oder Diaspor auf. Ein beträchtlicher Teil der in den Ursprungsmineralen enthaltenen Aluminiumanteile wird jedoch in neugebildete Tonminerale eingebaut.

Eisen wird bei der Verwitterung von Silikaten freigesetzt und am Ort der Verwitterung oder nach Verlagerung in Form von Fe^{3+}-Oxiden ausgeschieden. Eisenoxide verleihen den Böden und Gesteinen die Farbe. Eisen tritt auf als feinverteilter Limonit oder Hämatit (gelbe und rote Farben von Böden und Gesteinen), als Flecken, Konkretionen und als zementierte Horizonte. Die Oxidationsverwitterung führt bei Pyrit (FeS_2) zur Oxidation von Schwefel und Eisen. Dadurch werden Gesteine zerstört (z. B. pyrithaltiger Dachschiefer) oder Natursteine (z. B. Steinplatten) erhalten rostige Flecken. Schäden können sich im Laufe von Monaten bis wenigen Jahren einstellen.

2.3.6 Klimazonale Unterschiede der Verwitterung

Die Verwitterung der Gesteine verläuft in den verschiedenen Klimazonen der Erde unterschiedlich und bringt unterschiedliche Verwitterungsmassen und unterschiedliche morphologische Formen hervor. Fossil können Verwitterungsbildungen aus verschiedenen Klimaten im gleichen Raum auftreten, was sich durch Klimawechsel im Laufe der Erdgeschichte erklärt.

■ Verwitterung in der polaren und subpolaren Klimazone

In Polargebieten, im Hochgebirge und in den von Winterkälte betroffenen Gebieten der Erde tritt vorrangig Frostverwitterung auf. Es bilden sich scharfkantige Zerfallsprodukte. Die stärkste Auswirkung der Frostverwitterung wird an Südhängen mit häufigem Frost-Tau-Wechsel beobachtet.

Die chemische Verwitterung tritt in den Polargebieten zurück und findet bei Temperaturen unter 0 °C nicht statt. Am stärksten vertreten ist chemische Verwitterung an den Südhängen.

Verwitterung in der gemäßigt-humiden Klimazone

In den gemäßigt-humiden Gebieten wirken gleichermaßen die physikalische und chemische Verwitterung. Typisch sind mächtige Hangschuttmassen und Deckschichten aus Verwitterungslehmen (Braunlehm) oder Sedimenten, die die verdeckten Felsgesteine vor weiterem starken physikalischen Verwitterungsangriff schützen. Für magmatische Gesteine ist die Wollsackverwitterung typisch.

- Bedeutung des Begriffes „verwittert" im Fels/Gebirge.
  In den gemäßigten Breiten werden Feldspat und chemisch ähnlich aufgebaute Minerale in silikatische Tonminerale (Montmorionit, Illit, Kaolinit) umgewandelt (siallitische Verwitterung). Das an der Erdoberfläche entstehende Endprodukt aus Ton, Limonit und Restmineralen (Quarz) ist Lehm. Diese mineralogische Veränderung kann graduiert über mehrere Zwischenstufen vorliegen und betrifft Mineralbestand, Farbe, Oberflächenbeschaffenheit, Polierfähigkeit, Ritzfestigkeit, Dichte (Rohdichte, Reindichte), Wasseraufnahme, Frostsicherheit, Frostsicherheit bei Zutritt von Salz, Druckfestigkeit, Elastizitätsmodul, seismische Wellengeschwindigkeit und die Standfestigkeit von Böschungen und Hohlräumen.
  Fels/Gebirge aus chemisch angewitterten oder teilweise verwitterten Gesteinen kann trotz mineralogischer Nachweise von Mineralzersatz einen festen Zusammenhalt aufweisen. Der Zustand, dass verwitterungsempfindliche Minerale im Umfang einiger Prozente in ihrer Substanz aufgelöst oder verändert sind, muss für das Bearbeiten von Fels keinen geotechnisch markanten Einfluss haben und ist entsprechend zu beschreiben und zu bewerten.
  Physikalische Verwitterung mit Auflockerung im Trennflächensystem geht bei Wollsackverwitterung der chemischen Verwitterung voraus. Ausgehend von den Trennflächen, Klüften und Spalten können die ursprünglich den Fels aufbauenden Kluftkörper aus frischem Gestein unter Bedeckung von Bodenmaterial in einzelne runde Blöcke aufgelöst sein, welche von ihrem Verwitterungsmaterial umgeben sind. Im Kern können solche Blöcke noch frisches unverwittertes Gestein enthalten. An den ehemals wasserführenden Spalten ist das Gestein in Lehm umgewandelt. Durch Klimawandel, Erosion und durch Quelldruck der plastischen Verwitterungslehme können derart gerundete Blöcke heute an der Oberfläche liegen und Block- oder Felsenmeere bilden.

Unter den Verwitterungsformen an Felsen finden sich auch Formen, wie sie im kalten Klima entstehen, und solche, wie sie im ariden Klima entstehen.

In wärmeren Klimaten und Ortslagen, in denen die Frostverwitterung keine Rolle spielt, wirkt während der humiden Jahreszeiten die chemische Verwitterung mit tiefgründiger Vergrusung und der Bildung von Kaolinit und Montmorillonit. Dies betrifft magmatischen Gesteine, metamorphe Gesteine und feldspathaltige Sedimentgesteine. So kann biochemische Verwitterung unter den mit Hangschutt bedecktem Fuß aufragender Felsen aus Sandstein, Granit, Gneis und anderer Festgesteine seitlich mehrere Meter tief reichen. Der aufragende Felsen und bei fortschreitender Verwitterung auch Großblöcke und Blöcke können zersetztem und entfestigtem Gesteinsmaterial aufliegen. Es besteht die Möglichkeit, dass anstelle von vermeintlich „gesundem" Festgestein Lockerboden vorliegt. Solche Beobachtungen bieten zum einen einen bislang kaum beachteten Aspekt bei der Ursachenforschung zur Morphogenese von Felsen, Felswänden und Blöcken. Zum anderen birgt eine solche unter die Felswand greifende Verwitterung Gefahren bei Grabarbeiten am Fuß von Felsen. Durch Bohren kann eine solche Verwitterung meist nicht erkannt werden. Bessere Einsicht bieten gezielt angesetzte Schürfgruben.

Verwitterung in Trockengebieten

In den vegetationslosen Trockengebieten wirken Insolation und Temperaturwechsel auf Fels- und Gesteinsoberflächen ein. Dies bewirkt den Zerfall der Gesteine zu Sand und Staub, welche vom Wind verweht werden. In den Abtragungsgebieten der Wüste (Felswüste) bildet die harte, unverwitterte Felsoberfläche die Geländeoberfläche, welche als Ebene (Kieswüste), Blockwüste (Hamada) oder Gebirgswüste vorliegt. Niederschlagwasser und Tauwasser wird von den Gesteinen aufgenommen und bewirkt im Gestein Lösungsvorgänge und hydrolytische Verwitterung. Das im Porenraum der Gesteine aufgenommene Wasser wird über Saugspannungen an die Felswände abgegeben, wo es verdunstet. Mit dem Wasser werden als Zement wirkende Mineralstoffe gelöst und an der Außenwand als Verhärtungskrusten ausgeschieden. Hinter solchen Krusten verbleibt stark aufgelockertes Material, das beim Verletzen der Kruste herausfällt oder durch Einwirken von Wind und windbewegtem Sand erodiert wird. Durch den Wechsel von Hartrinden und ausgeräumtem, ehemals aufgewittertem Material entstehen Hohlformen. Als Kleinformen bezeichnet man Waben und Zitzen, als Großformen metertiefe Löcher und Rippen. Hohlblöcke aus Granit können bei einer Wandstärke von 5–10 cm über 3 m Durchmesser aufweisen. Höhlen am Fuß von Zeugenbergen und Steilkanten in Trockengebieten (Tafoni, Bröckelhöhlen) entstehen durch chemische Verwitterung ohne Hartrindenbildung.

Verkrustete Gesteine, z. B. Silikat- und Eisenkrusten, können unabhängig von ihrer ursprünglichen Petrographie als dichte Gesteine zerreißen und zerbröckeln.

Verwitterung in tropischen Feuchtgebieten

In den tropischen Feuchtgebieten führt die chemische Verwitterung zu sehr mächtigen und gleichmäßigen Verwitterungsprofilen mit oben häufig 10 bis 30 m Laterit. Tiefer sind die Gesteine vergrust und zersetzt, noch tiefer im unterschiedlich starken Maße verwittert (stark verwittert – verwittert – schwach verwittert) und noch tiefer angewittert bis frisch. Ursache für gleichmäßige Verwitterung ist die große Tiefenwirkung der Verwitterung. Der tief liegende Fels bleibt unter der mächtigen Schicht aus Verwitterungsmaterial während der Verwitterung unter ebenem Gelände (peneplain) gleichmäßig belastet. Im Gegensatz zu Hanglagen findet keine Auflockerung im Trennflächengefüge statt. Die Sickerwege für das Sickerwasser sind isotrop. Unter Einfluss des Sickerwassers greift der Verwitterungsfortschrift auf immer tiefere Gesteinslagen über. Entsprechend der Verwitterungsstabilität der gesteinsbildenden Minerale eilt die Verwitterung der weniger stabilen dunklen Minerale wie Olivin, Anorthit, Augit, Biotit voraus und findet in den tiefsten Zonen der Verwitterung statt. Die hellen und mehr verwitterungsresistenten gesteinsbildenden Minerale wie Kalifeldspat, Muskowit und Quarz sind in höheren Lagen des Verwitterungsprofils noch gesteinsbildend mit festem Verbund im Mineralkorngefüge erhalten. Wasserlösliche Mineralstoffe werden über den tieferen Grundwasserkreislauf abgeführt. Oberflächenwasser und Grundwasser aus dem oberflächennahen Grundwasserkreislauf sind in der Regel mineralarm (◘ Abb. 1.51, 1.52, 1.53).

Die tieferen Teile der Verwitterungsböden haben vielfach die Textur- und Strukturformen der einstigen Gesteine erhalten. Der ursprüngliche Mineralbestand ist jedoch zersetzt und in Tonminerale und Hämatit umgewandelt. Bei der chemischen Verwitterung im tropischen Klima überwiegt die allitische Verwitterung. Kieselsäure wird abgeführt. Neu entstehende Tonminerale sind Kaolinit und Hydrargillit. Endprodukte der allitischen Verwitterung sind Rotlehm, Laterit und Bauxit, meist angereichert mit Knollen und Krusten aus Aluminiumhydraten, Eisenoxiden und Eisenoxidhydraten. Die meisten tropischen Verwitterungsböden sind von feinverteilten Hämatitkristallen kräftig rot gefärbt, welche als Pigment Ton- und Quarzkristallen anhaften (Laterit). Häufig sind mehrere Zehn Meter mächtige Gesteinslagen gleichmäßig zersetzt/vergrust (Granitzersatz, Gneiszersatz, Gesteinszersatz). Dies betrifft vorrangig großflächige Vorkommen in den Tropen. In Mitteleuropa wird Gesteinszersatz in großer Mächtigkeit aus lang zurückliegenden Erdperioden unter der Auflagerung bestimmter Schichten aus Zechstein, Buntsandstein, Kreide, Tertiär angetroffen. Bisweilen wird beobachtet, dass solcher Gesteinszersatz nach unten mit einer scharfen Grenzfläche endet, – wohl einem fossilen Grundwasserstand. Beim vollständigen Zersetzen von kristallinen Gesteinen vergehen/verschwinden im Zuge der chemischen Verwitterung zunächst die weniger stabilen dunklen Minerale wie Olivin, Anorthit, Augit, Biotit und die gesteinstypischen Minerale wie Hornblende, Glimmer, Feldspat folgen etwa in der Reihenfolge der Verwitterungsstabilität von oben nach unten. Es bilden sich neue Minerale wie Ton und Limonit oder Hämatit. Als Endprodukt vollständig zersetzter kristalliner Gesteine entstehen Lehm (Verwitterungslehm), Laterit und Bauxit.

Die meisten tropischen Verwitterungsböden sind kräftig rot gefärbt (Laterit). Die Tonfraktion besteht fast nur aus Kaolinit.

2.3.7 Bausteinverwitterung und Verwitterung an freistehenden Felsen

Im gleichen Klimabereich kann die Bausteinverwitterung anders als die natürliche Gesteinsverwitterung verlaufen. Herausgelöst aus dem Gesteinsverband, ändert sich für den Baustein das klimatische Umfeld.

Gleiche Bausteine, die an verschiedenen Stellen in Bauwerken eingesetzt sind, können entsprechend der Umgebung stark unterschiedlich reagieren. Die Bausteinverwitterung ist getrennt nach der Lage der Bauwerksteile zu Grundwasser, Bodenfeuchte, Spritzwasser, Regen und Exposition zu beschreiben. Verschiedene Bauwerksteile entsprechen unterschiedlichen kleinklimatischen Zonen mit unterschiedlichen Verwitterungsmerkmalen an den dort eingebauten Bausteinen.

Die Verwitterungsbedingungen für Bauwerke und Bausteine können gegenüber natürlichen Verwitterungsbedingungen durch die Gefahren von Rauchgas, Brand, Ruß (Verschmutzung) und Schlagregen verstärkt sein. Die zu beobachtenden Verwitterungsformen sind nicht an eine bestimmte Petrographie gebunden, wenngleich Gesteine gleicher oder ähnlicher Petrographie vergleichbare Verwitterungsformen erkennen lassen. Unter den sehr unterschiedlichen Gesteinen, die als Bausteine verwendet werden oder wurden, lassen sich Gruppen zusammenfassen, die vergleichbare Verwitterungsmerkmale aufweisen.

Zum Schutz gegen Bausteinverwitterung können an Bauwerke Putzschichten, Fassadenplatten oder Vormauerwerk angebracht werden, welche gleichfalls der Verwitterung ausgesetzt sind.

2.3.8 Lage und Exposition von Bauwerksteilen und Felswänden

- **Bauwerksteile unter Wasser**

Fundamente, Hafenmauern und Brunnenkammern können so konzipiert sein, dass sie unter Wasser oder im Bereich wechselnder Wasserstände stehen. Druckwechsel, Frost, Lösen und Oxidationsverwitterung, letzteres besonders bei Stahlbeton im Seewasserbereich, können zur Gesteinszerstörung führen. Die meisten Gesteine sind jedoch unter Grundwasser sehr beständig.

- **Bauwerksteile im Bereich der Grundfeuchte des Bodens**

Fundamente und untertägige Bauwerke (Keller, Brunnen, Stollen, Kammern, Höhlen) sind einem den natürlichen Bedingungen im Boden ähnlichen Verwitterungsangriff ausgesetzt. Je nach Gesteinsart oder Zugehörigkeit zu einer Gruppe mit vergleichbaren Verwitterungsmerkmalen können Bausteine und bearbeitete Flächen im Fels in diesem Umfeld sehr beständig sein oder Anzeichen für Auflösung und Zerfall zeigen.

- **Bauwerksteile im Bereich von Spritzwasserzone und kapillarem Aufstieg**

Pflastersteine und Bausteine, die direkt über dem Boden im aufgehenden Mauerwerk eingebaut sind, können wechselnder Feuchte bis Vernässung durch Oberflächenwasser, Spritzwasser und kapillar aufsteigendes Wasser ausgesetzt sein. Frostverwitterung, Salzverwitterung, Lösungsverwitterung und hydrolytische Verwitterung können verstärkt angreifen. Der Sockelbereich der Häuser ist stark der Verwitterung ausgesetzt. Häufig werden Sockel aus verwitterungsresistentem Gestein erstellt. Gebäude können durch den Einbau adhäsionsbrechender Kiesschichten und bituminöser Sperrschichten gegen kapillaren Wasseraufstieg geschützt werden. Bei bestehenden Gebäuden ist dies nachträglich durch Injektion wasserabweisender Stoffe möglich.

- **Freistehende Bauteile**

In den aufragenden Bauwerksteilen ohne Kontakt zur Bodenfeuchte herrscht weitgehend ein Trockenklima. Das Verwitterungsbild an Außen- und Innenwänden ist unterschiedlich. An den Außenwänden ist zwischen stark der Witterung ausgesetzten und witterungsgeschützten Bauwerksteilen zu unterscheiden (Exposition). Dabei sind glatt aufragende Bauwerksteile, die von Schlagregen getroffen werden, oft gut erhalten. Die Exposition am Bauwerk bezieht sich nicht nur auf die Lage zur Sonneneinstrahlung und Hauptwindrichtung. Der Begriff umfasst auch die Lage zum Bauwerkskörper, zu anderen Bauwerksteilen und zu benachbarten Gebäuden. Im Bauwerksteil gehören Befeuchtung, Beschattung, Verdunstung und seitliche kapillare Lösungszufuhr zur Exposition.

Durch die besonderen Bedingungen an Bauwerken ist das Verhältnis von Niederschlag zu Verdunstung in Richtung „arid“ verschoben. Dies bewirkt kapillare Verlagerung von Lösungen entgegen der Schwerkraft in Richtung „Verdunstung“. Daraus erklären sich Konvergenzerscheinungen zu Verwitterungsformen aus dem semiariden bis ariden Klimabereich wie Rinden-, Krusten- und Schalenbildung (Reichel 1975).

Zusätzlichen Verwitterungsangriff auf Bausteine leisten die Rauchgase. Wirksam sind vorrangig Schwefeldioxid, schweflige Säure, Schwefelsäure (SO_2, H_2SO_3, H_2SO_4) und Kohlensäure (CO_2, H_2CO_3), daneben Salpetersäure und Salzsäure.

2.3.9 Verwitterungsbedingungen für Bausteine

▪ Wirkung von Schwefelsäure und Schwefeldioxid

Die Schwefelsäure wird als Aerosol verfrachtet. Schwefelsäure als Aerosol ist keineswegs auf das moderne Industriezeitalter beschränkt.

Als Bestandteil der lebenden und abgestorbenen organischen Substanz ist Schwefel in großen Mengen im natürlichen Kreislauf enthalten und mit hohen Anteilen am sauren Regen beteiligt. Geogene Quellen sind vulkanische Exhalationen, die bakterielle Reduktion von Sulfaten zu Sulfid oder Schwefel und die Verwitterung von Sulfiden. Messungen aus „Reinluftgebieten“ mit 0,005–0,020 mg SO_2 pro m^3 Luft geben Anhaltswerte für die natürliche Grundbelastung der Luft in Deutschland.

Künstliche Quellen sind Bergbau, Verhüttung von Sulfiderzen, Erdarbeiten in sulfidhaltigem Boden oder Gestein (Torf, Auelehm, Schwarzschiefer) und die aus dem Verbrennen fossiler Rohstoffe abzuleitenden Rauchgase. Die seit den Siebzigerjahren übliche Rauchgasentschwefelung führt seitdem zu sinkenden Schwefelbelastungen. Höchstwerte in Stadtzentren lagen in den sechziger Jahren bei > 0,1 mg SO_2 pro m^3 Luft.

Schwefelsäure bewirkt im Baustein die Auflösung von Carbonat und damit die Zermürbung des Gesteins. Ein Teil der Carbonatsubstanz wird in Gips umgewandelt. Damit sind Volumenzunahme und Kristallisationssprengung mit Zerstörung oder Verformung der Bausteine verbunden. Auffällige Verwitterungserscheinung sind schwarze Gipskrusten, die ganze Fassadenflächen überziehen können. Marmorplatten können sich bei teilweiser Umwandlung von Calcit in Gips verbiegen.

▪ Wirkung der Kohlensäure

Die Kohlensäure führt bei erhöhten Konzentrationen in Industriegebieten zu verstärkter Lösung und Wiederausfällung von Calcit nach dem Kalk-Kohlensäure-Gleichgewicht. Calcitisch gebundene Sandsteine sind besonders gefährdet.

▪ Wirkung des Schlagregens

Bei Wind und Regen trifft ein Großteil der Niederschlagsmenge im schrägen Winkel auf Bauwerke und Fassadenflächen auf und läuft auf diesen ab. Dies führt zu einem Wechsel von Lösungs- und Abtragungsvorgängen (Rauwitterung) mit äußerlicher Säuberung, aber auch bereichsweiser Verschmutzung der Fassade. Für das Ablaufwasser bilden sich Bahnen, wobei Strukturen im Naturstein bevorzugte Ablaufbahnen bilden können. An vorkragenden Bauwerksteilen bildet sich Stauwasser mit vom Kapillarwasser ausgehenden Verwitterungserscheinungen.

▪ Wirkung thermischer Wechselbeanspruchung

Die unterschiedliche Ausdehnung von Kristallen kann im Korngefüge der Gesteine bei anisotropen Spannungsverteilungen zu Verformungen und Rissen führen. Über Ursachen mangelnder Formbeständigkeit bei Marmor berichten Tschegg et al. (1999).

▪ Brandwirkung

Brandschäden und Hitzeeinwirkung hinterlassen an Bausteinen Verwitterungs- oder Zerstörungserscheinungen. Hitzeeinwirkung führt zu Abplatzungen und Absplitterungen. Im Stein enthaltene Feuchtigkeit kann Dampfdruck bis zur Sprengwirkung entwickeln. Quarz erfährt beim Aufheizen über 573 °C eine Strukturänderung von Tiefquarz zu Hochquarz, die mit Volumenausdehnung verbunden ist. Kalkstein bzw. Calciumcarbonat kann in gebrannten Kalk übergehen. In Verbindung mit Löschwasser bildet sich gelöschter Kalk.

▪ Verschmutzung

Ruß verdirbt das Gesicht der Bauwerke, nicht ihre Substanz. Der Ruß ist chemisch tot, kann aber als Feuchtigkeitspolster andere aggressive Schadstoffe auf die Gesteinsoberfläche ziehen. Die Schwärzung der Fassaden verlangt mehrfach nach erneuten Anstrichen oder Beseitigung der verrußten Schichten mittels Sandstrahlgebläse. Bei einigen Bauwerken aus ursprünglich hellen Gesteinen, wie dem Kölner Dom (weißer Trachyt) und der Porta Nigra in Trier (weißer Voltzien-Sandstein), haben wir uns an den Ruß früherer Jahrhunderte gewöhnt und diesen zum Bestandteil des Bauwerks erhoben.

2.3.10 Verwitterungsarten an Felsen und Bausteinen

▪ Abmehlen, Absanden, Abgrusen

Die Begriffe bezeichnen das Herauslösen einzelner Mineralkörner aus dem Gesteinsverband. Dabei wird der Zement aufgelöst. Die Vorgänge betreffen porige Gesteine und porige Verwitterungskrusten von Hartsteinen. Beobachtet wird selektives Auswittern an texturellen Merkmalen im Gestein (Schichtung, Sedimentationsmarken, Fossile) und „punktuelles“ Auswittern unterschiedlich dimensionierter Löcher mit dazwischen stehengelassenen Rippen (Wabenverwitterung). Der Verwitterungsfortschritt kann in scheinbar stabilen Felswänden bei 0,1–1 mm pro Jahr liegen.

■ Vergrusen, Zerfallen

Durch intensive chemische Verwitterung, durch Salz- und Frosteinwirkung können körnige Gesteine zu Sand und Grus zerfallen. Der Prozess des Vergrusens ist bei Graniten und massigen magmatischen Gesteinen langsam. Bei porösen magmatischen Gesteinen, bei Tuffsteinen, Sandsteinen und Mergelsteinen kann der Zerfall schnell eintreten. Es sind Übergänge zu veränderlich festen Gesteinen zu beobachten. Qualitativ schlechte Bausteine können binnen weniger Jahre zerfallen.

■ Reißen, Absplittern, Abplatzen, Ausbrechen, Zersplittern

Die Begriffe bezeichnen den Zerfall dichter, porenarmer Gesteine, welche kaum Feuchtigkeit aufnehmen. Davon betroffen sind homogene, dichte Gesteine wie Basalt, feinkörniger dichter Kalkstein, dichter Anhydrit und dichte verkrustete Gesteine, z. B. Eisenkrusten im Sandstein. Solche homogenen und massigen Gesteine zerfallen zu scharfkantigen Stücken in Kies- bis Steingröße (vergleichbar mit Splitt und Schotter). In der Natur bilden sich Hang- oder Verwitterungsbrekzien. Bei inhomogenen Kalksteinen kann es durch Auswittern der feinkörnigen Matrix zum Ausbrechen kompakterer Konkretionen oder stärker verfestigter Partien kommen.

Bei Bauwerken bleibt eine durch unregelmäßige Ausbrüche zurückgewitterte Oberfläche. Solche Ausbrüche können kurzzeitig auftreten. Bei Dekorsteinen und Fassadenplatten büßt der Stein sofort seine Funktion als optisches Element und/oder Bauwerkschutz ein. Ausbrüche an Pflastersteinen, Randsteinen und Stufenplatten stellen ein Unfallrisiko dar. Im aufgehenden Mauerwerk hält die Entwicklung der Schäden über lange Zeit an, bis wegen Rückverwitterung um die Standfestigkeit der Bauwerke gefürchtet werden muss.

■ Abschuppen

Bei dichten Hartsteinen können sich oberflächenparallel millimeterdicke, seltener zentimeterdicke Gesteinslagen ablösen (Desquamation). Der Vorgang tritt im Laufe von einem bis wenigen Jahren, bei kristallinen Gesteinen auch erst im Laufe mehrerer hundert Jahre ein.

■ Ausblühen

Aus Gestein und/oder Mörtel können Zementanteile gelöst und kapillar an die Gesteinsoberfläche verfrachtet werden, wo diese ausblühen („Mauersalpeter"). Aus Mörtelfugen austretende Lösungen können auch kleinflächige Krusten hinterlassen (Ausbluten der Mörtelfuge). Vorrangig handelt es sich bei solchen Schadensbildern um optische Mängel. Die Festigkeit der Gesteine und der daraus erstellten Bauwerke wird durch das in den ersten Jahren nach Bauwerkserstellung beobachtete Ausblühen im allgemeinen nicht vermindert. Oft hält das Ausblühen nur wenige Jahre an. Danach sind die leicht löslichen Salze ausgelaugt. Die Ausblühungen („Mauersalpeter") werden vom Regen abgewaschen und verschwinden bei nachlassendem Ausblühen von selbst. Langandauerndes Ausblühen kann bei Kalksteinen, kristallinen Gesteinen und Mörtel jedoch anhaltende Zersetzung im Gestein oder im Bauwerksteil anzeigen.

Die Ausblühsalze bestehen chemisch aus Ca^{2+}, Mg^{2+}, Na^+, K^+, NH_4^+, HCO_3^{2-}, SO_4^{2-}, Cl^-, NO_3^-, NO_2^- und PO_4^{3-}, vorwiegend jedoch aus Chloriden und Sulfaten von Calcium und Natrium.

■ Verkrusten

Anlagerungen und Auskristallisationen an der Gesteinsoberfläche führen zur Ausbildung von Krusten. Beobachtet werden Gipskrusten, Salzkrusten und Schmutzkrusten (Ruß). Hinter der Kruste geht die mineralische Bindung im Gestein verloren. Das Gestein zerfällt zu Sand und/oder Mehl, welche beim Aufbrechen der Kruste herausfallen.

Der Begriff „Sinterkrusten" bezeichnet dünne Krusten an Kalk- und Kalksandsteinen. Diese treten an Stellen auf, die vor direktem Niederschlag (Platzregen) geschützt sind. An höheren Bauwerksteilen wird der Kalkstein vom kohlensauren Regen gelöst und über den Oberflächenabfluss dem Ort der Krustenbildung zugeführt. Sinterkrusten können die Oberfläche von Bausteinen, aber auch Wand- und Felsmalereien und Glas vor weiterer Verwitterung schützen.

■ Aufblättern, Abblättern, Abschalen

Die Begriffe bezeichnen das Ablösen schichtparalleler Gesteinsblätter. Diese texturellen Inhomogenitäten können entweder aus der Entstehung der Gesteine abgeleitet werden (Schichtung), oder sie sind durch die Bildung von Krusten im Zuge der Verwitterung neu entstanden. „Geschwürartiges" Aufblättern der Gesteine wird häufig beobachtet.

■ Rahmenverwitterung

Dieser Begriff (Kieslinger 1959) beschreibt an Gesteinsplatten und -quadern den Zerfall von der Mitte einer Gesteinsfläche nach außen. Während in den mittleren Teilen der betroffenen Flächen sich im Gestein eine Schale nach der anderen ablöst oder das Gestein absandet und auswittert, bleiben die Kanten stehen. Die Mitte der Fläche wird vertieft, die hervorstehenden Kanten bilden den Rahmen. Die Rahmenverwitterung ist eine Sonderform der Krustenbildung und des Aufblätterns, Abblätterns und Abschalens mit Übergängen zur zelligen Verwitterung. Sie wirkt entgegengesetzt zur Wollsackverwitterung und Rauwitterung, bei welchen der Verwitterungsangriff an den hervorstehenden Kanten ansetzt.

■ Abbröckeln, Ausbröckeln, Zerbröckeln

Aus dem Gesteinsverband lösen sich unregelmäßige Gesteinsstücke und/oder Kornaggregate. Ansatzpunkte dieser Verwitterungsform sind gesteinsinterne Schwachstellen wie Schichtung, schlierenartige Anreicherung von Glimmer oder feinkörnigen Mineralen, Sedimentstrukturen oder Fossile.

■ Zersprengen, Absprengen, Aufreißen

Zu Oxidation oder Umkristallisation neigende Stoffe im Baustein (Pyrit im Schiefer, gebrannter Kalk im Ziegel, in Bohrungen oder Aushöhlungen eingepasstes Eisen oder einbetonierter Baustahl) entwickeln einen Kristallisationsdruck und zersprengen den Stein.

- **Zelliges Verwittern**

Der Begriff „zellige Verwitterung“ bezeichnet Verwitterungsformen, die den Bausteinen ein narbiges, zelliges, gitternetzartiges, wabenartiges, zitzenartiges oder unregelmäßig grubiges Aussehen geben. Zellige Verwitterung ist eine Form des Absandens.

- **Rauwittern**

Bausteine, die Schlagregen ausgesetzt sind, können bei Carbonatgesteinen unter dem Einfluss der Kohlensäure rauwittern. Auch Temperaturunterschiede, Frostsprengung und Kristallisationsdruck von Gips oder Salz können das Rauwittern von Steinen bewirken. Dabei sanden die äußeren Mineralkörner ab. Bei widerstandsfähigen kieselig gebundenen Sandsteinen werden Rückwitterungsraten von 0,5–1 mm in 100 Jahren beobachtet.

- **Verfärben**

Durch Oxidationsvorgänge werden die ursprünglichen Gesteinsfarben verändert. Ursache kann die Zersetzung von Pyrit, Markasit, Biotit, Augit oder Hornblende sein, die ein Rosten des Natursteins bewirkt. Dunkle Kalksteine können ausbleichen.

- **Lösen**

Der Begriff „Lösungskarren“ beschreibt Lösungserscheinungen, die an Kalksteinen im Bauwerk selten, jedoch an Bausteinen aus Gips oder Anhydrit und an Putzschichten aus Gips häufig zu sehen sind.

- **Verbiegen von Platten**

Gesteinsplatten aus Marmor, Kalkstein, Nagelfluh und in geringem Maße auch Granit können sich im Laufe von Jahren bis Jahrzehnten verbiegen und verformen. Auf die Gesteinsfläche des geometrischen Körpers Platte wirken, meist einseitig bevorzugt, initiale Verwitterung und Mineralumwandlung ein. Die damit verbundene Volumenzunahme bewirkt das Verformen der Platten.

2.3.11 Schutz vor Bausteinverwitterung

- **Putzschichten**

Zum Schutz der Bausteine vor Verwitterung, aber auch zur Vergleichmäßigung der Wände werden Putzschichten aufgetragen. Aus optischen Gründen werden Putzschichten angestrichen, und mehrfach wurde auf Putzschichten das Bild von Natursteinmauerwerk aufgemalt. Vergleichbar dem Sandstein sind Putzschichten der Verwitterung ausgesetzt.

Putz und Mörtel sind Gemische aus Sand und Kalkhydrat. Die Verwitterungsanfälligkeit von Putz und Mörtel ist häufig eine Frage der Mischung. Qualitativ hochwertige Putz- und Mörtelschichten sind sehr beständig. Bei Mischungsfehlern und eingemischter Fehlkörnung (Feinkorn, Überkorn, unzureichend feine Verteilung des Kalkhydrats) kann es zu rascher Zerstörung der Putz- bzw. Mörtelschichten kommen. Aus dem römischen Kulturkreis sind Mörtel seit 2400 Jahren und Putz seit 2200 Jahren bekannt und an Bauwerken in gutem Zustand überliefert.

- **Steinkonservierung**

Seit der Mitte des 19. Jahrhunderts werden an verschiedenen Bauwerken Methoden der Steinkonservierung angewendet (Snethlage 1984). Steinkonservierungsmittel haben die Aufgabe, Natursteine äußerlich oder im Porenraum chemisch zu binden oder mit einer Schutzschicht zu überziehen. Der behandelte Stein soll mit Rauchgasen und anderen Schadstoffen bzw. Schadwirkungen nicht in Reaktion treten. Verwendet werden wasserabweisende oder wasserdichte Überzüge und Tränkungen mit Wachs, Harz, Öl und Ölfarben, die mehrmals aufgetragen werden können. Poröse Steine können mittels einmaliger Tränkung, Bedampfung oder Durchdringung mit chemisch widerstandsfähigen Mitteln wie Wasserglas, Kieselsäureestern, Fluaten, Kunst- und Silikonharzen behandelt werden. Vor Anwendung eines Konservierungsmittels und eines bestimmten Konservierungsverfahrens werden behandelte und unbehandelte Gesteinsproben einer vergleichenden Untersuchung auf Biegezugfestigkeit, Wasseraufnahme und Wasserdampfdurchlässigkeit geprüft. Gewünscht sind gleichmäßig verteilte, hauchdünne Überzüge ohne Porenverstopfung bei Verringerung der Wasseraufnahme und Erhöhung der Biegezugfestigkeit. Entscheidend für die Wirksamkeit eines Steinkonservierungsmittels ist die Eindringtiefe und das Beibehalten günstiger Durchlässigkeitswerte. Die erzielte Wirksamkeit der Steinkonservierung liegt oft bei nur wenigen Jahren. Qualitätskontrollen beschreiben Snethlage et al. (1999) sowie Lorenz und Ibach (1999).

2.3.12 Gruppieren der Bausteine nach den Verwitterungsformen

- **Verwitterungsformen bei porösen Gesteinen – Sandsteinverwitterung**

Sandsteine, Kalksandsteine, Tuffsteine, Nagelfluh, Mörtel, Ziegel, Putzschichten, Beton, grobkristalline und poröse Schillkalksteine, Travertin, oolithische Kalksteine und angewitterte magmatische Gesteine zeigen als poröse, körnige Gesteine vergleichbare Verwitterungsmerkmale.

Unter Wasser und im Bereich der Grundfeuchte sind diese Gesteine beständig. Als Bausteine zeigen sie noch nach Jahrhunderten und Jahrtausenden frische Bearbeitungsspuren. Aggressive Wässer können jedoch carbonatisches Bindemittel auflösen.

Durch mikrobiellen Angriff kann Sandstein in der ungesättigten Bodenzone im Laufe längerer Zeiträume (Jahrhunderte bis Jahrtausende) zersetzt werden.

Im Bereich der Spritzwasserzone und des kapillaren Wasseraufstieges zeigen diese Gesteine starken Zerfall mit Ausblühungen, Absanden und Zerbröckeln. Wegeplatten und aufgehendes Mauerwerk können nach Art der Rahmenverwitterung abschalen und auswittern.

In freistehenden Bauwerksteilen können Bausteine dieser Gruppe je nach Größe ihrer Körner absanden, abmehlen oder abgrusen (Lukas 1990; Stahr 2011). Häufig bilden sich Krusten, hinter denen der Stein mehlig zerfällt. Blättert die Kruste ab, so rieselt der Sand heraus und hinterlässt Löcher (Rahmenverwitterung). Viele Sandsteinbauwerke zeigen Waben- und Zitzenverwitterung. Verwitterung der Sandsteinquader und der aus

Werkstein gestalteten Figuren und Verzierungen an Bauwerken ist aus den vergangenen Jahrhunderten belegt. Die betroffenen Bauwerksteile wurden in den vergangenen Jahrhunderten regelmäßig ersetzt. So wurden um 1850 am Kölner Dom Fialen aus Württemberger Sandstein eingebaut, welche um 1900 bereits zerstört waren. Am Dresdner Zwinger waren im 18. Jahrhundert Bauteile aus Elbsandstein nach 60 Jahren ersatzbedürftig. Der Schöne Brunnen in Nürnberg wurde um 1350 mit einer ungewöhnlich großen und nischenreichen Oberfläche fertiggestellt; 1385 begannen die Erneuerungsarbeiten (Simon 1974).

An witterungsgeschützten Stellen können Gesteine dieser Gruppe über sehr lange Zeiten Bearbeitungsspuren, Verzierungen und Schriftbilder erhalten. Die Außenhaut der Sandsteine kann, wie an antiken Felsbauwerken oder vorzeitlichen Felsbildern zu sehen ist, die Bearbeitungsspuren über Jahrtausende erhalten, in direkter Nachbarschaft aber 2–3 m tiefe Rückverwitterung aufzeigen.

Auf porösen Kalksteinen können sich Ausblühungen und Krusten (Schmutzkrusten, Gipskrusten) bilden. Unter den Krusten kann Gefügeauflockerung bis zum körnigen Zerfall auftreten. Bei Kalktuff bzw. Travertin wird tiefgreifender Substanzverlust der Oberflächen und Abwittern der Ecken und Kanten beobachtet. Poröse Kalksteine neigen wie Sandstein zum Abbröckeln, Abgrusen, Absanden oder Abmehlen.

Bei Stahlbeton kann sich neben dem für „Sandstein" typischen Zerfall Rissbildung einstellen. Ursache hierfür ist die Oxidationssprengung nach Verlust des alkalischen Schutzes im Beton durch fortschreitende Neutralisation unter Einwirkung der atmosphärischen Säuren.

■ Verwitterungsformen bei grobkörnigen magmatischen Gesteinen – Granitverwitterung

Dichte, grobkörnige kristalline Gesteine (Granit, Gneis, Diorit, Gabbro) sind unter Grundwasser verwitterungsresistent. Im Bereich der Grundfeuchte verwittern und vergrusen diese Gesteine bei gleichzeitiger Abnahme der Dichte und Zunahme der Porosität. Der Vorgang des Vergrusens erfolgt unter dem Einfluss von Mikroorganismen und benötigt geologische Zeiträume. Grobblockige kristalline Gesteine zeigen oft Wollsackverwitterung. Angewitterte Gesteine dieser Gruppe besitzen eine höhere Porosität und verhalten sich wie Sandstein.

In der Geotechnik zählen Bausteine aus frischen kristallinen Gesteinen als verwitterungsresistent.

In der Spritzwasserzone neigen diese Gesteine zum Verlust der Politur und zu rauem Abwittern mit Abgrusen oberflächennaher Minerale. Moose und Flechten können den Verwitterungsfortschritt beschleunigen. Die Rückverwitterung an Granitblöcken mit rauer Oberfläche liegt in Mitteleuropa in der Größenordnung 1 mm in 5 Jahren. Schalenbildung (Desquamation) ist häufig. Im Einflussbereich von Streusalz sind auch stärkere Schäden möglich. Bordsteine und aufgehendes Mauerwerk können nach Art der Rahmenverwitterung abschalen und auswittern.

In freistehenden Bauwerksteilen sind Granit und kristalline Gesteine beständig gegen den Angriff der Hydrolyse, wenn das Regenwasser schnell abläuft. Die Gesteine können vereinzelt Abplatzungen, Schalenbildung und Ausbrüche an verborgenen Klüften zeigen. An der Wetterseite sind auch Ausblühungen, Schalenbildungen und Verkrustungen mit Abbröckeln, Abblättern oder Abschuppen der gelockerten Teile möglich. In aller Regel sind Bauwerke aus kristallinen Gesteinen sehr beständig.

■ Verwitterungsformen bei dichten carbonatischen Gesteinen – Kalksteinverwitterung

Bausteine dieser Gruppe sind dichte polierfähige Kalksteine, Marmore und Dolomitsteine.

Kalksteine zählen nach bautechnischen Kriterien unter Grundwasser und im Bereich der Grundfeuchte als verwitterungsstabil (Seidel und Steiner 1988). In längeren geologischen Zeiträumen unterliegen sie der Auflösung. Maßgebendes Agens hierfür ist Kohlensäure.

Im Bereich der Spritzwasserzone können Dickenreduzierungen durch Abmehlen oder Ablösen (einige Millimeter pro Jahrhundert) neben der Ausscheidung von Kalkkrusten auftreten. Polituren werden in wenigen Jahren stumpf. Rissbildungen und Abplatzungen sind möglich. Wegeplatten können nach Art der Rahmenverwitterung abschalen und auswittern.

Freistehende Bauwerksteile, die Schlagregen und Rauverwitterung ausgesetzt sind, verlieren im Laufe einiger Jahre die Polituren. Von der der Verwitterung ausgesetzten Oberfläche ausgehend, setzt eine Auflockerung im Kristallgefüge ein, die sich durch Volumenzunahme bzw. Schwellen äußert (Grimm 1999). Das kann bei Platten aus Marmor oder dichtem Kalkstein im Laufe von Jahren oder Jahrzehnten dazu führen, dass sich diese durch innere Spannungen verbiegen. Bei plattenverzierten Bauwerken kann dies dazu führen, dass durchgebogene Platten (ca. 5 cm auf 1 m Plattenlänge) sich vom Mörtelbett abheben und herausfallen. Diese Verwitterungsform führt im fortschreitenden Stadium zu Rissen und zum Ausbrechen von Körnern und Gesteinsfragmenten, aber auch zum Zerbrechen verformter Platten und Skulpturen. Im weiter fortgeschrittenem Stadium können dichte Kalksteine reißen, scherbig ausbrechen, ausplatzen, abbröckeln und zerbröckeln.

Abhängig von der Exposition können Sinterkrusten auftreten, die die Oberfläche des Kalksteins umschließen und bewahren. Schwarze Gipskrusten bilden sich unter dem Einfluss von saurem Regen auf Kalkstein durch die Reaktion zwischen Schwefelsäure und Calziumcarbonat. Besonders auffällig und störend sind solche schwarzen Flecken und Krusten auf weißem Marmor. Platten aus Marmor können sich durch das Umwandeln von Kalzit in Gips verbiegen und sich von ihrer Unterlage trennen.

Im Gegensatz zu den Gesteinen dieser Gruppe verwittern poröse Kalksteine im aufgehenden Bauwerk wie Sandstein, können sich aber gelegentlich vom Sandstein durch die Ausbildung von Sinterkrusten unterscheiden.

■ Verwitterungsformen bei dichten Quarzgesteinen – Quarzit- und Quarzverwitterung

Gesteine dieser Gruppe sind weitgehend verwitterungsresistent. Durch monomineralischen Aufbau und intensive Verwachsungen im Interngefüge sind diese Gesteine gegen Temperaturwechsel unempfindlich und, soweit chemisch geeignet, als feuerfeste Auskleidung von Hochöfen geeignet. Sie sind nur schwer bearbeitbar und werden für Sockelbauwerke, aber auch für Pflastersteine, Wegplatten und Wasserbausteine verwendet. Zerfall kann durch Rissbildung und Ausbrechen eintreten.

- **Verwitterungsformen bei dichten magmatischen Gesteinen – Basaltverwitterung**

Dichte magmatische Gesteine mit feinkörniger Grundmasse und häufiger Verzahnung der nadelartigen Kristalle unterscheiden sich von Granit durch erhöhte Verwitterungsresistenz. Vergleichbar zu dichtem Kalkstein und Quarzit kann Zerfall durch Rissbildung und Abplatzung einsetzen. Aufgebrachte Polituren sind, auch in der Spritzwasserzone, sehr beständig.

- **Verwitterungsformen bei Schiefer**

Schiefer wird als Baustein, als Dachschiefer und als Fassadenstein verwendet. Bei der Auswahl muss auf pyritfreie Varietäten geachtet werden. Abplatzen, Abschuppen und Aufblättern nach den Schieferungsflächen können auftreten. Daneben ist Absanden, Lochverwitterung und vereinzelt Wabenverwitterung möglich.

- **Verwitterungsformen bei löslichen Gesteinen**

In einigen Regionen wurde Gips und Anhydrit als Baustein verwendet. Im Innenbereich der Häuser ist Gipsputz verbreitet. Diese Gesteine gehören zwar wegen ihrer hohen Löslichkeit zu den verwitterungsanfälligsten Gesteinen, doch können sie als Baustein durchaus beständig sein (Lucas 1992). Bauwerke aus Gips oder Anhydrit zeigen Lösungsverwitterung mit Substanzverlust zwischen 1 und 30 mm pro 100 Jahren. In witterungsgeschützten Lagen können Bauwerke aus Gips mehrere hundert Jahre ohne Schaden überstehen. Mikrokarst, Dickenreduzierung und die Ausbildung schwarzer Krusten sind häufige Verwitterungserscheinungen. An der Außenfläche der Wände können Ausblühungen und Mehlbildung entstehen, die beim nächsten Regen abgewaschen werden. Häufig beobachtet werden Rissbildung, scherbiges Ausbrechen, Ausplatzen oder Abbröckeln. Dies sind Verwitterungsmerkmale dichter Gesteine.

2.3.13 Prüfen und Bewerten verwitterungsgefährdeter Bausteine und Bauwerke

Natursteine und Kunststeine, die in Bauwerke eingefügt oder eingebaut werden sollen, sind auf Verwitterungsresistenz zu prüfen. Die Güteüberwachung der Bau- und Mineralstoffe verlangt je nach Verwendungszweck Prüfungen zur Wasseraufnahme, Frost-Tau-Wechsel-Versuch nach DIN 4026-1, -2, DIN EN 13055-1, DIN EN 13383-1, -2. Für den Straßenbau gelten die Technischen Prüfvorschriften für Gesteinskörnungen im Straßenbau (TP Gestein-Stb).

Bauwerke und Teile von diesen werden regelmäßig in Augenschein genommen. Von Zeit zu Zeit sind bei alten Bauwerken (Mittelalter, Antike) einzelne Steine auszutauschen und Steinskulpturen zu erneuern. Baudenkmäler werden regelmäßig auf schädliche Umwelteinflüsse untersucht. Gefahren bestehen darin, dass eingebaute Steine im Querschnitt zurückwittern, im Korngefüge auflockern oder zerreißen. Dadurch kann die Restdruckfestigkeit einzelner Bausteine unter die erforderliche Belastbarkeit absinken. Gefahren für Einsturz oder Abbruch und Absturz von Bauwerksteilen können sich einstellen. Zur Schadensanalyse von kulturhistorisch wertvollen Gebäudeteilen und Kunstwerken werden zunehmend Ultraschallmessungen als Untersuchungsmethode eingesetzt. Die Wellengeschwindigkeit der Longitudinalwellen V_p wird mit der Porosität korreliert, um über die Porositätszunahme durch Gefügeauflockerung einen Hinweis auf Verwitterungsschäden zu bekommen (Dürrast et al. 1999; Lindner et al. 1999). Es bestehen V_p-Schadenstypen-Klassifikationen für Marmor und Schaumkalk.

Bei der Anlage von Böschungen werden freigelegte Felsanschnitte der Verwitterung ausgesetzt. Dabei ist die Verwitterungsanfälligkeit der freigelegten Gesteinsarten vergleichend zu prüfen und in Versuchen zu testen. Rascher Festigkeitsverlust (veränderlich feste Gesteine) und die Gefahr rascher Rückwitterung mit Ausbildung von Hohlkehlen sind vorauszusagen.

Bei der Risikoabschätzung und Gefahrenbeurteilung kann vergleichbar zu dem in ► Abschn. 2.6.8 aufgezeigten Verfahren vorgegangen werden. Um Verwitterungsgefährdung zu erkennen, sind folgende Sicherungsfragen zu erörtern:

1. Was kann passieren?
2. Was kann passieren, wenn?
3. Was darf passieren?

Aus der Beantwortung dieser Fragen ergibt sich eine Gefahrenbeurteilung und eine mögliche Gefahrenbegegnung. Verwitterung ist zwar prinzipiell ein langsamer Vorgang, aber rasche Verwitterung kann schon nach wenigen Jahren die Nutzung von Bauwerken beeinträchtigen und kostenaufwendiges Sanieren erfordern. Soweit bei Felsbauwerken die Verwitterungsempfindlichkeit der Gesteine bekannt ist, kann schon in der Planung Raum für späteres Sanieren vorgesehen werden.

2.4 Krusten und Verkrustungen

Aus in Wasser gelösten Stoffen können durch Verdunstung oder durch Verschiebung chemischer Gleichgewichte Feststoffe ausgeschieden werden. Es handelt sich um mineralische Ausscheidungen oder Auskristallisationen. Bauwerke, Bauwerksteile (Rohrleitungen, Dränagen), Baugrund und Boden können verkrusten oder verkrustet vorliegen. Zu Verkrustungen neigen Calcit, Gips, Salze, Kieselsäure, Eisen-, Mangan- und andere Metalloxide und Metallcarbonate.

2.4.1 Kalkkrusten

Calcitausfällungen treten bei Erniedrigung des CO_2-Partialdruckes auf. Die Beziehungen zwischen Lösen und Ausfällen werden durch das Kalk-Kohlensäure-Gleichgewicht ausgedrückt. Zu unterscheiden ist zwischen dem Ausfällen von Calciumcarbonat unter Wasser, an Austrittstellen von Quell- und Grundwasser, im Bereich von Hangwasser und im Tagwasserbereich der ungesättigten Bodenzone. Verfestigte Horizonte und Krusten aus Calciumcarbonat werden auch als Calcrete oder Caliche bezeichnet.

Häufig stellen solche Kalkkrusten Mischtypen aus nachstehend beschriebenen Carbonatisierungsarten dar.

- **Tagwassercarbonatisierung**

Großflächige Kalkkrusten finden sich in den Trockengebieten der Erde. Kalkkonkretionen im Boden finden sich in Gebieten mit ausgeprägten Regen- und Trockenzeiten und in gemäßigt humiden Gebieten mit jahreszeitlichem Wechsel zwischen Sommer und Winter. Aus calcithaltigen Bodenschichten (Löss) wird Calcium als Bicarbonat im Sickerwasser gelöst und mit dem Sickerstrom nach unten verfrachtet. Nach kurzem Sickerweg, abhängig von Wasserdargebot und Bodenfeuchte, wird bei abnehmendem CO_2-Partialdruck in der Bodenluft (Trockenzeit/Winter) Calcit ausgefällt und in Konkretionen (Lösskindel) angereichert. Im Fortgang dieses Prozesses können sich im Boden zusammenhängende Krusten bilden. Nach Abtrag des entkalkten Oberbodens bilden Kalkkrusten eine vegetationsarme bis vegetationsfreie Oberfläche, deren weitere Umlagerung zur Tiefe mit Ausbleiben der Kohlensäure stark verlangsamt wird. Der Partialdruck der Kohlensäure in der Bodenluft ist abhängig von der Vegetation. Er ist in Vegetationsphasen hoch und wechselt in gemäßigt-humiden Gebieten zwischen Sommer- und Winterhalbjahr etwa um den Faktor 5–15. In Trockengebieten wechselt der CO_2-Partialdruck der Bodenluft zwischen Regenzeit und Trockenzeit. Calcitausscheidung in Wurzelröhren, Wühlgängen und an Konkretionen und Krusten geschieht an den Stellen, an denen die Bodenluft diffusiv CO_2 an die Atmosphäre abgibt.

In Entnahmevorrichtungen für Bodenluft kann Calciumcarbonat aus dem im Luftstrom mitgeführten Bodenwasser ausgefällt werden und Ansaugstellen für Bodenluft verschließen. Der Vorgang kann binnen weniger Tage bis Wochen eintreten.

- **Hangwassercarbonatisierung**

Im Hang kann aus Sickerwasser, welches im lockeren Hangsediment oder Hangschutt in geringem Abstand zur Oberfläche über einem Stauhorizont bzw. über Fels hangabwärts strömt, durch die Einwirkung von Diffusion und Verdunstung Calciumcarbonat ausgefällt werden. Dies kann zu mehrere Meter mächtigen felsartigen Verfestigungen oberflächennaher Bodenschichten führen (verfestigte Kiese, Sande, Nagelfluh). Werden solche krustenartigen Verfestigungen von lockeren Böden unterlagert, kann dies im Baugrund bei Nichterkennen der Situation zu kostenträchtigen Fehldeutungen führen.

- **Quell- und Grundwassercarbonatisierung**

Im aufsteigenden Grundwasser oder seitlich auslaufenden Quellwasser kann infolge von Druckentlastung, Diffusion, Bewegung oder Erwärmung der CO_2-Partialdruck erniedrigt werden, was bei kalkharten Wässern zum Ausfällen von Calciumcarbonat führt. An Quellen und künstlichen Austrittstellen von Wasser kann sich Sinterkalk ablagern und die Nutzung von Bauwerken oder Bauwerksteilen behindern. Flächige Verkrustungen können an Austrittsstellen von Mineral- und Thermalwässern auftreten. Bekannt sind schnellwachsende Sinterterrassen (mehrere Millimeter bis Zentimeter pro Jahr) wie Grand Mamouth im Yellowstone-Park/Wyoming, Pamukalee/Türkei und andere. Werden mineralhaltige Thermalquellen gefasst und umbaut (z. B. römische Thermen in Baden-Baden), so können bei ausbleibender Pflege die Baulichkeiten vom Quellsinter erfüllt und umschlossen werden.

In Trockengebieten kann in Talauen und abflusslosen Senken flächenhaft aufsteigendes Grundwasser weitflächiges Ausfällen von Calciumcarbonat verursachen. Solche Ausfällungen reichen von Ausblühungen weißen Calciumcarbonatpulvers über Konkretionsbildungen bis zu meterdicken massiven Kalkkrusten. Calcit kann in Gesteinsspalten, innerhalb von Talsedimenten oder Bodenhorizonten und auch an der Oberfläche von Böden oder Krusten auskristallisieren. Solche Krusten enthalten häufig Einkieselungen und Ausscheidungen anderer Mineralarten, welche im Zuge des Grundwasserkreislaufes in größerer Tiefe gelöst wurden. Abhängig von wechselnden Wasserständen und Witterungsbedingungen kann das Ausfällen des Calciumcarbonats in verschieden hohem Abstand zur Bodenoberfläche erfolgen. Die Bildungsdauer einer Kruste wird von der aufsteigenden Wassermenge und dessen Lösungsinhalt bestimmt. Flächenhaft kann die Krustenablagerung zwischen 0,1 und 1 mm pro Jahr liegen. Durch Erosion des Oberbodens können auch unter Flur entstandene Krusten an die Oberfläche gelangen. Bei zeitweiser Wasserüberdeckung können Kalksteinlagen mit Merkmalen der Carbonatausfällung unter Wasser aufwachsen.

- **Krustenbildung – Calciumcarbonatausfällung unter Wasser**

Durch Entgasen infolge Entlastung, Bewegung oder Erwärmung kann im Wasser der CO_2-Partialdruck erniedrigt und Calciumcarbonat ausgefällt werden. In offenen natürlichen Gewässern kann das Ausfällen durch assimilierende Pflanzen und durch Calciumcarbonat ausscheidende Tiere, Pilze, Algen und Bakterien verstärkt werden. Häufig führt das Ausfällen von Calciumcarbonat unter Wasser zu laminiertem Aufbau der Kalkkrusten mit Wachstum von unten nach oben, in Rohrleitungen und Kanälen von außen nach innen. Ausfällungen werden in Entnahmevorrichtungen, Leitungen, Becken und Apparaturen von Wasserversorgungssystemen beobachtet. In Gebieten mit kalkhartem Wasser kann Oberflächenwasser in natürlichen und künstlichen Gerinnen und besonders an Wasserschnellen und Wehren Kalkausfällung bewirken. Ausgefällter Calcit oder Aragonit kann Leitungen und Dränagen in ihrem Querschnitt verengen oder sogar verschließen. In künstlichen und natürlichen Gerinnen und Gefällstrecken können schnellwachsende Sinterterassen entstehen. Hinter solchen Terrassen kann das Wasser aufgestaut und die Grundwasserlandschaft verändert werden (Plitwitzer Seen).

In Seen kann sich unter Wasser ausgefälltes Calciumcarbonat als Seekreide ablagern.

2.4.2 Gips- und Salzkrusten, Versalzung

Böden, die wasserlösliche Salze enthalten, werden als Solontschake (Salzboden) bezeichnet. Solontschake kommen natürlich vor in abflusslosen Senken mit hohem Grundwasserstand (Grundwassersolontschake, Sebkha), in Gebieten mit Meerwasserversalzung (Küstensebkha) und in Trockengebieten mit atmosphärischem Salzeintrag als Staub oder gelöst im Niederschlag (Tagwassersolontschake). Letztere sind vergleichbar mit durch künstliche Bewässerung versalzten Böden. Mit dem Salzgehalt verbunden ist eine hohe Korrosionsgefahr im Boden.

Grundsätzlich muss bei Bodenversalzung zwischen Chlorid-Sulfat-Verbrackung (Salinisation) und Sodaverbrackung (Alkalisation) unterschieden werden.

▪ Chlorid-Sulfat-Verbrackung (Salinisation)
Die Chlorid-Sulfat-Verbrackung (Salinisation) beruht auf der Anreicherung leicht löslicher *p*H-neutraler Salze. Es handelt sich um NaCl, Na_2SO_4, $CaCl_2$ und $MgCl_2$. Eine solche Verbrackung kann durch natürlichen Grundwasseraufstieg in Depressionen (Chott, Sebkha) und in Bewässerungsgebieten auftreten. Solche Böden werden Solontschak (Weißalkaliboden) genannt.

▪ Sodaverbrackung (Alkalisation)
Die Sodaverbrackung (Alkalisation) bezeichnet den Zustand eines mit $NaHCO_3$ und Na_2CO_3 angereicherten Bodens. Solche Böden werden Solonetz (Schwarzalkaliboden) genannt und können durch Entsalzen aus Solontschaken entstehen. Mögliche Entstehungsursachen sind das Absenken des Grundwasserspiegels oder das Einwirken natriumhaltigen Grundwassers oder Bewässerungswassers auf Steppenböden. Die Anreicherung des Natriums erfolgt im Austausch gegen Calcium. Sodahaltige Böden können hohe *p*H-Werte, im Extrem bis $pH = 13$, aufweisen.

Feinkörnige salzführende Böden sind natriumgesättigt, haben hohe alkalische *p*H-Werte, reagieren stark plastisch und neigen stark zum Schrumpfen. Salzböden sind lebensfeindliche Räume und zeichnen sich durch Pflanzenarmut oder Vegetationsfreiheit aus.

▪ Grundwassersolontschake
In abflusslosen Trockengebieten der Erde ist die Vorflut von Oberflächenwasser und Grundwasser auf Salzseen, Salztonebenen (Chott, Sebkha, Salar) und Salzwüsten ausgerichtet. Salzkrusten können sich an einigen Salzseen alljährlich während der Trockenzeit bilden (bis 50 cm am Urmiasee/Iran; Asadpour 1993). Millimeter- bis zentimeterdicke Salz- und Gipskrusten bedecken die feuchten bis nassen Oberflächen der Salztonebenen, bei denen das Grundwasser wenige Zentimeter bis Dezimeter unter der Oberfläche steht. Soweit geotechnische Maßnahmen in Salztonebenen durchgeführt werden, kann der Salz- und Gipsgehalt als stabilisierender Inhaltsstoff der feinkörnigen Bodenmassen beim Dammbau und Straßenbau (Salzstraßen und mit Salz stabilisiertem Oberbau von Wegen, Straßen und Pisten) wirken (Martin 1992). Neben Salz und Gips können andere Salze auskristallisieren.

Dauerhafte, meterdicke Salzkrusten (Halitkrusten) in Salzwüsten (Bonneville Salt Flats, Utah) bieten feste befahrbare Ebenen.

Küstennahe Salztonebenen auf Meeresniveau können durch Überfluten und durch Windfracht versalzen. Zusätzliche Salzanreicherung über den Grundwasserstrom ist wahrscheinlich. Küstennahe Solontschake zeigen gleiche Eigenschaften wie die Grundwassersolontschake.

▪ Tagwassersolontschake
In den Trockengebieten der Erde können über die Salzfracht der Niederschläge im Boden und im Grundwasser beträchtliche Salzmengen angereichert werden, was zur Verbrackung des Grundwassers führen kann. Im Umkreis von Salzseen, Salztonebenen und Salzwüsten, aber auch vom Meer kann in Trockengebieten Salzstaub verweht und im Boden angereichert werden. Sollen in Trockengebieten Sand- oder Kiesvorkommen als Zuschlagstoffe verwendet werden, ist vorab der Gehalt an schädlichen Salzen zu prüfen.

Künstlich versalzte Flächen sind in Trockengebieten als Folge umfangreicher landwirtschaftlicher Bewässerungsmaßnahmen zu verzeichnen. So ist z. B. nach Fertigstellung des Karakum-Kanals im Jahre 1960 der Wasserspiegel des Aralsees in der Folgezeit bis 1987 um 7 m gefallen, und die Seefläche hat sich um 40 % verringert. Das Wasser im See wurde aufkonzentriert, und das in der Uferregion auskristallisierte Salz wird vom Wind bis 3000 km weit verfrachtet. Große Teile der natürlichen Vegetation sind im weiten Umkreis des Sees vernichtet. Vergleichbare Katastrophen sind bei der Verwirklichung von Wasserstau- und Bewässerungsplänen im Einzugsgebiet des Urmiasees im Nordiran zu befürchten (Asadpour 1993).

▪ Versalzung in Bewässerungsgebieten
In Bewässerungsgebieten der Wüsten können Salz-, Gips- und Kalkkrusten auftreten. Diese rühren aus der Salzfracht des Bewässerungswassers und kristallisieren beim Verdunsten im Oberboden aus.

Salzanreicherungen im Boden können durch Bodenspülung und Abführen der Salzfracht über den Grundwasserkreislauf oder künstliche Sickerwege abgebaut werden. Wegen Übersalzung sinken die Bodenerträge von Jahr zu Jahr in weiten Bewässerungsgebieten der Erde (z. B. Irak). Zunehmend müssen Flächen aus der Nutzung herausgenommen werden. Die Bewässerung abflussloser Gebiete, besonders wenn dies mit mineralreichem Grundwasser geschieht, führt in abschätzbaren Zeiträumen zur Übersalzung und Verbrackung von Böden, die von Natur aus nicht versalzen sind.

Das Vermeiden von Versalzungen und das Entsalzen von Bewässerungsböden wird zur großen Aufgabe der Zukunft.

2.4.3 Eisen- und Mangankrusten

Ausscheidungen von Eisen und Mangan als Oxid oder Oxidhydrat treten in unterschiedlicher Erscheinungsform in und über Boden und Festgestein auf. Frische Ausfällungen werden an Quellen, Dränagen und Brunnen beobachtet.

▪ Verockerungen, Versinterungen
Ausfällungen von Eisen, Mangan und anderen Stoffen (Verockerungen) können Brunnen, Dränagen und Rohrleitungen verschließen oder deren Wirkung stark beeinträchtigen. Im Dränsystem von Deponien treten solche Verkrustungen verstärkt auf. Im Unterlauf von Quellen und in Entwässerungsvorrichtungen von Halden und Deponien können sich in wenigen Jahren große Massen an Eisenhydroxidschlämmen ansammeln und Bachläufe beeinträchtigen.

Das Lösen und Ausfällen von Eisen und Mangan richtet sich nach dem Redoxpotential E_h im Wasser. Unter Mitwirkung von Mikroorganismen können die im Wasser gelösten Eisenionen (Fe^{2+}) oder Manganionen (Mn^{2+}) zu Eisenhydroxid oder Eisenoxidhydrat aufoxidiert und abgeschieden werden. Dies führt zum Verockern von Brunnen, Wasserentnahmestellen und Quellen. Im Schwankungsbereich von Grundwasserständen können Bodenhorizonte verockern (Houben, Weihe 2011).

Beim Brunnenbau muss mit biologischer Verockerung gerechnet werden. Kriterien hierfür sind Lösungsinhalt von Fe^{2+} und Mn^{2+} im Wasser, Fließgeschwindigkeit und Unterschiede in der Fließgeschwindigkeit des Wassers, Einstellen eines bestimmten Redoxpotentials sowie die Gegenwart der das Ausfällen und Verkrusten herbeiführenden Bakterien. Ein Eindämmen der Verockerung kann durch keimabtötende Mittel (z. B. Chlorlösungen) erreicht werden. Auch wird im Umkreis der Brunnen das Impfen des Grundwassers mit sauerstoffangereichertem Wasser empfohlen. γ-Bestrahlungen zum Abtöten der Bakterien sind in Deutschland wegen Unkenntnis über etwaige Nebenwirkungen nicht gebräuchlich.

Die Regeneration eines von Verockerung befallenen Brunnens muss rechtzeitig erfolgen, da die zunächst ausgeschiedenen, weichen Eisen(III)-Hydroxide durch Abgabe von Hydratwasser zu Goethit oder Limonit umkristallisieren und erhärten.

Die Regenerationsbedürftigkeit eines Brunnens oder sein Filtereintrittswiderstand kann aus kontinuierlicher Kontrolle und Vergleich von Fördermenge, Flowmessungen in der Filterstrecke, Pumpenstromaufnahme und Wasserspiegelhöhe im Brunnen festgestellt werden. Kurzzeitpumpversuche, Kalibermessungen und fernsehoptische Aufnahmen sind weitere Untersuchungsmöglichkeiten.

Zur Regeneration werden mechanische Verfahren (Reinigen mit Bürsten, Gummischeiben, Hochdruckreinigungssystemen), chemische Verfahren (abschnittsweises Zugeben eines Lösungsmittels bzw. Regenerats unter Beachtung der Umweltschutzbestimmungen) und Kombinationen beider Verfahren eingesetzt (Paul 1987).

■ Eisenkrusten unter Podsol (Bleicherde)

Im kalten bis gemäßigt-humiden Klima bilden sich bei hohen Niederschlägen auf kalkarmem Untergrund vorwiegend unter Nadelhölzern Podsolböden mit Eisenanreicherung und Krustenbildung im B-Horizont. Solche Eisenkrusten oder Eisenschwarten können wasserstauend wirken und sind kaum durchwurzelbar.

■ Ferricretes

Im Zuge von Lateritverwitterung und Bauxitverwitterung wird dreiwertiges Eisen in Form von Knollen und Krusten angereichert. In Lateritgebieten kann dieses Material als Kies oder Schotter aufbereitet und verwendet werden. Die Bildung benötigt längere Zeiträume.

■ Wüstenlack

In Wüstengebieten können Steine, Blöcke und Felswände von dunklem bis schwarzem Wüstenlack überzogen sein. Die schwarze Kruste besteht aus Eisen, Mangan, Aluminium und Kalium. Sie ist das Produkt chemischer Verwitterung auf Grundlage von Taubefeuchtung. Wüstenlack wird auch auf jungen Gesteinsbruchflächen beobachtet. Viele fälschlich als „Felszeichnung" beschriebenen Darstellungen aus Wüstengebieten sind „Abkratzungen" von Wüstenlack. Vergleichbare Bildungen treten abhängig von der Exposition auch in humiden Klimaten auf und können helle Gesteine dunkel verfärben.

2.4.4 Kieselkrusten (Silcretes, Duricretes)

Weite Gebiete der Erdoberfläche (z. B. in Nord- und Südafrika, Australien) tragen oft mehrere Meter dicke Kieselkrusten unterschiedlicher Entstehung. Seitlich können solche Silcretes in Ferricretes übergehen. Die Entstehung erfolgte überwiegend in zurückliegenden Erdperioden, hält aber in abflusslosen Trockengebieten bis heute an. Geotechnisch wichtig ist die Kenntnis vom Auftreten solcher extrem schwer bearbeitbarer Oberflächenbildungen. Vielfach verursachten solche Krusten Reliefumkehr und bilden heute die Oberfläche von Hochflächen und Plateaubergen.

Kleinräumig können Kieselkrusten an Thermalquellen auftreten.

2.5 Natürlicher Erdabtrag – Erosion, Denudation

Die Oberflächenformen der Erde werden überwiegend durch Wechselbeziehungen zwischen Hebung, Senkung, Abtrag und Sedimentation gestaltet. Maßgebend für Abtrag und Formgebung ist das Klima. Die Prozesse „Abtrag durch fließendes Wasser", „Abtrag durch Gletscher" und „Abtrag durch Wind" werden vom Klima gesteuert.

Die Oberfläche der Erde unterliegt ständiger Veränderung. In Senkungsgebieten bilden sich Hohlformen, die vom Wasser eingenommen werden können und die durch Sedimentation (Anlanden, Anschwemmen, Absetzen, Anwehen, Ausfällen) ausgeglichen werden.

Hebungsgebiete und Vulkane bilden Hochlagen, Hochebenen, Gebirge und Berge, die durch Abtrag (Erosion, Denudation und Massenschwerebewegung, Abrasion und Deflation) ausgeglichen werden. In den Trockengebieten der Erde bilden sich Ebenen. In Regengebieten wird die Oberfläche der Erde durch fließendes Wasser zertalt. Zwischen den Tälern bleiben Berge (Riedel, Hügel) zurück.

Im glazialen Klimabereich und erdgeschichtlich während der Eiszeiten schürfen Gletscher die von Flüssen geschaffenen Täler tiefer und breiter aus und hinterlassen auf dem vom Lockermaterial entblößten Untergrund eine rundbucklige Landschaft.

Für den Abtrag durch Flüsse und Gletscher ist der Meeresspiegel die Erosionsbasis, wobei jedoch zu beachten ist, dass durch Zusammenwirken von Meeresströmung und Ebbströmung die erodierende Kraft großer und tiefer Flüsse auch unterhalb des Meeresniveaus angreifen kann. Im Binnenland können Seen und Senkungs- bzw. Ablagerungsräume die Funktion einer lokalen Erosionsbasis übernehmen. Im Sinne der Geomorphologie sollte gelten: Je höher über und je näher an der Erosionsbasis ein bestimmtes Areal liegt, desto stärker ist die Abtragung. Aus geotechnischer Sicht muss veränderte Schuttanlieferung, hervorgerufen durch Gesteinswechsel oder Auflockerung bzw. Entspannung, berücksichtigt werden. Im gleichen Gestein kann sich einmal starke Erosion einstellen, z. B. im Wildbach, während an anderer Stelle steile und hohe Felswände und Felsen zu den beständigen Landschaftsformen mit nur geringem Gesteinsabtrag zählen.

Die Erosionsbasis Meeresspiegel ist im Laufe geologischer Zeiträume Schwankungen unterworfen. Im Unterlauf der Flüsse führt sinkender Meeresspiegel zum Versteilen, steigender Meeresspiegel zum Abflachen des Gefälles. Versteilen des Fließgefälles führt zu flussaufwärtsschreitender Erosion. Abflachen des Fließgefälles führt zu flussaufwärtsschreitender Anlandung oder Sedimentation (▶ Abschn. 14.2).

Einschneiden und Verbreitern der Fluss- und Bachbetten sowie fortschreitende Küstenerosion führen in der Landschaft zum Versteilen der Flanken (Hang, Leite, Felswand, Steilküste, Steilufer, Kliff). An den Flanken der Steilküsten, Täler und Berge wirkt flächenhafter Hangabtrag (Denudation). Schwerkraftbedingt bewegen sich in Form einer unmittelbaren Massenschwerebewegung aufgelockerte Felsmassen und Lockermassen im Hang oder über den Hang auf den Talboden zu (Talzuschub) und werden dort vom Fluss erodiert. Längs von Küsten und Ufern bewegen sich Lockermassen auf die Küste zu und werden dort vom Wellenschlag und von der Küstenströmung erodiert und verfrachtet. Der Vorgang der Denudation (Entblößung) beschreibt Bewegungen im Boden der Hänge, durch die im Extrem der Fels freigelegt wird. Das Niveau der Tallinie bildet das Denudationsniveau. Im Laufe der zurückliegenden Erdperiode (Eiszeit) unterlag das Denudationsniveau einem mehrfachen Wechsel. Wechselndes Klima führte zu unterschiedlichen Vorgängen beim flächenhaften Hangabtrag. Entsprechend der variierenden Morphogenese können Hänge unterschiedlich geformt und im Lockermaterial der Deckschichten unterschiedlich aufgebaut sein.

Zu den Vorgängen der Denudation zählen mittelbare Massenschwerebewegungen durch Wasser (Erosion bzw. Flächenspülung), durch Wind (Deflation bzw. Winderosion) und durch Betreten, Befahren und Bearbeiten sowie unmittelbare Massenschwerebewegungen durch gravitative Eigenbewegung (Rutschungen). Der Begriff „Talzuschub" umfasst alle Vorgänge, die zur zeitweisen bzw. vorübergehenden Einengung von Tälern führen. Bei in Festgestein eingeschnittenen Tälern können große zusammenhängende Felsmassen (Bergmassen) zu Tal driften oder gleiten und das Tal klammartig einengen. Bei Hängen mit Deckschichten aus Lockermaterial kann Talzuschub zu Ansammlungen von Lockermaterial am Hangfuß führen.

Für geneigte Flächen im Gelände werden die Begriffe „Hang", „Wand", „Kliff", „Halde", „Kippe" und „Böschung" verwendet.

■ **Hänge**

Hänge sind natürlich geneigte Geländeflächen, die aus aufgelockertem Fels oder aus Lockermaterial aufgebaut sind. Die Deckschichten bestehen aus Lockermaterial, welches durch die Prozesse Auflockerung, Verwitterung, Nachfall, Anwehung oder Anlandung akkumuliert wird und flächenhaftem Hangabtrag bzw. Denudation ausgesetzt ist. Im Hang und besonders im Steilhang finden schwerkraftbedingte Bewegungen statt (Talzuschub). Auf lange Zeit betrachtet, befinden sich alle Hänge in einem labilen Zustand und unterliegen ständiger Verformung.

■ **Wände**

Wände sind steile bis senkrechte Flanken von Tälern, Bergen und künstlichen Hohlformen (Felswände, Bergwände, Grubenwände). Auf den steil bis senkrecht geneigten Wandflächen kann sich kein Lockermaterial ansammeln.

■ **Kliffe**

Abbruchformen an Steilküsten werden Kliffe genannt.

■ **Böschungen**

Böschungen sind künstlich geneigte Geländeoberflächen, die nach den Regeln der Technik stabil angelegt werden. Der Begriff „Böschung" bezog sich ursprünglich auf geneigte, grasbestandene Anschüttungen oder Abgrabungen beim Festungsbau des 17. Jahrhunderts (Busch, Bosch).

■ **Halden**

Der Begriff „Halde" wird für künstliche und natürliche Formen verwendet. Künstliche Schutthalden sind Anhäufungen von unbrauchbaren oder nicht gebrauchten Massen, natürliche Sturzhalden Anhäufungen von Lockermaterial aus Vorgängen der Verwitterung, welche durch fallende, rollende oder rutschende Bewegungen akkumuliert werden. Künstliche Halden bauen sich über dem natürlichen Gelände auf.

■ **Kippen**

Kippen sind künstliche Auffüllungen von Hohlformen mit Erdmassen oder mit unbrauchbaren bzw. nicht gebrauchten Massen, welche durch fallende, rollende oder rutschende Bewegungen abgelagert werden. Der Begriff wird nur für künstliche Formen verwendet. Die dabei entstehende Geländeoberfläche heißt Kippenböschung.

2.5.1 Erosion

Abtrag durch Wasser wird als Erosion (Ausnagung) bezeichnet. Fließendes Wasser kann Bodenbestandteile mechanisch aus ihrem Verband lösen und verfrachten. Dabei setzen Böden und Gesteine dem Erosionsangriff einen Widerstand (Erodibilität) entgegen. Dieser Widerstand hängt von der topographischen Lage, der Hangneigung, dem Wasserdargebot und den Boden- oder Gesteinseigenschaften ab. Schluffe und Feinsande setzen dem Erosionsangriff des Wassers den geringsten Widerstand entgegen. Böden mit hohen Anteilen an Schluff sind besonders erosionsempfindlich.

■ **Quellerosion durch fallende Quellen**

Fallende Quellen sind Austrittsstellen des Grundwassers im Hang oder in der Bergwand. Dabei fließt im Untergrund gestautes Wasser in Richtung des geringsten Widerstandes seitlich aus. Die Schnittlinie zwischen Geländeoberfläche und dem an tiefster Stelle angeschnittenen Grundwasserkörper bildet einen Quellhorizont. Der Wasseraustritt ist bei Felsgestein meist durch Inhomogenität (z. B. Scharung von Klüften) vorgegeben. Im Porengrundwasserleiter bewegt sich das Wasser in konvergierenden Stromfäden auf eine Hohlform in der Landschaft (Tal, Senke) zu. Das Wasser tritt häufig an einem Quellpunkt aus. Am Quellaustritt bewirkt der Wasseraustritt verstärkte Verwitterung und Abtragung (Quellmulde, Quelltrichter). Die von fallenden Quellen hervorgerufene Quellerosion ist ein häufiger Fall der rückschreitenden Erosion.

Bei Erdarbeiten und bei in den natürlichen Wasserablauf eingreifenden Bauaufgaben können sich mehrfach erosionsgefährdete Situationen ergeben. Abgrabungen, die unter das Grundwasser reichen, schaffen künstliche Voraussetzungen für seitlichen Wasseraustritt und damit verbundene Erosionswirkung. Auch Wasserentnahme über Bohr- oder Schachtbrunnen kann bei fehlendem Filter im Untergrund Erosion auslösen und Hohlraumbildung, z. B. unter Bauwerken, verursachen.

Erosionsgefährdet sind alle Böden, besonders Sande und Sand-Kies-Gemische. Locker gelagerte Sandschichten, die unter Porenwasserüberdruck stehen, heißen Fließsand (Sand unter Lehm in Tallage). Werden Fließsandlagen beim Graben angeschnitten, kann Wasser ausfließen und Sand ausspülen. Mit Wegfall des Porenwasserüberdruckes kann eine Verdichtung der Sandschicht eintreten. Dies kann zu Volumenminderung, Sackungen an der Oberfläche und Setzungsschäden an Bauwerken führen. Sandlagen mit Porenwasserüberdruck können mit Sondierungen erkannt werden.

Die Durchführbarkeit einer offenen Wasserhaltung in Baugruben wird auch von der Erosionsgefährdung bestimmt. Der mögliche Absenkungsbetrag ist von der Bodenart abhängig (▶ Abschn. 6.1.2).

Durch dauerhaften oder zeitlich begrenzten Wasserstau kann strömendes Wasser im Porenraum eines homogenen Bodens (Baugrund, Deichkörper) und besonders auf Fließbahnen längs vorliegender Inhomogenitäten (Wühlgänge, Wurzelgänge, eingebaute Grobkornlagen, Sondierlöcher, Drän- und Leitungsgräben) zu ungewolltem Wasseraustritt (Quellaustritt) mit den Wirkungen rückschreitender Erosion führen.

„Erosionsgrundbruch“ bei abwärtsgerichtetem Fließgefälle ist ein (meist künstlich herbeigeführter) Fall rückschreitender Quellerosion.

Mögliche Sanierungsmaßnahmen sind sofortiges Vermeiden des Sickerwasserzuflusses, Einbau von Sperrschichten und Verpressen der Hohlräume, Dränen des austretenden Wassers, Erniedrigen der Sickerlinie und Auftrag von Filterschichten oder Sandsäcken (▶ Abschn. 6.3.2 und 14.4.3).

▪ Quellerosion durch aufsteigende Quellen

Aufsteigende Quellen (artesische Quellen, Talquellen) treten meistens in der Talsohle zutage und können dort zu flächenhafter Vernässung führen. Bei konzentriertem Wasseraustritt bilden sich in der Talaue Quelltöpfe oder Quellkessel, in denen aufströmendes Wasser und mitgeführter Sand aufwallen. Diese wassererfüllten Hohlformen können 1–3 m tief und im Durchmesser mehrere Meter weit sein.

Die hydrodynamische Situation verursacht im Grundwasserleiter bei Überlagerung durch feinkörnige Böden einen Porenwasserüberdruck. Das aufsteigende Wasser bewirkt Bodenauflockerung und Materialaustrag.

Sonderformen mit Verkrustungen sind die Austrittsstellen natürlicher Mineral- und Thermalquellen.

Durch Bodenabtrag oder Wasseraufstau können künstlich die Voraussetzungen für aufsteigendes Quellwasser geschaffen werden, womit die Gefahren von hydraulischem Grundbruch und Erosionsgrundbruch verbunden sein können (▶ Abschn. 6.3.1 und 6.3.2). Eine häufig gegebene Situation ist die Überlagerung von Lehm über Sand und Kies durch mit Grundwasserstand innerhalb der Lehmlagen. Beim Unterschreiten einer gewissen Mindestdicke der verbleibenden feinkörnigen undurchlässigen Schicht besteht die Gefahr für Sohlauftrieb oder für hydraulisches Durchströmen der Baugrubensohle. Das Austreten gespannter Grundwässer in der Sohle von Baugruben (pseudoartesische Quellen) kann im Boden zu Auflockerung und Erosion führen, wodurch dessen Belastbarkeit stark gemindert bis zerstört wird. Sicherheit gegen hydraulischen Grundbruch bietet die geschlossene Wasserhaltung.

Im Festgebirge tritt beim Austritt gespannter Grundwässer (Fels unter Lehm) keine Minderung der Belastbarkeit ein.

▪ Suffussion

Durch den Fließdruck des Grundwassers können im Untergrund Bodenteilchen bewegt und ausgetragen werden. Das Ausschwemmen von Feinteilen aus Klüften und Grobporen wird als Suffussion oder mechanische Suffussion bezeichnet. Chemische Suffussion bezeichnet das Herauslösen von Bindemittel (z. B. Calcit) aus dem Porenraum grobkörniger Gesteine. Bei den Vorgängen der Suffussion wird eine Erhöhung der Durchlässigkeit beobachtet. Die die Standfestigkeit bedingende Internstruktur des Baugrundes kann zunächst erhalten bleiben.

Suffussionsgefährdet sind Sand-Kies-Gemische mit Feinsand und Grobschluff bei nicht ausreichender Filterstabilität. Injektionen sowie das Aufbringen von Filterschichten sind mögliche Sanierungsmaßnahmen.

▪ Linienerosion

Das abfließende Wasser kann längs der Linie des Wasserlaufes nach unten und nach der Seite erodieren; hieraus ergeben sich die Begriffe „Tiefenerosion“ und „Seitenerosion“.

▪ Tiefenerosion

Der Begriff „Tiefenerosion“ umfasst den Abtrag von Lockermassen aus der Sohle des Fließgewässers, wobei die Lockermassen entweder als Boden oder Lockergestein vorliegen oder in der Felssohle durch Gesteinsentspannung und Auflockerung als Kluftkörper bereitgestellt werden. Auch können durch Geschiebetrieb am Felsuntergrund Abschürfungen hervorgerufen werden (Korrasion). Das Eintiefen durch Korrasion kann bei hartem Fels (Magmatite) 1–2 mm pro Jahr betragen.

Durch Tiefenerosion entsteht ein Kerbtal, V-Tal oder Canyon.

Gesteinsschichten, die dem erodierenden Angriff des Wassers hohen Widerstand entgegensetzen, und tektonisch aktive Hebungszonen können sich im Flusslauf als Engstelle mit Auskolkung der Flusssohle oder als Gefälleknick mit Stromschnellen,

2

Kaskaden oder Wasserfällen abbilden. Hinter Engstellen können sich in der Flusssohle Vertiefungen (Tosbecken, Kolke) bilden. Die Tiefe großer Kolke liegt häufig bei 5–10 m unter der mittleren Flusssohle und kann an Engstellen großer Flüsse bis 75 m tief reichen.

Wasserfälle und Kaskaden sind meist Formen rückschreitender Erosion. Sie sind als flussaufwärts wandernde Stromschnellen und Wasserfälle von ortsfesten Akkumulationsformen zu unterscheiden. Chemische und biologische Ausfällung von Calcit und anderen Stoffen (Kieselsäure, Eisen, Mangan) kann zu wasserstauenden Akkumulationsformen mit Abfluss über Wasserfälle oder Kaskaden führen (Plitwitzer Seen in Kroatien, Sinterterrassen in Pamukalee/Türkei). Es sind flussabwärts wandernde Stromschnellen, Kaskaden und Wasserfälle. Nach Bremer (1989) können Wasserfälle tropischer Flüsse durch Rindenbildung stabilisiert werden.

Rutschmassen können den Talabfluss aufstauen und einen Gefälleknick mit erhöhtem hydraulischem Gradienten für das abfließende Wasser bewirken. Durch rückschreitende Erosion und häufig verbunden mit einem „Dammbruch" können solche Massen in sehr kurzer Zeit abgetragen werden und bedürfen entsprechender Schutzbauten (► Abschn. 14.1).

Bei Flüssen kann Tiefenerosion mit einer Änderung der Gleichgewichtslage zwischen Anlanden und Abtrag in der Flusssohle erklärt werden. Ursachen können Versteilung des Gefälles, Zunahme der Wasserführung oder Verringerung der Geschiebezufuhr sein (► Abschn. 14.1.1). Vertiefungen in der Flusssohle (Kolke) wandern flussaufwärts (rückschreitende Tiefenerosion) und bedrohen Bauwerke, Brückenpfeiler und Ufermauern. Zum Erkennen möglicher Gefahren werden die Flusssohlen regelmäßig vermessen (► Abschn. 14.2.1).

Durch Tiefenerosion und Rinnenbildung können Böschungen von Geländeanschnitten und Aufschüttungen zerstört werden. Schutz vor Erosion bietet eine stabile Grasnarbe, die je nach Situation durch Ansäen oder durch Verlegen von Rasensoden angelegt wird.

Im nichtbewachsenen Gelände kann die Erosion die Oberflächenform von Böden oder von veränderlich festen Gesteinsmassen prägen. Starkregen können auf wenig geneigtem Gelände, besonders auf frisch gepflügtem Acker, tiefe Erosionsrinnen ausbilden. In der Landwirtschaft schützt man sich am besten durch höhenparallel angelegte Feldraine und Ackerfurchen sowie kleinere Parzellierung. Der Einsatz von Großgeräten verlangt jedoch geräteangepasste Flächen und kann auf die Erosionssicherheit wenig Rücksicht nehmen.

▪ Racheln, Badlands

Steilhänge in feinkörnigen Böden (Schluff, Löss, Tuff) können durch die Erosion von in engem Abstand parallel verlaufenden und/oder sich verzweigenden Regenfurchen (Racheln, Calanchen) oberirdisch zerschnitten bis zerfurcht sein. Die Oberfläche ist in einzelne steilwandige Grate, Erdpfeiler, Erdpyramiden, Erdkegel oder Erdnadeln aufgelöst. Formen unterirdischer Erosion bzw. Suffussion sind Höhlen, Röhren und Schlucklöcher. Wegen ihrer Unbrauchbarkeit werden Rachellandschaften als Badlands bezeichnet.

Die Ursache für Badlands liegt in der leichten Erodierbarkeit der betroffenen Böden. Diese haben stets eine nur geringe Kohäsion. Der Mangel an Pflanzenbedeckung kann vom Klima, vom Boden und von der Landnutzung vorgegeben sein. Zu den im Boden oder Gestein enthaltenen Stoffen, die Pflanzenwachstum verhindern, zählt Pyrit. Durch anhaltend hohe Erosionsraten gelangt unverwittertes pyrithaltiges Material in oberflächennahe Bodenschichten. Hier führt die Oxidation von Pyrit (FeS_2) zur Bildung von Schwefeldioxid und Schwefelsäure.

Bei kleinflächigem Auftreten von Racheln, z. B. in Straßeneinschnitten, kann tiefgründiger Bodenaustausch Abhilfe schaffen. Großflächige Rachellandschaften (Badlands) gehören zu den Formen aktiver Veränderung auf der Erdoberfläche und können keiner Nutzung zugeführt werden.

▪ Seitenerosion

Seitenerosion wird durch anströmendes Wasser und auflaufende Wellen bewirkt und kann durch Quellaustritte längs der Uferlinie verstärkt werden, wobei die Uferlinie und die Menge des zufließenden Grundwassers mit dem Wasserstand wechseln kann. Der Materialaustrag durch Grundwasser ist bei fallendem Wasserstand groß. Dadurch können am Steilufer auch Rutschungen und Abbrüche ausgelöst werden.

Schutz vor Seitenerosion geben Uferbauwerke, die an der Wasserseite grobe Steine gegen Wellenschlag tragen und gegen den anstehenden Baugrund zum Schutz vor Materialaustrag durch Geotextillagen oder korngestufte Filterlagen geschützt sind (► Abschn. 14.1 und 14.2).

▪ Flächenspülung (flächenhaft wirkende Erosion) – Bodenerosion

Niederschläge können zu flächenhafter Abspülung führen. Voraussetzung ist ein vegetationsfreier bis vegetationsarmer kohäsionsfreier Boden, wie er häufig bei frisch gepflügtem Ackerland auftritt. Abspülungen werden bei örtlichen Starkregenereignissen beobachtet und können auf oft engbegrenztem Raum die Ackerkrume abtragen. Neben flächenhaftem Abtrag (Denudation) wird Erosion in nur kurzzeitig wirksamen Rillen beobachtet. Oft mündet flächenhafter Hangabtrag oder flächenhafte Hangabspülung in initiale Linienerosion in Form von Runsen und Erosionsrinnen mit Wildbachcharakter.

Bodenerosion stellt eine Gefahr dar, die mit jeder Art der Landnutzung, vorrangig mit der Landwirtschaft, verbunden ist. Sie bedroht die Ernährungsbasis der Menschheit. Erosionskontrolle und Maßnahmen zur Bodenerhaltung sind eine wichtige Disziplin der Angewandten Geowissenschaften (Morgan 1999).

▪ Abrasion

Der Abtragungsvorgang durch Wellen oder Brandung an Küsten oder Ufern wird als Abrasion bezeichnet. Gebräuchlich ist auch der Begriff „Küstenerosion". Abtragung längs einer Küste führt zur Ausbildung einer Steilküste mit einem Kliff und einer meerseits vorgelagerten Küstenplattform oder Schorre. Brandung, Wellenschlag und auch Lösungsangriff des Wassers führen zur Unterhöhlung am Kliffuß. Die Abrasion wirkt bei Festgesteinen während des Tidehochstandes am Kliff, bei Lockergesteinen nur bei extremen Hochwasserständen am weiter landeinwärts liegenden Kliff. Die Steilwand entsteht durch Abbruch und Stürzen. Während (bestehender)

Stillstandsphasen wirkt auch die Witterung auf die Kliffwand ein. Bei Tonstein, Schluffstein oder anderem veränderlich festem Gestein kann das Steilufer durch Rutschungen überprägt sein. Bei wenig standfestem grobkörnigem Boden bildet sich unter der Abbruchkante des Kliffs eine Hangverschüttung. Der Rückgang von Steilküsten ist stark von der Exposition abhängig. Gierloff-Emden (1980) nennt bis 40 m Rückgang am Kliff der neuentstandenen Insel Surtsey durch Kliffabbruch aus dem Beobachtungsjahr 1969/70. Die Ausbildung einer etwa 1 m tiefen Hohlkehle im harten Vulkangestein durch mechanischen Abrieb der in der Brandung bewegten Steine benötigte etwa ein Jahr. Häufig genannte spektakuläre Werte für den Küstenrückgang an stark gefährdeten Steilufern liegen in der Größenordnung von 0,3–1,7 m pro Jahr. Diese Werte gelten für Fest- und Lockergestein. Weltweit rechnet Gierloff-Emden (1980) mit einem statistischen Mittel von 5 cm Küstenrückgang an 10 m hohen Steilküsten. Doch sind auch heute nichtexponierte Steilküsten bekannt, an denen seit Jahrhunderten kein Küstenrückgang stattgefunden hat.

Eine Küstenplattform ist eine diskordante Kappungsfläche des Meeres. Diese Kappungsfläche taucht meerwärts ab. Bei Fels findet auf ihr weiterer mechanischer Verwitterungsangriff und Abtrag statt. Der bei Ebbe landfeste Teil der Küstenplattform heißt bei Festgestein Schorre. Bei lockerem Boden heißt der bei Hochwasserstand geformte und bei Niedrigwasser freiliegende Teil der Küstenplattform Strand, unterteilt in trockener Strand, Strandwall bzw. Spülsaum und nasser Strand.

- **Prielerosion**

In den durch das strömende Wasser von Ebbe und Flut geprägten Watten bilden sich Gezeitenstromrinnen oder Priele. Durch diese Priele strömen die Flut- und Ebbströme ein und aus. Die Rinnen werden übertieft und schneiden sich rückwärts in die Marschflächen und auch auf die Küste zu ein. Die Beherrschung der Prielerosion ist wesentliche Aufgabe des Küstenschutzes.

- **Glazialerosion**

Durch bewegtes Eis wird die vom Gletscher überfahrene Landoberfläche erodiert. Lockermaterial wird als Moräne vom Gletscher aufgenommen und verfrachtet. Gletscher verursachen unterschiedliche Formen bei Abtrag, Gestaltung der zurückbleibenden Landoberfläche und Verformung des Untergrundes. Von Gletschern bedeckte Gebiete gehören zu den Formen aktiver Veränderung auf der Erdoberfläche und können keiner Nutzung zugeführt werden. Die Glazialerosion ist kein Thema der Ingenieurgeologie.

2.5.2 Winderosion, Deflation, Windabrasion

Der Wind wirkt flächenhaft auf die Landoberfläche ein. Er kann anstehenden Boden austrocknen und einzelne Körner aus dem Bodenverband lösen (ausblasen) und diese verwehen (Deflation). Vom Wind mitgeführte Partikel können beim Auftreffen auf Gestein weiteren Abtrag (Windkorrasion oder Windabrasion) bewirken.

Aus trockenem Lockermaterial kann vom Wind Sand und Staub (Schluff, Gesteinsmehl) ausgeblasen werden. Das Sand- und Staubtreiben (Springkorn) wirkt ähnlich einem Sandstrahlgebläse und bewirkt Abschleifungen (Windschliff, Windkorrasion, Windabrasion), welche unmittelbar über dem Boden am stärksten sind (Pilzfelsen, Windkanter). Bei der Bildung von Tischfelsen wirken häufig Windabrasion und Verwitterung in der Zone des kapillaren Wasseraufstieges zusammen.

Die ausblasende Wirkung des Windes ist in vegetationsfreien Flächen groß. Davon betroffen sind Wüsten (Hitzewüsten, Kältewüsten, Hochgebirgswüsten), Halbwüsten, Strände, Kliffe, Baustellen, nicht befestigte Wege und Ackerflächen.

An leicht ausblasbaren Stellen bilden sich Deflationswannen oder Deflationsfurchen.

Winderosion hat weltweit eine große Bedeutung. Von Windausblasung gestaltete Landschaftsoberflächen wie Kies- und Felswüsten nehmen einen großen Teil der Erdoberfläche ein.

Auf Baustellen stellt das Ausblasen durch Wind eine Umweltbelastung dar. Zur Abwehr von Sand- und Staubbelästigung werden ausblasfähige Flächen besprüht, beregnet, abgedeckt oder bepflanzt. Auch Straßendecken sind vorrangig ein Schutz vor Staubbelästigung.

Das Ausblasen durch Wind wird auf Baustellen durch die erodierende Wirkung des Verkehrs verstärkt.

2.5.3 Erdabtrag durch Betreten, Bearbeiten und Befahren

Durch Betreten, Bearbeiten oder Befahren kann der Untergrund in seinem Zusammenhang gelockert werden. Es handelt sich um die Vorgänge Abscheren, Abziehen, Abreißen, Abreiben, Abstoßen oder Abdrücken. Erodierend wirkt die Trittkraft in Verbindung mit der Schwerkraft sowie die Reibungskraft von Antriebsrädern. Die Erosion durch Betreten und Befahren kann als Linien- und als Flächenerosion (Denudation) auftreten. Bei fehlender Fahrbahndecke können im Berg- oder Hügelland Wege zu Hohlwegen erodieren. Schwere Maschinen können nichtbefestigte (und auch befestigte) Wege und befahrenes Gelände auflockern und der erodierenden Kraft des Wassers aussetzen. Fahr- oder Spurrinnen sind oft der Ausgang für weitere Rinnenerosion.

Auf überweideten Flächen kann die Grasnarbe zerstört werden. Befinden sich solche Flächen in Hanglage, können Grasnarbe und Mutterboden durch Betreten hangabwärts bewegt und zusätzlich der flächenhaften Abspülung ausgesetzt werden. Tränk- und Fütterungsstellen sowie zu kleine Koppeln sind besonders von Erdauflockerung und Erdabtrag durch Betreten gefährdet.

In Hanglage kann landwirtschaftliches Bearbeiten zu Hangabtrag führen, meist unterstützt durch Vorgänge natürlicher Erosion. Hangaufschreitende Bodenbearbeitung mit der Hacke sowie Umpflügen parallel zur Höhenlinie in immer gleicher Pflugrichtung mit hangabwärtsgerichtetem Umlegen der Scholle verlagern den Mutterboden mit jedem Arbeitsgang hangabwärts.

In Steilhängen können durch Betreten Sand, Kies, Steine oder Blöcke gelockert und hangabwärts bewegt werden.

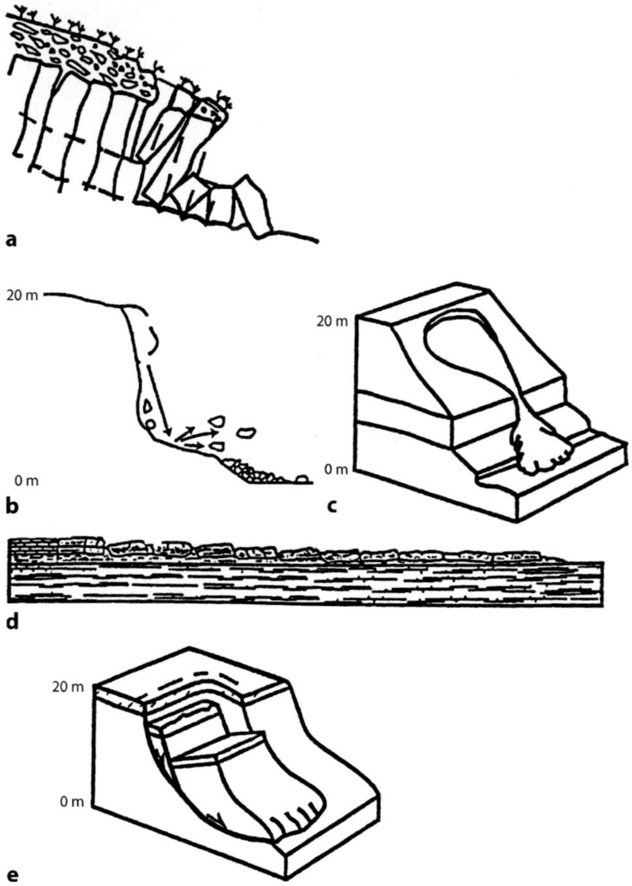

Abb. 2.6 Rutschungstypen. **a** Kippen, **b** Fallen, **c** Fließen, **d** Driften, **e** Gleiten. (Umgezeichnet nach Krauter 1993)

2.5.4 Überwachen und Beurteilen erosionsgefährdeter Bereiche

Bauwerke, natürliches Gelände und besonders landwirtschaftlich genutzte Flächen können durch Vorgänge der Erosion gefährdet werden. Zur Dokumentation des Erosionsrisikos werden in besonders gefährdeten Gebieten Bodenerosionskarten erstellt.

Erosion kann durch technische Maßnahmen begrenzt oder verhindert werden.

Zu den üblichen Verfahren zählen der Bau von Mauern und die Anlage von Terrassen, der Bau von Stauanlagen und Entwässerungseinrichtungen, das Verringern des Fließgefälles und das Stabilisieren von Böschungen und Uferbereichen durch Anpflanzen geeigneter Gewächse.

Entwässerungsanlagen sind so anzulegen und zu konstruieren, dass die anfallenden Wassermassen ohne Schaden abgeführt werden können. Es ist zu vermeiden, dass von einer Entwässerungsvorrichtung eine Erosionsgefahr ausgeht. Bestehende Entwässerungsanlagen und deren Vorflut sind instand zu halten und zu pflegen. Erosionsgefährdete Bereiche sind regelmäßig in Augenschein zu nehmen. Vorgänge, die sich dem direkten Einblick entziehen, können durch den Einsatz von Geräten überprüft werden. In Flussbetten werden im Abstand von etwa zehn Jahren (an gefährdeten Stellen öfter) die Veränderungen in der Flusssohle über Längs- und Querprofile kontrolliert. Dadurch sollen neue oder wandernde Auskolkungen, aber auch Sandbänke erkannt werden. In befahrbaren Flüssen kann die Kontrolle der Flusssohle auch mit dem Echolot erfolgen. Vielfach treten Erosionsschäden im Zusammenhang mit starker Wasserführung ein. Bei aufgestautem Wasser und bei künstlichen Fließwegen, Rohrleitungen, Schussrinnen oder Kanälen kann oberirdisch und unterirdisch abfließendes Wasser zu Erosionsschäden führen. Besonders hoch ist die Gefahr bei Bauwerkshinterfüllung unter Kanalstrecken. Wasserbaumaßnahmen sind wegen der stark erosiven Wirkung von Wasser allgemein kurzlebig und müssen im Abstand von wenigen Jahren bis Jahrzehnten wiederholt werden.

Erosionsschäden an frischen Erdbauwerken können Folge mangelnder Verdichtung, aber auch mangelnder Abdeckung oder Bepflanzung sein. Auch frisch angelegte Pflasterungen können bei Starkregen ausgewaschen und zerstört werden, ohne dass hier ein Baufehler vorliegt. Die Festigkeit einer Pflasterdecke stellt sich erst im Zuge der Nutzung ein.

Bei geneigten Agrarflächen kann durch höhenparallele Führung der Wege, Entwässerungsgräben, Dränrohre, Feldraine, Pflugfurchen, Aussaaten und Anpflanzungen die Erosionsgefahr verringert werden.

Durch Winderosion kann sowohl im ebenen wie auch im geneigten Gelände flächenhaft Boden abgetragen werden. Betroffen können aufgelockerte Agrarflächen sein, von denen der Mutterboden weggeblasen wird. Soweit es sich um regelmäßig wiederkehrende Erscheinungen handelt, kann eine nicht an die Umwelt angepasste Landnutzung vorliegen. In Felsen und Bauwerken können sich durch Winderosion bodennah Hohlkehlen bilden, die den Bestand des Bauwerks gefährden. In solchen Fällen sind Steine auszutauschen oder die Hohlkehlen mit abstützendem Material zu verfüllen.

Erosion durch Betreten kommt an intensiv begangenen oder befahrenen Stellen (Hohlwege) vor. Diese Strecken sind entweder abzusperren oder zu befestigen. An Ausflugsorten kann schützenswertes Kulturgut gefährdet sein. Durch geeignete Anpflanzungen (z. B. Dornengewächse) oder technische Absperrungen kann das Benutzen der befestigten Wege erzwungen werden.

2.6 Rutschungen – unmittelbare Massenschwerebewegungen

Unter Rutschungen oder unmittelbaren Massenschwerebewegungen werden schwerkraftbedingte Bewegungen von Felsmassen, Böden oder Schuttmassen verstanden, die primär hangabwärts gerichtet sind. Die Massenverlagerung erfolgt unmittelbar, das heißt ohne Transport durch ein leichter bewegliches Medium wie fließendes Wasser, Wind oder Gletschereis (Louis 1979). Rutschungsschäden stehen, was die Gewichtung von Naturkatastrophen nach Toten, Verletzten und Zerstörung von Sachwerten betrifft, weltweit hinter Überflutungen und Erdbeben an dritter Stelle. Häufig wirken Erdbeben und Überflutung als auslösendes Moment von Rutschungen.

Unterschieden werden die Bewegungstypen (Rutschungstypen) „Kippen", „Fallen", „Fließen", „Driften" und „Gleiten". Bei einzelnen unmittelbaren Massenschwerebewegungen sind Übergänge und Kombinationen dieser Bewegungstypen möglich.

Zum anderen sind Übergänge zum mittelbaren Massentransport besonders durch das Transportmedium Wasser möglich. Zum einheitlichen Gebrauch der für das Beschreiben von Rutschungen zu verwendenden Fachbegriffe wurde von der UNESCO-Arbeitsgruppe der internationalen Gesellschaft zur Inventarisierung von Rutschungen ein mehrsprachiges Glossar über Rutschungen herausgegeben (deutsche Fassung: Krauter 1993). Die dort getroffenen Festlegungen betreffen Rutschungstypen, Rutschungsmerkmale, Rutschungsdimensionen, Zustand der Rutschungsaktivitäten, Verteilung der Rutschungsaktivitäten und Art der Rutschungsaktivitäten. Sie werden nachstehend in Anlehnung an Krauter (1993) wiedergegeben.

Es ist das Ziel, die von Rutschungen bedrohten Lebensräume in Gefahrenkarten auszuweisen. Hierin sind Rutschungstyp, Rutschungsdimensionen sowie Zustand, Verteilung und Art der Rutschungsaktivitäten aufzunehmen (Angerer 1995).

Nach Art der Bewegung werden die Rutschungstypen „Kippen", „Fallen", „Fließen", „Driften" und „Gleiten" unterschieden (◘ Abb. 2.6).

2.6.1 Rutschungstyp „Kippen"

„Kippen" ist der Verlust der Standfestigkeit eines Boden- oder Felskörpers bei Rotation in Steillage.

In Steilwänden oder Steillagen können sich einzelne Blöcke oder zusammenhängende Boden- bzw. Gesteinsmassen unter dem Einfluss der Schwerkraft aus dem Gebirgsverband lösen. Auslösende Momente für das Abtrennen von der zusammenhängenden Boden- oder Gesteinsmasse (Fels) können das Aufreißen oder Öffnen von Klüften durch Entspannung (Bergzerreißung) sowie das Aufweiten von Spalten durch Wurzeldruck, Wasserdruck oder Eisdruck sein. Die von der übrigen Fest- oder Lockergesteinsmasse losgetrennte, zusammenhängende Boden- oder Felsmasse kann auf ihrer Aufstandsfläche gleiten, driften, einsinken, knicken oder ausbeulen. Auch kann der Untergrund oder die Aufstandsfläche wegbrechen und versagen. Dabei kann eine Schwerpunktsverlagerung bis zum Kippen eintreten. Die Kippbewegung kann gegen die Felswand oder von dieser weg gerichtet sein. Die kippgefährdete Masse erfährt eine Rotationsbewegung.

▪ Kippbewegung gegen die Wand

Bei einer Kippbewegung gegen die Wand findet eine Rotation um den Kopf der abreißenden Masse statt. Diese kann an der Felswand abgleiten. Eine häufige Form, z. B. an Steilküsten, ist das Absetzen großer, zusammenhängender Erdmassen „en bloc". In hohen Steilwänden geht auch die Kippbewegung gegen die Wand in fallende Bewegung über (◘ Abb. 2.7c). Eine Rotation um den Kopf tritt auch bei Gleitungen in homogenen kohäsiven Böden auf (◘ Abb. 2.6e).

▪ Kippbewegung gegen den luftseitigen Raum

Durch Rotation über den Fuß mit Kippbewegung von der Wand weg (◘ Abb. 2.6a und 2.7b) geht die abkippende Masse direkt in fallende Bewegung über. Diese Art der Kippbewegung tritt in Steilhängen und Steilwänden, Baugruben, Gräben und auch Schürfgruben auf. Es folgt immer ein plötzliches Abstürzen der Masse. Rotation über den Fuß wird auch bei einzelnen Blöcken in Hanglage beobachtet. Unterhöhlen, Unterspülen und ungleichmäßiges Einsinken (Setzen) führen hier zur Exzentrizität und zum Verlust der stabilen Lage.

Auslösende Momente für Kippbewegungen können Erschütterungen, erhöhter Erddruck, Gleitdruck oder Kriechdruck infolge Durchfeuchtung, Frost oder Frostaufgang, aber auch Wurzeldruck und andere Vorgänge der Bioturbation sein.

2.6.2 Rutschungstyp „Fallen"

„Fallen" ist der freie Sturz von Erd- und Gesteinsmassen. Die Bewegungsformen „Springen" und „Abrollen" werden dem Rutschungstyp „Fallen" zugerechnet.

Aus Steilwänden können Massen in unterschiedlicher Größe herausfallen. Nach der Größe der fallenden Massen werden die Begriffe „Abmehlen", „Absanden", „Abgrusen", „Steinschlag", „Blocksturz", „Felssturz" und „Bergsturz" gebraucht (◘ Abb. 2.6b und 2.7). Durch den Sturz und die Materialansammlung am Fuß der Steilwand kann Schaden entstehen.

▪ Abmehlen

Aus der Wand fällt feinkörniger Staub (Schluff). Dieser sammelt sich am Fuß der Wand oder wird vom Wind oder vom fließenden Wasser aufgenommen.

▪ Absanden

Aus der Wand fällt Sand. Dieser sammelt sich am Fuß der Wand oder wird vom Wind oder vom fließenden Wasser aufgenommen.

▪ Abgrusen

Aus der Wand fällt Verwitterungsmaterial in der Korngröße von Grobsand bis Feinkies. Dieses sammelt sich am Fuß der Wand an oder wird vom fließenden Wasser aufgenommen.

Abmehlen, Absanden und Abgrusen können bei ungleichmäßigem Verwitterungsfortschritt in der Wand zur Bildung von Hohlkehlen mit überhängenden Blöcken oder Felspartien führen und Ursache für großvolumigere Fallbewegungen sein. Die rückwitternde Wand kann in ihrer Standsicherheit beeinträchtigt werden.

▪ Steinschlag

Aus der Wand fallen Gesteinsstücke in der Größe von Mittelkies, Grobkies, Steinen oder kleineren Blöcken.

Ursache für Steinschlag können Auflockerung, Temperaturänderungen, Niederschläge, Erschütterungen und auch Rutschungen sein. Verstärkter Steinschlag aus Felswänden wird beim Erwärmen durch Sonneneinstrahlung, besonders in der Frostperiode, beobachtet. Steinschlag kann als Vorbote größeren Rutschungen vorausgehen.

▪ Blocksturz

Aus Fels- oder Steilwänden im kohäsiven Lockermaterial (Moräne, Verwitterungslehm mit Steinblöcken aus der Wollsackverwitterung, Hangschutt) können einzelne Blöcke herausfallen

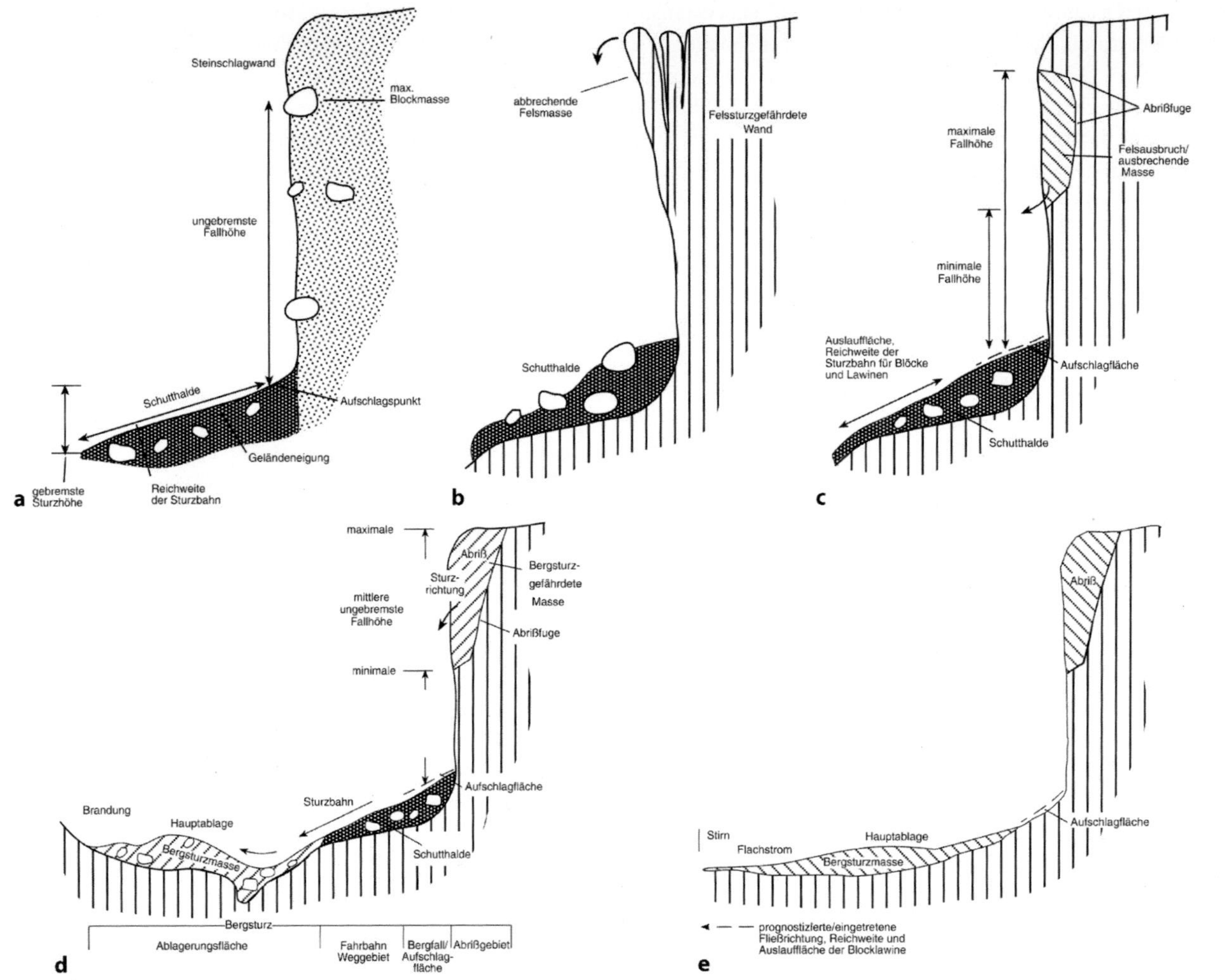

Abb. 2.7 Formen und Merkmale zum Rutschungstyp „Fallen". **a** Abmehlen, Absanden, Abgrusen sowie Steinschlag und Blocksturz aus einer abwitternden Steilwand aus Moränenmaterial, **b** Felssturz durch abbrechende Felsmassen nach Kippbewegung über den Kopf, **c** Felssturz durch ausbrechende Felsmassen nach Kippbewegung über den Fuß, **d** Bergsturz durch Abreißen großer Felsmassen mit Aufbranden am gegenüberliegenden Hang, **e** Bergsturz mit einer über ebenem Gelände im Flachstrom auslaufenden Blocklawine

oder stürzen. Die Fallbewegung kann schwerkraftbedingt durch Rückwitterung des umliegenden oder unterliegenden Gesteins bzw. Materials sowie durch Auflockerung, Untergrabung und Belastung verursacht sein. Auslösende Momente können Temperaturwechsel, Nässe, Frost, Tauwetter, Erschütterungen oder Blitzschlag sein. In der sich auflockernden Felswand können einzelne Blöcke den Zusammenhalt mit dem Gesteinsverband verlieren und durch Rotation über den Fuß oder den Kopf kippen. Auch Wurzeldruck und das Übertragen von Winddruck auf die Wurzeln von Bäumen können in der Steilwand Blocksturz auslösen.

Blocksturz umfasst auch das Abrollen einzelner Blöcke aus der Hanglage, häufig mit springenden Bewegungen. Auch blockreiche Rutschmassen, die über eine Steilkante gleiten (z. B. Hangschutt über einer Steinbruchwand), können Blocksturz auslösen.

Das Material aus Steinschlag und Blocksturz sammelt sich unter dem Fuß der Steilwand in Stein- und Blockhalden (Sturzhalden, Sturzkegel). Sturzhalden haben Neigungswinkel von über 20°. Die größten Blöcke liegen meist im unteren Teil der Halde. Der fallende Block oder Stein kann je nach Fallhöhe und Masse eine hohe kinetische Energie haben und in hohem Maße zerstörerisch wirken. Gefahren bestehen für Menschen, Verkehrswege, Bauwerke, Tiere und Pflanzen.

■ Erdsturz

Steilwände im Lockermaterial (Sandgruben, Kiesgruben, Baugruben, Schürfgruben, Gräben, Steilküsten) können plötzlich ausbrechen, und zusammenhängende Erdmassen (Erdschollen) können abstürzen. Auslösende Faktoren können zu steiles oder zu tiefes Abgraben, Aufbringen von Lasten oberhalb der Wand, Unterhöhlen, Durchnässen, Austrocknen, Erschütterungen sowie langsame Kriech- oder Gleitbewegungen sein. Die abgestürzten Erdmassen bilden am Fuß der Steilwand einen Sturzkegel oder längs unterhalb der Steilwand eine Hangverschüttung. Auf die Unfallgefahr durch einstürzende Wände ist bei Baugruben, bei Sand- oder Kiesgruben, beim Grabenbau und auch bei Schürfgruben hinzuweisen.

Maßnahmen gegen einstürzende Wände im Boden bei Baumaßnahmen ergeben sich aus der konsequenten Einhaltung der Regelungen zur Baugrubenabböschung und maximalen senk-

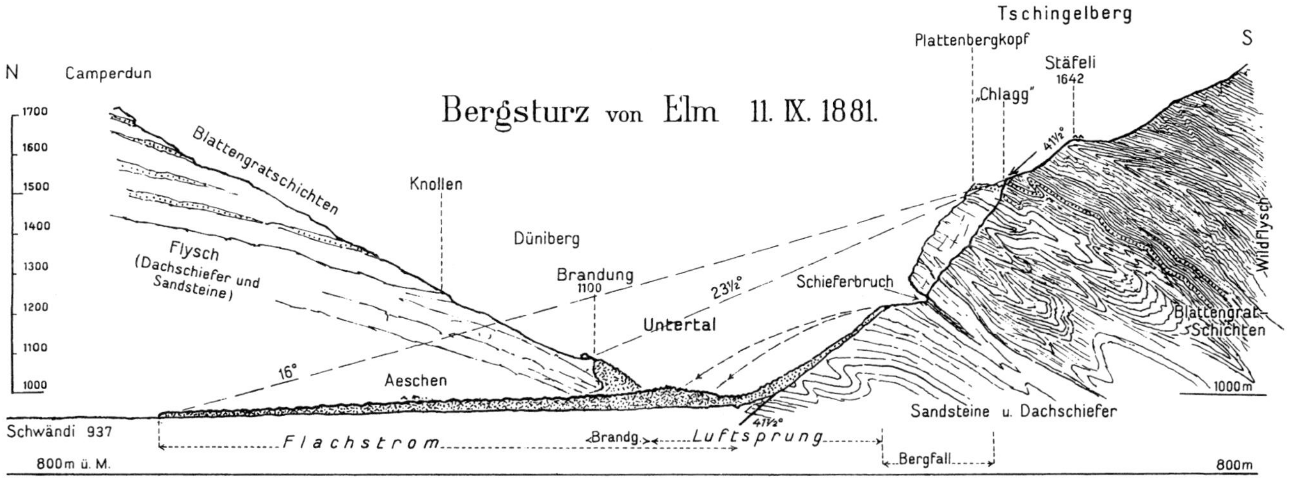

Abb. 2.8 Bergsturz von Elm. (Heim 1932)

rechten Abgrabung ohne Verbau sowie den Verbauregeln nach DIN 4124 (▶ Abschn. 7.1 und 7.5).

Natürliche Steilwände in Lockergesteinen wie Steilküsten, Kliffe und Steilufer kommen in Gebieten vor, die durch Erosion aktiv verändert werden. Diese Räume sind lebensfeindlich und der Nutzung durch den Menschen abhold.

- **Felssturz**

Das Ausbrechen zusammenhängender Felspartien aus der Felswand wird als Felssturz bezeichnet. Die Felsmasse löst sich längs einer oder längs sich verschneidender Abrissflächen. Im Fels bleibt eine Abrissnische zurück. Die stürzenden Massen zerbrechen beim Aufprall.

Felsstürze können durch Felsauflockerung im vorgegebenen Kluftsystem, Verwitterung auf vorgegebenen Schicht- oder Kluftflächen, Ausbildung und Aufweitung neuer oberflächenparalleler Klüfte (Risse) sowie durch Unterschneidung, Erschütterung und Durchnässung ausgelöst werden.

- **Bergsturz**

Unmittelbare Massenschwerebewegungen im Hochgebirge, bei denen größere Teile einer Bergkuppe oder Bergwand abbrechen und abstürzen, werden als Bergsturz bezeichnet. Die Bergsturzmasse geht in aller Regel aus einer gleitenden Bergmasse hervor. Die Bergkuppe oder Teile der Bergkuppe bewegen sich auf einer vorgegebenen Gleitfläche (Schichtfläche, Schieferungsfläche, Störungsfläche) auf den Abhang zu und verlagern ihren Schwerpunkt bis zum Kippen. Auslösende Faktoren für den Sturz können variierende Wasserstände, Wasserdrücke, Erddrücke oder Erschütterungen sein. Beim Sturz spielt das beteiligte Wasser keine besondere Rolle. Beim Sturz und Aufschlag wird die Gesteinsmasse zertrümmert. In und unter der fallenden Gesteinsmasse kann sich ein Druckluftkissen bilden, auf welchem die Sturzmasse nach ihrem Auftreffen im Tal in Abhängigkeit von der Morphologie in einem Flachstrom horizontal ausfließen kann (◘ Abb. 2.8). Aus der Bergsturzmasse kann in Hang- oder Tallage eine Blocklawine mit hoher Bewegungsgeschwindigkeit (bis über 100 m s^{-1}!) hervorgehen.

Direkt vom Bergsturz gefährdete Gebiete sind die Ausbruchsstelle im Fels, die Sturzbahn, die Aufschlagfläche, die von der Blocklawine überrollte Fläche und die Zerstörungszone der vom Bergsturz verdrängten oder freigesetzten Wassermassen (Wasserschwall und/oder Sogwirkung von plötzlich abfließenden Wassermassen). Indirekte Gefahren können aus einem vom Bergsturz verursachten Wasseraufstau resultieren.

- **Eissturz**

Durch Gletscherbewegung können aus Gebirgsgletschern Eismassen abbrechen und abstürzen. Als Gletschersturz oder Gletscherfall werden Stellen im Gelände bezeichnet, an denen der Gletscher über einen steilen Felshang gleitet, das Eis abbricht und stückweise herabfällt. Aus der Gletscherstirn können in etwa regelmäßigen Abständen Eismassen abbrechen. Die abstürzenden Eismassen können eine Eislawine auslösen. Stürzen die Eismassen in einen See, so kann hierdurch ein Wasserschwall ausgelöst werden.

2.6.3 Rutschungstyp Fließen – Lawinen – Muren – Kriechvorgänge

„Fließen" ist das Verschieben und kontinuierliche relative Bewegen der Feinbauteile (Körner) in einer Lockermasse mit Änderung der äußeren Form. Die Geschwindigkeitsverteilung der bewegten Masse gleicht der einer viskosen Flüssigkeit.

In kohäsionsfreien Lockermassen stützen sich die einzelnen Körner oder Kornaggregate gegenseitig ab. Die Festigkeit dieser Massen beruht auf der Reibung zwischen den einzelnen Körnern. Wird die innere Reibung der Lockermassen überschritten, dann bricht das innere Gefüge zusammen und die Lockermassen verlieren vorübergehend ihre Festigkeit. Die einzelnen Teile, Körner oder Stücke verändern ihre Lage zueinander. Die äußere Gestalt des Lockergesteinskörpers verändert seine Form, das Material geht in fließende Bewegung über (◘ Abb. 2.6c). Das Fließen von Lockermaterial kann in trockenem oder in nassem Zustand erfolgen. Beim Fließen in nassem Zustand als unmittelbare Massenschwerebewegung kann die Reibung durch Porenwasserüberdruck und durch die Gleitwirkung des Wassers vermindert oder aufgehoben werden. Beim Fließen als unmittelbare Massenschwerebewegung im vorwiegend trockenen Zustand kann die Reibung durch eingeschlossene Druckluft oder Gase vermindert oder aufgehoben werden. Im Steilhang können Lockermassen ihren Halt verlieren und in fließende Bewegung übergehen. Vorwiegend trocken ablaufende, schnelle Fließvorgänge heißen Lawinen (nach Labina oder Lava, Stein!). Nasse, wasserübersättigte Fließbewegungen als unmittelbare Massenschwerebewegungen heißen Mure, Schuttstrom, Schlammstrom oder, als Sonderform am aktiven Vulkan, auch Lahar. Muren, Schutt- oder Schlammströme laufen schnell ab. Kriechen ist eine langsam ablaufende Sonderform des Fließens im nicht oder nur zeitweise wassergesättigten Boden am Hang.

Im Hochgebirge sind mit Abgängen nach dem Rutschungstyp „Fließen" besondere Gefahren verbunden, die in Gefahrenkarten für Prozesse wie Lawinen oder Murgänge dargestellt werden können (Angerer 1995).

▪ Lawinen – Trockenes Fließen von Lockermaterial

Der Begriff „Lawine" umfasst neben dem Abfließen von Schnee- und Eismassen auch das Abfließen von körnigen Lockermassen. Nach der Korngröße der abfließenden Massen kann zwischen Staub-, Sand-, Korn-, Stein- und Blocklawinen unterschieden werden. Vulkanische Sonderformen sind die Glutlawinen.

▪ Sand-, Staub- und Kornlawinen

In den Trockengebieten der Erde können Lockermassen aus übersteilter Lagerung abfließen. Bei Sanddünen sind dies regelmäßig zu beobachtende Vorgänge. Das Abfließen von Kies oder Sand-Kies-Mischungen aus einer Steillage kann nach Austrocknen aus frisch abgegrabenen oder frisch durch Erosion oder Erdrutsch freigelegten Steilwänden erfolgen.

Lawinen können bei Arbeiten in Silos, Bunkern oder Speichern auftreten. Das Stocken im Materialfluss und das sich häufig anschließende lawinenartige Fließen von Mehl, Pulver, sand- oder grieskörnigem Material, aber auch von grobkörnigem und kiesigkörnigem Material (Getreide) stellt beim Fördern, Abfüllen und auch bei der Vorratshaltung eine große Gefahr dar. In Steinbruchbetrieben sind Brecher- und Siebanlagen durch Blocksturz und Blocklawinen gefährdete Bereiche.

▪ Stein- und Blocklawinen

Im Hochgebirge können Ansammlungen von Steinen und Blöcken in rollende und fließende Bewegung geraten und als Blocklawine den Hang herabstürzen. Dabei können einzeln fallende Steine oder Blöcke die Lawine auslösen. Sturzmassen aus Fels- und Bergstürzen können in fließende Bewegungen übergehen. Die eingeschlossene Druckluft lässt die Blocklawine horizontal ausfließen. Das horizontale Ausfließen erstreckte sich beim Bergsturz von Elm auf 1,5 km (◘ Abb. 2.8), beim Bergsturz in der Goldau auf 5 km.

▪ Glutlawinen (pyroklastische Ströme)

Bei der Eruption von Vulkanen können aus Aschefontänen oder aus der Eruptionssäule heiße Aschen, Lapilli und Bomben ausfallen und Luft und Gase unter ihrer Last zusammendrücken. Solche heißen, wasserfreien Massen können mit hoher Geschwindigkeit (50 m s^{-1} beim Ausbruch des Mt. St. Helens) den Hang hinabfließen und die Landschaft überdecken (◘ Abb. 2.9e). Glutheiße Schlacken und Gläser können die Gesteinsmassen verbacken und verfestigen. Eine Sonderform der Glutlawinen sind Glutwolken (heiße Gaswolken, „surges") mit nur geringen Anteilen an feinkörnigen Aschen (Tephra). Diese können in kurzer Zeit große Strecken zurücklegen (10–30 km) und durch Hitze und giftige Gase sehr schnell tödliche und zerstörerische Wirkung entfalten.

▪ Schneelawinen

Aus schneeüberlasteten Berghängen können sich Schneemassen lösen und als Lawine abgehen. Besonders gefährdet sind Hänge mit Neigungen zwischen 28 und 50°. In Steilwänden können sich keine gefahrbringenden Schneemassen ansammeln.

Die Lawinengefahr steigt mit der Schneehöhe und einer nach Schneeart und Temperatur ungünstigen Schichtung innerhalb der Schneemassen. Beim Abgang einer Lawine fließen Schneemassen aus dem Abrissgebiet im hochgelegenen Hang über eine Sturzbahn in das Auslaufgebiet. Nach Schneeart und Bewegungsart werden Lockerschneelawinen, Schneestaublawinen, Schneebrettlawinen und Fließlawinen unterschieden.

Die Häufigkeit, mit der in bestimmten Gebieten mit Lawinen gerechnet werden muss, ist in Lawinenrisikokarten ausgewiesen. Bei regelmäßig wiederkehrenden Ereignissen werden die Gefahrenzonen in Bebauungsplänen beachtet.

Hänge, an denen Lawinen im Abstand von Jahrzehnten bis Jahrhunderten abgehen, werden häufig als lawinensicher angesehen. Es ist jedoch möglich, dass gerade aus solchen Hängen, und zwar nur bei extremen Schneelagen, Großlawinen abgehen.

▪ Lockerschneelawinen

Wenn sich in Steilhanglagen viel pulvriger Neuschnee ansammelt, kann sich hieraus eine Lawine entwickeln. Dies geschieht dann, wenn die Haftkräfte zwischen einer mächtigen Neuschneedecke und deren Unterlage überschritten werden. Die Lawine kann allein durch Erhöhung der Schneelast ausgelöst werden. Fremdeinwirkungen (Befahren, Sprengen, Schall) erhöhen die Lawinengefahr. Die Schneemassen gehen plötzlich in fließende und stürzende Bewegung mit Geschwindigkeiten bis 100 km h^{-1} über.

▪ Schneestaublawinen

Bei sehr steilen Sturzbahnen können Lockerschneelawinen in die gefürchteten Schneestaublawinen übergehen. Der feine Schnee wird aufgewirbelt und bildet eine Staubwolke, die mit bis zu 360 km h^{-1} talwärts stürzt. Vor der Lawinenfront kommt es zum Aufbau enormer Luftdrucke und Luftströmungen. Hiervon werden Häuser in Sekunden zerstört. Das Schnee-Luft-Gemisch wird in alle Hohlräume, auch in Nase, Mund und Lunge, gepresst und kann zum Erstickungstod führen.

▪ Schneebrettlawinen

Wenn im Steilhang liegende Schneemassen interne Schichtung aufweisen, kann hieraus eine Lawinengefahr erwachsen.

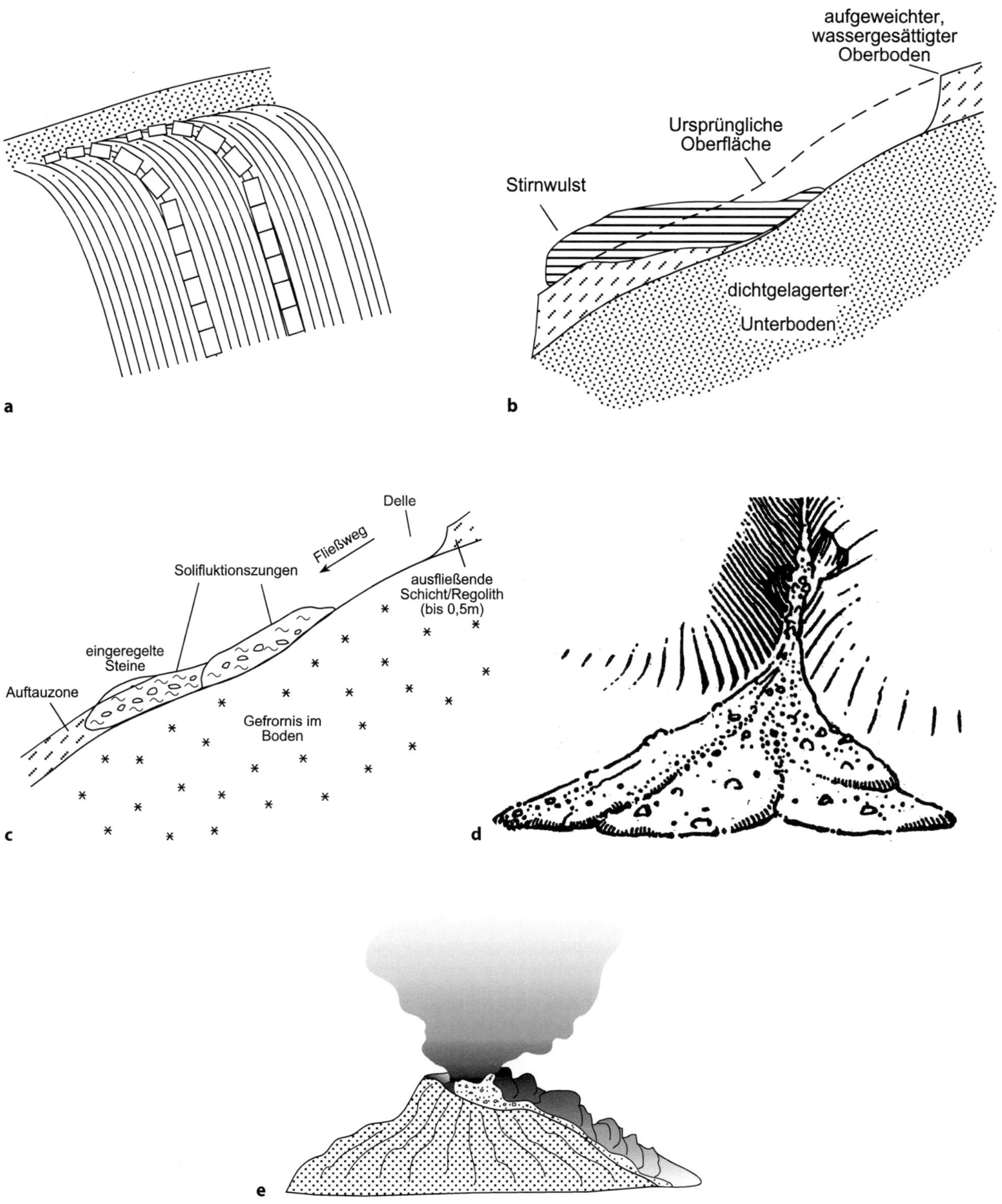

■ **Abb. 2.9** Formen zum Rutschungstyp „Fließen". **a** Boden- oder Hangkriechen, **b** Erdfließen, **c** Solifluktion, **d** Murgang, **e** trockenes Fließen eines pyroklastischen Stromes mit Glutwolke

Die Schichtung kann Folge von wechselnden Wetterereignissen und auch von Umkristallisationsvorgängen sein. Wenn feste Schneeschichten einer lockeren Schneelage oder einer Gleitschicht aufliegen, kann sich ein Teil der Schneemasse als Schneebrett lösen und als zusammenhängende Masse mit Geschwindigkeiten bis etwa 60 km h^{-1} talwärts gleiten. Dabei zerbricht die Masse in einzelne, bis 30 t schwere Schollen, welche zunehmend in fließende Bewegung übergehen. Schneebrettlawinen werden häufig von Skifahrern, aber auch von anderen meist nur geringen Erschütterungen ausgelöst. Schneebrettlawinen kommen meist vor Erreichen der Talsohle zum Stehen.

■ **Nassschnee-Fließlawine**

Wenn die obere Schneeschicht taut und mit Wasser vollgesogen ist, verliert sie die Haftung an der darunter liegenden, noch festgefrorenen Schicht aus Altschnee. Die feuchten bis nassen, schweren Schneemassen gehen in gleitende und später in fließende Bewegung bis 100 km h^{-1} über. Beim Abgang reißen sie Bäume, Häuser, Blöcke sowie Gesteins- und Bodenmaterial mit (Grundlawine, Schlaglawine).

Solche Lawinen folgen meist vorgegebenen Hohlformen im Hang (Lawinengraben, Lahner). Die Schneemassen und mitgeführtes Material (Erde, Steine, Holz) sammeln sich am Fuß der Steilwand auf einem Kegel. Nach der Bewegungsform handelt es sich um eine von Nassschnee geprägte Mure.

■ **Eislawinen**

Von Gebirgsgletschern und vergletscherten Vulkankuppen abbrechende Eismassen können als Eislawine oder nach Aufnahme von Lockermaterial als Eis- und Steinlawine talabwärts fließen. Durch Wasser wird die Schlüpfrigkeit der Eisstücke erhöht. Eislawinen können große Entfernungen zurücklegen.

■ **Nasses Fließen von Böden bei Porenwasserüberdruck**

In wassergesättigten feinkörnigen und gemischtkörnigen Lockermassen kann sich bei Zufuhr von Energie (Verdichtung, Belastung, Erschütterung, Fließdruck des Grundwassers) Porenwasserüberdruck einstellen. Die einzelnen Bodenteilchen heben sich voneinander ab. Zwischen den Bodenteilchen bildet sich ein Wasserfilm. Damit geht die Reibung verloren und das Lockermaterial wird zum fließfähigen Gesteinsbrei. Bei gleicher physikalischer Ursache für die Verflüssigung wird nach phänomenalen Kriterien unterschieden zwischen Mure (Schlammstrom, Schuttstrom), Lahar und Erd- oder Schichtfließen.

■ **Muren, Schuttströme, Schlammströme**

Das in Rinnen, Schluchten oder Tälern der Mittel- oder Hochgebirge angesammelte Lockermaterial kann sich bei Zutritt von Wasser unter Einwirkung zusätzlicher Kräfte (Steinschlag, Fließdruck, Erschütterung) verflüssigen und über Murbahnen abfließen. Das mitgeführte Material besteht aus einer Mischung von Feinkorn und Grobkorn und kann auch größere Blöcke enthalten. Murbahnen sind Tiefenlinien im Hang, die durch die schürfende Wirkung wiederholter Murgänge vertieft und akzentuiert werden. Murgänge ereignen sich bevorzugt am Ausgang solcher Rinnen oder Tälchen, die nur gelegentlich viel Wasser führen und keinen oder nur einen geringen Dauerabfluss haben. Am Fuß des Gebirges oder Berges hinterlässt die Mure einen Murkegel (■ Abb. 2.9d). Murkegel haben ein Gefälle von 8–12°. Sie bestehen aus einzelnen in sich ungeschichteten und unsortierten Lagen des mitgeführten Murenmaterials. Dort, wo Murkegel landwirtschaftlich genutzt werden, kann ein Murgang die Ernte vernichten. Der Boden ist erst nach aufwendiger Arbeit (Ablesen der Blöcke und Steine) wieder nutzbar. Der Abgang einer Mure setzt das Vorhandensein von ausreichend großen Lockermaterialmassen voraus. Hieraus darf gefolgert werden, dass Murgänge sich im Abstand von mehreren Jahren bis Jahrzehnten wiederholen. Die Geschwindigkeit einer abgehenden Mure ist abhängig von Materialart, Masse, Neigung und Wassergehalt und liegt in der Größenordnung von Dezimetern bis Metern pro Sekunde.

Muren kommen in allen Klimabereichen der Erde vor. Andere Bezeichnungen hierfür sind „Schlammstrom", „Fanglomeratstrom", „mudstream" und „debris flow".

Der Begriff „Schlammstrom" („mudstream") wird für Muren aus feinkörnigem Material verwendet. Dabei können feinkörnige Böden auch aufweichen und in fließende Bewegung übergehen. Große Schlammmassen können mit großer Geschwindigkeit abfließen (10–20 ms^{-1}), große Strecken zurücklegen und weite Flächen mit Schlamm überdecken. Künstliche Gefahrenquellen für Schlammströme sind Klärteiche.

■ **Lahars**

Dieser Begriff bezeichnet heiße Muren oder Schlammströme am Vulkan. Die heiße Schlammmasse (heißer Lahar) besteht aus vulkanischen Auswurfmassen (Tephra, Bomben) und Wasser. Die Tephra kann vom Vulkan frisch ausgeworfen sein oder kann älteren Auswurfmassen, die dem Vulkankegel locker auflagern, entstammen. Das Wasser kann dem Oberflächenwasser (Kratersee, Seen, Flüsse), geschmolzenem Gletschereis oder Schneefeldern entstammen. Die Temperatur des heißen Schlammstroms (heißer Lahar, 30–100 °C) kann durch Mischen heißer Tephra mit kaltem Wasser, durch Mischen kalter Tephra mit vulkanisch aufgeheiztem Wasser (Glutwolken!) und auch durch die Kombination beider Prozesse verursacht sein.

Sekundäre Lahars (kalte Lahars) entstehen, wenn Starkregen die lockeren Aschemassen auf den Vulkanhängen zum Fließen bringt. Kalte Lahars unterscheiden sich nur durch die petrographische Art der vulkanischen Lockermasse von Muren oder Schlammströmen.

Lahars erreichen Geschwindigkeiten von 10–30 m s^{-1}. Wenn ein Lahar in ein Flussbett einmündet, kann der Schlammstrom bis 100 km weit reichen. Lahars können die im Flussbett liegenden Siedlungen und Nutzflächen in kürzester Zeit überdecken. Besonders heiße Lahars fordern viele Menschenopfer und richten großen materiellen Schaden an. Die im Zusammenhang mit dem Vulkanismus auftretenden unmittelbaren Massenschwerebewegungen sind für die Menschheit gefährlicher als der eigentliche vulkanische Prozess selbst.

Ein begrenzter Schutz vor Lahars kann durch messtechnisches Überwachen der Vulkane und durch Vorwarnung gegeben werden. Bei der Eruption am Nevado del Ruiz im Jahre 1986 brachte eine kleine vulkanische Eruption die Gletscherkuppe zum Schmelzen und löste einen todbringenden heißen Lahar aus, der in einer Entfernung von 25 km die Stadt Armero zerstörte (25.000 Tote!).

■ **Erdfließen, Schichtfließen**

Die Begriffe „Erdfließen" (Sharpe 1938) bzw. „Schichtfließen" (Krauter 1987, 1990) bezeichnen eine murenähnliche, aber in der Regel langsamere, seichtere und über kürzere Distanz reichende Erdbewegung. Erdfließen erfasst die obersten stark aufgelockerten Bodenschichten am Hang (Mutterboden) und tritt häufig bei Tauwetter ein. Regen und Nässe über gefrorenem Untergrund können zeitweiliges Auftreten von Porenwasserüberdruck im unteren Hangabschnitt begünstigen und das

Ausfließen des Bodens verursachen. Hangaufwärts liegende Schichtteile verlieren dadurch ihren Halt und rutschen (gleiten) ab. Die ausgeflossenen Erdmassen bewegen sich zungenförmig hangabwärts (◘ Abb. 2.9b). Eine Sonderform des Erdfließens ist die Solifluktion, welche sich in aufgetauten Bodenschichten über gefrorenem Untergrund einstellen kann (◘ Abb. 2.9c). An Böschungen können sich die über der nicht verdichteten Dammschulter locker aufgetragenen Erdmassen und der Mutterboden bei Starkregen und Durchnässung anders verhalten als die tiefer liegenden, verdichteten Schüttlagen. Der locker aufgetragene Boden nimmt Niederschlagwasser und zulaufendes Oberflächenwasser auf. Dieses Wasser fließt als Porenwasser zu großen Teilen oberflächenparallel in den locker aufgetragenen Erdmassen dem Böschungsfuß zu und verursacht dort Fließdruck oder Porenwasserüberdruck. Die aufgetragene Schicht des Mutterbodens kann ausfließen. Der Zulauf von Oberflächenwasser kann Rinnenerosion begünstigen.

In Abtragsböschungen können anstehende Böden und Gesteine oberflächennah auflockern. Die Auflockerungsschicht kann sich bei Durchnässung verflüssigen und abfließen. Davon betroffen sind Böschungen in kohäsiven Böden wie Lösslehm, Schluff, Verwitterungslehm, schluffige Sande und Moränen sowie Böschungen in veränderlich festen Sandsteinen, Tonsteinen und Mergelsteinen.

Zum Schichtfließen rechnet Krauter (1990) auch die rasch ablaufenden Fließbewegungen in Quicktonen („quick clays"). Es handelt sich hierbei um in sich instabil aufgebaute, thixotrope Tonablagerungen. Beim Eintrag von Kräften (Erschütterungen) können sich diese Tone verflüssigen und selbst bei flacher Lagerung seitlich auseinanderfließen. Nach erneuter Ablagerung kann sich im vormaligen Quickton eine stabile Lagerung der Einzelteilchen einstellen. Quicktone sind häufig junge marine Ablagerungen, die durch tektonische Hebungen landfest und durch Regenwasser ausgesüßt worden sind. Sie werden in Küstengebieten von Skandinavien und Alaska angetroffen.

■ Kriechen als langsamer Fließvorgang im feuchten bis nassen Boden

„Kriechen" ist eine langsame fließende Bewegung. Im Boden und im aufgelockerten klüftigen Fels können im Hang unter dem Einfluss von Verwitterung, schwerkraftbedingter Schubspannung, Schwell- und Schrumpfvorgängen und Bioturbation (Durchwurzelung, Wurzeldruck, Wühl- und Grabvorgänge, Betreten) Erd- und Gesteinsmassen in ihrem Interngefüge verformt und in eine hangabwärtsgerichtete langsame Fließbewegung überführt werden. Derartige Bewegungen werden als Kriechen bezeichnet. Der Begriff „Kriechen" darf demnach nicht auf andere langsam ablaufende Bewegungen übertragen werden. Zu unterscheiden sind Kriechvorgänge im Boden bzw. in Lockermaterial und Kriechvorgänge im Fels.

■ Kriechvorgänge im Boden, Bodenkriechen, Hangkriechen

Bewegt werden Bestandteile des Bodens im Hang. Die Verformung und Bewegung liegt in der Größenordnung von Millimetern bis Zentimetern pro Jahr. Die Bewegung ist unstetig und nimmt im homogenen Boden von oben nach unten ab (◘ Abb. 2.9a). Die Bodensäule vollführt eine talwärts gerichtete Rotation. Als Folge davon können in den Boden eingestellte Pfähle und Steine (Stellkanten, Bordsteine, Steinplatten, Säulen), aber auch junge Bäume (Säbelwuchs) mit Neigung zur Talseite schräggestellt werden. Bei Trockenmauerwerk werden die Gesteinsblöcke der oberen Lagen am weitesten talwärts bewegt und über die darunter liegenden Lagen verschoben. Die Wand bekommt eine Neigung zur Luftseite und ist zunächst optisch gekippt.

Inhomogenitäten im Baugrund (einbindende Bauteile, Wurzeln) können die in hangabwärtsgerichteter Bewegung befindlichen Massen aufstauen. Lose verfüllte Baugruben am Hang, z. B. hinter Kellerwänden, können durch Kriechvorgänge beim Talzuschub über längere Zeit so zusammengeschoben und verdichtet werden, dass erst nach Jahrzehnten der Erddruck auf das Mauerwerk wirksam wird. Nicht ausreichend gegen Erddruck ausgesteifte Kellerwände geben vielfach erst nach Jahrzehnten nach.

Zeitweise können auch in tiefer liegenden Bodenlagen, besonders bei inhomogenem Bodenaufbau mit feinkörnigen oder organischen Lagen und Staunässe, Kriechbewegungen auftreten, die schneller als jene an der Hangoberfläche sind. Die Bodensäule vollzieht dann eine bergwärts gerichtete Rotation. Als Folge davon können sich im unteren Teil von Trockenmauern und in Kellerwänden Ausbeulungen einstellen.

Kriechbewegungen sind zusammen mit anderen Massenschwerebewegungen ein Teil des Talzuschubs. Werden die dem Tal zugeführten Lockermassen nicht erodiert, können diese durch Rückstau verdichtet werden. Dies kann zum Verlangsamen bis zum Stillstand der Kriechbewegungen führen. Ein zeitweises Erhöhen der Hangstabilität ist möglich.

■ Kriechvorgänge im Fels

Kriechvorgänge im Fels sind Vorgänge der Rheologie, womit die Mechanik deformierbarer Körper im Bereich von nicht ganz fest bis nicht ganz flüssig beschrieben wird. Rheologisches Fließen ist das Verschieben der Feinbauteile eines Körpers, was bei Volumenkonstanz zu bleibender Verformung führt.

Bei steilen Anschnitten im kubisch geklüfteten Fels können die Kluftkörper der oberen Lagen weiter talwärts bewegt und über darunter liegende Lagen verschoben werden als tiefer liegende Kluftkörper. Die Wand zeigt dann eine hängende Abtreppung. Im steilstehenden dünnplattigen Festgestein (z. B. Schiefer) werden durch Kriechvorgänge im aufgelockerten Fels und auch unter dem Einfluss des darüber etwas schneller talwärts kriechenden Bodens die Schichtköpfe talwärts abgerissen und verschleppt (Hakenschlagen).

Die Kriechbewegung nimmt in der Regel im homogenen Fels in gleicher Weise wie im homogenen Boden von oben nach unten ab.

Bei inhomogener Schichtenfolge können in tiefer liegenden, stark verwitterten oder stark zerklüfteten Schichten kriechende Fließvorgänge mit Verschiebungen und Bewegungen im Korngefüge stattfinden. Die oberhalb dieser Schichten von Kriechbewegungen erfassten Felsmassen werden dann passiv mitbewegt. Die durch Kriechvorgänge im Untergrund passiv mitbewegten Massen unterliegen dem Rutschungstyp „Driften". Neben Kriechbewegungen können in tieferen Lagen im Fels auch langsam ablaufende Bewegungen auf vorgegebenen Trennflächen im Fels stattfinden. Solche Bewegungen werden fälschlicherweise als Kriechbewegung beschrieben, obwohl es sich hierbei nicht um diese Sonderform des Fließens handelt. Solche Bewegungen sind dem Rutschungstyp „Gleiten“ zuzuordnen.

2.6.4 Rutschungstyp „Driften“

Der von Krauter (1993) eingeführte Rutschungstyp „Driften“ bezeichnet Massenschwerebewegungen, bei denen zusammenhängende Felsmassen oder Blöcke fließ- oder kriechfähigem Boden oder zersetztem bzw. aufgeweichtem Gestein aufliegen und durch hierin ablaufende Fließ- oder Kriechbewegungen passiv verfrachtet werden (◘ Abb. 2.10).

Häufig ist die Voraussetzung für Driften in der Schichtenfolge begründet. Bei Abfolgen von kompetenten Gesteinslagen wie Kalkstein oder Sandstein über inkompetenten, duktilen und meist überkonsolidierten Tonsteinen oder Mergelsteinen wird dieser Rutschungstyp häufig beobachtet (z. B. Oberer Muschelkalk über Mergel- und Tonsteinen des Mittleren Muschelkalkes).

Vergleichbar sind vulkanische Abfolgen mit Basalt über Tuff oder die Lagerung von kompakten Gneis- oder Granitmassen über in flachliegenden Störungszonen aufgewitterten Gesteinslagen.

Eine weitere Voraussetzung für Driften kann die wechselvolle Geschichte von Verwitterung und Hangabtrag beim Entstehen und Vergehen von Felsen sein. Aus ursprünglich homogenen Gesteinsschichten, z. B. Sandstein oder Granit, haben sich im Zuge der Morphogenese Felsen und Felskappen gebildet. Das die Felsen aufbauende Gestein ist ausgehärtet und verwitterungsresistent. Das die Felsen unterlagernde Gestein kann seitlich von der Verwitterung angegriffen und zersetzt werden. Zusammenhängende Massen solcher ausgehärteten Felsen können in diesem Verwitterungsmaterial einsinken. Durch Fließ- oder Kriechbewegungen in solchen Lagen aus zersetztem Gestein (Lockermaterial) können die auflagernden Felsen und Blöcke passiv bewegt werden.

Der Begriff „Driften“ bezieht sich zwar auf die passive Bewegung von Blöcken oder Felsmassen, muss aber immer im Zusammenhang mit dem darunterliegenden, in Bewegung befindlichen Boden oder aufgeweichtem bzw. aufgelockertem Gestein gesehen werden. Unter der Driftmasse kann die duktile Boden- oder Gesteinsmasse in beträchtlicher Stärke und bis zu einem Mehrfachen der Stärke des Driftkörpers in Bewegung sein. Der Rutschungstyp „Driften“ ist weit verbreitet, und das Ausmaß der Verdriftung von Gesteinsmassen wird sowohl im Rahmen der geologischen Deutung für Gesteinslagerungen wie auch im Rahmen der morphologischen Veränderung der Erdoberfläche und der Gefährdung des Baugrundes unterschätzt.

Driften kann auch Bauwerke betreffen. Eine Sanierung muss unterhalb des lockeren Bodens bzw. unterhalb des aufgeweichten oder verwitterten Gesteins ansetzen.

Landschaftsform und Landschaftsformung werden stark von dem in der Schichtenfolge vorgegebenen Wechsel zwischen leichter verwitterbaren (veränderlich festen) Gesteinen und verwitterungsresistenten (festen) Gesteinen bestimmt. Veränderlich feste Gesteine können bei Zutritt von Wasser und Witterung rasch verwittern und zu feinkörnigen oder gemischtkörnigen Verwitterungsmassen zerfallen oder zerbröckeln. Zusammenhängende Felslagen aus Festgestein können dadurch von zersetzten Gesteinsmassen (Lockermaterial) unterlagert werden. Fließ- oder Kriechvorgänge können in solchen zersetzten oder aufgeweichten Gesteinslagen stattfinden. Dadurch können höher liegende massige Gesteinslagen und Bergmassen verdriftet werden. Häufig ist Driften auch Ursache für Bergzerreißung. Bei Vorgängen der Bergzerreißung werden Felslagen oder zusammenhängende Gebirgsmassen in einzelne große, innerlich zusammenhängende Felsmassen aufgeteilt. Weitere Felszerreißung kann bis zur Blockgröße herunterreichen. Die Größe der zusammenhängenden Gesteinsmassen (Blöcke) nach Bergzerreißung ist von der Gesteinsart und Bankungsstärke abhängig. Blöcke im Hauptkonglomerat/Buntsandstein des Pfälzer Waldes und der Vogesen können ein Volumen von 100–200 m^3 erreichen. Von der Bergmasse getrennte Pfeiler und Bastionen in Felsenlandschaften können ein Volumen von 5000–10.000 m^3 aufweisen. Blöcke aus vulkanischem Gestein an der Küste von Oregon werden auf ein Volumen von über 50.000 m^3 geschätzt.

Liegen solche zusammenhängenden Felsmassen einem fließfähigem Boden auf, kann in diesem unter Einfluss von Durchfeuchtung und Auflast eine Fließbewegung (meist Kriechen) bewirkt werden. Durch diese Fließ- oder Kriechbewegung im unterlagernden zersetzten Gestein können Blöcke und zusammenhängende Felsmassen passiv bewegt werden.

2.6.5 Rutschungstyp „Gleiten“

Gleiten bezeichnet hangabwärts gerichtete Bewegungen von Boden- oder Felsmassen auf einer oder mehreren Gleitflächen oder einer verhältnismäßig dünnen Zone intensiver Scherverformung.

Die über der Gleitfläche liegenden Gesteins- oder Erdmassen können im zusammenhängenden Verband relativ ungestört hangabwärts bewegt und verlagert werden. In der Gleitfläche kann die Scherfestigkeit gegenüber den überliegenden und unterliegenden Gesteinslagen bis zur Restscherfestigkeit vermindert sein. Die Summe der abschiebenden Kräfte übersteigt in der Gleitfuge die Summe der widerstehenden Kräfte. Auslösende Momente können Abgrabung, Reliefänderung, Belastung, Eintrag zusätzlicher Momente (z. B. Fließdruck des Grundwassers), Änderungen von Klima, Wasserstand, Wassergehalt und Wasserführung, Aufbau eines Porenwasserüberdruckes und Abbau der Scherfestigkeit durch Bruch, Verwitterung oder Durchnässung sein. Gleichgewichtsbetrachtungen zur Standfestigkeit von Gleitkörpern lassen sich im Gegensatz zu allen anderen Rutschungstypen nach einschlägigen und genormten Verfahren berechnen.

Unterschieden werden Translationsrutschungen, Blockgleiten, Rotationsrutschungen, Serienrutschungen und kombinierte Rutschungen. Translationsrutschungen auf geologisch vorgegebenen Gleitflächen sind weitaus häufiger als Rotationsrutschungen.

◘ Abb. 2.10 Formen zum Rutschungstyp „Driften". **a** Kalkstein über Tonstein mit kappenartigem Absetzen der Kalksteinbank sowie Abdriften einzelner Blöcke, **b** fester, felsenbildender Sandstein über veränderlich festem Sandstein mit Felszerreißung und Abdriften einzelner Blöcke, **c** Abdriften einer zusammenhängenden, wenig verwitterten Gneismasse über stark zerklüfteten und verwitterten Gneisen und Myloniten

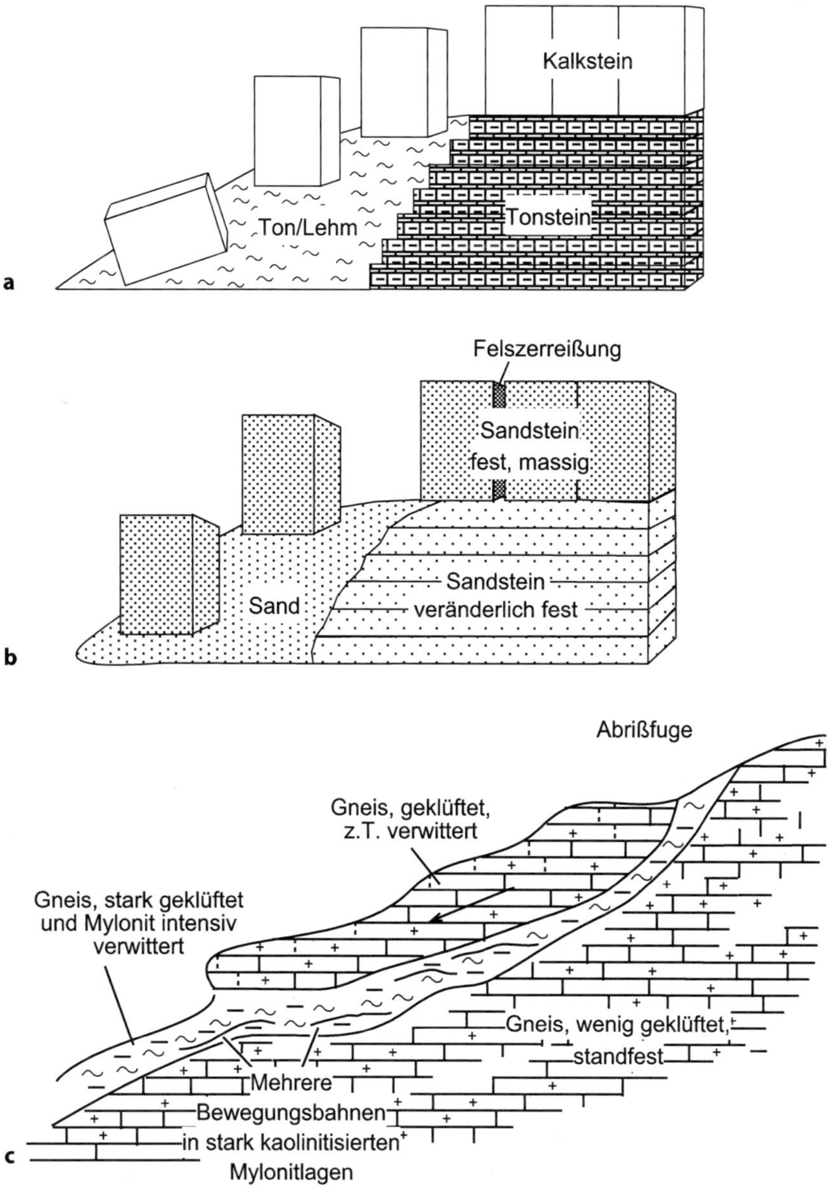

▪ Translationsrutschungen

Im inhomogenen Gesteinsverband können Gleitfugen vorgegeben sein. Mögliche Gleitfugen sind Schichtflächen, Schieferungsflächen, Kluftflächen, Grenzflächen zwischen festem Gestein und Verwitterungszone, Grenzflächen zwischen gefrorenem und aufgetautem Boden und Grenzflächen zwischen Fundament und Baugrund. Gleitbewegungen auf vorgegebenen Gleitflächen werden als Translationsrutschungen oder konsequente Rutschungen bezeichnet (◘ Abb. 2.11a–c).

Im Fels besteht die Möglichkeit der Translationsrutschung von Felsmassen oder Felskeilen auf einer ebenen Trennfläche, auf zwei sich verschneidenden ebenen Trennflächen oder auf drei und mehr sich verschneidenden ebenen Trennflächen mit gebrochener Gleitfläche (◘ Abb. 2.11d–f). Zudem besteht die Möglichkeit des Gleitens über gekrümmte Trennflächen. Die Krümmung der Trennfläche kann durch Sedimentation, Stauchfaltung, Faltung, Verwitterung und Ablaugung entstanden sein.

Das Berechnen der Standsicherheit von Hängen und Böschungen an ebenen und beliebig gebrochenen Gleitflächen erfolgt rechnergestützt nach dem Verfahren nach Janbu. Beispiele für den Standsicherheitsnachweis von Felsmassen über gebrochener Gleitflächen sowie von auf zwei oder drei Trennflächen gelagerten Felskeilen geben Wittke und Erichsen (2001).

Im Boden sind Translationsrutschungen bei oberflächenparalleler Schichtung am Hang häufig. Fossile Bodenbildungen (alter Mutterboden) unter natürlicher oder künstlicher Überschüttung können als Gleitfläche fungieren. Bei Untergrund aus veränderlich festen Gesteinen kann eiszeitlicher Hangschutt nach Aufwittern und Aufweichen von Ton- und Mergelgesteinen seine Standfestigkeit verlieren und oberflächenparallel abrutschen. Dabei sind Übergänge zu Bodenfließen und auch zu Rotationsrutschungen als Serienrutschungen möglich.

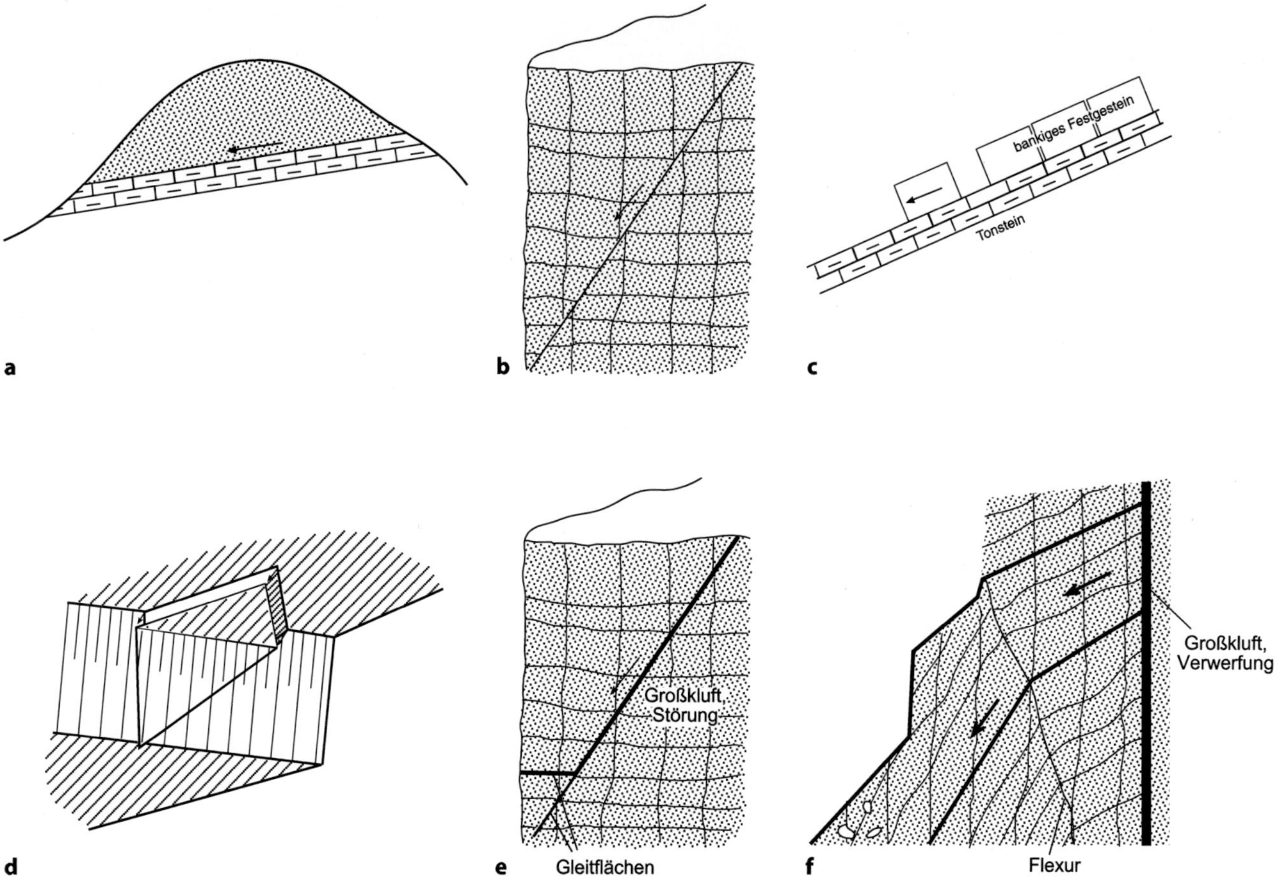

Abb. 2.11 Formen von Translationsrutschungen im Fels. **a** Gleiten einer Bergkuppe über einer ebenen Gleitfläche, **b** Felsgleiten auf ebener Gleitfläche, **c** Blockgleiten auf ebener Gleitfläche, z. B. Schichtfläche auf Ton oder Tonstein, **d** Ausgleiten eines Felsblockes über zwei sich verschneidenden Trennflächen, **e** Felsgleiten über konkav gebrochener Gleitfläche, **f** Felsgleiten über konvex gebrochener Gleitfläche

▪ Blockgleiten

Aus dem Gebirgsverband gelöste große Kluftkörper und Blöcke können auf gleitfähigem (glitschigem) Untergrund (geneigte Schicht- bzw. Oberfläche aus Tonstein, Ton, Eis) abgleiten. Blockgleiten tritt häufig bei Schichtwechsel von massigem Gestein (z. B. Kalkstein, Dolomit, Sandstein, Basalt) über veränderlich festem Gestein im geneigten Gelände auf. Auch Eis kann eine Gleitfläche für Blöcke abgeben. Blockgleiten ist eine Sonderform der Translationsrutschung. Im Gegensatz zum Driften ist beim Blockgleiten der Untergrund standfest. Übergänge zum Driften können bei stark aufgeweichtem Untergrund, in den dann der Block einsinkt, bestehen. Für das Berechnen der Standsicherheit von Böschungen werden Berechnungsmodelle zum Blockgleitverfahren mit zusammengesetzten Bruchmechanismen angeboten.

▪ Rotationsrutschungen

In homogenen kohäsiven Böden bilden sich unter dem Einfluss der Schwerkraft kreisförmige bis spiralförmige Gleitflächen, auf denen die abschiebende Erdscholle eine Rotationsbewegung ausführt. Derartige Rutschungen werden als Rotationsrutschung oder asequente Rutschung bezeichnet. Häufig können sich aus einer primären Rotationsrutschung Serienrutschungen ergeben. Merkmale und Dimensionen von Rotationsrutschungen sind in ◘ Abb. 2.13 und 2.14 dargestellt.

Das Berechnen der Standsicherheit erfolgt nach DIN 4084. Das dort geregelte Verfahren ist bei der Beurteilung der Standsicherheit von Erdbauwerken und Erdanschüttungen sowie von Anschnitten und Belastungen im gleichmäßigen Boden, aber nur ausnahmsweise von Anschnitten und Belastungen im gleichmäßig geklüfteten und stark aufgelockerten Felsgestein anzuwenden.

▪ Serienrutschungen

Durch die Rotation einer ausgleitenden Rutschmasse entsteht am Hauptabriss eine steil einfallende Fläche am hangseitig nicht bewegten Boden (◘ Abb. 2.12). Dieser Hauptabriss einer Primärrutschung stellt eine Belastung für den bis dahin standfesten Boden dar und kann hangaufwärts eine Folgerutschung auslösen. Ausgehend von einer Untergrabung oder Erosion am Hangfuß, können progressiv Rutschungen entstehen und hangaufwärts wandern. Häufig entwickelt sich hieraus ein großflächiges Rutschareal aus derartigen Serienrutschungen.

Störungen im Hanggleichgewicht können auch im mittleren oder oberen Teil eines Hanges Rutschungen auslösen. Am Fuß einer solchen primären Rotationsrutschung wird verlagertes Material akkumuliert und damit der tiefer liegende Hang belastet.

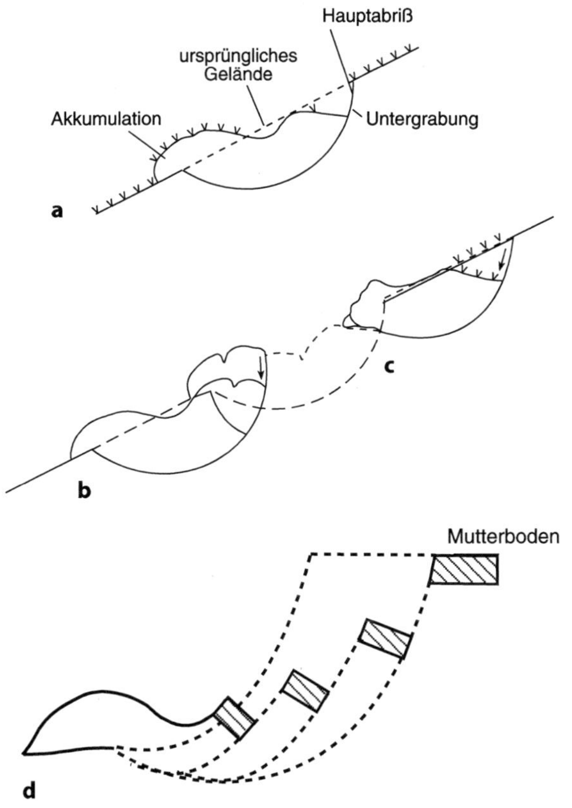

■ **Abb. 2.12** Serienrutschungen, verursacht durch Laständerung im Hang. **a** Primärrutschung mit Laständerung durch Akkumulation in der Fußzone und Entlastung bzw. Untergrabung im Sackungsraum; Ausbreiten der Rutschung durch Sekundärrutschungen als **b** talwärts fortschreitende Rutschung und **c** hangaufwärts rückschreitende Rutschung, **d** mehrfache progressive Rotationsrutschung

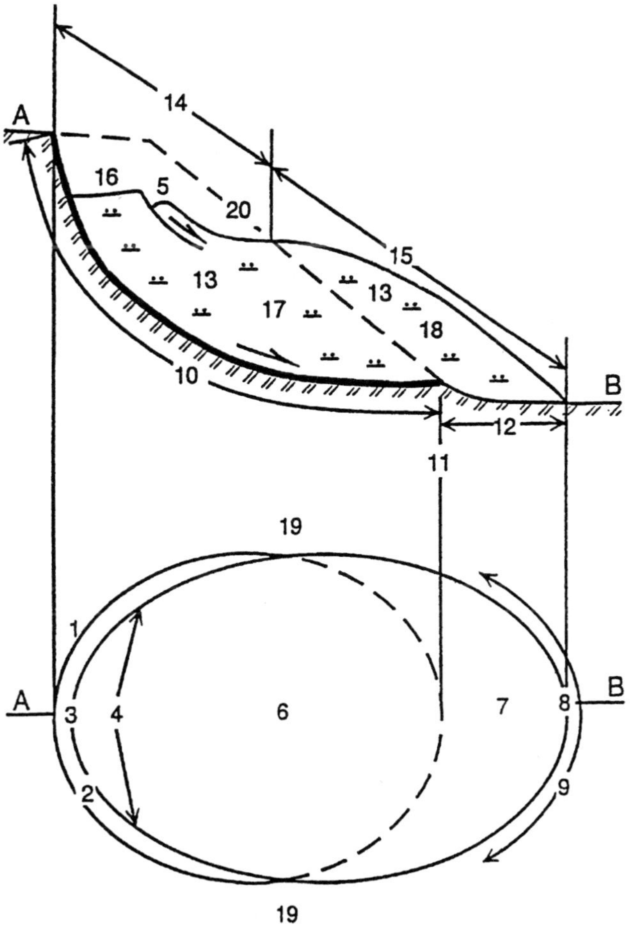

■ **Abb. 2.13** Rutschungsmerkmale nach UNESCO-Arbeitsgruppe (deutsche Fassung von Krauter 1993). Die im Längsschnitt *schraffiert dargestellten* Massen liegen in ursprünglicher Position; die mit *Strichen dargestellten* Massen wurden verlagert. *1* Krone, *2* Hauptabriss, *3* Top, *4* Kopf, *5* Sekundärabriss, *6* Hauptrutschkörper, *7* Fuß, *8* Fußspitze, *9* Front, *10* Gleitfläche, *11* Gleitflächenfront, *12* Überschiebungsfläche, *13* verlagertes Material (punktiert), *14* Sackungszone, *15* Akkumulationszone, *16* Sackungsraum, *17* Sackungsmasse, *18* Akkumulation, *19* Flanke, *20* ursprüngliche Geländeoberfläche

Zusätzlich kann sich in der von der Primärrutschung erzeugten Hohlform Wasser ansammeln, das den tiefer gelegenen Hang durchnässen kann. Infolge dieser doppelten Belastung kann unterhalb einer Primärrutschung eine Folgerutschung eintreten, aus der sich in Serie weitere Rutschungen ergeben können. In derart rutschgefährdeten Gebieten ist es wichtig, Untergrabungen zu vermeiden und eingetretene Rutschungen schnellstmöglich zu entwässern und zu sanieren.

▪ Kombinierte Rutschungen

Bei kombinierten Rutschungen finden Gleitbewegungen teils auf vorgegebenen Schicht- oder Trennflächen, teils auf neugebildeten kreisförmigen Gleitflächen statt.

Im steil anstehenden Lockermaterial (Hanganschnitt, Aufschüttung) oberhalb einer Gleitfläche kann sich eine Rotationsrutschung ausbilden. Der Fuß dieser Rotationsrutschung geht an einer geogen vorgegebenen Gleitfläche in eine Translationsrutschung über. Natürlich vorgegebene Gleitflächen können hangparallel oder eben verlaufen. Dieser Rutschungstyp ist bei Aufschüttungen am Hang (z. B. Halden) und im ebenem Gelände häufig, tritt aber auch in natürlich anstehenden Gesteinen auf. Die Standsicherheitsberechnung erfolgt nach dem Verfahren Janbu mit beliebig gebrochenen Gleitflächen. Hierzu wird die Gleitfläche des Rotationsrutschungsanteils in tangentiale Teilflächen aufgelöst.

2.6.6 Rutschungsmerkmale

Die unterschiedlichen Rutschungstypen hinterlassen im Gelände ein Vielfalt von Formen.

Begriffe zum Benennen der Rutschungsmerkmale am Beispiel einer Rotationsrutschung (■ Abb. 2.13):

- *Krone*
  Nicht oder gering verlagerter Bereich unmittelbar oberhalb des Hauptabrisses (2).
- *Hauptabriss*
  Steil einfallende, durch die Bewegung der Rutschmasse (13) entstandene, hangabwärts gerichtete Fläche auf dem nicht bewegten Boden oder Fels im oberen Teil der Rutschung. Der Hauptabriss ist der deutlich sichtbare Teil der Gleitfläche.

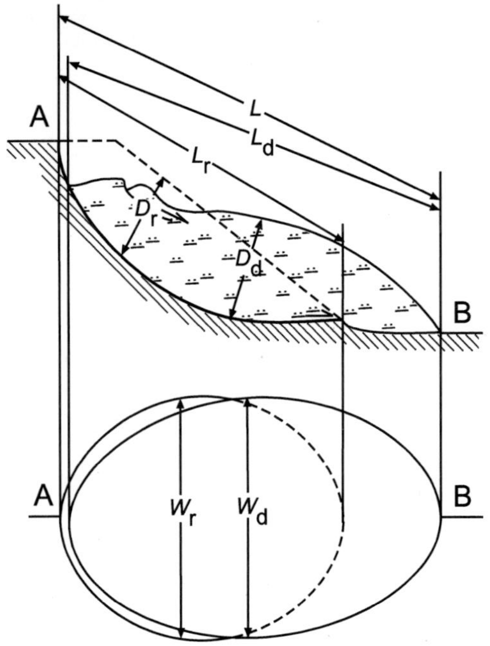

Abb. 2.14 Rutschungsdimensionen nach UNESCO-Arbeitsgruppe (deutsche Fassung von Krauter 1993). Das ursprüngliche Gelände wurde verformt. Der *schraffiert dargestellte* Boden blieb unverändert

- *Top*
  Höchster Punkt des Kontaktes zwischen verlagertem Material (13) und Hauptabriss.
- *Kopf*
  Oberer Rand der Rutschung entlang dem Kontakt zwischen verlagertem Material und Hauptabriss.
- *Sekundärabriss*
  Durch unterschiedliche Bewegungen innerhalb des verlagerten Materials der Rutschung über der Gleitfläche zwischen Hauptabriss und Gleitflächenfront entstanden.
- *Hauptrutschkörper*
  Teil des verlagerten Materials der Rutschung über der Gleitfläche zwischen Hauptabriss und Gleitflächenfront.
- *Fuß*
  Unterer Teil der Rutschmasse, der über die Gleitfläche hinausreicht und über der ursprünglichen Geländeoberfläche liegt.
- *Fußspitze*
  Teil der Front, der am weitesten vom Top der Rutschung entfernt liegt.
- *Front*
  Vordere, meist gekrümmte Begrenzung des verlagerten Materials der Rutschung, die am weitesten vom Hauptabriss entfernt liegt.
- *Gleitfläche*
  Fläche, welche die untere Grenze des verlagerten Materials unter der ursprünglichen Geländeoberfläche bildet (oder gebildet hat).
- *Gleitflächenfront*
  Meist verdeckte Grenzlinie zwischen dem unteren Teil der Gleitfläche und der ursprünglichen Geländeoberfläche.
- *Überschiebungsfläche*
  Teil der ursprünglichen Geländeoberfläche, die vom Fuß der Rutschung überlagert wird.
- *verlagertes Material*
  Von der Rutschung erfasste und aus ihrer ursprünglichen Position verlagerte Masse. Sie umfasst sowohl die Sackungsmasse als auch die Akkumulation.
- *Sackungszone*
  Bereich der Rutschung, in dem das verlagerte Material tiefer liegt als die ursprüngliche Geländeoberfläche.
- *Akkumulationszone*
  Bereich der Rutschung, in dem das verlagerte Material über der ursprünglichen Geländeoberfläche liegt.
- *Sackungsraum*
  Volumen, das vom Hauptabriss, von der Sackungsmasse und der ursprünglichen Geländeoberfläche begrenzt wird.
- *Sackungsmasse*
  Teil des verlagerten Materials, das über der Gleitfläche und unter der ursprünglichen Geländeoberfläche liegt.
- *Akkumulation*
  Volumen des verlagerten Materials, das über der ursprünglichen Geländeoberfläche liegt.
- *Flanke*
  Das *in situ* liegende Material, das unmittelbar an die seitlichen Abrisse anschließt. Zur Kennzeichnung der Flanke wird die Angabe der Himmelsrichtung bevorzugt. Die Bezeichnung „rechte" und „linke" Flanke bezieht sich auf die Sicht von oben nach unten.
- *ursprüngliche Geländeoberfläche*
  Oberfläche des Hanges, die vor Beginn der Rutschung bestand.

2.6.7 Rutschungsdimensionen

Zum Beschreiben der Dimension enthält Abb. 2.14 am Beispiel einer Rotationsrutschung Definitionen zu Angaben der Breite, Länge, Tiefe und Mächtigkeit von Rutschmasse und Gleitfläche.

Begriffe zum Benennen der Rutschungsdimensionen (Abb. 2.14):

- *Breite der Rutschmasse*
  Die Breite der Rutschmasse W_d ist die maximale Breite zwischen den Flanken der Rutschung, senkrecht zur Längsachse L_d.
- *Breite der Gleitfläche*
  Die Breite der Gleitfläche W_r ist die maximale Breite zwischen den Flanken der Rutschung, senkrecht zur Längsachse L_r.
- *Gesamtlänge der Rutschmasse*
  Die Gesamtlänge L ist der kleinste Abstand zwischen Fußspitze und Krone der Rutschung.
- *Länge der Rutschmasse L_d*
  Die Länge der Rutschmasse L_d ist der kleinste Abstand zwischen Gleitflächenfront und Krone.
- *Mächtigkeit der Rutschmasse*
  Die Mächtigkeit der Rutschmasse D_d ist die maximale Tiefe der Gleitfläche unter der Oberfläche der Rutschmasse, senkrecht gemessen zur Ebene W_d und zu L_d.

- *Tiefe der Gleitfläche*
  Die Tiefe der Gleitfläche D_r ist die maximale Tiefe der Gleitfläche unter der ursprünglichen Geländeoberfläche, senkrecht gemessen zur Ebene W_r und zu L_r.

2.6.8 Zustand der Rutschungsaktivitäten

Die Begriffe „Rutschung" und „Rutschungstyp" bezeichnen Vorgänge aktiver Verformung und Verlagerung im Gelände. Die schwerkraftbedingten Bewegungen können durch Belasten oder Untergraben und durch Verringerung der Reibung ausgelöst werden. Häufig ist der Zutritt von Wasser der die Rutschung auslösende Faktor. Durch Maßnahmen zum Erhöhen der Reibung (z. B. Austrocknen) und zum Entlasten oder Abstützen der Rutschmasse kann die Bewegung zum Ausklingen gebracht werden ◘ Abb. 2.15 gibt Beispiele für Zustände unterschiedlicher Rutschungsaktivität.

Begriffe zum Benennen der Rutschungsaktivitäten (◘ Abb. 2.15):

- *aktive Rutschung*
  Aktive Rutschungen sind gegenwärtig in Bewegung.
- *blockierte Rutschung*
  Blockierte Rutschungen sind gegenwärtig nicht in Bewegung. Der Bewegungsmechanismus ist durch das Widerlager der vorangegangenen Rutschmasse blockiert.
- *inaktive Rutschung*
  Inaktive Rutschungen haben sich mindestens innerhalb der letzten 12 Monate nicht bewegt und können so in die Zustände „latent", „abgeschlossen", „stabilisiert" oder „fossil" eingestuft werden.
- *latente Rutschung*
  Latente Rutschungen sind inaktive oder blockierte Rutschungen, die durch die gleichen Faktoren wie bei der vorangehenden Rutschung reaktiviert werden können.
- *abgeschlossene Rutschung*
  Abgeschlossene Rutschungen sind inaktive Rutschungen, die nicht mehr von den ursprünglichen, die Rutschung auslösenden Faktoren beeinflusst werden.
- *stabilisierte Rutschung*
  Stabilisierte Rutschungen sind inaktive Rutschungen, deren ursprüngliche, die Rutschung auslösende Faktoren wegen der Sanierungsmaßnahmen nicht mehr wirksam sind.
- *fossile Rutschung*
  Fossile Rutschungen sind inaktive Rutschungen, die sich während zurückliegender Erdepochen (Eiszeiten) unter zur heutigen Zeit unterschiedlichen klimatischen und morphologischen Bedingungen entwickelt hatten. Die die Rutschung auslösenden Faktoren sind gegenwärtig nicht mehr wirksam. (Fossile Rutschungen können jedoch durch Belasten oder Untergraben aktiviert werden.)

2.6.9 Verteilung der Rutschungsaktivitäten

Rutschungen zeigen verschiedene Verteilung der Aktivitäten auf. Das von der Rutschung betroffene Areal kann sich hangaufwärts „rückschreitend" oder hangabwärts „fortschreitend" vergrößern. Das pro Zeiteinheit verlagerte Volumen kann sich vergrößern, verkleinern oder bei sich fortsetzender Rutschung etwa gleich bleiben. Rutschungen können sich vergrößern und sich seitlich ausweiten.

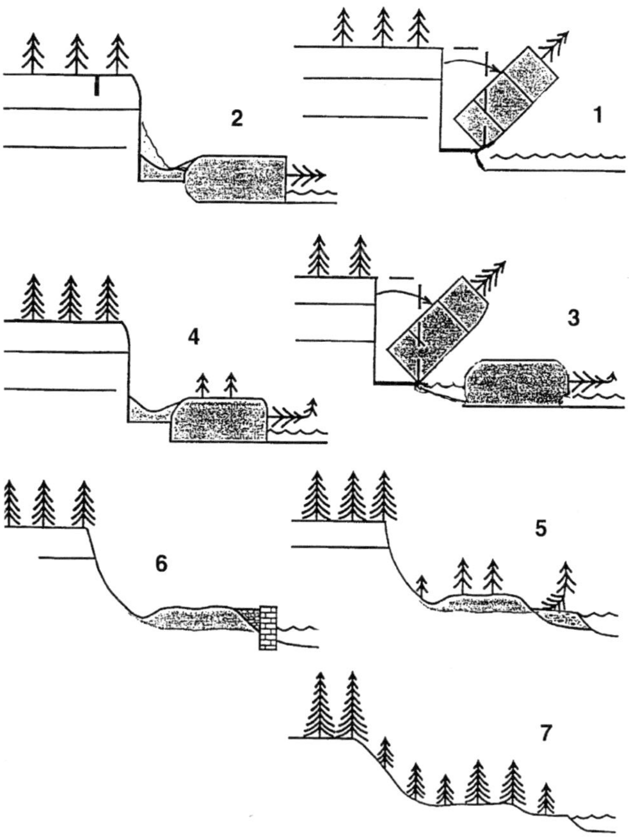

◘ **Abb. 2.15** Zustände unterschiedlicher Rutschungsaktivität nach UNESCO-Arbeitsgruppe (deutsche Fassung von Krauter 1993). *1* Aktive Rutschung; Kippen eine Blockes wegen Unterspülung. *2* Blockierte Rutschung; das Gelände ist vorübergehend standfest, die Rutschung ist inaktiv. *3* Reaktivierte Rutschung; ein weitere Block kippt. *4* Latente Rutschung; auf dem gekippten Block beginnen Bäume zu wachsen, randlich setzt Verwitterung ein. *5* Abgeschlossene Rutschung; am Steilrand beginnen Bäume zu wachsen, andersartige Flussablagerungen bedecken den Hangfuß. *6* Stabilisierte Rutschung; eine Mauer stützt den Hangfuß. *7* Fossile Rutschung; es hat sich ein gleichmäßiger Baumbestand gebildet

Begriffe zur Verteilung der Rutschungsaktivitäten (◘ Abb. 2.16):

- *fortschreitende Rutschung*
  In einer fortschreitenden Rutschung breitet sich die Gleitfläche in der Bewegungsrichtung der Rutschmasse hangabwärts oder talwärts aus (◘ Abb. 2.16a).
- *rückschreitende Rutschung*
  In einer rückschreitenden Rutschung breitet sich die Gleitfläche und das von der Rutschung betroffene Areal entgegen der Bewegungsrichtung des verlagerten Materials hangaufwärts aus (◘ Abb. 2.16b).
- *sich vergrößernde Rutschung*
  In einer sich vergrößernden Rutschung breiten sich die Gleitflächen und das von der Rutschung betroffene Areal in zwei oder mehr Richtungen aus (◘ Abb. 2.16c).

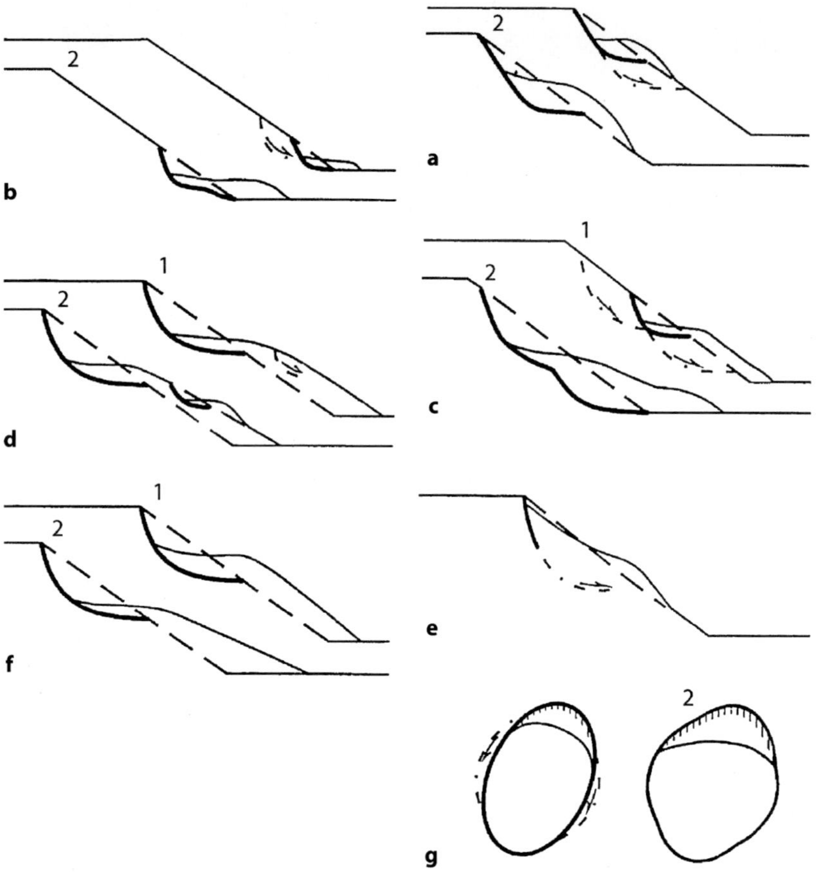

Abb. 2.16 Verteilung der Rutschungsaktivität nach UNESCO-Arbeitsgruppe (deutsche Fassung von Krauter 1993). **a** Fortschreitende Rutschung, **b** rückschreitende Rutschung, **c** sich vergrößernde Rutschung, **d** sich verkleinernde Rutschung, **e** begrenzte Rutschung, **f** sich fortsetzende Rutschung, **g** sich ausweitende Rutschung. Profil *1* stellt den Hang während der aktiven Bewegung, Profil *2* den Hang nach Abschluss der Bewegung dar

- *sich verkleinernde Rutschung*
  In einer sich verkleinernden Rutschung verringert sich das Volumen des pro Zeiteinheit verlagerten Materials (◘ Abb. 2.16d).
- *begrenzte Rutschung*
  In einer begrenzten Rutschung gibt es einen Abriss. Eine Gleitfläche ist am Hangfuß jedoch nicht sichtbar (◘ Abb. 2.16e).
- *sich fortsetzende Rutschung*
  In einer sich fortsetzenden Rutschung bewegt sich die Rutschmasse ohne sichtbare Veränderung von Gleitfläche und Volumen des verlagerten Materials (◘ Abb. 2.16f).
- *sich ausweitende Rutschung*
  In einer sich ausweitenden Rutschung breitet sich die Gleitfläche in eine oder in beide Flanken der Rutschung seitlich aus (◘ Abb. 2.16g).

2.6.10 Art der Rutschungsaktivitäten

Bei Rutschvorgängen kann die Bewegung und Massenverlagerung durch einen der Rutschungstypen „Kippen", „Fallen", „Fließen", „Driften" oder „Gleiten" geschehen, oder es können zwei oder mehrere Rutschungstypen in Folge auftreten. Entsprechend werden Einzelrutschungen, sukzessive Rutschungen, Mehrfachrutschungen, zusammengesetzte Rutschungen und komplexe Rutschungen unterschieden.

Begriffe zur Art der Rutschungsaktivitäten (◘ Abb. 2.17):

- *Einzelrutschung*
  Eine Einzelrutschung weist nur eine Einzelbewegung des verlagerten Materials auf (◘ Abb. 2.17a).
- *sukzessive Rutschung*
  Eine sukzessive Rutschung ist vom gleichen Typ wie die benachbarte ältere Rutschung. Verlagertes Material und Gleitfläche sind jedoch voneinander getrennt (◘ Abb. 2.17b).
- *Mehrfachrutschung*
  Eine Mehrfachrutschung weist die wiederholte Entwicklung gleichen Bewegungstyps auf (◘ Abb. 2.17c).
- *zusammengesetzte Rutschung*
  Eine zusammengesetzte Rutschung weist mindestens zwei Bewegungstypen auf, die gleichzeitig in verschiedenen Teilen der Rutschmasse auftreten (◘ Abb. 2.17d).
- *komplexe Rutschung*
  Eine komplexe Rutschung weist zwei oder mehrere der Rutschungstypen „Kippen", „Fallen", „Fließen", „Driften" und „Gleiten" in Folge auf (◘ Abb. 2.17e).

2.6.11 Beobachten und Messtechnisches Überwachen von Rutschgebieten (Monitoring)

Die Vorgehensweise bei geotechnischen Untersuchungen zum Erkunden von Rutschungen unterscheidet zwischen Vorarbeiten

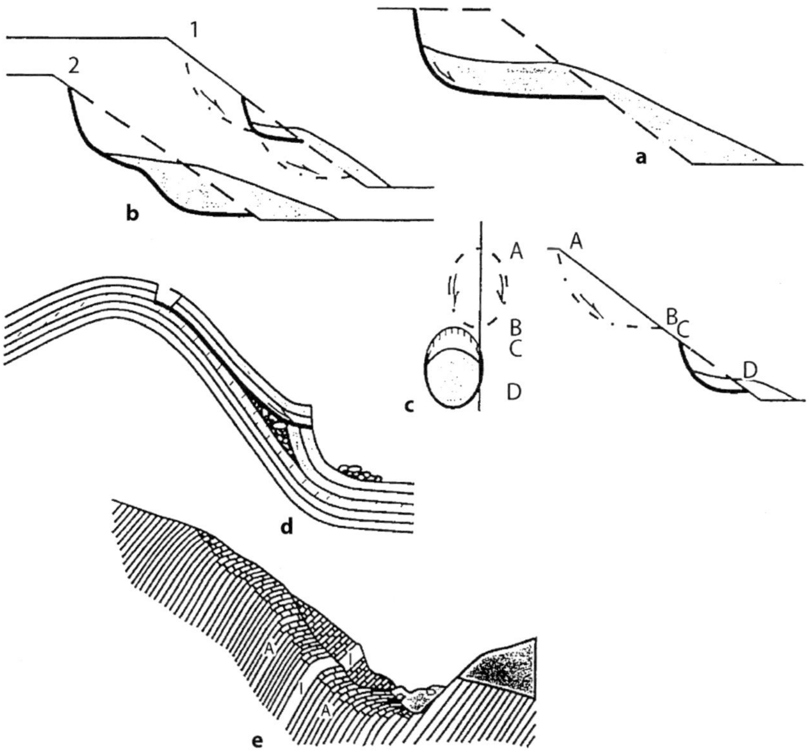

Abb. 2.17 Beispiele für Rutschungsaktivitäten nach UNESCO-Arbeitsgruppe (deutsche Fassung von Krauter 1993). **a** Einzelrutschung, **b** sukzessive Rutschung; die jüngere Rutschung *A-B* gehört zum gleichen Bewegungstyp wie die ältere Rutschung *C-D*, **c** Mehrfachrutschung, **d** zusammengesetzte Rutschung: Kalksteine gleiten auf liegenden Schiefern talwärts aus. Morphologisch tiefer liegende Kalksteinschichten werden durch die überschiebende Masse steilgestellt und gekippt, **e** komplexe Rutschung: Die Schichtköpfe von Gneis *A* und Migmatit *I* sind durch Kriechvorgänge infolge Talvertiefung gekippt. Der Talboden wurde mit alluvialen Sedimenten aufgefüllt und erhöht. Teile des durch Verwitterung entfestigten Materials sind abgeglitten

und der eigentlichen geotechnischen Untersuchung mit technischen Geräten. Es ist das Ziel, Rutschungstyp, Rutschungsmerkmale und Rutschungsdimensionen sowie Zustand, Verteilung und Art der Rutschungsaktivitäten zu ermitteln. Neben dem geometrischen Aufbau und der Verteilung der Rutschmassen sind die zutreffenden bodenmechanischen Kenngrößen zu benennen. Kinematische und dynamische Einflussfaktoren sind zu benennen und gegebenenfalls zu messen.

■ Vorarbeiten

Die Vorarbeiten umfassen die Sichtung des Archivmaterials bis hin zur Auswertung von Satellitenbildern, welche heute von allen Gegenden der Erde im Abstand von wenigen Wochen angefertigt werden. Die Geländebegehung dient dem Erkennen und Erkunden von Geländeform, geologischem Bau sowie von Art und Ausmaß der Massenschwerebewegungen. Wellen, Buckel, Mulden, Abrisse, Gräben und schiefstehende Bäume sind Indizien für Hangdeformationen. Wasser, Wasserstau, Wasserfließdruck und Porenwasserüberdruck sind in den meisten Fällen bewegungsauslösende Faktoren. Das Erkunden der Wasser- und Grundwassersituation und deren Variation im Jahreslauf ist stets wichtig. Neben dem Erscheinungsbild von Rutschungen sind Anzahl, Tiefe und Form von Gleitflächen sowie die Mächtigkeit und Tiefenlage von fließfähigem Boden oder zersetztem, aufgeweichtem Gestein zu erkunden. Zur Art der möglichen Erkundung dieser Faktoren ist im Rahmen der Voruntersuchung ein Untersuchungsprogramm auszuarbeiten.

Der Einsatz von Bohrgeräten ist im aktiven Rutschhang nicht immer möglich. Geodätische und geophysikalische Messungen können dann einen indirekten Aufschluss liefern. Die Auswahl geeigneter Messverfahren, Messgeräte und Messpunkte schließt die Phase der Vorerkundung ab.

■ Geotechnisches Untersuchen rutschgefährdeter Gebiete

Es ist das Ziel, die Kinematik von Rutschungen zu erfassen. Dieses Ziel kann mit Schürfgruben, Bohrungen, Sondierungen, Untersuchungsschächten, Untersuchungsstollen, verschiedenen geophysikalischen Methoden (Refraktionsseismik, Geoelektrik, Georadar; Messen der natürlich emittierten elektromagnetischen Wellen, Cereskopie), verschiedenen geodätischen Methoden (Fluchten/Alignement, Abstandsmessungen, Neigungsmessungen, Nivellement, Triangulation, Trilateration, Photogrammetrie, Satellitengeodäsie/GPS, Geodätische Robotik), mit fels- und baumesstechnischen Methoden (Inklinometer, Fissurometer, Extensometer, Lotanlagen), mit aktiven oder passiven Reflektoren und mit Bildverarbeitung (Fotografie, Videoaufnahmen) angegangen werden (Wunderlich 1995). Wichtig für Standsicherheitsberechnungen ist das Ermitteln der zutreffenden bodenmechanischen Kenngrößen, besonders das Bestimmen der Restscherfestigkeit oder Gleitfestigkeit in der Bewegungsfuge. Wichtig ist weiterhin, dass die richtige, der Geologie des Rutschkörpers angepasste Modellrechnung angewendet wird.

Ein anderes Ziel ist das Erfassen der klimatischen und dynamischen Einflussfaktoren. Hierzu dienen meteorologische Messungen, Vergleiche von Niederschlägen, Pegelständen und Quellschüttungen sowie Erschütterungsmessungen (Erdbeben). Aus dem Zusammenspiel von kinematischem Modell und dynamischem Modell kann eine Gefahrenanalyse erstellt werden (Linkwitz 1991; Mathesius 1995; Kuntsche 1996).

2.6.12 Gefahrenbeurteilung

Um Tendenzen zu Rutschungsaktivitäten zu erkennen, sind folgende Sicherungsfragen zu erörtern (Krauter 1990):

1. Was kann passieren?
2. Was kann wann passieren?
3. Was kann passieren, wenn …?
4. Was kann wann passieren, wenn …?

Aus der Beantwortung dieser Fragen ergeben sich Ansätze zur Risikobeurteilung und Risikoabschätzung. Aus der Beantwortung der Sicherheitsfragen

5. Was darf passieren, wenn …?
6. Was darf wann passieren, wenn …?

ergeben sich Ansätze zur Gefahrenbeurteilung, Sicherheitsbeurteilung und Gefahrenbegegnung.

Wichtig für die Risikoanalyse sind Größe, Geschwindigkeit und mögliche Reichweite der bewegten Massen und die hiervon ausgehenden Gefahren für Menschenleben und Sachwerte auf und unterhalb der bewegten Masse. Zusätzliche Gefahren können von Wasserstau und Flutwellen (Block- und Geröllfluten) ausgehen. Das richtige Bewerten der die Rutschgeschwindigkeit steuernden Faktoren und deren Vorhersage ist Basis für die Qualität der zu treffenden Sofortentscheidungen wie Evakuieren und Sperren von Verkehrswegen. Hier sind hoher Wissensstand und große Erfahrung des Beurteilers gefragt. Maßnahmen zum Stabilisieren müssen die geologischen Gegebenheiten berücksichtigen. So kann bei offenen, breiten Spalten im Fels die Ankertechnik versagen. Im Geotechnischen Bericht ist die Möglichkeit der Anwendung gängiger Sanierungsmethoden zu diskutieren.

2.7 Erdfälle und Bodensenkungen

Erdfälle und Bodensenkungen treten vorwiegend in Subrosionsgebieten mit Salz- oder Gipsablaugung im Untergrund sowie in Bergbaugebieten auf. Auch unterirdisches Ausspülen kann zu Erdfällen führen. Plötzliches Nachgeben des Baugrundes durch Bruch sowie allmähliches Absinken der Oberfläche gefährden Menschen, Bauwerke und Sachwerte. Im Kalkstein und in anderen schwer oder sehr schwer löslichen Gesteinen führt der Zusammenbruch natürlicher Hohlräume nur selten zu Erdfällen. Der morphologische Formenschatz in Karstgebieten darf nicht generell mit akuter Erdfallgefahr gleichgesetzt werden.

2.7.1 Geländeformen und Merkmale von geogen verursachten Erdfällen und Bodensenkungen

Durch Erdfall entstandene Hohlformen werden in der Geotechnik als „Einsturzlöcher" oder „Erdfalltrichter" bezeichnet. Dabei stellt der Trichter eine durch nachrutschendes Material gestaltete Form dar. In der geomorphologischen Literatur werden solche Hohlformen im Sulfat- und Carbonatkarst als „Einsturzdolinen" oder „Dolinen" bezeichnet. Über zusammenbrechenden Hohlräumen des Bergbaus werden die entsprechenden Hohlformen als Tagbrüche oder Pingen bezeichnet.

■ Erdfälle

Erdfälle sind aktuelle Einbrüche der Erdoberfläche. Verursacht werden sie durch den Zusammenbruch von Hohlräumen. Alle Hohlräume haben eine begrenzte Standzeit. Fortbau und Erweiterung von Hohlräumen geschieht durch Vorgänge der physikalischen und chemischen Verwitterung. Durch chemischen Lösungsangriff oder Verwitterungsangriff wird Substanz in gelöster Form mit dem Grundwasser ausgetragen. Die physikalische Verwitterung wirkt in Form von Auflockerungsdruck. Das Gestein lockert sich im Kluftgefüge auf. Auch bilden sich oberflächenparallele Risse im Umkreis des Hohlraumes, besonders im Deckengewölbe. Durch die Auflockerung wird die Wasserwegsamkeit erhöht. Lösungsvorgänge und Verwitterungsvorgänge werden beschleunigt. Durch Auflockerungsdruck stellt sich in der Hohlraumfirste Verbruch ein. Dies geschieht bevorzugt im gestörten Gebirge. Durch Nachfall baut sich die Hohlraumdecke (Firste) nach oben fort. Es entstehen runde bis ovale Einsturzschlote. Bei tiefliegender Subrosionsbasis können mehrere Hundert bis tausend Meter Gestein durchbrochen werden. Der Hohlraum kann sich durch Nachbruch aus der Höhlendecke bis zur Oberfläche fortbauen und dort als Erdfall in Erscheinung treten. Hohlraumbildung im Untergrund und Fortbau von Hohlräumen bis zum Erdfall an der Oberfläche kann sich in kurzer Zeit einstellen. Bei bedecktem Karst liegen junge Sedimente (Hangschutt, Löss, Lösslehm, Schwemmlehm, Moränen, vulkanische Aschen, Sanddünen) dem verkarsteten Untergrund auf. Das völlige Bedecken der verkarsteten Oberfläche kann erfolgen, wenn z. B. durch Klimawechsel das unterirdische Lösen von Gestein vorübergehend unterbrochen ist. Fortgesetztes oder erneutes Gesteinslösen sowie Nachbruch oder Zusammenbruch von Hohlräumen kann an der Oberfläche zu Senkungen und Erdfällen führen. Durch Suffusion innerhalb der Deckschichten kann aus diesen feinkörniges Material ausgewaschen und nach unten verlagert werden. Die Wasserdurchlässigkeit kann dadurch erhöht und der Vorgang der Subrosion beschleunigt werden. Oft geht ein langsames Einsenken der Oberfläche dem eigentlichen Erdfall voraus.

In nichtbindigen Schluff- und Lössablagerungen sowie in tiefgründigen lateritischen Verwitterungsböden können Erdfälle durch Suffussion verursacht sein (Badlands, ▶ Abschn. 2.5.1).

Längs junger Verwerfungen/Bruchzonen können im Untergrund, unabhängig von der Löslichkeit des Gesteins, tektonisch verursachte Hohlräume bestehen. Über diesen können an der Erdoberfläche Erdfälle mit Trichterdurchmesser bis über 30 m auftreten (z. B. im Buntsandstein über der Rheingrabenverwerfung südlich Heidelberg und über rheinischen Verwerfungszonen im Raum Eberbach). Bei Injektionsarbeiten in solchen Bruchzonen können quasi unbegrenzte Mengen an Beton verschwinden.

▪ Einsturzlöcher

Als Einsturzlöcher (Erdfallschlote) werden scharfkantige Hohlformen bezeichnet, die bei Erdfall an der Oberfläche entstehen. Sie werden in großer Zahl bei Subrosion von Gips und Anhydrit angetroffen, können aber auch über Carbonatkarst und über „nicht verkarstungsfähigen" Gesteinen beobachtet werden, z. B. über Spaltenhöhlen, Brandungshöhlen, Verwitterungshöhlen (Tafoni), vulkanischen Höhlen und über bergmännisch erstellten Hohlräumen. In der Karstmorphologie werden Einsturzlöcher als „Einsturzdolinen" bezeichnet.

▪ Trichterförmige Vertiefungen, Erdfalltrichter

In Böden, veränderlich festen Gesteinen und nachbrechendem Fels bildet sich im Zuge von Verfüllen, Nachsacken und Nachbrechen aus dem Einsturzloch ein Trichter. Dieser wird in der Geotechnik je nach dem formgebenden Vorgang als Nachbruchtrichter oder Nachsackungstrichter bezeichnet. In der Karstmorphologie werden runde bis ovale trichterförmige Vertiefungen der Oberfläche als „Dolinen" (slawisches Wort für „Tal") und solche, die aus Erdfällen hervorgehen, als „Einsturzdolinen" bezeichnet.

▪ Einbruchschlote

Als Einbruchschlote werden runde bis ovale Durchbruchsröhren von Erdfällen und besonders von Großerdfällen bezeichnet. Diese sind oft mit nachgebrochenem oder eingeschwemmtem Material verfüllt. Erdfälle entstehen über zusammenbrechenden Hohlräumen im Anhydrit und Gips. Großerdfälle entstehen vorwiegend bei irregulärer Salzablaugung im tiefen Untergrund. Zu den bemerkenswertesten Einsturzlöchern mit weit einsehbaren Einbruchschloten zählen jene im Süden von Venezuela (Roraima) und in Brasilien (Diamantina), die auf Lösung silikatischer Gesteine zurückgehen. Genser und Mehl (1977) beschreiben Hohlformen im Quarzit über Grundgebirge mit bis zu 390 m Durchmesser, 320 m Tiefe und fast senkrechten Wänden.

▪ Trichterseen, Karstseen

In Vertiefungen über Einbruchstellen und Bodensenken kann Oberflächenwasser zufließen. In den Hohlformen kann Wasser aufgestaut werden. Oberhalb des Grundwasserspiegels kann veränderlich festes Gestein aufgeweicht und die Standfestigkeit der Schlotwände und Gewölbedecken erniedrigt werden. In wassererfüllten Hohlformen können sich bei Absenkung des Wasserstandes verstärkt Nachbrüche in der Absenkungszone einstellen (Wegfall des hydraulischen Druckes auf die Wände).

▪ Bodensenkung

Als Bodensenkung bezeichnet man weitreichende gleichmäßige Bewegungen der Geländeoberfläche nach unten. Gesteinslagen aus dem Deckengewölbe von Hohlräumen und weitflächige Deckschichten über in Auslaugung befindlichen leicht löslichen Gesteinslagen können sich in den Hohlraum hineinbiegen und diesen zusammendrücken. Bei schichtweisem Ablaugen leicht löslicher Salzlagen können sich die Deckschichten direkt auf den Salzspiegel auflegen. An der Oberfläche entstehen weitreichende, flache Subrosionssenken. In diesen können sich Seen oder Sümpfe bilden.

2.7.2 Art und Gefahr technisch verursachter Bodensenkungen

Von den geogen verursachten Bodensenkungen und Erdfällen sind solche zu unterscheiden, die auf untertägigen Bergbau oder Hohlraumbau zurückzuführen sind, also anthropogen bzw. technisch verursacht sind. Soweit sie Bauwerke (Häuser, Verkehrswege, Leitungen. Kanäle, Entwässerungsgräben) betreffen, werden solche auf Bergbau zurückzuführende Schäden als Bergschäden bezeichnet.

Sie können an der Oberfläche zu gleichen morphologischen Erscheinungsformen führen wie geogen verursachte Senkungen, unterscheiden sich aber von diesen in ihrem räumlichen und zeitlichen Auftreten. So korrelieren Bodensenkungen bei aktivem Flözabbau (z. B. Salz) oft mit der Abbaufront und können dieser vorauseilen (elastisches Verformen im Untergrund). Die Abbaugrenzen der Gruben sind (z. B. bei Kohle) oft durch Verwerfungen (Sprünge) geologisch vorgegeben. An solchen Abbaugrenzen bleibt oder blieb einseitig das unverritzte Gebirge in voller Mächtigkeit stehen, an der grubenwärtigen Seite wird/wurde flächenhaft der zu gewinnende Rohstoff entnommen. Am Rand von z. B. ausgekohlten Gruben- oder Abbaufeldern treten vermehrt Bergschäden auf. Bei aufgelassenen Bergwerken hält die Schadwirkung der Senkungen längs solcher ehemaligen Abbaugrenzen lange an. Schäden können noch nach Jahrhunderten auftreten. Schriftliche Unterlagen oder Pläne können, soweit vorhanden, bei den zuständigen Bergämtern eingesehen werden.

Bei den Senkungen kann sich weiterhin die Mächtigkeit der im Untergrund entnommenen Schichten oder Gesteine an der Oberfläche abbilden.

Über einem Abbaufeld stellt sich eine Senkungsmulde ein. Die nahe über dem ausgebauten Flöz gelegenen hangenden Gesteinslagen erfahren über dem Zentrum der entstehenden Mulde Zerrung, die oberflächennahen Gesteinslagen (der Baugrund) erfahren Pressung. In solcher Position gelegene Bauwerke geraten in Muldenlage (▣ Abb. 11.24b). Durch die Ausbildung einer Senkungsmulde können Bauwerke in Schieflage geraten. Die zu erwartenden Schieflagen sind im Zentrum der Senkungsmulde gering und nehmen zum Rand der Senkungsmulde bzw. des Abbaufeldes zu. Maximale Werte für Schieflage werden über den Randbereichen der abgebauten Felder angetroffen. Gleichmäßige Senkungen können/konnten sich über dem zentralen Raum tiefliegender Abbaufeldern einstellen. Gleichmäßiges schadfreies Absenken von Bauwerken über 15 m und mehr ist vom Kohleabbau, z. B. in Sulzbach/Saar, bekannt. Die Schadwirkung der Schieflage wird nach dem zulässigen Setzungsunterschied bezogen auf die Bauwerkslänge L (Verkantung tan α, ▶ Abschn. 11.5.4) bewertet, wobei als Grenzwert häufig der Wert $L500^{-1}$, als Extremwerte $L150^{-1}$ bis $L1350^{-1}$ genannt werden (Kratzsch 2012, Placzek 2009).

In Richtung zur Abbaugrenze nehmen an der Oberfläche andere Schadbilder zu. So können sich zusätzlich zur Ausbildung einer zentralen gleichmäßigen Senkungsmulde weitere Schadbilder wie zusätzliche kleinere Senkungsmulden, grabenförmige Einbrüche, Erdspalten, Abbrüche, Erdstufen und infolge horizontaler Verschiebungen auch Aufstauchungen und Hebungen einstellen. Über oberflächennahen Hohlräumen können sich bei deren Zusammenbrüchen Tagbrüche (Erdfälle) einstellen. Bauwerke können in Sattellage geraten (■ Abb. 11.24a). Bei Bauwerken können sich Schieflage, Risse oder Zerstörung einstellen. Bei Verkehrswegen sind sich plötzlich einstellende Stufen gefürchtet. Bei Leitungen können Senkungen zu verändertem Fließgefälle, zu Überdehnung oder Pressung oder zum Bruch führen.

Bei oberflächennahem Abbau bis etwa 150 m Tiefe sind die Schadwirkungen meist intensiver als beim Abbau in größerer Tiefe. Beim Gangerzbergbau im standfesten Gebirge können Schadwirkungen über Jahrhunderte ausbleiben.

Ursächliche Faktoren für das Ausmaß von Absenkung und Schadwirkung an der Oberfläche sind:

- Art der künstlich geschaffenen Hohlräume: Kavernen, Kammern, Tunnel, Stollen, Schächte, Brunnen, Strecken, Querschläge, Gänge, Strebe.
- Dimension/Breite künstlich geschaffener Hohlräume: Die maximale Breite großer Kavernen liegt bei etwa 35 m.
- Festigkeitseigenschaften des Gebirges und Gebirgsklasse des den Hohlraum umgebenden Gebirges (▶ Abschn. 13.1.6).
- Art des Ausbruchverfahrens (händischer Ausbruch, maschineller Ausbruch, Sprengverfahren, Bohrverfahren, ▶ Abschn. 13.4).
- Art der Eingebauten Sicherungsmaßnahmen zum Schutz gegen Auflockerung und Verbruch (▶ Abschn. 13.6). Zusätzliche Schadbilder können beim Einsatz von Gefrierverfahren auftreten.
- Angewandtes Abbauverfahren/Ausbruchverfahren (▶ Abschn. 13.4): Bei den bergbaulichen Abbauverfahren ist zu unterscheiden zwischen Abbauverfahren mit Bergeversatz (Strossenbau, Firstenbau, Firstenstoßbau, Stoßbau, Strebbau, Pfeilerbau), Abbau mit Bergfesten (Örterbau, Kammerbau, Weitungsbau), Bruchbauverfahren (Pfeilerbruchbau, Kammerbruchbau, Weitungsbruchbau, Strebbruchbau).
- Geologische Eigenschaften des hangenden Gebirges,
- Alter der künstlichen Hohlräume (gegenwärtig aktiver Bergbau/Hohlraumbau, neuzeitlicher Bergbau und Hohlraumbau aus zurückliegenden Jahrhunderten – meist aufgelassen, mittelalterlicher Bergbau, antiker Bergbau, vorgeschichtlicher Bergbau),
- Im Senkungsgebiet können im Boden verlegte Wasserleitungen auf Biegen beansprucht werden und brechen. Ausströmendes Wasser kann ursächlich für Erdfälle sein.

Die neuzeitlichen und gegenwärtigen Einwirkungen des Bergbaus auf Bauwerke werden im Rahmen der „Bergschadenkunde" erfasst, vermessen und bewertet. Die baulichen Maßnahmen zum Vermeiden oder Mindern solcher schadhaften Einwirkungen werden als „Bergschadensicherung" bezeichnet.

Für Schäden an Gebäuden und sonstigem Eigentum muss entsprechend den gesetzlichen Vorgaben (BGB, BBergG) der Verursacher haften. Um rechtzeitig die Ursachen plötzlich eintretender Schäden beurteilen zu können und um rechtzeitig Maßnahmen zur Sicherung und Minderung der Schäden ergreifen zu können, unterhalten große Bergbauunternehmen eigene Bergschadenabteilungen. Daneben gibt es Sachverständige für Bergschadenkunde. Die Bergschadenkunde ist ein seit über 100 Jahren im Rahmen des Markscheidewesens gepflegtes Spezialgebiet der Bergbaukunde. Für das Bearbeiten von Schadensfällen, die dem Formenkreis Bergschäden zuzuordnen sind, wird auf Literatur (Kratzsch 2012, Placzek 2009, Schürken und Finke 2008) hingewiesen.

Nach Einstellen der Bergbautätigkeit und der Wasserhaltung in den Gruben kann das Grundwasser etwa auf das Niveau vor dem Abbau wieder ansteigen und in den abgesenkten Bauwerken zu Schaden führen. Die Aufwendungen für Wasserhaltungsmaßnahmen können einen beträchtlichen Umfang bei der Abwicklung von Bergschäden erfordern.

Unterirdisches Aussolen (Auslaugen) von Salz kann zu Überschneidungen zwischen künstlich verursachten und natürlich verursachten Absenkungen führen (Dachroth 1983).

2.7.3 Klassifikation gesteinstypischer Subrosionsformen

Die Erscheinungsformen der Subrosion und Verkarstung werden von der Art, Mächtigkeit und Tiefenlage des löslichen Gesteins, von der Art und dem geologischen Bau der Deckschichten bzw. des Deckgebirges, von der Wasserwegsamkeit in den Deckschichten bzw. dem Deckgebirge, von der hydrogeologischen, hydrodynamischen und hydrochemischen Situation, vom Klima und der Vegetation an der Oberfläche und von der Gesteins- bzw. Grundwassertemperatur geprägt. Unterschiedliche Typen der Auslaugung mit nachfolgender Verformung im Gebirge und an der Geländeoberfläche werden bei Salz (Chloride), Gips und Anhydrit (Sulfate), Kalkstein und Dolomitstein (Carbonate) und auch bei silikatischen Gesteinen beobachtet. Die Hohlraumentwicklung erfolgt unter dem Lösungsangriff von Wasser oder von im Wasser gelöstem Kohlendioxid. Unterschieden wird zwischen dem Lösungsangriff vadoser Wässer im Sickerwasserbereich und dem Lösungsangriff phreatischer Wässer in mit Grundwasser erfüllten Karsthohlräumen.

Nach der Löslichkeit der Gesteine wird unterschieden zwischen:

- Subrosion in sehr leicht löslichen Gesteinen (Bittersalz, Carnallit);
- Subrosion und Verkarstung in leicht löslichen Gesteinen (Steinsalz);
- Subrosion und Verkarstung in löslichen Gesteinen (Anhydrit, Gips);
- Subrosion und Verkarstung in schwer löslichen Gesteinen (Kalkstein, Dolomitstein);
- Subrosion und Verkarstung in sehr schwer löslichen Gesteinen (silikatische Gesteine).

2.7.4 Auslaugung sehr leicht löslicher Gesteine

Die Auswirkung der natürlichen Subrosion sehr leicht löslicher Salzgesteine kann von der Oberfläche aus nicht von derjenigen leicht löslicher Gesteine unterschieden werden. Eine geotechnisch wichtige Rolle spielen Gesteinslagen/Schichten aus sehr leicht löslichen Salzen (Kalium- und Magnesiumsalze) bei Hohlraumbau und Hohlraumnutzung in Salzgesteinen. Bei Hohlräumen, die durch künstliches Auslaugen von Salz geschaffen werden, kann in Gegenwart sehr leicht löslicher Salzlagen ein weitreichendes, schichtweises Aussolen erfolgen. Intensive Verfaltung solcher Salzlagen in Salzstöcken ist für das Beherrschen von Aussolungen sowie untertägiger Abfallentsorgung und Reststoffverwertung nachteilig.

2.7.5 Auslaugung in leichtlöslichen Gesteinen – Salzkarst, Chloridkarst

An der Oberfläche ist die Persistenz leicht löslicher Salze nur im extrem trockenen Klima möglich. Häufig angetroffen wird Salz in Salzseen und Salztonebenen (Sebkha, Chott, Salar). Morphologisch hervorgehoben kommt Steinsalz z. B. im Iran und in Israel (Totes Meer) vor. Morphologisch exponiertes Salz zeigt Formen des nackten Karstes wie Salzsäulen, Rillen und Schlotten mit scharfkantigen Graten, Röhren und Höhlen.

Die Subrosion unterirdischer Salzlagen erfolgt im humiden Klima in der Tiefe von mehreren hundert bis etwa tausend Metern. Unterschieden wird zwischen regulärem und irregulärem Auslaugen (Weber 1930). Reguläres Auslaugen findet bei ebener Lagerung der salzführenden Schicht in der Schichtfläche oder im etwa horizontalen Salzspiegel eines Salzstockes statt. Bei geneigter Lagerung und großer Salzmächtigkeit findet reguläres Auslaugen am Salzhang statt. Irreguläres Auslaugen findet kleinflächig in tektonisch gestörten Gebieten mit tiefreichender Wasserwegsamkeit statt (■ Abb. 2.5).

■ Flächenhafte Absenkung bei Salzablaugung im Untergrund

Die aus regulärer Salzablaugung resultierenden Subrosionssenken sind weitgestreckte, flache Hohlformen. Sie entstehen durch flächenhaftes Auslaugen einzelner Salzlagen oder durch flächenhaftes Ablaugen mächtiger Salzmassen am unterirdischen Salzhang. Das Deckgebirge setzt sich bei fortschreitendem Ablaugen sanft und kontinuierlich auf die verbleibenden Salzmassen oder auf die Schichten im Liegenden des (ehemaligen) Salzlagers (■ Abb. 2.5).

An der Oberfläche bilden sich weitgestreckte Senken.

In nassen, grundwassererfüllten Subrosionssenken können sich Niedermoore ausbilden. Subrosionssenken am Hang können mit windverfrachtetem feinkörnigem Bodenmaterial (Löss) oder mit kolluvial verlagerten Massen aufgefüllt sein. Große Löss- und Lehmmächtigkeiten über auslaugungsfähigen Schichten im Untergrund können durch Auffüllung von Subrosionssenken entstanden sein und als Anzeichen für anhaltende Bodensenkung gelten. Baugrund ist in solchen Fällen auf Subrosionsgefahr zu untersuchen. Die Geschwindigkeit der Ablaugungsvorgänge wird vom Grundwasserstrom gesteuert. Für flächenhafte natürliche Senkung bei Heilbronn (Subrosionsmulde mit 1,5 km Durchmesser) berechnet Dachroth (1983) 3 mm pro Jahr.

Bodensenkungen können durch Bergbautätigkeit verstärkt werden. Bei Salzgewinnung über Soleanlagen im Raum Heilbronn wurden über längere Zeit großflächige Bodensenkungen zwischen 50 und 100 mm pro Jahr, auf kleineren Flächen > 200 mm pro Jahr gemessen. Nach Einstellen der Bergbautätigkeit hören die Bergsenkungen allgemein nach 5 bis 10 Jahren auf oder nähern sich dem Nullpunkt. Durch künstliches Aussolen kann aber auch langanhaltende natürliche Subrosion ausgelöst werden.

■ Großerdfälle bei Salzauslaugung im tiefen Untergrund

Bei irregulärer Auslaugung entstehen im Salz mit Lauge gefüllte Hohlräume. Hieraus resultierende Großerdfälle können bis 1000 m tief reichen. Die Morphologie der Hohlform an der Oberfläche ist abhängig vom geologischen Bau, der Schichtenfolge im Salz, der Schichtenfolge in den das Salz überlagernden Deckschichten, den tektonischen Strukturen in den Deckschichten und von der Tiefenlage der leicht löslichen Gesteinsschichten. An der Oberfläche bilden sich in Festgesteinen engbegrenzte Einbruchschlote, in Böden und veränderlich festen Gesteinen trichterförmige Einbrüche. Die Hohlform wird an der Oberfläche mit Verwitterungsschutt, mit wasserverfrachteten feinkörnigen Bodenarten und häufig mit organischem Material (Torf, Kohle) aufgefüllt. Einbruchschlote können auch mit Versturzbrekzien aus der Schlotwand aufgefüllt sein. Die in den Einbruchschlot oder Trichter eingetragenen Massen werden schwerkraftbedingt nach unten verlagert. Es handelt sich um eine Form unmittelbarer Massenschwerebewegung. Dabei hängt die Absinkgeschwindigkeit von der Ablauggeschwindigkeit im Untergrund ab.

Einbruchschlote über ausgelaugten Salzgesteinen des Zechsteins in Osthessen haben Durchmesser von 20–50 m, in einzelnen Fällen über 100 m, und waren zur Zeit ihrer Entstehung im Tertiär bis zu 1000 m tief. Das die Einbruchschlote umgebende Gebirge ist im allgemeinen wenig gestört und steht mit meist steiler Schlotumgrenzung an.

Mit Erdreich aufgefüllte Flächen über Einbruchschloten oder Trichtern können rasch nachsinken. Für die Subrosionssenke „Der See" bei Kleinensee in Osthessen (Durchmesser ca. 350 m) berechnet Greiling (1977) 3,3 cm pro Jahr.

2.7.6 Auslaugung in löslichen Gesteinen – Anhydritkarst, Gipskarst

Die Subrosion in Anhydrit und Gips erfolgt meist oberflächennah in zehn bis hundert Meter Tiefe. Subrosion kann im massigen Anhydrit, im gipshaltigen Anhydrit und im Gips erfolgen. Subrosion und Höhlenbildung im Anhydrit ist immer mit dem Vorgang der Hydratation und der Umwandlung in Gips bei etwa 60 % Volumenzunahme verbunden. Lösen erfolgt an den Stellen, an denen geringmineralisiertes Wasser dem Anhydrit zufließt. Dies kann flächenhaft längs wasserführender Schichten und kleinflächig an Spalten und Bruchstrukturen erfolgen.

■ Senkungen und Erdfälle über Höhlen im Anhydrit

Subrosion kann schichtflächenparallel von solchen Schichtgrenzen ausgehen, an denen wasserführende Gesteine, z. B. Kalkstein, an Anhydrit grenzen oder von diesem überlagert werden.

Horizontal kann Subrosion vom Grundwasserspiegel ausgehen, und zwar an den Stellen, an denen geringmineralisiertes Schichtwasser dem Grundwasser zufließt. Dies kann längs wasserführender Schichten und auch an Spalten und Bruchstrukturen geschehen.

Es entstehen großräumige, flache Höhlen mit wasserdichter Firste. Höhlen im Anhydrit zeigen an ihren Wänden und Decken den Übergang vom Anhydrit in Gips. Oberhalb des Grundwasserspiegels erfolgt diese Umwandlung über die Luftfeuchtigkeit. Die damit verbundene Volumenvermehrung bewirkt, dass sich mehrere Zentimeter starke Gesteinslagen von der kompakten Gesteinsmasse abtrennen und als „Gipslappen" herunterhängen. Die Hohlraumentwicklung erfolgt im Anhydrit vorrangig durch Wasseraufnahme (Hydratation). Der Fortbau der Höhle erfolgt nach oben und nach den Seiten, sodass sich Höhlen mit flachem Gewölbe entwickeln.

Hohlräume im Anhydrit sind im Gegensatz zu Karsthohlräumen im Kalkstein „schnelllebig". Es werden Standzeiten in der Größenordnung bis 10.000 Jahre angegeben. Durch den Fortbau der Höhle von unten nach oben und nach den Seiten und durch das Ablaugen von Gips am Gipsspiegel von oben nach unten wird die Tragfähigkeit des Deckengewölbes geschwächt. Plastische Verformungen in den das Höhlengewölbe tragenden Deckschichten können an der Oberfläche Senkungen hervorrufen. Erdfälle treten ein, wenn das über der Spannweite der Höhlendecke verbleibende Festgestein das Eigengewicht und das Gewicht von Deckschichten und Zusatzlasten nicht mehr tragen kann. Dabei kann das Deckengewölbe weitgestreckter Höhlen in einem Ereignis zusammenbrechen, oder der Einbruch des geschwächten Deckengewölbes kann sich in mehreren kleineren, zeitlich gestreckten Erdfällen einstellen. Auch solchen kleineren Erdfällen gehen häufig Bodensenkungen voraus.

■ Erdfälle über irregulärer Höhlenentwicklung im Anhydrit

Die oben beschriebene Höhlenentwicklung schreitet in gestörten oder gebirgsmechanisch beanspruchten Anhydritmassen schneller voran. Hohlraumentwicklung und Raumverfall werden dann vorrangig vom Auflockerungsdruck und Nachfall bewirkt. Erhöhte Wasserwegsamkeit verstärkt die Hydratation. Die Höhlenentwicklung verläuft von unten nach oben und führt im fortgeschrittenen Stadium zum Erdfall. Die Erdfallgefahr über Hohlräumen im Anhydrit ist groß bis sehr groß.

■ Bodensenkung und Erdfälle über Höhlen im Gips

Höhlen im Gips entstehen durch Lösen von Gips und durch den Auflockerungsdruck in der Höhlendecke mit Nachfall. Im Gegensatz zu Anhydrithöhlen haben Gipshöhlen keine wasserdichten Firste. Der Wasserangriff erfolgt an der Gipsoberfläche und hinterlässt hierauf Karren und durch Lösen von oben entstandene Hohlformen (Lösungstrichter, „Lösungsdolinen"). Werden gipsführende Schichten nur vom Sickerwasserstrom abgelaugt, kann dies zum flächenhaften Absenken des Geländes führen. Sickerwasser kann über Risse und Löcher in den Gips eindringen und diese zu Hohlräumen aufweiten.

Grundwasser kann je nach Fließrichtung den Gips durchströmen und längs der Strömungsbahnen Gips ablaugen und Hohlräume schaffen. Es können sich Höhlen (Höhlengänge, Hallen) mit beträchtlichen Ausmaßen und Spannweiten bis über 60 m bilden. Diese Höhlen können über Gänge, Einbruchschlote (Erdfälle) oder künstliche Zugänge mit der Oberfläche in Verbindung stehen. Bei Wasserführung können solche Löcher als Schwinden (Ponore) oder Karstquellen fungieren. Bei sinkendem Grundwasserstand fällt der auf die Wände stabilisierend einwirkende Wasserdruck weg. Dies kann zum Zusammenbrechen trockengefallener Hohlräume mit unregelmäßigen Bodensenkungen und Erdfällen an der Oberfläche führen. Die Standzeit der Gipshöhlen liegt in der Größenordnung 10.000 bis 20.000 Jahre. Die Erdfallgefahr über Hohlräumen im Gips ist groß bis sehr groß.

2.7.7 Auslaugung in schwerlöslichen Gesteinen – Carbonatkarst

Die Korrosion von Kalkstein und Dolomitstein kann an der Luft, unter Bodenbedeckung, in der ungesättigten Bodenzone, im Bereich der Karstwasseroberfläche, im seichten Karstwasser und auch im tiefen Karstwasser stattfinden. An der Oberfläche bilden sich Lösungsformen wie Rillen (Karren, Schratten), Näpfe und Löcher („Lösungsdolinen"), die sich nach unten in zu Spalten und Röhren aufgeweiteten Kluft- und Schichtfugen, Gängen, Höhlenkammern, Höhlendomen und Karstschloten fortsetzen. Carbonatgesteine zählen in der Geotechnik zu den schwer löslichen Gesteinen. Unterschieden werden:

- Karst in Kalkstein;
- Karst in Dolomitstein;
- Karst in Kreide, Travertin und Weichkalkstein;
- Karst in Kalksandstein und Kalkkonglomerat;
- Karst in Mergelstein.

■ Einsturzlöcher und Erdfallgefahr über Höhlen im Kalkstein

Besonderheiten der unterirdischen Karstphänomene sind bis über 100 m tiefe, senkrechte Karstschlote und bis über 100 m lange, 30–40 m breite und mehrere Zehnermeter hohe Höhlen mit glatten Wänden. Große Hohlräume stehen über enge Röhren in Verbindung.

Fortschreitendes Lösen des Calciumcarbonats führt zum Vergrößern der Hohlräume, bis diese im Endstadium der Höhlenentwicklung instabil werden. Der Zusammenbruch beginnt mit dem Ausbrechen großer Kluftkörper aus dem Deckengewölbe. Im Endstadium der Höhlenentwicklung ist das Deckengewölbe von Bruchstrukturen geformt. Durch Verbruch, Nachfall und Nachsacken entstehen an der Oberfläche Einsturzlöcher („Einsturzdolinen"), trichterförmige Vertiefungen („Dolinen"), Karstmulden (Uvalas) und auch größere geschlossene Karsthohlformen (Poljen). Ein weiteres Stadium der Verkarstung und physikalischen Verwitterung führt in den an der Oberfläche anstehenden Kalksteinen zu Formen des Kegel- oder Turmkarstes.

Der Lösungsvorgang ist beim Carbonatkarst viel langsamer als beim Gipskarst. Die Standzeit der Kalksteinhöhlen liegt in der Größenordnung von Hunderttausenden bis Millionen von Jahren. Es gibt Vermutungen, dass ein Großteil der heute aufgefundenen Kalksteinhöhlen im Tertiär entstanden sein soll, wofür jedoch chronologische Nachweise und felsmechanische Erklärungen zu erbringen sind.

Höhlen im Kalkstein können sich in unterschiedlicher Tiefe bilden. Die mit dem Sickerwasserstrom zugeführte Kohlensäure löst Kalkstein an der Oberfläche und im Bereich des Karstwasserspiegels. Durch Mischungskorrosion können Hohlräume auch in größerer Tiefe unter dem Grundwasserspiegel entstehen.

Carbonatisch gebundene klastische Gesteine (Kalksandsteine) können in gleicher Weise wie Kalkstein verkarsten.

Die Korrosionsgeschwindigkeit in Kalksteinen und Dolomitsteinen ist als gering einzustufen. Die Standfestigkeit der Hohlräume ist groß. Aktive Erdfälle sind im Carbonatkarst selten. Die Erdfallgefahr ist gering. Die im Carbonatkarst geschaffenen morphologischen Formen sind langlebig und entsprechend häufig anzutreffen. Gefahren bestehen bei unzureichender Erkundung und nicht angepasster Bebauung.

2.7.8 Auslaugung in sehr schwer löslichen Gesteinen – Silikatkarst

In silikatischen Gesteinen können Hohlräume in freistehenden Felsen durch Brandung, Verwitterung (Tafoni) und Bergzerreißung (Spaltenhöhlen) entstehen. Im tieferen Untergrund kann silikatisches Gestein unter dem Einfluss von Thermalwasser sowie unter langanhaltenden tropischen Klimabedingungen karstähnlich verwittern.

Beim Zusammenbruch der Hohlräume können beständige Einsturzlöcher entstehen. Die Erdfallgefahr ist in silikatischen Gesteinen sehr gering.

2.7.9 Dimensionen von Erdfällen und Senkungen

Die meisten Erdfälle haben Anfangsdurchmesser unter 5 m. Erdfälle mit größeren Anfangsdurchmessern sind selten. Die meisten großen Erdfallformen bis 50 oder 100 m Durchmesser sind durch zahlreiche kleinere Nachbrüche entstanden. Großerdfälle werden aus Deutschland mit 100 m Durchmesser bei Tecklenburg/Westfalen (1913) und mit etwa 500 m Durchmesser und 27 m Absenkung am Arendsee (1685) genannt (Büchner 1996). Tolmatschew (1995) beschreibt aus Russland einen Erdfall im Industriegebiet von Dzershinsk mit 35–40 m Durchmesser und 8–12 m Absenkung.

◘ Tab. 2.5 zeigt die Verteilung der Anfangsdurchmesser von Erdfällen im südlichen Niedersachsen. Häufig wiederholen sich Erdfälle an gleicher Stelle im Abstand von Jahren bis Jahrzehnten.

◘ **Tab. 2.5** Anfangsdurchmesser von Erdfällen im südlichen Niedersachsen. (Büchner 1996)

Anfangsdurchmesser [m]	Häufigkeit [%]
< 2,0	50
2,1–4,0	30
4,1–6,0	12
6,1–8,0	6
8,1–10,0	1,5
> 10,0	0,5

2.7.10 Abschätzen des Schadenrisikos in Erdfallgebieten

Bodensenkungen und Erdfälle rufen an der besiedelten oder wirtschaftlich genutzten Erdoberfläche Schäden hervor. Diese sind je nach Art der Bebauung und Nutzung unterschiedlich hoch. An Gebäuden können Schäden durch Krümmung und Längenänderung des Baugrundes oder durch Wegbrechen des Baugrundes entstehen.

Das Risiko eines Schadens durch Erdfall wird bestimmt durch:

- geologische Verhältnisse im Untergrund;
- Lage und geologische Exposition;
- Tiefenlage und Art der wasserlöslichen Gesteine unter Gelände;
- Größe vorhandener Einsturzlöcher und Erdfalltrichter;
- Ereignishäufigkeit und Dichte von Erdfällen;
- Alter vorhandener Einsturzlöcher und Erdfalltrichter;
- Art und Ausbildung von Bauwerken.

Die Bestandsaufnahme der geologischen Verhältnisse soll die Verbreitung und Lagerung der die auslaugbaren Gesteine unterlagernden Schichten sowie bestehende, verfüllte und überbaute Hohlformen und Senken kartenmäßig erfassen. Sie stützt sich auf den Vergleich alter und neuer Karten, Pläne, Luftbilder, Bauwerksschäden etc.

Die geologische Exposition eines zu beurteilenden Standortes berücksichtigt Gesteinsaufbau und Gesteinslagerung im Untergrund, Lage und Schwankungsbreite des Grundwasserspiegels, unterirdische Wasserwege (Karstbäche) mit Art und Menge der Wasserführung sowie Lage von Ablaugungsrändern und Salzhang oder Auslaugungshang im Untergrund.

Durch Auswerten der Bestandsaufnahme erhält man Informationen über die auslaugungsfähigen Gesteine im Untergrund und über die Ursprungstiefen möglicher Erdfälle.

In Niedersachsen sind etwa 20.000 Erdfalltrichter bekannt. Es wird davon ausgegangen, dass die heute morphologisch erkennbaren Erdfalltrichter ein Alter von weniger als 10.000 Jahren, in den meisten Fällen von weniger als 5000 Jahren haben.

Für das südliche Niedersachsen besteht eine Klassifikation nach den Risikokategorien 0–6 (Büchner 1991, 1996; ◘ Tab. 2.6).

Tab. 2.6 Klassifikation des Schadenrisikos durch Erdfälle

Kategorie	Beschreibung
0	Keine löslichen Gesteine im Untergrund
1	Lösliche Gesteine in großer Tiefe im Untergrund; keine Hinweise auf reguläre oder irreguläre Auslaugung
2	Irreguläre Auslaugung möglich
3	Reguläre Auslaugung wahrscheinlich
3.1	Benachbarte Einbrüche oder Erdfalltrichter sind über 300 m entfernt
3.2	Benachbarte Einbrüche oder Erdfalltrichter sind 100 bis 300 m entfernt
4	1 bis 2 Einbrüche oder Erdfalltrichter im Umkreis von 100 m
5	3 bis 8 Einbrüche oder Erdfalltrichter im Umkreis von 100 m
6	Mehr als 8 Einbrüche oder Erdfalltrichter im Umkreis von 100 m

Gebiete, in denen bislang keine Erdfälle bekannt geworden sind, sind der Kategorie 0, 1, 2, 3a oder 3b zuzuordnen. Gebiete, in denen bereits Erdfälle aufgetreten sind, sind je nach Erdfallhäufigkeit und unter Berücksichtigung geologischer Grenzen den Risikokategorien 4–6 zuzuordnen.

Das natürliche Risiko in Erdfall- und Senkungsgebieten kann durch menschliche Eingriffe, Soleförderung oder Bergbau erheblich gesteigert werden. Für das Beurteilen von Gefahren, die von Bodensenkungen und besonders von Erdfällen ausgehen, sind die gleichen Sicherungsfragen zu erörtern wie bei der Gefahrenbeurteilung von Rutschungen.

2.7.11 Messtechnisches Überwachen erdfallgefährdeter Gebiete (Monitoring)

Baugrund und Bauwerke in erdfallgefährdeten Gebieten können so kontrolliert und überwacht werden, dass Senkungen an der Oberfläche und Nachbrüche im Untergrund frühzeitig erkannt werden (Beljaew 1995). Mögliche Verfahren sind:

- Messtechnisches Überwachen – Nivellement, Winkelmessung, Längenmessung;
- Messtechnische Kontrolle an tragenden Bauwerksteilen;
- Inklinometermessungen in Bohrlöchern und an Bauwerken;
- Registrieren seismischer und akustischer Emissionen aus dem Untergrund;
- Cereskopie – Registrieren elektromagnetischer Impulse aus dem Untergrund;
- Kontrolle an Erdfallpegeln – gemessen wird das Absinken oder Abstürzen einer Plombe im Bohrloch über einem sich nach oben fortbauenden Hohlraum;
- Kontrolle von Wasserständen und Grundwasserständen;
- Kontrolle von Abbrüchen an Rohren und Verkehrswegen über eingebaute Kontrollleitungen;
- Kontrolle der Dicke einer eingebauten Erdschüttung über Geotextil mit anheftendem elektrischem Leiter – gemessen werden Distanzänderungen zwischen Nullmessung und Wiederholungsmessung ab Oberfläche (Lippomann 1995).
- Fernsehoptisches Ausspähen und messtechnisches Aufnehmen unterirdischer Hohlräume über in Bohrlöchern herabgelassene Geräte.
- Direktes Untersuchen der unterirdischen Hohlräume durch Schaffen von Zugangswegen.

2.7.12 Technische Maßnahmen zum Vermeiden und Beheben von Bergschäden

Mögliche Gegenmaßnahmen sind stets objektbezogen zu planen und auszuführen. Bei Hochbauten kann dieses durch Abstützen über Pfeiler, Pfähle oder Wurzelpfähle sowie durch Unterfangen geschehen (▶ Abschn. 11.8, 11.9 und 11.10). Bei befürchteter Schieflage kann unter Neubauten eine Plattengründung vorgesehen werden. Bodenplatte und Bauwerk können dann durch Injektion von Beton angehoben und ausgeglichen werden. Bei Altbauten kann gegebenenfalls nachträglich durch Injektion eine Art Bodenplatte hergestellt werden.

Im freien Gelände und im Bereich von Straßen, Schienen und Wegen werden Absenkungen durch Aufbringen von Erdmassen, Kies, Schotter oder Beton ausgeglichen. Zu beachten ist, dass das Auffüllen von Erdfalltrichtern mit schweren Baustoffen bei verbliebenen Hohlräumen im Untergrund zu weiterem Nachfall führen kann. Wasserstau über Bodensenkungen und große Wasserdurchlässigkeit im Auffüllmaterial von Erdfalltrichtern kann gleichfalls Absenken oder Nachbrechen provozieren. Es ist zu prüfen, ob durch den Einbau leichter Baustoffe (Styropor, Blähton, Bims, Perlit) dem Nachsacken entgegengewirkt werden kann. Auch ist an das Überbrücken von Erdfällen zu denken.

2.8 Wasser und Wind – Erosion, Denudation, Transport und Anlanden von Boden

Das durch Verwitterung bereitgestellte und durch Erosion gelöste Material kann von Wasser, Eis und Wind transportiert und an anderer Stelle abgelagert werden. Unter Kultur genommene Flächen können von durch Wasser oder Wind transportierten Massen verdeckt, verschüttet und überlagert werden.

Auf geneigtem Gelände kann Boden durch Flächenspülung (Schichtfluten) transportiert und abgelagert werden. In Fließgerinnen, Bächen und Flüssen hängt das Frachtvermögen des fließenden Wassers von der Fließgeschwindigkeit, der Korn- oder Stückgröße des bewegten Bodenmaterials und bei großen Körnern, Steinen oder Blöcken auch von der Wassermenge ab. Nach der Art der in Bächen, Flüssen und Kanälen transportierten Feststoffe werden Schwimmstoffe, Schwebstoffe, Geschiebe und Treibeis unterschieden.

Zwischen Quellgebiet und Mündung nimmt das Fließgefälle ab und die Wassermenge zu. In den nacheinander durchflossenen Flussabschnitten ändert sich das Bild der Flusslandschaft als Folge von Unterschieden im Erosionsverhalten und Transportvermögen, in der Korn- bzw. Stückgröße des transportierten Materials und in der Art der Anlandungen. Flussabschnitte, die sich nach Wassermenge, Art der Wasserbewegung und Frachtvermögen gleich verhalten, können als Flusslandschaften oder Flusstypen klassifiziert werden.

Längs der Küsten werden durch Ebbe und Flut Wassermassen bewegt. Fließstrecken sind Flussmündungen (Ästuare), Priele und Gatts. Die Brandung bewirkt küstenparallele Brandungsströmung.

Anlandungen sind in bebauten Gebieten und auf Verkehrsflächen unerwünscht. Gefürchtet sind Geröll- und Schuttablagerungen von Muren, Wildbächen und Gebirgsflüssen. In landwirtschaftlich genutzten Überschwemmungsauen kann hingegen regelmäßiges Anlanden von Schwebstoffen ertragsfördernd sein. Allerdings können mit den Schwebstoffen auch Schadstoffe ausgetragen werden. Im Watt können die natürlichen Sedimentationsvorgänge durch den Eingriff des Menschen verstärkt und zu Küstenschutz und Landgewinn herangezogen werden.

Wind ist in der Lage, Sand und Staub zu verwehen und an anderen Stellen abzulagern. Kultivierte Flächen können in kurzer Zeit von Sand oder Staub bedeckt, überlagert oder verschüttet werden.

2.8.1 Bewegungsformen des fließenden Wassers – Abflusstypen

Die Bewegungsformen des Wassers und das Abflussverhalten von anfallenden Wassermassen sind ursächlich für die vom Wasser ausgehenden Prozesse bei Erosion, Transport und Sedimentation von Bodenmaterial. Das Abflussverhalten der zu Tal fließenden Wassermassen kann sich an Knickpunkten im Längsprofil von Bächen und Flüssen ändern. Das morphogenetische Formen und Gestalten der Flussabschnittsformen „Oberlauf", „Mittellauf" und „Unterlauf" mit ihrem jeweils unterschiedlichen Abflussverhalten kann im Längsprofil mancher Flüsse mehrfach und sich wiederholend beobachtet werden. Folgende Abflusstypen lassen sich unterscheiden:

- Fallen: Bei dieser Bewegungsform fällt das Wasser an einer Steilkante vertikal nach unten. Die Steilkante kann natürlich (Wasserfall) oder künstlich (Wehr) verursacht sein. Bei Wasserfällen wird unterschieden zwischen der von einer Schichtstufe verursachten Steilkante (Niagaratyp), der durch unterschiedliche Genese zwischen Haupt- und Nebental verursachten Steilkante (Hängetaltyp) und der durch chemisches oder biologisches Ausfällen von Calcit und anderen Stoffen aufgebauten Steilkante (Akkumulationstyp/ ► Abschn. 2.4.1).
  Wasserfälle stellen den extremsten Fall für erodierende Wirkung im Wildbach oder verwilderten Fluss dar. Sie bewirken rückschreitende Erosion. Der Aufschlagspunkt kann bei geringeren Wassermengen eine Blockhalde sein. Bei größeren Wassermengen bilden sich tiefe Kolke oder Tosbecken.
  Die großen Wasserfälle der Erde sind vom Niagaratyp. Ihr Absturz erfolgt aus ebenem Gelände! Unter dem Wasserfall durchfließt das Wasser in einem canyonartig eingetieften Tal eine Gleichgewichtsstrecke.
  Die zahlreichen kleineren Wasserfälle nach dem Hängetaltyp finden sich am Rand eiszeitlich überformter Gebirgstäler (U-Täler). Sie werden in der Literatur den Wildbächen zugeordnet.
- Springen, Stürzen, Spritzen: Bei dieser Bewegungsform bewegt sich das Wasser mit einer starken horizontalen Komponente über Kaskaden und Blöcke in Richtung Tal. Bei schießender Wasserbewegung kann ein Teil des Wassers seitlich im „Strahl" wegspritzen. Die Kaskaden können aus mehreren hintereinander gestaffelten Abstürzen bestehen und können natürlich oder künstlich verursacht sein. Die abfließende Wassermasse nimmt unterschiedlich viel Luft auf, wodurch das Gesamtvolumen vermehrt wird.
- Turbulentes Fließen: Bei dieser Bewegungsform des Wassers werden die Stromlinien an Felsrippen, Blöcken, mitgeführtem Holz und Uferbegrenzungen gebrochen. Die bergab strebenden Wassermassen werden unterschiedlich nach Richtung, Menge und Geschwindigkeit aufgeteilt und wieder zusammengeführt. Teilströme mit unterschiedlicher Fließgeschwindigkeit treffen im Längsprofil des Flusslaufes immer wieder aufeinander und auch auf den Abfluss hindernde Barrieren. Die innere Reibung ist hoch. Die Wasserteilchen bewegen sich unterschiedlich schnell.
  Es ist das normale Bild wellenreicher Wasserbewegung in natürlichen Bächen und Flüssen der Mittelgebirge.
- Laminares Fließen: Die Stromlinien des Wassers verlaufen parallel. Die innere Reibung ist geringer als beim turbulenten Fließen. Die Fließgeschwindigkeit in Flüssen ist in Strommitte größer als am Rand. Unter der Wasseroberfläche lassen sich Linien gleicher Fließgeschwindigkeit (Isotachen) ermitteln, die den zentralen Wasserstrom ringartig umgeben. Bestimmt werden Fließgeschwindigkeiten an der Wasseroberfläche mit Schwimmkörpern und unter der Wasseroberfläche durch Messen mit Flügelsonde oder Ultraschall. Die wirksame Strömungs- und Transportkraft für Geschiebe (Geschiebetrieb) ist im Talweg des Flusses am größten.
- Stationäres Fließen: In Kanälen mit konstanter zugeführter Wassermenge, konstantem Querschnitt, konstanter Wasserhöhe und konstantem Gefälle sind Fließgeschwindigkeit und Abfluss Q im gleichen betrachteten Querschnitt konstant.

2

2.8.2 Art der vom fließenden Wasser transportierten und abgelagerten Feststoffe

Zum Beschreiben der in Flüssen transportierten Feststoffe werden folgende Begriffe verwendet:

- *Feststoffe*
  Vom Wasser mitgeführte Schwimmstoffe, Schwebstoffe, Geschiebe und Treibeis.
- *Schwimmstoffe*
  Vom Wasser mitgeführte natürliche Bestandteile (Bäume, Äste, Laub, Holz, Kadaver) und Zivilisationsrückstände (Dosen, Flaschen, Plastik, Müll).
- *Schwebstoffe*
  Natürliche Verwitterungsprodukte (Lehm, Schluff, Ton, organische Fasern und Mazerale) und Zivilisationsrückstände (Klärschlamm, Industrieschlämme).
- *Schwebstoffbelastung*
  Gewichtsanteil der Schwebstoffe in mg l^{-1}, g m^{-3} oder kg m^{-3}. Das Bestimmen erfolgt durch Trübemessung oder Wägung von Wasserproben, die mittels Schöpfgefäßen aus unterschiedlicher Wassertiefe entnommen werden. Die Werte können häufig bis 1 g l^{-1}, kurzzeitig bei extrem starker Wasserführung bis 30 g l^{-1} betragen.
- *Schwebstoffführung*
  Masse der Schwebstoffe, die pro Zeiteinheit abströmen, in g s^{-1} oder kg s^{-1}. Die Schwebstoffführung ergibt sich aus dem Produkt von Schwebstoffbelastung und Abflussmenge.
- *Schwebstofffracht*
  Masse der Schwebstoffe in kg, t oder m^3, die in einer bestimmten Zeitspanne (Tag, Monat, Jahr) abströmen.
- *Geschiebe*
  Sand, Kies und Steine, die auf der Gerinnesohle mitgeführt werden.
- *Geschiebetrieb*
  Geschiebeführung pro m Gerinnebreite und Zeiteinheit in kg m^{-1} s^{-1} oder m^3 m^{-1} s^{-1}.
- *Geschiebeführung*
  Geschiebemenge, die pro Zeiteinheit abtransportiert wird, in kg s^{-1} oder m^3 s^{-1}.
- *Geschiebefracht*
  Geschiebemenge, die während einer Zeitspanne (Tag, Monat, Jahr) abtransportiert wird, in kg, t oder m^3.
- *Geschiebemessung*
  Die Geschiebe werden auf Lagerungsart, Gesteinsart, Stück- oder Kornform, Stück- oder Korngröße und Größenverteilung untersucht. Der Geschiebetrieb kann mit einem Geschiebefänger, einem flussaufwärts geöffneten Kasten aus Drahtgeflecht, gemessen werden. Weitere Anhaltspunkte geben markierte Gerölle, wobei sich besonders das Markieren mit radioaktiven Isotopen bewährt hat.
- *Gleichgewichtslage der Flusssohle*
  Die räumliche und zeitliche Entwicklung der Flusssohle hängt von der Geschiebebilanz ab. Eine Änderung der Geschiebezufuhr, Wasserführung oder Fließgeschwindigkeit kann in einem bestimmten Streckenabschnitt zur Änderung der Gleichgewichtslage zwischen Erosionszustand, Gleichgewichtszustand und Auflandungszustand führen. Beim Gleichgewichtszustand bleibt das Gefälle konstant, die Auflandung führt örtlich zu einem geringeren Gefälle, die Erosion führt zu einem größeren Gefälle.

Die Unterteilung zwischen Schwebstoff und Geschiebe betrifft etwa die Grenze zwischen feinkörnigem und grobkörnigem Boden. Bei hoher Fließgeschwindigkeit und unter turbulenten Fließbedingungen können grobkörnige Bodenteilchen (Sand, Feinkies, seltener Mittel- und Grobkies) aufgewirbelt und im stark bewegten Wasser transportiert werden (Saltation). Aufgewirbeltes grobkörniges Material setzt sich bei abklingender Turbulenz ab. Grobschluff-, Sand- und Kieskörner können nur dann in Suspension bleiben, wenn die Auftriebskräfte aus der Wasserbewegung größer oder gleich der Sinkgeschwindigkeit sind.

Geschiebeführung findet ab einer Grenzgeschwindigkeit statt. Es besteht eine Beziehung zwischen Korngröße und kritischen Fließgeschwindigkeiten für Erosion, Transport und Ablagerung (■ Abb. 2.18). Der Korntransport erfolgt in der Sohle des Flusses rollend bis gleitend. Die Größe der bewegten Körner, Gerölle, Steine und Blöcke ist von der Fließgeschwindigkeit und der Wassermenge abhängig. Dabei vergrößert sich die Fließgeschwindigkeit mit zunehmender Wassermenge. Bei Flüssen kann grob von einer Verdoppelung der Fließgeschwindigkeit ausgegangen werden, wenn die Abflussmenge auf das Zehnfache steigt. Durch Rauigkeit und Reibung in der Flusssohle werden immer Turbulenzen erzeugt, die kleinere Körner in springende Bewegung (Saltation) versetzen, während gröbere Körner oder Gerölle rollend bis gleitend bewegt werden.

Die Geschiebeführung findet vorwiegend im Bereich der stärksten Strömung auf der Sohle des Flusses, dem „Talweg", statt.

Die feinkörnigen Schwebstoffe (Feinschluff und kleiner) sinken auch bei geringen Fließgeschwindigkeiten (1 cm s^{-1}) nicht ab und verursachen die Trübung des Flusswassers. Große Flüsse führen häufig während des ganzen Jahres Schwebstoffe. Bei kleineren Flüssen und Bächen kann die Trübung auf den Oberflächenabfluss während und nach einem Regenereignis begrenzt sein.

■ Ablagern von Schwebstoffen

In langsam fließenden und besonders in staugeregelten Flussabschnitten verringert sich die natürliche Schwebstoffbelastung; Feinsand, Schluff und organischer Schlamm werden abgelagert. Sedimentation tritt in Stauseen, hinter Wehranlagen und in der vom Hochwasser überfluteten Aue ein. Zwischen Flussbett und Aue bildet sich längs schwebstoffbelasteter Flüsse ein natürlicher Wall (Uferwall, natürlicher Flussdamm) aus (Ahnert 1996). Hochwasser, das die Krone eines solchen Walls überströmt, verliert plötzlich an Fließgeschwindigkeit, was das Absetzen von Sand und Grobschluff und somit Verbreitern und Aufhöhen des Walls bewirkt. In der überfluteten Aue kommt vorwiegend Mittel- und Feinschluff zur Ablagerung (Schwemmlehm). In der pflanzenbestandenen Aue werden Schwebstoffe verstärkt zurückgehalten und angelandet. Der Wechsel mineralischer Anlandungen mit Bodenbildung und Anreicherung von organischem Material führt zur Ausbildung des Auelehms.

Die kohäsiven Aueablagerungen (Schluff, Schwemmlehm, Auelehm) stellen dem Abtrag erhöhten Widerstand entgegen

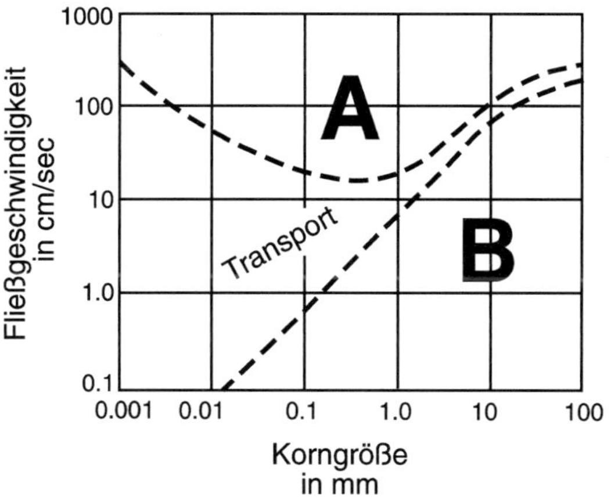

Abb. 2.18 Hjulström-Diagramm zur Beziehung zwischen Korngröße und kritischer Fließgeschwindigkeit für Erosion (*A*) und Ablagerung (*B*). Die Fließgeschwindigkeit wird 15 cm über dem Boden gemessen. Um ein ruhendes Korn in Bewegung zu bringen, sind höhere Geschwindigkeiten notwendig, als dies für die Ablagerung erforderlich ist. Diese Differenz ist wegen der Kohäsion bei den feinkörnigen Bodenarten groß. (Umgezeichnet nach Reineck und Singh 1980)

und bewirken, dass große Flüsse bevorzugt innerhalb ihrer Sand- und Geschiebeablagerungen Laufveränderungen ausführen.

Küstennah werden die von Flüssen verfrachteten Schwebstoffe in Deltas, Ästuaren und auch im Mündungstrichter abgelagert. Tonminerale und Schluffteilchen koagulieren unter dem Einfluss des Elektrolytgehaltes von Brack- und Meerwasser und setzen sich küstennah ab. Mangroven verstärken den Anlandungseffekt.

- **Ablagern von Geschiebe**

Sand, Kies, Steine und Blöcke werden am Talboden gleitend verfrachtet. Je nach Wasserführung und Fließgeschwindigkeit kann mitgeführtes Geschiebe abgelagert oder abgelagertes Material erodiert und als Geschiebe vom Fluss transportiert werden. Die Fließgeschwindigkeit des Wassers in Flüssen ist abhängig vom Gefälle und von der Wassermenge. Bei starker Wasserführung nimmt die Geschwindigkeit zu. Die Wassermassen großer Flüsse und Ströme haben auch im Unterlauf ohne Gefälle hohe Fließgeschwindigkeiten. Ablagerungen stellen sich beim Verringern der Fließgeschwindigkeit ein. Dies kann der Fall sein:

- im Überschwemmungsgebiet von Schichtfluten (Lehm, Sand);
- in der Stauwurzel natürlicher oder künstlicher Aufstauungen (Kies, Sand);
- am Austritt eines Wildbaches in das Tal des Vorfluters (Steine, Kies);
- am Gefälleknick zwischen Gebirgsfluss und Ebene (Kies, Sand);
- an Einmündungen in langsam fließende Gewässer (Sandbank);
- längs von Flussläufen durch Auffüllung von Kerbtälern (Kies, Sand);
- längs breiter Flussbetten durch Aufschotterung der Talsohle (Kies, Sand);
- längs mäandrierender Flüsse in der Flusssohle und an Gleithängen (Sand);
- in der Flusssohle und am Wall uferwallbegrenzter Flüsse (Sand);
- in der Talaue mäandrierender und uferwallbegrenzter Flüsse (Schweb, Schluff);
- im Delta in der Sohle und am Uferwall von Flussarmen (Sand);
- im Delta in Senken zwischen Flussarmen (Schweb, Schluff);
- im Ästuar (Schlick);
- im vorgelagerten Küstenbereich (Sand, Strandsand).

2.8.3 Schichtfluten und Flächenspülungen – Art der Ablagerungen

Starkregenereignisse können in wenig geneigtem Gelände Flächenspülung oder Schichtfluten bewirken. Das Wasser fließt in geringer Schichtstärke (wenige Millimeter bis Zentimeter) flächenhaft über den weitgehend ebenen Boden. In Trockengebieten wird die Ausbildung von Schichtfluten durch den hohen Benetzungswiderstand des Bodens gefördert. Flächenspülungen können jedoch in allen Klimabereichen bei Starkregen eintreten. Auf vegetationsfreien Flächen und auf frisch bestellten Feldern können große Massen an Lockermaterial erodiert, transportiert und umgelagert werden (► Abschn. 2.5.1). Auf die Fließgeschwindigkeit mindernd einwirkende Einflüsse wie geringeres Gefälle, Erniedrigen der Wasserhöhe, Verbreitern der Abflussfläche, Fließwiderstand durch Bewuchs und Wasserstau können zu flächenhafter Anlandung führen. Anlandungen können in Form flacher Schwemmkegel erfolgen. Der Transportweg ist entsprechend den örtlichen Gegebenheiten häufig kurz (50–200 m) und der Ablagerungsraum klein. Durch einzelne Flächenspülungen oder Schichtfluten können Sedimentlagen in der Stärke von Zentimetern bis Dezimetern abgelagert werden. Hohlformen können verfüllt werden. Transportiert und abgelagert wird entsprechend den örtlichen Gegebenheiten Schluff, Schwemmlehm, Sand und Kies. Am Hang zusammengespültes Material heißt Kolluvium. Oft tragen die Hänge im mittleren und unteren Abschnitt mächtige Kolluvialschichten. Diese vom fließenden Wasser abgelagerten Schichten sind vom häufig stein- und blockreichen Hangschutt zu unterscheiden, welcher eine Ablagerung von Massenschwerebewegungen darstellt.

2.8.4 Flusslandschaften und Flusstypen – Art der Ablagerungen

Zwischen Quellgebiet und Mündung kann sich das durch den Wechsel von Erosion und Anlanden geprägte Landschaftsbild eines Flusses mehrfach ändern. Zu unterscheiden sind Flussabschnitte mit Erosionscharakter und Flussabschnitte mit Sedimentationscharakter. Flussabschnitte mit Erosionscharakter sind Erosionstrichter von Wildbächen, Kerbtäler (Klammen, Canyons, V-Täler) und Sohlentäler mit steilen oder geneigten Hängen. Das Gefälle der Talsohle liegt etwa zwischen 0,1 und 5 %.

Die Übergänge von Oberlauf zu Mittellauf bzw. von Mittellauf zu Unterlauf werden im Längsprofil der Bäche und Flüsse als „Knickpunkte" bezeichnet. Unter Einfluss der rückschreitenden Erosion wandern solche Knickpunkte flussaufwärts und verlagern somit den Ort starker Verwilderung. Der geologische Wechsel zwischen leicht und schwer erodierbaren Gesteinen sowie der tektonische Wechsel zwischen Hebungszonen (Schwellen, Gebirgen) und Senkungszonen (Senken, Gräben) im Längsprofil der Flüsse können im Längsprofil Knickpunkte verursachen. Mehrfaches Wiederholen der morphologischen Charaktermerkmale für „Oberlauf", „Mittellauf" und „Unterlauf" ist so möglich. An solchen Knickpunkten im Längsprofil von Bächen und Flüssen ändert sich das Abflussverhalten der anfallenden Wassermassen. Flussstrecken mit starker Verwilderung, Wildwasserstrecken, finden sich in Flussläufen an Wasserfällen und Katarakten sowie an den Strecken mit hohem Gefälle. Stärkste Verwilderung bringen Wasserfälle vom Niagara-Typ, welche sich aus einem ebenen Strombett oberhalb des Falles ergießen.

In Flussabschnitten mit Sedimentationscharakter (Aufschüttungstalboden) bestimmen Wassermenge und Gefälle weitgehend den Charakter der Flusslandschaft mit unterschiedlichen Formen für Erosion, Transport und Anlanden. Unterschieden wird zwischen aufgefüllten Kerbtälern (Schwemmkegel und Talaue), geraden Flüssen, verzweigten Flüssen, mäandrierenden Flüssen, uferwallbegrenzten Flüssen und Deltas. Vielfach sind Flussläufe künstlich gestaltet und begradigt. Bei mangelnder Pflege begradigter oder anderweitig künstlich gestalteter Flussbetten kann Flussverwilderung eintreten. Der Fluss kann sich zu der für diesen Flussabschnitt typischen Form zurückentwickeln.

■ Wildbäche im Hochgebirge

Im Einzugsgebiet für den Oberlauf von Wildbächen ist im Hochgebirge vielfach ein Erosionstrichter ausgebildet. Er ist durch Rutschungen und rückschreitende Erosion gekennzeichnet. Oft bilden orographisch hoch aufragende Felswände eine Erosionskante zwischen Hochgebirgsflur und Erosionstrichter. Niederschlagswasser und Schmelzwasser aus der Hochgebirgsflur wird über steile Wasserrisse, Schrunden oder Rinnen und streckenweise auch über Wasserfälle entwässert. Solche Wasserrisse durchziehen in fast gleichmäßigen Abständen die steilen Felswände. Am Fuße solcher Wasserrisse sammelt sich Fels- und Gesteinsmaterial auf einer Blockhalde, über die das Wasser kaskadenartig talwärts fließt.

Abhängig vom Schichtenbau des Gebirges treten in orographisch mittlerer bis unterer Hanglage des Erosionstrichters fallende Quellen (Schichtquellen) aus. Sie bewirken primär rückschreitende Erosion und damit das Versteilen der höher gelegenen Hänge und Felswände. Rutschungen sind häufig. Das in Rinnen und Bächen abfließende Wasser bewirkt über Seitenerosion das seitliche Aufweiten des Erosionstrichters.

Am Fuß des Erosionstrichters fließen die hieraus ablaufenden Wasser zusammen und bilden den Mittellauf und eigentlichen Wildbach. Dieser durchfließt im tief eingeschnittenen Tal mit steilen Flanken die Strecke zwischen Einzugsgebiet und Schwemmkegel bzw. der Vorflut des Hauptflusses. Massigen Fels durchqueren die Wasser des Wildbaches in einer Klamm mit standfesten senkrechten Wänden. In durch Verwitterung aufgelockerten Gesteinen bilden die Talflanken ein V-Tal, aufgebaut aus mächtigen Hangschuttmassen. In solchen Wildbächen grenzt der Hangfuß unmittelbar an das Bachbett oder Flussbett. Hangunterschneidungen provozieren Rutschungen, wodurch leicht erodierbares Lockermaterial bereitgestellt wird. Hinter Rutschmassen oder Schwimmstoffen kann Wasser vorübergehend aufgestaut werden. Beim schwallartigen Ablaufen solcher Wassermassen können große Geschiebemengen und auch große Blöcke bewegt werden.

Natürliches Anlanden von Geschiebe ist im Wildbach hinter Staustellen möglich. Zum Schutz des Vorlandes vor wildem Anlanden und Überschottern kann das Anlanden und Zurückhalten der Geschiebe im Wildbach künstlich herbeigeführt werden (► Abschn. 14.1).

■ Schwemmkegel und Schwemmfächer

Schwemmkegel und Schwemmfächer sind die Aufschüttungsform von Flüssen am Austrittspunkt von Gebirgstälern in eine Ebene. Der in die Ebene einmündende Fluss verliert an dieser Stelle die Vorflut und die seitliche Führung durch Talflanken. Der Fluss lagert mitgeführtes Geschiebe nach allen Seiten halbkreisförmig ab. Der natürliche Flusslauf teilt sich im Schwemmkegel oder Schwemmfächer auf. Der einzelne Wasserlauf verliert dadurch gegenüber dem im V-Tal geführten Fluss an Wassermenge, Schubkraft und Fließgeschwindigkeit.

Die Begriffe „Schwemmkegel" und „Schwemmfächer" sind Synonyme für die gleiche Landschaftsform, wobei sich Schwemmkegel aus der Blickrichtung von der Ebene auf den Talausgang, Schwemmfächer aus der Blickrichtung vom Talausgang in die Ebene ableitet.

Das auf Schwemmkegeln oder Schwemmfächern abgelagerte Material reicht von groben Blöcken am Talausgang von Wildbächen bis zu Kies- und Sandablagerungen in flachen Schwemmfächern großer Flüsse mit Neigung unter 0,5 %. In den Trockengebieten der Erde können Schwemmkegel distal auch in flach liegende Ablagerungen aus Feinsand und Schluff übergehen.

Die Neigung der Schwemmkegel steigt von den distalen Ausläufern des Fächers in der Ebene bis zur Kegelwurzel am Talaustrittspunkt an. Zur Neigung der Geländeoberfläche auf Schwemmkegeln/Schwemmfächern gibt Ahnert 1996 folgende Werte an:

- Nahe der Kegelwurzel 3,5 bis 10 Grad
- Mittlerer Teil 1,5 bis 3,5 Grad
- Unterer ausfächernder Teil kleiner 1,5 Grad

Bei Wildbächen ist die Neigung des Schwemmkegels von der Größe und Rauigkeit des abgelagerten Materials sowie von der Höhendifferenz zwischen Austrittspunkt und Ebene abhängig. Es gibt Übergänge zu Sturzkegeln unter Wasserfällen mit steil abgelagertem Blockschutt und zu Murkegeln.

Schwemmkegel sind oft bevorzugte Siedlungsgebiete. Allerdings besteht permanent die Gefahr, dass Siedlungsraum und Feldflur überschottert werden. Gefürchtet ist schwallartiger Abfluss plötzlich freigesetzter Wassermassen aus Wildbächen. Derartige Geröllfluten stellen mit ihren verheerenden Verwüstungen eine besondere Gefahr für Siedlungen auf den Schwemmkegeln und in Gebirgstälern dar. Ganze Ortschaften können in einem Ereignis vernichtet und überschottert werden. Durch Wasserschwall können mehrere Kubikmeter große Blöcke bewegt werden.

Die von Schwemmkegeln eingenommene Fläche und die Masse des hierin abgelagerten Sediments ist von den örtlichen geologischen und klimatologischen Verhältnissen abhängig.

Hierzu zählen Größe und Art des Ablagerungsraumes, charakteristische Geschiebe- und Wasserführung des Flusses bzw. Wildbaches und die Bereitstellung großer Geschiebemengen im Einzugsgebiet. Unter bestimmten Bedingungen ist es möglich, dass Schwemmkegel während eines oder weniger katastrophaler Abflussereignisse entstehen. So kann ein Wildbach leicht erodierbare Massen (Hangschutt, Rutschmassen, Felszerrüttungszonen) anschneiden, sich schnell in diese eintiefen und dieses Material innerhalb weniger katastrophaler Abflussereignisse ausräumen und verlagern.

Wasserführung und Bereitstellung von Lockermaterial können in zurückliegenden Zeiten unter abweichenden Klimaverhältnissen anders gewesen sein. Einige sehr große Schwemmkegel sind fossil und werden im heutigen Klima von dem sie einst aufbauenden Fluss bei geringerer Wasserführung zerschnitten und in Terrassen zergliedert.

Häufig werden bei Flächenspülungen erodierte Böden in Form kleiner Schwemmkegel abgelagert. Ungewollter Ablagerungsraum solcher Ablagerungen können Straßen, Plätze und auch Baugruben sein.

▪ Flüsse in Kerbtälern

Kerbtäler (V-Täler) können im Gebirge geradlinig oder gewunden verlaufen. Zu unterscheiden ist, ob der Fluss einer im Gebirge vorgegebenen Lineation folgt oder ob er einem Flusslauf aus einer zurückliegenden geologischen Epoche mit anderer Flusslandschaft (gerader Fluss, mäandrierender Fluss) folgt. Im Zuge von Gebirgshebung und Tiefenerosion können solche ererbten Strukturen in den tieferen Untergrund eingeschnitten werden (Talmäander, ererbte Mäander). Geradlinige Flussläufe folgen oft tektonischen Strukturen (Störungszonen, geradliniges Ausstreichen einer morphologisch hervortretenden Schicht). An Kreuzungspunkten mit anderen Strukturen kann die Laufrichtung wechseln und eine scharfe Kurve bedingen.

Ererbte Mäander kommen in allen Klimabereichen der Erde vor. Form und Veränderung von Flussbett, Ufer und Hangfuß werden in Kerbtälern unter dem Einfluss des Klimas von den Festigkeitseigenschaften und der Verwitterungsanfälligkeit der anstehenden Gesteine und Schichten bestimmt. Veränderungen im Flusslauf durch Erosion am Prallhang und Abschneiden von Flussschlingen geschehen langsam (Größenordnung: 10.000 bis 100.000 Jahre). Bei fortschreitender Seitenerosion kann aus einem Kerbtal ein Sohlental entstehen.

Geschiebeführung findet vorwiegend im Bereich der stärksten Strömung auf der Sohle des Flusses, dem „Talweg", statt. Verringerung von Wassermenge oder Strömungsgeschwindigkeit kann zum Anlanden von Kiesbänken führen. Bei Hochwasser können in den überschwemmten Tallagen Schwimmstoffe und Schwebstoffe abgelagert werden.

Kerbtäler eignen sich am ehesten zum Aufstau. An Wehranlagen und Staustufen wird mit solchen Maßnahmen in die Geschiebe- und Schwebstofffracht der Flüsse eingegriffen. Das Geschiebe lagert sich im Bereich der Stauwurzel ab. Vor solchen Sperrbauwerken können Sand, Kies, Steine und Blöcke durch ausschießendes Wasser aus dem Untergrund aufgewühlt und in geringer Entfernung flussabwärts in Sandbänken abgelagert werden. Dadurch kann die Schifffahrt beeinträchtigt werden.

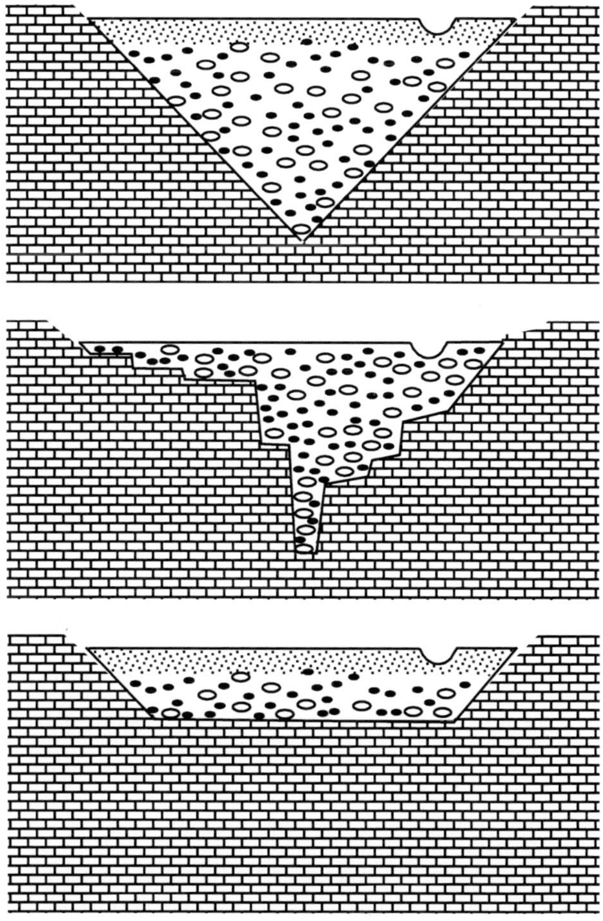

◘ **Abb. 2.19** Grundtypen von Sohlentälern, schematisch dargestellt im Talquerschnitt. **a** Tal mit breiter Talaue über verfülltem V-Tal, **b** Tal mit breiter Talaue über verfülltem Canyon, **c** Tal mit breiter Talaue mit Felssohle in geringer Tiefenlage

▪ Flusstypen mit Aue

Talauen (Sohlentäler) gehen entweder aus der Überschotterung flachliegender Felssohlen oder aus der Auffüllung von Kerbtälern (V-Täler) hervor (◘ Abb. 2.19). Diese zwei Grundtypen von Sohlentälern unterscheiden sich in Form und Tiefenlage der Felsoberfläche und in der Mächtigkeit der abgelagerten Sande und Kiese, jedoch nicht in der Talform. Die Tiefenlage der Felsoberfläche ist durch Bohrungen nachzuweisen und kann nicht aus morphologischen Kriterien geschlossen werden. Fehleinschätzungen können sich bei Bauvorhaben nachteilig auswirken.

Durch Seitenerosion untergrabene Hänge können steil bis senkrecht oder geneigt abgeböscht sein, wobei veränderlich feste Gesteine flache bis geneigte Hangformen, Sandstein, Kalkstein, Vulkanite und Metamorphite steile Hangformen (Kastentäler) abgeben. In der Talgeschichte können Klimaänderungen Schwankungen in der Erosionsbasis und den Wechsel zwischen Aufschotterung und Abtragung bedingt haben. Tiefliegender Meeresspiegel (tiefliegende Erosionsbasis) bedingt Tiefenerosion. Bei steigendem Meeresspiegel oder Anheben der Erosionsbasis setzt Seitenerosion mit gleichzeitigem Anlanden (Aufschottern) am Gleithang ein (◘ Abb. 2.20).

Bei starkem Gefälle, meist tiefliegendem Grundwasserstand und zeitweise starker Wasserführung bildet sich auf der aufge-

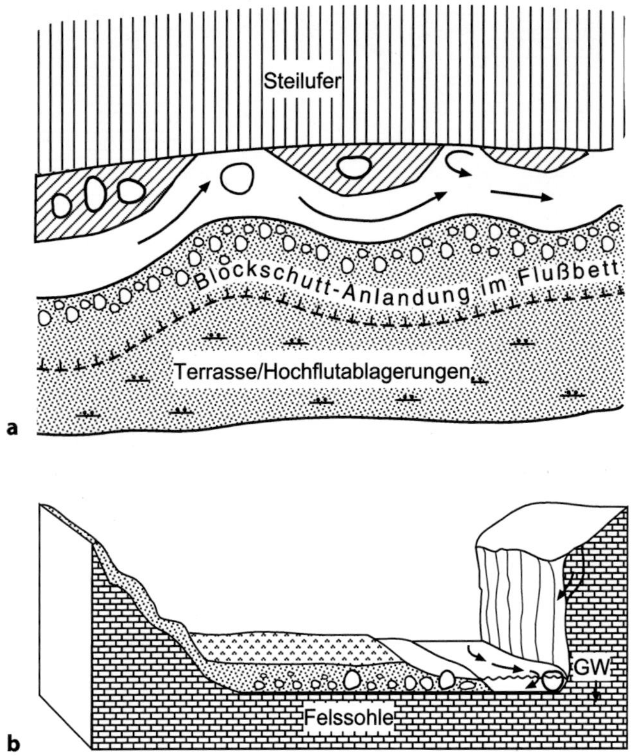

■ **Abb. 2.20** Aufsicht (**a**) und Querschnitt (**b**) zur Unterscheidung der Flusslandschaften und ihrer Anlandungen nach der Art der Fließkanäle im Sohlental: Gebirgsfluss im Stadium der Seitenerosion mit Talverbreiterung durch Unterschneiden eines Hanges und gleichzeitiges Anlanden von Blockschutt, Steinen und Kies auf der vom Fluss freigelegten Felssohle. Wenig bewegte Blöcke in Kubikmetergröße können die unterste Lage der Talsedimente bilden. Bei extrem starker Wasserführung werden solche Blocklagen überflutet und von weiterem Schuttmaterial mit Steinen und Grobkies aus dem Einzugsgebiet im Oberlauf überlagert

schotterten Fläche ein flaches verzweigtes Flusssystem („braided river", verflochtenes Flusssystem; ■ Abb. 2.21b).

Bei geringem Gefälle und hohem Grundwasserstand bilden sich mäandrierende Flusssysteme, die in die Ablagerungen der Talaue eingetieft sind (■ Abb. 2.22). Übergangsformen zwischen verzweigten und mäandrierenden Flusssystemen zeigen zu Zeiten geringer Wasserführung den in die breite Talauffüllungen eines verzweigten Flusssystems (Terrasse) eingetieften Mäanderfluss im Talweg.

Terrassen sind Sand- und Kiesablagerungen aus früheren Zeiten. Sie sind durch den mehrfachen Wechsel zwischen Anlanden und Erosion in der Flussgeschichte zu erklären.

■ Gebirgsflüsse mit Sohlental

Im Gebirge führt Tiefenerosion zur Ausbildung von V-Tälern und Canyons.

Bei einer gegenüber der Erosionsphase verringerten Fließgeschwindigkeit und Wasserführung können tief in die Landschaft eingeschnittene V-Täler und Canyons mit Blockschutt, Steinen und Grobkies verfüllt werden (■ Abb. 2.19a, b).

Im Gebirge führt Seitenerosion vor dem Prallhang zum Freilegen der Felssohle und zu Felssturz oder Felsgleiten aus der Steilwand. Große Blöcke können vom Wasser nur wenig bewegt

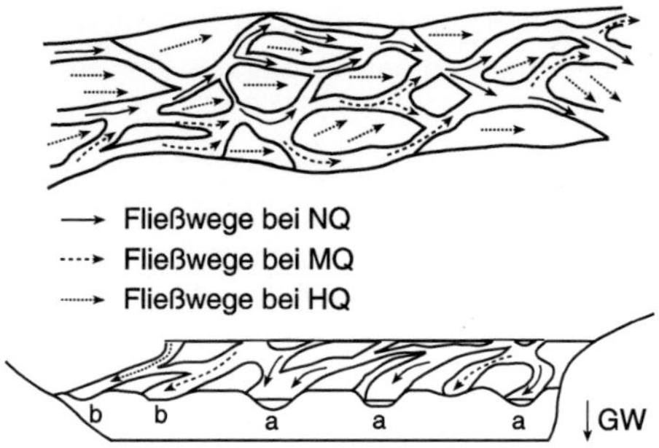

■ **Abb. 2.21** Aufsicht und Querschnitt zur Unterscheidung der Flusslandschaften und ihrer Anlandungen nach der Art der Fließkanäle im Sohlental: Auffüllen einer breiten Tallandschaft mit Sand und Kies durch ein verzweigtes (verflochtenes) Flusssystem („braided river"). Bei Niedrigwasser werden nur wenige tiefe Rinnen, bei Mittelwasser werden alle Rinnen und bei Hochwasser wird die ganze Talsohle vom Wasser eingenommen. Abgelagert werden Mittelsand, Grobsand und Kies

werden. Sie bleiben am Aufschlagpunkt auf der Felssohle liegen oder werden an dem dem Prallhang gegenüberliegenden Ufer (Gleithang) abgelagert, wo sie eine primäre Grobblocklage aus dem im Prallhang anstehenden Gestein bilden. Bei starker Wasserführung können solche primären Grobblocklagen mit Blockschutt, Steinen und Grobkies aus dem höher gelegenen Einzugsbereich des Flusses überschottert werden (■ Abb. 2.20).

Unter starker Strömung abgelagerte und eingeregelte Blöcke, Steine und Grobkiese zeigen Dachziegellagerung (Imbrikation). Die so ineinandergefügten Massen zeichnen sich durch hohe Reibung und Gefügekohäsion aus. Sie sind schwer abbaubar und können, begrenzt standfest, in senkrechten Wänden stehen bleiben.

■ Verzweigte Flüsse („braided rivers")

Diese Flussform ist im Gebirge sowie in ariden und in arktischen Klimagebieten häufig. Die Ablagerungsform wird von der Physik des grobkörnigen Bodens (Sand, Kies, Steine, Blöcke) im fließenden Wasser bestimmt. Verzweigte Flüsse finden sich meist in Gebieten mit tiefliegendem Grundwasserspiegel. Der Sickerwasserstrom ist in der Regel von der Flusssohle nach unten gerichtet.

Das Wasser fließt bei Niedrig- und Mittelwasser in sich verzweigenden, gewundenen Rinnen über den sandigkiesigen Untergrund. Solche Rinnen sind etwa 40–80 cm tief eingegraben. Zwischen den Rinnen liegen Sand- und Kiesbänke. Bei Niedrigwasser (NQ) werden nur die tiefstgelegenen Rinnen durchflossen. Weniger tiefe Rinnen werden nur ab mittlerer Wasserführung (MQ) durchflossen. Bei starker Wasserführung (HQ) sind Überschwemmungen in voller Talbreite mit höheren Wasserständen möglich. Hohe Fließgeschwindigkeit kann durch starkes Gefälle oder durch starke Wasserführung verursacht sein. Bei nachlassender Fließgeschwindigkeit erfolgt die Ablagerung von Kies und Sand auf den Kiesbänken zwischen den Rinnen. Auf der Sohle der trockenfallenden Rinnen kann Feinsand und Schluff zur Ablagerung kommen.

Mit der Wasserführung wechseln Erosion und Ablagerung in der ganzen Sohlenbreite des Tales. Die Wasserführung schwankt stark und kann ausbleiben. Flussbett und Tallandschaft werden

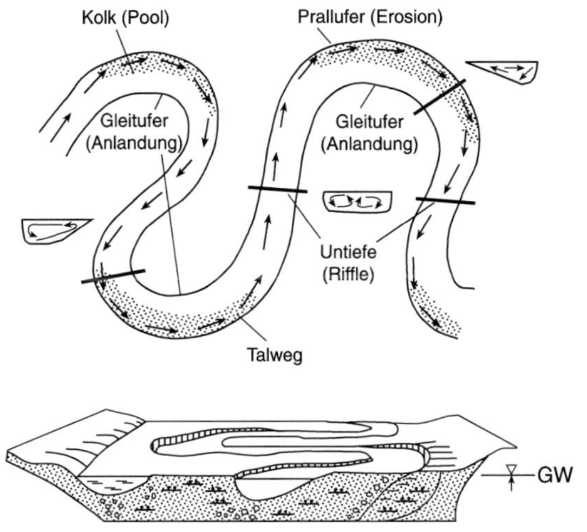

Abb. 2.22 Aufsicht und Querschnitt zur Unterscheidung der Flusslandschaften und ihrer Anlandungen nach der Art der Fließkanäle im Sohlental: Transport von Sand und Kies in der eingetieften Flussrinne (Mäander) und Anlanden von Feinsand, Schluff und Ton in der Überschwemmungsaue. In vom Fluss abgeschnittenen Altarmen kommt es zur Bildung von Torf und weichen organischen Böden

bei starker Wasserführung geformt. Der Fluss fließt mit starker Strömung in großer Breite über der Talsohle.

Das abgelagerte Material erfüllt die Sohlenbreite des Tales und ist in Fließrinnen und zwischenliegende Sand- und Kiesbänke gegliedert. Das vom Fluss abgelagerte Sediment kennt nur geringe Reliefunterschiede, bei Sand und Sand-Kies-Mischungen 0,4–0,8 m, bei Kies und Steinen bis etwa 1 m. Flach aufgespülte Sandbänke fließen an steilen Erosionskanten bei nachlassender Wasserführung mit dem seitlich austretenden Porenwasser auseinander. Ein Großteil der von Flüssen verfrachteten Sand- und Kiesmassen verbleibt in den Anlandungen verzweigter Flusssysteme. Das abgelagerte Material ist in sich gleichmäßig und zeigt am gleichen Entnahmeort nur geringe Variationen in der Kornverteilung.

Sowohl als Baugrund wie als Baustoff sind diese Ablagerungen günstig zu bewerten. Jedoch müssen Bauwerke im Fluss an den starken Wechsel bei Wasserführung, Erosion und Anlandung angepasst sein.

▪ Mäandrierende Flüsse

Mäandrierende Flussabschnitte befinden sich im Mittel- und Unterlauf der Flüsse. Es ist eine Flussform eines humiden, ganzjährig wasserreichen Klimas. Vielfach bauen sich mäandrierende Flussabschnitte auf den Ablagerungen eines verzweigten Flusssystems (Talkiese) auf, welche im selben Tal bei gleichem Talgefälle, aber tief liegender Vorflut unter abweichenden Klimabedingungen abgelagert wurden.

Mäandrierende Flüsse sind, in Abhängigkeit von ihrer Breite und Wasserführung, mehrere Meter tief in den leicht erodierbaren und wassererfüllten Talboden eingeschnitten und haben ganzjährig einen etwa gleichen Mindestwasserstand. Mäandrierende Flussabschnitte sind Flussabschnitte mit geringem Fließgefälle und flachem Grundwasserstand. Soweit Grundwasserbewegungen möglich sind, strömt das Grundwasser von unten nach oben. Der mäandrierende Fluss ist Vorfluter für das Grundwasser. Bewuchs in der Talaue kann den Wasserstau verstärken. Der Fluss muss gegen das ruhende oder nur langsam fließende Grundwasser anströmen. Flussbett und Tallandschaft werden ganzjährig sowohl bei mittlerer wie auch bei starker Wasserführung (Hochwasser) geformt. Bei extremem Hochwasser und Bereitstellung von Sand und Kies können sich jedoch in der Talaue vorübergehend die Bedingungen eines verzweigten Flusssystems einstellen.

Der Flussweg verläuft in Schleifen oder Mäandern. Die Hauptstromlinie (Talweg) fließt von der Außenseite einer Mäanderschleife zur Außenseite der nächsten Schleife und bewirkt dort Erosion (Seitenerosion) mit Ausbildung eines Prallhanges. Vor dem Prallhang ist das Wasser am tiefsten. Die Unterwasserböschung des Steilhanges ist, auch in nichtbindigen Sand- und Kieslagen, unter dem Gegendruck des anströmenden Wassers standfest. Prallhänge können unter Wasser über mehrere Meter Höhe senkrecht anstehen. Dem Prallhang gegenüber, an der Innenseite einer Schleife, liegt der Gleithang. Im Flussquerschnitt vollführt das Wasser zusätzlich eine Spiralbewegung. Die Spiralbewegung bewirkt ein Absinken des Wassers am Prallhang und ein Aufsteigen am Gleithang. Das am Prallhang erodierte und das im Fluss transportierte Material wird am Gleitufer in Abhängigkeit von der Fließgeschwindigkeit abgelagert. Das abgelagerte Sediment kann mit abnehmender Schleppkraft des Wassers in kurzem Abstand von Kies über Grobsand bis Feinsand und Schluff wechseln. Die Mäanderschleifen werden im Zuge fortschreitender Erosion flussabwärts verlegt. Der Fließweg wird hierbei länger.

Laufverkürzung kann durch Abschnüren von Mäanderschlingen eintreten. Dies kann durch fortschreitende Seitenerosion, aber auch durch geradliniges Überfluten des Tales bei extremem Hochwasser geschehen. Durch Laufverkürzung verändert sich die Gleichgewichtslage in der Flusssohle. Im Oberlauf einer Laufverkürzung kann Tiefenerosion wirksam werden.

In der bei durchschnittlichem Hochwasser überfluteten Talaue lagert sich Schweb als Schwemmlehm ab, der durch Bodenbildung bei flachen Grundwasserständen zu Auelehm werden kann. Die Fließgeschwindigkeit ist in der überfluteten Talaue gering. In abgeschnittenen Flussschlingen können Schwebstoffe (Ton, Schluff, Mudde) abgelagert werden, und die Flussschlingen können verlanden.

Das vom mäandrierenden Fluss abgelagerte Material besteht aus gegeneinander versetzten linsenartigen Körpern, die überwiegend aus Mittelsand, Feinsand und Schluff bestehen. Daneben können organische Böden vorkommen. Derartige Ablagerungen sind sowohl als Baugrund wie auch als Baustoff eher ungünstig zu bewerten. Der Wechsel in Körnung und Stoffbestand verlangt nach umfangreicher und besonders sorgfältiger Baugrunduntersuchung. Das Gewinnen gleichmäßiger Baustoffe bedarf der Aufbereitung.

▪ Gerade und begradigte Flüsse

Viele Flüsse oder Flussabschnitte verlaufen geradlinig ohne Verzweigung und ohne Flussschleifen. Gerade Flüsse oder Flussabschnitte finden sich in engen Kerb- oder V-Tälern, in breiten Sohlentälern sowie in Senken und Ebenen mit weitreichender Auflandung. Während die Geradlinigkeit in Kerbtälern durch den geologischen Gebirgsbau vorgegeben sein kann, ist bei in lockeren Boden eingetieften Flussläufen ab einem gewissen Verhältnis von Tiefe, Breite und Wasserführung die Schubkraft des Wassers für diesen Flusstyp formengebend. Gerade Flussabschnitte entwickeln sich in Sohlentälern und Senken durch Laufverkürzung aus der mäandrierenden Form. Dieser Vorgang kann durch Teilgrabungen künstlich unterstützt werden (Rheinkorrektur durch Thulla) oder direkt durch vollständiges Neugestalten des Flussbettes künstlich herbeigeführt werden. Eine solche Flusskorrektur hat nur dann Bestand, wenn der das Mäandrieren bewirkende Wasserstau abgebaut wird und wenn Erosionsschäden an den Uferbauwerken sofort und regelmäßig behoben werden. In begradigten Flüssen fließt das Wasser ganzjährig bei etwa gleichen Wasserständen auf kurzem Weg. Durch permanenten Gegendruck der Wassersäule sind relativ steile Uferböschungen mit Böschungsneigungen zwischen 1:2 und 1:8 bei Sand und Sand-Kies-Gemischen möglich.

■ Uferwallbegrenzte und eingedeichte Flüsse

In durchflossenen Senken sowie im Unterlauf wird die Fließgeschwindigkeit großer Flüsse bei sehr geringem Gefälle von der Schubkraft der Wassermassen bestimmt. Der Flusslauf ist weitgehend gerade oder verläuft in langgezogenen Biegungen. Der Flussquerschnitt ist breit und von langgestreckten Inseln unterbrochen. Der dem Wasserfluss entgegenwirkende Widerstand ist gering. Der Fluss baut sein Bett und die umgebende Landschaft nach oben auf. Natürliche Uferwälle und künstliche Hochwasserschutzdämme (Deiche, ◘ Abb. 14.8c) bilden die Ufer und begrenzen das Flussbett gegen die Überschwemmungsaue. Der natürliche Uferwall wird bis zum Niveau des höchsten Hochwassers aufgehöht. Dies bewirkt, dass bei kleineren Hochwasserständen die Sedimentfracht im Flussbett verbleibt. Dadurch kann in Wechselwirkung die Flusssohle mit Sand und der Uferwall mit Feinsand und Grobschluff erhöht werden. Die Krone derartiger Uferwälle ist am ehesten hochwassersicher und kann als Baugrund für Siedlungs- und Verkehrsbauten genutzt werden. Das Gelände dacht vom Uferwall am Fluss zu den weiter entfernt liegenden Teilen der Talaue ab. Oft liegt der Wasserspiegel im Fluss über der Talaue. In flussfernen Niederungen der Talaue steht das Grundwasser an der Oberfläche und bildet weite Sumpfgebiete. Es reagiert mit Verzögerung auf Wasserstandsänderungen im Fluss. Bei Überschwemmungen wird auf dem Uferwall Feinsand und Grobschluff, in der Überschwemmungsaue Feinschweb (Ton, Fein- und Mittelschluff) abgelagert.

■ Flussgabelung von uferwallbegrenzten Flüssen

Natürliche Uferwälle sind nicht gleichmäßig hoch und können bei extremem Hochwasser an gefährdeten Stellen überflutet und erodiert oder aufgeweicht und abgeschwemmt werden. Es kommt zur Flussgabelung oder Bifurkation. Das Wasser sucht den Weg in den uferfernen Talbodensumpf und bildet dort am Rande des Tales einen zum Hauptfluss parallelen Wasserlauf. Aus mitgeführter Schwebfracht können längs des neuen Flussabschnittes neue Uferwälle entstehen. Die Flusslandschaft besteht dann aus zwei von natürlichen Uferwällen begrenzten Flussarmen mit zwischengelegenem Talbodensumpf. Flussgabelung führt zu breiten Flussauen mit meist zwei, seltener drei und mehr Flussarmen.

In Senkungsgebieten können Flüsse sich in eine größere Zahl von Flussarmen aufgabeln (z. B. Spreewald, Donau in der Kleinen Ungarischen Tiefebene). Nebenarme mit geringer Wasserführung zeigen dann den mäandrierenden Flusstyp, der Hauptfluss den gerade verlaufenden Flusstyp mit Uferwall.

Die Lage des Flussbettes ist bei uferwallbegrenzten, zur Flussgabelung neigenden Flüssen nur scheinbar stabil. Die Neigung zur Flussbettverlagerung birgt Gefahren der Fehleinschätzung. Es besteht die Gefahr eines plötzlichen seitlichen Dammbruches mit weiträumiger Überschwemmung! Hierzu zählen die Überschwemmungskatastrophen mit Laufveränderung am Hwangho in historischer Zeit. Bei derartigen Hochwassern sollen am Janktsekiang 1931 über 1 Mio., in Nordchina 1959 über 2 Mio. Menschen ertrunken sein.

■ Deltas

Im Mündungsbereich von Flüssen an Binnenseen oder am Meer stößt das fließende Wasser auf stehendes Wasser. Die Strömungsgeschwindigkeit des Flusswassers wird abgebremst. Deltas entstehen an Flussmündungen in Seen und am Meer als sich see- bzw. meerwärts vorbauende und nach oben aufbauende Sedimentkörper, in welchen sich der Fluss mehrfach aufgabelt.

In Bergseen können Deltaablagerungen zu großen Teilen aus mitgeführten Geschieben bestehen. Diese werden vor der Flussmündung Lage um Lage in den See vorgebaut.

Schwebstoffe bleiben in Süßwasserseen zunächst in der Schwebe und lagern sich am Seeboden in ebenen Bodenschichten ab.

Große Ströme transportieren in ihrem Delta an der Meeresküste nur noch wenig Sand und Geschiebe. Sand wird im Bereich der Flussrinnen abgelagert. Der vom Fluss bis vor die Flussmündung transportierte Sand wird von küstenparallelen Strömungen erfasst und küstenparallel verfrachtet.

Die vom Flusswasser transportierten Schwebstoffe werden bei Hochwasser auf dem Delta in den Senken zwischen den Hauptflussrinnen als Schwemmlehm abgelagert. Das Flusswasser kleinerer Flüsse oder Mündungsarme wird im Mündungsbereich mit Meerwasser durchmischt. Mitgeführte Schwebstoffe (Schluff, Ton) koagulieren, flocken aus und bilden kohäsive Schlickschichten. Bei großen Flüssen können die anströmenden Süßwassermassen das Salzwasser überschichten. Das Vermischen mit Meerwasser und das Ausflocken der Schwebstoffe kann dann im Abstand von mehreren Kilometern vor der Küste erfolgen.

Deltas sind Gebiete mit großer Sedimentanhäufung, welche besonders im Flachwasser zu einem raschen Landzuwachs und Deltavorbau in der Größenordnung von mehreren Zehnern bis Hunderten von Metern pro Jahr führen kann. Die Aufhöhung der Deltaebenen beträgt langfristig etwa 1 mm pro Jahr. Wechselnde Wasserführung und Sturmfluten gefährden den Siedlungsraum Delta. Frisch entstandene Anlandungen sind zunächst nur bei Niedrigwasser landfest und müssen durch weitere Schwebstoffsedimentation erhöht werden. Frisch abgelagerte Schwebstoffe können durch Mangroven festgehalten werden. Durch gezieltes Bepflanzen kann der Landgewinn beschleunigt werden.

Der Fluss schüttet auch im Delta bei Hochwasser Uferwälle auf. Der Flusswasserspiegel liegt häufig über dem Niveau des Deltas. Gelegentlicher Dammdurchbruch führt zu seitlicher Hochwasserüberflutung von Flussdamm und anschließender Deltaniederung. Durch Flussverzweigung kann der Fluss oder

Strom im Delta mehrfach aufgabeln. Neu entstehende und sich verlagernde Flussarme können Land erodieren und Siedlungsflächen vernichten. Erst nach Stabilisierung eines neu entstandenen Wasserlaufes können sich Uferwälle bilden, welche am ehesten hochwassersicheren Baugrund abgeben.

Längs der Küstenlinie kann Sand verdriftet werden, wodurch sich langgezogene Ausgleichsküsten mit Sandstrand vor dem Delta bilden. Aus dem Strandsand ausgewehte Sandmassen können als aufgewehte Dünengürtel einen natürlichen Schutz vor Hochwasser und Sturmflut bieten.

Alle Deltas an den Meeresküsten sind geologisch jung. Ihre heutigen Formen entstanden im Zuge des postglazialen Meeresspiegelanstieges während der letzten 10.000 bis 12.000 Jahre, und sie werden bei anhaltendem Meeresspiegelanstieg weiter wachsen.

2.8.5 Fließwege und Strömungen im Küstenbereich – Art der Ablagerungen

▪ Ästuare

Flussmündungen, die von Ebbe und Flut beeinflusst werden, heißen Ästuare. Allgemein handelt es sich um Trichtermündungen oder Buchten. Durch die in den Trichter einlaufende Flutwelle wird das ablaufende Süßwasser aufgestaut und dem Fluss werden periodische Wasserstandsänderungen aufgezwungen. Süß- und Salzwasser können im Ästuar nebeneinander oder übereinander vorkommen. Es ist möglich, dass Süßwasser durch einen Meerwasserkeil unterschichtet wird, der sich bei Flut landeinwärts und bei Ebbe meerwärts verschiebt. Der Ebbstrom wird durch das abfließende Flusswasser verstärkt. In breiten Ästuaren können mehrere Tiefenrinnen existieren, über die der Flutstrom einströmt oder der Ebbstrom abströmt, wobei der Hauptstrom von Ebbe und Flut häufig auf verschiedenen Bahnen erfolgt. Von diesen Tiefenrinnen kann Seitenerosion ausgehen, wodurch der Mündungstrichter verbreitert wird. Zwischen den Tiefenrinnen befinden sich Sandbänke und Untiefen mit Schlickablagerungen.

Suspensionen werden sowohl mit der Flut vom Meer wie auch vom Fluss in das Ästuar eingetragen. Zeitweiser Aufstau und Koagulation der Schwebstoffe können im Ästuar zu erheblichen Anlandungen führen (z. B. Elbmündung!). Kleinere Flüsse können unter dem Einfluss der Gezeiten Mündungsmäander oder Ästuarmäander ausbilden, wobei der Fluss- bzw. Mündungsquerschnitt seewärts stark zunimmt. Der das Mäandrieren bedingende Wasserstau lässt auch große Sedimentmassen, vorwiegend Schlick, zur Ablagerung kommen. Mündungsmäander finden sich auch in den kleineren Mündungsarmen im Delta.

▪ Priele

Im Rhythmus von Ebbe und Flut werden Wattflächen überflutet und fallen wieder trocken. Große Teile des Tidewassers verlaufen als Flut- und Ebbstrom über Priele. Priele sind flussähnliche, verästelte Fließrinnen, die seewärts rasch an Breite und Tiefe zunehmen. Die täglich zweimal hin- und herfließende Tidewassermenge entspricht an jeder Stelle dem Prielquerschnitt. Die Konstante ist dabei vom geologischen Aufbau der Wattfläche und von der Form des Einzugsgebietes abhängig und für jedes Priel anders. Bei Vergrößerung des überfluteten Wattgebietes vergrößert sich der zugehörige Priel entsprechend. Von Prielen geht Tiefenerosion, rückschreitende Erosion und Wattabtrag aus, und sie gefährden den Bestand von Wattflächen und Küstenschutzbauwerken. Das weitere Vertiefen von Prielen und die fortschreitende Erosion durch deren Nebenrinnen kann verringert werden, wenn der zum Priel gehörende Flutraum durch Eindeichen verkleinert und durch Wattsicherungsdämme begrenzt wird.

Mit der Flut wird Schlick über die Priele in das Watt eingetragen. Bei Hochwasser und kenternder Flut setzt sich ein Teil der Schwebfracht auf der Wattfläche ab und erhöht diese. Künstlich kann die Erhöhung der Wattflächen durch Lahnungen verstärkt oder bewirkt werden. Lahnungen sind Zäune aus Pfählen und Buschwerk, die im Watt angelegt werden, um das Feinkorn festzuhalten. Zur Be- und Entwässerung werden flache Gräben (Grüppen) ausgehoben, und der Aushub wird auf den Beeten zwischen den Grüppen abgesetzt. Je nach Höhenlage des Watts dauert die Vorlandgewinnung 20–40 Jahre. Zur Deichsicherung gilt ein 400 m tiefes Vorland als ausreichend. Das Vorland wird begrünt und als Salzwiese angelegt.

Die Nutzung und Verstärkung der natürlichen Anlandung im Wattenmeer bietet die Möglichkeit für flächenhaften Küstenschutz im Vorland.

▪ Küstenparallele Brandungsströmung

Die von See auf die Küste zulaufenden Wellenberge überkippen beim Einlaufen in seichteres Wasser. Überkippende Wellen werden als Brecher bezeichnet. Wasser und Meeresboden werden aufgewühlt. Kleinere Wellen laufen in der Schwallzone auf den Strand auf und bewegen Sand. Diese Vorgänge werden unter dem Begriff „Brandung" zusammengefasst. Die Brandungsströmung ist die küstenparallele Komponente der Brandung. Sie hat je nach Lage der Küste und überwiegender Windrichtung eine unterschiedliche Richtung. Brandung und Brandungsstrom erodieren ständig an Steilküsten und am Unterwasserstrand. Der von der Strömung aufgenommene Sand wird küstenparallel verfrachtet und in einem oder mehreren Sandriffen (Kiesriffe, Barren) parallel vor der Küste oder unmittelbar am Strand abgelagert. Sturmfluten sind mit hohen Erosionsraten am Kliff und starkem Sandverlust an Stränden verbunden. Bei ausgeglichenem Seegang bilden sich die natürlichen Strände zurück.

Durch die Brandungsströmung formt sich eine Ausgleichsküste. Durch den Wechsel von Erosion am Kliff vorspringender Landmassen und geradliniger Anlandung von Stränden wird die ursprünglich buchtenreiche Küstenlinie begradigt.

Von einem Vorsprung der Küstenlinie aus können Sand und Schill (Schalentrümmer von Muscheln und Schnecken) in Form eines langgestreckten Akkumulationskörpers, einer Nehrung, abgelagert werden. Die Breite einer Nehrung oder Nehrungsinsel wird durch den Seegang bestimmt. Brandungswellen bewirken bei starkem Seegang am Ende der Nehrung ein Umbiegen der Strandversetzung und die Ausbildung eines Hakens. Bei ruhiger See setzt sich das geradlinige Wachstum der Nehrung oder Insel fort. Buchten werden an gezeitenfreien und gezeitenschwachen Küsten durch Nehrungen abgeschnitten. Die Bucht wird zum

Haff bzw. zur Lagune. Zuflussfreie oder zuflussarme abgeschnittene Buchten werden zu Strandseen. Im Haff bzw. in der Lagune kommt es zur Ablagerung der vom Fluss mitgeführten Schwebstoffe. Vom Meer aus können Seegang, Sturmflut und stärkerer Tidenhub in die Lagune eindringen, und es kommt zur Ablagerung von Sand aus dem Meer. Zusätzlich können Lagunen durch Sandeinwehungen verlanden.

Unter Einwirkung von Ebbe und Flut bilden sich bei kleinem Tidenhub langgestreckte küstenparallele Inseln (Nehrungsinseln, Düneninseln; z. B. Sylt oder der Lido von Venedig). Bei mittlerem Tidenhub bilden sich kürzere Inseln (Ostfriesische Inseln) und bei großem Tidenhub Sandbänke, die senkrecht zur Küste und parallel zum Gezeitenstrom verlaufen. Die Fließrinnen (Tiefs, Gatts) zwischen den der Küste vorgelagerten Inseln sind wegen großer Tidewassermengen besonders tief. Durch Gattströmung werden die West- und Ostfriesischen Inseln an der Westseite erodiert. Küstenparallele Strömungen landen an der Ostseite dieser Inseln Sand an.

2.8.6 Art der von unterirdischem Wasser transportierten und abgelagerten Feststoffe

Als Fließwege des unterirdischen Wassers dienen Poren, offene Spalten und Höhlen. In Spalten und Höhlen kann unterirdisch von Bächen Geschiebe und Schwebstoff transportiert und abgelagert werden. Das Geschiebe stammt meist aus dem Nachbruch von Höhlendecke und Höhlenwand. Daneben ist ein Eintrag mit dem Oberflächenwasser über Bachschwinden (Schlucklöcher, Ponore) möglich. Geschiebe kann in gleicher Weise wie an der Erdoberfläche in Form von Kiesbänken abgelagert werden.

Schwebstoff kann unterirdisch als Residualton (Rückstandston) beim Auflösen von Kalksteinen und Gipssteinen freigesetzt werden oder unterirdischen Verwitterungsprodukten (Lehm) entstammen. Über Ponore, offene Spalten und Grobporen kann Schwebstoff von der Oberfläche eingetragen werden. Das im Untergrund vom Wasser transportierte Feinkorn lagert sich bei Wasserstau ab. Hohlräume können aufgefüllt und verstopft werden.

▪ Kolmation

Als „Kolmation" bezeichnet man das Zuschlämmen von Gesteinsporen und Spalten mit Feinkorn und die damit verbundene Erniedrigung der Durchlässigkeit im Untergrund. Dieser Vorgang ist beim Zuschlämmen von Versickerungsanlagen von Bedeutung. Künstliche Kolmation findet bei Injektionsverfahren Anwendung.

2.8.7 Art der von Wind transportierten und abgelagerten Feststoffe

Vom Wind können Staub- und Sandpartikel transportiert werden. Sand wird vom Wind als Flugsand und als Springkorn verfrachtet. Der äolische Sandtransport wird an Flussläufen unterbrochen. Staub kann in der Luft über weite Strecken transportiert werden. Flüsse, Seen und Meere sind kein Hindernis. Vom Wind transportierter Sand und Staub kann entgegen der Schwerkraft bergauf verfrachtet und abgelagert werden.

▪ Staub

Staub ist kohäsionsfreies Material im Korngrößenbereich Schluff. Staub entsteht vorrangig in den vegetationsfreien Trockengebieten der Erde. Dies sind Hitzewüsten, Kältewüsten und Gebirgswüsten. Durch den starken Temperaturwechsel zerfallen spaltfähige Kristalle bis zur Schluffgröße und werden von Wind erfasst. In trockenen Windströmungen kann Staub sehr weit transportiert werden. Ausfall von Saharastaub wird in Mitteleuropa mehrfach beobachtet. In humiden Gebieten wird die Luft durch Regen oder Schnee vom Staub gereinigt. Aus trockener Luft kann Feinstaub nur bei Windstille oder bei nur sehr schwachen Luftbewegungen ausfallen. In dicht besiedelten Gebieten und Industriegebieten ist Staub meist künstlicher Herkunft. Staub wird von Industrieanlagen und Befeuerungsanlagen über Schornsteine emittiert oder durch Verkehr und Arbeitsprozesse aufgewirbelt. Bei Vulkanausbrüchen kann Staub in großen Massen freigesetzt und vom Wind über weite Strecken transportiert werden. Millimeterdicke Staubablagerungen können noch in großer Entfernung vom Ausbruchsort beobachtet werden. Bei vegetationsfreien Ackerflächen und Baugelände kann Staub und Feinsand vom Wind aufgenommen und auf umliegendes Gelände verweht werden.

Bedeutung hat Staub wegen der damit verbundenen Belästigung und wegen möglicher Gefahren als Schadstoff. Von Staubbefall ausgehende Schadwirkungen betreffen Menschen, Tiere, Pflanzen, Bauwerke und Maschinen sowie viele Gegenstände des täglichen Bedarfs.

Bei vielen Baumaßnahmen werden dem Betreiber Maßnahmen zum Staubvermeiden (z. B. regelmäßiges Besprühen mit Wasser) auferlegt.

In extremen Situationen können von großen Staubansammlungen Gefahren ausgehen. So können z. B. Dächer bei Vulkanausbrüchen unter der Staublast zusammenbrechen. Von in Steillagen abgelagerten Staubmassen können Staublawinen ausgehen.

In den 1930er-Dürrejahren und besonders zwischen 1935 und 1938 führte Deflation in den Greatplains der USA und Kanadas zu Deflation und Staubstürmen (Dust Bowl). Betroffen waren die unter Pflug genommenen Präriegebiete, Schwarzerdegebiete auf Löss und Schwemmlöss. Im Kernland amerikanischer Agrarproduktion (Weizen, Mais, Soja) wurde das Ackerland weitflächig vernichtet. Bei Trockenwetter im Frühjahr wurde vom frisch eingesäten noch vegetationsfreien Ackerland der feinkörnige Boden abgetragen. Etwa 2,5 Mio. Menschen haben die betroffenen Regionen verlassen. Die regionalklimatische katastrophale Situation schwächte sich in den 1940er-Jahren ab, bevor beschlossene Maßnahmen (Gustafson 1937) greifen konnten. In gleicher Weise durch Deflation und Staubstürme gefährdet sind derzeit weite Gebiete in Brasilien, Indien, China und Australien.

▪ Sand (Treibsand)

Korngrößen zwischen 0,06 und 1 mm können bei fehlender Vegetation vom Wind verfrachtet werden. Mittel- und grobkörniger Dünensand ist rundkörnig. Dünensandablagerungen haben hohe Porosität, große Wasserdurchlässigkeit und geringes Wasserbindevermögen. Selbst in vegetationsfreundlichen Gebieten bleiben frisch angewehte Dünen lange nackt und sind lange weiterer Umlagerung ausgesetzt.

In Dünen angewehter Sand kann je nach Anlagerungsbedingung an der Oberfläche locker bis sehr dicht gelagert sein. Dicht gelagerter Dünensand kann befahren werden. In locker gelagertem Sand sinkt man tief ein. Der Übergang von dicht gelagertem, befahrbarem Sand zu locker gelagertem Sand kann im Abstand weniger Meter liegen.

Grob- und Mittelsand wird nur am Boden oder in geringer Höhe über dem Boden bewegt (Treibsand). Feinsand kann bei Sandstürmen für mehrere Minuten hoch aufgewirbelt werden (Flugsand). Vom Sandtreiben ausgehende Schadwirkungen betreffen neben der Erosion an Bauwerken direkt Menschen, Tiere, Pflanzen und Maschinen.

Vom Wind erfasster Sand kann als sehr beweglicher Treibsand weit verfrachtet werden. Als Springkorn bewegen sich die Sandkörner dicht (bis 0,5 m) über dem Boden. Im Flug erreichen sie hohe Geschwindigkeit. Sandtreiben mit hoher Geschwindigkeit wird an der Oberfläche sandarmer Kieswüsten beobachtet.

Der über den Boden als Springkorn getriebene Sand kann sich dem Untergrund eben auflagern, an Hindernissen aufstauen und Dünen als Akkumulationsformen bilden. Dünen binden den Sand und minimieren den Sandtransport, ohne ihn ganz zu unterbinden.

▪ Sandebenen, Sandtennen

Eine häufige, aber wenig beachtete Form von Sandablagerung durch Wind sind Sandebenen oder Sandtennen. Auf kleinsten Flächen bis zu Gebieten mit einigen tausend Quadratkilometern Ausdehnung lagert sich der Sand flach dem trockenem Untergrund auf. Unregelmäßigkeiten im Untergrund werden eben ausgeglichen. Diese Erscheinung kann auch im humiden Klima, z. B. bei Sandverwehungen im Bereich von Baustellen, beobachtet werden. Der Sand ist locker gelagert und kann nur mit hoher Geschwindigkeit befahren werden.

▪ Wanderdünen

Bewegliche Akkumulationsformen von Treibsand sind bei gleichgerichteten Winden Barchane, bei wechselnden Windrichtungen Netzdünen (Aklé-Dünen).

Wanderdünen stellen in Trockengebieten eine permanente Gefahr für Verkehrswege und Siedlungen dar.

Barchane (Sicheldünen) können bis 20 m hoch und bis mehrere hundert Meter breit sein, bewegen sich dann aber mit wenigen Metern pro Jahr so langsam, dass die durch sie hervorgerufenen Störungen berechenbar werden. Gefürchtet sind Kleinformen (bis etwa 1 m hoch und bis etwa 10 m breit), die durch ein Ereignis plötzlich aufgebaut werden oder schnell um mehrere Meter wandern können.

▪ Sandfelder, Sterndünen

Großräumig stabile Sandmassen sammeln sich in den großen Dünenfeldern der Wüsten (Erg und Ténéré in der Sahara, Rub al Khali auf der Arabischen Halbinsel, Karakum und Kysylkum in Turkestan, Namib, Great Sanddunes in Colorado u. a.). Entgegengesetzte Windsysteme sind die Voraussetzung für das Entstehen großer ortsfester Dünengebiete. Hierfür typische Sterndünen können 300–400 m hoch werden. Dünensand kann in solchen Sandgebieten mehrere hunderttausend Quadratkilometer bedecken und zwischen 10 und 30 % der Wüstenfläche einnehmen. Innerhalb und am Rande solcher großräumig stabilen Dünenfelder ist jedoch der Sand gleichfalls sehr mobil. Sandverwehungen sind eine permanente Gefahr für Siedlungsräume und Verkehrswege.

▪ Längsdünen

Längsdünen oder Strichdünen treten in verschiedenen Wüsten der Erde auf. Sie können mehrere Kilometer bis Zehnerkilometer lang und mehrere hundert Meter breit sein. Die Höhen liegen bei 30–50 m, und in einigen Fällen darüber. Längsdünen liegen weitgehend fest, wenngleich der sie aufbauende Sand an der Oberfläche beweglich ist.

▪ Küstendünen

Vegetationsfreie Sandflächen neigen in humiden Gebieten schon bei schwachem Abtrocknen zu Sandabtrag und Verwehung. Sandverwehungen finden weltweit am Meeresstrand statt. Strandsande sind wegen des Salzgehaltes und landeinwärts auch wegen des regelmäßigen Betretens vegetationsfrei. Der Wind kann hier Sand aufnehmen und zu Küstendünen anhäufen. Landeinwärts wird der Sand durch Vegetation stabilisiert. Strandhafer kann in geschützten Gebieten schon in geringer Entfernung von der Küste gedeihen und die Vordüne festigen.

▪ Vermeiden von Anwehungen

Zum Vermeiden von Sandanwehungen können Sandwächten mit dem Ziel aufgestellt werden, den Sand entfernt von einer zu schützenden Stelle zu akkumulieren. Gegen Sandabtrag wurde mehrfach versucht, die Sandkörner an der dem Wind ausgesetzten Oberfläche mit Wasser, Öl und anderen Chemikalien zu binden oder mit Beton, Asphalt oder anderen Stoffen abzudecken.

2.9 Ansteigen und Absinken von Wasserständen

Der Wasserspiegel des Meeres, der Seen und Flüsse und des Grundwassers unterliegt Schwankungen. Zu unterscheiden ist zwischen regelmäßig wiederkehrenden Ereignissen, unregelmäßig auftretenden Ereignissen und nur selten oder einmalig auftretenden Ereignissen. Kontinuierliche Veränderungen können durch klimatische oder tektonische Vorgänge verursacht sein. Senkungen im Gelände können zum Anstieg des Oberflächenwassers und Grundwassers führen, Letzteres bis zur Bildung von flachen Grundwasserseen. Hebungen im Gelände können zum Trockenfallen weiter Landstriche, etwa längs von Küsten und sich eintiefenden Flüssen führen. Hebungen und Senkungen können langsam oder plötzlich (Erdbeben) erfolgen. Außergewöhnlich hohe und außergewöhnlich niedrige Wasserstände können katastrophale Auswirkungen haben.

In den bebauten Überschwemmungsauen der Flüsse kann stehendes Hochwasser Schäden an Bauwerken und auf Kulturflächen verursachen. Bei regelmäßig wiederkehrenden Überschwemmungen kann das Wasser und die mitgeführte Schwebfracht durch angepasste Landwirtschaft genutzt werden. Enge Tallagen, Schwemmkegel und auch Hanglagen können durch strömendes Wasser gefährdet werden. Bei wechselnden Grundwasserständen können Wasserfassungen trockenfallen oder verunreinigt werden. Bauwerke können bei nicht ausreichender Anpassung an wechselnde Grundwasserstände starke Wertminderung erfahren. Diese kann bei sinkenden Wasserständen aus Setzungsschäden, bei in das Bauwerk hineinstauendem Grundwasser aus schädlicher Durchnässung bis Unbrauchbarkeit resultieren. Am Hang oder Hangfuß kann steigendes Grundwasser Rutschungen auslösen.

Eine an wechselnde Wasserstände angepasste Landnutzung und Bebauung erfordert ausreichende Kenntnisse über Breite, Trends und Ursachen der Schwankungen.

2.9.1 Schwankungen des Meeresspiegels

Wechselnde Wasserstände und damit verbundene Strömungen bilden die Hauptbelastung der Küsten. Hierzu zählen Tiden, Seegang, Brandung, Windfluten, Sturmfluten, Orkanfluten, Seiches, langperiodische Wellen und säkulare Änderungen des Meeresspiegels (Malcherek 2010, EAU 2012).

■ Ebbe und Flut

An den Meeresküsten ist im Verlauf der Gezeiten oder Tiden zweimal am Tag Ebbe (Niedrigwasser) und zweimal Flut (Hochwasser). Die Gezeiten sind nach Zeitintervall und Amplitude eine komplexe Erscheinung, die durch die Gravitationskräfte von Mond und Sonne sowie untergeordnet auch anderer Himmelskörper gesteuert wird. Die Anziehungskraft beider Himmelskörper liegt ungefähr in der gleichen Größenordnung; die Gezeitenkraft der Sonne beträgt 46 % von jener des Mondes. Die Gezeitenwirkung ist an den Küsten stärker ausgeprägt als auf dem offenen Ozean und regional stark unterschiedlich. Am gleichen Ort wiederholen sich die Tiden nicht gleichförmig, sondern weisen in der Zeit und in der Höhe Ungleichheiten auf. Der Mittelwert zwischen Tidenanstieg und Tidenfall wird als Tidenhub bezeichnet. Im Abstand von 14 Tagen treten maximale Tidenhübe (Springtiden) und jeweils eine Woche vor oder nach diesen Maxima treten minimale Tidenhübe (Nipptiden) auf. Springtiden fallen mit Vollmond und Neumond zusammen, wenn Sonne, Mond und Erde in einer Linie stehen und sich Mondeinwirkung und Sonneneinwirkung addieren. Nipptiden treten bei Halbmond ein, wenn der Mond im rechten Winkel zur Sonne steht und die Sonneneinwirkung einen Teil der Mondeinwirkung aufhebt. Im Abstand von 12 h 25 min 53 s (Mondgezeit) folgen im Mittel zwei Hochwasserstände oder zwei Niedrigwasserstände aufeinander. Die tägliche Verschiebung der Tiden beträgt zur Springtidenzeit etwa 35 min und zur Nipptidenzeit etwa 70 min.

Entsprechend der unterschiedlichen Wirkung von Sonne und Mond auf die Bewegung des Wassers der Erde setzen sich die Tiden aus mehreren Partialtiden zusammen. Die wichtigsten davon sind:

- halbmonatliche Ungleichheit mit einer Periode von 14,77 Tagen;
- monatliche Ungleichheit mit einer Periode von 27,55 Tagen;
- Deklinationsungleichheit mit einer Periode von 13,66 Tagen;
- tägliche Ungleichheit mit einer Periode von 27,32 Tagen.

Die Tidenstände werden weltweit für Bezugsorte vorausberechnet und jährlich im voraus veröffentlicht. Die Tidebewegung in der Nordsee bewirkt an der offenen Küste periodische Wasserstandsschwankungen von durchschnittlich 2,5 m. Sie erhöhen sich in Buchten und Flussmündungen infolge von Stau- und Reflexionserscheinungen auf 3,5–4 m. Das Tidehochwasser erreicht Höhen von +0,7 bis +2,5 m ü. NN. Das Tideniedrigwasser fällt auf −1 bis −2 m ü. NN ab.

Eine besondere Form der Gezeiten ist die Flutbrandung oder Bore in Flussmündungen. Periodisch mit den Tiden strömt Wasser in Form einer steilen Wand von mehreren Metern Höhe mit großer Geschwindigkeit (> 5 m s^{-1}) den Flusslauf aufwärts. Boren traten in den Mündungen von Ems und Weser vor deren Austiefung auf.

■ Seegang

Seegang und Brandung stellen die Hauptbelastung für Küsten und Küstenschutzbauwerke dar. Der Seegang des Meeres setzt sich aus einer Vielzahl sich überlagernder Wellen unterschiedlicher Höhe, Länge, Fortpflanzungsrichtung und Fortpflanzungsgeschwindigkeit zusammen. Für die Ausbildung eines bestimmten Seeganges ist der Wind mit Richtung, Geschwindigkeit, Einwirkungsdauer und Einwirkungslänge von Bedeutung. Unterschieden wird zwischen Windsee, bei der die Wellen unter dem Einfluss des erregenden Windes stehen, und Dünung, worunter man Wellen versteht, die nach Abschwächen des Windes fortbestehen oder die aus dem Ursprungsgebiet herausgewandert sind.

Wind über Wasser bewirkt zunächst fortschreitende, kurzperiodische, steile Wellen, die bei weiterer Windeinwirkung instabil werden, überbrechen und durch Energiezufuhr seitens des Windes wieder regenerieren. Dadurch entstehen Wellen unterschiedlicher Wellenlänge mit unterschiedlicher Fortpflanzungsgeschwindigkeit. Werden kürzere Wellen von einer längeren Welle unterlaufen, so bricht die kürzere auf dem Kamm der längeren über und gibt einen Teil der Energie an die längere Welle ab. Die Dispersion der Wellen begünstigt das Anwachsen des Seegangs. Das Klassifizieren der Stärke des Seegangs erfolgt auf einer Skala nach Petersen 1939 (◘ Tab. 2.7). Die höchsten auf freier See beobachteten Wellen hatten Höhen von 27 m. Die zugehörigen Wellenlängen lagen bei 340 m und darüber.

■ Brandung

An den Meeresküsten wird die Wirkung der Wellen durch die Brandung verstärkt. Brandung ist das Überstürzen (Brechen) der Wellen beim Auflaufen auf die Küste. Bei einer Welle, die in ein Flachwassergebiet hineinläuft, werden Wellenlänge und Wellengeschwindigkeit kleiner, während die Wellenhöhe anwächst. Die Wellengeschwindigkeit nimmt im flachen Wasser mit der Tiefe ab, und die oberflächennahen Teile der Welle, die schneller wandern, brechen über. An Steilküsten wirkt Klippenbrandung mit hohem Brandungsdruck auf das Fels- oder Bauwerksgefüge ein.

Tab. 2.7 Seegang-Skala nach Petersen 1939. (Internet, Code-Knacker.de)

Stufe	Benennung	Beschreibung	Wellenlänge	Wellenhöhe	Windstärke Beaufort
0	Spiegelglatte See	Sspiegelglatte See			0
1	Gekräuselte See	Kleine Kräuselwellen ohne Schaumkämme	Bis 5 m	Bis 0,25 m	1
2	Schwach bewegte See	Kämme beginnen sich zu brechen, vereinzelte Schaumköpfe	Bis 25 m	Bis 1 m	2–3
3	Leicht bewegte See	Häufiges Auftreten weißer Schaumköpfe	Bis 50 m	Bis 2 m	4
4	Mäßig bewegte See	Mäßige Wellen und überall weiße Schaumkämme	Bis 75 m	Bis 4 m	5
5	Grober Seegang	Große Wellen, deren Kämme sich brechen	Bis 100 m	Bis 6 m	6
6	Sehr grober Seegang	Wellen türmen sich, Schaum bildet Streifen in Windrichtung	Bis 135 m	Bis 7 m	7
7	Hoher Seegang	Hohe Wellenberge mit dichten Schaumstreifen, See beginnt zu „rollen"	Bis 200 m	Bis 10 m	8–9
8	Sehr hoher Seegang	Sehr hohe Wellenberge, lange überbrechende Kämme, starke Gischt	Bis 250 m	Bis 12 m	10
9	Schwerer Seegang	Schaum und Gischt erfüllen die Luft, See weiß, keine Fernsicht	Über 250 m	Über 12 m	Über 10

Sturmfluten

Das Zusammenwirken von Flut, Seegang und Windstaueffekt kann den Meeresspiegel vor der Küste erhöhen. Die Differenz zwischen eingetretener und astronomisch vorausberechneter mittlerer Tide wird als Windstau bezeichnet. Dieser Effekt wird in Windstaukurven festgehalten. Neben dem eigentlichen Windstau enthalten Windstaukurven auch Anteile aus Böigkeit des Windes, Wirkung des Luftdruckes, Luftdruckschwankungen, Wasser- und Lufttemperaturen, Eigenschwingungen des Meeres in Querrichtung, Fernwellen, Trogschwallerhöhungen sowie Badewanneneffekt/„return surges" bei plötzlichem Abflauen des Windes.

Die wichtigsten Einflussfaktoren auf den Sturmflutwasserstand in der Nordsee sind als Randwerte von der Seeseite astronomischer Tidewasserstand, Windstau, Fernwellen und säkularer Meeresspiegelanstieg, als Randwert von der Landseite der Oberwasserabfluss in Tideästuarien. Die ungestörte (astronomisch berechnete) Tide wird bei entsprechendem Wind vom Windstau überlagert. Bedeutungsvoll ist neben der Höhe des Windstaus die Eintrittszeit seines Maximums. Da bei gleicher Windgeschwindigkeit der Windstau mit abnehmender Wassertiefe erheblich zunimmt, sind Küsten von Flachmeeren wie Nordsee und Teile der Ostsee weitaus mehr durch Sturmfluten gefährdet als Küsten an tiefen Ozeanen.

Wasserstände, die das mittlere Springtidehochwasser (MSpHW) um mehr als 25 % übersteigen, werden als Windfluten, Wasserstände, die es um mehr als 50 % übersteigen, als Sturmfluten und Wasserstände, die es um mehr als 75 % übersteigen, als Orkanfluten bezeichnet. Sturmfluten können Wasserstände erzeugen, die an der Nordsee schon mehr als 4 m über den astronomisch berechneten Tidewasserständen lagen. An der Ostsee wurden Sturmflutwasserstände von mehr als 3 m über dem normalen Stand gemessen.

Seiches

Stehende Wellen können besonders gut an den Ufern und Küsten langgestreckter Seen beobachtet werden. In Anlehnung an die Schwingungen des Genfer Sees, dessen stehende Wellen als „seiches" bezeichnet werden, wurde dieser Begriff in die Ozeanographie eingeführt. Die Seiches werden durch Luftdruckschwankungen und Wind erregt. Die Erregung hängt vom Verhältnis der Periode der erregenden Kräfte zu den Eigenperioden des Sees oder Meeresraumes ab. Durch Resonanzeffekte können erhebliche Wellenhöhen entstehen. An den großen Seen Nordamerikas werden bis 3m hohe Seespiegelschwankungen beobachtet. Von schwallartigen Bewegungen des Wassers können auch an Meeresbuchten gelegene Häfen und Uferzonen betroffen sein. Bekannt sind Seiches aus der Ostsee, die bei St. Petersburg häufig zu Überschwemmungen geführt haben.

Fernwellen

Fernwellen entstehen in fernen Meeresteilen durch Luftdruckunterschiede, Stürme, Massenabbrüche, Erdbeben oder Vulkanismus. Sie laufen als Einzelwelle oder in Gruppen von wenigen Wellen über die Meere. Von Sturm verursachte Fernwellen können in der Nordsee mit etwa 1 m Höhe gemessen werden.

Einzelwellen können durch Massenschwerebewegungen, z. B. durch Eisabbrüche, verursacht werden.

Tsunami

Als Tsunami (Erdbebenwoge) werden Einzelwellen bezeichnet, die durch vulkanische oder tektonische Beben verursacht werden. Das Wasser wird am Entstehungsort der Bebenwelle auf den Ozean hinausgedrückt und bewegt sich von der Küstenlinie weg in Richtung offenes Meer. Dadurch kann der Meeresboden in flachen Buchten und längs der Küste vorübergehend trockenfallen. Beim Chile-Erdbeben vom 22. Mai 1960 reichte diese Zeitspanne (etwa 1 h) aus, dass Fischer den trockengefallenen Meeresboden in der Bucht von Valdivia nach Krebsen absuchen konnten. Sie wurden vielfach Opfer der etwa 15 m hohen zurückbrandenden Welle. Das Sumatra-Andamen-Beben (26.12.2004) löste bis zu 6 gut dokumentierte Flutwellen aus. Betroffen waren u. a. die Küsten von Indonesien, Sri Lanka, Indien, Thailand. Die Fortpflanzungsgeschwindigkeit einer solchen durch Erdbeben ausgelösten Welle (Tsunami) ist von der Tiefe des Meeres und der Erdbeschleunigung abhängig. Bei einer mittleren Ozeantiefe von etwa 4000 m berechnet sie sich zu 720 km h^{-1}. Hieraus können Vorwarnzeiten für das Eintreffen und/oder das wiederholte Eintreffen der Welle ermittelt werden.

- **Riesenwellen (Monsterwellen, Freakwaves)**

Seit den neunziger Jahren des 20. Jahrhunderts sind Riesenwellen als reale Erscheinungen des Seeganges anerkannt. Satellitenbeobachtungen von der Meeresoberfläche, Fotodokumentationen vom Aufschlagen sehr hoher Brecherwellen auf die Aufbauten großer Schiffe sowie auf die einer Bohrinsel in 20 bis 30 m Höhe und eine von einem Forschungsschiff aus eingemessenen 29,1 m hohe Welle sind Beweise für deren gelegentliches Entstehen. Es handelt sich um räumlich begrenzte Einzelereignisse. Zu den Riesenwellen gezählt werden Wellen, die die Höhe der höchsten üblichen Wellen um mehr als das Doppelte überschreiten. Unterschieden werden 3 Arten von Riesenwellen:

- Kaventsmänner“ sind sehr hohe Einzelwellen;
- Drei Schwestern“ („three sisters“) sind drei kurz aufeinander folgende Riesenwellen;
- Weiße Wände“ sind steile, fast senkrechte Wellen, die eine Breite von mehreren km einnehmen.

Das Entstehen von Riesenwellen ist noch weitgehend ungeklärt und ist Gegenstand laufender Forschungsarbeiten. Vermutet wird ein sich Überlagern von Einzelwellen. Ziel der Forschung ist eine Seegangsvorhersage, welche auch die Gefahr von Riesenwellen umfasst. Wellenforscher gehen davon aus, dass etwa 10 Schiffsunglücke pro Jahr ihre Ursache bei Riesenwellen haben. (Peter O. Walter ► http://www.esys.org/rev_ info/ monsterwellen.html).

- **Säkulare Meeresspiegelschwankungen**

Durch tektonische Bewegungen, untermeerischen Vulkanismus, Sedimentanhäufung und durch Änderungen im Wasser-Eis-Haushalt der Erde ergeben sich Wassermassenverlagerungen und Meeresspiegelschwankungen. Transgression oder positive Strandverschiebung bedeutet Landverlust an abtauchenden Küstenlinien. Regression oder negative Strandverschiebung bedeutet Landgewinn an sich heraushebenden Küstenlinien. In der zurückliegenden, durch den Wechsel von Eis- und Warmzeiten geprägten Erdperiode hat der Meeresspiegel Schwankungen in der Größenordnung 130–150 m erfahren. Tiefstände auf dem Höhepunkt der letzten Eiszeit werden mit −120 bis −135 m ü. NN angegeben. Hochstände aus der letzten Zwischeneiszeit sollen z. B. in England bei +20 m gelegen haben (Streif 2001). Aus dem globalen Wasser- und Eisbestand errechnet sich für das Abschmelzen aller Eismassen ein möglicher Wasseranstieg der Weltmeere um etwa 77 m. Für den nacheiszeitlichen Meeresspiegelanstieg ergeben sich für den Zeitraum seit 17.500 Jahren bis heute gemittelte Anstiegsraten von 7,5 mm a^{-1}. Dieser Anstieg war jedoch nicht gleichmäßig, sondern kannte Zeitabschnitte mit katastrophal hohen Anstiegsraten („catastrophic rise events“, CRE) von maximal 40–70 mm a^{-1}. In den letzten 5500 bis 6000 Jahren hat sich der Meeresspiegelanstieg verlangsamt und scheint zeitweise zum Stillstand gekommen zu sein. An der Nordseeküste (Führböter 1986; Streif 2001) haben um das Jahr 1000 hohe Wasserstände geherrscht. Danach waren die Wasserstände über 500 Jahre gefallen. Seit dem 16. Jahrhundert steigt das mittlere Tidehochwasser mit einer Geschwindigkeit von 22–30 cm in 100 Jahren bzw. 2,2–3 mm a^{-1}. Weltweit liegt der mittlere Meeresspiegelanstieg bei 2 mm a^{-1}. Er ist nicht überall gleich, sondern kann gebietsweise durch tektonische Vorgänge überprägt sein.

2.9.2 Schwankungen bei Seewasserständen

Seen gibt es in allen Klima- und Landschaftsgürteln der Erde. Besonders zahlreich sind sie in glazial geformten Teilen der Erde. Während Endseen in den Trockengebieten der Erde im Laufe langer erdgeschichtlicher Perioden entstanden sind, sind die meisten Süßwasserseen geologisch jung und schnell vergänglich. Auf allen Seen können sich bei Wind und Sturm Wellen bilden. Besonders bei langgestreckten Seen kann durch Windstau oder Seiches eine Erhöhung des Wasserspiegels eintreten. Plötzliche hohe Wellen sind bei Erdbeben und bei Massenverdrängung möglich. Natürliche und künstliche Stauseen können sich katastrophenartig entleeren.

- **Süßwasserseen**

Der Wasserhaushalt von natürlichen Seen wird durch die Zu- und Abflussmenge sowie durch Versickerung und Verdunstung bestimmt. Die direkt auf den See fallenden Niederschläge wirken sich in nur geringem Maße aus. Der Zufluss der meisten Seen erfolgt oberirdisch durch Fließgewässer. Wassermenge und Wasserspiegelschwankungen im See werden durch die Zuflüsse mit ihren Schwankungen in der Wasserführung bestimmt. In humiden Gebieten erfolgt der Abfluss von Seen meist oberirdisch. Bei einigen Seen besteht nur unterirdischer Abfluss über das Grundwasser. Dieser Abfluss reicht aus, um den Süßwassercharakter des Sees zu garantieren.

Seen sind im erdgeschichtlichen Vergleich meist junge Bildungen. Zu unterscheiden sind natürliche und künstliche Hohlformen, die unter den Grundwasserspiegel reichen, und Stauseen, in denen das Wasser oberhalb des ursprünglichen Grundwasserspiegels aufgestaut ist. Hohlformen, die unter den Grundwasserspiegel reichen, entstehen durch tektonische Bewegungen (Grabenbildung), Vulkanismus (Kraterseen), Erosion (besonders glaziale Erosion), schmelzendes Toteis, Subrosion und als künstliche Formen durch den Aushub von Gruben, durch Bergbau und durch Senkung über künstlich angelegten oder verursachten Hohlräumen im Untergrund. Die durch Aufstau entstandenen Seen können tektonisch, glazialgenetisch, rutschungsgenetisch oder chemisch durch Ausbildung von Sinterterrassen verursacht sein. Bei durch tektonisches Heben verursachter Stauwirkung kann es in Tälern sogar zur Umkehr der Fließrichtung kommen. Ein Teil der finnischen Seen ist so entstanden. Bei anhaltender Hebung werden sich Größe und Wasserstand dieser Seen verändern.

Bergsturzmassen können im Hochgebirge Täler versperren und natürliche Stauseen entstehen lassen. Keller (1962) nennt aus dem Pamir den 1911 durch Bergsturz entstandenen Saresee mit 61 km Länge und 505 m Tiefe. Die meisten natürlichen Stauseen sind glazialen Ursprungs. An rezenten Gletschern kann gefahrvoller Aufstau von Wassermassen hinter Gletschereis oder jung aufgeschobenem Moränenmaterial mit Toteisblöcken bewirkt werden.

In Karstgebieten können sich durch Ausfällen von Calciumcarbonat als Kalksinter im Fluss- oder Wasserlauf Sinterbarrieren bilden, hinter denen sich das Wasser zum See aufstaut.

▪ Karstseen

Periodische Karstseen können sich durch oberirdischen oder durch unterirdischen Wasserzulauf bilden. Bei oberirdischem Wasserzulauf können die Ponore die zulaufenden Wassermassen nicht schlucken, sodass sich das Wasser vorübergehend in der Oberflächenhohlform staut. Bei Zulauf von unten staut sich das Wasser im Karstsee meist erst einige Zeit nach den Regenfällen auf. Solche Seen stehen in Verbindung mit einem weitverzweigten Höhlensystem, in welchem erst im Zuge der Auffüllung Barrieren überstaut werden und somit der Zufluss zur Hohlform an der Oberfläche und der Aufstau zum See ermöglicht wird. Bei sinkendem Karstwasserstand kann die vorher als Zulauf dienende Höhlenröhre die Funktion eines Ponors übernehmen.

▪ Abflusslose Endseen

Der Wasserhaushalt abflussloser Endseen in den semiariden Gebieten der Erde wird durch Zuflüsse während der Regenzeit und Verdunstung während der Trockenzeit geregelt. Abflusslose Endseen sind Salzseen. Der Wasserinhalt flacher Endseen entspricht oft nur dem Zufluss weniger Jahre. Am Urmia-See (Nordiran) scheidet sich alljährlich im Sommer eine bis 50 cm starke Halitkruste aus, die sich mit dem Ansteigen des Seespiegels während der winterlichen Niederschlagsperiode wieder auflöst. Am Aralsee wurden und werden sinkende Wasserstände als Folge technischer Eingriffe in den Wasserhaushalt der Zuflüsse Syrdarja und Amudarja beobachtet. Der Seewasserspiegel ist um fast 20 m gesunken, seine Oberfläche hat sich auf etwa 33 % seiner ursprünglichen Ausdehnung verringert, der Salzgehalt ist von ursprünglich 10 g l^{-1} auf über 35 g l^{-1} angestiegen. Natürliche Wasserspiegelschwankungen werden am Großen Salzsee in Utah seit etwa 150 Jahren beobachtet. Der höchste Wasserstand (1873) liegt etwa 6 m über dem niedrigsten Wasserstand (1963).

▪ Künstliche Seen

Der Wechsel im Wasserstand künstlicher Stauseen wird über Zweck und Nutzung gesteuert. Stauseen hinter Hochwasserschutzsperren werden zu Zeiten starker Wasserführung der Zuflüsse aufgestaut und baldmöglichst nach Ablauf der Hochwasserwelle wieder entleert. Die vom Nutzraum der Sperre beanspruchte Überstauungsfläche kann entsprechend der nur kurzen Stauzeiten als Grünland gestaltet werden. Brauchwassertalsperren haben den Zweck, Wasser in den wasserreichen Jahreszeiten aufzustauen und es in Jahreszeiten mit Wassermangel für den gedachten Verwendungszweck bereitzustellen. Wechsel im Wasserstand sind zwischen Grundablass und nicht beherrschbarem Hochwasserschutzraum möglich.

In staugeregelten Flussabschnitten wird der Wasserstand außer bei extremen Hochwassersituationen ganzjährig auf einem hoch eingestauten Pegel konstant gehalten. Beim Bau von Verkehrsdämmen können Nebentäler abgesperrt und flächenhafter Wasserstau provoziert werden.

Der Wasserstand künstlicher Seen (Baggerseen) in durch Bodenentnahme entstandenen Hohlformen wie Steinbrüchen, Kies- und Sandgruben kann mit dem Grundwasser schwanken. Künstliche Seen in Ton- und Lehmgruben können bei Regen Tagwasserzuflüsse über das Grundwasserniveau aufstauen und einen beträchtlichen Wechsel im Wasserstand bis zum Überlaufen bewirken.

▪ Wasseranstieg in Senkungsgebieten

In natürlich oder künstlich verursachten Senkungsgebieten kann die Erdoberfläche infolge tektonischer Verformung, Auslaugung im Untergrund (Subrosion), Einbrechen von Hohlräumen und Sackung im Boden unter das Niveau des Grundwasserspiegels absinken. Bei Wasserentnahme in vertorften Talauen kann die Absenkung des Grundwasserspiegels zu Senkungen an der Oberfläche führen. Bei Starkregen kann sich das Wasser in solchen Senken stauen.

Die Landoberfläche auf jung abgelagerten Deltasedimenten kann sich wegen Kompaktion im Untergrund um mehrere Zentimeter pro Jahr absenken. Für Sandablagerungen im Bereich der Hauptabflussrinnen ergeben sich kleinere Sackungsbeträge. Große Absackungsbeträge (1–10 cm pro Jahr) werden in Deltas in den mit Schluff, Ton und Torf gefüllten Senken zwischen den einzelnen Hauptflussrinnen beobachtet. Solche Senken können von Seen oder Sümpfen eingenommen werden.

2.9.3 Schwankungen bei Flusswasserständen

Natürliche Flusswasserstände [m] werden vorrangig über die Abflussmenge Q [$m^3\ s^{-1}$] gesteuert. Der Abfluss A wird durch die flächenbezogenen Größen Niederschlag N, Verdunstung V, Rückhalt R und Brauch bzw. Aufbrauch B im Einzugsgebiet bestimmt. Es gilt

- für lange Zeiträume und große Einzugsgebiete:

$$A = N - V;$$

- für kurze Zeiträume und kleinere Einzugsgebiete:

$$A = N - V - R - B.$$

Die abfließenden Wassermengen können den gewässerkundlichen Hauptzahlen (▶ Abschn. 1.10.5, ◘ Tab. 1.11) zugeordnet werden.

Der natürliche Abfluss unterliegt Schwankungen, die auf Schwankungen bei Niederschlag und Lufttemperatur zurückzuführen sind. Tägliche und jahreszeitliche Schwankungen können den Charakter periodischer Schwankungen haben.

▪ Tägliche periodische Schwankungen

Tägliche periodische Schwankungen können durch Schmelzen von Schnee und Eis und durch Verdunsten von Wasser gesteuert werden. Zudem können Fluss- und Bachläufe durch technische Maßnahmen, wie erhöhten Wasserverbrauch und auch Grundwasserverbrauch sowie Einspeisen in den Vorfluter während der Tageszeit, periodische Schwankungen erfahren.

Bei Schnee- und Eisschmelze infolge hoher Sonneneinstrahlung (Hochdruckwetterlagen) zeigen Bäche, besonders Gletscherbäche, im Hochsommer eine tägliche Periode mit Wechsel zwischen hohem Abfluss während der Nachmittagsstunden und geringem Abfluss während der Nacht.

In der heißen Jahreszeit und besonders in Trockengebieten zeigt der auf Quellwasseraustritte zurückzuführende Abfluss einen periodischen Gang mit der Lufttemperatur. Beobachtet werden hohe Abflusswerte während der Nacht und geringe Abflusswerte in den Nachmittagsstunden.

■ Jahreszeitliche periodische Schwankungen

Jahreszeitliche Abflussschwankungen werden von Niederschlag, Lufttemperatur, Verdunstung, Rückhalt und Versickerung im Einzugsgebiet gesteuert. Hinsichtlich des jährlichen Abflussganges hat fast jeder Fluss einen eigenen Charakter. Die mitteleuropäischen Flüsse haben allgemein im Winter (Januar bis April) hohe Abflüsse und im Sommer (Juli bis September) niedrige Abflüsse.

Von Schmelzwässern der Gletscher gespeiste Alpenflüsse haben im Winter niedrige und im Sommer hohe Abflüsse.

■ Unperiodische Schwankungen

Starke Niederschläge können dazu führen, dass Flüsse ihr Bett verlassen und die Talauen überfluten. In kleinen Einzugsgebieten können örtliche Starkregenereignisse Hochwasser auslösen. Oberflächenversiegelung (Dach-, Hof- und Straßenflächen) beschleunigt den Abfluss und kann zu kurzzeitigem Hochwasserabfluss führen. In mittelgroßen Einzugsgebieten führt die Kanalisierung der Flüsse zu einem raschen Abführen der Hochwasserwellen, wodurch in großen Flüssen die Hochwassergefahr erhöht werden kann. Wasserbauliche Maßnahmen, wie Flussbegradigung mit Laufverkürzung und Erhöhung des Gefälles sowie Betonieren der Flusssohle bis zum Ausbau zur Schussrinne, grenzen Retentionsräume (Gerinnespeicher) aus und können hochwasserverstärkend wirken.

Wald ist ein großer Interzeptionsspeicher. Die hohe Evapotranspiration sowie die abflusshemmende Spreu und hohe Infiltrations- und Speicherleistung des Waldbodens wirken hochwasservermindernd. Im Vergleich zu Wald wirken landwirtschaftlich genutzte Flächen eher hochwasserverstärkend. Ihr Interzeptionsspeicher ist im Vergleich zu anderen Landnutzungsarten wesentlich geringer. Dem Oberflächenabfluss kann durch dezentrale Maßnahmen (Konturpflügen, Heckenstreifen, Baumgruppen) begegnet werden.

Im gleichen Flussgebiet hat jedes Hochwasser ein individuelles Gepräge. Dabei spielen innerhalb des Einzugsgebietes die Größe der von Starkniederschlag und Schmelzwasserabfluss betroffenen Gebietsteile sowie Fließwege und Fließdauer der Teilhochwasserwellen in den Nebenflüssen eine wichtige Rolle. Im Hauptstrom können die Hochwasserwellen aus den Nebenflüssen nacheinander eintreffen und schadfrei abfließen, oder sie können sich überlagern und Hochwasser im Hauptstrom hervorbringen. Hochwasserwellen werden von Niederschlagsmenge, Niederschlagsdauer, Niederschlagsintensität, vorhandenen oberirdischen Wasservorräten als Schnee, Eis und Füllung von Seen und von vorhandenen unterirdischen Wasservorräten in Form hoher oder niedriger Bodenfeuchte sowie hoher oder niedriger Grundwasserstände geprägt. In den Trockengebieten der Erde und auch bei sehr trockener Witterung in humiden Gebieten ist der Benetzungswiderstand des Bodens stark erhöht. Regenwasser kann dann nicht in den Boden eindringen und fließt oberirdisch ab.

Durch Einengen des Flussbettes kann Hochwasser künstlich herbeigeführt werden.

Durch Einengen des Hochwasserquerschnittes in der Talaue können Hochwässer seitlich verlagert und aufgestaut werden. Mehrere Hochwasser der letzten Jahre (z. B. Mississippi/Missouri 1993 und 2001, Oder 1997, Elbe 2002, 2006; siehe Liste von Hochwasser/Wikipedia) haben gezeigt, dass auch die großen eingedeichten Flüsse von Zeit zu Zeit sehr große Wassermengen führen, welche die Talaue (Überschwemmungsaue) der Flüsse in voller Breite einnehmen.

In Trockenzeiten geht die Wasserführung der Flüsse stark zurück. Der Abfluss wird dann nur noch aus dem Quellabfluss bzw. unterirdischen Abfluss gespeist. Bei ausbleibender Grundwasserneubildung geht die Schüttung der Quellen zurück. Der Rückgang der Quellschüttung (Austrocknungskoeffizient α nach Maillet) ist abhängig von der Geologie und verläuft in Karst- und Kluftgrundwasserleitern schnell, in Porengrundwasserleitern langsam. Anhaltende Trockenheit führt zu niedrigen Wasserständen mit Wassermangelerscheinungen oder Wasserklemmen. Wasserklemmen können sich in ausgeprägten Trockenjahren in den Flussläufen weiter Gebiete zur gleichen Zeit und in annähernd gleicher Stärke einstellen.

In der Aufeinanderfolge von Niedrigwasserjahren und Wasserklemmen sowie in der Aufeinanderfolge von Hochwasserjahren lassen sich keine Regeln erkennen. Die Abflussbildungsprozesse, die zu Hochwasserabfluss führen, finden in verschiedenen Raumskalen statt. Uhlenbrook und Leibundgut (1997) betrachten die Abflussbildungsprozesse in den Raumskalen „Bodenzone", „Teilfläche eines Einzugsgebietes" und „Gesamtfläche eines Einzugsgebietes".

■ Abfluss in der Bodenzone

Der Boden enthält Makro- und Mikroporen. In den Mikroporen wirken auf das Bodenwasser Kapillarkräfte ein. Der Mikroporenraum wirkt wasserspeichernd. In den Mikroporen enthaltene Bodenluft verzögert oder verhindert den laminaren Abfluss nach Darcy (ungesättigte Bodenzone). Bei Wassersättigung kann der Mikroporenraum nur noch begrenzt Wasser aufnehmen. Mit Abnahme der Infiltrationsrate wird der Oberflächenabfluss verstärkt.

In den Makroporen verläuft der Wasserabfluss inhomogen und schnell. Dabei wird ständig auf kapillarem Wege Wasser aus den Makroporen in den ungesättigten Mikroporenraum abgegeben. Nach länger anhaltendem Niederschlag wird bei der Infiltration ein Zusammenspiel beider Porensysteme in Gang gesetzt. Dieser Vorgang wird über die bestehenden Feuchtebedingungen im Boden gesteuert. Sobald die Bodenfeuchte den Wert der Bodenkapazität übersteigt, wird Bodenwasser in Form einer Feuchtefront nach unten abgegeben. Das führt dazu, dass das in tiefer liegenden Bodenschichten gespeicherte Wasser in gleicher Weise frontartig in Richtung Grundwasser bewegt wird (Boxenmodell). Die Anreicherung des Grundwassers kann eine zeitweise Erhöhung des Grundwasserspiegels bewirken. Im Fels kann der Mikroporenraum fehlen. In den wassererfüllten Makroporen (Spalten, Klüften) steigt dann der Wasserstand schnell an.

■ **Abfluss auf einer Teilfläche eines Einzugsgebietes**

Auf einer Teilfläche wird der mit Abnahme der Infiltrationsrate verstärkte Oberflächenabfluss wirksam. Zusätzlich bewirken Übersättigung in der sonst ungesättigten Bodenzone und Grundwasseranstieg verstärkten Quellabfluss.

Über hangparallelen Stauhorizonten kann es zeitweise zur Ausbildung fallender Quellen kommen, verursacht durch geneigten bis horizontalen Makroporenausfluss über hangparallelen Stauhorizonten. Zum Abfluss kommt Schichtwasser, welches vor längerer Zeit (Jahre) infiltriert wurde.

Der flächendeckende Anstieg des Grundwasserspiegels und punktuell die mit dem Grundwasser in Verbindung stehenden stark erhöhten Wasserspiegel in vollgelaufenen Spalten, Wurzelröhren, Wühlgängen bewirken das Erhöhen des hydraulischen Potentials und damit verstärktes Schütten der Quellen.

■ **Abfluss in einem Einzugsgebiet**

In einem Einzugsgebiet können sich die Faktoren aus Niederschlag, verstärktem Oberflächenabfluss, Schichtwasserabfluss und verstärktem Quellabfluss überlagern. Einzelprozesse können in einem größeren Einzugsgebiet zeitlich versetzt auftreten oder sich überlagern. Durch Baumaßnahmen und Versiegelung kann die Hochwassergefahr örtlich sowohl verstärkt als auch entlastet werden, indem der Niederschlag ohne Verzögerung abgeführt wird. Dies kann zur Aufhöhung einer Hochwasserwelle führe. In gleicher Weise können Maßnahmen des Wasserbaus und der Versiegelung dazu führen, dass Hochwasserwellen aus Teileinzugsgebieten nacheinander abfließen und sich nicht zu einem Extremhochwasser summieren. Neben der künstlichen Versiegelung wirken Felsoberflächen, gefrorener Boden sowie im Mikroporenraum gesättigte, aber auch stark ausgetrocknete Flächen als natürlich versiegelte Flächen. Freie Wasseroberflächen geben den Niederschlag direkt an die Vorflut ab. Landwirtschaftliche Nutzung greift über Bodenbearbeitung und Einsatz von Dünger und Agrochemikalien in die Infiltrations- und Speicherleistung des Bodens ein. Durch das Belasten mit schweren Maschinen und das Reduzieren der Bioaktivität nimmt der Porenraum im Boden ab. Der Oberflächenabfluss wird erhöht.

Wenn nach tagelangem Regen der Boden wassergesättigt ist und Wasser auf den Feldern, Wiesen, und auch auf nicht versiegelten Flächen, wie z. B. Park- und Sportanlagen, steht, spielt die Versiegelung der Oberfläche keine Rolle mehr.

■ **Wasserschwall aus einmaligen Ereignissen**

Natürliche und künstliche Wasseransammlungen im Gebirge können aus verschiedenen Gründen einen plötzlichen Abfluss erfahren. Möglich ist Wasserverdrängung durch abstürzende Erd-, Fels- oder Eismassen, aber auch ein Versagen von künstlichen Staumauern und Staudämmen.

Natürlicher Wasseraufstau hinter natürlichen Barrieren aus Erdrutschmassen, Treibholz oder Eisschollen ist meist nur kurzfristig wirksam und verursacht schwallartiges Ablaufen einer Hochwasserwelle. Die Stauwirkung von Erdrutschmassen, hinter denen sich ein Stausee bilden kann, kann sprengtechnisch verringert werden.

Glaziale Hochgebirgsseen, die hinter Gletscherzungen, Endmoränen oder Bergsturzmassen aufgestaut sind, können plötzlich ausbrechen. In Nepal wurden zwischen 1935 und 1996 14 Gletscherseeausbrüche registriert (Hanisch et al. 1996). Am häufigsten werden Endmoränendämme durch überströmendes Wasser auf der Talseite (Luftseite) erodiert, wenn Schwallwellen den Endmoränenwall auf breiter Front überfluten. Die Schwallwellen entstehen durch die Wasserverdrängung abstürzender Massen. Durch Resonanz kann sich der Seespiegel aufschaukeln und mehrfach den Moränenwall überströmen. Dies kann zur Bildung tiefer rückschreitender Erosionsrinnen im Moränenmaterial führen, durch welche das Hauptreservoir des Sees angezapft werden kann. Der See kann sich dann binnen weniger Stunden entleeren.

Andere Vorgänge, die zum Versagen eines Moränendamms führen können, sind das Abschmelzen von Toteiskörpern in der Moräne und das allmähliche Auswaschen großer Sand- und Schluffmengen aus dem Moränenmaterial durch Sickerwässer (Suffussion). Bei Seen, von denen eine Gefahr ausgeht, schafft das künstliche Erniedrigen des Seewasserspiegels Abhilfe. Dies kann durch künstliches Vertiefen des natürlichen Abflusses, durch Schaffen eines unterirdischen Abflusses mittels Durchtunneln oder Durchbohren oder durch Absenken des Seespiegels mit hydraulischen Hebern erfolgen (Hanisch et al. 1996).

Durch vulkanische Vorgänge kann Gletschereis aufschmelzen. Dem Vorfluter können plötzlich große Wassermengen zufließen und katastrophale Überschwemmungen bewirken.

Künstliche Eingriffe in den Wasserhaushalt von Flüssen, die neben der Wasser- und Energiegewinnung dem Hochwasserschutz und dem Ausbau der Flüsse zu Schifffahrtsstraßen dienen, verändern die Abflusseigenschaften. Durch Flussbegradigung kann die Fließgeschwindigkeit erhöht und damit Tiefenerosion und Tieferlegen des Flussspiegels bewirkt werden (z. B. Oberrhein nach Begradigung). Natürliches Eintiefen der Flussbetten durch Erosion kann in Gebirgstälern beobachtet werden.

■ **Technisch verursachte Schwankungen des Flusswasserspiegels**

Durch technische Maßnahmen wie Kanalbau, Tieferlegen und Verkürzen von Flussläufen, Bau von Stauwerken, Wasserentnahme, Wassereinspeisung und Bergbau können Schwankungen oder anhaltende Veränderungen des Flusswasserspiegels auftreten. Kleine Wasserläufe können bei Bergsenkungen in ihrer Fließrichtung umgekehrt werden.

2.9.4 Schwankungen bei Grundwasserständen

Grundwasserstände können im Laufe eines Jahres oder mehrerer Jahre variieren. Die Spiegelschwankungen werden durch das wechselnde Ausmaß von Grundwasserneubildung, Einspeisung aus Oberflächengewässern, Verdunstung, Grundwasserabstrom und Grundwasseraufbrauch bzw. -entnahme bewirkt. Nach Art, Ausmaß und zeitlichem Ablauf der Grundwasserspiegelschwankungen bestehen Unterschiede zwischen Karstgrundwasserkörpern, Kluftgrundwasserkörpern und Porengrundwasserkörpern. Dargestellt werden Grundwasserspiegelschwankungen als Grundwasserganglinien von Brunnen. Grundwasserganglinien zeigen oft innerhalb eines Jahres periodische Schwankungen, doch sind bei Karst- und Kluftgrundwasserleitern die Spitzen einzelner Niederschlagsereignisse gravierender als gemittelte

Wasserstände. Auch kann bei Hochwasser im Fluss verstärkt Wasser in den Untergrund infiltrieren und in Flussnähe Ursache für einen vom Jahresgang unabhängigen hohen Grundwasserstand sein. Der Einfluss der Verdunstung ergibt sich aus der Differenz zwischen der Wassersättigung der Bodenluft und der Wassersättigung der Luft. An feuchten Standorten beziehen Pflanzen einen Teil ihres Wasserbedarfs aus dem Grundwasser. Dies kann eine Erniedrigung des Grundwasserstandes bewirken. Andererseits kann die Erniedrigung des Grundwasserspiegels zu Ernteausfällen führen. In ariden Gebieten mit fossilen Grundwässern kann eine Differenz zwischen 100 % relativer Luftfeuchte direkt über dem Grundwasserspiegel und durchschnittlich 20–30 % in der Wüstenluft bei Temperaturen von durchschnittlich 20 °C angenommen werden. Auch bei tiefliegendem Grundwasserspiegel werden alljährlich zwischen 1 und 10 mm Wassersäule diffusiv an die Atmosphäre abgegeben. Der Grundwasserspiegel unter Wüsten sinkt kontinuierlich.

▪ Karstgrundwasser

Das Grundwasser im Karst bewegt sich in einem komplexen System kommunizierender Röhren, Spalten und größerer Karsthohlräume. Dieses System ermöglicht schnelles An- und Abströmen von Wasser mit rasch ansteigenden oder fallenden Wasserständen. Bei starkem Wasserandrang bewirken Engstellen Wasserstau und Druckunterschiede. Dadurch kann im Extrem die Umkehr der Fließrichtung einzelner unterirdischer Wasserläufe bewirkt werden. Schlucklöcher oder Ponore können vorübergehend als Karstquellen fungieren. Die höhenvariable Karstwasserfläche ist abhängig von der Größe des Einzugsgebietes, dem inneren Bau des Höhlensystems mit Stockwerksgliederung und von der Lage zur Vorflut. Mithin sind Schwankungen des Karstwasserspiegels höhlenspezifisch und können nicht auf andere Höhlen übertragen werden. Bei Starkregen kann in einzelnen Höhlengängen, besonders in vertikalen Röhren und Schächten zwischen Höhlenstockwerken, das Wasser sekundenschnell um mehrere Meter ansteigen. Grundwasserspiegelganglinien in Karstgrundwässern zeigen Spitzen kurzzeitiger Hochstände mit raschem Abfall in nassen Zeiten und einen verlangsamten Abfall in Trockenzeiten. Unterschiede von mehr als 30 m zwischen Tiefststand und Höchststand sind möglich.

▪ Kluftgrundwasser

Massengesteine enthalten meist nur geringe Grundwassermengen im Klufthohlraum. Unterhalb der Auflockerungszone beträgt der Klufthohlraum vielfach weniger als 0,01 % und kann in der Auflockerungszone je nach Klüftung und Gesteinsart bis zur Größenordnung 0,1–1 % ansteigen. Sickerwasser strömt in der Felsauflockerungszone in die nach unten enger werdenden Kluftspalten und füllt diese rasch auf. Seitliche Quellwasseraustritte sind bei oder kurz nach Regenereignissen in verschiedenen Höhen im Hang möglich. Bei trockener Witterung fällt der Kluftwasserspiegel auf ein an die Lage der Vorflut abgestimmtes Niveau ab. Bei Kluftgrundwässern können sich kurzfristige Spiegelerhöhungen in der Größenordnung 10–20 m über den Stand in Trockenzeiten einstellen.

Unabhängig von Versickerung und Grundwasserabstrom können Spiegelschwankungen im Kluftgrundwasser von barometrischen Schwankungen, durch die Erdgezeiten (Tiden) und durch Erdbebenwellen hervorgerufen werden.

▪ Porengrundwasser

Porengrundwasserleiter (Sand, Kies) können zwischen 20 und 30 Vol.-% Wasser speichern. Flächenhaft zulaufendes Sickerwasser aus Niederschlägen bewirkt Wasserstandsänderungen in der Größenordnung von Zentimetern. Der Wasserspiegel schwankt im Jahreslauf oft nur in der Größenordnung 0,1–0,5 m. Der Wechsel von Zeiten mit Trockenjahren mit Zeiten von Nassjahren kann Spiegelschwankungen von 2–3 m im Laufe mehrerer Jahre bewirken. Grundwasserganglinien in Porengrundwässern zeigen einen ausgeglichenen Verlauf.

Feinkörnige Böden gelten im Baugrund als Nichtwasserleiter. Als Deckschicht in Tallagen können feinkörnige Böden den Wasseraufstieg hemmen. Als wasserhaltende Böden können sie wassererfüllt sein, ohne dass sie beim Aufgraben das Wasser abgeben. Beim Durchbrechen der Sperrschicht kann das gespannte Wasser in Schürf-, Bau- oder Entnahmegruben artesisch austreten und in der Grube bis zum Druckwasserspiegel ansteigen. Oberhalb des Druckwasserspiegels (piezometrischer Wasserspiegel) kann in feinkörnigen Böden Grundwasser adhäsiv aufsteigen. Feinkörniger Boden kann mehrere Meter über dem piezometrischen Grundwasserstand wassererfüllt sein. Pflanzen können auch oberhalb des Grundwasserspiegels über adhäsiven Wasseraufstieg ihren Wasserbedarf decken. Bei Grundwassererniedrigung können an solchen Standorten Ernteausfälle eintreten.

▪ Technisch verursachte Grundwasserspiegelschwankungen

Durch Grundwasserentnahme kann der Grundwasserspiegel abgesenkt werden. Große Grundwasserabsenkungen werden durch den Bergbau herbeigeführt. Sie können mehrere hundert Meter betragen. Grundwasserabsenkungen über Brunnen zur Wasserversorgung werden nach Entnahmemenge, Tiefe und Reichweite des Absenkungstrichters an die örtlichen Verhältnisse angepasst und über Pumpversuche getestet. Als Folge künstlicher Grundwasserabsenkungen eingetretene tiefe Grundwasserstände können bei Wegfall der Entnahme, bei Versickerung von Oberflächenwasser und bei anhaltenden Starkniederschlägen dauerhaft oder vorübergehend wieder ansteigen. Mehrfach wurden und werden in Absenkungstrichtern Häuser gebaut, von denen tiefliegende Geschosse unter dem möglichen Grundwasserhöchststand liegen.

Der Wasserspiegel kommuniziert mit der Vorflut der Flüsse. Das Tieferlegen von Flüssen (Vorflut), etwa durch Flussbegradigung, hat eine Absenkung des Grundwassers zur Folge.

Ansteigen des Grundwasserspiegels kann durch künstlich herbeigeführte Infiltration von Oberflächenwasser oder Fremdwasser verursacht sein. Jeder Wasserstau an Wehren und Talsperren bewirkt einen Grundwasseranstieg hinter dem Stauwerk und einen steilen Abfall der Grundwasseroberfläche vor dem Stauwerk. Auch natürlicher Wasserstau führt zum Ansteigen des Grundwasserspiegels. In vielen Städten der Erde besteht eine Wasserversorgung, aber keine Abwasserentsorgung. Das Abwasser wird über Sickergruben dem Untergrund zugeleitet. Dies hat vielerorts einen Grundwasseranstieg unter diesen Städten zur Folge, und mehrfach sind auch Bauwerke vom Rang „Weltkulturerbe“ durch auf diese Weise verursachte hohe Wasserstände gefährdet.

Eine scheinbarer Anstieg des Grundwasserspiegels kann in Senkungsgebieten eintreten. Beim Bergbau kann in Bergsenkungsgebieten der relative Anstieg des Grund- und Oberflächenwassers zur Umkehr des Fließgefälles führen. Die damit verbundenen Bergschadenskosten fielen und fallen im Ruhrkohlerevier zeitweise in gleicher Höhe an wie alle anderen Kosten für Abbaueinwirkungen auf Bauwerke und Verkehrswege (Kratzsch 1974).

Grundwasserabsenkungen können sich auf Gebäude schädlich auswirken (Hölting 2013, Prinz, Straub 2006). Zu befürchten sind Setzungen, verursacht durch

- verminderten Auftrieb für trockengefallene Bodenschichten,
- schrumpfen des Bodens,
- ausspülen von Bodenpartikeln (Suffosion),
- wiederholtes Ändern des Spannungszustandes im Boden.

2.10 Frost im Baugrund

Bei Temperaturen unter 0 °C gefriert im Boden das Wasser. Die Eindringtiefe des Frostes kann mit Sonden oder direkten Aufschlüssen kontrolliert werden. Die Geschwindigkeit, mit der der Frost in den Boden eindringt, hängt vom Temperaturgefälle, von der Temperaturleitfähigkeit des Bodens und vom Wassergehalt ab.

In trockenem Baugrund führen Temperaturen unter 0 °C zu physikalischen Verwitterungsformen des Temperaturwechsels. In feuchtem oder nassem Baugrund kommt es in den Hohlräumen von Fels, Gestein oder Boden zur Eisbildung (Frost). Dabei tritt gegenüber dem Volumen des flüssigen Wassers eine Volumenzunahme von 9 % ein. Sind die Hohlräume (Poren, Kluftholräume) vollständig mit Wasser gefüllt, so übt das sich bildende Eis einen Druck auf die Hohlraumwände aus, was bei nicht frostbeständigen Steinen zur Frostsprengung führt. Im Baugrund können sich Eislinsen bilden und über Frosthebung zusätzliche Frostschäden bewirken. An Hängen und Böschungen kann sich Abflachung durch Solifluktion einstellen. Nasse Böden können durch Frost verformt werden (Kryoturbation).

2.10.1 Eigenschaften des gefrorenen Bodens

Gefrorener Boden unterscheidet sich von lockerem Boden durch die verfestigende Wirkung des Eises. Eis kann die Bodenkörner im kapillaren Zwickel punktförmig miteinander verbinden und den Boden teilweise verfestigen, oder es kann den gesamten Porenraum ausfüllen und die Körner umschließen. Mit zunehmendem Eisgehalt erhöht sich die Festigkeit des gefrorenen Bodens. Gefrorener Boden ist höher belastbar als nicht gefrorener Boden. Weite Sumpfgebiete der arktischen Tundra sind nur im gefrorenen Zustand begehbar oder befahrbar.

Die verfestigende Wirkung des Eises wird beim Schachtbau, Tunnelbau und auch bei Geländeeinschnitten technisch genutzt. Beim Vereisen grobkörniger Böden oberhalb des Grundwasserspiegels können wegen der guten Dräneigenschaften und der geringen Wassergehalte nur geringe Festigkeiten erzielt werden. Unter dem Grundwasserspiegel kann durch Vereisen gleichzeitig das Unterbrechen des Wasserzuflusses und die Bodenverfestigung genutzt werden. Im Fels macht sich die verfestigende Wirkung des Eises wenig bemerkbar.

Im gefrorenen Boden kann es zu Umkristallisationsvorgängen und auch zu partiellem Auftauen unter Druck kommen. Eis zeigt Verformungen durch viskoelastisches Verhalten in Abhängigkeit von Temperatur, Druck, Verformung und Kristallorientierung (Jessberger 1991).

- **Homogene Eisverteilung in gefrorenen grobkörnigen Böden**

In gefrorenen grobkörnigen Böden sind alle Körner mit einer Eiskruste umgeben, welche die Körner verkittet. Die Eisverteilung ist homogen. Es treten nur geringe Volumenänderungen im Sandkörper auf. Bei Wassersättigung wird während des Gefriervorganges mit fortschreitender Volumenzunahme durch den gefrorenen Anteil Wasser aus dem Boden ausgepresst. Der Wassergehalt einer durchgefrorenen, eisgesättigten Sandprobe ist geringer als der Wassergehalt bei Wassersättigung der Sandprobe. Das Eisvolumen (mit 9 % Volumenzunahme gegenüber Wasser) entspricht im durchgefrorenen grobkörnigen Boden dem Wasservolumen bei Wassersättigung. Die Frostsicherheit von Sand und Kies beruht auf der allseitig guten Wasserdurchlässigkeit und der geringen Kapillarität.

- **Inhomogene Eisverteilung in gefrorenen feinkörnigen und gemischtkörnigen Böden**

In gefrorenen feinkörnigen und gemischtkörnigen Böden wird die Eisverteilung vom Feinkornanteil und von der Wasserzuführung bestimmt. Beim Gefrieren tritt eine inhomogene Eisverteilung auf. Das Wasser wird über die Kapillarität des Bodens aus der Umgebung angesaugt. Im feinkörnigen Boden bilden sich Eislinsen. Der übrige gefrorene Boden enthält nur geringe Eismengen. Die Eislinsenbildung führt zu Frosthebungen beim Gefrieren und zu Tragfähigkeitsminderung beim Tauen. Feinkörnige Böden sind frostempfindlich.

- **Eislinsenbildung**

Beim Gefrieren können sich im nassen Boden horizontale Eislinsen bilden, die die darüber liegenden Schichten und Bauwerksteile anheben. Hiervon kann eine zerstörerische Wirkung auf Bauwerke ausgehen. Betroffen sind häufig Neubauten vor dem Erstbezug. Der Vorgang ist abhängig von Frostverlauf, Wassergehalt und Wasserzulauf. Nasse Schluffe und stark schluffige Sande (Lehme) neigen besonders zur Eislinsenbildung. Bei gleichmäßig anhaltendem Frost kann Wasser in feinkörnigen Böden über die Kapillaren zum Ort der Gefrornis transportiert werden. Dies betrifft Bodenwasser aus tiefer liegenden oder seitlich im Berg liegenden Schichten (geschlossenes System) wie auch Grundwasser und Oberflächenwasser (offenes System). Bei hierfür günstigen Wasserständen können sich Eislinsen auch in grobkörnigen Böden oder in Torfen bilden.

Im mitteleuropäischen Winter können Eislinsen mehrere Zentimeter dick werden. In den Tundrenregionen führen die gleichen Vorgänge alljährlich zu Auffrierhügeln oder Erdbülten (Thufure, Hummocks) bis etwa 1 m Höhe. In Mooren und Schwemmlandniederungen über Dauerfrostboden führen die gleichen Vorgänge zu dauerhaften Torfhügeln (Palsen) von 2–7 m Höhe und 10–40 m Durchmesser. In solchen Großformen wird Eis aus vielen Jahren akkumuliert.

Beim Gefrieren wassergesättigter Böden kommt es durch die Bildung von Eislinsen und Eiskeilen zu seitlicher Druckausübung und Stauchung der Bodenschichten (Kryoturbation). Davon können auch Bauteile (Leitungen) betroffen sein.

▪ Eisverteilung in Festgesteinen

In Festgesteinen setzt die Eisbildung und Frostsprengung im Klufthohlraum und im Porenhohlraum an. Die Sprengkraft um Klufthohlraum kann zur vollständigen Durchtrennung des Gesteins, zur Aufweitung des Trennflächengefüges und zur Verlagerung einzelner Kluftkörper führen. Alle Gesteine werden beim Gefrieren von Kluftwasser im Gefüge aufgelockert. Im porösen Festgestein bildet sich zudem Eis im Porenraum. Hiervon kann ein Druck auf die Porenwände ausgehen, der in frostempfindlichen Gesteinen und in angewitterten Gesteinen zum Zerbröckeln und Zergrusen führt (Frostsprengung).

▪ Tauender Boden

Beim Auftauen von gefrorenem Boden geht die verfestigende Wirkung des Eises verloren. Die beim Gefriervorgang eingetretene Volumenausdehnung (Frosthebung) geht zurück (Sackung). Das beim Auftauen freiwerdende Wasser kann vielfach nicht abfließen und nicht versickern. Der stark aufgeweichte Boden kann zusätzlich Wasseransammlungen an Stellen von Eislinsen und Eisspalten enthalten. Die Scherfestigkeit des aufgetauten Bodens ist stark reduziert. Zusätzlich kann sich Porenwasserüberdruck einstellen. Von dem durch Tauen bewirkten Tragfähigkeitsabfall ist besonders der Straßenuntergrund betroffen. Über aufgeweichtem Boden kann die Tragwirkung von Fahrbahndecken, Wegplatten und Pflastersteinen schlagartig verlorengehen. Wassergesättigter Boden kann in Hanglage schwerkraftbedingt abfließen. Auf nicht oder nur wenig bewachsenen Hängen kann der Boden in fließende Bewegung übergehen (Bodenfließen). Im arktischen Klima kann der Boden während der sommerlichen Auftauperiode metertief in fließende Bewegung geraten (Solifluktion, ◘ Abb. 2.9c). Es entstehen flache Hänge mit Tendenz zur weitgehenden Einebnung (Kryoplanation). Dabei sind die sonnenbeschienenen Hänge (Südhänge auf der Nordhalbkugel, Nordhänge auf der Südhalbkugel) stärker dem Frost-Tau-Wechsel mit Verwitterung und Abtragung ausgesetzt als die Hänge im Bergschatten. Die gleichen Unterschiede im Verwitterungsfortschritt lassen sich auch in Mitteleuropa an Damm- und Einschnittsböschungen beobachten, die in Südexposition schneller und stärker verwittern und abrutschen als in Nordexposition.

▪ Dauerfrostboden – Permafrost

Im arktischen und subarktischen Klimabereich ist der Boden tiefgründig und dauerhaft gefroren. Im Sommer erfolgt nur oberflächliches Auftauen. Im gefrorenen Zustand ist der Untergrund wasserundurchlässig. An der Oberfläche staut sich das Wasser in weiten Sumpflandschaften. Die Dauergefrornis des tieferen Untergrundes ist fossil (eiszeitlich). Im Permafrostboden ist die Grundwasserzirkulation eingefroren. Im Randbereich des Permafrostes besteht eine stärkere Auftauzone über dem Permafrost, die nicht alljährlich zugefriert. Es ist dann zu unterscheiden zwischen alljährlichem Tiefgang des Frostes im Winter, ganzjährig verbleibendem aufgetauten Boden über Permafrost und ganzjährigem Dauerfrost im tieferen Untergrund.

Bei Permafrost im Boden sind Bauwerke so im Dauerfrostboden zu gründen, dass ein Auftauen des Permafrostes unter der Gründung (Tiefgründung) vermieden wird.

2.10.2 Frostsprengung und Frostbeständigkeit

Im porösen Festgestein kann sich im Porenraum Eis bilden. Das Gestein selbst wird dadurch auf Zug beansprucht. Dieser Vorgang tritt ein, wenn der Sättigungsbeiwert mehr als 80 % beträgt. Bei einem Wassergehalt unterhalb dieses kritischen Grenzwertes dehnt sich das beim Gefrieren entstehende Eis in den Porenhohlraum hinein aus und übt keinen Druck auf die Porenwände aus. Bei Gesteinen geringer Festigkeit (Zugfestigkeit) kann der Gefriervorgang zur Frostsprengung führen.

Sehr feste und frostsichere Gesteine können den Innendruck auf die Porenwände aufnehmen. Dabei wird bei geringen Frostgraden der Gefrierpunkt erniedrigt, und das Wasser bleibt im Porenraum unter Druck flüssig. Die Frostbeständigkeit wird nach DIN EN 12371 im Frostwechselversuch geprüft. Dabei müssen die Prüfstücke Innendrücke von 20 $kN\ cm^{-2}$ aufnehmen und aushalten, um als frostsicher und frostbeständig zu gelten. Ein zusätzliches Kriterium für die Frostbeständigkeit bietet der Vergleich der Druckfestigkeiten im trockenen und im ausgefrorenen Zustand. Dabei darf die Druckfestigkeit der gefrorenen Probe nur um wenige Prozent abweichen.

Zu den frostsicheren Gesteinen zählen magmatische Tiefengesteine (Granit, Syenit, Diorit, Gabbro), Gang- und Ergussgesteine (Quarzporphyr, Porphyr, Porphyrit, Diabas, Basalt, Andesit, Trachyt), metamorphe Gesteine (Gneis, Glimmerschiefer, Serpentin, Phyllit, Schiefer, Amphibolit) und Sedimentgesteine (Kalkstein, Dolomitstein, carbonatisch oder kieselig gebundener Sandstein, Arkose, Konglomerate, Grauwacke, Quarzit, Kieselgesteine, Schiefer). Im verwitterten und entfestigten Zustand können diese Gesteine jedoch frostempfindlich sein.

Bei ton- und schluffhaltigen veränderlich festen Gesteinen bilden sich beim Gefrieren des nassen Gesteins in gleicher Weise wie bei feinkörnigen Böden Eislinsen, die eine starke Zerstörung und Auflösung des Gesteinsverbandes bewirken.

Umweltverträglichkeitsprüfung – Leitfaden zur Festlegung des geowissenschaftlichen Untersuchungsrahmens

Baldur Junker

W. Dachroth, *Handbuch der Baugeologie und Geotechnik*, DOI 10.1007/978-3-662-46886-9_3

Jeder Standort und jede Trasse ist an den unverrückbar vorgegebenen geologischen Untergrund gebunden und berührt somit in jedem Falle geowissenschaftliche Belange. Diese Belange sind von den Geologischen Diensten im Rahmen der Umweltverträglichkeitsprüfung (UVP) zu vertreten.

Geologische Dienste des Bundes und der Länder der Bundesrepublik Deutschland sind (Stand 7.4.2016):

Bund	**Behörde**
	Bundesanstalt für Geowissenschaften und Rohstoffe ► http://www.bgr.bund.de/ Leibniz-Institut für Angewandte Geophysik (LIAG) ► http://www.liag-hannover.de/
Baden-Württemberg	Regierungspräsidium Freiburg Abt. 9: Landesamt für Geologie, Rohstoffe und Bergbau ► http://www.lgrb-bw.de/
Bayern	Bayerisches Landesamt für Umwelt Abt: 10 Geologischer Dienst ► http://www.geologie.bayern.de/
Berlin	Senatsverwaltung für Stadtentwicklung und Umwelt Geologie und Grundwassermanagement – VIII E 3 – ► http://www.stadtentwicklung.berlin.de/umwelt/wasser/geologie/index.shtml
Brandenburg	Landesamt für Bergbau, Geologie und Rohstoffe Brandenburg (LBGR) ► http://www.lbgr.brandenburg.de/
Bremen	Geologischer Dienst für Bremen (GDfB) MARUM ► http://www.gdfb.de
Hamburg	Freie und Hansestadt Hamburg Behörde für Umwelt und Energie Geologisches Landesamt Hamburg ► http://www.hamburg.de/geologie
Hessen	Hessisches Landesamt für Naturschutz, Umwelt und Geologie – Abt. Geologie und Boden, Gerologischer Landesdienst – ► http://www.hlnug.de
Mecklenburg-Vorpommern	Landesamt für Umwelt, Naturschutz und Geologie – Geologischer Dienst – ► http://www.lung.mv-regierung.de/
Niedersachsen	Landesamt für Bergbau, Energie und Geologie ► http://www.lbeg.niedersachsen.de/
Nordrhein-Westfalen	Geologischer Dienst Nordrhein-Westfalen – Landesbetrieb – ► http://www.gd.nrw.de/
Rheinland-Pfalz	Landesamt für Geologie und Bergbau Rheinland-Pfalz ► http://www.lgb.rlp.de
Saarland	Geschäftsbereich 2 Wasser Landesamt für Umwelt- und Arbeitsschutz ► http://www.umwelt.saarland.de
Sachsen	Sächsisches Landesamt für Umwelt Landwirtschaft und Geologie Abt. 10 – Geologie ► http://www.smul.sachsen.de/lfulg/
Sachsen-Anhalt	Landesamt für Geologie und Bergwesen Sachsen-Anhalt Abt. 2 – Geologischer Dienst ► http://www.lagb.sachsen-anhalt.de
Schleswig-Holstein	Landesamt für Landwirtschaft, Umwelt und ländliche Räume Schleswig-Holstein Abt. Geologie und Boden ► http://www.schleswig-holstein.de/DE/Landesregierung/LLUR/llur_node.html
Thüringen	Thüringer Landesanstalt für Umwelt und Geologie Abt. 6: Geologischer Landesdienst, Grundwasser ► http://www.tlug-jena.de/

Die gesetzlich geforderte Mitwirkung dieser Geologischen Dienste als geowissenschaftliche Fachbehörden der Länder sowie als Träger öffentlicher Belange bei der wirksamen Umweltvorsorge ergibt sich aus §§ 1, 2, 5 und 7 des Gesetzes über die Umweltverträglichkeitsprüfung (UVPG) und aus der Anlage zu § 3 UVPG in Verbindung mit den dort angeführten Gesetzen.

Der Bund-Länder-Ausschuss Bodenforschung hatte im März 1991 auf Empfehlung der Direktoren und Präsidenten der Geologischen Dienste der Länder und der Bundesanstalt für Geowissenschaften und Rohstoffe der Bundesrepublik Deutschland eine Ad-hoc-Arbeitsgruppe „Geowissenschaftliche Grundlagen im Rahmen der Umweltverträglichkeitsprüfung" (Ad-hoc-AG UVP) eingesetzt und diese beauftragt, eine Übersicht zu erarbeiten, welche Felder von den Geowissenschaften bei der UVP abgedeckt werden müssen.

Als Arbeitsergebnis wurde von der Ad-hoc-AG UVP im September 1994 ein bundesweit abgestimmter UVP-Leitfaden mit Tabellen für sämtliche UVP-pflichtigen Vorhaben vorgelegt, in denen die aus geowissenschaftlicher Sicht betroffenen Schutzgüter und Nutzungen am Standort und im Einwirkungsbereich eines Vorhabens mit den allgemeinen geologischen Grundlagen und Fachgebieten der Geologie verknüpft sind, wodurch sich mögliche geowissenschaftliche Untersuchungsfelder ergeben. Diese Tabellen – eine Rahmentabelle (■ Tab. 3.2) und 16 beispielhafte Tabellen (■ Tab. 3.3 bis 3.18) mit Punktsetzungen für Untersuchungsfelder – sind Orientierungshilfen bei der geowissenschaftlichen Bearbeitung der in der Anlage zu § 3 UVPG aufgeführten UVP-pflichtigen Vorhaben. Auf dieser Grundlage wird nachfolgend die Festlegung des geowissenschaftlichen Untersuchungsrahmens der UVP beispielhaft für ein Straßenbauvorhaben erläutert (■ Tab. 3.10).

Ad-hoc-AG UVP

- *Dr. H. Aust*, Bundesanstalt für Geowissenschaften und Rohstoffe
- *Dr. R. Busse*, ehemaliges Geologisches Landesamt Hamburg
- *Dr. H.-D. Dahm*, ehemaliges Geologisches Landesamt Nordrhein-Westfalen
- *Dr. H.-P. Gruber*, ehemaliges Bayerisches Geologisches Landesamt
- *Dr. P. Höringklee*, ehemaliges Geologisches Landesamt Sachsen-Anhalt, Zweigstelle Magdeburg
- *Prof. Dr. C. Jahnel*, ehemaliges Geologisches Landesamt Rheinland-Pfalz
- *Dr. B. Junker*, ehemaliges Geologisches Landesamt Baden-Württemberg
- *Dr. E. Kaufmann*, ehemaliges Hessisches Landesamt für Bodenforschung
- *Dr. E.-R. Look*, ehemaliges Niedersächsisches Landesamt für Bodenforschung
- *Dipl.-Geol. F. Putschkus* †, ehemalige Thüringer Landesanstalt für Bodenforschung
- *Dr. P.-H. Ross*, ehemaliges Geologisches Landesamt Schleswig-Holstein
- *Dr. H. Schmid*, ehemaliges Bayerisches Geologisches Landesamt

unter Mitarbeit von

- *Dr. B. Kashanian*, ehemaliges Sächsisches Landesamt für Umwelt und Geologie
- *Dipl.-Geophys. in I. Pustal*, ehemalige Thüringer Landesanstalt für Bodenforschung
- *Dipl.-Geol. H. Siebert*, ehemaliges Niedersächsisches Landesamt für Bodenforschung

3.1 Zweck, Inhalt und Verfahren der Umweltverträglichkeitsprüfung

Die UVP ist ein unselbständiger Teil verwaltungsbehördlicher Verfahren, die der Entscheidung über die Zulässigkeit von Vorhaben dienen.

Im Rahmen dieser Verfahren werden die Auswirkungen eines Vorhabens auf Menschen, Tiere und Pflanzen, Boden, Wasser, Luft, Klima und Landschaft, einschließlich der jeweiligen Wechselwirkungen, sowie auf Kultur- und sonstige Sachgüter nach einheitlichen Grundsätzen frühzeitig und umfassend ermittelt, beschrieben und bewertet (§§ 1, 2 UVPG).

Hierbei ist so früh wie möglich zu prüfen, ob schädliche Auswirkungen auf die Umwelt ausgeschlossen sind, und, soweit sich Betroffenheiten ergeben, welche Aus- und Wechselwirkungen zu erwarten sind, wie diese zu bewerten und welche Maßnahmen oder andere Lösungen möglich sind, um schädliche Umwelteinwirkungen zu vermeiden, zu mindern oder auszugleichen (§ 6 UVPG).

Die Festlegung des Untersuchungsrahmens (Scoping) einer UVP ist entscheidend für deren Qualität.

Im Verfahrensschritt des Scoping (§ 5 UVPG) soll durch eine Vorabschätzung der Umweltauswirkungen des geplanten Vorhabens sichergestellt werden, dass die anschließende eingehende Untersuchung keine Möglichkeit erheblicher Fragen für die Umwelt übersieht, dass der Vorhabenträger adäquate Prognosemethoden anwendet und dass keine im Einzelfall überflüssigen Aspekte behandelt werden. Hierbei sind der Untersuchungsgegenstand, die Untersuchungsmethodik und weitere damit zusammenhängende Einzelheiten für jede konkrete UVP individuell zu bestimmen.

Die UVP ist durchzuführen für folgende Vorhaben (Anlage zu § 3 UVPG):

1. Errichtung und Betrieb einer Anlage, die der Genehmigung in einem Verfahren unter Einbeziehung der Öffentlichkeit nach § 4 des Bundes-Immissionsschutzgesetzes bedarf und die im Anhang zu dieser Anlage aufgeführt ist, sowie die wesentliche Änderung der Lage, der Beschaffenheit oder des Betriebs einer solchen Anlage, wenn von der Einbeziehung der Öffentlichkeit nach § 15 Abs. 2 des Bundes-Immissionsschutzgesetzes nicht abgesehen wird und die Änderung erhebliche nachteilige Auswirkungen auf in § 2 Abs. 1 Satz 2 genannten Schutzgüter haben kann;
2. Errichtung, Betrieb, Stilllegung, der sichere Einschluss oder der Abbau einer ortsfesten kerntechnischen Anlage sowie die wesentliche Änderung der Anlage oder ihres Betriebes, die der Genehmigung in einem Verfahren unter Einbeziehung der Öffentlichkeit nach § 7 des Atomgesetzes bedürfen;
3. Errichtung und Betrieb einer Anlage zur Sicherstellung und zur Endlagerung radioaktiver Abfälle sowie die wesentliche Änderung einer solchen Anlage oder ihres Betriebes, die einer Planfeststellung nach § 9b des Atomgesetzes bedürfen;
4. Errichtung und Betrieb einer Deponie sowie die wesentliche Änderung einer solchen Anlage oder ihres Betriebes, die der Planfeststellung nach § 7 Abs. 2 des Abfallgesetzes bedürfen;
5. Bau und Betrieb sowie die wesentliche Änderung einer Abwasserbehandlungsanlage, die einer Zulassung nach § 18c des Wasserhaushaltsgesetzes bedürfen;
6. Herstellung, Beseitigung und wesentliche Umgestaltung eines Gewässers oder seiner Ufer sowie von Deich- oder Dammbauten, die einer Planfeststellung nach § 31 des Wasserhaushaltsgesetzes bedürfen;
7. bergbauliche Verfahren, die der Planfeststellung nach dem Bundesberggesetz bedürfen;
8. Bau und Änderung einer Bundesfernstraße, die der Planfeststellung nach § 17 des Bundesfernstraßengesetzes oder eines Bebauungsplanes nach § 9 des Baugesetzbuches bedürfen;
9. Bau und Änderung von Anlagen einer Eisenbahn des Bundes, die einer Planfeststellung nach dem Allgemeinen Eisenbahngesetz bedürfen;
10. Errichtung und jede Änderung einer Versuchsanlage, die nach den §§ 2 und 12 des Gesetzes über den Bau und den Betrieb von Versuchsanlagen zur Erprobung von Techniken für den spurgeführten Verkehr der Planfeststellung bedürfen;
11. Bau und Änderung einer Straßenbahn, die der Planfeststellung nach § 28 des Personenbeförderungsgesetzes oder eines Bebauungsplans nach § 9 des Baugesetzbuchs bedürfen;
12. Ausbau, Neubau und Beseitigung einer Bundeswasserstraße, die der Planfeststellung nach § 14 des Bundeswasserstraßengesetzes bedürfen;

13. Anlage und Änderung eines Flugplatzes, die der Planfeststellung nach § 8 des Luftverkehrsgesetzes bedürfen;
14. Schaffung der gemeinschaftlichen und öffentlichen Anlagen sowie Änderung, Verlegung oder Einbeziehung vorhandener Anlagen, soweit dafür eine Planfeststellung nach § 41 des Flurbereinigungsgesetzes erforderlich ist;
15. Errichtung von Feriendörfern, Hotelkomplexen und sonstigen großen Einrichtungen für die Ferien- oder Fremdenbeherbergung, für die Bebauungspläne aufgestellt werden;
16. Errichtung und Betrieb einer Rohrleitungsanlage für den Ferntransport von Öl oder Gas sowie die wesentliche Änderung der Anlage oder ihres Betriebes, die der Genehmigung nach § 19a des Wasserhaushaltsgesetzes bedürfen;
17. Bau und Änderung einer Magnetschwebebahn, die der Planfeststellung nach dem Magnetschwebebahnplanungsgesetz bedürfen.

Da die Eingriffsdimensionen jedes Einzelvorhabens sowie dessen Breiten- und Tiefenwirkungen einschließlich Wechselwirkungen primär vom geologischen Untergrund abhängig sind, ist die Mitwirkung der Geowissenschaften am UVP-Verfahren zwingend.

Abhängig vom Verfahrensstand (Raumordnungs- bzw. Planfeststellungsverfahren) sind im Scoping die fachlichen Aufgaben zu definieren. Diese fachlichen Aufgaben beinhalten u. a. die Sammlung und Auswertung des vorhandenen geowissenschaftlichen Datenbestandes sowie Vorschläge zu weitergehenden Feld- und Laboruntersuchungen, falls eine Vervollständigung von Daten erforderlich ist.

Welche geowissenschaftlichen Kriterien zur Untersuchung und Bewertung der Auswirkungen, Wechselwirkungen, Risiken, Nutzungseinschränkungen, Konfliktsituationen und Vorrangigkeiten von Schutzgütern herangezogen werden, ist in jedem Einzelfall vorhabenbezogen und der geologischen Gegebenheit angepasst vom Geologischen Dienst festzulegen. Die dort vorhandene Fachkompetenz, die flächendeckende geologische Regionalkenntnis und die Datenbestände sowie der Status als unabhängige geowissenschaftliche Fachbehörde des Landes garantieren einen ökonomisch angemessenen und ökologisch ausreichenden geowissenschaftlichen Untersuchungsumfang.

Umgehende Rücksprachen der Entscheidungs- und Planungsträger sowie des Planungsbüros mit dem Geologischen Dienst sind vor allem dann angezeigt, wenn Zwischenergebnisse die weitere Planung des Vorhabens insgesamt oder den Verfahrensablauf der UVP entscheidend beeinflussen können (Verfahrensschritte der UVP s. ◘ Tab. 3.1).

Vorhandene geowissenschaftliche Planungs- und Bewertungsunterlagen, die im Rahmen eines raumordnerischen Verfahrens (UVP im Raumordnungsverfahren) bereits erstellt wurden, sind im nachfolgenden Zulassungsverfahren (UVP im Planfeststellungsverfahren) zu berücksichtigen und in die fachspezifische Bewertung einzubringen.

Nach Vorliegen der auf der Grundlage der Unterlagen nach § 6 UVPG erarbeiteten Ergebnisse des Untersuchungsberichtes (Umweltverträglichkeitsuntersuchung, -studie) holt die zuständige Behörde – diese ist der Entscheidungsträger – dazu die Stellungnahmen der Behörden ein, deren Aufgabenbereich durch

◘ **Tab. 3.1** Verfahrensschritte der Umweltverträglichkeitsprüfung (UVP) nach dem UVPG

§ 3	Feststellung der Erforderlichkeit der UVP
§ 5	Bestimmung des voraussichtlichen Untersuchungsrahmens der UVP
§ 6	Erstellung des Untersuchungsberichtes über die Umweltauswirkungen
§ 7	Überprüfung des Untersuchungsberichtes durch berührte Behörden
§ 9	Einbeziehung der Öffentlichkeit
§ 11	Zusammenfassende Darstellung der voraussichtlichen Umweltauswirkungen durch zuständige Behörde
§ 12	Berücksichtigung der Ergebnisse der UVP im Entscheidungsprozess

das Vorhaben berührt wird (§ 7 UVPG). Der Geologische Dienst hat sich in diesem Verfahrensschritt zu den von ihm zu vertretenden geowissenschaftlichen Belangen zu äußern.

Aufbauend auf den Unterlagen des Trägers des Vorhabens und den behördlichen Stellungnahmen hierzu, werden dann von der zuständigen Behörde unter Einbeziehung der Öffentlichkeit (§ 9 UVPG) eine zusammenfassende Darstellung der Auswirkungen des Vorhabens auf die im § 2 Abs. 1 Satz 2 UVPG genannten Schutzgüter, einschließlich der Wechselwirkungen, erarbeitet (§ 11 UVPG) sowie die Umweltauswirkungen des Vorhabens auf der Grundlage dieser zusammenfassenden Darstellung bewertet.

Diese Bewertung wird bei der Entscheidung über die Zulässigkeit des Vorhabens im Hinblick auf eine wirksame Umweltvorsorge berücksichtigt (§ 12 UVPG).

3.2 Anwendung des Leitfadens mit Tabellen

Die Anwendung des Leitfadens zur Festlegung der Punktsetzungen für die geowissenschaftlichen Untersuchungsfelder zum frühestmöglichen Zeitpunkt eines UVP-pflichtigen Verfahrens durch den Geologischen Dienst im Zusammenwirken mit dem Entscheidungs- und dem Planungsträger sowie dessen Planungsbüro – *bereits bei der Erstellung des Entwurfs des voraussichtlichen Untersuchungsrahmens (§ 5 UVPG)* – ist Voraussetzung für den sinnvollen Einsatz des vorhandenen geowissenschaftlichen Datenbestandes und Sachverstandes, wodurch zum einen unnötige Untersuchungen vermieden werden können.

Zum anderen werden sämtliche entscheidungsrelevanten geowissenschaftlichen Belange einschließlich der Wechselwirkungen – deren Nichtbetrachtung sich verfahrensschädlich auswirken würde – so frühzeitig und erschöpfend genannt, sodass ein verfahrensverzögerndes und damit kostensteigerndes nachträgliches Einholen erforderlicher Gutachten oder die Vervollständigung von Daten von vornherein ausgeschlossen werden kann.

Dieses Vorgehen dient einer optimalen Abfolge der einzelnen Verfahrens- und Untersuchungsschritte und begünstigt somit einen beschleunigten und wirtschaftlichen Verfahrensablauf. Dadurch werden zugleich die Festlegung eines Untersuchungsumfanges nach bundesweit einheitlichem geowissenschaftlichem Standard gewährleistet und zudem die Abschätzung des hierfür erforderlichen Zeitrahmens ermöglicht.

Bei der *Überprüfung des* vom Träger des Vorhabens vorzulegenden *Untersuchungsberichtes (§ 7 UVPG)* ist vom Geologischen Dienst nicht nur auf die Abarbeitung des festgelegten geowissenschaftlichen Untersuchungsrahmens zu achten, sondern es sind auch die ermittelten Ergebnisse auf ihre Plausibilität zu kontrollieren und aus geowissenschaftlicher Sicht zu bewerten. Darüber hinaus ist gegebenenfalls auch auf daraus resultierende neue entscheidungsrelevante Fragestellungen hinzuweisen und das zur Abklärung erforderliche zusätzliche Untersuchungsprogramm vorzuschlagen.

Insbesondere sind die von Georisiken möglicherweise ausgehenden Wechselwirkungen kritisch zu betrachten. Georisiken sind diejenigen Gefährdungspotenziale, die aufgrund der geologischen Gegebenheit am Standort oder im Bereich einer Trasse schädigend auf das jeweilige Vorhaben einwirken können, was dann Auswirkungen des Vorhabens auf die Umwelt nach sich ziehen würde.

Dass derartige von den Georisiken ausgehende „Einwirkungen der Umwelt auf das Vorhaben", die Auswirkungen des Vorhabens auf die Umwelt verursachen können, im Rahmen der UVP zu behandeln sind, ist dem UVPG zwar nicht ausdrücklich zu entnehmen – dieses verlangt lediglich, „Auswirkungen eines Vorhabens auf die Umwelt" zu ermitteln, zu beschreiben und zu bewerten –, jedoch sind diese Einwirkungen im Sinne des Gesetzes zweifelsfrei als „Wechselwirkungen" zu betrachten und somit unbedingt in den geowissenschaftlichen Untersuchungsrahmen der UVP einzubeziehen.

3.3 Aufbau der Tabellen

In den ◘ Tab. 3.2 bis 3.18 sind in der 35 Zeilen umfassenden vertikalen Randspalte die aus geowissenschaftlicher Sicht relevanten *Schutzgüter*

- *Boden (Geosphäre),*
- *Grundwasser,*
- *Landschaft,*
- *Kultur- und sonstige Sachgüter sowie vorhandene und geplante Nutzungen,*

gegliedert nach den wesentlichen Betroffenheiten, aufgeführt.

Diese *Betroffenheiten der Schutzgüter* werden in ▶ Abschn. 3.3.1 definiert.

Für jedes Schutzgut sind

A. *flächendeckende Beschreibung* der Umwelt am Standort und im Einwirkungsbereich des Vorhabens zu geben;
B. *Auswirkungen des Vorhabens* auf das jeweilige Schutzgut einschließlich der Wechselwirkungen zu ermitteln;
C. *Maßnahmen zur Vermeidung* bzw. zur Minderung der zu erwartenden Auswirkungen auf die Umwelt zu prüfen und diesbezüglich Vorschläge aus geowissenschaftlicher Sicht zu unterbreiten.

Den Schutzgütern und ihren Betroffenheiten gegenübergestellt sind in der Horizontalleiste die *Geowissenschaftlichen Untersuchungsschwerpunkte*

- *Allgemeine geologische Grundlagen* (Ziffern 1–10),
- *Bodenkunde* (Ziffern 11–15),
- *Hydrogeologie* (Ziffern 16–22),
- *Ingenieurgeologie* (Ziffern 23–26),
- *Rohstoffgeologie* (Ziffern 27–30).

Diese sind in ▶ Abschn. 3.3.2 detailliert aufgeführt.

Die vom Geologischen Dienst in der Rahmentabelle (◘ Tab. 3.2) vorzunehmenden Punktsetzungen für die relevanten geowissenschaftlichen *Untersuchungsfelder* werden in ▶ Abschn. 3.3.3 beispielhaft für das Vorhaben Nr. 8 der Anlage zu § 3 UVPG „Bau und Änderung einer Bundesfernstraße …" erläutert (s. hierzu ◘ Tab. 3.10; ▶ Abschn. 3.5.2).

3.3.1 Betroffenheiten der Schutzgüter

(Erläuterung der Zeilen 1–35 in den Tabellen)

3.3.1.1 Schutzgut Boden (Geosphäre)

▪ **A-1 Boden i. e. S. (Pedosphäre)**

ist die belebte Verwitterungsschicht der obersten Erdkruste; er besteht aus Mineralien und organischen Stoffen (Humus), enthält Bodenwasser, Bodenluft sowie Bodenlebewesen (Edaphon) und ist nach unten durch den geologischen Untergrund, nach oben durch eine Vegetationsdecke bzw. die Atmosphäre begrenzt.

Die umfassende Einheit zur Beschreibung des Bodens i. e. S. ist die Bodenform, die den Bodentyp (Bodenentwicklungszustand), den bodenartlichen Profilaufbau (Korngrößenzusammensetzung der einzelnen Bodenhorizonte) und das Ausgangsmaterial (Substrat) beinhaltet. Zur Beurteilung der Empfindlichkeit und Belastbarkeit der Böden sind neben der Bodenart mindestens der *p*H-Wert (bei $pH > 6{,}2$ zusätzlich der Carbonatgehalt), der Humusgehalt und die Lagerungsdichte anzugeben.

▪ **A-2 Geologischer Untergrund**

ist der Bereich der Erdkruste unterhalb des Bodens i. e. S.; er besteht aus Locker- und Festgesteinen sowie aus flüssigen und gasförmigen Bestandteilen.

▪ **A-3 Hydrogeologische Empfindlichkeit**

des Bodens i. e. S. kennzeichnet den Einfluss des Bodenwasserhaushaltes auf die Bodeneigenschaften und das Bodenökosystem. Je nachhaltiger sich Veränderungen des Wasserhaushaltes auf einen Boden auswirken, umso größer ist seine hydrogeologische Empfindlichkeit.

▪ **A-4 Geogene Anomalien**

sind durch geologische bzw. mineralogische Prozesse verursachte Stoffanreicherungen in bestimmten Böden und im geologischen Untergrund, die erheblich über dem natürlichen Schwankungsbereich dieser Stoffgehalte liegen; diese können möglicherweise schädigend sein.

Tab. 3.2 Rahmentabelle „Geowissenschaftlicher Untersuchungsrahmen der Umweltverträglichkeitsprüfung für Vorhaben der Anlage zu § 3 UVPG"

Die Punktsetzungen für die zu prüfenden Untersuchungsfelder sind vom Staatlichen Geologischen Dienst im konkreten Einzelfall je nach geologischer Ausgangssituation und Dimension des Vorhabens zu entscheiden.

● Untersuchungsfeld		Allgemeine geologische Grundlagen										Bodenkunde					Hydrogeologie							Ingenieurgeologie				Rohstoffgeologie			
A - **Flächendeckende Beschreibung** der Umwelt am Standort und im Einwirkungsbereich des Vorhabens gem. §6(3)1 und §6(4)2 UVPG B - **Auswirkungen des Vorhabens** auf das Schutzgut einschließlich der Wechselwirkungen gem. §6(3)2 und §6(4)4 UVPG C - **Maßnahmen zur Vermeidung** bzw. Minderung der zu erwartenden Umweltauswirkungen gem. §6(3)3 und §6(4)3 UVPG		Geologische Karten und Schnitte	Fernerkundung	Aufschlußdaten	Geophysik	Tektonik	Petrographie, Mineralogie	Geochemie	Geomorphologie	Geotopschutz	Sonstiges	Bodenkarten und Profile	Bodeneigenschaften	Empfindlichkeiten, Risiken	Bodenschutz	Sonstiges	Hydrogeol. Karten und Schnitte	Grundwassereigenschaften	Grundwasserdynamik	Grundwasserhaushalt	Risiken	Grundwasserschutz	Sonstiges	Generelle Baugrundverhältnisse	Berechnungskennwerte	Risiken	Sicherungsmaßnahmen	Rohstoffkarten	Rohstoffsicherung	Nutzungsverluste, Risiken	Sonstiges
Ziffern 1—30 siehe Erläuterung		1	2	3	4	5	6	7	8	9	10	11	12	13	14	15	16	17	18	19	20	21	22	23	24	25	26	27	28	29	30
Schutzgut Boden (Geosphäre)																															
A - Boden i.e.S. (Pedosphäre)	1																														
- Geologischer Untergrund	2																														
- Hydrogeologische Empfindlichkeit	3																														
- Geogene Anomalie	4																														
- Anthropogene Vorbelastung	5																														
B - Flächenverbrauch	6																														
- Veränderung des Reliefs	7																														
- Bodenabtrag, Erosion	8																														
- Veränderung der Bodenstruktur	9																														
- Eutrophierung, Schadstoffeintrag	10																														
C - Vorschläge aus geowiss. Sicht	11																														
Schutzgut Grundwasser																															
A - Entfernung zu Wassergewinnungsanlagen	12																														
- Vorbelastung des Grundwassers	13																														
- Empfindlichkeit d. Grundwasserleiters	14																														
- Wechselwirkungen mit Oberflächengewässern	15																														
B - Grundwasserabsenkung, -anstieg	16																														
- Änderung der Neubildung	17																														
- Veränderung von Grundwasserströmen	18																														
- Veränderung d. Grundwasserqualität	19																														
C - Vorschläge aus geowiss. Sicht	20																														
Schutzgut Landschaft																															
A - Geländemorphologie	21																														
- Prägende Strukturelemente	22																														
- Naturräumliche Besonderheiten	23																														
B - Beeinträchtigung d. Landschaftsbildes	24																														
- Verlust und Beinträchtigung naturräumlicher Besonderheiten	25																														
C - Vorschläge aus geowiss. Sicht	26																														
Kultur- und sonstige Sachgüter; Vorhandene und geplante Nutzungen																															
A - Kultur- und sonstige Sachgüter	27																														
- Land- und Forstwirtschaft	28																														
- Wasserwirtschaft	29																														
- Rohstoffwirtschaft	30																														
B - Kultur- und sonstige Sachgüter	31																														
- Land- und Forstwirtschaft	32																														
- Wasserwirtschaft	33																														
- Rohstoffwirtschaft	34																														
C - Vorschläge aus geowiss. Sicht	35																														

- **A-5 Anthropogene Vorbelastungen**

sind in Böden persistente Schadstoffe (Abfälle, Abwässer, organische und anorganische Chemikalien, Säurebildner, radioaktive Stoffe u. a.), die durch menschliche Aktivitäten verursacht sind.

Die Beschreibung der anthropogenen Vorbelastungen kann sich auf die Schadstoffe beschränken, die durch das Vorhaben zusätzlich emittiert werden oder deren schädliche Kombinationswirkungen mit den Emissionen bekannt sind.

- **B-6 Flächenverbrauch**

bezeichnet den Verlust und die nachhaltige Beeinträchtigung von Böden und deren Funktionen durch Nutzungsänderung (z. B. Bebauung, Rohstoffabbau, Deponieanlage), Bodenerosion und andere Bodenschäden (durch unsachgemäße Landwirtschaft, Entwässerung, Überstauung, Immission). Der Flächenverbrauch ist gegebenenfalls durch Hinweise zur Beeinträchtigung der Fläche im Hinblick auf ihren Nutzwert für Land- und Forstwirtschaft (Bodengütezahlen), Wasserwirtschaft (Bodenversiegelungsgrad), Rohstoffwirtschaft (Lagerstätten) und Naturschutz zu ergänzen.

- **B-7 Veränderung des Reliefs**

ist für die Eigenschaften der Böden von erheblicher Bedeutung. Unterschiedliche Neigungen, Längen und Formen von Hängen beeinflussen z. B. die Sicker- bzw. Abflussgeschwindigkeit des Niederschlagwassers und damit die Gefahr der Bodenerosion. Relief ist ein allgemeiner Sammelbegriff für die Oberflächenformen der Erde.

Größenangaben der Reliefeinheiten sollten stets in Metern, Angaben zur Geländeneigung in Altgrad oder Prozent erfolgen, die Exposition wird durch das Kurzzeichen für die entsprechende Himmelsrichtung angegeben.

- **B-8 Bodenabtrag, Erosion**

ist der Abtrag von Bodenmaterial entlang der Erdoberfläche durch Wasser oder Wind. Hierbei geht wertvolles Oberbodenmaterial verloren, wodurch die Ertragsfähigkeit der Böden erheblich sinken kann.

Die Erosionsgefährdung eines Standortes ergibt sich aus dem Zusammenwirken von Relief, Bodenbedeckung (Vegetation), Bodenbeschaffenheit und Klima. Im Bergland können Beeinträchtigungen des Schutzwaldes durch Kahlhieb in Steillagen, Straßenbaumaßnahmen usw., Beschädigungen der Grasnarbe durch Überbesatz an Weidetieren oder Massentourismus in Verbindung mit starken Niederschlägen, Lawinen oder Gleitschnee zu großflächigen Bodenabträgen führen.

- **B-9 Veränderung der Bodenstruktur**

(Bodengefüge) beeinträchtigt die Art der räumlichen Anordnung der festen Bodenbestandteile. Sie ist für den Wasser-, Luft- und Wärmehaushalt sowie für die biologische Aktivität, die Entwicklung, die Ertragsfähigkeit und die Erodierbarkeit des Bodens von Bedeutung.

Nachteilig verändert wird die Bodenstruktur durch Bodenverdichtung (Druck schwerer Maschinen etc.) und Bodenverschlämmung sowie durch Humusschwund (bei Entwässerung oder Austrocknung) und Bodenerosion.

- **B-10 Stoffeintrag**

bedeutet das Einbringen von Nähr- und sonstigen Stoffen in den Boden. Dies kann zur Beeinträchtigung der Bodenfunktionen führen. Stoffeintrag in den Boden erfolgt durch Immission auf dem Luft- oder Wasserweg oder durch direkte Aufbringung. Schadstoffe sind organische und anorganische Stoffe in gesundheits- oder umweltgefährdender Konzentration.

- **C-11 Vorschläge aus geowissenschaftlicher Sicht**

beinhalten Maßnahmen, mit denen den vom Vorhaben *und* den vom Standort möglicherweise ausgehenden Aus- und Einwirkungen sowie Wechselwirkungen begegnet werden kann. Wichtig sind auf den Boden, den geologischen Untergrund und das Relief abgestimmte ingenieurgeologische und bodenkundliche Empfehlungen für Sicherungsmaßnahmen.

Ferner sind Vorschläge zur Minimierung des Flächenverbrauchs und der Risiken für die Böden (z. B. Erosion) sowie zur Erhaltung schutzwürdiger Geotope zu machen.

3.3.1.2 Schutzgut Grundwasser

- **A-12 Entfernung zu Wassergewinnungsanlagen**

bezeichnet den Abstand zwischen dem Standort eines potenziellen Vorhabens und Wassergewinnungsanlagen und ermöglicht über Abstandsgeschwindigkeiten und Stromlinienverlauf des Grundwassers eine Beurteilung der möglichen Gefährdungen.

- **A-13 Vorbelastung des Grundwassers**

beschreibt die schon vor Realisierung des Vorhabens vorhandene geogene und anthropogene Belastung des Grundwassers mit organischen oder anorganischen Stoffen.

- **A-14 Empfindlichkeit des Grundwasserleiters**

gegenüber Schadstoffen hängt im Wesentlichen von Art und Ausbildung der Grundwasserüberdeckung (Durchlässigkeit, Filter- und Adsorptionsvermögen) sowie dem Flurabstand des freien Grundwasserspiegels ab.

Aussagen über die Empfindlichkeit des Grundwasserleiters können aus entsprechenden Spezialkarten zur Schutzfunktion der Grundwasserüberdeckung ermittelt werden.

- **A-15 Wechselwirkungen mit Oberflächengewässern**

sind möglich bei unmittelbarem Kontakt mit dem Grundwasser und in der Regel abhängig von der Wasserführung (Niederschläge und Jahreszeit, Aufstau). Bei Hochwasser erfolgt Infiltration in das Grundwasser (influentes Verhalten), bei Niedrigwasser Exfiltration aus dem Grundwasser (effluentes Verhalten). Gleiche Wechselwirkungen sind bei der Freilegung der Grundwasseroberfläche (Nassbaggerung u. ä.) möglich.

- **B-16 Grundwasserabsenkung, -anstieg**

ist die durch Wasserentnahme bzw. -einleitung oder Aufstau (z. B. durch unterirdische Bauwerke) bedingte Veränderung der Grundwasseroberfläche bzw. -druckfläche. Dadurch können einerseits Schädigungen der Vegetation (Wasserentzug) oder von Bauwerken (Setzungen) auftreten, andererseits Vernässungen von Böden oder die Flutung von Gebäuden bewirkt werden.

Grundsätzlich sollten die im Zusammenhang mit Grundwasserabsenkung und -anstieg einhergehenden Einflüsse (z. B. Setzungen und Hebungen) quantifiziert und zur Beweissicherung rechtzeitig genaue Höhennivellements ausgeführt werden.

- **B-17 Änderung der Neubildung**

wird bewirkt durch die Veränderung der natürlichen Infiltrationsbedingungen infolge Versiegelung und Verdichtung der Geländeoberfläche oder durch landwirtschaftliche Nutzungsänderung (Melioration, Dränung) sowie durch Bodenerosion.

- **B-18 Veränderung von Grundwasserströmen**

werden in der Regel verursacht durch bauliche Eingriffe in die natürlichen Strömungsverhältnisse des Grundwasserleiters, z. B. bei Kanal- und Tunnelbauten, Errichtung von Dicht- und Spundwänden.

- **B-19 Veränderung der Grundwasserqualität**

beruht auf punkt-, linien- oder flächenhaften Stoffeinträgen von unterschiedlicher Art und unterschiedlichem Umfang. Veränderungen besonderer Art können durch unterirdische Baumaßnahmen (Schlitzwände, Wasserglas-Injektionen, Druckluftvortrieb u. a.) bewirkt werden.

- **C-20 Vorschläge aus geowissenschaftlicher Sicht**

sind zu unterbreiten zum qualitativen und quantitativen Grundwasserschutz, z. B. zur Vermeidung von Stoffeinträgen in das Grundwasser, zur Minderung der Auswirkungen auf Grundwasserdynamik und Grundwasserhaushalt sowie der Wechselwirkungen mit Oberflächengewässern. Zur Grundwasserüberwachung sind Messstelleneinrichtungen vorzuschlagen. Falls Ersatzwasserbeschaffung erforderlich wird, sind Möglichkeiten für eine Neuerschließung aufzuzeigen.

3.3.1.3 Schutzgut Landschaft

- **A-21 Geländemorphologie**

ist die natürliche Form oder Gestalt der Erdoberfläche. Diese kann grob in Ebenen, Täler, Hügel und Berge unterteilt werden. Je nach Ausprägung und bei engräumigem Wechsel des Oberflächenreliefs besteht bei Eingriffen eine erhöhte Erosions- und Rutschgefährdung.

- **A-22 Prägende Strukturelemente**

wie z. B. Höhenrücken, Steilkanten, Schluchten, Terrassen, Endmoränen, Tagebau, Halden u. a. gliedern eine Landschaft. Sie entstehen durch endogene, exogene und anthropogene Kräfte und Einwirkungen (Tektonik, Klima, Mensch).

- **A-23 Naturräumliche Besonderheiten**

sind typisch entwickelte Formengruppen des Oberflächenreliefs wie z. B. Flusslandschaften, Seenplatten, Niederungen, Nieder- und Hochmoore, Lösslandschaften, Dünen u. a.

- **B-24 Beeinträchtigungen des Landschaftsbildes**

entsteht z. B. durch eine Abraumhalde oder eine Mülldeponie, durch Rohstoffabbau, Zerschneidung durch eine Trasse, Bebauung u. a.

- **B-25 Verlust und Beeinträchtigung naturräumlicher Besonderheiten**

können eintreten durch Zersiedelung, Überbauung, Versiegelung des Untergrundes, Änderung des Grundwasserhaushalts, Austrocknung oder Vernässung des Bodens, Rohstoffabbau, Zerschneidung durch eine Trasse u. a.

- **C-26 Vorschläge aus geowissenschaftlicher Sicht**

zur Vermeidung bzw. Minderung von Auswirkungen des Vorhabens auf Landschaftsbild sowie naturräumliche Besonderheiten beinhalten z. B. Ausgleichsmaßnahmen für Versiegelungen, Schaffung von Retentionsräumen, Erhalt schutzwürdiger Geotope u. a.

3.3.1.4 Kultur- und sonstige Sachgüter; vorhandene und geplante Nutzungen

- **A-27 Kultur- und sonstige Sachgüter**

sind vom Menschen geschaffene Objekte wie Siedlungs-, historische und archäologische Stätten, Anlagen und Bauwerke aller Art.

- **A-28 Land- und Forstwirtschaft**

Landwirtschaft betreibt Ackerbau und Viehzucht zum Erzeugen von pflanzlichen und tierischen Produkten. Von Bedeutung für die Ertragslage ist die Bonität genutzter Böden. Forstwirtschaft hegt und nutzt wirtschaftlich den Wald. Neben diesen unten angeführten Aspekten dient die Forstwirtschaft dem Erosions- und Lawinenschutz.

- **A-29 Wasserwirtschaft**

obliegt Gewinnung, Aufbereitung, Bewirtschaftung und Nutzung von Grundwasser und oberirdischem Wasser; Bau und Betrieb von Speicheranlagen; Zuleitung des Wassers zum Abnehmer; Grundwasserschutz; Ausweisung von Wasserschutz- und Vorranggebieten; Pflege und Schutz der Oberflächengewässer; Hochwasserschutz; Ableitung und Reinigung der Abwässer.

- **A-30 Rohstoffwirtschaft**

befasst sich mit in der Natur oberflächennah und tieferliegend vorkommenden mineralischen und organogenen Rohstoffen wie

- Lockergesteine (Kies, Sand, Ton);
- Natur- und Werksteine (Kalkstein, Dolomitstein, Sandstein, Schiefer, Grauwacke, Quarzit, Porphyr, Basalt, Marmor, Granit, Gneis u. a.);
- Salze (Kalisalz, Steinsalz, Gips, Anhydrit);
- Erze;
- brennbare Stoffe (Erdgas, Erdöl, Ölschiefer, Steinkohle, Braunkohle, Torf).

- **B-31 Kultur- und sonstige Sachgüter**

z. B. Verlust archäologischer Stätten, Gebäudeschäden durch Geländebrüche, Bergsenkungen oder Änderungen der Grundwasseroberfläche.

- **B-32 Land und Forstwirtschaft**

z. B. Bodenverlust, Schadstoffbelastung, Versauerung, Änderung des Bodenwasserhaushalts und Abholzung.

- **B-33 Wasserwirtschaft**

z. B. Verschmutzung und Verschwendung von Wasser.

- **B-34 Rohstoffwirtschaft**

z. B. Überbauung oder Zerschneidung von Rohstoffvorkommen.

- **C-35 Vorschläge aus geowissenschaftlicher Sicht**

zur Vermeidung bzw. Minderung von Auswirkungen des Vorhabens auf Kultur- und sonstige Sachgüter sowie vorhandene und geplante Nutzungen der Land- und Forstwirtschaft, Wasserwirtschaft und Rohstoffwirtschaft.

Diese festzulegenden Maßnahmen sind abhängig von der am Standort und im Einwirkungsbereich des Vorhabens vorliegenden geologischen Gegebenheit und dem Relief.

3.3.2 Geowissenschaftliche Untersuchungsschwerpunkte

(Erläuterung der Ziffern 1–30 in den Tabellen)

3.3.2.1 Allgemeine geologische Grundlagen

1. *Geologische Karten und Schnitte*:
   - vorhabenbezogene Kartenmaßstäbe (eventuell Spezialkartierung);
   - Auswertungskarten (Naturraumpotentialkarten u. a.);
   - Stratigraphie, Schichtenfolge.
2. *Fernerkundung*:
   - Luftbilder;
   - Satellitenaufnahmen;
   - Sonderbefliegungen.
3. *Aufschlussdaten*:
   - vorhandene und erforderliche Bohrungen, Sondierungen, Schürfe;
   - sonstige Aufschlüsse (Steinbrüche, Gruben, Leitungsgräben u. a.).
4. *Geophysik*:
   - Erdbebengefährdung;
   - Seismik, Geoelektrik, Bohrlochgeophysik u. a.
5. *Tektonik*:
   - Schichtlagerung, Klüftung, Schieferung, Störungen;
   - Sekundärtektonik (Hangzerreissung, Subrosion, Eistektonik u. a.).
6. *Petrographie, Mineralogie*:
   - Gesteinsart;
   - Tonmineralogie (Quellfähigkeit, Schrumpfverhalten).
7. *Geochemie*:
   - Inhaltsstoffe;
   - Untersuchungsmethoden.
8. *Geomorphologie*:
   - topographische und geomorphologische Karten;
   - Landschaftsentwicklung;
   - Reliefveränderungen (Dämme, Einschnitte, Halden u. a.).
9. *Geotopschutz*:
   - geologische Naturdenkmale;
   - schutzwürdige Geotope;
   - Fossilfundstellen;
   - Bodenprofile.
10. *Sonstiges*
   Die Ziffern 10, 15, 22 und 30 werden freigehalten für in besonderen Fällen erforderlich werdende neue, derzeit noch nicht überschaubare Untersuchungsschwerpunkte.

3.3.2.2 Bodenkunde

11. *Bodenkarten und Profile*:
   - vorhabenbezogene Kartenmaßstäbe;
   - standortkundliche Bodenkarten (land-, forstwirtschaftliche u. a.);
   - Stadtbodenkarten;
   - Bodenschätzungskarten;
   - Auswertungskarten;
   - Bodenarten, Mächtigkeiten, Bodentypen, Bodengüte.
12. *Bodeneigenschaften*:
   - bodenphysikalische und bodenchemische Kennwerte;
   - Bodengefüge;
   - Bodenwasserhaushalt;
   - effektive Durchwurzelungstiefe.
13. *Empfindlichkeiten, Risiken*:
   - Schadstoffbelastung, Stoffeintrag;
   - Erosionsanfälligkeit;
   - Humusschwund;
   - Verdichtungsempfindlichkeit.
14. *Bodenschutz*:
   - Rekultivierung, Renaturierung;
   - Melioration;
   - Erosionsschutz, ingenieurbiologische Sicherungen.
15. *Sonstiges*
   Siehe Ziffer 10.

3.3.2.3 Hydrogeologie

16. *Hydrogeologische Karten und Schnitte*:
   - vorhabenbezogene Kartenmaßstäbe;
   - Grundwassergleichenkarten;
   - Flurabstandskarten;
   - Karten der Grundwasserbeschaffenheit, Grundwasserergiebigkeit, Verschmutzungsempfindlichkeit.
17. *Grundwassereigenschaften*:
   - Grundwasserbeschaffenheit;
   - Beschreibung und Mächtigkeit der Grundwasserleiter (Poren-, Kluft-, Karstaquifer);
   - Grundwasserstockwerke, freies oder gespanntes Grundwasser.
18. *Grundwasserdynamik*:
   - hydrogeologische und hydraulische Berechnungen, Grundwassermodelle;
   - Grundwasserströmung (Fließrichtung, Abstandsgeschwindigkeit, Gefälle, Vorflutverhältnisse);
   - Grundwasserspiegelschwankungen.
19. *Grundwasserhaushalt*:
   - Grundwasserneubildung;
   - Wasserbilanz;

- Oberflächengewässer (Anschnitte, Dränwirkungen, Vorflutverhältnisse);
- Ersatzwasserbeschaffung, Neuerschließung.

20. *Risiken*:
    - Freilegung bzw. Versiegelung des Grundwasserleiters;
    - Schadstoffeintrag;
    - Veränderung der Grundwasseroberfläche.
21. *Grundwasserschutz*:
    - rechtskräftige und fachtechnisch abgegrenzte Wasser- und Heilquellenschutzgebiete mit Schutzzonen;
    - sonstige Grundwassernutzungen;
    - Grundwassersicherungsgebiete (Vorrang-, Vorsorgegebiete);
    - Art und Mächtigkeit der Grundwasserüberdeckung;
    - Grundwasserüberwachung (Messstelleneinrichtung, Beprobung, Langzeitkontrolle).
22. *Sonstiges*
    Siehe Ziffer 10.

3.3.2.4 Ingenieurgeologie

23. *Generelle Baugrundverhältnisse*:
    - vorhabenbezogene Kartenmaßstäbe;
    - ingenieurgeologische Karten und Schnitte;
    - Lockergesteine (Kornverteilung, Lagerungsdichte, Konsistenzen u. a.);
    - Festgesteine (mechanische Wirksamkeit des Trennflächengefüges, Verwitterungs-, Auflockerungsgrad u. a.);
    - Tragfähigkeit, Bauwerkssetzungen;
    - Standsicherheit, Stabilität von Hängen und Böschungen;
    - Grundwasserverhältnisse, Sickerwasser, Grundwasserbeschaffenheit (z. B. Betonaggressivität).
24. *Berechnungskennwerte*:
    - boden- und felsmechanische Kennziffern;
    - Durchlässigkeitsbeiwerte.
25. *Risiken*:
    - akute und latente Auslaugungsgebiete (Subrosion, Erdfälle);
    - Karstgebiete, Dolinen;
    - akute und potenzielle Rutschgebiete;
    - Steinschlag, Felsstürze, Muren, Lawinen;
    - Erosion;
    - Änderung der Grundwasserverhältnisse (Tunnel- und Trogbauwerke, Schlitzwände, Injektionen u. a.);
    - Setzungen durch Grundwasserabsenkung;
    - Sohlhebungen (Mineralneubildung, Umkristallisation u. a.);
    - Erdbebengefährdung, Erschütterungen;
    - bestehender bzw. ehemaliger Bergbau (Tief- und Tagebau);
    - künstliche Auffüllungen, Deponien, Altlasten, Abgrabungen;
    - Änderung der Baugrundeigenschaften und Stabilitätsverhältnisse.
26. *Sicherungsmaßnahmen*:
    - Sicherung von Bauwerken, Verkehrswegen und Entwässerungsbauten;
    - Hang- und Böschungssicherungen, Erosionsschutz;
    - Kartierung von Risikoflächen;
    - Dokumentation und Langzeitkontrolle von Verformungen und Schäden (Verformungs-, Inklinometermessungen, geodätische Messungen u. a.).

3.3.2.5 Rohstoffgeologie

27. *Rohstoffkarten*:
    - vorhabenbezogene Kartenmaßstäbe;
    - Abbau-, Konzessions- und Reserveflächen;
    - Art der Rohstoffe;
    - Ausdehnung und Mächtigkeit der Rohstoffvorkommen;
    - Art und Mächtigkeit der Überdeckung.
28. *Rohstoffsicherung*:
    - Bedeutung der Lagerstätte für die Rohstoffvorsorge;
    - Nutzungsmöglichkeiten für das Vorhaben (Erdbaustoffe, Zuschlagstoffe);
    - Ersatzlagerstätten.
29. *Nutzungsverluste, Risiken*:
    - Überbauung;
    - Zerschneidung von Rohstoffvorkommen;
    - Verkapselung durch Massenüberschussmaterial;
    - Abbaubeschränkung (Standsicherheit u. a.).
30. *Sonstiges*
    Siehe Ziffer 10.

3.3.3 Untersuchungsfelder

(Erläuterung der vorzunehmenden Punktsetzungen)

Im Folgenden werden die vom Geologischen Dienst des Landes vorzunehmenden Punktsetzungen für die Untersuchungsfelder beispielhaft (■ Tab. 3.10) für das Vorhaben Nr. 8 der Anlage zu § 3 UVPG „Bau und Änderung einer Bundesfernstraße …" – die Betroffenheiten der aus geowissenschaftlicher Sicht relevanten Schutzgüter (Zeilen 1–35; ▶ Abschn. 3.3.1) in ihrer Verknüpfung mit den geowissenschaftlichen Untersuchungsschwerpunkten (Ziffern 1–30; ▶ Abschn. 3.3.2) – erläutert und schwerpunktmäßig begründet.

3.3.3.1 Schutzgut Boden (Geosphäre)

Das Schutzgut Boden (Geosphäre) ist flächendeckend am Standort und im Einwirkungsbereich des Vorhabens zu beschreiben.

Bau und Änderung von Bundesfernstraßen sind im Allgemeinen mit großen Flächeninanspruchnahmen verbunden. Für den *Boden i. e. S.* (*Pedosphäre*) im Trassen- und Einwirkungsbereich (Zeile 1) sind daher vorrangig Bodenkarten heranzuziehen und Bodeneigenschaften zu ermitteln.

Zur Beschreibung des ebenfalls weitflächig und häufig auch tiefgreifend betroffenen *geologischen Untergrundes* (Zeile 2) sind mit Ausnahme der Geochemie die gesamten allgemeinen geologischen Grundlagen einzusetzen. Ferner sind die ingenieurgeologischen Gegebenheiten als Voraussetzung für die Tragfähigkeit des Untergrundes und die Standsicherheit von zu errichtenden Bauwerken festzustellen. Betroffene Rohstoffgebiete sind anhand von Rohstoffkarten zu benennen.

Die *hydrogeologische Empfindlichkeit* (Zeile 3) wird ermittelt aus den bereits vorhandenen Aufschlussdaten, aus Bodenkarten und Bodeneigenschaften sowie aus hydrogeologischen Karten und Karten der Grundwassereigenschaften unter Berücksichtigung des schon bestehenden Grundwasserschutzes.

Vorhandene *geogene Anomalien* (Zeile 4) ergeben sich weitgehend aus geologischen Karten sowie aus den petrographisch-mineralogischen und den geochemischen Erläuterungen hierzu. Sie sind zudem ausgewiesen in Bodenkarten mit den zugehörigen Erläuterungen der Bodeneigenschaften unter spezieller Berücksichtigung der von der Bodenchemie ausgehenden Empfindlichkeiten. Geogene Anomalien können sich auf die Grundwasserbeschaffenheit auswirken.

Bei der *anthropogenen Vorbelastung* (Zeile 5) ist die Punktsetzung für die Untersuchungsfelder in den Bereichen Bodenkunde und Hydrogeologie nahezu identisch, wobei besondere Risiken für das Grundwasser durch Stoffeintrag aufzuzeigen und gegebenenfalls durch Ergänzungsuntersuchungen zu verfolgen sind.

Zu den schwerwiegenden *Auswirkungen des Vorhabens* auf das Schutzgut Boden (Geosphäre) einschließlich der Wechselwirkungen zählt beim Bundesfernstraßenbau der *Flächenverbrauch* (Zeile 6), dessen Bedeutsamkeit maßgeblich von den Bodeneigenschaften und den Empfindlichkeiten der betroffenen Böden abhängt.

Überprüft werden sollten ferner die Beeinträchtigungen des Grundwasserhaushaltes, die durch Versiegelung (von Fahrbahnen, Parkplätzen, Bauwerken) und verstärkte Oberflächenentwässerung entlang der Trassen auftreten können. Gleichzeitig sind hinsichtlich des Flächenverbrauchs auch die Auswirkungen auf bestehende oder künftige Wasserschutzgebiete sowie auf anderweitige Grundwassernutzungen (Privatbrunnen, Mineral- und Heilwasserförderung u. a.) zu überprüfen. Soweit Lagerstättenvorkommen durch das Vorhaben tangiert werden, sind Fragen der Rohstoffsicherung abzuklären. Zu erwartende Nutzungsverluste sind abzuschätzen und nach Möglichkeit zu quantifizieren.

Bei Trassenbauten sind in der Regel in Abhängigkeit von den topographischen Gegebenheiten *Veränderungen des Reliefs* (Zeile 7) zu erwarten. Letztere hängen je nach Gradientenführung der Linienbestimmung von der geomorphologischen Ausgangssituation des Geländes ab.

Gelegentlich können hierbei auch schutzwürdige Geotope betroffen sein, die zu beachten sind. Jede geplante Reliefveränderung ist mit Risiken für die Böden verbunden, deren Größenordnung abzuschätzen ist.

Reliefveränderungen durch Trassenbauten (Einschnitte, Dammbauwerke, Massenüberschuss-Ablagerungen) können sich auf Standsicherheit und Tragfähigkeit des Bauwerkuntergrundes und des angrenzenden Geländes auswirken.

Zur Abschätzung der ingenieurgeologischen Betroffenheiten und damit verbundener Risiken sind zur Erstellung standsicherer Bauten die generellen Baugrundverhältnisse sowie die Berechnungskennwerte für Locker- und Festgesteine zu ermitteln sowie erforderliche Sicherungsmaßnahmen für die Bauphase und auf Dauer einzuplanen.

Bezüglich *Bodenabtrag* im Trassenbereich und *Erosion* in den Randbereichen (Zeile 8) sind alle bodenkundlichen Parameter besonders hinsichtlich des Bodenschutzes zu überprüfen. In diesem Zusammenhang ist zudem abzuschätzen, ob durch Bodenabtrag hydrogeologische Risiken in Form von Stoffeintrag durch die Freilegung des Grundwasserleiters auftreten können. Ingenieurgeologisch sind mit Ausnahme der Berechnungskennwerte dieselben Überprüfungsschritte wie bei der Veränderung des Reliefs angezeigt.

Aus Gründen des vorbeugenden Bodenschutzes werden *Veränderungen der Bodenstruktur* (Zeile 9), die durch das Bauvorhaben entstehen können, anhand von Untersuchungen der Bodeneigenschaften und -empfindlichkeiten abgeschätzt. Bodenverdichtungen können zu Teilversiegelungen der Grundwasserleiter führen; die damit einhergehende Verringerung der Grundwasserneubildung kann sich u. U. negativ auf den Grundwasserhaushalt auswirken.

Stoffeintrag (Zeile 10) entlang der Trasse kann auf der Grundlage der geochemischen Befunde des Ist-Zustandes und der bodenkundlichen Untersuchungsparameter sowie anhand vergleichbarer, bereits bestehender Trassenabschnitte auf ähnlichem geologischem Untergrund abgeschätzt werden. Stoffeintrag kann sich auf den Boden und über die Bodenpassage auf die Grundwasserbeschaffenheit auswirken.

Hinsichtlich der *Maßnahmen zur Vermeidung* bzw. Minderung der zu erwartenden Auswirkungen des Vorhabens auf das Schutzgut Boden (Geosphäre) sind *Vorschläge aus geowissenschaftlicher Sicht* (Zeile 11) zu Geotop-, Boden- und Grundwasserschutz sowie zur Rohstoffsicherung zu machen. Bei ingenieurgeologischen Risiken im Untergrund der Trasse oder entlang dieser sind Sicherungsmaßnahmen zu benennen.

3.3.3.2 Schutzgut Grundwasser

Bei Bau und Änderung von Bundesfernstraßen sind zur *flächendeckenden Beschreibung* des Schutzgutes Grundwasser im Trassen- und im Einwirkungsbereich entsprechende Kartenwerke heranzuziehen.

Hierbei ist die *Entfernung zu Wassergewinnungsanlagen* (Zeile 12) mit den zugehörigen Wasser- und Heilwasserschutzgebieten, insbesondere deren Schutzzonenausweisung, zu beachten.

Um Kenntnisse zur *Vorbelastung des Grundwassers* (Zeile 13) zu gewinnen, sind für eine eventuelle spätere Beweissicherung die hydrochemischen Verhältnisse, vor allem ihre anthropogene Überprägung, zu ermitteln. Hierbei sollten hydrochemische Kartenwerke und vorhandene Analysendaten von Grundwasser-Messstellen genutzt werden.

Angaben über die *Empfindlichkeit des Grundwasserleiters* (Zeile 14) lassen sich geologischen und hydrogeologischen Spezialkarten und Bohrdaten entnehmen.

Zur Charakterisierung möglicher *Wechselwirkungen mit Oberflächengewässern* (Zeile 15) in Tal- und Flussauen sind die hydrodynamischen Verhältnisse insbesondere in Form von Karten und Schnitten darzustellen; Hinweise dazu ergeben sich durch Daten von Grundwasser-Messstellen und Pegeln.

Die voraussichtlichen qualitativen und quantitativen *Auswirkungen des Vorhabens* auf das Grundwasser einschließlich der Wechselwirkungen sind darzulegen.

Zur Abschätzung von *Grundwasserabsenkung, -anstieg* (Zeile 16) müssen Grundwasser-Messreihen unter Zugrundelegung von geowissenschaftlichen Kartenwerken (z. B. Bodenkarten, hydrogeologische Karten) ausgewertet werden.

Zur Abschätzung der *Änderung der Neubildung* (Zeile 17) sollte dasselbe Verfahren wie bei Zeile 16 angewandt werden.

Zur *Veränderung von Grundwasserströmen* (Zeile 18) kann es durch tiefgründende Baumaßnahmen (Trogbauwerke, Stütz- und Brückenbauten) kommen. Informationen hierzu lassen sich aus hydrogeologischen und ingenieurgeologischen Unterlagen und Kartenwerken entnehmen.

Eine mögliche *Veränderung der Grundwasserqualität* (Zeile 19) ist anhand von hydrochemischen Daten (Analysen, Kartenwerke) abzuschätzen.

Hinsichtlich der *Maßnahmen zur Vermeidung* bzw. Minderung der zu erwartenden Auswirkungen des Vorhabens auf das Schutzgut Grundwasser sind *Vorschläge aus geowissenschaftlicher Sicht* (Zeile 20) zu machen. Art und Umfang dieser Maßnahmen hängen von der geologischen Gegebenheit und den Baugrundeigenschaften im Bereich und entlang der Trasse sowie von Art, Dimension, Eingriffsbreite und -tiefe des Vorhabens ab.

3.3.3.3 Schutzgut Landschaft

Zur *flächendeckenden Beschreibung* des Schutzgutes Landschaft im Bereich und im Einwirkungsbereich der Trasse sind topographische Karten und Bodenkarten heranzuziehen. Der Ist-Zustand der *Geländemorphologie* (Zeile 21) ist darzustellen.

Zudem müssen die generellen Baugrundverhältnisse bekannt sein, um mögliche geomorphologisch bedingte Risiken abschätzen und eventuell erforderliche Sicherungsmaßnahmen festlegen zu können.

Bei der Beschreibung der *prägenden Strukturelemente* (Zeile 22) sind topographische Karten auszuwerten. Zudem müssen die schutzwürdigen Geotope berücksichtigt werden.

Naturräumliche Besonderheiten (Zeile 23) sind in derselben Weise wie bei Zeile 22 darzustellen. Die durch die naturräumlichen Besonderheiten bedingten Risiken und Wechselwirkungen sind zu benennen.

Bei der Beschreibung der *Auswirkungen des Vorhabens* auf das Schutzgut Landschaft einschließlich der Wechselwirkungen ist eine mögliche *Beeinträchtigung des Landschaftsbildes* (Zeile 24) entsprechend der Beschreibung des Ist-Zustandes (Zeilen 21–23) darzustellen.

Verlust und Beeinträchtigung naturräumlicher Besonderheiten (Zeile 25) sind vor allem hinsichtlich schutzwürdiger Geotope zu beschreiben.

Hinsichtlich der *Maßnahmen zur Vermeidung* bzw. Minderung der zu erwartenden Auswirkungen des Vorhabens auf das Schutzgut Landschaft – insbesondere auf schutzwürdige Geotope – sind *Vorschläge aus geowissenschaftlicher Sicht* (Zeile 26) zu machen. Dazu gehören auch auf die geomorphologischen und geologischen Gegebenheiten abgestimmte ingenieurgeologische Empfehlungen für Sicherungsmaßnahmen. Hierbei sind insbesondere die von den Georisiken möglicherweise ausgehenden Wechselwirkungen zu beachten.

3.3.3.4 Kultur- und sonstige Sachgüter; vorhandene und geplante Nutzungen

Für *Kultur- und sonstige Sachgüter* (Zeile 27) sollte im Rahmen der *flächendeckenden Beschreibung* am Standort und im Einwirkungsbereich des Vorhabens eine hydrogeologische Beweissicherung durchgeführt werden, wenn eine Veränderung der Grundwasserverhältnisse (Grundwasseranstieg, -absenkung, -fließrichtung) durch Bau und Änderung einer Bundesfernstraße zu erwarten ist.

Eine geotechnische Dokumentation ist angezeigt, wenn Risiken von Baugrund und geologischem Untergrund ausgehen können und sich das Vorhaben dadurch auch auf benachbarte Kultur- und sonstige Sachgüter auswirken könnte.

In der flächendeckenden Beschreibung der Nutzung durch *Land- und Forstwirtschaft* (Zeile 28) sind insbesondere das Relief sowie die Böden mit ihren Eigenschaften und ihrem Wasserhaushalt sowie ihren Funktionen darzustellen.

Die von der *Wasserwirtschaft* (Zeile 29) genutzten bzw. für eine Nutzung vorgesehenen Flächen wie Wasser- und Heilquellenschutzgebiete, sonstige Grundwassernutzungen, Trinkwasserspeicher, Grundwasservorranggebiete, Retentionsflächen u. a. sind in Plänen darzustellen. Die Grundwasserentnahmen sind quantitativ zu erfassen. Ebenso ist die Grundwasserbeschaffenheit zu dokumentieren.

Der Einwirkungsbereich (Breiten- und Tiefenwirkungen) des Vorhabens einschließlich der Wechselwirkungen ist im höchsten Maße abhängig vom geologischen Untergrund (Poren-, Kluft- oder Karstaquifer) sowie von Art und Mächtigkeit der Grundwasserüberdeckung und dem Relief.

Zu beschreiben sind anhand von Rohstoffkarten die im Einwirkungsbereich der geplanten Trasse liegenden Abbau-, Konzessions- und Reserveflächen der *Rohstoffwirtschaft* (Zeile 30), die Art der Rohstoffe, deren Bedeutung für die Rohstoffvorsorge sowie Ausdehnung, Mächtigkeit und Überdeckung der Rohstoffvorkommen.

Die von den *Auswirkungen des Vorhabens* auf das Schutzgut Landschaft ausgehenden Wechselwirkungen auf die geomorphologischen, geologischen, hydrogeologischen und geotechnischen Gegebenheiten und deren Einfluss auf *Kultur- und sonstige Sachgüter* (Zeile 31) sind zu betrachten und abzuschätzen.

Der sich auf die *Land- und Forstwirtschaft* (Zeile 32) auswirkende Flächenverbrauch und die Beeinträchtigung der Qualität des in Anspruch genommenen Bodens – einschließlich des durch Baufahrzeuge beeinflussten längs der Trasse – sind zu ermitteln.

Die zu erwartenden Änderungen des Bodens durch Erosion und Stoffeintrag sowie die Einflüsse auf den Bodenwasserhaushalt sind abzuschätzen.

Geplante Abholzungen sind hinsichtlich der landschaftsschützenden Funktion eines Waldes insbesondere bei starkem Relief zu betrachten.

Vorhandene und geplante Nutzungen der *Wasserwirtschaft* (Zeile 33) können nachteilig beeinflusst werden bei Eingriffen in einen empfindlichen Grundwasserleiter durch Änderungen der Wechselwirkungen zwischen Grundwasser und Oberflächengewässern, Grundwasserabsenkung und -anstieg, Änderung der Neubildung sowie Veränderungen der Grundwasserqualität bei Stoffeintrag.

Diese möglichen quantitativen und qualitativen Auswirkungen eines Vorhabens auf die Wasserwirtschaft sind zu ermitteln bzw. abzuschätzen (s. hierzu Zeilen 14–19). In Einzelfällen können auch Grundwassermodelle zur Simulierung der Auswirkungen auf die wasserwirtschaftlichen Belange erforderlich sein.

Die Nutzungsverluste der *Rohstoffwirtschaft* (Zeile 34) durch Überbauungen, Zerschneidungen und Abbaubeschränkungen (Standsicherheit u. a.) von Rohstoffvorkommen sowie deren Verkapselung durch Überschussmaterial sind darzustellen. Ebenso ist zu beschreiben, ob sich das Vorhaben auf schutzwürdige Geotope, die sich in von der Rohstoffindustrie geschaffenen Aufschlüssen befinden, auswirkt (z. B. durch Verfüllung mit Überschussmaterial).

Hinsichtlich der *Maßnahmen zur Vermeidung* bzw. Minderung der zu erwartenden Auswirkungen sind zur Sicherung und Erhaltung von Anlagen und Bauwerken sowie zum Schutz betroffener *Kultur- und sonstiger Sachgüter* erforderlichenfalls auch *Vorschläge aus geowissenschaftlicher Sicht* (Zeile 35) für den Erhalt der Tragfähigkeit und Standsicherheit einschließlich Erosionsschutz u. a. zu machen.

Ferner sind Vorschläge zu unterbreiten zur Vermeidung bzw. Minderung von Auswirkungen des Fernstraßenbaus auf schutzwürdige Geotope und geologische Naturdenkmale, zu Verbrauch und Beeinträchtigung von wertvollen Böden der *Landwirtschaft* sowie zur Erhaltung der landschaftsschützenden Funktionen der *Forstwirtschaft*.

Zur Vermeidung bzw. Minderung von quantitativen und qualitativen Auswirkungen auf die Belange der *Wasserwirtschaft* sind auf die geologisch-hydrogeologischen Gegebenheiten abgestimmte Vorschläge zu erarbeiten.

Bei unvermeidlichen Nutzungsverlusten, die eine Ersatzwasserbeschaffung erforderlich machen, sind Hinweise für mögliche Neuerschließungen von Grundwasser zu geben.

Aus Sicht der *Rohstoffsicherung* ist gegebenenfalls auf die Nutzungsmöglichkeit der anfallenden Überschussmassen als Erdbau- und Zuschlagstoffe für das Vorhaben hinzuweisen. Für nicht verwertbares Überschussmaterial sind Deponierungsmöglichkeiten zu benennen; bei Massendefiziten sind Hinweise auf Gewinnungsmöglichkeiten des für Dammbauten, Aufschüttungen und ähnliches benötigten Schüttmaterials zu geben.

Bei Verlust eines Rohstoffvorkommens durch das Straßenbauvorhaben sind – soweit möglich – Ersatzlagerstätten aufzuzeigen.

3.4 Schlussbemerkungen

Dieser bundesweit abgestimmte Leitfaden zur Festlegung des geowissenschaftlichen Untersuchungsrahmens für UVP-pflichtige Vorhaben trägt in verwaltungsbehördlichen Verfahren wesentlich bei zu Verfahrensbeschleunigung, Verfahrenssicherheit und Wirtschaftlichkeit.

Der in ▶ Abschn. 3.3.3 anhand der beispielhaften ◘ Tab. 3.10; ▶ Abschn. 3.5.2 für das Vorhaben Nr. 8 der Anlage zu § 3 UVPG „Bau und Änderung einer Bundesfernstraße …" erläuterte geowissenschaftliche Untersuchungsrahmen der Umweltverträglichkeitsprüfung mit seinen Punktsetzungen für die Betroffenheiten der Schutzgüter bezüglich der UVP-relevanten geowissenschaftlichen Untersuchungsschwerpunkte ist eine Orientierungshilfe bei der Festlegung des geowissenschaftlichen Untersuchungsrahmens gemäß § 5 UVPG sowie bei der Überprüfung des Untersuchungsberichtes über die Umweltauswirkungen eines Vorhabens gemäß § 7 UVPG; er ersetzt keinesfalls eine auf die geologische Gegebenheit und die Dimension des Vorhabens abzustimmende Einzelfallprüfung.

Für die mehrheitliche Anzahl von Straßenbauvorhaben mit durchschnittlichem Beanspruchungsgrad des Untergrundes in einer geologischen Situation ohne Besonderheiten gewährleistet dieser erläuterte geowissenschaftliche Untersuchungsrahmen einen angemessenen Untersuchungsumfang.

Hinsichtlich der Anzahl der Punktsetzungen für relevante Untersuchungsfelder ist insbesondere dann von der beispielhaften Tabelle abzuweichen, wenn einerseits sehr einfache bauliche Eingriffe in einen unproblematischen homogenen geologischen Untergrund erfolgen (Verringerung der Untersuchungsfelder) oder andererseits sehr komplexe Bauvorhaben mit großer Breiten- und Tiefenwirkung in komplizierten heterogenen geologischen Gegebenheiten geplant werden (Vermehrung der Untersuchungsfelder).

In den meisten Fällen wird bereits im Frühstadium eines Verfahrens die Abschätzung möglich sein, ob es sich bezüglich des erforderlichen Umfangs der geowissenschaftlichen Untersuchungsfelder um ein Vorhaben handelt, für das der Untersuchungsrahmen der entsprechenden beispielhaften Tabelle weitgehend zutrifft, oder eine wesentlich verringerte bzw. vermehrte Anzahl von Untersuchungsfeldern dem Vorhaben angemessen ist. Dadurch lässt sich zugleich auch der hierfür erforderliche Zeitrahmen abschätzen.

Die Punktsetzungen für relevante geowissenschaftliche Untersuchungsfelder sind im Einzelfall je nach geologischer Gegebenheit und Dimension des Vorhabens vom zuständigen Geologischen Dienst zu entscheiden.

3.5 Schriftenverzeichnis zur Umweltverträglichkeitsprüfung

3.5.1 Rechtsgrundlagen, Prüfungsinhalte und -methoden

Gesetz über die Umweltverträglichkeitsprüfung (UVPG) vom 12. Februar 1990 (BGBl. I, S. 205), zuletzt geändert durch Art. 2 des Magnetschwebebahnplanungsgesetzes vom 23. November 1994 (BGBl. I, S. 3486)

Allgemeine Verwaltungsvorschrift zur Ausführung des Gesetzes über die Umweltverträglichkeitsprüfung (UVPVwV) vom 18. September 1995 (GMBl. 1995, Nr. 32, S. 671)

Zusammenstellung und Übersicht der Rechtsgrundlagen, Prüfungsinhalte und -methoden:

Storm P-C, Bunge T (Hrsg) Handbuch der Umweltverträglichkeitsprüfung (HdUVP) – Ergänzbare Sammlung der Rechtsgrundlagen, Prüfungsinhalte und -methoden für Behörden, Unternehmen, Sachverständige und die juristische Praxis. Erich Schmidt Verlag, Berlin

3.5.2 Tabellen Geowissenschaftlicher Untersuchungsrahmen der Umweltverträglichkeitsprüfung für Vorhaben der Anlage zu § 3 UVPG

Tab. 3.3 Geowissenschaftlicher Untersuchungsrahmen der Umweltverträglichkeitsprüfung für Vorhaben der Anlage zu § 3 UVPG Nr. 1 Errichtung und Betrieb einer Anlage, die der Genehmigung in einem Verfahren unter Einbeziehung der Öffentlichkeit nach § 4 des Bundes-Immissionsschutzgesetzes bedarf und im Anhang zu dieser Anlage aufgeführt ist, sowie die wesentlich Änderung der Lage, der Beschaffenheit oder des Betriebs einer solchen Anlage, wenn von der Einbeziehung der Öffentlichkeit nach § 15 Abs. 2 des Bundes-Immissonsschutzgesetzes nicht abgesehen wird und die Änderung erhebliche nachteilige Auswirkungen auf in § 2 Abs. 1 Satz 2 genannte Schutzgüter haben kann.

Die Tabelle hat beispielhaften Charakter.
Sie ist vom Staatlichen Geologischen Dienst der Vorhabensdimension und den geologischen Gegebenheiten anzupassen mit entsprechend reduzierter oder vermehrter Punktsetzung für die im Einzelfall relevanten Untersuchungsfelder.

● Untersuchungsfeld		Allgemeine geologische Grundlagen										Bodenkunde					Hydrogeologie							Ingenieur-geologie				Rohstoff-geologie			
A - Flächendeckende Beschreibung der Umwelt am Standort und im Einwirkungsbereich des Vorhabens gem. §6(3)1 und §6(4)2 UVPG B - Auswirkungen des Vorhabens auf das Schutzgut einschließlich der Wechselwirkungen gem. §6(3)2 und §6(3)4 UVPG C - Maßnahmen zur Vermeidung bzw. Minderung der zu erwartenden Umweltauswirkungen gem. §6(3)3 und §6(4)3 UVPG		Geologische Karten und Schnitte	Fernerkundung	Aufschlußdaten	Geophysik	Tektonik	Petrographie, Mineralogie	Geochemie	Geomorphologie	Geotopschutz	Sonstiges	Bodenkarten und Profile	Bodeneigenschaften	Empfindlichkeiten, Risiken	Bodenschutz	Sonstiges	Hydrogeol. Karten und Schnitte	Grundwassereigenschaften	Grundwasserdynamik	Grundwasserhaushalt	Risiken	Grundwasserschutz	Sonstiges	Generelle Baugrundverhältnisse	Berechnungskennwerte	Risiken	Sicherungsmaßnahmen	Rohstoffkarten	Rohstoffsicherung	Nutzungsverluste, Risiken	Sonstiges
Ziffern 1—30 siehe Erläuterung		1	2	3	4	5	6	7	8	9	10	11	12	13	14	15	16	17	18	19	20	21	22	23	24	25	26	27	28	29	30
Schutzgut Boden (Geosphäre)																															
A - Boden i. e. S. (Pedosphäre)	1								●			●	●	●																	
- Geologischer Untergrund	2	●	●	●	●	●	●	●	●	●														●	●	●		●			
- Hydrogeologische Empfindlichkeit	3			●								●	●				●	●				●									
- Geogene Anomalie	4	●		●				●				●	●	●				●													
- Anthropogene Vorbelastung	5							●					●	●				●													
B - Flächenverbrauch	6											●	●																●	●	
- Veränderung des Reliefs	7								●	●		●	●	●												●	●				
- Bodenabtrag, Erosion	8								●				●	●	●						●										
- Veränderung der Bodenstruktur	9												●	●																	
- Eutrophierung, Schadstoffeintrag	10							●	●				●	●	●		●														
C - Vorschläge aus geowiss. Sicht	11									●				●	●						●						●		●	●	
Schutzgut Grundwasser																															
A - Entfernung zu Wassergewinnungsanlagen	12																●	●			●	●									
- Vorbelastung des Grundwassers	13																●	●			●	●									
- Empfindlichkeit d. Grundwasserleiters	14												●	●			●	●		●	●	●									
- Wechselwirkungen mit Oberflächengewässern	15												●	●	●		●	●	●	●	●										
B - Grundwasserabsenkung, -anstieg	16												●	●			●		●	●	●					●	●				
- Änderung der Neubildung	17																			●											
- Veränderung von Grundwasserströmen	18																●		●	●	●					●	●				
- Veränderung d. Grundwasserqualität	19												●	●	●		●	●			●	●									
C - Vorschläge aus geowiss. Sicht	20														●				●	●	●	●				●	●				
Schutzgut Landschaft																															
A - Geländemorphologie	21								●					●																	
- Prägende Strukturelemente	22								●	●																					
- Naturräumliche Besonderheiten	23								●	●					●																
B - Beeinträchtigung d. Landschaftsbildes	24								●																	●	●				
- Verlust und Beeinträchtigung naturräumlicher Besonderheiten	25									●					●																
C - Vorschläge aus geowiss. Sicht	26									●					●											●	●				
Kultur- und sonstige Sachgüter; Vorhandene und geplante Nutzungen																															
A - Kultur- und sonstige Sachgüter	27									●																●					
- Land- und Forstwirtschaft	28							●				●	●	●	●																
- Wasserwirtschaft	29																●	●		●	●	●									
- Rohstoffwirtschaft	30																											●	●	●	
B - Kultur- und sonstige Sachgüter	31									●																●	●				
- Land- und Forstwirtschaft	32												●	●	●																
- Wasserwirtschaft	33												●	●				●		●	●	●									
- Rohstoffwirtschaft	34																												●	●	
C - Vorschläge aus geowiss. Sicht	35									●					●			●		●	●	●				●	●		●		

Tab. 3.4 Geowissenschaftlicher Untersuchungsrahmen der Umweltverträglichkeitsprüfung für Vorhaben der Anlage zu § 3 UVPG Nr. 2 Errichtung, Betrieb, Stilllegung, der sichere Einschluß oder der Abbau einer ortsfesten kerntechnischen Anlage sowie die wesentliche Änderung der Anlage oder ihres Betriebes, die der Genehmigung in einem Verfahren unter Einbeziehung der Öffentlichkeit nach § 7 des Atomgesetzes bedürfen.

Die Tabelle hat beispielhaften Charakter.
Sie ist vom Staatlichen Geologischen Dienst der Vorhabensdimension und den geologischen Gegebenheiten anzupassen mit entsprechend reduzierter oder vermehrter Punktsetzung für die im Einzelfall relevanten Untersuchungsfelder.

● Untersuchungsfeld		Allgemeine geologische Grundlagen										Bodenkunde					Hydrogeologie							Ingenieurgeologie				Rohstoffgeologie			
A - Flächendeckende Beschreibung der Umwelt am Standort und im Einwirkungsbereich des Vorhabens gem. §6(3)1 und §6(4)2 UVPG B - Auswirkungen des Vorhabens auf das Schutzgut einschließlich der Wechselwirkungen gem. §6(3)2 und §6(3)4 UVPG C - Maßnahmen zur Vermeidung bzw. Minderung der zu erwartenden Umweltauswirkungen gem. §6(3)3 und §6(4)3 UVPG		Geologische Karten und Schnitte	Fernerkundung	Aufschlußdaten	Geophysik	Tektonik	Petrographie, Mineralogie	Geochemie	Geomorphologie	Geotopschutz	Sonstiges	Bodenkarten und Profile	Bodeneigenschaften	Empfindlichkeiten, Risiken	Bodenschutz	Sonstiges	Hydrogeol. Karten und Schnitte	Grundwassereigenschaften	Grundwasserdynamik	Grundwasserhaushalt	Risiken	Grundwasserschutz	Sonstiges	Generelle Baugrundverhältnisse	Berechnungskennwerte	Risiken	Sicherungsmaßnahmen	Rohstoffkarten	Rohstoffsicherung	Nutzungsverluste, Risiken	Sonstiges
Ziffern 1—30 siehe Erläuterung		1	2	3	4	5	6	7	8	9	10	11	12	13	14	15	16	17	18	19	20	21	22	23	24	25	26	27	28	29	30
Schutzgut Boden (Geosphäre)																															
A - Boden i. e. S. (Pedosphäre)	1			●					●			●	●	●																	
- Geologischer Untergrund	2	●		●	●	●	●																	●	●		●	●	●	●	
- Hydrogeologische Empfindlichkeit	3											●					●	●	●	●	●	●									
- Geogene Anomalie	4	●			●	●	●	●																							
- Anthropogene Vorbelastung	5							●						●																	
B - Flächenverbrauch	6														●													●			
- Veränderung des Reliefs	7								●	●		●			●							●									
- Bodenabtrag, Erosion	8			●					●				●		●															●	
- Veränderung der Bodenstruktur	9											●	●	●	●																
- Eutrophierung, Schadstoffeintrag	10													●	●																
C - Vorschläge aus geowiss. Sicht	11								●	●		●			●							●						●		●	
Schutzgut Grundwasser																															
A - Entfernung zu Wassergewinnungsanlagen	12																●			●	●	●									
- Vorbelastung des Grundwassers	13							●										●													
- Empfindlichkeit d. Grundwasserleiters	14	●		●		●	●					●	●				●	●	●		●	●		●							
- Wechselwirkungen mit Oberflächengewässern	15							●									●		●	●		●									
B - Grundwasserabsenkung, -anstieg	16	●										●	●				●	●	●	●				●		●					
- Änderung der Neubildung	17												●					●	●	●											
- Veränderung von Grundwasserströmen	18																		●	●	●										
- Veränderung d. Grundwasserqualität	19																	●	●			●									
C - Vorschläge aus geowiss. Sicht	20											●					●	●	●	●	●	●		●							
Schutzgut Landschaft																															
A - Geländemorphologie	21	●							●	●																					
- Prägende Strukturelemente	22	●				●			●	●																					
- Naturräumliche Besonderheiten	23	●							●	●		●					●									●		●			
B - Beeinträchtigung d. Landschaftsbildes	24								●	●																					
- Verlust und Beeinträchtigung naturräumlicher Besonderheiten	25								●	●																					
C - Vorschläge aus geowiss. Sicht	26								●	●																					
Kultur- und sonstige Sachgüter; Vorhandene und geplante Nutzungen																															
A - Kultur- und sonstige Sachgüter	27	●								●																●					
- Land- und Forstwirtschaft	28											●																			
- Wasserwirtschaft	29																●														
- Rohstoffwirtschaft	30		●				●																					●	●	●	
B - Kultur- und sonstige Sachgüter	31									●														●		●					
- Land- und Forstwirtschaft	32									●				●	●																
- Wasserwirtschaft	33													●			●	●	●	●		●									
- Rohstoffwirtschaft	34						●							●														●			
C - Vorschläge aus geowiss. Sicht	35									●					●							●		●				●	●		

Tab. 3.5 Geowissenschaftlicher Untersuchungsrahmen der Umweltverträglichkeitsprüfung für Vorhaben der Anlage zu § 3 UVPG Nr. 3 Errichtung und Betrieb einer Anlage zur Sicherstellung und zur Endlagerung radioaktiver Abfälle sowie die wesentliche Änderung einer solchen Anlage oder ihres Betriebes, die einer Planfeststellung nach § 9b des Atomgesetzes bedürfen.

Die Tabelle hat beispielhaften Charakter.
Sie ist vom Staatlichen Geologischen Dienst der Vorhabensdimension und den geologischen Gegebenheiten anzupassen mit entsprechend reduzierter oder vermehrter Punktsetzung für die im Einzelfall relevanten Untersuchungsfelder.

● Untersuchungsfeld		Allgemeine geologische Grundlagen										Bodenkunde					Hydrogeologie							Ingenieurgeologie				Rohstoffgeologie			
A - Flächendeckende Beschreibung der Umwelt am Standort und im Einwirkungsbereich des Vorhabens gem. §6(3)1 und §6(4)2 UVPG B - Auswirkungen des Vorhabens auf das Schutzgut einschließlich der Wechselwirkungen gem. §6(3)2 und §6(3)4 UVPG C - Maßnahmen zur Vermeidung bzw. Minderung der zu erwartenden Umweltauswirkungen gem. §6(3)3 und §6(4)3 UVPG		Geologische Karten und Schnitte	Fernerkundung	Aufschlußdaten	Geophysik	Tektonik	Petrographie, Mineralogie	Geochemie	Geomorphologie	Geotopschutz	Sonstiges	Bodenkarten und Profile	Bodeneigenschaften	Empfindlichkeiten, Risiken	Bodenschutz	Sonstiges	Hydrogeol. Karten und Schnitte	Grundwassereigenschaften	Grundwasserdynamik	Grundwasserhaushalt	Risiken	Grundwasserschutz	Sonstiges	Generelle Baugrundverhältnisse	Berechnungskennwerte	Risiken	Sicherungsmaßnahmen	Rohstoffkarten	Rohstoffsicherung	Nutzungsverluste, Risiken	Sonstiges
Ziffern 1—30 siehe Erläuterung		1	2	3	4	5	6	7	8	9	10	11	12	13	14	15	16	17	18	19	20	21	22	23	24	25	26	27	28	29	30
Schutzgut Boden (Geosphäre)																															
A - Boden i. e. S. (Pedosphäre)	1											●	●	●	●																
- Geologischer Untergrund	2	●		●	●	●	●	●	●	●												●		●	●	●	●	●	●	●	
- Hydrogeologische Empfindlichkeit	3																●	●	●	●	●										
- Geogene Anomalie	4							●						●	●																
- Anthropogene Vorbelastung	5							●						●	●																
B - Flächenverbrauch	6											●																			
- Veränderung des Reliefs	7								●																	●	●				
- Bodenabtrag, Erosion	8								●				●																		
- Veränderung der Bodenstruktur	9												●											●	●					●	
- Eutrophierung, Schadstoffeintrag	10							●						●							●	●									
C - Vorschläge aus geowiss. Sicht	11											●									●	●		●	●	●	●			●	
Schutzgut Grundwasser																															
A - Entfernung zu Wassergewinnungsanlagen	12																●	●		●		●				●					
- Vorbelastung des Grundwassers	13																	●													
- Empfindlichkeit d. Grundwasserleiters	14																				●										
- Wechselwirkungen mit Oberflächengewässern	15																		●	●	●	●									
B - Grundwasserabsenkung, -anstieg	16	●										●	●				●				●			●							
- Änderung der Neubildung	17												●				●														
- Veränderung von Grundwasserströmen	18																		●							●	●				
- Veränderung d. Grundwasserqualität	19																	●	●			●				●					
C - Vorschläge aus geowiss. Sicht	20											●					●	●			●	●		●		●	●				
Schutzgut Landschaft																															
A - Geländemorphologie	21																														
- Prägende Strukturelemente	22																														
- Naturräumliche Besonderheiten	23								●	●																					
B - Beeinträchtigung d. Landschaftsbildes	24								●																						
- Verlust und Beinträchtigung naturräumlicher Besonderheiten	25									●																					
C - Vorschläge aus geowiss. Sicht	26									●																					
Kultur- und sonstige Sachgüter; Vorhandene und geplante Nutzungen																															
A - Kultur- und sonstige Sachgüter	27	●																						●		●					
- Land- und Forstwirtschaft	28											●			●																
- Wasserwirtschaft	29																●	●	●			●									
- Rohstoffwirtschaft	30	●																										●	●	●	
B - Kultur- und sonstige Sachgüter	31																							●		●					
- Land- und Forstwirtschaft	32														●																
- Wasserwirtschaft	33																	●	●			●									
- Rohstoffwirtschaft	34																											●	●	●	
C - Vorschläge aus geowiss. Sicht	35														●			●	●			●		●		●			●	●	

Tab. 3.6 Geowissenschaftlicher Untersuchungsrahmen der Umweltverträglichkeitsprüfung für Vorhaben der Anlage zu § 3 UVPG Nr. 4 Errichtung und Betrieb einer Deponie sowie die wesentliche Änderung einer solchen Anlage oder ihres Betriebes, die der Planfeststellung nach § 7 Abs. 2 des Abfallgesetzes bedürfen.

Die Tabelle hat beispielhaften Charakter.
Sie ist vom Staatlichen Geologischen Dienst der Vorhabensdimension und den geologischen Gegebenheiten anzupassen mit entsprechend reduzierter oder vermehrter Punktsetzung für die im Einzelfall relevanten Untersuchungsfelder.

● **Untersuchungsfeld**

A - **Flächendeckende Beschreibung** der Umwelt am Standort und im Einwirkungsbereich des Vorhabens gem. §6(3)1 und §6(4)2 UVPG
B - **Auswirkungen des Vorhabens** auf das Schutzgut einschließlich der Wechselwirkungen gem. §6(3)2 und §6(3)4 UVPG
C - **Maßnahmen zur Vermeidung** bzw. Minderung der zu erwartenden Umweltauswirkungen gem. §6(3)3 und §6(4)3 UVPG

Untersuchungsfeld	Nr.	Allgemeine geologische Grundlagen										Bodenkunde					Hydrogeologie							Ingenieurgeologie				Rohstoffgeologie			
		Geologische Karten und Schnitte	Fernerkundung	Aufschlußdaten	Geophysik	Tektonik	Petrographie, Mineralogie	Geochemie	Geomorphologie	Geotopschutz	Sonstiges	Bodenkarten und Profile	Bodeneigenschaften	Empfindlichkeiten, Risiken	Bodenschutz	Sonstiges	Hydrogeol. Karten und Schnitte	Grundwassereigenschaften	Grundwasserdynamik	Grundwasserhaushalt	Risiken	Grundwasserschutz	Sonstiges	Generelle Baugrundverhältnisse	Berechnungskennwerte	Risiken	Sicherungsmaßnahmen	Rohstoffkarten	Rohstoffsicherung	Nutzungsverluste, Risiken	Sonstiges
Ziffern 1—30 siehe Erläuterung		1	2	3	4	5	6	7	8	9	10	11	12	13	14	15	16	17	18	19	20	21	22	23	24	25	26	27	28	29	30
Schutzgut Boden (Geosphäre)																															
A - Boden i.e.S. (Pedosphäre)	1											●	●																		
- Geologischer Untergrund	2	●	●	●	●	●	●	●	●	●														●	●	●		●	●	●	
- Hydrogeologische Empfindlichkeit	3			●								●	●	●			●	●	●	●	●	●									
- Geogene Anomalie	4	●					●	●									●	●	●					●		●					
- Anthropogene Vorbelastung	5							●					●					●						●		●					
B - Flächenverbrauch	6											●	●	●						●		●						●	●	●	
- Veränderung des Reliefs	7								●	●				●					●	●		●		●	●	●	●			●	
- Bodenabtrag, Erosion	8											●	●	●	●					●	●			●	●	●	●				
- Veränderung der Bodenstruktur	9											●	●	●	●					●	●										
- Eutrophierung, Schadstoffeintrag	10							●				●	●	●	●			●			●	●									
C - Vorschläge aus geowiss. Sicht	11									●				●	●					●	●	●		●	●	●	●		●	●	
Schutzgut Grundwasser																															
A - Entfernung zu Wassergewinnungsanlagen	12																●	●			●	●									
- Vorbelastung des Grundwassers	13																●	●			●	●				●	●				
- Empfindlichkeit d. Grundwasserleiters	14			●		●						●	●	●			●	●	●	●	●	●									
- Wechselwirkungen mit Oberflächengewässern	15	●											●	●			●	●	●	●	●	●				●					
B - Grundwasserabsenkung, -anstieg	16											●	●	●			●	●	●	●	●	●		●	●	●	●		●	●	
- Änderung der Neubildung	17																	●	●	●	●	●									
- Veränderung von Grundwasserströmen	18																●	●	●	●	●	●		●		●	●		●	●	
- Veränderung d. Grundwasserqualität	19												●	●	●		●	●	●	●	●	●									
C - Vorschläge aus geowiss. Sicht	20													●	●		●	●	●	●	●	●		●		●	●			●	
Schutzgut Landschaft																															
A - Geländemorphologie	21								●			●	●	●			●							●		●	●				
- Prägende Strukturelemente	22								●	●																					
- Naturräumliche Besonderheiten	23								●	●					●											●					
B - Beeinträchtigung d. Landschaftsbildes	24								●	●														●		●	●				
- Verlust und Beeinträchtigung naturräumlicher Besonderheiten	25									●					●											●				●	
C - Vorschläge aus geowiss. Sicht	26									●					●									●		●	●			●	
Kultur- und sonstige Sachgüter; Vorhandene und geplante Nutzungen																															
A - Kultur- und sonstige Sachgüter	27									●									●		●			●		●	●				
- Land- und Forstwirtschaft	28											●	●	●	●					●		●									
- Wasserwirtschaft	29												●				●	●	●	●	●	●									
- Rohstoffwirtschaft	30									●																		●	●	●	
B - Kultur- und sonstige Sachgüter	31									●									●		●			●	●	●	●				
- Land- und Forstwirtschaft	32											●	●	●	●					●		●									
- Wasserwirtschaft	33																●	●	●	●	●	●									
- Rohstoffwirtschaft	34																											●	●	●	
C - Vorschläge aus geowiss. Sicht	35									●					●			●	●	●	●	●		●	●	●	●		●		

Tab. 3.7 Geowissenschaftlicher Untersuchungsrahmen der Umweltverträglichkeitsprüfung für Vorhaben der Anlage zu § 3 UVPG Nr. 5 Bau und Betrieb sowie wesentliche Änderung einer Abwasserbehandlungsanlage, die einer Zulassung nach § 18 c des Wasserhaushaltsgesetzes bedürfen.

Die Tabelle hat beispielhaften Charakter.
Sie ist vom Staatlichen Geologischen Dienst der Vorhabensdimension und den geologischen Gegebenheiten anzupassen mit entsprechend reduzierter oder vermehrter Punktsetzung für die im Einzelfall relevanten Untersuchungsfelder.

● Untersuchungsfeld		Allgemeine geologische Grundlagen										Bodenkunde					Hydrogeologie							Ingenieurgeologie				Rohstoffgeologie			
A - Flächendeckende Beschreibung der Umwelt am Standort und im Einwirkungsbereich des Vorhabens gem. §6(3)1 und §6(4)2 UVPG B - Auswirkungen des Vorhabens auf das Schutzgut einschließlich der Wechselwirkungen gem. §6(3)2 und §6(3)4 UVPG C - Maßnahmen zur Vermeidung bzw. Minderung der zu erwartenden Umweltauswirkungen gem. §6(3)3 und §6(4)3 UVPG		Geologische Karten und Schnitte	Fernerkundung	Aufschlußdaten	Geophysik	Tektonik	Petrographie, Mineralogie	Geochemie	Geomorphologie	Geotopschutz	Sonstiges	Bodenkarten und Profile	Bodeneigenschaften	Empfindlichkeiten, Risiken	Bodenschutz	Sonstiges	Hydrogeol. Karten und Schnitte	Grundwassereigenschaften	Grundwasserdynamik	Grundwasserhaushalt	Risiken	Grundwasserschutz	Sonstiges	Generelle Baugrundverhältnisse	Berechnungskennwerte	Risiken	Sicherungsmaßnahmen	Rohstoffkarten	Rohstoffsicherung	Nutzungsverluste, Risiken	Sonstiges
Ziffern 1—30 siehe Erläuterung		1	2	3	4	5	6	7	8	9	10	11	12	13	14	15	16	17	18	19	20	21	22	23	24	25	26	27	28	29	30
Schutzgut Boden (Geosphäre)																															
A - Boden i.e.S. (Pedosphäre)	1											●	●																		
- Geologischer Untergrund	2	●		●	●	●	●		●															●	●	●		●			
- Hydrogeologische Empfindlichkeit	3			●								●	●				●	●	●	●		●									
- Geogene Anomalie	4	●		●		●		●				●	●	●				●													
- Anthropogene Vorbelastung	5							●				●	●	●				●								●					
B - Flächenverbrauch	6												●	●						●		●							●	●	
- Veränderung des Reliefs	7								●															●		●	●				
- Bodenabtrag, Erosion	8								●			●	●	●	●						●			●		●					
- Veränderung der Bodenstruktur	9												●	●	●					●											
- Eutrophierung, Schadstoffeintrag	10							●					●	●	●			●		●	●										
C - Vorschläge aus geowiss. Sicht	11													●	●					●	●	●		●		●	●		●	●	
Schutzgut Grundwasser																															
A - Entfernung zu Wassergewinnungsanlagen	12																●	●	●		●	●									
- Vorbelastung des Grundwassers	13																●	●				●									
- Empfindlichkeit d. Grundwasserleiters	14			●								●	●	●			●	●	●	●	●	●									
- Wechselwirkungen mit Oberflächengewässern	15																●	●	●	●	●	●									
B - Grundwasserabsenkung, -anstieg	16											●	●	●			●	●	●	●	●	●		●	●	●	●			●	
- Änderung der Neubildung	17																		●	●	●										
- Veränderung von Grundwasserströmen	18																	●	●	●	●			●		●	●				
- Veränderung d. Grundwasserqualität	19																●	●			●	●		●		●	●				
C - Vorschläge aus geowiss. Sicht	20																	●	●	●	●	●		●		●	●			●	
Schutzgut Landschaft																															
A - Geländemorphologie	21								●																						
- Prägende Strukturelemente	22								●																						
- Naturräumliche Besonderheiten	23								●	●																					
B - Beeinträchtigung d. Landschaftsbildes	24								●	●																●					
- Verlust und Beeinträchtigung naturräumlicher Besonderheiten	25									●																●					
C - Vorschläge aus geowiss. Sicht	26									●																	●				
Kultur- und sonstige Sachgüter; Vorhandene und geplante Nutzungen																															
A - Kultur- und sonstige Sachgüter	27									●														●							
- Land- und Forstwirtschaft	28											●	●	●																	
- Wasserwirtschaft	29																●	●	●	●	●	●									
- Rohstoffwirtschaft	30																											●	●	●	
B - Kultur- und sonstige Sachgüter	31									●														●		●	●				
- Land- und Forstwirtschaft	32												●	●	●																
- Wasserwirtschaft	33																	●	●	●	●	●									
- Rohstoffwirtschaft	34																												●	●	
C - Vorschläge aus geowiss. Sicht	35									●					●			●			●	●		●		●	●		●		

Tab. 3.8 Geowissenschaftlicher Untersuchungsrahmen der Umweltverträglichkeitsprüfung für Vorhaben der Anlage zu § 3 UVPG Nr. 6 Herstellung, Beseitigung und wesentliche Umgestaltung eines Gewässers oder seiner Ufer sowie Deich- oder Dammbauten, die einer Planfeststellung nach § 31 des Wasserhaushaltsgesetzes bedürfen.

Die Tabelle hat beispielhaften Charakter.
Sie ist vom Staatlichen Geologischen Dienst der Vorhabensdimension und den geologischen Gegebenheiten anzupassen mit entsprechend reduzierter oder vermehrter Punktsetzung für die im Einzelfall relevanten Untersuchungsfelder.

● Untersuchungsfeld		Allgemeine geologische Grundlagen										Bodenkunde					Hydrogeologie							Ingenieurgeologie				Rohstoffgeologie			
A - Flächendeckende Beschreibung der Umwelt am Standort und im Einwirkungsbereich des Vorhabens gem. §6(3)1 und §6(4)2 UVPG B - Auswirkungen des Vorhabens auf das Schutzgut einschließlich der Wechselwirkungen gem. §6(3)2 und §6(3)4 UVPG C - Maßnahmen zur Vermeidung bzw. Minderung der zu erwartenden Umweltauswirkungen gem. §6(3)3 und §6(4)3 UVPG		Geologische Karten und Schnitte	Fernerkundung	Aufschlußdaten	Geophysik	Tektonik	Petrographie, Mineralogie	Geochemie	Geomorphologie	Geotopschutz	Sonstiges	Bodenkarten und Profile	Bodeneigenschaften	Empfindlichkeiten, Risiken	Bodenschutz	Sonstiges	Hydrogeol. Karten und Schnitte	Grundwassereigenschaften	Grundwasserdynamik	Grundwasserhaushalt	Risiken	Grundwasserschutz	Sonstiges	Generelle Baugrundverhältnisse	Berechnungskennwerte	Risiken	Sicherungsmaßnahmen	Rohstoffkarten	Rohstoffsicherung	Nutzungsverluste, Risiken	Sonstiges
Ziffern 1—30 siehe Erläuterung		1	2	3	4	5	6	7	8	9	10	11	12	13	14	15	16	17	18	19	20	21	22	23	24	25	26	27	28	29	30
Schutzgut Boden (Geosphäre)																															
A - Boden i. e. S. (Pedosphäre)	1											●	●																		
- Geologischer Untergrund	2	●	●	●	●	●	●		●															●	●	●		●	●		
- Hydrogeologische Empfindlichkeit	3			●								●	●				●	●				●									
- Geogene Anomalie	4	●						●				●	●	●			●	●													
- Anthropogene Vorbelastung	5							●				●	●	●			●	●													
B - Flächenverbrauch	6												●	●						●		●							●	●	
- Veränderung des Reliefs	7												●	●						●				●	●	●					
- Bodenabtrag, Erosion	8												●							●						●					
- Veränderung der Bodenstruktur	9												●	●	●			●		●						●					
- Eutrophierung, Schadstoffeintrag	10							●					●	●	●			●				●									
C - Vorschläge aus geowiss. Sicht	11								●					●	●					●	●	●				●			●	●	
Schutzgut Grundwasser																															
A - Entfernung zu Wassergewinnungsanlagen	12													●			●		●	●	●	●									
- Vorbelastung des Grundwassers	13																●	●			●	●									
- Empfindlichkeit d. Grundwasserleiters	14											●	●	●			●					●									
- Wechselwirkungen mit Oberflächengewässern	15												●	●			●		●	●		●				●					
B - Grundwasserabsenkung, -anstieg	16											●	●	●			●			●	●	●		●	●	●			●	●	
- Änderung der Neubildung	17																			●	●	●									
- Veränderung von Grundwasserströmen	18																●		●	●	●	●				●			●	●	
- Veränderung d. Grundwasserqualität	19													●	●		●	●			●	●									
C - Vorschläge aus geowiss. Sicht	20														●		●	●		●	●	●				●				●	
Schutzgut Landschaft																															
A - Geländemorphologie	21								●			●	●	●																	
- Prägende Strukturelemente	22								●	●																					
- Naturräumliche Besonderheiten	23								●	●																					
B - Beeinträchtigung d. Landschaftsbildes	24								●	●																					
- Verlust und Beeinträchtigung naturräumlicher Besonderheiten	25									●																					
C - Vorschläge aus geowiss. Sicht	26									●																					
Kultur- und sonstige Sachgüter; Vorhandene und geplante Nutzungen																															
A - Kultur- und sonstige Sachgüter	27									●														●		●					
- Land- und Forstwirtschaft	28											●	●	●	●																
- Wasserwirtschaft	29																●	●	●	●	●	●									
- Rohstoffwirtschaft	30								●	●																		●	●	●	
B - Kultur- und sonstige Sachgüter	31									●														●		●					
- Land- und Forstwirtschaft	32											●	●	●	●																
- Wasserwirtschaft	33																	●	●	●	●										
- Rohstoffwirtschaft	34								●	●																			●	●	
C - Vorschläge aus geowiss. Sicht	35									●					●														●		

Tab. 3.9 Geowissenschaftlicher Untersuchungsrahmen der Umweltverträglichkeitsprüfung für Vorhaben der Anlage zu § 3 UVPG Nr. 7 Bergbauliche Vorhaben, die der Planfeststellung nach dem Bundesberggesetz bedürfen.

Die Tabelle hat beispielhaften Charakter.
Sie ist vom Staatlichen Geologischen Dienst der Vorhabensdimension und den geologischen Gegebenheiten anzupassen mit entsprechend reduzierter oder vermehrter Punktsetzung für die im Einzelfall relevanten Untersuchungsfelder.

● Untersuchungsfeld		Allgemeine geologische Grundlagen										Bodenkunde					Hydrogeologie							Ingenieurgeologie				Rohstoffgeologie			
A - Flächendeckende Beschreibung der Umwelt am Standort und im Einwirkungsbereich des Vorhabens gem. §6(3)1 und §6(4)2 UVPG B - Auswirkungen des Vorhabens auf das Schutzgut einschließlich der Wechselwirkungen gem. §6(3)2 und §6(3)4 UVPG C - Maßnahmen zur Vermeidung bzw. Minderung der zu erwartenden Umweltauswirkungen gem. §6(3)3 und §6(4)3 UVPG		Geologische Karten und Schnitte	Fernerkundung	Aufschlußdaten	Geophysik	Tektonik	Petrographie, Mineralogie	Geochemie	Geomorphologie	Geotopschutz	Sonstiges	Bodenkarten und Profile	Bodeneigenschaften	Empfindlichkeiten, Risiken	Bodenschutz	Sonstiges	Hydrogeol. Karten und Schnitte	Grundwassereigenschaften	Grundwasserdynamik	Grundwasserhaushalt	Risiken	Grundwasserschutz	Sonstiges	Generelle Baugrundverhältnisse	Berechnungskennwerte	Risiken	Sicherungsmaßnahmen	Rohstoffkarten	Rohstoffsicherung	Nutzungsverluste, Risiken	Sonstiges
Ziffern 1—30 siehe Erläuterung		1	2	3	4	5	6	7	8	9	10	11	12	13	14	15	16	17	18	19	20	21	22	23	24	25	26	27	28	29	30
Schutzgut Boden (Geosphäre)																															
A - Boden i.e.S. (Pedosphäre)	1											●	●		●											●		●			
- Geologischer Untergrund	2	●		●	●	●	●	●	●								●		●	●	●			●	●	●		●	●		
- Hydrogeologische Empfindlichkeit	3	●		●								●	●				●	●	●	●	●	●				●					
- Geogene Anomalie	4							●									●	●													
- Anthropogene Vorbelastung	5	●	●	●				●				●	●	●			●	●											●		
B - Flächenverbrauch	6	●										●			●					●	●					●		●	●	●	
- Veränderung des Reliefs	7	●				●			●			●		●	●				●	●				●	●	●				●	
- Bodenabtrag, Erosion	8	●							●			●	●	●	●			●		●				●	●	●				●	
- Veränderung der Bodenstruktur	9											●	●	●	●																
- Eutrophierung, Schadstoffeintrag	10	●		●				●				●	●	●	●		●	●			●	●							●		
C - Vorschläge aus geowiss. Sicht	11								●			●			●		●				●	●		●		●		●	●	●	
Schutzgut Grundwasser																															
A - Entfernung zu Wassergewinnungsanlagen	12																●	●	●	●	●										
- Vorbelastung des Grundwassers	13																●	●			●										
- Empfindlichkeit d. Grundwasserleiters	14				●	●	●	●				●	●	●			●	●	●			●									
- Wechselwirkungen mit Oberflächengewässern	15																●	●	●	●	●										
B - Grundwasserabsenkung, -anstieg	16					●		●					●				●	●	●	●	●				●	●					
- Änderung der Neubildung	17																●	●		●											
- Veränderung von Grundwasserströmen	18																●	●	●	●	●					●					
- Veränderung d. Grundwasserqualität	19																●	●			●	●									
C - Vorschläge aus geowiss. Sicht	20					●		●					●				●					●				●					
Schutzgut Landschaft																															
A - Geländemorphologie	21	●				●			●	●							●					●									
- Prägende Strukturelemente	22	●	●			●			●	●																					
- Naturräumliche Besonderheiten	23	●				●			●			●	●		●		●														
B - Beeinträchtigung d. Landschaftsbildes	24	●							●			●			●		●									●	●				
- Verlust und Beeinträchtigung naturräumlicher Besonderheiten	25	●							●	●		●			●		●									●					
C - Vorschläge aus geowiss. Sicht	26	●								●							●									●	●				
Kultur- und sonstige Sachgüter; Vorhandene und geplante Nutzungen																															
A - Kultur- und sonstige Sachgüter	27					●				●											●					●			●		
- Land- und Forstwirtschaft	28		●									●	●							●	●					●			●		
- Wasserwirtschaft	29														●		●	●	●	●	●	●				●			●		
- Rohstoffwirtschaft	30																											●	●	●	
B - Kultur- und sonstige Sachgüter	31					●				●																●	●				
- Land- und Forstwirtschaft	32														●																
- Wasserwirtschaft	33																				●	●									
- Rohstoffwirtschaft	34																									●				●	
C - Vorschläge aus geowiss. Sicht	35					●				●					●						●	●				●				●	

Tab. 3.10 Geowissenschaftlicher Untersuchungsrahmen der Umweltverträglichkeitsprüfung für Vorhaben der Anlage zu § 3 UVPG Nr. 8 Bau und Änderung einer Bundesfernstraße, die der Planfeststellung nach § 17 des Bundesfernstraßengesetzes oder eines Bebauungsplans nach § 9 des Baugsetzbuchs bedürfen.

Die Tabelle hat beispielhaften Charakter.
Sie ist vom Staatlichen Geologischen Dienst der Vorhabensdimension und den geologischen Gegebenheiten anzupassen mit entsprechend reduzierter oder vermehrter Punktsetzung für die im Einzelfall relevanten Untersuchungsfelder.

● Untersuchungsfeld	Allgemeine geologische Grundlagen										Bodenkunde					Hydrogeologie							Ingenieurgeologie				Rohstoffgeologie			
A - Flächendeckende Beschreibung der Umwelt am Standort und im Einwirkungsbereich des Vorhabens gem. §6(3)1 und §6(4)2 UVPG; B - Auswirkungen des Vorhabens auf das Schutzgut einschließlich der Wechselwirkungen gem. §6(3)2 und §6(3)4 UVPG; C - Maßnahmen zur Vermeidung bzw. Minderung der zu erwartenden Umweltauswirkungen gem. §6(3)3 und §6(4)3 UVPG	Geologische Karten und Schnitte	Fernerkundung	Aufschlußdaten	Geophysik	Tektonik	Petrographie, Mineralogie	Geochemie	Geomorphologie	Geotopschutz	Sonstiges	Bodenkarten und Profile	Bodeneigenschaften	Empfindlichkeiten, Risiken	Bodenschutz	Sonstiges	Hydrogeol. Karten und Schnitte	Grundwassereigenschaften	Grundwasserdynamik	Grundwasserhaushalt	Risiken	Grundwasserschutz	Sonstiges	Generelle Baugrundverhältnisse	Berechnungskennwerte	Risiken	Sicherungsmaßnahmen	Rohstoffkarten	Rohstoffsicherung	Nutzungsverluste, Risiken	Sonstiges
Ziffern 1—30 siehe Erläuterung	1	2	3	4	5	6	7	8	9	10	11	12	13	14	15	16	17	18	19	20	21	22	23	24	25	26	27	28	29	30
Schutzgut Boden (Geosphäre)																														
A - Boden i. e. S. (Pedosphäre) 1											●	●																		
- Geologischer Untergrund 2	●	●	●	●	●	●		●															●	●	●		●			
- Hydrogeologische Empfindlichkeit 3			●								●	●				●	●				●									
- Geogene Anomalie 4	●		●			●	●				●	●	●				●													
- Anthropogene Vorbelastung 5											●	●	●				●			●										
B - Flächenverbrauch 6												●	●						●		●							●	●	
- Veränderung des Reliefs 7								●	●				●							●			●	●	●	●				
- Bodenabtrag, Erosion 8											●	●	●	●						●			●		●	●				
- Veränderung der Bodenstruktur 9												●	●	●					●	●										
- Eutrophierung, Schadstoffeintrag 10							●				●	●	●	●			●			●	●									
C - Vorschläge aus geowiss. Sicht 11									●				●	●					●	●	●		●	●	●	●		●	●	
Schutzgut Grundwasser																														
A - Entfernung zu Wassergewinnungsanlagen 12																●	●			●	●									
- Vorbelastung des Grundwassers 13																●	●			●	●									
- Empfindlichkeit d. Grundwasserleiters 14			●		●						●	●	●			●	●			●	●									
- Wechselwirkungen mit Oberflächengewässern 15												●	●			●	●	●	●		●									
B - Grundwasserabsenkung, -anstieg 16											●	●	●			●	●	●	●	●	●		●	●	●	●				
- Änderung der Neubildung 17																		●	●	●										
- Veränderung von Grundwasserströmen 18																	●	●	●	●	●		●		●	●				
- Veränderung d. Grundwasserqualität 19												●	●			●	●			●	●									
C - Vorschläge aus geowiss. Sicht 20																	●	●	●	●	●		●		●	●				
Schutzgut Landschaft																														
A - Geländemorphologie 21								●			●												●		●	●				
- Prägende Strukturelemente 22								●	●																					
- Naturräumliche Besonderheiten 23								●	●																●					
B - Beeinträchtigung d. Landschaftsbildes 24								●	●														●		●	●				
- Verlust und Beinträchtigung naturräumlicher Besonderheiten 25									●																					
C - Vorschläge aus geowiss. Sicht 26									●														●		●	●				
Kultur- und sonstige Sachgüter; Vorhandene und geplante Nutzungen																														
A - Kultur- und sonstige Sachgüter 27									●											●			●		●	●				
- Land- und Forstwirtschaft 28											●	●	●	●																
- Wasserwirtschaft 29																●	●	●	●	●	●									
- Rohstoffwirtschaft 30									●																		●	●	●	
B - Kultur- und sonstige Sachgüter 31									●								●	●		●			●		●	●				
- Land- und Forstwirtschaft 32												●	●	●																
- Wasserwirtschaft 33																	●	●	●	●	●									
- Rohstoffwirtschaft 34									●																			●	●	
C - Vorschläge aus geowiss. Sicht 35									●					●			●	●	●	●	●		●		●	●		●		

Tab. 3.11 Geowissenschaftlicher Untersuchungsrahmen der Umweltverträglichkeitsprüfung für Vorhaben der Anlage zu § 3 UVPG Nr. 9 Bau und Änderung einer Anlage der Deutschen Bundesbahn, die der Planfeststellung nach § 36 des Bundesbahngesetzes bedürfen.

Die Tabelle hat beispielhaften Charakter.
Sie ist vom Staatlichen Geologischen Dienst der Vorhabensdimension und den geologischen Gegebenheiten anzupassen mit entsprechend reduzierter oder vermehrter Punktsetzung für die im Einzelfall relevanten Untersuchungsfelder.

● Untersuchungsfeld		Allgemeine geologische Grundlagen										Bodenkunde					Hydrogeologie							Ingenieur-geologie				Rohstoff-geologie			
A - Flächendeckende Beschreibung der Umwelt am Standort und im Einwirkungsbereich des Vorhabens gem. §6(3)1 und §6(4)2 UVPG B - Auswirkungen des Vorhabens auf das Schutzgut einschließlich der Wechselwirkungen gem. §6(3)2 und §6(3)4 UVPG C - Maßnahmen zur Vermeidung bzw. Minderung der zu erwartenden Umweltauswirkungen gem. §6(3)3 und §6(4)3 UVPG		Geologische Karten und Schnitte	Fernerkundung	Aufschlußdaten	Geophysik	Tektonik	Petrographie, Mineralogie	Geochemie	Geomorphologie	Geotopschutz	Sonstiges	Bodenkarten und Profile	Bodeneigenschaften	Empfindlichkeiten, Risiken	Bodenschutz	Sonstiges	Hydrogeol. Karten und Schnitte	Grundwassereigenschaften	Grundwasserdynamik	Grundwasserhaushalt	Risiken	Grundwasserschutz	Sonstiges	Generelle Baugrundverhältnisse	Berechnungskennwerte	Risiken	Sicherungsmaßnahmen	Rohstoffkarten	Rohstoffsicherung	Nutzungsverluste, Risiken	Sonstiges
Ziffern 1—30 siehe Erläuterung		1	2	3	4	5	6	7	8	9	10	11	12	13	14	15	16	17	18	19	20	21	22	23	24	25	26	27	28	29	30
Schutzgut Boden (Geosphäre)																															
A - Boden i. e. S. (Pedosphäre)	1											●	●																		
- Geologischer Untergrund	2	●	●	●	●	●	●		●															●	●	●		●			
- Hydrogeologische Empfindlichkeit	3			●								●	●				●	●				●									
- Geogene Anomalie	4	●		●			●	●				●	●	●				●													
- Anthropogene Vorbelastung	5											●	●	●				●			●										
B - Flächenverbrauch	6												●	●						●		●							●	●	
- Veränderung des Reliefs	7								●	●				●					●	●	●			●	●	●	●				
- Bodenabtrag, Erosion	8											●	●	●	●					●	●			●		●	●				
- Veränderung der Bodenstruktur	9												●	●	●					●	●										
- Eutrophierung, Schadstoffeintrag	10							●				●	●	●	●			●			●	●									
C - Vorschläge aus geowiss. Sicht	11									●				●	●					●	●	●		●	●	●	●		●	●	
Schutzgut Grundwasser																															
A - Entfernung zu Wassergewinnungsanlagen	12																●	●		●	●	●									
- Vorbelastung des Grundwassers	13																●	●			●	●									
- Empfindlichkeit d. Grundwasserleiters	14			●		●						●	●	●			●	●	●	●	●	●									
- Wechselwirkungen mit Oberflächengewässern	15												●	●			●	●	●	●		●									
B - Grundwasserabsenkung, -anstieg	16											●	●	●			●	●	●	●	●	●		●	●	●	●				
- Änderung der Neubildung	17																		●	●	●										
- Veränderung von Grundwasserströmen	18																	●	●	●	●	●		●		●	●				
- Veränderung d. Grundwasserqualität	19												●	●			●	●			●	●									
C - Vorschläge aus geowiss. Sicht	20																	●	●	●	●	●		●		●	●				
Schutzgut Landschaft																															
A - Geländemorphologie	21								●			●												●		●	●				
- Prägende Strukturelemente	22								●	●																					
- Naturräumliche Besonderheiten	23								●	●																●					
B - Beeinträchtigung d. Landschaftsbildes	24								●	●														●		●	●				
- Verlust und Beinträchtigung naturräumlicher Besonderheiten	25									●																					
C - Vorschläge aus geowiss. Sicht	26									●														●		●	●				
Kultur- und sonstige Sachgüter; Vorhandene und geplante Nutzungen																															
A - Kultur- und sonstige Sachgüter	27									●											●			●		●	●				
- Land- und Forstwirtschaft	28											●	●	●	●																
- Wasserwirtschaft	29																●	●	●	●	●	●									
- Rohstoffwirtschaft	30									●																		●	●	●	
B - Kultur- und sonstige Sachgüter	31									●											●			●		●	●				
- Land- und Forstwirtschaft	32												●	●	●																
- Wasserwirtschaft	33																	●	●	●	●	●									
- Rohstoffwirtschaft	34																												●	●	
C - Vorschläge aus geowiss. Sicht	35									●					●			●	●	●	●	●		●		●	●		●		

Tab. 3.12 Geowissenschaftlicher Untersuchungsrahmen der Umweltverträglichkeitsprüfung für Vorhaben der Anlage zu § 3 UVPG Nr. 10 Errichtung und jede Änderung einer Versuchsanlage, die nach dem §§ 2 und 12 des Gesetzes über den Bau und den Betrieb von Versuchsanlagen zur Erprobung von Techniken für den spurgeführten Verkehr der Planfeststellung bedürfen.

Die Tabelle hat beispielhaften Charakter.
Sie ist vom Staatlichen Geologischen Dienst der Vorhabensdimension und den geologischen Gegebenheiten anzupassen mit entsprechend reduzierter oder vermehrter Punktsetzung für die im Einzelfall relevanten Untersuchungsfelder.

● Untersuchungsfeld

A - Flächendeckende Beschreibung der Umwelt am Standort und im Einwirkungsbereich des Vorhabens gem. §6(3)1 und §6(4)2 UVPG
B - Auswirkungen des Vorhabens auf das Schutzgut einschließlich der Wechselwirkungen gem. §6(3)2 und §6(3)4 UVPG
C - Maßnahmen zur Vermeidung bzw. Minderung der zu erwartenden Umweltauswirkungen gem. §6(3)3 und §6(4)3 UVPG

Untersuchungsfeld	Allgemeine geologische Grundlagen										Bodenkunde					Hydrogeologie							Ingenieur-geologie				Rohstoff-geologie			
	Geologische Karten und Schnitte	Fernerkundung	Aufschlußdaten	Geophysik	Tektonik	Petrographie, Mineralogie	Geochemie	Geomorphologie	Geotopschutz	Sonstiges	Bodenkarten und Profile	Bodeneigenschaften	Empfindlichkeiten, Risiken	Bodenschutz	Sonstiges	Hydrogeol. Karten und Schnitte	Grundwassereigenschaften	Grundwasserdynamik	Grundwasserhaushalt	Risiken	Grundwasserschutz	Sonstiges	Generelle Baugrundverhältnisse	Berechnungskennwerte	Risiken	Sicherungsmaßnahmen	Rohstoffkarten	Rohstoffsicherung	Nutzungsverluste, Risiken	Sonstiges
Ziffern 1—30 siehe Erläuterung	1	2	3	4	5	6	7	8	9	10	11	12	13	14	15	16	17	18	19	20	21	22	23	24	25	26	27	28	29	30
Schutzgut Boden (Geosphäre)																														
A - Boden i.e.S. (Pedosphäre) 1											●	●																		
- Geologischer Untergrund 2	●	●	●	●	●	●		●															●	●	●		●			
- Hydrogeologische Empfindlichkeit 3			●								●	●				●	●				●									
- Geogene Anomalie 4	●			●			●				●	●	●				●													
- Anthropogene Vorbelastung 5			●								●	●	●				●													
B - Flächenverbrauch 6												●	●	●					●		●							●	●	
- Veränderung des Reliefs 7								●	●				●					●	●				●	●	●	●				
- Bodenabtrag, Erosion 8											●	●	●	●				●	●				●		●					
- Veränderung der Bodenstruktur 9												●	●	●					●											
- Eutrophierung, Schadstoffeintrag 10											●	●	●	●			●			●	●									
C - Vorschläge aus geowiss. Sicht 11									●				●	●					●	●	●		●		●	●		●	●	
Schutzgut Grundwasser																														
A - Entfernung zu Wassergewinnungsanlagen 12																●	●	●	●	●	●									
- Vorbelastung des Grundwassers 13																●	●			●	●									
- Empfindlichkeit d. Grundwasserleiters 14											●	●	●			●	●	●	●	●	●									
- Wechselwirkungen mit Oberflächengewässern 15																●	●	●	●		●									
B - Grundwasserabsenkung, -anstieg 16																●	●	●	●	●	●		●	●	●					
- Änderung der Neubildung 17																		●	●											
- Veränderung von Grundwasserströmen 18																●	●	●	●	●			●		●	●				
- Veränderung d. Grundwasserqualität 19																●	●		●	●	●									
C - Vorschläge aus geowiss. Sicht 20																		●	●	●	●		●		●					
Schutzgut Landschaft																														
A - Geländemorphologie 21		●						●																	●	●				
- Prägende Strukturelemente 22								●	●																					
- Naturräumliche Besonderheiten 23								●	●																					
B - Beeinträchtigung d. Landschaftsbildes 24								●	●																●	●				
- Verlust und Beeinträchtigung naturräumlicher Besonderheiten 25								●	●																					
C - Vorschläge aus geowiss. Sicht 26									●																●	●				
Kultur- und sonstige Sachgüter; Vorhandene und geplante Nutzungen																														
A - Kultur- und sonstige Sachgüter 27									●														●							
- Land- und Forstwirtschaft 28		●									●	●	●																	
- Wasserwirtschaft 29																●	●	●	●		●									
- Rohstoffwirtschaft 30																											●	●	●	
B - Kultur- und sonstige Sachgüter 31									●														●		●	●				
- Land- und Forstwirtschaft 32												●	●	●																
- Wasserwirtschaft 33																	●	●	●	●	●									
- Rohstoffwirtschaft 34																												●	●	
C - Vorschläge aus geowiss. Sicht 35									●					●				●	●		●		●		●	●		●		

Tab. 3.13 Geowissenschaftlicher Untersuchungsrahmen der Umweltverträglichkeitsprüfung für Vorhaben der Anlage zu § 3 UVPG Nr. 11 Bau und Änderung einer Straßenbahn, die der Planfeststellung nach § 28 des Personenförderungsgesetzes oder eines Bebauungsplans nach § 9 des Baugesetzbuchs bedürfen.

Die Tabelle hat beispielhaften Charakter.
Sie ist vom Staatlichen Geologischen Dienst der Vorhabensdimension und den geologischen Gegebenheiten anzupassen mit entsprechend reduzierter oder vermehrter Punktsetzung für die im Einzelfall relevanten Untersuchungsfelder.

● Untersuchungsfeld		Allgemeine geologische Grundlagen										Bodenkunde					Hydrogeologie							Ingenieurgeologie				Rohstoffgeologie			
A - Flächendeckende Beschreibung der Umwelt am Standort und im Einwirkungsbereich des Vorhabens gem. §6(3)1 und §6(4)2 UVPG **B - Auswirkungen des Vorhabens** auf das Schutzgut einschließlich der Wechselwirkungen gem. §6(3)2 und §6(3)4 UVPG **C - Maßnahmen zur Vermeidung** bzw. Minderung der zu erwartenden Umweltauswirkungen gem. §6(3)3 und §6(4)3 UVPG		Geologische Karten und Schnitte	Fernerkundung	Aufschlußdaten	Geophysik	Tektonik	Petrographie, Mineralogie	Geochemie	Geomorphologie	Geotopschutz	Sonstiges	Bodenkarten und Profile	Bodeneigenschaften	Empfindlichkeiten, Risiken	Bodenschutz	Sonstiges	Hydrogeol. Karten und Schnitte	Grundwassereigenschaften	Grundwasserdynamik	Grundwasserhaushalt	Risiken	Grundwasserschutz	Sonstiges	Generelle Baugrundverhältnisse	Berechnungskennwerte	Risiken	Sicherungsmaßnahmen	Rohstoffkarten	Rohstoffsicherung	Nutzungsverluste, Risiken	Sonstiges
Ziffern 1—30 siehe Erläuterung		1	2	3	4	5	6	7	8	9	10	11	12	13	14	15	16	17	18	19	20	21	22	23	24	25	26	27	28	29	30
Schutzgut Boden (Geosphäre)																															
A - Boden i.e.S. (Pedosphäre)	1											●	●																		
- Geologischer Untergrund	2	●		●	●	●	●		●															●	●	●		●			
- Hydrogeologische Empfindlichkeit	3			●								●	●				●	●				●									
- Geogene Anomalie	4			●								●	●	●				●													
- Anthropogene Vorbelastung	5											●									●										
B - Flächenverbrauch	6												●									●							●	●	
- Veränderung des Reliefs	7									●														●		●	●				
- Bodenabtrag, Erosion	8											●	●	●	●						●			●		●	●				
- Veränderung der Bodenstruktur	9												●	●							●										
- Eutrophierung, Schadstoffeintrag	10												●	●	●			●			●	●									
C - Vorschläge aus geowiss. Sicht	11									●				●	●						●	●		●		●	●		●	●	
Schutzgut Grundwasser																															
A - Entfernung zu Wassergewinnungsanlagen	12																●	●			●	●									
- Vorbelastung des Grundwassers	13																●	●			●	●									
- Empfindlichkeit d. Grundwasserleiters	14											●	●	●			●	●			●	●									
- Wechselwirkungen mit Oberflächengewässern	15												●				●	●	●	●		●									
B - Grundwasserabsenkung, -anstieg	16											●	●				●	●	●	●	●	●		●	●	●	●				
- Änderung der Neubildung	17																														
- Veränderung von Grundwasserströmen	18																	●	●	●	●	●		●		●	●				
- Veränderung d. Grundwasserqualität	19												●	●			●	●			●	●									
C - Vorschläge aus geowiss. Sicht	20																	●	●		●	●		●		●	●				
Schutzgut Landschaft																															
A - Geländemorphologie	21								●															●		●	●				
- Prägende Strukturelemente	22								●	●																					
- Naturräumliche Besonderheiten	23									●																●					
B - Beeinträchtigung d. Landschaftsbildes	24								●															●		●	●				
- Verlust und Beeinträchtigung naturräumlicher Besonderheiten	25									●																					
C - Vorschläge aus geowiss. Sicht	26									●														●		●	●				
Kultur- und sonstige Sachgüter; Vorhandene und geplante Nutzungen																															
A - Kultur- und sonstige Sachgüter	27									●											●			●		●	●				
- Land- und Forstwirtschaft	28											●	●	●																	
- Wasserwirtschaft	29																●	●	●	●	●	●									
- Rohstoffwirtschaft	30									●																		●	●	●	
B - Kultur- und sonstige Sachgüter	31									●											●			●		●	●				
- Land- und Forstwirtschaft	32												●	●	●																
- Wasserwirtschaft	33																	●	●	●	●	●									
- Rohstoffwirtschaft	34																												●	●	
C - Vorschläge aus geowiss. Sicht	35									●					●				●	●	●	●		●		●	●		●		

Tab. 3.14 Geowissenschaftlicher Untersuchungsrahmen der Umweltverträglichkeitsprüfung für Vorhaben der Anlage zu § 3 UVPG Nr. 12 Ausbau, Neubau und Beseitigung einer Bundeswasserstraße, die der Planfeststellung nach § 14 des Bundeswasserstraßengesetzes bedürfen.

Die Tabelle hat beispielhaften Charakter.
Sie ist vom Staatlichen Geologischen Dienst der Vorhabensdimension und den geologischen Gegebenheiten anzupassen mit entsprechend reduzierter oder vermehrter Punktsetzung für die im Einzelfall relevanten Untersuchungsfelder.

● **Untersuchungsfeld**

A - **Flächendeckende Beschreibung** der Umwelt am Standort und im Einwirkungsbereich des Vorhabens gem. §6(3)1 und §6(4)2 UVPG
B - **Auswirkungen des Vorhabens** auf das Schutzgut einschließlich der Wechselwirkungen gem. §6(3)2 und §6(3)4 UVPG
C - **Maßnahmen zur Vermeidung** bzw. Minderung der zu erwartenden Umweltauswirkungen gem. §6(3)3 und §6(4)3 UVPG

Untersuchungsfeld	Nr.	Allgemeine geologische Grundlagen										Bodenkunde					Hydrogeologie							Ingenieurgeologie				Rohstoffgeologie			
		Geologische Karten und Schnitte	Fernerkundung	Aufschlußdaten	Geophysik	Tektonik	Petrographie, Mineralogie	Geochemie	Geomorphologie	Geotopschutz	Sonstiges	Bodenkarten und Profile	Bodeneigenschaften	Empfindlichkeiten, Risiken	Bodenschutz	Sonstiges	Hydrogeol. Karten und Schnitte	Grundwassereigenschaften	Grundwasserdynamik	Grundwasserhaushalt	Risiken	Grundwasserschutz	Sonstiges	Generelle Baugrundverhältnisse	Berechnungskennwerte	Risiken	Sicherungsmaßnahmen	Rohstoffkarten	Rohstoffsicherung	Nutzungsverluste, Risiken	Sonstiges
Ziffern 1—30 siehe Erläuterung		1	2	3	4	5	6	7	8	9	10	11	12	13	14	15	16	17	18	19	20	21	22	23	24	25	26	27	28	29	30
Schutzgut Boden (Geosphäre)																															
A - Boden i.e.S. (Pedosphäre)	1								●			●	●	●	●																
- Geologischer Untergrund	2	●	●	●	●	●	●		●	●														●	●	●		●			
- Hydrogeologische Empfindlichkeit	3			●								●	●	●			●	●	●	●	●	●									
- Geogene Anomalie	4	●		●				●																							
- Anthropogene Vorbelastung	5												●	●																	
B - Flächenverbrauch	6												●	●	●					●		●							●	●	
- Veränderung des Reliefs	7								●	●				●										●	●	●	●			●	
- Bodenabtrag, Erosion	8								●	●		●	●	●	●											●	●				
- Veränderung der Bodenstruktur	9												●	●	●					●											
- Eutrophierung, Schadstoffeintrag	10							●					●	●				●			●										
C - Vorschläge aus geowiss. Sicht	11									●			●	●	●					●	●	●		●	●	●	●		●	●	
Schutzgut Grundwasser																															
A - Entfernung zu Wassergewinnungsanlagen	12																●	●			●	●									
- Vorbelastung des Grundwassers	13																●	●			●	●									
- Empfindlichkeit d. Grundwasserleiters	14											●	●	●			●	●			●	●									
- Wechselwirkungen mit Oberflächengewässern	15												●	●			●	●	●	●	●	●				●					
B - Grundwasserabsenkung, -anstieg	16												●	●			●	●	●	●	●	●		●	●	●	●		●	●	
- Änderung der Neubildung	17																		●	●											
- Veränderung von Grundwasserströmen	18																●	●	●	●	●	●		●		●	●			●	
- Veränderung d. Grundwasserqualität	19												●	●	●		●	●			●	●									
C - Vorschläge aus geowiss. Sicht	20														●			●	●	●	●	●		●		●	●			●	
Schutzgut Landschaft																															
A - Geländemorphologie	21								●					●										●		●	●				
- Prägende Strukturelemente	22								●	●																					
- Naturräumliche Besonderheiten	23								●	●																●					
B - Beeinträchtigung d. Landschaftsbildes	24								●	●														●		●	●				
- Verlust und Beeinträchtigung naturräumlicher Besonderheiten	25								●	●				●	●					●						●					
C - Vorschläge aus geowiss. Sicht	26								●	●				●	●									●		●	●				
Kultur- und sonstige Sachgüter; Vorhandene und geplante Nutzungen																															
A - Kultur- und sonstige Sachgüter	27									●														●		●	●				
- Land- und Forstwirtschaft	28											●	●	●	●					●		●									
- Wasserwirtschaft	29												●				●	●	●	●	●	●									
- Rohstoffwirtschaft	30									●							●			●	●							●	●	●	
B - Kultur- und sonstige Sachgüter	31																			●	●			●		●					
- Land- und Forstwirtschaft	32												●	●	●					●											
- Wasserwirtschaft	33																	●	●	●	●	●									
- Rohstoffwirtschaft	34									●																			●	●	
C - Vorschläge aus geowiss. Sicht	35									●					●				●	●	●	●		●		●	●		●		

Tab. 3.15 Geowissenschaftlicher Untersuchungsrahmen der Umweltverträglichkeitsprüfung für Vorhaben der Anlage zu § 3 UVPG Nr. 13 Anlage und Änderung eines Flugplatzes, die der Planfeststellung nach § 8 des Luftverkehrsgesetzes bedürfen.

Die Tabelle hat beispielhaften Charakter.
Sie ist vom Staatlichen Geologischen Dienst der Vorhabensdimension und den geologischen Gegebenheiten anzupassen mit entsprechend reduzierter oder vermehrter Punktsetzung für die im Einzelfall relevanten Untersuchungsfelder.

● Untersuchungsfeld

A - Flächendeckende Beschreibung der Umwelt am Standort und im Einwirkungsbereich des Vorhabens gem. §6(3)1 und §6(4)2 UVPG
B - Auswirkungen des Vorhabens auf das Schutzgut einschließlich der Wechselwirkungen gem. §6(3)2 und §6(3)4 UVPG
C - Maßnahmen zur Vermeidung bzw. Minderung der zu erwartenden Umweltauswirkungen gem. §6(3)3 und §6(4)3 UVPG

Ziffern 1—30 siehe Erläuterung

Untersuchungsfeld	Nr.	Allgemeine geologische Grundlagen										Bodenkunde					Hydrogeologie							Ingenieurgeologie				Rohstoffgeologie			
		Geologische Karten und Schnitte	Fernerkundung	Aufschlußdaten	Geophysik	Tektonik	Petrographie, Mineralogie	Geochemie	Geomorphologie	Geotopschutz	Sonstiges	Bodenkarten und Profile	Bodeneigenschaften	Empfindlichkeiten, Risiken	Bodenschutz	Sonstiges	Hydrogeol. Karten und Schnitte	Grundwassereigenschaften	Grundwasserdynamik	Grundwasserhaushalt	Risiken	Grundwasserschutz	Sonstiges	Generelle Baugrundverhältnisse	Berechnungskennwerte	Risiken	Sicherungsmaßnahmen	Rohstoffkarten	Rohstoffsicherung	Nutzungsverluste, Risiken	Sonstiges
		1	2	3	4	5	6	7	8	9	10	11	12	13	14	15	16	17	18	19	20	21	22	23	24	25	26	27	28	29	30
Schutzgut Boden (Geosphäre)																															
A - Boden i.e.S. (Pedosphäre)	1											●	●																		
- Geologischer Untergrund	2	●	●	●		●	●		●															●	●	●		●			
- Hydrogeologische Empfindlichkeit	3			●																											
- Geogene Anomalie	4	●					●	●				●	●	●			●	●													
- Anthropogene Vorbelastung	5											●	●	●			●	●													
B - Flächenverbrauch	6												●	●						●		●							●	●	
- Veränderung des Reliefs	7								●	●			●	●						●				●		●				●	
- Bodenabtrag, Erosion	8												●		●											●					
- Veränderung der Bodenstruktur	9											●	●	●	●					●						●					
- Eutrophierung, Schadstoffeintrag	10							●					●	●	●			●				●									
C - Vorschläge aus geowiss. Sicht	11													●	●					●		●				●			●	●	
Schutzgut Grundwasser																															
A - Entfernung zu Wassergewinnungsanlagen	12																●	●			●	●									
- Vorbelastung des Grundwassers	13																●	●				●									
- Empfindlichkeit d. Grundwasserleiters	14											●	●	●			●	●		●		●									
- Wechselwirkungen mit Oberflächengewässern	15												●	●			●	●	●	●						●					
B - Grundwasserabsenkung, -anstieg	16											●	●	●			●	●		●		●		●	●	●			●	●	
- Änderung der Neubildung	17																	●		●		●									
- Veränderung von Grundwasserströmen	18																●	●	●	●	●	●				●			●	●	
- Veränderung d. Grundwasserqualität	19													●	●		●	●				●									
C - Vorschläge aus geowiss. Sicht	20														●		●	●	●			●				●				●	
Schutzgut Landschaft																															
A - Geländemorphologie	21								●			●	●	●																	
- Prägende Strukturelemente	22								●	●																					
- Naturräumliche Besonderheiten	23								●	●					●																
B - Beeinträchtigung d. Landschaftsbildes	24								●	●																					
- Verlust und Beeinträchtigung naturräumlicher Besonderheiten	25									●					●																
C - Vorschläge aus geowiss. Sicht	26									●					●																
Kultur- und sonstige Sachgüter; Vorhandene und geplante Nutzungen																															
A - Kultur- und sonstige Sachgüter	27									●														●							
- Land- und Forstwirtschaft	28											●	●	●	●																
- Wasserwirtschaft	29																●	●	●	●	●	●									
- Rohstoffwirtschaft	30									●																		●	●	●	
B - Kultur- und sonstige Sachgüter	31									●																					
- Land- und Forstwirtschaft	32											●	●	●	●																
- Wasserwirtschaft	33																	●	●	●	●	●									
- Rohstoffwirtschaft	34									●																			●	●	
C - Vorschläge aus geowiss. Sicht	35									●					●							●							●		

Tab. 3.16 Geowissenschaftlicher Untersuchungsrahmen der Umweltverträglichkeitsprüfung für Vorhaben der Anlage zu § 3 UVPG Nr. 14 Schaffung der gemeinschaftlichen und öffentlichen Anlagen sowie Änderung, Verlegung oder Einziehung vorhandener Anlagen, soweit dafür eine Planfeststellung nach § 41 des Flurbereinigungsgesetzes erforderlich ist.

Die Tabelle hat beispielhaften Charakter.
Sie ist vom Staatlichen Geologischen Dienst der Vorhabensdimension und den geologischen Gegebenheiten anzupassen mit entsprechend reduzierter oder vermehrter Punktsetzung für die im Einzelfall relevanten Untersuchungsfelder.

● Untersuchungsfeld		Allgemeine geologische Grundlagen										Bodenkunde					Hydrogeologie							Ingenieur-geologie				Rohstoff-geologie			
A - Flächendeckende Beschreibung der Umwelt am Standort und im Einwirkungsbereich des Vorhabens gem. §6(3)1 und §6(4)2 UVPG B - Auswirkungen des Vorhabens auf das Schutzgut einschließlich der Wechselwirkungen gem. §6(3)2 und §6(3)4 UVPG C - Maßnahmen zur Vermeidung bzw. Minderung der zu erwartenden Umweltauswirkungen gem. §6(3)3 und §6(4)3 UVPG		Geologische Karten und Schnitte	Fernerkundung	Aufschlußdaten	Geophysik	Tektonik	Petrographie, Mineralogie	Geochemie	Geomorphologie	Geotopschutz	Sonstiges	Bodenkarten und Profile	Bodeneigenschaften	Empfindlichkeiten, Risiken	Bodenschutz	Sonstiges	Hydrogeol. Karten und Schnitte	Grundwassereigenschaften	Grundwasserdynamik	Grundwasserhaushalt	Risiken	Grundwasserschutz	Sonstiges	Generelle Baugrundverhältnisse	Berechnungskennwerte	Risiken	Sicherungsmaßnahmen	Rohstoffkarten	Rohstoffsicherung	Nutzungsverluste, Risiken	Sonstiges
Ziffern 1–30 siehe Erläuterung		1	2	3	4	5	6	7	8	9	10	11	12	13	14	15	16	17	18	19	20	21	22	23	24	25	26	27	28	29	30
Schutzgut Boden (Geosphäre)																															
A - Boden i. e. S. (Pedosphäre)	1											●	●																		
- Geologischer Untergrund	2	●	●	●		●	●		●	●														●	●	●		●			
- Hydrogeologische Empfindlichkeit	3			●								●	●				●	●				●									
- Geogene Anomalie	4	●					●	●				●	●	●				●													
- Anthropogene Vorbelastung	5												●	●				●													
B - Flächenverbrauch	6												●	●						●		●							●	●	
- Veränderung des Reliefs	7								●						●									●	●	●	●			●	
- Bodenabtrag, Erosion	8								●				●	●	●											●	●				
- Veränderung der Bodenstruktur	9												●	●	●					●	●										
- Eutrophierung, Schadstoffeintrag	10							●					●	●	●			●			●	●									
C - Vorschläge aus geowiss. Sicht	11								●					●	●					●	●	●		●		●	●		●	●	
Schutzgut Grundwasser																															
A - Entfernung zu Wassergewinnungsanlagen	12																●	●			●	●									
- Vorbelastung des Grundwassers	13																●	●			●	●									
- Empfindlichkeit d. Grundwasserleiters	14											●	●	●			●	●			●	●									
- Wechselwirkungen mit Oberflächengewässern	15												●				●	●	●	●											
B - Grundwasserabsenkung, -anstieg	16												●	●			●	●	●	●	●	●		●		●	●				
- Änderung der Neubildung	17																			●											
- Veränderung von Grundwasserströmen	18																●	●	●	●		●		●		●	●				
- Veränderung d. Grundwasserqualität	19												●	●			●	●			●	●									
C - Vorschläge aus geowiss. Sicht	20																	●		●	●	●		●		●	●				
Schutzgut Landschaft																															
A - Geländemorphologie	21								●															●		●	●				
- Prägende Strukturelemente	22								●	●																					
- Naturräumliche Besonderheiten	23								●	●																					
B - Beeinträchtigung d. Landschaftsbildes	24								●				●	●	●									●	●	●	●				
- Verlust und Beeinträchtigung naturräumlicher Besonderheiten	25								●	●																					
C - Vorschläge aus geowiss. Sicht	26									●														●	●	●	●				
Kultur- und sonstige Sachgüter; Vorhandene und geplante Nutzungen																															
A - Kultur- und sonstige Sachgüter	27									●														●		●	●				
- Land- und Forstwirtschaft	28											●	●	●	●																
- Wasserwirtschaft	29																●	●	●	●	●	●									
- Rohstoffwirtschaft	30									●																		●	●	●	
B - Kultur- und sonstige Sachgüter	31									●														●	●	●	●				
- Land- und Forstwirtschaft	32											●	●	●	●																
- Wasserwirtschaft	33																●	●	●	●	●	●									
- Rohstoffwirtschaft	34									●																			●	●	
C - Vorschläge aus geowiss. Sicht	35									●					●							●		●	●	●	●		●		

Tab. 3.17 Geowissenschaftlicher Untersuchungsrahmen der Umweltverträglichkeitsprüfung für Vorhaben der Anlage zu § 3 UVPG Nr. 15 Errichtung von Feriendörfern, Hotelkomplexen uns sonstigen großen Einrichtungen für die Ferien- und Fremdenbeherbergung, für die Bebauungspläne aufgestellt werden.

Die Tabelle hat beispielhaften Charakter.
Sie ist vom Staatlichen Geologischen Dienst der Vorhabensdimension und den geologischen Gegebenheiten anzupassen mit entsprechend reduzierter oder vermehrter Punktsetzung für die im Einzelfall relevanten Untersuchungsfelder.

● **Untersuchungsfeld**

A - Flächendeckende Beschreibung der Umwelt am Standort und im Einwirkungsbereich des Vorhabens gem. §6(3)1 und §6(4)2 UVPG
B - Auswirkungen des Vorhabens auf das Schutzgut einschließlich der Wechselwirkungen gem. §6(3)2 und §6(3)4 UVPG
C - Maßnahmen zur Vermeidung bzw. Minderung der zu erwartenden Umweltauswirkungen gem. §6(3)3 und §6(4)3 UVPG

Ziffern 1—30 siehe Erläuterung

Untersuchungsfeld		Allgemeine geologische Grundlagen										Bodenkunde					Hydrogeologie							Ingenieurgeologie				Rohstoffgeologie			
		Geologische Karten und Schnitte	Fernerkundung	Aufschlußdaten	Geophysik	Tektonik	Petrographie, Mineralogie	Geochemie	Geomorphologie	Geotopschutz	Sonstiges	Bodenkarten und Profile	Bodeneigenschaften	Empfindlichkeiten, Risiken	Bodenschutz	Sonstiges	Hydrogeol. Karten und Schnitte	Grundwassereigenschaften	Grundwasserdynamik	Grundwasserhaushalt	Risiken	Grundwasserschutz	Sonstiges	Generelle Baugrundverhältnisse	Berechnungskennwerte	Risiken	Sicherungsmaßnahmen	Rohstoffkarten	Rohstoffsicherung	Nutzungsverluste, Risiken	Sonstiges
Ziffern 1—30 siehe Erläuterung		1	2	3	4	5	6	7	8	9	10	11	12	13	14	15	16	17	18	19	20	21	22	23	24	25	26	27	28	29	30
Schutzgut Boden (Geosphäre)																															
A - Boden i. e. S. (Pedosphäre)	1							●				●	●	●	●																
- Geologischer Untergrund	2	●	●	●		●	●		●															●	●	●		●	●	●	
- Hydrogeologische Empfindlichkeit	3			●								●	●				●	●				●									
- Geogene Anomalie	4	●						●				●	●	●																	
- Anthropogene Vorbelastung	5											●	●	●																	
B - Flächenverbrauch	6											●	●							●		●							●	●	
- Veränderung des Reliefs	7								●	●			●	●						●				●	●	●					
- Bodenabtrag, Erosion	8									●		●	●		●					●						●					
- Veränderung der Bodenstruktur	9											●	●	●	●											●					
- Eutrophierung, Schadstoffeintrag	10											●	●	●	●			●			●	●									
C - Vorschläge aus geowiss. Sicht	11								●					●	●					●	●	●				●			●	●	
Schutzgut Grundwasser																															
A - Entfernung zu Wassergewinnungsanlagen	12																●	●		●	●	●									
- Vorbelastung des Grundwassers	13							●									●	●				●									
- Empfindlichkeit d. Grundwasserleiters	14											●	●	●			●	●				●									
- Wechselwirkungen mit Oberflächengewässern	15												●	●			●	●	●			●				●					
B - Grundwasserabsenkung, -anstieg	16											●	●	●			●		●	●	●	●		●	●	●			●	●	
- Änderung der Neubildung	17																			●	●	●									
- Veränderung von Grundwasserströmen	18																●		●	●	●	●				●					
- Veränderung d. Grundwasserqualität	19													●	●		●	●			●	●									
C - Vorschläge aus geowiss. Sicht	20														●		●	●	●	●	●	●				●			●	●	
Schutzgut Landschaft																															
A - Geländemorphologie	21								●			●	●	●																	
- Prägende Strukturelemente	22								●	●																					
- Naturräumliche Besonderheiten	23								●	●					●														●		
B - Beeinträchtigung d. Landschaftsbildes	24								●	●																					
- Verlust und Beeinträchtigung naturräumlicher Besonderheiten	25									●					●											●					
C - Vorschläge aus geowiss. Sicht	26									●					●																
Kultur- und sonstige Sachgüter; Vorhandene und geplante Nutzungen																															
A - Kultur- und sonstige Sachgüter	27									●														●							
- Land- und Forstwirtschaft	28											●	●	●																	
- Wasserwirtschaft	29																●	●	●	●	●	●									
- Rohstoffwirtschaft	30									●																		●	●	●	
B - Kultur- und sonstige Sachgüter	31									●														●		●					
- Land- und Forstwirtschaft	32											●	●	●	●																
- Wasserwirtschaft	33																●	●	●	●	●	●									
- Rohstoffwirtschaft	34									●																		●	●	●	
C - Vorschläge aus geowiss. Sicht	35									●					●							●		●					●		

Tab. 3.18 Geowissenschaftlicher Untersuchungsrahmen der Umweltverträglichkeitsprüfung für Vorhaben der Anlage zu § 3 UVPG Nr. 16. Errichtung und Betrieb einer Rohrleitungsanlage für den Ferntransport von Öl oder Gas sowie die wesentliche Änderung der Anlage oder ihres Betriebes, die der Genehmigung nach § 19a des Wasserhaushaltsgesetzes bedürfen.

Die Tabelle hat beispielhaften Charakter.
Sie ist vom Staatlichen Geologischen Dienst der Vorhabensdimension und den geologischen Gegebenheiten anzupassen mit entsprechend reduzierter oder vermehrter Punktsetzung für die im Einzelfall relevanten Untersuchungsfelder.

● Untersuchungsfeld

A - Flächendeckende Beschreibung der Umwelt am Standort und im Einwirkungsbereich des Vorhabens gem. §6(3)1 und §6(4)2 UVPG
B - Auswirkungen des Vorhabens auf das Schutzgut einschließlich der Wechselwirkungen gem. §6(3)2 und §6(3)4 UVPG
C - Maßnahmen zur Vermeidung bzw. Minderung der zu erwartenden Umweltauswirkungen gem. §6(3)3 und §6(4)3 UVPG

Untersuchungsfeld	Nr.	Allgemeine geologische Grundlagen										Bodenkunde					Hydrogeologie							Ingenieur-geologie				Rohstoff-geologie			
		Geologische Karten und Schnitte	Fernerkundung	Aufschlußdaten	Geophysik	Tektonik	Petrographie, Mineralogie	Geochemie	Geomorphologie	Geotopschutz	Sonstiges	Bodenkarten und Profile	Bodeneigenschaften	Empfindlichkeiten, Risiken	Bodenschutz	Sonstiges	Hydrogeol. Karten und Schnitte	Grundwassereigenschaften	Grundwasserdynamik	Grundwasserhaushalt	Risiken	Grundwasserschutz	Sonstiges	Generelle Baugrundverhältnisse	Berechnungskennwerte	Risiken	Sicherungsmaßnahmen	Rohstoffkarten	Rohstoffsicherung	Nutzungsverluste, Risiken	Sonstiges
Ziffern 1–30 siehe Erläuterung		1	2	3	4	5	6	7	8	9	10	11	12	13	14	15	16	17	18	19	20	21	22	23	24	25	26	27	28	29	30
Schutzgut Boden (Geosphäre)																															
A - Boden i.e.S. (Pedosphäre)	1							●				●	●	●	●																
- Geologischer Untergrund	2	●	●	●		●	●		●															●	●	●		●	●	●	
- Hydrogeologische Empfindlichkeit	3			●								●	●				●	●				●									
- Geogene Anomalie	4	●						●				●	●	●																	
- Anthropogene Vorbelastung	5											●	●	●																	
B - Flächenverbrauch	6											●	●							●		●							●	●	
- Veränderung des Reliefs	7								●	●			●	●						●				●	●	●					
- Bodenabtrag, Erosion	8									●		●	●		●					●						●					
- Veränderung der Bodenstruktur	9											●	●	●	●											●					
- Eutrophierung, Schadstoffeintrag	10											●	●	●	●			●			●	●									
C - Vorschläge aus geowiss. Sicht	11								●					●	●					●	●	●				●			●	●	
Schutzgut Grundwasser																															
A - Entfernung zu Wassergewinnungsanlagen	12																●	●		●	●	●									
- Vorbelastung des Grundwassers	13							●									●	●				●									
- Empfindlichkeit d. Grundwasserleiters	14											●	●	●			●	●				●									
- Wechselwirkungen mit Oberflächengewässern	15												●	●			●	●	●			●				●					
B - Grundwasserabsenkung, -anstieg	16											●	●	●			●		●	●	●	●		●	●	●			●	●	
- Änderung der Neubildung	17																			●	●	●									
- Veränderung von Grundwasserströmen	18																●		●	●	●	●				●					
- Veränderung d. Grundwasserqualität	19													●	●		●	●			●	●									
C - Vorschläge aus geowiss. Sicht	20														●		●	●	●	●	●	●				●			●	●	
Schutzgut Landschaft																															
A - Geländemorphologie	21								●			●	●	●																	
- Prägende Strukturelemente	22								●	●																					
- Naturräumliche Besonderheiten	23								●	●					●														●		
B - Beeinträchtigung d. Landschaftsbildes	24								●	●																					
- Verlust und Beeinträchtigung naturräumlicher Besonderheiten	25									●					●											●					
C - Vorschläge aus geowiss. Sicht	26									●					●																
Kultur- und sonstige Sachgüter; Vorhandene und geplante Nutzungen																															
A - Kultur- und sonstige Sachgüter	27									●														●							
- Land- und Forstwirtschaft	28											●	●	●																	
- Wasserwirtschaft	29																●	●	●	●	●	●									
- Rohstoffwirtschaft	30									●																		●	●	●	
B - Kultur- und sonstige Sachgüter	31									●														●		●					
- Land- und Forstwirtschaft	32											●	●	●	●																
- Wasserwirtschaft	33																●	●	●	●	●	●									
- Rohstoffwirtschaft	34									●																		●	●	●	
C - Vorschläge aus geowiss. Sicht	35									●					●							●		●					●		

Literatur

Ad-hoc-AG UVP (1995) Geowissenschaftlicher Untersuchungsrahmen der Umweltverträglichkeitsprüfung für Vorhaben der Anlage zu § 3 UVPG (UVP-Leitfaden mit Tabelle). Z Angew Geol 41, 2: 144–146

Ad-hoc-AG UVP (1995) Geowissenschaftlicher Untersuchungsrahmen der Umweltverträglichkeitsprüfung für Vorhaben der Anlage zu § 3 UVPG (UVP-Leitfaden mit Tabelle). Arbeitshefte Geologie 1: 2–32

Junker B (1994) Geowissenschaftlicher Untersuchungsrahmen der Umweltverträglichkeitsprüfung für Vorhaben der Anlage zu § 3 UVPG. In: Vierter Kongreß Umweltverträglichkeitsprüfung (UVP), Kommunale Umweltplanung und Umweltbetriebsprüfung, Freiburg i. Br.

Klassifizieren und Bewerten von Boden und Fels für bautechnische Zwecke

Wolfgang Dachroth

W. Dachroth, *Handbuch der Baugeologie und Geotechnik*, DOI 10.1007/978-3-662-46886-9_4

Die Natur bietet eine große Vielfalt an Festgesteinen und Böden. Die Variationsbreite reicht von zusammenhängenden, gleichmäßig festen Gesteinsmassen bis zum mehrfachen Wechsel verschiedener Gesteine mit unterschiedlichen Festigkeitseigenschaften. Die Gesteine können im festen Verbund (massiger Fels), aber auch entfestigt bis aufgelockert vorliegen. In den obersten Lagen von Verwitterungsprofilen und tieferreichend in Hanglagen kann Fels/Gestein zusätzlich zur Auflockerung im Trennflächensystem (physikalische Verwitterung) im unterschiedlichen Grade durch chemische Verwitterung verändert sein (▶ Abschn. 1.2.3 und 2.3.2 bis 2.3.13). Bei Teilverwitterung in Form der „Wollsackverwitterung" sind von den ehemaligen Kluftkörpern nur noch Gesteinsblöcke erhalten, welche schalenartig von Verwitterungsmaterial umgeben sind. Ein solcher Baugrund kann als Boden mit Blöcken benannt werden.

Bei Schichtgesteinen und Gneis können leichter verwitterbare Schichten mit verwitterungsresistenten Schichten wechseln. Bei solchen teilverwitterten Gesteinsfolgen kann ein Nebeneinander und Übereinander von Boden und Fels vorliegen. Bei großen und sehr großen Blöcken (> 3 bis 5 m^3) kann der Hauptanteil des Untergrundes aus Felsblöcken bestehen.

Bei großen Mächtigkeiten im Verwitterungsprofil (mehrere Zehn Meter) können tief liegende kristalline Gesteine gleichmäßig verwittert, höher liegende ehemalige Gesteinslagen zergrust und zersetzt sein (Granitzersatz, Gneiszersatz). Derartiger Gesteinszersatz ist typisch für Verwitterung im tropischen Klima und kommt auch fossil unterhalb bestimmter Gesteinsformationen vor.

Entsprechend dieser Vielfalt kennt die Geologie sehr viele Fachausdrücke, die nicht nur das Gestein beschreiben, sondern auch die Gesteinsentstehung, das Gesteinsalter, die Gesteinsgeschichte und die Gesteinsveränderung im Laufe der Gesteinsgeschichte erklären.

Die auf den jeweiligen Bauzweck ausgerichtete geologische Untersuchung ist dem Ingenieur und Baumeister sehr wichtig. Die Anwendung der erwähnten Fachvokabeln ist diesem Kreis jedoch wenig nützlich. Die umschriebenen Schwierigkeiten in der Verständigung werden durch die Methode der Bodenklassifikation versuchsweise gelöst.

4.1 Klassifikation, Klassifizieren, Zuordnen

Klassifikation ist die bestehende Gruppeneinteilung der Böden und Felsarten in Klassen für bautechnische Zwecke mit festgelegten Merkmalen und Kriterien.

Klassifizieren ist das Neuaufstellen oder Neuformulieren solcher Gruppen oder Klassen für bautechnische Zwecke.

Zuordnen: Es ist Aufgabe des Geotechnikers, den Baugrund/Untergrund als Boden und/oder Fels für den bautechnischen Zweck zu untersuchen, zu benennen und, soweit festgelegt, einer bestimmten fallbezogenen Klasse zuzuordnen.

Damit konzentriert sich die Geotechnik auf eine Einengung der großen Vielzahl von Gebirgsarten, Gesteinen, Böden und Lockermaterial in wenige überschaubare Gruppen mit rein stofflicher Information. Solche Informationen geben z. B. qualitative Auskunft über Arbeitsanfall beim Bearbeiten, über Eigenschaften und Verwendungsmöglichkeiten als Baustoff oder über Belastungsmöglichkeiten als Baugrund.

Für Aufgaben der Ingenieurgeologie und Geotechnik (Baugrund und Grundwasser) erfolgt die Bodenansprache bei grobkörnigen Bodenarten durch Zuordnen zu Korngrößenbereichen nach DIN EN ISO 14688-1 und 14688-2 (▶ Abschn. 1.1.1), bei feinkörnigen (bindigen) Bodenarten nach den plastischen Eigenschaften (DIN 18196), bei Festgesteinen nach Druckfestigkeit und Trennflächenabstand.

Für Aufgaben der bodenkundlichen Standortbeurteilung (Nutzungspotential und Wasserhaushalt des Bodens) erfolgt die Bodenansprache bei grobkörnigen Bodenarten durch Zuordnen zu Korngrößenbereichen nach DIN 4220.

Lockermassen aus Steinen und Blöcken (Lockergesteine i. e. S.) werden in keiner der Klassifikationen ausreichend berücksichtigt und müssen individuell beschrieben werden.

4.1.1 Bodenklassifikation für bautechnische Zwecke nach DIN 18196

Die Norm bezieht sich auf Lockermaterial in Form von anstehendem Boden, umgelagertem Boden, natürlichen und künstlichen Mineralstoffen und Recyclingbaustoffen. Die zu einer Gruppe zusammengefassten Böden haben als Baugrund oder als Baustoff annähernd gleiche Eigenschaften bei Festigkeit, Wasserempfindlichkeit, Verformbarkeit, Verdichtungsfähigkeit, Durchlässigkeit, Frostempfindlichkeit und Erosionsempfindlichkeit.

DIN 18196 unterscheidet die nachstehend genannten Hauptgruppen und Gruppen und enthält für die Unterteilung und Einstufung in 5 Tabellen zahlenmäßige Festlegungen, Erkennungsmerkmale, Beispiele und Anmerkungen zu bautechnischen Eigenschaften und bautechnischer Eignung.

- **Grobkörnige Böden**

Grobkörnige Böden sind Böden mit mehr als 95 % Massenanteilen > 0,06 mm.

Bei grobkörnigen Böden richtet sich das Zuordnen zu einer Gruppe nach den Massenanteilen der Korngrößenbereiche Kies und Sand. Gemische mit mehr als 40 % Kiesanteil heißen Kies.

Die Gruppen der grobkörnigen Böden sind *Kies enggestuft* (GE), *Kies weitgestuft* (GW), *Kies intermittierend gestuft* (GI), *Sand enggestuft* (SE), *Sand weitgestuft* (SW) und *Sand intermittierend gestuft* (SI).

- **Gemischtkörnige Böden**

Gemischtkörnige Böden sind Böden mit über 60 % Massenanteilen > 0,06 mm. Der Feinkornanteil liegt zwischen 5 und 40 %.

Bei gemischtkörnigen Böden richtet sich das Zuordnen zu einer Gruppe nach den Massenanteilen der Korngrößenbereiche Kies und Sand sowie der Art des Feinkorns. Gemische mit mehr als 40 % Kiesanteil heißen Kies-Gemische.

Die Gruppen der gemischtkörnigen Böden sind *Kies-Schluff-Gemische* (GU), *Kies-Ton-Gemische* (GT), *Sand-Schluff-Gemische* (SU) und *Sand-Ton-Gemische* (ST).

Liegt der Feinkornanteil über 15 % (zwischen 15 und 40 %) wird das Symbol U oder T als $\overline{U}$ oder $\overline{T}$ bzw. als U^* oder T^* gekennzeichnet.

- **Feinkörnige Böden**

Feinkörnige Böden sind Böden mit mehr als 40 % Massenanteilen < 0,06 mm.

Bei feinkörnigen Böden richtet sich das Zuordnen zu einer Gruppe nach den plastischen Eigenschaften und der Lage auf dem Plastizitätsdiagramm nach Casagrande (DIN 18196, ▫ Abb. 4.1). Die Gruppen der feinkörnigen Böden sind *leicht plastischer Schluff* (UL), *mittelplastischer Schluff* (UM), *ausgeprägt zusammendrückbarer Schluff* (UA), *leicht plastischer Ton* (TL), *mittelplastischer Ton* (TM) und *ausgeprägt plastischer Ton* (TA).

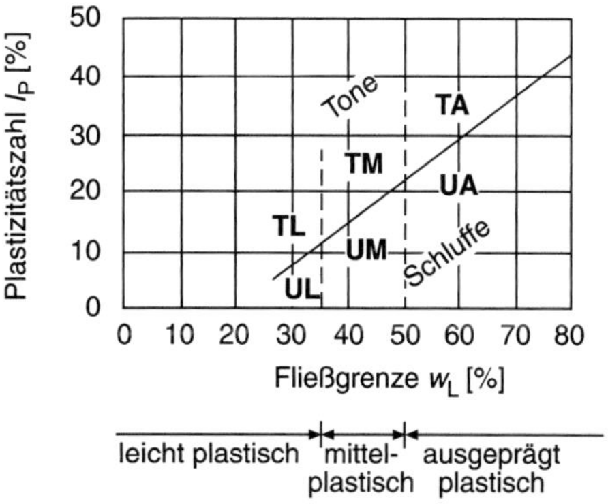

▫ **Abb. 4.1** Plastizitätsdiagramm nach Casagrande für das Zuordnen feinkörniger Böden nach ihrem Wassergehalt bei der Fließgrenze w_L und der Plastizitätszahl I_P

- **Organogene Böden**

Organogene Böden sind grobkörnige, gemischtkörnige oder feinkörnige Böden mit bis etwa 20 % Massenanteil an organischen Beimengungen.

Bei organogenen Böden richtet sich das Zuordnen zu einer Gruppe nach der Bodenart, der Art der organischen Beimengungen, nach den plastischen Eigenschaften und auch nach Merkmalen einer Verkrustung oder Ausscheidung von Kalk oder Kieselsäure.

Die Gruppen der organogenen Böden sind *Schluffe mit organischen Beimengungen* (OU), *Tone mit organischen Beimengungen* (OT), *grob- und gemischtkörniger Boden mit Beimengungen humoser Art* (OH) und *grob- und gemischtkörniger Boden mit kalkigen und/oder kieseligen Bildungen* (OK).

- **Organische Böden**

Organische Böden sind (im trockenen Zustand) brenn- oder schwelbare Böden. Sie bestehen aus organischer Substanz und können Ton, Schluff und Sand enthalten.

Bei organischen Böden richtet sich das Zuordnen nach dem Zersetzungsgrad der organischen Substanz. Die Gruppen der organischen Böden sind *Torf, nicht bis mäßig zersetzt* (HN), *Torf, zersetzt* (HZ) und *Faulschlamm* (F).

- **Auffüllungen**

Bei Auffüllungen wird zwischen *Auffüllungen aus natürlichen Böden* [ ] und *Auffüllungen aus Fremdstoffen* (A) unterschieden. Bei natürlichen Böden wird das jeweilige Gruppensymbol in Klammern gesetzt, z. B.: Auffüllung aus mittelplastischem Schluff [UM].

DIN 18196 ist im Erdbau Grundlage für die im Zusammenhang mit Boden und Fels stehenden „Allgemeinen Technischen Vertragsbedingungen für Bauleistungen" – ATV und für die „Zusätzlichen Technischen Vertragsbedingungen und Richtlinien für Erdarbeiten im Straßenbau" – ZTVE-StB. Die ATV-Normen DIN 1829 bis 1845 sind in der „Vergabe und Vertragsordnung für Bauleistungen" VOB Teil C verankert. Davon befassen sich DIN 18300 bis DIN 18320 mit Erdarbeiten oder erdnahen Arbeiten. Die Vergabe- und Vertragsordnung für Bauleistungen (VOB) regelt Rechte und Pflichten von Auftraggebern und Auftragnehmern. Die geltenden Verfahrensregeln sind den EG-Bestimmungen angeglichen oder setzen diese für den Bau-bereich in Deutschland um.

Auf DIN 18196 beziehen sich:

- Einstufung von Boden und Fels bei Erdarbeiten: DIN 18300 VOB/C (ATV);
- Einstufung von Boden und Fels bei Bohrarbeiten: DIN 18301 VOB/C (ATV);
- Einstufung von Boden und Fels bei Nassbaggerarbeiten: DIN 18311 VOB/C (ATV);
- Vortriebsklassen bei Untertagebauarbeiten: DIN 18312 VOB/C (ATV);
- Einstufung von Boden und Fels bei Rohrvortriebsarbeiten: DIN 18319 VOB/C (ATV);
- zulässige Belastung des Baugrundes: DIN 1054, DIN EN 1997-1;
- Beurteilen der anstehenden Boden- und Felsarten für den Einbau: ZTVE-StB 09;
- Beurteilen des Bodens für Bodenverfestigung und Bodenverbesserung im Straßenbau: ZTVE-StB 09;
- Anforderungen an den Verdichtungsgrad D_{Pr} bei grob-, gemischt- und feinkörnigen Böden: ZTVE-StB 09;
- Klassifikation von Bodengruppen der Frostempfindlichkeit nach ZTVE-StB 09;
- Verdichtbarkeitsklassen für das Verfüllen und Verdichten bei Aufgrabungen in Verkehrsflächen: ZTVA-StB 12;
- Entwurfs- und Berechnungsgrundlagen für Bohrpfahlgründungen und Stahlpfosten von Lärmschutzwänden an Straßen: ZTV-Lsw 06
- DB Netz AG: Ril 386: Erdbauwerke planen, bauen und instand halten.

In den „Zusätzlichen Technischen Vorschriften und Richtlinien für die Ausführung von Lärmschutzwänden an Straßen, Ergänzungen: Entwurfs- und Berechnungsgrundlagen für Bohrpfahlgründungen und Stahlpfosten von Lärmschutzwänden an Straßen" (ZTV-Lsw 88, Ergänzung 97, Anhang B) werden in der dort aufgeführten Tabelle der Bodengruppen für die Regelfälle Bodengruppen nach DIN 18196 unter A, B oder C (Boden) zu-

Tab. 4.1 Anforderungen an Boden bei Pfahlgründungen nach den „Zusätzlichen Technischen Vorschriften und Richtlinien für die Ausführung von Lärmschutzwänden an Straßen (ZTV-Lsw) Ergänzungen: Entwurfs- und Berechnungsgrundlagen für Bohrpfahlgründungen und Stahlpfosten von Lärmschutzwänden an Straßen, Ergänzung 97, Anhang B". Soweit nicht anders festgelegt, können die hier genannten Mindestanforderungen auch auf andere Anwendungsfälle übertragen werden

Boden	Bodengruppe nach DIN 18196	Bodenmechanische Bezeichnung	Lagerungsdichte Konsistenz	Verdichtungsgrad	Spitzenwiderstand Drucksonde	Schlagzahlen N_{10} der Rammsonden			Charakteristische Werte der Bodenkenngrößen		
				[%]	q_c [MN m^{-2}]	DPL	DPM	DPH	Wichte γ_d [kN m^{-3}]	Reibungswinkel ρ' [°]	Kohäsion c' [kN m^{-2}]
A	Grobkörnige Böden GW.GI.GE, SW.SI.SE	Sande, Kiese	Mitteldicht	97	≥ 7,5	≥ 16	≥ 11	≥ 6	19	35	0
B	Gemischtkörnige Böden GU, $G\overline{U}$, GT, G $\overline{T}$, SU, $S\overline{U}$, ST, $S\overline{T}$	Gemische aus Sanden, Kiesen, Schluffen und Tonen	Mitteldicht bzw. steif	97	≥ 7,5	≥ 13	≥ 10	≥ 6	20	30	5
C	Feinkörnige Böden UL, UM, TL	Schluffe, Tone	Steif	97	≥ 5,0	≥ 10	≥ 8	≥ 5	19	25	10

sammengefasst (Tab. 4.1). Hierzu werden die Anforderungen an den Boden hinsichtlich Lagerungsdichte[1]/Konsistenz, Verdichtungsgrad, Spitzenwiderstand der Drucksonde, Schlagzahlen N_{10} der Rammsonden und die charakteristischen Werten der Bodenkenngrößen Wichte, Reibungswinkel und Kohäsion genannt.

4.1.2 Boden- und Felsklassen für den Zustand beim Lösen nach DIN VOB-Teil C (2016), ATV DIN 18300 (2006) und ZTVE-StB 09

Boden und Fels sind entsprechend ihrem Zustand beim Lösen einer von sieben Klassen (Boden- und Felsklassen) zuzuordnen. Im Gegensatz zu früheren Ordnungssystemen beruht diese Klassifikation nicht auf dem Beschreiben der Schwierigkeit der Arbeitsausführung beim Lösen (z. B. „Hackboden", „Schießfels"), sondern auf bodenmechanischen und geologischen Kriterien. Die Art des Lösens, wie z. B. Baggern oder Sprengen, ist nicht das Kriterium der Zuordnung.

In ZTVE-StB werden die Gruppen nach DIN 18196 aufgezählt, welche diesen definierten Klassen zuzuordnen sind. DIN 18299 und DIN 18300 sind als Anhang in ZTVE-StB 94/97 enthalten.

1 Zu beanstanden ist die Verwendung des Wortes „Lagerungsdichte". Hier ist von einer bestimmten Dichte die Rede. Der dimensionslose Verhältniswert „Lagerungsdichte" ergibt sich aus der Bestimmung der Dichte grobkörniger Böden (Sande) bei lockerster und dichtester Lagerung nach DIN 18126 und ist nicht identisch mit der Bodenkenngröße „Dichte".

Die Klassen heißen:

- *Klasse 1: Oberboden*
  Definition nach DIN 18300:
  - Oberste Schicht des Bodens, die neben anorganischen Stoffen, z. B. Kies-, Sand-, Schluff- und Tongemischen, auch Humus und Bodenlebewesen enthält.

  Die in diese Klasse einzustufenden Böden werden in DIN 18196 und DIN 4023 als Mutterboden bezeichnet. Hierunter wird vorrangig die durch land- oder gartenwirtschaftliches Bearbeiten aufgelockerte Bodenschicht verstanden. Baumstümpfe, Baumwurzeln oder verfilzte Grasnarben können eine Arbeitserschwernis darstellen. Sie sind gesondert aufzuführen und gegebenenfalls durch Begriffe wie „Waldboden", „Wurzelboden" oder „Wiesenboden" zu kennzeichnen.
- *Klasse 2: fließende Bodenarten*
  Definition nach DIN 18300:
  - Bodenarten, die von flüssiger bis breiiger Beschaffenheit sind und die das Wasser schwer abgeben.

  Nach ZTVE-StB gehören zu dieser Klasse:
  1. organische Böden der Gruppen HN, HZ und F;
  2. feinkörnige Böden der Gruppen UL, UM, UA, TL, TM, TA sowie organogene Böden und Böden mit organischen Beimengungen der Gruppen OU, OT, OH und OK, wenn sie eine breiige oder flüssige Konsistenz ($I_c < 0{,}5$) haben;
  3. gemischtkörnige Böden der Gruppen $S\overline{U}$, $S\overline{T}$, $G\overline{U}$ und $G\overline{T}$, wenn sie eine breiige oder flüssige Konsistenz haben.

  Die Zugehörigkeit der Böden nach 2. und 3. zur Klasse 2 setzt als weiteres Kennzeichen voraus, dass sie beim Lösen ausfließen.

Das Ausfließen von grobkörnigen Böden der Gruppen SW, SE, SI, GW, GI und GE ist dagegen kein kennzeichnendes Kriterium.

- *Klasse 3: leicht lösbare Bodenarten*
  Definition nach DIN 18300:
  - Nichtbindige bis schwachbindige Sande, Kiese und Sand-Kies-Gemische mit bis zu 15 % Beimengungen an Schluff und Ton (Korngröße < 0,06 mm) und mit höchstens 30 % Steinen von über 63 mm Korngröße bis zu 0,01 m^3 Rauminhalt[2].
  - Organische Bodenarten mit geringem Wassergehalt, z. B. feste Torfe.

  Nach ZTVE-StB 09 gehören zu dieser Klasse:
  1. grobkörnige Bodenarten der Gruppen SW, SI, SE, GW, GI und GE;
  2. gemischtkörnige Böden der Gruppen SU, ST, GU und GT;
  3. Torfe der Gruppe HN mit geringem Wassergehalt, soweit sie beim Ausheben standfest bleiben.
- *Klasse 4: mittelschwer lösbare Bodenarten*
  Definition nach DIN 18300:
  - Gemische von Sand, Kies, Schluff und Ton mit mehr als 15 % der Korngröße kleiner als 0,06 mm.
  - Bindige Bodenarten von leichter bis mittlerer Plastizität, die je nach Wassergehalt weich bis halbfest sind und die höchstens 30 % Steine von über 63 mm Korngröße bis zu 0,01 m^3 Rauminhalt enthalten.

  Nach ZTVE-StB 09 gehören zu dieser Klasse:
  1. feinkörnige Böden der Gruppen UL, UM, UA, TL und TM;
  2. gemischtkörnige Böden der Gruppen $S\overline{U}$, $S\overline{T}$, $G\overline{U}$ und $G\overline{T}$;
  3. organogene Böden und Böden mit organischen Beimengungen der Gruppen OU, OH, und OK.
- *Klasse 5: schwer lösbare Bodenarten*
  Definition nach DIN 18300:
  - Bodenarten nach den Klassen 3 und 4, jedoch mit mehr als 30 % Steinen von über 63 mm Korngröße bis zu 0,01 m^3 Rauminhalt.
  - Nichtbindige und bindige Bodenarten mit höchstens 30 % Steinen von über 0,01 bis 0,1 m^3 Rauminhalt.
  - Ausgeprägt plastische Tone, die je nach Wassergehalt weich bis halbfest sind.

  Nach ZTVE-StB 09 gehören zu dieser Klasse:
  - feinkörnige Böden der Gruppen TA und OT bei weicher bis halbfester Konsistenz.

  Nach dem Stein- und Blockanteil gehören zur Klasse 5 blockreiche Moränen, Flussablagerungen, Murkegelablagerungen und Hangschutt, wenn sie den in der Definition genannten Blockgrößen und Blockanteilen entsprechen. Einer besonderen Beurteilung bedürfen nicht verfestigte (nicht mineralisch gebundene) Lagen aus Kies und Steinen mit Dachziegellagerung („Imbrikation", z. B. in Schüttungen von Gebirgsbächen). Im natürlichen Verbund können sie einen sehr festen Zusammenhalt aufweisen, was durch Gefügeeinregelung und Reibung bewirkt wird. Die eingeregelten Kies- und Steinmassen sind standfest und rutschen in der Böschung nicht nach. Eingeregeltes Kies- und Steinmaterial ist nur begrenzt baggerfähig und bedarf besonderer Arbeitsgänge zum Aufbrechen des Gefüges, z. B. durch Reißen oder Aufsprengen mit Wasserkanonen. Besondere Schwierigkeit bietet der Nassabbau.
  Die allein auf Stückgrößen und Prozentanteilen beruhende Klassifikation nach DIN 18300 ist hier nicht ausreichend. (Nach Aufbruch des Interngefüges ist das Material bei gleicher Stückgrößenverteilung der Klasse 3 oder 4 zuzuordnen!) Das Zuordnen zur Klasse 4 oder 5 bedarf einer ergänzenden Nennung und Beschreibung der beim Abbau zu erwartenden Schwierigkeiten.
- *Klasse 6: leicht lösbarer Fels und vergleichbare Bodenarten*
  Definition nach DIN 18300:
  - Felsarten, die einen inneren, mineralisch gebundenen Zusammenhalt haben, jedoch stark klüftig, brüchig, bröckelig, schiefrig, weich oder verwittert sind, sowie vergleichbare feste oder verfestigte bindige oder nichtbindige Bodenarten, z. B. durch Austrocknen, Gefrieren, chemische Bindungen.
  - Nichtbindige und bindige Bodenarten mit mehr als 30 % Steinen von über 0,01 bis 0,1 m^3 Rauminhalt.

  Nach ZTVE-StB 09 gehören zu dieser Klasse:
  1. Fels, der nicht den Kriterien der Klasse 7 entspricht;
  2. Bodenarten der Klassen 4 und 5 mit fester Konsistenz.

  Wird zur Erleichterung des Lösens durch Bohr- oder Sprengarbeit gelockert, ändert sich die Einstufung nicht.
- *Klasse 7: schwer lösbarer Fels*
  Definition nach DIN 18300:
  - Felsarten, die einen inneren, mineralisch gebundenen Zusammenhalt und hohe Gefügefestigkeit haben und die nur wenig klüftig oder verwittert sind.
  - Festgelagerter, unverwitterter Tonschiefer, Nagelfluhschichten, Schlackenhalden der Hüttenwerke und dergleichen.
  - Steine von über 0,1 m^3 Rauminhalt.

  Nach ZTVE-StB 09 gehören zu dieser Klasse:
  1. angewitterter und unverwitterter Fels mit durch Trennflächen begrenzten Gesteinskörpern, deren Rauminhalt mehr als 0,1 m^3 beträgt
  2. Schlackenhalden gehören zu dieser Klasse nur, soweit es sich um verfestigte Schlacken handelt.

  Wird zur Erleichterung des Lösens durch Bohr- oder Sprengarbeit gelockert, ändert sich die Einstufung nicht.

■ Geologische Kriterien für das Klassifizieren von Fels

Das Klassifizieren von Fels nach geologischen Gesichtspunkten in die Klasse 6 (leicht lösbarer Fels) oder 7 (schwer lösbarer Fels) sowie zum Unterscheiden zwischen reißbar und nicht reißbar berücksichtigt folgende Kriterien:

- *Felsart*
  Petrographie und Mineralbestand.
- *Struktur*
  Gesteinsausbildung in Bezug auf Form und gegenseitige Abgrenzung der einzelnen Mineralkörner und Gemengteile

2 0,01 m^3 Rauminhalt entsprechen ungefähr dem einer Kugel mit einem Durchmesser von 27 cm. 0,1 m^3 Rauminhalt entsprechen ungefähr dem einer Kugel mit einem Durchmesser von 58 cm.

(glasig, porphyrisch, körnig, ophitisch etc.). Die Struktur gibt technische Aussagen zur Körnigkeit und Korngröße.

- *Gefüge*
  „Raumdaten im Inneren eines betrachteten Bereiches" (Sander 1948). Diese Raumdaten sind:
  - Korngefüge;
  - Trennflächengefüge;
  - Kluftweite;
  - Klüftigkeitsziffer;
  - Kluftabstand (Trennflächenabstand);
  - Kluftkörperform;
  - Durchtrennungsgrad.

  Genetisch wird unterschieden zwischen:
  - Großgefüge als Primärgefüge: Schichtung, Bankung, Absonderung;
  - Großgefüge als Sekundärgefüge: Klüftung, Schieferung, Bankung.

Das Gefüge gibt technische Aussagen zum Hohlraumvolumen (Korngefüge: Porenvolumen; Klüftigkeitsziffer und Kluftweite: Klufthohlraumvolumen) und zur Festigkeit.

Die Festigkeit eines Gesteins wird weiterhin von Inhomogenitäten und Anisotropien beeinflusst. Hierzu zählen:

- *Verwitterungsgrad*:
  - unverwittert;
  - angewittert;
  - teilverwittert;
  - verwittert (im Kornverband entfestigt);
  - zersetzt.
- *räumliches Ausmaß der Verwitterung*:
  - gleichmäßige Verwitterungstiefe;
  - ungleichmäßige Verwitterung im Trennflächengefüge;
  - ungleichmäßige Verwitterung im Schichtaufbau;
  - ungleichmäßige Verwitterung strukturlos im Gesteinskörper.
- *Gesteinslagerung*:
  - Streichen und Einfallen der Schichten;
  - söhlige, flache, geneigte, steile, senkrechte Lagerung.

■ Geotechnische Kriterien für das Klassifizieren von Fels

Das Klassifizieren von Fels nach geotechnischen Gesichtspunkten in die Klasse 6 (leicht lösbarer Fels) oder 7 (schwer lösbarer Fels) nach DIN 18300 sowie zum Unterscheiden zwischen reißbar und nicht reißbar basiert auf den Kriterien „innerer, mineralisch gebundener Zusammenhalt der Gesteine" und „Gefügefestigkeit" (Festigkeit im Felsverband).

■■ Innerer, mineralisch gebundener Zusammenhalt der Gesteinsproben

Der mineralische Zusammenhalt wird technisch mit der Druckfestigkeit von Gesteinsproben angegeben. Die Druckfestigkeit kann direkt als einaxiale Druckfestigkeit und ersatzweise als Punktlastfestigkeit gemessen werden. Indirekte Prüfmethoden bestimmen die Rückprallhärte mit Betonprüfhammer (Prallhammer nach Schmidt) und/oder die durchschnittliche seismische Geschwindigkeit im Prüfkörper, gemessen in 3 orthogonalen Richtungen am Ultraschallgenerator.

An natürlich vorgegebenen bevorzugten Spaltrichtungen (Anisotropien) ist der mineralisch gebundene Zusammenhalt im Gestein weniger stark ausgebildet. Dies muss bei technischen Prüfungen beachtet werden.

Aus der geologisch-petrographischen Benennung kann für frische, unverwitterte Gesteine auf den inneren mineralischen Zusammenhalt und die Druckfestigkeit geschlossen werden. Die Größenordnung der Druckfestigkeit kann Tabellenwerten entnommen werden (◘ Tab. 1.35). Unterschieden werden harte, mäßig harte, mäßig mürbe, mürbe und sehr mürbe Gesteine (▶ Abschn. 1.2).

Mürbe Gesteine haben entweder einen primär geringen Verfestigungsgrad oder sind durch Verwitterung im mineralischen Zusammenhalt entfestigt.

Die vom mineralisch gebundenen Zusammenhalt vorgegebenen Grenzen zwischen Klasse 6 (leicht lösbarer Fels) und 7 (schwer lösbarer Fels) sowie zwischen reißfähig und nicht reißfähig liegen im massigen und sehr weitständig geklüfteten Fels im Druckfestigkeitsbereich zwischen 5 und 12,5 MN m^{-2} (mäßig mürb). Mit zunehmendem Trennflächenabstand in Schichtung und Klüftung verschieben sich die Grenzen in Richtung druckfestere Gesteine (Klasse 7).

■■ Gefügefestigkeit

Festgesteinsmassen sind meist an Trennflächen zerlegt und in Kluftkörper aufgeteilt.

Messbare Größen zur Gefügefestigkeit sind Schicht- oder Bankungsstärke, Trennflächenabstand (Kluftabstand), Durchtrennungsgrad, Raumstellung der Trennflächen und die sich hieraus ergebende Kluftkörperform und Kluftkörpergröße.

Aus der Vielzahl möglicher Gefügedaten und aus der Berücksichtigung möglicher Inhomogenitäten und Anisotropien ergibt sich, dass keines dieser Merkmale als generelles Klassifizierungsmerkmal gelten kann. Zum Klassifizieren sind mehrere Merkmale zu beurteilen und zu gewichten. Für das Zuordnen zur Klasse 6 oder 7 können Tendenzen ausgesprochen und bewertet werden, z. B. nach zahlenmäßiger Festlegung (Paul 1996).

■ Bewerten der geologischen und geotechnischen Kriterien

■■ Petrographie (innerer, mineralisch gebundener Zusammenhalt, Druckfestigkeit)

Nach Petrographie und innerem, mineralisch gebundenem Zusammenhalt tendieren zur Felsklasse 7 magmatische Gesteine, metamorphe Gesteine und verfestigte Sedimentgesteine wie Quarzit, Kalkstein, Dolomitstein, Mergelstein, paläozoische Schiefer, Sandsteine und Grauwacken, z. T. die mesozoischen Schiefer und Sandsteine der deutschen Mittelgebirge; zur Felsklasse 6 Sedimentgesteine mit geringer Verfestigung wie tertiäre Mergelsteine und Kalksteine sowie veränderlich feste Tonsteine, Mergelsteine und Sandsteine aus dem Mesozoikum der deutschen Mittelgebirge. Diese Gesteine sind stets reißfähig und zum Teil baggerfähig.

■■ Verwitterungsgrad

Von den nach der Petrographie zur Felsklasse 7 tendierenden Gesteinen erfolgt eine weitere Zuordnung nach dem Verwitterungsgrad. Es tendieren zur Felsklasse 7 frische unverwitterte Gesteine und angewitterte Gesteine; zur Felsklasse 6 im Kornverband entfestigte (vergruste) Gesteine und stark verwitterte (im Mineralbestand teilweise veränderte) Gesteine.

Zersetzte „Gesteine" gehören zur Bodenklasse 4 oder 5.

▪▪ Trennflächengefüge

Von den nach der Petrographie zur Felsklasse 7 tendierenden Gesteinen erfolgt ein weiteres Zuordnen nach dem Trennflächengefüge. Bewertet werden vorrangig Trennflächenabstand und Durchtrennungsgrad. Es tendieren zur Felsklasse 7 Felsmassen mit weitem Trennflächenabstand, geringem Durchtrennungsgrad, solche Felsmassen mit einer Klüftigkeitsziffer < 6,4 und Durchtrennungsgrad 1 zerfallen in Würfel mit einer Kantenlänge größer 47 cm oder in vergleichbar große Kluftkörper mit einem Rauminhalt > 0,1 m^3. Bei stärker geklüfteten Felsgesteinen, aber unvollkommener Durchtrennung hat gleichfalls die im nicht aufgelockerten Gesteinsverband vorliegende mittlere Kluftkörpergröße Gültigkeit und zählt ab dem Rauminhalt > 0,1 m^3 hierzu. Zur Felsklasse 6 tendieren Felsmassen mit engem Trennflächenabstand und hohem Durchtrennungsgrad. Felsmassen mit einer Klüftigkeitsziffer > 6,4 beim Durchtrennungsgrad 1 und einer zugehörigen Kluftkörpergröße mit Rauminhalt < 0,1 m^3.

▪▪ Kluftkörperform

Aus Trennflächenabstand und Raumstellung der Trennflächen ergeben sich Größe und Form der Kluftkörper. Neben orthogonal begrenzten Kluftkörpern werden, besonders im tektonisch beanspruchten oder gefalteten Gebirge, spitzkantige und keilförmige Kluftkörper angetroffen. Es tendieren zur Felsklasse 7 würfelige, quaderig-säulige, quaderig-bankige und gedrungene Formen; zur Felsklasse 6 säulige, plattige, tafelige, spitzkantige und keilförmige Formen.

▪▪ Seismische Geschwindigkeit

Ein wichtiges Merkmal zum Beurteilen der Festigkeitseigenschaften von Fels bietet die seismische Geschwindigkeit. Sie kann mit refraktionsseismischen Messmethoden kostengünstig ermittelt werden (◘ Tab. 4.2).

Floss (1974) gibt folgende Unterschiede in der Geschwindigkeit der Longitudinalwellen bei refraktionsseismischen Messungen an (◘ Tab. 4.2). Die Laufzeit der Mintropwelle und die daraus abgeleitete Schallgeschwindigkeit der Gesteine reagieren empfindlich auf den Auflockerungszustand. Im verwitterten und aufgelockerten Gesteinsverband setzt sich die Schallgeschwindigkeit aus den Gesteinswerten für das unveränderte Gestein und den zu den Hohlraumfüllungen (Wasser, Luft, Verwitterungslehm) gehörigen Geschwindigkeitswerten zusammen.

◘ Tab. 4.2 darf als zusätzlicher Hinweis, jedoch nicht als allein gültiges Kriterium verstanden werden. Da mit zunehmender Schallgeschwindigkeit Öffnungsweite und Durchtrennungsgrad der Kluft- und Trennflächensysteme stark abnehmen, kann bestimmten Felsarten als Reißbarkeitsgrenze eine bestimmte Schallgeschwindigkeit zugeordnet werden. Diese liegt höher als die in ◘ Tab. 4.2 angegebene Untergrenze für schwer lösbaren Fels.

◘ **Tab. 4.2** Zuordnen von Fels zu den Klassen 6 (leicht lösbarer Fels) und 7 (schwer lösbarer Fels) nach der Geschwindigkeit seismischer Wellen in m s^{-1}. (Floss 1979, 1997)

Fels	Leicht lösbar, Klasse 6	Schwer lösbar, Klasse 7
Tonstein, Schluffstein	800–1600	1800–3000
Schieferton, Tonschiefer	700–1700	1600–3000
Sandstein, Grauwacke	500–1600	1800–6000
Quarzit	600–1700	2000–5000
Kalkstein	700–1700	1700–6000
Kalkmergel, Mergel	700–1700	3700–4700
Granit, Gneis	800–1800	1900–8000
Porphyr, Diabas	700–1600	2000–7000

Die Grenze der Reißbarkeit von Gesteinen ist geräteabhängig. ◘ Abb. 4.2 enthält eine Gegenüberstellung der Reißfähigkeitsgrenzen für kleine und große Reißgeräte.

Für den geplanten Einsatz von Maschinen beim Lösen ist es wichtig zu unterscheiden, ob das Felsgestein in seinem Trennflächengefüge oder in seinem Mineralkorngefüge aufgelockert und gebrochen wird. Festgesteine in festem Gesteinsverband werden beim Lösen auf die Druck- und Zugfestigkeit im Mineralkorngefüge beansprucht. Hierfür ist hervorzuheben, dass Unterschiede im Mineralbestand und Bindemittel zu starken Abweichungen bei Gerätebeanspruchung und aufzuwendender Arbeitszeit (z. B. bei Bohrarbeiten) führen können. So sind hornblendehaltige Gesteine gegenüber anderen Massengesteinen (z. B. Granit) bis zum Faktor 5 schwerer bearbeitbar. Bei Quarziten und kieselig gebunden Gesteinen bestehen erhebliche Unterschiede zwischen der häufigen Form des Kristallquarzites und den auf Druck- und Zugfestigkeit hoch beanspruchbaren Zementquarziten. Derartige Besonderheiten können u. a. durch Dünnschliffmikroskopie erarbeitet werden.

Neben der Einstufung in die Felsklasse 6 oder 7 interessieren Aussagen darüber, welche Maßnahmen das Lösen des Gesteins begünstigen oder erschweren und ob das Gesteinslösen durch Reißen, durch schlagende Werkzeuge des Hydraulikbaggers (Aufreißhämmer) oder durch Sprengen erfolgen kann. Wenn sich der Fels reißen lässt, kann die optimale Richtung des Reißens und die Tiefenwirkung der Reißzähne in Abhängigkeit vom einzusetzenden Gerät in Vorversuchen überprüft werden. Die Prüfung kann das Reißen mit einem oder zwei Reißzähnen, die Form des Reißzahnes und die Reißgeschwindigkeit umfassen. Von Interesse ist auch die erzielte Stückgrößenabstufung des gerissenen Felsmaterials für den Wiedereinbau.

4.1.3 Boden- und Felsklassen bei Bohrarbeiten nach ATV DIN 18301

Die im Untergrund anstehenden Boden- oder Gesteinsmassen sind einer Klasse nach DIN 18301 zuzuordnen. Unterschieden werden grobkörnige („nichtbindige") Böden, feinkörnige (bindige) Böden, organische Böden, Böden mit Steinen und Blöcken und Fels.

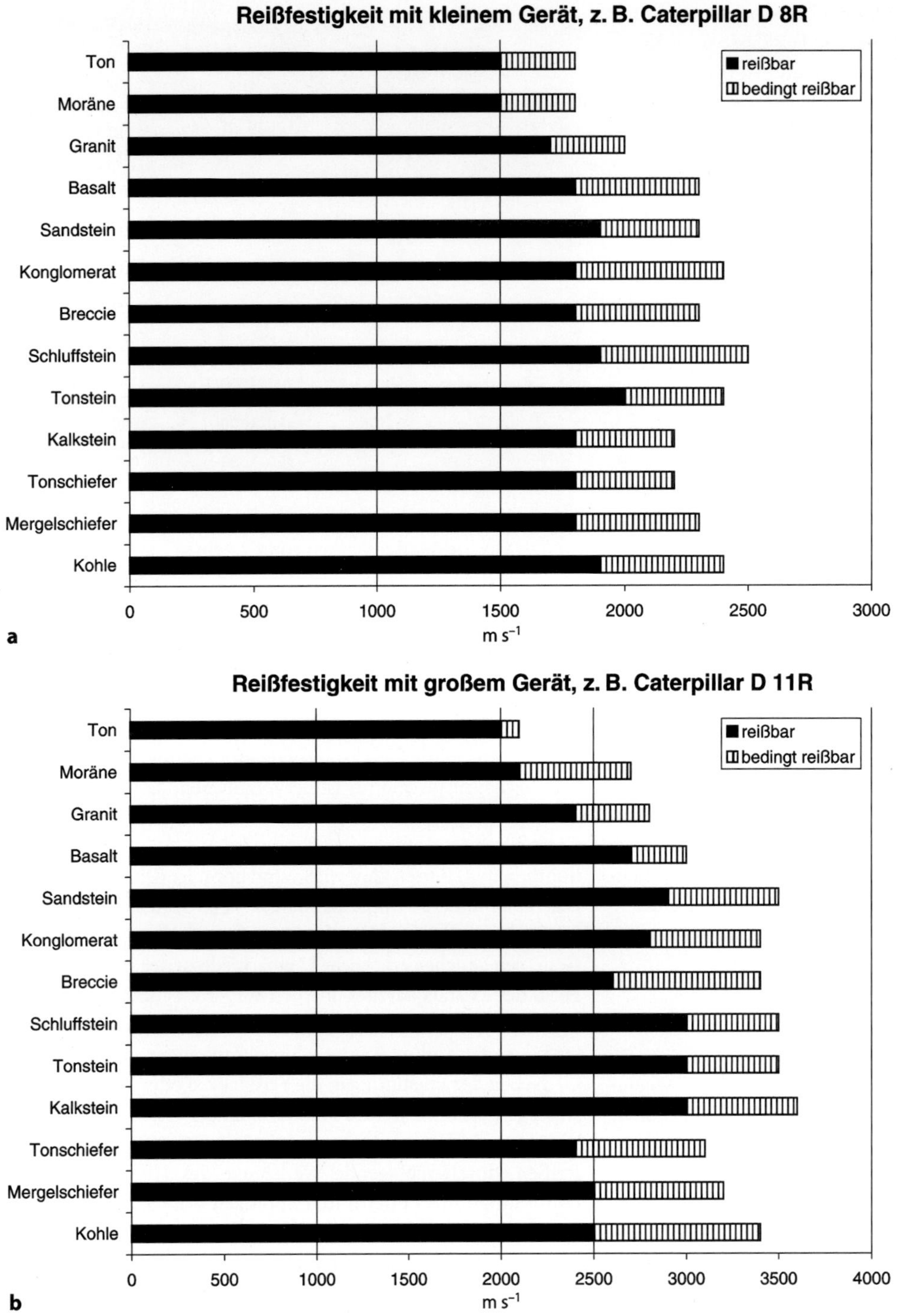

Abb. 4.2 Grenzen der Reißfähigkeit für kleine und große Reißgeräte im Vergleich zur seismischen Wellengeschwindigkeit

Klassifikation:

BN – Sand, Kies sowie Sande und Kiese mit geringem Feinkornanteil (**N**ichtbindige Böden). Das weitere Zuordnen zu den Klassen **BN 1** und **BN 2** richtet sich nach dem Feinkornanteil mit BN 1< 15 % und BN 2 > 15 % Massenanteil. Nach der Klassifikation der DIN 18196 gehören die Bodengruppen SW, SI, SE, GW, GI, GE, SU, ST, GU, GT zur Klasse BN 1 und die Bodengruppen SU*, ST*, GU*, GT* zur Klasse BN 2.

BB – Schluff, Ton sowie Sand und Kies mit hohem Feinkornanteil (**B**indige **B**öden). Das Zuordnen zu den Klassen BB 1 bis BB 4 richtet sich nach der Konsistenz und/oder nach der undränierten Scherfestigkeit cu. Böden mit flüssiger bis breiiger Konsistenz tendieren zur Klasse **BB 1**, mit weicher bis steifer Konsistenz zu **BB 2**, mit halbfester Konsistenz zu **BB 3** und mit fester bis sehr fester Konsistenz zu **BB 4**.

Nach dem Bodenkennwert „Scherfestigkeit cu" richtet sich das Zuordnen nach deren Bodenkenngröße. Es tendieren Kenngrößen bis 20 kN/m^2 zur Klasse **BB 1**, 20 bis 200 kN/m^2 zu **BB 2**, 200 bis 600 kN/m^2 zu **BB 3** und über 600 kN/m^2 zu **BB 4**.

BO – Torf, Mudde, Streu, Humus (**O**rganische **B**öden). Das Zuordnen zu den Klassen richtet sich nach dem Erhaltungszustand bzw. dem Zersetzungsgrad. Zersetzte und weiche Böden

(HZ) tendieren zur Klasse **BO 1**, faserige, wenig bis nicht zersetzte Böden (HN) zur Klasse **BO 2**.

Zusatzklasse **BS** – **S**teine und **B**löcke. Die genannten Böden können Steine und Blöcke enthalten, welche zusätzlich anzugeben sind. Das Zuordnen zu den Klassen **BS 1** bis **BS 4** richtet sich nach Stückgröße und Volumenanteil. Steinige Böden mit bis 30 % Steinen (63–200 mm) tendieren zu **BS 1**, mit über 30 % Steinen zu **BS 2**. Blockhaltige mit bis 30 % Blöcken (>200 bis 630 mm) tendieren zu **BS 3**, mit über 30 % Blöcken zu **BS 4**. Große Blöcke > 630 mm sind gesondert anzugeben.

F – **F**els. Das Zuordnen zu den Klassen FV 1 bis FV 6 richtet sich nach Verwitterungsgrad und Trennflächenabstand. Verwitterter und/oder im Mineralverband entfestigter Fels tendiert zur Klasse **FV 1**, teilverwitterter („angewitterter") Fels mit Trennflächenabstand < 30 cm zu **FV 2**, mit Trennflächenabstand > 30 cm zu **FV 3**. Bei frischem Fels ohne Verwitterungsspuren und ohne Entfestigung im Mineralverband richtet sich das Zuordnen nach dem Trennflächenabstand. Ein Trennflächenabstand unter 10 cm tendiert zu **FV 4**, ein Trennflächenabstand von 10 bis 30 cm tendiert zu **FV 5** und ein Trennflächenabstand > 30 cm zu **FV 6**.

Bei frischem oder auf Kluftflächen angewittertem Fels/Gebirge ist zusätzlich zur Angabe des Verwitterungsgrades die einaxilale Druckfestigkeit (ergänzend) anzugeben. Diese kann z. B. im Punktlastversuch (▶ Abschn. 1.19.1, ◘ Abb. 1.85) ermittelt werden. Die Klassifikation unterscheidet als Zusatzklasse **FD** zwischen: **FD 1** mit bis 20 kN/m^2 Druckfestigkeit, **FD 2** mit 20 bis 80 kN/m^2, **FD 3** mit 80 bis 200 kN/m^2, **FD 4** mit 200 bis 300 kN/m^2 und **FD 5** mit > 300 kN/m^2.

Das Zuordnen zu einer bestimmten Klasse soll den Arbeitsaufwand und damit den Kostenaufwand beim Bohren vorab ermitteln. Gefragt ist bezüglich der Trennflächen deren Abstand und Öffnungsweite vor dem Bohren und nicht der Zustand des zerbohrten Bohrgutes. Solche nach DIN 18301 geforderten Angaben sind mangels Einsicht vorab nicht möglich. Auch kann an Bohrkernen der Abstand vertikal angelegter Trennflächen nicht bestimmt werden. Im besonderen Fall können geophysikalische Untersuchungen weiterhelfen.

Eine Sonderform der Zusatzklassen **FD** kann bei Teilverwitterung bei kristallinen Gesteinen mit „Wollsackverwitterung" vorliegen. Kennzeichnend hierfür ist schaliger Aufbau der in Verwitterung befindlichen Gesteinsmassen. Die über ein weitständiges Trennflächensystem angreifenden Agenzien der Verwitterung bewirken einen Verwitterungsfortschritt von außen nach innen. Im Extrem können im Verwitterungslehm eingelagerte große Gesteinsblöcke vorliegen, deren Festigkeit von unterschiedlich stark zersetzten bis verwitterten Zonen bestimmt ist, welche schalenartig einen nur wenig verwitterten oder noch frischen Gesteinskern des ehemaligen Kluftkörpers umgeben. Ein solcher Untergrund stellt, im Gegensatz zu Aushubarbeiten nach ZTVE-StB und DIN 18300, bei Bohrarbeiten eine Erschwernis dar. Spülung und Anpressdruck müssen dem wechselnden Bohrfortschritt angepasst werden. Auslenken von Bohrgestänge oder Sondiergestänge ist nahezu unausweichlich und kann auch zu Fehlinterpretation führen.

Aus geologischer Sicht ist zu beanstanden, dass die Norm im Fels nicht das Einfallen der Trennflächen berücksichtigt, obwohl dies zu Bohrabweichungen und damit zu deutlichen Schwierigkeiten beim Abteufen führen kann.

4.1.4 Boden- und Felsklassen bei Nassbaggerarbeiten nach ATV DIN 18311

Die ATV gilt für das Lösen von Boden und Fels unter Wasser, einschließlich Laden, Fördern und Ablagern unter oder über Wasser. Sie gilt auch für das Lösen von Boden und Fels, der über Wasser ansteht, wenn die Lösearbeit unter Wasser ausgeführt wird.

Die Klassifikation gilt auch für Schlitzwandarbeiten nach ATV 18313.

Es werden 11 Klassen und drei Zusatzklassen unterschieden. Die Klassifikation richtet sich nach Bodenart, Korngrößenverteilung, Lagerungsdichte, Wassergehalt; Konsistenz; Plastizität, Anteil an organischer Substanz, Größe und Massenprozent des Steinanteils und nach dem Schichtenaufbau. Die Einstufung in die Klasse L oder M richtet sich nach Gefügefestigkeit und Gesteinsfestigkeit (mineralische Bindung).

Klassifikation:

NB – bezeichnet die nichtbindigen Böden Sand, Kies sowie Sande und Kiese mit geringem Feinkornanteil. Nach Körnung und Klassifikation der DIN 18196 werden die Klassen NB 1 bis NB 5 unterschieden.

Die Klasse NB 5 umfasst die kiesigen Bodengruppen GI, GW, GE, GU, GT, GU*, GT*

Die Klassen NB 1 bis NB 4 umfassen die sandigen überwiegend sandigen Bodengruppen mit < 10 % Kies, 10 % SI, SW, SE, SU, ST, GU*, GT*.

Sand mit weniger als 10 % Massenanteil Kies ist den Klassen NB 1 oder NB 2 zuzuordnen. Das weitere Zuordnen zu den Klassen **NB 1** und **NB 2** richtet sich nach dem Feinkornanteil mit NB 1 < 15 % und NB 2 > 15 %.

Sand-Kies-Gemische mit 10–40 % Kiesanteil sind den Klassen NB 3 oder NB 4 zuzuordnen. Das weitere Zuordnen zu den Klassen NB 3 und NB 4 richtet sich nach dem Feinkornanteil mit **NB 3** < 15 % und **NB 4** > 15 %.

BOB – bezeichnet die bindigen und organischen Böden Schluff, Ton, organische Böden sowie Sand und Kies mit hohem Feinkornanteil. Nach der Klassifikation der DIN 18196 gehören die Bodengruppen TL, TM, TA, UL, UM, UA, SU*, ST*, GU*, GT*, HZ, HN und F zur Klasse BOB. Nach Konsistenz und undränierter Scherfestigkeit cu. werden die Klassen BOB 1 bis BOB 4 unterschieden – Böden mit flüssiger bis breiiger Konsistenz tendieren zur Klasse **BOB 1**, mit weicher bis steifer Konsistenz zu **BOB 2**, mit halbfester Konsistenz zu **BOB 3** und mit fester bis sehr fester Konsistenz zu **BOB 4**.

Nach dem Bodenkennwert „Scherfestigkeit cu" richtet sich das Zuordnen nach deren Bodenkenngröße. Es tendieren Kenngrößen bis 20 kN/m^2 zur Klasse **BOB 1**, 20 bis 200 kN/m^2 zu **BOB 2**, 200 bis 600 kN/m^2 zu **BOB 3** und über 600 kN/m^2 zu **BOB 4**.

Zusatzklasse **S** – **S**teine und **B**löcke. Die genannten Böden können Steine und Blöcke enthalten, welche zusätzlich anzugeben sind. Das Zuordnen zu den Klassen BS 1 bis BS 4 richtet sich nach deren Stückgröße. Böden mit Steinen (Durchmesser < 200 mm) tendieren zur Klasse **S 1**, mit Blöcken zwischen 200 und 400 mm Durchmesser zu **S 2** und solche mit Blöcken > 400 mm Durchmesser zu **S 3**.

F – **Fels.** Das Zuordnen zu den Klassen F 1 oder F 6 richtet sich nach Verwitterungsgrad und Trennflächenabstand. Im Mineralverband entfestigter und/oder teilverwitterter (angewitterter) Fels mit Trennflächenabstand < 10 cm tendiert zur Klasse **F 1**, frischer Fels mit Trennflächenabstand > 10 cm zu **F 2**.

Einer besonderen Beurteilung bedürfen nicht verfestigte Lagen aus Kies und Steinen mit Dachziegellagerung (Imbrikation, z. B. Schüttungen von Gebirgsbächen). Im natürlichen Verbund können sie einen sehr festen Zusammenhalt aufweisen, was durch Gefügeeinregelung und Reibung bewirkt wird. Die eingeregelten Kies- und Steinmassen sind standfest und rutschen in der Böschung nicht nach. Eingeregeltes Kies- und Steinmaterial ist nur begrenzt baggerfähig und bedarf besonderer Arbeitsgänge zum Aufbrechen des Gefüges durch Reißen oder Aufsprengen mit Wasserkanonen.

Eingruppieren in Klasse NB-5 mit Zusatzklasse ist hier nicht ausreichend.

4.1.5 Boden und Felsklassen bei Rohrvortriebsarbeiten nach DIN 18319

Die im Baugrund anstehenden Boden- oder Gesteinsmassen sind einer Klasse nach DIN 18319 zuzuordnen. Unterschieden werden die Klassen LNE 1, LNE 2, LNE 3, LNW 1, LNW 2, LNW 3, LN 1, LN 2, LN 3, LBM 1, LBM 2, LBM 3, LBO 1, LBO 2, LBO 3, S 1, S 2, S 3, S 4, FZ 1, FZ 2, FZ 3, FZ 4, FD 1, FD 2, FD 3, FD 4.

- **LN** bezeichnet die nichtbindigen Böden Sand und Kies sowie Sande und Kiese mit Feinkornanteil. Der Massenanteil an Feinkorn beträgt bei LNE und LNW < 15 %, bei LN > 15 %.
  Nach DIN 18196 gehören zu den Klassen LNE 1 bis LNE 3 die Bodengruppen GE und SE, zu den Klassen LNW 1 bis LNW 3 die Bodengruppen SW, SI, GW, GI, SU, ST, GU, GT und zu den Klassen LN 1 bis LN 3 die Bodengruppen SU*, ST*, GU*, GT*. Die Zahlen 1, 2 und 3 stehen für „locker", „mitteldicht" und „dicht" (z. B. LNE 3: dicht gelagerter, eingestufter Sand oder Kies).
- **LBM** bezeichnet die mineralischen bindigen Böden Schluff, Ton sowie Sand und Kies mit hohem Feinkornanteil (Bodengruppen UL, UM, UA, TL, TM, TA, SU*, ST*, GU*, GT).
- **LBO** bezeichnet die organogenen bindigen Böden (Bodengruppen OT, OU, OH, OK).
  Das Zuordnen zu den Klassen LBM 1 bis LBM 3 bzw. LBO 1 bis LBO 3 richtet sich nach der Konsistenz. Böden mit flüssiger bis breiiger Konsistenz tendieren zur Klasse LBM 1 bzw. LBO 1, mit steifer bis halbfester Konsistenz zu LBM 2 bzw. LBO 2 und mit fester Konsistenz zu LBM 3 bzw. LBO 3.
- **P** bezeichnet Zusatzklassen nach der Plastizität mit P 1 für leichtplastische Böden und P 2 für ausgeprägt plastische Böden.
- **LO** bezeichnet die organischen Böden Torf, Mudde, Streu, Humus (HN, HZ, F). Das Zuordnen zu den Klassen richtet sich nach dem Erhaltungszustand bzw. dem Zersetzungsgrad. Zersetzte und weiche Böden (HZ) tendieren zur Klasse BO 1, faserige, wenig bis nicht zersetzte Böden (HN) zur Klasse BO 2.
- **S** bezeichnet die Zusatzklasse „Steine" und „Blöcke"
  Die genannten Böden können Steine und Blöcke enthalten, welche zusätzlich anzugeben sind. Das Zuordnen zu den Klassen S 1 bis S 4 richtet sich nach Stückgröße und Volumenanteil. Steinige Böden mit bis 30 % Steinen (63-200 mm) tendieren zu S 1, mit über 30 % Steinen zu S 2. Blockhaltige mit bis 30 % Blöcken (> 200 bis 630 mm) tendieren zu S 3, mit über 30 % Blöcken zu BS 4. Große Blöcke > 630 mm sind gesondert anzugeben.
- **FD** und **FZ** - Fels. Das Zuordnen zu den Klassen FZ 1 bis FZ 4 und FD 1 bis FD 4 richtet sich nach dem Trennflächenabstand (FZ < 10 cm, FD > 10 cm) und der einaxialen Druckfestigkeit in Vortriebsrichtung. Diese kann z. B. im Punktlastversuch (▶ Abschn. 1.19.1, ◘ Abb. 1.85) ermittelt werden. Die Klassifikation unterscheidet FD 1 bzw. FZ 1 mit bis 20 kN/m^2 Druckfestigkeit, FD 2 bzw. FZ 2 mit 20 bis 50 kN/m^2, FD 3 bzw. FZ 3 mit 50 bis 100 kN/m^2 und FD 4 bzw. FZ 4 mit 100 bis 200 kN/m^2.

Aus geologischer Sicht ist anzumerken, dass die Norm das Einfallen von Trennflächen, die Schichtlagerung und mögliche Wechsel bei der Auflast, z. B. unter Bahnstrecken, nicht berücksichtigt, obwohl dies zu Abweichungen von der Vortriebsrichtung und damit zu deutlichen Schwierigkeiten beim Vortrieb führen kann.

4.1.6 Klassifizieren nach dem Merkblatt über Felsgruppenbeschreibungen für bautechnische Zwecke im Straßenbau

Das Merkblatt fasst Felsarten für das Beurteilen der Lösbarkeit in Gruppen mit annähernd gleichem Stoffbestand zusammen. Es will damit die sehr komplizierten Zusammenhänge in der geologisch-wissenschaftlichen Gesteinsbeschreibung für den bautechnischen Zweck vereinfacht wiedergeben. Die Anwendung des Merkblattes setzt eine geologische Untersuchung mit Aufnahme aller Details unter Verwendung der im Straßenbau eingeführten Begriffe voraus. Hierzu besteht das „Merkblatt zur Felsbeschreibung für den Straßenbau" (1992). Die Klassifikation orientiert sich an petrographischen Merkmalen, am Verwitterungsgrad der Gesteine und am Trennflächengefüge des Gebirges.

■ Petrographisch-gewinnungstechnische Bezeichnung

Die mineralogische Zusammensetzung und die Gesteinsgenese stellen die wesentlichen Merkmale für die Gesteinsbezeichnung dar. Das vom Geologen untersuchte, petrographisch bestimmte und einer geologischen Einheit zugeordnete Gestein ist einer der sechs in ◘ Tab. 4.3 aufgeführten Gruppen (Bezeichnung) zuzuordnen und entsprechend aufzuführen.

■ Verwitterungsgrad

Das Merkmal fasst unter Verwitterungsgrad die Merkmale der Gesteinsverwitterung (physikalisch, chemisch) und die der Fels-

Tab. 4.3 Petrographisch-gewinnungstechnische Bezeichnung der Gesteine nach dem Merkblatt über Felsgruppenbeschreibung für bautechnische Zwecke (1980)

Code	Bezeichnung	Beispiel
MA	Magmatische Gesteine	Granit, Basalt, Porphyrit
ME	Metamorphe Gesteine Sedimentgesteine	Gneis, Glimmerschiefer
SF	Feinkörnige Sedimentgesteine	Tonschiefer, Schluffstein
SG	Grobkörnige Sedimentgesteine	Sandstein, Grauwacke, Konglomerate
QU	Quarzitische Gesteine	Quarzit, Kieselschiefer
KA	Carbonatische Gesteine	Kalkstein, Dolomit, Mergelgestein

auflockerung zusammen. Das nach den Kriterien der Gesteinsbeschreibung (▶ Abschn. 1.2) und der Felsbeschreibung (▶ Abschn. 1.3) untersuchte Gebirge ist einer der vier in Tab. 4.4 aufgeführten Gruppen (Bezeichnung) zuzuordnen und entsprechend aufzuführen.

▪ Trennflächengefüge des Gebirges

Das Merkblatt unterscheidet zwischen:

- Kluftflächen (K_1, K_2, … K_n; vgl. Abb. 4.3);
- Schichtflächen (S_S; vgl. Abb. 4.4);
- Schieferungsflächen (S_f);
- Störungsflächen (S_t; vgl. Abb. 4.5).

Das Lösen von Fels und die Abbauleistungen werden durch die Lage und die Ausbildung der Trennflächen beeinflusst. Das Trennflächensystem, das am deutlichsten ausgebildet ist (gleichmäßige Ausbildung, gute Durchtrennung, geringer Trennflächenabstand), wird als „Haupttrennflächensystem“ bezeichnet. Dies ist in Schichtgesteinen vorwiegend die Schichtfläche; vielfach kommen auch Schieferungsflächen und Kluftflächen (K_1, K_2, K_3) in Betracht.

Von den Haupttrennflächen (bzw. von mehreren Trennflächensystemen) sind der Abstand der Trennflächen, deren Neigung sowie deren Ausrichtung anzugeben.

Für bautechnische Zwecke im Straßenbau ist Fels nach dem Trennflächenabstand entsprechend den in Tab. 4.5 aufgeführten mittleren Abständen zu klassifizieren und zu bezeichnen. Diese Abstände folgen keiner Normzahlenreihe.

Beim Beschreiben der Raumstellung der Haupttrennflächen (Schichtflächen) ist deren Neigung einem Winkelbereich nach Tab. 4.6 zuzuordnen.

Die Streichrichtung der Haupttrennflächen soll nach diesem Merkblatt auf die Straßenachse bezogen werden. Dabei ist der Winkel zwischen Straßenachse und Streichrichtung nach Abb. 4.6 anzugeben. Es ist anzuraten, zusätzlich den auf die Nordrichtung bezogenen Streichwinkel anzugeben. Werden nach Gesteinsart, Zustand und Raumstellung der Haupttrennflächen unterschiedliche Verhältnisse angetroffen, so sind die zugehörigen Massen getrennt zu ermitteln und in gesonderten Leistungspositionen auszuweisen.

Das Zusammenfassen unterschiedlicher Gesteine und Schichten zu einer Leistungsposition ist nur möglich, wenn davon auszugehen ist, dass abbautechnisch und gerätetechnisch in gleicher Weise gearbeitet werden kann. Hierfür sind, z. B. bei Wechsellagerung, die beteiligten Gesteine einzeln zu beschreiben und in der Zusammenfassung zu kennzeichnen. Wenn keine der Trennflächen als Haupttrennfläche deutlich hervortritt oder wenn eine extrem plattige oder extrem säulige Ausbildung der Kluftkörper abbautechnisch von Bedeutung ist, sind alle Trennflächensysteme anzugeben.

4.2 Bewerten von Boden- und Felsarten für den Einbau

Unter günstigen Voraussetzungen können alle mineralischen Bodenarten für erdbautechnische Zwecke verwendet werden. Nicht verwendbar sind stark organische Böden wie Faulschlamm, Mudde, Gyttja, Torf und Kohle. Grenzgehalte liegen bei 10 % organischer Substanz.

Tab. 4.4 Bezeichnung des Verwitterungsgrades von Gesteinen nach dem Merkblatt über Felsgruppenbeschreibung für bautechnische Zwecke im Straßenbau (1980)

Code	Bezeichnung	Merkmal Gestein	Merkmal Gebirge
VU	Unverwittert	Unverwittert, frisch, kein Verwitterungseinfluss erkennbar	Keine verwitterungsbedingte Auflockerung an Trennflächen
VA	Angewittert	Auf frischer Bruchfläche Verwitterung von einzelnen Mineralkörnern erkennbar (Lupe), beginnende Mineralumbildung und Verfärbung	Teilweise Auflockerung an Trennflächen
VE	Entfestigt	Durch Verwitterungsvorgänge gelockertes, jedoch noch im Verband befindliches Mineralgefüge, meist in Verbindung mit Mineralumbildung, insbesondere mit und an Trennflächen	Vollständige Auflockerung an Trennflächen
VZ	Zersetzt	Noch im Gesteinsverband befindliches, durch Mineralneubildung verändertes Gestein ohne Festgesteinseigenschaften (z. B. Umwandlung von Feldspäten zu Tonmineralen, von Tonschiefer zu Ton)	Kluftkörper ohne Festgesteinseigenschaften

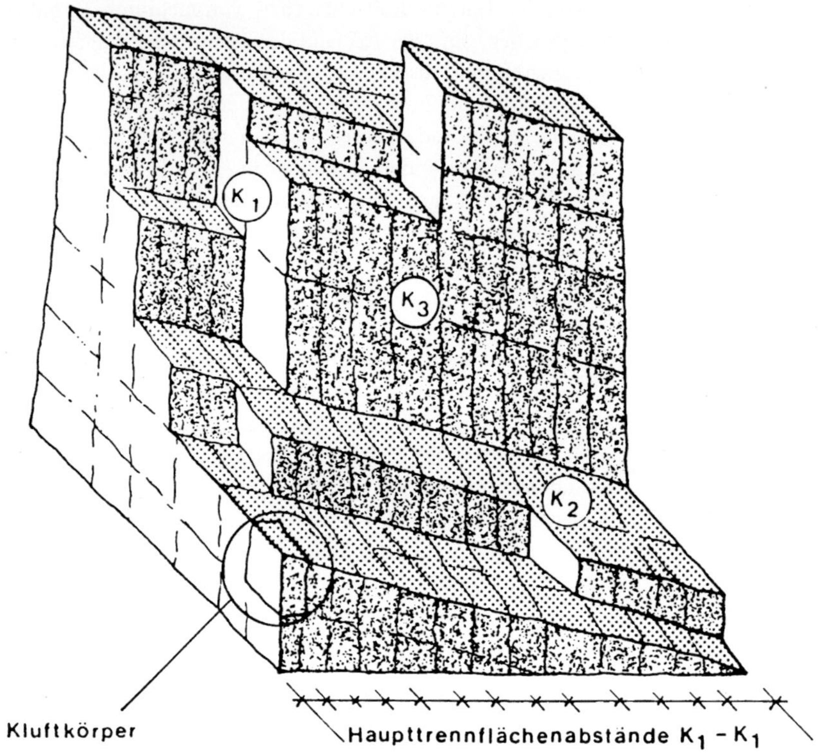

Abb. 4.3 Gebirge mit 3 Kluftscharen K_1, K_2, K_3, von denen K_1 als Haupttrennfläche ausgebildet ist

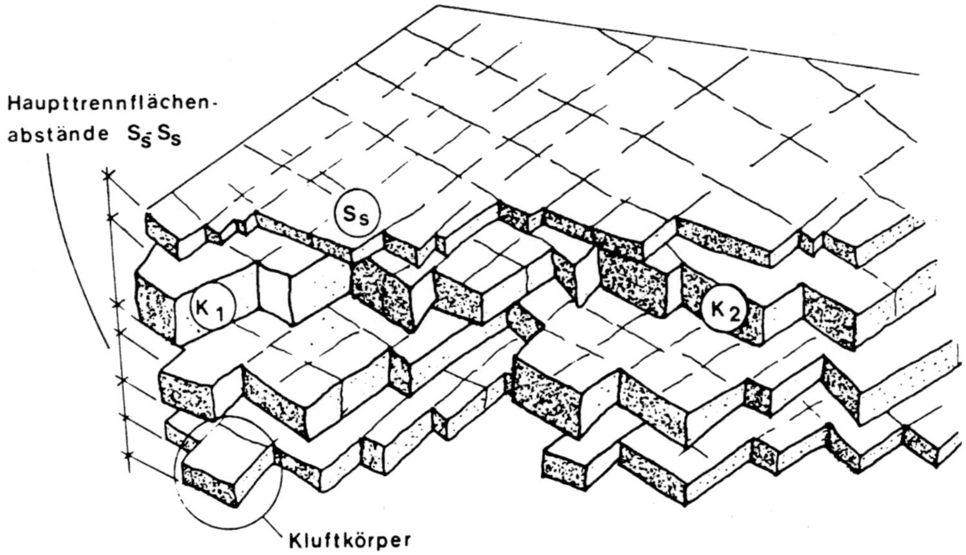

Abb. 4.4 Gebirge mit Schichtflächen S_s und zwei Kluftscharen K_1 und K_2, von denen die Schichtfläche als Haupttrennfläche ausgebildet ist

4.2.1 Feinkörnige Böden

In der Verwendung stark eingeschränkt sind ausgeprägt plastische Tone (TA) sowie stark plastische Tone und Schluffe mit organischen Beimengungen (OT, OU). Die Verwendung feinkörniger Böden im Erdbau hängt von folgenden Bodenkenngrößen ab:

- Wassergehalt w;
- optimaler Wassergehalt w_{Pr};
- Fließgrenze w_L;
- Ausrollgrenze w_P;
- Schrumpfgrenze w_s;
- Plastizität I_P;
- Kohäsion c;
- Winkel der inneren Reibung φ;
- Durchlässigkeitsbeiwert k.

Feinkörnige Böden mit einem Wassergehalt im Bereich des optimalen Wassergehaltes können als Dammschüttmaterial direkt verwendet werden. Nachteilig gegenüber grobkörnigen Schüttmaterialen ist der niedrige Reibungswinkel, welcher flache Böschungswinkel voraussetzt.

In den meisten Fällen wird jedoch der natürliche Wassergehalt mehr oder weniger stark vom optimalen Wassergehalt abweichen. Wegen der geringen Wasserdurchlässigkeit ist das Verdichten feinkörniger Böden (Ton und Schluff) nur bei Gegenwart von Luft in den Porenräumen möglich. Nasse und nahezu wassergesättigte Böden können nur verdichtet werden, wenn es gelingt, dem Bo-

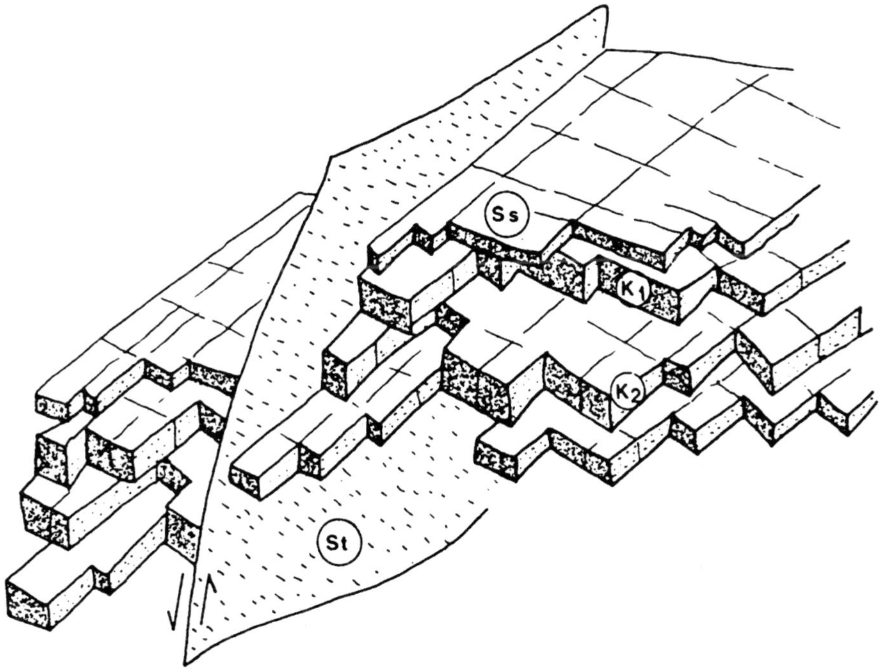

Abb. 4.5 Gebirge mit Schichtflächen S_s und zwei Kluftflächen K_1, K_2, von einer Störung S_t durchtrennt. Schichtflächen und Störungsflächen sind als Haupttrennflächen ausgebildet

Tab. 4.5 Bezeichnung der Gesteinsausbildung nach Art und Ausbildung der Trennflächen nach dem Merkblatt über Felsgruppenbeschreibung für bautechnische Zwecke im Straßenbau (1980)

Code	Mittlerer Abstand [cm] Toleranz ±20 %	Bezeichnung	
		Klüftung	Schieferung/ Schichtung
A01	< 1		Blätterig
A05	1–5	Sehr stark klüftig	Dünnplattig
A10	5–10	Stark klüftig	Dickplattig
A30	10–30	Klüftig	Dünnbankig
A60	30–60	Schwach klüftig	Dickbankig
A61	> 60	Kompakt	Massig

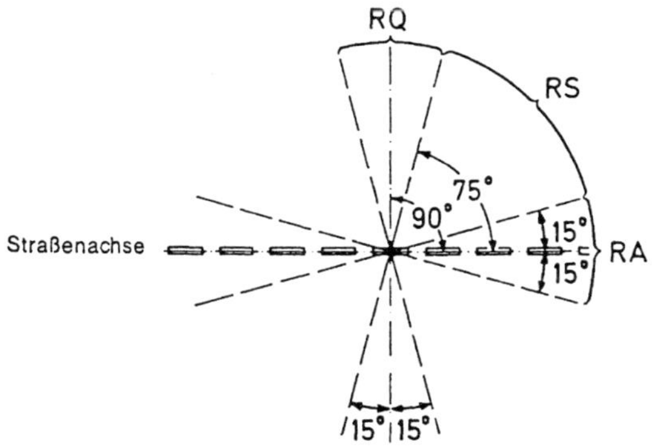

Abb. 4.6 Richtung der Haupttrennflächen in Bezug auf die Straßenachse mit Bezeichnung und Toleranz für achsgerechte Ausrichtung *RA*, querschlägige Ausrichtung *RQ* und schräge Ausrichtung *RS* nach dem Merkblatt über Felsgruppenbeschreibung für bautechnische Zwecke im Straßenbau (1980)

Tab. 4.6 Bezeichnung der Raumstellung der Haupttrennflächen nach dem Merkblatt über Felsgruppenbeschreibung für bautechnische Zwecke im Straßenbau (1980)

Code	Winkelbereich [°], Toleranz ±5°	Bezeichnung
N1	0–10	Söhlig
N3	10–30	Flach
N6	30–60	Geneigt
N9	60–90	Steil

den Wasser zu entziehen. Da ein wasserhaltender, feinkörniger Boden sein Wasser nur über die Kapillarwirkung abgibt, ist das Abtrocknen von feinkörnigem, bindigem Material bei trockenem Wetter mit Zusatzarbeiten für Auflockern und gleichmäßiges Belüften verbunden. Andernfalls verbleibt ein Unterschied im Wassergehalt zwischen Oberfläche und tiefer liegenden Teilen der feinkörnigen Erdmassen. Trockene feinkörnige Böden können nur nach Anfeuchtung verdichtet werden. Das Anfeuchten bedarf besonderer Sorgfalt und längerer Einwirkzeit zum Erreichen einer gleichmäßigen Bodenfeuchte. Werden feinkörnige Böden mit einem Wassergehalt oberhalb oder unterhalb des günstigsten Wassergehaltes verdichtet, so ergeben sich zu geringe Dichtewerte. Bei einem zu trocken eingebauten Boden werden sich die verbleibenden Hohlräume mit dem versickernden Niederschlagwasser sättigen und der Boden wird aufweichen. Bei einem zu nass eingebauten Boden zeigt der Boden zunächst keine Neigung, zusätzliches Niederschlagwasser aufzunehmen. Dieser Boden bleibt bei einer geringeren Tragfähigkeit gegenüber dem optimal verdichteten Boden so lange standfest, wie keine gravierenden Änderungen in seinem Wassergehalt auftreten. Wird ein solcher Boden durch seine Lage im Raum (oberflächennah) oder durch die gegebenen Klimaverhältnisse dem Wechsel von Austrocknen und Durchnässen ausgesetzt, so geht auch diese geringere Tragfähigkeit verloren.

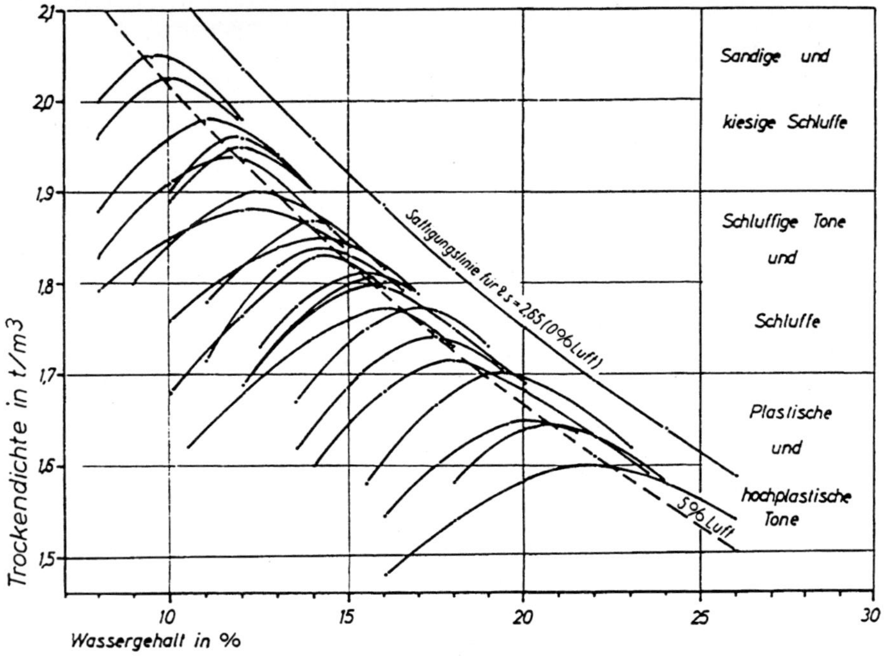

Abb. 4.7 Beziehung zwischen Wassergehalt und Trockendichte feinkörniger Böden für die einfache Proctordichte. (Voss 1961)

Die Verdichtungs- und Verformungseigenschaften von Schluffen und Tonen werden maßgeblich durch die Kohäsionskräfte an der sehr großen wirksamen Oberfläche der Einzelteilchen in Abhängigkeit von Wassergehalt und Plastizität bestimmt.

Zum Überwinden dieser Kräfte werden statisch wirkende und zusätzlich knetende Geräte (Glattwalzen, Gürtelradwalzen, Schaffußwalzen, Gummiradwalzen) und dynamisch wirkende Geräte (Fallplattenstampfer, Explosionsstampfer) eingesetzt. Müssen – z. B. wegen Nichtverfügbarkeit geeigneter Massen – zu nasse Böden eingebaut werden, so ist eine mechanische Bodenverbesserung durch Einmischen von geeigneten Körnungen oder durch Einrütteln oder Einschlagen von Steinen und Blöcken anzuraten. Als weitere Möglichkeit bietet sich eine Bodenverfestigung mit hydraulischen Bindemitteln, mit Feinkalk oder mit Kalkhydrat an.

Die Beziehungen zwischen Wassergehalt und Trockendichte bei gleicher Verdichtungsarbeit (Proctorversuch) sind in Abb. 4.7 dargestellt. Der Luftgehalt feinkörniger Böden darf nach ZTVE-StB 09 wegen der vorgenannten Eigenschaften 12 % ihres Volumens nicht überschreiten. Dies ist durch die Verdichtung zu gewährleisten.

4.2.2 Gemischtkörnige Böden

Enthält ein Boden neben Schluff und Ton auch Sand, Kies und Steine, so wird die Verdichtbarkeit von folgenden Faktoren bestimmt:

- Mischungsverhältnis von Fein- und Grobkörnung;
- Kornabstufung und Kornform der Grobkörnung;
- Korngrößenverteilung der feinkörnigen Bestandteile;
- Wassergehalt der feinkörnigen Anteile;
- Plastizität der feinkörnigen Anteile.

Mischböden treten als schluff- und tonhaltiger Sand und Kies, als tonhaltiger steiniger Verwitterungsboden (Lehm) und als umgelagertes, verwittertes Bodenmaterial auf. Typisch für solche Böden ist, dass die Kornzusammensetzung in großer Breite variiert und dass die plastischen Eigenschaften sehr unterschiedlich sind.

Die erreichbare Trockendichte nimmt bei gleich großer Verdichtungsarbeit mit steigendem Grobkornanteil zu. Liegt der Wassergehalt der feinkörnigen Bodenteile unter dem optimalen Wassergehalt (w_{Pr}), so bewirken schon geringe Grobkornmengen eine Verbesserung im Verformungsverhalten und eine günstige Verdichtbarkeit. Bei hohem Wassergehalt der feinkörnigen Anteile werden hingegen große Grobkornmengen benötigt, um eine günstige Verdichtbarkeit zu bewirken. Gemischtkörnige Böden mit Steinen zeigen ein Verdichtungsverhalten, welches zwischen dem der feinkörnigen Bodenarten Ton und Schluff und dem der grobkörnigen Bodenarten Sand, Kies und Steine liegt. Häufig sind zur genauen Beurteilung Probeverdichtungen erforderlich. Die Verdichtungseigenschaften der gemischtkörnigen Böden werden durch die Kohäsionskräfte im Feinkornanteil und durch die Reibungskräfte in dem vom Grobanteil gebildeten Steinskelett bestimmt. Zur Überwindung dieser Kräfte werden bei der Verdichtung Vibrationswalzen als Glattwalzen oder Schaffußwalzen, Gitterradwalzen, Fallplattenstampfer, Explosionsstampfer und schwere Vibrationsplatten eingesetzt.

4.2.3 Grobkörnige Böden

Die Verdichtbarkeit grobkörniger Böden (Sand, Kies, Steine und deren Mischungen) hängt von der Kornverteilung, Kornform und Rauhigkeit der Kornoberfläche sowie vom Wassergehalt ab. Dabei ist für die Verdichtbarkeit vor allem die Kornabstufung von Bedeutung. Das Optimum für die Verdichtbarkeit liegt bei weitgestuften und intermittierend gestuften Sand-Kies-Gemischen mit glatten und runden Einzelkörnern und einer Ungleichförmigkeitsziffer von $U = 36$. Dieser Wert entspricht der Ungleichförmigkeit der „Fuller-Parabel“, die z. B. in der Beton-

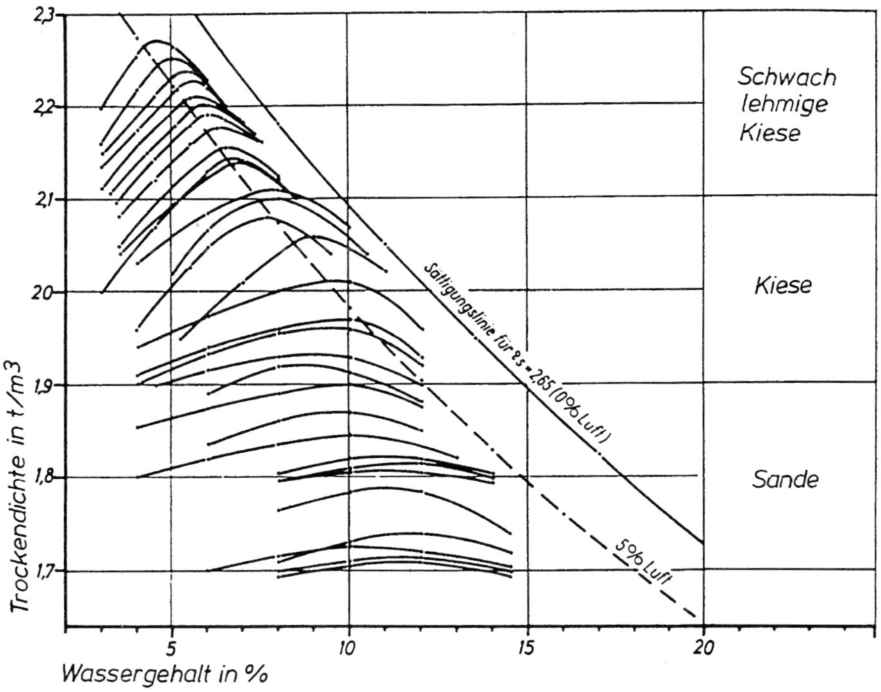

Abb. 4.8 Beziehung zwischen Trockendichte und Wassergehalt von Sanden und Kiesen bei Verdichtungsarbeit für die einfache Proctordichte. (Voss 1961)

technologie für den sogenannten Zuschlag (Sand/Kies bzw. Sand/Splitt) eine optimale Abstufung liefert. Dabei sind Korngrößen und Kornverteilung so aufeinander abgestimmt, dass die nachfolgend kleinere Korngröße in die Lücken zwischen die gröberen Körner passt. Die Fuller-Parabel hat die Gleichung:

$$a = 100\sqrt{\frac{d}{d_{\max}}}.$$

- a = Anteil in Gewichtsprozent für die Fraktion < d (Siebdurchgang)
- d = Maschenweite [mm]
- $d_{\max}$ = Durchmesser bzw. Maschenweite für das Größtkorn

In Anlehnung an die Fuller-Parabel werden für Tragschichten in Kies- und Schotterwerken entsprechende Mischungen zusammengestellt.

Die Rauigkeit der Kornoberflächen wirkt der Verdichtungsarbeit entgegen. Gebrochenes Material (Brechsand, Splitt, Schotter) ergibt bei gleicher Verdichtungsarbeit und Körnung eine geringere Lagerungsdichte als die meisten natürlichen Sande und Kiese. Mit zunehmender Dichte erhöht sich die Scherfestigkeit und vermindert sich die Verformbarkeit des Bodens; es werden höhere Verformungsmoduln (E_V-Werte) erreicht. Dabei lassen sich selbst gut verdichtete Sande und Kiese unter der Einwirkung der Witterung und des Baustellenverkehrs leichter verformen und auflockern als verdichtete Schüttungen aus gebrochenem Material. Verdichtetes Material ist in sich verspannt. Dabei wird die Verspannung bei gebrochenem Material vorrangig durch die Reibung, bei Sanden und Kiesen mit glatter Oberfläche in hohem Maße auch von der scheinbaren Kohäsion getragen. Diese scheinbare Kohäsion geht beim Austrocknen und beim Durchnässen verloren, und das Planum wird durch den Baustellenverkehr aufgelockert. In ungünstigen Fällen kann diese Auflockerung allein durch einen Grundwasseranstieg eintreten, und es sind Fälle bekannt, bei denen die Auflockerung bis 1 m tief unter das Planum reichte.

Grobkörnige Böden lassen sich durch Glattwalzen, Gummiradwalzen, Explosionsstampfer, Flächenrüttler, Vibrationswalzen und Vibrationsschaffußwalzen verdichten.

Ungünstige Verdichtungseigenschaften zeigen gleichförmige und gleichkörnige Sande und Kiese (Flugsande, Dünensande, Riesel). Eine Verbesserung kann durch Einmischen von Grob- und Feinkorn erfolgen. Dabei soll eine Ungleichförmigkeit von 7 bis 12 angestrebt werden. Zur Bodenverfestigung und zur Versiegelung des Planums gegen die Einwirkungen der Witterung (besonders vor einer Arbeitspause im Winter) wird als Bindemittel Zement beigemischt. Die Beziehungen zwischen Trockendichte und Wassergehalt von Sanden und Kiesen sind in Abb. 4.8 dargestellt.

4.2.4 Gebrochenes Felsmaterial bzw. Gestein

Die Eignung und Verdichtbarkeit von gebrochenem Felsmaterial hängt ab von der Gesteinsart, der erreichten Zerkleinerung mit Stückform, Stückgröße und Stückgrößenverteilung und auch von der Druckfestigkeit der einzelnen Stücke. Beim Lösen von Fels ist auf das Zertrümmern des Haufwerkes unter eine vorgegebene maximale Stückgröße zu achten. Grobes Felsmaterial mit enggestufter Stückgrößenverteilung lässt sich nur wenig oder gar nicht verdichten. Im Straßenbau darf es im Dammbereich nur bis 1 m unter Planum eingebaut werden. Den oberen Abschluss bildet eine filterartig aufgebaute Trennschicht, welche verhindert, dass Kies- und Sandkorn sich nach unten verlagert. Sonst besteht die Gefahr, dass sich unter dem Planum bzw. unter der Fahrbahndecke Hohlräume bilden.

Ein Zertrümmerungseffekt und damit eine höhere Dichte kann beim Verdichten von grobem Felsmaterial durch den Einsatz schwerer rüttelnder Walzen erreicht werden (Zertrümmerungsverdichtung, Brauns 1979).

Grobes Gestein kann durch Beimischen von Sand und Kies zu einem Korngemisch mit günstiger Korngrößenverteilung verbessert werden.

Bei der Beurteilung von Gesteinen ist auf die Unterscheidung von festen Gesteinen und veränderlich festen Gesteinen zu achten.

Diese Unterscheidung nach Keil (1959) beurteilt die Gesteine nach ihrem Verhalten gegenüber den Atmosphärilien.

Veränderlich feste Gesteine zerbrechen beim Lösen in gleicher Weise wie die festen Gesteine in scharfkantige Gesteinsstücke von zunächst noch hoher Druckfestigkeit. Auch beim Einbau zeigt frisch gebrochenes, veränderlich festes Gestein gleiche Verdichtungseigenschaften wie Material aus festen Gesteinen.

Im frisch geschütteten und verdichteten Damm wie auch in einer lose geschütteten Halde wird jedoch bei den veränderlich festen Gesteinen (Schieferton, Mergel u. a.) die Verwitterung an Kanten einsetzen. Die Reibung wird erniedrigt und somit ein kontinuierlicher Zusammenbruch des Gefüges (bzw. ein Zusammengleiten des Gefüges) herbeigeführt. Durch Wasseraufnahme tritt in der aus veränderlich festem Felsgestein hergestellten Schüttung eine weitere Kornverfeinerung ein, die mit erheblichen Verformungen verbunden sein kann.

Dammschüttungen aus veränderlich festen Gesteinen müssen daher weitgehend hohlraumfrei ausgeführt werden. Dies setzt intensives Zertrümmern der Gesteinsmassen zu einem Schüttgut mit geeigneter Kornabstufung voraus, welches anschließend, z. B. mit Schaffußwalzen, knetend oder stampfend zu verdichten ist. Die Schütthöhen im lockeren, nicht verdichteten Zustand müssen erfahrungsgemäß auf maximal 40 cm begrenzt werden. Der Luftgehalt soll wie bei feinkörnigen Böden 12 % des Volumens nicht überschreiten.

4.2.5 Klassifikation zur Verdichtbarkeit von Böden nach ZTVA-StB

Beim Verfüllen von Aufgrabungen in Verkehrsflächen muss sachgemäßes Verfüllen und Verdichten des eingebauten Materials sichergestellt sein, damit spätere Senkungen ausgeschlossen sind.

Für das Verfüllen und Verdichten nicht geeignet sind organische und organogene Böden, Böden mit organischen Beimengungen sowie ausgeprägt plastische feinkörnige Böden (F, HZ, HN, OU, OT, OH, OK, TA).

Die für das Verfüllen und Verdichten geeigneten Bodengruppen sind nach ZTVA-StB 97/06 („Zusätzliche Technische Vertragsbedingungen und Richtlinien für Aufgrabungen in Verkehrsflächen", Forschungsgesellschaft für Straßen- und Verkehrswesen) einer Verdichtbarkeitsklasse zuzuordnen. Die Verdichtbarkeitsklassen sind:

- V_1: grob- und gemischtkörnige Böden der Gruppen GW, GI, GE, SW, SI, SE, GU, GT, SU, ST;
- V_2: gemischtkörnige Böden der Gruppen G$\overline{U}$, G$\overline{T}$, S$\overline{U}$, S$\overline{T}$;
- V_3: feinkörnige Böden der Gruppen UL, UM, TL, TM.

Für den Einsatz der gängigen Verdichtungsgeräte gibt ZTVA-StB 97 zu diesen Verdichtbarkeitsklassen Anhaltswerte für Eignung, Schütthöhe und Zahl der Übergänge.

4.3 Klassifizieren von Böden zur Frostempfindlichkeit nach ZTVE-StB

Boden, Fels und gebrochene Mineralstoffe können bei Frosteinwirkung unterschiedlich reagieren. Die Frostempfindlichkeit von Boden wird von der Korngrößenverteilung, besonders vom Feinkornanteil, und von den plastischen Eigenschaften bestimmt. Frostschäden an konstruktiven Bauwerken und Erdbauwerken treten auf, wenn in der Gefrierzone des Bodens Wasser vorkommt oder zufließt. Im trockenen Boden schaden Temperaturen unter dem Gefrierpunkt allgemein nicht.

Die Klassifikation nach ZTVE-StB unterscheidet folgende Frostempfindlichkeitsklassen:

- F 1: nicht frostempfindliche Böden der Gruppen G W, GI, GE, SW, SI, SE;
- F 2: gering bis mittel frostempfindliche Böden der Gruppen TA, OT, OH, OK, ST, G T, SU, GU;
- F 3: sehr frostempfindliche Böden der Gruppen TL, TM, UL, UM, UA, OU, S$\overline{T}$, G$\overline{T}$, S$\overline{U}$, G$\overline{U}$.

Ergeben sich hinsichtlich der Klassifikation der Frostempfindlichkeit Zweifel, so können diese durch Frostversuche abgeklärt werden. Dies betrifft vorwiegend schwach tonige oder schwach schluffige Böden der Gruppen ST, GT, SU und GU.

Das Prüfen der Frostempfindlichkeit von Steinen, Baumaterial und Boden erfolgt im Frost-Tau-Wechsel-Versuch nach DIN EN 1367-1 bis -6 sowie nach den „Technischen Prüfvorschriften für Gesteinskörnungen im Straßenbau" (TP Gestein-StB).

Abtrag von Boden und Fels

Wolfgang Dachroth

W. Dachroth, *Handbuch der Baugeologie und Geotechnik*, DOI 10.1007/978-3-662-46886-9_5

5

5.1 Abtrag für den Aushub von Baugruben, Gräben und Geländeanschnitten

Die knappe Baulandsituation in Städten und Ballungsgebieten führt zum Wunsch nach immer mehr Untergeschossen und unterirdischem Verlegen von Verkehrswegen, Leitungen und Kabeln. Zunehmend werden auch außerhalb der Ballungsgebiete für das Verlegen von Verkehrswegen Geländeeinschnitte geplant. Bauvorhaben im geneigten oder bewegten Gelände sowie im Bergland oder Gebirge erfordern in der Regel Geländeanschnitte. Für solche Bauvorhaben muss in entsprechend tiefen Baugruben, Einschnitten, Gräben oder Anschnitten der Baugrund ausgehoben oder abgetragen werden. Für das Bereitstellen von Baumaterial ist der Aushub oder Abtrag von Boden oder Fels in Sandgruben, Kiesgruben, Tongruben, Lehmgruben, Steinbrüchen und auch in unterirdischen Entnahmestellen erforderlich.

Der Geotechnische Bericht ist wesentliche Grundlage für die Kalkulation von Bodenabtrag, Aushub und Entnahme. Hierzu ist der Baugrund nach den Kriterien der Geologie mit Schichtenfolge und Gesteinslagerung sowie den Wasser- und Grundwasserverhältnissen zu beschreiben. Beim Planen von Entnahmestellen ist die Eignung des zum Abbau vorgesehenen Materials zu prüfen. Für Gräben, Baugruben, Geländeanschnitte und Entnahmestellen sind Aussagen zum anfallenden Grund- und Oberflächenwasser und zu erforderlicher Wasserhaltung zu treffen. Für Abtrag und Aushub unter Wasser sind geeignete umweltverträgliche Löseverfahren und Aushubverfahren zu benennen. Die anstehenden Boden- und Gesteinsschichten sind nach ihren Eigenschaften beim Lösen entsprechend DIN 18300 bzw. DIN 18311 einzustufen. Es sind Aussagen zur Böschungsgestaltung und zum Umfang der erforderlichen Aushubarbeiten zu treffen. Bei Böschungsvarianten müssen Kostenvergleiche zwischen Böschung und Verbau auch die Mehrkosten für Mehraushub, Ab- und Rücktransport, Zwischenlagerung und Wiedereinbau berücksichtigen (Simons und Toepfer 1991).

5.2 Abtrag von Boden

- **Aushub von Baugruben**

Der Aushub von Baugruben erfolgt mit schweren Maschinen (Raupen, Bagger, LKWs) und nur in Ausnahmefällen per Hand. Hierfür sind die Bedingungen für Zufahrt, Lademöglichkeit und Arbeitsraum nach den in verschiedenen Bauphasen vorliegenden Verhältnissen von verfügbarem Flächenmaß im Geotechnischen Bericht zu diskutieren. Empfindliche Böden wie Löss, Lösslehm, Auelehm, sandiger Lehm, Ton, Mergel, Feinsand und organische Böden können bei ungünstiger Wasserhaltung nicht befahren werden. Lössböden und vergleichbar strukturierte Böden werden beim Befahren schwammartig aufgelockert, sodass ein Aushub der Fundamentgräben von Hand oder eine Bodenverbesserung in der Sohlfläche kombiniert mit Plattengründung erforderlich werden kann.

Der Aushub von Baugruben unter Wasser ist möglich als:

- Aushub unterhalb des Grundwasserspiegels mit seilgeführtem Greifer (■ Abb. 8.2a).
- Aushub nach Absenkung des Grundwasserspiegels (■ Abb. 8.2b).
- Aushub unter Wasser mit Baggergerät mit langem Greifer. Solche Geräte arbeiten sich auf dem gleichzeitig eingebauten Schüttboden, z. B. einem Damm, vorwärts. Dabei besteht jedoch die Gefahr, dass weiche Massen im Untergrund verbleiben (■ Abb. 8.2c).
- Aushub unter Wasser in großer Tiefe (bis ca. 35 m) mit Spezialbaggergeräten mit teleskopartig verlängerbarem Greifarm und Tieflöffel.

- **Aushub für Bodenaustausch**

Bei weichem und nicht tragfähigem Baugrund kann ein Bodenaustausch erforderlich werden. Weiche Schichten in geringer Mächtigkeit können – soweit dies wirtschaftlich ist – ausgehoben und durch grobkörnigen Boden ersetzt werden. Beim Planen eines Bodenaustausches ist darauf zu achten, dass die Bauwerkslasten innerhalb des ausgetauschten Bodens unter einem materialabhängigen Winkel zwischen 45 und 60° abgetragen werden können. Der Böschungswinkel im weichen Austauschboden richtet sich nach dessen Standfestigkeit und ist unter Berücksichtigung von DIN 4124 festzulegen. Zusätzlich soll das Gründungsplanum gegenüber dem Bauwerksgrundriss einen allseitigen Überstand (0,5–1 m) aufweisen. Dadurch kann sich die auszuhebende Baugrube erheblich vergrößern (■ Abb. 5.1). Die Kostenkalkulation muss neben Bodenaushub, Abfahren und Deponieren der zusätzlichen Bodenmassen sowie Kaufpreis, Anfahrt und Einbau des Austauschbodens auch mögliche Mehrkosten für Wasserhaltung und Böschungsgestaltung berücksichtigen.

In den meisten Fällen liegt der auszuhebende Boden unter Wasser und ist nach einem der obengenannten Verfahren auszuheben. Aushub im Trockenen kann erforderlich werden, wenn nicht tragfähige Massen (z. B. Deponiegut) oberhalb des Grundwasserspiegels anstehen.

5.3 Abtrag von Fels

Baugruben, Geländeeinschnitte und Geländeanschnitte werden im leicht lösbaren Fels direkt mit Baggergeräten ausgehoben. Schwer lösbarer Fels ist in der Regel vor dem Aushub aufzulockern. Weiche Felslagen und Fels mit gut ausgebildetem Trennflächensystem können mit Reißzahn oder Hydraulikmeißel aufgelockert werden. Unterschieden wird zwischen Lösevorgängen, die im Trennflächensystem die Auflockerung herbeiführen, und Lösevorgängen, bei denen das meist weiche Gestein zerbrochen wird. Fester und stark zusammenhaltender Fels mit weitem Trennflächenabstand wird mit Sprengungen gelockert.

Paul (1996) unterscheidet beim Lösen von Fels die Wirkungsweisen „Abschieben", „Hebeln", „Reißen", „Graben", „Sprengen", „Schälen", „Brechen" und „Zertrümmern" (■ Abb. 5.2).

Beim Geländeabtrag für Einschnitte und Anschnitte im Festgestein ist das „Merkblatt für gebirgsschonende Ausführung von Spreng- und Abtragsarbeiten an Felsböschungen", Forschungsgesellschaft für Straßen- und Verkehrswesen zu beachten.

Im verbleibenden Böschungsbereich kann sowohl durch Felsreißen wie durch den Einsatz von Großbohrlochsprengungen

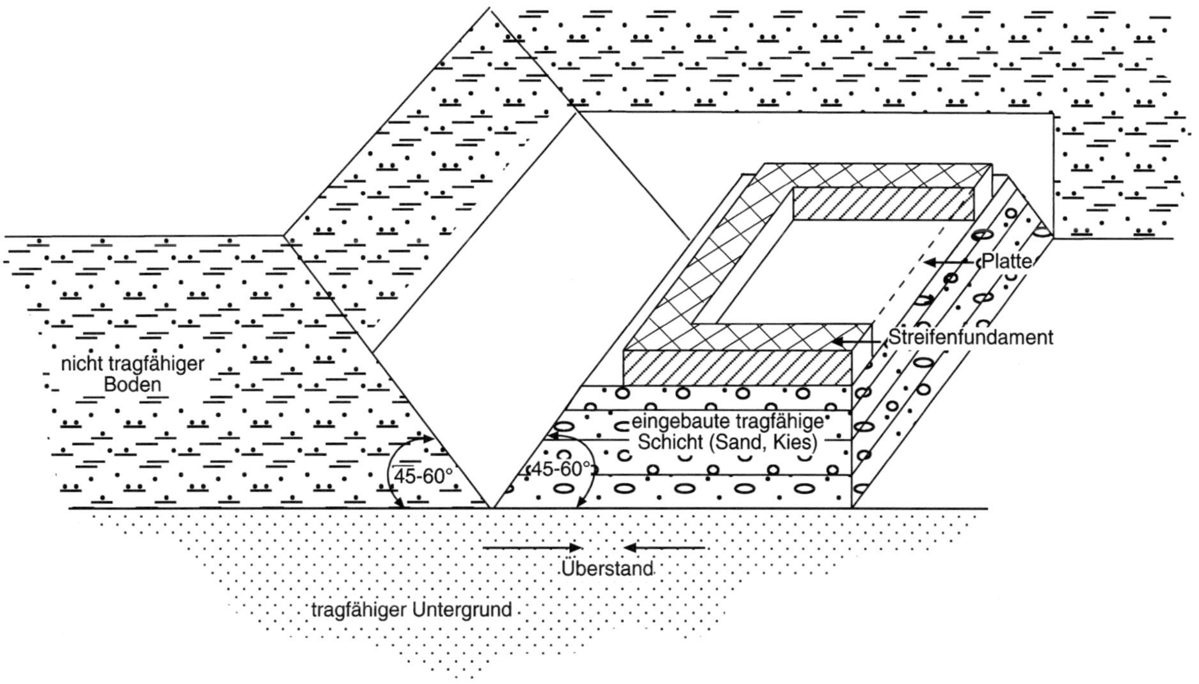

Abb. 5.1 Ausmaß für Bodenaushub und Bodenaustausch bei Bauwerksgründungen. Der *weiß* belassene Raum kann, soweit dies die geplante Flächennutzung zulässt, mit nicht verdichtungsfähigem bzw. nicht tragfähigem Bodenmaterial verfüllt werden

mit hochbrisanter Ladung der natürliche Felsverbund aufgelockert werden. Im aufgelockerten Fels sind Böschungen flacher anzulegen als im „gesunden" Fels. Ist Fels bis zum Blockschutt aufgelockert, muss die Böschungsneigung unter 45° liegen, um Steinschlag zu verhindern. Andernfalls muss die Böschung alljährlich beräumt werden, oder es müssen Maßnahmen gegen Steinschlag und Blocksturz vorgesehen werden.

Starke Auflockerungen können durch gebirgsschonenden Abtrag und gebirgsschonendes Sprengen vermieden werden. Zu den wesentlichen Forderungen eines gebirgsschonenden Abtrags zählt, dass der Großabtrag mittels Reißen oder Großbohrlochsprengen nur 1–3 m an die endgültige Böschungsfläche heranreichen darf. Beim gebirgsschonenden Sprengen wird der Fels in der vorgesehenen Böschungsfläche im engen Abstand durchbohrt und mit gestreckter Ladung durchrissen. Unterschieden werden die Verfahren „Vorspalten", „Abspalten", „Vorkerben" und „Abkerben".

Nach den „Richtlinien für die Anlage von Straßen, Teil: Landschaftsgestaltung" (RAS-LG 3) sollen bei der Geländeausformung Erdbau und Lebendverbau in enger Wechselbeziehung stehen. Harte und haltbare Felsschichten sind in der Böschung als Felsbänke herauszuarbeiten. Die Vorschrift gibt hierzu Ansichtsbilder für Beispiele mit unterschiedlicher Gesteinsausbildung.

Es ist festzustellen, dass das Beurteilen der Verwitterungsresistenz bestimmter Felspartien und der dauerhaften Standfestigkeit herauspräparierter Felsbänke zusätzlich zum geotechnischen Wissen umfangreiche gesteinstypische und regionalgeologische Erfahrungen voraussetzt. Die einzelnen Felsbänke sind in der Regel geologisch genau erfasst und an verschiedenen Stellen in unterschiedlicher Erhaltungsform erhalten wie:

- unverwittertertes (frisches) Festgestein, fester Verbund im Trennflächengefüge;
- unverwittertes (frisches) Festgestein, im Trennflächengefüge aufgelockert;
- angewittertes Gestein, fester Verbund im Trennflächengefüge;
- angewittertes Gestein, im Trennflächengefüge aufgelockert;
- verwittertertes Gestein, fester Verbund im Trennflächengefüge;
- verwittertertes Gestein, im Trennflächengefüge aufgelockert;
- verfestigtes (erhärtetes) Gestein eines geologischen Körpers bzw. einer Schicht mit festem Verbund im Trennflächengefüge als freistehender Felsen;
- verfestigtes (erhärtetes) Gestein eines vom geologischen Körper bzw. von der Schicht getrennten Blockes (nicht anstehend) mit festem Verbund im Trennflächengefüge.

Bei massigem, unverwittertem Fels (Magmatite, Sandstein, Dolomitstein, Kalkstein, Anhydrit) werden häufig keine Schichtfugen (Löser) angetroffen, die zum Herauspräparieren von Felsbänken geeignet sind. In solchen Gesteinen wird die ingenieurtechnische Ausbildung von Bermen vorgeschlagen. Bei gebanktem Fels mit Zwischenlagen aus veränderlich festem Gestein ist die Standfestigkeit der Böschung von der Standfestigkeit der verwitternden Lagen abhängig. RAS-LG 3 schlägt die Ausbildung der haltbaren Felsschichten als Felsbänke und Abböschungen im Bereich der weichen Zwischenschichten vor. Eine solche Baumethode führt zu Böschungen, die mit flacher Neigung sehr hoch und weit in den Hang hineinreichen.

Beim Felsabtrag ist darauf zu achten, dass das Unterschneiden von Böschungen vermieden wird. Wegen möglicher Unregelmäßigkeiten des Gebirges ist bei Felsböschungen eine ständige baugeologische Kontrolle der in der Böschung anstehenden Gesteine und damit verbunden eine ständige Fachberatung bei notwendigen Sicherungsmaßnahmen zu empfehlen.

Felsböschungen müssen in den Jahren nach der Fertigstellung regelmäßig kontrolliert werden. Dies betrifft besonders die

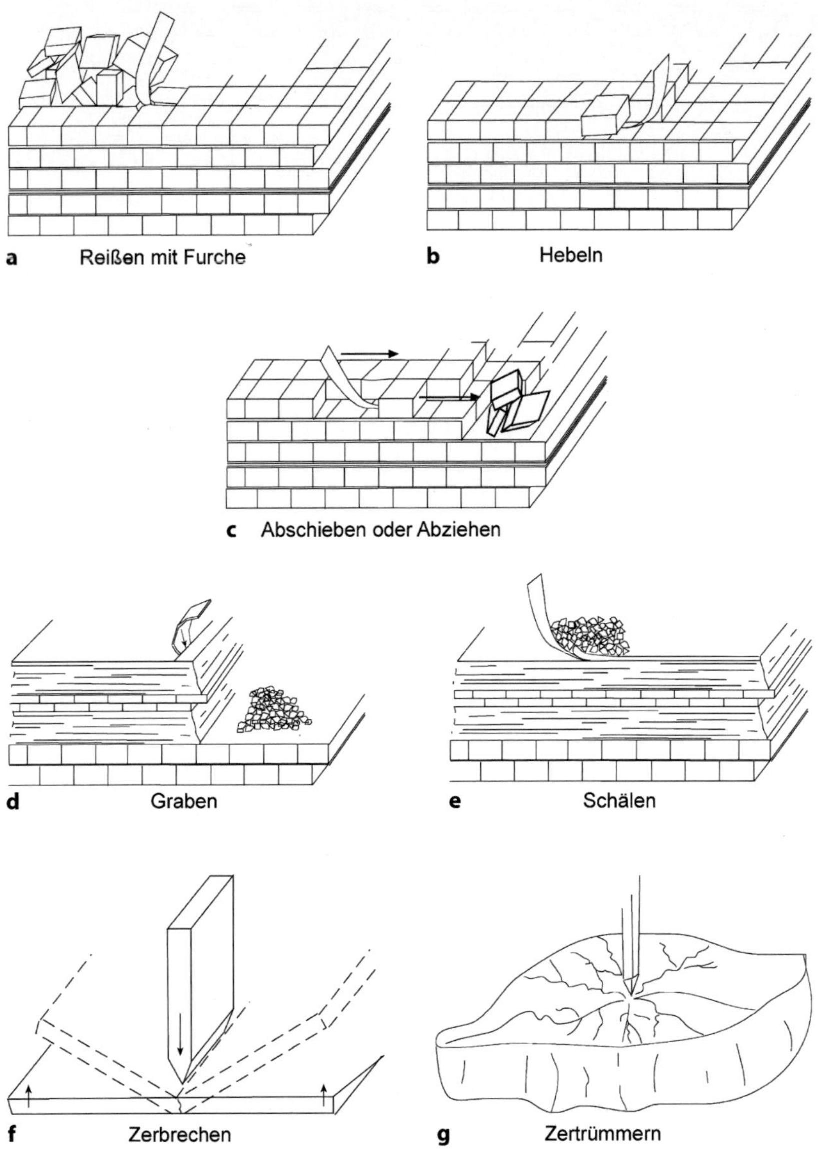

Abb. 5.2 Beispiele für die prinzipiellen Wirkungsweisen beim Lösen von Fels. (Paul 1996)

Steinschlaggefahr nach Frostaufgang. Schutz gegen Steinschlag bieten Drahtnetze, Fangzäune, Fangwände und Fangmauern.

Für Arbeiten im Bereich der Deutschen Bahn ist „Ril 836 – Erdbauwerke, Modul 836.0507, Felsböschungen" zu beachten.

Geologisch bedingter Mehrausbruch

Für den Abtrag von Fels ist die innere Gestalt des Gebirges zu untersuchen und in Bezug auf das Lösen des Gesteins zu beurteilen. Es ist festzustellen, ob Felsabtrag und Böschungsgestaltung von der Geologie her so eingehalten werden können, wie im Plan festgelegt. Aus der Kenntnis des Trennflächengefüges ist auf die Möglichkeit und Gefahr eines geologisch bedingten Mehrausbruches hinzuweisen und z. B. aus vergleichbaren Baugruben abzuschätzen. Der Mehrausbruch wird als mittleres Maß der Abweichung in Zentimetern gegen die geplante Ausbruchslinie („pay line") angegeben. Der Mehrausbruch ist für die Sohlfläche und die nach Raumstellung und Neigung unterschiedlichen Baugrubenwände getrennt zu beurteilen.

Auf die Gefahr eines gefügebedingten (geologisch bedingten) Mehrausbruches ist in der Ausschreibung aufmerksam zu machen, damit ein möglichst angepasster Lösevorgang (Sprengen oder Reißen) angemessen gewählt werden kann. Zum Beurteilen möglicher Mehrkosten durch Mehrausbruch ist zu hinterfragen, bei welchen Böschungen ein Arbeitsraum vorzusehen ist, welcher in der Regel später mit Sand und/oder Kies verfüllt wird, und bei welchen Böschungen direkt gegen Fels betoniert werden kann. Soweit direkt gegen den nicht aufgelockerten Fels betoniert werden soll, ist auch jede Art von Mehrausbruch durch Beton zu ersetzen. Die hierfür anfallenden Kosten übertreffen die für den Einbau von Sand und/oder Kies um das Zehnfache. Auch kann bei großen Baugruben der Mehranfall an Haufwerk bei Baggerleistung und Transport zu spürbaren Mehrkosten führen. Neben dem geologisch bedingten Mehrausbruch kann, durch die Struktur des Gebirges bedingt, die gleiche Lösetechnik auch zum Minderausbruch führen (Abb. 5.3). Durch erforderliches Nacharbeiten der Felsböschung oder der Baugrubensohle, z. B. mit Hydraulikmeißel (Baggeranbaugerät), Presslufthammer, Explosionshammer, Elektrohammer oder per Hand mit Spitzhacke und Schaufel, entstehen gleichfalls zusätzliche Kosten, auf welche durch eine genaue Felsbeschreibung bereits im baugeologischen Gutachten hingewiesen werden soll.

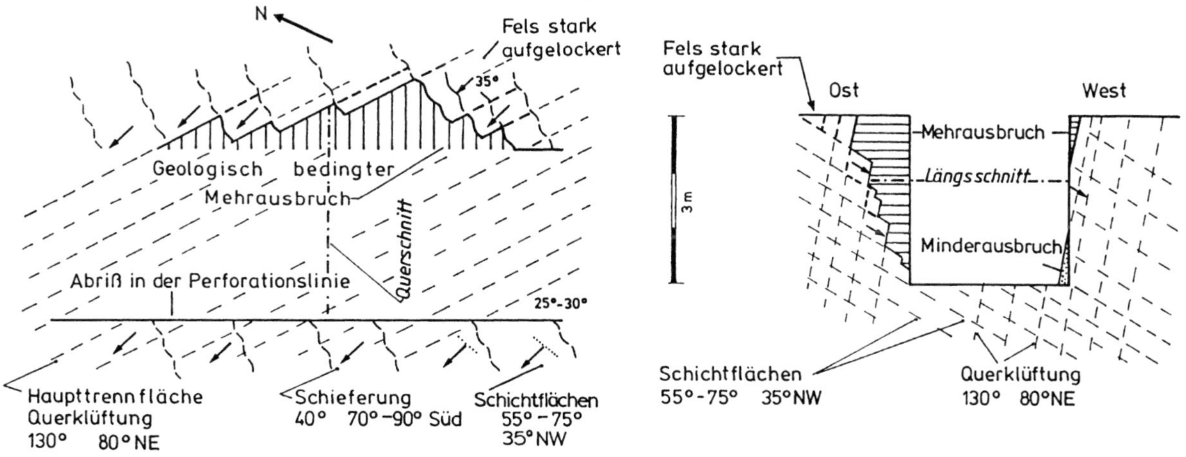

Abb. 5.3 Aufsicht und Querschnitt durch einen im Felsgestein ausgehobenen Graben mit geologisch bedingtem Mehrausbruch und Minderausbruch bei gebirgsschonender Sprengtechnik. Staustufe Serrig, Saar, Hunsrückschiefer

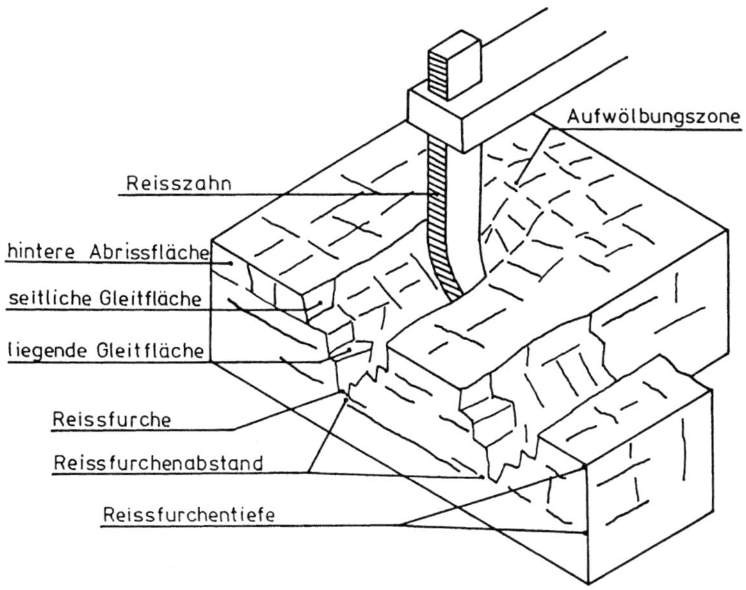

Abb. 5.4 Zur Terminologie des maschinellen Felsreißens. Vereinfachte Darstellung des Reißvorganges in einem Grauwacken-Sandstein mit flacher Lagerung und zweischarigem Kluftsystem, guter Durchtrennung und hoher Auflockerung. (Gutheil 1970)

Bei tiefen Baugruben im Fels ist stets die Möglichkeit der Auflockerung durch Entspannung zu diskutieren. Besonders Schiefergesteine neigen dazu, dass sich nach wenigen Tagen Kluftkörper vom Gesteinsverband lösen. Für die Beschaffenheit der Baugrubensohle und Böschungen ist auf die Gefahr der zeitabhängigen Auflockerung hinzuweisen, besonders wenn die Aushubarbeiten vorgezogen und gesondert vergeben werden, wobei sich eine deutliche zeitliche Verzögerung zwischen Aushub und Fundamentarbeiten ergeben kann. Für den Ausbruch müssen in bestimmten Fällen Auflagen wie Lösen durch Reißen, Reißverbot oder schonendes Sprengen benannt werden.

Bei Erdarbeiten im Straßenbau ist das „Merkblatt für die gebirgsschonende Ausführung von Spreng- und Abtragsarbeiten an Felsböschungen" zu beachten.

5.3.1 Felslösen mit Reißzahn oder Meißel

- **Reißarbeiten mit Raupenfahrzeugen**

Das Reißen geschieht durch Reißzähne oder Reißhaken, die an einem Raupenfahrzeug angebracht sind und beim Fahren durch das Festgestein gezogen werden. Beim Reißen besteht die Gefahr, dass die Auflockerung unter die herzustellenden Flächen und Profile reicht (Abb. 5.3a und 5.4).

- **Reißarbeiten mit Baggerwerkzeugen**

Das Reißen geschieht durch einen am Baggerarm angebrachten Reißzahn. Der Zahn wird mit der Kraft des Baggerarms durch das anstehende Festgestein gezogen. Dabei kann der Ansatzpunkt des Reißzahns gezielt auf Schwachstellen im Fels angesetzt werden. Zu unterscheiden sind die Arbeits- und Wirkungsweisen „Reißen", „Hebeln", „Abziehen" (Abschieben), „Abschälen" und „Abgraben", welche sich aus Ansatz und Bewegungsrichtung des Reißzahnes ergeben (Abb. 5.2, 5.4 und 5.5).

In beiden Fällen wird die als Querschneide ausgebildete Reißzahnspitze keilartig in die Querklüfte des Gebirges gedrückt. Die Kluftkörper werden zur Ausweichbewegung gezwungen, wodurch schon durch den hydraulischen Andruck eine Eindringtiefe des Zahnes bis zu 0,5–0,7 m möglich ist. Beim Übergang aus dem Stand in die eigentliche Reißbewegung wird das Gewicht der Raupe oder des Baggers wirksam, und es werden noch größere Eindringtiefen erreicht. Mit dem Eindringen des Reiß-

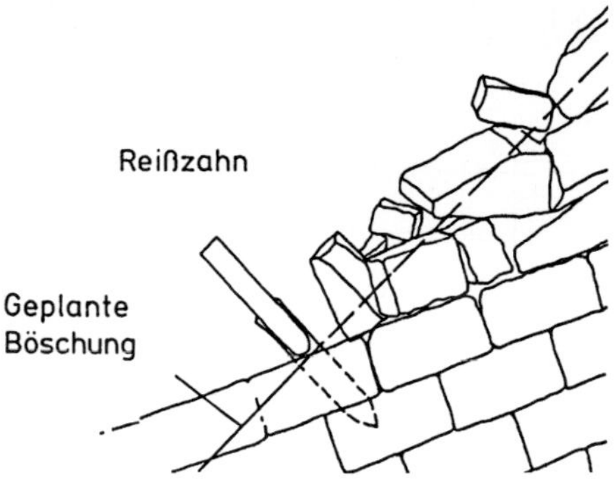

Abb. 5.5 Zerstörung einer Böschung mit dem Reißzahn. (Wilmers 1979)

zahnes wird zunächst um diesen herum der Kluftkörperverband verdichtet. Beim Anfahren und mit einsetzender Tangentialspannung geht diese Wirkung in ein Ausgleiten und Ausbrechen der Kluftkörper über. Es treten seitliche, liegende und hintere Abrissflächen auf (Abb. 5.4). Beim Reißen mit zwei oder mehr Reißzähnen verstärkt sich die seitliche Reißwirkung in den liegenden Abrissflächen und das Felsgefüge wird flächenhaft zerstört. Die Reißarbeit und die auf den Gesteinsverband abgestellte Lösetechnik richtet sich nach der Ausbildung des Festgesteins und nach dem hierin enthaltenen Trennflächengefüge hinsichtlich der räumlichen Lage der Trennflächen, dem Trennflächenabstand und dem Durchtrennungsgrad. Das Ermitteln der günstigsten Reißrichtung mit optimaler Reißtiefe und optimalem Reißfurchenabstand erfolgt in Reißversuchen.

Das Bestimmen der qualitativen Reißfähigkeit erfordert, dass der geologische Bau und das bestehende Trennflächengefüge erfasst wird, z. B. im Vergleich mit der seismischen Wellengeschwindigkeit im Gesteinskörper oder mit durchgeführten Reißarbeiten in der Nachbarschaft. Auch die anfallende Stückgröße im Haufwerk ist ein Kriterium für die Reißfähigkeit. Die Forderung nach kleinstückigem Haufwerk kann dazu führen, dass nicht die volle Reißkraft eingesetzt werden darf. Die Reißfähigkeit eines Felsverbandes wechselt mit der Ausbildung und Stärke der Felsauflockerungszone. Diese von der Natur vorgegebene Auflockerung kann durch Auflockerungssprengen verstärkt oder ersetzt werden.

Schlimmer als beim gebirgsschonenden Sprengen ergeben sich beim Gesteinslösen durch Reißen über die gewünschte Tiefenwirkung hinaus Felsauflockerungen, die zur Entfestigung im Sohl- und Böschungsbereich der Baugrube führen. Mithin sollte gutachterlich festgestellt werden, in welchem Abstand von der geplanten Aushublinie das Gebirgsreißen nicht mehr gestattet werden kann (Abb. 5.5).

▪ Meißelarbeiten

Das Felslösen geschieht mit einem hydraulisch oder pneumatisch angetriebenen Meißel. Arbeiten in geringem Umfang können per Hand mit Presslufthammer, Explosionshammer oder Elektrohammer ausgeführt werden. Für umfangreichere Arbeiten werden Baggergeräte eingesetzt, an deren Arm ein Meißel angebracht ist. Der Meißel kann gezielt auf Schwachstellen im Fels angesetzt werden. Meißelarbeiten können gebirgsschonend ausgeführt werden. Sie eignen sich zum Nachputzen von durch Abtrag hergestellten Flächen und Profilen.

5.3.2 Felslösen durch Sprengen

Im Allgemeinen wird die Sprengarbeit nur als Hilfsmittel für den maschinellen Aushub eingesetzt. Solche „Lockerungssprengungen" sind so ausgelegt, dass der Fels bis auf die vorgesehene Aushubfläche zur Reißbarkeit bzw. zur Baggerfähigkeit aufgelockert wird. Durch Lockerungssprengungen werden die Trennfugen im Abtragsbereich geöffnet und größere Kluftkörper durchtrennt. In der Baugrubensohle und im Böschungsbereich wird bei ungünstig angesetzten Sprengungen der Fels auch dort zertrümmert und im Trennflächengefüge tiefgründig aufgelockert, wo dem Plan nach standfester Fels verbleiben soll. Standfeste Böschungen im Fels erfordern gebirgsschonende Spreng- und Abtragsarbeiten. Es wird zwischen gebirgsschonendem Profilsprengen und Gewinnsprengen unterschieden (Wilmers 1982).

Folgende sprengtechnische Begriffe werden verwendet (Wild 1984):

- *Laderaum*
  Der Laderaum dient zur Aufnahme der Sprengladung. Unterschieden wird zwischen natürlichem Laderaum (Spalten, Risse, Klüfte) und künstlichem Laderaum (Bohrlöcher, Kessel, Kammern).
- *Sprengladung*
  Sprengladung bezeichnet eine für sich zündbare Sprengstoffmenge, die in den Laderaum eingebracht wird. Die Lademenge wird nach Formeln der Sprengtheorie berechnet.
- *Sprengstoffe*
  Sprengstoffe sind Explosivstoffe, die dazu bestimmt sind, eine Sprengwirkung zu erzeugen. Sie entwickeln bei ihrer Umsetzung durch Detonation in sehr kurzer Zeit ein großes Gasvolumen bei hoher Temperatur.
- *Sprengstoffdichte*
  Sprengstoffdichte bezeichnet das Verhältnis von Sprengstoffmasse zu Volumen.
- *Ladedichte*
  Ladedichte bezeichnet das Verhältnis von Sprengstoffmenge zu Bohrlochvolumen bzw. den Füllungsgrad des Bohrloches.
- *Zündstoffe*
  Zündstoffe sind Initialsprengstoffe, die in anderen Explosivstoffen eine Detonation auslösen.
- *Zünder*
  Als Zünder bezeichnet man Initialsprengstoffe in Zünderhülsen, die elektrisch über einen Glühdraht oder als Brennzünder über eine Zündschnur zur Detonation gebracht werden. Die Detonation erfolgt beim Momentzünder sofort und beim Zeitzünder mit Verzögerung, wobei Kurzzeitzünder (Millisekundenzünder mit Zeitstufen 1 bis 16), Viertelsekundenzünder und Halbsekundenzünder verwendet werden.
- *Detonation*
  Detonation bezeichnet die Koppelung von energieliefernder Umsetzung mit einem Verdichtungs- bzw. Detonationsstoß (bis 800 m s^{-1}), der wiederum diese Umsetzung auslöst. Die Detonation kann Luftzwischenräume sowie feste und flüssige Zwischenräume bis zu einer gewissen Stärke überspringen.

■ **Tab. 5.1** Charakteristische Daten für verschiedene Gesteinsarten. (Wilmers 1982)

Gestein	ρ	v_{us}	v_l	w
	[$t\ m^{-3}$]	[$m\ ms^{-1}$]	[$m\ ms^{-1}$]	[$t\ m^{-2}\ ms^{-1}$]
Kalkstein	2,54		2,5	6,4
Kalkstein	rd. 2,5		1,4	3,5
Flasersandstein	2,56		1,7	4,4
Sandstein	rd. 2,4	2,0–3,7	2,3–4,5	5,5–10,8
Sandstein, quarzitisch	rd. 2,5	1,1–3,4	2,0–3,7	5,0–9,3
Quarzit	rd. 2,6	4,3	3,0–3,8	7,8–9,9
Diabas, blasig	rd. 2,7	3,3–4,0	3,5–4,5	9,5–12,2
Kalkstein	rd. 2,5	3,9–5,3	1,9–6,0	4,8–15,0
Granit	rd. 2,6	2,8–3,1	2,0–3,5	5,2–9,1
Granit	rd. 2,6		1,1–9,0	2,9–23,4
Mittelwert	rd. 2,6		> 1,8	4,7

ρ Dichte
v_{us} Ultraschallwellengeschwindigkeiten; im Labor gemessen
v_l Seismische Längswellengeschwindigkeit; im Gebirgsverband gemessen
w Schallhärte oder Impedanz ($w = \rho\ v_l$)

- *Brisanz*
  „Brisanz" bezeichnet die materialzerstörende Auswirkung des Detonationsstoßes in unmittelbarer Nähe des detonierenden Sprengstoffes.
- *Detonationsgeschwindigkeit*
  Der Detonationsstoß erzeugt eine Druckwelle (Detonationswelle), die mit der Detonationsgeschwindigkeit im umgebenden Gestein fortläuft (■ Tab. 5.1 und 5.2).
- *Impedanz/Schallhärte*
  Die Impedanz ist eine für Stoßvorgänge wichtige Widerstandsgröße. Sie ist das Produkt von Geschwindigkeit der Longitudinalwelle und Dichte des Sprengstoffes oder Gesteins (■ Tab. 5.1 und 5.2).
- *Schwadenvolumen*
  Das Schwadenvolumen ist das pro Kilogramm Sprengstoff anfallende Volumen an gasförmigen Schwaden in Litern, bezogen auf 0 °C und 760 mm Hg. Mit zunehmendem Schwadenvolumen eines Sprengstoffes steigt der Wirkungsgrad.
- *Sprengwirkung*
  Die Verspannung im Gebirge soll durch eine geeignete Anordnung der Ladungen mit dem geringstmöglichen Sprengstoffaufwand überwunden werden. Die Wirkung der Sprengladung ist umso besser, je mehr freie Flächen vorhanden sind.
- *Vorgabe*
  Die Vorgabe ist der Abstand der Sprengladung zur nächstgelegenen freien Fläche.
- *Sprengplan*
  Das Wort „Sprengplan" bezeichnet die Anordnung der Bohrlöcher mit Bohrlochanzahl, Bohrlochdurchmesser, Bohrlochtiefe (Abschlaglänge), Lademenge und Zündfolge. Die Sprengladung muss sich im Bereich der Spreng- und Wurfzone befinden und auf die gewünschte Sprengwirkung abgestimmt sein.
- *Abschlag*
  Das Wort „Abschlag" bezeichnet den durch Sprengen unter Zusammenwirkung mehrerer Ladungen gelösten Gebirgsteil.
- *Ausbruch*
  Das Wort „Ausbruch" bezeichnet den beim Sprengen erzeugten Hohlraum.
- *Einbruch*
  „Einbruch" bezeichnet den zuerst geworfenen Teil eines Abschlages, auf den zeitverzögert die Erweiterungsladungen wirken und den gewünschten Ausbruch schaffen.
- *Besatz/Verdämmung*
  Zum Verdämmen wird feinkörniges Bodenmaterial (Letten) oder Bohrklein in das Bohrloch eingebracht, um dieses abzuschließen. Dieser Abschluss (Endbesatz) verhindert das Entweichen von Gas, das Herausschlagen von Flammen und das Herausschleudern von noch nicht detonierten Sprengstoffteilen. Es werden auch Pasten und mit Wasser oder Calciumchlorid gefüllte Schläuche oder Patronen verwendet.
- *gestreckte Ladung*
  Bei gestreckter Ladung wird zwischen die Sprengstoffpatronen wird ein Zwischenbesatz eingebracht. Dadurch wird die Sprengwirkung besser ausgenutzt (■ Abb. 5.6).

5.3.3 Gebirgsschonendes Profilsprengen

In der gewünschten Begrenzungsfläche werden Bohrlöcher im engen Abstand hergestellt, zwischen denen beim anschließenden Sprengen das Gebirge geradlinig durchschert wird. Das Herstellen ebener Absprengflächen ist im Gestein mit großem

Tab. 5.2 Charakteristische Daten für gebräuchliche Sprengstoffe. (Wilmers 1982)

Sprengstoff	ρ	v_D	SV	w
	[t m^{-3}]	[m ms^{-1}]	[l kg^{-1}]	[t m^{-2} ms^{-1}]
Ammon-Gelit 3	1,5	5,5	800	6,3
Seismo-Gelit 2	1,6	6,1	780	9,8
Donarit 1	1,0	4,5	900	4,5
Donarit 4	1,0	4,0	920	4,0
Ammonit W4	1,2	4,3	750	5,2
Ammonex	0,95	4,0	960	3,8

ρ Dichte
v_D Obere Detonationsgeschwindigkeit
SV Schwadenvolumen
w Impedanz ($w = \rho\, v_D$)

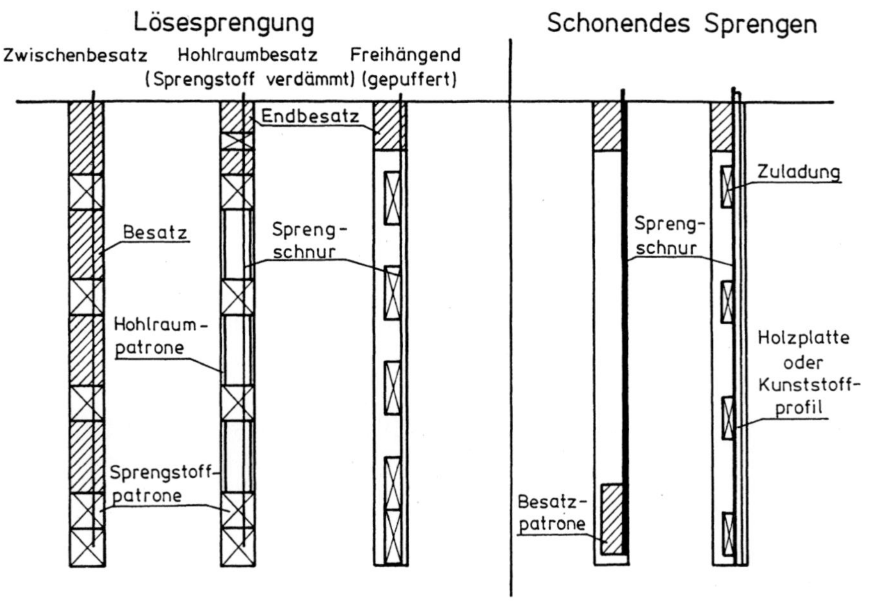

Abb. 5.6 Verfahren zum gestreckten Laden von Sprenglöchern. (Wilmers 1982)

Trennflächenabstand leichter als in engscharig durchtrennten Gesteinsmassen. Bei Schiefergesteinen hängt der Erfolg von der Raumstellung der durch Sprengung herzustellenden Flächen zur Raumstellung und Durchtrennung des Trennflächengefüges (Schicht-, Kluft- und Schieferungsflächen) ab. Ebenflächige Profile können im Schiefer nicht garantiert werden; ein geologisch bedingter Mehrausbruch ist möglich. Unterschieden werden die Verfahren „Vorspalten", „Abspalten", „Abkerben" und „Vorkerben".

- **Vorspalten**

Im ungestörten Gebirge wird vor der Hauptsprengung ein Spalt im Bereich der geplanten Aushubfläche erzeugt. Hierzu werden Bohrlöcher parallel zueinander in der projektierten Profilfläche niedergebracht. Der Abstand richtet sich nach der Sprengbarkeit des Gesteins und nach den Abständen im Trennflächengefüge. Bei massigen Gesteinen sind Abstände bis zu 1,2 m möglich. Wichtig ist ein richtungsgenaues Bohren, denn Abweichungen von wenigen Grad können zu einem starken Auseinanderlaufen der Bohrlöcher führen. Die mögliche Bohrtiefe ist hierdurch auf 12 m begrenzt. Als Hilfsmittel für erhöhte Richtungsgenauigkeit beim Bohren haben sich Steuerzylinder, biegefeste Bohrstangen und besonders gestaltete Gestängeverbindungen bewährt. Der Bohrdurchmesser ist von untergeordneter Bedeutung. Er muss wesentlich größer sein als der Ladungsdurchmesser, um einen ausreichenden Luftspalt zu haben, der für ein Abpuffern des Detonationsstoßes wichtig ist. Die Bohrlöcher werden in voller Länge mit einer gestreckten Säule aus einem Sprengstoff mit hoher Detonationsgeschwindigkeit geladen. Bewährt haben sich sowohl Sprengschnüre mit angebundenen dünnen Patronen als auch Sprengschnüre höheren Füllgewichts als alleinige Ladung. Die verwendete Sprengstoffmenge liegt zwischen 100 und 250 g je Quadratmeter Böschungsfläche. Gegen Überladen sind nur Gesteine mit geringer Festigkeit empfindlich. Die Ladung darf im Bohrloch nicht verdämmt sein. Die besten Ergebnisse werden beim Einbringen der Ladung auf Holzlatten oder Kunststoffprofilen erzielt. Es werden auch Sprengstoffe in Plastikrohren mit Abstandshaltern geliefert. Diese Hilfsmittel sind bei schrägen

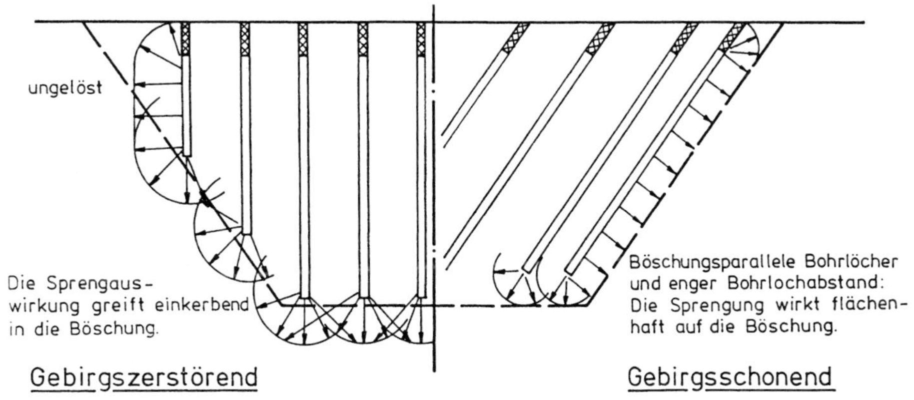

Abb. 5.7 Sprengen eines Felseinschnittes mit senkrechten oder böschungsparallelen Bohrlöchern. (Wilmers 1982)

böschungsparallelen Bohrlöchern im Böschungsbau anzuwenden (Abb. 5.11a).

- **Abspalten**

Nach der eigentlichen Abtragssprengung wird durch das Zünden der Ladung einer durchgehenden Bohrlochreihe ein Spalt in der geplanten Aushubfläche erzeugt. Die Löcher werden im Abstand von 0,5–1,2 m in der gewünschten Profilfläche gebohrt. Alle Löcher erhalten eine gestreckte Ladesäule, die gegen die Bohrlochwand abgepuffert ist (Abb. 5.6 und 5.11b). Das Zünden der Ladungen geschieht gleichzeitig. Durch das Zünden soll das Gestein vom Profil gelöst und die Vorgabe geworfen werden. Bei diesem Verfahren gibt es gute Erfolge bei Vorgaben bis zu 3 m. Unter Tage hat sich das Abspalterverfahren gut eingeführt, wobei die Ladung der Spaltreihe mit der letzten Zünderzeitstufe eines Abschlages gezündet wird.

- **Abkerben**

Es wechseln sich in der Bohrlochreihe geladene Löcher mit ungeladenen Löchern ab. Das Abkerben ist eine Abwandlung des Vor- und Abspaltens.

- **Vorkerben**

Eine enggebohrte Reihe ungeladener Löcher in der geplanten Aushubfläche gibt die Fläche an, bis zu der die Sprengwirkung der Lösesprengung reichen soll. Dieses Verfahren wird in gleicher Weise wie das Abkerben nur in Sonderfällen angewendet, nämlich dann, wenn stark gegliederte Profile auszubrechen sind oder wenn Sprengarbeiten unmittelbar neben Gebäuden durchzuführen sind.

5.3.4 Gebirgsschonendes Gewinnsprengen

Mit dem Gewinnsprengen soll der Fels in ein leicht zu lösendes und leicht zu ladendes Haufwerk, welches gegebenenfalls vom Kornaufbau her gut verdichtbar sein soll, verwandelt werden (Abb. 5.11c,d). Dieses Ziel wird üblicherweise durch den Einsatz großer Mengen brisanter Sprengstoffe erreicht, die in weit auseinanderstehenden Bohrlöchern mit großem Bohrdurchmesser verteilt sind. Häufig werden die Bohrlöcher bis auf die zukünftige Böschungsfläche heruntergebracht, wo die Sprengkraft zur Gebirgsauflockerung und zu einem technisch bedingten Mehrausbruch führen kann.

Ein besseres Sprengergebnis lässt sich erzielen, wenn der Abstand der Bohrlöcher und deren Bohrdurchmesser sowie die Größe der Vorgabe und die Lademenge pro Bohrloch verringert werden. Bei Trennflächenabständen über 0,5 m sollte der Bohrlochabstand nicht größer als der doppelte bis dreifache Trennflächenabstand sein. Zum Vermeiden falsch und zu tief sitzender Bohrlöcher sollte jede Bohrstelle nach Lage und Höhe eingemessen werden.

Um das Gebirge zu schonen und ein gleichmäßiges Sprengergebnis zu erzielen, ist es günstig, die Bohrlöcher im Neigungswinkel der Böschung zu bohren (Abb. 5.7). Es besteht auch die Möglichkeit der Kombination von senkrechten und böschungsparallelen Bohrlöchern (Abb. 5.8). Hierbei dürfen die Wirkungszonen der senkrechten Bohrungen die Ebene der böschungsparallelen Bohrungen nur berühren und auf keinen Fall durchschlagen.

Die Sprengladung wird über die ganze Länge des Bohrloches eingebracht, wobei der Bohrlochmund gut verdämmt wird, um Ausbläser zu verhindern. Die Besatzlänge soll etwa der Vorgabe oder dem halben seitlichen Bohrlochabstand entsprechen.

Die Wahl des Sprengstoffes richtet sich nach Elastizität, Druckfestigkeit und Dichte des Gesteins. Die Energieübertragung von der Detonationssäule in das Gestein steigt mit dem Verhältnis der Impedanz (Schallhärte) des Gesteins zu der des Sprengstoffes (Tab. 5.1 und 5.2). Als günstiges Verhältnis wird 5:1 bis 3:1 angegeben.

Für das Beurteilen der sprengtechnischen Eigenschaften eines Festgesteins ist es sinnvoll, die Geschwindigkeit der seismischen Longitudinalwellen und die Dichte des Gebirgsverbandes zu bestimmen. In Felsauflockerungszonen mit Wellengeschwindigkeiten unter 1800 m s^{-1} ist die Gebirgsimpedanz niedrig. Um die Wirkung des Sprengstoffes an das Gebirge anzupassen, kann die Ladung durch Strecken vermindert werden.

Die Zündung erfolgt mit verzögerter Detonationsauslösung der einzelnen Ladungen oder Ladungsgruppen. Dadurch wird die Sprengerschütterung verringert, die Haufwerkszerkleinerung verbessert und das gezielte Werfen der Vorgabe ermöglicht. Die Zündverzögerung wird mit Sprengzeitzündern erreicht. Verwendet werden Millisekundenzünder mit 20 und 30 ms Verzögerungsintervall und 18 Zeitstufen, Viertelsekundenzünder mit 250 ms Verzögerungsintervall sowie Halbsekundenzünder mit 500 ms Verzögerungsintervall und 12 Zeitstufen.

Die Bewegung der Vorgabe beginnt, wenn die Schockwelle etwa siebenmal die Vorgabe durchlaufen hat (Tab. 5.3). Zu

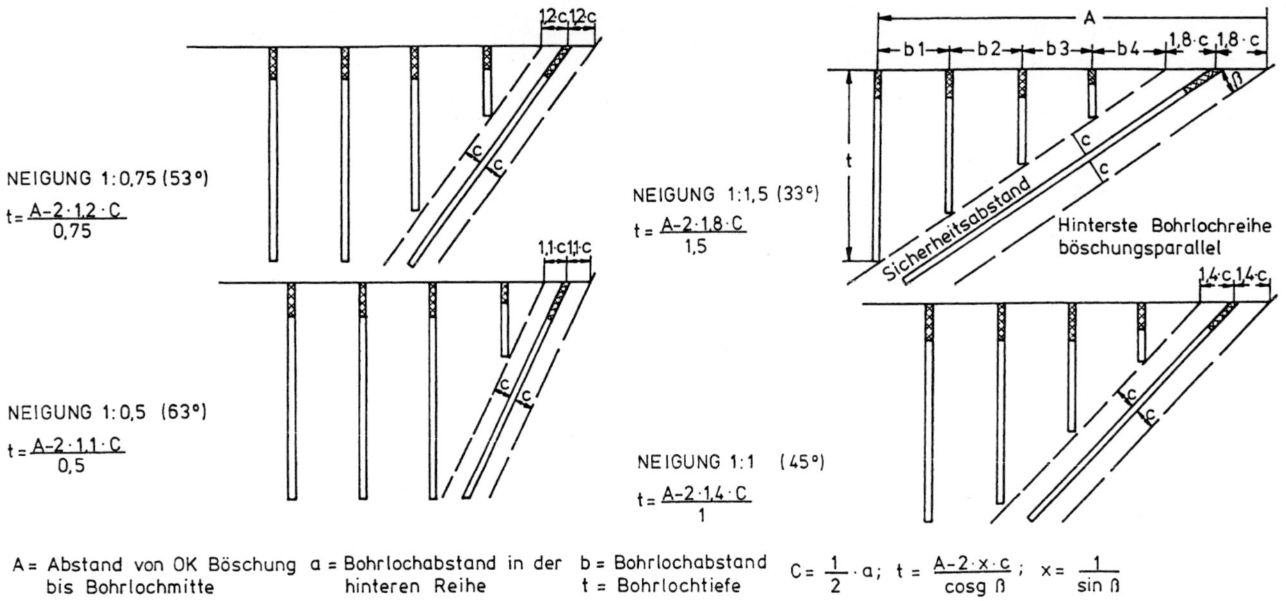

Abb. 5.8 Mögliche Tiefen senkrechter Bohrlöcher bei gebräuchlichen Böschungsneigungen. (Wilmers 1982)

Tab. 5.3 Zusammenhang zwischen Vorgabe, Schockwellengeschwindigkeit, Laufzeit und Beginn der Bewegung der Vorgabe beim Sprengen. (Wilmers 1982)

Vorgabe	Schockwellengeschwindigkeit v_L	Laufzeit L	Beginn der Bewegung der Vorgabe $t = 7\,L$
[m]	[m ms^{-1}]	[ms]	[ms]
1,5	1,5	1,0	7,0
	3,0	0,5	3,5
	5,0	0,3	2,1
2,0	2,0	1,0	7,0
	5,0	0,4	2,8

jeder Zündzeitstufe gehört eine Vorgabe. Jede Vorgabe einer Zeitzünderstufe muss sich nach der vorhergehenden freiwerfen können und damit die nachfolgende Zündzeitstufe entlasten, ehe diese ihre Sprengwirkung entwickelt. Werden mehrere Ladungen oder Ladungsgruppen in einer Reihensprengung gezündet, so muss die Zündfolge bei der freien Fläche (Laderaum für Bagger und LKW) beginnen und zur geplanten Böschung hinlaufen (Abb. 5.9).

Enge Baugruben und Gräben können mit zusätzlichem Vorspalten gesprengt werden. Die Spaltlöcher werden in der geplanten Grabenwand mit etwa 70° Neigung zum Graben hin gebohrt. Der Abstand der Spaltlöcher soll in der Reihe 60–70 cm nicht überschreiten. Die Bohrlöcher der beiden Reihen müssen versetzt zueinander angeordnet werden, um ein ungewolltes Spalten quer durch den Graben zu vermeiden. Die Bohrlochtiefe braucht die Sohltiefe nicht wesentlich zu durchstoßen. Die Ladesäule muss gestreckt und gut gepuffert sein und muss bis zum Bohrlochmund reichen, um den Spalt voll auszubilden. Als Anhaltsmenge kann eine auf die Bohrlöcher verteilte Sprengstoffmenge von 120 g je Quadratmeter Spalt gelten. Die Ladungen werden mit Millisekundenzündern gezündet. Die gegenüberliegenden Ladungen dürfen nicht gleichzeitig gezündet werden. Bei Gräben bis etwa 1,2 m Breite genügt eine mittlere Bohrlochreihe für den Ausbruch. Ihre Löcher sollen mit 70° oder flacher gebohrt werden und gleichfalls gestreckt bis nahe an den Bohrlochmund geladen werden. Die Lösesprengung wird in einem Zündgang mit der Ladung des Spalts mit Millizündern entsprechend gestaffelten Zeitstufen gezündet. Die Bohrlöcher für die Lösesprengung sind etwa 20 cm unter die Grabensohle zu bohren. Der Abstand der Bohrlöcher beträgt 0,9 m bei Grabentiefen < 0,9 m.

Werden bei größerer Grabentiefe (2 m und mehr) nahezu senkrechte Wände angestrebt, so müssen beim Unterschreiten ungünstiger Trennflächen Felssicherungsmaßnahmen durchgeführt werden. Anlage, Lademenge und Zündplan sind dem Trennflächengefüge im Fels anzupassen (Abb. 5.10b, c).

Beim Heraussprengen von Baugruben mit kleinem Umriss (Entwässerungsschächte, Einzelfundamente) muss der Aushub mit einem Einbruch eingeleitet werden. Hier sind sinngemäß die im Tunnelbau üblichen Kegeleinbrüche und Keileinbrüche (Abb. 5.10) anzuwenden. Paralleleinbrüche sind zu vermeiden, da diese große Erschütterungen bewirken. Bei sehr engen und kleinen Baugruben (z. B. für Mastfundamente) mit einem Verhältnis von Durchmesser zur Tiefe kleiner 1:1 müssen die Außenrandlöcher nach innen 1:0,33 oder flacher geneigt sein. Hierbei kann das Abspalten günstiger als das Vorspalten sein.

5.3.5 Gebirgsschonendes Sprengen mit Expansionsmitteln

Älter als das Sprengen mit brisanten Explosionsmitteln – die erste bergmännische Sprengung fand im Jahre 1627 durch den Tiroler Kaspar Weindl in der Bergstadt Schemnitz im damaligen Ungarn statt – ist das Sprengen mit Expansionsmitteln. Alte, wohl seit der Steinzeit gebräuchliche Expansionskräfte wurden beim Gefrieren von Wasser in Felsspalten und im Porenraum (Kristallisations-

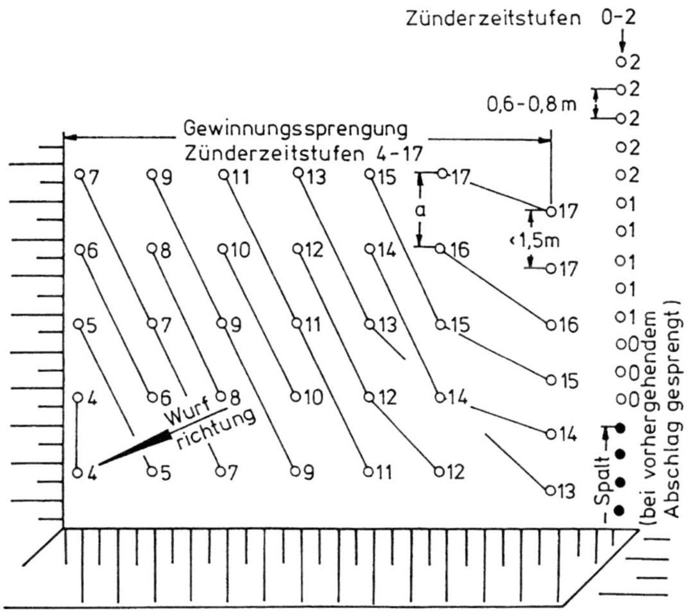

a

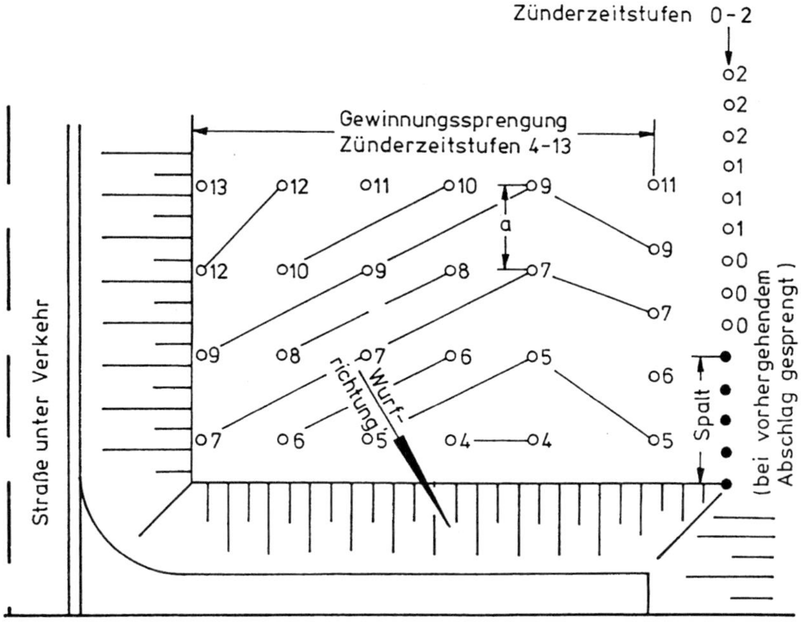

b

Abb. 5.9 Sprengplan für schonendes Sprengen. **a** Für Felsabtrag mit freiem Wurffeld, **b** für Felsabtrag neben einer Straße. Der Plan sieht das Vorspalten des Profils in einem Zündgang mit der schonenden Gewinnsprengung vor. Das Profilsprengen (Vorspaltreihe in der zukünftigen Böschungsfläche mit engem Bohrabstand) sieht vor, dass der Spalt für den nächsten Abschlag teilweise mitgesprengt wird. Die Gewinnsprengungen sind so angelegt, dass ihre Ladungen im Falle (**a**) einen Winkel mit der Böschung, im Falle (**b**) einen Keil vor der neuen Böschung bilden und ausbrechen. Mit Zündern einer Zeitstufe werden nicht mehr als drei Bohrlochladungen gezündet. (Wilmers 1982)

druck) und beim Aufquellen von trocken eingetriebenen Hölzern (Quelldruck) erzielt. In jüngerer Zeit wurde Branntkalk (▶ Abschn. 8.4) versuchsweise als Expansionsmittel verwendet. Der in Löcher eingebrachte Branntkalk expandiert beim Löschvorgang. Da der Kalk jedoch nicht erhärtet, weicht die Expansionskraft in die Richtung des geringsten Widerstandes aus. Die Bohrlöcher müssen fest verschlossen sein.

Es sind mehrere Expansionsmittel im Handel.

Das in EP 0162 276 A 2 patentierte Expansionsmittel besteht aus einem Zweikomponentensystem. Komponente 1 enthält Branntkalk, Tonerde, Aluminiumoxid und Ligninsulfat oder Magnesiumsulfat. Komponente 2 enthält Wasser, Melanin-Formaldehyd-Harz; Natriumsulfat und Citronensäure oder Weinsäure.

Unter der Firmenbezeichnung „Bristar" ist eine Mischung aus Branntkalk, Silikaten und anderen Zusatzstoffen auf dem Markt. Es ist ein Pulver, das mit Wasser angerührt in die Bohrlöcher eingeführt wird. Im Bohrloch verfestigt sich diese Mischung, erhärtet und expandiert mit Drücken von 30–40 MN m^{-2}. Die Dauer bis zum Einsetzen der Sprengwirkung ist vom Mischungstyp und von der Temperatur abhängig. Der Verbrauch hängt vom gewünschten Effekt ab und liegt zwischen 3 und 5 kg pro m^3 Hartgestein bei leichter Rissbildung und 7–9 kg m^{-3} bei Baggerfähigkeit des Haufwerkes. Das Anordnen der Sprenglöcher geschieht nach Sprengplänen wie beim Verwenden von explosiven Sprengstoffen. Anstelle unterschiedlicher Zündungszeiten wird beim Expansionsmittel „Bristar" tempiert gearbeitet, d. h. die Ladungen werden nacheinander im Abstand von Stunden eingebaut (◘ Abb. 5.12).

Die Anwendung von „Bristar" ist gegenüber den explosiven Sprengstoffen aufwendig (erhöhte Bohrkosten, erhöhte Materialkosten, lange Sprengzeiten) und sollte daher in Situationen erfolgen, die bezüglich Lärm und Erschütterung besondere Rücksicht

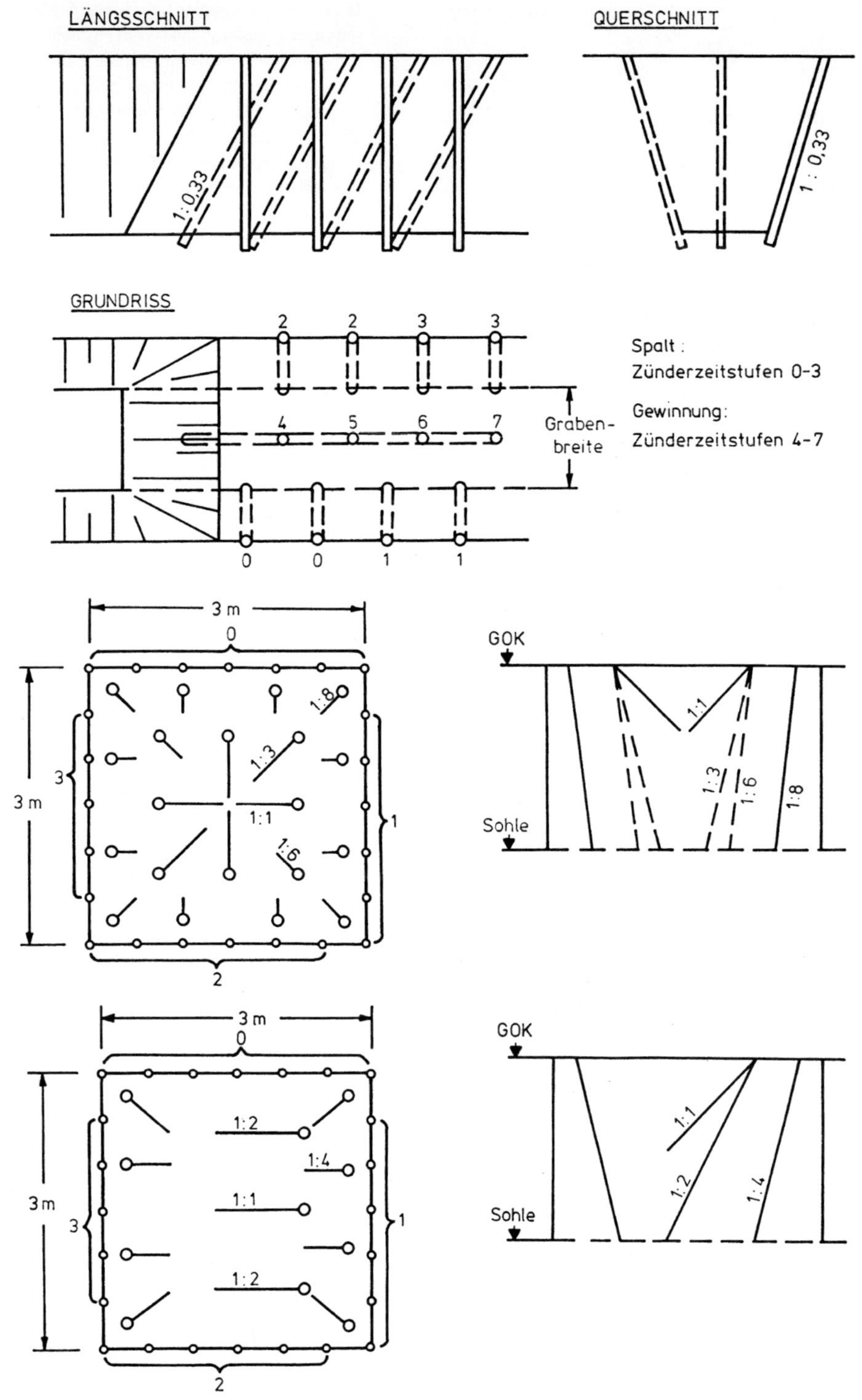

Abb. 5.10 Sprengplan für Gräben und Baugruben mit Vorspalten (Wilmers 1982). **a** Gräben mit 0,50–1,20 m Breite, **b** Baugrube mit senkrechten Wänden: Pyramideneinbruch, **c** Baugrube mit senkrechten Wänden: unsymmetrischer Keileinbruch

auf Umwelt und Nachbarschaft verlangen. „Bristar“ fällt nicht unter die Sprengstoffgesetze (Schwarz 1981).

Unter den Begriff „Plasma-Expansionsmethode“ fällt das Produkt SWLLNEX®. Es handelt sich um ein Plasma-Sprengsystem. Als Vorteile dieses Systems werden schnelle Expansion, geringe Erschütterung, geringe Schleuderwirkung, geringe Staubentwicklung bei geringem Einfluss auf die Umwelt und bei niedrigem Geräuschpegel genannt. Anwendungsgebiete sind Indoor- und Outdoor-Sprengarbeiten, Unterwassersprengarbeiten sowie das Sprengen in heikler Situation. Das Zünden erfolgt tempiert.

Ein weiteres Verfahren für das gebirgsschonende Sprengen mit Expansionsmitteln ist das Spalten des Gesteins mit entsprechenden Spaltgeräten, z. B. von „Darda“. Das Gerät arbeitet nach dem Keilprinzip und wird in vorgebohrte Löcher eingeführt. Der Keil wird hydraulisch ausgefahren, und die beiden Druckstücke werden mit einer Kraft bis zu 3650 kN gegen die Bohrlochwand gepresst. Günstigerweise arbeitet man mit mehreren Geräten in einer Reihe. Die gewünschte Spaltrichtung lässt sich beim Einbau einstellen.

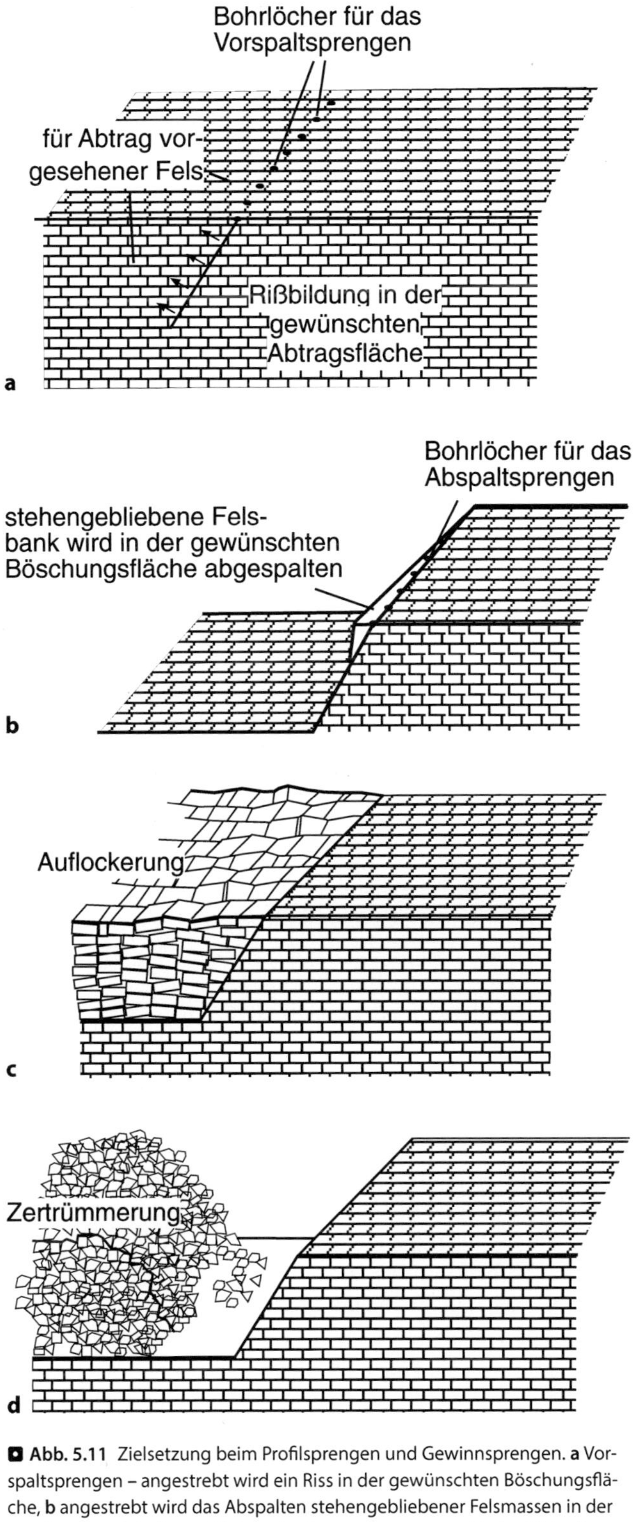

Abb. 5.11 Zielsetzung beim Profilsprengen und Gewinnsprengen. **a** Vorspaltsprengen – angestrebt wird ein Riss in der gewünschten Böschungsfläche, **b** angestrebt wird das Abspalten stehengebliebener Felsmassen in der gewünschten Böschungsfläche, **c** Lockerungssprengung für das Weiterbearbeiten und gegebenenfalls Reißen mit Raupe und Bagger, **d** Zertrümmern dickbankiger Felsmassen und Freiwerfen der Abtragsfläche

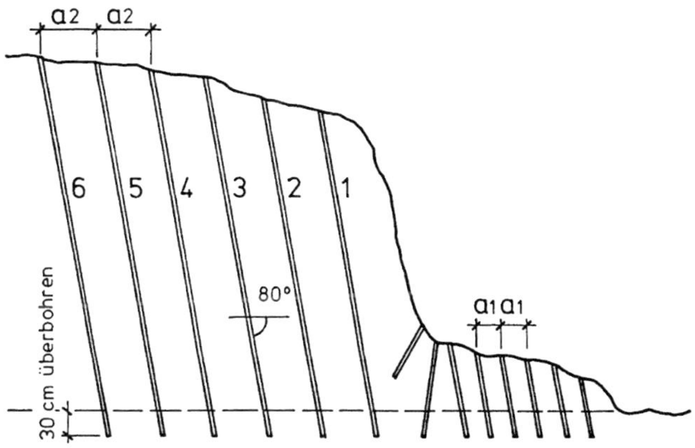

Abb. 5.12 Beispiel für einen Sprengplan zum Felslösen mit dem Expansionsmittel „Bristar". In der ersten Zeitstufe werden die Fußlöcher (Bohrlochabstand a_1 = 30–40 cm) gefüllt. In der zweiten Zeitstufe mit mindestens einer Stunde Zeitabstand werden die eigentlichen Abtragslöcher (Bohrlochabstand a_2 = 60–90 cm) gefüllt. (Schwarz 1981)

5.3.6 Zerkleinern von übergroßem Haufwerk und Abbau von Felsrippen

Werden beim Aushub von Baugruben einzelne Felsrippen (Felsantragungen) angetroffen, so müssen diese in gleicher Weise zerkleinert und abgebaut werden wie das übergroße Haufwerk in Steinbrüchen und Baugruben im Festgestein. Große Felsblöcke dürfen nicht in Erdbauwerke eingebaut werden und dürfen im Allgemeinen auch nicht auf Deponien abgeladen werden. Einzelne „Findlinge" aus Baugruben werden daher bevorzugt als Ziersteine in Gärten und Anlagen verwendet.

Das Zerkleinern des übergroßen Haufwerks („Knäpper" für den einzelnen Block; „Knäppern" für den Vorgang des Zerkleinerns – vgl. „Knappe") kann auf folgende Weise geschehen:

- mit der Fallbirne;
- mit hydraulisch angetriebenem Meißel;
- mit Luftdruckhammer;
- mit Explosionshammer;
- mit Elektrohammer;
- mit Bohrlöchern und eingebrachtem Sprengstoff;
- mit aufgelegtem Sprengstoff;
- durch Einpressen von Wasser mit hohem Druck in ein Bohrloch;
- durch Aufsprengen mit Expansionsmitteln, z. B. „Bristar" oder „Darda".

5.4 Abtrag zum Gewinnen von Baustoffen

Baustoffe werden allgemein in Sand-, Kies- oder Tongruben sowie in Steinbrüchen über Aufbereitungsanlagen gewonnen und direkt oder über den Baustoffhandel vertrieben. Bei Bedarf an größeren Mengen (Straßenbau, Dammbau) können Baustoffe durch (geplante) Seitenentnahme gewonnen werden. Baustoffe können auch bei Aushubarbeiten anfallen. Bei vielen Bauverträgen gehen die Aushubmassen in das Eigentum des Bauunternehmers über.

Das Erkunden von Baustoffvorkommen (Baustofflagerstätten) umfasst folgende Aufgaben:

- Prüfen der Eignung des Baustoffes;
- Darstellen der räumlichen Verbreitung und Lagerung der Lagerstätte;
- Vorratsberechnung der Lagerstätte;
- Aufzeigen der geologischen Gegebenheiten, die den Abbau günstig oder ungünstig beeinflussen;
- Beschreiben der Art und Eigenschaften der Deckschichten bzw. unbrauchbaren Massen;
- Darstellen der räumlichen Verbreitung und Lagerung der Deckschichten;
- Massenberechnung für die Deckschichten (unbrauchbaren Massen);
- Darstellen und Beschreiben der Wasser- und Grundwassersituation mit Hinweisen auf Nutzungsmöglichkeiten, Verschmutzungsgefahren und erforderliche Wasserhaltung;
- Entwickeln eines Abbaukonzeptes.

Das Erkunden zur räumlichen Ausdehnung und Vorratsermittlung kann bei Lockermaterial (Ton, Schluff, Sand, Kies, Lehm, Grus, Mischboden) durch Schürfen und Bohren erfolgen. Schürfgruben geben einen direkten Einblick in die Schichtenfolge und ermöglichen zuverlässige Rückschlüsse und Beurteilungen zur Qualität und Gewinnbarkeit.

Das Erkunden für das Nassgewinnen in großer Tiefe kann nur mit Bohrungen durchgeführt werden. Bei Lagerstättenuntersuchungen auf Sand und Kies ist das Aufzeigen störender Steine, Blöcke und Krusten wichtig. Das Ermitteln des Stein- und Blockanteils aus dem Bohrgut ist mit Schwierigkeiten verbunden. Soweit aus der Lagerstättengenese erkennbar ist, dass mit Steinen und Blöcken zu rechnen ist (z. B. in Schwemmkegelablagerungen), sollte mindestens eine der Erkundungsbohrungen mit großem Durchmesser ausgeführt werden.

Das direkte Erkunden von Natursteinlagerstätten kann durch Oberflächenkartierung der natürlichen Aufschlüsse, durch Aufnahme künstlicher Aufschlüsse (Schürfgruben, Untersuchungsstollen, Untersuchungsschächte) und durch die Aufnahme von Bohrungen erfolgen. Stollen und Schächte geben qualitative Einblicke in zu erwartende Trennflächenabstände und Gefügefestigkeiten. Aus Bohrkern- und Bohrlochmessungen können Aussagen zur Gesteinslagerung, zur Mächtigkeit der Lagerstätte und zur Abraummenge getroffen werden. Aus indirekten Untersuchungen (Sondierungen, geophysikalische Untersuchungen) können Aussagen zur Gesteinslagerung und zur Mächtigkeit der Deckschichten getroffen werden. Seismische Untersuchungen erlauben zusätzlich Aussagen zur Schallhärte von Gesteinen, welche auch als Qualitätsmerkmal genutzt werden kann.

Vorratsberechnungen erfolgen nach der Faustformel:

$$\text{Vorrat} = \left(\begin{array}{c}\text{Mächtigkeit}\\ \text{des Rohstoffes}\end{array} \times \begin{array}{c}\text{Fläche der}\\ \text{Lagerstätte}\end{array}\right) - \text{Abbauverluste.}$$

Diese Faustformel gilt für Massenrohstoffe. Bei Naturwerksteinen ist zusätzlich die Rohblockhöffigkeit zu berücksichtigen (Singewald 1992; Weber et al. 2001).

Das Ausarbeiten von Abbaukonzepten muss neben den geologischen und topographischen Gegebenheiten die Vorgaben aus Grundstücksgrenzen und Auflagen der Genehmigungsbehörde berücksichtigen. Zudem ist im Abbaukonzept auf mögliche Gefahren hinzuweisen, die sich aus der geologischen Lagerung und der örtlichen Situation im Zuge des Abbaus ergeben können.

Beim qualitativen Untersuchen, Prüfen und Liefern von Baustoffen sind u. a. die Normen DIN EN 12620 Gesteinskörnungen für Beton, DIN EN 13055 Leichte Gesteinskörnungen, DIN EN 13139 Gesteinskörnungen für Mörtel, DIN EN 13450 Gesteinskörnungen für Gleisschotter sowie die „Technischen Prüfvorschriften für Gesteinskörnungen im Straßenbau" (TP Gestein-StB), die „Technischen Lieferbedingungen für Gesteinskörnungen im Straßenbau" (TL Gestein-StB), die „Zusätzlichen Technischen Richtlinien und Vertragsbedingungen für den Bau von Schichten ohne Bindemittel für den Straßenbau" (ZTV-SoB-StB) und die „Technischen Lieferbedingungen für Baustoffgemische und Böden zur Herstellung von Schichten ohne Bindemittel" (TL SoB-StB) der Forschungsgesellschaft für Straßen- und Verkehrswesen zu beachten. Im Bereich der Deutschen Bahn ist die Bahn-Norm BN 918062 – Technische Lieferbedingungen (TL): „Korngemische für Trag- und Schutzschichten zur Herstellung von Eisenbahnfahrwegen" zu beachten. Das Beurteilen von Dammbaustoffen erfolgt nach den Regeln der „Zusätzlichen Technischen Vorschriften für Erdarbeiten im Straßenbau" (ZTVE-StB) bzw. der „Ril 836 – Erdbauwerke der DB Netz AG".

5.4.1 Gewinnen von Sand und Kies

Beim Abbau von Sand und Kies haben sich in den zurückliegenden Jahrzehnten gravierende Änderungen bei Abbaugenehmigung, Abbauart und Betriebsgröße ergeben.

In früheren Jahren standen noch qualitativ hochwertige Sand- und Kiesvorkommen oberhalb des Grundwassers für den Abbau zur Verfügung und konnten per Hand oder mit Baggergeräten abgebaut werden. Abbaugenehmigungen wurden unproblematisch und oft ohne Rücksicht auf den konkurrierenden Grundwasserschutz vergeben. Zum Abbau waren kaum Planungen im größeren Umfang notwendig.

Änderungen in der Praxis der Genehmigungsverfahren für den Abbau von Sand und Kies haben in den vergangen Jahren zu größeren Abbaubetrieben mit aufwendigeren technischen Geräten geführt. Das vollständige und verlustlose Ausbeuten der Lagerstätte wird zunehmend wichtiger.

Heute werden Abbaugenehmigungen mit erhöhten Auflagen für das Renaturieren und den Umweltschutz vergeben. Die zum Abbau freigegebenen Vorkommen erstrecken sich oft auf geringerwertige Lagerstätten, deren Nutzung mit größeren Anstrengungen in der Aufbereitung verbunden ist. Beim Gestalten der Verkaufspreise ist erhöhter Wettbewerb durch Substitutionsgüter wie aufbereiteter Bauschutt, Schlacken, Haldenmaterial und auch durch aus Naturstein gebrochenem Schotter, Splitt und Brechsand gegeben. Diese veränderten Rahmenbedingungen führen dazu,

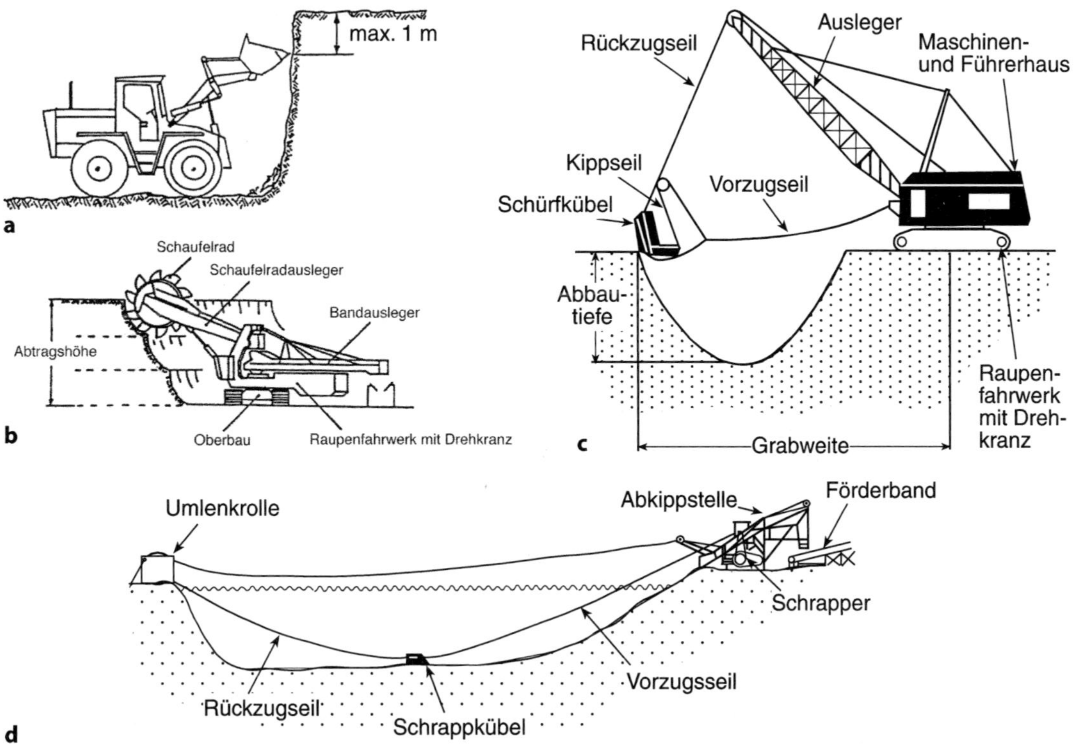

Abb. 5.13 Geräte zum Trockengewinnen von Sand und Kies. **a** Radlader mit maximal zulässiger Wandhöhe, **b** Kompakt-Schaufelradbagger mit Gewinnen im Blockverhieb, **c** Schürfkübelbagger mit Aufbau und Arbeitsbereich, **d** Schrapperanlage, umgezeichnet nach Stoll (1992). Schürfkübelbagger und Schrapperanlage können auch im Nassabbau eingesetzt werden

dass ein wirtschaftliches Gewinnen von Sand und Kies fundiertes Planen voraussetzt. Wichtige Grundlage für solches Planen ist die genaue Kenntnis des geologischen Aufbaus der Lagerstätte und die Kenntnis der angebotenen Gewinnungstechniken. Nach technischen und wirtschaftlichen Gesichtspunkten ist im Rahmen eines zu erstellenden Abbaukonzeptes das Gerät auszuwählen, das für die jeweilige Situation am besten geeignet ist. Bei einem projektierten Abbau muss zunächst geklärt werden, ob das Vorkommen im Trocken- oder Nassabbau gewonnen werden soll.

▪ Trockenabbau

Über dem Grundwasser anstehende Sand- und Kieslager sind für den Trockenabbau geeignet. Abbauart und Abbauhöhe berücksichtigen die über Grundwasser anstehenden Schichtstärken der zum Abbau freigegebenen Sand- oder Kiesmassen. Beim Trockenabbau ist zum Vorbeugen möglicher Grundwasserverschmutzung ein Abstand von 1 m zum höchsten Grundwasserstand einzuhalten.

Die in der Abbaufront anstehenden Schichten, Mutterboden, Deckschichten sowie auch einzelne Sand- oder Kieslagen können bei Trockenabbau selektiv abgeschoben oder gewonnen werden.

Der eigentliche Abbau kann im Hoch- oder Tiefschnitt, also oberhalb oder unterhalb des Geräteplanums, erfolgen.

Beim Hochschnitt darf nach bestehenden Sicherheitsvorschriften die Höhe der Abbauwand die Reichhöhe des eingesetzten Gerätes nur um 1 m überragen. Bei mächtigeren Vorkommen muss der Abbau in mehreren Strossen erfolgen.

Beim Tiefschnitt wird die Wandhöhe vom Arbeitsbereich des eingesetzten Gerätes und von der Standfestigkeit der Böschung mitbestimmt. Beim Tiefschnitt wird beim Gewinnen Hubarbeit geleistet, was zu höheren Förderkosten führt.

Zum Trockenabbau können Radlader, Schürfkübelbagger, Schaufelradbagger und Schrapperanlagen eingesetzt werden (▪ Abb. 5.13).

Im Trockenabbau können mit diesen Geräten die in ▪ Tab. 5.4 aufgeführten Abtragsmächtigkeiten bearbeitet werden.

▪ Nassabbau

Kies und Sand wird im Baggersee unter Wasser gelöst und herausgehoben. Soweit erlaubt, kann die Lagerstätte bis zur Sohle der anstehenden Kies- oder Sandschicht hereingewonnen werden. Beim Einsatz von Nassbaggergeräten ist das selektive Gewinnen einzelner Schichten und ein Profilschneiden nicht möglich. Bei herkömmlichem Abbau entsteht auf dem Gewässergrund eine Kraterlandschaft. Unvollständiges Ausbeuten der Lagerstätte mit verbleibenden Restschichten von 1–1,5 m ist möglich. Moderne Vorrichtungen arbeiten mit Baggerpositionierung mittels DGPS in Verbindung mit Sonaranlagen (Echolot). Mit dieser Ausstattung kann der Baggergrund und der Ort der Bodenentnahme mit der Genauigkeit von 1 m elektronisch erfasst werden. Das so überwachte Abbauverfahren hilft Fehlbaggerungen zu vermeiden und ermöglicht den gezielten Abbau verbliebener Kiesmassen.

Unter Wasser stellen sich Böschungen mit vom Material abhängigen Böschungswinkel ein (Sand 1:3 bis 1:8, Kies 1:2). Lehm und verfestigte Lagen sowie Kies, Steine und Blöcke mit eingeregeltem Gefüge (Dachziegellagerung, Imbrikation) können steil bis senkrecht abböschen. Beim Nachbrechen steiler Wände

Tab. 5.4 Mit den Geräten zum Trockengewinnen von Sand und Kies bearbeitbare Abtragsmächtigkeiten und mögliche Gewinnleistungen

Geräteart	Hochschnitt [m]	Tiefschnitt [m]	Gewinnleistung [$m^3 h^{-1}$]
Radlader	4–8	–	300–800
Schaufelradbagger	5,6–10,5	0,5–1	180–1300
Schürfkübelbagger	–	Bis 15	40–300
Schrapperanlage	Bis 30	Bis 25	50–260

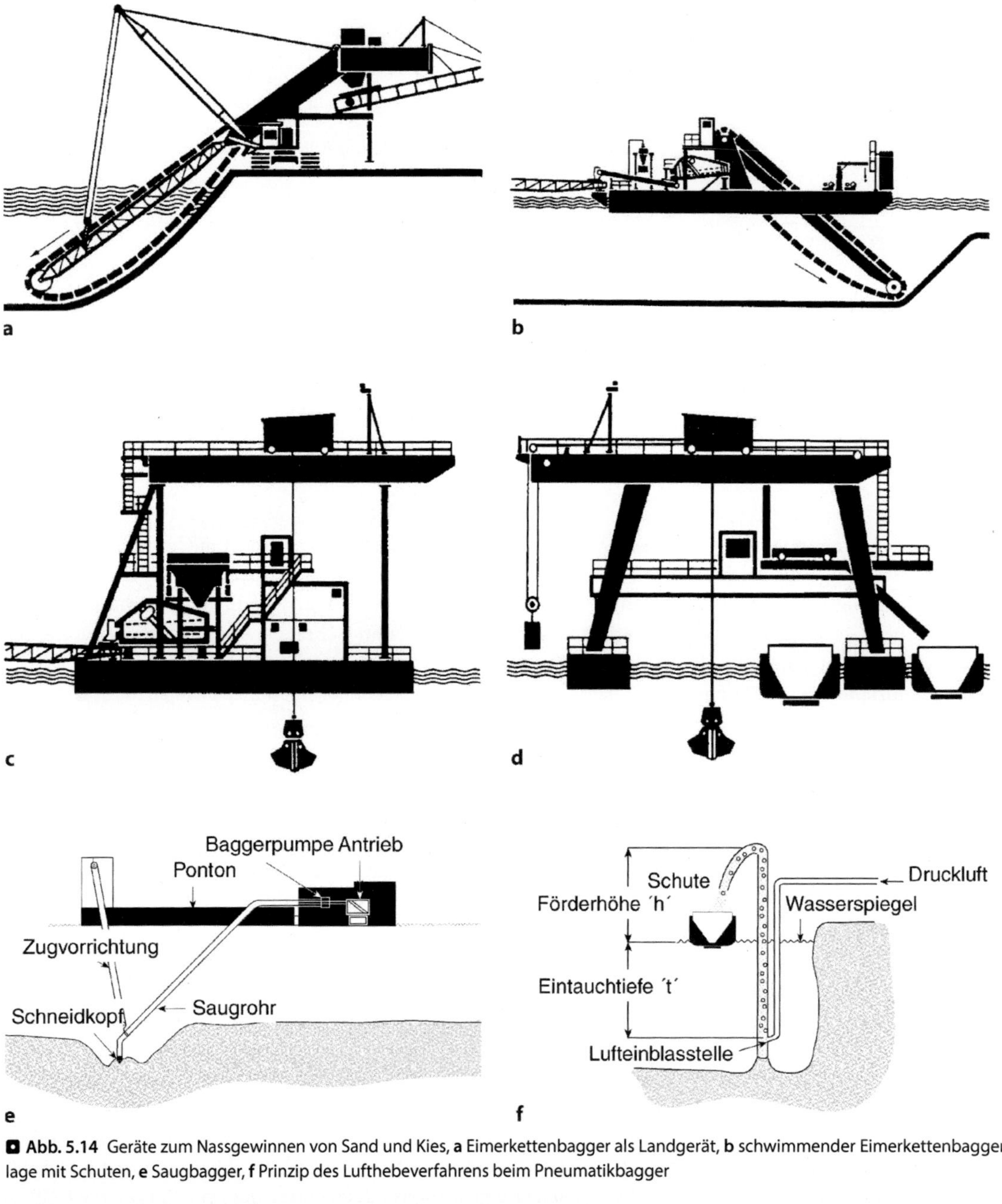

Abb. 5.14 Geräte zum Nassgewinnen von Sand und Kies, **a** Eimerkettenbagger als Landgerät, **b** schwimmender Eimerkettenbagger, **c,d** Schwimmgreiferanlage mit Schuten, **e** Saugbagger, **f** Prinzip des Lufthebeverfahrens beim Pneumatikbagger

können Baggergeräte (Greifer, Eimerkette) verschüttet werden. Verschüttete Baggergeräte können meist nur durch den Einsatz eines weiteren Greifers geborgen werden, wodurch erhebliche Förderausfälle eintreten können.

Stammholz, Steine und Blöcke sind beim Baggervorgang hinderlich. Sie können das Schließen des Greifers verhindern. Durch den so verbleibenden Spalt fallende Sand- und Kiesmassen verringern die Förderleistung. Bei Eimerkettenbaggern kann durch Stammholz und Blöcke der Schöpfvorgang behindert, die Baggerleistung verringert und der Verschleiß erhöht werden.

Zum Nassabbau können Schrapperanlagen, fahrbare Land-Eimerkettenbagger, schwimmende Eimerkettenbagger,

Tab. 5.5 Mit den Geräten zum Nassgewinnen von Sand und Kies bearbeitbare Abtragsmächtigkeiten und mögliche Gewinnleistungen

Geräteart	Tiefschnitt [m]	Gewinnleistung [$m^3 h^{-1}$]
Land-Eimerkettenbagger	Bis 13	Bis 250
Schwimmeimerkettenbagger	Bis 21	100–400
Schwimmgreiferbagger	Bis 100	60–500
Saugbagger	Bis 30	75–500
Pneumatikbagger	8–90	65–420

Schwimmgreiferbagger, Saugbagger und Pneumatikbagger (Lufthebebagger) eingesetzt werden (Abb. 5.14).

Im Nassabbau können mit diesen Geräten die in Tab. 5.5 aufgeführten Abtragsmächtigkeiten bearbeitet werden.

Die Baggergeräte sind den örtlichen Gegebenheiten anzupassen:

- *landgestützte Eimerkettenbagger* (Abb. 5.14a)
  Sie bewegen sich auf vorbereiteten Fahrwegen. Diese müssen hoch belastbar sein und dürfen durch die Baggerarbeit nicht untergraben werden. Die Eimerkette wird unter Neigung von etwa 30° über die Böschung geschleppt (hoher Verschleiß!). Grenzbaggerarbeiten sind nicht allseitig möglich. Die Förderung ist kontinuierlich.
- *schwimmende Eimerkettenbagger* (Abb. 5.14b)
  Das Baggergut wird an einem unteren Umlenkpunkt der Eimerkette geschöpft. Grenzbaggerarbeiten sind unter Einhalten der materialeigenen Böschungsneigung allseitig möglich. Der Kiesabbau kann kontinuierlich im Blockschnittverfahren erfolgen. Unterbrechungen ergeben sich beim Umsetzen des Gerätes.
- *Schwimmgreiferbagger* (Abb. 5.14c, d)
  Das Baggergut wird mit dem Greifer aus dem Wasser gehoben und über einem Trichter oder Bunker zum Abwurf gebracht. Grenzbaggerarbeiten sind unter Einhaltung der materialeigenen Böschungsneigung allseitig möglich. Die moderne Greifertechnik favorisiert den Hydraulikgreifer. Das Baggern erfolgt diskontinuierlich. Der Verschleiß ist gering.
- *Saugbagger* (Abb. 5.14e)
  Das Gerät ist bei gut fließenden sandigen Böden einsetzbar. Der Boden wird durch den Unterdruck einer Kreiselpumpe aus seinem Verband gelöst. Standfeste Gesteine können hydraulisch oder mechanisch (z. B. mit vorgeschaltetem Schneidkopf) gelöst werden. Das Baggern erfolgt kontinuierlich. Energieverbrauch und Verschleiß sind hoch.
- *Pneumatikbagger* (Abb. 5.14f)
  Der Bagger arbeitet nach dem Prinzip des Lufthebeverfahrens. Die minimale Gewinnungstiefe liegt bei 6–8 m, die maximal angewendete Gewinnungstiefe bei 90 m.

5.4.2 Gewinnen von Ton und Lehm

Das Gewinnen von Lehm und Ton als Rohstoff für die Ziegelindustrie sowie als Baustoff kann im Trockenabbau an Standorten über dem Grundwasser und im Nassschnitt an Standorten unter Wasser erfolgen. Wichtig ist das gleichmäßige Vermischen des Materials aus den in der Lagerstätte anstehenden Schichten beim Gewinnen und Verarbeiten.

▪ Gewinnen an trockenen Standorten

Das Gewinnen an trockenen Standorten ist weniger kostenintensiv und kann mit Baggergeräten und Raupen erfolgen. Wenn möglich, sind solche Standorte zu bevorzugen. Kostenintensiv sind die Wasserhaltung für das Ableiten oder Abpumpen von Tagwasser und die häufig anfallende Aufschotterung der Fahrwege in der Tongrube. Auch besteht die Gefahr, dass Teile der Lagerstätte mit Schottermaterial vermischt werden.

▪ Gewinnen im Nassschnitt mit Eimerkettenbagger auf Schiene

Das Gerät (Abb. 5.15) steht auf dem von Deckschichten oder Mutterboden abgeschobenen Gelände. Entlang der Abbaustrecke sind Schienen verlegt, auf denen das Gerät über einen Quervorschub geführt wird. Über den veränderlichen Neigungswinkel der Eimerleiter kann eine bestimmte Materialmächtigkeit zwischen den Positionen von flachgestellter und steilgestellter Eimerleiter gewonnen werden.

Danach ist ein Verrücken der Gleisanlage erforderlich.

Beim Schneiden des Tones werden die Eimer schürfend über die gesamte Länge der Abbauböschung gezogen. Die Spanstärke des Tonschnittes wird über die Zustellung des Neigungswinkels der Eimerleiter reguliert. Quervorschub und Spanstärke werden sinnvollerweise so kombiniert, dass sich die Eimerfüllung über die Schnittfläche der Abbauhöhe ergibt.

Vorteile: die Geräte sind spurtreu; die Bodenbelastung kann durch günstiges Einleiten der Gewichtskräfte in den Schienenunterbau gering gehalten werden; der Abtrag in der Abbaustrecke ist kontinuierlich und ergibt eine optimale Mischung des Baggergutes.

Nachteile: das Verrücken der Schienen ist zeitintensiv und kostspielig; der Untergrund muss hierfür in seinen Trageigenschaften verbessert und verfestigt werden; innerhalb der Abbaugrube ist der Gerätetyp unflexibel.

▪ Gewinnen mit Eimerkettenbagger auf Raupenfahrwerk

Das Gerät ist als Hochbagger an einer Abbauwand und als Tiefbagger, auch im Nassschnitt, an einer Böschung einsetzbar (Abb. 5.16). Der Bagger wird für den Abtrag quer zum Raupenfahrzeug an die Abbaustrecke gestellt, und die Eimerleiter wird an die Abbauböschung angelegt. Das Zustellen der Spanstärke erfolgt über Leiterwinden, der Vorschub über das Raupenfahrwerk. Sind die Zustellmöglichkeiten der Eimerleiter erschöpft, wird durch Rangieren des Fahrwerkes der Bagger erneut angestellt und auf den Längsschnitt ausgerichtet.

Vorteile: der Baggertyp ist innerhalb der Grube sehr flexibel; dadurch kann auf Materialunterschiede und auf Witterungsein-

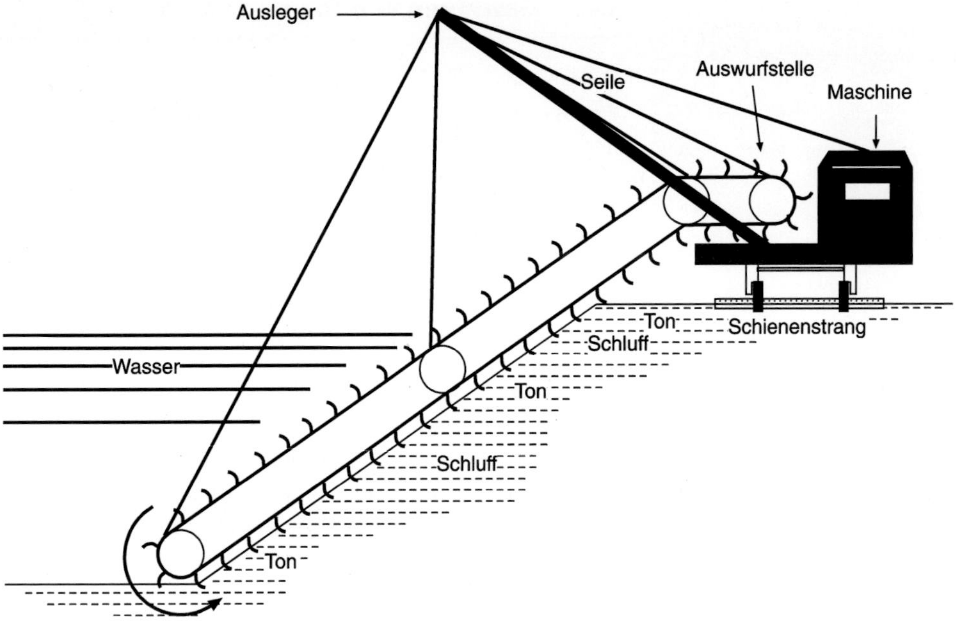

Abb. 5.15 Eimerkettenbagger auf Schienenfahrwerk für das Gewinnen von Ton und Lehm im Nassschnitt

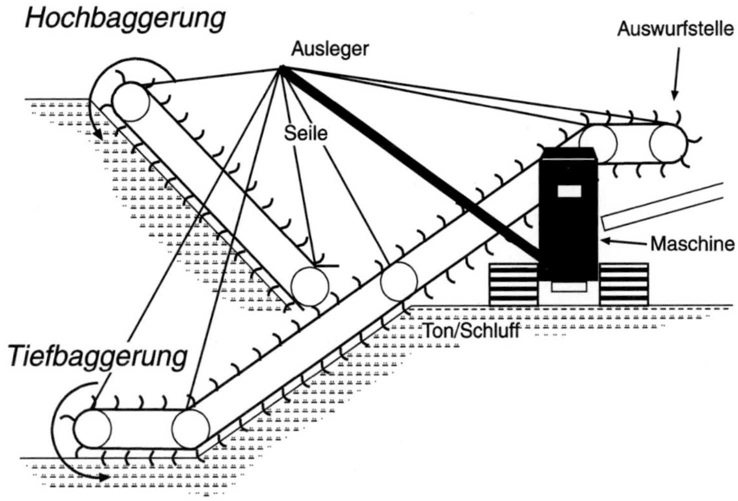

Abb. 5.16 Eimerkettenbagger auf Raupenfahrwerk für das Gewinnen von Ton und Lehm mit der Möglichkeit für Hoch- und Tiefbaggern

flüsse eingegangen werden; es wird eine gute Mischung des abgetragenen Materials erzielt; die Bodenbelastung kann über die großflächige Raupenauflage gering gehalten werden.

Nachteile: die Spurtreue des Baggers ist nicht stabil und muss durch Korrekturbewegungen ausgeglichen werden; damit ist auch die Schnittstärke über der Abbaufläche nicht so exakt wie bei einem schienengeführten Gerät.

- **Gewinnen mit Tieflöffel unter Wasser**

Der Tieflöffelbagger ist ein diskontinuierlich arbeitender hydraulischer Bagger. Das Gerät ist sehr flexibel einsetzbar. Beim Gewinnen werden nur bedingt Materialmischungen erzielt. Das Gerät besitzt eine aufwendige Technik und bedarf besonderer Pflege und Wartung. Es ist motorisch hoch installiert.

- **Gewinnen mit Kratz- oder Schürfkette**

Der Bagger ist mit einer Kratz- oder Schürfkette ausgestattet, welche über die Abbauböschung gezogen wird. Die Arbeitsweise ist der eines Eimerkettenbaggers ähnlich, jedoch sind die Schürfkräfte geringer und die Verschleißkosten höher.

- **Nachbehandeln des gewonnenen Materials**

Das gewonnene Material erfährt in der Ziegelei bis zum Endprodukt zahlreiche Bearbeitungsschritte, mit denen ein Homogenisieren des Materials angestrebt wird. Neben der Zerkleinerungstechnik mittels Haspelbändern, Kollergängen und Sieben sind die Mischvorgänge von Bedeutung. Letztendlich wird das auf unter 1 mm zerkleinerte Material in ein Sumpfhaus eingebracht.

Bei der Entnahme aus dem Sumpfhaus zum Fertigen des Endproduktes sollte ebenfalls dem Grundprinzip des Vermischens Rechnung getragen werden. Dies kann z. B. durch den Einsatz eines kontinuierlich arbeitenden Eimerkettenbaggers erfolgen.

5.4.3 Gewinnen von Naturstein

Natursteine werden als Baustoff für Erdbaumaßnahmen oder als Zuschlagstoff für Beton und Asphalt gewonnen. Das Aufbereiten besteht im Zerkleinern (Brechen) des angefallenen Haufwerks

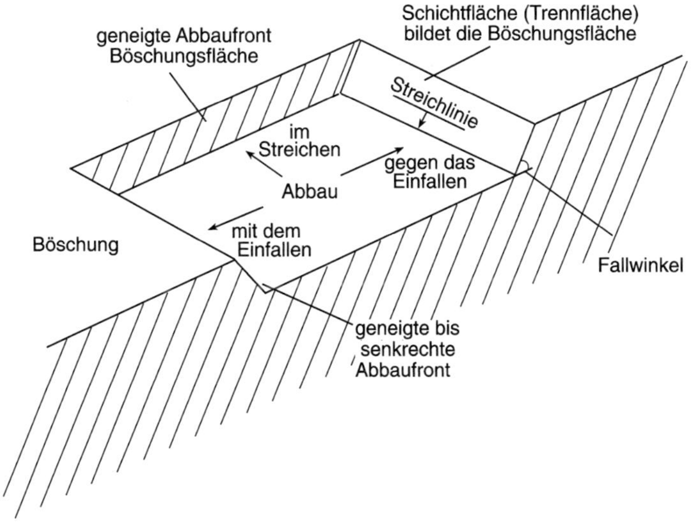

Abb. 5.17 Abbaurichtungen mit Bezug zur Lagerung der Haupttrennflächen

und im Trennen (Sieben und Klassieren) des gebrochenen Materials nach Korngrößen. Das Material kann im Steinbruch stark klüftig und kleinstückig vorliegen. Die Stück- oder Blockgröße stellt kein besonderes Anforderungskriterium dar. Die Produkte (Brechprodukte) der Natursteinindustrie sind Wasserbausteine, Schotter, Splitt, Edelsplitt und Brechsand. Das für die Natursteinindustrie benötigte Material muss den zu Beginn dieses Abschnittes genannten qualitativen Anforderungen entsprechen. Gewinnungsbetriebe der Natursteinindustrie zeichnen sich oft dadurch aus, dass hohe Anteile des gelösten Materials als verwertbarer Rohstoff gewonnen werden.

Steinbrüche der Natursteinindustrie können wie ein Festgesteinstagebau geplant und abgebaut werden (Goergen 1987). Das Abbausystem wird durch die Art der Lagerstätte, durch die Topographie und durch gesetzliche Vorgaben bestimmt. Abbauart, Abbauverfahren und Abbauführung sind diesen Vorgaben anzupassen.

▪ Abbauart

Geologische Vorgaben, die die Abbauart bestimmen, ergeben sich aus der Form der Lagerstätte. Unterschieden wird zwischen:

- flözartiger söhliger Lagerstätte;
- flözartiger geneigter Lagerstätte;
- gangförmiger Lagerstätte;
- massiger Lagerstätte;
- stock- oder linsenförmiger Lagerstätte.

Unter Berücksichtigung amtlicher Vorgaben und Auflagen, der Topographie und des Anschlusses an Verkehrswege ist ein Bezugspunkt für die Förderung festzulegen. Dies kann die Aufbereitung, die Verladestelle oder eine Vorratshalde sein. Unterscheiden lassen sich Hügel- oder Hangabbau, Abbau nach der Tiefe und flächenhafter Abbau.

Das Gesteinslösen erfolgt durch Sprengen (Thum 1978). Bei den heute üblichen Gewinnsprengverfahren werden die Sprenglöcher (Laderäume) parallel zur Abbaufront angeordnet. Beim Projektieren von Abbaubetrieb und Abbaurichtung sind Gesteinslagerung und Fallrichtung der Haupttrennflächen zu beachten und deren Vor- und Nachteile für den Abbau abzuwägen. Beim Abbau gegen das Einfallen, d. h. vom Hangenden zum Liegenden, können die Abbauwände nachbrechen. Der Arbeitsaufwand für das Gesteinslösen kann geringer ausfallen als bei anderen Abbaurichtungen. Aus Sicherheitsgründen sollte die Wandneigung parallel zum Einfallen der Haupttrennflächen angelegt werden.

Beim Abbau in Richtung des Einfallens (mit dem Einfallen) ergeben sich standfeste Wände. Das Gewinnen ist erschwert.

Der Abbau parallel zum Streichen (im Streichen) der Haupttrennflächen stellt aus gewinntechnischen, sicherheitstechnischen und wirtschaftlichen Gründen in aller Regel das Optimum dar (Abb. 5.17).

Beim Großbohrlochsprengverfahren wird mit Bohrlochvolumen von über 65 mm Durchmesser und über 12 m Tiefe gearbeitet. Die Bohrlöcher werden bei hohen Wänden in einer Reihe, bei niedrigen Wänden auch in zwei und mehr Reihen abgebohrt. Die kennzeichnenden geometrischen Parameter für den Sprengplan sind Vorgabe, Bohrlochabstand und Bohrlochdurchmesser. Deren Bemessung erfolgt im Rahmen einer sprengtechnischen Begutachtung und ist abhängig von Gesteinsart, Gesteinshärte bzw. Bohrbarkeit, Einfallen und Streichen der Gesteinsschichten, Lage der Haupttrennflächen, Raumlage, Abstand und Durchtrennungsgrad der Klüfte, aber auch von Verteilung, Art und Menge des Sprengstoffes und der Art der Zündung. Eine untere Grenze für die zu wählende Vorgabe ergibt sich aus möglichen Bohrlochabweichungen. Zu klein bemessene Vorgabe, ungünstige Bohrlochabweichung und starke Gesteinszerrüttung können beim Sprengen zu gefährlicher Streuwirkung führen.

Die Festlegung von Wandhöhe und Bermenabstand ist eine gewinnungstechnisch und betriebswirtschaftlich wichtige Entscheidung. Die optimale Wandhöhe ist keine absolute Größe, sondern richtet sich unter Berücksichtigung der Sicherheit nach den geologischen und abbautechnischen Gegebenheiten.

▪ Hügel- oder Hangabbau

Das zum Abbau vorgesehene Gestein steht im Hang an oder bildet im Gelände eine Kuppe (Härtling). Bei Härtlingen und mächtigen Massengesteinen fällt meist kein Abraum an. Bei flözartigem Schichtgestein kann mit fortschreitendem Abbau die Masse an Abraum bzw. unbrauchbaren Deckschichten zunehmen.

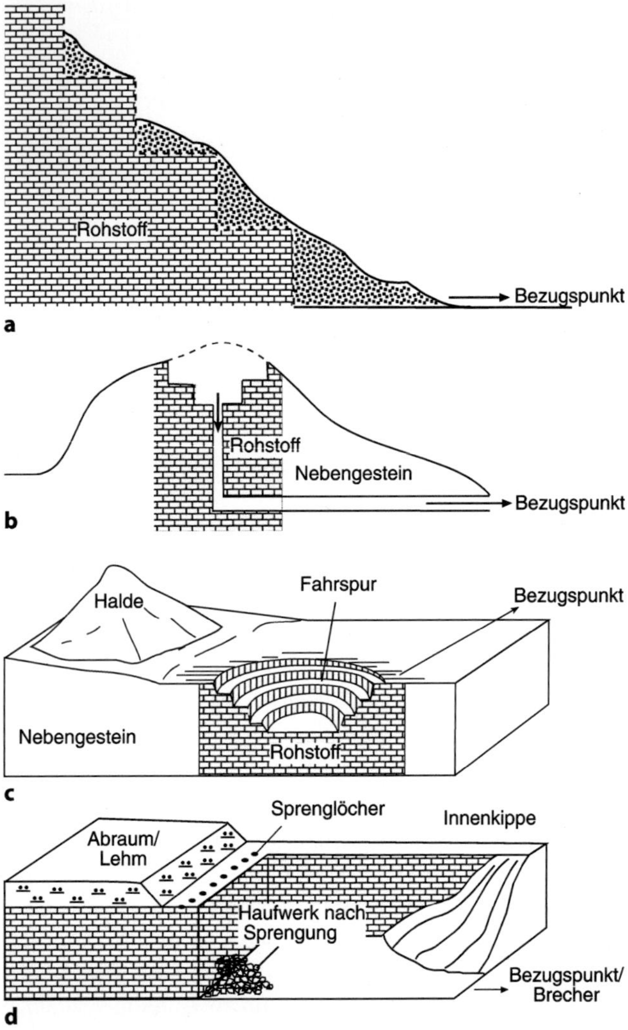

Abb. 5.18 Abbauarten in Steinbrüchen und Tagebauen in Abhängigkeit von Lagerstätte, Topographie und Wahl des Bezugspunktes für die Förderung. **a** Hangabbau, **b** Hügelabbau mit Förderung über Rolloch und Stollen oder Geländeeinschnitt, **c** Abbau nach der Tiefe, **d** flächenhafter Abbau mit zwei Strossen und Innenkippe

Beim Abbau derartiger Lagerstätten wird entweder die Bergflanke zurückgesetzt und steiler angelegt, oder der Berg wird völlig abgetragen. Der Bezugspunkt für die Förderung liegt auf einer Ebene unterhalb der abzubauenden Masse. Für das Gesteinslösen bietet sich Sprengen oder gruppenweises Sprengen mit großen Sohlenhöhen als geeignetes Abbauverfahren an. Schwerkraftbedingt bewegt sich ein Großteil des Fördergutes auf den Bezugspunkt zu (Abb. 5.18a). Eine Alternative für den Transport bietet die Abförderung über einen zentralen Schacht (Rolloch) mit Abzug des Fördergutes über einen Stollen (Abb. 5.18b).

Abbau nach der Tiefe

Das zum Abbau vorgesehene Gestein steht unter weitgehend ebenem Gelände oder unter einem bereits abgetragenen Hügel an. Der Bezugspunkt für die Förderung ist oberhalb der abzubauenden Massen einzurichten. Für den Transport sind Fahrstraßen mit möglichst gleichbleibender Steigung sowie leistungsstarke Transportfahrzeuge vorzusehen. Mit dem Vordringen in die Tiefe ergibt sich beim Beibehalten der erforderlichen Böschungsneigung eine Erweiterung der Öffnung des Steinbruches oder Tagebaues. Während der Dauer des Abbaubetriebes können keine Innenkippen angelegt werden; unbrauchbare Massen (Abraum) müssen auf Außenkippen untergebracht werden (Abb. 5.18c). Bei dieser Abbauart richtet sich die Höhe der Bermen neben der Standfestigkeit des Gebirges vorrangig nach der erforderlichen Steigung der Betriebsstraßen. Das geeignete Löse- oder Abbauverfahren ist Sprengen oder Lockerungssprengen in Kombination mit Reißen.

Bei sehr tiefen Gruben kann eine Bewetterung erforderlich werden.

Im Bergbau kommt Abbau nach der Tiefe vorwiegend im Erzbergbau vor.

Flächenhafter Abbau

Das zum Abbau vorgesehene Gestein steht als Schicht weitgehend söhlig oder mit nur geringer Neigung an. Der flächenhafte Abbau erfolgt als Streifenabbau. Dabei entfernt sich die Abbaufront vom Bezugspunkt für die Förderung. Mit fortschreitender Förderung werden die Wege zum Bezugspunkt länger und flacher (Abb. 5.18d).

Diese Abbauart kommt häufig bei Sand- und Kalkstein sowie bei Ton oder Tonstein vor. Im Bergbau kommt flächenhafter Abbau bei Kohle-, Bauxit- und Eisenerzlagerstätten vor. Der Abbau erfolgt in einer oder in mehreren Strossen, wobei innerhalb einer Strosse gleichartiges Material (Abraum, Hartstein, Kohle, Erz) gefördert wird. Neigung und Höhe der Abbauwände richten sich nach Schichtmächtigkeit und Standfestigkeit der anstehenden Schicht. Dabei hat das Transportwesen stets überragende Bedeutung.

Soweit der Stein als Schotter gewonnen werden soll, ist Sprengen das geeignete Abbauverfahren. Bei anderen Rohstoffen und beim Abraum werden Bagger, Schürfkübelbagger oder Schaufelradbagger eingesetzt.

Bei flächenhaftem Abbau ist das Verkippen des Abraums auf einer Innenkippe im großen Umfang möglich.

Abbau unter Tage

Untertägiger Abbau von Natursteinen kann bei Schichtlagerstätten, z. B. im Kalkstein, in Sonderfällen eine wirtschaftlich interessante Form sein. Die Abbauart ist landschaftsschonend und, soweit die Brecheranlagen unter Tage installiert sind, umweltschonend, jedoch stets viel teurer als der Tagebau.

Der untertägige Abbau von Kalksteinflözen als Rohstoff für Branntkalk wurde bis vor wenigen Jahrzehnte im Kleingewerbe, z. B. im Pfälzer Bergland, betrieben. Im Saarland wird Kalkstein für die Hüttenindustrie unter Tage abgebaut.

5.4.4 Gewinnen von Naturwerksteinen

Naturwerksteine werden als Blöcke gewonnen und maßgerecht in eine gewünschte Form zerspalten, zerschnitten, gefräst oder behauen. Die Ausführung von Naturwerksteinarbeiten regelt ATV DIN 18332. Verwendungszwecke sind Monumentalsteine, Dekorationssteine, Mühl- und Schleifsteine, Bausteine, Pflastersteine, Bordsteine, Gehwegplatten sowie Fassaden und Dachplatten. Die Naturwerksteinindustrie benötigt möglichst große fehlerfreie Blöcke, welche meist in großen stationären Sägegattern mit Trennscheiben, Sägeblättern oder Seilsägen zerschnitten werden. Die Blöcke müssen im Sägegatter standfest sein und sollen eine Mindestgröße (schmalste Kante: 0,4 m, Mindestvolumen: 0,4 m^3; Singewald 1992) nicht unterschreiten. In der Lagerstätte bestimmen Richtung und Abstände der Trennflächen die Lage der Abbaufront und die Abmessung und das Volumen der Rohblöcke. Bei der Vorratsermittlung ist die Rohblockhöffigkeit gefragt. Diese liegt oft weit unter den Werten der mit der Faustformel (▶ Abschn. 5.4) durchgeführten Vorratsberechnung für Natursteine. Abfall und unbrauchbare Massen, welche bei Hartstein gegebenenfalls als Brechprodukte verwendet werden können, liegen oft bei 70–80 % der im Steinbruch gelösten Gesteinsmassen.

Die Rohblockhöffigkeit lässt sich aus dem mittleren Trennflächenabstand als Prozentanteil der brauchbaren Blöcke innerhalb der Lagerstätte abzuschätzen. Singewald (1992) nennt für einen Rohblock als Mindestabmessungen: Länge = 1,0 m, Breite = 1,0 m, Dicke = 0,4 m. Dazu wird, getrennt nach den orthogonalen Hauptrichtungen für Länge (x), Breite (y) und Dicke (z), die Summe aus den Trennflächenabständen, welche die Mindestwerte ($x = 1{,}0$ m, $y = 1{,}0$ m, $z = 0{,}4$ m) übersteigen, gebildet. Diese Teilsummen (Σx, Σy, Σz) werden zur Länge der zugehörigen Messstrecke in das Verhältnis gesetzt und ergeben somit ein prozentuales Verhältnis für die Häufigkeit der Trennflächenabstände größer als der Mindestwert. Die Rohblockhöffigkeit als maximal möglicher Anteil an (brauchbaren) Rohblöcken einer Naturwerksteinlagerstätte ergibt sich zu 1/3 der Summe aus den den drei Raumrichtungen zugehörigen Prozentzahlen für die den Mindestwert übersteigenden Trennflächenabstände. Genauere Werte zur Rohblockhöffigkeit können mit einer rechnergestützten Auswertung gewonnen werden (Weber et al. 2001).

Bei Schichtgesteinen kann eine gesteinsgenetisch oder diagenetisch bedingte Variation der Körnung und/oder Bindung Qualitäts- und Festigkeitsunterschiede bedingen. Das Anlagerungsgefüge der einzelnen Schichten und die hierin enthaltenen Qualitätswechsel sind bei Sandsteinlagerstätten in die Wirtschaftlichkeitsanalyse einzubinden. Lepper und Weber (2001) schlagen eine Methodenkombination vor, die folgende Bewertungskriterien umfasst:

- fluviatile Architekturelement-Analyse (Miall 1996);
- Petrographie und Diagenese (Weber 2000);
- Trennflächengefüge;
- Durchschnittsblockgröße und Blockhöffigkeit (Singewald 1992; Weber et al. 2001);
- gesteinsphysikalische Kennwerte (DIN 52102 bis 52105, DIN 52108, DIN EN 12372 und DIN EN 13161; Lepper 1997).

Das Abbausystem mit Abbauart, Abbauverfahren und Abbauführung richtet sich neben den Vorgaben aus Grundstücksgrenzen und behördlichen Auflagen primär nach den geologischen und topographischen Verhältnissen. Das Festlegen der Abbaurichtung und der Wandhöhen (Sohlenabstände) richtet sich nach der Lage der Haupttrennflächen. Unterscheiden lassen sich, wie bei allen Festgesteinstagebauen, Hügel- oder Hangabbau, Abbau nach der Tiefe und flächenhafter Abbau. Besondere Aufgaben stellt der Transport großer Blöcke.

▪ Hügel- oder Hangabbau

Hangsteinbrüche erlauben den Abbau mächtiger Gesteinsschichten in mehreren Ebenen. Das Erkunden der Rohblockgrößen und Rohblockhöffigkeit ist mit Schürfen schon im frühen Stadium möglich. Da meist nur geringer Abraum zu bewältigen ist, kann mit der Produktion schon in einem frühen Stadium der Abbautätigkeit begonnen werden. Sofern das Gestein sich in kleinere Blöcke zerlegen lässt, ist das Fördern mit Bagger oder Radlager möglich. Die potenziell gewinnbare Blockgröße wird vielfach durch die Leistungsfähigkeit der Lade- und Transportgeräte begrenzt.

Je nach Ortslage sind hohe Aufwendungen für den Bau der Anfahrtswege einzuplanen. Unbrauchbare Massen sind auf Außenkippen zu lagern.

▪ Abbau nach der Tiefe

Grubenabbaue werden bei Massengesteinen (Granit, massiger Sandstein oder Kalkstein), bei Schicht- und Ganggesteinen mit steiler Lagerung und bei vertikalen Vulkanschloten (Basalt, Andesit) angetroffen. Die Voraussetzungen für den Grubenabbau ergeben sich teils aus geologischen Gegebenheiten, teils aus dem Zuschnitt der Abbaufläche. Grubenabbaue mit allseitig vertikalen Steinbruchwänden haben den Nachteil des erschwerten Zuganges. Die Standsicherheit der Wände kann durch meist oberflächenparallele Entlastungsklüfte beeinträchtigt werden. Es bestehen trogförmige Steinbrüche und Tagebaue mit über 100 m tiefen senkrechten Wänden. Die Förderung erfolgt über schwenkbare Kräne („Derricks") oder Seilzugvorrichtungen. Zufahrten im Inneren des Grubenabbaues über Fahrwege verlangen nach einem weiträumigen Abbau. Soweit es die Morphologie zulässt, ist zu prüfen, ob eine seitliche Zufahrt (Geländeeinschnitt, Stollen) möglich ist. Die Wasserhaltung ist als wichtiger Kostenfaktor zu kalkulieren. Grundwasserstände, Grundwasserzulauf und Zulauf an Oberflächenwasser sind zu ermitteln. Unbrauchbare Massen sind auf Außenkippen zu lagern.

▪ Flächenhafter Abbau

Der Abbau von nur geringmächtigen Gesteinslagen erfordert flächenhaften Abbau. Solche Lagerstätten können meist nur bei flacher Lagerung und geringer Überdeckungshöhe genutzt werden. Soweit es die Morphologie zulässt, werden keine hohen Abbauwände angestrebt. Der Abbau vollzieht sich in mehreren Ebenen. Die Strossenhöhe ist von der jeweiligen Bankmächtigkeit abhängig. Die Oberflächen der Gesteinsbänke werden großflächig freigelegt und zeigen Klüftung und Blockgröße der tieferliegenden Bank. Unbrauchbares Material kann mit Fortschritt der Abbautätigkeit auf Innenkippen gelagert werden.

▪ Abbau unter Tage

Naturwerksteingewinnung unter Tage folgte ursprünglich dem Ziel, den naturfeucht leicht bearbeitbaren Stein im Schutze des

Untertagebetriebes zu gewinnen, zu bearbeiten und ihn langsam austrocknen und aushärten zu lassen. Dieser Effekt tritt bei Sandsteinen, Konglomeraten und weichen Kalksteinen auf. Untertägiger Abbau von Werksteinen wurde seit der Antike im Mittelmeerraum ausgeübt. Heute können Untertageabbaue aus Gründen des Landschaftsschutzes in Frage kommen.

Ab dem Mittelalter wurden z. B. in Nordthüringen aus geringmächtigen Gesteinslagen (0,5–0,7 m, Terebratelbänke des Unteren Muschelkalkes) Bausteine im untertägigen Abbau gewonnen.

▪ Abbauverfahren und Gesteinslösen

Das Gewinnen von Naturwerkstein-Rohblöcken verlangt einen schonenden Abbau des Gesteins. Zu schonen ist der gerade zu gewinnende Block und das im Verband anstehende Gestein, welches für den späteren Abbau vorgesehen ist.

Das Gewinnen umfasst das Lösen von Blöcken aus dem anstehenden Felsverband und das Laden und Transportieren der Blöcke. Durch Ausnutzen natürlicher Trennflächen sollen möglichst rechteckig geformte Rohblöcke in einer dem Maschinenpark angepassten Größe gewonnen werden.

▪ Abkerben des Gesteins in Handarbeit

Mit Hammer und Meißel werden Keile aus Holz oder Eisen in die Fugen des Gesteins eingetrieben. Das Auseinanderdrücken erfolgt durch Quelldruck des Holzes oder durch gleichmäßiges Eintreiben von Eisenkeilen mit Hämmern oder Steinspaltgeräten. Aus weichen Gesteinen (Tuff, Tuffit, Travertin) können Rohblöcke durch Schlitzen mit der Keilhaue oder dem Meißel gewonnen werden.

▪ Abkerben des Gesteins mit Bohrgeräten

Im massigen Gestein werden gewünschte Löseflächen engständig perforiert (Bohrdurchmesser: 34–42 mm, Bohrabstand: 15–30 cm). Weiche Gesteine verlangen einen geringen Bohrabstand. Bei Granit kann mit größeren Abständen (20–40 cm) gearbeitet werden. Das eigentliche Abkerben und Durchspalten der zwischen den Bohrlöchern befindlichen Brücken geschieht mit Steinspaltgerät, Sprengschnur, Schwarzpulver oder Expansionsmittel (▶ Abschn. 5.3.3, 5.3.5).

▪ Schlitzbohren

Durch unmittelbar nebeneinander angeordnete Bohrlöcher werden kontinuierliche Schlitze hergestellt. Schwierigkeiten bereitet das Abdriften des Bohrgestänges neben bereits gebohrten Löchern. Durch die Wahl größerer Kronendurchmesser und eines geringeren Andruckes kann die Gefahr des Auslenkens reduziert werden. Ein oft geübtes Verfahren arbeitet mit Kronendurchmesser 63 mm und Seitenabstand 114 mm. Das Erweitern der Bohrlochreihe zum Schlitz erfolgt durch Aufbohren der Brücken bei seitlicher Führung des Bohrgestänges.

▪ Schlitzen mit Schrämmaschine

Das Gestein wird mit einer umlaufenden Kette aufgesägt. Die Kettenglieder sind mit Hartmetall oder Diamant besetzt. Die Schrämarmlängen liegen bei 2–4 m. Das Verfahren eignet sich für weichen Kalkstein, Travertin und Tuffstein.

▪ Seilsägeverfahren

Die einzelne Fläche des auszusägenden Blockes wird durch eine horizontale und eine vertikale Bohrung, die sich in einem Punkt kreuzen, oder durch zwei vertikale Bohrlöcher begrenzt. Bohrtiefen liegen bei maximal 20 m. Durch die vertikalen Bohrlöcher wird von oben nach unten ein in Hohlstangen geführtes Drahtseil gezogen. Dieses ist zu einem geschlossenen Ring verbunden und wird über ein Antriebsrad kontinuierlich durch den Stein gezogen. Die Seilgeschwindigkeiten können zwischen 15 und 45 $m\ s^{-1}$ variiert werden. Das Seil wird durch eine Zugvorrichtung straff gehalten. Der Stein wird durch die konstante Reibung am Seil zerschnitten. Schnittgeschwindigkeiten liegen bei 8–16 $m^2\ h^{-1}$. Das Verfahren eignet sich zum Schneiden großer Flächen. Angewendet wird es im Granit, Trachyt, Sandstein und Kalkstein.

▪ Flammenschneidverfahren

Das Gestein wird mit einer sehr heißen Flamme durchschnitten, die aus der Düse eines Schweißbrenners mit hoher Geschwindigkeit und hoher Temperatur (2000 °C) austritt. Dieses Verfahren eignet sich bei quarzreichen Gesteinen (Granit). Quarz wandelt sich bei 500 °C unter Volumenvermehrung in seine Hochdruckmodifikation um und übt auf die umliegenden Minerale Drücke von mehr als 1000 bar aus, wodurch das Gebirge zerstört und zerschnitten wird. Schnittbreiten liegen bei 10 cm, Schnitttiefen bei 15 m.

▪ Wasserschneidverfahren

Wasser wird mit hohem Druck (800–2000 bar) und hoher Austrittsgeschwindigkeit durch einen Schneidkopf gepresst. Der rotierende Wasserstrahl zerschneidet das Gestein (Sandstein, Granit). Die Schneidlanze ist auf einen Schlitten montiert, welcher längs eines Schienenstranges hin und her bewegt wird. Die Schnitttiefe beträgt 4–5 cm pro Durchgang. Es werden große Wassermengen benötigt, die zu entsorgen sind. Die Anschaffungskosten sind hoch.

Wasserhaltung, Entwässerung und Wasserversickerung

Wolfgang Dachroth

W. Dachroth, *Handbuch der Baugeologie und Geotechnik,* DOI 10.1007/978-3-662-46886-9_6

Zu den wichtigen Voraussetzungen für das Vorbereiten und Ausführen sowie für das Sichern, für den Bestand und für das gefahrfreie Nutzen von Bauwerken, Gräben, Gruben, untertägigen Hohlräumen, Verkehrswegen, Plätzen, Böschungen, Hängen und Deponien gehört deren wirkungsvolles Entwässern. Niederschlagwasser ist aufzufangen und in Entwässerungseinrichtungen zur Vorflut abzuleiten. Für die Größe der Entwässerungseinrichtungen ist die Kenntnis über die Größe der Abflüsse der zu entwässernden Flächen Voraussetzung. Die dem Bemessen von Entwässungseinrichtungen zugrundeliegende Berechnung geht in der Regel vom Bemessungsregen mit Niederschlagsdauer 15 min (r_{15}), der Wiederkehrzeit 1 (einmal pro Jahr) und der ortsbezogenen Niederschlagsspende R_N [$\mathrm{l\,s^{-1}\,ha^{-1}}$] aus (▶ Abschn. 1.10.1).

6

Für das Entwässern von Straßen sind die „Richtlinien für die Anlage von Straßen, Teil Entwässerung" (RAS-Ew) der Forschungsgesellschaft für Straßen- und Verkehrswesen zu beachten. Für Entwässerungsarbeiten im Bereich der Deutschen Bahn ist „Ril 836 – Erdbauwerke der DB Netz AG, Module 836.0801 bis 836.0805 (Entwässerungsanlagen)" zu beachten.

Baugruben, die unter den Wasserspiegel reichen, erfordern in der Regel eine Wasserhaltung. Die Sohle der Baugrube ist für ungehinderte Ausführung der Bauarbeiten und besonders für Bodenverdichtungsarbeiten trocken zu halten. Unterschieden wird zwischen offener Wasserhaltung in Gewässern, offener Wasserhaltung mit Gräben oder Rohrleitungen in Baugruben, geschlossener Wasserhaltung mit Brunnen bei tiefen Baugruben in kohäsionslosen Sanden oder Kiesen und Bauverfahren mit wasserdichten Wannen oder Sperren zum Einhalten eines Soll-Grundwasserstandes oder zum Vermeiden von kontaminierten Zuflüssen.

Wasserhaltungsarbeiten mit Grundwasserabsenkung bedürfen der behördlichen Genehmigung. Auch das Einleiten des anfallenden Wassers in einen Kanal, in ein offenes Gewässer oder in den Untergrund bedarf der wasserrechtlichen Erlaubnis.

Dränagen dienen zum dauerhaften Absenken des Wasserspiegels in Böden, Böschungen und erdhinterfüllten Räumen von Bauwerken. Bei Hangbebauung kann das in Dränagen gesammelte Wasser frei auslaufen und die Bauwerkssohle kann dauerhaft trockengehalten werden. Bauwerke, deren Sohle oder Untergeschoß zeitweise (oder andauernd) im Niveau des Grundwasserspiegels liegt, können mit Ringdränagen und Hebeanlagen nach dem Prinzip einer andauernden Grundwasserabsenkung trockengehalten werden. Räume unter Grundwasser können als wasserdichte Wanne ausgebildet werden.

Über Sickeranlagen wird Grundwasser durch gezieltes Zuführen der anfallenden Niederschlagswässer von Dach-, Hof- und Verkehrsflächen angereichert.

Beim Verpressen wird Wasser über Bohrlöcher in den (tieferen) Untergrund eingepresst. Diese Methode wurde (und wird) mehrfach zum Versenken kontaminierter Wässer angewendet.

6.1 Offene Wasserhaltung

Für bauliche Maßnahmen in offenen Gewässern (Flüsse, Seen, Meer) können mit Fangdämmen Baugruben oder Kammern von der freien Wasserfläche abgetrennt und leergepumpt (gelenzt) werden.

Baugruben und Geländeeinschnitte, denen Oberflächenwasser oder oberflächennahes Grundwasser (Hangwasser, Schichtwasser) in geringer Menge zufließt, sowie Baugruben und unterirdische Hohlräume in standfestem Fels können in offener Wasserhaltung trockengelegt werden. Das Wasser wird während des Aushubs in Gräben, Rohrleitungen oder im Tiefensicker bzw. Pumpensumpf gesammelt und dem natürlichen Gefälle folgend abgeleitet oder abgepumpt.

6.1.1 Wasserhaltung mit Fangdämmen in offenen Gewässern

Je nach Bauvorhaben wird durch den Fangdamm ein Fluss umgeleitet (z. B. beim Bau einer Talsperre mit einem Umleitungsstollen, ◘ Abb. 6.1), oder es wird der Fluss in seinem Querschnitt eingeengt (◘ Abb. 6.2). Bei großen Bauvorhaben wird der durch Fangdämme abgeschirmte Bereich durch einzelne Querdämme in Kammern aufgeteilt. Fangdämme werden in verschiedenen Arten, z. B. als Erddamm, Spundwand, Kastenfangdamm oder Zellenfangdamm, ausgeführt. Die Wahl der Ausführungsart richtet sich nach der abzuhaltenden Wasserhöhe zwischen Baugrubensohle und Hochwasserstand und dem Kostenfaktor bei Überschwemmung der Baugrube (Zerstörungen, Ausfallzeiten, Beseitigen des eingeschwemmtem Bodenmaterials).

▪ Erddämme

Erddämme werden im ständig oder bei Hochwasser überströmten Bereich eines Wasserlaufes aus Fremdmaterial oder aus einem in der Flusssohle entnommenen Dammbaumaterial hergestellt. Günstig sind gemischtkörnige Bodenarten, die bei Schüttung unter Wasser und ohne Verdichtung standfest und nur gering wasserdurchlässig sein sollen. Bei kurzen Bauzeiten kann die Dammhöhe niedrig gewählt und Überschwemmung bei Hochwasser in Kauf genommen werden, da Erddämme im Gegensatz zu anderen Baumaßnahmen kostengünstig wiederherzustellen sind. Jedoch besteht die Gefahr, dass bei Hochwasser die feinkörnigen Anteile des Dammschüttmaterials ausgespült und verfrachtet werden. Neben der Dammzerstörung bestehen die Gefahren unzulässiger Schwebstoffbelastung des Flusses und erhöhter Dammdurchlässigkeit mit zunehmenden erforderlichen Pumpleistungen. Erddämme können in Flüssen mit geringer Fließgeschwindigkeit etwa 3–4 m hoch geschüttet werden.

Fangdämme, die eine längere Standzeit besitzen sollen, können lagenweise aus geringdurchlässigem verdichtetem Erdmaterial erstellt werden. Die Böschungsneigung beträgt etwa 1:2. Die Böschung wird luftseitig mit korngestuften Filterlagen abgedeckt (◘ Abb. 14.9 und 14.11).

Schotterdämme aus gebrochenem Gesteinsmaterial haben hohe Standfestigkeiten und können etwa 1:1,5 abgeböscht werden. Das Dammschüttmaterial erfordert eine zusätzliche Dichtung, die nach Fertigstellung des maximal etwa 12 m hohen Dammes eingebaut wird. Als Dichtwände eignen sich Spundwände, Schlitzwände und Schmalwände mit Bentonit-Zement-Suspensionen (▶ Abschn. 7.5.2).

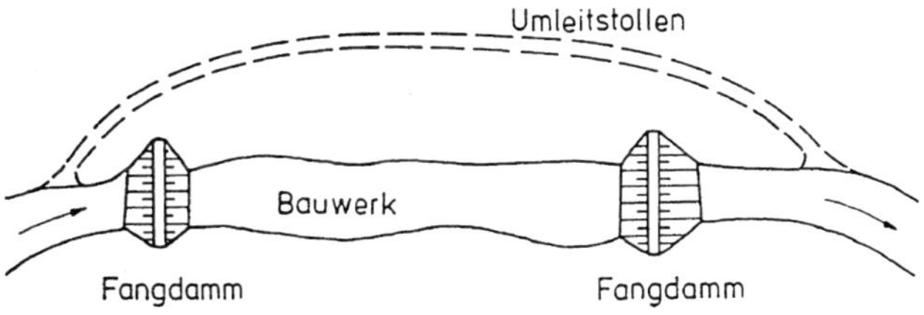

Abb. 6.1 Umleitung eines Flusses während der Bauzeit mit Fangdämmen und Umleitungskanal oder Umleitstollen

▪ **Spundwandfangdämme**

Es wird eine Wand aus miteinander verbundenen Stahlspundbohlen oder Stahlspunddielen in den Untergrund gerammt. Die im Untergrund eingerammte und eingespannte Spundwand kann je nach Profil etwa 2,5–3 m Wasserdruckhöhe ohne zusätzliche Abstützung oder Rückverankerung aufnehmen. Der Grundwasserzufluss zu umschlossenen Baugruben kann nach Davidenkoff und Franke (1966) sowie nach Günther (2000) ermittelt werden.

▪ **Kastenfangdämme**

Es werden zwei parallelverlaufende Spundwände gerammt und gegenseitig verankert. Der Raum zwischen den Spundwänden (Kasten) wird mit Erdbaustoff oder Beton aufgefüllt. Dabei fallen bei hohen, betongefüllten Kastenfangdämmen nachträgliche Kosten beim Sprengen und Beseitigen des Fangdammes an. Bei Wassertiefen bis etwa 2,5 m wird die Kastenbreite gleich der Wassertiefe gewählt. Bei größeren Wassertiefen werden nach E 101, EAU schlankere Konstruktionen mit einem Höhen-Breiten-Verhältnis 2:1 gewählt.

▪ **Betonfangdämme**

Als Sonderform des Kastenfangdammes werden beim Gründen auf Fels Spundwände als Schalung verwendet. Zum Befestigen der Schalung werden Stahlträger in vorgebohrte Löcher im Fels eingestellt und einbetoniert. Der Fangdamm wird gegen den von Auflockerungen gesäuberten Fels betoniert.

▪ **Zellenfangdämme**

Zellenfangdämme bestehen aus einzelnen zylindrischen Zellen, die verfüllt in sich standfest sind. Diese einzelnen Hauptzellen werden durch kleine Verbindungszellen miteinander verbunden (Abb. 6.3). Zellenfangdämme dienen zur Baugrubenumschließung bei großen Wassertiefen. Die Zellen werden über ein Führungsgerüst (Schablone) gerammt. Als Spundbohlen dienen Flachprofile, die in den Schlössern große Zugkräfte aufnehmen können. Zum Abdichten gegen das Wasser müssen die Wände in den undurchlässigen Untergrund einbinden. Bei Felsuntergrund und fehlender Felsüberdeckung binden die Spundwände in Beton ein, der auf die von Felsauflockerungen gesäuberte Felsoberfläche aufgebracht wurde. Bei Felsüberdeckung kann das Abdichten durch Injektion erfolgen. Auch besteht die Möglichkeit, die Zelle im unteren Teil mit Dichtsäcken (gefüllt mit Mischungen aus Bentonit, Zement und Wasser) aufzufüllen. Bei Zellenfangdämmen muss der Nachweis der ausreichenden Auftriebssicherheit geführt werden.

Die baugeologische Beurteilung des Untergrundes für die Wasserhaltung einer Baugrube im offenen Wasser stützt sich auf die Beschreibung der Schichtenfolgen im Untergrund mit Angaben zur Gesteins- oder Bodenart, Schichtmächtigkeit, Wasserdurchlässigkeit und Rammfähigkeit. Die geologische Ausbildung des Untergrundes und die abzuhaltende Wasserhöhe sind maßgebend für die Wahl der auszuführenden Konstruktion.

6.1.2 Offene Wasserhaltung im Grundwasser

Beim Aushub von Erdmassen unterhalb des Grundwasserspiegels fließt das Wasser aus dem umgebenden Gestein der Baugrube zu. In der Baugrube wird es in Gräben und Gruben (Sumpflöcher) aufgefangen und abgeleitet (Abb. 6.4a). Die offene Wasserhaltung wird in Felsgesteinen und standfesten Bodenarten angewendet. In Kies- und Sandböden ist die offene Wasserhaltung durch die Wassermenge und durch die Schleppkraft des fließenden Was-

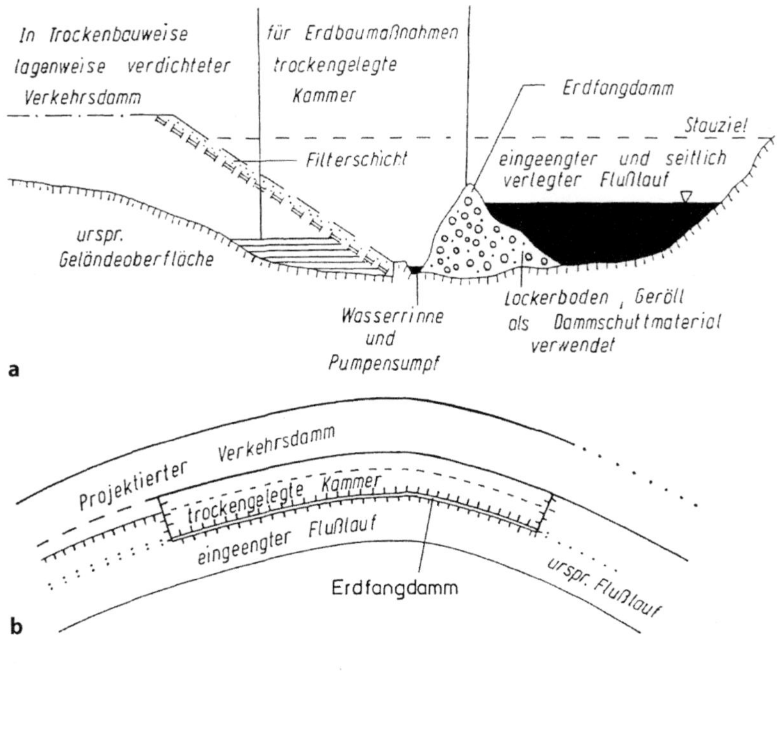

Abb. 6.2 Einengung des Flusses durch einen Erddamm und Aufteilung der langgezogenen Baugrube in einzelne Kammern; **a** Querschnitt; **b** Aufsicht auf einen durch Straßenbaumaßnahmen und Kanalisierung veränderten Flusslauf

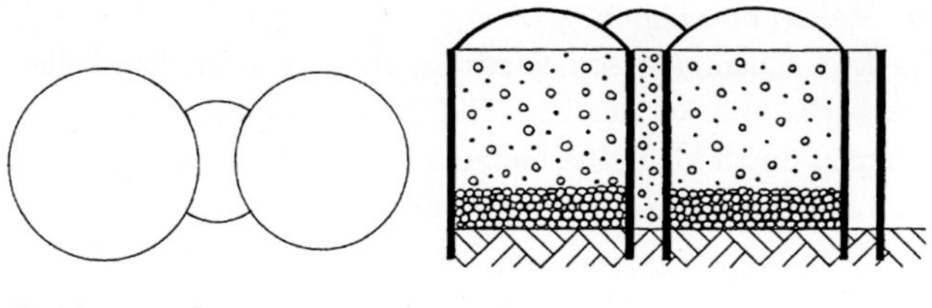

Abb. 6.3 Aufbau einer Kreiszellenwand

sers begrenzt. Bei solchen Böden besteht auch die Möglichkeit zur Gefährdung der Nachbarbebauung durch Materialausspülung und weitreichende Grundwasserabsenkung. Für das Ermitteln und Beurteilen der Reichweite von Grundwasserabsenkungen sind Grundwassergleichenpläne mit engem Abstand der Grundwassergleichen zu erstellen. Dies erfordert ein enges Netz an Grundwasserbeobachtungsbrunnen. Um zwischen technisch bedingten und naturgegebenen Abweichungen im Verlauf der Grundwassergleichen zu unterscheiden, sollte der Sachbearbeiter über Kenntnisse und Erfahrungen der Hydrogeologie verfügen. Beispiele für das Berechnen und Bestimmen von Entnahmebreite, Reichweite und unteren Kulminationspunkt einer Grundwasserabsenkung geben Hölting und Coldewey (2013). Bei gespanntem Grundwasser besteht in den Fällen, in denen gut durchlässige Bodenschichten weniger gut durchlässige Bodenschichten unterlagern, die Gefahr des hydraulischen Grundbruches und des Erosionsgrundbruches (▶ Abschn. 6.3.1 und 6.3.2). In Sanden besteht die Gefahr des Fließens (Fließsand), worunter ein Zustand verstanden wird, bei dem die Sandkörner durch den Fließdruck in der Schwebe gehalten werden. Das Entwässern im geneigten Gelände (Hangentwässerung), besonders beim Einsatz schwerer Maschinen auf wasserempfindlichem Boden, soll stets von unten nach oben erfolgen.

Das Verfahren der offenen Wasserhaltung ist von der Bodenart und dem gewünschten Absenkungsbetrag abhängig. Die Grenzen des Anwendungsbereiches liegen bei folgenden Absenkungsbeträgen:

- unbegrenzt: im standfesten Felsgestein;
- 4-6 m: in standfesten feinkörnigen Böden (Ton, Lehm);
- 4-6 m: in standfesten gemischtkörnigen Kiesen;
- 1-2 m: in reinen Kiesen und sandigen Kiesen;
- 0,5-1 m: in Sanden.

Der Aufwand für eine offene Wasserhaltung ist geringer als der für eine geschlossene, und der Wasserzufluss liegt beim 0,2- bis 0,4-Fachen des Wasserzulaufs bei einer Grundwasserabsenkung über Brunnen. Es besteht die Möglichkeit der Kombination einer offenen Wasserhaltung mit Dränagen und mit Tiefbrunnen.

Das Berechnen des Wasserzuflusses Q zu einer Grube erfolgt nach Davidenkoff (1956):

$$Q = kH^2\left[\left(1+\frac{t}{H}\right)m+\frac{L_1}{R}\left(1+\frac{t}{H}n\right)\right]$$

- m = Beiwert aus $\frac{L_2}{R}$ (▪ Abb. 6.5a)
- n = Beiwert aus $\frac{t}{R}$ (▪ Abb. 6.5b)
- T = Abstand zwischen Sohle der Baugrube und Sohle des Grundwasserleiters

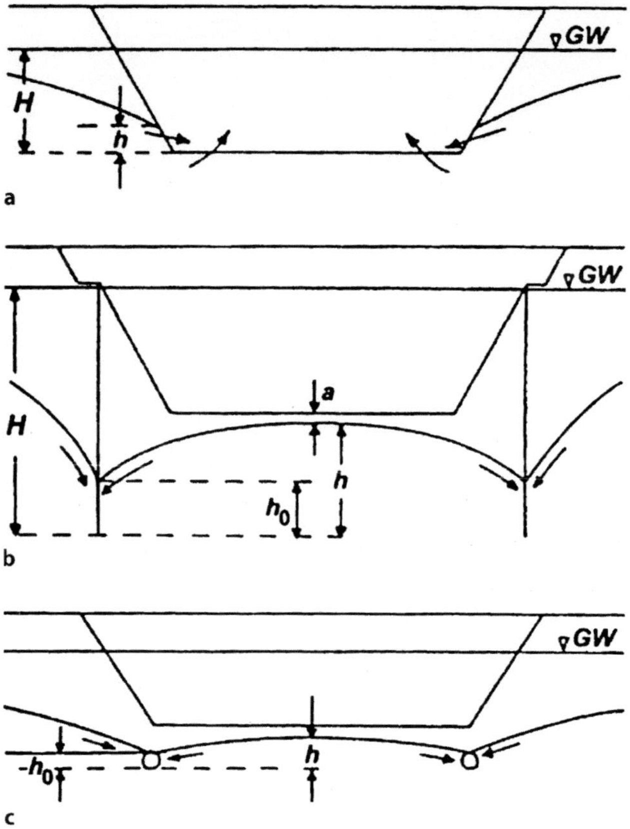

Abb. 6.4 Verfahren der Wasserhaltung. **a** offene Wasserhaltung, **b** Grundwasserabsenkung über Vertikalbrunnen, **c** Grundwasserabsenkung über Dränagen. Zu **a**: *GW* Grundwasserspiegel; *H* Höhendifferenz *GW* zu Baugrubensohle; *h* Austrittshöhe des Grundwassers über Baugrubensohle. Zu **b**: *GW* Grundwasserspiegel; *H* Höhendifferenz *GW* zu Brunnensohle; *h* verbliebene Mächtigkeit des Grundwasserleiters über Brunnensohle; h_0 Spiegelstand im Brunnen über Brunnensohle; *a* Abstand erniedrigter *GWL* zur Baugrubensohle. Zu **c**: *h* verbliebene Mächtigkeit des GWL über Dränagesohle; h_0 Stärke des Dränagerohres

- t = Tiefe der für den Zufluss wirksamen Zone; $t = H$, wenn $T > H$; $t = T$, wenn $T < H$
- R = Reichweite des Absenkungstrichters
- L_1 = Länge der Baugrube
- L_2 = Breite der Baugrube
- H = Höhe des Ausgangswasserspiegels über Grubensohle

Ist der Boden nur oberhalb der Baugrubensohle durchlässig, so gilt die vereinfachte Formel:

$$Q = kH^2\left(m+\frac{L_1}{R}\right).$$

Für lange schmale Baugruben mit der Länge L gilt vereinfacht nach Dupuit:

$$Q = \frac{k}{R}\left(H^2+h_0^2\right)L.$$

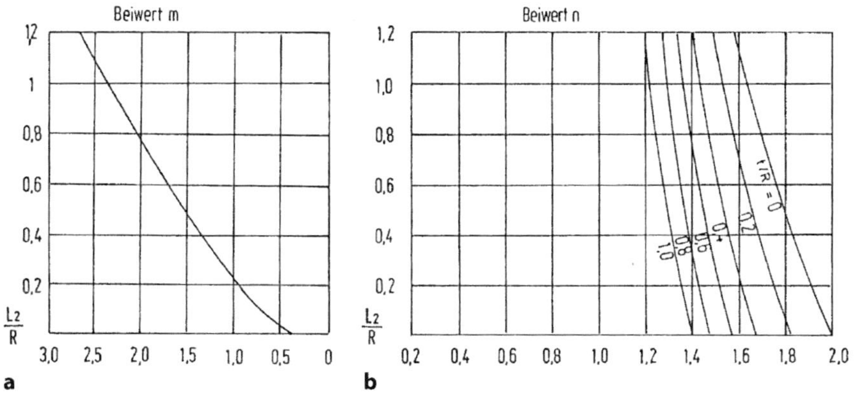

Abb. 6.5 Beiwerte *m* (**a**) und *n* (**b**) für das Berechnen des Wasserzuflusses in eine Grube. (Nach Davidenkoff 1956)

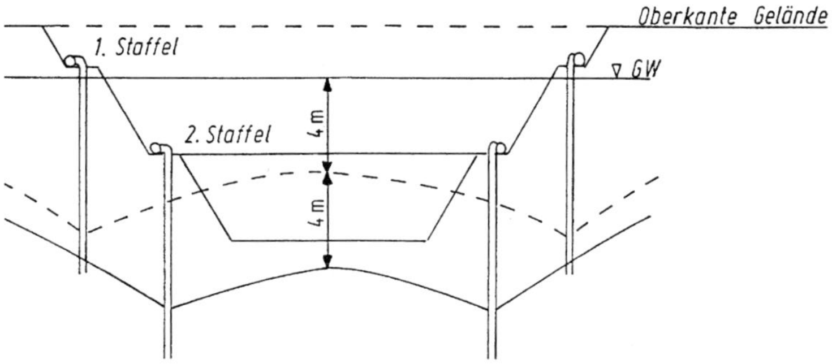

Abb. 6.6 Mehrstaffelige Brunnenanlage für größere Absenkungsbeträge

6.2 Geschlossene Wasserhaltung

6.2.1 Grundwasserabsenkung mit Brunnen

Bei geschlossener Wasserhaltung ist das Grundwasser vor Aushub über Bohrbrunnen abzusenken. Gearbeitet wird mit Tiefbrunnen und Saugbrunnen. Elektroosmotische Entwässerung wird zum Trockenlegen von Tonböden eingesetzt.

In kohäsionslosen Sand- und Kiesböden muss das Grundwasser vor dem Aushub tiefer Baugruben über Brunnen abgesenkt werden. Das Absenken wird durch einen oder mehrere gemeinsam wirkende Einzelbrunnen erzielt. Um das Absenkziel zu erreichen, werden die Brunnen bis zur Tiefe $h - h_0$ nach Abb. 6.4b abgepumpt. Der Brunnen muss so tief gebohrt werden, dass die errechnete Eintrittshöhe h_0 vorhanden ist.

In der Regel wird das Grundwasser über Bohrbrunnen abgepumpt, die um die Baugrube herum angeordnet sind. Dem Boden wird mehr Wasser entnommen, als der späteren Baugrube in offener Wasserhaltung zufließen würde. Der abgesenkte Wasserspiegel soll etwa 0,5–1 m unter der geplanten Aushubsohle bzw. Arbeitsebene liegen. Die aus der Anlage geförderte Gesamtwassermenge Q [m^3] bis zum Erreichen des Absenkzieles ist abhängig vom Absenkziel und von den hydrogeologischen Verhältnissen (Mächtigkeit, effektive Porosität und Durchlässigkeit der wassererfüllten Schicht). Nach Erreichen dieses Absenkzieles besteht ein stationärer Zustand; die weitere Wasserentnahme entspricht dem Zufluss. Die anfallende Wassermenge q [m^3 s^{-1}] ist eine Funktion von Mächtigkeit und Durchlässigkeit (Transmissivität) der wasserführenden Schicht. Zur Grundwasserabsenkung werden Tiefbrunnen, Flachbrunnen und Punktbrunnenanlagen eingesetzt.

Tiefbrunnen mit Bohrdurchmessern von mindestens 350 mm, zum Einhängen der Tauchpumpen, entwässern die projektierte Baugrube gleich bis zur endgültigen Tiefe. Die Förderhöhe ist nur durch die Leistung der gewählten Pumpe begrenzt. Der Platzbedarf für die Tiefbrunnenanlage ist gering. Voraussetzung für die Durchführbarkeit ist eine Durchlässigkeit des Bodens in der Größenordnung $k = 10^{-2}$ m s^{-1} bis $k = 10^{-4}$ m s^{-1}. Große Absenkungsbeträge über Tiefbrunnen erfordert der Bergbau, welcher bei Tagebaubetrieben (z. B. zur Braunkohlegewinnung) Absenkungsbeträge bis zu 200 m aus 300–400 m tiefen Brunnen kennt.

Flachbrunnen werden bei Böden mit Durchlässigkeiten zwischen $k = 10^{-2}$ m s^{-1} und $k = 10^{-4}$ m s^{-1} in Form engstehender Flachbrunnenanlagen angelegt. Für das Einhängen der Saugleitungen genügen Brunnendurchmesser von 150 mm. Größere Durchmesser werden erforderlich, wenn bei Feinsand Filter eingebaut werden müssen. Nachteilig im Vergleich zu Tiefbrunnenanlagen ist der größere Platzbedarf.

Man kann versuchen, durch geringe Brunnentiefen oder durch flachliegende Dränagen die zu fördernde Gesamtwassermenge gering zu halten.

Im Baustellenbetrieb erfolgt das Fördern des Wassers über Pumpen mit einer schwerkraftbedingten maximalen Saughöhe von 8 m. Die damit erreichbaren Absenkungen liegen bei 3,5–4 m. Werden größere Absenkungsbeträge erwünscht, so sind mehrstaffelige Anlagen zu erstellen (Abb. 6.6). Das Umrüsten der mehrstaffeligen Anlagen ist jedoch arbeits- und zeitaufwendig.

Punktbrunnenanlagen bzw. Wellpoint-Anlagen arbeiten mit eingespülten Stahlrohren oder Plastikschläuchen. Die Durchmesser liegen bei 50–100 mm. Am unteren Ende des Rohres ist ein Filter angebracht. Die Brunnen lassen sich in Sandböden sehr schnell herstellen. In schweren Böden kann es zweckmäßig sein, die Stahlrohre bzw. Plastikschläuche in Bohrlöcher mit kleinem Durchmesser einzubauen. Wegen der geringen

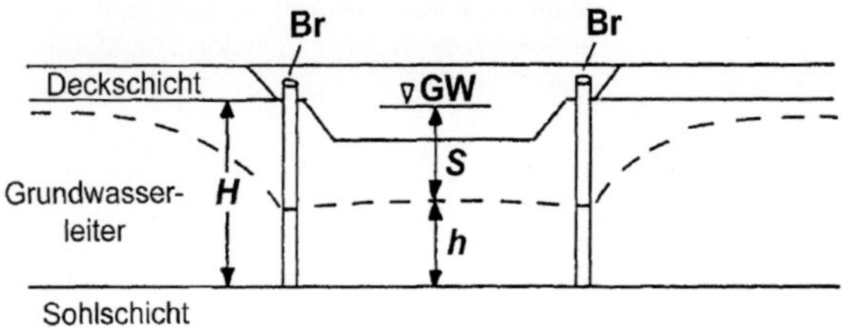

Abb. 6.7 Prinzip der Absenkung des Grundwassers für die Brunnenformel nach Dupuit und Thiem. *H* Mächtigkeit des Grundwasserleiters; *S* Absenkung; *h* verbliebene Mächtigkeit des grundwassererfüllten Grundwasserleiters; *Br* Brunnen

Leistung der Einzelbrunnen ist jedoch eine größere Anzahl erforderlich. Das Wasser wird durch die unmittelbar am Brunnen angeschlossene Saugleitung gefördert. Bei fehlendem oder schadhaftem Filter können dem Boden Feinsand und Grobschluff entzogen werden, was zur Gefährdung der Nachbarbebauung führen kann.

Beim Planen einer Wasserhaltung durch Brunnen ist unter Berücksichtigung der hydrogeologischen Bedingungen des Ortes die zulässige Absenkung bezüglich Nachbarbebauung und behördlicher Genehmigung zu beachten. Es kann erforderlich werden, dass zum Vermeiden weiträumiger Grundwasserabsenkungen eine die Baugrube umschließende Dichtwand (z. B. Spundwand oder Schlitzwand) eingebaut werden muss.

Berechnen der Grundwasserabsenkung durch Brunnenfelder in Baugruben

Bei Baugruben mit gedrungenem Umriss wird von einem Kreis mit gleichem Flächenmaß *F* ausgegangen. Die maximale Absenkung liegt im Mittelpunkt von Baugrube und Kreis, etwa 1 m unter der Sohle des Aushubs. Der Radius *A* dieses Ersatzkreises berechnet sich zu:

$$A = (F/\pi)^{1/2}\ [\text{m}].$$

Bei rechteckigen Baugruben mit einem kleinen Seitenverhältnis $b / a = m$ berechnet sich der Ersatzradius A' zu:

$$A' = \eta a\ [\text{m}]$$

- $\eta = 0{,}2\ \text{m} \cdot 0{,}37$
- a = große Seitenlängen [m]
- b = kleine Seitenlängen [m]
- $m = b / a$ (Seitenverhältnis)

Für langgestreckte Baugruben mit der Länge *L* (z. B. Leitungsgräben) tritt für *A* der Ersatzradius *L*/3 für die Endpunkte der Brunnenreihe und *L*/5 für die zwischengelegenen Punkte der Brunnenreihe ein.

Die Reichweite *R* des Absenktrichters berechnet sich nach der Formel von Sichardt in Abhängigkeit von der Absenkung *S* zu:

$$R = 3000\, S \sqrt{k}\ [\text{m}].$$

Für vollkommene Einzelbrunnen, die den Grundwasserleiter in seiner gesamten Mächtigkeit erschließen, gilt nach Dupuit und Thiem (Abb. 6.7):

$$q = \frac{\pi k (H^2 - h^2)}{\ln(R/r)}\ [\text{m}^3\,\text{s}^{-1}].$$

Für unvollkommene Brunnen mit durchlässiger Brunnensohle, welche nur einen Teil der Mächtigkeit des Grundwasserleiters erschließen, erhöht sich dieser Wert um 10–30 %.

6.2.2 Unterdruckentwässerung

Feinsand und Grobschluff mit Durchlässigkeitsbeiwerten zwischen 10^{-5} und 10^{-7} m s^{-1} lassen sich über Schwerkraftanlagen nicht genügend entwässern. Die auf das Porenwasser einwirkenden Kräfte Schwerkraft und Kapillarkraft stehen in etwa im Gleichgewicht. Diese Bodenarten neigen zum Fließen (Fließsand, Fließerden) und sind als wasserhaltende Bodenarten schwer zu bearbeiten.

In diesen Böden wird bei der Grundwasserabsenkung mit dem Vakuum-Verfahren gearbeitet. Als Vakuumbrunnen dienen Rohre von 40–50 mm Durchmesser, an deren unterem Ende ein Filterstück und eine Spülspitze angebracht sind (Abb. 6.8). Das mit hohem Druck über eine Spüllanze eingebrachte Wasser tritt durch die Spülspitze aus, lockert den Boden und fördert ihn mit dem Spülstrom nach oben. Bei Erreichen der Soll-Tiefe wird der Hohlraum zwischen dem Rohr und der Lochwandung mit Feinsand aufgefüllt. Um ein Versanden der Brunnen zu vermeiden werden Filter verwendet, wobei folgende Möglichkeiten bestehen:

1. Verwenden von Filterrohren mit aufgebrachter Feinsandummantelung.
2. Es wird ein Filtersand zwischen Rohr und Boden während des Einspülens eingebracht (Korndurchmesser 0,2–0,3 mm).
3. Es wird mit dem Brunnenrohr ein äußeres Mantelrohr eingespült, und nach Verfüllen des Hohlraumes zwischen beiden Rohren wird das Mantelrohr gezogen.
4. Es wird zunächst ein Loch mit ca. 150 mm Durchmesser ausgespült und mit Filtersand verfüllt. Anschließend wird das Brunnenrohr eingespült.

Die Anlage der Brunnen erfolgt nach den gleichen Grundsätzen wie bei den Brunnenanlagen, denen das Grundwasser schwerkraftbedingt zuläuft. Der Abstand der Brunnen beträgt 1–1,5 m, der Abstand zwischen Brunnenreihe und Baugrubenwand 0,6 m. Es werden Hochleistungs-Vakuumpumpen eingesetzt, welche einen Unterdruck von 0,7–0,9 bar erzeugen und aufrechterhalten. Alle 50 m wird in der Brunnenanlage eine Vakuumpumpe installiert. Jeder einzelne Brunnen muss für sich abgestellt werden können. Die erreichbare Absenkung liegt bei 6 m. Werden größere Absenkungen verlangt, so sind Brunnenstaffeln einzurichten. Beim Abpumpen einer gestaffelten Brunnenanlage bleiben die höher gelegenen Brunnenreihen auch nach Inbetriebnahme der tieferen Staffel in Aktion. Die Wirkungsweise der Vakuumanlage beruht darauf, dass durch

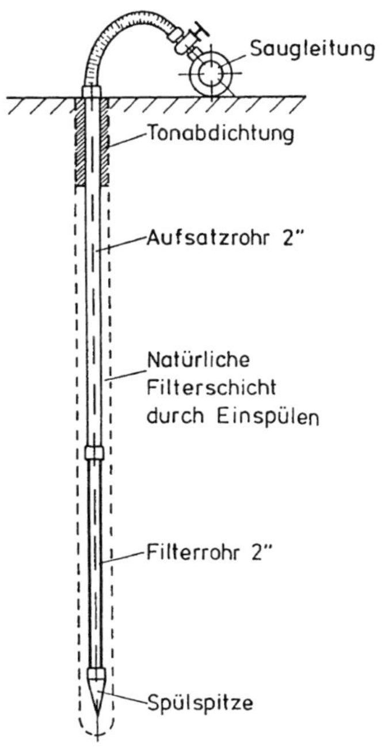

Abb. 6.8 Ausbildung eines Filterbrunnen mit Spüllanze für Vakuum-Flachbrunnen. (Prinz 1982, 1997)

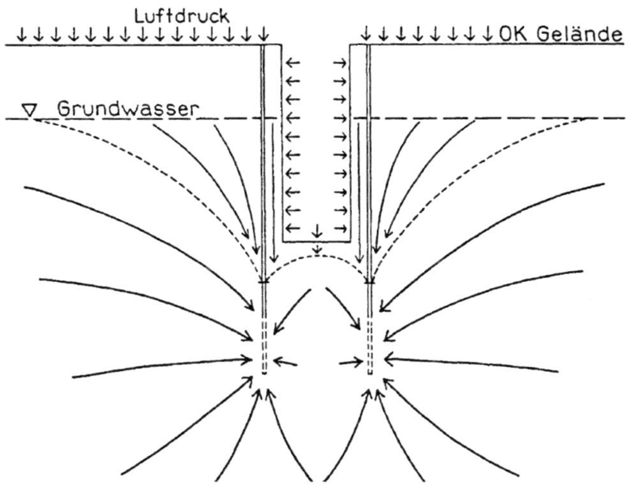

Abb. 6.9 Wirkungsweise der Unterdruckentwässerung am Beispiel eines Grabens. Die Entwässerung des Bodens oberhalb des Grundwasserspiegels ist im Absenkungstrichter unvollkommen. Bei hohem Anteil an feinkörniger Bodensubstanz wird sich keine Boden-Wasser-Luft-Zone ausbilden. Der Boden wird durch den Teilentzug von Wasser kompaktiert. Die Fließlinien sind wie unter dem Grundwasserspiegel auf den Entnahmepunkt ausgerichtet

Erzeugen eines Unterdruckes die durch Oberflächenspannung am Bodenkorn gehaltenen Wassermoleküle aus dieser Bindung gelöst werden und unter dem Zusammenwirken von Schwerkraft und Saugspannung dem Brunnen zufließen. Zugleich wirkt die Saugspannung auf den Boden verfestigend, indem das Restporenwasser in den Porenzwickeln durch den wirksamen Unterdruck die Bodenteilchen fester aneinanderzieht. Durch Vakuum-Unterdruckentwässerung werden Fließsande und Fließerden standfest und bearbeitbar. Damit verbunden ist eine Erhöhung der Standfestigkeiten von Böschungen, was sich als Stützung durch den atmosphärischen Druck deuten lässt (Abb. 6.9). Die abpumpbare Wassermenge berechnet sich nach Dupuit (Abb. 6.7) zu:

$$Q_\mathrm{v} = \pi k \frac{H^2 - h_0^2}{\ln R - \ln r} \frac{s+m}{s}; \qquad m = \frac{p_0 - p}{\gamma_\mathrm{w}}$$

- Q_v = abpumpbare Wassermenge beim Vakuumverfahren
- s = Absenkung
- p_0 = atmosphärischer Druck
- p = Vakuumdruck
- γ_w = Wichte des Wassers

Vakuumanlagen bedürfen einer regelmäßigen Wartung. Die Brunnen sind ständig zu kontrollieren und dürfen keine Luft ansaugen. Oberhalb des Absenkungsziels dürfen deshalb keine stärker durchlässigen Schichten ($k > 10^{-5}$ m s^{-1}) vorliegen. Sind im tieferen Bohrlochbereich unterhalb des Absenkungszieles durchlässigere Bodenschichten vorhanden, so stört dies den Betrieb nicht oder nur wenig. Das Bohrloch verhält sich wie bei einer Entwässerung über einen Punktbrunnen (Wellpoint).

6.2.3 Entwässern mit dem Elektroosmose-Verfahren

Das Verfahren eignet sich besonders für schluffigtonige Böden mit Durchlässigkeitsbeiwerten unter 10^{-7} m s^{-1}. Bei solchen Böden ist ein Großteil des Porenwassers adhäsiv an die Bodenteilchen gebunden.

Legt man in einem feinkörnigen Boden über Elektroden eine Gleichspannung an (Abb. 6.10), bewegt sich Porenwasser entlang der elektrischen Feldlinien zur Kathode. Dabei kommt es im Anodenbereich zum Austrocknen. Am effektivsten ist die elektroosmotische Entwässerung in Böden mit engem Plastizitätsbereich. Bereits nach geringem Wasserentzug wird eine wesentliche Verbesserung der Scherfestigkeit erzielt.

Als Kathode werden in der Regel Rammfilter verwendet, aus denen das anfallende Wasser ständig abgepumpt wird. Die Rammfilter bestehen aus gelochtem Stahlrohr, welches zum Schutz gegen Verschlammen mit feinmaschigem Drahtgewebe überzogen ist. Als Anode genügt ein einfacher Metallstab. Bei einer solchen Anordnung geht das Austrocknen von nur einer Elektrode, der Anode, aus.

Soll ein Boden an beiden Elektroden entwässert werden, wird mit zwei Rammfiltern gearbeitet, welche durch wiederholtes Umpolen abwechselnd als Anode oder Kathode gebraucht werden. Auf diese Weise kann gleichmäßiges Austrocknen des Bodens erzielt werden.

Der geeignete Spannungsgradient muss durch Feld- und Laborversuche ermittelt werden. Er liegt meist zwischen 0,3 und 1,0 V cm^{-1}. Der Elektrodenabstand d beträgt 1–5 m. Bei der Wahl des Spannungsgradienten sind neben Sicherheitsvorschriften ökologische und ökonomische Aspekte zu beachten.

Es ist zweckmäßig, vor Anwendung des Verfahrens die Schichtenfolge im Baugrund zu prüfen und sicherzustellen, dass keine wasserleitenden Zwischenschichten auftreten, da zulaufen-

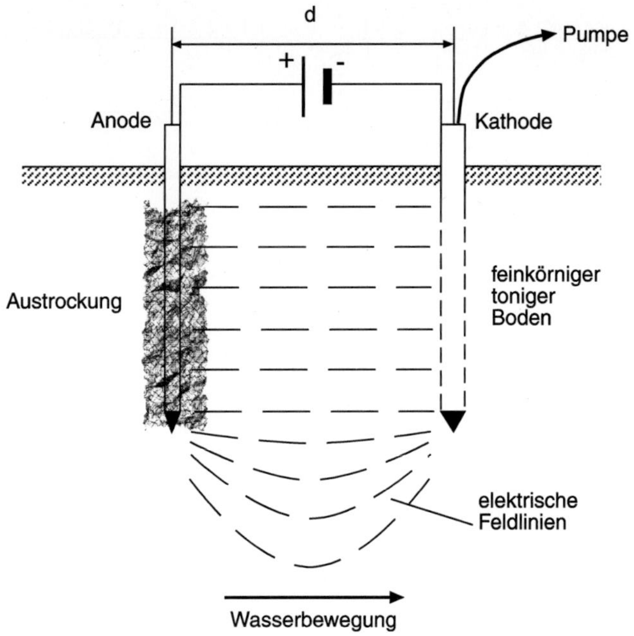

Abb. 6.10 Schema der elektroosmotischen Entwässerung

des Schichtwasser die Wirksamkeit dieses Entwässerungsverfahrens stark vermindert.

6.3 Grundwasserabsenkung bei gespanntem Grundwasserspiegel

Gespanntes Grundwasser im Baugrund ist vorwiegend an die Überlagerung von geringdurchlässigen Schichten über gut durchlässigen Gesteinen gebunden. Bei Böden treten sie z. B. bei der Überlagerung von Lehm über Sand und Kies, im Festgestein z. B. bei der Überlagerung von Ton- oder Mergelstein über Sand- oder Kalkstein auf.

Schneidet eine Baugrube mit ihrer Sohle bis in die wasserführenden Schichten ein, so wird dadurch das Wasser entspannt. Die Absenkung wird für den tatsächlichen Bereich der Absenkung nach den Gleichungen für den freien, ungespannten Wasserspiegel berechnet.

Verbleibt zwischen der Sohle der Baugrube und der Grundwasser führenden Schicht (Sand, Kies) eine Lage aus geringdurchlässigem Bodenmaterial (Ton, Schluff; Abb. 6.11), so gilt für die Grundwasserabsenkung bei einer Mehrbrunnenanlage (Rappert 1980).

$$Q = \frac{2\pi mk(H-h)}{\ln R - \ln A}.$$

Die Grundwasserabsenkung über Bohrbrunnen ist bei gespannten Grundwasserverhältnissen besonders dann vorzunehmen, wenn Gefahr für hydraulischen Sohlaufbruch besteht.

Das Ermitteln der Aufbruchsicherheit für die Baugrubensohle umfasst die Sicherheit gegen Aufschwimmen und gegen Durchströmen der verbleibenden Sohlschicht.

Die Sicherheit gegen Durchströmen ist abhängig von der Bodenart.

Sie berechnet sich aus der Gegenüberstellung der nach unten gerichteten Eigengewichtskraft G' des unter Auftrieb (γ') stehenden Bodenvolumens V und der nach oben gerichteten Strömungskraft S'_{d} (Abb. 6.12).

$$G' = \gamma' V$$

$$S = \gamma_{\mathrm{w}} i V = \gamma_{\mathrm{w}} \frac{h_{\mathrm{w}} - h}{h} V$$

$$\eta_{\mathrm{i}} = \frac{G'}{S} = \frac{\gamma' h}{\gamma_{\mathrm{w}}(h_{\mathrm{w}} - h)}$$

- γ = Wichte des Bodens unter Auftrieb
- γ_{w} = Wichte des Wassers
- i = Druckgefälle

Nur wenn die Durchlässigkeit eines feinkörnigen Bodens so gering ist, dass er quasi als undurchlässig angesehen werden kann, darf der Nachweis der Standsicherheit der Baugrubensohle aufgrund des Auftriebskriteriums erfolgen. Im technischen Sinne ist ein Boden wasserundurchlässig, wenn an seiner Oberfläche mehr Wasser verdunsten kann, als von unten her nachdringt, oder bei dem der Anfangsgradient i_0, bei dem sich das in den Poren befindliche Wasser überhaupt erst in Bewegung setzt, größer ist als das vorhandene Druckgefälle i. Diese Bedingungen sind nur bei sehr hohem Tonanteil im Boden sichergestellt. (Schluff, Klei, Torf und tonarmer Lehm erfüllen diese Bedingung nicht!)

Der Sicherheitsnachweis gegen Aufschwimmen erfolgt nach DIN 1054. Das Berechnen der Sicherheit der verbliebenen Sohlschicht in der Baugrube gegen Auftrieb erfolgt in gleicher Weise wie der Sicherheitsnachweis bei Betonfundamenten. Dabei muss die Eigengewichtskraft G des Bodens in der Sohle imstande sein, die Auftriebskraft A aufzunehmen. Die Sicherheit ergibt sich aus der Gegenüberstellung von Gewichtskraft und Auftriebskraft (Abb. 6.13).

$$G = \gamma V = \gamma h F$$

$$\gamma = \gamma' + \gamma_{\mathrm{w}}$$

$$A = \gamma_{\mathrm{w}} h_{\mathrm{w}} F$$

$$\eta_{\mathrm{a}} = \frac{G}{A} = \frac{\gamma h}{\gamma_{\mathrm{w}} h_{\mathrm{w}}}$$

- γ = Wichte des feuchten Bodens
- γ' = Wichte des Bodens unter Auftrieb
- γ_{w} = Wichte des Wassers
- F = Fläche
- V = Volumen

6.3.1 Hydraulischer Grundbruch

Beim hydraulischen Grundbruch wird der Boden in der Sohle der Baugrube vor einem Bauwerksfuß (Kaimauer, Spundwand, Wehr) durch die von unten nach oben wirkende Strömungskraft des Wassers angehoben. Der hydraulische Grundbruch tritt ein, wenn die Strömungskraft S die Widerstände aus dem gegebenen Bodeneigengewicht G' übersteigt. In kohäsions-

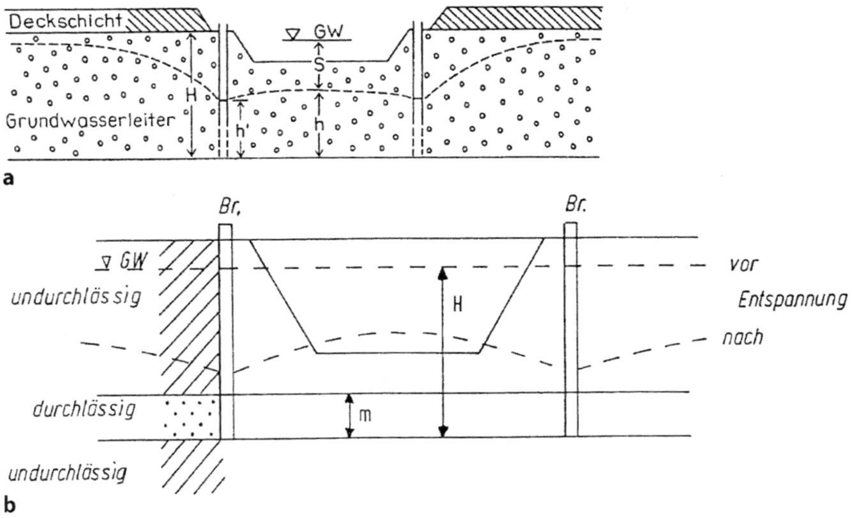

Abb. 6.11 Schema für die Grundwasserabsenkung bei (**a**) freiem Grundwasserspiegel und bei (**b**) gespanntem Grundwasserspiegel (Rappert 1980). Zu **a**: *H* Mächtigkeit des Grundwasserleiters (*GWL*); *S* Absenkung des Grundwasserspiegels; *h* verbliebene Mächtigkeit des wassererfüllten *GWL*; *h'* Wasserspiegelhöhe im Brunnenschacht; zu **b**: *Br* Entspannungsbrunnen; *H* Höhe der Wassersäule über der Sohle der durchlässigen Schicht des *GWL*; *m* Mächtigkeit der durchlässigen Schicht; *GW* Grundwasserspiegel

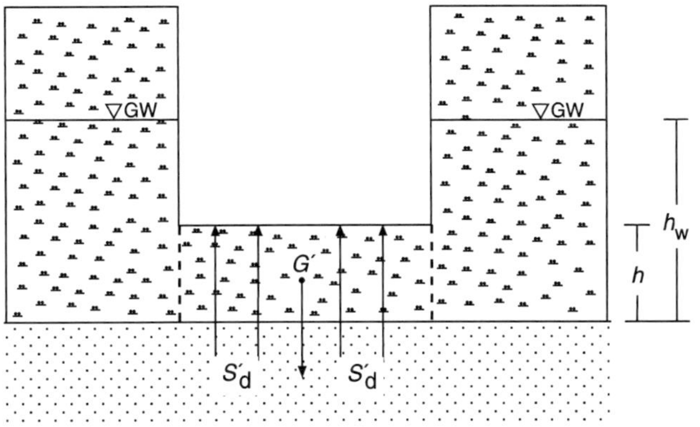

Abb. 6.12 Kriterium des Durchströmens einer Sohlschicht bei wasserdurchlässigen Bodenarten (Weissenbach 1982). *GW* Grundwasserspiegel; *G'* Eigengewichtskraft unter Auftrieb; S'_d Strömungskraft; *h* Mächtigkeit der Sohlschicht; h_w Mächtigkeit des Grundwasserleiters *GWL* über der Grenzschicht

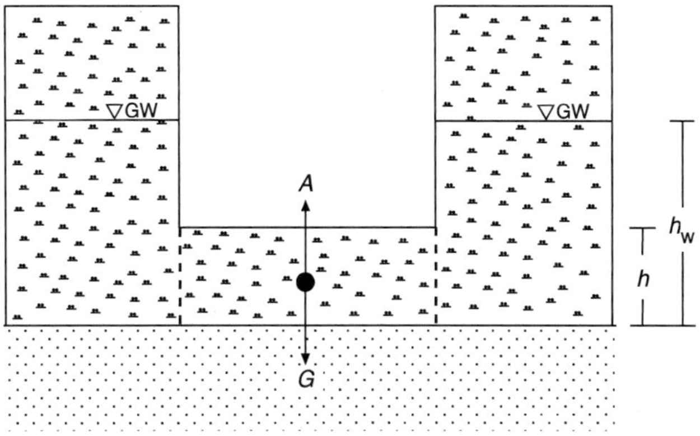

Abb. 6.13 Kriterium der Auftriebskraft und des Aufschwimmens einer Sohlschicht bei wasserundurchlässigen Bodenarten (Weissenbach 1982). *GW* Grundwasserspiegel; *G* Eigengewichtskraft Boden in der Sohle; *A* Auftriebskraft; *h* Mächtigkeit Sohlschicht; h_w Mächtigkeit des Grundwasserleiters GWL über der Grenzschicht

freien Sanden kann Versagen durch Verflüssigen (Fluidisieren) des Baugrundes oder durch Erosionsgrundbruch eintreten. Bei geschichtetem Baugrund mit einer natürlich anstehenden Lage aus geringdurchlässigem bindigem Boden (Lehm, Ton) in der Sohle der Baugrube kann Versagen durch Aufschwimmen eintreten. Gleiches kann auch bei einer in der Baugrubensohle künstlich eingebauten Dichtungsschicht oder wasserundurchlässigen Betonschicht passieren. Beim Versagen durch Auftrieb wird eine zusammenhängende Bodenschicht oder ein in gleicher Weise wirkendes Bauteil gewichtslos. Das Versagen kann durch Aufreißen, Zerbrechen oder Aufbrechen eintreten (Wudtke 2008). Die zum Versagen führenden Strömungskräfte korrelieren mit der Empfindlichkeit des Bodens gegenüber Durchströmen. Die Empfindlichkeit des Bodens gegen Erosion und Mobilisation seiner Partikel lässt beim Einwirken von Strömungskräften und deren Berechnen zwischen günstigem und ungünstigem Baugrund unterscheiden. Tendenziell lässt sich nach DIN 1054-10.3 Kies, Kies-Sand-Gemisch, dicht bis mitteldicht gelagerter Grob- oder Mittelsand sowie steifer toniger Boden als günstiger Baugrund einstufen. Locker gelagerter Sand, Feinsand, Schluff und bindiger Boden mit weicher oder breiiger Konsistenz ist als ungünstiger Baugrund einzustufen. Teilsicherheitsbeiwerte γ_F für den Grenzzustand des Versagens durch hydraulischen Grundbruch sind DIN 1054: 2010, Tab. A 2.1, zu entnehmen.

Unter 2.2 dieser Norm sind 4 Bemessungssituationen (BS) definiert, BS-P (ständige oder Persistant situations), BS-T (vorübergehende oder Transient situations), BS-A (außergewöhnliche oder Accidential situations) und BS-E (Situationen infolge Erdbeben).

Der Teilsicherheitsbeiwert der Strömungskraft γ_H ist bei ungünstigem Untergrund in der Bemessungssituation BS-P mit 1,8, in BS-T mit 1,6 und in BS-A mit 1,35 anzusetzen.

Bei günstigem Untergrund ist der Teilsicherheitsbeiwert der Strömungskraft γ_H in BS-P mit 1,35, in BS-T mit 1,30 und in BS-A mit 1,2 anzusetzen.

Die Sicherheit gegen hydraulischen Grundbruch berechnet sich aus der Gegenüberstellung der nach unten gerichteten Eigengewichtskraft *G'* des unter Auftrieb stehenden Bodenkörpers (γ') und der nach oben gerichteten Strömungskraft des Wassers *S*.

Nach Wudtke und Witt (2008) definiert ein vereinfachter Berechnungsansatz die Gleichgewichtsbetrachtung in einem diskreten (abgesondert zu betrachtenden) Bodenelement, bei dem unter Berücksichtigung des maximal wirksamen hydraulischen Gradienten *i* die Gewichtslosigkeit im Bodenkontinuum ($\sigma' > 0$) vermindert wird.

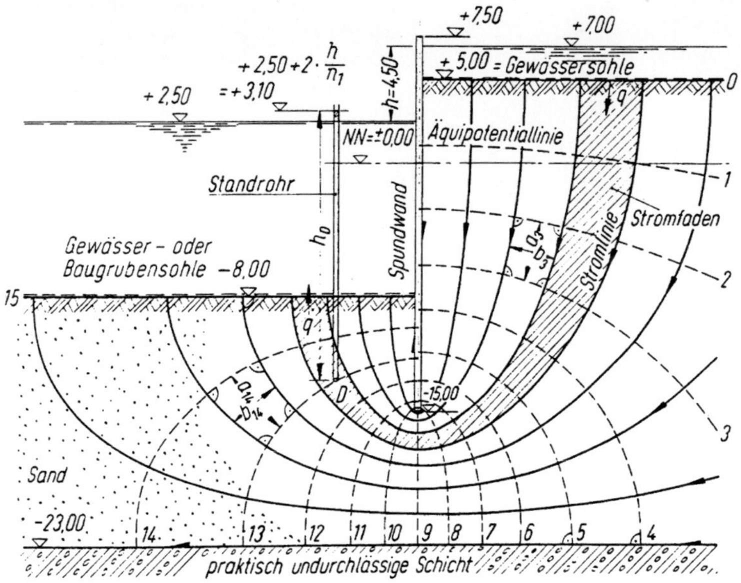

Abb. 6.14 Beispiel für ein Grundwasserströmungsnetz (Empfehlung 113 des Arbeitsausschusses Ufereinfassungen)

$$(\gamma_{\mathrm{w}}\, i)\, \gamma_{\mathrm{H}} \leq \gamma' \gamma_{\mathrm{G\,stb}}$$

Die unterschiedliche Wichtung von Einwirkungen und Widerständen wird durch den Teilsicherheitsbeiwert γ_{H} für die Strömungskraft des Wassers und durch den Teilsicherheitsbeiwert $\gamma_{\mathrm{G\,stb}}$ für stabilisierende ständige Einwirkungen gewährleistet.

Die Strömungskraft S vor dem Bauwerksfuß (Spundwand) kann mithilfe eines Strömungsnetzes (E 113 und E 115 EAU) ermittelt werden. In Abb. 6.14 sind Potentiallinien gleicher Standrohrspiegelhöhen dargestellt und senkrecht hierzu verlaufend die Stromlinien als Bewegungsbahnen der Wasserteilchen. Das Strömungsbild richtet sich nach den Randbedingungen im Geländeschnitt, dem Geländeverlauf, der Schichtlagerung im Baugrund, der Lage des Baukörpers und besonders nach der Lage des Wasserspiegels. Grundlage für das Ermitteln des Strömungsnetzes ist die Anwendung des Darcy-Gesetzes. Meist wird vorausgesetzt, dass der Baugrund homogen und isotrop beschaffen ist. Insbesondere sollen die horizontale und vertikale Durchlässigkeit gleich groß sein. Das Strömungsnetz wird durch zeichnerische Verfahren, durch elektrische Modellversuche und durch elektronische Verfahren ermittelt. Bei dem in Abb. 6.14 gewählten zeichnerischen Verfahren beträgt der Höhenunterschied zwischen Ober- und Unterwasser 4,5 m. Dieser Unterschied wird in 15 Potentiallinien dargestellt, woraus sich eine Potentialdifferenz Δh von 30 cm zwischen den gewählten Potentiallinien ergibt.

In der zeichnerischen Darstellung wird ein Seitenverhältnis der Netzfelder von $b / a = 1$ gewählt. Aus den Aufmaßen des Geländeschnittes und der Anzahl der gewählten Potentiallinien n_1 ergibt sich somit der Abstand b und die Anzahl n_2 für die Stromlinien.

Das hydraulische Gefälle i wechselt und beträgt innerhalb der betrachteten Quadrate:

$$i = \frac{\Delta h}{a} \text{ oder speziell } i_4 = \frac{\Delta h}{a_4}.$$

Der Durchfluss ist in allen Stromfäden per Definition gleich groß und berechnet sich bei einem Quadratnetz zu:

$$q = k \Delta h \; [\mathrm{m^3\, s^{-1}}].$$

Die zufließende Gesamtwassermenge berechnet sich zu:

$$Q = n_2 k \Delta h \; [\mathrm{m^3\, s^{-1}}].$$

Die überschlägige Berechnung der Sicherheit gegen hydraulischen Grundbruch geht von einem schmalen Aufbruchkörper aus (z. B. Querschnittslänge 1,00 m, Querschnittsbreite 0,01 m), auf den der konstante Strömungsdruck

$$S = h_{\mathrm{r}} \gamma_{\mathrm{w}} A$$

einwirkt. Dieser Strömungskraft wird die Eigenlast des Aufbruchkörpers entgegengesetzt:

$$G' = t \gamma' A.$$

Das für die Beurteilung der hydraulischen Grundbruchgefahr wirksame Potential am Fußpunkt der Spundwand kann bei vorwiegend lotrecht umströmten Bauwerken nach Kastner (E115 EAU) als h_{r} bestimmt werden (Abb. 6.15).

$$h_{\mathrm{r}} = \frac{h}{1 + [(h/t) + 1]^{1/3}}.$$

Das vorhandene Potential des hydraulischen Grundbruchs verringert sich unter der Annahme eines parallelen Unterströmens der Spundwand mit l = Länge des Stromfadens zu:

$$h_{\mathrm{r}} = \frac{h}{l} t = \frac{h}{h + 2t} t.$$

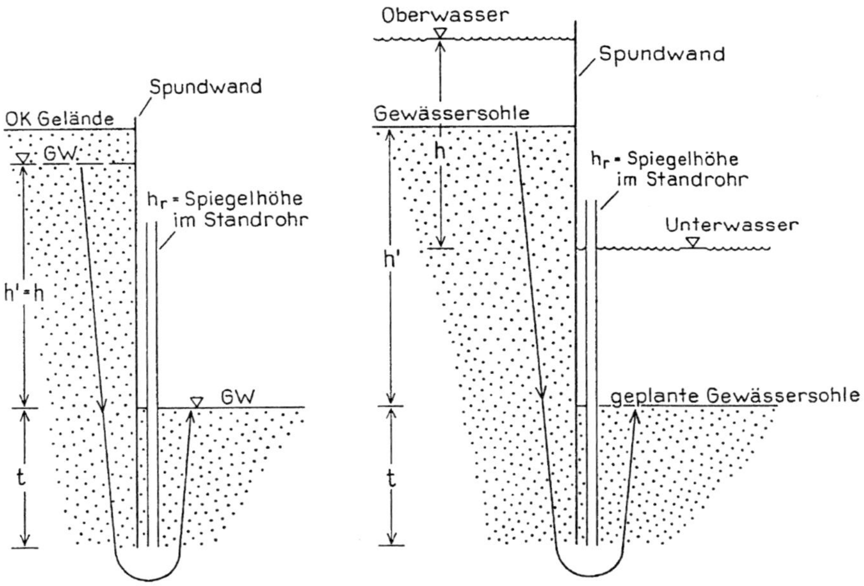

Abb. 6.15 Kenngrößen h, h' und t zum Bestimmen des wirksamen Potentials h_r (hydraulischer Grundbruch nach Kastner) am Fußpunkt einer lotrecht umströmten Wand

Eine genauere Berechnung der hydraulischen Grundbruchgefahr erfolgt nach den Methoden von Terzaghi und E115 EAU. Hierbei errechnet sich die Strömungskraft aus der Anzahl der Netzfelder n bis zum Wasseraustritt. Hierfür bietet im gleichmäßigen Boden ein Aufbruchkörper den geringsten Widerstand gegen die Strömungskraft. Der Aufbruchkörper ist bei Terzaghi ein rechteckiger Bruchkörper, bei E115 EAU ein Keil mit gekrümmten Bruchfugen.

Die E115 EAU sieht vor, dass die Sicherheit gegen hydraulischen Grundbruch an verschiedenen angenommenen Grundbruchfugen durch Probeberechnungen ermittelt wird, wobei der niedrigste ermittelte Wert für die Standsicherheit Gültigkeit hat. Ein vereinfachtes Rechenmodell für Spundwandunterströmung mit und ohne baugrubenseitigem Auflastfilter sowie Besprechung der Grundlagen und Annahmen der nach den geotechnischen Regelwerken zu führenden Nachweise beschreiben Odenwald und Herten (2008) sowie Möller (2012).

Nach DIN 1054 kann die Gefahr des hydraulischen Grundbruches über den Grenzzustand HYD abgeschätzt werden. Dabei werden die destabilisierende Strömungskraft $S_{\mathrm{dst,k}}$ und die unter Auftrieb stehende stabilisierende Gewichtskraft $G'_{\mathrm{stb,k}}$ des durchflossenen Bodens verglichen. Als Nachweis der Sicherheit gilt, wenn die Ungleichung für die Bemessungswerte erfüllt ist.

$$S_{\mathrm{dst,d}} \leq G'_{\mathrm{stb,d}}$$

Die Bemessungswerte ergeben sich durch Multiplikation der charakteristischen Werte von Strömungskraft S und Eigenlast unter Auftrieb G' mit den Teilsicherheitsbeiwerten der DIN 1054-Tab. A 2.1.

$$S_{\mathrm{dst,k}}\gamma_{\mathrm{H}} \leq G'_{\mathrm{stb,k}}\gamma_{\mathrm{G,stb}}$$

Durch Maßnahmen wie Verringern des Wasserdruckes unter der gefährdetem Bodenschicht/Sohle der Baugrube und oder Erhöhen des widerstehenden Gewichtes kann einem hydraulischen Grundbruch am ehesten entgegengewirkt werden.

6.3.2 Erosionsgrundbruch

Der Grundwasserdurchfluss im Boden wird bei einer gegebenen Grundwasserströmung nur im homogenen und isotropen Boden eine gleichmäßige Verteilung aufweisen. Bei Anisotropien im Boden oder Baugrund (Variation im Korngefüge bei Kornform, Korngröße, Anlagerungsweise, Lagerungsdichte, Porosität und Durchlässigkeit im Sediment, Gestein oder Verwitterungsboden, tektonischer Beanspruchung oder Auflockerung in Gesteinen und Böden, Ungleichmäßigkeiten im künstlich aufgefüllten Baugrund, Risse, Klüfte, Wühlgänge, Wurzeln, Bohr- und Sondierlöcher, aufgelassene Dränagen und Rohrleitungen, Grabenfüllungen mit unzureichender Verdichtung, Lösungshohlräume) wird sich der Wasserdurchfluss in diesen Schwächezonen verstärken. Dabei kann es zum Austragen von Bodenmaterial kommen, wodurch das hydraulische Gefälle ständig anwächst und in Verbindung mit der Erosion zur Ausbildung von röhrenartigen Hohlräumen führt. Erreicht dieser röhrenartige Kanal freies Oberwasser und somit ungehinderten Zufluss, so führt das zuschießende Wasser zur verstärkten Erosion in den Wänden des Kanals. In kurzer Zeit können große Bodenmengen ausgespült werden und zum Erosionsgrundbruch und zur Zerstörung des Bauwerkes führen.

Ein möglicher Erosionsgrundbruch kündigt sich zuerst durch die Bildung von Quellen (Arteser, wallende Schüttung) in der Baugrubensohle der Unterwasserseite an. In diesem Stadium kann der Erosionsgrundbruch durch eine in ausreichender Dicke aufgebrachte Lage aus Filtermaterial (Sand und Kies) unter Kontrolle gebracht werden. Der Kies verhindert weitere Bodenausspülung. Im fortgeschrittenen Stadium muss für einen sofortigen Ausgleich zwischen Ober- und Unterwasser durch Fluten der Baugrube gesorgt werden. Erst anschließend können Sanierungsmaßnahmen getroffen werden. Diese bestehen aus dem Einbau von Filterschichten auf der Unterwasserseite, dem Verpressen der erodierten Röhren, einer Bodenverdichtung mit Tiefenrüttlern, einer Abdichtung der Oberwassersohle und einer Wasser- und Grundwasserabsenkung.

Die Gefahr des Erosionsgrundbruches ist statisch und rechnerisch nicht zu erfassen. Sie ist bei lockeren Feinsanden und sandigen Grobschluffen sowie bei großem Höhenunterschied zwischen Ober- und Unterwasserspiegel besonders gegeben. Bei feinkörnigeren Böden besteht diese Gefahr nicht. Liegt kein Oberwasser vor und entwickelt sich ein Erosionsgrundbruch nur aus dem Grundwasser heraus, so ist die Fortbildung des beginnenden Erosionsgrundbruches bis zur Katastrophe nur möglich, wenn ausreichende Wassermassen im Baugrund gespeichert sind und diese schnell ausfließen können. Dies ist allgemein nicht der Fall. Die von der Unterwasserseite aus fortschreitende Schlauchbildung läuft sich im Untergrund tot. Das geologische Baugrundgutachten wird beim Beschreiben des Bodens auf mögliche Inhomogenitäten und Anisotropien im Baugrund eingehen und diese im Hinblick auf den Erosionsgrundbruch diskutieren.

6.4 Bauen im Schutz wasserdichter Wannen

Der Wunsch nach optimaler Nutzung des zur Verfügung stehenden Geländes und Errichtung mehrerer Tiefgeschosse führte verschiedentlich zu großen Absenkbeträgen im Grundwasser, häufig verbunden mit Absenkungsschäden und auch mit verschleppten Grundwasserverunreinigungen aus Altlasten. Auch das Wiederversickern der geförderten Wassermassen ist mit zunehmender Verdichtung der bebauten Flächen ohne resultierende Schäden an vorhandener Bausubstanz immer schwieriger durchzuführen. Der sich daraus ergebende Konflikt führte dazu, dass ab etwa 1985 von Wasserbehörden Grundwasserabsenkungen zunehmend weniger genehmigt werden und die Einhaltung weitgehend konstanter Soll-Grundwasserstände im Umkreis von Baustellen gefordert wird.

Solche Forderungen führten zur Entwicklung von Bauverfahren, bei denen das Errichten von Bauwerken innerhalb leergepumpter (gelenzter) und weitgehend wasserdichter Wannen erfolgt. Bei solchen Bauverfahren werden Wände und Sohlen in getrennten Verfahrensschritten hergestellt.

Für Wandumschließungen kommen Bohrpfahlwände, Schlitzwände und Spundwände (▶ Abschn. 7.5.2) sowie Vereisungsverfahren (▶ Abschn. 13.8.4) zur Anwendung. Die Durchlässigkeit der Wandumschließung kann durch eingepresste Injektionsschleier zusätzlich verringert werden. Als Sohlschicht können Unterwasserbeton und im HDI-Verfahren verpresste Zemente und Weichgele eingebaut werden. Nach dem Stand der Technik kann durch das Abdichten der vom Grundwasser benetzten Baugrubenfläche bis zu einer Restwasserförderrate von 1,5 l pro s und 1000 m^2 herabgesetzt werden. Die Methode erlaubt es, auch bei großflächigen Bauvorhaben mit tiefen Baugruben die Grundwasserspiegelhöhen weitgehend konstant zu halten und Schäden an Bausubstanz und Pflanzen zu vermeiden. Die Kontrolle der Grundwasserstände erfordert ein dichtes Grundwassermessnetz, in welchem die Grundwasserpegel mit elektronischen Datenloggern ausgerüstet sind. Die Wasserstände werden in regelmäßigen Abständen (1 h) abgelesen und in Überwachungscomputer eingespielt. Bei Bedarf können Grundwassergleichenpläne und Grundwasserdifferenzpläne erstellt werden, aus denen sich weitere Maßnahmen zum Erhöhen oder Erniedrigen des Grundwasserspiegels für Flächen stärkerer Differenz ergeben. Eine mögliche Gefährdung der Grundwasserqualität wird beim Verwenden von Weichgelen, u. a. durch Freisetzen von Natronlauge, befürchtet.

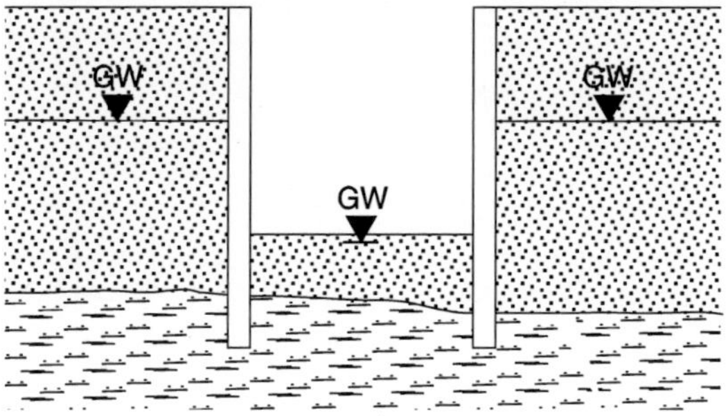

◘ Abb. 6.16 Trogbaugrube mit tiefliegender natürlicher Sohldichtung. Der Sicherheitsnachweis gegen Sohlaufbruch erfolgt beim Nutzen einzelner Ton- oder Schlufflagen mit begrenzter Mächtigkeit in Annäherung an ◘ Abb. 6.13

6.4.1 Möglichkeiten der Sohlabdichtung bei Baugrubenkonstruktionen

Für das Herstellen wasserdichter Baugruben bieten sich verschiedene Konstruktionsarten an. Die Ausführungsgrenzen der unterschiedlichen Bauweisen werden von den geologischen Verhältnissen, von der Bohrgenauigkeit, von der Arbeitssicherheit und von der Wirtschaftlichkeit bestimmt. Unterschieden werden natürliche Sohldichtungen, Druckluftverfahren, Frostkörpersohlen, tiefliegende Injektionssohlen, tiefliegende, mit dem Düsenstrahlverfahren hergestellte Sohlen, hochliegende Unterwasserbetonsohlen und hochliegende, mit dem Düsenstrahlverfahren hergestellte Sohlen.

Nach Einbinden der Baugrubenumschließung oder abgesenkter Caissons in eine wasserundurchlässige Schicht oder nach Herstellen einer künstlichen Sohldichtung wird die Baugrube bzw. der Innenraum des Caissons gelenzt (leer gepumpt) und für die eigentliche Bauaufgabe vorbereitet.

- **Natürliche Sohldichtung**

Die Bauweise (◘ Abb. 6.16) setzt das Vorhandensein geringdurchlässiger Schichten (Ton, Schluff) im Untergrund des geplanten Bauwerkes voraus. Die Ausführungsgrenzen werden von der Stauwirkung der geringdurchlässigen Schichten auf den zu erwartenden Grundwasserstrom bestimmt. Tiefenlage und Einbindung der eingebauten Baugrubenwände werden von der Lage der geringdurchlässigen Schichten bestimmt. Mögliche Risiken können sich aus Unregelmäßigkeiten im Schichtaufbau ergeben. Gezielte Untersuchungen müssen Variationen in der Schichtstärke und Klüftung, im Stoffbestand sowie in der Körnung und Durchlässigkeit beachten. Auch können Leckagen an Löchern in der Sohlschicht auftreten, welche im Zuge früherer Bautätigkeit oder im Zuge von Untersuchungen entstanden sind. Im Umkreis des Bauwerkes wird die Grundwasserströmung stark gestört. Eine qualitative Beeinflussung des Grundwassers ist aus der natürlichen Sohlabdichtung nicht gegeben.

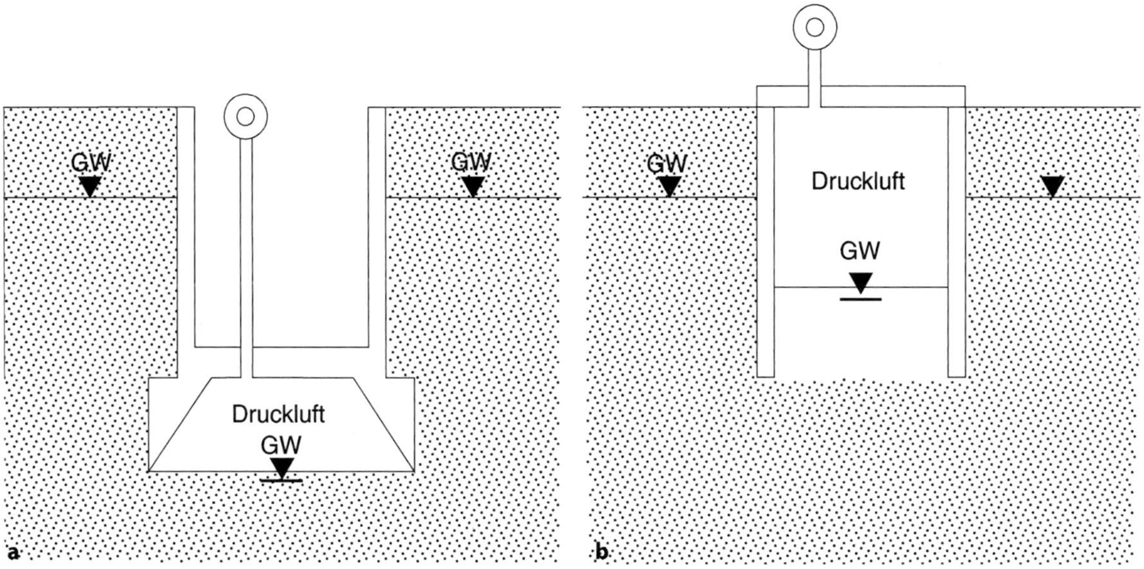

Abb. 6.17 Wasserhaltung mit Druckluftverfahren. a Senkkasten, b Deckelbauweise mit Druckluft

Druckluftverfahren

Bei der Wasserhaltung mit Druckluft werden Senkkastenbauweise und Deckelbauweise unterschieden (Abb. 6.17). Beim Druckluftsenkkasten oder Caisson wird das Wasser durch Druckluft verdrängt (Lingenfelser 1992). Alle Arbeiten wie Ausschachten, Armieren und Betonieren sind unter hohem Luftdruck durchzuführen. Hindernisse im Boden und die Art der durchfahrenen Bodenschichten können während des Absenkens eingesehen und untersucht werden. Durch Ausbetonieren der Arbeitskammer nach Erreichen der Soll-Tiefe wird eine massive tiefliegende Flächengründung geschaffen. Das Ein- und Ausschleusen der Facharbeiter und des Materials ist aufwendig und teuer. Die Durchlässigkeit und das Risiko von Leckagen sind als sehr gering einzustufen. Bei Druckabfall besteht jedoch die Gefahr eines Sohlaufbruches. Die Beeinflussung der Grundwasserqualität ist sehr gering. Eine Beeinflussung der Grundwasserströmung ist gegeben.

Gefrierverfahren

Wassererfüllter Boden kann in der gewünschten Tiefenlage gefroren werden. Hierzu werden Kältemittel über Gefrierrohre oder Gefrierbohrlöcher in die gewünschte Tiefenlage gebracht. Über in den Gefrierrohren zirkulierende Laugen oder eingebrachtes Flüssiggas wird dem Boden Wärme entzogen, sodass er gefriert. Frostkörper können als Frostkörpersohle, Frostkörperwand, Frostkörperumhüllung oder Frostkörperblock geplant werden. Zum Planen gehört das Bestimmen der erforderlichen Gefrierstärken einschließlich der Nachweise für die Standsicherheit des Frostkörpers und dessen thermische Stabilität mit Auswirkungen (Jessberger 1991). Starke Grundwasserzuflüsse lassen den Frostkörper verstärkt abtauen und erfordern erhöhte Energiekosten. Mögliches Verpressen der Fließwege ist zu diskutieren.

Das Verfahren ist sehr teuer und wird nur selten eingesetzt (Grimscheid 2008). Es wird vorrangig im Schachtbau und Tunnelbau angewendet (Abb. 13.23 und 13.24). Das Gefrierverfahren eignet sich auch für das Verdämmen hochkontaminierter Grundwässer, deren Zulauf in Baugruben verhindert werden soll. Die Durchlässigkeit und das Risiko von Leckagen sind als gering einzustufen. Die Beeinflussung der Grundwasserströmung ist hoch. Eine qualitative Beeinflussung des Grundwassers besteht nicht. Nachteilig sind mögliche Bodenhebungen, Auflockerungen und Verringerung der Verdichtungseigenschaften eingebauter Böden. Nachträglich können sich Setzungen oder Sackungen einstellen. Die Ausführungsgrenzen werden von der Bohrgenauigkeit und von der Wirtschaftlichkeit bestimmt.

Tiefliegende Injektionssohlen

In Kiesböden und Fels können dichte Sohlen durch Einpressen von Zementsuspensionen (▶ Abschn. 8.2.5) hergestellt werden. In Feinsand und Mittelsand kann Feinstzement injiziert werden. Ziel einer abdichtenden Injektion ist das vollständige Verfüllen des Porenraums mit einem geeignetem Injektionsmittel. Soweit zulässig, kann auch Weichgel (Silikatgel) verpresst werden (Böhme 1996, Karstedt 1996, Eichler 2009, Buja 2013).

Bei allen Böden können tiefliegende Injektionssohlen mit dem Düsenstrahlverfahren (▶ Abschn. 8.2.6) hergestellt werden. Eingearbeitet werden Zementsuspensionen oder Ton-Zement-Suspensionen.

Das Verpressen oder Vermörteln kann in jeder gewünschten Tiefe flächenhaft durchgeführt werden. Zwischen tiefliegender Injektionssohle und geplanter Bauwerkssohle verbleibt ein größerer Abstand (Abb. 6.18 und 6.19).

Die Mindestdicke einer solchen Dichtsohle liegt üblicherweise bei 1,0 m.

Die Tiefenlage einer Dichtsohle wird aus der Gleichgewichtsbetrachtung zwischen dem unterhalb der Sohle bestehenden Wasserdruck und den oberhalb dieser Schnittlinie (UK Dichtsohle) anzusetzenden Bodengewichten ermittelt. Für das Berechnen der Auftriebsicherheit gilt (Abb. 6.18):

$$\eta \Delta h \gamma_w = h_1 \gamma_B + h_2 \gamma'_B + h_3 \gamma'_{Bi}.$$

Hochliegende Unterwasserbetonsohlen

Unterwasserbetonsohlen werden als dichte Schicht direkt in der Baugrubensohle eingebracht. Sie liegen direkt unter der Bau-

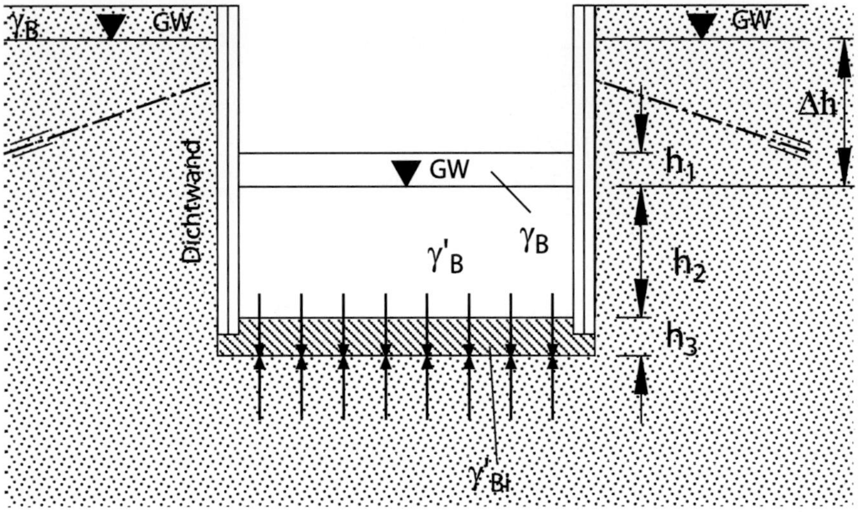

Abb. 6.18 Trogbaugrube mit tiefliegender Dichtungssohle. Im Baugrund ist zwischen Boden mit der Wichte γ_B, γ'_B und γ'_{Bi} zu unterscheiden. γ_B steht für den Boden über Grundwasser, γ'_B für den Boden unter Auftrieb und γ'_{Bi} für die Injektionssohle oder für eine im Düsenstrahlverfahren vermörtelte Sohle oder für eine Frostkörpersohle

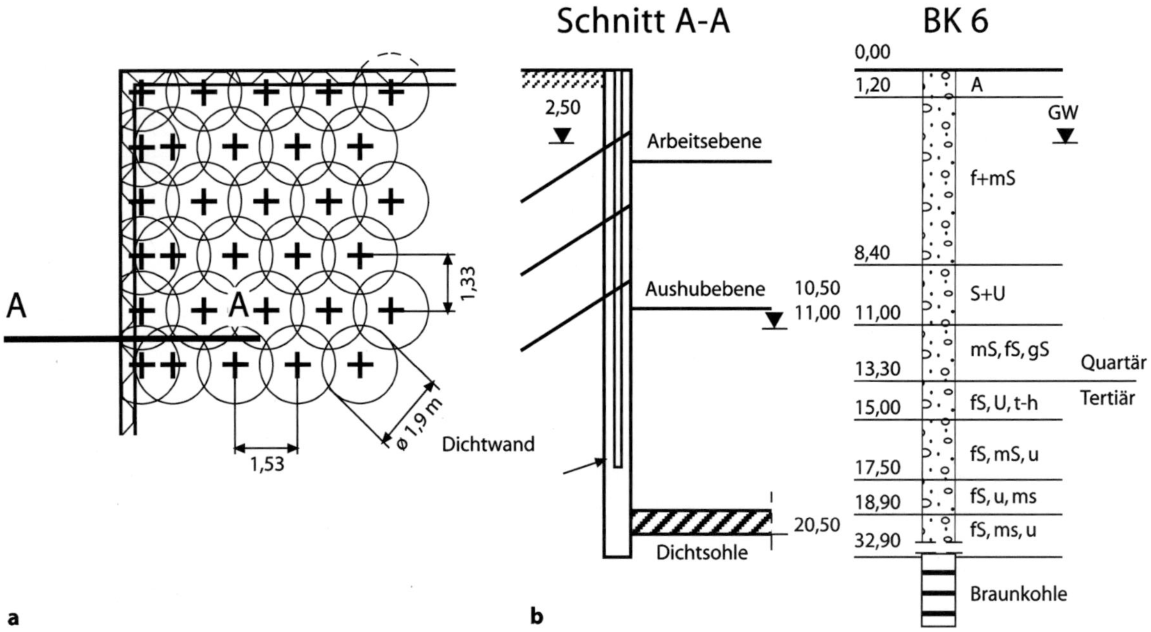

Abb. 6.19 Ausbildung einer im Düsenstrahlverfahren hergestellten Soilcrete-Dichtsohle (Keller Grundbau GmbH). **a** Aufsicht, **b** Geländeschnitt mit Schichtenfolge

werkssohle. Hierfür muss der Boden in der Stärke der einzubauenden Sohle (etwa 1–1,5 m) ausgehoben und durch Beton ersetzt werden. Unterwasserbetonsohlen werden üblicherweise nicht bewehrt. Der Einsatz von Stahlfaserbeton ist möglich (Brem et al. 1996). Unterwasserbetonsohlen werden in der Regel verankert (Abb. 6.20). Auf die Verankerung kann nur dann verzichtet werden, wenn sichergestellt ist, dass nur geringe Wasserdruckdifferenzen auftreten können. Die Durchlässigkeit, das Risiko von Leckagen und Sohlaufbruch sowie die Beeinflussung der Grundwasserqualität und Grundwasserströmung sind gering. Ausführungsgrenzen werden durch die Wirtschaftlichkeit vorgegeben.

Anstelle der Unterwasserbetonsohle kann anstehender Boden im Düsenstrahlverfahren zu einer hochliegenden Sohle (Borchert 1996) vermörtelt werden. Das Risiko von Leckagen und Sohlaufbruch sowie die Kosten sind als hoch einzustufen.

- **Sicherheit gegen Aufschwimmen**

Für im Wasser liegende wasserdichte Baukörper (Wannen, Rohre, Tanks) ist der Sicherheitsnach-weis gegen Auftrieb zu führen. Hierzu sind die höchstmöglichen Wasserstände anzugeben. Die Größe der Auftriebskraft W_d ergibt sich aus der größten Eintauchtiefe h_w und der Wichte des Bodens unter Wasser γ'. Dem Aufschwimmen können die Gebäudelast G_d und der vertikale Anteil von Erddrucklasten E_{vd} sowie Zugwiderstände aus Ankern oder Zugpfählen R_{zd} entgegenwirken. Berücksichtigt werden nur die Lastanteile oberhalb des höchstmöglichen Wasserstandes mit ihrem ungünstigsten (kleinsten) Wert. Der Bemessungswert für die Erddrucklasten wird über die Scherparameter mit den Teilsicherheitsbeiwerten γ_φ und γ_c nach DIN 1054, Tab. A 2.2 ermittelt.

Das geotechnische Risiko „Versagen des Gleichgewichtszustandes" ist mit der Lage eines Bauwerkes in Überschwemmungsgebieten und in Gebieten mit flachem Grundwasserstand verbunden. Bei Bauwerken in Trogbaugruben und bei Bauwerken/Häusern,

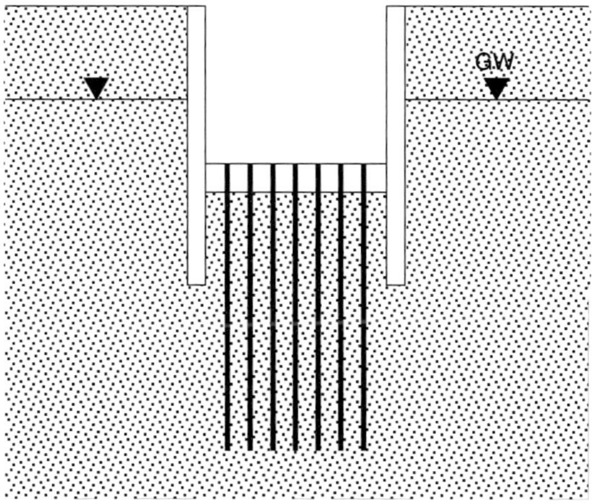

Abb. 6.20 Hochliegende verankerte Sohle als Unterwasserbetonsohle (Stahlfaserbeton) oder als im Düsenstrahlverfahren vermörtelte Sohle

die als Wanne mit dichtem Keller oder Tiefgeschoss konzipiert sind, besteht, soweit diese unzureichend bemessen sind, die Gefahr des Aufschwimmens. Diese Gefahr wird akut, wenn der der Baustatik zugrundeliegende Grenzwert für eine maximale Spiegelhöhe überschritten wird. Das Bauwerk kann seine Lagesicherheit verlieren. Um dieses mit der Ortslage verbundene geotechnische Risiko „Versagen durch Gleichgewichtsverlust" auszuschließen, ist durch Betrachten des Grenzzustandes ein Sicherheitsnachweis zu führen. Für das rechnerische Abschätzen der Sicherheit gegen Aufschwimmen gelten die Angaben in Abb. 6.18.

Der Auftriebskraft des (steigenden) Wassers wirkt zunächst das Gewicht des Bauwerks entgegen. Bei Trogbaugruben mit tiefliegender Dichtungssohle (Abb. 6.18) wirken die Eigengewichtskraft G_i' der injizierten Dichtungssohle mit der Wichte γ_{Bi}' (Sohle unter Auftrieb), die Eigengewichtskraft G' des zwischen der Dichtungssohle und dem Wasserspiegel in der Baugrube verbliebenen Bodens mit der Wichte γ_B' (Boden unter Auftrieb) und die Eigengewichtskraft G des Bodens über Wasser mit der Wichte γ_B stabilisierend.

Soweit die Bauwerkssohle zusätzlich über Anker oder Zugpfähle gesichert ist, wirken an diesen, wie auch an den Grenzflächen Boden/Beton stabilisierende Reibungskräfte (Abb. 6.20).

Der destabilisierende Wasserdruck ist nur von der Höhe der Wassersäule abhängig. Sicherheit gegen Aufschwimmen ist gegeben, wenn die Ungleichung erfüllt ist.

$$V_{k,dst} \leq G_{stb}$$
$$A_{dst,k}\,\gamma_H \leq G'_{stb,k}\,\gamma_{G,stb}$$

Bei den stabilisierenden Gewichtskräften sind die Bodenkenngrößen für die Wichte mit dem jeweils unteren charakteristischen Wert $\gamma_{Bu,k}$ oder mit einem Erfahrungswert nach EAB (und nicht mit einem „statistischen" Mittelwert!) anzugeben. Für die unter Auftrieb stehenden Böden sind die unteren charakteristischen Werte $\gamma_{Bu,k}$ zu mindern, bei wassergesättigtem Boden um 0,5, bei feuchtem Boden um 1,0. Die Wichte von Beton wird, z. B. bei Wannenkonstruktionen, mit 23 kN m^{-3}, bei Stahlbeton mit 24 kN m^{-3} angenommen.

Beim Überführen der charakteristischen Beanspruchungen und Einwirkungen in Bemessungsgrößen der Einwirkung sind die in DIN 1054, Tab. A 2.1 zu HYD und UPL für die Bemessungssituationen BS-P, BS-T und BS-A angegebenen Teilsicherheitsbeiwerte zu verwenden.

Die Teilsicherheitsbeiwerte haben die Größenordnung:

stabilisierende, ständige Einwirkungen:	$\gamma_{G,stb} = 0{,}95$ **(für BS-P, BS-T, BS-A),**
stabilisierende, veränderliche Einwirkung:	$\gamma_{Q,stb} = 0$ **(für BS-P, BS-T, BS-A),**
destabilisierende, ständige Einwirkungen:	$\gamma_{G,dst} = 1{,}05$ **(für BS-P, BS-T, BS-A),**
destabilisierende, veränderliche Einwirkungen:	$\gamma_{Q,dst} = 0$ **(für BS-P, BS-T, BS-A).**

Bei der Nachweisführung HYD und UPL wird die destabilisierende Auftriebskraft (Höhe der Wassersäule ab UK-Fundament) und das stabilisierende Eigengewicht von Bauwerk und Boden gegenübergestellt (Abb. 6.12, 6.13 und 6.14). Berechnungsbeispiele bieten Ziegler (2013) sowie Möller (2012).

6.5 Dränanlagen

Das Entwässern von Boden erfolgt durch Dränen. Dies geschieht durch Einbau von Dränanlagen (Drainagen, Dränagen), Dränleitungen (Sickerrohrleitungen) oder Dränschichten. Dränschichten bestehen aus gut wasserdurchlässigen Kiesschichten, die unter Bauwerken eingebaut werden. Anfallendes Wasser (Sickerwasser, Grundwasser) kann über Dränrohre weiter- und abgeleitet werden. Dränagen sind so aufzubauen, dass sie das Feinkorn zurückhalten und das Verschlammen der Dränrohre verhindern. Dazu wird das Dränbett aus Kies mit einer Mischfilterschicht (Sand und Kies unterschiedlicher Körnung), mit mehreren Filterschichten (Sandschichten mit unterschiedlicher Durchlässigkeit) oder mit einer Vlieslage überdeckt oder umgeben. Dadurch soll das Verstopfen der Dränleitung und Dränschicht durch eingeschlämmtes Feinkorn verhindert werden. Das Entwässern der Dränleitungen erfolgt in Hanglage und bei tiefliegendem Abwasserkanal über Freigefälle zur Vorflut (Abb. 6.21). Ist bei (zeitweise) hohem Grundwasserstand kein Gefälle zur Vorflut gegeben, so muss das in der Dränage anfallende Wasser einem Senkschacht zugeleitet und von dort über eine Hebeanlage der Vorflut zugeführt werden. Die Dränanlage für Bauwerke ist in solchen Fällen als Ringdränage (Abb. 6.22) anzulegen.

Für das Bemessen und den Entwurf von Dränanlagen sind folgende Untersuchungen erforderlich:

- Geländeaufnahme mit Neigung und Größe des Einzugsgebietes;
- Bodenaufbau und Schichtenfolge;
- Ermitteln des Wasseranfalls;
- hydraulisches Bemessen der Dränelemente;
- Bemessen der Sickeranlage;
- Auswirkung auf Bodenwasserhaushalt, Vorflut und Nachbarbebauung.

Für die Anlage von Dränagen zum Schutz baulicher Anlagen ist DIN 4095 zu beachten.

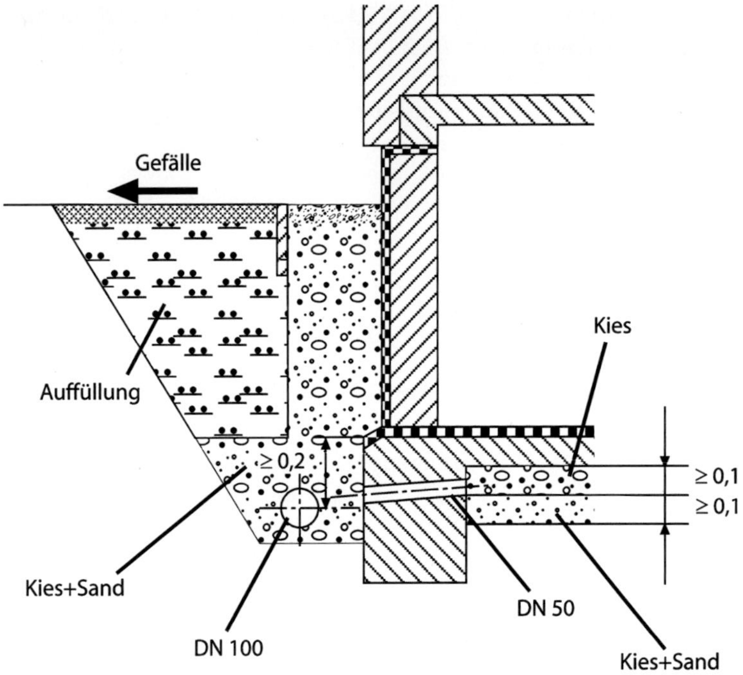

Abb. 6.21 Beispiel einer Dränanlage mit mineralischer Dränschicht und Dränelementen. (Hilmer 1990)

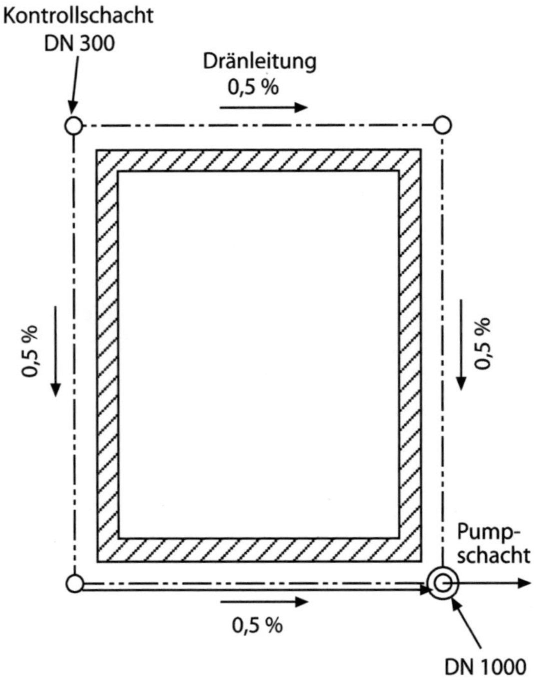

Abb. 6.22 Beispiel der Anordnung von Pumpschacht, Dränleitungen sowie Kontroll- und Reinigungseinrichtungen bei Ringdränagen

Für die Anlage von Sickerleitungen beim Straßenbau sind die „Richtlinien für die Anlage von Straßen, Teil Entwässerung" (RAS-Ew) der Forschungsgesellschaft für Straßen- und Verkehrswesen zu beachten.

Für Entwässerungsarbeiten im Bereich der Deutschen Bahn ist „Ril 836 – Erdbauwerke der DB Netz AG, Module 836.0801 bis 836.0805 (Entwässerungsanlagen)" zu beachten.

Das Entwässern von Böschungen und Hängen kann über Sickerstränge und Sickerstützscheiben erfolgen, die in der Böschung angelegt werden (Abb. 7.7).

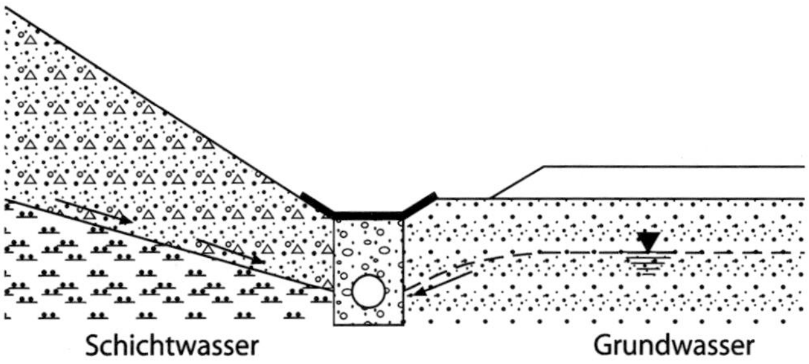

Abb. 6.23 Tiefensicker längs von Verkehrswegen zum Absenken des Grundwassers oder zum Fassen bergseitiger Schichtwasserzuläufe

Das Entwässern von Straßen kann durch Gräben oder Tiefensicker erfolgen (Abb. 6.23, ▶ Abschn. 12.1 und 12.2).

Das Entwässern von tiefgründigem, weichem Boden kann über Vertikaldräns erfolgen (▶ Abschn. 8.2.1).

Das Entwässern von Staudämmen kann nach den in Abb. 14.36 aufgeführten Beispielen erfolgen.

Das Entwässern von Uferschutzbauwerken kann entsprechend dem in Abb. 14.12c gezeigten Beispiel erfolgen.

Das Entwässern im landwirtschaftlichen Wasserbau erfolgt nach ▶ Abschn. 14.7.1 und Abb. 14.46, 14.47, 14.48 und 14.49.

Das Entwässern von Deponien erfolgt durch über der Basisabdichtung eingebaute Sickerschichten und Dränagen (Abb. 15.7, 15.12).

6.6 Abdichten von Kellern und Tiefgeschossen

Bei Bauwerken und Räumen, die in nassen oder feuchten Baugrund einbinden, besteht die Möglichkeit, dass Wasser oder Feuchtigkeit durch Wand, Bodenplatte oder Bauwerksfugen dringt. Davon betroffene Räume sind feucht oder nass.

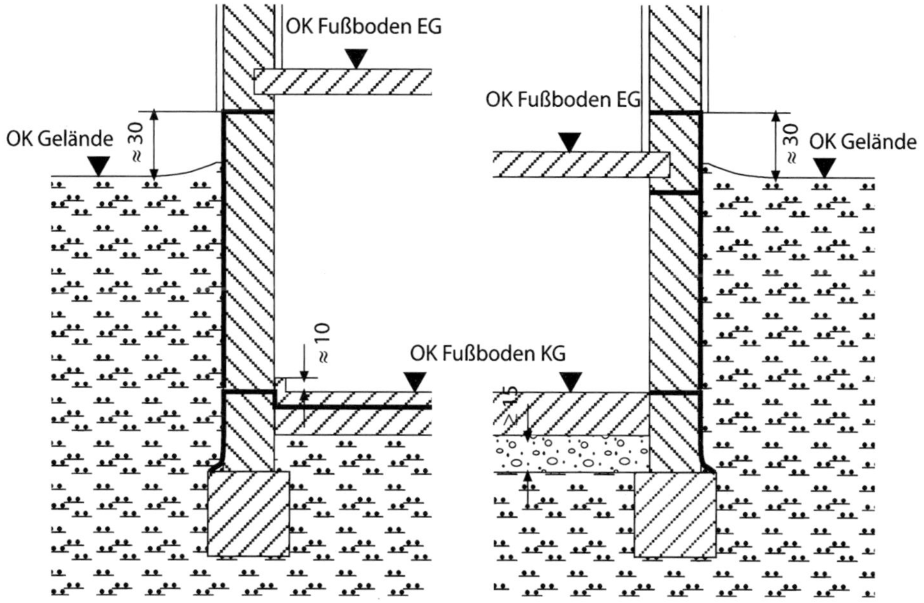

Abb. 6.24 Bauwerksabdichtung bei Bauwerken mit Streifenfundamenten. Das Abdichten des Fußbodens erfolgt durch den Einbau einer adhäsionsbrechenden kapillarbrechenden Kiesschicht und/oder durch den Einbau einer Abdichtungslage aus Kunststoffdichtungsbahnen oder bituminösen Werkstoffen. An gemauerten Außenwänden sind zwei getrennt funktionierende Abdichtungen vorzusehen, z. B. Bitumenanstrich und Dichtungsbahnen. Die von Boden berührten Außenflächen sind gegen seitlich zutretende Feuchtigkeit bzw. Nässe durch Einbau einer Schutz- und Dränschicht zu schützen

Bei bestimmten Wirtschaftsräumen oder industriell genutzten Räumen ist Raumfeuchtigkeit willkommen oder wird nicht als nachteilig empfunden (z. B. Wasch- und Lagerräume der Getränkeindustrie).

Sind in Tiefgeschossen trockene Räume erwünscht, so ist dies als zusätzliche und kostenträchtige Bauleistung in Auftrag zu geben. Auf die Art der Wasserführung im Baugrund und auf die Notwendigkeit von wasserdichter Bauweise oder Bauwerksabdichtung ist im Geotechnischen Bericht einzugehen (Haack und Emig 1991).

DIN 18195 unterscheidet zwischen Bauwerksabdichtung gegen „Bodenfeuchtigkeit", gegen „nicht drückendes Wasser" und gegen „von außen drückendes Wasser". Erforderliche Abdichtungen müssen hierauf Bezug nehmen.

▪ Abdichten gegen Bodenfeuchte

Es betrifft das Abdichten von Bauwerken und Bauteilen mit bituminösen Werkstoffen und Kunststoffdichtungsbahnen gegen im Boden vorhandenes, kapillar gebundenes und auch entgegen der Schwerkraft fortleitbares Wasser. Gefährdet sind feinporige Steine und Beton, die gegen nassen oder feuchten Lehm oder Schluff eingebaut werden. Schutz bietet der Einbau einer kapillarbrechenden Kiesschicht (15 cm), in welcher der kapillare Aufstieg unterbrochen wird.

Das Abdichten gegen aufsteigende Bodenfeuchte erfolgt bei neu zu errichtenden Gebäuden mit Streifenfundamenten vor und unter dem aufgehenden Mauerwerk sowie unter oder innerhalb der Konstruktion für Bodenplatte und Fußboden (Abb. 6.24). Erdberührende Wände sind mit Bitumenanstrich, mit Bitumenbahnen oder mit Betonitdichtmatten abzudichten. Dabei hat der Bitumenanstrich den Zweck, die Poren im Bauwerk zu verschließen und die Kapillarität zu unterbrechen. In waagerechten Flächen geschieht das Abdichten mit einlagig aufgebrachten Bitumenbahnen. Zu beachten ist DIN 18195, Teil 4.

▪ Abdichten gegen nichtdrückendes Wasser

Es betrifft das Abdichten von Bauwerken und Bauteilen mit bituminösen Werkstoffen, Metallbändern und Kunststoffdichtungsbahnen gegen Wasser in tropfbar flüssiger Form (Niederschlagwasser, Sickerwasser), das auf die Abdichtung keinen oder nur vorübergehend einen geringfügigen hydrostatischen Druck ausübt (Abb. 6.24). Auch ist zu verhindern, das dieses tropfbare Wasser kapillar vom Bauwerk aufgenommen wird. Erdberührende Wände sind mit Bitumenanstrich oder mit Bitumenbahnen abzudichten. Zusätzlich kann vor der Wand eine Dränschicht eingebaut werden. Zu beachten ist DIN 18195, Teil 5.

Bei bestehenden Gebäuden kann zum Vermeiden kapillar aufsteigender Bodenfeuchte nachträglich eine Horizontalabdichtung eingebaut werden. Hierzu bieten sich mechanische Verfahren und Injektionsverfahren als wirksame Methoden an (Weber, H. 2002).

▪ Mechanische Verfahren

In das Mauerwerk können durch Aufsägen, Aufstemmen, Einrammen oder durch den Austausch von Mauerteilen (z. B. durch Unterfangen, Abb. 11.37) horizontal abdichtende Bauteile eingebaut werden. Als Sperrschicht werden Bleche, Kunststoffe und bitumenkaschierte Metallfolien verwendet. Das mechanische Auftrennen von Mauerwerk ist mit erheblichen Belastungen des Bauwerkes verbunden. Gründliches Prüfen, Überlegen und Abwägen ist angeraten.

▪ Injektionsverfahren

Bei den Injektionsverfahren werden Injektionsmittel im Mauerquerschnitt so eingebracht, dass sie sich im gesamten Mauerquerschnitt verteilen können und in einer Ebene wirksam werden. Vom Gestein im Mauerwerk müssen Porenvolumen, Porengröße, Verbindung zwischen den Poren („Durchlässigkeit"), Wassergehalt bei starker Durchfeuchtung und andere Gesteinskenngrößen bekannt sein. Als Injektionsmittel sind verschiedene Kombinationsprodukte im Handel, meist basierend auf der Wirkung

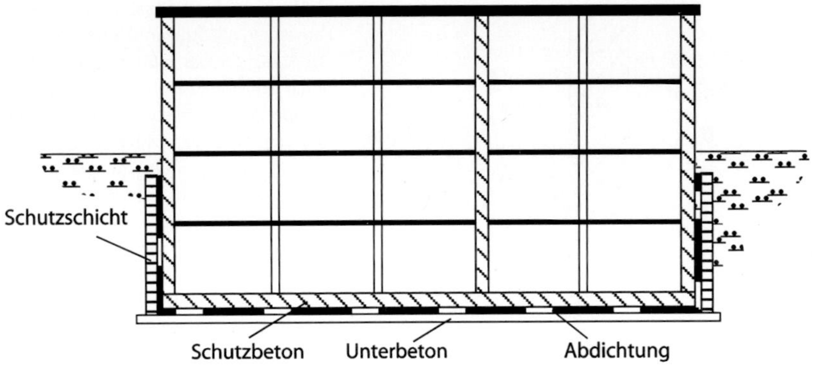

◘ Abb. 6.25 Bauwerksabdichtung bei Bauwerken mit Bodenplatte. Das Abdichten erfolgt durch den Einbau einer Abdichtungslage aus Kunststoffdichtungsbahnen oder bituminösen Werkstoffen. Diese ist zwischen einem Unterbeton (meist Magerbeton) und einer Schutzbetonlage unter der eigentlichen Bodenplatte zu verlegen. An den Außenwänden ist die Abdichtung bis etwa 50 cm über dem höchsten möglichen Wasserstand hochzuziehen und durch eine Schutzschicht zu verkleiden („schwarze Wanne")

von Alkalisilikaten oder Silikonverbindungen mit Zusätzen von Harzen und Paraffinen. Das Einbringen der Injektionsflüssigkeit kann unter Druck oder auch druckfrei erfolgen. Das Wirkungsprinzip beruht im Verdichten und Verschließen der Kapillaren oder im Hydrophobieren des Bausteins.

▪ Abdichten gegen von außen drückendes Wasser

Keller und andere tiefliegende Räume, die unter das Niveau eines höchstmöglichen Wasserspiegels (Oberflächenwasser, Stauwasser, Grundwasser) in den Baugrund einbinden, können dauernd oder zeitweise vernässen. Soweit eine trockene Innenraumatmosphäre erwünscht ist, sind Bodenplatte und aufgehende Wände wasserdicht auszubilden. Bauwerk oder Bauwerksteile sind als Wanne zu konstruieren. Der angestrebte Nutzungswunsch für Keller- und Lageräume und besonders der Wunsch nach trockener Innenraumatmosphäre ist den Bauplanern vorab mitzuteilen. Ein genereller Ausbau als wasserdichte Wanne und ein generelles Herstellen trockener Kellerräume oder Lagerräume ist für solche unter einen gegebenen oder zeitweise möglichen Wasserstand einbindende Räume nicht zwingend vorgegeben. (Bei verschiedenen privaten oder industriellen Nutzungszwecken kann eine feuchte bis nasse Atmosphäre in solchen Räumen durchaus erwünscht sein, bzw. keine störenden Einflüsse auf den Nutzungszweck ausüben.)

Werden Bodenplatte und aufgehendes Mauerwerk gegen drückendes Wasser abgedichtet, so sind für die betroffenen Räume und Bauteile Wasserdruck und Auftriebskraft zu berechnen. Der Wasserdruck (hydrostatischer Druck) kann von außen nach innen, bei Behältern auch von innen nach außen gerichtet sein. Für das Berechnen sind vom Geotechniker die relevanten Kennzahlen für Boden und Wasser zu benennen. Es betrifft nach DIN 18195, Teil 6 das Abdichten gegen Grundwasser (allgemein bis 50 cm über höchstem Grundwasserstand), Stauwasser über im Boden eingelagertem Stauhorizont und Oberflächenwasser bzw. Hochwasser, nach DIN 18195, Teil 7 die maximal mögliche Füll- oder Stauhöhe. Für das Bemessen der Abdichtung sind Eintauchtiefen und senkrecht auf die Abdichtungsfläche wirkende Pressung maßgebend.

Tiefgeschosse können entweder in wasserdichter Bauweise (weiße Wanne) hergestellt werden, oder es können die in den Baugrund einbindenden Bauteile eine außenliegende Bauwerksabdichtung (schwarze Wanne/braune Wanne) erhalten (◘ Abb. 6.25). Die Bauwerke sind gegen Aufschwimmen zu sichern, wozu im Geotechnischen Bericht die größtmögliche Auftriebskraft zu benennen ist.

▪ Weiße Wanne

Weiße Wannen sind wasserundurchlässige Bauwerke, bei denen die Betonkonstruktion tragende und raumumschließende Funktion sowie zusätzliche Dichtfunktion gegenüber dem von außen drückenden Wasser übernimmt. Die Konstruktion der „Weißen Wanne" ist durchlässig für Wasserdampf. Der Niederschlag von Kondensationswasser ist an Wänden, Bauteilen, Maschinen beim Unterschreiten des Taupunktes möglich. Gelagerte Ware kann, wie in der Atmosphäre von Kellerräumen üblich, Feuchtigkeit aufnehmen. Die von der gewünschten Dichtigkeit gegen drückendes Wasser erforderliche Konstruktionsstärke kann bei Kombination mit dem System „Braune Wanne" geringer ausfallen.

▪ Schwarze Wanne

Das Abdichten erfolgt mit bituminösen Werkstoffen, Bitumenbahnen und Bitumenbeschichtung. In der Sohle von Bauwerken und Kellern erfolgt deren Einbau über einer liegenden Sauberkeitsschicht aus Magerbeton und einer aufliegenden Schutzschicht aus Beton. Diese soll mögliches Verletzen der Abdichtungslage vermeiden. Darüber folgen die Bodenplatte und die eigentliche Baukonstruktion. Das Abdichten der Außenwände erfolgt durch Beschichten mit Bitumen oder das Auftragen/Montieren von Bitumenbahnen (◘ Abb. 6.25). Es handelt sich um eine Außenabdichtung. Nachträgliches Abdichten von Betonwänden oder verputzten Mauern durch Aufbringen einer Außenhaut/Schutzschicht ist möglich.

Nicht möglich und damit nachteilig ist, dass es keine Möglichkeit gibt, unter der Bodenplatte Leckagen zu orten und zugänglich zu machen. Nach dem Einbau der Schutzschicht und der Bauwerkssohle kann nicht nachgebessert werden.

▪ Braune Wanne

Bei diesem Abdichtsystem wird die Quellfähigkeit von mit Natrium aktiviertem Bentonit genutzt (▶ Abschn. 15.3.3, ◘ Abb. 15.4). Unter der Bauwerkssohle sowie an der Außenseite der aufgehenden Wände einer Betonkonstruktion werden Dichtungsbahnen verlegt. Diese bestehen aus taschenartig vernähten Geotextillagen mit Bentonitfüllung. Benachbarte Lagen werden vernäht oder durch Nadeln verbunden. Risse, Spalten und offene Arbeitsfugen zwischen Bauwerksteilen können mit Quellbändern verschlossen werden (Cziesielinsky/Lufsky 2006, Suda, Rudolf-Miklau 2012, Pech, Kolbitsch 2006).

6.7 Versickern von Oberflächenwasser

Für das Reduzieren von Hochwasserabflüssen und das Anreichern des Grundwassers wird angestrebt, nicht belastetes Oberflächenwasser zu versickern. Gezieltes Versickern von Wässern stellt nach dem Wasserhaushaltsgesetz einen Eingriff in das Grundwasser dar. Es ist nicht immer unbedenklich und nach dem Landeswassergesetz genehmigungspflichtig. Beim Versickern von auf Verkehrsflächen und Dachflächen aufgefangenem Oberflächenwasser wird seitens der Behörden angenommen, dass dieses Wasser quasi unbelastet ist und durch vorgeschaltete Sickerpackung zudem eine Reinigung erfährt. Für das Versickern von Niederschlagwasser kommen nach dem ATV-Arbeitsblatt A 138 („Bau und Bemessung von Anlagen zur dezentralen Versickerung von nichtschädlich verunreinigtem Niederschlagswasser") vier verschiedene Anlagenarten in Frage, nämlich Flächenversickerung, Muldenversickerung, Rigolen- oder Rohrversickerung und Schachtversickerung (Harms 1994).

Das Versickern von Wasser geschieht in der nicht wassergesättigten Boden-Wasser-Luft-Zone immer vertikal von oben nach unten. Über wasserstauenden Schichten kann sich Wassersättigung und ein hängendes Grundwasserstockwerk (Schichtwasser) einstellen. Fließvorgänge im Grundwasser folgen entsprechend dem Gesetz von Darcy dem hydraulischen Gradienten.

Die Sickergeschwindigkeit ist abhängig von Wasseranfall, Boden und Klima.

In den Boden eindringendes Niederschlagwasser verdrängt dort im effektiven Porenraum die vorhandene Bodenfeuchte und schiebt diese vertikal nach unten zum Grundwasser. In Deutschland liegt die natürliche Sickerrate auf Kies- und Sandboden bei etwa 300 mm. Die Sickergeschwindigkeit ist von der Bodenkapazität abhängig und liegt in Kiesböden bei 5 m pro Jahr, in Sandböden bei 2–4 m pro Jahr, in Lössböden bei etwa 1 m pro Jahr. In geringdurchlässigem Untergrund (Tonstein) werden Versickerungsraten in der Größenordnung von Millimetern pro Jahr und Sickergeschwindigkeiten (Abstandsgeschwindigkeiten) in der Größenordnung von Zentimetern pro Jahr beobachtet.

Die Reinigungskraft des Bodens beruht auf Filterwirkung und Zeitdauer des Sickervorganges bis zum Grundwasser. Eingetragene Schadstoffe können chemisch oder biologisch ausgefällt, oxidiert, reduziert oder abgebaut werden. Andere, nicht abbaubare Stoffgruppen können durch Filtration zurückgehalten, an Bodenteilchen angelagert (Sorption, Ionenaustausch) oder von Pflanzen aufgenommen werden.

Bei Versickerungsanlagen ist ein Grundwasserflurabstand von mindestens 1 m einzuhalten. Wasser und Boden dürfen nicht belastet sein. Der Boden muss günstige Durchlässigkeitseigenschaften haben ($k_f = 5 \cdot 10^{-3}$ bis etwa $5 \cdot 10^{-6}$ m s^{-1}). Das Gelände soll möglichst eben sein. Für die Anlage von Versickerungsanlagen muss genügend Platz und ausreichender Abstand zur Nachbarbebauung eingehalten werden. Für gleichmäßige Böden können deren Versickerungseigenschaften im Labor getestet werden (Darcy-Versuch). Bei Fels und grobstückigem Hangschutt kann die Durchlässigkeit des Untergrundes über Sickerversuche getestet werden.

Unter Versickerungsanlagen kann sich zeitweise Wassersättigung einstellen. Der nach unten gerichtete gesättigte Grundwasserfluss berechnet sich dann zu Fließgeschwindigkeiten von mehreren Metern pro Tag. Die obengenannten Abbauvorgänge im Boden können unter den Bedingungen der Überstauung und Wassersättigung nicht oder nur stark vermindert stattfinden und werden auf die mechanische Filtration beschränkt. Nur der Teil der im Sickerwasser mitgeführten Schadstoffe, der nach Regenereignissen in der belebten Bodenschicht als Haftwasser verbleibt, kann während des Sommerhalbjahres biologisch abgebaut werden.

Sickeranlagen in Hanglage können bei ungünstigen Bodenverhältnissen zu Hangvernässung, Rutschungen und Quellaustritten führen. Es bestehen dann Diskrepanzen zwischen Wünschen zur Verminderung von Rutschgefahren durch Absenken von Grundwasserständen und der Forderung nach örtlicher Versickerung des Niederschlagwassers in Wohngebieten (Grotehusmann 1993).

Bemessungsgrundlagen für Versickerungsanlagen geben das ATV-Regelwerk, Arbeitsblatt A 138 sowie Geiger und Dreiseitl (1995). Auszugehen ist von der Niederschlagsspende R_N [l s^{-1} ha^{-1}] des örtlichen Bemessungsregens mit der Niederschlagsdauer D = 10–15 min und der Wiederkehrzeit T = 5 Jahre (◘ Tab. 1.10).

▪ Flächenversickerung

Auf wasserdurchlässigen befestigten Flächen (z. B. im Sandbett verlegte Pflaster- oder Rasengittersteine, Kies- und Schotterflächen, Dränasphalt) besteht die Möglichkeit, Niederschlagwasser und Zuflüsse im begrenzten Maße zu versickern. Bei wasserundurchlässigen Decken (Betondecken, Asphaltdecken, Dächern) kann das Abflusswasser seitlich liegenden ebenen Flächen (Grünflächen) zugeleitet werden. Bei Flächenversickerung in begrünten Seitenräumen soll die Durchlässigkeit $> (1 + x)\, 2 \cdot 10^{-5}$ m s^{-1} sein (x steht für das Verhältnis der zu entwässernden Fläche A_{red} zur Versickerungsfläche A_s). Flächenversickerung eignet sich bei unbedenklichen Hofflächen, Parkplätzen, unbefestigten Park- und Feldwegen, Campingplätzen und den meisten Sportplätzen. Gras und Bewuchs auf der Sickerfläche sorgen für Bioturbation in den oberen Bodenzonen und verhindern beim Aufspülen von Feinkorn die Verringerung der Durchlässigkeit und Sickereigenschaften.

Flächenversickerung setzt genügend ebene oder eingemuldete Fläche mit ausreichenden Versickerungseigenschaften und ausreichender Aufnahmekapazität des Untergrundes voraus. Der Flächenbedarf bzw. das Volumen der Mulde richtet sich nach

- dem horizontalen Aufmaß (m^2) der zu entwässernden Fläche und deren Abflusswirksamkeit,
- der Niederschlagshöhe h_N (mm),
- der Niederschlagsdauer D des Bemessungsregens (min bis h, ◘ Tab. 1.9/Kostra-Atlas),
- der Durchlässigkeit des Bodens mit k_f-Werten in der Größenordnung $1 \cdot 10^{-6}$ bis $1 \cdot 10^{-4}$ ms^{-1},
- der mittleren eingestauten Muldentiefe h (m),
- dem Zuschlagsfaktor f_z nach DWA-A 117.

Der Flächenbedarf liegt bei k_f-Werten in der Größenordnung $1 \cdot 10^{-6}$ ms^{-1} bei etwa 25 % der zu entwässernden Fläche. Bei k_f-Werten in der Größenordnung 10^{-5} ms^{-1} bei etwa 15 bis 20 % und bei k_f-Werten in der Größenordnung 10^{-4} ms^{-1} bei etwa 10 % der zu entwässernden Fläche. Der Grundwasserabstand soll mindestens einen Meter betragen. Das Versickern von Niederschlagswasser berührt verschiedene wasserrechtliche Festlegungen, geregelt in Wasserhaushaltsgesetz (WHG), Abwasserabgabengesetz (AbwAG), Bundesbodenschutzgesetz (BBogSchG), Bundesbodenschutz- und Altlastenverordnung (BBodSchV), Wassergesetze der Länder, Verordnungen und Beschlüsse zu Trinkwasserschutzgebieten und Heilquellenschutzgebieten. Das Versickern von Niederschlägen ist auch durch kommunales Recht geprägt. Zum Versickern von Niederschlägen bestehen in den Bundesländern Ausführungsverordnungen.

- **Muldenversickerung**

Bei der Muldenversickerung erfolgt das Versickern des Niederschlagwassers in flachen Bodenvertiefungen, in denen das Wasser für maximal 1–2 Tage zwischengespeichert werden kann. Die Muldentiefe (Einstauhöhe) sollte daher möglichst gering gewählt werden (10–40 cm). Bei Anschluss an das Abwassersystem können stärkere Zuläufe abgeführt werden. Die oberen 30–40 cm der Bodenschichten in der Mulde werden vom Mutterboden eingenommen. Die Mulde ist zu begrünen (Rasenmulde) und soll für das versickernde Wasser als physikalischer Filter mit biologischem Abbau von mitgeführten Schmutzstoffen dienen. Vorteilhaft ist die chemische Abpufferung des sauren Regens über Kalkanteile im Boden.

Das in der Mulde versickernde Wasser soll bis zum Grundwasserspiegel senkrecht nach unten abgeführt werden. Stauhorizonte können im Hangbereich zu seitlichem Quellaustritt, Vernässen und Hangrutsch führen. Unter der Mulde stellt sich bei Starkregen Wassersättigung ein. Das Wasser fließt dann bei Sandboden mit einer Abstandsgeschwindigkeit von 3–5 m d^{-1} vertikal nach unten. Ein biologischer Abbau ist dann kaum möglich! Der Durchlässigkeitsbeiwert k_f im Boden soll $> 10^{-5}$ m s^{-1} sein.

Die erforderliche Größe der Mulde wird vom Wasserzulauf und von der Durchlässigkeit des Bodens bestimmt. Im geneigten Gelände sind hangparallele Sickermulden möglich. Gefällstrecken können durch den Einbau von Erdschwellen ausgeglichen werden, was jedoch Schwierigkeiten beim Anschluss an das Abwassersystem bereitet.

Muldenversickerung eignet sich für ebenes, flaches Gelände mit Sand- und Kiesboden bei tiefliegendem Grundwasserspiegel. Geneigtes Gelände erfordert größere Konstruktionsbreiten und ist für diese Versickerungsart weniger geeignet.

Bei geringdurchlässigem Untergrund kann unter der Mulde eine Rigole (kiesgefüllter Graben) vorgesehen werden. In Hanglage kann durch eine tiefreichende Rigole das zu versickernde Wasser in größere Tiefe geführt werden. Dadurch können Gefahren für seitlichen Wasseraustritt und Vernässung verringert werden.

- **Rohr- und Rigolenversickerung**

Bei dieser Methode (Rigole) werden die Niederschlagsabflüsse einem kiesgefüllten Graben oder einem im Erdreich verlegten, perforierten Rohr zugeführt, dort zwischengespeichert und zeitverzögert vom Untergrund aufgenommen. In der Regel kommt eine Kombination von Rohr- und Rigolenversickerung vor. Sohlbreite und Länge des kiesverfüllten Grabens richten sich nach der Durchlässigkeit des Untergrundes und nach der zu versickernden Wassermenge. Die Grabentiefe richtet sich nach dem geologischen Schichtaufbau und auch nach dem erforderlichen Volumen der Kiesfüllung. Rohrdurchmesser bzw. Porenvolumen der Kiesfüllung ergeben das Speichervolumen.

Der Einbau einer Rohr- oder Rigolen-Versickerungsanlage ist nur bei großem Abstand zwischen dem tiefsten Punkt der Versickerungsebene und dem Grundwasserspiegel zulässig. Kombinationen von Mulden und Rigolenversickerung beschreiben Tietze (2007) und Geiger & Dreiseitl (2001).

Bei der Rohr- und Rigolenversickerung fehlen biologischer Abbau von Schadstoffen und Bioturbation. Mit dem Wasser eingetragene Schwebstoffe können Porenraum verstopfen und zur Verringerung der Wasseraufnahme im Untergrund führen. Vorgeschaltete Absetzbecken und Filter können den Eintrag von Schwebstoffen vermindern. Weber & Mikat (2011) berichten über das Aufbereiten von Rheinwasser und dessen Versickern über Sickerschlitzgräben und Bohrlöcher/Schächte vom Anreichern des Grundwassers im Hessischen Ried.

Rigolen- und Rohrversickerung kann angewendet werden, wenn der geologische Schichtenbau dies erfordert (geringdurchlässige Schichten über gut durchlässigen Schichten) und/oder wenn Flächen- oder Muldenversickerung aus Platzgründen nicht möglich sind. Rigolen- und Rohrversickerung kann in Wechselwirkung mit Dränarbeiten am Hang durchgeführt werden. Im Dränrohr abgeleitetes Schichtwasser kann an anderer Stelle wieder zur Versickerung gebracht werden. Das perforierte und von Kies umgebene Rohr kann bei starkem Wasserandrang als Dränage, bei fallendem Wasserstand als Rigole funktionieren.

- **Schachtversickerung**

Versickerungsschächte bestehen aus handelsüblichen Brunnenringen (Betonringen) mit aufgesetztem Konus und luftdurchlässiger Schachtabdeckung. Versickerungsschächte werden in gleicher Weise wie Brunnenschächte erstellt und unterscheiden sich von diesen nur durch die Funktion. Die Betonringe werden beim Absenken des Versickerungsschachtes (Brunnenschachtes) übereinandergesetzt (■ Abb. 11.4). Beim Absenken erfolgt der Erdaushub mit seilgeführtem Greifer, in Ausnahmefällen aber auch noch immer per Hand (Entwicklungsländer). Das Absenken der Ringe erfolgt parallel zum Aushub, teils durch Nachdrücken, teils durch das Eigengewicht der Ringe. Mit Versickerungsschächten können geringdurchlässige Schichten in größerer Mächtigkeit durchfahren werden. Dabei muss ein ausreichender Abstand zum Grundwasserspiegel (> 1 m) verbleiben. Das Wasser wird über den durchlässigen Schachtboden und über perforierte Wände an den Untergrund abgegeben. Die Sohle des Schachtes steht auf durchlässigem Untergrund und ist vor Unterspülen durch aufschlagendes Wasser zu schützen. Hierzu kann im untersten Ring eine etwa 50 cm hohe Lage aus Sand und Kies eingefüllt werden. Diese kann zusätzlich als Filter wirken und eingetragene Schwebstoffe zurückhalten. Der Schachtinnenraum dient als Speicher. Das aufgestaute Wasser kann über längere Zeit vom Untergrund aufgenommen werden. Mit dem Wasser eingetragene Schwebstoffe können die Durchlässigkeit in der Schachtsohle verringern. Regeneration ist durch Austausch der eingetragenen Sand- und Kiesschicht möglich. Schächte und Brunnen gelten allgemein als pflegeleichte Bauwerke.

Das ATV-Regelwerk geht von einer versickerungsunwirksamen Schachtsohle aus. Das Versickern soll über perforierte Brunnenringe erfolgen. Hierfür ist eine andere, aufwendigere

Schachtkonstruktion erforderlich. Ein solches Bauwerk erfordert den Aushub einer tiefen Grube mit Sicherung der Grubenwände. Die Schachtringe sind in offener Bauweise in die Grube einzustellen. (Dabei ist Verkanten zu vermeiden, was auf einer eingebauten Reinigungsschicht mit Schwierigkeiten verbunden sein kann!) Der Raum zwischen den übereinandergesetzten Schachtringen und der Grubenwand ist mit Sand und Kies aufzufüllen. Der eingefüllte Boden ist zu verdichten! Auch bei dieser Baumethode können Schwebstoffe den Porenraum in dieser Sand- und Kiesschüttung verstopfen. Eine Regeneration ist sehr aufwendig. Bei dieser Bauweise vergrößern sich die Sickerfläche und das Speichervolumen des einzelnen Brunnens.

Vorgeschaltete Absetzbecken und Filter können den Eintrag von Schwebstoffen in Sickerschächte vermindern. Auch können mehrere Schächte als Schachtgalerie hintereinander geschaltet werden, indem der Auslauf des voranstehenden Schachtes als Zulauf des nachstehenden Schachtes dient. So kann die zu geringe Wasseraufnahme eines Schachtes ausgeglichen werden.

Für das Bemessen von Schachtversickerungsanlagen ist unter dem Schacht von gesättigten Grundwasserverhältnissen mit $i = 1$ auszugehen. Die Versickerungsmenge Q [m^3] berechnet sich nach dem Gesetz von Darcy. Erforderlich ist die Kenntnis der Wasserdurchlässigkeit im Boden, der wirksamen Versickerungsfläche, der zu versickernden Wassermenge und der geforderten Zeit, in der das System wieder ausreichendes Speichervolumen bereitstellen kann. Schachtversickerungsanlagen bieten bei günstigen Bodenverhältnissen gute Möglichkeiten zum Anreichern des Grundwassers und zum Entlasten von überstauten Flächen und Kanälen. Je nach Durchlässigkeit des Bodens dient es auch dem kurzzeitigen Speichern oder Zwischenspeichern des Niederschlagswassers. Der Platzbedarf an der Oberfläche ist gering und kann „überfahrbar" gestaltet werden.

6.8 Verpressen von Wasser über Bohrbrunnen

Wasser wird für Zwecke der wissenschaftlichen Untersuchung und für Zwecke der Entsorgung verpresst. Das Verpressen für Untersuchungen dient dem Erkunden und Beurteilen der Durchlässigkeit bzw. der Dichtigkeit des Untergrundes von Wasserstauanlagen. Hierzu wird Wasser in den Untergrund eingedrückt oder eingepresst. Diese Tests werden in Form von Auffüllversuchen durchgeführt. Im Bohrloch wird über dem Wasserspiegel eine Wassersäule von 3–5 m und mehr aufgebracht. Unter diesem Druck fließt Wasser aus dem Bohrloch in den Boden (*WD*-Test, ► Abschn. 14.5.4, ◘ Abb. 14.32, 14.33, 14.34 und 14.35).

■ Versenken von Abwasser

Ein möglicher und in zurückliegenden Jahren mehrfach begangener Weg der Abwasserbeseitigung ist die Tiefenversenkung (Skowronek et al. 1999). Das Ziel ist, Abwässer in tiefliegende Gesteinsschichten einzuleiten oder einzupressen. Soweit es sich bei den Abwässern um kontaminierte Wässer handelt, dürfen solche Wässer den „aktuellen hydrologischen Grundwasserzyklus" nicht tangieren oder erst nach sehr langen Zeiträumen in diesen eintreten.

Die Technik der Abwasserversenkung besteht aus einem speziell hierfür ausgebauten Bohrloch, der Injektionsbohrung oder Versenkanlage (◘ Abb. 6.26). Dieses Bohrloch bleibt im Speichergestein unverrohrt und ist nach oben durch Packer abgeschlossen. Verwendet werden Doppelrohre, wobei das innere als Injektionstour und das äußere wegen seiner Schutzfunktion als Protektionstour benannt wird. Der zwischen beiden Rohren befindliche Ringraum ist mit einer unter Überdruck stehenden antikorrosiven Flüssigkeit gefüllt, welche sowohl ein Durchrosten der Rohre wie auch ein Austreten der Injektionsflüssigkeit in diesen Ringraum verhindern soll. Kontrollen sind über verschiedene Messtechniken wie *p*H-Wert und Leitfähigkeit möglich. Der Injektionsdruck sollte nahe dem hydrostatischen Druck im Wirtgestein liegen, d. h. die Höhe der Wassersäule im Injektionsrohr sollte nicht wesentlich über der des Grundwasserpegels liegen. Für den Fall der Überhöhung des Verpressdruckes gegenüber dem hydrostatischen Druck an der Bohrlochsohle gibt Aust (1984) den Faktor 1,2–1,3 an. Der Maximalwert von 1,9 sollte nicht überschritten werden, um ein Aufbrechen der Deckschichten zu verhindern.

Vom Abwasser aufnehmenden Aquiferspeicher wird verlangt, dass er zum einen ein großes Speichervolumen bei ausreichender Durchlässigkeit aufweist und zum anderen von geringdurchlässigen Schichten umgrenzt sein muss (◘ Abb. 6.27). Genutzt werden Poren-, Kluft- und Karstgrundwasserspeicher. Dabei ist die Ausbreitung des injizierten Abwassers im Porengrundwasserleiter am ehesten berechenbar. Enthält der Porenspeicher Tonminerale als Akzessorien, so kann es zu schadstoffabbauenden Vorgängen wie Sorption und Kationenaustausch kommen. Kluftgrundwasserleiter zeigen gegenüber Sandsteinen eine geringere innere Gesteinsoberfläche und somit eine stark eingeschränkte Sorptions- und Austauschfähigkeit an der maßgebenden inneren Gesteinsoberfläche. Karstgrundwasserleiter werden nur in geringem Umfang genutzt, da ihre hohe Wasserwegsamkeit eine erhebliche Gefahr für die Umwelt darstellt. Karstspeicher werden zum Einleiten von Säuren genutzt, wobei sich der Vorzug der Neutralisation, aber auch die Gefahr der Aquiferblockade durch Kohlendioxid ergibt. Durch das Lösen des Carbonatgesteines werden zugleich die Hohlräume vergrößert, was Anlass für Nachbrüche und ungewollte Wasserwegsamkeit sein kann.

Nach den hydraulischen Anforderungen unterscheidet Aust (1985) zwischen einem „offenen Aquiferspeicher" und einem „geschlossenen Aquiferspeicher".

Der „hydraulisch offene Grundwasserspeicher" verfügt über Kontakte zur Biosphäre. Über wenig durchlässige Deckschichten oder über große Fließstrecken benötigt das Wasser sehr große Fließzeiten, bis es wieder an die Oberfläche gelangt. Bei einer erforderlichen Verweilzeit von 1000 Jahren und mehr sollen sich die injizierten Substanzen in unschädliche Abbauprodukte umwandeln. Es besteht die Gefahr, dass bei gegebenen Inhomogenitäten im Boden der berechenbare hydraulische Durchfluss von der Wirklichkeit stark abweicht und dass sich früh Leckagen bemerkbar machen.

Im „hydraulischen geschlossenen Speicher" soll der Aquifer allseitig von undurchlässigem Gestein umgeben sein. Nach Aust und Kreysing (1978) lässt sich die Injektion nur durch Kompression des Formationswassers erreichen. Eine Kompression

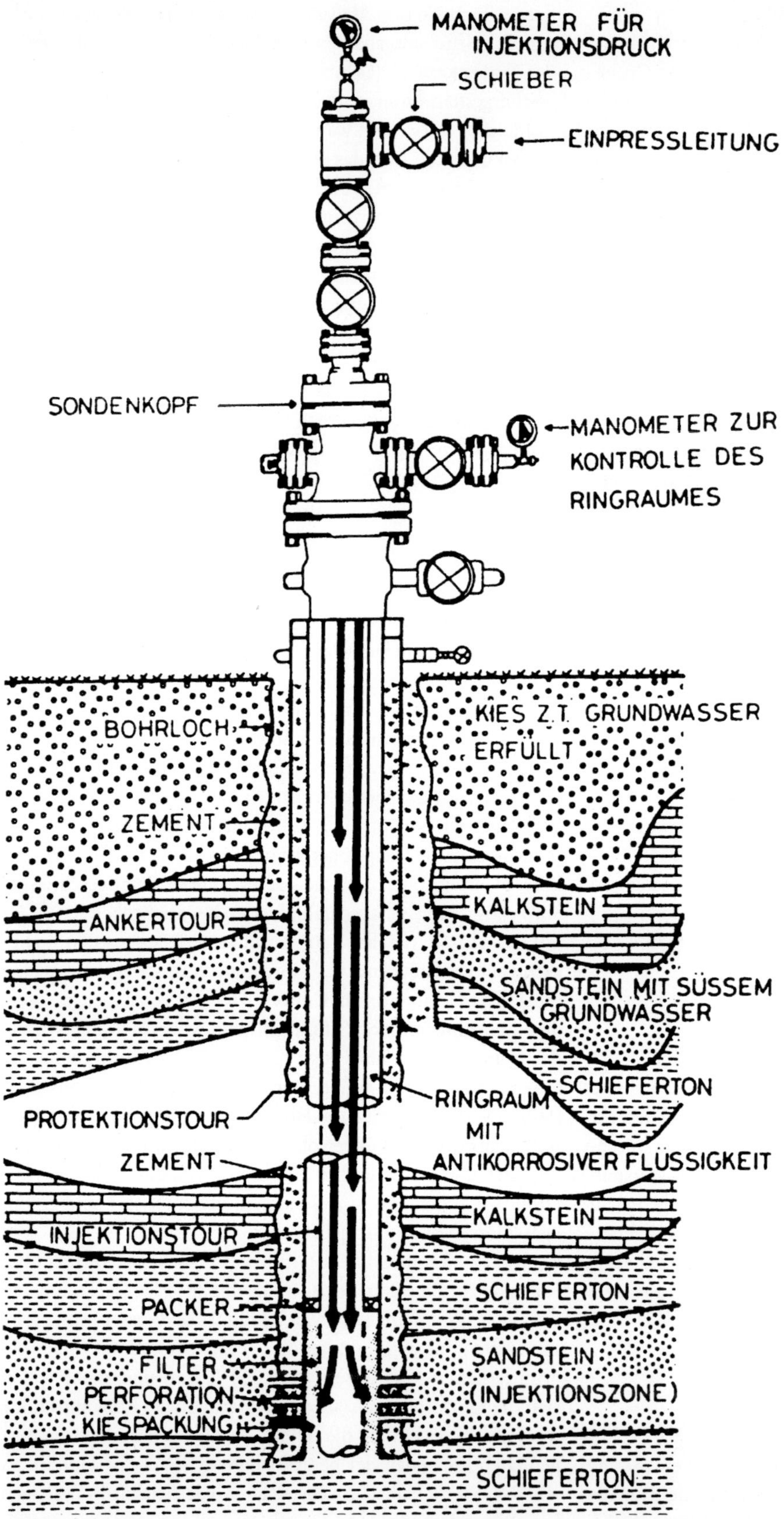

Abb. 6.26 Schema einer Injektionsbohrung. (Nach Owens 1970 aus Aust 1985)

des Gesteins soll unterbleiben, da hier die Gefahr des hydraulischen Aufbrechens der Deckschichten besteht.

Es muss hierzu festgestellt werden, dass das Wasser und auch das wassererfüllte Festgestein inkompressibel sind. Die im Untergrund verpressten Abwassermengen können nur durch das Verdrängen von im Untergrund befindlichen Grundwassermengen (Formationswasser) Platz finden. Verdrängen findet vorrangig in Richtung des hydraulischen Potentialabfalles statt,

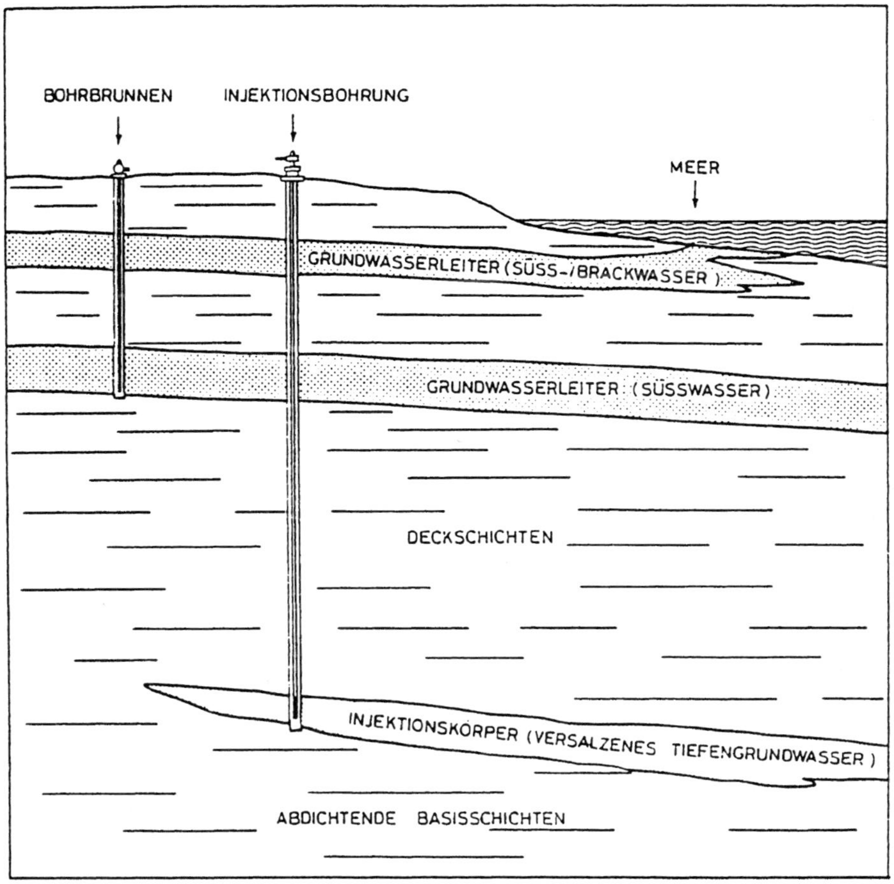

Abb. 6.27 Schema eines funktionsgerechten Injektionssystems für Salzlaugen in Küstennähe. (Nach Aust 1978)

also in der Regel in Richtung auf die Vorflut. Der natürliche Grundwasserkreislauf, an dem das Grundwasser in dem „geschlossenen Speichersystem" nur in geringem Maße teilhat, wird durch die Injektion sowohl von der Wassermenge her als auch vom hydraulischen Potential verstärkt. Der „hydraulisch geschlossene Aquiferspeicher" ist somit nur eine Sonderform des „offenen Aquiferspeichers".

Hoher Verpressdruck kann auch ein Verdrängen in anders gerichtete Fließwege erzwingen und allseitig Beeinträchtigungen herbeiführen. Nach dem Modell einer hydrodynamischen Kettenreaktion können durch versenkte Abwässer (z. B. Salzwässer) die in benachbarten Aquiferen enthaltenen Forma tionswässer verdrängt und durch Beimischen von Injektionsgut in ihren hydrochemischen Eigenschaften verändert sein. Das Versenken oder Verpressen von Abwasser kann eine solche hydrodynamische Kettenreaktion auslösen, von der das Formationswasser verschiedener Grundwasserkörper betroffen sein kann. Eine im Formationswasser eines Aquifers festgestellte hydrochemische Veränderung (z. B. Ansteigen der Salzfracht) muss also nicht auf ein direktes Beimischen von Verpresswasser zurückzuführen sein, sondern kann auch aus dem Beimischen anderer verdrängter Formationswässer oder aus einer Mischung verschiedener Formationswässer mit dem Injektionsgut stammen. Neben den hydrochemischen und isotopenchemischen Veränderungen in den betroffenen Grundwasserleitern ist auch die mögliche Fließgeschwindigkeit und Verweilzeit des durch Abwasser/Salzfracht markierten Grundwassers von Bedeutung.

Die bislang übliche Injektion von flüssigen Abfällen und Abwässern in tiefliegende Grundwasserleiter betrifft:

- Salzlösungen, Laugen, Säuren und Lagerstättenwässer;
- organische Abfälle wie chlorierte Kohlenwasserstoffe, Aldehyde, Phenole, Säuren, Phosphor- und Stickstoffverbindungen;
- Abwässer wie Stadtabwässer, Koks-Löschwasser, Wäschereiabwässer, Kessel- und Kühlturmwässer, Abwässer mit hohem biologischem oder chemischem Sauerstoffbedarf;
- radioaktive Abwässer mit hohem Tritiumgehalt.

Abwasserversenkung hat mehrfach zu Schadensfällen geführt (◘ Abb. 6.28). Für die USA geben Aust und Kreysing (1978) an, dass etwa 2,5 % aller Versenkungsmaßnahmen bereits binnen weniger Jahre zu Schadensfällen führten. Eine Zunahme der Schadensfälle wird mit längerer Laufzeit eintreten. Die Diskussion der Schadensfälle hat ergeben, dass eine absolut sichere Durchführung der Tiefenversenkung nicht voll garantiert werden kann. Dies liegt vorrangig daran, dass die geologischen und geohydraulischen Verhältnisse nur punktweise untersucht werden können, wodurch Inhomogenitäten im Untergrund nicht erkannt werden. Eine Besprechung von Schadensfällen aus USA, Kanada, DDR und Bundesrepublik geben Aust und Kreysing (1978).

In der Bundesrepublik Deutschland ist die rechtliche Grundlage für die Abwasser- und Abfallversenkung unzureichend geregelt.

Im Abfallbeseitigungsgesetz ist die Tiefenversenkung als Beseitigungsmethode nicht genannt.

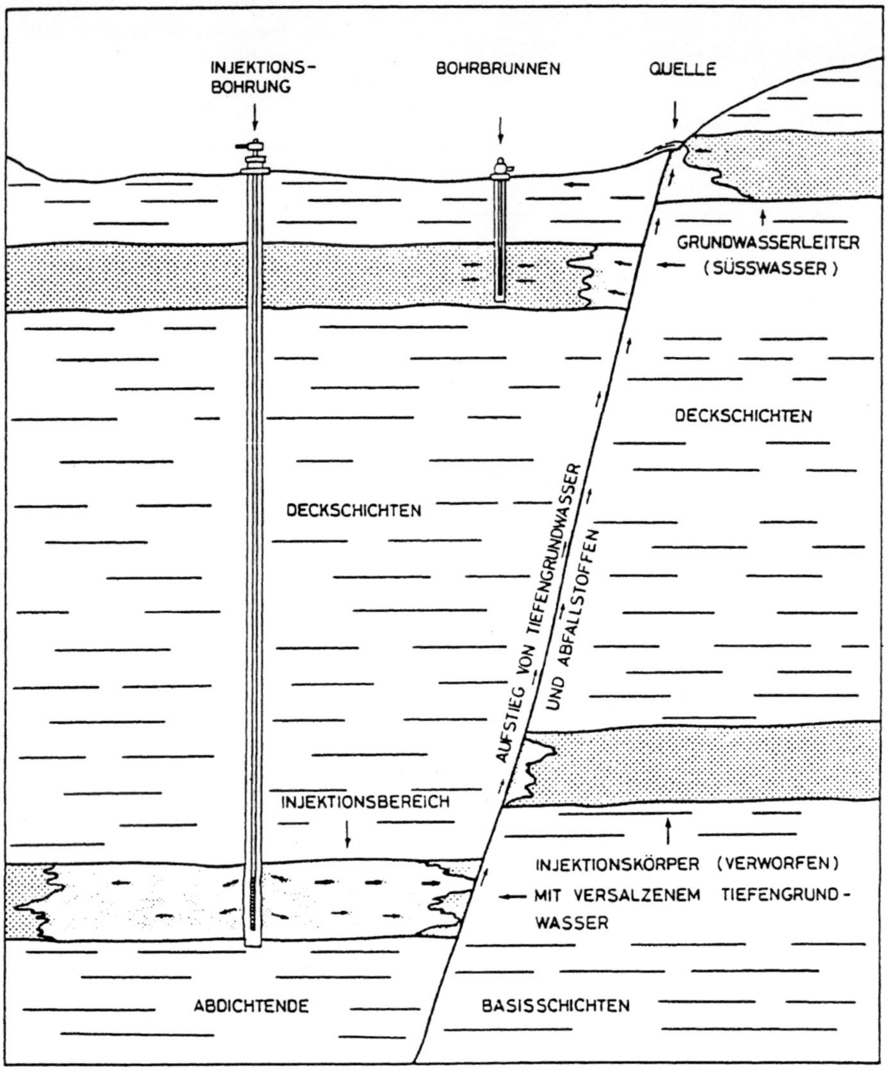

Abb. 6.28 Schema eines Schadensfalles mit verstärktem hydraulischen Wasseraufstieg aus einem Injektionskörper längs einer Störungszone und der Kontamination von süßem Grundwasser mit Injektionswasser. (Aust und Kreysing 1978)

Nach dem Wasserhaushaltsgesetz „darf eine Genehmigung zum Einleiten von Stoffen in das Grundwasser nur erteilt werden, wenn eine schädliche Verunreinigung des Grundwassers nicht zu befürchten ist".

In § 10 des Abwasserabgabengesetzes heißt es: „Die Länder können bestimmen, dass das Einleiten von Wasser in Untergrundschichten, in denen das Grundwasser wegen seiner natürlichen Beschaffenheit für eine Trinkwassergewinnung mit den herkömmlichen Aufbereitungsverfahren nicht geeignet ist, nicht abgabepflichtig ist."

Das Planen und Beurteilen einer Abwasserversenkung in tiefliegende Grundwasserleiter setzt folgende Kenntnisse voraus:

- Kenntnis der geologischen Strukturen, Schichtenfolge und Schichtmächtigkeiten sowie deren seitlicher Erstreckung und tektonischer Lagerung im weiten Umkreis des gewünschten Standortes;
- Kenntnis der geotechnischen Gesteinsausbildung des tiefliegenden Grundwasserleiters und der ihn umgrenzenden undurchlässigen Gesteinsschichten mit Gesteinsart, Dichte, Art und Größe des Hohlraumvolumens (Karst-, Poren-, Kluftgrundwasserleiter), Klüftigkeit, Durchlässigkeit im Kluftsystem, *k*-Wert der Gesteinsproben, geotechnischer Gesteinsdurchlässigkeit und Transmissivität, Druckfestigkeit, Elastizität sowie Aussagen zu möglichen Inhomogenitäten und Störungen;
- Kenntnis der hydrogeologischen Verhältnisse in der weiten Umgebung des Standortes mit Stockwerksgliederung, Aquiferbeschaffenheit und regionaler Ausdehnung;
- Kenntnis der Altersstruktur des Grundwassers;
- Kenntnis des Grundwasserkreislaufes;
- Kenntnis der Dichte und Temperatur von Grund- und Injektionswasser und deren Einfluss auf die Hydraulik;
- Nachweis über den Verbleib der injizierten Wassermassen;
- Kenntnis der Grundwasserchemie, der Geochemie der betroffenen Gesteine und der Chemie des Injektionswassers;
- Kenntnis der Reaktionen zwischen Gestein, Grundwasser und Injektionswasser;
- Kenntnis über den zeitlichen und räumlichen Abbau der schädlichen Inhaltsstoffe des Injektionswassers.

Das Untersuchungsgebiet ist flächendeckend durch Kenntnis der Literatur und Archivunterlagen zu Oberflächenkartierung, Bohrunterlagen, seismischen Untersuchungen, geotechnischen und hydrogeologischen Gutachten zu dokumentieren. Ergänzende Untersuchungen sind anzusetzen.

Der Untergrund ist durch Explorationsbohrungen zu erkunden. Hierbei sind folgende Untersuchungen angeraten:

- makro- und mikroskopisches Beschreiben der Bohrkerne;
- geotechnisches Untersuchen der Bohrkerne;
- bohrloch-geophysikalische Untersuchungen;
- videooptisches Untersuchen der Bohrlochwand;
- Pumpversuche, Injektionsversuche.

Im weiteren ist der Aquifer auf Druckeffekte und mögliches hydraulisches Aufbrechen der Deckschichten zu untersuchen. Hierzu wie auch für den Betrieb der Anlage sind Beobachtungsbohrungen erforderlich.

Das Abschätzen der möglichen Auswirkungen einer Versenkungsanlage auf die Umwelt erfordert gutachterliche Stellungnahme zu folgenden Themen:

- mögliche Auswirkungen durch technisch bedingte Fehler;
- mögliches Auslösen von Seismizität;
- mögliche Kontamination von Grund- und Oberflächenwasser, Trink- und Brauchwasser;
- mögliches Anheben von Süß-/Salzwassergrenzen;
- mögliche Beeinträchtigung von mineralischen Lagerstätten;
- mögliches Auftreten geothermischer Anomalien;
- mögliches Auftreten von Radioaktivität;
- mögliche Hebungen oder Senkungen im Gelände;
- mögliche Veränderungen im Aquiferspeicher durch Reduktion der Permeabilität oder durch Gasblockade;
- Festlegen von Kontrollbohrungen und seismischen Kontrollstationen.

Standfestigkeit, Sicherung und Verbau von Ein- und Anschnitten im Gelände

Wolfgang Dachroth

W. Dachroth, *Handbuch der Baugeologie und Geotechnik*, DOI 10.1007/978-3-662-46886-9_7

Die knappe Baulandsituation führt in Städten und Ballungsgebieten zum Wunsch nach immer mehr Untergeschossen und unterirdischem Verlegen von Verkehrswegen, Leitungen und Kabeln. Außerhalb der Ballungsgebiete werden für den Bau von Verkehrswegen zunehmend tiefe Geländeeinschnitte geplant. Bauvorhaben in bewegtem Gelände, Bergland oder Gebirge verlangen in der Regel nach Geländeanschnitten. Hierfür muss der Baugrund in entsprechend tiefen Baugruben, Einschnitten, Gräben oder Anschnitten ausgehoben oder abgetragen werden. Mit dem Aushub ist die Gefahr verbunden, dass benachbartes Gelände untergraben wird. Nicht standfeste Böschungen können in Form von Rutschungen versagen. Auch auf natürliche Weise können Hänge, Böschungen oder Steilwände untergraben (unterspült) oder entfestigt werden und ihre Standfestigkeit verlieren. Das Planen von Ein- und Anschnitten im Gelände und von Sicherungsarbeiten im rutschgefährdeten Gelände erfordert eingehende Baugrunderkundungen. Durch Geländeabtrag wird der im Geländeeinschnitt oder Geländeanschnitt verbleibende Baugrund durch Schubspannungen aus der Eigenlast des Bodens belastet. Diese müssen über die Scherfestigkeit des angeschnittenen Baugrundes kompensiert werden. Andernfalls tritt Versagen der zu steil abgegrabenen Böschung oder Wand in Form von Rutschungen ein. Höhe der gewünschten Abtragung, Geländeform, Boden- oder Gesteinsart, geologische Struktur, Wassergehalt, Scherfestigkeit und Zusatzlasten bestimmen Neigung und Standfestigkeit von Böschungen.

Im Geotechnischen Bericht sind Aussagen zur Gestaltung des Geländeabtrags und zur Standfestigkeit von Böschungen und Baugrubenumschließungen zu treffen. Bei ausreichendem Platz werden Baugruben, Geländeeinschnitte und Geländeanschnitte mit einer dem Baugrund angepassten, standfesten Neigung abgeböscht. Wo der Platz für eine Böschung fehlt, ist der Geländeabtrag unter Einsatz zusätzlicher technischer Baumethoden mit steilen bis senkrechten Wänden zu erstellen. Konstruktive Böschungssicherungen sollen Geländebruch vermeiden und bestehen aus der Böschung vorgestellten abstützenden Massen oder aus eingebauten Zuggliedern (Anker, Nägel, Zugpfähle).

7.1 Böschungen in anstehendem Boden

In Böden und Lockermassen werden Böschungen mit gleichmäßiger Neigung angestrebt. Abweichungen sind beim gärtnerischen Gestalten der Oberfläche möglich. Böschungsneigungen sind von der Bodenart und der Böschungshöhe h abhängig. Die Böschungshöhe h ist die Höhendifferenz zwischen Kronenkante und Böschungsfuß.

7.1.1 Böschungsneigung in anstehendem Boden

▪ Berechnen der Böschungsneigung für grobkörnige Böden

In trockenen grobkörnigen Böden beträgt die größtmögliche Hang- oder Böschungsneigung tan β dem Schüttwinkel von Sand und Kies, welcher allgemein dem Winkel der inneren Reibung tan φ gleichgestellt wird. Im natürlichen System stellt sich eine solche maximale Neigung z. B. an der Lee-Seite von Dünen ein. Sandmassen, die über den Dünenkamm geweht werden, lagern sich auf der Lee-Seite ab, belasten den Hang und lösen permanent (meist kleinere) Sandlawinen aus. Beim Besteigen eines solchen Lee-Hanges stellt sich unter jedem Tritt ein (kleiner) Grundbruch ein. In gleicher Weise kann sich beim Aufschütten oder Abkippen von trockenem Sand, Kies, Geröll, gebrochenem Haufwerk am Schüttkegel oder in der Halden-/Kippenböschung eine materialbedingte maximale Neigung tan β einstellen. Ein solcher Hang befindet sich aus geotechnischer Sicht im rechnerischen Bruchzustand bzw. im Grenzzustand des Versagens (Weißenbach, Hettler 2010).

Tab. 7.1 Ermittelte Neigungen β für Böschungen von Baugruben, Gräben und andere zeitlich rasch vorübergehende (transiente) Bemessungssituationen (BS-T/früher: Lastfall 2) in trockenen grobkörnigen Böden

φ_k	tan φ_k	$\gamma_\varphi = 1{,}15$	tan β	Böschungswinkel β
43°	0,915	1,15	0,795	38,5°
40°	0,835	1,15	0,726	36°
37,5°	0,77	1,15	0,669	34°
35°	0,70	1,15	0,608	31°
32,5°	0,635	1,15	0,552	29°
30°	0,58	1,15	0,5	26,5°
27,5°	0,48	1,15	0,41	25°

Für den in der Geotechnik erforderlichen Sicherheitsstandard ist für die zeitlich rasch vorübergehende (transiente) Bemessungssituation BS-T (früher: Lastfall 2) dieser Schütt- oder Reibungswinkel φ_k mit dem Teilsicherheitsbeiwert $\gamma_\varphi = 1{,}15$ (DIN 1054 – 2010, Tab. A 2.2) abzumindern.

Für den in der Geotechnik erforderlichen Sicherheitsstandard ist für die dauerhafte (persistente) Bemessungssituation BS-P (früher: Lastfall 1) dieser Schütt- oder Reibungswinkel φ_k mit dem Teilsicherheitsbeiwert $\gamma_\varphi = 1{,}25$ (DIN 1054 – 2010, Tab. A 2.2) abzumindern.

Im einfachen Berechnungsfall für trockene kohäsionsfreie grobkörnige Böden (Sand, Kies, Steine, Blöcke, ▪ Tab. 7.1 und 7.2) gilt:

$$\tan \varphi_d = \tan \varphi_k / \gamma_\varphi$$

und

$$\tan \varphi_d = \tan \beta .$$

Die Böschungshöhe h bleibt für die persistente Bemessungssituation BS-P (früher Lastfall 1) unberücksichtigt und kann beliebig hoch ausgeführt werden.

In das Berechnen der Böschungsneigung für grobkörnige Böden gehen die in Versuchen ermittelten Zahlen für den Reibungswinkel φ_k ein. Die Reibung des Bodens hängt von mehreren Faktoren ab. Diese Faktoren sind:

- Korngröße und Korngrößenverteilung
- Kornform und Kornformverteilung

Tab. 7.2 Ermittelte Neigungen β für dauerhafte (persistierende) Böschungen und Geländeanschnitte (Bemessungssituationen BS-T/ früher: Lastfall 1) in trockenen grobkörnigen Böden

φ_k	$\tan \varphi_k$	$\gamma_\varphi = 1{,}25$	$\tan \beta$	Böschungswinkel β
43°	0,915	1,25	0,732	37,2°
40°	0,835	1,25	0,668	33,6°
37,5°	0,77	1,25	0,616	30,7°
35°	0,70	1,25	0,56	29,3°
32,5°	0,635	1,25	0,508	27,0°
30°	0,58	1,25	0,464	25,0°
27,5°	0,48	1,25	0,384	21,0°

- Mineralart und Mineralartverteilung
- Gesteinsart
- Dichte
- Einregelung der Partikel
- Mögliche Verkittung der Partikel
- Restwassergehalt
- Bindungskräfte des Wassers

Weiterhin sind bei Angaben zur Scherfestigkeit für auf Dauer anzulegende Böschungen mögliche Veränderungen infolge Verwitterung zu berücksichtigen. Für eine solche Voraussage sind vom Geologen Versuche an Verwitterungsprodukten aus dem zu beurteilenden Material durchzuführen.

Durch die Aufnahme von Feuchtigkeit kann sich im Sand, ausgehend vom Wasser im Porenzwickelraum der Sandkörner, eine (scheinbare) Kohäsion aufbauen, was (vorübergehend) eine steilere Hang- oder Böschungsneigung ermöglicht. Beim Planen und Abgraben von Böschungen werden häufig steilere Böschungswinkel angelegt. Es wird die im feuchten Boden vorliegende scheinbare Kohäsion genutzt. Auch können sich aus der geologischen Lagerung und Verdichtung im Korngefüge steilere Böschungen ergeben. Ein solches Vorgehen setzt geologische und geotechnische Erfahrungen vor Ort voraus.

Festlegen der Böschungsneigung nach Tabellenwerten

Bei einheitlichem Lockermaterial oberhalb des Grundwassers kann die Böschungsneigung mittels Erfahrungswerten aus Tabellen für die vorliegende Bodenart oder Bodengruppe (Tab. 7.3, 7.4 und 7.5) festgelegt oder bei Kenntnis der Bodenkenngrößen Wichte γ, Winkel der inneren Reibung φ und Kohäsion c nach den Verfahren von Fellenius (1926), Taylor (1948) oder Jelinek (1955) mittels Nomogrammen bestimmt werden (Abb. 7.1 und 7.2). Im Gegensatz zu geschüttetem Material können bei anstehendem Boden höhere Scherfestigkeiten angenommen werden, sodass sich steilere Neigungen ergeben. Beim Festlegen der Böschungsneigung im Lockermaterial wird in Tab. 7.3 und 7.4 nur von den Bodenarten und Bodengruppen ausgegangen. Von den oben genannten Faktoren, die beim Abscheren einer Bodenprobe zusätzlich überwunden werden müssen, gehen nur Korngröße und teilweise die Korngrößenverteilung ein. Damit wird nur ein gewisser Reibungsanteil und nicht die Gesamtheit der widerstehenden Kräfte genutzt. Die so festgelegten Böschungsneigungen liegen auf der sicheren Seite.

Tab. 7.3 Regelneigung bei Einschnittsböschungen im Boden nach Ril 836 der DB Netz AG, Modul 836.0506

Bodenart		Gruppensymbol nach DIN 18196	Einschnittstiefe [m]	Böschungsneigung
Grobkörnige Bodenarten	Weitgestufte und intermittierend gestufte Kiese und Sande, enggestufte Kiese	GW, GI	0–12	1:1,5
		GE, SI, SW	0–12	1:1,7
	Enggestufte Sande	SE	0–12	1:2,0
Gemischtkörnige Bodenart	Schluffige Kiese Tonige Kiese Schluffige Sande	GU, $G\overline{U}$ GT, $G\overline{T}$ SU, $S\overline{U}$	0–6	1:1,6
	Tonige Sande	ST, $S\overline{T}$	6–9	1:1,8
Feinkörnige Bodenarten	Leicht plastische Schluffe Leicht plastische Tone	UL TL	9–12	1:2,0

Bindige, feinkörnige und gemischtkörnige Böden können wegen der Kohäsion steiler abgeböscht werden als die grobkörnigen Böden.

Nach den „Richtlinien für die Anlage von Straßen" (RAS) erhalten Einschnittsböschungen ab 2 m Höhe eine einheitliche Neigung (Regelneigung) 1:1,5. Der Übergang zwischen Böschung und Gelände wird ausgerundet. Wenn diese Regelneigung aus Gründen der Standsicherheit nicht ausführbar ist, können abweichende Neigungen, z. B. nach Floss (1997; Tab. 7.5), zugrunde gelegt werden. Bei hohen Böschungen kann die Anlage von Bermen zur Verbesserung der Standfestigkeit und zum Erleichtern der Unterhaltung zweckmäßig sein.

Böschungen unter 2 m Höhe erhalten nach RAS-Q eine konstante Böschungsbreite von 3 m. Die Böschungsneigung wird mit abnehmender Böschungshöhe flacher.

Abweichende Böschungsgestaltungen können zum Einpassen der Straße in die Landschaft, zum Vermeiden von Schneeverwehungen und aus Gründen des Immissionsschutzes in Betracht kommen.

Nach der „Richtlinie für Erdbauwerke der DB Netz AG" (Ril 836) sind Einschnittsböschungen mit gleichmäßiger Neigung nach Tab. 7.1 anzulegen. In Böschungen über 12 m Höhe und steileren Neigungen als 1:1,8 sollen Bermen angelegt werden (2,5 m breit, Quergefälle 1:20 in Richtung Böschungsfuß).

Eine Sonderstellung nehmen feinkörnige Böden wie Löss, Schluff und tropische Verwitterungsböden im wechselfeuchten Klima ein. Die Böden sind kohäsiv und können begrenzt senkrechte Wände bilden. Wird der Fuß einer Böschung in diesen Böden von außen durchnässt (Straßengraben, Erosionsrinne), bricht die Böschung in einem vertikalen Streifen nach. Schräg angelegte Böschungen gehen bei gleichzeitiger Verbreiterung von Graben, Hohlweg oder Erosionsrinne

Tab. 7.4 Böschungsneigungen bei Einschnitten in natürlich gelagerten, homogenen, feinkörnigen Lockergesteinen von steifer Konsistenz, berechnet nach Fellenius. (Umgeschrieben nach Reuter und Kiengel 1977)

Bodenart	Plastizitätszahl	Wichte des feuchten Bodens	Scherfestigkeit		Böschungsgeometrie	
			Winkel der Inneren Reibung	Kohäsion	Höhe	Neigung
	I_P	γ [kN m^{-3}]	φ' [Grad]	c' [kN m^2]	h [m]	1:n
Schluff U	0,1	18	25	0,25	0…3 3…6 6…9 9…12 12…15	1:1,6 1:2 1:2,2 1:2,3 1:2,4
Toniger Schluff U, T	0,1	19	25	0,5	0…3 3…6 6…9 9…12 12…15	1:1,5 1:1,6 1:1,8 1:1,9 1:2
SchluffigerTon TU	0,2	20	17,5	1,0	0…3 3…6 6…9 9…12 12…15	1:1,5 1:1,7 1:2,1 1:2,4 1:2,5
Ton T	0,3	20	10	1,75	0…3 3…6 6…9 9…12 12…15	1:1,5 1:1,5 1:2,6 1:3,2 1:3,5
Für unverdichtete Böden in Auftragsböschungen beträgt $c' = 0$						

Tab. 7.5 Erfahrungswerte für die Böschungsneigung in Abhängigkeit von der Bodenart und Böschungshöhe. (Nach Floss 1979,1997)

Bodengruppe	Böschungshöhe [m]	Böschungsneigung
GW, GI, SW, SI	10 über 10	1:1,5 1:1,5 bis 1:1,8
GE, SE	Bis 10 über 10	1:1,8 1:1,8 bis 1:2
UL, UT, OU, OT	Bis 10 über 10	1:1,5 1:1,5 bis 1:1,8
UM, TM, TA	Bis 3 3 bis 8 8 bis 15	1:1,25 1:1,25 bis 1:1,5 1:1,5 bis 1:1,8
GU, GT	Bis 10 über 10	1:1,5 1:1,5 bis 1:1,8
GŪ, GT̄, SU, ST, SŪ, ST̄	Bis 3 3 bis 8 8 bis 15	1:1,25 bis 1:1,5 1:1,5 bis 1:1,8 1:1,8 bis 1:2

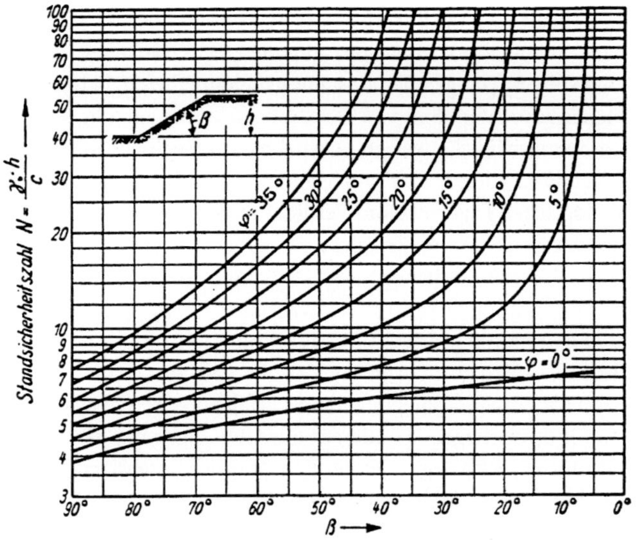

Abb. 7.1 Nomogramm (aufgestellt von Schultze 1966) zum Bestimmen der Böschungsneigung nach Fellenius und Taylor. *Beispiel*: Böschungshöhe 10 m, Kohäsion $c = 10$ kN m^{-2}. Wichte des feuchten Bodens $\gamma = 20$ kN m^{-3}, Winkel der inneren Reibung $\varphi = 24°$, $\eta_c = 1{,}3$, $\eta_\varphi = 1{,}3$. zul. $c = c / \eta_c = 10 / 1{,}3 = 7{,}7$; zul. $\tan\varphi = \tan\varphi/\eta_r = 0{,}44 / 1{,}3 = 0{,}34$, $\varphi = 18{,}7°$, $N = 20 \cdot 10 / 7{,}7 = 26$; Böschungswinkel $\beta = 33°$ bzw. Böschungsneigung 1:1,54

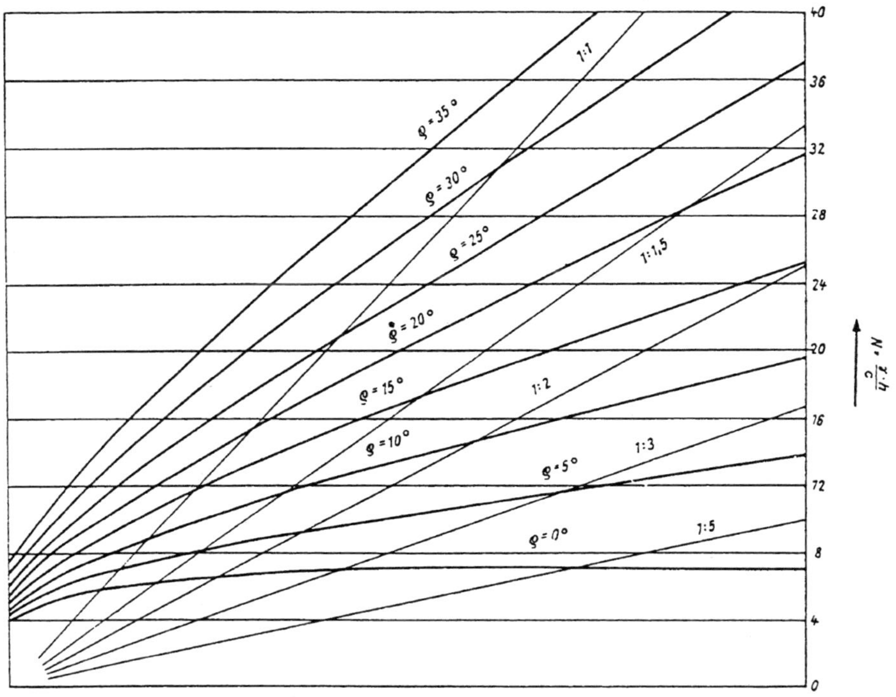

■ **Abb. 7.2** Nomogramm zum Bestimmen der Böschungsneigung nach Jelinek (1955). Für das Beispiel von ■ Abb. 7.1 ergibt sich eine Böschungsneigung 1:1,5 bis 1:1,6 bzw. ein Böschungswinkel $\beta = 33{,}5°$

in Steilböschungen über. Mit zunehmender Rinnenbreite und nachlassender Gefahr von Vernässung und Erosion kann sich für längere Zeit ein quasistabiler Zustand einstellen. Künstliche senkrechte Abgrabungen in Lössböden (nicht in Lösslehm!) können gleichfalls bei relativ geringen Rückverwitterungsraten über längere Zeit im quasistabilen Zustand stehenbleiben.

In geschichtetem Boden mit wechselnden Bodenarten wird die Böschungsneigung von den bodenmechanischen Eigenschaften der ungünstigen Schichten bestimmt. Treten diese ungünstigen Schichten nur in geringer Stärke auf, so besteht bei steilen Hanganschnitten die Möglichkeit, die Böschungszonen durch Dränagen und Stützmaßnahmen (Steinpackungen, Stützkörper aus Beton oder Einkornbeton) zu sichern.

Erhöhte Vorsicht verlangt die Anlage von Böschungen im aktiven Rutschgelände, in Hängen mit rezenten und fossilen Gleitflächen und in den als rutschanfällig bekannten geologischen Einheiten (Röttone, Bunte Mergel, Knollenmergel, Opalinuston und tertiäre Schleichsande). In Abhängigkeit von der regionalen Gesteinsausbildung treten bisweilen Rutschungen mit sehr flach geneigten Gleitflächen (5–10°) auf. Die Planung und Anlage von Böschungen wird stets auf die regionalen Erfahrungen zurückgreifen. Der Bearbeiter muss die Spezialliteratur zur jeweiligen rutschanfälligen Schicht kennen. In den aktiven Rutschhängen sind die geologischen und bodenmechanischen Verhältnisse fast immer sehr uneinheitlich und unübersichtlich, sodass eine erdstatische Vorausberechnung der noch möglichen Böschungsneigung, der Standsicherheit und der erforderlichen Rückhaltekräfte kaum möglich ist. In der Planung sind vorläufige Entwurfsböschungen mit voraussichtlich notwendigen Sanierungen und Absicherungen vorzusehen.

7.1.2 Geböschte Baugruben in Boden

Die Aushubtiefe von Baugruben und Gräben mit senkrechten Wänden ohne Verbau ist begrenzt und richtet sich nach der Art des anstehenden Bodens, nach Wassergehalt und Wasserführung des Bodens sowie nach Neigung und Belastung der anschließenden Geländeoberfläche. Nichtbindiger Baugrund darf nach DIN 4124 bis 1,25 m tief senkrecht abgegraben werden, wenn die anschließende Geländeoberfläche nicht stärker als 1:10 geneigt ist. Bei Wasserzulauf, Fließsand und offener Wasserhaltung ergeben sich geringere Wandhöhen. Weiche bindige Böden dürfen nach DIN 4124 bis 1,25 m tief senkrecht abgegraben werden, wenn die anschließende Geländeoberfläche nicht stärker als 1:2 geneigt ist. Bindige Böden mit steifer, halbfester und fester Konsistenz dürfen nach DIN 4124 bis 1,75 m tief senkrecht abgegraben werden, wenn der 1,25 m über der Sohle liegende Boden unter dem Winkel 1:1 abgeböscht oder durch Saumbohlen gesichert ist (■ Abb. 7.3) und die Geländeoberfläche nicht stärker als 1:10 geneigt ist. Bei Tiefen von mehr als 1,25 bzw. 1,75 m sind die Baugrubenwände so abzuböschen, dass keine Erdmassen abstürzen können. Die Böschungsneigung richtet sich nach den bodenmechanischen Eigenschaften und der Wasserführung unter Berücksichtigung von benötigter Standzeit und äußeren Einwirkungen. Die Böschungsneigung darf bis maximal 5 m Höhe ohne rechnerischen Nachweis der Standsicherheit erstellt und wie folgt angenommen werden:

- bei Sanden, Kiesen und weichen feinkörnigen Böden bis 45°;
- bei steifen und halbfesten feinkörnigen Böden bis 60°;
- bei Fels und festen feinkörnigen Böden bis 80°.

Der geforderte rechnerische Nachweis der Standsicherheit für Böschungen über 5 m Höhe erfolgt bei grobkörnigen Böden nach dem unter ► Abschn. 7.1.1 aufgezeigten Rechenvorgang. Bei bindigen Böden kann der Nachweis der Standfestigkeit über das Lamellenverfahren geführt werden (► Abschn. 11.4.3, ■ Abb. 11.10).

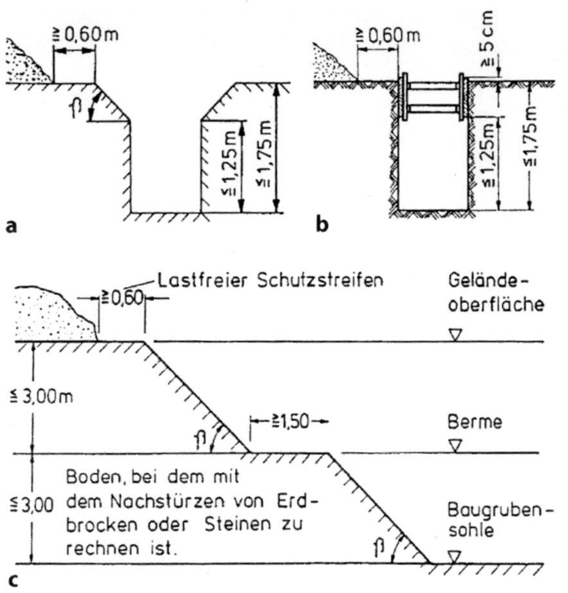

Abb. 7.3 **a** Graben mit abgeböschten Kanten, **b** teilweise gesicherter Graben mit Saumbohlen, **c** Baugrubenböschung mit Berme (nach DIN 4124). *β* Böschungswinkel

Die Standsicherheit der Böschungswand und der senkrecht ausgehobenen Graben- oder Baugrubenwand kann durch folgende Faktoren vermindert werden, sodass im Einzelfall auch geringere Böschungsneigungen, als für den Normalfall angenommen, angesetzt werden müssen:

- Störung des Boden- oder Felsgefüges durch offene, engscharige Trennflächen;
- Einfallen der Haupttrennflächen oder Gleitflächen auf die Einschnittsohle zu;
- Aufschüttung mit unzureichender Verdichtung;
- Grundwasserabsenkung durch offene Wasserhaltung;
- Zufluss von Schicht- oder Oberflächenwasser;
- Fließsand im nicht entwässerten Zustand;
- Erschütterungen aus Verkehr, Verdichtungsarbeiten, Rammarbeiten und Sprengungen.

Lange Zeit freistehende Böschungen werden durch den Einfluss der Witterung aufgelockert und entfestigt sowie durch zufließendes Wasser zerstört. Zur Sicherung empfehlen sich folgende Maßnahmen:

- Abdecken der Böschung und der Böschungskrone mit Plastikfolie;
- Besprühen der Böschung mit Zementmilch oder Bitumen;
- Auftrag von Spritzbeton;
- Auftrag von bewehrtem Spritzbeton;
- Einrichten von Abfanggräben und Wasserfassungen für alles zufließende Wasser.

Die Standsicherheit der Graben- und Grubenwände ist rechnerisch nach DIN 4084 nachzuweisen, wenn

- die Böschung höher als 5 m ist;
- die Böschung steiler als oben angegeben abgegraben werden soll;
- bauliche Anlagen in der Nachbarschaft gefährdet sind;
- das Gelände neben der Abgrabung stark ansteigt oder durch Aufschüttung und Stapellasten belastet ist;
- die Verkehrsführung in kleinerem Abstand als 1 m ab Böschungsschulter verläuft;
- der Schwerverkehr in kleinerem Abstand als 2 m ab Böschungsschulter verläuft.

Bei flachen Baugruben und ausreichendem Platz ist die abgeböschte Baugrube kostengünstiger zu erstellen als die verkleidete Baugrube. Wenn das aus der Böschung entnommene Bodenmaterial nicht wieder eingebaut werden kann und durch andere Bodenmassen ausgetauscht werden muss, kann die verkleidete Böschung günstiger ausfallen.

7.2 Böschungen im Felsgestein

Die Standfestigkeit von Böschungen im Fels hängt von der Felsart, der Ausbildung der Trennflächen, der Böschungsneigung und der Böschungshöhe ab. Für das Bestimmen einer zulässigen Böschungsneigung ist eine genaue geologische Aufnahme des Geländes wichtig. Neben der geotechnischen Beschreibung der anstehenden Gesteinsarten ist eine Aufnahme des Trennflächengefüges mit Lage (Streichen und Fallen), Kluftabstand, Durchtrennungsgrad und den auf den Kluftflächen oder in der Kluftfüllung vorliegenden Scherfestigkeiten erforderlich.

Die Beurteilung der Standfestigkeit muss folgende Kriterien berücksichtigen:

- günstig ist, wenn ein kompaktes Festgestein mit weitem Trennflächenabstand, unvollkommener Durchtrennung und hoher Scherfestigkeit in allen Trennflächenscharen ansteht;
- günstig ist, wenn die Schichtung oder Bankung horizontal gelagert ist und ein orthogonales Trennflächensystem (Lagerungsklüfte) ausgebildet ist;
- günstig ist, wenn die Streichrichtung der Haupttrennflächen senkrecht zur Einschnittsachse verläuft;
- günstig ist, wenn die Streichrichtung der Haupttrennflächen parallel zur Einschnittsachse verläuft und das Einfallen dieser Trennflächen in den Berg hinein gerichtet ist;
- ungünstig ist, wenn ein veränderlich festes Gestein ansteht;
- ungünstig ist, wenn eine dünnschichtige bis dünnbankige Wechsellagerung verschiedener Gesteine ansteht;
- ungünstig ist, wenn das anstehende Gestein ganz oder teilweise aufgelockert, entfestigt oder verwittert ist;
- ungünstig ist, wenn das Gestein engscharig von Trennflächen mit hohem Durchtrennungsgrad durchzogen ist;
- ungünstig ist, wenn die Streichrichtung der Haupttrennflächen parallel zur Einschnittsachse verläuft und das Einfallen dieser Trennflächen hangauswärts gerichtet ist. Hier sollte der Böschungswinkel kleiner als der Fallwinkel der möglichen Gleitflächen sein;
- ungünstig ist, wenn sich zwei geneigte bis steile Trennflächensysteme unter einem Winkel schneiden und der Fallwinkel der Schnittlinien größer als der Reibungswinkel auf den Kluftflächen ist (Abb. 2.11d; Trunk 1995).

7.2.1 Standardisierte Entwurfsböschungen in Fels

Für den Entwurf von Böschungen kann beim Vorliegen von günstigen Voraussetzungen nach Brandecker (1971) klassifiziert und die Ausbildung der Felsböschung in Abhängigkeit von der Böschungshöhe festgelegt werden (◘ Abb. 7.4).

Folgende Felsgruppen werden unterschieden:

- *Gruppe A*
  Magmatische und metamorphe Gesteine (Granit, Basalt, Gneis) und massige Sedimentgesteine (Kalkstein, Dolomitstein, stark verfestigte Konglomerate) in zusammenhängendem, festem Gesteinsverband mit weitem Trennflächenabstand, unvollkommener Durchtrennung und hoher Reibung im Trennflächengefüge.
- *Gruppe B*
  Unverwitterte und wenig geklüftete magmatische Gesteine und metamorphe Gesteine, massige Kalksteine, Dolomitsteine und mineralisch gebundene Sandsteine und Grauwacken mit hoher Reibung im Trennflächengefüge.
- *Gruppe C*
  Angewitterte und etwas entfestigte Gesteine der Gruppen A und B mit mittelständiger Klüftung; Einschaltungen von Mergelsteinen und tonigen Sandsteinen in der Schichtenfolge; weniger verfestigte Kalksteine, Mergelsteine und Sandsteine aus Kreide und Tertiär.
- *Gruppe D*
  Stärker angewitterte und geklüftete Gesteine; Phyllite, Tonschiefer und Mergelsteine und Wechsellagerung von festen Sedimentgesteinen (frostunempfindlich!).
- *Gruppe E*
  Entfestigte, mechanisch zerlegte Gesteine, stark angewitterte und verwitterte Gesteine, Tonschiefer und Wechsellagerung von Kalksteinen oder Sandsteinen mit Tonschiefern, veränderlich feste Gesteine. Diese Gesteine werden im Extrem wie Lockergesteine abgeböscht und verlangen stets eine gesonderte Untersuchung und eine individuelle Festlegung der Böschungsneigung.

▪ Bermen (Banketten, Etagen)

Beim Herstellen hoher Felsböschungen werden üblicherweise sowohl aus arbeitstechnischen Gründen wie auch aus Gründen der Stabilität, der Pflege und Wartung in Höhenabständen von 10–15 m Bermen angelegt (◘ Abb. 7.5b) . Eine solche Berme ist 2–3 m breit. Der Vorteil der Bermen liegt in Folgendem:

- einfacher und schonender Abtrag von oben nach unten;
- erleichterte Arbeit beim Einbau von Felssicherungen wie Bohren, Setzen von Ankern und Felsnägeln, Herstellen von Plomben und Abmauerungen;
- erleichterte Arbeit beim Anbringen von Schutzzäunen gegen Steinschlag;
- erleichterte Arbeit beim Räumen der Böschung von gelöstem Steinmaterial (Bergputzen);
- erleichterte Arbeit beim Ausführen von Kontrollmessungen (Messanker, Extensometer, Messbolzen, Beobachten von Deformationen);

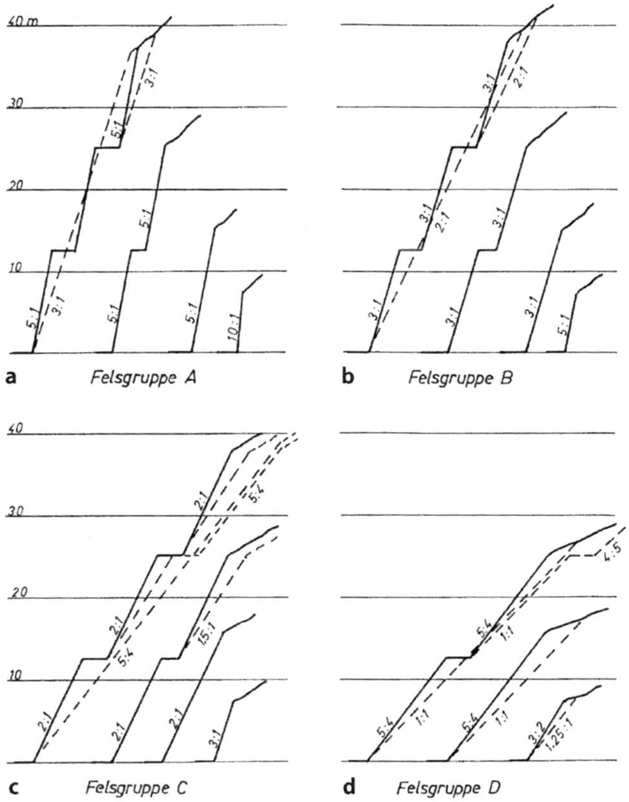

◘ **Abb. 7.4** Ausbildung von Felsböschungen in Abhängigkeit von Böschungshöhe und Felsgruppenzugehörigkeit. (Nach Brandecker 1971)

- Möglichkeit zum nachträglichen Einbau oder Verstärken einer Felssicherung ohne besonderen Aufwand an Gerüsten;
- erleichterte Arbeit beim Sammeln und Ableiten von Oberflächenwässern und gelegentlich auch von Kluftwässern.

Nachteile der Bermen können darin bestehen, dass bei besonderen geologischen Verhältnissen ein ungünstiger felsmechanischer Zustand herbeigeführt wird. Infolge der Kerbwirkung kann sich eine erhöhte Spannungskonzentration und somit eine Schwächung des jeweiligen Böschungsfußes im Bereich der Berme ergeben und zur Gefährdung der Böschungsstabilität führen. Auch kann längs der Berme Wasser in die Böschung eindringen. Frost und Verwitterung können verstärkt einwirken. Die Anlage von Bermen hat neben den statischen und wartungstechnischen Gründen eine ästhetische Wirkung für das Landschaftsbild. In gleicher Weise wird das Landschaftsbild durch das Stehenlassen von Felsbänken stark belebt. Eine solche die Landschaft belebende Maßnahme verursacht zusätzliche Kosten und sollte möglichst früh in die Planung aufgenommen werden. Es dürfen nur solche Felsbänke in einer Böschung belassen werden, die standfest sind und aus einem verwitterungsbeständigen Gestein bestehen.

7.2.2 Gefügeangepasste Böschungen in Fels

Standardisierte Entwurfsböschungen können bei ungünstiger Lagerung der Trennflächen nicht ausgeführt werden. Wo eine

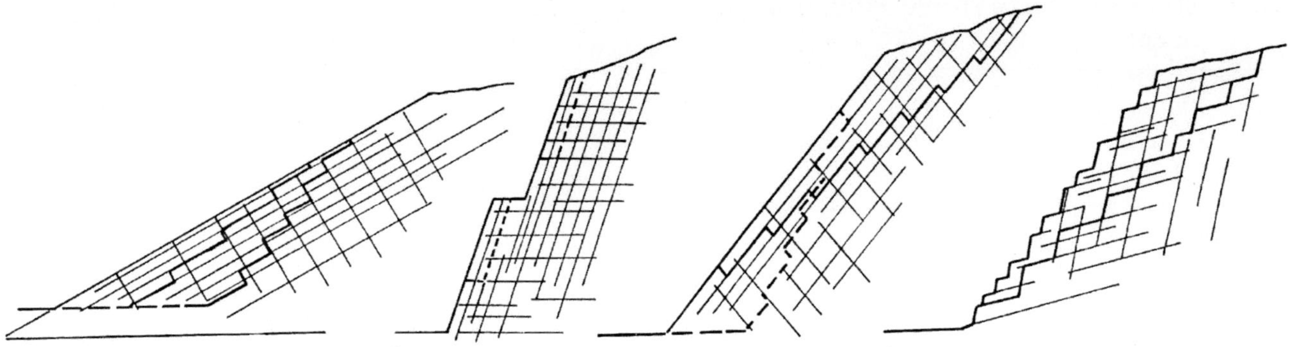

Abb. 7.5 Gefügebedingte Anlage von Felsböschungen. **a** Geneigtes Einfallen mit der Möglichkeit einer hängenden Abtreppung, **b** steiles Einfallen mit Abtreppung oder Berme, **c** steiles Schichtfallen mit zwei Varianten für die mögliche Abtreppung. Die hängende Abtreppung ist nur bei genauester Prüfung zulässig. **d** Varianten einer Treppenböschung. (Umgezeichnet nach Brandecker 1971)

oder mehrere die Stabilität der Felsböschung erheblich beeinflussende Trennflächen mit ungünstiger Raumstellung auftreten, muss die Ausbildung der Felsböschung in Anpassung an das Gefüge erfolgen. Dabei bestehen folgende Möglichkeiten:

- die Böschungsfläche wird der Gefügefläche folgen, d. h. die Böschung wird bis auf den Einfallwinkel der Trennfläche abgehoben (Abb. 7.5a und 7.6c, d);
- die Böschung wird in gleicher Weise wie die Entwurfsböschung angelegt. Es werden zusätzliche Maßnahmen zur Felssicherung vorgesehen (Stützmauern, Kopfmauern, Balkenroste, Stützgewölbe, Pfeiler, Plomben, Balken, Spritzbeton, Ankersicherung, Stahlbänder, Drahtnetze, Baustahlgitter, Verhängen mit Zugelementen; Abb. 7.37);
- das Abböschen erfolgt in einem Winkel zwischen den beiden genannten Extremen mit „hängenden Abtreppungen" und meist zusätzlicher Sicherung (Abb. 7.5a, c, d).

Neben den geologischen und technischen Voraussetzungen für die Ausbildung der Felsböschung wird die Kostenfrage ein wesentliches Kriterium für die Planung sein. Dabei kann es sinnvoll sein, die Böschungsgestalt auch über kürzere Strecken an die vorhandenen Gesteinsstrukturen wie Bankung, Kluftscharen, Störungen und Zerrüttungszonen anzupassen. Besondere Untersuchungen und Berechnungen verlangen die Böschungen in veränderlich festen Gesteinen und in teilweise aufgelockerten und angewitterten Gesteinen. Hier sollte keinesfalls mit standardisierten Entwurfsböschungen gearbeitet werden.

Geotechnisches Erkunden zur Stabilität von Böschungen muss auch die hydrogeologischen Gegebenheiten berücksichtigen. Dränagen zum Beseitigen des Kluftwasserschubes müssen so angelegt werden, dass zugleich ein Auffrieren des Gesteins und ein Zufrieren der Dränagen verhindert wird.

7.3 Böschungssicherung gegen Verwitterung und Erosion

Wenn eine Böschung (künstlich geneigtes Gelände) steiler erstellt werden muss, als dies die Standfestigkeit des Bodens bzw. Gebirges zulässt, oder ein Hang (natürlich geneigtes Gelände) durch Prozesse der Auflockerung, Verwitterung, Durchnässung oder Belastung (Überlagerung, Durchströmung, Unterspülung oder Untergrabung) seine Standfestigkeit verliert, sind, soweit das Gelände bewahrt und Bauwerke geschützt werden sollen, technische Maßnahmen erforderlich. Bei den Sicherungen zum Schutze der Böschung ist zwischen Vorkehrungsmaßnahmen wie Entwässerung, ingenieurbiologischer Bauweise und konstruktiver Böschungssicherung zu unterscheiden. Durch Entwässern und rechtzeitiges Bepflanzen werden Oberflächenabspülungen, Erosion und Flachrutschungen vermieden. Tiefgreifende Böschungsbewegungen können nur durch konstruktiven Ingenieurbau verhindert oder aufgehalten werden. Durch Abtragmaßnahmen, welche eine übersteilte Böschung erfordern, werden im Böschungsbereich Gesteine in eine veränderte Position und Lage zur angreifenden Witterung gebracht. Durch den Erdaushub herrscht für die in der Böschung verbleibenden Gesteine ein natürliches Ungleichgewicht. Unter geringerer Gesteinsauflast und vermehrtem Wasserzudrang stellt sich im Laufe der Zeit ein neues Gleichgewicht ein. Die Gesteine verwittern und nehmen bei erhöhtem Wassergehalt eine geringere Dichte und Scherfestigkeit an. Eine nicht geschützte übersteilte Böschung geht in den instabilen Zustand über. Je nach Art der Randbedingungen wird ein Böschungsbruch, Geländebruch oder Grundbruch auftreten, und die Böschung wird in Form einer Rutschung versagen. Allgemein besteht die Tendenz zur Hangverflachung. Bei einer rechtzeitigen bautechnischen Sicherung können die im Gestein vorhandenen Scherfestigkeiten genutzt werden, sodass der Hang steiler als von der Bodenmechanik des verwitterten Gesteins her möglich erstellt werden kann. Die Baumaßnahmen haben sich nach den geotechnischen Erfordernissen zu richten. Böschungsverkleidungen sind Vorkehrungen, die dazu dienen, eine an sich standfeste Böschung vor den Angriffen der Verwitterung, Bioturbation und Abspülung bzw. Erosion durch Niederschlag, Fließgewässer oder Seegang zu schützen. Vorgestellte Wände, die bei ausreichender Standfestigkeit des Bodens nur die Funktion der Verkleidung oder Versiegelung übernehmen, werden als Futtermauern bezeichnet. Böschungssicherungen sind Vorkehrungen, die nach Form, Abmessung, Eigengewicht, Einspannung und/oder Kraft der Rückverankerung imstande sind, die Druckkräfte aus einer abschiebenden Masse über die Sohle in den Untergrund oder über Anker in tiefliegende Gebirgsschichten zu übertragen.

Böschungen werden in Böden in der Regel mit einer Neigung zwischen 1:1,5 und 1:2 hergestellt und sind als frisch

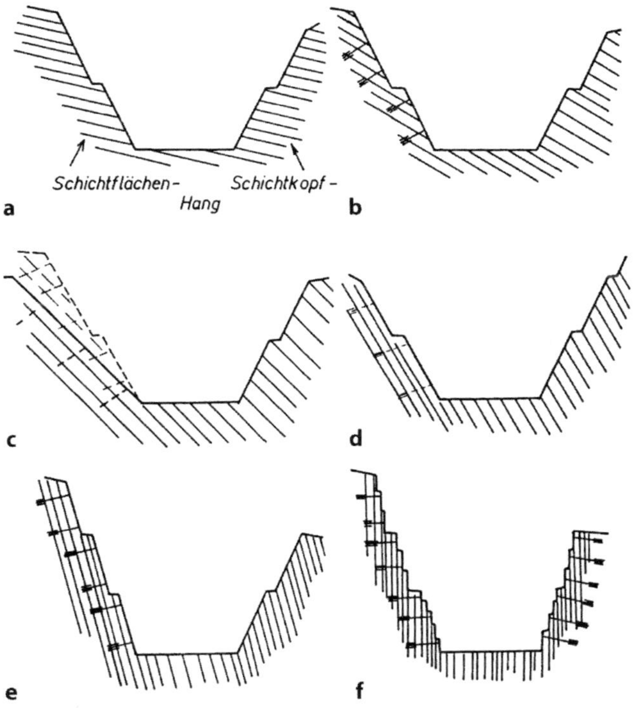

Abb. 7.6 Böschungsgestaltung und Sicherung in Anpassung an das bestehende Felsgefüge (nach Brandecker 1971). **a** Einfallen der Haupttrennflächen mit 0–15°, keine Anpassung, **b** 15–30°, keine Anpassung, jedoch Sicherung des Schichtflächenhanges, **c** 30–45°, Anpassung der Böschung an das Felsgefüge oder umfangreiche Sicherung des Schichtflächenhanges, **d** 45–60°, Anpassung der Böschung an das Felsgefüge, nur in Sonderfällen Sicherung des Schichtflächenhanges, **e** 60–75°, Anpassung der Böschung an das Felsgefüge, Sicherung des Schichtflächenhanges, **f** 75–90°, Anpassung der Böschung an das Felsgefüge und beidseitige Sicherung der Hänge

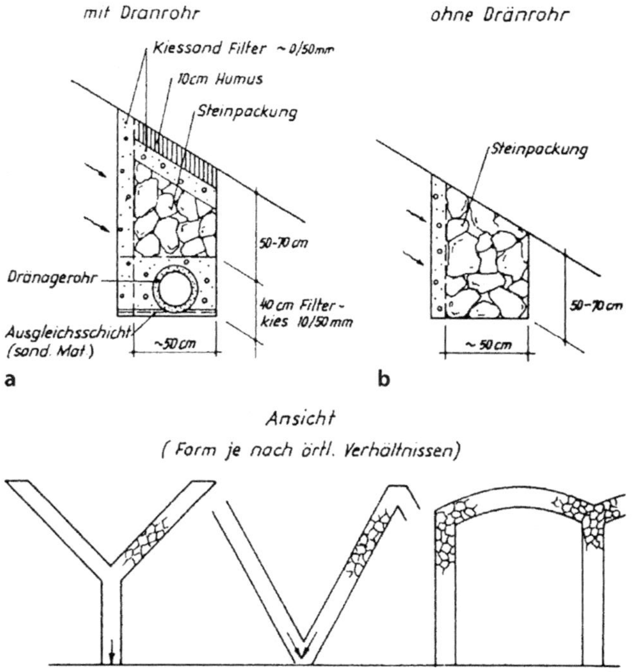

Abb. 7.7 Steinrippen zum Entwässern und Sichern von Anschnittsböschungen. (Brandecker 1971)

- Kombinierte Böschungssicherung und Tiefenentwässerung durch die Kombination von Bodenvernagelung und Dränage (System DRILL-DRAIN der Friedr. Ischebeck GmbH/ Müller W 2008/► Abschn. 10.2).

profilierte Böschungen vor den Einflüssen der Witterung und Erosion zu schützen. Die erforderlichen Maßnahmen betreffen Entwässern, Begrünen und/oder Lebendverbau. Konstruktiv können Böschungen durch Pflaster oder Futtermauern geschützt werden.

7.3.1 Entwässerung

Zweck der Oberflächen- und Tiefenentwässerung ist das Vermeiden von Erosionsschäden an unbefestigten Böschungen und das Herabsetzen des Poren- und Kluftwasserdruckes im Gestein. Die Maßnahmen erstrecken sich auf:

- Entwässern des Hanges oberhalb der Böschung, z. B. durch Gräben, Sickerschlitze, Halbschalen, Entwässerungsbohrungen;
- Ableiten des Oberflächenwassers im Böschungsbereich durch Dränagen, Gräben und Halbschalen entlang der Böschungsschulter und der Bermen;
- Tiefenentwässerung im Böschungsbereich (Abb. 7.7) durch tiefliegende Dränagen, Steinkeile, Schottermulden und Horizontalbohrungen. In geringdurchlässigen Böden werden auch Vakuumbrunnen und das Elektroosmose-Verfahren zum Entwässern eingesetzt. Bei den tiefliegenden Dränagen muss stets darauf geachtet werden, dass die Böschung nicht unterschnitten wird.

7.3.2 Böschungssicherung mit ingenieurbiologischen Bauweisen

Lebende Pflanzen oder Pflanzengesellschaften schützen die Böschung durch ihr Wurzelgeflecht und durch die erhöhte Verdunstung. Eingebaut werden Pflanzen oder Pflanzenteile, vielfach in Kombination mit Holz, Stahl, Kunststoff, Beton und Steinen. Eine gute Kenntnis der einzelnen Bauweisen und die Beurteilung der notwendigen und möglichen Wirkungen bei gegebenen Standortverhältnissen sind erforderlich, um eine ökonomische und effektive Sicherung zu garantieren. Zu beachten sind DIN 18915–18919 und die „Richtlinien für die Anlage von Straßen – Landschaftsgestaltung, Lebendverbau" (RAS-LG 3). Mit ingenieurbiologischen Bauweisen können nur solche Böschungen geschützt werden, die in sich standfest sind. Da das Wurzelwerk lange Aufwuchszeiten benötigt, ehe es ausreichende Zugkräfte übernimmt und zur Sicherung der Böschung beiträgt, müssen bei der Neuanlage Kombinationen von Stützbauwerken oder verankerten Hangrosten mit lebenden Pflanzen gewählt werden. Folgende Bauweisen sind bekannt (Schiechtl 1978, 1987, Zeh H. 2007, Hacker E., Johannsen R. 2012):

- biotechnisches Entwässern durch das Anpflanzen stark wasserverbrauchender Sträucher und Gehölze;
- Stabilisieren durch Wasserentzug und Durchwurzelung bei verschiedenen Bauweisen;
- Kombination von Stützbauwerken (Krainer Wände aus Beton oder Holz) mit Pflanzen (Abb. 7.8a);

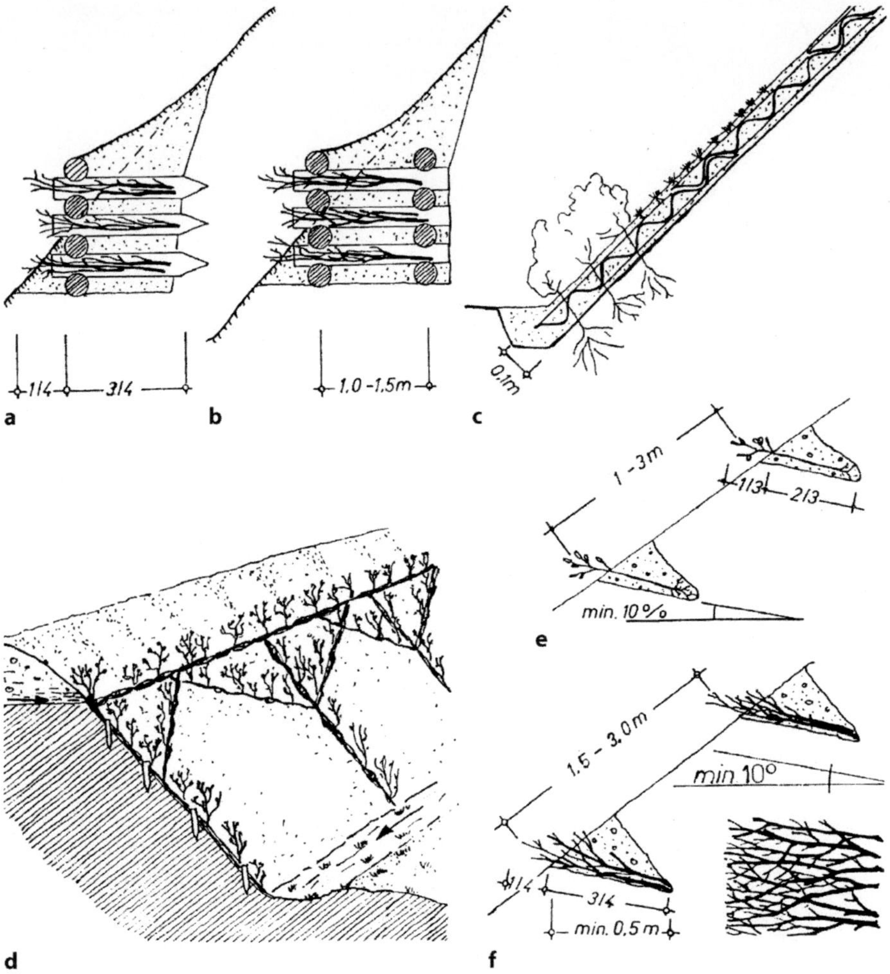

Abb. 7.8 Biologische Verbaumaßnahmen an Böschungen und Hängen. **a,b** Krainer Wände aus Rundholz. Durch Einlegen ausschlagfähiger Gehölzäste entwickeln sich die Wände zu dichten, lebenden Buschkörpern. **c** Kombination von Drahtskelettkörpern mit Pflanzen, **d** Flechtzaun, Faschine, **e** Heckenlagenbau, **f** Buschlagenbau

- Trockenmauern, Drahtschotterkörbe und grobe Block- und Steinschüttungen in Kombination mit Pflanzen;
- mit Geotextilien und Gehölzen bewehrte Erdkörper (Sandsackmauern). Es werden unverrottbare und reißfeste Geotextilien mit Maschenweite unter 5 mm verwendet;
- lebende Hangroste (rostartige Bauelemente aus Holz oder Beton, Drahtskelettkörper; Abb. 7.8b, c) in Kombination mit Pflanzen;
- Flechtzäune und Faschinen aus ausschlagfähigen Gehölzen. Das Flechtwerk wird um eingeschlagene Stöcke gewunden oder in Gräben verlegt (Abb. 7.8d);
- Lagenbau mit sparrigen, nicht flechtbaren Pflanzen, die unter anteiliger Mechanisierung lagenweise in der Böschung angepflanzt werden. Der Heckenlagenbau verwendet bewurzelte Gehölzpflanzen (Heister), der Buschlagenbau verwendet Äste ausschlagfähiger Holzarten. Beim Heckenbuschlagenbau werden die Heister der angestrebten Endgesellschaft zusätzlich zu den Buschlagen verpflanzt (Abb. 7.8e, f);
- Steckhölzer werden als ausschlagfähige Ruten ca. 30 cm tief in den Boden sowie in Fugen und Klüfte eingesteckt. Diese Bauweise eignet sich beim Verbauen von geschiebeführenden Wildbächen, als Lawinenschutz und Lawinenleitwerk sowie zum Stabilisieren von Trockenmauern und Uferbefestigungen;
- Spreitlagenbau wird aus ausschlagfähigem Astwerk flächendeckend verlegt und mit Drahtverspannung am Boden befestigt. Die Spreitlagen müssen in der ganzen Länge dem Boden aufliegen und werden zudem leicht mit Erdmaterial beschüttet, sodass das Astwerk nur noch an wenigen Stellen sichtbar ist. Diese Bauweise stabilisiert erosionsgefährdete Hangabschnitte und Uferböschungen;
- Verlegen von Rasensoden ist für solche Standorte vorzusehen, die vom Klima her nur Rasenwuchs zulassen und für die es kein geeignetes Saatgut gibt (Hochgebirge) oder die mechanisch stark beansprucht werden (steile Böschungen, Sportplätze; Abb. 7.9);
- Rasensaaten werden vorwiegend als Nasssaaten, eine Mischung von Saatgut, Bodenverbesserungsmittel, Stroh, Kleber und Wasser, auf den Boden oder auf die Böschung aufgespritzt. Bei Trockensaaten wird großflächig Saatgut gestreut. Das Abdecken der Böschung mit Mutterboden und das Einrechen von Saatgut hat sich in steilen Lagen nicht bewährt.

7.3.3 Böschungssicherung durch Pflaster

Unter besonderen klimatischen Bedingungen, die keinen Bewuchs zulassen, bei sehr steilen und bei häufig betretenen

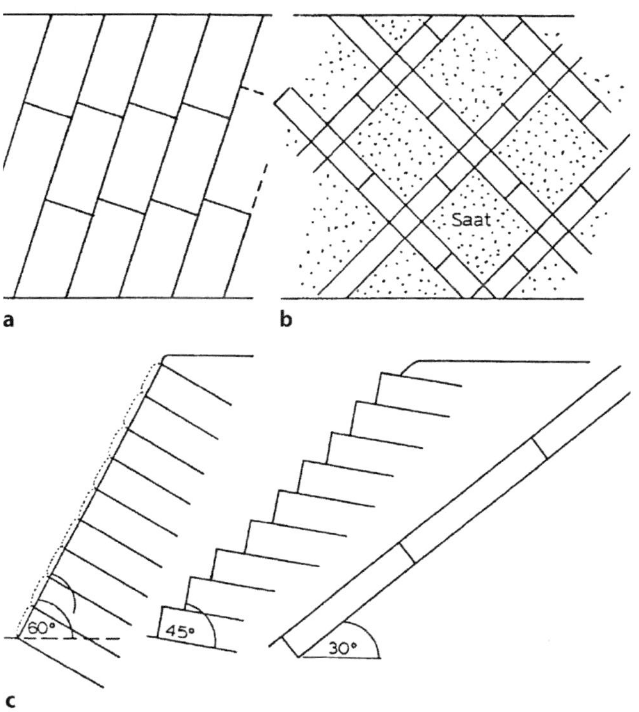

■ **Abb. 7.9** Verbaumaßnahmen mit Fertigrasen. **a** Rasenbahnen als Flachrasen, **b** Rasensoden als Schrägstreifen, **c** Rasensoden als Kopfrasen

Böschungen z. B. unter Brücken sowie bei Uferschutzbauten können Böschungen gepflastert werden. Als Pflastersteine werden Natursteine, Betonsteine und Rasengittersteine verwendet (■ Abb. 7.10). Am Böschungsfuß ist frostfreies Gründen erforderlich.

7.3.4 Böschungssicherung durch Futtermauern

Futtermauern sind Mauern oder Wände, die zum Schutz einer Böschung gegen Verwitterung, Erosion und Steinschlag errichtet werden. Sie haben keine Stützfunktion und werden bei gebrächem, witterungsempfindlichem Fels und mit geringer Mauerhöhe auch bei kohäsiven Böden (Lehm) vor die abgegrabene Wand gesetzt. Dank ausreichender Scherfestigkeit des anstehenden Bodens bzw. Gesteins ist die Böschung bedingt standfest bis standfest und bedarf lediglich einer Verkleidung oder Versiegelung. Die Mauern oder Wände bestehen aus Beton, Natursteinmauerwerk, vorgefertigten Betonformsteinen oder Trockenmauerwerk (■ Abb. 7.11a). Die gewählten Querschnitte richten sich nach den örtlichen Erfahrungen. Wegen der Möglichkeit des Bepflanzens und Begrünens werden Mauern aus Betonformsteinen bevorzugt. Durch das Hangkriechen werden Trockenmauern verformt und Betonmauern schiefgestellt. Mauern versagen in der Regel im unteren Drittel (■ Abb. 7.11b). Die aus gestapelten Betonfertigteilen, Kästen oder Bottichen errichteten Mauern sind ab einer gewissen, systemabhängigen Bauhöhe erdstatisch problematisch. Diese Grenzbauhöhe soll nicht überschritten werden.

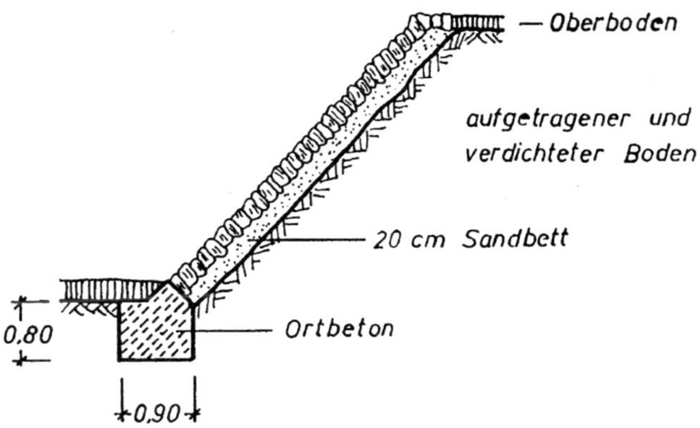

■ **Abb. 7.10** Böschungspflaster aus Naturstein als Schutz gegen Erosion bei in sich standfesten Böschungen

7.3.5 Böschungssicherung durch Spritzbeton

Zur Böschungssicherung kann Spritzbeton in Stärken von 8–15 cm für vorübergehende Zwecke und 15–25 cm für bleibende Zwecke aufgetragen werden. Die Spritzbetonhaut kann mit Baustahlgitter bewehrt werden, welches vor Auftrag des Spritzbetons vor die zu sichernde Böschung eingebaut wird. Durch dem Spritzbeton beigemischte Abbindebeschleuniger wird in kürzester Zeit ein inniger Verbund zwischen Beton, Baugrund und Bewehrungsstahl erreicht. Spritzbeton dringt in Spalten und Klüfte ein, verschließt diese und verhindert das Auflockern von Gebirge und Boden. Das Verschieben von Kluftkörpern und Bodenteilen wird verhindert. Spritzbeton passt sich auch unregelmäßigen Ausbruchs- und Oberflächenformen an. Spritzbeton kann in mehreren Lagen aufgetragen werden. Je nach Funktion wirkt der Spritzbeton als Haut oder Schale und verhindert den Zutritt der Atmosphärilien. Auflockerung, Verwitterung und Erosion werden verhindert. Spritzbeton kann mit anderen Verbaumitteln wie Ankern, Nägeln und Stahlschienen kombiniert werden und verhindert dann auch tiefgründiges Auflockern. Beim Einbau von Spritzbeton wird zwischen Nassspritzverfahren und Trockenspritzverfahren unterschieden (Krämer-Wasserka 1999, Schwab 1999, Maidl und Derbort 1999).

■ Einbau von Spritzbeton im Nassspritzverfahren

Beim Nassspritzverfahren wird die Betonmischung aus Nassmischgut und Wasser in einer Mischanlage vorgefertigt und zum Einsatzort transportiert. Mit einer Betonpumpe wird die Betonmischung im Dickstromverfahren durch einen Schlauch zur Spritzdüse transportiert und dort durch Druckluft beschleunigt und verspritzt. Erstarrungsbeschleuniger werden an der Spritzdüse zugegeben.

Vorteile des Nassspritzverfahrens liegen bei Homogenität der Mischung, geringen Rückprallwerten, geringem Spritznebel und hohen Auftragsleistungen (bis 20 m^3 pro Stunde). Der Einsatz verlangt in Bezug auf Platzbedarf, Verfügbarkeit und Restbetonmenge einen hohen logistischen Aufwand.

■ Einbau von Spritzbeton im Trockenspritzverfahren

Beim Einbau von Spritzbeton im Trockenspritzverfahren wird ein Trockenmischgut aus Zuschlagstoffen, Zement und Erstarrungsbeschleuniger von der Spritzmaschine mit Druckluft zur

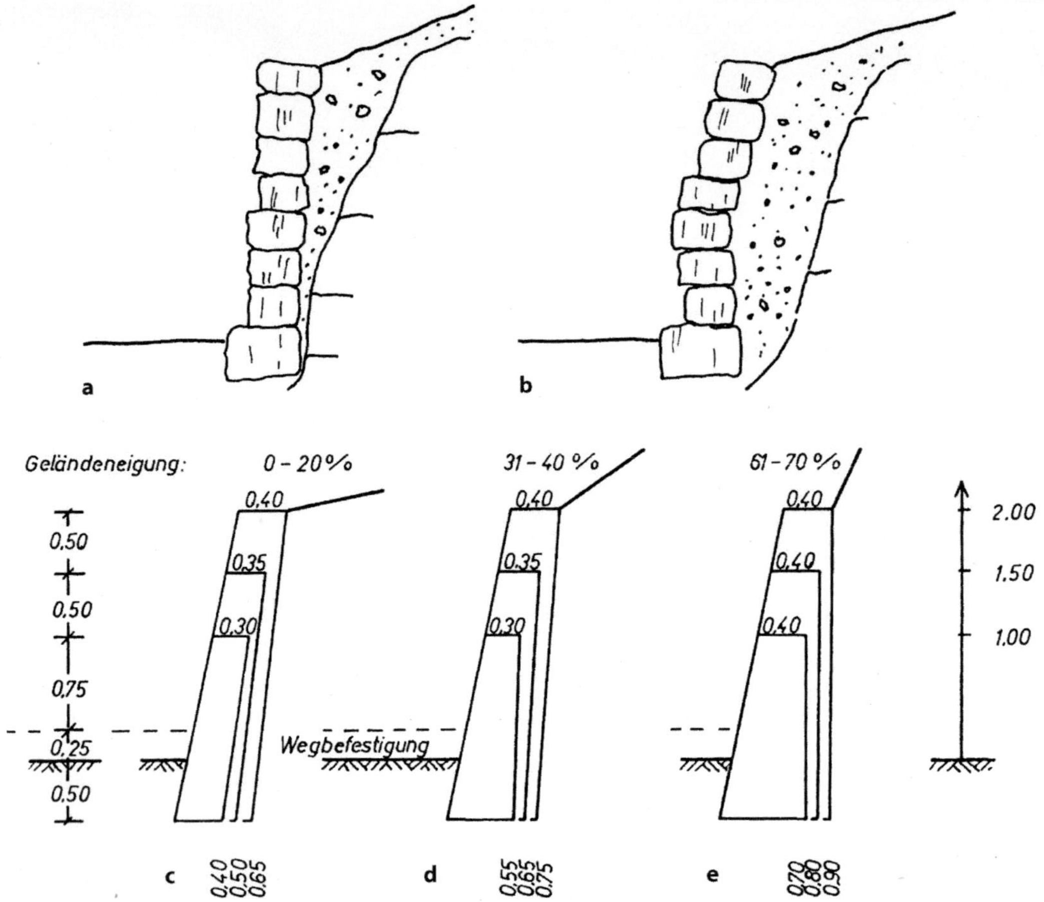

Abb. 7.11 **a** Trockenmauern in herkömmlicher Bauweise aus Naturstein, **b** Trockenmauer mit Ausbauchung, **c–e** Querschnitte (in m) von Futtermauern aus Beton bei Geländeneigungen zwischen 20 und 70 %. (Voth 1976)

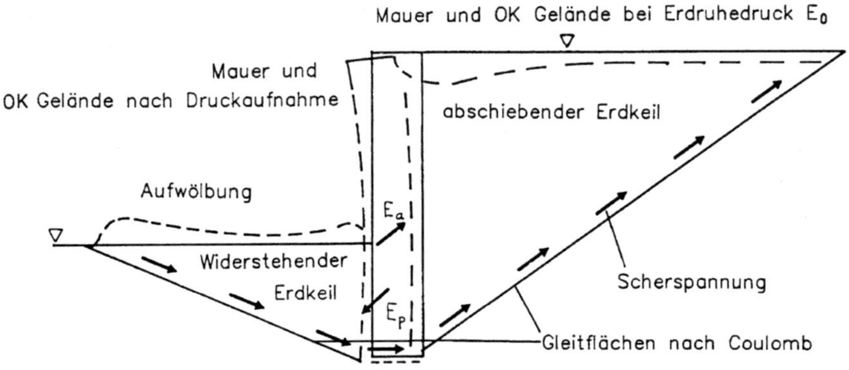

Abb. 7.12 Aktive und passive Erddruckkraft (E_a, E_p) am Beispiel einer Stützwand

Spritzdüse transportiert, dort mit Wasser vermischt und verspritzt.

Die Vorteile des Trockenspritzverfahrens liegen in der großen Flexibilität, die es erlaubt, auch kleine Mengen zu verspritzen bzw. kleine Flächen zu sichern und Spritzpausen einzulegen. Das Verfahren ist wintertauglich.

Nachteilig sind Inhomogenität durch Entmischen, hohe Rückprallwerte, starker Spritznebel und Staubbelastung.

7.3.6 Ertüchtigen zu steil angelegter Böschungen

Längs von Straßen und Eisenbahnen können Einschnittsböschungen, Anschüttungsböschungen und Dammböschungen aus dem Altbestand nach den heutigen Regeln und Anforderungen zu steil angelegt sein. Gegenüber früheren Annahmen sind die Belastungen aus Achslasten, Fahrgeschwindigkeiten und Befahrungsdichte höher. Das Überprüfen der Standsicherheit und das Ertüchtigen zu steil angelegter Böschungen ist angesagt (Reinhold, Chr. & Kudla, W. 2008). Möglichkeiten für das Ertüchtigen von zu steilen Böschungen sind:

- Abflachen der Böschung
  - durch talseitiges Verschieben des neuen Böschungsfußes und Aufbringen einer Erdschüttung auf die Originalböschung und das am Böschungsfuß erweiterte Gelände bis zum Erreichen der neu gewünschten Böschungsneigung. Die Böschungsschulter bleibt bestehen.
  - durch bergseitiges Verschieben der Böschungsschulter und Abgraben von Erdreich aus der Böschung und aus dem Gelände oberhalb der originalen Böschungsschulter bis zur neu gewünschten Böschungsneigung. Der Böschungsfuß bleibt bestehen.
- Bau eines Stützbauwerkes wie Stützmauer, Winkelstützmauer, rückverankerte Futtermauer, Stützbauwerk „bewehrte Erde", Reibungsfuß am Fuß der Böschung. Das Ertüchtigen der Böschung kann erfolgen durch:
  - Abflachen der Böschung durch Aufbringen einer Erdschüttung im Zwickel zwischen der Oberfläche der Originalböschung und der durch die Mauerkrone vorgegebenen möglichen neuen Böschungsoberfläche.
  - Kombination zwischen dem Aufbringen einer Erdschüttung im unteren Teil der Originalböschung hinter der Mauerkrone und dem Abgraben im oberen Teil der Originalböschung und bergseits der ursprünglichen Böschungsschulter.
  - Einbau von Stützscheiben (► Abschn. 10.3). Stützscheiben werden im Abstand zwischen einfacher und anderthalbfacher Böschungshöhe eingebaut. Das Ertüchtigen der gefährdeten Böschung erfolgt über die räumliche Tragwirkung des Gewölbes. Das zwischen den Stützscheiben befindliche Erdreich hängt sich seitlich an den Stützscheiben auf. Zum Stand der Technik beim Bemessen und Berechnen von Stützscheiben berichten Reinhold & Kudla (2008). Das Herstellen der Stützscheiben erfolgt durch:
    - Aushub von Gräben und Wiedereinbau eines Boden-Zement-Gemisches (Erdbeton, z. B. HZV/ Hydrozementationsverfahren).
    - Aushub von Gräben und deren Verfüllen mit Beton.

7.4 Erddruck

Erddruck ist die Druckwirkung des Bodens infolge Eigenlast und Geländeauflasten auf die Berührungsfläche (Wand) eines Stützbauwerkes oder einer rückhaltenden Ankerkonstruktion. Hierbei wird zwischen dem Erddruck e als Spannung (kN/m^2), welche zwischen der Wand des Stützbauwerkes und dem Boden herrscht, und der Erddruckkraft E (kN oder kN/m) unterschieden. Die Erddruckkraft E wird als einwirkende resultierende Gesamtkraft auf das Stützbauwerk in kN angegeben oder wird als Einwirkung pro laufenden Meter des Stützbauwerkes in kN/m angegeben. Das Ermitteln von Größe, Verteilung und Richtung des Erddruckes dient der Standsicherheit von Stützbauwerken. Die Größe des Erddruckes wird von Maß und Richtung der Bewegung des Stützbauwerkes beeinflusst. Gibt eine Wand der seitlichen Druckwirkung durch Kippen oder Gleiten nach, so wird ein Teil des Bodens auf Gleitflächen nachrutschen (◘ Abb. 7.12). Auf diesen Gleitflächen wird der Scherwiderstand mobilisiert, der einen Teil der Druckkräfte kompensiert. Wenn der Zustand des Gleitens eintritt, hat der Erddruck den kleinstmöglichen Wert erreicht. Er wird als aktiver Erddruck e_a, bzw. als hieraus resultierende aktive Erddruckkraft E_a bezeichnet.

Bewegt sich dagegen die Wand unter dem Einfluss der Belastung gegen das Erdreich, so wird dieses zusammengepresst. Bei einer bestimmten Bewegungsgröße wird ein Teil des Bodens auf Bewegungsflächen abgeschert. Dabei wird der größte Druckwert, den der Boden aus Eigenlast, Auflasten und möglichen Einwirkungen aufnehmen kann, erreicht. Er wird als passiver Erddruck oder Erdwiderstand e_p, bzw. als hieraus resultierende passive Erddruckkraft E_p bezeichnet.

Gibt eine Wand unter Belastung nicht nach, d. h. sie ist konstruktionsbedingt sehr steif, so liegt der Erddruck zwischen dem aktiven und dem passiven Erddruck. Der Erddruck auf die starre Wand wird als Erdruhedruck e_0 bezeichnet. Er ist anzusetzen, wenn bei starrer Bauwerksausführung (z. B. ausgesteifte Kellerwände), stark verdichteter Hinterfüllung oder Gründung auf Fels eine Bewegung nicht erwartet werden kann.

Wird die Fähigkeit zur Eigenbewegung des Stützbauwerks bewusst eingeschränkt, um z. B. Schäden an benachbarten Gebäuden zu vermeiden, so ist mit einem erhöhten aktiven Erddruck zu rechnen. Ein solcher Zustand kann durch Verankern mit vorgespannten Ankern, durch Aussteifen von Winkelstützmauern und durch Vergrößern der Fundamentfläche herbeigeführt werden.

e_a und e_p sind Grenzwerte des Erddruckes. Die Erddruckberechnung erfolgt nach DIN 4085.

Die für den Ansatz des aktiven Erddruckes vorauszusetzenden Bewegungsgrößen (◘ Abb. 7.12) liegen bei mitteldicht bis dicht gelagerten Sanden und Kiesen und bei steifen bis halbfesten feinkörnigen Böden, unter der Voraussetzung einer Drehung um den Fußpunkt der Mauer bei 1 / 500 oder 0,002, bei der Drehung um den Kopfpunkt bei 1/200 oder 0,005 der Wandhöhe. Bei Parallelverschiebung genügt ein Verschiebungsweg von 1/1000 (DIN 4085).

Die zum Auslösen des vollen Erdwiderstands erforderlichen Verschiebungswege liegen höher. Zu beachten ist das „Merkblatt über den Einfluss der Hinterfüllung auf Bauwerke" (Forschungsgesellschaft für Straßen- und Verkehrswesen 1994).

Der Erddruck wird üblicherweise nach der Coulomb'schen Erddrucktheorie berechnet (◘ Abb. 7.13, ◘ Tab. 7.6, 7.7, 7.8). Diese vereinfacht die Gleitzonen zu einer planaren Bewegungsfläche an der Basis eines unverformten Rutschkeils. Die Ansätze nach Coulomb gelten nicht, wenn durch die geologische Vorgeschichte bestimmte Erddruckfiguren (Rutsch- oder Gleitkörper) vorgegeben sind.

Nach der Erddrucktheorie von Rankine befindet sich hinter der Wand ein plastischer Erdkörper mit Bruch- oder Gleitflächen an jeder möglichen Stelle im abschiebenden Erdkeil. Dieser Zustand erfordert gegenüber der Theorie von Coulomb ein abweichendes Berechnungsverfahren zum Ermitteln von aktivem und passivem Erddruck.

Tab. 7.6 Beispiel für den Aufbau der Tabellen für Erddruckbeiwerte zum aktiven und passiven Erddruck $K_{a,h}$ und $K_{p,h}$ nach Grasshoff (1980). Die vorliegende Einzeltabelle gilt für die Kennwerte $\varphi = 25°$, $\alpha = +20°$, $\beta = -20°$ bis $+20°$, $\delta_a = 0°$, $+1/3\ \varphi$ und $+2/3\ \varphi$ sowie $\delta_p = 0°$, $-1/3\ \varphi$ und $-2/3\ \varphi$. Für abweichende Reibungswinkel φ sind zwischen $\varphi = 15°$ und $\varphi = 42{,}5°$ jeweils im Abstand von 2,5° eigene Tabellen erstellt. Das Tabellenwerk besteht aus 12 Einzeltabellen

$\varphi = 25°$		K_{ah}			K_{ph}		
		$\delta_a =$			$\delta_p =$		
$\alpha°$	$\beta°$	0	$+\frac{1}{3}\varphi$	$+\frac{2}{3}\varphi$	0	$-\frac{1}{3}\varphi$	$-\frac{2}{3}\varphi$
+20	+20	0,38	0,36	0,35	8,88	19,37	71,54
	+10	0,30	0,29	0,27	5,45	8,82	16,74
	0	0,27	0,25	0,24	3,71	5,09	7,41
	−10	0,25	0,23	0,22	2,61	3,18	3,95
	−20	0,23	0,21	0,20	1,75	1,91	2,10
+10	+20	0,47	0,45	0,44	5,78	9,85	19,77
	+10	0,38	0,36	0,34	4,04	5,85	9,04
	0	0,34	0,31	0,29	2,95	3,82	5,08
	−10	0,31	0,28	0,26	2,16	2,56	3,05
	−20	0,29	0,26	0,24	1,48	1,61	1,74
0	+20	0,57	0,55	0,52	4,32	6,57	10,68
	+10	0,46	0,43	0,40	3,24	4,42	6,19
	0	0,41	0,37	0,35	2,46	3,09	3,91
	−10	0,37	0,33	0,31	1,85	2,15	2,50
	−20	0,34	0,30	0,28	1,28	1,37	1,47
−10	+20	0,67	0,64	0,61	3,50	5,01	7,35
	+10	0,54	0,50	0,46	2,73	3,60	4,78
	0	0,47	0,43	0,39	2,12	2,62	3,21
	−10	0,42	0,38	0,34	1,61	1,85	2,12
	−20	0,38	0,34	0,30	1,10	1,18	1,26
−20	+20	0,78	0,74	0,70	2,98	4,13	5,75
	+10	0,62	0,57	0,52	2,38	3,09	3,98
	0	0,53	0,48	0,43	1,87	2,29	2,76
	−10	0,47	0,42	0,37	1,41	1,62	1,85
	−20	0,42	0,36	0,32	0,95	1,01	1,08

Für das Ermitteln des Erddruckes sind erforderlich:

- Kenngrößen für den Boden hinter dem Stützbauwerk:
  - Winkel der inneren Reibung φ;
  - Wichte des feuchten Bodens γ;
  - Wichte des Bodens bei Wassersättigung γ_g;
  - Neigung des Geländes oberhalb des Stützbauwerkes β;
  - Geometrie evtl. vorhandener Rutschmassen.
- Kenngrößen für das Stützbauwerk:
  - Höhe des Stützbauwerkes h;
  - Neigung der Rückwand des Stützbauwerkes α;
  - Wandreibungswinkel δ.

Der Wandreibungswinkel ist abhängig von der Rauigkeit der Wand, dem Hinterfüllmaterial und möglichen Bewegungen (Setzungen) der Wand. Zum Ermitteln des aktiven Erddruckes kann der Wandreibungswinkel bei rauer Oberfläche (unbehandelter Beton) mit $2/3\ \varphi$, bei weniger rauer Oberfläche mit $1/3\ \varphi$ angesetzt werden. Kann sich die Wand stärker setzen als die Hinterfüllung, so kann eine negative Wandreibung auftreten. In diesem Fall ist ein Berechnen nach Coulomb nicht mehr möglich. Bei stark schmierigem Hinterfüllmaterial und bei auf der Wand aufgebrachter glatter Dichtung wird $\delta = 0$.

Da sich die Kohäsion mit dem Wassergehalt ändert und bei starkem Durchfeuchten oder Austrocknen den Wert 0 annehmen kann, sollte sie in Erddruckberechnungen nur dann ange-

Tab. 7.7 Beispiel für den Aufbau der Tabellen für Erdruckbeiwerte zum aktiven Erddruck $K_{a,h}$ nach Coulomb, aufgestellt von H. Groß im Anhang zu Gudehus (1990). Die vorliegende Einzeltabelle gilt für die Kennwerte $\varphi = 25°$, $\beta = 0°$, $\alpha = -30°, -20°, -10°, 0°, +10°, +20°$ und $+30°$ im Abstand von jeweils 10°, $\delta_a = +25°, +17°, +8°, 0°, -8°, -17°$ und $-25°$. Für variierende Geländeneigungen/Böschungswinkel β sind zwischen den möglichen steilsten Neigungen β_{min} bzw. $\beta_{max} = \varphi$ im Abstand von 5°, also vorliegend zwischen −25°, −20°, −15°, −10°, −5°, 0°, +5°, +10°, +15°, +20° und +25° jeweils eigene Tabellen erstellt. Für variierende Reibungswinkel φ sind für die Kennwerte $\varphi = 25°, 30°, 35°, 40°$ und 45° jeweils eigene Tabellengruppen erstellt. Das Tabellenwerk besteht aus 75 Einzeltabellen

φ = 25 β = 0

δ \ α	−30		−20		−10		0		10		20		30	
25	0.71	57	0.55	56	0.44	54	0.36	51	0.29	48	0.23	44	0.17	40
17	0.68	62	0.54	60	0.44	57	0.36	53	0.30	49	0.24	45	0.18	41
8	0.67	67	0.55	63	0.45	59	0.38	55	0.31	51	0.26	46	0.20	42
0	0.69	72	0.57	68	0.48	63	0.41	58	0.34	53	0.29	48	0.23	43
−8	0.74	80	0.62	73	0.53	67	0.46	61	0.39	55	0.34	49	0.28	44
−17	0.84	90	0.71	82	0.62	74	0.55	67	0.48	60	0.43	53	0.37	46
−25	1.33	120	1.13	110	1.00	100	0.91	90	0.84	80	0.80	70	0.76	60

Tab. 7.8 Beispiel für den Aufbau der Tabellen für Erdwiderstandsbeiwerte zum passiven Erddruck $K_{p,r}$ nach Krey, aufgestellt von H. Groß im Anhang zu Gudehus (1990). Die vorliegende Einzeltabelle gilt für die Kennwerte $\varphi = 25°$, $\beta = 0°$, $\alpha = -30°, -20°, -10°, 0°, +10°, +20°$ und $+30°$, $\delta_a = +25°, +17°, +8°, 0°, -8°, -17°$ und $-25°$. Für variierende Geländeneigungen/Böschungswinkel β sind zwischen den möglichen steilsten Neigungen β_{min} bzw. $\beta_{max} = \varphi$ im Abstand von 5°, also vorliegend zwischen −25°, −20°, −15°, −10°, −5°, 0°, +5°, +10°, +15°, +20° und +25° jeweils eigene Tabellen erstellt. Für variierende Geländeneigungen/Böschungswinkel sind für die Kenngrößen $\beta = -25°, -20°, -15°, -10°, -5°, 0°, 5°, 10°, 15°, 20°$ und 25° jeweils eigene Tabellen erstellt. Für variierende Reibungswinkel φ sind für die Kennwerte $\varphi = 25°, 30°, 35°, 40°$ und 45° jeweils eigene Tabellengruppen erstellt. Das Tabellenwerk besteht aus 75 Einzeltabellen

φ = 25 β = 0

δ \ α	−30		−20		−10		0		10		20		30	
25	0.76		0.80		0.84		0.91		1.00		1.13		1.33	
	1000.0	-151	1000.0	-161	1000.0	-171	1000.0	179	1000.0	170	1000.0	160	1000.0	150
17	1.39		1.38		1.43		1.54		1.72		2.03		2.55	
	1000.0	170	1000.0	160	1000.0	152	1000.0	144	1000.0	136	1000.0	129	1000.0	122
8	1.68		1.69		1.78		1.96		2.28		2.83		3.65	
	1000.0	150	1000.0	143	1000.0	137	1000.0	130	1000.0	124	1000.0	119	3.37	116
0	1.93		1.99		2.16		2.46		2.96		3.71		4.88	
	1000.0	137	1000.0	132	1000.0	127	1000.0	122	4.75	117	2.33	111	1.51	107
−8	2.20		2.33		2.62		3.05		3.71		4.68		6.19	
	1000.0	128	1000.0	124	1000.0	120	3.35	113	1.68	105	1.08	98	0.77	93
−17	2.52		2.75		3.12		3.67		4.47		5.65		7.44	
	1000.0	122	6.56	115	2.26	105	1.23	95	0.37	83	0.54	75	0.33	58
−25	2.88		3.17		3.61		4.26		5.16		6.47		8.40	
	2.33	100	1.53	93	0.93	80	0.94	67	0.38	36	0.32	17	0.28	-11

setzt werden, wenn ihr Vorhandensein dauerhaft gewährleistet ist (Abb. 7.14). Weist der Boden eine deutliche Schichtung auf, so ist beim Ermitteln des Erddruckes jede Schicht mit den zugehörigen Bodenkennwerten einzuführen. Dabei gilt die Grundwasseroberfläche als Schichtfläche. Im Falle feinkörniger Böden ist die Rechnung zum einen mit dem Winkel der inneren Reibung φ des Bodens im unkonsolidierten Zustand, zum anderen mit φ' des konsolidierten Zustandes durchzuführen. Beim Festlegen der für statische Berechnungen charakteristischen Bodenkennwerte (gekennzeichnet durch den Index $_k$) ist zu überlegen, ob vom konsolidierten oder unkonsolidierten Zustand auszugehen ist. In den Erddrucktabellen sind die Reibungswinkel mit Abstufung auf 2,5° oder 5° zugrundegelegt. In der Diskussion der Laborergebnisse wird der Geologe bei

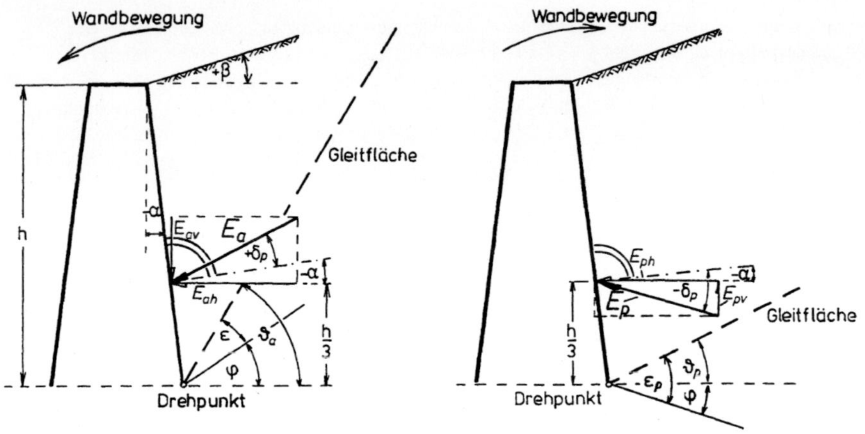

Abb. 7.13 Ansatz der aktiven Erddruckkraft E_a und der Erdwiderstandskraft E_p für den Fall einer Gleitfläche nach Coulomb. (Grasshoff 1980)

Tab. 7.9 Gleitreibungswinkel δ_s für die wichtigsten Baustoffe und Bodenarten

	δ_S
Beton auf Sand und Kies	29°
Beton auf Sand, schluffig	24°
Beton auf Lehm und Schluff	19°
Beton auf Ton und tonigem Schluff	14°
Beton auf Mudde, Gyttja, Faulschlamm	8,5°
Stahl auf Lockerboden	2 / 3 φ
Sehr glattes Mauerwerk	2 / 3 φ
Sehr raues Mauerwerk und Ortbeton	
Rau auf Sand und Kies	31°
Rau auf Ton und Schluff	16–17°
Rau auf Mudde, Gyttja, Faulschlamm	11–12°

der Angabe von φ_k diese Abstufung berücksichtigen. Die Erddruckbeiwerte für die Horizontalkomponente $K_{a,h}$, $K_{p,h}$ und K_0 werden üblicherweise aus Tabellen entnommen, in die die Neigung der Rückwand α, die Geländeneigung β, der Winkel der inneren Reibung φ und der Wandreibungswinkel δ eingehen. Andere, z. T. umfangreichere Tabellen zum Entnehmen von Erddruckbeiwerten nach Coulomb, Krey u. a. sind gegeben in: Bergische Universität Wuppertal – Lehr- und Forschungsgebiet Geotechnik, Bodenmechanik, über: http://www.geotechnik.uniWuppertal.de/fileadmin/bauing/geotechnik/Download/Erddruckbeiwerte-TABELLEN, Boley C. (2012) Handbuch der Geotechnik, Grasshoff (1980), Groß H. im Anhang zu Gudehus G. – in Smoltczyk/Witt (Hrsg): Grundbautaschenbuch (1980, 1990, 2001, 2009), Krey H. D. (1918, 1936) Erddruck, Erdwiderstand und Tragfähigkeit des Baugrundes.– W. Ernst & Sohn, Berlin.

DIN EN 1997, Anhang C enthält Diagramme zum Ablesen der Beiwerte für den wirksamen aktiven horizontalen Erddruck $K_{a,h}$ und den wirksamen passiven horizontalen Erddruck $K_{p,h}$. Für den dränierten Zustand des Bodens sind K_a und K_p Funktionen des Reibungswinkels φ' und der Kohäsion $c = c'$. Für den undränierten Zustand des Bodens sind $K_a = K_p = 1$ und $c = c_u$.

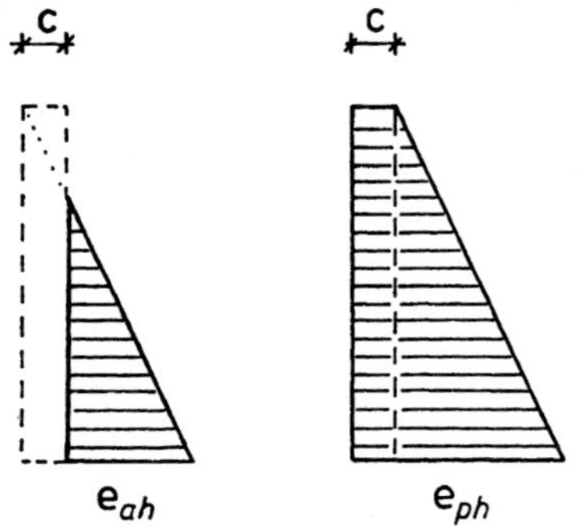

Abb. 7.14 Abminderung und Erhöhung des Erddruckes infolge Kohäsion

Tab. 7.6, 7.7 und 7.8 geben Beispiele für den Aufbau und das Lesen von Erddrucktabellen. Für die Erddruckermittlung bei wassergesättigten, nicht konsolidierten, feinkörnigen und weichen Böden ist nach DIN 4085 die Scherfestigkeit mit der Kohäsion $c' = c_u$ und dem Reibungswinkel bei wassergesättigtem und erstverdichtetem Boden $\varphi_u = 0$ anzusetzen. Der Erdruhedruck leitet sich aus empirischer Näherung ab. Hierzu gilt die in Abb. 7.15 in Anlehnung an DIN 4085 verwendete Vorzeichenregelung.

Die Horizontalkomponente des Erddruckes errechnet sich nach der Beziehung:

- $E_{ah} = 0{,}5\gamma h^2 K_{ah}$ für den aktiven Erddruck [kN m^{-1}];
- $E_{ph} = 0{,}5\gamma h^2 K_{ph}$ für den passiven Erddruck [kN m^{-1}];
- $E_0 = 0{,}5\gamma h^2 K_0$ für den Erdruhedruck [kN m^{-1}].

Zum Abschätzen des erhöhten aktiven Erddruckes wird vom Arbeitskreis „Baugruben" folgende Abstufung empfohlen:

a. $E_h = 0{,}25E_{0gh} + 0{,}75E_{ah} + E_{ap'h}$ (einfacher Fall);
b. $E_h = 0{,}5E_{0gh} + 0{,}5E_{ah} + E_{ap'h}$ (Normalfall);
c. $E_h = 0{,}75E_{0gh} + 0{,}25E_{ah} + E_{ap'h}$ (schwieriger Fall).

Die Verteilung der Erddruckspannungen über eine Wand kann im Regelfall dreiecksförmig angenommen werden. Die Horizontalkomponente der Erddruckspannung errechnet sich mit

$$e_{ah} = \gamma h K_{ah} \text{ und } e_{ph} = \gamma h K_{ph} \text{ [kN m}^{-2}\text{]}$$

und wird bei homogenen Böden für die Oberkante der Wand ($h = 0$) ermittelt.

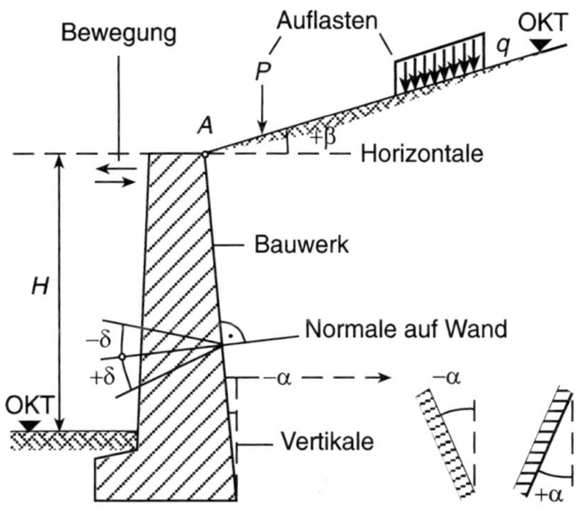

Abb. 7.15 Vorzeichenregelung für Wandneigung α, Geländeneigung β und Wandreibungswinkel δ. (Lang und Huder 1985)

Besondere Probleme treten beim Berechnen des Erddruckes an gedrungenen Bauwerken auf (räumlicher Erddruck). Die Bruchflächen sind muschelförmig. Folgende Fälle werden unterschieden:

- Erddruck auf schmale Bauwerke in Böschungen (Brückenpfeiler, Widerlager, Pfähle);
- Erddruck auf Kanten;
- allseitiger Erddruck auf zylindrische Bauwerke (Brunnen, Schächte, Bohrungen);
- räumlicher Erddruck beim Erstellen von Schlitzwänden;
- Silodruck.

Bestehende unterschiedliche Berechnungsverfahren werden bei Horn (1980) und Gudehus (1990, 2001), Pech & Würger (2005), Franke (2009), Wietek (2011), Kolymbas (2011), Lang et al. (2011), Türke (2012), Möller (2007, 2013), Ziegler (2012) beschrieben. Die elektronische Erddruckberechnung kann mit Programmen, wie z. B. WinWand der Firma IDAT, erfolgen. Über Dateneingabe an vordefinierten Wandtypen, vordefinierten Geländeverläufen und beliebig vielen Schichten auf der aktiven und passiven Wandseite kann der Erddruck für Schwergewichtsmauern, Winkelstützmauern und Mauern mit Kragarm berechnet werden.

Die Erddruckbeiwerte $K_{ag,h}$ und/oder $K_{pg,h}$ werden mit diesem Programm für jeden Einzelfall neu berechnet (das Benutzen von Erddrucktabellen entfällt!). Für das Berechnen der Erddruckbeiwerte müssen vom Baugrund folgende Daten bekannt sein:

- Reibungswinkel φ',
- Kohäsion c',
- Neigung der Wand α,
- Böschungswinkel β,
- Wichte γ,
- vertikale Auflast auf dem Gelände,
- Wandreibungswinkel δ_a/δ_p (aktiv/passiv),
- Schichthöhe h.

7.5 Konstruktive Böschungssicherung gegen Geländebruch

Wenig standfeste Abgrabungen sind durch konstruktive Böschungssicherungen zu stabilisieren. Der Entwurf für eine böschungssichernde Konstruktion orientiert sich an dem Ziel, die auftretenden Erddrücke und Wasserdrücke zu minimieren und den anstehenden Boden zum Mittragen heranzuziehen. Für die konstruktive Hang- und Böschungssicherung ist eine erdstatische Berechnung zu erstellen, in die die Topographie, die Bodenkenngrößen Wichte und Scherfestigkeit des abzustützenden Bodens, die hydrogeologischen Verhältnisse und die Nutzung des Geländes oberhalb der Hangsicherung eingehen. Erddruck, Erddruckverteilung und die resultierende Aktionskraft R sind zu ermitteln. Für Stützbauwerke (Stützmauern und vergleichbare Verbundsysteme) ist der Nachweis zu erbringen, dass die abschiebenden Kräfte durch Reibung in der Sohle aufgenommen werden. Für Stützwände (Ortwände, Pfahlwände, Spundwände und vergleichbare Konstruktionen) ist nachzuweisen, dass die abschiebenden Kräfte über den Erdwiderstand des eingespannten Fußes sowie bei hohen Wänden durch zusätzliche luftseitige Stützen oder bergseitige Anker aufgenommen werden. Für Anker und verankerte Konstruktionen (Ankerwände, Ankerplatten, Mauern, Pfeiler, Plomben, vorgehängte Stahlprofile, Stahlbänder, Stahlgitter, Netze und bewehrter Spritzbeton mit Verankerung) muss nachgewiesen werden, dass die abschiebenden Kräfte über die Mantelreibung der Verpresskörper aufgenommen werden. Für eine verankerte Konstruktion ist weiterhin der Nachweis zu erbringen, dass punktuell die ausreichende Festigkeit des durch die Ankervorspannung beanspruchten Gesteins und generell die Sicherheit des Gesamtsystems gegen Geländebruch gewährleistet ist. Die möglichen Systeme einer Hang- oder Böschungssicherung lassen die Kombination von Abstützen über Reibung, Abstützen über Einspannung und Festhalten über Anker zu. Das Ausarbeiten eines Entwurfs und der Nachweis der Standsicherheit erfolgt durch Bauingenieure, wobei mehrere Ausführungsmöglichkeiten gegenübergestellt werden können (Weißenbach 1975a, b, 1992, Pech & Würger 2005, Wietek 2011, Türke 2012, Möller 2013).

7.5.1 Stützmauern

Stützmauern sind Mauern, die nach Formgebung und Abmessung imstande sind, die Seitendruckkräfte aus Erddruck und Zusatzlasten in den Untergrund abzuleiten. Bei steilem Geländeanschnitt ohne ausreichende Standfestigkeit der Böschung muss der Erdkörper durch ein statisch bemessenes Stützbauwerk gehalten werden. Bei Stützmauern ergibt sich diese stützende Kraft entweder aus dem Eigengewicht (Schwergewichtsmauer, Abb. 7.16) oder aus dem Eigengewicht und dem zusätzlichen Gewicht eines Teiles der gestützten Erdmasse (z. B. Winkelstützmauer, Abb. 9.13) sowie der Reibung in der Aufstandsfläche. Für das Berechnen von Stützmauern müssen folgende Kenngrößen bekannt sein:

- Geländeschnitt und Schichtenfolge im Bereich der Mauer;
- Höhe der Mauer;

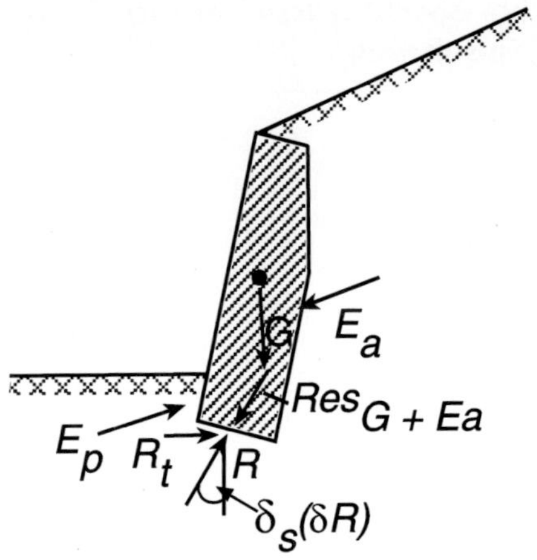

Abb. 7.16 Wirkungsweise einer Schwergewichtsmauer bei einfachen Bodenverhältnissen. Der Resultierenden $R_{Ea,G}$ aus Gewichtskraft G und aktiver Erddruckkraft E_a stehen die Widerstände R aus passiver Erddruckkraft E_p und Sohlschubwiderstand R_t entgegen. Für den Nachweis der Gleitsicherheit ist der Nachweis zu führen, dass $E_{ahd} - E_{phd} \leq R_{td}$. Der Bemessungswert des Sohlschubwiderstandes ergibt sich aus $R_{td} = \tan\delta_{sk}(G_{ed} + G_{wd}) / 1{,}5$. Zusätzlich sind Nachweise gegen Kippen, Grundbruch und Geländebruch zu führen. Lage und Ansatz der einwirkenden Kräfte ergeben sich aus Abb. 7.20

- Neigungswinkel α für die Rückseite der Mauer;
- Neigungswinkel β des Geländes oberhalb der Mauer;
- Nutzung und zusätzliche Belastung des Geländes oberhalb der Mauer (Verkehr, Bebauung, Bäume);
- Wichte des Bodens hinter der Mauer γ;
- Winkel der inneren Reibung für den Boden hinter der Mauer φ (die Kohäsion wird für den Boden hinter der Mauer nicht in Ansatz gebracht);
- Quell- und Schwelldruck des Bodens hinter der Mauer (zusätzlich zum Erddruck);
- Wasser- und Grundwasserverhältnisse (Fließdruck, besonders für ungünstige Bauzustände und Bauphasen);
- Scherfestigkeit des Bodens unter der Mauer (Winkel der inneren Reibung und Kohäsion);
- Steifemodul des Bodens unter der Mauer E_s;
- Wichte des anstehenden Bodens unter und über der Gründungssohle γ.

Bei der Wahl des Stützmauertyps und der Wahl des Mauerquerschnitts sind zu beachten:

- Höhe der Mauer;
- Gründungstiefe;
- Raumverhältnisse für Aushub und Baugrube;
- Mauer an einer Abtragsböschung oder einer Aufschüttung;
- Entwässerungsmaßnahmen;
- Gestehungskosten und Materialbedarf;
- Höhenstaffelung der Mauer;
- Fugenausbildung und Einteilung zwischen den Mauerteilen;
- Ausbildung der Mauerkrone;
- Profil und Gestaltung der Mauer (Verblendung, Sichtbeton).

Stellt sich hinter einer Stützmauer Wasserstau ein (z. B. infolge von Starkniederschlägen, Zulauf von Fremdwasser, Fehlen oder Versagen einer Dränage), so wirkt der sich hieraus aufbauende Wasserdruck zusätzlich zum Erddruck auf das Stützbauwerk ein. Für das Planen von Stützbauwerken müssen die Höhen h_k für den niedrigsten und den höchsten Wasserstand von diesen veränderlichen Wasserständen bekannt sein. Der niedrigste Bemessungswasserstand geht immer zusätzlich zum Erddruck als eine permanente Belastung (regelmäßig auftretende Einwirkung BS-P) in die Standsicherheitsberechnung ein. Für die höheren Wasserstände ist die Bemessungssituation nach den örtlichen Gegebenheiten festzulegen (BS-P?, BS-T?, BS-A?). Solche zusätzlichen Wasserdrücke können für das Versagen von Stützbauwerken verantwortlich sein (Türke 2012). Nach Ziegler (2012) soll bei Stützmauern ohne zuverlässigen Wasserablauf (Drän, natürliches Versickern) der Wasserdruck aus der Stauhöhe bis zur Oberfläche der Hinterfüllung als charakteristischer Druck berücksichtigt werden. Bei dauerhaft sichergestellter Wirkung des Wasserabflusses kann die mögliche Stauhöhe hinter der Mauer und der daraus abgeleitete Wasserdruck abgemindert werden. Die Teilsicherheitswerte sind für alle drei Bemessungszustände 1,0 (DIN 1054, Tab. A-2.1, GEO 3, ständige Einwirkungen[a]).

Für alle Stützmauern ist der Sicherheitsnachweis gegen Gleiten, Kippen und Geländebruch zu erbringen.

Gleitsicherheit von Stützbauwerken

Dem Gleiten einer Stützmauer auf ihrer Sohle wirken die Reibung zwischen dem Baugrund und der Bauwerkssohle sowie der passive Erdwiderstand an der Stirnfläche der Gründung entgegen. Nach DIN EN 1997-1, Abschn. 6.5.3, ist die Sicherheit gegen Gleiten nachzuweisen, wenn der resultierende Lastvektor schräg auf die Sohlfläche eines Bauwerkes auftrifft. Überprüft wird dies über die Ungleichung

$$H_d \leq R_d + R_{p,d}$$

mit H als Horizontallast bzw. als Einwirkung parallel zur Fundamentsohle. H_d ist der Bemessungswert von H. H_d enthält die Bemessungswerte der aktiven Erddruckkräfte, die auf das Fundament einwirken.

R_d ist der Bemessungswert des Widerstandes gegen die Einwirkungen parallel zur Fundamentsohle (Scherwiderstand bzw. Gleitreibungswiderstand über den Sohlreibungswinkel δ bzw. δ_s, Tab. 7.9).

$R_{p,d}$ ist der Bemessungsbeiwert des Erdwiderstandes neben der Gründung.

$$R_{p,d} = R_{p,k} : \gamma'_{R,e}$$

mit $\gamma'_{R,e}$ als Teilsicherheitsbeiwert für den Erdwiderstand (DIN EN 1997, Tab. A 13).

Dabei soll der passive Erdwiderstand wegen der Gefahr einer späteren Abgrabung außer Ansatz bleiben (Abb. 7.17, Tab. 7.9).

Die Gleitsicherheit kann durch Neigung der Sohlfläche, durch Aufteilen der Neigung in der Sohlfläche und durch Aufrauen in der Sohlfläche erhöht werden.

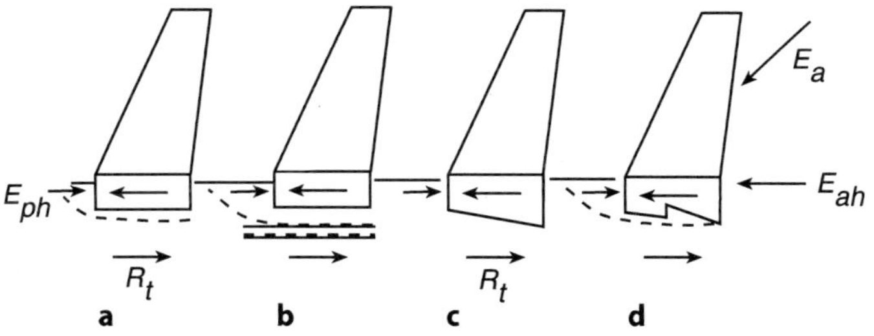

Abb. 7.17 *a, b* Mögliche Gleitfugen unter Fundamenten, **c,d** Erhöhen der Gleitsicherheit durch geneigten Einbau und Aufteilen der Fundamentsohle. Lage und Ansatz der einwirkenden Kräfte ergeben sich aus Abb. 7.20

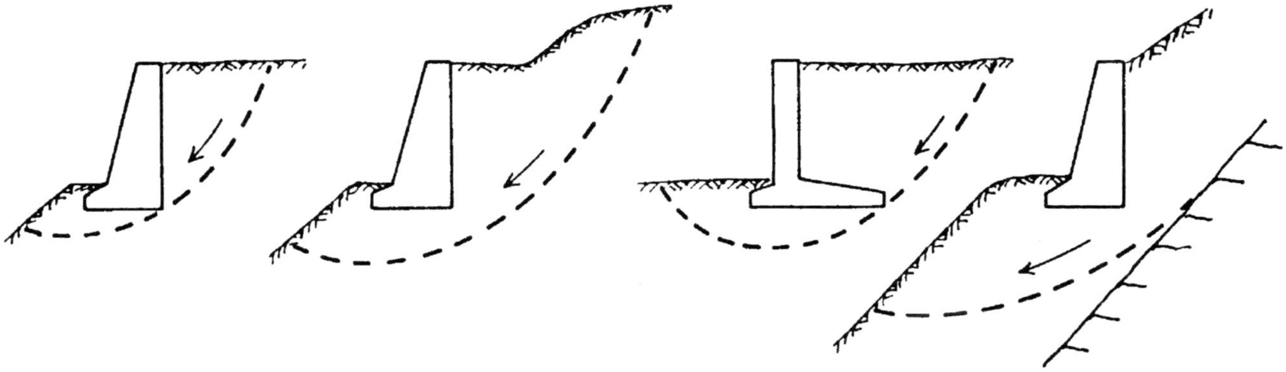

Abb. 7.18 Beispiele für ungünstige Gleitkreise bei Stützbauwerken für den Nachweis der Standsicherheit gegen Geländebruch

Wird die Sohlfläche entsprechend Abb. 7.17d in mehrere geneigte Teilflächen aufgeteilt, so ist damit ein wesentlicher Massenunterschied in der Bearbeitung gewonnen. Für alle geneigten Sohlflächen ist zu prüfen, ob parallel zur Gründungssohle eine Gleitgefahr besteht. Die Gleitsicherheit ist für eine horizontale Gleitfuge durch den tiefsten Punkt des Fundamentes zu untersuchen.

▪ Kippsicherheit von Stützbauwerken

Es ist der Nachweis zu erbringen, dass die resultierende Kraft (resultierendes Moment *M*) aus aktiver Erddruckkraft ($E_{\text{ah,k}}$) und die Eigengewichtskraft aus Stützmauer und Fundament *G* nach DIN 1054, Bild A 6.2, innerhalb der ersten Kernweite auftrifft. Bei zusätzlichen veränderlichen Lasten muss das Moment der ungünstigsten Sohldruckresultierenden die Gründungssohle noch in der 2. Kernweite beanspruchen. Es muss der Nachweis erbracht werden, dass die nachstehende Ungleichung eingehalten ist (Schanz 2013).

$$M_{\text{dst}} \leq M_{\text{stb}}$$

M_{dst}: Bemessungswert für destabilisierendes (ungünstiges) Moment einer Einwirkung.

M_{stb}: Bemessungswert für stabilisierendes (günstiges) Moment einer Einwirkung.

Es sind die in Tab. A.1 der DIN EN 1997-1 aufgeführten Teilsicherheitsbeiwerte für ständige und veränderliche Einwirkungen γ zu verwenden. Das sind bei günstiger ständiger Einwirkung für die Gewichtskraft $\gamma_{\text{G,stb}} = 0{,}9$, bei ungünstiger ständiger Einwirkung für die Gewichtskraft $\gamma_{\text{G,dst}} = 1{,}1$, bei günstiger veränderlicher Einwirkung für die Gewichtskraft $\gamma_{\text{Q,st}} = 0$ und bei ungünstiger veränderlicher Gewichtskraft $\gamma_{\text{Q,dst}} = 1{,}5$. Berechnungsbeispiele gibt Schanz (2012).

Der Baugrund unter Stützbauwerken muss gleichmäßig sein, sodass ungleiche Setzungen vermieden werden. Kann dieser Nachweis nicht erbracht werden, so ist eine andere Konstruktion zu wählen.

▪ Sicherheit gegen Geländebruch

Für die Stützmauer und den abgestützten Erdkeil ist nach DIN 4084 der Nachweis zu erbringen, dass auch für einen ungünstigen Gleitkreis ausreichende Geländebruchsicherheit besteht. Kann der Nachweis nicht erbracht werden, sind konstruktive Änderungen und/oder Zusatzmaßnahmen erforderlich (Abb. 7.18).

▪ Zulässige Belastung des Untergrundes

Das Bestimmen der zulässigen Belastung erfolgt über den Grundbruchsicherheitsnachweis (DIN 4017) und das Berechnen der zu erwartenden Verformung (DIN 4019). Die Belastbarkeit des Untergrundes wird in einfachen Fällen nach den Tab. A 6.1 bis A 6.8 der DIN 1054 bestimmt.

Schwergewichtsmauern Schwergewichtsmauern stützen als monolithischer Block die Böschung (Abb. 7.19). Vergleichsweise zur Winkelstützmauer ist der Erdaushub gering, der Materialbedarf hoch. Die Bodenpressung unter der Sohle der Mauer aus Eigengewicht und abgestützter Erdlast ist gleichfalls hoch. Die Sohlspannung ist unter der Vorderkante des Mauerfußes am größten. Die Resultierende der Aktionskräfte (Abb. 7.20) muss innerhalb der Kernweite bleiben (DIN 1054). Unter Einwirkung des aktiven Erddruckes werden Schwergewichtsmauern leicht nach vorn geneigt (1:2000 bis 1:5000), wodurch die eigentliche Stützwirkung erst wachgerufen wird. Bei senkrechter Vorderwand (Luftseite)

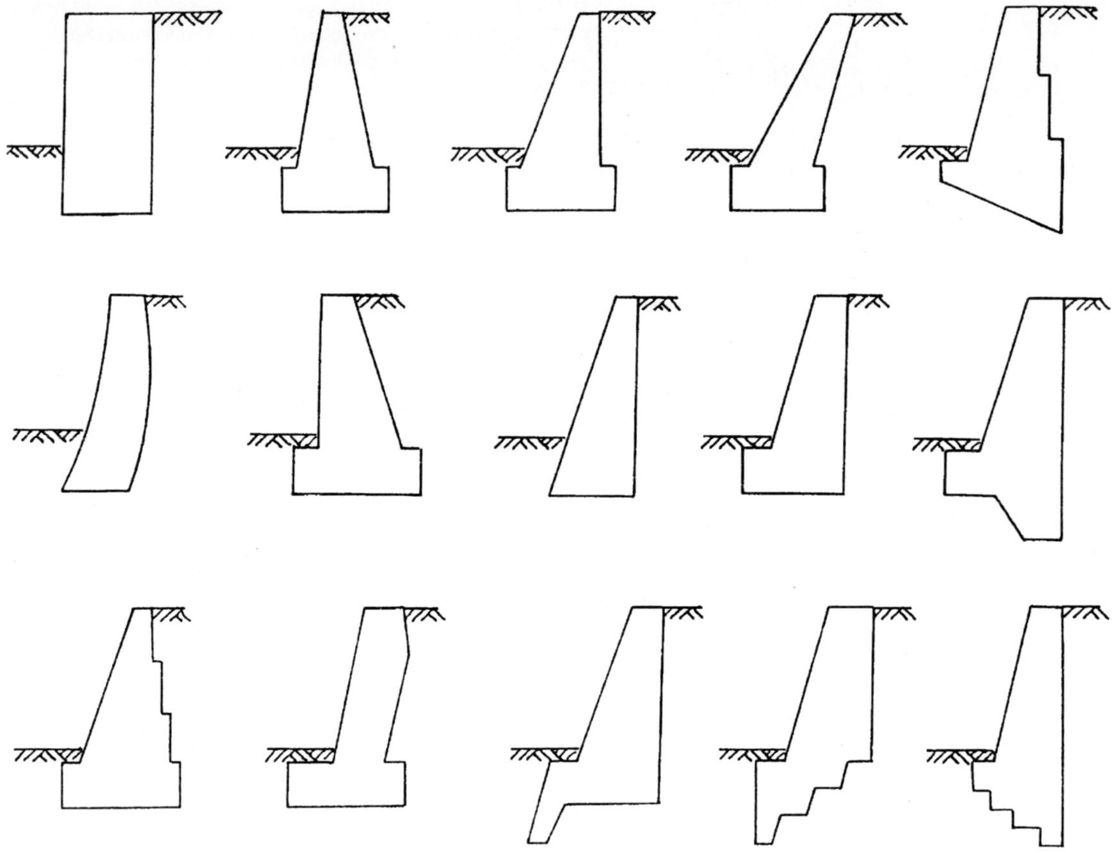

Abb. 7.19 Querschnittsformen von Schwergewichtsmauern

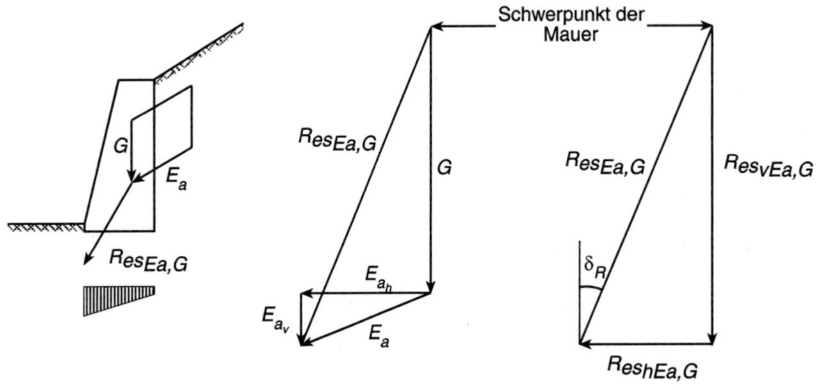

Abb. 7.20 Zeichnerische Ermittlung der Lage der Resultierenden. (Für die zeichnerische Darstellung der Kräfte wird ein Kraftmaßstab verwendet, z. B. 1 cm = 10 kN.) *R* Resultierende mit horizontaler Komponente R_H und vertikaler Komponente R_V, δ_R Neigungswinkel, *G* Gewichtskraft der Mauer, E_a aktive Erddruckkraft, E_{ah} horizontale Komponente der aktiven Erddruckkraft, E_{av} vertikale Komponente der aktiven Erddruckkraft

kann ein optischer Überkippungseffekt eintreten. Deshalb wird die Vorderseite zwischen 4:1 und 8:1 gegen den Hang geneigt.

Raumgitterkonstruktionen Die Urform der Raumgitterkonstruktion ist als Stützwand eine Holzkonstruktion mit der Bezeichnung „Krainer Wand". Als freistehende Mauer und als gegen den Hang gebaute Wehrmauer war diese Konstruktion schon in der Antike bekannt und wurde von Caesar als „Gallische Mauer" beschrieben. Die Raumgitter werden aus Betonfertigteilen zusammengesetzt und mit Erd- oder Gesteinsmaterial verfüllt. Die Luftseite der Raumgitterstützwände lässt sich begrünen. Zu beachten ist das „Merkblatt für den Entwurf und die Herstellung von Raumgitterwänden und -wällen" (Forschungsgesellschaft für Straßen- und Verkehrswesen 1985). Die Bezeichnung „Krainer Wand" für ein bestimmtes System aus Betonfertigteilen wurde von einem Betonfertigteilwerk für sein System als Markenname übernommen. Die Raumgitterwand ist erdstatisch eine Schwergewichtsmauer. Es sind die Sicherheitsnachweise gegen Kippen, Gleiten, Grundbruch und Geländebruch zu führen. Im Gegensatz zur Grundidee der Schwergewichtsmauer als monolithischem schwerem Block ist die Raumgitterkonstruktion in jeder Horizontalfuge verschiebbar. Nachweise der Gleitsicherheit bzw. der Sicherheit gegen Bruch der Fertigteilknoten und der Sicherheit gegen Kippen (Abheben der erdseitigen Fertigteile; Brandl 1992) müssen für jede Horizontalfuge erbracht werden. Eine Füllung der Zwischenräume aus Beton oder lagenweise verdichtetem Bodenmaterial erhöht die Stabilität des Gesamtsystems. Günstig ist ein Verfüllmaterial mit hoher Proctordichte und großem Reibungswinkel. Das Verfüllen der Zwischenräume mit aus gärtnerischen Gründen

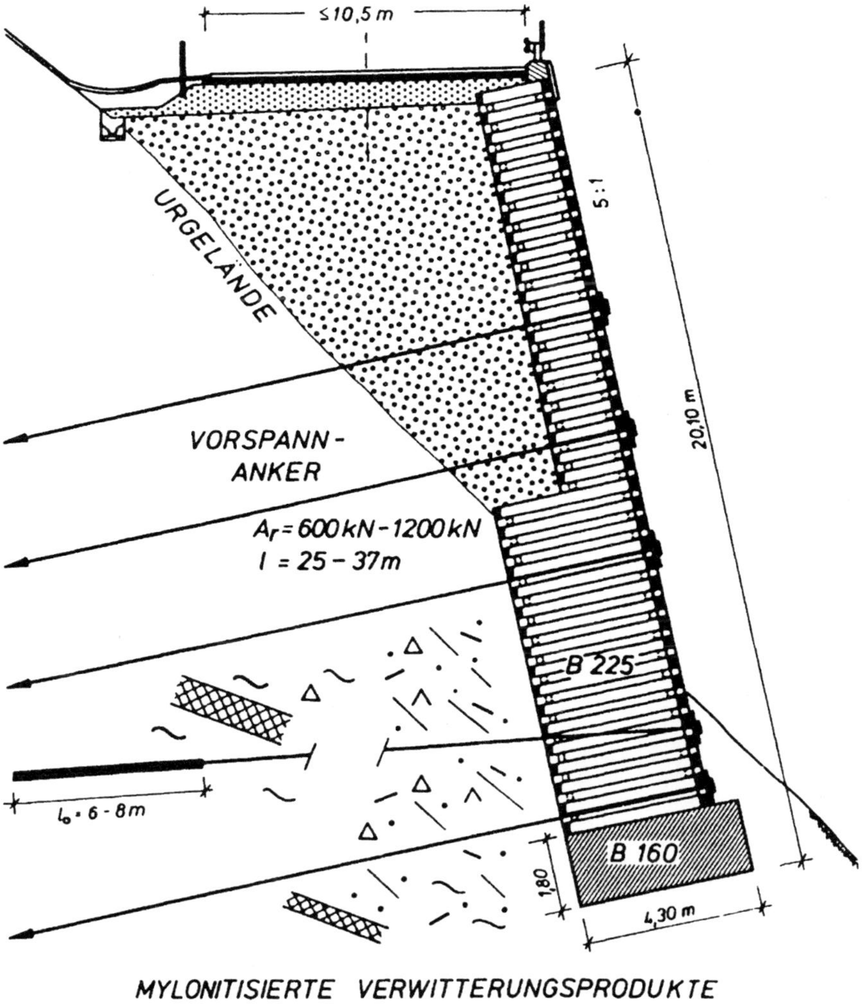

Abb. 7.21 Raumgitterstützmauer im steilen Rutschhang mit mehrfacher Verankerung. (Brandl 1979)

nicht verdichtetem Mutterboden oder Kompost ergibt ein niedriges Gesamtgewicht und wirkt der Grundidee einer Schwergewichtsmauer entgegen (Wichter und Reinschütz 1988). Der Einbau humosen Bodenmaterials sollte sich auf den luftseitigen Zellenbereich beschränken.

Für den Nachweis der Geländebruchsicherheit und der Sicherheit gegen Durchscheren der Mauer wird die Raumgitterstützmauer als Verbundkörper mit fiktiver Wichte und einer Systemscherfestigkeit mit φ_w für die Reibung und c_w für die Kohäsion aufgefasst.

$$\varphi_w = k_w(\varphi_B + \varphi)$$

φ_B = Reibungswinkel zwischen den Betonfertigteilen
φ = Reibungswinkel des Füllmaterials
k_w = Systemfaktor, abhängig von der Raumgitterkonstruktion, den Reibungsbeiwerten der Baustoffe und dem Verdichtungsgrad der Füllung; k_w liegt allgemein in der Größenordnung 0,3–0,5

Die Scherfestigkeit der Raumgitterkonstruktion kann zusätzlich durch die Scherfestigkeit bewehrter Knotenverbindungen erhöht werden. Die Sicherheitsberechnungen bei Geländebruch und/oder Durchscheren der Mauer erfolgen nach DIN 4084 mit dem Lamellenverfahren oder einer lamellenfreien Methode. Neben ungünstigen Gleitflächen, welche durch den rückwärtigen Fußpunkt der Mauer verlaufen, sind auch Gleitflächen zu untersuchen, die die Raumgitterwand in beliebiger Höhe durchschneiden.

Fertigteilmauern werden in der Regel über Fundamentplatten frostsicher gegründet. Bei tiefgründig aufgelockertem Untergrund und in Rutschgebieten können Raumgitterstützmauern auch über Bohrpfähle, Ortwände, Brunnen oder über durch Hochdruckvermörtelung (Jet Grouting) gefertigte Injektionskörper gegründet werden.

Raumgitterstützmauern werden bis über 20 m Höhe gebaut (■ Abb. 7.21). Da sie begrenzt Verformungen aufnehmen können, eignen sich diese Konstruktionen auch im rutschgefährdeten steilen Gelände. Eine Verstärkung der Stützwirkung wird durch Verankern erzielt.

Hierfür werden beim Herstellen der Wand einzelne Zellen bewehrt und ausbetoniert oder nachträglich injiziert. Bei abschnittsweisem Herstellen im steilen Hang sowie bei langgestreckten Stützwänden mit möglichen Setzungsunterschieden wird die Raumgitterkonstruktion mit vertikal verlaufenden Fugen ausgebildet, wobei die Fugenabstände je nach Erfordernis und System zwischen 5 und 30 m betragen. Auf die Notwendigkeit der Ausbildung von Fugen muss das baugeologische Gutachten hinweisen. Zusätzlich zu den Angaben für das Berechnen von Stützmauern sind im Zuge baugeologischer

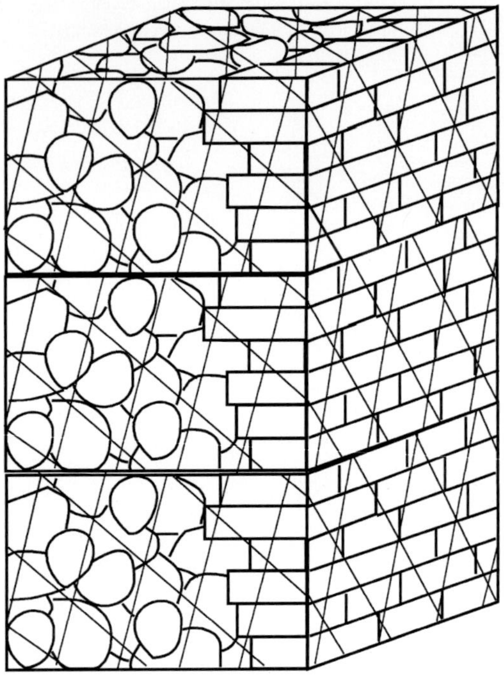

Abb. 7.22 Drahtgeflechtbehälter (Drahtschotterkörbe, Gabionen) mit vor Ort regelmäßig eingebauten Bausteinen an der Sichtseite und rückseitiger Verfüllung mit Grobschotter oder Bruchsteinen. Die vorgefertigten Drahtgeflechtbehälter bestehen aus korrosionsunempfindlichem Draht. Durch den geschichteten Einbau großer Steine und Blöcke erhalten Konstruktionen aus übereinandergestapelten Drahtgeflechtbehältern Stabilität. Bei Füllungen aus grobem Kies oder Schotter können die Drahtgeflechtbehälter runde Formen annehmen, wodurch an gestapelten Konstruktionen Stabilitätsverluste eintreten können

bzw. geotechnischer Beratung die Bodenkenngrößen Bodenart, Dichte, Proctordichte, Scherfestigkeit und Durchlässigkeit für das Verfüllmaterial und der Wandreibungswinkel in den Raumgitterzellen zu benennen. Wesentliche Vorteile der Raumgitterstützmauern sind:

- rasches, einfaches und witterungsunabhängiges Erstellen, auch im unwegsamen Gelände;
- gute Anpassungsmöglichkeit an örtlich wechselnde Gelände-, Erddruck- und Auflastverhältnisse;
- Möglichkeit für Rückbau und Wiederverwendung der Betonfertigteile im Falle notwendiger Verstärkung oder Verlegung der Mauer;
- naturnaher Verbau mit möglicher Begrünung.

Zum Bau von Stützmauern aus übereinandergestapelten Fertigteilen wird eine größere Anzahl unterschiedlicher Systeme angeboten. Viele dieser Systeme reagieren empfindlich auf Setzungsunterschiede (Wichter und Reinschütz 1988). Andere Systeme sind gegen Verformen unempfindlich und können sogar größere Verschiebungsraten überstehen (Brandl 1979, 1980, 1987, 1992).

Gabionen – Stützmauern aus Drahtgeflechtbehältern mit Füllung aus frostbeständigem Steinmaterial Gabionen (ital.) oder Schanzkörbe bezeichnet in der Kriegs- und Belagerungstechnik des 16. bis 19. Jahrhunderts Wälle aus mehreren Reihen nebeneinander und übereinander gestapelter, erdverfüllter Körbe ohne Boden. Sie dienten als Schutz, Deckung und Kugelfang. Zur Böschungssicherung verwendet man heute analog aus verzinktem Stahldraht vorgefertigte Drahtgeflechtbehälter (Drahtschotterkörbe bzw. Gabionen) mit den Maßen 4 · 2 · 2 m, 3 · 2 · 1 m, 2 · 2 · 1 m, 3 · 1 · 1 m. Diese werden an der Baustelle aufgestellt und mit witterungsbeständigen Gesteinsblöcken oder mit Grobkies bzw. Steinen gefüllt (Abb. 7.22). Die Maschenweite variiert zwischen 5–7 cm für Kies und 18–21 cm für Bruchsteine und grobe Gerölle. Die Drahtstärken variieren zwischen 2 und 4,2 mm. Der Draht ist feuerverzinkt und teilweise kunststoffummantelt. Im Gelände werden die Schotterkästen nebeneinander und übereinander verfüllt und entlang der Kanten zusammengebunden. Dadurch entsteht ein monolithischer Block. Der Stützkörper entspricht einer Schwergewichtsmauer (Abb. 7.23). Jedoch werden gegenüber einer Betonmauer wegen der geringeren Wichte der Steinmaterialfüllung aufwendigere Querschnittsmaße benötigt. Schotterkörbe können an Bermen mit Mutterboden überschüttet und begrünt werden. Die Bauweise ist wenig empfindlich gegen Setzungen und Verformungen und eignet sich besonders für das Sanieren von Rutschhängen und Wildbächen. Die mit Kies, Steinen oder Bruchsteinen gefüllten Drahtkörbe sind gut durchlässig und wirken als Dränage. Für Stützmauern aus Drahtschotterkörben sind die Nachweise der Sicherheit gegen Kippen, Gleiten, Grundbruch und Geländebruch zu führen.

Am Fuß von rutschgefährdeten Böschungen können Drahtschotterkörbe oder von Hand gesetzte, gemauerte oder betonierte Steinkeile eingebaut werden (Abb. 7.24 und 7.25). Gleiche Funktionen übernehmen mit rauem Stein- oder Schottermaterial aufgefüllte Schotterwannen. Solche Steinkeile, Steinvorsätze oder Schotterkoffer dienen als Reibungsfuß und erhöhen die Scherfestigkeit in der Böschung.

7.5.2 Stützwände

Stützwände sind Bauwerke, die als Ortwände aus Stahlbeton im noch spannungsmäßig unveränderten Gesteinsverband vor Abtrag der Erdmassen erstellt werden. Hierfür werden mit seilgeführten Greifern einzelne Bohrlöcher (Bohrpfahlwand) oder durchgehende Schlitze (Schlitzwand) ausgehoben und nach Armieren mit Beton (Ortbeton) verfüllt. Es sind platzsparende Konstruktionen, die der Sicherung von Böschungen und Hängen dienen. Die Stützkraft nehmen die Stützwände aus dem Erdwiderstand ihres im Fels oder Boden eingespannten Fußes. Hohe Stützwände können zusätzlich verankert werden (Abb. 7.26).

Für das Verankern wird der Boden schichtweise bis zur Höhe der Ankeransatzpunkte abgetragen. Die Ankerbohrungen werden von diesem Niveau aus vorgetrieben. Nach dem Einbau der Anker erfolgt der Abtrag bis zum nächsttieferen Niveau. Sollte eine solche Wand falsch bemessen sein und sich während des Erdaushubes verformen, so ist schnellstmöglich das abgetragene Gegengewicht wiederherzustellen und die Verankerung zu überprüfen.

Für das Planen von Ortwänden müssen folgende Kenngrößen bekannt sein:

- Geländeverlauf und geologischer Schnitt mit Angabe der Tiefenlage von Fels und Hindernissen (Findlinge!);

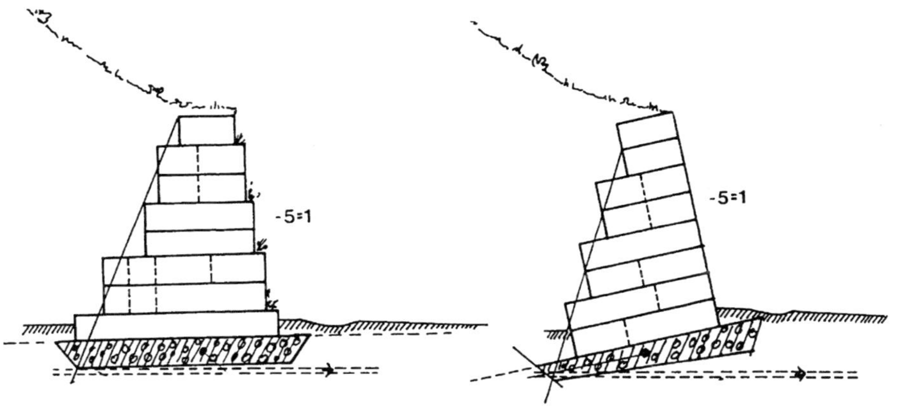

Abb. 7.23 Stützmauern aus Drahtschotterkörben. (System „Uher", Traunstein)

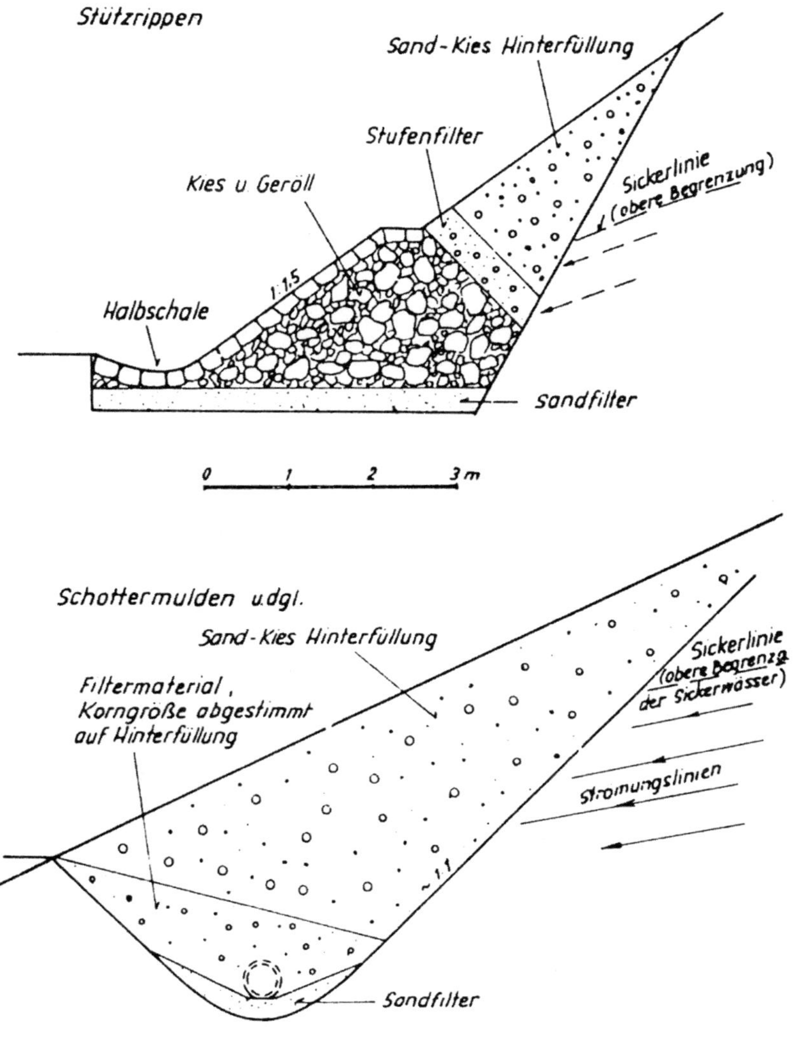

a

b

Abb. 7.24 Böschungssicherung durch Steinvorsatz, Stützrippen und Schottermulden. (Brandecker 1971)

- Art und Mächtigkeit der zu schlitzenden Boden- oder Felsarten (Höhe der Ortwand), Angaben zur Abbaubarkeit;
- Angaben zum Trennflächengefüge bei Fels (Lage, Abstand, Öffnungsweite);
- Angaben über Hohlräume, offene Spalten oder stark durchlässige Böden im Baugrund, die plötzliche Verluste an Stützflüssigkeit/Beton verursachen können;
- Kenngrößen für Wichte, Wassergehalt, Festigkeit und Verformbarkeit für die zu stützenden Erdmassen (Erddruck, erforderliche Ankerkräfte und Ankerlängen);
- Grundwasserverhältnisse mit Lage der Druckwasserspiegel für die verschiedenen Grundwasserstockwerke, Durchlässigkeit der Boden- und Gesteinsschichten;
- möglicher Fließdruck, Quelldruck oder Schwelldruck des Bodens oder Gesteins hinter der Wand;
- Geländeverlauf und Nutzung (zusätzliche Belastung) oberhalb der Ortwand.

Ortwände können bis über 100 m tief erstellt werden.

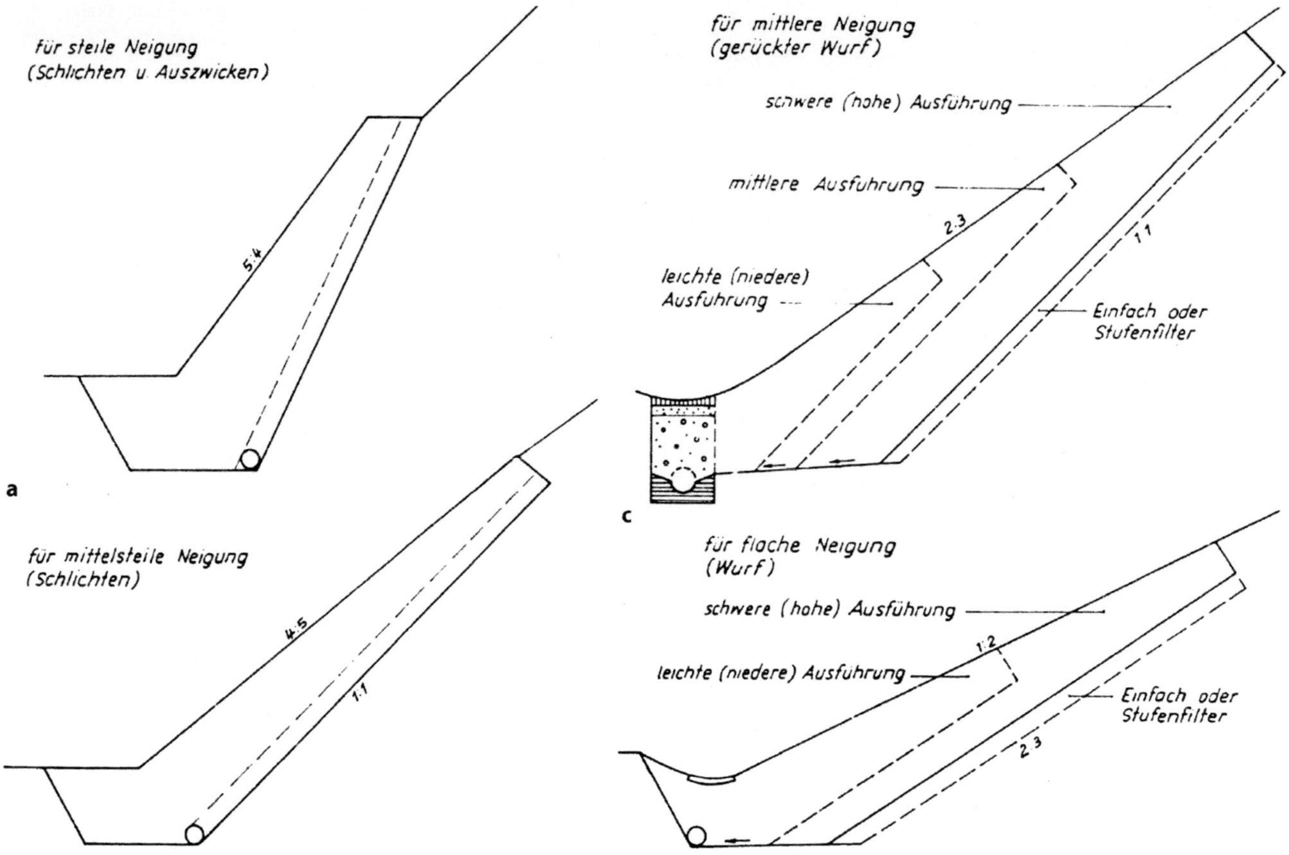

Abb. 7.25 Sicherung von Böschungen durch Steinkeile bei gleichzeitiger Entwässerung. Der Steinvorsatz bietet neben der Stützwirkung eine Sicherung gegen das Einfrieren der Dränvorrichtung, soweit hier die Frosteindringtiefe beachtet wird. (Brandecker 1971)

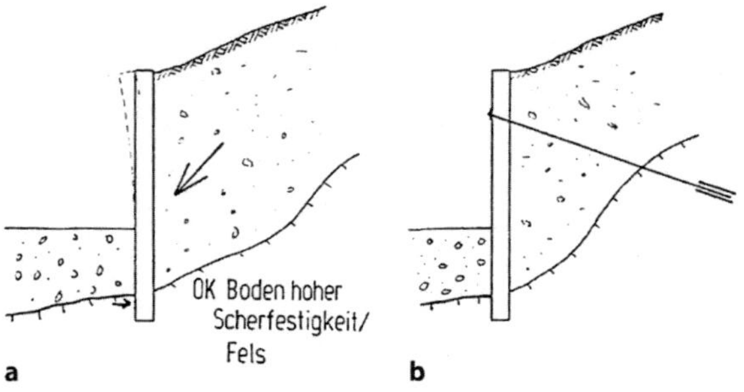

Abb. 7.26 **a** Elastisch eingespannte Ortwand, **b** verankerte Ortwand

Besondere Bedeutung haben aus Bentonit-Zement-Suspensionen gefertigte Schlitzwände als Dichtwände zum Umschließen von Deponien und Altlasten (▶ Abschn. 15.3.3, Abb. 15.9 und 15.10).

Beim Aushub von Bohrlöchern und Schlitzen in nicht standfestem Baugrund kann das Abstützen der Erdwände durch stützende Flüssigkeiten erfolgen. Hierzu wird vorzugsweise eine Suspension aus Bentonit und Wasser verwendet. Bentonite sind natürlich vorkommende Tone mit hohem Anteil an Montmorillonit. Diese hochquellfähigen Bentonite werden im Zuge einer industriellen Aufbereitung mit Na-Ionen angereichert (aktiviert). Als Pulver wird dieser Bentonit für das Herstellen der Suspension unter intensivem Rühren dem Anmachwasser zugegeben (30–60 g l^{-1}). In Abhängigkeit von Temperatur und Konzentration quellen die Tonminerale in einer Zeit von 12–24 h auf. Danach wird die Suspension in die ausgehobenen Schlitze und Bohrlöcher eingebracht. Wasser im Schlitz oder Bohrloch wird durch die Suspension mit höherer Dichte verdrängt. Als thixotrope Flüssigkeit geht die Suspension in einen gallertartigen Zustand über und wirkt dadurch stützend auf Schlitzwände oder Bohrlochwände. Um Ausflocken und Sedimentation in der Suspension zu vermeiden, ist es erforderlich, dass das Wasser frei von Elektrolyten ist und dass aus dem Boden bzw. Untergrund keine schädlichen Substanzen austreten und von der Stützflüssigkeit aufgenommen werden können (z. B. aus Mülldeponien, aus Salzlaugen oder aus mit Wasserglas injizierten Böden).

Nach Fertigstellen des Schlitzes bzw. Bohrloches und nach Einbringen der Stützflüssigkeit kann die Bewehrung eingebaut werden. Beim Einbringen des Betons wird die Stützflüssigkeit verdrängt. Damit dieser Verdrängungsvorgang einwandfrei verläuft, dürfen Wichte und Fließgrenze der Stützflüssigkeit gewisse Maximalwerte nicht überschreiten (DIN 4126). Die Bentonitsuspension bzw. Stützflüssigkeit kann mehrmals, im Falle einer Regeneration sogar beliebig oft verwendet werden.

Voraussetzung der Standsicherheit einer flüssigkeits-gestützten Wand ist:

- der Stützdruck der Flüssigkeit muss größer sein als der Erddruck einschließlich eines möglichen Wasserdruckes;
- die Stützflüssigkeit muss einen möglichen Nachfall aus der Wand verhindern.

Zum Berechnen der Stabilität der flüssigkeitsgestützten Erdwände bestehen verschiedene Theorien und Rechenansätze (Lorenz und Walz 1982, Heinz 2007; DIN 4126). Grundlagen für das Berechnen und Bewerten der Stützwirkung sind:

- Geländeschnitt mit Bodenarten und Mächtigkeit der zu stützenden Erdwand;
- Bebauung und Nutzung des Geländes neben der flüssigkeitsgestützten Erdwand;
- Wasser- und Grundwasserverhältnisse;
- Wasser- und Grundwasserchemie;
- Bodenkennwerte für Korngrößen und Korngrößenverteilung, Kornform und Kornformverteilung, Dichte, Porenanteil, Porengröße, Durchlässigkeit, Scherfestigkeit mit Winkel der inneren Reibung und Kohäsion;
- Wichte der zu stützenden Erdmassen;
- rheologische Eigenschaften der Suspension mit Aussagen zu Fließgrenze, Viskosität u. a. (Heinz 2007);
- Wichte der Suspension bzw. Stützflüssigkeit.

Nach Ausbildung und Herstellungsverfahren wird bei Ortwänden zwischen Pfahlwänden, Brunnenwänden, Schlitzwänden, Schmalwänden und Spundwänden unterschieden. Zu beachten ist DIN EN 1536 – Bohrpfähle, DIN 4126 – flüssigkeitsgestützte Erdwand, DIN EN 1538 – Schlitzwände sowie DIN EN 12063 – Spundwandkonstruktionen.

Bohrpfahlwände und Brunnenwände Pfahlwände (Stocker und Walz 1992, Witt 2010, Boley 2011, Möller 2011) bestehen aus Bohrpfählen mit Durchmessern zwischen 30 und 300 cm. Das Herstellen und Bemessen von Bohrpfählen ist in DIN EN 1536, DIN EN 1997 und DIN 1054 geregelt. Als Stützwand oder Stützelement wirken Bohrpfähle mit großem Durchmesser (Großbohrpfähle) zusätzlich zur Einspannung des Bohrfußes auch durch den Abtrag des Erddruckes über die Reibung in der Pfahlaufstandsfläche. Folgende Pfahlanordnungen werden unterschieden:

- *Bohrpfahlwand mit Abstand a zwischen den Bohrpfählen*
  Zwischen den Bohrpfählen verbleibt ein Pfahlabstand von 5–10 cm und mehr. Die einzelnen Pfähle werden getrennt belastet. Jeder Pfahl kann einzeln bewehrt werden. Eine Verbindung zwischen den Pfählen kann durch einen bewehrten Pfahlkopfbalken erreicht werden (◘ Abb. 7.27a).
- *tangierende Bohrpfahlwand*
  Die Pfähle werden dicht bei dicht gesetzt; Pfahldurchmesser D und Pfahlabstand a sind etwa gleich groß (◘ Abb. 7.27b).
- *überschnittene Bohrpfahlwand*
  Die Bohrpfähle werden in zwei Arbeitsgängen hergestellt. Im ersten Schritt werden unbewehrte Pfähle in einer Reihe mit Abständen a von meist etwa 75 % des Pfahldurchmessers erstellt (vorlaufende Pfähle). Im zweiten Arbeitsgang wird zwischen diesen Pfählen eine zweite Pfahlreihe abgebohrt (nachlaufende Pfähle), wobei rechts und links von den bestehenden Bohrpfählen ein Teil abgebohrt wird (Meißelarbeit!). Der Pfahlabstand a ist kleiner als der Pfahldurchmesser D. Die Ausführung der Bohrungen ohne seitliche Abweichung ist eine Voraussetzung für die alternierende Anordnung bei der überschnittenen Bohrpfahlwand. Die im zweiten Arbeitsgang erstellten Bohrpfähle werden bewehrt (◘ Abb. 7.27c–e). Es wird ein wasserdichter Verbau erzielt.
- *aufgelöste Bohrpfahlwand*
  Die Bohrpfähle werden im Abstand von 1–2 m erstellt ($a \gg D$). Die Zwischenräume werden im Zuge des luftseitigen Abgrabens entweder verbohlt oder ausbetoniert (◘ Abb. 7.27f).
- *Bohrpfahlwand mit eingeschalteten Einkornbetonpfählen*
  Bei nassen oder auch nur gelegentlich wasserführenden Böschungen erfolgt das Entwässern bei durchgehender Wand durch einzelne Einkornbetonpfähle. Solche Pfähle mit weitem, offenem Porenraum haben keine statische Funktion. Sie werden nach den bewehrten Pfählen eingebaut, damit sichergestellt ist, dass der Porenraum nicht durch Betonschlämme verfüllt wird. Es wird eine tangierende Bohrpfahlanordnung bevorzugt (◘ Abb. 7.27g).
- *Brunnenwände*
  Brunnenwände können als Pfahlwände mit sehr großem Durchmesser angesehen werden. Die meist elliptischen Brunnen werden als Schächte abgeteuft und mit bewehrtem Spritzbeton gesichert. Zusätzlich können die Brunnen bergseits verankert und durch konstruktive Verstärkung aus Stahlbeton stabilisiert werden. Die Brunnen können mit Beton oder Steinmaterial verfüllt werden. Nach Fertigstellung können die Brunnenwände luftseitig freigelegt werden. Die zwischen den einzelnen Brunnen verbleibenden Zwischenräume können durch Spritzbeton gesichert werden. Brunnenwände haben sich in rutschgefährdeten Hangabschnitten bewährt.
  Mit einzelnen Brunnen können z. B. Brückenpfeiler vor Hangrutschungsdruck, Murdruck oder Lawinenabgängen gesichert werden.

Schlitzwände Zu den Schlitzwänden zählen Stützwände und Dichtwände. Sie werden in vorab ausgehobene Schlitze eingestellt oder eingebaut. Das Ausheben und Abstützen des Schlitzes sowie das Einbauen einzelner Schlitzwandelemente (Lamellen) erfolgt abschnittsweise. Übliche Einbaustärken liegen bei 60 cm, die Lamellenbreiten (gerätebedingt) bei 2,5 bis 3 m. Der Aushub kann im Lockermaterial mit einem Schlitzgreifer, im Boden mit Korngrößen bis 100 mm und im leichten Fels mit einer Hydrofräse erfolgen. Fels ist in der Regel durch Meißelarbeit zu lösen. Vorwiegend für den Zweck des Abdichtens (z. B. gegen Zustrom von Deponiewässern) werden bis 100 m tiefe Schlitzwände eingebaut. Die hierzu verwendeten Schlitzgreifer sind bis etwa 15 m hoch und 2–3 m breit und geben mit diesen Abmessungen bei großen Tiefen eine gewisse Garantie für Richtungskonstanz. Durch ständige Neigungsmessungen können Horizontalabweichungen korrigiert werden. Während der Aushubarbeiten werden die freigelegten Wände durch Stützflüssigkeit (z. B. Bentonitsuspension) stabilisiert. Nach Beendigung des Aushubs kann für die jeweilige Lamelle die Bewehrung eingestellt werden. Nach DIN EN 1538 sind folgende Begriffe zu unterscheiden:

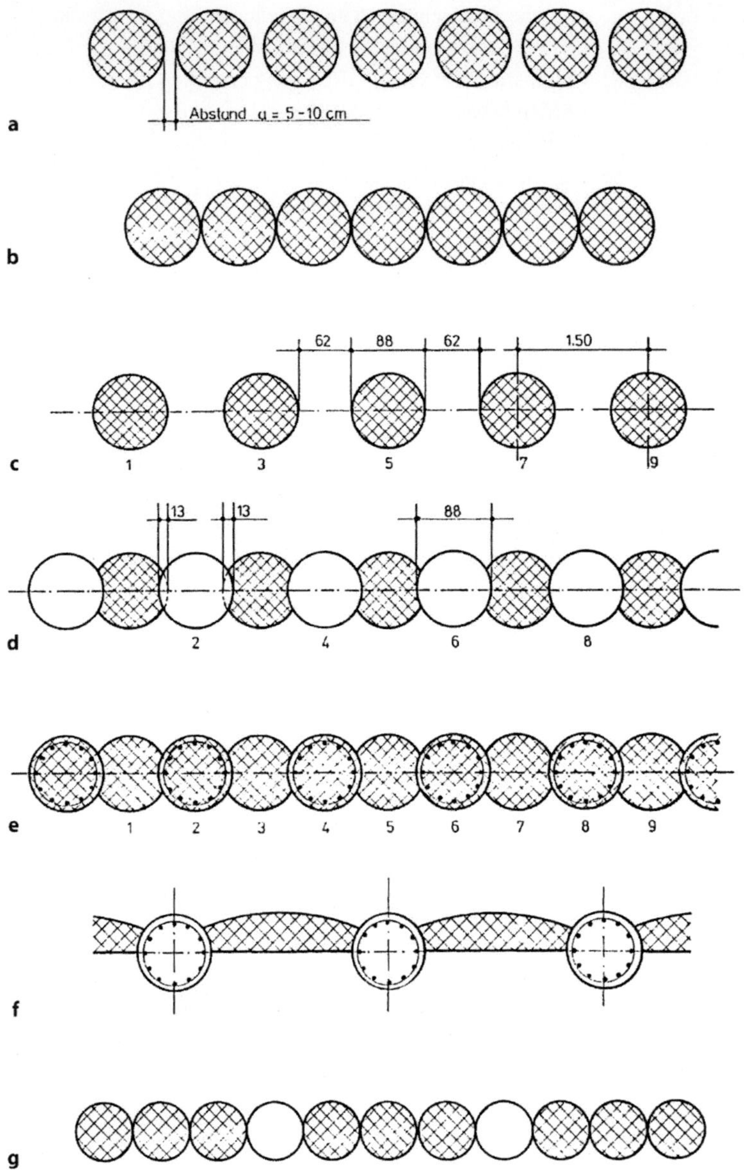

Abb. 7.27 **a** Bohrpfahlwand mit Abständen zwischen den einzelnen Pfählen, **b** tangierende Bohrpfahlwand, **c–e** Arbeitstakte bei einer überschnittenen (wasserundurchlässigen) Bohrpfahlwand, jeder zweite Pfahl ist bewehrt, **f** aufgelöste Bohrpfahlwand mit später eingesetzten Bohlen, **g** wasserdurchlässige Bohrpfahlwand mit eingeschalteten Einkornbetonpfählen

- *Ortbetonschlitzwände*
  Es sind Stützwände aus bewehrtem oder unbewehrtem Beton, die in einem im Baugrund ausgehobenen Schlitz hergestellt werden. Der flüssige Beton wird durch Unterschichten der Stützflüssigkeit eingebaut (Kontraktorverfahren).
- *Fertigteilschlitzwände*
  Es sind Stützwände aus vorgefertigten Betonplatten, die in einen im Baugrund ausgehobenen Schlitz eingebaut werden. Beim Absenken wird ein Teil der Stützflüssigkeit verdrängt.
- *bewehrte Einphasenschlitzwände*
  Es sind mit Stahlbauteilen bewehrte Stützwände, bei denen der Beton als selbsterhärtende Stützsuspension aus Zement, Bentonit, Ton, Flugasche und anderen Zusätzen eingebaut wird.
- *Tonbetonschlitzwände*
  Es sind Dichtwände aus hochplastischem Tonbeton, der im Kontraktorverfahren unter die Stützflüssigkeit eingebaut wird.
- *Einphasenschlitzwände mit Dichtungsbahnen*
  Es sind Dichtwände, bei denen in die selbsterhärtende Stützsuspension abdichtende Membranen oder Spundwände eingebaut werden.

Wände aus säulenförmigen Hochdruckinjektionskörpern Nach dem in ▶ Abschn. 8.2.6 beschriebenen Hochdruckvermörtelungsverfahren lassen sich durch Überschneiden der Säulen tragfähige Säulenreihen, Wände und Blöcke erstellen. Das Verfahren lässt sich in Böden und künstlichen Aufschüttungen anwenden. Die injizierten Säulen sind zwar nicht für die Aufnahme großer Seitendruckkräfte geeignet, dennoch bietet das Hochdruckinjektionsverfahren (HDI-Verfahren) eine Alternative zu anderen Stütz- und Sicherungsmaßnahmen in Rutschhängen, und zwar besonders in feinkörnigen Böden, in deren Porenraum die Injektionsstoffe bei herkömmlichen Zement- und Chemikalieninjektionen nicht eindringen können. Beim Freilegen der injizierten Wände können durch den Einbau von Ankern oder Nägeln standfeste Stützkörper geschaffen werden, die teils über Reibung als monolithischer Block, teils durch die Einspannung

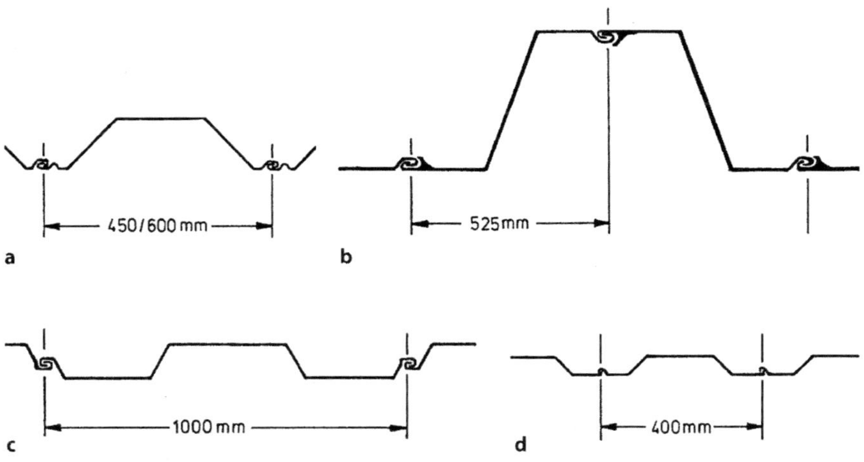

Abb. 7.28 Spundwandprofile. **a** Leichtprofil Hoesch, 4,5 und 6 mm stark, **b** Normalprofil Hoesch, 8, 9, 10, 11, 12,8, 14, 18,8 mm stark, **c** Tafelprofile Hoesch, 4, 5,6, 7 mm stark, **d** Kanaldielen Hoesch, 5 und 6 mm stark

des Wandfußes und teils durch die rückhaltenden Ankerkräfte die Böschung stabilisieren. Über Erkenntnisse beim Herstellen von HDI-Dichtblöcken berichten Wolbring et al. (2000).

Spundwände Spundwandbauwerke sind ins Erdreich eingetriebene Flächenbauwerke aus rammbaren Stahlspundbohlen, seltener aus Holzbohlen oder Spannbetonbohlen. Diese werden mithilfe angewalzter Schlösser oder über Nut- und Federführung zu einer zusammenhängenden Wand verbunden. Die Entwicklung führte über hölzerne Bohlen zu den heute allgemein gebräuchlichen stählernen Spundwänden verschiedener Profilausbildung (Abb. 7.28). Sonderformen sind Stahlbeton- oder Spannbetonbohlen. Spundwände dienen der Aufnahme waagerechter Erd- und Wasserdrücke. Die erforderliche Quersteifigkeit kann durch zusätzliche Konstruktionsglieder wie Gurte und Holme sichergestellt werden. Spundwände können durch Steifen aus Rundholz, Stahlprofilen oder Stahlbeton gestützt werden. Hohe Spundwände können durch Anker oder durch Stahlkabelverankerung gegen Ankerwände oder Spezialankerkörper stabilisiert werden. Nach Verfüllen der Baugrube können die Spundbohlen wieder gezogen werden. Bei längerem Einsatz an einer Stelle besteht die Gefahr, dass sich zwischen Spundbohlen und Boden ein fester Verbund einstellt und dass die Bohlen nicht wieder gezogen werden können. Hierbei neigen feinkörnige Böden zum Verkleben. In Sanden und Kiesen können die Spundbohlen verkrusten.

Die Anwendung und Ausführung von Spundwandkonstruktionen ist in DIN EN 12063 geregelt.

Der Untergrund ist beim baugeologischen Erkunden besonders auf seine Rammfähigkeit und auf mögliche Beeinträchtigung beim Wiedergewinnen der Spundbohlen zu untersuchen. Auf mögliche Probleme wie Korrosion, Abrieb oder Überbeanspruchung durch Frosteinwirkung auf den Boden hinter der Spundwand ist hinzuweisen.

In nicht rammbarem Untergrund können Spundwände in einen vorgefertigten Schlitz eingestellt werden. Je nach Felshärte kann mit überschnittenen Bohrungen oder mit Meißel und Schlitzgreifer gearbeitet werden.

Sollen Spundwände (Abb. 7.28) auf Dauer zum Abstützen freigelegter Wände verwendet werden, so müssen Spundbohlen mit größerer statischer Reserve gegen Abrosten gewählt werden. Die jährliche Profilschwächung beträgt im Meerwasser 0,12 mm, im Süßwasser 0,01 mm. Spundwände können teils aus optischen Gründen, teils zur Aufnahme von Lasten (z. B. Kranlasten oder Pollerzug bei Kaimauern) mit einem Stahlbetonholm abschließen.

Bei Schmalwänden werden Profilträger durch Vibration in den Boden eingerüttelt. Während des anschließenden Ziehens wird der freiwerdende Spalt mit Beton (oder Bentonitsuspension) verpresst. Die Injektionsdüsen befinden sich am unteren Ende des Profilträgers. Verpresst wird horizontal in Richtung der Längsachse der Schmalwand.

Beim Freilegen der Schmalwand kann diese verstärkt und durch Kombination mit einer Bodenvernagelung oder einer Rückverankerung zu einer konstruktiven Böschungssicherung ausgebaut werden.

7.5.3 Anker und verankerte Konstruktionen

Anker bestehen aus Stahlzuggliedern (Ankerstangen), die in Bohrlöcher eingebaut und am erdseitigen Ende verkrallt, eingeklemmt, verklebt oder verpresst werden. Am luftseitigen Ende (Ankerkopf) wird die Ankerstange mit einer Mutter über einer Ankerplatte, die der freien Oberfläche des Gebirges oder einem vorbetonierten Ankerkopf aufliegt, befestigt und gespannt. Über die Ankerstange und den Verpresskörper/Spreizanker werden Zugkräfte in den Baugrund eingeleitet.

Anker sind im etymologischen Sinne gekrümmte Haken, die sich außerhalb des zu sichernden Gegenstandes im festen Untergrund verkrallen. Nägel (etymologisch: Finger- und Fußnägel, Krallen) verkrallen sich im zu sichernden Gegenstand.

Nach dem aktuellen Regelwerk EN 1997 (EC 7) werden die bisherigen Erd- und Felsanker eingeteilt in:

- Verpressanker nach EN 1537 (früher DIN 4125),
- vorgespannte Anker aus hochfesten Stählen fy ≥ 600 MPa,
- Mikropfähle (Zugpfähle) nach DIN EN 14199 (früher DIN 4128),
- Kleinverpresspfähle, schlaff, ohne Vorspannung, mit Eigenschaften von Betonstählen nach EC 2, Tab. C 1.

Im Grundbau (Uferwände, Böschungssicherungen, Baugrubenumschließungen) und im Hohlraumbau (Bergbau, Tunnelbau) werden die jeweiligen Wandkonstruktionen (Ausmauerung,

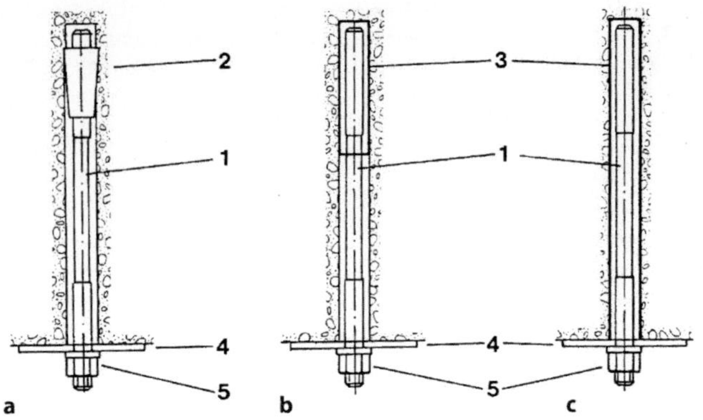

Abb. 7.29 Ausbildung und Bezeichnung von Ankern. **a** Mechanisch wirkender Anker, **b,c** Klebeanker. *1* Ankerstange, *2* Spreizhülse, *3* Klebepatrone, *4* Ankerplatte, *5* Mutter

Ausfachung, Stützwände, Verbauwände, Spritzbetonschalen) aus dem anstehenden Baugrund (Boden oder Festgebirge bzw. Fels) auf Druck belastet. Dieser Druck kann durch Ankerkräfte aufgefangen werden, wobei die Verankerung im standfesten Baugrund hinter der durch Abgraben freigelegten Fläche erfolgt. Bei mit Ankern oder Nägeln gesicherten Wänden entfallen die die Nutzung der Baugrube störenden Stützen und Ausfachungen.

Im Laufe der technischen Entwicklung haben sich unter dem Begriff „Gebirgsanker" Systeme durchgesetzt, die in Bohrlöchern im eingebauten Zustand durch Aufnahme von Zugkräften oder von Zug- und Scherkräften Gebirgsteile miteinander verbinden oder Konstruktionsteile mit dem Gebirge verbinden. Im Berg- und Tunnelbau sollen Gebirgsanker im Sinne der NÖT (NATM) ausschließlich Auflockerung verhindern. Gebirgsanker gibt es für unterschiedliche Verwendungszwecke und in zahlreichen Ausführungen. Die wichtigsten Anker sind in DIN 21521 zusammengestellt. Nach der Art des Verbundelementes werden Gebirgsanker dort als Mörtelanker, Spreizanker und Reibrohranker unterschieden. Verpressanker unterscheiden sich von anderen Gebirgsankertypen und von Verpresspfählen und Nägeln dadurch, dass die aufzunehmende Kraft über einen Verpresskörper (Ankerfuß) mit festgelegten Abmessungen in den Baugrund eingeleitet wird.

Gebirgsanker Gebirgsanker werden vorwiegend im Bergbau und Tunnelbau angewendet. Sie dienen zur Erhaltung der Verbandsfestigkeit im Gebirge. Im nachbrechenden Gebirge bzw. Fels dienen sie zur Sicherung gegen Steinfall. Auch können Gebirgsanker zum Aufhängen von Lasten sowie zum Abfangen von Kräften eingebaut werden. Mörtelanker sind als Gebirgsanker entsprechend DIN 21521 einzubauen.

Mechanisch wirkende Spreiz- und Reibrohranker

Diese Ankerarten verkrallen sich im Bereich eines Spreizmechanismus punktförmig im Bohrloch (Abb. 7.29a). Hierzu zählen Spreizhülsenanker, Gleitkeilanker, Schlitzkeilanker, Kreuzkeilanker, Doppelkeilanker und Explosionsanker. Das Stabilisieren erfolgt sofort beim Vorspannen. Der Einsatz bleibt auf Felsgestein, mit besonders häufiger Anwendung im Tunnelbau und Bergbau, beschränkt. Das Gebirge wird im Bereich der Verankerung in seiner Druckfestigkeit beansprucht (Größenordnung 10–30 N mm^{-2}), wenn die geschätzte einbezogene Querschnittsfläche des Gebirges etwa 100 cm^2 erreicht. An der Ankerplatte ist die Druckbeanspruchung geringer. Die Höhe der Vorspannung soll größer sein als alle zu erwartenden Krafteinwirkungen. Die mögliche Ankerkraft ist von der Art der Verkrallung und den geotechnischen Eigenschaften des Gesteins abhängig und wird im Ankerziehversuch überprüft. Als „Ankerkapazität" wird die Maximalkraft bezeichnet, die innerhalb eines Ziehweges von 20 mm auftritt. Zum Prüfen der Anker werden mindestens 5 Anker außerhalb des statischen Ausbausystems, aber unter vergleichbaren Gesteins- und Einbaubedingungen im Ziehversuch untersucht.

Klebeanker

Klebeanker sind Anker, die entweder am Ankerfuß oder über die ganze Ankerlänge (schlaffe Anker) durch chemische Vorgänge mit dem Gebirge verbunden sind (Abb. 7.29b, c). Es werden unterschiedliche Bausysteme verwendet (Betonhaftanker, Perfo-Anker, Drahtbündel- und Seilanker, Anker mit Kunststoffverguss, Anker mit Kunststoffpatronen für Endverguss und Vollverguss). Soweit die Anker mit Zementmörtel verpresst werden, setzt das Stabilisieren im Gebirge in Abhängigkeit von der Abbindezeit des Zementes mit einer kürzeren (Schnellbinder) oder auch deutlich verzögerten Wirkung ein. Bei Haftankern mit Vorspannung wird der Ankerstab (Ankerzugglied) über eine durch die Patrone vorgegebene Haftstrecke im Bohrloch mit dem Gebirge verklebt. Belasten und Prüfen erfolgen wie beim mechanisch wirkenden Anker. Beim schlaffen Anker wird der Ankerstab in voller Länge im Bohrloch mit dem Gebirge vermörtelt. Ein Verspannen tritt erst im Zuge von Gebirgsdeformationen auf. Klebeanker werden in gleicher Weise wie mechanisch wirkende Anker im Felsgestein, mit besonders häufiger Anwendung im Tunnelbau und Bergbau, eingesetzt.

Folgende geologische und geomechanische Punkte sind zu beachten (Müller 1978):

- *Trennflächengefüge*
  Anker sind so zu setzen, dass sie dem Herauslösen von Kluftkörpern aus der Tunnellaibung entgegenwirken. Dabei dürfen die Anker nicht parallel zu den Kluftflächen gesetzt werden, sondern sollen mindestens 30° von deren Streichrichtung abweichen. Dadurch wird verhindert, dass durch den Anker Kluftkörper aus der Laibung gezogen werden (Korkenziehereffekt). Wenn Anker in Richtung eines geringen Verbandwiderstandes eingebaut werden, sind entsprechend lange Anker zu wählen. Bei engständigen Klüften können sich die Kluftkörper im Gesteinsverband verlagern.
- *Druck- und Scherfestigkeit des Gesteins*
  An der Klemmvorrichtung des Ankers wird das Gestein auf Druck- und Scherfestigkeit beansprucht. Wird diese Festigkeit überschritten, bricht das Gestein. Der Anker lockert sich und wird wirkungslos.
- *Härte, Zähigkeit und Sprödigkeit*
  Mechanisch wirkende Anker müssen sich im Gestein verkrallen können. Bei sehr harten Gesteinen bewähren sich chemische Anker (Mörtel- oder Klebeanker).
- *Kornverband, Korngefüge*
  Bei geringer Kornbindung lösen sich einzelne Körner an der Bohrlochwand und führen zur Lockerung der me-

chanisch wie chemisch wirkenden Anker, besonders bei Sandsteinen mit runden Körnern.

- *Bohrbarkeit*
  Es ist festzustellen, ob maßgerechte Bohrlöcher oder solche mit Überprofil erzielt werden.
- *Erweichbarkeit*
  Weicht beim Nassbohren die Bohrlochwand auf, so eignen sich chemisch gebundene Anker nicht. Mechanisch wirkende Anker müssen sich hinter der aufgeweichten Schicht festkrallen.
- *kriechfähige Gesteine*
  Es werden weit spreizende mechanische Anker in Kombination mit den Vorteilen des chemisch wirkenden Ankers durch nachträgliche Injektion empfohlen.
- *weiche Gesteine, Gesteine mit geringer Scherfestigkeit*
  Das Bohrloch wird am Fuß birnenförmig erweitert und hierin der Ankerfuß eingemörtelt („gekesselter Ankerfuß").
- *Quellvermögen*
  Es begünstigt die Haftung der Anker infolge erhöhten Kontaktdruckes (besonders bei chemisch wirkenden Ankern). Gefahr besteht beim Austrocknen und Schwinden der Gesteine.

Verpressanker Verpressanker (Injektionsanker) sind in Bohrlöcher eingebaute und auf Zug belastbare Bauteile, bei denen am hinteren Teil des Bohrloches durch Einpressen von Zementschlämmen oder Mörtel ein Verpresskörper (Ankerfuß) hergestellt wird. Als Zugglieder werden Ankerstangen, Druckrohre und Spanndrahtlitze verwendet. Am luftseitigen Ende (Ankerkopf) wird die Ankerstange mit einer Mutter über eine Ankerplatte, die der freien Oberfläche des Gebirges oder einer betonierten Lastverteilungsplatte aufliegt, befestigt und vorgespannt (◘ Abb. 7.30). Bemessung, Ausführung und Prüfung der Verpressanker ist in DIN EN 1537, DIN EN 1997 und DIN 1054 geregelt.

Als Zugglied wird beim System „Ischebeck" das Bohrrohr verwendet, durch welches über die verlorene Bohrkrone oder Rammspitze der Zementmörtel injiziert wird. Bei anderen Systemen wird die Ankerstange in das standfeste oder verrohrte Bohrloch eingestellt. Das Verpressen des Ankerfußes bedarf hierbei weiterer Arbeitsschritte.

Der Verpresskörper wird im gleichmäßig und dicht gelagerten Fels oder Boden eingebaut. Bei oberflächennah aufgelockertem Fels oder ungünstig geschichtetem Baugrund können die geologischen Verhältnisse große Bohr- und Ankerlängen erfordern (◘ Abb. 7.31). Umfang und Länge der Verpresskörper richten sich nach der angestrebten Gebrauchskraft. Verpressanker können über die Reibung zwischen Baugrund und Oberfläche des Verpresskörpers Zuglasten aus einer Vorspannung aufnehmen. Häufig vorgewählte Abmessungen der Verpresskörper liegen bei 4–6 m für die Krafteintragslänge und bei 100–150 mm für den Durchmesser.

Verpressanker können zur Aufnahme vorübergehend auftretender Lasten während der Bauzeit als Kurzzeitanker oder zur Aufnahme andauernder Lasteintragung als Daueranker verwendet werden. Daueranker müssen gegen Korrosion geschützt sein.

Das geotechnische Untersuchen des Baugrundes ist auf die besonderen Anforderungen der Anker- und Injektionstechnik

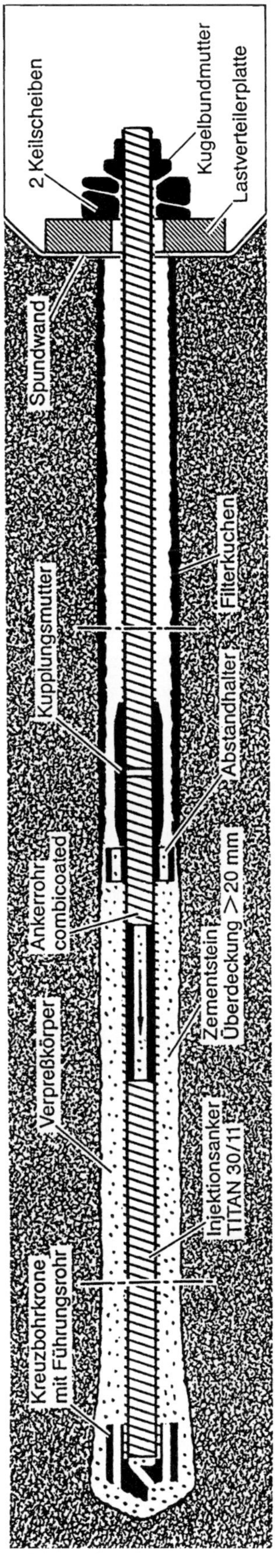

◘ **Abb. 7.30** Injektionsanker (System „Ischebeck-Titan"). Das Ankerrohr dient als Bohr- und Injektionsrohr. Das Injektionsgut wird über das Führungsrohr in der verlorenen Kreuzbohrkrone in den Raum zwischen Ankerrohr und Bohrlochwandung verpresst. Nach Aushärten des Verpresskörpers wird der Anker durch Anziehen einer Kugelbundmutter über Lastverteilerplatte und Keilscheiben vorgespannt

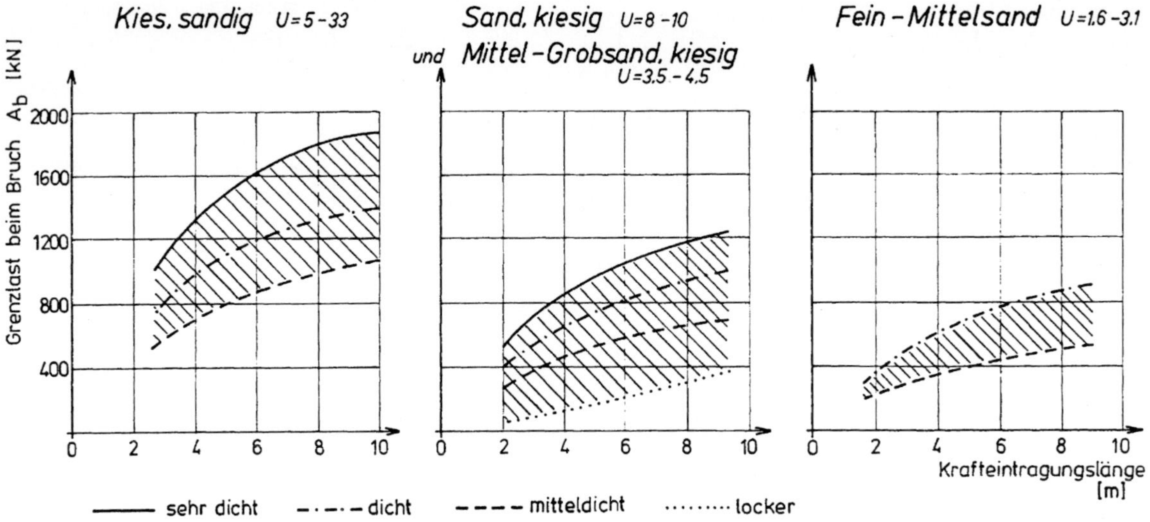

Abb. 7.31 Grenzkraft von Ankern in grobkörnigen Böden. (Nach Ostermayer 1991)

auszurichten. Die Anforderungen an den Baugrund erfordern Aussagen zur Art, Mächtigkeit und Festigkeit des Baugrundes, zur Klüftigkeit und Durchlässigkeit von Fels und zur Aggressivität von Grundwasser und Baugrund gegen Stahl und Beton.

In grobkörnigen Böden können die Scherkräfte aus der Lagerungsdichte, Reibung und Auflast abgeschätzt werden. Hieraus kann auf die zu erwartenden Gebrauchslasten, welche in Ankerzugversuchen zu prüfen sind, geschlossen werden.

In feinkörnigen Böden ist Aufweichen des Bodens längs des Verpresskörpers zu befürchten. DIN 4125 (1990) Tab. 3 schreibt bis 24 h Beobachtungszeit bei der Abnahmeprüfung vor. Nach DIN SPEC 18537 (2012) beträgt die Beobachtungszeit in grobkörnigen Böden und Fels 1 h, in bindigen Böden 3 h. Zum Erhöhen der Ankerkraft kann der Ankerfuß im verdrängungsfähigen Boden durch mehrfache Injektion oder durch spezielle Schneidevorrichtungen birnenförmig erweitert werden.

Fels ist auf Klüftigkeit und Durchlässigkeit zu prüfen. Offene Spalten können große Mengen Verpressmörtel aufnehmen. Hierauf ist im Geotechnischen Bericht hinzuweisen. Zum genaueren Erkunden können Wasserabpressversuche durchgeführt werden. Bei Verpressankern im Fels sind die Ankerkräfte von der Verbindung zwischen Verpresskörper und Fels abhängig, besonders von Gesteinsbeschaffenheit, Verwitterungsgrad, mineralischer Bindung, Trennflächengefüge und Ausbildung der Bohrlochwand. In feinkörnigen, wasserempfindlichen Gesteinen sind Quelldruck, verminderte Reibung und Auflockerung zu beachten.

Die Ankerkraft von Verpressankern ist von der konstruktiven Ausbildung, von der anstehenden Boden- oder Felsart und von der Art der Einbindung abhängig. Die von der Konstruktion vorgegebene zulässige Ankerkraft war beim Verwenden als Kurzzeitanker nach DIN 4125 (zurückgezogen) für Mehrstabanker auf 1,3 MN, für Einstabanker auf 0,7 MN begrenzt. Für Daueranker ist immer der Nachweis der Brauchbarkeit zu führen.

Der Bemessungswert der Ankerkraft P_d kann überschlägig aus der Mantelreibung (Abb. 7.31, 7.32, 7.33 und Tab. 7.10) und aus Länge und Umfang des Verpresskörpers rechnerisch abgeschätzt werden. Beim Berechnen mit gemessenen oder erfahrungsmäßig geschätzten charakteristischen Bodenkennwerten für den Winkel der inneren Reibung φ_k oder φ_u kann der Tangens dieser Reibungsbeiwerte durch den Teilsicherheitsbeiwertes γ_φ oder $\gamma_{\varphi u}$ dividiert und in Bemessungswerte überführt werden (DIN 1054, 2.4.6.2).

$$\tan \varphi'_d = \tan \varphi'_k / \gamma_{\varphi'}$$

Die Teilsicherheitsbeiwerte für γ_φ sind in DIN 1054, Tabelle A 2.2, unter GEO-3 für die Bemessungssituationen BS-P und BS-T aufgeführt. Diese Teilsicherheitsbeiwerte γ_φ oder $\gamma_{\varphi u}$ haben die Größenordnung 1.15 bis 1.25. (Der mit φ'_d errechnete Bemessungswert der Ankerkraft P_d fällt kleiner aus als eine mit dem charakteristischen Bodenkennwert φ_k errechenbare Ankerkraft P!)

Die baurechtliche Freigabe einer Baumaßnahme „Verankern" erfolgt mit dem in Ankerziehversuchen ermittelten charakteristischen Wert für den anzusetzenden Herausziehwiderstand R_k. (Nach zurückgezogener Norm 4125 „Gebrauchskraft F_w", nach DIN EN 1537 „Festlegekraft P_0", Abb. 7.35) Dieser Wert ist durch Division mit dem in Tabelle A 2.3 der DIN 1054 unter GEO-2 für die Herausziehwiderstände der Bemessungssituationen BS-P und BS-T aufgeführten Teilsicherheitsbeiwerten γ_a in Bemessungswerte zu überführen. Diese Teilsicherheitsbeiwerte γ_a haben für Boden- bzw. Felsnägel die Größenordnung 1.3 bis 1,4, für Verpressanker/Verpresskörper die Größenordnung 1,1. (Der damit errechnete Bemessungswert des Herausziehwiderstandes $R_{a,d}$ fällt kleiner aus als ein mit dem charakteristischen Herausziehwiderstand R_k errechenbarer Ziehwiderstand.)

Die Standsicherheit ist für einen belasteten Anker oder eine belastete verankerte Konstruktion gegeben, wenn der Bemessungswert der Ankerkraft P_d kleiner als der Bemessungswert des Herausziehwiderstandes $R_{a,d}$ ist. Nach DIN EN 1997, 8.5.1 muss die Ungleichung für die Grenzzustandsbedingung erfüllt sein:

$$P_d < R_{a,d}$$

Nach Erfahrungswerten kann für die über die Mantelfläche eines zylindrischen Verpresskörpers mit Durchmessern 100–150 mm und Längen zwischen 3 und 6, maximal 10 m in der Regel von

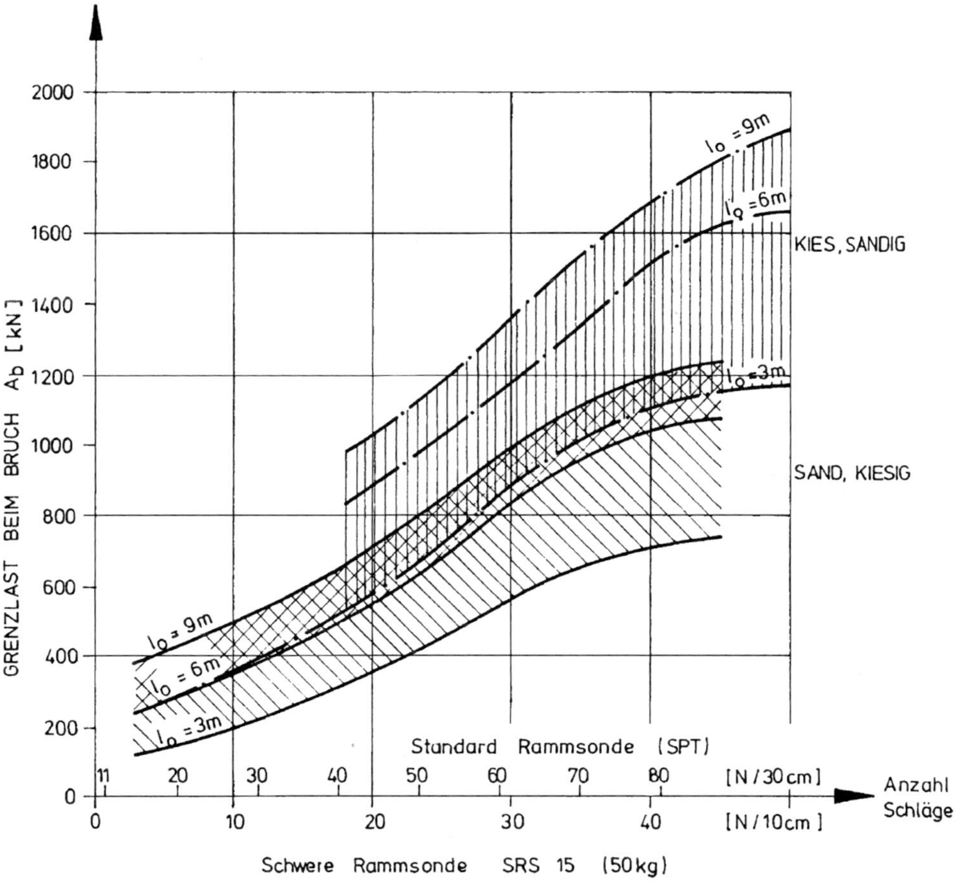

Abb. 7.32 Abhängigkeit zwischen der Grenzkraft von Ankern und dem Eindringwiderstand von Rammsonden bei Sand und Kies. (Nach Ostermayer 1991)

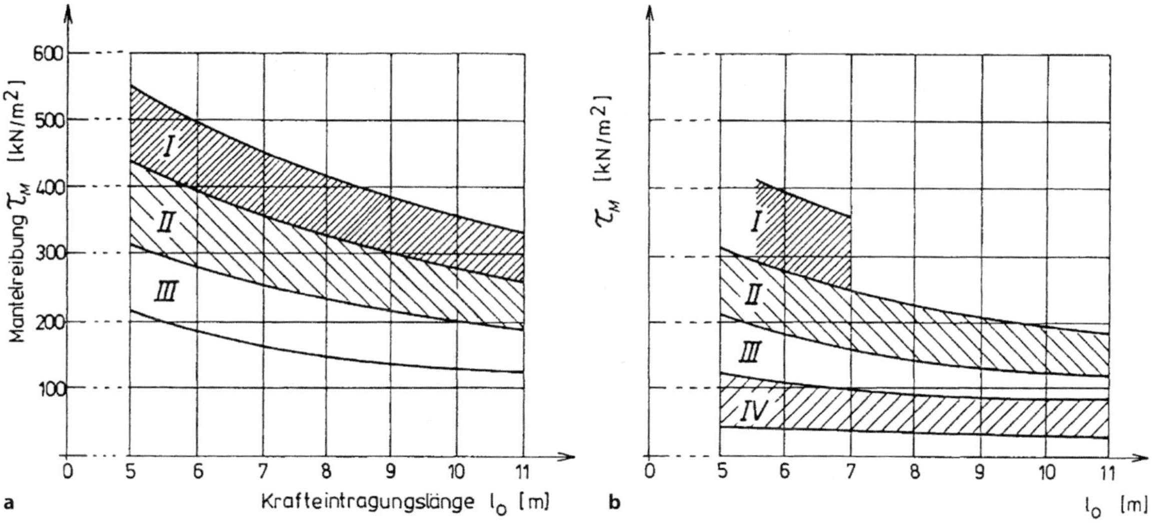

Abb. 7.33 Grenzwert der Mantelreibung bei Ankern in feinkörnigen Böden mit Nachverpressen (**a**) und ohne Nachverpressen (**b**) nach Ostermayer (1991). *I* Ton- und Schluffmergel, fest (*TL, TM, UM*), *II* Ton und Schluff, mittelplastisch (*TM, UM*), halbfest und Ton und Schluff, leicht plastisch (*TL, UL*), halbfest; *III* Ton, mittelplastisch (*TM*) und Ton, ausgeprägt plastisch (*TA*), halbfest; *IV* Ton ausgeprägt plastisch (*TA*), steif

folgender Größenordnung für die mögliche zulässige Ankerkraft ausgegangen werden:

- im Fels: bis 4 MN;
- in Sanden und Kiesen: bis 1,5 MN;
- in feinkörnigen Böden: 0,2–0,4 MN.

Als Grundlage für Ausschreibung und Entwurf von Böschungssicherungsarbeiten kann die Grenzkraft für Verpressanker nach Ostermayer (1991) aus den Diagrammen von Abb. 7.31, 7.32, 7.33 und Tab. 7.10 abgeschätzt werden. Die geforderten Sicherheitsbeiwerte liegen nach DIN 4125, Tab. 1 je nach Lastfall für den Regelfall zwischen 1,25 und 1,5, für den Erdruhedruck zwischen 1,2 und 1,33. Die Grenzkraft der Verpresskörper wird bei grobkörnigen und feinkörnigen Böden wie nachstehend beeinflusst:

- grobkörnige Böden:
  - die Grenzlast nimmt mit der Lagerungsdichte stark zu;

Tab. 7.10 Werte für die Mantelreibung [MN m^{-2}] zum Abschätzen der Gebrauchslast von Verpressankern im Fels. (Ostermayer 1991)

Verwitterungszustand	Grad der mineralischen Bindung	Trennflächenabstände	Gesteinsart		
			Massige Erstarrungsgesteine und Metamorphite, z. B. Granit, Gabbro, Basalt, Gneis	Konglomerate, Breccien, Sandstein, Kalkstein, Dolomitstein	Mergelstein, Schluffstein, Tonstein
Unverwittert	Sehr gute mineralische Bindung	Größer 0,5 bis 1,0 m	1,5	1,0	0,7
Angewittert	Gute mineralische Bindung	Im Dezimeterbereich (0,1–0,2 m)	1,0	0,7	0,4
Stark verwittert	Mäßige mineralische Bindung	Im Zentimeterbereich	0,5	0,3	0,15 oder Werte für feinkörnigen Boden

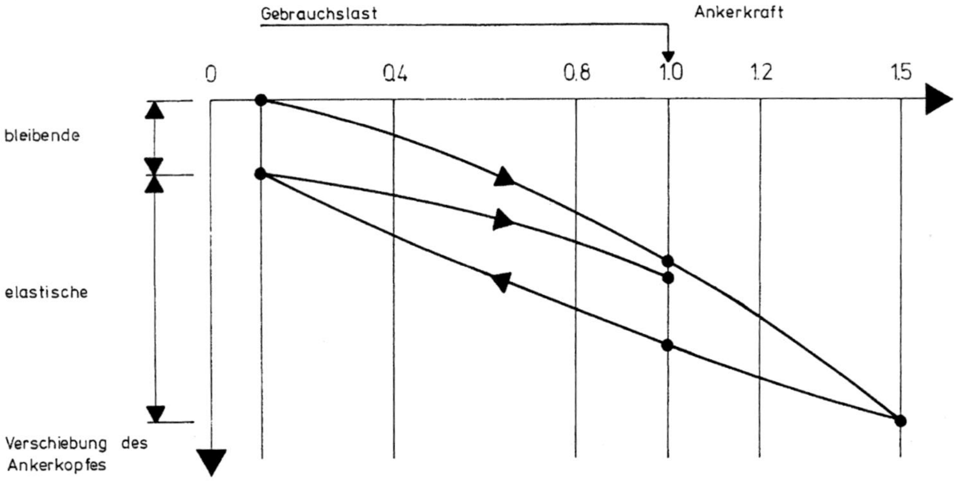

Abb. 7.34 Prüfung der Tragfähigkeit von Ankern nach DIN 4125. Es wird jeder Anker auf das 1,5-fache der rechnerischen Gebrauchslast vorgespannt und die Verschiebung des Ankerkopfes gemessen

- die Grenzlast nimmt mit der Ungleichförmigkeit stark zu;
- die Grenzlast nimmt mit der Korngröße stark zu;
- die Grenzlast nimmt mit der Länge des Verpresskörpers unterproportional zu. Bei Längen über 6 m erfolgt nur noch eine geringe Zunahme. Größere Verpresskörper sind nicht wirtschaftlich;
- der Durchmesser des Verpresskörpers hat zwischen 100 und 150 mm keinen Einfluss auf die Grenzlast. Bei größeren Durchmessern nimmt die Mantelreibung ab;
- die Bodenüberlagerung ist ab 4 m vernachlässigbar.

- feinkörnige Böden:
  - die Grenzlast nimmt mit abnehmender Plastizität zu;
  - die Grenzlast nimmt mit zunehmender Konsistenz zu;
  - die Grenzlast nimmt mit abnehmendem Wassergehalt zu (feinkörnige Böden können zur Erhöhung der Grenzlast elektroosmotisch entwässert werden);
  - die Grenzlast nimmt bei Mantelreibungswerten unter 100 kN m^{-2} proportional zur Länge des Verpresskörpers zu. Bei Mantelreibungswerten über 100 kN m^{-2} nimmt die Grenzlast unterproportional zur Länge des Verpresskörpers zu;
  - die Grenzlast nimmt im Bereich zwischen 100 und 150 mm Durchmesser für den Verpresskörper mit zunehmender Vergrößerung der Oberfläche des Verpresskörpers proportional zu. Bei größeren Durchmessern nimmt die Mantelreibung ab, die Grenzlast nimmt unterproportional zu;
  - die Grenzlast kann durch Nachverpressen maßgeblich gesteigert werden. Dies ist auf das Erhöhen der Mantelreibung und auf das Vergrößern des Verpresskörpers zurückzuführen.

Verpressen der Anker

Vor dem Einbau des Ankerzuggliedes sind im Bereich der Krafteintragslänge (Ankerfuß) Spalten und stark durchlässiger Untergrund abzudichten, um Verpressmörtelverluste zu beschränken. Nach DIN EN 1537 ist das Bohrloch beim Vorverpressen auf Wasserdichtigkeit und auf das Absetzen von (dünnflüssigem) Verpressmörtel bzw. das Absinken eines Verpressmörtelspiegels zu prüfen. Das eigentliche Ankerverpressen soll unmittelbar nach dem Einbau des Zuggliedes erfolgen. Das Zugglied ist vorab vor Korrosion zu schützen.

Vorspannen der Anker

Der Verpressanker ist auf die festgelegte Ankerkraft vorzuspannen. Der Spannvorgang ist zu protokollieren.

Prüfen der Anker

Auf jeder Baustelle sind für jede Boden- und Felsart an mehreren Ankern Ankerprüfungen durchzuführen. Unterschieden wird

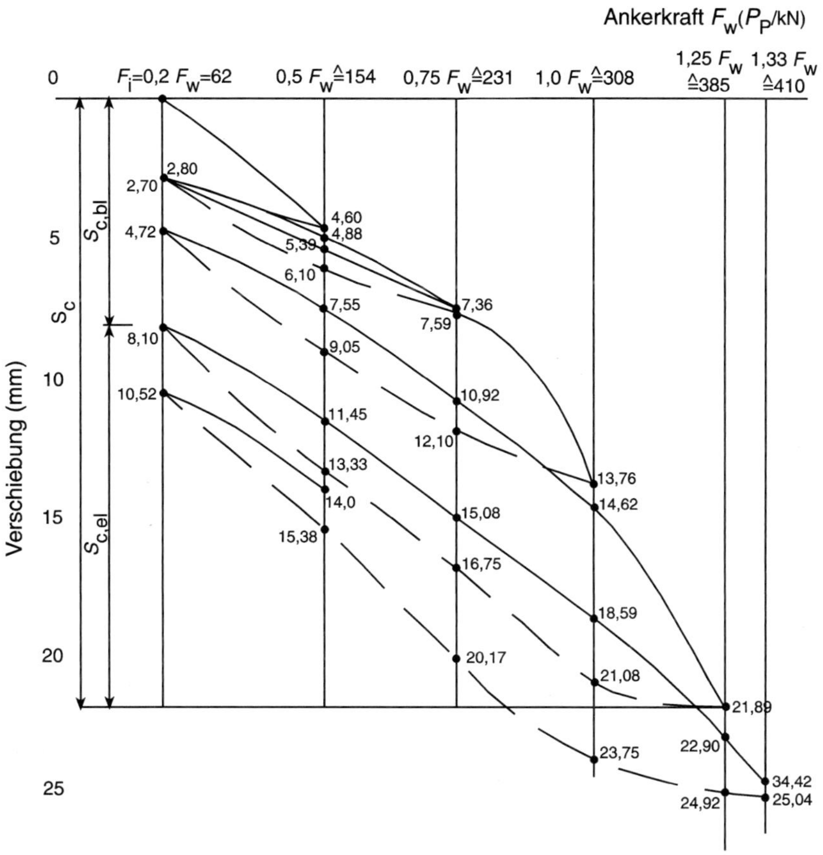

Abb. 7.35 Kraft-Verschiebungslinie einer stufenweisen Eignungsprüfung eines Ankers bis zum 1,33-fachen der rechnerischen Gebrauchskraft F_w nach DIN 4125 bzw. der Festlegekraft P_0 nach DIN EN 1537. Nach jeder Maximalbelastung wird der Anker bis zum Wert der Vorlast F_i entlastet. (Umgezeichnet nach Firmenprospekt Ischebeck)

Tab. 7.11 Protokoll einer Ankereignungsprüfung (grafische Auswertung: Abb. 7.35)

	Baustelle			:	Linksmainischer Vorflutkanal				
	Bodenart			:	Bindiger Boden				
	Temporäranker			:	Ischebeck TITAN 40/16				
	Ankerneigung			:	30°				
	Ankerlänge			:	12,70 m				
	Verpresskörperlänge			:	6,00 m				
1) Belastung	auf	0,20*	308	=	62 kN	(nach 1 Min.)	Verschiebung	=	0,00 mm
2) Belastung	auf	0,50*	308	=	154 kN	(nach 1 Min.)	Verschiebung	=	4,60 mm
3) Entlastung	auf	0,20*	308	=	62 kN		Verschiebung	=	2,80 mm
4) Belastung	auf	0,50*	308	=	154 kN	(nach 1 Min.)	Verschiebung	=	4,88 mm
5) Belastung	auf	0,75*	308	=	231 kN	(nach 1 Min.)	Verschiebung	=	7,59 mm
6) Entlastung	auf			=	154 kN		Verschiebung	=	6,10 mm
7) Entlastung	auf			=	62 kN		Verschiebung	=	2,70 mm
8) Belastung	auf	0,50*	308	=	154 kN	(nach 1 Min.)	Verschiebung	=	5,39 mm
9) Belastung	auf	0,75*	308	=	231 kN	(nach 1 Min.)	Verschiebung	=	7,36 mm
10) Belastung	auf	1,00*	308	=	308 kN	(nach 1 Min.)	Verschiebung	=	13,76 mm
11) Entlastung	auf			=	231 kN		Verschiebung	=	12,10 mm
12) Entlastung	auf			=	154 kN		Verschiebung	=	9,05 mm
13) Entlastung	auf			=	62 kN		Verschiebung	=	4,72 mm
14) Belastung	auf	0,50*	308	=	154 kN	(nach 1 Min.)	Verschiebung	=	7,55 mm
15) Belastung	auf	0,75*	308	=	231 kN	(nach 1 Min.)	Verschiebung	=	10,92 mm

Tab. 7.11 (*Fortsetzung*)

16) Belastung	auf	1,00*	308	=	308 kN	(nach 1 Min.)	Verschiebung	=	14,62 mm
17) Belastung	auf	1,25*	308	=	385 kN	(nach 1 Min.)	Verschiebung	=	21,89 mm
18) Entlastung	auf			=	308 kN		Verschiebung	=	21,08 mm
19) Entlastung	auf			=	231 kN		Verschiebung	=	16,75 mm
20) Entlastung	auf			=	154 kN		Verschiebung	=	13,33 mm
21) Entlastung	auf			=	62 kN		Verschiebung	=	8,10 mm
22) Belastung	auf	0,50*	308	=	154 kN	(nach 1 Min.)	Verschiebung	=	11,45 mm
23) Belastung	auf	0,75*	308	=	231 kN	(nach 1 Min.)	Verschiebung	=	15,08 mm
24) Belastung	auf	1,00*	308	=	308 kN	(nach 1 Min.)	Verschiebung	=	18,59 mm
25) Belastung	auf	1,25*	308	=	385 kN	(nach 1 Min.)	Verschiebung	=	22,90 mm
26) Belastung	auf	1,33*	308	=	410 kN	(nach 1 Min.)	Verschiebung	=	24,42 mm
27)				=	410 kN	(nach 2 Min.)	Verschiebung	=	24,42 mm
28)				=	410 kN	(nach 5 Min.)	Verschiebung	=	24,50 mm
29)				=	410 kN	(nach 10 Min.)	Verschiebung	=	24,74 mm
30)				=	410 kN	(nach 15 Min.)	Verschiebung	=	24,79 mm
31)				=	410 kN	(nach 20 Min.)	Verschiebung	=	24,80 mm
32)				=	410 kN	(nach 30 Min.)	Verschiebung	=	25,04 mm
33)				=	410 kN	(nach 40 Min.)	Verschiebung	=	, mm
34)				=	410 kN	(nach 50 Min.)	Verschiebung	=	, mm
35)				=	410 kN	(nach 60 Min.)	Verschiebung	=	, mm
36) Entlastung	auf			=	385 kN		Verschiebung	=	24,92 mm
37) Entlastung	auf			=	308 kN		Verschiebung	=	23,75 mm
38) Entlastung	auf			=	231 kN		Verschiebung	=	20,17 mm
39) Entlastung	auf			=	154 kN		Verschiebung	=	15,38 mm
40) Entlastung	auf			=	62 kN		Verschiebung	=	10,52 mm
41) Vorspannung				=	155 kN	(nach 1 Min.)	Verschiebung	=	14,00 mm

zwischen Untersuchungsprüfungen bzw. Eignungsprüfungen und Abnahmeprüfungen (DIN EN 1537).

Untersuchungsprüfungen sind vor dem Einbau der Bauwerksanker an extra hierfür eingerichteten Versuchsankern durchzuführen. Geprüft werden der Widerstand gegen Herausziehen des Verpresskörpers, das Kriechverhalten des Ankers bis zum Bruch, die kritische Kriechlast, der Spannkraftabfall des Ankers bei der Festlegekraft P_0 (nach DIN 4125 rechnerische Gebrauchskraft F_w) und die gewählte freie Stahllänge des Zuggliedes L_{app}.

Entsprechend dem Untersuchungsergebnis wird ein spezieller Ankertyp für den Einbau ausgewählt.

Die Eignungsprüfungen sind vor dem Einbau der Bauwerksanker an extra hierfür eingerichteten Versuchsankern des für den Einbau vorgesehenen Ankertyps durchzuführen. Die Eignungsprüfung soll die Tragfähigkeit des Ankers bei der Prüflast P_p (nach DIN 4125: maximale Prüfkraft F_p), das Kriechverhalten oder den Spannungsabfall bis zur Prüflast und die gewählte freie Stahllänge bestätigen.

Im Zuge der Bauarbeiten werden die Bauwerksanker eingebaut. In der Abnahmeprüfung sind die Tragfähigkeit bei der Prüflast, das Kriechverhalten oder der Spannungsabfall bis zur Prüflast und die gewählte freie Stahllänge zu bestätigen.

Dabei werden die Anker mehrfach stufenweise bis zur 1,5-fachen Gebrauchslast belastet und die elastische und plastische Verschiebung des Zuggliedes wird am Ankerkopf auf 0,01 mm gemessen und aufgezeichnet (Abb. 7.34 und 7.35, Tab. 7.11).

Im Zuge der Untersuchungs- und Eignungsprüfungen sind weiterhin zu untersuchen:

- Verhalten von Ankern bei Schwellbelastung. Hierzu zählen die Fälle, bei denen der Anker durch wechselnde Lastfälle häufig oder regelmäßig be- und entlastet wird (Verkehr, Wind, Hochwasser, Tidenhub, Grundwasserschwankungen).
- Verhalten von Ankern bei dynamischer Belastung. Die Einwirkungen von Schwingungen auf die Tragfähigkeit von Ankern ist bei dynamischer Belastung des Baugrundes zu diskutieren (Verkehr, Maschinen, Rammarbeiten, Rüttelarbeiten, Sprengerschütterungen, Erdbeben). Eine Gefahr kann bei solchen Böden bestehen, die zur Verflüssigung oder zur Kornumlagerung und Volumenminderung neigen, d. h. bei wassergesättigten, gleichkörnigen Sanden und bei

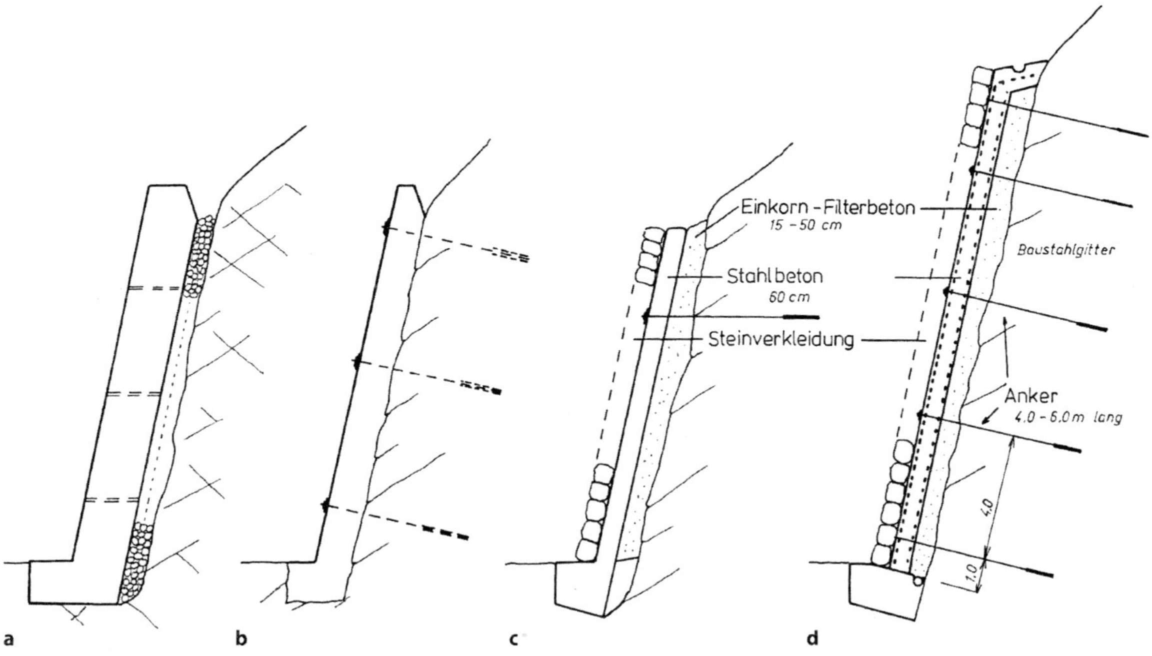

Abb. 7.36 Futtermauern als Felsverkleidung. (**a–c** nach Müller 1963; **d** nach Brandecker 1971)

strukturempfindlichen Schluffen und Tonen (Quickerden). Bei Fels und überkonsolidiertem Ton sind keine Lockerungen zu erwarten.

- Einfluss des Ankerabstandes. Die gegenseitige Beeinflussung der Anker reicht bis zu einem Abstand, welcher dem zehnfachen Durchmesser des Verpresskörpers entspricht. Bei kleineren Abständen nehmen die Kriechverformungen zu und die Grenzlasten ab. Bei den üblichen Durchmessern der Verpresskörper von 100–150 mm soll der Ankerabstand 1,5 m betragen.

Bei in feinkörnigen Böden eingespannten Ankern tritt im Laufe der Jahre ein Kraftabfall ein. Dies betrifft besonders wasserempfindliche Tone mit einem I_c-Wert < 1. Dieser durch Kriechvorgänge eintretende Kraftabfall kann bei halbfesten bis festen Tonen etwa 6 % und bei steifen bis halbfesten Tonen etwa 12 % betragen.

Verankerte Konstruktionen zur Sicherung von Felsböschungen Bei Felsböschungen werden im Bereich von Schwächezonen Felssicherungen eingebaut. Zu den gebräuchlichsten Sicherungssystemen gehören:

- verankerte Futtermauern und Stützpfeiler (Abb. 7.36);
- Felsanker als einzelne Zugelemente;
- Pfeiler, Plomben, Dübel und Abstrebungen mit Rückverankerung zur Sicherung überhängender Felsteile (Abb. 7.37);
- Spritzbeton und bewehrter Spritzbeton in Kombination mit Felsankern zum Verhindern von Auflockerungen (Abb. 7.37);
- Stahlbänder, Drahtnetze und Baustahlgitter als Zugelemente, über eine Böschungsschulter verspannt und verankert (Abb. 7.37 und 7.38a);
- eng anliegende Schutznetze oder Baustahlgitter gegen Auflockerung und Steinschlag (Abb. 7.38c);
- Schutznetze gegen Steinschlag, mit einem Abstand vor die Felswand gehängt und verankert (Abb. 7.37 und 7.38b);
- Fußsicherung als verankerte Betonkonstruktion (Abb. 7.38d).

Die Sicherung steiler Böschungen im Boden kann, ähnlich wie bei Fels, über verankerte Stützelemente oder Futtermauern, bewehrtem Spritzbeton, Pfahlwände und Schlitzwände erfolgen. Der Bodenabtrag erfolgt von oben nach unten, wobei jede Stufe durch Anker gesichert wird (Abb. 7.39).

Standsicherheit verankerter Konstruktionen Mit dem Vorspannen der Anker wird hinter der verankerten Wand dem Untergrund eine Erddruckfigur aufgezwungen. Form und Größe dieser Erddruckfigur hängen entscheidend von der Anordnung der Anker und der gewählten Vorspannung ab. Durch verschiedene Anordnungen und Einbindetiefen der Anker kann fast jede Erddruckfigur erzwungen werden. Die Länge der Anker richtet sich bei Böden nach dem Nachweis der Standsicherheit in der sogenannten tiefen Gleitfuge. Man geht davon aus, dass die Anker zusammen mit dem umgebenden Erdreich nachgeben und dass das Gesamtsystem versagt (Abb. 7.40 und 7.41).

Bei starren Wänden und entsprechender Wahl der Ankeranordnung kann die klassische Erddruckverteilung angewendet werden. Das Ermitteln der Standsicherheit erfolgte bislang nach der Beziehung:

$$\eta_A = \frac{\text{zulässige Ankerkraft}}{\text{vorhandene Ankerkraft}} = 1{,}5.$$

Den Einfluss der Ankervorspannung und wechselnder Untergrund- und Grundwasserverhältnisse berücksichtigt eine Standsicherheitsberechnung, bei der die Sicherheit auf die Scherfestigkeit bezogen wird. Es ist nachzuweisen, dass die Ankerkon-

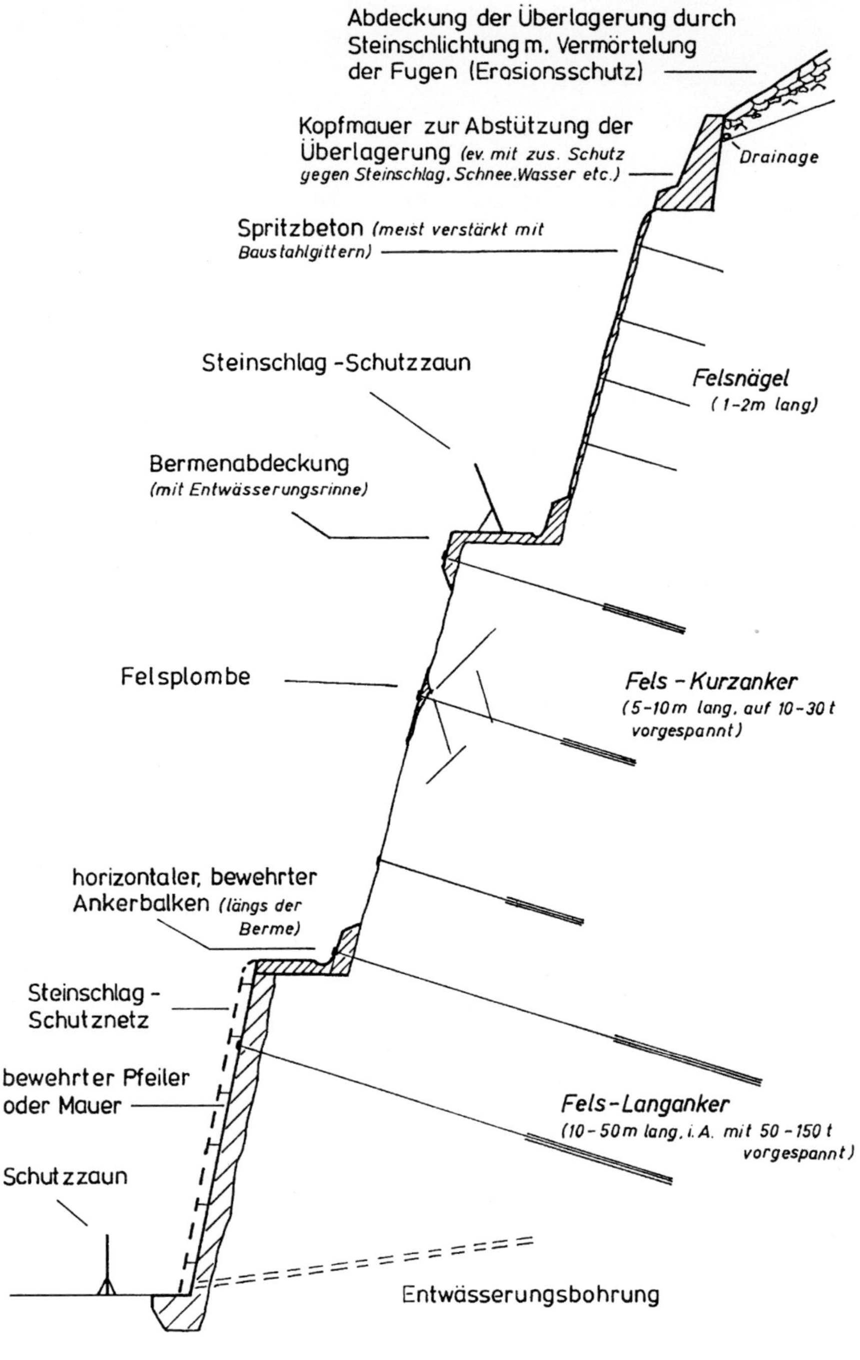

Abb. 7.37 Beispiele gebräuchlicher Felssicherungen. (Nach Brandecker 1971)

struktion auch bei Abminderung des Reibungswinkels und der Kohäsion um den Sicherheitsfaktor noch sicher ist. Beispiele für das Berechnen der Standsicherheit in der tiefen Gleitfuge geben Goldscheider und Kolymbas (1980a, b).

Für die Ankerkonstruktion ist der Nachweis der Sicherheit gegen Geländebruch zu führen (DIN 4084). Man geht dabei von der Vorstellung aus, dass die Baugrubenwand durch die Anker mit dem dahinter anstehenden Erdkeil zu einem monolithischen Körper verbunden ist, der auf einer Gleitfläche abrutscht (Abb. 7.41). In feinkörnigen plastischen Böden treten bei hohen Baugrubenwänden horizontale Verschiebungen in der Größenordnung 0,05–0,1 % der Wandhöhe, besonders bei großer Wandlänge, auf. Bei Sand und Kies sind die Verschiebungsbeträge geringer.

Für den Standsicherheitsnachweis von verankerten Wänden und Elementen sind folgende geologische und geotechnische Kenngrößen zu bestimmen:

- Geländeschnitt mit Mächtigkeiten und Tiefenangaben für die angetroffenen Gesteinsschichten und Bodenarten;
- Geometrie des geplanten Bauwerkes;
- Geländenutzung und Lasten oberhalb der verankerten Wand;
- Scherparameter φ', c', φ_u, c_u sowie Wichten für den feuchten Boden γ und den Boden unter Auftrieb γ' für jede einzelne Bodenschicht;
- Trennflächengefüge und Reibung in den Trennflächen bei Felsgestein und Wichte für das Felsgestein;

- Wasser- und Grundwasserverhältnisse;
- Angabe über mehrfaches oder regelmäßiges An- und Abschwellen von Lasten;
- geotechnische Eigenschaften des Gesteins zum Einbinden und Haften der Anker;
- geotechnische Eigenschaften der Böden zum Einbinden und Haften von Ankern mit den Kenngrößen Bodenart, Kornform, Kornverteilung und den Kennwerten für Wassergehalt, Plastizitätszahl, Konsistenzzahl, Lagerungsdichte und Sondierwiderstand;
- Durchlässigkeitskoeffizient k für Böden und Porengrundwasserleiter;
- Kluftabstände und wirksame Kluftweiten zum Berechnen der Durchlässigkeit klüftiger Felsgesteine;
- Steifemodul E_s für den Boden unter der Baugrubensohle zum Berechnen möglicher Verkantung des fangdammartigen Erdkörpers mit dem Zweck mögliche Wandverschiebungen zu erfassen.

Wird eine Wand in einem mehrschichtigen Boden verankert, so ist darauf zu achten, dass der einzelne Verpresskörper jeweils nur innerhalb einer einheitlichen Schicht und Bodenart ausgebildet wird. Übergangsbereiche in andere Schichten sind zu vermeiden (◘ Abb. 7.42). Der Abstand zwischen Verpresskörper und bestehenden Bauwerken oder Leitungen soll 3 m nicht unterschreiten. Bei großer Ankerdichte ist darauf zu achten, dass die Anker ver-

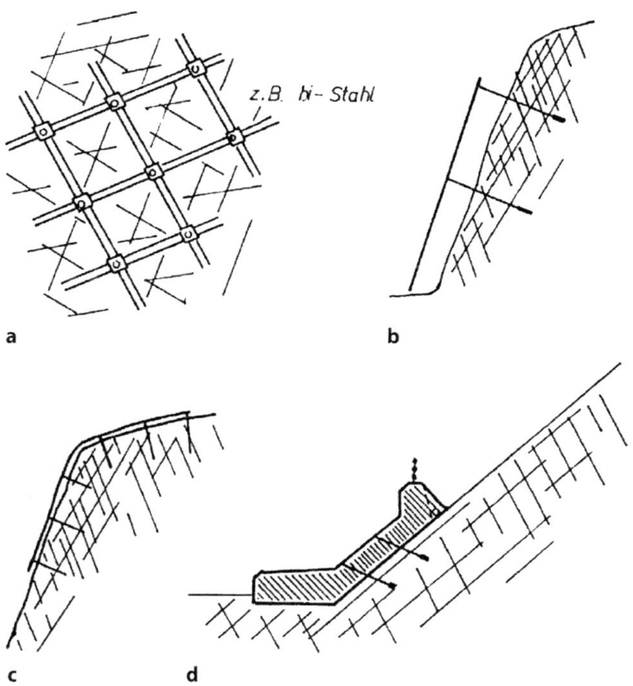

◘ **Abb. 7.38** Beispiele lokaler Felssicherungen nach Brandecker (1971). **a** Vernageltes Gitter aus Gurtblechen zur Sicherung von stark aufgelockerten Felspartien, **b** Fußsicherung mit Schutzzaun und Auffangraum, **c** Sicherung des Böschungskopfes mit einem vernagelten Baustahlgitter als Zugbewehrung, **d** Fußsicherung, verankerte Betonkonstruktion

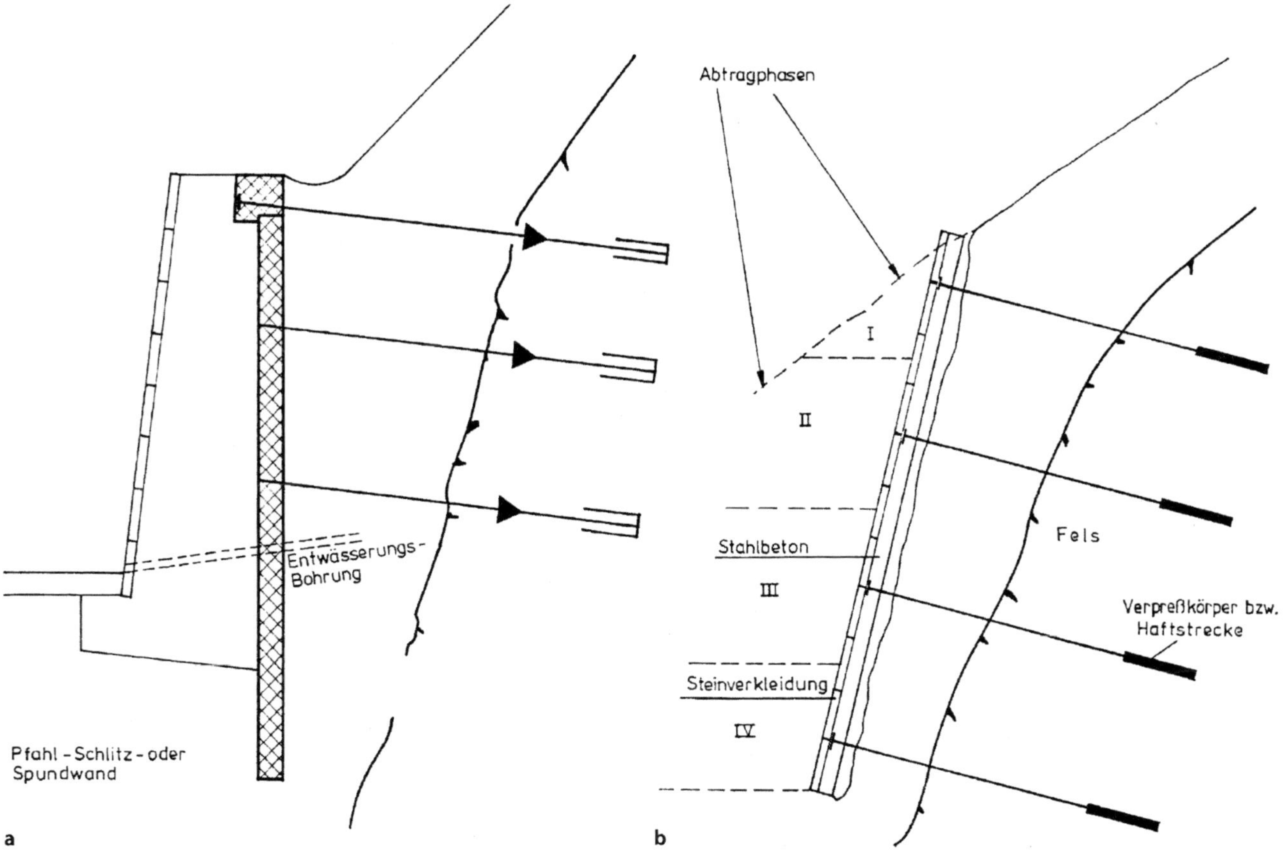

◘ **Abb. 7.39** Hangsicherung durch verankerte Futtermauern. **a** Eine im Boden eingebrachte Wand (Pfahlwand, Schlitzwand, Spundwand) wird verankert und anschließend freigelegt und durch ein Vormauerwerk verstärkt, **b** der Boden wird abschnittsweise abgetragen, und vor die freigelegten Wandabschnitte wird eine Art Futtermauer gestellt oder betoniert und durch Anker gesichert. Die Wand erhält eine abschließende Verkleidung. (Umgezeichnet nach Brandecker 1971)

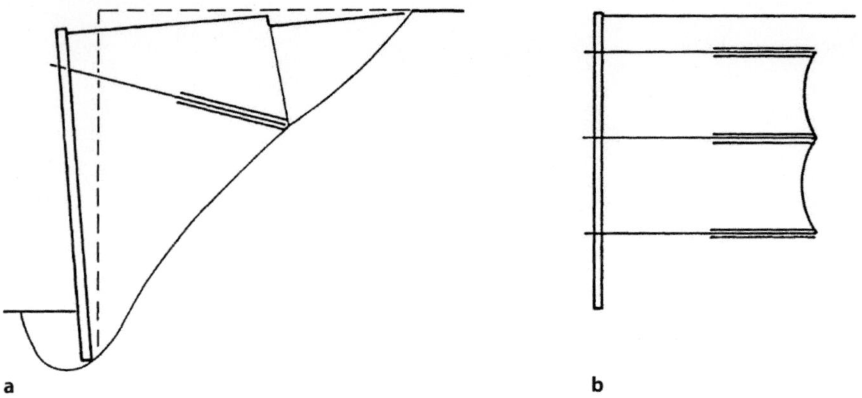

■ **Abb. 7.40** Versagensformen einer einfach verankerten Wand (**a**) und einer mehrfach verankerten Wand (**b**) in der tiefen Gleitfuge

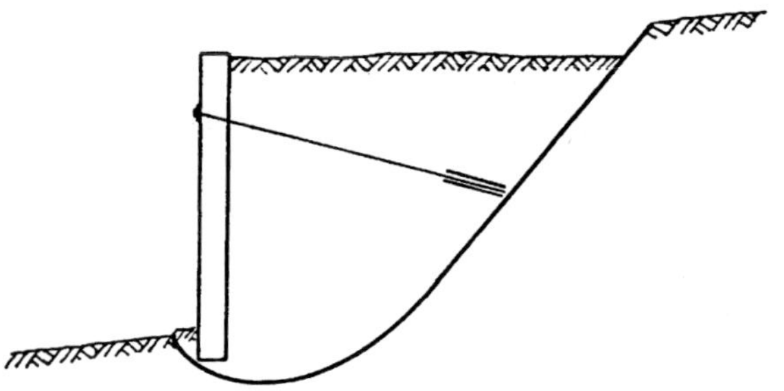

■ **Abb. 7.41** Geländebruch bei einer verankerten Stützwand

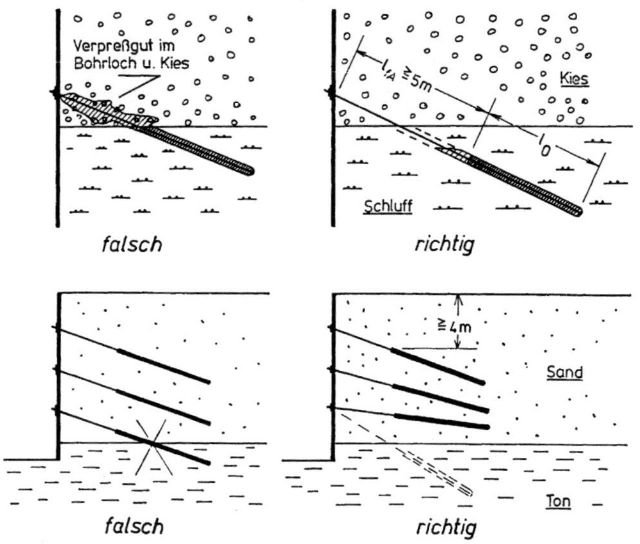

■ **Abb. 7.42** Beispiele für verankerte Wände in geschichtetem Boden mit richtiger und falscher Anordnung der Verpresskörper. (Ostermayer 1991)

schieden tief in den Baugrund einbinden und die eingeführten Lasten auf verschiedenen Ebenen abtragen.

7.5.4 Nägel, Vernagelungen und Mikropfähle

Nägel, etymologisch Finger- oder Fußnägel bzw. Krallen, verkrallen sich im zu sichernden Gegenstand. In der Geotechnik sind Nägel auf Zug beanspruchbare stabförmige Bauelemente, die, in den Baugrund eingetrieben, diesen oder dessen Teile zusammenhalten. Als Nägel werden Stahlstangen (Betonrippenstahl) mit Durchmessern 20–30 mm eingebaut. Der Einbau erfolgt durch Einrammen, Einspülen, Einrütteln (Vibration) und häufig durch Einstellen in Bohrlöcher mit anschließendem Verpressen des Bohrloches in voller Länge. Bei Verpressnägeln bestehen bezüglich der Konstruktion Gleichheiten zu Verpresspfählen mit kleinen Durchmessern (DIN EN 14199). Beim System „Ischebeck" werden Injektionsanker vom Typ „Titan" mit verlorener Bohrkrone verwendet (■ Abb. 7.43).

Dem Vernageln liegt das Prinzip zugrunde, gewachsenen Boden mit zugfesten Einlagen zu stabilisieren und zu einem zusammenhängenden Block zu vereinen. Durch die Nägel wird die Scherfestigkeit und Schubfestigkeit des Baugrundes (Fels oder Boden) erhöht. Die Nägel sind dabei, im Gegensatz zu Ankern, keine einzeln zu betrachtenden Bauglieder, sondern Bestandteile eines vernagelten Boden- oder Felskörpers. Dieser vernagelte Boden- oder Felskörper erhält luftseitig eine bewehrte Spritzbetonhaut. Der entstandene Verbundkörper wirkt als monolithischer Block wie eine Schwergewichtsmauer. Es bestehen Analogien zu den Systemen des bewehrten Bodens („terre armée"; ▶ Abschn. 9.3.2, ■ Abb. 9.14 und 9.15).

Da es sich bei Nägeln nicht um einzeln wirkende und einzeln zu bemessende Bauteile handelt, besteht seit 2009 DIN 4084 für das Bemessen von Bodenvernagelungen und DIN EN 14490 für die Ausführung. Die Einsatzbedingungen und das Vorgehen beim Ermitteln der Nagelkräfte werden für ältere Nagelsysteme in einem Zulassungsbescheid (Institut für Bautechnik Berlin) für die einzelnen am Markt angebotenen Systeme geregelt.

Wie Anker können Bodenvernagelungen für temporären und für permanenten Einsatz ausgeführt werden. Für den Dauereinsatz konzipierte Nägel sind vor Korrosion zu schützen. Die Nagelkraft errechnet sich aus dem Lastanteil einer Gleitkörperuntersuchung und dem Lastanteil aus dem Erddruck auf die Außenhaut. Die Verbindung zwischen Nagel und Spritzbetonhaut kann über eine Kalottenplatte erfolgen (■ Abb. 7.43). Beim Vernageln einzelner Blöcke ist darauf zu achten, dass die Nägel den Schwerpunkt der Blöcke durchfahren. Die Kalottenplatte kann in solchen Fällen auf eine aufbetonierte Betonplatte montiert und mit einer Kugelbundmutter befestigt werden (Nagelkopf).

Nägel dürfen planmäßig keine Scherkräfte und Biegemomente aufnehmen.

Bei Nagelwänden werden allgemein Nageldichten zwischen 0,5 und 2,0 Nägeln pro m^2 ausgeführt. Die Zulassungsbescheide gehen von 1,5 m Abstand in horizontaler und vertikaler Richtung aus. Abweichungen setzen das Führen eines räumlichen Standsicherheitsnachweises voraus. Der Standsicherheitsnachweis eines vernagelten Bodenkörpers erfolgt für die äußere Sta-

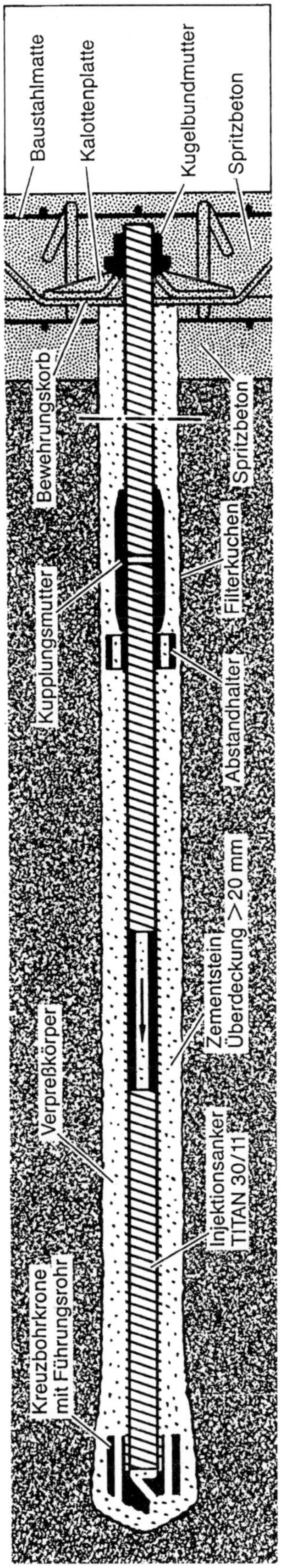

Abb. 7.43 Bodennagel nach dem System „Ischebeck-Titan". Es werden in etwa die gleichen Bauteile wie beim Injektionsanker (Abb. 7.30) verwendet. Das Bohrrohr dient als Injektionsrohr und Nagel. Der Mörtel wird über das Führungsrohr in der verlorenen Kreuzbohrkrone in den Ringraum zwischen Nagelrohr und Bohrlochwand verpresst. Der Verpresskörper verfüllt den Ringraum in voller Länge bis zum Bohrlochmund. Der Nagelkopf ist mit Spritzbeton abgedeckt. TITAN-Verpresspfähle sind bauaufsichtlich zugelassen (Z 34.14-209)

bilität nach der Theorie eines monolithischen Stützkörpers, mit Nachweis der Geländebruchsicherheit nach DIN 4084 und der Gleitsicherheit (auch zwischen den Nagellagen) nach DIN 1054. Für die innere Stabilität erfolgt das Bemessen nach dem Vergleich von vorhandenem und erforderlichem Reibungswinkel. Zum Überprüfen der Nagelkräfte sind auf der Baustelle Ausziehversuche durchzuführen. Die Nagellänge ergibt sich aus dem Standsicherheitsnachweis. Im Regelfall entspricht sie dem 0,5- bis 0,7fachen der Wandhöhe. Die Dicke der Spritzbetonhaut wird für vorübergehende Sicherungen mit 8–15 cm, für dauerhafte Sicherungen mit 15–25 cm ausgeführt. Nach der Literatur werden Nägeln axiale Kräfte von 50 bis über 100 kN zugewiesen; es ist allerdings zunehmend üblich, die aufnehmbaren Kräfte auf den Meter Nagel zu beziehen. Der Einbau von Nägeln oder Nagelreihen kann von einer schrittweise abgegrabenen Arbeitsplattform (Abb. 7.44), von einem der Wand vorgestelltem Gerüst oder auch von einer vor der Wand hängenden Bühne erfolgen. Abb. 7.45 gibt Beispiele für Nagelwände zur Böschungssicherung.

7.6 Verbau von Baugruben und Gräben

Die knappe Baulandsituation führt in Städten und Ballungsgebieten zum Wunsch nach immer mehr Untergeschossen und unterirdischen Verkehrswegen, Leitungen und Kabeln. Auch außerhalb der Ballungsgebiete werden Verkehrswege zunehmend in tiefen Geländeeinschnitten verlegt.

Bei beengten Platzverhältnissen, tiefen Baugruben, ungünstigen Bodenverhältnissen und bei offener Wasserhaltung kann die Anlage von Böschungen ausgeschlossen werden. Dies erfordert zusätzliche technische Maßnahmen bei Verbau und Sicherung der Steilwände. Reicht die Abgrabung bis in das Grundwasser, so muss der Verbau unter Umständen auch das Wasser abhalten und die Trockenheit von Baugruben gewährleisten. Man kann dann senkrechte Verbaukonstruktionen verwenden, die in der Regel im Zuge der Verfüllarbeiten gezogen und wiedergewonnen werden. Hierzu zählen senkrechter Verbau, waagerechter Verbau, Trägerbohlwände, Spundwandverbau sowie der moderne Grabenverbau mit Plattenverbau, Gleitschienenverbau und Dielen-Kammerplatten-Verbau. Der Verbau dient neben dem Zweck die Grubenwände abzustützen vorrangig der Sicherheit von Menschen innerhalb und außerhalb der Grube. In zunehmendem Maße werden auch Ortwände (Ortbetonwände) als massive Baugrubensicherung gewählt.

Kostenvergleiche zwischen Böschung und Verbau müssen bei Böschungsvarianten auch die Mehrkosten für Mehraushub, Ab- und Rücktransport, Zwischenlagerung und Wiedereinbau berücksichtigen.

7.6.1 Senkrechter Verbau

Bei nicht standfestem Boden werden Holzbohlen oder Kanaldielen, Tafelprofile und Rammbleche aus Stahl in voller Länge eingebaut oder eingerammt (Abb. 7.46a, b). Bei weichen feinkörnigen Böden müssen die Bohlen mindestens 30 cm tief im

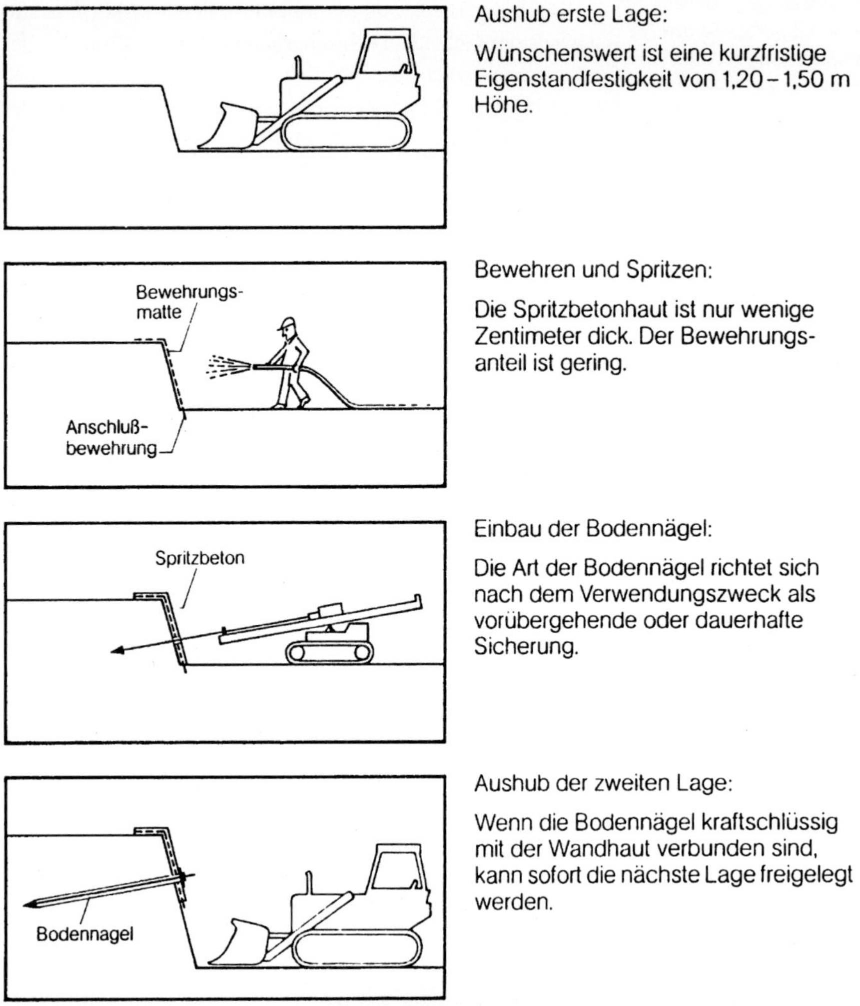

Abb. 7.44 Herstellen einer Nagelwand nach dem System „Bauer", Schrobenhausen

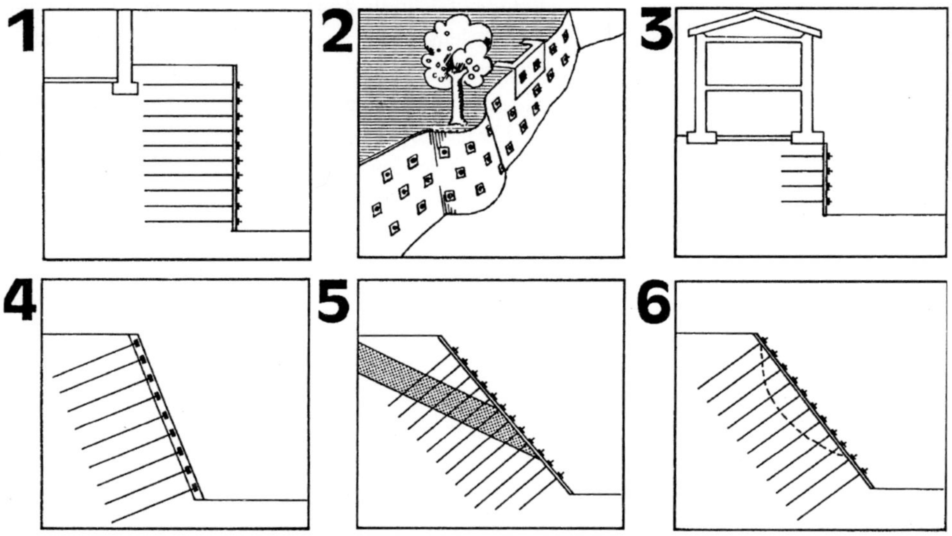

Abb. 7.45 Beispiele für Nagelwände zur Böschungssicherung nach dem System „Bauer", Schrobenhausen

Boden unterhalb der Grabensohle einbinden. Die senkrechten Bohlen werden durch waagerechte Gurt- und Rahmenhölzer gefasst und durch Steifen an der Gegenseite abgestützt. Die Bohlen werden erst nach Verfüllen der Baugrube oder des Grabens gezogen.

7.6.2 Waagerechter Verbau

Diese Verbauart wird bei Gräben ab 1,25 m Tiefe angewendet (Abb. 7.46c–e). Es werden hierbei Bohlen von 2,5–4,5 m Länge waagerecht eingebaut, durch senkrechte Brusthölzer gefasst und über die Brusthölzer durch mindestens 2 Steifen an der Gegenwand abgestützt. Für dieses Verbauverfahren muss der Boden

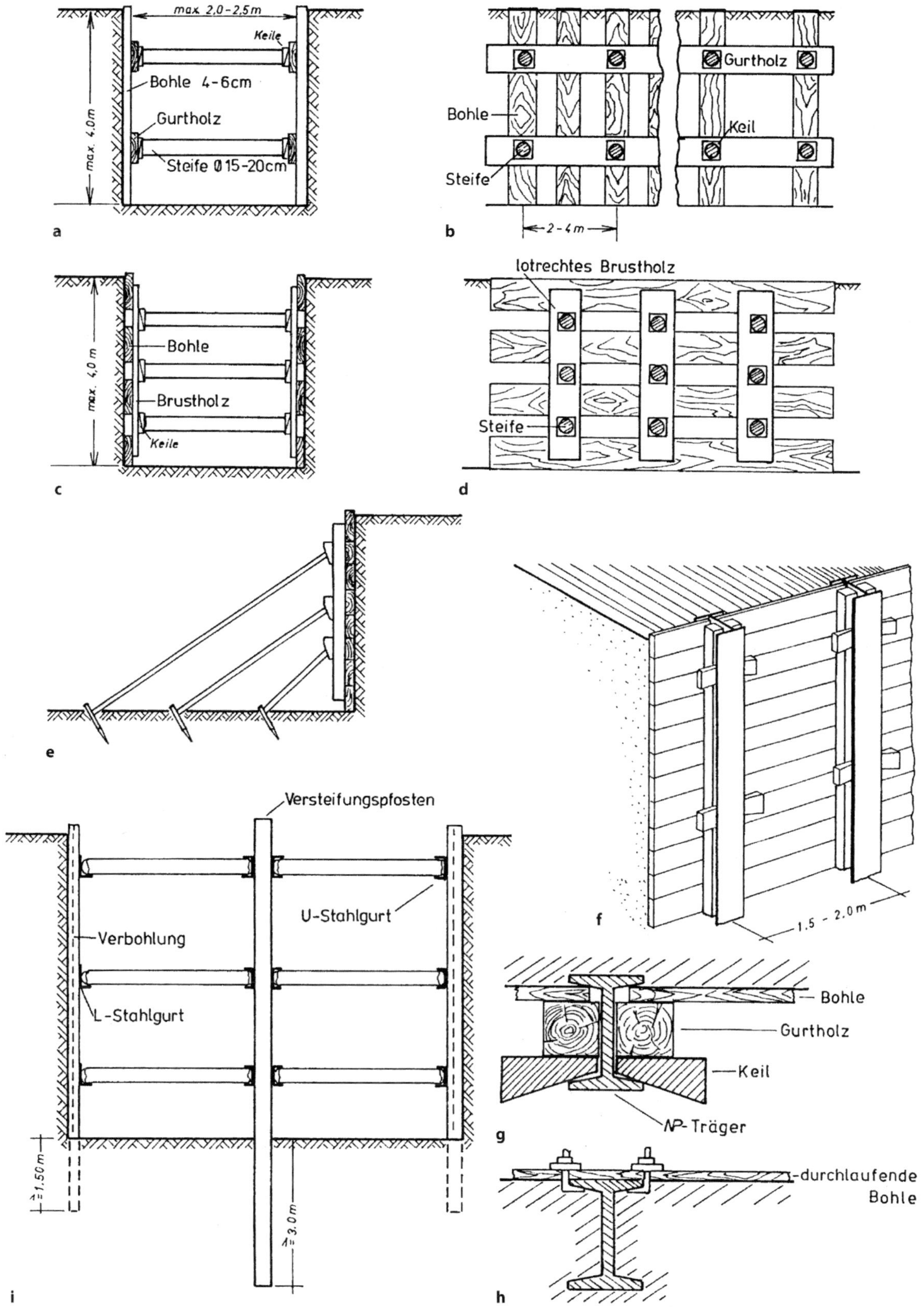

Abb. 7.46 a,b Verkleidete Baugrube mit senkrechtem Verbau, **c,d** verkleidete Baugrube mit waagerechtem Verbau, **e** einseitige Aussteifung einer abgegrabenen Wand mit waagerechtem Verbau, **f** Berliner Verbau (Trägerbohlenwand), **g** mit eingelegten, verkeilten Bohlen, **h** mit vorgehängten, durchlaufenden Bohlen, **i** Berliner Verbau in breiter Baugrube mit Versteifungspfosten in der Baugrubenmitte

so standfest sein, dass der frisch ausgehobene Graben über die Länge der Bohle stehenbleibt.

7.6.3 Trägerbohlwände

Dieser Verbau besteht aus senkrechten Traggliedern (Bohlträgern) im Abstand von 1–3 m und einer waagerecht verlegten Ausfachung. In der ursprünglichen Form handelt es sich um gerammte Stahlträger (I-Träger). Zwischen diese werden horizontal Holzbohlen eingebaut und festgekeilt. Diese beim Berliner U-Bahnbau um 1900 entwickelte Verbauart (Berliner Verbau, ◘ Abb. 7.46f–i) hat inzwischen eine Vielzahl an Abwandlungen erfahren. Als senkrechte Tragglieder werden verwendet:

- eingerammte Walzprofile (z. B. I-Profile und Eisenbahnschienen);
- eingerüttelte Walzprofile;
- in vorgebohrte Löcher eingestellte Walzprofile;
- Bohrpfähle aus Stahlbeton mit seitlichen Schlitzen;
- Bohrpfähle mit verlorenem Mantelrohr.

Die Entscheidung, ob ein Profil eingerammt oder in ein Bohrloch eingestellt wird, ist abhängig von der Rammfähigkeit des Bodens, der Empfindlichkeit der Nachbarbebauung gegen Rammerschütterung und dem zulässigen Lärmpegel. Der verbleibende Raum zwischen Bohrlochwand und Träger wird mit Magerbeton, Kalkmörtel, Sand oder Boden ausgefüllt. Das verdichtete Material muss auch nach dem Zutritt von Wasser standfest bleiben und darf beim Freilegen im Zuge der Aushubarbeiten nicht ausfließen.

Wenn über den Verbau Vertikalkräfte in den Boden eingetragen werden sollen, dann muss die Einbindetiefe unterhalb der Baugrubensohle mindestens 1,5 m betragen (Empfehlung EB 9, Arbeitskreis Baugruben). Um die Vertikalkräfte in den Untergrund abzutragen, sind die Bohlträger

- entsprechend tief einzurammen,
- im Bohrloch auf eine Fußplatte zu stellen,
- im Bohrloch auf einen Betonpropfen (Fundament) zu stellen,
- im Bohrloch bis OK Baugrubensohle einzustellen und auf die erforderliche Tiefe nachzurammen.

Die Bohlträger sollen später leicht wiederzugewinnen sein. Der Abstand der Bohlträger liegt bei 2–2,5 m. Von Feld zu Feld soll sich der Abstand nicht ändern (Toleranz 0,5 m).

Bei größeren Änderungen können sich die Bohlträger wegen ungleicher Belastung der Flansche verdrehen, besonders in weichen feinkörnigen Böden.

Die horizontale Ausfachung wird fortschreitend mit dem Aushub eingebracht und beginnt spätestens mit der Tiefe von 1,25 m. Fortschreitend mit der Aushubtiefe werden in den geschaffenen Hohlraum unter der bestehenden Ausfachung Holzbohlen oder andere Einbauelemente eingelegt und anschließend verkeilt. Das einzelne Einbauelement ist so zu bemessen, dass es beidseitig auf einem Fünftel der Flanschbreite aufliegt.

Für die waagerechte Ausfachung werden verwendet:

- Holzbohlen, Kanthölzer, Rundhölzer, Eisenbahnschwellen, Kanaldielen, leichte IPB-Träger, Stahlbetonfertigteile, Ortbeton, Spritzbeton.

Bei Feinsand, gleichkörnigem Mittelsand und bei fließfähigem weichem Schluff besteht die Gefahr, dass Bodenmaterial zwischen den Lücken herausfließt. Rundhölzer sind in diesem Fall nicht geeignet. Der im Flansch verbleibende Hohlraum ist dann mit Holz oder anderen Materialen auszustopfen.

Neben der Ausfachung mit auf den Trägerabstand zugeschnittenen Bohlen gibt es die Möglichkeit des Vorhängens der Bohlen. Hierbei werden Bohlenlängen von 4–5 m Länge verwendet, welche auch bei abweichendem Trägerabstand wiederverwendet werden können. Die Bohlen werden mit Zangen (Schipplie-Eisen), einfachen Klammern, Stahlbügeln oder Hakenschrauben am I-Profil des Trägers befestigt. Das Vorhängen der Bohlen ist eine sehr wirtschaftliche Lösung. Nachteilig ist, dass die Bohle nicht so fest gegen das Erdreich gedrückt wird wie bei eingeschnittenen Bohlen. Durch die von den Klammern bedingten Lücken zwischen den Bohlen kann bei fließ- oder rieselfähigem Boden (Faulschlamm, breiige feinkörnige Bodenarten, Feinsand) Bodenmaterial in die Baugrube eindringen. Die Verbauart ist dann nicht geeignet!

Zum Aussteifen werden in Gräben und Baugruben bei Breiten bis etwa 10 m zwischen die gegenüberliegenden Bohlträger Rundholzsteifen, bei Breiten bis etwa 15 m Stahlsteifen eingebaut. Daneben besteht die Möglichkeit, die Rammträger abzustützen (◘ Abb. 7.46e) oder erdseitig zu verankern.

7.6.4 Moderner Grabenverbau

Der Grabenverbau kennt als herkömmliche, aber noch immer häufig angewendete Technik das Herstellen eines Grabens über eine größere Länge. Als unübertreffbarer Vorteil zeigt sich dabei die Überschaubarkeit der Abläufe Erdaushub, Verbauen, Verlegen von Rohrleitungen, Wiederverfüllen und Verdichten bei gleichzeitigem Rückbau bzw. Ziehen der Verbaueinheiten. Bei ausreichendem Platz und wenig tiefen Gräben in standfesten Böden ist die Linienbaustelle die Regel. In bebauten Gebieten ermöglicht der Kammerplattenverbau eine moderne Verbaumethode für Linienbaustellen.

Bei beschränkten Platzverhältnissen wird die Baumaßnahme über wandernde Punktbaustellen abgewickelt. Soweit die Grabentiefe in das Grundwasser hineinreicht und eine Grundwasserhaltung erforderlich ist, fällt bei der Punktbaustelle der Grundwasserabsenkungsbereich entsprechend kleiner aus. Die Punktbaustellen können in gleicher Bauweise wie Linienbaustellen durchgeführt werden. Die möglichen Bauweisen sind Plattenverbau, Gleitschienenverbau und Dielen-Kammerplatten-Verbau (◘ Abb. 7.47).

■ Plattenverbau

Die Verbaueinheit besteht aus Verbauplatten (z. B. beim Typ „Gigant“: 3 oder 4 m lang, 1 m hoch, 14 cm breit) und den Streben. Die Verbauplatten können untereinander zu großflächigen Verbauwänden verschraubt werden. Die Streben sind mit der Verbauplatte verriegelt und lassen eine allseitige Winkelbewegung zu. Als untere Verbaueinheit wird eine Schneidenplatte (1,5 m hoch) mit glatter Innenseite angebaut. Das Verbausystem kann randgestützt oder mittengestützt eingebaut werden.

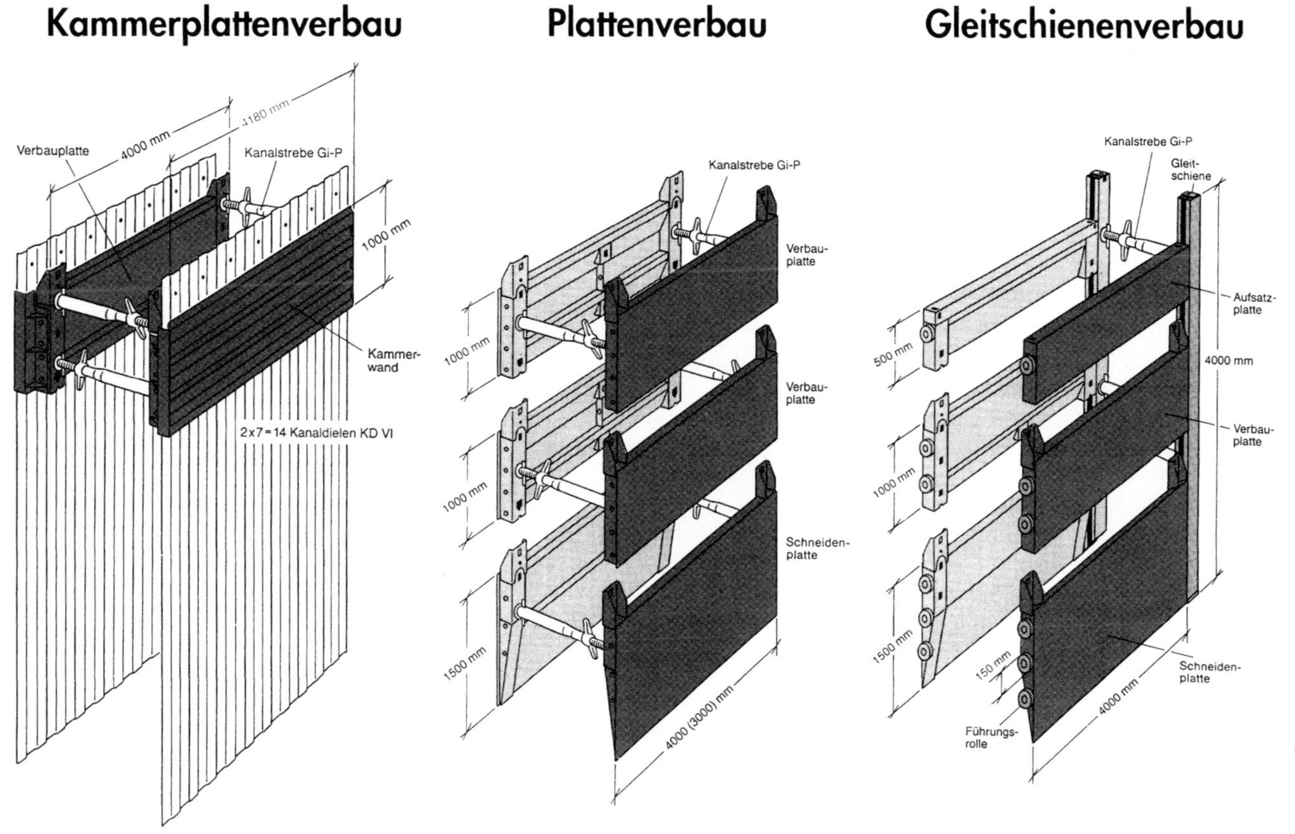

Abb. 7.47 Bauelemente für Kammerplattenverbau, Plattenverbau und Gleitschienenverbau nach dem Baukastensystem. (Krupp Bautechnik, Walter 1993)

Der Einbau richtet sich nach der Standfestigkeit des Baugrundes. Bei vorübergehend standfestem Baugrund wird die fertig montierte, großflächige Verbaueinheit in den vorgeschachteten Graben eingestellt. In weniger standfesten Böden erfolgt der Einbau im Absenkverfahren gleichzeitig zum Aushub, wobei die Verbaueinheit über Druckhauben in den entstehenden Graben eingedrückt wird. Der Rückbau wird Zug um Zug mit lagenweisem Verfüllen vorgenommen. Dabei lässt sich die Verbaueinheit als Ganzes ziehen oder je nach Erfordernis in Verbaustufen zerlegen. Der Plattenverbau ist für Grabentiefen von 4–6 m im vorübergehend standfesten und nicht wasserführenden Baugrund geeignet.

▪ Gleitschienenverbau

Die Bausteine des Gleitschienenverbaus „Gigant" sind Gleitschienen, Schneidenplatten, Verbauplatten, Aufsatzplatten und Führungsrollen (Abb. 7.47).

Die Gleitschienen werden zu Beginn in den Boden eingedrückt. Die Verbauplatten mit der Schneidenplatte als unterster Verbaueinheit sind miteinander fest verbunden. Jede Seite des Verbaus wird einzeln eingeführt und stufenweise mit dem fortschreitenden Aushub abgesenkt. Beim Rückbau werden die beiden Platten abwechselnd stufenweise gezogen. Der zulässige Erddruck beträgt maximal 23 kN m^{-2}. Ein weiteres einengendes Einsatzkriterium ist die hohe Mantelreibung beim Ziehen, wofür ein entsprechend starkes Hubgerät bzw. ein Bagger erforderlich ist.

Der Gleitschienenverbau eignet sich vor allem für grobkörnige Böden.

Die Einsatzmöglichkeit des Gleitschienenverbaus wird durch den vom Hersteller angegebenen zulässigen Erddruck von maximal 23 kN m^{-2} begrenzt. Dieser Erddruck ist abhängig von der Tiefe des Grabens und von der anstehenden Bodenart mit den Kennwerten für das Raumgewicht des anstehenden Bodens γ [kN m^{-3}], den Winkel der inneren Reibung φ und die Kohäsion c [kN m^{-2}].

Dabei besteht eine Abhängigkeit vom Wassergehalt. Im reinen Sandboden liegt die Einsatzmöglichkeit für Gleitschienenverbau bei maximal 4 m.

Bei weichen, nicht standfesten, feinkörnigen Böden tritt ein höherer Erddruck auf als bei grobkörnigen Böden. Der Erddruck verringert sich, wenn im Boden eine vom Wassergehalt unabhängige Kohäsion vorhanden ist, also wenn der Boden teilweise standfest ist. Die Einsatzmöglichkeit für den Gleitschienenverbau liegt bei 3–3,5 m, wobei durch Abschieben von Erdmassen auch leicht 4 m erreicht werden können.

Beim Ziehen der Verbauplatten sind hohe Zugkräfte erforderlich. Für einen 4 m tiefen Graben im Sand berechnen sich die erforderlichen Zugkräfte je nach Annahme für die Reibung zwischen Stahl und Sand zu etwa 5,5–9,5 t, was ein üblicher Bagger noch zu heben vermag. Der von Krupp-Bautechnik für den Gleitschienenverbau angegebene zulässige Erddruck von maximal 23 kN m^{-2} liegt im Sandboden bei 3,6–3,8 m, berechnet als Ordinate e_{ah} des Erddruckspannungsbildes.

Bei Lehm-, Schluff- und Tonböden sind höhere Zugkräfte erforderlich. Bei ungünstigen Wassergehalten stellen sich hohe Klebkräfte durch Adhäsion und Kohäsion ein und die Platten

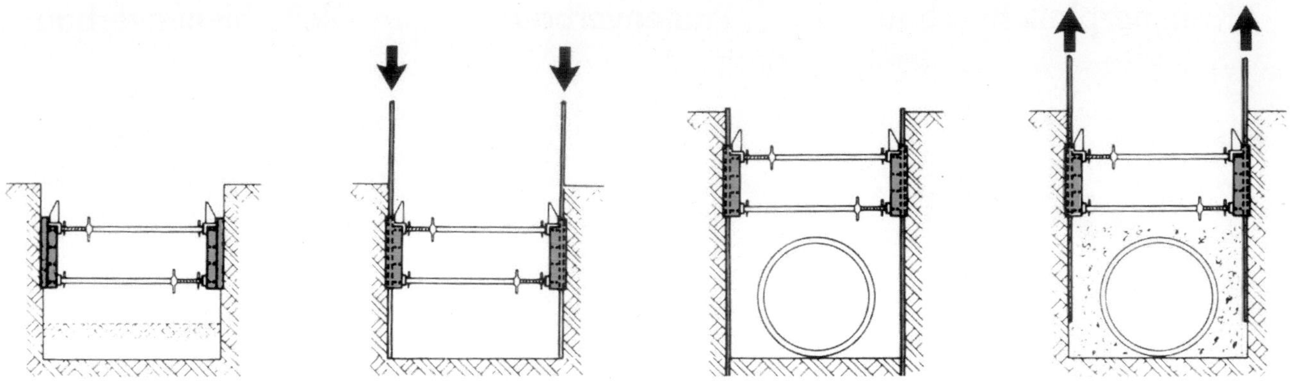

a b c d

Abb. 7.48 Arbeitsschritte beim Dielen-Kammerplatten-Verbau. **a** Einbau der Kammerplatten in den Voraushub, **b** Einstellen und Eindrücken, Einvibrieren oder Einrammen der Kanaldielen, **c** fertiger Kammerplattenverbau, **d** Rückbau der Kanaldielen nach Verfüllen und Verdichten, Ziehen mit Vibrator. (Krupp Bautechnik, Walter 1993)

können von einfachen Baggergeräten nicht mehr gezogen werden.

- **Kammerplattenverbau**

Die Bausteine des Kammerplattenverbaus sind Kammerplatten, Kanaldielen und Kanalstreben mit Spindelteil. Die Verbauplatte dient als Verbauelement der optimalen Führung der Kanaldielen und gleichzeitig als Gurt für die obere Abstützung der Kanaldielen. Die auf Grabenbreite vormontierte Kammerplatteneinheit wird in den Voraushub eingestellt und gegen die Grabenwände gespindelt (gedrückt). Die Kanaldielen werden in die Kammer zwischen Verbauplatte und Kammerwand eingestellt. Bei standfestem Baugrund kann unter Umständen bis zur Grabensohle ausgehoben werden, bevor die Kanaldielen in voller Länge eingestellt werden. Bei nicht standfestem Baugrund werden die Kanaldielen in die Kammer der im Voraushub stehenden Kammerplatteneinheit eingestellt und zeitgleich zum Aushub eingedrückt (Abb. 7.48). Diese Verbaumethode erlaubt bei kreuzenden Leitungen Abweichungen, indem Dielen ausgesetzt oder kürzere Dielen eingezogen werden.

Beim Rückbau wird der Graben lagenweise verfüllt und verdichtet. Die Kanaldielen können abschnittsweise gezogen werden, oder sie werden erst nach vollständiger Verfüllung gezogen. Haftkräfte können beim Eindrücken und Ziehen durch Vibration verringert werden.

Erdbau – Bauen in und mit Erde

Wolfgang Dachroth

W. Dachroth, *Handbuch der Baugeologie und Geotechnik,* DOI 10.1007/978-3-662-46886-9_8

8.1 Gründungsvorbereitende Arbeiten auf tragfähigem Untergrund

Gründungen sind bautechnische Maßnahmen, die einem Bauwerk eine standfeste Unterlage geben. In der Regel wird hierzu unter geplanten Bauwerken das Erdreich bis auf die Sohle der Baugrube abgegraben. Die auf vorgeschriebene Höhe und Neigung eingeebnete Oberfläche des anstehenden oder gegebenenfalls verbesserten Bodens oder Festgesteins unter der geplanten Dammsohle oder unter dem geplanten Oberbau von Verkehrswegen heißt Erdplanum bzw. Felsplanum. Der unter dem Erd- oder Felsplanum anstehende Boden bzw. Fels wird als Untergrund oder Baugrund bezeichnet.

Flächenfundamente (Flächengründungen) für Hochbauwerke binden in den Baugrund ein oder liegen diesem auf. Die Anforderungen an den Baugrund für Belastungen unter Flächenfundamenten sind in DIN EN 1997 und DIN 1054 geregelt (▶ Abschn. 11.3 und 11.4). Die Schutzanforderungen an Gründungen verlangen Sicherheit vor Frostschäden, Erosion, Grundbruch, Gleiten, Auftrieb, Verschieben und schädlichen Setzungen. Baugruben sind im Hinblick auf die genannten Gefahren vom Geotechniker zu prüfen.

Für Gründungen sind stets mehrere Varianten im Hinblick auf Praktikabilität und Kosten zu prüfen. Bei nicht ausreichend tragfähigem Untergrund bestehen die Möglichkeiten, die Gründungen konstruktiv den Gegebenheiten des Untergrundes anzupassen oder den Untergrund durch Erdbaumaßnahmen in einen ausreichend tragfähigen Baugrund zu überführen.

Erdbauwerke können bei ausreichend tragfähigem Untergrund direkt über der Aushubsohle aufgetragen werden. Die Anforderungen an den Unterbau von Erdbauwerken sind in den „Zusätzlichen Technischen Vertragsbedingungen und Richtlinien für Erdarbeiten im Straßenbau" (ZTV E-StB 09) festgelegt (◘ Abb. 12.4).

Die Anforderungen an den Unterbau für Bahnkörper der Deutschen Bahn sind in „Ril 836 – Erdbauwerke der DB Netz AG, Module 836.0501 und 836.0502 (Ertüchtigung des Untergrundes)" festgelegt (◘ Abb. 12.5).

Demnach muss bei Einschnitten bis zu einer Tiefe von 0,5 m unter Planum ein ausreichender Verdichtungsgrad des Bodens nachgewiesen werden. Nicht ausreichend dichter Untergrund muss verdichtet werden. Böden mit ungünstigen Verdichtungseigenschaften können durch Abtrocknen, Veränderung des Kornaufbaus und durch Zugabe von Chemikalien und/oder hydraulischen Bindemitteln in ihren Verdichtungseigenschaften verbessert werden. Durch eine abgestimmte Zugabe von Bindemitteln kann der Boden verfestigt und seine Widerstandsfähigkeit gegen Beanspruchung durch Verkehr und Klima dauerhaft erhöht werden.

Beim Bau von Verkehrswegen ist der Untergrund in seinen Tragfähigkeitseigenschaften diesen in den Richtlinien genannten Anforderungen anzupassen.

8.2 Gründungsvorbereitende Arbeiten auf wenig tragfähigem Untergrund

Erdbau und Grundbau auf wenig tragfähigem und/oder weichem Untergrund verlangen nach besonderen Bauweisen, die das Herstellen standfester Bauwerke gewährleisten (Flügge und Wick 2000, FGSV 2010 Merkblatt über Straßenbau auf wenig tragfähigem Untergrund). Die Bauwerkslasten können entweder als Tiefgründung auf tiefer liegende, tragfähige Schichten übertragen werden, oder die Tragfähigkeit des nicht tragfähigen Untergrundes ist durch gründungsvorbereitende Arbeiten (Baugrundverbesserung) zu erhöhen. Baugrundverbesserung kann durch Entwässern des Untergrundes, Verdichten des Untergrundes, Einarbeiten von Grobkorn in den Untergrund, Bodenaustausch im Untergrund und Bodenverfestigung im Untergrund erreicht werden. Die geringe Tragfähigkeit weicher Schichten im Untergrund kann auch durch das Verwenden von Leichtbaustoffen beim Schütten des Dammes genutzt werden. Bei den Erdarbeiten für Verkehrsbauten ist das „Merkblatt über Straßenbau auf wenig tragfähigem Untergrund" zu beachten.

Nicht tragfähiger Boden kann aus allen Bodenarten bestehen. Beispiele für nicht tragfähige Böden sind Moorgebiete (Torf), feinkörnige und organische Ablagerungen in Seen (Faulschlamm, Mudde, Seekreide, Seeton), Ablagerungen von Flüssen (Auelehm) und in Küstengebieten (Wattsand, Schlicksand, Schlick, Klei, Darg) und künstliche Ablagerungen in Halden, Kippen und Deponien. Geringe Lagerungsdichte, hoher Wassergehalt, hohe Anteile an organischer Substanz und ungünstiger Schichtaufbau im Untergrund sind häufige Befunde.

■ Nutzen der geringen Tragfähigkeit im Untergrund für den Straßenbau

Die geringe Tragfähigkeit weicher Schichten im Untergrund kann durch das Verwenden leichter Baustoffe beim Schütten des Dammes genutzt werden. Als leichte Baustoffe bieten sich aufgeblähte irdene Stoffe (Blähton, Bims, vulkanische Schlacken) und auch aufgeblähte Rückstandsstoffe und Industrieschlacken, soweit umweltverträglich, an. Die Schüttdichte von Sand und Kies liegt bei 1,7 bis > 2 $t\,m^{-3}$, von Blähton bei 0,25 bis 0,4 $t\,m^{-3}$. Als weiterer Leichtbaustoff wird Hartschaumstoff aus expandiertem Polystyrol genannt („Merkblatt über die Verwendung von EPS-Hartschaumstoff beim Bau von Straßendämmen" und „Merkblatt über die Verwendung von Blähton als Leichtbaustoff im Unterbau von Straßen"). Der Dammkörper aus Leichtbaustoff kann entweder direkt auf die Oberfläche des weichen Untergrundes oder bei teilweisem Bodenaustausch über eine im Untergrund verbliebene Restschicht des wenig tragfähigen Bodens eingebaut oder geschüttet werden. Als Trennschicht zwischen Untergrund und Schüttung können Vliesstoffe, Gewebe und auch Geogitter flächenhaft eingebaut werden. Zu beachten sind die „Technischen Lieferbedingungen für Geokunststoffe im Erdbau des Straßenbaus" (TL Geok E-StB) und das „Merkblatt über die Anwendung von Geokunststoffen im Erdbau des Straßenbaus" (M Geok E).

8.2.1 Baugrundverbesserung durch Entwässern

Das Entwässern des Untergrundes kann durch Absenken des Grundwassers (▶ Kap. 6) oder durch Wasserverdrängen geschehen. Unter Erdbauwerken (Dämme, Deiche) kann tiefgründiger weicher Boden über Vertikaldräns entwässert werden. Die aufgebrachte Dammlast bewirkt im Untergrund einen Bodenwasserüberdruck, welcher zum Entwässern mit Wasseraufstieg im Vertikaldrän genutzt wird. Die Vertikaldräns werden unter und neben dem Damm eingebaut. Dabei muss gewährleistet werden, dass die Dammlast auch außerhalb des Dammfußes über einen gleichmäßig entwässerten Bereich, welcher von der Druckzwiebel des Dammes erfasst wird, abgetragen wird. Beschleunigtes Entwässern und Setzen ist möglich, wenn der Rasterabstand der Vertikaldräns erheblich kleiner als die Moortiefe gewählt wird. Um das Abfließen aus der Dränage zu gewährleisten, ist auf der Oberfläche des Moores eine Schüttung aus grobkörnigem Boden von mindestens 0,5 m aufzubringen. Das Schütten eines Dammes darf nur so rasch erfolgen, dass ein ausreichendes Entwässern möglich ist und ein Grundbruch vermieden wird.

Folgende Methoden kommen zur Anwendung:

- *Sanddräns*
  Mit Rasterabstand 1,5–3 m werden Bohrlöcher mit Durchmesser 20–30 cm gebohrt, ausgehoben oder ausgespült und mit Sand aufgefüllt.
- *vorgefertigte Sanddräns*
  Der Sand wird in Gewebeschläuche mit 6,5 cm Durchmesser und bis 30 m Länge abgefüllt und in Bohrlöcher eingebaut. Der Rasterabstand beträgt 1–1,5 m.
- *Rohrdräns*
  Es werden geschlitzte PVC-Rohre mit Durchmesser 5–7 cm mit Filterstoffen oder Vliesstoffen umhüllt, in Bohrlöcher eingebaut und mit Sand verfüllt. Der Rasterabstand beträgt 1–2,5 m.
- *Streifendräns*
  Es werden Flachprofildräns aus Plastikstreifen oder reißfeste Dochtdrähte aus Polyestervlies (4 mm stark, 30 cm breit) bis 30 cm tief in den Boden eingezogen.

8.2.2 Baugrundverbesserung durch tiefgründiges Verdichten

Ein locker gelagerter, verdichtungsfähiger Boden kann in einem freigelegten Planum nach den in ► Abschn. 8.3 beschriebenen Methoden verdichtet werden. Die Verdichtungswirkung reicht jedoch nur 30–70 cm tief.

Tiefgründiger Boden kann *in situ* durch statische Auflast oder durch dynamisches Einwirken (Tiefenrüttler, dynamisches Intensivverdichten mit der Fallplatte, Stoßverdichten durch Explosionswelle) bis in größere Tiefe verdichtet werden.

▪ Verdichten durch Vorbelasten

Auf locker gelagertem Untergrund kann Dammschüttmaterial oder Erdaushubmaterial als gleichmäßig verteilte Oberflächenlast aufgetragen werden. Es werden vorübergehend höhere Lasten aufgetragen, als später vom geplanten Bauwerk ausgehen. Unter der statischen Last wird der Boden im Untergrund zusammengedrückt.

Das Verfahren eignet sich bei grob- und feinkörnigen Böden sowie bei organischen Böden. Die Überhöhung soll bei Dämmen 20–50 % der geplanten Dammhöhe betragen. Dabei ist auf Sicherheit gegen Grundbruch, Böschungsbruch und Geländebruch (◘ Abb. 9.2 und 9.3) zu achten. Der Einbau von Bewehrungsmatten (Stahlgewebematten, Stahlbänder, Drahtgeflechte, Kunststoffgitter) oder Geotextilmatten (Vliesstoffe, Gewebe, Verbundstoffe) als Trennschicht zwischen Untergrund und Dammschüttmaterial und als Zugelement in dem zu schüttenden Erdkörper verringert die Gefahren für Böschungs- und Geländebruch.

Oft ist es günstig, die Vorbelastung mit einer Tiefenentwässerung über Vertikaldräns zu verbinden. Die Dauer der Vorbelastung und der Zeitpunkt ihres Rückbaus ergeben sich aus Setzungsmessungen an Grundpegeln, aus Porenwasserdruckmessungen und aus vergleichenden Nivellements. Die Vorbelastung soll so lange andauern, bis sich mindestens 80 % der zu erwartenden Setzungen eingestellt haben.

Das Verfahren eignet sich nicht bei Haldenmaterial aus veränderlich festen Gesteinsbruchstücken.

▪ Dynamisches Verdichten grobkörniger Böden mit dem Tiefenrüttler

Der Tiefenrüttler ist ein schlankes zylindrisches Gerät, das Schwingungen quer zu seiner Längsachse erzeugt und auf den Boden überträgt. Der Boden weicht seitlich aus, der Rüttler sinkt im Boden ein. Er hängt seilgeführt an einem Traggerät mit langem Ausleger. Auf die Fläche werden in einem Raster mit 1,5–3 m Verdichtungspunkte angesetzt. Die Arbeitstiefe liegt zwischen 3 und 30 m (Fellin 2000). Das „Merkblatt für Untergrundverbesserung durch Tiefenrüttler“ ist zu beachten.

Der Tiefenrüttler kann bei grob- und gemischtkörnigen Böden eingesetzt werden. Bei steinigem Material mit Stückgrößen über 10 cm, wie bei stein- und blockhaltigem Hangschutt, bei Halden- und Schlackenmaterial und bei stark aufgelockertem Felsgestein, ist Probeverdichten zu empfehlen.

Beim Rüttelvorgang wird die Reibung zwischen den Körnern aufgehoben, die Bodenteile werden unter dem zusätzlichen Einfluss der Schwerkraft umgelagert und verdichtet. An der Geländeoberfläche bildet sich eine trichterförmige Setzungsmulde, welche mit örtlich anstehendem grobkörnigem Bodenmaterial oder mit Kies bzw. Schotter aufgefüllt wird. Um die scheinbare Kohäsion der zu verdichtenden Böden aufzuheben, wird dem Bodenmaterial beim Verdichten Wasser oder Luft zugeführt. Wichtig ist, dass der Rüttler mit dem Bodenmaterial Kontakt hat. Nötigenfalls wird in den Ringraum zwischen Rüttler und anstehendem Boden Sand oder Kies eingefüllt (◘ Abb. 8.1b).

▪ Dynamisches Intensivverdichten

Bei diesem von Ménard entwickelten Verfahren lässt man eine Masse von 6–20 t aus einer Höhe bis zu 20 m auf den Boden fallen (im Extrem bis 40 t bei ca. 40 m Fallhöhe). Damit wird sowohl bei grobkörnigen wie auch bei feinkörnigen Böden eine große Tiefenwirkung erreicht. Durch die wiederholte, schockartige Einwirkung dieser Impulse in kurzen Abständen wird der Boden verflüssigt und das Porenwasser abgedrängt. Der Boden wird zusammengedrückt, wobei der Porenwasserdruck im Boden vorübergehend ansteigt. Die Anzahl der notwendigen Übergänge hängt von der Bodenart und der gewünschten Lagerungsdichte ab.

Zur Kontrolle der erreichten Verdichtung eignen sich Ramm- und Drucksondierungen. Der Porenwasserdruck kann

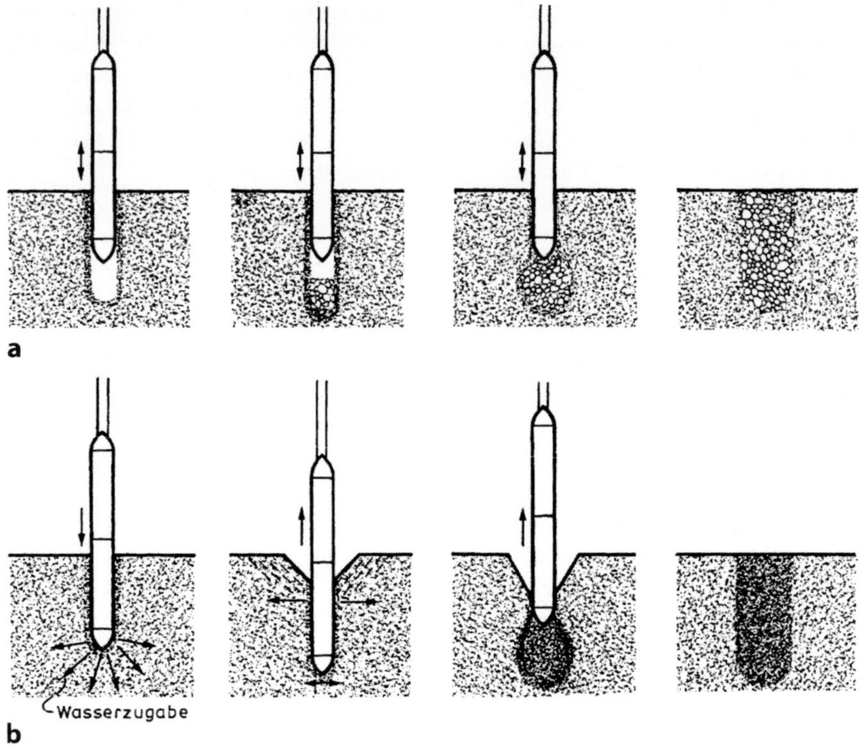

Abb. 8.1 Bodenverdichtung mit dem Tiefenrüttler. **a** Rüttelstopfverdichten für feinkörnige und gemischtkörnige Böden. Der durch Verdrängen entstandene Hohlraum wird mit grobkörnigem Material aufgefüllt; **b** Tiefenrütteln in grobkörnigem Boden. Der anstehende Boden wird verdichtet

über vorab fest eingebaute Messinstrumente abgelesen und kontrolliert werden. Die Konsolidation des Bodens kann in hierfür abgeteuften Bohrlöchern über Pressiometermessungen geprüft werden. Die Setzung der Oberfläche kann über Nivellements kontrolliert werden. Seine besondere Eignung hat dieses Verfahren in Flächen, wo locker gelagerter Boden in großer Mächtigkeit ansteht (z. B. künstliche Aufschüttungen, Deponien, Torfe und feinkörnige Böden mit geringer Konsistenz).

Beim Intensivverdichten werden inhomogene Bodenarten weitgehend homogenisiert, wodurch eine Vergleichmäßigung des Bodens in Bezug auf Tragfähigkeit und Setzung erreicht wird. Die erreichte Tiefenwirkung wurde beim Einsatz der bisher üblichen Geräte auf 10–12 m festgestellt. Dabei muss je nach Bodenart vorher eine Aufschüttung von 1–3 m aus grobkörnigem Material aufgebracht werden, soweit diese Schicht nicht schon in natürlicher Überlagerung vorhanden ist.

Das Intensivverdichten kann nicht in unmittelbarer Nachbarschaft von Bauwerken eingesetzt werden.

▪ Dynamisches Stoßverdichten durch Explosion

In den Untergrund werden über Bohr- oder Spüllöcher Sprengladungen eingebracht und gezündet. Beim Gruppensprengen können die einzelnen Sprengsätze in einer bestimmten Zündfolge zur Detonation gebracht werden. Die Sprengkörper werden im Rastermaß von z. B. 5–15 m eingebaut. Die Einbautiefe liegt bei 50–75 % der Dicke der zu verdichtenden Schicht. Es ist auch möglich, in mehreren Tiefenhorizonten Sprengladungen zur Detonation zu bringen. Das Verfahren eignet sich bei Sanden und Kiesen und soll anderen Verfahren wirtschaftlich überlegen sein. Es kam früher mehrfach in Russland zur Anwendung (Smoltczyg und Hilmer 1991) und wird in Deutschland zum Verdichten von Kippen über abgeschüttem Material eingesetzt, bei denen die Gefahr von Setzungsfließen besteht (Gudehus et al. 1996, Kessler und Förster 1992).

8.2.3 Baugrundverbesserung durch Einarbeiten von Grobkorn

Die Tragfähigkeit weicher feinkörniger Böden kann durch den Einbau von Grobkorn verbessert werden. Das eingearbeitete Grobkorn (Sand, Kies, Schotter, Steine, Schlacke) bildet ein tragfähiges Steinskelett. Schotter kann als Lage flächenhaft oder als Stopfsäule (Schottersäule) vertikal eingebaut werden. Das in die Stopfsäule eingebaute Material kann zusätzlich verfestigt werden (vermörtelte Stopfsäulen), oder es kann eine Säule aus Boden-Kalk-Gemisch hergestellt werden.

▪ Einbau einer Steinskelettlage

Unter Fundamenten oder unter der unteren Lage eines teilweisen Bodenaustausches kann Grobschotter flächenhaft in den weichen Boden eingearbeitet werden. Das Verfahren wird gewählt, um die Tragwirkung der Bodenaustauschschicht zu verstärken. Schüttlagen aus Grobschotter oder Steinen (20–40 cm Durchmesser) können mit schwerem Rüttelgerät in den grundwassererfüllten Boden eingedrückt werden. Gute Tiefenwirkung kann auch durch den Einsatz einer Schaffußwalze erzielt werden. Das Verfahren wird in Baugruben und auch in Fundamentgräben gewählt, deren Sohle durch Wasser (Grundwasser, Oberflächenwasser) stark aufgeweicht ist. Die Tiefenwirkung reicht 40–80 cm unter Sohle der Baugrube.

▪ Stopfsäulen, Schottersäulen

Bei fein- und gemischtkörnigen sowie organischen Böden wird das anstehende Material vom Tiefenrüttler verdrängt und teilweise ausgespült. Der entstehende Hohlraum wird mit Schotter oder Kies aufgefüllt und verdichtet, wobei das zugefügte Grobkorn auch in den umgebenden Boden eindringt. Das Auffüllmaterial wird entweder kontinuierlich in den Ringraum zwischen Rüttler und Boden eingefüllt oder nach Ziehen des Rüttlers schichtweise in das Loch eingefüllt. Auch kann das Auffüllmaterial über ein seitlich am Rüttler angebrachtes Zugaberohr direkt zur Spitze des Tiefenrüttlers geführt werden.

Durch das Rüttelstopfverdichten entsteht ein neues Bodensystem aus Schottersäule und umgebendem Boden, das u. a. auch aufgrund einer Reduzierung des Wassergehaltes im feinkörnigen Boden geringere Zusammendrückbarkeit und erhöhte Scherfestigkeit aufweist (◘ Abb. 8.1a).

Bei der Wahl des Rasters der Kies- oder Schottersäulen ist darauf zu achten, dass die Grenztragfähigkeit einer einzelnen Säule nicht überschritten wird und dann das Kies- und Schottermaterial in den umgebenden Boden ausweicht. Dies kann durch den Einbau geokunststoffummantelter Stopfsäulen verhindert werden. Die undränierte Scherfestigkeit τ_{fu} des umgebenden Bodens soll größer als 15–25 kN m^{-2} sein. Die zulässige vertikale Spannung σ_{zul} wird empirisch mit

$$\sigma_{zul} = 10\,\tau_{fu}\,F_s$$

angenommen (F_s = Querschnittsfläche der Säule in m^2). Die Oberfläche des verbesserten Baugrundes muss mit einer mindestens 0,5 m starken Ausgleichsschicht aus verdichtetem Kies oder Schotter abgedeckt werden. Bei der Belastung des Untergrundes sind Anfangssetzungen von 1–3 cm zum Wecken des seitlichen Widerstandes zu erwarten.

Es kann von einer Erhöhung des Steifemoduls um das Zwei- bis Sechsfache gegenüber dem unbehandelten Boden ausgegangen werden. Um Setzungsdifferenzen gering zu halten, ist auf gleichmäßiges Belasten der Säulen zu achten.

Das Überprüfen der mit Tiefenrüttlern verdichteten Flächen geschieht bei grobkörnigen Böden mit Ramm- oder Drucksondierungen.

Da diese Sondierungen bei feinkörnigen Böden keine Aussagen über die eingetretene Verbesserung zulassen, kann die erreichte Verdichtung hier nur über Probebelastungen mit Kontrolle von Setzungen, horizontalen Bodenbewegungen und Messen des Porenwasserdruckes geprüft werden.

8.2.4 Baugrundverbesserung durch Bodenaustausch

Nicht tragfähiger Boden unter geplanten Bauwerken kann ausgehoben (ausgekoffert) und durch geeignete grobkörnige Bodenarten (Sand, Kies, Schotter, Schlacke, recyceltes Baustoffmaterial) ausgetauscht werden. Beim Festlegen dieser gründungsvorbereitenden Baumaßnahme ist die Wirtschaftlichkeit im Hinblick auf Rohstoffmenge, Rohstoffkosten sowie Ablagerungsraum und Deponiekosten für die unbrauchbaren Massen zu prüfen.

Bodenaustausch kann durch Trocken- oder Nassbaggern (◘ Abb. 8.2a, b), durch Spülverfahren und durch Verdrängen der weichen Schichten erfolgen.

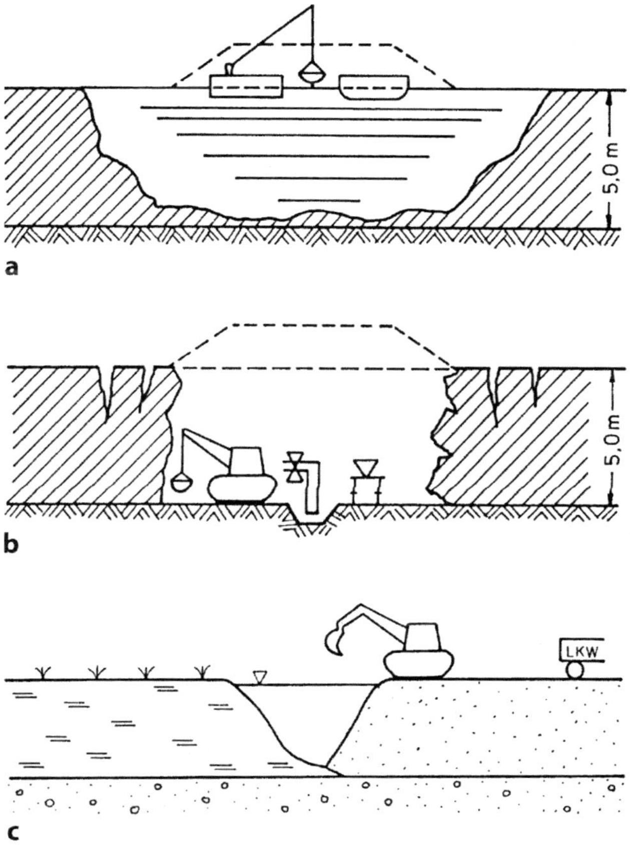

◘ **Abb. 8.2** Maßnahmen zum vollständigen Beseitigen des Moorbodens unter Dammschüttungen. **a** Vollaushub unter Wasser; **b** Aushub mit Wasserhaltung; **c** Aushub unter Wasser unter gleichzeitigem „Vorkopfschütten" des Austauschbodens

▪ Bodenaustausch im Trockenen

Stehen nicht tragfähige Schichten an der Oberfläche und oberhalb des Grundwasserspiegels an, können diese mit Bagger oder Raupe ausgeräumt und durch tragfähiges grobkörniges Austauschmaterial ersetzt werden. Das Material wird in der Regel lagenweise eingebaut und verdichtet. Der geforderte Verdichtungsgrad richtet sich beim Straßen- und Eisenbahnbau nach den Anforderungen von ZTVE-StB und Ril 836 – Erdbauwerke der DB Netz AG (► Abschn. 12.4, ◘ Abb. 12.4 und 12.5). Unter Hochbauten beträgt der geforderte Verdichtungsgrad D_{Pr} 100–103 %.

▪ Vollaustausch

Beim Vollaustausch werden die weichen Schichten in ihrer Gesamtmächtigkeit bis zur unterliegenden tragfähigen Schicht ausgehoben und ersetzt (◘ Abb. 5.1 und 8.2).

▪ Teilweiser Bodenaustausch

Bei sehr mächtigen weichen Schichten kann geprüft werden, ob ein teilweiser Bodenaustausch im oberen Teil der nicht tragfähigen Schicht ausreicht. Die Stärke der auszutauschenden Schicht wird über Setzungsberechnung ermittelt. Häufig reicht es aus, eine „Pufferschicht" von 1–1,5 m Stärke zur Vergleichmäßigung und Verringerung des Setzbetrages einzubauen.

▪ Bodenaustausch im Spülverfahren

Beim Spülverfahren werden sowohl die unbrauchbaren Massen (Moor, Torf, Klei, Schlick) als auch die spülfähigen Ersatzmassen für den Einbau (enggestufte Sande) in einem Rohrleitungssystem transportiert. Der Sand wird spülend eingebaut. Das Lösen der Erdmassen erfolgt durch eine Schneidkopfeinrichtung (Torf) oder eine Grundsaugeinrichtung (Sand). Das Boden-Wasser-Gemisch wird von einer Pumpe angesaugt und durch die Spülrohrleitung zur Einbaustelle oder Ablagerungsfläche (Deponie) transportiert (Hirschberger 1987). Voraussetzungen und Grenzwerte für das Spülverfahren sind:

- hoher Grundwasserstand;
- geeignete Bodenart (Torf, Schlick, Sand);
- große Massen (mindestens 200.000 m^3);
- Spülentfernung bis zu 7 km bei Sand und 10 km bei Torf;
- Schichtdicke des unbrauchbaren Bodens mindestens 5 m, maximale Austauschtiefe 15 m;
- große Ablagerungsflächen (1 m^2 Deponiefläche für 1,5 m^3 unbrauchbare Massen).

Für die Ausführung des Spülverfahrens bestehen die „Ergänzungen der ZTVE-StB für das Spülverfahren bei Erdarbeiten im Straßenbau in der niedersächsischen Straßenbauverwaltung" (ESpE-NS 77). Die im Spülverfahren eingebauten Sande erreichen die nach ZTVE-StB geforderte Mindestdichte D_{Pr} von 95 % und können bis zur Oberkante des Planums eingebaut werden. Das Planum wird zusätzlich mit schweren Rüttelwalzen (Tiefenwirkung bis ca. 1 m) und nachfolgender Oberflächenverdichtung verdichtet.

Im Bereich von Brücken, Durchlässen und Stützwänden sind Sicherungsmaßnahmen der Bauwerksgründungen erforderlich. Daher sollten neue Bauwerke erst nach den Spülarbeiten errichtet werden. Sowohl für das Aufspülen eines Dammes wie auch für die Ablagerungsfläche sind Spüldeiche aus undurchlässigem oder tragfähigem durchlässigem Material herzustellen.

Der beim Einspülen von Sanden und Kiesen eintretenden Entmischung kann durch häufiges Umlegen der Spülrohre entgegengearbeitet werden.

▪ Bodenaustausch durch Verdrängen

Weiche bis flüssige Torfmassen können beim Schütten des Dammes unter der Last des Schüttmaterials verdrängt werden. Torfmassen können hierzu durch gezielte Grundbrüche und durch rührende Bewegungen mit dem Ausleger eines Baggers verflüssigt werden. Das Verdrängen von weichen Schichten ist von der Geometrie her erfolgreich, wenn der standfeste Untergrund unter dem Moorboden vom Damm aus nach außen abfällt (Talrandlage). Entsprechend wird das Verdrängen im Bereich der geringsten Mächtigkeit und Tiefenlage des Torfes beginnen. Für den Fall, dass Schwierigkeiten beim Verdrängen eintreten, empfiehlt es sich, das Moorsprengverfahren anzuwenden. Durch die Sprenghilfe wird vermieden, dass Teile der unbrauchbaren Massen überschüttet werden und im Untergrund verbleiben.

▪ Moorsprengen: Großsprengverfahren

Beim Großsprengverfahren (◘ Abb. 8.3 und 8.4) wird der Damm in voller Kronenbreite und mit einer der zu erwartenden Setzung

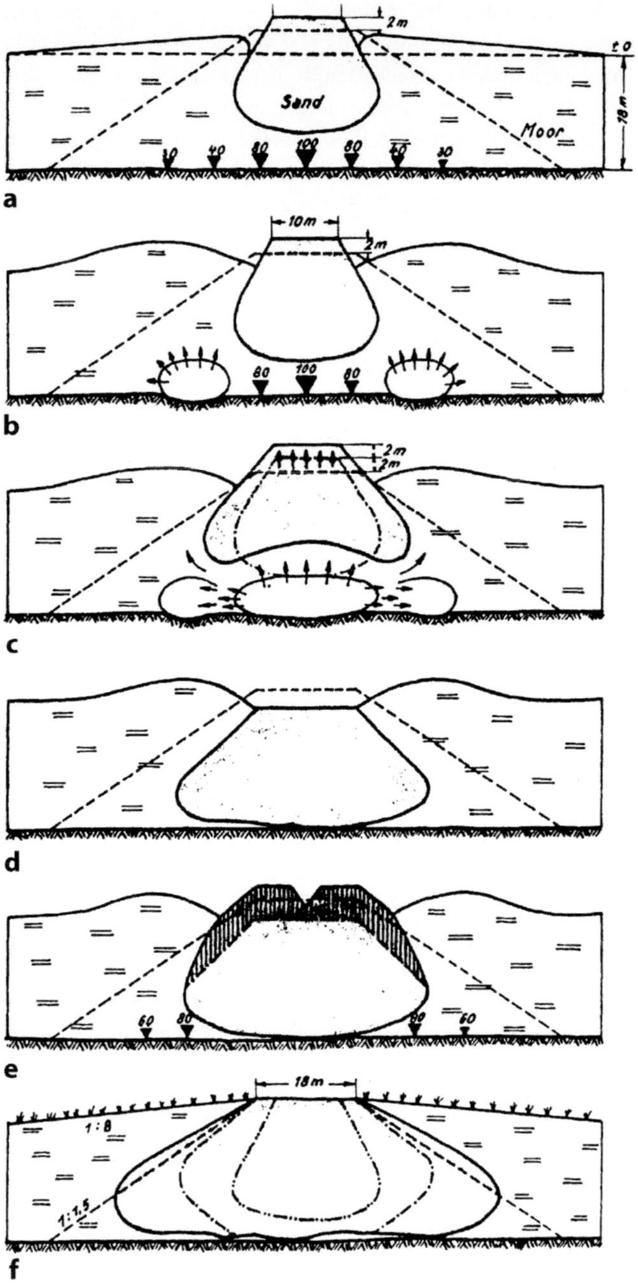

◘ **Abb. 8.3** Verdrängen weicher Schichten durch das Zünden von Vorfeldminen und Hauptminen beim Moorsprengverfahren. **a–d** Vorschütten und sprengtechnischer Einbau des Dammkernes; **e–f** sprengtechnisches Dammverbreitern

entsprechenden Überhöhung in ganzer Länge der Moorstrecke geschüttet. Das Verdrängen der weichen Torfmassen wird unter der Last des geschütteten Dammbaustoffes (Sand, Kies) durch Sprengen aktiviert.

Bei einer anderen Bauweise wird zunächst ein schmaler Damm geschüttet und anschließend unter Einsatz von Sprengminen verbreitert.

Die Sprengminen werden parallel zur Achse des Dammes im Abstand von 2–3 m an die Untergrenze der weichen Schicht eingebaut oder eingespült. Es werden 3–5 Reihen Hauptminen mit 40–150 kg und seitlich 1–2 Reihen Vorfeldminen mit 5–30 kg verlegt. Das Verlegen der Minen erfolgt nach Fertigstellung der

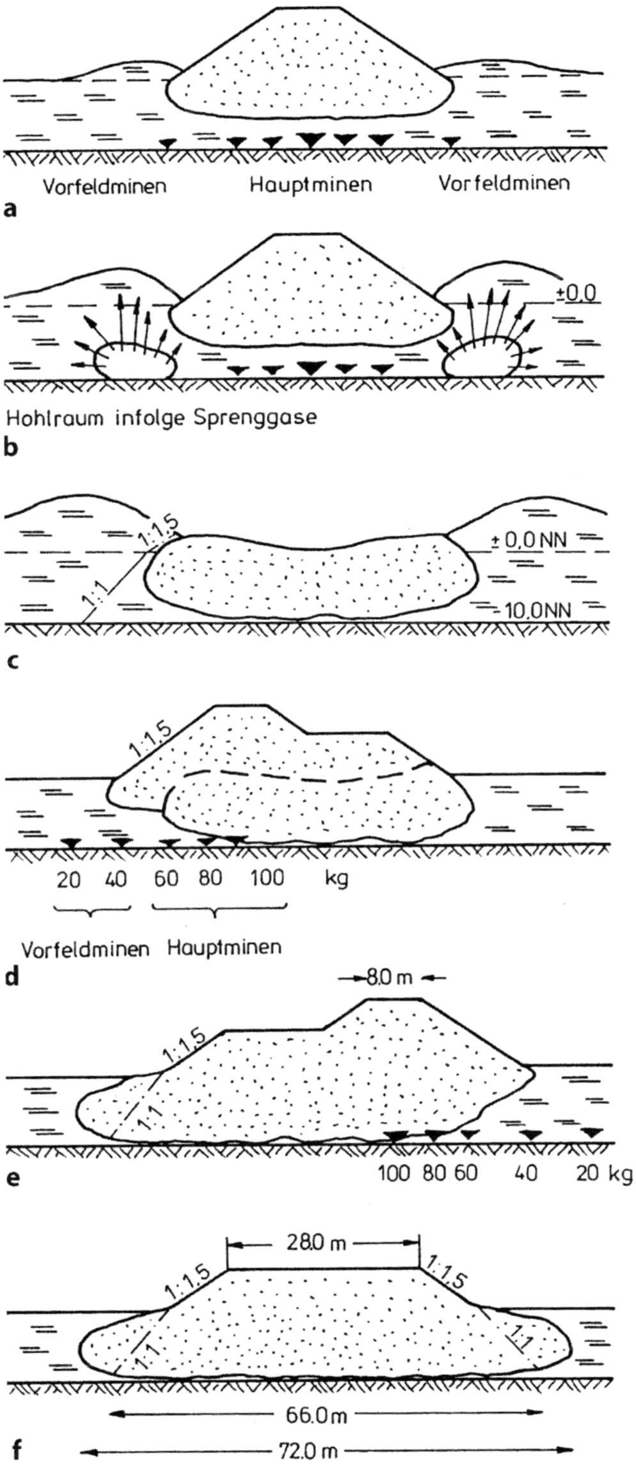

Abb. 8.4 Phasen der Dammerstellung beim Moor-Großsprengverfahren. **a–c** Vorschütten und sprengtechnischer Einbau des Dammkernes; **d–f** sprengtechnisches Dammverbreitern nach vorangegangenem seitlichem Materialauftrag

Dammschüttung in ganzer Länge! Alle Minen werden auf einmal gezündet, die Vorfeldminen mit einer Vorgabe von etwa 1 s. Der Damm wird bei der Sprengung um 2–3 m angehoben und verdrängt beim Zurückfallen die verflüssigten Torfmassen.

Anschließend wird der Damm wieder aufgehöht und seitlich verbreitert. Der Vorgang wird so lange wiederholt, bis der Damm

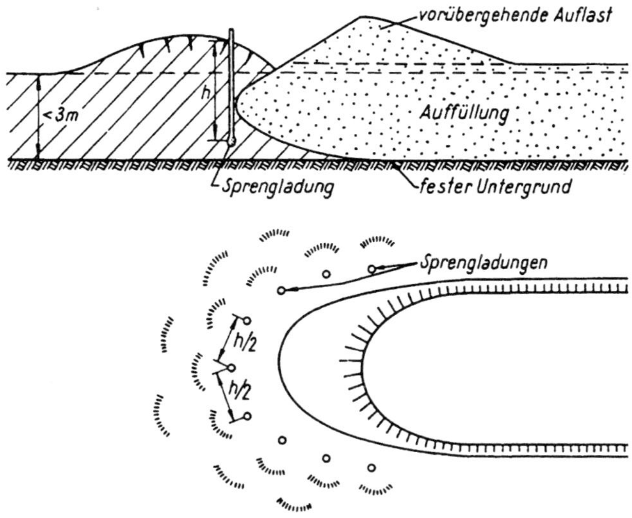

Abb. 8.5 Anordnung der Sprengladungen beim Vorkopfsprengen

die gewünschten Maße erreicht hat. Das Ausmaß der erreichten Verdrängung und die Ausbildung der Dammfüße kann durch Bohren kontrolliert werden. Ist die Grenzfläche zwischen tragfähigem Untergrund und Torf geneigt, so ist es zweckmäßig, den ersten Teildamm über der geringen Moortiefe aufzubauen und den Damm zur großen Moortiefe hin vorzutreiben.

Das Anwenden des Großsprengverfahrens wird durch mögliche Schäden an bestehenden Bauwerken und durch den hohen Störpegel stark eingeschränkt. Diese Baumethode wurde in den dreißiger Jahren des 20. Jahrhunderts ausgeführt und wird beim Straßenbau in Deutschland nicht mehr angewendet. Über Sprengversuche zur Bodenverdichtung in Sandkippen von Braunkohletagebauen berichten Gudehus et al. (1996).

- **Kleinsprengverfahren**

Hierbei wird der Damm in Teilen seitlich oder vor Kopf etwa 3–5 m hoch aufgeschüttet und sofort anschließend durch eine Kleinsprengung in die gewünschte Form gebracht. Das Torfmaterial wird dabei vor der Schüttung hergeschoben und kann sich verfestigen. Um das zu vermeiden, wird es durch Entlastungssprengungen und Druckwasser aufgelockert und verflüssigt, oder die verfestigten Teile werden mit dem Bagger ausgehoben.

Der Vorgang von Dammaufschütten und Sprengen wiederholt sich fortlaufend. Es können erfahrungsgemäß täglich bis 2000 m^3 Sand geschüttet werden. Beim Sprengen werden eine Reihe Hauptminen mit 10–40 kg und eine Reihe Vorfeldminen mit 5–20 kg und Vorgabe von einer Sekunde zur Detonation gebracht. Zur Minderung der Erschütterung werden Millisekundenzünder mit kurzen Verzögerungen zwischen den einzelnen Minen verwendet (Abb. 8.4 und 8.5).

8.2.5 Baugrundverbesserung durch Verfüllen von Hohlräumen

- **Verfüllen von Hohlräumen**

Höhlen, bergmännisch aufgefahrene Hohlräume und offene Spalten im Untergrund sind, wenn dies die bauliche Nutzung erfordert, zu verfüllen. Durch das Verfüllen von Hohlräumen wird Erdfällen entgegengewirkt und die Belastbarkeit des Untergrundes erhöht. Das Verfüllen offener Spalten in der Felsauflockerungszone von Hängen (Bergzerreißung, Talzuschub) kann bei Stabilisierungsmaßnahmen erforderlich werden. Das Verfüllen großer Hohlräume kann bei offenem Zugang durch den Einbau von Feststoffen, ausgebrochenem Haufwerk, Steinen, Aushubmaterial, Sand, Kies und Abfallstoffen geschehen. Der Versatz im Bergbau erfolgte früher durch in Handarbeit versetzte Steine und Steinblöcke, später durch in Handarbeit eingebaute, eingeschüttete oder maschinell eingeblasene oder eingeschwemmte körnige Massen (Abraum, Bergematerial, Sand, Kies). In natürliche Höhlen können bei Bedarf Stützpfeiler eingebaut werden.

Nicht zugängliche Hohlräume und klaffende Spalten können über Bohrlöcher mit Sand, Mörtel oder Beton verfüllt werden, wobei das Abschätzen der erforderlichen Verpressmengen mit Schwierigkeiten verbunden ist.

■ Verpressen von Hohlräumen, Injektionen in Fels und Lockergestein

Injektionsmaßnahmen dienen der Verbesserung des Untergrundes. Dessen Eigenschaften können durch die Injektion geeigneter Injektionsmittel den Erfordernissen geplanter Nutzungen angepasst werden.

Injizieren ist das Einbringen (Einpressen) von Flüssigkeiten, Lösungen, Suspensionen, Emulsionen, Pasten oder Mörtel in Hohlräume im Untergrund. Risse, Spalten, Klüfte und Poren werden mit Injektionsmittel verfüllt. Die injizierten Massen sind dem Untergrund so anzupassen, dass sie die von Wasser und Luft erfüllten Hohlräume im Gestein bei geringem Einpressdruck durchdringen und auffüllen können. Gesteinsstrukturen im Umkreis der aufgefüllten Kluft- und Porenhohlräume bleiben erhalten. Injiziert werden wässerige Suspensionen aus Sand, Zement, Ton und deren Mischungen, plastische und harte Gele (z. B. Silkatgel, Wasserglas im Wechsel mit Calciumchloridlösung, Joosten-Verfahren), Kunstharz und Bitumen. Die injizierten (verpressten) Flüssigkeiten bewirken im Untergrund je nach Art der verwendeten Injektionsmittel Verfestigung und/oder Abdichtung.

Im Lockermaterial (Boden und stark aufgelockerter Fels) werden Injektionen zum Verfestigen und zum Abdichten gegen strömendes Wasser vorgesehen. Anwendungsmöglichkeiten sind das Unterfangen von Bauwerken, das Einbringen von vertikalen Schirminjektionen für Dichtungsschürzen und Injektionsschleier unter Staudämmen (◘ Abb. 11.37, 13.33, 14.40) sowie das Einbringen von horizontalen Schirminjektionen beim Unterfahren von Bauwerken (Tunnelbau, ◘ Abb. 13.24).

Dämme aus Steinschüttungen können mit wasserarmen Zementpasten verfestigt werden.

Im Fels werden Injektionen vorrangig zum Abdichten und Verringern der Durchlässigkeit vorgesehen (◘ Abb. 13.33). Unter Stauanlagen ist die Durchlässigkeit des Untergrundes über *WD*-Tests zu prüfen (◘ Abb. 14.34 und 14.35), und gegebenenfalls sind Kluftinjektionen zum Verringern der Umläufigkeit durchzuführen. Anwendungsmöglichkeiten sind Dichtungsschirme unter Staumauern.

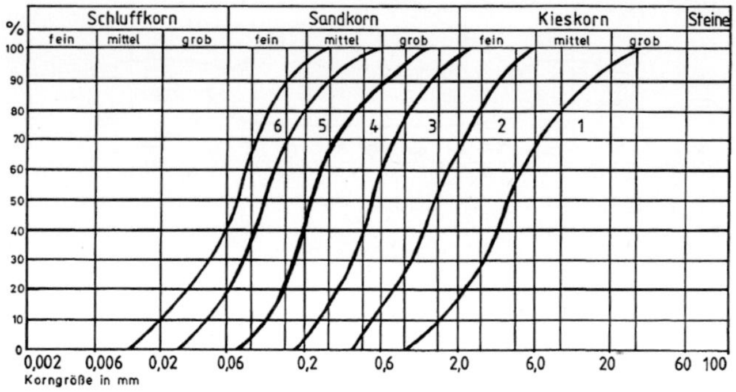

◘ **Abb. 8.6** Grenzen der Anwendbarkeit verschiedener Injektionsmittel in Abhängigkeit von der Korngröße (umgezeichnet nach Jessberger 1982). *1* Zement; *2* Ton-Zement; *3* Bentonit, *4* Silikat-Zweistoffsysteme; *5* Silikat-Einstoffsysteme; *6* Kunstharz

■ Prüfen des Untergrundes auf seine Eignung für Injektionen

Die im Untergrund anstehenden Böden und/oder Festgesteine sind im Rahmen des geotechnischen Erkundens auf ihre Penetrierbarkeit mit Injektionsmitteln zu untersuchen. Hierzu sind Boden- oder Gesteinsarten zu benennen. Die in diesen enthaltenen Poren und Hohlräume sind nach Porenvolumen, Hohlraumweite und Hohlraumform zu beschreiben. Zum Beurteilen der Penetrierbarkeit von Klufthohlräumen sind die vorliegenden Kluftscharen nach Lage, Reichweite bzw. Erstreckung, Kluftabstand und Kluftöffnungsweite einzumessen. Zum Beurteilen der Penetrierbarkeit sind Böden und Lockergesteine auf Bodenart, Korngrößenverteilung, Ungleichförmigkeitsgrad d_{60}: d_{10}, Art der Feinkornanteile unter 10 % Massenanteile, Kornform, Kornorientierung, Trockendichte, Porenanteil und Durchlässigkeit zu untersuchen. Für das Erkunden von Gesteinslagerung und Penetrierbarkeit des Untergrundes sind Schürfgruben und Kernbohrungen geeignet, wobei Schürfgruben den besseren Einblick bieten. Kernbohrungen mit Durchmesser > 100 mm sind für Erkundungsaufgaben unter Grundwasser geeignet.

■ Wahl des Injektionsmittels

Die Wahl des Injektionsmittels richtet sich nach Injektionszweck (Verfestigung oder Abdichtung), Beschaffenheit der zu injizierenden Hohlräume im Untergrund, Fließverhalten des Injektionsmittels und der erwarteten Reichweite der Injektion. Die Partikelgröße im Injektionsmittel muss auf die Größe der Hohlräume im Untergrund (Injektionsmedium) abgestimmt sein. Die Anwendungsgrenzen der gebräuchlichsten Injektionsmittel sind in ◘ Abb. 8.6 dargestellt. Besondere Bedeutung kommt den Feinstbindemitteln zu. Es handelt sich um Stoffe hoher Feinheit auf der Basis von Portlandzementklinkern, Quarzsand und Tonen. Die Fließfähigkeit von Zementsuspensionen wird von der Viskosität und der vom Wasser-Zement-Faktor abhängigen Sedimentationsgeschwindigkeit bestimmt. Die Sedimentationsgeschwindigkeit kann durch Zugabe von Bentonit (1–4 %) verringert werden. Für das Prüfen und Überwachen von Zementsuspensionen, Zementpasten, Zementmörteln, Ton-Zement-Suspensionen, Wasserglassystemen und Kunstharzen ist DIN 4093 zu beachten. Weitere anwendungsspezifische Besonderheiten bei Einpressarbeiten sind im „Merkblatt für Einpressarbeiten mit Feinstbindemitteln in Lockergestein" beschrieben.

- **Eigenschaften injizierter Böden und Prüfen von Injektionskörpern**

Durch die Injektion von Zementsuspensionen in Sand- oder Kieslagen entstehen betonähnliche verfestigte Gesteinskörper. Diese können nach den Regeln der Betontechnologie geprüft werden. Das Prüfen von Durchlässigkeit und Druckfestigkeit kann an Zylinderproben aus Bohrkernen oder an im Labor hergestellten Prüfkörpern erfolgen. Dichteprüfung und gesteinsmikroskopische Untersuchung von Dünnschliffen geben weitere Hinweise für erfolgte Hohlraumverfüllung.

Mit steigendem Ton- oder Bentonitanteil im Injektionsmittel sinkt die Festigkeit im ausgehärteten Injektionskörper und nähert sich im Extrem der Konsistenz von weichem Ton. Die Durchlässigkeit solcher Körper ist gering ($< 10^{-6}$ m s^{-1}), das Verformungsverhalten hoch. Zum Prüfen der Wirksamkeit von Injektionsschirmen im Untergrund von Wasserstauanlagen werden im Gelände *WD*-Tests durchgeführt (▶ Abschn. 14.5.4).

8.2.6 Baugrundverbesserung durch Einbau verfestigter Säulen und Scheiben

In nur wenig tragfähigen oder nur wenig standfesten Untergrund können stabilisierte Säulen oder Scheiben eingebaut werden. Unterschieden werden mit Zement verfestigte (vermörtelte) Stopfsäulen und Scheiben, mit Kalk verfestigte Bodensäulen und mit Hochdruck im Düsenstrahlverfahren (Jet Grouting) verfestigte (vermörtelte) Säulen und Scheiben.

- **Vermörtelte Stopfsäulen (Betonrüttelsäulen)**

Für das Herstellen der Betonrüttelsäulen wird ein Tiefenrüttler mit Betonzuleitung bis zur Rüttelspitze verwendet. Beim Einfahren des Tiefenrüttlers wird der anstehende nicht tragfähige Boden verdrängt und verdichtet. Nach Erreichen der Endteufe wird eine Kies- oder Schottersäule unter gleichzeitiger Zugabe von Mörtel oder Beton hergestellt. Vermörtelte Stopfsäulen und Betonrüttelsäulen stehen dem tiefliegenden tragfähigen Baugrund auf oder binden in diesen ein. Die Tragwirkung ist der eines Spitzendruckpfahles ähnlich (Hettler und Berg 1987).

- **Stützscheiben nach dem Hydrozementationsverfahren**

Beim Hydrozementationsverfahren (HZV-Verfahren) werden, z. B. in Rutschgebieten, partiell Stützscheiben eingebaut. Mit Baggern werden Schlitze ausgehoben, und das Aushubmaterial wird mit Zement oder anderen Bindemitteln vermischt und wieder eingebaut. Es entsteht ein HZV-Erdbeton mit 5–10 MN m^{-2} Druckfestigkeit, einem Reibungswinkel über 40° und einer Kohäsion c' um 500 kN m^{-2}.

- **Erdbetonscheiben nach dem Fräs-Misch-Injektionsverfahren**

Beim Fräs-Misch-Injektionsverfahren (FMI-Verfahren) wird der Erdbetonkörper ohne Bodenaushub hergestellt. Eine durch Raupenfahrwerk angetriebene Fräs-Mischmaschine mit variabler Länge des Fräsbaums kann bis 9 m tiefe und bis 1 m breite Schlitze fräsen. Das Verfahren erlaubt es, Schichtenfolgen unterschiedlicher Bodenarten in einem Arbeitsgang zu fräsen, zu durchmischen und mit Zementsuspension zu injizieren. Über die Zugabe von Beschleunigern ist die Erhärtungsgeschwindigkeit steuerbar. Die hergestellten Erdbetonkörper sind von der Festigkeit her mit dem HZV-Erdbeton vergleichbar. Für die zu verbessernden Böden sind im Vorfeld Eignungsprüfungen durchzuführen. Das Verfahren ist bis etwa 15° Hangneigung einsetzbar und eignet sich zum Stabilisieren von Rutschhängen.

- **Säulen und Scheiben aus Boden-Kalk-Gemischen**

Tone und tonige Schluffe können mit Kalk verfestigt werden. (Organische Beimengungen stören und lassen sich nicht mit Kalk verfestigen!) Bei diesem Verfahren werden Bohrlöcher mit Durchmesser bis 15 cm in engem Rasterabstand (0,5–1 m) niedergebracht und mit Branntkalk verfüllt. Bei einem anderen Verfahren wird Branntkalk im Bohrloch mit Durchmesser > 15 cm mit dem Boden vermischt. Mit Kalk verfestigte Scheiben können durch Auffräsen von Boden in Schlitzen unter Zugabe von Kalk hergestellt werden.

Der gebrannte Kalk reagiert mit dem Bodenwasser, verringert den Wassergehalt und geht mit dem Ton eine „hydraulische" Verbindung ein. Auf diffusem Wege breitet sich Calcium im Umkreis des Bohrloches aus und bewirkt beim Belegen von Gitterplätzen an und zwischen Tonmineralen den Austausch von Natrium und Kalium durch Calcium. Dadurch erfolgt eine Umwandlung der Bodenstruktur, und der Boden wird in seiner Gesamtheit stabilisiert. Anders als Schottersäulen und vermörtelte Stopfsäulen übernimmt der eingebaute Kalk keine punktförmige Stützfunktion. In einer Eignungsprüfung ist der Boden auf Tonanteil, Tonmineralarten und Reaktion mit hydraulischen Bindemitteln zu testen.

- **Hochdruckvermörteln, Düsenstrahlverfahren**

Beim Hochdruckvermörteln (Hochdruckinjektion, HDI-Verfahren, Soilcrete-Verfahren, Jet Grouting, Düsenstrahlverfahren; Schubert 1986, Eichler 2009) werden Injektionslanzen (Durchmesser 40–100 mm) im Abstand 0,5–1 m je nach Verfahren vertikal oder in beliebiger Neigung bis > 20 m tief in den Baugrund eingespült oder in vorgebohrte Löcher eingeschoben. Das Verpressmittel wird über eine sich drehende Düse unter hohem Druck in die Umgebung des Bohrloches eingepresst. Der mit hohem Druck (300–800 bar) austretende Injektionsstrahl zerschneidet das Bodengefüge im Umkreis der Düse. Der Wirkungsradius ist vom anstehenden Boden und vom eingesetzten Druck abhängig und kann bis 1 m reichen. Beim Pfahlherstellen entstehen durch langsames Ziehen des rotierenden Bohrgestänges säulenförmige Injektionskörper (◘ Abb. 8.7). Je nach Aufgabenstellung wirkt dieser als Verfestigungskörper oder Abdichtungskörper. Bei Bodenverfestigung erhärtet die mit dem Injektionsgut vermischte Bodenmasse zu einem Erdbeton. Das Verfahren kann bei Kies, Sand, Schluff, Ton und auch in organischen Böden angewendet werden. Verwendet werden Mörtel, die nach speziellen Rezepturen dem Boden anzupassen sind. Die erzielbare einaxiale Druckfestigkeit ist von der Art und Menge des Zementanteils sowie den verbleibenden Bodenanteilen ab-

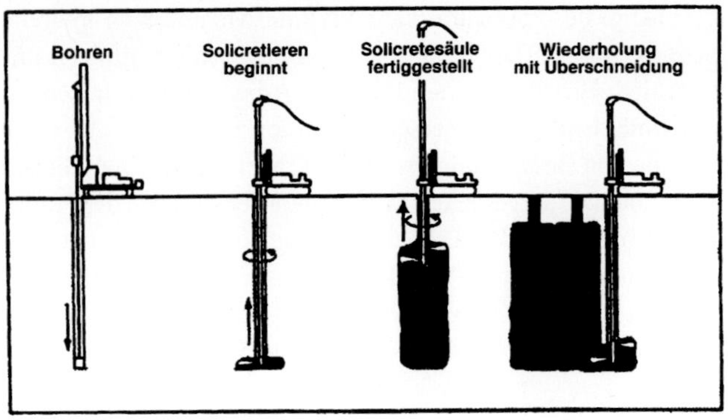

Abb. 8.7 Schema für das Herstellen von Säulen und Scheiben nach dem Verfahren „Soilcrete" der Keller Grundbau GmbH

hängig und stellt sich zwischen 25 N mm^{-2} bei Kies und etwa 2 N mm^{-2} bei organischen Böden ein. Die Abdichtungswirkung gegen Wasserzutritt wird durch geeignete Suspensionsrezepturen, gegebenenfalls unter Zusatz von Bentonit, erreicht. Die Durchlässigkeit von Böden kann um mehrere Zehnerpotenzen herabgesetzt werden, jedoch erfordern extreme Anforderungen an den Grad einer Abdichtung einen entsprechend hohen produktionstechnischen Aufwand. In besonderen Anwendungsfällen können Dichtungseigenschaften und Festigkeitseigenschaften der hergestellten Injektionskörper gleichzeitig genutzt werden.

Das Verpressen mit hohen Drücken erfordert einen hohen Maschinenaufwand, wodurch das Verfahren in seiner praktischen Anwendbarkeit auf größere Projekte eingeschränkt ist. Beim Anwenden und Zulassen von Düsenstrahlverfahren muss auf mögliche Gefahren geachtet werden. So ist besonders im geschichteten Boden auf mögliches Anheben von Bauwerken oder Bauwerksteilen zu achten.

Mit dem Verfahren können einzelne Säulen, Säulenwände und Unterfangungskörper in Form sich überschneidender Säulen sowie Sohlen in Form sich überschneidender Säulenabschnitte hergestellt werden. Das Verfahren kann eingesetzt werden bei Tiefgründungen, Nachgründungen, Gründungssanierungen, Unterfangungen, vorausschreitendem Einbau von Sicherungen beim untertägigen Hohlraumbau in Lockergesteinen (Einbau von Außenschalen für Tunnelröhren und Schächte) und beim Einbau von Dichtsohlen und Dichtwänden.

8.3 Einbauen und Verdichten von Boden

Erdbauwerke werden durch Abkippen, Aufschütten, Aufspülen sowie durch lagenweises Einbauen von Boden, gebrochenem Festgestein, Haldenmaterial, Schlacken oder Recyclingbaustoffen erstellt. Der Untergrund von Erdbauwerken wird in der Sohle des Erdbauwerkes (Gründungssohle) meist vom anstehenden Mutterboden oder von in geringer Mächtigkeit anstehenden weichen Schichten beräumt. Die Sohle wird eben oder mit sehr flacher Neigung angelegt. Bei Auffüllungen am Hang kann Abtreppen der Oberfläche des Baugrundes bzw. der Sohle des Erdbauwerkes erforderlich sein (Abb. 9.5).

Der Untergrund kann vor Aufbringen der Erdschüttung verdichtet, verbessert oder verfestigt werden. Bei verdichtungsfähigem Material wird die freigelegte Oberfläche mit geeignetem Verdichtungsgerät bearbeitet. Bei weichem und wenig tragfähigem Untergrund kann in der oberen Zone des Untergrundes eine zusätzliche bodenverfestigende Maßnahme mit Kalk oder Zement erforderlich sein.

Erdbauwerke wie Dämme, Hinterfüllungen, Erdanschüttungen und Austauschkörper müssen unter dem Eigengewicht standfest sein. Sackungen dürfen, soweit das Planum für weitere bauliche Nutzung vorgesehen ist, nicht eintreten.

Erdbauwerke müssen standfest gegründet sein. Sie dürfen keine schädlichen Verformungen aus Senkung des Untergrundes, aus Setzungen im Untergrund oder Sackungen im Schüttmaterial erfahren (Abb. 9.2, 9.3, 9.4 und 9.9).

Verkehrsdämme und gründungsvorbereitende Erdbauwerke müssen so hergestellt werden, dass sie aus der Auflast von Bauwerken, aus der Verkehrslast und durch Erschütterungen (Maschinen, Verkehr) keine weitere Verdichtung und Verformung erfahren. Das Schüttgut wird in der Regel lagenweise eingebaut und verdichtet. Die Schütthöhe der einzelnen Lagen hängt vom Verdichtungsverfahren (Verdichtungsgerät, Anzahl der Übergänge, Arbeitsgeschwindigkeit), von der Bodenart, vom Wassergehalt und von der geforderten Verdichtung ab. Bei Schütthöhen zwischen 20 und 30 cm werden gute Verdichtungsergebnisse erzielt. Bei stärkeren Schüttlagen können in den unteren Abschnitten einer jeden Schüttlage nicht ausreichend verdichtete Partien verbleiben.

Bei Bodenverdichtungen für den Straßenbau sind das „Merkblatt für die Verdichtung des Untergrundes und Unterbaues im Straßenbau" (2003), das „Merkblatt über flächendeckende dynamische Verfahren zur Prüfung der Verdichtung im Erdbau" (1993) sowie die „Zusätzlichen Technischen Vertragsbedingungen für Erdarbeiten im Straßenbau" (ZTVE-StB 09), die „Zusätzlichen Technischen Vertragsbedingungen und Richtlinien für die Befestigung ländlicher Wege" (ZTV LW 99) und die „Zusätzlichen Technischen Vertragsbedingungen und Richtlinien für Aufgrabungen in Verkehrsflächen" (ZTVA-StB 12) zu beachten. Die in ZTVE-StB 09 getroffenen Festlegungen können, soweit nicht anderweitig geregelt, auf andere Verdichtungsaufgaben übertragen werden. Die Anforderungen ergeben sich aus Abb. 12.4.

Bei Bodenverdichtungen für die Deutsche Bahn ergeben sich Mindestanforderungen für Planum und Erdplanum nach der Richtlinie „Ril 836 – Erdbauwerke der DB Netz AG, Modul 836.0501" (▶ Abschn. 12.4.2 mit Beispiel Abb. 12.5).

In besonderen Fällen werden Erdbauwerke durch Überschütten (Vorkopfschütten) oder Einspülen hergestellt (Dammbau in Moorgebieten, Deichbau). Ausreichende Verdichtung kann dann durch Überlasten, aber auch durch dynamisch wirkende Tiefenrüttler und Fallplatten erzielt werden. Unkontrolliertes Verdichten findet auch durch das Befahren mit LKWs und Raupen statt.

Für die für den Einbau vorgesehenen Böden, Baustoffe oder Mineralstoffe ist in speziellen Eignungsprüfungen nachzuweisen, dass sie für den vorgesehenen Verwendungszweck geeignet sind (▶ Abschn. 4.2). Eingebaute und verdichtete Böden werden im Rahmen von Eigenüberwachung und Kontrollprüfungen geprüft (ZTVE-StB 09, 1.6).

In Erdbauwerken ist das Schütten und Verdichten lagenweise zu kontrollieren. Hierzu ist der Verdichtungsgrad nachzuweisen.

Dies erfolgt durch Ermitteln der Dichte ρ_d und der Proctordichte ρ_{Pr}.

Auf dem Planum des Erdbauwerkes ist unabhängig von der Dichte die Tragfähigkeit nachzuweisen. Dies erfolgt durch Ermitteln der Verformungsmoduln E_{v1} und E_{v2} im Plattendruckversuch.

In besonderen Ausnahmesituationen kann der Verdichtungsgrad einer Schüttung wie auch die Tragfähigkeit eines Planums durch andere, indirekte Methoden nachgewiesen werden. Voraussetzung hierfür ist eine Kalibrierung der einzusetzenden Messmethode bei vergleichbarer Witterung am gleichen Ort und gleichen Material.

Folgende Prüfverfahren können angewendet werden:

- Ermitteln der Bodenart;
- Ermitteln der Dichte ρ_d und des erreichten Verdichtungsgrades D_{Pr};
- Ermitteln des Verformungsmoduls E_v durch Plattendruckversuche;
- Ermitteln der Einsenkung mit dem Benkelmann-Balken;
- Ermitteln der Tragfähigkeitsverhältnisse im CBR-Versuch;
- Ermitteln des Sondierwiderstandes bei Druck- oder Rammsondierverfahren;
- Ermitteln des Verformungsmoduls E_{vdyn} durch dynamische Plattendruckversuche;
- Ermitteln der Abnahme der Setzungszuwächse der Schichtoberfläche nach jedem Verdichtungsübergang durch Nivellement. Dieses Verfahren kann bei Schüttungen aus grob gebrochenem Festgestein und bei steinreichen Böden angewendet werden. Für Schüttungen aus derart grobstückigem Material steht keine Bezugsdichte zur Verfügung, da definitionsbedingt der im Labor auszuführende Proctorversuch und auch der Plattendruckversuch nicht anwendbar sind;
- dynamisches Messen der Beschleunigungsaufnahme der eingesetzten Arbeitswalze oder speziellen Messwalze (ZTVE-StB 09, 14.2.3; ◘ Abb. 8.22).

Zum Nachweis der erreichten Verdichtung bei Tragschichten ohne Bindemittel (TOB) wurden von Krass (1999) unterschiedliche Verfahren vergleichend getestet. Folgende Ergebnisse sind hervorzuheben:

- Bei den direkten Dichtemessverfahren im Feld hängt die Höhe der Trockendichte vom Prüfverfahren (Ausstechzylinderverfahren, Sandersatzverfahren, Ballonverfahren, Kleister- oder Flüssigkeitsersatzverfahren) ab. Dies hat entscheidenden Einfluss auf den Verdichtungsgrad (▶ Abschn. 1.17). Bei Vergleichsmessungen mit verschiedenen Verfahren ergaben sich Unterschiede im Verdichtungsgrad von bis zu 10 % (Krass 1999).
- Die Streuungen der Ergebnisse indirekter Verfahren (Rammsondierungen, statischer Plattendruckversuch, dynamischer Plattendruckversuch) sind sehr hoch, sodass sich Aussagen, wenn überhaupt, nur mit den arithmetischen Mittelwerten aus mehreren Messungen machen lassen. Ein Zusammenhang zwischen den Zahlenwerten von E_{v1}, E_{v2} und E_{vd} ist nach Krass (1999) nicht zu erkennen. Ein vom Material abhängiger Zusammenhang kann jedoch nicht ausgeschlossen werden.
- Ein Zusammenhang zwischen dem Verdichtungsgrad D_{Pr} und dem Zahlenwert für E_{vd} oder dem Verhältniswert E_{v1}/E_{v2} bzw. E_{v4}/E_{v2} ist nicht zu erkennen. Obwohl in den von Krass (1999) durchgeführten Messreihen die ermittelten Verdichtungsgrade teilweise weit über 103 % lagen, wurden keine Verhältniswerte für E_{v1}/E_{v2} unter 2,2 ermittelt.

8.3.1 Wirkungsweise von Verdichtungsgeräten

Für den Einsatz von Verdichtungsgeräten werden Boden oder Mineralstoffgemisch lagenweise eingebaut und mit einem Verdichtungsgerät verdichtet. Für das Verdichten werden statisch, dynamisch und kombiniert wirkende Verdichtungsgeräte verwendet. Unterschieden wird zwischen leichten, mittelschweren und schweren Verdichtungsgeräten. Je nach verwendeter Geräteart, Verdichtbarkeitsklasse des Auffüllmaterials gemäß ZTVA-StB 97 und geforderter Verdichtung gemäß ZTVE-StB 97 werden bei leichten Geräten Schütthöhen zwischen 10 und 30 cm, bei mittelschweren und schweren Geräten Schütthöhen zwischen 20 und 50 cm eingebaut und mit etwa 3–5 Übergängen verdichtet.

Nach Witt 2009 und Möller 2012 ist bei der Wahl dynamisch wirkender Verdichtungsmaschinen auf mögliche Entmischungseffekte zu achten.

- Für das Verdichten grobkörniger Böden eignen sich demnach Geräte mit Amplituden bis 1,5 mm und Frequenzen von 30 bis 100 Hz.
- Für das Verdichten fein- und gemischtkörniger Böden eignen sich schwere stampfende Geräte mit Amplituden > 1,5 mm und Frequenzen von 8-35 Hz.

8.3.1.1 Statisch wirkende Verdichtungsgeräte

■ Glattwalzen

Das hohe Eigengewicht der Walzen wird über die Aufstandsfläche in den Boden übertragen. Auf lockerem Boden sinkt die Walze tiefer ein als auf verdichtetem Boden. Entsprechend verringert sich mit zunehmender Verdichtung die Aufstandsfläche und erhöht sich die Bodenpressung. Bei konstantem Gewicht der Walze wird mit mehrfacher Überfahrt der Boden einer zunehmend höheren Bodenpressung bis ca. 0,5 MN m^{-2} ausgesetzt. Die Tiefenwirkung ist gering. Bei ungünstiger Wahl von Gewicht, Aufstandsfläche und Antrieb können sich in der oberflächennahen Schicht Auflockerungen durch Abscheren und Grundbruch einstellen, wodurch sich Wellen und Unebenheiten ausbilden.

Glattwalzen werden im Erdbau zum Verdichten von grobkörnigen, feinkörnigen und gemischtkörnigen Böden und vorwiegend zur Nachbehandlung von unebenen oder aufgelockerten Oberflächen eingesetzt (◘ Abb. 8.8a).

■ Schaffußwalzen

Den Bandagen der Schaffußwalze sitzen 15–30 cm lange Stempel auf, welche an ihrem Ende verdickt sind oder konisch spitz zulaufen. Die Aufstandsflächen dieser Schaffüße übernehmen die Last der Walze und übertragen diese direkt in den unteren Teil der zu verdichtenden Schüttlage. Dabei werden sehr hohe

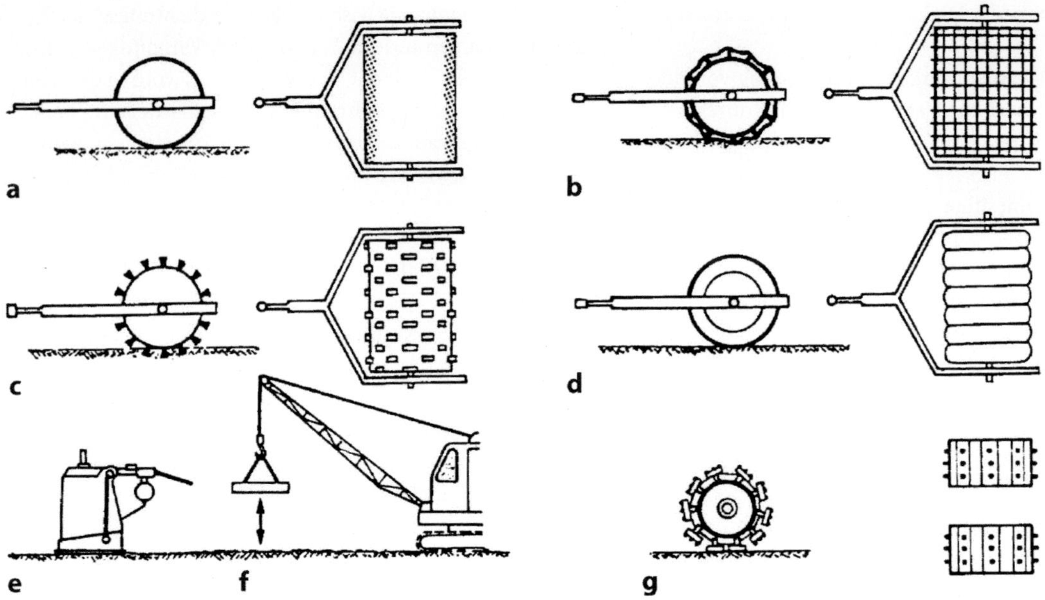

Abb. 8.8 Bodenverdichtungsgeräte für den Erd- und Straßenbau. **a** Glattwalze; **b** Gitterradwalze; **c** Schaffußwalze; **d** Gummiradwalze; **e** Explosionsstampfer; **f** Fallplatte; **g** Gürtelradwalze

Bodenpressungen zwischen 1 und 4 MN m^{-2} erreicht. Das Bodenmaterial wird durchgeknetet und bei mehrfacher Überfahrt von unten nach oben verdichtet. Im verdichteten Untergrund sinkt die Schaffußwalze weniger tief ein.
Eine Oberflächenverdichtung ist nicht möglich.
Schaffußwalzen eignen sich zum Einbau von feinkörnigen und gemischtkörnigen Böden und verdichten diese auch bei Wassergehalten unterhalb des günstigen Wassergehaltes w_{Pr} (Abb. 8.8c).

- **Gitterradwalzen**

Anstelle der glatten Oberfläche der Glattwalze drückt ein Gittergeflecht von Stahlstangen auf den Boden, wodurch sehr hohe Bodenpressungen übertragen werden. Neben dem Verdichten wird gleichzeitig ein Zerkleinern des eingebauten Materials erreicht. Eingesetzt werden diese Walzen bei Sand- und Kiesböden (30 cm Schütthöhe), bei weichem und mürbem Gestein sowie bei steinigen und trockenen feinkörnigen Böden. Die Walze kann bei feuchten feinkörnigen Böden nicht eingesetzt werden (Abb. 8.8b).

- **Gürtelradwalzen**

Bei den Gürtelradwalzen (16–24 t Gewicht) wird ein senkrecht wirkender Druck von 0,25–0,4 MN m^{-2} über an den Walzen befestigte bewegliche Rechteckplatten auf den Boden übertragen. Die Walze rollt über diese Platten auf dem Boden ab. Dadurch werden die bei den Glattwalzen auftretenden Wellen und Risse vermieden. Gürtelradwalzen werden bei gemischtkörnigen und bei feinkörnigen Böden eingesetzt. Bei Schluff und Ton werden Platten mit Höckern und schaffußartigen Stutzen verwendet (Abb. 8.8g).

- **Gummiradwalzen**

Das Gewicht der Walze wird über eine Reihe von nebeneinander gelagerten Gummirädern auf den Untergrund übertragen. Die Lagerung der Gummiräder ist starr oder in der Höheneinstellung beweglich. Die Aufstandsfläche kann durch unterschiedlichen Reifendruck variiert werden (Abb. 8.8d).

Die Verdichtungswirkung der statischen Auflast wird durch die knetenden Walkkräfte der Reifen und die pendelnde Radaufhängung verstärkt.

Die Tiefenwirkung liegt bei den mittelschweren Walzen (8–18 t) bei etwa 20 cm und bei den schweren Walzen (bis über 50 t) bei 40–50 cm. Gummiradwalzen eignen sich zum Verdichten von grobkörnigen, feinkörnigen und gemischtkörnigen Böden.

8.3.1.2 Dynamisch wirkende Verdichtungsgeräte

- **Fallplattenstampfer**

Am Ausleger eines Universalbaggers wird eine meist quadratische Stahlplatte (60–150 cm Kantenlänge, 600–3000 kg schwer) in der Regel bis 2 m über die zu verdichtende Fläche gehoben und fallen gelassen. Die Platte wird nach jedem Schlag um eine halbe Plattenbreite versetzt. Bei durchschnittlich 2 Übergängen wird jede Stelle bis zu viermal getroffen. Die Platte verdichtet Sand- und Kiesböden durch 3–4 Schläge auf ca. 70 cm Tiefe, steinige Böden sowie feinkörnige und gemischtkörnige Böden auf 60 cm Tiefe. Der Arbeitsrhythmus liegt bei 15–20 Schlägen pro Minute. Fallplatten können wegen der auftretenden starken Erschütterungen nicht in unmittelbarer Nachbarschaft von Bauwerken eingesetzt werden (Abb. 8.8f).

- **Explosionsstampfer**

Die Explosionsstampfer werden durch den vom Kolben ausgeübten Explosionsdruck bis 40 cm hoch gehoben und dabei bis 15 cm weit nach vorn bewegt (Frosch). Es werden 30–50 Sprünge pro Minute ausgeführt. Der Durchmesser der runden Stampffläche liegt bei kleinen Geräten (500 kg) bei 70 cm und bei schweren Geräten (bis 1200 kg) bei 90 cm. Die Verdichtung erfolgt durch den Druck beim Abstoß und beim Aufprall sowie durch Kornumlagerung infolge der Erschütterung.

Explosionsstampfer eignen sich zum Verdichten von feinkörnigen, grobkörnigen und gemischtkörnigen Bodenarten. Die Tiefenwirkung reicht mit 3–5 Übergängen bei Sand und Kies 40–50 cm, bei Schluff und Ton 30–40 cm tief. Eingesetzt werden sie in kleinen Baugruben und Gräben (Abb. 8.8e).

- **Schnellschlagstampfer**

Bei diesen Geräten übt der Motor über eine rotierende Exzenterscheibe 200–600 Schläge pro Minute über die Grundplatte auf den Boden aus. Die Platte hebt sich bei jedem Schlag einige Zentimeter vom Boden ab. Schnellschlagstampfer sind zum Verdichten von Sanden und Kiesen geeignet, wobei sie im resonanznahen Bereich des Bodens besonders wirksam sind. Die Geräte werden bei räumlich engbegrenzten Verdichtungsaufgaben, so beim Verdichten von Grabenfüllungen, eingesetzt.

- **Vibrations-Bodenverdichtungs-Platten (Rüttelplatten, Flächenrüttler)**

Vibrations-Bodenverdichtungs-Platten werden mit Gewichten zwischen 30 und 3000 kg gebaut. Die Grundplatte (0,1–1,4 m^2) wird vom Motor in Vibration versetzt, wobei die Frequenz bei leichten Rüttlern zwischen 50 und 150 Hz, bei schweren Rüttlern zwischen 10 und 50 Hz regelbar ist. Der Rüttler wird auf die Eigenfrequenz des Bodens eingestellt, bei deren Erreichen das Gerät am weitesten vom Boden abhebt (1–2 cm). Die Flächenrüttler eignen sich besonders für Sand- und Kiesböden. Schwachlehmige Sande und Kiese können nur dann verdichtet werden, wenn ihre Tragfähigkeit in erster Linie auf der Kornreibung und nicht auf der Kohäsion beruht. Für feinkörnige und gemischtkörnige Böden sind Rüttelplatten nicht geeignet, da sie in diesen eine zu geringe Tiefenwirkung haben. Die Tiefenwirkung reicht bei Sanden und Kiesen zwischen 30 und 50 cm tief, wobei die oberen 10 cm weniger gut verdichtet werden.

Der Einsatz schwerer Vibrations-Verdichtungs-Platten kann bei ungünstiger Schichtlagerung (z. B. Übertragen der Schwingungen im oberflächennahen Fels) zu Schäden in benachbarten Häusern führen.

- **Vibrationswalzen**

Vibrationswalzen verdichten den Boden statisch durch ihre Auflast und dynamisch durch die Vibration der Walze und durch den damit erzeugten Rütteleffekt im Boden. Die maßgebenden Parameter für den dynamischen Effekt sind dementsprechend Frequenz und Amplitude der eingetragenen Welle sowie die Geschwindigkeit des Walzvorganges.

Die Frequenz der Walze ist konstant oder regelbar. Der angewendete Vibrationsbereich liegt zwischen 25 und 60 Hz. Geräte mit einem Zweistufenvibrator erregen den Walzenkörper in zwei Frequenzbereichen mit verschiedenen Amplituden. Dabei wird die höhere Frequenz mit kleiner Amplitude für die Oberflächenverdichtung und die niedrigere Frequenz mit größerer Amplitude für die Tiefenverdichtung empfohlen.

Vibrationswalzen sind als Glattwalzen und als Schaffußwalzen (Stampffuß-Vibrationswalzen) im Einsatz, häufig mit austauschbarer Bandage.

Glattwalzen mit Vibrationsvorrichtung werden zum Verdichten von grobkörnigen Böden und gebrochenem Gestein eingesetzt. Dabei können leichte Anhänge-Vibrationswalzen (2–4 t) Sand- und Kiesböden in Schüttlagen bis 50 cm Stärke verdichten. Schwere Anhänge-Vibrationswalzen (über 8 t) lassen Schütthöhen bis zu 1 m und mehr zu.

Als Schaffuß-Vibrationswalze eignen sie sich für grob-, fein- und gemischtkörnige Bodenarten sowie für gebrochenes Gestein, besonders für veränderlich festes Ton- und Mergelgestein.

Bei ungünstiger Schichtlagerung kann der Einsatz von Vibrationswalzen in benachbarten Bauwerken zu Schäden führen.

8.3.2 Verbessern der Einbaueigenschaften von Erdbaustoffen

Wenn die als Baustoff vorgesehenen Erd- oder Gesteinsmassen für den Einbau nicht geeignet sind (▶ Abschn. 4.2), können deren physikalischen Eigenschaften verbessert werden. Folgende Maßnahmen bieten sich an:

- *Abtrocknen feinkörniger und gemischtkörniger Böden*
  Zu nasse feinkörnige Böden sind nicht verdichtungsfähig. Das Bodenmaterial muss seitlich gelagert, aufgelockert, belüftet und gegebenenfalls mit Planen abgedeckt werden. Abtrocknen kann nur bei trockenem Wetter erfolgen. Dabei ist die optimale Feuchte w_{Pr} anzustreben (▶ Abschn. 4.2.1).
- *Zumischen von Grobkorn*
  Zu nasse feinkörnige und gemischtkörnige Böden können durch Zumischen von Grobkorn in den Bereich des optimalen Wassergehaltes w_{Pr} gebracht werden (▶ Abschn. 4.2.2).
- *Aufbau einer abgestimmten Kornverteilung durch Zugabe von Körnungen*
  Gleichförmige grobkörnige Böden (SE, GE) haben schlechte Verdichtungseigenschaften. Durch Zugabe der „Fehlkörnung" kann eine der Fuller-Parabel angenäherte Ungleichförmigkeit mit guten Verdichtungseigenschaften angestrebt werden (▶ Abschn. 4.2.3). Verschlammen ist zu vermeiden.
- *Zertrümmern großer Felsblöcke*
  Schüttungen aus gebrochenem Festgestein, die große Gesteinsstücke enthalten, lassen sich kaum oder gar nicht verdichten. Das Material ist vor oder während des Einbaus zu zertrümmern. Dabei wird eine geeignete Kornabstufung angestrebt. Schüttungen aus veränderlich festem Gestein müssen weitgehend hohlraumfrei eingebaut werden und erfordern intensives Zertrümmern der Blöcke (▶ Abschn. 4.2.4).
- *Zugabe von Chemikalien*
  Zum Verbessern der Einbaueigenschaften und zum Stabilisieren von Erdbauwerken kann der Boden mit unterschiedlich wirkenden Chemikalien behandelt werden. Durch die Zugabe von Salz, Gips oder Kalk und anderen mineralischen Stoffen können dem Boden Kationen (Na^+, Ca^{2+} u. a.) zugeführt werden. Veränderungen in der chemischen Zusammensetzung des Porenwassers beeinflussen über Wertigkeit, Radius und Menge der Ionen den Umfang der elektrischen Doppelschicht um Tonmineralteilchen und damit die bodenmechanischen Kenngrößen feinkörniger Böden. Stark solvatisierte Kationen (Na^+, K^+) auf Austauschpositionen der Tonminerale vergrößern die Doppelschicht, hohe Porenwasserkonzentrationen drängen sie zurück. Durch Natriumbelegung verschieben sich die bodenmechanischen Eigenschaften in Richtung nasser feinkörniger Boden (Martin 1992).

Calciumbelegung bewirkt Krümelbildung und scheinbares Abtrocknen. Chlorid (Cl^-) hat einen nur geringen Einfluss auf feinkörnige Böden. Sulfationen werden bevorzugt an den Kanten der Tonmineralpartikel gebunden und wirken dispergierend. Dementsprechend kann saurer Regen bodenmechanische Eigenschaften beeinflussen. Eine ausführliche Besprechung der bestehenden Literatur gibt Martin (1992). Bei sehr hohen Zugaben von Salz, Gips, Anhydrit u. a. sind auch Verfestigungen möglich (Salzstraßen in Wüstengebieten).

- *Zugabe von organischen Chemikalien*
  Durch Zugabe bestimmter organischer Chemikalien können bei Tonmineralen hydrophile Zwischenschichten mit organischen Kationen belegt werden. Der Boden reagiert dann hydrophob (wasserabweisend) und organophil. Er ist nicht mehr quellfähig. Für den Deponiebau sind unter dem Oberbegriff „Organobentonite" modifizierte Bentonite im Handel, welche ein breites Adsorptionsspektrum gegenüber organischen Verbindungen und Schwermetallen aufweisen (Fiechter 1996).
  In den sechziger und siebziger Jahren wurden besonders im US-amerikanischen Straßenbau organische Stoffe (z. T. hochgiftig!) zu Zwecken der Bodenverbesserung eingesetzt. Die behandelten Böden verloren (vorübergehend) ihre Quellfähigkeit. Auch Lacke und lackähnliche Stoffe wurden zum Stabilisieren von Straßen und Erdbauwerken eingesetzt.
- *Zugabe von Bindemitteln*
  Dem Boden können Bindemittel zugegeben werden, durch deren Abbinden (Auskristallisation, Erhärten) im Boden-Bindemittel-Gemisch eine mineralische Bindung oder eine Verkittung aufgebaut wird. Dabei können bei Zugabe bestimmter Bindemittel vor dem AbbindeProzess chemisch-physikalische Prozesse ablaufen, die die Einbaufähigkeit des Boden-Bindemittel-Gemisches verbessern. An die mit Kalk, Kalkhydrat, Zement oder Bitumen behandelten Böden oder Baustoffe sind vom Gesetzgeber bestimmte Anforderungen gestellt (▶ Abschn. 8.4 und 8.5). Andere im Erdbau verwendete Bindemittel waren und sind Öl, Bitumen, Teer, Harze und Wasserglas.
- *Zugabe von Bindemitteln und Puzzolanen*
  Puzzolane sind hydraulisch wirkende Zusätze, die allein mit Wasser kein Bindemittel bilden, die aber, wenn sie einem Luftkalkmörtel zugesetzt werden, diesem hydraulische Eigenschaften verleihen. Diese latente hydraulische Bindekraft beruht auf reaktionsfähiger Kieselsäure. Diese wird erst durch die Reaktion mit dem vom Kalk oder Zement stammenden Calciumoxid (CaO) oder Calciumhydroxid ($Ca(OH)_2$) wirksam und bildet wasserunlösliches Calciumsilikat und Calciumsilikathydrat, also dem Zement ähnliche mineralische Bindungen.
  Natürlicher Boden kann derartige Bestandteile (Hydraulefaktoren) von Natur aus in unterschiedlicher Menge enthalten. Entsprechend verursacht die Zugabe von Kalk, Kalkhydrat oder Zement (in geringen Mengen) bei verschiedenen Böden unterschiedliche Wirkung. Auch die beim Behandeln von Boden eingesetzten Baustoffe Kalk, Kalkhydrat oder Zement können aufgrund der Eigenschaft der beim Herstellungsprozess eingesetzten Rohstoffe Hydraulefaktoren in unterschiedlichem Maß aufweisen.
  Natürliche Puzzolane sind spezielle vulkanische Tuffe, die gemahlen in den Handel kommen, z. B. Puzzolan- oder Santorinerde, rheinischer Trass (Laacher See und Neuwieder Becken) und bayerischer Trass (Suevit-Trass aus dem Nördlinger Ries).
  Künstliche Puzzolane sind Hüttensand (im Wasser schnell abgekühlte Hochofenschlacke), Ziegelmehl, Steinkohleflugasche und Tonerdesilikate, welche bei der Alaun- und Aluminiumherstellung anfallen.
  Eine ähnliche Wirkung wie reaktionsfähige Kieselsäure hat Eiweiß. Im Mittelalter wurde Mörtel mit Milch, Molke, Quark, Eiern und auch Blut angerührt. Der Mörtel wurde dadurch wasserbeständig und verfestigte schneller, letzteres auch wegen der eingeleiteten Carbonatisierung.

8.4 Bodenverbesserung und Bodenverfestigung mit Bindemitteln

Das Ziel der Bodenverbesserung und Bodenverfestigung (Bodenbehandlung) besteht darin, die Eigenschaften der Böden, die von Natur aus nicht einbaufähig und nicht tragfähig sind oder die durch Witterung und Verkehr aufgelockert werden, durch Zugabe definierter Bindemittel günstig zu beeinflussen. Durch Methoden der Bodenverbesserung und Bodenverfestigung können Erdmassen für den Einbau in Erdbauwerke verwendet werden, die ohne Behandlung als unbrauchbare Massen zu deponieren wären. Diese Verfahren dienen auch der Schonung natürlicher Ressourcen an Kies, Sand und Steinen. Mit Boden-Bindemittel-Gemischen lassen sich Tragfähigkeit und Scherfestigkeit der eingebauten Lagen (bzw. des Planums) dauerhaft erhöhen und deren Kompaktion/Zusammendrücken (und damit das Setzungsverhalten im Erdbauwerk) mindern. Die „Zusätzlichen Technischen Richtlinien für Erdarbeiten im Straßenbau" (ZTVE-StB 09) und das „Merkblatt für Bodenverfestigung und Bodenverbesserung mit Bindemitteln" (Forschungsgesellschaft für Straßen- und Verkehrswesen) sind zu beachten.

Für Bodenbehandlungen mit Bindemitteln eignen sich

- grobkörnige, feinkörnige und gemischtkörnige Böden.

Weniger oder nur bedingt geeignet sind

- ausgeprägt plastische Tone,
- Böden mit Steinen,
- Böden mit organischen Beimengungen,
- organogene Böden,
- Schüttmassen aus veränderlich festen Gesteinen. Voraussetzung für deren bedingte Eignung ist, dass diese sich ausreichend zerkleinern lassen bzw. dass Steine und Blöcke sich auslesen lassen.

Ungeeignet sind

- Schüttgut/Haufwerk aus veränderlich festen Gesteinen, welches sich nicht zerkleinern lässt,
- organische Böden. Über Eignung und möglichen Anwendungsbereich der Bindemittel Kalk, Zement und Misch-

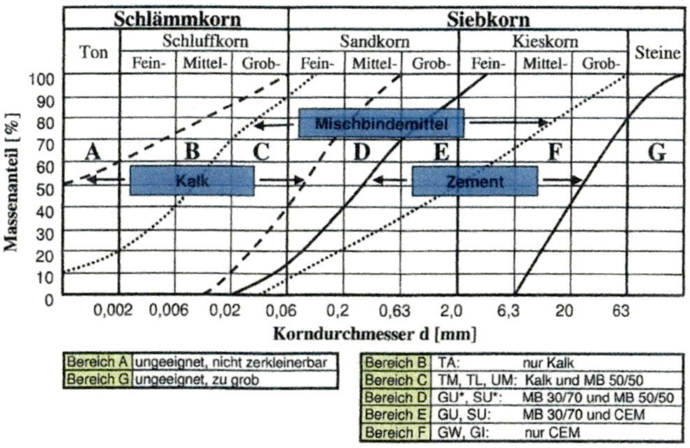

Abb. 8.9 Eignung der Bindemittel für die Bodenbehandlung. (Kuhl 2007)

bindemittel bezogen auf die Bodenart des einzubauenden Erdmaterials berichtet Kuhl (2007) (Abb. 8.9).

Bodenverbesserungen mit Bindemitteln

Bodenverbesserungen mit Bindemitteln sind Verfahren zur (schnell) erreichbaren Verbesserung der Einbaufähigkeit und Verdichtbarkeit von Böden sowie zur Erleichterung der Bauarbeiten. Das Verfahren wird bei nicht einbaufähigem, nassem feinkörnigem Schüttmaterial und bei entsprechenden Böden im Untergrund angewendet. Nasse feinkörnige und gemischtkörnige Böden lassen sich nicht verdichten. Durch Zugabe von Kalk, Kalkhydrat, Zement (und evtl. anderen chemischen Zusatzstoffen) werden die bodenphysikalischen Eigenschaften wie Kornaufbau (Krümelstruktur!), Wassergehalt, Plastizität, Quellvermögen, Durchlässigkeit, Scherfestigkeit (Rauigkeit, Reibung) und Verdichtbarkeit so verändert, dass das verbesserte Bodenmaterial einbaufähig wird bzw. als (verbesserter) Untergrund geeignet ist. Die physikalischen Veränderungen im Boden beruhen auf Veränderungen bei der Ionenbelegung von Tonmineralen, der chemischen Bindung von Wasser, dem mineralischen Abbinden zugegebener Bindemittel und der beginnenden Neubildung und Auskristallisation neuer Mineralarten. Die bodenverbessernde Wirkung der Bodenbehandlung tritt zu wesentlichen Teilen vor dem Verdichten des Bodens ein. Nach dem Verdichten ablaufende Reaktionen bauen im Erdbauwerk (z. B. Planum) zusätzlich eine mineralische Bindung auf. Solche Vorgänge sind bezüglich der Anforderung an den behandelten Boden zwischen Bodenverbesserung und Bodenverfestigung einzustufen.

Die Anforderungen an Bodenverbesserungen sind in ZTVE-StB 09 und Ril 836 enthalten und entsprechen den für unbehandelten Boden geforderten Werten (Abb. 12.4 und 12.5).

Qualifizierte Bodenverbesserung

Es sind nach ZTVE-StB, Pos. 12.4.3 Bodenverbesserungen mit erhöhten Anforderungen an das Tragverhalten der eingebauten Lagen bzw. Planum und/oder an die Verringerung der Frostempfindlichkeit. Dies erfordert nach Kuhl (2007) bei qualifizierter Bodenverbesserung des Planums mit gewünschter Verringerung der Frostempfindlichkeit von F3 zu F2 die Bindemittelmenge so zu bemessen, dass nach der Lagerung von 28 Tagen die einaxiale Druckfestigkeit ≥ 0,5 N mm^{-2} beträgt (Prüfung nach TP BF-StB, Teil B 11.5). Alternativ kann der CBR-Wert (California Bearing Ratio-Versuch, DIN EN 13286-47, TP BF-StB, Teil B 7.1) zum Überprüfen gewählt werden. Dieser muss nach der Lagerung von 28 Tagen ≥ 40 % sein. Die Bindemittelmenge darf 3 M-% nicht unterschreiten.

Bodenverfestigungen mit Bindemitteln

Bodenverfestigungen sind Verfahren, bei denen die Widerstandsfähigkeit von Böden gegen Beanspruchung durch Verkehr und Klima dauerhaft erhöht wird. Der Boden wird tragfähig, wasserunempfindlich und frostbeständig. Je nach Bodenart und Klima werden dem Boden hydraulische Bindemittel (Kalk, Kalkhydrat, hydraulischer Kalk, Zement) beigemischt. Da durch die Beimischung und durch hieran anschließende chemische Reaktionen und Auskristallisationen neue mineralische Bindungen entstehen, wird die Kohäsion und damit die Scherfestigkeit im Boden erhöht.

Die bodenverfestigende Wirkung der Bodenbehandlung tritt nach dem Verdichten des Bodens ein.

Die Anforderungen an Bodenverfestigungen sind in ZTVE-StB und ZTVT-StB genannt. Sie betreffen Druckfestigkeit (6 N mm^{-2} nach 28 Tagen) und Frostwiderstand, wobei der Frostwiderstand nach dem Willen des Gesetzgebers auch dann nachzuweisen ist, wenn der eingebaute verfestigte Boden dem Frost nicht ausgesetzt ist.

Bodenbehandlung

Bodenbehandlung ist der Überbegriff für Verfahren, bei denen Böden durch die Zugabe von Bindemitteln in ihren physikalischen Eigenschaften so verändert werden, dass die im speziellen Fall für eine Bodenverbesserung oder eine Bodenverfestigung geforderten Eigenschaften erreicht werden. Der zu bearbeitende Boden muss vor der Bindemittelzugabe aufgelockert und zerkrümelt werden. 80 % der Bodenklumpen sollen kleiner als 8 mm sein. Bei Bodenverfestigung mit Zement begünstigt eine Vorbehandlung mit Kalk das Erreichen einer feinen Krümelstruktur.

Bei der Bodenverbesserung bzw. -verfestigung werden nach dem Mischvorgang zwei Verfahren unterschieden:

- *Baumischverfahren* (*Ortmischverfahren, „mixed in place"*)
  Der für die Erdarbeiten vorbereitete Boden wird aufgerissen, zerkleinert, soweit erforderlich angefeuchtet und nach Erreichen einer gleichmäßigen Durchfeuchtung und Zerkleinerung mit dem Bindemittel vermischt. Das Bindemittel wird maschinell gleichmäßig verteilt und eingemischt. Anschließend wird das Boden-Bindemittel-Gemisch verdichtet.
  Auf die mit Bindemittel eingebaute und verdichtete Lage wird im Falle eines mehrlagigen Aufbaus eine zu verbessernde Schicht des natürlichen Bodenmaterials in gleichmäßiger Schichtdicke unter Berücksichtigung der sich beim Einmischen des Bindemittels und eventueller Zusatzstoffe ergebenden Höhe, der Arbeitstiefe des eingesetzten Gerätes und der Höhe des herzustellenden Profils aufgetragen.
  Diese Schicht wird dann ebenfalls aufgelockert, angefeuchtet, mit Bindemittel vermischt und verdichtet.
- *Zentralmischverfahren*
  Der zu verfestigende Boden wird mit dem Bindemittel, eventuellen Zusatzstoffen und Wasser in einer Mischanlage gemischt. Das fertige Boden-Bindemittel-Gemisch wird zur

Einbaustelle transportiert und dort gleichmäßig eingebaut und verdichtet.

Das Verdichten des Boden-Bindemittel-Gemisches und die Endplanie müssen beendet sein, bevor das Abbinden des Bindemittels beginnt (bei Zement etwa 3 h). Nach Fertigstellung der Planie soll die eingebaute Schicht gegen Austrocknen geschützt werden. Dies geschieht durch das Aufbringen der nächsten Schicht oder durch Übersprühen mit Bitumenemulsion.

- **Kalk und Kalkprodukte**

Zum Herstellen von Kalk wird Kalkstein, dolomitischer Kalkstein, Kalkmergelstein oder Kalkmergelstein mit Beimengungen von Quarz gebrannt. In Abhängigkeit von Tongehalt, Magnesiumgehalt, Brenntemperatur und Kornfeinheit werden verschiedene Baukalkarten als Handelsform unterschieden. Die Güteanforderung ist in DIN EN 459-1 (Baukalk) und DIN EN 14227-15 (hydraulisch gebundene Gemische) geregelt. Folgende Begriffe sind im Gebrauch:

- *Kalk*
  Sammelbezeichnung für die aus Kalkstein durch industrielle Veredelungsprozesse (Brennen, Löschen) gewonnenen Produkte.
- *Kalkbrennen*
  $CaCO_3 + 18{,}2\,J \longrightarrow CaO + CO_2$
- *Branntkalk, gebrannter Kalk*
  CaO mit MgO
- *Kalkhydrat, gelöschter Kalk*
  $Ca(OH)_2$; $Ca(OH)_2 \cdot MgO$; $Ca(OH)_2 \cdot Mg(OH)_2$
- *fette Kalke*
  werden aus reinen Kalksteinen gebrannt.
- *magere Kalke*
  enthalten 5 % und mehr Tonanteile.
- *hydraulische Kalke*
  Bei 1000 °C gebrannte Kalkmergel mit 8–20 % Ton. Verschiedene Zusammensetzungen sind möglich: CaO; MgO; $CaOAl_2O_3$; $CaOFe_2O_3$; $CaOSiO_2$
- *hydraulisches Erhärten*
  Hydraulische Kalke und Zement erhärten bei Zutritt von Wasser an der Luft und unter Wasser.
- *puzzolanisches Erhärten*
  Einige natürliche und künstliche Erdstoffe (vulkanische Aschen, Tuff, Trass, Flugaschen) reagieren mit Kalk stärker als andere Bodenarten (Ton) und werden als „Puzzolane“ dem Boden beigemischt.
- *Kalkbrei, Kalkmilch*
  Typisches Mischungsverhältnis ist 907 kg Kalk und 1,9 m^3 Wasser. Dies ergibt 2,3 m^3 Brei mit 31 % Kalkfeststoffgehalt. Diese Mischung lässt sich als Milch versprühen.

8.4.1 Chemische Wirkung des Kalkes in Böden

Kalke in Form von Branntkalk, Kalkhydrat oder hydraulischem Kalk rufen in Böden Sofort- und Langzeitreaktionen hervor. In Abhängigkeit von der Bodenart wird je nach Anwendungszweck durch die Wahl der Kalkart und Kalkmenge die Sofortreaktion als Bodenverbesserung oder die Langzeitreaktion als Bodenverfestigung in den Vordergrund treten. Sofortreaktionen nach Einbringen des Kalkes in den Boden sind Ionenaustausch am Tonmineral und das Löschen des Branntkalkes. Dies führt zur Verringerung von Wassergehalt und Plastizität und zur Verbesserung der Einbaufähigkeit. Die Langzeitreaktionen betreffen das Erhärten des Boden-Kalk-Gemisches in Form des hydraulischen Erhärtens (Puzzolan-Reaktion) und der Carbonatisierung. Zu den Sofort- und Langzeitreaktionen ist im Einzelnen folgendes auszuführen: Die Wirkung des Kalkes im Boden ist abhängig von der Mineralart der Körner und besonders von der Korngröße und Korngrößenverteilung. Den möglichen Anwendungsbereich zeigt ◘ Abb. 8.10.

- **Ionenaustausch**

An der Oberfläche der Tonminerale findet ein Ionenaustausch statt. Es wird Calcium angereichert. Die Alkaliionen werden freigesetzt. Durch die genannte Reaktion ändert sich die Anzahl der freien elektrischen Ladungseinheiten auf der Oberfläche der Tonteilchen. Die Tonteilchen ziehen sich gegenseitig stärker an, der Boden wird krümelig. Die Plastizität nimmt ab, der optimale Wassergehalt nimmt zu. Diese Reaktion beginnt sofort beim Zumischen und dauert einige Tage an.

- **Löschen des Kalkes**

Wird nassem Boden Branntkalk zugemischt, so findet folgende Reaktion statt:

$$CaO + H_2O \longrightarrow Ca(OH)_2 + 64{,}9\,J.$$

Dabei wird ein Teil des Bodenwassers chemisch gebunden, ein weiterer Teil wird durch die Prozesswärme freigesetzt. Durch Zugabe von 1 Gew.-% Branntkalk wird der Wassergehalt eines Bodens um 1–2 % erniedrigt. Ionenaustausch und Löschen des Kalkes bewirken die gewünschte Bodenverbesserung. Kalk und besonders Branntkalk eignet sich zur Verbesserung fein- und gemischtkörniger Böden sowie feinkörniger Böden mit organischen Beimengungen.

- **Hydraulisches Verfestigen und Erhärten**

Das dem Boden zugeführte Kalkhydrat ($Ca(OH)_2$) dissoziiert im Bodenwasser und reagiert mit verschiedenen Bodenmineralen unter Bildung neuer Hydratphasen. Dabei reagieren Alumosilikate mit Kalk zu Calciumsilikat und Calciumaluminiumhydrat. Die Bodenteilchen werden in einem Gelstadium verkittet. Aus dem Gel kristallisieren allmählich kleine Kristalle („Neolithe“) aus. Folgende Verbindungen können sich bilden:

$$CaOSiO_2 \cdot H_2O;\ CaOAl_2O_3 \cdot H_2O;\ CaOFe_2O_3 \cdot H_2O.$$

Eine Vielfalt von Hydratformen ist möglich. Durch Zugabe von Kalk im tonigen Boden wird diese Reaktion in Gang gesetzt. Beim Fehlen von reaktionsfähigen Mineralen im Boden kann Flugasche oder Trass hinzugegeben werden. Beim Verwenden von hydraulischem Kalk sind im Kalk bereits Tonanteile enthalten, die nach Zugabe von Wasser mit dem Kalkanteil reagieren (Hydraulefaktoren).

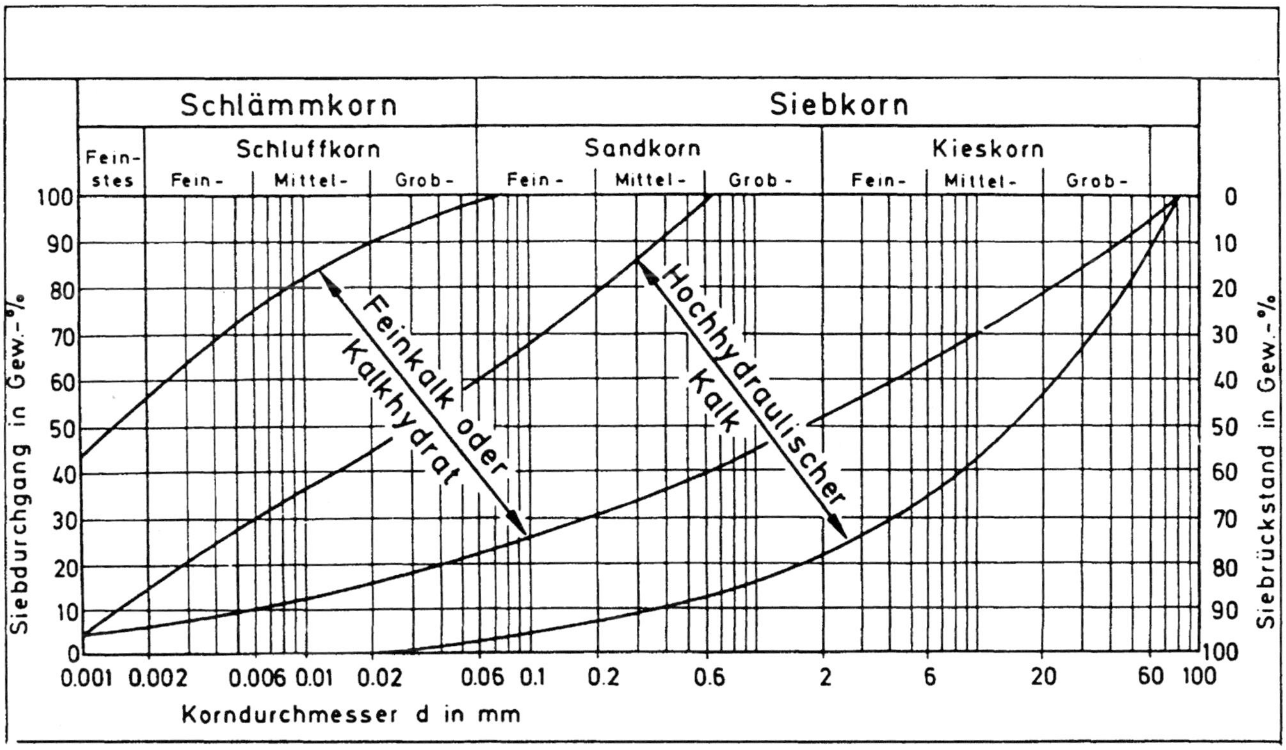

Abb. 8.10 Bereiche der Korngrößenverteilung für Bodenverbesserung und Bodenverfestigung mit Kalk. (Bundesverband der Deutschen Kalkindustrie)

Hydraulischer Kalk bindet wie Zement sowohl an der Luft als auch unter Wasser ab und eignet sich dadurch auch zum Verfestigen grobkörniger Böden.

- **Carbonatisierung**

Das Kalkhydrat reagiert im Boden mit dem CO_2 der Bodenluft und/oder des Bodenwassers unter Bildung von Calciumcarbonat:

$$Ca(OH)_2 + H_2CO_3 \longrightarrow CaCO_3 + H_2O.$$

Dieser Vorgang beansprucht sehr lange Zeit, seine Dauer hängt entscheidend von der Zufuhr der Kohlensäure ab. Der Vorgang trägt zur Verfestigung und Erhärtung bei.

Hydraulischer Kalk eignet sich zum Verfestigen feinkörniger, gemischtkörniger und grobkörniger Bodenarten sowie von Böden mit organischen Beimengungen.

8.4.2 Physikalische Wirkung des Kalkes in Böden

- **Wassergehalt**

Durch die Zugabe von Kalk in Form von Kalkhydrat oder Branntkalk wird Wasser chemisch gebunden und somit der Wassergehalt des Bodens erniedrigt. Die Wasserbindung des Kalkes geschieht in der Gelphase und ist begrenzt. Bei trockenem Wetter und guter Bodendurchlüftung reduziert sich der Wassergehalt um 4–7 %. Eine weitere Zugabe von Kalkhydrat bringt keine Verbesserung. Durch Zugabe von Kalkhydrat und/oder Branntkalk kann so im Boden ein günstiger Wassergehalt bei nur geringem Aufwand erreicht und das Boden-Kalk-Gemisch anforderungsgemäß verdichtet werden.

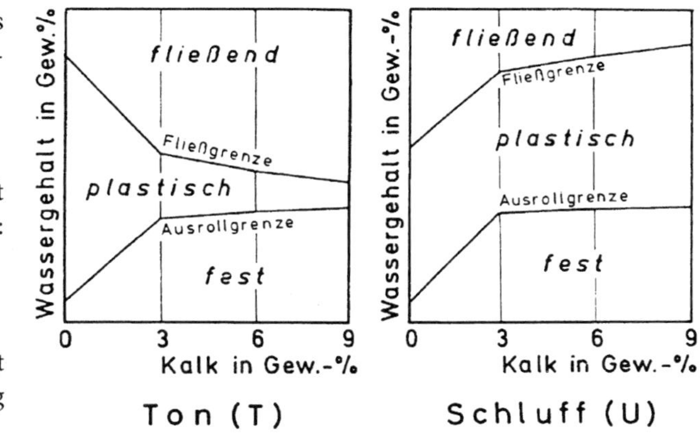

Abb. 8.11 Veränderung der Plastizität in Ton- und Schluffböden bei der Zugabe von Kalk. (Bundesverband der Deutschen Kalkindustrie)

- **Plastizitätseigenschaften**

Die Zugabe von Kalk bewirkt bei feinkörnigen Böden, und hierin besonders bei den Tonmineralen, eine Änderung der plastischen Eigenschaften (Abb. 8.11). Dabei wird

- die Ausrollgrenze w_P erhöht,
- die Plastizitätszahl I_P vermindert,
- die Fließgrenze w_L bei Ton verringert, bei Schluff erhöht.

Außerdem wird durch das Erniedrigen des Wassergehaltes die Konsistenz des Bodens verändert.

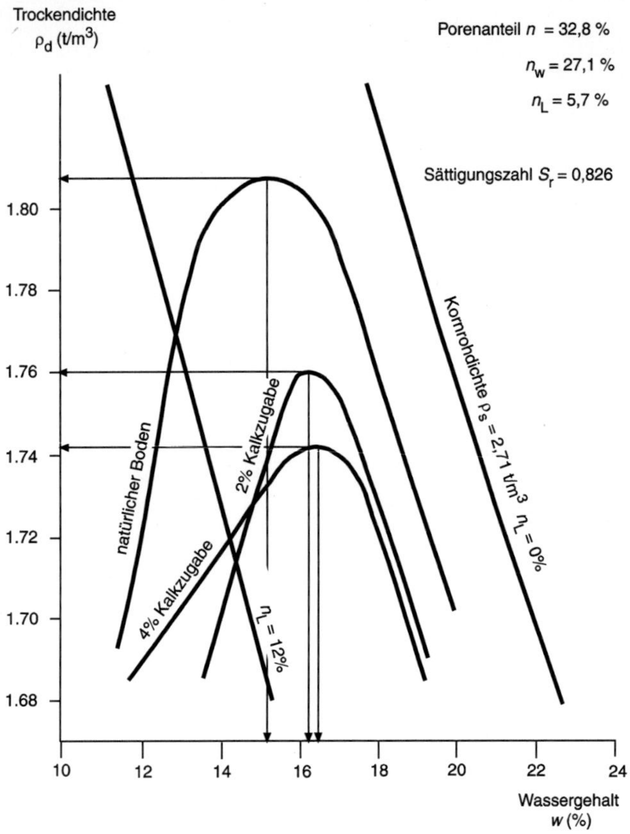

Abb. 8.12 Proctorkurven für feinkörnigen Boden mit und ohne Kalkzugabe und Veränderung der Verdichtungseigenschaften. Der natürliche Boden ist im nassen Zustand ($w_n \gg w_{Pr}$) schlecht verdichtbar. Die für das Verdichten des natürlichen Bodens erforderlichen Bodenkenngrößen sind $\rho_{Pr} = 1{,}875\ t\ m^{-3}$ und $w_{Pr} = 15{,}1\ \%$. Durch Zugabe von Kalk verringert sich die Proctordichte ($\rho_{Pr2\%} = 1{,}760\ t\ m^{-3}$, $\rho_{Pr4\%} = 1{,}742\ t\ m^{-3}$) und erhöht sich der optimale Wassergehalt ($w_{Pr2\%} = 16{,}2\ \%$, $w_{Pr4\%} = 16{,}5\ \%$). Zusätzlich werden Teile des Wassergehaltes durch den zugegebenen Kalk chemisch gebunden

- **Verdichtungseigenschaften**

Durch die Zugabe von Kalk wird die im Proctorversuch erreichbare maximale Dichte erniedrigt. Ein ohne Kalkzugabe verdichteter Boden (mit Wassergehalt w_{Pr}) besitzt bei gleicher Verdichtungsenergie eine höhere Trockendichte ρ_{Pr} als ein gleicher Boden ohne Kalkzugabe (Abb. 8.12).

- **Scherfestigkeit**

Durch die Kalkzugabe werden Kohäsion und Winkel der inneren Reibung erhöht.

- **Korngrößenverteilung**

Durch die Zugabe von Kalk bilden die Tonminerale Kornagglomerate bis zur Korngröße der Sandfraktion. Es entsteht ein grobkrümeliges Boden-Kalk-Gemisch.

- **Quellvermögen**

Durch die Zugabe von Kalk wird das Quellvermögen der Tonminerale verringert. Das Boden-Kalk-Gemisch wird volumenbeständig.

- **Festigkeitseigenschaften**

Durch die Zugabe von Kalk werden Scherfestigkeit, Druckfestigkeit und Zugfestigkeit erhöht. Die erzielten Festigkeiten sind abhängig von Kalkart, Kalkmenge, Bodenart, Verdichtung und Erhärtung in Funktion von der Zeit.

Mit der Verfestigung verbunden ist eine Erhöhung der Witterungsbeständigkeit und eine Verringerung der Frostempfindlichkeit. Die erhöhten Festigkeitseigenschaften erhält der Boden erst nach einer längeren Reaktionszeit. Frost am Anfang der Erhärtung führt zu starkem Festigkeitsabfall. In diesem Stadium ist auch noch die Bildung von Eislinsen möglich.

8.4.3 Zement und Reaktionen von Zement beim Abbinden

Zemente sind hydraulische Bindemittel, die bei Zutritt von Wasser erhärten. Die Güteanforderung ist in DIN EN 197-1 geregelt. Im Handel sind normal erhärtende Zemente, schnell erhärtende Zemente und speziell für Bodenbehandlungen entwickelte hydrophobierte („wasserabweisende") Zemente. Hydrophobierte Zemente (z. B. Handelsbezeichnung „Pectracrete") reagieren verzögert und sind im Verfestigungsvorgang weitgehend witterungsunabhängig. Beim Erhärten von Boden-Zement-Gemischen entsteht eine Art Magerbeton mit Druckfestigkeiten zwischen 2 und 7,5, maximal 12,5 $N\ t\ mm^{-2}$. Derart behandelte Böden sind im Vergleich zum Ausgangsmaterial stabil gegen Verformen bei Einwirken von Wasser, Frost und Verkehrslasten. „Bodenverfestigung" mit Zement wird eingesetzt, wenn zusätzlich zum Verdichten natürlicher Böden konstruktive Anforderungen an das eingebaute Erdreich gestellt werden (BetonMarketing 2007). Dies kann sein

- Erhöhen der Scherfestigkeit im Boden (Abb. 8.13),
- Erhöhen der Kohäsion im Boden,
- Erhöhen der Standsicherheit von Bauwerken,
- Reduzieren des Erddruckes hinter Stützmauern,
- Erhöhen der Tragfähigkeit des Bodens,
- Erhöhen der Tragfähigkeit von Verkehrsflächen,
- Vermindern/Verhindern von Setzungsunterschieden und Verformungen,
- Erhöhen des Widerstandes eingebauter Böden gegen Erosion,
- Vermeiden von Ausspülen und Auskolken von Boden,
- Vermeiden von Unterspülen von Bauwerken.

Außerdem wird Zement auch zum Verbessern der Einbaufähigkeit verwendet.

Das Verfestigen der Boden-Zement-Mischung wird durch den Vorgang der Hydratation (Abbinden) des Zementes eingeleitet. Anschließend folgt das Erhärten.

Folgende chemische Reaktionen laufen nebeneinander ab:

- *Hauptreaktion*
  Beim Portlandzement macht diese Reaktion etwa 75 % des Materials und des Abbindevorgangs aus:

$$2(3CaO \cdot SiO_2) + 6H_2O \longrightarrow 3CaO \cdot 2SiO_2 \cdot 3H_2O + 3Ca(OH)_2$$

$$2(2CaO \cdot SiO_2) + 4H_2O \longrightarrow 3CaO \cdot 2SiO_2 \cdot 3H_2O + Ca(OH)_2$$

$$\text{Calciumsilikat} + \text{Wasser} \longrightarrow \text{Tobermorit-Gel} + \text{Kalk}$$

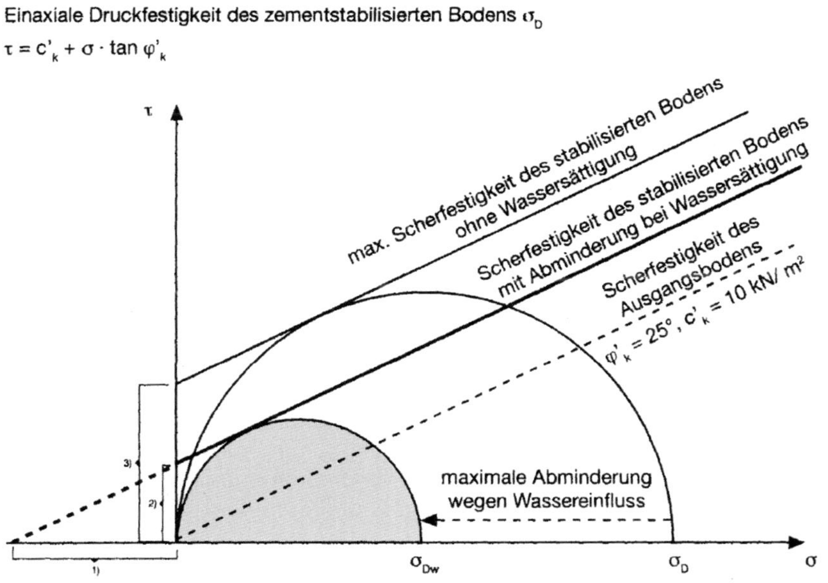

Abb. 8.13 Mohr-Coulomb'sches Spannungskriterium für zementstabilisierte Böden. Durch das Behandeln und Verfestigen von Böden mit Zement wird deren Scherfestigkeit τ erhöht. Die Bindemittelzugabe bewirkt das Erhöhen der Kohäsion c'; der Reibungswinkel φ' ändert sich nicht oder nur geringfügig.
1) theoretische Zugspannung möglich; 2) Rechenwert theoretisch c'_k (bei Wassersättigung); 3) Rechenwert theoretisch c'_k (ohne Wassersättigung); φ'_k und c'_k sind die charakteristischen Scherparameter. (BetonMarketing 2007)

- *Nebenreaktionen*

$$4CaO \cdot Al_2O_3 \cdot Fe_2O_3 + 2Ca(OH)_2 + 10H_2O \longrightarrow 6CaO \cdot Al_2O_3 \cdot Fe_2O_3 \cdot 12H_2O$$

Calciumaluminoferrit + Kalk + Wasser
⟶ Calciumaluminohydroferrit

$$3CaO \cdot Al_2O_3 + Ca(OH)_2 + 12H_2O \longrightarrow 3CaO \cdot Al_2O_3 \cdot Ca(OH)_2 \cdot 12H_2O$$

Calciumaluminat + Kalk + Wasser
⟶ Calciumaluminathydrat

$$3CaO \cdot Al_2O_3 + CaSO_4 \cdot 2H_2O + 10H_2O \longrightarrow 3CaO \cdot Al_2O_3 \cdot CaSO_4 \cdot 12H_2O$$

Calciumaluminat + Gips + Wasser
⟶ Calciummonosulfoaluminathydrat

- *Zusatzreaktionen*
Bei tonhaltigen Boden-Zement-Gemischen reagiert der Kalkanteil im Zement mit den Hydraulefaktoren des Bodens (Puzzolanreaktion). Weitere Verfestigung und Erhärtung entsteht im Zuge der Carbonatisierung des Kalkanteils.

Beim kombinierten Anwenden von Kalk und Zement zur Bodenverbesserung plastischer Böden mit anschließender Bodenverfestigung werden 1–3 % Kalk und 4–7 % Zement verwendet. Zur Ersparnis von Zement, d. h. zur Kostenreduzierung, können dem Boden-Zement-Gemisch festigkeitserhöhende Zusätze beigemischt werden. Folgende Stoffe ergeben bei Zugabe von 0,5–1 % (bezogen auf das Trockengewicht des Bodens) eine Einsparung von 30–50 % des sonst erforderlichen Zements: $NaOH$, Na_2CO_3, Na_2SO_4, Na_2SiO_4 und $CaCl$ (Kézdi 1973).

Der Zusatz dieser Chemikalien erhöht besonders die Festigkeit am Anfang der Abbindezeit. Die Wirksamkeit der Zusätze ist von der Bodenart abhängig und bislang nur unzureichend erforscht.

Zement eignet sich für das Verfestigen und Verbessern von grobkörnigen und gemischtkörnigen Böden. Er eignet sich nicht für stark plastische Schluff- und Tonböden (Abb. 8.14). Die feinkörnigen Böden lassen sich nur schwer zerkleinern und mit Zement vermischen. Es besteht jedoch die Möglichkeit, feinkörnige Böden mit Kalk vorzubehandeln und hierin eine Krümelstruktur herbeizuführen. Bei einer solchen kombinierten Anwendung von Kalk und Zement (gemischte Stabilisierung) darf die Zugabe und das Einmischen des Zements nicht unmittelbar nach dem Einmischen des Kalkes erfolgen, da der Hydratationsvorgang des Kalkes mit einer Volumenzunahme verbunden ist. Diese wirkt im Anfangsstadium der verfestigenden Wirkung des Zementes entgegen und kann zur Rissbildung führen. Organische Anteile im Boden können das Abbinden und Erhärten des Zementes verhindern.

8.4.4 Eignungsprüfungen bei Bodenbehandlungen mit Kalk

Die Eignungsprüfung entscheidet über die Brauchbarkeit eines Bodens und über die Anwendbarkeit des Verfahrens der Bodenbehandlung mit Kalk. Zu beachten sind die „Technischen Prüfvorschriften für Boden und Fels im Straßenbau, TP BF-StB, 11.5: Eignungsprüfung bei Bodenverbesserung und Bodenverfestigung mit Feinkalk und Kalkhydrat". Bei den Eignungsuntersuchungen wird unterschieden zwischen Voruntersuchungen des unbehandelten Bodens und Untersuchungen an Boden-Kalk-Gemischen (Dosierversuch). Die Eignungsprüfung zur Bodenverbesserung dauert 2–4 Tage, die Eignungsprüfung zur Bodenverfestigung 8 Wochen. Es werden etwa 100 kg Bodenmaterial gebraucht. Die Untersuchungen werden mit dem für den Einbau vorgesehenen Kalk durchgeführt!

Die Voruntersuchung des Bodens erstreckt sich auf Korngrößenverteilung, Wassergehalt, Korndichte, Zustandsgrenzen, erhärtungsstörende Bestandteile (Humussäuren und humusartige Stoffe, Kalkbindevermögen und Proctorversuch (DIN EN 13055:

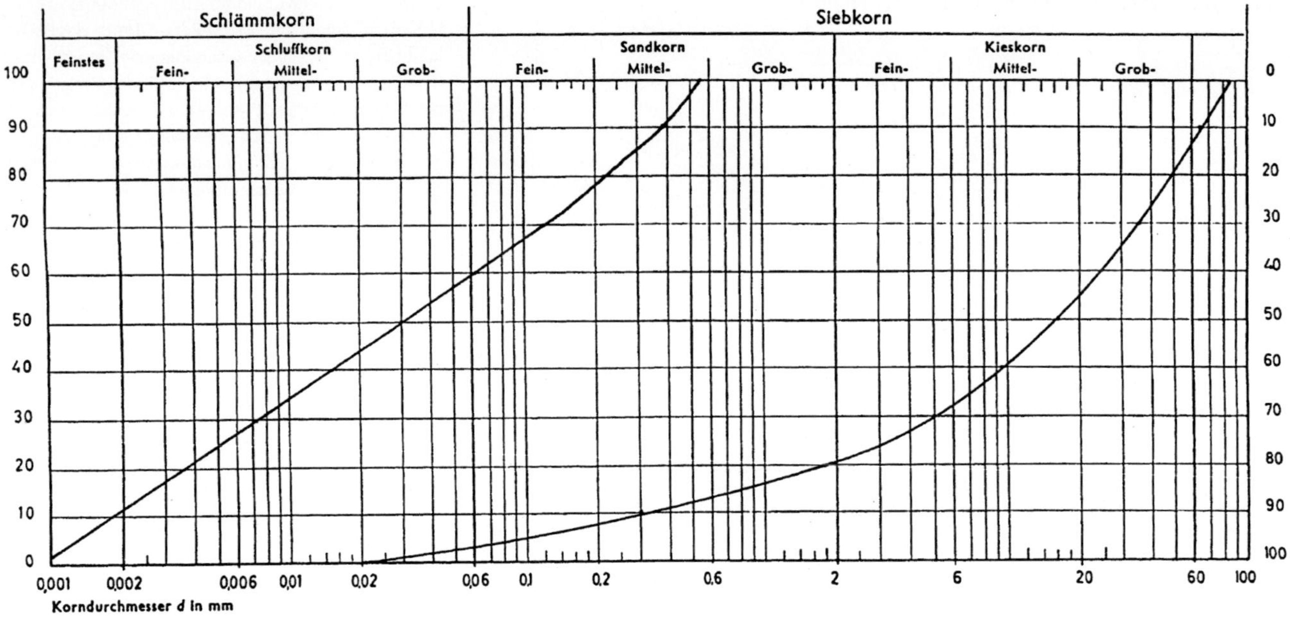

Abb. 8.14 Für die Bodenverbesserung und Bodenverfestigung mit Zement geeigneter Kornverteilungsbereich

16-11, 13139, 12620). Für das Untersuchen von Boden-Kalk-Gemischen werden mit mindestens drei unterschiedlichen Kalkgehalten Proctorversuche durchgeführt und/oder Prüfkörper (Probekörper) hergestellt. Untersucht werden die Veränderung bei Proctordichte, optimalem Wassergehalt und Zustandsgrenzen am Bodengemisch und die Druckfestigkeit, Frostbeständigkeit und Belastungszunahme im CBR-Versuch an zur Verfestigung abgelagerten Prüfkörpern. Der Bindemittelgehalt liegt in folgender Größenordnung:

- *Bodenverbesserung* mit
  Feinkalk: 2–4 %,
  Kalkhydrat: 2–5 %,
  hochhydraulischem Kalk: 2–8 %.
- *Bodenverfestigung* mit
  Feinkalk: 2–6 %,
  Kalkhydrat: 4–8 %, hochhydraulischem Kalk: 4–12 %.

(Die Kalkmenge bezieht sich auf das Trockengewicht des Bodens.) Das Boden-Kalk-Gemisch wird beim Verwenden von Kalkhydrat für 1 h, beim Verwenden von Feinkalk 24 h zur Reaktion verschlossen gelagert, danach erneut gemischt und untersucht. Mischungen mit hochhydraulischem Kalk werden sofort untersucht.

Für die Bodenverbesserung wird die benötigte Kalkzugabe aus einer ausreichenden Verdichtung und Annäherung des natürlichen Wassergehaltes im Boden an den optimalen Wassergehalt im Boden-Kalk-Gemisch bestimmt.

Für die Bodenverfestigung wird die benötigte Bindemittelmenge durch den Nachweis der einaxialen Druckfestigkeit nach Frostbeanspruchung festgestellt.

Hierzu werden aus jedem Kalkgemisch drei Prüfkörper hergestellt (Proctortopf), ausgepresst, ausgemessen und ausgewogen. Es dürfen nur geringfügige Abweichungen von der geforderten Proctordichte bestehen. Die Prüfkörper werden bei mindestens 95 % Luftfeuchtigkeit gelagert (Abb. 8.15). Herstellen und Lagerung der Prüfkörper sowie Druckfestigkeitsprüfung, Frostprüfung und Ermittlung der Längenänderung am Prüfkörper erfolgen vergleichbar zu dem bei Eignungsprüfung für Bodenverfestigung mit Zement beschriebenen Verfahren.

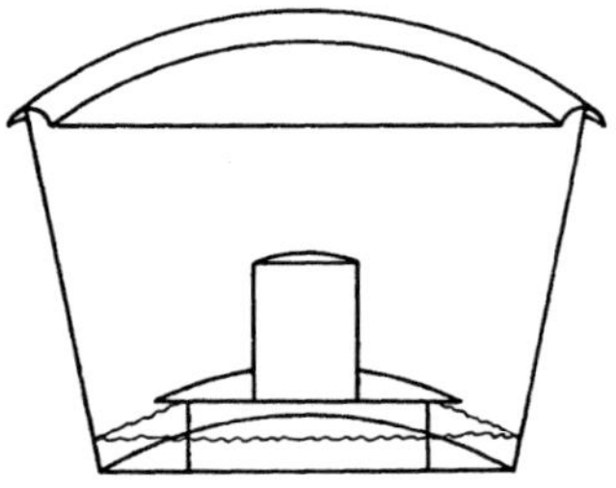

Abb. 8.15 Behälter zur feuchten Lagerung der Prüfkörper (rel. Luftfeuchtigkeit ca. 98 %)

8.4.5 Eignungsprüfungen bei Bodenverfestigung mit Zement

Die Eignungsprüfung erfolgt nach der „Technischen Prüfvorschrift für Boden und Fels im Straßenbau" (TP BF-StB), Teil B 11.1: „Eignungsprüfungen bei Bodenverfestigung mit hydraulischen Bindemitteln". Die zu untersuchenden Bodenproben werden beim Zentralmischverfahren („mixed in plant") aus der Lagerstätte oder Halde, beim Baumischverfahren („mixed in place") aus dem für die Verfestigung vorgesehenen Planum entnommen. Die benötigte Probemenge beträgt etwa 100 kg. Weiterhin sind etwa 25 kg von dem vorgesehenen Bindemittel (Zement) nötig.

- **Untersuchen des natürlichen Bodens**

Es werden Wassergehalt, Korngrößenverteilung, Zustandsgrenzen und organisch-chemische Bestandteile (DIN EN 12620) bestimmt. Zusätzliche Prüfungen sind bei der Verfestigung industrieller Nebenprodukte durchzuführen.

Untersuchen des Boden-Zement-Gemisches

Am Boden-Zement-Gemisch sind der optimale Wassergehalt und die Proctordichte zu bestimmen. Die erforderliche Zementzugabe wird bei grobkörnigen Böden über die Druckfestigkeit, bei gemischtkörnigen Böden zusätzlich über den Frost-Tau-Wechselversuch ermittelt. Erfahrungsgemäß ist von folgenden Zementanteilen auszugehen:

- Kies und Sand (GW, GI, GE, SW, SI): 4-7 %;
- gleichförmiger Sand (SE): 8-12 %;
- gemischtkörnige Böden (GU, GT, SU, ST): 6-10 %;
- gemischtkörnige Böden ($G\overline{U}$, $G\overline{T}$, $S\overline{U}$, $S\overline{T}$): 7-12 %;
- leicht plastische Böden (UL, TL): 7-12 %;
- plastische Böden (UM, TM, TA): 10-16 %.

Mit dem Boden-Zement-Gemisch wird ein Proctorversuch mit 4–5 Einzelversuchen zum Bestimmen der maximalen Trockendichte und des optimalen Wassergehalts durchgeführt. Eine Korrektur für ein etwa vorhandenes Überkorn entfällt. Bei kiesigen Böden soll der Kornanteil > 20 mm 25 % nicht übersteigen. Der zu verfestigende Boden soll frei von Steinen (> 63 mm) sein. Korngrößen über 25 mm werden beim Proctorversuch durch feineres Kieskorn ersetzt. Bei gemischtkörnigen Böden mit hohem Feinkornanteil ist das Wasser-Zement-Gemisch für jeden Versuch neu anzusetzen.

Herstellen von Prüfkörpern für das Prüfen der Druckfestigkeit

Im geteilten Proctortopf mit Durchmesser 100 mm werden nach der Arbeitsvorschrift für den Einbau von Proben beim Proctorversuch Prüfkörper hergestellt. Dabei soll der Zementanteil demjenigen der im Proctorversuch geprüften Boden-Zement-Mischung entsprechen. In den anderen Mischungen sollen die Zementanteile 2 Gew.-% niedriger oder höher liegen. Bei plastischen Böden soll der Wassergehalt bis 2 % über und bei grobkörnigen Böden bis 2 % unter dem optimalen Wassergehalt liegen.

Für jede Druckfestigkeitsprüfung und jede Frostprüfung sind 3 Prüfkörper herzustellen. Dabei darf die Trockendichte des Prüfkörpers nur geringfügig von der Proctordichte abweichen, und zwar:

- bei gemischtkörnigen und feinkörnigen Bodenarten um nicht mehr als 0,04 t m^{-3};
- bei grobkörnigen Bodenarten mit mittlerem Zementanteil um nicht mehr als 0,03 t m^{-3};
- bei grobkörnigen Bodenarten mit höherem Zementanteil um nicht mehr als 0,06 t m^{-3} nach oben (Eine Abweichung nach unten ist nicht zulässig.);
- bei grobkörnigen Bodenarten mit geringerem Zementanteil um nicht mehr als 0,06 t m^{-3} nach unten. (Eine Abweichung nach oben ist nicht zulässig.)

Die Lagerung der ausgeformten Prüfkörper erfolgt bei einer relativen Luftfeuchtigkeit von mindestens 95 % und Temperaturen um 20 °C, was günstigerweise in luftdicht abgeschlossenen Behältern geschieht (■ Abb. 8.15).

Prüfen der Druckfestigkeit

Die Prüfkörper werden im Alter von 7 oder 28 Tagen auf Druckfestigkeit geprüft, wobei die 28-Tage-Frist bei Zementen mit langsamer Anfangserhärtung und bei Gegenwart organischer Bestandteile im Boden zweckmäßig ist. Nach ZTVE-StB sind Druckfestigkeiten von 4 N mm^{-2} nach 7 Tagen und 6 N m^{-2} nach 28 Tagen verlangt. Die Anforderung an den Frostwiderstand liegt bei < 0,1 % Längenänderung, gemessen als $\Delta l/l$. Nach ZTVT-StB werden für Tragschichten nach 28 Tagen 7 N mm^{-2} unter Asphaltfahrbahndecken und 15 N mm^{-2} unter Betonfahrbahndecken verlangt. Vor Prüfen der Druckfestigkeit sind die Prüfkörper zu wiegen und zu vermessen, dann 24 h im Wasser bei 24 °C zu lagern und danach nochmals unmittelbar vor der Druckfestigkeitsprüfung zu wiegen und zu vermessen.

Herstellen der Prüfkörper für die Frost-Tau-Wechselprüfung

In der Frostprüfung wird die Längenänderung von Prüfkörpern (H = 125 mm, D = 150 mm, 28 Tage alt) nach wiederholten Frost-Tau-Wechseln ermittelt. Für die Frostprüfung werden auf die Probekörper entweder nachträglich Messplättchen aufgeklebt, Dübel in Löcher eingeklebt oder Prüfkörper mit Dübeln hergestellt. Für das Herstellen mit Dübeln wird die Boden-Zement-Mischung zwischen zwei Stahlplatten im Proctortopf eingestampft. Die untere Platte enthält 3 Bohrungen (D = 5,3 mm), die obere eine zentrale Bohrung. An der Bodenplatte werden 3 Spreizdübel (M 5) mit Zylinderschrauben und Unterlegscheibe (D_l = 5,3 mm) so befestigt, dass die Dübel in die Prüfkörperform hineinragen. Beim Einfüllen und Einstampfen der unteren Lage wird ein inniger Verbund zwischen den verdübelten Schrauben und der verdichteten Boden-Zement-Mischung hergestellt. Auf die dritte, locker eingefüllte Bodenschicht wird die abdeckende Stahlplatte mit dem Dübel nach unten auf die Boden-Zement-Mischung aufgelegt und der Dübel in diese eingedrückt. Anschließend wird verdichtet. Die Prüfkörper verbleiben bis zur ausreichenden Erhärtung (mindestens 3 Tage) in der Prüfkörperform oder zwischen den beiden Stahlplatten. Dann werden die Zylinderschrauben und Stahlplatten entfernt und Gewindestangen (D 5, L 19) in die Spreizdübel eingeschraubt und mit Hutmuttern versehen.

Frost-Tau-Wechselprüfung

Die 28 Tage alten Prüfkörper werden bei mindestens 95 % Luftfeuchtigkeit und 20 °C für 4 h so auf eine wasseransaugende Filzunterlage gestellt, dass die Probe Wasser aufsaugen kann. Dann werden sie für etwa 17 h in der Frostkammer bei Temperaturen zwischen −15 und −20 °C gefroren. Zum Auftauen werden die Prüfkörper für 7 h auf der Filzunterlage gelagert. Es sind 12 Frost-Tau-Wechsel durchzuführen.

Ermitteln der Längenänderung

Vor dem ersten Wasseransaugen wird die Probelänge auf 0,1 mm (Mittelwert) gemessen und gewogen. Nach der ersten und letzten Frosteinwirkung wird der Prüfkörper im gefrorenen Zustand gemessen und gewogen. Diese Kontrollmessung erfolgt mit Messfühler und Messuhr (0,01 mm). Jeder Prüfkörper wird dreimal eingestellt und jeweils in drei verschiedenen Drehstellungen gemessen. Die bezogene Längenänderung *H*/*D* ist auf 0,01 % genau anzugeben und soll kleiner 0,1 % sein (■ Tab. 8.1).

8.5 Bodenverfestigung mit bituminösen Bindemitteln

Durch das Einmischen von bituminösen Bindemitteln in einen Boden und durch das anschließende Verdichten wird das Korngerüst bleibend verkittet. Das bituminöse Bindemittel gibt dem Boden eine zusätzliche und bleibende Kohäsion, die auch bei Wasserzutritt wirksam bleibt. Es entsteht eine flexible, frost- und wasserbeständige sowie lastverteilende Schicht. Die Verfestigung mit bituminösen Bindemitteln eignet sich für fast alle Bodenarten (■ Abb. 8.16).

Neben dem Herstellen bituminöser Fahrbahndecken wird die Bodenverfestigung mit bituminösen Bindemitteln im Oberbau des Straßenkörpers zum Verfestigen der oberen Frostschutzschicht (2. Tragschicht) und in der oberen Zone des Unterbaus oder Untergrunds als verbesserter Unterbau oder Untergrund von Straßen, Wegen und Verkehrsflächen ausgeführt. Mit bituminösen Bindemitteln verfestigte Böden sind wasserundurchlässig und eignen sich somit auch für den Dammbau und für Abdichtungsmaßnahmen im Wasserbau. Die verwendeten bituminösen Bindemittel werden überwiegend aus Erdöl, und zwar aus asphaltbasischen und gemischtbasischen Erdölen, gewonnen. Solche bitumenhaltige Erdöle werden in Venezuela (30–70 % Bitumengehalt) und im Nahen Osten (15–40 % Bitumengehalt) gefördert. Geringe Mengen an bituminösen Bindemitteln werden beim Verkoken von Kohle und bei der trockenen Destillation von Holz, Kohle und Ölen gewonnen.

Folgende Begriffe sind im Gebrauch:

- *Bitumen*
  Bei der Destillation von Erdöl anfallende hochmolekulare Kohlenwasserstoffe von dunkler Farbe und zähflüssiger bis halbfester Konsistenz. Bitumina sind wasserunlöslich.
- *Asphalt*
  Natürliches oder künstliches Gestein, bestehend aus einer Mischung von Mineralkörnern und Bitumen.
- *Naturasphalt*
  Natürliche Vorkommen von bitumendurchtränkten Lockergesteinen und porösen Festgesteinen (Vorkommen im Raum Limmer-Eschershausen bei Hannover als poröser Kalkstein mit 4–8 Gew-% Bitumen; Asphaltsee auf der Insel Trinidad; Seienizza in Albanien; Seyssel in Savoyen; Val de Travers in der Schweiz; Totes Meer).
- *Asphaltbeton*
  Hohlraumarmes Gemisch aus Splitt, Sand, Füller und Bitumen. Das Mineralstoffgemisch ist betonartig mit einer stetigen Abstufung aller Körnungen so aufgebaut, dass im verdichteten Asphaltbeton ein Porenvolumen von 3–5 % verbleibt. Beim Erwärmen durch Sonneneinstrahlung dehnt sich das Bitumen in diesen Hohlraum hinein aus (■ Abb. 8.17, 8.18 und 8.19).
- *Gussasphalt*
  Hohlraumfreies Gemisch aus Splitt, Sand, Füller und Bitumen mit einem Bindemittelüberschuss im heißen Zustand. Das Bitumen bildet im Mischgut eine zusammenhängende Phase, in welche das Feinkorn einbezogen ist. Gussasphalt wird heißflüssig vergossen und eingebaut. Gussasphalt wird nicht verdichtet! Der im heißflüssigen Zustand vorhandene Bindemittelüberschuss wird durch die Volumenreduktion des Bitumens beim Abkühlen und durch Abstreuen der Oberfläche mit Feinsplitt ausgeglichen (■ Abb. 8.17, 8.18 und 8.19). Gussasphalt ergibt verschleißfeste Fahrbahnbeläge.
- *Splittmastix*
  Hohlraumarmes Gemisch aus Splitt und Asphaltmastix. Zwischen dem Sand- und Füllerkorn der Asphaltmastix und der Splittkörnung liegt ein angemessener Bereich einer Ausfallkörnung. Die Splittkörnung bildet ein in sich abgestütztes Korngerüst. Die Hohlräume der Splittkörnung werden vom Mastixmörtel bis auf einen Rest von 3–5 Vol.-% eingenommen. Der Splittanteil beträgt etwa 75 % (■ Abb. 8.17, 8.18 und 8.19). Splittmastixbeläge zeigen nur geringe Verformungen bei hoher Standfestigkeit.
- *Asphaltmastix*
  Dichtes, im heißen Zustand fließbares Mineralstoffgemisch aus Sand, Füller und Bitumen.
- *Bitumenemulsion*
  Im Wasser fein verteilte, dispergierte Bitumina.
- *Verschnittbitumen*
  Durch Zusatz von Verschnittmitteln (Benzin, Petroleum, Gas-Öl, Steinkohlenteeröl) in den flüssigen Zustand überführte Bitumina. Verschnittbitumina werden warm oder kalt versprüht.
- *Teer*
  Flüssige und halbfeste Kohlenwasserstoffe, welche bei der trockenen Destillation von organischer Substanz, besonders beim Verkoken und Vergasen von Kohle, entstehen. Teer besteht aus einer großen Vielzahl unterschiedlicher chemischer Verbindungen (Steinkohlenteer, Straßenteer).
- *Kaltteer*
  Mit Lösungsmitteln verschnittener, dünnflüssiger Teer, welcher kalt eingebaut werden kann.
- *Pech*
  Destillationsrückstand von Teerprodukten.
- *Bitumenhaftkleber*
  Lösemittelhaltige Bitumenemulsion. Bitumenhaftkleber dienen zum Verkleben von Asphaltschichten.
- *Kaltbitumen*
  Bitumenlösung, die aus weichem bis mittelhartem Straßenbaubitumen besteht. Die Viskosität von Kaltbitumen ist durch Zusatz von leichtflüchtigen Lösemitteln herabgesetzt.
- *Straßenpech*
  Lösung von Steinkohlenteer-Spezialpech in Lösemitteln.
- *Bitumenpech*
  Mischung aus Straßenpech mit Bitumen.
- *Kaltpechlösung*
  Lösung von Straßenpech in leichtflüchtigen Lösemitteln. Hierdurch wird die Viskosität herabgesetzt und die Kaltpechlösung ist kalt verarbeitbar.

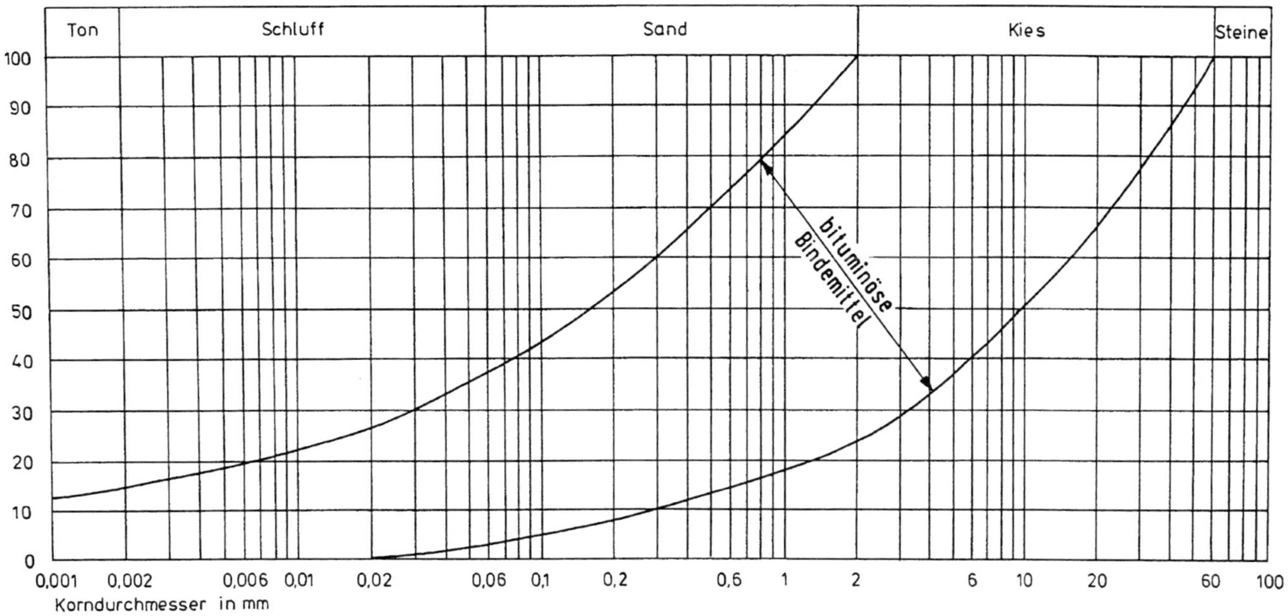

Abb. 8.16 Für das Stabilisieren mit Bitumen geeigneter Bereich der Korngrößenverteilung

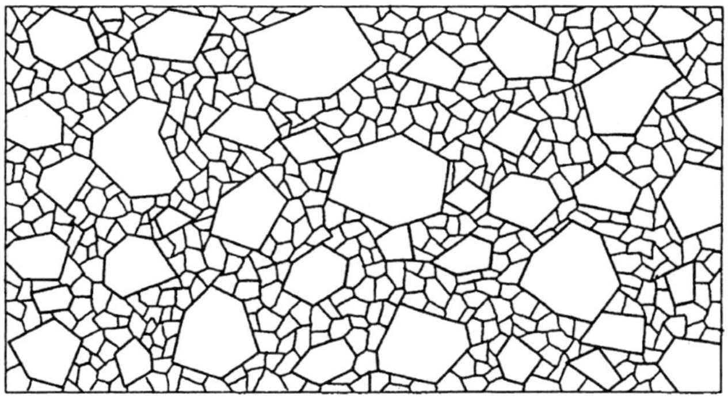

Abb. 8.17 Asphaltbeton, Struktur des Mischgutes – gleichmäßig abgestufte Kornzusammensetzung, gleiche Korngrößen sind durch kleinere voneinander getrennt

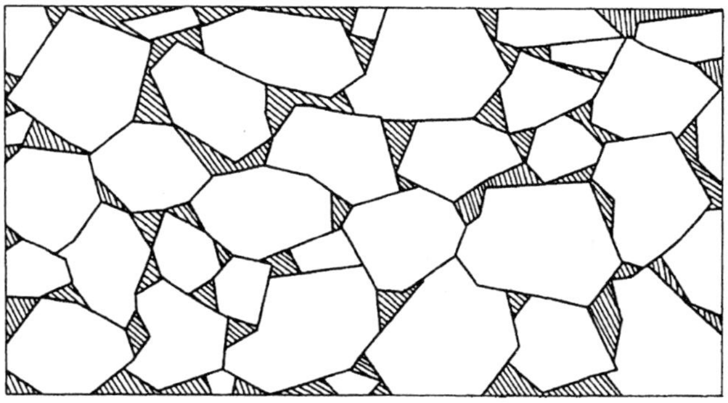

Abb. 8.19 Splittmastix, Struktur des Mischgutes – grobe Splittkörnungen > 5 mm bilden ein in sich abgestütztes Korngerüst, die Hohlräume sind bis auf ein geringes Porenvolumen mit bindemittelreichem Mastix angefüllt

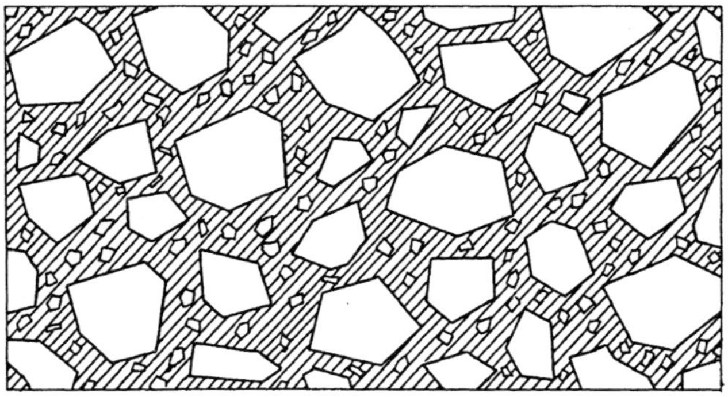

Abb. 8.18 Gussasphalt, Struktur des Mischgutes – Splitt und grobe Sandkörner schwimmen in einem hohlraumfreien Feinmastix

- *Füller*
  Gesteinsmehl einer Korngröße kleiner 0,09 mm. Mit dem Füller kann ein Teil des Bitumens ersetzt und somit der entstehende Asphaltmastix oder Gussasphalt versteift werden. Ist in dem zu bearbeitenden Gesteins bzw. Bodenmaterial diese Korngröße bereits vertreten, so ist dieser Anteil dem Füllkorn zuzurechnen.

Zum Verfestigen des Bodens wird das aufgelockerte Bodenmaterial mit dünnflüssigem Bitumen besprüht und gleichzeitig intensiv durchmischt. Der Mischvorgang bewirkt, dass alle Einzelkörner und bei feinkörnigem, kohäsivem Material die zusammenklebenden Teile des Erdstoffes in Form von Krümeln und kleinen Klumpen vom Klebemittel umgeben sind. Sie werden dadurch verkittet, und der Boden erhält eine höhere Festigkeit. Dies wird durch Erhöhen der Kohäsion, durch geringere Durchlässigkeit und verminderte Wasseraufnahmefähigkeit sowie durch Stabilisieren des Wassergehaltes bewirkt. Der verfestigte Boden ist wasser- und frostunempfindlich.

Die Bitumenhaut der einzelnen Körner soll möglichst dünn sein, um die Reibung zwischen den Körnern nicht zu stark zu verringern. Sie muss aber so dick sein, dass die Körner ausreichend verkittet werden. Durch Zugabe von Füller (Gesteinsmehl) erhöht sich die Gesamtoberfläche des Mischgutes, und der Bindemittelbedarf nimmt ab.

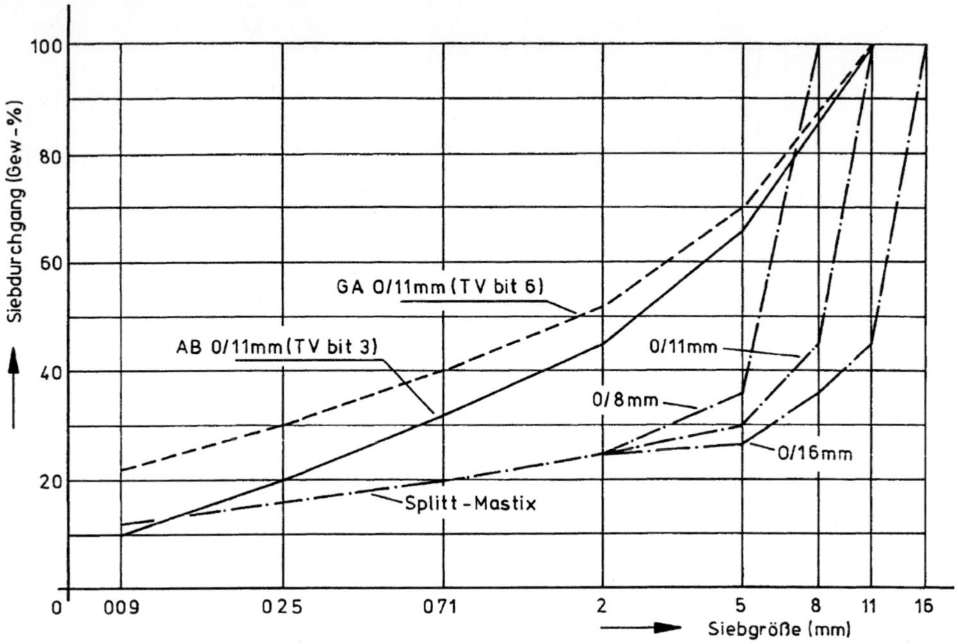

Abb. 8.20 Kornzusammenstellung der Bauweisen Gussasphalt (GA 0/11 mm), Asphaltbeton (AB 0/11 mm) und Splittmastix. (Nach Zichner 1980)

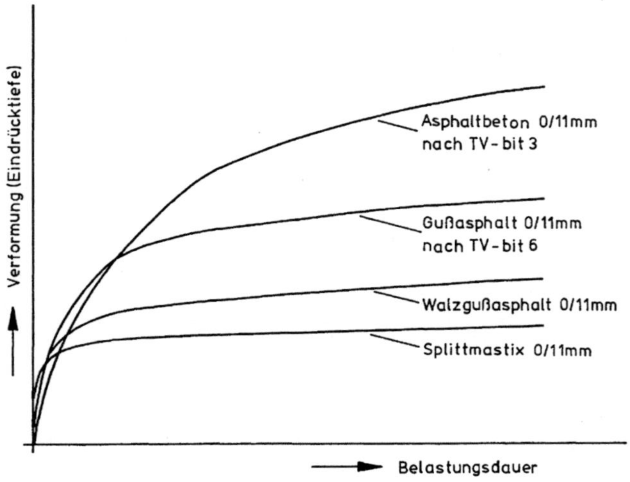

Abb. 8.21 Verformungsverhalten der Bauweisen Asphaltbeton, Gussasphalt, Walzgussasphalt und Splittmastix bei gleicher dynamischer Beanspruchung. (Nach Zichner 1980)

Im verfestigten Boden und im Fahrbahnbelag soll das bituminöse Bindemittel zäh sein. Zum Herstellen des Mischgutes wird das Bitumen vorübergehend verflüssigt, was durch Erhitzen, Emulgieren oder Verdünnen geschieht. Dabei erlaubt das verdünnte und emulgierte Bindemittel das Mischen und den anschließenden Einbau des Mischgutes auch im kalten Zustand. Nach dem Verarbeiten verdunstet das Lösungsmittel bzw. das Emulsionswasser.

Beim Heißeinbau werden Bindemittel und Mineralstoffe erhitzt, durchmischt und bei Temperaturen zwischen 60 und 200 °C verarbeitet.

Beim Bodenverfestigen im Ortmischverfahren fährt das Mischgerät auf den für das Verfestigen vorbereiteten Boden. Die Arbeitsgänge Auflockern, Anfeuchten, Zugabe des Bindemittels und Durchmischen erfolgen vor Ort.

Beim Zentralmischverfahren wird die fertige Mischung zur Baustelle transportiert, wobei beim Heißeinbau das Abkühlen des Asphaltgutes während der Transport- und Wartezeiten vermieden werden muss.

Das Einhalten der vorgeschriebenen Bindemitteldosierungen in Abhängigkeit von Bitumenmenge und Mischtiefe stellt hohe Ansprüche an das die Eigenüberwachung und die Kontrollprüfung ausführende Personal.

- **Eignungsprüfung für bituminöse Bindemittel, Asphalte und bituminös verfestigte Böden**

Die Anforderungen an bituminöse Bindemittel sind in DIN 1259 geregelt. Mit den Prüfverfahren zum Bestimmen der Eigenschaften von Bitumina wird ermittelt:

Erweichungspunkt Ruk (EP Ruk)	[°C]	nach DIN EN 1426
Brechpunkt nach Fraaß	[°C]	nach DIN EN 12593
Nadelpenetrometer, Eindringtiefe	[mm]	nach DIN EN 12591
Biegebalkenrheometerwert bei −16 °C	[MPa]	nach DIN EN 14771
Viskoelastische Kenngrößen des komplexen		
Schermoduls G^* und des Phasenwinkels δ		nach DIN EN 14770
Kraftduktilität polymermodifizierter Bitumina		nach DIN EN 13589

Für die Güteeigenschaften von Asphalt und Asphaltmischgut im Straßenbau und gleichwertigen Einsatzmöglichkeiten sind ZTV Asphalt-StB, TLG Asphalt StB, die Normen der Reihe DIN EN 13108-1 bis -21 zu beachten. Für das Prüfen von Asphalt sind TP A-StB und DIN EN 12697-1 bis -43 zu beachten.

Das Untersuchen des Bodens erstreckt sich auf Wassergehalt, Kornverteilung, Zustandsgrenzen, Proctorversuch und organische Bestandteile. Anhand der Kornverteilung wird beurteilt, ob außerdem eine Verbesserung des Bodens mit Zusatzkörnungen notwendig ist.

Unter Variation der Bindemittel- und Füllerzugabe sowie evtl. weiterer Zusatzstoffe (Kalkhydrat) werden Prüfkörper nach einem modifiziertem Marshall-Verfahren (s. Merkblatt) hergestellt. Als Richtwerte für den Bindemittelanteil bei der Eignungsprüfung gelten folgende auf das Trockengewicht der Bodenprobe bezogenen Werte:

- Kiessand: 4-6 %;
- gleichkörniger Sand: 4,5-7 %;
- schluffiger Sand: 5-8 %.

Zunächst wird für das Boden-Füller-Gemisch der optimale Wassergehalt w_{Pr} bestimmt. Für die Herstellung der Prüfkörper werden drei verschiedene Bitumen-Boden-Füller-Mischungen hergestellt. Bei der Zugabe von Teer, Verschnittbitumen und Kaltbitumen ist 50 % der Bitumenzugabe als Bodenfeuchte beim Verdichten zu werten. Der erforderliche Wassergehalt w_{Pr} ist um diesen Anteil zu verringern. Wird mit Bitumenemulsion gearbeitet, so ist das Emulsionswasser zu 100 % und der Bitumengehalt zu 50 % zu berücksichtigen.

Beim Herstellen der Bitumen-Boden-Mischung wird dem Boden zuerst das Wasser zugegeben, und danach wird durchgemischt. Dem angefeuchteten Boden werden die erforderlichen Zusätze (Kalkhydrat) zugegeben, und dann erfolgt das Beimischen des bituminösen Bindemittels. Das Bindemittel ist bei der Anwendung von Teer auf 90–100 °C, bei Verschnittbitumen auf 70–80 °C zu erwärmen.

Es werden Marshall-Prüfkörper hergestellt, entformt und ausgemessen. Hierzu wird heißes Mischgut (135°) im Marshall-Verdichtungs-Zylinder (Durchmesser 11,6 mm, Höhe 63 mm) mit je 50 Fallhammerschlägen auf beide Seiten des Mischgutes verdichtet. Die ausgeformten Prüfkörper werden zum Bestimmen der Dichte ausgemessen und gewogen (Velske S, Mentlein H, Eymann P (2013) Straßenbautechnik, Werner-Verlag Düsseldorf). Mindestens 6 Prüfkörper pro Mischung sind herzustellen. Sie werden bei einer Luftfeuchtigkeit von mindestens 95 % (◘ Abb. 8.15) und Temperaturen um 20 °C gelagert. Drei Prüfkörper werden nach 7 Tagen direkt untersucht. Drei Prüfkörper werden nach 4 Tagen Feuchtraumlagerung für 3 Tage in Wasser umgelagert. Vor und nach der Wasserlagerung werden die Prüfkörper gewogen und deren Wasseraufnahme bestimmt. Beim Prüfen werden die Marshall-Stabilität [kN] und der Marshall-Fließwert [mm] gemessen. Für den jeweiligen Zweck wird ein Mischungsverhältnis vorgeschlagen, welches der günstigsten Zusammensetzung entspricht.

8.6 Einbau von Geotextilien, Geogittern, Bewehrungsbändern und Folien

Erdbauwerke können durch den Einbau von Geotextilien, Geogittern, Bewehrungsbändern und Folien bezüglich Standfestigkeit, Beständigkeit, Filterwirkung, Durchlässigkeit und Dichtigkeit den Erfordernissen von Planung und Nutzung angepasst werden. Geotextillagen, Geogitter, Bänder und stabförmige Elemente können als Zugelemente in den Erdkörper eingebaut werden oder Teile des Erdkörpers umschließen (Sandsack). Sie dienen der Sicherung geschütteter Böschungen und der Sanierung von Erdbauwerken bei Rutschung und Erosion. Durchlässige Gewebe und Vliesstoffe können als Trennschicht, Filterschicht und bei Entwässerungsaufgaben als Drän eingebaut werden. Geogitter, stabförmige Elemente und Bänder können im Erdkörper Zugkräfte aufnehmen und die Sicherheit gegen Grundbruch und Geländebruch erhöhen. Mit derart bewehrten Bodensystemen lassen sich Erdbauwerke mit Geländesprüngen herstellen, die steiler sind als der natürliche Böschungswinkel des Füllbodens. Dichtungsbahnen aus Kunststoff können als Sohlabdichtung unter Teichen, Deponien und grundwassergefährdenden Standorten eingebaut werden. Für Einlagen, die mehrere Funktionen gleichzeitig übernehmen sollen, eignen sich Verbundstoffe (Brandl 1989a; Zitscher et al. 1987, 1991).

8.6.1 Geotextilien

Geotextilien sind Gewebe, Vliesstoffe und Verbundstoffe aus langzeitbeständigen synthetischen Rohstoffen wie Polyester, Polyethylen, Polypropylen, Polyamid u. a. Diese synthetischen Rohstoffe sollen beständig gegen mikrobiellen und chemischen Abbau im Boden sein. Sie haben bis auf wenige Ausnahmefälle die natürlichen Rohstoffe (Gewebe oder Geflechte aus Schilf, Kokos oder Jute) verdrängt. Zu beachten sind das „Merkblatt über die Anwendung von Geokunststoffen im Erdbau des Straßenbaus" (M Geok E), die „Technischen Lieferbedingungen für Geokunststoffe im Erdbau des Straßenbaus" (TL Geok E-StB) der Arbeitsgruppe „Erd- und Grundbau" der Forschungsgesellschaft für Straßen- und Verkehrswesen, das DVWK-Merkblatt 221 („Anwendung von Geotextilien im Wasserbau") und die „Empfehlungen für die Anwendung und Prüfung von Kunststoffen im Erd- und Wasserbau" (AK 14) der Deutschen Gesellschaft für Geotechnik.

▪ Gewebe

Gewebe bestehen aus sich kreuzenden Fadensystemen (Garne, Zwirne, Filiamente, Bändchen). Sie werden dort eingesetzt, wo eine bewehrende Wirkung erforderlich ist. Gewebe haben hohe Zugfestigkeit und sollen verschleißfest gegen Beschädigung durch Befahren, Durchschlagen und Reibung im Boden sein. Gewebe sind wasserdurchlässig. Geotextilgewebe können unter und in Dämmen, unter unbefestigten Straßen (Wirtschaftswege) sowie als Bewehrung ungebundener Tragschichten im Straßenbau verwendet werden (◘ Abb. 8.22). Andere Einsatzgebiete sind die Bewehrung von Böschungen und der Bau von Längswerken beim Küstenschutz. Einzubauendes Geotextilgewebe ist auf ausreichende Robustheit gegenüber Einbaubeanspruchung, besonders bei kantigen Steinen, zu prüfen.

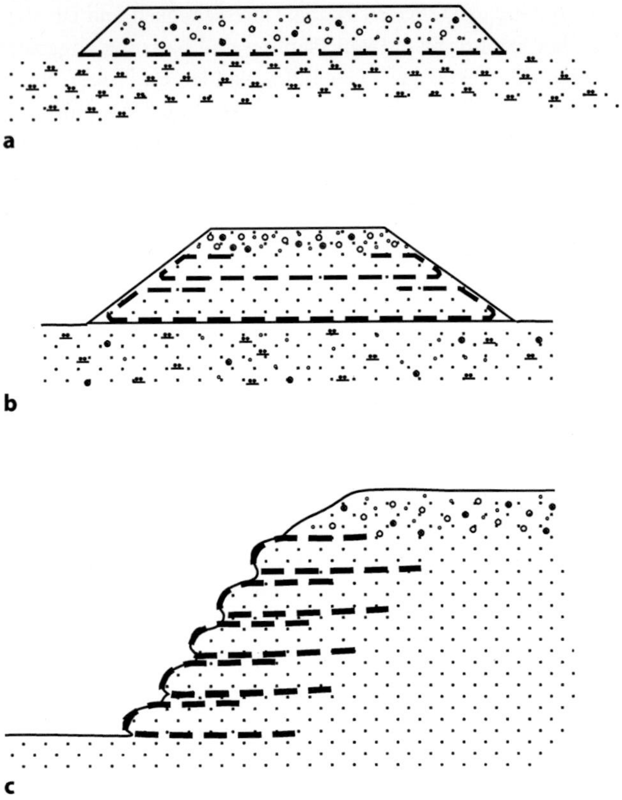

■ **Abb. 8.22** Beispiele für den Einbau von Geotextilgeweben als Bewehrungslagen in Erdbauwerken. **a** Bewehrungslage unter unbefestigter Straße bzw. ungebundener Tragschicht über wenig tragfähigem Untergrund; **b** um Schüttlagen umgeschlagene Bewehrungslagen im Damm; **c** Sicherung übersteilter Böschungen gegen Geländebruch, Rutschung und Erosion

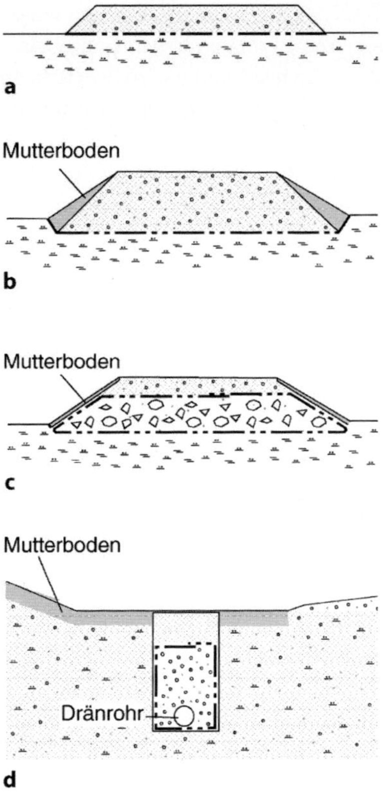

■ **Abb. 8.23** Beispiele für die Verwendung geotextiler Vliesbahnen als Trennschicht. **a,b** nicht filterstabile Schüttlagen auf weichem Untergrund; **c** nicht filterstabiler Schüttkörper auf weichem Untergrund und unter Dammschüttmaterial aus Sand und Kies; **d** Sickerstrang oder Sickerstützscheibe mit nicht filterstabiler Füllung im zu entwässernden Boden

▪ Vliesstoffe

Vliesstoffe bestehen aus flächenhaft übereinander gelegten Fasern, die durch Bindemittel, durch Verschmelzen oder durch Vernähen einen festen Zusammenhalt erhalten. Vliesstoffe werden vorwiegend als Trenn- und Filterschicht eingesetzt (■ Abb. 8.23). Vliesstoffe sind dehnbar und können sich einer unebenen Unterlage gut anpassen. Sie folgen unregelmäßig verformten Grenzflächen zwischen nachgiebigem Untergrund und steiniger Schüttung. Vliesstoffe sind wasserdurchlässig. Verringerung der Wasserdurchlässigkeit kann durch eingeschlämmte Bodenpartikel und durch Zusammendrücken des Vliesstoffes verursacht sein. Dies ist beim filtertechnischen Bemessen zu beachten.

▪ Verbundstoffe

Verbundstoffe bestehen aus zwei und mehr unterschiedlichen geotextilen Lagen, die in der Fläche miteinander verbunden sind. (Als Beispiel sei „Bentomat" genannt, eine Dichtungsmatte aus einer Gewebelage, einer Bentonitlage und einer Vlieslage. Andere als Dränsystem konzipierte Verbundstoffe bestehen aus Sickerschicht und Filterschicht.) Verbundstoffe werden dort eingesetzt, wo die Eigenschaften der einzelnen Komponenten gleichzeitig erforderlich sind.

8.6.2 Geogitter und Bewehrungsbänder

Durch lagenweisen Einbau von glatten, quergerippten oder vergitterten Zugelementen kann ein Verbundkörper aus Boden und Bewehrung hergestellt werden. Die Kraftübertragung zwischen Boden und Geogitter oder Bewehrungsband geschieht durch Reibung. Das Verfahren kann zum Stabilisieren und Versteilen von Anschüttungsböschungen, Rampen und Dämmen eingesetzt werden (■ Abb. 9.14 und 9.15).

Verwendet werden gewebte Geogitter mit Öffnungen > 10 mm, gestreckte Geogitter aus gelochten Kunststoffbahnen mit vorweggenommener Streckung oder Dehnung, gelegte Geogitter aus ummantelten Bändern, welche kreuzweise verlegt und an den Kreuzungsstellen verbunden werden, sowie Bänder und stabförmige Elemente aus Stahl, Kunststoff und mit Kunststoff ummantelten Gewebe- oder Garnlagen.

8.6.3 Folien

Folien werden vorwiegend zum Abdichten von Teichen, Schwimmbecken und Deponien eingebaut. Der Einbau erfolgt je nach Fall über ebenem, geneigtem, steilem und auch an senkrechtem Grund. Verwendete Dichtungsbahnen müssen einen Langzeitschutz unter z. T. gleichzeitiger Einwirkung aller mechanischen, chemischen, thermischen und biologischen Belastungsmöglichkeiten garantieren. (Gleiches gilt im Deponiebau für dort verwendete Sickerrohre, Geotextilien und Geogitter.)

Folien werden auf dem vorbereiteten Untergrund oder einem Unterbau verlegt. Der Untergrund sollte ein steinfreier Boden aus Ton, Schluff, Lehm oder mit Bentonit verbessertem Sand sein. Ein Durchdrücken oder Durchstechen der Folie durch aufragende Spitzen, Steine oder Kieskörner muss verhindert werden. Als Unterbau können eingebaute mineralische Dichtungen dienen. Folien können in Kombination mit mineralischen Abdichtungslagen und in Kombination mit anderen Folien und Verbundstoffbahnen eingebaut werden. Zum Schutz gegen Überdehnen oder Überstrecken können geotextile Schutzlagen in das Dichtungssystem eingebaut werden. Zum Schutz gegen mechanische Beschädigung durch Befahren oder andere Gegenstände können mineralische Schutzschichten (Sand) aufgetragen werden. Die mineralische Schutzschicht kann zusätzlich Dränfunktion übernehmen.

Im Erdbau und Betonbau können Folien als Trennschicht (z. B. zwischen Magerbeton im Planum und Betonplatte in der Bauwerkssohle) eingebaut werden. Die Folie dient als Gleit- und Bewegungsbahn für die Bodenplatte und soll Reibung sowie hieraus resultierende Rissbildungen im Bauwerk verhindern. Zu diesem Zweck eingebaute Folien dienen nicht der Abdichtung.

8.7 Überwachen und Prüfen von Erdbaumaßnahmen

Die Bauüberwachung während der Bauarbeiten soll gewährleisten, dass das Bauwerk nach Plan ausgeführt wird. Es sind die festgelegten Güteanforderungen einzuhalten. Im Einzelnen fallen folgende Aufgaben an:

- Überwachen der Räumungsarbeiten und Entwässerungsarbeiten beim Vorbereiten des Baufeldes und beim Herstellen des Dammauflagers:
  - Feststellen des Zustandes für die im Untergrund verbleibenden Bodenarten und Gesteine;
  - Feststellen des Zustandes für die Grundwasserverhältnisse.
- Überwachen der Aushubarbeiten und Sprengarbeiten:
  - Feststellen des Zustandes für die die bleibende Böschung aufbauenden Gesteine, besonders im Hinblick auf eingetretene Auflockerung beim Sprengen.
- Überwachen der Entnahmestellen:
  - Überwachen der Art des Bodengewinnens, der Förderart und Förderwege;
  - Feststellen des Zustandes für das entnommene Material;
  - Feststellen des Zustandes für die aufgelockerte Dichte beim LKW-Transport (Auflockerungsfaktor).
- Überwachen des Einbauverfahrens:
  - Feststellen des Zustandes für die zum Einbau vorgesehenen und angelieferten Boden- und Felsarten, Abweisen nicht geeigneter Massen;
  - Überprüfen von Schüttflächen, Arbeitsweisen beim Verteilen von Boden und Mineralgemischen, Einhalten der Schütthöhen, Wasserabfluss und Schutzmaßnahmen bei Niederschlägen.
- Überwachen der Verdichtung:
  - Ausführen von Probeverdichtungen, Wahl der geeigneten Prüfmethoden (Dichtemessung, Plattendruckversuch, Einsenkmessung, Setzmaß bzw. Nivellement, Rammsondierungen, Drucksondierungen; ◘ Tab. 8.2);
  - Wahl der geeigneten Verdichtungsverfahren (Arbeitsgeräte, Zahl der Übergänge, Abstimmen der Einbauleistungen);
  - Überprüfen von Verdichtungsgrad und Tragverhalten (Verformungsmoduln E_{v1}, E_{v2}, E_{vd}) und Kontrolle zum Einhalten der Verdichtungsanforderungen;
  - Feststellen des Zustandes für den eingebauten verdichteten Boden (Kornzertrümmerung, Wasserdurchlässigkeit, Quellerscheinungen, Nachverdichtung, Bildung von Schmierschichten).
- Überwachen der von der Bauleitung veranlassten Maßnahmen, besonders zur Beseitigung von Schäden.
- Durchführen von Kontrollbegehungen an fertiggestellten oder noch im Bau befindlichen Erdbauwerken.

Bei den Prüfungen im Erdbau wird unterschieden zwischen:

- Eignungsprüfungen,
- Eigenüberwachungsprüfungen,
- Kontrollprüfungen,
- Schiedsprüfungen.

▪ Eignungsprüfungen

Eignungsprüfungen werden vom Auftraggeber verlangt, wenn das einzubauende Material aus Entnahmestellen (auch Seitenentnahmen) des Auftragnehmers geliefert und eingebaut werden soll. Für den Straßenbau sind die „Richtlinien für die Güteüberwachung von Mineralstoffen im Straßenbau" (Bundesminister für Verkehr 1993, 1996) zu beachten. Die Prüfvorschriften mit Regelungen zur Häufigkeit vorgeschriebener Eigen- und Fremdüberwachungen erstrecken sich auf ungebrauchte Mineralstoffe (Kies, Schotter, Splitt, Lavaschlacken, Füller, Sand, Recyclingbaustoffe, Schmelzkammergranulat, Steinkohlenflugasche, Müllverbrennungsasche und Stahlwerksschlacken). Geprüft werden Gewinnungsstätten und Aufbereitung, gesteinskundliche Merkmale und stoffliche Zusammensetzung, Widerstand gegen Verwitterung, Wasseraufnahme, Widerstand gegen Frost-Tau-Wechsel, Raumbeständigkeit, Widerstandsfähigkeit gegen Schlag (mechanische Beanspruchung), Korn- und Stückgrößenverteilung, Kornform, Bruchflächigkeit, Schüttdichte, Verdichtbarkeit, Reinheit und schädliche Bestandteile, Affinität zu Bitumen, Widerstand gegen Hitzebeanspruchung, Polierresistenz, organische Bestandteile, wasserlösliche Bestandteile, Glühverlust sowie pH-Wert und elektrische Leitfähigkeit nach DIN 38404 (wasserwirtschaftliche Merkmale).

Art und Umfang der Prüfungen sind in den „Technischen Prüfvorschriften für Gesteinskörnungen im Straßenbau" (TP Gestein), die geforderten Qualitätsmerkmale in den „Technischen Lieferbedingungen für Gesteinskörnungen im Straßenbau" (TL Gestein-StB) der Forschungsgesellschaft für das Straßen- und Verkehrswesen (FGSV) geregelt.

Tab. 8.1 Zusammenstellung der Prüfungen bei Erdarbeiten im Straßenbau

Prüfungen bei Erdarbeiten				
Bodenkennwert	**Norm**	**Eignungsprüfung**	**Eigenüberwachungsprüfung**	**Kontrollprüfung**
Wassergehalt W	DIN 18121 DIN ISO/TS 17892-1	X	X	X
Zustandsgrenzen w_L, w_P, w_S I_L, I_C, I_A, I_P	DIN 18122 DIN ISO/TS 17892-12	X		
Korngrößenverteilung	DIN 18123 DIN ISO/TS 17892-4	X	X	X
Korndichte ρ_s	DIN 18124 DIN ISO/TS 17892-3	X		
Dichte (Labor) Pxk, ρ_d, n, e, S	DIN 18125 DIN ISO/TS 17892		X	X
Lagerungsdichte max ρ_d, e, n min ρ_d, e, n	DIN 18126	X		
Proctordichte w_{Pr}, $\rho_{Pr'}$, D_{Pr}	DIN 18127	X	X	X
Glühverlust	DIN 18128	X		
Druckfestigkeit, einaxial Q_u, c_u, E_u, S_t	DIN 18136 DIN ISO/TS 17892-7	X		
Kompressibilität E_s, c_c, c_s, c_v	DIN 18135 DIN ISO/TS 17892-5	X		
Fallkegelversuch c_{uc}	DIN ISO/TS 17892-6	X		
Rahmenschervers. Triaxialschervers. φ', c', φ_u, c_u, φ_R, φ_s	DIN 18137 DIN ISO/TS 17892-8/9 und 10	X		
Durchlässigkeit K	DIN 18130-1 DIN ISO/TS 17892-11			
Frost-Tau-Prüfung	TP Gestein StB	X		
Marshall-Stabilität für bituminöse Bodenverfestigung	DIN 1996-11	X		

▪ Eigenüberwachungsprüfungen

Der Auftragnehmer muss die vorgeschriebene Güte des Erdbauwerkes nachweisen. Nach ZTVE-StB 14.2 sind Dichtemessungen in Schüttungen sowie Plattendruckversuche und Dichtemessungen auf dem Planum durchzuführen (Tab. 8.1). Fehlstellen sind zu beseitigen. Durch systematisches Prüfen wird der Nachweis erbracht, dass das Werk ordnungsgemäß ausgeführt wurde. Die Prüfungen bilden die Grundlage der Bauabnahme und Abrechnung. Die Eigenüberwachung wird entweder von Mitarbeitern der Baufirma oder von einem Baugrundinstitut, Ingenieurbüro bzw. Bodenprüfer im Auftrag der Baufirma ausgeführt. Sinnvoll mit der nach ZTVE-StB vorgeschriebenen Eigenüberwachung ist der Auftrag zu geotechnischer Beratung des Auftragnehmers. Im Zuge der Eigenüberwachung und Zustandsfeststellung können Abweichungen zwischen den Annahmen der Ausschreibung (baugeologisches Gutachten) und den tatsächlichen Bodenverhältnissen erkannt und aufgezeigt werden. Ein mit der Eigenüberwachung befasster Geologe kann die bauausführende Firma auf Fälle aufmerksam machen, in denen eine Berechtigung zu Nachforderungen auf Basis der geschlossenen Verträge besteht.

▪ Kontrollprüfungen

Kontrollprüfungen werden vom Auftraggeber (Bodenprüfstellen der Ämter, beauftragte Baugrundinstitute, Ingenieurbüros oder Bodenprüfer) durchgeführt. Sie dienen dem Überwachen der Prüftätigkeit des Auftragnehmers. In besonderen Fällen und beim Beaufsichtigen durch Fachkräfte des Auftragnehmers können vom Auftraggeber auch Eigenüberwachungsprüfungen als Kontrollprüfungen anerkannt werden.

▪ Schiedsprüfungen

Schiedsprüfungen fallen in strittigen Fällen an und können von einem Gericht, einem Schiedsgericht oder gemeinsam von den streitenden Parteien in Auftrag gegeben werden. Die Schiedsprüfung wird in aller Regel von einem von der Industrie- und

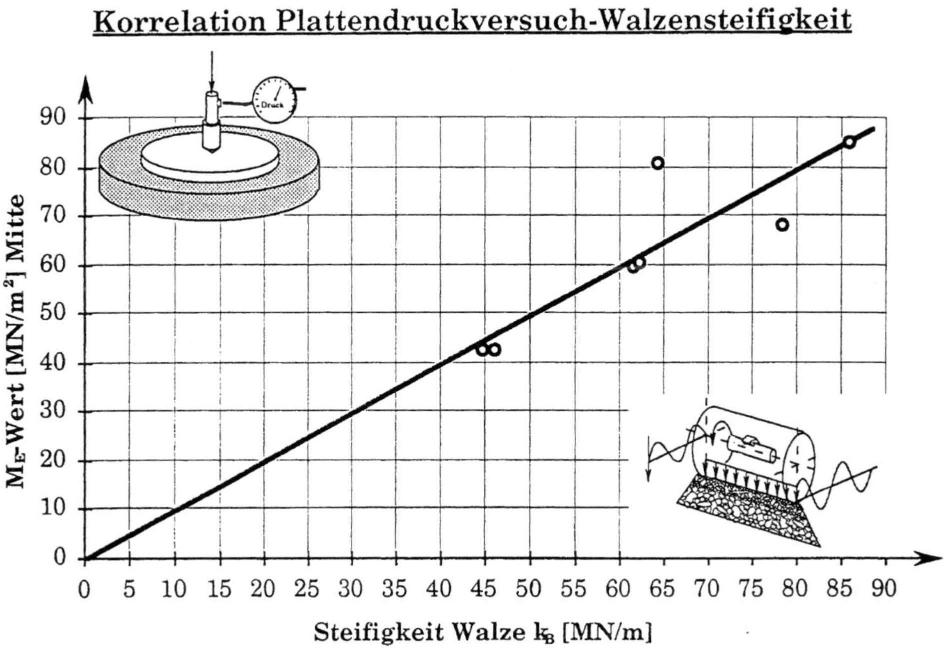

Abb. 8.24 Korrelation der mit Plattendruckversuch und Walzensteifigkeit ermittelten Verformungsmoduln (Firma Ammann, Langenthal, Schweiz). M_E (Schweizer Norm) entspricht ungefähr dem E_{v1}-Wert

Handelskammer öffentlich bestellten und vereidigten Sachverständigen vorgenommen.

ZTVE-StB 09 gibt unter Pos. 14.1 („Methoden für das Prüfen der Verdichtungskennwerte") und unter 14.5 („Prüfungen bei Bodenverfestigungen und qualifizierten Bodenverbesserungen") Anweisungen zu Art und Umfang der Eigenüberwachungsprüfungen und der Kontrollprüfungen. Für das Prüfen der Bodenverdichtung werden drei unterschiedliche Methoden aufgeführt (14.2.2 bis 14.2.4).

Methode 1 ist eine Vorgehensweise gemäß statistischem Prüfplan. Die Prüfung für ein Prüflos erfolgt auf Stichprobenbasis. Aus den einzelnen Stichproben werden das arithmetische Mittel und die Standardabweichung berechnet. Aus beiden Werten wird eine Qualitätszahl Q gebildet und mit einem Annahmefaktor $k = 0{,}88$ verglichen. Q soll $\geq k$ sein.

Methode 2 ist eine Vorgehensweise bei Anwendung flächendeckender dynamischer Messverfahren („Merkblatt für flächendeckende dynamische Verfahren zur Prüfung der Verdichtung im Erdbau"). Die Methode eignet sich für Baumaßnahmen mit großen Tagesleistungen. Die mit nichtlinearen Schwingungen (Unwucht) arbeitenden Bodenwalzen, z. B. Ammann-Tandem-Vibrationswalzen, erlauben eine in den Arbeitsgang des Verdichtens integrierte Verdichtungsmessung, mit der die Bodensteifigkeit kontrolliert werden kann (Anderegg 1997, 2000; Wehrli und Anderegg 1998, 1999). Nach vorangegangener Kalibrierung kann bei gleichmäßig zusammengesetztem Boden aus den dynamischen Messwerten direkt auf die erforderlichen Werte für Verdichtungsgrad und Verformungsmodul geschlossen werden (Abb. 8.24). Aus dem Kalibrieren kann ein Mindestwert für den dynamischen Messwert abgeleitet und vereinbart werden. Mit der Methode können Stellen, die ihre Soll-Verdichtung erreicht haben, erkannt werden; ungenügend verdichtete Stellen können mit maximaler Leistung bearbeitet werden; nicht verdichtbare Stellen können ausgewiesen werden.

Methode 3 ist ein Verfahren zum Überprüfen ausgesuchter Prüfpunkte. Die Mindestanzahl der Eigenüberwachungsprüfungen ist in ZTVE-StB geregelt. Die Mindestzahl an Untersuchungen ist bei Unterbau und Untergrund 3 Prüfungen pro 5000 m², beim Planum 3 Prüfungen pro 4000 m², bei Bauwerkshinterfüllungen 3 Prüfungen pro 500 m² und bei Leitungsgräben 3 Prüfungen pro 150 m Länge.

Das Überprüfen erfolgt nach den „Technischen Prüfvorschriften für Boden- und Fels im Straßenbau" (TP BF-StB) mit direktem Bestimmen von Wassergehalt (DIN 18121), Dichte und Porenanteil (DIN 18125) sowie Verdichtungsgrad D_{Pr} (DIN 18127). Indirekte Prüfverfahren sind Plattendruckversuch (DIN 18134), Dynamischer Plattendruckversuch (TP BF-StB, Teil 9), Prüfen der Einsenkung mit dem Benkelman-Balken (TP BF-StB, Teil B 8.3), Prüfen des Sondierwiderstandes durch Ramm- und Drucksondierungen (DIN 4094) und Prüfen durch Bestimmen des Setzmaßes nach einzelnen Verdichtungsübergängen (Abb. 8.24). Letzteres Verfahren eignet sich bei Grobschüttungen mit Steinen über 200 mm oder hohem Steinanteil. Für das Zuordnen von Verformungsmodul E_{v2} sowie E_{vd} und Verdichtungsgrad D_{Pr} werden in ZTVE-StB Anhaltswerte gegeben.

Bei grobkörnigen Böden können Verdichtungsgrad D_{Pr} in der eingebauten Lage und Verformungsmodul E_{v2} auf dem Planum über der eingebauten Lage einander näherungsweise zugeordnet werden.

Bei Kies der Bodengruppen GI, GW entspricht $E_{v2} \geq 120$ (≥ 100; ≥ 80) MN m^{-2} annähernd dem Verdichtungsgrad $D_{Pr} \geq 103$ (≥ 100; ≥ 98) %, und bei Sand und Kies der Bodengruppen SE, SI, SW, GE entspricht $E_{v2} \geq 80$ (≥ 70) MN m^{-2} dem Verdichtungsgrad $D_{Pr} \geq 100$ (≥ 98) % (Abb. 12.4 und 12.5).

Dem Verhältnis $E_{v2}/E_{v1} \leq 2{,}3$ (2,5; 2,6) kann bei den Bodengruppen GW, GI, GE, SW, SI, SE grob der Verdichtungsgrad $D_{Pr} = 100$ % (98 %; 97 %) zugeordnet werden.

Das Prüfen von Bodenverfestigungen und Bodenverbesserungen erfolgt nach Methode 3. Der Verdichtungsgrad D_{Pr} ist nach ZTVE-StB 94/97 in jeder eingebauten und/oder verfestigten Lage (Schicht) einmal pro 250 m² zu prüfen.

Tab. 8.2 Anhaltswerte für die Auflockerung und Überverdichtung von Boden- und Felsarten. (Nach Floss 1974)

Boden-/Felsart	Auflockerung in % nach dem Lösen	Bleibende Auflockerung (+) Überverdichtung (–) in % nach dem Einbau
Bodenarten		
Grobschluff	5 bis 20	–5 bis –25
Lehm	15 bis 25	–5 bis –15
Ton	20 bis 30	+2 bis –10
Sand	15 bis 25	–5 bis –15
Kies	25 bis 30	+8 bis ±0
Kies-Sand-Gemische	20 bis 25	–5 bis –15
Steinige Böden mit Feinkorn < 0,06 mm	20 bis 25	±0 bis –15
Felsarten		
Schluffstein, Tonstein, Mergelstein	25 bis 30	+2 bis +15
Kalkstein, Sandstein, Granit u. a.	35 bis 60	+10 bis +35

8.8 Ermitteln des Massenbedarfs bei Auflockerung und Überverdichtung

Soll für ein Erdbauwerk Material aus Seitenentnahme gewonnen werden, so ist die Brauchbarkeit der dort anstehenden Boden- und Gesteinsarten als Dammbaustoff sowie der Massenbedarf zu erkunden. Für die Disposition der Fördergeräte, das Ermitteln der Transportkosten und die Massenbilanz ist mit der beim Lösen entstehenden Volumenzunahme zu rechnen. Es ist zu unterscheiden zwischen:

- Dichte der anstehenden Boden- oder Felsart;
- Dichte des aufgelockerten Bodens nach dem Lösen;
- Dichte des aufgelockerten Bodens beim Transport;
- Dichte des im Erdbauwerk eingebauten und verdichteten Bodens.

8.8.1 Faktoren für das Auflockern und Überverdichten

Beim Lösen von Boden oder Fels ergibt sich in jedem Falle eine Auflockerung. Der Wiedereinbau des gelösten Materials kennt je nach Boden- und Gesteinsart eine bleibende Auflockerung oder eine Überverdichtung gegenüber den Dichtewerten im anstehenden Boden (Tab. 8.2).

Die Auflockerung bzw. Überverdichtung wird von den Faktoren Boden- bzw. Gesteinsart, Korn- bzw. Stückform, Korngrößen- bzw. Stückgrößenverteilung, Gehalt an organischer Substanz, Wassergehalt und Witterungsbedingungen beim Einbau sowie von den eingesetzten Geräten und deren Arbeitsleistung beeinflusst. Die genaue Kenntnis von Auflockerung und Verdichtung ist für den Einkauf von Material im Steinbruch und für

Tab. 8.3 Umrechnungsgewichte für Schüttgüter beim LKW-Transport nach den Tarifen des Güternahverkehrs (*GNT*)

Schüttgut	Umrechnungsgewicht [t m^{-3}]
Erdaushubmaterial, Lehm	1,7
Kies, nass	2,0
Kies, feucht	1,8
Kies, trocken	1,7
Kiessand, nass	1,8
Kiessand, feucht	1,7
Kiessand, trocken	1,6
Sand, nass	1,6
Sand, trocken	1,5
Basaltschotter	1,55
Granitschotter	1,3
Kalkschotter	1,45

das Bearbeiten von Angeboten wichtig. In aller Regel erfolgt die Einbauabrechnung nach Aufmaß in Quadrat- oder Kubikmetern, der Verkauf im Steinbruch jedoch nach Tonnen.

8.8.2 Dichte des aufgelockerten Bodens beim LKW-Transport

Beim Transport von Schüttgütern (Schiene, Straße, Privatstraße, Baustelle) ergibt sich die Frage nach Dichte und Umrechnungsgewicht der zu ladenden Erdmassen. Bis 1998 galten die Regelungen des Güternahverkehrs, wobei sich die dort genannten Werte an DIN 1055-2 orientieren und an der oberen Grenze der möglichen Dichtewerte liegen. Tab. 8.3 benennt geologisch relevante Werte.

Diese Umrechnungsgewichte gelten, soweit sich nicht nach eigenem Wiegen andere Gewichte ergeben.

Im Baubetrieb kann die Dichte der zu transportierenden Erdmassen von den in DIN 1055 genannten Umrechnungsgewichten erheblich abweichen.

Direktes Bestimmen durch Wiegen des beladenen LKW
Hierbei wird der LKW gestrichen voll beladen und gewogen. Ermittelt werden das LKW-Leergewicht und das Gewicht des beladenen LKW, woraus sich das Gewicht der LKW-Ladung ergibt.

Die gesuchte Dichte des aufgelockerten Bodens beim LKW-Transport (aufgelockertes Schüttgewicht) ergibt sich aus:

$$\frac{\text{Gewicht der Ladung}}{\text{Volumen des Kastenmaßes}} = \text{Dichte.}$$

Zweckmäßiger werden im Zuge der Baumaßnahmen einzelne beladene LKWs herausgegriffen und über die Waage gefahren. Beim nachträglichen Bestimmen nach Abschluss der Baumaßnahmen erfolgt das Messen entweder durch Beladen des LKW in der noch offenen Entnahmestelle oder, wenn dies nicht möglich ist, in einer anderen (hierfür angelegten) Entnahmestelle aus der gleichen geologischen Schicht mit den gleichen bodenphysikalischen Eigenschaften.

Maßgebend für die Dichte der LKW-Ladung ist die Art des Beladens. Diese wird beeinflusst vom Baggertyp, der Löffelbreite, der Art der Bodenaufnahme, der Fallhöhe des Löffelinhaltes, der Art der Ladung (direkt oder nach Zwischenlagerung) sowie von dem Verdichten des Bodens mit dem Löffel beim Absetzen und beim Glattstreichen der Ladung.

Beim Transport können Gewichtsänderungen durch Regen, Verdunsten und durch Ausfließen des mitgeladenen Wassers eintreten.

- **Bestimmen der Dichte eines aufgelockerten Bodens mit einem Umrechnungsfaktor aus der bekannten Dichte des im Erdbauwerk eingebauten verdichteten Bodens**

Im Zuge der Eigenüberwachung und der Kontrollüberwachung werden in regelmäßigen Abständen Dichteprüfungen am eingebauten Bodenmaterial durchgeführt. Für die LKW-Ladungen wird eine gleichmäßige und konstante Auflockerung vorausgesetzt. Als Bezugsgröße zum eingebauten verdichteten Boden beträgt dieser Auflockerungsfaktor 0,8–0,9.

Die Dichte des aufgelockerten Bodens beim LKW-Transport wird durch das Aufmaß des Volumens einer LKW-Ladung und durch Wiegen des beladenen LKW ermittelt. Die Dichte des verdichteten Bodens wird durch Labortest ermittelt:

$$\frac{\text{Dichte des aufgelockerten Bodens (LKW)}}{\text{Dichte des verdichteten Bodens}} = \text{Faktor}$$

- **Bestimmen der Dichte eines aufgelockerten Bodens mit einem Umrechnungsfaktor aus der bekannten Dichte des natürlich anstehenden Bodens**

Im Zuge der Bodenuntersuchung wird mehrfach die Dichte des feuchten Bodens in natürlicher Lagerung bestimmt. Es wird für den Ladevorgang eine gleichmäßige und konstante Auflockerung vorausgesetzt, für welche ein konstanter Auflockerungsfaktor aus direkten Vergleichsmessungen oder als Erfahrungswert eingesetzt wird. Als Bezugsgröße zur Dichte des natürlich anstehenden Bodens beträgt dieser Auflockerungsfaktor 0,7–0,9.

- **Bestimmen der Dichte eines aufgelockerten Bodens im Labor**

Von dem zu untersuchenden Boden werden im Labor Teilproben in Behälter mit bekanntem Volumen lose eingefüllt. Die Probemenge bzw. der Mindestinhalt der Behälter richtet sich nach der Bodenart, besonders nach der Größe der Erdklumpen und Steine. Durch seitliches Beklopfen des gefüllten Behälters mit einem Hammer werden die Erschütterungen des Baustellenbetriebs nachgeahmt. Die Probebehälter werden gewogen und ausgemessen:

$$\frac{\text{Probegewicht}}{\text{Volumen}} = \text{Dichte}$$

- **Bestimmen der Dichte eines aufgelockerten Bodens durch Probeentnahme in verschiedenen Schütthöhen auf dem LKW**

Auf dem beladenen LKW werden in verschiedenen Schichten zwischen Unterkante und Oberkante des Laderaumes Bodenproben ungestört entnommen. Anschließend wird ihre Dichte bestimmt. In gleicher Weise kann in einer zum LKW-Laderaum (Kasten) vergleichbaren Höhe die Dichte auch an einem locker gelagerten Haufwerk überprüft werden. Die gesuchte Dichte ergibt sich als Mittelwert aus den verschiedenen Entnahmeschichten. Das Verfahren eignet sich nur für grobkörnige Böden, besonders für Sand.

Standfestigkeit und Sicherung von Erdbauwerken

Wolfgang Dachroth

W. Dachroth, *Handbuch der Baugeologie und Geotechnik*, DOI 10.1007/978-3-662-46886-9_9

Erdbauwerke wie Verkehrsdämme, Lärmschutzdämme, Rampen, Deiche, Staudämme, Aufschüttungen, Anschüttungen und Halden belasten und verformen den Baugrund. Innerhalb der Erdbauwerke findet eine Eigenkonsolidation im Schüttmaterial statt, wodurch Sackungen und Verformungen eintreten. Für wasserdruckhaltende Deiche und Dämme und für Verkehrsdämme sind zum Vermeiden schadhafter Verformung und Zerstörung des Dammkörpers eingehende Beurteilungen der Standsicherheit erforderlich. Die in ihrer Neigung der Standsicherheit des Erdbauwerkes angepasste Böschung ist vor Verwitterung und Erosion zu schützen. Sollen Erdbauwerke aus Platzgründen mit steilen bis senkrechten Wänden gebaut werden, sind zusätzliche konstruktive Baumaßnahmen erforderlich.

9.1 Standsicherheit von Erdbauwerken

Folgende Nachweise sind gegebenenfalls zu erbringen:

- Abschätzen der Standsicherheit;
- Abschätzen der Sicherheit gegen Grundbruch;
- Abschätzen der Sicherheit gegen Böschungsbruch;
- Abschätzen der Gleitsicherheit;
- Abschätzen der Standsicherheit bei wenig tragfähigem Untergrund;
- Abschätzen der zu erwartenden Setzbeträge aus dem Untergrund;
- Abschätzen der zu erwartenden Sackungsbeträge und Verformungen aus Eigenkonsolidation im Schüttmaterial (◻ Abb. 9.9).

Weiterhin sind Aussagen zu treffen zu Gefahren und möglichen Schäden wie

- Erosion in Böschung und Schulter,
- Subrosion im Erdbauwerk,
- Subrosion im Untergrund,
- Frostschäden in Böschung und Planum,
- Bodenkriechen in der Böschung,
- Schichtfließen in der Böschung,
- Erosion und Auskolken am Böschungsfuß unter Wasser.

Zu beachten sind DIN EN 1997, DIN 1054, 4017, 4019, 4084, 4085 und das „Merkblatt über Straßenbau auf wenig tragfähigem Untergrund" (Arbeitsgruppe „Erd- und Grundbau" der Forschungsgesellschaft für Straßen- und Verkehrswesen 2010).

Solche rechnerischen Abschätzungen können z. B. ergeben, dass unter einem geplanten Damm ein tiefgründiger Bodenaustausch mit entsprechendem Verdichten durchzuführen ist. Beim Einbau witterungsempfindlichen Dammschüttmaterials ist auf ein Quergefälle von 6 % zu achten. Dies betrifft besonders veränderlich festes Gesteinsmaterial und die letzte Schüttlage vor einer Arbeitsunterbrechung.

Müssen in einem Damm Bodenarten mit unterschiedlichen bodenmechanischen Eigenschaften, wie z. B. feinkörnige, stärker zusammendrückbare neben grobkörnige Böden, eingebaut werden, so ist hierfür ein Einbauschema festzulegen. Böden mit ungünstiger Konsistenz und geringer Scherfestigkeit werden dann bevorzugt im Inneren eines Dammes und nur bis zu einer bestimmten Höhe unter Planum eingebaut (meist nur bis maximal 2 m unter Planum; ◻ Abb. 9.1).

9.1.1 Grundbruchsicherheit von Erdbauwerken

Unter der Last eines Dammes wird der Untergrund belastet. Die Grundbruchuntersuchung muss dementsprechend für schräge und außermittige Belastung (DIN 4017) durchgeführt werden. Es wird eine Dammhälfte betrachtet. Die Grundbruchfigur führt bei Dämmen sehr tief, jedoch ist die wirksame Tiefe meist durch die geologischen Verhältnisse begrenzt, etwa durch die Grenzschicht zu einem Boden hoher Scherfestigkeit (◻ Abb. 9.2). Bei geringer Mächtigkeit der weichen Schicht ist entsprechend nur ein seitlicher Teil des Dammes durch Grundbruch gefährdet. Bei geschichtetem Untergrund müssen mehrere geometrisch mögliche Bruchfiguren untersucht werden (◻ Abb. 9.3). Bei schräger Auflagerungsfläche, so bei hangparallelen Dämmen, ist die Grundbruchsicherheit deutlich geringer. Werden Dämme auf einem nicht oder nur wenig durchlässigen Boden (Ton, Schluff) gegründet, so ist im Untergrund mit Porenwasserüberdruck zu rechnen. Die Standsicherheit muss dann bei stark verminderter Scherfestigkeit des Untergrunds ($\varphi = 0$) nachgewiesen werden.

9.1.2 Böschungsneigung und Sicherheit gegen Böschungsbruch

Bei Dammkörpern ist auf die Ausbildung der Böschung unter den gegebenen Bodenverhältnissen zu achten. Dies betrifft Böschungsneigung, Böschungssicherung und Erosionsschutz. Die Neigung der Böschung eines Dammes ist auf die Scherfestigkeit des Schüttmaterials und des Untergrundes abzustimmen. Bei zu steiler Böschung kommt es zum Böschungsbruch, wobei auch Teile des Untergrundes in die Verformung einbezogen werden können. Bei Dammschüttungen aus veränderlich festem Gestein oder quellfähigem Tongestein ist die durch den Witterungsprozess sich eventuell verringernde Scherfestigkeit anzugeben.

Die zulässige Böschungsneigung kann nach DIN 4084 berechnet und überprüft werden.

Die in DIN 4084 vorgeschriebenen Sicherheiten können, besonders unter Berücksichtigung der sich einstellenden Kohäsion, in Abstimmung zwischen Bauherrn und Genehmigungsbehörde niedriger gewählt werden. In der Praxis hat es sich als sinnvoll erwiesen, Sandböden mit einem Reibungswinkel $\varphi = 35°$ mit Regelneigungen 1:1,5 abzuböschen.

Bei Dammschüttungen aus einheitlichem Bodenmaterial mit einfachen Auflasten und einfachen Grundwasserverhältnissen kann das Bestimmen der Böschungsneigung durch Anwenden von Tafeln oder Nomogrammen erfolgen. Hierbei gelten für Dämme die gleichen Werte wie für Einschnitte (◻ Tab. 7.2). Für Böschungen oberhalb des Grundwasserspiegels können die Verfahren von Fellenius (1947; ◻ Abb. 7.1), Taylor (1948) oder Jelinek (1955; ◻ Abb. 7.2) verwendet werden. Gleiche

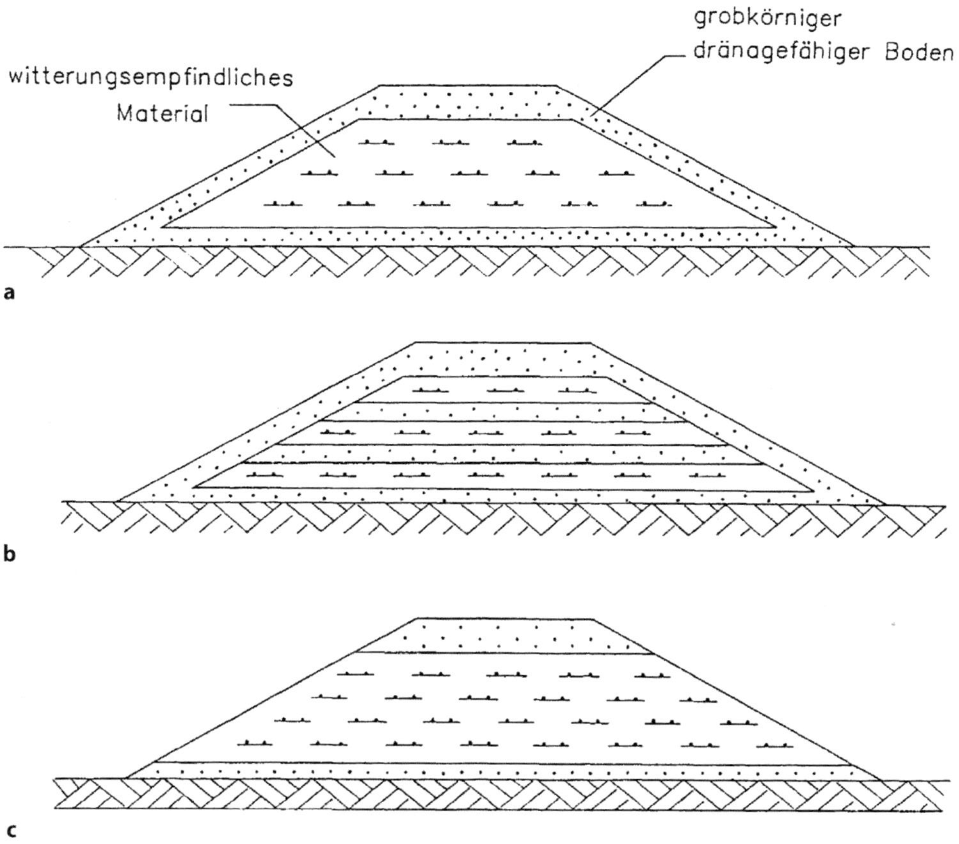

■ **Abb. 9.1** Dammbauweisen bei witterungsempfindlichem Schüttmaterial im Verbund mit witterungsstabilem Schüttmaterial aus Sand, Kies oder Schotter. **a** Kernbauweise; **b** Sandwich-Bauweise; **c** kapillarbrechende Dammsohle und Sicherung

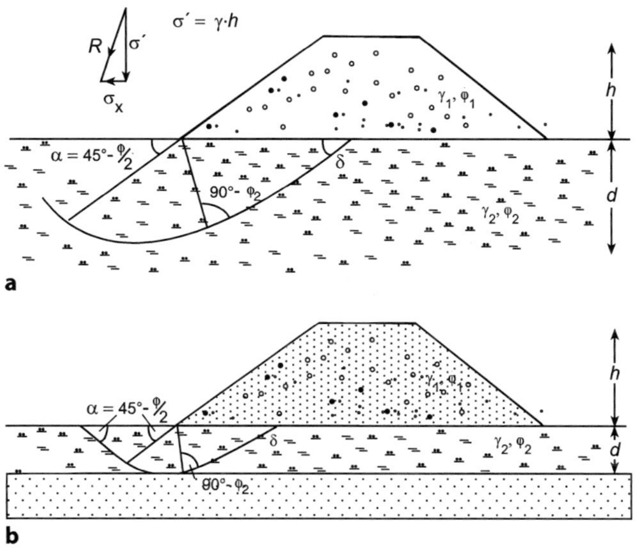

■ **Abb. 9.2** Mögliche Grundbruchfiguren unter einem Damm mit Kraftansatz und relativer Größenverteilung für die Schubspannung σ_x. **a** Bei tiefgründig weichem Boden; **b** bei begrenzter Tiefe der weichen Schicht

Böschungsneigungen und gleiche Sicherheitsnachweise für die Gebrauchstauglichkeit, wie unter ► Abschn. 7.1.1 für Geländeeinschnitte und Anschnitte im anstehenden grobkörnigen Boden aufgeführt, gelten auch für Böschungen von Erdbauwerken aus gleichmäßig verdichtetem grobkörnigen Boden (■ Tab. 7.2). Die in DIN 4084 genannten Sicherheitsbeiwerte müssen aber zusätzlich berücksichtigt werden. Die zulässige Böschungsneigung β ist

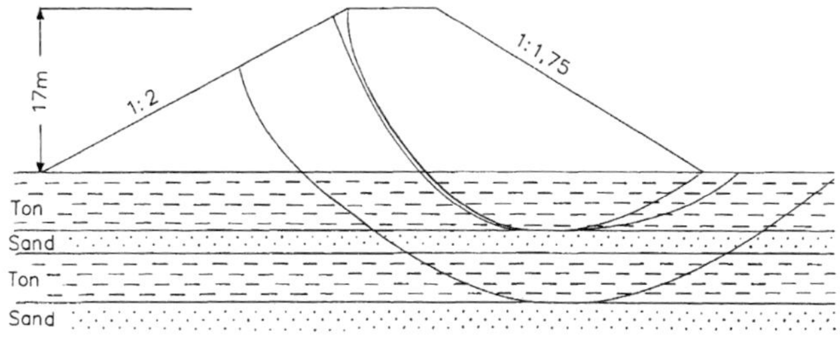

■ **Abb. 9.3** Beispiele für ungünstige Gleitfugen in einem Damm auf geschichteten Untergrund

bei homogenen grobkörnigen Böden (Sand, Kies, Steine) unabhängig von der Böschungshöhe und beträgt:

$$\tan\beta = \frac{\tan\varphi_k}{\gamma_\varphi} \text{ bzw. } \tan\beta = \tan\varphi_d.$$

Folgende mögliche Neigungen werden in der Literatur für grobkörnige Böden mitteldichter bis dichter Lagerung angegeben:

- Feinsand 1:2;
- Grobsand 1:1,7;
- Kies und Steine 1:1,5.

Böschungen sind gegen Abtrag und Erosion zu schützen. Bei starker Durchnässung neigen nicht ausreichend verdichtete Böden zum Ausfließen. Als murenartige Massenbewegung können sich Teile der Böschung in Bewegung setzen und tiefe Erosionsrinnen hinterlassen. Rechtzeitiges Bepflanzen der Bö-

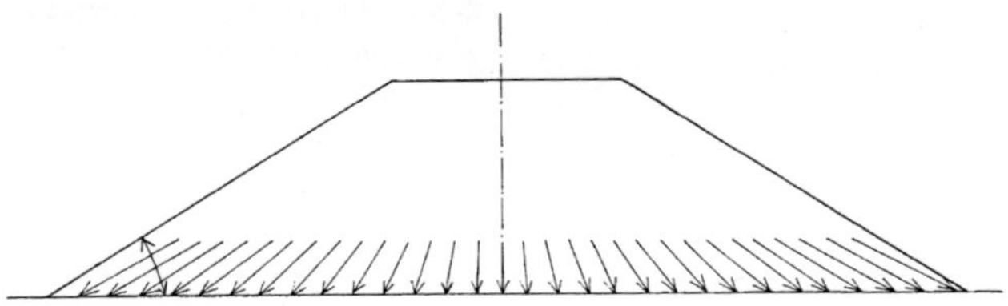

Abb. 9.4 Schubspannungen (Spreizkräfte) in der Sohle eines Dammes

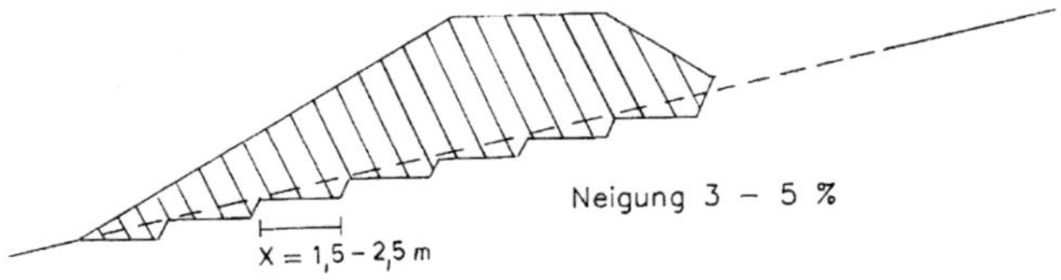

Abb. 9.5 Abtreppung des geneigten Geländes unter einem Damm zum Erhöhen der Gleitsicherheit

schung hilft witterungsbedingtes Auflockern und Erosion zu vermeiden.

Dammschüttungen aus veränderlich festem Gestein können nach längerer Zeit instabil werden. Soweit steile Böschungen, für die nur anfänglich Standfestigkeit nachgewiesen werden kann, realisiert werden sollen, bietet sich neben Stützmaßnahmen auch im Bereich der der Witterung ausgesetzten Deckschichten des Dammes die Wahl eines anderen standfesten Bodenmaterials an. Besonders gefährdet sind nach Südwest exponierte Böschungen. Erhöhte Stabilität und günstige Dränwirkung bietet die Sandwich-Bauweise (Abb. 9.1b). Nachteil der Sandwich-Bauweise ist die ständige Durchfeuchtung der Böschungsflächen jeweils in Höhe der durchlässigen Schicht.

Bewährt hat sich die Anwendung von Geotextilien (Abb. 8.22, 8.23).

9.1.3 Gleitsicherheit von Erdbauwerken

Unter der Last eines Dammes wird der Untergrund durch vertikale und durch schräg nach außen gerichtete Spannungen belastet (Abb. 9.4). Wenn die hieraus resultierenden horizontalen Schubspannungen in der Gründungssohle des Dammes wegen zu geringer Scherfestigkeit des anstehenden Bodenmaterials nicht auf den Untergrund übertragen werden können, gleiten Teile des Dammes nach außen (Brendlin 1968), Rendulic (1938), Brendlin (1968), (Brauns 1980).

Wird ein Damm auf einem Gelände mit einer Neigung steiler als 1:5 gegründet, ist zu prüfen, ob Abtreppen erforderlich ist (Abb. 9.5). Die einzelnen Stufen sollen 1,5–2,5 m lang und mit einem Gefälle von 3–5 % ausgebildet werden. Lockermaterial wird am Hang bis auf den tragfähigen Fels abgetragen. Wenn glatte Felsflächen den Untergrund für den Damm bilden, kann es nötig sein, diese zur Übernahme der Scherkräfte aufzurauen. Auf steilen Felshängen ab 25 % Neigung müssen Dämme abgestützt werden (Abb. 9.6).

In der Dammsohle oder Sohle einer Aufschüttung/Halde bewirkt die Dammlast $V = \gamma\, h$ mit dem Reibungswinkel φ'_1 eine Spreizspannung (Abb. 9.4). Die Größe der horizontal einwirkenden Spreizkräfte/Schubkräfte S ergibt sich nach Rendulic (1938) zu

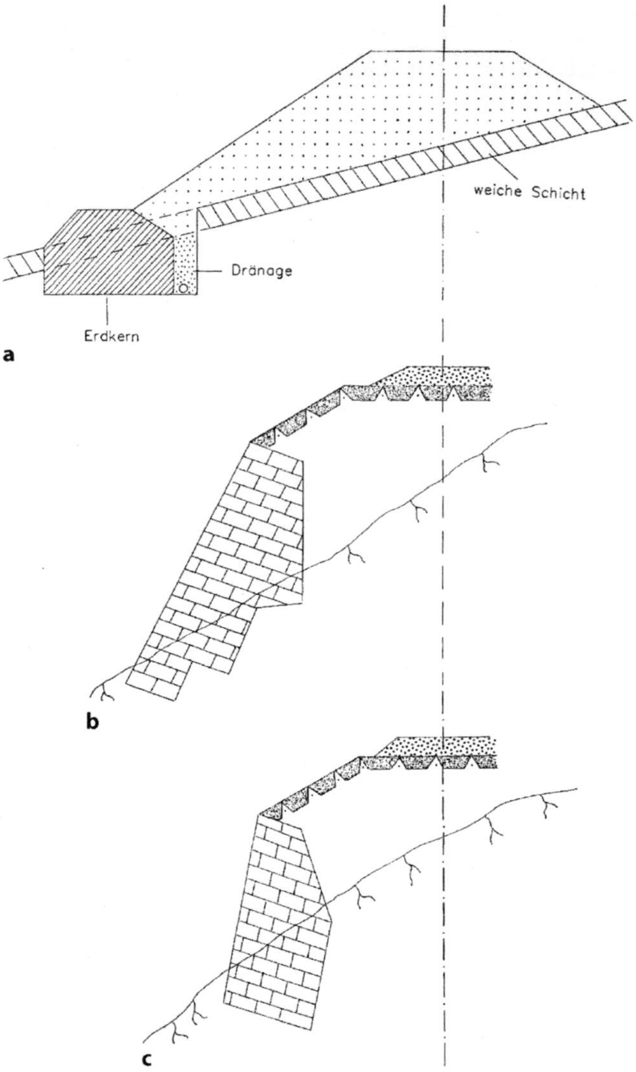

Abb. 9.6 Beispiele für das Abstützen von Dämmen auf geneigtem Untergrund. **a** Stützbauwerk aus einem verdichteten Erdkern (Reibungsfuß); **b,c** Stützwand oder Stützmauer bei Gründung auf geneigter Felsoberfläche. (Umgezeichnet nach Kézdi und Marko 1969)

$$S = 0{,}5\gamma h^2 \tan^2(45^\circ - 0{,}5\varphi'_1)$$

Die Spreizkräfte müssen durch den Widerstand im Untergrund (φ'_2, c'_2) bzw. beim Schütten auf eine befestigte Unterlage (z. B. Beton, Asphalt) mit dem Sohlreibungswinkel δ'_S aufgenommen werden. Dieser Widerstand wird von den bodenmechanischen Eigenschaften und dem Zustand des Untergrundes bestimmt. Für das rechnerische Abschätzen eines Widerstandswertes sind die charakteristischen Bodenkennwerte (Vertikalkomponente der Auflast V_k, Höhe der Erdschüttung h, Wichte des Erdbaustoffes γ_k) anzugeben.

Für einen wassergesättigten Boden im Untergrund ergibt sich der charakteristische Wert des horizontal wirkenden Gleitwiderstandes zu (Ziegler 2004)

$$R_{T,k} = A c_{u,k}$$

Tab. 9.1 Der für die Gleitsicherheit erforderliche Reibungswinkel des Untergrundes φ_2 bei einer Dammböschung mit Neigung β und einem Dammschüttmaterial mit Reibungswinkel φ_1. (Nach Rendulic 1938)

β [°]	**φ₁ [°]**						
	10	**15**	**20**	**25**	**30**	**35**	**37,5**
10	9°30′	6°30′	5°15′	4°15′	3°30′	2°45′	2°30′
15		13°15′	8°50′	6°50′	5°30′	4°30′	4°0′
20			16°5′	10°20′	8°0′	6°0′	5°30′
25				18°40′	11°20′	8°40′	7°30′
30					19°10′	11°10′	9°30′
35						19°30′	14°20′
37,5							19°30′

A ist die für die Kraftübertragung maßgebende Fläche

$c_{u,k}$ ist der charakteristische Wert der Kohäsion im undränierten Zustand

Für einen konsolidierten Boden im Untergrund, z.B eingetreten nach schichtweisem Erdauftrag, ergibt sich der charakteristische Wert des horizontal wirkenden Gleitwiderstandes zu (Ziegler 2004)

$$R_{,\,k} = V_k \tan \varphi_{2,\,k} + Ac_k$$

oder

$$R_{,\,k} = V_k \tan \delta'_{S,\,k}$$

Für das rechnerische Abschätzen der Gleitsicherheit sind die charakteristischen Bodenkennwerte (G_k) nach DIN EN 1997 und DIN 1054: 2010 in Bemessungswerte (G_d) zu überführen (Abschn. 11.2.3). Entsprechend sind die die Einwirkung und Beanspruchung G_k bestimmenden charakteristischen Bodenkennwerte nach GEO 2 mit dem Teilsicherheitsbeiwert γ_G zu multiplizieren und zum Bemessungswert G_d bzw. S_d zu vergrößern, und die den Bodenwiderstand R_k bestimmenden Bodenkennwerte durch den Teilsicherheitsbeiwert γ_G zu dividieren und zum Bemessungswert R_d zu verkleinern. Für die so berechneten Größen der Schubkraft S_d und dem Bodenwiderstand R_d muss die Ungleichung erfüllt sein.

$$R_d > S_d \quad \text{bzw.} \quad R_d - S_d > 0$$

9.1.4 Abschätzen der Standsicherheit über wenig tragfähigem Untergrund

Die Standsicherheit ist bei Erdbauwerken über wenig tragfähigem Untergrund jeweils für den Anfangs-, Zwischen- und Endzustand zu ermitteln. Weicher Baugrund ist im Regelfall wenig durchlässig und neigt beim Belasten zu Porenwasserüberdruck mit Erniedrigung der Scherfestigkeit. Aufschüttungen sind stufenweise vorzunehmen. Die erste Aufschüttung darf nur so hoch vorgenommen werden, dass die anfangs vorhandene Scherfestigkeit zur Verhinderung eines Grundbruches ausreicht. Danach ist die Setzung abzuwarten. Die eintretende Verdichtung bewirkt eine Erhöhung der Scherfestigkeit und erlaubt weiteres stufenweises Aufschütten bis zur Endhöhe. Mögliche Versagensmechanismen sind in Abb. 9.2 und 9.3 dargestellt. Stehen im Untergrund von geplanten Dämmen, Aufschüttungen, Anschüttungen, Rampen, Halden weiche und wenig tragfähige Böden an, so ist es möglich, dass diese durch die aufgebrachten Lasten seitlich ausgequetscht werden, also ein Grundbruch eintritt (Weißenbach, Hettler 2010). Es ist ein Nachweis zur Grundbruchsicherheit zu führen. Ein solcher Nachweis erfolgt nach den Vorgaben der DIN 4017 und/oder über den Nachweis der Geländebruchsicherheit mit dem Berechnen von Gleitkreisen nach DIN 4084 und DIN 1054. Besonders bei begrenzter Mächtigkeit der gering tragfähigen Bodenschicht ist jedoch zu prüfen, ob sich die der Grundbruchfigur nach DIN 4017 zugrundeliegende Bruchfigur ausbilden kann oder ob der weiche Boden unter der Last der aufgebrachten Schüttungen *in situ* komprimiert wird.

Die Anfangsstandsicherheit für eine größtmögliche Schütthöhe wird mithilfe von Gleitkreisen berechnet. Die Standfestigkeit eines Dammes hängt von folgenden Größen ab:

- Dammhöhe h;
- Dicke der weichen Schicht d;
- Verhältnis h/d;
- Böschungsneigung β;
- Dichte ρ und Reibungswinkel φ' des Dammbaustoffs;
- Dichte ρ, Reibungswinkel φ_u und Kohäsion c_u des Untergrundes.

Die größtmögliche Schütthöhe ergibt sich zu:

$$h = \frac{c_u N_{c\beta}}{\gamma_k}.$$

$N_{c\beta}$ ist ein Tragfähigkeitsfaktor mit Zahlenwerten zwischen 5 und 12, welcher über die Verhältnisse β/φ' und h/d ermittelt wird („Merkblatt über Straßenbau auf wenig tragfähigem Untergrund“). In Konsequenz hierzu ergibt sich, dass die Anfangsstandfestigkeit hoher Dämme flache Böschung erfordert.

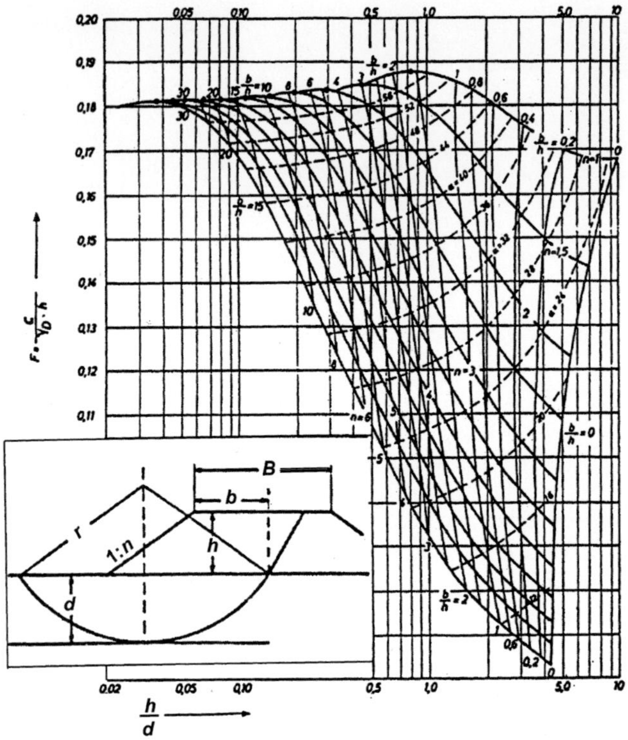

Abb. 9.7 Netztafel zum Bestimmen der erforderlichen Scherfestigkeit und der Standsicherheit von Dämmen. (Nach Siedek und Diesler 1969; $\lambda_a = 0{,}333$)

Ein mit den Sicherheitsnachweisen nach DIN EN 1997 und DIN 1054 nicht abgestimmtes Verfahren zum überschlägigen Bestimmen der Anfangsstandfestigkeit bietet die Netztafel von Siedek und Diesler (1969; Abb. 9.7). Die Tafel gilt für Dammhöhen ab 2 m. Bei diesem Verfahren wird zu den bekannten Größen Dammhöhe h, Böschungsneigung $1{:}n$ und Dicke der weichen Schicht t für die Sicherheit $\eta = 1$ die erforderliche Scherfestigkeit bestimmt. Die Sicherheit η ergibt sich aus dem Verhältnis von vorhandener zu erforderlicher Scherfestigkeit:

$$\eta = \frac{\tau_{\text{vorh}}}{\tau_{\text{erf}}}.$$

In der Netztafel sind fünf verschiedene Liniensysteme aufgetragen:

1. Auf der Abszisse ist mit horizontalen Linien die gesuchte Stabilitätszahl F abgetragen. Die erforderliche Scherfestigkeit $\tau_{\text{erf}} = c_u = F\sigma$ mit $\sigma = \gamma_k h$ wird für die Sicherheit $\eta = 1$ bestimmt.
2. Auf der Ordinate ist mit vertikalem Linienverlauf das Verhältnis h/t abgetragen, wobei h die Dammhöhe und t die Mächtigkeit der weichen Schicht ist.
3. Auf einem von links oben nach rechts unten verlaufenden Liniensystem ist die Böschungsneigung n, berechnet aus dem Verhältnis $1{:}n$ zwischen den Werten 1:1 und 1:6, aufgetragen.
4. Durch ein vertikal verlaufendes Liniensystem ist das Verhältnis b/h mit b = halbe Kronenbreite dargestellt.
5. Durch ein von rechts oben nach links unten verlaufendes Liniensystem sind die vom Mittelpunkt des Gleitkreises ausstrahlenden Winkel, die den als Gleitkreis bezeichneten Kreisausschnitt bilden, dargestellt.

Anwenden der Netztafel

Sind für eine Dammkonstruktion h, t, γ und n bekannt, so kann für h/t die Stabilitätszahl F abgegriffen werden (Schnittpunkt der h/t-Linie mit der n-Kurve). Für jede n-Kurve ist ein durch einen Punkt hervorgehobenes Maximum dargestellt. Der berechnete Wert h/t gilt nur rechts von diesem Maximum der zugehörigen n-Kurve. Links von diesem Maximum gelten die Koordinaten der Maxima der n-Kurven (Tab. 9.2) und nicht die kleiner ausfallenden Berechnungswerte für h/t.

Beispiel: $h = 6$ m, $\gamma = 20$ kN m^{-3}; $n = 2$; $B = 10$ m; $t = 24$ m. $h/t = 6 / 24 = 0{,}25$ liegt links vom Maximum der zugehörigen n-Kurve für $n = 2$. Es gilt für h/t der Wert 0,293 aus Tab. 9.2 und somit für $F = 0{,}1835$ (aus Tab. 9.2 oder aus der Netztafel). Aus $F = c/(\gamma h)$ berechnet sich: $c_{\text{erf}} = 0{,}1835 \cdot 20 \cdot 6 = 22$ kN m^{-2}.

Einfluss der Dammbreite

In der Netztafel liegt im Schnittpunkt der n-Kurve mit der Linie h/t eine Linie der Kurvenscharen b/h. Im Beispiel wird aus der Netztafel für b/h der Wert 4,8 abgelesen. Es berechnet sich aus

$$\frac{b}{h} = 4{,}8;\ b = 4{,}8h;\ b = 28{,}8.$$

Die errechnete Breite $b = 28{,}8$ m ist größer als die Breite $B = 10$ m! Somit ist ein anderer Gleitkreis maßgebend, und die erforderliche Scherfestigkeit ist geringer. Um diese zu finden, wird im Diagramm für

$$\frac{B}{h} = \frac{10}{6} = 1{,}66 = \frac{b}{h}$$

der Schnittpunkt mit der Kurve $n = 2$ gesucht und der zugehörige Wert h/t = ca. 1,0 abgelesen. Daraus ergibt sich: $F = 0{,}166$ und $c_{\text{erf}} = 19{,}92$ kN m^{-2}.

Die Netztafel ermöglicht es, den Einfluss verschiedener Randbedingungen abzuschätzen. Demnach sind Dämme bei einer Anfangsscherfestigkeit der weichen Schicht von $c_u > 40$ kN m^{-2} bei einer Höhe bis zu 6 m und einer Böschungsneigung $n = 1{,}5$–2 standfest.

Tab. 9.2 Koordinaten der Maxima der n-Kurven für die Netztafel. (Nach Siedek und Diesler 1969)

n	1,0	1,5	2,0	2,5	3,0	3,5	4,0	4,5	5,0	5,5	6,0
h / t	0,858	0,465	0,293	0,200	0,141	0,108	0,079	0,064	0,050	0,043	0,036
$F = c / (\gamma_D h)$	0,1875	0,1848	0,1835	0,1827	0,1822	0,1820	0,1818	0,1817	0,1816	0,1815	0,1814

Da diese Netztafel für Dammhöhen unter 2 m nicht geeignet ist, können solche Fälle nur nach ◘ Tab. 9.1 (Rendulic 1938) berechnet werden.

9.1.5 Setzung und Eigenkonsolidation von Dämmen

Dämme belasten den Untergrund als schlaffe Last über eine breite Sohlfläche. Die für die Setzungsberechnung maßgebenden Spannungen reichen in große Tiefen. Die Untersuchungstiefe reicht bis zum setzungsbegrenzenden Horizont (Kies, Fels). Bei tiefgründig weichen Böden ist mindestens bis zu der Tiefe zu erkunden, die der Dammbreite in halber Dammhöhe entspricht: 0,5 (Kronenbreite + Dammsohlenbreite) (◘ Abb. 9.8).

Die Setzungsberechnung erfolgt nach DIN 4019 unter Verwendung der Tafeln für die schlaffe Lastverteilung mit dem Setzungsbeiwert *i* nach Steinbrenner (1934).

Setzungsberechnungen werden für verschiedene Punkte des Dammquerschnittes (Dammfuß, Böschungsmitte, Dammschulter, Mitte der Dammkrone) ausgeführt. Aus den berechneten unterschiedlichen Setzungsbeträgen ergeben sich Verformungen im Dammkörper, die auf ihre Verträglichkeit zu diskutieren sind. Dies betrifft z. B. die Verformung von Entwässerungsleitungen. Die Zeit-Setzungsberechnung unterliegt wegen der großen Tiefenwirkung und weitgehend unbekannter Entwässerungsmöglichkeiten großen Schwierigkeiten in der Festlegung der maßgebenden Bodenkenngrößen (Steifemodul, maßgebendes Zeit-Setzungsdiagramm). Wertvoll sind örtliche Erfahrungen bzw. Erfahrungen auf vergleichbarem Untergrund.

Um Erfahrungswerte zu erhalten und Berechnungen verifizieren zu können, sollte beim Bau von Dämmen wesentlich häufiger baubegleitend das Setzmaß bestimmt werden. Dazu sind an markanten Punkten Setzungspegel zu installieren (Grundplatte auf dem Untergrund, aufgesetztes Stahlrohr, schrittweise Verlängerung mit wachsender Schütthöhe).

Die Eigenkonsolidation hängt vom Dammschüttmaterial, der Dammhöhe und der Verdichtung ab. Bei gut verdichteten Schüttungen treten Setzungen (Sackungen) in der Größenordnung 0,3–1 % der Schütthöhe auf. Bei Schüttungen aus veränderlich festem Gestein hält die Eigenkonsolidation über Jahre an und kann bis 3 % der Schütthöhe betragen. Bei schlecht verdichteten oder nicht verdichteten Schüttungen (Halden) beträgt die Eigenkonsolidation nach Fertigstellung bis 10 % der Schütthöhe. Neben der vertikalen Verformung (Sackung *p* in %) tritt im Zuge der Eigenkonsolidation auch eine horizontale Verformung (*q* in %) ein (◘ Abb. 9.9, ◘ Tab. 9.3). Ungleichmäßige Verdichtung im Dammkörper führt zu unterschiedlichen Verformungen mit Ausbildung von Längsrissen.

Bei Dämmen auf wenig tragfähigem Untergrund (Moor, Torf, Auelehm, Faulschlamm, Mudde, Geländeauffüllung) kann eine überschlägige Setzungsberechnung nach der Grundgleichung der Elastizitätstheorie durchgeführt werden:

$$s = \frac{\sigma h}{E_s}$$

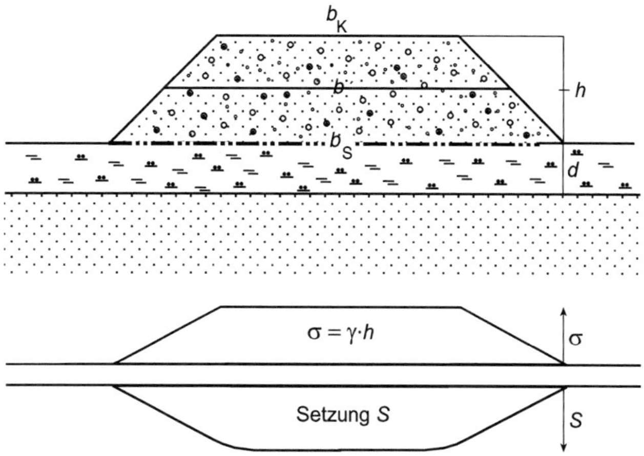

◘ **Abb. 9.8** Angabe von Breite und Höhe bei Dämmen mit Kronenbreite b_K, mittlerer (maßgebender) Dammbreite *b*, Sohlenbreite b_S, Dammhöhe *h*, Wichte *γ* des eingebauten Schüttmaterials und Dicke *d* einer zusammendrückbaren Schicht im Untergrund. Die Spannungsverteilung *σ'* in der Dammsohle ergibt sich aus dem Produkt *γ* · *h*

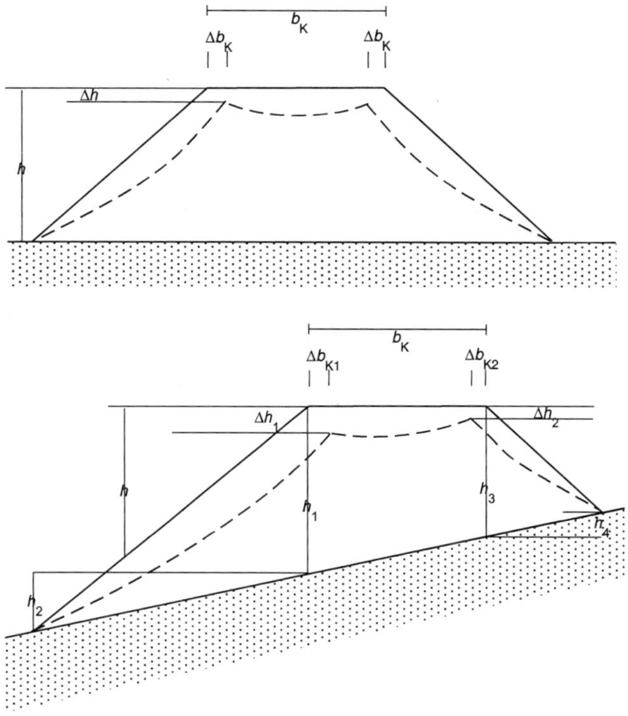

◘ **Abb. 9.9** Messgrößen für Sackungen und Verformungen durch Eigenkonsolidation an unzureichend verdichteten Dämmen auf ebenem und geneigtem Untergrund

σ = **Spannung im Boden [kN m^{-2}]**
h = **Schichtdicke der zusammendrückbaren Schicht [m]**
s = **Setzmaß [m]**
E_s = **gewählter Rechenwert für den mittleren Steifemodul der zusammendrückbaren Schicht**

Außer dem Setzmaß ist der zeitliche Ablauf der Setzungen von Interesse. Hierbei kann jedoch nur die Primärsetzung erfasst werden. Nicht erfasst wird der sekundäre Setzungsanteil, wel-

Tab. 9.3 Voraussichtliches Maß der vertikalen Verformung *p* und der horizontalen Verformung *q* aus der Dammsackung. (Nach Kézdi und Marko 1969)

Material des Dammes	Dammhöhe [m]					
	< 4	4–10	> 10	< 4	4–10	> 10
	p [%]			*q* [%]		
Stein	2,5	2,5	2,5	2,5	2,5	2,5
Sand, Sandmehl	5	3	2,5	6	5	4
Löss, Humus	6	5	4	10	6	5
Ton	10	6	5	12	8	6

cher der diagenetischen Kompaktion und Verfestigung im Sinne der Geologie entspricht. Dieser sekundäre Setzungsanteil kann als gleichmäßiger Setzungsbetrag über sehr lange Zeit anfallen. Wird durch Entwässern Torf trockengelegt, so kann durch den Schrumpfvorgang der Torffasern ein zusätzlicher Setzungseffekt hinzukommen, welcher jedoch im Gegensatz zur Sekundärsetzung in wenigen Jahren ausklingt. Setzungen können nach Fertigstellung eines Dammes noch mehrere Dezimeter bis Meter betragen! Zur Kontrolle wird während und nach der Schüttung eines Dammes das Setzmaß bestimmt. Vor Beginn der Dammschüttung werden hierfür Grundpegel auf die Gründungssohle gelegt. Nach Fertigstellung des Dammes werden auf der Oberfläche Pflöcke eingerammt, deren vertikale und horizontale Verlagerung gemessen wird. Für den Damm wird eine auf die Größe *p* bezogene vertikale Verschiebung und eine auf die Größe *q* bezogene horizontale Verschiebung gemessen und hieraus die Zeit-Setzungslinie bzw. Zeit-Verschiebungslinie erstellt. Die ersten Messungen erfolgen in kurzen Zeitabständen. Später verlängern sich die Messabstände bis auf mehrere Monate und Jahre.

Dämme auf weichem Untergrund können Horizontalverformungen bis 15 % des Setzungsbetrages erfahren (Floss 1971).

Für das rechnerische Abschätzen des Setzbetrages stehen weiterhin die in Tab. 9.4 angegebenen Formeln zur Verfügung (Floss 1979). Das getrennte Berechnen der Primär- und Sekundärsetzung beruht hier auf dem Ermitteln der unterschiedlichen Steifemoduln:

- E_0 für die Sofortsetzung;
- E_1 für die Primärsetzung;
- E_2 für die Sekundärsetzung.

Für das rechnerische Abschätzen des Setzbetrages genügt nach dem „Merkblatt über Straßenbau auf wenig tragfähigem Untergrund" das Berechnen des Gesamtsetzmaßes unter Dammmitte. Dieses ergibt sich aus der Addition der Setzmaße von Sofortsetzung s_0, Primärsetzung $s_{1\mathrm{v}}$ und Sekundärsetzung s_2 (▶ Abschn. 11.5.6).

Sofortsetzung

Beim Belasten des Baugrundes tritt durch elastisches und durch plastisches Verformen Kompression der Bodenluft und seitliches Verdrängen weicher Bodenschichten das Setzmaß s_0 ein. Nach der Elastizitätstheorie ergibt sich das Setzmaß für die Sofortsetzung s_0 zu:

$$s_0 \approx \mathrm{b}' \gamma_\mathrm{k} h f_\mathrm{s} / E_\mathrm{v}.$$

f_s ist ein Einflussfaktor mit Zahlenwerten zwischen 0 und 1,5, welcher über das Verhältnis *d*/*b*′ ermittelt wird („Merkblatt über Straßenbau auf wenig tragfähigem Untergrund"; *b*′ = mittlere Dammbreite, *h* = Dammhöhe, *d* = Dicke der weichen Schicht). E_v ist der aus Geländebeobachtungen abgeschätzte Verformungsmodul. Hierfür gilt in grober Annäherung: $E_\mathrm{v} \approx \chi c_\mathrm{u}$, mit dem empirischen Faktor $\chi = 150–500$.

Primärsetzung

Die Primär- oder Konsolidationssetzung wird durch den Strömungswiderstand für Porenwasser im Baugrund bestimmt.

Unter Dammmitte wird im (homogenen) Baugrund die Vertikalspannung σ [kN m^{-2}] um $\Delta\sigma = \gamma_\mathrm{k} h$ erhöht. Der Porenwasserdruck u [kN m^{-2}] nimmt im weichen und geringdurchlässigen Baugrund zunächst um denselben Betrag $\Delta u = \Delta\sigma$ zu und verringert sich danach durch langsames Abströmen wieder bis auf die vom Grundwasserspiegel bestimmten Werte. Gleichzeitig nimmt der Porenraum n ab. Die Primärsetzung ist mit dem Abbau des Porenwasserüberdruckes Δu beendet.

Im geschichteten Baugrund ist der Primärsetzungsanteil $s_{1\mathrm{v}}$ [m] aus den einzelnen Schichten mit zugehöriger Schichtstärke $d_1, d_2, \ldots$ [m] und zugehörigem Steifemodul $E_{\mathrm{s}1}, E_{\mathrm{s}2}, \ldots$ [kN m^{-2}] getrennt abzuschätzen und zu addieren:

$$s_{1\mathrm{v}} \approx \Delta\sigma_1 d_1 / E_{\mathrm{s}1} + \Delta\sigma_2 d_2 / E_{\mathrm{s}2}.$$

Die Belastungszunahme $\Delta\sigma_1, \Delta\sigma_2, \ldots$ ergibt sich aus der Einbauhöhe der Dammlast zu

$$\Delta\sigma \approx \gamma_\mathrm{k} h f_\sigma.$$

f_σ ist ein Einflussfaktor mit Zahlenwerten zwischen 0,3 und 1, welcher über das Verhältnis *z/b*′ (*z* = *0,5 d*) ermittelt wird („Merkblatt über Straßenbau auf wenig tragfähigem Untergrund" 2010 FGSV). Die Schichtdicke *d* ist anzusetzen, wenn die zu entwässernde weiche Schicht über geringdurchlässigen Schichten (z. B. Ton) liegt. Für die Schichtdicke *d* ist der halbe Wert (0,5 *d*) anzusetzen, wenn die zu entwässernde weiche Schicht zwischen oder über gut durchlässigen Schichten (z. B. Sand) liegt und das Entwässern nach oben und unten erfolgen kann.

Tab. 9.4 Formeln zum Berechnen der Primär- und Sekundärsetzung von Dämmen. (Zusammenstellung nach Floss 1971, 1979)

Terzaghi (1925)	$s = \frac{h_0}{C_p} \log \frac{p_0 + \Delta_p}{p_0}$	$\frac{1}{C_s} = 0$
Buisman (1936)	$s = h_0(a_p + a_s \log t)\Delta_p$	
Koppejan (1948)	$s = h_0 \left(\frac{1}{C_p} + \frac{1}{C_s} \log t\right) \log \frac{p_0 + \Delta_p}{p_0}$	$\frac{1}{C_p} = \frac{\alpha_p \Delta_p}{\log \frac{p_0 + \Delta_p}{p_0}}$ $\frac{1}{C_s} = \frac{\alpha_s \Delta_p}{\log \frac{p_0 + \Delta_p}{p_0}}$
v. Moos (1962)	$s = s_1' + s_2' = s_{(10)} + \mathrm{A}(\log t - \log 10)$	
Norman und Brawner (1963)	$s_2 = C_s h_1 \log \frac{t_2}{t_1}$	

s	Gesamtsetzung für Druckanstieg Δp
s_1	Primärsetzung
s_2	Sekundärsetzung
$s_1' = s_{(10)}$	Hauptsetzung 10 Tage nach Schüttende
s_2'	Nachsetzung
p_0	Anfangsdruck
Δ_p	Anstieg des vertikalen effektiven Druckes p_0
t	Zeit in Tagen
t_1	Zeit für 100 % Primärsetzung
t_2	Zeit während der Sekundärsetzung
a_p	Zeitkonstante für Primärsetzung
a_s	Zeitkonstante für Sekundärsetzung
$1/C_p$	Modul für Primärsetzung (Terzaghi)
$1/C_s$	Modul für Sekundärsetzung (Buisman)
A	Faktor für die Nachsetzungen (Anstieg der Kurve)
h_0	Schichtdicke zur Zeit $t = 0$
h_1	Schichtdicke zur Zeit t_1

Der zeitliche Ablauf der Primärsetzung mit Zeitfaktor τ_v kann aus Konsolidationsbeiwert c_v, Wartezeit t und Schichtstärke d abgeschätzt werden:

$$\tau_v = c_v t / d^2.$$

Die Konsolidationsbeiwerte c_v für weiche Schichten (Torf, Faulschlamm, Auelehm) liegen in der Größenordnung 10^{-6} bis 10^{-4} m^2 s^{-1}, bzw. 1 bis 100 m^2/a.

▪ Sekundärsetzung

Die Sekundärsetzung s_2 wird durch langanhaltendes Verformen, Verlagern und parallelschichtiges Ausrichten von Bodenteilen im Baugrund bewirkt. In weichen organischen Böden kann Sekundärsetzung auch durch Wasserabgabe der Torffasern verursacht sein. Der Sekundärsetzungsanteil s_2 kann nach dem „Merkblatt über Straßenbau auf wenig tragfähigem Untergrund" 2010 für die Bedingung $t > d_2/c_v$ abgeschätzt werden:

$$s_2 \approx \alpha d_2 \cdot C_B \cdot \log \frac{t}{t_1}.$$

d_2 ist die Dicke des erstverdichteten Bodenbereiches. C_B ist eine Stoffkonstante mit Zahlenwerten für Torf und Faulschlamm zwischen 0,1 und 0,5, für Auelehm zwischen 0,002 und 0,004. d_2 ist die für den Zeitfaktor τ_v maßgebende Schichtdicke, t_1 ist ein Zeitpunkt nach dem Ende der Primärsetzung, α ist ein empirischer Faktor in der Größenordnung 4.

Die Gleichung gilt nur, solange sich $s_2 < s_1$ ergibt.

▪ Beschleunigen der Setzung durch den Einbau von Vertikaldräns

Durch den Einbau von Vertikaldräns (▶ Abschn. 8.2.1) kann das Entwässern und damit das Setzen beschleunigt werden. Der Zeitfaktor für die horizontale Entwässerung τ_h wird vom Drändurchmesser d_w (Bohrlochdurchmesser von Sanddräns und kreisrunden Kunststoffdräns; bei Flachdräns mit Breite b_w gilt: $d_w \approx 2\, b_w/\pi$) und dem mittleren Dränabstand d_e gesteuert:

$$\tau_h \approx c_v t / d_e^2.$$

▪ Horizontalverformungen

Unter der Dammauflast wird weicher Untergrund horizontal verformt. Dieses Verformen wird auf das Erdbauwerk Damm übertragen. Größere horizontale Verformungen können sich bei Grundbruch oder Geländebruch einstellen. Horizontale Verformungen durch Kompaktion sind von Dammauflast und Steifigkeit des Baugrundes abhängig. Nach Floss (1997) kann die horizontale Verformung des Untergrundes bei 10–15 % der Dammsetzung liegen.

9.2 Sichern der Erdbauwerke vor Verwitterung und Erosion

Erdbauwerke sind vor Auflockerung, Erosion und Deflation zu schützen. Der Erosionsschutz erfolgt bei vom Wasser berührten Teilen im Rahmen der Querschnittsgestaltung und Ufersicherung von Fließgewässern (▶ Abschn. 14.1 und 14.2), dem Deckwerksbau beim Küstenschutz (▶ Abschn. 14.3) und der Konstruktionsart von Staudämmen (▶ Abschn. 14.5.7). Bei der Witterung ausgesetzten Böschungen kann die Sicherung durch Begrünen bzw. Bepflanzen und/oder durch Einbau technischer Bauelemente (Steinschüttungen, Böschungspflaster, mit Holz oder Geotextil bewehrte Bodensysteme) erfolgen. Zu beachten sind das „Merkblatt für einfache landschaftsgerechte Sicherungsbauweisen" und die „Richtlinien für die Anlage von Straßen, Teil Landschaftspflege" (RAS-LP) Abschnitt 3: „Lebendverbau" (RAS-3) der Forschungsgesellschaft für Straßen- und Verkehrswesen.

Erosionsschäden an frischen Erdbauwerken können die Folge mangelnder Verdichtung sein. Erosionsschäden können in Planum und Böschung vom ablaufenden Niederschlagwasser verursacht sein. Auch frisch angelegte Pflasterungen können bei Starkregen ausgewaschen und zerstört werden, ohne dass hier ein Baufehler vorliegt. Die Festigkeit einer Pflasterdecke stellt sich erst im Zuge der Nutzung ein. Bei Deichbauwerken und dammgeführten Kanälen können Hohlräume (Wühlgänge, Bohrlöcher) und mangelnde Verdichtung, besonders im Bereich von Bauwerkshinterfüllungen, zu Erosionsgrundbruch (▶ Abschn. 6.3.2) und katastrophaler Zerstörung führen. In Deichbauwerken steigt mit der Dauer anhaltender Hochwasserstände der Grundwasserstand. Im Damm werden die rückhaltenden Kräfte abgebaut. Dies betrifft Auftrieb, Aufweichen, Abbau der Scherfestigkeit und der Strömungskraft des Grundwassers in den unter Wasser liegenden Erdmassen sowie Wegfall der Stützlast erodierter oder abgerutschter Erdmassen (▶ Abschn. 14.1, 14.2 und 14.3).

- **Verdichten der Böschungsschulter**

Beim lagenweisen Einbau in Dammstrecken, Anrampungen und Bauwerkshinterfüllungen ist auf ausreichendes Verdichten in der Böschungsschulter zu achten. Das direkte Verdichten der Böschungsfläche, z. B. durch Überfahren mit einer Radwalze, kann zum Verringern der Erosionsgefahr während der Bauzeit beitragen. Möglich sind auch vorübergehende Oberflächensicherungen mit Bindemitteln.

- **Auftrag von Bindemitteln**

Auf zu schützende Böschungsflächen können biochemische Bindemittel oder Klebstoffe (Alginate, Kunststoffdispersionen oder Kunststoffemulsionen) aufgebracht werden. Durch Verkitten der Bodenteilchen bildet sich auf der Oberfläche ein Film mit zeitlich begrenzter Wirksamkeit. Das Verfahren eignet sich zum Befestigen von Unter- und Oberboden. Der Auftrag kann auch zusammen mit Samen und Nährstoffen erfolgen.

- **Auftrag von Mutterboden**

Auf die Böschung aufgetragener Mutterboden kann bei Wassersättigung abrutschen. Schutz hiervor bietet der Einbau von Flechtzäunen, Flechtmatten, Faschinen, Drahtskelettkörpern und Strukturmatten (◘ Abb. 7.8 und 14.9). Das Aufbringen von Rasen kann durch Saat oder durch Verlegen von Rasensoden erfolgen (◘ Abb. 7.9).

- **Böschungspflaster**

Böschungspflaster dienen dem Stabilisieren von Erdböschungen gegen Erosion, besonders gegen Erosion durch Betreten. Häufig angewendet werden Böschungspflaster unter Brücken und Dächern sowie in ariden Gebieten. Soweit möglich, sollten Böschungspflaster mit Pflanzen (z. B. Begrünen durch Steckhölzer) kombiniert werden (◘ Abb. 7.10).

- **Sichern mit Formsteinen**

Zum Sichern von Böschungen können vor diesen Betonformsteine aufgeschichtet werden. Sie schützen vor Erosion und Verwitterung. Die Öffnungen der Formsteine werden meist mit Mutterboden, gelegentlich auch mit Beton verfüllt.

- **Sichern mit Geotextilien**

Böschungsflächen können mit Geotextilien (▶ Abschn. 8.6) bewehrt und gesichert werden. Begrünen kann durch Einbau von Buschlagen und Weidenstecklingen eingeleitet werden.

9.3 Konstruktive Böschungssicherung bei Erdbauwerken

Erdbauwerke, die aus Platzgründen mit steilen bis senkrechten Wänden gebaut werden sollen, sind durch zusätzliche Stützkonstruktionen zu sichern. Anwendungsfälle ergeben sich u. a. bei Stütz- und Rampenkonstruktionen im Straßen- und Bahnbau, bei Brückenwiderlagern, bei hangparallelen und gestaffelten Fahrbahnen in Hanglage, bei Ufermauern und Kaianlagen sowie bei in Erdbauweise hochgezogenen Schallschutzwällen. Zum Abstützen können Winkelstützmauern, Stützkonstruktionen nach dem System „Bewehrte Erde" und in sich verankerte Stützkonstruktionen mit Zugbewehrung aus Geotextilien gebaut werden.

9.3.1 Winkelstützmauern

Winkelstützmauern verlangen deutlich größere Baugruben als Schwergewichtsmauern und werden bevorzugt zum Abstützen von Aufschüttungen erstellt (◘ Abb. 9.10a, h). Die böschungsseitige Rückwand muss durch Verbau gesichert werden, soweit nicht sicher ist, dass sie für die Bauzeit standfest ist. Dies ist ein wesentlicher Kostenfaktor beim Vergleich von Winkelstützmauern mit anderen Stützbauwerken. Wichtig ist die Reibung unter

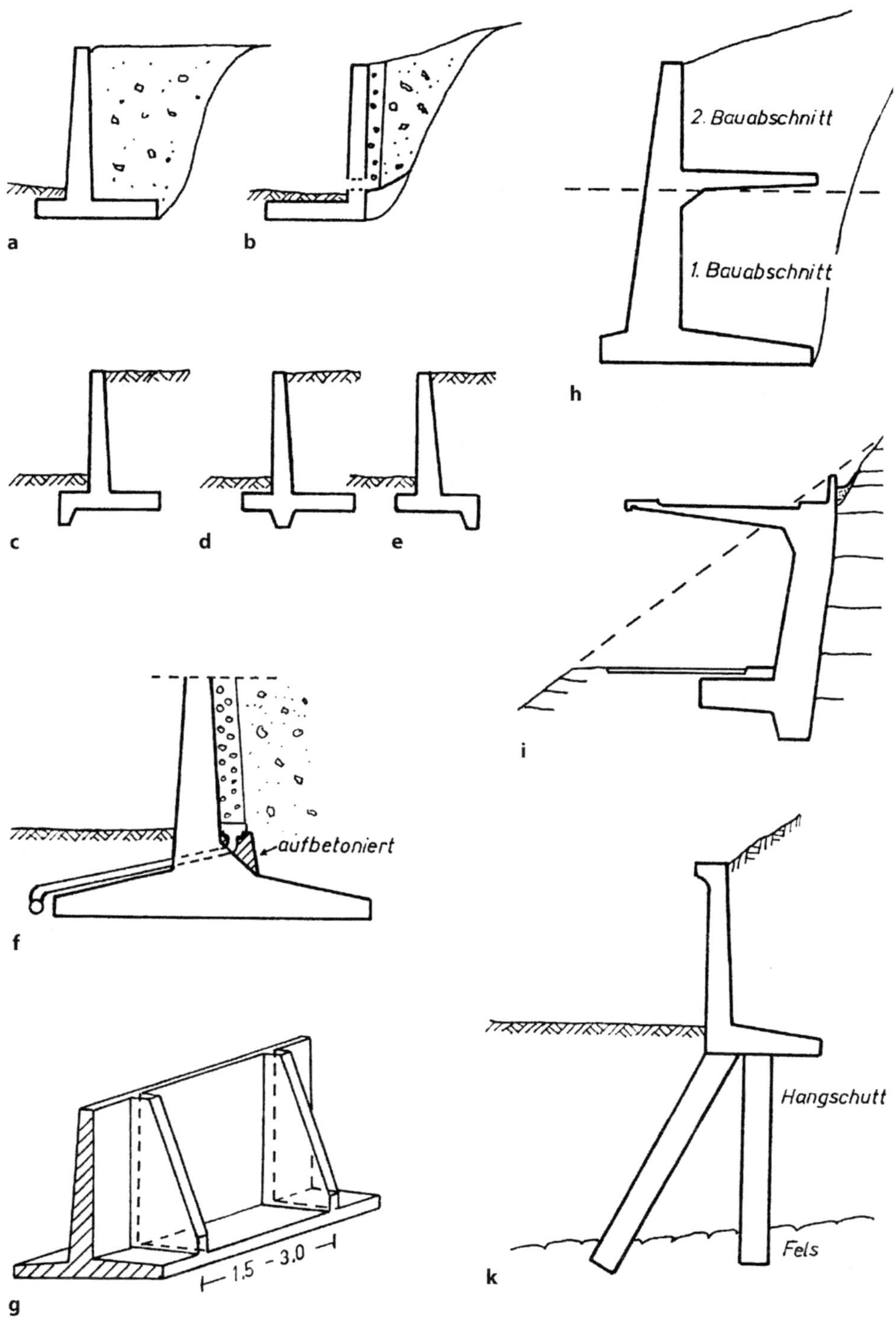

Abb. 9.10 Querschnittsformen von Winkelstützmauern. **a,b** Winkelstützmauern mit Aushub bzw. Hinterfüllung; **c–e** Winkelstützmauer mit Sporn zur Erhöhung der Gleitsicherheit (Kézdi und Marko 1969); **f** Beispiel für die Entwässerung einer Winkelstützmauer; **g** Winkelstützmauer mit Querschotten (Voth 1976); **h** Winkelstützmauer mit Kragplatte bei Abtragsböschungen; **i** Winkelstützmauer mit luftseitiger Auskragung (Voth 1976); **k** Winkelstützmauer, gegründet auf einer Bohrpfahlreihe

der großen Grundfläche. Fragen der Bodenpressung und Tragfähigkeit des Baugrundes sind bei diesem Mauertyp von nachgeordneter Bedeutung.

Winkelstützmauern müssen immer bewehrt sein. Der Materialbedarf an Beton und Stahl ist geringer als bei massiven Schwergewichtsmauern. Sie können zusätzlich durch Querschotten stabilisiert werden (Abb. 9.10g). Sonderformen sind Winkelstützmauern mit Kragplatte (Abb. 9.10h). Diese rückwärts auskragende Platte bewirkt ein rückdrehendes Moment, wodurch sich der Raum für den Aushub verringert.

Stützmauern mit luftseitiger Auskragung (Abb. 9.10i) kommen bei steilen Geländeverhältnissen zur Anwendung. Dieser Mauertyp wird zur Bereitstellung von Nutzflächen verwendet und ist nach erdstatischen Kriterien für eine Winkelstützmauer weniger typisch.

Die Kombination von Bohrpfahlreihen mit aufgesetzter Mauer (Abb. 9.10k) wird an Hängen mit späterer Geländeerhöhung verwendet. Diese Konstruktion vereinigt die Vorteile der Bohrpfahlwand (keine Baugrube) mit den Vorteilen der Winkelstützmauer (glatte Wand). Die Stützwand wird als Winkelstützwand oder als verankerte Stützwand aufgesetzt.

Besondere Überlegungen hinsichtlich des Erddruckansatzes erfordern Winkelstützmauern mit erdseitigem Horizontalschenkel. Dabei bildet sich unter der üblichen Annahme einer geringen

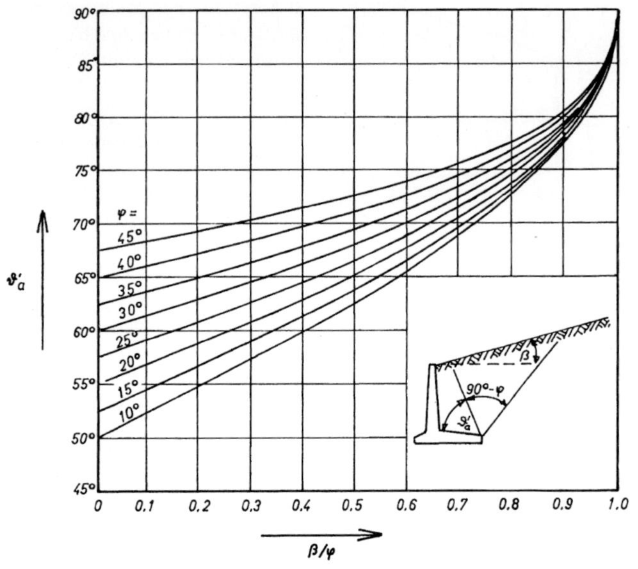

Abb. 9.11 Diagramm zum Bestimmen des Gleitwinkels ϑ'_a aus den Parametern β und φ

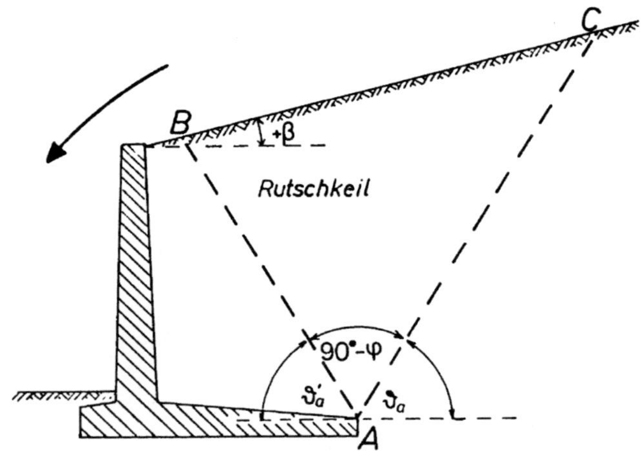

Abb. 9.12 Gleitflächen bei Winkelstützmauern. (Grasshoff 1980)

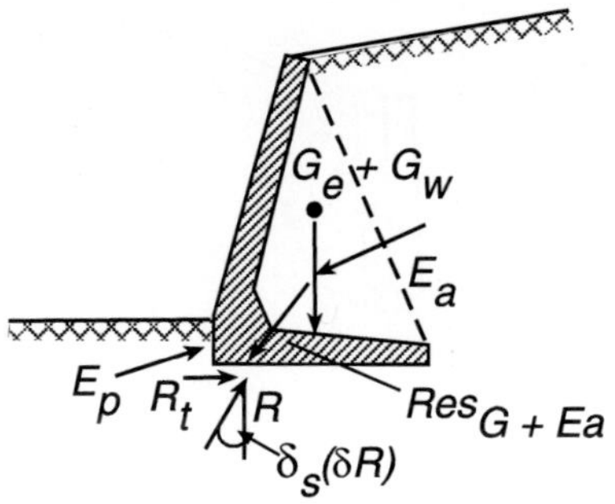

Abb. 9.13 Wirkungsweise einer Winkelstützmauer bei einfachen Bodenverhältnissen. Der Resultierenden $R_{Ea,G}$ aus Gewichtskraft G und aktiver Erddruckkraft E_a stehen die Widerstände R aus passiver Erddruckkraft E_p und Sohlschubwiderstand R_t entgegen. Für den Nachweis der Gleitsicherheit ist der Nachweis zu führen, dass $E_{ahd} - E_{phd} \leq R_{td}$. Der Bemessungswert des Sohlschubwiderstandes ergibt sich aus $R_{td} = \tan\delta_{sk}(G_{ed} + G_{wd}) / 1{,}5$. Zusätzlich sind Nachweise gegen Kippen, Grundbruch und Geländebruch zu führen. Lage und Ansatz der einwirkenden Kräfte ergeben sich aus Abb. 7.20

Drehbewegung ein Rutschkeil gemäß Abb. 9.11 und 9.12. Aus dem in Abb. 9.11 dargestellten Diagramm kann mithilfe des Parameters β/φ für einen beliebigen Reibungswinkel φ der Gleitwinkel ϑ'_a abgegriffen werden.

Die Gesamtdruckbelastung R_E einer Winkelstützmauer setzt sich aus der aktiven Erddruckkraft E_a an der Gleitfläche unter Zugrundelegung eines Wandreibungswinkels $\delta_a = \varphi$ und dem Gewicht G des Erdprismas zwischen der Gleitfläche A-B und der Mauer zusammen (Abb. 9.12 und 9.13).

9.3.2 Bewehrte Erde

Das Stützbauwerk „Bewehrte Erde" ist ein Verbundkörper aus Boden und Bewehrung zum Abstützen von Dämmen, Rampen und Böschungen (Abb. 9.14 und 9.15). Das Erstellen erfolgt von unten nach oben. Das bekannteste System ist die französische Bauweise „La Terre armée". Durch den lagenweisen Einbau von glatten oder quergerippten Bewehrungsbändern aus verzinktem Stahl (Stärke: 3–5 mm, Breite: 40–120 mm, Länge: 0,7 *h*, horizontaler Abstand: 30–100 cm, vertikaler Bandabstand bzw. Höhe der Schüttlage: 30–40 cm) wird der geschüttete Damm als Verbundkörper ausgebildet. Die Verbundwirkung kommt dadurch zustande, dass die Stahlbänder Zugspannung aufnehmen und diese über Reibungskräfte in den eingebauten Boden abtragen. Dieses Verbundsystem verfügt über eine große Zug- und Scherfestigkeit und wirkt als Verbundkörper wie ein monolithischer Block. Das Abstützen des Füllbodens gegen den luftseitigen freien Raum geschieht durch vorgehängte Betonplatten, Stahlbleche und auch durch vorgehängte bepflanzbare Behälter aus Stahlbeton mit entsprechend geformter Rückseite. Ein großer Teil des Erddruckes wird durch Verspannung des Füllbodens in den Bewehrungsbändern abgetragen. Neben den ursprünglichen Zugbändern aus Stahl kommen auch Gewebebänder und Gitter aus Kunststoff (Geogitter) zum Einsatz. Zu beachten sind die „Bedingungen für die Anwendung des Bauverfahrens ‚Bewehrte Erde'" (BMV 1985). Die Einbindetiefe der tiefsten Schüttlage der Stützkonstruktion „Bewehrte Erde" unter Gelände ist von ihrer Höhe abhängig und soll bei waagerechtem Gelände mindestens 0,1 *h* und bei geneigtem Gelände mindestens 0,2 *h* betragen. Für den Einbau eignen sich Sand- und Kiesböden. Der Verfüllboden soll folgenden Anforderungen genügen:

- witterungsbeständiges und wasserdurchlässiges Material;
- keine organischen Bestandteile;
- Feinkornanteil unter 15 %;
- Kornanteil über 100 mm unter 25 %;
- zulässiges Größtkorn 250 mm;
- Reibungswinkel für den verdichteten Boden > 25°.

Die Verdichtungsanforderungen für den lagenweise eingebauten Verfüllboden sind in Tab. 9.5 aufgeführt.

Die Verdichtung ist durch Eigen- und Kontrollüberwachung zu prüfen.

Zum Vermeiden von Korrosion ist der Boden auf *p*H-Wert, Chlorid- und Sulfatgehalt zu untersuchen. Der Zutritt von Tausalz zu Zugbändern und sonstigen Metallteilen ist zu verhindern. Eine Alternative zu den Stahlbändern bietet die Verwendung zugfester Gewebe oder Gitter (Geotextilien; Wichter und Reinschütz 1988).

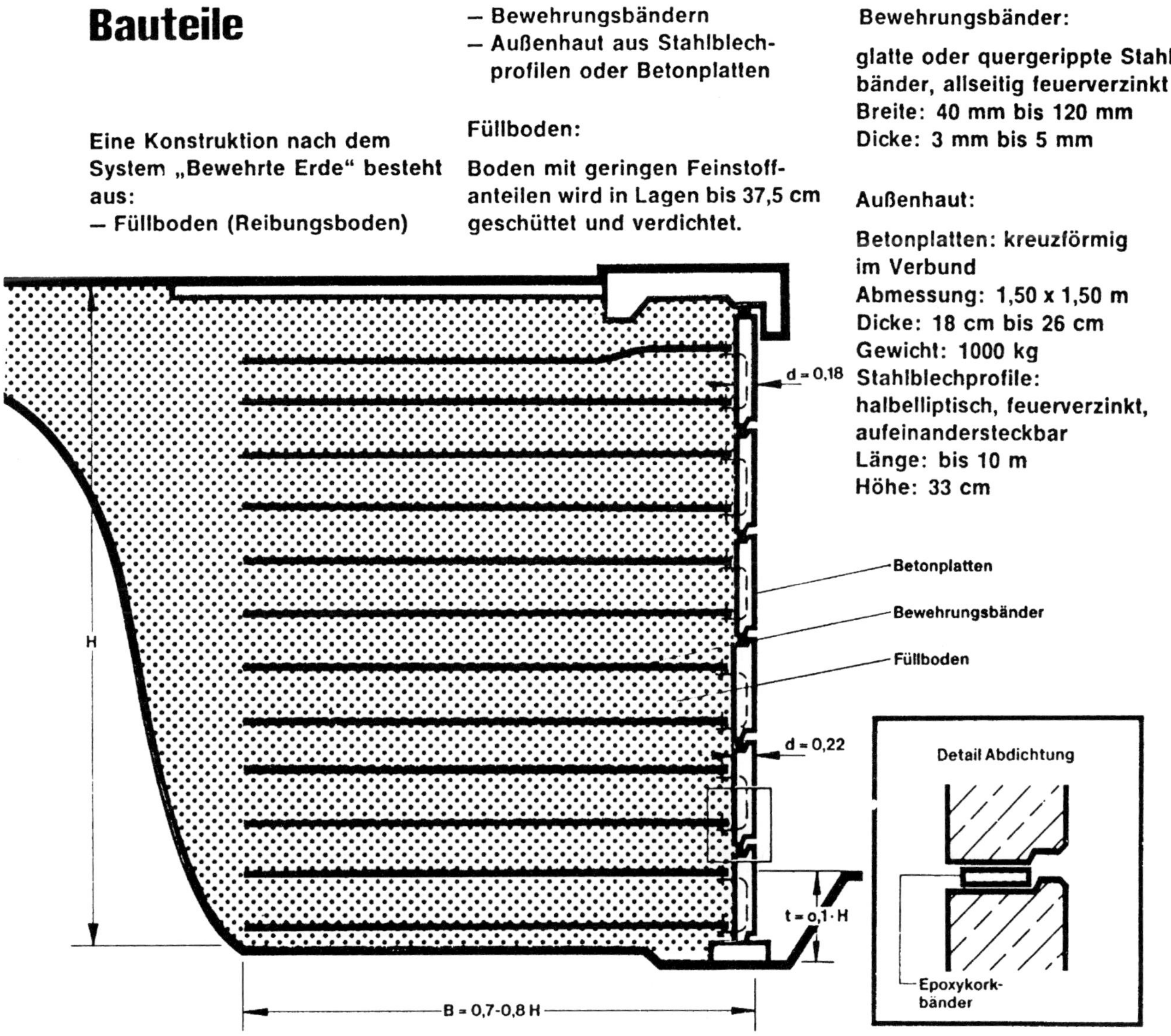

Abb. 9.14 Stützkonstruktion nach dem System „Bewehrte Erde" (*Terre armée*)

Für Stützbauwerke nach dem System „Bewehrte Erde" sind für die äußere Standsicherheit, die Grundbruchsicherheit nach DIN 4017, die Gleitsicherheit nach DIN 1054, die Sicherheit gegen Geländebruch nach DIN 4084 und die Kippsicherheit nachzuweisen. Die erforderliche Länge der Bänder sollte experimentell in einem Zugversuch geprüft werden. Die Mindestlänge der Bänder in den Stützmauern ist für die Wirtschaftlichkeit der Bauweise maßgebend, bei der Bodenmaterial (z. B. bei Hanganschnitten) abzugraben und wieder einzubauen ist.

Für die Standsicherheitsnachweise eines Stützbauwerkes nach dem System „Bewehrte Erde"/„Terre armée" wird angenommen, dass sich dieses als monolithischer Körper/Block verhält. Die Nachweise werden wie bei einer Schwergewichtsmauer berechnet (Möller 2012).

Unter der Bezeichnung „Polsterwand" werden Stützwände in Anlehnung an das Prinzip „Bewehrte Erde" mit einer Außenhaut aus Geotextilien gebaut. Verwendet werden Gewebe, Vliese, Gitter und Matten. Dabei werden die Geotextilien je Einbaulage über die ganze Grundrissfläche verlegt, mit Bodenmaterial überschüttet und an der Luftseite umgeschlagen. Diese Konstruktionen sind unempfindlich gegen Setzungen und können bei Verwendung weitmaschiger Gewebe auch begrünt werden.

9.3.3 Stützbauwerke aus TEXSOL

Durch Mischen von Boden und Synthesegarn entsteht ein bewehrter Boden (*reinforced soil*, Saran 2010), der sich für Böschungssicherungen und Stützbauwerke eignet. Mit diesem Baustoff können Stützmauern mit gedrungenen Querschnittsformen (Abb. 7.19, Reihe 1 und 2) hergestellt werden. Für das Verfahren eignen sich grobkörnige und gemischtkörnige Böden mit einem Größtkorn unter 20 mm. Die Kornverteilung soll den Anforderungen

$$d_{90} < 5\,\text{mm},$$
$$d_{10} < 0{,}08\,\text{mm}$$

genügen. Für permanente Stützbauwerke werden vielfaserige Garne aus Synthetikkunstfasern (Polyester/PES) mit hoher Reißfestigkeit (30 cN/tex) dem Boden beigemischt. Die Zusammen-

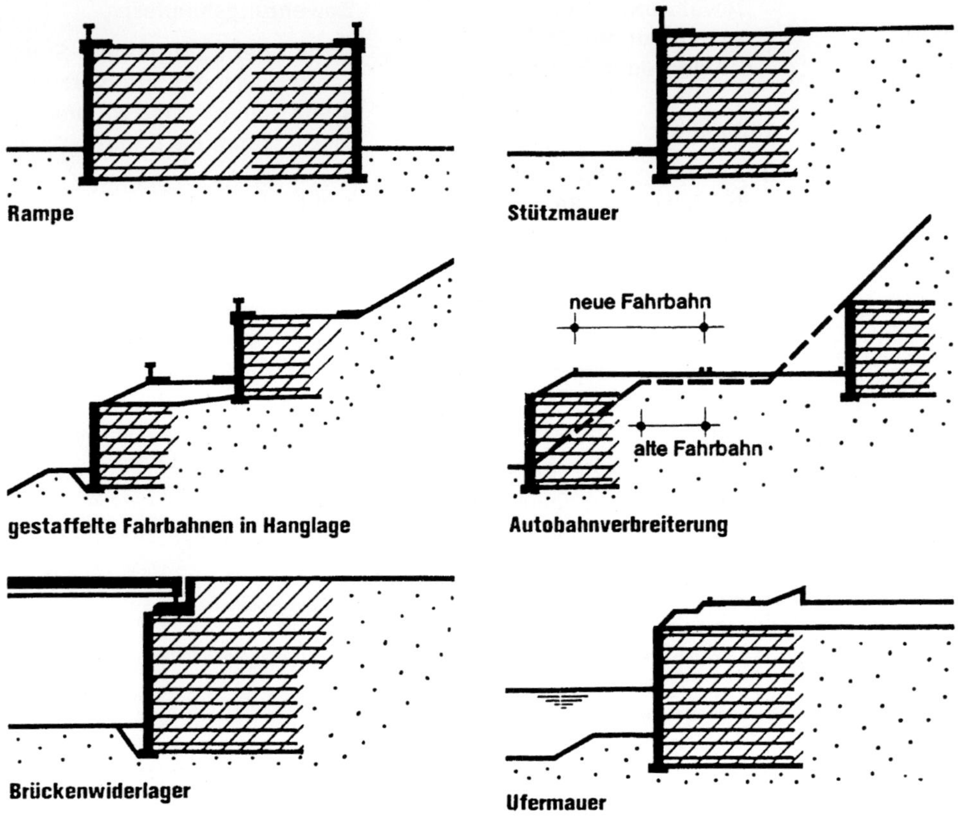

Abb. 9.15 Anwendungsbeispiele für das System „Bewehrte Erde" (*Terre armée*)

Tab. 9.5 Mindestwerte für den Verdichtungsgrad D_{Pr} und den Verformungsmodul E_{v2} von Verfüllboden beim Stützbauwerk „Bewehrte Erde"

Bodenarten nach DIN 18196	Verdichtungsgrad D_{pr} [%]	E_{v2} [N mm^{-2}]
GE, SE, SW, SI	97	80
GW, GI	100	100
GU, GT	100	60
SU, ST	97	45

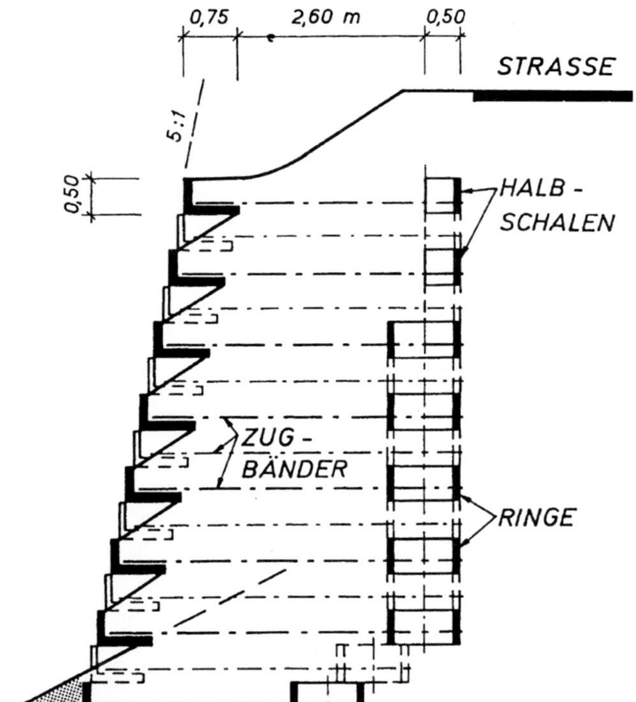

Abb. 9.16 Neue Ebenseer Wand (*NEW*, Schlaufenwand) als Stützmauer für eine Straße. (Brandl 1979)

setzung des TEXSOL-Gemisches wird auf der Baustelle und im Labor überprüft. In Abhängigkeit von Textilfaser und verwendetem Boden wird eine optimale Mischung angestrebt, deren mechanische Eigenschaften den Anforderungen des Bauwerks genügen müssen.

Die Scherfestigkeit von TEXSOL beruht auf der Mobilisierung der Festigkeit des Bodens und der Textilfasern. Sie ergibt sich aus dem Kontakt zwischen den Bodenkörnern, zwischen den Bodenkörnern und den Textilfasern sowie aus der Bindungsstruktur zwischen Bodenkorn und Garnnetz. Zur Mobilisierung sind Verformungen notwendig. Aufgrund seiner Herstellungsweise besitzt der Baustoff TEXSOL eine Anisotropie der Kohäsion. Je nach Neigung der Scherfläche zur Einbauebene ergeben sich unterschiedliche Kohäsionswerte mit einem Maximum in senkrechter und einem Minimum in paralleler Versuchsanordnung. Heun und Schmidt (1989) geben die Kohäsion mit 16 kN m^{-2} für eine Scherbeanspruchung in der Einbauebene und mit 42 kN m^{-2}

für eine um 15° zur Einbauebene geneigte Scherfläche an, wobei diese Werte bei Verformungen von bis zu 10 % erzielt werden. Es werden verformbare Bauwerke hergestellt. Mit Verschiebungen von 1 % der Bauwerkshöhe muss gerechnet werden. Stützbauwerke aus TEXSOL sind als Schwergewichtsmauern zu betrachten. Zusätzlich zu den in ▶ Abschn. 7.5.1 genannten Kennwerten müssen für die innere Sicherheit die Gleitsicherheit oberhalb der Sohlfuge, die Einhaltung der zulässigen Druckspannung des Baustoffes TEXSOL (ab 8 m Höhe, s. Heun und Schmidt 1989), die Ausmittigkeit und die Sicherheit gegen Geländebruch nachgewiesen werden. Für Erddruckansätze sind die Neigung der Einbauebene zur Horizontalen A und zur Normalen der Wandaußenfläche λ' sowie die Neigung der betrachteten Scherebene zur Einbauebene 0 und zur Horizontalen $\omega = \theta + \lambda$ anzugeben.

9.3.4 In sich verankerte Mauern (Schlaufenwände)

Die Konstruktion besteht aus luftseitig lose übereinandergestapelten winkelförmigen Wandelementen und bergseitig verlegten Ankerelementen, die über schlaffe Zugbänder aus Geotextilien miteinander verbunden sind (◘ Abb. 9.16). Bei freistehenden Mauern (z. B. Lärmschutzwälle, Rampen) werden die winkelförmigen Wandelemente beiderseits angeordnet. Maßgebend für die Stützwirkung ist der räumliche Erdwiderstand von den erdseitigen Verankerungskörpern (Halbschalen). Das Verfüllmaterial wird lagenweise eingebaut und mit Walzen oder Rüttelplatten verdichtet. Grobkörnige und gemischtkörnige Böden mit ausreichender Durchlässigkeit sind geeignet. Der Mauerkörper besteht aus verdichtetem Boden, der durch die Betonfertigteile und Zugbänder am Ausweichen gehindert wird. Das System NEW (Neue Ebenseer Wand) bietet mit variablen Breiten und Zugbandlängen eine gute Anpassungsfähigkeit an wechselnde Gelände- und Bodenverhältnisse. Im Regelfall sind keine Fundamente und keinerlei Ortbetonarbeiten erforderlich (Brandl 1987). Die Konstruktion ist weitgehend setzungsunempfindlich. Die zwischen den Winkelelementen verbleibenden Zwischenräume können begrünt werden.

Sicherheitsnachweise sind für die Grundbruchsicherheit nach DIN 4017, für die Gleitsicherheit nach DIN 1054 und für die Geländebruchsicherheit nach DIN 4084 zu führen. Baustatisch ist die innere Sicherheit des Systems, in erster Linie das Bemessen der Zugbänder, zu überprüfen.

Sicherungsmaßnahmen in durch Rutschung gefährdetem Gelände

Wolfgang Dachroth

W. Dachroth, *Handbuch der Baugeologie und Geotechnik*, DOI 10.1007/978-3-662-46886-9_10

Sicherungsarbeiten zu den in den ▶ Abschn. 2.6.1 und 2.6.2 beschriebenen Rutschungstypen „Kippen“ und „Fallen“ heißen Felssicherungsarbeiten. Sicherungsarbeiten zum Rutschungstyp „Fließen“ (▶ Abschn. 2.6.3) fallen unter die Begriffe „Wildbachverbau“, „Einbau von Murrechen“ und „Lawinenschutz“. Sicherungsarbeiten zu den Rutschungstypen „Driften“ und „Gleiten“ (▶ Abschn. 2.6.4 und 2.6.5) fallen unter den Begriff „Stabilisieren von Rutschhängen“ (Kapitel 3).

10.1 Maßnahmen gegen Steinschlag, Blocksturz, Felssturz und Bergsturz

Unter Steilhängen und Felswänden besteht die Gefahr von Steinschlag, Blocksturz und Felssturz. Der Sturz- oder Fallbewegung geht Kippen voraus. Es ist die Aufgabe des Geologen bzw. Geotechnikers, kipp- und sturzgefährdete Massen zu erkennen, massenmäßig zu erfassen, das Steinschlagrisiko abzuschätzen und geeignete Sicherungsmaßnahmen vorzuschlagen (Angerer et al. 1998, Lang, Schmitt 2008). Im Zuge von Gefahrenkartierungen zu Steinschlag, Blocksturz, Felssturz, Bergsturz sollten in Steillagen und Steilhängen folgende risikorelevanten Parameter aufgenommen werden:

- kartografische Aufnahme der Hänge und Steilwände,
- kartografische Geländeaufnahme von Hangfuß und Vorland,
- kartografische Aufnahme der rutschgefährdeten Hänge und Steilwände,
- kartografische Aufnahme der Sturzweite von Blöcken bzw. der Reichweite von Rutschmassen,
- kartografische Aufnahme der Nutzung des Geländes,
- geologische Formationen, Gesteinsarten, Gesteinslagerung,
- Trennflächengefüge, Auflockerungsgrad, Spaltenfüllung, Reibung,
- Größe der Kluftkörper und Blöcke,
- Verwitterungsempfindlichkeit der Gesteine/Schichten (Wasser, Frost),
- Ausrichtung der Hänge und Steilwände,
- Einwirkung von Wasser, Frost, Verwitterung, Erosion, sonstigen Gefahren,
- Vegetation/Bewuchs,
- Gefahr von Rutschungen, Rutschungstyp, Rutschungsdimension,
- Schutzwirkung vorhandener Sicherheitsmaßnahmen,
- Schutzgut.

Für das Bewerten der möglichen Gefahren können in Anlehnung an Lang und Schmitt (2008) folgende Gefährdungsstufen oder Gefährdungsklassen gewählt werden:

- sehr hohe Gefährdung – es sind Sofortmaßnahmen zur Gefahrenabwehr erforderlich,
- hohe Gefährdung – mittelfristig sind Maßnahmen erforderlich. Es sind Pläne und Prioritäten für Maßnahmen zu erstellen,
- begrenzte Gefährdung – es handelt sich um gelegentliche, allgemein überschaubare und finanziell beherrschbare Ereignisse. Bei normalem Sicherheitsanspruch lösen solche Gefahren keinen Sicherungsbedarf aus,
- geringe Gefährdung,
- keine Gefährdung.

Die kartierten Daten sind nach Möglichkeit in ein GIS-System aufzunehmen.

Es ist Aufgabe von Felssicherungsarbeiten, kipp- und sturzgefährdete Massen (Blöcke) entweder gefahrlos zu entfernen, ihr Verbleiben in der Wand zu sichern oder die abstürzenden Massen gefahrlos aufzufangen. Die gewählte Sicherungsmethode, welche einem geologischen Prozess entgegenwirken soll, muss der vorliegenden Gefahr angepasst sein.

Nach bestehender Rechtsprechung müssen Eigentümer von steilen Felsgrundstücken vermeiden, dass Steine, Blöcke oder Felsmassen auf Nachbargrundstücke fallen oder stürzen. Diese Pflicht besteht auch dann, wenn die Gefahr auf Naturereignisse oder höhere Gewalt zurückzuführen ist. Der Eigentümer kann besonders dann haftbar gemacht werden, wenn er stabilitätsmindernde Eingriffe im Gelände vorgenommen hat.

10.1.1 Vorbeugende Maßnahmen gegen Steinschlag und Blocksturz

Mögliche Sicherungsmaßnahmen gegen Steinschlag und Blocksturz können sein:

- Entfernen der absturzgefährdeten Steine und Blöcke (Felsputzen);
- Verhindern von Auflockerung durch Entfernen von Bäumen;
- Verhindern von durch Betreten bzw. Klettern verursachter Auflockerung;
- Verhindern von Auflockerung durch Auftrag von Spritzbeton;
- Vernageln oder Verankern absturzgefährdeter Blöcke;
- enganliegende Schutznetze (◘ Abb. 7.38c);
- auf Abstand montierte Drahtnetze (◘ Abb. 7.37, 7.38b);
- starre Fangvorrichtungen (Schutzwände);
- elastische Fangvorrichtungen (Schutzzäune);
- Schutzschirme;
- massive Überdachungen;
- Auffanggräben;
- Fangdämme.

▪ Felsputzen

Standfeste Felswände, aus denen sich durch Einfluss von Zeit und Witterung einzelne Steine oder Blöcke lösen, können von Zeit zu Zeit geputzt (beräumt) werden. Je nach Ortslage wird vor der Wand hängend, in der Wand stehend oder von einer Bühne aus gearbeitet. Dabei können einzelne Blöcke und locker liegende Steine (Kluftkörper) gezielt aus der Wand gelöst und zum Absturz gebracht werden. Gearbeitet wird mit leichtem Gerät (Pickel oder Schlaghammer).

▪ Entfernen von Bäumen

Bei aufgelockertem Fels kann Baumbewuchs in Steilwänden destabilisierend wirken. Durch das Dickenwachstum der Wurzeln werden Klüfte und Spalten aufgeweitet. Windbelastung in der

Baumkrone wird unter Hebelwirkung in den aufgelockerten Fels eingetragen und wirkt destabilisierend. Häufig gehört das Zurückschneiden (Stockschlag) oder Entfernen großer Bäume zu den ersten einleitenden Maßnahmen einer Felssicherung. Soweit dem Fels aufliegendes Lockermaterial durch Pflanzen gehalten werden soll, sind bodendeckende Holzpflanzen oder niedrige Büsche zu wählen.

- **Sichern von Blöcken in Hanglage**

Einzelne Blöcke in Hanglage (blockreicher Hangschutt, Blockschutt) können aus langsamer Bewegung (Kriechen, Gleiten, Driften) oder durch Stoßen, Treten, Drücken zum Kippen, Abrollen oder Abstürzen gebracht werden. Schutzmaßnahmen gegen Blocksturz aus Steilhängen bieten regelmäßiges und aufmerksames Beobachten der im Hang liegenden Blöcke (z. B. im Wald durch Forstwirte). Einzelne absturzgefährdete Blöcke in Hanglage können durch Umlegen stabil gelagert werden. In blockreichen Steillagen oberhalb von Straßen oder Baugebieten kann die Sicherung einzelner absturzgefährdeter Blöcke regelmäßige Arbeitseinsätze erfordern.

- **Einzäunen der Gefahrenstelle**

Steinschlag und Blocksturz können durch Begehen oder Klettern in Felswänden und Steilhängen verstärkt werden. Oft verlocken Steilwände an stark frequentierten Punkten, z. B. in Wohngebieten oder an Ausflugszielen, Kinder und Jugendliche zum Besteigen oder Klettern. Dem Niedertreten der Vegetation können Erdrutsch, Steinschlag und Blocksturz folgen. Wenn technische Konstruktionen nicht gewünscht sind, bieten Begehungsverbote und Einzäunen der Gefahrenstelle eine begrenzte Sicherung.

- **Vernageln absturzgefährdeter Blöcke**

Einzelne Blöcke, die als Kluftkörper aus der Felswand auszubrechen drohen oder die Steilhängen aufliegen, können mit dem anstehenden Gebirge vernagelt werden. Bei sehr großen Blöcken kann auch Verankerung angebracht sein. Größe und Schwerpunkt des Blockes bestimmen Länge und Ansatzpunkt des Nagels. Nägel oder Anker sollen mindestens 3 bis 4 m tief in den standfesten Fels einbinden.

- **Anbringen von Schutznetzen**

Zum Schutz vor Steinschlag können die gefährdeten Steilwände mit Schutznetzen verhängt oder überspannt werden. Die Netzbahnen aus Maschendraht werden an über vormontierten Felsnägeln verspannten Stahlseilen befestigt. Alle verwendeten Materiale müssen korrosionsfrei sein (Krauter und Scholz 1996).

Auch flachere Hänge, besonders oberhalb von Steilwänden, können bei Bedarf mit Schutznetzen überspannt werden. Schutznetze sollen das Kippen und Abstürzen loser Kluftkörper aus der Felswand verhindern. Schutznetze nützen nicht bei solchen Gesteinen, deren Rückverwitterung durch die Vorgänge Abmehlen, Absanden oder Abgrusen bestimmt ist. Auch sind sie nicht geeignet, Felssturz zu verhindern. Schutznetze können enganliegend oder auf Abstand montiert werden.

Anliegende Schutznetze können bei weniger stark geklüftetem Fels, aus dem sich nur vereinzelt Steine oder Blöcke lösen, angebracht werden (▪ Abb. 7.37, 7.38c). Sie verhindern das Kippen und Herausfallen von Steinen.

Auf Abstand montierte Schutznetze können über Felswänden aus verwitterungsanfälligem und stark klüftigem Gestein montiert werden (▪ Abb. 7.38b). Damit ist die Möglichkeit zum Durchfallen der sich in Menge lösenden Steine gegeben. Ansammlungen von Gesteinsschutt hinter den Netzen sind zu vermeiden und durch Öffnen der Netze zu entfernen.

Der Tragwiderstand solcher Schutznetze aus Drahtgeflecht (Maschenweite etwa 5 bis 8 cm) ist begrenzt. Nach einem von Rüegger und Flum 2008 beschriebenen System werden über solchen herkömmlichen Drahtgeflechten grobmaschige Drahtseilgeflechte (Maschenweite etwa 30 cm) verspannt, welche statische Funktion übernehmen. Der Anwendungsbereich der Steinschlagsicherung mit Maschendraht wird durch das darüber gespannte und an Ankern (z. B. Ischebeck-TITAN) verkrallte Drahtseilgeflecht erweitert. Das Stabilisieren absturzgefährdeter Kluftkörper oder Blöcke ist möglich.

- **Bau von Schutzschirmen**

Verkehrswege und Arbeitsräume, die Steinschlaggefahr ausgesetzt sind, können mit Drahtgeflecht oder Stahlblechen überdacht werden. Dies betrifft Verkehrswege unterhalb steiler Felswände, Tunnelportale, Brückendurchlässe und Arbeitsräume in Steinbrüchen, besonders im Bereich von Brecheranlagen und hochgeführten Förderbändern.

- **Bau massiver Überdachungen**

Verkehrswege im Gebirge, die andauernd starkem Steinschlag und Blocksturz ausgesetzt sind, sind durch massive Überdachungen zu schützen oder untertägig zu führen. Mögliche Konstruktionen sind der Bau von Galerien und Lehnentunneln. In steinschlaggefährdeten Portalzonen von Tunneln bietet die luftseitige Verlängerung der betonierten Tunnelröhre über den Gefahrenpunkt vor der Bergwand hinaus vollkommenen Schutz.

Für die Ausführung regelmäßig durchzuführender steinschlaggefährdeter Arbeiten, z. B. Sprengarbeiten, sind Sicherheitsbunker vorzusehen.

- **Bau von Fangvorrichtungen**

Am Fuß von Felswänden und steilen Hängen aus instabilen Deckschichten sowie auf einzelnen Bermen in der Felswand können Fangzäune, Fangwände, Fangmauern oder Erdwälle einen ausreichenden Schutz bieten. Das abstürzende Material soll von diesen aufgehalten werden. Hinter der Fangvorrichtung ist ein ausreichend breiter Fangraum vorzusehen. Zu beachten ist die Richtlinie „Ril 836 – Erdbauwerke der DB Netz AG, Modul 836.0507".

Besondere Vorkehrungen erfordert das Auffangen von stürzenden Massen mit einzelnen großen Blöcken. Müller et al. (2008) beschreiben hierzu eine dem Steilhang (35°) aufgesetzte Dammkonstruktion mit hangseitigem Auffangraum vom Steinschlaggebiet Wilerwald Gurtnellen, Schweiz. In den Jahren 2005 und 2006 waren dort bei Blocksturzereignissen Gesteinsblöcke zum Teil größer als 50 m^3 mit einem Gewicht bis etwa 200 t auf und über die 6-spurige Nationalstraße gestürzt. Der Schutzwald auf dem Steilhang oberhalb der Straße wurde stark beschädigt.

Abb. 10.1 Starre Fangvorrichtung aus Beton, Stein, Holz oder Stahl

Aus der Blockgröße und aus den von den abgestürzten Blöcken hinterlassenen Spuren konnte auf deren Sprungbahnen, Sprungweite, Sprunghöhe und Aufschlagsgeschwindigkeit geschlossen werden. Diese Daten waren Voraussetzung für die durch die Dammgeometrie und Dammkonstruktion zu garantierende Sicherheit. Eine weiche Gestaltung der Aufschlagsfläche soll für Energieabsorption sorgen. Hangseitige Blocksteinmauern sollen verhindern, dass Blöcke die Dämme überrollen.

▪ **Bau von starren Fangvorrichtungen**

Starre Systeme sind Holzbauwerke, Steinbauwerke, Stahlbauwerke und Betonbauwerke. Sie sollen dem fallenden oder springenden Block einen hohen Widerstand bei kurzem Bremsweg entgegensetzen. Das starre System verlangt stark dimensionierte Konstruktionen aus schweren Bauelementen. In der Landschaft sind es auffällige und weithin sichtbare Wände. Über die Energieaufnahmefähigkeit derartiger Wandkonstruktionen ist wenig bekannt (Abb. 10.1).

▪ **Bau von elastischen Fangvorrichtungen**

Drahtseilnetze und Drahtringbündelkonstruktionen mit Bremselementen sind elastische Systeme (Gerber 1996). Die Netze werden zwischen Stahlpfosten verspannt, die über eine verankerte Grundplatte mit Gelenk befestigt sind. Die Stahlpfosten werden von bergseitig verankerten Drahtseilen gehalten. Die Drahtseile enthalten Bremsschlaufen, die beim Belasten zugezogen werden und Verformungsenergie aufnehmen können. Neben dem gelenkig gelagerten Steinschlagschutzverbau gibt es eingespannte Systeme auf Betonfundamenten oder Fels (Maik 2008). Letztere kommen an Stellen zum Einsatz, wo maschinelles Beräumen des bergseitigen Raumes erwünscht ist. Beim System „Geobrugg“ werden Ringnetze aus 2,5–3 mm dickem Draht verwendet. Diese können sich verformen und dabei sehr viel Energie aufnehmen. Die Energieaufnahmefähigkeit liegt je nach Ausbildung zwischen 100 und 5000 kJ (BUWAL-Richtlinie, Maik 2008). Die in der Landschaft kaum sichtbaren, leichten Netze können mit wenig Erdbewegungen aufgestellt werden. Das Dimensionieren der Netze orientiert sich an Ergebnissen von Feldversuchen (Fall- und Auffangversuche) und an EDV-gestützten Steinschlagsimulationen. Für den Anwendungsfall sind vom Geologen Größe, Masse und maximale Sturzhöhe der aufzufangenden Blöcke anzugeben. Zu berücksichtigen ist die Flugbahn. Das Netz als zentrales Element eines Steinschlagschutzes muss den Stein oder Block auffangen und die entstehenden Kräfte in die Tragseile übertragen. Dies ergibt ein weiches Abbremsen der Steine. Bremswege und Auslängungen der Netze von 5–8 m sind möglich. Die vom Netz aufgenommenen Kräfte werden über die Tragseile in die Verankerungen eingeleitet. Für die Verankerung von Seilen und Abspannungen haben sich biegeschlaffe Seilanker (Spiralseilstränge aus verzinktem Stahl) bewährt (Abb. 10.2 und 10.3). Die Gebrauchstauglichkeit von dynamischen Seilsperren bzw. Steinschlagschutzverbauungen muss in 1:1-Feldversuchen nachgewiesen werden (Maik 2008, BUWAL-Richtlinie, WSL-Richtlinie, EKLS, BUWAL, WLV-Richtlinie, EOTA-Richtlinie). Wichtige Parameter der Richtlinien sind Schutznetz, Verbauhöhe, Stützenlänge und Netzhöhe.

10.1.2 Vorbeugende Maßnahmen gegen Block- und Felssturz

Mögliche Sicherungen gegen Block- und Felssturz können sein:

- Geländeabtrag;
- Geländeauffüllung;
- Vorbau von Stützkonstruktionen;
- Einbau von Stützknaggen oder Stützpfeilern;
- Sicherung durch Spritzbeton;
- Sicherung durch Nägel und vernagelte Beton- oder Stahlkonstruktionen;
- verankerte Betonkonstruktionen (Abb. 7.36, 7.37, 7.38d).

▪ **Geländeabtrag**

Bei von Felssturz bedrohtem Gelände unter einer Steilwand, etwa Baugelände in Nachbarschaft einer aufgelassenen Steinbruchwand, kann bei ausreichendem Platz die Gefahr durch Abtrag und flachere Hang- oder Böschungsgestaltung beseitigt werden (Abb. 10.4a).

▪ **Geländeauffüllung**

Bei von Felssturz bedrohtem Gelände unter einer Steilwand, etwa Baugelände in Nachbarschaft einer aufgelassenen Steinbruchwand, kann bei ausreichendem Platz die Gefahr durch Erdanschüttung vor der Wand beseitigt werden.

▪ **Vorbau von Stützkonstruktionen**

Kipp- und absturzgefährdete Felsmassen können durch Vorbau von konstruktiven Stützbauwerken wie Schwergewichtsmauern, Raumgitterkonstruktionen, Drahtgeflechtbehältern und nach dem System „Terre armée“ vorgebauten Erddämmen gesichert werden. Andere Sicherungsmaßnahmen wie Nägel und Anker können den anstehenden Boden oder Fels zu einem passiven Block verbinden (Abb. 10.4b, c).

Nicht geeignet zum Herstellen eines passiven Blockes bei kippträchtigen Felsmassen in steiler Lage sind Injektionen, da die Kippgefahr durch den Injektionsdruck vergrößert wird.

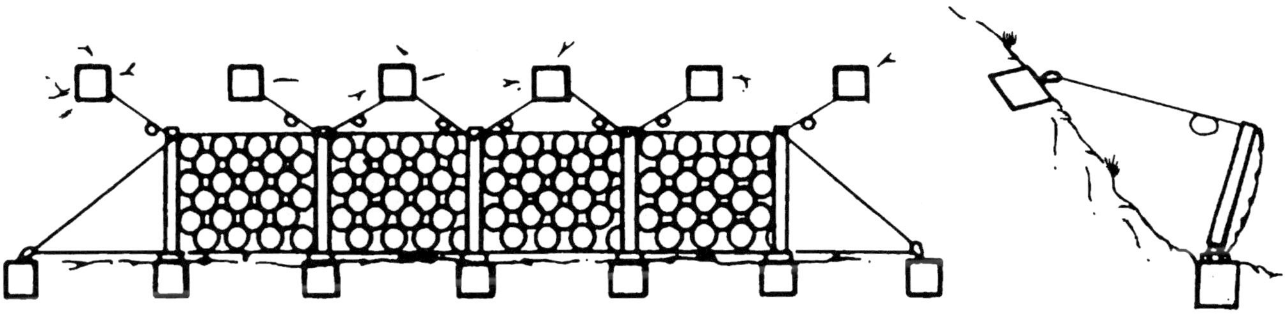

Abb. 10.2 Front- und Seitenanblick einer gegen Steinschlag und Blocksturz mit elastischem Fangzaun gesicherten Gefahrenstelle (System „Geobrugg")

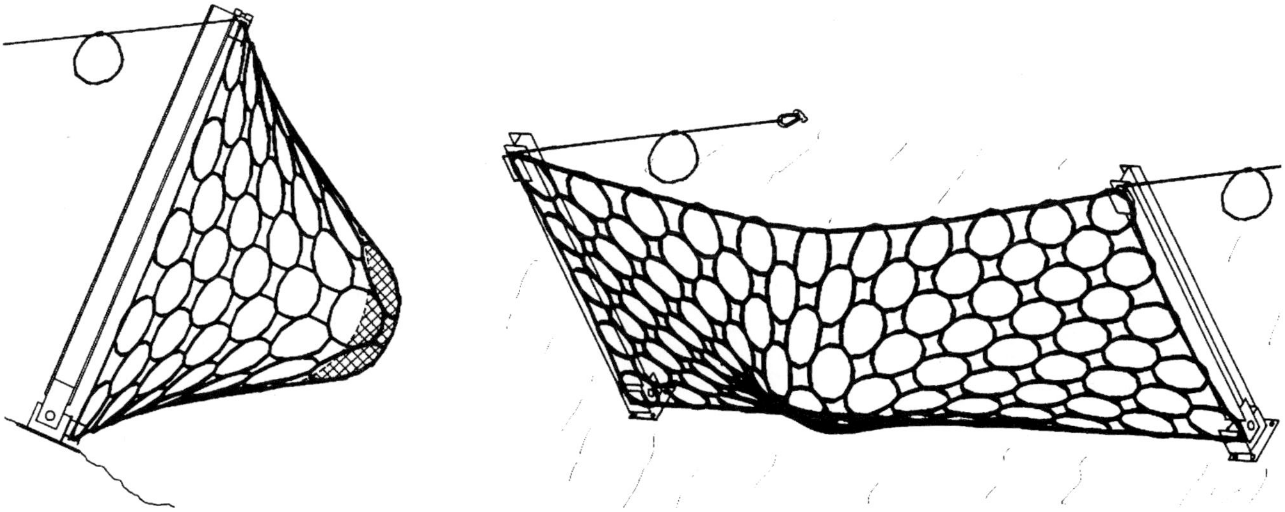

Abb. 10.3 Elastische und plastische Verformungen im Ringnetz einer mit elastischem Fangzaun gesicherten Gefahrenstelle (System „Geobrugg")

- **Sicherung überhängender Felsen durch Stützknaggen**

In Schichtgesteinen, besonders häufig in Sandsteinen, zeigen Felswände und alte Böschungen Abwitterungsprofile mit Wechsel von vorspringenden verwitterungs-resistenten Felsbänken und zurückspringenden schneller verwitternden Gesteinslagen. Mit fortschreitender Unterhöhlung droht Kippen der überhängenden Felsmassen und Felssturz. Sicherung bietet der Einbau von Stützknaggen aus Beton oder Mauerwerk (Abb. 10.5a). An Geländeanschnitten können im Fels mit geneigten Trennflächen abgleitgefährdete Felsmassen über Stützknaggen im tragfähigen Fels abgestützt werden (Abb. 10.5b). Hangabwärts driftende Felsblöcke können durch Stützknaggen stabilisiert werden (Abb. 10.5c).

- **Felssicherung durch Spritzbeton**

Zum Verhindern von Auflockerung und Steinschlag können Felswände mit Spritzbeton versiegelt und gesichert werden.

- **Felssicherung durch vernagelte Konstruktionen aus Spritzbeton, Beton oder Stahl**

Das Sichern einer Felswand kann durch den Einbau von Nägeln erfolgen. Die Nägel werden in der Regel in vorgebohrte Löcher eingestellt und in voller Länge verpresst. Bei absturzgefährdetem Fels ist zu bedenken, dass durch Injektionsdruck beim Verpressen der Nägel erhöhte Kippgefahr eintreten kann. Auch ist bei stark aufgelockertem Fels mit offenen Spalten auf möglicherweise stark erhöhten Verbrauch von Verpressgut hinzuweisen. Der Nagelabstand beträgt bei Nagelwänden maximal 1,5 m und ist bei stark aufgelockertem Fels geringer anzusetzen. Soweit erforderlich, kann die Vernagelung mit einer armierten Spritzbetonhaut kombiniert werden.

- **Felssicherung durch Anker und verankerte Beton- oder Stahlkonstruktionen**

Stark aufgelockerte Felsmassen mit offenen Spalten können, soweit ein Beräumen der Steilwand nicht möglich ist, mit vorgespannten Ankern gesichert werden. Der Ankerfuß bindet 5–10 m tief in den standfesten Fels ein. Beim Vermörteln des Ankerfußes darf kein Druck auf die zu sichernden kippgefährdeten Felspartien einwirken. Die Anker können mit dem Fels aufliegenden Betonkonstruktionen (Plomben, Pfeiler, Gurte) oder Stahlkonstruktionen (Gitter, Gurtbleche, Netze, Stahlseilverspannungen) kombiniert werden (Abb. 7.38a–d, 7.39 und 10.4b).

10.1.3 Vorbeugende Maßnahmen bei Bergsturzgefahr

Wegen des Ausmaßes der absturzgefährdeten Massen ist deren Stabilisieren in der Regel nicht möglich. Der drohenden großen Gefahr des plötzlichen energiereichen Absturzes großer Massen (Abb. 2.8) kann durch das gezielte Aufteilen der Großrutschung „Bergsturz" in einzelne kleinere Rutschereignisse begegnet werden. Die instabile große Rutschmasse soll dabei durch

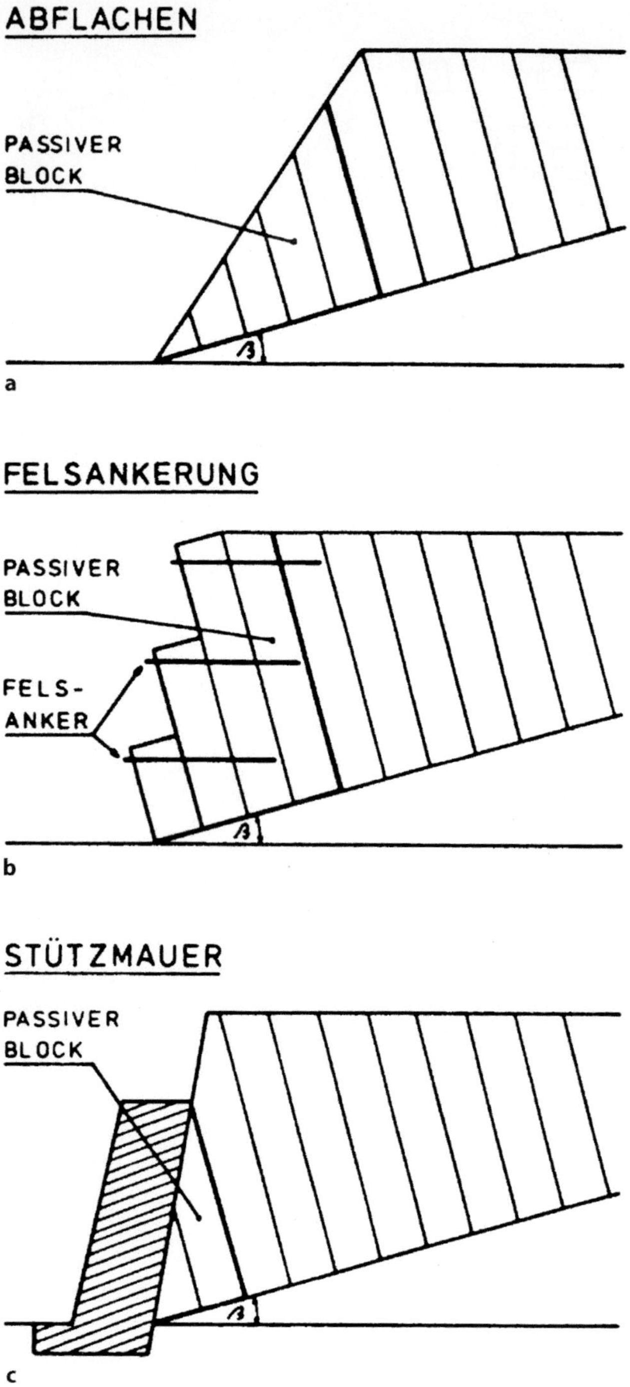

Abb. 10.4 Wirkungsweise verschiedener Sanierungsmaßnahmen bei kippgefährdeten Böschungen. **a** Abflachen; **b** Felsankerung; **c** Stützmauer. (John et al. 1979)

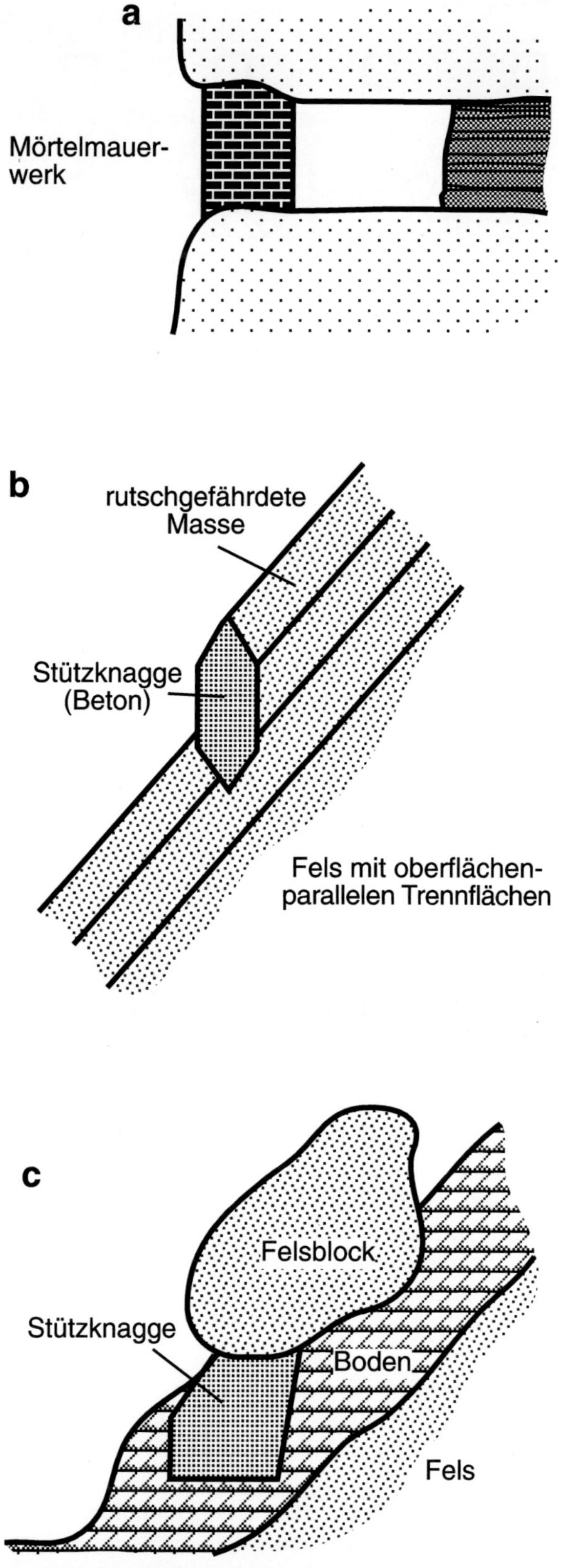

Abb. 10.5 Stützknaggen zum Verhindern des Kippens und Abgleitens von Felsteilen. **a** Die Stützknagge sichert eine überhängende Felsbank vor Kippen; **b** die Stützknagge hindert eine abgleitgefährdete Felsschicht am Abrutschen; **c** die Stützknagge sichert einen langsam abdriftenden Felsblock vor Kippen und Stürzen

gezieltes Sprengen in einzelne Abbrüche aufgeteilt werden. Nach Möglichkeit soll die Gefahr „Kippen und Abstürzen über den Kopf der Sturzmasse" in eine „über den Fuß abgleitende Bewegung" (Bergrutsch) überführt werden (Abb. 2.7b, c). Dieses Ziel gilt sowohl für die gesamte Bergsturzmasse als auch für die gewünschten und durch Sprengen ausgelösten Einzelabbrüche und Ausbrüche. Bergsturzgefährdete Bereiche sind in den bewohnten Gebieten in der Regel bekannt und häufig in Gefahrenkarten festgehalten. Bergstürze können sich durch Risse im Fels und Boden und durch vermehrten Steinschlag ankündigen. Die gefährdeten Bergmassen können über Messsonden, geodätisches Vermessen, seismisches Überwachen, fotographisches Dokumentieren der Veränderungen und auch über Luftbilder so kontrolliert werden, dass über fortlaufendes Monitoring rechtzeitig Warnung ausgegeben werden kann. Die von einem befürchteten Bergsturz ausgehende Gefahr und damit die Eingrenzung einer zu evakuierenden Gefahrenzone ist abhängig von der Größe der in einem Sturzvorgang abgehenden Sturzmasse, der Sturzhöhe und der Geometrie der Sturzbahn. Bei der Vorhersage für eine Gefahrenbeurteilung ist zunächst davon auszugehen, dass die in Bewegung geratene Gesamtmasse in einem Ereignis abstürzt. Eine Prognose darüber, dass die in Bewegung geratene Masse in Teilen nacheinander abstürzt und dass dadurch die vom Bergsturz ausgehenden Erschütterungen und Zerstörungen kleiner ausfallen, ist nur schwer abzugeben.

10.2 Sicherungsmaßnahmen zum Vorbeugen gegen Lawinen und Muren

Sicherungsmaßnahmen vor dem fließenden Abgang von Lawinen (Steinlawinen, Blocklawinen, Schneelawinen) und Muren (Schuttströme, Schlammströme) haben das Ziel, die Massen im Berg festzuhalten und das Entstehen der Fließbewegung zu verhindern.

10.2.1 Vorbeugende Maßnahmen gegen Murgang

Zum Schutz vor Murgängen (▶ Abschn. 2.6.3) können in Bergrinnen, Schrunden und Murbahnen Schutzbauwerke wie Murrechen, Rechensperren und Schlitzsperren zum Brechen und Bremsen von Muren eingebaut werden. Schon im Erosionsgebiet von Wildbächen, also in nur zeitweise wasserführenden Rinnen, soll bei starker Wasserführung mitgeführtes Holz zurückgehalten werden. Dies kann durch schräge Anlage der Rechen und Sperrroste erreicht werden (Bergmeister 2009). Durch Verengen des Abflussquerschnitts am Sperrrost oder an Schlitzsperren soll die Fließgeschwindigkeit und Schleppkraft des Wassers erhöht, das Ansammeln großer Geschiebemassen und das Versperren des Wasserlaufes verhindert werden. Ein möglichst freier Ablauf des Wassers soll im Oberlauf der Wildbäche die geogenen Bedingungen für den Abgang von Muren, das Ansammeln großer abflussfähiger Schuttmassen verringern. Wichtig ist, dass aus dem akkumulierten Gebirgsschutt das Feinmaterial ausgespült und abtransportiert wird.

Murbahnen liegen bevorzugt in Tiefenlagen des Hanges. In Rinnen, welche durch die schürfende Wirkung wiederholter Murgänge auch vertieft und akzentuiert werden, treten Murgänge mit einer gewissen Regelmäßigkeit auf (Ahnert 1996). In solche bevorzugten Murbahnen können Schutzbauwerke zum Brechen und Bremsen der Muren eingebaut werden. Murenabsturzbauwerke können als einzelnes großes Bauwerk mit großer Fallhöhe oder als Staffel entsprechend kleinerer Bauwerke erstellt werden. Die Wirkung solcher Bauwerke beruht auf dem Absturz der als Mure abfließenden Schlammmassen über eine größere Höhe und dem Aufprall auf einer ebenen Fläche unterhalb. Durch Energieumwandlung verändert sich das Transportmedium „Mure" in den fluviatilen Massentransport des Wildbaches (Bergmeister 2009).

Alternative Maßnahmen sehen vor, die von den Murströmen mitgeführten Geröllmassen hinter Querdämmen oder Sperrkonstruktionen aufzustauen und zurückzuhalten bzw. die Murströme durch Längsdämme auf nicht besiedelte oder wenig genutzte Teile des Murkegels umzulenken.

Netzsperren als Murbarrieren beschreiben Denk et al. (2008) und Bergmeister et al. (2009). Es sind flexible Ringnetzbarrieren aus hochfestem Stahldraht, die quer über die Murrinne verspannt werden. Dabei wird das Ringnetz an mehreren quergespannten Drahtseilen, welche seitlich verankert sind, aufgehängt. In breiteren Rinnen können zusätzlich Stützen eingesetzt werden. Bei einem Murgang an der Testbarriere Illgraben wurde gemessen, dass die Stirn des Murganges mit 2,9 m/s auf die Barriere auftraf. Die Dichte des flüssigen Murenmaterials lag bei 1,6 bis 1,8 t m^3.

Mit solchen Maßnahmen werden jedoch im Laufe der Zeit größere Massen angesammelt, deren gefahrdrohender Abgang nur zeitlich verzögert wird. Regelmäßiges Beräumen der Murrechen und Mursperren ist erforderlich.

In landwirtschaftlich genutztem Bergland kann zum Verhindern der Ansammlung größerer abflussgefährdeter Massen der Erdabtrag auf der Feldflur durch hangparalleles Pflügen, durch Anlage hangparalleler Faschinen, Hecken und Waldstreifen sowie durch Landnutzung mit mehrjährigen Pflanzen (Gras, Obstbau, Wald) verringert werden.

Zum Schutz vor Schlammströmen können gefahrbringende Schlammmassen entwässert und/oder verfestigt werden.

10.2.2 Vorbeugende Maßnahmen gegen Stein- und Blocklawinen

Die sich in Rinnen und Schrunden im Hochgebirge ansammelnden Gesteinsmassen sind durch technische Konstruktionen zu stabilisieren. Dies geschieht durch den Einbau wasserdurchlässiger Stahl- oder Holzkonstruktionen. Die zu sichernden Geröllmassen sind in der Regel schwierig zu erreichen. Das Baumaterial muss gegebenenfalls mit einem Hubschrauber eingeflogen werden.

Gefährdende Schutt- und Blockmassen können durch Überspannen mit Stahlseilnetzen gesichert werden. Die Stahlseilnetze sind an Seilankern zu fixieren.

10.2.3 Vorbeugende Maßnahmen gegen Schneelawinen

Schneemassen in exponierten Steilhängen bedeuten große Gefahren für Bevölkerung und Verkehrswege. Bannwälder, die einen natürlichen Schutz vor Lawinen bieten, sind durch Umwelteinflüsse bedroht. Vielerorts geht der Bestand der Bannwälder zurück. Der ungestümen Gewalt herabstürzender Schneemassen können oft keine wirksamen Schutzvorkehrungen entgegengestellt werden.

Als vorbeugende Maßnahme werden Lawinenverbaue ausgeführt, welche die Schneemassen in den Bergflanken zurückhalten sollen. Bewährt haben sich elastisch und plastisch verformbare Fangnetze nach dem Prinzip von ◘ Abb. 10.2 und 10.3.

Voraussetzung für einen Lawinenverbau ist das Ermitteln von Gefahrenpotentialen und Schutzbedürfnissen. Das Festlegen geeigneter Verbausysteme muss der örtlichen Lage angepasst sein. Eingebaut werden Zäune, Gatter, Stahlprofile und Drahtseilnetze.

Zu den vorbeugenden Maßnahmen gehört auch die Einrichtung eines Lawinenwarnsystems. Im Gefahrenfall können Schneemassen durch Sprengen abgeschossen werden. Das Ziel solcher Lawinensprengungen ist es, gezielt kleine Lawinen auszulösen, um das Ansammeln großer Schneemassen und den Abgang großer Lawinen zu verhindern.

10.3 Stabilisieren von Rutschhängen

Bewegungen in Hängen können als Gleitvorgänge auf einer oder mehreren Gleitflächen verlaufen. Driftende Massen können durch Fließvorgänge (Kriechvorgänge) in Lockergesteinslagen oder aufgewitterten Lagen passiv bewegt werden. Die Stabilisierung derartiger Bewegungen erfordert Kenntnisse über den geologischen Bau mit Größe, Form und Art der in Bewegung geratenen Massen (► Abschn. 2.6). Die Lage von Gleitflächen oder aufgewitterten Horizonten, auf oder in denen die Bewegungen stattfinden, ist in geologischen Geländeschnitten darzustellen.

Wichtig für Standsicherheit und Standsicherheitsberechnungen ist die Kenntnis der zutreffenden bodenmechanischen Kenngrößen, besonders der Restscherfestigkeit oder Gleitfestigkeit in der Bewegungsfuge. Wichtig ist weiterhin, dass Modellrechnungen zur Standsicherheitsuntersuchung den geologischen Verhältnissen angepasst sind. Bei Rutschungen in Verwitterungsböden und Festgesteinen folgen die Gleitflächen sehr häufig geologisch vorgegebenen Schicht- oder Trennflächen. Komplizierte Gleitflächen können aus sich verschneidenden Trennflächen zusammengesetzt sein.

Die von Rutschungen ausgehenden Gefahren sind vorrangig nach dem Wert der gefährdeten Baulichkeiten oder gewünschten Nutzung zu beurteilen. Maßnahmen zum Stabilisieren oder Sanieren werden sich am Versicherungswert orientieren. Nach Kenntnis von Rutschungsmerkmalen, Rutschungsdimensionen sowie Art, Zustand und Verteilung der Rutschungsaktivitäten sind die gängigen Sanierungstechniken fallbezogen zu diskutieren. Konstruktive Hangsicherungsmaßnahmen sind den Erfordernissen der Standsicherheitsberechnung anzupassen. Mögliche Maßnahmen können sein:

- kontrolliertes Beobachten;
- Entwässern;
- Abtrag von Boden- bzw. Felsmassen;
- Aufschütten eines Reibungsfußes;
- Einbau von Stützscheiben;
- Einbau konstruktiver Sicherheitselemente (Pfähle, Dübel, Anker);
- Graben von Brunnen, Abteufen von Schächten und Auffahren von Stollen zum Entwässern und/oder zum unterirdischen Einbau von Ankern (◘ Abb. 10.9).

Optimale Lösungen zum Stabilisieren von Rutschhängen enthalten meist eine Kombination unterschiedlich wirkender Maßnahmen (◘ Abb. 10.8 und 10.9).

▪ Kontrolliertes Beobachten bei abschätzbar geringem Risiko

Langsam und kontinuierlich ablaufende Rutschungen, von denen kurz- bis mittelfristig keine direkte Gefahr für Bauwerke ausgeht, können nach vorangegangener Risikoanalyse einer dauerhaften Beobachtung unterzogen werden (► Abschn. 2.6.11 und 2.6.12). Maßnahmen zur zuverlässigen Verhinderung von Rutschungen müssen nicht in jedem Falle unbedingt (und sofort) ergriffen werden. Soweit erforderlich, können Warnanlagen für den Fall eingerichtet werden, dass Wasserstände, Verschiebungen und Beschleunigung der Rutschbewegung vorgegebene Messgrößen überschreiten.

▪ Entwässern

Rutschungen stellen sich häufig bei Starkregen oder Schneeschmelze ein. Hohe Grundwasserstände in der Rutschmasse neben geringen Scherfestigkeiten in der Gleitfuge können Rutschereignisse auslösen. Die Rutschmasse kann sich bei jeder Durchfeuchtung schubweise bewegen oder aus kontinuierlicher Bewegung heraus eine schubweise Beschleunigung erfahren. Durch Entwässern kann eine begrenzte Standfestigkeit der Rutschmassen erzielt werden.

▪ Oberflächenentwässerung und Anlage von Dränagen

Oberflächenwasser kann in offenen Gräben aufgefangen und seitlich von der Rutschmasse abgeleitet werden. Es ist zu verhindern, dass sich Oberflächenwasser auf der Rutschmasse in Geländevertiefungen, Rissen und Spalten sammelt, den Boden aufweicht und den Wasserdruck in der Rutschmasse erhöht. Aufgeweichte Rutschmassen können über Sickerschlitze und Dränagen entwässert werden. Die Dränagegräben können mit Kies, Schotter oder Sand aufgefüllt werden. Eingebaute Dränleitungen können mit korngestuften Mineralfiltern umgeben werden. Bewährt hat sich die Vliesummantelung der Filtermassen (◘ Abb. 7.7).

Durch Rutschbewegungen können Dränleitungen und auch Sickerschlitze verformt werden und ihre Funktion verlieren. Bewährt haben sich Sickerschlitze mit Füllung aus Einkornbeton, welche die Rutschmassen zusätzlich konstruktiv stabilisieren.

Dränagegräben können bis etwa 7 m Tiefe ausgeführt werden. Bei nicht befahrbarem Gelände ist der Einsatz von Schreitbaggern erforderlich.

▪ Tiefenentwässerung

Rutschkörper, deren Instabilität von der Wasserführung tieferliegender Schichten ausgeht, können über Bohrungen, Brunnen, Stollen, Schräg- und Horizontalbohrungen entwässert werden. Dabei können Schräg- oder Horizontalbohrungen in der erforderlichen Tiefe von Stollen oder Brunnen (Schächten) aus in die wasserführenden Schichten vorgetrieben werden. Soweit es die Hangsituation zulässt, kann auch das Entwässern des Brunnens über eine Entwässerungsbohrung in Richtung Vorflut erfolgen (◘ Abb. 10.6).

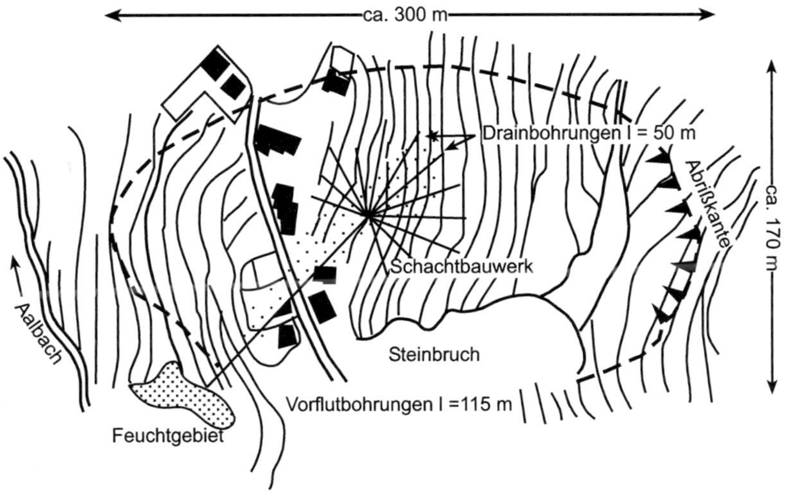

■ **Abb. 10.6** Entwässern einer Rutschmasse durch von einem Schacht aus fächerförmig ausgeführte Dränbohrungen. Der Grundwasserstand wurde um 5–10 m abgesenkt. Rutschungsauslösende Wasserstände sind danach auch während niederschlagsreicher Perioden nicht mehr eingetreten. (Trischler & Partner)

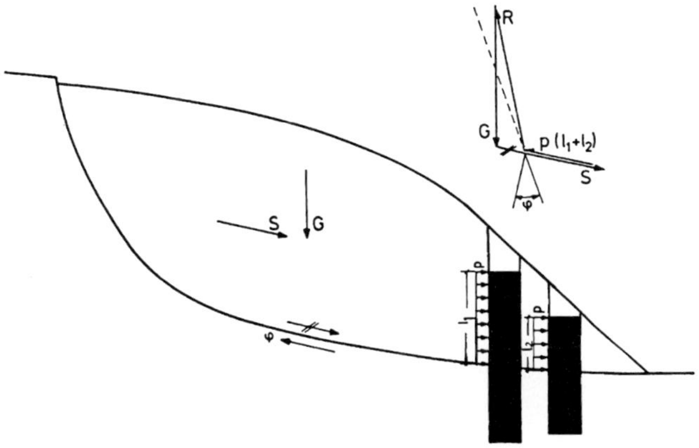

■ **Abb. 10.7** Prinzip der Hangsicherung durch Verdübeln der Gleitfläche mit Bohrpfählen

Neben den von der Oberfläche des Rutschkörpers aus tiefgeführten vertikalen Brunnenbohrlöchern oder Schachtbrunnen (■ Abb. 10.9) zum Entwässern der Rutschmasse in der Gleitfuge besteht die Möglichkeit, Entwässerungsbohrungen mit der Horizontalbohrtechnik HDD (Horizontal Directional Drilling) von einem tiefer gelegenen Standort aus im Hang unterhalb der Rutschmasse an die zu entwässernde Gleitfuge heranzuführen (Bayer, Powell 2008, Bayer 2013, ■ Abb. 10.10). Diese Bohrtechnik belastet nicht die Rutschmasse. Alle Bohrungen können als gravitative Entwässerungsanlage gebaut werden. Das Verfahren ist kostengünstig und schnell wirkungsvoll.

Die Kombination von Bodennagelsystem und Dränagesystem bietet das System DRILL-DRAIN mit dem Filternagel der Friedrich Ischebeck GmbH (Müller W. 2008). Das System folgt den Vorgaben von DIN EN 14490, welches Regelwerk „Bodenvernageln und Dränen" zu einer Ausführungsregel zusammenfasst. Der Filternagel wird in einem Arbeitsgang installiert und mit einem Filterbaustoff aus 44 % Glaskugeln und 22 % Zement (kf-Wert 1,8 10^{-3} m s^{-1}) verpresst. Der Filternagel durchdringt die wasserführende Gleitschicht und reduziert den Porenwasserüberdruck.

Als Sofortmaßnahme mit nur zeitlich begrenzter Wirkung können feinkörnige Böden über Sanddräns oder Streifendräns (▶ Abschn. 8.2.1), Vakuumbrunnen (▶ Abschn. 6.2.2) oder mit dem Elektroosmoseverfahren (▶ Abschn. 6.2.3) entwässert werden.

Bei Hangbebauung können Diskrepanzen zwischen Wünschen zum Vermindern und Verhindern von Rutschgefahren durch Absenken von Grundwasserständen und der Forderung nach örtlichem Versickern der Niederschlagwässer (▶ Abschn. 6.7) bestehen.

■ Abtrag von Erdmassen

Rutschungen können durch den Abtrag von Boden- oder Felsmassen zum Stillstand gebracht werden. Dies kann durch Abflachen des Rutschhanges geschehen. Dabei wird auch die Kraft der abschiebenden Masse verringert. Bei Rotationsrutschungen kann dies durch Abtrag im oberen Teil der Rutschmasse geschehen, wodurch das Drehmoment verringert wird. Bei Translationsrutschungen wird durch den Abtrag kein Stabilisierungseffekt erreicht. Ein Abtrag ist in der Regel bis auf den Neigungswinkel der die Gleitflächen bildenden Trennflächen erforderlich.

Derartige Lösungsvarianten sind bei kleineren Rutschungen möglich. Bei größeren Rutschmassen stellen sie einen erheblichen Eingriff in die Landschaft dar.

In besonderen Fällen kann die Rutschmasse aus der gesamten akut von Rutschung bedrohten Masse bestehen (z. B. bei Anlagerung einer rutschanfälligen Schicht an standfesten Fels). Durch Entnahme solcher Massen sind keine weiteren Auflockerungen und Folgerutschungen zu erwarten.

■ Anschütten eines Reibungsfußes

Es ist möglich, Teile der Rutschmassen im Bereich von Fuß und Zunge der Rutschung abzutragen und durch gröberes Material (Schotter, Kies, Sand) zu ersetzen (■ Abb. 7.24). Grundsätzlich ist darauf zu achten, dass Schluff- und Tonlagen, welche Gleitflächen abgeben, ausgetauscht werden. Bei geschichtetem Baugrund mit Wechsel Sand-Schluff kann separierter Sand oder Sandstein als Schüttmasse für den Reibungsfuß dienen.

■ Einbau von Stützscheiben

Stützscheiben können durch Aushub von Schlitzen und deren Verfüllen mit Beton oder durch Vermischen des wenig tragfä-

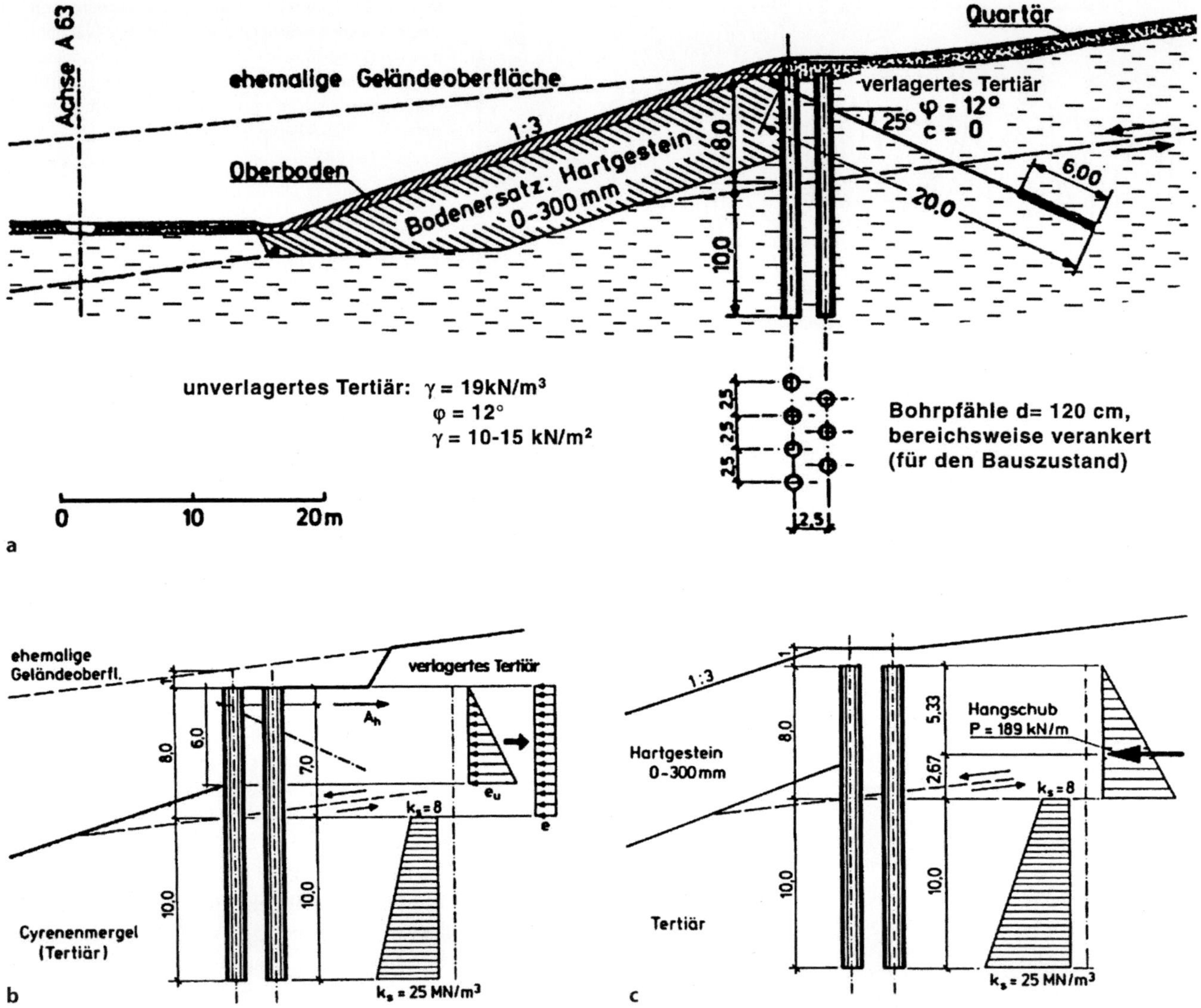

Abb. 10.8 Hangsicherung mit aufgelöster Bohrpfahlwand, Verankerung und Bodenaustausch. Die Verankerung war für die Dauer des Bauzustandes erforderlich. Für den Bodenaustausch wurden jeweils nur kurze Teilabschnitte der Böschung vor den Pfählen freigelegt und sofort wieder mit Aushubmaterial verfüllt. **a** Querschnitt mit bodenmechanischen Kennwerten; **b** Belastungsannahmen für den Bauzustand; **c** Belastungsannahmen für den Endzustand. (Rosenthal et al. 1988)

higen Bodens mit hydraulischen Bindemitteln eingebaut werden. Beim Hydrozementationsverfahren (HZV) werden in die rutschgefährdeten Bodenmassen durch partielle Bodenverbesserung Stützscheiben eingebaut. Hierfür sind entsprechend breite und bis unter die Gleitfuge reichende Schlitze auszuheben. Das Aushubmaterial kann, mit Zement, gelegentlich auch mit Silikat und Kunststoff vermischt, wieder eingebaut werden. Es entsteht ein HZV-Erdbeton mit 5–10 MN m^{-2} Druckfestigkeit, einem Reibungswinkel über 40° und einer Kohäsion *c'* um 500 kN m^{-2}. Der Achsabstand zwischen den Stützscheiben ist fallspezifisch festzulegen. In der Regel wird zwischen den Stützscheiben ein Entwässerungssystem (Rigolen) eingebaut.

▪ Einbau konstruktiver Sicherungselemente

Rutschhänge können von der Oberfläche aus durch den Einbau von Stützmauern, Nägeln, Dübeln, Pfählen und Ankern stabilisiert werden. Aus den Bauweisen zur konstruktiven Böschungssicherung hat sich bei kleinen Rutschmassen der Einbau von Drahtgeflechtbehältern (Gabionen) als schnell durchführbare Baumethode bewährt.

Beim Verdübeln werden in die rutschgefährdete Masse vertikale oder schrägstehende Nägel oder Pfähle eingebaut.

Beim Vernageln oder Verdübeln mit Kleindübeln werden perforierte Stahlrohre in einem Raster von 1,5–2,5 m eingebaut und mit Zementsuspension oder Injektionsmittel auf Silikatbasis verpresst. Es wird blockweises Festhalten der Rutschmasse angestrebt. Die Nägel oder Dübel sind möglichst schräg zur Beanspruchungsrichtung einzubauen, sodass sie auf Zug belastet werden. Vertikal eingebaute Nägel werden in der Gleitfuge auf Abscheren belastet. Dies ist zu vermeiden.

Für das Verdübeln mit Pfählen werden häufig Pfahldurchmesser zwischen 40 und 60 cm gewählt. Allgemein nimmt der Pfahldurchmesser mit der Mächtigkeit der Rutschmasse zu.

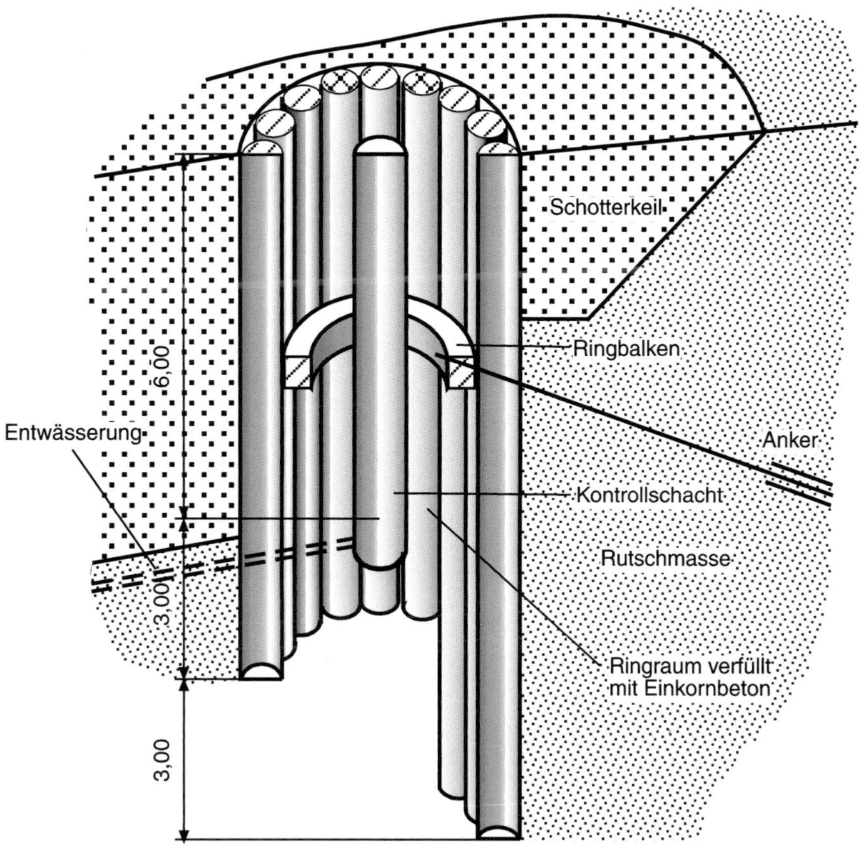

Abb. 10.9 Stabilisieren eines Rutschhanges mit einem Kreiszellendübel aus kreisförmig angeordneten Bohrpfählen und Verankerung im standfesten Baugrund

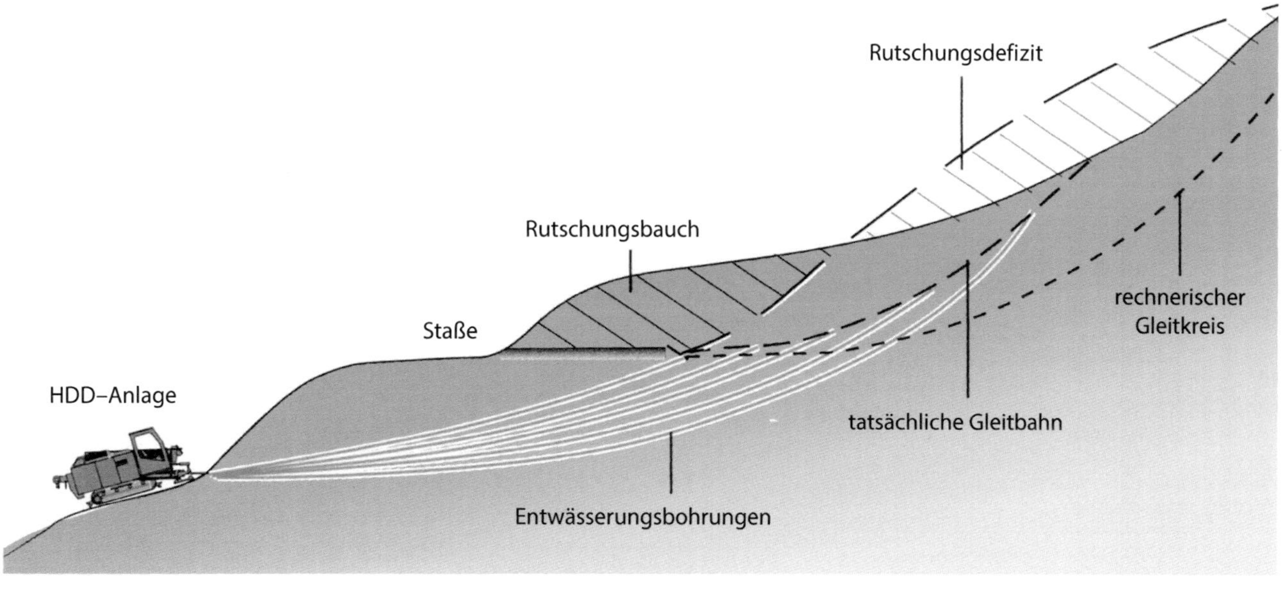

Abb. 10.10 Schema einer HDD-Rutschungsentwässerung. (Bayer 2013)

In der Literatur werden Pfahldurchmesser bis 1,5 m genannt. Bohrpfähle können in Reihen oder auch als Kreiszellendübel eingebaut werden. Es wird empfohlen, nur zwei Bohrpfahlreihen vorzusehen. Bei Rutschungen mit bekannter Gleitfläche ermöglichen Pfähle und Großdübel ein rechnerisches Abschätzen der Tragkraft in Einzelwirkung und Gruppenwirkung (Abb. 10.7). Gleichmäßige Kraftverteilung kann mit biegesteifer Verbindung der Pfahlköpfe erreicht werden.

Abb. 10.8 zeigt eine Kombination verschiedener Sicherungsmaßnahmen mit Belastungsannahmen.

Brunnen, Schächte und Kreiszellendübel zum unterirdischen Einbau von Ankern

Tiefliegende Gleitflächen und Rutschkörper in dicht bebauten Gebieten können Tiefbaumaßnahmen zum Sanieren erfordern. Je nach örtlicher Situation und Platzangebot können Brunnen oder Schächte niedergebracht und ausgesteift werden. Bewährt hat sich in Rutschgebieten die Anordnung von Bohrpfählen im Kreis mit Durchmessern von etwa 5 m (Kreiszellendübel, ■ Abb. 10.9 und 10.10). In einem solchen Kreiszellendübel werden die bergseits eingebauten Pfähle auf Zug, die talseits eingebauten auf Druck belastet. Seitlich eingebaute Pfähle können auch als Sickerpfahl ausgebildet werden. Vom Brunnen oder Schacht aus können Ankerbohrungen schräg oder horizontal bis in den standfesten Baugrund vorgetrieben werden. Der als Kreiszelle mit Bohrpfählen ausgesteifte Schacht oder mit armierten und fest verbundenen Brunnenringen ausgesteifte Brunnen kann auf diese Weise verankert werden. Zusätzlich ist Entwässern über fächerförmig angelegte Dränbohrungen möglich.

Gründen von Bauwerken

Wolfgang Dachroth

W. Dachroth, *Handbuch der Baugeologie und Geotechnik*, DOI 10.1007/978-3-662-46886-9_11

11.1 Übertragen von Bauwerkslasten auf den Baugrund

Das Eigengewicht und alle auf ein Bauwerk einwirkenden Lasten und Kräfte werden über Gründungskörper (Fundamente, Platten, Pfähle) auf oder in den Baugrund übertragen. Unter „Baugrund" versteht man die unter der Aushubsohle nächstgelegene tragfähige Boden- oder Gesteinsschicht im Untergrund. Das Eigengewicht und alle auf das Bauwerk einwirkenden Lasten und Kräfte werden nach den in Eurocode 7, DIN EN 1990:2010, DIN EN 1997:2010 und DIN 1054:2010 getroffenen sprachlichen Regelungen als „Einwirkungen" bezeichnet. Bei den Einwirkungen, die vom Bauwerk selbst (Bauwerkslasten) oder von dessen (geplanter) Nutzung (Verkehrslasten) ausgehen, ist zu unterscheiden zwischen:

- ständigen Einwirkungen,
- veränderlichen Einwirkungen,
- dynamischen Einwirkungen.

In erdbebengefährdeten Gebieten können zudem

- seismische Einwirkungen auftreten.

Für alle Einwirkungen, die vom Bauwerk, seinen Belastungen und seiner geplanten Nutzung auf die Gründungskörper übertragen werden sollen, sind vom Tragwerksplaner (Statiker) Bemessungswerte zu benennen. Es sind die statisch berechneten Lasten, die am Übergang vom aufgehenden Mauerwerk zum Gründungskörper/Fundament auftreten. Die Angabe erfolgt bei Punktlasten (z. B. unter Pfeilern oder Säulen) in kN (oder MN), bei Linienlasten (unter Mauern) in kN/m (oder MN/m).

Das Eigengewicht des aufgehenden Bauwerks (Mauer) wirkt vertikal auf den Gründungskörper ein. Es ist eine ständige Einwirkung.

Die von außen an das Bauwerk herangetragenen Kräfte wirken teils vertikal (Schneelasten), mehrheitlich aber horizontal oder im schrägen Winkel auf die Gründungskörper ein. Es sind beim Hochbau veränderliche Windlasten und Verkehrslasten. Diese können in unterschiedlicher Stärke und auch als Moment (Stoß) auftreten. Abweichungen zum vertikalen Eintrag der Einwirkungen auf und in den Gründungskörper sind vom Tragwerksplaner zu benennen.

Zusätzlich zu den Bauwerkslasten können lokal weitere Einwirkungen aus den Gegebenheiten des Bauplatzes auftreten. Solche ortsspezifische Einwirkungen, welche nach Ausmaß und Zusammenspiel nur für den jeweiligen Ort oder Bereich gelten, ergeben sich aus

- Geländeverlauf,
- Veränderungen durch Bodenentnahme oder Erdaufschüttung,
- Veränderungen durch Nachbarbebauung,
- Wasserstand bzw. Grundwasserstand und dessen Änderung,
- Eigengewicht von Boden oder Fels und dessen Änderungen,
- Gewicht von Bäumen (Vegetation) und dessen Änderung,
- Eintrag von Windlasten über Bäume und deren Wurzeln in den Baugrund,
- Erddruck,
- Druck- und Volumenänderung durch Quellen und/oder Schrumpfen,
- Volumenänderung durch Frost im Baugrund,
- Verlust an Scherfestigkeit durch Verwitterung,
- Eisdruck, Murendruck, Wellenstoß, Pollerzug.

Solche Einwirkungen sind im Zuge der baugeologischen Untersuchung zu erkunden, und die auftretenden Kräfte sind im Zuge geotechnischer Beurteilung nach Größe und Lage der Resultierenden (◘ Abb. 7.20) rechnerisch abzuschätzen und zu ermitteln. Die resultierende Kraft aus den möglichen geotechnischen Einwirkungen muss zusätzlich zu den Bauwerkslasten über das Fundament in den Baugrund abgetragen werden.

Dies geschieht durch Zusammenwirken von Einwirkungen aus den Gründungslasten und den zusätzlichen ortsspezifischen Einwirkungen, wofür wiederum über ein Kräfteparallelogramm eine Resultierende zu ermitteln ist. Aus der Lage dieser Resultierenden kann sich eine Ausmittigkeit aller Einwirkungen auf das Fundament ergeben. Der vom Tragwerksplaner (vorläufig) genannte Bemessungswert für Einwirkungen aus den Bauwerkslasten muss gegebenenfalls wegen zusätzlicher Einwirkungen erweitert und höher angesetzt werden.

Aus der Beschaffenheit des Baugrundes und der Größe der resultierenden Einwirkungen kann auf die Art der Gründung (Flächengründung, Pfahlgründung) und bei einer Flächengründung auf die notwendige Breite und Gründungstiefe der Fundamente rückgeschlossen werden. Die einwirkende Kraft aus dem Eigengewicht eines Fundamentes ist den resultierenden Einwirkungen hinzuzuzählen.

Es muss der Nachweis erbracht werden, dass die resultierende Kraft bzw. die resultierende Beanspruchung innerhalb der ersten Kernweite nach Bild A 6.2, DIN 1054 auftrifft.

Über das Fundament wird der Baugrund belastet, beansprucht und verformt. Das Beanspruchen setzt in der Kontaktfläche zwischen Unterkante Fundament und Baugrund (Sohlfuge/Gründungsfuge) an. Unterschieden wird zwischen sohlflächennormalen und sohlflächenparallelen Kräften (H_{Gk} und V_{Gk}). Im Kontakt zur Gründungsfuge stellt sich im Baugrund, abhängig von gewählter Gründungskonstruktion, Bodenpressung und Verformbarkeit, eine Sohlspannungsverteilung ein, auf welche die Gründungskörper zu dimensionieren sind. Dieser Beanspruchung in der Sohlfuge setzt der Baugrund Widerstände entgegen. Für die Standsicherheit des Bauwerks ist zu ermitteln, ob diese Widerstände ausreichend groß sind. Zu führen sind Standsicherheitsnachweise für die einzelnen Fundamente und für das Bauwerk gegen Kippen, Gleiten, Grundbruch, Geländebruch und Aufschwimmen („äußere Tragfähigkeit"). Mögliche Versagenszustände sind auszuschließen. Zum Nachweis der Gebrauchstauglichkeit sind Art, Umfang und Ausmaß möglicher Verformungen im Baugrund zu überprüfen und die sich hieraus ergebenden Gefahren zu benennen. Ein Verändern der Lage eines Bauwerkes oder seiner Gründungskörper durch Setzen, Heben und sonstiges Verformen darf bauwerksabhängige und nutzungsbedingte Maße nicht überschreiten. Zu beachten sind die Regelungen von EC 7/DIN EN 1997-1 und DIN 1054.

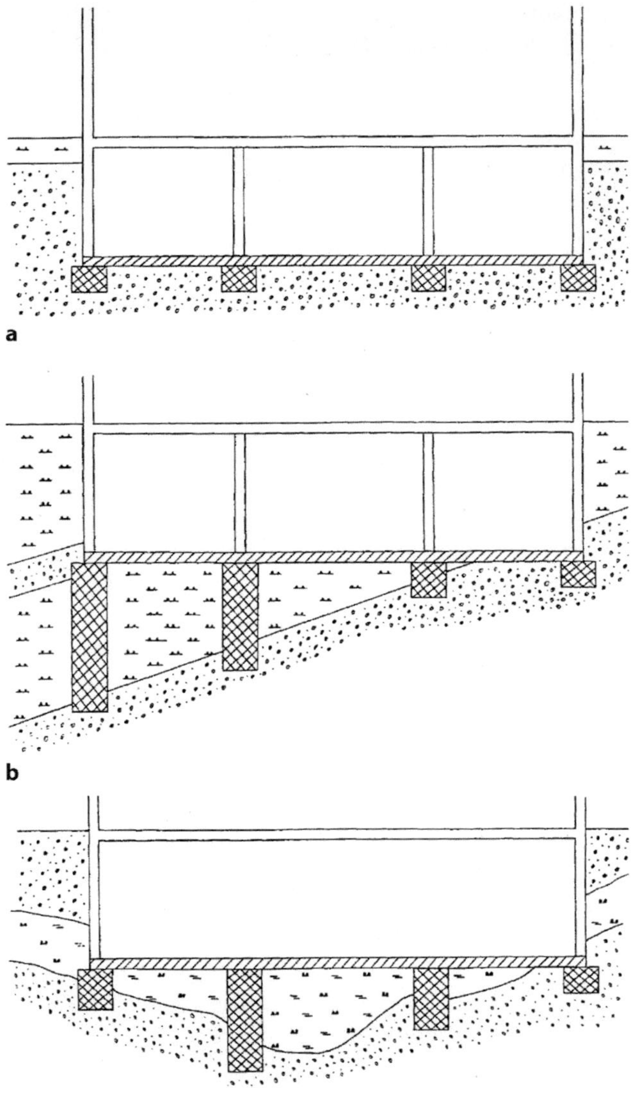

Abb. 11.1 Gründungstiefe in Abhängigkeit vom Schichtenbau. **a** Ebener und gleichmäßig geschichteter Baugrund; **b** Hanggrundstück mit hangparalleler Schichtung; **c** Talgrundstück mit verlandeter Rinne. Die Fundamente binden jeweils gleichmäßig tief in den tragfähigen Untergrund ein

Bei Flachgründungen ist auf Frostsicherheit zu achten. Dies betrifft das frostfreie Gründen bei Einbindetiefen von mindestens 80 cm, in Extremlagen tiefer, und das frostfreie Verlegen von Wasser- und Abwasserleitungen. Besonders gefährlich ist feinkörniger Baugrund (Lehm, Schluff, Ton). Frostschäden treten vermehrt im ersten Winter nach dem Fundamentieren ein. In späteren Jahren ist der Wassergehalt des Bodens unter dem Bauwerk gering (▶ Abschn. 2.10, 12.7).

Es ist das Ziel, eine kostengünstige Gründung zu wählen, die allen Sicherheitsanforderungen genügt. Die Gründungskörper sind ingenieurtechnisch so zu bemessen, dass die auf sie einwirkenden Kräfte aufgenommen werden können („innere Tragfähigkeit").

Jeder Boden besitzt eine begrenzte Tragfähigkeit. Reicht die in der Baugrubensohle vorliegende Tragfähigkeit des Bodens für das Gründen eines Bauwerkes aus, so kann eine Flächengründung gewählt werden. Andernfalls muss die Bauwerkslast in tiefere Schichten eingetragen werden (Tiefgründung).

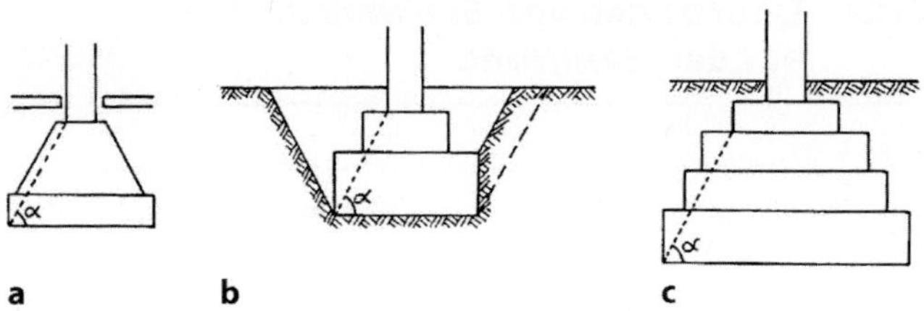

Abb. 11.2 Formen für Einzelfundamente

Die Gründungskörper sollen an allen Stellen etwa gleich tief in die tragfähige Bodenschicht einbinden. Bei Bauwerken am Hang und bei wechselndem Schichtaufbau müssen allerdings geologiebedingt die Fundamente unterschiedlich tief oder abgetreppt gegründet werden (Abb. 11.1 und 11.6a).

11.1.1 Flächengründungen

Wenn tragfähiger Baugrund direkt unter der geplanten Aushubsohle ansteht, kann eine Flächengründung als Flachgründung ausgeführt werden. Die möglichen Gründungsformen sind Einzelfundamente, Streifenfundamente, Gründungsbalken und Gründungsplatten. Liegen zwischen der Aushubsohle und dem tragfähigen Baugrund weiche Schichten, so können bei geringer Schichtstärke die Einzel- oder Streifenfundamente tiefer ausgeführt werden. Bei größerer Schichtstärke können Brunnengründungen gewählt werden.

Einzelfundamente

Die Lasten aus Stützen, Pfeilern und Masten fallen als Einzellast an [MN]. Das Einzelfundament wird quadratisch, sechseckig, achteckig, rund oder rechteckig geformt. Die erforderliche Fundamentfläche richtet sich nach dem Bemessungswert $\sigma_{R,d}$ des Sohlwiderstandes für Streifenfundamente (DIN 1054). In der Regel bestehen Einzelfundamente aus Stahlbeton, wobei auch hier die Fundamentstärke so zu bemessen ist, dass ein „Durchstanzen" nicht eintritt (Abb. 11.2).

Streifenfundamente

Die Lasten von Wänden und Mauern fallen als Linienlasten [$MN\ m^{-1}$] an. Streifenfundamente aus Beton werden in einem ausgehobenen Graben unter der Sohle der Baugrube oder bei Bodenaustausch in einer Schalung mit seitlicher Abstützung hergestellt. Die erforderliche Fundamentbreite richtet sich nach dem Bemessungswert $\sigma_{R,d}$ des Sohlwiderstandes für Streifenfundamente (DIN 1054). Die Stärke der Fundamente muss bei unbewehrten Fundamenten so gewählt werden, dass die Lastausbreitung unter einem Winkel von 26,5° sichergestellt ist (Abb. 11.3a–c). Bei schlanken armierten Fundamenten darf die Neigung für diesen Winkel eines möglichen Stanzkegels mit 45° angenommen werden (Möller 2012).

Gründungsbalken (Plattengurt)

Einzellasten von in Reihe stehenden Stützen können, über einen Gründungsbalken gleichmäßig verteilt, nach Art eines Streifenfundamentes auf den Untergrund abgetragen werden. Dies wird erforderlich, wenn sich die Einzelfundamente gegenseitig berüh-

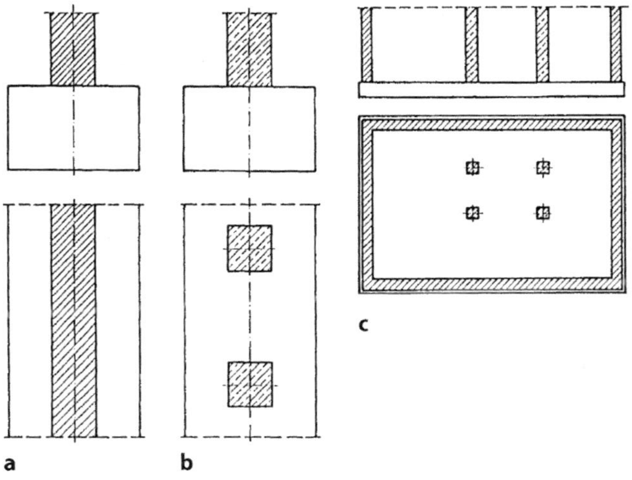

■ **Abb. 11.3** Fundamentformen für Flachgründungen im Aufriss und Querschnitt. **a** Streifenfundament; **b** Gründungsbalken; **c** Gründungsplatte

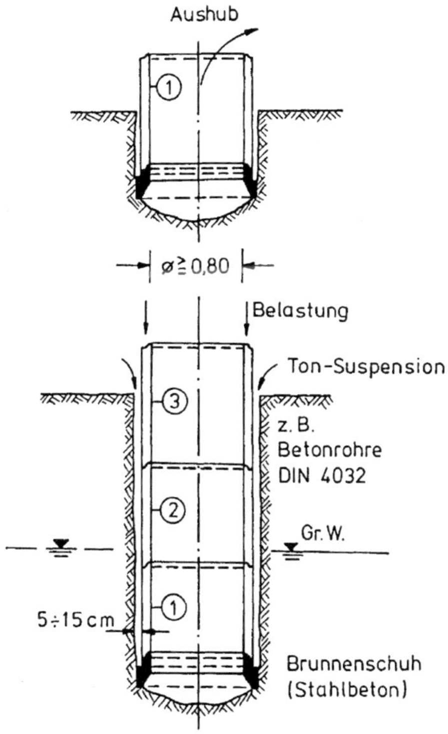

■ **Abb. 11.4** Brunnengründung. Absenken vorgefertigter Ringe

ren oder überschneiden und wenn der Baugrund ungleichmäßig ausgebildet ist. Die Hauptbewehrung liegt in der Längsrichtung (■ Abb. 11.3b).

■ Gründungsplatten

Bei nur geringem Bemessungswert $\sigma_{R,d}$ des Sohlwiderstandes für Streifenfundamente (DIN 1054) oder bei einem sehr hohen Wert der Einwirkung/Bauwerkslast kann eine Gründungsplatte gewählt werden. Die Lastübertragung auf den Baugrund erfolgt auf der ganzen Bauwerksfläche. Die Bodenplatte muss statisch bewehrt und berechnet werden. Es wird unterschieden zwischen einachsig ausgesteiften Platten unter langgestreckten Baukörpern mit Lastabtragung über die Längswände und zweiachsig ausgesteiften Platten bei annähernd quadratischen Grundflächen mit Lastabtragung über Längs- und Querwände. Unter Einzelstützen kann die Bodenplatte verstärkt werden.

Gründungsplatten werden erforderlich, wenn z. B. eine wasserdichte Kellerwanne gegen Aufschwimmen biegesteif aus Stahlbeton hergestellt wird. Eine derartige Konstruktion drückt den Baugrund flächenhaft gleichmäßig zusammen, sodass sich das Bauwerk gleichmäßig setzt.

Eine Notlösung ist eine Gründung mit Streifenfundamenten über einer „konstruktiven Platte". Solche Konstruktionen werden gelegentlich gewählt, wenn das Berechnen einer Bodenplatte zu viel Zeit in Anspruch nehmen würde (■ Abb. 11.3c).

■ Brunnengründungen

Stehen oberflächennah nicht ausreichend tragfähige Bodenschichten an, können Bauwerkslasten über Brunnen auf einen tieferliegenden tragfähigen Boden abgetragen werden (■ Abb. 11.4 und 11.5). Brunnengründungen können auch zum Abtragen hoher konzentrischer Einzellasten ausgeführt werden. Hierbei werden Betonringe (Normalverwendung für Schächte und Entwässerungsanlagen) oder Stahlringe durch Aushub des Bodens im Inneren des Ringes sukzessive niedergebracht (■ Abb. 11.4). Die Durchmesser der Betonringe liegen zwischen 0,8 und 2 m, gelegentlich auch höher. Der Bodenaushub erfolgt meist mittels Bagger unter Verwendung sogenannter Brunnengreifer oder bei geringem Umfang der Schachtarbeiten auch noch von Hand. Die Betonringe sinken unter ihrem Eigengewicht ein. Bei sehr weichen Böden besteht die Gefahr, dass die Betonringe zu schnell versinken und sich schiefstellen. Dem Schiefstellen wird durch Untergraben der hängenden Seite und durch Abstützen der voreilenden Seite begegnet. Durch einen überkragenden Fußring mit Schneide und durch Einbringen einer thixotropen Flüssigkeit (Ton, z. B. Bentonit; ► Abschn. 7.5.2) zwischen den Betonringen und dem Erdreich wird die Reibung abgemindert. Der Bentonit wird abschließend durch eingepressten Beton ersetzt. Der Brunnen oder Schachtbrunnen wird bis zur tragfähigen Schicht niedergebracht und soll in diese einbinden. Anschließend wird er mit Beton oder verdichtetem Sand-Kies-Gemisch verfüllt, wobei bei Kiesfüllung eine druckverteilende Abschlussplatte eingebaut wird (■ Abb. 11.5b). Der Brunnen wird als Flächengründung berechnet. Die erforderliche Anzahl und Größe der Grundfläche ergibt sich aus der zulässigen Belastung des Baugrundes.

■ Senkkästen

In vergleichbarer Weise zu Brunnengründungen werden größere Kästen abgesenkt. Sie werden im Brückenbau (Pfeilerfundamente), Hafenbau und U-Bahnbau verwendet (Caissons; ► Abschn. 13.8.2). Sonderformen der Senkkästen sind Druckluftgründungen, bei denen Schachtarbeiten und Betonarbeiten in einer Arbeitskammer unter Druckluft ausgeführt werden (► Abschn. 6.4.1, ■ Abb. 6.17).

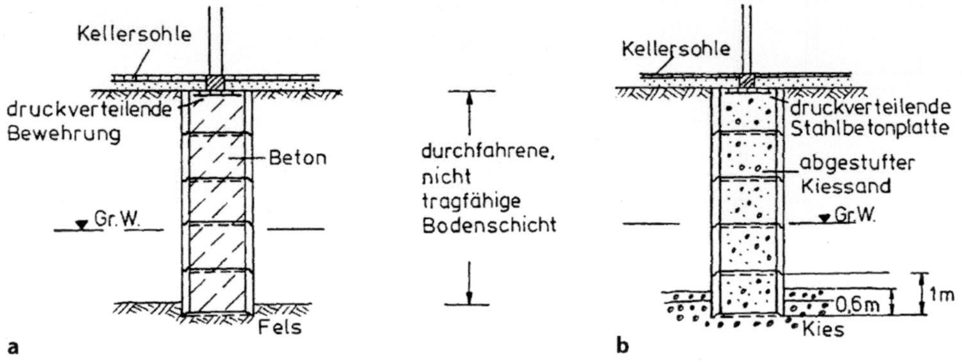

Abb. 11.5 Brunnengründung. **a** Betonverfüllter Brunnen auf Fels mit hoher Belastung; **b** kiesverfüllter Brunnen auf Kiesuntergrund mit der Belastungsmöglichkeit entsprechend Bemessungswert $\sigma_{R,d}$ des Sohlwiderstandes für *Streifenfundamente* (zuzüglich Erhöhung für Fundamente mit kreisförmigem Umriss nach DIN 1054)

11.1.2 Pfahlgründungen

Stehen tragfähige Bodenschichten erst in einer Tiefe von mehreren Metern bis Zehnermetern an, können Bauwerkslasten über Pfähle in diese abgetragen werden (Abb. 11.6). Pfahlgründungen können auch aus nicht baugrundbedingten Gründen gegenüber Flächengründungen Vorteile haben. So können Pfahlgründungen auch auf gut tragfähigem Baugrund aus Platzgründen (z. B. zwischen bestehenden Gleisanlagen) zur Ausführung kommen. Bei Pfahlgründungen wird nach der Tragwirkung unterschieden zwischen Spitzendruckpfählen, die vorwiegend über Spitzendruck (Pfahlfußwiderstand) die Bauwerkslast in den Baugrund abtragen, und Reibungspfählen, die die Bauwerkslast überwiegend durch Mantelreibung am Pfahlumfang auf den umgebenden Boden abgeben. Bei einer Pfahlgründung wird der Boden, je nach Herstellungsverfahren, verdrängt (und damit in der Umgebung der Pfähle verdichtet) oder durch Aushub entfernt. Nach Art der Herstellung werden hauptsächlich Fertigrammpfähle, Ortbetonrammpfähle und Bohrpfähle (DIN 4014) unterschieden. Außerdem gibt es eine Reihe von Sonderverfahren.

▪ Verdrängungspfähle (Rammpfähle)

Hierzu werden vorgefertigte Pfähle gezählt, die durch Einrammen, Einpressen, Einrütteln oder Einspülen eingebracht werden (DIN EN 12699). Das vom Pfahlkörper eingenommene Volumen wird im Untergrund durch Verdrängen oder Ausspülen von Bodenmaterial erhalten.

Fertigpfähle bestehen aus Holz, Stahl oder Stahlbeton. Fertigpfähle setzen eine besonders genaue Kenntnis der Untergrundverhältnisse voraus, da sie in fixen Längen eingesetzt werden und nur Boden durchfahren können. Sie haben den Vorteil, dass sie nach dem Einbau sofort belastbar sind.

▪ Ortrammpfähle

Bei Ortbetonrammpfählen wird ein Rohr in den Boden eingerammt. Durch dieses Rohr wird zunächst mit einer Ramme der Boden unter dem Rohr verdichtet und unter Zugabe von Beton zu einem Fuß ausgestampft. In das Rohr wird ein Bewehrungskorb eingehängt und Beton eingefüllt. Unter gleichzeitigem Ziehen des Rohres wird anschließend der eingebrachte Beton mit der Ramme verdichtet. Der Vorteil der Ortrammpfähle besteht besonders darin, dass die Pfahllänge den jeweiligen Verhältnissen angepasst werden kann, z. B. auch bei unerwartetem Wechsel in der Tiefenlage des tragfähigen Untergrundes. Beim Ortbetonrammpfahl wird ein Vortreibrohr durch Rammen, Rütteln, Vibrieren in den Boden eingetrieben. Die Gerätschaften zum Eintreiben setzen beim System SIMPLEX am Kopf des Eintreibrohres an. Das Rohr ist unten durch eine verlorene Fußplatte verschlossen.

Beim System „FRANKI" erfolgt das Eintreiben durch einen Rammbären im Inneren des Vortreibrohres. Der Rammbär schlägt auf den Pfropfen aus Beton oder verdichtetem Kies am Fuß des Rohres. Über Mantelreibung am Pfropfen wird das Rohr nach unten gezogen.

▪ Bohrpfähle

Bohrpfähle haben Durchmesser zwischen 0,3 und 3 m. Es werden auch nichtkreisförmige Querschnitte, z. B. Schlitzwandelemente, in den Anwendungsbereich einbezogen. Pfähle sind nur wenig zur Aufnahme von Biegekräften geeignet. (Gleiches gilt für die obengenannten Rammpfähle.) Sie tragen Kräfte und Momente sowohl axial als auch über seitliche Bettung des Pfahlschaftes in den Baugrund ein. Die Pfähle werden in vorgebohrten Löchern vor Ort hergestellt. Nach Fertigstellung des Bohrloches wird eine Bewehrung in das Bohrrohr eingestellt und der Beton wird z. B. über Schüttrohre oder Trichter eingebracht, um vorhandenes Wasser im Bohrloch zu verdrängen (Contractor-Verfahren). Nach dem Betonieren wird das Bohrrohr langsam gezogen. Dabei wird der Beton durch Rütteln oder Pressen verdichtet und der Pfahlschaft fest an das Erdreich angepresst.

Zum Schutz des Betons vor betonangreifenden Wässern und zur Vermeidung von ungewünschten Ausbauchungen des Pfahlschaftes in weichen Bodenschichten (Mehrverbrauch an Beton) können dünne Blechrohre in das Bohrrohr eingestellt werden, die im Boden verbleiben (Hülsenpfähle).

Zum Vergrößern der Aufstandsfläche und Traglast kann mit speziellen Schneidegeräten am unteren Ende der Bohrung eine Fußverbreiterung ausgeschält werden. Der Hohlraum wird bei großen Pfahldurchmessern durch direkten Augenschein, andernfalls durch Ausspiegeln und Betonverbrauch kontrolliert. Voraussetzung für die Fußverbreiterung ist eine ausreichende Standfestigkeit des Bodens. Geeignet sind steife feinkörnige Böden sowie ausreichend dicht gelagerte oder verfestigte grobkörnige Böden. In grobkörnigen Böden unter Wasser kann ein Nachbrechen des kohäsionslosen Bodens durch Wasserüberdruck von mindestens 1 m im Rohr verhindert werden.

Die mit dem Einbauen von Bohrpfählen verbundenen Arbeiten und Ausführungen sind in DIN EN 1536 geregelt. Verrohren zum Schutz der Bohrlochwand ist bei senkrechtem Einbau von Pfählen in solchen Böden erforderlich, die zu Nachbrüchen nei-

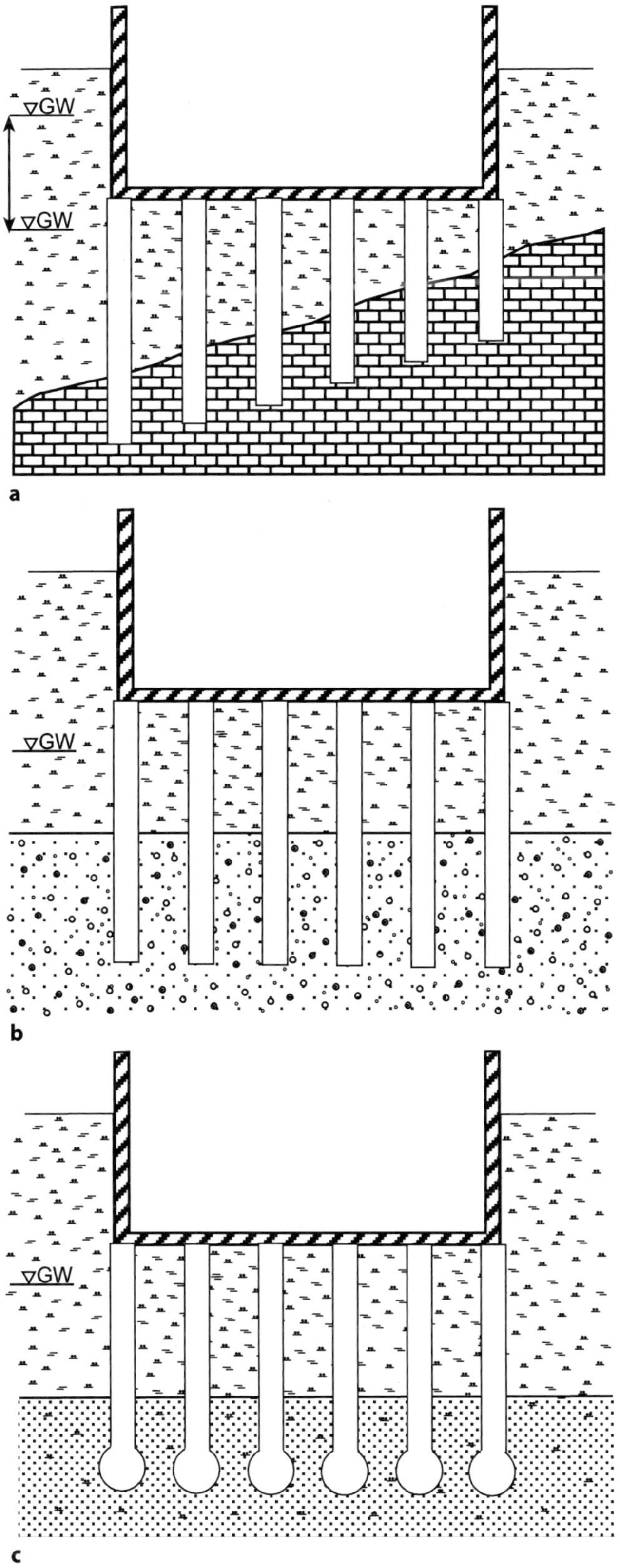

■ **Abb. 11.6** Beispiele für Pfahlgründungen. **a** Die Bauwerkslast wird als Spitzendruck auf den tragfähigen Untergrund (Fels) übertragen; **b** die Bauwerkslast wird über Mantelreibung und Spitzendruck in tragfähige Sand- und Kiesschichten übertragen; **c** Bohrpfahl mit Fußverbreiterung; die Bauwerkslast wird über Mantelreibung und Spitzendruck in den Untergrund mit begrenzter Tragfähigkeit übertragen. Bei schwankenden Grundwasserständen können Pfähle in Abhängigkeit von der auf das Bauwerk einwirkenden Auftriebskraft wechselnd auf Druck oder Zug beansprucht werden

gen. Verrohren ist weiterhin erforderlich, wenn Pfähle schräg eingebaut werden. Das Rohr soll Auflockerung und Nachfall, aber auch Ausbauchen des Betonschaftes in weichen Erdschichten verhindern. In standfesten Böden wie Löss oder Lösslehm kann ohne stützende Rohre gearbeitet werden. Das Bohren kann mit einer Bohrschnecke erfolgen. Nach Erreichen der Solltiefe wird durch ein Innenrohr (Seelenrohr) im Kern der Bohrschnecke Beton in das Bohrloch eingepresst und die Bohrschnecke mit dem Bohrgut aus dem unteren Teil des Bohrloches, drehend, herausgepresst und herausgezogen. Nachteil der Methode ist, dass das Bodenmaterial, in welches der Pfahl einbinden soll, als letztes nach oben gelangt und somit erst nach Abschluss der Arbeiten eingesehen werden kann.

- **Verpresspfähle (Kleinverpress-, Verbund- und Wurzelpfähle)**

Hierzu zählen Pfähle mit durchgehendem vorgefertigtem Tragglied aus Stahl oder Stahlbeton, welches in ein Bohrloch eingestellt wird. Beim System „Ischebeck" werden die Kleinverpresspfähle „Titan" mit drehschlagenden Bohrhämmern ohne Verrohrung in den Boden eingetrieben. Gearbeitet wird mit verlorener Bohrspitze. Das Bohrgestänge dient als Injektionsrohr und Stahltragglied. Durch Bohren mit Dickspülung (Zementsuspension) bei Verpressdrücken von ca. 20 bar kommt es zu einer Infiltrationsvermörtelung zwischen Verpresskörper und Boden. Der Verpresskörper verwurzelt sich im umgebenden Boden (Wurzelpfahl). Dadurch erhöht sich der Scherverbund zwischen Pfahl und Boden. Verpresspfähle können auf Druck und Zug belastet werden. Herstellen, Bemessen und zulässiges Belasten regelt DIN EN 14199.

11.2 Bewerten von Bauwerk und Baugrund bei Gründungsaufgaben

Es ist das Ziel von Baugrunduntersuchungen und den hierauf aufbauenden Gründungsempfehlungen, die Standsicherheit und Gebrauchstauglichkeit der zu errichtenden Bauwerke sicherzustellen. Bauwerke werden in unterschiedlicher Größe, Höhe und Komplexität geplant. Bei den Bauwerken gilt es zwischen den Extremen:

- einfaches, übersichtliches und setzungsunempfindliches Bauobjekt mit geringem Schwierigkeitsgrad (z. B. ein- und zweigeschossige Wohnhäuser)

und

- großes, setzungsempfindliches und möglicherweise gegliedertes Bauobjekt mit unterschiedlichem Lasteintrag und

zusätzlichen Einwirkungen auf Tragwerk und Baugrund zu unterscheiden.
- Bauobjekte, die nach dem Schwierigkeitsgrad zwischen diesen Extremen liegen, sind entsprechend einzustufen.

Pläne für ein- und zweigeschossige Wohnhäuser werden mehrfach ohne Bezug auf einen Bauplatz und ohne Bezug auf den Untergrund entworfen. Bei der Gründung geht der Architekt von optimalen Verhältnissen aus (z. B. ebener Baugrund aus gleichmäßig ausgebildetem, dichtgelagertem sandigem Kies in großer Mächtigkeit und tiefliegendem Wasserspiegel.).

Bezogen auf das Gründen von Bauwerken kann der Baugrund nach seinen geotechnischen Eigenschaften eingestuft werden:
- Sehr günstige Baugrundverhältnisse - das Bauwerk kann wie im architektonischen Entwurf vorgesehen gegründet werden.
- Günstige Baugrundverhältnisse - das Bauwerk kann mit geringen Änderungen bei Fundamentbreite und/oder Gründungstiefe gegründet werden.
- Wenig günstige Baugrundverhältnisse - das Bauwerk kann nur mit erheblichen Änderungen bei Fundamentbreite und Fundamenttiefe gegründet werden. Die Fundamente müssen gegebenenfalls geologischen Strukturen angepasst werden.
- Ungünstige Baugrundverhältnisse. Der Baugrund ist für Flachgründungen ungeeignet. Es ist ein Bodenaustausch mit aufgesetzten Streifen- oder Einzelfundamenten oder eine Plattengründung vorzunehmen.
- Sehr ungünstige/schlechte Baugrundverhältnisse - das Bauwerk kann nicht wie geplant errichtet werden. Gründen auf Pfählen oder auf tiefgründig verbessertem Baugrund (Stopfsäulen, vermörtelte Stopfsäulen, Hochdruckinjektion, ► Abschn. 8.2) ist angeraten. Lastverteilung und Lasteintrag des Bauwerks in den Baugrund sind vom Tragwerksplaner neu zu planen.

11.2.1 Geotechnische Kategorie

Der geotechnische Schwierigkeitsgrad beim Gründen von Bauwerken ergibt sich aus der ingenieurtechnischen Struktur eines geplanten Bauwerks, aus der baugeologischen Beschaffenheit des Untergrundes und aus den erforderlichen Erdbaumaßnahmen. Die Komplexität der angeratenen Gründungsmaßnahme muss im Zusammenhang mit dem damit verbundenen Risiko gesehen werden. Der Aufwand beim Erkunden, Untersuchen und geotechnischen Bearbeiten für das Anraten einer Gründungmaßnahme steigt mit der Komplexität des Bauwerkes. Hinzu kommt bei komplexen Gründungs- und Bauvorhaben ein erhöhter Aufwand für baubegleitende Untersuchungen mit Bestätigen der vorausgesagten Verhältnisse oder Feststellen und Bewerten abweichender Verhältnisse.

Der Umfang der baugeologischen und geotechnischen Untersuchungen, Berechnungen und Bewertungen sowie der baubegleitenden Überwachungsmaßnahmen richtet sich nach der Zuordnung zu einer Geotechnischen Kategorie. Unterschieden wird nach baugeologischen und bautechnischen Kriterien:

- Geotechnische Kategorie GK 1
  Nach baugeologischen Kriterien zählt hierzu:
  - gleichmäßig ausgebildeter Baugrund aus dicht gelagertem grobkörnigem Boden,
  - Baugrund aus halbfestem bis festem feinkörnigem Boden,
  - Baugrund aus massigem Fels,
  - der Grundwasserspiegel liegt tief.

  Nach bautechnischen Kriterien zählen hierzu Baumaßnahmen vom geringem Schwierigkeitsgrad:
  - ein- und zweigeschossige Wohnhäuser,
  - einfache Industriebauen,
  - Mauern und Stützmauern mit geringer Höhe.
- Geotechnische Kategorie GK 2
  Nach baugeologischen Kriterien zählt hierzu:
  - ungleichmäßig ausgebildeter Baugrund mit wechselnden Schichten und Schichtmächtigkeiten,
  - Baugrund aus locker gelagertem grobkörnigen Boden,
  - Baugrund aus weichplastischen bis steifplastischen feinkörnigen Böden,
  - der Grundwasserspiegel liegt in geringem Abstand zur Gründungssohle.

  Nach bautechnischen Kriterien zählen hierzu Baumaßnahmen mit gehobenem Schwierigkeitsgrad, wie:
  - mehrgeschossige Wohnhäuser und Industriebauten,
  - Bauwerke am Hang,
  - Bauwerke im Einflussbereich von Wasser und Grundwasser.

  Bauwerke dieser Kategorie erfordern den rechnerischen Nachweis der Standsicherheit und Gebrauchstauglichkeit.
- Geotechnische Kategorie GK 3
  Nach baugeologischen Kriterien zählen hierzu
  - geologisch junge Ablagerungen mit wechselnden Schichten und Schichtmächtigkeiten aus feinkörnigen, organischen oder organogenen Böden (z. B. Ablagerungen in der Talaue mäandrierender Flüsse),
  - Baugrund aus locker gelagertem grobkörnigen Boden (z. B. Dünensand),
  - weichplastischen bis steifplastischen feinkörnigen Böden. Der Grundwasserspiegel variiert zwischen geringem Abstand unter der Gründungssohle oder darüber,
  - plastische Böden, die zum Quellen oder Schrumpfen neigen,
  - Böden am Hang, die zum Rutschen, Gleiten oder Kriechen neigen,
  - stark klüftiger aufgelockerter Fels, der zu Rutschungsformen wie Kippen und Fallen neigt,
  - Hohlräume im Untergrund,
  - Bauwerke mit geotechnischen Einwirkungen.

  Nach bautechnischen Kriterien zählen hierzu Baumaßnahmen mit hohem Schwierigkeitsgrad wie:
  - Bauen neben bestehenden Bauwerken,
  - hohe und sehr hohe Bauwerke mit hohen Bauwerkslasten,
  - setzungsempfindliche Bauwerke.

Bauwerke der Kategorie 3 erfordern immer den Nachweis der Standsicherheit und Gebrauchstauglichkeit. Beim Anbau an benachbarte Häuser ist dieser Nachweis auch für diese Häuser zu erbringen. Bei Baugrunderkundungen für Bauwerke der GK 3 ist die Zusammenarbeit von Geotechnikern der Fachrichtung „Geologie" und der Fachrichtung „Bauingenieurwesen" angebracht.

11.2.2 Bemessungssituationen

In DIN EN 1997 und DIN 1054 sind vier Bemessungssituationen definiert:

- Bemessungssituation BS-P (*persistent situations*)

Bemessen werden solche Einwirkungen, die dauerhaft über die Bestandszeit des Bauwerks aus Gründungslasten (Eigengewicht, Nutzlasten, regelmäßig auftretenden veränderlichen Zusatzlasten wie Schnee und Verkehr) und aus geotechnischen Kräften (Erddruck) verursacht werden (Alte Bezeichnung: Lastfall 1).

- Bemessungssituation BS-T (*transient situations*)

Bemessen werden zusätzlich zu BS-P solche Einwirkungen, die vorübergehend während der Bauzeit, bei Reparaturen oder bei sonstigen einmaligen Ereignissen auftreten können (Alte Bezeichnung: Lastfall 2).

- Bemessungssituation BS-A (*accidental situations*)

Bemessen werden zusätzlich zu den Einwirkungen aus BS-P und BS-T außergewöhnliche und außerplanmäßige Einwirkungen, wie extremes Hochwasser, Brand, Absturz, Anprall, Versagen eines Ankers (alte Bezeichnung: Lastfall 3).

- Bemessungssituation BS-E (*earthquake situation*)

Bemessen werden solche Einwirkungen, die durch Erdbeben und vergleichsweise Erschütterungen verursacht sind.

11.2.3 Sicherheitsanforderungen

Nach DIN EN 1997-1 muss bei jeder Bemessungssituation sichergestellt sein, dass kein maßgebender Grenzzustand überschritten wird. Beim Festlegen der Bemessungssituation sind neben Art und Größe des Bauwerks die Geometrie/Morphologie des Geländes, die Baugrundverhältnisse, die Wasser- und Grundwasserverhältnisse und die regionale Erdbebengefahr zu beachten und zu bewerten. Für die Dauerhaftigkeit von Bauwerk und Bauwerksteilen sind Baugrund und Grundwasser auf aggressive Substanzen zu untersuchen (▶ Abschn. 1.10.5). Dies betrifft die Aggressivität gegen Beton, Stahl und Holz.

Der Nachweis von Standsicherheit und Gebrauchstauglichkeit für ein Bauwerk erfordert das Überprüfen von Grenzzuständen.

Für den Grenzzustand der Tragfähigkeit ULS (*ultimate limit state*) muss ausgeschlossen werden, dass das Bauwerk Schaden nimmt durch:

- Versagen des Baugrundes (GEO – *geotechnic failure*),
- Verlust der Lagesicherheit des Baugrundes (EQU – *equilibrium*),
- Inneres Versagen (STR – *structure failure*),
- Verlust der Lagesicherheit infolge Aufschwimmen (UPL – *uplift*),
- Verlust der Lagesicherheit infolge Subrosion oder hydraulischem Grundbruch (HYD – *hydraulic failure*).

Für den Grenzzustand der Gebrauchstauglichkeit SLS (*serviceability limit state*) muss ausgeschlossen werden, dass das Bauwerk Schaden nimmt durch:

- Grenzzustand des Versagens des Baugrundes
  - GEO infolge:
  - Verformen des Baugrundes durch Setzen (Kompression, Schrumpfen u. a.),
  - Verformen des Baugrundes durch Heben (Quellen, Schwellen, Frost, u. a.).

Nachweisverfahren GEO-2 Die meisten Nachweise in der Geotechnik sind im Grenzzustand GEO zu führen. DIN EN 1997 und DIN 1054 unterscheiden im Grenzzustand GEO die zwei verschiedenen Nachweisverfahren GEO-2 und GEO-3.

Im Nachweisverfahren GEO-2 werden Abmessungen ermittelt, für die die Festigkeit des Bodens maßgeblich ist. Das Nachweisverfahren GEO-2 dient dem Überprüfen:

- der Sicherheit gegen Gleiten,
- der Sicherheit gegen Grundbruch unter Fundamenten,
- der Sicherheit gegen das Versagen von Erdwiderlagern z. B. bei Baugrubenwänden und Spundwänden,
- der Tragfähigkeit von Pfählen,
- eines ausreichenden Herausziehwiderstandes von Ankern.

Dies geschieht in folgender Weise:

- Ermitteln/Festlegen der charakteristischen Einwirkungen G_k, und Q_k

Das Festlegen erfolgt getrennt nach permanenten vertikalen Einwirkungen bzw. Gründungslasten (G) und veränderlichen vertikalen Einwirkungen (Q). Zusätzlich können geotechnische Einwirkungen aus Eigengewicht auflastender Erdmassen, Wasserdruck, Erddruckkraft und Verkehr auftreten.

- Ermitteln der Bemessungsgrößen G_d und Q_{rep}

Das Errechnen der Bemessungsgrößen (Bemessungswerte) G_d für die Einwirkung erfolgt durch Multiplikation der charakteristischen Einwirkung G_k mit dem Teilsicherheitsbeiwert γ_G oder γ_Q der zu überprüfenden Bemessungssituation (BS-P, BS-T, BS-A nach DIN 1054 Tab. A 2.1). Der Bemessungswert G_d wird demnach durch Multiplikation von G_k und dem für die Einwirkung oder Beanspruchung ausgewiesenen Teilsicherheitsbeiwert γ_G (bzw. γ_Q, γ_H,) wie nachstehend berechnet.

$$G_d = G_k \, \gamma_G$$

- Ermitteln der Bemessungswerte $E_{G,d}$ der Beanspruchung (E = Effekt) aus ständigen Einwirkungen und $E_{Q,d}$ aus veränderlichen Einwirkungen.

Die Beanspruchungen aus ständigen Lasten/Einwirkungen und die aus veränderlichen Lasten/Einwirkungen sind in getrennten Rechengängen zu ermitteln. Sie sind mit unterschiedlichen Teilsicherheitsbeiwerten zu multiplizieren.

Das Errechnen des Bemessungswertes $E_{G,d}$ erfolgt durch Multiplikation des charakteristischen Wertes der Beanspruchung E_k (bzw. des repräsentativen Wertes der Beanspruchung E_{rep}) mit dem Teilsicherheitsbeiwert γ_G der zu überprüfenden Bemessungssituation (BS-P, BS-T, BS-A) nach DIN 1054 Tab. A 2.1.

$$E_d = E_k \, \gamma_G$$

Das Errechnen des Bemessungswertes $E_{Q,d}$ erfolgt durch Multiplikation des charakteristischen Wertes der Beanspruchung E_k (bzw. des repräsentativen Wertes der Beanspruchung E_{rep}) mit dem Teilsicherheitsbeiwert γ_Q der zu überprüfenden Bemessungssituation (BS-P, BS-T, BS-A) nach DIN 1054 Tab. A 2.1.

$$E_{Qd} = E_k \, \gamma_Q$$

- Ermitteln der charakteristischen Widerstände R_k (R = Resistance)

Dies erfolgt durch Berechnen aus geometrischen Vorgaben und Bodenkennwerten, durch das Sammeln von Messwerten aus Probebelastungen und/oder Zugversuchen und aus Erfahrungen. Die Widerstände betreffen Erdwiderstand, Reibungswiderstand in der Gleitfläche, Grundbruchwiderstand, Eindringwiderstand, Seitenwiderstand und Herausziehwiderstand von Pfählen und Ankern.

- Ermitteln der Bemessungswerte $R_{d,i}$ der Widerstände

Die Bemessungswerte für Widerstände $R_{d,i}$, (der Index „i" steht für den mehrfach möglichen Fall unterschiedlicher Beanspruchung: „i-ten"), die der Baugrund den Beanspruchungen entgegensetzt, werden durch Division der charakteristischen Widerstände R_k durch den Teilsicherheitsbeiwert γ_R erhalten.

$$R_{d,i} = R_k : \gamma_R$$

Der Teilsicherheitsbeiwert γ_{Rv} ist DIN 1054, Tab. A.2.3 zu entnehmen.

Sicherheit ist gewährleistet, wenn die Ungleichung der Grenzzustandsbedingung erfüllt ist.

$$E_{Gd} + E_{Qd} \leq R_d$$

Die Scherfestigkeitsparameter φ', φ_u und c', c_u gehen unverändert in die Berechnung ein. (Diese Werte werden (theoretisch) durch Division mit Teilsicherheitsbeiwerten 1,0 abgemindert. Für das Nachweisverfahren GEO-2 beträgt der Teilsicherheitsbeiwert nach DIN 1054 Tab. A.2.2 in den drei Bemessungssituationen 1,0.) Die geometrischen Messgrößen (Tiefe, Schichtmächtigkeit, Einbindetiefe, minimaler und maximaler Wasserstand, Geländeneigung) gehen ohne Veränderung in die Berechnung ein.

Nachweisverfahren GEO-3 Das Nachweisverfahren GEO-3 dient dem Überprüfen der:

- Gesamtstandsicherheit von Bauwerken,
- Standsicherheit von konstruktiven Hang- und Böschungssicherungen.

Für das Berechnen nach dem Nachweisverfahren GEO-3 sind vorab die charakteristischen Bodenkennwerte der Scherfestigkeit tan φ_k und c_k in die Bemessungswerte tan φ_d und c_d der zu überprüfenden Bemessungssituation nach DIN 1054 Tab. A.2.2. zu überführen und abzumindern. Dies geschieht durch Division der Reibungsbeiwerte tan φ' (dränierter Boden) und tan φ_u (undränierter Boden) sowie der Kohäsionswerte c' und c_u durch den Teilsicherheitsbeiwert $\gamma_{\varphi'}$ (oder $\gamma\varphi_u$, $\gamma_{c'}$, γc_u) der zu überprüfenden Bemessungssituation (BS-P = 1,25, BS-T = 1,15, BS-A = 1,1).

$$\tan\varphi' = \tan\varphi_k : \gamma_{\varphi'}$$

und

$$c' = c_k : \gamma_{c'}.$$

Der Bemessungswert der ständigen Einwirkungen G_d entspricht in Zahlen dem charakteristischen Wert der ständigen Einwirkungen G_k, da der in DIN 1054, Tab. A.2.1 für GEO-3 im Grenzzustand des Versagens ausgewiesene Teilsicherheitsbeiwert γ_G für die zu überprüfenden Bemessungssituationen BS-P = 1,0, BS-T = 1,0 und BS-A = 1,0 beträgt. Damit ist

$$G_d = G_k \, \gamma_G = G_k.$$

Die ungünstigen veränderlichen Einwirkungen Q_k werden durch Multiplikation mit den Teilsicherheitsbeiwerten γ_Q für die zu überprüfenden Bemessungssituationen BS-P = 1,3, BS-T = 1,2 und BS-A = 1,0 auf den Bemessungswert Q_d erhöht.

$$Q_d = Q_k \, \gamma_Q$$

Mit den veränderten Einwirkungen und Widerständen werden die erdstatischen Nachweise für die Gesamtstandsicherheit von Bauwerken und für die Standsicherheit von konstruktiven Hang- und Böschungssicherungen rechnerisch abgeschätzt. Es ist nachzuweisen, dass die rückhaltenden Momente R_d größer als die abschiebenden Momente S_d sind, also nachstehende Ungleichheit erfüllt wird.

$$R_d - S_d \geq 0$$

11.3 Bemessen von Flächengründungen nach Erfahrungswerten

Das Gründen von Bauwerken ist eine alte Erfahrungsweisheit, die bereits im Altertum beherrscht wurde. Zu wohl allen Zeiten wurde der Großteil aller schweren Bauwerke standfest gegründet. Schwerwiegende Schadensfälle bis zum Abriss begonnener Bauwerke waren und sind die Ausnahme! Häufiger wird die Tragfähigkeit des angetroffenen Baugrundes unterschätzt, und die Gründungskörper werden überdimensioniert. Es ist die Aufgabe des Sachverständigen für Geotechnik, die Fundamente so zu bemessen, dass sie der Tragfähigkeit des Baugrundes angepasst sind.

Das Bemessen von Fundamenten erfolgt bei günstigen Baugrundverhältnissen und gleichmäßigem Lasteintrag in Regelfällen nach Erfahrungswerten. In DIN 1054 von 1976, 2003, 2005 sowie in DIN V 1054-100:1996 waren in Tabellen oder in grafischer Form solche Erfahrungswerte für aufnehmbare Sohldrücke σ_{zul} in kN m^{-2} aufgelistet. Die genannten zulässigen Sohldrücke galten vorrangig nur für den Lastfall 1 (heute: BS-P). Diese Tabellenwerte für aufnehmbare Sohldrücke σ_{zul} haben ihre Gültigkeit verloren.

Nach Umstellen auf Eurocode (EC) und DIN EN 1997-1 enthält DIN 1054:2010 in A.6.10 für die den Baugrund aufbauenden unterschiedlichen Bodenarten tabellarisch aufgelistete Bemessungswerte des Sohlwiderstandes für Streifenfundamente. Dies sind ausdrücklich keine zulässigen Bodenpressungen im Sinne der DIN 1054:1976 und keine aufnehmbaren Sohldrücke nach DIN 1054:2005! Die Bemessungswerte des Sohlwiderstandes $\sigma_{R,d}$ sind in kN m^{-2} angegeben. Diese Bemessungswerte liegen um den Faktor 1,4 höher als die aufnehmbaren Sohldrücke σ_{zul} der Ausgaben 1976 bis 2005. Sie haben Gültigkeit für die Bemessungssituationen BS-P. Das Verwenden für die Bemessungssituation BS-T liegt auf der sicheren Seite (Ziegler 2012). Mit dem Faktor 1,4 wurde ein gewichteter Mittelwert der Sicherheitsbeiwerte für Einwirkungen bzw. Beanspruchungen $\gamma_G = 1{,}35$ und $\gamma_Q = 1{,}50$ gefunden (Heilbaum 2012).

Der Nachweis für Standsicherheit und Gebrauchstüchtigkeit ist gegeben, wenn der Bemessungswert der Sohldruckbeanspruchung $\sigma_{E,d}$ kleiner ist als der Bemessungswert des Sohldruckwiderstandes $\sigma_{R,d}$, also wenn nachstehende Ungleichung erfüllt ist.

$$\sigma_{E,d} \leq \sigma_{R,d}$$

In einfachen Fällen ersetzt das Anwenden dieser in Tabellen festgehaltenen Erfahrungswerte das rechnerische Überprüfen der Grenzzustände „Grundbruch" und „Gleiten" sowie das Berechnen und Bewerten des Setzmaßes. Die einzelnen Tabellen mit aufgeführten Erfahrungswerten beziehen sich jeweils auf eine bestimmte Bodengruppe.

Für das Bemessen von Flächengründungen nach Erfahrungswerten sind folgende Nachweise zu erbringen:

- Der Baugrund soll bis zu der Tiefe, die der zweifachen Fundamentbreite entspricht, mindestens aber bis 2 m unter UK Fundament gleichmäßig sein. Beim Vorliegen geologisch junger Ablagerungen oder künstlich herbeigeführter Veränderungen, Auflockerungen oder Auffüllungen ist es angebracht, dass mindestens eine Untersuchungsbohrung tiefer ausgeführt wird. Damit soll der Untergrund auch unter die rechnerische Tiefe von Einwirkung und Beanspruchung erkundet werden. Bei anthropogen verändertem Gelände soll/muss der Untergrund mindestens bis einige Meter unter die Basis der Veränderungen bekannt sein.
- Geologisch junge Auffüllungen sollen dicht gelagert sein (Proctordichte 97-100 %).
- Die Geländeoberfläche soll annähernd waagerecht verlaufen. Es muss ausreichende Sicherheit gegen Gleiten, z. B. bei Erddruck, gegeben sein.
- Schichtgrenzen im Boden sollen annähernd waagerecht verlaufen.
- Die Fundamentsohle soll waagerecht verlaufen, die Neigung der Sohldruckresultierenden tan $\delta = H/V = \leq 0{,}2$ sein,
- die Neigung der Sohldruckresultierenden tan $\delta = H/V = \leq 0{,}2$ sein,
- die zulässige Ausmittigkeit der Sohldruckresultierenden eingehalten sein.
- Der höchste Grundwasserspiegel soll in einer Tiefe unter der Gründungssohle liegen, die bei Sand und Kies mindestens dem Betrag der einfachen Fundamentbreite, bei feinkörnigen Böden mindestens dem Betrag der zweifachen Fundamentbreite entspricht. Nur bei grobkörnigen Böden und setzungsunempfindlichen Bauwerken darf auch bei flacheren Grundwasserständen ein Bemessen nach Erfahrungswerten erfolgen.
- Grobkörnige Böden müssen ausreichend dicht gelagert sein. Dies kann durch Bestimmen der Lagerungsdichte, der Proctordichte oder des Sondierwiderstandes nachgewiesen werden.
- Feinkörnige Böden müssen in steifer, halbfester oder fester Zustandsform vorliegen. Der Nachweis kann im Feldversuch oder im Labor nach DIN 18122 erfolgen.
- Künstliche Auffüllungen und Schüttungen sollen eine Proctordichte von 100 % besitzen.
- Die Fundamente sollen lotrecht belastet werden. (Bei außermittigem Lasteingriff sieht die Norm Einschränkungen vor.)
- Die Fundamente sollen nicht überwiegend oder regelmäßig dynamisch belastet werden.
- Die Gründungstiefe muss frostfrei sein und mindestens 0,8 m tief liegen.

Das Bemessen von Fundamenten nach Erfahrungswerten setzt eine genaue Kenntnis des Baugrundes voraus. Der Baugrund muss untersucht und die vorgefundenen Böden müssen nach DIN 18196 eingruppiert werden, da die genannten Tabellen und Bilder auf diese Bodengruppen abgestimmt sind. Bei grobkörnigen Böden ist die Lagerungsdichte (mitteldicht, dicht), bei feinkörnigen und gemischtkörnigen Böden ist die Konsistenz (steif, halbfest, fest) anzugeben. Bei locker gelagertem grobkörnigem Boden (Sand, Kies) und bei feinkörnigem Boden mit weicher oder breiiger Konsistenz ist das Bemessen von Flächengründungen nach den Tabellenwerten der DIN 1054:2010 nicht möglich!

■ Grobkörniger Baugrund

Bei grobkörnigen Böden richten sich die Bemessungswerte für den Sohldruck bei setzungsunempfindlichen Bauwerken nach der Grundbruchsicherheit (Tab. A.6.1 der DIN 1054), bei setzungsempfindlichen Bauwerken nach der Grundbruchsicherheit und dem Setzmaß (Tab. A.6.2). Das Setzmaß kann beim Bemessen auf Grundlage der Setzung mit geringeren Belastungswerten 1 cm, beim Bemessen nur auf Grundlage der Grundbruchsicherheit (höhere Belastungswerte) 2 cm betragen. Flachgründungen auf Kies- und Sandböden dürfen weder über die Fundamente noch im Umkreis der Fundamente im stärkeren Maße dynamisch belastet werden. Erschütterungen können, wie auch Überbelastung, im Sandkorngefüge zu einem raschen Zusammenbruch des bestehenden Gefüges führen. Es bildet sich ein neues, dichteres Gefüge aus. Nachträgliches dynamisches Einwirken (stampfende Maschinen, Beben, Einsatz rüttelnder Bodenverdichtungsgeräte) und nachträgliches plötzliches Erhöhen der einwirkenden Gewichtslast des Bauwerkes (Auffüllen eines Tanks oder Silos, starker Schneefall, Aschefall in Vulkangebieten) können zu plötzlichen Setzungen des Gebäudes und auch zum Abreißen von Leitungen führen.

Bei Sand und Kies richten sich die Bemessungswerte für den Sohldruck nach der Fundamentbreite b (Größenordnung 0,5 bis 3 m) und nach der Einbindetiefe d (Größenordnung 0,5 bis 2 m). Voraussetzung für das Anwenden dieser Bemessungswerte $\sigma_{R,d}$ ist der Nachweis ausreichender Tragfähigkeit. Dies kann direkt über die Lagerungsdichte D (soll sein bei weitgestuften Sanden und Kiesen $\geq 0{,}65$, bei enggestuften $\geq 0{,}5$) und über die Proctordichte D_{Pr} (soll sein bei weitgestuften Sanden und Kiesen $\geq 98\ \%$, bei enggestuften $\geq 95\ \%$) erfolgen. Indirekt kann die Tragfähigkeit über den Sondierwiderstand abgeschätzt werden (DIN 1054 2010, Tab. A.6.3).

Bei setzungsempfindlichen Bauwerken auf grobkörnigem Baugrund werden die Bemessungswerte des Sohlwiderstandes für Streifenfundamente $\sigma_{R,d}$ auf Grundlage der Begrenzung über einen maximal zulässigen Setzungsbetrag bemessen. Maximalwerte hierfür liegen bei der Einbindetiefe $d = 1{,}0$ m und bei Fundamentbreiten $b = 1$ m in der Größenordnung 520 kN m^{-2}. Sowohl für schmälere wie für breitere Fundamente sind kleinere Bemessungswerte anzusetzen, z. B. für die Fundamentbreiten $b = 2{,}5$ m oder $b = 0{,}5$ m in der Größenordnung 380 kN m^{-2}.

Bei Kreisfundamenten, quadratischen Fundamenten und bei rechteckigen Fundamenten mit einem Verhältnis Breite zu Länge ≤ 2 dürfen die Bemessungswerte des Sohlwiderstandes für Streifenfundamente $\sigma_{R,d}$ der Tabelle DIN 1054 2010 A.6.2 um 20 % erhöht werden.

Bei setzungsunempfindlichen Bauwerken werden die Bemessungswerte des Sohlwiderstandes für Streifenfundamente $\sigma_{R,d}$ auf Grundlage der Grundbruchsicherheit bemessen. Die zulässigen Bemessungswerte des Sohlwiderstandes für Streifenfundamente $\sigma_{R,d}$ steigen mit zunehmender Fundamentbreite b an. Bei einer Einbindetiefe d von 1 m kann dieser Bemessungswert bei der Fundamentbreite $b = 0{,}5$ m in der Größenordnung 380 kN m^{-2}, bei $b \geq 2$ m mit 800 kN m^{-2} angenommen werden.

Bei Kreisfundamenten, quadratischen Fundamenten und bei rechteckigen Fundamenten mit einem Verhältnis Breite zu Länge ≤ 2 dürfen die Bemessungswerte des Sohlwiderstandes für Streifenfundamente $\sigma_{R,d}$ der Tabelle DIN 1054 2010 A.6.1 unter der Voraussetzung, dass die Einbindetiefe mindestens das 0,6-Fache der Fundamentbreite beträgt, um 20 % erhöht werden.

■ Feinkörniger Baugrund

Beim Bemessen nach Erfahrungswerten kann sich ein Fundament im feinkörnigen oder gemischtkörnigen Baugrund um 2–4 cm setzen. Bei ausgeprägt plastischen Tonen (TA) kann sich der Baugrund durch Quellen und Schrumpfen verformen (Bachmann 1999). Derartige Gefahren sind beim Belasten nach Erfahrungswerten nicht berücksichtigt und müssen besonders untersucht und bewertet werden.

■ Schluffiger Baugrund

Bei Schluff (UL) mit steifer bis halbfester Konsistenz werden die Bemessungswerte des Sohlwiderstandes für Streifenfundamente $\sigma_{R,d}$ nur nach der Einbindetiefe d bemessen. Sie liegen bei einer Einbindetiefe $d = 0{,}5$ m in der Größenordnung 180 kN m^{-2}, bei einer Einbindetiefe $d = 2$ m in der Größenordnung 350 kN m^{-2} (Tab. 6.5, DIN 1054).

■ Gemischtkörniger Baugrund

Bei gemischtkörnigen Bodenarten (SU*, ST, ST*, GU*, GT*) werden die Bemessungswerte des Sohlwiderstandes für Streifenfundamente $\sigma_{R,d}$ nach der Konsistenz im Bereich steif – halbfest – fest und nach der Einbindetiefe d bemessen. Bei einer Einbindetiefe $d = 1$ m liegen die Bemessungswerte $\sigma_{R,d}$ in der Größenordnung 250 kN m^{-2} für steifen, 390 kN m^{-2} für halbfesten und 530 kN m^{-2} für festen Boden (Tab. A.6.6, DIN 1054).

■ Tonig-schluffiger Baugrund

Bei tonig schluffigem Baugrund (UM, TL, TM) werden die Bemessungswerte des Sohlwiderstandes für Streifenfundamente $\sigma_{R,d}$ nach der Konsistenz im Bereich steif – halbfest – fest und nach der Einbindetiefe d bemessen. Bei einer Einbindetiefe $d = 1$ m liegen die Bemessungswerte $\sigma_{R,d}$ in der Größenordnung 200 kN m^{-2} für steifen, 290 kN m^{-2} für halbfesten und 450 kN m^{-2} für festen Boden (Tab. A.6.7, DIN 1054).

■ Toniger Baugrund

Bei Baugrund aus Ton (fetter Ton/TA) werden die Bemessungswerte des Sohlwiderstandes für Streifenfundamente $\sigma_{R,d}$ nach der Konsistenz im Bereich steif – halbfest – fest und nach der Einbindetiefe d bemessen. Bei einer Einbindetiefe $d = 1$ m liegen die Bemessungswerte $\sigma_{R,d}$ in der Größenordnung 150 kN m^{-2} für steifen, 250 kN m^{-2} für halbfesten und 340 kN m^{-2} für festen Boden (Tab. A.6.8, DIN 1054).

■ Fels als Baugrund

Bei Fels richten sich die Bemessungswerte des Sohlwiderstandes $\sigma_{R,d}$ (DIN 1954: 2010, Bild 6.3) nach der Druckfestigkeit des Gesteins (und damit indirekt nach der Gesteinsart, ◘ Tab. 1.35) und nach dem Kluftabstand. Die mögliche Druckbeanspruchung von Fels ist stets kleiner als die Druckfestigkeit des Gesteins und liegt maximal bei 10 bis 20 % der Gesteinsfestigkeit. Die maximalen Bemessungswerte des Sohlwiderstandes $\sigma_{R,d}$ für Flächenfundamente auf Fels werden in DIN 1054 mit 14 MN/m^2 angegeben.

Für Gesteine mit Druckfestigkeiten zwischen 1,25 und 5 MN/m² (N/mm²) – typische Gesteine sind ungebundene Schluff- und Tonsteine – liegen demnach die Bemessungswerte des Sohlwiderstandes $\sigma_{R,d}$

beim Kluftabstand **200 mm in der Größenordnung 0,3 bis 0,8 MN/m²,**
beim Kluftabstand **600 mm in der Größenordnung 0,7 bis 3,5 MN/m²,**
beim Kluftabstand **1000 mm in der Größenordnung 1,4 bis 5 MN/m².**

Für Gesteine mit Druckfestigkeiten zwischen 5 und 12,5 MN/m² (N/mm²) – typische Gesteine sind ungebundene und schwach verfestigte Sandsteine, Tonsteine, Schluffsteine, Tonmergelsteine – liegen demnach die Bemessungswerte des Sohlwiderstandes $\sigma_{R,d}$

beim Kluftabstand **200 mm in der Größenordnung 0,8 bis 2 MN/m²,**
beim Kluftabstand **600 mm in der Größenordnung 3,5 bis 8 MN/m²,**
beim Kluftabstand **1000 mm in der Größenordnung 5 bis 12 MN/m².**

Für Gesteine mit Druckfestigkeiten zwischen 12,5 bis 50 MN/m² (N/mm²) – typische Gesteine sind verfestigte, kieselig oder karbonatisch gebundene Sandsteine, Kalkmergelsteine, Kalksteine, Dolomitsteine – liegen demnach die Bemessungswerte des Sohlwiderstandes $\sigma_{R,d}$

beim Kluftabstand **200 mm in der Größenordnung 2 bis 10 MN/m²,**
beim Kluftabstand **600 mm in der Größenordnung 8 bis > 14 MN/m²,**
beim Kluftabstand **1000 mm in der Größenordnung 12 bis > 14 MN/m².**

Für Gesteine mit Druckfestigkeiten > 50 MN/m² (N/mm²) – typische Gesteine sind magmatische Gesteine, metamorphe Gesteine, Quarzit, Schiefer – liegen demnach die Bemessungswerte des Sohlwiderstandes $\sigma_{R,d}$

beim Kluftabstand **200 mm in der Größenordnung 10 bis > 14 MN/m²,**
beim Kluftabstand **> 300 mm in der Größenordnung > 14 MN/m².**

11.4 Bemessen von Flächengründungen durch den Nachweis der Tragfähigkeit und der Gebrauchstauglichkeit für die geplanten Bauwerke

Bauwerksgründungen auf zusammendrückbarem und/oder weichem Untergrund sowie Gründungen von schweren oder schwierigen Tragwerken auf begrenzt belastbarem Baugrund bedürfen eingehender rechnerischer Nachweise der Standsicherheit (Grenzzustand der Tragfähigkeit ULS/Ultimate Limit State) und der Gebrauchstauglichkeit (Grenzzustand der Gebrauchstauglichkeit SLS/Serviceability Limit State). Zur Standsicherheit von Bauwerken ist in Einzelnachweisen die Sicherheit gegen Aufschwimmen und andere Einwirkungen (Grenzzustand bei Gleichgewichtsverlust durch Aufschwimmen UPL/Uplift/▶ Abschn. 6.3 und 6.4) sowie die Sicherheit gegen Gleiten, Grundbruch und bei Hangbebauung auch gegen Geländebruch (GEO-3) zu erbringen. Der Nachweis der Gebrauchstauglichkeit erfordert Nachweise, dass das Bauwerk keine unzuträglichen Verformungen, Verschiebungen oder Setzungen erleidet.

Rechnergestützte Nachweise zur Tragfähigkeit des Baugrundes und zur Gebrauchstauglichkeit geplanter Bauwerke haben in den letzten Jahren zur ständigen Erweiterung und Komplizierung der Berechnungsmethoden geführt. Die gleichzeitige Leistungssteigerung und Verbreitung von Hard- und Software ermöglicht zum anderen einem weiten Personenkreis das Anwenden dieser Programme. Nicht die eigens durchgeführte erdstatische Rechnung selbst, sondern die zuverlässige Eingabe zuverlässiger Daten in eine weit erprobte und auf den Fall zugeschnittene Software wird zum wesentlichen Kriterium der Standsicherheitsberechnung.

Der Sachverständige für Geotechnik gibt für Standsicherheitsnachweise die bodenmechanischen Kenngrößen für Wichte $\gamma_{1,k}$, $\gamma_{2,k}$, Reibungswinkel φ_k und Kohäsion c_k als charakteristischen Wert an. Für Fragen der Standsicherheit und Tragfähigkeit sind zudem die charakteristischen Werte für Reibungswinkel und Kohäsion bei dräniertem Boden als φ'_k und c'_k, bei undräniertem Boden als φ_{uk} und c_{uk} zu kennzeichnen. Bei Angaben von Kenngrößen für die Wichte sind neben den wahrscheinlichen Werten für γ_k und γ'_k auch untere und obere Grenzwerte anzugeben. Die oberen Grenzwerte gelten für das Berechnen von Erddruck und Auflasten, die unteren Grenzwerte für das Berechnen von Erdwiderstand und für den Nachweis der Sicherheit gegen Aufschwimmen.

Das Festlegen von charakteristischen Werten setzt das Wissen darüber voraus, wie der zu benennende Wert in die Berechnung eingeht. Unter Berücksichtigung von Inhomogenitäten kann es erforderlich sein, beim gleichen Baugrund für verschiedene Standsicherheitsnachweise (Gleiten, Grundbruch, Geländebruch) verschiedene Zahlenwerte für bodenmechanische Kenngrößen in Form des jeweiligen charakteristischen Wertes als wirksame Kenngröße anzugeben, z. B. für den Reibungswinkel bei Hangbebauung im sandigen Hangschutt mit hangparallelen Lehmlagen.

Charakteristische Werte stehen nur für den bestimmten Bodenbereich, für den die Kenngrößen festgelegt werden sollen. Charakteristische Werte für Boden- und Felskenngrößen können als Mittelwert aus den Ergebnissen von mehreren Einzelversuchen (Labor- oder Feldversuche), die sich auf diesen bestimmten Boden- bzw. Felsbereich beziehen, gewonnen werden. Die Einzelergebnisse der Labor- und Feldversuche sind dem Geotechnischen Bericht im Anhang beizufügen. Die Begriffe der Probenahme, Qualitätssicherung und Statistik sind in DIN 55350, Teil 14 geregelt.

Damit wird der Baugrund vom Grundsatz her als homogene Einheit betrachtet. Vom Geologen ist verstärkt auf Inhomogenitäten im Baugrund aufmerksam zu machen. Nicht erkannte Inhomogenitäten und Schwächezonen im Baugrund können nicht durch hohen Rechenaufwand kompensiert werden!

▪ Bemessungswerte von Bodenkenngrößen

Beim erdstatischen Nachweisverfahren GEO-3 zur Sicherheit vor Geländebruch, Böschungsbruch und Bruch des Bodens unter Druck- oder Zuglast von Pfahlgruppen kann nach DIN EN 1997-1 mit Bemessungswerten für die Bodenkenngrößen der Scherfestigkeit gerechnet werden, welche mit φ_d, c_d oder δ_d zu kennzeichnen sind. Die Bemessungswerte φ_d und δ_d (Wandreibungswinkel) erhält man durch Division von tan φ_k bzw. tan δ_k durch den Teilsicherheitsbeiwert γ_φ, die Bemessungswerte für die Kohäsion durch Division der charakteristischen Werte von c_k durch γ_c oder γ_{cu}. Das Ermitteln des Bemessungswertes einer Bodenkenngröße (Materialkenngröße) X_d wird also immer mithilfe der charakteristischen Bodenkenngrößen X_k und dem Teilsicherheitsbeiwert γ_m für diese Bodenkenngröße (Materialeigenschaft) wie nachstehen berechnet.

$$X_d = X_k \, \gamma \, m^{-1}$$

Für die Gesamtstandsicherheit (GEO-3) gilt:

$$\tan \varphi'_d = \tan \varphi'_k \gamma_{\varphi'}^{-1}$$
$$c_d = c'_k \gamma_c^{-1}$$
$$c_{u,d} = c_{u,k} \gamma_{cu}$$

■ **Aufschwimmen und Lagesicherheit**

Gegen das mit der Lage eines Bauwerks verbundene geotechnische Risiko „Versagen durch Gleichgewichtsverlust“ ist durch Betrachten des Grenzzustandes ein Sicherheitsnachweis zu führen (► Abschn. 6.4). Dieses Risiko ist mit der Lage eines Bauwerkes in Überschwemmungsgebieten und in Gebieten mit flachem Grundwasserstand verbunden.

■ **Tragfähigkeit von Konstruktionsteilen**

Gegen das geo-technische Risiko „Versagen von Konstruktionsteilen durch Versagen (Bruch oder Verformen) des stützenden Bodens bzw. Baugrundes“ ist durch Betrachten des Grenzzustandes ein Sicherheitsnachweis zu führen.

Für den Nachweis des Grenzzustandes sind die in DIN 1054 Tab. A.2.1 genannten Teilsicherheitsbeiwerte zu verwenden.

Für den Nachweis der Gebrauchstauglichkeit soll für alle ständigen und alle veränderlichen Einwirkungen der Teilsicherheitsbeiwert $\gamma = 1$ (γ_G, γ_Q) verwendet werden.

11.4.1 Standsicherheitsnachweis gegen Grundbruch

Der Baugrund kann unter Fundamenten nur bis zu einem Grenzwert, der Bruchlast, belastet werden. Ein Lastauftrag unterhalb dieser Grenzlast führt zum Verdichten der Bodenteilchen und zu nach DIN 4019 berechenbaren Setzungen. Eine über die Grenzlast hinausgehende Belastung führt zu Scherbrüchen im Boden (◘ Abb. 11.7). Der Boden weicht dann seitlich unter dem Fundament aus und kann sich seitlich aufwölben. Das Fundament versagt (Schultze 1980).

Die Größe der Bruchlast wird durch die Wichte des feuchten Bodens γ_k, die Scherfestigkeit des Bodens τ_f mit den Teilgrößen φ_k für den Winkel der inneren Reibung und c_k für die Kohäsion, die Fundamentbreite b und die Gründungstiefe d bestimmt. Im häufigen Fall wirkt die Bauwerkslast normal zur Sohlfläche und ruft eine vertikal zur Sohlfläche des Fundamentes ausgerichtete Beanspruchung (V_k) hervor. Im Boden resultiert hieraus der Grundbruchwiderstand $R_{n,k}$.

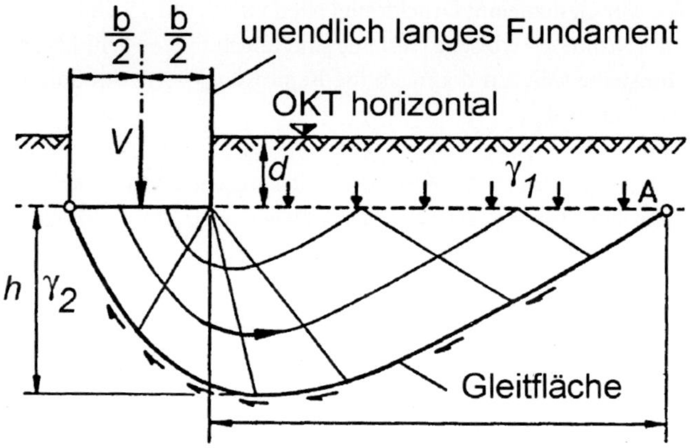

◘ **Abb. 11.7** Bruchfigur bei Überschreiten der Tragfähigkeit des Bodens unter einem Streifenfundament. (Lang und Huder 1985)

Zum Überprüfen der Sicherheit gegen Grundbruch nach GEO-2 sind der charakteristische Wert V_k durch Multiplikation mit dem Teilsicherheitsbeiwert γ_G (DIN 1054, Tab. A.2.3) bzw. der charakteristische Wert R_k per Division durch den Teilsicherheitsbeiwert γ_{Rv} in die Bemessungswerte R_d und V_d zu überführen (siehe oben).

Sicherheit ist gegeben, wenn die rückhaltenden Kräfte größer sind als die abschiebenden Kräfte

$$R_d \geq V_d.$$

■ **Berechnen der Grundbruchlast nach DIN 4017 (1979)**

Das Berechnen der Grundbruchlast V_b erfolgt rechnergestützt nach einer z. B. in DIN 4017 genannten Formel:

$$R'_{nk} = ba\sigma_{0f}$$
$$R_{nk} = ba(cN_c\upsilon_c + \gamma_1 dN_d\upsilon_d + \gamma_2 bN_b\upsilon_b)$$

R_{nk} = Grundbruchlast [kN m^{-2}]
σ_{0f} = mittlere Sohlnormalspannung [kN m^{-2}]
a = Länge des Fundaments [m]
b = Breite des Fundaments [m]
d = geringste Gründungstiefe [m] unter OK Gelände oder OK Kellerfußboden
c = Kohäsion des Bodens [kN m^{-2}]
N_c = Tragfähigkeitsbeiwert für den Einfluss der Kohäsion
N_d = Tragfähigkeitsbeiwert für den Einfluss der seitliche Auflast $\gamma_1 d$
N_b = Tragfähigkeitsbeiwert für den Einfluss der Gründungsbreite b
υ_c = Formbeiwert für den Einfluss der Grundrissform in Bezug auf die Kohäsion
υ_d = Formbeiwert für den Einfluss der Grundrissform auf die Gründungstiefe d
υ_b = Formbeiwert für den Einfluss der Grundrissform in Bezug auf die Fundamentbreite
γ_1 = Wichte des Bodens oberhalb der Gründungssohle [kN m^{-3}]
γ_2 = Wichte des Bodens unterhalb der Gründungssohle [kN m^{-3}]

Die Tragfähigkeitsbeiwerte können Tabellen oder grafischen Aufzeichnungen entnommen werden, z. B. DIN 4017 – Beiblatt 1,

Triantafyllidis (2013), Schanz (2013), Heimbecher (2013). Formeln für das Berechnen gibt Ziegler (2013).

Die Formbeiwerte werden entweder als Zahlenwert angegeben oder können nach Formeln berechnet werden. Größen und Berechnungsformeln werden allgemein in Tabellen aufgeführt, z. B. in DIN 4017.

Bei Streifenfundamente haben alle Formbeiwerte den Zahlenwert 1,0.

Stehen im Baugrund unterhalb der Gründungssohle zusammendrückbare weiche Schichten unter festeren Schichten an, z. B. Schluff mit organischen Beimengungen unter Kies, oder wird das Grundwasser im geringen Abstand zur Gründungssohle angetroffen, so führt das zu einer Erniedrigung der Grundbruchlast. Vereinfachend werden für den Sicherheitsnachweis die Eigenschaften des besseren Bodens negiert und die Bodenkenngrößen des ungünstigeren Bodens rechnerisch in die Gründungssohle gelegt. Die so ermittelten Standsicherheiten liegen auf der sicheren Seite.

Bei außermittiger und schräger Belastung verringert sich die Grundbruchlast. In diesen Fällen überträgt nur ein Teil des Gründungskörpers die Last auf den Untergrund. In einem vereinfachten Berechnungsverfahren mit der Grundbruchgleichung nach DIN 4017 werden zusätzlich zu den obengenannten Beiwerten noch Neigungsbeiwerte eingesetzt, und zwar:

- Lastneigungsbeiwert i mit Unterscheidung nach i_b, i_d, und i_c,
- Geländeneigungsbeiwert λ mit Unterscheidung nach λ_b, λ_d, und λ_c,
- Sohlfläche-Neigungsbeiwert ξ_b, ξ_d, und ξ_c.

a' und b' sind die rechnerische Länge und Breite des Gründungskörpers nach Berücksichtigung der Außermittigkeit. Bei außermittig belasteten Fundamenten, z. B. beim Einwirken von Erddruck auf das Fundament einer Stützmauer, verringert sich die in Ansatz zu bringende Sohlfläche eines Fundamentes A mit dem Verhältnis Länge a zu Breite b auf eine kleinere rechnerische Ersatzfläche A', mit a' für die rechnerisch kleinere Länge und b' für deren rechnerisch kleinere Breite. a' ist immer und unabhängig von a des Gründungskörpers die längere Seite der Ersatzfläche (Baumgart 2012, Heimbecher 2013, Triantafyllidis 2013, Ziegler 2013). Aus der Vorstellung, dass die resultierende Krafteinwirkung mittig auf die verbleibende Teilfläche A' einwirkt, ergibt sich die Reduktion der Fundamentbasisfläche mit der Längsseite a und der Breitseite b auf die rechnerisch kleinere Ersatzfläche mit der Längsseite a' und der Breitseite b'.

$$a = a' + 2ea$$
$$b = b' + 2eb$$

Die erweiterte Grundbruchgleichung lautet:

$$R_{\mathrm{nk}} = b'a'(cN_{\mathrm{c}}\chi_{\mathrm{c}}\upsilon_{\mathrm{c}} + \gamma_1 dN_{\mathrm{d}}\chi_{\mathrm{d}}\upsilon_{\mathrm{d}} + \gamma_2 bN_{\mathrm{b}}\chi_{\mathrm{b}}\upsilon_{\mathrm{b}}).$$

Anwendungsbeispiele für das Berechnen der Grundbruchsicherheit mit der erweiterten Grundbruchformel geben Ziegler (2013), Möller (2012) und per Internet Triantafyllidis (2013), Schanz (2013), Heimbecher (2013). Der rechnerische Nachweis der Grundbruchsicherheit ist aufwendig und erfolgt günstigerweise mit einem Software-Programm zum Berechnen nach DIN 4017, z. B. WinGrubru, IDAT GmbH, Darmstadt.

11.4.2 Nachweis der Sicherheit gegen Gleiten – Verschieben auf horizontaler oder nur schwach geneigter Sohlfuge

Für die Standsicherheit von Bauwerken ist der Nachweis gegen Gleiten in der Sohlfuge zu führen. Versagen durch Gleiten kann eintreten, wenn einwirkende Horizontalkräfte (horizontale Komponenten der Gesamtkraft bzw. Horizontalschub H_k) in der Sohlfläche größer sind als der Sohlwiderstand R_k. Der Bemessungswert des Gleitwiderstandes R_d (und dies gegebenenfalls im Zusammenwirken mit einem passiven Erdwiderstand R_{pd}) muss größer sein als der Bemessungswert der horizontalen Beanspruchung H_d in der Gleitfuge. Die Ungleichung muss erfüllt sein.

$$R_{\mathrm{d}} + R_{\mathrm{pd}} \geq H_{\mathrm{d}}$$

Einwirkende Kräfte können Erddruck, Wasserdruck, Winddruck sowie andere einwirkende Momente (z. B. Pressdruck) sein. Mögliche Gefahren des Versagens durch Gleiten bestehen bei Stützbauwerken, Staubauwerken, Widerlagern und starkem Wind ausgesetzten Bauwerken.

Nach DIN 1054 erfolgt das Abschätzen von R_k bei konsolidierten Böden ohne Sohlwasserdruck nach der Gleichung:

$$R_{\mathrm{k}} = V_{\mathrm{k}} \tan \delta_{\mathrm{S,k}}.$$

$\delta_{S,k}$ ist der Sohlreibungswinkel, (■ Tab. 7.9) im Grenzzustand. Bei Ortbetonfundamenten kann mit $\delta_{S,k} = \varphi'_k$, bei Fertigbetonteilen mit $\delta_{S,k} = 2/3\,\varphi'_k$ gerechnet werden. V ist der vertikale Anteil der einwirkenden Gewichtskraft G.

Die Kohäsion darf nicht berücksichtigt werden.

Bei (nicht konsolidierten) Böden, in denen Porenwasserdrücke wirken, erfolgt nach DIN 1054 das Abschätzen nach der Gleichung:

$$R_{\mathrm{k}} = A\, c_{\mathrm{u,k}}.$$

A ist die wirksame Fundamentfläche (bei außermittigem Angriff der Resultierenden die reduzierte Fundamentfläche), c_u der Scherparameter des undränierten Bodens bei Porenwasserüberdruck.

Der Bemessungswert der horizontalen Beanspruchung in der Gleitfuge ergibt sich zu

$$H_{\mathrm{d}} = H_{\mathrm{G,k}}\, \gamma_{\mathrm{G}} + H_{\mathrm{Q,k}}\, \gamma_{\mathrm{Q}}.$$

Der Bemessungswert des Widerstandes R_d in der Gleitfuge ergibt sich zu

$$R_{\mathrm{d}} = R_{\mathrm{k}}\, \gamma_{\mathrm{Rh}}.$$

γ_{Rh} = Teilsicherheitsbeiwert nach ◘ Tab. 2.3 DIN 1054, für den Gleitwiderstand. Dieser Beiwert beträgt in den Bemessungssituationen BS-P, BS-T und BS-A = 1,1.

Der Bemessungswert des Anteils eines passiven Erdwiderstandes $R_{p,d}$ vor dem Fundament an der Luftseite einer Stützmauer oder Kellerwand ergibt sich zu

$$R_{p,d} = R_{p,k} : \gamma_{R,h}{}^{-1}$$

▪ Maßnahmen zum Erhöhen der Gleitsicherheit

Maßnahmen zum Erhöhen der Gleitsicherheit können sein:

- Vergrößern der Sohlfläche;
- Verzahnen der Sohlfläche;
- Vergrößern des Erdwiderstandes durch tieferes Gründen;
- Vergrößern des Erdwiderstandes durch Bodenverbesserung oder Bodenaustausch;
- Vergrößern des Erdwiderstandes durch Erhöhen der Vertikallast;
- Verringern der einwirkenden Horizontalkräfte.

Der rechnerische Nachweis der Sicherheit gegen Gleiten in der Sohlfuge zwischen Fundament und Baugrund, in zur Sohlfuge parallelen Schichten unterhalb des Fundamentes/Bauwerkes und in einer Ersatzscherfuge (Spang) durch den tiefsten Punkt eines Fundamentes/Bauwerkes mit schräg angelegter Sohlfuge kann z. B. mit dem Software-Programm WinWand, IDAT GmbH, Darmstadt erbracht werden.

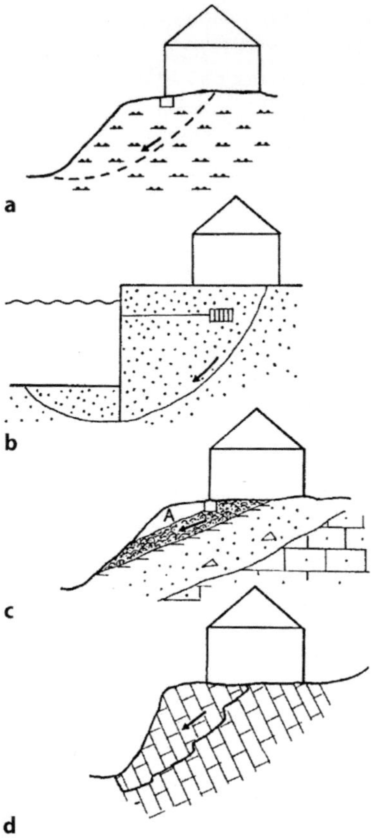

◘ **Abb. 11.8** Mögliche Formen von Gleitkörpern in Böschungen mit Belastung durch Bauwerke. **a,b** Kreisförmige Gleitfläche bei homogenen Böden; **c** ebenflächige Gleitfläche bei inhomogenem Bodenaufbau; **d** gezackter Verlauf der Gleit- und Bruchfläche bei geklüftetem Felsgestein

11.4.3 Standsicherheitsnachweis gegen Gelände- und Böschungsbruch – Rutschen auf geneigter Gleitfläche

Im Einflussbereich von Böschungen, Hängen und Geländesprüngen wird der Baugrund durch abschiebende Gewichtskräfte beansprucht. Reichen die widerstehenden Kräfte zur Aufrechterhaltung des Gleichgewichtes nicht aus, kann das Gelände in Form einer Rutschung versagen. Soll Gelände im Einflussbereich von Böschungen, Hängen oder Geländesprüngen bebaut oder belastet werden, ist der Baugrund auch auf die Standfestigkeit gegen Geländebruch zu untersuchen. Hänge und Geländestufen können von Natur aus instabil sein. Durch Auffüllungen oder Anschüttungen (◘ Abb. 11.8c) kann die Gefahr eines Geländebruches erhöht werden. Über die Gründungskörper abgetragene Bauwerkslasten verstärken die abschiebenden Einwirkungen. Mehrfach wurde beobachtet, dass unter Teilen von (überdimensionierten) Gründungskörpern kleinerer Bauwerke der Baugrund wegrutschte und die Fundamente in der Luft hingen! Der Standsicherheitsnachweis gegen Grundbruch wäre in solchen Fällen allein nicht ausreichend. Der Baugrund muss unter den Einwirkungen von Eigenbelastung und zusätzlichen Bauwerkslasten auch gegen Geländebruch standfest sein (Gußmann 1987).

Gegen das geotechnische Risiko „Versagen des Bodens bzw. Baugrundes einschließlich der auf oder in diesem befindlichen Bauwerke oder Bauwerksteile" ist durch Betrachten des Grenzzustandes ein Sicherheitsnachweis zu führen.

Für den Nachweis der Gesamttragfähigkeit, z. B. beim Abschätzen der Sicherheit vor Böschungsbruch, Geländebruch oder Bruch des Bodens bzw. Baugrundes beim Belasten durch Druckpfahlgruppen, Zugpfahlgruppen oder Pfahlroste sind die in DIN 1054, Tab. A.2.1 aufgeführten Werte zu verwenden.

Bei der Versagensform nach dem Rutschungstyp „Gleiten" wird eine im Hang bestehende schräg gelagerte Trenn- oder Schichtfläche als Gleitfläche aktiviert oder es bildet sich eine neue Gleit- oder Bruchfläche aus. Auf dieser wird der Scherwiderstand des Bodens überwunden. Die Gleitfläche erscheint in der Schnittebene als Gleitlinie. Im homogenen Boden bilden sich kreisförmige Gleitlinien aus (◘ Abb. 11.8a, b). Bei einem anisotropen Aufbau des Baugrundes mit Schichtung, Trennflächen oder oberflächenparalleler Aufwitterung kann die Gleitfläche durch eine ebenflächige Trennfläche (◘ Abb. 11.8c) gebildet sein. Im geklüfteten Fels können auch Gesteinsblöcke oder Gesteinsmassen ausbrechen oder ausgleiten, deren Gleitfläche von sich überschneidenden Trennflächensystemen gebildet wird. Die Gleitlinie erhält dann einen gezackten Verlauf (◘ Abb. 11.8d).

Die Bewegung der Erdmassen erfolgt längs der ungünstigsten Gleitfläche. Diese kann bei einem geschichteten Baugrund naturgegeben sein und durch geologische Untersuchungen ermittelt werden. Das Nachweisverfahren zur Standsicherheit gegen Gelände- und Böschungsbruch ist der im geologischen Bau des Untergrundes vorgegebenen möglichen Versagensform anzupassen. Bei den Nachweisverfahren ist zu unterscheiden zwischen:

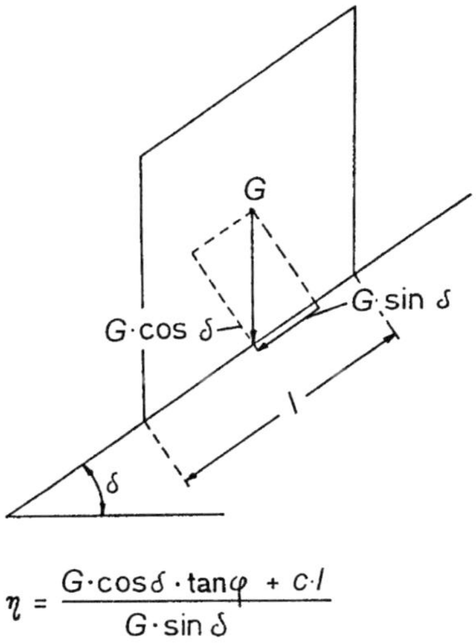

Abb. 11.9 Standsicherheit für eine einzelne Lamelle und für den Fall eines Gleitkörpers mit ebener Gleitfläche

- Verfahren für das Überprüfen rutschgefährdeter Massen auf einer geologisch vorgegebenen Gleitfläche (Schichtfläche, Kluftfläche, Störungsfläche, Hangoberfläche, Abb. 2.11a-c und 11.9. Hierzu zählen auch Verfahren zum Abschätzen der Lagefestigkeit oder Rutschgefahr von Blöcken (Großblöcken) gegen Gleiten und Triften (Blockgleitverfahren/ Abb. 2.10).
- Verfahren für das Überprüfen rutschgefährdeter Massen im Gebirgshang oder im abgeböschten Gelände, welche aus mehreren Einzelflächen zusammengesetzt sind. Solche Rutschmassen können sich auf mehreren gleichartigen und verschiedenartigen geologisch vorgegebenen Gleit- oder Bruchflächen bewegen. Die möglichen Gleitflächen können zueinander parallel angeordnet sein und/oder auch aus sich überschneidenden Trennflächen oder Störungsflächen bestehen (Abb. 2.11d-f, und Abb. 11.8d). Beim rechnerischen Abschätzen von Rutschgefahr oder Standfestigkeit können derartige Rutschmassen in mehrere Teilkörper aufgeteilt werden. An geneigt bis stark geneigt einfallenden Schichten mit parallelen gleitfähigen Schichtflächen oder an Fels mit parallel angeordneten Haupttrennflächen können Erd- oder Felsmassen abgleiten oder ausbrechen. Gesteinsbänke oder Schichtkörper in geneigter Lagerung können an bestehenden Klüften aufbrechen und stufenartig versetzte Gleitflächen bilden. Auch das Aufbrechen neuer Spalten im Fels ist möglich. Erkundungen hierzu sind über den Vergleich von Aufschlüssen möglich.
- Bei den häufigen Fällen mit vorgegebenen ebenen Gleitflächen (Schichtflächen, Trennflächen, Störungsflächen, mit Lehm oder Verwitterungsmaterial verfüllten Spalten, hangparallelen Verwitterungs- bzw. Lehmlagen) ist es die Aufgabe des Geologen, auf derartige Inhomogenitäten aufmerksam zu machen und die wirksamen charakteristischen Werte für die Reibung zu benennen. Es ist zu entscheiden, ob der Reibungswert des konsolidierten Bodens (kein Porenwasserüberdruck) oder die Restscherfestigkeit als charakteristischer Wert anzugeben ist. Bei überkonsolidierten Böden (z. B. triassische Tonschiefer) darf im Verwitterungsbereich die Kohäsion nicht angesetzt werden.
- Lamellenfreie Verfahren für kreisförmige Gleitlinien im homogen aufgebauten Hang oder in einer homogen aufgebauten Böschung als vereinfachte Gleitkreisberechnung (Triantafyllidis 2013).
- Lamellenverfahren für kreisförmige Gleitlinien in (weitgehend) homogen aufgebauten Hängen und Böschungen. In solchen Böden kann die ungünstigste Gleitfläche durch Versuchsrechnungen ermittelt werden. Es werden hierzu verschiedene kreisförmig verlaufende Gleitflächen in einer 1 m breiten Scheibe untersucht.

Zum Berechnen der Sicherheit gegen Gelände- oder Böschungsbruch müssen folgende Unterlagen vorhanden sein:
- Geländeschnitt mit Mächtigkeit und Tiefenangabe der angetroffenen Bodenarten;
- Lage der Bauwerke im Einflussbereich der Böschung;
- Verkehrslasten im Einflussbereich der Böschung;
- Wasser- und Grundwasserverhältnisse im Bereich der Böschung;
- mögliche Formen für den Gleitkörper;
- Wichte des Bodens als Feuchtraumgewicht γ'_k, als Wichte des Bodens unter Auftrieb γ'_k oder als Wichte des wassergesättigten Bodens $\gamma_{r,k}$;
- Eigenlast des Gleitkörpers;
- Zusatzlasten aus Bauwerken oder Verkehr;
- Scherfestigkeit mit dem wirksamen Winkel der inneren Reibung φ_k und der wirksamen Kohäsion c_k für den Boden (DIN 18137);
- Wasserdruckunterschied in waagerechter Richtung bis zur Unterkante der Gleitfläche oder Porenwasserdruck u auf die Gleitfläche aus dem Strömungsbild.

Die Berechnungsverfahren sind mit der jeweils gegebenen geologischen Situation abzustimmen (Abb. 2.11, 2.12, 2.13, 9.2, 9.3 und 11.8a, b). Das Anwenden eines nicht angepassten Berechnungsverfahrens ist wenig sinnvoll und kann zu fehlerhaften Annahmen im Bezug bestehender Sicherheiten führen.

In allen Verfahren werden die Einwirkungen aus abschiebenden Massen den resultierenden Widerständen entgegengesetzt. Eine ausreichende Sicherheit ist gegeben, wenn die Ungleichung erfüllt ist.

$$R_\mathrm{d} \geq E_\mathrm{d}$$

R_d = **Bemessungswert der Widerstände parallel zur Gleitfläche**
E_d = **Bemessungswert der Beanspruchungen parallel zur Gleitfläche**

Der Bemessungswiderstand wird mit abgeminderten Werten der Scherparameter φ_d und c_d entsprechend den Vorgaben GEO-3 (▶ Abschn. 11.2.3) ermittelt. Dies geschieht durch Division des Reibungsbeiwertes $\tan\varphi'$ sowie des Kohäsionswertes c' durch den Teilsicherheitsbeiwert γ'_φ oder γ'_c.

$$\tan\varphi'_\mathrm{d} = \tan\varphi'/\gamma'_\varphi \text{ und } c_\mathrm{d} = c'/\gamma'_c$$

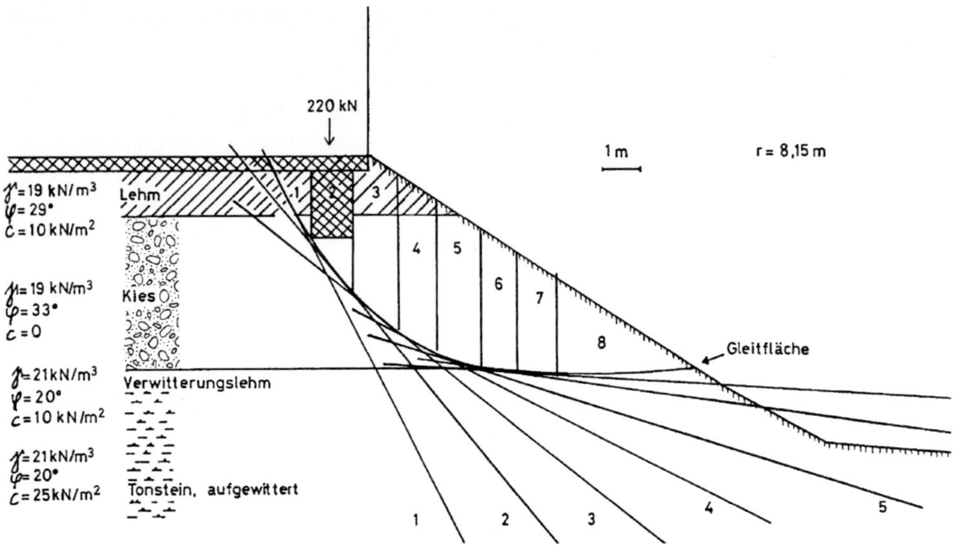

■ **Abb. 11.10** Beispiel für die Untersuchung der Standsicherheit einer Böschung gegen Geländebruch bei mehrschichtigem Baugrund. Die Böschung soll über ein 1 m breites und 2 m tiefes Fundament mit 220 kN pro laufenden Meter Fundamentlänge belastet werden

■ **Berechnungsverfahren für Rutschmassen auf geneigter ebener Gleitfläche**

Für die Kräftebilanz zwischen abschiebenden und widerstehenden Momenten am möglichen Rutschkörper kann von einer ein Meter breiten Scheibe ausgegangen werden. Für diese Scheibe des Rutschkörpers sind über Volumen und Wichte die Gewichtskraft G_k und über die Länge l der Gleitfläche die Größe der Reibung und der Kohäsion c zu ermitteln. Die Gewichtskraft G_d [kN] wirkt auf die Gleitfläche mit Neigungswinkel (Fallwinkel) δ ein (■ Abb. 11.9). Die abschiebende Kraft [kN] (bzw. das abschiebende Moment) ergibt sich im einfache Fall zu

$$E_d = G_d \sin \delta.$$

Die widerstehende Kraft R_d ergibt sich zu

$$R_d = G_d \cos \delta \sin \varphi + c\ l.$$

■ **Lamellenverfahren zum Berechnen der Standsicherheit von Gleitkörpern**

Die Standsicherheit von Bauwerken im Bereich von Böschungen und Geländesprüngen kann nach DIN 4084 berechnet werden. Betrachtet wird eine 1 m breite Bodenscheibe. Diese als starr angenommene Scheibe wird in Lamellen gleicher Breite unterteilt. Für jede Lamelle werden das Volumen und die Eigenlast sowie zusätzliche Fremdlasten berechnet. Die Lasten werden in Lamellenmitte angesetzt. Im Schnittpunkt zwischen Gewichtskraft und Gleitkreis bzw. Gleitlinie (Gleitfläche) wird die Tangente angelegt und der Tangentenwinkel ϑ_i bestimmt (■ Abb. 11.9 und 11.10).

Die Gewichtskraft wird in einem Kräftedreieck in eine Normalkraft und eine Tangentialkraft zerlegt. Die Normalkraft bewirkt eine mögliche Reibungskraft in der Gleitfläche und wirkt rückhaltend. Die Tangentialkraft hat das Bestreben, die Scheibe zu drehen, und wirkt abschiebend. Das Berechnen erfolgt in Tabellenform (■ Tab. 11.1). Die abschiebende Tangentialkraft wird nach Spalte 11 berechnet. Die rückhaltende Kraft T_1 wird, wenn nur der Reibungswinkel φ berücksichtigt wird, nach Spalte 10, wenn Reibung und Kohäsion berücksichtigt werden, nach Spalte 13 berechnet.

Die gesuchte Standsicherheit ergibt sich für den untersuchten Gleitkreis aus der Gegenüberstellung der Summe aller rückhaltenden Kräfte und der Summe aller abschiebenden Kräfte. Die tatsächliche Standsicherheit ergibt sich aus den Vergleichsrechnungen für mehrere Gleitflächen, die versuchsweise durch den Boden gelegt werden. Das Beispiel von ■ Abb. 11.10 und ■ Tab. 11.1 ist nach dem erweiterten Verfahren nach Krey berechnet.

Beim Nachweisverfahren der Standsicherheit von Gleitkörpern auf kreisförmiger Gleitbahn nach Bishop wird dieser gleichfalls in vertikale Lamellen unterteilt, wobei jedoch die Breite der Lamellen der Morphologie und Schichtung des Bodens angepasst ist. Innerhalb der einzelnen Lamelle wird die Gleitlinie durch eine Gerade (Tangente) ersetzt. Bei geschichtetem Boden wird also darauf geachtet, dass innerhalb der Lamelle, unabhängig von deren Breite, gleiche Reibungskräfte wirken. Für jede Lamelle wird das Kräftegleichgewicht erstellt. Für den gesamten Gleitkörper wird das Momentengleichgewicht erstellt (Katzenbach 2013).

Die Einwirkungen $E_{M,d}$ und die Widerstände $R_{M,d}$ im Baugrund können nach diesem Lamellenverfahren folgendermaßen berechnet werden:

$$E_{M,d} = r \sum_i (G_{i,d} + P_{vi,d}) \sin \delta_i + \sum M_{s,d}$$

und

$$R_{M,d} = r \sum_i (G_{i,d} + P_{vi,d} - u_{i,d} b_i) \tan \varphi_{i,d} + c_{i.d} b_i : \cos \delta_i + \mu \tan \varphi_{i,d} \sin \delta_i$$

P_i = **Flächenlast auf der Lamelle**
u_i = **Porenwasserdruck in der Lamelle**

Gerechnet wird mit dem Bemessungswert für die Reibung $\tan \varphi_{id} = \tan \varphi_{ik} / 1{,}25$ und dem Bemessungswert für die Kohäsion $c_{id} = c_{ik} / 1{,}25$. Der Porenwasserdruck u_i sowie alle Last-

Tab. 11.1 Berechnung der Sicherheit gegen Geländebruch zu Abb. 11.10

1	2	3	4	5	6	7	8	9	10	11	12	13
Streifen	Volumen	Gewichtslast	ϑ_i	$\sin\vartheta_i$	$\cos\vartheta_i$	φ_i	$\cot\varphi_i\cos\vartheta_i$	$\cot\varphi_i\cos\vartheta_i+\sin\vartheta_i$	$\frac{G}{\cot\varphi_i\cos\vartheta_i+\sin\vartheta_i}$	$G\sin\vartheta_i$	0,75 C	$\frac{G+C_i b\cot\varphi}{\cot\varphi_i\cos\vartheta_i+\sin\vartheta_i}$
	[m³]	[kN]	[°]						[kN]	[kN]	[kN m⁻²]	[kN]
1	1,38	27,6	64,5	0,9025	0,4305	30	0,7456	1,6481	16,75	24,91	0	16,75
2	3,25	71,5 + 220	50	0,7660	0,6427	33	0,9897	1,7558	166,02	223,3	0	166,02
3	4,5	90	38	0,6157	0,7880	33	1,2134	1,8219	49,20	55,41	0	49,20
4	4,5	89,1	27,5	0,4617	0,8870	33	1,3659	1,8329	48,67	41,14	0	48,67
5	4,18	83,6	19,5	0,3338	0,9426	33	1,4515	1,7853	46,82	27,90	0	46,82
6	3,72	74,4	12	0,2079	0,9781	20	2,6874	2,8953	25,70	15,47	8	33,29
7	3,17	63,3	4,5	0,0785	0,9969	20	2,7390	2,8175	22,47	4,97	8	36,26
8	3,7975	75,95	0	0	1	20	2,7475	2,7475	27,64	–	8	35,64
									ΣT_i 403,27	Σ 393,10		$\Sigma T_{i,0}$ 432,65

Radius $r = 8{,}15$ m

Summe der rückhaltenden Kräfte ohne Kohäsion: $R_{M,d} = \Sigma T_i r = 3286{,}65$

Summe der abschiebenden Kräfte/Einwirkungen $E_{M,d} = \Sigma G \sin\delta\, r = 3203{,}76$

Summe der rückhaltenden Kräfte mit Kohäsion: $E_{M,c,d} = \Sigma T_i r = 3526{,}1$ ($\gamma_c = 1{,}25$)

Ausnutzungsgrad ohne Kohäsion $\mu = E_{M,d}/R_{M,d} = 0{,}974 \leq 1$ und mit Kohäsion $\mu_c = E_{M,d}/R_{M,c,d} = 0{,}908 \leq 1$

$R_{M,d}$ und $E_{M,d}$ sind resultierende Momente um den Mittelpunkt des Gleitkreises mit Radius $r = 8{,}15$ m

$\varphi_i = \varphi_k$ längs der Gleitlinie

$\delta_i = \delta_k$ längs der Gleitlinie

T_i = widerstehende tangentiale Scherkraft in der Gleitfläche einer Lamelle annahmen und einwirkenden Momente M_s werden mit dem ungünstigsten Wert angenommen. Die Lamellenbreite b_i wird in der Berechnung meist mit 1 (z. B. 1 m) angenommen.

Der Sicherheitsnachweis gegen Gelände- oder Böschungsbruch ist mit großem Rechenaufwand verbunden und erfolgt rechnergestützt, z. B. mit dem Software-Programm WinBösch der IDAT GmbH, Darmstadt. Dieses Programm ermöglicht das Berechnen der Standsicherheit nach EC 7 und DIN 4084 mit kreisförmigen Gleitlinien nach dem Verfahren Bishop, mit zusammengesetzten Gleitflächen nach dem Verfahren Janbu/Morgenstern und mit Verfahren für Rutschkörper auf zusammengesetzten Blockgleitlinien mit in Einzelblöcke aufgelösten Bruchmechanismen. Es ergibt wenig Sinn, alle drei Berechnungsverfahren nebeneinander auszuführen. Vielmehr muss die innere Gestalt und der geologische Bau der Böschung bzw. des Geländes beachtet werden.

11.5 Bemessen von Flächengründungen über den Nachweis von Verformungen

Baugrund kann durch das Einwirken von Lasten und/oder Erschütterungen sowie durch den Zutritt von Wasser und/oder Chemikalien seine innere Gestalt ändern und sich verformen (▶ Abschn. 1.20). Derart beansprucht kann der Abstand zwischen den den Boden aufbauenden Körnern verringert oder vergrößert werden. Der Boden wird in seinem Korngefüge zusammengedrückt (komprimiert, kompaktiert), seine Dichte wird erhöht und sein Volumen verringert oder der Boden wird in seinem Korngefüge aufgeweitet (aufgelockert, dekomprimiert), seine Dichte wird gemindert und sein Volumen vergrößert. Das Verformen fester Körper ist Thema der Elastizitätslehre/Hooke'sches Gesetz. Die Querdehnungszahl oder Poisson-Zahl μ (nach DIN 1054 auch „ν"!) gibt als Maß der Verformung das Verhältnis von relativer Änderung der Querabmessung zu relativer Längenänderung eines durch Druck- oder Spannungsänderung beanspruchten Körpers an. Verformen im Boden- oder Mineralgefüge des Baugrundes kann sich am Bauwerk als Setzen, Heben, Verdrehen oder Verschieben (Verdrücken) bemerkbar machen.

Verschieben ist das Verändern der Lage von Bodenpunkten in beliebiger Richtung. Ursache für Verschiebungen im Baugrund kann Belastung, Entlastung, Erschütterung, Fließdruck, Rutschungsdruck, Erddruck, tektonischer Druck, Schwelldruck oder Quelldruck sein (▶ Abschn. 13.5). Hieraus resultierende horizontale Einwirkungen auf Bauwerke können diese kippen, verschieben oder verdrücken (verformen). Dadurch kann die Gebrauchstauglichkeit eines Bauwerks bis zur Unbrauchbarkeit vermindert werden.

Durch Heben werden Bauwerke oder Bauwerksteile nach oben bewegt. Aufquellen und Heben kann sich auf feinkörnigem und quellfähigem Baugrund beim Entlasten, z. B. durch Aushub von Boden, einstellen. Wenn im Boden unter Bauwerken eine geringere Bodenspannung als vor dem Aushub verbleibt, kann dieser aufquellen oder schwellen und das Bauwerk anheben. Der Verformungsmodul für das Aufquellen (die Volumenzunahme) kann im Kompressionsversuch über die Entlastungskurve ermittelt werden. Hiermit lässt sich der Hebebetrag rechnerisch abschätzen. Schwelldruck kann von Anhydrit, Pyrit, bituminösen Schiefern und eingebauten künstlichen Schlacken ausgehen und Sohlhebungen bewirken (Krause und Wurm 1975, Krause 1977, Tietze 1981, Vees 1987).

Aufquellen, Schwellen und Heben kann wie folgt verursacht sein:

- Quellen von Tonmineralen;
- Umwandlung von Anhydrit in Gips;
- Neubildung von Gips durch Oxidation von Pyrit in pyrit- und bitumenhaltigen Gesteinen;
- Neubildung von Eisensulfat durch Oxidation von Pyrit in pyrit- und bitumenhaltigen Gesteinen;
- Neubildung von Gips aus gelösten Schlackenanteilen;
- Frost im Baugrund;
- Wurzeldruck von Bäumen;
- Baumaßnahmen (z. B. Schildvortrieb, Verpressarbeiten) im Untergrund;
- Entlastung bei gespanntem Grundwasser (▶ Abschn. 6.3.1);
- Vulkanismus.

Setzen ist der Überbegriff für die vertikale Bewegung eines Bauwerkes nach unten.

Die Vertikalbewegung kann wie folgt verursacht werden:

- Zusammendrücken des Baugrundes unter einer statischen Last;
- Verdichten des Baugrundes durch dynamische Einwirkungen;
- Sacken des Baugrundes infolge Umlagerung im Korngerüst beim Durchnässen;
- seitliches Ausweichen des Bodens am Fundamentrand (Scherdeformation);
- Schrumpfen feinkörniger Bodenarten im Baugrund;
- Schrumpfen von Torffasern oberhalb des Grundwassers;
- Aufweichen feinkörniger Bodenarten im Baugrund;
- Absinken des Grundwasserspiegels;
- Auftauen von Eis im Baugrund;
- Suffosion im Baugrund bzw. Untergrund;
- Subrosion im Untergrund;
- Einbruch unterirdischer Hohlräume;
- künstliche Entnahme von Wasser, Erdöl, Gas oder Feststoffen im Untergrund;
- elastisches und plastisches Verformen des Baugrundes bzw. Untergrundes über neugeschaffenen Hohlräumen (Bergbau);
- geologisch verursachtes, weitreichendes Absinken der Oberfläche (Senke).

Das Zusammendrücken des Baugrundes unter statischer Last ist ein plastisches und z. T. auch elastisches Verformen. Dies hängt ab von:

- Größe der aufgebrachten Last;
- Größe der Lastfläche;
- Form der Lastfläche;
- Steifemodul (Zusammendrückungsmodul) des Baugrundes;
- Mächtigkeit der zusammendrückbaren Schicht.

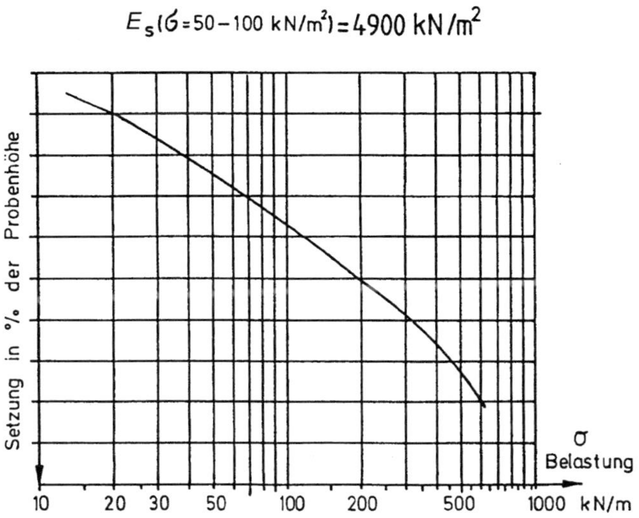

Abb. 11.11 Aufzeichnung der Ergebnisse eines Kompressionsversuches

Der aus vertikaler Baugrundbelastung resultierende Setzungsanteil lässt sich nach DIN 4019 als Kompaktion (Zusammendrücken) der zusammendrückbaren Schicht berechnen. Steifemodul E_s, Zusammendrückungsmodul E_m und Poisson-Zahl v können wie folgt ermittelt werden:

- durch Auswerten von Setzungsbeobachtungen an Fundamenten bei vergleichbaren Baugrundverhältnissen;
- aus Laborversuchen (einaxialer Kompressionsversuch, Triaxialversuch; Marangos 1988);
- aus Feldversuchen (Plattendruckversuch, Druckkissen- oder Drucksondenversuch).

Ein aus Setzungsbeobachtungen ermittelter Zusammendrückungsmodul enthält Setzungsanteile aus der Sofortsetzung s_0, aus der Primär- oder Konsolidationssetzung s_1 und aus der Sekundär- oder Kriechsetzung s_2. Hierauf aufbauende Setzungsberechnungen ergeben das Setzmaß für die Gesamtsetzung:

$$s = s_0 + s_1 + s_2.$$

Beim Berechnen von Setzbeträgen sind Grenztiefen zu beachten. Da die aus der Bauwerkslast resultierende Spannung nach unten abnimmt, können ab der Grenztiefe die sehr kleinen Verformungsbeträge im tieferen Untergrund vernachlässigt werden. Die Grenztiefe wird unter Berücksichtigung von Fundamentbreite und Schichtenfolge im Baugrund folgendermaßen gewählt:

a. Bei einheitlichem Bodenaufbau liegt die Grenztiefe dort, wo die Bodenspannung aus der Bauwerkslast $\sigma_z = i\sigma_1$ dem 0,2fachen Wert der Überlagerungsspannung $\sigma_ü$ gleich ist (**Abb. 11.21**).
b. Bei Plattengründungen und sich nicht beeinflussenden Einzelgründungen darf die Grenztiefe näherungsweise mit der zweiıachen Fundamentbreite *2b* angenommen werden.
c. Liegt zusammendrückbarer Boden mit einer Mächtigkeit, die kleiner als die nach *Pos. a* berechnete Grenztiefe ist, über nicht zusammendrückbarem Boden ist dessen Mächtigkeit die Grenztiefe (**Abb. 11.20**).

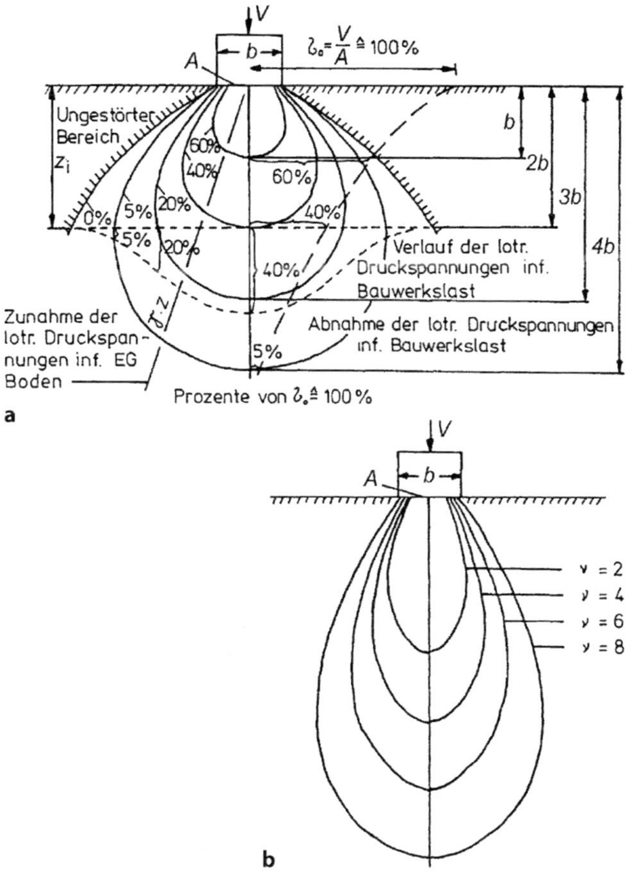

Abb. 11.12 a Druckzwiebel und Spannungsdiagramm unter einem Fundament. **b** Spannungsverteilung im Baugrund bei verschiedenen Konzentrationsfaktoren

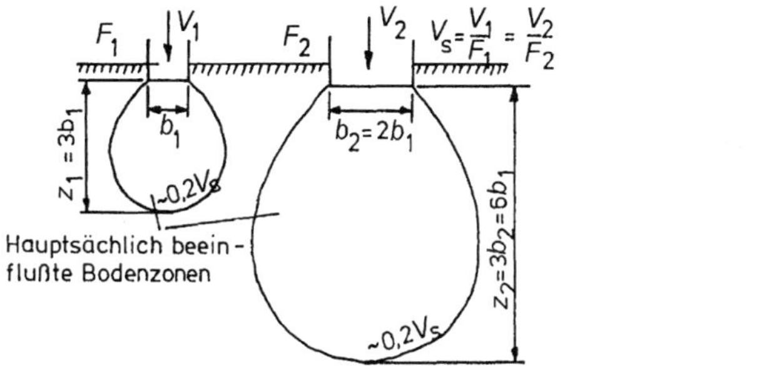

Abb. 11.13 Tiefenwirkung verschieden breiter Fundamente bei gleicher Sohlpressung

d. Bei feinkörnigem Boden mit sehr weicher bis breiiger Konsistenz und bei organischem Boden ist die gesamte Schichtdicke zu berücksichtigen.

Der Baugrund wird durch die über den Gründungskörper (Fundament) eingetragene Bauwerkslast belastet. Die Bauwerkslast wirkt zusätzlich zur Eigenlast des Bodens, welche aus der Überlagerung der einzelnen natürlichen Bodenschichten resultiert. Im gleichmäßigen Baugrund steigt die Überlagerungsspannung infolge Eigenlast bis zum Grundwasserspiegel geradlinig an. Unter dem Grundwasserspiegel ist der Spannungsanstieg durch den Auftrieb vermindert (**Abb. 11.21**). Mit der Veränderung

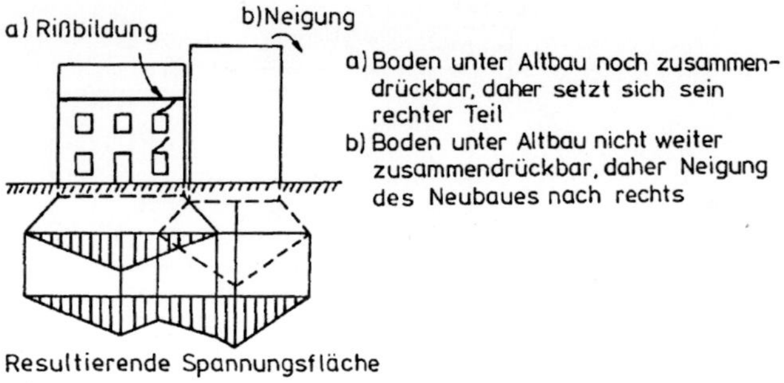

Abb. 11.14 Gegenseitige Beeinflussung benachbarter Fundamente

des Grundwasserspiegels verschiebt sich der Knickpunkt in der Spannungszunahme, und bei fallendem Grundwasserstand kann diese zusätzliche Belastung zu zusätzlichen Setzungen und damit zu Bauschäden oder zu mangelnder Gebrauchstauglichkeit führen.

Durch den Bodenaushub wird der Baugrund in der Sohle der Baugrube entlastet. Ein Lastauftrag bis zur gleichen Größenordnung bewirkt Verformungen im Baugrund, die durch den Wiederbelastungsast der Druck-Setzungslinie charakterisiert sind. Allgemein wird der Baugrund durch die Bauwerkslast belastet.

Es ist dann der Erstbelastungsast der Druck-Setzungslinie maßgebend (Abb. 11.11). Bei tiefen Baugruben und Geländeeinschnitten kann der Baugrund auch vorübergehend oder auf Dauer entlastet werden. Überkonsolidierte Tonsteine neigen dann zum Aufquellen und reagieren mit Sohlhebungen.

Unter Bauwerken ist die Spannungsverteilung von Art, Form und Größe der lasteintragenden Gründungskörper abhängig. Zu unterscheiden ist zwischen der Sohlspannungsverteilung und der hieraus in tiefere Bodenschichten eingetragenen Bodenspannung aus der Bauwerkslast.

Diese Spannungen konzentrieren sich unter den Fundamenten, breiten sich aber auch seitlich aus. Dabei hängt die seitliche Ausdehnung der Druckzwiebel vom anisotropen Verhalten des Baugrundes (Konzentrationsfaktor v, Abb. 11.12) ab. Der Konzentrationsfaktor v liegt bei stark bindigen Böden in der Größenordnung 3, bei nichtbindigen Böden in der Größenordnung 5–7 (Möller 2013). Verschieden breite Fundamente haben unterschiedliche Einflusstiefen. Benachbarte Fundamente beeinflussen sich gegenseitig, wenn sich die zugehörigen Spannungsflächen überschneiden (Abb. 11.13 und 11.14).

Die allgemeine Formel der elastischen Verformung, angewendet auf die Setzungsberechnung, lautet:

$$s = ah/E_s$$

s = Setzung [m]
σ = aufgebrachte Spannung [kN m^{-2}]
h = Mächtigkeit der zusammendrückbaren Schicht [m]
E = Steifemodul [kN m^{-2}]

Für das rechnerische Abschätzen eines voraussichtlich möglichen Setzbetrages (mm) ist der Baugrund in eine oder wenige Schichten (Homogenbereiche) zu unterteilen. Für jede Schicht ist der charakteristische Wert für den Steifemodul E_{sk} bzw. den Zusammendrückungsmodul E_{mk} anzugeben oder eine kennzeichnende Druck-Setzungslinie vorzulegen.

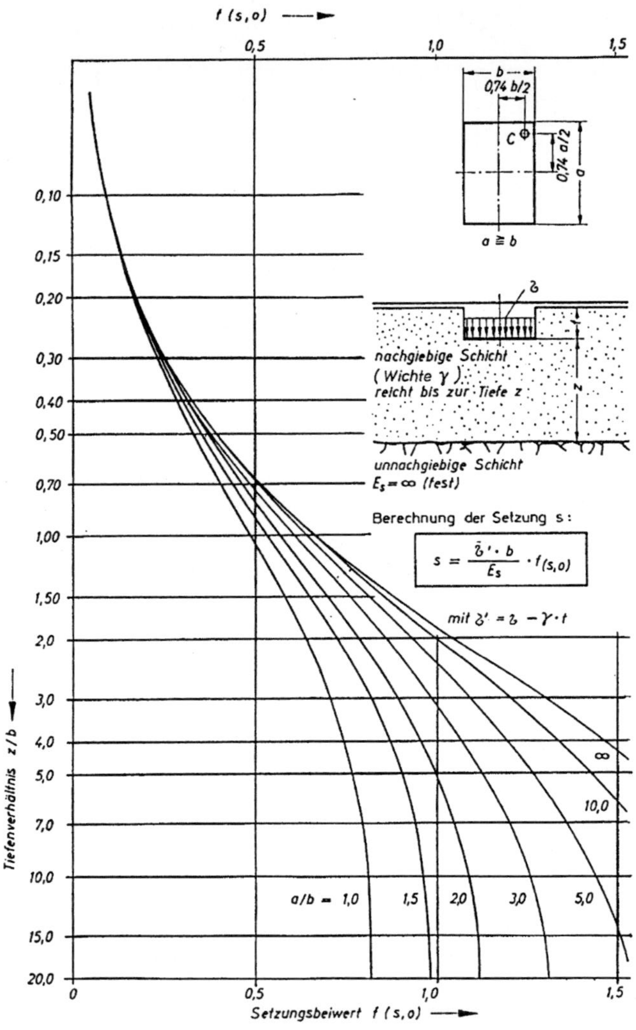

Abb. 11.15 Setzungbeiwert $f_{s,0}$ für den kennzeichnenden Punkt einer Rechtecklast. (Nach Kany 1974)

Das Bestimmen des charakteristischen Wertes soll sachkundig durch Mittelwertbildung erfolgen. Zu berücksichtigen ist, dass neben einer gegebenen Variationsbreite bei gleichmäßigem Boden unter Einwirkung des Eigengewichtes der Steifemodul zur Tiefe hin ansteigt. Entsprechend dem Verhältnis z/b werden die oberen Schichtteile stärker verformt. Es ist wichtig, das tatsächliche Verhalten des Bodens beim Belasten durch Nennen der charakteristischen Werte und der hierauf aufbauenden Setzungsberechnung zu erfassen.

Die Setzungsberechnung erfolgt unter Verwendung des Teilsicherheitsbeiwertes $\gamma = 1$ für alle Einwirkungen ($E_{sk} = E_{sd}$).

DIN 4019 unterscheidet zwischen Setzungsanteilen aus zentrischen Lasten s_m und Setzungsanteilen der Eck- oder Randpunkte s_x, s_y aus dem Moment M_x oder M_y [kN m]:

$$s_m = \frac{\sigma_0 b f}{E_m},$$

$$s_x = \tan\alpha_y \, 0{,}5a \qquad \tan\alpha_y = (M_y/b^3 E_m) f_x,$$

$$s_y = \tan\alpha_x \, 0{,}5b \qquad \tan\alpha_x = (M_x/b^3 E_m) f_y.$$

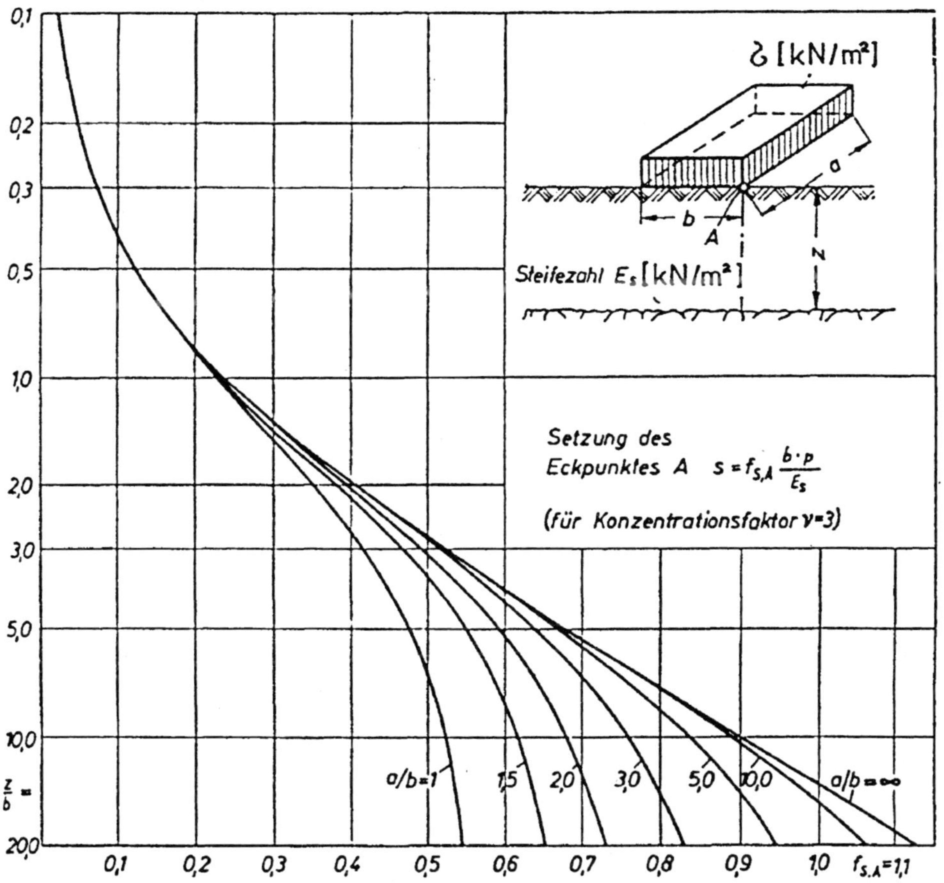

Abb. 11.16 Setzungsbeiwert $f_{s,A}$ für den Eckpunkt einer rechteckigen Flächenlast bei schlaffen Gründungskörpern nach Kany. (Aus Schultze 1959)

Dörken und Dehne (1995) bestimmen einen unteren und einen oberen Bemessungswert der Steifemoduln $E_{s,inf,d}$ und $E_{s,sup,d}$ durch Division oder Multiplikation mit einem Faktor (1,5), welcher die Variationsbreite zur größeren wie zur kleineren Seite berücksichtigt. Wenn die Setzungsberechnung mit den oberen und unteren Werten für Schichtdicke und Setzungsmodul doppelt oder mehrfach ausgeführt wird, kann damit näherungsweise ein unterer und ein oberer Wert für das Setzmaß angegeben werden. Der die Variationsbreite abdeckende Faktor ist bei weichen Böden größer anzusetzen als bei steifen, halbfesten oder festen Böden.

Beim Festlegen des charakteristischen Wertes und des Faktors für die Variationsbreite ist derjenige hinzuzuziehen, der die Baugrundprüfung vorgenommen hat.

11.5.1 Ermitteln voraussichtlicher Setzbeträge mithilfe geschlossener Formeln

Die unten stehende Gleichung (DIN 1997-1, Anhang F) setzt voraus, dass für den zusammendrückbaren Untergrund ein einheitlicher Bemessungswert für den Steifemodul E_m benannt werden kann. Dabei gehen Fundamentlänge, Fundamentbreite und Mächtigkeit der zusammendrückbaren Schicht in den Setzungsbeiwert f ein. Der Setzungsbeiwert aus Abb. 11.15 für den kennzeichnenden Punkt oder aus Abb. 11.16 für den Eckpunkt einer Flächenlast herausgegriffen werden kann. Tabellen für den Setzungsbeiwert sind in Kany (1974) enthalten.

Die Setzung berechnet sich zu

$$s = \sigma_0 b f / E_m$$

σ_0 = mittlere Bodenpressung in der Gründungsfuge [kN m^{-2}]
E_m = mittlerer Steifemodul für die ganze Schicht [kNm^{-2}]
f = Setzungsbeiwert nach Abb. 11.15 oder 11.16
b = Fundamentbreite

11.5.2 Ermitteln voraussichtlicher Setzbeträge mithilfe lotrechter Spannungen im Boden

Das Berechnen der durch ein schlaffes Bauwerk hervorgerufenen Spannungen erfolgt mit dem Beiwert i nach Steinbrenner für den Eckpunkt von Flächenlasten (Abb. 11.17).

Durch Aufteilen einer Fundamentfläche in vier Einzelflächen ergibt sich für jeden beliebigen Punkt unter dem Fundament und außerhalb des Fundamentbereiches die Möglichkeit die Spannung als Summe von vier Eckpunktslasten zu berechnen (Abb. 11.18).

Das Berechnen der Spannung unter dem kennzeichnenden Punkt einer Rechtecklast erfolgt mit dem Einflussbeiwert i nach Kany (1974; Abb. 11.19). Es wird in Tabellenform ausgeführt (Tab. 11.2 und 11.3). Aus der Tabelle werden die Grenztiefe d_s sowie die Spannungen $\sigma_ü$ und σ_z für die anschließende Setzungsberechnung entnommen. Abb. 11.20, 11.21 und 11.22

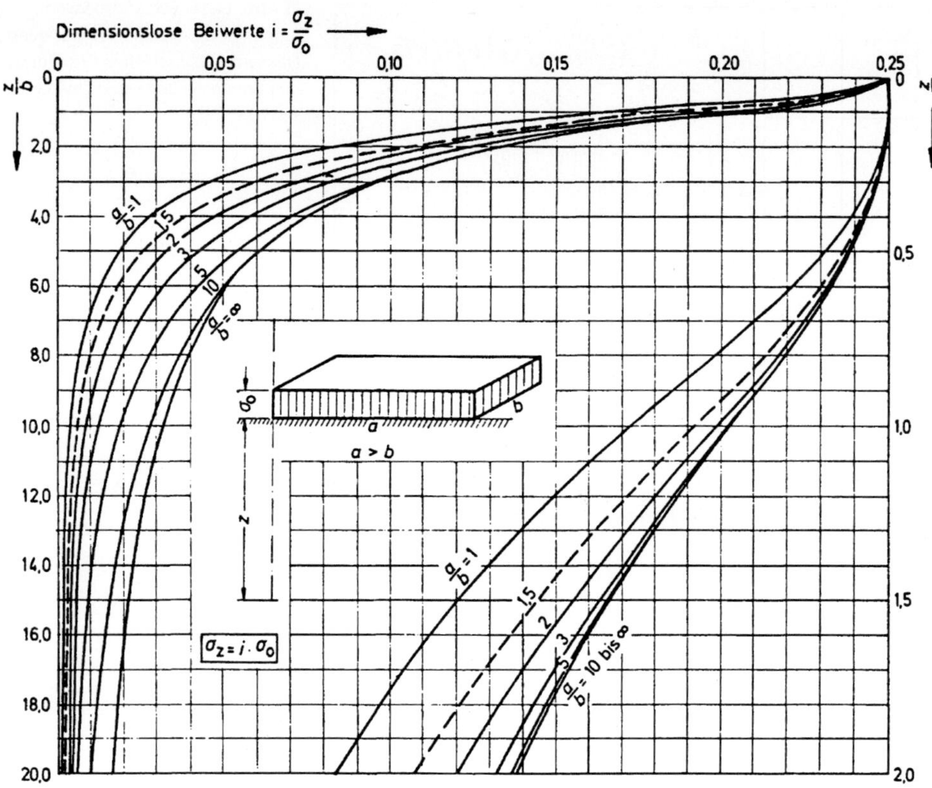

■ **Abb. 11.17** Beiwerte *i* für die lotrechten Spannungen unter dem Eckpunkt einer rechteckigen Flächenlast bei schlaffen Gründungskörpern. (Nach Steinbrenner 1934; EVB 1993)

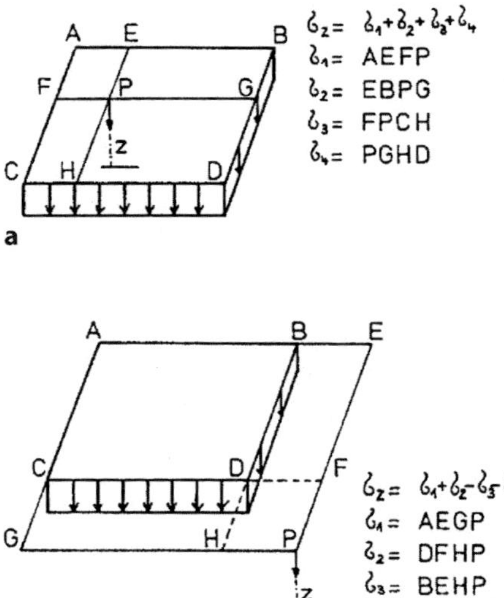

■ **Abb. 11.18** Spannungsermittlung unter einem beliebigen Punkt des Gründungskörpers. **a** Innerhalb, **b** außerhalb des Gründungskörpers

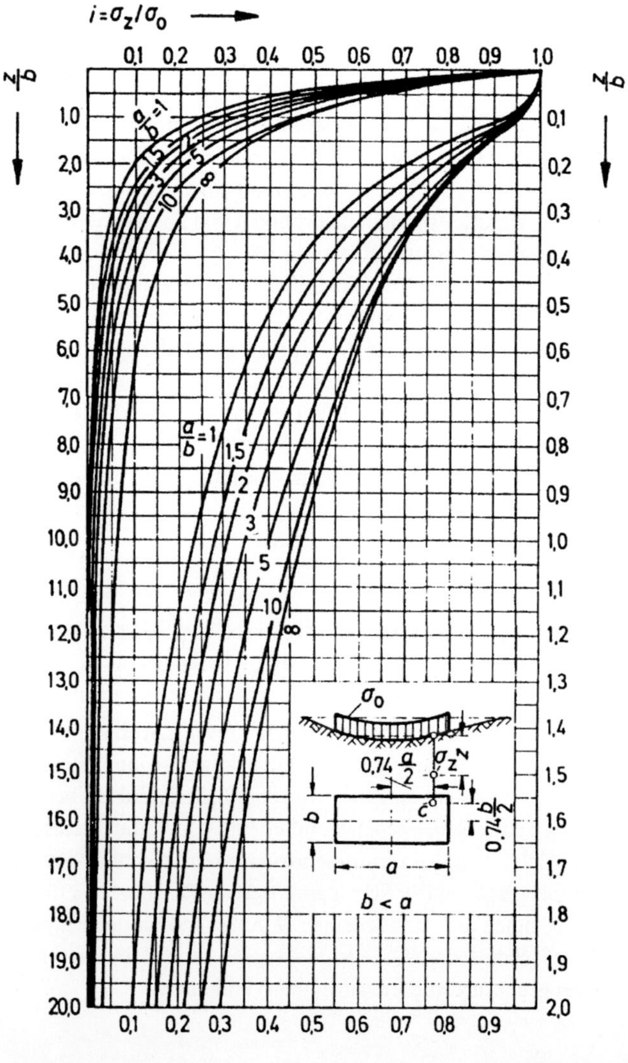

■ **Abb. 11.19** Einflussbeiwert *i* für die lotrechten Spannungen unter dem kennzeichnendem Punkt einer rechteckigen Flächenlast. (Nach Kany 1974; EVB 1993)

Tab. 11.2 Ermittlung der Bodenspannung, der Grenztiefe d_s und der spezifischen Setzung nach Beispiel 2 (Abb. 11.21). Die Werte der Spalten 9 und 10 werden aus der Setzungslinie (Abb. 11.11) entnommen

1	2	3	4	5	6	7	8	9	10	11	12	13	14
h	Z	$\sigma_ü$ ($h\gamma$)	$0{,}2\sigma_ü$	z/b	i	σ_z ($i\sigma_1$)	$\sigma_ü + \sigma_z$	s'_2	$s'_ü$	s', ($s'_2 - s'_ü$)	$\frac{s'_{1ob} + s'_{1u}}{2}$	Δh	ΔS
−0,9	0	17,1	3,42		1	83	100	0,037	0,008	0,029	0,025	0,6	0,015
−1,5	0,6	28,5	5,7	0,24	0,72	59,7	88,2	0,035	0,014	0,021	0,018	0,5	0,009
−2,0	1,1	38	7,6	0,44	0,54	44,8	82,8	0,034	0,019	0,015	0,013	0,5	0,0065
−2,5	1,6	47,5	9,5	0,64	0,43	35,7	83,2	0,034	0,023	0,011	0,009	0,5	0,0045
−3,0	2,1	57	11,4	0,84	0,35	29,0	86,0	0,0345	0,027	0,007	0,007	0,2	0,0014
−3,2	2,3	60,8	12,16	0,92	0,33	27,4	88,2	0,035	0,028	0,007	0,0065	0,3	0,0019
−3,5	2,6	63,5	12,7	1,04	0,29	24,1	87,6	0,035	0,029	0,006	0,0055	0,5	0,0028
−4,0	3,1	68	13,6	1,24	0,25	20,7	88,2	0,035	0,030	0,005	0,004	0,5	0,0022
−4,5	3,6	72,5	14,5	1,44	0,22	18,3	90,8	0,035	0,031	0,004	0,004	0,5	0,002
−5,0	4,1	77	15,4	1,64	0,20	16,6	93,6	0,036	0,032	0,004	0,0035	0,3	0,001
−5,3	4,4	79,7	15,9	1,76	0,19	15,8	95,5	0,036	0,033	0,003			

Tab. 11.3 Ermittlung der Bodenspannung und der Grenztiefe d_s nach Beispiel 3 (Abb. 11.22)

1	2	3	4	5	6	7
h	Z	$\sigma_ü$ ($h\gamma$)	$0{,}2\sigma_ü$	z/b	i	σ_z ($i\sigma_1$)
−0,9	0	16,2	3,24		1	84
−1,5	0,6	27	5,4	0,24	0,72	60,5
−2,0	1,1	36	7,2	0,44	0,54	45
−2,5	1,6	45	9	0,64	0,43	36
−3,0	2,1	54,5	10,9	0,84	0,35	29
−3,5	2,6	64	12,8	1,04	0,29	24
−4,0	3,1	73,5	14,7	1,24	0,25	21
−4,5	3,6	83	16,6	1,44	0,22	18,5
−4,7	3,8	86,8	17,4	1,52	0,21	17,6
−4,8	3,9	88,7	17,7	1,56	0,20	16,8

sind Systemskizzen und grafische Darstellungen der Spannungsverteilungen für die nachstehenden Berechnungsbeispiele.

Die für die Setzungsberechnung maßgebenden Gesamtspannungen in den belasteten Bodenschichten bestehen aus den Spannungen infolge des Eigengewichtes des Bodens und aus den Spannungen infolge der Bauwerkslasten. Die Bodenspannung kann um den Betrag, der der durch den Aushub entfernten Erdauflast entspricht, verringert werden. Zur Gesamtspannung $\sigma_ü + \sigma_z$ und zur Überlagerungsspannung $\sigma_ü$ werden aus dem Druck-Setzungsdiagramm (Abb. 11.11) die spezifischen Setzungen s'_2 und $s'_ü$ (Tab. 11.2, Spalte 9 und 10) herausgegriffen.

Die wirksame spezifische Setzung (Spalte 11) ergibt sich als Differenz zwischen s'_2 und $s'_ü$.

Die Gesamtsetzung ergibt sich aus der Addition der Teilsetzungen, die für einzelne Schichtabschnitte in Tabellenform ermittelt werden (Tab. 11.2, Spalte 12–14).

Eine Vereinfachung ergibt sich durch das Anwenden der „Kepler'schen Fassformel".

Bei jungen Sedimenten ergeben sich Abweichungen zwischen den mit aus Druck-Setzungslinien abgeleiteten Steifemoduln im voraus berechneten Setzbeträgen und den nachträglich, nach Ausklingen der Setzungen, ausnivellierten Setzmaßen. Um die zu hohen Setzbeträge an die erfahrungsgemäß niedriger ausfallenden Setzmaße anzugleichen, wird behelfsweise ein Korrekturbeiwert $\kappa = 2 / 3$ oder 0,67 eingeführt (Dörken und Dehne 1995).

Für rechnergestütztes Ermitteln von Setzbeträgen und mögliches Verkanten rechteckiger und runder Fundamente nach

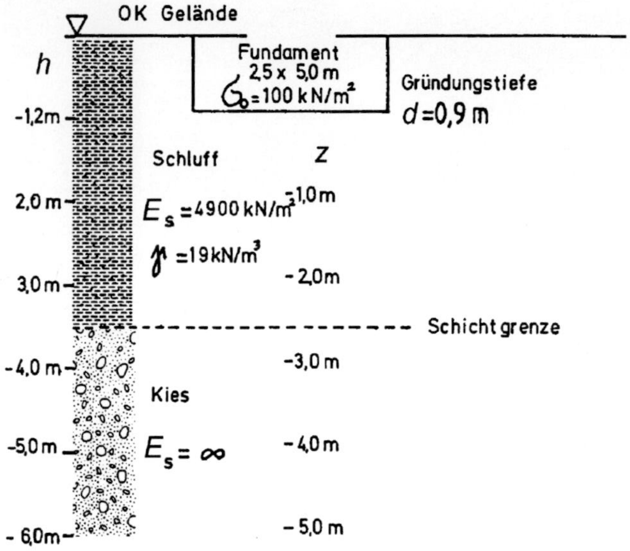

Abb. 11.20 Systemskizze für Beispiel 1 der Setzungsberechnung

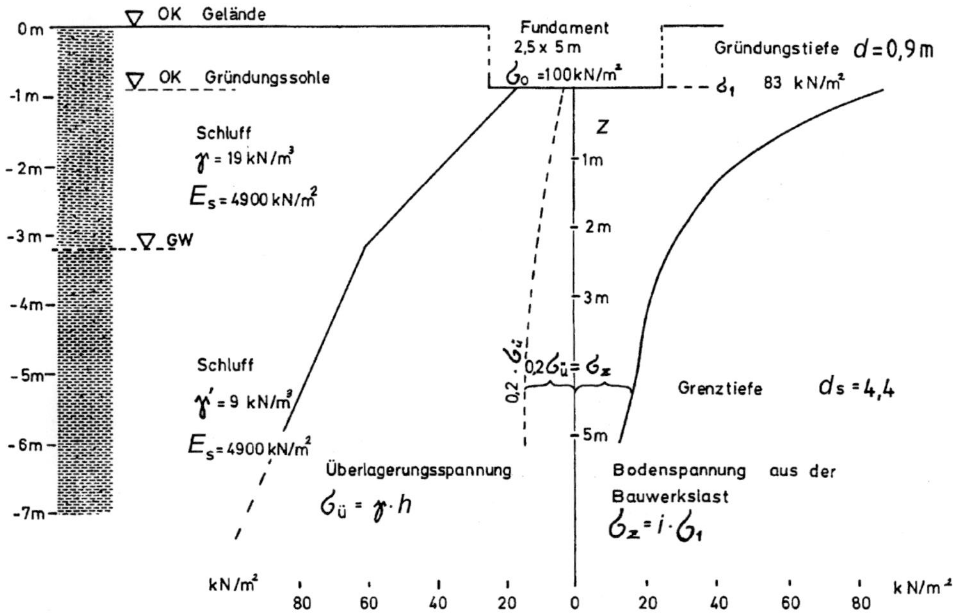

Abb. 11.21 Systemskizze für Beispiel 2 der Setzungsberechnung mit grafischer Darstellung der Überlagerungsspannungen und der Bodenspannung aus der Bauwerkslast

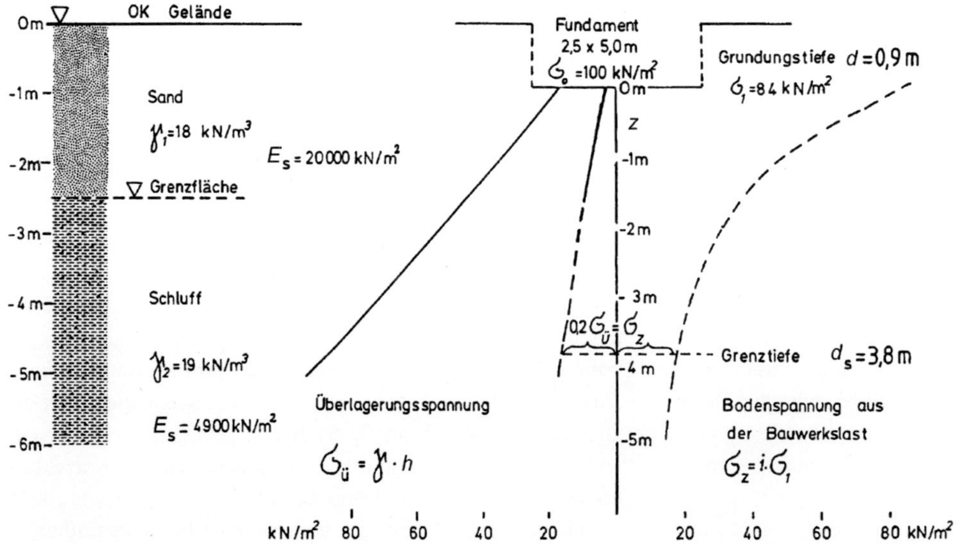

Abb. 11.22 Systemskizze zur Setzungsberechnung nach Beispiel 3

DIN 4019, Teil 1 und 2 stehen Software-Programme zur Verfügung, z. B. WinSetz, IDAT-GmbH, Darmstadt.

11.5.3 Berechnungsbeispiele

Für ein Flächenfundament mit den Ausmaßen 2,5 · 5,0 m, einer mittleren Belastung von $\sigma_0 = 100\,\text{kN m}^{-2}$ und einer Einbindetiefe $d = 0{,}9$ m über unterschiedlichem Untergrund wird ein Setzbetrag berechnet:

1. zusammendrückbare Schicht mit $z < d_s$ über dicht gelagertem Untergrund (■ Abb. 11.20);
2. zusammendrückbare Schicht mit großer Mächtigkeit und Grundwasser (■ Abb. 11.21, ■ Tab. 11.2);
3. geschichteter Baugrund mit zusammendrückbarer Schicht unter dichtem Sand (■ Abb. 11.22, ■ Tab. 11.3).
4.
   - Setzungsberechnung für den kennzeichnenden Punkt nach Kany zu dem in ■ Abb. 11.20 dargestellten Beispiel 1:

$$a/b = 5{,}0/2{,}5 = 2,$$
$$z/b = 2{,}6/2{,}5 = 1,$$
$$f_{(S,0)} = 0{,}6,$$
$$\kappa = 0{,}67,$$
$$E_m = E_s/\kappa = 4900/0{,}67 = 7313,$$
$$s = \frac{\sigma_0 b f_{(S,0)}}{E_m} = \frac{100 \cdot 2{,}5 \cdot 0{,}6}{7313} = 0{,}02\,\text{m} = 2\,\text{cm}.$$

   - Setzungsberechnungen zu Beispiel 2 (■ Abb. 11.21 und ■ Tab. 11.2):
     a. Berechnen durch Addition der Teilsetzungsbeträge s (■ Tab. 11.2, Spalte 14):

$$\text{cal}\,s = 4{,}6\,\text{cm},$$
$$s = \kappa\,\text{cal}\,s = 4{,}6 \cdot 0{,}67 = 3{,}1\,\text{cm}.$$

     b. Berechnen mit der Kepler'schen Fassformel:

$$\text{cal}\,s = (d_s/6)(s'_{1\,\text{oben}} + 4s'_{1\,\text{mitte}} + s'_{1\,\text{unten}}).$$

Nach Spalte 11 der ■ Tab. 11.2 ergibt sich:

$$\text{cal}\,s = (4{,}4/6)(0{,}029 + 4 \cdot 0{,}007 + 0{,}003) = 4{,}4\,\text{cm},$$
$$s = \kappa\,\text{cal}\,s = 4{,}4 \cdot 0{,}67 = 3{,}0\,\text{cm}.$$

     c. Berechnen mit der geschlossenen Formel nach Kany: Für den oberen Grenzwert des Setzungsmoduls

$$E_m = E_s/0{,}67 = 7313\,\text{kN m}^{-2} \text{ ergibt sich}$$
$$d_s/b = 4{,}4/2{,}5 = 1{,}8,$$
$$a/b = 5/2{,}5 = 2,$$
$$f_{(S,0)} = 0{,}75,$$
$$s = \frac{\sigma_0 b f_{(S,0)}}{E_m} = \frac{83 \cdot 2{,}5 \cdot 0{,}75}{7313} = 2{,}1\,\text{cm}.$$

Für den unteren Grenzwert des Setzungsmoduls $E_m = E_s = 4900\,\text{kN m}^{-2}$ ergibt sich:

$$s = (84 \cdot 2{,}5 \cdot 0{,}75)/4900 = 3{,}1\,\text{cm}.$$

   - Setzungsberechnung zu Beispiel 3 (■ Abb. 11.22, ■ Tab. 11.3):

$$s = \frac{\sigma_1 b f_1}{E_{s1}} + \frac{\sigma_1 b (f_2 - f_1)}{E_{s2}},$$
$$a/b = 2,$$
$$z/b = 1{,}6/2{,}5 = 0{,}64,$$
$$d_s/b = 3{,}8/2{,}5 = 1{,}52,$$
$$f_{(s,0,1)} = 0{,}4,$$
$$f_{(s,0,2)} = 0{,}7,$$
$$s = \frac{84 \cdot 2{,}5 \cdot 0{,}4}{20.000} + \frac{84 \cdot 2{,}5 \cdot 0{,}3}{4900}$$
$$= 0{,}004 + 0{,}013 = 0{,}017\,\text{m},$$
$$\text{cal}\,s = 1{,}7\,\text{cm},$$
$$s = \kappa\,\text{cal}\,s = 1{,}1\,\text{cm}.$$

11.5.4 Ungleiche Setzungen

Ungleichmäßiger Baugrund, gleichmäßige Belastung Häufig ist der ungleichmäßige Aufbau des Baugrundes Ursache für ungleichmäßige Setzungen (■ Abb. 11.23 und 11.24). Liegt hierbei der Fall einer gleichmäßigen Belastung vor, so sind zwei Setzungsberechnungen durchzuführen, und zwar mit z_1 für die geringmächtige Schichtstärke der zusammendrückbaren Schicht und mit z_2 für die größere Schichtdicke. Aus der Differenz $s_2 - s_1$ ergibt sich der Setzungsunterschied. Die Verkantung ergibt sich zu:

$$\tan\alpha = \frac{s_1 - s_2}{b}.$$

Gleichmäßiger Baugrund, ungleichmäßige Belastung Ungleichmäßige Setzung bei gleichmäßigem Baugrund und ausmittiger (schräger) Belastung (z. B. unter Stützmauern) ergibt eine trapezförmige Spannungsverteilung in der Gründungssohle. Es werden zwei Berechnungen durchgeführt, und zwar einmal für die stärker belastete Seite und einmal für die schwächer belastete Seite. Aus der Differenz $s_2 - s_1$ ergibt sich der Setzungsunterschied.

■ Schiefstellung und Schäden

Je nach Bodenaufbau und Ausbildung des Bauwerks treten unter dem Gründungskörper Verformungen im Baugrund ein. Sind die Setzungen ungleichmäßig, so treten infolge der Verformungen Zwangskräfte auf, die zusätzlich das Bauwerk beanspruchen. Die Setzungsempfindlichkeit eines Bauwerkes richtet sich nach seinem Zweck und/oder seiner Konstruktion. Bei setzungsempfindlichen Bauwerken kann das höchstzulässige Setzmaß vorgegeben werden, wodurch im Einzelfall dann Bodenverbesserungen, z. B. durch Injektionen zur Minderung der zu erwartenden Setzungen (Zusammendrückung im Boden), erforderlich werden können.

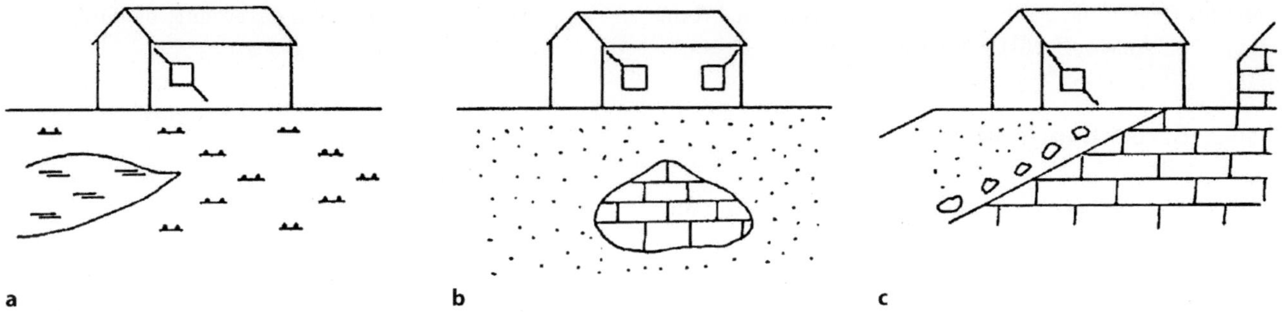

Abb. 11.23 Mögliche geologische Ursachen für ungleichmäßige Setzungen. **a** Einlagerung einer weichen Schicht; **b** Einlagerung von Blöcken oder Felsaufragungen im Untergrund; **c** geneigter Schichtverlauf

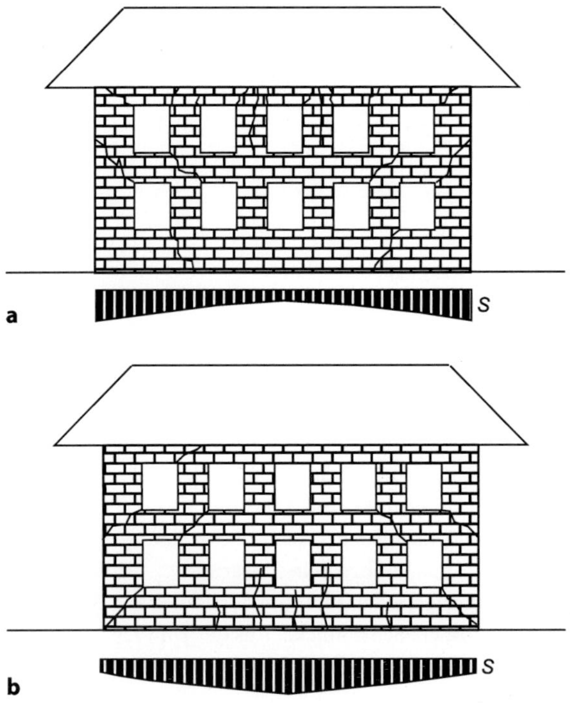

Abb. 11.24 Unterschiedliche Bettung und Setzung von Bauwerken als Ursache für Bauwerksschäden. **a** Risse bei Sattellage; **b** Risse bei Muldenlage

Setzungsunempfindliche Bauwerke wie Wohnhäuser können geringe Setzungsunterschiede ohne Schaden aufnehmen. Ein Kriterium für die Schädlichkeit von Setzungsunterschieden ist hier die Verkantung $\tan \alpha$:

- $\tan \alpha = 1{:}750$ Grenze für setzungsempfindliche Maschinen und Geräte;
- $\tan \alpha = 1{:}600$ Schadensgrenze für Rahmenbauwerke mit Ausfachung;
- $\tan \alpha = 1{:}500$ Sicherheitsgrenze zum Vermeiden von Rissen in Bauwerken;
- $\tan \alpha = 1{:}300$ architektonische Mängel, Risse in tragenden Wänden;
- $\tan \alpha = 1{:}250$ augenscheinliche Schiefstellung hoher Bauwerke;
- $\tan \alpha = 1{:}150$ konstruktive Schäden, Schadensgrenze für Hochbauten;
- $\tan \alpha = 1{:}10$ Schiefer Turm von Pisa.

Sind für das geplante Gebäude unzulässig hohe Setzbeträge zu erwarten, können folgende Maßnahmen erwogen werden:

- Tieferlegen der Gründungssohle oder Tiefgründung;
- Bodenaustausch oder Bodenverbesserung;
- alle Fundamente werden so bemessen, dass gleiche Setzbeträge auftreten (Anwenden des Modellgesetzes);
- starre Ausbildung des Bauwerkes, damit gleichmäßiges Setzen erzwungen wird. Größere Bauwerke können in mehrere starre Körper unterteilt werden, zwischen denen Bewegungsfugen vorzusehen sind;
- schlaffe und statisch bestimmte Ausbildung bei Brückenbauwerken.

■ Modellgesetz

Die Setzung eines Bauwerkes oder Bauwerkteiles hängt von der Geometrie des Fundamentes (Fundamentform, Größe der Fundamentfläche) und vom charakteristischen Wert der ständigen vertikalen Einwirkungen G_k (Lasteintrag) ab. Das angestrebte gleichmäßige Setzen unterschiedlich geformter und belasteter Fundamente wird durch das Modellgesetz dargestellt:

$$\frac{s_1}{s_2} = \frac{C_1 \sigma_{01} A_1}{C_2 \sigma_{02} A_2}$$

s_1, s_2 = **Setzungen unter den Fundamenten**
σ_{01}, σ_{02} = **Sohlnormalspannung unter den Fundamenten**
A_1, A_2 = **Fundamentflächen**
C_1, C_2 = **Formbeiwerte**

11.5.5 Berechnen des Setzungsanteils aus einer Grundwasserabsenkung

Mit dem Absenken des Grundwassers fällt für die Bodenschichten und Bauwerkteile, die vorher unter Wasser standen, der Auftrieb weg. Dies bewirkt pro Meter Absenkung eine Zunahme der Wichte des Bodens um 10 kN m^{-3}. Gefährdet sind Standorte mit zusammendrückbarem Boden im Baugrund wie Schluff, Ton und organische Böden. Die aus der Gewichtszunahme resultierenden Spannungen nehmen vom Niveau des ursprünglichen Grundwasserspiegels bis zum Niveau des abgesenkten Grundwasserspiegels geradlinig zu und bleiben unterhalb dessen konstant. Die mit einer Grundwasserabsenkung neu eingetretene Spannung überlagert die Spannungseinflüsse aus anderen Belastungsände-

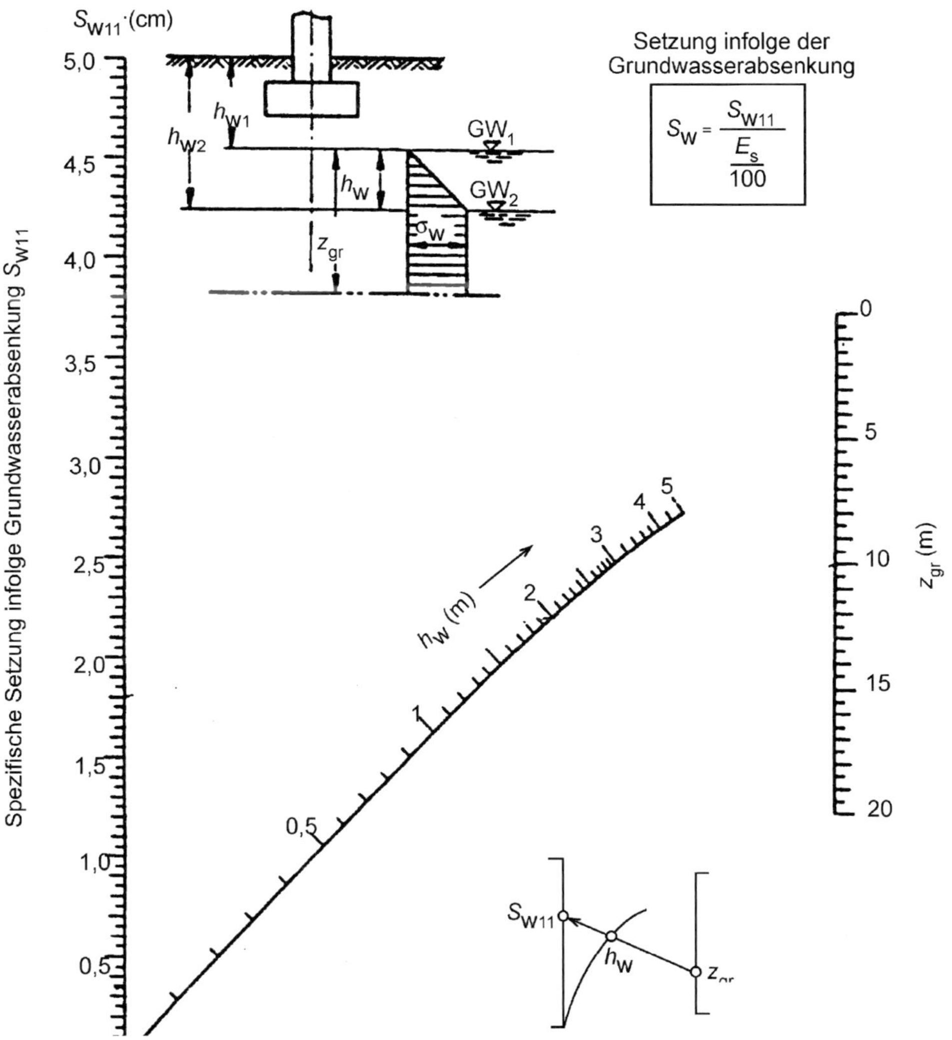

Abb. 11.25 Nomogramm zum Ermitteln der spezifischen Setzung durch Grundwasserabsenkung. (Christow 1969)

rungen (Aushub, Aufschüttung, Bauwerkslast) und ist getrennt zu erfassen. Sie wirkt auf die Gesamtmächtigkeit der zusammendrückbaren Schichten bis zur Grenztiefe ein.

Eine durch Absenken des Grundwassers eintretende Belastungsänderung kann vernachlässigt werden, wenn im Baugrund die hieraus resultierenden Setzungen bei früheren niedrigen Wasserständen vorweggenommen wurden. Dies betrifft regelmäßige natürliche Schwankungen und auch länger andauernde künstliche Absenkungen.

Weitreichende und gleichmäßige Grundwasserabsenkungen bewirken im homogenen Baugrund über weite Flächen ein gleiches Setzmaß, aus welchem zwar keine direkten Bauschäden, jedoch mögliche Funktionsstörungen zu erwarten sind. Ungleiche Grundwasserabsenkung im stärker abfallenden Teil eines Absenkungstrichters und Inhomogenitäten im Baugrund können zu Setzungsunterschieden führen. Bei weichen Böden (Bodenschichten mit kleinem Steifemodul) kann Grundwasserabsenkung zu erheblichen Bauwerksschäden führen.

Bei entwässertem organischem Boden kann zusätzlich Setzen durch Schrumpfen von Torffasern eintreten. Der hieraus resultierende Setzungsanteil kann nicht berechnet werden.

Das Berechnen von Setzungsanteilen infolge Grundwasserabsenkung kann nach dem Verfahren Christow (1969; ◻ Abb. 11.25) erfolgen. Dem Nomogramm kann die spezifische Setzung s_{w11} [cm] entnommen werden. Eingesetzt werden die Grenztiefe z_{gr} [m] und die Grundwasserabsenkung h_w [m]. Das gesuchte Setzmaß s_{gr} [cm] aus der Grundwasserabsenkung ergibt sich unter Berücksichtigung des Steifemoduls E_s:

$$s_{gr} = \frac{s_{w11}\,[\mathrm{cm}] \cdot 10}{E_s\,[\mathrm{MN\,m^{-2}}]}\ [\mathrm{cm}].$$

11.5.6 Ermitteln der Setzungszeiten

Der Zeit-Setzungsversuch zeigt am Beispiel einer Bodenprobe von 14 bzw. 20 mm Stärke an, nach welcher Zeit welcher Setzungsanteil (in %) eingetreten ist. Es wird unterschieden zwischen Sofortsetzung s_0, Primärsetzung s_1 und Sekundärsetzung s_2. Für den primären Setzungsanteil, der die von der Gesteinsdurchlässigkeit abhängige Kompression beschreibt, kann nach einem Modellgesetz der zeitliche Ablauf am Bauwerk abgeschätzt werden:

$$t_2 = t_1 \frac{h_2^2}{h_1^2}$$

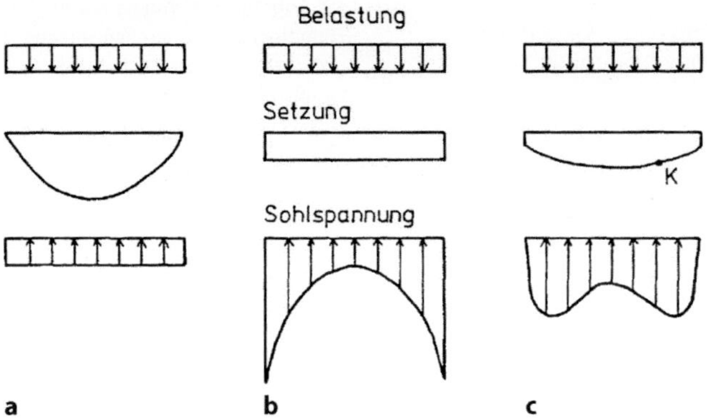

■ **Abb. 11.26** **a** Lastverteilung unter einem schlaffen Gründungskörper; **b** Lastverteilung unter einem starren Gründungskörper; **c** Lastverteilung unter einem biegsamen Gründungskörper (*K* kennzeichnender Punkt nach Kany (1974) mit 75 % der maximalen Setzung)

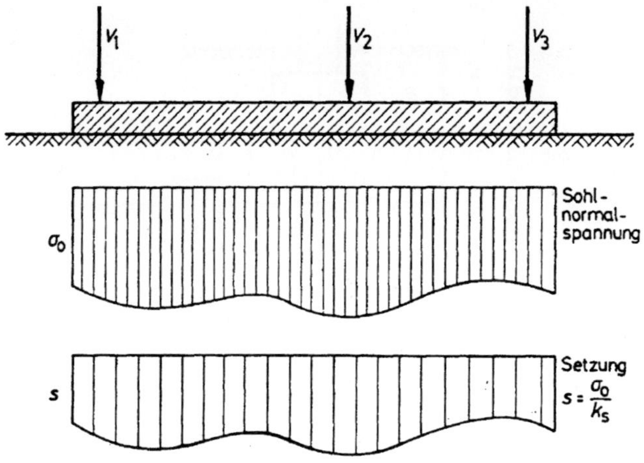

■ **Abb. 11.27** Beispiel für die Verteilung von Sohlnormalspannung und Setzung nach dem Bettungsmodulverfahren unter einem einachsig ausgesteiften Bauwerk. (Dehne 1982)

t_1 = **Dauer bis zum Erreichen eines bestimmten Prozentanteils der Gesamtsetzung im Versuch [s]**

t_2 = **Dauer bis zum Erreichen eines bestimmten Prozentanteils der Gesamtsetzung beim Belasten des Baugrundes durch das Bauwerk [s]**

h_1 = **Probehöhe [cm]**

h_2 = **Schichtmächtigkeit [cm]**

11

11.6 Spannungsverteilung in der Gründungssohle

Das Berechnen der Sohldruckverteilung unter Flächengründungen regelt DIN 4018. Infolge der Empfindlichkeit der Biegemomente von Flächengründungen gegen kleine Veränderungen der nur näherungsweise bestimmbaren Sohldruckverteilung und mit Rücksicht auf den Einfluss gegenseitiger lotrechter Verschiebungen von Stützen und Wänden können derartige Berechnungen nicht so genau durchgeführt werden wie bei den übrigen Gliedern eines Ingenieurbaus.

11.6.1 Wechselwirkung zwischen Baugrund und Bauwerk

Unter Bauwerken ist die Sohldruckverteilung von der Art, Form und Größe der lasteintragenden Gründungskörper abhängig. Zu unterscheiden ist zwischen der Sohldruckverteilung und der hieraus in tiefere Bodenschichten eingetragenen Spannungsverteilung. Zu unterscheiden ist weiterhin zwischen dem Lasteintrag über einem schlaffen, über einem starren oder über einem biegsamen Gründungskörper.

Eine Sohldruckverteilung wie unter einem völlig schlaffen Gründungskörper stellt sich unter Erdschüttungen und unter frisch betonierten Fundamenten ein. Es bildet sich eine Setzungsmulde mit Lastkonzentration unter dem Zentrum der Lastfläche aus (■ Abb. 11.26a).

Unter einem absolut starren Gründungskörper treten unter den Ecken und Kanten die größten Spannungen auf. Bei gleichmäßiger (mittiger) Belastung wird unter allen Punkten der Gründungssohle eine gleich große Setzung erzwungen (■ Abb. 11.26b).

Nach den Berechnungsverfahren von Boussinesq (1885) ergeben sich für einen tiefreichenden gleichmäßigen Baugrund unendlich große Spannungsspitzen unter dem Randbereich des Gründungskörpers. Diese erhöhten, unendlich großen Spannungskonzentrationen werden durch plastisches Verformen im Boden auf endliche Werte abgebaut. Somit ist die Form der Sohldruckverteilung von den Festigkeitseigenschaften des Bodens und der Geometrie des Gründungskörpers abhängig. Eine Starrheit ist nur unter gedrungenen Gründungskörpern und zweiachsig ausgesteiften Bauwerken annähernd gegeben.

Streifenfundamente und Bodenplatten werden bevorzugt biegesteif ausgebildet. Ein solcher Gründungskörper drückt den Baugrund zusammen und ist auch selbst Verformungen unterworfen. Als „kennzeichnender Punkt" wird der Ort auf der Grundrissfläche verstanden, in dem die gleichmäßige Setzung eines mittig belasteten starren Fundamentes mit der Setzung des biegesteifen Gründungskörpers übereinstimmt (■ Abb. 11.26c). In Annäherung setzt sich das starre Fundament um den 0,75-fachen Wert des Flächenmittelpunktes einer schlaffen Gründung. Einachsig ausgesteifte Bauwerke ergeben in Richtung der Aussteifung angenähert eine Sohldruckverteilung nach Boussinesq.

Quer zur Aussteifung wird sich der Gründungskörper biegen, und der Baugrund wird unter den durchgebogenen Stellen stärker zusammengedrückt. Fundamente und besonders Bodenplatten müssen auf Biegung berechnet und bewehrt werden. Die Sohldruckverteilung ist von der Verformung des Gründungskörpers abhängig. Zum Berechnen der Sohldruckverteilung nennt DIN 4018 verschiedene Verfahren, für die die baugrundabhängigen Steifemoduln oder Bettungsmoduln verwendet werden (Kany 1974, Grasshoff und Kany 1992, Möller 2012, Zilch et al. 2012).

11.6.2 Bettungsmodulverfahren

Das Bettungsmodulverfahren geht davon aus, dass die Setzung *s* an jeder Stelle des Gründungskörpers proportional zur dort auftretenden Sohlnormalspannung σ_0 (■ Abb. 11.27) ist. Der Proportionalitätsfaktor k_s wird als „Bettungsmodul" bezeichnet. Der

Tab. 11.4 Einbettungsmoduln k'_s [MN m^{-3}] für Streifenfundamente und Platten von 30,5 cm Breite auf Sand

Sand	Locker	Mitteldicht	Dicht
Trocken, feucht	13	42	160
Unter Wasser	8	26	96

Bettungsmodul ist keine Bodenkenngröße. Er drückt das Verhältnis zwischen Belastung und Setzung aus und berechnet sich zu:

$$k_s = \sigma_0 / s \ [\text{kN m}^{-3}].$$

Das Ermitteln des vertikalen Bettungsmoduls geschieht nach den im folgenden beschriebenen Verfahren.

- **Plattendruckversuch nach DIN 18134**

Eingesetzt wird die Lastplatte mit 76 cm Durchmesser. Aus der Erstbelastungslinie wird die Belastung σ_0 abgelesen, die der Setzung $s = 1{,}25$ mm zugeordnet ist. Beim Verwenden einer kleineren Lastplatte mit 60 oder 30 cm Durchmesser kann der Bettungsmodul nach dem Modellgesetz umgerechnet werden:

$$\frac{k_{s1}}{k_{s2}} = \frac{d_1}{d_2}.$$

Der mit dem Plattendruckversuch ermittelte Bettungsmodul gilt für Bettungsverhältnisse unter Fahrbahnen. Beim Verwenden unter Gründungskörpern muss er auf deren Breite umgerechnet werden.

- **Setzungsberechnung für den kennzeichnenden Punkt**

Der Bettungsmodul hängt von der Art des Baugrundes mit Steifemodul E_s, von der Mächtigkeit der zusammendrückbaren Schicht z und von den Bauwerksabmessungen mit Fundamentbreite b und Fundamentlänge a ab:

$$k = \frac{E_m}{b f_s}.$$

- **Einheitsbettungsmoduln**

Für Sande und Tone wurden für Platten und Streifen von 30,5 cm Breite Einheitsmoduln k'_s entwickelt. Diese k'_s-*Werte* sind auf die Breite des Fundamentes oder bei Platten auf einen Ersatzradius umzurechnen (Dehne 1982). Für Streifenfundamente auf Sand gilt:

$$k_s = k'_s \left(\frac{b + 0{,}305}{2b} \right)^2.$$

In Abhängigkeit von der Lagerungsdichte ergeben sich die in Tab. 11.4 genannten Einheitsbettungsmoduln k'_s für Streifenfundamente und Platten von 30,5 cm Breite auf Sand.

Für Streifenfundamente auf Ton gilt:

$$k_s = 0{,}67\, k'_s \frac{0{,}305}{b}.$$

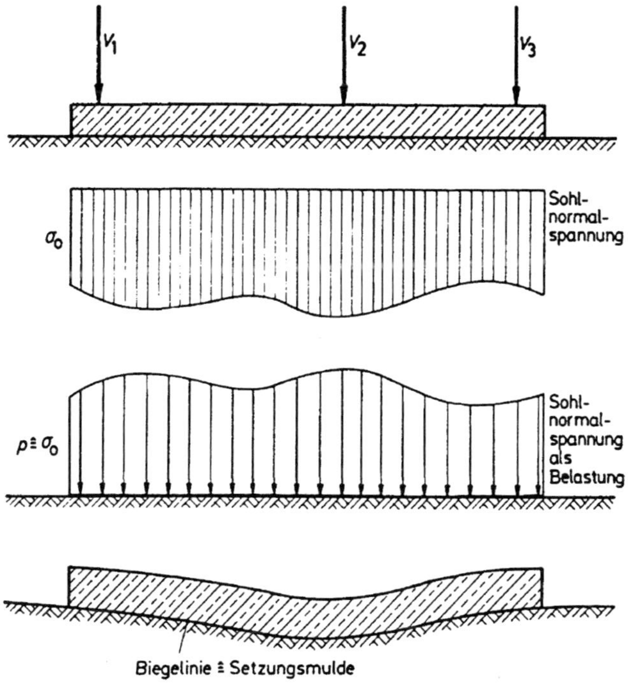

Abb. 11.28 Beispiel für die Verteilung von Sohlnormalspannung und Setzung nach dem Steifemodulverfahren unter einem einachsig ausgesteiften Bauwerk. (Dehne 1982)

In Abhängigkeit von der Konsistenz ergeben sich folgende Einheitsbettungsmoduln k'_s für Streifenfundamente und Platten von 30,5 cm Breite auf Ton:

- steife Konsistenz: 25 MN m^{-3};
- sehr steife Konsistenz: 48 MN m^{-3};
- feste Konsistenz: 96 MN m^{-3}.

11.6.3 Steifemodulverfahren

Für das Berechnen der Bauwerksverformung wird der Setzbetrag unter dem jeweiligen Fundamentpunkt berechnet und das mögliche Verformen des Gründungskörpers so angepasst, dass die Biegelinie des Gründungskörpers mit der Setzungsmulde hinreichend genau übereinstimmt (Abb. 11.28). Das Steifemodulverfahren berücksichtigt (anders als das Bettungsmodulverfahren) auch Sohldrücke/Einwirkungen aus benachbarten Fundamenten und Bauwerken und die hieraus resultierenden Anteile am gesamten zu erwartenden Setzbetrag. Dieser zu erwartende Setzbetrag (mm) lässt sich für jeden beliebigen Punkt unter der Sohle der Gründungsplatte berechnen. Für dieses Verfahren wird der Steifemodul E_s, angepasst an die vorgesehene Belastung, aus der Drucksetzungslinie abgelesen. Vereinfacht kann mit einem konstanten Steifemodul E_s über die Mächtigkeit der zusammendrückbaren Schicht gerechnet werden. Das Rechnen mit veränderlichen Steifemoduln in verschiedenen Schichten ist anfällig für Fehler und setzt hinreichende Sorgfalt beim Bestimmen und Benennen dieser Kenngrößen voraus.

Für das rechnerische Abschätzen der Setzbeträge sind vom Geologen die Schichtmächtigkeiten mit zugehörigen Raumgewichten und Steifemoduln zu benennen. An technischen Messgrößen gehen die Einbindetiefe sowie Größe, Form, Ausbildung und Belastung der Gründungskörper ein.

Das Berechnen der Sohldruckverteilung und Setzung nach dem Steifemodulverfahren kann mit dem Rechenprogramm WinSet der Firma IDAT GmbH, Darmstadt erfolgen. Die unter Einwirkung von Bauwerkslasten und Eigengewicht beanspruchte Gründungsplatte wird in eine beliebige Anzahl von Feldern unterteilt. Die zu ermittelnden Sohldruckkräfte werden in der Mitte dieser Felder angesetzt. Es werden Einheitssetzungen nach Steinbrenner (■ Abb. 11.17) für jedes Feld bestimmt.

11.7 Belasten des Baugrundes über Pfahlgründungen

Über Pfähle werden Bauwerkslasten auf oder in tiefer liegende Schichten abgetragen. Unter Bauwerkslasten werden Pfähle auf Druck beansprucht (Druckpfähle). Der Belastungsdruck wird über Reibung am Pfahlumfang und über Spitzendruck in den Baugrund eingetragen. Zur Sicherung von Wannengründungen gegen Auftrieb und zur Einleitung von Kräften in den Baugrund können Pfähle auf Zug beansprucht werden. Zugkräfte werden über die Reibung am Pfahlumfang in den Baugrund eingetragen. Zugpfähle können vertikal oder mit Neigung eingebaut werden. Wechselnde Beanspruchung zwischen Zug und Druck ist bei wechselnden Wasserständen zwischen Belastungszuständen mit und ohne Auftrieb möglich. Unter seitlicher Belastung (Rutschungsdruck, Fließdruck, Erddruck, Pressdruck, Pollerzug) können Pfähle quer zur Pfahlachse beansprucht werden (▶ Abschn. 7.5.2).

Gründungspfähle sollen (überwiegend) in Richtung ihrer Achse beansprucht werden und ausreichend tief in den tragfähigen Boden einbinden. Die zulässige Belastung von Pfählen ist von zahlreichen Faktoren abhängig:

innere Tragfähigkeit des Pfahles;
- Querschnittsfläche und Form des Pfahles;
- Pfahlbaustoff und dessen Festigkeitseigenschaften;

äußere Tragfähigkeit des Pfahles;
- Eigenschaften des Baugrundes;
- Grundwasserverhältnisse;
- Mächtigkeit der tragfähigen Schicht;
- Einbringungsart und Auflockerungen im Baugrund beim Einbau des Pfahles;
- Einbindetiefe des Pfahles in die tragfähige Schicht;
- Beschaffenheit der Mantelfläche;
- Beschaffenheit des Pfahlfußes;
- Pfahlabstand;
- Einwirkung dynamischer Beanspruchung;
- Einwirkung von Porenwasserüberdruck;
- Einwirkung negativer Mantelreibung.

Maßgebend für die zulässige Belastung aller Pfahlarten sind DIN 1054, DIN EN 1997-1 und EA-Pfähle 2012. Mögliche Grenzzustände der Tragfähigkeit können durch Bauteilversagen, durch Tragfähigkeitsverlust des Bodens in der Pfahlumgebung

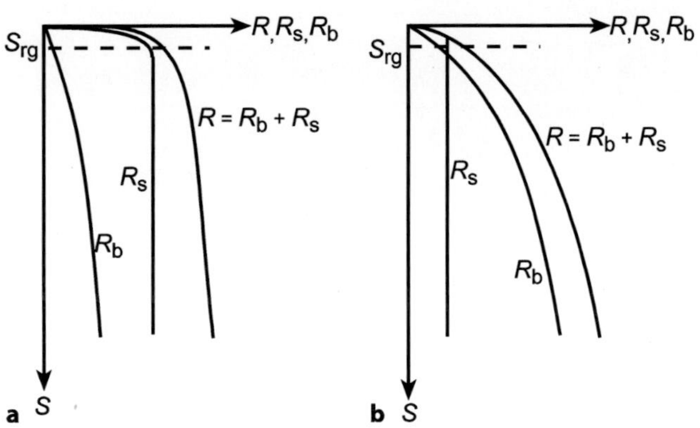

■ **Abb. 11.29** Widerstand-Setzungslinien von Pfählen. **a** Pfahl mit Lastabtragung überwiegend durch Mantelreibung R_s. Der Grenzwert der Mantelreibung wird bereits nach relativ geringen Pfahlverschiebungen erreicht. Zusätzliche Pfahllasten werden nur über den Pfahlfuß abgetragen. **b** Pfahl mit Lastabtragung überwiegend durch Fußwiderstand R_b. Der Pfahlfußwiderstand nimmt unter anhaltend großen Setzungen stetig zu. (Empfehlung des Arbeitskreises 5 der DGGT, 1993, EA-Pfähle 2012)

und durch Tragfähigkeitsverlust infolge von Verschiebungen und/oder Verdrehungen der Pfahlgründung eintreten.

Art und Dimension der in den Baugrund einzubauenden Pfähle müssen garantieren, dass die vom Tragwerksplaner vorberechneten Lasten und Einwirkungen mit ausreichender Sicherheit in den Baugrund übertragen werden können. Dies betrifft deren innere und äußere Tragfähigkeit. Das Bemessen von Pfählen erfolgt nach:
- gesicherten Erfahrungswerten von anderen Pfahlgründungen im gleichen Baugrund,
- durch Probebelasten und Ermitteln des Setzmaßes s am Pfahlkopf,
- durch dynamische Testverfahren.

Pfahldurchmesser, Pfahlfußdurchmesser und Pfahllänge sind neben der Pfahlart und der Art des Einbauens oder Einbringens die wichtigsten Kenngrößen für das Abschätzen der möglichen Tragfähigkeit und für ein Vorabdimensionieren des Pfahlumfangs im vorliegenden Baugrund. Der Pfahlwiderstand R besteht aus den Anteilen Fußwiderstand (Pfahlbasiswiderstand, Pfahlspitzenwiderstand) R_b und Mantel- bzw. Pfahlschaftwiderstand R_s. Diese lassen sich bei geeigneter Instrumentierung getrennt bestimmen. Axiale Pfahlwiderstände sind bei Druckpfählen durch eine Widerstand-Setzungslinie (Last-Kraft-Setzungslinie), bei Zugpfählen durch eine Widerstand-Hebungslinie zu beschreiben. ■ Abb. 11.29 zeigt Beispiele für Widerstand-Setzungslinien für Pfähle mit unterschiedlichem Lastabtrag, ■ Abb. 11.30 gibt ein Beispiel für eine Pfahlprobebelastung.

Probebelastungen zum Ermitteln der Grenzlast sind durchzuführen, wenn:
- keine vergleichbaren Belastungsergebnisse vorliegen;
- Pfähle höher belastet werden sollen, als nach Erfahrungswerten ermittelt;
- tragfähiger Baugrund in nicht ausreichender Mächtigkeit ansteht;
- Zweifel an der Belastbarkeit des Baugrundes auftreten.

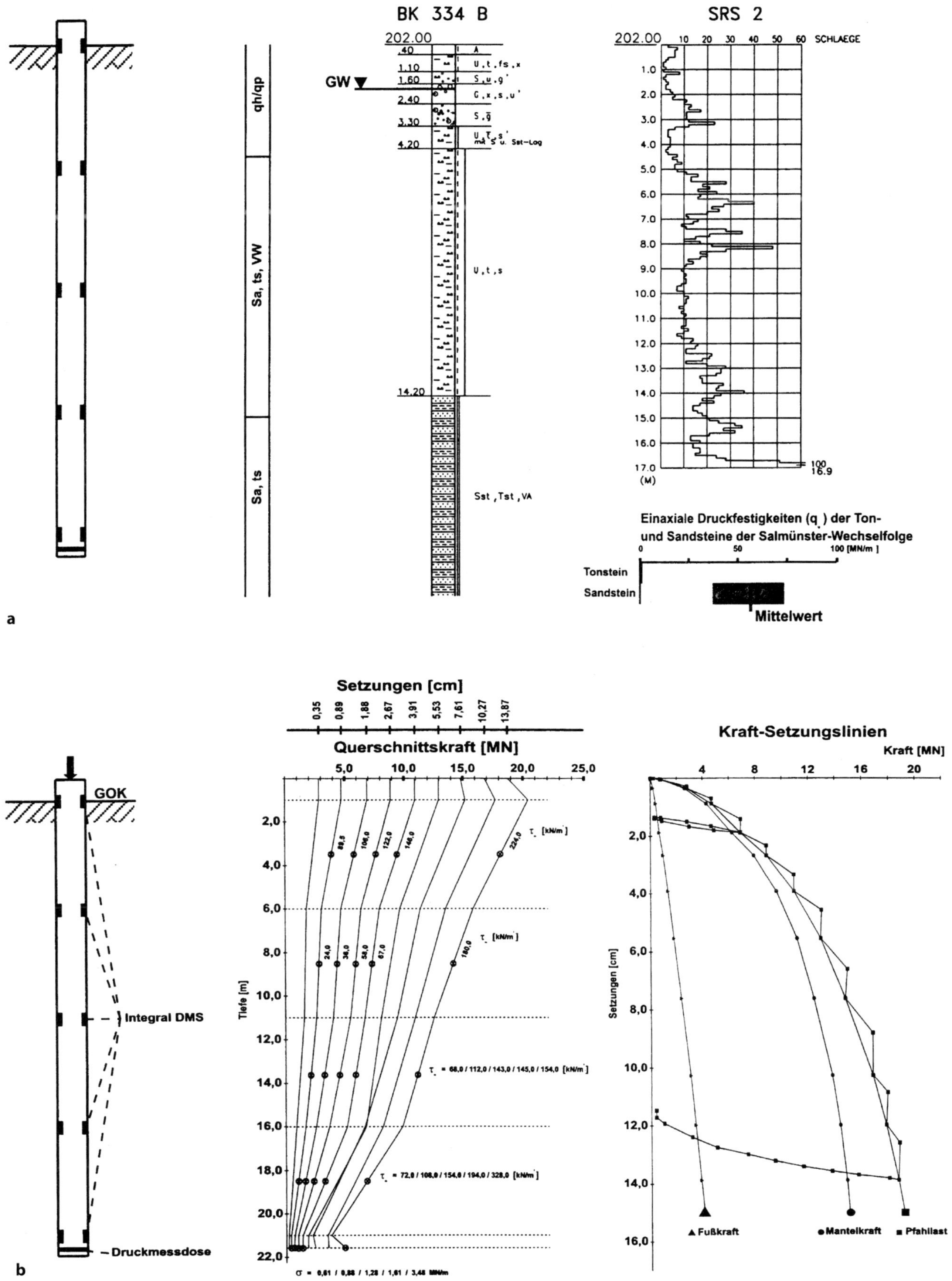

Abb. 11.30 Beispiel für die Untersuchung und Instrumentierung von Pfählen. **a** Untersuchung des Untergrundes; *qh, qp* Quartär (Holozän, Pleistozän); *Sa, ts* Buntsandstein, Salmünster-Folge, tonig-sandig; *VW* verwittert; **b** Instrumentierung mit vollflächiger Druckmessdose am Pfahlfuß und integrierend messenden Dehnungsgebern (*DMS*) zum Ermitteln der Mantelreibung, Setzungen im Bezug zur Querschnittskraft und Kraft-Setzungslinien zum Ermitteln der Pfahltragfähigkeit. (Dürrwang 1997)

Bei einfachen Bodenverhältnissen und häufig verwendeten Pfahlarten können Pfahlwiderstände nach Tabellenwerten (Erfahrungswerte) abgeschätzt werden. Solche Tabellen sind/waren z. B. in DIN V 1054-100 (1996), 10.4.3, Anhang D, E und F, DIN 1054 (2003, 2005), Tab. B.1 bis B.5 sowie in DIN 4014 (1990), DIN 4026 (1975) und in EA-Pfähle (2012) enthalten. Das Ermitteln der Tragfähigkeit von Pfählen aufgrund bodenmechanischer Kennwerte ist problematisch und nach Möglichkeit zu vermeiden. Der Einbau von Pfählen kann, entsprechend den aufgeführten Faktoren zur äußeren Tragfähigkeit, zu Veränderungen bei den Widerstandsgrößen im Baugrund führen. Der früher gelegentlich geübte Rechenansatz zum Abschätzen der Pfahllast Q nach vorab erkundeten bodenmechanischen Eigenschaften im Baugrund kann wegen deren Veränderung zu erheblichen Fehleinschätzungen führen. (Zu berechnen wäre nach GEO-2)

$$Q_g = \sigma_s A_F + \sum \tau_{mfi} A_{mi}$$

σ_s = **Pfahlspitzenwiderstand**
τ_{mfi} = **Mantelreibung in der Schicht** i
A_F = **Pfahlfußfläche**
A_{mi} = **Pfahlmantelfläche in der Schicht** i

11

Als fraglich einzustufen sind auch rechnerisch ermittelte Werte der Zugbeanspruchung $F_{t,G}$ von Zugpfählen. Diese Rückhaltekräfte beruhen auf Pfahleigengewicht G und Schaftmantelreibu ng/Pfahlmantelwiderstand R_s, vorrangig der Kohäsion c. Diese bodenmechanischen Kenngrößen können entsprechend den aufgeführten Faktoren zur äußeren Trageigenschaften gegenüber dem Erkundungszustand verändert sein. Die mögliche Zugbeanspruchung eines Pfahls kann im einfachen Fall über den charakteristischen Wert der Mantelreibung $q_{s,i,k}$ und den Nennwert der Mantelfläche A_i, bezogen auf m^2 in der Schicht i, ($D \pi l$ = Pfahlumfang · Pfahllänge), ermittelt werden. Nach Ziegler gilt:

$$F_{t,d} = F_{t,G,k}\ \gamma_G + F_{t,Q,rep,k}\ \gamma_Q$$

$F_{t,d}$ **Bemessungswert der Zugbeanspruchung**
$F_{t,G,k}$ **charakteristischer Wert der Zugbeanspruchung aus ständigen Einwirkungen**
γ_G **Teilsicherheitsbeiwert nach GEO-2, DIN 1054 Tab. A.2.1 (1,35/1,2/1,1)**
$F_{t,Q,rep,k}$ **repräsentativer Wert der Zugbeanspruchung aus veränderlichen Einwirkungen**
γ_Q **Teilsicherheitsbeiwert nach GEO-2, DIN 1054 Tab. A.2.1 (1,5/1,3/1,1)**

11.7.1 Bemessen von Pfählen nach Erfahrungswerten

Zum Beurteilen der Gebrauchstauglichkeit von Pfählen über Probebelastung ist das Setzmaß für das Begrenzen der Pfahlbelastung maßgebend. Ein Umrechnen von Erfahrungswerten einer Pfahlart auf eine andere ist möglich. Im Zweifelsfall ist der Nachweis zu erbringen, dass die Pfahlwiderstände R größer sind als die Einwirkungen aus aufgebrachten Lasten F. Für jeden Pfahl ist über die erfüllte Ungleichung

$$F_{c,d} \leq R_{c,d}$$

nachzuweisen, dass dieser die vorgesehene Bemessungslast/Grenzlast mit ausreichender Sicherheit aufnehmen und in den Baugrund einleiten kann. Der Bemessungswert des Druckwiderstandes $R_{c,d}$ eines jeden Pfahles wird aus der Summe der Bemessungswerte für den Basiswiderstand $R_{b,d}$ und für den Schaftwiderstand $R_{s,d}$ ermittelt.

$$R_{c,d} = R_{b,d} + R_{s,d}$$

Die Bemessungswerte für Basiswiderstand und Schaftwiderstand werden ermittelt:

$$R_{b,d} = R_{b,k}/\gamma_b \text{ und } R_{s,d} = R_{s,k}/\gamma_s.$$

Den Bemessungswert für die Beanspruchungen F_d erhält man durch Multiplikation des charakteristischen Wertes der Beanspruchungen F_k mit den Teilsicherheitswerten nach DIN1054, Tab. A.2.3.

Den Bemessungswert für den Pfahlwiderstand erhält man durch Division des charakteristischen Wertes des Pfahlwiderstandes R_k durch den jeweilig zutreffenden Teilsicherheitsbeiwert γ_R nach Tab. A.2.3 der DIN 1054.

Der Teilsicherheitsbeiwert γ_R hat bei aus statischer oder dynamischer Pfahlprobebelastung ermitteltem Widerstand von Druckpfählen für den Fußwiderstand γ_b, den Mantelwiderstand γ_s und den Gesamtwiderstand γ_t in den drei Bemessungssituationen BS-P. BS-T und BS-A die Größe 1,1.

Der Teilsicherheitswert γ_R hat bei aus statischer oder dynamischer Pfahlprobebelastung ermitteltem Widerstand von Zugpfählen für den Mantelwiderstand (Schaftwiderstand) $\gamma_{s,t}$ in den drei Bemessungssituationen BS-P, BS-T und BS-A die Größe 1,15.

Der Teilsicherheitswert γ_R hat bei aus Erfahrung übernommenem Widerstand von Druckpfählen für den Fußwiderstand γ_b, den Mantelwiderstand γ_s und den Gesamtwiderstand γ_t in den drei Bemessungssituationen BS-P, BS-T und BS-A die Größe 1,4.

(Zugpfähle sollen nicht nach Erfahrungswerten bemessen werden! Im Ausnahmefall wäre $\gamma_{s,t}$ mit 1,5 anzusetzen).

Der axiale Pfahlwiderstand von Bohrpfählen darf, wenn keine Probebelastungen durchgeführt werden oder keine vergleichbaren Pfahlgründungen vorliegen, mit Erfahrungswerten bestimmt werden. Dabei wird zwischen dem setzungsabhängigen Pfahlfuß- bzw. Pfahlbasiswiderstand $R_b(s)$ und dem Mantel- bzw. Pfahlschaftwiderstand $R_s(s)$ unterschieden. Für den charakteristischen Wert des Pfahlfußwiderstandes $R_{bk}(s_g)$ gilt eine auf den Pfahldurchmesser D oder Pfahlfußdurchmesser D_b bezogene Grenzsetzung s_g:

$$s_g = 0{,}1D \text{ bzw. } s_g = 0{,}1D_F.$$

Für den charakteristischen Wert des Mantelwiderstandes $R_{sk}(s_{sg})$ gilt im Bruchzustand die Grenzsetzung s:

$$s_{sg} = 0{,}5 R_{sk}(s_{sg}) + 0{,}5 \leq 3\,\text{cm}.$$

Der charakteristische axiale Pfahlwiderstand $R_k(s)$ ist:

$$R_k(s) = R_{bk}(s) + R_{sk}(s)$$
$$R_k(s) = q_{bk} A_b + \sum q_{sik} A_{si}$$

A_b = Nennwert der Pfahlfußfläche, bezogen auf m^2

A_i = Nennwert der Pfahlmantelfläche, bezogen auf m^2 in der Schicht i

q_{bk} = charakteristischer Wert des Pfahlspitzendruckes

q_{sik} = charakteristischer Wert der Pfahlmantelreibung in der Schicht

▪ Bemessen von Bohrpfählen nach Erfahrungswerten

In früheren Ausgaben der Normen DIN 4014, DIN 1054-100 (1996), DIN 1054 (2003 und 2005) und in EA-Pfähle (2012) sind Erfahrungswerte für Bohrpfähle in Tabellenform abgedruckt. DIN 1054 (2012) enthält keine/verzichtet auf Erfahrungswerte! Es gilt EA-Pfähle 2012. In solchen Tabellen sind, getrennt nach nichtbindigen Böden, bindigen Böden und Fels die Erfahrungswerte aufgelistet. Die nachstehenden Angaben dienen hier dem Einstimmen in die Größenordnung und können zu Vergleichszwecken herangezogen werden. Reelle Werte sind EA-Pfähle in der jeweils jüngsten Ausgabe zu entnehmen.

Voraussetzung für das Anwenden von Tabellenwerten ist, dass

- die Mächtigkeit der tragfähigen Schicht unter Pfahlfuß $\geq 3D$ und $> 1{,}5$ m ist,
- der Sondierwiderstand q_{ck} in der tragfähigen Schicht ≥ 10 MN m^{-2} ist oder
- der charakteristische Wert der Kohäsion (nicht dräniert) $c_{uk} \geq 0{,}1$ MN m^{-2} ist.

Grobkörnige Böden Bei grobkörnigen Böden sind für das Anwenden von Tabellenwerten Festigkeitsnachweise zu erbringen. Diese erfolgen über den Spitzenwiderstand der Drucksonde q_c oder ersatzweise über den Eindringwiderstand N_{10} der schweren Rammsonde DPH (Abschn. 1.8). Es gilt:

$$q_c = N_{10}\ [\text{MN m}^{-2}].$$

Für den Eindringwiderstand beim Standard Penetration Test N_{30} bestehen von der Bodenart abhängige Umrechnungsfaktoren (DIN V 1054-100, Tab. D6).

- Den Pfahlspitzenwiderstand $q_{b,k}$ [kN/m^2] in grobkörnigen, nichtbindigen Böden bei bezogenen Pfahlkopfsetzungen s/D_s bzw. s/D_b = 0,02, 0,03 und 0,1 s_g in Relation zu mittleren Spitzenwiderständen q_c der Drucksonde [MN/m^2] gibt Möller (2013) nach EA-Pfähle 2012 folgende Werte an (D_s = Pfahlschaftdurchmesser, D_b = Pfahlfußdurchmesser).
  Einem Spitzenwiderstand der Drucksonde q_c = 7,5 MN/m^2 kann demnach für s/D_s = 0,02 ein Pfahlspitzenwiderstand $q_{b,k}$ in der Größenordnung 550 bis 800 kN/m^2, für s/D_s = 0,03 ein Pfahlspitzenwiderstand $q_{b,k}$ = 700 bis 1050 kN/m^2 und für 0,1 = ein Pfahlspitzenwiderstand $q_{b,k}$ = 1600 bis 2300 kN/m^2 zuerkannt werden.
  Einem Spitzenwiderstand der Drucksonde q_c = 15 MN/m^2 kann demnach für s/D_s = 0,02 ein Pfahlspitzenwiderstand $q_{b,k}$ in der Größenordnung 1050 bis 1400 kN/m^2, für s/D_s = 0,03 ein Pfahlspitzenwiderstand $q_{b,k}$ = 1350 bis 1800 kN/m^2 und für s/D_s = 0,1 ein Pfahlspitzenwiderstand $q_{b,k}$ = 3000 bis 4000 kN/m^2 zuerkannt werden.
- Den Bruchwert der Pfahlmantelreibung $q_{s,k}$ [kN/m^2] für grobkörnige, nichtbindige Böden gibt Möller (2013) nach EA-Pfähle 2012 mit nachstehenden Werten an.
  Der Spitzenwiderstand der Drucksonde q_c [MN/m^2] wird in Relation zum Bruchwert der Pfahlmantelreibung $q_{s,k}$ [kN/m^2] gesetzt. Bei q_c = 7,5 beträgt $q_{s,k}$ = 55 – 80; bei q_c = 15 beträgt $q_{s,k}$ = 105 – 140 und bei q_c = ≥ 25 beträgt $q_{s,k}$ = 130 – 170 kN/m^2.

Feinkörnige Böden Bei feinkörnigen bindigen Böden ist für die Anwendung von Tabellenwerten der charakteristische Wert für die Kohäsion c_{uk} [MNm^{-2}] im undränierten Zustand zu erbringen.

- Für feinkörnige, bindige Böden gibt Möller (2013) nach EA-Pfähle 2012 den Pfahlspitzendruck $q_{b,k}$ mit nachstehenden Werten an, und zwar als Pfahlspitzendruck $q_{b,k}$ [kN/m^2] bei bezogenen Pfahlkopfsetzungen s/D_s [cm] bzw. s/D_b = 0,02, 0,03 und 0,1 s_g (Grenzsetzung) in Relation zur Scherfestigkeit $c_{u,k}$ des undränierten Bodens [kN/m^2]. Der Pfahlspitzendruck $q_{b,k}$ kann demnach in einem undränierten Boden mit der Scherfestigkeit $c_{u,k}$ = 100 kN/m^2 für s/D_s = 0,02 in der Größenordnung 350 bis 450 kN/m^2, für s/D_s = 0,03 mit 450 bis 550 kN/m^2 und für s/D_s = 0,1 mit 800 bis 1000 kN/m^2 angenommen werden.
  Der Pfahlspitzenwiderstand kann demnach in einem undränierten Boden mit der Scherfestigkeit $c_{u,k}$ = 150 kN/m^2 für s/D_s = 0,02 in der Größenordnung 600 bis 750 kN/m^2, für s/D_s = 0,03 mit 700 bis 900 kN/m^2 und für s/D_s = 0,1 mit 1200 bis 1500 kN/m^2 angenommen werden.
  Der Pfahlspitzenwiderstand kann demnach in einem undränierten Boden mit der Scherfestigkeit $c_{u,k}$ = 250 kN/m^2 für s/D_s = 0,02 in der Größenordnung 950–1200 kN/m^2, für s/D_s = 0,03 mit 1200–1450 kN/m^2 und für s/D_s = 0,1 mit 1600–2000 kN/m^2 angenommen werden.
- Den Bruchwert der Pfahlmantelreibung $q_{s,k}$ [kN/m^2] für bindige Böden gibt Möller (2013) nach EA-Pfähle 2012 mit nachstehende Werte an.
  Die Scherfestigkeit $c_{u,k}$ des undränierten Bodens [kN/m^2] wird in Relation zum Bruchwert der Mantelreibung $q_{s,k}$ [kN/m^2] gesetzt. Bei $c_{u,k}$ = 60 kN/m^2 beträgt der Bruchwert $q_{s,k}$ = 30–40 kN/m^2, bei $c_{u,k}$ = 150 kN/m^2 beträgt $q_{s,k}$ = 50–65 kN/m^2 und bei $c_{u,k} \geq 250$ kN/m^2 beträgt $q_{s,k}$ = 65–85 kN/m^2.

Fels Bei Fels sind Einbindetiefe und Pfahlspitzendruck von dessen Druckfestigkeit q_{uk} abhängig. Grenzwerte für Mindesteinbindetiefen sind:

- 2,5 m für Druckpfähle bei Druckfestigkeit $q_{uk} \leq 0{,}5$ MN m^{-2};
- 0,5 m für Druckpfähle bei Druckfestigkeit $q_{uk} \geq 5$ MN m^{-2};
- 5,0 m für Zugpfähle.

Unter Beachtung der Mindesteinbindetiefen können die Bruchwerte für den Pfahlspitzendruck q_{b1k} und die Pfahlmantelreibung q_{s1k} z. B. DIN 1054 (2003) Tab. B.5 zum Vergleich herangezogen werden. Es gelten die Angaben von EA-Pfähle (2012).

Bei Fels ist für das Anwenden von Tabellenwerten darauf zu achten, dass

- der durch den Pfahl zu belastende Felsuntergrund gleichmäßig ausgebildet ist,
- bei Wechsellagerung von verwitterungsresistenten Felsbänken (z. B. Kalkstein, verkieselter Sandstein) und verwitterungsempfindlichen Schichten (z. B. Tonstein, tonig gebundener Sandstein) die Felsbänke eine ausreichende Mächtigkeit haben,
- die räumliche Orientierung der Felsoberfläche keine Bruchererscheinung begünstigt,
- die räumliche Orientierung der Trennflächen keine Bruchererscheinung begünstigt,
- keine Störungszonen vorliegen,
- keine Hohlräume oder verfüllte Hohlräume (Karst, Spalten) vorliegen,
- keine Minderung der Gesteinsfestigkeit durch Wasserzutritt sich einstellen kann (Aufquellen von Tonstein, Frost),
- eine Minderung der Gesteinsfestigkeit durch technische Beanspruchung beim Einbau der Pfähle ausgeschlossen werden kann (Bohrvorgang, Zertrümmern einzelner Felslagen).

11

Pfahlspitzenwiderstand in Fels Die einaxiale Druckfestigkeit $q_{u,k}$ [MN/m^2] wird in Relation zum Pfahlspitzenwiderstand $q_{b,k}$ [MN/m^2] gesetzt. Bei $q_{u,k} = 0{,}5$ MN/m^2 (sehr mürber Fels) beträgt der Pfahlspitzendruck $q_{b,k} = 1{,}5$, bei $q_{u,k} = 5$ (mäßig mürber Fels) beträgt $q_{b,k} = 5$ und bei $q_{u,k} = 20$ (harter Fels) beträgt $q_{b,k} = 10$ MN/m^2.

Pfahlmantelreibung qs,k in Fels Die einaxiale Druckfestigkeit $q_{u,k}$ [MN/m^2] wird in Relation zum Bruchwert der Mantelreibung $q_{s,k}$ [MN/m^2] gesetzt. Bei $q_{u,k} = 0{,}5$ (sehr mürber Fels) beträgt der Bruchwert der Mantelreibung $q_{s,k} = 0{,}08$, bei $q_{u,k} = 5$ (mäßig mürber Fels) beträgt der Bruchwert $q_{s,k} = 0{,}5$ und bei $q_{u,k} = 20$ (harter Fels) beträgt der Bruchwert $q_{s,k} = 0{,}5$ MN/m^2.

Bemessen von Verdrängungspfählen nach Erfahrungswerten

Verdrängungspfähle oder Rammpfähle werden aus Stahl, Stahlbeton und früher auch Holz hergestellt. Stahlpfähle werden mit Trägerquerschnitt, Kastenquerschnitt oder Kreisquerschnitt angefertigt. Sie werden bevorzugt bei Hafenbauwerken und Ufereinfassungen eingesetzt. Stahlbeton-Fertigpfähle werden mit kreisförmigem, quadratischem, rechteckigem oder doppel-T-förmigem Querschnitt ausgeführt. Zum Anpassen der Pfahllängen an örtliche Gegebenheiten (bei beschränkter Bauhöhe auch für Rammgeräte!) wurden Kupplungssysteme entwickelt. Die Pfähle eignen sich für kleine Baustellen und für Standorte, an denen sich die erforderlichen Pfahllängen, etwa wegen wechselnder Bodenbeschaffenheit, nicht vorausbestimmen lassen.

Zulässige Druckbelastungen für Verdrängungspfähle aus Stahl und Stahlbeton können Tabellenwerten der EA-Pfähle entnommen werden. Beispiele zu Erfahrungswerten für mobilisierbare Pfahlspitzendrücke und mobilisierbare Pfahlmantelreibung von Verdrängungs-/Rammpfählen geben Möller (2012) und Ziegler (2012). Angaben zur möglichen Belastung auf Druck und auf Zug von Ortbeton-Rammpfählen verschiedener Firmen trifft Buja (2013). Werte der DIN 1054: 2003 sowie der älteren Literatur sollten nur noch zu Vergleichszwecken herangezogen werden.

Belasten von Rammpfählen nach System Franki auf Druck

- In grobkörnigen nichtbindigen Böden liegen nach Buja 2013 die Gebrauchslasten pro Pfahl, beim Durchmesser D des Vortreibrohres zwischen 420 und 610 mm, in der Größenordnung 1350 bis 2400 kN, mit Fußverbreiterung zwischen 1800 und 3500 KN.
- In halbfesten bindigen Böden liegen nach Buja 2013 die Gebrauchslasten pro Pfahl, beim Durchmesser D des Vortreibrohres zwischen 420 und 610 mm, in der Größenordnung 1350 bis 2400 kN, mit Fußverbreiterung zwischen 1400 und 3600 kN.

Belasten von Rammpfählen nach System Simplex auf Druck

- Beim Durchmesser D des Vortreibrohres zwischen 400 und 580 mm kann nach Buja 2013 der Untergrund in der Größenordnung zwischen 1000 bis 2200 kN belastet werden.

Belasten von Rammpfählen nach System Kurt Frederich, Bremerhafen auf Druck

- Beim Durchmesser D des Vortreibrohres zwischen 370 und 610 mm kann nach Buja 2013 der Untergrund in der Größenordnung zwischen 1000 bis 3500 kN belastet werden.

Belasten von Pfählen mit innengerammtem Stahlrohr nach System Kurt Frederich, Bremerhafen auf Druck (Buja 2013)

- Beim Durchmesser D des Vortreibrohres zwischen 273 und 457 mm kann nach Buja 2013 der Untergrund in der Größenordnung zwischen 400 bis 1400 kN belastet werden.

Belasten von Fertigrammpfählen auf Druck Nach EA-Pfähle (2012) erfolgt das Belasten getrennt nach Pfahlspitzendruck und Mantelreibung. Möller (2012) und Ziegler (2012) geben hierzu in Tabellenform Überblick zu Erfahrungswerten.

Grobkörnige Böden

- Erfahrungswerte zu Pfahlspitzenwiderständen $q_{b,k}$ [MN/m^2] für Rammpfähle in grobkörnigen, nichtbindigen Böden bei bezogenen Pfahlkopfsetzungen $s/D_{eq} = 0{,}035$ in Relation zu mittleren Spitzenwiderständen q_c der Drucksonde liegen nach EA-Pfähle (Ziegler 2012) bei $q_c = 7{,}5$ MN/m^2 in der Größenordnung 2,2–5 MN/m^2, bei $q_c = 15$ MN/m^2 in der Größenordnung.4–6,5 MN/m^2 und bei $q_c = 25$ in der Größenordnung 4,5–7,5 MN/m^2.
  Bei $s/D_{eq} = 0{,}1$ in Relation zu $q_c = 7{,}5$ MN/m^2 in der Größenordnung 4,2–6, bei $q_c = 15$ MN/m^2 in der Größenordnung 7,6–10,28 MN/m^2 und bei $q_c = 25$ in der Größenordnung 8,7–11,5 MN/m^2.

- Erfahrungswerte zur Pfahlmantelreibung $q_{s,k}$ [MN/m²] für Rammpfähle in grobkörnigen, nichtbindigen Böden bei der Pfahlkopfsetzung $s_{sg} = 0{,}1\ D_{eq}$ in Relation zu mittleren Spitzenwiderständen q_c der Drucksonde liegen nach EA-Pfähle (Ziegler 2012) bei $q_c = 7{,}5$ MN/m² in der Größenordnung 40–60 kN/m², bei $q_c = 15$ MN/m² in der Größenordnung 95–125 MN/m² und bei $q_c = 25$ MN/m² in der Größenordnung 125–160 kN/m².

Bindige Böden

- Erfahrungswerte zum Pfahlspitzenwiderstand $q'_{b,k}$ [kN/m²] werden in Relation von bezogener Pfahlkopfsetzung s/D_{eq} zur Scherfestigkeit $c_{u,k}$ tabellarisch erfasst.
  Bei bezogener Pfahlkopfsetzung $s/D_{eq} = 0{,}035$ in Relation zur undränierten Scherfestigkeit $c_{u,k}$ liegt nach EA-Pfähle (Ziegler 2012) der Pfahlspitzenwiderstand $q_{b,k}$ bei $c_{u,k} = 100$ kN/m² in der Größenordnung 350–450 kN/m², bei $c_{u,k} = 150$ kN/m² in der Größenordnung 550–700 kN/m und bei $c_{u,k} = 250$ kN/m² in der Größenordnung 800–950 kN/m².
  Bei bezogener Pfahlkopfsetzung $s/D_{eq} = 0{,}1$ in Relation zur undränierten Scherfestigkeit $c_{u,k}$ liegt nach EA-Pfähle (Ziegler 2012) der Pfahlspitzenwiderstand $q_{b,k}$ bei $c_{u,k} = 100$ kN/m² in der Größenordnung 600–750 kN/m², bei $c_{u,k} = 150$ kN/m² in der Größenordnung 850 bis 1100 kN/m und bei $c_{u,k} = 250$ kN/m² in der Größenordnung 1150 bis 1500 kN/m².
- Erfahrungswerte für die Pfahlmantelreibung $q_{s,k}$ [MN/m²] für Rammpfähle in bindigen Böden bei der Pfahlkopfsetzung $s_{sg} = 0{,}1\ D_{eq}$ in Relation zur Scherfestigkeit $c_{u,k}$ liegt nach EA-Pfähle (Ziegler 2012) bei $c_{u,k} = 60$ kN/m² in der Größenordnung 20-35 kN/m², bei $c_{u,k} = 150$ kN/m² in der Größenordnung 40 bis 60 kN/m² und bei $c_{u,k} = 250$ kN/m² in der Größenordnung 55-80 kN/m².

Belasten von Fertigrammpfählen auf Zug

- *Belasten von Rammpfählen nach System Franki auf Zug*
  In grobkörnigen nichtbindigen Böden liegen nach Buja 2013 die möglichen Gebrauchslasten auf Zug pro Pfahl, beim Durchmesser D des Vortreibrohres zwischen 420 und 610 mm, in der Größenordnung 400–710 kN, mit Fußverbreiterung zwischen 800 und 1400 kN.
- In halbfesten bindigen Böden liegen nach Buja 2013 die möglichen Gebrauchslasten auf Zug pro Pfahl, beim Durchmesser D des Vortreibrohres zwischen 420 und 610 mm, in der Größenordnung 400-700 kN, mit Fußverbreiterung zwischen 600 und 1000 kN.

Im Rahmen Geotechnischer Berichte können diese Belastungswerte als Überschlags- und Vergleichswerte dienen und zum Abschätzen der erforderlichen Pfahltiefen, Pfahldurchmesser und der Anzahl an Pfählen herangezogen werden. Das Überprüfen der Tragfähigkeit durch Probebelastung ist grundsätzlich vorzuziehen.

▪ Bemessen von Verpresspfählen nach Erfahrungswerten

Der charakteristische Wert für den Pfahlwiderstand R_k von Verpresspfählen (Mikropfählen, Wurzelpfählen mit Durchmesser $D \leq 40$ cm) soll nach DIN 1054 (2010) vorrangig über statische Pfahlprobebelastung ermittelt werden. Der Pfahlwiderstand wird sowohl beim Belasten auf Druck wie auch beim Belasten auf Zug von der Pfahlmantelreibung erbracht. Der Pfahlspitzenwiderstand wird, mit Ausnahme bei Fußverbreiterung und Belasten auf Druck, beim rechnerischen Ermitteln des Pfahlwiderstandes nicht berücksichtigt.

In älteren Ausgaben der DIN 1054 (z. B. 2003) sind Erfahrungswerte für die Pfahlmantelreibung $q_{s,k}$ bei verpressten Mikropfählen genannt. Grobkörnige Böden sollen Mindestwerte in der Lagerungsdichte $D \geq 0{,}4$ bzw. beim Spitzenwiderstand der Drucksonde $q_c \geq 10$ MN/m² aufweisen. Die Pfahlmantelreibung $q_{s,k}$ kann demnach in Mittel- und Grobkies mit 0,2 MN/m², in Sand und Kiessand mit 0,15 MN/m² angesetzt werden.

Bei bindigen Bodenarten sollen für das Anwenden der Erfahrungswerte für die Pfahlmantelreibung $q_{s,k}$ Mindestwerte bei der Konsistenzzahl $I_c = 1{,}0$ bzw. bei der Scherfestigkeit im undränierten Zustand $c_{u,k} \geq 150$ kN/m² gegeben sein. Die Pfahlmantelreibung $q_{s,k}$ kann demnach in bindigen Böden mit 0,1 MN/m² angesetzt werden. Es gilt:

$$R_k = R_{sk} = \sum_i q_{sik} A_{si}$$

R_k = charakteristischer Wert für den Pfahlwiderstand im Grenzzustand der Tragfähigkeit
R_{sk} = charakteristischer Bruchwert für den Mantelwiderstand des Pfahls
q_{sik} = charakteristischer Wert für den Mantelwiderstand in der Schicht i
A_{si} = Teilfläche des Pfahlmantels in Schicht i

Für das Abschätzen von Mantelreibung und Spitzendruck im Fels ist der charakteristische Wert für die einaxiale Druckfestigkeit erforderlich.

11.7.2 Bemessen von Pfählen über Probebelastung

Für geplante Pfahlgründungen in einem Baugrund, für welchen keine ausreichenden Erfahrungswerte vorliegen, sind nach DIN EN 1997-1, DIN 1054 und EA-Pfähle die möglichen axialen Pfahlwiderstände $R_{c,k}$ durch Pfahlprobebelastungen zu ermitteln. Hierzu werden an repräsentativen Stellen Probepfähle eingebaut. Diese Versuchspfähle sollen so dimensioniert sein, dass sie den geplanten Bauwerkspfählen in Pfahllänge und Pfahldurchmesser etwa entsprechen (Boley 2012). Nach Einbau (Rammpfähle) oder nach dem Aushärten des Betons (Bohrpfähle, Verpresspfähle) werden die Pfähle der Probebelastung unterzogen. Für das Belasten von Druckpfählen wird zwischen dem Pfahlkopf und einem Belastungsgestell/Traverse eine Presse eingebaut. Als Gegengewicht/Widerlager können gestapelte Betonplatten oder auf Zug beanspruchbare Ankerpfähle entsprechender Dimensionierung dienen. Beim Versuch wird die aufgebrachte Pfahllast schrittweise gesteigert, und es wird jeweils das Ausklingen der Setzungsbewegung abgewartet. Es wird eine Widerstands-Setzungs-Linie konstruiert (▫ Abb. 11.30). Eine solche Widerstands-Setzungs-Linie sollte die Teilabschnitte für anfängliche Erstbelastung, Entlastung,

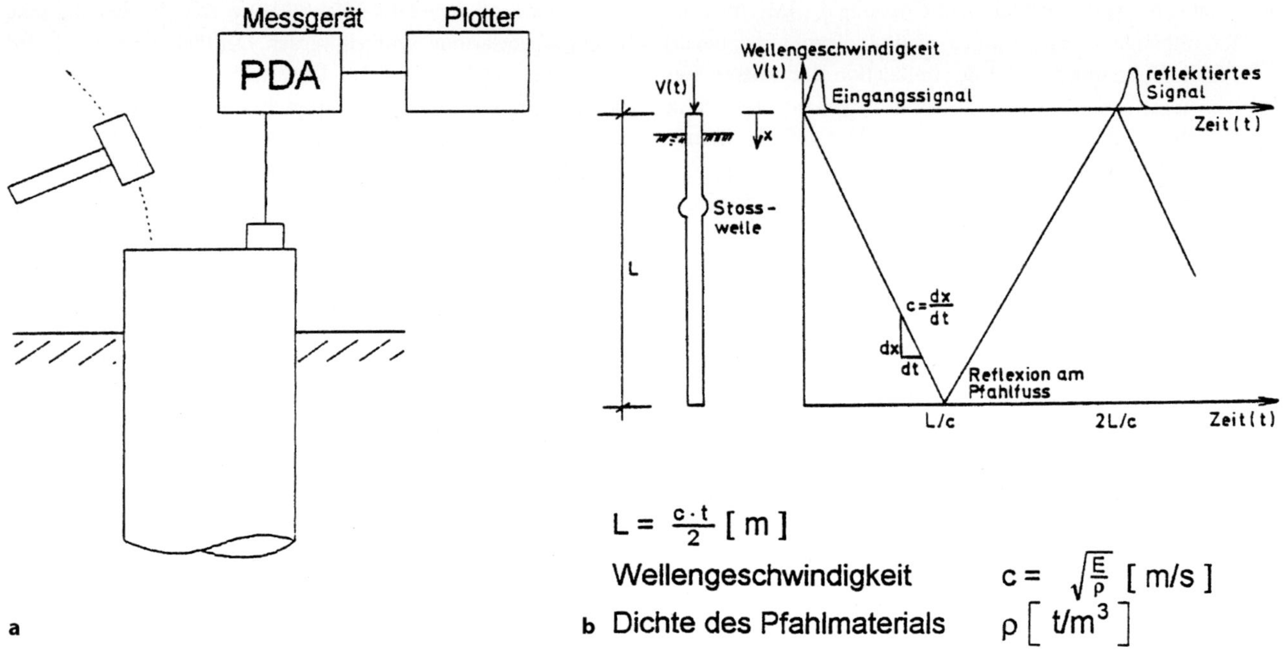

Abb. 11.31 Geräteeinsatz für Low-Strain-Methode (*a*) und Darstellung der Stoßwelle (*b*). (Baugrundinstitut Dipl.-Ing. Jung, Dießen/Bayern)

Widerbelastung, fortlaufende Erstbelastung und Endentlastung erkennen lassen.

Nach Ziegler (2012) ist für Druckpfähle die Tragfähigkeit erreicht, wenn

- der Pfahl bei weiterer Laststeigerung sichtbar einsinkt,
- das Setzmaß 10 % des Pfahldurchmessers erreicht ($s_{sg} = 0{,}1\,D$),
- die innere Tragfähigkeit des Pfahls überschritten wird.

Für das Berechnen der zulässigen vertikalen Belastung von Bohrpfählen und Rammpfählen auf Druck und auf Zug sowie für das Belasten von Pfahlgruppen und Pfahlrosten besteht z. B. das Software-Programm WINPFAHL der Firma IDAT GmbH, Darmstadt.

11.7.3 Bemessen und Überprüfen von Pfählen durch dynamische Testverfahren

Es besteht der Wunsch, die aufwendigen statischen Probebelastungen für Pfahlgründungen durch wirtschaftlichere Prüfmethoden zu ersetzen. Zu prüfen ist die Qualität, geometrische Dimension und Tragfähigkeit des eingebauten Pfahles.

Durch das Messen dynamischer Vorgänge an Pfählen werden mithilfe von mathematisch-physikalischen Modellen Aussagen über die Integrität (Unversehrtheit) und die Tragfähigkeit der Pfähle möglich. Man bedient sich der eindimensionalen Wellengleichung. Zum Einleiten der Welle wird der Pfahl durch einen Rammschlag beansprucht. Die Stoßwelle läuft vom Pfahlkopf abwärts und wird vom Pfahlfuß reflektiert. Die Geschwindigkeit der Welle wird durch das Pfahlmaterial und die Pfahlmantelreibung bestimmt.

Die Rammschläge werden – je nach Zielsetzung der dynamischen Prüfung – entweder mit schweren Fallgewichten (auch Rammbären) oder mit leichten Handhämmern ausgeführt. Durch einen schweren Rammschlag zeigt der Pfahl große Längsverformungen (High-Strain-Methode) und Verschiebungen im Untergrund. Hieraus können Rückschlüsse auf die Bodenwiderstände und damit die Tragfähigkeit des Pfahls gezogen werden (Abb. 11.31).

Bei Schlägen mit einem Handhammer (Low-Strain-Methode) werden lediglich Wellen erzeugt, deren Geschwindigkeit und Laufzeit Rückschlüsse auf die Gleichmäßigkeit des Pfahls und die Pfahllänge ermöglichen.

Integritätsmessungen

Integritätsmessungen mit dynamischen Methoden können bei Rammpfählen praktisch bei jedem Rammschlag und bei Bohrpfählen mithilfe eines Hammerschlags durchgeführt werden. Die gemessene Wellengeschwindigkeit wird bei einem intakten Pfahl über die gesamte Laufzeit konstant bleiben, sodass Reflexionswellen vom Pfahlfuß nach doppelter Laufzeit wieder aufgezeichnet werden können. Über die Änderung der Impedanz eines Pfahles

$$J = \frac{EA}{C}\ [\mathrm{MN\,s\,m^{-1}}]$$

mit

E= dynamischer E-Modul
A= Querschnittsfläche und
C= Wellengeschwindigkeit

kann auf Einschnürungen, Verdickungen, Bruchfugen, Kiesnester etc. geschlossen werden. Ebenso kann bei Kenntnis der Wellengeschwindigkeit die Pfahllänge bestimmt werden.

Das Ergebnis einer Integritätsprüfung an einem Pfahl mit einer Fehlstelle ist in Abb. 11.32 aufgezeichnet.

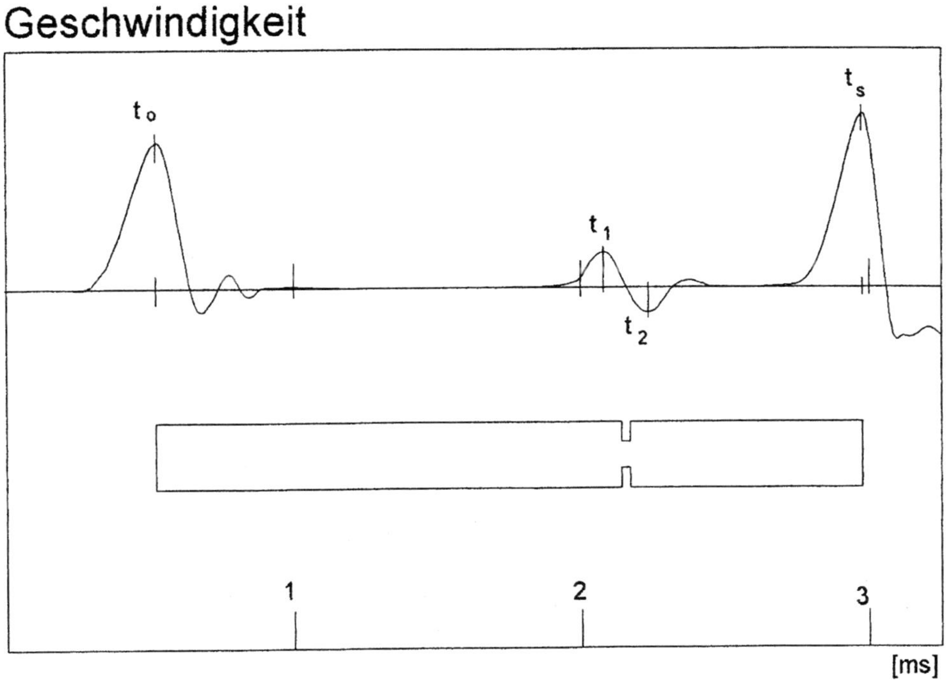

■ **Abb. 11.32** Ergebnis einer Integritätsprüfung eines Modellpfahls mit Reflexionen der Einschnürung und des Pfahlfußes. (Baugrundinstitut Dipl.-Ing. Jung, Dießen/Bayern)

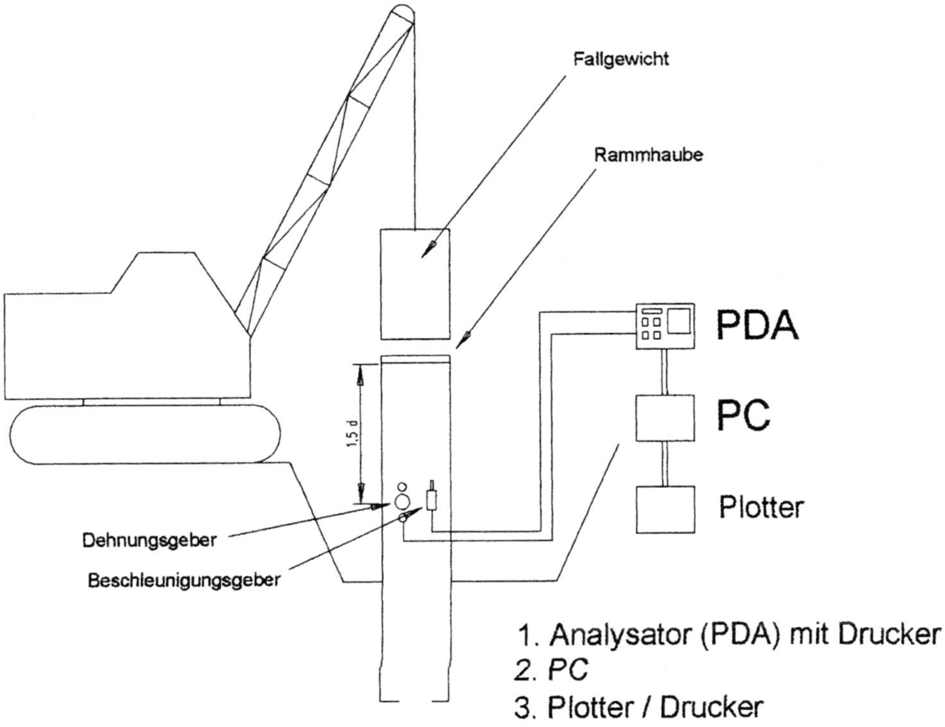

■ **Abb. 11.33** Prinzip einer dynamischer Pfahlprobebelastung. (Baugrundinstitut Dipl.-Ing. Jung, Dießen/Bayern)

Die Integritätsprüfung mit dynamischen Methoden ist von erfahrenem Personal schnell und bauablaufnah (maximal 30–40 Pfähle pro Testtag) und somit sehr wirtschaftlich durchzuführen.

■ **Tragfähigkeitsermittlung**

Statische Probebelastungen an Pfählen erfordern einen hohen wirtschaftlichen und zeitlichen Aufwand. Dynamische Pfahltragfähigkeitstests bieten eine schnellere und wirtschaftlichere Alternative. Der Pfahl wird mit einer so großen Last dynamisch belastet (Lastgröße und Fallhöhe verändert), dass eine Bewegung des Pfahls stattfindet, d. h. Widerstandskräfte im Boden aktiviert werden. Am Pfahlkopf wird die Kraft und die Beschleunigung gemessen. Für das Auswerten stehen zwei Verfahren zur Verfügung, die Case- und die CAPWAP-Methode. Die Case-Methode (Case-Western-University, Ohio) berücksichtigt einen pauschalen Dämpfungsfaktor für die Einflüsse des Bodens, der Schichtungen und der Pfahlgeometrie (Kalibrierungsfaktor). Diese Methode lässt nur eine Tragfähigkeitsbestimmung mit einer Eichung an statischen Probebelastungen zu und wird meist nur als erste einfache Näherung verwendet. Die CAPWAP-Methode erstellt ein Pfahlmodell

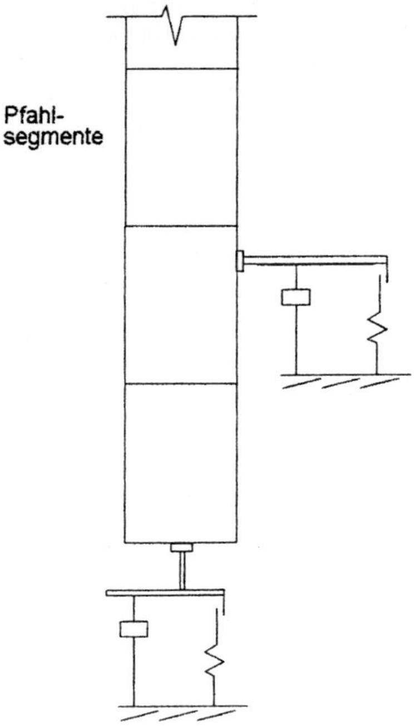

■ **Abb. 11.34** Bodenauswertung nach Smith zur Simulation der Pfahl-Bodenreaktion. (Baugrundinstitut Dipl.-Ing. Jung, Dießen/Bayern)

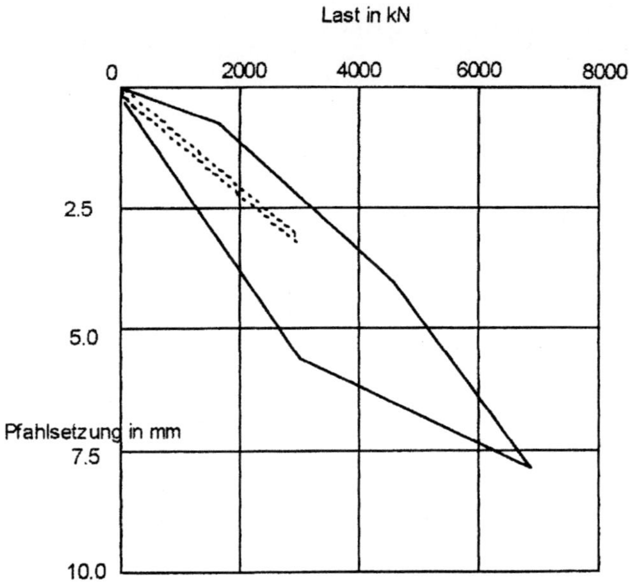

■ **Abb. 11.35** CAPWAP-Auswertung (Simulationsprogramm zum iterativen Bestimmen der Pfahltragfähigkeit und Setzung; Baugrundinstitut Dipl.-Ing. Jung, Dießen/Bayern)

mit Massenpunkten und Federn und eine Baugrunddämpfung über wegabhängige Federn und Dämpfungen. Das Auswerten erfolgt iterativ mit Ausgleich der gerechneten Konstanten aus dem Pfahl-Boden-Modell (langjährige Erfahrung des Anwenders ist Voraussetzung). Als Ergebnis erhält man eine mit der statischen Probebelastung vergleichbare Last-Setzungskurve des getesteten Pfahls (■ Abb. 11.33, 11.34 und 11.35).

11.8 Gründen über Hohlräumen und nachgebendem Baugrund

Baumaßnahmen in Erdfallgebieten bedürfen einer Baugrunderkundung bis zu der Tiefe, in der Hohlräume zu erwarten sind. Im Untergrund vorhandene Hohlräume müssen hinsichtlich Lage und Dimension bekannt sein. Die von unterirdischen Hohlräumen ausgehende Gefahr für Einwirkungen auf die Oberfläche nimmt mit abnehmender Tiefenlage zu (▶ Abschn. 2.7). Von oberflächennahen Hohlräumen und tagesnahem Bergbau gehen erhöhte Gefahren aus. Die Einwirkungen des tiefen Bergbaues (über 100–150 m) an der Oberfläche folgen bestimmten kalkulierbaren zeitlichen und räumlichen Gesetzmäßigkeiten (Kratzsch 1974, Nenzda 1992). Die Einwirkungen des tagesnahen Bergbaus folgen nicht diesen kalkulierbaren Gesetzmäßigkeiten.

Das Orten von natürlichen Höhlen oder von bergmännisch vorgetriebenen Hohlräumen ist problematisch. Nur aus jüngerer Zeit liegen aus Bergbaugebieten in Mittel- und Westeuropa verlässliche Grubenrisse und Markscheideraufnahmen vor. Geophysikalische Untersuchungen können Hinweise auf Anomalien geben und einen Beitrag zum Ansatz gezielter Bohrungen leisten. Nach Auffinden von Hohlräumen im Baugrund ist vorab zu klären, ob für bestehende Bauwerke oder geplante Bauvorhaben ein Risikopotential besteht. Soweit ein Risikopotential besteht, ist zu klären, ob dieses gemindert werden kann oder ob nachgebender Baugrund oder möglicher Einsturz eines Hohlraumes im Bauwerksbereich bei der Konstruktion zu berücksichtigen sind. Mögliche Gründungen können als starre Lösung mit Hohlraumverschluss mittels Injektion oder mit Tiefgründung unter der auslaugfähigen Schicht ausgeführt werden. Nachgiebige Konstruktionen können mögliche Hohlräume überbrücken und ermöglichen ein Anheben des Bauwerkes bei eingetretener Schiefstellung (Büchner 1996; Vogt 1996).

■ Hohlraumverfüllung

Im Carbonatkarst können aufgefundene Hohlräume mit Injektionen verfüllt werden. Im Gips- und Salinarkarst kann ein Verschließen unterirdischer Fließwege mittels Injektion zur seitlichen Verlagerung möglicher Subrosionsschäden führen.

Beim Verschließen der Hohlräume kann Injektionsgut in großen Mengen in den verzweigten Höhlensystemen abfließen. Die zum Verschluss der Hohlräume erforderliche Menge kann ein Vielfaches der Menge betragen, die dem Rauminhalt der direkt unter der Gründungsfläche liegenden Hohlräume entspricht.

Eine Hohlraumverfüllung (▶ Abschn. 2.7.12) ist allenfalls bei großen Gebäudeflächen sinnvoll. Es bleibt das Risiko, nicht alle Hohlräume ausreichend zu verfüllen oder zu stabilisieren. Im Bergbau war und ist Hohlräumverfüllung üblich. Besonders im mittelalterlichen Bergbau wurden Versatzsteine nach Art eines Trockenmauerwerkes eingebaut. Heute ist Blasversatz von Sand, Kies und gebrochenem Bergematerial üblich.

■ Tiefgründung

Das Gründen auf Bohrpfähle ist gleichfalls aufwendig. Die Bohrpfähle sollen je nach Art des Baugrundes bis auf die Sohle der auslaugfähigen Schichten oder bis unter die Hohlräume reichen. Aufwendig ist das Herstellen von Bohrpfählen im Festgestein mit Hohlräumen, welche ein Verrohren erfordern.

Probleme bieten negative Mantelreibung und schwer zu definierende horizontale Beanspruchung der Pfähle aus benachbarten Erdfällen. Zum Abtragen der Gebäudelasten auf wenige Pfähle ist ein ausgesteiftes Untergeschoss erforderlich.

■ Nachgiebige Konstruktionen

Nachgiebige Konstruktionen werden so gewählt, dass das Bauwerk einen Erdfall ohne größeren Schaden übersteht. Nachgiebige Gründungen werden beim Bauen in Bergbaugebieten gewählt. Die Bauwerke sind in Bergbaugebieten so auszubilden, dass sie gut einschätzbare Verformungen des Baugrundes ohne Gefährdung der Standsicherheit und mit möglichst geringen Schäden und Einschränkungen der Gebrauchsfähigkeit ertragen können (Kratzsch 1974; Nendza 1992). Die Erfahrungen aus Bergsenkungsgebieten können auf natürliche Subrosion und Erdfälle übertragen werden. In Südniedersachsen ist der Erlass des Niedersächsischen Sozialministers „Baumaßnahmen in erdfallgefährdeten Gebieten" vom 23.02.1987 zu beachten.

Möglich sind ausgesteifte Kellergeschosse über bewehrten Fundamentbalken, Fundamentrosten oder Platten, welche einen plötzlich auftretenden Hohlraum von mehreren Metern Durchmesser überbrücken können. In Südniedersachsen wird von einem Bemessungserdfall mit 5 m Durchmesser ausgegangen (Büchner 1996). Bei höherer Gefährdungskategorie wird das untere Geschoss in Stahlbeton ausgeführt. Über alle tragenden und ausgesteiften Wände werden Ringbalken angeordnet. Zwischen Fundamentbalken und biegesteifem Kellergeschoß werden Pressennischen vorgesehen, über die das Haus bei Schiefstellung angehoben werden kann.

11.9 Gründen auf schwellfähigem Baugrund – Vermeiden von Hebungen

Im Untergrund fertiggestellter Bauwerke können bei ungünstigem Zusammenwirken mehrerer Faktoren Schwellerscheinungen auftreten. Gefahr kann von pyrit- und bitumenhaltigen Tonmergelsteinen, von anhydrithaltigen Tonsteinen und von Schlacken ausgehen. Solche Schwellerscheinungen sind auf Umkristallisation oder Neukristallisation von Mineralen, meist Gips, zurückzuführen.

■ Hebungen über anhydritführenden Tonsteinen

Hebungen über anhydritführenden Tonsteinen, z. B. bei tiefen Einschnitten im Gipskeuper bis unter den Anhydritspiegel oder bei Tunnelbauwerken (Schwelldruck, ► Abschn. 13.5.2), sind durch Kristallisationsdruck von Gips zu erklären, welcher unter Einbau von Kristallwasser direkt aus Anhydrit entsteht. Zusätzlich ist Ionentransport und Anreicherung von Calciumsulfat über kapillare Bewegung von Sicker- oder Grundwasser möglich, was den Effekt verstärken kann. Die Hebungsbeträge können sich im Laufe von Jahren zu mehreren Dezimetern addieren. Durch fehlerhaft abgedichtete Bohrlöcher ist die Altstadt von Staufen i. Br. betroffen. Hierzu bestehen Sachstandsberichte mit Anlagen vom Regierungspräsidium Baden-Württemberg. Beim Gründen über anhydritführenden Gesteinen ist die genaue Lage des Gips- und Anhydritspiegels zu erkunden. Nach Möglichkeit sind Trassen und Sohlen von Baugruben so anzulegen, dass alle Erdbauarbeiten einen mehrere Meter messenden Abstand zum Anhydritspiegel einhalten. Sickerwasser lässt sich praktisch nicht (oder nur mit sehr großem Aufwand) von den freigelegten anhydritführenden Tonsteinen fernhalten. Schwellerscheinungen und Sohlhebungen können über Jahrhunderte andauern und hören theoretisch erst dann auf, wenn sich ausreichend dicke und zu nahezu 100 % vergipste, Rissfreie Gesteinslagen über dem freigelegten Anhydrit gebildet haben. Nach Erfahrungen aus dem Gipskeuper können die Schwellkräfte auch über Anker mit extrem hohen Lasteintrag nicht ausgeglichen werden.

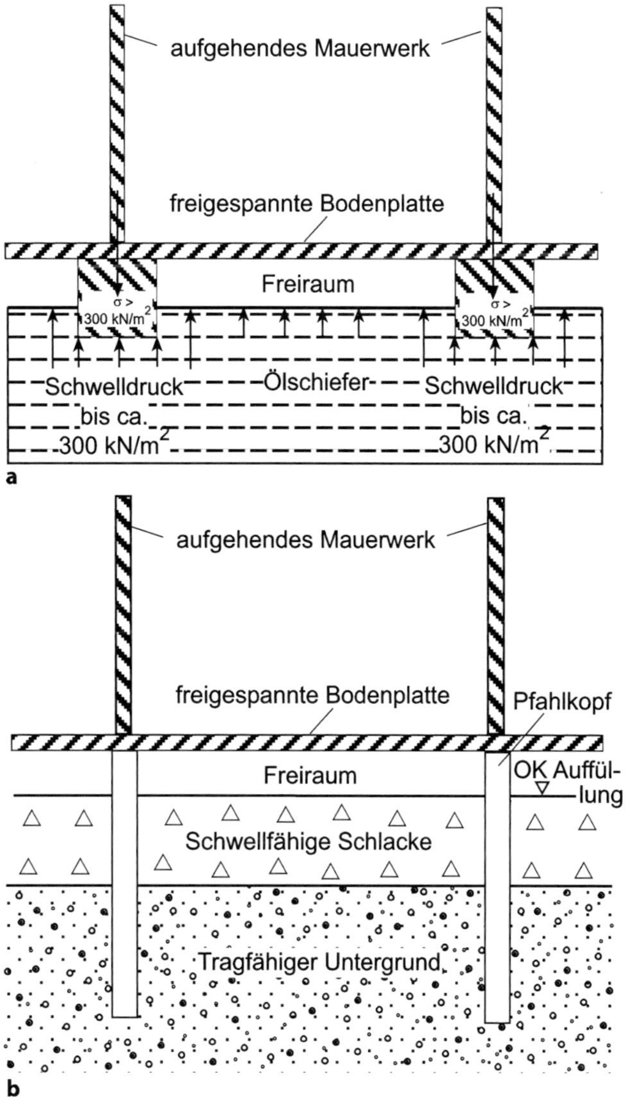

Abb. 11.36 Gründungen auf schwellfähigem Untergrund. **a** Vorschlag für Gründungen auf bituminösen Schiefern. Die Bodenpressung σ soll mehr als 300 kN betragen. Die Bodenplatte wird freitragend mit ausreichendem Freiraum zwischen UK Bodenplatte und anstehendem „Ölschiefer" ausgebildet (umgezeichnet nach Vees 1987); **b** Vorschlag für eine Tiefgründung über bestehender Auffüllung aus schwellfähigen Schlacken mit freigespannter Bodenplatte zwischen den tragenden Elementen und ausreichendem Freiraum zwischen UK Bodenplatte und anstehender Schlacke. In beiden Fällen kann sich der schwellfähige Untergrund in den frei belassenen Raum hinein ausdehnen

■ **Hebungen über pyrit- und bitumenhaltigen Tonmergelsteinen**

Hebungen über pyrit- und bitumenhaltigen Tonmergelsteinen sind nach Vees (1987) und Tietze (1981) durch lagenweise Gips- und Eisensulfatkristallisation zu erklären. Sulfat wird bei der Pyritverwitterung frei und bildet mit dem im Tonmergelstein enthaltenen Calcium Gips und mit dem Eisen Eisensulfat (Melanterit). Dabei handelt es sich um eine Neubildung dieser Minerale, welche vorher nicht im Boden oder Gestein vorhanden waren. Im Falle des süddeutschen „Ölschiefers" des Lias ε schafft das Aufblättern des Gesteins die Voraussetzung für die schichtweise stattfindende Gipskristallisation. Gleichartige Gesteine sind u. a. im Lias von Luxemburg und Lothringen vorhanden. In solchen Gesteinen kann es zu Hebungen kommen, welche sich im Laufe von Jahren zu mehreren Dezimetern addieren können.

Diese Schwellvorgänge sind an Austrocknungs- und Verdunstungsvorgänge gebunden. Betroffen sind Heizungsräume, Heizungskanäle, beheizte Bodenplatten sowie Fundamente und Bodenplatten unter Industrieanlagen, die Prozesswärme entwickeln. Bei ausreichender Kapillarität im Tonstein kann das durch Verdunstung eingetretene Wasserdefizit über kapillaren Zufluss aus der Umgebung ausgeglichen werden. Dies führt zur Ionenanreicherung und Auskristallisation am Ort der Verdunstung.

Nach Vees (1987) unterbleibt der Hebungsdruck ab einer Bodenpressung σ von etwa 300 kN m^{-2}. Als Gründungskonzept im Ölschiefer des Lias ε schlägt Vees u. a. vor, die Fundamente so zu dimensionieren, dass sie unter ständiger Last eine Bodenpressung σ von mindestens 300 kN m^{-2} auf den Untergrund übertragen. Für die Bodenplatte des Kellerfußbodens wird eine freitragende Konstruktion über einem freibelassenem Raum vorgeschlagen (◘ Abb. 11.36a). Bei einem solchen Konzept kann sich der schwellende Untergrund in den hierfür vorgesehenen freien Raum hinein gefahrfrei ausdehnen.

Bei Gründungen in bituminösen Schiefern muss der Untergrund auf die mit Schwellen verbundenen Gefahren untersucht werden. Nach Möglichkeit ist das Schwellmaß zu quantifizieren.

■ **Hebungen über Schlacken**

Hebungen über künstlichen Auffüllungen aus Schlacken sind gleichfalls vorrangig auf Auskristallisation von Gips zurückzuführen. Bei ungünstiger chemischer Zusammensetzung kann in der Schlacke Sulfat und Calcium in wasserlöslicher Form enthalten sein. Zugeführtes Wasser kann anhaltende Auskristallisation von Gips bewirken (Gipsneubildung). Über in Kristallisationshebungsversuchen ermittelte Kenngrößen konnte im Falle einer Verkaufshalle mit Fußbodenhebungen von etwa 40 cm zwischen Pfeilern im Abstand 8 m das Ausmaß der Hebung quantitativ nicht erklärt werden. Ein durch Verdunsten verursachter Ionentransport und Auskristallisation direkt unter der beheizten Fußbodenplatte ist anzunehmen.

Werden bei Bodenaustausch oder Bodenauftrag Schlacken für den Einbau vorgesehen oder sind Auffüllungen aus Schlacken im Untergrund vorhanden, so sind diese in einer Eignungsprüfung zu testen. Gründungen über bestehenden Auffüllungen aus Schlacken mit ungünstigen Eigenschaften können z. B. als Tiefgründung in das unter der Schlacke anstehende Gestein ausgeführt werden.

Der Fußboden sollte zwischen den tragenden Elementen frei gespannt werden. Dabei ist auf ausreichenden Freiraum zwischen UK Bodenplatte und anstehender Schlacke zu achten (◘ Abb. 11.36b).

11.10 Unterfangen von Bauwerken

Soll der Raum bis unmittelbar an die Grenze zur bestehenden, flacher gegründeten Nachbarbebauung genutzt werden, dann müssen die Fundamente der Nachbargebäude unterfangen werden. Unterfangungen sind in DIN 4123:2013 geregelt. Diese Norm gilt nur für Gründungen über Streifenfundamente. Sicherungen können nur bei standfestem Fels weggelassen werden.

Ohne besonderen statischen Nachweis darf neben bestehender Bebauung der Baugrund unter Beachtung nachstehender Vorgaben flächenhaft abgehoben oder ausgehoben werden:

- bei flacher liegender Aushubsohle, wenn die Tiefe der Aushubsohle nicht tiefer liegt als OK Kellerfußboden;
- bei tiefer liegender Aushubsohle, wenn die Oberfläche einer 2 m breiten Berme mindestens 0,5 m über Fundamentunterkante des zu unterfangenden Nachbargebäudes liegt und deren Böschungsneigung zur neu auszuhebenden Baugrube nicht steiler als 1:2 angelegt ist.
  Vorab aller Arbeiten zum Untergraben und Unterfangen sollte der bauliche Zustand des zu unterfangenden Hauses in einem Beweissicherungsverfahren dokumentiert werden. Es sind Messbolzen oder Messmarken anzubringen. Diese sind vor Beginn, während und nach Abschluss der Unterfangungsarbeiten sowie nach Abschluss der Bauarbeiten für den Rohbau des neuen Gebäudes einzumessen. Solche Daten ermöglichen eine Kontrolle von möglichen Setzungen oder Verdrehungen am unterfangenen Altbau.

Bei feinkörnigen Böden mit nur steifer oder weicher Konsistenz, bei locker gelagerten grobkörnigen Böden und bei tiefer geführter Aushubsohle ist die Sicherheit gegen Kippen, Gleiten, Grundbruch und Geländebruch nach DIN 1054, DIN EN 1997-1, DIN 4017 und DIN 4084 nachzuweisen.

Zum Unterfangen können Fundamente abschnittsweise freigelegt und untergraben werden (◘ Abb. 11.37a). Die Abschnittsbreite beträgt maximal 1,25 m. In einer ersten Phase der Unterfangungsarbeiten sollen die Untergrabungen den seitlichen Abstand der dreifachen Abschnittsbreite nicht unterschreiten. Das Untergraben und Unterfangen soll unter dem höchstbelasteten Wandabschnitt beginnen. Dies sind in der Regel die Hausecken. Beginnt das Unterfangen unter der Wandmitte, so gerät diese in eine Sattellage (◘ Abb. 11.24a) und an den Hausecken können sich Setzungsrisse einstellen oder verbreitern. Werden die Hausecken vor den mittleren Wandabschnitten unterfangen, geraten Letztere in eine Muldenlage (◘ Abb. 11.24b). Beim Planen der für das Untergraben und Unterfangen vorgesehenen Abschnitte ist auch die Lage der Tür- und Fensteröffnungen zu beachten, da an diesen die Hauswand als Erstes aufreißen kann. Unter Berücksichtigung der sich nach jeder Teiluntergrabung neu ergebenden Verteilung von Mulden- und Sattellage wer-

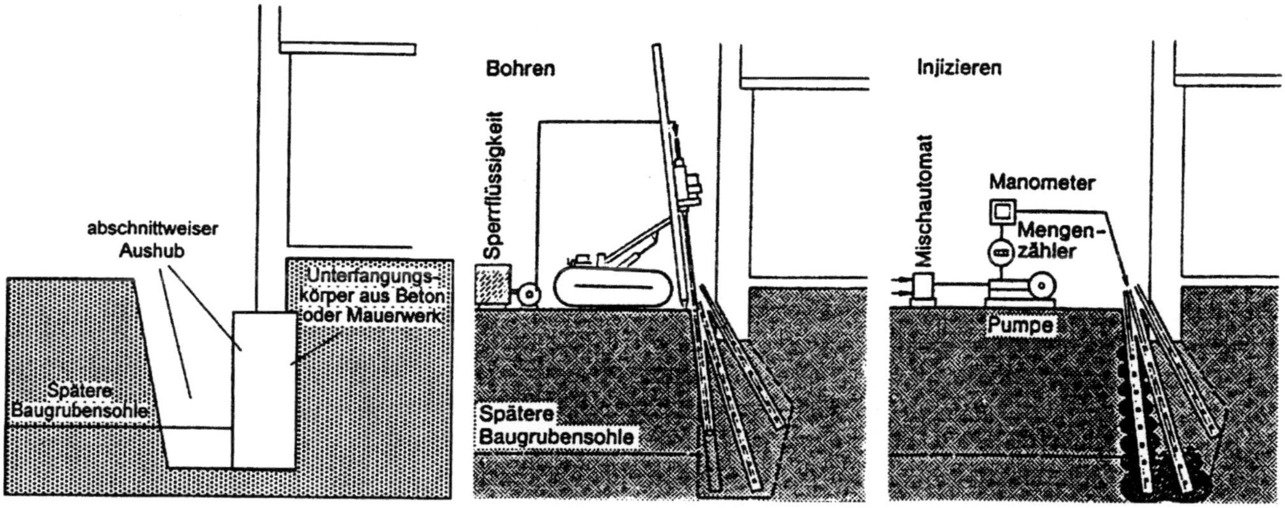

■ Abb. 11.37 Unterfangen von Bauwerken. **a** Abschnittsweiser Einbau eines Unterfangungskörpers aus Beton oder Mauerwerk; **b,c** Unterfangen eines Bauwerkes auf Sand oder Kies durch Bohren und Injizieren. (Nach GKN Keller GmbH)

den durch Fenster- und Türöffnungen geschwächte Wandabschnitte nachrangig untergraben und gegebenenfalls wird an solchen Stellen die Abschnittsbreite verringert. Die Gesamtbreite der untergrabenen, offenen Wandabschnitte darf 20 % der gesamten Wandbreite zu keiner Zeit überschreiten. Für das Untergraben der Fundamente eines Altbaus sind vorab in der Berme Stichgräben in der Lamellenbreite des vorgesehenen Abschnittes (Regelbreite 1,25 m) bis zur Hauswand auszuheben und zu sichern (IG Bau 2013). Dann folgt das eigentliche Untergraben und Unterfangen. Die Arbeiten für Untergraben und Unterfangen eines Abschnittes sollen binnen eines Tages abgeschlossen sein, andernfalls ist ein statischer Nachweis für ausreichende Standsicherheit zu erbringen. Die Gründungstiefe für unterfangene Fundamente richtet sich nach der Abtragtiefe unmittelbar neben dem bestehenden Fundament und ist allgemein 50 cm tiefer auszuführen. Die erforderliche Enddicke für den Unterfangungskörper ist abhängig von Erddruck und Gebäudelast, der Festigkeit der verwendeten Baustoffe und der zulässigen Belastung des Baugrundes. Unterfangungen dürfen nicht schmäler als das bestehende Fundament ausgeführt werden. Der Unterfangungskörper kann auch durch Injektion oder Hochdruckinjektion hergestellt werden (■ Abb. 11.37). Dabei sind mögliche Bewegungen am zu unterfangenen Bauwerk zu kontrollieren (Nivellement). Eine weitere Möglichkeit zum Unterfangen von Fundamenten bieten Wurzelpfähle. Diese kommen besonders bei Nachgründungen über tiefgründig weichem Untergrund zur Anwendung.

11.11 Kolkschutz bei Gründungen in Flüssen oder in Überschwemmungsgebieten

Brückenpfeiler, Brückenwiderlager sowie Mauern und andere Bauwerke, die am oder im Fluss dem strömenden Wasser ausgesetzt sind, können ihre Standfestigkeit verlieren, wenn die Fundamente durch Auskolken freigelegt werden. Solche Bauwerke stellen, wenn sie quer zur Strömungsrichtung stehen, ein Strömungshindernis dar. Je nach Formgebung können sie lokal erhöhte Fließgeschwindigkeit und meistens auch Bereiche mit erhöhter Turbulenz hervorrufen.

11.11.1 Kolkgefahr und Kolkschutz für Bauwerke in und an Flüssen

Kolke können beachtliche Dimensionen erreichen und in ungünstigen Fällen zum Totalverlust des Bauwerkes führen. Die Kolkproblematik lässt sich nach Zanke (1994) folgendermaßen charakterisieren:

An runden Pfeilern können Kolktiefen vom 2,5fachen des Pfeilerdurchmessers auftreten. Bei langgestreckten Pfeilern oder Bauwerken entspricht die projizierte Anströmfläche dem Durchmesser. Bei schrägem Anströmen können sich an solchen Pfeilern oder Fundamenten sehr tiefe Kolke entwickeln.

Im Einzelfall hängt die sich einstellende Kolktiefe neben der Bauwerksgeometrie von Flusstyp, Strömungsgeschwindigkeit, Beschaffenheit der Flusssohle (Lockermaterial, Fels), Geschiebeart, Geschiebetrieb und Zeit ab.

Die Gewässersohle der Flüsse unterliegt einer natürlichen Dynamik, welche im Wechsel großflächig Erosion oder Anlanden bewirken kann. Aus diesem Grunde werden Flüsse regelmäßig vermessen und in den Fluss eingebaute Bauwerke und Kolkschutzmaßnahmen regelmäßig kontrolliert. Dennoch kann in extremen Strömungssituationen schnelle Vertiefung der Kolke eintreten, was innerhalb kürzester Zeit zum Verlust des Bauwerkes führen kann.

Für das Gründen von Bauwerken sind Erkundungen zu Art und Verhalten des Flusses einzuholen. In erster Näherung können von den den Flussabschnitt betreuenden Ämtern Erfahrungswerte zum Abschätzen möglicher Kolkerosionstiefen abgefragt werden.

Das Bemessen der Bauwerksgründungen für den Fall der maximal möglichen Kolktiefen ist in der Regel unwirtschaftlich.

Häufig werden Kolke durch Kolkschutzmaßnahmen verhindert. Die Anforderungen an einen Kolkschutz sind:

- er muss unabhängig von Strömung und Wassertiefe einfach einzubauen sein;
- er soll ohne kostenintensive Filter funktionstüchtig sein;
- er muss unproblematisch in Bezug auf Randkolke sein;
- er muss Sicherheitsreserven bei Hochwasserabflüssen haben;
- er muss eine Kontrolle mit wenigen Peilungen, auch bei Hochwasser, ermöglichen.

■ Steinlagen als Kolkschutz

Zum Schutz vor Erosion können Steinlagen auf Sinkstücken oder Sinkmatten versenkt oder im Blockwurf über geeignetem Filtermaterial eingebaut werden. Am Übergang von Kolkschutzfläche zur ungeschützten Flusssohle können sich Randkolke ausbilden, da diese Stellen für den Sedimenttransport eine Unstetigkeit darstellen. Das Verhindern von Randkolken verlangt nach flexibler Ausbildung des flächenhaften Kolkschutzes.

■ Kolkschutz mit integriertem Schüttsilo

Zanke (1994) beschreibt Pfeilerkonstruktionen, in die mit geeignetem Kies- oder Steinmaterial gefüllte Silos integriert sind. Diese Silos münden über der Flusssohle. Sobald sich die Flusssohle eingetieft hat, rutscht Kies- und Steinmaterial nach. Das Kies- und Steinmaterial soll so beschaffen sein, dass es von der Strömung am Bauwerk verteilt, aber nicht abtransportiert wird.

■ Kolkschutz durch Strömungsberuhigung

Durch stromlinienförmiges Ausgestalten von Brückenpfeilern, durch Abrunden von in den Fluss hineinragenden Ecken von Bauwerken oder Widerlagern sowie durch schräges Gestalten der Anströmfronten von Widerlagern und Uferbauwerken können kolkhemmende Wirkungen erzeugt werden.

■ Vorgelagerte Einbauten

Kolkhemmende Wirkung kann eine keilförmig angeordnete Pfahlreihe bieten, welche stromauf vom kolkgefährdeten Objekt als Schutz eingebaut wird.

■ Vergrößern der Fundamentfläche

Durch stromaufwärtiges Vergrößern der Gründungskörper kann in Kombination mit Blockwurf das Auskolken von Pfeilerfundamenten vermieden werden.

■ Plattenartige Anbauten

Durch horizontal angeordnete Platten (Einzelplatten, Mehrfachplattensysteme) oder tellerförmig abwärts gewölbte Schalen kann die Strömung so verändert werden, dass Kolkbildung unterbleibt.

■ Notmaßnahmen

Zum Schutz kolkgefährdeter Bauwerke kann bei Hochwasser Stein- und Blockmaterial an den gefährdeten Stellen eingebracht werden. Dies ist möglich durch

- Abkippen von Brücken und Ufermauern;
- Abladen oder Verklappen von Schiffen;
- Einbauen mit Greifer am Kragarm (Kran, Raupe);
- Abwerfen vom Hubschrauber.

11.11.2 Kolkgefahr und Kolkschutz für Bauwerke in Überschwemmungsgebieten

In Überflutungsauen von Flüssen kann es bei Hochwasser an Bauwerken zu Kolkerosion kommen. Die Gefahr ergibt sich zum einen aus dem Zusammenwirken von Wassertiefe, Fließgeschwindigkeit, Kornform- und Korngrößenverteilung der Auesedimente und dem Bewuchs in der Aue, zum anderen aus der Geometrie und Lage des Bauwerkes zur Strömungsrichtung.

Als Kolkschutz eignet sich nach Kohli (1999) der Einbau von Geotextil-Dränmatten mit Blockwurf an den Gebäudeecken. Die Dränmatte wird bündig zum schützenden Gebäude eingebaut und nach Möglichkeit durch Aufborden an diesem befestigt.

Stromaufwärts wird das Geotextil mit einer Neigung von 30° bis ca. 1 m Tiefe eingebaut, mit Moniereisen im Boden verklammert und/oder mit Steinen beschwert. Die Hohlräume unter der Matte werden mit grobem Bodenmaterial (Kies, Steine) verfüllt. Die Matte wird mit Mutterboden abgedeckt.

Die Notwendigkeit für einen solchen Kolkschutz sollte mit der Baugrunderkundung überprüft und angeraten werden. Im Zuge der mit Neubauten verbundenen Erdverschiebungen kann der damit verbundene Bauaufwand in einem vertretbaren Rahmen gehalten werden.

Bau von Verkehrswegen

Wolfgang Dachroth, Tilo Dachroth

W. Dachroth, *Handbuch der Baugeologie und Geotechnik*, DOI 10.1007/978-3-662-46886-9_12

12.1 Planen und Anlegen von Verkehrswegen

Das Planen und Anlegen von Straßen richtet sich nach gegenwärtigen und zukünftigen Verkehrsbedürfnissen. Danach werden Straßenkategorie und Entwurfsklasse festgelegt. In Abhängigkeit von der Entwurfsklasse werden Entwurfs- und Betriebsmerkmale (z. B. Planungsgeschwindigkeit, Betriebsform, Querschnitt) sowie Gestaltungsmerkmale (z. B. Linienführung, Radienbereich für Kurven, Längsneigung, Kuppenhalbmesser) gewählt.

Straßen unterschiedlicher Entwurfsklassen sollen sich in ihrem Erscheinungsbild deutlich voneinander unterscheiden. Straßen einer Entwurfsklasse sollen einheitlich gestaltet werden, um dem Verkehrsteilnehmer zu verdeutlichen, welche Entwurfsmerkmale er bei seiner Fahrt zu erwarten hat und mit welchem Geschwindigkeitsniveau er fahren kann. Dabei werden für Straßen einer höheren Entwurfsklasse grundsätzlich höhere Entwurfsanforderungen gestellt als für Straßen mit niedriger Entwurfsklasse. Dies betrifft z. B. Kurvenmindestradius, höchstzulässige Längsneigung oder Steigung, Kuppenmindesthalbmesser, Wannenmindesthalbmesser, Querneigung und erforderliche Haltesichtweite, festgelegt in den „Richtlinien für die Anlage von Landstraßen" (RAL) und den „Richtlinien für die Anlage von Autobahnen" (RAA). Das Anpassen von Straßen an die Landschaft unter Berücksichtigung der Belange des Natur- und Biotopschutzes regeln die „Richtlinien für die landschaftspflegerische Begleitplanung im Straßenbau" (RLBP) der Forschungsgesellschaft für Straßen- und Verkehrswesen (FGSV). Für die Deutsche Bahn besteht die „Vorschrift für das Entwerfen von Bahnanlagen" (VEB 1-3, DS 800/1-3).

Geländeabtrag, Dammbauten und Brückenbauwerke nehmen mit der Entwurfsklasse an Umfang zu. Häufig müssen im Bergland die bei Abgrabungen angestrebten Böschungswinkel nach der erforderlichen Sichtweite und nicht nach erdstatischen Kenngrößen festgelegt werden.

In Entwicklungsländern werden noch immer Straßen ohne Anwendung von Richtlinien gebaut. Dabei passt man die Trasse der Geländeform an und ist bestrebt, mit möglichst wenigen Bodenarbeiten, Brückenbauwerken, Dammstrecken und Entwässerungsmaßnahmen, also mit möglichst niedrigen Baukosten auszukommen. Die so hergestellten Straßen entsprechen hinsichtlich der Linienführung historisch entstandenen alten Verkehrswegen, wie sie in Deutschland noch vereinzelt anzutreffen sind. Solche Straßen bestehen häufig aus Abschnitten unterschiedlicher Streckencharakteristik. Ihre Benutzer sind bei nicht angepasster Fahrweise einem erhöhten Unfallrisiko ausgesetzt.

Beim Straßenbau waren und sind verschiedene Bauweisen bekannt. Die aus früheren Zeiten übernommenen Bauweisen sind rein empirisch bemessen. Die heute angewendeten Bauweisen basieren auf einer semitheoretischen Bemessung, meist auf der Theorie der mischelastischen Mehrschichtensysteme.

Der moderne Straßenbau kennt die bituminöse Bauweise (◘ Abb. 12.1), die Betonbauweise und die Pflasterbauweise. Die Standardbauweisen mit allen Varianten und Schichtdicken sind in den „Richtlinien für die Standardisierung des Oberbaus von Verkehrsflächen" (RStO) festgelegt. Die Standardisierung des Oberbaus von Verkehrsflächen nach einem festen Schema ist eine Besonderheit des deutschen Straßenbaus. Dem liegt selbstverständlich eine ingenieurmathematische Bemessung zugrunde, wie sie weltweit üblich ist. Statt aber, ausgehend von den Eigenschaften des Untergrunds bzw. Unterbaus, jeweils einen neuen, flexibel gestalteten und differierenden Aufbau der Tragschichten zu errechnen, werden nach diesem System an den Untergrund bzw. Unterbau gewisse Mindestanforderungen gestellt (Verformungsmodul $E_{v2} \geq 45$ MPa). In Entwicklungsländern kann es durchaus wirtschaftlich sein, den Oberbau einer Straße den gegebenen ungünstigen Baugrundverhältnissen durch einen stärker bemessenen Aufbau anzupassen.

Des Weiteren basiert die RStO auf bestimmten maximalen Achslasten. Eine Erhöhung der zulässigen Achslasten, etwa im Zuge europäischer Harmonisierung, erfordert eine Verstärkung des vorhandenen Straßenaufbaus.

Die RStO 12 unterscheidet nach der dimensionierungsrelevanten Beanspruchung [B] die Belastungsklassen BK 100, BK 32, BK 10, BK 3,2, BK 1,8, BK 1 und BK 0,3. Für das Festlegen einer Belastungsklasse ist die dimensionierungsrelevante Beanspruchung aus Verkehrsbelastung (in Mio. Äquivalenten für 10-t-Achsübergänge), aus (angenommener oder vorgegebener) Nutzungsdauer und aus Faktoren für Anzahl und Breite der Fahrstreifen, der Steigung sowie dem Achszahlfaktor und Lastkollektivquotienten zu ermitteln.

Nach der Belastungsklasse richtet sich die Dicke von Fahrbahndecke (Asphaltdecke, Betondecke, Pflasterdecke), Tragschichten und Frostschutzschicht in den verschiedenen möglichen Bauweisen (Tafel 1 bis 4 RStO).

Weniger aufwendige Straßenkonstruktionen werden im ländlichen Wegebau, bei Forststraßen, bei Verkehrswegen in Baustellenbereichen, bei wenig befahrenen Orts- und Gemeindestraßen und besonders bei Straßen mit geringem Verkehrsaufkommen in Entwicklungsländern erstellt. Hierzu zählen Wegebefestigungen ohne Bindemittel, wie z. B. Erd-, Kies- und Schotterstraßen, sandgeschlämmte Schotterdecken und Straßenbefestigungen aus korngestuften Gesteinsgemischen (Mineralbeton), sowie Straßenaufbauten, die durch die Zugabe von Kalk oder Zement eine Verfestigung erfahren haben. So hergestellte Tragschichten können eine Deckschicht aus Beton, Asphalt oder Pflaster erhalten. Zu beachten sind die „Richtlinien für den ländlichen Wegebau" (RLW) und die „Zusätzlichen Technischen Vertragsbedingungen und Richtlinien für die Befestigung ländlicher Wege" (ZTV-LW).

Pflasterdecken aus Naturstein werden wegen des hohen Anteils an handwerklicher Arbeit beim Herstellen der Pflastersteine aus Naturstein und beim Versetzen des Pflasters heute nur noch bei besonderen Straßen ausgeführt. Zu den Vorteilen der Pflasterdecke zählt, dass einzelne Abschnitte der Straßendecke schnell geöffnet und geschlossen werden können, so im Bereich von Bahngleisen für das Nachschottern und Anhebung des Gleiskörpers und bei städtischen Straßen und Gehwegen mit zahlreichen Leitungen im Untergrund. Pflaster werden heute auch im Hinblick auf die geschichtlich weit zurückreichende Anwendung dieser Straßenbefestigung aus architektonischen Gründen im Altstadtbereich und an vergleichbaren Orten verlegt. Pflasterdecken unterscheiden sich von anderen Straßenbefestigungen durch die Fugen, die die Decke in Einzelteile zerlegen. Die Unterlage von Pflasterdecken bestand früher aus Kies- und Schotterlagen oder aus handwerklich verlegten Packlagen (◘ Abb. 12.3). Heute wer-

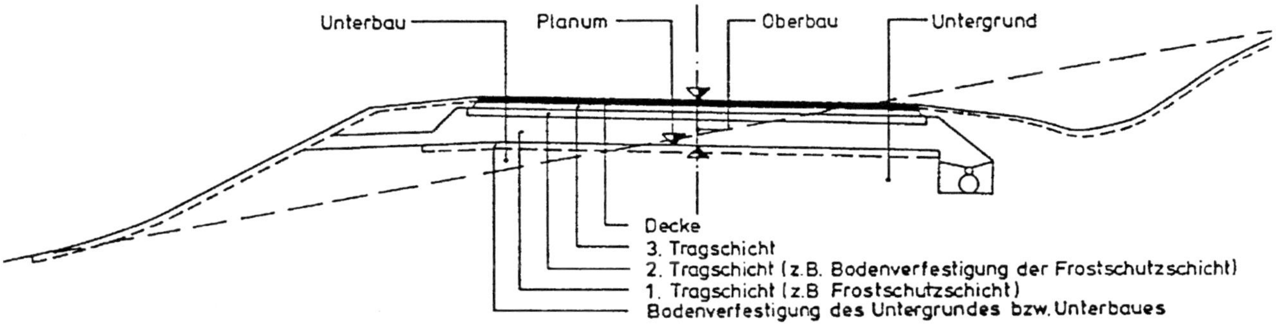

Abb. 12.1 Aufbau einer Straße außerhalb geschlossener Ortschaften mit wasserdurchlässigen Randbereichen. (Damm und Einschnitt aus RStO)

den bei stark befahrenen Pflasterdecken gebundene Tragschichten aus Zement- oder Asphaltbeton (wasserdurchlässig) erstellt.

Ältere, heute nur noch selten oder nicht mehr gebräuchliche Bauweisen sind Straßen mit ungebundenen Tragschichten aus Packlagen, Rüttelschotter und Schrotten und die bituminösen Makadamdecken (Abb. 12.2 und 12.3).

Folgende Begriffe sind im Gebrauch:

- *Untergrund*
  Dies ist der natürlich anstehende Boden. Wird der Untergrund in der oberen Zone verdichtet oder verfestigt, so wird dies als „verbesserter Untergrund" bezeichnet.
- *Unterbau*
  Dies ist der künstlich hergestellte Dammkörper der Straße. Wird der Unterbau in der oberen Zone durch besondere Maßnahmen verbessert oder verfestigt, so wird dies als „verbesserter Unterbau" bezeichnet.
- *Planum*
  Dies ist die für den Oberbau vorbereitete Fläche, mit welcher der verdichtete oder verbesserte Untergrund oder der Unterbau abschließt.
- *Oberbau*
  Der Oberbau besteht aus Frostschutzschicht, Tragschichten und Decke.
- *Decke*
  Die Decke ist die Verschleißschicht über den Tragschichten. Decken bestehen aus Asphaltbeton, Beton, Pflaster oder Platten.
- *Tragschichten*
  Tragschichten sind der untere Teil des Oberbaus. Sie liegen zwischen Decke und Planum. Sie haben die Aufgabe, die aus der Deckenbelastung einwirkenden Drücke auf eine größere Einwirkungsfläche zu verteilen und gleichmäßig auf den Unterbau oder Untergrund zu übertragen. Zu den Tragschichten zählt auch die Frostschutzschicht, die in der Regel zusätzlich tragende Funktion hat.
- *Frostschutzschichten*
  Frostschutzschichten sind Tragschichten ohne Bindemittel. Sie bestehen aus frostunempfindlichen Korngemischen (Kies, Schotter, Sand). Die Körnung soll so gewählt sein, dass gute Verdichtbarkeit und ausreichende Wasserdurchlässigkeit im verdichteten Zustand gegeben sind. Sie sollen Frostschäden vermeiden.
- *Tragschichten ohne Bindemittel – Kiestragschichten, Schottertragschichten*
  Dies sind ungebundene Tragschichten. Sie bestehen aus verdichteten Sand-Kies-Gemischen, Sand-Splitt-Gemischen oder Sand-Splitt-Schotter-Gemischen.
- *Tragschichten mit hydraulischem Bindemittel*
  Hierzu zählen verfestigte Böden, verfestigte Sand-Kies-Gemische oder Sand-Splitt-Gemische und Betontragschichten. Bindemittel sind Zement oder hydraulische Tragschichtbinder.
- *Asphalttragschichten*
  Asphalttragschichten bestehen aus Sand-Kies-Gemischen oder Sand-Splitt-Gemischen. Bindemittel ist Bitumen.

12.2 Erkunden der Bodenverhältnisse für den Verkehrswegebau

Für das Planen und den Bau von Straßen ist eine genaue Kenntnis des Bodens unerlässlich. Hierfür sind zunächst die vorhandenen Unterlagen zusammenzustellen und zu sichten. Dies betrifft die vorhandenen topographischen Kartenwerke, Luftbilder und Spezialkarten wie geologische Kartenwerke, geomorphologische Kartenwerke, Bodenkarten, Baugrundkarten, Grundwasserkarten, aber auch ökologische Kartenwerke, Bodennutzungskarten sowie alle historischen und archäologischen Kartenwerke.

Im Rahmen einer Umweltverträglichkeitsstudie (Kapitel 3) sind die „Hinweise zur Berücksichtigung des Naturschutzes und der Landschaftspflege beim Bundesfernstraßenbau" (HNL-StB) zu beachten.

Während in den industriellen Ballungsräumen alles Baumaterial für den Straßenoberbau herbeigefahren wird, ist man in den Entwicklungsländern bestrebt, die Straßen so zu verlegen, dass auch das Baumaterial ohne weitere Anfahrt durch Seitenentnahme direkt neben der Trasse gewonnen werden kann.

Das Erdmaterial für Dammschüttungen wird teils in Geländeeinschnitten (Massenausgleich), teils durch Seitenentnahmen gewonnen. Soweit für die Dammschüttung Fremdmaterial benötigt wird, können alternative Baustoffe wie Haldenmaterial aus dem Bergbau, Hochofenschlacken, Stahlwerksschlacken, Schlacken und Aschen aus der Müllverbrennung, Kraftwerksrückstände (Flugasche, Gips, Schmelzkammergranulat) und Recyclingbaustoffe (Fräsasphalt, Straßenaufbruch, Bauschutt) verwendet werden. Für das einzubauende Material ist vor der bautechnischen Beurteilung der Nachweis der Umweltverträglichkeit zu erbringen. Zu beachten sind die Merkblätter über die Verwendung folgender

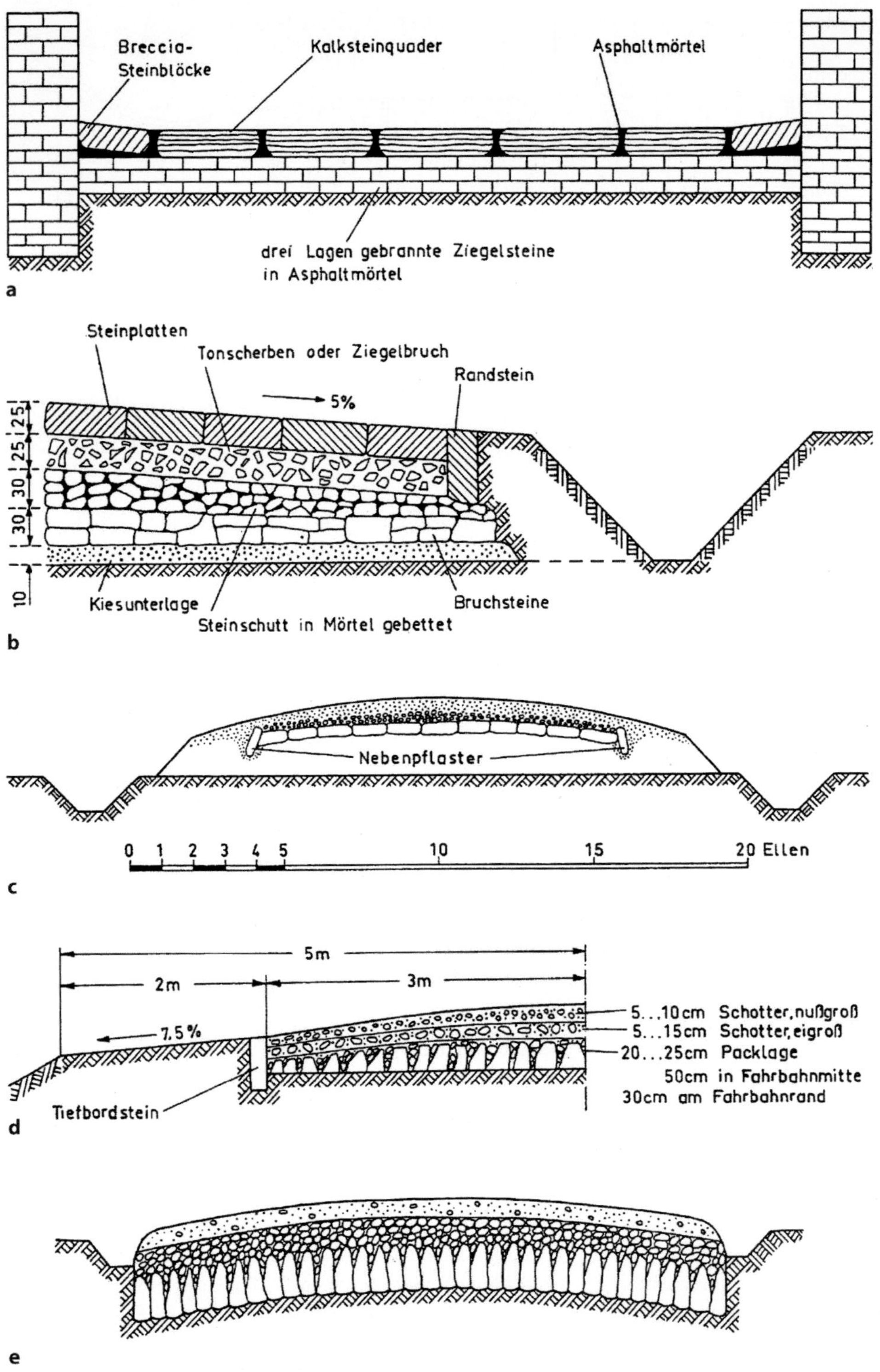

Abb. 12.2 Beispiele für historische Straßenbauweisen. **a** Prozessionsstraße in Babylon mit der ältesten nachgewiesenen Verwendung von Asphalt, **b** römische Landstraße in der Eifel mit einer wärmedämmenden Lage aus Ziegelbruch, **c** sächsische Landstraße um 1700, **d** Aufbau der historischen Kaiserstraße Saarbrücken-Mainz um 1810, **e** Bauweise nach Telford um 1825

industrieller Nebenprodukte: „Merkblatt über die Verwendung mineralischer Rohstoffe aus Bergbautätigkeiten im Straßen und Erdbau“, „Merkblatt über die Verwendung von Eisenhüttenschlacken im Straßenbau“, „Merkblatt über die Verwendung von Gießereireststoffen im Straßenbau“, „Merkblatt über die Verwendung von Hausmüllverbrennungsasche im Straßenbau“, „Merkblatt über die Verwendung von Kraftwerksnebenprodukten im Straßenbau“ und „Merkblatt über die Wiederverwertung von mineralischen Baustoffen als Recycling-Baustoffe im Straßenbau“.

Die Bodenerkundung wird sich in Bezug auf das Grundlagenstudium, auf den quantitativen Einsatz bei der Baugrunduntersuchung und auf die Gewichtung der Einzelergebnisse bei der Baugrundbeschreibung nach der Aufgabenstellung richten.

Es ist zu unterscheiden zwischen:

- Voruntersuchung für die Planung;
- Untersuchung für einen Vorentwurf;
- Untersuchung für den Bauentwurf.

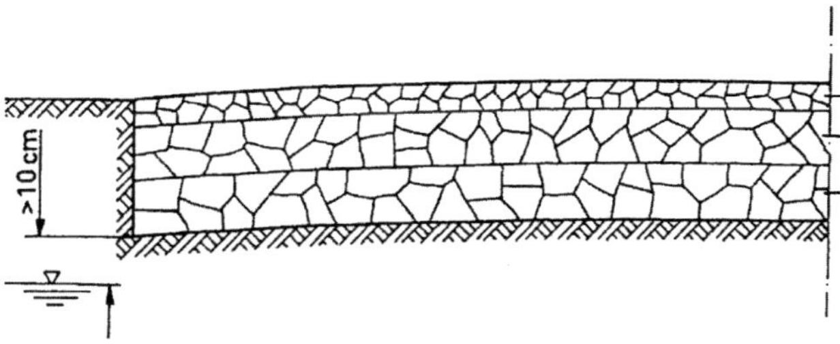

a

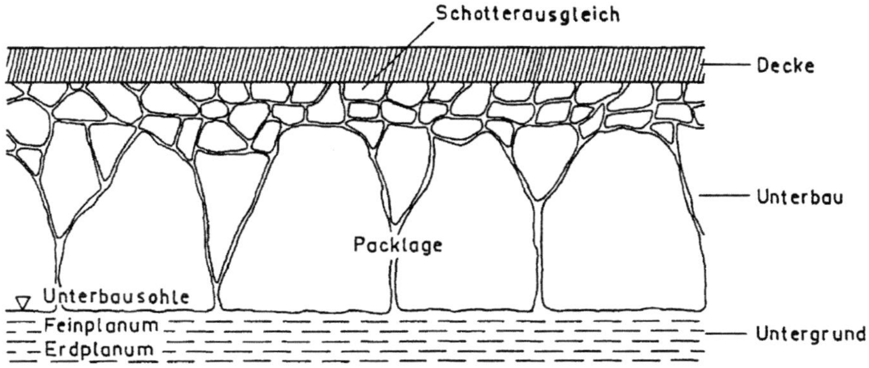

b

Abb. 12.3 Nicht mehr gebräuchliche Straßenbauweisen. **a** Schema für einen Straßenaufbau nach McAdam (1756–1836). Die Straße besteht aus drei Lagen mit kleingeschlagenem Schotter. Der Untergrund ist nicht verfestigt. Ein Unterbau fehlt. **b** Straße mit Packlage um 1950

Dabei ist das Merkblatt über geotechnische Untersuchungen und Berechnungen im Straßenbau (M GUB), aufgestellt von der Forschungsgesellschaft für Straßen- und Verkehrswesen (FGSV), zu beachten.

Für die Deutsche Bahn gilt die Richtlinie „Ril 836-Erdbauwerke der DB Netz AG".

- **Bauvorhaben und Unterlagen**

Das Bauvorhaben ist nach Art, Zweck und Umfang kurz zu beschreiben. Hierzu werden die vorgelegten Pläne und Zeichnungen, alle für das Gutachten herangezogenen Karten, Luftbilder und Archivunterlagen sowie alle schriftlichen Unterlagen zur Geologie und Hydrologie genannt. Die für das Gutachten erforderlichen Bodenuntersuchungen (Schürfe, Bohrungen, Sondierungen etc.) werden in Plänen kartiert.

Das Gelände wird im Verlauf der Trasse unter Berücksichtigung des sich seitlich anschließenden Geländestreifens untersucht und beschrieben. Dabei sind die im folgenden beschriebenen Punkte abzuhandeln.

12.2.1 Morphologie

Die Geländeformen sind im großräumigen Überblick (Bergland, Hügelland, Ebene, Tal) zu beschreiben, und die für die Trasse maßgebliche feinere Gestalt der Oberflächenform wie Abdachung (Neigung), Relief und Vorflut ist zu benennen.

Über die geometrische Formbeschreibung hinaus soll auch eine Darstellung der geländeformenden Kräfte und deren Einfluss auf das geplante Bauwerk gegeben werden. Es ist erforderlich, dass zwischen alten, aus der Vorzeit stammenden Geländeformen, welche derzeitig nicht weiter fortgebildet, sondern durch Verwitterung und Abtrag zerstört werden, und den gegenwärtig entstehenden Geländeformen unterschieden wird. Wichtig für den Straßenbau ist, dass dynamische Bewegungen im Erdreich und die hiervon ausgehenden Kräfte erkannt werden. Dabei sind besonders die landschaftsgestaltenden Klimafaktoren wie Temperaturverlauf, Höhe, Art und Verteilung der Niederschläge, der Bewuchs und der Wasserabfluss bzw. -zufluss zu beachten.

Für die Ablagerung oder Sedimentation sowie für die Abtragung oder Erosion von Boden- und Gesteinsmaterial werden zum einen die im Trassenverlauf vorhandenen Erosionsformen, Subrosionsformen, Rutschungen, Gleitungen, Felsstürze, Bergstürze und von Steinschlag betroffenen Gebiete, zum anderen Anwehungen von Sand oder Staub sowie Anschwemmungen von Schutt (Murenmaterial), Sand und Schlamm genannt.

12.2.2 Geologie

Es sind die den Untergrund bildenden Gesteine und Deckschichten zu beschreiben und ihre Lagerung und Verbreitung in Längs- und Querschnitten zur Trasse zeichnerisch darzustellen.

Die Gesteine sind nach der Petrographie und nach der stratigraphischen Einstufung (Formation, Schicht) zu benennen und gesteinstechnisch zu beschreiben (Festgestein, veränderlich festes Gestein, Lockermaterial). Für die Standsicherheit der Straße und für die Abbaubarkeit von Felsgesteinen ist in diesen das Trennflächengefüge mit Lage der einzelnen Trennflächenscharen, Kluftabstand, Klüftigkeitsziffer, Durchtrennungsgrad, Kluftweite, Rauigkeit der Kluftflächen, Kluftfüllung und die Verwitterung auf den Kluftflächen aufzunehmen und darzustellen. Störungszonen und Großklüfte in der Felsböschung sind aufzunehmen, aufzuzeichnen und bei Standsicherheitsberechnungen zu berücksichtigen. Böden sind im Gelände durch Schürfe, Bohrungen und Sondierungen (Druck-, Ramm- und Flügelsondierungen) sowie durch geophysikalische Methoden zu untersuchen. Die Entstehung und Veränderung des Gesteins im geologischen Werdegang (Genese, Diagenese, Faltung, Zerklüftung, Auslaugung, Verwitterung, Metamorphose) ist in all den Fällen zu beschreiben, in denen dieses Wissen für das Verständnis der Lagerung in Bezug auf die Standsicherheit wichtig ist.

Im Rahmen der Umweltverträglichkeitsprüfung soll das Erkunden des geologischen Untergrundes die in den ◘ Tab. 3.10 bis 3.15 zum Schutzgut „Boden" aufgelisteten Positionen für allgemeine geologische Grundlagen, Bodenkunde, Hydrogeologie, Ingenieurgeologie und Rohstoffkunde umfassen.

12.2.3 Hydrogeologie

Das Beschreiben der Wasser- und Grundwasserverhältnisse ist auf die Belange des Grundwasserschutzes und auf die Ausführbarkeit des Bauwerks auszurichten.

Zum Schutz des Grundwassers und nahegelegener Wassergewinnungsanlagen sind im Rahmen der Umweltverträglichkeitsprüfung die in den ◘ Tab. 3.10, 3.11, 3.13 und 3.15 aufgelisteten Positionen zu Hydrogeologie und Schutzgut Grundwasser zu beachten.

Beim Beschreiben der Grundwasserverhältnisse ist die Ausbildung und Tiefenlage des Grundwasserspiegels zu benennen und gegebenenfalls zeichnerisch darzustellen (freier Grundwasserspiegel, Druckspiegel, Flurabstandskarten, Grundwassergleichenkarten). Art, Aufbau, Ausdehnung und wasserwirtschaftliche Bedeutung des Grundwasserkörpers sind aufzuzeigen (Kluft-, Poren- oder Karstgrundwasser, Grundwasserstockwerke, Quellen und Quellhorizonte, derzeitige und später mögliche Nutzung des Grundwassers). Für das Beurteilen möglicher Grundwasserschäden durch den Bau und Betrieb einer geplanten Straße sind bezüglich der Infiltration von chemischen und biologischen Schadstoffen die Ausbildung der Deckschichten, der Flurabstand und die gesteinsbedingten Sickerwege (Klüfte, Karst, grobe Schotter und Kiese, Gesteinsdurchlässigkeiten, Filterwirkung) zu untersuchen. Die ausgewiesenen Grundwasserschutzgebiete können nicht kritiklos übernommen werden, sondern sind im Hinblick auf die mit der Straßenplanung neu entstehende Situation zu überprüfen.

Das Ableiten des anfallenden Regenwassers aus den Entwässerungseinrichtungen ist eine besondere Aufgabe der Planung. Es muss verhindert werden, dass bei Starkregen anfallende Wassermassen Erosionsschäden verursachen. Das Wasser wird unterirdisch in Rohrleitungen oder oberirdisch in Mulden oder Gräben einer Vorflut zugeführt. Vor dem Einleiten in ein Gewässer ist das Wasser ggf. zu behandeln. Bei Verkehrsflächen ist die mögliche Verunreinigung abhängig von der Verkehrsbelastung. Oberflächenwasser von Straßen mit weniger als 2000 KFZ/24 h kann allgemein ohne Behandlung in offene Gewässer eingeleitet oder sachgerecht versickert werden (RAS-Ew, 7.1). Bäche und Gräben können die bei Starkregen anfallenden Wassermengen nicht ohne Schaden aufnehmen. Der Wasserlauf kann verwildern (▶ Abschn. 2.8) und wäre durch Maßnahmen zum Wildbachverbau (▶ Abschn. 14.1) zu sichern. Auch der Einbau von Regenrückhaltebecken in Verbindung mit Ölabscheidern ist ggf. möglich.

Die Möglichkeit des Einleitens von Wasser in den Untergrund muss besonders geprüft werden (vergl. ▶ Abschn. 6.7). Das Versickern von Niederschlagswasser ist in den Richtlinien für die Anlage von Straßen, Teil: Entwässerung (RAS-Ew) geregelt und ist nur mit einer Passage über eine bewachsene Bodenzone zulässig. Ein solches sachgerechtes Versickern gilt im Sinne der RAS-Ew als Behandlung! Demnach soll in der Regel das Niederschlagswasser ungesammelt und breitflächig über begrünte Seitenstreifen (Bankette) und begrünte Böschungen abfließen und versickern. Für das Versickern sollen der wasseraufnehmende Boden in der Böschung und die darunterliegende wasseraufnehmende Bodenschicht mit ausreichender Mächtigkeit und großem Schluckvermögen oberflächennah anstehen. Ggf. sind Sickerversuche durchzuführen. Niederschlagswasser, das nicht in der bewachsenen Bodenzone der Böschung versickert, ist am Böschungsfuß in einer Mulde mit bewachsener Bodenzone aufzufangen und zu versickern. Bei geringdurchlässigem Bodenmaterial im Untergrund der Böschung (Ton- oder fetter Lehmboden) kann das in der Böschung versickerte Wasser direkt am Böschungsfuß wieder austreten (künstlicher Quellhorizont). Über Ausmaß, mögliche Schadwirkung und evtl. nötige Ausgleichsmaßnahmen (Straßengraben, Rohrleitung) ist gesondert zu befinden.

Der Grundwasserflurabstand sollte beim mittleren Höchststand mindestens 1 m betragen. Je nach örtlichen Gegebenheiten können von Straßen abfließende unbelastete Wassermassen, gegebenenfalls nach Behandlung, über technische Anlagen (Versickerungsschächte, Versickerungsstränge, Versickerungsbohrungen) versickert werden. Bezüglich der Zulässigkeit wird auf das DWA Merkblatt 115, „Handlungsempfehlungen zum Umgang mit Regenwasser", hingewiesen.

Durch die Regenwasserversickerung wird in das natürliche Gleichgewicht eingegriffen, und es können sich Änderungen in der Grundwasserhöhe und Fließrichtung ergeben, deren Auswirkung auf benachbarte Grundwassereinzugsgebiete zu überprüfen ist.

Das Abschätzen der anfallenden Wassermassen und das Bemessen der Entwässerungsvorrichtung hat getrennt nach unterirdischem Ab- und Zufluss (Grund- und Quellwasser) und oberirdischem Ab- und Zufluss zu erfolgen. Der mögliche Grundwasserzufluss ergibt sich für den Baustellenbereich aus der Lage des Grundwasserspiegels zur Baugrubensohle (Gefälle, hydraulischer Gradient), aus der Durchlässigkeit des Baugrundes (Kluftwasserströmung, Porenwasserströmung, Durchlässigkeitsbeiwert k, Transmissivität T), aus der Größe und dem Speichervermögen des Einzugsgebietes, aus der im Einzugsgebiet vorhandenen Grundwassermenge und aus der Spende bei der Grundwasserneubildung [$\mathrm{l\,s^{-1}\,km^{-2}}$]. Das Berechnen erfolgt nach den Arbeitsmethoden der Hydrogeologie und nach den Berechnungsverfahren für „offene Wasserhaltung" bei direktem Zulauf in die Baugrube oder für „geschlossene Wasserhaltung" beim Absenken des Grundwasserspiegels durch Bohrbrunnen.

Einen Sonderfall stellt Sickerwasser dar, welches nur für kurze Zeit dem Grundwasser angehört und aus kurzlaufenden Hangquellen nach größeren Regenereignissen austritt. Hiervon sind vorwiegend Deckschichten betroffen, die bei Regen viel Wasser aufnehmen und verzögert an den oberirdischen Abfluss zurückgeben (Interflow). Während das Oberflächenwasser in Gräben gefasst und abgeleitet werden kann, fließt dieses Sickerwasser als Porengrundwasserströmung in den Deckschichten den Baugruben und Einschnittstrecken zu.

Tab. 12.1 Spitzenabflussbeiwerte für eine Regenspende von etwa 100–130 l s^{-1} ha^{-1} bei einer Regendauer von 15 min ($r_{15,1}$) in Abhängigkeit von der mittleren Geländeneigung J_g sowie vom Anteil der befestigten Flächen. (Aus Floss 1979)

Anteil der befestigten Fläche [%]	Gruppe 1 $J_g < 1$ %		Gruppe 2 $1\% \le J_g \le 4$ %		Gruppe 3 $4\% \le J_g \le 10$ %		Gruppe 4 $J_g > 10$ %	
	für r_{15} [l s^{-1} ha^{-1}] von							
	100	130	100	130	100	130	100	130
0	0,00	0,00	0,10	0,15	0,15	0,20	0,20	0,30
10	0,09	0,09	0,18	0,23	0,23	0,28	0,28	0,37
20	0,18	0,18	0,27	0,31	0,31	0,35	0,35	0,43
30	0,28	0,28	0,35	0,39	0,39	0,42	0,42	0,50
40	0,37	0,37	0,44	0,47	0,47	0,50	0,50	0,56
50	0,46	0,46	0,52	0,55	0,55	0,58	0,58	0,63
60	0,55	0,55	0,60	0,63	0,62	0,65	0,65	0,70
70	0,64	0,64	0,68	0,71	0,70	0,72	0,72	0,76
80	0,74	0,74	0,77	0,79	0,78	0,80	0,80	0,83
90	0,83	0,83	0,86	0,87	0,86	0,88	0,88	0,89
100	0,92	0,92	0,94	0,95	0,94	0,95	0,95	0,96

12.2.4 Abschätzen des Wasserabflusses

Für das Bemessen des oberirdischen Abflusses bei Regen wird von einem Bemessungsregen ausgegangen. Üblich war/ist der Bemessungsregen $r_{15,1}$ mit der Berechnungs-Niederschlagsdauer D von 15 min. und der Wiederkehrzeit $T_N = 1$ (einmal pro Jahr). Beim Vergleichen der Niederschlagsspende eines Regenereignisses mit sonst üblichen Niederschlagswerten wird aus dem länger andauernden Niederschlag für das Ermitteln von z. B. r_{15} der Abschnitt mit D 15 min. herausgegriffen, in dessen Verlauf der meiste Niederschlag h_N [mm] und mit der Niederschlagsspende R_N [l s^{-1} ha^{-1}] gefallen war (◘ Abb. 1.50).

Diese ursprüngliche Regelung ist zwar seit 2005 (siehe unten) außer Kraft gesetzt, wird aber noch immer von einigen Sachbearbeitern angewendet.

Die Regen- oder Niederschlagsspende R_N [l s^{-1} ha^{-1}] bzw. die Niederschlagshöhe h_N [mm] während der maßgebenden Niederschlagsdauer D (z. B. 15 min) ist von der geographischen Lage abhängig. In Deutschland liegen die Bemessungsregen $r_{15,1}$ in der Größenordnung zwischen 74 m^3 ha^{-1} (bzw. 7,4 mm) und 200 m^3 ha^{-1} (bzw. 20 mm). Beim Festlegen der Regenspenden für den Bemessungsregen $r_{15,1}$ wird davon ausgegangen, dass diese Niederschlagsmenge gleichmäßig verteilt über den Zeitraum D von 15 min fällt (Blockregen) und dass ein solches Ereignis einmal pro Jahr (Wiederkehrzeit $T = 1$) eintritt. In das Berechnen der Straßenabflüsse gehen die Größe der befestigten und unbefestigten Flächen, die Gradientenlage (Dammstrecke, Einschnittsstrecke), die Anordnung der Entwässerungseinrichtungen sowie die Fließwege und Fließzeiten ein. Die Dauer des Bemessungsregens, mit der der Wasserabfluss von der Straßenfläche zu berechnen ist, entspricht nach RAS-Ew der Fließzeit des Wassers bis zum Berechnungspunkt. Bei Fließzeiten bis 15 min legt man in flachen Einzugsgebieten in der Regel den 15-Minuten-Regen zugrunde. Das im oberirdischen Einzugsgebiet anfallende Oberflächenwasser wird nach dem Zeitbeiwertverfahren berechnet. Zu beachten ist das Arbeitsblatt DWA M 153 (Deutsche Vereinigung für Wasserwirtschaft, Abwasser und Abfall e. V.) und die „Richtlinien für die Anlage von Straßen, Teil: Entwässerungen" (RAS-Ew). Für die Deutsche Bahn gilt „Ril 836 – Erdbauwerke der DB Netz AG, Modul 836.0801 bis 836.0805 (Entwässerungsanlagen)".

$$Q_r = r_{15,1} E_0 \psi_s$$

Q_r = maximaler Abfluss [m^3 s^{-1}]
$r_{15,1}$ = mittlere Regenspende [m^3 ha^{-1}15 min^{-1}]
ψ_s = Spitzenabflussbeiwerte nach ◘ Tab. 12.1
E_0 = oberirdisches Einzugsgebiet [ha]

Nach RAS–Ew 2005 gehen Regenspende und Regenhäufigkeit entsprechend den Angaben im KOSTRA-Atlas (► Abschn. 1.10.1, ◘ Tab. 1.9) in die Berechnungsgrundlagen ein. Aus der Regenschreiberauswertung für ein einzelnes Niederschlagsereignis (◘ Abb. 1.50d) ergeben sich die Zusammenhänge zwischen der Regenspende (Niederschlagsspende) [l s^{-1} ha^{-1}] für den Bemessungsregen, für das einzelne Regenereignis, für die interessierende Regendauer (Niederschlagsdauer [min, h], meist 15 min) und die Wiederkehrzeit T. Aus den Starkniederschlagstabellen im KOSTRA-Atlas lassen sich die Regenmengen als Niederschlagshöhe [mm] und als Niederschlagsspende [l s^{-1} ha^{-1}] für eine beliebige Niederschlagsdauer D zwischen 5 min und 72 h ablesen, mit denen zu planen und zu rechnen ist.

Beim Bemessen von Entwässerungseinrichtungen soll nach RAS-Ew 2005 mit folgenden Bemessungshäufigkeiten n ($n = T^{-1}$) gearbeitet werden.

- $n = 1$ = 1-mal pro Jahr: $T = 1$
- $n = 2$ = 2-mal pro Jahr: $T = 0{,}5$
- $n = 0{,}5$ = 1-mal in 2 Jahren: $T = 2$
- $n = 0{,}33$ = 1-mal in 3 Jahren: $T = 3$
- $n = 0{,}2$ = 1-mal in 5 Jahren: $T = 5$
- $n = 0{,}1$ = 1-mal in 10 Jahren: $T = 10$

Folgende Bemessungshäufigkeiten/Wiederkehrzeiten sind anzuwenden:

- Entwässern von Straßen über Mulden, Gräben, Rohrleitungen $n = 1$ / $T = 1$
- Mittelstreifenentwässerung $n = 0{,}33$ / $T = 3$
- Straßentiefpunkte $n = 0{,}2$ / $T = 5$
- Versickermulden $n = 1$ / $T = 1$
- Trogstrecken mit Straßentiefpunkt $n = 0{,}1$ bis $0{,}05$ / $T = 10$ bis 20

Zum Wasserabfluss auf Straßen geben die RAS-Ew Richtwerte zum Spitzenabflussbeiwert Ψ_s. Der Abflussbeiwert Ψ gibt den prozentualen Anteil des oberirdisch abfließenden Niederschlagwassers, bezogen auf das einzelne Regenereignis, an. Beim Zeitbeiwertverfahren zum Berechnen der pro Zeiteinheit anfallenden maximalen Wassermengen wird davon ausgegangen, dass der größte Abfluss (Spitzenabfluss) dann auftritt und beginnt, wenn die Dauer des Bemessungsregens gleich der Fließzeit ist. Bei anhaltendem Niederschlag in gleicher Niederschlagsintensität (Blockregen) verändert sich die aus einem bestimmten Straßenabschnitt pro Zeiteinheit der Vorflut zulaufende Wassermenge nicht mehr. Für einen solchen Spitzenabfluss ist der von Oberflächenbeschaffenheit, Gefälle und Wasserhöhe abhängige Spitzenabflussbeiwert Ψ_s definiert.

$$\text{Spitzenabflussbeiwert } \Psi_s = \frac{\text{Maximale Abflussspende}}{\text{zugehörige Regenmenge}} = \frac{q\ [\text{l s}^{-1}\ \text{ha}^{-1}]}{r\ [\text{l s}^{-1}\ \text{ha}^{-1}]}$$

Als Richtwerte für den Spitzenabfluss benennen die RAS-Ew

- Fahrbahnen $\Psi_s = 0{,}9$
- sonstige befestigte horizontale Flächen $\Psi_s = 0{,}6$ bis $0{,}9$
- unbewachsene Felsböschungen aus gering geklüftetem Festgestein $\Psi_s = 0{,}8$

Aus Imhoff (2007) sind nachstehende Abflussbeiwerte Ψ entnommen:

- sehr dichte Bebauung $\Psi = 0{,}7$ bis $0{,}9$
- geschlossene Bebauung $\Psi = 0{,}5$ bis $0{,}7$
- offene Bebauung $\Psi = 0{,}3$ bis $0{,}5$
- gartenreiche Bebauung $\Psi = 0{,}2$ bis $0{,}3$
- nicht bebautes Gelände, Sportplätze $\Psi = 0{,}1$ bis $0{,}2$
- Parkanlagen $\Psi = 0{,}0$ bis $0{,}1$
  Bei geneigtem Gelände für Garten und Park erhöhen sich diese Werte.

Aus Kaczmarczyk (2010) sind nachstehende Angaben zum Spitzenabfluss Ψ_s und zum Jahresabfluss Ψ_a entnommen:

- Hartdächer, geneigt: $\Psi_s = 0{,}9$ bis $1{,}0$, $\Psi_a = 0{,}8$
- Hartdächer, flach: $\Psi_s = 0{,}8$, $\Psi_a = 0{,}7$
- Flachdächer, bekiest: $\Psi_s = 0{,}6$, $\Psi_a = 0{,}55$
- Asphalt: $\Psi_s = 0{,}9$, $\Psi_a = 0{,}8$
- Pflaster mit engen Fugen: $\Psi_s = 0{,}8$, $\Psi_a = 0{,}7$
- Pflaster mit weiten Fugen: $\Psi_s = 0{,}6$, $\Psi_a = 0{,}6$
- Grasdächer (je nach Neigung): $\Psi_s = 0{,}3$ bis $0{,}5$, $\Psi_a = 0{,}2$
- Kies- und Sandwege: $\Psi_s = 0{,}2$, $\Psi_a = 0{,}4$
- Wiese, Garten (je nach Neigung): $\Psi_s = 0$ bis $0{,}3$, $\Psi_a = 0{,}3$

■ Tab. 12.1 gibt Spitzenabflussbeiwerte für das Regenereignis $r_{15,1}$ an.

Die Abflussrate h_A für den Bemessungsregen ergibt sich nach der hydrologischen Grundgleichung zu Niederschlagshöhe h_N, abzüglich der Sickerverluste h_S, der Verdunstungsverluste h_V und der Benetzungsverluste h_B.

$$H_A = h_N - h_S - h_V - h_B$$

Von diesem für den Abfluss im Vorfluter (Fluss, Bach, Graben, Kanal) verbleibenden Anteil der Niederschlagshöhe h_A ist weiterhin die als Muldenfüllung im Gelände verbleibende Wassermenge abzuziehen.

Für das Berechnen des Regenwasserabflusses geben die RAS-Ew Berechnungsbeispiele.

Die hydrogeologische Beschreibung dient der Beurteilung erdstatischer Fragen und der Vorhersage möglicher Erschwernisse beim Bau der Straße. Hierfür sind die Lage des Grundwasserspiegels und dessen Schwankungen, besonders bei flach liegendem Grundwasser, zu beachten. Quellaustritte und Sickerwasserströmungen sind aufzuzeigen, und es sind Angaben zur Entwässerung aufzuführen.

Das Grundwasser ist in Bezug auf seine chemische Aggressivität gegen die verwendeten Baustoffe zu untersuchen (DIN 4030-1, -2).

12.2.5 Geotechnisches Beschreiben der einzelnen Bodenschichten

Die aus Schürfgruben oder Bohrungen entnommenen Bodenproben werden im Labor untersucht auf:

- Bodenart bzw. Gesteinsart;
- Dichte des feuchten Bodens bzw. Gesteins ρ [t m^{-3}];
- Wassergehalt w [%];
- Dichte des trockenen Bodens bzw. Gesteins ρ_d [t m^{-3}];
- Korndichte ρ_s [t m^{-3}];
- Porenvolumen n [%];
- Glühverlust bzw. Gehalt an organischer Substanz V_{gl} [%].

An Bodenproben werden weiterhin bestimmt:

- Steifemodul E_s [MN m^{-2}];
- Zeit-Setzungsverhalten;
- Winkel der inneren Reibung φ [°];

12

- Kohäsion c [kN m^{-2}];
- Konsistenzgrenzen w_L, w_P, w_S, I_P, I_C, I_A, I_L [%];
- Proctordichte ρ_{pr} [t m^{-3}];
- optimaler Wassergehalt w_{pr} [%];
- Verdichtungsgrad D_{pr} [%];
- Durchlässigkeitskoeffizient k [m s^{-1}].

Bei tiefen Einschnitten und steil angeschnittenen Böschungen ist der abzugrabende Fels geotechnisch zu untersuchen und zu beschreiben. Dies betrifft:
- Festigkeitseigenschaften:
  - Druckfestigkeit q_u [kN m^{-2}];
  - Zugfestigkeit q_z [kN m^{-2}];
  - Scherfestigkeit τ [kN m^{-2}];
  - geotechnische Kohäsion c [kN m^{-2}];
  - Reibungswinkel auf den Trennflächen [°].
- Verformungseigenschaften:
  - Elastizitätsmodul E [MN m^{-2}];
  - Verformungsmodul E_v [MN m^{-2}];
  - Schubmodul G [MN m^{-2}];
  - Querdehnungszahl m;
  - Volumenänderung bei Quellen V_b [%];
  - Quelldruck [kN m^{-2}];
  - Änderungen von Reibung, Kohäsion, Dichte und Wassergehalt bei veränderlich festen Gesteinen.

Das im Rahmen der geologischen Untersuchung aufgenommene Trennflächensystem ist in Bezug auf die Standsicherheit des Bauwerkes geotechnisch auszuwerten. Für jede Gesteinsschicht sind die Boden- bzw. Gesteinsart und die Boden-, Gesteins- oder Felskenngrößen zu bestimmen. Soweit die geotechnische Beschreibung nicht zusammen mit der geologischen Beschreibung erstellt wird, sind Längs- und Querschnitte anzufertigen und hierin der Schichtenverlauf und die Schichtverbreitung sowie die Untersuchungsstellen (Schürfe, Bohrungen) und Entnahmestellen für Bodenproben zu verzeichnen. Sämtliche Bodenkenngrößen, die im Zuge der Bodenerkundung für das Projekt ermittelt worden sind, sind in Form von Tabellen oder grafischen Darstellungen dem Untersuchungsbericht beizugeben.

12.2.6 Baugrunduntersuchung für Verkehrswegebau in Moorgebieten

Die Ausbreitung von Moorgebieten kann topographischen und thematischen Kartenunterlagen sowie aus Luftbildern entnommen werden. Für die Bodenuntersuchung werden Bohrungen, Schürfgruben, Sondierbohrungen und Rammsondierungen benötigt. Beim Einnivellieren der Bohrpunkte ist darauf zu achten, dass die Höhenmessungen an Fixpunkte außerhalb des Moores oder an im mineralischen Untergrund verankerte Messbolzen anzuschließen sind.

Die Grundwasserverhältnisse müssen vor Beginn der Planung genau erfasst werden. Hierbei ist ein Grundwassergleichenplan mit Angabe der Fließrichtung des Wassers zu erstellen. Im Rahmen der hydrogeologischen Untersuchung sind die Auswirkungen des Straßenbauwerkes auf den Grundwasserhaushalt und Grundwasserstand aufzuzeigen, und zwar für den Zeitraum während der Bauarbeiten und für den Zeitraum nach Fertigstellung.

Während in wenig erschlossenen Gebieten (Entwicklungsländer) oft noch ein Absenken des Grundwasserspiegels gewünscht wird, stehen in Deutschland die Moore unter Landschafts- oder Naturschutz. Deshalb sind gesonderte Maßnahmen für das Einhalten eines Soll-Grundwasserstandes vorzusehen.

In der geologischen Schichtbeschreibung sind für die einzelnen Torflagen Torfart, Mächtigkeit, Tiefenlage unter Flur, Wassergehalt, Zersetzungsgrad, Farbe und Geruch anzugeben. Hervorzuheben sind Einschlüsse wie Baumstubben, Stämme, Muschel- und Schneckenschalen sowie das Auftreten von Raseneisenstein. Unter den zwischengeschalteten Sedimentlagen sind die organischen Sedimente (Sapropel, Gyttja, Dy, Faulschlamm, Mudde) besonders auf Farbe und Oxidationsgrad sowie auf die Elastizität der Muddelagen zu untersuchen. Diese Elastizität ist ähnlich der einer Gelatine und geht mit steigendem Anteil an mineralischer Substanz verloren.

Die Baugrundkartierung muss die Tiefenlage des tragfähigen Untergrundes längs der Trasse in Plänen und Schichtlinienkarten aufzeigen.

Das Bestimmen des Zersetzungsgrades von Torfen ist für das Planen der Bauausführung, z. B. eines Bodenaustausches (Baggern oder Sprengen), wichtig. Dabei kann allerdings der Zersetzungsgrad auf kürzester Entfernung innerhalb einer Schicht wechseln.

12.3 Erdarbeiten im Verkehrswegebau

Erdarbeiten dienen dem Herstellen oder Unterhalten von Erdbauwerken. Erdbauwerke sind die Anlagen von Straßenkörpern, Bahnkörpern, Böschungen, Anrampungen, Bauwerkshinterfüllungen, Stau- und Sicherungsbauwerken im Wasserbau sowie Sanierungsarbeiten beim Versagen von Erdbauwerken und Hängen. Für den Straßenbau sind in den „Zusätzlichen Technischen Vertragsbedingungen und Richtlinien für Erdarbeiten im Straßenbau" (ZTVE-StB 2009) allgemeine technische Vertragsbedingungen aufgestellt worden. Dieses Regelwerk ist auch bei der Deutschen Bahn eingeführt und wird auch außerhalb des Verkehrswegebaus als Vertragsgrundlage angewendet.

Die ZTVE-StB enthalten Regeln für das Lösen, Laden, Fördern, Einbauen und Verdichten von Boden- und Felsmaterial sowie von sonstigen erdbautechnisch geeigneten Stoffen. Sie regeln die Ausführung und die Qualitätsanforderungen für den Untergrund und Unterbau von Verkehrsflächen sowie für sonstige Erdbauwerke.

Baustoffe sind Boden, Felsmaterial, Recyclingbaustoffe, industrielle Nebenprodukte, Leichtbaustoffe, Geokunststoffe, Bindemittel, einzubauende Zugelemente (Anker, Nägel, Stahlbänder) und Stoffe zum Entwässern und Abdichten.

Baustoffe und Erdbauwerke sind zu prüfen. Die ZTVE-StB unterscheiden zwischen Eignungsprüfungen, Eigenüberwachungsprüfungen und Kontrollprüfungen (▶ Abschn. 8.44, 8.45 und 8.5) und geben Festlegungen zur Abnahme, Gewährleistung und Abrechnung von Erdbauarbeiten.

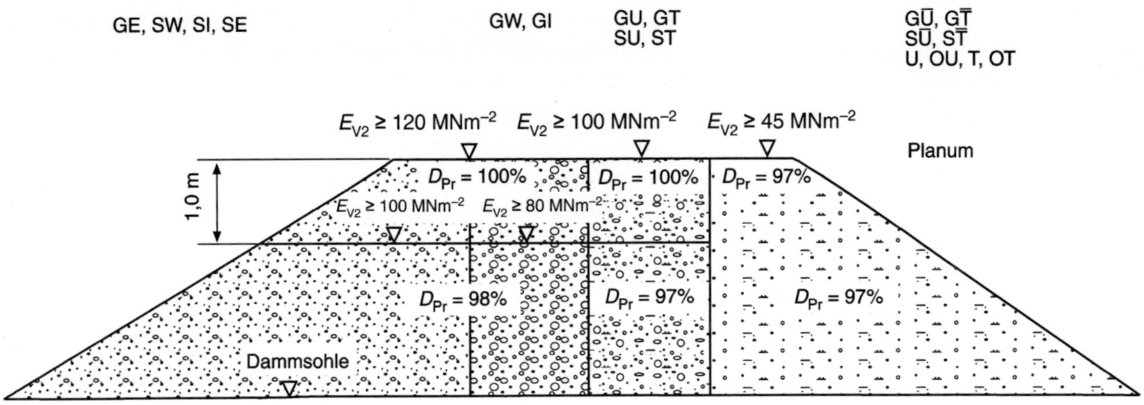

Abb. 12.4 Querschnitt durch einen Straßendamm mit Verdichtungsanforderungen D_{Pr} [%] der in Abhängigkeit von der eingebauten oder im Einschnitt anstehenden Bodengruppe (nach ZTV E-StB 09, Abschn. 4.3.2 mit Tabelle 2 und Abschnitt 4.5)

Boden und Fels sind als Baugrund und/oder Baustoff zu untersuchen. Art und Umfang der Untersuchung richten sich nach dem Stand der Planung, Bauvorbereitung und Bauausführung sowie nach der „Geotechnischen Kategorie" (DIN 4020-1, -2). Die Untersuchungen umfassen:

- Sichten und Bewerten vorhandener Unterlagen, Ortsbegehung;
- direktes Untersuchen des Baugrundes (▶ Abschn. 1.5);
- indirektes Untersuchen des Baugrundes (▶ Abschn. 1.8);
- Pegelbeobachtungen und Porenwasserdruckmessungen (▶ Abschn. 1.10.5);
- Bestimmen von Kenngrößen für Boden und/oder Fels im Labor oder im Gelände (▶ Abschn. 1.15 bis 1.20).

Boden und Fels sind zu beschreiben und durch Zuordnen zu Bodengruppen nach DIN 18196 (▶ Abschn. 4.1.1), Boden- und Felsklassen nach DIN 18300 (▶ Abschn. 4.1.2) sowie Frostempfindlichkeitsklassen nach ZTVE-StB (▶ Abschn. 4.3) zu bewerten.

12.3.1 Abtrag von Boden und Fels beim Verkehrswegebau

Für das Lösen und Laden von Boden und Fels gelten die Regeln von DIN 18300 und ZTVE-StB (▶ Abschn. 4.1.1, 5.2 und 5.3). Muss unter dem vorgesehenen Planum Boden oder Fels ausgehoben werden, ist in die Vertiefungen geeigneter Boden lagenweise einzubauen und zu verdichten. Das Lösen darf im Planum und in der Böschung keine Auflockerung verursachen. Erfordert das Herstellen von Felsböschungen besondere Arbeitsverfahren, sind diese in die Leistungsbeschreibung aufzunehmen. Dies betrifft Felslösen durch Reißen und Felslösen durch Sprengen (▶ Abschn. 5.3). Für das Sprengen sind Sprengpläne mit Anordnung der Bohrlöcher, Art der Spreng- und Zündmittel, Lademenge und Anordnung des Sprengmittels im Bohrloch und Zündfolgeerforderlich. Soll Felsmaterial für den Wiedereinbau als kleinstückiges Haufwerk gewonnen werden, sind hierfür entsprechende Sprengpläne vorzulegen.

12.3.2 Einbauen und Verdichten von Schüttmaterial

Nach ZTVE-StB kann für das Verdichten jedes Verfahren angewendet werden, mit dem die Anforderungen für den Unterbau erreicht werden können. Schädliche Auswirkungen auf das Umfeld sind zu vermeiden! Das vom Gerät abhängige Verdichtungsverfahren richtet sich mit Arbeitsgeschwindigkeit, Anzahl der Übergänge und zulässiger Schütthöhe nach Bodenart und erforderlicher Verdichtung. Felsblöcke und Geröll dürfen nur im unteren Teil von Dämmen bis 1 m unter Planum eingebaut werden. Grobkörnige und gut verdichtbare Böden sind vorzugsweise im oberen Teil der Dämme zu verwenden. Als Trennlage unter einer Schüttung können Geotextilien verlegt werden. Der Boden ist in durchgehenden Lagen einzubauen und zu verdichten.

Die Standfestigkeit steiler Böschungen kann durch den Einbau von Bewehrungsbändern aus Stahl oder Kunststoff sichergestellt werden. Die steile Böschungsfläche muss gegen Erosion und Ausfließen des Bodens geschützt werden, z. B. durch qualifizierte Bodenverbesserung in Verbindung mit Begrünungsmatten und ingenieurbiologischen Maßnahmen des Lebendverbaus.

Soll Boden im Spülverfahren (▶ Abschn. 14.3.1) eingebaut werden, ist hierfür ein Eignungsnachweis zu erbringen. Bei im Spülverfahren eingebauten Böden ist der obere Dammbereich bis 1 m unter Planum mit geeignetem Verdichtungsgerät zu verdichten.

Für Schüttungen unter Wasser ist beständiges Material zu verwenden. Das Verdichten ist von oberhalb der Wasserlinie aus durchzuführen. Für Tiefenverdichten eignet sich das Rüttelstopfverfahren. Werden andere Verfahren angewendet, so soll die Verdichtungswirkung bis mindestens 1,0 m unter die vorhandene Wasserlinie wirken.

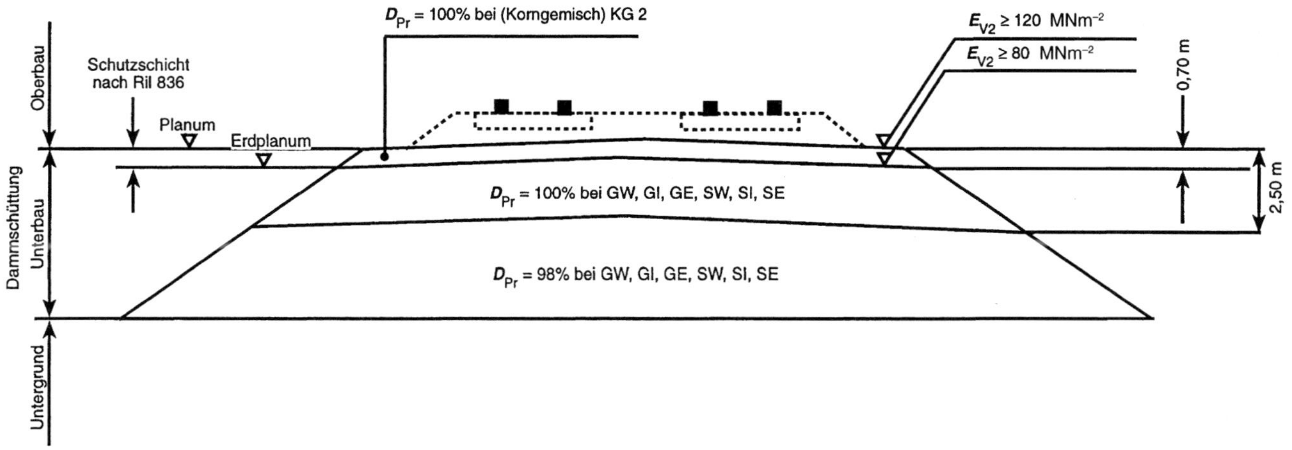

Abb. 12.5 Beispiel für die Mindestanforderung an die Verdichtung von Dämmen für die Deutsche Bahn. Das Bild gilt für Dammschüttungen aus grobkörnigen Bodenarten für den Neubau durchgehender Hauptgleise (Bild A 1.1, Ril 836, Modul 836.0501, Anhang 1). Die Abbildung zeigt eine von 28 Varianten mit voneinander abweichenden Konstruktionsvorgaben und Verdichtungsanforderungen

12.4 Mindestanforderungen an Planum und Untergrund bzw. Unterbau

12.4.1 Verdichtungsanforderungen bei Erdbauwerken im Straßenbau

Anstehender Boden kann in besonderen Fällen den natürlichen Baugrund für den Oberbau der Straße darstellen. Dies ist häufig in Einschnitten in Tunnels, aber auch bei geländegleicher Lage der Straße der Fall. Meist wird der Oberbau von Straßen jedoch auf einem Unterbau, z. B. auf einer künstlich hergestellten Dammschüttung, aufgebaut. Das unter dem Planum befindliche Bodenmaterial muss nach ZTVE-StB als Untergrund bis 0,5 m unter Planum, als Unterbau bis zur Dammsohle bestimmten Anforderungen für den Verdichtungsgrad entsprechen (Abb. 12.4).

Demnach sind grobkörnige Böden (GW, GI, GE, SW, SI, SE) in Dämmen bis 1 m unter Planum auf 100 %, tiefer auf 98 % D_{Pr} zu verdichten.

Gemischtkörnige Böden der Bodengruppen GU, GT, SU und ST sind bis 1 m unter Planum auf 100 %, tiefer auf 98 % D_{Pr} zu verdichten.

Gemischtkörnige Böden der Bodengruppen G$\overline{U}$, G$\overline{T}$, S$\overline{U}$, S$\overline{T}$, U, T, OU und OT sind bis zur Dammsohle auf 97 %, D_{Pr} zu verdichten.

Die im Untergrund anstehenden oder eingebauten Böden sind im Rahmen von Eigenüberwachung und Kontrollprüfung zu prüfen (▶ Abschn. 8.3). Endet die Bauleistung mit der Herstellung des Planums, müssen Verformungsmoduln (Lastplattendruckversuch) zur Abnahme nachgewiesen werden. Nach RStO 12 sind für OK Planum gefordert:

$E_{v2} \geq 45$ MNm^{-2} auf nicht frostsicherem Boden (F2- und F3-Boden), bzw. $E_{v2} \geq 120$ MNm^{-2} für die Belastungsklassen BK 1 bis BK 100, oder $E_{v2} \geq 100$ MNm^{-2} für die Belastungsklasse BK 0,3, wenn auf den Einbau einer Frostschutzschicht verzichtet werden soll.

Bei grobkörnigen Böden können Verdichtungsgrad D_{Pr} in der eingebauten Lage und der Verformungsmodul E_{v2} auf dem Planum über der eingebauten Lage einander näherungsweise zugeordnet werden.

Bei Kies der Bodengruppen GI und GW entspricht $E_{v2} \geq 120$ (≥ 100; ≥ 80) MN m^{-2} annähernd dem Verdichtungsgrad $D_{Pr} \geq 103$ (≥ 100; ≥ 98) % und bei Sand und Kies der Bodengruppen SE, SI, SW und GE $E_{v2} \geq 80$ (≥ 70) MNm^{-2} dem Verdichtungsgrad $D_{Pr} \geq 100$ (≥ 98) %.

Dem Verhältnis $E_{v2}/E_{v1} \leq 2{,}3$ ($\leq 2{,}5$; $\leq 2{,}6$) kann bei den Bodengruppen GW, GI, GE, SW, SI und SE grob der Verdichtungsgrad $D_{Pr} = 100$ % (98 %; 97 %) zugeordnet werden.

12.4.2 Verdichtungsanforderungen bei Erdbauwerken der Deutschen Bahn

Die Verdichtungsanforderungen bei Erdbauwerken der Deutschen Bahn sind in Richtlinie Ril 836 der DB Netz AG, Modul 836.0501 geregelt. Die Anforderung an die Verdichtung unterscheidet zwischen Neubau und Ertüchtigung bzw. Instandhaltung und richtet sich nach Streckenkategorie und Oberbauart (Schotteroberbau oder feste Fahrbahn). Anhang 1 zu diesem Modul enthält 16 Querschnittabbildungen (Regelausbildungen) des Unterbaus unter Gleisen auf Dämmen und in Einschnitten, jeweils für Schotteroberbau und feste Fahrbahn. Abb. 12.5 gibt hierzu das Beispiel für die Mindestanforderungen an die Verdichtung von Dämmen aus grobkörnigen Bodenarten für den Neubau durchgehender Hauptgleise der Streckenkategorie P 300 mit Schotteroberbau.

12.5 Anforderungen an Baustoffe und deren Verdichtung bei Tragschichten

Die Anforderungen an Baustoffe, deren Einbau und Verdichtung sowie an Prüfungen und Prüfverfahren sind in den „Zusätzlichen Technischen Vertragsbedingungen und Richtlinien für den Bau von Verkehrsflächenbefestigungen aus Asphalt" (ZTV Asphalt-StB), den „Zusätzlichen Technischen Vertragsbedingungen und

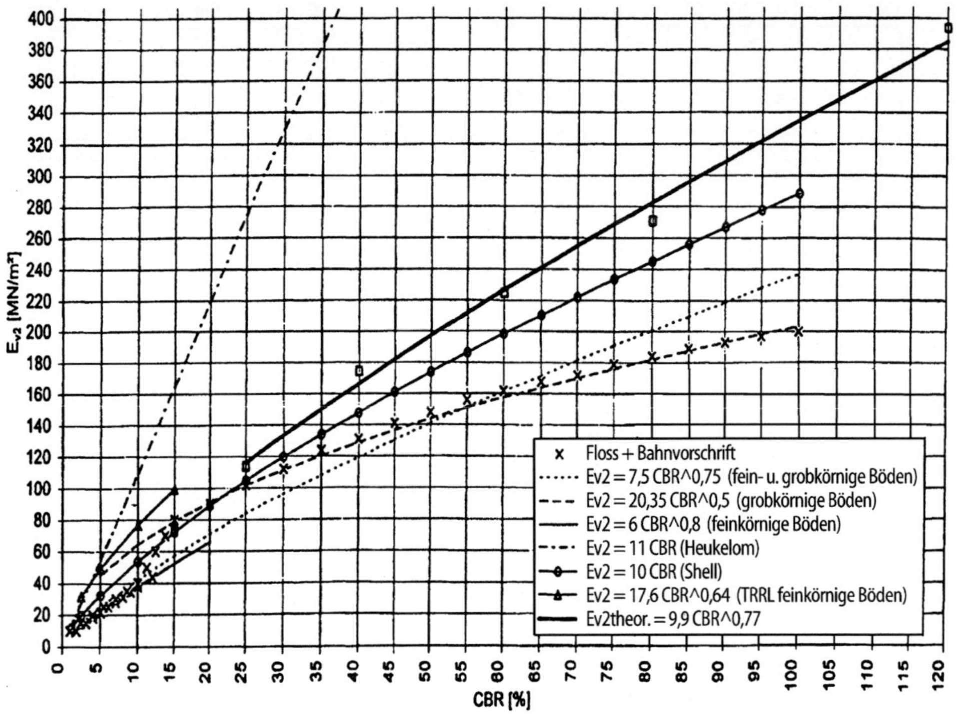

Abb. 12.6 Beziehung zwischen CBR-Wert und spezifischem Verformungsmodul E_{v2}. (Weingart 1998)

Richtlinien für den Bau von Tragschichten mit hydraulischen Bindemitteln und Fahrbahndecken aus Beton" (ZTV Beton-StB), den „Zusätzlichen Technischen Vertragsbedingungen und Richtlinien für den Bau von Schichten ohne Bindemittel im Straßenbau" (ZTV-SoB-StB) sowie in den „Technischen Lieferbedingungen für Gesteinskörnungen" (TL Gestein-StB), den „Technischen Lieferbedingungen für Baustoffgemische und Böden zur Herstellung von Schichten ohne Bindemittel im Straßenbau" (TL SoB-StB), den „Technischen Lieferbedingungen für Asphaltmischgut für den Bau von Verkehrsflächenbefestigungen" (TL Asphalt-StB) und den „Technischen Lieferbedingungen für Baustoffe und Baustoffgemische für Tragschichten mit hydraulischen Bindemitteln und Fahrbahndecken aus Beton" (TL Beton-StB) geregelt. Für die Deutsche Bahn sind die Anforderungen an solche Baustoffe in den „Technischen Lieferbedingungen: Korngemische für Tragschichten" (DB AG-TL 918062; 1997) geregelt (Göbel 2004, Fischer 2013).

Bei Tragschichten ohne Bindemittel sowie bei einem Teil der Tragschichten mit hydraulischem Bindemittel werden diese Prüfungen vom Geotechniker durchgeführt.

12.5.1 Anforderungen an Tragschichten im Straßenbau

- **Tragschicht ohne Bindemittel**

Als Baustoffe werden verwendet:

- natürliche Gesteinskörnungen (Sand und Kiese: GE, GI, GW, SE, SI, SW) als Sand-Kies-Gemische und gebrochene Gesteinskörnungen aus Hartstein (Brechsand, Splitt, Schotter mit Lieferkörnung 0/5, 0/32, 0/45, 0/56) als Sand-Splitt-Gemische oder Sand-Splitt-Schotter-Gemische,
- künstliche Gesteinskörnungen aus gebrochenen industriellen Nebenerzeugnissen (z. B. Schlacken, Hüttensand, Gießereirestsand) und
- Gesteinskörnungen aus recyceltem Material (Beton, Bausteine, Asphaltaufbruch).

Eine Mischung aus natürlichen und gebrochenen Gesteinskörnungen ist möglich.

Die Korngrößenverteilung der jeweiligen Lieferkörnungen muss innerhalb bestimmter Sieblinienbereiche liegen.

Die Einbaudicke im verdichteten Zustand richtet sich nach der gröbsten Kornklasse (bis 32 mm: 12 cm, bis 45 mm: 15 cm, bis 56 mm: 18 cm). Der geforderte Verdichtungsgrad beträgt D_{Pr} = 103 %. Das Verhältnis E_{v2}/E_{v1} soll nicht größer als 2,2 sein.

In Abhängigkeit von der Schichtdicke muss auf der Tragschicht ein Mindestwert für den Verformungsmodul E_{v2} erreicht werden. Dieser beträgt bei Kiestragschichten mit 20 cm Einbaustärke 150 MN m^{-2}, mit 25 cm Einbaustärke 180 MN m^{-2} und bei Schottertragschichten mit 15 cm Einbaustärke 150 MN m^{-2} und mit 20 cm Einbaustärke 180 MN m^{-2}.

Bei Eignungsprüfungen von Mineralstoffgemischen, z. B. für den Einbau als Tragschicht, kann es vorteilhaft sein, diese im CBR-Versuch zu testen. Abb. 12.6 zeigt die Beziehungen zwischen CBR-Wert und Verformungsmodul E_{v2}.

- **Frostschutzschicht**

Die Einbaudicke im verdichteten Zustand richtet sich nach der gröbsten Kornklasse (bis 32 mm: 12 cm, bis 45 mm: 15 cm, bis 56 mm: 18 cm, bis 63 mm: 20 cm). Die Verdichtungsanforderung liegt für die oberen 20 cm bei D_{Pr} 103 %, tiefer bei 100 %.

Wird der Plattendruckversuch zum Prüfen des Verdichtungszustandes eingesetzt, so soll das Verhältnis E_{v2}/E_{v1} nicht größer als 2,2 sein.

12.6 Bauverfahren auf wenig tragfähigem Untergrund

Der Bau von Verkehrswegen auf weichem Untergrund und besonders in Moorgebieten verlangt besondere Bauweisen. Zu beachten sind das „Merkblatt über Straßenbau auf wenig tragfähigem Untergrund" (2010), das „Merkblatt über die Verwendung von EPS-Hartschaumstoffen als Leichtbaustoff im Erdbau des Straßenbaus" (2012) und Pos. 13 der „Zusätzlichen Technischen Vertragsbedingungen und Richtlinien für Erdarbeiten im Straßenbau" (ZTVE-StB 2009).

Unterschieden werden Bauverfahren mit teilweisem oder vollständigem Bodenaustausch (▶ Abschn. 8.2.4) und solche ohne Bodenaustausch. Bei den Bauverfahren ohne Bodenaustausch kann der Straßenunterbau entweder auf einen durch Entwässern (▶ Abschn. 8.2.1) oder durch tiefgründiges Verdichten (▶ Abschn. 8.2.2) verbesserten Untergrund oder durch Bauverfahren mit Maßnahmen auf wenig tragfähigem Untergrund aufgebaut werden. Bauverfahren mit Maßnahmen auf wenig tragfähigem Untergrund können der Einbau von Astlagen, Faschinen, Knüppellagen, Bewehrungsmatten (Stahleinlagen), Geotextilien, Kunststoffgittern oder EPS-Hartschaumstoffen sein. Andere Verfahren arbeiten mit leichtem Dammschüttmaterial, mit kontrolliertem langsamem Schütten oder mit Überhöhen des Dammes und dem Aufbringen einer vorübergehenden Auflast (▶ Abschn. 8.2, ◘ Abb. 8.4 und 8.5).

Die gewählten Bauverfahren ohne Bodenaustausch und ohne tiefgründige Bodenverbesserung müssen eine gleichmäßige Druckverteilung auf den Untergrund gewährleisten. Die verwendeten Baustoffe sollen eine hohe Schub- und Biegefestigkeit sowie ein geringes Eigengewicht besitzen und gegen Wasser und Witterung stabil sein. Die aus der Lasteinwirkung resultierenden Setzungen und Verformungen sollen entweder gering gehalten oder durch Überhöhung vorweggenommen werden.

- **Einbau von Knüppellagen, Astlagen und Faschinen**

Knüppellagen, Astlagen und Lagen aus geflochtenen Weidenruten (Faschinen) stellen die älteste Baumethode dar, um Verkehrslasten auf Mooroberflächen zu verteilen. Das Holz muss unter Grundwasser liegen, um Fäulnis und Zerfall zu vermeiden. Auf der Knüppel-, Ast- oder Faschinenlage kann eine Tragschicht aus Sand, Kies, Schotter oder Schlacke aufgebaut werden.

- **Einbau von Bewehrungsmatten**

Zur Sicherheit gegen Grund- und Geländebruch können in Schüttungen aus Sand, Kies, Schotter oder Schlacke über weichem Untergrund Bewehrungsmatten eingebaut werden. Die Bewehrungsmatten können aus Stahl (Stahlgewebematten, Drahtgeflecht, Stahlbänder) oder aus Kunststoff (Kunststoffgitter, Geogitter; ▶ Abschn. 8.6.2) bestehen.

- **Einbau von Geotextilien**

Geotextilien (▶ Abschn. 8.6.1) können als Trennschicht zwischen Schüttung und wenig tragfähigem Untergrund eingebaut werden. Dabei eignen sich Vliesstoffe als Filter mit tragfähigkeitserhaltender Wirkung. Gewebe eignen sich zur Aufnahme von Zugkräften und dienen als Bewehrung. Wo beide Eigenschaften gefordert sind, können Verbundstoffe eingebaut werden (◘ Abb. 8.22 und 8.23).

- **Dammbau mit EPS-Hartschaum**

Für den Bau von Dämmen über weichem Untergrund, für das Verbreitern bestehender Dämme und für den Bau von Brückenrampen hat sich der Einbau dicker Schichten aus EPS-Hartschaumstoff bewährt. Schaumstoffblöcke mit einer Rohdichte zwischen 15 und 30 kg m^{-3} werden in Lagen mit versetzten Fugen auf einer Ausgleichsschicht über dem Untergrund verlegt, mit Krallenplättchen gesichert und bis zur erforderlichen Höhe aufgestapelt. Zwischen der oberen Schaumstofflage und dem Planum für den Straßenoberbau kann eine bewehrte Betonplatte (12 cm dick) und darauf eine Ausgleichsschicht aus Sand oder aus anderem Dammbaustoff aufgebracht werden.

Die Druckbelastung unter derartigen Dammkonstruktionen kann auf 50 kN m^{-2} und weniger reduziert werden. Durch teilweisen Abbau von weichem (Moor-)Boden und Austausch von Moorboden gegen Schaumstoff können zusätzlich Auftriebskräfte mobilisiert werden, wodurch sich die Belastung des Untergrundes verringert. Zu beachten ist das „Merkblatt für/über die Verwendung von EPS-Hartschaumstoffen als Leichtbaustoff im Erdbau des Straßenbaus" (2012).

- **Verwenden von leichtem Dammschüttmaterial**

Mit der Wahl eines leichten Dammschüttmaterials kann die Auflast gering gehalten werden, und es können somit Setzungen vermieden werden. Dies ist bei teilweisem Bodenaustausch erfolgversprechend. Leichte Baumateriale sind Blähschiefer, Blähton Leichtschlacken, Verbrennungsrückstände, vulkanische Schlacken, Bimsstein, Flugasche, Schaumpolystyrol, Leichtbeton, Torf, Baumrinde und Sägespäne.

- **Kontrolliertes langsames Schütten**

Bei kontrolliertem langsamen Schütten werden die Setzungen und das Abklingen des Porenwasserüberdruckes abgewartet. Jeweils nach dem Schütten einer etwa 50 cm dicken Lage wird eine längere Pause eingelegt. Die Kontrolle erfolgt über ein Nivellement und über Messungen des Porenwasserdruckes.

- **Pfahlkonstruktionen und Brücken**

Setzungsfreie Lösungen für den Straßenbau in Moorgebieten lassen sich durch Tiefgründungen im tragfähigen Untergrund erreichen. Moorbrücken auf Pfählen haben sich bei großen Moortiefen (über 15 m) bewährt und sind dann kostengünstiger als Bodenaustausch. Moorbrücken überspannen das Moor in einer Höhe von etwa 1 m über Gelände.

Bei einer anderen Konstruktion wird der Damm auf Platten (Pfahlkopfplatten) geschüttet, die über Pfähle spannen.

▪ Anschluss von Dämmen an Brückenbauwerke
Zwischen einem auf Pfählen setzungsfrei gegründeten Brückenbauwerk und einem sich anschließenden Damm auf weichem Untergrund tritt durch die Setzung des Dammes eine Stufe ein. Diese kann gering gehalten werden, wenn der Damm vor dem Errichten der Brücke zunächst überhöht aufgeschüttet wird. Nach dem Abklingen der verstärkt eintretenden Setzungen wird die Dammhöhe auf das Soll-Maß reduziert. Bei kleinen Brücken ist es zweckmäßig, den Damm zunächst durchlaufend zu schütten und ihn später im Bereich der Brücke wieder abzutragen. Bei geringer Dicke der weichen Schichten werden diese unter dem Damm im Anschlussbereich zur Brücke ausgetauscht.

Wird eine Brücke auf Pfählen gegründet und ein anschließender Damm auf weichem Untergrund geschüttet, so treten waagerechte Kräfte auf, die auf das Bauwerk und die Pfähle einwirken. Es treten Fließdrücke auf, da fließfähige Massen aus den weichen Boden- und Torfschichten horizontal zwischen den Pfählen durchfließen können.

Es ist des Weiteren nicht auszuschließen, dass Teile des Dammschüttmaterials im Bereich der Hinterfüllung nachbrechen.

Wichtig beim Hinterfüllen von flach gegründeten Bauwerken über weichem Untergrund kann die zeitliche Abfolge des Einbringens des Materials sein. Die Wände eines Bauwerkes werden sich im Zuge des Hinterfüllens dem jeweiligen Erddruck anpassen und sich bewegen:

- bei Beginn der Hinterfüllarbeiten neigt sich die Wand gegen den zu hinterfüllenden Raum;
- mit fortschreitender Hinterfüllung steigt der Erddruck an und die Wand bewegt sich nach vorn;
- beim Überlagern der Druckspannungen aus der Dammauflast und aus der Fundamentlast kann sich, je nach Lastfall, die Stützwand auf den Damm zu oder von diesem weg bewegen.

Es kann daher in bestimmten Fällen erforderlich sein, Art und Zeit des Einbringens des Hinterfüllmaterials im Bauablauf festzulegen. Das Hinterfüllen muss bei Erreichen eines bestimmten Bauzustandes dann ganz oder in Abschnitten erfolgen.

12.7 Frostschäden und Frostsicherheit im Straßenbau

Der Untergrund von Straßen, Flugpisten und Gleisanlagen ist wegen der hohen Wärmeleitfähigkeit der verwendeten Baumateriale (Kies, Schotter, Beton) und auch wegen des Schneeräumens tiefgründig dem Frost ausgesetzt.

In frostempfindlichem Untergrund bzw. Unterbau wie auch im durch Frostzerfall mit Feinkorn angereicherten Oberbau von Straßen bilden sich unter Einwirkung von Wasser und Frost Eislinsen und Eisschichten. Beim Gefrieren kann Wasser aus dem Untergrund angesaugt und unter dem im Verhältnis zur Umgebung stark unterkühlten Straßenkörper angereichert werden (▶ Abschn. 2.10.1). Dies kann zu unterschiedlichen Formen von Frostschäden führen.

12.7.1 Frostschäden

Bei den Folgeschäden von Frosteinwirkungen ist zwischen Gefrierschäden und Tauschäden zu unterscheiden.

▪ Gefrierschäden
Zu den Erscheinungsformen der Gefrierschäden zählen der Zerfall von Baustoffen (▶ Abschn. 2.10.2) und das ungleichmäßige Heben der Straßenoberfläche. Gefrierschäden können auch ohne Verkehrsbelastung zu erheblichen Schäden bis nachhaltiger Zerstörung führen.

▪ Zerfall verwendeter Baustoffe
Vielfacher Frost-Tau-Wechsel kann zum Zerfall der verwendeten Baumateriale und zum Erhöhen des Feinkornanteils führen (▶ Abschn. 2.10.2). Unter Verkehrsbelastung wird dieser Vorgang verstärkt. Im Laufe der Zeit tritt im Straßenkörper eine Erhöhung des Feinkornanteils ein und seine Frostsicherheit geht zunehmend verloren.

▪ Ungleichmäßige Hebungen
Straßen mit gleichmäßigem Aufbau können ungleichmäßige Hebungen mit Aufwölbungen der Straßenoberfläche in Querrichtung erfahren. Die Folge sind Längsrisse in der Straßenmitte. Bei Straßen in Betonbauweise kann ungleichmäßiges Heben auch zum einseitigen Anheben der Platten und zum Ausbilden von Stufen führen. Stufen können auch bei Großpflaster und Wegeplatten auftreten.

Die häufigsten Ursachen für ungleichmäßige Hebungen sind:

- geringere Frosteindringtiefen am Straßenrand wegen eines wärmedämmenden humosen Oberbodens neben der Straße;
- geringere Frosteindringtiefen am Straßenrand wegen des Verbleibs von wärmedämmendem Schnee neben der Straße;
- frostempfindliches Material im Straßenkörper, z. B. wenn bei Reparaturarbeiten Schlaglöcher unsachgemäß aufgefüllt oder mit weiteren Asphaltlagen überbaut wurden.

▪ Tauschäden
Eislagen und Eislinsen im Oberbau, Unterbau oder Untergrund von Verkehrswegen hinterlassen beim Auftauen stark durchnässte Zonen. Besonders ungünstig ist es, wenn der tiefere Untergrund noch gefroren ist und das Versickern von anfallendem Tau- oder Regenwasser verhindert wird. Im Boden verändern sich die Kenngrößen Wassergehalt, Konsistenz, Dichte und Steifigkeit zu ungünstigeren Werten. Die Tragfähigkeit des Unterbaus bzw. Untergrundes nimmt (vorübergehend) erheblich ab. Bei unzureichend dimensioniertem Straßenaufbau kann der Oberbau in der Auftauphase den Verkehrsbelastungen nicht standhalten. Bei Asphalt- und Betondecken zeigen engmaschige Risse den Anfang der Zerstörung an. Es folgt das Ausbrechen einzelner Schollen und die Bildung von Schlaglöchern.

Bei Asphaltdecken über einem aufgeweichten Unterbau bzw. Untergrund genügt oft schon ein einziges schweres Fahrzeug, um die sich in einem labilen Zustand befindende, nur scheinbar noch gute Straße zu zerstören.

Bei Betonstraßen bewegen sich bei nachgebendem Untergrund die einzelnen Platten und drücken breiigen Boden zwischen den Fugen nach oben. Nach mehrfachem Verkippen können Betonplatten brechen.

Bei Pflasterstraßen entstehen in der Reifenspur tiefe Rinnen und dazwischen hohe Aufwölbungen. Dies kann bis zum Aufbrechen der Pflasterdecke führen.

12.7.2 Voraussetzungen für Frostschäden

Das Auftreten von Frostschäden ist an folgende Voraussetzungen gebunden:
- Frost, der in den Boden eindringt (Gefrierzone, Frosteindringtiefe);
- frostempfindliches Bodenmaterial im Unterbau oder Untergrund von Straßen im Bereich der Gefrierzone;
- Zutritt von Wasser in die Gefrierzone;
- unzureichende Bemessung des frostsicheren Oberbaus.

Um eine frostsichere Bauweise zu garantieren, sind beim Verkehrswegebau Frostschutzmaßnahmen erforderlich. Die Stärke von Frostschutzschichten und der Umfang von Frostschutzmaßnahmen hängt von folgenden Kriterien ab:
- regionale Klimaverhältnisse;
- örtliche Klimaverhältnisse;
- Verkehrsbelastung;
- Frosteindringtiefe;
- Frostempfindlichkeit von Baugrund und Baustoff;
- Wasserverhältnisse im Boden.

▪ Regionale Klimaverhältnisse

Unterschiedliche Klimaverhältnisse führen in Deutschland zu unterschiedlich starken Frosteinwirkungen. Maßgebend sind die Temperaturen bei Hochdruckwetterlagen im Winter.

Nach den „Richtlinien für die Standardisierung des Oberbaus von Verkehrsflächen" (RStO 2012, Forschungsgesellschaft für Straßen- und Verkehrswesen) werden in Deutschland drei Frosteinwirkungszonen unterschieden (RStO 12, Bild 6, Frosteinwirkungszonen). Diese Karte kann im Internet unter www.bast.de oder www.fgsv-verlag.de abgerufen werden.

Die Frosteinwirkung hängt weiterhin von den kleinklimatischen Gegebenheiten ab.

▪ Frosteindringtiefe

Die Frosteindringtiefe hängt vom Temperaturverlauf während der Frostperiode, von der Wärmeleitfähigkeit des Bodens bzw. Baustoffes sowie von der Überdeckung des Bodens durch Bewuchs, Schnee oder künstliche Abdeckung ab.

▪ Temperaturverlauf während der Frostperiode

Als langfristiger Vergleich bietet sich die Kältesumme oder Frostmenge an, welche als Summe der gemittelten Tagestemperaturen unter 0 °C ermittelt wird. Danach werden in Deutschland strenge Winter mit über 300 Gradtagen von normalen Wintern mit 150–300 Gradtagen und milden Wintern mit weniger als 150 Gradtagen unterschieden. Das „Merkblatt über die Verhütung von Frostschäden an Straßen" (Forschungsgesellschaft für Straßen- und Verkehrswesen 2013) beurteilt die Abhängigkeit der Frostgefährdung am Verlauf einer Temperatursummenkurve nach Kübler.

▪ Wärmeleitfähigkeit des Bodens bzw. Baustoffes

Unter geräumten Straßen mit ungünstigen Wärmeleitfähigkeiten in der Frostschutzschicht (Beton, Kies, Schotter) werden in Deutschland große Eindringtiefen gemessen (40 cm in milden, 50–80 cm in normalen, 120–145 cm in strengen Wintern). Durch den Einbau von Wärmedämmschichten kann die Frosteindringtiefe verringert werden. Für das Planen können Frosteindringtiefen entweder als Erfahrungswerte übernommen, mit Sondierungen direkt bestimmt oder über Kennwerte berechnet werden. In das Berechnen gehen Kältesumme, Wärmekapazität des Bodens, Wärmeleitfähigkeit der verwendeten Baustoffe, Porosität, Wassergehalt, Durchlässigkeitsbeiwert und Dichte des Bodens sowie das sich ständig ändernde Temperaturgefälle ein (Siedek 1977).

▪ Frostempfindlichkeit des Baugrundes

Baugrund kann bei Frosteinwirkung unterschiedlich reagieren. Nach ZTVE-StB werden bei Böden drei Frostempfindlichkeitsklassen (F1, F2, F3) unterschieden (▶ Abschn. 4.3). Nicht frostempfindliche Böden (Frostempfindlichkeitsklasse F1) erfordern keine Frostschutzmaßnahmen. Bei frostempfindlichen Böden ist ein frostsicherer Straßenaufbau vorzusehen.

▪ Wasserverhältnisse im Boden

Frost bezeichnet das Gefrieren von Wasser. Frosteinwirkungen im Baugrund sind an die Gegenwart von Wasser gebunden. Entwässern und Schutz gegen Eindringen von Wasser tragen zum Vermeiden von Frostschäden bei.

12.7.3 Maßnahmen gegen Frostschäden

Der Verkehrswegebau kennt folgende Möglichkeiten, Frostschäden zu vermeiden:
- Einbau von Frostschutzschichten;
- Behandeln frostempfindlicher Böden durch Zugabe von Bindemitteln (Kalk, Zement) wodurch sich die Frostempfindlichkeit verringert;
- Verhindern von Wasserzuläufen durch Anlage von Dränagen oder Straßengräben;
- Einbau von Wärmedämmschichten;
- Verstärken der frostsicheren Tragschicht;
- Verkehrsbeschränkung, Fahrverbot in der Tauperiode
- Verhindern von Wasserzuläufen durch Abdichten von Fahrbahn und Randbereichen.

Die hierfür erforderlichen baulichen Maßnahmen oberhalb des Planums sind Teile des frostsicheren Oberbaus.

Gewöhnlich wird über dem frostempfindlichen Untergrund bzw. Unterbau eine Schicht aus ungebundenem Kies, Schotter oder Recyclingmaterial als Frostschutzschicht eingebaut. Diese Lage wirkt als Flächendränschicht und bei aufsteigender Bodenfeuchte auch als kapillarbrechende Kiesschicht. Sie schützt den

Oberbau vor Frosteinwirkungen und übernimmt eine lastverteilende tragende Funktion.

Die Stärke der einzubauenden Frostschutzschichten ist in RStO geregelt. Der Ausgangswert für das Bestimmen der Mindestdicke des frostsicheren Oberbaus richtet sich nach der Frostempfindlichkeitsklasse von Untergrund bzw. Unterbau sowie nach der Belastungsklasse der Straße.

Bei einem als gering bis mittel frostempfindlich eingestuften Boden der Frostempfindlichkeitsklasse F2 variiert die Mindestdicke des frostsicheren Straßenaufbaus zwischen 40 und 55 cm.

Bei einem als sehr frostempfindlich eingestuften Boden der Frostempfindlichkeitsklasse F3 variiert die Mindestdicke des frostsicheren Straßenaufbaus zwischen 50 und 65 cm.

Diese Mindestdicken müssen den regionalen und örtlichen Gegebenheiten angepasst werden, woraus sich eine Verstärkung oder Minderung für die notwendige Dicke des frostsicheren Oberbaus ergeben kann.

Das Anpassen an die örtlichen Gegebenheiten ist in den RStO, Tab. 7 geregelt.

Mehr- oder Minderdicken ergeben sich aus:

- Frosteinwirkungszone,
- Entwässerung der Fahrbahn und Ausbildung der Randbereiche,
- Wasserverhältnisse im Untergrund,
- Lage der Gradienten (Einschnitt, Damm),
- kleinräumige Klimaunterschiede.

Beim Zusammentreffen mehrerer ungünstiger Gegebenheiten können unter dem Einfluss der örtlichen Verhältnisse Verstärkungen des frostsicheren Aufbaus in der Größenordnung 10–20 cm (seltener 30 cm) erforderlich werden.

Für die verschiedenen möglichen Straßenbauweisen sind in den Tafeln 1 bis 6 der RStO die möglichen Varianten zur Art und Ausbildung des frostsicheren Oberbaus sowie zur Art und Ausbildung der Tragschichten festgelegt.

Die Anforderungen an Baustoffe, Zusatzstoffe und Bindemittel sowie an das Herstellen und Prüfen der Tragschichten sind in den unter 12.5 aufgeführten „Zusätzlichen Technischen Vertragsbedingungen und Richtlinien“ und den dort aufgeführten „Technischen Lieferbedingungen“ geregelt. In Österreich gelten die „Technischen Vertragsbedingungen RVS 8 S.05.11: Oberbauarbeiten (ohne Deckenarbeiten), Tragschichten, ungebundene Tragschichten, Blatt 1–3“ (1997). Für den Neubau und die Instandsetzung von Gleisanlagen der Deutschen Bahn AG gilt die Bahn-Norm BN 918062 – Technische Lieferbedingungen (TL): „Korngemische für Trag- und Schutzschichten zur Herstellung von Eisenbahnfahrwegen“.

Für den frostsicheren Straßenbau nennt Floss (1997) folgende Bauweisen:

- Frostschutzschicht aus ungebundenem, grobkörnigem und frostsicherem Material (Kies, Sand, Schotter, Schlacken);
- Frostschutzschicht aus gebundenem, grobkörnigem und frostsicherem Material (Kies, Sand, Schotter, Schlacken);
- Frostschutzschicht aus verfestigtem feinkörnigem Boden;
- Frostschutzschicht aus Leichtasphalt oder Polystyrolbeton;
- Frostschutzschicht aus hartem Schaumkunststoff.

Gesammelte Erfahrungen haben ergeben, dass ein Ersatz von frostempfindlichem Boden nicht bis zur vollen Frosteindringtiefe erforderlich ist. Bei frostsicherem Aufbau in vorgeschriebener Stärke nach RStO treten im Allgemeinen keine Frostschäden auf.

Tunnelbau – unterirdischer Hohlraumbau

Wolfgang Dachroth

W. Dachroth, *Handbuch der Baugeologie und Geotechnik,* DOI 10.1007/978-3-662-46886-9_13

13.1 Geologie und Tunnelbau

Ein Tunnel ist ein dem Verkehr dienendes Bauwerk, das unterhalb der Erd- oder Wasseroberfläche liegt und in geschlossener Bauweise hergestellt wird. Unterirdische Bauwerke, die in offener Bauweise hergestellt werden, gelten ab einer Länge von 80 m (bei Straßentunneln aus lichttechnischen Gründen festgelegt) als Tunnel, bei kleineren Längen sind sie als Brücken anzusehen. Tunnelartige Bauwerke gelten als Tunnel, wenn es sich bei ihnen um teilabgedeckte unter- oder oberirdische Verkehrsbauwerke, oberirdische Einhausungen von Verkehrswegen oder Kreuzungsbauwerke mit anderen Verkehrswegen handelt.

Im Folgenden werden im Wesentlichen nur unterirdische, in geschlossener Bauweise hergestellte Bauwerke als Tunnel bezeichnet.

Während früher der Bau von Tunneln ausschließlich zur Überwindung topographischer Hindernisse bei der Führung eines Verkehrsweges erfolgte, geben heute auch ökologische Anforderungen Anlass, Tunnel zu bauen. Die Erhaltung der Geländeoberfläche aus Gründen des Landschafts- und Biotopschutzes sowie das Verringern von Lärmbeeinträchtigungen sind derartige ökologische Anforderungen.

Der Tunnel- und Stollenbau ist eine technische Wissenschaft, welche sich in ihren Anfängen vom Bergbau ableitet. Heute wird der Tunnelbau vom Ingenieur der Fachrichtung Tunnelbau oder auch Tiefbau betrieben und von den Fachrichtungen Felsmechanik, Baugeologie und Regionalgeologie betreut. Im Tunnel- und Stollenbau strebt man formbeständige und langzeitlich feste Hohlräume an, welche in ihrem geforderten Lichtraumprofil bestimmten Verkehrsnormen entsprechen müssen. Diese hohen Anforderungen werden beim Bergbau, etwa bei der Streckenführung, nicht gestellt. Der Bergbau erstellt kurzfristige Hohlräume mit dem Ziel Bodenschätze zu gewinnen. Im Tunnelbau achtet man hingegen auf einen gebirgsschonenden Ausbruch und vermeidet nach Möglichkeit jede Art der Gebirgsauflockerung, denn das Gebirge ist statischer Bestandteil der Tunnelkonstruktion.

Weniger aus der Zeit der klassischen Tunnelbauweisen (1830 bis 1914) und vermehrt aus unserer Zeit mit dem modernen Felshohlraumbau bestehen eine Vielzahl an theoretischen Abhandlungen und Ableitungen zur Statik und Standsicherheit von Hohlräumen unter Tage.

Beim Übertragen von Erfahrungswerten auf neue Tunnelbauvorhaben kommt der Geologie ein hoher Stellenwert zu.

Nach Baukörperform und Nutzung wird im unterirdischen Hohlraumbau zwischen Tunneln, Stollen, Kammern, Kavernen und Schächten unterschieden. Leitungen mit kleinen Querschnitten können durch verschiedene Verfahren in geschlossener Bauweise (Mikrotunnelbau) eingebaut werden.

- *Stollen*
  sind für den Leitungs- und Richtstreckenbau bestimmt und haben meist kleinere Durchmesser.
- *Tunnel*
  sind für den Verkehrswegebau bestimmt und haben entsprechend große Querschnitte.
- *Kammern*
  sind Hohlräume bis etwa 10 m Breite.
- *Kavernen*
  sind große Hohlräume (Hallen) bis etwa 35 m Breite.

Bei Neigungen zwischen 10 und 45° spricht man von Schrägstollen, zwischen 45 und 90° von Schrägschächten bzw. Schächten.

Typische Querschnittsformen stellen Kreisprofil, Maulprofil, Hufeisenprofil, Nordisches Profil (Torbogenprofil), Rechteckprofil und Trapezprofil dar (■ Abb. 13.1 und 13.2). Nach der Lage der Geländeoberfläche und der Streckenführung unterscheidet man zwischen:

- *Kammtunnel*
  einen Bergkamm durchstoßend;
- *Scheiteltunnel*
  Kammtunnel am höchsten Punkt einer gebirgsquerenden Straße oder Strecke;
- *Basistunnel*
  Kammtunnel etwa in der Höhe der Talsohle;
- *Nasentunnel*
  eine Bergnase, einen Bergsporn durchstoßend;
- *Lehnentunnel*
  Tunnel parallel zum Berg;
- *Galerien*
  Lehnentunnel mit zahlreichen Öffnungen;
- *Kehrtunnel*
  die Wegstrecke beschreibt im Gebirge eine Schleife, um die zum Überwinden der Steigung erforderliche Längserstreckung zu erhalten.

Neben dem Fels-Tunnelbau bietet der Tunnelbau in Lockergesteinen besondere Schwierigkeitsgrade. Hierbei besteht sowohl die Möglichkeit des bergmännischen Vortriebes in der Neuen Österreichischen Tunnelbauweise (NÖT, heute auch oft als Spritzbetonbauweise bezeichnet) und im Schildvortrieb als auch das Auffahren von Tunnelhohlräumen in offenen Baugruben.

Im Tunnelbau ist stärker als in allen anderen Sparten des Bauwesens die Zusammenarbeit des Ingenieurs mit dem Geologen von großer Bedeutung. Von der geologischen Vorerkundung des Geländes werden Planung, Linienführung und Querschnittsausbildung, aber auch Ausschreibung und Ausführung mitbestimmt. Nach ZTV-ING, Teil 5, Abschnitt 1 (2012) werden die geotechnischen Untersuchungen gegliedert in:

- Untersuchungen in der Planungsphase,
- baubegleitende Untersuchungen,
- Untersuchung nach Fertigstellung.

In der Planungsphase bei der geologischen Bauvorbereitung ist zu unterscheiden zwischen

- einer regionalgeologischen Bestandsaufnahme;
- einer baugeologischen Bestandsaufnahme;
- einer hydrogeologischen Bestandsaufnahme.

13.1.1 Regionalgeologische Bestandsaufnahme

Die regionalgeologische Bestandsaufnahme sollte durch ortskundige Fachgeologen erfolgen. Die geologische Vorarbeit besteht in der Geländeaufnahme und Kartierung des betreffenden Gebietes

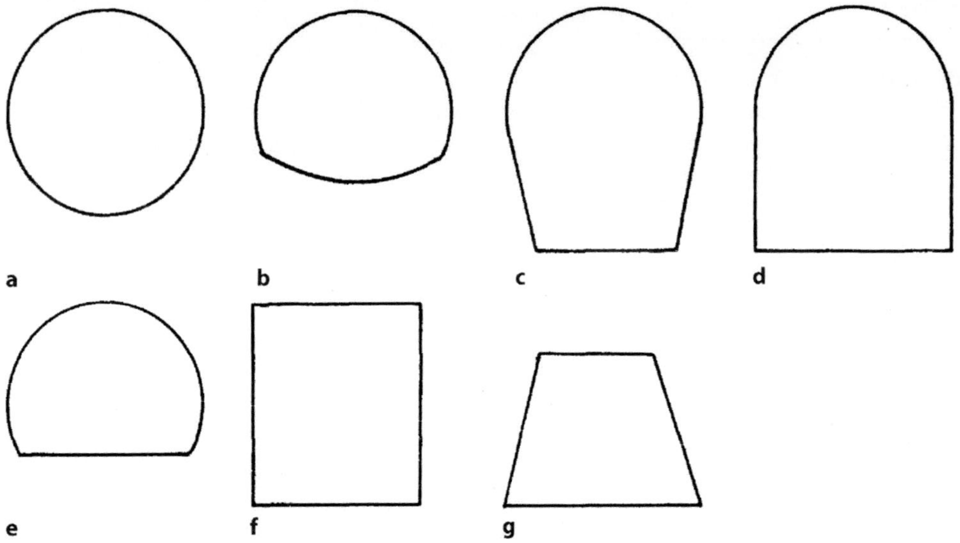

Abb. 13.1 Querschnittsgestalt von Stollen- und Tunnelröhren. **a** Kreisprofil, **b** Maulprofil, **c** Hufeisenprofil, **d** Torbogenprofil, **e** Halbkreisprofil, **f** Rechteckprofil, **g** Trapezprofil

sowie in der Auswertung der bestehenden Literatur und Kartenwerke. Dabei ist es wichtig, dass die geologische Untersuchung nicht nur im Bereich der geplanten Tunneltrasse, sondern auch in deren Umland durchgeführt wird. Einen wichtigen Beitrag bietet in diesem Stadium die Auswertung von Luftbildern (Prinz et al. 1981, 2010).

Neben der stratigraphischen, petrographischen, tektonischen und gefügekundlichen Kartierung des Gebirges sollten bei flacher Untertunnelung die Deckschichten getrennt ausgearbeitet werden. Vernässungen, Quellen und Hangbewegungen sind im weiteren Bereich des geplanten Bauvorhabens aufzunehmen. Schichtlagerung und Faltenbau sind in geologischen Karten, Geländeschnitten, Blockbildern und gegebenenfalls in Streichlinienkarten darzustellen.

Die tektonischen Bruchstrukturen werden auf gesondertem Plan ausgearbeitet und durch Gefügediagramme und Strukturbilder verdeutlicht. Soweit in diesem Stadium Schürfgruben ausgehoben oder Bohrlöcher abgeteuft werden, werden diese gezielt angesetzt, um bestehende Lücken im Erkenntnisstand zu schließen und um die aus der Schichtlagerung erarbeiteten Untergrundverhältnisse zu überprüfen und zu vervollständigen. Das Ansetzen der Bohrpunkte sollte in jedem Fall vom Geologen vorgenommen werden.

Bei komplizierten tektonischen und stratigraphischen Verhältnissen und bei größerer Gebirgsüberlagerung, wo Bohrungen unwirtschaftlich sind, sollte der geologische Aufbau des Gebirges mit der Methode der vergitterten Profile untersucht werden. Aus vergitterten Profilen kann der Verlauf der einzelnen Mulden und Sättel, Überschiebungszonen oder größeren Störzonen gut überprüft werden. Aus vergitterten Profilen kann ein Horizontalschnitt in Stollenebene erstellt werden, in dem die günstigste Lage der Stollentrasse zu erkennen ist. Aus den vergitterten Profilen und dem Horizontalschnitt kann auch ein geologisches Modell erstellt werden (Innerhofer und Loacker 1983, Loacker 1988).

Die regionalgeologische Bestandsaufnahme ist eine der Grundlagen für die Planung. Diese Bestandsaufnahme soll bis ins Detail die ganze Fülle stratigraphischer, petrographischer, tektonischer, gefügekundlicher und auch paläontologischer Daten liefern. Besondere Aufschlusspunkte, Fossilvorkommen und schüt-

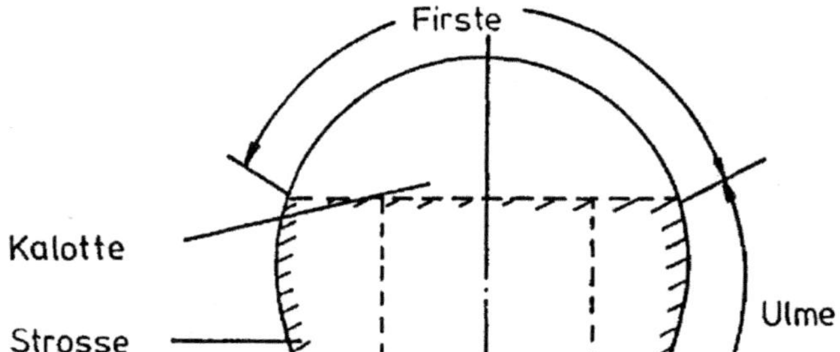

Abb. 13.2 Bezeichnungen für Teile des Querschnittes (**a**), des Längsschnittes (**b**) und den sprengtechnischen Vortrieb (**c**,**d**) beim Tunnelbau

zenswerte Felsbildungen sind zu benennen. Es sollten bereits in diesem frühen Stadium der Untersuchung alle bestehenden Stollenaufschlüsse in gleichen oder ähnlichen Gesteinen überprüft und für die Stollenprognose ausgewertet werden. Weiterhin ist besonderer Wert auf diejenigen geologischen Gegebenheiten zu richten, die einen Stollenvortrieb extrem verteuern bzw. unmöglich machen, wie vergrabene Täler mit Grundwasserführung,

Anfahren von hangtektonisch aufgelockerten Gebirgsbereichen (Rutschungen, Bergzerreißungen, Kriechhänge), tiefreichende Karstgebiete, Großstörungen bzw. seismisch noch aktive Zonen.

Die hydrogeologischen Verhältnisse werden gesondert ausgearbeitet. Bestandsaufnahmen aus den Nachbardisziplinen werden angeregt.

Vom Planer muss verlangt werden, dass er in der Lage ist, alle aufgeführten Daten zu verstehen und zu bewerten. Zum Verständnis des geologischen Details kann der Baugeologe herangezogen werden. Weitere Fachberatungen sind über die Naturschutzbehörden mit ihren nachgeordneten Institutionen möglich. Bei kleineren Bauvorhaben wird bisweilen der Baugeologe die regionalgeologische Bestandsaufnahme und die hydrogeologische Bestandsaufnahme mit erstellen.

Die Planfeststellung für den endgültigen Verlauf der Tunneltrasse ergibt sich aus der Optimierung von verkehrstechnischen, ökologischen, bautechnischen und volkswirtschaftlichen Parametern. Bei der Festlegung der Linienführung kann man, soweit es sich nicht um einen Straßen- oder Eisenbahntunnel mit festen Zwangspunkten und festgelegten Entwurfsgrößen („Richtlinien für die Anlage von Straßen: Linienführung“, RAS-L) handelt, die geologischen Verhältnisse berücksichtigen und stollenbautechnisch ungünstige Zonen umgehen oder auf kurzem Wege queren. Vorhersehbare Zustände während des Tunnelbaus und danach, die das Grundwasser beeinflussen oder das Wasserrecht tangieren, müssen rechtzeitig in der Planfeststellung geregelt werden (vgl. ▶ Abschn. 13.1.3). Druckwasserstollen sind so tief in den Berg zu verlegen, dass der Gebirgswasserdruck über dem Innendruck des Stollens liegt (Loacker 1988).

Nach dem Stand der Planung wird zwischen Raumordnungsverfahren und Planfeststellungsverfahren unterschieden.

13.1.2 Baugeologische Bestandsaufnahme

Nach der Festlegung des Trassenverlaufs wird die weitere baugeologische Untersuchung gezielt auf diesen Trassenverlauf ausgerichtet. Dabei werden mehrere Bohrungen in der Achse des Tunnels angesetzt. Nachteilig kann es sein, wenn eine Erkundungsbohrung unmittelbar durch den späteren Tunnelquerschnitt führt, da so bei unsachgemäßer Bohrlochverfüllung eine künstliche Wasserwegsamkeit für Bergsickerwässer geschaffen wird, die den Tunnelvortrieb erschwert. Die Bohrungen sollen auch den Untergrund des Tunnels mit ergründen. Besonders wichtig ist das genaue Erkunden der späteren Portalbereiche, da hier in vermeintlich topografisch günstiger Lage oft Schwächezonen angetroffen werden, die für Überraschungen sorgen und zu Arbeitsverzögerungen führen wie auch zusätzlich eine zumeist aufwendige Sicherung erfordern. Neben der Baugrunduntersuchung können die Bohrungen zugleich Auskunft über die Grundwasserverhältnisse geben. Es ist rechtzeitig zu überprüfen, ob das Bohrloch noch anderweitig genutzt werden kann, z. B. für eine Grundwasserbeobachtung.

Bei großer Gebirgsüberlagerung sind enge Bohrabstände unwirtschaftlich. Bohrungen sind nur mehr vereinzelt gezielt zum Auffinden von Strukturen anwendbar. Auch seismische Untersuchungen können einen gewissen Aufschluss zur Qualität des zu durchörternden Gesteines geben, ebenso über den Tiefgang einer Rutschung oder einer Talfüllung. Am aussagekräftigsten und genauesten sind seismische Sondierungen dann, wenn sie an Bohrprofilen geeicht werden können.

Neben der stratigraphischen und petrographischen Ansprache der Bohrproben erfolgt zugleich das geophysikalische Untersuchen und Beschreiben im Sinne der Bodenmechanik oder der Felsmechanik.

Bei stark wechselnden Gebirgsarten, intensiver Faltung und starker tektonischer Beanspruchung (z. B. Boudinage) können Bohrungen, auch in größerer Anzahl, nicht allein zum Anfertigen eines für die Planung und Ausschreibung der Tunnelarbeiten ausreichend genauen Geländeschnittes herangezogen werden (◘ Abb. 13.3).

Beste Aussagekraft im Hinblick auf die vorliegenden geologischen Verhältnisse, die Wasserführung und die Abbaubarkeit und Standfestigkeit des Gebirges bietet ein Richtstollen (Pilotstollen). Richtstollen bieten zugleich günstige Voraussetzungen für felsmechanische Untersuchungen zur Verformung und Spannungsumlagerung im Gebirge. Sehr vorteilhaft für den Tunnelbau ist die mit dem Richtstollen erzielte Entwässerung des Gebirges, wodurch auch die Standfestigkeit des Tunnels erhöht wird.

Vor Beginn der eigentlichen Tunnelarbeiten soll das baugeologische Gutachten Auskunft geben über:

- die im Bereich der Tunneltrasse auftretenden Gesteine;
- die Gesteinslagerung, dargestellt in Geländeschnitten parallel und quer zur Trasse;
- den Zustand der Gesteine bezüglich „Frische“, Verwitterung, Klüftung, Quellvermögen, Auslaugung und Auflockerung;
- den Wasserzulauf und dessen Einfluss auf die Bauarbeiten und die Standfestigkeit des Gebirges, Vordimensionierung der Abwasserleitung;
- den Chemismus des Wassers;
- die zu erwartenden Temperaturen im Gebirge;
- die Gasführung des Gebirges;
- die wirksamen boden- und felsmechanischen Kenngrößen;
- die qualitative Einstufung des Gebirges bezüglich der zu erwartenden Druckerscheinungen;
- die Einstufung des Gebirges in eine Gebirgsklasse zum Bemessen des Schwierigkeitsgrades bei Vortrieb, Sicherung und Verbau;
- die Vordimensionierung für Sicherung und Verbau der Tunnelröhre;
- Aufschlüsse, die typische Gesteinsverhältnisse zeigen;
- Tunnelvoreinschnitte und Portalbereiche.

Das baugeologische Gutachten dient vor Beginn der Baumaßnahme als wichtigste Unterlage für Planung und Ausschreibung.

Im Wesentlichen ist anzustreben, dass die beim Vortrieb angetroffenen Gebirgsverhältnisse im Rahmen der Ausschreibung richtig erkannt und eingestuft wurden, sodass berechtigte Mehrforderungen vonseiten der Bauausführung sich auf ein verträgliches Minimum beschränken. Alle kostenwirksamen Gebirgseigenschaften sind vom Baugeologen für die Ausschreibung in verständlicher Form darzustellen. Dies betrifft sowohl den Aufwand bei den Vortriebs- und Sicherungsarbeiten als auch ganz besonders die Ausführbarkeit der geplanten Tunnelkonstruktion.

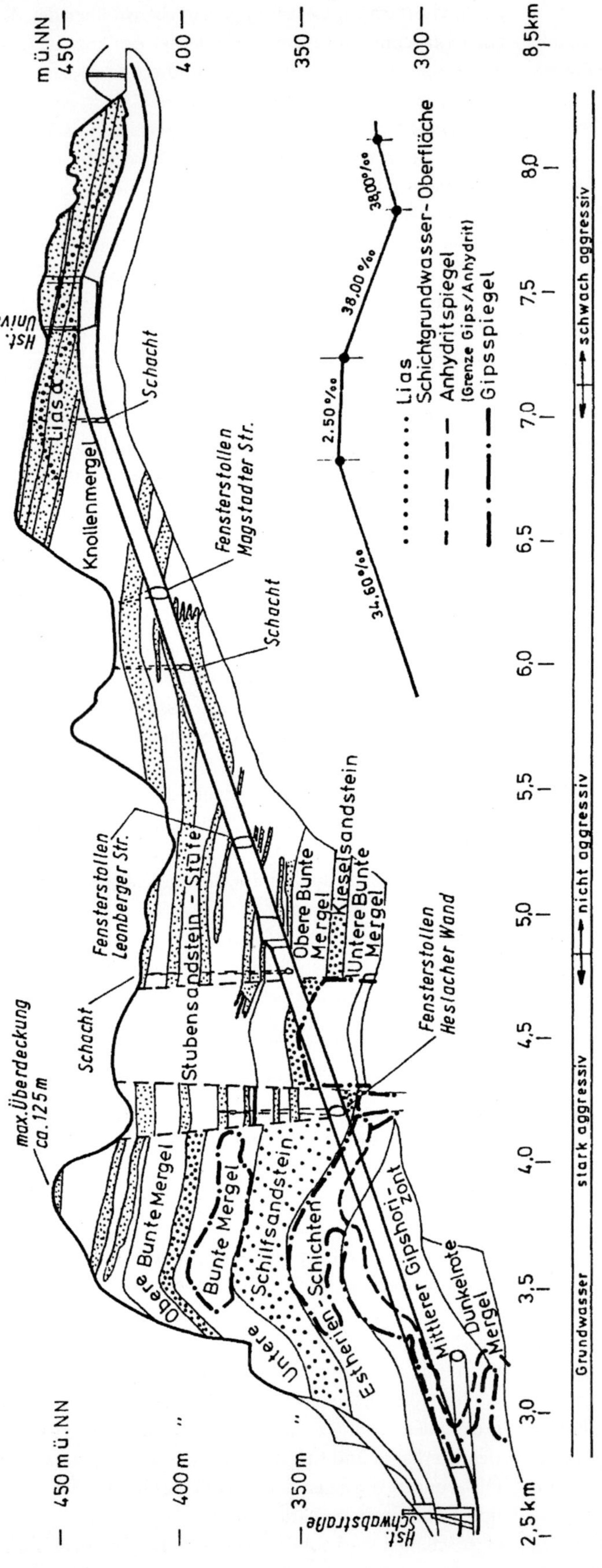

Abb. 13.3 Geologischer Längsschnitt für den Hasenbergtunnel in Stuttgart. (Bundesbahndirektion Stuttgart, Dezernat 78)

Für den Einsatz von Tunnelvortriebmaschinen beim Vortrieb spielt die möglichst genaue Beschreibung des Gebirges eine bedeutende Rolle. Je besser das Gebirge bekannt ist, umso genauer lassen sich die Leistungen von Maschinen kalkulieren. Wichtiger als beim Sprengvortrieb ist die Beschreibung des Mineralbestandes und des Mikro- und Makrogefüges. Die Boden- und Felsklassifizierung im Sinne eines sprengtechnischen Vortriebes genügt dem maschinellen Vortrieb nur unzureichend. Gesteinsänderungen können mit 100 % und mehr als Kostenfaktor für den Vortrieb zu Buche schlagen. Meißelkosten streuen bei unterschiedlichem Gebirge weit mehr als Sprengkosten.

Folgende Faktoren spielen hierbei eine wichtige Rolle:

- *in Mergelgesteinen*
  Tonanteil, Quarzanteil, Bindemittel, Klüftigkeit, Kluftabstand, Kalkgehalt;
- *in tonigen Gesteinen*
  Sand- und Quarzanteil, Kalk- und Gipsgehalt, Anhydritanteil, Klüftigkeit, Schichtung, Wassergehalt, Wasseraufnahme;
- *in sandigen Gesteinen*
  Quarzanteil, Bindemittel, Klüftigkeit, Tongehalt, Schichtung, Bankung.

Vorona 2012 gibt zum Meißelverbrauch [Meißel/m^3 gelöstes Gestein] nachstehenden Verschleiß an:

- Salz, Braunkohle < 0,01 Meißel/m^3 sehr gering
- Tonstein, Mergel 0,01 bis 0,05 Meißel /m^3 gering
- Sandstein, Kalkstein 0,05 bis 0,15 Meißel/m^3 mittel
- Sandstein, Quarzit 0,15 bis 0,3 Meißel/m^3 hoch
- Gneis 0,3 bis 0,5 Meißel/m^3 sehr hoch
- Dolerit, Konglomerat > 0,5 Meißel/m^3 extrem hoch

Neben den Meißelkosten sind bei mechanischem Vortrieb auch Angaben über extrem weiche Gesteine wichtig. Im Bereich der Abspannplatten (Gripperplatten) müssen dann druckverteilende Elemente unterlegt werden. Bei weichen Gesteinen in der Sohle besteht die Gefahr des Absinkens für den schweren Bohrkopf (Loacker 1988).

Besonders schwierig für den maschinellen Vortrieb ist der Wechsel von harten und weichen Gesteinen wie z. B. Sandstein-Tonstein-Wechselfolgen oder Kalkstein-Tonstein-Folgen. Hierbei kann nur mit geringem Anpressdruck gefahren werden, also nur eine geringe Vortriebsgeschwindigkeit erreicht werden. Der Wechsel der Geologie lässt sich direkt an der Vortriebleistung ablesen (Brosch 1988).

Aus dickbankigen und weitständig geklüfteten Gesteinen können bei ungünstiger Lage der Klüfte (45° zur Vortriebsachse) Blöcke herausgerissen werden und die Maschine verklemmen. Überhaupt ist ein ungünstiges Standverhalten des Gebirges für den maschinellen Vortrieb wesentlich folgenreicher als für den anpassungsfähigeren Sprengvortrieb. Eine feinstratigraphische Aufnahme der Schichtenfolge kann hier von technischem Interesse sein. Die Zusammenarbeit von Ingenieur, Felsmechaniker und Geologen erstreckt sich auf alle Stadien des Tunnelprojektes bis zur Bauabnahme und Wartung des fertigen Tunnels. Bei Abgabe eines baugeologischen Gutachtens zur Tunnelbauprognose sollte ausdrücklich auf die weitere Betreuung aufmerksam gemacht werden. Dies betrifft insbesondere:

- Mitsprache bei der Planung;
- Mitsprache bei der Ausschreibung;
- fortlaufende Aufnahme der geologischen Verhältnisse während des Vortriebes und eine geotechnische Beratung bei gegenüber der Vorhersage veränderten Gebirgsverhältnissen für Vortriebsarbeiten, Wasserhaltung, Standsicherheit und Verbau;
- Mitsprache bei der Auswahl der Vollschnittmaschine, Teilschnittmaschine, Reißgeräte oder der Entscheidung für einen sprengtechnischen Vortrieb;
- Erstellen einer Tunneldokumentation und, hierauf aufbauend, eine Baubetreuung auch bei der Wartung des fertigen Tunnels;
- Beratung des Felsmechanikers beim Ansetzen und Auswerten von Kontrollmessungen, besonders beim Aussuchen von Homogenbereichen in der bereits verbauten Tunnelstrecke.

Stets ist die Zusammenarbeit zwischen Tunnelbauingenieur, Felsmechaniker, Baugeologen und Regionalgeologen anzustreben.

13.1.3 Hydrogeologische Bestandsaufnahme

Im Rahmen der Voruntersuchung von Tunnelbauwerken ist eine hydrogeologische Vorhersage zu treffen. Durch den Vortrieb des Tunnels wird das Gebirge aufgelockert und die Wasserwegsamkeit erhöht. Dies betrifft sowohl die Fließvorgänge im Grundwasser als auch die Sickerbewegungen oberhalb des Grundwasserspiegels. Bei Rissbildung sind Wasserzuläufe aus höher gelegenen Grundwasserstockwerken und aus Oberflächengewässern zu befürchten. Soweit möglich, ist ein Vortrieb im Grundwasserbereich zu vermeiden.

Die hydrogeologische Bestandsaufnahme unterscheidet zwischen:

- Auswirkungen des Tunnels und des Tunnelvortriebes auf das Grund- und Oberflächenwasser;
- Auswirkungen des zuschießenden Grund- oder Sickerwassers auf den Tunnelvortrieb, die Gebirgsstandfestigkeit und den Tunnelbetrieb.

Die Auswirkungen des Tunnels auf die Umwelt betreffen in erster Linie die Gefahr, dass bestehende Grundwasserfassungen, Brunnen und Quellen versiegen und dass Tagwässer trockenfallen oder einen verminderten Abfluss erleiden. Solche Konflikte zwischen Bauvorhaben, Hangwasser und Thermalwasser beschreiben z. B. Schindler und Riek (1991).

Das hydrogeologische Gutachten soll die Lage des Grundwasserspiegels mit charakteristischen Werten der Wasserstände und Wasserstandsganglinien im Einzugsgebiet des Tunnels beschreiben und kartographisch darstellen (Grundwassergleichenkarte) und alle wichtigen Quellaustritte und Wasserfassungen mit Schütt- oder Pumpleistung benennen. Vor Beginn der Stollenarbeiten sollten die genutzten Quellen im Umkreis des Stollens mindestens ein Jahr lang zur Beweissicherung gemessen werden. Die Auswahl dieser Quellen ist vom Geologen vorzunehmen. Die möglichen Wasserzuläufe zum Tunnel sind zu erörtern.

Wichtig ist die Lage des Bergwasserspiegels bei Druckstollen und Druckschächten. Wenn der Außendruck des Bergwasserspiegels mit Sicherheit höher ist als der Innendruck, wird keine wasserdichte Auskleidung benötigt.

Wasserschäden sind besonders bei Kluft- und Karstwässern, bei stark durchlässigen Sanden und Kiesen und beim Vorliegen eines Druckwasserspiegels kurzfristig zu erwarten. Auch ein allmählicher Abbau des Grundwasservorrates über die Tunneldränage ist zu vermeiden. Spritzbetonbauweisen können den *p*H-Wert von Bergsickerwässern auf bis zu 12 erhöhen und dürfen daher gemäß den Wassergesetzen nicht ohne Neutralisation auf einen Mindestwert von 8,5 in die Vorfluter geleitet werden. Die erforderlichen Maßnahmen (z. B. auch eine Bodeninfiltration) sind von den anfallenden Sickerwassermengen abhängig und mit den Wasseraufsichtsbehörden abzustimmen. Eine weitere Gefahr für das Grundwasser liegt in einer möglichen Verschmutzung beim Vortrieb und Betrieb des Tunnels, besonders bei Abwasser- und Versorgungsstollen. Mögliche Wasserverluste bei Wasserleitungsstollen und Druckwasserstollen können auch zu schädlichen Wasseraufbrüchen im Gelände führen.

Für den Tunnelbauer bedeutet ein Zutritt von Wasser in jeder Form eine Erschwernis. Zutretendes Wasser beeinflusst die Arbeitsleistung, die Arbeitsmoral und die Gesundheit der Tunnelbauer. Daneben beeinflusst der Zulauf von Wasser die Standfestigkeit des Gebirges und die Haltbarkeit der Tunnelkonstruktion. Das Bemessen der zu erwartenden Wasserzuflüsse (Angabe in $l\,s^{-1}$) ist mit einem sehr hohen Risiko verbunden. Sowohl Überdimensionierung wie auch etwa erforderliche Ergänzung oder Vergrößerung von Abwasserleitungen und Pumpanlagen ist mit hohen Kosten verbunden.

Wichtig für die Ausschreibung und Kalkulation von Tunnelbauvorhaben sind die Art des zu erwartenden Wasserzulaufes (Schwitzen, Firstentropf, heftiger Regen von der Firste, Spaltenwasser, Karstwasser), die Wassertemperatur, die Wasserchemie und die Betonaggressivität (DIN 4030-1, -2).

Besonders gefürchtet sind unvorhersehbare Wasser- und Schlammeinbrüche (Muren) aus Störungen, Ruschelzonen, Spalten, Karsthohlräumen, alten bergmännischen Hohlräumen und aus Tagwässern, welche schon zahlreiche Menschenleben gefordert haben. Derartige Wassereinbrüche (bis zu $10.000\,l\,s^{-1}$) sind im verkarsteten und auch im stark gestörten Gebirge zwar generell vorhersehbar, das Anfahren von lokalen Karsthohlräumen kann jedoch nicht vorausgesagt werden. Ebenso kann das Anfahren von großen Störungszonen trotz genauer Lokalisation über Spalten und Ruschelzonen im benachbarten Gesteinsverband zu katastrophalen Wassereinbrüchen führen. Auch die Menge des zufließenden Wassers $[l\,s^{-1}]$ kann nicht im Voraus abgeschätzt werden, da diese neben dem hydrostatischen Druck (Höhe der Wassersäule) und einer weitgehend unbekannten Wassermasse von den wirksamen Querschnitten der angefahrenen, wasserführenden Hohlräume abhängt.

Kluftgrundwasserleiter und Karsthohlräume können ihr Wasser in kürzester Zeit abgeben, das Gebirge „blutet aus". Bei sehr starken Wassereinbrüchen ist damit zu rechnen, dass die Wasserschüttung in wenigen Stunden bis einigen Tagen abnimmt. Zum Vermeiden katastrophaler Wassereinbrüche werden beim Vortrieb weiträumige Vorausbohrungen empfohlen. Um größere Umweltschäden auf Dauer zu vermeiden, sind stärkere Wasserzuläufe durch Injektionen so zu verdämmen, dass das Grundwasser im Gebirge verbleibt und nicht über die Entwässerung des Tunnels auf Dauer abgeleitet wird.

Beim Tunnelvortrieb oberhalb des Grundwasserspiegels besteht die Möglichkeit, dass Sickerwasser von der Firste tropft und dass Regenwasser über Kluftbahnen zuläuft. Bei Starkregen und während der Schneeschmelze können solche Klüfte auch Druckwasser enthalten. Bei Karstwässern ist an die zahlreichen Erscheinungen unterschiedlicher Wasserführung, Wasseraustritte und Fließrichtung je nach Art des vorherrschenden Wasserdruckes zu erinnern.

Beim Tunnelvortrieb im Grundwasser kann Wasser an einzelnen Stellen zulaufen (Kluftwasserquellen) oder flächenhaft aus dem Gebirge in den Hohlraum eindringen. Der Zulauf aus einem Porengrundwasserleiter, aber auch aus einem engscharigen Kluftgrundwasserleiter (z. B. Phyllit) führt zum Firstentropf bis Firstenregen im Bereich des Vortriebes. Meist lässt dieser Firstenregen wenige Meter hinter dem Stoß nach oder verschwindet ganz. In dem die Tunnelröhre umgebenden Porengrundwasserleiter stellt sich ein Gleichgewicht zwischen Porengrundwasser und Porenluft ein, wobei durch Oberflächenkräfte im Porenraum der Grundwasserstrom zum Hohlraum zurückgehalten wird. Ein andauernder Zustrom von Grundwasser in den unverbauten Hohlraum hinein ist an Klüften gegeben.

Für den Maschinenvortrieb sind möglichst genaue Angaben über den zu erwartenden Wasserzulauf und besonders über den über längere Strecken als Firstenregen oder Spaltenzufluss mitwandernden Wasserzulauf wichtig. So werden z. B. bei größeren Wasserzuläufen vor dem Bohrkopf Feinteile des Ausbruchmaterials ausgewaschen und hinter dem Bohrkopf abgelagert. Die Sohle muss dann manuell gereinigt werden, was bei kleinem Fräsdurchmesser mühsam ist und zur Vortriebsverzögerung führt. Je nach Art des zu erwartenden Wasserzutrittes sind unterschiedliche Dränanweisungen zu geben (Flächendrän, Abschlauchen, Oberhasli-Verfahren).

Parallel zu den Vortriebsarbeiten und den damit verbundenem Entwässern ist eine hydrogeologische Dokumentation im Umkreis der Baumaßnahme und im frisch ausgebrochenen Hohlraum zu erstellen. Neben Beobachtungen in Beobachtungspegeln sind in der Tunnelröhre die hydrogeologischen Verhältnisse aufzuzeichnen und mit der hydrogeologischen Prognose zu vergleichen. Es kann sein, dass während des Vortriebes weitere spezielle hydrogeologische Untersuchungen erforderlich werden. Festzustellen sind die hydraulischen Druckverhältnisse im Gebirge, die Art und Stärke der Wasserzuläufe, die anfallenden Wassermengen und die Wasserchemie. Störzonen müssen vor dem Anfahren erkannt werden. Das Ansetzen von Entwässerungsbohrungen muss zeitgerecht erfolgen. Die baubegleitende hydrogeologische Bestandsaufnahme dient sowohl der Sicherheit im Tunnelbau als auch der Beweissicherung im Rahmen der Umweltverträglichkeitsprüfung (Schneider 1998).

13.1.4 Gasführung im Gebirge

Im Zuge der geologischen Vorarbeiten ist eine Aussage über mögliche Gasführung im Gebirge zu treffen. Die für den Tunnelbau wichtigsten Gase sind Kohlendioxid (CO_2), Kohlenmonoxid (CO), Schwefelwasserstoff (H_2S), Schwefeldioxid (SO_2),

Tab. 13.1 Grenzwerte der maximalen Arbeitsplatzkonzentration (*MAK*; aufgestellt von der Senatskommission der Deutschen Forschungsgemeinschaft) und sicherheitstechnische Kenngrößen brennbarer Gase (Nabert und Schön 1963, 1980) für die im Tunnelbau möglichen Gasaustritte

Stoffbezeichnung	Formel	Maximale Arbeitsplatzkonzentrationen 1988		Sicherheitstechnische Kenngrößen brennbarer Gase und Dämpfe					
		MAK		Dichteverhältnis (gasf.) (Luft = 1)	Explosionsgrenzen in Luft (Konzentration)				Zündtemperatur [°C]
		ml m^{-3} (ppm)	mg m^{-3}		Vol.-Konz. [%]		g m^{-3} (20 °C; 1013 mbar)		
					Untere	Obere	Untere	Obere	
Kohlendioxid	CO_2	5000	9000						
Kohlenoxid (Kohlenmonoxid)	CO	30	33	0,97	12,5	74,0	145	870	605
Methan	CH_4			0,55	5,0	15,0	33	100	595 (650)
Schwefeldioxid	SO_2	2	5						
Schwefelwasserstoff	H_2S	10	15	1,19	4,3	45,5	60	650	270
Stickstoffdioxid	NO_2	5	9						
Wasserstoff	H_2			0,07	4,0	75,6	33	64	560

Stickstoff (N_2), Stickstoffmonoxid (NO), Stickstoffdioxid (NO_2), Wasserstoff (H_2) und Methan (CH_4).

Methan, Kohlenmonoxid und Wasserstoff werden in kohleführenden oder erdölhaltigen Gesteinen sowie beim Vergären organischer Substanz (Faulgas) gebildet. Sie sind leichter als Luft.

Schwefelwasserstoff entsteht bei der Fäulnis von organischer Substanz, sehr oft von Grubenholz.

Das Auftreten von Kohlendioxid, Kohlenmonoxid, Schwefeldioxid und Stickstoff kann mit vulkanischen Prozessen im Zusammenhang stehen.

Stickstoffmonoxid und Stickstoffdioxid treten bei Sprengungen auf.

Von diesen Gasen sind besonders Methan und Wasserstoff wegen der Explosions- bzw. Schlagwettergefahr gefürchtet. Die Gefahr von Schlagwettern besteht bei einem Mischungsverhältnis von 5,5–13 % Methan in der Luft.

Giftig sind Kohlendioxid, Kohlenmonoxid, Schwefelwasserstoff, Schwefeldioxid, Stickstoffmonoxid und Stickstoffdioxid. Die Poren- und Klufthohlräume bilden die Bewegungsbahnen für die Gase. In undurchlässigen Gesteinen (z. B. Salz) können Gase auch unter Druck stehen und beim Anbohren explosionsartig freigesetzt werden (besonders CO_2).

Beim unterirdischen Hohlraumbau im granitischen Grundgebirge, in Porphyrgesteinen und allgemein in uranhaltigen und thoriumhaltigen Gesteinen kann das Gas Radon über die Luft oder über das Berg- oder Quellwasser emanieren oder ausströmen (Radon-Emanation, ▶ Abschn. 1.11)

Beim Auftreten schädlicher Gase ist für starke Bewetterung zu sorgen. Dadurch wird die Gebirgstemperatur erniedrigt, was auch jene Reaktionsabläufe vermindert, bei denen Gas frei wird (z. B. Oxidation von Pyrit und von kohliger Substanz).

Unabhängig von der Gasführung des Gebirges können in Höhlen und in alten Stollen Abweichungen in der chemischen Zusammensetzung gegenüber der atmosphärischen Luft vorliegen, welche bei zu niedrigen Sauerstoffgehalten toxisch wirken.

Die höchstzulässige Konzentration eines Arbeitsstoffes als Gas, Dampf oder Schadstoff in der Luft war als MAK-Wert (Maximale Arbeitsplatzkonzentration) festgelegt. Seit 2005 gilt in Deutschland der Arbeitsplatzgrenzwert (AGW). Die MAK-Werte sind jedoch noch immer gebräuchlich. Die sehr umfangreichen aktuellen Technischen Regeln für Gefahrstoffe (TRGS) werden vom Bundesministerium für Arbeit und Soziales herausgegeben und im Gemeinsamen Ministerialblatt (GMBl) bekannt gegeben. Daneben gibt es die sicherheitstechnischen Kenngrößen brennbarer Gase und Dämpfe. Wenn die von der Senatskommission der Deutschen Forschungsgemeinschaft aufgestellten MAK-Grenzwerte eingehalten werden, besteht im Allgemeinen keine Gefährdung der Gesundheit. Die wesentlich höheren sicherheitstechnischen Grenzwerte werden nicht erreicht (◘ Tab. 13.1). Dennoch ist darauf hinzuweisen, dass beim Auftreten von Gasen in untertägigen Hohlräumen (z. B. Methan) sehr schnell beide Grenzwerte überschritten werden können.

13.1.5 Gebirgswärme

Für den Bau großer Tunnel ist eine Voraussage über die anzutreffende Gebirgswärme wichtig. Bei hohen Temperaturen und hoher Luftfeuchtigkeit sinkt die Arbeitsleistung, sodass eine verstärkte Bewetterung und die Zuführung gekühlter Luft notwendig wird.

Die voraussichtliche Temperatur im Gebirge hängt von folgenden Faktoren ab:

- Jahresdurchschnitt der Bodentemperatur an der Geländeoberfläche (◘ Abb. 17.2);
- Verlauf der Geoisothermen im Gebirge (◘ Abb. 17.1);
- Wärmeleitfähigkeit der einzelnen Gesteinsschichten;
- Überlagerungshöhe;
- Reliefausgestaltung;
- Klüftung, Zerlegungsgrad, Störungszonen;

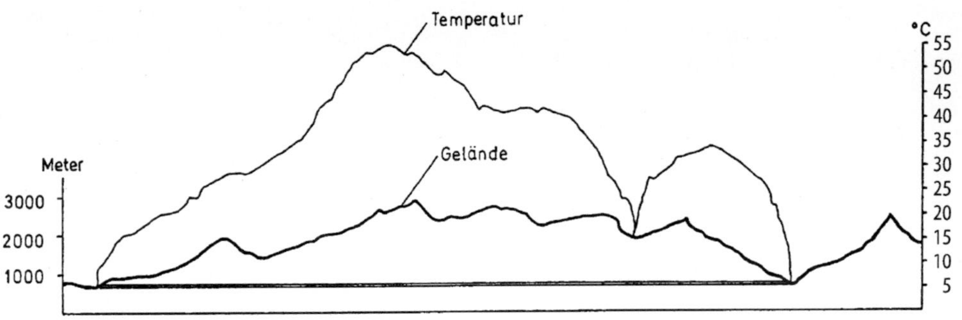

Abb. 13.4 Geothermisches Profil durch das Simplonmassiv in der Tunnelachse. (Umgezeichnet nach Andreae 1926)

- Wasserführung, hydrogeologische Situation mit absinkendem kaltem Wasser;
- hydrogeologische Situation mit aufsteigendem Thermalwasser.

Die Temperaturzunahme pro Meter, d. h. der Wärmegradient, beträgt in Mitteleuropa bei ebenem Gelände ca. 0,031–0,033 °C. Die geothermische Tiefenstufe, d. h. die Tiefe, in der die Erdtemperatur um 1 °C steigt, beträgt entsprechend 30–33 m. Die geothermische Tiefenstufe ist unter Gebirgszügen größer als unter einer Ebene. Unter tief eingeschnittenen Tälern ist der Wärmegradient größer und die geothermische Tiefenstufe kleiner als unter einer Ebene (Kappelmeyer 1961).

Die Linien gleicher Temperatur (Geoisothermen) verlaufen unter Ebenen parallel zur Oberfläche und bilden unter Gebirgen das Relief der Oberfläche abgeschwächt nach. Zur Tiefe hin verflacht sich diese Abweichung im Geoisothermenverlauf (Abb. 13.4).

Die geothermische Tiefenstufe ist in alten Kontinenten (z. B. Afrika mit ca. 60 m) groß, in Gebieten mit jungem Vulkanismus und junger Tektonik kleiner, besonders wenn Magma bis in Oberflächennähe aufgestiegen ist.

Der Wärmefluss der Erde wird durch die Wärmeleitfähigkeit der Gesteine und durch den mit dem Grundwasserstrom gegebenen Wärmeaustausch modifiziert. Der Geoisothermenverlauf zeigt in Gesteinen mit guter Wärmeleitfähigkeit einen weiten Abstand, bei schlechter Wärmeleitfähigkeit einen geringen Abstand.

Gesteine mit hoher Wärmeleitfähigkeit (4–6 $W\,m^{-1}\,K^{-1}$; W = Watt, K = Kelvin) sind Quarzit, Dolomit, Steinsalz, Sylvinit und Anhydrit. Mittlere Leitfähigkeit haben Kalkstein, Sandstein, Mergelstein und die magmatischen und metamorphen Gesteine wie Granit, Syenit, Diorit, Basalt und Gneis. Geringe Wärmeleitfähigkeit (< 1 $W\,m^{-1}\,K^{-1}$) haben Sand, Ton, Löss, Lehm, Kohle und Wasser.

Die Wärmeleitfähigkeit ist für die jeweilig gemessene Gesteinsprobe eine Konstante. Die Wärmeleitfähigkeit des Gesteins ist durch Porosität, Luft- und Wassergehalt sowie durch Klüftung, Schichtung und Schieferung verändert. Parallel zur Schichtung ist die Wärmeleitfähigkeit größer als senkrecht zur Schichtung.

Eine thermische Voraussage für den Tunnelbau aus Tiefbohrungen ist möglich, wobei jedoch durch Bohrvorgang, Spülung, Wasserführung und besonders durch den Austritt von Gasen starke Beeinflussungen gegeben sind. Nach Hedemann (1967) sind Aussagen mit etwa 2 °C Genauigkeit möglich.

Liegen keine Daten aus Bohrungen vor, so ist nach Szechy (1969) und Andreae (1926) folgende abschätzende Berechnung möglich:

Tab. 13.2 Durchschnittliche Temperaturdifferenz zwischen Luft und Boden in Abhängigkeit von der Höhenlage

Höhe ü. NN [m]	*k* [°C]
0	0,8
500	1,0
1000	1,3
1500	1,7
2000	2,3
3000	3,0

- Ausgangspunkt der Berechnung ist die Jahresdurchschnittstemperatur l_{t0} an einem bestimmten Ort *P*′;
- gesucht ist die Jahresdurchschnittstemperatur der Luft l_t und des Bodens t_0 am Punkt *P* oberhalb des Tunnels.

$$t_0 = l_t + k = l_{t0} - \frac{h_1}{x} + k$$

h_1 = Höhendifferenz zwischen *P* und *P*′
x = Höhenstufe der Luft, in der die Temperatur um 1 °C abnimmt (Größenordnung 150–220 m)

k gibt den Unterschied zwischen den Jahresdurchschnittstemperaturen der Luft und des Bodens nach Königsberger (1908) in Abhängigkeit von der Höhenlage an (Tab. 13.2).

Die Temperatur im Tunnel in der Tiefe *h* unter dem Punkt *P* beträgt nach Szechy (1969):

$$T = l_t + k + \frac{h - C}{G}$$

C = Mächtigkeit der durch die Außentemperatur beeinflussten Erdschicht (20–25 m)
G = geothermische Tiefenstufe

Vom Tunnel oder Stollen aus kann die Gebirgstemperatur (Felstemperatur) mit der Bohrlochmethode und mit der Infrarotmethode gemessen werden (Barounig und Köhler 1996).

Bei der Bohrlochmethode werden in die Ulmen des Tunnels leicht geneigte, 5–7 m tiefe Löcher gebohrt, mit Wasser gefüllt und gegen den Tunnel abgedichtet. Die Temperatur wird über eingebaute Thermometer oder Messfühler abgelesen. Vorteile dieser Methode sind Genauigkeit und langzeitige Kontrollmöglichkeit. Nachteilig ist, dass der Einbau des Messsystems dem Vortrieb mit räumlichem und zeitlichem Abstand folgt.

Bei der Infrarotmethode wird die Temperatur der Felsoberfläche mittels Infrarotsensor gemessen. Freigelegte Felsoberflächen können im Vortriebsbereich sofort gemessen werden. Durch Wechselwirkungen zwischen Felsoberfläche und Bewetterung (Verdunstungskälte) können sich Fehler einstellen. Nach Auftrag von Spritzbeton und Einbau der Tunnelauskleidung sind Messungen nicht mehr sinnvoll.

Erfahrungsgrenzwerte für Temperaturen in Tunnels werden als Berechnungsannahmen für Tunnelinnenschalen in den „Zusätzlichen Technischen Vertragsbedingungen und Richtlinien für den Bau von Straßentunneln, Teil 1“ (1995) angegeben. Neuere Arbeiten zur Felstemperaturprognose des Gotthard-Basistunnels und des Tunnels am Lötschenberg stammen von Busslinger & Rybach (1999) und von Rybach & Busslinger (1999).

13.1.6 Geotechnische Beschreibung des Gebirges

Das baugeologische Gutachten weist die in der Tunneltrasse anstehenden Gesteine nach Gesteinsart, geologischer Lagerung, tektonischer Beanspruchung, Verwitterungsgrad und Wasserführung aus. Die für die Gebirgsbetrachtung wichtige Aufnahme des Trennflächengefüges unterscheidet zwischen verschiedenen Trennflächenscharen (Kluftscharen) oder Trennflächensystemen (Kluftsysteme). Für jedes System wird getrennt die Klüftigkeitsziffer k, der Kluftabstand m, und der Durchtrennungsgrad [%] ermittelt (► Abschn. 1.3).

Beim geotechnischen Beschreiben werden Gesteine mit gleichen physikalischen Eigenschaften zusammengefasst. Das Auftreten von verschiedenartigen Gesteinen oder von petrographisch gleichartigen Gesteinen mit verschiedenartiger Beanspruchung durch Tektonik, Verwitterung und Wasserführung verlangt für jede Gesteinsart (im technischen Sinne) ein geotechnisches Beschreiben des Gebirgsabschnittes.

Zu den wichtigsten zahlenmäßig darstellbaren Kenngrößen für den Tunnelbau gehören:

- Festigkeitseigenschaften:
  - Druckfestigkeit σ_n [MN m^{-2}];
  - Zugfestigkeit σ_z [MN m^{-2}];
  - Scherfestigkeit τ [MN m^{-2}];
  - geotechnische Kohäsion c [MN m^{-2}];
  - Reibungswinkel auf den Trennflächen φ [°].
- Verformungseigenschaften:
  - Elastizitätsmodul E [MN m^{-2}];
  - Verformungsmodul E_v [MN m^{-2}];
  - Schubmodul G [MN m^{-2}];
  - Querdehnungszahl m (dimensionslos);
  - Volumenänderung beim Bruch V_b [%];
  - Volumenänderung beim Quellen V_q [%];
  - Quelldruck q [MN m^{-2}].
- Momentaner und ursprünglicher Zustand des Gebirges:
  - erdgeschichtlich bekannte und maximale Überlagerungshöhe H [m];
  - primärer Spannungszustand σ, τ [MN m^{-2}];
  - Seitendruckziffer λ (dimensionslos);
  - Korndichte des Gesteins (spezifisches Gewicht) ρ_S [t m^{-3}];
  - Dichte des feuchten und trockenen Gesteins ρ_f, ρ_d [t m^{-3}];
  - Porenanteil n, Wassergehalt w, Glühverlust V_{gl} [%].
- Grundwasser und Grundwassereigenschaften
  - Grundwasserstand und Variation,
  - Einzugsgebiet des zufließenden Grundwassers (oberirdisch, unterirdisch),
  - Art des erwarteten Grundwasserzulaufs, Fließ- und Sickerwege,
  - Menge des zu erwartenden Grundwasserzulaufs,
  - Verweildauer/Fließdauer des zusickernden Wassers im Gebirge,
  - Grundwasserchemie und Aussagen zu möglicher Sinterbildung,
  - Aggressivität des Wassers gegen Baustoffe,
  - Gefahr möglicher Hohlraumbildung durch Lösen oder Subrosion im benachbarten Gestein.
- Geotechnische Aussagen zum Schildvortrieb im Lockerboden in Anlehnung an ZTV-ING, Teil 5 Tunnelbau, Abschnitt 3.
  - Hindernisse im Baugrund, Fundamente, Blöcke
  - Aussagen zu möglichem Suspensionsverlust in Hohlräumen oder Grobporen,
  - Aussagen zur Stabilität der Ortsbrust (gespanntes Grundwasser, Fließgeschwindigkeit und Transportkraft des Wassers im anstehenden Boden, starker Wechsel bei Wasserstand, Tideeinflüsse, Salzgehalt, Fließsand, Gefahr des Aufquellens von Mineralen),
  - Aussagen zur Zusammendrückbarkeit des Bodens und zu möglicher Setzungsgefahr für das Bauwerk,
  - Aussagen zu Maßnahmen der Bodenverbesserung und Injizierbarkeit für den zu durchfahrenden Boden oder für die zu durchfahrenden aufgelockerten Felspartien,
  - Aussagen zur Verspannbarkeit der Maschine im Boden oder Fels,
  - Aussagen zu möglichen natürlichen Schwermetallbelastungen im geförderten Boden oder Ausbruchmaterial,
  - Aussagen zu möglichen (künstlichen) Kontaminationen im geförderten Boden oder Ausbruchmaterial,
  - Aussagen zur Deponierbarkeit und zu erforderlichen Maßnahmen beim Deponieren des geförderten Boden- oder Ausbruchmaterials.

Der Geotechnische Bericht bildet die Grundlage für Planung, Ausschreibung und Bauausführung (ZTV-ING, Teil 5 Tunnelbau 2012). In diesem werden über die gesamte Tunnelstrecke hinweg die Abschnitte mit gleichbleibender Gebirgscharakteristik ausgewiesen. Für diese Abschnitte (Homogenbereiche) werden die charakteristischen Kenngrößen mit möglicher Streubreite benannt. Dies dient durchgängig dem Zuordnen zu Gebirgsklassen und/oder Vortriebsklassen. Auf Schwächezonen im Gebirge mit vorhersehbaren Instabilitäten ist im Prognosebefund aufmerksam zu machen.

Der Geotechnische Bericht ist Grundlage für die Standsicherheitsnachweise nach ZTV-ING, Teil 5 Tunnelbau, Abschnitt 3.

13.2 Gebirgsklassifikation für das Planen, Bemessen und Herstellen unterirdischer Hohlräume

Für das Planen, Bemessen und Herstellen unterirdischer Hohlräume im Gebirge ist es für das Bemessen des Schwierigkeitsgrades wichtig zu wissen, wie sich der Fels während der Ausbrucharbeiten verhält und welche Sicherungs- und Verbaumaßnahmen zu treffen sind.

Aus der Vielzahl der eingehenden wirksamen Parameter und der Vielzahl möglicher Fragen ist das Zuordnen zu Gebirgsklassen verschiedener Klassifikationssysteme vorzunehmen. Klassifikationsmethoden wurden von Lauffer (1958, 1988), Berger (1969), Barton et al. (1974) und Bieniawski (1973) erstellt. Daneben gibt es Schriften zur Würdigung und Ergänzung des Lauffer-Diagramms (Körner 1971, Müller-Salzburg 1979, Detzlhofer 1979).

Mit dem Zuordnen des Gebirges zu einer bestimmten Gebirgsklasse – es sind verschiedene Gebirgsklassen mit unterschiedlicher Zielrichtung entstanden – versucht man aufkommenden Fragen nach einem gezielten Bewerten der Gebirgsqualität zu begegnen. Nach Bieniawski (Kolymbas 2011) hat die Gebirgsklassifikation die Ziele:

- Begriffe für die Kommunikation zwischen verschiedenen Fachdisziplinen vorzulegen,
- Signifikante Gebirgsparameter für das Gebirgsverhalten herauszustellen,
- das Gebirge in Homogenbereiche zu unterteilen,
- eine Möglichkeit zu schaffen, um Erfahrungswerte von anderen Tunnelbauwerken zu übertragen,
- Kennwerte für den Entwurf vorzulegen.

Das Einstufen des Gebirges in eine bestimmte Gebirgsklasse dient:

- als Unterlage für das Planen und Vordimensionieren der Sicherungs- und Verbaumaßnahmen, für das Abschätzen der Baukosten und für das Erstellen der Zeitpläne;
- als verbindliche Unterlage zur Preiskalkulation bei der Ausschreibung;
- während der Bauausführung als Orientierungshilfe für tunnelstatische und bautechnische Ausbaumaßnahmen.

Dabei ist über das Gebirgsstandfestigkeitsverhalten hinaus bei den verschiedenartigen Vortriebsarbeiten (Sprengvortrieb, Vortrieb mit Tunnelbagger, Fräsvortrieb, Vortrieb mit Tunnelbohrmaschinen, Schildvortrieb) eine Aussage zu treffen über die kostenbildenden Faktoren (Gesteinshärte, Druck- und Biegezugfestigkeit, Korngrößen, Härte der Minerale, Gefüge und Kleinklüftigkeit u. a.). Für das Bearbeiten von Tunnelbauvorhaben ist es zweckmäßig, möglichst nach mehreren Methoden zu klassifizieren. Dadurch werden auftretende Missverständnisse und Ungenauigkeiten vermindert. Eine zuverlässige Prognose ist aber von den dem Geologen und Bodenmechaniker zur Verfügung stehenden Möglichkeiten für Beobachtungen (Zahl der Bohrungen etc.) abhängig und beruht somit immer auf einer Idealisierung, da punktweise aufgefundene Verhältnisse auf den zwischenliegenden Raum übertragen werden müssen. Diese Prognose wird durch das Verwenden verschiedener Klassifikationsmethoden nicht unbedingt genauer.

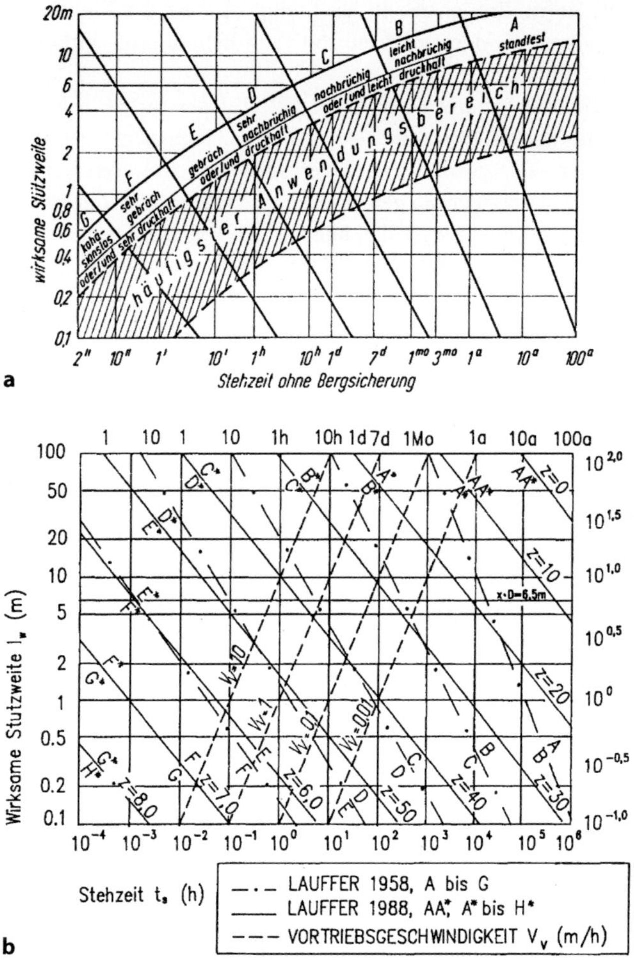

■ **Abb. 13.5** Gebirgsstandfestigkeit in Abhängigkeit von Stehzeit und ungesicherter Stützweite (Lauffer 1958, 1988). **a** Mit abgeänderter Gebirgsklassifizierung nach Körner (1971), **b** modifiziertes Stehzeitdiagramm 1988 mit Gebirgsklassen und der Vortriebsgeschwindigkeit v_v zur Gebirgsklassifizierung beim Fräsvortrieb

13.2.1 Gebirgsklassifikation nach Lauffer

Lauffer (1958) führt die zusammengehörigen Werte von Stehzeit t_m und ungesicherter Stützweite l_w als maßgebende Parameter für das Gebirgsverhalten im Vortriebsbereich ein. Er unterscheidet 7 Gebirgsklassen (A bis G, ■ Abb. 13.5a) und gibt hierzu die voraussichtlichen Anwendungsbereiche der Sicherungsverfahren für Felshohlräume an (■ Tab. 13.3). Eine begriffliche Trennung von Gesteinseigenschaften und Gebirgsdruck gibt Körner (1971). Beim Stehzeitdiagramm 1958 wurde die Stehzeit t_s als jene Zeitspanne definiert, welche zur Verfügung steht, um notwendige Sicherungsarbeiten durchzuführen. Die Stehzeit versteht sich als Zeitspanne zwischen dem Zeitpunkt des Ausbruches und dem Beginn größerer Niederbrüche im ungesicherten Hohlraum. Für die Grenzlinie A/B, die durch die Wertepaare l_w und t_s von 1,0 m und 10^5 h bzw. 10 m und 10^4 h festgelegt ist, ist die Stehzeit t_s proportional zu $1/l_w$. Für die Grenzlinie F/G, die durch 1,0 m und 10^{-3} h bzw. 0,1 m und 10^{-1} h festgelegt ist, ist die Stehzeit hingegen proportional $1/l_w^2$.

Tab. 13.3 Sicherung von Felshohlräumen nach der Klassifikation von Lauffer (1958). (Müller-Salzburg 1979)

Gebirgsklasse	Standzeit für ungesicherte Spannweite	Spritzbeton	Felsnagelung	Stahleinbau in der Auskleidung
A. Standfest	20 Jahre 4,0 m	Nicht erforderlich	Nicht erforderlich	Nicht erforderlich
B. Leicht nachbrüchig	6 Monate 4,0 m	2 bis 3 cm Nur für Kalotte	Ankerabstände 1,5–2,0 m Kalotte mit Drahtnetz	Unwirtschaftlich
C. Nachbrüchig	1 Woche 3,0 m	3 bis 5 cm Nur für Kalotte	Ankerabstände 1,0–1,5 m Kalotte mit Drahtnetz oder Spritzbeton 2 cm	Unwirtschaftlich
D. Sehr nachbrüchig	5 h 1,5 m	5 bis 7 cm Kalotte mit Baustahlgewebe	Ankerabstände 0,7–1,0 m Kalotte mit Drahtnetz und Spritzbeton 3 cm	Stahlpfähle auf Stahlbögen
E. Gebräch	20 min 0,8 m	7 bis 15 cm Mit Baustahlgewebe	Ankerabstände 0,5–1,2 m Spritzbeton 5 cm	Stahlpfähle auf Stahlbögen
F. Sehr gebräch	2 min 0,4 m	15 bis 20 cm Mit Stahlbögen und Brustsicherung	Nicht ausführbar	Stahlpfähle auf ausgesteiften Stahlbögen mit Spritzbeton
G. Kohäsionslos oder sehr druckhaft	10 s 0,15 m	Nicht ausführbar	Nicht ausführbar	Stahlpfähle auf ausgesteiften Stahlbögen mit Spritzbeton

Beim modifizierten Stehzeitdiagramm (Lauffer 1988, 1995; Abb. 13.5b) wurden die Grenzlinien als Geraden im Abstand von 1,7 log-t_s-Einheiten angenommen, wobei die Stehzeit von $1/l_w$ abhängt. Das Stehzeitverhältnis zwischen den Grenzen der einzelnen Gebirgsklassen ist mit $10^{1,7} = 50,1$ konstant. Die Bezeichnung der Stehzeit-Gebirgsklassen A* bis G* unterscheidet sich durch den Stern * von den Stehzeit-Gebirgsklassen 1958. Dabei ist nur die Grenzlinie F/G mit F*/G* identisch, während alle anderen Linien in nur einem Punkt übereinstimmen.

Um Zwischenwerte der Gebirgsklassen erfassen zu können, wird der Stehzeit-Kennwert z eingeführt, dessen ganzzahlige Werte den Grenzen der Gebirgsklassen entsprechen. Für das modifizierte Stehzeitdiagramm ergeben sich folgende Zusammenhänge, wenn t_s [h] und l_w [m] eingesetzt werden:

$$t_s l_w^2 = 10^{8,9-1,7z},$$

$$z = \frac{8,9 - \log t_s - 2\log l_w}{1,7}.$$

Beim Fräsvortrieb geht die Definition der wirksamen Stützweite l_w und der Stehzeit t_s von der Annahme aus, dass Bohren und Stützmitteleinbau kontinuierlich mit der Vortriebsgeschwindigkeit v_v [m h^{-1}] fortschreiten, wobei zwischen der Stollenbrust und dem Stützmitteleinbau ein konstanter Abstand L_m eingehalten wird. Je nach Stehzeit-Gebirgsklasse muss der Stützmitteleinbau beim Vortrieb mit Tunnelbohrmaschinen vor oder hinter dem Bohrkopf erfolgen. Beim konventionellen sprengtechnischen Vortrieb kann die Zeitspanne bis zum wirksamen Abstützen des Ausbruches durch Variation der Abschlagtiefe bzw. der Abmessung von auf einmal ausgebrochenen Teilbereichen beliebig der Stehzeit des Gebirges angepasst werden.

Ein für den Fräsvortrieb adaptiertes Stehzeitdiagramm 1988 dient dem raschen Ermitteln und übersichtlichen Darstellen von Einzelwerten, aus denen die Möglichkeiten und Grenzen des Fräsvortriebes entnommen werden können. Auch ergeben sich über einen Gebirgsschlüssel Beziehungen zwischen den Stehzeit-Gebirgsklassen und den Gebirgsgüteklassen für den Fräsvortrieb nach ÖNORM B 2203. Nach Fecker und Reik (1987) erfordert aber die Kennzeichnung des Gebirges durch solche Kennlinien des Standzeitverhaltens ein hohes Maß an Intuition und Erfahrung. Dieses Manko verliert zunehmend an Bedeutung, wenn Probestollen oder Probevortriebsstrecken vor dem eigentlichen Tunnelvortrieb ausgeführt werden, in denen man sich gewissen Grenzzuständen der Standzeit nähern und mit größerer Treffsicherheit Vorhersagen geben kann.

13.2.2 RQD-System (Rock Quality Designation; Deere 1973)

Dem Gestein wird ein Zahlenwert zwischen 0 und 100 % zugeordnet, wobei 100 % ein sehr standfestes Gestein, 0 % ein Gestein ohne Standfestigkeit mit allen denkbar ungünstigen Eigenschaften darstellt:

- 0–25 %: sehr ungünstige Gesteinsverhältnisse (*very poor ground*);
- 25–50 %: ungünstige Gesteinsverhältnisse (*poor ground*);
- 50–75 %: wenig günstige bis mäßig gute Gesteinsverhältnisse (*fairly good ground*);
- 75–100 %: günstige bis sehr gute Gesteinsverhältnisse (*good ground*).

Diese Abschätzung erfolgt u. a. anhand von Bohrproben und berücksichtigt besonders Kluftabstand und Kluftkörpergröße. Der RQD entspricht etwa den Prozentanteilen von Kernstücken länger als 10 cm.

13.2.3 RMR-Gebirgskennwert (Rock Mass Classes and their Ratings; Bieniawski 1973, 1977)

■ Tab. 13.4 und 13.5 sind eine Zusammenstellung aus Reik und Schneider (1979). Der RMR-Gebirgskennwert nach Bieniawski (1977) ergibt sich aus der Summe von sechs Einzelparametern, die die Gesteinsfestigkeit, die Klüftung und das Bergwasser berücksichtigen. Der maximal erreichbare Wert ist 100. Über die Spannweite der möglichen RMR-Werte definiert Bieniawski fünf Gebirgsklassen zwischen „sehr gutem Gebirge" (81–100) und „sehr schlechtem Gebirge" (≤ 20/■ Tab. 13.5). In einer dem Lauffer-Diagramm ähnlichen Verknüpfung werden diese Gebirgsklassen über die Stützweite des unterirdischen Hohlraums der Stehzeit zugeordnet. Schneider (2002) betrachtet den RMR-Wert Bieniawskis als Weiterentwicklung des Lauffer-Diagramms.

13.2.4 Q-Gebirgsqualitätswert (Rock Quality Value; Barton et al. 1974)

Dieser Wert errechnet sich aus Faktoren für RQD, Kluftscharzahl, Kluftrauigkeit, Kluftbelag, Kluftflächenverwitterung, Bergwasser und Gebirgsdruck. ■ Tab. 13.6 enthält eine Zusammenstellung für das Ermitteln des Gebirgsqualitätswertes *Q* nach Barton aus Reik und Schneider (1979). Die Methode bezieht sich auf Fallbeispiele im Granit-, Gneis- und Schiefergebirge von Schweden und Norwegen. Zum Beschreiben der Gebirgsqualität verbindet das System als Faktoren die Kluftkörpergröße, die Reibung zwischen den Kluftkörpern und die aktive Gebirgsspannung im Verbund mit der Wasserführung. Aus dem zahlenmäßigen Bewerten der einzelnen Parameter, welche sich im Detail weiter differenzieren lassen (Schneider 2002), ergeben sich Zahlen zwischen 1 und 100, welche Rückschlüsse auf das Gebirgsverhalten beim unterirdischen Hohlraumbau zulassen und das Gebirge hierfür zwischen „sehr schlecht" und „extrem gut" qualifizieren.

13.3 Standsicherheitsnachweise nach ZTV-ING, Teil 5

Nach ZTV-ING, Teil 5 Tunnelbau sind Standsicherheitsnachweise als Grundlage für das Planen und Bemessen der Tunnelkonstruktion und für die Wahl des Ausbruch- und Bauverfahrens gefordert, und dies getrennt nach Abschnitt 1 – geschlossene Bauweise, Abschnitt 2 – offene Bauweise und Abschnitt 3 – maschinelle Schildvortriebsverfahren.

- Abschnitt 1 – geschlossene Bauweise
  Maßgebend für den rechnerischen Standsicherheitsnachweis beim unterirdischen Vortrieb in geschlossener Bauweise sind:
  - Tunnelgeometrie und Öffnungsweite,
  - Gebirgskenngrößen,
  - Grundwasser und Grundwasseraggressivität,
  - Primärer Spannungszustand,
  - Einwirkungen,
  - Vortriebsverfahren,
  - Bauzustände (Verbau),
  - Berechnungsmodelle,
  - Beanspruchung des Gebirges im hohlraumnahen Bereich und durch benachbarte Hohlräume und
  - die ingenieurtechnischen Einflüsse aus Baustoffen und Baustoffkennwerten, Bauverfahren, Einzelnachweise für Bewehrung und konstruktive Details. Beanspruchungen der tragenden Teile des Ausbaus.

Das Gebirgsverhalten und damit die Standsicherheit des Bauwerks ist durch Einmessen des Ausbruchquerschnittes und der Tunnelröhre während des Vortriebs zu überprüfen. Die Standsicherheitsnachweise müssen gegebenenfalls überarbeitet werden. Die einzelnen Positionen sind in ZTV-ING, Teil 5, Abschnitt 1 erläutert.

- Abschnitt 2 – offene Bauweise
  Für die Standsicherheitsnachweise gelten die DIN 1054, DIN 1055, DIN 4085 und die Empfehlungen des Arbeitskreises Baugruben (EAB). Maßgebend für den rechnerischen Standsicherheitsnachweis beim Tunnelbau in offener Bauweise sind:
  - Geometrie des Bauwerks,
  - Einwirkungen aus Auflasten, Wasserdruck, Verkehr, Temperaturschwankung,
  - Rechenverfahren,
  - Ermitteln der Beanspruchung aus Baugrund, Hinterfüllung (Erddruck) und Überschüttung und
  - die ingenieurtechnischen Einflüsse aus Baustoffen und Baustoffkennwerten, Bauverfahren, Standsicherheit von Traggerüsten und Schalung, Verformen der Baugrubensicherung sowie Aussagen zum Verformen und zur Standsicherheit des Bauwerks.

Die einzelnen Positionen sind in ZTV-ING, Teil 5, Abschnitt 2 erläutert.

- Abschnitt 3 – Maschinelle Schildvortriebsverfahren
  Die Regelung des Abschnitts 3 gilt in Verbindung mit Abschnitt 1 und regelt den Tunnelbau mit maschinellen Schildvortriebsverfahren und den Einsatz von Tunnelvortriebsmaschinen. Der Vortrieb und Abbau im Baugrund/Fels geschieht im Schutze eines Schildes. Für die Standsicherheitsnachweise gelten die DIN 1054 und DIN EN 1997. Maßgebend für den rechnerischen Standsicherheitsnachweis beim Tunnelbau im maschinellen Schildvortriebsverfahren sind
  - Geometrie des Bauwerks,
  - Einwirkungen aus Auflasten, Wasserdruck, Verkehr,
  - Baustoffe und Baustoffkennwerte,
  - Baugrund und dessen geotechnische Eigenschaften,
  - Bauverfahren,
  - Berechnungsverfahren,
  - Sicherheitsbeiwerte.

Die einzelnen Positionen sind in ZTV-ING, Teil 5, Abschn. 3 erläutert.

■ **Tab. 13.4** Einzelparameter zum Bestimmen des RMR-Kennwertes nach Bieniawski (1973); Klassifikationsparameter und ihre Bewertung

Parameter			Wertebereich						
1	Gesteinsfestigkeit	Punktlastindex ISRM (1972)	>8 MN m^{-2}	4–3 MN m^{-2}	2–4 MN m^{-2}	1–2 MN m^{-2}	Für diesen niedrigen Bereich wird der einachsige Druckversuch vorgezogen		
		Einachsige Druckfestigkeit	200 MN m^{-2}	100–200 MN m^{-2}	50–100 MN m^{-2}	25–50 MN m^{-2}	10–25 MN m^{-2}	3–10 MN m^{-2}	1–3 MN m^{-2}
	I_1		15	12	7	4	2	1	0
2	RQD-Wert (nach Deere 1963)		90–100 %	75–90 %	50–75 %	25–50 %	< 25 %		
	I_2		20	17	13	8	3		
3	Kluftabstand		> 3 m	1–3 m	0,3–1 m	50–300 mm	< 50 mm		
	I_3		30	25	20	10	5		
4	Zustand der Klüfte		Sehr raue Oberfläche, nicht durchgehend, keine Kluftöffnung	Leicht raue Oberflächen, harte Kluftwandung, Kluftöffnung < 1 mm	Leicht raue Oberflächen, weiche Kluftwandung, Kluftöffnung 1 mm	Glatte Oberflächen, Kluftöffnungen 1–5 mm, Kluftfüllung, durchgehende Klüfte	Weiche Kluftfüllung, Kluftöffnung > 5 mm, Durchgehende Klüfte		
	I_4		25	20	12	6	0		
5	Gebirgswasser	Zufluss auf 10 m Tunnellänge	Kein Zufluss		< 25 l min^{-1}	25–125 l min^{-1}	> 125 l min^{-1}		
		Kluftwasserdruck, größte Hauptspannung	0		0,0–0,2	0,0–0,5	> 0,5		
		Allgemeine Verhältnisse	Vollständig trocken		Feucht	Wasser unter niedrigem Druck	Schwierige Gebirgswasserprobleme		
	I_5		10		7	4	0		
6	Raumstellung der Klüfte	Streichen normal zur Tunnelachse				Streichen parallel zur Tunnelachse			
		Fallen in Vortriebsrichtung		Fallen gegen Vortriebsrichtung		Fallwinkel			
		45–90°	20–45°	45–90°	20–45°	45–90°	20–45°		0–20°
		Sehr günstig	Günstig	Mäßig gut	Ungünstig	Sehr ungünstig	Mäßig gut		Günstig
			Sehr günstig	Günstig	Mäßig gut	Ungünstig	Sehr ungünstig		
	I_6	Tunnel	0	−2	−5	−10	−12		
		Gründung	0	−2	−7	−15	−25		
		Böschungen	0	−5	−25	−50	−60		

Tab. 13.5 Klassifikation von Fels nach dem RMR-Gebirgskennwert (Bieniawski 1973), Definition und Bedeutung der Gebirgsklassen. Der RMR-Gebirgskennwert ist die Summe aus den sechs Einzelparametern I_1 bis I_6 nach Tab. 13.4

Definition der Gebirgsklasse					
$\Sigma I i = I_1 + \ldots + I_6$	81–100	61–80	41–60	21–40	< 20
Klasse	I	II	III	IV	V
Beschreibung	Sehr guter Fels	Guter Fels	Mäßig guter Fels	Schlechter Fels	Sehr schlechter Fels
Bedeutung der Gebirgsklassen					
Klasse	I	II	III	IV	V
Durchschnittliche Standzeit	10 Jahre bei 5 m Spannweite	6 Monate bei 4 m Spannweite	1 Woche bei 3 m Spannweite	5 h bei 1,5 m Spannweite	10 min bei 0,5 m Spannweite
Kohäsion der Felsmassen [MN m^{-2}]	> 0,3	0,2–0,3	0,15–0,2	0,1–0,15	0,1
Reibungswinkel [°]	> 45	40–45	35–40	30–35	30

Tab. 13.6 Ermitteln des Gebirgsqualitätswertes *Q* und Gewichten der Einflussfaktoren. (Nach Barton et al. 1974)

Klassifikationskennwerte, mit Bereichen	*RQD*	Zahl für Kluftrauigkeit (*Jr*)	Abminderung für Gebirgswasser (*Jw*)
	Sehr schlecht < 25 Mäßig gut 50–75 Ausgezeichnet > 90	Nicht durchstreichende Klüfte 4 Glatte, ebene Klüfte < 1	Trocken 1,0 Mittlerer Zufluss 0,7 Sehr starker Zufluss < 0,2
	Zahl der Kluftscharen (*Jn*)	Zahl für Beschaffenheit der Kluftflächenwandungen (*Ja*)	Spannungsabminderungsfaktor (*SRF*)
	Wenig Klüfte = 1 Drei Kluftscharen = 9 Zerbrochenes Gebirge = 20	Unzers. Kluftflächenwandungen 1 Etwas zersetzte Kluftbelege 3 Dicke Tonzwischenschichten > 10	Günstige Verhältnisse < 2 Offene Klüfte, Scherzonen 3 Druckhaftes Gebirge > 10
Gebirgsqualität	Kluftkörpergröße	Scherfestigkeit zwischen Kluftkörpern	Aktive Spannungen
Q	$= \frac{RQD}{Jn}$	$\times \frac{Jr}{Ja}$	$\times \frac{Jw}{SRF}$
Tunnelbauverhältnisse *Q*			
Sehr schlecht ≤ 1 Mäßig gut 4–10 Extrem gut > 100	200 ≥ *RQDJn* > 0,5	4 ≥ *JrJa* ≥ 0,02	1 ≥ *JwSRF* ≥ 0,05

13.4 Vortriebs- und Ausbruchklassen für das Ausschreiben und Vergeben von Tunnelbauarbeiten

Unter der Bezeichnung „Vortriebsklasse" oder „Ausbruchklasse" werden die Untertagebauarbeiten in Bezug auf die Vertragsgestaltung zwischen Auftraggeber und Auftragnehmer definiert. Nach Leitner (2004) wird die Leistungsbeschreibung zu einer funktionalen Ausschreibung mit vorgegebenem Leistungsprogramm. Über die Vortriebsklasse sind der Material- und Arbeitsaufwand beim Bohren (Abschlagslängen), Sprengen, Schuttern und beim Sichern des freigelegten Hohlraums festgelegt. Eine mögliche Änderung der Vortriebsart ist nicht vorgesehen. Zwar sind Geologie und Gebirgsverhalten aus der Werkvertragsnorm herausgenommen, dennoch sind die detaillierte Kenntnis der geologischen Verhältnisse und die hierauf aufbauende (zutreffende) Voraussage zum Gebirgsverhalten bestimmende Vertragsbestandteile. Über eine Bandbreite sind mögliche Abweichungen zu definieren.

13.4.1 Vortriebsklassen nach DIN 18312: 2012

Die ATV-Norm DIN 18312: 2012 gilt für das Herstellen untertägiger Hohlräume (Stollen, Tunnel, Kavernen, Schächte), welche nicht unmittelbar dem Gewinnen von Bodenschätzen dienen. Das Herstellen der Hohlräume umfasst den Ausbruch (Lösen, Laden und Fördern) und das Sichern des Hohlraumes. Die Norm unterscheidet zwischen Allgemeinen Vortriebsklassen (V), Vortriebsklassen für Tunnelbohrmaschinen (TBM) und Vortriebsklassen für Schildmaschinen (SM).

Die Vortriebsklassen (veraltete Bezeichnung: Ausbruchklassen nach Standardleistungsbuch StLB 007:2006 – Untertagebauarbeiten) beziehen sich auf die technisch erforderlichen Maßnahmen, die beim Auffahren und Sichern eines vorgegebenen Hohlraumquerschnittes im Hinblick auf die Eigenschaften von Boden oder Fels und das vereinbarte Bauverfahren erforderlich sind.

Die Vortriebsklassen sind in DIN 18312 definiert und wie nachstehend benannt. Die im Tunnelbau üblichen Gebirgsansprachen sind in Klammern beigefügt.

Allgemeine Vortriebsklassen:

- Vortriebsklasse 1 (standfestes Gebirge)
  Ausbruch, der keine Sicherung erfordert.
- Vortriebsklasse 2 (leicht nachbrüchiges Gebirge)
  Ausbruch, der eine Sicherung erfordert, die in Abstimmung mit dem Bauverfahren so eingebaut werden kann, dass Lösen und Laden nicht behindert werden.
- Vortriebsklasse 3 (nachbrüchiges Gebirge)
  Ausbruch, der eine in geringem Abstand zur Ortsbrust bzw. Firste folgende Sicherung erfordert, für deren Einbau Lösen und Laden unterbrochen werden müssen.
- Vortriebsklasse 4 (gebräches Gebirge)
  Ausbruch, der eine unmittelbar folgende Sicherung erfordert.
- Vortriebsklasse 4A
  Ausbruch nach Vortriebsklasse 4, der aus Gründen der Standsicherheit eine Unterteilung des Ausbruchquerschnittes erfordert.
- Vortriebsklasse 5 (stark gebräches Gebirge)
  Ausbruch, der eine unmittelbar folgende Sicherung einschließlich der Ortsbrust erfordert.
- Vortriebsklasse 5A
  Ausbruch nach Vortriebsklasse 5, der aus Gründen der Standsicherheit eine Unterteilung des Ausbruchquerschnittes erfordert.
- Vortriebsklasse 6 (druckhaftes Gebirge)
  Ausbruch, der eine unmittelbar folgende und voreilende Sicherung erfordert.
- Vortriebsklasse 6A
  Ausbruch nach Vortriebsklasse 6, der aus Gründen der Standsicherheit eine Unterteilung des Ausbruchquerschnittes erfordert.
- Vortriebsklasse 7 (fließendes Gebirge)
  Ausbruch, der eine unmittelbar folgende Sicherung einschließlich der Ortsbrust sowie eine voreilende Sicherung erfordert.
- Vortriebsklasse 7A
  Ausbruch nach Vortriebsklasse 7, der aus Gründen der Standsicherheit eine Unterteilung des Ausbruchquerschnittes erfordert.

Vortriebsklassen für den Vortrieb mit Tunnelbohrmaschinen (TBM):

- Vortriebsklasse TBM 1 (standfestes Gebirge)
  Ausbruch, der keine Sicherung erfordert.
- Vortriebsklasse TBM 2 (leicht nachbrüchiges Gebirge)
  Ausbruch, der eine Sicherung erfordert, deren Einbau das Lösen nicht behindert.
- Vortriebsklasse TBM 3 (nachbrüchiges Gebirge)
  Ausbruch, der eine Sicherung unmittelbar hinter der Maschine oder bereits im Maschinenbereich erfordert, deren Einbau das Lösen behindert.
- Vortriebsklasse TBM 4 (gebräches Gebirge)
  Ausbruch, der eine Sicherung im Maschinenbereich unmittelbar hinter dem Bohrkopf erfordert, für deren Einbau das Lösen unterbrochen werden muss.
- Vortriebsklasse TBM 5 (sehr gebräches Gebirge)
  Ausbruch, der Maßnahmen besonderer Art, z. B. das Beseitigen von Nachfall im Maschinenbereich, erfordert, für deren Durchführung das Lösen unterbrochen werden muss.

Vortriebsklassen für Schildmaschinen (SM):

- Vortriebsklasse SM 1
  Ausbruch, der kein Stützen der Ortsbrust erfordert.
- Vortriebsklasse SM 2
  Ausbruch, der eine teilweises Stützen der Ortsbrust erfordert.
- Vortriebsklasse SM 3
  Ausbruch, der eine flächendeckendes Stützen der Ortsbrust erfordert.

Die Deutsche Gesellschaft für Geotechnik (DGGT) hat in ihren „Empfehlungen für den Felsbau unter Tage" (Pierau und Wittke 1996) ein leistungsbestimmendes Schema zur Klassifikation der Vortriebsarbeiten sowohl für Fels wie auch für Lockergestein aufgeführt, das auf der Grundlage der VOB, DIN 18312 basiert. Es werden dabei auch Klassen für den Sprengvortrieb, für den Vortrieb mit Tunnelbohrmaschinen und für den Schildvortrieb unterschieden. Anstelle des Begriffs „Ausbruchklasse" wurde der Begriff „Vortriebsklasse" eingeführt, da zu den Vortriebsarbeiten nicht nur der Ausbruch sondern auch das Sichern zählt. Eine projektbezogene weitere Klassenunterteilung wird empfohlen.

Auf jedem Fall muss für jedes Projekt eine Klassifizierung durchgeführt werden, welche die spezifischen geologischen Verhältnisse genauso berücksichtigt wie die gewählte Tunnelbauweise und deren Ausbruch- und Sicherungsmethode.

Die Darstellung eines Beispiels für eine Ausbruchklasse (◘ Abb. 13.6) wurde der ZTV-Tunnel, Teil 1 (1995) entnommen und basiert auf der Grundlage der DIN 18312 der VOB. Die gleiche Abbildung ist auch in ZTV-ING, Teil 5 Tunnelbau – Abschnitt 1 (2012) enthalten. Ähnliche Klassifikationen wurden in der Schweiz und in Österreich erarbeitet.

13.4.2 Ausbruchklassen nach SIA 198

Nach der schweizer Norm SIA 198 ist das Gebirge einer der Ausbruchklassen AK 1 bis AK 5 zuzuordnen (Grimscheid 2008, 2013, Anagnostou & Ehrbar (Hrsg.) 2013). Nachstehende Aufzählung ist, textlich überarbeitet, diesen Werken entnommen.

- AK 1: Der Vortrieb wird durch anfallende Arbeiten für den Einbau der Ausbruchsicherung kaum behindert.
- AK 2: Der Vortrieb wird durch anfallende Arbeiten für den Einbau der Ausbruchsicherung leicht/wenig behindert.
- AK 3: Der Vortrieb wird durch anfallende Arbeiten für den Einbau der Ausbruchsicherung erheblich behindert. Die Abschlaglänge liegt bei 3–4 m.

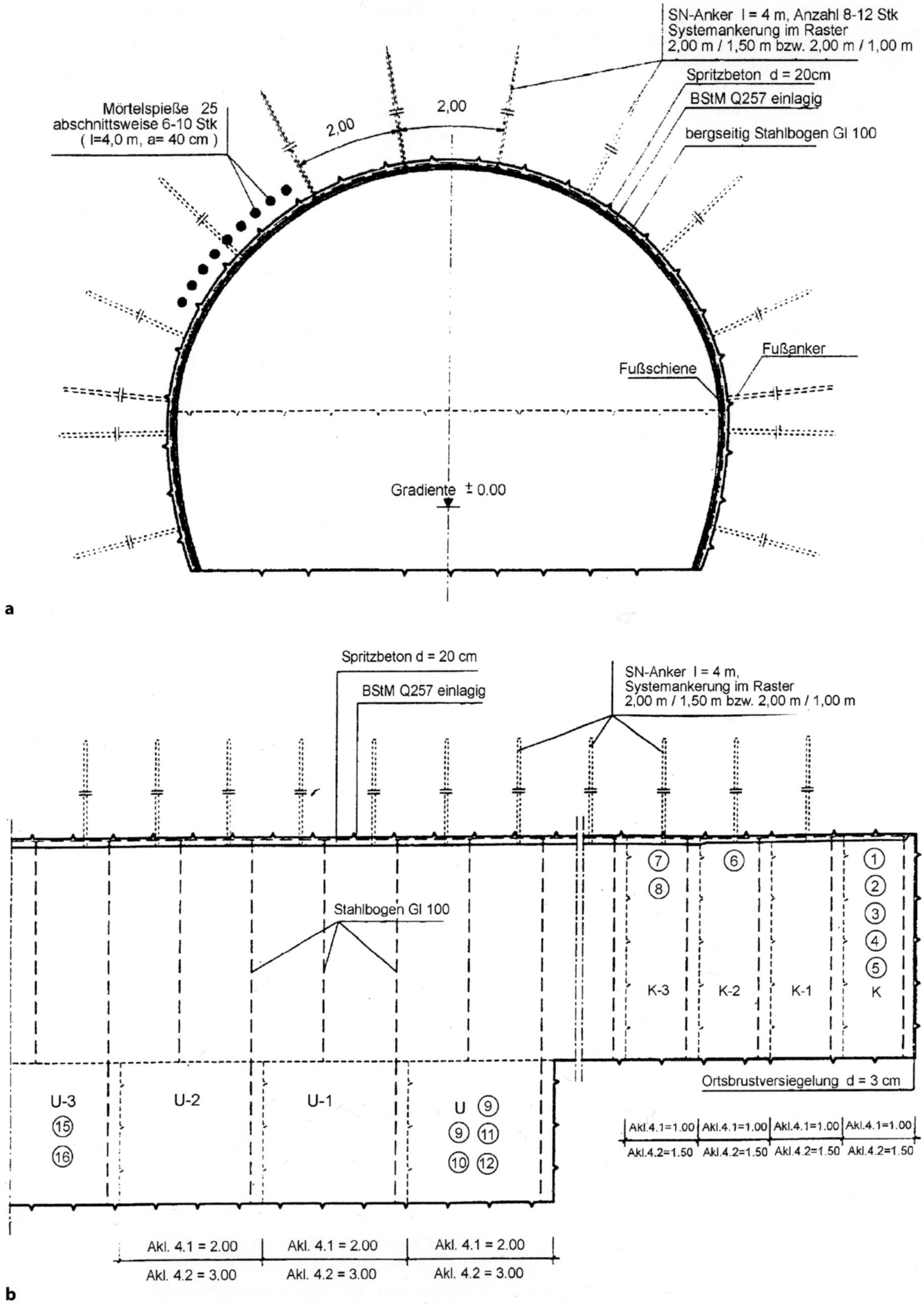

Abb. 13.6 Beispiel für eine Ausbruchklasse aus der „Zusätzlichen Technischen Vorschrift ZTV-Tunnel, Teil 1" (1995; B 5330). Wiedergegeben mit freundlicher Genehmigung des Verkehrsblatt-Verlages

- AK 4: Der Vortrieb wird weitgehend durch anfallende Arbeiten für den Einbau der Ausbruchsicherung bestimmt. Ausbrüche und Teilausbrüche müssen sofort gesichert werden. Dadurch wird der Vortrieb aufgehalten, für den einzelnen Vortriebszyklus werden längere Zeiten beansprucht. Die Abschlaglänge liegt bei 2–3 m.
- AK 5: Der Vortrieb erfolgt im Schutz einer vorauseilenden Sicherung. Ausbruch und Ortsbrust sind sofort zu sichern. Die mögliche Abschlagslänge wird während des Vortriebs nach den jeweiligen Gebirgseigenschaften festgelegt und liegt oft bei nur 1 m.

13.4.3 Ausbruchklassen nach ÖNORM B 2203

Nach der ÖNORM B 2203: 1984 wurde das zu durchörternde Gebirge nach seinem bautechnischen Verhalten und den sich daraus ergebenden Folgerungen einer sogenannten Gebirgsgüteklasse zugeteilt. Die Norm unterscheidet zwischen den Gebirgsgüteklassen F1 bis F7 für den Ausbruch mit einer Vollschnittfräse und den Gebirgsgüteklassen 1–7 für den Vortrieb mit Sprengtechnik oder Hydraulikbagger. In der Ausgabe 1994 wird für den zyklischen Vortrieb unterteilt in:

- Gebirgstyp A (standfestes bis nachbrüchiges Gebirge) mit weiterer Unterteilung in A1 (standfest) und A2 (nachbrüchig),
- Gebirgstyp B (gebräches Gebirge) mit weiterer Unterteilung in B1 (gebräch), B2 (stark gebräch) und B3 (rollig),
- Gebirgstyp C (druckhaftes Gebirge) mit weiterer Unterteilung in C1 (Bergschlag), C2 (druckhaft), C3 (stark druckhaft), C4 (fließend) und C5 (quellend).

Die Ausgabe der ÖNORM B 2203-1 (2001) regelt den zyklischen Vortrieb und die Ausgabe der ÖNORM B 2203-2 (2005) den kontinuierlichen Vortrieb (Fräsvortrieb).

13.5 Gebirgsdruck im Umfeld frisch ausgebrochener unterirdischer Hohlräume

Beim Tunnelvortrieb wird das bestehende Gleichgewicht im Gebirge gestört. Durch entsprechende Sicherungs- und Ausbaumaßnahmen ist dieses Gleichgewicht erneut herzustellen. Der Gebirgsdruck macht sich bemerkbar, indem das Gebirge in den Hohlraum hineindrückt, sich auf den Verbau oder Ausbau aufsetzt und diesen unter Druck setzt. Dabei ist direkt an der Ortsbrust der Druck geringer als in der Tunnelröhre. Direkt vor der Ortsbrust ist der statische Fall eines halben Dom-Gewölbes gegeben, wobei der Überlagerungsdruck nach drei Seiten über Ortsbrust und Ulmen abgetragen wird. Im Bereich der Tunnelröhre wird der Überlagerungsdruck über ein Bogengewölbe lediglich nach zwei Seiten abgetragen.

In standfestem Gestein ist fast jede gewünschte Form für den Ausbruchsquerschnitt möglich. In nachbrechendem und weniger standfestem Gebirge ist ein runder Querschnitt angebracht. Der Tunnel wird statisch als Röhre betrachtet und ausgebaut. Diese geschlossene Röhre und der sie umgebende Tragring stellen eine Verbundkonstruktion, d. h. eine Einheit von Fels und Ausbau dar, über welche ein neues Gleichgewicht im System „durchtunneltes Gebirge“ erreicht wird.

In unverritztem Gebirge herrscht ein naturgegebener und weitgehend unbekannter Spannungszustand. Durch Schaffung des Hohlraumes entstehen Spannungsumlagerungen und Gebirgsdeformationen, also Auflockerung und Entfestigung. Diesen Spannungen setzt der Ausbau einen Widerstand entgegen.

Der Gebirgsdruck ist von folgenden Faktoren abhängig:

- Ausbruchsart;
- Ausbruchsgeschwindigkeit;
- Ausbruchsquerschnitt;
- Standzeit (ohne Verbau);
- Gesteinsart;
- Überlagerung;
- Auflockerung;
- tektonische Spannungen;
- Wasserführung;
- Wasserempfindlichkeit;
- Quellvermögen;
- Klüftigkeit;
- Kriechbewegungen;
- Restspannungen.

Gebirgsdruckerscheinungen wirken sich in gefrästen Stollen besonders deutlich aus. Man kann die Auflockerungserscheinungen in glatten Stollenwänden bedeutend besser sehen als in konventionell aufgefahrenen Stollen mit rauen Stollenwänden. Wenn der Gebirgsdruck für die Druckfestigkeit der Gesteine zu groß ist, treten auch in massigen und wenig geklüfteten Gesteinen normal zur Drucksicherung Entlastungsrisse und Abplatzungen auf, meist schon direkt im Bohrkopfbereich. Dies kann zu bedeutend stärkeren Sicherungsmaßnahmen – z. T. schon direkt hinter dem Bohrkopf – zwingen, die auch den Vortrieb erschweren und verlangsamen.

Der durch den Ausbauwiderstand auszugleichende Gebirgsdruck kann nach seiner Ursache benannt, bewertet und in gewissen Grenzen bezüglich der Erscheinungsform vorausgesagt werden. Hierzu können auch Modellrechnungen mit den Ansätzen der finiten Elemente entweder als Modellscheibe oder als räumliches Modell die Zusammenhänge vertiefen helfen. Eine zahlenmäßige genaue Voraussage des Gebirgsdruckes ist jedoch in vielen Fällen nicht möglich.

In Anlehnung an Stini (1955) und nach der Empfehlung der Internationalen Arbeitsgemeinschaft für Geomechanik zum einheitlichen Gebrauch der Gebirgsdruckbegriffe wird unterschieden:

- primäre Spannungsverteilung in unverritztem Gebirge;
- sekundäre Spannungsverteilung in verritztem Gebirge;
- tertiäre Spannungsverteilung durch Innendrücke in Hohlräumen;
- quartäre Spannungsverteilung durch benachbarte Baumaßnahmen.

Die Spannungsverteilung in dem die Tunnelröhre umgebenden Gebirge lässt sich über die unter Druck im Kristallsystem emittierten elektromagnetischen Wellen mit dem Cereskop ausmessen und darstellen (▶ Abschn. 1.9.5, ◘ Abb. 1.46 bis 1.48).

13.5.1 Primäre Spannungsverteilung im unverritzten Gebirge

- **Statischer Schweredruck (Überlagerungsdruck, Ruhedruck, Belastungsdruck, Bergwasserdruck)**

Der Überlagerungsdruck berechnet sich aus der Wichte des Gesteins und der Überlagerungshöhe. Dieser Überlagerungsdruck wird nur bei seicht liegenden Tunneln und Stollen voll wirksam. Bei tiefer liegenden Bauwerken und standfesterem Gebirge wird der Überlagerungsdruck durch Verspannungen im Berg auf das den Tunnel umgebende Gestein nur zum Teil übertragen. Aus dem statischen Schweredruck resultiert in der Tiefe h eine Vertikalspannung $\sigma_v = \gamma h$ und, in Abhängigkeit vom Gestein und den ihm zuzuordnenden λ-Wert, eine Horizontalspannung $\sigma_h = \gamma h \lambda$.

Der λ-Wert (Seitendruckziffer) liegt als Mittelwert der meisten Standsicherheitsberechnungen zwischen 0,2 und 0,3. In Abhängigkeit von der Vorgeschichte des Gebirges und seiner ehemaligen Überlagerungshöhe kann die Seitendruckziffer auch bei Werten > 1 liegen. Aus der ehemaligen Überlagerungshöhe ist ein irreversibler elastischer Spannungsanteil zurückgeblieben. Zum Abschätzen der Seitendruckziffer wird auf Baudendistel (1974) und Kastner (2013) verwiesen. In Lockerböden entspricht der Erddruck bzw. der Erddruckbeiwert K der Seitendruckziffer λ.

- **Dynamischer Schweredruck (Wanderdruck, Rutschungsdruck, lokale Bewegung des Gebirges unter Einwirkung von Schwere und Bergwasser)**

Der Rutschungsdruck tritt in Hanglage auf. Er wird durch Massenbewegungen nach Art des Hangkriechens (Talzuschub) oder durch über eine Gleitfläche abschiebende Erdmassen hervorgerufen. Hiervon sind besonders Lehnentunnel und Portalbereiche betroffen (Spaun 1985). Der dynamische Schweredruck überlagert den statischen Schweredruck und übertrifft ihn häufig sogar an Stärke.

- **Statischer tektonischer Druck (tektonischer Druck, Krustendruck, echter Gebirgsdruck)**

Nach dem Abklingen gebirgsbildender Vorgänge bleiben im Gestein Restspannungen wirksam. Im Faltengebirge lässt sich aus der Verteilung der Druckzonen, Zugzonen und Ausgleichszonen innerhalb der einzelnen Sättel und Mulden das Auftreten statisch tektonischer Drücke qualitativ voraussagen (◘ Abb. 1.68 und 13.7). Ein quantitatives Bemessen bleibt der felsmechanischen Untersuchung vorbehalten. Aus der großräumigen Kenntnis der gebirgsbildenden Vorgänge sind die zur tektonischen Verstellung und Auffaltung führenden Druck- und Bewegungsrichtungen ableitbar. Die hieraus resultierenden Restspannungen können als einseitiger tektonischer Druck erhalten sein.

- **Dynamischer tektonischer Druck (Gebirgsbildungsdruck, Landformungsdruck, echter Gebirgsdruck)**

Während des Ablaufes gebirgsbildender Vorgänge werden die Gesteine längs von Brüchen verschoben, in Hebungsgebieten als Schwelle, Horst oder Gebirgsmassiv aufgestaucht und herausgehoben, in Senkungsgebieten als Mulde oder Graben abgesenkt und zu tiefgründigen Faltenstrukturen zusammengeschoben.

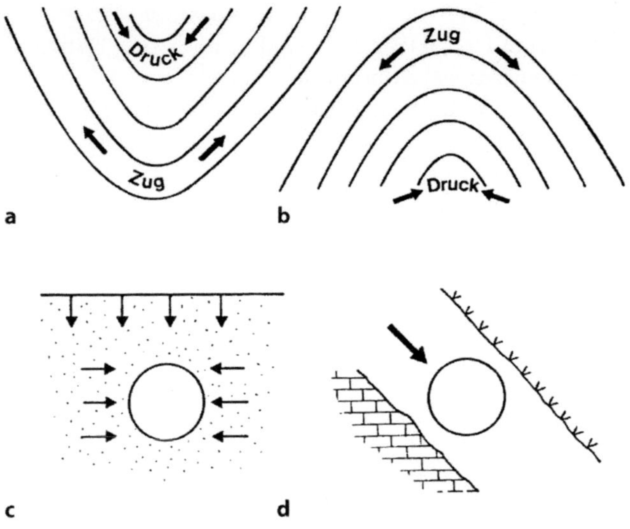

◘ **Abb. 13.7** **a,b** Verteilung des statisch tektonischen Druckes im Faltengebirge, **c** statischer Schweredruck im homogenen Gebirge, **d** dynamischer Schweredruck (Rutschungsdruck) aus abschiebenden Erdmassen in Hanglage (betroffen sind Portalzonen und Lehnentunnel)

Diese gebirgsbildenden und landschaftsformenden Kräfte (innenbürtige oder endogene Kräfte) sind zugleich Ursache für Erdbeben und dürfen direkt mit ihnen in Verbindung gebracht werden.

Berg- und Gebirgsschläge werden häufig durch Erdbeben ausgelöst und haben ihre Ursache in der gerichteten Verspannung des Gebirges als Folge eines dynamischen tektonischen Druckes. Beim Vorliegen eines tektonischen Druckes und besonders eines dynamischen tektonischen Druckes kann die waagrechte Spannungskomponente größer ausfallen als die lotrechte Komponente. Solche Erscheinungen werden nur bei flachliegenden Tunnelbauwerken beobachtet.

13.5.2 Sekundäre Spannungsverteilung im Umfeld frisch ausgebrochener unterirdischer Hohlräume

- **Spannungsumlagerungen im Gebirge um den Hohlraum**

Hierbei unterscheidet man zum einen Spannungen, welche die Gebirgsfestigkeit nicht überschreiten, und zum anderen Überbeanspruchungen des Gebirges, die zu Scherbrüchen führen (Bergschläge). Die Wirkungsweite dieser Spannungsumlagerungen ist etwa zwei- bis höchstens dreimal so groß wie der größte Durchmesser des Hohlraumes.

- **Geologisch bedingter Auflockerungsdruck als Folge ungenügender Eigenfestigkeit des Gebirges gegenüber Beanspruchung**

Durch Schaffen des Hohlraumes wird das umgebende Gestein derart beansprucht, dass es sich aus seinem Verband lockert und in den Hohlraum hineindrängt. Bei horizontal gebankten Sandsteinen mit ebenflächigen Trennfugen sowie bei den in ◘ Abb. 13.9 dargestellten Beispielen für einen geologisch bedingten Mehrausbruch kann dieser Auflockerungsdruck derart rasch auftreten, dass er auch bei Anwendung moderner Sicherungstechniken nicht ohne Mehrkosten zu bewältigen ist. Da der Auflockerungsdruck zeitabhängig ist, ist die Frage der arbeitsbedingten Beeinflussung stets gewissenhaft zu prüfen.

- **Auflockerungsdruck als Folge der Arbeitsvorgänge**

Ein nicht gebirgsschonender Ausbruch, z. B. beim Verwenden überstarker Sprengsätze, sowie ein zu spät eingebrachter oder falscher bzw. unwirksamer Verbau/Bauzustand führen zu einer vermeidbaren Auflockerung des Gebirges mit entsprechenden Druckerscheinungen. In bankig aufgebauten Gesteinsformationen (Kalkstein, Sandstein, Granit) mit ebener Schicht- oder Banklagerung kann dies zur Auflockerung in den vertikal angeordneten Trennflächen und zum Herausbrechen und Herausfallen von großen Kluftkörpern/Gesteinsblöcken führen. Auch in dem mit Spritzbeton gesicherten Bauzustand kann hoher Auflockerungsdruck auftreten. Tritt man der Auflockerung nicht wirksam entgegen, führt dies zum „Verbruch" oder, wenn dieser als Pinge die Oberfläche erreicht, zum „Tagbruch".

- **Zusätzliche aktive Druckwirkungen gegen den Hohlraum als Quetschdruck, Fließdruck oder Blähdruck**

Quetschdruck entsteht als Folge der Bildung von Scherzonen in einem elastischen Gebirge.

Fließdruck liegt in plastischem oder rolligem Gebirge vor und äußert sich ähnlich wie der Auflockerungsdruck. Gefürchtet sind Böden wie Sand, Kies oder tektonische Breccien (Zerreibungsbreccien) ohne oder mit nur wenig feinkörnigen Anteilen. Das „schwimmende Gebirge" übt auf den Verbau einen Druck, vergleichbar mit einem Flüssigkeitsdruck, aus und ist schwierig zu verbauen. Durch kleinste Löcher dringt der Gesteinsbrei in den Hohlraum hinein.

Blähdruck ist der Oberbegriff für alle Gebirgsdruckphänomene, die durch Volumenzunahme des Gesteins verursacht werden (Müller-Salzburg 1978).

Beim *Quelldruck* resultiert die Volumenzunahme aus der Wasseraufnahme der Tonminerale. Dabei werden Drücke in der Größenordnung von 0,2 MN m^{-2} vermutet (Gipskeuper; Spaun 1979).

Die Gefahr des Quelldruckes besteht bei allen Tongesteinen und bei tonhaltigen veränderlich festen Gesteinen, also bei überkonsolidierten Ton- und Mergelgesteinen. Hierbei wirkt eine Entlastungsdeformation in gleicher Richtung wie die Wasseraufnahme. Durch den Quellvorgang wird die Scherfestigkeit der stark vorbelasteten Tonsteine herabgesetzt. Beim Tunnelbau im Keuper Württembergs wurde im Bereich von Sohlhebungen am Widerlager in rein tonigen Gesteinen folgende Auflockerung beobachtet:

- Dichte: von 2,6 t m^{-3} zu 2,0 t m^{-3};
- Wassergehalt: von 6-7 % zu 18-20 %.

Schwelldruck (Umwandlungsdruck) ist in den häufigsten Fällen an die Umwandlung von Anhydrit ($CaSO_4$) in Gips ($CaSO_4 \cdot 2H_2O$) gebunden, welche mit einer Volumenzunahme von rund 60 % verbunden ist. Die gemessenen Drücke liegen in der Größenordnung von 1,3–3,8 MN m^{-2}.

Umwandlungsdrücke können auch von Pyrit und Augit ausgehen.

Die im Tunnelbau gefürchtete Erscheinung von Blähdrücken äußert sich durch Sohlhebungen bzw. durch Sohldrücke. Im württembergischen Gipskeuper werden Sohlhebungen nur unterhalb des Anhydritspiegels beobachtet. Im Gebirge wird zwischen einem Anhydrit- und einem Gipsspiegel unterschieden, wobei beide in etwa parallel verlaufen und einen Abstand von ca. 10 m haben. Oberhalb des Gipsspiegels besteht das ehemals gips- und anhydritführende Gestein aus Residualtonen. Dies ist ein scherbig zerbrochenes, bei rezenten Auflösungserscheinungen aufgequollenes, stark wasserhaltiges Tongestein.

Unterhalb des Gipsspiegels ist aller Anhydrit zu Gips umgewandelt. Dabei ist der Schichtverband in sich teilweise vollständig erhalten, teilweise durch Volumenzunahme auseinandergedrückt, oder der Gips ist schlierenartig oder als Fasergips auf Trennflächen abgesondert. Unterhalb des Anhydritspiegels ist der ursprüngliche Schichtverband vollständig erhalten.

Die Wasserführung im Gebirge ist ohne die Störwirkung durch den Tunnelbau auf die Zonen des Gipsspiegels beschränkt. Durch die Auflockerung des Gebirges wird die Wasserwegsamkeit heraufgesetzt. Weitere Wässer werden mit der Luft und mit dem Verkehr an die wasserempfindlichen anhydrithaltigen Gesteine herangeführt.

Die Erscheinungsform der Sohlhebung ist in ◘ Abb. 13.8 dargestellt. Der Verlauf der Sohlhebungen dauert über Jahrzehnte an. Dabei ist eine langsam abnehmende Tendenz erkennbar. Bei fehlendem Sohlgewölbe nimmt die Intensität der Sohlhebungen mit zunehmendem Ausbruchsquerschnitt zu. Dabei reicht die Einflusszone unter der Sohle bis in eine Tiefe, die der Ausbruchsbreite entspricht. Im Ulmen- und Firstenbereich ist die Auflockerung gering. Die größte Auflockerung beobachtet man unter der Tunnelachse. Vom seitlichen Widerlager zur Tunnelachse hin nimmt die Auflockerung des Untergrundes zu. In diesem Bereich können alle ehemaligen Anhydritanteile in Gips umgewandelt sein.

Eine Voraussage von Sohldrücken bzw. Sohlhebungen bei fehlendem Ringschluss ist quantitativ wie auch zeitlich nicht möglich. Folgende Faktoren gehen mit ein:

- Lage zum Anhydrit- und Gipsspiegel;
- Vorhandensein von veränderlich festen Tongesteinen in der Sohle;
- Vorhandensein fester Gesteinsbänke wie Kalkstein oder Dolomitstein in der Sohle;
- Verteilung der Minerale Anhydrit, Gips, Illit, Corrensit u. a.;
- hydrologische Gegebenheiten;
- Größe des Querschnitts;
- Art des Ausbaus und der Sohlsicherung.

Das mögliche Ausmaß der Hebungen liegt zwischen 0 und 5 m, wobei der querschnittsabhängige beteiligte Bereich etwa 3–7 m unter die Sohle reicht. Gleichzeitig mit der Sohlhebung kann eine Widerlagerverengung in der Größenordnung von einigen Dezimetern eintreten.

Die Sohlhebungen verursachen erhebliche Kosten. Der Kappelsberg-Tunnel bei Gaildorf (Württemberg, Fertigstellung 1880) durchfährt „Dunkle Mergel", Bochinger Horizont und Grundgipsschichten. Sulfatgesteine sind auf einige wenige Bänke beschränkt, deren Mächtigkeiten zwischen 0,25 und 1,0 m schwanken. Im Schienenniveau betrugen die Hebungen anfänglich 25 cm pro Jahr. Während der ersten sieben Betriebsjahre musste die

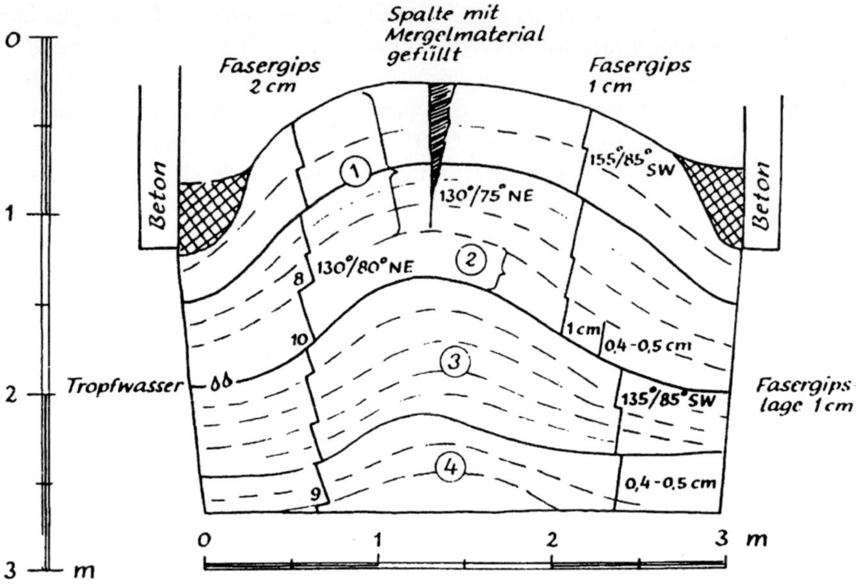

Abb. 13.8 Sohlhebung im Nordstollen des Wagenburgtunnels in Stuttgart. (Krause und Wurm 1975)

Sohle jährlich einmal nachgerissen werden. Insgesamt wurden 19 Gleisabsenkungen vorgenommen. Es ergibt sich eine Gesamthebung in der Größenordnung von 4,70 m in einem Zeitraum von 100 Jahren. Danach betrugen die jährlichen Sohlhebungen noch etwa 1 cm pro Jahr. Mit der Sohlhebung ist eine Verengung des Widerlagers und eine Gewölbeverdrückung gegeben.

Um Schäden durch Sohlhebung zu vermeiden, sollten zunächst im Planungsstadium Trassenvarianten gesucht werden, die keine schwellfähigen Gesteine durchqueren. Dabei ist der Anhydritspiegel genau auszukartieren und nach Möglichkeit eine Trasse oberhalb des Anhydritspiegels zu wählen. Andererseits ist es günstig, wenn im Sohlbereich eine in der Festigkeit unveränderliche, kompakte Gesteinsbank verläuft.

Die Quell- und Schwellfähigkeit des Gesteins ist im Voraus zu untersuchen. Wo Sohlhebungen zu befürchten sind, ist der Tunnel als geschlossene Röhre zu planen und fest mit dem Gebirge zu verankern. Beim Vortrieb ist auf gebirgsschonenden Abbau zu achten und nach Möglichkeit der maschinelle Vortrieb anzuraten. Das Gebirge ist sorgsam vor Wasser zu schützen, und es ist besonders darauf zu achten, dass kein Wasser aus den Portalzonen in die Blähstrecke hineingerät. Hierfür sind besondere Abdichtungen vorzusehen. Der Spritzbeton ist sofort nach dem Ausbruch einzubringen. Die Felsankerung hat besonders in der Sohle den Zweck zu erfüllen, dass die Sohle unter Vorspannung aktiv verankert wird. Die Haftstrecke der Anker ist unterhalb des möglichen Schwellbereiches vorzusehen. Für die Blähstrecken kann keine absolute Dimensionierungsgrundlage im Voraus gegeben werden. Die Ausschreibung muss hier verschiedene Eventualposten zur Verstärkung der Sohle vorsehen.

Konstruktive Maßnahmen gegen Sohlhebung beim Schwellen des Gebirges können nach Kovàri 1987 und Anagnostou 2007 u. a. sein:

- Verlangsamen des Schwellvorganges durch absolute Trockenheit in der Vortriebsstrecke.
- Verhindern des Wasserzutritts und des Schwellvorganges im Umkreis der späteren Tunnelröhre durch dem Ausbruch vorauseilende Injektionen wasserabweisender Stoffe (organische Verbindungen und Harze).
- Einbau eines verstärkten Sohlgewölbes – Widerstandsprinzip.
- Einbau einer Systemverankerung zum Stabilisieren der Sohle in Kombination mit dem Widerstandsprinzip.
- Einbau eines freien Raumes zwischen der ausgebrochenen Tunnelsohle und der widerstandsfähig ausgebauten Sohle von Fahrbahn und Tunnelröhre In diesen freien begehbaren Raum kann die schwellende Boden- und Gesteinsmasse hineindrängen. Der Raum kann von Zeit zu Zeit beräumt werden (Ausweichprinzip).
- Einbau einer Knautschzone in einen freien Raum zwischen der widerstandsfähig ausgebauten Sohle der Fahrbahn und Tunnelröhre und einer stabilisierten (verankerten) Betonplatte (Unterbau) über der ausgebrochenen Tunnelsohle. In den freien Raum werden zwischen dem Unterbau und der eigentlichen Tunnelkonstruktion modulare Knautschelemente eingebaut (Knautschzonenprinzip).
- Kombination von Widerstandsprinzip und Ausweichprinzip.
- Kombination von Widerstandsprinzip und Knautschzonenprinzip.

Für Blähstrecken ist ein dicht angelegtes Kontroll-Messsystem vorzusehen; insbesondere sind Druck-Messdosen im Kontaktbereich zwischen Gebirge und Spritzbeton erforderlich.

Eine zusammenfassende Darstellung der Probleme aus Württemberg wird von Henke et al. (1975) in der Publikation des Ministeriums für Wirtschaft, Mittelstand und Verkehr „Sohlhebungen beim Tunnelbau im Gipskeuper" gegeben. Weitere Veröffentlichungen zum Tunnelbau in quellfähigem Gebirge liegen u. a. vor von Kirschke (1996), Paul und Wichter (1996), Fecker (1996), Beck (1998), von Wittke-Gattermann und Wittke (2000), Eichler (2006), Grimscheid (2012), Wittke et al. (2014).

13.5.3 Tertiäre Spannungsverteilung infolge Ausbauwiderstand und Fülldruck

Die durch Schaffen des Hohlraumes herbeigeführte Spannungsumlagerung und die neu auftretende Spannungsverteilung wird wesentlich vom Ausbauwiderstand beeinflusst. Man unterscheidet zwischen:

- *Spannungsverteilung bei einem passiv wirkenden Ausbauwiderstand*
  Hierbei drängt das Gebirge in den Hohlraum hinein und legt sich auf den eingebrachten Verbau oder Ausbau (Türstock, Stahlbogen, Verzugsdielen, Spritzbetonschale, Stahlbetonausbau) auf.
- *Spannungsverteilung bei einem aktiv wirkenden Ausbauwiderstand*
  Beim Verwenden von Gebirgsankern können vorgespannte Anker eingebracht werden. Die Zugkräfte setzen tief im vom Tunnelvortrieb unveränderten und unbeeinflussten Gebirge an. Die damit eingebrachte Vorspannung wirkt der Spannungsverteilung rund um den neugeschaffenen Hohlraum entgegen.
- *Spannungsverteilung infolge Füllungsdruck*
  Beim Betrieb von Leitungsstollen ist mit Innendrücken zu rechnen, die gegebenenfalls vom Gebirge aufzunehmen sind. Das gilt besonders bei Druckwasserstollen wie auch bei Gasleitungen mit hohen Innendrücken.

13.5.4 Quartäre Spannungsverteilung durch benachbarte Baumaßnahmen

Werden in der Nachbarschaft eines Tunnels andere Baumaßnahmen durchgeführt, die das natürliche Gleichgewicht stören, so gehen hiervon Spannungen aus, die von der Tunnelkonstruktion aufgenommen werden müssen. Dies betrifft Maßnahmen wie Bergbau, benachbarten Tunnelbau, Grundwasserabsenkung, Errichten von sehr großen oder sehr schweren Bauwerken, Grundwassererhöhung und den Einstau von Oberflächengewässern.

13.6 Tunnelbau in Festgestein

13.6.1 Stören des bestehenden Gleichgewichts durch die Ausbrucharbeiten

Beim Tunnelbau wird das bestehende Gleichgewicht im Gebirge gestört. Der Gesteinsverband wird aufgelockert. Das Gebirge drückt in den Hohlraum hinein und entwässert auf den ausgebrochenen Hohlraum zu. Durch den Einbau stabilisierender Elemente im Zuge der Verbaumaßnahmen und durch Einbringen des endgültigen Ausbaus ist das Gleichgewicht erneut herzustellen. Erfahrung und praktisches Wissen sind für die ausführende Firma von großer Wichtigkeit. Beim Tunnelvortrieb unterscheidet man folgende Bauleistungen:

- *Ausbruch*
  Bohren – Laden – Sprengen – Bewettern (Lüften) – Absichern der Ortsbrust und Ablauten des Gesteins (Säubern der Ausbruchsfläche vom gelockerten Gestein) – Schutterung (Laden und Abfahren des Haufwerks).
- *Sichern*
  Einbringen einer Oberflächenverstärkung mit Spritzbeton und Stahlbögen und einer nachträglichen Bewehrung des Gebirges durch Anker zum besseren Abtragen von Schub-, Zug-, und Scherspannungen oder Einbringen eines provisorischen Verbaus (Zimmerung) als Stütze gegen den Auflockerungsdruck (vgl. ► Abschn. 13.8).
- *Ausbau*
  Einbringen des endgültigen Ausbaus bzw. der endgültigen Innenverkleidung.

In Abhängigkeit von der geologischen Situation und von der Art und Größe des Tunnelbauvorhabens erfolgt die Arbeit beim Vortrieb:

- manuell mit Pickel, Schlägel und Eisen;
- manuell mit Pressluftspaten und Abbauhammer;
- durch Bohren und Sprengen;
- durch den Einsatz von Teil- und Vollschnittmaschinen;
- durch den Einsatz von Hydraulik-Baggern.

Die einzelnen Tätigkeiten beim Vortrieb bedingen einen rhythmischen Arbeitsablauf, welcher wesentlich von der Gebirgsart beeinflusst wird. Gesteine mit hoher Gebirgsfestigkeit (Granit, Quarzit) besitzen eine große Bohrhärte und beanspruchen längere Bohrzeiten, eine größere Anzahl von Bohrlöchern und höheren Sprengstoffeinsatz, aber kürzere Zeiten für den Einbau der Sicherung. Bei standfestem Gebirge sind zwischen Lösen und Sichern größere Zeitabstände möglich, und es können mehrere Abschläge nacheinander ausgebrochen und dann gemeinsam in einem Arbeitsgang gesichert werden. Die weniger standfesten Gebirgsarten haben oft einen geringen Bohrwiderstand, aber lange Sicherungszeiten. Das Sichern wird unmittelbar nach jedem einzelnen Ausbruch vorgenommen.

Bei rolligem Gebirge, z. B. in Störungszonen, entfällt die Sprengarbeit. Das Material rollt oder fließt auf den Bergmann zu (Kluftfüllungen, Kluftbreccien, Lehmfüllungen, Sande und Kiese). Der sichernde Verbau wird vor oder während des Ausbaues eingebracht.

Vom geologischen und felsmechanischen Standpunkt aus ist ein gebirgsschonender Vortrieb anzustreben. Der gewünschte Ausbruchsquerschnitt soll gleichmäßig und möglichst ohne Mehrausbruch gelöst werden. Das Streben nach schonendem Gebirgsausbruch steht beim Lösen mit Bohren und Sprengen dem Streben nach hoher Schichtleistung entgegen.

Geologische Faktoren, die eine Gebirgsauflockerung begünstigen, sind:

- hoher tektonischer Gebirgsdruck;
- starke Zerklüftung bei hohem Durchtrennungsgrad;
- geringe Gebirgsfestigkeit;
- quellfähige Gesteine;
- sprödes Gestein;
- Wasserzulauf.

Technische Faktoren, die eine Gebirgsauflockerung begünstigen, sind:

- zu spät eingebrachte Sicherung;
- eingesetzte Sprengstoffmenge;
- ungünstige Einbruchsart (Bohrschema);
- große Abschlagtiefen;
- ungeeignete Sicherung;
- großer Tunnelquerschnitt.

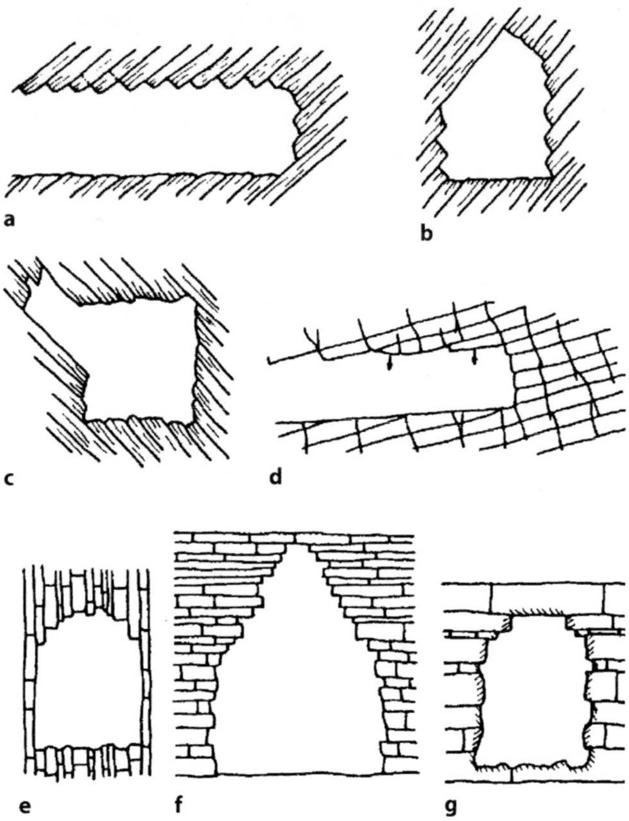

Abb. 13.9 Formen für geologisch bedingten Mehrausbruch. **a–d** nach Stini (1950), **e–g** nach Bell (1980)

Mehrausbruch

Beim Auffahren von Untertagehohlräumen kann nur bei maschinellem Vollausbruch und bei gebirgsschonendem Sprengen (Vorschlitzschießen) ein dem Plan entsprechender Querschnitt erzielt werden. Meist liegen Abweichungen in Form eines Mehr- oder Minderausbruches vor. Dieser Mehrausbruch verursacht Mehrkosten beim Räumen und Sichern.

Dabei ist zwischen einem geologisch und einem technisch bedingten Mehrausbruch zu unterscheiden, wobei letzterer meist von der ausführenden Firma zu finanzieren ist (Abb. 13.9).

Ursachen für den geologisch bedingten Mehrausbruch sind:

- Lage der Kluft- und Trennflächen zum Stollen;
- Art der Kluft- und Trennflächen (Großklüfte, Störung, Ausbildung der Schichtflächen);
- Kluftabstand, Klufthäufigkeit;
- Durchtrennungsgrad der Klüfte;
- Öffnungsweite der Klüfte und Kluftfüllung;
- Beschaffenheit der Kluftflächen (Rauigkeit);
- Wasserempfindlichkeit und Quellvermögen der Gesteine;
- Gebirgsdruck;
- Gesteinsfestigkeit;
- Störungszonen.

Da in der Praxis nicht der einzelne Fall, sondern das Zusammenwirken mehrerer Faktoren zum Mehrausbruch führt, wird wohl stets ein nachträgliches Beurteilen des Mehrausbruches durch den Geologen erforderlich sein. Im Rahmen der Voruntersuchung (z. B. für die Ausschreibung) werden die im Tunnel anzutreffenden Gesteine mit Kluftlage, Kluftabständen, Kluftweiten und Kluftfüllungen sowie ihr Verhalten zur Nachbrüchigkeit angegeben. Soweit in Grenzen vorhersehbar, werden die Toleranzen für den Mehrausbruch (t_i = Abweichung nach innen, Minderausbruch; t_a = Abweichung nach außen, Mehrausbruch) in Zentimetern für Firste und Ulmen angegeben. In geologische Längsschnitte sind Störungsbereiche, Schichtung, Schieferung und Klüftung einzutragen. Dabei sind die einzelnen Faktoren entsprechend zu bewerten. Die Neigung zum Nachfall oder Mehrausbruch ergibt sich aus der geometrischen Zuordnung des Trennflächengefüges zum Hohlraum.

Dabei bedingen Großklüfte und Schichtgrenzen mit starker Neigung zum Ausbrechen geballte Ablösungen von Gesteinsblöcken in Kubikmetergröße und mehr. Dies kann an einzelnen Stellen im Tunnelvortrieb auftreten. Die Kleinklüfte und ihr Gefüge bestimmen Form und Größe des laufenden Mehrausbruches, wobei ihre Lage, Häufigkeit, Engständigkeit, Oberflächenrauhigkeit, Ausdehnung, Öffnungsweite und Füllung als wirksame Faktoren zu betrachten sind.

Eine direkte Beziehung zwischen Standfestigkeit des Gebirges und Mehrausbruch besteht nicht. So kann bei weitständiger Klüftung und großblockigen Kluftkörpern durch das Sprengen erheblicher Mehrausbruch eintreten, wenn sich jeweils die angeschossenen Kluftkörper ganz herauslösen. Bei engständiger Klüftung wird dagegen der angestrebte Querschnitt eher erreicht.

Bei plastisch veränderlichem Gebirge (quellfähigem Ton und Gipsgestein) quillt das Gebirge in den Raum hinein und bewirkt, soweit nicht rechtzeitig Spritzbeton eingebracht wird, Querschnittsverengung. Hier ist also im Voraus ein etwas größerer Querschnitt anzusetzen. Der Mehrausbruch wird bei Zutritt von Wasser gefördert. Die Anwesenheit von Wasser kann in lockerem und rolligem Gebirge, besonders in Ruschel- und Zerrüttungszonen (Breccien, Mylonite) und in verfülltem Karst (Sand- und Lehmfüllungen), besonders in Verbindung mit Strömungsdruck und hohem hydrostatischem Druck zu großen Mehrausbrüchen und Nachbrüchen führen. Wenn solche Ausbrüche ein großes Ausmaß annehmen, werden sie als Verbruch bezeichnet. Die Gefahr von Verbrüchen besteht bei stark entfestigten, stark zerklüfteten und vergrusten Gesteinen sowie bei offenen und lehmgefüllten Klüften (Katzenbach und Breth 1981).

Verbrüche können auch bei hoher Gebirgsspannung auftreten (Detzlhofer 1968). Gebirgsdruck führt bei quellendem Gebirge und bei Bergschlägen zu gewissen Mehrausbrüchen.

In Abhängigkeit von der Zeit und der Spannweite des Tunnels kommt dem Gebirge eine bestimmte Stehzeit zu. Ohne wirksame Sicherung verbricht das Gebirge nach Ablauf dieser Stehzeit (▶ Abschn. 13.2.1; Gebirgsklassifikation nach Lauffer 1958, 1988). Im Rahmen einer solchen Klassifizierung und Ausschreibung ist die Sicherung zum Verhindern fortschreitender Auflockerung möglichst rasch nach dem Ausbruch einzubringen. Mehrausbrüche, die nach Ablauf einer bestimmten Standzeit eintreten, sind technisch bedingt und entsprechend zu bewerten. Auch treten Nachbrüche auf, wenn der Hohlraum nur unvollkommen verbaut bzw. gesichert ist. Bei stark zersetztem und aufgelockertem Gebirge hängt der Mehrausbruch von der Anpassungsfähigkeit der technischen Mittel und von der Bauweise, und weniger von der Geologie ab.

Bei hoher Gesteinsfestigkeit bestimmt die Lage der Klüfte die Ausbruchsform, bei geringer Gesteinsfestigkeit bestimmt die

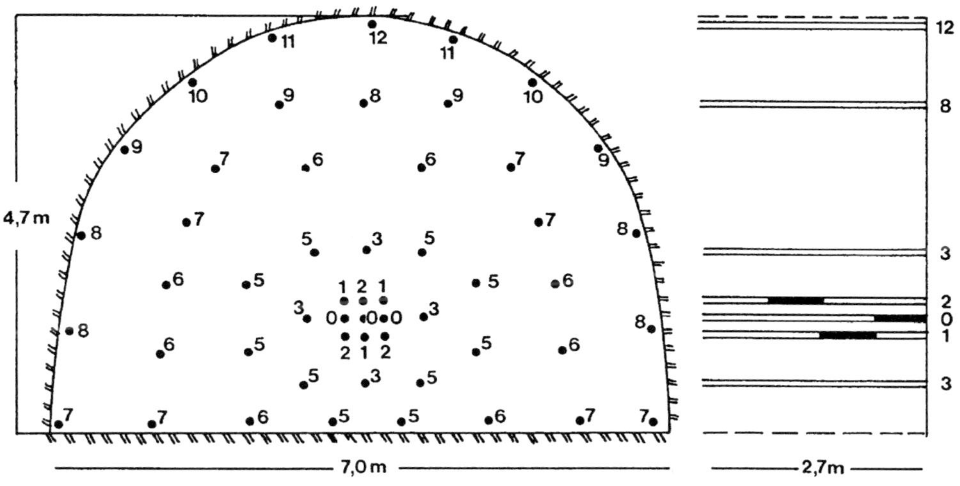

■ **Abb. 13.10** Anordnung der Bohrlöcher und der Zündfolge beim Brennereinbruch. (Maidl 1984)

Lage der Bohrlöcher die Ausbruchsform. Mehrausbrüche, die den durch die Klüftigkeit bedingten Ausbruch überschreiten, sind technisch vermeidbar.

Der geologisch bedingte Mehrausbruch wird durch mehrere Faktoren und durch deren gegenseitige Überlagerung verursacht. Eine genaue Voraussage ist gewöhnlich nicht möglich. Man wird im Rahmen der Voruntersuchung schon auf die endgültige Beurteilung des geologisch bedingten und arbeitstechnisch bedingten Mehrausbruchs nach Auffahren des Tunnels hinweisen. Eine solche endgültige Beurteilung wird im Rahmen einer Tunneldokumentation erarbeitet.

Dem geologisch bedingten Mehrausbruch können technische Maßnahmen entgegengestellt werden, die den Mehrausbruch vermindern. Standfestigkeit und Mehrausbruch werden durch die Streichrichtung der Großklüfte, Verwerfungen und Ruschelzonen und eine dazu ungünstig liegende Ausrichtung des Tunnels stark beeinflusst. Eine Änderung der Ausrichtung ist zu überprüfen. Die Querschnittsform kann dem vorherrschenden Kluftsystem mehr oder weniger angepasst sein und somit Mehrausbrüche gering halten. So bieten sich in grobgebanktem und weitständig geklüftetem Sandstein, Kalkstein und Dolomit rechtwinklige Querschnittprofile an, während bei Tonschiefern (weiches Gebirge) oder bei mehreren Kluftscharen, die die Standfestigkeit bedingen, runde bis ovale Tunnelprofile günstig sind.

■ Bergschläge

Eine besondere Gefahr für den Berg- und Tunnelbau sind Berg- oder Gebirgsschläge (Knoll et al. 1980, Grimscheid 2008). Dabei lösen sich tonnenschwere Gesteinspartien in Linsen oder flachen Schalen schlagartig und mit lautem Knall von den Wänden, besonders den Ulmen, und werden in den Hohlraum geschleudert. Bergschläge sind eine große Bedrohung für den Bergmann. Sie treten bei hohem Gebirgsdruck mit hohen Spannungsanisotropien ($\sigma_{min} / \sigma_{max} > 5$) in massigen, ungeschichteten spröden Gesteinen ohne oder mit nur schwach ausgebildeter Klüftung oder Schieferung auf. Die Höhe des Überlagerungsdruckes ist nicht ausschlaggebend. Unter den auslösenden Faktoren lassen sich neben gesteinsbedingten und gefügebedingten Ursachen (Sprödigkeit bzw. Schichtung, Klüftung, Schieferung) noch spannungsbedingte Ursachen unterscheiden. Während massige und spröde Gesteine bei entsprechend ungünstigen Spannungsverhältnissen zum Bergschlag neigen, treten bei plastisch verformbaren und geklüfteten Gesteinen Entspannungen ein, die zu einer Verformung des Gebirges führen.

Als Gegenmaßnahmen können Entspannungsbohrungen, Anker, Entspannungsschüsse, Hochdrucktränkung, rechtzeitiger Verbau mit Stahlbögen, Beeinflussen des Spannungszustandes und Ändern der Sprengtechnik angesetzt werden.

13.6.2 Sprengvortrieb

Für erfolgreiches Sprengen ist die Wahl des Bohrbildes, also die Anordnung und Zündfolge der Bohrlöcher, von Bedeutung. Dabei ist der einzelne Schuss so anzuordnen, dass er für den Folgeschuss die Gesteinsverspannung mindert und einen Einbruch bewirkt. Man unterscheidet zwei Gruppen von Einbruchsarten.

■ Paralleleinbruch

Die zuerst gezündeten Schüsse wirken auf den Leerraum nicht geladener Bohrlöcher (Ausdehnungslöcher). Erst später gezündete, schräg nach innen angesetzte Schussgruppen werfen das gesprengte Material heraus.

Zu den Paralleleinbrüchen gehört der Brennereinbruch (■ Abb. 13.10). Die Bohrlöcher werden parallel zur Streckenachse in einer bestimmten Anordnung im Sprengzentrum der Ortsbrust 8–10 cm nebeneinanderliegend gebohrt. Alle Bohrlöcher haben den gleichen Durchmesser, jedoch werden einige Bohrlöcher zum Teil nicht geladen. Zur Zündung sind sowohl Millisekunden- als auch Halbsekundenzünder geeignet. Bei Abschlaglängen über 3,25 m ist der Brennereinbruch dem Schrägeinbruch überlegen. Er wird in mittelhartem Gestein angewendet.

■ Schrägeinbruch

So werden Einbrüche genannt, bei denen die Bohrlöcher schräg zur Vortriebsrichtung oder zur vorhandenen freien Fläche oder zur Lösefläche im Gestein angeordnet sind. Der hierzu zählende Kegeleinbruch (■ Abb. 13.11) zeichnet sich dadurch aus, dass das beim Sprengen gelöste Material in den Stollen geschleudert wird. Für den Kegeleinbruch, auch Deutscher Einbruch genannt, werden die Bohrlöcher auf der freien Fläche kreisförmig angeordnet. Der Abstand der Bohrlöcher soll im Bohrlochtiefsten 15 cm nicht überschreiten.

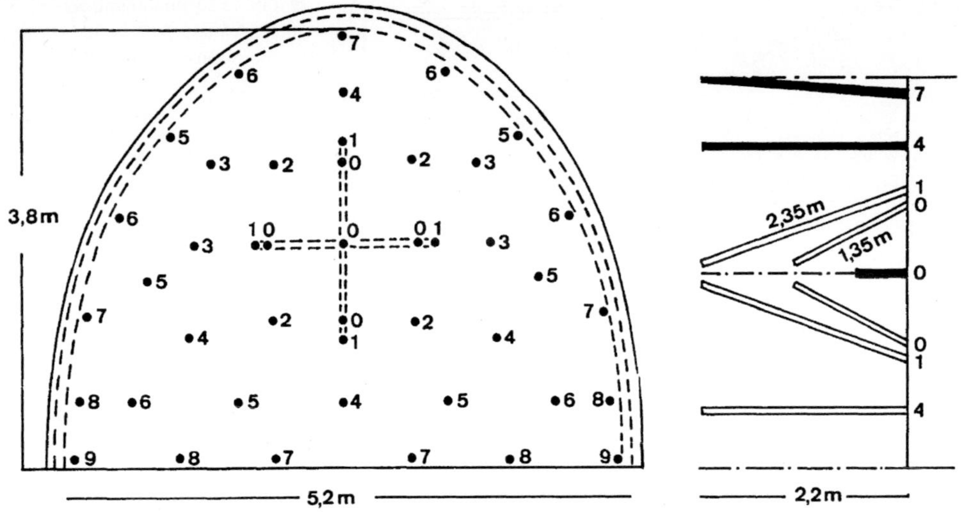

Abb. 13.11 Anordnung der Bohrlöcher und der Zündfolge beim Kegeleinbruch. (Maidl 1984)

Das Erweitern des Einbruches erfolgt durch Folgeschüsse, die Helferschüsse, Kranzschüsse, Eck- und Randschüsse. Das verwendete Bohrbild und die gewählte Abschlagtiefe sollten sich an der Gebirgsfestigkeit sowie an der Lage, Öffnungsweite und Häufigkeit der vorhandenen Klüfte (Zerklüftungsgrad) orientieren.

Man wähle bei
- kluftfreiem, standfestem Gestein: tiefe Bohrlöcher;
- weitständig geklüftetem Gestein: mitteltiefe Bohrlöcher;
- engständig geklüftetem Gestein: flache Bohrlöcher;
- zähem Gestein (z. B. Kalkstein): flache Bohrlöcher mit größerem Bohrlochdurchmesser;
- sprödem Gestein (z. B. Quarz und quarzreiche Felsgesteine): kleinere Bohrlochdurchmesser.

Für den Vortrieb und die Sprengtechnik ist eine steile Lagerung mit Streichen senkrecht zur Vortriebsrichtung günstig.

Ungünstig ist der Vortrieb bei steiler Lagerung und zur Vortriebsrichtung paralleler Streichrichtung der offenen Trennfugen. Schussempfindlich sind Gipsgesteine. Stini (1950) empfiehlt, zwischen den einzelnen Schüssen Pausen (bis 30 s) einzuhalten.

Die Abschlagslängen sollten den halben Durchmesser des auszubrechenden Stollens bzw. Tunnels nicht übersteigen. Bei großen Tunnelquerschnitten (Montblanc-Tunnel) werden Abschlagtiefen von 4–5 m gewählt. Bei kleineren Stollen liegen die Abschlagtiefen bei ca. 1 m. Als günstiges Mittelmaß gelten Abschlaglängen von 2 m.

Die Bohrarbeiten werden beim mechanisierten Vortrieb (Ausbruch im ganzen Querschnitt) durch den Einsatz von Bohrgerüstwagen mit schweren Bohrhämmern ausgeführt. Zunehmend werden leistungsstarke Großbohrwagen mit mehreren hydraulisch bewegbaren Bohrlafetten und elektrohydraulischer Bohrausrüstung mit Luft- oder Wasserspülung eingesetzt. Hierbei wird auf einen gleichmäßigen Takt der Vortriebsarbeiten und weniger auf die geologische Besonderheit der Klüftung beim Bohrvorgang geachtet. Dabei entstehender Schaden infolge Gebirgsauflockerung und Mehrausbruch wird durch bessere Vortriebsleistungen ausgeglichen.

Beim Einsatz vollmechanischer Bohrwagen (Bohrlafetten mit Vorschubvorrichtung und hohem Anpressdruck) werden folgende Bohrfortschritte erreicht:
- Granit, Quarzit, Basalt, Grauwacke: 25–40 cm min^{-1};
- Kalkstein, Sandstein, Gneis, harte Schiefer: 40–60 cm min^{-1};
- weiche Sandsteine, Tonschiefer, Mergelsteine: 60–400 cm min^{-1}.

Moderne elektrohydraulische Bohrwagen haben nach Messungen von Graetz (1995) in weichem Sandstein bereits Bohrfortschritte bis zu 4 m min^{-1} erreicht.

Die Bohrwagen können von angelernten Arbeitern bedient werden. Im Gegensatz dazu wurde vom Bergmann oder Mineur zur Zeit des klassischen Eisenbahntunnelbaus im 19. Jahrhundert die Fähigkeit und Kenntnis für ein individuelles, gefügebezogenes Abbohren verlangt. Es ist ein besonderes Phänomen, dass trotz bedeutender Erfindungen für ein vollmechanisiertes Abbohren, ein vollmaschinelles Laden und Abfahren des Sprengschuttes (Schutterung) und ein weitgehend maschinell durchgeführtes Verbausystem (Spritzbeton) die wirklich erreichten Vortriebsleistungen im modernen Tunnelbau nicht wesentlich größer sind als im 19. Jahrhundert.

Beim Sprengen wird das Gebirge aufgelockert. Diese Auflockerung beruht auf der Spannungskonzentration und Erschütterung, auf der Verringerung der Reibung im Trennflächengefüge und auf der Erhöhung des Durchtrennungsgrades. Dabei kann die Auflockerung bis zu 30 m tief in den Fels reichen. Besonders nachteilig für die Gebirgsfestigkeit ist das Verwenden von großen Sprengstoffmengen in großkalibrigen Bohrlöchern bei weiten Bohrlochabständen. Das Verwenden größerer Patronendurchmesser lässt folgende Vorteile erkennen:
- geringe Bohrlochzahl;
- Zeitersparnis;
- Vergrößern der Bohrlochabstände;
- größere Sprengkraft der Ladung;
- größere Wirtschaftlichkeit des Vortriebes.

Verwendet werden Patronendurchmesser zwischen 22 und 40 mm, gelegentlich auch 50 mm (Wild 1984).

Eine gebirgsschonende Sprengtechnik bietet das Vorspalten (Wirth 1968, Wilmers 1982; Abschn. 5.3.3). Hierbei wird vor dem Ausbruch die Randzone abgebohrt, wobei nur geringe Abstände

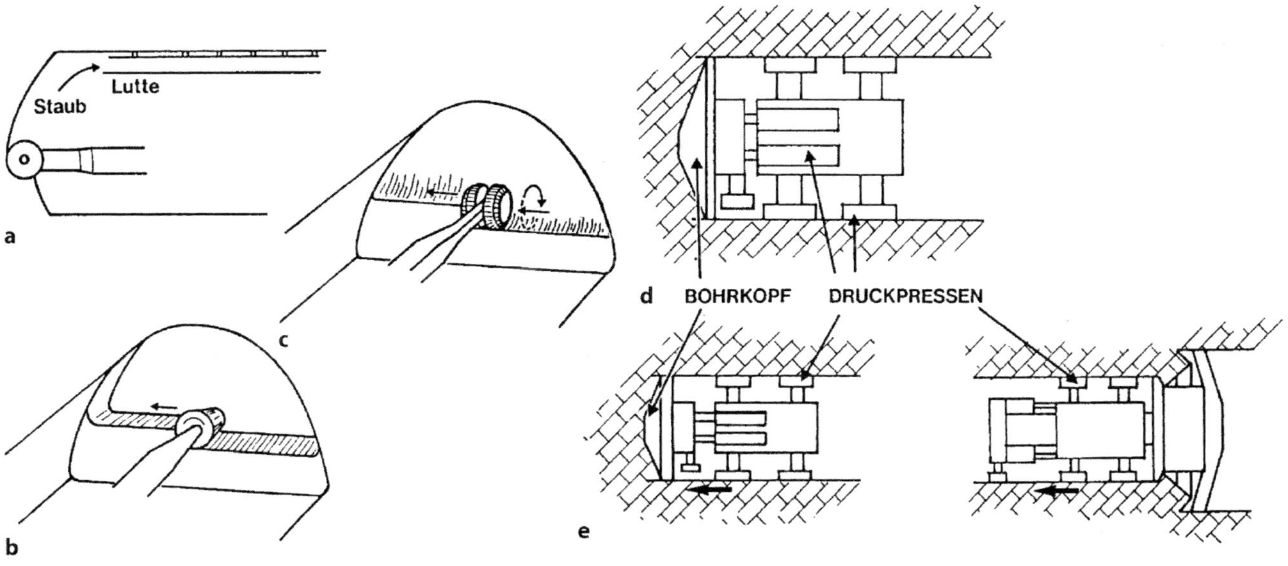

Abb. 13.12 Schematische Darstellung für den Tunnelvortrieb mit Teilschnitt- und Vollschnittmaschinen. **a–c** Mit einem Querschneidkopf, **d** Vollschnittmaschine, **e** Erweiterungsmaschine. (Umgezeichnet nach Menzel und Freyno 1981 sowie Eistert 1982, entnommen aus Wittke 1982)

zwischen den Bohrlöchern bestehen. Diese Bohrlöcher werden nur schwach geladen, und die Ladung wird über die Bohrlochlänge gestreckt. Beim Sprengvorgang wird ein Perforationseffekt erzielt. Anschließend wird der Ausbruch im herkömmlichen Sprengverfahren durchgeführt.

Beim Abspalten wird das Profil durch das Zünden der Ladung der in der Randzone im geringen Abstand abgebohrten Löcher nach der eigentlichen Abtragssprengung hergestellt. Die Bohrlöcher erhalten in gleicher Weise wie beim Vorspalten eine gestreckte und gegen die Bohrlochwand abgepufferte Ladesäule. Das Zünden der Ladung geschieht mit der letzten Zünderzeitstufe eines Abschlages.

Sprengverfahren lassen sich auch dort noch anwenden, wo oberirdische Bauten oder Felsgebilde mit eingeschränkter Standsicherheit unterfahren werden müssen. Zu Beginn der Arbeiten erfolgt ein langsames Herantasten an noch zulässige Sprengintensitäten – begleitet von laufenden Kontrollmessungen der Sprengerschütterungen und Rissbewegungen.

Die Sprengstoffmengen, Sprengschemata, Ausbruchsflächen und Abschlaglängen sind laufend auf ihre Auswirkungen hin vom Sprengexperten abzuschätzen und so zu variieren, dass vorher festgelegte Grenzwerte der Sprengerschütterungen nicht überschritten werden. Dabei ist auch aufgrund von größeren Streuungen von einer Sicherheitsvorgabe auszugehen, insbesondere dann, wenn das Gebirge in seinem Aufbau, der Gesteinsbindung und anderen Gebirgskennwerten nicht als homogen einzuschätzen ist. Dennoch kann ein gezielter Einsatz des Sprengverfahrens besonders bei kurzen Tunnellängen und festem Gestein wirtschaftlicher sein als der Einsatz anderer Vortriebsverfahren.

13.6.3 Vortrieb mit Tunnelbohrmaschinen

■ Teilschnittmaschinen

Die Ausbruchsfläche des Tunnels wird in mehreren Abschnitten (Strossen, ◘ Abb. 13.15) ausgebrochen. Die Schneid- und Lösewerkzeuge sind an einem schwenkbaren Ausleger auf einem Raupenfahrzeug befestigt, der die Ortsbrust bestreicht. Der Schneidkopf kann parallel oder quer zur Vortriebsrichtung angebracht sein (◘ Abb. 13.12b, c). Die Schneidwerkzeuge sind dem aufzubrechenden Gestein anzupassen. Es ist das Ziel, bei günstigem Bohrfortschritt den Verschleiß möglichst niedrig zu halten. Im geologischen Bericht sind hierzu Aussagen zu treffen. Unterschieden wird zwischen

- Schneidzähnen – Werkzeuge mit starrer Schneide, deren Längsseite zur Peripherie des Bohrkopfes ausgerichtet ist. Sie eignen sich zum Aufbrechen/Aufschneiden von Tonstein, wenig verfestigtem Mergelstein und tonig gebundenen Sandstein. Sie werden in der Regel mit Hartmetallspitzen ausgeführt.
- Rollenmeißel – zylindrische Trägerkörper über deren Umfang ein Schneidring läuft. Es sind (neben Schneidmessern) die Hauptwerkzeuge der Tunnelbohrmaschinen, auf deren Bohrkopf/Schild bis etwa 30 Rollenmeißel montiert sind. Je nach Beanspruchung beim Bohren sind unterschiedliche Typen mit unterschiedlich harten Schneidringen und entsprechend unterschiedlich langen Standzeiten/starkem Verschleiß im Angebot. Sie sind zum Aufbrechen von Hartstein geeignet.

Für die Auswahl des Schneidwerkzeuges sind die Form und Größe des aufzufahrenden Profils und die Gesteinsart entscheidend (Menzel und Freyno 1981, Gehring 1982; ◘ Abb. 13.13). Die Leistung der Teilschnittmaschinen ist jedoch stark von der Gesteins- und Gebirgsfestigkeit beeinflusst, und ab einer bestimmten (maschinenabhängigen) Festigkeit ist deren Einsatz nicht mehr möglich. Dabei liegen die Höchstwerte bei 40 % der maximal mit Vollschnittmaschinen durchörterbaren Gesteinsfestigkeiten. Die Vorteile des Einsatzes von Teilschnittmaschinen liegen in der großen Anpassungsfähigkeit an wechselnde Tunnelquerschnitte und an wechselnde Gebirgsverhältnisse mit der Möglichkeit zur Kombination mit anderen Ausbruchverfahren

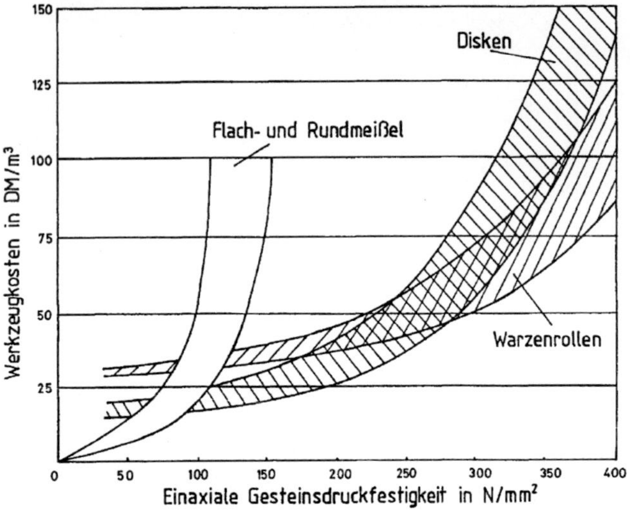

Abb. 13.13 Werkzeugkosten für unterschiedliche Werkzeugformen in Abhängigkeit von der einachsigen Gesteinsfestigkeit. (Gehring 1982, entnommen aus Wittke 1982)

(Sprengvortrieb, Hydraulikbagger). Der Arbeitsraum und die Ortsbrust sind frei begehbar, und Sicherungsarbeiten können ohne Störung durch die Maschine durchgeführt werden.

Nachteile ergeben sich aus dem problematischen Entstauben und aus der Schwierigkeit des profilgenauen Schneidens. Der wirtschaftliche Einsatzbereich liegt bei Gesteinsfestigkeiten von 80 bis maximal 120 MN m^{-2}. Kieselig gebundene Quarzsandsteine, quarzitische Sandsteine und Quarzite bewirken erhöhten Verschleiß der Fräskopfmeißel und können das Fräsverfahren unwirtschaftlich machen.

- **Vollschnittmaschinen**

Die Vollschnittmaschine bearbeitet beim Vortrieb die gesamte Querschnittsfläche. Der Vortrieb erfolgt durch eine gleichsinnige Drehbewegung des Bohrkopfes. Der Anpressdruck auf die Ortsbrust erfolgt durch Verspannen der Maschine mit dem umgebenden Gestein. Das durch Speichen oder Schlitze im Bohrkopf aufgefangene Bohrgut wird über Förderbänder abtransportiert. Die zum Gesteinslösen eingesetzten Schneidwerkzeuge sind Rollenmeißel in hartem Gestein, Schneidmeißel in mittelhartem Gestein und Schneidmesser in weichem Gestein. Der Rollenmeißel kann auch mit einem Hochdruckwasserstrahl kombiniert werden, wodurch leichtere Maschinenkonstruktionen mit geringeren Vorschub- und Verspannungskräften zum Einsatz kommen.

Die Vorteile dieser Vortriebsart liegen im gebirgsschonenden Gesteinslösen mit sauber ausgefrästen oder ausgebohrten Tunnelröhren. Dadurch werden die Standfestigkeit und Standzeit erhöht und der Mehrausbruch und der hierfür erforderliche Mehrbeton vermindert. Mit dem Kreisprofil ist ein statisch günstiger Querschnitt gewählt.

Nachteilig sind die geringe Anpassungsfähigkeit bei stark gestörten Gebirgsverhältnissen, die nur unter erschwerten Bedingungen durchführbaren Sicherungsarbeiten mit Ankern oder Bögen im Maschinenbereich, der störende Verspannungsdruck im Ulmenbereich und die Empfindlichkeit gegen wechselnde Gesteinshärten und Wasserzutritt. Ein Teil dieser Schwierigkeiten wird mit einer Erweiterungstunnelbohrmaschine umgangen (Eistert 1982; Abb. 13.12e). Für das Ausschreiben und Ermitteln der Vortriebskosten sind umfangreiche und genaue Erkundungen der geologischen Verhältnisse erforderlich (Buechi und Karnelo 1982). Neben einer lückenlosen Gesteinsabfolge in der Tunneltrasse sollen die Gesteins- und die Gebirgsfestigkeiten (Druckfestigkeit, Zugfestigkeit) sowie deren zu erwartende Anisotropien (Trennflächensysteme) bekannt sein. Wegen hoher Kosten für die Staubbeseitigung soll im Geologischen Bericht auch auf die mögliche Staubentwicklung eingegangen werden.

13.6.4 Hydraulik-Tunnelbagger

Sofern es die Gesteinsfestigkeiten zulassen und eine Notwendigkeit zum gebirgsschonenden Vortrieb gegeben ist, werden beim Tunnelvortrieb zunehmend Hydraulikbagger eingesetzt. Diese Geräte zeichnen sich gegenüber Teil- und Vollschnittmaschinen durch wesentlich geringere Anschaffungs- und Betriebskosten und durch eine größere Flexibilität bei ihrer Verwendung im Tunnelbau aus. Der Hydraulikbagger ist durch seinen nach beiden Seiten schwenkbaren Ausleger in der Lage, die Ausbruchsflächen profilgenau herzustellen. Günstige Reißbedingungen herrschen in weicheren Gesteinen, in engständig geklüfteten Gesteinen und in flach gelagerten Gesteinsschichten. Die engständigen und mittelständigen Klüfte sowie die Schichtflächen dienen als Angriffsflächen für die mit 3–5 Felszähnen ausgestatteten Baggerlöffel. Tunnelbagger werden in verschiedenen Teilbereichen der Ortsbrust eingesetzt. Teilweise wird die Kalotte durch andere Lösetechniken ausgebrochen. Der Bagger kann dann für den Aushub eines Kalottenfußes für die Fundamentierung von Ring- oder Streckenbögen eingesetzt werden. Die häufigste Anwendung betrifft den Ausbruch einer im größeren Abstand der Kalotte nachfolgenden Strosse im Ulmen- und Sohlbereich. Das Reißen und Schuttern erfolgt hier ohne gegenseitige Beeinträchtigung nebeneinander. Tunnelbagger und Radlader werden in ihrer technischen Ausrüstung und in ihren Außenabmessungen der Größe des Tunnelquerschnittes angepasst. Bei weit vorauseilender Kalotte werden der Abbau und die Sicherung in der nacheilenden Strosse halbseitig durchgeführt, sodass über eine Rampe immer eine Fahrverbindung zur Kalotte besteht. In weichen Gesteinen, die einen baldigen Ringschluss erfordern, werden der Ausbruch und die Sicherung von Kalotte, Ulme und Sohle in eng aufeinanderfolgenden Arbeitstakten ausgeführt (Abb. 13.14).

13.7 Grundsätze des modernen Tunnelbaus

Moderne Tunnelkonstruktionen sind zweischalig. Die äußere Schale ist eine Spritzbetonschale, welche der Auflockerung des Gebirges in Firste und Ulme entgegenwirkt. Im Gegensatz zu der vom Bergbau übernommenen Bauweise mit Holz- oder Stahlverbau, bei welchem das hereindrückende Gebirge punktförmig abgestützt wurde/wird, verhindert die Verbauweise mit Spritzbeton flächig das Auflockern des Gebirges im Umkreis des frisch

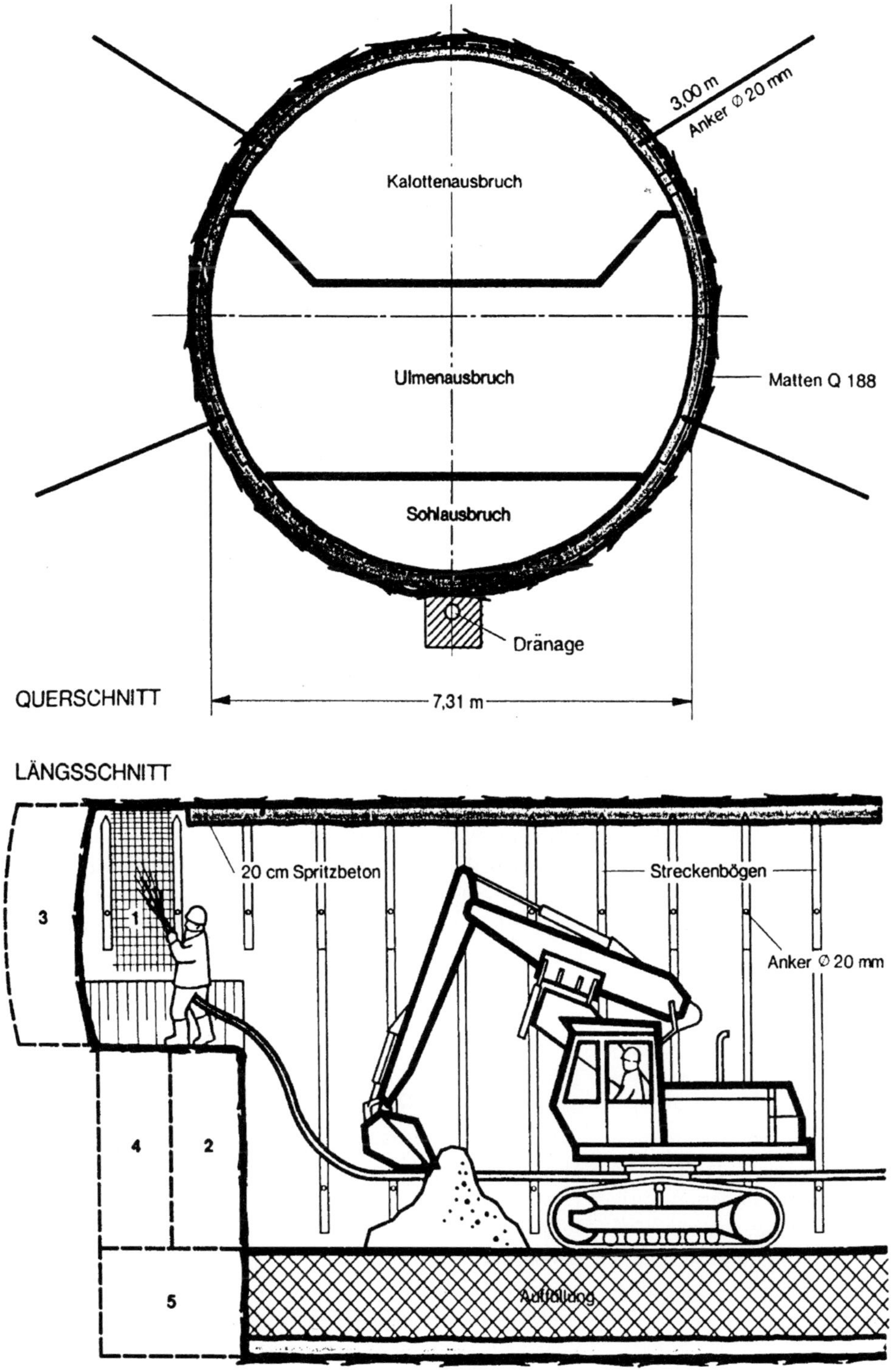

Abb. 13.14 Schematische Darstellung der Arbeitstakte beim Tunnelvortrieb mit Hydraulikbagger im Frankfurter Ton. (Philipp Holzmann AG 1975)

ausgebrochenem Gewölbes. In diesem Bauzustand der einschalig mit Spritzbeton gesicherten Tunnelröhre kann der frisch ausgebrochene unterirdische Hohlraum für die Dauer von mehreren Jahren als standfest betrachtet werden. Rings um die Tunnelröhre bleibt das naturbelassene Gebirge als Tragring erhalten. Im allseits drückenden Gebirge ist ein Ringschluss der mit Stahlarmierung verstärkten Spritzbetonschale erforderlich. Bei Bedarf kann die Spritzbeton-Außenschale durch Stahlfasern, Baustahlmatten, Dielenbleche oder Verzugsdielen, Ringbögen, Nägel und Anker armiert und im Tragverhalten verstärkt werden. Im aufgelockerten Gebirge können auch Einpressarbeiten erforderlich werden. Der Vollausbruch, z. B. mit einer Tunnelbohrmaschine, ist im modernen Tunnelbau vorteilhaft und wirkt stabilisierend. Nach Abschluss der Ausbruchs- und der Entwässerungsarbeiten wird mit speziellen Schalwagen eine zweite Innenschale aus mit Stahlbögen armiertem Beton eingebaut. Die Spritzbetonschale verliert im Laufe von Jahren ihre Tragwirkung und ihre Dichtfunktion gegen zulaufendes Bergwasser. Beide Funktionen werden auf Dauer von der statisch hierauf dimensionierten Innenschale (Ausbau) übernommen.

13.7.1 Neue Österreichische Tunnelbauweise

Die Neue Österreichische Tunnelbauweise (NÖT) wurde, aufbauend auf älteren Erkenntnissen und Erfahrungen, in den Jahren 1957 bis 1965 (Rabcewicz 1963, 1965) entwickelt. Diese Tunnelbauweise arbeitet mit Spritzbeton (unbewehrt, bewehrt mit Baustahlmatten oder Stahlfasern, oft ergänzt durch Tunnelbögen) sowie mit Gebirgsankern, ist also darauf ausgerichtet, eine Gebirgsauflockerung weitgehend zu verhindern. Die Tunnelröhre bleibt von einem Ring aus nahezu unversehrt gebliebenem Gebirge umgeben. Die Tragfähigkeit des Gebirges wird zum Stabilisieren des Hohlraums genutzt und erforderlichenfalls durch eine Sicherung verstärkt.

Dabei ergeben sich zahlreiche Vorteile gegenüber anderen klassischen Bauweisen. Die geringe Stärke der Spritzbetonschale bedeutet eine Ersparnis beim Ausbruch, und selbst notwendig werdende Verstärkungen der Schale werden meist ohne Verdickung derselben ausgeführt. Somit kann man sich den jeweiligen geologischen Verhältnissen, auch bei plötzlicher Änderung, leicht anpassen. Die Sicherung ist kein verlorener Aufwand, sondern gleichzeitig Teil des endgültigen Ausbaues. Diese Bauweise ist nicht an einen bestimmten Ausbruchsvorgang gebunden, und selbst Änderungen im Ausbruchsquerschnitt lassen sich leicht bewerkstelligen, so z. B. der Übergang vom Streckenprofil zum Bahnhofsprofil beim U-Bahnbau. Soweit möglich, wird das Gestein im Vollprofil ausgebrochen. Im Tunnel bleibt der volle Tunnelraum offen und frei von Abstützungen, wodurch eine erhöhte Sicherheit der Belegschaft gegeben ist sowie ein Maschineneinsatz erst möglich und auch wirtschaftlich ist.

13

Die Bauweise ist selbst bei geringster Überdeckung von 2–3 m noch anwendbar. Der Sicherungsaufwand kann an die veränderlichen Gebirgsverhältnisse flexibel und zugleich wirtschaftlich angepasst werden. Dabei geben die begleitenden Setzungs- und Konvergenzmessungen sowie Spannungsmessungen im Spritzbeton und Gebirge neben der fortlaufenden geologischen Dokumentation wichtige Entscheidungshilfen für weitere erforderliche Sicherungsmaßnahmen.

Während der Vortriebsarbeiten erfolgt also durch Messen der Auswirkungen auf indirekte Weise eine laufende Kontrolle der Spannungsumlagerungen um den Hohlraum herum sowie der Veränderungen der Gebirgseigenschaften im elastisch-plastischen Bereich. Über dem Tunnel werden nur geringe Setzungen gemessen, z. T. wesentlich kleinere als bei der Schildbauweise. Diese Bauweise verlangt von dem Geologen die tägliche Anwesenheit vor Ort, da die beim Vortrieb aufgedeckten Gesteinsverhältnisse mit Aufbringen des Spritzbetons wieder dem Blick entzogen werden.

Die Neue Österreichische Tunnelbauweise hat die klassischen Tunnelkonstruktionen weitgehend verdrängt. Umfassende Darstellungen geben Rabcewicz und Pacher (1975), Müller-Salzburg (1978), Müller-Salzburg und Fecker (1978), Seeber (1988), Pacher und Martak (1995), Kolymbas (1998), Dietz (1999), Eichler (2007), Grimscheid (2008) sowie Beranek (2013).

Aufgrund von Weiterentwicklungen, besonders beim zeitgerechten Einsatz des Spritzbetons, spricht Maidl (1995) bereits von „Neuester Österreichischer Tunnelbauweise". Obwohl sich diese Bezeichnung nicht allgemein durchgesetzt hat, zeigt sie jedoch die Weiterentwicklung auf. Das Gebirge wird zum Tragring, welcher den Hohlraum stabilisiert und ein weiteres Hineindrängen von Felsteilen in diesen verhindert. Auflockerungen und größere Gebirgsdeformationen, ausgelöst durch die Ausbruchsarbeiten und durch die Wegnahme stützender Gesteinsmassen, müssen durch rechtzeitiges Sichern verhindert werden. Hierfür muss der Zeitraum genutzt werden, in welchem das den Hohlraum umgebende Gebirge zunächst noch standfest bleibt. Zusätzlich zur Gebirgsklassifikation (Lauffer, Bieniawski) können geodätisch eingemessene Punktverlagerungen die räumliche Deformation der Tunnelröhre anzeigen. Über wiederholtes Messen kann auch eine mittlere Deformationsgeschwindigkeit abgeschätzt werden. Auch ein gegebenenfalls erforderliches statisches Verstärken der „biegeweichen" Spritzbetonschale, z. B. durch Ertüchtigen mittels Nägeln und Ankern, kann durch wiederholtes geodätisches Einmessen von in der Tunnelwand eingebauten Messbolzen erkannt und begründet werden. Beim Bau des Tauerntunnels, des Arlbergtunnels und des Inntal-Tunnels wurde eine zeitlich kontrollierte Verformbarkeit der Sicherung angewendet, wie sie in ähnlicher Weise im Bergbau üblich ist. Mittels nachgiebiger Konstruktionen erhielt man Gebirgsdeformationen von durchschnittlich 50 cm, wobei mit der zeitlich einhergehenden Setzung eine Umlagerung der Kräfte und deren Konzentration im Gebirge unmittelbar um den Hohlraum herum (Ausbildung des Gebirgstragrings) erfolgt.

Ein Nachteil der NÖT sei aber nicht verschwiegen: ihre Anwendung in kritischen Gebirgsverhältnissen kann nur mit einer erfahrenen Mannschaft erfolgreich sein, und vorab müssen durch Planung und Ausschreibung die Weichen für einen wirkungsvollen und flexiblen Einsatz der NÖT gestellt sein. Dies aber kann nur durch ein erfahrenes Ingenieurbüro für Tunnel- und Felsbau bewerkstelligt werden.

13.7.2 Vollausbruch oder Teilausbruch

Bei kleineren Stollenquerschnitten (bis etwa 5 m^2) wird stets der Vollausbruch angestrebt. Bei größeren Querschnitten geschieht dies in Abhängigkeit vom anstehenden Gebirge und dessen Einstufung als standfest oder begrenzt standfest. Die Gebirgsverhältnisse müssen einen gefahrlosen Einbau der Sicherung ermöglichen. Steht ein Gebirge mit langer Standzeit an, so kann bei ausreichendem Kopfschutz auf den Einbau der Sicherung verzichtet werden oder es können mehrere Abschlaglängen zu einer Sicherungsstrecke zusammengefasst werden. Weniger standfeste Gebirgsstrecken können durch den Einsatz gebirgsschonender Lösetechniken mit kurzen Abschlaglängen im Vollausbruch durchörtert werden, wobei moderne Sicherungsmateriale wie Spritzbeton, Stahlfaserspritzbeton, Tunnelbögen und Stahlanker zur Anwendung kommen.

Mit einem Ausbruch in Teilen wird traditionell eine bessere Beherrschbarkeit des Gebirges angestrebt. Bei nicht ausreichend standfestem Gebirge und bei großen Querschnitten (Kavernen) ist der Ausbruch in Teilen zwingend. Der klassische Tunnelbau kennt hierzu mehrere Bauweisen, bei denen der Tunnelquerschnitt in nacheinander auszubrechende und abzusichernde Teilstrecken und Teilabschnitte aufgeteilt wurde (Belgische Bau-

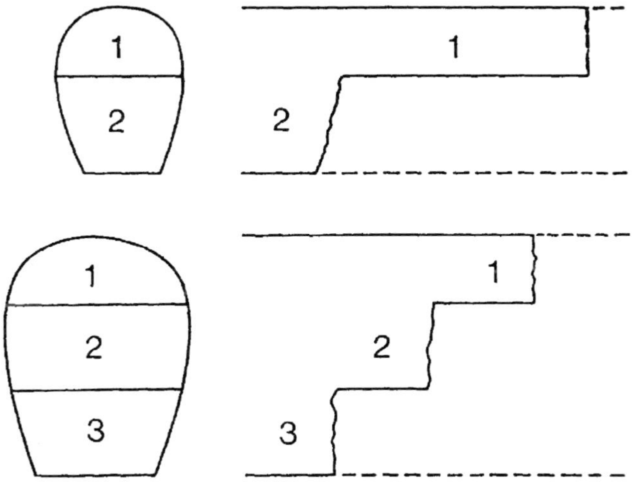

■ **Abb. 13.15** Ausbruchfolgen bei der Strossenbauweise für kleine und große Querschnitte

weise, Deutsche oder Kernbauweise, Alte Österreichische oder Aufbruchbauweise, Englische Bauweise, Italienische oder Versatzbauweise). Diese Bauweisen sind in der Verbindung mit heute veralteten Sicherungstechniken (Holzverbau, ■ Abb. 13.16) zu verstehen.

Beim modernen Strossenbau (■ Abb. 13.15) ist neben der Beherrschbarkeit des Gebirges der wirtschaftliche Geräteeinsatz maßgebend für die Aufteilung des Tunnelquerschnittes. Beim Ausbruch in Teilen wird jeder einzelne Teil für sich abgesichert. Die Strossenbauweise führt zu einer Beeinflussung des Gebirges mit ungewünschter Auflockerung und zu Mehraufwendungen bei den Sicherungsmaßnahmen gegenüber dem Vollausbruch.

13.8 Verbau- und Sicherungsmaßnahmen

Im klassischen Tunnelbau wird zwischen Verbau oder Sicherung in Form einer provisorischen Abstützung durch Holz (Zimmerung) oder Stahl und dem endgültigen Ausbau unterschieden. Der Sinn des Verbaues besteht darin, das Gebirge möglichst rasch nach dem Ausbruch abzustützen und eine Auflockerung des Gebirges zu verhindern. Das Gebirge ist bestrebt, sich in seinem Trennflächengefüge aufzulockern, und drängt in den Hohlraum hinein. Dabei setzt sich das aufgelockerte Gebirge auf den eingebrachten Verbau auf. Der Verbau trägt somit die Last des aufliegenden, aufgelockerten Gebirges. Bei den Verbaumaßnahmen mit Holz und Stahlbögen wird das Gebirge auch beim Auswechseln des Verbaues gegen den endgültigen Ausbau beunruhigt.

Der moderne Tunnel- und Hohlraumbau wendet bei den Verbau- oder Sicherungsmaßnahmen am häufigsten die Spritzbetonbauweise an (► Abschn. 7.3.5). Sicherungselemente sind Spritzbeton, Tunnelbögen und Gebirgsanker, die sich nach Art und Anzahl sehr flexibel an veränderliche Gebirgsverhältnisse anpassen lassen und einen schnellen und wirtschaftlichen Vortrieb im offenen Hohlraumquerschnitt durch einen unbehinderten Maschineneinsatz ermöglichen. Dabei sind die Sicherungsmaßnahmen zugleich Bestandteil des endgültigen Ausbaues.

Die Sicherungselemente dienen der Verhinderung einer weitergehenden Gebirgsauflockerung und der Verstärkung des Gebirges um den Hohlraum herum, damit dort eine Spannungsumlagerung erfolgen kann, mit welcher eine geringe und schnell abklingende Setzung und Konvergenz des Hohlraumquerschnitts einhergeht. Wenn man den Begriff „Verbau" als Abstützung versteht, so erfolgt dieses Abstützen beim modernen Tunnelbau über die „Verbundkonstruktion" eines ankerbewehrten Gebirgstragrings im Verbund mit der Spritzbetonschale.

Bei hinreichend standfestem Gebirge wird die Sicherung zeitverzögert nach dem Ausbruch eingebaut. Gebräche Gebirgsarten sowie mit Lockermaterial verfüllte Spalten, Höhlen und Schächte müssen vor dem Ausbruch gesichert und abgestützt werden. Hierzu eignen sich die Getriebezimmerung (■ Abb. 13.16i und 13.19) und die Schirminjektion. Bei der Schirminjektion wird das Gebirge in geringem Abstand oberhalb der Firste mit leicht schräg angesetzten Bohrungen durchfahren und mittels Hochdruckinjektionen verfestigt oder mit Stahlspießen bzw. Alluvialankern (Stahlrohre mit Mörtelinjiziermöglichkeit) bewehrt. Daneben gibt es die aufwendigeren Verfahren der sogenannten Jetpfählung, Düsenstrahlinjektionen, Soilcrete, Rodinjet (Hochdruckvermörtelung; ► Abschn. 8.2.6), bei denen mittels Hochdruck Zementleim ringförmig und fortlaufend mit Gesteinsmaterial vermischt wird, wodurch tragende Pfähle im Gebirge erzeugt werden.

Darüber hinaus bieten Kalottenfußverbreiterungen, Fußinjektionen, die Ausbildung einer vorläufigen Kalottensohle, der Einbau von flachen oder tiefliegenden Sohlgewölben, Knautschzonen, Brustkernen oder Brustkeilen weitere Sicherungsmöglichkeiten.

Zusätzlich erforderliche Maßnahmen wie Vorausentwässern, Vorausinjektionen und Vereisen können die Spritzbetonbauweise begleiten.

Nach dem Zweck der Gebirgssicherung in Anpassung an die vom Gebirge ausgehenden Gefahren spricht man von:

- *Kopfschutz*
  Er verhindert das Herausbrechen und Fallen von Steinen aus der Firste. Ein Kopfschutz wird hergestellt durch Anlegen von Brettern, Blechen, Drahtnetzen oder Spritzbeton nur im Bereich der Firste. Als Voraussicherung können Spieße eingebaut werden. Verwendet werden Spieße, die entweder in vorgebohrte und bereits vermörtelte Löcher eingetrieben werden, oder Selbstbohrspieße, bei denen das Vermörteln über das Bohrrohr und die „verlorene" Bohrkrone erfolgt. Sicherungsarbeiten für den Kopfschutz können auch nach Art des Kölner Verbaus (■ Abb. 13.19) erstellt werden.
- *Verzug (Anlagezimmerung)*
  Er verhindert das Herausbrechen und Fallen von Steinen aus der Firste (und den Ulmen) und wirkt einer leichten Gebirsauflockerung entgegen. Ein Verzug wird hergestellt durch Anlegen, Verkeilen und Hinterpacken von Dielen oder Verzugsblechen, Anker mit Drahtnetz und Spritzbeton im Bereich der Firste.

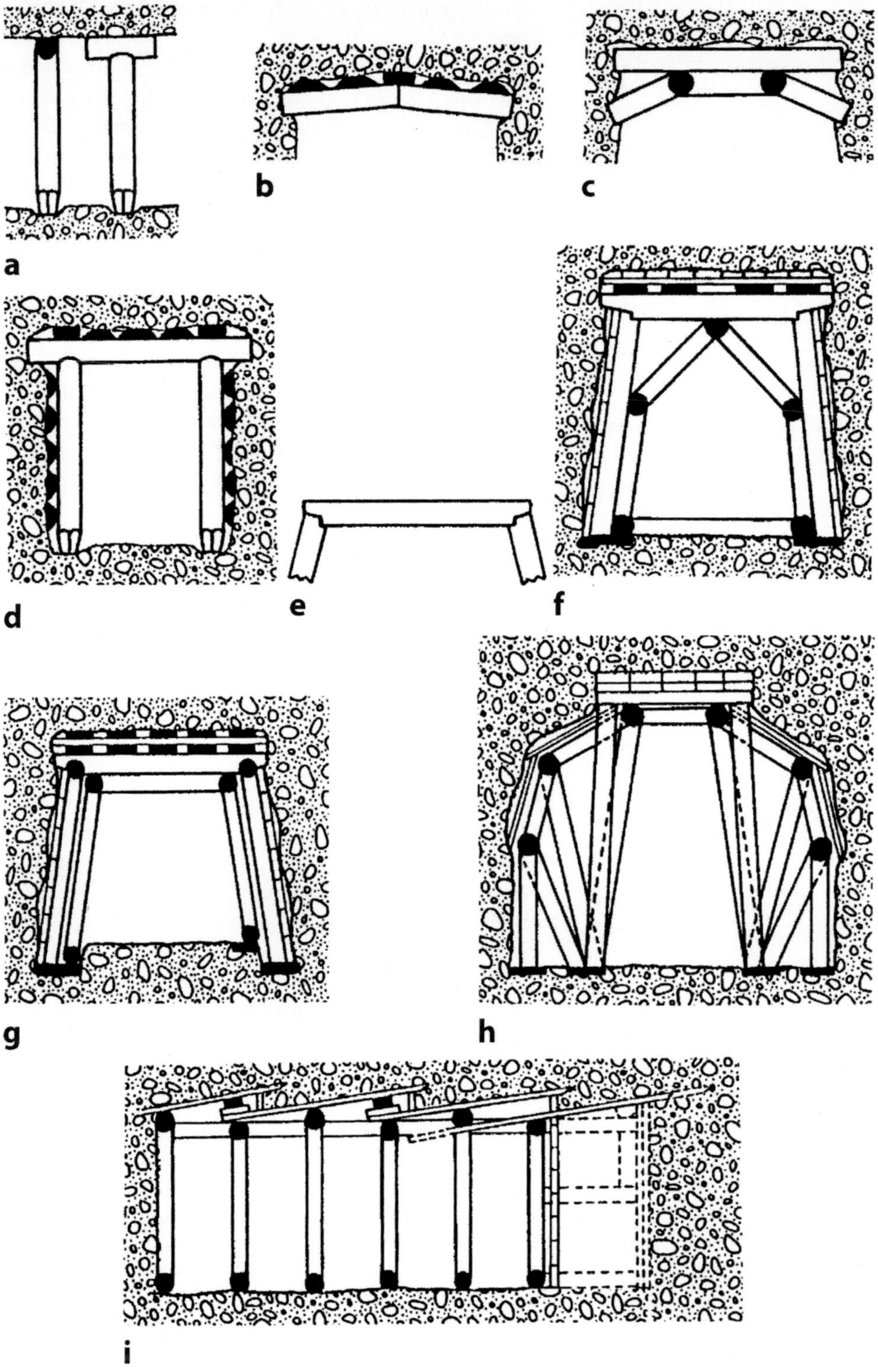

Abb. 13.16 Beispiele für Sicherung und Verbau mit Holz. **a** Stempel mit Kopfholz (*schwarz*: längs eingebaut), **b** Sparrenzimmerung mit Verzugbrettern oder Schwarten, **c** Bockzimmerung mit zwei Läufern (Längsunterzügen), **d** polnischer Türstock mit Verzugbrettern oder Schwarten, **e** Verblattung beim deutschen Türstock, **f** deutscher Türstock mit stabilisierendem Einbau, Verzugdielen und doppelter Sicherung der Firste, **g** doppelter Türstock mit Vorsteckdielen (Längsverzug) und zwischenliegender Pfandlatte (Querverzug), **h** Ständerzimmerung, **i** Getriebezimmerung

- *schwacher oder leichter Verbau*
  Er widersteht einem leichten bis mittleren Auflockerungsdruck an Firste und Ulmen. Der meist vollständige Verbau kann aus getriebener Holzzimmerung, verkeilter und hinterpackter Stahlzimmerung, Ankersicherung oder Spritzbeton bestehen.
- *starker oder schwerer Verbau*
  Er widersteht starkem Auflockerungsdruck und leichtem Umlagerungsdruck. Dieser vollständige Verbau kann aus getriebener Holzzimmerung oder verkeilter und hinterpackter Stahlzimmerung in starker Ausführung, aus einer Kombination von Ankersicherung und Spritzbeton sowie bei sehr druckhaftem und rolligem Gebirge aus ausgesteiften Stahlbögen mit Verzugdielen oder Vorsteckdielen und sofortigem Spritzbetonauftrag bestehen.

Nach den verwendeten Materialen spricht man von Holzverbau, Stahlverbau, Spritzbeton und Ankersicherung.

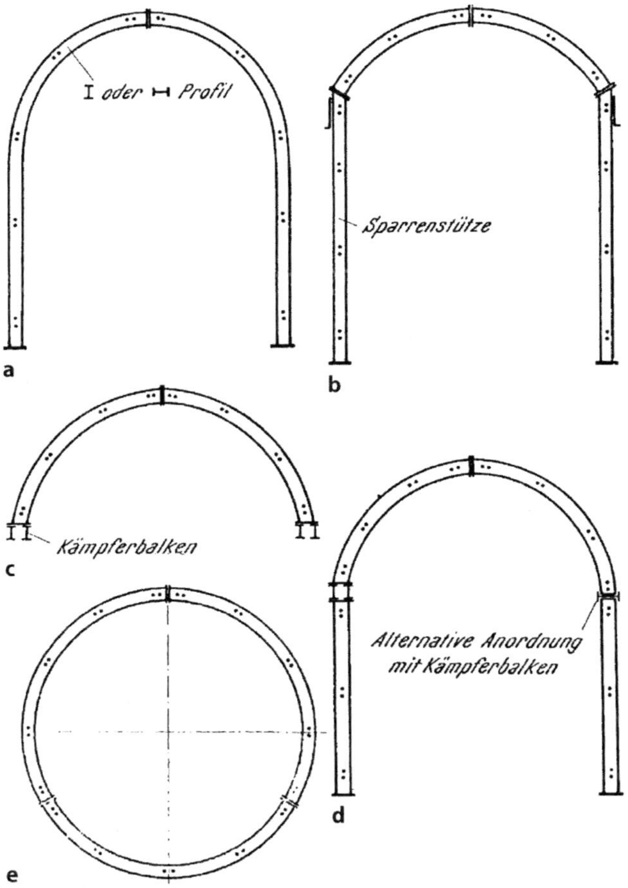

Abb. 13.17 Beispiele für Stahlrahmen zur Sicherung untertägiger Hohlräume. **a** Torbogenprofil aus 2 Einzelrahmen, **b** Torbogenprofil aus 2 Sparrenstützen und 2 Firstenrahmen, **c** Bogenprofil mit Kämpferbalken, **d** Torbogenprofil mit 2 Sparrenstützen, Kämpferbalken und 2 Firstenrahmen, **e** Vollkreisprofil aus 3 Kreissegmentrahmen

13.8.1 Holz- und Stahlverbau

Der Holzverbau wird nur noch in Ausnahmefällen angewendet. Art, Bezeichnung und Funktionsweise sind in Abb. 13.16 erläutert.

Auch der Stahlverbau (hoher Stahlverbrauch!) wurde von den modernen Verbauarten verdrängt. In der Kombination von Stahlbögen mit Vorsteckdielen und Spritzbeton wird eine Art des „Kölner Verbaues" bei rolligen und breiigen Bergarten, also besonders beim Anfahren von Ruschelzonen verwendet (Abb. 13.17, 13.18 und 13.19).

Das System „Bernold" verwendet Montagebögen und hierauf montierte WK-Bleche (Bernoldbleche). Zwischen den Blechen und dem Gebirge wird Spritzbeton eingebracht. Die Bleche dienen als Schalung und Bewehrung. Der Hauptanwendungsbereich dieser Verbauweise ist stark quellfähiges Gestein wie Gips, Anhydrit und stark quellender Ton. Um die Tragfähigkeit der Bögen zu gewährleisten, müssen Fußauflager aus Hartholz, Beton oder Stahl hergestellt werden.

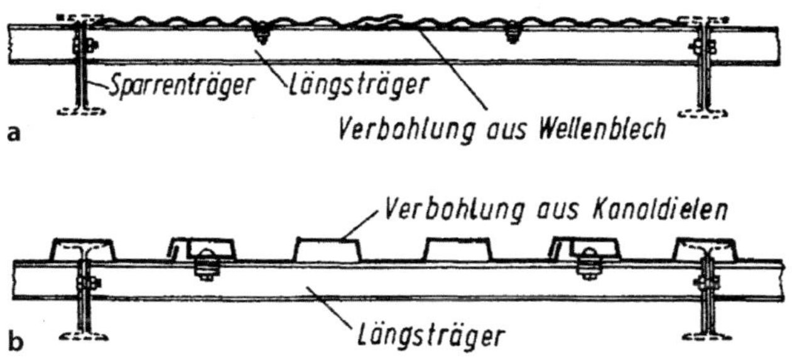

Abb. 13.18 Beispiele für die Anwendung von Stahlblechen und Stahldielen bei Verzugarbeiten

13.8.2 Spritzbeton

Nach DIN 18551 ist Spritzbeton ein Beton, der in einem geschlossenen System über druckfesten Schlauch und/oder Rohrleitung zur Einbaustelle gefördert und dort durch Spritzen aufgetragen und verdichtet wird.

Zum Sichern und Stützen der Hohlraumlaibung wird in der Regel Spritzbeton als Beton mit der Festigkeitsklasse B25 nach DIN 1045 mit Zuschlägen der Körnung 0/16 (Rundkorn oder gebrochenes Korn) und einem Bindemittelgehalt von 350–400 kg m^{-3} verwendet. Für Spritzbetonschichten mit weniger rauer Oberfläche (z. B. als Abdichtungsträger) wird auch oft die Körnung 0/8 gefahren. Durch Zusatz eines Abbindebeschleunigers wird in kürzester Zeit ein inniger Verbund mit dem Gebirge erreicht. Der Rückprall sollte möglichst niedrig sein, um wirtschaftlich arbeiten zu können.

Beim Trockenspritzverfahren wird Trockengemisch im Druckluftschlauch gefördert. Die Wasserzugabe erfolgt an der Düse. Beim Nassspritzverfahren wird sofort Nassgemisch gefördert. Nach der Förderungsart unterscheidet man: Dünnstrom und Dichtstrom je nach Betonkonsistenz.

Ist der Ausbruch eines neuen Hohlraumteils erfolgt, wird sogleich eine Versiegelung der neuen Hohlraumflächen in Form einer 2–5 cm starken Spritzbetonauflage aufgebracht. Der Spritzbeton dringt in Spalten und Klüfte ein, verschließt diese und verhindert eine weitere Auflockerung im Gebirge. Die nachfolgenden Spritzbetonlagen oft bis zu 30 cm Gesamtstärke im Verbund mit Bewehrungsmatten und auch Tunnelbögen können nach ihrer Verfestigung zusätzliche Spannungen aufnehmen und die Tragwirkung des sich ausbildenden Gebirgstragrings verstärken. Es folgt die weitere Sicherung durch Anker (Spang 1996; Schwab 1999; Krämer-Wasserka 1999; Maidl und Derbort 1999, Beranek 2013).

Spritzbeton kann in fast allen Gebirgsarten mit Erfolg angewendet werden. Dabei kann er sehr rasch, bei gebrächem Gebirge gegebenenfalls auch während der Ausbrucharbeiten, aufgetragen werden. Eine rasche Sicherung kann dabei schwächer gehalten werden als eine langsam oder später eingebrachte Sicherung, welche bereits einem gewissen Auflockerungsdruck Widerstand entgegensetzen muss. Wegen ihrer meist geringen Dicke haben Spritzbetonsicherungen zunächst eine verhältnismäßig kleine Biegefestigkeit. Beim Arbeiten mit Spritzbeton ist der Effekt der Versiegelung wichtig. Diese Versiegelung verhindert die Lockerung der Kluftkörper, die sich als erste nach dem Ausbruch zu lockern suchen und somit dem Gesteinsverband

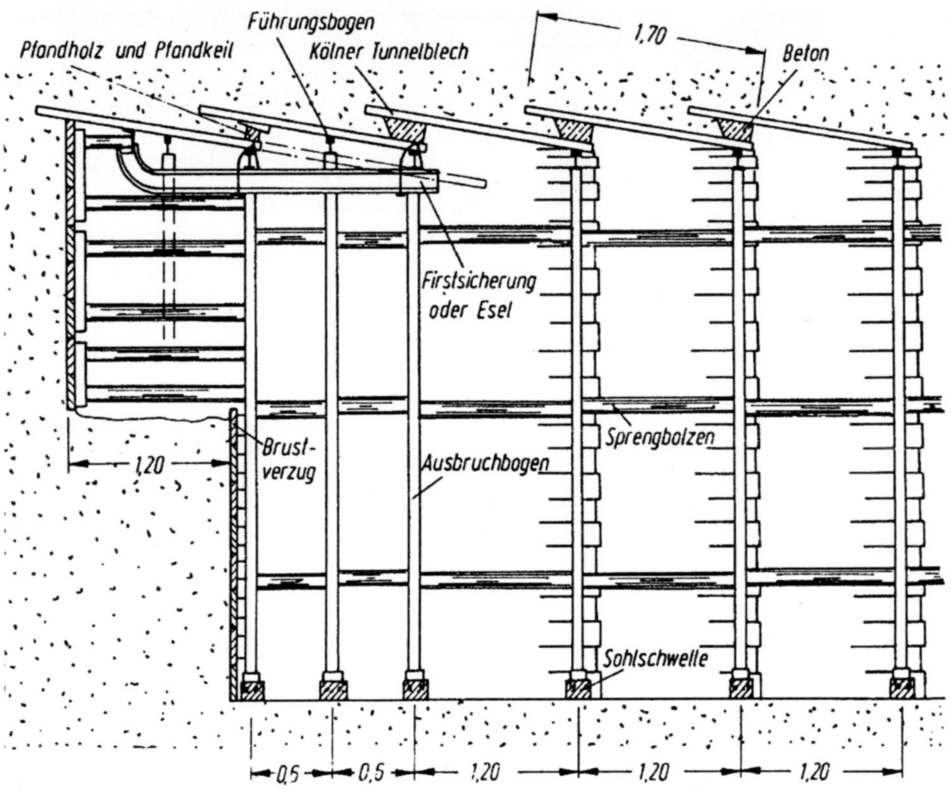

Abb. 13.19 Getriebezimmerung aus Stahl; Kölner Verbau mit Brustverzug. (Werken 1931, in Müller-Salzburg 1978)

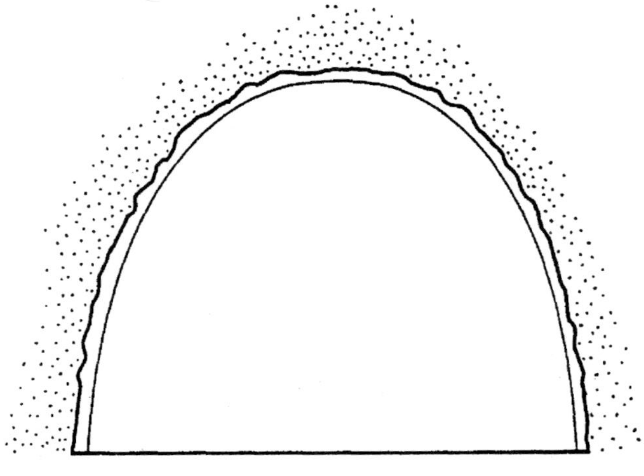

Abb. 13.20 Gebirgssicherung mit Spritzbeton. Möglichst rasch nach dem Ausbruch wird ein schnell abbindender Spritzbeton aufgetragen. Dieser verhindert das Auflockern im Gebirge und erhält die ursprüngliche Gebirgsfestigkeit

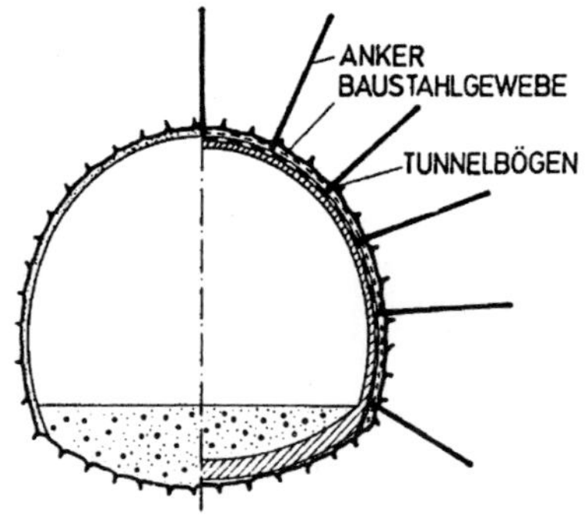

Abb. 13.21 Spritzbeton mit Verstärkung durch Bewehrungsnetze, Tunnelbögen (Stahlausbau) und Anker. Die Sicherung ist bleibender Bestandteil der Tunnelauskleidung und kann auch bei schwierigen Gebirgsarten erstellt werden. Eine nachträgliche stärkere Bewehrung kann mit Ankern eingebaut werden. (Zeichnung aus Müller-Salzburg und Fecker 1978)

Raum zur weiteren Auflockerung bieten (Initiallockerung, Abb. 13.20).

Ferner dient Spritzbeton zum Randverstärken des Gebirges, zum Glätten der Ausbruchslaibung und zum Abdichten; er kann aber auch für die endgültige Sicherung verwendet werden.

Wird vom Gebirge aufgrund seiner geologischen und felsmechanischen Eigenschaften nur diese Versiegelung in Anspruch genommen, so genügt eine Betonschicht von wenigen Zentimetern Stärke. Treten im Bereich der Tunnelröhre hohe Gebirgsdrücke auf, so sind diese durch die statische Wirkung der gekrümmten Betonschale aufzufangen. Die Spritzbetonschale muss also über den Effekt der Versiegelung verstärkt werden.

Spritzbeton wird unbewehrt, bewehrt mit Baustahlgittereinlagen, zum Teil auch mit Tunnelbögen und Ankern, sowie als Stahlfaserspritzbeton angewendet (Maidl und Derbort 1999, Beranek 2013). Die Vorteile des Stahlfaserspritzbetons gegenüber unbewehrtem Beton sind neben erhöhter Zug-, Biegezug- und Schlagfestigkeit sein günstiges Verformungsverhalten sowie eine bessere Rissverteilung und ein besseres dynamisches Verhalten. Das Verwenden von Stahlfaserspritzbeton ist in EN 14887-1 geregelt. Gegenüber der Neuen Österreichischen Tunnelbauweise (NÖT) lassen sich Arbeitsgänge einsparen (Verlegen von Baustahlmatten, Stahlbögen und Betonankern).

Der Nachteil des Stahlfaserspritzbetons liegt in den momentan noch hohen Kosten. In einigen Ländern zeichnet sich jedoch schon eine Entwicklung von kostengünstigeren Herstellungsverfahren ab.

Bei rolligen oder sandig-breiigen Bergarten, also besonders beim Anfahren von wasserführenden Ruschelzonen, wird eine Kombination von Stahlbögen und Stahldielen (Vorsteckdielen) nach Art des „Kölner Verbaues" mit Spritzbeton angewendet (Lindner 1963).

Die Vorteile der Spritzbetonbauweise liegen darin, dass dieser Verbau sehr anpassungsfähig ist und dass durch die Anwendung von Schnellbindern auch bei nur sehr kurzen Standzeiten des Gebirges ein Sichern des frisch ausgebrochenen Hohlraumes möglich ist. Der Spritzbeton ist Teil des endgültigen Ausbaues und kann jederzeit verstärkt werden. Eine Kombination mit Ankern und Stahlverbau ist möglich (◘ Abb. 13.21). Der im Verbund wirkende Stahl kann im Gebirge hohe Zugspannungen aufnehmen und verbessert damit die Tragwirkung des sich ausbildenden Gebirgstragrings. Das Gebirge um den Hohlraum wird gewissermaßen nachträglich bewehrt (vgl. ► Abschn. 7.5.3).

Die geologischen Anwendungsgrenzen des Spritzbetonverbaues werden von Müller (1978) wie folgt angegeben:

- Prädestiniert, weil anderen Methoden überlegen, bei:
  - feinkörnigen Böden;
  - vergrustem Gebirge;
  - Gebirge, das zu starken Nachlockerungen neigt (z. B. stark zerklüftetes Gebirge);
  - Gebirge mit rascher Spannungsumlagerung.
- Geeignet, aber anderen Verbauarten nicht überlegen bei:
  - allen nachbrüchigen bis druckhaften Bergarten;
  - aufgelockertem Gebirge;
  - Gebirge mit langsamen Spannungsumlagerungen;
  - leicht rolligem Gebirge.
- Wenig bzw. nur in Kombination mit Stahlverbau und Vorsteckdielen geeignet bei:
  - rolligem Gebirge, Schwimmsand, Ruschelzonen, lockeren Kluftfüllungen mit starker Wasserzufuhr.
- Nicht geeignet bei:
  - breiigen Massen.

Infolge der Fortentwicklung des Spritzbetons mit Verbesserungen, z. B. von Microsilica zum Abdichten oder auch Mindern des Rückprallanteils, sowie den Mechanisierungsmöglichkeiten durch maschinelles Spritzen mit Spritzbüffel bzw. Spritzroboter sprechen Fachleute oft von der Spritzbetonbauweise als Nachfolgerin der NÖT.

13.8.3 Anker

Anker werden in der Regel verwendet zum:

- Sichern und Aufhängen von Einzelkörpern (◘ Abb. 13.22a);
- flächenhaftes Sichern der Firste bei gebrächem, stark klüftigen oder geschichteten Gebirge (◘ Abb. 13.22b);
- Bilden und Stabilisieren eines Gewölbes mit vorgespannten Ankern (◘ Abb. 13.22c, d);
- Verankern äußerer Kräfte (Maschinen).

Anker sind vielseitig anwendbar, besonders im Gebirge mittlerer Standzeiten und auch in plastischen Gesteinen oder bei starkem

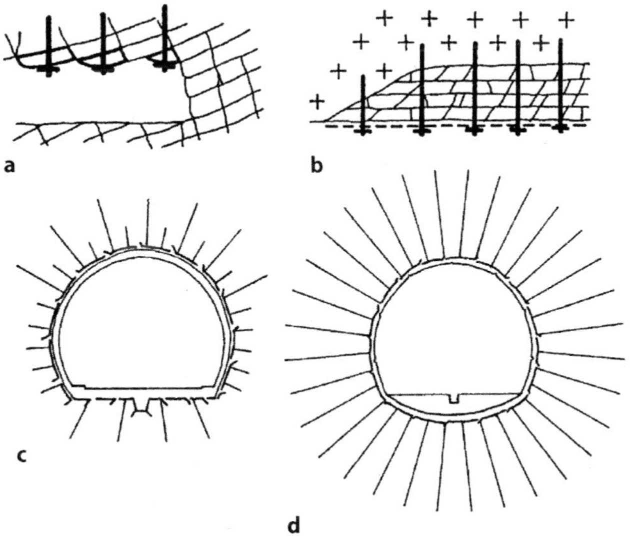

◘ **Abb. 13.22** Wirkungsweise der Anker. **a** Es werden einzelne Kluftkörper gehalten; **b** aufgelockerte Gesteinspartien werden mit Stahlbändern, Drahtnetzen oder Baustahlgewebe und engstehenden Ankern vom zurückliegenden Fels gehalten, **c,d** allseitig mit Ankern gesicherte Tunnellaibung

Wasserandrang. Anker sind jedoch im rolligen Gebirge, bei sehr starker Zerklüftung, bei Gesteinen, die an der Luft zerfallen, und bei stark drückendem Gebirge weniger oder nicht geeignet. Die Länge der Anker ist unterschiedlich anzusetzen, damit die Ankerkräfte in verschiedenen Ebenen hinter der Tunnellaibung einwirken.

Beim Festlegen der zu verwendenden Ankertypen sind die geologischen, gesteinsmechanischen und felsmechanischen Eigenschaften des zu beanspruchenden und des zu sichernden Gesteins zu beachten (► Abschn. 7.5.3).

▪ Ankertypen als Gebirgsanker

Im Tunnelbau und im Bergbau kommen mechanisch wirkende Anker (z. B. Spreizhülsenanker), chemisch wirkende Klebeanker sowie mit Wasserdruck auffaltbare Rohranker (z. B. Typ „Swellex") zur Anwendung (vgl. ► Abschn. 7.5.3). Klebeanker werden als schlaffe Anker gesetzt. Sie werden erst im Zuge einer Gebirgsdeformation beansprucht. Verpress- oder Injektionsanker (► Abschn. 7.5.3) werden im Tunnel- und Kavernenbau eher zum Aufhängen von Fremdlasten und weniger zum Stabilisieren des Gebirges verwendet.

13.8.4 Gefrierverfahren beim Tunnelbau

Stark wasserführende Gesteine und Störungszonen mit geringer Standfestigkeit können mit dem Gefrierverfahren stabilisiert und durchörtert werden. Vor Beginn der Ausbrucharbeiten wird für die Zeit des Vortriebes ein gewölbeförmiger Frostkörper erzeugt. Dieser Frostkörper muss die auftretenden Erddrücke übernehmen. In seinem Schutz erfolgt der Vortrieb und der Bau einer tragfähigen Betoninnenschale. Das Vereisen wird über Bohrlöcher (Gefrierrohre) von oben oder von kavernenartigen Erweiterungen innerhalb der Tunnelröhre ausgeführt (◘ Abb. 13.23 und 13.24). Neben den Bohrlöchern für das Einbringen der Ge-

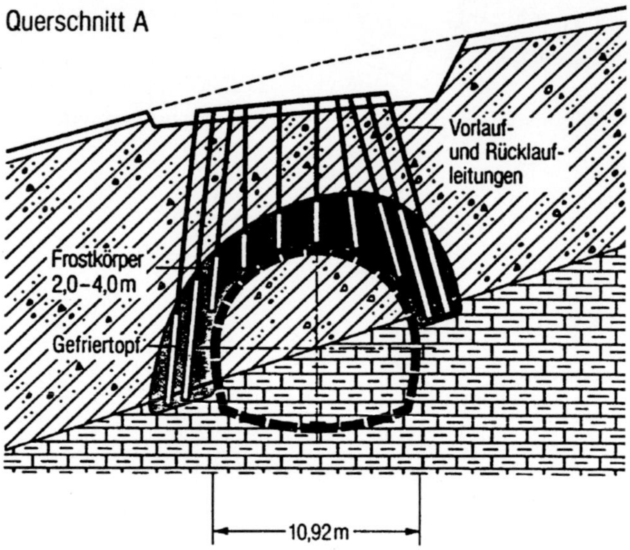

Abb. 13.23 Querschnitt der Vereisungsstrecke im Borntunnel, Aarburg/Schweiz. (Philipp Holzmann AG 1979)

frierlanzen werden Bohrlöcher zum Einbringen von Messrohren hergestellt. Für den Aufbau eines 1–2 m dicken Frostkörpers werden 8–14 Tage benötigt. Der Eiskörper muss so lange unterhalten werden, bis der Beton die ausreichende Tragfestigkeit besitzt. Der Frostkörper soll mit einer geplanten Regelmäßigkeit um das projektierte Tunnelrohr herumwachsen. Dies hängt von der Maßgenauigkeit der Vereisungsbohrungen und von den geologischen Verhältnissen ab. Die Bodenverhältnisse können, bedingt durch unterschiedliche Wärmeleitfähigkeit oder durch Grundwasserströmungen, räumlich so stark wechseln, dass sich in einigen Bereichen ein zu großer Frostkörper ausbildet, in anderen Bereichen sich jedoch kein Eis bildet, da hier die eingegebene Kälteenergie vom Grundwasserstrom abtransportiert wird. Beim Unterqueren von Flüssen können infolge Grundwasserentspannung große Grundwasserzuflüsse aus Klüften und Kieslagen erfolgen. Solche Wasserwege sind vor dem Einbringen des Gefriermittels zu verpressen, was günstigerweise parallel zum Aufbohren der Gefrierrohre erfolgt. Die Wirkungsweise der Verpressung ist an den Temperaturen in den Messrohren ablesbar. Beim Arbeiten mit dem Vereisungsverfahren strebt man aus mehreren Gründen ein schnelles Arbeiten mit geringen Vereisungszeiten an. Die geologische Vorerkundung und Betreuung soll rechtzeitig auf mögliche störende Grundwasserzuflüsse aufmerksam machen, da ein Leck im projektierten Eisschirm die Arbeiten um Tage verzögert und somit längere Laufzeiten für die Kältetechnik und Stillstandszeiten für andere Geräte zur Folge hat. Bei geringer Bodenüberdeckung ist mit Frosthebung zu rechnen. Über Frostversuche kann das etwaige Ausmaß der Frosthebung ermittelt werden.

Beim Untertunneln von Flüssen oder Kanälen mit geringem Abstand zwischen Tunnelfirste und Flusssohle soll mit dem Gefrierverfahrens nach Martak & Herzfeld (2008) folgende Zielsetzung angestrebt werden

- Abdichten des Ausbruchquerschnittes gegen Grund- und Oberflächenwasser,
- Aufbau eines temporären Hilfsgewölbes, unter dessen Schirm die Ausbrucharbeiten vorgenommen werden können,
- Sichern des Tunnelhohlraumes vor Aufschwimmen,
- gesichertes Abdichten von Kolken und tiefen (kiesverfüllten) Flussrinnen,
- Verhindern eines hydraulischen Grundbruches,
- Minimieren von Gefrierhebungen.

Beim Vereisen bilden sich im Boden Eislinsen, welche das Bodenmaterial zur Seite drängen und an der Oberfläche Hebungen verursachen. Nach dem Auftauen vereister Strecken wird sich der Boden wieder verdichten. Hierdurch kann, besonders beim Schacht- und Brunnenbau, negative Mantelreibung auftreten. Auf solche Gefahren ist im geologischen Gutachten vorab aufmerksam zu machen.

13.8.5 Bau großer Felshohlräume und Kavernen

Am Bau großer unterirdischer Hohlräume besteht ein zunehmendes Bedürfnis. In Kavernen werden Vorratslager für Erdöl, Erdgas und Druckluft angelegt. Im Zusammenhang mit Stauanlagen und Druckstollen werden Wasserkraftanlagen unterirdisch angelegt.

Das Sicherheitsbedürfnis verlangte in den Jahrzehnten des Kalten Krieges nach dem Bau großer und tiefliegender Luftschutzräume, welche in Friedenszeiten als Sporthallen und Schwimmbäder genutzt werden können. Die Vorratshaltung von Lebensmitteln in Tiefkühlräumen, aber auch die sichere Lagerung von Akten und Gegenständen von hohem Wert verlangt nach sicheren, unterirdischen Hohlräumen.

Der Bau dieser Hohlräume setzt eine genaue Kenntnis der Geologie voraus. Im Gegensatz zum Tunnelbau wird für den Standort von Kavernen ein standfestes Gebirge ausgesucht. Angesichts der stets vorhandenen Anisotropien im Gebirge ist es möglich, die räumliche Lage von Kavernen so anzuordnen, dass der Hohlraum den Schwächezonen des Gebirges ausweicht. Das Gebirge muss sich beim Kavernenbau selbst tragen. Es ist nicht möglich, eine Kaverne statisch so auszusteifen, dass der Ausbau der Kaverne das Gebirge trägt. Mit Ankertechnik und Spritzbeton wird beim Kavernenbau lediglich der Auflockerungsdruck beherrscht. Die Anlage von Kavernen setzt ein Gebirge mit entsprechenden Mindestanforderungen voraus, sodass die Geologie bei der Standortwahl bestimmend ist.

Folgende Forderungen sind an das Bauverfahren zu stellen:

- gründlicher geologischer Aufschluss im Planungsstadium durch Erkundungsbohrungen und Pilotstollen;
- Situieren der Kavernenachse in möglichst günstigem Winkel zum vorhandenen Trennflächengefüge;
- messtechnisches Überwachen der Spannungsänderungen im Gebirge. (Bei großer Gebirgsüberlagerung geschieht dies am besten von Erkundungsstollen aus.);
- frühzeitiges Sanieren von Störzonen und Einbau der Sicherungen, am besten vom Erkundungsstollen aus, vor Beginn der eigentlichen Ausbrucharbeiten;
- durch entsprechendes Anordnen der Teilausbrüche wird eine langsame Kraftumlagerung in einen neuen Gleichgewichtszustand angestrebt;

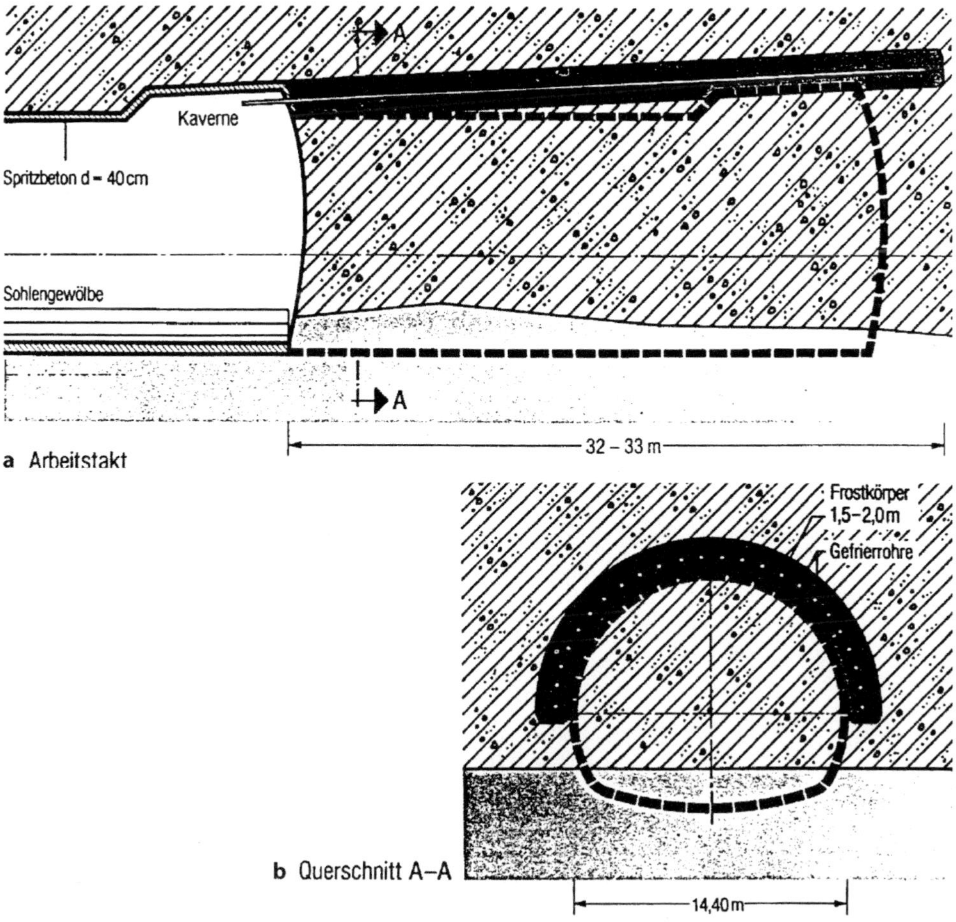

Abb. 13.24 **a** Längsschnitt und **b** Querschnitt der Vereisungsstrecke im Milchbuck-Straßentunnel, Zürich/Schweiz. (Philipp Holzmann AG 1979)

- schonender Ausbruch durch besondere Ausbruchverfahren, rascher Auftrag des Spritzbetons und Einbau weiterer notwendiger Anker.

Beim Bau von Kavernen kommt der Lage von Erkundungsstollen eine besondere Bedeutung zu. Sie können innerhalb, an der Peripherie und außerhalb des zukünftigen Hohlraumes angelegt werden. Anordnung und Größe der Erkundungsstollen sollen so gewählt werden, dass sie auch den betrieblichen Erfordernissen entgegenkommen.

Eine optimale Lösung für das geologische und felsmechanische Vorerkunden in Verbindung mit einer optimalen Anpassung an die betrieblichen Erfordernisse in Bezug auf frühzeitigen Einbau der Sicherungsmaßnahmen, langsame Kraftumlagerung und schonenden Ausbruch schlägt Eber (1982) für eine kreisförmige Kaverne mit 65 m Durchmesser und 70 m Höhe vor (Abb. 13.25). Nach diesem Vorschlag verläuft der Erkundungsstollen spiralförmig in der Peripherie des späteren Hohlraumes. Von diesem Spiralstollen aus können die geologischen und felsmechanischen Untersuchungen durchgeführt, die Gebirgssicherung mit Ankern und Spritzbeton eingebracht und der Ausbruch von oben nach unten vorangetrieben werden. Ein solcher Spiralstollen sollte so dimensioniert werden, dass er für den Bauverkehr einen ausreichenden Querschnitt besitzt und das Setzen der notwendigen Anker zulässt.

Bei langgestreckten Kavernen können anstelle des Spiralstollens parallele Längsstollen in der Peripherie aufgefahren werden. Das schonende Lösen des Kernes vom umgebenden Gebirge kann zwischen den benachbarten Stollenstrecken mit einer Schlitzfräse ausgeführt werden. Für die Schlitzfräse werden die Führungsschienen nach der gewünschten Profilform gebogen und im oberen und unteren Richtstollen verspannt (Abb. 13.26). Beim sprengtechnischen Kavernenausbruch kann mit Vorspalten ein glattwandiger Ausbruch erreicht und die Gebirgsauflockerung gering gehalten werden. Der Ausbruchsvorgang erfolgt bei den großen untertägigen Hohlräumen immer abschnittsweise, da bei vorgegebenen Dimensionen ein Vollausbruch nicht möglich ist. Abb. 13.27 zeigt eine Kaverne im Querschnitt mit 8 Ausbruchsphasen.

13.8.6 Schachtbau

Sprengtechnischer Schachtausbruch

Der moderne Bergbau erfordert zunehmend tiefere Schächte mit großen Durchmessern. Im deutschen Steinkohlebergbau liegen die Endteufen bei über 1000 m, die Schachtdurchmesser bei 8 m. Die Lösearbeit im Schacht erfolgt durch Bohren und Sprengen. Das erforderliche Bohrraster wird mit mehrlafettigen Schachtbohrgeräten abgebohrt. Für den Aushub des gelösten Haufwerkes werden Polypgreifer mit Fassungsinhalt bis zu 0,8 m^3 eingesetzt.

Das heutige Sicherheitsbedürfnis erfordert ein Sichern und Stabilisieren der frisch freigelegten Schacht- oder Brunnenwände. Dies erfolgt, abhängig von der Gebirgsqualität, von der Ausbruchweite und Ausbruchtiefe des Schachtes und von der Art

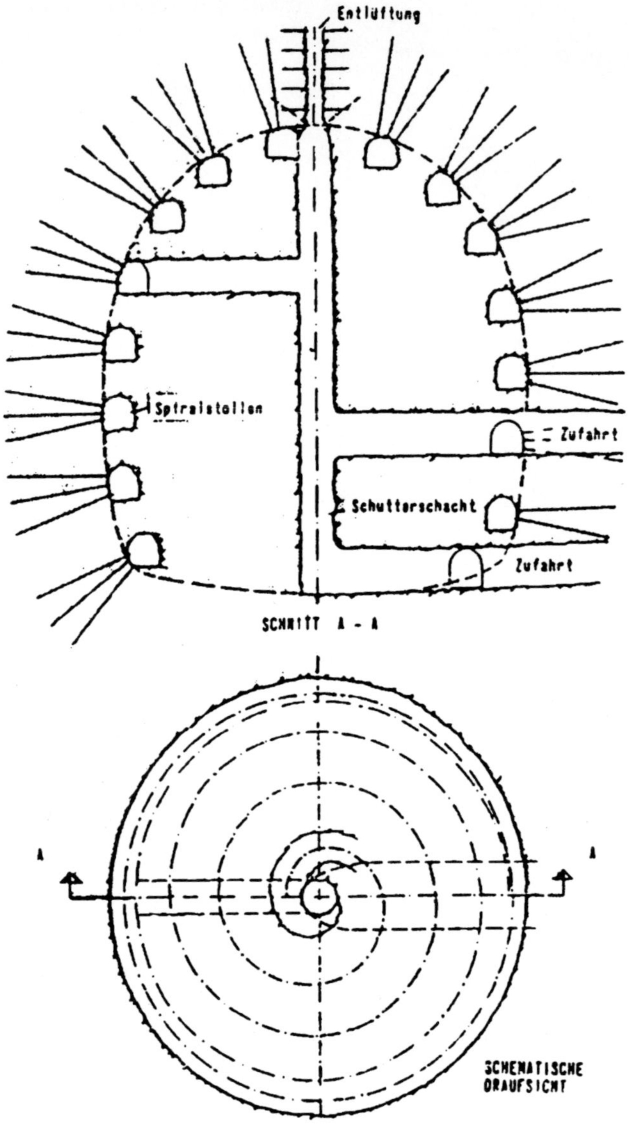

Abb. 13.25 Studie zur Anlage eines Spiralstollens zum Erschließen und Sichern einer kreisförmigen Kaverne. (Eber 1982)

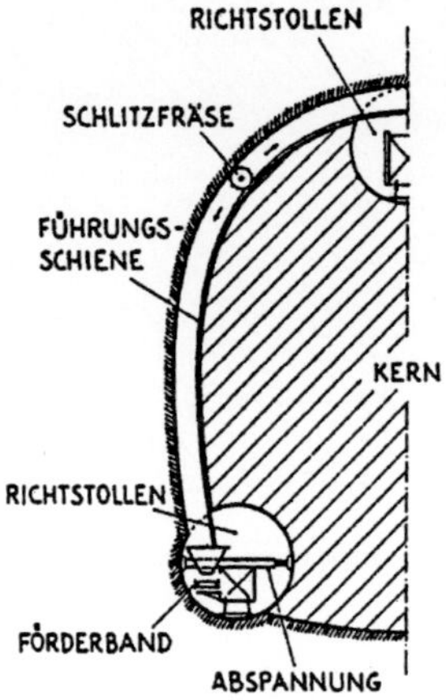

Abb. 13.26 Gebirgsschonender Ausbruch mit dem Schlitzfräsverfahren nach System „Kunz"

des Ausbruches und der Art des Verbaus, teils in Abschnitten von mehreren Metern; bei Stahl- und Spritzbetonverbau unmittelbar nach Ausbruch und Räumen des einzelnen Abschlages. Folgende Sicherungs- und Ausbaumaßnahmen der frisch freigelegten Schacht- oder Brunnenwand zum Schutz vor hereinbrechenden Erd- oder Felsmassen werden unterschieden (u. a. Fritzsche 1962, Buja 2013, Wikipedia 2014):

- Schächte ohne Ausbau: Die meisten der aus historischer und vorhistorischer Zeit erhaltenen oder nachgewiesenen Schächte mit Teufen bis zu mehreren Zehnermetern wurden ohne Sicherung abgeteuft. Auch heute werden in unterentwickelten Gebieten, besonders bei wildem Bergbau, noch Schächte ohne Sicherung ausgebrochen oder ausgeschachtet.
- Schächte mit einfachem Holzverbau: Es handelt sich um ein seitliches Abstützen der Schachtwände mit vor Ort zugeschnittenen Holzbalken oder Holzstangen. Diese werden zwischen ausbruchgefährdeten Gesteinspartien und dem gegenüberliegenden Gebirge eingekeilt, z. T. im Verbund mit verlorenen Schalbrettern. Diese, z. T. sehr einfache oder primitive Art des Sicherns vor Ausbrüchen und Nachfall, bisweilen in Verbindung mit Auf- und Abstiegsmöglichkeit, ist bei wildem Schachtbau und wildem Bergbau in unterentwickelten Regionen sehr verbreitet!
- Schachtzimmerung: Stabil gezimmerte und vorgefertigte Holzauskleidungen werden und wurden, z. B. im mittelalterlichen Schacht- und Brunnenbau, im Abstand mehrerer Meter von oben nach unten dem Ausbruch folgend eingebaut. Als Auflager für die Zimmerung dient/diente eine Arbeitsbühne. Die Tragbalken solcher Bühnen wurden in im Fels ausgearbeitete „Bühnenlöcher" eingebaut und verkeilt. Häufig sind/waren viereckige Schächte und Zimmerungen.
- Schachtmauerung: Im frisch ausgebrochenem Schacht wird/wurde im Fels ein stufenförmiger Vorsprung als Widerlager ausgearbeitet. Von diesem aus wird/wurde das Mauerwerk hochgezogen. Beim mittelalterlichen Brunnenbau wurden Bausteine aus Naturstein verwendet. Diese wurden mit „millimetergenauen" Abmessungen im Steinbruch vorgefertigt. Bei solchen Steinlagen wurde teils in jeder Lage, teils alle zwei bis drei Lagen bei dann durchaus auch unterschiedlichen Steingrößen und Abmessungen auf einen horizontalen Abschluss geachtet. Diese waren bezüglich der Ringbreite innen und außen der Ausbruchweite angepasst und bilden mit diesem Ringschluss ein seit ca. 800 Jahren standfestes System (Dachroth & Wiltschko 1986).
  Im Schachtbau des 19. und 20. Jahrhunderts wurden Schächte auch mit Ziegelmauerwerk ausgekleidet.
- Stahl- oder Eisenausbau: Es werden speziell geformte Ausbauelemente (Schachtringe) auf Abstand eingebaut und verschraubt. Hinter den Schachtringen werden Verzugsmatten eingebracht und hinterfüllt. Dieser Einbau verbraucht weniger Platz als die Schachtmauerung. Der Schacht kann schlanker ausgebrochen werden. Der Einbau kann sofort und parallel zum Abteufen erfolgen (Wikipedia/Schachtausbau).
- Spritzbetonverbau: Für das Sichern des Schachtes werden im frisch ausgebrochenen Gebirge Anker und verankerte Maschendrahtnetze in Kombination mit Spritzbeton als Außenschale eingebaut. Der Einbau der Sicherung kann sofort nach Aushub eines Abschlages und parallel zum Abteufen erfolgen. In einem zweiten Schritt folgt das Einbauen

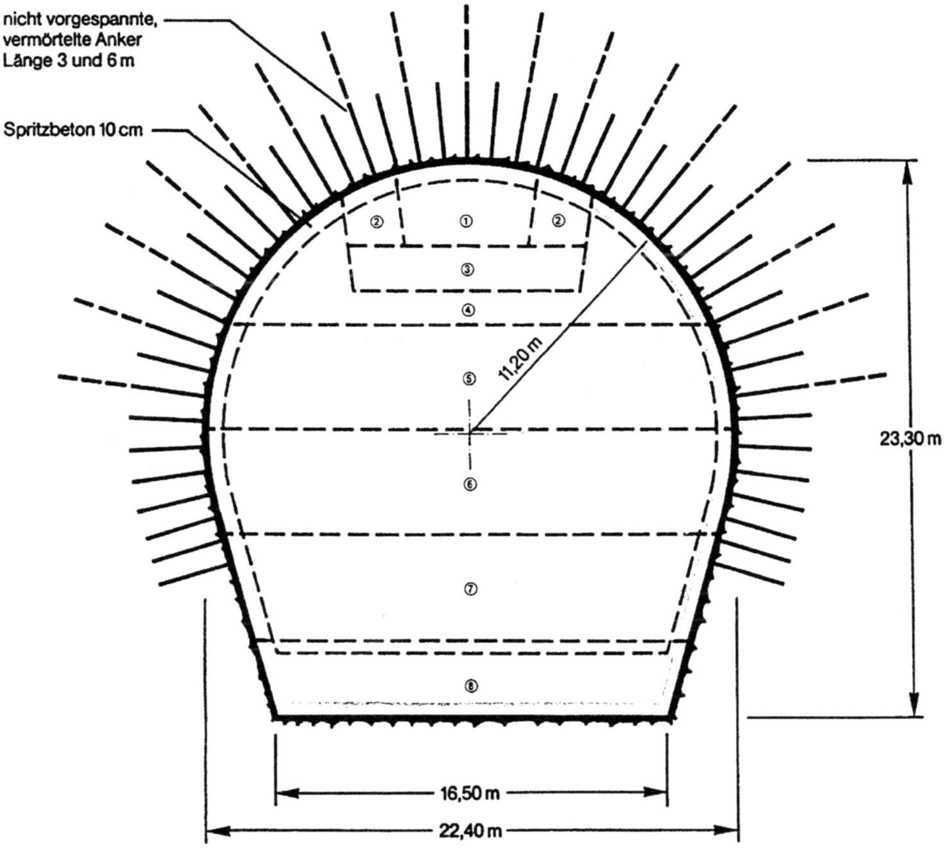

◘ Abb. 13.27 Querschnitt einer Kaverne mit 8 Ausbruchphasen. (Firmenprospekt der Philipp Holzmann AG)

und Auskleiden der Schachtinnenschale aus Stahlbeton. Der Beton wird hinter einer Verschalung aus verschiebbaren Blechen eingebracht (Gleitschalung, Umsetzschalung, Fritzsche 1962).

- Tübbingausbau: (Fritzsche 1962) In wasserführenden Deckschichten und im stark klüftigen wasserführenden Gebirge kann eine wasserdichte Schachtumschließung aus einzelnen Stahl- oder Stahlbetonelementen (Tübbinge) zusammengestellt und zusammengeschraubt werden. Der Einbau der Tübbinge geschieht von einer Bühne aus und erfolgt von unten nach oben. Der einzelne Tübbingring besteht aus 8 bis 12 Tübbingen. Nach Ringschluss wird der Tübbingring mit Beton hinterfüllt.
- Gefrierverfahren: (Fritzsche 1962, Buja 2013).

Im wasserführenden und weniger standfestem Deckgebirge kann der Schacht im Schutze einer Gefrierwand erstellt werden. Dabei ist die Gefrierwand mit zunehmender Teufe immer mächtiger auszubauen (bis etwa 10 m Dicke, ◘ Abb. 13.28), um die mit der Teufe zunehmenden Wasserlasten aufzufangen. Angewendet wird das Sole-Gefrierverfahren, welches mit Laugen (Magnesium- oder Calciumchloridsole bis −40 °C) arbeitet. Als Kältemittel wird Frigen und Ammoniak verwendet. Bei den praktischen Arbeiten werden im Abstand von zwei bis drei Metern zur Außenwand des geplanten Schachtes in dessen Umkreis mit Abstand von etwa einem Meter Bohrlöcher für den Einbau von Gefrierrohren niedergebracht. Dem Gefrierrohrabstand liegt eine thermophysikalische Berechnung zugrunde. Die Bohrlöcher müssen die wasserführende Schicht (z. B. Kies) durchteufen

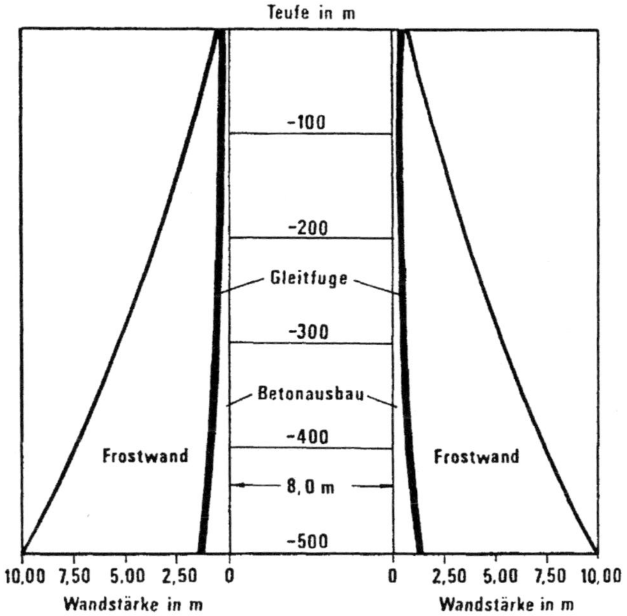

◘ Abb. 13.28 Erforderliche Wandstärken bei Gleitschächten. (Nach Klein 1983)

und sollen in eine den Durchfluss hemmende Gesteinsschicht einbinden (Gefrierendteufe).

Die Bohrlöcher dürfen keine größeren Abweichungen von der Vertikalrichtung besitzen und haben untereinander einen gleichbleibenden Abstand. Die geforderte Bohrgenauigkeit lässt nur geringe Abweichungen von der Soll-Lage zu (< 0,3 %) und stellt höchste Anforderungen an die Bohrtechnik. In das ver-

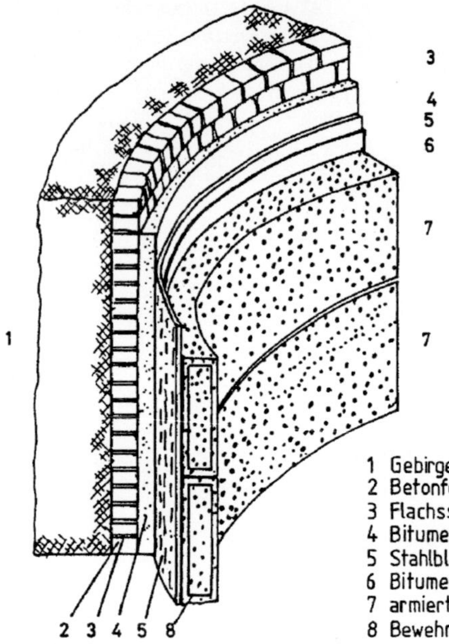

Abb. 13.29 Nichtgebirgsverbundener Gleitschachtausbau. (Umgezeichnet nach Klein 1983)

rohrte Bohrloch (Gefrierrohr) wird ein Fallrohr für den Kälteträger eingebaut. Beim Umlauf wird die Sole mit Temperaturen bis –40 °C im Fallrohr zum Bohrlochtiefsten geführt und steigt erwärmt (–12 bis –20 °C) im Ringraum zwischen Fallrohr und Gefrierrohr hoch. Im Umkreis der Gefrierrohre bildet sich ein Frostmantel, der im unteren Bohrabschnitt die größere Ausdehnung erreicht. Für das Ausfrieren des Gebirges wird ein Zeitraum von 2–3 Monaten benötigt. Die Bildung des Frostmantels wird durch Bohrlochmessungen kontrolliert (Temperatur, Ultraschall, Georadar). Im projektierten Schacht kann ein nicht gefrorener Kern verbleiben. Der Ausbruch des Schachtes und das Lösen des Gesteins erfolgt durch Bohr- und Sprengarbeit, der Aushub durch den Einsatz von Polypgreifern. Im Schutz der Gefrierwand wird ein nicht gebirgsverbundener Gleitschacht eingebaut. Dieser Gleitschacht wird abschnittsweise von unten nach oben eingebaut. Er ruht auf einem Fundament. Vom Gebirge ist er durch eine Bitumenfuge getrennt (Abb. 13.29). Als Außenausbau wird ein gebirgsverbundener Ring aus Betonformsteinen gesetzt. Die Steine werden direkt gegen das gefrorene Gebirge gestellt und mit Zementmörtel hinterfüllt. Der Betonformsteinausbau kann zum Abtragen der Gebirgsdrucklasten mit herangezogen werden. Der Innenausbau des Schachtes besteht aus armiertem Betonausbau oder aus einer Kombination von Stahlmantel und armiertem Betonausbau. Dabei soll der Stahlmantel den hohen hydrostatischen Druck aufnehmen. In die Fuge zwischen Innenausbau und Betonformsteinausbau wird eine bituminöse Gleitflüssigkeit mit einer Wichte (▶ Abschn. 1.17.1) zwischen über 10 bis 13 kN m^{-3} injiziert. Sie besteht in der Regel aus mit Kalksteinmehl angereichertem Bitumen. Durch die hohe Wichte soll ein Gegendruck zu den Wasser- und Gebirgsdrucklasten aufgebaut werden.

Das baugeologische Erkunden der geotechnischen und besonders der sprengtechnischen Gebirgsverhältnisse umfasst das Beschreiben der im Gebirge zu durchörternden Gesteins- oder

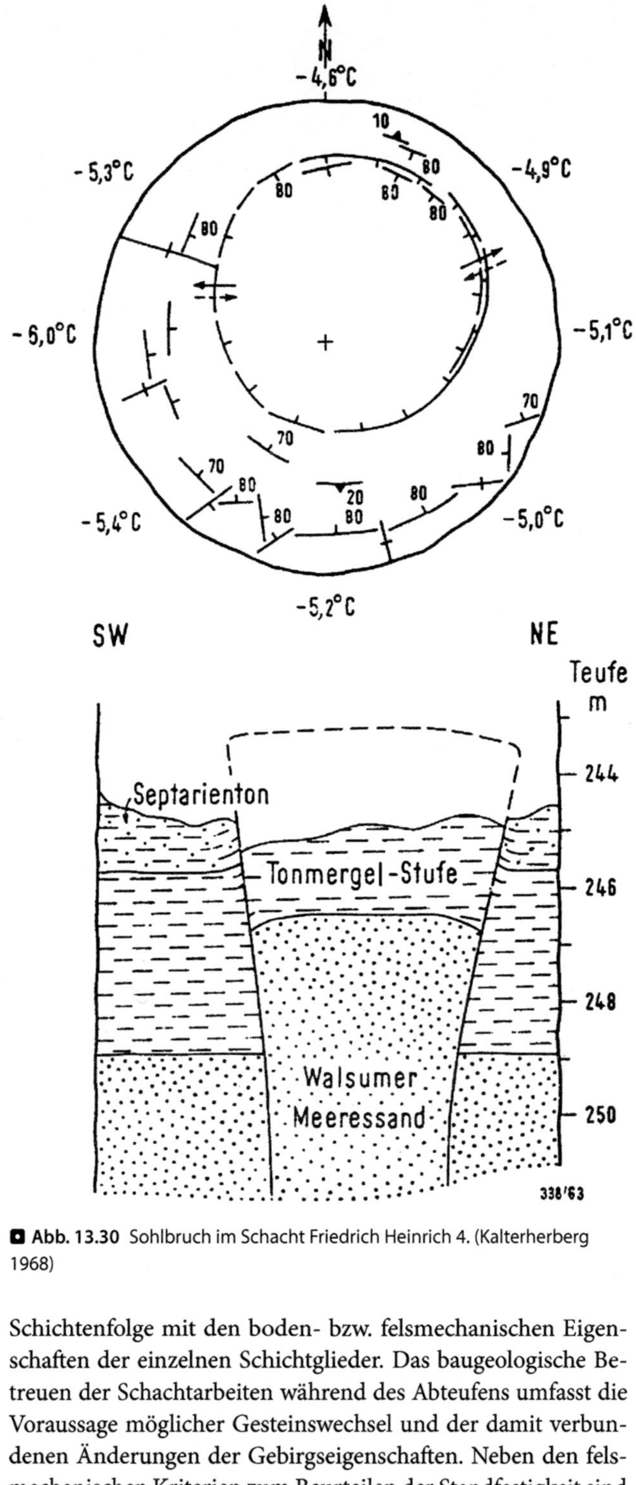

Abb. 13.30 Sohlbruch im Schacht Friedrich Heinrich 4. (Kalterherberg 1968)

Schichtenfolge mit den boden- bzw. felsmechanischen Eigenschaften der einzelnen Schichtglieder. Das baugeologische Betreuen der Schachtarbeiten während des Abteufens umfasst die Voraussage möglicher Gesteinswechsel und der damit verbundenen Änderungen der Gebirgseigenschaften. Neben den felsmechanischen Kriterien zum Beurteilen der Standfestigkeit sind beim Gefrierverfahren Gesteinsart und Porenvolumen wichtige Kriterien für das Abschätzen des Wärmeentzugs und der einzubringenden Energie (Kalterherberg 1968). Der Wärmeentzug (Schmelzwärme) richtet sich direkt nach der im Gebirge enthaltenen Wassermasse (Wassergehalt) und nach der durch Grundwasserströmung verfrachteten Energiemenge.

Im Zuge des Aushubes werden im gefrorenen Boden Verformungen beobachtet. Dies sind die Bildung von Sekundärklüften, Sohlhebungen, Sohlbrüchen und Stoßschiebungen

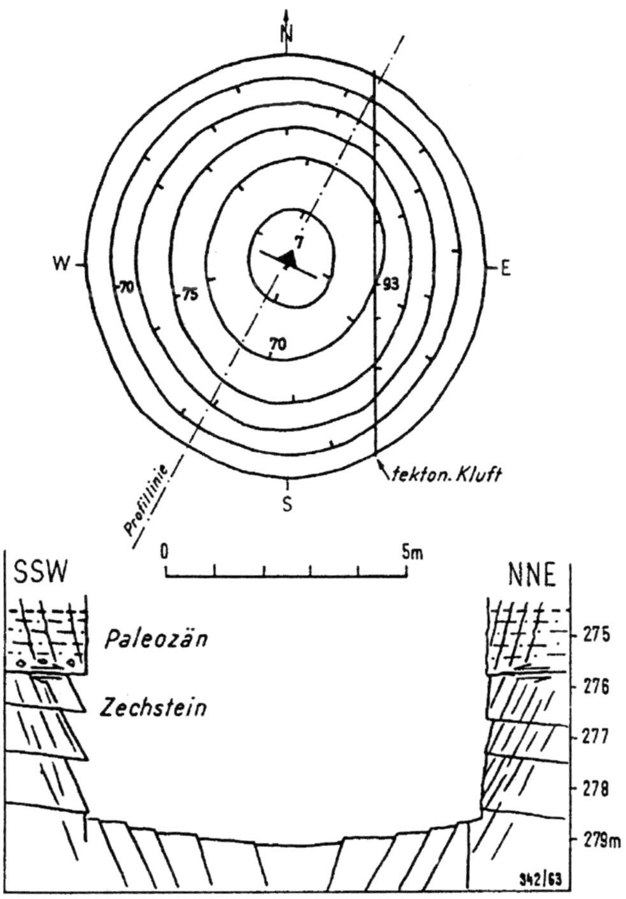

Abb. 13.31 Sekundärklüfte im unteren Zechstein im Schacht Friedrich Heinrich 4. (Kalterherberg 1968)

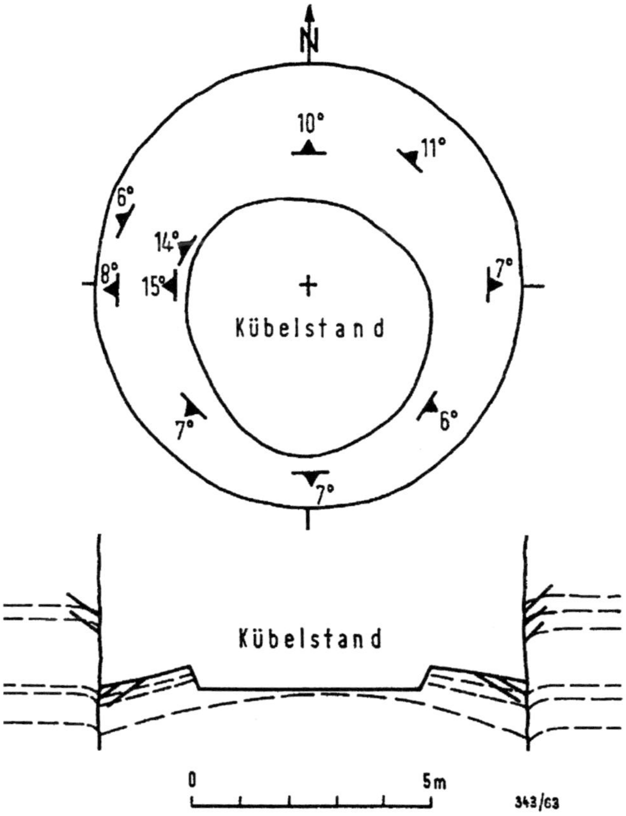

Abb. 13.32 Sohlhebung im Tertiär von Schacht Rheinpreußen 9. (Kalterherberg 1968)

(Abb. 13.30, 13.31 und 13.32). Der Verformungsgrad nimmt mit zunehmender diagenetischer Verfestigung der Schichten ab. Sohlhebungen treten vorwiegend in tonigen Schichten auf, Sohlbrüche zwischen locker gelagerten Feinsanden und Tonen. Stoßschiebungen sind in Tonen und locker gelagerten Sanden am größten. Sekundärklüfte sind in kalkhaltigen Gesteinen stärker ausgeprägt.

Bruch- und Kriechverformungen sind Ausdruck einer Entspannungsbewegung des Gebirges auf den Schachthohlraum zu. Der Verformungsgrad ist im Bereich der jeweiligen Schachtsohle und wenig unterhalb dieser am größten (Kalterherberg 1968). Beim Gefrieren des Bodens wird dieser aufgelockert und erfährt eine Volumenvermehrung. Der Boden im Umkreis des künftigen Schachtes hebt sich. Beim Wiederauftauen sackt der Boden in sich zusammen und kann an der Außenwand des Schachtes negative Mantelreibung hervorrufen.

■ **Bohrtechnischer Schachtausbruch**

Für den Schachtbau im Festgestein werden zunehmend Bohr- und Fräsverfahren eingesetzt. Als maschinelles oder teilmaschinelles Schachtbauverfahren wird das Erweiterungsverfahren im Bergbau eingesetzt. Nach dem Bohren des Primärloches erfolgt dessen Erweiterung auf den gewünschten Querschnitt. Angestrebtes Ziel ist das Schachtvollbohrverfahren mit hydraulischer oder mechanischer Förderung des Haufwerkes.

Beim herkömmlichen Großlochbohren wird das Erweitern auf den Enddurchmesser stets in mehreren Stufen vorgenommen, weil der Ringraum zwischen dem Pilotbohrloch und dem Bohrgestänge grundsätzlich zu eng ist, um größere Mengen gelösten Bohrgutes abfördern zu können. So wird bei einem Bohrloch von 1220 mm Durchmesser das Pilotbohrloch zunächst von 193 auf 406 mm erweitert (Tonscheidt und Großkemper 1982).

■ **Aufweitbohrungen nach dem Raise-Boring-Verfahren**

Beim Raise-Boring wird das Pilotbohrloch in einem Zuge auf den Enddurchmesser erweitert. Mit dem Raise-Boring-Verfahren-Herrenknecht wird ein Pilotbohrloch vertikal oder auch mit steiler bis schräger Neigung (> 45°) von oben nach unten bis zum Ziel in einem bereits bestehenden Stollen bzw. Tunnel oder einer Kammer bzw. Kaverne. gebohrt. Nach Erreichen des Hohlraumes wird dort die Bohrkrone vom Gestänge der Pilotbohrung abmontiert und gegen einen Aufweitungsbohrkopf ausgetauscht. Das Aufbohren des Pilotloches erfolgt von unten nach oben. Das gelöste Material fällt nach unten und kann von dort abtransportiert werden. Mit dem Raise-Boring-Verfahren können Förder- und Versorgungsschächte für den Bergbau, aber auch Luft-, Wasser- und Druckwasserschächte für die Energie- und Versorgungswirtschaft erbohrt werden. Die Raise-Boring-Anlagen (rig) sind im Fels auf Durchmesser 2,4 bis 4,5 m und auf Tiefen bis 2000 m ausgelegt. Die bisherigen Erfahrungen zeigen, dass das mechanische Ausbruchsystem „Raise-Boring" den konventionellen Sprengausbruchmethoden beim Schachtbau im Festgestein in jeder Hinsicht überlegen ist (Stakne 1999).

- **Pilotbohrung**

Die Zielgenauigkeit der Pilotbohrung ist ein wesentlicher Risikofaktor beim Raise-Boring, wobei Anisotropie und Inhomogenität des Gebirges, Bohrtechnik, Steifigkeit des Bohrgestänges und Sorgfalt der Bedienungsmannschaft die Genauigkeit wesentlich beeinflussen. Häufige Ursache für das Abweichen von Bohrungen sind steil einfallende Schichten aus unterschiedlich harten Gesteinen. Beim Abteufen der Pilotbohrung wird ein selbsttätig steuerndes Zielbohrsystem eingesetzt. Diesem Verfahren liegt die Idee zugrunde, schon während des Bohrvorganges ständig die Richtungsgenauigkeit zu messen und, wenn nötig, laufend selbsttätig zu kontrollieren. Die Zielbohreinheit ist unmittelbar hinter der Bohrkrone angeordnet und besteht im äußeren, nicht rotierenden Teil aus vier beweglichen Steuerleisten, hinter denen die Neigungsaufnehmer, die Elektronik und die Steuerhydraulik untergebracht sind. Die Messwerte der Neigungsmesser und der Funktionsüberwachung werden kabellos zum Steuerstand übertragen.

- **Sicherungsmaßnahmen**

Nach Fertigstellung der Aufweitung wird eine Schachtförderanlage errichtet und eine Arbeitsbühne eingehängt. Die Schachtwand wird von oben nach unten mit Spritzbeton und, soweit nötig, zusätzlich mit Ankern, Stahlbögen oder bewehrtem Spritzbeton gesichert. Im Zuge der Sicherungsmaßnahmen werden eventuell notwendige Wasserfassungen und Wasserableitungen durchgeführt. Den Sicherungsarbeiten vorauslaufend wird eine geologische Aufnahme erstellt.

- **Auskleidung**

Der Einbau der Betonauskleidung der Schachtröhre erfolgt von unten nach oben. Die Betondicke beträgt am beschriebenen Lotschacht im unteren Teil 30 cm, im oberen Teil 20 cm. Eine Panzerung des Schachtes ist nicht notwendig, da die von hohem Betriebsdruck beanspruchten Abschnitte tief im Berg liegen.

Eine wesentliche Bedingung für die Anwendbarkeit des Raise-Boring-Verfahrens ist die Eignung des Gebirges. Nach dem bislang praktizierten Verfahren wird die Schachtröhre in der gesamten Länge hergestellt und erst im späteren Arbeitsabschnitt der Schachtausbau eingebracht. Klüftiges Gebirge kann zu Spülwasserverlusten führen, was die Pilotbohrung gefährden kann. Steiles Einfallen von Schicht- und Trennflächen und der Wechsel von unterschiedlich harten Gesteinen verursachen Abweichungen von der geraden Schachtachse. In gebrächem Gebirge können sich beim Aufweiten die Aufweitkronen verklemmen.

13.9 Tunnelvortrieb in grundwassererfülltem Gebirge

Beim Stollenbau (Bergbau), und wenn irgend möglich auch beim Tunnelbau, vermeidet man Stollen in stark wasserführendem Gebirge voranzutreiben. Man ist versucht, die Sohle so hoch zu legen, dass zwischen ihr und dem höchsten Grundwasserstand ein Raum von mindestens 1 m verbleibt. Bei Vorliegen eines Druckwasserspiegels besteht jedoch die Gefahr eines Sohlaufbruches.

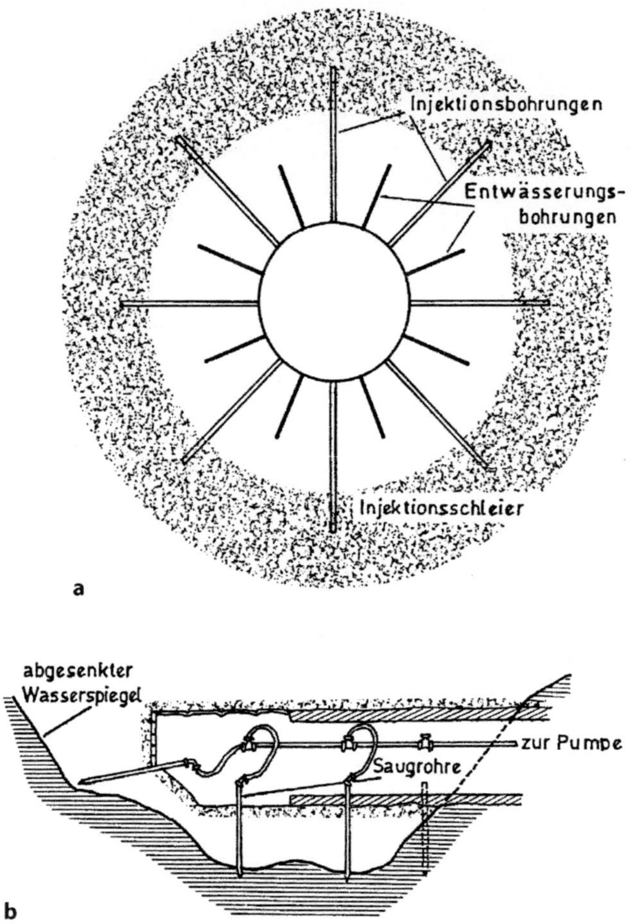

Abb. 13.33 Methoden der Gebirgsentwässerung für den Tunnelbau. **a** Dauerhafter Injektionsring zum Verhindern des Wasserzulaufs, **b** vorübergehende Grundwasserabsenkung über Bohrbrunnen. (Stini 1950)

Baumaßnahmen, die zum Tunnelvortrieb unter dem Grundwasserspiegel zwingen, ergeben sich beim U-Bahnbau und Verkehrstunnelbau in Großstädten, bei der Untertunnelung von Flüssen und bei großen, gebirgsquerenden Tunnelbauten. Im Bergland folgt der Grundwasserspiegel der Morphologie. Auch Versorgungsstollen mit einem notwendigen Gefälle werden mehrfach unter dem Grundwasserspiegel vorgetrieben. Das zusickernde Wasser wird entweder über Dränagen abgeleitet, über Versickerungsanlagen versickert oder verpresst (Kirschke 1992). Beim Verpressen wird die Tunnelröhre von einem Injektionsring umgeben. Hierzu wird über Injektionsbohrungen das Dichtungsmaterial in die offenen Fugen eingepresst und somit ein undurchlässiger Ring erstellt (Kovári und Anagnostou 1999; Abb. 13.33a). Alternativ hierzu ist eine druckwasserdichte Rundumabdichtung mit Kunststoffabdichtungsbahnen (PE-HD) anwendbar, die mit doppelten Schweißnähten thermisch verschweißt und doppellagig ausgeführt werden. Dabei ist die Dichtheit bereits während des Bauvorgangs und auch später durch eine Vakuumprüfung feststellbar. Ein Nachverpressen zum nachträglichen Abdichten von Leckstellen wird erleichtert (Beispiel: Tunnel Gernsbach bei Baden-Baden 1995).

Dränagebohrungen oder Entspannungsbohrungen werden als Vorausbohrungen empfohlen. Hierdurch wird erreicht, dass das Sickergefälle vom Ausbruch weggeleitet wird und dass die Ausbrucharbeiten ohne Wassererschwernis ausgeführt werden können. Der Zulauf von Wasser zur Tunnelröhre ist durch geeignete Drän- und Abdichtmaßnahmen fernzuhalten. Um die Hohlräume dauerhaft auskleiden zu können, muss die Bergwand zunächst trockengelegt und abgedichtet werden. Durch wasserabdichtenden Spritzbeton wird der flächenhafte Abfluss verhindert. Über einzelne Entspannungsbohrungen wird das Wasser an einzelnen Punkten in den Tunnel geleitet und der Dränage zugeführt (◘ Abb. 13.33a). Flächenhafter Wasserzulauf kann auch durch das Aufspritzen einer Dränschicht aus Filterkies (3/7) und Kunstharz aufgefangen werden.

Spaltenwasser und einzelne Quellen können nach dem Oberhasli-Verfahren aufgefangen werden. Hierbei werden Gummischläuche auf die wasserführende Spalte gelegt und mit Schnellbinderzement am Fels aufgeklebt. Der Schlauch wird bis auf sein unteres Ende mit Zement überdeckt. Nach dem Erhärten wird der Schlauch vorsichtig herausgezogen, wodurch über der wasserführenden Spalte ein röhrenförmiger Kanal entsteht. Durch mehrmaliges Überdecken und Nachziehen kann die Entwässerung bis zur Sohldränage geführt werden.

Bei wasserempfindlichen Gesteinen (Tonstein, Mergelstein, Schluffstein) muss das Wasser möglichst tief in der freigelegten Felswand aufgefangen werden und in Schläuchen zum geschlossenen Ableitungskanal geleitet werden. Dränageschläuche und Dränschichten werden mit Spritzbeton überdeckt.

13.9.1 Beeinträchtigung der Standfestigkeit des Gebirges

Durch den Zutritt von Wasser ist die Standfestigkeit bei allen Gebirgsarten herabgesetzt. Besondere Sorgfalt ist bei wasserempfindlichen Gesteinen, die aufweichen oder aufquellen können, aufzubringen (Tonstein, Schluffstein, Mergelstein, Gips, Anhydrit und Salz).

Besonders hier sind die Dränagemaßnahmen nach dem Abschlauchverfahren (Oberhasli-Verfahren) wichtig. Ein fallender Vortrieb, bei welchem das Wasser in Sümpfen gesammelt wird, ist bei wasserempfindlichen Gesteinen nicht möglich.

Andere Gesteine, wie Granit oder Quarzit, werden in ihrer Standfestigkeit weniger stark beeinträchtigt. Jedoch kann die statische und dynamische Wirkung des Wassers die Standfestigkeit und Standzeit im Lockergestein und im engständig geklüfteten Gebirge erheblich beeinträchtigen, indem unter dem Einfluss von Gebirgsdruck und Fließdruck (Strömungsdruck) des Bergwassers Fließerscheinungen auftreten (Fließsand, Schwimmsand, Muren). Die Gefahr dynamischer Strömungsdrucke ist in Sanden, in vergrustem oder zerriebenem Gebirge, in stark zerklüfteten und zerhackten Felsgesteinen, in Ruschelzonen, in locker verfüllten Hohlräumen sowie in Hangschutt gegeben.

Durch Verdichten des wassererfüllten Lockermaterials kann es, besonders in Gegenwart von Lehm und Schluff, zur Ausbildung von Porenwasserüberdruck und zu murenartigen Fließvorgängen kommen. Zum Verringern der Strömungsdrucke werden Injektionsringe um den Tunnel eingepresst, oder der Wasserstrom wird durch Absenken des Grundwasserspiegels und Vorentwässern der Stollenbrust stark herabgesetzt.

13.9.2 Beeinträchtigung der Haltbarkeit der Tunnelkonstruktion

Durch die Chemie des Wassers werden Beton und Stahl angegriffen. Eine Untersuchung auf die Betonaggressivität nach DIN 4030 ist vorzunehmen. Folgende Parameter werden dabei gemessen (▶ Abschn. 1.10.6):

- Gesamthärte;
- Carbonathärte;
- Nichtcarbonathärte;
- freie Kohlensäure;
- Permanganatverbrauch;
- Sauerstoff;
- *p*H-Wert;
- Eisen;
- Sulfat;
- Chlorid;
- Nitrat, Nitrit;
- Ammoniak;
- Leitfähigkeit des Wassers.

Dabei sind Chloride besonders für Stahlanker schädlich. Beim Beurteilen der Schädlichkeit bzw. Aggressivität ist auch der Wasseraustausch zu berücksichtigen. So können Dränagen in der Nähe des Betons einen großen Wasseraustausch und eine ungewollt hohe Lösung und Zerstörung des Betons durch aggressive Kohlensäure mit sich bringen.

Eine mechanische Beeinträchtigung bis Zerstörung kann durch den ständigen Austrag von Feststoffen und Lösungsinhalten über das Dränwasser eintreten. Hierdurch können sich hinter der Tunnelwand Hohlräume bilden, die die statische Einheit zwischen Tunnelausbau und Gebirge beeinträchtigen oder zerstören. Am fertigen Tunnel sind in regelmäßigen Abständen die Schüttmenge der Dränagen und die mitgeführten gelösten und festen Bestandteile zu kontrollieren. Aus ökologischen Gründen kann eine Neutralisation der Dränagewässer vor dem Einleiten in die Vorflut erforderlich werden. Entsprechende Anlagen sind bereits zum Einsatz gekommen, wenn der *p*H-Wert den Grenzwert von 8,5 überschritt und die Wassermenge für eine Versickerungsanlage zu groß war.

Ein Stabilisieren der gefährdeten Tunnelkonstruktionen kann sowohl bei betonangreifenden aggressiven Wässern wie auch beim mechanischen oder chemischen Austrag von Gebirgsteilen durch Injektionen und Gebirgsverpressungen erreicht werden. Die Gebirgsverpressung belässt das Wasser im Gebirge und ist somit umweltschonend. Die Wasserwegsamkeit und damit der chemische Angriff wird verringert.

13.10 Tunnelbau in Lockermaterial

Die städtische Verkehrsunterführung, der Bau von Parkhäusern und Hallen, von Versorgungsleitungen und Kanälen und besonders der Bau von Untergrundbahnen und Unterpflasterbahnen verlangt das Herstellen unterirdischer Hohlräume. Dieser Tunnel-, Kammer-, und Hallenbau zeichnet sich durch geringe Überlagerungshöhen und geringe Tragfähigkeit der Deckschichten aus. Häufig sind derartige Tunnelbauwerke in jungquartären Talaueablagerungen unterhalb des Grundwasserspiegels zu erstellen. Hierbei bewähren sich folgende Bauweisen:

- Ausführung im bergmännischen Vortrieb nach der Neuen Österreichischen Tunnelbauweise;
- Ausführung im bergmännischen Vortrieb nach der Schildbauweise;
- Ausführung von der Oberfläche aus in offener Bauweise.

Die Qualität des Tunnelvortriebs in Lockermaterial wird maßgeblich von dem Beherrschen des Grundwassers bestimmt. Für die Auswahl der Vortriebsmethode und der Entwässerungsmethode müssen folgende Gesichtspunkte vonseiten der Geologie und Hydrogeologie geklärt werden:

- Schichtenverlauf im Untergrund, Bodenarten;
- Ausbildung der Deckschichten über dem Tunnel;
- Erosionsgefahr;
- Wasserdurchlässigkeit des Bodens;
- Injizierbarkeit des Bodens;
- Lage von Wasserspiegel, Grundwasserspiegel und hydrostatischem Druck;
- Grundwasserströmung;
- Mögliche Schadwirkung aus Verformbarkeit und Zusammendrückbarkeit des Untergrundes als Folge von Schildvortrieb und Grundwasserabsenkung.

13

Außerdem müssen mögliche Beeinträchtigungen von Trinkwasserfassungen, Heilquellenfassungen, Nachbarbebauungen, Lage von Flüssen und stehenden Gewässern, Vorkommen von Pflanzen, die kein Absenken des Grundwassers vertragen, und die Empfindlichkeit gegen Baulärm benannt werden.

13.10.1 Schildbauweise

Der ursprünglich für Flussunterfahrungen und schwierige Bodenverhältnisse konzipierte Schildvortrieb bietet heute immer noch das größte Entwicklungspotential zur Automatisierung eines maschinellen Vortriebs. Wegen der hohen maschinellen Rüstzeiten und der teuren Geräteinvestitionen, aber auch bedingt durch eine gewisse Komplexität der Geräte und die begrenzte Lenkfähigkeit des Schildes ist dieses Verfahren für lange Tunnelröhren mit möglichst wenigen Querschnittswechseln wirtschaftlich. Mit den Komponenten eines Baukastensystems lässt sich hiermit nahezu jede Geologie (ausgenommen druckhaftes Gebirge) auch mit wechselnden Gesteinsarten auffahren (Kramer und Ulrichs 1993; Babendererde und Haack 1994).

Der Tunnelschild besteht als Röhren- oder Zylinderschild aus einem innen versteiften Stahlrohr, an dessen offener Stirnfläche das Bodenmaterial gelöst wird. Diese Vorrichtung wird in Richtung der geplanten Tunnelachse in den Baugrund hineingepresst. Als Widerlage dient eine Pressgrube (◘ Abb. 13.44a) oder die Auskleidung des bereits fertiggestellten Tunnelabschnittes.

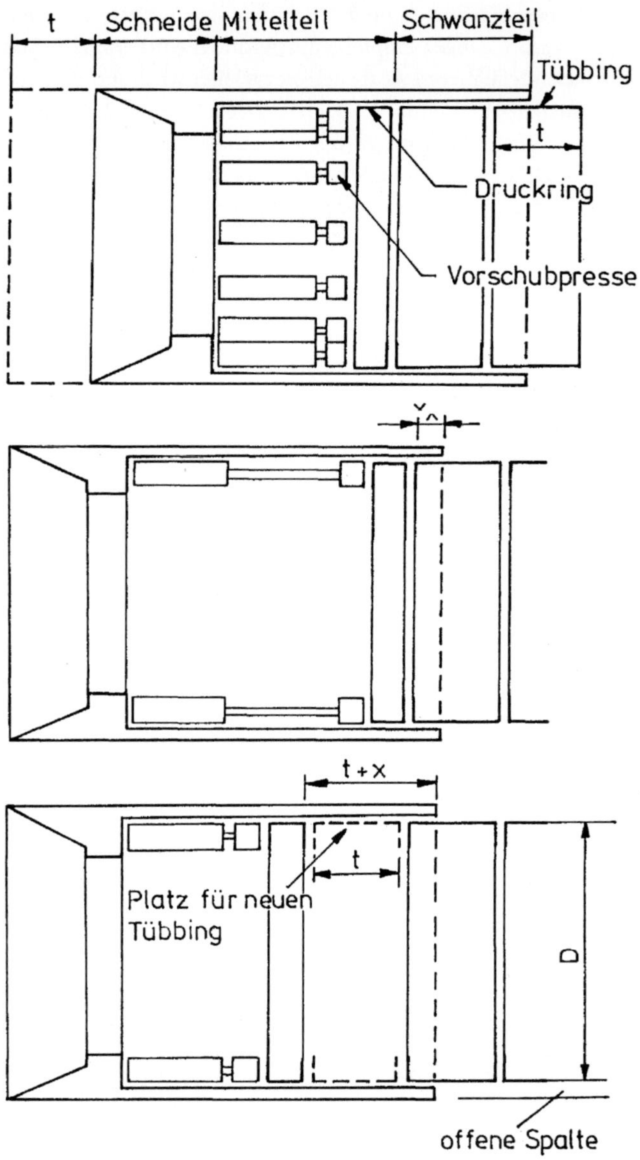

◘ **Abb. 13.34** Schema für Vorschub und Einbau der Tübbings beim Schildvortrieb. *D* Tunneldurchmesser, *t* Tübbingbreite

Andere Schildtypen haben ein Hufeisen- oder Maulprofil. Im Gegensatz zur NÖT arbeitet die Schildbauweise mit einem festgelegten Querschnitt. Notwendiges Aufweiten der Tunnelröhre, wie z. B. am Übergang von Tunnelprofil zu Bahnhofprofil, ist nicht direkt möglich und mit hohem Aufwand verbunden. Als Messerschild sind diese Profile begrenzt variabel in der Formgestaltung. Der Messerschild besteht aus einzelnen, gegeneinander verschiebbaren Blechen (Messern). Am hinteren Ende des Schildes wird der endgültige Ausbau eingezogen, welcher aus vorgefertigten Teilen eines Rings (Tübbing) oder aus Ortbeton besteht. Mit fortschreitendem Ausbruch wird der Schild in Richtung der Tunnelachse schrittweise vorgepresst (◘ Abb. 13.34). Dabei umschließt der Schild in Richtung der Tunnelachse den Ausbruchraum so lange, bis die endgültige Auskleidung eingebaut ist. Die Schildbauweise vermeidet Verbrüche und bietet der Mannschaft eine hohe Sicherheit (Maidl et al. 1994; Maidl und Jonker 1999, Maidl et al. 2011).

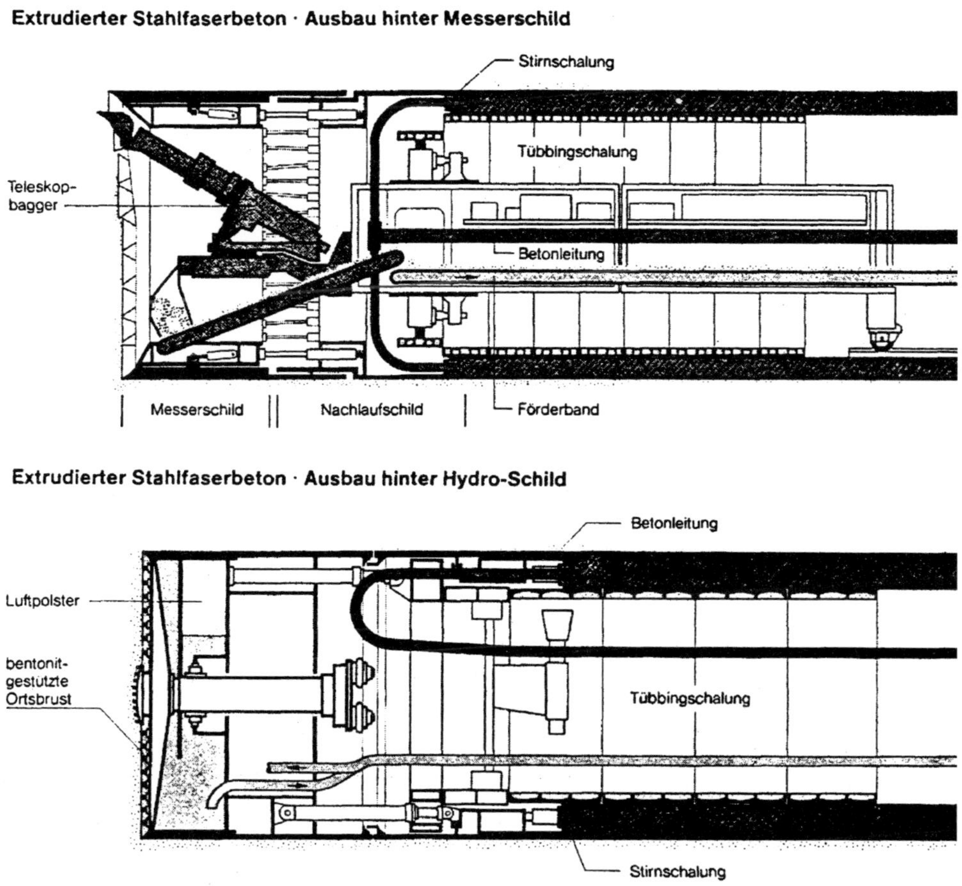

Abb. 13.35 Ausbau von im Schildvortrieb aufgefahrenen Tunnelstrecken mit extrudiertem Stahlfaserbeton nach dem Verfahren „Hochtief". (Markl 1986)

Das Lösen des Bodens bzw. Gesteins geschieht meist im mechanisierten Vollausbruchverfahren. Eingesetzt werden Vollschnittmaschinen, Teilschnittmaschinen und Bagger (Abb. 13.35). Die Teilmechanisierung mit in einzelnen Abbaustockwerken montierten oder mobil eingesetzten Abbaugeräten wie Reißschaufeln, Meißeln und Fräsen mit Quer- oder Längsangriff bedarf gründlicher Überlegung im Hinblick auf die geologischen Verhältnisse, insbesondere auf die Abbaufähigkeit und Stehzeit des Gebirges. Die Ortsbrust ist mechanisch gegen Hereinbrechen abzustützen. Bekannt ist der Brustverbau mit Holzdielen oder Stahlplatten, welche, teilweise hydraulisch betätigt, beim Vorschub die Ortsbrust halten. Das Schuttern und Wegräumen des über die Ortsbrust hereingewonnenen Materials erfolgt durch den Schild hindurch in die bereits fertiggestellte Tunnelstrecke und wird von dort aus abtransportiert.

Liegt die geplante Tunneltrasse im Grundwasser, so ist die Möglichkeit einer Grundwasserabsenkung zu prüfen. Sofern der Tunnel unter Wasser vorgetrieben werden soll, ist eine zusätzliche Sicherung vorzusehen, um den Zufluss von Wasser und fließenden Bodenarten in den Schildraum zu verhindern. Neben der Möglichkeit flankierender Maßnahmen wie Vorausinjektion oder Vereisen (beide stören den Schildvortrieb) kann die Ortsbrust durch Druckluft, durch Stützflüssigkeiten (Hydroschild; Becker 1998, 1999; Herrenknecht und Bäppler 1999, Maidl et al. 2011) oder mechanisch durch eine Schottwand stabilisiert werden (Abb. 13.35).

Das Anwenden von Druckluft ist bis 30 m Wassersäule möglich und birgt die Gefahr des Ausblasens, wenn keine ausreichenden Deckschichten zwischen Schildscheitel und Oberfläche bzw. Flussbett vorhanden sind. Es ist der geologische Nachweis zu erbringen, ob feinkörnige Deckschichten gleichmäßig und in ausreichender Mächtigkeit anstehen. Zusätzlich kann auf die Ortsbrust eine Folie oder ein Sprühfilm aufgetragen werden. Die hydrostatische Druckhöhe des anstehenden Grundwassers kann beim Abstützen mit Druckluft exakt eingestellt oder nachgeregelt werden. Durch die Druckluft wird Wasser im Baugrund verdrängt oder so zurückgehalten, dass der Boden infolge Entwässerung an Standfestigkeit gewinnt. Der herkömmliche Druckluftvortrieb erfordert es, dass die unter Tage arbeitende Mannschaft beständig der Druckluft ausgesetzt ist und dass Mannschaft wie Material ein- und ausgeschleust werden müssen.

Das System der flüssigkeitsgestützten Ortsbrust beruht darin, dass im Vorderteil des Schildes zwischen dem Abbaurad und dem offen zugänglichen, unter atmosphärischem Druck stehenden Schildraum eine Druckwand installiert ist. Antrieb und Steuerung befinden sich im offen zugänglichen Schildraum. In den Raum zwischen Ortsbrust und Druckwand wird eine Stützflüssigkeit aus Bentonit und Wasser eingegeben. Die Steuerung des Stützdruckes erfolgt über Druckluft oder Flüssigkeitsdruck. Der abgebaute Boden wird mit Teilen der Stützflüssigkeit über eine Materialschleuse abtransportiert. Die Suspension wird in Separieranlagen wiedergewonnen.

Dieses als Mixschildverfahren bekannte Vortriebsverfahren wird heute am häufigsten flüssigkeitsgestützt (Thixschild, Hydroschild) und mit Nassförderung gefahren. Das Entfernen von härteren Gesteinsschichten oder Findlingen war bei diesem Verfahren bisher problematisch und begrenzte die Anwendbarkeit. Durch Fortentwicklungen, z. B. durch den Einbau von Brecherkammern hinter dem Schneidrad, konnte jedoch der Anwendungsbereich vergrößert werden. Problematisch bleibt die Deponierbarkeit des mit Bentonit versetzten Bodenmaterials. Bei fließfähigen oder schwimmenden Böden kann die Ortsbrust mit einer Stahlblechschottwand abgestützt und verschlossen werden (Erddruckschild). Durch Einlassöffnungen in der Schottwand oder direkt mit anschließender Schneckenförderung (Trockenförderung) kann der Boden kontrolliert abgefördert werden. Steifere Böden können dabei durch die Zufuhr von Flüssigkeit, Bentonit oder Polymerschaum vorkonditioniert werden. Im Sand ist die Unterstützung der Ortsbrust beim Schildvortrieb das Hauptproblem, während das Lösen des Bodens sich leicht bewerkstelligen lässt. Im Mergel steht dagegen das Lösen des Bodens im Vordergrund, während das Abstützen aufgrund der guten Standfestigkeit problemlos ist. Die Bodeneigenschaften führen also zu unterschiedlichen Anforderungen an die Konstruktion des Schildes. Hinzu kommt u. a. die Problematik des Schildmantelrollens, die durch einseitige Drehrichtung des Schneidrades entsteht, aber z. B. durch Pendelbewegungen des Schneidrades vermieden werden kann.

▪ Ausbau mit Tübbings

Tübbings sind vorgefertigte Elemente aus Stahl, Gusseisen, Beton, Stahlfaserbeton oder betongefüllten Stahlkassetten. Der Ausbau mit Tübbings erfordert aufwendige Formen mit aufwendigen Herstellungsprozessen. Die Tübbings sind meist längs und quer zu verschrauben und in den Fugen mehr oder minder intensiv abzudichten. Der Schildspalt ist sorgfältig zu vermörteln. Der Ausbau besitzt eine hohe Formgenauigkeit. Der Vortriebsablauf ist gut zu beherrschen, Tagesspitzenleistungen liegen bei 30 m. Der Ausbau mit Tübbings ist beim Schildvortrieb die am häufigsten angewendete Baumethode.

Beim Tunnelbau mit Stahlbetontübbings wird zwischen einschaligen und zweischaligen Tunnelauskleidungen unterschieden. Der einschalige Tunnelausbau übernimmt die Hohlraumsicherung gegen das Gebirge und gleichzeitig die Abdichtung. Beim zweischaligen Ausbau wird die äußere, aus Tübbings bestehende Tunnelauskleidung durch eine innere Ortbetonschale ergänzt, was Flächenabdichtungen, z. B. aus Kunststoffdichtungsbahnen, oder Innenschalen aus WU-Beton ermöglicht (Brux 1998).

▪ Ausbau mit Ortbeton

Der Einbau von armiertem Ortbeton kann in Schalsätzen von 4 m Breite bei einer konstanten Monatsleistung von 100 m liegen. Da sich der Schild beim Vorschub auf den Ausbau abstützt, muss der Beton soweit abgebunden haben, dass die Abstützung für den nächsten Vorschub ohne Gefährdung des frischen Betons möglich ist. Bei einem von Hochtief entwickelten Verfahren (◻ Abb. 13.35) wird hinter dem Schild flüssiger Beton mit Stahlfasern in einen Ringraum zwischen Gebirge und Tübbingschalung eingepresst. Ähnlich wie bei Stahlfaserspritzbeton ergeben sich gegenüber unarmiertem Beton höhere Festigkeitswerte. Jedoch lässt sich der Stahlfaserbeton noch nicht so herstellen, dass rechnerisch ein statischer Festigkeitsnachweis erbracht werden kann.

Die Schildbauweise ist praktikabel, wenn

- Bodenschichten zu durchörtern sind, die aus geologischen und hydrogeologischen Gründen nicht auf konventionelle Weise beherrscht werden können;
- lange Strecken ohne Querschnittsänderung aufzufahren sind;
- schneller Arbeitsfortschritt gefordert wird und dieser durch den Einsatz einer im nicht gestützten Hohlraum arbeitenden Vollschnittmaschine nicht gewährleistet ist.

Beim Schildvortrieb können an der Oberfläche Setzungen auftreten. Ursachen hierfür können sein (Markl 1986):

- Entspannen der ungeschützten freiliegenden Ortsbrust;
- unkontrollierte Bodenentnahme, besonders beim Freilegen oder Ausbrechen von Hindernissen;
- Verformung des Schildkörpers;
- Verformung der Auskleidung;
- unzureichende Verfüllung des Spaltes zwischen Schild und Ausbau.

Eine Abart des Schildvortriebes ist das Durchpressen bzw. der unterirdische Vortrieb von Rohren (▶ Abschn. 13.12), deren weiterentwickelte Einbauverfahrenstechniken als „Microtunneling" immer mehr den bereits beschriebenen mechanisierten Großtunnelvortriebsverfahren gleichen.

13.10.2 Tunnelbau in offener Bauweise

Bei diesem Bauverfahren wird für das Linienbauwerk „Tunnel" abschnittsweise eine tiefe Baugrube ausgehoben und entwässert. Die Sicherung der Baugrubenwände kann durch einen Berliner Verbau oder ein vergleichbares Verbauverfahren, durch Spundwandverbau oder auch durch Auftrag von Spritzbeton mit zusätzlicher Ankersicherung erfolgen. In dieser Baugrube wird das Bauwerk „Tunnelröhre" hergestellt. Die Ausführungsart unterscheidet sich von anderen Gründungsmaßnahmen nur durch den Zweck. Nach Fertigstellung wird die Tunnelröhre zugeschüttet und die Oberfläche bzw. Straße wieder hergestellt. Die Tunnelröhre ist statisch so ausgelegt, dass alle aus dem Erddruck und aus Zusatzlasten auf sie einwirkenden Kräfte auf Dauer aufgenommen werden können. Die Sicherung der Baugrube hat hingegen nur kurzfristigen Bestand für die Dauer der Bauzeit. Bei der Berechnung und Konstruktion der Tunnelröhre wird die Stützwirkung der Baugrubensicherung nicht berücksichtigt. Für die Sicherheit der Sohle der Baugrube können Entspannungsbohrungen notwendig werden, um einen hydraulischen Grundbruch oder Quellaufbrüche mit Materialausspülung zu vermeiden. Die gegen Wasserzutritt abgedichtete Tunnelröhre einschließlich ihrer Überschüttung ist statisch so bemessen, dass auch bei höchstmöglichem Wasserstand Sicherheit gegen Auftrieb besteht.

Bei Unterwassertunneln bewähren sich Herstellungsverfahren mit Senk-Schwimmkästen.

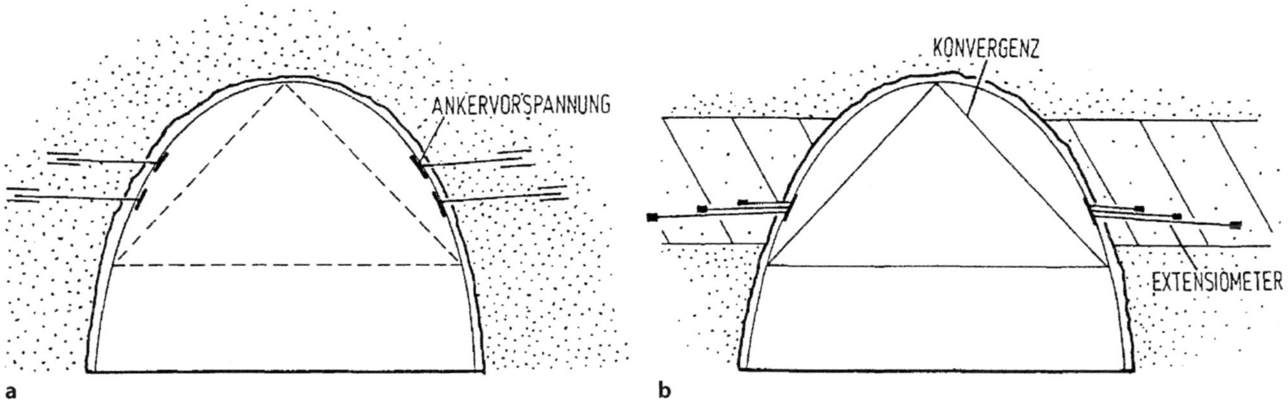

Abb. 13.36 Anordnung der Messvorrichtungen im Messquerschnitt eines Tunnels zur Kontrolle möglicher Deformationen. **a** Anordnung von Messankern, **b** Anordnung von Extensometern

Beim *Senkkastenverfahren* wird unter dem abgesenkten Bauwerksteil einer Tunnelröhre (meist Stahlbeton) eine Druckluftkammer als Arbeitskammer eingebaut. Die Arbeitskammer dient zum Absenken und Gründen des Bauwerks (Fernbahntunnel Berlin 1999, ▫ Abb. 6.17).

Beim *Schwimmkastenverfahren* werden längere Teilstücke des Tunnelbauwerkes schwimmfähig erstellt und nach dem Stapellauf schwimmend vor Ort geschleppt. Das Bauteil wird in einen vorher ausgebaggerten Leitgraben abgesenkt und an die anderen Bauteile angeschlossen.

13.10.3 Deckelbauweise

Eine Sonderform der offenen Bauweise ist die sogenannte Deckelbauweise. Dabei erfolgt zuerst das Herstellen der Tunnelseitenwände vom Geländeniveau aus. Diese Wände können durch Betongroßbohrpfähle (überschnitten oder im kurzen Abstand durch Spritzbetongewölbe verbunden) und mit einem Pfahlkopfbalken versehen oder durch Schlitzwände hergestellt werden. Im Lockermaterial wird beim Herstellen der Schlitzwand Bentonit als Stützflüssigkeit erforderlich sein. Der Beton wird dann als Unterwasserbeton eingebracht. Nach Aushub des Geländes bis Pfahlkopfbalkenniveau (alternativ: Schlitzwandkopf) wird eine Stahlbetonplatte als „Deckel" eingebaut, sodass ein Tunnelrahmen entsteht. Danach erfolgen unterirdisch das Ausgraben des Tunnelprofils und der weitere Tunnelausbau. Diese im Allgemeinen teure Bauweise hat sich besonders bei beengten Verhältnissen, z. B. beim U-Bahnbau im Zuge von städtischen Straßen unter Beibehaltung des Verkehrs, bewährt. Darstellungen der Deckelbauweise gibt Beer (2012).

13.11 Baubegleitendes Prüfen, Messen und Dokumentieren

Das beim Ausbrechen frisch freigelegte Gebirge wird baugeologisch aufgenommen und dokumentiert. Die in der baugeologischen und hydrogeologischen Bestandsaufnahme getroffenen Prognosen (▶ Abschn. 13.1.2 bis 13.1.5) werden überprüft.

Die frisch aufgefahrenen Hohlräume werden während und nach dem Ausbruch vermessen. Untertage betrifft dies Kontrollmessungen zum Einhalten der gewünschten Ausbruchsachse des Tunnels nach Richtung, Höhe und Ausbruchsweite. Wiederholtes Einmessen der gleichen Messbolzen ermöglicht Aussagen zu deren Ortsverlagerung und zu eingetretenen Verformungen im Umkreis des Hohlraumes.

In den frisch aufgefahrenen Hohlräumen und in extra hierfür aufgefahrenen Versuchsstollen und Versuchskammern (z. B. bei Erkundungsmaßnahmen für Talsperren) werden die geotechnischen Prognosen (▶ Abschn. 13.1.6) überprüft, spezifiziert und ergänzt.

Ein integrierender Bestandteil der modernen Tunnelbauweise ist das den Vortrieb und Ausbau begleitende Messprogramm (▶ Abschn. 1.7). Hierfür werden in bestimmten Messquerschnitten Extensometer, Druck-Messdosen, Kontrollanker, Messbolzen und gegebenenfalls weitere Messvorrichtungen eingebaut (▫ Abb. 13.36). Die Anlage der Messquerschnitte sowie das Messen und Auswerten der Messergebnisse ist Aufgabe des Felsmechanikers. Der Geologe wird darauf achten, dass diese Messquerschnitte in den für das Gebirge charakteristischen Homogenbereichen angelegt werden.

13.11.1 Baubegleitendes geologisches Erkunden des freigelegten Gebirges – Erstellen der Tunneldokumentation

Die in der Tunnelröhre angetroffenen geologischen und geomechanischen Verhältnisse werden während des Baufortschritts in einer umfassenden Dokumentation festgehalten. Nach jedem Abschlag wird das Gestein, seine Lagerung und Klüftung geologisch aufgenommen, beschrieben und zeichnerisch dargestellt. Zusätzlich kann eine fotografische Dokumentation erfolgen. Diese Dokumentation erlaubt es, dass auch nach dem Auftragen von Spritzbeton und nach dem Einbau der Auskleidung für jeden Tunnelabschnitt die geologischen und felsmechanischen Gegebenheiten bekannt sind und dass alle weiteren geologischen und felsmechanischen Beratungen hierauf aufbauen können.

Die grafische Darstellung der in der Tunnelröhre angetroffenen Verhältnisse verzeichnet, getrennt für linke Ulme, Firste, rechte Ulme und gegebenenfalls für die Sohle, die angetroffenen Gesteine mit Schichtung, Klüftung und Schieferung. Die Lage von Großklüften, Störungszonen und etwaigen Verwerfungsflächen wird einzeln in die Graphik eingezeichnet. Dabei werden die in der Tunnelröhre sichtbaren Winkel dargestellt. Das tatsächliche Einfallen der Schichten oder Trennflächen wird gesondert vermerkt.

Die Ortsbrust wird in gleicher Weise aufgenommen und in regelmäßigen Abständen sowie zusätzlich bei stärkeren Abweichungen grafisch dargestellt.

Weitere Angaben beziehen sich auf Bergfeuchte, Wasserzulauf, Standfestigkeit, Aussagen zur Standzeit, Mehrausbruch, Nachbrüche, Bergschläge, Verformungen an der Ortsbrust oder in der Tunnelröhre, Stoßschiebungen sowie auf abweichende Verbau- und Sicherungsmaßnahmen.

Ein Beispiel für die geologische Dokumentation eines Tunnels geben Poleschinski und Müller (1999).

Das Gebirge ist als geologischer Körper petrographisch, genetisch und stratigraphisch einzustufen und zu benennen. Nach den geotechnischen Eigenschaften sind für Gestein und Gebirge folgende Eigenschaften (▶ Abschn. 1.2 und 1.3) zu prüfen und gegebenenfalls aufzuführen:

- *Gesteinseigenschaften*
  Gesteinsart, Gesteinsfestigkeit, Gesteinshärte, Massigkeit, Stückigkeit, Frischezustand, Wasserempfindlichkeit, Verwitterungsgrad, Löslichkeit, Brennbarkeit.
- *Gebirgs- bzw. Felseigenschaften*
  Art der Trennflächen, Raumlage der Trennflächen, Bewerten der Kluftscharen im Trennflächensystem (Haupttrennflächen, Schichtflächen, Nebentrennflächen), Darstellen der Lage der einzelnen Kluftscharen im Trennflächensystem (Polarprojektion, Projektion auf Ulmen, Firste und Sohle), Oberflächenausbildung der Trennflächen, Trennflächenabstand, Kluftkörperform, Kluftkörpervolumen, Schichtdicke bzw. Bankungsstärke, Auflockerungsgrad, Kluftöffnungsweite, Spaltenfüllung, Wasserführung, Reibung zwischen den Trennflächen.
- *Bodeneigenschaften*
  Für Boden bzw. Lockermaterial sind die wichtigsten Kennwerte wie Bodenart, Körnungsbereich, Wassergehalt und Zustandsform verbal anzusprechen.
- Zulauf von Wasser,
- hydrogeologisches Verhältnis, Zulaufstellen (Quellen), Art des Wasserzulaufes (Zusickern, Zufließen, Spritzen), Wasserdruck, Stärke des Wasserzulaufs, Besonderheiten bei Wasserfassungen,
- Risse im Fels, Risse im Spritzbeton,
- Dokumentation und kartografisches Einmessen von Rissen,
- Ausbrüche,
- Art und Größe der Ausbrüche aus Ulmen und Firste, Bergschläge, Nachfall, Bodenaufbrüche, Bodenhebungen, Einbrüche im Boden. Aussagen zu deren geologisch bedingter oder technisch bedingter Ursache,
- standfestigkeit des Gebirges,
- Aussagen zu Standfestigkeit und prognostizierter Felsklasse, Ausbruchklasse.

Nach ZTV-ING, Teil 5 Tunnelbau ist das Erstellen einer Tunneldokumentation eine Aufgabe des Auftraggebers.

13.11.2 Prüfen der Gebirgsqualität unter Tage

Zum Bestimmen wichtiger Gebirgskennwerte werden in Felshohlräumen des zu beanspruchenden Gebirges „*In-situ*-Versuche" (▶ Abschn. 1.20.2 und 1.21) durchgeführt. Dies geschieht teils in Vorversuchen, teils, z. B. beim Talsperrenbau, baubegleitend.

Die Versuche werden in hierfür ausgebrochenen Messkavernen, Versuchs- oder Pilotstollen oder in Schächten vorgenommen. Sie dienen zum Bestimmen felsrelevanter Messgrößen für Elastizitätsmodul, Verformungsmodul und Bettungsmodul. Folgende Messungen kommen zur Ausführung:

- *Lastplattenversuche*
  Beim Lastplattenversuch (◘ Abb. 1.98 und 1.99) wird über eine Platte (oder über zwei gegenüberliegende Platten) das Gebirge im Hohlraum belastet. Aus Plattengröße, aufgebrachter Kraft und gemessener Verschiebung werden Elastizitätsmodul und/oder Verformungsmodul des Gebirges ermittelt. Kombinationen mit Druckkissenversuchen (Triaxialversuche) sind möglich.
- *Druckkissenversuche*
  Bei dem Versuch werden in gesägte Schlitze flache Druckkissen eingebaut und das Gebirge wird bei hohen Drücken aufgeweitet. Aus dem Druck-Aufweitungsdiagramm können Elastizitätsmodul und/oder Verformungsmodul des Gebirges ermittelt werden (◘ Abb. 1.100 und 1.101). Möglich sind Biaxial- und Triaxialversuche (◘ Abb. 1.102, 1.103, 1.104 und 1.105).
- *Dilatometerversuche*
  Mit Bohrlochaufweitungssonden (◘ Abb. 1.107 und 1.108) können Elastizität und Verformung des Gebirges vom Bohrloch aus getestet werden.

13.11.3 Baubegleitendes geodätisches Vermessen in und über der Tunnelröhre

Der Vortrieb untertägiger Hohlräume (Bergbau, Kavernen, Stollen, Tunnel) ist ausbruchbegleitend und baubegleitend geodätisch zu überwachen. Dies erfolgt unter Tage sowohl im Bauzustand „Verbau", z. B. Spritzbetonverbau, und auch später im Endzustand der ausgebauten, stabilisierten Tunnelröhre.

Über Tage ist sowohl das Gelände direkt über dem derzeitigen und vorangegangen Vortriebsort geodätisch zu vermessen als auch weitdimensioniert das Gelände vor und seitlich vom derzeitigen Vortriebsort. Hierzu werden an ausgewählten Punkten Messbolzen gesetzt. Deren Höhen und Ortslagen werden in unmittelbarer Umgebung des Vortriebs in kurzen Zeitabständen und mit zunehmender Entfernung vom Ort des Ausbruches in größeren Zeitabständen eingemessen. Zu beachten ist, dass elastisches Verformen und Absenken der Geländeoberfläche der Abbaufront vorauseilt. Ein Großteil der durch Materialentnahme verursachten Absenkung kann an der Oberfläche eintreten, bevor die Abbaufront einen betrachteten Messpunkt untergräbt.

Das geodätische Messen unter Tage dient dem Erkennen und der Kontrolle von Konvergenzänderungen im Hohlraum und damit dem Überprüfen von dessen Beanspruchung, Verformung und Standsicherheit.

Das geodätische Überwachen über Tage dient in bebauten Gebieten der Kontrolle möglicher Geländeverformungen und dem Registrieren von Beanspruchungen und Auswirkungen auf Bauwerke und Umwelt.

Auch über die Zeit der Fertigstellung hinaus sind die Messbolzen unter wie über Tage auf lange Zeit fortlaufend einzumessen. Mögliche Veränderungen im Baugrund und an Bauwerken wie Absenken, Schiefstellen, Verkanten, Risse und Brüche, die sich erst nach längerer Zeit einstellen, können so erkannt und kontrolliert werden. Das baubegleitende geodätische Messen bietet somit unter Tage Sicherheit für die Belegschaft und das eingesetzte und eingebaute Material. Über Tage bietet es Sicherheit für Bauwerke, Verkehr und Menschenleben. Es bietet einen Beitrag zur Beweissicherung bei Schadensfällen an anderen Bauwerken. Aus der beobachteten Verformung im Tunnel kann auf die Standzeit des Gebirges und das richtige Dimensionieren der zur Sicherung verwendeten Verbaumittel geschlossen werden. Folgende Messverfahren kommen zur Ausführung:

- *Nivellement unter Tage für Firste, Ulmen und Sohle*
  Während des Vortriebes werden markierte Punkte in regelmäßigen Zeitabständen eingemessen, und die Senkung der Tunnelfirste wird in Abhängigkeit von Vortrieb und Zeit aufgezeichnet.
- *Nivellement über Tage*
  In bestimmten Abständen werden längs und quer zur Tunnelachse Messbolzen installiert und vor, während und nach dem Tunnelvortrieb regelmäßig vermessen. Das Nivellement kann durch Extensometermessungen ergänzt werden (◘ Abb. 13.37 und 13.38).
- *Konvergenzmessungen*
  Im Messquerschnitt der Tunnelröhre werden Messbolzen eingebaut. Die Abstände zwischen den Messbolzen werden fortlaufend gemessen (◘ Abb. 1.16, 13.36 und 13.39).
- *Extensometermessungen*
  In radial zur Tunnelachse angelegten Bohrlöchern werden Extensometer (▶ Abschn. 1.7.2, ◘ Abb. 1.18 und 1.19) zum Messen von Gesteinsbewegungen längs zur Bohrlochachse eingebaut. Extensometer bestehen aus einem Stahlstab oder einem gespannten Stahldraht, von dem ein Ende (Fixpunkt) im Bohrloch fest vermörtelt oder verankert ist und an dessen anderem Ende die Relativbewegung des Fixpunktes auf 0,01 mm genau gemessen wird. Die erforderlichen Extensometerlängen sind von der Hohlraumgröße und Gebirgsqualität abhängig und liegen allgemein im Bereich von einem Tunneldurchmesser. Zum genauen Lokalisieren der Bewegungsvorgänge werden Mehrfachextensometer mit verschiedenen Längen eingebaut. Bei flachen Tunnelbauwerken werden Extensometer von der Geländeoberfläche aus eingebaut. Auf diese Weise werden auch die dem Tunnelvortrieb vorauseilenden elastischen Verformungen miterfasst (◘ Abb. 13.36, 13.37 und 13.40).
- *Fissurometermessungen*
  Fissurometer (fissure: Spalte, Riss) dienen dem Messen der Rissbreite (◘ Abb. 1.17). Im vereinfachten Verfahren wird bei Rissen im Mauerwerk mit über die Risse gesetzten Gipsmarken gearbeitet, welche erkennen lassen, ob der Riss noch in Bewegung ist, ob die Rissufer sich noch voneinander weg- oder aufeinander zu bewegen. Der Verschiebungsbetrag solcher Relativbewegungen lässt sich mit dem Fissurometer über eine Messuhr ablesen. Risse im Beton der Tunnelkonstruktionen gehören neben Deformationen und Abplatzungen zu den häufigsten Schadbildern bei Tunnelbauwerken. (Lange, Löckmann 2002).
- *Deflektometermessungen*
  Deflektometer (DIN 4107-3) sind gelenkig verbundene Gestängekonstruktionen die in Bohrlöcher eingeführt werden. Hierzu werden radial zur Tunnelachse Löcher gebohrt. (◘ Abb. 13.23d). An Stellen mit Richtungsabweichung im Bohrloch werden die benachbarten Stangen an ihren Verbindsstellen gegeneinander abgelenkt oder deflektiert. Winkel und Richtung der Deflektion oder Ablenkung zwischen benachbarten Stangen werden eingemessen.
- *Inklinometermessungen*
  Inklinometer (DIN 4107–3) sind Sonden von 0,5 oder 1 m Länge, die in mit verformbaren Messrohren ausgekleidete Bohrlöcher eingebaut und hierin auf oder abgefahren werden. Kettenneigungsmesser können auch aus mehreren miteinander beweglich verbundenen Inklinometereinheiten bestehen (▶ Abschn. 1.7.2, ◘ Abb. 1.20, 1.21). Über Inklinometertechniken werden Horizontalabweichungen von der Lotrechten gemessen
- *Messen der Ankervorspannung*
  In radial zur Tunnelachse angelegten Bohrlöchern werden Anker eingebaut und mit einer bestimmten Vorspannung versehen. Eine Änderung der Vorspannung kann an hydraulischen KraftMessdosen abgelesen werden, welche zwischen Ankerplatte und Ankermutter eingespannt sind (▶ Abschn. 7.5.3).
- *Spannungsmessungen* (▶ Abschn. 1.21)
  Spannungen und Spannungsänderungen im Umkreis unterirdischer Hohlräume können mit Druck-Messdosen (◘ Abb. 1.109), überbohrten Spannungs-Messzellen (◘ Abb. 1.110), Bohrlochschlitzsonden und Druckkissenversuchen (◘ Abb. 1.100) gemessen werden. Zum Messen der Druckänderung zwischen Gebirge und Spritzbetonschale sowie innerhalb der Spritzbetonschale werden im frisch ausgebrochenen Hohlraum Druck-Messdosen oder hydraulische Druckkissen radial und tangential angeordnet und mit dem Spritzbeton eingebaut. Beispiele für die Änderung von Druckverlauf und Druckverteilung geben ◘ Abb. 13.41 und 13.42.
  Die gemessenen Spannungen müssen an allen Stellen geringer sein als diejenigen, nach denen die Tunnelauskleidung statisch dimensioniert wurde.

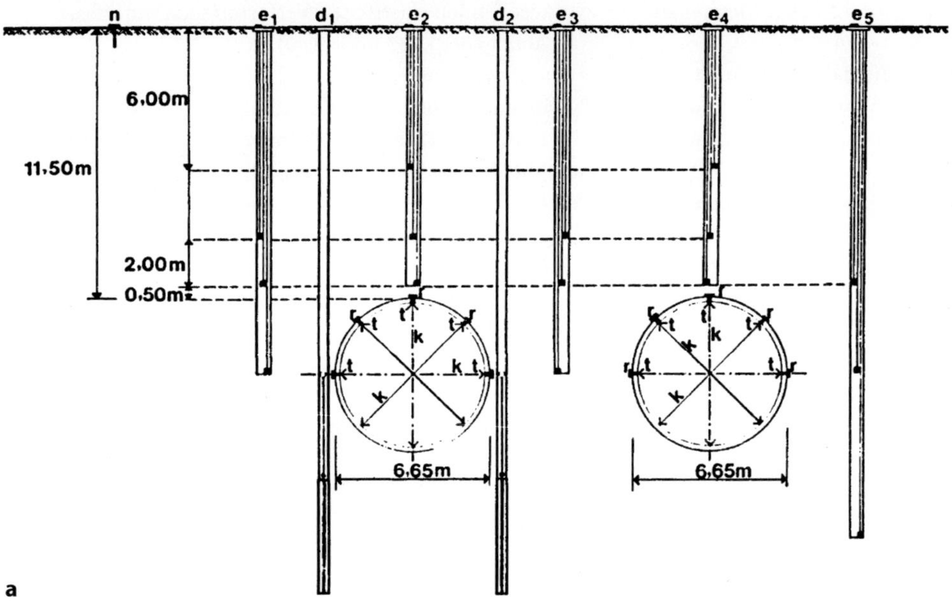

a

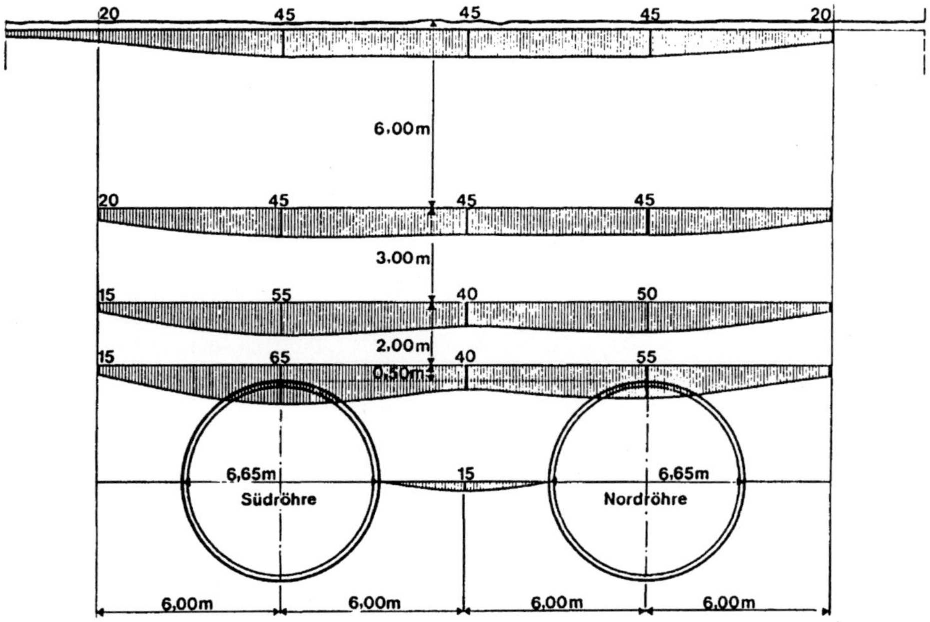

b

Abb. 13.37 Setzungsmessungen über dem U-Bahntunnel in Frankfurt-Römerberg. **a** Lage der Niveaupunkte und Extensometer, **b** Setzungsmulden

13.12 Einbringen von Rohrleitungen in geschlossener Bauweise (Mikrotunnelbau)

Aus verkehrstechnischen und baulichen Gründen werden Rohrleitungen nicht in offenen Gräben, sondern unterirdisch in geschlossener Bauweise eingebracht oder vor Ort hergestellt. Die Vorteile der geschlossenen Bauweise sind (Scherle 1977, Klotz 1982, Niewerth 1986, Beyert 1987, Stein und Falk 1996, Jäger 1996, Gell und Knops 1996, Bielecki 1999, Stein 2003, Schad 2008, zur Linde 2013)

- geringe Verkehrsbehinderung;
- Grundwasserabsenkungen werden teilweise vermieden;
- Setzungen an Bauwerken und Verkehrswegen werden weitgehend vermieden;
- der Umfang der Erdbewegungen wird erheblich vermindert; Verfüllarbeiten, Verdichtungsarbeiten und Wiederherstellungsarbeiten der Straßendecke entfallen.

Das Einbauen von Leitungen in geschlossener Bauweise hat in den letzten Jahren durch den Ausbau und die Sanierung der nicht begehbaren Ver- und Entsorgungsleitungsnetze einen enormen Entwicklungsschub bezüglich Steuerbarkeit und Automatisierung erhalten. In Anlehnung an die maschinellen Vortriebsverfahren im Großtunnelbau werden diese Bauweisen auch als Bauweisen für Mikrotunnel bezeichnet (Maidl und Gipperich 1994).

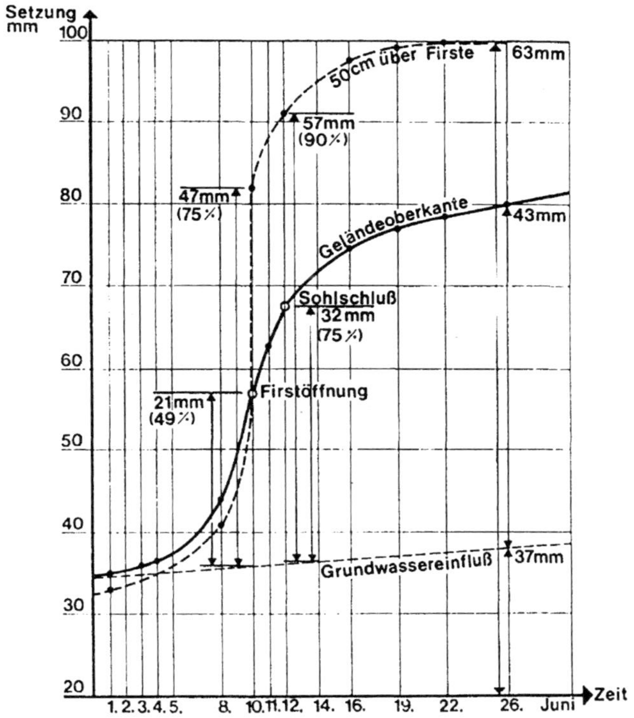

■ **Abb. 13.38** Zeit-Setzungs-Diagramm zum U-Bahntunnel Frankfurt-Römerberg. (Schulz und Edeling 1973)

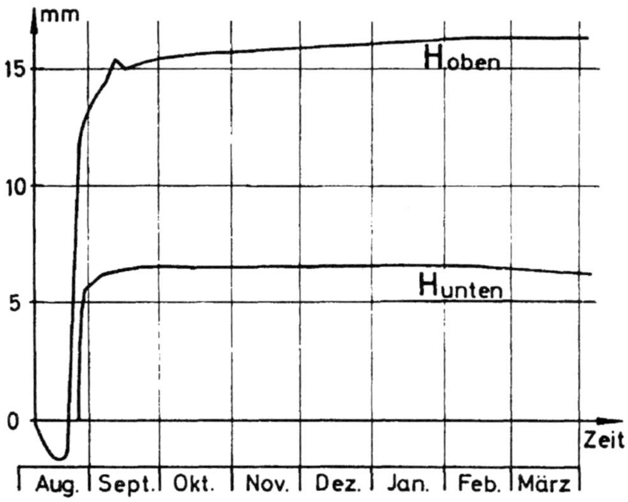

■ **Abb. 13.39** Zeit-Verformungs-Diagramm von Konvergenzmessungen nach Golser (1973). H_{unten} und H_{oben} sind 2 horizontale Messstrecken im Stollen

Unterschieden werden nichtsteuerbare Verfahren und steuerbare Verfahren. Die kostengünstigeren nichtsteuerbaren Verfahren werden aber durch Weiterentwicklungen immer häufiger mit Steuermöglichkeiten ausgerüstet, um eine größere Zielgenauigkeit zu erreichen.

Nach der Art des Einbringens von Rohrleitungen unterscheidet man Bodenverdrängungsverfahren unter Einsatz von Rammen oder Pressen und Bodenentnahmeverfahren unter Einsatz von Rohrrammen und Bohrgeräten sowie Rohrdurchpressungen mit Abbaugeräten bzw. steuerbaren Vortriebsmaschinen am Rohrkopf. Dabei haben die Rohrdurchpressungen mit automatisch gesteuerten Bohrköpfen und automatischen Fördersysteme im Schutz eines Tunnelschildes einen sehr hohen Entwicklungsstand erreicht.

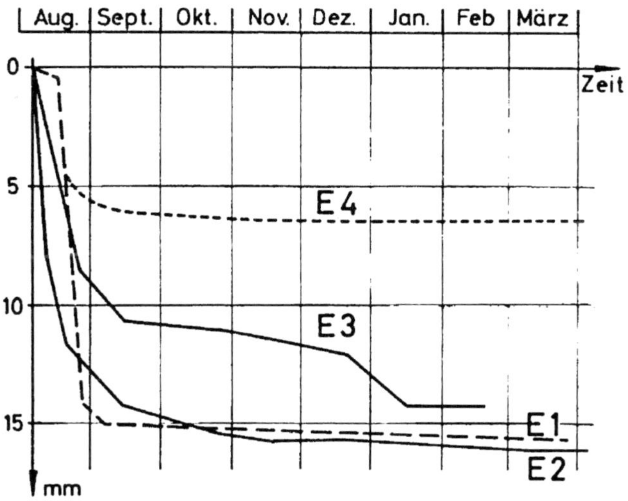

■ **Abb. 13.40** Zeit-Verformungs-Diagramm von Extensometermessungen nach Golser (1973). E_1–E_4 sind einzelne Extensometer

13.12.1 Verdrängungsverfahren

▪ **Bodendurchschlagrakete**

Mit der Bodendurchschlagrakete wird das Erdreich horizontal durchrammt (■ Abb. 13.43a). Der Vortrieb erfolgt über einen hydraulisch betriebenen Schlagbolzen. Es können Durchmesser zwischen 65 und 200 mm hergestellt werden.

Das Verfahren eignet sich in erdfeuchten und trockenen, gemischtkörnigen Sanden und Kiesen und in lehmigen Sanden mit dichter Lagerung. Nicht geeignet ist das Verfahren in nassen und wassergesättigten Bodenarten wie Schlamm, Schluff, Torf und Fließsand, die der Durchschlagrakete eine zu geringe Mantelreibung entgegenstellen. Der Boden soll frei von Steinen, Fels, Wurzeln oder Mauerwerk sein. In solchen Böden weicht die Rakete von der vorgegebenen Richtung ab. Auch wechselnde Bodenschichten führen zu Abweichungen. Die erforderliche Überdeckung liegt bei 1–1,5 m. Wird diese Mindestüberdeckung nicht eingehalten, so entstehen Bodenaufbrüche und Hebungen, besonders Verformungen in der Fahrbahndecke. Die Vortriebslänge wird durch die Zielgenauigkeit von 1–2 % bestimmt und liegt bei ca. 60 m. Die Vortriebsgeschwindigkeit ist abhängig von Bodenart, Lagerungsdichte, Überdeckung und Durchmesser der Rakete. Mittlere Werte liegen bei 10 m h^{-1}.

Das Arbeiten mit der Durchschlagrakete erfordert eine Startgrube und eine Zielgrube (Keller). Mögliche Schäden entstehen durch Ungenauigkeiten beim Zielen, besonders durch Beschädigen von Leitungen.

Steuerbare Systeme, ausgerüstet mit Laser und einem zweiteiligen, veränderbaren Verdrängungskopf, erreichen bei Nennweiten ≤ 250 mm und Entfernungen bis 80 m bereits Zielgenauigkeiten von 25 mm. Die Rohrleitung wird in den von der Durchschlagrakete hergestellten Hohlraum eingeführt. Dies kann ab der Zielgrube durch Einziehen mit einem Zugseil, ab

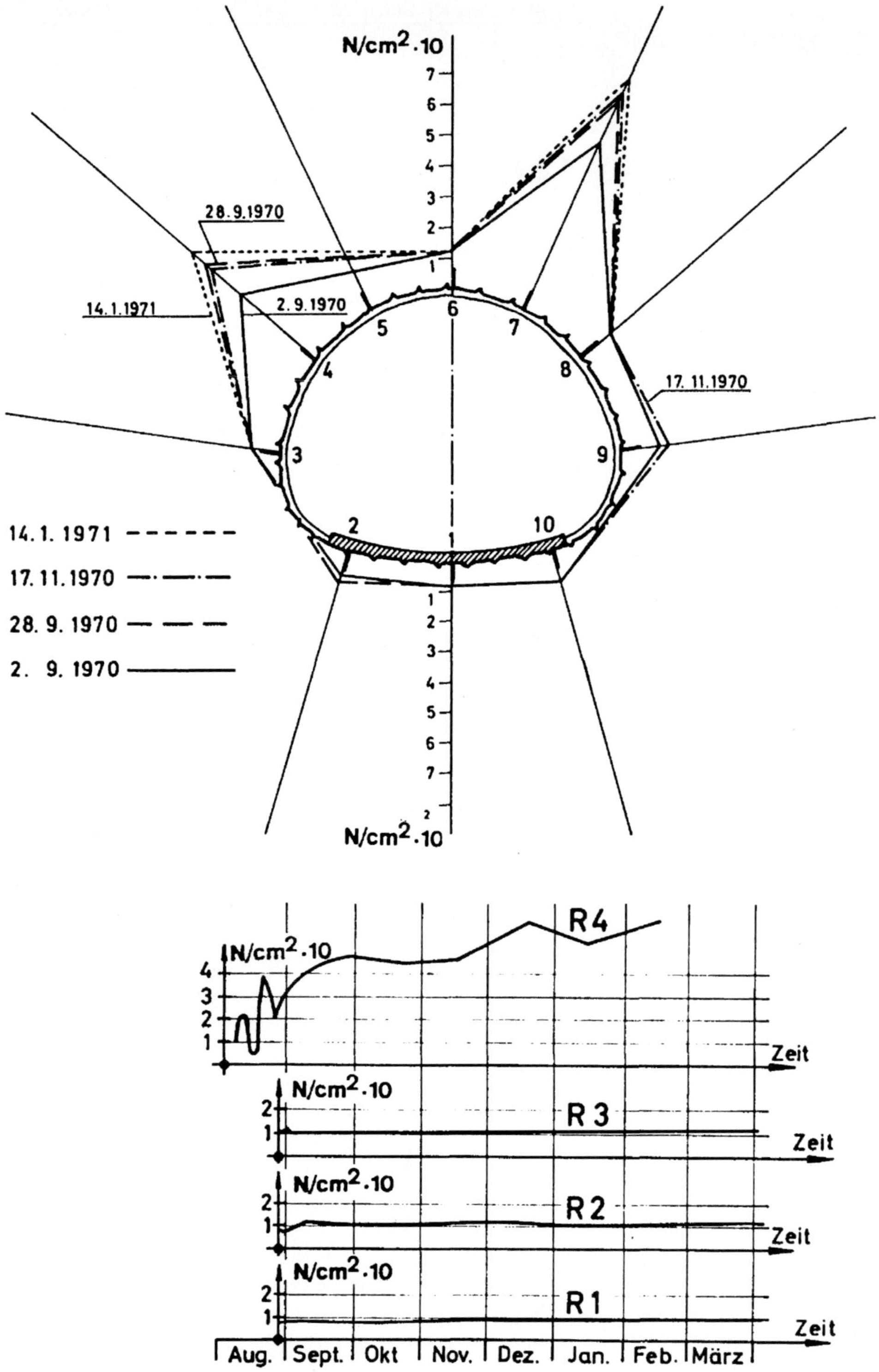

Abb. 13.41 Radiale Druckverteilung zwischen Auskleidung und Gebirge nach Golser (1973). R_1–R_4 radiale Druckverteilung an 4 Messpunkten

Startgrube durch Einschieben, Eindrücken oder Einpressen oder auch durch Eintreiben, Einschlagen oder Einhämmern mit entsprechenden Werkzeugen oder Maschinen geschehen. Dabei ist die Mantelreibung zu überwinden. Diese ist abhängig von Rohrumfang, Rohrlänge, Bodenart, Überlagerungshöhe und Zusatzlasten.

Grundwasserführende Bodenschichten lassen sich nur mit Bauhilfsmaßnahmen wie z. B. Grundwasserabsenkungen durchörtern.

- **Horizontalramme mit geschlossenem Rohr**

Bei ungünstigen Bodenverhältnissen und bei erhöhter Setzungsgefahr (unter Bahndämmen) wird direkt ein Stahlrohr in den Boden eingerammt. Das Stahlrohr wird an der Spitze durch einen Konuskopf verschlossen. Die Durchschlagsrakete wird am Ende des Stahlrohres mit einem Schlagkegel aufgesetzt.

Die Vortriebslängen reichen bis 35 m bei Vortriebsgeschwindigkeiten zwischen 0,5 und 5 m h^{-1}. Das Verfahren ist auch im Grundwasserbereich möglich.

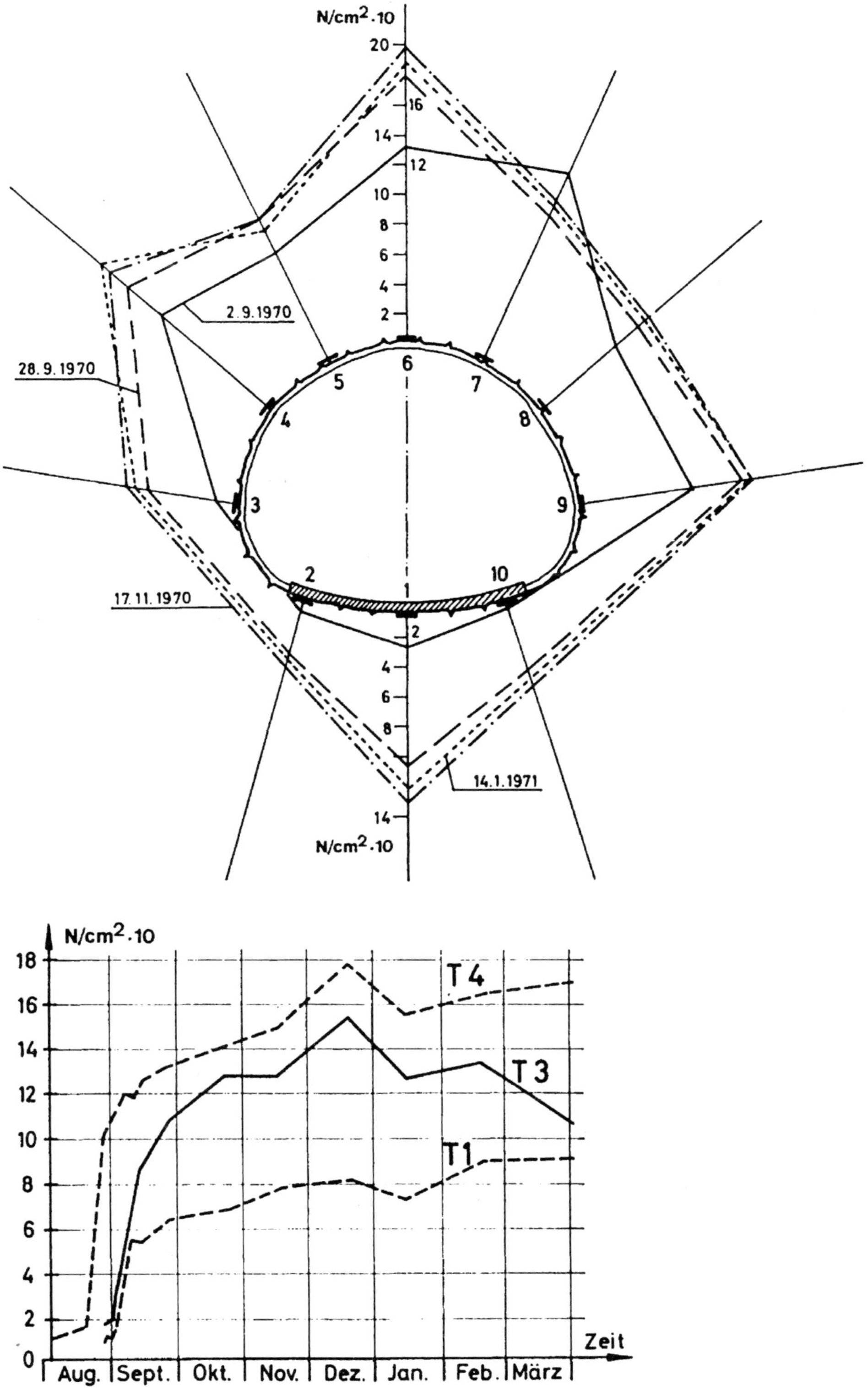

Abb. 13.42 Tangentiale Druckverteilung zwischen Auskleidung und Gebirge. (Nach Golser 1973)

Im Verdrängungsverfahren arbeitet auch das Durchpressen eines vorne geschlossenen Rohres mit kleinem Durchmesser, z. B. eines Gestänges, das durch eine Pressenanlage im Startschacht vorgetrieben wird. Das Produktrohr wird danach vom Zielschacht beim Zurückziehen des Gestänges eingezogen. Daher eignen sich für den Einbau auch Kunststoffrohre.

Beim Pilotverfahren werden durchpresste Rohre mit kleinem Durchmesser als Pilotrohre für nachfolgendes Aufweitungsbohren genutzt. Das im Verdrängungsverfahren vorgetriebene Pilotrohr kann durch eine neu entwickelte Lageerfassung der Rohrspitze per Funk und Steuerung mittels eines abgeschrägten rotierenden Lenkkopfes eine hohe Zielgenauigkeit erreichen.

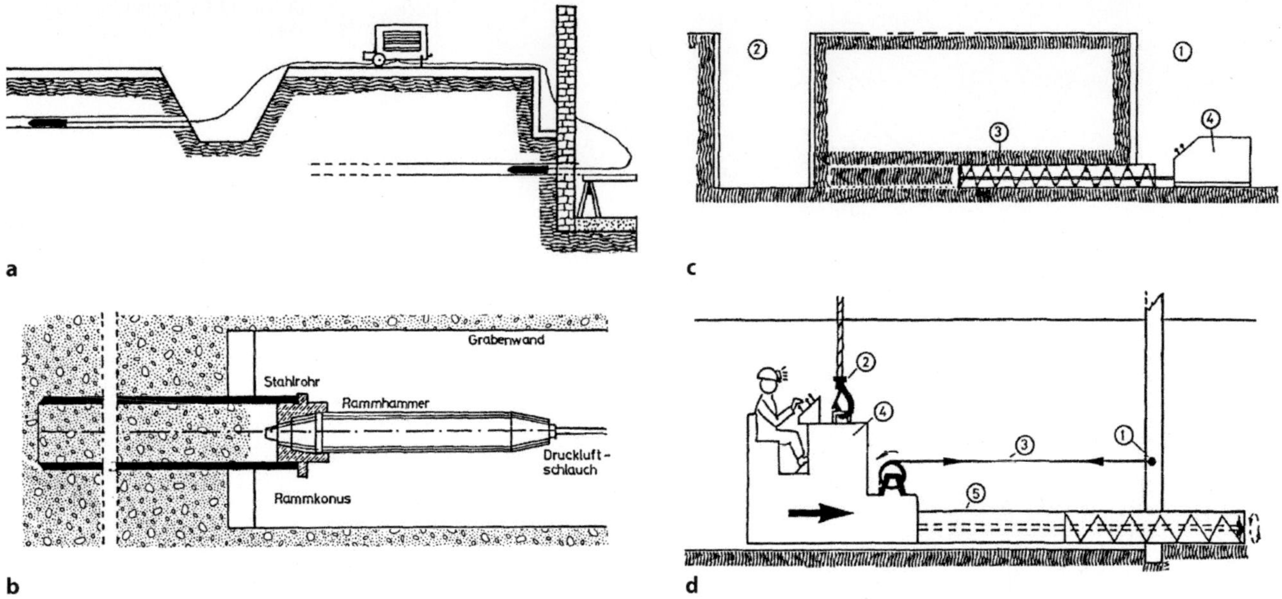

Abb. 13.43 Verfahrensweisen für das Einbringen von Rohrleitungen in geschlossener Bauweise. **a** Prinzip der Durchörterung mit der Bodendurchschlagrakete, **b** Prinzip des Rohrrammens mit vorn offenem Rohr, **c** Verfahrenstechnik mit leichtem Erdbohrgerät: *1* Start-Bohrgrube, *2* Zielgrube, *3* Förder- und Bohrschnecke, *4* Bohrgerät, **d** Verfahrenstechnik mit dem Windenbohrgerät: *1* Festpunkt, *2* Aufhängung der Windenbohrmaschine, *3* Zugseil, *4* Windenbohrmaschine, *5* Schutzrohr mit Bohrschnecke

13.12.2 Bodenentnahmeverfahren

Rohrrammverfahren

Eine Sonderbauweise stellt das Einrammen eines vorn offenen Rohres dar (Abb. 13.43b). Bei diesem Verfahren wird der in das Rohr eingedrungene Boden mit Druckluft, Druckwasser oder Spiralbohrern entfernt.

Horizontalbohrverfahren

Von einer Startgrube aus wird der Boden horizontal durchbohrt:

- *leichte Erdbohrgeräte*
  Zum Einsatz kommen leichte Erdbohrgeräte mit Schneckenbohrer. Mit diesen Geräten können kurze Unterminierungen bis etwa 15 m Länge und 400 mm Durchmesser in standfesten Böden hergestellt werden. Das Rohr wird nach Fertigstellen der Bohrung eingebaut (Abb. 13.43c).
- *Windenbohrgeräte*
  Die Bohrschnecke arbeitet innerhalb eines Stahlrohres, welches über einen Seilzug parallel zum Bohrfortschritt vorgeschoben wird (Abb. 13.43d). Die Vortriebsgeschwindigkeiten liegen bei 2,5–5 m h^{-1} bei Durchmessern bis 800 mm. Der Einsatz ist in allen Böden möglich. Die minimale Überdeckung beträgt 1,5 m.
- *hydraulische Bohrpressgeräte*
  Bei diesem Bohrverfahren sind hydraulische Pressen und das Bohrgerät auf einem festinstallierten Rahmen angeordnet. Die Bohrschnecke fördert das Bohrgut durch das vorzupressende Rohr. Das Gerät kann in allen Böden und in leichtem, homogenem Fels eingesetzt werden. Große Gesteinsblöcke und wechselnde Bodenschichten verursachen Abweichungen. Grobblockiges Material und allgemein ein Vorlaufenlassen des Bohrkopfes verursachen Hohlräume zwischen Stahlrohr und Boden, die an der Oberfläche zu Absenkungen und Einbrüchen führen können. Mit diesem Verfahren werden Rohre bis 1,4 m Durchmesser und bis 80 m Vortriebslänge verlegt. Die Vortriebsgeschwindigkeit liegt bei 1–12 m h^{-1} und wird durch Einrichtungsarbeiten nachhaltig bestimmt. Ein anderes Einsatzgebiet für dieses Verfahren ist das Sanieren defekter Leitungen. Hierbei wird ein Fräskopf durch ein Führungsgestänge im alten Leitungsrohr geführt. Der Fräskopf überfräst das alte Rohr. Den Abtransport übernimmt die Förderschnecke. Eine neue Leitung aus Polymerbetonrohren wird nachgepresst.

Bohrpressverfahren

Der moderne Vortrieb arbeitet im Mikrotunnel ähnlich wie beim Herstellen langer Tunnel im Großtunnelbau mit richtungsgesteuerten Vortriebmaschinen im Schutz eines Schildes (Abb. 13.44). Der unmittelbar nachfolgende Leitungseinbau kann mit nachgepressten Rohrschüssen von etwa 350 mm bis über 2000 mm Durchmesser durchgeführt werden oder bei größeren Durchmessern mit dem kontinuierlichen Einbau von Rohrringen aus Kreissegmenten (Tübbings). Letzterer Ausbauart sind hinsichtlich Durchmesser und Tunnellänge nahezu keine Grenzen gesetzt. Je nach Durchmesser, Geologie und örtlichen Gegebenheiten können die geeigneten Komponenten eines Baukastensystems zusammengestellt werden. Teilschnittmaschinen wie Exkavator oder Schräme (Fräskopf) können für größere Leistungsquerschnitte im Schutz eines offenen Schildes mit Schneidschuh (Abb. 13.44b) ebenso variabel für alle Bodenklassen eingesetzt werden wie der zur Abstützung der Ortsbrust abgedichtete Mixschild im Lockermaterial. Hiermit kann in verschiedenen Vortriebsarten wie flüssigkeits-, druckluft- und erddruckgestützter Schildvortrieb ohne Querschnittsveränderung

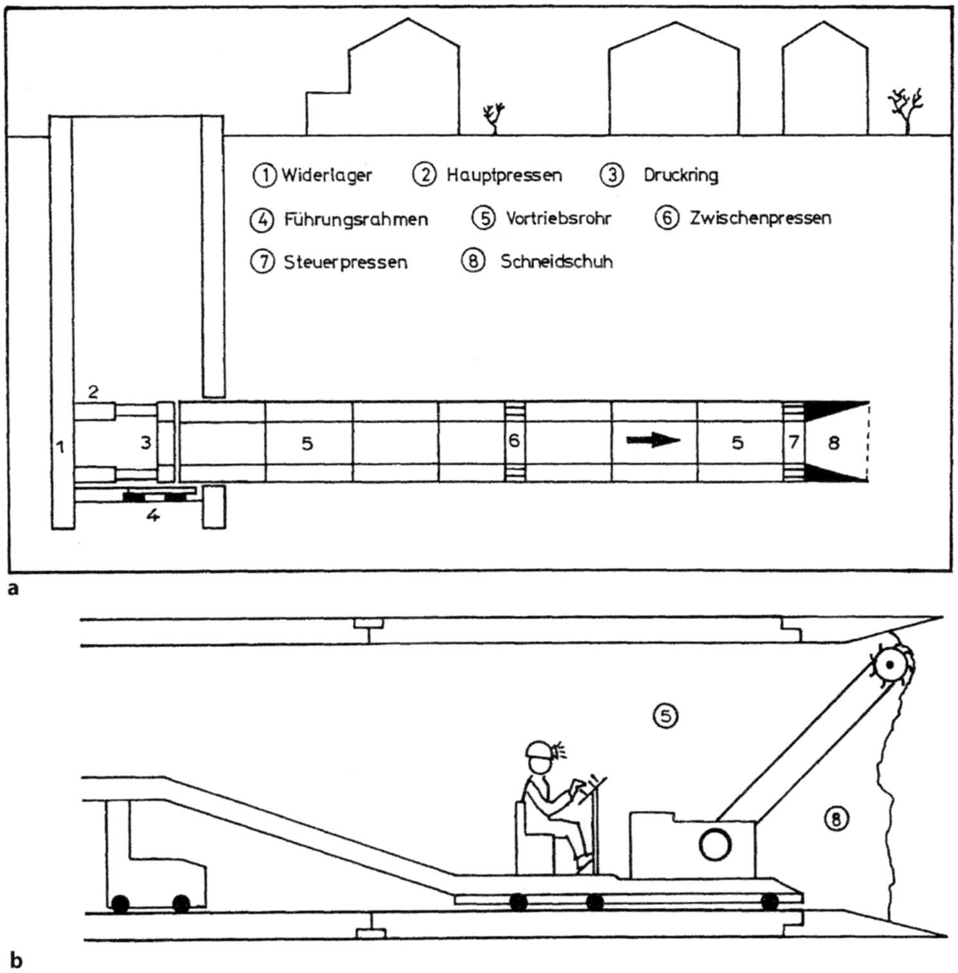

Abb. 13.44 Schema des Rohrvortriebes beim Durchpressen

eine Anpassung an fast jede Geologie auch im grundwassererfüllten Boden erfolgen. Zum Zerkleinern von Felsstücken sind hinter der Bohrkopffront Brecherkammern angeordnet.

Beim Fördern des Bohrgutes wird Trockenfördern (Förderschnecke) und Nassfördern unterschieden, wobei bei Letzterem das Fördern des Bohrgutes mittels Suspension aus Bentonit o. ä. erfolgt, welche im Kreislauf geführt wird. Beim Trockenfördern kann durch Bodenkonditionieren der Einsatzbereich erweitert werden. So erfolgt eine Bentonitzugabe bei Sand zum Vermindern der Reibung beim Trockenfördern oder die Zugabe von Wasser zum Verflüssigen steifer Tone. Für den Einsatz im Festgestein haben sich mit Hartmetall besetzte Felsbohrköpfe bewährt. Eine Hochdruckwasserspülung am Felsbohrkopf ermöglicht auch den Vortrieb in inhomogenen Baugrundverhältnissen.

Die Richtungssteuerung erfolgt über die Richtungserfassung durch eine permanente Laserstrahlmessung, die Kontrolle und Korrektur erfolgt durch ein vollautomatisches Steuerleitsystem mit Ansteuerung der Hydraulik für die Pressen des Bohrkopfes.

Einzellängen der Vortriebsstrecken werden bis zu 250 m im nicht begehbaren Bereich und darüber bis zu 400 m gewählt. Kurvenradien bis zu 400 m können horizontal wie vertikal gezielt gepresst werden. Die erforderliche Überdeckung soll mindestens den doppelten Rohrdurchmesser betragen.

Beim Vorpressen werden die Presskräfte von bis zu sechs Hauptpressen über einen Druckring auf das letzte Rohr übertragen. Die Pressen übertragen den Schub von je 3000 kN Schubkraft auf die Widerlagerwand in der Verpressgrube. Ist das zuletzt eingelegte Rohr vorgepresst, wird der Druckring zurückgezogen und ein neues Rohr eingelegt. Ergeben Mantelreibung und Schneidendruck 90 % der zulässigen Spannung in der Rohrwand, wird eine Zwischenpressstation mit kleineren Pressen eingebaut. Solche Stationen unterteilen die Vortriebsstrecke in Schubeinheiten gleicher maximaler Vorpresskraft (Abb. 13.44a).

Von Bedeutung für den Rohrvortrieb ist die Mantelreibung. Diese stellt sich zunächst unabhängig von der vorhandenen Überdeckung in der Größenordnung von 20–30 kN pro m^2 Rohroberfläche bei Stahlbetonrohren ein. In druckhaftem Gebirge, so bei quellenden Tonen, kann sich dieser Wert verdoppeln. Die Mantelreibung kann vermindert werden, wenn der Schneidschuh geringfügig größer gewählt wird als der Durchmesser der Rohre. In den Spalt zwischen Rohr und Gebirge kann Bentonit als Gleit- und Stützschicht eingepresst werden.

Die Übertragung der Druckkräfte auf den Erdboden erfordert die Ausbildung von Druckwänden, die ein gleichmäßiges Anliegen am Erdreich oder an einer Spundwand sicherstellen. Bei größeren Bauwerken wird örtlich eine Stahlbetondruckwand hergestellt. Ausweichen oder Verschieben der Druckwand muss vermieden werden. Der Boden hinter der Druckwand muss alle auftretenden Kräfte aufnehmen können. Ein Geländebruch muss

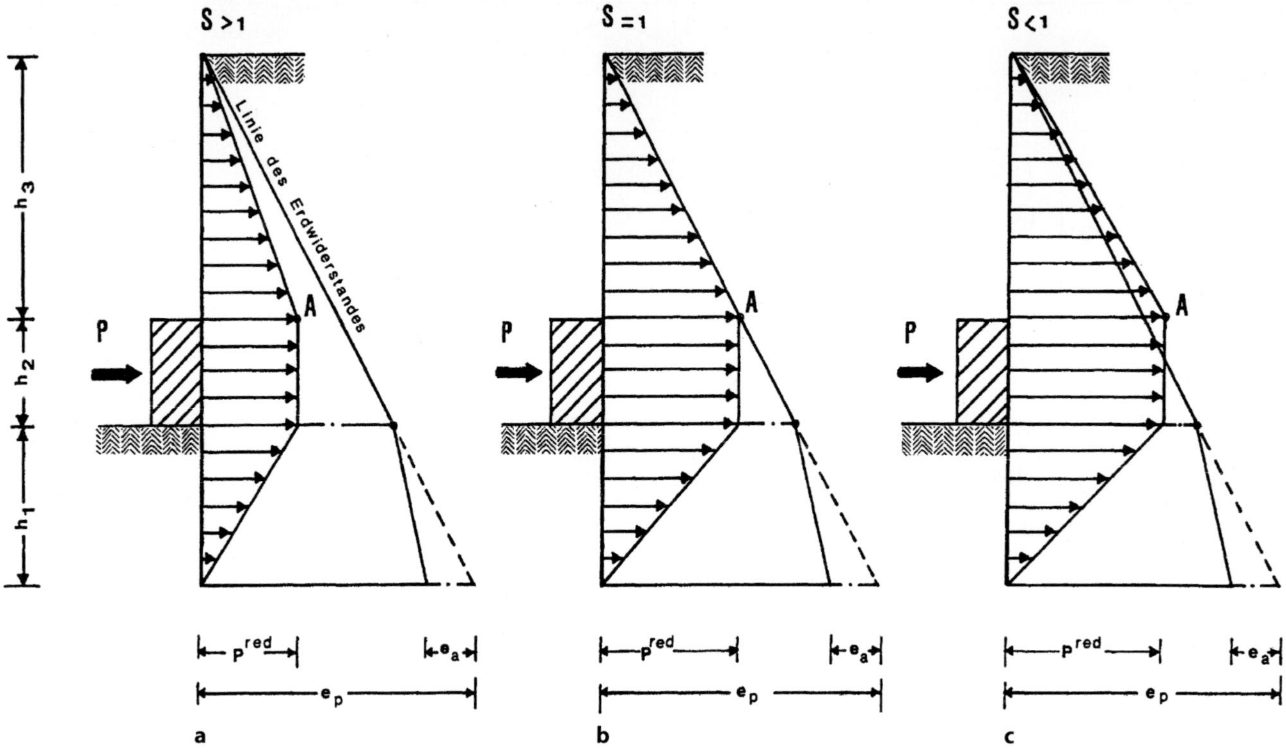

Abb. 13.45 Standsicherheitsnachweis einer Druckwand bei einstufigem Verbau des Pressschachtes nach Scherle (1977). **a** Sicherheitsbeiwert $S > 1$: ausreichend standsicher, **b** Sicherheitsbeiwert $S = 1$: noch standsicher, **c** Sicherheitsbeiwert $S < 1$: nicht standsicher

vermieden werden. Das plastische Verformen (horizontale Kompaktion) der Bodenteilchen soll gleichmäßig und gering sein. Bodenverfestigungen durch Injektionen sind bei Sanden und Kiesen möglich. In besonderen Fällen können Widerlager aus Fremdmaterial aufgeschüttet werden.

Die Belastbarkeit des Bodens ergibt sich als horizontaler Erdwiderstand aus dem passiven Erddruck:

$$e = \lambda_p \, \gamma h$$

e = passiver Erddruck
λ_p = Beiwerte des passiven Erddruckes
γ = Wichte des feuchten Bodens
h = maßgebende Tiefe

Beim Standsicherheitsnachweis der Druckwand (Abb. 13.45) wird von dem ungünstigsten Beiwert des passiven Erddruckes für die über der Druckwand liegenden Bodenschichten ausgegangen. Wenn der Erdwiderstand größer ist als die maximale Pressung, welche die Druckwand in Zusammenwirkung mit der Spundwand auf den Boden ausübt, ist die Standsicherheit erwiesen.

13.12.3 Einziehen von Leitungen mit dem HDD-Bohrverfahren

Mit dem HDD-Bohrverfahren (▶ Abschn. 1.6.3) können Rohrleitungen und Kabel unterirdisch verlegt werden. Je nach eingesetztem Gerätetyp oder eingesetzter Gerätegröße können von einer Startposition aus mit der Bohrspülanlage mehrere Hundert bis Tausend Meter lange Bohrstränge vorgebohrt werden (Pilotbohrung, Abb. 13.46). Dabei liegt im freigespülten oder durch Verdrängen frei gewordenen Hohlraum des Bohrkanals das flexible Bohrgestänge. Beim Rückziehen des Bohrstranges können von der Zielposition/Zielgrube aus Leitungsstränge oder Kabel in den verbleibenden Kanal des horizontalen Bohrloches eingezogen werden. Hierzu wird am Zielpunkt der Bohrkopf gegen ein Geräteteil zum Aufweiten des Bohrloches (Räumer oder *reamer*) ausgetauscht. An dieses Geräteteil wird das einzuziehende Rohr oder die einzuziehende Leitung gehängt und durch das Bohrloch zum Startpunkt gezogen.

Werden größere Bohrdurchmesser gebraucht, so kann auch ein weiterer Bohrstrang mit größerem Durchmesser zum Aufweiten der Pilotbohrung eingezogen werden.

Die HDD-Horizontalbohrgeräte werden nach der Gerätegröße und deren maximaler Zugkraft (zwischen 150 und > 2500 kN) eingeteilt in

- Minibohrgeräte < 7 t,
- Midibohrgeräte 7 bis 25 t,
- Maxibohrgeräte 26 bis 66 t,
- Megabohrgeräte > 60 t.

Für das HDD-Bohrverfahren gibt es keine Bodenklassifikation. Bayer (2005) nennt als Klassifizierungsmöglichkeit, die Vortriebsgeschwindigkeit von Pilotbohrungen zu verwenden. Schwierig zu durchörtern sind mit diesem Verfahren Geröll und Blocklagen, grobstückige brecciöse Gesteinslagen, grobstückiger aufgelockerter Fels mit offenen Spalten und Gesteinsfolgen mit einem Wechsel von leicht und schwer zu bohrenden Gesteinslagen.

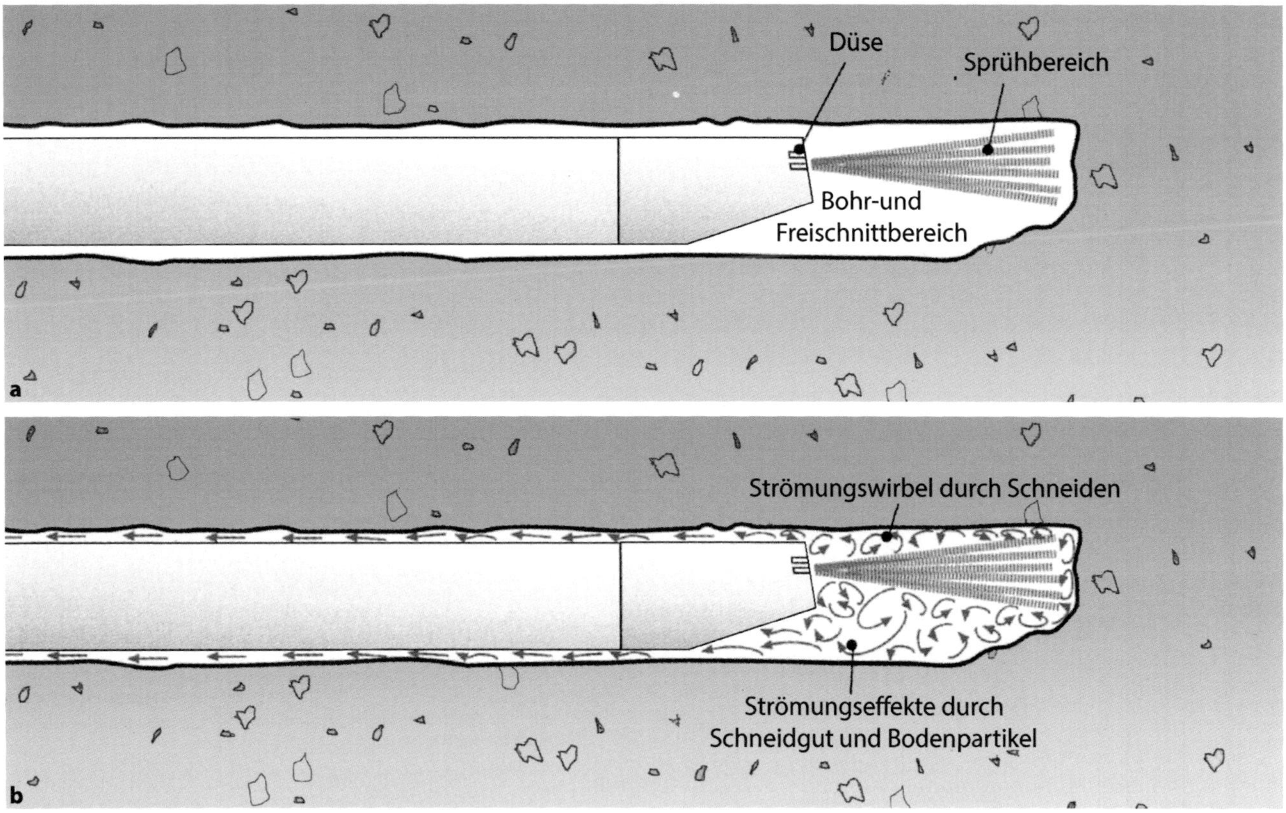

Abb. 13.46 Schema für den asymmetrischen Aufbau des Bohrkopfes und den Spülvortrieb einer Horizontalbohrung nach dem HDD-Verfahren. **a**: Aufbrechen/Aufschneiden des Bodens beim Anfahren der Bohrung mit Hochdruckwasserstrahl oder Suspensionsstrahl. **b**: Bohrbetrieb mit Strömungseffekten beim Aufbrechen, Verpressen und Ausschwemmen des Bohrkleins. (Bayer, Koch, Rameil 2009)

13.12.4 Einziehen von Leitungen mit dem Raketenpflug System Föckersperger

Das Raketenpflugverfahren nach dem System Föckersperger ist eine Fortentwicklung der Geräte zum Einziehen eines Maulwurfdräns (Abb. 14.51 g). Der Raketenpflug schneidet den Boden mit einem Pflugschwert auf und weitet das Erdreich mit einem Aufweitungskopf (Verdrängerteil, Rakete) auf bis 500 mm Hohlraumweite. Die einzuziehende Leitung (PE-Leitung bis DA 355, Stahl- oder Gussrohre bis DN 200) werden direkt mit dem Aufweitungskopf verbunden und über Seilzug in bis 250 m langen Strängen eingezogen. Der vorgestreckte Rohrstrang wird vorab hinter der Startergrube ausgelegt. Die Verlegetiefen liegen bei 1,0 bis 1,7 m Tiefe. Eingesetzt werden ein Rohr-und Kabelpflug und ein Seilwinden LKW. Für das Einziehen von Leitungen werden Arbeitsleistungen mit bis 1000 m pro Tag angegeben.

13.12.5 Baugrunduntersuchungen für das Einbringen von Rohrleitungen in geschlossener Bauweise

Die Fragen an den Baugrund schließen eng an die Problemstellung bei Tunnelbauwerken an. Beim Erkunden des Untergrundes wird wie bei erdverlegten Leitungen der Baugrund durch Bohren, Schürfen und Sondieren untersucht, und die Böden oder Gesteine werden mit Schichtlagerung und Grundwasserverhältnissen in Plänen und Schnitten aufgezeichnet. Für die auftretenden Bodenarten und Gesteine sind die bodenmechanischen und felsmechanischen Verhältnisse zu ermitteln. Besonderer Wert ist auf den Wechsel von Gesteinen und Schichten unterschiedlicher Dichte, Kohäsion und Reibung zu legen, da diese zu Abweichungen von der vorgegebenen Richtung führen können. Gleichfalls führen unterschiedliche Auflasten aus Morphologie, Bauwerken und Verkehrslasten zu Abweichungen von der Richtung. Die Eignung des Untergrundes, den Rohrstrang exakt zu führen, ist wichtiger Bestandteil der Erkundung. Durch die geologische Untersuchung ist im Rahmen des Vorentwurfes festzustellen, ob der unterirdische Rohrvortrieb möglich ist. Es sind alle für den Entwurf, die Ausschreibung und die kalkulatorische Bearbeitung wichtigen Angaben zu ermitteln. Schwerpunkte der Erkundung sind die Belange des Rohrvortriebes, die Abbautechnik und das Stabilisieren der Ortsbrust. Von den Erkundungsarbeiten für den Stollen- und Tunnelbau weicht die Zielsetzung beim Rohrvortrieb insofern ab, als dem Beurteilen der Standfestigkeit des Gebirges und der Hohlraumsicherung keine große Bedeutung zukommt. In DIN 18319 liegt eine Bodenklassifikation für Rohrvortriebsarbeiten vor (▶ Abschn. 4.1.5).

Literatur

Velske S, Mentlein H, Eymann P (2013) Straßenbautechnik, Werner-Verlag Düsseldorf

Vorona M (2012) Optimierung des Schneidprozesses und Prognose der relevanten Arbeitsgrößen bei der Gesteinszerstörung unter Berücksichtigung des Meißelverschleißes. Dissertation Fakultät für Geowissenschaften, Geotechnik und Bergbau der Technischen Universität und Bergakademie Freiberg

Geologie und Wasserbau

Wolfgang Dachroth

W. Dachroth, *Handbuch der Baugeologie und Geotechnik*, DOI 10.1007/978-3-662-46886-9_14

Es ist die Aufgabe von Wasserbau und Wasserwirtschaft, die menschlichen Einwirkungen auf das ober- und unterirdische Wasser zu kontrollieren und die vom Wasser ausgehenden Gefahren für Menschen, Landschaft und Umwelt sowie für von Menschenhand geschaffene Bauwerke gering zu halten oder zu beseitigen. Die wichtigsten Planungsziele im konstruktiven Wasserbau sind:

- Nutzen der Gewässer als Trinkwasser, Brauchwasser und Bewässerungswasser;
- Ausgleich von Defiziten an Trinkwasser, Brauchwasser und Bewässerungswasser;
- Schutz vor Naturkatastrophen;
- Schutz vor Erosion;
- Schutz vor Hochwasser, Überschwemmung und Anlandung;
- Schutz vor Verbracken;
- Schutz vor Verschmutzen;
- Schutz vor Wasserverlust und Absinken der Grundwasserspiegel, Regeln der Grundwasserstände;
- Nutzen der Küsten- und Binnengewässer für die Schifffahrt;
- Nutzen der Gewässer für das Gewinnen von Energie;
- Nutzen der Gewässer für die Fischerei;
- Nutzen der Gewässer für Kühlzwecke;
- Nutzen der Gewässer für Erholung und Freizeit.

Die physikalische Grundlage des konstruktiven Wasserbaus ist die Hydraulik.

Für das Planen und Ausführen einer konstruktiven Wasserbaumaßnahme (z. B. Stauanlage oder Bewässerungskanal) sowie für das Beurteilen der Auswirkungen dieser Baumaßnahme auf die Umwelt ist die Zusammenarbeit mit den Wissenschaftsdisziplinen Geographie, Geomorphologie, Klimatologie, Meteorologie, Hydrologie, Sedimentologie, Geologie, Hydrogeologie, Baugeologie, Bodenmechanik, Felsmechanik, Geotechnik, Geophysik, Botanik, Zoologie und Ökologie erforderlich.

14.1 Wildbachverbau

Als Wildbäche werden steile, geschiebeführende Bäche im Mittel- und Hochgebirge bezeichnet. Sie sind durch starke Erosion im Oberlauf, eine Gleichgewichtsstrecke im Mittellauf und eine Auflandungsstrecke im Unterlauf gekennzeichnet. Neben dieser natürlichen Form der Wildbäche können durch landschaftsverändernde Eingriffe des Menschen künstliche und natürliche Wasserläufe zu Wildbächen mutieren, und zwar sowohl durch Wasserumleitungen im Zuge von Baumaßnahmen als auch durch erhöhte Hochwassergefahr im Zuge zunehmender Versiegelung der Landschaft bei direkter Einleitung des Niederschlages in den Vorfluter. Kleine Bäche können dann die Hochwässer nicht mehr in ausgeglichenem Maße aufnehmen und beginnen zu erodieren (Verworn und Harms 1984).

Mit dem Ausweisen von Bauland und Verkehrsflächen im Bergland ist das Problem der Bachverwilderung verbunden, das sich nur mit zeitlich langandauernden und kostenintensiven Regulierungsarbeiten lösen lässt. Die Maßnahmen des Wildbachverbaus sind kurzlebig.

In Wildbächen des Gebirges, verwilderten Bächen und Abflussrinnen mit verstärktem Wasserzulauf von versiegelten Flächen und an Knickpunkten von Flüssen und Strömen, unterhalb derer sich Verwilderung einstellt, sind „Fallen“, „Springen“, „turbulentes Fließen“ (▶ Abschn. 2.8.1) die landschaftsbildenden und landschaftsverändernden Bewegungsformen des abfließenden Wassers.

Die morphologisch als „Oberlauf“ einzustufenden Fließstrecken der Flüsse sind durch rückschreitende Erosion gekennzeichnet. Solche Flussabschnitte sind sehr steil, bei Wasserfällen und abschnittsweise bei Kaskaden senkrecht.

Abhängig vom Schichtenbau des Gebirges treten in orographisch mittlerer bis unterer Hanglage des Erosionstrichters fallende Quellen (Schichtquellen) aus. Sie bewirken primär rückschreitende Erosion und damit das Versteilen der aufliegenden Hänge und Felswände. Das in Rinnen und Bächen abfließende Wasser bewirkt Seitenerosion und damit das seitliche Aufweiten des Erosionstrichters.

Am Fuß des Erosionstrichters fließen die hieraus ablaufenden Wasser zusammen und bilden den Mittellauf und eigentlichen Wildbach. Dieser durchfließt im tief eingeschnittenen Tal mit steilen Flanken die Strecke zwischen Einzugsgebiet und Schwemmkegel bzw. der Vorflut des Hauptflusses. Massigen Fels durchqueren die Wasser des Wildbaches in einer Klamm mit standfesten senkrechten Wänden. In durch Verwitterung aufgelockerten Gesteinen bilden die Talflanken ein V-Tal, aufgebaut aus mächtigen Hangschuttmassen. Der Hangfuß grenzt unmittelbar an das Bachbett oder Flussbett. Hangunterschneidungen provozieren Rutschungen und Talzuschub. Die aus dem Erosionstrichter und aus dem Talzuschub längs des Wildbaches zugeführten Massen werden von diesem abtransportiert. Der Mittellauf wird daher als Gleichgewichtsstrecke betrachtet. Bei größeren Massenbewegungen und Bergsturz droht die Gefahr, dass Wildbäche und Flüsse vorübergehend aufgestaut werden, um später im Wasserschwall flussab liegende Siedlungsgebiete zu zerstören.

Am Knickpunkt bei Austritt aus dem Gebirge verliert der Wildbach an Transportkraft. Das mitgeführte Geschiebe wird auf einem Schwemmkegel abgelagert.

Mündet der Wildbach aus seinem Mittellauf heraus direkt in den Hauptfluss ein, wird das mitgeführte Geschiebe im unmittelbaren Mündungsbereich des Wildbaches abgelagert und der Hauptfluss wird aufgestaut.

14.1.1 Maßnahmen in Erosionstrichtern

Aus den mittleren und höheren Hanglagen im Erosionstrichter können Rutschungen und besonders Steinschlag, Fels- und Blocksturz sowie Lawinen und Murgänge abgehen, gegen welche geeignete Sicherungsmaßnahmen zu ergreifen sind (▶ Kap. 10).

Im Erosionsgebiet eines Wildbaches werden durch den Wechsel von Seitenerosion und Tiefenerosion diese Massenbewegungen ausgelöst. Diese Massen werden dem Wildbach zugeführt und im Schwemmkegel abgelagert.

Zur Verminderung des Materialabtrags dient vorrangig das Fixieren der Bachbetten und Wasserrinnen. Zum Verhindern von

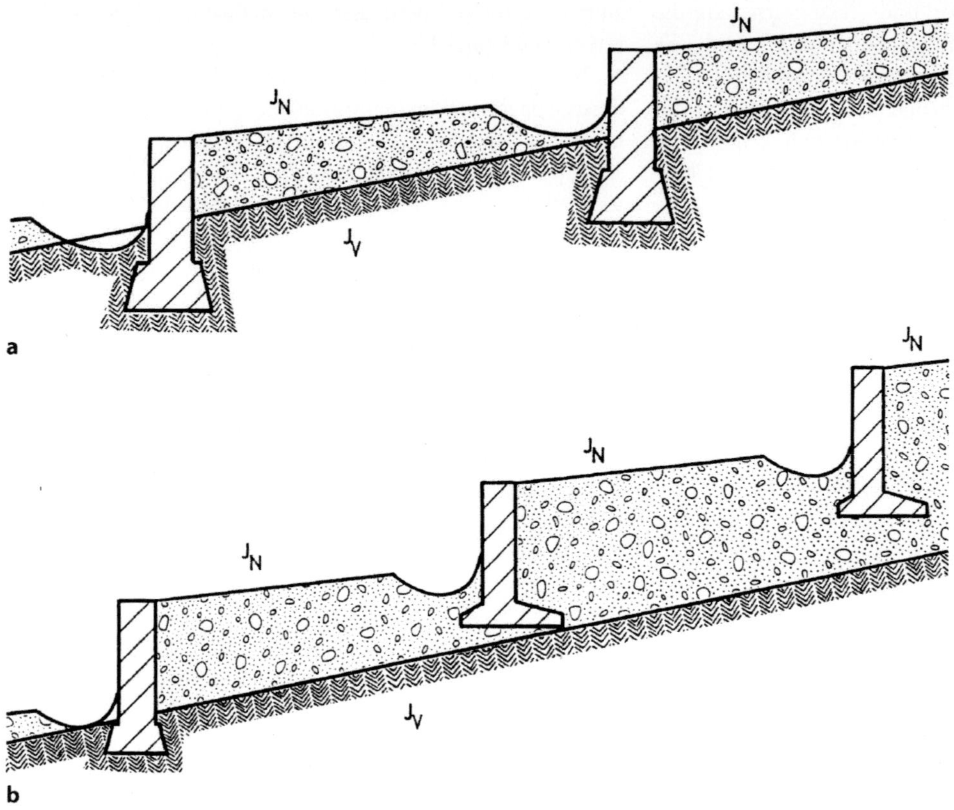

Abb. 14.1 Wildbachsperren. **a** Längsschnitt bei gleichzeitigem Bau der Sperren, **b** Längsschnitt bei zeitlich versetztem (sequentiellem) Bau der Sperren (umgezeichnet nach Vischer und Huber 1982). J_V Gefälle der Talsohle; J_N Gefälle nach Erhöhung durch Sperren

Tiefen- und Seitenerosion kann deren Lauf ausgebaut werden. In geringen Mengen anfallendes Niederschlagwasser kann bei Erdbaumaßnahmen in Rohrleitungen oder in offenen Schussrinnen abgeleitet werden. Die Schussrinne besteht aus einem Beton- oder Steinbett, in welchem das Wasser mit hoher Geschwindigkeit abgeführt wird. Zum Vermindern der Fließgeschwindigkeit können in die Sohle der Steinrinne hervorstehende Steine eingebaut werden, die ständige Richtungsänderungen des abfließenden Wassers erzwingen. Das in Schussrinnen abgeführte Wasser muss frei von Geschieben und mitgeführtem Holz sein. Letzteres kann durch Murrechen zurückgehalten werden. Es muss Vorsorge getroffen werden, dass das mit hoher Geschwindigkeit abgeleitete Wasser nicht am Ende der Schussrinne Schaden durch Auskolken verursacht. Schussrinnen können im Laufe der Zeit mannigfaltigen Schaden durch Auflösen des Betonmörtels sowie durch Auswaschen, Zerstören und Verlagern von Bauteilen erfahren. Die Notwendigkeit der Anlage von Schussrinnen für das Ableiten des Niederschlagwassers ergibt sich bei Erdarbeiten aus der Größe des Bauprojekts sowie aus der Geländeneigung und Bodenart. Besonders erosionsempfindlich sind locker gelagerte Sande.

Neben technischen Einbauten ist im Erosionstrichter stets die Möglichkeit forstlicher und ingenieurbiologischer Maßnahmen zu prüfen. Durch Aufforsten und Bepflanzen können Hänge längerfristig stabilisiert und vor Abtrag geschützt werden.

14.1.2 Maßnahmen im Wildbach

Bäche mit mittlerem Gefälle, z. B. Bachläufe im Mittelgebirge und Bäche mit verstärktem Zulauf von Oberflächenwasser infolge Landschaftsversiegelung, können im Bachbett durch Holz-, Stahl-, Stein- oder Betonverbau stabilisiert werden. Im Einzelnen gibt es folgende Möglichkeiten des Verbaus:

- *Holzverbau*
  - Die Uferwand des Baches wird durch eingeschlagene Rundhölzer im Verbund mit Flechtwerk stabilisiert.
  - Die Uferwand wird durch starke Bretter und Bohlen stabilisiert, welche durch eingeschlagene Rundhölzer gehalten werden.
  - Die Uferwand wird durch dicht nebeneinander eingeschlagene Rundhölzer (Palisaden) stabilisiert.
- *Stahlverbau*
  - Die Uferwand wird durch eine Spundwand stabilisiert.
- *Mauerwerksverbau*
  - Die Uferwand wird durch ein Mauerwerk stabilisiert.
- *Betonverbau*
  - Die Uferwand wird durch eine Betonwand stabilisiert.
- *Steinverbau*
  - Das Ufer wird durch ein Schüttlage aus grobem Blockwerk stabilisiert. Dieses Blockwerk wird entweder lose geschüttet, in Handarbeit vermörtelt oder durch Colcrete-Beton verklammert.

Gegen die Seitenerosion werden die gefährdeten Stellen durch Leitwerke (Ufermauern) geschützt.

Gegen die Tiefenerosion werden in der Sohle des Bachbettes Schalen und Grundschwellen eingebaut (**◘** Abb. 14.4). Die Einbauten bestehen aus Holz (versenkte Faschinen, eingebaute Bohlen), Betonplatten oder Steinen.

■ Tab. 14.1 Sohlgefälle und Grenzgeschwindigkeit zwischen zwei Sperren in Abhängigkeit von der maßgebenden Korngröße des Geschiebes. (Nach Kézdi und Marko 1969)

Maßgebende Korngröße des Geschiebes [mm]	Beschreibung des Geschiebes	Obere Grenzgeschwindigkeit [m s^{-1}]	Sohlengefälle zwischen den Wehren [‰]
0,2	Feinsand oder Schlamm	0,30–0,40	1
1–2	Grobsand und mittelfeiner Sand, evtl. mit etwas Schlamm	0,50–0,70	2–3
5–20	Kiessand, evtl. mit etwas Schlamm	0,80–1,00	4–6
10–100	Geröll oder Grobkies, evtl. mit etwas Schlamm	1,20–1,40	8–10
–	Schichtgesteine	1,60–2,00	14–16
–	Dichter Fels	2,60–3,00	18–20

■ **Fixieren durch Sperren**

Das Fixieren durch Sperren bewirkt, dass das Gefälle und damit die Schleppkraft des Wildbaches vermindert wird. Im Bachlauf werden mehrere Sperren hintereinander errichtet. In Abhängigkeit von der Geröllführung werden diese Sperren gleichzeitig oder mit größeren Zeitabständen nacheinander gebaut.

Hinter den Sperren lagert sich das mitgeführte Geschiebe ab. Dadurch wird die Sohle des Baches angehoben und der Hangfuß abgestützt.

Werden die Sperren gleichzeitig gebaut, so werden sie gleichmäßig und kolksicher im anstehenden Untergrund (meist im Fels) gegründet. Abstand und Gründungstiefe werden so gewählt, dass die untere Sperre die nächsthöhere Sperre um 0,5–1 m eindeckt (■ Abb. 14.1).

Werden die Sperren nacheinander gebaut, so wird mit dem Bau der zweiten Sperre gewartet, bis der Stauraum der ersten Sperre mit Geschiebe hinterfüllt ist. Der Bau einer Sperrentreppe erfolgt von unten nach oben. Unter Berücksichtigung der Kolkgefahr können die zweite und die folgenden Sperren auf dem Geschiebe gegründet werden. Zu berücksichtigen ist das Gefälle der Talsohle vor (J_V) und nach (J_N) der Erhöhung (Berechnung von J_N s. Vischer und Huber 1982 und Patt Gosowski 2011).

Zwischen zwei Sperren soll sich ein derartiges Gefälle (J_N) einstellen, welches auch bei starker Wasserführung keinen Geschiebetrieb mehr ermöglicht. Dieses Gefälle ist von der maßgebenden Korngröße des Geschiebes abhängig (■ Tab. 14.1).

Neben der Funktion Erhöhen der Talsohle und Stabilisieren der Talflanken haben Sperren auch den Zweck, das Weiterschwemmen des Geschiebes und das Ablagern auf dem Schwemmfächer zu verhindern. Sperren sind im Gelände so anzulegen, dass die morphologischen Engstellen im Talverlauf optimal genutzt werden. Die Form der Sperre nimmt auf örtliche Gegebenheiten Rücksicht. Vor allem müssen die Talflanken durch besondere Maßnahmen (Leitmauern, große Blöcke) gesichert werden. Die Sperrenflügel dürfen bei Hochwasser nicht überströmt oder seitlich umflossen werden.

Sperren können aus Holz, Mauerwerk, Stahl und Beton erstellt werden. Aus Holz und Flechtwerk werden Kastenkonstruktionen erstellt und mit Steinen verfüllt. In gleicher Weise werden Drahtschotterkörbe (Gabionen) verwendet. Wichtige Holzkonstruktionen sind Murrechen. Für die heute üblichen Betonbauwerke sind erdstatische Berechnungen erforderlich. Betrachtet werden drei Lastfälle (Vischer und Huber 1982, Patt & Gonsowski 2011):

- nach Fertigstellen und vor dem Hinterfüllen;
- nach Hinterfüllen (Kolmation) und nach Einstellen einer natürlichen Abdichtung in der Bachsohle sowie bei einem Murgangstoß auf die Sperrenflügel (dreifacher Wasserdruck);
- nach Hinterfüllen und unterwasserseitig wegerodierten oder abgerutschten Talflanken (Katastrophenfall ohne passiven Erddruck aus dem Widerstand der Talflanken).

In die Standsicherheitsberechnungen gehen ein (■ Abb. 14.2):

- oberseitiger Wasserdruck W_o;
- unterseitiger Wasserdruck W_u;
- Murgangdruck (dreifacher Wasserdruck) auf die Sperrenflügel W_m;
- oberseitiger Wasserdruck auf die Sperrenflügel W_{oF};
- Auftrieb in der Sperrmauer A;
- passiver Erddruck in den Talflanken E_p;
- aktiver Erddruck aus der Hinterfüllung E_a;
- Wandreibung an den Talflanken und in der Gründungssohle R;
- Eigengewicht der Sperre G;
- Wasserauflast auf die Sperre W_v.

Für das Projektieren und für die wirtschaftliche Kalkulation eines Sperrensystems sind umfassende geologische, baugeologische und hydrologische Daten zusammenzutragen. Die geologische Untersuchung umfasst die geologische Aufnahme im Erosionstrichter mit Kartieren der Schichtverbreitung, des Zustandes der Erosion und der Massenbewegungen. Das durch Erosion auf den Wildbach zukommende Material wird massenmäßig abgeschätzt und bezüglich der zu erwartenden maßgebenden Geschiebe beschrieben. Da die Erosion im Trichter rasch voranschreitet, stimmen die Geschiebefunde aus dem Bachbett nicht immer mit den für die Zukunft zu erwartenden Geschiebeführungen überein.

Die aus dem Erosionsgebiet im Oberlauf des Wildbaches der Gleichgewichtsstrecke im Mittellauf zugeführte Geschiebemenge kann hier durch aus Talzuschub (▶ Abschn. 2.5) resultierende Rutschmassen (Hangschuttmassen) ergänzt, wenn nicht gar übertroffen werden. Für solche auf das Tal zuschiebenden Rutschmassen sind die Art und Zusammensetzung des Bodenmaterials zu beschreiben, die Art der Bewegung (Rutschungstyp) und Rutschungsaktivität (▶ Abschn. 2.6) zu benennen, die davon betroffenen Massen im Hang sowie deren Rutschgeschwindigkeit zu ermitteln und die gegenwärtig (und zukünftig) pro Streckenabschnitt und Jahr anfallenden Massen abzuschätzen. Es ist eine Aussage zum möglichen Zerfall dieser Massen im Wildbach, zum Trennen nach Korn- und Stückgrößen, zum Abtransport als Schweb, Sand oder Geschiebe und zum Verbleib von Blöcken, Steinen und Kies im Bachbett zu

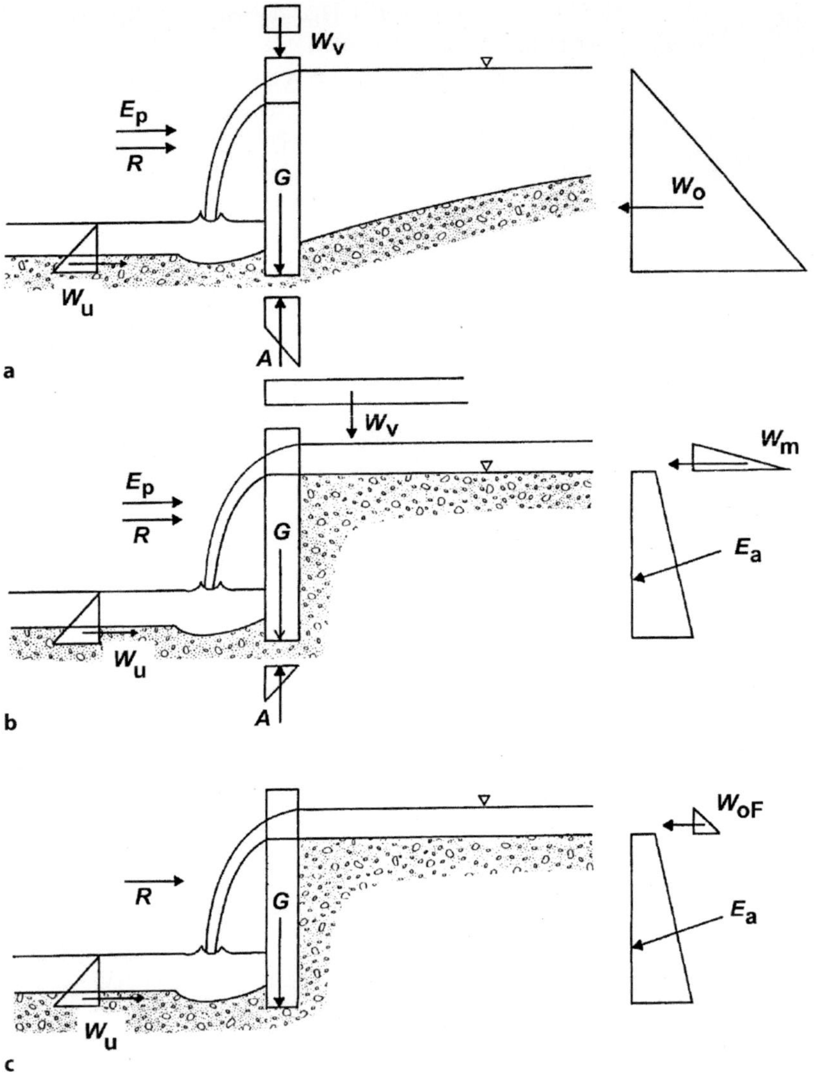

Abb. 14.2 Erdstatische Betrachtung der Wildbachsperren nach Vischer und Huber (1982). **a** Nach Fertigstellung, **b** nach Hinterfüllen und natürlich eingetretener Abdichtung, **c** nach Wegfall des Widerlagers mit E_P. Für die Fälle **b** und **c** wird eine totale Abdichtung angenommen. Ist die Hinterfüllung nicht hydraulisch dicht, so sind Auftrieb und oberseitiger Wasserdruck als abgeminderte Größen nach **a** anzunehmen

treffen. Talzuschub ist eine der morphogenetischen Ursachen für das Ausbilden von V-Tälern.

Aus der geologischen Beschreibung kann sich eine notwendige Überhöhung der Talsohle J_V ergeben. Eine solche Überhöhung kann durch eine größere Anzahl von kleinen Sperren mit geringer Stauhöhe oder durch eine kleinere Anzahl von großen Sperren erzielt werden, wofür die geologische Untersuchung Entscheidungshilfen geben soll. Mit der Höhe eines Wehres wachsen der Stauraum, aber auch die Gestehungskosten in der dritten Potenz! Zum Bestimmen von Anzahl und Höhe der Wehre sind Lage, Volumen und Baukosten von verschieden hohen Wehren für den gesamten zu stabilisierenden Talbereich in getrennten und zu vergleichenden Kalkulationen zu überprüfen.

Der Abstand der Wehre ergibt sich bei gegebener Kronenhöhe zu:

$$x = \frac{1000h}{e_1 - e_2}$$

x = **Wehrabstand**

h = **Kronenhöhe**

e_1 = **Gefälle der Bachsohle vor der Auffüllung (J_V) in ‰**

e_2 = **Gefälle der Bachsohle nach der Auffüllung (J_N) in ‰**

Vom Wildbach transportiertes grobes Blockwerk kann zum Stabilisieren der Auffüllung mit herangezogen werden. Die Sperre kann mit Durchlassöffnungen für das Wasser versehen werden, wodurch ein Teil des Staudruckes von der Sperre genommen wird.

Ist die Sperre massiv konstruiert und besitzt sie einen Überlauf mit freier Fallhöhe, so ist am Fuße der Sperre ein Energieumwandler anzubringen. Aufbau und Wirkungsweise des Energieumwandlers sind weitgehend ingenieurkundliche Leistungen. Von geologischer Seite aus sind neben Standfestigkeitsfragen die Gefahren aus Korrasion (mechanischer Abschliff) und Korrosion (chemische Zerstörung) abzuklären. Bei sehr steilen Bachrissen rücken die Sperren derart dicht aneinander, dass das untere Wehr die Schwelle des Energieumwandlers für das obere Wehr bildet (Abb. 14.3).

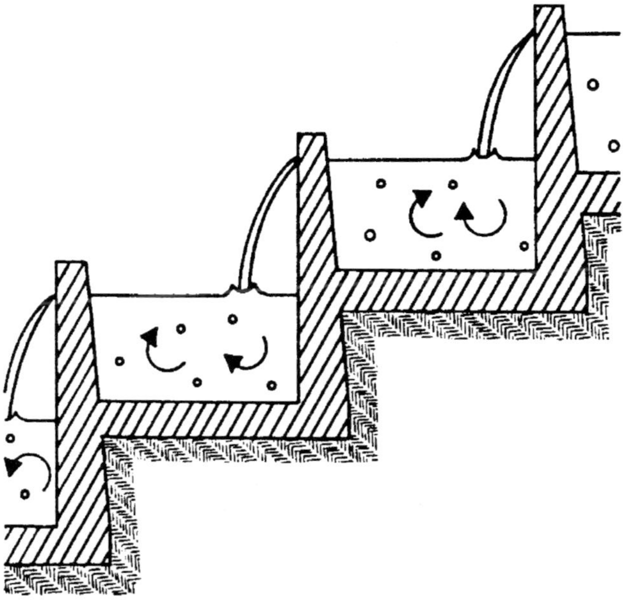

Abb. 14.3 Dicht aneinandergeordnete Anlage von Wehren. Das untere Wehr bildet die Schwelle für die Energieumwandlung des aus dem oberen Wehr abstürzenden Wassers

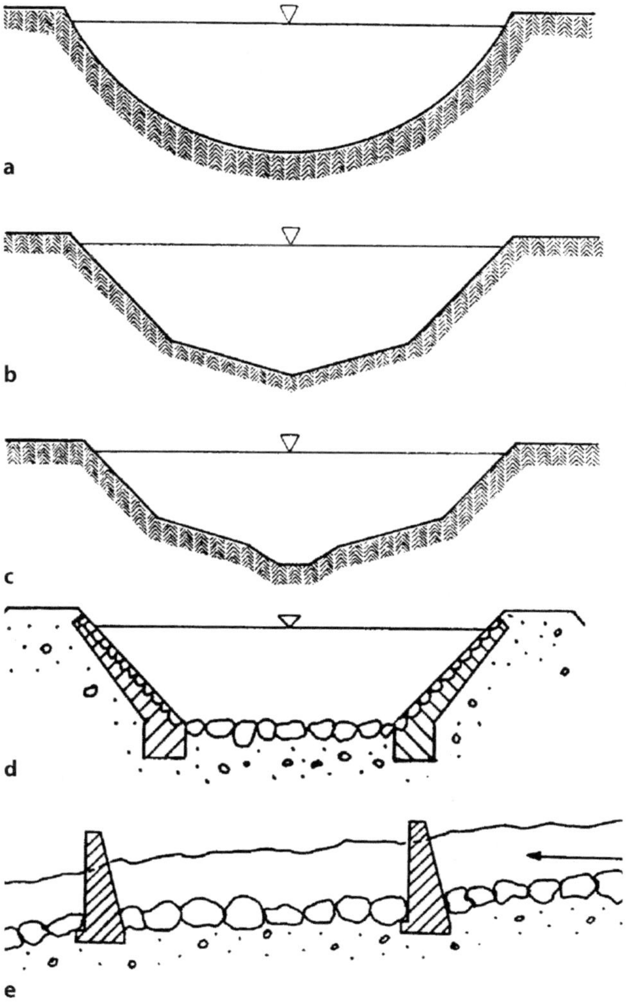

Abb. 14.4 Gestalt von Querschnitt und Sohle von Wildbächen. **a** Bettquerschnitt aus Beton, Muldenprofil, **b** gebrochenes Profil, **c** zusammengesetztes Querschnittprofil mit besonderer Anpassung an Niedrigwasser und Hochwasser, **d** Bettquerschnitt für trapezförmige Ablaufrinne mit Uferverkleidung aus Beton, **e** Längsschnitt durch Ablaufrinne mit Grundschwellen und Blockwerk

14.1.3 Maßnahmen zum Stabilisieren auf Schwemmkegeln

Der geschiebebeladene Wildbach verliert am Austritt des Engtales aus dem Gebirge an Fließgeschwindigkeit und Transportkraft. Mitgeführtes Geschiebe wird auf dem Schwemmkegel abgelagert. Die bestehenden Wasserläufe können bei Hochwasser durch mitgeführtes Treibholz und Geschiebe verfüllt und versperrt werden. Hochwasser kann zunächst flächenhaft über Teile des Schwemmkegels abfließen und mitgeführtes Geschiebe in bis zu Meter dicken Schichten ablagern. Bebaute Flächen und landwirtschaftliches Kulturland sind in gleicher Weise betroffen. Ackerland kann für Jahrzehnte unbrauchbar werden. Bauwerke können von den Schlamm- und Schuttmassen teilweise verschüttet werden. Hauswände können unter Murdruck einbrechen.

Das abfließende Hochwasser sucht sich nun neue Wasserwege. Dabei können Bauwerke untergraben werden.

Schwemmkegel bilden sich vor dem Ausgang solcher Täler, die keinen gleichmäßigen Abfluss haben. Maßgebend für die Gefahr von Murbrüchen und hoher Geschiebefracht der Fließbäche ist die im Erosionsgebiet vorliegende Masse an fließfähigem Lockermaterial und die Eigenschaft des angeschnittenen Gebirgskörpers, sich in mehr oder weniger kurzer Zeit aufzulockern, zu verwittern und große Massen an Lockermaterial bereitzustellen. Die geologischen Verhältnisse, die morphologische Exposition, die klimatischen und kleinklimatischen Verhältnisse sowie die Größe des Einzugsgebietes sind für das Bemessen der Gefahren zu berücksichtigen.

Zum Abwenden von Gefahren und zum Sichern des Schwemmkegels vor Überflutungen und Ablagerungen sind folgende Maßnahmen angebracht:

- Fixieren der Ablaufrinne;
- Einbau von Geschiebesammlern;
- Gestalten der Mündung in den Vorfluter.

■ Fixieren der Ablaufrinne

Damit mitgeführtes Geschiebe nicht im Bereich des Schwemmkegels liegenbleibt, muss die Schleppkraft des Wassers erhöht werden. Dazu muss der Bachlauf begradigt und in einem schmalen Bett zusammengefasst werden. Gegen Überfluten ist der Bau von Dämmen erforderlich. Das Stabilisieren und Fixieren des Bachbettes kann durch eine starke Verkleidung erreicht werden. Die durch die Begradigung des Bachlaufes erhöhte Fließgeschwindigkeit kann sonst zu Tiefen- und Seitenerosion, also zu erneutem Verwildern des Bachlaufes führen (Abb. 14.4, Vischer und Huber 1982).

Auf dem Schwemmkegel ist ein als Schussrinne ausgebildeter Bachlauf mehrfachen Gefahren der Zerstörung ausgesetzt. Es muss vermieden werden, dass fixierte und betonierte Bachbetten unterströmt und unterhöhlt werden. Bei Betonschalen muss die Sicherheit gegen Aufschwimmen gegeben sein. Der Einbau von grobem Blockwerk in der Sohle und in der Uferverkleidung führt bei hoher Strömungsgeschwindigkeit zu Wassersprüngen und Spritzwasser.

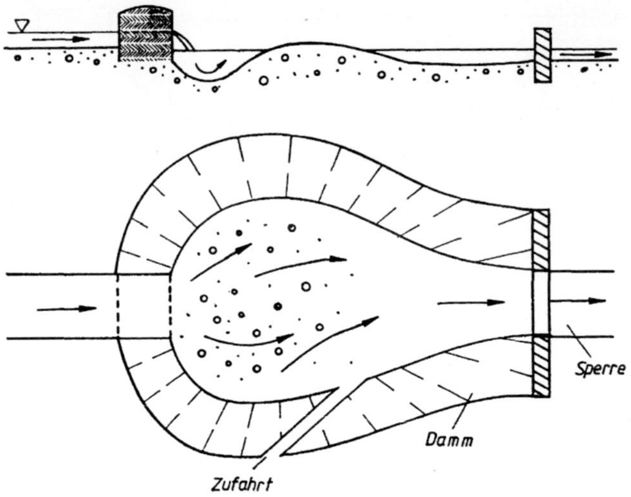

■ Abb. 14.5 Geschiebesammler in Aufsicht und Längsschnitt. (Umgezeichnet nach Vischer und Huber 1982)

Das mit hoher Geschwindigkeit abschießende Wasser (5–35 m s^{-1}) ist mit sehr viel Luft gemischt und nimmt ein größeres Volumen ein. Durch die Rauigkeit im Bachbett wird der Luftanteil und somit das Wasservolumen erhöht. Aus der Rinne austretendes Spritzwasser kann das unbekleidete Ufer neben der Schussrinne erodieren und die Schussrinne untergraben. Die Sohle der Schussrinne wird in den Mörtelfugen durch Abrieb und Korrosion angegriffen und zerstört.

- **Geschiebesammler**

Geschiebesammler werden nahe der Austrittsstelle von Wildbächen aus dem Gebirge auf den Schwemmkegeln angelegt. Es sind dem Gelände angepasste Hohlformen, welche talseits durch eine Sperre abgeschlossen werden (■ Abb. 14.5). Der in den Geschiebesammler einfließende Wildbach verliert durch den Stau an Schleppkraft und lagert das mitgeführte Geschiebe auf einem Delta ab. Geschiebesammler müssen so ausgelegt sein, dass sie mindestens die Geschiebefracht von zwei Hochwassern aufnehmen können. Durch die geometrische Gestaltung der Becken mit Querschnittsverengung gegen die Sperre wird die Fließgeschwindigkeit im abströmenden Wasser erhöht. Sand und Schwebstoffe sollen nicht abgesetzt werden und den Geschiebesammler nicht belasten. Für das Räumen wird eine zweckmäßige Zufahrt benötigt. Geschiebesammler sind nur so lange wirksam, wie sie Geschiebe aufnehmen können. Die Hohlform des Geschiebesammlers kann entweder in den Schwemmkegel eingegraben werden oder durch seitliche Dammschüttungen dem Kegel aufgesetzt werden.

Bei Dammkonstruktionen ist darauf zu achten, dass die Dämme gegen Unterspülen gesichert sind. Bei hoher Durchlässigkeit des zur Verfügung stehenden Dammschüttmaterials ist diese Gefahr besonders gegeben.

14.1.4 Gestalten der Mündung in den Vorfluter

Das von einem Wildbach in den Vorfluter eingeleitete Geschiebe soll im Flussbett weiterbefördert werden. Es muss verhindert werden, dass durch die plötzlich starke Geschiebefracht des Wildbaches der Vorfluter in seinem Querschnitt eingeengt wird und dies zu einer Hochwassergefahr führt. Die Mündungsstrecke des Wildbaches soll deshalb im spitzen Winkel in die Fließrichtung des Vorfluters einmünden (■ Abb. 14.6). Je nach örtlichen Verhältnissen kann die Mündung des Wildbaches durch Schwellen oder Sperren fixiert werden. Die Ufer des Vorfluters werden durch Blockwerk und Wasserbausteine gegen die unterspülende Kraft der Wildbachströmung geschützt. Das Herabsetzen der Fließgeschwindigkeit im Mündungsbereich des Wildbaches wird durch den Einbau von Absturzbauwerken mit Energieumwandler (Tosbecken) oder durch eine Querschnittsverbreiterung im Bachbett erreicht (Trompetenmündung).

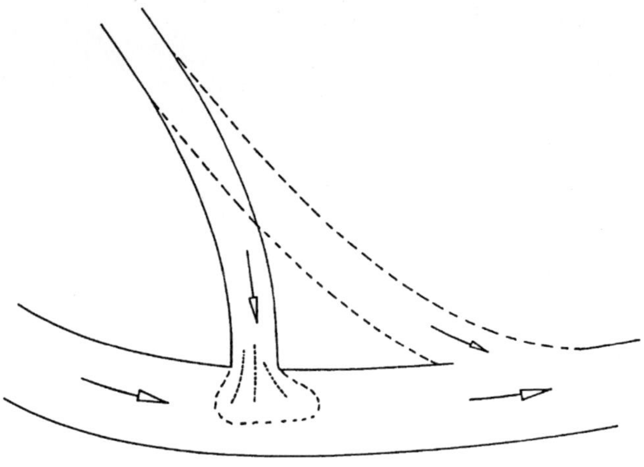

■ Abb. 14.6 Falsches und richtiges Einleiten eines Wildbaches in den Vorfluter

14.1.5 Baugeologisches Untersuchen und Beraten

Das ingenieurgeologische Untersuchen, Beurteilen und Beraten beim Wildbachverbau erstreckt sich auf folgende Themen:

- Kartieren im Erosionsgebiet:
  - Aussagen über die durch Untergraben gefährdeten Bereiche (aktive und potenzielle Rutschgebiete und Murbrüche);
  - Aussagen über die derzeit angeschnittenen Gesteine mit Angaben zum Auflockerungs- und Verwitterungsgrad und die hiervon ausgehende Anlieferung von Lockermaterial;
  - Aussagen über die zukünftige Anlieferung von Lockermaterial bei fortschreitender Erosion und beim Anschneiden neuer Gesteinskörper;
  - Aussagen über die zukünftige Anlieferung von Lockermaterial bei veränderter Nutzung und Vegetation im Einzugsgebiet;
  - felsmechanisches Untersuchen der Festgesteine an den Seitenflügeln und im Untergrund der Sperren;
  - bodenmechanisches Untersuchen der Lockermassen im Untergrund der Sperren und Bauwerke, an den Seitenflügeln der Sperren und Bauwerke und hinter den Sperren (zurückgehaltene Massen);
  - Angaben zu den Untergrundverhältnissen und zur Gründungstiefe der Bauwerke;

  - Nennen der charakteristischen geotechnischen Kenngrößen für das Berechnen des aktiven und passiven Erddruckes und der Standsicherheit der Stützbauwerke;
  - Angaben über wechselnde Grundwasserstände und Auftriebsgefahren.
- Kartieren auf dem Schwemmkegel:
  - Aussagen über gefährdete Bereiche auf dem Schwemmkegel;
  - Aussagen über die mögliche Anlieferung von Lockermassen;
  - Angaben über die Stückgrößen der Lockermassen;
  - Angaben über Kornverteilung und Wasserdurchlässigkeit;
  - Angaben über wechselnde Grundwasserstände und Auftriebsgefahren;
  - Angaben zur Bodenklassifizierung nach DIN 18300;
  - Angaben zur Auswirkung der geplanten Baumaßnahmen.

14.2 Regulieren von Bach- und Flussläufen

In Abhängigkeit von der geologischen und geomorphologischen Situation werden Flussläufe oder Teilstrecken von Flussläufen nach ihrer landschaftsverändernden Wirkung unterschieden in:
- Flussläufe mit Erosionscharakter;
- Flussläufe mit neutralem Charakter;
- Flussläufe mit Sedimentationscharakter.

Dabei kann ein mehrfacher Wechsel dieser Abfolge in einem Flusslauf eintreten. Bei wechselnder Wasserführung ändert sich der Charakter eines Flusslaufes. Auch über längere Zeit betrachtet, verharrt der Flusslauf nicht im Gleichgewicht, sondern verändert sich entsprechend den morphogenetischen Erosions- und Auflandungsvorgängen. Die Aufteilung des Kulturlandes in Parzellen mit unterschiedlichen Eigentums- und Rechtsverhältnissen erfordert es, dass die Flussläufe im Rahmen bestehender Parzellierung stabilisiert werden. Die fließenden Gewässer werden durch Schutzbauten und durch Korrektionsmaßnahmen in ihrem Bett stabilisiert. Einer natürlichen Änderung des Flusslaufes wird im Kulturland zum einen durch wasserbauliche Maßnahmen entgegengewirkt, zum anderen führen Korrektionsmaßnahmen mit Laufverkürzung zur Erhöhung von Gefälle, Fließgeschwindigkeit, Transportkraft und Erosion. Diese Veränderung wird zunächst nur in der Durchstichstrecke geschaffen und überträgt sich auf die unterliegende Flussstrecke. Dort wird eine Erhöhung der Abflussspitzen und eine Erhöhung der Geschiebemenge infolge erhöhter Schleppkraft beobachtet. Bei starker Geschiebeanlandung können im Unterlauf weitere Maßnahmen gegen Auflanden erforderlich werden. Nach Oberstrom kann eine stromaufschreitende Erosion der Sohle eintreten.

Korrektionsmaßnahmen werden zum Begradigen von Flussläufen mit verbesserter Führung der Abflüsse und zum Vermeiden von Wasserstau und Hochwasser durchgeführt. Gewöhnlich passt sich die neue Linienführung dem Hauptarm des Flusses an. Nebenarme werden abgeschnitten und als Stillwasser belassen, oder sie werden zugunsten einer landwirtschaftlichen Nutzung verfüllt. Weitere Korrektionsmaßnahmen können im Zuge der Neuanlage oder Verbreiterung von Verkehrswegen (Eisenbahn, Straßen und Wasserwege) erforderlich werden. Die dabei neugestalteten Ufer erfordern sichernde Baumaßnahmen wie Ufermauern, Leitwerke, Buhnen, aber auch Grundschwellen und Abstürze wie beim Wildbachverbau. Die Bach- und Flussläufe sollen auch bei künstlich gegrabenen Betten mit einem leicht gewundenen Verlauf angelegt werden. Dieser soll der Dynamik des geschiebebefrachteten Wassers entsprechen, sodass nur geringe Unterhaltungsarbeiten anfallen. Bei der Linienführung darf der Übergang von Bogen zu Gegenbogen nicht abrupt erfolgen. Nach Garbrecht (1953) sollen Hyperbelkrümmer, die im Übergang die Normalbreite b besitzen und sich bis zum Scheitel auf 1,3 b erweitern, ausgebildet werden. Der Erweiterungswinkel von 11° soll nicht überschritten werden.

Wasserbaumaßnahmen in Flüssen setzen eine genaue Kenntnis der Abflussverhältnisse (Kille 1980) und Geschiebeführung voraus. Dabei ist die Anlagerung von Geschiebe auch vom geologischen Bau des Flussbettes abhängig. Die Veränderungen der Abflussverhältnisse werden etwa im Abstand von 10 Jahren durch die Aufnahme von Längs- und Querprofilen kontrolliert. Der Vergleich mit den früheren Aufnahmen ergibt, wo sich Auflandungs-, Erosions- und Gleichgewichtsstrecken befinden. Grundlage für alle Flussbaumaßnahmen sind die statistischen Werte für den Abfluss bei Höchst-, Mittel- und Niedrigstwasser, angegeben als Wasserstand [m] und als Abflussmenge Q [$m^3\ s^{-1}$].

14.2.1 Baumaßnahmen an Flüssen

In den Erosionsstrecken kann infolge erhöhter Schleppkraft mehr Geschiebe abgeführt werden, als aus dem Oberlauf zugeführt wird. Bis zum Einstellen eines Gleichgewichtes erodiert der Fluss in der Sohle und gräbt sich ein (Tiefenerosion). Unterhalb von Stauanlagen kann durch Auskolken und Erosion das Flussbett im erodierbaren Boden tief ausgeräumt werden. Auch der Geschieberückhalt im Stauraum wirkt verstärkend auf diese Vorgänge ein. Als Erosionsschutz kommen in Frage:
- Einbau von Grundschwellen (◘ Abb. 14.7a–c);
- Einbau von Absturzbauwerken, Wehren, Sperren oder Blockrampen, um die Schleppspannung im Wasserfluss zu verringern;
- Verbreitern des Flussbettes, um die Wassertiefe und somit die Schleppspannung im Wasserfluss zu verringern;
- Entzug von Hochwasserspitzen durch Regenrückhaltebecken;
- Entzug von bedeutenden Teilwassermengen über Rohrleitungen und Kanäle, wie bei großen Wassernutzungsanlagen benötigt;
- Stabilisieren der Sohle mit grobem Material (Steinblöcke, Gabionen, Betonblöcke oder -platten; ◘ Abb. 14.7c);
- Geschiebezugabe als flussbauliche Lösung des Erosionsproblems (Felkel 1987; Patt et al. 2011).

In Anlandungsstrecken wird Geschiebematerial in Sand- oder Kiesbänken abgelagert und damit die Sohle angehoben. Das Heben der Sohle kann schließlich zum Ausufern mit entsprechendem Verfrachten von Geschiebe, Schwebstoffen und Schwimm-

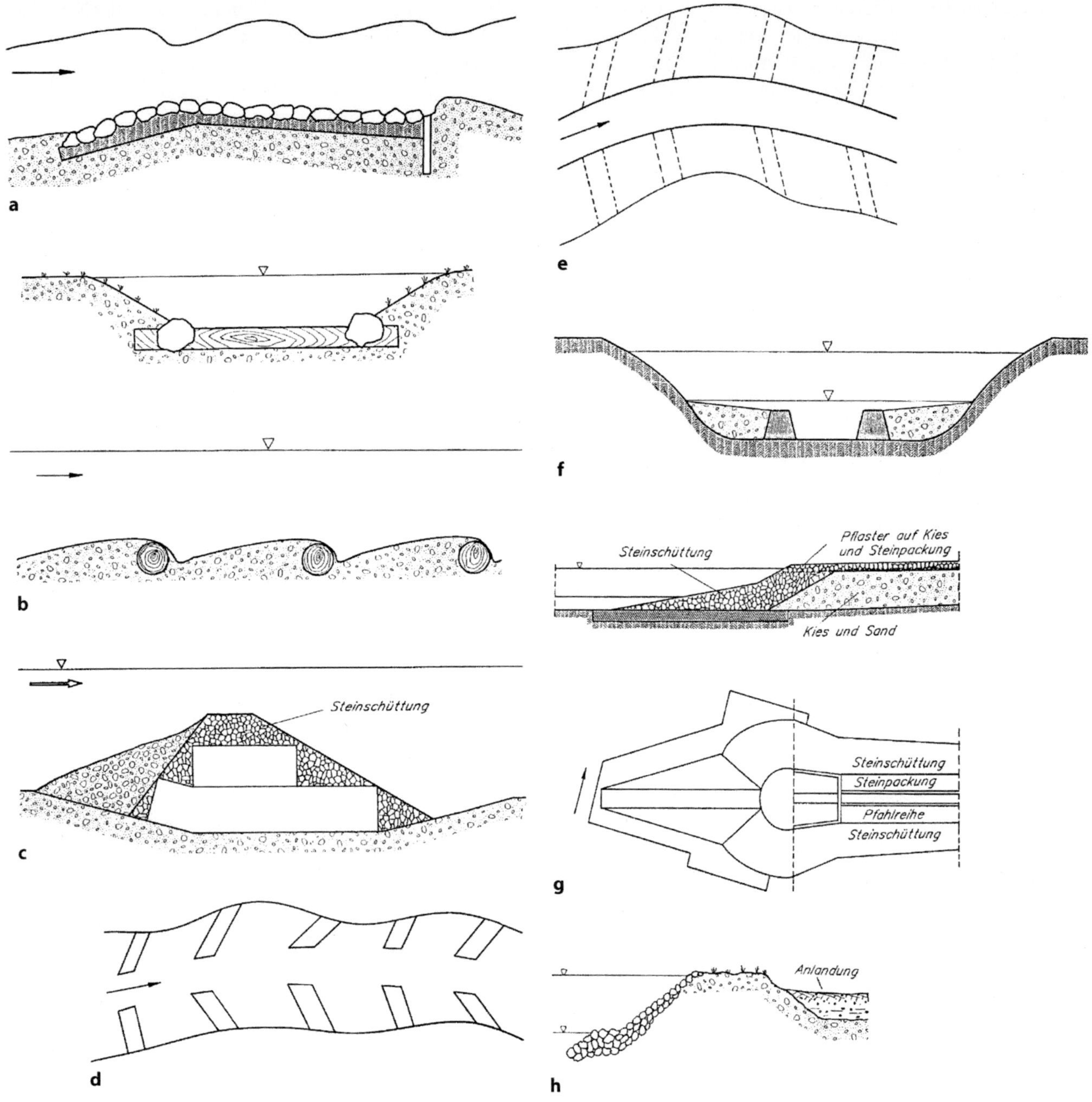

◼ Abb. 14.7 Maßnahmen zur Korrektion von Flussläufen mit Längs- und Querbauten. **a** Grundschwelle (Gesteinsblöcke über Filterschicht) als Sohlsicherung, **b** Quer- und Längsschnitt durch mit Grundschwellen aus Holz gesicherte Sohle, **c** Querschnitt durch eine Grundschwelle aus Sinkstücken (Drahtschotterkörben) und Steinschüttung, **d** Korrektion mit Buhnen, Maßnahmen zur Korrektion von Flussläufen mit Längs- und Querbauten, **e** Korrektion mit Buhnen und Leitwerk, **f** Querschnitt zu **e** durch Leitwerk und verlandete Buhnenfelder, **g** Längsschnitt und Aufsicht eines Buhnenkopfes, **h** Querschnitt durch ein Parallelwerk (Leitwerk) mit Anlandung

stoffen führen. Das Land im Umkreis der Anlandungsstelle kann versumpfen oder bei Hochwasser verschlammen. Als Gegenmaßnahme empfiehlt sich das Erhöhen der Schleppkraft oder das Vermindern der Geschiebefracht. Als Baumaßnahmen zum Schutz gegen Anlanden kommen in Frage:

- Verengen des Flussbettes;
- Verkürzen des Flussbettes;
- Entfernen der Auflandungen.

Günstig sind Kiesentnahmen in solchen Auflandungsstrecken.

▪ Baumaßnahmen zur Querschnittsgestaltung

Die wesentlichen Abmessungen des Querprofils lassen sich aus Flussstrecken, die sich im Gleichgewicht befinden, ableiten. Durch Kopie der Natur, aber auch durch Rechen- und Modellversuche wird das gewünschte Querprofil ermittelt. Im Endausbau wird man auf kleinere Variationen in der Wahl der Breite des Querprofils achten, um das Bild eines geradlinigen Kanals zu vermeiden. ◼ Abb. 14.8 zeigt die üblichen Profiltypen.

Bei der Verbaumethode unterscheidet man zwischen Maßnahmen für den Sohlschutz und Maßnahmen für den Uferschutz

(Bestmann 1983). Bei der Wahl der entsprechenden Bauweisen wird man nach Möglichkeit auf das Verwenden örtlicher Baustoffe achten. Gewöhnlich sind nachgiebige Konstruktionen dauerhafter als starre Konstruktionen. Beim Zusammentreffen einer gegen Erosion befestigten Böschung und einer erodierbaren Sohle ist bei unstetem Übergang Auskolken möglich. Eine flexibel gestaltete Böschungsbefestigung kann sich der Kolkoberfläche anpassen. Die üblichen Baumaßnahmen zur Ufersicherung und Sohlsicherung sind in ◘ Abb. 14.9 und 14.10 dargestellt. Die verwendeten Bauelemente sind:

- *Faschinen*
  Es sind Bündel von grünen Ruten (Weide), aber auch Nadelholz und Laubholzreisig von 2,5–3 m Länge. Jedes Bündel ist mehrmals mit Draht zusammengebunden.
- *Würste*
  Es sind zusammengebundene Faschinenwalzen von 10–15 cm Durchmesser und großer Länge.
- *Senkfaschinen*
  Es sind mit Schüttsteinen gefüllte kurze Faschinenwalzen mit Durchmessern von 50–100 cm. Diese sinken infolge ihres Eigengewichtes auf den Grund ab und bleiben fest liegen. Senkfaschinen sind nachgiebig und passen sich dem Untergrund auch bei ungleicher Setzung oder Auskolkung an. Anstelle des Faschinengeflechtes können auch Drahtschotterbehälter gewählt werden.
- *Sinkwalzen*
  Es sind Senkfaschinen von großer Länge (endlos gearbeitet, bis 100 m und mehr). Sie werden am Ufer hergestellt und dann zum Uferfuß abgewälzt. Es können auch Drahtsenkwalzen gewählt werden.
- *Sinkstücke*
  Es sind Faschinenkörper von mindestens 10 m Länge, 5 m Breite und 1 m Höhe. Die Faschinenkörper bestehen aus mit Draht verschnürten und kreuzweise gepackten Faschinen. Sie werden schwimmend zur Verwendungsstelle gebracht und dort durch Beschweren mit Steinen versenkt. Es können auch aneinandergeflochtene Drahtschotterkörbe verwendet werden.
- *Sinkmatten*
  Es sind Sinkstücke von geringer Dicke. Sie werden bei weichem Untergrund auf die Böschung gelegt und mit Steinen zugeschüttet. Die Sinkmatte verhindert das Einsinken der Steinschüttung und das Auswaschen des Bodens durch die Steinschüttung hindurch. Es werden vorwiegend Geotextilien (synthetische Vliesstoffe) verwendet.
- *durchlässiges Uferdeckwerk*
  In Häfen mit Tide sowie in staugeregelten Flussabschnitten mit mehreren Metern Unterschied zwischen Hoch- und Niedrigwasser übernimmt das Uferdeckwerk die Sicherheit gegen das bei Niedrigwasser mit Strömungsdruck austretende Sickerwasser (◘ Abb. 14.9). Zugleich bietet das Deckwerk Schutz gegen den von der Schifffahrt ausgehenden Wellenschlag und gegen den Einfluss von aufbrandenden Wellen. Dabei reicht die Schraubenwirkung und die Wirkung der Bug- und Heckwellen der Schiffe bis 4 m unter den jeweiligen Wasserstand. Das Uferdeckwerk besteht aus einer oder mehreren Lagen von groben Steinen, häufig aus einer unteren Lage aus geschütteten schweren Natursteinen und einer ca. 0,5 m rauen Deckschicht aus gepacktem Steindeckwerk aus Wasserbausteinen (Naturbruchsteine mit einer Mindestkantenlänge von 20 cm und 30–50 kg Gewicht). Beim Packen wird auf gute gegenseitige Stützung der Steine geachtet. Die gegenseitige Stützung kann durch Verklammern mit Colcrete-Mörtel erhöht werden. Gegen den Untergrund kann das Deckwerk durch Filterschichten mit Schichtstärken von 0,3–0,5 m abgegrenzt werden. Anstelle der Filterschichten können auch geotextile Filtermatten verwendet werden.
- *undurchlässiges Uferdeckwerk*
  Eine mit Asphalt vergossene undurchlässige Deckschicht aus Wasserbausteinen bietet dem Wellenschlag eine geringere Angriffsfläche und somit eine erhöhte Stabilität gegen die zerstörende Wasserströmung bei Wellengang. Im Gegensatz zur durchlässigen Lösung werden Wasserüberdrücke bei wechselndem Wasserstand in Kauf genommen und berücksichtigt. Diese Wasserüberdrücke vermindern die Reibung zwischen Deckwerk und Unterlage und führen zu plastischen (viskosen) Verformungen im Deckwerk. Damit das Deckwerk nicht bei Wasserüberdruck abgehoben werden kann, muss das Eigengewicht des Deckwerkes normal zur Böschung größer sein als der größtmögliche Wasserdruck.

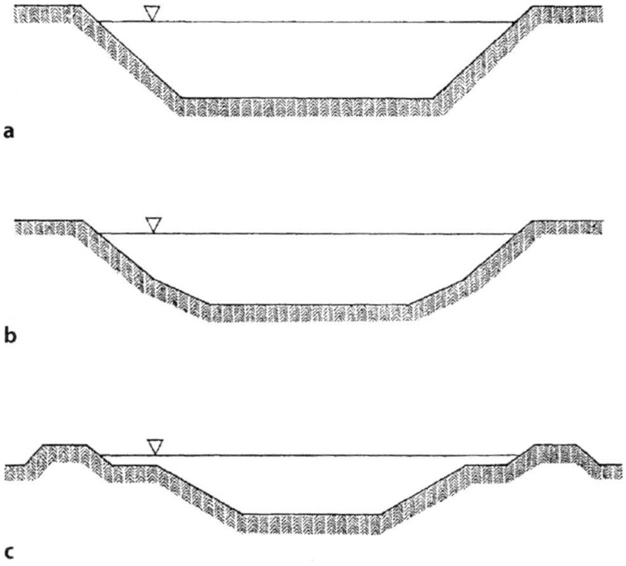

◘ **Abb. 14.8** Profiltypen zur Querschnittsgestalt von Bächen und Flüssen. **a** Trapezprofil, **b** Wannenprofil, **c** Doppelprofil mit Hochwasserschutzdämmen für Flüsse mit großen Verhältnissen zwischen Mittelwasser und Hochwasser

14.2.2 Baugeologisches Untersuchen und Beraten

Für das Planen und Gründen von wasserbaulichen Maßnahmen an Flüssen benötigt der Ingenieur vom Geologen Aussagen über den Untergrund und dessen Reaktionen. Beim Bau von

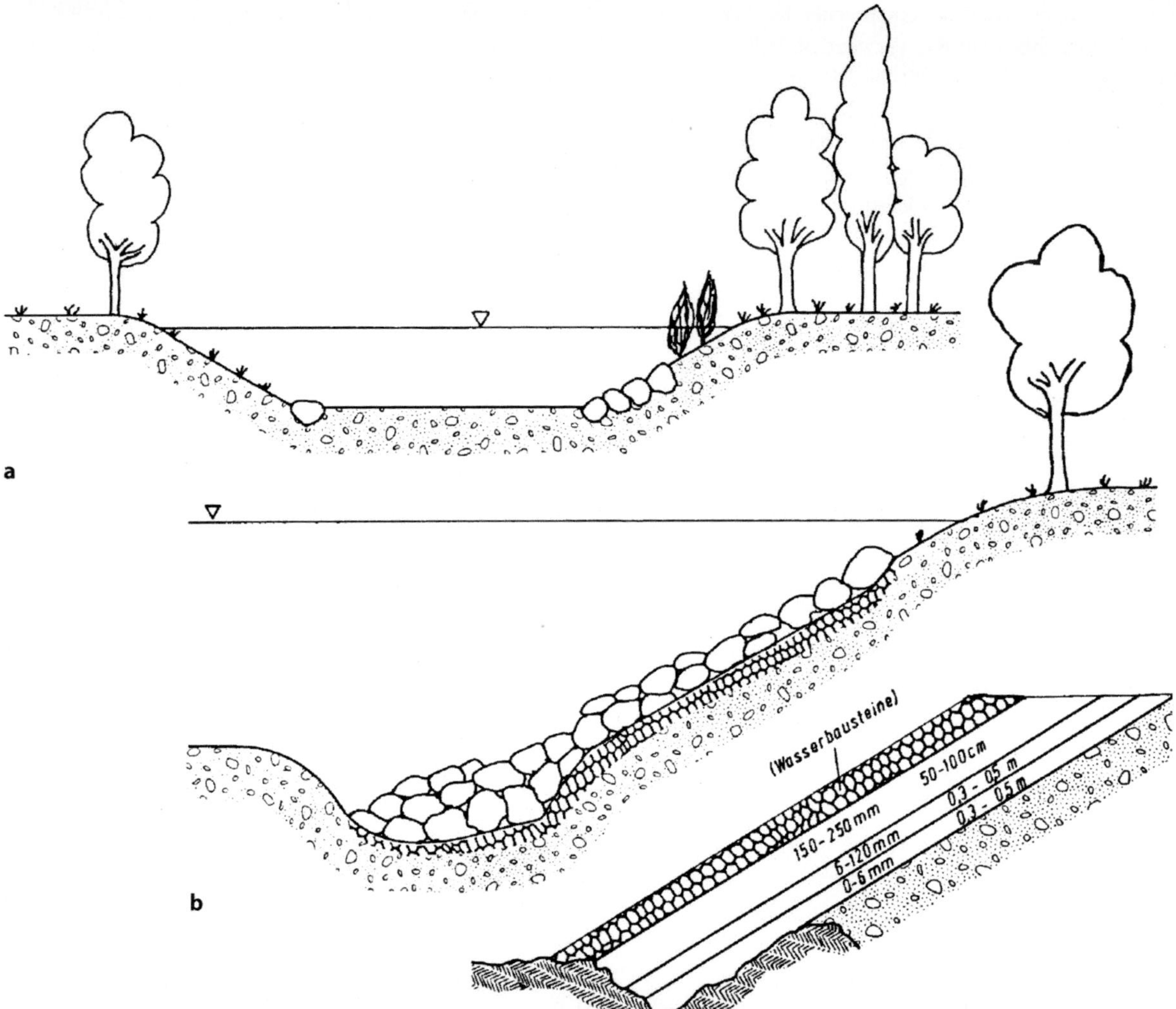

◼ Abb. 14.9 Beispiele für Ufersicherungen. **a** Ufersicherung mit Rasen, Weidenbüschen und Blocksatz, **b** Ufersicherung mit Blockwurf, **c** Ufersicherung mit Sinkwalzen und Wasserbausteinen, **d** Ufersicherung mit Sinkstücken und Wasserbausteinen, **e** Ufersicherung mit dreilagigem Filter und verklammerten Wasserbausteinen, **f** Ufersicherung mit Filtermatte, unsortierter Steinschüttung und Wasserbausteinen

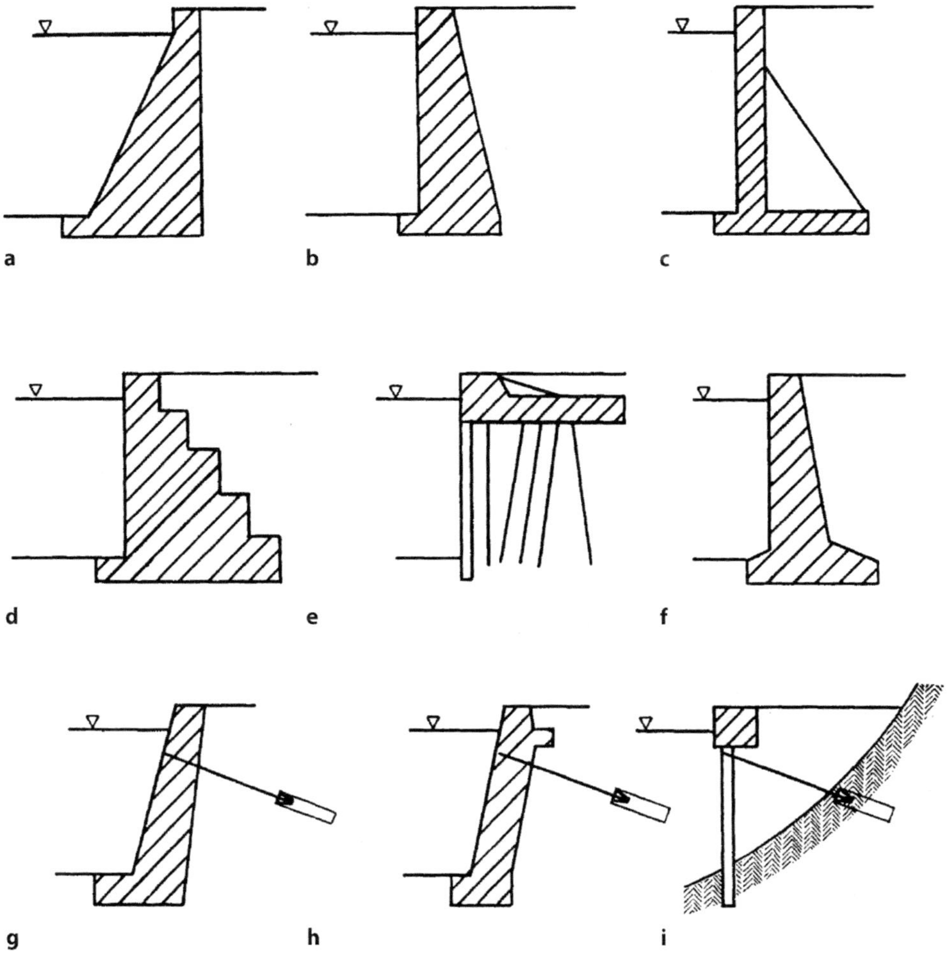

Abb. 14.10 Formen von Ufermauern. **a,b,d** Schwergewichtsmauern, **c,f** Winkelstützmauern, **e** Kombination von Pfahlgründung mit vorgesetzter Spundwand und Pfahlrost mit aufgesetzter Fahrbahn und Mauerkrone, **g,h** verankerte Winkelstützmauern, **i** verankerte Bohrpfahlwand mit aufgesetzter Mauerkrone

Buhnen, Leitwerken und Grundschwellen ist es vorwiegend eine geologische Frage, in welcher Dimension diese anzulegen sind und ob Sinkstücke, Sinkwalzen, Drahtschotterkörbe oder Faschinenwalzen benötigt werden. Uferdeckwerke sind gegen Unterspülen zu sichern. Ein mehrschichtiger Aufbau nach Abb. 14.9 erfordert ein Anpassen der zu wählenden Korn- und Stückgrößen in den unteren Lagen an den Untergrund und an das Deckwerk selbst. Beispiele für abgestufte Filterlagen gibt Abb. 14.11. Diese Abstufung bewirkt, dass der Porenraum der gröberen Schicht nicht von Teilchen des zu entwässernden Bodens zugeschlämmt wird. Die Abstufung berechnet sich nach der Filterregel von Terzaghi:

$$\frac{d_{f15}}{d_{e85}} < 4 < \frac{d_{f15}}{d_{e15}}$$

d_{f15} = **Korndurchmesser des Filtermaterials am Ordinatenpunkt 15 % seiner Kornverteilungslinie**

d_{e15} = **Korndurchmesser des zu entwässernden Bodens am Ordinatenpunkt 15 % seiner Kornverteilungslinie**

d_{e85} = **Korndurchmesser des zu entwässernden Bodens am Ordinatenpunkt 85 % seiner Kornverteilungslinie**

Die Ungleichförmigkeitsziffer *U* des Filtermaterials soll 2 nicht überschreiten.

Anstelle der nach der Filterregel abgestuften Sand-, Kies- und Steinschüttlagen kann auch eine unsortierte Steinschüttung über einer Filtermatte eingebaut werden. Soll der Filter gegen nur eine Sandart mit bestimmter Körnung wirksam sein, so ist auch der Einbau eines Mischfilters nach der Rezeptur der EAU 32 möglich. Bei dieser Rezeptur hält der Filter Sand mit der mittleren Korngröße von 0,5 mm zurück. Es wird eine Mischung hergestellt aus:

- Korngruppe 31,5–63 mm: 1,00 m^3;
- Korngruppe 8–16 mm: 0,35 m^3;
- Korngruppe 1–4 mm: 0,28 m^3.

Stabilität gegen Feinsand erfordert das Vorschalten einer Lage Mittelsand.

Abweichend von den Filterkriterien nach Terzaghi, kann auch bei ungünstigem Schichtaufbau, wie bei Wechsellagerungen von Sand mit Kies oder von Ton und Schluff mit Sand und Kies, sogar bei Vorlage eines hohen hydraulischen Gradienten Filterstabilität auftreten. Trotz Fehlkorn müssen nicht in jedem Falle Ausspülungen stattfinden, und kostenträchtige Baumaßnahmen können gegebenenfalls unterbleiben. Nach Schetelig (1987) können aus der Kenntnis der mineralogischen Zusammensetzung, Kornform und Kornverteilung sowie aus der Kenntnis der Ionenbelegung und Austauschkapazität von Tonen Vorhersagen zur Filterstabilität getroffen werden.

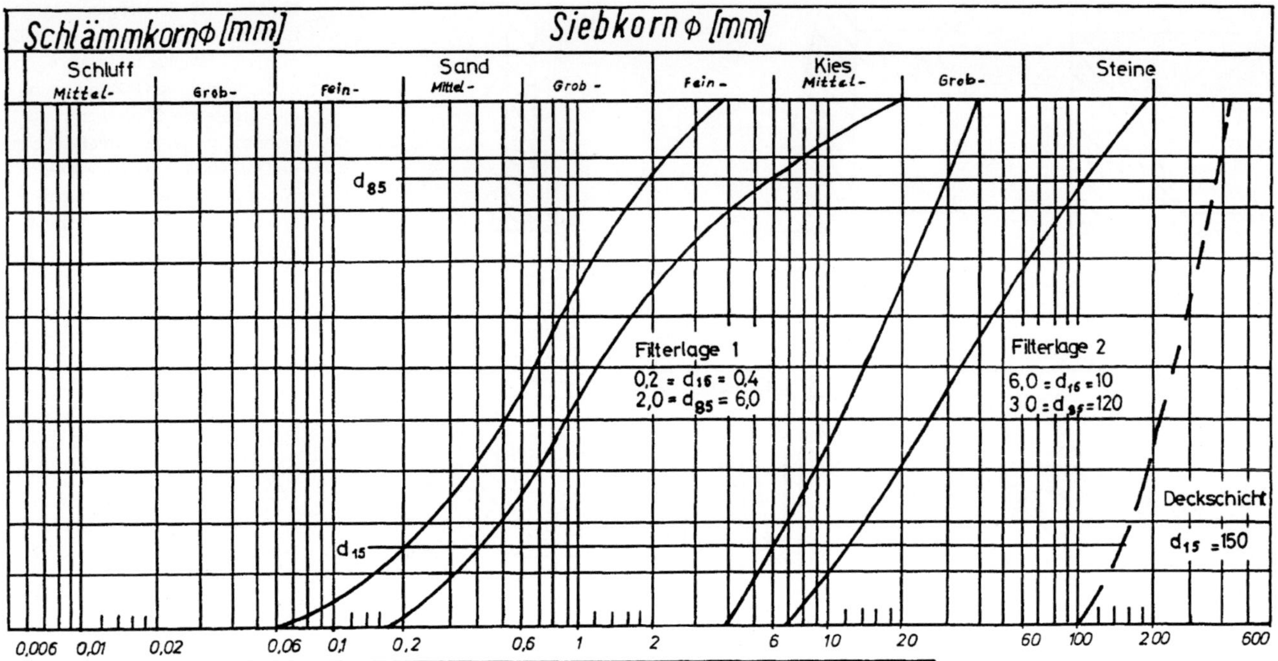

Kurve -Nr.	Filterlage 1	Filterlage 2	Deckschicht
Körnung [mm]	0 bis 6	6 bis 120	150 bis 250

Abb. 14.11 Beispiel für Körnungsbänder zum Einbau in gestufte Filterlagen

14.2.3 Landschaftsveränderungen und Umweltschäden in historischer Zeit

In der mitteleuropäischen Landschaft gibt es nicht nur die Zustandsformen heute und früher! Die Geschichte der Landschaft, der Flüsse und der Flussauen kennt Landschaftsveränderungen in zahlreichen historischen Zeitebenen. Hinweise auf veränderte Form und Nutzung von Land und Fluss, verursacht durch künstliche und natürliche Veränderungen (Klima!), lassen sich im Bergland (Abtragungsgebiet) in verbliebenen Resten ehemalig weit verbreiteter Bodenprofile und in den Flussauen in den dort abgelagerten Schichten dokumentieren. Zum Thema Renaturieren erhebt sich die Frage, welcher historisch belegte Zustand soll mit Renaturierungsmaßnahmen wieder angestrebt werden (Küster 1996).

Die mitteleuropäische Landschaft wird seit prähistorischer Zeit vom Menschen geprägt und in eine Kulturlandschaft umgewandelt. Als Folge abwechselnder Nutzungsart der Landschaft wurde zunächst der Bestand einzelner Tier-, Baum- und Pflanzenarten verringert bis ausgelöscht und teilweise gegen neue ausgetauscht. Später wurden ganze Wälder beseitigt. Aus Wald wurde Steppe! Mit immer neueren Geräten und Werkstoffen eroberte der Mensch neue Siedlungsräume und veränderte in der Folge mehrfach das Landschaftsbild. Mit dem Roden der Wälder und der intensiven Bodennutzung im hohen Mittelalter wurden die bis dahin weiträumig noch in einem geologisch ursprünglichen Zustand verbliebenen Berge, Hänge, Flachländer und Flusslandschaften umgestaltet. Aus biologischer und pflanzengeographischer Sicht hatte es schon vorher mehrfachen Vegetationswechsel gegeben (Küster 1996). Das Ausmaß der mit dem Roden der Wälder und der Unterpflugnahme der Flächen ausgelösten Erosionen war enorm! Es betraf im Bergland das Erniedrigen der Ackerflur bis auf das Niveau einst tiefliegender Felsblöcke und unverwitterter Gesteine, es betraf an Hängen das Abtragen und Abrutschen der eiszeitlich aufgewehten Hangsedimente Löss sowie der Verwitterungsböden Lehm und Lösslehm. In den Überschwemmungsgebieten betrifft es meterdicke Ablagerungen aus Grobschotter, Kies, Sand und Lehm auf den Schwemmkegeln und Schwemmlöss und Schwemmlehm in den Flussauen. Solche, die Landschaft verändernden Ereignisse fanden unabhängig voneinander in verschiedenen Jahrhunderten unter dem Einfluss neuer Arbeitstechniken, aber auch unter dem Einfluss unterschiedlicher historischer Klimaperioden statt (Simon 1976, Dachroth & Menzel 1979). Mutterboden, Löss und Lehm wurden von den gepflügten Hängen abgeschwemmt und bei Hochwasser als Schwemmlehm und Schwemmlöss auf den vermoorten Flussauen (Niedermoor) in meterdicken Schichten abgelagert. Unter deren Auflast wurden die Torflagen komprimiert. Die Flussauen wurden begehbar und für die Landwirtschaft nutzbar. Straßen und Wege wurden angelegt. Mit dem Verschwinden der letzten Urwälder und mit dem Verschwinden der Sümpfe in den Flussauen wurden die Flusslandschaften zunächst durch verschiedene Formen natürlicher Anlandung und natürlicher Flussbettgestaltung geprägt. Es bildeten sich, abhängig von der Strömungskraft, verzweigte und/oder mäandrierende Flüsse. Diese wurden nach menschlichen Bedürfnissen verändert, begradigt und kanalisiert. Die Anlage von Mühlen und Fischteichen, das Bewässern von Wiesen, das Flößen auf Triftbächen hatten unmittelbaren Einfluss auf die Fließgewässer. Mit dem Aufkommen immer neuerer Siedlungstypen – Dörfer, Klöster,

Burgen, Städte, Industriegebiete – vergrößerte sich der Anteil der besiedelten Fläche und wurden zuvor bestehende Landschaftsbilder verändert und besonders in Stadtgebieten völlig umgestaltet und zersiedelt. (In diesen lassen sich – im Gegensatz zu Streusiedlungen – vielfach keinerlei Beziehungen zum ursprünglichen Landschaftsbild mehr erkennen.)

Gewässerverunreinigungen wurden im Umkreis von römerzeitlichen, mittelalterlichen, neuzeitlichen und modernen Städten, Industriegebieten und Dörfern zu einem fühlbaren Problem (Küster 1996). Die durch Hangabspülung verursachten Veränderungen waren und sind ausgedehnte und nicht korrigierbare Umweltschäden. Sie sind eingetreten als unvermeidbare Folge der zivilisatorischen und kulturellen Entwicklung (Simon 1976).

Mit den technischen Möglichkeiten, die die industrielle Revolution bot, gewann der Mensch die Oberhand und gestaltete ganze Gewässerlandschaften nach seinen Vorstellungen und Bedürfnissen. Am augenfälligsten ist die Begradigung des Oberrheins durch den badischen Bauingenieur Johann Gottfried Tulla seit 1817. Der Erfolg lag in der besseren Schiffbarkeit des Stroms, dem Eindämmen unkontrollierter Überflutungen, dem Trockenlegen von Landflächen zur landwirtschaftlichen Nutzung und dem eindeutigen Festlegen von Landesgrenzen. Die Vorstellung der Machbarkeit behielt ihren Einfluss auf die Gedankenwelt der Siedlungswasserwirtschaft bis in unsere Zeit.

Noch bis in die siebziger Jahre des 20. Jahrhunderts galt die vorherrschende Meinung, dass Wasser so schnell wie möglich aus den Siedlungszonen abgeleitet werden muss. Dies erreichte man durch wasserbauliche Maßnahmen wie den geradlinigen Ausbau der Fließgewässer. Häufig wurden hierbei ihre Ufer und Sohlen vermauert oder mit Beton verbaut und das Flussbett als Schussrinne gestaltet. Folge des schnellen Abfließens waren negative Auswirkungen auf den Landschaftswasserhaushalt. Sich überlagernde Hochwasserwellen führten bei den Unterliegern zu z. T. katastrophalen Überschwemmungen. Die Landschaften beiderseits der Gewässer verödeten im ökologischen Sinn. Bei Pflanzen und Tieren konnte ein Rückgang der feuchtigkeitsliebenden Arten bis hin zu ihrem völligen Verschwinden festgestellt werden. Großflächiges Trockenlegen von Feuchtgebieten und Nasswiesen zugunsten landwirtschaftlicher Flächen und die Intensivierung der Landwirtschaft führten zu nachhaltigen Belastungen der Gewässer. Die chemische und physikalische Belastung der industriellen und kommunalen Abwässer führte in den Flüssen, besonders in Zeiten geringer Wasserführung (Wasserklemme), zu hohen Werten vielfältiger Inhaltsstoffe chemischer, pharmazeutischer und auch toxischer Art sowie zu Erwärmung, Versauerung, Vergiftung. Ein Teil der den Flüssen zugeführten Chemikalien lagerte sich an den vom Fluss mitgeführten Schweb an. Schlammablagerungen hinter Staustellen können hohe Anteile an schwergiftigen Substanzen enthalten.

14.2.4 Renaturieren und naturnaher Wasserbau

In den letzten Jahrzehnten des 20. Jahrhunderts setzte sich in der Wasserwirtschaft die Einsicht durch, dass natürliche Gewässer in starker Wechselwirkung mit den Lebensräumen in ihrer Umgebung stehen. Dies ebnete den Weg hin zu einem schonenden Umgang mit der Landschaft. Die sich in gleiche Richtung entwickelnde Gesetzgebung verstärkte den beschriebenen Prozess. Es entstand ein interdisziplinäres Tätigkeitsfeld, in dem sich Hydrologen, Meteorologen, Geo- und Biowissenschaftler sowie Landschaftsplaner und Ingenieure mit den Fließgewässern ganzheitlich auseinandersetzen.

▪ Grundlagen

Um verbaute Fließgewässer wieder in einen natürlichen oder naturnahen Zustand zu versetzen und nicht ähnliche Fehler zu begehen wie bei ihrem künstlichen Ausbau, ist es notwendig, die Grundlagen zu ermitteln, nach denen ein solches natürliches Abflussregime funktioniert. Hier sind die Erfahrungen und Erkenntnisse aus den geowissenschaftlichen Disziplinen Geomorphologie und Sedimentgeologie ebenso gefragt wie jene der Hydraulik. Grundlegende Ausführungen zu fließenden oberirdischen Gewässern finden sich in einschlägigen Lehrbüchern der Hydrologie wie Dyck und Peschke (1995), Baumgartner und Liebscher (1996) sowie Maniak (1997). Literatur zum Thema „naturnahe Gewässergestaltung“ bieten Kern (1994), Patt et al. (1998, 2007, 2008, 2011) und Zumbroich et al. (1999).

Bei dieser Fragestellung ist die Hydraulik von zentraler Bedeutung. Beim herkömmlichen technisierten Ausbau von Gewässern kann das Profil im Längs- und Querschnitt frei bestimmt werden. In der Regel sind es geradlinige Grundformen wie Rechtecke, Trapeze, Dreiecke, Kreisabschnitte oder Parabeln ▣ Abb. 14.38, 14.39, 14.40, 14.41 und 14.42. An ihnen kann die Durchflussmenge und mittlere Fließgeschwindigkeit mit geringem Aufwand errechnet werden (▶ Abschn. 14.6.1; Schröder 1994, Patt et al. 2011). Die Rauigkeit von Gewässerufer und -sohle ist durch einen einheitlichen Baustoff (Beton, Mauerwerk, Asphalt) gegeben. Bewuchs ist in technisch ausgebauten Gerinnen nicht vorgesehen und wird, soweit ein Ansiedeln von Pflanzen möglich sein sollte, entfernt.

Dagegen zeichnen sich naturnahe Fließgewässer durch eine Vielfalt an Formen und Einflüssen wie wechselnde Böschungsneigungen, Sohlbreiten, Krümmungen, unterschiedlichen Bewuchs der Ufer und Vorländer sowie differenzierte Ausbildung der Sohlfläche aus (Evers und Pasche 1983).

Das hydraulische Berechnen von Fließvorgängen in Gerinnen, Bächen, Kanälen und Flüssen erfolgt entsprechend DVWK-Merkblatt 220 nach der Fließformel Darcy-Weisbach (▶ Abschn. 14.6.1; Jirka & Lang 2009). Dies gestattet, hydraulische Größen wie den Fließwiderstand bei verschiedenen Rauigkeiten von Sohle und Böschung mit durchströmter Vegetation im Gerinne und Vorland zu berechnen. Der Rechenaufwand ist größer als bei dem bisherigen Verfahren. Dennoch können auch heute noch nicht alle Parameter von Fließgewässern wie stark gewundener Verlauf, sehr unregelmäßige Gerinnegeometrie, wechselnder Bewuchs und variierender Feststofftransport durch direkt Messbare Größen berücksichtigt werden. Man ist hierbei auf abschätzende Verfahren angewiesen.

Akzeptanz und Möglichkeiten zur Weiterentwicklung dieses hydraulischen Berechnungsverfahrens finden sich im DVWK-Merkblatt 220 sowie bei Schumacher (1995) und Özbek (1996). Die starke Interaktion zwischen Sohle und Wasserkörper verdeutlicht sich durch die Ausbildung von Sedimentkörpern wie Rippeln, Sandbänken und Ufersandbänken und durch die Ausbildung von Kolken, Steilkanten und Steilufern. Dies erhöht die Rauigkeit und verringert die Fließgeschwindigkeit. Vegetation auf der Sohle, an den Ufern und im Vorland verstärkt diesen Effekt erheblich. Dafür verantwortlich sind energiezehrende Walzen- und Wirbelströmungen. Solche Strömungen beeinflussen auch die Hauptströmung im offenen Gerinnebereich. Alle genannten Faktoren führen zu einem verzögerten Abfluss und zu einem Entzerren des Hochwasserscheitels im Gesamteinzugsgebiet des Gewässersystems.

▪ Gewässerzustand

Nach dem Gewässerzustand lassen sich die Fließgewässer unterschiedlich nach Gewässerstruktur, chemischer und physikalischer Belastung und nach mikro- und makrobiologischen Lebensgemeinschaften im Wasser bzw. nach dem biologischen Verschmutzungsgrad bewerten (LAWA 2000, Zumbroich et al. 1999, Ocker 2002, Hölzl 2002, Patt et al. 2011).

- Gewässerstruktur als Güteklassifikation
  Die Strukturgüte der Fließgewässer variiert zwischen den Strukturgüteklassen 1 – unverändert, 2 – gering verändert, 3 – mäßig verändert, 4 – deutlich verändert, 5 – stark verändert, 6 – sehr stark verändert und 7 – vollständig verändert. Sie wird durch Gewässerstrukturgütekartierungen nach LAWA 2000 ermittelt.
  Von der Vielzahl der die Struktur eines Fließgewässers beeinflussenden Faktoren geowissenschaftlich und bautechnischer Art werden nach LAWA 2000 – Oberirdische Gewässer: Gewässerstrukturgütekartierung in der Bundesrepublik Deutschland, 6 Haupt-Querparameter berücksichtigt. Die Hauptparameter und deren 25 Teilparameter sind
  1. Laufentwicklung mit 1.1 Laufkrümmung, 1.2 Krümmungserosion, 1.3 Längsbänke und 1.4 besondere Laufstrukturen,
  2. Längsprofil, mit 2.1 Querbänke, 2.2 Rückstau, 2.3 Verrohrung, 2.4 Querbänke, 2.5 Strömungsdiversität, 2.6 Tiefenvarianz,
  3. Querprofil mit 3.1 Profiltyp, 3.2 Profiltiefe, 3.3 Breitenerosion, 3.4 Breitenvarianz, 3.5 Durchlässe,
  4. Sohlenstruktur mit 4.1 Sohlensubstrat, 4.2 Sohlenverbau, 4.3 Substratdiversität, 4.4 besondere Sohlenstrukturen,
  5. Uferstruktur mit 5.1 Uferbewuchs, 5.2 Uferverbau, 5.3 besondere Uferstrukturen,
  6. Gewässerumfeld mit 6.1 Flächennutzung, 6.2 Gewässerrandstreifen, 6.3 sonstige Umfeldstrukturen.

  Für jeden dieser Teilparameter sind auf dem Datenerhebungsbogen mehrere mögliche Strukturmerkmale aufgeführt. Beim Kartieren eines Flusslaufes/Bachlaufes ist alle 100 m für jeden Teilparameter das dort angetroffene Strukturmerkmal anzukreuzen.
  Das Auswerten erfolgt durch Vergleich mit einem zahlenmäßig dotierten Leitbild. Für jeden Teilparameter erhält man eine Zahl. Über Mittelwertbildung werden die Hauptparameter bestimmt, welche letztendlich für den Gesamtwert der Gewässerstruktur zusammengefasst und einer der Strukturgüteklassen 1 bis 7 zugeordnet werden.
  Das Darstellen der Gewässergütestruktur erfolgt über farbig angelegte Einstreifenbänder längs des Flusslaufes (grün, gelb, rot) und mit zunehmender Breite zwischen Strukturgüteklasse 1 und 7.
- Chemisch-physikalische Güteklassifikation
  Die chemisch-physikalische Güteklassifikation umfasst 7 Güteklassen. Der Zustand des Fließgewässers variiert zwischen der
  - Güteklasse I – anthropogen unbelastet,
  - Güteklasse I–II – sehr gering belastet,
  - Güteklasse II – mäßig belastet,
  - Güteklasse II–III – deutlich belastet,
  - Güteklasse III – erhöht belastet,
  - Güteklasse III–IV – hoch belastet,
  - Güteklasse IV – sehr hoch belastet.

Die im Rahmen der Gewässergütekartierung zu kontrollierenden chemischen und physikalischen Parameter umfassen:

Temperatur, *p*H-Wert, Leitfähigkeit, Sauerstoffgehalt, biochemischer Sauerstoffbedarf, chemischer Sauerstoffbedarf, Säuren- und Basenkapazität und organisch gebundener Kohlenstoff, TOC, als Maß der Belastung.

Die überwiegend über Quellen in das Flusswasser eingetragenen Lösungsinhalte (Salze) wie Calcium, Magnesium, Natrium, Kalium, Chlorid, Sulfat, Hydrogencarbonat und die als Düngerückstände eingetragenen Lösungsinhalte wie Gesamtphosphor, Orthophosphat, Amonium und Nitratstickstoff.

Die als Industriechemikalien und Schwermetalle (toxische Stoffe) eingetragenen Lösungsinhalte wie Arsen, Cadmium, Chrom, Kupfer, Eisen, Mangan, Quecksilber, Nickel, Blei, Zink.

Die als Pflanzenschutzmittel eingetragenen toxischen Lösungsinhalte wie Pestizide in unterschiedlicher Anzahl und Mischung.

Die genannten chemischen Parameter werden bestimmt und mit dem jeweiligen Grenzwert abgeglichen. Bei chemischen Inhaltsstoffen, deren Konzentration über dem Grenzwert liegt, soll die Ursache bzw. der Verursacher ermittelt werden.

Darstellen und Auswerten der Einzelergebnisse: Die für einzelne Parameter gemessenen Werte werden längs der betroffenen Flussabschnitte als Einstreifenband mit wechselnder Breite zwischen schwach und stark belastet dargestellt. Verschiedene chemische Inhaltsstoffe können mit unterschiedlichen Farben nebeneinander dargestellt werden.

- Biologischer Verschmutzungsgrad und Güteklassifikation
  Die biologische Güteklassifikation unterscheidet 7 Güteklassen. Der Zustand des Fließgewässers variiert zwischen
  - Güteklasse I – unbelastet,
  - Güteklasse I–II – gering belastet,
  - Güteklasse II – mäßig belastet,
  - Güteklasse II–III – kritisch belastet,
  - Güteklasse III – stark verschmutzt,
  - Güteklasse III–IV – sehr stark verschmutzt,
  - Güteklasse IV – übermäßig verschmutzt mit sauerstoffzehrenden Abwässern, Fäulnisprozesse.

Zum Bestimmen der biologischen Güteklasse und zum Ausweisen eines Verschmutzungsgrades werden die im Flusswasser bestehenden Lebensgemeinschaften an Indikatororganismen ermittelt. Es besteht hierzu eine Liste für den Mikrobenthos (besonders Wimpertierchen (Ciliaten) und Geißeltierchen (Flagellaten)) und eine Liste für den Makrobenthos (Insektenlarven, Krebse, Muscheln, Schnecken, Egel, Würmer etc.).

Die im Gewässer lebenden Tiere werden im Gelände bestimmt, ausgezählt und als Lebensgemeinschaft bewertet.

Daneben gibt es das Saprobiensystem, welches die Gewässer nach dem Verschmutzungsgrad bewertet. Für den Abbau organischer Stoffe stellen sich spezifische Mikroorganismen ein, die zum Einstufen der Gewässer in eine der Güteklassen des Saprobiensystems bestimmt und nach der mengenmäßigen Verbreitung ausgezählt werden.

Die Güteklassifikation nach dem Saprobiensystem umfasst 5 Güteklassen. Der Zustand des Fließgewässers variiert zwischen den Güteklassen

- katharob – ohne Abwasserbeeinflussung,
- oligosaprob – geringste organische Belastung,
- betamesosaprob – mäßige Abwasserbelastung,
- alphamesosaprob – starke Abwasserbelastung,
- polysaprob – stärkste organische Belastung durch Abwässer.

Leitbild

Beim Erstellen eines Renaturierungsplanes ist neben den obigen handwerklichen Voraussetzungen von elementarer Bedeutung, nach welchen Kriterien renaturiert werden soll. Für die Durchführung bedarf es eines sogenannten Leitbildes. Dieses orientiert sich an einem Gewässerzustand, von dem angenommen wird, dass er ursprünglich und unbeeinträchtigt sei. Aber einen solchen Bachlauf gibt es, mit Ausnahme einiger Wasserläufe im Hochgebirge, nicht! (Küster). Als theoretisches Leitbild kann ein Gewässerzustand angenommen werden, wie es sich unter heutigen klimatischen Verhältnissen ohne menschliches Zutun einstellen würde. Beim der Renaturieren soll ein Ist-Zustand (vorgefundene Gewässerstrukturgüte) in einen Soll-Zustand (Leitbild) überführt werden. Kriterien, die aus ökologischer Sicht an den Soll-Zustand gestellt werden, sind weitgehende Naturnähe und ortstypische Artenvielfalt der Flora und Fauna. Gunkel (1996) stellt den Soll-Zustand vor das Leitbild. Danach ist der Soll-Zustand die Planungsvorgabe einer Renaturierungsmaßnahme.

Der Planung stehen limitierende Grenzbedingungen entgegen. Die Selbstentwicklung von Gewässern im Rahmen von Renaturierungsmaßnahmen stößt bei hohem Landschaftsnutzungsdruck an Grenzen. Landwirtschaftliche Nutzung, Siedlungs- und Verkehrswesen, Hochwasserschutz und Eigentumsverhältnisse sind limitierende Faktoren und stellen hohe Anforderungen an integrierende und ausgleichende Kompromissfähigkeit.

Gewässerunterhaltung

Laut Gesetz werden alle Arbeiten, die zur Aufrechterhaltung eines ordnungsgemäßen Wasserabflusses (§ 28 WHG) erforderlich sind, als Gewässerunterhaltung bezeichnet. Als Gewässerpflege werden solche Arbeiten bezeichnet, die sich auf den Erhalt des naturnahen Zustandes beziehen. Dabei ist ein Ausgleich zwischen der hydraulischen Funktionalität des Fließgewässers und seiner ökologischen Bedeutung als Landschaftselement zu suchen. So führt zum Beispiel das Verkrauten eines Fließgewässers zu niedrigeren Abflussraten, was Überflutungen und deren Folgeschäden nach sich ziehen kann. Entkrauten muss demzufolge durchgeführt werden, wobei dieses schonend zu erfolgen hat, damit Biozönose und Selbstreinigung des Gewässers nicht zu stark beeinträchtigt werden. Dies gilt für alle Maßnahmen zur Gewässerunterhaltung und zum naturnahen Gestalten von Ufern und Böschungen. Beim Renaturieren muss die Abflusskapazität so bemessen werden, dass sie auch in Zeiten starker Vegetationsentwicklung gewährleistet ist. Starkes Verkrauten der Fließgewässer kann auch zum Einengen des Abflussquerschnittes, zum Verringern der Fließgeschwindigkeit und des Geschiebetriebes sowie zum Zurückhalten von Schweb und Geschwemmsel und damit zum verstärkten Anlanden dieser im Wasser mitgeführten Feststoffe beitragen. Damit kann zeitweises oder permanentes Höherlegen der Gewässersohle verbunden sein, was wiederum zu Überflutungen führen kann.

Rechtsnormen und rechtliche Grundlagen Zum Themenkomplex „Renaturieren von Fließgewässern, naturnaher Ausbau und Revitalisieren" bestehen Rechtsnormen und Gesetze auf europäischer Ebene, auf Bundesebene und auf Länderebene.

Vorgaben der Mitgliedstaaten der Europäischen Union zur Unterhaltung von Fließgewässern sind u. a.

- Europäische Wasserrahmenrichtlinie,
- Hochwasserschutzrichtlinie.

Die hierin enthaltenen Vorgaben sollen von den Mitgliedstaaten in nationales Recht übernommen werden.

Die rechtlichen Vorgaben der Bundesrepublik Deutschland sind geregelt im

- Wasserhaushaltsgesetz,
- Bundesnaturschutzgesetz,
- Gesetz über die Umweltverträglichkeitsprüfung,
- Wasserverbandsgesetz,
- Abwasserabgabengesetz,

weiterhin Regelungen zu rechtlichen Verfahrensabläufen bei Verwaltung, Planfeststellung, Raumordnung, Flurbereinigung, Fischerei, Bundeswald sowie allgemein zu Umweltrechtsbehelfen.

Eine Besprechung dieser Regelungen gibt Patt et al. (2011).

Weiterhin gibt es auf Länderebene eigene Gesetze und Vorschriften.

Es ist Aufgabe dieser Gesetze Natur und Landschaft so zu schützen, dass der Naturhaushalt einschließlich der Nutzungsfähigkeit der Naturgüter sowie die Flora und Fauna mit ihrer Vielfalt und Eigenart für den Menschen gesichert wird.

Geotechnische Möglichkeiten für naturnahes Gestalten von Fließgewässern Das Renaturieren der Fließgewässer ist im geologischen, geomorphologischen und morphogenetischen Sinne nicht möglich. Die eingetretenen Veränderungen sind unumkehrbar. Ohne die geschilderten Eingriffe des Menschen wären die Talauen Mitteleuropas zu großen Teilen noch immer Moorlandschaften mit entsprechender Pflanzenassoziation. Der eingetretene Zustand, meterdicke mineralreiche Lehmlagen über zu Torf komprimierten Moorschichten, kann nicht rückgängig gemacht werden. Dies betrifft die eingetretenen Veränderungen bei abgelagerten Schichten, Bodensubstrat, Bodenart, Boden- und Wasserchemie, Bewuchs sowie die Lebensgemeinschaften von Pflanzen und Tieren.

Beim Wasserbau ist es möglich, Einbauten aus Holz, Stein, Beton oder Stahl, soweit diesen keine funktionelle oder tragende Wirkung zukommt, rückzubauen und durch andere naturnahe Einbauten (Faschinen und Faschinenkörper, ▶ Abschn. 14.2.1) zu ersetzen. Der Einbau von austriebfähigen Weidenruten und auch Ästen anderer Baumarten (Spreitlagen) kann zu dicht bewachsenen Uferböschungen führen und die massiven Einbauten ersetzen.

Als Alternative ist ein naturnahes Neugestalten der Flusslandschaft möglich, also eine weitere technische veränderte Landschaft mit naturnaher bis naturähnlicher Optik. Ein solches naturnahes Gestalten kann umgesetzt werden durch:

Verändern von Geofaktoren

- Verändern der Fläche: Das Fließgewässer braucht Überflutungsflächen. Dies kann aus Sicht der Morphogenese die gesamte Breite der Talaue betreffen. Ein totaler Rückbau von Stadt-, Industrie-, Siedlungs- und Verkehrsflächen ist in den bebauten oder intensiv genutzten ehemaligen Auflächen nicht oder in nur sehr seltenen Ausnahmefällen möglich.
  Das Freistellen von Flächen für ein Verbreitern des Flusses ist mit einem Verringern der Fließgeschwindigkeit und Transportkraft verbunden. Das Verbreitern des Flussbettes kann entweder nur für den Fall der Starkwasserführung vorgesehen werden oder es kann dauerhaft für breites Abfließen gestaltet werden. Gefälle und Geschiebefracht bestimmen, ob das Flussbett als verzweigtes oder als mäandrierendes Gewässer ausgebildet werden kann.
- Aktiver Hochwasserschutz. Bedrohte Siedlungsgebiete und Agrarflächen können dauerhaft durch Dämme oder Deiche geschützt werden. In Städten kann Hochwasser, bis zu einer begrenzten Höhe, durch zeitweise aufgestellte Hochwasserschutzwände oder durch Wälle aus Sandsäcken geschützt werden.
  Solche Maßnahmen engen allerdings den Abflussquerschnitt ein und können an anderer Stelle zu steigenden Wasserständen führen.
- Passiver Hochwasserschutz. Zu einem für die im hochwassergefährdeten Gebiet siedelnden Bewohner und Nutzer zumutbaren Hochwasserschutz gehört, dass in den regelmäßig von Hochwasser heimgesuchten Häusern die betroffenen Räume baulich und innenarchitektonisch diesen Umständen angepasst werden. So können Fußböden und Wände gefliest werden. An Wände können abnehmbare Paneele u. dergl. vorgehängt werden.
- Zurückhalten der Wassermassen. Hochwasser kann im besiedelten Raum nur verhindert werden, wenn die starke Wasserführung auf ein verträgliches Maß verringert wird. Um natürliche Überschwemmungen in der besiedelten/genutzten Fläche am Unterlauf des Flusses zu verhindern, müssen durch technische Maßnahmen am Oberlauf Ländereien überschwemmt oder überstaut werden. Möglichkeiten hierzu bieten
  - Talsperren,
  - Regenrückhaltebecken,
  - Poldern,
  - Entlastungskanäle,
  - Veränderungen des Wasserlaufes,
  - Verringerung des Anteils versiegelter Flächen.
- Sichern gegen Tiefenerosion. Die morphogenetische Laufentwicklung eines natürlichen Fließgewässers ist der abfließenden Wassermasse bei vorgegebener Geologie, Morphologie, Gefälle, Fließgeschwindigkeit, Erosion und Geschiebetrieb angepasst. Einengen, Begradigen und Verkürzen eines Flusslaufes führt zum Erhöhen von Gefälle, Fließgeschwindigkeit und Tiefenerosion. Bautechnische Gegenmaßnahmen bietet der Einbau von Wehren, Schwellen und/oder Rampen aus Holz, Wasserbausteinen oder Beton. Unterhalb von Rampen und Wehren bildet sich im naturbelassenen Flussbett ein Kolk aus. Als Gegenmaßnahme kann die Sohle des Flussbettes an den gefährdeten Stellen bautechnisch durch Beton- oder Steinverbau gesichert werden.

■■ Geschiebezugabe

Geschiebezugabe kann das Materialdefizit im Kolk ausgleichen. Zugegeben wird Schottermaterial in den Stück- oder Korngrößen für Steine, Kies und Sand. Die zugegebenen Massen werden vom strömenden Wasser bei Überschreiten der kritischen Fließgeschwindigkeit (◘ Abb. 2.18) abtransportiert und müssen von Zeit zu Zeit erneuert werden.

Eine naturnahe Maßnahme gegen flächenhaft wirkende Tiefenerosion bietet die Zugabe abgeflachter Steine und Gerölle. Diese lagern sich unter Einfluss des Geschiebetriebes dachziegelartig übereinander und aneinander (Imbrication) auf der Gewässersohle ab. Dabei werden die abgeflachten Steine (Geschiebeplatten) vom turbulent fließenden Wasser bewegt und so lange um ihre Längsachse gewälzt, bis sie die optimale stabile Lage eingenommen haben und nicht weiter bewegt werden können (Ahnert 1996). Eine so bei stärkster Strömung ausgebildete und abgedeckte Gewässersohle ist erosionsstabil.

Bei der Wahl des dem Gewässer zugeführten Geschiebematerials sollen deren Stein- oder Stückgrößen sowie deren Stückgrößenverteilung und deren Stein- oder Geschiebeform sowie deren Geschiebeformverteilung an die kritische Fließgeschwindigkeit des Gewässers angepasst werden.

Die Gewässersohle kann bei Berücksichtigung solcher geomorphologischer und sedimentologischer Erkenntnisse bei geringerem Materialeinsatz stabil und mit ausgeglichenem Geschiebetrieb hergestellt werden. Die Zugabe von Kies aus einer zufälligen Seitenentnahme oder aus der Stauwurzel eines Stausees erfüllt diese Voraussetzungen in der Regel nicht und muss in kurzen Zeitabständen erneuert werden.

- Sichern gegen Seitenerosion. Maßnahmen gegen Wellenschlag und Seitenerosion bieten Uferbauwerke, die an der Wasserseite aus groben Steinschüttungen, verklammerten Wasserbausteinen, Spundwänden oder Betonwänden bestehen. Naturnahe Baumaßnahmen zum Uferschutz bestehen aus Faschinen und Faschinenkörpern (▶ Abschn. 14.2.2, ◘ Abb. 14.9) sowie Einbauten aus Holz, die gleichfalls das Abrutschen des Ufers verhindern. Seitenerosion kann als negative Auswirkung von Staustellen und Wehren eintreten. Durch Aufstau des Wassers wird der Geschiebetrieb unterbunden und im Unterlauf der Staustelle/Wehr kann im Flusslauf Geschiebedefizit auftreten. Durch Geschiebezugabe kann der so verursachte erosive Charakter des Flusses ausgeglichen werden.

14.3 Küstenschutz

Michael Heinrichs

Küsten sind seit jeher bevorzugte Siedlungsgebiete des Menschen. Die langfristige Nutzung der Küstengebiete setzt allerdings einen ständigen wirksamen Schutz vor den vom Meer ausgehenden Gefahren durch Überflutung und Küstenrückgang voraus.

Beim Küstenschutz wird unterschieden zwischen Küstenhochwasserschutz als Schutz der Niederungsgebiete vor Meeresüberflutung durch Deiche, Sperrwerke und sonstige Hochwasserschutzanlagen und der Küstensicherung als Sicherung der Küsten gegen Uferrückgang und Erosion durch Sandaufspülungen, Deckwerke, Buhnen und Dämme (MELUR 2013).

Küstenschutzbauwerke sind gegen die Wirkung von Wellen zu bemessen. Die Wellen treffen in Brecherformen wie Sturzbrecher oder Reflexionsbrecher mit stark unterschiedlichen Druckbeanspruchungen und Auflaufhöhen auf die Außenböschung von Schutzbauwerken auf. Der Wechsel unterschiedlicher Belastungszustände an Wänden, Sprengwirkung durch Druckschläge in Spalten und Rissen sowie die Auftriebsgefahr für dichte Decken (Zement- oder Asphaltbeton) über wassergesättigtem Boden im Verbund mit der stark korrosiven Wirkung des Meerwassers lässt allen Schutzbauwerken nur eine begrenzte Standzeit zukommen.

Besonderer Wert wird auf die Auswahl der verwendeten Baumateriale gelegt. Natursteine werden als Wasserbausteine insbesondere für Schüttungen, seltener für Setzpacklagen und Pflaster beim Deckwerks- und Buhnenbau eingesetzt. Sie sollen eine hohe Festigkeit (Druckfestigkeit > 80 N mm^{-2}) und Dichte besitzen und verwitterungsbeständig (niedriges Porenvolumen, rissfrei, frei von quellfähiger Tonsubstanz) sein. Hierfür eignen sich magmatische Gesteine, Grauwacken und Quarzite. Basalte und basaltähnliche Gesteine besitzen eine Korndichte ρ_s von 2,9–3,1 g cm^{-3} und eine Schüttdichte von 1,7 g cm^{-3}. Die Werte für Quarzit und Grauwacke liegen bei 2,6 g cm^{-3} für die Gesteinsdichte und 1,5 g cm^{-3} für die Schüttdichte bei 40–45 % Porenvolumen in der Schüttung.

Seit 2002 definiert die DIN EN 13383 die Anforderungen (Teil 1) und Prüfverfahren (Teil 2) für das Anwenden von Wasserbausteinen. Sie werden als Grundklassen in eine Größen- und zwei Gewichtssteinklassen eingeteilt, die wiederum in jeweils 5 Unterkategorien weiter unterschieden werden. Jede Gewichtsklasse wird noch einmal in die Kategorien A und B – mit bzw. ohne Anforderung an das durchschnittliche Steingewicht – unterteilt. Zwar sind die gemäß den früheren Technischen Lieferbedingungen (TLW 1997) für Wasserbausteine definierten Steinklassen wegen der unterschiedlichen Klassifizierungsmerkmale nicht direkt mit denen der DIN EN 13383 vergleichbar, jedoch entsprechen die gemäß den aktuellen Technischen Lieferbedingungen für Wasserbausteine (TLW 2003) genannten Steinkategorien in etwa den früheren Größenklassen (◘ Tab. 14.2; BAW 2004).

◘ **Tab. 14.2** Steinklassen von Wasserbausteinen nach TLW 2003 und TLW 1997

Klassifizierung nach	Kategorie nach	Klassengrenzen	Steinklassen nach	Klassengrenzen
DIN EN 13383	TLW 2003		TLW 1997	[cm]
Größenklassen	$CP_{45/125}$	45–125 mm	Klasse 0	5–15
(Coarse Particles)	$CP_{63/180}$	63–180 mm	Klasse I	10–20
	$CP_{90/250}$	90–250 mm	Klasse II	10–30
Leichte	$LMB_{5/40}$	5–40 Kg	Klasse II	10–30
Gewichtsklassen	$LMB_{10/60}$	10–60 kg	Klasse III	15–45
(Light Mass)	$LMB_{40/200}$	40–200 kg	Klasse IV	20–60
	$LMB_{60/300}$	60–300 kg	Klasse IV	35–100

Die Qualität der Natursteine wird in den Lieferwerken und auf der Baustelle durch Eigen- und Fremdüberwachung bestimmt. Geprüft werden Abmessungen, Trockendichte, Druckfestigkeit und Verwitterungsbeständigkeit.

Die Steine sollen eine kubische Form besitzen; der Anteil ungünstig geformter Steine mit Seitenverhältnissen von Länge und Dicke größer 1:3 darf 20 % nicht überschreiten.

Neben Natursteinen kommen bei Küstenschutzbauwerken künstliche Steine, Beton, Asphalt, Geokunststoffe, Holz und Stahl zum Einsatz. Die Anforderungen an diese Baustoffe sind in „Empfehlung C 2002 Baustoffe für die Ausführung von Küstenschutzwerken" (EAK 2002) besprochen. Beim Verwenden industriell hergestellter künstlicher Steine aus Eisenhütten- und Metallhüttenschlacken sind im Sinne der Umweltverträglichkeit Eluat-Grenzwerte zu definieren.

14.3.1 Sandaufspülungen als Küstenschutz

Sandige Küsten unterliegen in der Regel ständigen Veränderungen. Längs der Küsten wird ein ständiger Sandtrieb infolge wellenerzeugter, küstenparalleler Strömungen beobachtet, die durch schräg auf die Küstenlinie zulaufenden Seegang verursacht werden. Dabei wird Sand von den Erosionsgebieten an Steilufern (Kliff), Dünen oder Stränden abgetragen und küstenparallel verfrachtet. Werden in einem Küstenbereich mehr Sandmassen mit der Strömung abgeführt als angeliefert, kommt es langfristig zu einer Verringerung der Strandbreite und letztlich zum Küstenrückgang. Ebenso führen ein Festhalten des Sandes

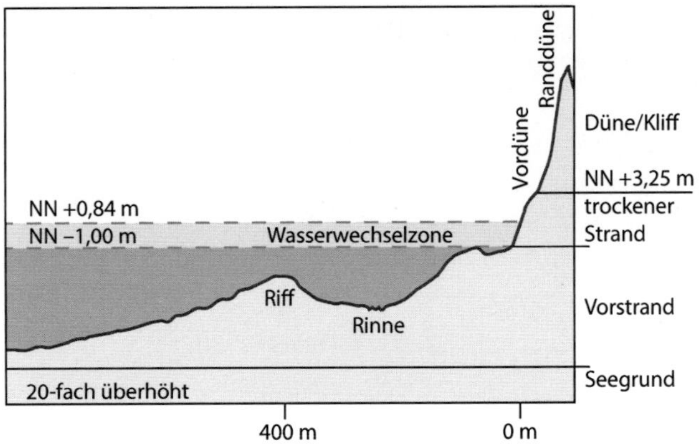

■ **Abb. 14.12** Standardprofil Westküste Sylt mit Düne, Strand, Rinne, Riff. (LKN-SH, Fachplan Sylt)

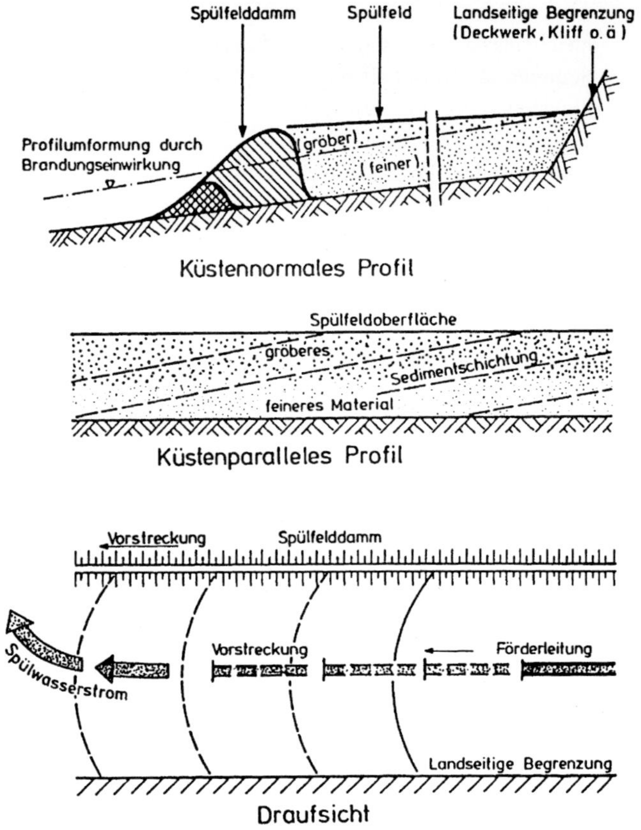

■ **Abb. 14.13** Flächenhaftes Strandaufspülen mit uferparallelem Spülfelddamm. (Unter ständigem Vorstrecken des Spülrohrauslaufs ergibt sich eine vertikale Sortierung (Abb. 29 der „Empfehlung D", EAK 1993))

durch technische Maßnahmen oder Stabilisierungsmaßnahmen an einem Steilufer zu einem Mangel an Sedimentnachschub und somit zu Erosion und Küstenrückgang im benachbarten Gebiet („Lee-Erosion").

An erosionsgefährdeten Küstenstrecken, und dies sowohl vor Steilufern und erosionsgefährdeten Strandbereichen als auch vor Längswerken und Buhnen, lassen sich die negativen Massenbilanzen durch Sandvorspülungen ausgleichen. Im Gegensatz zu festen Küstenschutzbauwerken mit passiver Küstensicherung längs einer starr festgelegten Küstenlinie stellen Sandvorspülungen eine aktive Küstenverteidigung dar, bei der die Erosionsverluste durch künstliche Sandzufuhren ausgeglichen werden (Führböter 1985, Weiss 1991). Sie fügen sich als sogenannte weiche Küstenschutzmaßnahme besser in die natürlichen, dynamischen Prozesse ein als ein weiterer Ausbau von Buhnen und Deckwerken. Sandaufspülungen haben sich auch bewährt, um dem Schutz vor Überschwemmungen bei Sturmfluten dienende Dünen aufzubauen, wiederherzustellen bzw. zu verstärken. Neben der reinen Schutzfunktion einer Vorspülung besteht oftmals auch der Wunsch nach künstlichen Stränden als Bade- und Erholungsgebiet an solchen Küstenabschnitten, an denen wegen der morphologischen Situation natürliche Strände fehlen. Sandaufspülungen sind „Verschleißbauwerke" und müssen in unregelmäßigen Abständen wiederholt werden, da sie die natürlichen Erosionsprozesse nicht verhindern können und Seegang und Strömung immer wieder zum Abtransport des aufgespülten Sandes führen.

Die morphologischen Verhältnisse und die langfristige Sandbilanz werden durch wiederholtes vergleichendes Vermessen von Strand, Unterwasserstrand (Vorstrand) und Düne sowie gegebenenfalls eines Im Vorstrand vorhandenen Riffs ermittelt (■ Abb. 14.12). Sie bilden die Grundlage für das Planen von Sandaufspülungen und sind auch bedeutsam für das Abschätzen der Wiederholungsintervalle von Strandauffüllungen.

Das technische Durchführen einer Sandaufspülung umfasst die Aufgaben der Sandentnahme in einem der Küste vorgelagerten Gewinnungsgebiet, des Transports des Sandes und des Auffüllens von Strand und Meeresboden im gewünschten Küstenabschnitt.

Der Sand wird in der Regel fernab vom Strand untermeerisch gewonnen und mit selbstfahrenden Laderaumsaugbaggern (Hopperbagger) zur Küste transportiert. Bei wirtschaftlich zu überbrückenden Entfernungen kommen auch stationär arbeitende Schwimmbagger zum Einsatz, die den Sand als Sand-Wasser-Gemisch durch eine Dükerleitung und/oder schwimmende Rohrleitung zum Strand bis zum Aufspülbereich pumpen. Das flächenhafte Verteilen auf dem Strand ergibt sich unmittelbar durch den Ablauf des Spülwasserstromes bzw. durch das Profilieren des aufgespülten Sandmaterials mit einer Planierraupe. Um Spülverluste zu vermeiden, kann aus dem vorhandenen Strandmaterial ein Spülfelddamm aufgeschoben werden. Das Aufspülen über Wasser führt zu einer gewissen Kornsortierung mit Konzentration der Grobkörnung auf der oberen Böschung (■ Abb. 14.13). Der aufgespülte Strand hat über der Uferlinie eine flachere Neigung als der ursprüngliche Strand. Der frisch aufgespülte Unterwasserstrand zeigt einen steilen Unterwasserhang, der durch Wellen und Strömungen allmählich abgetragen wird (■ Tab. 14.3 und 14.4).

Bei Materialeingabe im Vorstrandbereich kann der Sand bei ausreichenden Wassertiefen vom Schiff aus kostengünstig direkt verklappt werden. Bei einer Riffverklappung wird die seegangsdämpfende Wirkung des Riffs gestärkt und die Energie bereits im Vorfeld verringert und umgewandelt. Durch die seegangsbedingte Orbitalströmung wird das eingebrachte Material teilweise auch auf den Strand zu verfrachtet.

Tab. 14.3 Spülfeldneigung in Abhängigkeit von der Korngröße

Bodenart	Über Wasser	Unter Wasser (still)	Unter Wasser bewegt
Felssand und Mittelsand	1:50 bis 1:100	1:5 bis 1:8	1:10 bis 1:28
Grobsand	1:25	1:3 bis 1:4	1:4 bis 1:10
Kies	1:6 bis 1:10	1:2	1:3 bis 1:6

Tab. 14.4 Strandneigung in Abhängigkeit von der Korngröße

Mittlerer Korndurchmesser [mm]	Geringer Wellenangriff (Sommerprofil)	Starker Wellenangriff (Sturmflutprofil)
0,2	1:50 bis 1:100	1:50 bis 1:100
0,3	1:25 bis 1:50	1:45 bis 1:55
0,4	1:15 bis 1:25	1:40 bis 1:45
0,5	1:10 bis 1:15	1:35 bis 1:40

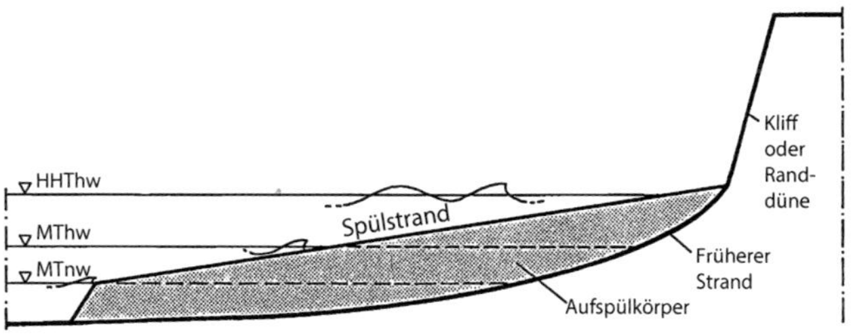

Abb. 14.14 Schematische (überhöhte) Darstellung des Querschnitts einer Flächenvorspülung. (Abb. 17 der „Empfehlung D", EAK 1993)

■ **Flächenhafte Strandaufschüttung**

Bei trockenem Materialeinbau wird Sand mit LKW auf den Strand transportiert und in gewünschter Schichtstärke abgeladen und ausgebreitet. Das Einebnen zum Planum erfolgt gegebenenfalls durch eine Raupe.

■ **Flächenhafte Strandaufspülung**

Im Küstenbereich als Flächenvorspülung (Abb. 14.14) eingespülte Sandmassen stellen eine störende Veränderung im natürlichen Strandprofil dar, die durch den Abtrag der Wellen umgelagert und wieder ausgeglichen wird. Dabei wächst die Masse des Abtrags mit der Masse der Vorspülung. Nach Führböter (1985) lässt sich für den Abtrag der Vorspülmassen eine Halbwertszeit ermitteln. Das Halbwertszeitverhalten von Flächenvorspülungen führt zu der Folgerung, zur Minimierung des langfristigen Massenbedarfs jeweils nur möglichst geringe Sandmengen vorzuspülen, mit denen sich pro Zeiteinheit die Erosionsverluste gerade ausgleichen lassen. Dementsprechend sind die Kosten zwischen den Parametern „Sandeingabe", „Sandabtrag" und den baubetrieblichen Faktoren, insbesondere der Baustelleneinrichtung, zu optimieren.

■ **Biotechnische Maßnahmen gegen Sandverwehungen**

Sandflug kann durch das Aufstellen von Sandfangzäunen verringert oder verhindert werden. Dazu haben sich Zäune aus eingegrabenen Buschfaschinen als umweltverträgliche Bauweise bewährt. Das Bepflanzen mit Strandhafer sichert den aufgewehten Sand und fördert eine Dünenbildung.

■ **Baugeologisches Untersuchen und Beraten**

Das geologische Untersuchen und Beraten beim Planen und Ausführen von Sandaufspülungen umfasst:

- Aufmessen des Strandprofils und des Strandmaterials in parallel und normal zur Küste verlaufenden Geländeschnitten;
- Bestimmen der Korngröße, Kornform und Kornverteilung des Sandes im Über- und Unterwasserstrand;
- Untersuchen der hydrodynamischen Vorgänge mit Angaben zu Wellenhöhen, Wellenperioden, und Wellenrichtung in Abhängigkeit von Wasserstand und Windrichtung;
- Beobachten der Lage der Brecherzonen, der Brecherformen und der Intensität der küstenparallelen Brandungsströmungen;
- Untersuchen der Tideströmungen im Küstenvorfeld und Ermitteln der maßgeblichen Wasserstände;
- Ermitteln einer Sandbilanz mit an- und abtransportierten Sandmengen sowie der Erosionsmenge bei Sandmangel;
- Untersuchen des Sandhaushalts in benachbarten Strandabschnitten;
- Erkunden eines geeigneten Gewinnungsgebietes durch Kartieren des Bodenmaterials in der Umgebung des betreffenden Küstenabschnittes mit Mächtigkeit und Überdeckung der Sandschichten;
- Untersuchen von Korngröße, Kornform und Kornverteilung der Sandschichten im Gewinnungsgebiet und der Sandmischungen beim hydraulischen Transport;
- Untersuchen möglicher Folgewirkungen einer Sandentnahme und untersuchen der ökologischen Randbedingungen von Sandentnahme und Sandaufspülung mit faunistischen und floristischen Kartierungen am Strand und am Meeresboden;
- Abschätzen der mittleren Halbwertszeit im vorgesehenen Bereich einer Strandaufspülung.

Das für das Aufspülen und Auffüllen verwendete Sandmaterial soll in seinem Kornaufbau möglichst dem vorhandenen Strandmaterial entsprechen oder nur geringfügig grobkörniger sein. Mittelkörniger Sand ist gut geeignet und zeigt eine gute Lagestabilität. Feinkörnige und schluffhaltige Sande ergeben ein ungünstiges und zu flaches Strandprofil; beim Gewinnen, Transportieren und beim Vorspülen können hohe Verluste auftreten. Grobsande und Kiese eignen sich weniger gut für das Fördern in Rohrleitungen und bilden ein zu steiles Strandprofil aus.

14.3.2 Längswerke als Küstenschutz

Bauwerke längs der Küste, die einen Schutz vor Erosion bieten, heißen „Längswerke".

■ **Deckwerke**

Deckwerke schützen erosionsempfindliche Böschungen vor Ausspülung. In der Brandung nehmen sie die Energie flächenhaft auf

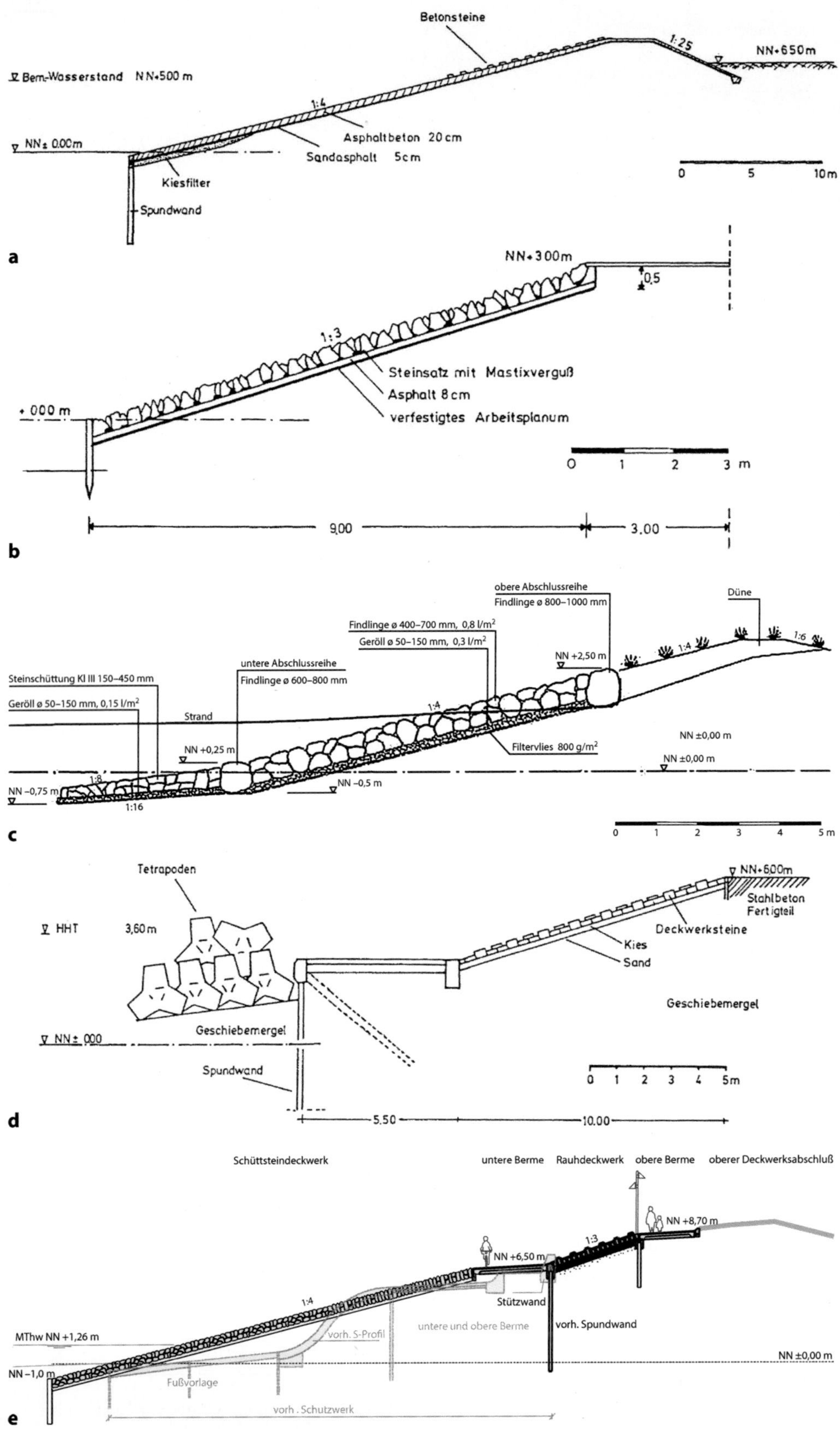

Abb. 14.15 Beispiele für Deckwerke als Küstenschutz. **a** Asphaltbetondeckwerk mit Rauigkeitsstreifen für Beanspruchung bei mittlerem Seegang, Wangerooge, **b** Deckwerk mit Steinsatz mit Mastixverguss für Beanspruchung bei mittlerem Seegang, nördlich Heiligenhafen, **c** Schüttsteindeckwerk auf Filtervlies mit Findlingsreihen für Beanspruchung bei mittlerem Seegang, nördlich Heiligenhafen, **d** Deckwerk aus Betonsteinpflaster mit rauer Oberfläche und Vorlage von Tetrapoden für Beanspruchung bei schwerem Seegang Helgoland. (**a,b,d** nach „Empfehlungen E" EAK 1993; **c** Beispiel 8a in „Anhang 2002" EAK 2002; **e** NLWKN Flyer „Küstenschutz für die Insel Baltrum – Umgestaltung des Westkopfes")

und werden somit geringer belastet als steilere Konstruktionen wie Strandmauern, Ufermauern und Wände. Deckwerke werden in unterschiedlichen Konstruktionsweisen und aus verschiedenen Baustoffen erstellt (Abb. 14.15).

Fußdeckwerke sichern scharliegende Deiche (Deiche ohne Vorland) vor Erosion am Bauwerksfuß und gewährleisten so dauerhaft die Standsicherheit und Wehrhaftigkeit der Bauwerke (Abb. 14.16). Um Schäden an der Grasnarbe und der

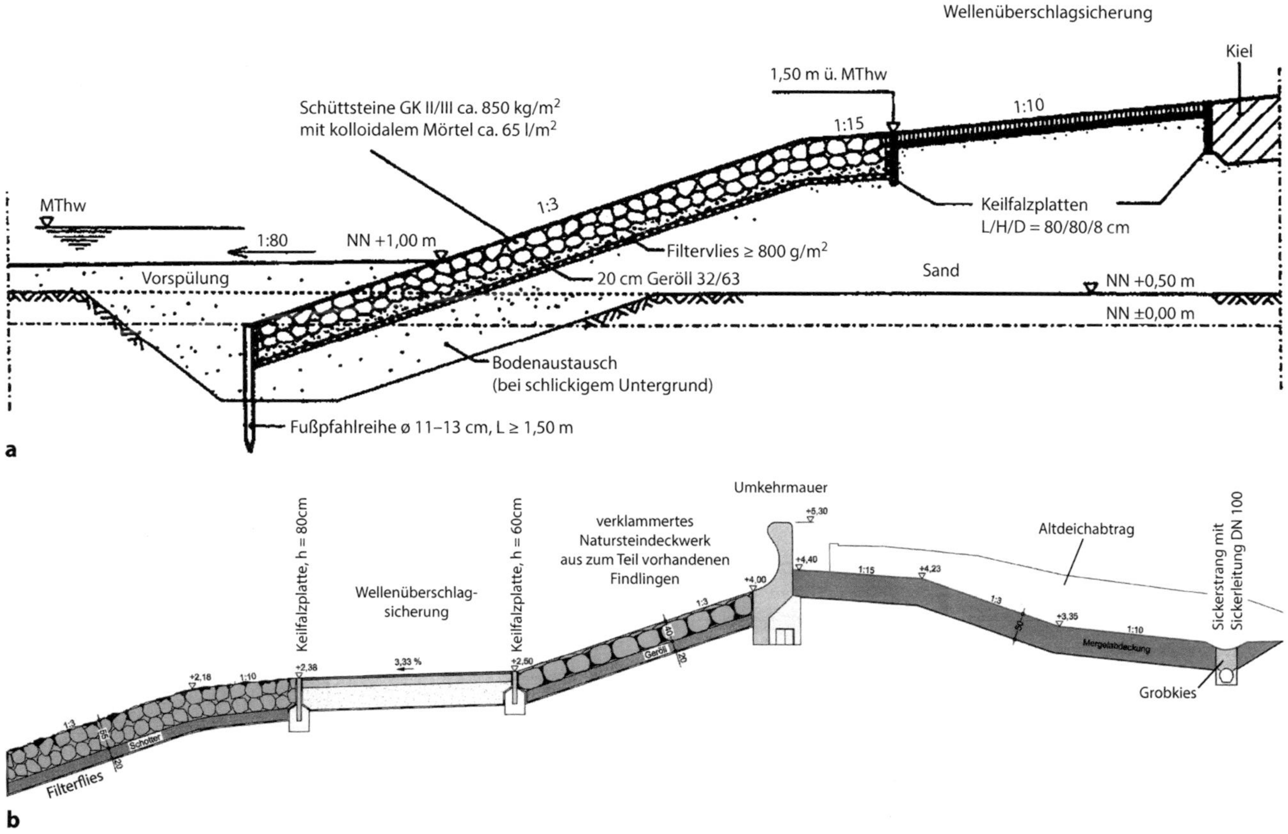

Abb. 14.16 Beispiele für Fußdeckwerke als Küstenschutz. **a** Deichfußdeckwerk Westküsten Schleswig-Holstein, **b** Deichfußdeckwerk mit vergossenen Schüttsteinen und Wellenumkehrmauer für Beanspruchung bei starkem Seegang, Dahme/Ostsee. (**a** Abb. 3 in „Empfehlungen G" EAK 2002; **b** LKN-SH)

Außenböschung des Deiches oberhalb des Deckwerkes durch überschlagende Wellen und Spritzwasser zu vermeiden, ist die Außenböschung in diesem Bereich als Überschlagssicherung zu befestigen.

Deckwerke sollen folgenden Anforderungen genügen:

- die dynamische Belastung aus der Brandung muss schadlos aufgenommen werden;
- es muss Sicherheit gegen Abrutschen bestehen;
- es muss Sicherheit gegen Abheben bestehen;
- es muss Sicherheit gegen Erosion und Unterhöhlen bestehen;
- alle Bauteile müssen über lange Zeit beständig sein.

Schäden an Deckwerken werden verursacht durch:

- Hinterspülen durch überschlagende Wellen und Spritzwasser;
- Unterspülen des Deckwerkfußes;
- Ausspülen von Bodenmaterial aus dem Deckwerk;
- Zerstörung durch Druckschläge;
- Zerstörung durch Wasserinnendruck bei wechselnden Wasserständen.

Das Beschreiben des Untergrundes mit Angaben zu den bodenmechanischen Kenngrößen und den hydrogeologischen Verhältnissen ist Grundlage für das baugeologische Beurteilen. Es ist entscheidend für die Ausbildung als offenes (durchlässiges) oder geschlossenes (undurchlässiges) Deckwerk.

Offene Deckwerke müssen gegen die Strömungskraft des bei fallendem Wasser aus der Böschung ausströmenden Sicker- und Grundwassers bemessen werden. Die Abdeckschicht steht dabei unter Auftrieb. Die Schleppkraft des auf der Oberfläche abfließenden Wassers ist zu addieren. Zu berücksichtigen sind die Scherparameter für Deckwerk und Untergrund sowie zwischen Filtermatte und angrenzendem Bodenmaterial. Das Filterkriterium ist einzuhalten.

An sandigen Küsten sollten Deckwerke als offene Deckwerke konstruiert werden, die einwandfrei die Filterbedingungen erfüllen. Sie werden vorwiegend als Schüttsteindeckwerke und Pflaster, seltener als Steinsatz oder Drahtschotterkörbe (Gabionen) über einen geotextilen Vliesstoff, einer Bitumensandschicht oder einem Filter aus abgestuftem Mineralkorn hergestellt.

Geschlossene Deckwerke müssen für den Überdruck des Sicker- und Grundwassers in der zu schützenden Böschung bemessen werden. Besonders bei Sturmflut kann der Grundwasserstand hinter dem Deckwerk durch Wasserstau und durch zusickerndes Meerwasser ansteigen. Bei fallendem Außenwasser treten Innenwasserdrücke auf, die zum Abheben und Abrutschen der Decke führen können. Kriterien für die Standsicherheit sind Eigengewicht der Decke, Reibung zwischen Decke und Untergrund, Scherparameter und Durchlässigkeit des anstehenden Bodens.

Geschlossen Deckwerke werden in Asphaltbauweise, Betonbauweise und aus vorgefertigten Betonplatten, Pflastern und Betonfertigteilen mit Fugenverguss hergestellt.

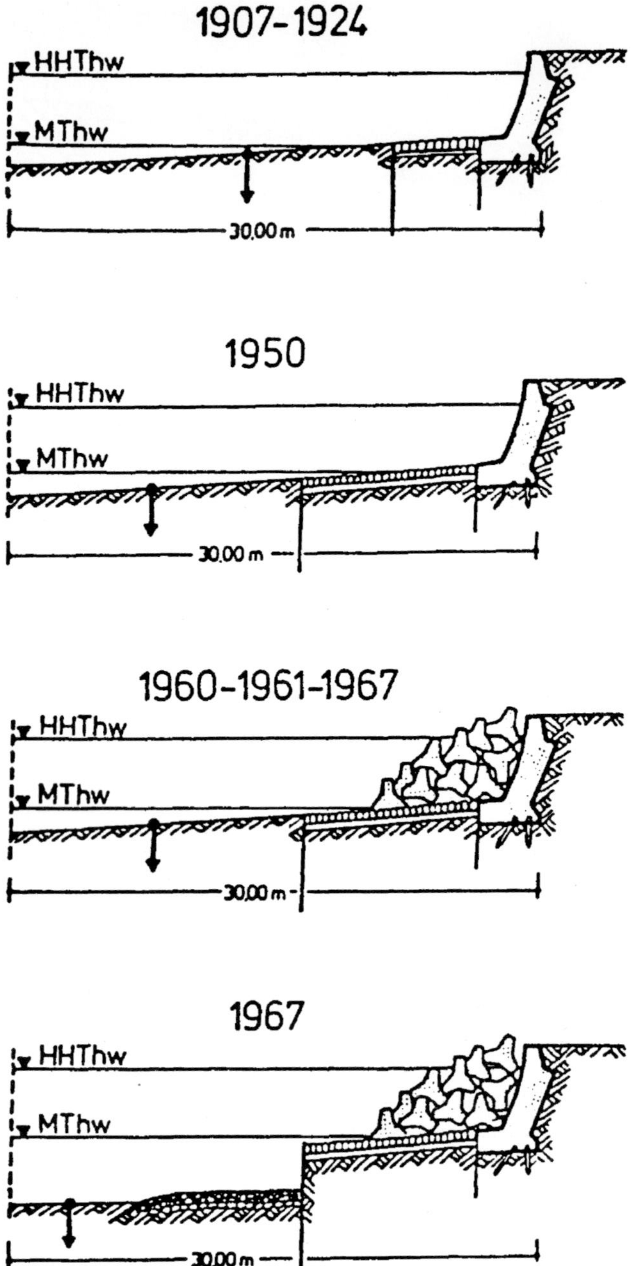

Abb. 14.17 Sicherung der erosionsgefährdeten Strandmauer an der Westküste der Insel Sylt durch ständig neue Fußvorlagen; seit den 1970er-Jahren wird dieser Bereich durch Sandaufspülungen gesichert. (Führböter 1985)

Strandmauern werden heute seltener gebaut, da sie beim Brechen der Wellen starke Turbulenzen am Mauerfuß und Wellenreflexion bewirken, die zu einer verstärkten Erosion des Strandes vor dem Bauwerk führen und dadurch dessen Standfestigkeit durch Unterspülen gefährden. Das Sichern gegen Unterspülen erfolgt durch den Einbau ständig neuer Fußvorlagen (Abb. 14.17).

Geotextilwälle

Bei Geotextilwällen handelt es sich um eine relativ neue Bauwerksform von Längswerken, die vor allem zum Sichern von Dünen eingesetzt werden. Beispielsweise werden in Mecklenburg-Vorpommern dammartige Wälle aus Geotextilien in den landseitigen Teil der dem Hochwasser- und Sturmflutschutz dienenden Küstenschutzdünen eingebaut, wenn es wegen beengter Platzverhältnisse nicht möglich ist, die Düne im Bemessungsquerschnitt mit einem Restquerschnitt als Sicherheitsreserve zu realisieren (Abb. 14.18). Falls im Sturmflutfall der Dünenquerschnitt so weit abgetragen und geschwächt wird, dass ein Versagen droht, übernimmt der eingebaute Geotextilwall die Funktion des letzten Sicherheitselements gegen einen Durchbruch, da der in das Geotextil „eingepackte" Sand nicht weiter erodiert werden kann.

In der Regel kommen für Geotextilwälle sandgefüllte geotextile Bauelemente in Container- oder Lamellenbauweise aus mechanisch verfestigten Vliesstoffen zum Einsatz. Empfehlungen zu Konstruktion und Bemessung von Geotextilwällen gibt das Regelwerk *Küstenschutz Mecklenburg-Vorpommern* (2012).

Wellenbrecher

An der Ostseeküste werden vor schwer belasteten Küstenabschnitten ufernahe Wellenbrecher eingebaut. Dies sind etwa 100–200 m lange Steinbauwerke (Steinwälle) aus großen Gesteinsblöcken mit Trapezquerschnitt, die beidseitig in der Regel auf 1:2 geböscht sind. Sie verlaufen im Allgemeinen parallel zur Küstenlinie in 2–4 m Wassertiefe. Wellenbrecher können einzeln oder in Gruppen angeordnet werden (Abb. 14.19).

Wellenbrecher schwächen den Seegang und die Brandungsströmung ab und verringern so den Eintrag von Seegangsenergie auf die Küste. Die auflaufenden Wellen werden gebrochen und an den Bauwerksenden in ihrer Richtung geändert. Die Wellendämpfung wird vorrangig durch die Querschnittsgestalt (Kronenhöhe, Breite, Durchlässigkeit, Wassertiefe) bestimmt. Auf der Landseite wird Sand in Form eines Tombolos akkumuliert. Die Akkumulation auf der Schorre und deren Umformung werden vorrangig von Bauwerksanordnung, Abstand zur Küstenlinie und vorherrschender Wellenlänge bestimmt, bei Anordnung von zwei oder mehr Wellenbrechern hintereinander beeinflusst auch der Zwischenraum zwischen den Bauwerken die Ablagerung der mitgeführten Sedimente (Weiss 1991). Der durch Wellenbrecher gestörte Längstransport kann zusätzlich durch Sandaufspülungen ausgeglichen und in den unverbauten, unmittelbar benachbarten Küstenabschnitten durch Buhnen beeinflusst werden, um Negativwirkungen zu vermeiden.

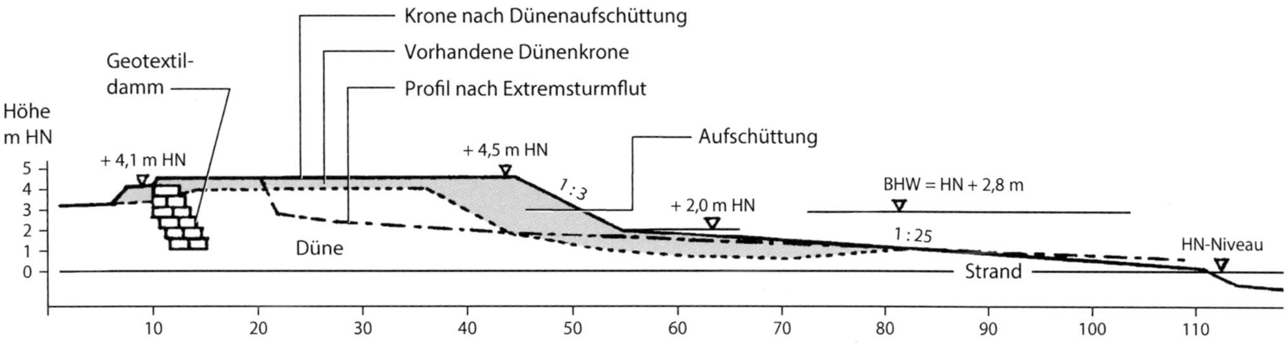

■ **Abb. 14.18** Regelquerschnitt einer mit Geotextilcontainern verstärkten Düne. (Kiesling, Sommermeier 2008)

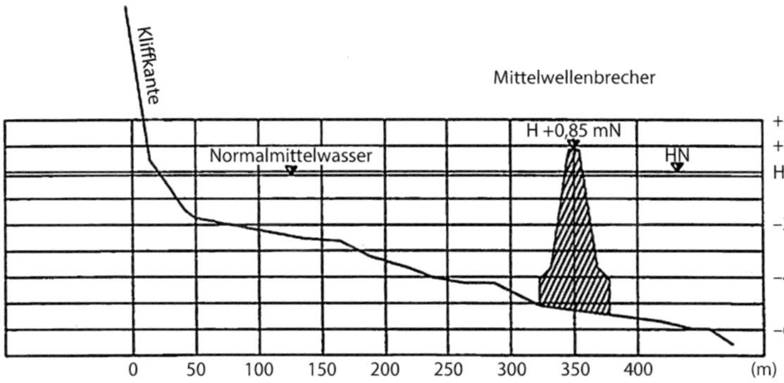

■ **Abb. 14.19** Küstenquerprofil und Querprofil eines Systems von drei küstenparallelen Wellenbrechern in einer Uferentfernung von ca. 200 m mit einer Öffnungsweite von 60 m zwischen den Wellenbrechern an der Außenküste der Insel Usedom. (Beispiel 23 in „Anhang 2002" EAK 2002)

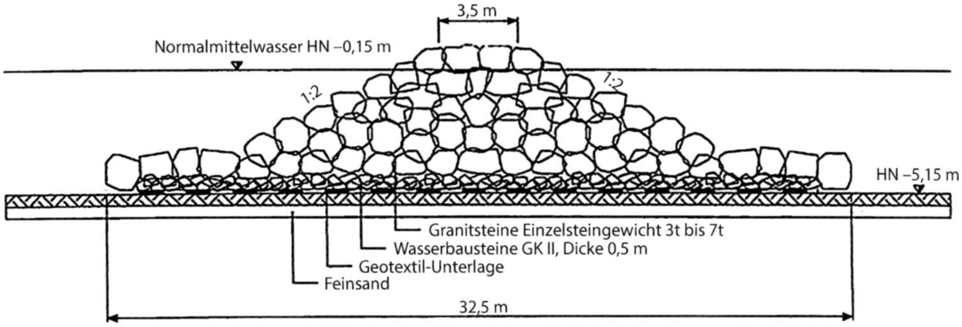

Gleichartige Bauwerke, die einen am offenen Meer liegenden Hafen oder eine Hafeneinfahrt begrenzen, heißen „Molen". Sie bieten Schutz vor Wind, Seegang, Wellenschlag, Strömung, Eisgang und Versanden.

Erosionsgefährdete Küstenabschnitte können auch durch Unterwasserwellenbrecher aus sandgefüllten Gewebeschläuchen und sandgefüllten Sandcontainern aus geotextilen Geweben oder mechanisch verfestigten Vliesstoffen gesichert werden. Zum Einsatz kommen u. a. Mega-Sandcontainer mit 20 m Länge. Solche Container werden auf einer Spaltklappschute mit Sand gefüllt, vernäht und auf den Meeresgrund abgelassen. Dort bilden sie ein künstliches Riff, das den Seegang in der aktiven Zone des Wellenbrechens beeinflusst (Heerten et al. 2000).

14.3.3 Buhnen als Küstenschutz

Buhnen sind quer zur Strandlinie angeordnete damm- oder wandartige Bauwerke, die die Uferlinie stabilisieren und vor Rückgang und Erosion sichern sollen. Sie beeinflussen den küstenparallelen Sandtransport. Wegen ihrer nicht exakt vorhersagbaren Wirkung auf den Sedimenthaushalt und die natürliche Küstendynamik sollten Buhnen nur zum Einsatz kommen, wenn der Strand durch künstliche Sedimentzufuhr nicht mit technisch-ökonomischem Aufwand stabilisiert werden kann. Durch Lee-Erosion verursachte, nicht ausschließbare Schäden zwingen gegebenenfalls zum Bau weiterer Buhnen in den angrenzenden Strandabschnitten, was langfristig zur einer „Verfelsung" der Küste führt. Buhnen sind dort angebracht, wo sie als Bestandteil von Küstenschutzsystemen, z. B. in Kombination mit Längswerken und Sandaufspülungen, die sehr stark durch

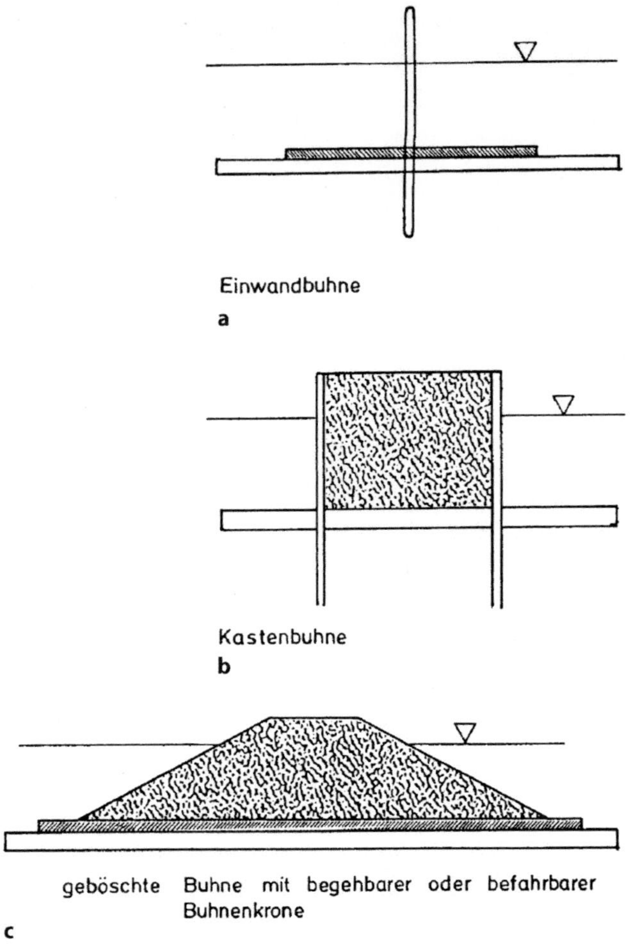

Abb. 14.20 Längs- und Querschnitt von Buhnen. a Einwandbuhne; b Kastenbuhne; c beböschte Buhne. (Nach Abb. 18 der „Empfehlungen F" EAK 1993)

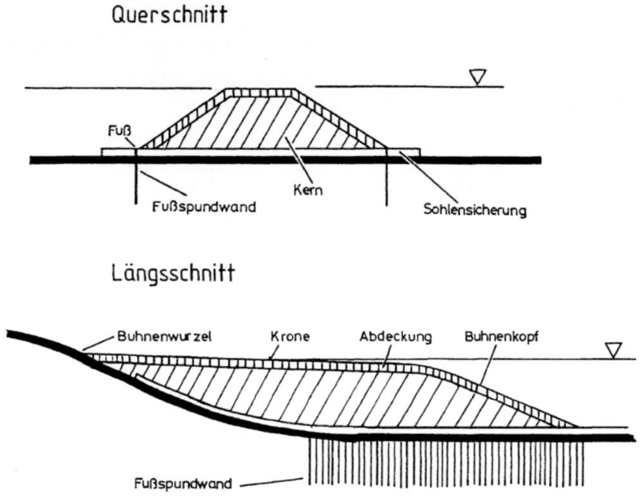

Abb. 14.21 Längs- und Querschnitt einer geböschten Buhne. (Nach Abb. 17 der „Empfehlungen F" EAK 1993)

Seegang und Längsströmungen belasteten Küstenabschnitten an den Westseiten der ostfriesischen Inseln sichern oder an der Außenküste Mecklenburg-Vorpommerns Aufspülsande stabilisieren und so die Wiederholungsintervalle von Sandaufspülungen verlängern.

Nach der Funktion und Bauweise werden Strandbuhnen, Strombuhnen und Unterwasserbuhnen unterschieden. Strandbuhnen binden in den Sand ein und sollen den Sandabtrag durch Wellen vermindern oder verhindern. Strombuhnen sollen Ufer und Uferbauwerke vor Erosion durch Längsströmungen schützen. Unterwasserbuhnen dienen der Sicherheit des Vorstrandes.

Die schräg oder senkrecht zur Uferlinie angeordnete Buhne stellt ein Hindernis für den natürlichen Küstenlängstransport von Sandmaterial dar. Sie bewirkt Auflanden an der Luvseite und Erosion an der Leeseite. Dabei stellen sich an der Luvseite steilere Neigungen ein. Zwischen dem vorherrschenden Seegang und dem gewünschten Anlanden stellt sich ein Gleichgewicht ein, über das hinaus kein weiterer Sand abgelagert wird. Meist werden Buhnen in Gruppen gebaut, um gefährdete Küstenabschnitte vor Erosion zu schützen, um Strandabbrüche zu verzögern und um den Längstransport zur Stranderhaltung zu nutzen.

Die Funktion der Buhnen wird bestimmt durch Konstruktion, Querschnittgestalt, Länge, Breite und Höhe der Einzelbuhne, durch die Anordnung in Buhnengruppen und durch die gewählten Buhnenabstände (Abb. 14.20, 14.21, 14.22, 14.23 und 14.24). Die Wirksamkeit für die Sandablagerung kann durch die Konstruktion einer aufgelösten (durchlässigen) Buhne gesteuert und die Lee-Erosion reduziert werden.

Strombuhnen müssen so bemessen sein, dass die Buhnenwurzel auch beim höchsten Wasserstand nicht überflutet wird. Bei Strandbuhnen soll die Buhnenhöhe so bemessen sein, dass zum einen eine zu große sandfangende Wirkung und ungewollte Lee-Erosion ausbleibt und dass zum anderen auch bei höchstem Wasserstand ein Überschlagen der Wellen mit erodierender Wirkung im benachbarten Strandbereich vermieden wird.

Nach dem Buhnenquerschnitt wird zwischen Einwandbuhnen, Kastenbuhnen und unterschiedlich gestalteten geböschten oder gewölbten Buhnen unterschieden (Abb. 14.20).

Kastenbuhnen werden in Kastenform aus Holzspundwänden, Stahlspundbohlen, Stahlbetonbohlen und Stahlbetonfertigteilen hergestellt. Die betonierte oder gepflasterte Buhnenkrone wird so breit angelegt, dass überschlagende Wellen auf dem Bauwerkskörper ausbranden und ihre Energie verlieren.

Einwandbuhnen werden aus Holzpfählen Stahlspundbohlen oder Stahlbetonbohlen konstruiert. Die Wellen können das Bauwerk überlaufen oder in das leeseitige Buhnenfeld überschlagen und dort erodierend wirken. Mit ihren senkrechten Buhnenflanken bewirken sie in gleicher Weise wie Kastenbuhnen eine Wellenreflexion. Schräg in das Buhnenfeld einlaufende Wellen werden zur Uferlinie hin gebrochen. Dadurch wird der Sedimenttransport aus dem Buhnenfeld verringert (Abb. 14.23b).

Flachbuhnen mit gewölbtem oder geböschtem Querschnitt werden aus Wasserbausteinen oder Betonformsteinen gesetzt (Abb. 14.21). Der Kern in der Buhne besteht aus natürlichen Schüttsteinen wir Granit, Diabas, Quarzit mit einem Schüttgewicht von 1,5 g cm^{-3}. Die Abdeckung für Krone und Buhnenkopf wird als Packung oder Pflasterung mit höherer Dichte (1,7 g cm^{-3}) ausgeführt, was eine besondere Bearbeitungsform der behauenen Steine oder eine spezielle Formgebung bei Betonsteinen voraussetzt. Die Fugen werden mit Beton oder Asphalt vergossen.

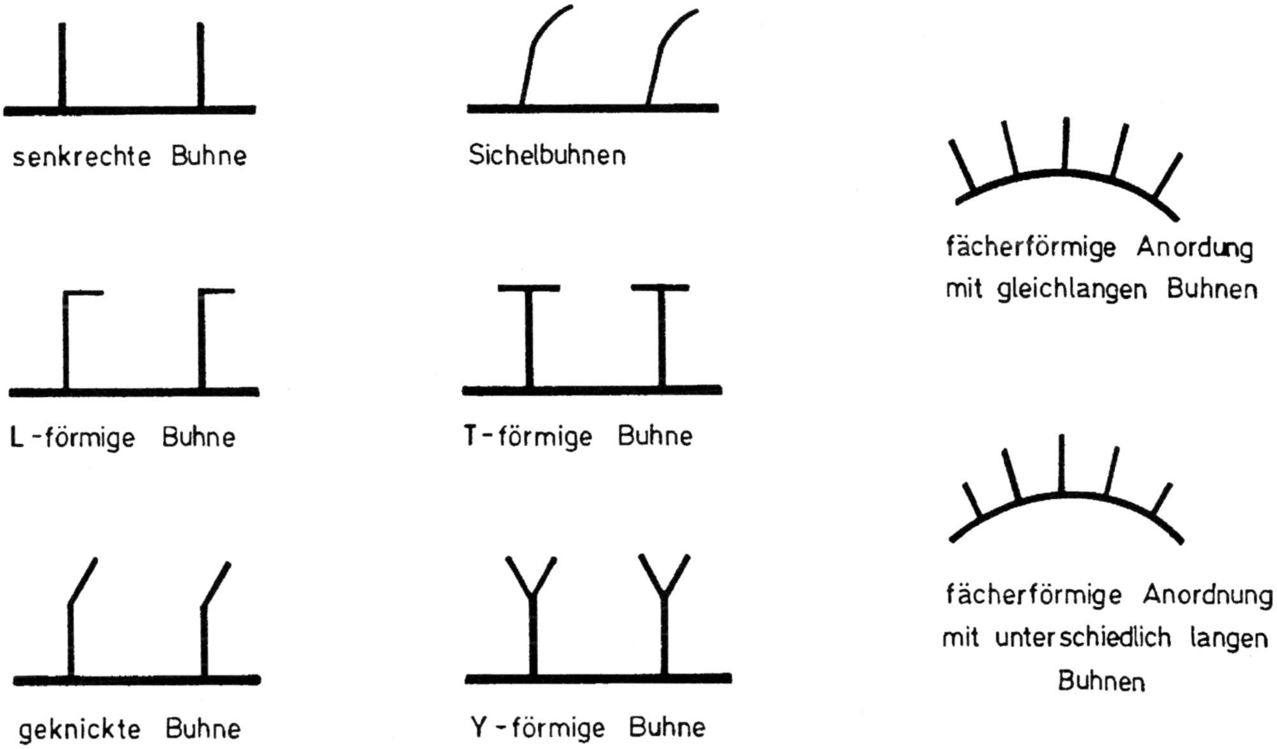

Abb. 14.22 Beispiele für Buhnengrundrisse und die Anordnung von Buhnengruppen. (Nach Abb. 14 und Abb. 15 der „Empfehlungen F" EAK 1993)

An dem flach geböschten, breit ausladenden runden Kopf der Flachbuhnen erfahren die zulaufenden Wellenfronten eine Richtungsänderung als Folge der Refraktion am Bauwerk und der Diffraktion auf der Leeseite. Beide Einflüsse führen zu einer Beugung der Wellen zur Buhnenachse. Eine Gruppe von Flachbuhnen bewirkt somit eine Gleichrichtung der je nach Windrichtung verschieden ankommenden Wellenfronten, sodass nahezu alle gebeugten Wellen im gleichen Winkel auf den Strand treffen (Abb. 14.23).

Buhnen aus Betonformsteinen (Tetrapoden) stellen eine hohlraumreiche Konstruktion dar. Im Verbund gesetzt, halten sie den Strömungskräften stand. Die Reflexion der Welle wird im Gegensatz zu glattwandigen Kasten- oder Einwandbuhnen stark vermindert.

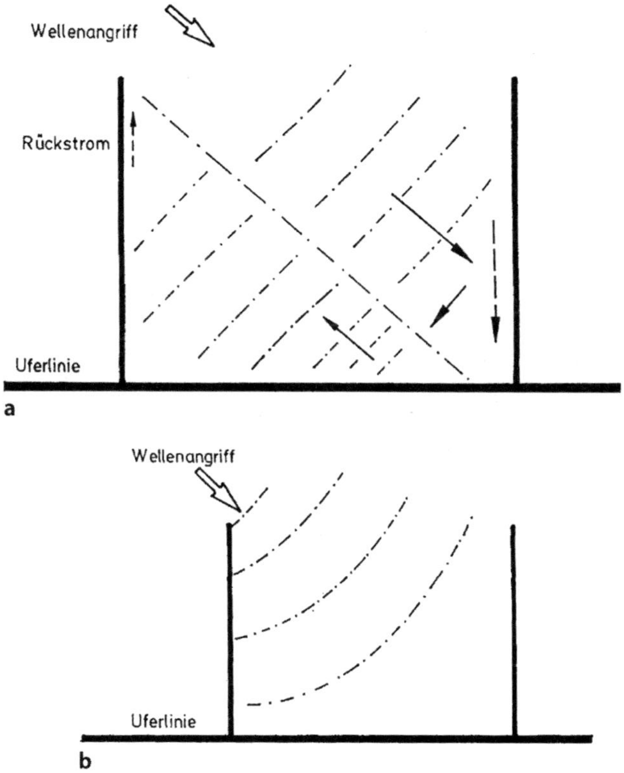

Abb. 14.23 Unterschiedliche Wirkungsweise von Buhnengruppen. **a** Reflexion einer schräg anlaufenden Welle an der senkrechten Wand einer Kastenbuhne oder einer Einwandbuhne, **b** Diffraktion einer schräg anlaufenden Welle an einer Flachbuhne. („Empfehlung F" der EAK)

- **Baugeologisches Untersuchen**

Das geologische Untersuchen und Beraten beim Planen und Bauen von Buhnen und Buhnenfeldern umfasst:

- Aufmessen des Strand- und Vorstrandprofils;
- hydrodynamische Vorgänge, Wellenangriff und Energiebilanz im schutzbedürftigen Strandabschnitt;
- Untersuchen des Baugrundes und Bestimmen der bodenmechanischen Kenngrößen für die Standsicherheit der Buhne (Bohrungen, Schürfe, Sondierungen. Flügelsondierungen, Entnahme von Bodenproben, Laboruntersuchungen), Berechnen bzw. Abschätzen des Setzbetrages und der Verformung, Nachweis der Grundbruchsicherheit, Nachweis der Standsicherheit gegen Kippen und Gleiten;
- Aussagen zur Ausbildung einer Sohlensicherung (Sinkstücke, geotextile Vliese oder Gewebe, Betonmatten, dichte

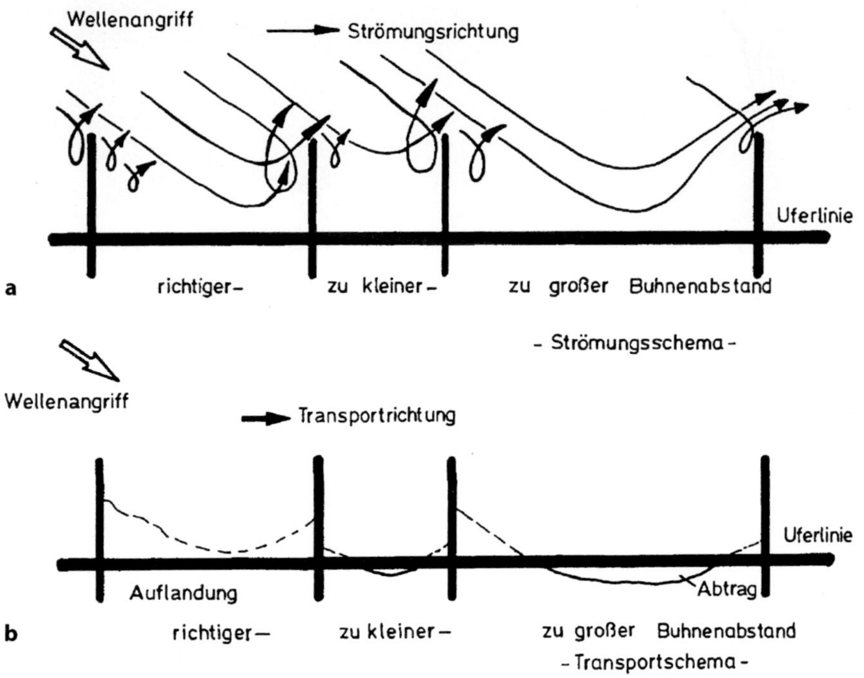

Abb. 14.24 Strömungsschema (*oben*) und Transportschema (*unten*) mit Wirkung von Buhnengruppen mit unterschiedlichem Buhnenabstand. (NAGAI 1956, in „Empfehlungen F" EAK 1981)

Asphaltmastixbahnen, durchlässige Filtergewebe als Mastixschottermatten) und deren Beschwerung;
- Beurteilen der zu erwartenden Beanspruchung des Bauwerkes, Mitsprache bei der Wahl der Baumateriale und der durch Sandschliff, Eisgang und Korrosion beanspruchten Konstruktionsteile (Spundwände, Drahtgitterkörbe);
- Aussagen zur voraussichtlichen Lebensdauer des Bauwerkes.

Das Unterhalten von Buhnen erfordert ständiges Beobachten der einzelnen Buhnenbauwerke und der Veränderungen im Buhnenfeld. Beobachtet werden Schäden infolge starker Brandung sowie infolge Unterspülung oder Leeerosion, bei Holzbuhnen außerdem Schäden durch den Befall des Holzes durch die Bohrmuschel *Teredo navalis*. Das Überprüfern der ständig unter Wasser liegenden Bauwerksteile erfolgt durch Bauwerkspeilungen (Nivellements) bei Niedrigwasser oder durch Tiefenmessen mit einem Echograph, wenn die Buhnen von einem Messschiff überfahren werden können.

14.3.4 Zeitgemäßer Küstenschutz

Der Küstenschutz hat eine hohe Bedeutung für den Bestand und die Entwicklung der Küstengebiete. Der Lebensraum der Menschen, die direkt am Meer leben, ist zu sichern. Dabei orientiert sich der Küstenschutz an folgenden Grundsätzen (MELUR 2013):
- Menschen und ihre Siedlungen sowie wichtige Infrastruktureinrichtungen werden vor Meerwasserüberflutungen geschützt (Küstenhochwasserschutz).
- Siedlungen, wichtige Infrastrukturanlagen und hohe Sachwerte werden vor irreversiblem Küstenrückgang und struktureller Erosion geschützt (Küstensicherung).
- Das Wattenmeer wird mit seinen prägenden Elementen und Funktionen erhalten (flächenhafter Küstenschutz).
- Natur und Landschaft werden bei der Ausführung von Küstenschutzmaßnahmen geschont. Hierzu werden bereits frühzeitig naturverträgliche Maßnahmevarianten gesucht und diese in der Abwägung bevorzugt.
- Die erforderlichen Küstenschutzmaßnahmen werden gemäß den Prinzipien des Integrierten Küstenzonenmanagements (IKZM) im Sinne einer nachhaltigen Entwicklung durchgeführt. Das Umsetzen von anderen berechtigten Anforderungen an den Küstenraum wie Tourismus, Hafenwirtschaft oder Entwässerung wird dabei ermöglicht.
- Im Interesse der Zukunftsvorsorge werden hydromorphologische Entwicklungen sowie Klimaänderungen und ihre möglichen Folgen sorgfältig beobachtet und bewertet.

Seit über tausend Jahren werden Bauwerke zum Küstenschutz erstellt und alte Bauwerke den Erfordernissen der Zeit angepasst. Aktuell stellt der Umgang mit den Konsequenzen des Klimawandels die zentrale Herausforderung für den zukünftigen Küstenschutz dar. Ein beschleunigter Meeresspiegelanstieg sowie eine Zunahme der Sturmhäufigkeit und Sturmstärken kann künftig einen erheblichen Anpassungsbedarf und erhöhten Aufwand an Küstenschutzmaßnahmen erfordern, um das heutige Schutz- und Sicherheitsniveau zu erhalten.

Auch wenn ein beschleunigter Meeresspiegelanstieg an den deutschen Küsten derzeit nicht erkennbar ist, liefern neuere Projektionen für den globalen Meeresspiegelanstieg Werte zwischen 0,4 m und maximal 1,4 m bis zum Ende dieses Jahrhunderts. Regionalisierte Angaben zu Betrag und zeitlichem Verlauf des Anstiegs liegen nicht vor. Der Anstieg soll nach Modelberechnungen nicht linear, sondern mit der Zeit zunehmend erfolgen.

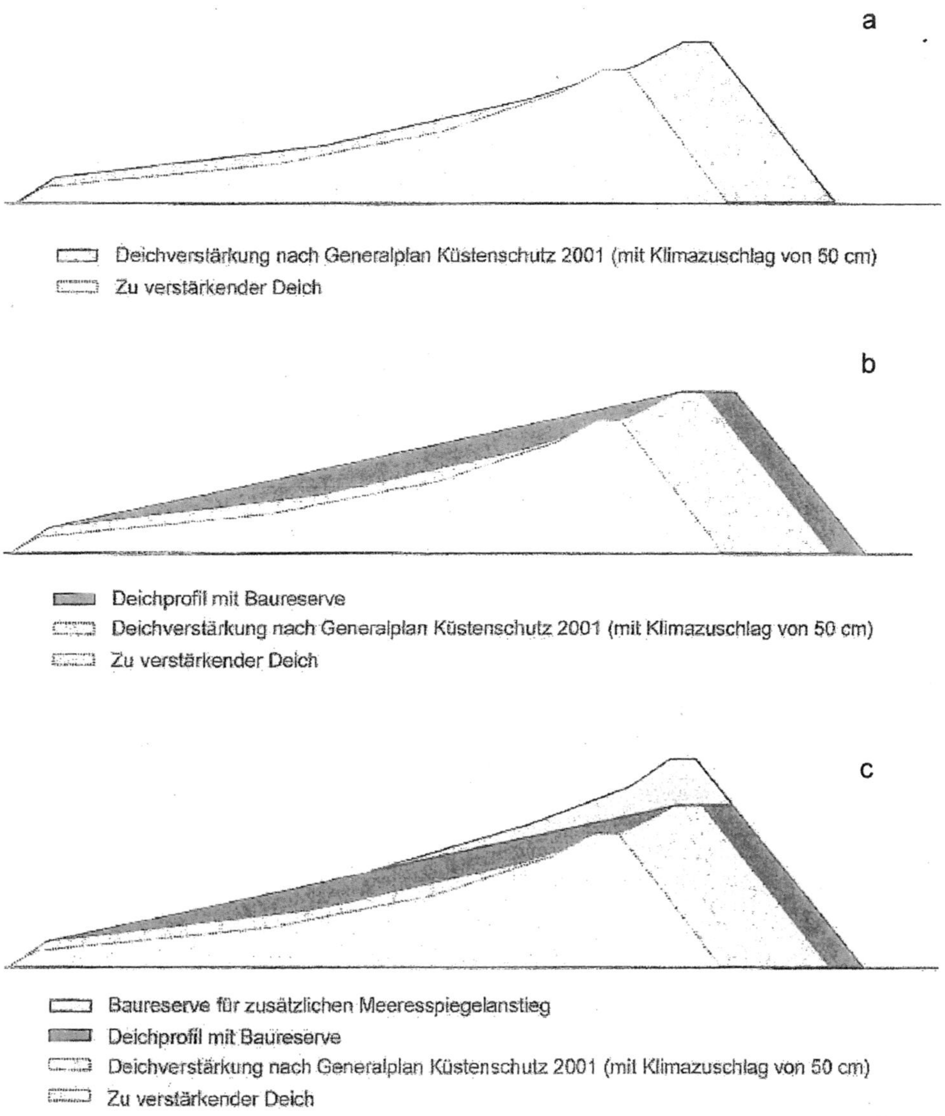

◘ Abb. 14.25 Konzept „Baureserve". (MELUR SH 2013)

Für das Bemessen von Küstenschutzanlagen, die in der Regel auf eine Lebensdauer und Betriebszeit von 70 bis 100 Jahren ausgelegt werden, stellt die Unschärfe in der künftigen Entwicklung eine erhebliche Herausforderung dar. Dieser Unsicherheit wird z. B. beim Festlegen des Deichbesticks durch einen „Klimazuschlag" von 0,5 m auf den maßgebenden Sturmflutwasserstand mit einer jährlichen Eintrittswahrscheinlichkeit von 0,005 (Wiederkehrintervall: 200 Jahre) Rechnung getragen. In Schleswig-Holstein wird zudem bei Deichverstärkungen seit 2009 das Konzept „Baureserve" zugrunde gelegt (◘ Abb. 14.25). Dabei wird das neu bemessene Regelprofil mit variabler Neigung der Außenböschung (◘ Abb. 14.25a) in einem zusätzlichen Schritt angepasst, in dem die Außenböschung eine einheitliche flachere Neigung erhält und die Deichkrone verbreitert wird (◘ Abb. 14.25b). Dadurch wird bereits heute eine zusätzliche Sicherheit gegenüber dem bisherigen Regelprofil erreicht. Vor allem aber wird eine Baureserve für spätere Nachverstärkungen für den Fall geschaffen, dass der Meeresspiegel um mehr als 0,5 m ansteigt. Nachfolgende Generationen erhalten so die Möglichkeit, mit geringem bautechnischem und ökonomischem Aufwand durch Aufsetzen einer Deichkappe auf den Deich (◘ Abb. 14.25c) flexibel auf einen Meeresspiegelanstieg von bis zu etwa 1,5 m zu reagieren.

Infolge des Klimawandels wird für zukünftige Küstenschutzmaßnahmen mit einem erhöhten Material- und Bodenbedarf zu rechnen sein. Das notwendige Erhöhen und Verstärken von Deichen führt zu größeren Deichprofilen, wodurch sich auch der Bedarf an geeignetem Material für den Deichkern sowie insbesondere auch an Klei und Geschiebemergel als bindige mineralische Deckschicht erhöht. Daneben ergibt sich ein wachsender Bedarf an Aufspülsanden, um einem infolge des Meeresspiegelanstiegs beschleunigten Küstenrückgang durch vermehrte Sandaufspülungen begegnen zu können (Sommermeier, Schlamkow, 2010).

Die Begrenztheit dieser Ressourcen erfordert ein frühzeitiges Erkunden von Lagerstätten und das Einrichten eines Bodenmanagements, um auch in Zukunft ausreichend Bodenmaterial für Küstenschutzmaßnahmen zur Verfügung zu haben.

14.4 Hochwasserschutz

Die Hochwassergefahr durch ausufernde Flüsse und Bäche bedroht Menschen und ihren Siedlungsraum, Verkehrswege und landwirtschaftliche Nutzflächen. Nach dem Wasserhaushaltsgesetz sind in Deutschland alle Flächen, die nach der statistischen Wahrscheinlichkeit einmal in 100 Jahren überschwemmt werden können, in amtlichen Karten/Gefahrenatlas als Überschwemmungsgebiet auszuweisen. Überflutungen lassen sich durch Hochwasserrückhalt, Hochwasserableitung und Hochwasserschutzbauwerke in bedrohten Überschwemmungsgebieten bannen oder mindern (Buck und Lee 1980, Sachwitz et al. 1982, Patt & Gonsowski 2011).

Durch den Bau von Hochwasserrückhaltebecken wird das Ausufern von Bächen und Flüssen in hochwassergefährdeten Gebieten vermieden, indem das Hochwasser durch den Bau von Stauanlagen in Stauseen an flussaufwärts höher gelegenen Orten aufgefangen wird. Das natürliche Hochwasser wird also vom gefährdeten Ort wegverlagert an speziell hierfür ausgesuchte Orte. In Hochwasserrückhaltebecken wird das Ausufern der Flüsse für die Dauer starker Wasserführung gefördert, damit durch diesen Rückhalt die Hochwassergefahr für unterliegende Siedlungsräume gedämpft wird. Nach Abklingen der Hochwasserwelle wird das aufgestaute Wasser gefahrlos abgeleitet.

Hochwasserableitungen sind Maßnahmen des Flussbaus und des Wildbachverbaus, welche durch Flusskorrektionen, durch den Bau von Entlastungskanälen und durch optimierten Querschnitt der Bäche und Flüsse (◘ Abb. 14.8) für einen beschleunigten Abfluss sorgen.

Hochwasserschutzbauwerke werden in den Überschwemmungsgebieten großer Flüsse und an den Küsten der Meere errichtet. Zum einen sind es aktiv wasserrückhaltende Dämme und Deiche, zum anderen passiven Schutz gewährende Baumaßnahmen wie hochwasserfeste Ausbildung der Bauwerke und auf Aufschüttungen oder Stelzen oberhalb der Hochwassermarke erstellte Bauwerke und Straßen (Geländeauffüllungen, Wurften, Verkehrsdämme, Pfeilerbauwerke, Brücken).

An Flüssen müssen Maßnahmen zur Hochwasserminderung das gesamte Einzugsgebiet erfassen. Dabei kommen im Ober-, Mittel- und Unterlauf von Flüssen unterschiedliche Maßnahmen zur Anwendung. Wirksamer Hochwasserschutz braucht den Wasserrückhalt in der Fläche.

Dezentraler Hochwasserschutz an Flüssen besteht aus über die Einzugsfläche verteilten Maßnahmen (oft Kleinmaßnahmen) wie Regenwassernutzung, Regenwasserversickerung, Dachbegrünung, Entsiegeln, Aufforsten, Anlage von vernetzten Teichen und Feuchtgebieten, Anlage von Schutzpoldern durch Binnendämme und Renaturieren von Bächen und Flüssen.

Bei allen Bemühungen um dezentralen Hochwasserschutz bleibt der technisch orientierte Hochwasserschutz von Siedlungsgebieten durch den Bau von Dämmen, Deichen, Schutzmauern, Rückhaltebecken und Talsperren weiterhin unentbehrlich (Petersen 1988, Janssen 1988, Saggau 1988, Wegner 1992, Irmer 1997, Röthlein 1997, Patt & Gonsowski 2011).

▪ Hochwasserreduzierende Maßnahmen im Oberlauf

Sinnvolle Einzelmaßnahmen, die in ihrer Summe vorteilhafte Effekte zur Abflussreduktion bewirken, sind gezielte abflusswirksame Landnutzungsänderungen, Aufforstungen, Regenwassernutzungen und der Bau von Rückhalteeinrichtungen für Regen- und Flusswasser wie Becken und Talsperren. Ziel ist, das Hochwasser dort zu bekämpfen, wo die Wassermassen abregnen. Entgegengesetzt wirken Entwässerungs- und Dränungsmaßnahmen zum gefahrfreien Nutzen von Bauwerken, Gräben, Gruben, Bergwerken und Deponien (▶ Abschn. 6.1.2 und 6.2), zum Stabilisieren von Hängen und Rutschgebieten (▶ Abschn. 10.3) und zum Erhöhen der landwirtschaftlichen Erträge (▶ Abschn. 14.7.1).

▪ Hochwasserreduzierende Maßnahmen im Mittel- und Unterlauf

Es sind Lösungen anzustreben, die durch den Rückbau von Querschnittsverengungen vergrößerte Abflussprofile, Retentionsräume und ökologisch wertvolle Auelandschaften schaffen. Unbesiedelte Aueflächen können zu Flutungspoldern mit ausschließlicher Grünlandnutzung oder Auewald umgestaltet werden. Weiteres Bebauen der gegenwärtig aktiven Überschwemmungsauen soll vermieden werden. Dies kann durch Ausweisen gesetzlich festgelegter Überschwemmungsflächen geregelt werden, deren Grenzen sich an den natürlichen Überschwemmungsgrenzen orientieren müssen. Das Erhalten und Schaffen naturnaher Retentionsräume hat Vorrang vor dem Bau von Hochwasserrückhaltebecken.

14.4.1 Deichbau

Die meisten Flüsse und Kanäle benötigen Dämme oder Deiche entlang ihres Laufes, um die Anwohner vor Überschwemmungen zu schützen.

Von Dämmen spricht man, wenn das Bauwerk das Wasser direkt begrenzt. Dämme sind immer wasserbelastet. Durch diese gleichmäßige Belastung können Dämme ganzjährig kontrolliert und gewartet werden.

Deiche stehen oft entfernt vom Fluss oder Meer und werden nur bei hohen Wasserständen belastet. Schwachstellen in der Dichtigkeit können nur bei Hochwasser oder Sturmflut erkannt werden.

Unterschieden wird zwischen Seedeichen und Flussdeichen.

Der moderne Deichbau verfolgt die Ziele des Hochwasserschutzes großer Gebiete längs der Flüsse und Meeresküsten, des Beherrschens der Oberflächenabflüsse aus dem Hinterland, des Schaffens ausgedehnter Süßwasserreserven in den Küstengebieten und des Landgewinns (Hagemann und de Mulder 1985). Diese vielseitige Zweckbestimmung stellt, vereint mit hochgesteckten Sicherheitsanforderungen, höchste Ansprüche an die geologische und geotechnische Beurteilung und an die planerische und ausführungstechnische Bewältigung. Beim konstruktiven Beherrschen des Deichbaus stehen Stabilität und bauliche Ausbildung an erster Stelle. In früheren Zeiten wurden ungegliederte Dammkonstruktionen aus undurchlässigem tonigem Material gewählt (Ton, Klei). Im homogenen Deichkörper über geringdurchlässigem Untergrund bildet sich bei anhaltend hohem Wasserstand eine stationäre Sickerströmung mit flach verlaufenden Sickerlinien aus. Der Fließdruck kann im aufgeweichten Damm zu verschieden verursachten Versagensformen und Deichbrüchen führen (Kärchner et al. 1997).

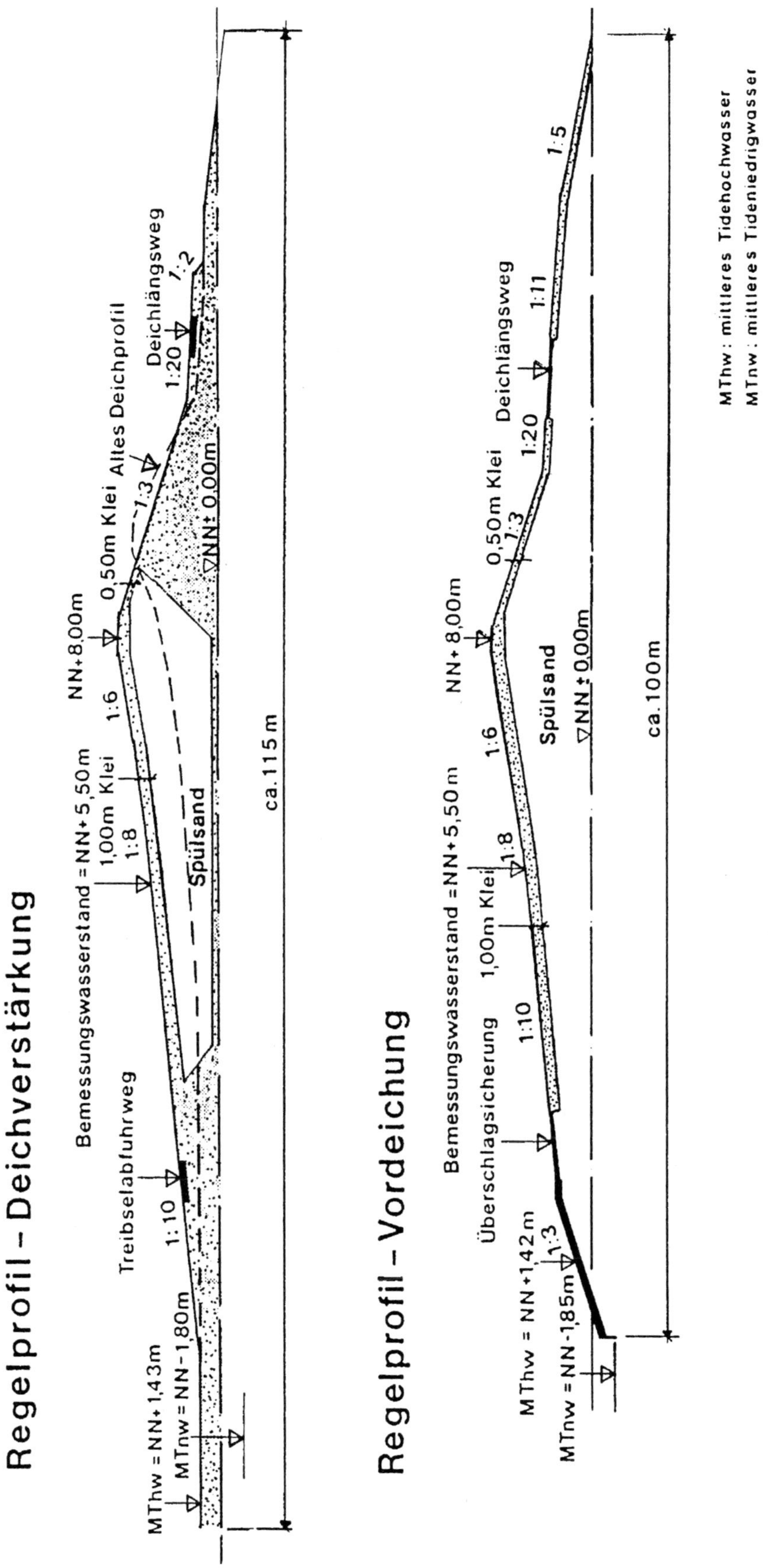

Abb. 14.26 Regelprofile für Deichbauwerke in der Nordstrander Bucht. (Prospekt Küstenschutz; Minister für Ernährung, Landwirtschaft und Forsten des Landes Schleswig-Holstein 1982)

■ **Seedeiche**

Die heutigen Deiche (■ Abb. 14.26) besitzen ein flaches Profil mit einer Neigung von 1:5 bis 1:8. Sie haben einen Sandkern, der aus Sandentnahmen, z. B. im offenen Meer, in die Deichtrasse eingespült wird. Dabei müssen die mit der Sandentnahme verbundenen Eingriffe in den Sedimenthaushalt des Meeres berücksichtigt werden. Deiche werden im unteren Profilteil mit filterstabilen Steindeckwerken, im oberen und im landseitigen Profilteil mit Asphalt oder Ton (Klei) in 1–1,5 m Stärke abgedeckt. Die Kleioberfläche wird mit standortgerechten Gräsern begrünt. Die Grasnarbe muss durch geeignete Pflege (am besten Schafweide) kurzgehalten werden, damit sie einen erosionsfesten Belag bilden kann.

Deiche werden so dimensioniert und auf den maßgebenden Sturmflutwasserstand abgestimmt, dass nach menschlichem Ermessen die bei Sturmflut drohenden Gefahren abgewehrt werden. Es verbleibt jedoch ein Restrisiko, zumal Häufigkeit und Höhe der Sturmfluten in den letzten Jahrzehnten zugenommen haben. Die Deichhöhe ergibt sich aus folgender Summation: höchster Tidehochwasserstand (HThW) + maximal beobachteter Wellenauflauf am betreffenden Deichabschnitt (1–2 m) + 0,5 m Sicherheit + berechneter/abgeschätzter Sack- und Setzbetrag.

Der moderne Deichbau an der Nordsee besteht im Verstärken und Erhöhen der alten Anlagen (■ Abb. 14.25, Probst 1985, 1998, Scherenberg 1988). Bei abschnittsweise sehr schlechtem Untergrund mit mächtigen Torflagen und Weichschichten besteht für maschinell schnell hochgezogene Dammstrecken keine Standsicherheit. Der Gefahr eines Grundbruches muss durch Planungsmaßnahmen wie

- Verringern der Schütthöhen,
- Verbreitern des Profils und Anlage flacherer Böschungen und
- Verlängern der Bauzeit

entgegengetreten werden. Dabei ist zu beachten, dass die Bauarbeiten an Landesschutzdeichen nur in der Zeit von April bis Oktober ausgeführt werden dürfen. Im Oktober muss die Wehrfähigkeit des Deiches wiederhergestellt sein. Bei undurchlässigen Kleiböden im Untergrund ist diese kurze Bauzeit nicht ausreichend, um den mit dem lagenweisen Erhöhen des Deiches eintretenden Porenwasserüberdruck abzubauen. Dazu werden Jahre benötigt. Für zwischenzeitliche Bauzustände muss dort, wo keine direkte Gefahr für Menschen und Gebäude besteht, teilweise mit einem kleineren Standsicherheitsgrad als nach Norm vorgegeben gearbeitet werden. Dabei können örtlich kalkulierte Grundbrüche auftreten. Beispiele und Analysen für Schadensfälle im Zuge der Deichverstärkung über schlechtem Untergrund gibt Temmler (1985). Neben der Schichtenfolge sind für den Untergrund die maßgebenden Scherparameter zu bestimmen, was flächenhaft im Gelände mit der Flügelsonde geschieht. Die Ergebnisse sind durch einaxiale und triaxiale Scherversuche sowie durch Versuche mit der Laborflügelsonde zu ergänzen.

An Stellen, an denen direkte Gefahr für Menschen und Siedlungen besteht, müssen zum Vermeiden von Grundbrüchen aufwendige Deichkonstruktionen gewählt werden, wobei lokal auch Tiefgründungen und Untergrundverbesserungen wie Bohr- oder Verdichtungspfähle zur Anwendung kommen.

Zu erwartende Setzbeträge von Deichen können mit guter Näherung aus dem linearen Ansatz berechnet werden:

$$S = \frac{\gamma H h}{E_{\text{oed}}}$$

S = **Setzbetrag [m]**
γ = **Wichte des feuchten Deichbaumaterials [kN m^{-3}]**
H = **Höhe des Deichkörpers [m]**
h = **Mächtigkeit der weichen Schicht [m]**
E_{oed} = **Steifemodul der weichen Schicht [kN m^{-2}]**

Die Deiche müssen beim Bau um den errechneten Setzbetrag überhöht werden. Setzungen können in der Größenordnung von 1–2 m eintreten!

Die Setzungsdauer kann nur ungefähr nach der folgenden Formel abgeschätzt werden:

$$t = \frac{\gamma_{\text{w}}}{k E_{\text{oed}}} \left(\frac{h}{2}\right)^2$$

t = **Setzungsdauer [s]**
γ_{w} = **Wichte des Wassers [kN m^{-3}]**
k = **Durchlässigkeitsbeiwert [m s^{-1}]**

Können Weichschichten nur nach einer Seite entwässern, so ist deren volle Schichtstärke zu berücksichtigen (h^2). Die Setzungsdauer kann mehrere Jahre betragen.

Das Zusammendrücken feinkörniger Böden kann durch Vertikaldränagen beschleunigt werden. Solche Maßnahmen werden im Deichbau nur in besonderen Fällen, so unter Bauwerken und Straßen am Deich ausgeführt.

Seewärts der Deiche zwischen Küstenlinie und Uferlinie liegen die Vorländer. Es sind Grünlandflächen und Salzwiesen. Entstanden sind sie unter Nutzung der natürlich vorhandenen Sedimentationstendenzen des Meeres. Vorlandarbeiten und Landgewinnungsmaßnahmen sind notwendige Bestandteile des Küstenschutzes. Dabei haben sich die Ziele der Vorlandarbeiten in den letzten Jahrzehnten grundlegend vom agrarpolitischen Zweck der Landgewinnung hin zum Küstenschutz mit ökologischen Forderungen entwickelt (Dieckmann 1988, Erchinger 1995).

■ **Flussdeiche**

Der Bau von Flussdeichen ist im DVWK-Merkblatt 210 („Flussdeiche, Hochwasserschutz") und in DIN 19712 geregelt. Mit Flussdeichen kann Hochwasser in der Überflutungsaue von Flüssen eingeengt und von gefährdeten Gebieten (oft Baugebiete in der Überflutungsaue!) ferngehalten werden. Die Linienführung (Deichtrasse) berücksichtigt vorrangig die Interessen von Stadt- und Siedlungsbau, Verkehr und Nutzungsansprüchen. Sie wird dem Flussverlauf, dessen hydraulischen Randbedingungen und auch dem Untergrund angepasst.

Je nach Lage zum Fluss unterscheidet man bei flussparallelen Linienbauwerken oder Volldeichen zwischen Schardeichen (die unmittelbar dem anströmenden Wasser ausgesetzt sind), Leitdeichen und Rückstaudeichen. Deichstrecken hinter dem Volldeich

Tab. 14.5 Checkliste der Prüfpunkte bei einer Deichschau. (Müller 1999)

Checkpunkte	Häufigkeit		
	Halbjährlich	Jährlich	Mehrjährlich
Allgemein			
Feststellung der Teilnehmer	×		
Erdkörper			
Formen des Bewuchses			
Rasen (intensiv gepflegt)	×		
Magerrasen, Wiesengesellschaften (extensiv gepflegt)	×		
Gehölze (Sträucher und Bäume)	×		
Zustand der Grasnarbe			
Wuchshöhe	×		
Verwurzelung	×		
Geschlossenheitsgrad (ggf. Deckungsgrad nach Braun-Blanquet)	×		
Anteil von Beikräutern	×		
Viehtritt	×		
Wühltierschäden	×		
Ansicht im Längs- und Querschnitt			
Lokale Fehlhöhen, Spurrinnen, Trampelpfade	×		
Freihaltung des Schutzstreifens	×		
Zustand der Sicherungswerke (Bermen, Wege, Gräben)			
Fehlstellen	×		
Treibgut	×		
Bewuchszustand	×		
Zustand der Schutzwerke (Vorland, Lahnung, Buhnen, Deckwerk)			
Fehlstellen	×		
Massiv- und Stahlbauwerke			
Allgemeines			
Zustand der Oberflächen – Rissbildungen, Abplatzungen	×		
Feststellen der Dichtigkeit von Fugen und der Planmäßigkeit	×		
Konservierungszustand	×		
Unterwasserkontrollen			×
Kontrolle der Sicherheitseinrichtungen	×		
Anlagen mit beweglichen Bauteilen			
Zustand von Läger, Rollen, Schienen, Führungen, Verriegelungen	×		
Funktionsprüfungen	×		
Dichtigkeit und Vollständigkeit von Verschlusssystemen	×		
Zustand der Faszilitäten wie Ruhebänke, Schranken		×	
Unbewegliche Anlagen			
Zustand der Deichverteidigungswege	×		
Zustand der Zufahrten	×		
Zustand von Rampen und Treppen	×		

■ Tab. 14.5 *(Fortsetzung)*

Checkpunkte	Häufigkeit		
	Halbjährlich	Jährlich	Mehrjährlich
Zubehör			
Zustand des Deichpflegeplatzes		×	
Sonstiges			
Mängel-/Schadensbeseitigung früherer Schauen	×		
Ungenehmigte artfremde Nutzungen	×		
Zusatzprüfungen			
Bauwerksgeometrie – Verformungen, Versätze, Setzungen	×		
Trockenlegungen			×
Vermessen der Deichsollhöhe (Bestick)			×
Kontrolle von Deichunterlagen (Deichbuch)			×

heißen Binnendeiche. Sie unterteilen das eingedeichte Gebiet, um die Schäden bei Deichbruch zu begrenzen.

Alte Deiche, die durch Vorverlegen der Deichlinie ihre Bedeutung verloren haben, heißen Schlafdeiche. Tiefliegendes Land, das von Deichen umschlossen oder von Dämmen mit Sperrbauwerken gegen den Vorfluter abgesperrt ist (z. B. Retentionsräume für das Regulieren von Hochwasser), heißt „Polder".

Die Vorlandbreite zwischen Flussufer und Deichfuß ergibt sich aus dem erforderlichen Durchflussquerschnitt. Die Deichhöhe ergibt sich aus dem Bemessungshochwasserstand. Beim Festlegen des Bemessungshochwasserstandes sind die Einflüsse aus Veränderungen bei Abflussquerschnitt und Vorlandbreite sowie Flusskrümmungen und Eisgang zu berücksichtigen.

Flussdeiche sind (im Gegensatz zu Dämmen) nur zeitweise dem Wasserdruck ausgesetzt. Der Wellenangriff ist gering.

Der Querschnitt richtet sich nach Höhe, Deichbaumaterial, Untergrund und Art der Beanspruchung. Üblich sind Konstruktionen aus durchlässigem Stützkörper mit Kerndichtung oder wasserseitiger Oberflächendichtung und gut durchlässigem Filterkörper am landseitigem Deichfuß, welcher zugleich als Reibungsfuß fungiert (■ Abb. 14.38d, e).

14.4.2 Sicherheitsprüfungen an Dämmen und Deichen

Deiche und Dämme bergen ein erhebliches Gefahrenpotential. Vor diesem Hintergrund ist regelmäßiges Begehen und Prüfen (Deichschau, Deichbegang) wichtig. Das Überwachen ist in den Landeswassergesetzen der Bundesländer (z. B. § 82 Wassergesetz für Baden-Württemberg) vorgeschrieben.

Unter Deichschau wird das regelmäßige Prüfen des ordnungsgemäßen Zustandes eines Deiches mit seinen Bauwerken, Anlagen und Schutzwerken durch die zuständige Behörde oder einen zum Deichprüfen Beauftragten verstanden (Inaugenscheinnahme). Für die Deichschau sind keine formalen Voraussetzungen zu erfüllen.

Zu Umfang und Häufigkeit der Deichschau gibt Müller (1999) eine Checkliste mit Hinweisen zum Beschreiben und Beurteilen der festgestellten Befunde (■ Tab. 14.5).

14.4.3 Restrisiko und Verteidigungsmaßnahmen bei Dämmen und Deichen

Viele der bestehenden Dämme und Deiche sind alt, z. B. in der Mark Brandenburg vielfach bis über 250 Jahre. Die Bauzeit erstreckte sich über längere Zeiträume. Als Baumaterial wurden die örtlich anstehenden Bodenarten verwendet. Die Bauweise entspricht nicht den heute festgelegten Standards. Soweit Abdichtungen vorhanden sind, bestehen diese aus aufgetragenen Lehmschichten. Die Dichtungswirkung dieser meist grasbewachsenen Lehmschichten kann durch Wühlgänge verringert sein. Ein nachträgliches Abdichten kann als Außendichtung durch den Auftrag von Tonschichten, Asphaltbetonplatten oder Betonplatten erfolgen. Kerndichtungen können durch Einbau abdichtender Tonmassen (z. B. im Fräsbetrieb, vgl. ▶ Abschn. 10.3), durch Einbau von Spundwänden oder durch als Schmalwand hinter der Spundwand eingebrachte Dichtmassen ausgeführt werden. Der moderne Dammbau kennt die Möglichkeit des direkten Einbaus einer Kerndichtung (▶ Abschn. 14.5.7, ■ Abb. 14.38c, d, g, h).

Kein Deich und kein Damm ist wasserdicht. Das Wasser durchströmt das Bauwerk von der Wasserseite her und tritt an der Landseite aus. Über den Querschnitt hinweg fällt die Sickerlinie von der Wasser- zur Landseite ab (■ Abb. 14.27a). Während dieser Zustand an der Küste nur über die Zeitdauer der Flut (6 h) anhält, können Flussdeiche mehrere Wochen bis Monate dem Hochwasser ausgesetzt sein. Die von dem hohen Wasserstand ausgehende Sickerwasserlinie kann bei breit angelegten Deichen auf gut durchlässigem Untergrund und tiefliegendem Grundwasserspiegel unterhalb des Deichfußes in den ebenen Grundwasserspiegel einmünden und in ihm enden (■ Abb. 14.27a). Bei geringdurchlässigem Untergrund, geringem Grundwasserabstand und/oder

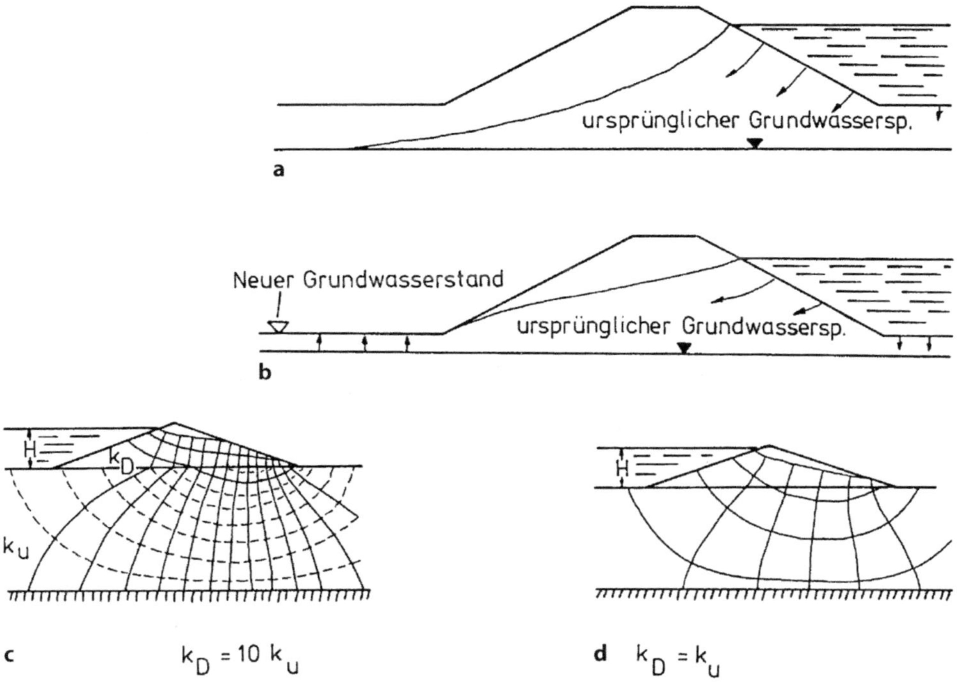

Abb. 14.27 Verlauf der Sickerlinie in Erddämmen auf durchlässigem Untergrund. **a** Grundwasserströmung mit geringem Zulauf an Sickerwasser, **b** starker Zulauf von Sickerwasser, **c,d** Verlauf des Strömungsnetzes bei unterschiedlichen Durchlässigkeitsbeiwerten für Damm (k_D) und Untergrund (k_U). (Aus Davidenkoff 1964)

geringer Deich- bzw. Dammbreite tritt das Sickerwasser landseitig vor dem Böschungsfuß oder in der Böschung aus (Abb. 14.27b).

Entsprechend sind breite und flache Deiche wünschenswert.

Deich- oder Dammkronen sollten mindestens 1 m über den höchsten bislang bekannten Wasserstand geführt werden. Dieser zusätzliche Meter verhindert auch, dass die oberen durchwurzelten und durchwühlten Erdschichten bei Hochwasser belastet werden. Gänge von Wühltieren dürfen den für die Standsicherheit erforderlichen Querschnitt keinesfalls schwächen.

Gefürchtet ist Erosionsgrundbruch oder „Piping" (▶ Abschn. 6.3.2).

Das aus dem Damm oder Deich austretende Wasser kann auf der Oberfläche erodierend wirken. Erosionsgefahr durch austretendes Sickerwasser besteht auch auf der Wasserseite bei schnell sinkendem Wasserstand.

Der vom Wasser durchströmte Erdkörper weicht auf. Dies kann bei hohem Wasserstand auf der Landseite und bei sinkendem Wasserstand auf der Wasserseite zu Rutschungen (Bodenfließen, Gleiten) und zum Dammbruch führen. Risse im Damm- oder Deichkörper können einem drohenden Böschungsbruch vorangehen. Gegenmaßnahmen halten das Wasser fern, verringern den Durchfluss und/oder stabilisieren das Erdbauwerk „Deich".

- **Dränen des austretenden Sickerwassers**

Zum Sichern des Dammes vor Erosion durch austretendes Sickerwasser („Quellwasser") können Dränmatten oder Faschinen, welche mit Sandsäcken zu beschweren sind, auf die gefährdeten landseitigen Böschungsflächen aufgebracht werden.

- **Stabilisieren des Böschungsfußes**

Rutschkörper können sich im aufgeweichten Erdreich auf verschiedenen Gleitflächen bilden. Zum Stabilisieren können am Böschungsfuß im widerstehenden Kräftebereich des Bodens Sandsacklasten aufgebracht werden.

- **Verringern des Erddruckes und Erniedrigen der Sickerlinie**

Beim Oderhochwasser 1997 wurden erstmals Vakuumanlagen zum Abpumpen von Wasser und zum gleichzeitigen Stabilisieren der Böschung benutzt. Beim Anwenden des Vakuumverfahrens wirkt der Luftdruck auf die entwässerten Flächen ein (vgl. Abb. 6.9). Der Druckunterschied zwischen dem atmosphärischen Außendruck und dem Unterdruck am Vakuumbrunnen bewirkt eine Verminderung des Erddruckes. Die Sickerwasserlinie kann in der Größenordnung 1–2 m in Richtung Deichbasis gedrückt werden.

14.4.4 Kreuzungsbauwerke an Dämmen und Deichen

Bei Hochwasser und Flut besteht für die Entwässerung des Hinterlandes keine Vorflut mehr. Das einmündende Gewässer muss vor Rückstau geschützt werden. Einfache Absperrvorrichtungen sind Siele, die bei niedrigem bis mittlerem Wasserstand Entwässerung zulassen und bei hohem Wasserstand verschlossen werden. Technisch können Siele als Schützenwehre, bei großen Anlagen auch als Stemmtore ausgebildet werden (Abb. 14.28). Das während der Zeit des Sielverschlusses im Poldergebiet anfallende Wasser muss so lange zurückgehalten werden, bis wieder freie Vorflut vorhanden ist. Als Stauraum wird der Graben vor dem Siel verbreitert (Fleetgraben), oder es wird eine teichartige Erweiterung (Mahlbusen) angelegt. Wenn es nicht möglich ist, alles anfallende Wasser im Stauraum zurückzuhalten, muss das Wasser während der Sielschlusszeit über den Deich gepumpt werden. Das hierfür erforderliche Schöpfwerk wird in seiner Förderleistung so bemessen, dass es dem Speicherraum hinter dem Siel optimal angepasst ist und nur das erforderliche Minimum an Stauwasser abpumpt. In den letzten Jahrzehnten wurden zunehmend tideunabhängige Schöpfwerke in Betrieb genommen.

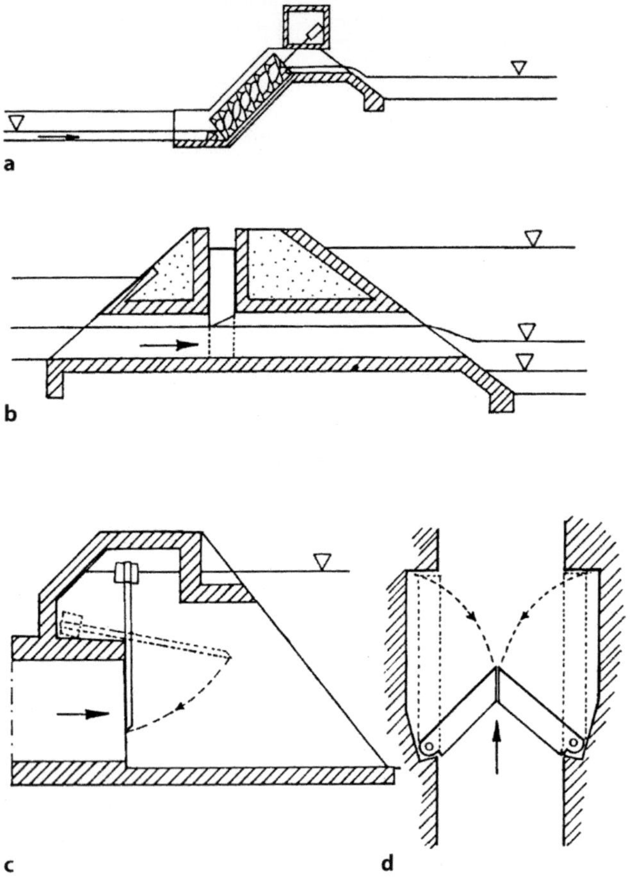

Abb. 14.28 Siele und Schöpfwerke. **a** Schöpfwerk mit Schneckenpumpe, **b** Siel mit Schütze, **c** selbsttätig wirkende Klappe, **d** Stemmtor

Ursachen hierfür sind sowohl die vermehrte Ackernutzung der ehemaligen Grünlandflächen als auch Auflandungstendenzen und ein damit verbundener Niedrigwasseranstieg in den tidebeeinflussten Außenbereichen (Hansen 1981).

Siele und Schöpfwerke sind setzungsempfindliche Bauwerke und müssen bei weichem Untergrund tief gegründet werden. Dabei werden die Bohrpfähle durch Bauwerk, Erdauflast und negative Mantelreibung vertikal belastet. Zusätzlich tritt sowohl in Richtung der Bauwerksachse als auch in Richtung der Deichachse eine seitliche Belastung durch Fließdruck im Bereich von Weichschichten auf. Große Sielbauwerke können nicht binnen Jahresfrist erstellt werden und bedürfen im Bauzustand bezüglich der Sturmflutsicherheit besonderer Vorkehrungen. Die Gründungskosten bei Sielbauwerken können den Großteil der Gesamtkosten verursachen.

Die Ein- und Auslaufbereiche von Sielen müssen vor Erosion (Kolkbildung) derart geschützt sein, dass Bauteile wie Deichböschungen oder Stützwände in ihrer Standsicherheit nicht gefährdet sind. Die Sohlsicherung vor und hinter der Betonsohle in der Sielröhre kann als lose filterstabile Steinschüttung oder auch als flexible filterstabile Matte (Filtervlies) ausgebaut werden. Die eingebauten mechanischen Filter in Form von Mineralkornfiltern und Geotextilien sollen verhindern, dass der anstehende Boden (Watt) ausgewaschen wird. Das Bemessen der Sohlsicherung richtet sich nach den für die Lastfälle „Füllen" und „Leeren" berechneten Fließgeschwindigkeiten und Wasserhöhen sowie deren Reduzierung vor oder hinter dem Siel (Saggau 1991).

14.5 Stauanlagen, Wehre und Talsperren

Ein Wehr ist eine quer zur Fließrichtung eingebaute Stauanlage oder Staustufe, die einen Flussbereich abschließt. Wehre können zeitweise überströmt, durchströmt oder gleichzeitig über- und durchströmt werden. Wehre dienen zum Heben, Erhalten oder Regeln der Fluss- und Grundwasserstände sowie der Änderung des Gefälles (Schleusen) und der Regelung des Abflusses (DIN 19700, Teil 13; Abb. 14.29).

Eine Talsperre ist ein Absperrbauwerk mit Staubecken. Das Absperrbauwerk (Staudamm oder Staumauer) schließt einen Talquerschnitt weit über dem höchsten Hochwasserstand ab. Im Staubecken wird der Zufluss über eine mehr oder weniger lange Zeitdauer gespeichert (DIN 19700, Teil 11).

Hochwasserrückhaltebecken sind Stauanlagen, die der vorübergehenden Aufnahme von Hochwasser dienen. Das Stauziel orientiert sich an der Auswirkung zurückliegender Hochwasserereignisse und an Stärke, Dauer und Häufigkeit extremer Niederschlagsereignisse unter Berücksichtigung des unter den gegebenen geologischen Verhältnissen sich einstellenden Abflusses. Der Beckenraum ergibt sich aus der Gegebenheit des Geländes unter Berücksichtigung der erreichbaren Stauhöhe. Er ist im Bergland von der möglichen Stauhöhe, im Flachland von der Größe der überstauten Fläche abhängig. Nach der Lage zum Fließgewässer unterscheidet man durchflossene Hochwasserrückhaltebecken und seitlich neben dem Fließgewässer angelegte Hochwasserrückhaltebecken (Poldern; DIN 19700, Teil 12).

Eine Alternative zu Hochwasserrückhaltebecken bieten Stauraumkanäle. Sie kommen bevorzugt im räumlich begrenzten Siedlungsraum zur Anwendung (Oldenburger Rohrleitungsforum 2013). Im dort beschriebenen Fall wurde eine Rohrleitung mit Durchmesser 2 m (DN 2000) auf 120 m Länge verlegt. Im Stauraumkanal werden die bei Starkregen im Abwasserkanal als Mischwasser anfallenden Wassermengen zunächst gestaut und gedrosselt in den nachfolgenden Kanalabschnitt abgegeben. Unterschieden werden die Bauweisen Regenüberlauf-Stauraumkanal und Regenrückhalt-Stauraumkanal. Für das Planen, Bemessen und Bauen ist das ATV-Arbeitsblatt A 117 maßgebend.

Pumpspeicherwerke sind Stauanlagen, in denen Wasser kurzzeitig gespeichert und wieder entnommen wird. Sie dienen vorrangig der Energiewirtschaft. Sie werden im wesentlichen künstlich gefüllt und entleert. Oberbecken werden durch Pumpbetrieb gefüllt und durch Turbinenbetrieb entleert. Unterbecken werden durch Turbinenbetrieb gefüllt und durch Pumpbetrieb entleert. Zwischenbecken können beide Funktionen erfüllen (DIN 19700, Teil 14).

Stauanlagen dürfen nur aufgrund eines Entwurfes errichtet oder umgestaltet werden (DIN 19700, Teil 10). Der Entwurf wird stufenweise erarbeitet (Studie, Grundlagenermittlung und Vorentwurf, Bauentwurf mit Erläuterungsberichten, Erkundungen und Sachverständigengutachten zu den hydrologischen und hydrogeologischen Verhältnissen, zum Untergrund und zur Umweltverträglichkeit, Bauzeichnungen, Modellversuche, statische Berechnungen, Baupläne, Bauzeitenplan). Die Vorarbeiten werden unter Beachten vor-

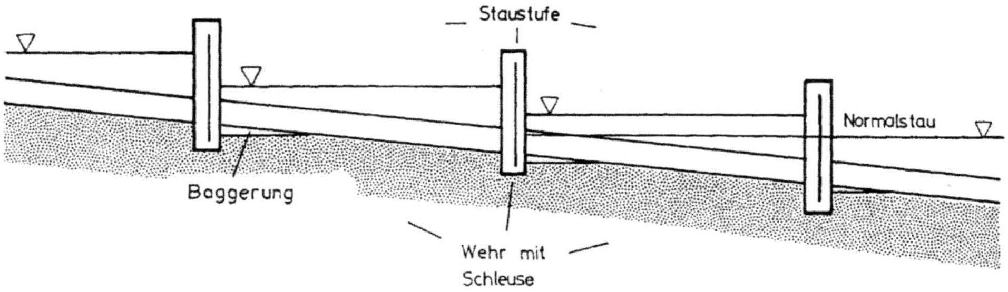

a

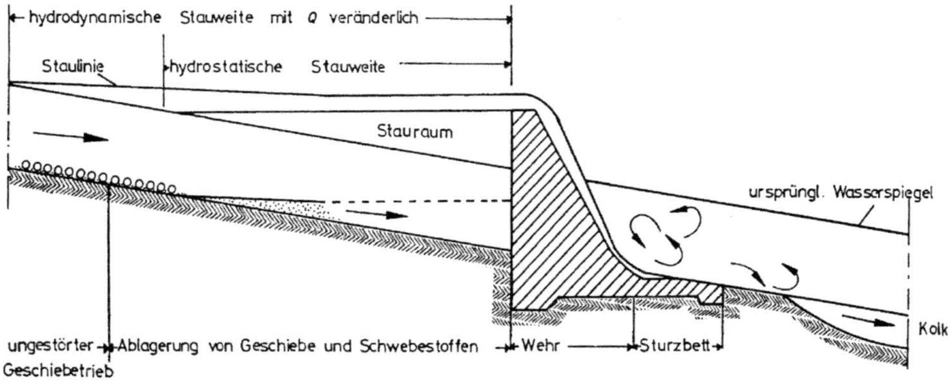

b

Abb. 14.29 **a** Längsschnitt eines staugeregelten Flusses, **b** Längsschnitt durch den vom Überfallwehr beeinflussten Raum. Bei einem zu kurz bemessenen Tosbecken bilden sich Kolke! Durch geeignete konstruktive Maßnahmen können diese vermieden werden

handener Rahmenplanungen vorgenommen und umfassen den gesamten voraussichtlichen Einflussbereich der Stauanlage. Die Vorarbeiten umfassen folgende Arbeiten und Unterlagen:

- Geländeverlauf:
  - Beschaffen der bestehenden Karten- und Planunterlagen;
  - geodätische Geländeaufnahme;
  - Erstellen von Lageplänen mit Höhenlinien in einem angemessenen Maßstab;
  - Erstellen von Längs- und Querschnitten.
- Geologische Verhältnisse:
  - Beschaffen bestehender geologischer Karten und Beschreibungen;
  - Anfertigen geologischer Karten und Geländeschnitte in einem angemessenen Maßstab anhand von natürlichen Aufschlüssen, Schürfgruben, Sondierstollen, Sondierschächten, Bohrungen, Sondierungen und geophysikalischen Untersuchungen;
  - geotechnisches und bodenmechanisches Beschreiben der Gesteine;
  - Benennen und Beurteilen der in Betracht kommenden natürlichen Baustoffe für Staudamm, Stützkörper, Filter und Dichtungen.
- Hydrogeologische und gewässerkundliche Verhältnisse:
  - Beschaffen der gewässerkundlichen Hauptzahlen (NNQ, MNQ, MQ, MHQ, HHQ) für lange, zusammenhängende Jahresreihen;
  - Erstellen der Abflussganglinien;
  - Eintragen der Wasserstände für die charakteristische Wasserführung (HHQ, MQ, NQ) in die Längs- und Querschnitte;
  - Darstellen der Grundwasserverhältnisse und Grundwassergleichenpläne in einem gesonderten hydrogeologischen Gutachten;
  - Erforschen des Anfalls an Geschiebe, Schwimm- und Sinkstoffen;
  - Untersuchen der chemischen Eigenschaften des Oberflächenwassers und des Grundwassers;
  - Erkunden der Eisverhältnisse;
  - Ermitteln von Einleitungen und Ausleitungen sowie bestehenden Entnahmerechten.
- Landeskulturelle Unterlagen:
  - Erhebungen anhand vorhandener Unterlagen und Karten zur Bodennutzung;
  - Erhebungen über Güteklasse und Wertstellung der Grundstücke;
  - Erhebungen über ökologisch wichtige Standorte.
- Rechtliche Verhältnisse:
  - Erhebung über die Eigentums- und Besitzverhältnisse sowie über die an diese Grundstücke gebundenen Wegerechte, Leitungsrechte, Baurechte, Wasserrechte etc.

Die Lage für die Sperrstelle, die Stauhöhe und der Stauraum werden sich aus der Optimierung der zu berücksichtigenden Faktoren unter Berücksichtigung wasserbaulicher und wirtschaftlicher Gesichtspunkte ergeben. Wehre und Stauanlagen stellen in jeder Form einen Eingriff in das natürliche Fließgewässer dar. Der Aufstau provoziert das Ablagern von im Flusslauf mitgeführtem Geschiebe und Schweb. Werden solche Stauraumverlandungen durch Öffnen der Wehre freigespült, kommt es im Unterwasser zu Belastungen mit erhöhter Feststoffkonzentration, Trübung, Sauerstoffmangel und erhöhte Schadstoffkonzentration (Patt, Jürging, Kraus 2010).

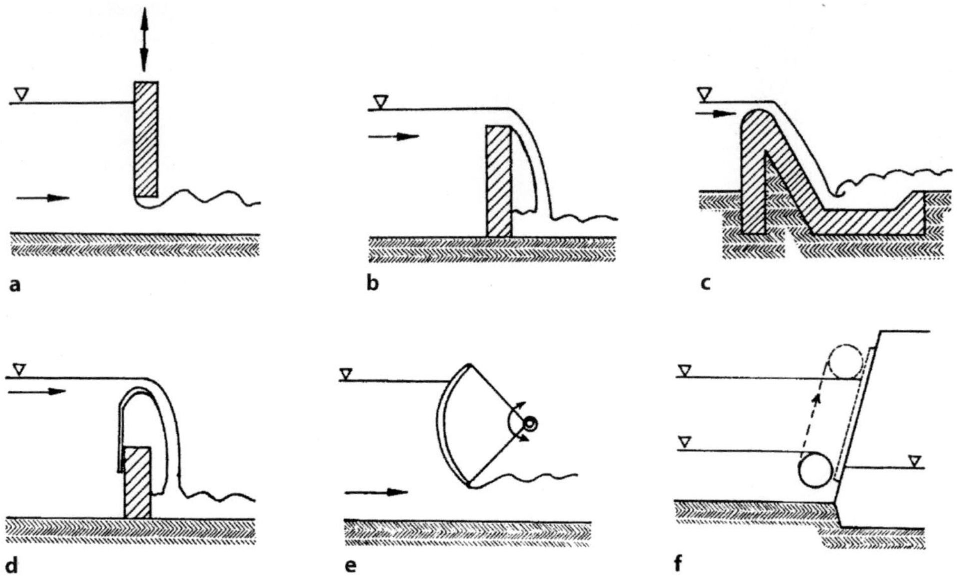

■ **Abb. 14.30** Verschiedene Typen fester und beweglicher Wehre. **a,b** Schützenwehr (beweglich), **c** festes Wehr mit Wehrschwelle, Wehrrücken, Tosbecken und Gegenschwelle, **d** Doppelschützenwehr mit Hakenschütz (beide Teile sind beweglich), **e** Segmentwehr, **f** Walzenwehr

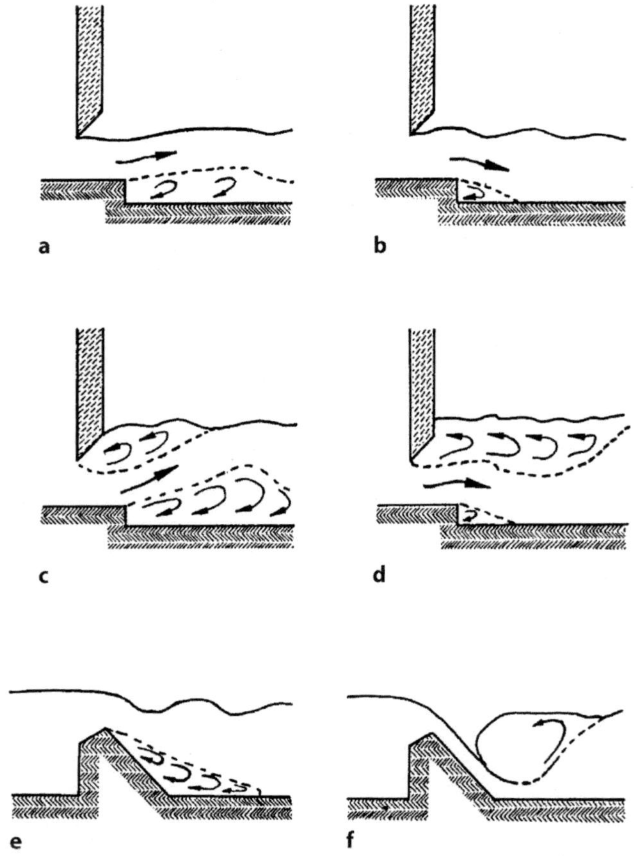

■ **Abb. 14.31** Abflussformen bei verschiedenen Abflussvorgängen an Überfallwehren und Wehren mit Grundablass. **a,b** Nicht rückgestauter Abfluss, **c,d** rückgestauter Abfluss, **e** Abflussvorgang mit Grundwalze, **f** Abflussvorgang mit Deckwalze. (Nach Press 1966)

14.5.1 Wehre

Im staugeregelten Fluss wird das Gefälle auf einzelne Punkte (Staustufen) konzentriert und somit der Wasserspiegel im Oberwasser angehoben. Gründe für die Stauregelung sind verbesserte Möglichkeiten beim Bewässern, Beeinflussen von Grundwasserständen, Begrenzen der Tiefenerosion, Verbessern der Hochwasserabflüsse, Ausbau zum Schifffahrtskanal, Gewinnen von Wasserkraft und elektrischer Energie. Sowohl für die Schifffahrt als auch für das Nutzen der Wasserkraft wird ein lückenloser Staffelausbau angestrebt, bei dem der Stau der einen Stauanlage bis zur nächsthöheren Stauanlage reicht. Im Extrem wird somit aus einem Fließgewässer ein quasi stehendes Gewässer mit stark verändertem Landschaftscharakter und veränderten ökologischen Bedingungen für die Lebewelt im Wasser. Die abflussabhängige Breite und die Höhe des Wehres richten sich nach dem gewünschten Stauziel und der hydraulischen Berechnung der Staukurven (Press 1966, Giesecke 1986, Zilch 2013).

Wehre. Wehre werden als feste Wehre, als feste Wehre mit einem beweglichen Teil (Freiflut) oder als bewegliche Wehre gebaut (■ Abb. 14.30). Dabei haben feste Wehre den Nachteil, dass vor dem Wehr Sinkstoffe abgelagert werden. Auch ist bei Hochwasser nicht der ganze Querschnitt des Fließgewässers zur Wasserabführung verfügbar. Beim Grundwehr liegt die Wehrkrone unter dem Unterwasserspiegel, sodass ein unvollkommener Überfall eintritt. Beim Überfallwehr bildet sich ein vollkommener Überfall aus. Die Wehrkrone liegt über dem Unterwasserspiegel.

Nach dem Querschnitt werden Schuss-, Sturz- und Stufenwehre unterschieden. Beim Schusswehr ist der Abfallboden so flach geneigt, dass das überschießende Wasser nicht vom Wehrkörper abhebt. Beim Sturzwehr trennt sich das abstürzende Wasser vom steilen Abfallboden. Zwischen Wehr und Wasserstrahl befindet sich Luft. Beim Stufenwehr ist das Gefälle in Kaskaden unterteilt. Die Sohle unterhalb des Wehrüberfalls ist besonders gut gegen Auskolken zu sichern. Das über das Wehr schießende Wasser ist in einem Sturz- oder Tosbecken zu beruhigen. Dabei muss das herabschießende Wasser auf ein Wasserpolster treffen, wobei sich gegenläufige Deck- und Grundwalzen bilden (■ Abb. 14.31), durch die die kinetische Energie des abschießenden Wassers in Wärme umgesetzt wird. Bei erhöhter Wehrüberströmung verstärkt sich die Erosionsgefahr im Tosbecken.

Zur Verhinderung eines tiefen Kolkes wird ein etwa 2 m tiefer Kolk freiwillig angeordnet und mit Wasserbausteinen 1 m hoch aufgefüllt und somit filterartig gesichert. Den Abschluss des Tosbeckens bildet eine Schwelle, hinter der das beruhigte Wasser in die Fließstrecke des Flusses übergeht.

▪ Feste Wehre

Feste Wehre werden meist aus Beton, seltener aus Natur- oder Mauersteinen erstellt. Verkleidungen aus Steinquadern, Hölzern oder Brettern schützen abrasionsgefährdete Bereiche. Gefährdet sind bei Beton- und Steinsperren die Steine und Betonteile in der Überfallkrone. Soweit die Überfallkrone nicht hydrodynamisch geformt ist, entsteht eine zerstörerische Sogwirkung. Die Gesteine sind zu verklammern. Feste Wehre müssen derart konstruiert und gebaut werden, dass sie die Bemessungsabflüsse problemlos abführen und dass durch die im Tosbecken freiwerdende Energie weder am Wehr selbst noch in der unterhalb gelegenen Fließstrecke Erosionsschäden auftreten. Zum Berechnen des Bemessungsabflusses sei auf Patt, Gonsowski (2010) verwiesen.

▪ Bewegliche Wehre

Bewegliche Wehre werden mittels Hub- oder Drehbewegung geschlossen. Je nach Konstruktion werden die Wehre unterströmt, überströmt oder gleichzeitig unterströmt und überströmt. Bewegliche Wehre erlauben das Anpassen an die wechselnden Abflussverhältnisse, wobei bei Niedrig-, Mittel- und leichtem Hochwasser das Stauziel mit geringer Toleranz eingehalten wird. Bei starkem Hochwasser werden Wehre so weit geöffnet, dass ein kontrollierter Abfluss ohne unzulässigen Überstau eintritt. Der Wehrverschluss muss jederzeit bedienbar und betriebssicher sein, auch und besonders bei Hochwasser und Frost. Neben der Regelung des Stauzieles muss das Abführen von Eis, Treibzeug, Geschiebe und Schwemmsel gewährleistet sein.

▪ Schutz gegen Unterläufigkeit und Umläufigkeit

Durch den Bau von Wehren entsteht zwischen Ober- und Unterwasser eine Stufe. Die gleiche Stufe wirkt sich auch im Grundwasserkörper aus. Im Wehrbereich unterliegt das Grundwasser einem erhöhten Sickergefälle *i*. In Abhängigkeit vom Durchlässigkeitsbeiwert *k* des Untergrundes wird das Bauwerk vom Grundwasser unterströmt und umströmt. Daraus ergeben sich Wasserverluste und die Gefahr für den hydraulischen Grundbruch und den Erosionsgrundbruch (E 113, EAU 2012). Bei gleichmäßigen Bodenverhältnissen und bekannten *k*-Werten können die Strömungsverhältnisse gezeichnet und berechnet werden (▪ Abb. 6.14). Durch den Einbau von tiefen Spundwänden und seitlich tief in die Böschung hineinreichenden Spornen werden die Stromlinien länger. Damit steigt der Fließwiderstand im durchflossenen Boden, wodurch sich die Fließgeschwindigkeit im Grundwasserkörper erniedrigt. Bei Mischungen aus Kies und Sand soll nach Hapke (1968) die Länge des Sickerweges den fünf- bis neunfachen Betrag der Differenz zwischen Unter- und Oberwasser aufweisen. Durch schlauchartige Erosionsformen im Untergrund können die Wasserverluste erhöht werden. Bei größeren Staustufen ist der Einbau von Dichtungsschürzen und Injektionsschleiern erforderlich.

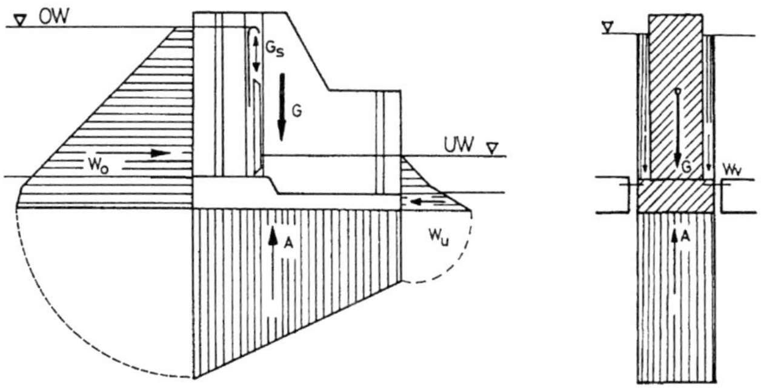

▪ **Abb. 14.32** Kräfteverteilung für den Längs- und Querschnitt eines Pfeilers bei Niedrigwasser nach Vischer und Huber (1982). W_o Wasserdruck aus dem Oberwasser (*OW*), W_u Wasserdruck aus dem Unterwasser (*UW*), *G* Gewichtskraft, *A* Auftriebskraft, W_v vertikale Wasserauflast auf die Fundamente

▪ Gründung und Stabilitätsnachweis für Wehre

Die Kenntnis des Baugrundes ist Voraussetzung für das Berechnen und Gründen von Wehren. Durch das Wehr wird eine Stufe geschaffen, die ebenso im freien Wasser wie im Grundwasser entsteht und Kräfte auf Baugrund und Bauwerk ausübt. Das Untersuchen und Bewerten des Baugrundes erfolgt nach DIN 4020, DIN EN 1997-1, 1054, 4017 und 4084. Für die maßgebenden Belastungsfälle (Hochwasser, Mittelwasser und Niedrigwasser, jeweils mit offenen und geschlossenen Schützen) sind Sicherheitsnachweise gegen Gleiten, Kippen, Aufschwimmen, Grundbruch und technisches Versagen zu erbringen. Außerdem werden alle Wehrteile und Wehrpfeiler beim Öffnen einer Sperre auf Torsion beansprucht. Wehrpfeiler und Wehrschwellen werden meist auf Einzelfundamenten gegründet. Die Fugen zwischen den Fundamenten sind mit Dichtmasse auszufüllen. Der Nachweis der Sicherheit gegen Kippen und Gleiten ist bei Wehren besonders kritisch.

Die Resultierende muss durch den Kern der Sohlfläche gehen.

Im maßgebenden Belastungsfall wird beim Nachweis der Gleitsicherheit ein Zustand bei Niedrigwasser und zwei benachbarten geschlossenen Schützen betrachtet. Es wirkt der Wasserdruck flächenhaft auf den Pfeiler und auf die halben benachbarten Schützenflächen, außerdem wirken eventuelle Erddrücke ein. Die vertikalen Kräfte bestehen aus dem Gewicht der Pfeiler und aus dem halben Gewicht der benachbarten Schützen, aus der zusätzlichen Wasserauflast auf dem Pfeilersockel und aus der Auftriebskraft (▪ Abb. 14.32).

Maßnahmen zum Erhöhen der Gleitsicherheit sind Beschweren der Pfeiler und Schwellen, Rückverankern der Pfeiler (Klein et al. 1985), Tieferlegen der Fundamente, Einbau von Spornen und Vermindern des Auftriebes durch Einbau von Dichtungsschirmen und Dränagen.

14.5.2 Talsperren

Talsperren sind Wasserreservoire, die dem Ausgleich zwischen Wasserdargebot und Wasserbedarf dienen. Es wird ein zeitlich begrenzter Rückhalt des Wassers geschaffen. Die Hochwasserspitzen werden aufgehalten und über einen vergleichmäßigten Abfluss der Nutzung zugeführt. Der Hauptzweck von Talsper-

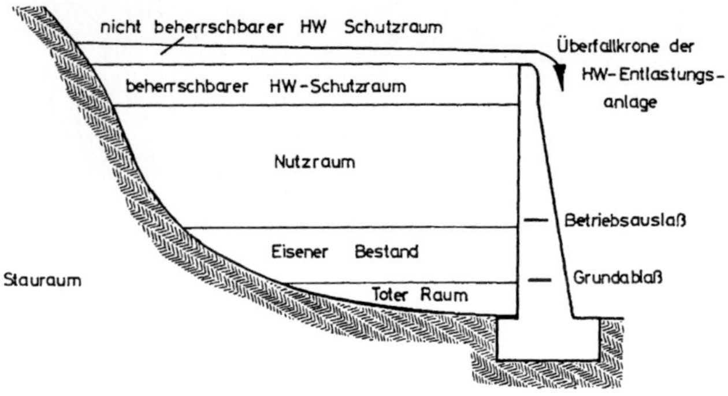

Abb. 14.33 Aufteilung des Stauraumes einer Talsperre

ren ist das Speichern des Wassers für eine der nachstehenden Nutzungsarten:

- Brauchwassertalsperren für die Versorgung der Industrie mit Brauchwasser und Kühlwasser;
- Trinkwassertalsperren für den Aufstau von Wasser als Reservoir an Trinkwasser;
- Talsperren für den Aufstau von Wasser für Bewässerung und Viehzucht;
- Talsperren als Hochwasserschutzsperren zum Abfangen von Hochwasserwellen;
- Talsperren zum Vergleichmäßigen des Abflusses und zum Aufhöhen des Niedrigwassers in Flüssen; Gewährleisten einer gleichmäßigen Nutzung des Flusses für die Schifffahrt, für Kühlzwecke und zum Vermeiden von Überkonzentration von Schadstoffen (Abwasserverdünnung);
- Talsperren für das Speisen von Schifffahrtskanälen;
- Talsperren zur Grundwasseranreicherung;
- Talsperren für die Energieversorgung;
- Pumpspeicherwerke zum Rückgewinnen und Ausgleichen des Energiedargebotes aus nicht abgenommenen Energieüberschüssen;
- Talsperren für den Aufstau von Wasserflächen für Tourismus und Freizeitgestaltung.

In den meisten Fällen werden mehrere Zwecke miteinander kombiniert. Der Bau größerer Talsperren führt zum Umgestalten ganzer Landschaftsräume. Für die landschaftliche Einbindung sind die wasserwirtschaftliche Funktion, die Ansprüche Erholungsuchender und die Belange des Naturschutzes von ausschlaggebender Bedeutung (Imhoff 1984, Binder 1987). Als Betriebseinrichtung gehören zu jeder Talsperre ein Grundablass, ein Betriebsablass und eine Hochwasserentlastungsanlage (Abb. 14.33). Kleinere Talsperrenbauwerke sind Regenrückhaltebecken oder Hochwasserrückhaltebecken (DIN 19700, Teil 12; Muth 1981; DVWK-Merkblatt 202: „Hochwasserrückhaltebecken"; DWA-Regelwerk Arbeitsblatt DWA-A 117 „Bemessung von Regenrückhalteräumen" 2006) und Vorsperren bzw. Vorbecken, die dem Absperrbauwerk mit dem dahinter liegenden Stausee vorgelagert sind. Als Betriebseinrichtung haben Hochwasserrückhaltebecken und Vorsperren einen Grundablass und einen Überlauf bzw. einen Hochwasserüberlauf. Aufgabe der Vorsperren und Vorbecken ist es, das optische Bild im Stauwurzelbereich zu verbessern. Zusätzliche Aufgaben der Vorsperren und Vorbecken von Trinkwassertalsperren sind (Friedrich 1985):

- Rückhalten von Geschieben;
- Rückhalten von Schwebstoffen;
- Rückhalten von Nährstoffen;
- biochemischer Abbau von organischer Vorbelastung aus dem Einzugsgebiet;
- Sichern des Hauptbeckens gegen Schadensfälle, z. B. Ölunfälle;
- Verhindern von Pflanzenwuchs im Stauwurzelbereich des Stausees bei stark abgesenktem Wasserspiegel;
- Schaffen eines zusätzlichen Wasservorrates durch Aufstocken des Speicherraumes.

Die Vorbecken besitzen im Gegensatz zu den Hauptbecken in der Regel ein Absperrbauwerk mit fester Schwelle, über die das Wasser in den Stauraum der Hauptsperre überläuft. Der Wasserspiegel bleibt im Stausee der Vorsperre über das ganze Jahr nahezu konstant. Mit zunehmender Betriebszeit schreitet die Verlandung im Vorbecken so weit fort, dass es geräumt werden muss. Die Räumbarkeit des Stauraumes der Vorsperre ist für die Wasserqualität im Stausee wichtig. Das Phosphat im Wasser wird je nach Jahreszeit zu 40–90 % vom Phytoplankton gebunden und über den Weg der komplexen Sedimentation von Biomasse und mineralischen Schwebstoffen im Vorbecken zurückgehalten. Geteilte Vorbecken bestehen aus einem räumfähigen Sedimentationsraum mit Grundschwellen und Tauchwand für den Rückhalt des Geschwemmsels sowie einem Reaktionsraum, in dem die Phosphateliminierung stattfindet. Die Tiefe und die Durchflussverhältnisse sind so zu optimieren, dass Kurzschlussströmungen vermieden werden und die Verweilzeit des Wassers in der Vorsperre möglichst gleichmäßig und gleich lang ist.

Außer den Nährstoffen werden in den Vorbecken auch andere Schadstoffe wie Schwermetalle und Öl zurückgehalten. Bei Ölunfällen kann durch den Zeitgewinn eine mobile Ölsperre in den Stauraum hinter der Vorsperre eingebracht werden.

Das Verlanden des Stauraumes infolge starker Schwebstoffzufuhr ist in semiariden Gebieten besonders groß. Auf räumfähige Vorbecken wird in diesen Gebieten weitgehend verzichtet. Die Nutzungsdauer eines vom Verlanden bedrohten Stauraumes kann durch geeignete Gestalt der Hochwasserentlastung und der Grundablässe sowie durch Kanalisieren der Trübeströme verlängert werden (Schaad 1979).

14.5.3 Veränderungen und Gefahren in der Landschaft

Der Bau einer Talsperre und der Aufstau eines Stausees stellt einen mehrfachen Eingriff in das natürliche Gleichgewicht dar. Der Eingriff in die Ökologie muss vielseitig betrachtet und beurteilt werden. Mit dem Stausee tritt ein Stillwassersee anstelle eines Fließgewässers. Bei allen wohlwollenden Plänen zugunsten der Natur mit Vorbecken und hierin befindlichen Flachuferbereichen, Schilfgürteln und Ruhezonen für die Tier- und Pflanzenwelt darf nicht übersehen werden, dass der natürliche Lebensraum „Fließgewässer“ verloren geht und durch den künstlichen Stausee ersetzt wird. Dabei ist der eigentliche Stausee mit seinen nutzungsbedingt wechselnden Wasserständen und Uferlinien und mit der notwendigerweise großen Dimension des Absperrbauwerkes ein bleibender technischer Eingriff in die Natur mit landschaftsbestimmendem Charakter.

- **Hydrostatische Belastung des Untergrundes**

In der Landschaft sind von den Eingriffen in das natürliche Gleichgewicht der Grundwasserstand, der Grundwasserabfluss und die Belastung des Untergrundes betroffen.

Durch das Erhöhen des Wasserspiegels im Stausee wird der Grundwasserspiegel angehoben. Bei erhöhtem statischem Wasserdruck erhöht sich die Fließgeschwindigkeit des Grundwassers. Hieran gebunden sind Gefahren wie das Auswaschen von Kluftfüllungen, Karstfüllungen und das Sichbilden von Erosionsröhren in Böden und veränderlich festen Gesteinen, also das Entstehen neuer Wasserwege mit erhöhter Wasserwegsamkeit. Durch das Ausspülen von Lockermaterial und durch den Eintrag von Spannungen und Spannungsunterschieden können die Verbandsfestigkeit im Untergrund der Sperre und die Standfestigkeit der Sperre beeinträchtigt werden. Durch den Aufstau der Wassermassen können Erdbeben induziert und ausgelöst werden.

Das Beherrschen der Umläufigkeit und Unterläufigkeit von Sperren ist eine vorrangige Aufgabe der geologischen und geotechnischen Beratung. Ein negatives Beispiel eines wegen Unterläufigkeit im fossilen Karst ausgelaufenen Stausees bietet die Staustelle Perdikas bei Ptolemais in Griechenland (Kaessaris et al. 1965).

- **Massenbewegungen in den Talhängen**

Durch den Anstau des Wassers wird die Stabilität der Hänge nachteilig beeinflusst. Morphologisch vorgegebene Standorte für Talsperren sind enge Täler im Mittel- und Hochgebirge. Die Hänge der Talflanken werden vom Talzuschub gestaltet. Daran sind vorwiegend Kriechbewegungen im Lockermaterial und im tiefer liegenden Festgestein beteiligt. In Abhängigkeit von Morphologie, Geologie und Wasserführung werden Teile des Hanges auch von anderen Rutschungstypen und Rutschungsaktivitäten (► Abschn. 2.6) geformt.

Verursacht werden Kriechbewegungen durch die mit der Talausräumung verbundene Entlastung des Bodens. Im Zusammenspiel mit klimatischen Faktoren führt die Entlastung im Untergrund (bis ca. 50 m Tiefe) zur Ausbildung von hangparallelen Trennflächen (Talklüften) und somit zur Auflockerung im Fels.

Die Lockermassen (Hangschutt) und auch die aufgelockerten Felsmassen streben der Schwerkraft folgend dem Talgrund zu, wobei sie sich auf den tiefer liegenden Teilen abstützen. Durch die Erosion der Flüsse sowie durch Suffusion und Subrosion des unterirdischen Wassers werden aus dem Untergrund Erdstoffe ausgelaugt oder ausgeschwemmt und Hohlräume geschaffen, über denen, der Hang seine Abstützung verliert und in Bewegung gerät. Das Talkriechen besteht aus einem Wechselspiel von Auflockerungs- und Verdichtungsvorgängen im bewegten Lockermaterial. Bei Bewegungsgeschwindigkeiten von etwa 1 cm pro Jahr an der Oberfläche stellt sich ein Gleichgewicht ein. Ungleichgewichte führen lokal zu schnelleren Rutsch- oder Gleitvorgängen.

Mit dem Aufstau des Wassers und besonders mit wechselnden Wasserständen wird in das Gleichgewicht eingegriffen. Der Fuß rutschgefährdeter Massen gerät unter wechselnden Auftrieb und bietet somit eine verringerte Gegenkraft gegen die talwärts gerichteten Schubkräfte. Durch eingestaute Nässe ist die Scherfestigkeit im Lockermaterial, in möglichen hangparallelen Gleitflächen und in den Trennflächen des Felsgesteins erniedrigt und somit die Standfestigkeit vermindert. Durch das Entwässern der Hänge beim Absenken des Stauspiegels entstehen Fließdrücke, die die Gleitbewegungen aktivieren. Rutschbewegungen werden durch den Einstau des Wassers provoziert und müssen bezüglich der hiervon ausgehenden Gefahr richtig eingeschätzt werden. Ein Beispiel für einen Stausee mit ständigen Kriech- und Rutschbewegungen in den Hängen, die jedoch die Nutzung der Talsperre nicht beeinflussen und bei ständiger Kontrolle seit über 30 Jahren keine gravierenden Gefahren erkennen lassen, ist der Polyphyton-Stausee am Aliakmon im Pieria-Gebirge/Griechenland. Ein negatives Beispiel bietet der Felssturz im Vajonttal/Italien vom 9.10.1963. Durch den Aufstau des Wassers hatte sich in den Felsmassen an der Bergkuppe des Monte Toc eine kriechende oder gleitende Bewegung von mehreren Zentimetern pro Tag eingestellt. Durch falsches Einschätzen der hiervon ausgehenden Gefahren und durch ein wiederholtes Absenken und Anstauen des Wasserspiegels wurde der Bergsturz provoziert. Die Felsmassen stürzten in den Stausee und die Flutwelle verwüstete den Ort Langerone im Piavetal. Dabei kamen 1900 Menschen ums Leben (Müller 1964, 1968).

14.5.4 Untersuchen der baugeologischen Verhältnisse

Das baugeologische und geophysikalische Erkunden findet bei Großprojekten in mehreren Phasen statt. Das geologische und baugeologische Untersuchen sollte stets durch geophysikalische Untersuchungen und auch durch das Auswerten von Luftbildern ergänzt werden. Dies ermöglicht im Zuge einer Voruntersuchung den geologischen Bau mit Schichtenfolge, Lagerungsverhältnissen und Grundwasserständen zu klären (Frik et al. 1997). Die einzelnen Schichten sind nach Lage des Auftretens, Mächtigkeit, Lithologie, Trennflächengefüge, Gebirgsauflockerung, Verwitterung und bodenmechanischen bzw. bautechnischen Eigenschaften zu beschreiben und zu bewerten. In einer zweiten Phase ist vom Sachverständigen für Geotechnik eine Beurteilung des Großprojektes und des Baugeschehens abzugeben. Anweisungen für die Bauausführung stützen sich auf diese Angabe im Geotechnischen Bericht. Im Zuge der Bauarbeiten sind in einer dritten Phase die meist aus der Aufnahme von Bohrungen oder Schürfen gewonnenen Erkenntnisse im Zuge baubegleitender baugeologischer Untersuchungen zu kontrollieren. Abweichungen im geologischen Bau oder boden- bzw. felsmechanischen Zustand sind zu erkennen und zu bewerten. Soweit erforderlich, müssen Maßnahmen der Bauausführung noch im fortgeschrittenen Stadium mit neuen Erkenntnissen über die Baugrundsituation abgestimmt werden.

Im Zuge der Voruntersuchung für die Planung werden die bauentscheidenden Feststellungen für das weitere Planen und

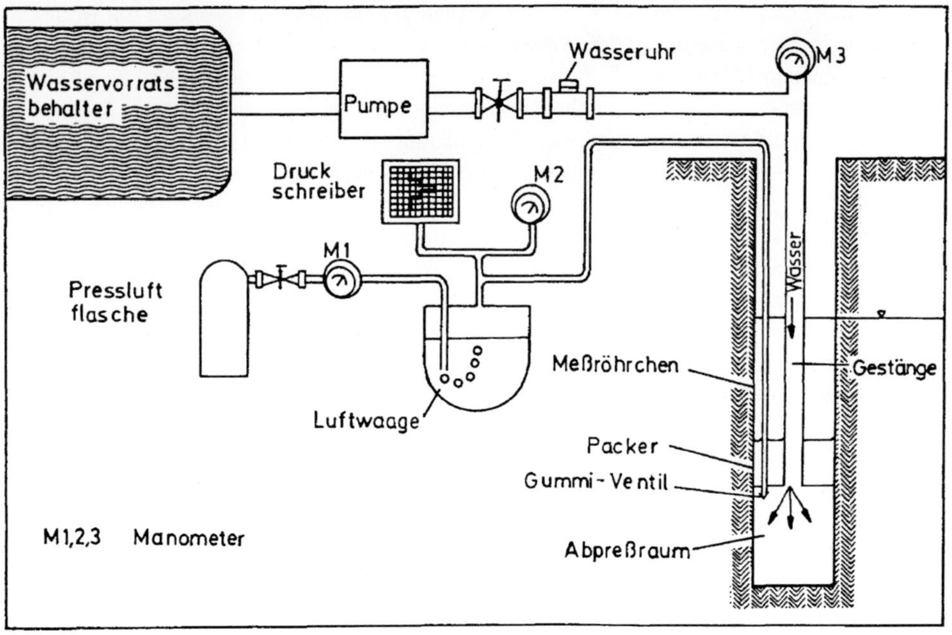

Abb. 14.34 Prinzipskizze für die Durchführung eines *WD*-Tests mit Einfachpacker und Druckmessung am Packerfuß. (Kriele und März 1981)

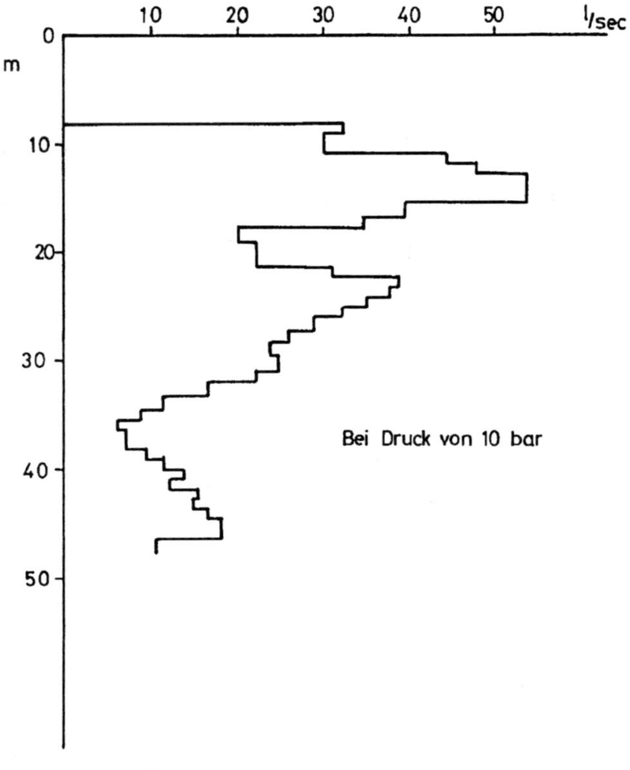

Abb. 14.35 *WD*-Test. Darstellung der Abhängigkeit der Wasseraufnahme des Gebirges von der Tiefe bei konstantem Verpressdruck

Projektieren getroffen. Anhand der aufgezeigten geologischen Verhältnisse im geplanten Stauraum, in den Böschungen und Bergflanken und an der geplanten Sperrstelle wird festgestellt, dass

- der Untergrund des Stauraumes für die Anlage des Stausees geeignet, bedingt geeignet oder nicht geeignet ist;
- die Stabilität der Böschungen und Talhänge nach Einstau gegeben ist oder dass im kartenmäßig aufgezeigten Raum mit Kriechbewegungen, mit begrenzten gleitenden Massenbewegungen oder mit gefahrbringenden Massenbewegungen zu rechnen ist;
- der Untergrund und die Talflanken im Bereich der Sperrstelle generell für die Absperrung geeignet, bedingt geeignet oder nicht geeignet sind.

Für das Planen werden Empfehlungen zur Art des geeigneten Absperrbauwerkes (Staumauer oder Staudamm) und zur Art der geeigneten Abdichtung des Untergrundes ausgesprochen. Es werden die für die eigentliche Projektierung anfallenden Untersuchungen aufgelistet.

▪ Untersuchen der Dichtigkeit des Stauraumes

Der Stauraum soll auf eine Mindesttiefe von 30–50 m, bei großer Stauhöhe bis zur Tiefe der jeweiligen Stauhöhe durch Bohrungen untersucht werden. Die Bohrungen sollen bis unter den Grundwasserspiegel reichen. Bei großen Stauanlagen sind eine oder mehrere Bohrungen zum Erkunden des tieferen Untergrundes bis etwa 150 m anzusetzen. Die Bohrungen sind als Kernbohrungen auszuführen und sollen am Bohrkern, aber auch durch fernsehoptische Untersuchung im Bohrloch erkundet werden (Trischler und Knopf 1985). Die Deckschichten werden durch Schürfgruben und Sondierbohrungen untersucht. Das Untersuchen der Durchlässigkeit des Untergrundes erfolgt durch Feldversuche (Pumpversuch, Auffüllversuch, Wasserdruckversuch, Markierungsversuch) sowie über das Abschätzen der Klüftigkeit durch Aufnahmen mit der Fernsehsonde. Die direkten Messergebnisse werden durch überschlägige hydraulische Berechnungen für die Kluftwässer nach Louis (1967), für die Porengrundwässer nach Darcy überprüft. In die Berechnung zum Abschätzen der möglichen Sickerwasserverluste gehen der hydrostatische Druck, der Durchlässigkeitsbeiwert k, die Mächtigkeit der abdichtenden

Schicht und die wirksame überstaute Fläche ein. Es ist Aufgabe der Voruntersuchung festzustellen, ob die Versickerung großflächig eintreten wird und dann mit einem mittleren Durchlässigkeitsbeiwert erfasst werden kann (Porengrundwasser) oder ob die Sickerverluste an wenigen vorgegebenen Orten konzentriert eintreten werden (Störungen, Karst, künstliche Hohlräume). Letztere sind gezielt abzudichten. Alle Bohr- und Sondierlöcher sind wasserdicht zu verfüllen. Das Bohrraster ist im Bereich der Sperrstelle besonders eng zu wählen. Dabei können einzelne Bohrlöcher auch für Injektionsversuche genutzt werden. Die Durchlässigkeit des Untergrundes wird mit Pumpversuchen, Auffüllversuchen und Wasserdruckversuchen in Bohrlöchern ermittelt. Beim Wasserdruckversuch nach Lugeon (*WD*-Test) wird das Bohrloch abschnittsweise durch Packer abgedichtet, und es wird Wasser unter Druck eingepresst. Gearbeitet wird mit einem Einfachpacker, wenn dieser die Abpressstrecke nach oben abschließt, oder mit einem Doppelpacker, wenn diese eine Abpressstrecke von 1–5 m Länge einschließen. Das Arbeiten mit dem Einfachpacker (◘ Abb. 14.34) geschieht während des Abteufens der Bohrung.

Das Arbeiten mit dem Doppelpacker wird am fertigen Bohrloch ausgeführt und setzt ein standfestes Gestein voraus. Zum Vermeiden von Umläufigkeit werden Packer mit 1,5 m langen Gummimanschetten mit hohen Drücken (Luftinnendruck 20–40 bar) gegen die vorher am Bohrkern oder fernsehoptisch im Bohrloch ausgesuchte glatte Bohrlochwand gepresst. Eine Kontrolle auf mögliche Umläufigkeit kann über Tracerverfahren erfolgen, indem dem eingepressten Wasser z. B. Salz zugesetzt wird. In Beobachtungssegmenten über und unter der Verpressstrecke (Vierfachpacker) werden Wasserdruck und Leitfähigkeit gemessen (Schneider 1981).

Gemessen werden die Zeit, die Verpressmenge in Litern pro Minute und der Druck an der Verpresspumpe, im Injektionsrohr, im Verpresssegment, in den Beobachtungssegmenten und in den Beobachtungsbohrungen. Die Ergebnisse werden in Versuchsdiagrammen dargestellt (◘ Abb. 14.35 und 14.36). Für den Versuchsablauf schlägt Heitfeld (1979, 1981) vor, das Abpressen in drei aufsteigenden und absteigenden Druckstufen vorzunehmen. Die verwendeten Anfangsdrücke an der Verpresspumpe liegen bei empfindlichem Gebirge (Sandstein, Tonstein) zwischen 0,5 und 3 bar, bei druckfestem Gebirge zwischen 3 und 6 bar. Abgepresst wird nach dem Schema 2-4-6-4-2 bar (Ewert 1977, 1979). Aus der Veränderung der Wasserdurchlässigkeit während des Versuchsablaufes kann auf Veränderungen im Kluftsystem geschlossen werden (elastische und plastische Kluftaufweitung, Kluftausspülung und Kluftverschlämmung). Bei höherem hydraulischem Überdruck wird das Gebirge künstlich aufgebrochen (Crack-Vorgänge). Das Aufreißen des Gebirges erfolgt in verschiedener Weise. Wenn die Gebirgsfestigkeit überschritten wird, reißen neue Trennflächen auf oder bestehende Trennflächen reißen durch und weiten sich auf. Neben dieser festigkeitsverändernden Eigenschaft tritt Erosion ein, die die Wasserwegsamkeit erhöht. Reißt das Gebirge während des *WD*-Versuches auf, so erhöht sich plötzlich die Wasseraufnahme des Gebirges. Als maximal anzuwendenden Wasserdruck gibt Ewert (1979) den 1,3-fachen Druck des angestrebten Stauzieles an. Der zeitliche Ablauf des Versuches sieht vor, dass nach Abpressen einer

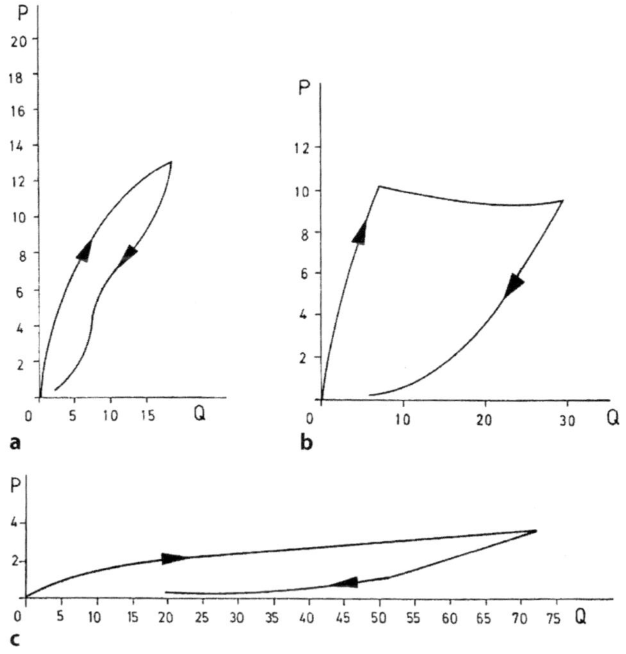

◘ **Abb. 14.36** *WD*-Test zum Untersuchen der Dichtigkeit des Untergrundes. Darstellung von Einzelversuchen mit unterschiedlicher Wasseraufnahme Q_{WD} [l min^{-1}]. **a** Große Gebirgsfestigkeit mit teilweise offenen Fugen; das Gestein reagiert elastisch, **b** geringe Gebirgsfestigkeit mit teilweise offenen Fugen; das Gebirge reagiert teils elastisch, teils plastisch, **c** die Gebirgsfestigkeit ist kleiner als der aufgebrachte Druck, die Fugen sind offen oder teilweise verfüllt, das Gebirge reagiert zunächst elastisch. Die plötzliche, starke Steigerung des Wasserverlustes bei nur geringem Druckverlust zeigt ein Aufbrechen der Trennfugen an

neuen Druckstufe die Durchflussmenge pro Minute mehrmals gemessen wird, bis sich in etwa konstante Werte einstellen. Dann soll der jeweilige Druck drei Minuten lang konstant gehalten werden. Hieran schließt sich die eigentliche Messzeit von mindestens 3 min Dauer an. Die Gesamtzeit der Messung einer Druckstufe beträgt mindestens 10–15 min.

Das Auswerten der Ergebnisse erfolgt für den Einzelversuch in der grafischen Gegenüberstellung von verpresster Wassermenge Q_{WD} in Litern pro Minute und Meter Verpressstrecke [l min^{-1} m^{-1}], bezogen auf den gefahrenen Druck. Die verschiedenen Verpressstrecken im Bohrloch werden in Säulenform dargestellt, wobei bei gleichem Druck die verpresste Wassermenge variiert (◘ Abb. 14.35).

Die Interpretation der *WD*-Testergebnisse lässt nach Ewert (1979) Aussagen über die Gebirgsfestigkeit und den Fugenzustand zu (◘ Abb. 14.36). Das Ermitteln des *k*-Wertes ist direkt nicht möglich, sondern nur über Näherungsverfahren. Der *WD*-Test ergibt einen Versickerungsbeiwert. Die verpresste Wassermenge tritt unter Druck durch die Bohrlochmantelfläche aus und verbreitet sich radial unter Druckentlastung. Damit sind andere Versuchsbedingungen als beim Darcy-Versuch gegeben. Die beim Wasserdrucktest oder WD-Test verpresste Wassermenge Q_{WD} wird in Lugeon (*Lu*) bei einem Druck von 10 bar gemessen.

$$1\,Lu = 1\,\text{l}\,\text{min}^{-1}\text{m}^{-1} \text{ bei } 10\,\text{bar}$$

$$\text{l} = \text{Liter}$$

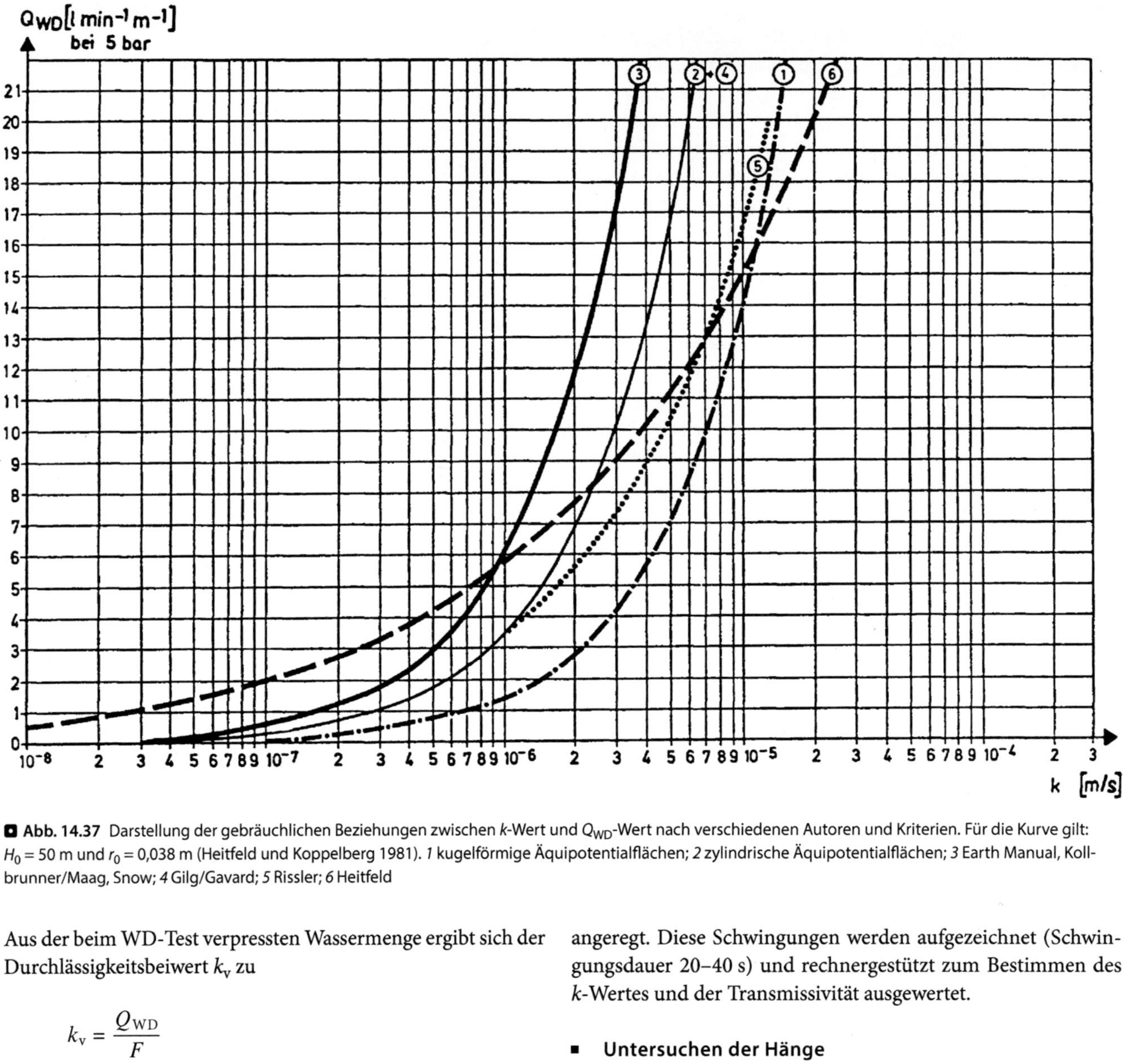

Abb. 14.37 Darstellung der gebräuchlichen Beziehungen zwischen *k*-Wert und Q_{WD}-Wert nach verschiedenen Autoren und Kriterien. Für die Kurve gilt: $H_0 = 50$ m und $r_0 = 0{,}038$ m (Heitfeld und Koppelberg 1981). *1* kugelförmige Äquipotentialflächen; *2* zylindrische Äquipotentialflächen; *3* Earth Manual, Kollbrunner/Maag, Snow; *4* Gilg/Gavard; *5* Rissler; *6* Heitfeld

Aus der beim WD-Test verpressten Wassermenge ergibt sich der Durchlässigkeitsbeiwert k_v zu

$$k_v = \frac{Q_{WD}}{F}$$

Q_{WD} **verpresste Wassermenge/Wasseraufnahmemenge des Gebirges**
F **Mantelfläche im Bohrloch zwischen zwei Packern**

Das mathematischen Bestimmen des *k*-Wertes berücksichtigt die verpresste Wassermenge, die Druckhöhe im Bohrloch (Energiehöhe), die Länge der Verpressstrecke, den Bohrlochdurchmesser und die Form der Äquipotentialflächen für die radial ausströmenden Wassermassen. Hierbei ist der anisotrope Durchtrennungszustand im Gebirge ein Unsicherheitsfaktor. Andere Bearbeiter beurteilen die Fließbewegung im Fels auf der Basis der Kluftwasserströmung (Louis 1967; Wittke 1969, 1979). Eine zusammenfassende Darstellung geben Heitfeld und Koppelberg (1981) sowie Widmann (1997; Abb. 14.37).

Die Durchlässigkeit (*k*-Wert) des Untergrundes und des Stauwerkes von Talsperren kann wirtschaftlich und schnell mit dem Einschwingverfahren bestimmt werden (Krauss-Kalweit 1987). Dazu wird die Wassersäule im Bohrloch durch Aufbringen von Pressluft und schlagartige Druckentlastung zur Eigenschwingung angeregt. Diese Schwingungen werden aufgezeichnet (Schwingungsdauer 20–40 s) und rechnergestützt zum Bestimmen des *k*-Wertes und der Transmissivität ausgewertet.

Untersuchen der Hänge

Zum Beurteilen der Standfestigkeit der Hänge sind umfassende morphologische und geologische Spezialkartierungen erforderlich. Die morphologischen Kriterien zeigen in der Talsohle, im niederen Hangbereich und im Bereich von Hangverflachungen Schuttkegel, Felsblöcke, Schutt- und Sturzhalden, Blockmeere, Murkegel, Rutschmassen und Hangschutt als fossile oder subfossile Zeugen für Massenbewegungen. Aus dem morphologischen und geologischen Vergleich sind Herkunftsgebiet und Bewegungsart zu rekonstruieren. Das Alter einer Rutsch- oder Sturzmasse kann aus der Beziehung der Bewegung zu jungen Deckschichten, aus dem Verwitterungsgrad und möglichen Bodenbildungen auf der Schuttmasse, aus dem Bewuchs und dem Alter der Bäume sowie aus der durch die Bewegung veränderten Lage des Baumbestandes (Schiefstellung, Verkrümmung oder Hakenschlagen der Baumstämme, abweichende Wuchsrichtung der jungen Schösslinge an schräggestellten Bäumen) geschlossen werden. Die Bewegungsart lässt sich aus der Gesteinslagerung, den Erosionsformen und dem Bewuchs erkennen. Unterschieden werden die Rutschungstypen „Kippen“, „Fallen“, „Fließen“, „Driften“ und „Gleiten“ (▶ Abschn. 2.6.1 bis 2.6.5) sowie die Fracht der Fließgewässer (▶ Abschn. 2.8.2). Aktive Rutschungen werden mit einem geodätisch vermessenen Raster überspannt und regelmäßig kontrolliert (▶ Abschn. 2.6.11). Einfache Kontrollen der aktiven Bewegung lassen sich über langzeitige Richtstreckenpeilungen sowie über die Schrägstellung von Richtlatten erarbeiten. Die aktiven Rutsch- und Gleitbewegungen werden über Schürfe, Bohrungen und Beobachtungsstollen geologisch untersucht, beprobt, bodenmechanisch und felsmechanisch untersucht und in geologischen Schnitten dargestellt. Das Beurteilen der Standfestigkeit erfolgt durch einen Standsicherheitsnachweis gegen Gelände- und Böschungsbruch (▶ Abschn. 2.6.5 und 11.4.3) unter Berücksichtigung der variablen Größen beim Einstau. Veränderungen treten bei der Wichte des Baugrundes ein, welche zum einen als Wichte unter Auftrieb, zum anderen bei fallendem Wasserspiegel als Wichte des wassergesättigten Bodens zu berücksichtigen ist. Durch Veränderungen im Porenwasserdruck und im Fließdruck kann der Winkel der inneren Reibung φ bis zum Wert 0 abnehmen. Ein derart beanspruchter Hang muss dann allein durch die Kohäsion gehalten werden, wofür ein Nachweis zu erbringen ist. Die Kohäsion sinkt auf den Wert für die wassergesättigte Bodenprobe. Die Gefügefestigkeit wird durch den Porenwasserdruck verringert.

Die an den verschiedenen Gefahrenstellen ermittelten Werte und Kriterien für die Standfestigkeit der Hänge werden in Karten zusammengestellt. Hieraus ergibt sich eine Einteilung in:

- standfeste Bereiche;
- Bereiche mit geringer Gefährdung, die keine Sicherungsmaßnamen erfordern;
- Bereiche, in denen Hangbewegungen zu erwarten sind, welche durch technische Maßnahmen stabilisiert werden können;
- Bereiche, in denen so große Massenbewegungen zu erwarten sind, dass sie durch technische Maßnahmen nicht stabilisiert werden können.

Das Abschätzen der von Hangbewegungen ausgehenden Gefahren und die Forderung nach wirtschaftlich vertretbaren Sicherungsmaßnahmen (▶ Kap. 10) verlangt detailliertes Untersuchen und Bewerten. Es müssen keinesfalls alle Rutschungen stabilisiert werden, soweit hiervon absehbar keine Gefahren ausgehen. Als besonders gefahrbringend sind Rutsch- und Gleitbewegungen einzustufen, die entweder die Standsicherheit des Absperrbauwerkes beeinträchtigen oder die von der morphologischen Position her einen Übergang in die stürzende Bewegung befürchten lassen. Das Beispiel des Monte Toc im Vajonttal zeigt, dass der felsstatische Sicherheitsnachweis bei unzureichendem Erkenntnisstand über die wahren Vorgänge im Berg zu Fehleinschätzungen führen kann.

▪ Untersuchen der Sperrenstelle

Für die Lage von Absperrbauwerken sind neben dem morphologischen Kriterium Standsicherheitsfaktoren von ausschlaggebender Bedeutung. Im Untergrund der Sperrenstellen müssen aktive tektonische Verformungen und Bewegungen ausgeschlossen werden. Es ist zu beachten, dass Täler häufig vorgegebenen Schwächezonen und somit auch aktiven tektonischen Linien folgen. Zum Vermeiden von Risiken werden solche Talabschnitte für den Bau von Sperren ausgesucht, in denen tektonische Verwerfungen ausgeschlossen werden können.

Der durch ein Absperrbauwerk beanspruchte Untergrund muss die Schubkraft des rückgestauten Wassers, die Eigenlast des Bauwerkes und mögliche dynamische Belastungen (Erdbeben) aufnehmen. Besonders bei hohen Bauwerken muss die konstruktive Durchbildung der Absperrbauwerke die von der Belastung ausgehende Verformung im Untergrund berücksichtigen. Die möglichen Verformungen im Untergrund betreffen:

- Veränderungen der Lagerungsverhältnisse durch Abgleiten, Abscheren, Grundbruch oder größere Setzungen infolge Belastung; der Untergrund wird vorwiegend in seiner Scherfestigkeit beansprucht;
- Festigkeits- und Volumenveränderungen bei veränderlich festen Gesteinen infolge Wasserzutritts;
- Gefüge- und Volumenveränderungen bei löslichen Gesteinen (Salz und Gips);
- Veränderungen der Wasserwegsamkeit im Untergrund und in den Talflanken infolge des Aufstaus; das aufgestaute Wasser trachtet danach, die Talflanken aufzuweiten, und ruft Druckwirkungen und Strömungskräfte in den Klüften und Poren hervor.

Die Wahl des geeigneten Absperrbauwerkes richtet sich nach den Gegebenheiten in den Talflanken und im Untergrund, nach den natürlichen Baustoffvorkommen und nach Sicherheitskriterien. Bei Vorliegen geeigneter Baustoffe liegen die Kosten für das Aufschütten eines Erddammes wesentlich niedriger als für den Bau einer Staumauer. Dammbauwerke bieten außerdem eine größere Sicherheit bei tektonischen Bewegungen in Erdbebengebieten. Lockermaterial im Untergrund ist für Staudämme geeignet, soweit seine Scherfestigkeit ausreicht, die Spreizkräfte aus dem Dammkörper und den horizontalen Wasserdruck aufzunehmen.

Staumauern stellen hohe Ansprüche an den Untergrund, welcher – von kleineren Absperrwerken abgesehen – aus einem festen Felsverband bestehen soll. Durch die Einwirkung des eingestauten Wassers darf die Verbandsfestigkeit nicht wesentlich beeinträchtigt werden. Je nach Konstruktion konzentrieren sich bei Schwergewichtsmauern und Pfeilermauern die Kräfte vorwiegend in der Gründungssohle. Bei Bogenstaumauern konzentrieren sich die Kräfte vorwiegend auf die seitlichen Widerlager und greifen im spitzen Winkel zum Hang an.

Die Baugrunduntersuchung der Sperrenstelle berücksichtigt die Art des geplanten Sperrwerkes (Erddamm oder Mauer). Die Untersuchung umfasst auch geophysikalische, geologische, geotechnische und hydraulische Untersuchungsverfahren (Widmann 1997).

Mit geophysikalischen Verfahren kann die Mächtigkeit von Lockermaterial über dichtem Untergrund bzw. die Tiefenlage der Felsoberfläche flächenhaft erkundet werden. Hierzu können geoelektrische Verfahren, seismische Verfahren und Georadar angewendet werden.

Das baugeologische Untersuchen umfasst das Beschreiben der im Gründungsbereich auftretenden Böden und Gesteine mit Darstellen in Geländeschnitten und Karten.

Hierfür wird der Baugrund durch Kernbohrungen und Schürfgruben untersucht. Die Bohrlöcher können anschließend zum Bestimmen der Durchlässigkeit genutzt werden. Oft werden schon im Stadium der Untersuchung im Bereich der projektierten Staumauer oder des projektierten Dichtungsschleiers der Hangschutt und die Felsverwitterungszone in einem durchgehenden Schurf abgegraben (Meister et al. 1997). Die Lagerungsverhältnisse der anstehenden Schichten und Felsgesteine, besonders die Klüftigkeit des Gebirges, sind aufzunehmen und darzustellen. Die Dichte und Raumstellung des Trennflächengefüges, die Öffnungsweiten und Spaltenfüllungen sowie die Scherfestigkeit im Trennflächengefüge werden im Hinblick auf Aushub, Aushubtiefe, Felsklassifizierung, Standfestigkeit der Baugrubenwände und Böschungen, Belastbarkeit und Aufnahme von Scherkräften sowie auf die Wasserwegsamkeit im Trennflächengefüge diskutiert.

Folgende geotechnische Kennwerte sind zu benennen und in ihrer Größe zu bestimmen:

- Bodenart, Gesteinsart;
- Wichte des anstehenden Bodens oder Gesteins als Wichte des feuchten Bodens, Wichte des trockenen Bodens, Wichte des Bodens unter Auftrieb und Wichte des wassergesättigten Bodens;
- Porenvolumen, Klufthohlraumvolumen;
- Kornverteilung oder Stückigkeit des anstehenden Materials, Kornverteilung und Stückigkeit des ausgebrochenen Materials;
- Wassergehalt, Wasserempfindlichkeit, Quellvermögen und Plastizitätseigenschaften;
- Art, Raumstellung, Abstand, Häufigkeit, Durchtrennungsgrad, Öffnungsweite und Rauigkeit der Trennflächen im geklüfteten Fels.

Es ist das Ziel der geologischen Untersuchung, ein wirklichkeitsnahes Modell für den anstehenden Boden oder Fels zu entwickeln.

Die geotechnischen Untersuchungen dienen dem Bestimmen felsmechanischer Kennwerte. Zum Bestimmen der Verformbarkeit (Elastizitätsmodul, Steifemodul, Verformungsmodul) im Fels werden bevorzugt *In-situ*-Versuche durchgeführt (▶ Abschn. 1.20.2). Hierzu werden im gleichartigen Gebirge nahe der Sperrenstelle Untersuchungsstollen und Untersuchungskammern aufgefahren. Zum Bestimmen der Festigkeitswerte werden Bodenproben und/oder Gesteinsproben im Labor oder bei Großversuchen im Gelände untersucht. Bestimmt werden Druckfestigkeit, Zugfestigkeit und Scherfestigkeit (▶ Abschn. 1.19). Hierzu kann es erforderlich sein, die Gesteinsproben unter verschiedenen Winkeln zur bevorzugten Spaltrichtung einzubauen. Beim Bewerten der im Labor oder bei *In-situ*-Versuchen gewonnenen Messgrößen ist ein Maßstabseffekt zu berücksichtigen (Widmann 1997):

- In Laborversuchen an Gesteinsproben aus natürlichen Schwächezonen ermittelte Scherfestigkeitswerte können als unterer Grenzwert betrachtet werden.
- Die Streuung der Messwerte sinkt mit wachsender Dimension der untersuchten Körper (Probengröße).
- Die Festigkeitseigenschaften sinken mit wachsender Dimension der untersuchten Körper.
- Bei *In-situ*-Spannungsversuchen können unabhängig von der untersuchten Körpergröße gleichwertige Ergebnisse erzielt werden.

Im Bereich der Sperrenstelle kann durch Erkunden von Wasserdurchlässigkeit, Wasserwegsamkeit und Abfuhrvermögen bei Wasserabpressversuchen geklärt werden, ob eine Injektion des Untergrundes notwendig ist. Als Grenzwert für erforderliche oder erfolgreich abgeschlossene Injektionsarbeiten werden für den Untergrund von Talsperren 2 *Lu* angegeben (1 *Lu* [Lugeon] = $1{,}67 \cdot 10^{-5}\ \mathrm{m^2\ s^{-1}}$).

Für den Entwurf von Injektionsarbeiten sind Angaben über die Injizierbarkeit von Fels und die zu erwartenden Verpressmengen an Injektionsgut pro Kubikmeter Fels oder pro Quadratmeter Dichtungsschirm zu treffen. Injektionsgüter haben andere Fließeigenschaften als Wasser. Proportionalität des Fließverhaltens ist nicht gegeben. Hinweise zur Injizierbarkeit kann die Beschreibung des Kluftsystems mit Angaben zur Form, Anzahl und Abmessung der Fließwege geben. In den meisten Felsarten sind die Klüfte einseitig aufgespalten. Die Durchflussquerschnitte haben spitzwinklige und schmale dreieckige Querschittsformen mit rauen Wänden. Benachbarte Spalten können unterschiedlich weit geöffnet sein und unterschiedlichen Durchfluss aufweisen. Klufthäufigkeit und Kluftöffnungsweite der Einzelkluft sind gleichermaßen durchflussentscheidend. Zum Bestimmen der Injizierbarkeit von Fels und dem Planen von Injektionsarbeiten sind an ausgesuchten, geologisch repräsentativen Stellen *In-situ*-Probeinjektionen erforderlich.

14.5.5 Maßnahmen zum Verbessern des Sperrenuntergrundes

Nur in seltenen Fällen entspricht die Güte des Baugrundes nach einfachem Aushub allen Erfordernissen an Standfestigkeit, Verformbarkeit und Dichtigkeit. Meistens muss eine Bodenverbesserung durchgeführt werden (Pircher 1984).

▪ Maßnahmen beim Gründen auf Boden

Beim Gründen von Sperren auf Lockermaterial stehen Maßnahmen gegen Durchsickern und dessen Folgen im Vordergrund. Der Aushub muss bis auf ein ausreichend tragfähiges Material niedergebracht werden. Zum Erlangen einer ausreichenden Tragfähigkeit sind Bodenaustausch, Verdichten mit dem Tiefenrüttler, Vorbelasten in Verbindung mit Vertikaldräns und Flächeninjektionen möglich. Zum Abdichten gegen Unterläufigkeit werden Dichtungsteppiche, Dichtungswände oder Dichtungsschirme sowie deren Kombinationen eingebaut.

▪ Dichtungsteppiche

Dichtungsteppiche bestehen aus einer Schüttlage aus wenig durchlässigem Lockermaterial. Der Dichtungsteppich erstreckt sich vom Dammkern aus in die oberwasserseitige Sohle hinein (◘ Abb. 14.38e–g). Nach Möglichkeit wird man versuchen, den Teppich an natürliche dichtende Gesteine anzuschließen oder ihn durch eine Dichtwand oder einen Dichtschirm zu ergänzen. Ein Abdichtungseffekt wird schon durch die Verlängerung des

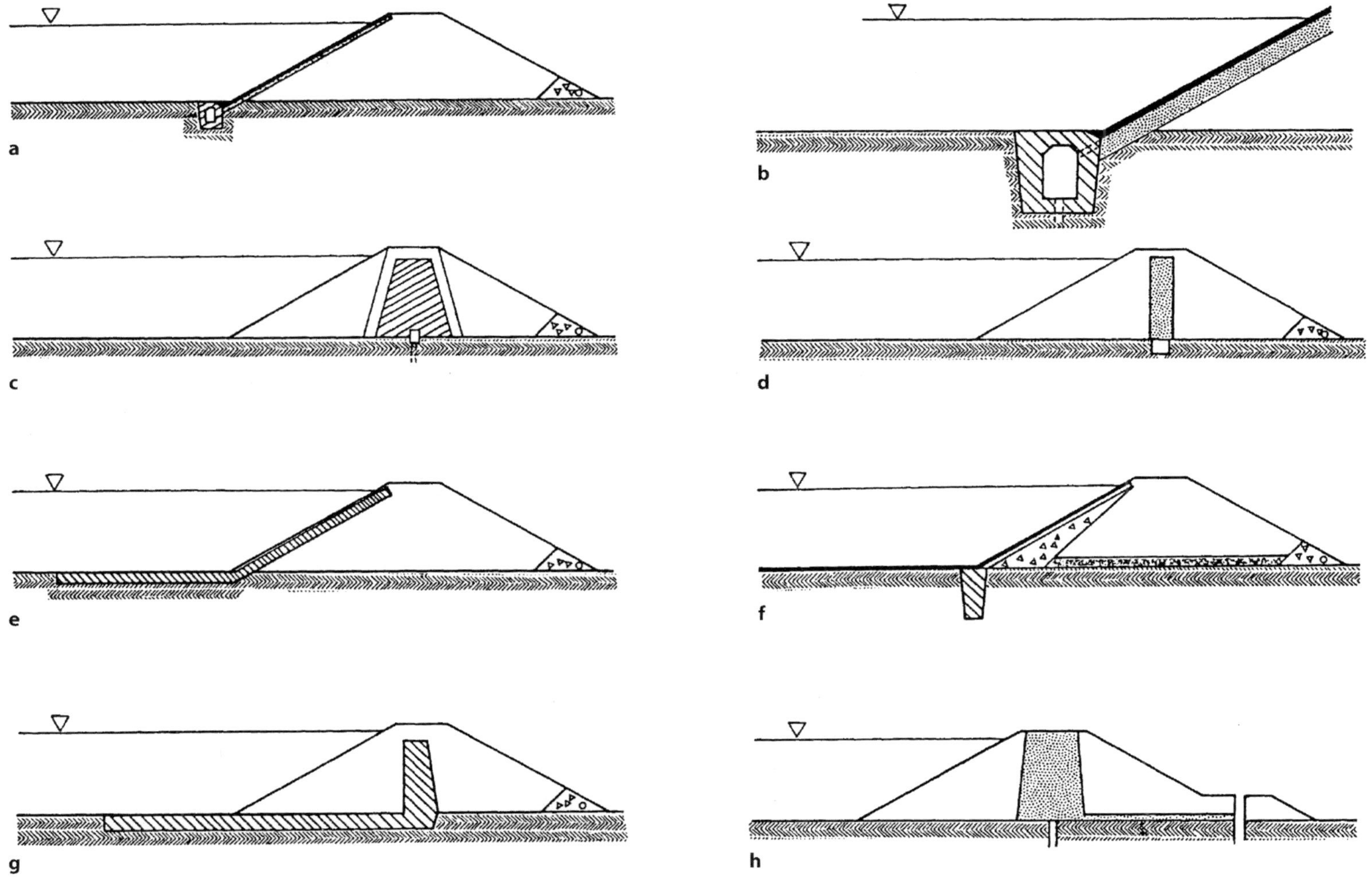

Abb. 14.38 Konstruktionsarten von Dammdichtungen. **a,b** Oberflächendichtung mit Kontrollgang, **c** Kerndichtung aus bindigem Material, **d** Kerndichtung aus Asphaltbeton, **e,f** Oberflächendichtung (Böschungsdichtung) mit horizontalem Dichtungsteppich, **g** Kerndichtung mit horizontalem Dichtungsteppich, **h** erosionsfeste Versiegelung der Dammaufstandsfläche. (**a–d** umgezeichnet nach Blind 1981; **g** nach Türke 1984; **h** nach Breth 1980)

Sickerweges erreicht. Die Gefahr von Leckagen besteht bei heterogenem Untergrund mit stark unterschiedlichem Setzungsverhalten und besonders bei Karsthohlräumen im Untergrund. Der Dichtungsteppich muss an solchen Stellen auf mehrere Meter verstärkt werden oder auf eine der Leckage angepasste Filterschicht aufgebaut werden.

- **Dichtungswände**

Bei flachliegendem Fels oder Vorhandensein von Tonlagen in geringer Tiefenlage kann der Kern von Schüttdämmen über einen offenen Graben oder Schlitz direkt an den dichten Untergrund angeschlossen werden. Ebenso können Spundwände oder Betonwände in Verlängerung des Dammkernes eingebaut werden. Bei tiefliegendem dichten Untergrund werden Pfahlwände (bis 120 m), Schlitzwände (bis 60 m), Schmalwände (bis 25 m) oder fugenlose Ton-Sand-Mischungen nach dem „Slurry-Trench"-Verfahren (bis 30 m) eingebaut. Bei den Schmalwandverfahren werden eingerammte Breitflanschträger langsam gezogen, und der entstehende Hohlraum wird mit Zementmörtel oder plastischem Mörtel verpresst.
Bei ungünstigen Untergrundverhältnissen, z. B. im verkarsteten Kalksteingebirge, bei zersetzten, mylonitisierten und weichen Gesteinen werden anstelle von Injektionsschirmen Dichtungswände aus Beton ausgeführt. Das Schlitzen wird mit Meißeltechnik, Fräsen und mit Hydrofräsen (bis 100 m Schlitztiefe) bewerkstelligt. Härtere Felsarten werden mit Pfahlwänden abgedichtet.

- **Dichtungsschirme**

Tiefe durchlässige Schichten können mit injizierten Dichtungsschirmen abgedichtet werden. Die Schirme sind stets mehrreihig mit Lochabständen von 2–4 m und einem breiten Anschluss an den Dammkern oder an die Herdmauer auszubilden. Injiziert werden Lösungen, Emulsionen, Suspensionen, Pasten und Mörtel. Die Pasten, Mörtel und Suspensionen bestehen aus Wasser, Zement, Füllstoffen (Gesteinsmehl, Tonmehl Schlackenmehl, Flugasche) und Bentonit. Für Emulsionen werden Teer, Bitumen, Öle und wasserhaltige Harze verwendet. Natriumsilikate und organische Harze werden als Lösungen injiziert (Jessberger 1982, Idel 1991). Der Anwendungsbereich ergibt sich aus ■ Abb. 8.6.

- **Dränagen, Filter, Entspannungsbrunnen**

Maßnahmen gegen Porenwasserüberdruck und rückschreitende Erosion sind als Ergänzung der Abdichtung erforderlich. Üblich sind Fußdränagen und Filterteppiche unter der luftseitigen Dammschüttung. Entspannungsbrunnen werden am Dammfuß oder unter vorgelagerten Bermen eingebaut.

- **Maßnahmen beim Gründen auf Fels**

Verbessernde Maßnahmen beim Gründen auf Fels bezwecken Erhöhen der Festigkeit, Verringern der Deformation, Verringern der Durchlässigkeit und Verringern der mit dem Durchströmen verbundenen Kraftwirkungen.

- **Aushub**

Der Aushub im Felsuntergrund für die Sperrenaufstandsfläche, die Kernanschlussfläche, den Herdmauergraben und die Kontrollganggräben erfolgt mit gebirgsschonenden Sprengverfahren. Beim Ausformen der Gründungsfläche wird ein stetiges Profil ohne Gefällsbrüche angestrebt. Örtliche Überbeanspruchungen und Spannungskonzentrationen sind zu vermeiden. Alle Stufen und Überhänge sind abzutragen oder mit Beton auszugleichen. Glatte Felsflächen können zum Erhöhen des Scherwiderstandes unter den Stützkörpern künstlich aufgeraut werden.

- **Verstärken der Widerlager**

Sperrmauern und besonders die Gewölbesperren tragen die Kräfte des aufgestauten Wassers über die Widerlager direkt in den Fels ein. In diesem Bereich des Widerlagers muss der Fels stabilisiert und verfestigt werden. Für die Sicherung der Felsböschungen gegen Auflockern sind großflächige Spritzbetonabdeckungen mit Baustahlgittern und Felsnägeln in Anwendung. Felsüberhänge können durch Stützpfeiler und Stützwände stabilisiert werden. Auflockerungen im Fels können durch Anker in Verbindung mit Injektionen überbrückt werden. Soweit der Fels nicht direkt das Widerlager bildet, können auch Stützwände als Widerlager der Felswand vorgesetzt werden, welche über stählerne Zugglieder tief im Fels verhängt werden. Stollen und Schlitze können angelegt und ausbetoniert werden, um Auflagerungskräfte in der Wirkungsweise von Pfählen oder Scheiben durch schwache Felspartien hindurch auf tiefere und bessere Felspartien zu übertragen. Störungen und Auflockerungszonen müssen im Bereich der Sperrengründung ausgeräumt und mit Beton verfüllt werden.

- **Dichtungsteppiche**

Auch auf durchlässigem Felsgestein können Schüttlagen aus wenig durchlässigem Material als wirksame Oberflächenabdeckung aufgebracht werden. Neben natürlichen Lehm- und Tonböden kommen auch Spritzbeton, Asphaltbeton und Beton zur Anwendung.

- **Injektionen und Injektionsschirme**

Injektionen verfestigen den Fels und verringern seine Durchlässigkeit. Im Bereich der Gründungsfläche der Sperre sind beide Effekte erwünscht; man spricht von Konsolidierungsinjektionen. In größerer Tiefe, beim Injektionsschirm oder Injektionsschleier (Schetelig 1982), ist die Abdichtung erwünscht; man spricht von Schirminjektionen.

Konsolidierungsinjektionen haben die Aufgabe, den oberflächennahen Bereich unter der Sperrenaufstandfläche zu vergüten. Häufig werden diese Injektionen in Form breiter Fächer aus Injektionsstollen im Felsuntergrund eingebracht. Die bereits bestehende Sperrenauflast ist vorteilhaft für die Injektionstechnik und manchmal zwingend notwendig. Gearbeitet wird mit relativ niedrigen Verpressdrücken bis etwa 0,5 MN m^{-2} bzw. 5 bar. Verwendet werden Wasser-Zement-Suspensionen. Verpressfähig sind Spalten und Klüfte mit einer Öffnungsweite größer 0,2 mm. Die von einem Injektionsstollen ausgeführten Injektionen können jederzeit durch Nachinjektionen ergänzt werden.

Schirminjektionen sind je nach Felsdurchlässigkeit ein- oder mehrreihig anzusetzen. Die notwendige Tiefe ergibt sich aufgrund von Durchlässigkeitsversuchen (*WD*-Test). Die Neigung der Schirmfläche zur Wasserseite und eine stromaufgerichtete Abwinklung an den Flanken richten den Wasserdruck nach unten in den Berg hinein. Die seitliche Bohrlochneigung innerhalb der Schirmfläche erstrebt ein Anbohren von möglichst vielen Kluftschnitten und Hohlräumen. Verpresst wird in Abhängigkeit von der Auflast mit Drücken bis zu 2 MN m^{-2} bzw. 20 bar. Verpresst werden Wasser-Zement-Suspensionen mit Zusätzen von Bentonit oder Ton. Es können Klüfte und Spalten mit Öffnungsweiten bis 0,1 mm verpresst werden. Bei engeren Fugen müssen chemische Verpressmittel wie niedrigviskose Wasserglaslösungen oder Kunstharze verwendet werden. Die Ausführung erfolgt in Phasen, wobei in der ersten Phase mit etwa 5 m Lochabstand gearbeitet wird. In weiteren Phasen werden Injektionsbohrungen zwischengesetzt. Über die Notwendigkeit weiterer Phasen entscheiden die Injektionsgutaufnahme und schräge Kontrollkernbohrungen mit Wasserabpressversuchen. Die Schirminjektionen werden von Stollen und Kontrollgängen ausgeführt und können so jederzeit nachvollzogen werden (Wannik 1987, Kreuzer 1997). Derartige Stollen schließen bei Sperrmauern nach oben direkt an die Betonsperre oder das Widerlager an, bei Dämmen besteht Dichtungsanschluss an den Kern. Verpresst wird in Stufen mit Stufenlängen zwischen 5 und 10 m. Um einen Austritt des Verpressgutes aus der Tiefe an die Oberfläche zu vermeiden, wird zunächst die obere Stufe verpresst. Bei stark klüftigem Gestein wird immer von oben nach unten gearbeitet, wobei stufenweise gebohrt und verpresst wird. Preislich günstiger fällt ein Verpressvorgang von unten nach oben aus, bei welchem die Bohrarbeit in voller Länge durchgezogen wird. Mittels Einfachpacker wird das Verpressen fortlaufend von unten nach oben durchgeführt. Die geologische Voraussetzung für dieses Verfahren ist, dass das Injektionsgut nicht den Packer umfließen kann und Spalten und Klüfte im oberen Teil des Bohrloches zusetzt (Ewert 1979, Kutzner 1987). Offene Klüfte und große Hohlräume bewirken ein Abwandern des Injektionsmittels. Das Begrenzen der Reichweite erfolgt durch den Einsatz von wenig fließfähigen Pasten und Mörtel. Auch können Chemikaliengemische verpresst werden, die als Reaktionsergebnis einen Schaumstoff bilden. Da diese Schaumstoffe nicht erosionsstabil sind, dienen sie nur zum vorläufigen Verstopfen der Hohlräume, um anschließend eine herkömmliche Injektion durchzuführen (Kutzner 1982).

▪ Dränagen

Dränagen werden an der Luftseite der Sperre angebracht. Bei Staudämmen verwendet man Dränageteppiche, in denen sich das Wasser aus dem Fels entspannen kann. Einzelne Entspannungsbrunnen bis hin zu dicht bei dicht abgebohrten Dränageschirmen sichern einen ungehinderten Abfluss aus dem Fels im luftseitigen Untergrund der Sperre.

14.5.6 Staumauern

Für Staumauern wird allgemein felsiger Untergrund vorausgesetzt. Gründungsbereich und Talflanken sollen aus gesundem oder aus einem stabilisierten Fels bestehen. Zur Aufnahme der horizontalen Kräfte wird häufig eine nach den Erfordernissen von Talform und Statik gekrümmte Grundrissform gewählt. Andere Mauern sind im Grundriss gerade oder geknickt. Staumauern sind wasserseits gegen das Eindringen und die chemische Einwirkung des Stauwassers zu schützen. Die Außenflächen müssen aus wetterbeständigem und frostsicherem Beton oder Stein sein. Mauern von ausreichender Dicke sollen für Kontrollzwecke Prüfschächte und einen unteren, in Längsrichtung verlaufenden Prüfgang sowie nach den Erfordernissen der Mauerhöhe weitere horizontale Prüfgänge erhalten. Diese Prüfschächte und Prüfgänge können zur Aufnahme von Messgeräten dienen. Der Nachweis der Standsicherheit von Staumauern muss auch den Baugrund hinsichtlich seines Festigkeits- und Verformungsverhaltens erfassen. Das Verhältnis von Betonverformbarkeit E_b zu Felsverformbarkeit E_f ist zu klären. Über den Regellastfall hinaus sind Staumauern auf Sicherheit bei außergewöhnlich ungünstigen Temperaturfällen und auf Sicherheit bei Erdbebeneinwirkungen zu berechnen (Schmidt 1981).

▪ Gewichtsstaumauern

Gewichtsstaumauern leiten alle resultierenden Kräfte in die Gründungssohle ein. Die Belastung des Untergrundes wächst mit der Höhe des Bauwerkes und erreicht in der tiefsten Talsohle den höchsten Wert. Gewichtsstaumauern sind in Bezug auf den Baugrund auf Sicherheit gegen Grundbruch, Gleiten, Kippen und schädliches Setzen zu untersuchen. Besonders muss auf Gleitsicherheit auch innerhalb des belasteten Felsgefüges geachtet werden. Durch geringe Neigung der Sohle bis etwa 1:10 gegen die Luftseite können die Auflagerungsverhältnisse verbessert werden. Die Berührungsflächen zwischen Mauerwerk und Fels sind so zu gestalten, dass hoher Gleitwiderstand entsteht.

Jedoch dürfen keine Kerbwirkung verursachenden Absätze und Einschnitte hergestellt werden. Für Gewichtsstaumauern ist als Querschnittsform ein Dreieck mit steiler Wasserseite und aufgesetzter Krone am besten geeignet. Zum Vermeiden von Rissen in der fertigen Staumauer infolge Schwindens und temperaturbedingter Volumenänderungen erhalten Gewichtsstaumauern Bewegungsfugen. Die Staumauer wird dazu in einzelne Blöcke aufgeteilt. Die Fugen werden von der Wasserseite aus mit einer nachgiebigen Dichtmasse verpresst.

▪ Bogenstaumauern

Bogenstaumauern übertragen den Wasserdruck über die Bogenwirkung auf die seitlichen Hänge und durch die Gewichtskraft auf den Untergrund. Kuppelstaumauern sind zusätzlich in der Vertikalen gekrümmt und haben einen Überhang zur Luftseite. Bogenstaumauern können nur dann errichtet werden, wenn der Fels die zu übertragenden Kräfte übernehmen kann und das Tal eine hierfür geeignete Form aufweist. Die günstigste Form einer Bogenstaumauer muss aus vergleichenden Entwürfen erarbeitet werden. Als Baumaterial wird Beton oder Stahlbeton verwendet. Bogenstaumauern werden durch radial angeordnete Blockfugen im Abstand von 12–18 m unterteilt. Die Blockfugen werden mehrmals verpresst.

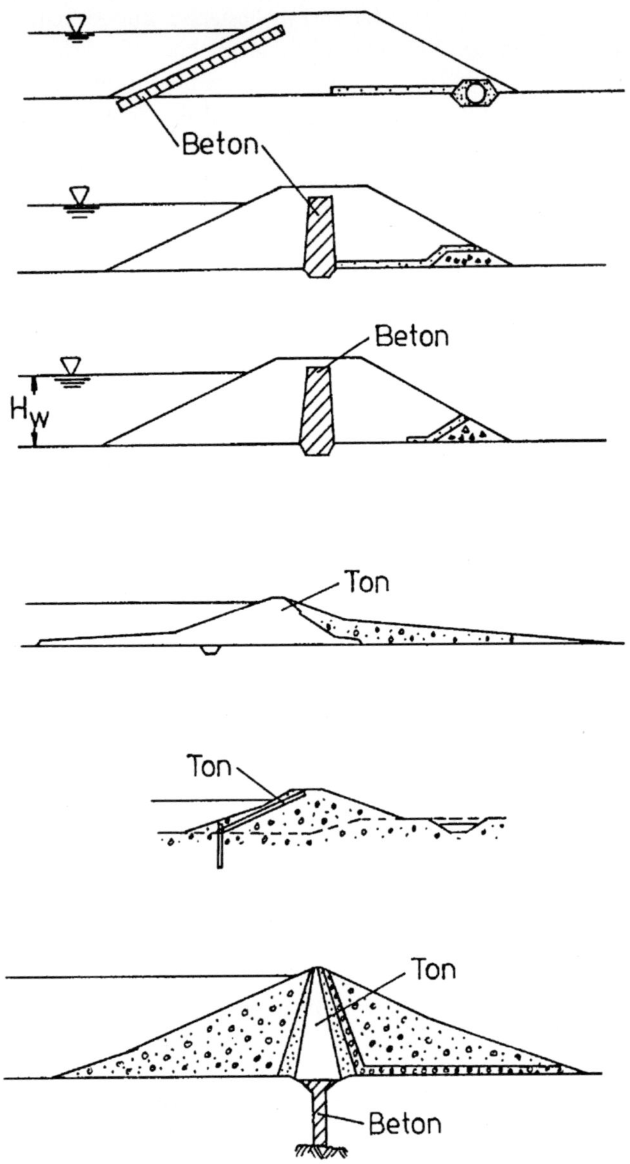

◘ Abb. 14.39 Beispiele für die Anlage von Dränagen im Dammbau. (Nach Davidenkoff 1964, 1970 und Breth 1980)

▪ Pfeilerstaumauern

Pfeilerstaumauern bestehen aus einer Reihe gleichartiger Pfeiler, gegen die sich eine aus Platten oder anderen Bauteilen gebildete Stauwand drückt (Pfeilerplattenstaumauer). Daneben bestehen abgewandelte Konstruktionen und Übergänge zur Schwergewichtsmauer und Gewölbemauer (Pfeilerkopfmauern, Pfeilergewölbemauern). Pfeilermauern bedürfen einer sorgfältigen Gründung und Sicherheit gegen Gleiten, Grundbruch und Kippen. Setzungen werden durch Vorbelasten der einzelnen Pfeiler vorweggenommen, bevor das Bauwerk zu einer starren Scheibe zusammengeschlossen wird. Für das Verhalten der Mauer kommen dann nur die Bodendrücke in Betracht, die nach dem Zusammenschluss der einzelnen Pfeilerteile entstehen. Dem Felsuntergrund entsprechend, handelt es sich bei den Bauwerkssetzungen vorwiegend um elastisches Verformen im Untergrund. Die vorweg durchgeführten Injektionen sollten plastisches Verformen weitgehend ausschließen.

14.5.7 Staudämme

Staudämme haben als Erdbauwerke die statische Funktion des Abstützens und die hydraulische Funktion des Abdichtens zu übernehmen. Nur bei geringen Stauhöhen (bis maximal 30 m) ist eine Konstruktion aus einem einheitlichen Schüttstoff möglich. Derartige homogene Dämme verlangen einen feinkörnigen Baustoff mit annähernd gleichen und geringen Durchlässigkeiten ($k = 10^{-7}$ m s^{-1}). Dieser Dammtyp verlangt flache Böschungen und ist nur dann wirtschaftlich, wenn geeigneter Baustoff in ausreichender Menge im Bereich der Sperre vorkommt. Bei größeren Stauhöhen wird ein unterteilter Aufbau des Staudammes gewählt. Es wird unterschieden zwischen Stützkörper, Dichtungskörper und Dränagen.

▪ Dichtungskörper

Dichtungskörper werden entweder als Oberflächendichtung auf der wasserseitigen Dammoberfläche oder als Innendichtung im Dichtungskern angebracht (◘ Abb. 14.38). Der Dichtungskern erhält Anschluss an den Dichtungsschirm. Als Dichtungselemente kommen Erdstoffdichtungen, Betondichtungen, Asphaltdichtungen, Kunststoffdichtungen und Spundwände in Betracht. Feinkörnige Lockergesteine werden so eingebaut, dass der Kern im verdichteten Zustand (95 % Proctor) gering durchlässig ist ($k = 10^{-7}$ m s^{-1}). Sie sollen plastisch verformbar sein, um den Setzungen und Bewegungen im Damm, besonders während des Schüttens, folgen zu können. Ist das Dichtmaterial nicht erosionsbeständig, so ist es beidseitig durch korngestufte Filterschichten zu schützen. Feinkörnige Erdbaustoffe sowie die für den Dichtungskörper aufbereiteten Mischungen aus Sand, Kies und Ton oder Bentonit werden mit dem optimalen Wassergehalt W_{Pr} eingebaut. Entmischungen dürfen nicht auftreten. Der Einbau erfolgt lagenweise. Die Dicke der Lagen richtet sich nach Art und Wirkungsweise der verwendeten Verdichtungsgeräte (Schaffußwalzen, Gürtelradwalzen, Stampfer) und ist im Baustellenversuch festzulegen. Um eine dichte Verbindung und Verzahnung der einzelnen Einbauschichten zu erreichen, ist die jeweils verdichtete Schüttung vor Einbau der nächsten Schüttlage aufzurauen. Ausgetrocknete oder aufgeweichte Teile des Planums sind zu entfernen. Bei ungünstiger Witterung sind die Arbeiten einzustellen. Der sich in den tieferen Teilen des Dichtungskörpers aufbauende Porenwasserdruck ist ständig zu kontrollieren.

Lösungen für die Arbeiten mit Asphalt- und Kunststoffdichtungen sind in den „Empfehlungen für die Ausführung von Asphaltarbeiten im Wasserbau“ (EAAW) und in den „Empfehlungen für die Anwendung und Prüfung von Kunststoffen im Wasserbau“ (AK 14, Deutsche Gesellschaft für Erd- und Grundbau) enthalten. Im wesentlichen ist bei der Oberflächendichtung an eine Ausführung mit Asphaltbeton gedacht. Diese kann ein- oder mehrlagig sein. Die Dränschicht liegt entweder unterhalb der Dichtung oder als bituminöse Dränschicht zwischen zwei dichten Lagen. Der neuralgische Punkt bei Verformungen eines Dammes ist der Anschluss der Oberflächendichtung an den Untergrund, welcher über einen Beobachtungsgang kontrolliert werden kann (◘ Abb. 14.38a, b). Bei Kerndichtungen wird unterschieden zwischen Kerndichtungen aus feinkörnigen Erdstoffen mit breitem Kern und künstlichen Kerndichtungen aus Asphaltbeton mit schmalem Kern (◘ Abb. 14.38c, d).

■ **Stützkörper**
Die Stützkörper der Dämme werden aus gemischtkörnigen Sanden und Kiesen oder aus gebrochenem Felsmaterial hergestellt. Das Schüttmaterial kann, soweit geeignet, im Stauraum entnommen werden. Geeignete Entnahmestellen für die Dammbaustoffe sowie deren Beschaffenheit sind im Rahmen der geologischen Vorerkundung zu benennen. Bei Felsgestein wird die angestrebte Stückigkeit des Schüttmaterials durch das Gewinnungsverfahren (Sprengen, Art und Menge des Sprengstoffes, Ansatz der Sprengungen, Reißen) beeinflusst und ist unter Umständen durch Versuche zu ermitteln. Das Schüttmaterial wird entsprechend den Vorschriften der ZTVE-StB lagenweise eingebaut und verdichtet. Die Dicke der einzelnen Schüttlagen ist in Abhängigkeit von der Wirkungstiefe der eingesetzten Geräte durch Baustellenversuche zu ermitteln. Beim lagenweisen Einbau ist besonders auf möglichst saubere (lehmfreie) und raue Ausbildung der abgewalzten und verdichteten Flächen zu achten. Ein guter Reibungsschluss muss gewährleistet sein. Zum Erhöhen der Standfestigkeit und zum Verhindern von Erosion und Suffosion können Geotextilien im Staudamm eingebaut werden.

■ **Dränagen und Filterschichten**
Unter der Wirkung der Differenz zwischen Oberwasser und Unterwasser entsteht eine Sickerströmung. Der hydraulische Durchsatz wird durch die Dammdichtung erniedrigt, jedoch nicht verhindert. In undränierten Dämmen ist der Verlauf der Sickerlinie von der Geometrie des Bauwerkes und von der Durchlässigkeit des Untergrundes und des Dammbaustoffes abhängig (◘ Abb. 14.27). In Erddämmen und in durchlässigem Untergrund stellt sich eine Sickerströmung ein, deren Strömungsnetz vom Verhältnis der Dammdurchlässigkeit k_D zur Durchlässigkeit des Untergrundes k_U abhängig ist.

Durch den Sickerwasserstrom wird die Standfestigkeit des Dammes beeinträchtigt. Um strömungsbedingte Erosion und das Ausbilden von Gleitkörpern und Böschungsausbrüchen in der luftseitigen Dammböschung zu vermeiden, wird der gegliederte Damm durch Dränagen entwässert. Die Dränagen werden direkt an den Dichtungskörper herangelegt, sodass die Sickerwässer direkt hinter der Dichtung abgefangen und abgeleitet werden. Bei Ton- und Lehmdichtungen wird zwischen Dichtungsmaterial und Dränage eine Filterschicht eingebaut (◘ Abb. 14.39). Bei Unterströmung besteht die Gefahr, dass das Schüttmaterial von der Sohle aus ausgewaschen wird. Als Erosionssicherung können horizontale Filter, geotextile Filter oder erosionsfeste Versiegelungen der Felsoberfläche eingebaut werden.

14.5.8 Kontrollmessungen an Absperrbauwerken, Dämmen und Deichen

Zum Vermeiden von Dammschäden und Katastrophen werden in den Absperrbauwerken Messvorrichtungen eingebaut. Durch regelmäßiges Kontrollmessen können die Veränderungen im Absperrbauwerk festgestellt und die Messdaten einer Auswertung und Interpretation unterzogen werden. Gemessen

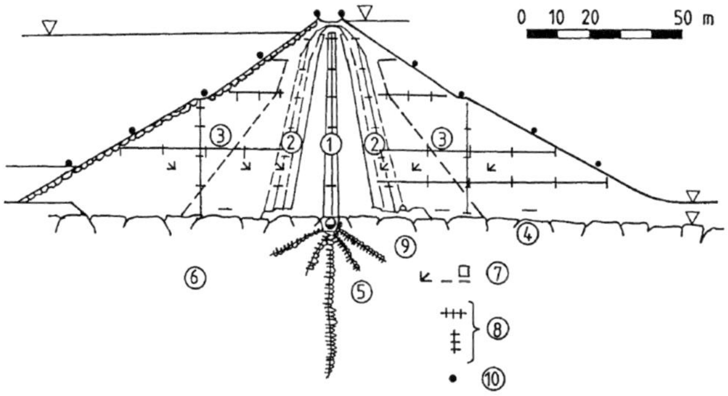

◘ **Abb. 14.40** Dammquerschnitt des Staudammes Mathaus mit Mess- und Kontrollsystem (umgezeichnet nach List 1982). *1* Dichtungskern; *2* Übergangszone; *3* Stützkörper; *4* Fels; *5* Untergrundabdichtung; *6* Porenwasserdruckgeber; *7* Erdspannungsgeber; *8* vertikale und horizontale Setzpegel; *9* Sickerwassermessstellen; *10* Messpunkte für geodätische Kontrollmessungen

werden die Verformungen, die Erdspannungen, die Porenwasserdrücke, die piezometrische Spiegelhöhe des Wassers im Standrohr und der Abfluss an Sickerwasser (▶ Abschn. 1.10.5 und 1.10.6; DVWK-Merkblatt 222 und 223; ◘ Abb. 14.40, ◘ Tab. 14.6). Die Verformung des Dammes wird während der Bauzeit durch geodätische Kontrollmessungen und Nivellements überprüft.

Beim lagenweisen Einbau von grobstückigem Haufwerk wird der Nachweis für die geforderte Verdichtung über das Setzmaß der jeweiligen Schicht kontrolliert. Aus der Summe der Einzelmessungen ergibt sich eine Aussage zur Verformung im Untergrund und im Dammkörper.

Die geodätische Kontrollmessung am fertigen Bauwerk erfolgt an festinstallierten Messpunkten. Veränderungen in der Ausrichtung von Messpunkten können mit einfachsten Mitteln (Fluchten bzw. Alignement) kontrolliert werden. Längenveränderungen werden über Laser gemessen. Im Inneren des Bauwerkes werden die Verformungen mittels Sonden über eingebaute Führungsrohre gemessen und kontrolliert. Dabei muss die Einbauungenauigkeit dieser Führungsrohre genau ermittelt und eine Längskorrektur bestimmt werden. Die beim Einbau eingetretenen räumlichen Verschiebungen können die Größenordnung der Setzung übertreffen (Extensometer eignen sich nicht). Für sehr kleine Verschiebungen zur Kontrolle von elastischen Verformungen, Rissen und Kriecherscheinungen im Beton, Mauerwerk und Felswiderlager eignen sich Gleitmikrometer, welche eine Messgenauigkeit von 0,003 mm m^{-1} ermöglichen.

Die Spannungsverteilung im Untergrund einer Staumauer oder im Inneren eines Staudammes wird über eingebaute Messwertgeber kontrolliert. Dabei werden Erddruckdosen, Totalspannungsgeber, Porenwasserdruckgeber, Setzungspegel und Spreizpegel eingesetzt. Die von den Spannungsgebern angezeigten Messwerte bedürfen einer Korrektur, da sie nicht die Spannungen repräsentieren, die sich ohne Einbau eines Spannungsgebers an den Messpunkten eingestellt hätten (List und Sadgorski 1983; Hilmer et al. 1983). Die Aussagefähigkeit der Kontrollmessungen lässt sich verbessern, wenn man zusätzlich eine Be- und Entlastungseinrichtung zum Messwertgeber führt. Durch derartige

Tab. 14.6 Übersicht über die an Staumauern, Staudämmen und Flussdämmen üblichen Mess- und Kontrollverfahren

Messmethode	Messgröße
Fluchten, Aligne-ment	Verschiebung von Messpunkten an Ober-fläche
Abstandsmessung	Verschiebung von Messpunkten, horizon-tale Deformation
Nivellement	Vertikale Verschiebung von Messpunkten, Setzung, Sackung
Triangulation	Verschiebung der absoluten Lage von Messpunkten
Neigungsmessung	Kippung des Bauwerks (Staumauer)
Loteinrichtung	Kippung und Verschiebung gegen den Untergrund
Extensometer	Längenänderung im Beobachtungsbohrloch
Erddruckgeber	Messung der Vertikalspannung
Setzungspegel	Vertikale Verschiebung in verschiedenen Niveaulagen
Cereskopie	Spannungsumlagerungen über elektroma-gnetische Impulse
Seepegelmessung	Stauhöhe im Oberwasser
Grundwasserpegel	Grundwasserstand, piezometrische Druck-höhe
Druckmesszellen	Porenwasserdruck
Dränabfluss	Sickerwassermenge, Wirksamkeit der Dichtung
Schwebstoffgehalt	Erosionsgefahr
Sickerwasserchemie	Subrosionsgefahr
Temperatur Luft	Einflussgröße auf Temperaturen in Bauwerk und Wasser
Temperatur Bauwerk	Verformung des Bauwerks unter dem Einfluss der Temperatur
Temperatur Wasser	Wasserschichtung, Wasserdurchmischung, Wasserqualität
Wasserchemie	Wasserqualität

Belastungseinrichtungen können die Erddruckdosen aktiviert und die Messwerte im Vergleich zu Nachbardosen und Nullgebern überprüft werden.

Sickerwasseraustritte lassen sich, soweit sie mit dem Auge nicht wahrgenommen werden können, über die Temperatur lokalisieren. Die Oberflächentemperatur von Böschungen kann über Infrarot-Thermographie bestimmt und kartenmäßig aufgezeichnet werden. Aus mehreren Vergleichsmessungen bei verschiedenen Bewuchs- und Witterungsbedingungen lassen sich die Sickerwasserbereiche identifizieren. Direkte Temperaturmessungen über im Raster angesetzte Bodenthermometer, welche bis in größere Tiefen über Bohrungen oder Lanzen in den Dammkörper eingebracht werden, lassen Leckagen an Dichtungsschürzen, in Lehmdichtungen, an Dämmen und im Untergrund lokalisieren.

14.6 Kanäle und Leitungen

Kanäle sind künstlich angelegte Fließstrecken und Gerinne. Unterschieden wird zwischen offenen und geschlossenen Kanälen mit unterschiedlichem Querschnitt (Abb. 14.41). Kanäle werden als Freispiegelgerinne oder als Druckleitungen, Druckstollen oder Druckschächte ausgebildet. Bei Wasserbauten muss das Wasser von der Wasserfassung zur Nutzungsstelle und von dieser zur Rückgabe geführt werden. Zwischen diesen und anderweitig vorgegebenen Punkten für die Streckenführung wird der Trassenverlauf und die Ausbildung des Kanals nach wirtschaftlichen Gesichtspunkten erfolgen. Die optimale Lösung wird durch Variantenvergleich ermittelt. Dabei können, soweit dies die gewünschte Nutzung zulässt, durchaus unterschiedlich gestaltete Abschnitte (offener Kanal oder Graben, geschlossener Freispiegelkanal, Druckkanal) abwechseln. Die Möglichkeiten für Kreuzungsbauwerke zeigt Abb. 14.42.

Transportiert werden in den Kanälen Wasser und Abwasser sowie schwimmende Massengüter. In den nach außen abgedichteten Druckleitungen werden Wasser und wässrige Lösungen, Heißwasser, Wasserdampf, Luft, Gas, Öl und Chemikalien sowie schwimmende oder schwebende Feststoffe transportiert. Von ober- oder unterirdisch verlegten Kanälen und Leitungen gehen Gefahren für das Umland und das Grundwasser aus. Neben dem erosiven Ausfluss von Wassermassen sind dies ungewollte Veränderungen von Grundwasserständen und die Kontamination von Grundwässern mit schädlichen Inhaltsstoffen des Leitungssystems.

14.6.1 Querschnitt und Durchfluss

Für das Bemessen eines Gerinnequerschnittes ist in Abhängigkeit von der anfallenden Durchflussmenge eine hydraulische Berechnung durchzuführen, bei der folgende Kenngrößen und Parameter zu berücksichtigen sind:

- U = benetzter Umfang
- A = durchflossene Fläche
- R_{hy} = hydraulischer Radius (A/U)
- i = Gefälle, hydraulischer Gradient
- k_S = Rauhigkeitsbeiwert nach Strickler
- λ = Widerstandsbeiwert
- v = mittlere Fließgeschwindigkeit „v“ [ms^{-1}]

Für Fließvorgänge in offenen Gerinnen und Freispiegelleitungen ist nach dem DVWK-Merkblatt 220 die Fließformel nach Darcy-Weisbach zu verwenden:

$$v = \left(\frac{1}{\sqrt{\lambda}}\right)\sqrt{8gR_{hy}i}\ [\mathrm{m\,s^{-1}}],$$

wobei gilt:

$$\lambda = \left[\frac{-2\lg(k_s/R_{hy})}{14{,}84}\right]^{-2}$$

oder

$$\frac{1}{\sqrt{\lambda}} = -2\lg\left[\frac{(k_s/R_{hy})}{14{,}84}\right].$$

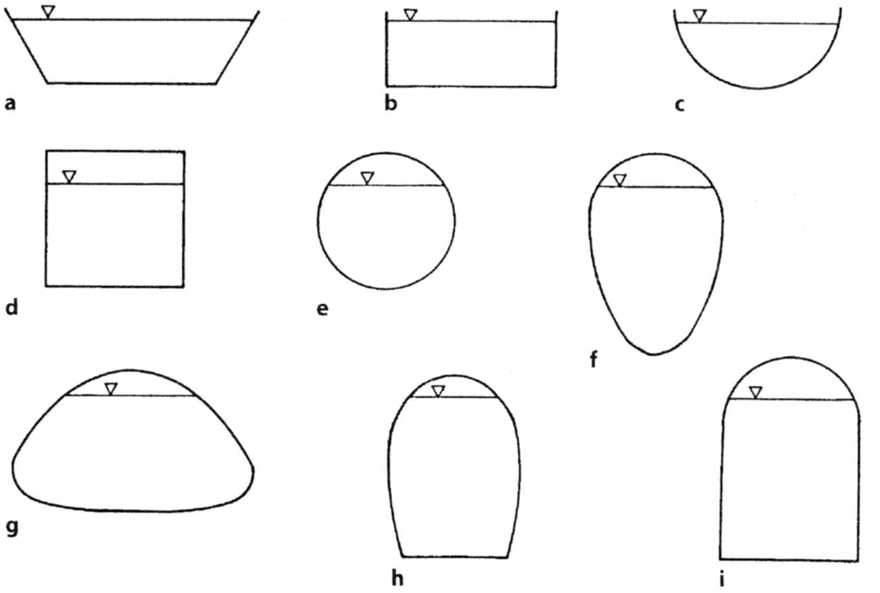

Abb. 14.41 Querschnittsgestalt von Kanälen mit freiem Wasserspiegel. **a–c** offene Kanäle mit Trapez-, Halbkreis- und Rechteckprofil, **d–i** geschlossene Kanäle mit **d** Rechteckprofil, **e** Kreisprofil, **f** Eiprofil, **g** Maulprofil, **h** Hufeisenprofil, **i** Torbogenprofil

Der Beiwert k_S ist der Literatur zu entnehmen, z. B. dem DVWK-Merkblatt 220. Der Beiwert λ kann nicht direkt abgeleitet werden, sondern muss nach der oben angeführten Gleichung ermittelt werden.

Für Druckleitungen, also für geschlossene und vollständig gefüllte Leitungen, hat die Gleichung nach Gauckler-Manning-Strickler weiterhin Gültigkeit:

$$v = k_s i^{1/2} R_{hy}^{2/3} \ [\text{m s}^{-1}].$$

Für das Ermitteln der Durchflussmenge Q gilt in beiden Fällen uneingeschränkt die hydraulische Kontinuitätsgleichung:

$$Q = Av.$$

Der hydraulisch günstigste Querschnitt ist das Kreisprofil. Bei Rechteck- und Trapezprofilen sind Querschnitte mit eingeschriebenem Halbkreis vorzuziehen (Abb. 14.43).

Die zulässige Strömungsgeschwindigkeit „v“ im Kanal wird durch die Abrasion und damit durch die Feststoff- und Geschiebeführung beeinflusst. Sie liegt bei Betonrinnen bei 5–7 m s^{-1}. Bei unverkleideten Kanälen im Lockergestein richtet sich die zulässige Strömungsgeschwindigkeit nach dem mittleren Korndurchmesser des in Ufer und Sohle anstehenden Materials und nach dem hydraulischen Radius R.

Bei einem Kanal mit hydraulischem Radius $R = 1$ m (z. B. einem Rechteckkanal mit 2 m Breite und 1 m Tiefe) beträgt die zulässige Strömungsgeschwindigkeit:

- 0,25 m s^{-1} für Feinsand mit Korndurchmesser 0,1 mm;
- 0,4 m s^{-1} für Mittelsand mit Korndurchmesser 0,5 mm;
- 0,5 m s^{-1} für Grobsand mit Korndurchmesser 1,0 mm;
- 0,8 m s^{-1} für Feinkies mit Korndurchmesser 5,0 mm;
- 1,0 m s^{-1} für Mittelkies mit Korndurchmesser 10,0 mm;
- 1,9 m s^{-1} für Grobkies mit Korndurchmesser 50,0 mm.

Für einen Kanal mit hydraulischem Radius $R = 3$ m liegen die zulässigen Strömungsgeschwindigkeiten um 25 % höher.

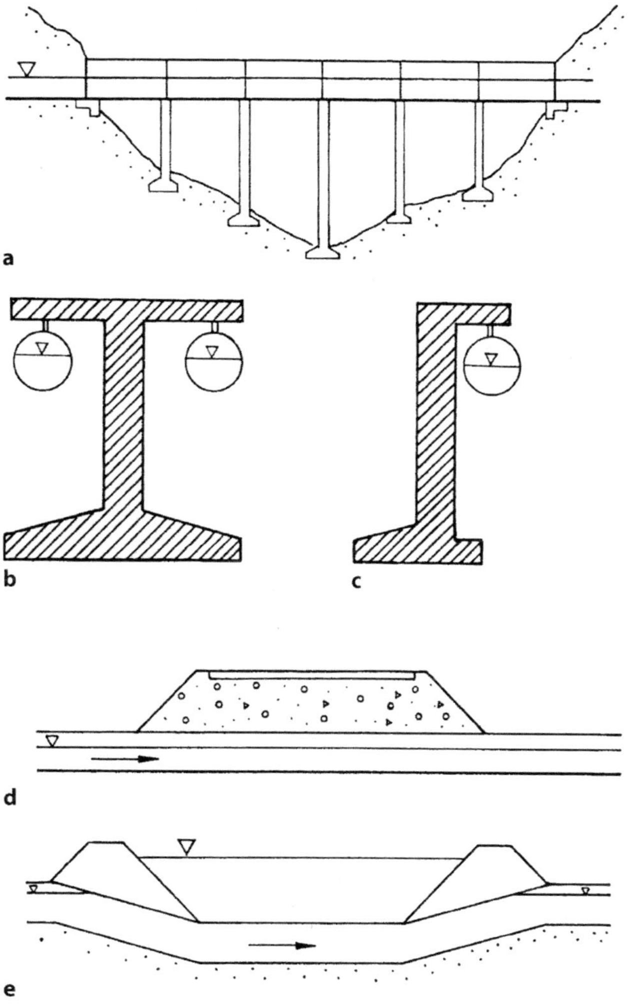

Abb. 14.42 Kreuzungsbauwerke für Kanäle und Leitungen. **a** Kanalbrücke oder Aquädukt, **b,c** Rohrbrücken, **d** Durchlass mit Freispiegelgerinne, **e** Düker mit Druckgerinne

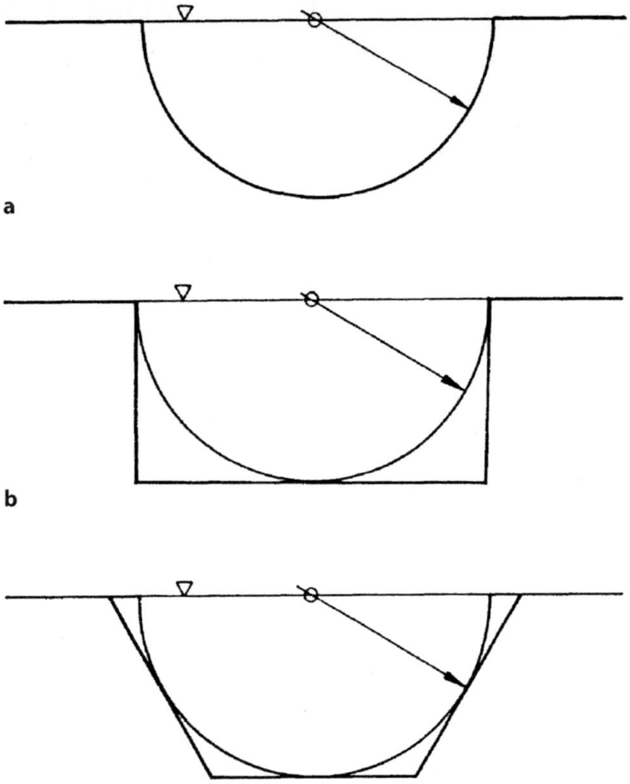

Abb. 14.43 Hydraulisch günstige Kanalprofile mit eingeschriebenem Halbkreis. **a** Halbkreisprofil, **b** Rechteckprofil mit eingeschriebenem Halbkreis, **c** Trapezprofil mit eingeschriebenem Halbkreis

14.6.2 Erosionsschutz und Dichtungskonzepte

Zum Erosionsschutz zählt bei offenen Kanälen die Sicherheit der Uferböschungen gegen Wellenschlag und die Sicherheit der Ufer, des Untergrundes und des Unterbaues gegen Ausschwemmen, was besonders die sandkörnigen Bodenpartikel betrifft. Der Erosionsschutz wird im Sickerwasserbereich dadurch gewährleistet, dass die Strömungsgeschwindigkeit unter einem bestimmten Grenzwert gehalten wird. Der Einbau von dichten Verkleidungen und Dichtungsschirmen sowie das Verwenden von undurchlässigen Erdbaustoffen beim Dammbau helfen Wasserverluste zu vermeiden.

Beim Planen von Kanälen mit dichten Verkleidungen oder aus dichtem Material darf eine höchstzulässige Fließgeschwindigkeit nicht überschritten werden. Im Wasserstrom mitgeführte Geschiebe und Schwebstoffe können Erosion an der Kanalwand hervorrufen. Eine zulässige Grenzfließgeschwindigkeit v_{Gr} darf nicht überschritten werden. Die Grenzgeschwindigkeiten liegen nach Patt Gonsowski (2011) für mit Beton ausgekleidete Kanäle bei Schwebkorn führendem Wasser in der Größenordnung 4 bis 10 ms^{-1}, bei schwebfreiem Wasser wegen möglicher Kavitation (Lochfraß) bei 20 bis 30 $m\ s^{-1}$.

In strömungsarmen Kanalabschnitten kann sich mitgeführtes Geschiebe und Schwebkorn absetzen. Grenzgeschwindigkeiten v_{Gr} sind vom Kanaldurchmesser und von Korn- oder Stückgröße abhängig. Bei einem Kanaldurchmesser 1 m liegen die Grenzgeschwindigkeiten für Sand (d_m = 0,1 bis 1 mm) bei 0,27 bis 0,57 $m\ s^{-1}$, für Kies und Steine (d_m = 10 bis 100 mm) bei 1,23 bis 2,65 $m\ s^{-1}$. Die Werte für Rohrdurchmesser von 2 m liegen um etwa 10 %, die für 3 m um etwa 20 % höher.

Dichtigkeit, Wasserverlust und Strömungsgeschwindigkeit in der Kanalsohle sind Funktionen des Durchlässigkeitsbeiwertes *k*, des hydraulischen Gradienten *i* und der betroffenen Fläche *F*:

$$Q = kiF.$$

Der Gradient *i* ergibt sich bei einem Grundwasserfluss im wassergesättigten Untergrund aus dem Verhältnis der Differenz zwischen dem Grundwasserspiegel und der Stauhöhe des Oberflächenwassers im Kanal zur durchflossenen Wegstrecke *l* (■ Abb. 14.44). Liegt der Wasserspiegel im Kanal unter dem Grundwasserspiegel, so dient der Kanal als Vorflut. Die Entwässerung über den Kanal berechnet sich nach den Regeln der offenen Wasserhaltung (▶ Abschn. 6.1).

Zum Vermeiden ungewünschter Grundwasserzuflüsse, Sickerwasseraustritte oder Sickerwasserverluste können im Kanalbett Dichtungen eingebaut werden. Als Dichtungskonzepte bieten sich an (■ Abb. 14.45):

- das Verwenden von undurchlässigen Erdstoffen (Ton, Lehm, Schluff, Mischungen von Bentonit mit Sand und Kies) beim Dammbau;
- das Verwenden von Oberflächendichtungen aus feinkörnigen Erdstoffen, Asphalt, Beton, Blech oder Kunststofffolien;
- das Verwenden von Dichtungsschirmen; dieses Verfahren eignet sich, wenn im Untergrund durchgehende Tonlagen anstehen, in die der Dichtungsschirm einbindet; Dichtungsschirme werden als Spundwände, Schlitzwände oder Schmalwände aus Beton, Bentonit oder feinkörnigem Boden oder mit Injektionen hergestellt;
- das Verwenden von Dichtungsschirmen bei höher liegendem Grundwasserspiegel zum Vermeiden einer Grundwasserabsenkung, z. B. beim Anschneiden alter Flussschlingen.

14.6.3 Erdarbeiten beim Kanal- und Leitungsbau

Die Erdarbeiten für Freiwasserkanäle und erdverlegte Rohrleitungen unterscheiden sich in der Dimension des Bauwerkes „Graben". Beides sind Linienbauwerke. Die Erdarbeiten umfassen in beiden Fällen die Arbeitsvorgänge „Gesteinslösen", „Aushub" und „Verladen" sowie bei Bedarf den Einbau von Dichtungsschichten. Beim grabenverlegten Rohrleitungsbau kommen weiterhin die Arbeitsvorgänge „Sichern der Baugrube", „Einbau von Bettungslagen" und „Verfüllen" hinzu (Uffmann 1986a, b; ▶ Abschn. 7.6.4). Beim heute praktizierten Pipelinebau kommen außerhalb von Städten und Siedlungen weitgehend Spezialmaschinen zum Einsatz. Das Einebnen der Trasse für das notwendige Befahren, der Aushub des Grabens, das Auslegen, das Verschweißen und der Einbau der Rohrleitung sowie das anschließende Verfüllen des Leitungsgrabens erfolgt in konsequent durchdachten Arbeitsabläufen mit getrennten Arbeitskolonnen für Tiefbau und Rohrbau. Der Bau von Rohrleitungen ist ein Fließbandverfahren mit hohen Tagesleistungen.

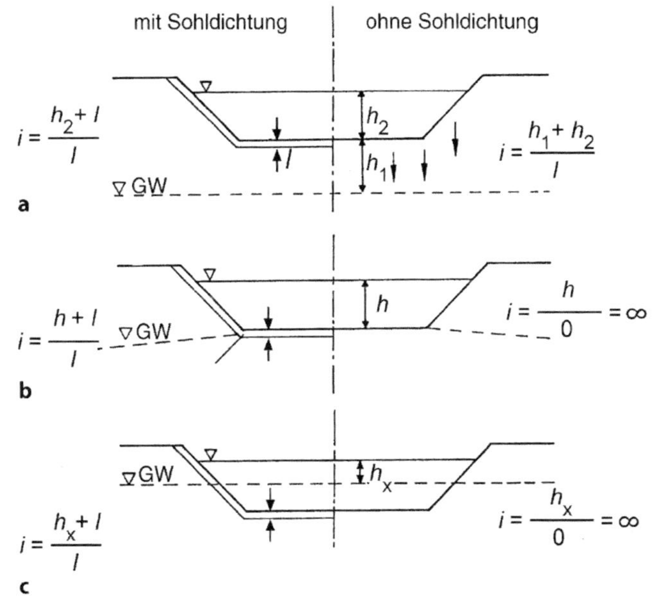

■ **Abb. 14.44** Gradient der Sickerströmung aus einem Kanal. **a** Die Kanalsohle liegt über dem Grundwasserspiegel. Zwischen Kanalsohle und Grundwasserspiegel liegt eine vom Sickerwasser zu durchströmende vertikale Wegstrecke *l*. Die Sohldichtung ist Teil dieser Wegstrecke. **b** Die Kanalsohle liegt im Niveau des Grundwasserspiegels. **c** Der Grundwasserspiegel liegt zwischen Kanalsohle und freiem Wasserspiegel im Kanal. Bei hohen bis unendlich hohen Werten für den Gradienten *i* im Bereich der Kanalsohle wird der Sickerwasserverlust durch die Grundwasserleitfähigkeit der das Sickerwasser aufnehmenden Boden- oder Gesteinsschichten gesteuert

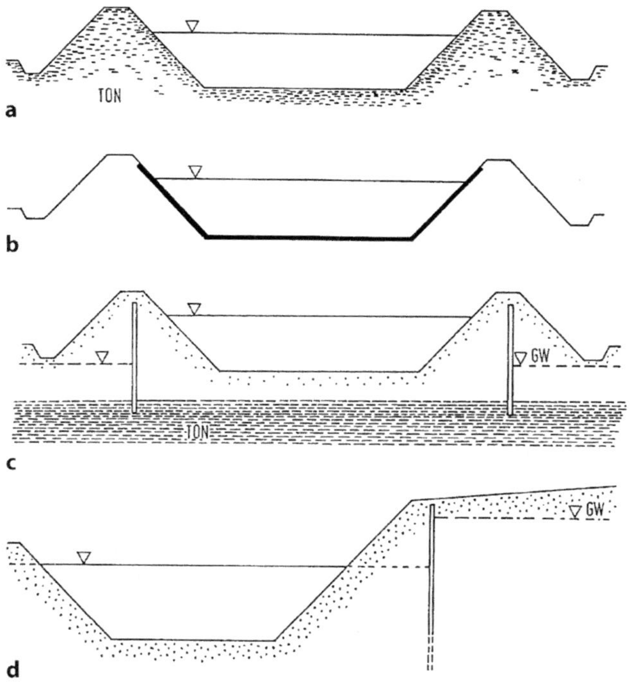

■ **Abb. 14.45** Dichtungskonzepte zum Vermeiden von Sickerverlusten. **a** Dammschüttmaterial aus feinkörnigen Erdstoffen, **b** Oberflächenabdichtung, **c** Dichtungsschirme, **d** Dichtungsschirm zum Verringern der Sickerwasserströmung und zum Vermeiden einer Grundwasserabsenkung bei höher liegendem Grundwasserspiegel

Umfang und Technik der Tiefbauarbeiten werden von den geologischen, hydrogeologischen und geomorphologischen Gegebenheiten beeinflusst oder bestimmt. Soweit das Verlegen einer Rohrleitung im wassererfüllten Graben zulässig ist, kann der Aushub unter Wasser erfolgen, was stets eine besondere Beachtung der Böschungsstabilität voraussetzt. Bei größerer Wassertiefe (Durchqueren von Flüssen, Seen und Meeresteilen) werden auf Pontons schwimmende Bagger oder Schiffe mit Aushubeinrichtung eingesetzt. Besondere Schwierigkeiten bereiten Wattengebiete. Mit Rücksicht auf die hohen Fließgeschwindigkeiten in den Prielen sind hier große Bodenüberdeckungen (2–3 m) erforderlich. Bei ständiger Wasserüberdeckung kommen hier Saugcutterschiffe zum Einsatz, die zunächst eine 30–40 m breite Fahrrinne und hierin später die eigentliche Verlegerinne ausheben. Der Materialtransport erfolgt über Spülleitungen. Auch im offenen Meer verlegte Rohrleitungen müssen in den Meeresboden eingegraben werden, um Beschädigungen durch Anker oder Fischereigeräte zu verhindern. Durch Spezialgeräte wie Fräsen, Saugpumpen und Pflüge werden Rinnen bei Arbeitsleistungen bis zu 1000 m pro Stunde in den Meeresboden eingearbeitet. Die verlegten Rohrleitungen müssen gegen Aufschwimmen gesichert werden (■ Abb. 14.46).

Die Sicherheit der Rohrleitung hängt wesentlich von der Gestaltung und Ausführung des Auflagers und der Einbettung ab. Setzungen größeren Ausmaßes sind zu vermeiden. Das Auflager soll eine gleichmäßige Druckverteilung sicherstellen. Auflockerungen und stärkere Durchfeuchtung sind in der Grabensohle zu vermeiden. Bei grobstückigen Böden und Kies ist zwischen Grabensohle und Rohrleitung ein Ausgleichsbett aus Sand einzubringen. Bei nicht tragfähigem Untergrund sind besondere Maßnahmen erforderlich.

Das Einbetten der Rohrleitung bis 30 cm über den Scheitel ist für die Last- und Spannungsverteilung am Rohrumfang von Bedeutung. Unter Verkehrsflächen ist das Verfüllmaterial lagenweise einzubauen und zu verdichten. Das verlegte Rohr soll mit seinen Rohrleitungsteilen (z. B. Anschlüsse) gleichmäßig und setzungsfrei gelagert und eingebettet sein. Das für das Verfüllen eines Rohrgrabens und das Einbetten des Rohres vorgesehene Bodenmaterial ist hierfür muss hierfür geeignet sein. Günstig ist Sand aus Sandentnahmen/Sandgruben, für dessen Eigenschaften und Eignung der Betreiber oder Händler garantiert. Für Material mit anderer Herkunft ist hinsichtlich seiner Eignung ein Nachweis zu erbringen und/oder es ist zu untersuchen und zu beurteilen, ob es für den vorgesehenen Zweck geeignet ist. Dies gilt, wenn für das Verfüllen des Grabens und das Einbetten der Rohrleitung das Aushubmaterial aus dem Graben verwendet werden soll, wenn Material von anderen Baustellen verwendet werden soll und wenn industrielle Nebenprodukte, z. B. Schlacken, verwendet werden sollen. Zu untersuchen und zu beurteilen sind Bodenart, Materialart, Kornverteilung (Stückigkeit), Wassergehalt, Veränderlichkeit bei Wasserzutritt (Aufweichen, Quellen, Schwellen) und Verdichtungseigenschaften zu prüfen. Beim Verwenden von industriellen Nebenprodukten (Absch. 12.2) sind deren möglichen Eigenschaften zu Löslichkeit, Veränderlichkeit, Zerfall, Umkristallisationen mit Volumenänderung (z. B. Schwellen beim Auskristallisieren von Gips) zu prüfen.

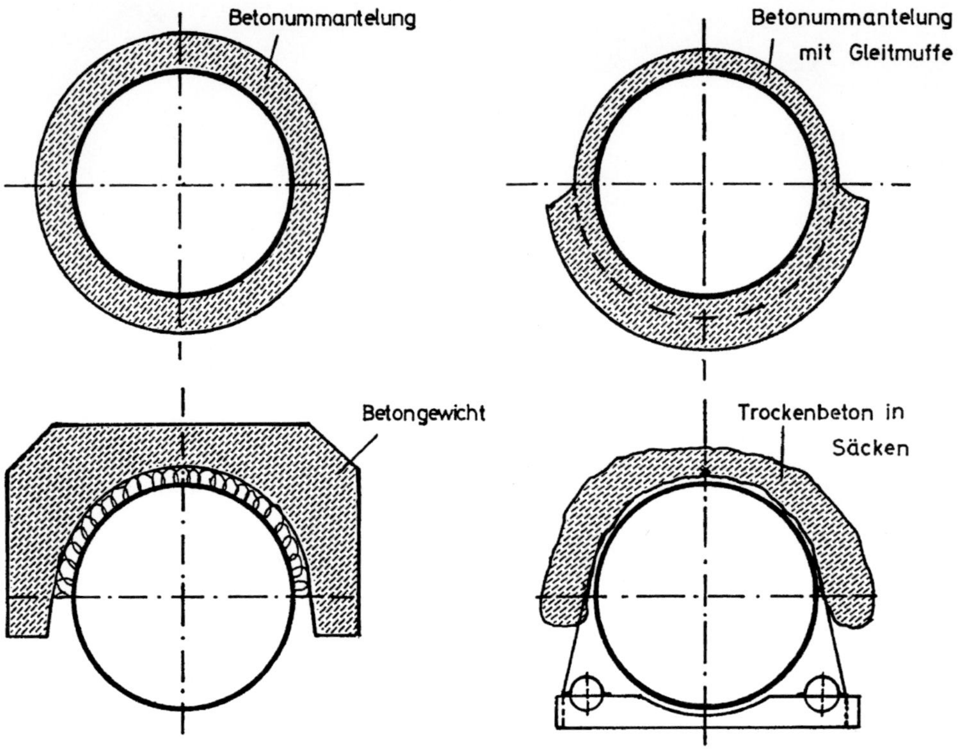

Abb. 14.46 Betongewichte zum Sichern gegen Aufschwimmen für Rohre

14.6.4 Baugrunduntersuchung für erdverlegte Rohrleitungen

Die Baugrunduntersuchung für Rohrleitungen als Linienbauwerke verlangt eine vielseitige Beurteilung der Untergrundverhältnisse in Anpassung an die gewünschte Nutzung. Grundlegend wie bei allen Baugrunduntersuchungen ist der Untergrund durch Bohren, Schürfen und Sondieren sowie begleitende geophysikalische Untersuchungen zu erkunden. Die Schicht- und Gesteinslagerung sowie die Grundwasserverhältnisse sind in Plänen aufzuzeichnen. Für die auftretenden Bodenarten sind die bodenmechanischen Kenngrößen zu bestimmen, soweit diese Bodenarten erdstatische Funktionen für die Rohrleitung übernehmen.

Beim Verlegen von Rohrleitungen fallen zwangsläufig die durch den Rohrstrang verdrängten Erdmassen an. Daneben können unbrauchbare Massen beim Grabenaushub anfallen, die durch Bodenaustausch zu ersetzen sind.

Die Beurteilung des Untergrundes umfasst:

- Beurteilen des Untergrundes bezüglich seiner Standfestigkeit und Verformbarkeit (Zerstörung oder Verformung der Leitung durch Rutschungen, Setzungen, Bergsenkungen, Tagbrüche, Erdfälle oder Subrosion müssen vermieden werden. Bei zusammendrückbaren Böden ist der Setzbetrag rechnerisch abzuschätzen.);
- Einstufen der anstehenden Gesteine und Böden in Klassen nach DIN 18300 bzw. DIN 18311 entsprechend ihrem Zustand beim Lösen;
- Beurteilen der Standfestigkeit der Grabenwände (Für die Ausschreibung und die Bauausführung muss feststehen, ob die Grabenwand standfest ist, in welchem Winkel abgeböscht werden kann oder ob ein Verbau erforderlich ist); Angabe der bodenmechanischen Kenngrößen für den Verbau;
- Beurteilen der Grundwasserverhältnisse mit Flurabstand und Schwankung der Grundwasserstände in Bezug auf Standsicherheit der Grabenwand und Gefahr des Aufschwimmens für die Rohrleitung; Ausmaß der Korrosionsbereiche; Beurteilen der Grundwasserchemie in Bezug auf Korrosion der erdverlegten Rohrleitung;
- Beurteilen des Grundwasserzuflusses nach Menge des anfallenden Wassers und möglicher Wasserhaltung; Beurteilen des Oberflächenwassers bei geplantem Düker; Schwankungen der Abflussmengen und Wasserstände;
- Beurteilen der Wiederverwendbarkeit der Aushubmassen in Hinsicht auf ihre Eignung als Material für die Rohreinbettung und als Verfüllmaterial für die Grabenfüllung oberhalb der Rohrleitung;
- Beurteilen der Ausbildung der Grabensohle als Auflagefläche für die Rohrleitung;
- Beurteilen der statischen Beanspruchung der Rohrleitung durch Erddruck; Angabe der wirksamen Bodenkenngrößen;
- Beurteilen der dynamischen Beanspruchung der Rohrleitung durch Verkehr, Maschineneinsatz oder Sprengen;
- Angabe der Frosteindringtiefe und Beurteilen der Gefahr des Gefrierens des Wassers in der Rohrleitung und im Boden. (Können durch Bodenfrost gefahrbringende Drücke und Verformungen ausgelöst werden?);
- Beurteilen der Befahrbarkeit des Geländes;
- Angabe zu den anfallenden Überschussmassen, deren geotechnischen Eigenschaften, Verwendbarkeit und Verbleib.

Aus verkehrstechnischen und baulichen Gründen kann das Einbringen von Rohrleitungen in geschlossener Bauweise erforderlich sein. Diese Bauweise schließt eng an den unterirdischen Hohlraumbau an und ist in ► Abschn. 13.12 beschrieben. Bei

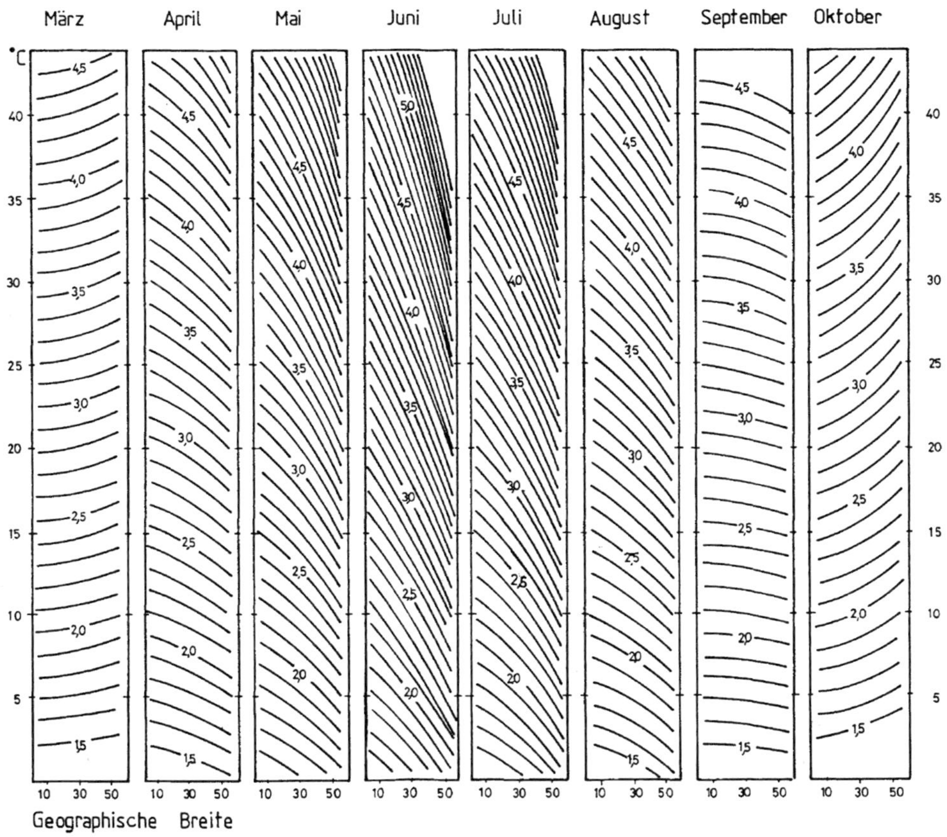

Abb. 14.47 Klimatologischer Grundwert *g* für den täglichen Wasserverbrauch eines Pflanzenbestandes [mm d^{-1}]. (Umgezeichnet nach Muth 1974)

ausreichend mächtigem und steinfreiem Lockerboden können Leitungen auch mit einem „Raketenpflug" (▶ Abschn. 13.12.4, Abb. 14.51 g); Oldenburger Rohrleitungsforum 2013) eingezogen werden.

14.7 Landwirtschaftlicher Wasserbau

Die wasserbaulichen Anlagen für die kulturtechnischen Zwecke der Landwirtschaft umfassen die Maßnahmen des Entwässerns und Bewässerns sowie die Pflege der oberirdischen Gewässer zum Erhalt der Vorflutfunktion und des Hochwasserschutzes. Der Bau von Wehren, Sperrwerken, Speicherbecken, Brunnen, Sielen, Pump- und Schöpfwerken, Kanälen und Rohrleitungen sowie Maßnahmen zum Wildbachverbau sind Aufgaben, die im landwirtschaftlichen wie im allgemeinen Wasserbau bewältigt werden müssen. Neben den Maßnahmen, die den landwirtschaftlichen Ertrag und die Ertragssicherheit nachhaltig erhöhen, sind dies auch Maßnahmen der Landespflege und des Umweltschutzes auf Flächen, die nicht der Produktion dienen.

Der Bewuchs eines Bodens ist von den Faktoren Klima, Licht, Relief, Bodenart, Bodentyp, Wasser und Durchlüftung sowie von tierischen und menschlichen Einflüssen abhängig. Von diesen Standortfaktoren werden in der modernen Landwirtschaft die bodenkundlichen Faktoren Durchlüftung, Nährstoffe und Spurenelemente, der Einfluss von Tieren und Schädlingen und der Faktor Wasser und Wasserhaushalt vom Menschen gesteuert.

Die pflanzliche Produktivität hängt direkt vom verfügbaren Wasser ab. Wachstum und Aufbau pflanzlicher Substanz erfolgen über die Transpiration von Wasser. Der Transpirationskoeffizient liegt im gemäßigten Klima bei 500, im ariden Klima bei 1000 l pro kg Trockensubstanz (Walter 1950, 1962, 1963). In der Landwirtschaft rechnet man mit einem maximalen täglichen Wasserverbrauch von 3–5 l m^{-2}. Dieser tägliche Wasserverbrauch *w* variiert in Abhängigkeit von Durchschnittstemperatur und geographischer Breite mit dem klimatologischen Grundwert *g* (zwischen 1,5 und 4,5 mm d^{-1}) und in Abhängigkeit von der jeweiligen Bepflanzung mit der Pflanzenkonstanten k_{Pf} (zwischen 0,95 und 1,4; Tab. 14.7; Abb. 14.47):

Tab. 14.7 Pflanzenkonstante k_{Pf} zum Berechnen des täglichen Wasserverbrauchs für die wichtigsten Kulturpflanzen. (Muth 1974)

Pflanzenart	k_{Pf}
Aprikose	0,95
Wein, Weizen, Gerste	1,0
Pfirsich, Kirsche, Roggen	1,05
Apfel, Birne, Bohne, Erbse, Karotte, Hafer	1,1
Kartoffel, Zwiebel	1,15
Mais	1,2
Tomate, Zuckerrübe, Klee	1,25
Melone	1,3
Artischocke, Kohl, Grünland	1,35
Salat, Tabak, Luzerne	1,4

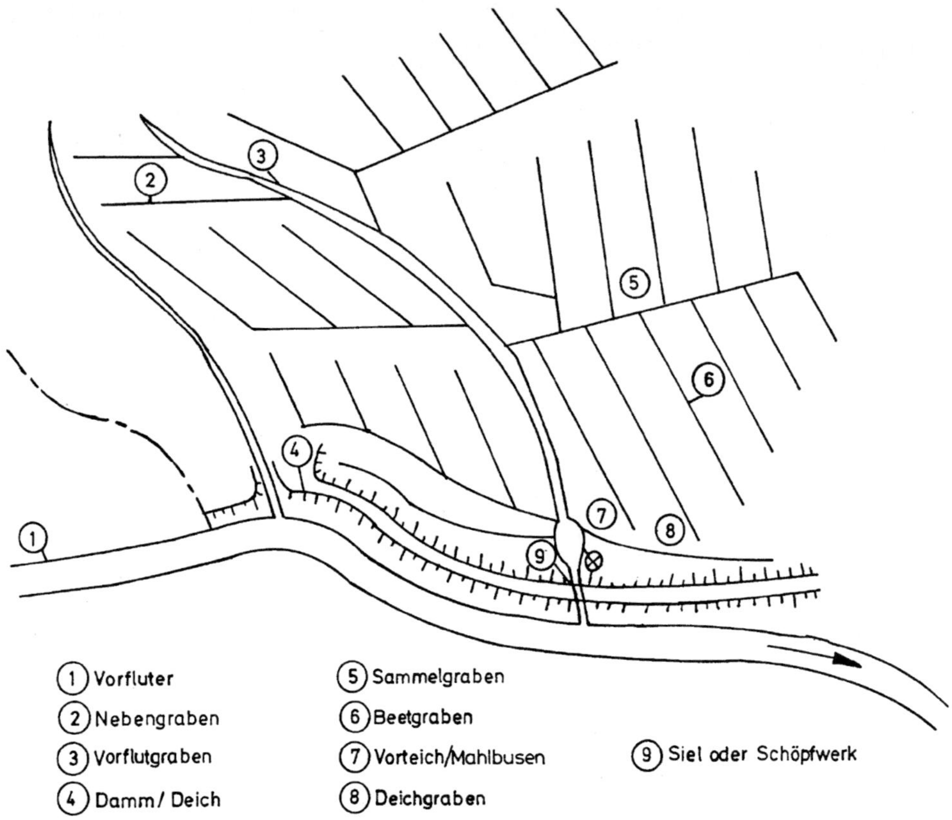

Abb. 14.48 Schema einer Grabenentwässerung. (Umgezeichnet nach Vischer, Huber 1982)

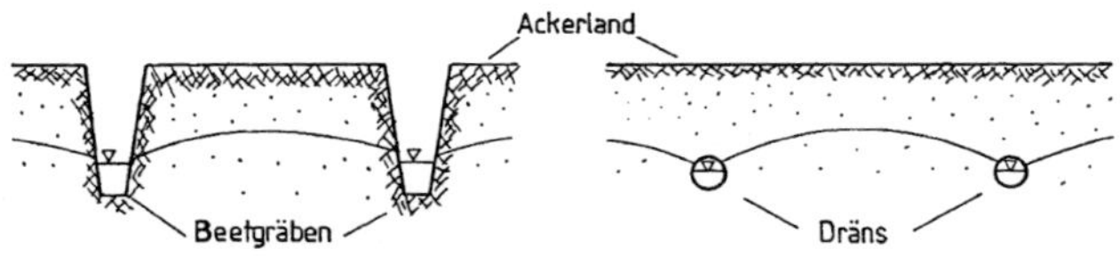

Abb. 14.49 Durch Dräns oder Beetgräben abgesenkter Grundwasserspiegel. (Umgezeichnet nach Vischer, Huber 1982)

$$w = k_{\text{Pf}} g \ [\text{mm d}^{-1}].$$

Die richtigen Wasser- und Luftverhältnisse im Boden sind für das Wachstum der Pflanzen die wichtigsten Voraussetzungen. Die Bodenfeuchte im Wurzelbereich wird eingestuft in:

- trocken: Wasserversorgung ist mangelhaft;
- mäßig frisch: Wasserversorgung ist mäßig;
- frisch: Wasser- und Luftversorgung sind günstig;
- feucht: Luftversorgung ist ungünstig;
- nass: Luftversorgung ist mangelhaft.

Zum Herstellen optimaler Feuchtigkeitsverhältnisse im Boden ist dieser zu entwässern oder zu bewässern.

Kulturtechnisches Entwässern

Das Ziel der kulturtechnischen (landwirtschaftlichen) Entwässerung besteht darin, die Kulturpflanzen vor schädlicher Bodennässe zu schützen. Es ist eine Aufgabe der Geotechnik, die Ursachen der Bodennässe zu erkennen und geeignete Maßnahmen vorzuschlagen. Mögliche Ursachen sind:

- häufige und lang andauernde Überschwemmungen des Vorfluters; diese erfordern Hochwasserschutzmaßnahmen;
- hoher Grundwasserstand; dieser erfordert Absenken des Grundwasserspiegels oder Heben des Bodens durch Aufschütten;
- ungenügendes Versickern der Niederschläge, Staunässe; diese erfordern tiefgründiges Auflockern und Dränage des Bodens;
- großes Rückhaltevermögen schwerer, tonreicher Böden; dieses verlangt tiefgründiges Auflockern des Bodens und Stabilisieren des Lockergefüges durch tiefreichendes Meliorationsdüngen (Kalken).

14.7.1 Maßnahmen zum Entwässern

Das Entwässern eines Flurstückes hängt entscheidend von der Ausbildung der Vorflut ab. Die Vorflut muss letztlich alles Entwässerungswasser aufnehmen. Durch Korrektion des Vorfluters und Anlage eines Vorflutgrabens können die wichtigsten Voraussetzungen zum Entwässern gelegt werden (Abb. 14.48). Das Entwässern kann durch offene Gräben oder durch Dränagen erfolgen (Abb. 14.49). Am Rand eines Entwässerungsgebietes werden Rand- oder Fanggräben bzw. Rand- oder Fangdräns angelegt, um Fremdwasser aus benachbarten Gebieten abzufangen. Das Entwässerungsziel richtet sich nach der Art der gewünschten Nutzung und sollte folgende Flurabstände für das Grundwasser anstreben:

- Wiese: auf leicht durchlässigen Böden: 50–70 cm, auf schwer durchlässigen Böden: 60–80 cm.
- Weide: auf leicht durchlässigen Böden: 70–90 cm, auf schwer durchlässigen Böden: 80–100 cm.
- Ackerland: auf leicht durchlässigen Böden: 80–100 cm,

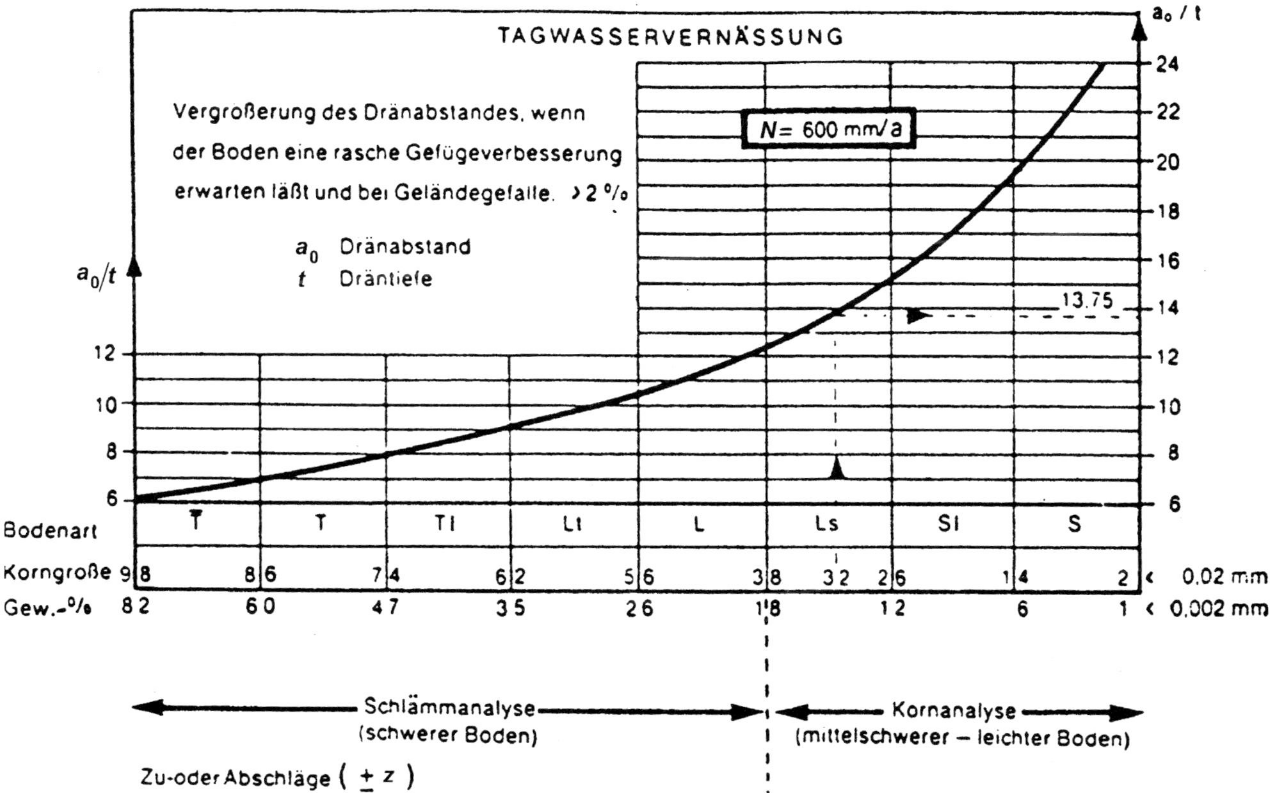

Zu-oder Abschläge (± z)

Lagerungsdichte	gering	+ 0.25	+ 0.20	+ 0.15	+ 0.10
	groß	− 0.20	− 0.20	− 0.30	− 0.30
Gehalt an	Kalk	+ 0.10	+ 0.10	+ 0.15	+ 0.15
	Eisen III	+ 0.10	+ 0.05	± 0	− 0.05
	Humus	+ 0.05	± 0	− 0.05	− 0.10
Geländegefälle > 2 %		+ 0.35	+ 0.40	+ 0.45	+ 0.50

Abb. 14.50 Ermitteln des Dränabstandes bei tagwasservernässten Böden. (Muth 1974)

auf schwer durchlässigen Böden:100–120 cm.

- Garten: auf leicht durchlässigen Böden: 90–110 cm, auf schwer durchlässigen Böden: 110–125 cm.

Gefälle sollte 0,015 % nicht unterschreiten. Die Obergrenze wird durch das Geländegefälle und die zulässige Schleppspannung bestimmt.

Grabenentwässerung

Die Vorteile einer Grabenentwässerung sind schnelles Abführen des Oberflächenwassers bei Starkregen und Schneeschmelze, große Wasseraufnahme und Ableitungsfähigkeit, geringes erforderliches Mindestgefälle, einfaches nachträgliches Vertiefen, leichtes Erkennen und Beseitigen von Abflussstörungen, einfacher Einbau von Staueinrichtungen, Realisierbarkeit auch bei schlechten Bodenverhältnissen und starkem Bewuchs (Wald) sowie geringe Herstellungskosten.

Die Nachteile einer Grabenentwässerung sind Nutzflächenverluste von bis zu 15 %, Behinderung der Zugänglichkeit und Bewirtschaftung, Notwendigkeit von Bauwerken wie Dükern, Brücken, Durchlässen oder Durchfahrten, laufende Unterhaltung der Gräben und Bauwerke sowie Abflussstörungen durch Verkrauten oder Frost.

Gefälle und Querschnittsgestalt der Gräben richten sich nach der Bodenart und dem hydraulischen Querschnitt. Das

Dränagen

Dränagesysteme bestehen aus unterirdischen, künstlichen Abzügen. Die Anordnung der Primär-, Sekundär- und Tertiärleitungen (Hauptsammler, Sammler oder Nebensammler, Dräns oder Sauger) ist die gleiche wie bei der Grabenentwässerung. Dränagen haben den Vorteil, dass die Kulturfläche voll genutzt werden kann. Nachteilig sind die höheren Kosten für Einbau und Unterhaltung. Dränagen können aus Rohrleitungen, Plastikleitungen, Kies und Steinen, Faschinen, Stangen und Holzkisten erstellt werden. Die Länge der Dräns richtet sich nach dem erforderlichen Minimalgefälle von 0,3 % für Sauger und 0,15 % für Sammler. Das Maximalgefälle beträgt 8 %. Die maximalen Längen liegen für Sauger bei 250 m und für Sammler bei 1000 m.

Das Berechnen der erforderlichen Dränabstände erfolgt bei tagwasservernässten Böden grundsätzlich anders als bei grundwasservernässten Böden.

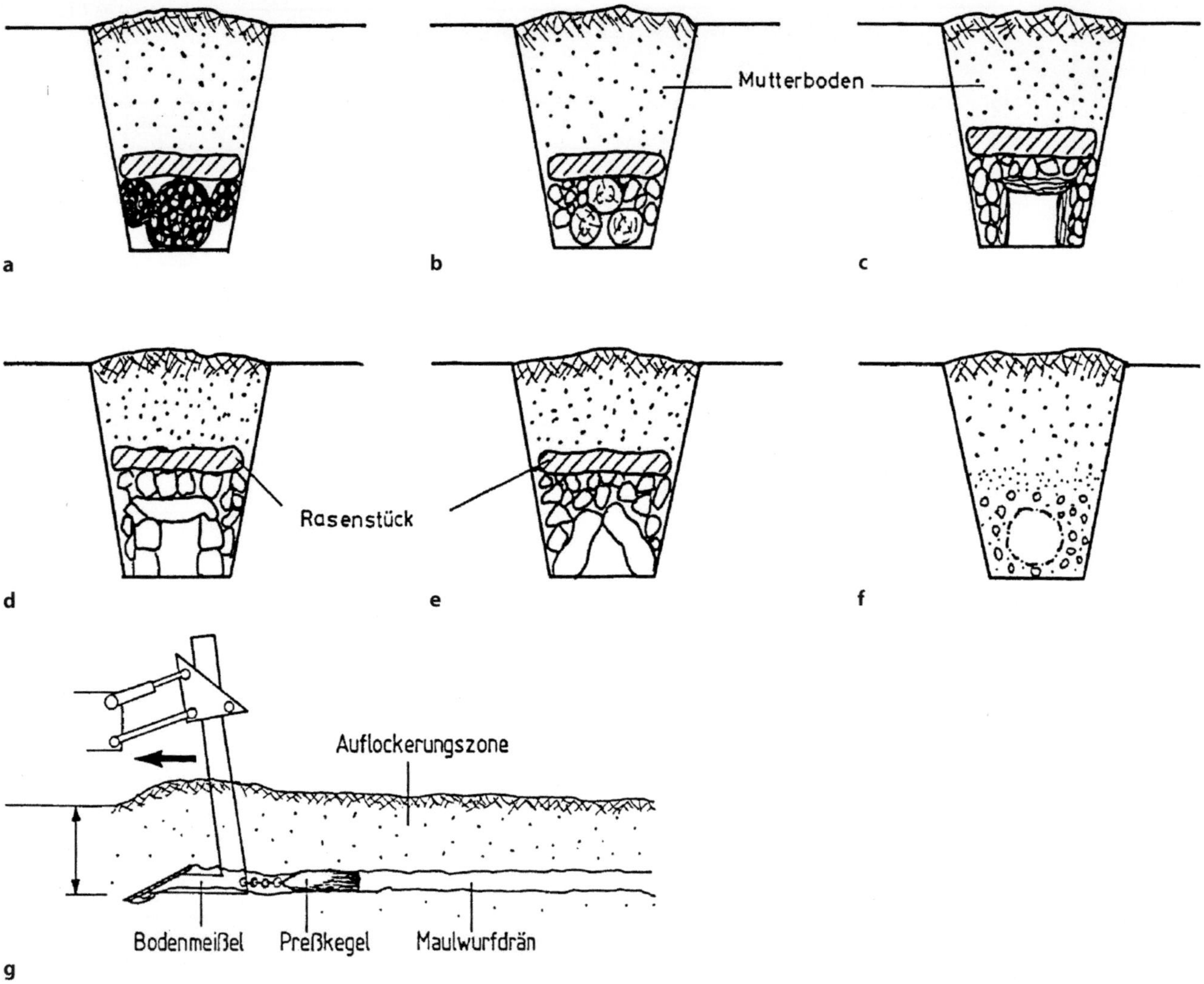

Abb. 14.51 Arten von Dränagen. **a** Faschinendrän, **b** Stangendrän, **c** Holzkastendrän, **d** Steindrän, **e** Kiesdrän, **f** Rohrdrän, **g** Maulwurfdrän. (Umgezeichnet nach Vischer, Huber 1982)

Tagwasservernässte Böden

Tagwasservernässte Böden sind schwer durchlässige Böden und Böden mit einem schwer durchlässigen Untergrund, d. h. mit einem Stauhorizont in geringer Tiefenlage. Die zu berücksichtigenden Abflussspenden richten sich nach der Niederschlagsverteilung und der Niederschlagsintensität. Vischer und Huber (1982) geben für Mitteleuropa nachstehende Abflussspenden an:

- bis 600 mm Jahresniederschlag: 0,8 $\mathrm{l\,s^{-1}\,ha^{-1}}$;
- 600–1000 mm: 1,0 $\mathrm{l\,s^{-1}\,ha^{-1}}$;
- über 1000 mm: 2,0 $\mathrm{l\,s^{-1}\,ha^{-1}}$.

Der Dränabstand wird nach DIN 1185 unter Berücksichtigung der Bodenart und Lagerungsdichte bestimmt (Abb. 14.50). Das Nomogramm gibt den Quotienten aus dem Dränabstand a_0 und der Dräntiefe t für einen Jahresniederschlag von 600 mm an. Dieser Wert muss durch Korrekturfaktoren den jeweiligen örtlichen Verhältnissen angeglichen werden. Hierzu werden aus Abb. 14.50 die Zu- und Abschläge z zum Abstand a_0 für Lagerungsdichte, Kalk, Eisen, Humus und Gefälle entnommen. Bei höheren Niederschlägen N gilt der Zuschlag z_N:

$$z_N = \sqrt[3]{\frac{600}{N}} - 1.$$

Der Dränabstand ergibt sich zu:

$$a = a_0(1 + \Sigma z)\ [\mathrm{m}].$$

Neben Rohrdräns sowie deren Alternativen (Abb. 14.51) bietet sich für dichte schwere Böden auch eine tiefgründige Auflockerung, verbunden mit einem Maulwurfdrän, an. Bei einem Maulwurfdrän wird einem Bodenmeißel als Untergrundlockerer ein Presskegel nachgezogen, der einen mehrere Jahre haltenden Hohlraum erzeugt. Dieser wirkt als rohrloser Drän oder Sauger. Die Gefahr möglicher Untergrunderosion muss beachtet werden!

Grundwasservernässte Böden

In grundwasservernässten Böden muss der Grundwasserspiegel abgesenkt werden. Für den Dränabstand ist die Durchlässigkeit des Bodens maßgebend. Der Dränabstand wird nach der Formel von Hooghoudt bestimmt (Abb. 14.52).

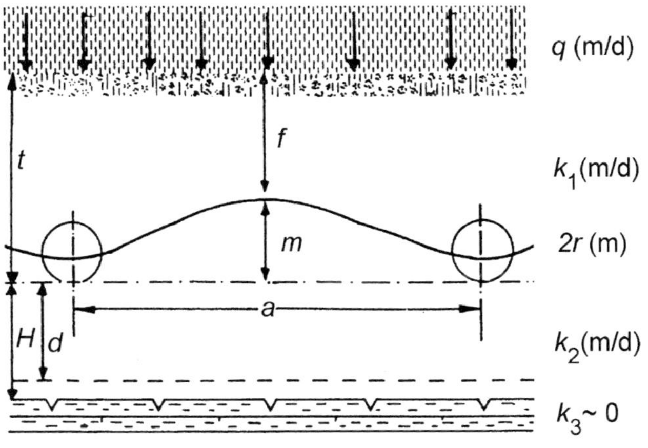

$$a = \sqrt{\frac{8 \cdot k_2 \cdot d \cdot m}{q} + \frac{4 \cdot k_1 \cdot m^2}{q}}\ (\mathrm{m})$$

Abb. 14.52 Kenngrößen zum Berechnen des Dränabstandes mit der Formel nach Hooghoud. k_1 und k_2 Durchlässigkeitsbeiwerte für den Boden ober- und unterhalb des Dräns; q maximal abzuführender Niederschlag in m d^{-1} (Dränabflussspende); m maximal zulässige Aufwölbung des Grundwasserspiegels; f zulässiger Grundwasserflurabstand; t Dräntiefe; a Dränabstand; $2r$ wirksamer Durchmesser (häufiger Wert: 10 cm); H Abstand zwischen Stauhorizont und Dränrohr; d Äquivalentwert für die Mächtigkeit H der durchströmten Bodenschicht in Abhängigkeit vom Dränabstand, bei großer Mächtigkeit $d = 0{,}25a$

Üblicherweise erfolgt das Bestimmen der Dränabstände mittels Nomogrammen (Muth 1974). Allgemein liegen die Dränabstände zwischen 8 und 30 m. Ist das Absenken des Grundwasserspiegels aus Gründen der Vorflut oder aus Gründen des Naturschutzes nicht möglich oder nicht erstrebenswert, so bleibt als Alternative das Aufhöhen des Geländes.

14.7.2 Maßnahmen zum Bewässern

In niederschlagsarmen Gebieten bzw. Zeiten müssen Wiesen, Acker- und Gartenkulturen bewässert werden. Das Bewässern dient in erster Linie dem Steigern der Erträge. Außerdem kann das Bewässern auch der Grundwasseranreicherung, der Düngung, dem Entsalzen des Bodens, der Schädlingsbekämpfung, der Abwasserbehandlung und dem Frostschutz dienen. Die kritischen Wachstumsperioden liegen bei Obstgehölzen zwischen Blüte und Fruchtansatz, bei Getreide zum Zeitpunkt des Ährenschiebens und bei Rüben und Knollengewächsen zum Zeitpunkt des Dickenwachstums. In den Trockengebieten der Erde ist das Bewässern Voraussetzung für das Wachstum der Pflanzen. In humiden Gebieten dient es der Ertragssicherung. Bei angestrebten Bewässerungsobjekten ist die vom Boden und Klima abhängige Bewässerungsbedürftigkeit, die vom Wasserdargebot und vom Relief abhängige Bewässerungsfähigkeit und die von betriebswirtschaftlichen oder volkswirtschaftlichen Gesichtspunkten abhängige Bewässerungswürdigkeit zu prüfen. Neben der Ertragssteigerung sind also die Kosten des Bewässerns zu berücksichtigen, die mit der Menge des Bewässerungswassers steigen.

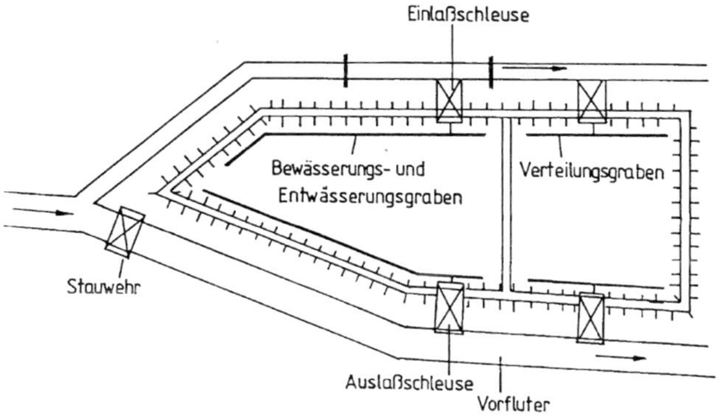

Abb. 14.53 Bewässerungsanlage für das flächenhafte Überstauen von Feldern. (Umgezeichnet nach Vischer und Huber 1982)

Die verschiedenen Bewässerungsverfahren setzen Kenntnisse über Untergrund und Grundwasser voraus. Die gewählten Bewässerungsmaßnahmen müssen auf den Bodenaufbau, seine Wasserdurchlässigkeit und den kapillaren Wasseraufstieg im Boden Rücksicht nehmen. Bei Grabenbewässerung ist der Sickerwasserverlust abzuschätzen und die Wirksamkeit der Methode zu beurteilen.

- **Überstauen**

Voraussetzung ist ein flaches Gelände oder eine in Stufen angelegte Bewässerungsfläche. Die einzelnen Bewässerungsflächen werden durch kleine Dämme umgeben, größere Flächen werden unterteilt. Der Boden wird zeitweise 20–30 cm tief mit Wasser überstaut. Vom Wasser mitgeführte Sinkstoffe (Schweb) wirken als Dünger und bewirken über lange Zeiten ein gewünschtes Anheben des Terrains. Je nach Boden- und Pflanzenart muss die Bewässerungszeit auf etwa zwei Tage beschränkt werden. Anschließend muss genügend Zeit (bis 2 Wochen, je nach Klima) zum Entwässern zur Verfügung stehen.

Die wasserbauliche Anlage besteht aus einem Zuleitungskanal, in dem das einem Fluss oder See entnommene Bewässerungswasser landeinwärts geleitet und im Bewässerungsgebiet verteilt wird. Über Einlassschleusen werden die einzelnen Bewässerungsflächen beschickt. Das gleichmäßige Bewässern erfolgt über Verteilgräben, das gleichmäßige Entwässern über Entwässerungsgräben (Abb. 14.53).

- **Staurieseln**

Das Staurieseln arbeitet mit der gleichen Anordnung der wasserbaulichen Anlagen wie das Überstauen. Der Unterschied besteht darin, dass das Wasser nicht steht, sondern langsam fließt oder rieselt. Im stationären Fluss fließt das Wasser mit einer Tiefe bis 0,1 m über die Bodenfläche. Eine gleichmäßige Verteilung des Wassers muss gewährleistet sein. Im Gegensatz zum Überstauen wird sauerstoffreiches Wasser verteilt. Auch werden mehr Sinkstoffe abgelagert.

- **Rieseln**

Das Verfahren eignet sich zum Bewässern von geneigtem Gelände. Die Bewässerungsgräben sind oberhalb der Bewässerungsfläche angelegt und werden durch kleine Schützen und Wehre über die ganze Länge zum Überlaufen gebracht. Das Wasser rie-

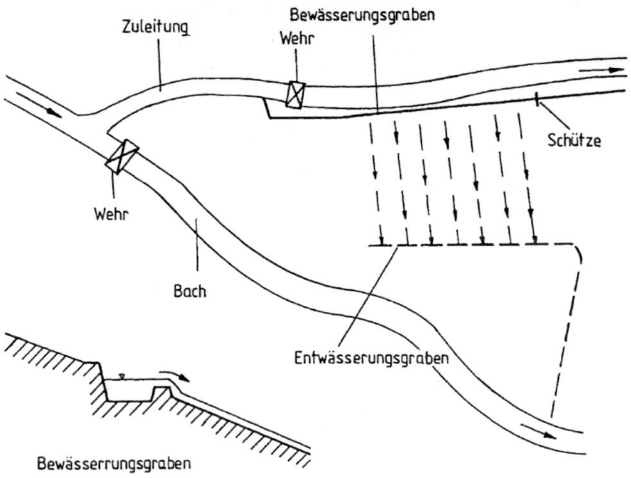

Abb. 14.54 Wasserbauliche Anlage zur Hangrieselung. Das Bewässern erfolgt über einen Hangkanal, der durch Schützen und Wehre gezielt zum Überlaufen gebracht wird. (Umgezeichnet nach Vischer und Huber 1982)

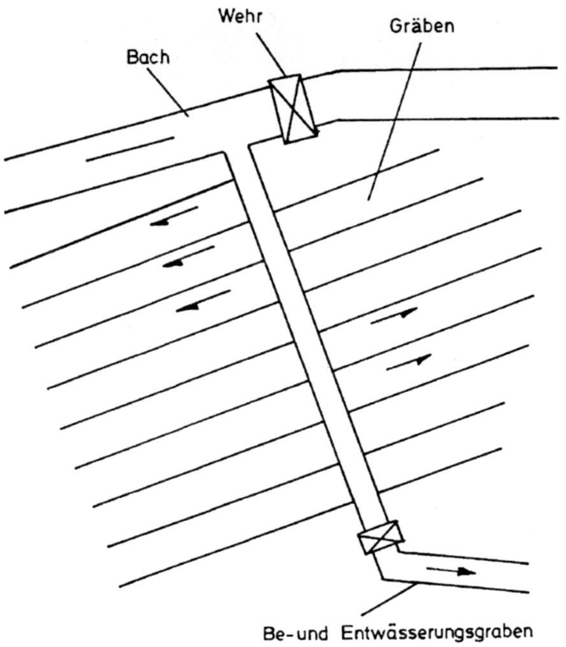

Abb. 14.55 Anlage für eine Graben- oder Furchenbewässerung. (Umgezeichnet nach Vischer und Huber 1982)

selt den Hang hinab und versickert. Die Hänge sollen gleichmäßig und ausreichend stark geneigt sein (5 % und mehr). Das Überschusswasser wird unterhalb der Bewässerungsfläche in einem Entwässerungsgraben aufgefangen und abgeleitet (Abb. 14.54).

▪ Grabenstau und Furchenbewässern

Die zu bewässernde Fläche ist von Gräben im Abstand von 20–50 m durchzogen. In diesen Gräben wird das Wasser so eingestaut, dass der Boden nicht überstaut wird. Das Wasser soll seitlich in den Boden eindringen und den Boden befeuchten. Das Verfahren setzt geschichtete Bodenverhältnisse voraus, mit guter horizontaler Durchlässigkeit im zu bewässernden Boden und undurchlässigen oder wenig durchlässigen Bodenschichten im Untergrund. Über wenig durchlässigen Schichten stellt sich Wasserstau ein. Durch Kapillarkräfte kann das Wasser weiter ansteigen.

Bei sandigen Böden ist das Verfahren wenig sinnvoll, da das Wasser vertikal bis zum Grundwasser sickert und mit diesem abfließt. Beim Furchenbewässern werden Furchen im Abstand von etwa 1 m gezogen, in denen das Wasser eingestaut wird. Genutzt wird der durch Kapillarkräfte verursachte Wassertransport im Porenraum. Entsprechend kann bei feinkörnigen Böden der Grabenabstand etwas größer gewählt werden (Abb. 14.55).

▪ Unterflurbewässern

Die zu bewässernde Fläche ist von Dränleitungen im Abstand von 6–12 m durchzogen. Die Dräns liegen etwa 0,5 m tief. Das Wasser wird in das Dränsystem eingeleitet und in den Sammelleitungen gestaut (Abb. 14.56). Der abgesenkte Grundwasserspiegel kann somit angehoben werden; vergleichbar zum Grabenstau kann sich das Wasser über Kapillarkräfte seitlich verteilen. Vorteile des Verfahrens sind das behinderungsfreie Bewirtschaften der Nutzflächen und der nur geringe Verdunstungsverlust. Nachteilig sind höhere Kosten für Einbau und Unterhalt sowie die Notwendigkeit, nur sauberes, schwebstofffreies Wasser zu verwenden.

▪ Beregnen

Das Beregnen ist von der Geländeform unabhängig. Hinsichtlich des Wasserverbrauchs ist es eine sparsame Bewässerungsform. Die Beregnungsanlage besteht aus Druckleitungen, Pumpenaggregaten und Regnern, mit denen das Wasser planmäßig verteilt auf die bedürftigen Flächen und Teilflächen aufgebracht werden kann.

Es erfolgt über fest installierte oder über mobile Beregnungsanlagen. Hierzu gibt es entsprechend den unterschiedlich großen Beregnungsflächen und den unterschiedlichen Beregnungszwecken ein reichhaltiges Angebot an Gerätschaften.

▪ Tropfbewässern

Das Wasser wird durch Rohre von einer zentralen Pumpstelle in die zu bewässernde Feldflur geleitet. Dort gehen von der Druckwasserleitung dünnere Verteilrohre oder Verteilschläuche ab und von diesen zweigen wiederum dünne Schläuche ab, durch die das Wasser zur fest installierten Tropfstelle an der einzelnen Pflanze/Bewässerungsstelle geleitet wird. Das Rohrsystem ist an den Verteilerstellen mit Druckreduziersystemen unterschiedlicher Bauart ausgestattet. Das Wasser kann bei geringem und gleichmäßigem Wasserdruck entweder über Löcher in einem Tropfrohr/Tropfschlauch längs einer zu bewässernden Pflanzreihe oder über festinstallierte Tropfer bei den einzelnen Pflanzen/Tropfstellen austreten. Die Druckhöhen liegen zwischen 0,1 und 0,5 bar. Das Tropfbewässern kann optimal auf den Wasserbedarf der Pflanzen eingestellt werden und ist eine sparsame Bewässerungsform.

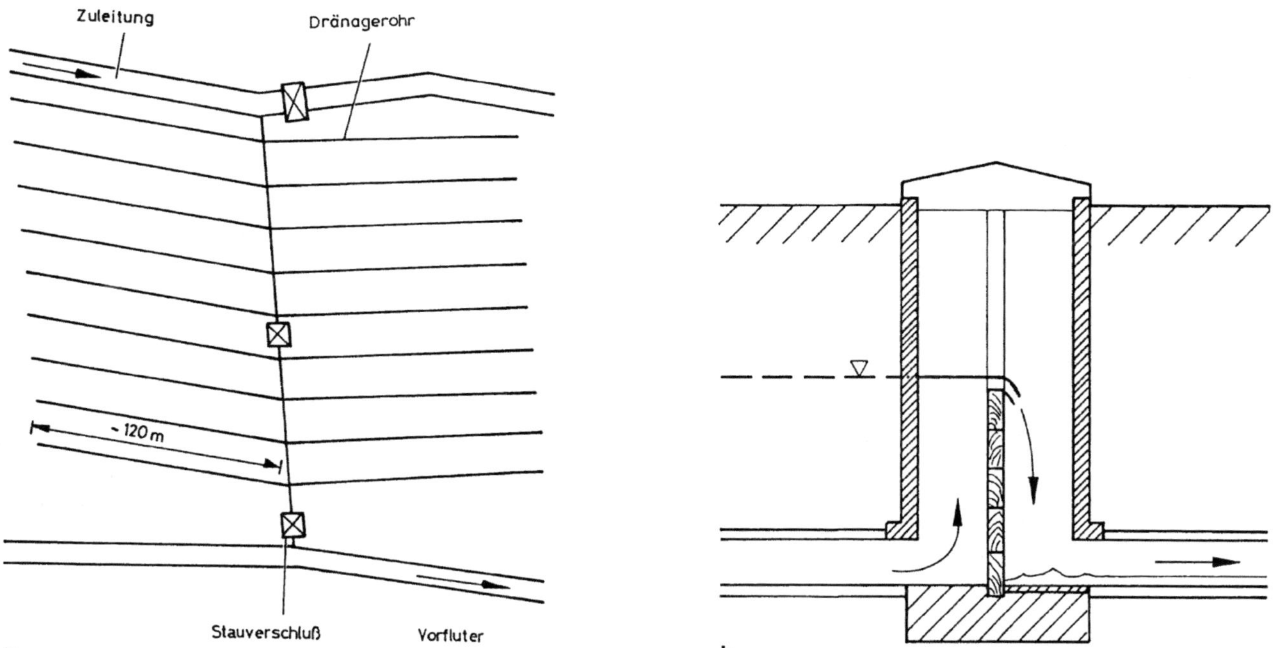

a b

Abb. 14.56 **a** Anordnung der Sammelleitungen und Dränstrecken für eine Unterflurbewässerung, **b** Über Stauverschlüsse wird im Bewässerungsfeld oder in Teilen davon das Wasser im Dränsystem eingestaut, wodurch bei genügend dichtem Untergrund ein Wasserstau in die höheren Bodenschichten hinein bewirkt wird. (Umgezeichnet nach Vischer und Huber 1982)

Deponietechnik

Wolfgang Dachroth

W. Dachroth, *Handbuch der Baugeologie und Geotechnik*, DOI 10.1007/978-3-662-46886-9_15

15.1 Vorgaben für das Betreiben von Deponien und das Ablagern von Abfällen

Als umfassendes Regelwerk besteht die „Verordnung über Deponien und Langzeitlager" (Deponieverordnung – DepV), Bundesministerium der Justiz und für Verbraucherschutz in Zusammenarbeit mit juris GmbH v. 27.4.2009, BGBl. I S. 973 mit Änderung 2.5.2013, BGBl. I S. 973. Mit deren Inkrafttreten am 16.7.2009 wurden von den bis dahin bestehenden Verwaltungsvorschriften die TA-Abfall, TA-Siedlungsabfall und die Verordnung über die umweltverträgliche Ablagerung von Siedlungsabfällen (Abfallablagerungsverordnung – AbfAlV 2001) aufgehoben. Ein Teil der darin enthaltenen Vorgaben sowie Vorgaben aus anderen Technischen Richtlinien, Empfehlungen und Merkblättern verschiedener Institutionen wurden in die DepV eingearbeitet. Die DepV gilt für das

- Anlegen, Betreiben, Stilllegen und die Nachsorge von Deponien,
- Behandeln von Abfällen zum Zwecke des Ablagerns auf Deponien und zu deren Verwenden als Deponieersatzbaustoff,
- Ablagern von Abfällen auf Deponien,
- Einsetzen von Abfällen als Deponieersatzbaustoff oder zum Herstellen von Deponieersatzbaustoffen,
- Anlegen, Betreiben, Stilllegen und die Nachsorge von Langzeitlagern,
- Lagern von Abfällen in Langzeitlagern.

Hierzu wird der Geltungsbereich geregelt und in Teil 1, § 2 werden die geltenden Begriffsbestimmungen erläutert.

15.1.1 Behandeln von Abfällen

Nach dem Kreislaufwirtschaftsgesetz (KrWG, Inkrafttreten 1.6.2012) sollen Abfälle, die nicht verwertet werden können, möglichst vermieden werden. Abfälle, die nachweislich nicht verwertet werden können, sind zu entsorgen. Solche Abfälle, kontaminierte Stoffe und kontaminierte Böden dürfen auf Deponien nur abgelagert werden, wenn die jeweiligen Annahmekriterien und Zuordnungskriterien für die jeweilige Deponieklasse DK I, II oder III erfüllt sind (DepV, Teil 2, § 6). Die grundsätzlich für das Deponieren nicht zugelassenen Abfälle (DK 0 bis DK IV) sind in DepV, Teil 2, § 7 aufgeführt. Soweit erforderlich, sind Abfälle durch bestimmte Verfahren oder Verfahrenskombinationen so zu behandeln, dass deren ungünstige oder schädliche Eigenschaften verringert werden und dass deren Beseitigen oder Verwerten erleichtert oder begünstigt wird. Durch solche Maßnahmen soll der behandelte Abfall die in DepV, Anl. 3 geforderten Zuordnungskriterien erfüllen (◻ Tab. 15.1 und 15.2). Für das Behandeln von Abfällen stehen Verfahren oder Verfahrenskombinationen in entsprechenden Anlagen zur Verfügung:

- Behandlungsanlagen für mechanische Verfahren,
- Behandlungsanlagen für physikalische Verfahren,
- Behandlungsanlagen für chemische Verfahren,
- Behandlungsanlagen für biologische Verfahren,
- Behandlungsanlagen für thermische Verfahren.

Das Verbrennen von Abfall ist die häufigste angewandte Behandlungsmaßnahme. Dabei werden vorrangig organische Massen (Papier, Kartonagen, Holz) energetisch umgewandelt und organische Schadstoffe vernichtet. Um hierzu die Verbrennungstemperatur ausreichend hoch zu halten, kann es erforderlich (oder üblich) sein, dass mühsam ausgelesene Plastikrohstoffe dem Feuer zugeführt werden.

Durch die Behandlungsart „Verbrennen" werden Volumen und schädliche Eigenschaften des Abfalls verringert, das Handhaben erleichtert und das Verwerten oder Beseitigen begünstigt. Verwertungsmöglichkeiten bietet u. a. der Straßenbau. Ausgearbeitet von der Forschungsgesellschaft für das Straßen- und Verkehrswesen bestehen hierzu: *Merkblätter zur Verwendung von*

- *Eisenhüttenschlacken im Straßenbau,*
- *Gießereireststoffen im Straßenbau,*
- *Hausmüllverbrennungsasche im Straßenbau,*
- *Hüttenmineralstoffgemischen, sekundärmetallurgischen Schlacken sowie Edelstahlschlacken im Straßenbau,*
- *Kraftwerksnebenprodukten (Schmelzkammergranulat SKG, Kesselasche SKA, Steinkohleflugasche SFA, Braunkohlenflugasche BFA) im Straßenbau,*
- *Metallhüttenschlacken im Straßenbau,*
- *und Merkblätter*
- *über die Wiederverwertung von mineralischen Baustoffen als Recycling-Baustoff im Straßenbau,*
- *zur Wiederverwendung von Beton aus Fahrbahndecken.*

15.1.2 Klassifizieren von Abfällen

Abfälle werden nach der Verordnung über das Europäische Abfallverzeichnis (Abfallverzeichnis-Verordnung – AVV vom 10.12.2001, BGBl I S. 3379, geändert 24.2.2012, BGBl. I S. 212) einer bestimmten Abfallart zugewiesen. Der Europäische Abfallkatalog (EAV) stuft die Abfälle mit einer sechsstelligen Schlüsselnummer ein. Durch Zufügen eines * werden gefährliche Abfälle (alte *Bezeichnung*: Sondermüll) zusätzlich gekennzeichnet. Die Art des Klassifizierens nach dem Europäischen Abfallkatalog (EAV) ist nachstehend durch Beispiele erläutert.

Unterschieden werden 20 Abfallklassen (zweistellige Ebene), Abfallgruppen (vierstellige Ebene) und Abfallarten (sechsstellige Ebene). Die einzelnen Abfallklassen werden in unterschiedlich viele Abfallgruppen (zwischen 2 und 13) unterteilt. Die Abfallgruppen sind weiter in Abfallarten unterteilt. Es gibt einige Hundert Abfallarten.

Beispiele:

Klasse:	17	Bau- und Abbruchabfälle, Aushub von verunreinigten Standorten.
Gruppe:	17.03	Bitumengemische, Kohlenteer und teerhaltige Produkte.
Abfallart:	17.03.01*	kohlenteerhaltige Bitumengemische.
Abfallart:	17.03.02	Bitumengemische mit Ausnahme derjenigen, die unter 17.03.01* fallen.
Abfallart:	17.03.03*	Kohlenteer und teerhaltige Produkte.

Tab. 15.1 Zulässigkeitskriterien für den Einsatz von Deponieersatzbaustoffen. Verordnung über Deponien und Langzeitlager (Deponieverordnung – DepV), Anhang 3, Tab. 1. – Bundesministerium der Justiz und Verbraucherschutz & juris GmbH, 2009, BGBl. I S. 900. Die Zahlen 4 bis 9 in den Spalten 3 bis 6 zu den Einsatzbereichen (Spalte 1, Nr. 1 bis 4) stehen für die jeweiligen Zuordnungswerte in den Spalten 4 bis 9 der Tab. 15.2. Die mit Index [1] bis [4] gekennzeichneten Anforderungswerte betreffen Ausnahmeregelungen wie unter [1] den geogenen Hintergrund des anstehenden Bodens

1 Nr.	2 Einsatzbereich	3 DK 0	4 DK I	5 DK II	6 DK III
1	**Geologische Barriere**				
1.1	Technische Maßnahmen zur Schaffung, Vervollständigung oder Verbesserung der geologischen Barriere	4	4	4	4
2	**Basisabdichtungssystem**				
2.1	Mineralische Abdichtungskomponente		5	5	5
2.2	Schutzlage/Schutzschicht		6	7	8
2.3	Mineralische Entwässerungsschicht	5	6	7	8
3	**Deponietechnisch notwendige Baumaßnahmen im Deponiekörper (z. B. Trenndämme, Fahrstraßen, Gaskollektoren), Profilierung des Deponiekörpers sowie Ausgleichsschicht und Gasdränschicht des Oberflächenabdichtungssystems bei Deponien oder Deponieabschnitten, die**[1)]				
3.1	Alle Anforderungen an die geologische Barriere und das Basisabdichtungssystems nach Anhang 1 einhalten	5	6	7	8
3.2	Mindestens alle Anforderungen an die geologische Barriere oder an das Basisabdichtungssystem nach Anhang 1 einhalten	5	5[2)]	6	7
3.3	Weder die Anforderungen an die geologische Barriere noch die Anforderungen an das Basisabdichtungssystem nach Anhang 1 vollständig erhalten		5[2)]	5[2)]	5[2)]
4	**Oberflächenabdichtungssystem**				
4.1	Mineralische Abdichtungskomponente		5[2)]	5[2)]	5[2)]
4.2	Schutzlage/Schutzschicht			[4)]	[4)]
4.3	Entwässerungsschicht		[4)]	[4)]	[4)]
4.4.1	Rekultivierungsschicht	9	9	9	9
4.4.2	Technische Funktionsschicht	Anhang 1 Nr. 2.3.2	Anhang 1 Nr. 2.3.2	Anhang 1 Nr. 2.3.2	Anhang 1 Nr. 2.3.2

Tab. 15.2 Einzuhaltende Zuordnungswerte nach den Zuordnungskriterien für Deponien der Klasse 0, I, II oder III. Verordnung über Deponien und Langzeitlager (Deponieverordnung – DepV), Anhang 3, Tab. 2. – Bundesministerium der Justiz und Verbraucherschutz & juris GmbH, 2009, BGBl. I S. 900. Die Parameter (*Spalte 2*) betreffen 1 Kriterien des organischen Anteils, 2 Feststoffkriterien und 3 Eluatkriterien. Die mit Index [1] bis [16] gekennzeichneten Zuordnungswerte betreffen Erklärungen und Regelungen zu Geltungs- und Anwendungsbereich, Untersuchungen und Überschreitungen dieser Werte

1 Nr.	2 Parameter	3 Maßeinheit	4 Geologische Barriere	5 DK 0	6 DK I	7 DK II	8 DK III	9[1)] Rekultivierungsschicht
1	**Organischer Anteil des Trockenrückstandes der Originalsubstanz**[2)]							
1.01	Bestimmt als Glühverlust	Masse %	≤ 3	≤ 3	≤ 3[3) 4) 5)]	≤ 5[3) 4) 5)]	≤ 10[4) 5)]	
1.02	Bestimmt als TOC	Masse %	≤ 1	≤ 1	≤ 1[3) 4) 5)]	≤ 3[3) 4) 5)]	≤ 6[4) 5)]	
2	**Feststoffkriterien**							
2.01	Summe BTEX (Benzol, Toluol, Etylbenzol, o-, m-, p-Xylol, Styrol, Cumol)	mg/kg TM	≤ 1	≤ 6				
2.02	PCB (Summe der 7 PCB-Kongenere, PCB-28, -52, -101, -118, -138, -153, -180)	mg/kg TM	≤ 0,02	≤ 1				≤ 0,1

Tab. 15.2 *(Fortsetzung)*

1 Nr.	2 Parameter	3 Maßeinheit	4 Geologische Barriere	5 DK 0	6 DK I	7 DK II	8 DK III	9[1] Rekultivierungs-schicht
2.03	Mineralölkohlenwasserstoffe (C 10 bis C 40)	mg/kg TM	≤ 100	≤ 500				
2.04	Summe PAK nach EPA	mg/kg TM	≤ 1	≤ 30				≤ 5[6]
2.05	Benzo(a)pyren	mg/kg TM						≤ 0,6
2.06	Säureneutralisationskapazität	mmol/kg			Muss bei gefährlichen Abfällen ermittelt werden[7]	Muss bei gefährlichen Abfällen ermittelt werden[7]	Muss ermittelt werden	
2.07	Extrahierbare lipophile Stoffe in der Originalsubstanz	Masse %		≤ 0,1	≤ 0,4[5]	≤ 0,8[5]	≤ 4[5]	
2.08	Blei	mg/kg TM						≤ 140
2.09	Cadmium	mg/kg TM						≤ 1,0
2.10	Chrom	mg/kg TM						≤ 120
2.11	Kupfer	mg/kg TM						≤ 80
2.12	Nickel	mg/kg TM						≤ 100
2.13	Quecksilber	mg/kg TM						≤ 1,0
2.14	Zink	mg/kg TM						≤ 300
3	**Eluatkriterien**							
3.01	*p*H-Wert[8]		6,5–9	5,5–13	5,5–13	5,5–13	4–13	6,5–9
3.02	DOC[9]	mg/l		≤ 50[3)10]	≤ 50[3) 10) 11]	≤ 80	≤ 100	
3.03	Phenole	mg/l	≤ 0,05	≤ 0,1	≤ 0,2	≤ 50	≤ 100	
3.04	Arsen	mg/l	≤ 0,01	≤ 0,05	≤ 0,2	≤ 0,2	≤ 2,5	≤ 0,01
3.05	Blei	mg/l	≤ 0,02	≤ 0,05	≤ 0,2	≤ 1	≤ 5	≤ 0,04
3.06	Cadmium	mg/l	≤ 0,002	≤ 0,004	≤ 0,05	≤ 0,1	≤ 0,5	≤ 0,002
3.07	Kupfer	mg/l	≤ 0,05	≤ 0,2	≤ 1	≤ 5	≤ 10	≤ 0,05
3.08	Nickel	mg/l	≤ 0,04	≤ 0,04	≤ 0,2	≤ 1	≤ 4	≤ 0,05
3.09	Quecksilber	mg/l	≤ 0,0002	≤ 0,001	≤ 0,005	≤ 0,02	≤ 0,2	≤ 0,0002
3.10	Zink	mg/l	≤ 0,1	≤ 0,4	≤ 2	≤ 5	≤ 20	≤ 0,1
3.11	Chlorid[12]	mg/l	≤ 10	≤ 80	≤ 1500[13]	≤ 1500[13]	≤ 2500	≤ 10[14]
3.12	Sulfat[12]	mg/l	≤ 50	≤ 100[15]	≤ 2000[13]	≤ 2000[13]	≤ 1	≤ 50[14]
3.13	Cyanid, leicht freisetzbar	mg/l	≤ 0,01	≤ 0,01	≤ 0,1	≤ 0,5	≤ 1	
3.14	Fluorid	mg/l		≤ 1	≤ 5	≤ 15	≤ 50	
3.15	Barium	mg/l		≤ 2	≤ 5[13]	≤ 10[13]	≤ 30	
3.16	Chrom, gesamt	mg/l		≤ 0,05	≤ 0,3	≤ 1	≤ 7	≤ 0,03
3.17	Molybdän	mg/l		≤ 0,05	≤ 0,3[13]	≤ 1[13]	≤ 3	
3.18	Antimon[16]	mg/l		≤ 0,006	≤ 0,03[13]	≤ 0,07[13]	≤ 0,5	
3.19	Antimon – C_0-Wert[16]	mg/l		≤ 0,1	≤ 0,12[13]	≤ 0,15[13]	≤ 1,0	
3.19	Selen	mg/l		≤ 0,01	≤ 0,03[13]	≤ 0,05[13]	≤ 0,7	
3.20	Gesamtgehalt an gelösten Feststoffen[12]	mg/l	≤ 400	≤ 400	≤ 3000	≤ 6000	≤ 10.000	
3.21	Elektrische Leitfähigkeit	µS/cm						≤ 500

oder

Klasse:	**17**	**Bau- und Abbruchabfälle, Aushub von verunreinigten Standorten.**
Gruppe:	**17.08**	**Baustoffe auf Gipsbasis.**
Abfallart:	**17.08.01***	**Baustoffe auf Gipsbasis, die durch gefährliche Stoffe verunreinigt sind.**
Abfallart:	**17.08.02**	**Baustoffe auf Gipsbasis mit Ausnahme derjenigen, die unter 17.08.01* fallen.**

15.1.3 Klassifikation von Deponien

Deponien sind Entsorgungsanlagen, in denen Abfälle zeitlich unbegrenzt abgelagert werden. Anlagen für zeitlich vorübergehendes Ablagern von Abfällen sind Langzeitlager.

In Teil 1, § 2, Pos. 6 bis 10 unterscheidet die Deponieverordnung 5 Deponieklassen und entsprechend 5 Klassen für Langzeitlager:

- Deponie der Klasse 0 (Deponieklasse 0, DK 0)
- Oberirdische Deponie für Inertabfälle, die die Zuordnungskriterien nach Anhang 3, Nr. 2 der DepV für die Deponieklasse 0 einhalten.
- Deponie der Klasse I (Deponieklasse I, DK I)
- Oberirdische Deponie für Abfälle, die die Zuordnungskriterien nach Anhang 3, Nr. 2 der DepV für die Deponieklasse I einhalten.
- Deponie der Klasse II (Deponieklasse II, DK II)
- Oberirdische Deponie für Abfälle, die die Zuordnungskriterien nach Anhang 3, Nr. 2 der DepV für die Deponieklasse II einhalten.
- Deponie der Klasse III (Deponieklasse III, DK III)
- Oberirdische Deponie für Abfälle, die die Zuordnungskriterien nach Anhang 3, Nr. 2 der DepV für die Deponieklasse III einhalten.
- Deponie der Klasse IV (Deponieklasse IV, DK IV)
- Untertagedeponie, in der Abfälle
  a in einem Bergwerk mit eigenständigem Ablagerungsbereich, der getrennt von der Mineralgewinnung angelegt ist, und der getrennt betrieben werden kann
  b in einer Kaverne, vollständig im Gestein eingeschlossen, abgelagert werden.

Beim Zuordnen von Abfällen und von Deponieersatzbaustoffen zu Deponien oder Deponieabschnitten der Klassen 0, I, II oder III sind die Zuordnungswerte der ◘ Tab. 15.2 einzuhalten. Nach DepV, Teil 2, § 7 nicht zugelassen sind Abfälle, die ihren Eigenschaften nach flüssig, explosionsgefährlich, ätzend, brandfördernd, hoch entzündlich, infektiös, chemisch nicht identifizierbar, geruchsbelästigend, langlebig oder bioakkumulierbar toxisch sind, sowie Altreifen. Deponien der Klasse 0, I, II oder III sind so zu anzulegen, dass die Anforderungen an den Standort zur geologischen Barriere und zur Basisabdichtung eingehalten werden.

Deponien der Klasse IV dürfen nur im Salzgestein eingerichtet werden.

15.1.4 Anforderungen an das Einrichten und den Betrieb von Deponien

In Teil 2 der Deponieverordnung sind Anforderungen an das Einrichten, den Betrieb (Organisation, Personal, Überwachung und Kontrolle, Inbetriebnahme, Annahmeverfahren, Voraussetzungen für das Ablagern zugelassener Abfälle, nicht zugelassene Abfälle, Handhabung der Abfälle), das Stilllegen, die Nachsorge und Maßnahmen zum Kontrollieren, Vermindern und Vermeiden von Emissionen, Immissionen, Belästigungen und Gefährdungen aufgeführt.

Soweit es zum Einhalten der Annahmekriterien erforderlich ist, sind die Abfälle vor dem Einlagern zu behandeln. Das Behandlungsergebnis soll irreversibel und das Einhalten der Annahmekriterien dauerhaft sein.

Die in der Deponieverordnung (DepV), Anhang 1 und Anhang 3 getroffenen Regelungen betreffen:

- Eignung des Standortes,
- geologische Barriere,
- Basisabdichtungssystem,
- deponietechnisch notwendige Baumaßnahmen und
- Oberflächenabdichtungssystem.

Die hierzu geforderten Zuordnungskriterien sind in ◘ Tab. 15.1 aufgelistet.

Die im Anhang 3, Nr. 2 aufgeführten Zuordnungskriterien betreffen

- den organischen Anteil des Trockenrückstandes der Originalsubstanz,
- die Feststoffkriterien (BTEX, PCB, Mineralölkohlenwasserstoffe, PAK, Benzpyren, Säureneutralisationskapazität, extrahierbare lipophile Substanzen und Gehalt an Blei, Cadmium, Chrom, Kupfer, Nickel, Quecksilber, Zink).
- Eluatkriterien (*p*H, DOC, Phenole, Arsen, Blei, Cadmium, Kupfer, Nickel, Quecksilber, Zink, Chlorid, Sulfat, Cyanid, Fluorid, Barium, Chrom, Molybdän, Antimon, Selen, Gesamtgehalt an gelösten Feststoffen, elektr. Leitfähigkeit).

Die hierzu geforderten Zuordnungswerte sind dort in ◘ Tab. 15.2 aufgelistet.

15.2 Anforderungen an Deponiestandorte – Standortbeurteilung

Die georelevanten Anforderungen an Deponiestandorte und an das Einrichten von Deponien sind in der Deponieverordnung DepV, Anhang 1 geregelt. Der geowissenschaftliche Untersuchungsrahmen für die Umweltverträglichkeitsprüfung ist in ► Kap. 3, ◘ Tabelle 3.3.8 aufgelistet.

Für die Planungsarbeiten zur Standortauswahl ist eine Vielzahl von Kriterien und Teilkriterien zu berücksichtigen. Vorrangig ist bei der Wahl und Eignung eines Standortes auf Lage, Fließrichtung, Fließfähigkeit des Grundwassers zu achten. Um das Wohl der Allgemeinheit nicht zu beeinträchtigen, ist demnach besondere Sorgfalt zu richten auf:

15

- den Mindestabstand von 1 m vom höchsten zu erwartenden freien Grundwasserspiegel,
- Trink- und Heilwasserschutzgebiete, Wasservorranggebiete, Wald- und Naturschutzgebiete, Biotopflächen,
- ausreichenden Schutzabstand zu sensiblen Gebieten wie Wohn- und Erholungsgebieten,
- Überschwemmungsgebiete, Bodensenkungen, Erdfälle, durch Hangrutsch oder Lawinen gefährdete Gebiete, erdbebengefährdete Gebiete,
- Ableitbarkeit für gesammeltes Sickerwasser im freien Gefälle.

Das Einrichten von Deponien ist grundsätzlich auszuschließen in:
- Karstgebieten und Gebieten mit stark klüftigem, besonders wasserwegsamem Untergrund;
- Trinkwasser- und Heilquellenschutzgebieten sowie Wasservorranggebieten;
- Überschwemmungsgebieten.

Besonders zu prüfen sind:
- Lage, Morphologie und Nutzungsart des für Deponiezwecke vorgesehenen Geländes;
- Größe und Erweiterungsmöglichkeiten des Deponieraumes, Zugriffsmöglichkeiten und Besitzverhältnisse;
- Nähe zu andersartigen Infrastruktureinrichtungen wie Wohngebieten, empfindlichen Industrie- und Gewerbebetrieben, landwirtschaftlichen Sonderkulturen, Naturschutzgebieten, Landschaftsschutzgebieten und Erholungsgebieten;
- Nähe zu ähnlichen Infrastuktureinrichtungen wie Straßen, Eisenbahnen, Industrie- und Gewerbegebieten;
- Vorhandensein abbauwürdiger Rohstoffe im Untergrund;
- Vorliegen einer schützenswerten Landschaft, eines schützenswerten Biotops, eines archäologischen, geologischen oder kulturellen Denkmals (Landschaftsschutz, Naturschutz, Denkmalschutz);
- Art und Verhalten des Deponiegutes;
- Einflüsse auf wasserwirtschaftliche Standortmerkmale wie natürliche und künstliche Basisabdichtung, zu erwartende Sickerwassermenge und Anschlussmöglichkeit an Kläranlagen, Belastbarkeit der Vorflut, zu erwartende Sickerwasserverluste (Leckagen), Grundwasservorkommen, Grundwasserschutzgebiete, Umleitung von Oberflächengewässern und Hochwassersicherheit;
- Einflüsse aus meteorologischen Immissionen wie Belastung und Vorbelastung des Luftraumes durch Staub, Abgase, Geruchsstoffe, Lärm oder Papierflug;
- erdbautechnische Schwierigkeiten bei der Standsicherheit von Böschungen
- Verfügbarkeit von Erdmaterial für die Basisabdichtung, Zwischenabdeckung, Oberflächenabdichtung und abschließenae Erdabdeckung;
- besondere Gefahren aus dem Untergrund wie Bergsenkung, Subrosion oder Erdbeben;
- Standfestigkeit und Verformungsverhalten des Untergrundes, rechnerisches Abschätzen des Setzungsbetrages unter der Auflast der Deponie;
- mögliches Verformen und Versagen der Sickerwasserableitung;
- Einflüsse während und nach Abschluss des Deponiebetriebes und der Rekultivierung auf das Landschaftsbild, auf den Lebensraum von Tier- und Pflanzenarten, auf historische und volkskundliche Elemente sowie auf die optische und ästhetische Beeinträchtigung;
- politische Einflüsse aus den beteiligten Städten und Gemeinden.

Die auf den Untergrund bezogenen Kriterien für die Standortauswahl betreffen den geologischen Bau, die Art und Eigenschaften der anstehenden Locker- und Festgesteine, die bodenmechanischen Eigenschaften der anstehenden Locker- und Festgesteine und die hydrogeologischen Verhältnisse des Standortes. Der geologische Bau und die hydrogeologischen Verhältnisse sollen als natürliche Barriere gegen austretende Schadstoffe wirken.

15.2.1 Geologische Verhältnisse

Das Beschreiben der Standortkriterien umfasst:
- Das Anfertigen einer geologischen Karte mit Angaben zum geologischen Alter und zur Formationszugehörigkeit der Gesteine, Nennen der Gesteinsarten, Mächtigkeiten, Lagerungsverhältnisse, tektonischen Strukturen, Eintragen von Störungs- und Zerrüttungszonen, Darstellen der Schichtlagerung und der räumlichen Verbreitung der einzelnen Gesteinsschichten in Geländeschnitten und/oder in Blockbildern. Die geologische Bestandsaufnahme im Gelände erfolgt zunächst durch Kartieren der örtlichen Aufschlüsse und Gegebenheiten. Dies ist die Grundlage für das Ansetzen erforderlicher Bohrungen, Schürfe und Sondierungen. Für das Erkunden der geologischen Verhältnisse sind auch geophysikalische Erkundungsmethoden anzuwenden. Geeignet für das Ermitteln von Schicht- und Gesteinsarten, Schichtlagerung, Schichtstärken und der Lage tektonischer Störzonen sind die Methoden der Seismik, Geoelektrik, Georadarerkundung und Cereskopie. Geeignet für das Auffinden von Altablagerungen und Deponiegrenzen sind die Methoden der Metalldetektion, Geomagnetik und Geoelektrik (■ Abb. 1.36–1.39; Lange, Knödel 2003);
- Beschreiben der anstehenden Gesteinsarten mit Mineralbestand, Verwitterungszustand, Verwitterungsbeständigkeit, Wasserlöslichkeit und Empfindlichkeit gegen Wasser oder kontaminiertes Sickerwasser;
- Beschreiben der bodenmechanischen Verhältnisse der im Untergrund der Deponie anstehenden Lockerböden und Schichten mit Bodenart, Wichte, Wassergehalt, Konsistenz, Durchlässigkeit, Scherfestigkeit, Verformungsmodul als Voraussetzung für die nach DepV geforderten Aussagen zur Tragfähigkeit, Standfestigkeit und Sicherheit gegen Schaden anrichtendes Verformen im Untergrund;
- Beschreiben der felsmechanischen Verhältnisse mit Lage und Ausrichtung der Trennflächensysteme; Bestimmen von Klüftigkeitsziffer, Durchtrennungsgrad und Öffnungsweite für die vorliegenden Trennflächensysteme; Beschreiben der

Anisotropien und Inhomogenitäten im Gebirge; Beurteilen der künstlichen Auflockerung durch den Aushub der Grube und durch die Entlastung des Untergrundes; Ermitteln der Wasserwegsamkeit im Gesteinsverband (Gesteinsdurchlässigkeit und Gebirgsdurchlässigkeit);
- Art, Mächtigkeit und Verbreitung der Deckschichten; das Untersuchen erfolgt durch Schürfe, Bohrungen, Sondierbohrungen, Rammsondierungen und geoelektrische Messungen;
- bodenmechanisches Untersuchen der Deckschichten und Bestimmen von Bodenart, Korngrößenverteilung, Wassergehalt, Zustandsgrenzen, Lagerungsdichte, Porenraum und Wasserdurchlässigkeit; zum Beurteilen von Standfestigkeitsfragen werden weiterhin die Scherfestigkeit und der Steifemodul benötigt.

15.2.2 Hydrogeologische Verhältnisse

Für das hydrogeologische Beurteilen sind folgende Erhebungen, Untersuchungen und Auswertungen zu erbringen:
- hydrogeologische Karte der Umgebung; Verzeichnis der Quellen, Brunnen und Grundwasserbohrungen; Verzeichnis der Quellschüttungen und Entnahmemengen; Verzeichnis bestehender Wasserrechte und Grundwasserrechte;
- Ansetzen von Bohrungen und Schürfgruben; Untersuchen der Bohrkerne, des Bohrloches und des Grundwassers im Bohrloch (Fernsehsonde, Bohrlochgeophysik, Wasserdruckversuche, Pumpversuche, Auffüllversuche, Bestimmen der Durchlässigkeit mit dem Einschwingverfahren, Markierversuche);
- Beschreiben der Beschaffenheit und Mächtigkeit der ungesättigten Bodenzone;
- Darstellen des Grundwasserspiegels und der Grundwasserflurabstände und deren Schwankungen;
- Darstellen der grundwasserführenden Gesteine (Grundwasserleiter) und der den Grundwasserfluss hemmenden Gesteine (Nichtleiter);
- Erstellen von Grundwassergleichenplänen für die einzelnen Grundwasserleiter (Druckhöhenkarte für gespannte Grundwässer);
- Darstellen der Grundwasserfließrichtung bei mittlerem, höchstem und niedrigstem Grundwasserstand; Benennen der Vorflut;
- Ermitteln der hydraulischen Gradienten, der Durchlässigkeitsbeiwerte und der Grundwasserfließgeschwindigkeiten (Filtergeschwindigkeit) in den einzelnen Grundwasserleitern und in den sie trennenden Schichten (Grundwasserhemmer);
- Aussagen zum inneren Aufbau der Grundwasserleiter mit Homogenbereichen (z. B. Sand-Kies-Gemische) und Inhomogenitätsbereichen (z. B. reine Kieslagen innerhalb von Sand-Kies-Gemischen, Großklüfte oder Störungen im Porengrundwasserleiter); Lage und Ausrichtung der Inhomogenitätsbereiche, bezogen auf den hydraulischen Gradienten; quantitatives Beurteilen der Auswirkung von Inhomogenitäten und Anisotropien auf den Grundwasserfluss (Massendurchsatz); Berechnen von Abstandsgeschwindigkeiten für die Homogenbereiche und für mögliche Inhomogenitätsbereiche mit Aussagen zur Dispersion von Schadstoffen;
- Aussagen zum inneren Aufbau der geringdurchlässigen Bodenschichten (Labor-, Feld- und Bohrlochversuche); Bestimmen des Durchlässigkeitsbeiwertes und Abschätzen des Grundwasserdurchsatzes (Gesteinsdurchlässigkeit, Felsdurchlässigkeit) und der Fließgeschwindigkeit;
- Untersuchen der chemischen und physikalischen Beschaffenheit des Grundwassers, getrennt nach den einzelnen Grundwasserstockwerken;
- isotopenhydrologisches Untersuchen der Grundwässer und Ermitteln des Grundwasseralters (Mischalter) aus den Isotopenkonzentrationen unter Berücksichtigung der hydrogeologischen, hydrochemischen und hydrophysikalischen Situation (Moser 1989, Moser und Rauert 1989, Dachroth, Sonntag 1983, Hölting, Coldewey 2013);
- Erstellen der Wasserbilanz mit Grundwasserneubildung, Grundwasservorrat, Grundwasseralter und Grundwasserdurchsatz;
- Ausweisen und Überprüfen von Grundwassereinzugsgebieten.

Die für das Untersuchen notwendigen Bohrungen werden so angesetzt, dass Gesteinslagerung und Grundwasserstände im ausreichenden Maße erfasst werden. Die Bohrungen werden nach Möglichkeit zu Grundwasserpegeln ausgebaut. Die einzelnen grundwasserführenden Horizonte können im Bohrloch getrennt gefasst und gegen Wasserzufluss aus anderen Stockwerken abgedichtet werden. Zur Kontrolle möglicher Schadstoffausbreitung in verschiedenen Stockwerken werden Multilevel-Brunnen ausgebaut. Aufgelassene Bohrungen im Inneren einer geplanten Deponie sind mit Ton wasserdicht zu verfüllen.

Das Bewerten der geologischen Standortkriterien beurteilt den Gesteinsverband als Barriere gegen Schadstoffausbreitung durch hydraulische Grundwasserbewegung und durch Diffusion in Bodenluft und Grundwasser. Im Gegensatz zur hydrogeologischen Begutachtung zum Zwecke der Beurteilung und Ausweisung von Grundwasserentnahmestellen und Grundwasserentnahmemengen, wobei stets nur Teile des Grundwasserkreislaufs erfasst werden, muss die hydrogeologische Beurteilung eines Deponiestandortes auch den Grundwasserkreislauf für mitteltiefes und tiefes Grundwasser beachten. Wichtig ist die Feststellung, ob sich der Standort im Bereich absinkender, aufsteigender oder parallel zur Oberfläche fließender Grundwässer befindet.

Die aus einer Deponie sickernde Wassermenge ist abhängig vom Wasserdargebot (Niederschlag, Zufluss), vom oberirdischen Abfluss, von der Wirksamkeit der Oberflächenabdichtung, von der Verdunstung, vom Sickerwasserabfluss, von der Wirksamkeit der Basisabdichtung und Dränage sowie von der Dichtigkeit des Untergrundes. Zu Unrecht werden Standorten mit großem Flurabstand zum Grundwasser günstige Standorteigenschaften zuerkannt. Standorte auf Bergen sind aus der Sicht der Hydraulik stets ungünstig. Der erhoffte und angestrebte Schadstoffabbau in der Bodenluft ist nicht akzeptabel. Da die Deponiesohle nur in seltenen Fällen trocken, ist und auch bei funktionierender Dränage in geringer Höhe (einige mm bis cm!) von Wasser überstaut sein kann, bewirkt dies einen geringen ständigen Sickerwasserstrom in Abhängigkeit vom wirksamen k-Wert des Untergrundes und vom hydraulischen Gefälle i (▫ Abb. 15.1). In den wirksamen k-Wert des Untergrundes gehen ein:

- Wasserdurchlässigkeit der ungestörten Bodenproben bei kleinem, den Verhältnissen in der Deponie angepasstem hydraulischem Gefälle i (DIN 18130-1);
- Wasserdurchlässigkeit des aufgelockerten, angewitterten und verwitterten Bodens im Untergrund;
- Wasserdurchlässigkeit des Untergrundes auf Trennfugen, Großklüften, Kluftscharen und Störungen (Gebirgsdurchlässigkeit DIN 18130-2);
- Wasserdurchlässigkeit des Untergrundes über eingelagerte durchlässigere Schichten;
- Wasserdurchlässigkeit über natürliche und künstliche Hohlräume im Gestein (Grabgänge, Wurzelgänge, Erosionsschläuche, Bohr- und Sondierlöcher).

Aus der Vielzahl von möglichen Kombinationen der morphologischen, geologischen, hydrogeologischen und hydraulischen Parameter lassen sich eine begrenzte Anzahl von Standorttypen zur Klassifizierung der Standortbedingungen von Deponien und Altablagerungen auswählen. Der Arbeitskreis „Deponien" der Geologischen Landesämter (Dörhöfer 1987) unterscheidet 17 Standorttypen. Diese Klassifizierung berücksichtigt die die Deponie umgebenden und unterlagernden Gesteine als Grundwasserleiter oder Grundwassergeringleiter, die Lage zum Grundwasserspiegel und die hydraulische Situation. Die Klassifizierung nach Standorttypen wird besonders zum Kennzeichnen von Altablagerungen verwendet, wobei das Zuordnen zu einem Standorttyp mit einer generellen Einschätzung der Barrierewirkung des Untergrundes verbunden ist (▫ Abb. 15.3).

Die Lage des Deponieplanums zum Grundwasser soll so angelegt werden, dass nach Eintritt der Setzungen und Verformungen ein Mindestabstand zum höchstmöglichen Grundwasserstand von 1 m verbleibt. Dies gilt vorrangig für grundwassergeringleitende Schichten ($k_f = 10^{-7}$ m s^{-1}; ▫ Abb. 15.2a).

Diese Anforderung beinhaltet einen vertikal nach unten gerichteten Sickerwasserstrom, der in einem Mindestabstand von 1 m in das Grundwasser einmündet. Mögliche eingetragene Schadstoffe bilden eine vom Grundwasserstrom bestimmte Verschmutzungsfahne. Eine solche Situation ist hydraulisch ungünstig (▫ Abb. 15.2a).

15.2.3 Nutzungskonflikte

Die Landschaft im Umkreis geplanter oder bestehender Deponien wird unterschiedlich genutzt. Hieraus ergeben sich vielfältige Nutzungskonflikte.

Die wichtigsten untergrundbezogenen Nutzungskonflikte ergeben sich in Grundwasserschutzgebieten. In Schutzgebieten für Trink- und Heilwasser untersagt die DepV die Einrichtung von Deponien. Weitere Nutzungskonflikte können sich aus dem Bergbau und aus der Sicherstellung von Rohstoffen ergeben. In

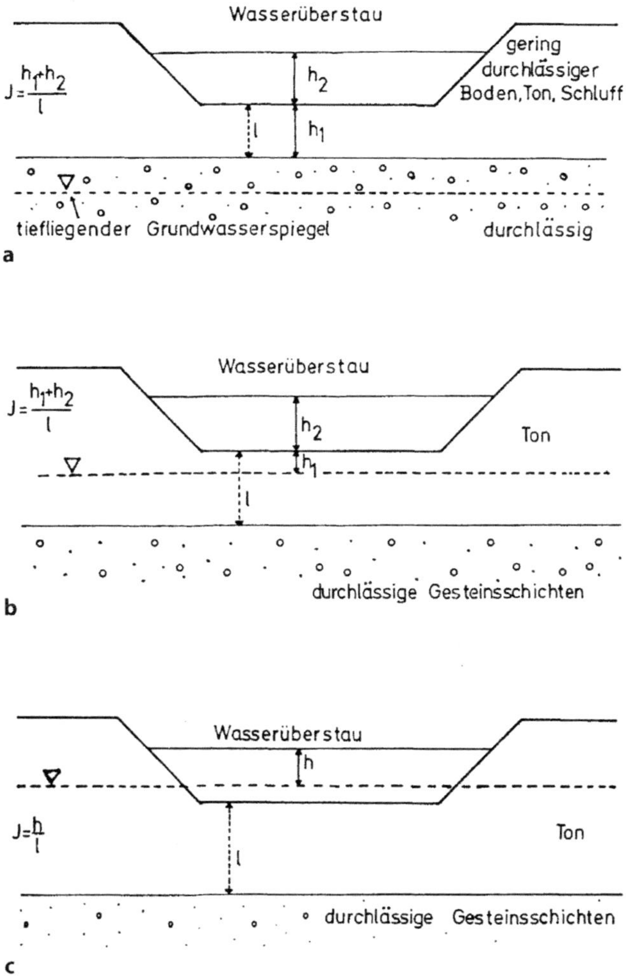

▫ **Abb. 15.1** Bemessen des hydraulischen Gradienten i in Abhängigkeit von der Lage des Grundwasserspiegels, der Stauhöhe über der Deponiesohle und der Mächtigkeit einer wasserstauenden Schicht

der Umweltverträglichkeitsstudie sind neben dem Schutzgut Grundwasser die Schutzgüter Boden, Landschaft sowie Kultur- und sonstige Sachgüter zu untersuchen.

15.3 Deponien nach dem Multibarrierenkonzept

Grundlage jeder Deponieplanung muss das Multibarrierenkonzept sein (▫ Abb. 15.2).

Nach bestehender Auffassung soll jede einzelne Barriere auf Dauer einen ausreichenden Schutz für die Umwelt vor den Beeinträchtigungen aus Abfällen bieten.

Um zu verhindern, dass Schadstoffe aus oberirdischen Deponien ausgetragen werden, gehören neben dem vorrangigen Aufstauen, Ableiten und Erfassen von Deponiesickerwässern und Deponiegasen das Nutzen hydraulischer Barrieren, die Stabilität des Deponiekörpers und die Sicherheit vor Erosion, Denudation und Deflation.

Für oberirdische Deponien werden die im folgenden genannten Barrieren verlangt.

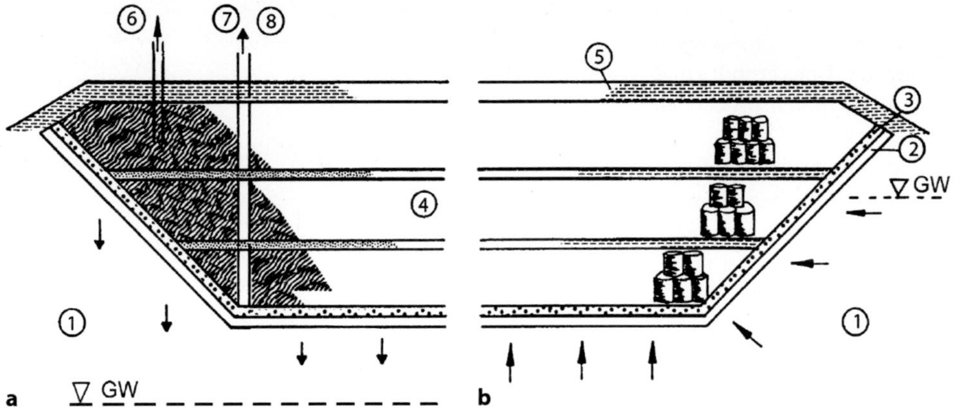

Abb. 15.2 Multibarrierenkonzept bei oberirdischen Deponien. **a** Konzept nach DepV bei fallendem Grundwasserstrom mit mindestens 1 m Abstand zum höchsten zu erwartenden freien Grundwasserspiegel im geringdurchlässigen Untergrund ($k_f = 10^{-7}$ m s^{-1}). **b** Günstiger Standort im undurchlässigen Untergrund (Nichtleiter bzw. Grundwasserhemmer aus Ton bzw. Tonstein; $k_f < 10^{-9}$ m s^{-1}) mit piezometrisch hohem Druckwasserstand und tiefliegendem Grundwasserleiter. Der praktisch nicht fließfähige Grundwasserstrom ist auf die Deponie ausgerichtet. *1* Untergrund als geologische und hydrogeologische Barriere, *2* Basisabdichtung, *3* Dränage, *4* geordneter Einbau des Abfalls mit prognostizierbarem Verhalten, *5* Oberflächenabdichtung, *6* kontrolliertes Entgasen, *7* kontrolliertes Abführen des Sickerwassers, *8* Sickerwasserkontrolle

15.3.1 Geologische Barriere

Der unter und seitlich zur Deponie anstehende Boden bzw. Untergrund soll eine Ausbreitung (Migration, hydraulische Strömung, Diffusion) der in flüssiger oder gasförmiger Form vorliegenden Schadstoffe verhindern. In DepV wird ein gering durchlässiger Untergrund gefordert, der aufgrund seines mineralischen Aufbaus, seiner hohen inneren Oberfläche (Feinkörnigkeit), seiner Mächtigkeit und seines Sorptionsvermögens (Schadstoffrückhaltevermögens) aus der Deponie ausgetretene Schadstoffe bindet und somit deren weitere Ausbreitung verhindert. Ein solcher Untergrund muss eine flächenhafte Verbreitung haben, die seitlich weit über den Ablagerungsraum hinausgeht.

Der Untergrund muss nach DepV folgende Anforderungen erfüllen:

- Der Untergrund muss die Belastungen aus der Deponie aufnehmen können. Durch eintretende Verformungen dürfen an der Basisabdichtung und an den Entwässerungseinrichtungen keine Schäden auftreten.
- Der Untergrund soll als geologische Barriere eine Schadstoffausbreitung maßgeblich behindern. Erfüllt der Untergrund die Anforderungen an eine geologische Barriere nicht, so kann der anstehende Boden verbessert oder durch geeignetes Fremdmaterial ersetzt oder überschichtet werden.
- Die Anforderungen an die Wasserdurchlässigkeit k_f und an die Schichtstärke/Dicke d der geologischen Barriere betragen nach DepV, Anhang 1, Tab. 1 bei:
  DK 0 $k_f \le 1 \times 10^{-7}$ m s^{-1}, $d \ge 1$ m,
  DK I $k_f \le 1 \times 10^{-9}$ m s^{-1}, $d \ge 1$ m,
  DK II $k_f \le 1 \times 10^{-9}$ m s^{-1}, $d \ge 1$ m,
  DK III $k_f \le 1 \times 10^{-9}$ m s^{-1}, $d \ge 5$ m.

Sofern diese Anforderungen im Deponiebereich und in der direkten Umgebung nicht zur vollständigen Zufriedenheit ausfallen, sind sie durch zusätzliche technische Maßnahmen sicherzustellen. Dies kann durch den Einbau einer homogenen Ausgleichsschicht mit $k_f = 10^{-7}$ m s^{-1} geschehen. Der geforderte Verdichtungsgrad D_{Pr} beträgt mindestens 95 % und richtet sich nach den Anforderungen der ZTVE-StB (◘ Abb. 12.4).

Für das Ablagern von inerten Stoffen auf Halden, Kippen und Deponien wurden bis 2009 keine besonderen Anforderungen an die geologische Barriere gestellt. Nach DepV gehören solche Ablagerungsräume zu DK 0 mit einer geforderten 1 m starken geologischen Barriere oder Ersatzschicht mit Durchlässigkeitsbeiwert $k_f \le 1 \times 10^{-7}$ m s^{-1}.

15.3.2 Hydraulische Barriere

Nach TA Abfall waren auch höhere Grundwasserdruckspiegel im sehr geringdurchlässigen Boden oder Gestein mit ausreichender Mächtigkeit und Verbreitung zulässig. Die Deponieverordnung (DepV) und gleichlautende Regelungen in Europa kennen diese hydraulische Barriere nicht! Soweit ein möglicher Standort solche günstigen hydraulischen Eigenschaften aufweist, sollten auch die Vorteile einer hydraulischen Barriere untersucht und das Ausnutzen solcher Möglichkeiten im rechtlichen Rahmen diskutiert werden. Dies gilt besonders in Ländern außerhalb des Geltungsbereiches der Deponieverordnung DepV.

In solchen Fällen bildet das Potentialgefälle der Grundwasserfließrichtung eine zusätzliche hydraulische Barriere. Im Grundwassernichtleiter (Ton oder Tonstein, $k_f < 10^{-9}$ m s^{-1}) mit piezometrischen Druckwasserspiegelhöhen oberhalb der Deponiebasis ist die Richtung des hydraulischen Gradienten auf die Deponie ausgerichtet.

Solche Standorte sind für die Anlage von Deponien hydraulisch günstig. Das Porenwasser im Ton ist praktisch nicht fließfähig ($V_a < 1$ mm a^{-1}). Die Richtung des Potentialgefälles und die Höhe des hydraulischen Gradienten i wird in der Umgebung der Deponie bzw. Grube durch die Entwässerung an der Deponiebasis aufrechterhalten. Solange das auf die Deponie ausgerichtete hydraulische Gefälle besteht, kann aus einer solchen hydraulischen Position keine Beeinträchtigung der Grundwasserqualität erfolgen (◘ Abb. 15.2b und 15.3, Bild 1).

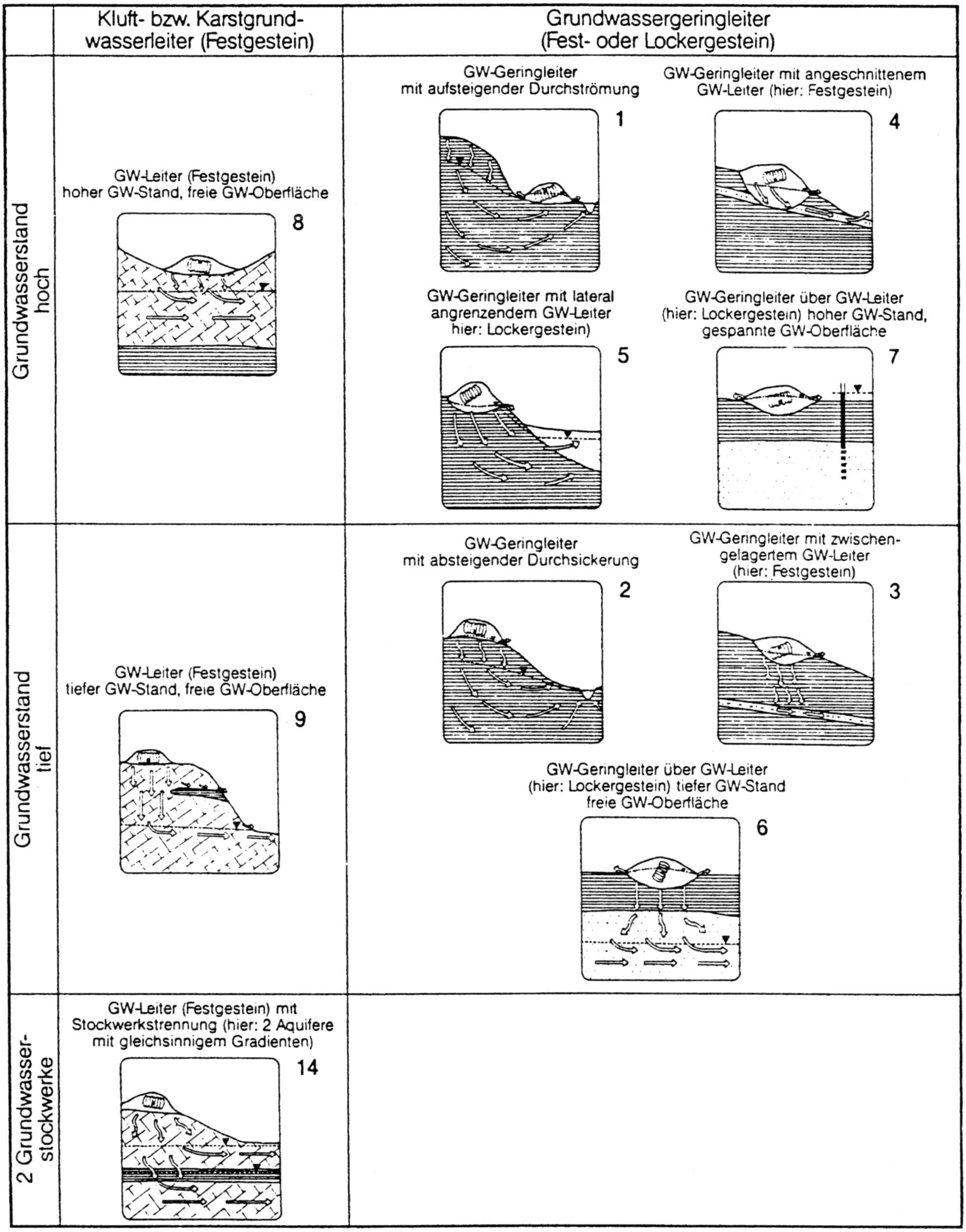

Abb. 15.3 Übersicht über mögliche geologische Standorttypen für Deponien mit Ausrichtung des hydraulischen Gradienten. (Arbeitskreis Deponien der Geologischen Landesämter)

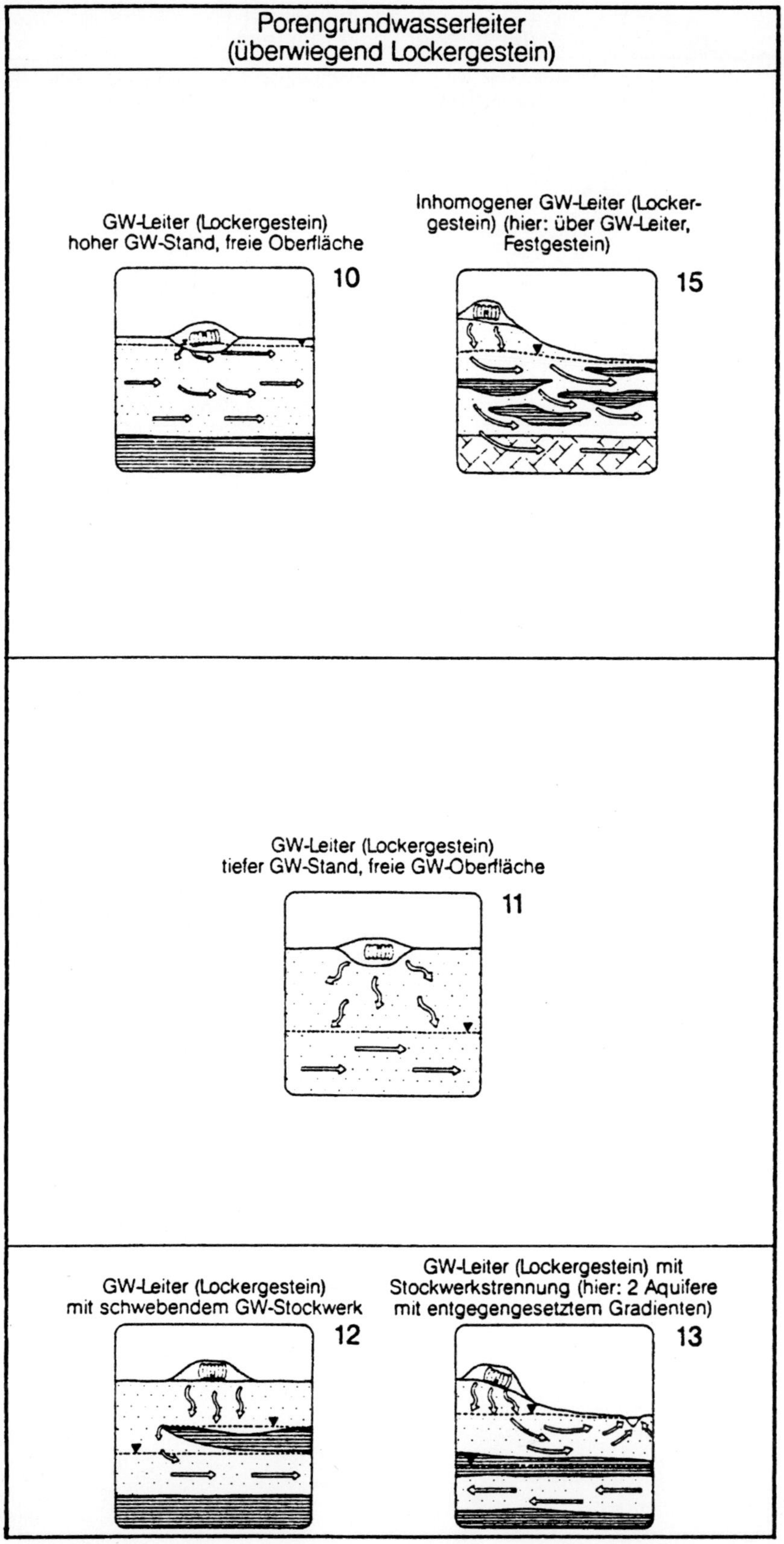

Abb. 15.3 *(Fortsetzung)*

Abb. 15.3 gibt eine Übersicht über mögliche geologische Standorttypen mit unterschiedlicher Ausrichtung des hydraulischen Potentials.

15.3.3 Deponiebasisabdichtungssystem

Auf dem Deponieplanum und auf seitlichen Böschungsflächen ist ein Deponiebasisabdichtungssystem einzubauen. Das System kann als Kombination aus mineralischen Dichtungsschichten aus feinkörnigem Boden (Ton, Lehm) und aufliegender Kunststoffdichtungsbahn eingebaut werden. Die mineralischen Dichtungskomponenten sind mehrlagig herzustellen. Die Stärke d für die einzelne mineralische Abdichtungskomponente schreibt DepV mit 50 cm vor. Um innerhalb dieser 50 cm eine gleichmäßige und hohe Abdichtungswirkung zu erlangen, darf die Einbaustärke der einzelnen geotechnisch zu verdichtenden Lagen (nach Verdichtung) nur maximal 25 cm betragen.

Die Notwendigkeit und Anforderung für den Einbau einer mineralischen Basisabdichtung ist in DepV, Anhang 1, Tab. 1 für die Deponieklassen angegeben:

- DK 0 nicht erforderlich,
- DK I eine Abdichtungskomponente ($d \geq 50$ cm) erforderlich,
- DK II zwei Abdichtungskomponenten ($d \geq 100$ cm) erforderlich,
- DK III zwei Abdichtungskomponenten ($d \geq 100$ cm) in Kombination mit einer geologischen Barriere ($d \geq 500$ cm) erforderlich.

Die Oberfläche der Basisabdichtung ist so zu gestalten, dass auch nach Eintritt der Setzungen und Verformungen ein Quergefälle von mindestens 3 % und ein Längsgefälle von mindestens 1 % verbleibt.

Das Abdichtungs- und Entwässerungssystem an der Deponiebasis richtet sich nach der Deponieklasse. DepV sieht vor für:

- DK 0 Inertabfälle (z. B. Abraummaterial vom Steinbruch)
  0,3 m mineralische Entwässerungsschicht,
  1,0 m geologische Barriere/Abdichtungskomponente: $k_f \leq 1 \times 10^{-7}$ m s^{-1}.
- DK I Abfall
  0,5 m mineralische Entwässerungsschicht
  0,5 m mineralische Abdichtung: $k_f \leq 5 \times 10^{-10}$ m s^{-1},
  ≥ 1 m geologische Barriere: $k_f \leq 1 \times 10^{-9}$ m s^{-1}.
- DK II Abfall
  0,5 m mineralische Entwässerungsschicht,
  1,0 m mineralische Abdichtung: $k_f \leq 5 \times 10^{-10}$ m s^{-1},
  ≥ 1 m geologische Barriere: $k_f \leq 1 \times 10^{-9}$ m s^{-1}.
- DK III Abfall
  0,5 m mineralische Entwässerungsschicht,
  1,0 m mineralische Abdichtung: $k_f \leq 5 \times 10^{-10}$ m s^{-1},
  ≥ 5 m geologische Barriere: $k_f \leq 1 \times 10^{-9}$ m s^{-1}.

Durch technische Maßnahmen wie den Einbau von Geokunststoffbahnen, Polymeren und Dichtungskontrollsystemen als Verbesserung oder Ersatz für die geologische Barriere sowie als Verbesserung oder als Ersatz für das Abdichtungssystem können die Einbaustärken der mineralischen Abdichtungskomponenten verringert werden. Für solche Einbauten sind der zuständigen Behörde prüffähige Unterlagen vorzulegen (Zulassung der Produkte durch die Bundesanstalt für Materialforschung oder entsprechend deklariert nach Verordnung EU Nr. 305/2011).

Die Kunststoffdichtungsbahn soll mindestens 2,5 mm dick sein. Sie ist vor Beschädigung zu schützen. Die Dichtungsbahn dient als Konvektionssperre.

Bei einem Abdichtungskontrollsystem wird unter der Abdichtungskomponente oder Konvektionssperre eine zweite Abdichtungskomponente oder Dichtungsbahn eingebaut und das möglicherweise anfallende Sickerwasser gesammelt und kontrolliert.

Bis zum Inkrafttreten der Deponieverordnung (Juli 2009) wurden unter den heutigen Altdeponien Deponiebasisabdichtungen nach den Vorgaben der TA-Abfall bzw. TA Siedlungsabfall eingebaut (Abb. 15.12).

Eignungsprüfung

Für die mineralische Basisabdichtung ist ein Durchlässigkeitsbeiwert $k_f < 5 \cdot 10^{-10}$ m s^{-1} erforderlich. Der entsprechende Nachweis soll im Labor bei einem hydraulischen Gradienten $i = 30$ geführt werden. Die Eignung des Materials, die zu verwendenden Geräte und die Einhaltung des geforderten Durchlässigkeitsbeiwertes $k_f < 5 \cdot 10^{-10}$ m s^{-1} sind zu prüfen. Für die Eignung und Fügetechnik der Kunststoffdichtungsbahn ist ein Zulassungsbescheid zu erbringen.

Nach DepV sind für die Herstellbarkeit eines vorgeschlagenen Abdichtsystems unter Baustellenbedingungen Probefelder herzustellen und deren Eignung nachzuweisen. Das Verbessern der geologischen Barriere und alle technischen Maßnahmen als Ersatz für eine unzureichende geologische Barriere sind in gleicher Weise bei der Vorfertigung der Probefelder und bei der Bauausführung einem Qualitätsmanagement zu unterwerfen. Dieses besteht aus der Eigenüberwachung des Herstellers, der Fremdüberwachung eines beauftragten Dritten und aus der Überwachung durch die zuständige Behörde. Die fremdprüfende Stelle muss die Untersuchungen nach DIN EN ISO/IEC 17020: 2012 durchführen und als Prüflaboratorium akkreditiert sein. Die GDA-Empfehlungen der Deutschen Gesellschaft für Geotechnik (1997) sind zu beachten.

Nach dem Stand der Technik müssen die Verbesserungen der geologischen Barriere, die technischen Maßnahmen als Ersatz für eine geologische Barriere, das Abdichtungssystem und die eingebauten Materiale und Komponenten so gewählt werden, dass eine Funktionsdauer von 100 Jahren nachgewiesen ist.

Folgende Kriterien und Einwirkmechanismen sind zu berücksichtigen.

- Dichtigkeit (für DK 0 $k_f \leq 1 \times 10^{-7}$ m s^{-1}, für DK I bis DK III $k_f \leq 1 \times 10^{-9}$ m s^{-1});
- Dicke d (für DK 0, DK 1 und DK 2 ≥ 1 m, für DK 3 ≥ 5 m);
- Verformungsvermögen, Verformungsmodul E_s. Die unvermeidbaren Setzungsbeträge müssen vom Basisabdichtungssystem schadfrei aufgenommen werden;
- Widerstandfähigkeit gegen mechanische Einwirkungen;
- Widerstandsfähigkeit gegen hydraulische Einwirkungen;
- Beständigkeit gegen chemische Einwirkungen;
- Beständigkeit gegen biologische Einwirkungen;
- Beständigkeit gegen Witterungseinflüsse;

- Beständigkeit gegen alterungsbedingte Materialveränderung;
- Mineralzusammensetzung der mineralischen Einbaukomponenten;
- Einbautechnik der mineralischen Einbaukomponenten und deren Einbindung in das Basisabdichtungssystem, um eine sehr niedrige Durchlässigkeit zu erreichen und die Bildung von Trockenrissen zu vermeiden oder zu minimieren;
- Einhalten der Anforderungen an Deponieersatzbaustoffe;
- Entwässern der Deponiebasis (DIN 19667:2015).

Aus geotechnischer Sicht ist bei der Eignungsprüfung auch auf folgende Punkte zu achten.

- *Materialnachweis*
  Es ist der ingenieurgeologische Nachweis zu erbringen, dass das für den Einbau vorgesehene Dichtungsmaterial am Entnahmeort in der geforderten Qualität und in ausreichender Menge zur Verfügung steht.
- *Laborversuche*
  Zu bestimmen sind Korngrößenverteilung, Wassergehalt, Zustandsgrenzen (Fließgrenze, Ausrollgrenze, Schrumpfgrenze, Plastizitätszahl, Konsistenzzahl), Wasseraufnahme nach Enslin und Neef, organische Bestandteile, Kalkgehalt nach Scheibler, qualitative tonmineralogische Beschreibung und Zusammensetzung, Proctordichte, Scherfestigkeit, Verformbarkeit (Steifemodul), Wasserdurchlässigkeit und Gleichwertigkeit von Schnellversuchen zum Durchlässigkeitsversuch nach Darcy. (Der labormäßige Nachweis bei einem hydraulischen Gradienten $i = 30$ erfordert im Darcy-Versuch sehr lange Versuchszeiten.)
- *Herstellen eines Versuchsfeldes*
  Unter Baustellenbedingungen ist ein Versuchsfeld herzustellen. Die Dichtigkeit ist in Feld- und Laborversuchen zu prüfen. Hierzu sind an vier Stellen Proben aus den untersten 10 cm einer jeden Lage sowie aus den Lagenübergängen zu entnehmen und im Labor zu untersuchen.
  In Feldversuchen ist das Prüffeld aufzugraben und visuell zu prüfen. Außerdem sind Dichte und Verformungsmodul zu bestimmen und die Homogenität zu überprüfen.
  Falls größere Unterschiede bei den Eigenschaften der einzubauenden Bodenarten bzw. Abdichtmateriale oder der Geräte zu erwarten sind, werden mehrere Prüffelder angelegt. Die endgültige Rezeptur wird auf Grundlage der Probeverdichtung festgelegt.
  Die wesentliche Aufgabe der Eignungsprüfung eines feinkörnigen Erdstoffes ist die Klärung der Zusammenhänge zwischen Einbauwassergehalt, aufgebrachter Verdichtungsarbeit, erzielter Dichte, erzielter Durchlässigkeit und erzieltem Luftporengehalt. Hieraus sind Toleranzgrenzen für den Einbauwassergehalt, die Verdichtungsarbeit und den Luftporengehalt zu benennen, die für eine einzubauende Basisabdichtung ein Minimum an Durchlässigkeit und ein Maximum an Dichte garantieren.
  Bei künstlich zusammengesetzten mineralischen Basisabdichtungen kommt es darauf an, im verdichteten Mineralgemisch eine möglichst hohlraumarme Packung zu erreichen. Durch Zugabe von schluffigem Feinsand oder Steinmehl erhält man ein Korngemisch, dessen Kornverteilungskurve nahe der Fuller-Parabel verläuft und das genügend Füllkorn aufweist, um die Grobporen zu füllen. Andere intermittierend gestufte Mischungen enthalten Fehlkörnungen in der Kornverteilungskurve. Das eigentliche Abdichten erfolgt ausschließlich durch Verfüllen der Feinporen mit Zusätzen wie Tonmehl oder Bentonit in der Größenordnung von 1–1,5 %. Hinsichtlich der Eignung und Auswahl des Bentonits sind spezielle Untersuchungen durchzuführen, um die optimale Abdichtungswirkung zu ermitteln. Das Quellvermögen ΔV und die thixotropen Eigenschaften des Bentonits sind zu berücksichtigen. Hochaktive Bentonite können beim Quellvorgang bis zum 15fachen des Ausgangsvolumens aufquellen, wodurch die Feinporen des Abdichtungsmaterials weitgehend verschlossen werden. Das Quellvermögen beschreibt die Volumenzunahme des Bentonits nach Zugabe von Wasser (ΔV). Als Maß für den Grad der Thixotropie wird der thixotrope Grenzwert N festgestellt, der ein bestimmtes Verhältnis zwischen Flüssigkeitsvolumen und Feststoffvolumen angibt, bei dem die Erstarrungszeit der Mischung genau eine Minute beträgt. Hochaktive Bentonite weisen höhere thixotrope Grenzwerte auf als die weniger aktiven. Um die Beurteilung verschiedener Bentonite auf ihre Eignung zu Abdichtungszwecken zu verdeutlichen, führte Jessberger (1983) das Produkt

$$N = \Delta V / V$$

ein. Dieses Produkt wird Effektivität des Bentonits genannt. Die Effektivität von Naturtonen, Naturbentoniten und aktiven Bentoniten ist nach Zugabe von Wasser bis zur Dauer von einer Stunde etwa gleich groß und bleibt für Naturtone und Naturbentonite nahezu konstant. Dagegen ist für die hochaktiven Bentonite ein erheblicher Anstieg der Effektivität mit der Zeit zu verzeichnen (■ Abb. 15.4).
Für die Eignungsprüfung bestimmter Mineralgemische werden Gemische aus Grobkorn mit unterschiedlichen Zugabemengen an Füllkorn und Bentonit hergestellt, im Proctortopf verdichtet und auf ihre Durchlässigkeit untersucht.
Das Untersuchen der Durchlässigkeit (DIN 18130-1) erfolgt im Triaxialgerät mit konstantem hydraulischen Gradienten $i = 30$. Gemischtkörnige Böden (Größtkorn 20 mm) werden im Proctortopf mit 10 cm Durchmesser eingestampft. Die Probehöhe für die Durchlässigkeitsun-

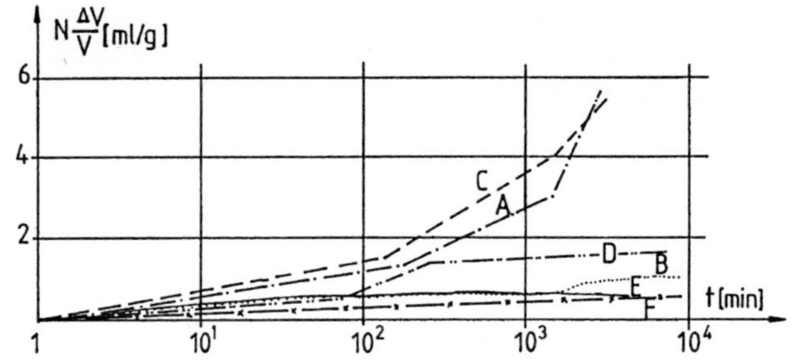

■ **Abb. 15.4** Effektivität verschiedener Bentonite (Jessberger 1983). *A*, *C* und *D* sind aktivierte Bentonite. *B* ist eine Mischung von Naturbentonit mit aktiviertem Bentonit. *E* und *F* sind Naturbentonite

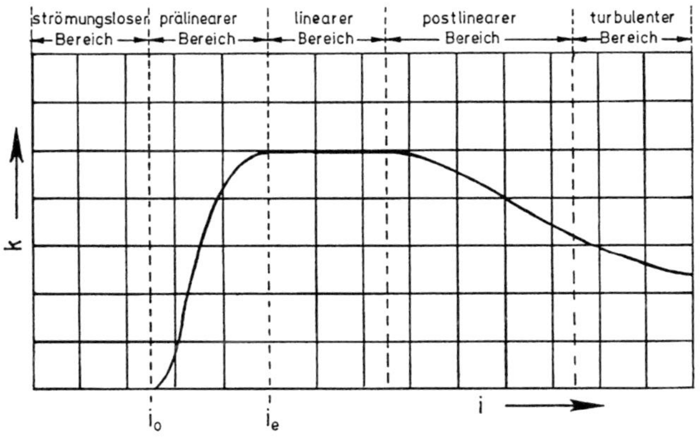

Abb. 15.5 Gültigkeitsbereiche des Darcy-Gesetzes. (Busch und Luckner 1974, DIN 18130)

tersuchung beträgt 9 cm. Bei feinkörnigen Böden werden kleinere Probehöhen gewählt. Die Versuche sind so lange durchzuführen, bis der ermittelte Verlauf der Durchlässigkeitsbeiwerte nahezu konstant ist. Die ermittelten Durchlässigkeitsbeiwerte sind in Abhängigkeit von der Versuchsdauer graphisch darzustellen.

Neben den Durchlässigkeitsversuchen mit Wasser werden Versuche mit Deponiesickerwasser und/oder anderen Prüfflüssigkeiten wie destilliertem Wasser, starken Säuren ($pH < 3$), starken Basen ($pH > 11$), Metallsalzlösungen, Hexan, Dichlormethan und Aceton durchgeführt (Reuter 1985).

Das Bestimmen der Durchlässigkeit von feinkörnigen Erdstoffen berücksichtigt zusätzlich den vom hydraulischen Gradienten abhängigen Durchfluss mit Unterteilung zwischen strömungslosem, prälinearem und linearem Bereich (■ Abb. 15.5).

Im Kurvenverlauf der Funktion $k = f(i)$ werden folgende Phänomene festgestellt:

- unterhalb des Schwellengradienten i_0 ist der k-Wert = 0; es findet kein Durchströmen der Poren im feinkörnigen Boden statt (strömungsloser Bereich);
- zwischen dem Schwellengradienten i_0 und dem Übergangsgradienten i_s steigt der k-Wert mit zunehmendem hydraulischen Gefälle; in diesem prälinearen Bereich gilt das Darcy-Gesetz nicht uneingeschränkt;
- im linearen Bereich gilt das Darcy-Gesetz uneingeschränkt; die üblicherweise an Böden gemessenen k-Werte liegen in diesem Bereich;
- im postlinearen und turbulenten Bereich tritt ein gegenüber dem linearen Bereich verringerter Durchfluss ein (Querströmungen!); dieser Bereich hat für die Untersuchung feinkörniger Erdstoffe keine Bedeutung.

Feinkörnige Erdstoffe sind von der Wasserdurchlässigkeit her für eine mineralische Basisabdichtung geeignet, wenn ein strömungsloser und ein prälinearer Bereich mit einem ausreichend hohen Schwellenwert unter im Gelände nachvollziehbaren Randbedingungen nachgewiesen werden. Eine Wasserwegsamkeit, die den Porenraum umgeht (Klüfte, Spalten, Röhren, Randbedingungen bei Tonklumpen) muss verhindert werden. Feinkörnige Erdstoffe sind von der Struktur her für eine mineralische Basisabdichtung geeignet, wenn sie aufgrund der Aggregatform (Tonmehl) oder Aggregatgröße (kleine Tonbröckchen) eine Homogenisierung des Tonmaterials und Vergleichmäßigung des Wassergehaltes zulassen, was bei großen Aggregaten (Tonklumpen) nicht zu erreichen ist.

- *Auswerten der Eignungsprüfungen*
  Die Ergebnisse der Eignungsprüfungen und der im Versuchsfeld tatsächlich erreichten Werte sind zu nennen, auszuwerten und zu dokumentieren. Dabei sind die Zusammenhänge zwischen Kornverteilung, Dichte, Wassergehalt und Durchlässigkeit sowie Korrelationsmöglichkeiten zwischen diesen Ergebnissen darzustellen. Nachstehende Versuchsbedingungen sind zu berücksichtigen:
  - Verdichtungsmethode;
  - Verdichtungsgeräte;
  - Anzahl der Verdichtungsübergänge;
  - Arbeitsgeschwindigkeit der Verdichtungsgeräte;
  - Dicke der eingebauten Lagen vor und nach dem Verdichten;
  - Art der Homogenisierung des mineralischen Materials.

Für das Herstellen eines Deponieplanums und eines Abdichtsystems sind die Einbaugeräte und Einbauverfahren festzulegen. Eine solche Festlegung bedarf der behördlichen Genehmigung.

Einbau von mineralischen Dichtungen

Eine Deponiebasisabdichtung wird nach den Ergebnissen der Eignungsprüfungen und den im Versuchsfeld erarbeiteten Einbaubedingungen hergestellt (■ Abb. 15.12).

Das Bearbeiten beginnt mit dem Vorbereiten, Profilieren und Vorverdichten des Untergrundes sowie dem Herstellen eines geeigneten Arbeitsplanums. Dann erfolgt das Aufbringen des feinkörnigen Materials für die untere Einbaulage der Basisabdichtung. Bei natürlichem Dichtungsmaterial aus Ton, tonigem Schluff oder Lehm wird dieses mit der Fräse zerkleinert und homogenisiert. Die Auftragsstärke wird so bemessen, dass die verdichtete Lage die gewünschte Schichtstärke (meist 30 cm) erhält. Das Material muss den vorgeschriebenen Wassergehalt besitzen und wird gegebenenfalls angefeuchtet oder durch mehrfaches Durchfräsen an trockener Luft abgetrocknet.

Die eigentliche Verdichtungsarbeit wird in Anlehnung an die Regeln der „Zusätzlichen Technischen Vorschriften und Richtlinien für Erdarbeiten im Straßenbau“ (ZTVE) und in Anlehnung an das „Merkblatt für die Verdichtung des Untergrundes und Unterbaus im Straßenbau“ ausgeführt.

Wird ein Gemisch aus Grobkorn, Füllkorn und Tonmehl bzw. Bentonit eingebaut, so werden nach Auftragen der unteren Lage aus Grobkorn das Füllkorn und der Bentonit aufgestreut. Durch mehrmaliges Einfräsen und Bewässern wird eine homogene Mischung mit dem gewünschten Wassergehalt erreicht. Hierzu wird der Wassergehalt der Bodenmischung bestimmt. Durch mehrfaches Überfahren wird die Schüttlage verdichtet. Bei starker Durchfeuchtung der Dichtungsschicht können die Verdichtungsübergänge zu einer Erhöhung des Porenwasserdruckes und damit zur Minderung der Festigkeit und zu erhöhter Wasserwegsamkeit führen. Bei derartigen Verhältnissen ist es erforderlich, zwischen den einzelnen Verdichtungsübergängen Ruhepausen anzuordnen, um einen Abbau des Porenwasserdruckes zu ermöglichen. Die erreichte Verdichtung wird durch Inaugenscheinnahme und durch Probenahme mit Laboruntersuchungen kontrolliert.

Der Auftrag der zweiten Schicht sowie aller weiteren Schichten erfolgt in der Weise, dass die oberen 5 cm der verdichteten unteren Schicht mit der Fräse wieder aufgenommen werden, wodurch eine bessere Verzahnung der einzelnen Schüttlagen angestrebt wird. Im übrigen erfolgt der oben beschriebene Arbeitszyklus.

■ Qualitätskontrolle der Deponiebasisabdichtung

Der Einbau von mineralischen Erdmassen erfolgt unter ständiger Kontrolle. Abweichungen vom Plan und von der im Labortest ermittelten Rezeptur müssen erkannt und vermieden werden. Überprüft werden:

- Standfestigkeit und Filterstabilität des Untergrundes;
- Kornverteilung des anstehenden Materials;
- Kornverteilung des aufgebrachten Materials;
- aufgestreute Menge an Füllkorn und Bentonit;
- Qualität des Bentonits;
- Frästiefe;
- Homogenität der Mischung;
- Wassergehalt der Mischung;
- Wasserzugabe;
- Schichtstärke;
- Verdichtungsgrad;
- Durchlässigkeitsbeiwert;
- Profilierung (Oberflächengefälle).

Für das Durchführen der Kontrolle werden aus der eingebauten Schicht der Deponiebasisabdichtung Bodenproben entnommen. Bei feinkörnigen Böden können ungestörte Zylinderproben entnommen werden. Diese werden im Labor direkt untersucht.

15

Bei Gemischen mit Grobkornanteil erfolgt eine gestörte Probenahme nach der Sandersatzmethode oder einem vergleichbaren Verfahren zum Bestimmen der Einbaudichte. Die entnommene Probe wird im Labor mit gleicher Dichte, wie im Planum angetroffen, in den Proctortopf eingebaut und auf ihre Wasserdurchlässigkeit untersucht. Wird der geforderte Durchlässigkeitswert nicht erreicht, erfolgt Nachverdichten, bis die Probe die Anforderungen erfüllt. Die dabei erreichte Dichte ist ein Maß für das Nachverdichten, welches auf der Deponie noch vorgenommen werden muss. Die Basisabdichtung gilt im Bereich der Prüfstelle als abgenommen, wenn die dort entnommene Bodenprobe die geforderte Dichte und einen genügend kleinen Durchlässigkeitsbeiwert k_f aufweist.

Es ist jedoch darauf zu achten, dass das Herstellen von Prüfkörpern für eine mineralische Basisabdichtung im Labor nicht identisch ist mit der Aufbereitung und Verdichtung der Abdichtmateriale unter Feldbedingungen, sodass zwischen einer „Labordurchlässigkeit" und einer „Felddurchlässigkeit" unterschieden werden muss, wobei in der Regel ein Unterschied im k_f-Wert bis zu etwa einer Zehnerpotenz zugestanden wird (Jessberger 1987).

Für das Prüfen der Wasserdurchlässigkeit vor Ort (Steffen 1985) beschreibt Horn (1986) ein Standrohrgerät mit breiter Sickerfläche und verengtem Standrohr (■ Abb. 15.6).

■ Ausbildung der Basisabdichtung auf Böschungsflächen und Deponiewänden

Aus wirtschaftlichen Erwägungen werden für die Begrenzung von Deponieflächen steile Böschungsneigungen bis senkrechte Wände angestrebt, um über einer gegebenen Grundfläche ein möglichst großes Deponievolumen zu erhalten.

Die auf Böschungen aufgebauten Lagen einer Deponiebasisabdichtung müssen standfest sein. Bei einer angestrebten Böschungsneigung von 1:1,5 oder steiler muss das Deponieauflager aus anstehendem standfestem Gestein bzw. Fels oder aus einer Schüttung aus sehr rauem Material mit Reibungswinkel $\varphi > 40°$ bestehen (z. B. Schotter oder Bruchsteine).

Der für den Untergrund geforderte Durchlässigkeitsbeiwert $k_f < 10^{-7}$ m s^{-1} lässt sich jedoch nur einhalten, wenn die Hohlräume einer solchen Schüttung mit Ton oder Schluff verfüllt werden, wodurch aber der Reibungswinkel verringert wird.

Bei geschüttetem Deponieauflager ist aus Gründen der Standsicherheit eine steilere Böschungsneigung als 1:2 kaum realisierbar.

Ab einem Grenzwinkel können geneigte Grenzschichten (z. B. Kunststoffdichtungsbahn gegen Sand, mineralische Abdichtung oder Asphalt) versagen.

Wenn für das Einrichten einer Deponie das Verfüllen einer Grube im Lockermaterial bzw. Boden vorgesehen ist, so ist die Deponiewand bis zum Grenzbereich der Standfestigkeit abzuböschen (etwa 30°). Die Basisabdichtung ist beim Anwenden von Dichtungsbahnen aus Kunststoff oder Bitumen auf einer solchen Böschung in gleicher Weiser und Ausbildung wie die Deponiesohle herzustellen. Um eine solche Böschungsabdichtung vor Beschädigung und Verwitterung zu schützen, kann es sich als sinnvoll erweisen, sie in Teilstücken zu erstellen.

Bei einer mineralischen Abdichtung werden die seitlichen Dichtungsschichten etappenweise hochgezogen. Filterschichten, Vlieseinlagen und zusätzliche Dichtungsbahnen werden in gleicher Weise wie in der Sohle angeordnet. Die Stärke der mineralischen Basisabdichtung kann in der Grubenwand arbeitsbedingt größer ausfallen (■ Abb. 15.7).

Für das Abdichten von Felswänden in Steinbrüchen führen Wilbertz und Jäger (1987) Beispiele an. Zu unterscheiden ist zwischen Steinbrüchen im Festgestein und Gruben im veränderlich festen Tonstein. Im Festgestein stehen die Wände vielfach steil an. Das Abdichten kann durch die in ■ Abb. 15.8 dargestellten Maßnahmen erzielt werden. Dabei erfolgt das Entwässern über eingebaute Hinterfüllungen aus Kies, Einkornbeton oder ein Dränvlies.

Grubenwände im veränderlich festen Tonstein müssen auf Dauer vom Verwitterungseinfluss ferngehalten werden, was am günstigsten durch den Auftrag von Spritzbeton erfolgt. Das Entwässern von wasserführenden Klüften geschieht entsprechend den Erfahrungen im Tunnelbau durch Anwenden des Oberhasli-Verfahrens.

■ Umfang der Qualitätsprüfungen

In jeder verdichteten Lage ist alle 1000 m^2, mindestens aber an drei verschiedenen Stellen die Dichte ρ nach DIN 18125, Teil 2 zu prüfen. An den entnommenen Proben ist im Labor der Wassergehalt zu bestimmen; außerdem sind die als gleichwertig zum Durchlässigkeitsversuch nach Darcy anerkannten Schnellversuche durchzuführen.

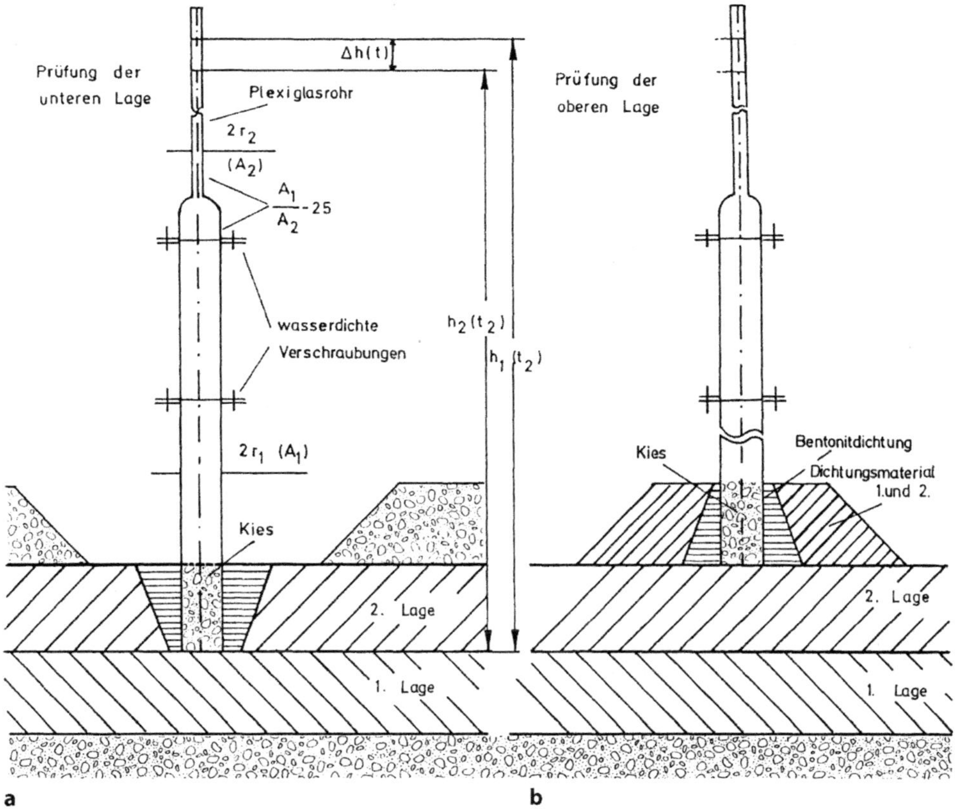

Abb. 15.6 a,b Standrohrgerät zum Prüfen der Wasserdurchlässigkeit vor Ort mit Versuchsanordnung bei einer zweilagigen Sohlabdichtung. (Horn 1986)

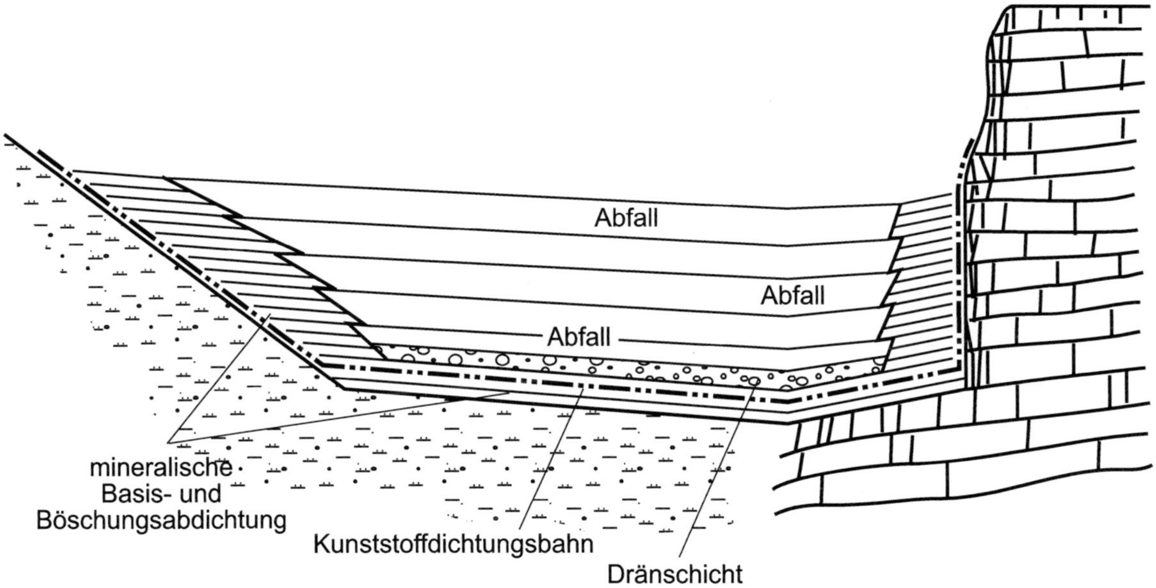

Abb. 15.7 Beispiel für den Einbau der mineralischen Deponiebasisabdichtung in der Sohle von Gruben oder Steinbrüchen und deren seitliches Hochziehen. Arbeitsbedingt fällt die Stärke der mineralischen Abdichtung in den Wänden dicker aus als gefordert. Die Kunststoffdichtungsbahn bedarf einer geeigneten Unterlage und Abdeckung aus Sand oder Vlies

Bei horizontal eingebauten Lagen in der Böschung ist deren Dichte aller 30 m eingebauter Dichtungslage zu bestimmen.

Die Oberfläche jeder eingebauten Dichtungslage ist unmittelbar vor dem Aufbringen der nachfolgenden Lage visuell zu prüfen.

Die Dicke und Ebenheit jeder Dichtungsschicht ist durch höhenmäßiges Vermessen (Nivellement) im Raster von 20 m zu prüfen.

In der Böschung ist die Dicke und Ebenheit jeweils pro 50 m^3 eingebautes mineralisches Material zu prüfen.

Die Kunststoffdichtungsbahnen sind bezüglich Anlieferung, Lagerung, Verlegungs- und Fügearbeiten zu kontrollieren und zu überprüfen. Dies betrifft die Lieferprotokolle, die Qualität, mögliche mechanische Beschädigungen, die Bahndicke, Planlage, Kantengeradheit und äußere Beschaffenheit sowie das Einhalten der bei der Eignungsprüfung festgelegten Bedingungen.

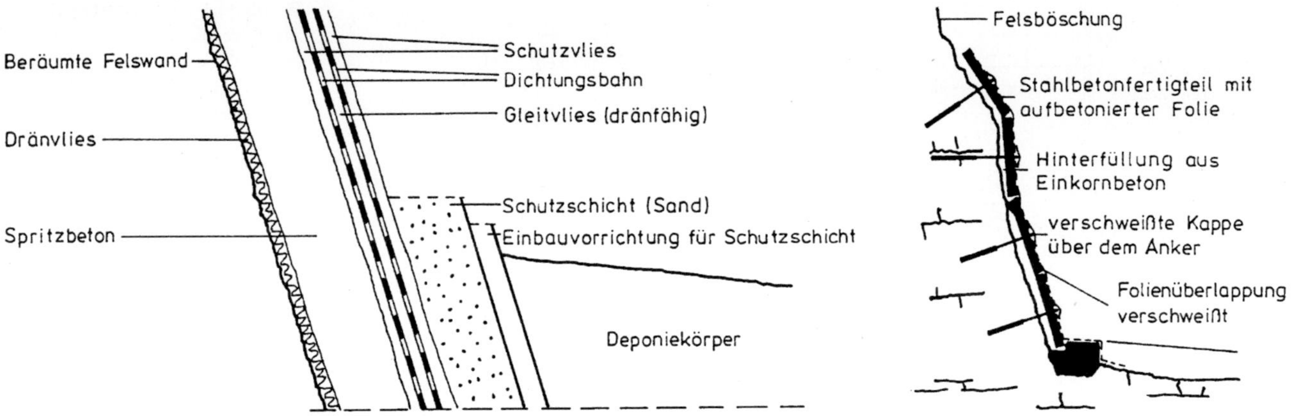

Abb. 15.8 Maßnahmen zum Abdichten von Felswänden. **a** Doppelte Felswandabdichtung mit zwischenliegendem Gleitvlies, **b** Deponieabdichtung nach dem System „Bilfinger und Berger" mit Stahlbetonfertigteilen und Hinterfüllung aus Einkornbeton. (Umgezeichnet nach Wilbertz und Jäger 1987)

▪ Nachträglicher Einbau unterirdischer Basisabdichtsysteme

Den von Altablagerungen ausgehenden Verunreinigungen des Grund- und Oberflächenwassers kann durch den nachträglichen Einbau von Dichtungssystemen begegnet werden. Für vertikale Abdichtungen eignen sich Bauverfahren, bei denen zwischen der Oberfläche und einer tiefer liegenden undurchlässigen Schicht eine Dichtwand eingezogen wird (Abb. 15.9). Die tiefer liegende undurchlässige Schicht kann eine anstehende Gesteinsschicht oder eine künstlich eingebaute Dichtsohle sein (Abb. 15.10). Für das Einkapseln von Altstandorten haben sich Schmal- und Schlitzwände bewährt (▶ Abschn. 7.5.2). Im folgenden werden mögliche Lösungswege genannt.

▪ Einkapseln über einer undurchlässigen Schicht

Die die Deponie umfassenden vertikalen Dichtwände können als Schlitz- oder Schmalwände eingebaut werden. Als Dichtwandmasse können u. a. Bentonit-Zement-Suspensionen eingesetzt werden. Bei der Auswahl der geeigneten Suspensionsart sind mögliche Reaktionen mit dem Grundwasser zu beachten. So kann z. B. natriumaktivierter Bentonit in hartem Grundwasser Calcium einlagern. Dadurch kann seine abdichtende Wirkung gemindert werden.

In Eignungsprüfungen sind zu kontrollieren:

- Zusammensetzung und Eigenschaften der Ausgangsstoffe;
- Eigenschaften der frischen Dichtwandmasse;
- Verarbeitbarkeit und Erstarrungsverhalten der Dichtwandmasse;
- Festigkeit und Spannungs-Verformungsverhalten der verfestigten Dichtwandmasse;
- Durchlässigkeit der verfestigten Dichtwandmasse;
- Dichte und Wassergehalt der verfestigten Dichtwandmasse;
- Reaktionen der eingebauten Tonanteile mit Deponiewasser und Grundwasser.

Die in Eignungsversuchen festgelegte Zusammensetzung wird pro m^3 frische Dichtwandmasse angegeben.

▪ Einbau undurchlässiger Sohlschichten

Wird der Untergrund von durchlässigen Schichten in größerer Mächtigkeit aufgebaut, kann eine künstliche undurchlässige Sohlschicht eingezogen werden.

Der Einbau kann durch Injektionsverfahren, durch Düsenstrahlverfahren (▶ Abschn. 6.4.1, Abb. 6.18 und 6.19) oder in bergmännischer Arbeitsweise erfolgen.

Beim Injektionsverfahren können Injektionsbohrungen im engen Rasterabstand (z. B. 2 m) abgeteuft und in gleicher Tiefenlage verpresst werden.

Beim Düsenstrahlverfahren (▶ Abschn. 8.2.6) können die Teilchen einer aufgeschnittenen Bodenschicht mit Zement und Ton vermischt und vermörtelt werden.

Dichtsohlen können aus sich überschneidenden Scheiben bestehen, welche von im Raster angesetzten Bohrlöchern aus vermörtelt werden (Abb. 8.7).

Bei bergmännischer Arbeitsweise kann von begehbaren Stollen aus unter dem Deponiekörper eine wasserundurchlässige Schicht hergestellt werden. Folgende Möglichkeiten bieten sich an:

- Einpressen von Injektionsschirmen (Abb. 15.11a);
- Vortrieb sich überschneidender Stollen, welche mit dichtem Material (Ton) verfüllt werden (Abb. 15.11b);
- Einbau dicht an dicht vorgepresster Stollen (z. B. Tübbingbauweise), welche mit dichtem Material (Ton) verfüllt und verpresst werden (Abb. 15.11c);
- Einbau einer Dichtschicht im HDI-Verfahren mit einem zwischen zwei Stollen am Seil geführten Düsenkörper. Der Boden wird vom Hochdruckwasserstrahl zerschnitten, mit Zement und Ton vermischt und vermörtelt (Abb. 6.19 und 15.11d).

15.3.4 Entwässerungssystem

Über der Deponiebasisabdichtung ist ein Entwässerungssystem in Stärke von 0,3 oder 0,5 m flächenhaft einzubauen. Das Dränmaterial (Sand) soll langfristig den Durchlässigkeitsbeiwert $k_f = 10^{-3}$ m s^{-1} nicht unterschreiten. Es sind kontrollierbare und spülbare Dränrohre (Sammler) einzubauen. Eine Sickerwasser-

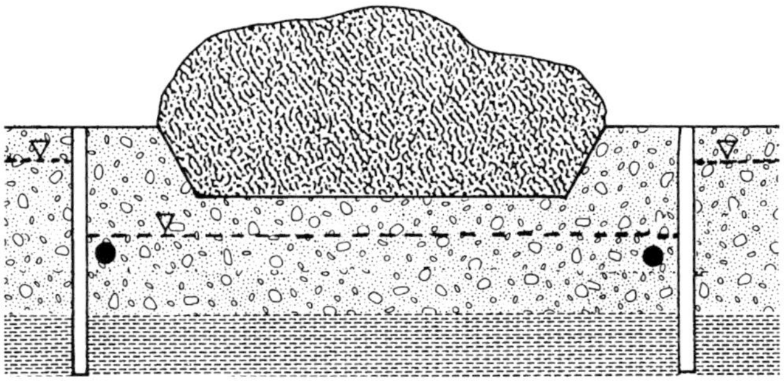

Abb. 15.9 Schnitt durch eine eingekapselte Deponie. Die Dichtwände binden in eine tieferliegende undurchlässige Schicht ein. Im eingekapselten Raum wird der Grundwasserspiegel über Bohrungen oder Brunnen und Dränagen abgesenkt

erfassung und -ableitung (z. B. über Entwässerungsschächte) ist vorzusehen.

Damit soll die Stauhöhe über der Deponiesohle auf wenige Zentimeter verringert werden. Damit verbunden ist die Verringerung des hydraulischen Gradienten i und die Verringerung der möglichen Durchflussmenge Q aus dem Produkt $Q = k_f i$. Durch Geringhalten des hydraulischen Gradienten i wird bei einem geeigneten mineralischen Abdichtmaterial der hydraulische Durchfluss der Deponiesohle verhindert.

- **Schutz- und Sickerschichten, Dränagen/Dränschicht (Abb. 15.12)**

Die über der Deponiebasisabdichtung verlegte Sickerschicht dient der Entwässerung. Die Oberfläche der Basisabdichtung ist entsprechend geneigt. Für die Sickerschicht wird Kies oder Schotter der Körnung 16/32 verwendet. Diese Sickerschicht muss beständig gegen den Lösungsangriff des Sickerwassers sein (kein Kalkstein!) und eine dauerhafte Durchlässigkeit in der Größenordnung von 10^{-3} m s^{-1} besitzen. Durch chemisch-physikalische und mikrobielle Vorgänge besteht die Gefahr der Porenverstopfung und Inkrustation. Für die Wahl der Körnung ist die Inkrustationsgefahr und nicht die Filterstabilität maßgebend. Für die Entwässerungsrohrleitungen sind die Nachweise für Standsicherheit einschließlich Bettung, Überschüttung, temperaturabhängige Verformung und Beständigkeit gegen den Lösungsangriff der Sickerwässer zu erbringen (kleine Betonrohre!). Die Entwässerungsschicht sowie zusätzlich aufgetragene Übergangsschichten wirken als Schutz für Dichtung und Dränleitung gegen mechanische Einwirkungen und als Schutz der künstlichen Basisabdichtungen vor Bränden (Brandl 1989b).

Zum Verbessern der Flächendränung werden zusätzliche fischgrätenartig angeordnete Sickerrohre in der Sickerschicht verlegt. Als Rohrmaterial eignen sich geschlitzte biegeweiche PVC-Rohre sowie geschlitzte biegesteife Steinzeugrohre. Das Mindestgefälle soll für die Sammelleitungen 0,1 % und für die Saugleitung 0,2 % betragen. Für die Sammelleitungen ist der Nachweis der Wartungsfähigkeit und Kontrollierbarkeit zu erbringen, wobei Rohrdurchmesser von mindestens 300 mm eingehalten werden müssen. Hierzu eignen sich Kontrollschächte im Abstand von 100 m.

15.3.5 Prognostizierbares Verhalten der deponierten Abfälle

Ein Deponiekörper mit prognostizierbarem Verhalten soll durch Eingangskontrollen und kontrollierten Einbau erreicht werden. Unerwünschte Reaktionen wie das Mobilisieren von Schadstoffen aus „deponiefremden", in der Deponie nicht zugelassenen Abfällen sollen verhindert werden. Beim Überführen von eingelagerten Chemikalien in einen schwerer löslichen Zustand, z. B. durch Aufbringen von oder durch Behandeln mit Kalk können Schlämme konditioniert und verfestigt werden. Auch, wird ein Teil der in die Deponie eindringenden Säuren (saurer Regen) kompensiert und damit auf lange Zeit das Auslösen anderer Substanzen verhindert oder verringert. Durch Behandeln mit Kalk, Zement, Wasserglas u. a. kann die Standsicherheit einer Deponie erhöht werden.

Man unterscheidet folgende Hauptdeponietypen:

- *Inertdeponien*
  für Abfälle mit weitgehend immobilisierten Schadstoffen, die nur beschränkt ausgelaugt werden können. Keine Reaktionen im Deponiekörper.

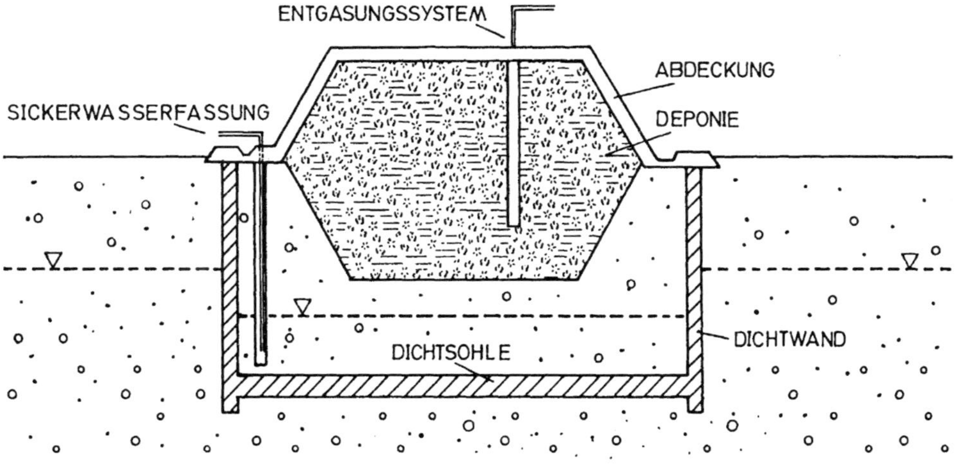

Abb. 15.10 Schnitt durch eine eingekapselte Deponie mit künstlicher Dichtsohle (Gläser 1985). Im eingekapselten Raum wird der Grundwasserspiegel über Bohrungen oder Brunnen und Dränagen abgesenkt

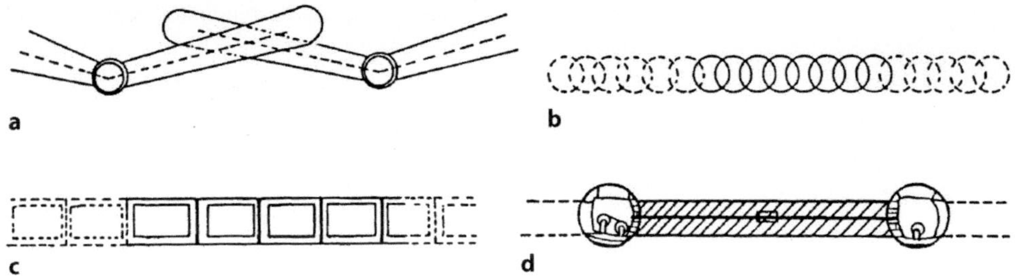

■ **Abb. 15.11** Bergmännische Lösungen für den nachträglichen Einbau einer Deponiebasisabdichtung. **a** Injektionsschirm zwischen begehbaren Stollen, **b** überschnittene Stollen, **c** dicht an dicht vorgepresste Stollen, **d** zwischen zwei Stollen im gefrästen Schlitz hergestellte Dichtungsschicht

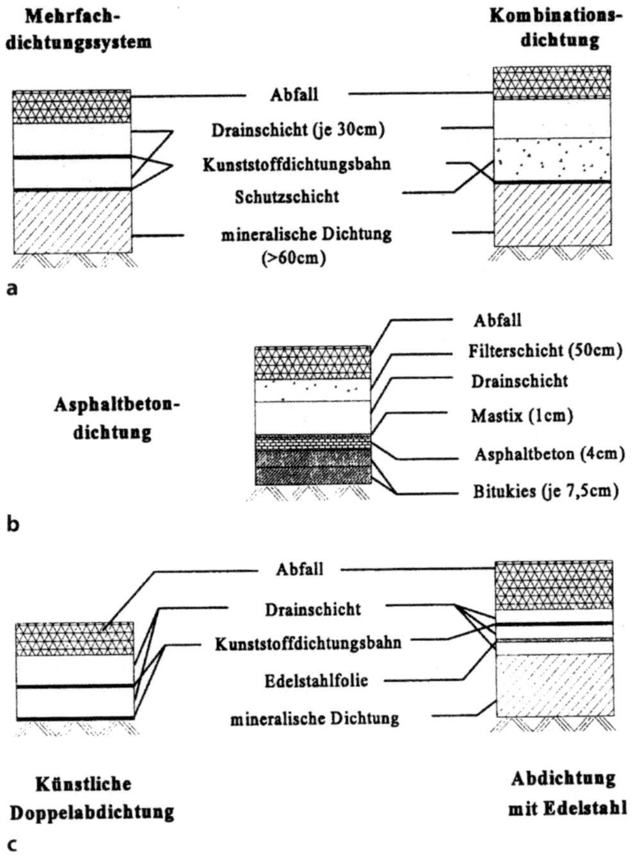

■ **Abb. 15.12** Deponiebasisabdichtungssysteme bei Altdeponien nach TA Siedlungsabfall und TA Abfall. **a** Abdichtsystem für Deponieklasse I, **b** Abdichtsystem für Deponieklasse II, **c** Abdichtsystem für besonders überwachungsbedürftige Abfälle nach TA Abfall (Deponieklasse III)

- Deponie nach DepV mit nur geringen oder keinen Anteilen an abbaubaren organischen Stoffen (Glühverlust $V_{gl} \leq 5$ %) und nur geringen chemischen Reaktionen im Deponiekörper.
- *Reaktordeponien (Altdeponien)*
  für Abfälle mit abbaubaren organischen Stoffen. Deren Abbau ist innerhalb einer wahrscheinlichen Zeit gewährleistet, und die dabei freiwerdenden flüssigen und gasförmigen Emissionen werden an die Sohlentwässerung oder an die Entgasungsvorrichtungen abgegeben. Die eintretenden Setzungen und Verformungen im Deponiekörper sind vorhersehbar. Nach Abschluss der Deponie und Ablauf einer Nachsorgezeit von etwa 30 Jahren sollte der Deponiekörper einen inerten Charakter angenommen haben.
- *Behälterdeponien (Altdeponien)*
  für Abfälle mit völlig unbestimmtem Deponieverhalten für unbestimmt lange Zeiten. Als Behälter kommen Fässer, Stahl- und Betonbehälter und siloartige Bauwerke zur Anwendung. Für Klärschlamm eignen sich Kassettendeponien, welche aus mit Ton oder Folie abgedichteten Becken bestehen und als Monodeponie verfüllt werden.

15.3.6 Deponieoberflächenabdichtungssystem

Nach Verfüllen eines Deponieabschnittes ist ein Deponieoberflächenabdichtungssystem aufzubringen. Dies ist so auszuführen, dass Undichtigkeiten lokalisiert und repariert werden können.

Ein vollständiges Oberflächenabdichtsystem besteht aus folgenden Systemkomponenten (■ Abb. 15.13):

- Rekultivierungsschicht mit $d \geq 1{,}0$ m und nutzbarer Feldkapazität ≥ 140 mm, als Wasserhaushaltsschicht *mit* nutzbarer Feldkapazität ≥ 220 mm und hierauf abzustimmender Gesamtdicke,
- Entwässerungsschicht mit $d \geq 0{,}3$ m, k_f 1×10^{-3} m s^{-1} und Gefälle $i \geq 5$ %,
- Kunststoffdichtungsbahn mit $d \geq 2{,}5$ mm als Konvektionssperre (alternativ),
- Dichtungskontrollsystem,
- zweite mineralische Abdichtkomponente mit $d \geq 50$ cm *und* $k_f \geq 5 \times 10^{-10}$ m s^{-1},
- erste mineralische Abdichtkomponente mit $d \geq 50$ cm *und* $k_f \geq 5 \times 10^{-10}$ m s^{-1},
- Gasdränschicht (als mineralische Dränschicht $d \geq 50$ cm, max. Gesamtcarbonatanteil 10 %),
- Ausgleichsschicht,
- Abfall.

DepV schreibt bei den Deponieklassen 0 bis III folgende Systemkomponenten vor.

Bei DK 0 ist nur eine Rekultivierungsschicht erforderlich.

Bei DK I sind Rekultivierungsschicht, Entwässerungsschicht, 1. Abdichtungskomponente und gegebenenfalls eine Gasdränschicht erforderlich.

Bei DK II sind Rekultivierungsschicht, Entwässerungsschicht, 1. und 2. Abdichtungskomponente und gegebenenfalls eine Gasdränschicht erforderlich.

Bei DK III sind Rekultivierungsschicht, Entwässerungsschicht, Dichtungskontrollsystem, 1. und 2. Abdichtungskomponente und gegebenenfalls eine Gasdränschicht erforderlich.

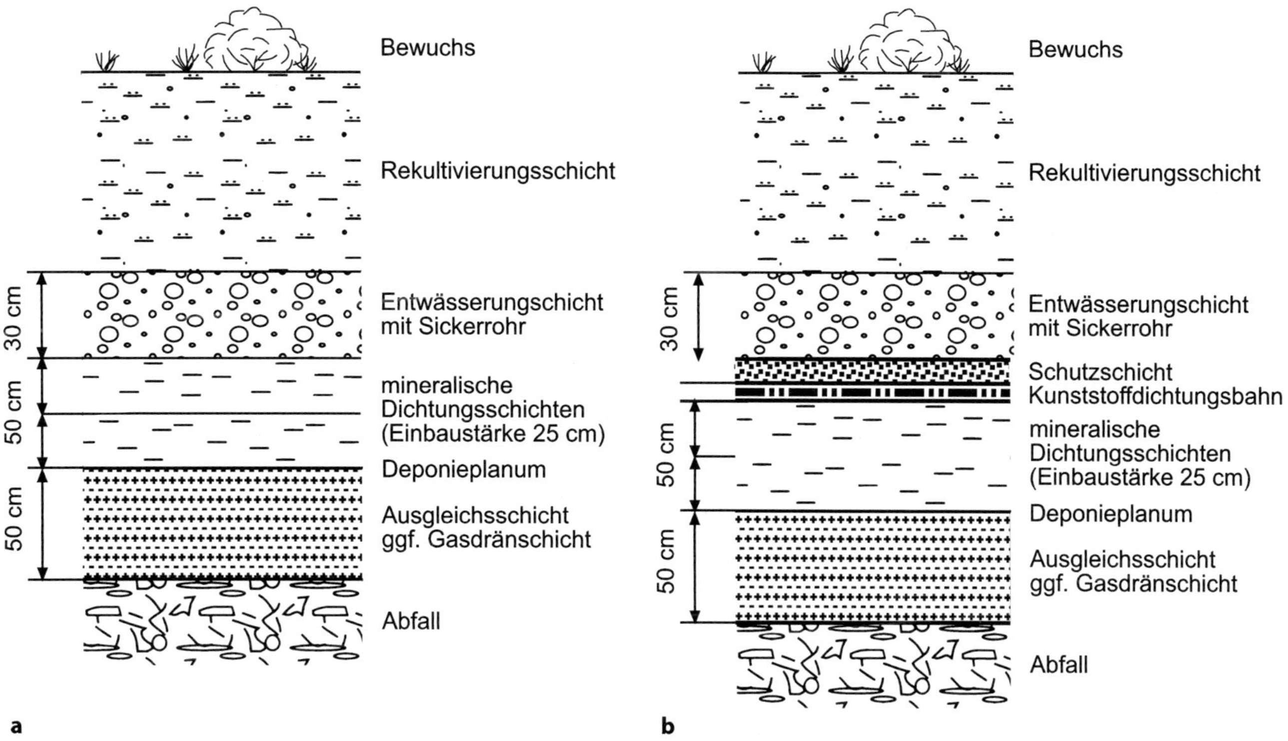

Abb. 15.13 Deponieoberflächenabdichtungssysteme nach TA Siedlungsabfall. **a** Mineralische Ausbildung für Deponieklasse I, **b** Kombinationsdichtung für Deponieklasse II und für Deponien nach TA Abfall (besonders überwachungsbedürftige Abfälle bzw. Sondermüll)

Eine Oberflächenabdichtung soll den Deponiekörper so einkapseln, dass er vor Niederschlägen geschützt ist und eine Gas- und Luftzirkulation im wesentlichen unterbunden wird. Das als Reaktionsmedium für die deponieinternen Auslaugungs- und Zersetzungsprozesse wirkende Wasser soll zurückgehalten werden. Damit soll die doppelte Wirkung erzielt werden, dass zum einen die Gasbildung durch das Austrocknen der Deponie unterbunden wird und dass zum anderen Sickerwasseranfall und die Gefahr von Sickerwasserleckagen vermieden werden. Die an eine Oberflächenabdichtung gestellten Anforderungen sind (Franzius 1985):

- Wasserdichtigkeit zum Verhindern der Versickerung;
- Gasdichtigkeit zum Verhindern von Gasemissionen;
- schadloses Ableiten der Oberflächenwässer;
- Unempfindlichkeit gegen Setzungen;
- Standsicherheit, Vermeiden von Rutschungen;
- Sicherheit gegen Austrocknen (Trockenrisse bei Ton);
- Erosionssicherheit;
- Frostsicherheit;
- Beständigkeit gegen die chemische Beanspruchung durch Deponiegas und kapillar aufsteigende Schadstoffe (Andersen und Madsen 1985);
- Beständigkeit gegen Nagetiere und andere grabende Tiere;
- Beständigkeit gegen Mikroorganismen;
- Begehbarkeit und Befahrbarkeit;
- Rekultivierbarkeit mit entsprechendem Wurzelraum;
- keine Beeinträchtigung der Dichtigkeit durch Nutzung der Deponieoberfläche;
- Kontrollmöglichkeit für die Dichtigkeit und Reparierbarkeit.

Damit werden an die Oberflächenabdichtung gleich hohe Anforderungen gestellt wie an die Basisabdichtung. Die angestrebte Reparierbarkeit der Abdichtungen ist bei der Oberflächenabdichtung besser und auch mehrfach ausführbar.

15.3.7 Kontrolliertes Entgasen

Soweit signifikante Gaskonzentrationen auftreten, sind geeignete Gasdränagen und Einrichtungen zum Fassen, Ableiten und Behandeln des anfallenden Deponiegases zu installieren.

Organische Abfälle werden unter Luftabschluss anaerob abgebaut. Dies ist mit reger Gasproduktion verbunden. Folgen dieser Gasproduktion können sein:

- Gefahren für Menschen, Tiere und Bauwerke durch Explosionsgefahr, Wirkung als Stickgas oder physiologisch wirksames Gas;
- Vegetationsschäden und Schädigung der Bodenlebewesen durch Verdrängen der Bodenluft;
- Geruchsemissionen.

■ Entstehen der Deponiegase

Das Entstehen der Deponiegase lässt sich modellhaft in folgende Stufen unterteilen (Abb. 15.14):

- *Stufe 1: Oxidation*
  Aufbrauch des Restsauerstoffs.
- *Stufe 2: saure Gärung*
  Abbau komplexer organischer Müllinhaltsstoffe durch fakultativ anaerobe Bakterien (Säurebildner) zu Fettsäuren u. a., Alkohol, Kohlendioxid und Wasserstoff.

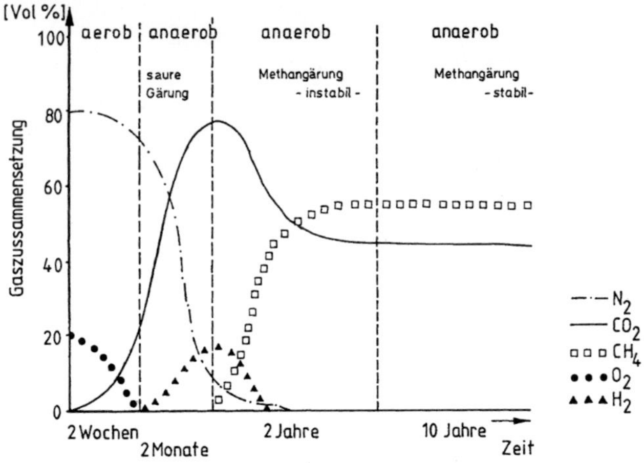

■ **Abb. 15.14** Schematische Darstellung der Deponiegasentwicklung nach LAGA-Informationsschrift „Deponiegas" (1983)

- *Stufe 3: instabile Methangärung*
  Mithilfe von Bakterien werden die gebildeten Zwischenprodukte in Methan und Kohlendioxid umgesetzt. Der Methangehalt steigt an.
- *Stufe 4: stabile Methangärung*
  Die Deponie gibt Methan und Kohlendioxid in einem etwa konstanten Mengenverhältnis ab.

In allen vier Stufen werden neben den Hauptgaskomponenten Begleitgase in unterschiedlicher Konzentration gemessen. Der biologische Abbau wird von den Faktoren Temperatur, Wassergehalt, Alkalinität, Redoxpotential, Nährstoffverhältnis, Fettsäuregehalt, Salzgehalt, Gehalt an Schwermetallen und anderen Giftstoffen beeinflusst.

Beim aeroben Abbau wird Wärmeenergie frei. Der Deponiekörper erwärmt sich auf relativ hohe, von der Außentemperatur unabhängige Temperaturen (35–60 °C und höher). Die konstante Gasbildung durch stabile Methangärung beginnt etwa 6 Monate nach der Deponierung. Die Gasproduktion soll nach Schätzungen 30 bis 35 Jahre andauern. Es sind jedoch einzelne bis über 100 Jahre alte Deponien bekannt, in denen noch beträchtliche Methankonzentrationen gemessen werden. Über den Gasabbau werden die verrottungsfähigen organischen Substanzen in inerte mineralisierte Stoffe umgewandelt. Da die Gasbildung bei Zutritt von Wasser belebt und beim Austrocknen der Deponie verringert wird, besteht die Möglichkeit, diese Prozesse zu steuern.

Gasmigration

Mit der Gasentstehung baut sich in der Deponie ein Gasdruck in der Größenordnung 0,1–0,3 bar auf. Unter diesem Eigendruck wandert (migriert) das Gas in Orte mit niedrigerem Gasdruck. Bevorzugte Gaswege sind offene Spalten und grobporige Abfall- oder Gesteinslagen. ■ Abb. 15.15 zeigt mögliche Wege der Gasmigration.

Technisches Entgasen

Wenn bei Deponien konzentrierte Gasaustritte auftreten oder signifikante Gaskonzentrationen gemessen werden, sind geeignete Einrichtungen zum Fassen, Ableiten und Behandeln des Deponiegases einzusetzen (Rettenberger 1985).

Das technische Entgasen soll unkontrollierte Gasaustritte durch die Oberflächenabdichtung und Gasmigration in den angrenzenden Untergrund verhindern. Die Gasentnahme erfolgt über Entnahmeleitungen, wobei das Zuführen zur Entnahmeleitung durch gute Gaswegsamkeit (Schotter, grober oder lockerer Müll) gewährleistet sein muss. Die Wirksamkeit der Einrichtungen zur Gasentnahme darf durch Setzungen im Müllkörper und durch einfließendes Sickerwasser nicht beeinträchtigt werden. Die Entgasungsmaßnahme muss den ganzen Deponiekörper umfassen. Die Gasentnahme erfolgt teils durch Druckströmung, teils durch Absaugen. Beim Absaugen besteht die Gefahr, dass durch die Oberflächenabdeckung Frischluft angesaugt wird, wodurch Tondichtungen austrocknen, schrumpfen und unwirksam werden. Entgasungssysteme werden horizontal als Flächenfilter mit Gasdrän oder vertikal als Entgasungsschacht, Schottersäule oder Gasbrunnen angelegt (■ Abb. 15.16). Das aufgefangene Deponiegas wird abgefackelt oder einer Nutzung zugeführt. Zum Schutz benachbarter Baulichkeiten werden Entgasungsgräben gezogen, die die horizontale Gasmigration unterbinden.

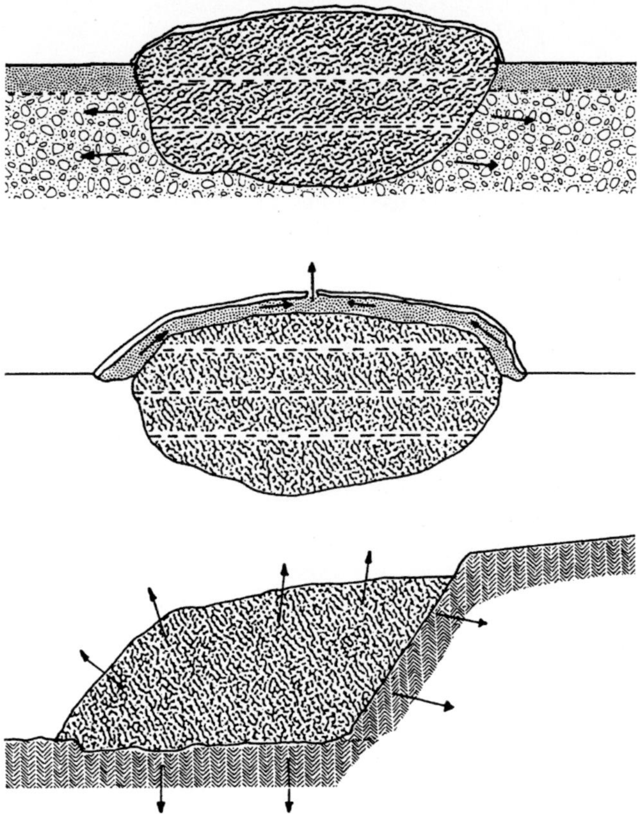

■ **Abb. 15.15** Mögliche Wege der Gasmigration bei Deponien mit und ohne Oberflächenabdichtung

15.3.8 Kontrollierte Wasser- und Sickerwassererfassung

Die im Deponiebereich anfallenden Wässer sind getrennt zu erfassen und getrennt einer Behandlung zuzuführen. Es werden folgende Wässer unterschieden:

- Sickerwasser aus dem Deponiebasisabdichtungssystem;
- Oberflächenwässer von Deponieabschnitten, auf denen keine Abfälle gelagert sind;
- Oberflächenwässer von verunreinigten befestigten Flächen;
- Abwasser von Probeentnahmestellen, Labors und Übergabeorten;
- Oberflächenwasser von überdachten oder zwischengelagerten Flächen;
- Oberflächenwasser von Deponieflächen mit Deponieoberflächenabdichtungssystem;
- Fremdwasserzuflüsse (Quellwasser, Schichtwasser);
- Abwasser aus dem Sanitärbereich.

Abwasserkontrollen zum Bestimmen der Inhaltsstoffe im Sickerwasser aus dem Deponiebasisabdichtungssystem eignen sich zum Überwachen der Abbauvorgänge im Deponiekörper.

15.4 Oberirdische Deponien für Inertstoffe

Für nicht belastete Massen aus Erdaushub und Bauschutt sowie nicht brauchbare Massen aus Steinbrüchen und Bergbau besteht ein gesetzliches Verwertungsgebot, gegebenenfalls mit Aufbereitung und Zwischenlagerung.

Sollen solche nicht belasteten Massen deponiert werden, so können sie im Rahmen eines internen Massenausgleichs auf Halden und Kippen abgelagert werden. Für die einzulagernden Massen müssen die Herkunft und die bisherige Verwendungsart des Bodens bekannt sein. Grundsätzlich ist auszuschließen, dass aus der Ablagerung eine Beeinträchtigung des öffentlichen Wohls zu befürchten ist. Angelieferte Massen sind nach Augenschein und gegebenenfalls durch Riechproben zu testen.

Leicht oder wenig belastete Aushubmassen, Bauschutt und Deponiegut aus Sanierungsanlagen für kontaminierte Böden können, sofern im Eluat die Zuordnungswerte der ◘ Tab. 15.2 eingehalten werden, auf Deponien der Klasse I abgelagert werden.

15.4.1 Halden und Kippen

In Bergbau- und Steinbruchbetrieben fallen neben dem jeweiligen Abbauprodukt in großen Mengen unbrauchbare Gesteinsmassen (Berge) an. Dabei bewirkt sowohl das Nutzen neuer Lösetechniken wie auch die Konzentration auf wenige Abbaustandorte eine Zunahme der unbrauchbaren Massen. Auch der Straßen- und Tunnelbau liefert Gesteinsmassen, die gelegentlich in Seitenablagerungen aufgehaldet werden müssen. Besonders groß sind die umzulagernden Massen beim Braunkohlenbergbau.

Abgelagert werden solche Massen auf Halden und Kippen (◘ Abb. 15.17). Von Halden spricht man, wenn das Material über dem natürlichen Geländeverlauf zu einem künstlichen Berg aufgeschüttet wird. Von Kippen spricht man, wenn die unbrauchbaren Massen in künstliche oder natürliche Hohlformen geschüttet werden. Das Schütten erfolgt, je nach Betrieb, mit Förderbändern, LKWs oder Schienenfahrzeugen. Bei kleinerer Betriebsgröße besteht auch die Möglichkeit zum direkten Versturz, indem die zum Lösen eingesetzten Raupen oder Bagger durch Fahren und Schwenken die zu lösenden Massen direkt vom Abbaustoß auf die Kippe verbringen. In der Regel erfolgt jedoch das Verkippen oder Aufhalden der Massen getrennt von der Gewinnung. Im einfachen Fall wird das Material in der Nähe der Böschungskante abgekippt und mit einer Planierraupe über die Böschungskante geschoben. Beim Einsatz von Förderbrücken und Förderbändern steht die Kippvorrichtung mit ihren kippenseitigen Stützen auf frisch geschüttetem Material der Vorkippe des Kippensystems. Dieser Umstand verlangt nach eingehendem bodenmechanischem Überprüfen der Standsicherheit.

Das Abkippen und Aufhalden von Gesteinsmassen beinhaltet eine Vielzahl von umweltrelevanten sowie arbeitstechnischen und sicherheitstechnischen Sachfragen. Vom Geologen sind Aussagen über eine mögliche Beeinträchtigung des Untergrundes und des Grundwassers im näheren und weiteren Nachbarschaftsbereich zu treffen. Geologienahe sind weiterhin Fragen des Staubanfalls, des Verwitterungsfortschrittes und des Wiederbegrünens.

Grundlage aller Diskussionen ist die geologische Aufnahme des Abbaugebietes mit qualitativem und quantitativem Untersuchen aller im Abraum anfallenden Gesteine. Soweit Mischungen aus verschiedenen Gesteinsschichten zur Ablagerung kommen, ist eine Aussage zu treffen, ob und wie sich das Mischungsverhältnis in der Zukunft ändert. Für die hydrogeologische Fragestellung ist von Interesse, inwieweit lösliche Stoffe (Salz, Gips, sulfidische Erze) aus einer vom natürlichen Wasserkreislauf abgeschirmten Lage an die Oberfläche oder in vom Grund- oder Sickerwasser durchströmte Bereiche verfrachtet werden können.

Sowohl die arbeitstechnischen als auch die sicherheitstechnischen Fragen verlangen nach einer genauen Analyse der aufzuhaldenden oder abzukippenden Gesteinsmischungen. Diese zeigen ein anderes bodenphysikalisches Verhalten als die in getrennten Schichten anstehenden Bodenmassen. Sowohl Mischungen von Gesteinen wie auch umzulagernde einheitliche Erdmassen erleiden beim Lösen, beim Transport und beim Abkippen Veränderungen in ihren bodenmechanischen Eigenschaften, die für die Standsicherheit der Halden- und Kippenböschung von ausschlaggebender Bedeutung sind (Schubert 1972, Stoll 2009). Folgende Faktoren sind von Bedeutung:

- Art, Korngrößenverteilung oder Stückgrößenverteilung der transportierten Boden- und Gesteinsmassen;
- natürlicher Wassergehalt und Plastizitätseigenschaften der anstehenden Gesteinsschichten und Veränderungen im Wassergehalt während des Transportes (Verringerung bei Trockenwetter, Vergrößerung bei Regenwetter, Gefahr des Eintritts von thixotropen Zuständen beim Bandtransport);
- Entmischungsvorgänge beim Verstürzen (große Gesteinsblöcke oder Erdklumpen stürzen über die Kippe oder Halde bis zum Böschungsfuß, feinkörnigere Mischungen verbleiben in höherer Lage in der Böschung); Abhängigkeit der Entmischung vom zufälligen Wassergehalt;

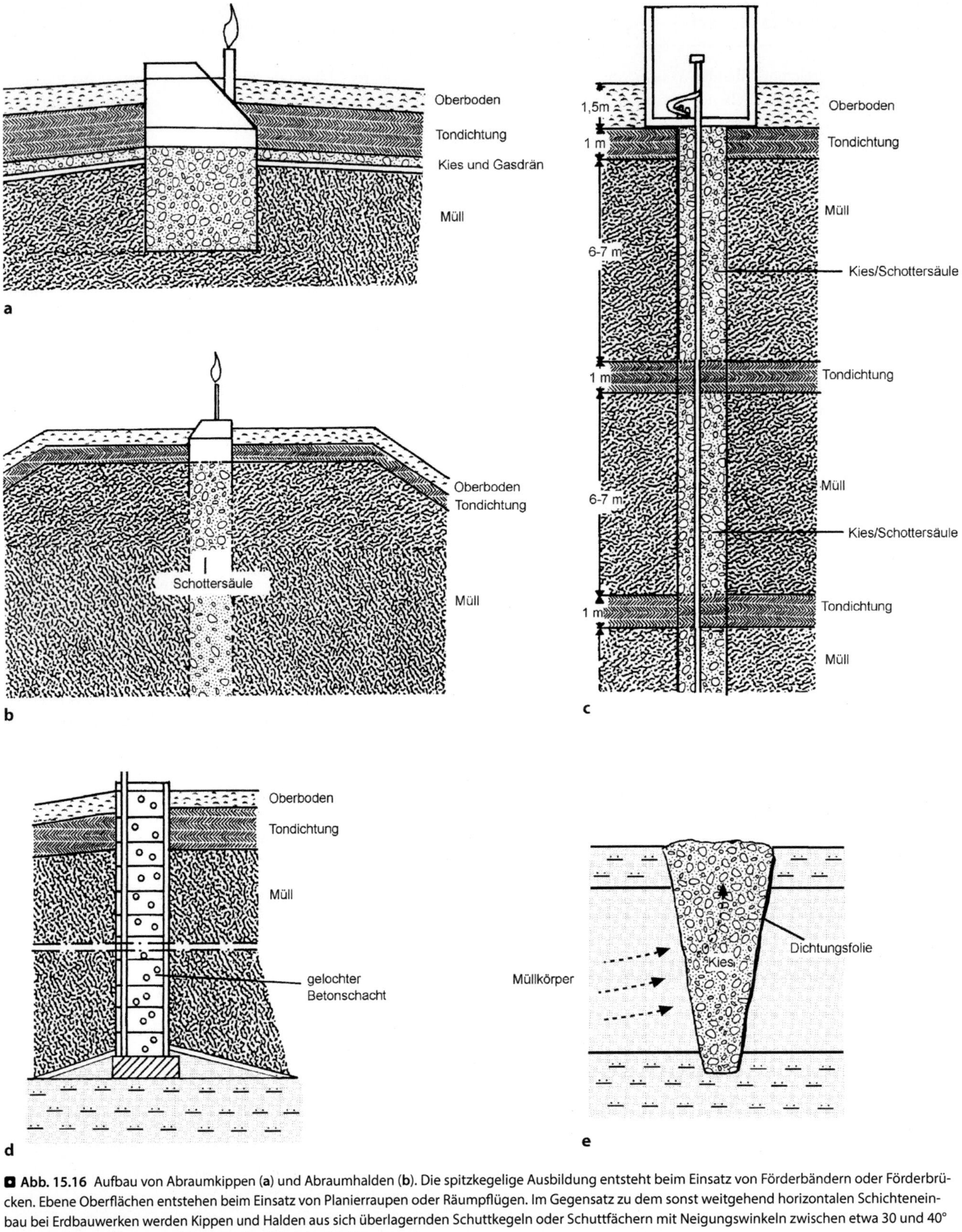

Abb. 15.16 Aufbau von Abraumkippen (**a**) und Abraumhalden (**b**). Die spitzkegelige Ausbildung entsteht beim Einsatz von Förderbändern oder Förderbrücken. Ebene Oberflächen entstehen beim Einsatz von Planierraupen oder Räumpflügen. Im Gegensatz zu dem sonst weitgehend horizontalen Schichteneinbau bei Erdbauwerken werden Kippen und Halden aus sich überlagernden Schuttkegeln oder Schuttfächern mit Neigungswinkeln zwischen etwa 30 und 40° aufgebaut. Die Zahlen *1–4* geben die Reihenfolge der Schüttungen an

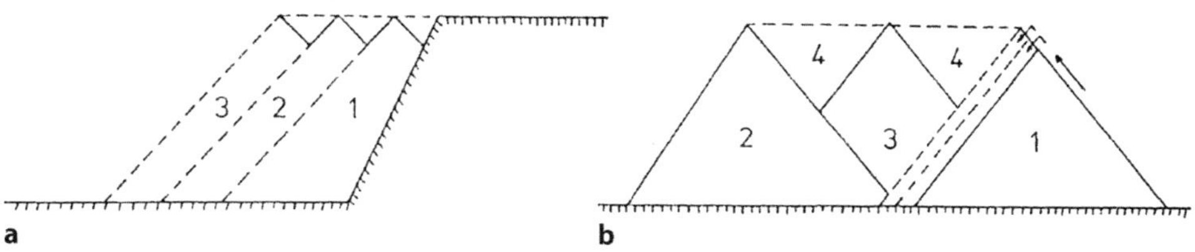

Abb. 15.17 a,b Gestufter Ausbau von Dämmen bei Klärteichen mit Filterlage, **c** Sedimentationsanlage mit Spüldamm in der Grube „Weiß" bei Bensberg, **d** Damm aus einzelnen maschinell eingebauten Erhöhungsstufen, **e** Dammbau und Dammerhöhung aus maschinell abgetrenntem Grobkorn, **f,g** Grundriss und Längsschnitt von schwalbennestartig dem Hang angehefteten Klärbecken. (Umgezeichnet nach Brauns und Blinde 1985)

- Bodenart, Korngrößenverteilung, Dichte, Wassergehalt, plastische Eigenschaften und Anfangsscherfestigkeit des frisch geschütteten und beim Verstürzen entmischten Materials mit noch lockerer Lagerung;
- Veränderung von Lagerungsdichte, Wassergehalt, plastischen Eigenschaften und Scherfestigkeit im eingebauten Material in Abhängigkeit von Schüttgeschwindigkeit und Überlagerungshöhe;
- Wasserdurchlässigkeit des geschütteten Materials, Möglichkeiten der Entwässerung und Gefahren des Aufbaus von Porenwasserüberdrücken;
- veränderte Scherfestigkeit nach eingetretener Verdichtung und Aufbau einer Kohäsion;
- Verringerung der Scherfestigkeit und Standfestigkeit bei eintretender Verwitterung an Gesteinsblöcken und grobstückigen Schüttgütern aus veränderlich festen Gesteinen sowie nach Ausbildung neuer Grundwasserstände im geschütteten Material;
- Aussagen über den Untergrund mit natürlichem Geländeverlauf und bodenphysikalischen Kenngrößen wie Bodenart, Lagerungsdichte, Steifemodul, Wasserdurchlässigkeit und Scherfestigkeit und deren Veränderung bei Belastung.

Zum Beantworten der arbeitstechnischen und sicherheitstechnischen Fragen werden folgende Berechnungen durchgeführt:

- Setzung der Halde (Tab. 9.4 und 15.3, Abb. 15.17);
- Grundbruchsicherheit der Halde (Tab. 9.1, Abb. 9.2 und 15.21);
- Sicherheit gegen Böschungsbruch nach DIN 4084 (Tab. 11.1, Abb. 11.10).

Bei den Kippen im Braunkohlentagebau und vergleichbaren Anlagen wird die Standsicherheit der Kippen- oder Haldenböschung und die Sicherheit gegen Böschungsbruch kontinuierlich mit den sich ändernden bodenmechanischen Eigenschaften der geschütteten Mischungen und den sich verändernden Schütthöhen rechnergestützt ermittelt. Bei kleineren Betriebsgrößen kann die Stabilität der Böschung auch nach den Verfahren von Fellenius, Taylor oder Jelinek bestimmt werden (Abb. 7.1 und 7.2, Tab. 7.4).

15.4.2 Klärteiche

Beim Aufbereiten von Rohstoffen fallen große Mengen an unbrauchbaren Massen in Form von Trübstoffen an. Als Wasch- oder Flotationstrübe werden diese Rückstände in Klärteiche eingeleitet (Abel und Bergmann 1979). Die Trübstoffe setzen sich im Wasser ab. Das Wasser wird häufig im Kreislauf wiederverwendet. Die im Wasser transportierten Trübefeststoffe werden im Klärteich aufgehaldet. Es entsteht eine wassergesättigte Deponie in Form einer Stauhaltung. Bei Stauhöhen von mehr als 5 m oder einem Staurauminhalt von mehr als 100.000 m^3 sind bei solchen Bauwerken die Vorschriften der DIN 19700, Teil 15 zu beachten.

Der Wassertransport der Trübstoffe erfordert einen nicht zu langen Transportweg. Somit wird die Form der Anlage stets von den örtlichen morphologischen Gegebenheiten mitbestimmt.

In der Ebene entstehen Becken mit allseitiger Umschließung. Solche Becken setzen einen gewissen Aushub voraus. Die Trübe wird zunächst in die Klärteiche eingeleitet. Während des Auffüllens kann der Teich eingedeicht werden, sodass die Sedimentation im Schutz eines geschlossenen Dammsystems geschieht. Auch aufgelassene tiefe Steinbrüche, Gruben und Tagebaue können als Klärteiche mit allseitiger Umschließung für die Ablagerung von Trübstoffen genutzt werden.

An Hängen oder auf geneigtem Gelände genügen Eindämmungen mit winkelförmigem Grundriss. Solche Dämme schließen beidseitig an den Hang an und umschließen so eine Hohlform. Solche Klärbecken sind dem Hang wie Schwalbennester angeheftet (Abb. 15.18f,g).

Talsperrenartige Klärteiche kommen im Bergland in Betracht, sofern ein Tal zum Absperren zur Verfügung steht. Hierbei ergibt sich das Erfordernis, die natürlichen Abflüsse sicher zu beherrschen. Das Einbeziehen von Fließgewässern in die Stauhaltung stellt hohe Anforderungen an die Hochwasserentlastungsanlage und beeinträchtigt die Klärung der Trübe. Bei Hochwasser besteht die Gefahr, dass Trübstoffe in den Vorfluter gelangen. Günstigerweise wird man die natürlichen Zuflüsse mittels Hanggräben um das Klärbecken herumleiten.

Ein besonderes Merkmal der Klärteiche und der Erhöhung der Staubecken von Klärteichen ist der gestufte Ausbau. Der benötigte Klärraum wächst mit der Betriebszeit. Nur selten stehen zu Beginn der Klärarbeiten die Investitionsmittel für Jahrzehnte bereit. Vielmehr werden die erforderlichen Dammkonstruktionen in Stufen ausgebaut und hochgezogen (Abb. 15.18a,b). In den Damm werden Fremdstoffe (Kies, Steine) eingebaut. Außerdem werden die Grobkörnungen der Trübe zum Stabilisieren herangezogen. Die Feststoffsuspension wird vom Damm aus in den Klärteich eingespült, sodass sich zunächst das Grobkorn auf dem dem Damm vorgelagerten Spülstrand ablagert. Das Feinkorn wird in weiter entfernten Teilen des Spülsees abgelagert. Das wirksame Trennen in die verschiedenen Kornfraktionen ist das

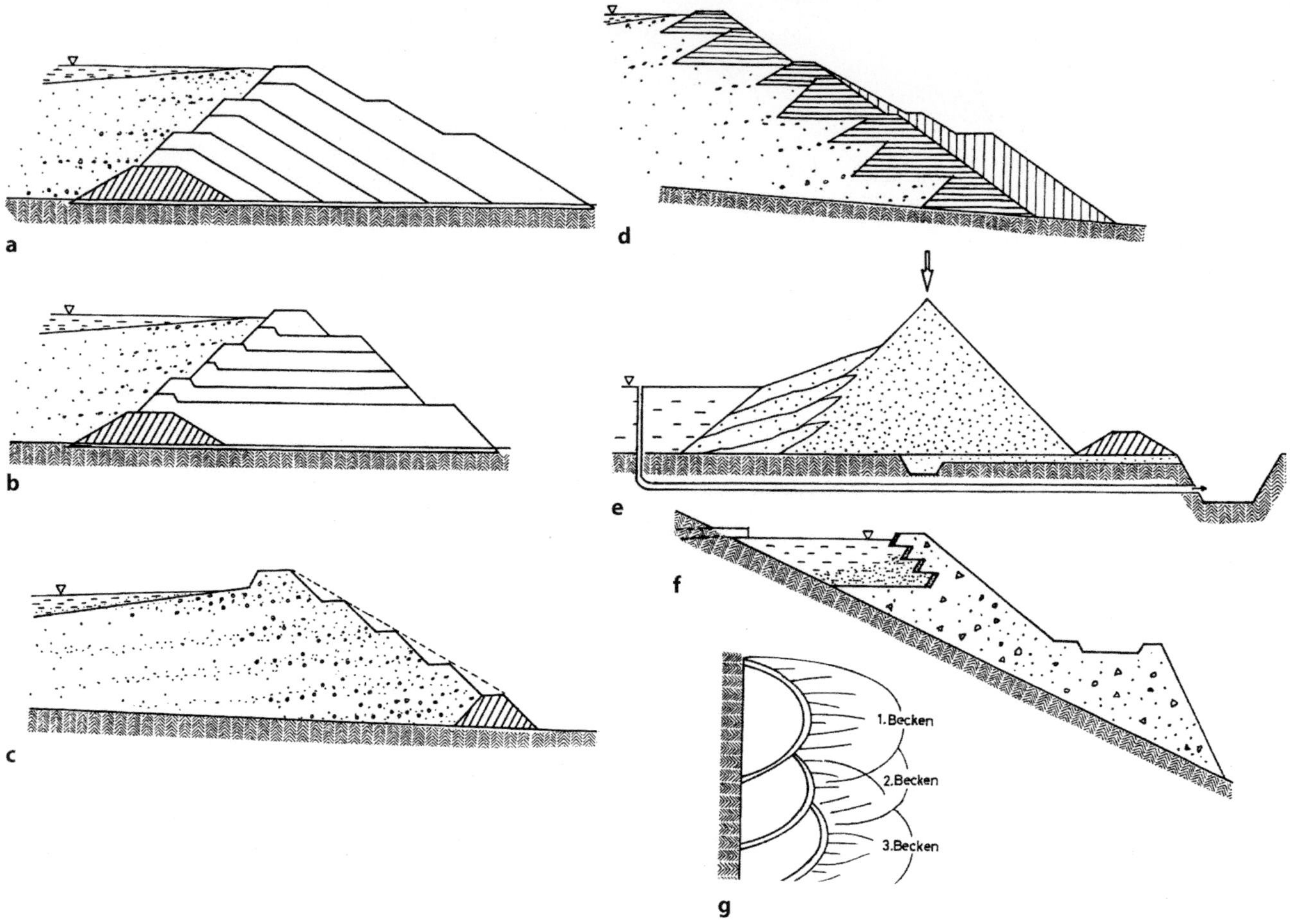

■ **Abb. 15.18** Beispiele für technische Entgasungssysteme nach LAGA-Informationsschrift „Deponiegas". **a** Flächendrän, **b** Schottersäulen im Abstand von 50–80 m, **c** Gasbrunnen, **d** Entgasungsschacht, **e** Entgasungsgraben zum Unterbrechen der Gasmigration

Hauptproblem beim Nutzen der Trübstoffe. Ist eine ausreichende Grobkörnung im Spülgut enthalten, kann das Absperrbauwerk weitgehend als Spüldamm erstellt werden (■ Abb. 15.18c). Herrschen jedoch im Spülgut die feinkörnigen Bodenarten vor oder lassen sich diese nicht abtrennen, muss das Absperrbauwerk aus Fremdmaterial aufgebaut werden.

Im Spülstrandkörper nehmen bei sorgsamem Betrieb der Anlage Körnung und Durchlässigkeit des eingespülten Sedimentes mit der Entfernung von der Einlassstelle kontinuierlich ab. Somit kann sich zur Luftseite hin eine Sickerlinie in günstiger Lage einstellen, und das Sickerwasser kann gefahrlos abgeführt werden. Eine Drän- und Filteranlage am Fuß der Dammschüttung begünstigt die Wasserhaltung und Standfestigkeit der Dammkonstruktion.

Eine Bauweise mit maschinell eingebauten Erhöhungsstufen (■ Abb. 15.18d) führt mit zunehmender Aufhöhung zu einer Verschiebung der Dammachse auf die Wasserseite zu. Aus Gründen der Standsicherheit können solche Bauweisen nicht auf beliebige Höhe fortgeführt werden. Mit zunehmender Höhe werden Feinkornlagen im Untergrund mitbelastet, welche dann für die Gesamtstandfestigkeit des Bauwerkes maßgebend sind.

Durch systematisches Trennen des Grobkornes vom Feinkorn und den maschinellen Einbau der gewonnenen Sandfraktion können standfeste Dämme aufgebaut werden (■ Abb. 15.18e). Im Gegensatz zu Spüldämmen mit wassergesättigten, unverdichteten Erdmassen weisen diese Konstruktionen auch bei Erdbeben erhöhte Standfestigkeit auf. Zum Trennen von Fein- und Grobkorn kommen Aquamatoren mit einer Korntrennung durch Wasserströmung, Absetzklassierer mit einer Korntrennung durch Schwerkraft und Hydrozyklone mit Trennung durch Fliehkraft zur Anwendung.

Die geologische Untersuchung für das Planen und Überprüfen von Klärbecken umfasst das Klären der morphologischen Situation, die geologische Kartierung und Deckschichtenkartierung und die Untersuchung des Untergrundes für das Klärbecken und für die Absperrbauwerke. Die Beurteilung der Standsicherheit berücksichtigt die für den Bau von Stauanlagen und Talsperren bestehenden Normen. Eine besondere Gefahr geht von den Sickerverhältnissen und den damit verbundenen Stabilitätsverlusten im und unter dem Stauraum sowie in und unter den Absperrbauwerken aus. Dammbrüche von Klärteichen haben mehrfach zu katastrophalen Schlammströmen geführt. Beim Grubenunglück von Lengede im Jahre 1963 fluteten die Wässer eines Klärteiches die Untertageanlagen der unmittelbar benachbarten Zeche.

Veränderlich feste Gesteine und die hieraus abgetrennten Grobkörnungen sind für Dammkonstruktionen im Hinblick auf die Standsicherheit des Untergrundes nur bedingt geeignet. Die

Veränderung ihrer bodenmechanischen Eigenschaften im Zuge eintretender Verwitterung ist genauestens zu erkunden. Von den Klärteichen kann eine umweltrelevante Beeinflussung der Grundwasserqualität ausgehen. Unbedenklichkeitsnachweise für benachbarte Wasser- und Grundwassernutzung sind im Zuge hydrogeologischer Begutachtung zu erbringen.

15.5 Oberirdische Altdeponien für Hausmüll und hausmüllähnliche Abfälle – historische Entwicklung

Als Altdeponien werden nach der Deponieverordnung DepV, § 2 solche Deponien bezeichnet, die sich am 16. Juli 2009 in der Ablagerungsphase, Stilllegungsphase oder Nachsorgephase befanden. Das Deponieverhalten der in Altdeponien eingebauten Abfälle unterscheidet sich von den nach DepV abgelagerten behandelten Abfällen. Das Deponiegut (Müll) wird sich über lange Zeit verändern, um allmählich in einen „geologischen Körper" überzugehen. Um den inneren Aufbau und das Einpassen solcher „Körper" in die Landschaft zu verstehen, sind nachstehend die Altdeponien in ihrer historischen Entwicklung beschrieben.

Das Deponieren von Siedlungsabfällen reicht in Mitteleuropa bis in das frühe Mittelalter und die Antike zurück. Hohe Besiedlungsdichte und Konsum von industriell hergestellten Produkten, deren vermeintliche Reparaturkosten höher wären als die Kosten für eine Neubeschaffung, ließen die Abfallberge seit dem Ende der Notzeiten höher wachsen.

Parallel dazu entwickelte sich die Deponietechnik.

Beim Deponieren von Hausmüll und Siedlungsabfällen sind fünf verschiedene Deponietypen zu benennen:

1. die ungeordnete Deponie;
2. die geordnete Deponie;
3. die geordnete Deponie nach TA Abfall;
4. die Reststoffdeponie nach TA Siedlungsabfall;
5. Deponien für behandelte Reststoffe nach DepV.

Die Schrittmacher für die Entwicklung der Deponietechnik sind Raumangebot und Umweltauswirkung in gleichem Maße als limitierender wie auch fördernder Faktor.

15.5.1 Die ungeordnete Deponie – Müllkippen und Müllhalden

Das ungeordnete Deponieren von Hausmüll und anderen Abfallarten erfolgte in Deutschland bis Anfang der Siebzigerjahre und ist außerhalb des Geltungsbereiches von DepV und gleichartigen Bestimmungen in Europa noch heute eine häufig, wenn nicht gar die am häufigsten, angewandte Methode zum Entsorgen von Abfällen, besonders in Entwicklungsländern. Das Abkippen erfolgte in aufgelassenen Sand-, Kies- und Tongruben. Auch natürliche Hohlformen wie Dolinen, Karstschächte, Sack- und Blindtäler wurden durch Müllschüttungen verfüllt.

Das Schütten erfolgte planlos ohne vorhergehende oder weitere Behandlung. Ein Verdichten des Schüttungskörpers erfolgte bei der damals üblichen Vorkopfschüttung in der Regel nicht. Gelegentlich wurde der abgelagerte Abfall in Brand gesetzt, um Raum für weiteren Abfall zu schaffen oder sparsam mit Deponieraum umzugehen.

Im Umfeld der Städte setzte sich der Hausmüll in der Nachkriegszeit zunächst überwiegend aus Bauschutt und schwer verrottbarem Sperrmüll zusammen.

Eine Abschirmung des Deponiekörpers gegenüber der Umwelt war, sofern keine natürliche geologische Barriere vorhanden war, nicht gegeben.

Über die Beeinflussung des Grundwassers durch Müllkörper wird 1951 von Rössler erstmals berichtet, wobei er auf Arbeiten aus den Jahren 1920 bis 1938 Bezug nimmt. In den betroffenen Kreisen der Wasserwirtschaft war das Problem der Grundwasserverunreinigung durch Abfalldeponien bekannt.

Anfang der Sechzigerjahre wird das Problem der Grundwasserkontamination im Umfeld von Hausmülldeponien in der Fachwelt thematisiert (Semmler 1960, Langer 1963, Zwittnig 1964).

Untersuchungen über das Abbauverhalten von Deponiesickerwasser im Grundwasser (Andersen und Dornbush 1967; Golwer et al. 1969) und der gestiegene Landverbrauch durch das ungeordnete, „wilde" Deponieren führten zur Entwicklung der „geordneten Deponie".

▪ Kenntnisstand der Deponietechnik 1965

Bei lockerer, unverdichteter Ablagerung des Mülls entsteht Deponiesickerwasser. Die Umsetzung organischer Massen erfolgt in zwei Phasen: der aeroben Verrottung und der anaeroben Vergärung. Die aerobe Verrottung tritt bei gering verdichtetem Abfall oder bei normal verdichtetem Abfall in einer kurzen Anfangsphase (saure Phase) auf. Bei der aeroben Verrottung entsteht leicht saures Sickerwasser mit hohen BSB_5-Werten. Dieses Sickerwasser enthält neben leichtlöslichen Salzen leicht abbaubare organische Fett- und Carbonsäuren. Die anaerobe Vergärung tritt bei normal verdichtetem Abfall in der Reifephase auf. Durch das Eindringen von Deponiesickerwasser in das Grundwasser kann es im Bereich sensibler Grundwassernutzungen, z. B. bei Trinkwasserfassungen, Brauereien und Molkereien, zu Nutzungseinschränkungen kommen. Im Grundwasserabstrom von Deponien treten drei hintereinander liegende Zonen auf, und zwar die Reduktionszone, die Übergangszone und die Oxidationszone. In der Reduktionszone fehlen freier Sauerstoff und Nitrat. Gleichzeitig treten gelöstes Eisen in zweiwertiger Form und Ammonium auf. Sulfat kann reduziert werden. In der Oxidationszone ist ständig freier Sauerstoff vorhanden. In der dazwischen liegenden Übergangszone tritt nur zeitweise freier Sauerstoff auf.

15.5.2 Die geordnete Deponie (Altdeponie)

Die geordnete Deponie wurde in der BRD mit Beginn der 1970er-Jahre eingeführt. Der deponietechnische Unterschied zur ungeordneten Deponie bestand zunächst darin, dass auf ausgewiesenen Ablagerungsplätzen eine Verdichtung des Abfalls durch Raupen und einfache Verdichter durchgeführt wurde. Ziel der Verdichtung war es, den Deponieraum sparsam zu verwenden und die Deponiesickerwassermenge zu verringern.

Verwaltungstechnisch war die Aufgabe der Abfallbeseitigung von den Kommunen an übergeordnete Gebietskörperschaften, meistens Stadt- oder Landkreise, übergegangen. Juristisch war damit auch ein Übergang von einem „Abfuhrrecht" zu einem Abfallbeseitungsrecht verbunden.

In dieser Phase der Deponiegeschichte konnten wesentliche Erkenntnisse zur Verbesserung einer umweltschonenden Deponietechnik gewonnen werden.

Kenntnisstand der Deponietechnik 1975

Durch Verdichten des Müllkörpers geht dieser schneller in den Zustand der anaeroben Vergärung über. Dadurch sinkt die BSB-Belastung des Sickerwassers. Gleichzeitig nimmt die Sickerwassermenge ab. Bei zu niedrigem Wassergehalt im Deponiekörper ist die Umsetzung der organischen Massen, also die sogenannte Mineralisierung, verlangsamt. Deponiesickerwasser kann durch Dränrohre aufgefangen und abgeleitet werden. Durch Zentralisieren der Ablagerung und Einschränken der ungeordneten, wilden Deponien wird eine Verbesserung der Grundwasserqualität erreicht.

15.5.3 Die „nachgerüstete geordnete Deponie nach TA Abfall" (Altdeponie)

Die „Zweite allgemeine Verwaltungsvorschrift zum Abfallgesetz" (TA Abfall vom 17.12.1990) war vom Gesetzgeber zur Regelung der Handhabung und Ablagerung von Sonderabfällen (besonders überwachungsbedürftige Abfälle) geschaffen worden. Sie ist strenggenommen für Hausmülldeponien nicht relevant. Im Zeitraum bis zum Inkrafttreten der „Dritten allgemeinen Verwaltungsvorschrift zum Abfallgesetz" (TA Siedlungsabfall vom 14.05.1993) war sie für Deponiebetreiber und Genehmigungsbehörden Leitschnur für die Organisation von Deponiebetrieben sowie für den Ausbau und das Nachrüsten von Deponieanlagen.

Kenntnisstand der Deponietechnik 1985

Das Deponiesickerwasser der Methanphase weist mit zunehmenden Deponiealter ein höheres CSB/BSB-Verhältnis auf. Die Abbaubarkeit des Deponiesickerwassers in kommunalen Abwasserreinigungsanlagen ist stark eingeschränkt. Das Entwässern des Müllkörpers bereitet Probleme, da Dränrohre häufig nicht die erforderliche Stabilität aufweisen oder durch Inkrustation eine Verminderung der Wegsamkeit entwickeln. Grundwasserverunreinigungen im Abstrom von Deponien lassen Standorte mit vorgesehener wasserwirtschaftlicher Nutzung als ungeeignet erscheinen. Problematische Müllbestandteile (Chemikalien und ähnliche industrielle Abfälle) müssen unter besonderen Sicherheitsvorkehrungen abgelagert (Love Canal!) werden. Hausmüll- und Sondermülldeponien müssen gegenüber der Hydrosphäre abgedichtet werden. Standorte mit natürlicher Abdichtung sollen bevorzugt werden. Der Geruchsbelästigung durch Hausmülldeponien kann durch frühzeitiges Abdecken des Müllkörpers begegnet werden. Durch Methan, Kohlenmonoxid und andere Einflüsse entstehen häufig Deponieschwelbrände, die feuerwehrtechnisch nur schwer beherrschbar sind.

Deponiesickerwasser schien nach dem damaligen Kenntnisstand ein zentrales Problem der Deponietechnik zu sein (Stegmann und Ehrig 1980; Doedens und Cord-Landwehr 1984; Stork 1985; Hantge et al. 1986; Coldewey und Schütz 1990; Hohnecker und Biehler 1991). Dies führte zur Umsetzung verschiedener Forderungen:

- Die Zuordnungskriterien schließen Abfälle mit Konzentrationsüberschreitungen im Eluat aus oder erfordern eine Vorbehandlung.
- Die Abdichtung gegen schädliche Flüssigkeiten wird für die Lagerungs-, Behandlungs- und Arbeitsbereiche gefordert.
- Das Deponieabdichtungssystem wird als Multibarrierensystem mit geologischer Barriere, mineralischer Dichtung (Düllmann 1985) und Kunststoffdichtungsbahn definiert (Stief 1986).
- Material- und Prüfungsanforderungen für das Abdichtungssystem werden festgeschrieben (TA Abfall, Anhang G; Jessberger 1985, Olzem 1985).
- Das Fassen des Deponiesickerwassers wird vorgeschrieben.
- Der Deponiebetreiber erhält Vorgaben über ein Mess- und Kontrollprogramm, in das die Grundwasserbeschaffenheit einbezogen wird.

Eine explizite Definition der geologischen Barriere erfolgt nicht, jedoch werden verschiedene geologische Situationen beschrieben, die zu einem Ausschluss als Deponiestandort führen:

- Standorte in Karstgebieten oder stark klüftigen, besonders wasserwegsamen Gesteinen;
- Standorte in Trinkwasserschutzgebieten;
- Standorte in Überschwemmungsgebieten.

Diese legislativen Änderungen hatten zur Folge, dass die Aufsichtsbehörden eine Erweiterung oder Erneuerung der Planfeststellungsbeschlüsse forderten, die die Anforderungen der TA Abfall mindestens zum Teil realisierten. Bei den meisten Altanlagen kam es somit in den Jahren 1986 bis 1990 zu einer Nachrüstung des Abdichtungssystems, der Sickerwasserfassung und der Grundwasserüberwachung.

Jede Nachrüstung hat Grenzen. So kann der Standort einer Deponie nur in Ausnahmefällen verändert werden. Der nachträgliche Einbau eines Basisabdichtungssystems oder einer Sickerwasserfassung ist nur mit erheblichem Aufwand realisierbar.

In einigen Fällen wurde mit seitlichen Abdichtungssystemen oder Zwischenabdichtungen mit darüber liegenden Sickerwasserfassungen ein neuer Deponiekörper nach dem Stand der Technik von der Altanlage abgegrenzt.

Die sofort durchgeführte Verdichtung des abgelagerten Mülls sollte die Sickerwassermenge verringern und eine hohe organische Belastung durch Gärsäuren vermeiden.

Durch diese Verfahrensweise treten zwei weitere Probleme auf: Das Deponiesickerwasser tritt nun als Produkt der anaeroben Gärung auf. Hohe Ammoniumgehalte machen es für Fische und niedere Organismen unverträglich. Die schlechte biologische Abbaubarkeit des Deponiesickerwassers in Abwasserreinigungsanlagen wird durch das hohe CSB/BSB_5-Verhältnis belegt. Die Vorbehandlung des Sickerwassers vor Einleiten in Abwasserreinigungsanlagen erscheint unumgänglich (Landtag Baden-Württemberg 1994). Abwasserrechtliche Regeln bestehen (Zander-Hauck et al. 1993, Hahn und Hoffmann 1991).

Mit der anaeroben Gärung treten auch große Mengen Deponiegas auf. Dieses Deponiegas besteht vorwiegend aus CO_2, CO, H_2S und CH_4. Das Entgasen von Deponien spielte im Regelwerk bis zum Entstehen der TA Siedlungsabfall keine Rolle, und so darf davon ausgegangen werden, dass dieses Problem erst in den 1980er-Jahren bedeutsam geworden ist (Weber und Neumaier 1993).

Wesentlich ist die Erweiterung des Kenntnisstandes über die Grundwasserbeeinflussung durch Deponien durch Grundwasseruntersuchungsprogramme, die an den in den Jahren 1985 bis 1990 gebauten Grundwassermessstellen durchgeführt wurden.

15.5.4 Die Reststoffdeponie nach der TA Siedlungsabfall (Altdeponie)

Die Erkenntnis, dass auch gut abgedichtete Hausmülldeponien einen schädlichen Einfluss auf das Grundwasser haben (Jäger und Reinhardt 1990, Tsonis und Yannopoulos 1991), führte zu wesentlichen Änderungen in der „Deponierungsphilosophie" der TA Siedlungsabfall bis zur Deponieverordnung (DepV). Um das Anfallen von Sickerwasser und Deponiegas so weit wie möglich zu vermeiden, wendete man sich von der Reaktordeponie ab und führte die Ablagerung inerter Reststoffe als Konzept flächendeckend ein.

- **Kenntnisstand der Deponietechnik 1995**

Das austretende Methan und die anderen Deponiegase werden zunehmend als Problem erkannt. Gebäude im Bereich der Deponie (Waagen, Sozialräume, Kassenhaus) müssen gegen die Ansammlung von Deponiegas geschützt werden. Ein kontrolliertes Entgasen der Deponien ist erforderlich. Die Deponiegase werden in Fackeln verbrannt. Untersuchungen im Umfeld zeigen, dass Sickerwasseremissionen nur schwer beherrschbar sind. Die schlechte Abbaubarkeit des Deponiesickerwassers machte eine Sickerwasseraufbereitung am Ort des Entstehens erforderlich. Das Ableiten unaufbereiteten Sickerwassers in kommunale Kläranlagen ist nicht mehr möglich.

Die Deponiepraxis zeigt, wie schwierig es ist, großflächig funktionierende Abdichtungen zu installieren. Vagabundierende Phasen von LHKWs und Mineralölkohlenwasserstoffen stellen das Konzept der mineralischen Abdichtung stark in Frage.

Die Probleme des Deponiesickerwassers und des Deponiegases scheinen nur beherrschbar, wenn die chemisch-biologischen Reaktionen minimiert werden. Dies führt zu der Forderung nach der Inertstoffdeponie.

Bei Betriebsende von Reaktordeponien beginnt eine Nachsorgephase, in der der Deponiesickerwasserhaushalt und Deponiegashaushalt bewirtschaftet und überwacht werden. Die Dauer der Nachsorgephase ist unbekannt und ungeregelt. Nach ersten Erfahrungen bei stillgelegten Hausmülldeponien ist mit einer Nachbewirtschaftung von mehr als 30 Jahren zu rechnen.

Die wesentliche Änderung liegt in der verschärften Anwendung von Zuordnungswerten, von denen die Forderung nach einem Glühverlust von weniger als 5 % die gravierendste Auswirkung darstellt. Dieser Zuordnungswert soll sicherstellen, dass die Deponie lediglich der Ablagerung von Stoffen, nicht jedoch als Ort zum Abbau und Umsatz von organischer Substanz dient.

- **Altdeponien für besonders überwachungsbedürftige Abfälle (Sondermüll)**

Das Ablagern der besonders überwachungsbedürftigen Abfälle war in TA Abfall geregelt. Für das Ablagern von solchen Abfällen in oberirdischen Deponien bestanden über die Ausbildung der Deponie und die Betriebsabläufe hinaus Anforderungen an Information und Dokumentation. Die das Ablagern begleitenden Überprüfungs- und Arbeitsschritte waren detailliert vorgegeben. Bestimmte Zuordnungswerte (Anhang D der TA Abfall) mussten eingehalten werden. Sollten sich aus der Nachsorge Fragen ergeben, so können die dokumentierten Ablagerungsberichte wichtige Hinweise enthalten.

15.6 Einbau und Standfestigkeit der Abfälle in oberirdischen Deponien

Der Deponiebetrieb verlangte regelmäßig vorzunehmende Untersuchungen zur Standsicherheit und möglichen Verformung des Deponiekörpers, des Untergrundes und aller sonstigen ingenieurtechnischen Einrichtungen. Standsicherheit und Verformung sind abhängig von

- der Art der Abfälle,
- der Einbautechnik,
- den Ausmaßen des Deponiekörpers,
- dem Rotteprozess im Müllkörper,
- möglichen starren Einbauten im Deponiekörper und
- den geologischen Gegebenheiten im Untergrund.

15.6.1 Einbau fester Abfälle

Der Einbau fester Abfälle wie Hausmüllverbrennungsasche, Kesselasche, Steinkohleflugasche, Schmelzkammergranulat, Schlacken, Gießereireststoffe sowie konditionierter oder chemisch gebundener Massen, mineralisch oder chemisch verschmutzter oder natürlich belasteter Erdmassen (schwermetallhaltige Böden) erfolgte nach den Regeln des Erd- und Grundbaus. Hierzu werden an dem behandelten Abfallgut die bodenmechanischen Kennwerte ermittelt und das Abfallgut wurde je nach Bedarf und Nutzbarkeit in Bauwerke (z. B. Straßenbau) eingebaut, recycelt oder deponiert. Beim Deponieren richteten sich Aufschüttungshöhe, Böschungsgestalt, Böschungsneigung und Sicherheit gegen Rutschen, Erosion und Deflation nach den physikalischen und bodenmechanischen Eigenschaften dieser Feststoffe.

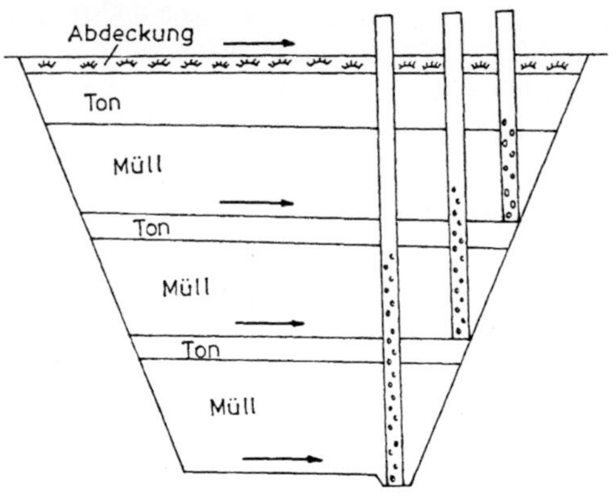

Abb. 15.19 Schnitt durch eine Sondermülldeponie mit undurchlässigen Zwischenabdeckungen und getrennten Dränagesystemen

15.6.2 Einbau von Müll und halbfesten Abfällen bei Altdeponien

In Deutschland erfolgte bis 2005/2009 das Ablagern und Einbauen solcher Abfälle in Deponien nach LAGA-Vorschriften. Das geordnete Ablagern von Müll und halbfesten Abfällen (konditionierte verfestigte Klärschlämme) umfasste demnach Zerkleinern, Einbauen und Verdichten der Abfälle und Abdecken der Betriebsflächen mit begleitenden Maßnahmen gegen Papierflug, Lärm, Staub und das Massenauftreten von Tieren sowie das Verhüten von Bränden, das Errichten von Schutzwällen und die Anlage von Entwässerungsgräben. Der Einbau von Schlämmen aus Kläranlagen erfolgte im entwässerten Zustand. In Betracht kamen ausgefaulte und aerob stabilisierte Schlämme mit Wassergehalten bis 65 %. Die Schlämme wurden entweder mit den festen Abfällen vermischt eingelagert, oder es wurden einzelne mit Folien ausgelegte Kammern mit Klärschlamm verfüllt (Behälterdeponie). Derartige Kammern (Kassetten) wurden aus Gründen der Belastbarkeit in der obersten Lage der Deponie eingebaut.

Nach den LAGA-Vorschriften waren die eingebrachten Abfälle flächenhaft einzubauen und lagenweise (30–50 cm) zu verdichten (Abb. 15.21). Nach Abschluss des täglichen Betriebes waren die eingebauten Abfälle mit Bodenaushub, Bauschutt oder geeignetem Gewerbeabfall abzudecken. Dabei sollte das Zwischenabdeckmaterial luft-, gas- und wasserdurchlässig sein und bei Auftrag in geringen Stärken gut befahrbar sein. Für Sondermülldeponien wurden Zwischenabdeckungen aus feinkörnigem Material mit aufliegender Dränage und Entwässerung verwendet (Abb. 15.19).

15.6.3 Bodenmechanische Kenngrößen für unbehandelt abgelagerten Hausmüll, Siedlungsabfall, Klärschlamm

Der geordnete Einbau von Abfall in Deponien verlangt nach standsicheren Konstruktionen. Aus Mangel an geeigneten Hohlformen wie Tongruben werden Deponien zunehmend zu beträchtlichen Höhen aufgehaldet (in Hannover ca. 120 m). Bei derartig hohen Bauwerken ist auf die Standsicherheit des

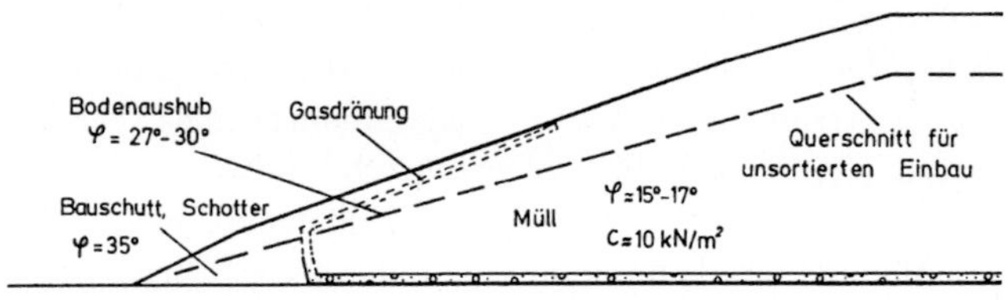

Abb. 15.20 Querschnitt durch eine Altdeponie nach Spillmann (1980). Durch den getrennten Einbau von Aushubmaterial und Bauschutt konnte gegenüber dem üblichen unsortierten Einbau eine steilere Böschungsneigung mit ausreichender langzeitiger Standsicherheit gewählt werden

Deponiegutes und auf die Standsicherheit des Untergrundes zu achten.

Von möglichen Grundbrüchen sind die Böschungsstabilität und die Befahrbarkeit, aber auch die Wirksamkeit von Basisabdichtung, Dränagesystem und Entgasungssystem einschließlich der Standfestigkeit von Beobachtungsschächten betroffen. Es muss die Standsicherheit im Deponiekörper in Bezug auf Böschungsbruchsicherheit (DIN 4084) und Spreizdruckversagen in der Deponiebasis gewährleistet sein. Neben konstruktiven Angaben zur Höhe der Aufhaldung und zum beabsichtigten Böschungswinkel interessieren als maßgebende bodenmechanische (müllmechanische) Kenngrößen die Art des Deponiegutes, der Klärschlammanteil an der Gesamtmüllmenge, die Materialdichte, der Wassergehalt, das Hohlraumvolumen, die Scherfestigkeit, getrennt nach Winkel der inneren Reibung und Kohäsion, und als Kriterium für zu erwartende Reaktionen und müllmechanische Veränderungen, das Deponiealter bzw. bei Umlagerung das Alter des Deponiegutes.

Die bodenmechanischen Kenngrößen für den Müll variieren stark mit der Art und Menge der eingebauten Abfallstoffe, dem Anteil an Klärschlamm und anderen Schlämmen, der Art und Menge des Materials für die Zwischenabdeckungen, dem Einbauverfahren, der Müllzerkleinerung und -verdichtung, den biochemischen Abbauvorgängen und dem Alter der Deponie. Frisch abgelagerter Grobmüll hat eine hohe Zugfestigkeit (Plastik, Pappe, Holz) und somit einen hohen kohäsiven Zusammenhalt. Durch die Müllzerkleinerung wurde diese hohe Zugfestigkeit teilweise erniedrigt. Mit dem Einbau von Klärschlamm mit Wassergehalten bis 65 % erniedrigte sich die Anfangsstandfestigkeit erheblich. Maßgebend war die mit der Flügelsonde zu bestimmende Anfangsscherfestigkeit τ_0 für den Klärschlamm. Die Scherparameter für den Klärschlamm schwanken je nach Konsolidationsgrad und Wassergehalt (Salomo 1985b):

$$\varphi' = 10 - 15°,$$
$$\tau_0 = 5 - 50\,\mathrm{kN\,m^{-2}}.$$

Für die Standsicherheit der Altdeponie sind weiterhin die durch die Alterung eintretenden Änderungen der bodenmechanischen (müllmechanischen) Kenngrößen wichtig. Die Prozesse der Alterung sind:

- biologisches Verrotten im aeroben Prozess unter Bildung von Kohlendioxid, Nitrat, Sulfat und Phosphat;
- biologischer Abbau durch Mikroorganismen unter Bildung von Kohlendioxid und Methan im anaeroben Prozess;

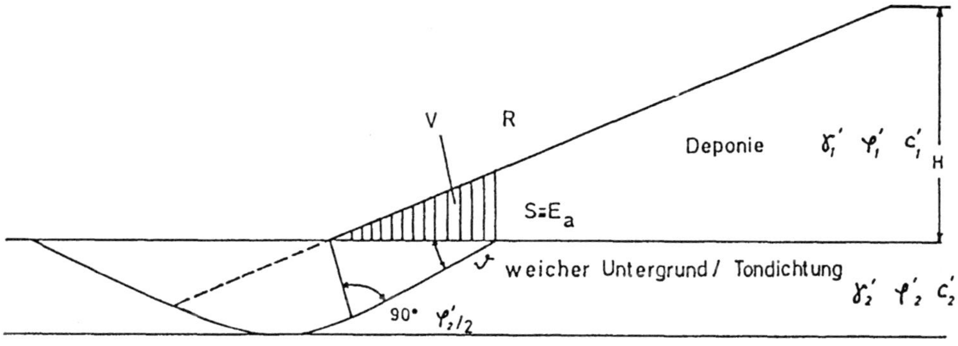

■ **Abb. 15.21** Grundbruchuntersuchung unter dem Deponiefuß nach DIN 4017. (Salomo 1985)

- Auslaugen der löslichen Stoffe durch Sickerwasser und durch eingetragene Substanzen wie Kohlendioxid und Sulfat.

Diese Vorgänge führen zu einer Umwandlung des Mülls in eine torfähnliche Masse. Bei entsprechendem Wasserangebot ist die Konsistenz breiig bis weich. Infolge des aeroben und anaeroben Abbaus der abgelagerten Stoffe verändern sich deren Struktureigenschaften und deren Wasserhaltevermögen. Damit werden alle bodenmechanischen Kenngrößen verändert.

15.6.4 Sicherheit gegen Böschungsbruch bei Müllhalden

Die bodenmechanischen Kenngrößen des abgelagerten Mülls werden durch dessen unterschiedliche Zusammensetzung bestimmt. Eingetragener Bauschutt hat einen Reibungswinkel von etwa 40°, eingetragene Papiermassen verrotten zu einer torfähnlichen Masse mit Reibungswinkeln um 15°. Da sich die Zusammensetzung des Mülls und die Abbaubarkeit der eingetragenen Stoffe mit der Zeit ändert, reicht es nicht aus, bodenmechanische Kenngrößen aus Altablagerungen zu bestimmen. Nach Spillmann (1980) und Salomo (1985b) sollte bei der Standsicherheitsbetrachtung im Rahmen der Böschungs- und Geländebruchuntersuchungen für Hausmülldeponien mit folgenden bodenmechanischen Kenngrößen gerechnet werden:

- Wichte $\gamma = 10\ \mathrm{kN\ m^{-3}}$ (max. $12\ \mathrm{kN\ m^{-3}}$);
- Reibungswinkel $\varphi' = 15$–$17{,}5°$ (max. 25°);
- Kohäsion $c' = 10\ \mathrm{kN\ m^{-2}}$.

Die Berechnung erfolgte nach DIN 4084.

Mit diesen Kenngrößen lassen sich nach Salomo (1985b) bei Böschungsneigungen unter 1:3 für Hausmülldeponien ausreichende Sicherheiten nachweisen. Nach Spillmann (1980) ist eine unbegrenzte Standfestigkeit bei Großdeponien nur mit Böschungsneigungen von 1:3,5 bis 1:4 im Fußbereich bei ebenem Untergrund zu erreichen. Deponien in Hanglage sollten noch flacher geböscht werden. Durch gezielten Einbau von Erdaushubmaterial und Bauschutt bestand die Möglichkeit, die Böschungsneigung von 1:3 einzuhalten (■ Abb. 15.20).

15.6.5 Spreizdruckuntersuchung bei Müllhalden

Die Spreizdruckuntersuchung soll den Nachweis erbringen, dass in der Aufstandsfläche der Deponie, also in der Kontaktfläche Deponie-Untergrund oder Deponie-Basisabdichtung, eine ausreichende Scherfestigkeit besteht, um die auftretenden Schubspannungen aufzunehmen. Der Vergleich der vorhandenen Schubspannung τ_{vorh} mit der aufnehmbaren Schubspannung $\tau_{\mathrm{mögl}}$ liefert die Sicherheit gegen Deponiespreizen. Das Ermitteln der Spannungsverteilung erfolgt nach DIN EN 1997 und DIN 1054. Die Gefahr des Spreizdruckversagens besteht dann, wenn in der Deponiesohle durch Schlammansammlung oder Aufweichen der Basisabdichtung eine Schmierschicht mit nur geringer Scherfestigkeit entsteht. Für eine Basisschicht mit einem Reibungswinkel von 15°, einer Kohäsion $c = 0$ und einer Wichte von $10\ \mathrm{kN\ m^{-3}}$ besteht nach Salomo (1985b) bei einer 25 m hohen Deponie noch eine rechnerische Sicherheit. Aus diesen sehr hohen Spreizdrücken entstehen Gefahren für die Standsicherheit der Deponie und besonders für die Funktionstüchtigkeit der Basisabdichtung, in welcher bei großen Zerrungen Risse auftreten können.

15.6.6 Grundbruchsicherheit

Bei weichem Untergrund ist der Böschungsfuß grundbruchgefährdet. Die Untersuchung erfolgt nach DIN 4017, Teil 2 wie bei ausmittig und schräg belasteten Fundamenten (■ Abb. 15.21).

15.6.7 Setzungsberechnung bei Müllhalden

Bei sehr hohen Schütthöhen auf weichem Untergrund werden große Setzungen auftreten. Hierdurch wird die Standsicherheit der Deponie nicht direkt beeinträchtigt. Durch die Setzung treten Verformungen in der Basisabdichtung und im Dränagesystem auf, sodass der Setzung bei der Festlegung des Abdichtungs- und Entwässerungskonzeptes erhöhte Bedeutung zukommt.

Als Beispiel wird die Setzungsberechnung nach DIN 4019 für den etwa 60 m hohen Müllberg der Deponie Flotzgrün bei Speyer, speziell für den 800 m langen und 450 m breiten 6. und 7. Bauabschnitt angeführt (■ Tab. 15.3; Herzhauser 1988).

Folgende Werte gehen in die Berechnung ein:

Tab. 15.3 Setzungsberechnung für die Mitte des Müllbergs der Deponie Flotzgrün (Abb. 15.22; Herzhauser 1988)

Setzung nach Steinbrenner für Berechnungspunkt 1:b_1 = 215 m; a = 400 m; a/b_1 = 1,9; σ_1 = 900 kN m^{-2}

Pkt.	Ord.	Z	ΔZ	$\sigma ü$	0,2 $\sigma ü$	Z/b	i	$i\sigma_1$	$i\sigma_{1ges.}$	mittl. $i\sigma_{1ges.}$	mittl. $i\sigma_{1ges.}\,\Delta Z$	E_s	mittl. $i\sigma_{1ges.}\,\Delta Z\,E_s$
0	0	0	0	0	0	0	0,25	225	900	$\frac{900+900}{2}$	900 · 2 = 1800	6500	0,2769–
1	−2	2	2	38	7,6	0,0093	0,25	225	900	$\frac{900+900}{2}$	900 · 1 = 900	50.000	0,0180
2	−3	3	1	58	11,6	0,014	0,25	225	900	$\frac{900+676{,}8}{2}$	788,4 · 22 = 17.344,8	70.000	0,2478
3	−25	25	22	322	64,6	0,12	0,188	169,2	676,8	$\frac{676{,}8+414}{2}$	545,4 · 21 = 11.453,4	70.000	0,1636
4	−46	46	21	574	114,8	0,21	0,115	103,5	414	$\frac{414+345{,}6}{2}$	379,8 · 10 = 3798	18.000	0,2110
5	−56	56	10	674	134,8	0,26	0,096	86,4	345,6	$\frac{345{,}6+259{,}2}{2}$	302,4 · 10 = 3024	18.000	0,1680
6	−66	66	10	774	154,8	0,31	0,072	64,8	259,2	$\frac{259{,}2+176{,}4}{2}$	217,8 · 20 = 4356	60.000	+0,0726
7	−86	86	20	994	198,8	0,40	0,049	44,1	176,4				
												cals_{b1} = 1,1579 m = 115,79 cm	

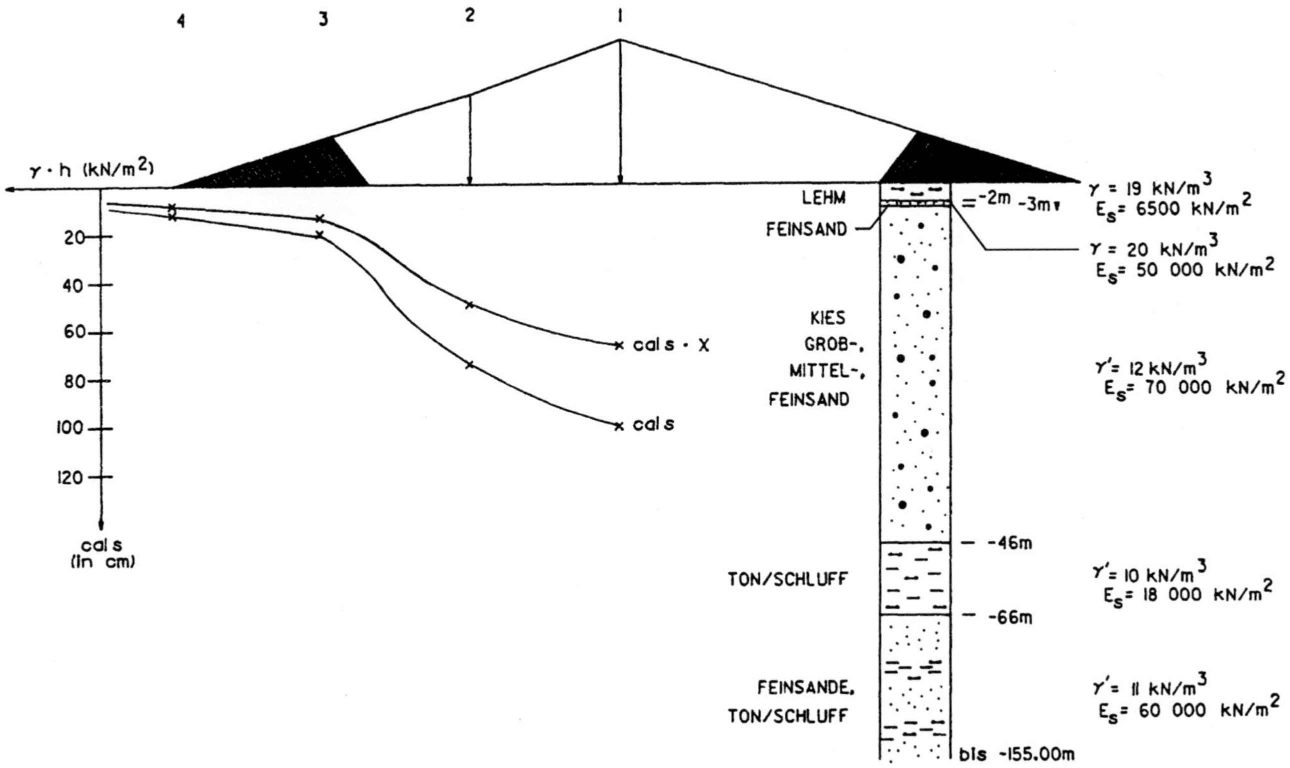

Abb. 15.22 Querschnitt durch die Deponie Flotzgrün bei Speyer mit Schichtenfolge im Untergrund und der berechneten Setzungsmulde. (Herzhauser 1988)

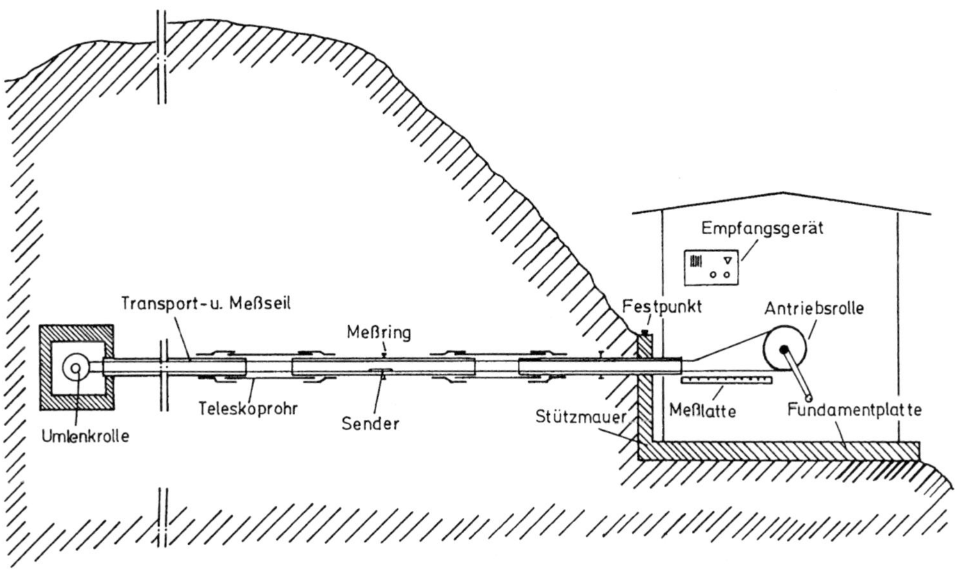

Abb. 15.23 Aufbau eines horizontalen Pegels zum Messen von Bewegungen im Deponiekörper. (Ahting und Swatek 1977)

- Wichte für Müll und Stützkörpermaterial: $\gamma = 15\ \text{kNm}^{-3}$;
- Höhe der Deponie: $h = 60$ m;
- maximale Auflast (Deponie-Mitte): $\gamma h = 900\ \text{kN m}^{-2}$.

Der Baugrund wird bis zur Grenztiefe $d_s = -86$ m der Spannungsabnahme $i\sigma_1 < 0{,}2\sigma_ü$ in Teilschichten zerlegt, in denen die Spannungslinien einigermaßen stetig verlaufen.

Die Spannungsabnahme $i\sigma_1$ wird mithilfe der Einflusswerte i nach Steinbrenner (Abb. 11.17) ermittelt. Der Setzungsanteil jeder Teilschicht wird für den jeweiligen Steifemodul berechnet. Durch Aufsummieren der Teilsetzungen bis zur Grenztiefe erhält man die Gesamtsetzung (Tab. 15.3, Spalte 14). Um eine Setzungsmulde zu erhalten, wird die Deponiefläche in Berechnungspunkte unterteilt (Abb. 15.22).

15.6.8 Kontrollmessungen

Zum Bestimmen der Massenbewegungen und Setzungsabläufe in der Deponie werden Kontrollmessungen durchgeführt. Die angewendeten Messverfahren werden beim Dammbau bereits seit langem erfolgreich für Standfestigkeitsuntersuchungen eingesetzt. Es handelt sich hierbei um ein System aus ineinander verschiebbaren Kunststoffrohren, die in der Deponie verlegt und eingebaut werden. Um die Kunststoffrohre herum sind in regelmäßigem Abstand Messringe aus Messing angeordnet. Die vom Deponiegut fest umspannten Kunststoffrohre machen die Spreiz- und Setzungsbewegungen im Deponiekörper mit. Durch eine im Rohr an einem Transportseil bewegliche Radiosonde werden die Messringe geortet. Mithilfe einer Metermarkierung am Transportseil werden die Koordinaten der einzelnen Messringe bestimmt. Aus mehreren Messungen in bestimmten Zeitabständen lässt sich der zeitliche Verlauf der Verschiebung bestimmen (Abb. 15.23). An den Vertikalpegeln werden Setzung, Setzungsdifferenzen und seitliche Richtungsänderungen gemessen.

15.7 Schadstoffausbreitung

In Deponien und Altstandorten können Schadstoffe als Feststoff, als Lösungsfracht im Wasser und als Gas transportiert und ausgebreitet werden.

Das Ausbreiten als Feststoff betrifft das wilde Ablagern von Müll, das Abrutschen von Schadstoffen aus Böschungsflächen von Deponien, Halden oder Kippen, das Verwehen abgelagerter Stoffe und den Abtrag und Transport von Feststoffen durch fließendes Wasser.

Die Ausbreitung als Lösungsfracht betrifft den Transport im Oberflächenwasser, den strömungsbedingten Transport im Grundwasser (Konvektion), das strömungsbedingte Durchmischen von schadstoffbelastetem Wasser im inhomogen aufgebauten Grundwasserleiter (Dispersion) und das konzentrationsbedingte Ausbreiten durch molekulare Diffusion in der flüssigen Phase.

Das Ausbreiten von Schadstoffen in der Gasphase betrifft das druckabhängige Strömen von Gas (Gasmigration) und das konzentrationsbedingte Ausbreiten durch molekulare Diffusion in der Gasphase.

15.7.1 Schadstoffausbreitung als Feststoff

Das wilde und ungeordnete Ablagern von Abfällen war und ist eine der Hauptquellen für großflächige Schadstoffausbreitung als Feststoff. An Hängen und Böschungen abgelagerte Abfälle können abrutschen und weitflächig im unterliegenden Hang verteilt werden. Abfälle, die nicht durch Deckschichten geschützt sind, können von Wind und Wasser abgetragen und verbreitet werden.

Bei konsequenter Anwendung der bestehenden Regeln für das Ablagern von Abfällen, wie z. B. in Deutschland früher die TA Abfall und TA Siedlungsabfall und jetzt die Verordnung über Deponien und Langzeitlager (Deponieverordnung – DepV), wirkt die Anlage räumlich begrenzter (geordneter) Deponien in erster Linie der Schadstoffausbreitung als Feststoff entgegen.

15.7.2 Schadstoffausbreitung durch hydraulische Strömung

Durch Leckagen in der Basisabdichtung von Deponien und durch unzureichend abgedichtete Lagerung und Ablagerungen von wassergefährdenden Stoffen geht eine Gefahr für das Grundwasser aus, die unter dem Begriff „Altlasten" allgemein bekannt ist. Die kontaminierten Wässer werden bei fehlender Basis- und Oberflächenabdichtung mit einer Grundwasserspende von etwa 0,05 l s^{-1} ha^{-1} dem Grundwasserstrom beigemischt. Wenn die Basisabdichtung einen k_f-Wert > 10^{-8} m s^{-1} besitzt und der hydraulische Gradient in der Deponiesohle > 1 ist, können alle aus der Grundwasserspende der Deponie hervorgehenden Sickerwässer durch eine solche Basisabdichtung an den tieferen Untergrund abgegeben werden. Bei kleineren k_f-Werten verringert sich diese Sickerwasserrate entsprechend dem Darcy-Gesetz. Bei den in DepV geforderten Durchlässigkeitsbeiwerten für die geologische Barriere von $k_f \leq 1 \cdot 10^{-9}$ m s^{-1} und für das mineralische Deponiebasisabdichtungssystem von $k_f \leq 5 \cdot 10^{-10}$ m s^{-1} verringert sich die Sickerwasserrate auf ein Zehntel bis ein Fünfzehntel (10 bis 6,7 %) der natürlichen Grundwasserspende. Der Anteil der Sickerwasserrate, der das Oberflächenabdichtungssystem mit dem vorgegebenen Durchlässigkeitsbeiwert $k_f \leq 5 \times 10^{-10}$ m s^{-1} durchsickert hat, kann dem Darcy-Gesetz entsprechend auch das mit gleichem Durchlässigkeitsbeiwert konzipierte Deponiebasisabdichtungssystem durchsickern. Maßgebend für das Zurückhalten, Aufstauen und Abführen von Sickerwasser über die Dränage ist die dauerhafte Wirksamkeit einer Filterschicht mit Dränagesystem, damit nur kleine hydraulische Gradienten in der Größenordnung kleiner i_0 auftreten können. Der hydraulische Gradient wird auch dann im Minimum etwas größer als 1 sein, da in der Dränschicht die Stauhöhe des Wassers nicht auf 0 abgesenkt werden kann. Durch das Rückhaltevermögen der Deponie wird dieser hydraulische Gradient ununterbrochen aufrechterhalten. Bei unzureichender Basisabdichtung ist in Mitteleuropa mit einem Leckagefaktor von 150–300 mm pro Jahr bzw. 1500–3000 m^3 Sickerwasser pro Hektar und Jahr zu rechnen. Dieser Sickerwasserstrom kann in vielen Fällen vom Gestein des Untergrundes über Poren oder Klüfte aufgenommen werden. Im gleichmäßig aufgebauten Porenraum einer ungesättigten Bodenzone bildet sich unter der Deponiefläche eine Sickerfront aus, in der Sickerwasser durch kontaminiertes Wasser ersetzt wird. In Abhängigkeit von Bodenart, Porenraum, Bodenkapazität, Speichervolumen, Durchlässigkeitsbeiwert und der anfallenden Menge an Sickerwasser schiebt sich diese Verschmutzung in der Größenordnung von Metern pro Jahr in die Tiefe. Erreicht die Verschmutzung das Grundwasser, so wird der kontaminierte Sickerwasserstrom zunächst dem Grundwasserstrom aufgelagert. Durch hydrodynamische Dispersion und Diffusion werden die Schadstoffe mit dem Grundwasser vermischt. Die hydrodynamische Dispersion wirkt im gleichkörnigen Medium nach dem Dalton'schen Verteilungsprinzip (Nagelbrett). In vom Grundwasser durchflossenen Sedimenten, welche von Sedimentkörpern unterschiedlicher Durchlässigkeit aufgebaut sind, werden geringdurchlässige Schichtpartien umflossen und stärker durchlässige Fließpfade bevorzugt, was zu weiterer Ausbreitung der im Wasser gelösten oder mitgeführten Schadstoffe führt.

Im porenfreien Kluftgrundwasserleiter bewegt sich das Wasser in Klüften, die nur wenige Promille des Gesteinsvolumens einnehmen. In Abhängigkeit von der Öffnungsweite und dem Abstand der Klüfte, der zusickernden Wassermenge und dem hydraulischen Gradienten *i* ergeben sich große Fließstrecken und Abstandsgeschwindigkeiten in der Größenordnung von einigen hundert Metern bis Kilometern pro Jahr. Die Schadstoffe werden sehr schnell in konzentrierter Form weitergeleitet.

Für den Grundwasserfluss im klüftigen Porengestein (Tonstein, Kalkstein, Mergelstein, Sandstein) ergeben sich gleich hohe Abstandsgeschwindigkeiten. Jedoch wirken hier auch Diffusion und Adsorption auf die Konzentration der Wasserinhaltsstoffe ein. Gegenüber dem Massenfluss tritt eine Retardierung von Schadstoffen ein. Erst wenn das Porenwasser die gleiche Konzentration wie das Sickerwasser auf den Klüften besitzt und wenn alle Sorptionsplätze besetzt sind, wird das Kluftgrundwasser in unveränderter Konzentration weitergegeben. Im extrem günstigen Fall können kontaminierte Sickerwässer ebenso wie mit Tracern markierte Grundwässer nach längerer Fließzeit als schadstoff- bzw. tracerfreies gefiltertes Wasser austreten.

Tonabdichtungen und Tongesteine besitzen eine geringe Wasserdurchlässigkeit und ein hohes Sorptionsvermögen für Schwermetalle, sodass diese praktisch im Ton fixiert werden. Für organische Stoffe besitzt der Ton ein gewisses Rückhaltevermögen, welches mit dem Anteil an organischer Bodensubstanz steigt. Die Wandergeschwindigkeit organischer Verbindungen und besonders die der Chlorkohlenwasserstoffe wird von Komodromos und Göttner (1986) in der Größenordnung von Wasser angegeben. Das Thema der Beeinflussung von Tonen und deren Wasserdurchlässigkeit durch Chemikalien sowie der Wechselbeziehungen zwischen benetzenden (Wasser) und nicht benetzenden Flüssigkeiten (Chlorkohlenwasserstoffe) beim Durchsickern feinkörniger Böden ist weiterhin zu diskutieren und zu beachten. Es kann nicht ausgeschlossen werden, dass die Tone ihr Quellverhalten und damit ihre Wasserdurchlässigkeit durch chemische Reaktionen ändern.

15.7.3 Schadstoffausbreitung durch Diffusion in der flüssigen Phase

Die Diffusion ist eine unmittelbare Folge der Brown'schen Molekularbewegung. Sie bewirkt den Konzentrationsausgleich infolge des zufälligen Charakters der Bewegung der einzelnen Moleküle. Die Moleküle haben das Bestreben, sich über den ganzen verfügbaren Raum gleichmäßig zu verteilen. Ist dieser Raum durch eine Schlitzwand, durch die Moleküle hindurchtreten können, in zwei Bereiche geteilt, so erfolgt auch eine Diffusion durch diese hindurch. Die Diffusion von Stellen höherer Konzentration zu Stellen niedrigerer Konzentration, also in Richtung des Konzentrationsgefälles, wird durch die Fick'schen Gleichungen (1855) beschrieben:

$$\frac{\partial m}{\partial t} = -D\frac{\partial c}{\partial x}$$

oder, bezogen auf $t = 1$ s und $q = 1$ cm^2:

$$j = -D\frac{\partial c}{\partial x} = -D\frac{C_0}{Z}$$

m = Substanzmenge [g]
c = Konzentration [g cm^{-3}]
t = Zeit [s]
q = Querschnittsfläche [cm^2]
D = Diffusionskonstante [cm^2 s^{-1}]
$\partial c/\partial x$ = Konzentrationsgefälle
$x = Z$ = Mächtigkeit [cm]
C_0 = Anfangskonzentration [g cm^{-3}]
j = Diffusionsstrom [g cm^{-2} s^{-1}]

In der Zeit Δt [1 s] wandert durch die Querschnittsfläche q [1 cm^2] an den Ort x (Distanz) die Substanzmenge Δm. Diese ist gleich dem Produkt aus dem Konzentrationsgefälle und der Diffusionskonstanten.

Die molekularen Diffusionskonstanten von in Wasser gelösten Stoffen hängen zwar von Stoffart und Temperatur der Lösung ab, liegen aber für alle anorganischen und organischen Stoffe im Bereich von

$$D = 0{,}1 \text{ bis } 2{,}5 \cdot 10^{-5}\,\text{cm}^2\,\text{s}^{-1}$$

und werden hier pauschal mit $D = 10^{-5}$ cm^{2}s^{-1} berechnet.

Die Durchdringung einer Ton-Sperrschicht durch molekulare Diffusion von Schadstoffen durch das stagnierende Porenwasser erfolgt mit der Quadratwurzel aus der Zeit t, d. h. für die Eindring- oder Vordringtiefe eines Tracers von der Ober- oder Unterkante der Sperrschicht her gilt:

$$x = \sqrt{2Dt}.$$

Damit lässt sich die Zeitdauer abschätzen, die ein Schadstoff braucht, um eine Dichtungsschicht mit der vorgegebenen Stärke x_0 diffusiv zu durchdringen. Das ist also die Zeit, nach der sich an der Unterkante der Schicht ein stationärer Schadstoffstrom eingestellt hat, der fortan das darunter liegende Grundwasser belastet. Da der diffusive Schadstofftransport nur über den Porenraum erfolgt, ist der Diffusionsstrom durch Multiplikation mit der Porosität $n < 1$ in einen entsprechenden Filterstrom umzurechnen. Ist der Boden nicht wassergesättigt, so ist mit dem Haftwassergehalt, ausgedrückt in Volumenprozent, zu rechnen. Bei flüchtigen Schadstoffen kommt hier die Ausbreitung durch molekulare Diffusion in der Bodenluft mit Diffusionskonstanten um 0,1 cm^2 s^{-1} ins Spiel. Weiterhin wird die Diffusion durch die im Porenraum erzwungene Tortuosität τ (Umweg; Größenordnung: 1,5) verringert.

Ohne Berücksichtigung der Bodenkenngrößen Porosität und Tortuosität berechnet sich die Durchschlagszeit für eine Dichtungsschicht aus Ton mit der Stärke

- 10 cm zu 57 Tagen;
- 20 cm zu 231 Tagen;
- 30 cm zu 1,4 Jahren;
- 40 cm zu 2,5 Jahren;
- 60 cm zu 5,7 Jahren;
- 100 cm zu 15 Jahren;
- 200 cm zu 63 Jahren;
- 500 cm zu 400 Jahren;
- 1000 cm zu 1600 Jahren.

Diese überschlägig berechneten Werten lassen sich mit gemessenen Werte aus Tonablagerungen unter einer Hausmülldeponie in Kanada vergleichen (Quigley und Crooks 1983, zitiert nach Mattheß 1985). Laboruntersuchungen an über 30 m mächtigen jungpleistozänen Geschiebemergeln bei Sarnia, Ontario ($k = 1{,}5 \cdot 10^{-10}$ m s^{-1}, $n = 25$ %) wiesen nach 15-jähriger Lagerzeit Konzentrationsgradienten für Na, Ca, Mg und Cl im Porenwasser unter der Deponiebasis bis in 1,0 m Tiefe, für Cu, Zn, Fe und Pb bis in ca. 0,2 m Tiefe und für organische Verbindungen bis in ca. 0,9 m Tiefe aus. Die hydraulische Sickerwasserbewegung berechnet sich für diesen Fall zu 3,5 cm. Das Beispiel bestätigt die nach den Diffusionsgesetzen durchgeführte überschlägige Berechnung.

Für eine 60 cm starke mineralische Basisabdichtung aus Ton mit einer Porosität $n = 42$ % und Wassersättigung berechnet sich der effektive Diffusionsstrom J aus einem Deponiesickerwasser mit einer Anfangskonzentration von 10 g Natriumsulfat pro Liter zu 1400 kg pro Hektar und Jahr:

$$j = -D\frac{C_0}{x_0} \cdot 3 \cdot 10^7\,\text{s},$$

$$j = 10^{-5}\,\text{cm}^{-2}\,\text{s}^{-1} \cdot 3 \cdot 10^7\,\text{s} \cdot \frac{C_0}{60\,\text{cm}} = 5\,\text{cm}\,\text{a}^{-1} \cdot C_0,$$

$$J = Fj = 10^4\,\text{m}^2 \cdot 50\,\text{mm}\,\text{a}^{-1} \cdot 10\,\text{g}\,\text{l}^{-1},$$

$$J = 5 \cdot 10^5\,\text{l}\,\text{a}^{-1} \cdot 10\,\text{g}\,\text{l}^{-1} = 5 \cdot 10^6\,\text{g}\,\text{ha}^{-1}\,\text{a}^{-1},$$

$$J_{\text{aktuell}} = \frac{n}{T}J = \frac{0{,}42}{1{,}5} \cdot 5000\,\text{kg} = 1400\,\text{kg}\,\text{ha}^{-1}\,\text{a}^{-1}.$$

Mithin stellt die Schadstoffausbreitung durch Diffusion eine erhebliche Gefahrenquelle dar. Die auf dem Diffusionsweg die Basisabdichtung durchschlagenden Schadstoffe werden entweder vom Sickerwasserstrom oder vom Grundwasserstrom erfasst und abtransportiert oder diffundieren über das Porenwasser der die Deponie unterlagernden Gesteinsschichten. Der Verbleib der Schadstoffe ist entsprechend den örtlichen Verhältnissen zu diskutieren.

Es gibt Bestrebungen, die Gefahren der diffusiven Schadstoffausbreitung „herunterzudiskutieren". Neben der Bestimmung der Diffusionskonstanten im Wasser gibt es Versuche zum Bestimmen der diffusiven Schadstoffdurchdringung von Ton oder Abdichtmassen. Hierbei wird jedoch keine Diffusionskonstante bestimmt, sondern eine stoffabhängige Permeationsgröße (keine Konstante!), in die neben der Diffusion u. a. auch Sorption und Tortuosität eingehen. Die Sorption wirkt nur bis zu einem gewissen Sättigungswert und bewirkt somit lediglich eine Retardierung.

Nach Hölting und Coldewe (2013) kann das Ausmaß der Retardierung über den Retardierungsfaktor R ausgedrückt und abgeschätzt werden. In Sedimenten gilt demnach

$$R = 1 + \rho n^{-1} K_\mathrm{D}$$

ρ= Dichte

N= Porenanteil

K_D= Adsorptionskoeffizient.

15.7.4 Schadstoffausbreitung durch Gasmigration

Die beim Rotteprozess entstehenden Gase bauen im Deponiekörper einen Gasdruck in der Größenordnung 0,1–0,3 bar auf. Unter diesem Eigendruck findet eine Gasmigration statt. Das Gas bewegt sich in Richtung fallender Druckgradienten (Δh). Bevorzugte Gaswege (x) sind offene Spalten und Risse sowie grobporige Müll- und Gesteinslagen. Außerhalb der Deponie können Entwässerungsrohre, Leitungen und kiesverfüllte Sickergräben als Gasweg fungieren. Das Entgasen über den Porenraum wird als Gaskonvektion bezeichnet und erfolgt nach der Formel von Darcy und Hartge. Die höchsten Transportraten durch Konvektion werden in trockenem Kies und Sand erreicht. Das Gas folgt dabei den Gesetzen von Boyle-Mariotte und Gay-Lussac:

$$V = -k_\mathrm{Gas} \frac{\Delta h}{\Delta x}.$$

Das Entgasen über den Porenraum wird durch Bodenfeuchte erniedrigt und in feuchten bis nassen feinkörnigen Böden weitgehend verhindert. Beim natürlichen Entgasen durch die Deponieoberfläche wird das Gas stark verdünnt und oxidiert. Bei nur geringfügiger Gasentwicklung kann ein solches natürliches Entgasen durch die Deponieoberfläche zulässig sein. Seitliche Gasmigration mit möglicher Gefährdung der Nachbarschaft ist zu verhindern (◘ Abb. 15.15).

15.7.5 Schadstoffausbreitung durch Diffusion in der Gasphase

Im lufterfüllten Porenraum erfolgt die Diffusion vom Bereich hoher Gaskonzentration in den Bereich niedriger Gaskonzentration nach dem Fick'schen Gesetz. Der Diffusionsstrom j ist in der Gasphase erheblich größer als in der flüssigen Phase, da die Diffusionskonstanten D für Gas in Gas um den Faktor 10.000 größer sind. Die Diffusionskonstanten von Gasen in Luft variieren in Abhängigkeit von der Art des Stoffes und der Temperatur zwischen

$$D = 0{,}05 \text{ und } 0{,}2\,\mathrm{cm^2\,s^{-1}}.$$

Die Diffusionsgeschwindigkeit liegt in der gasförmigen Phase in der Größenordnung Meter pro Stunde bis Meter pro Tag.

15.8 Überwachen der Umwelteinflüssen von Deponien und Altdeponien

Während und nach dem Deponiebetrieb ist das Deponieverhalten zu beobachten. Dieses wird durch den zeitlichen Verlauf von Sickerwassermenge, Sickerwasserbeschaffenheit, Temperaturentwicklung im Deponiekörper und Gasemissionen sowie durch das Setzungs- und Verformungsverhalten dokumentiert.

Mögliche Umwelteinwirkungen von Deponien und Altstandorten können vom Deponiegas und vom Deponiesickerwasser ausgehen. In bestimmten Abständen sind die gasförmigen Emissionen, das Deponiesickerwasser, das Grundwasser und das Oberflächenwasser auf ihre Menge und/oder Beschaffenheit zu kontrollieren.

Dies erfordert den Einbau geeigneter Kontroll- und Auffangeinrichtungen wie Dränagen, Sauger, Auffangbecken, Gaspegel und Grundwasserpegel.

15.8.1 Gasförmige Emissionen

Bei Verdacht auf Gasaustritte werden zum Feststellen von Gaskonzentrationen und Gaswegsamkeiten innerhalb und außerhalb von Deponien bzw. Altlasten Sondierungen durchgeführt. Über eine Einschlagsonde wird Bodenluft und Deponiegas abgesaugt. Für Untersuchungen in größeren Tiefen werden Bohrungen angesetzt und Gasmessstellen eingebaut. Zum Beurteilen der Situation wird das abgesaugte Bodengas zunächst auf Methan untersucht, weiterhin auf Kohlendioxid und Sauerstoff. Das Messen erfolgt für die erste Orientierung mit Gasspürgeräten, bei denen eine definierte Gasmenge durch ein Prüfröhrchen geleitet wird. Die im Röhrchen enthaltene Indikatorsubstanz färbt sich entsprechend der Konzentration eines nachzuweisenden Gases. Es gibt für die verschiedensten Gaskomponenten entsprechende Prüfröhrchen. Methankonzentrationen werden durch die bei katalytischer Verbrennung entstehende Reaktionswärme erfasst. Weitergehende Untersuchungen erfolgen durch Gaschromatographie, Infrarot-Absorption oder Messen der Wärmeleitfähigkeit.

15.8.2 Deponiesickerwasser

Die in eine Altdeponie eingetragenen Abfälle besitzen eine hohe Speicherkapazität und nehmen in den ersten Wochen nach Ablagerung beträchtliche Mengen des Sickerwassers auf. Bei nicht abgedeckten Deponieflächen scheint die Speicherkapazität nach ca. 150 Wochen (3 Jahren) erschöpft zu sein (Ehrig 1985). Bei nicht funktionierender Oberflächenabdichtung kann der Sickerwasseranfall in Abhängigkeit vom Niederschlag stark schwanken, bei Altstandorten zwischen 0 und 10 m^3 pro Hektar und Tag. Mittlere Abflussmengen liegen bei nicht abgedeckten Altstandorten zwischen 2,5 und 3 m^3 pro Hektar und Tag. Unter dem Einfluss von Fremdwasserzuläufen kann die Schwankungsbreite wesentlich größer ausfallen und können sprunghaft ansteigende Spitzenabflusswerte wesentlich höher liegen. Starkes Ansprechen der Sickerwasserdränagen auf Niederschläge ist dadurch zu erklären, dass der Sickerwasserstrom sich nicht gleichmäßig durch den Deponiekörper bewegt, sondern auf bevorzugten Bahnen innerhalb grober Müllanteile verläuft.

Die Versickerungsrate in Altdeponien liegt in der gleichen Größenordnung wie in grobkörnigen Böden.

Unter den chemischen Inhaltsstoffen ist die organische Belastung von wesentlicher Bedeutung. Wichtige Parameter sind der chemische Sauerstoffbedarf (CSB) und der biologische Sauerstoffbedarf (BSB). Der Quotient BSB/CSB zeigt unabhängig von der Verdünnung durch Fremdwasser die Abbaubedingungen im Müllkörper an.

Die chemische Belastung des Sickerwassers schwankt mit der Zusammensetzung der abgelagerten Abfälle.

Weil Deponien in anaerober Phase betrieben werden, ist die organische Sickerwasserbelastung (CSB/BSB_5) über lange Zeiträume (10–50 Jahre) auf gleichmäßig hohem Niveau. Der *p*H-Wert der Sickerwässer liegt zwischen 7,8 und 9,0.

Die umweltrelevante Schwermetallbelastung beschränkt sich auf die Metalle Nickel und Arsen.

Adsorbierbare organische Halogenkohlenwasserstoffe (AOX) entstammen abgelagerten Lösungsmitteln.

Ein Leitparameter für das Sickerwasser aus Hausmülldeponien ist Tritium, welches bei den meisten Deponien nachgewiesen werden kann (Rank et al. 1992, Obermeyer 1998).

Das über Dränagen aufgefangene Deponiesickerwasser wird einer dem Verschmutzungsgrad angepassten Behandlung zugeführt (Klärwerk, z. T. auch Rückführung auf die Deponie).

15.8.3 Oberflächenwasser

Oberflächenwasser kann durch Quellabfluss aus Deponien und Altstandorten beeinträchtigt werden. Weiterhin besteht die Möglichkeit, dass Abfälle als Feststoff in Oberflächenwasser eingetragen werden, z. B. durch Einwehen, durch Wassertransport oder durch Rutschmassen. Derartige Einträge können durch bauliche Maßnahmen (Stabilisieren und Abdecken der Deponie, Anlage von Dränagen) verhindert werden. Nach den Vorgaben des Wasserhaushaltsgesetzes sind sie zu vermeiden, wobei die Bewertung der zuständigen Behörde obliegt.

15.8.4 Grundwassermonitoring im Abstrom von Deponien, Altdeponien, Altlasten und Altlastenverdachtsflächen

Das Überwachen der Grundwasserqualität erfolgt auf Veranlassung der zuständigen Behörde und ist bei Deponien in DepV, § 12 geregelt. Es dient dem Erkennen von Unregelmäßigkeiten bei Basisabdichtung und/oder Deponiebetrieb und ist ein Mittel der Beweissicherung. Nach Anhang 5 zu DepV sind mindestens eine Messeinrichtung im Grundwasseranstrom und mindestens zwei Messeinrichtungen im Grundwasserabstrom zu installieren. Hierin ist die Wassergüte zu kontrollieren:

Der Ausbau der Grundwassermessstellen erfolgt regelmäßig den behördlichen Vorgaben entsprechend als vollkommener Brunnen mit einem Rohrdurchmesser von mindestens 125 mm und einem Filterdurchmesser von mindestens 300 mm. Diese Strategie des Messstellenbaus folgt dem Gedanken, dass Grundwasserproben so zu entnehmen sind, dass die analysierten Grundwasserinhaltsstoffe und die daraus abgeleitete Grundwasserqualität einem Mittel über die gesamte Grundwassermächtigkeit entsprechen (Collins und Münnich 1991; Barczweski et al. 1993). Dieses Verfahren ist unter dem Stichwort „repräsentative Probenahme" bekannt. Es wird jedoch an dieser Vorgehensweise auch Kritik geübt, da einzelne belastete Horizonte bei vertikal differenzierten Grundwasserleitern nicht erkannt werden können und die ermittelte Grundwasserqualität weder dem unbelasteten noch dem belasteten Grundwasser entspricht.

Sollen Grundwassermessstellen, die im Rahmen der Grundwasserbewirtschaftung als vollkommene Brunnen ausgebaut wurden, als Grundwassergütemessstellen genutzt werden, so können Aussagen über die Grundwasserqualität in einzelnen Bereichen des Grundwasserleiters nur über geeignete Beprobungsverfahren mit Mehrfachpackern und/oder Schutzbeprobung erarbeitet werden (Touissant 1989).

Weitere Probleme entstehen beim Überwachen der Grundwasserqualität durch veraltete und tiefe Messstellen sowie nicht erkannte Stockwerksgliederung der Grundwasserleiter.

- **Alte Messstellen**

Grundwasserüberwachung in den Fünfziger- und Sechzigerjahren basierte in erster Linie auf Messstellen, die gleichzeitig als Brunnen genutzt wurden. Dies waren einerseits private Flachbrunnen, aber auch Tiefbrunnen der Trinkwasserversorgung. Ohne nähere Ausführungen ist verständlich, dass solche Anlagen zum Überwachen von Emittenten nicht geeignet sind.

- **Tiefe Grundwassermessstellen**

Bei Deponien in Hang- oder Kuppenlage besteht in der Regel ein großer Grundwasserflurabstand. Dies erfordert das Einrichten tiefer Grundwassermessstellen mit oft mehr als 40 m Tiefe. In der Praxis war das Beproben von tiefen Messstellen in der Vergangenheit technisch problematisch, da mit fliegenden Einbauten gearbeitet wurde. Pumpprobenahme über hierfür vorübergehend eingebrachte Edelstahlrohre kann bei Flurabständen von mehr als 60 m nur ausnahmsweise durchgeführt werden.

- **Grundwasserhorizonte**

Zu Beginn der Grundwasserüberwachung einer Deponie ist vielfach lokal die Funktionsweise hydraulisch trennender Zwischenhorizonte nicht ausreichend bekannt. Werden beim Bau von Grundwassermessstellen mehrere Grundwasserhorizonte durchörtert, dürfen sie nicht mit einer gemeinsamen Filterstrecke oder mit einem gemeinsamen Messstellenrohr erfasst werden. Ein solcher hydraulischer Shunt kann bei unterschiedlichen hydrostatischen Drücken in den verschiedenen Grundwasserleitern zum Verschleppen von Kontaminationen in bislang unkontaminierte Grundwasserleiter führen.

Untersuchungshäufigkeit und Untersuchungsumfang der zu entnehmenden Wasserproben sind im Regelfall durch einen Planfeststellungsbeschluss festgelegt.

Altdeponien als heterogene Ablagerungen mit schwer zu beschreibenden chemischen Reaktionen machen die Suche nach Kenngrößen für Grundwasserverunreinigungen sehr schwer (Cevrim et al. 1990).

Forschungsarbeiten aus den sechziger Jahren (Golwer et al. 1969) führten zu umfangreichen Kenngrößenlisten, deren Struktur durch eine Mischung aus Kenngrößen geprägt ist, die bei allgemeinen Grundwassergüteuntersuchungen und bei Abwasseruntersuchungen relevant sind.

Beim Erkunden und Untersuchen von industriellen Altstandorten und Altablagerungen besteht der maßgebende Unterschied zu Hausmülldeponien darin, dass das Kontaminantenspektrum der Industriealtlasten primär xenobiotischer Art ist und aus nur wenigen Leitsubstanzen besteht.

Das Auswerten der Ergebnisse einer Listenanalytik führt zu einem eingeschränkten Kenngrößenspektrum. Es setzt sich aus Substanzen und Kenngrößen zusammen, die im Abstrom von Deponien besonders häufig und signifikant auftreten und deren toxisches Potential bedeutend ist (Brill et al. 1986; Kerndorff und Milde 1986; Kerndorff et al. 1990). Dies ist gleichzeitig auch ein Versuch, aus der chemischen Analyse eine toxikologische Bewertung abzuleiten. Für die Ableitung von Grenz- und Richtwerten (Zander-Hauck et al. 1993) war diese Vorgehensweise grundlegend.

Andere Auffassungen (Nachtweyh et al. 1991) tendieren dahin, Veränderung im Grundwasser durch chemische Analysen zu beschreiben, toxikologische Aussagen aber über biologische Testverfahren herzuleiten. Biologische Testverfahren beschreiben die summarische Wirkung von Substanzen oder Substanzgemischen auf die Lebens- und Fortpflanzungsfähigkeit von Organismen oder Organismengruppen. Beide Verfahren scheinen sich gegenseitig zu ergänzen und ihre Nachteile gegenseitig auszugleichen.

Die beschriebenen Anforderungen an das Grundwassermonitoring im Umfeld von Deponien und die damit verbundenen Probleme stellen hohe Anforderungen an durchführende und gutachtende Hydrogeologen und ebenso hohe Anforderungen an Deponiebetreiber und Aufsichtsbehörden bei der Auswahl von geeigneten Hydrogeologen und Hydrochemikern.

15.8.5 Mess- und Kontrollprogramm nach Schließen der Deponien

Das Schließen von Deponien oder Deponieabschnitten ist in DepV geregelt. Demnach ist die Oberfläche abzudichten und noch ausstehende Überwachungssysteme sind einzubauen. In der Schlussabnahme der zuständigen Behörde sind jährliche Erklärungen zum Deponieverhalten, die Jahresauswertungen der Kontrollen und die Funktionstüchtigkeit der Deponieabdichtungssysteme und Überwachungseinrichtungen zu berücksichtigen.

In der Nachsorgephase sind Langzeitsicherungsmaßnahmen und Kontrollen des Deponieverhaltens durchzuführen und zu dokumentieren.

Nach Anhang 5 der Verordnung über Deponien und Langzeitlager (DepV) sind meteorologische Daten, Emissionsdaten, Grundwasserdaten, Daten zum Deponiekörper und Daten zu den Abdichtsystemen regelmäßig zu messen und zu kontrollieren. Hierzu sind dort in einer Tabelle Häufigkeiten für die Ablagerungs- und Stilllegephase und für die Nachsorgephase genannt. Für die Nachsorgephase werden zum Überprüfen der Wasserstände sowie der Menge und Zusammensetzung von Grundwasser, Sickerwasser, Oberflächenwasser und Gas Untersuchungen im halbjährlichen Abstand verlangt. Der Deponiekörper ist jährlich auf Setzung und Stabilität zu untersuchen. Die Deponiebasisabdichtung und die Entwässerungsleitungen mit zugehörigen Kontrollschächten und die Oberflächenabdichtung sind jährlich auf mögliche Verformungen und Funktionsfähigkeit zu untersuchen. Dichtungskontrollsysteme sind im dreimonatigen Abstand zu kontrollieren.

15.8.6 Stoffliche Aspekte beim Bewerten von Grundwassergütedaten

Die Listen der im Abstrom von Mülldeponien untersuchten Kenngrößen sind lang. Der Umfang dieser Listen resultiert einerseits aus dem Wunsch, ein umfassendes Bild über die Grundwasserqualität zu erlangen, andererseits ist er auch eine Folge der Unsicherheit der betreuenden und beaufsichtigenden Behörden bei der Auswahl geeigneter Kenngrößen.

Es besteht daher ein nachvollziehbares Interesse der Deponiebetreiber nach Kenngrößen und Bewertungsverfahren, die das Grundwassermonitoring während der Nachsorgephase von ehemaligen Hausmülldeponien minimieren.

Dieses Interesse wird seitens der Gutachter und der berichterstattenden Berater geteilt. Ein verringerter Listenumfang vereinfacht das Bewerten und reduziert den Bearbeitungsaufwand. Die Erfahrung zeigt, dass nur wenige Berater das erforderliche *n*-dimensionale Auswerten der Gütedaten betreiben und statt dessen wenige Kenngrößen exemplarisch darstellen.

Untersuchungsumfang und Bewertungsmethoden sind zu optimieren.

▪▪ Bewerten der Hauptinhaltsstoffe

Zu dieser Kenngrößengruppe gehören Calcium, Magnesium, Natrium, Kalium, Hydrogencarbonat, Sulfat, Chlorid und Nitrat.

Diese Kenngrößen sind geogen geprägt und sollten in der Faktorenanalyse dem Gesteinsfaktor zugeordnet werden. Nitrat bildet eine Ausnahme, da es durch den großflächigen landwirtschaftlichen Einfluss in jüngerer Zeit von einem Nebenbestandteil zu einem Hauptbestandteil in vielen Grundwässern wurde.

Die Konzentrationen von Calcium, Magnesium und Hydrogencarbonat werden unter natürlichen Umständen durch den CO_2-Haushalts des Bodens gesteuert (Mattheß 1990; Appelo und Postma 1993; Strätz und Udluft 1993; Baumann et al. 1993).

Anomale Erhöhungen von einem oder mehreren dieser Kenngrößen können in der Regel keinem bestimmten Schadensherd zugeordnet werden.

Das Bewerten dieser Hauptinhaltsstoffe ist nur in Kombination mit anderen Anomalien bei Neben- und Spurenbestandteilen möglich.

Chlorid nimmt eine besondere Rolle unter den Hauptinhaltstoffen ein. Da Chloride im Gegensatz zu Carbonaten und Sulfaten stets sehr gut löslich sind und nicht an Fällungs- und Sorptionsprozessen teilnehmen, wird die Messgröße Chlorid als konservativer Tracer betrachtet und häufig zum Bewerten von Deponiesickerwasser-Kontaminationen (Exler 1979) herangezogen. Da Chlorid kein toxisches Potential besitzt, ist eine solche Bewertung als Hilfskonstruktion zu betrachten.

▪▪ Bewerten der Nebeninhaltsstoffe

Zu den häufig untersuchten Nebeninhaltsstoffen zählen Eisen, Mangan, Ammonium und Phosphat.

▪ Eisen und Mangan

Unter reduzierenden Bedingungen, z. B. durch die Zufuhr gelöster organischer Substanz, kann Mangan als zweiwertiges Ion nach Reduktion aus Braunstein freigesetzt werden. Im Grundwasser kann sich die Mangankonzentration mit Einsetzen der Kontamination erhöhen und mit dem Abklingen der Kontamination erniedrigen. Aus der Feststellung, dass das infiltrierende Sickerwasser kein nachweisbares Mangan enthält, ist zu schließen, dass diese oder eine ähnliche Reaktion im Grundwasserleiter abläuft.

Mangan kann eine wichtige Kenngröße zum Verständnis der hydrochemischen Reaktionen im Grundwasserleiter darstellen, obwohl es selbst kein Kontaminant ist. Da Eisen diesem Reaktionsmechanismus nicht unterliegt, erscheint es sinnvoller, das Grundwasser im Abstrom von Deponien auf Mangan anstatt auf Eisen zu untersuchen.

▪ Ammonium

Ammonium stammt direkt aus der Vergärung oder Verwesung organischer Substanz. Besonders die anaerobe Vergärung lässt Deponiesickerwasser entstehen, welches bei hohen, basischen *p*H-Werten Ammoniumgehalte von mehreren hundert Milligramm pro Liter enthalten kann. Die Migrationsfähigkeit von Ammonium ist gut untersucht (Engelmann et al. 1992). Ammonium ist zur Grundwasserbewertung heranzuziehen.

▪▪ Bewerten der Schwermetalle

Arsen und Nickel sind regelmäßig im Abstrom von Hausmülldeponien nachweisbar. Beide Elemente bilden leicht lösliche Komplexe, die aufgrund ihrer sehr geringen sorptiven Neigung erhebliche, vom *p*H-Wert und Redoxverhalten des Grundwassers unabhängige Reichweite erlangen können (Brill et al. 1986, Kerndorf et al. 1990). Hohe Arsengehalte werden oft mit Steinkohleaschen in Verbindung gebracht.

Soll beim Bewerten von Grundwasserkontaminationen Arsen berücksichtigt werden, so ist dessen geogener Hintergrund abzuschätzen oder durch Messen nachzuweisen (Heinrichs und Udluft 1996).

Die anderen Schwermetalle werden im Grundwasser nur selten vorgefunden, obwohl sie im Deponiesickerwasser nachweisbar sind. Dies betrifft diejenigen Schwermetalle, die schwerlösliche Carbonate, Sulfide und Sulfate bilden, wie z. B. Barium, Blei, Wismut und Cadmium (El Bassam 1982, Koch 1989, Jacob und Brasser 1992).

Die Abscheidung von Goethit (α-FeOOH) in der Übergangszone vom reduzierenden in das oxidierende Grundwassermilieu führt zur adsorptiven Bindung von Schwermetallen (Jenne 1968, Gerth und Brümmer 1983).

Hohe Chloridkonzentrationen innerhalb der Deponie können einen Immobilisierungspfad für Silber, Thallium und Blei darstellen.

Chrom(III) wird im alkalischen Deponiesickerwassermilieu bereits im Deponiekörper als Chromhydroxid immobilisiert. Die oxidierte Form, das Chrom(VI), ist geochemisch wesentlich mobiler. Die Reduktion des Cr(VI) wird nur durch sehr hohe *p*H-Werte verhindert. Im sauren und neutralen *p*H-Bereich oxidiert das Cr(VI) die organische Substanz des Deponiesickerwassers. Mithin ist Chrom(VI) im Abstrom von Deponien extrem selten nachweisbar.

Mobilisierend wirken die im organisch belasteten Grundwasser vorhandenen Huminstoffe (HS) und huminstoffähnlichen Substanzen (HULIS) (Stevenson 1976, Buffle 1988). Huminstoffe sind Großmoleküle mit Molmassen von 300–600. Sie sind, wenn sie nicht durch Alterung ausgeflockt sind, kolloidal gelöst. Sie besitzen eine Vielzahl von Koordinationsstellen zur Komplexierung von Metallionen. Auch anthropogene Komplexbildner, die im Deponiegut vorhanden sein können, wie z. B. NTA, DTPA und EDTA, können zum Mobilisieren von Schwermetallen beitragen (Görtz et al. 1990)

▪▪ Bewerten der organischen Bestandteile

Bedingt durch die Vielzahl der im Grundwasser vorkommenden organischen Verbindungen, werden in erster Linie Summen- oder Gruppenkenngrößen untersucht.

▪ Chemischer Sauerstoffbedarf (CSB)

Der chemische Sauerstoffbedarf (CSB) wird über die Oxidation organischer Substanz durch Chrom(VI) im sauren Milieu gemessen. Die Bestimmungsgrenze liegt bei 15 mg l^{-1} O_2.

Die unterschiedlichen Sauerstoff- und Wasserstoffanteile an den organischen Molekülen lassen keinen direkten Rückschluss auf die Zusammensetzung und Konzentration der organische Substanz zu. Das Untersuchen an unfiltrierten, aber homogenisierten Proben erfasst gelöste Substanzen, Kolloide und feste Partikel. Hierdurch ist die Untersuchungsmethode sehr empfindlich auf Veränderungen in der Probenahmetechnik. Verfälschungen treten durch hohe Konzentrationen von zweiwertigem Eisen und Ammonium auf. Die Messgröße CSB, die eigentlich der Abwassertechnik entlehnt wurde, wird regelmäßig bei allen Sickerwässern bestimmt.

Durch das apparativ einfache und kostengünstige Bestimmen ist der CSB stets Leitparameter bei Sickerwasseruntersuchungen und zum Erfassen organischer Belastungen notwendig. Es ist durch huminstoffanalytische Untersuchungen zu ergänzen.

■ **Permanganatindex**

Der Permanganatindex wird durch die Oxidation organischer Substanz durch Kaliumpermanganat in schwefelsaurer Lösung bestimmt. Die Bestimmungsgrenze liegt bei 0,5 mg l^{-1} O_2. (Wie beim CSB erfolgt die Angabe als Sauerstoffverbrauch.) Das Bestimmen erfolgt in der homogenisierten Probe. Kaliumpermanganat ist ein wesentlich schwächeres Oxidationsmittel als Kaliumdichromat, sodass die Oxidation nicht vollständig erfolgt. Die Permanganatindexwerte sind deshalb stets niedriger als der CSB.

■ **Gelöster organischer Kohlenstoff (DOC)**

Der gelöste organische Kohlenstoff (DOC) wird durch katalytische Oxidation der Wasserprobe nach Filtration und Ansäuern zum Austreiben des anorganischen Kohlendioxids bestimmt. Die Nachweisgrenze beträgt 1,0 mg Kohlenstoff pro Liter. Rechnerisch entspricht dies einem maximalen Sauerstoffverbrauch von 2,6 mg l^{-1} O_2. Störungen durch oxidierbare Kationen treten nicht auf.

Der spektrale Absorptionskoeffizient bei einer Wellenlänge von 254 nm wird sehr häufig als günstig zu messende Ersatzgröße für den DOC herangezogen. Die Korrelation mit dem gelösten organischen Kohlenstoff kann regelmäßig hergestellt werden (Galvin und Mellado 1994).

Durch die herkömmliche Analytik, die bislang nur die Summenkenngrößen DOC, CSB und Oxidierbarkeit (Permanganat) erfasst, sind die Abbauprozesse im Deponiekörper, im Deponiesickerwasser und im Grundwasser nicht hinreichend zu beschreiben.

Der Abbau organischer Substanz findet im Deponiekörper aerob unter dem Einfluss acetophiler Bakterien als Verrottung oder unter dem Einfluss methanogener Bakterien als Vergärung statt. Deponietechniker fassen beide Vorgänge als zeitliche Abschnitte der Deponieentwicklung auf, wobei das Verrotten dem Vergären vorausgeht.

15

Die *p*H-Werte im Grundwasserabstrom der bearbeiteten Hausmülldeponien liegen zwischen 6,4 und 6,8; das Grundwasser ist also leicht sauer. Dieser Befund ist unabhängig davon, ob das Sickerwasser der Deponien ein aerobes (*p*H 5–7) oder anaerobes Milieu (*p*H 7,5–8,8) repräsentiert. Deponiesickerwasser aus anaeroben Müllkörpern unterliegt einem aeroben Abbau, sobald es das Grundwasser infiltriert. Für diesen aeroben Abbau ist neben dem Sauerstoffgehalt des Grundwassers auch die Konzentration von Sulfat und Nitrat maßgebend. Die Theorie einer zeitlichen Abfolge sollte somit zumindest für den Bereich von deponiebedingten Grundwasserkontaminationen um eine zonale Gliederung erweitert werden.

Organische Substanz, die nicht biochemisch über Carbonsäuren zu Kohlendioxid abgebaut wird, scheint als Huminstoff festgelegt zu werden.

Die Abbauwege der organischen Substanz zu huminstoffähnlichen Substanzen (HULIS) sind für das Verständnis der organischen Belastung des Grundwassers im Abstrom von Deponien von großer Bedeutung. Bislang konnte nur ein Bruchteil der Substanzen extrahiert und analysiert werden (Frimmel und Weis 1988, 1991).

Ein anderer Weg scheint die Untersuchung von gelösten freien (Roth und Maier 1989) oder enzymatisch freisetzbaren (Jahnel und Frimmel 1995) Aminosäuren im Grundwasser zu sein. Aminosäuren lassen Eingriffe in das aquatische Ökosystem erkennen, wie Roth und Maier (1989) sowie Thurman und Malcolm (1985) durch Analyse von Verteilungsmustern verschiedener Aminosäuren in Oberflächenwässern zeigen. Die Analytik dieser Substanzgruppe ist relativ einfach handhabbar.

Für den berichterstattenden Hydrogeologen bleiben deshalb die oben angeführten Messgrößen als eine der wenigen Möglichkeiten, die organische Belastung im Grundwasser zu beschreiben.

Einen wichtigen Summenparameter stellen die adsorbierbaren, extrahierbaren und ausblasbaren organisch gebundenen Halogene (AOX, EOX und POX) dar. Werden in Grundwasserproben aus dem kontaminierten Abstrom von Hausmülldeponien sowohl Summenkenngrößen als auch die Konzentration der Einzelsubstanzen untersucht, so fällt auf, dass die Summenkenngröße stets deutlich höher ist als die Summe der bestimmten Einzelsubstanzen. Der Vergleich der AOX- und POX-Gehalte von Grundwasserproben zeigt, dass die chlorierten organischen Substanzen stets als nichtflüchtige, nichtausblasbare Verbindungen vorliegen. In den meisten Fällen bleibt die Suche nach den Substanzen, die zur AOX-Konzentration beitragen, erfolglos. Es muss daher vermutet werden, dass höhermolekulare organische Substanzen (Frimmel und Weis 1991) im Müllkörper „chloriert" wurden.

Die Analytik von AOX ist relativ teuer und fehleranfällig. Da AOX eine sehr hohe hydrochemische Reichweite aufweisen und stets gut über einem natürlichen Background von 10–20 µg l^{-1} Cl detektierbar sind, ist der AOX-Gehalt als Messgröße gut geeignet, den Deponiesickerwassereinfluss zu markieren. Problematisch sind konkurrierende Kontaminationen durch LHKW und PCB.

■■ **Bewerten von Tritium**

Tritium ist ein instabiles Isotop des Wasserstoffs mit einer Halbwertszeit von 12,43 Jahren. Es wurde mit den Wasserstoffbombenversuchen in den Sechzigerjahren in großen Mengen in die Atmosphäre emittiert. Auch heute noch wird Tritium mit dem Abwasser kerntechnischer Anlagen in die Umwelt abgegeben.

Tritium weist in der Hydrogeologie eine wichtige Markierungsfunktion auf und kann über das Ermitteln von Grundwasserneubildungsraten (Dachroth und Sonntag 1983) hinaus zum Identifizieren von Fremdzuflüssen (Watzel und Bertleff 1992, Obermeyer 1994) dienen. Grundwasserlagerstätten, die kein Tritium aufweisen, werden als vor 1950 gebildet angesehen (Moser 1989, Dörr et al. 1992, Ziegler und Gabriel 1992). Mit den heutigen Niederschlägen werden Tritiumgehalte von 17–20 TU in das Grundwasser eingetragen. Durch den Zerfall des Tritiums nimmt die Tritiumkonzentration im Grundwasser ständig ab. Die seit 1950 lückenlosen Messreihen des Tritiums in den Niederschlägen ermöglichen es, eine Inputfunktion zu definieren. Diese Inputfunktion ist lokal zu bestimmen, da seit dem Einstellen der Kernwaffentests lokale Tritiumemittenten an Gewicht gewinnen.

Tritium tritt im Sickerwasser als Oxid (Wassermolekül) oder, zu einem sehr geringen Teil, in Kohlenwasserstoffen auf.

Da es sich chemisch nicht anders verhält als Wasser, stellt es den idealen Tracer dar. Weitere positive Eigenschaften sind die sehr niedrige Nachweisgrenze, der hohe Kontrastumfang zwischen Kontamination und natürlicher Umgebung und die Tatsache, dass Fremdkontaminationen nahezu auszuschließen sind.

Untersuchungen der Landesanstalt für Umwelt Baden-Württemberg ergaben, dass das Sickerwasser von Hausmülldeponien Tritiumgehalte aufweist, die deutlich höher sind als die Tritiumgehalte im Niederschlag. Die bei baden-württembergischen Hausmülldeponien nachgewiesenen Tritiumgehalte liegen dabei zwischen der damals im Strahlenschutz üblichen Nachweisgrenze von 50 TU und 2600 TU. Einzelne Hausmülldeponien weisen Sickerwässer mit noch höheren Tritiumkonzentrationen auf. Diese Deponien, die an Standorten mit Uhren- und Zifferblattherstellern liegen, geben einen Hinweis auf die mögliche Herkunft des Tritiums.

Unabhängig von den Untersuchungen in Baden-Württemberg konnte im Rahmen der experimentellen Deponierung in Niederösterreich (Rank et al. 1992) Tritium im dortigen Sickerwasser in Konzentrationen über dem Niederschlagswert nachgewiesen werden. Da bei diesem Experiment keine Abfälle aus kerntechnischen Anlagen, Krankenhäusern oder ähnlichen Institutionen verwendet wurden, sondern nur sortierter Hausmüll, dessen Zusammensetzung unbekannt war, konnte die Herkunft des Tritiums nur diesem Hausmüll zugeordnet werden.

Gelingt es zum Abgrenzen des Niederschlagstritiums, ein der hydrogeologischen Situation entsprechendes Modell zu wählen und dieses Modell mit dem unbelasteten Bereich eines Grundwasserleiters zu kalibrieren, so kann die ermittelte mittlere Verweilzeit auf die Gesamtsituation übertragen werden. Jeder höhere Tritiumbefund kann dann als deponiesickerwasserbedingte Aufstockung betrachtet werden, aus der unter Berücksichtigung der Tritiumgehalte im Sickerwasser der infiltrierte Anteil errechnet werden kann.

Das Verfahren ist für Kluft-, Karst- und Porengrundwasserleiter anwendbar.

15.9 Untertagedeponien

Die vom Bergbau in ausreichender Größe geschaffenen Hohlräume, für die die Möglichkeit zum Ablagern von Abfällen geprüft werden soll, müssen für die Dauer des Ablagerns und bei Erfordernis darüber hinaus für Mensch und Maschinen zugänglich und befahrbar sein. Die Wetterführung muss aufrechterhalten bleiben. Das umgebende Gestein muss als Barriere wirken. In vielen Fällen ist es möglich, die aus bergwirtschaftlichem Interesse entstandenen Hohlräume direkt zum Ablagern von Müll zu nutzen. Prinzipiell sollte jedoch davon ausgegangen werden, dass die Konstruktion von Untertagedeponien einem gezielten Plan folgt und nicht auf dem Niveau des herkömmlichen Verfüllens solcher aus anderem Interesse entstandenen Hohlräume verbleibt. Im günstigen Fall werden beim Planen und beim bergbaulichen Vortrieb und Abbau die gesetzlichen Vorgaben für das Einbauen oder Ablagern von Abfällen berücksichtigt und die Untertagedeponie von Beginn an geplant.

15.9.1 Multibarrierenkonzept bei Untertagedeponien

Bei Untertagedeponien für besonders überwachungsbedürftige Abfälle, besondere für das Endlagern hochtoxischer und radioaktiver Abfälle, ist der Kontakt zwischen den abgelagerten Schadstoffen und der Biosphäre durch Vermeiden jeglicher Wasserwegsamkeit und Transportmöglichkeit zu unterbinden. Angestrebt wird eine mehrfache und vollständige Abschirmung. Folgende Barrieren werden vorgesehen:

- *Schwerlöslichkeit des Abfallproduktes*
  Das Abfallprodukt wird durch Konditionieren in einen Festzustand (Glas, Keramik, kristallines Aggregat) überführt. Bei der nicht völlig auszuschließenden Störfallannahme eines Wasser- oder Laugenzutritts, der unter hydrothermalen Bedingungen zum direkten Kontakt mit dem Abfallprodukt führt, wird über lange Zeit eine Zerstörung der glasartigen oder keramischen Produkte eintreten.
- *Behälter*
  Sehr stabile Abfallbehälter sollen unter thermischer und radioaktiver Beanspruchung auf 100.000 Jahre leckdicht gegen einen Lösungsangriff bleiben.
- *Verfüll- und Versatzmaterial*
  Eine zusätzliche, unabhängig wirkende Barriere können sorgfältig ausgewählte natürliche Verfüll- und Versatzmateriale übernehmen. Besonderes Interesse richtet sich auf tonhaltige Gesteine, welche sich durch eine geringe Durchlässigkeit gegen Wasser und ein hohes Sorptionsvermögen auszeichnen. Von Nachteil bei der Endlagerung wärmeentwickelnder Abfälle ist deren geringe Wärmeleitfähigkeit.
- *Eignung des Wirtgesteins für die Ablagerung von „besonders überwachungsbedürftigen Abfällen" und die Endlagerung radioaktiver Abfälle*
  Als Wirtgestein wird das Gebirge (Gestein) bezeichnet, in dem sich der zur Ablagerung bestimmte untertägige Hohlraum befindet. Dieses Gestein soll vom Wasserkreislauf abgeschirmt oder in begrenztem Maße von fossilem Grundwasser umgeben sein.
- *Deckgebirge und Nebengestein*
  Das über dem Wirtgestein lagernde Gebirge soll beim Freisetzen von Radionukliden oder anderen, hochgiftigen Inhaltsstoffen aus dem Endlager eine weitere Barriere zur Biosphäre darstellen. Bei einer Überlagerung von Salz durch Anhydrit oder Ton bzw. Tonstein ist eine Barriere gegen den Transport im strömenden Grundwasser gegeben.
- *Endlagerung außerhalb bewohnter Gebiete*
  Die untertägige Endlagerung in unbewohnten Wüstengebieten bietet eine Möglichkeit für multinationale und internationale Zusammenarbeit.

Im folgenden wird die Barrierewirkung der wichtigsten Wirtgesteine für Untertagedeponien diskutiert:

- *Salz*
  Günstige Eigenschaften als Wirtgestein sind:

- die hohe Plastizität hat zur Folge, dass offene Klüfte und Hohlräume wieder verschlossen werden;
- im Tieftemperaturbereich besitzt Salz eine hohe Wärmeleitfähigkeit;
- durch geringe Porosität und Klüftung ist Salz gegen Laugen und Gase undurchlässig;
- günstige Eigenschaften beim bergmännischen Kavernenbau;
- günstige Eigenschaften für soltechnisches Herstellen von Kavernen.

Ungünstige Eigenschaften sind:

- die Unreinheit und schlechte Diagnostizierbarkeit der Homogenität von Salzkörpern;
- die geringe Dichte und die hohe Plastizität begünstigen Diapirismus und führen zu komplizierten geometrischen Strukturen;
- die hohe Löslichkeit des Salzes, die die Erosions- und Subrosionsgefahr erhöht;
- die korrosive Wirkung von Salzlösungen auf die Behälter;
- das geringe Sorptionsvermögen von Salz;
- die wirtschaftliche Bedeutung von Salzvorkommen.

- *Anhydrit*
  Günstige Eigenschaften sind:
  - Anhydrit ist zwischen 40 und 1180 °C bei atmosphärischem Druck stabil;
  - er wandelt sich unter Wasseraufnahme und Volumenzunahme von 60 % in Gips um und verheilt damit alle Klüfte und Spalten (Selbstheilungsprozess);
  - die Sorptionsfähigkeit von Anhydrit für Cäsium- und Strontium-Isotope ist hoch;
  - hohe Wärmeleitfähigkeit von reinem Anhydrit.

  Ungünstige Eigenschaften sind:
  - geologische Körper aus homogenem, reinem Anhydrit sind im gewünschten Ausmaß in der Natur selten; es muss mit komplizierten Bauwerken gerechnet werden;
  - die Abhängigkeit des Selbstheilungsprozesses von einer Anzahl veränderlicher Bedingungen relativiert diese Vorteile im speziellen Fall;
  - die korrosive Wirkung von Gipswässern verringert die Standzeit der Behälter.
- *Tonstein*
  Günstige Eigenschaften sind:
  - geringe Wasserdurchlässigkeit;
  - hohes Sorptionsvermögen;
  - Vorkommen mit großer Mächtigkeit und gleichmäßiger Ausbildung.

  Ungünstige Eigenschaften sind:
  - schlechte Wärmeleitfähigkeit;
  - Quellfähigkeit durch Wasseraufnahme;
  - hoher Wassergehalt und hohe Plastizität;
  - schlechte Standfestigkeit beim Kavernenbau.

  Die verschiedenen Tonsteine enthalten eine vielfältige Mischung aus Tonmineralen, Quarz, Glimmer, Calcit u. a. mit stark unterschiedlichem Diagenesegrad. Entsprechend ist die Eignung als Wirtgestein in jedem Einzelfall genau zu untersuchen und zu diskutieren.
- *Granit*
  Günstige Eigenschaften sind:
  - weite Verbreitung in der Erdkruste;
  - Homogenität der Granitkörper,
  - weitständige Trennflächen mit geringer Öffnungsweite in den Trennfugen;
  - geringer Klufthohlraum als Speicher für geringe Grundwassermengen;
  - gute Standfestigkeit beim Kavernenbau.

  Ungünstige Eigenschaften sind:
  - Wasserbewegung im Trennflächensystem; es gibt kein Sorptionsvermögen und auch kein stagnierendes Porenwasser, das aus dem im Kluftsystem fließenden Wasser Schadstoffe aufnehmen kann!
  - in großer Tiefe kann Granit von mineralisiertem Thermalwasser zersetzt oder karstartig gelöst werden.
- *Basalt*
  Günstige Eigenschaften sind:
  - weite Verbreitung;
  - Homogenität innerhalb einzelner Basaltkörper;
  - gute Standfestigkeit beim Kavernenbau;
  - Einschaltung feinporöser Lavalagen mit stagnierendem Porenwasser.

  Ungünstige Eigenschaften sind:
  - veränderliche Kluftdichte;
  - Inhomogenitäten wie Lavatunnel und grobporöse Lavalagen mit Wasserführung, Verwitterung.
- *Tuff*
  Tuffe kommen in großer Verbreitung auf der Erde vor. Als Füllung von Grabenstrukturen und Calderen sowie in Ascheflüssen in der Nähe vulkanischer Zentren bilden sie Gesteinskomplexe mit großer Mächtigkeit.
  Günstige Eigenschaften sind:
  - hohes Sorptionsvermögen (Tonminerale);
  - geringe Permeabilität.

  Ungünstige Eigenschaften sind:
  - Inhomogenität mit unterschiedlicher Ausbildung, Entstehung, Verfestigung und Klüftung in den verschiedenen Tufflagen;
  - Variabilität in der chemischen und mineralogischen Zusammensetzung;
  - hoher Wassergehalt (bis 10 %);
  - geringe Wärmeleitfähigkeit.

Die Gegenüberstellung der günstigen und ungünstigen Eigenschaften der Gesteine zeigt, dass kein Gestein eine absolut sichere und auf sehr lange Zeit wirksame geologische Barriere bildet. Die Einlagerung in ein bestimmtes Wirtgestein wirkt gefahrmindernd. Die angebotenen Endlagerungsmodelle bieten nur in Wechselwirkung mit anderen Barrieren eine Sicherheit und liegen somit außerhalb des Grundprinzips des Multibarrierenkonzeptes, nach dem jede einzelne Barriere für sich ausreichende Sicherheit bieten muss.

15

15.9.2 Erhöhen der Stehzeit unterirdischer Hohlräume durch Versatzbauweise

Bei vom Bergbau aufgefahrenen Hohlräumen ist deren Standfestigkeit und Stehzeit, geologisch bedingt, abhängig vom gewählten Abbauverfahren, von der gewählten Art des Abstützens und von der ungesicherten Stützweite. Es ist/war das Ziel des Bergbaubetreibers, die Lagerstätte möglichst gewinnbringend abzubauen. Hierzu müssen aus Sicherheitsgründen die mit dem Gebirgsdruck zusammenhängenden Kräfte beherrscht werden. Die Standsicherheit der für den Abbau der Lagerstätte zu schaffenden Hohlräume muss jedoch, abgesehen von Förder- und Belüftungsstrecken, nur für die Dauer der Abbautätigkeit garantiert sein. Es lag früher nicht im Interesse des Bergbaubetreibers, dauerhaft standfeste und für das Ablagern von Abfall geeignete Hohlräume zu hinterlassen. Aus bergbaulichen Gründen wird/wurde für den Abbau ein Verfahren gewählt, welches das Hereingewinnen der Lagerstätte und der zu lösenden Nebengesteine (Ganggesteine) erleichtert. Zum anderen ist das Bestreben des Bergbaubetreibers darauf gerichtet, Bergschäden, für welche er entsprechend Bundesberggesetz (BBergG), § 115 zu haften hat, nach Möglichkeit zu vermeiden oder zu minimieren. Im Vordergrund standen und stehen mithin das Abstützen und Unterfangen der Firste bzw. des Hangenden. In schichtartigen Lagerstätten mit großer Ausdehnung, insbesondere bei Kohleflözen, werden Abbauverfahren mit langen Abbaufronten angewendet. In bis 4 m mächtigen Flözen mit Einfallen bis 40° ist/war der Strebbau das verbreitetste Abbauverfahren. Im abzubauenden Abschnitt wird in langer Front das Flöz fortschreitend verhauen. In dem jeweils offenen, durch fortschreitenden Ausbau gesicherten Strebraum finden die Betriebsvorgänge „Gewinnen", „Fördern" und „Einbringen des Versatzes" statt. Je nach Einbauart des Versatzes ist die Stützwirkung unterschiedlich. Unterschieden wird auch zwischen Teilversatz und Vollversatz. Der Strebbau kann als Bruchbau oder als Versatzbau geführt werden (Fritzsche 1962, Wikipedia). Beim Strebbau können folgende Abbauverfahren unterschieden werden:

- Abbauverfahren mit nur kurzzeitigem Abstützen des Hangenden und anschließendem zu Bruchwerfen des Hangenden; „Alter Mann". Das Verfahren wird/wurde unter Feld- und Waldfluren angewendet. Es eignet sich nicht zum Einlagern von Abfällen. Gleiches gilt für den „Weitungsbruchbau", welcher z. B. in den Erzgruben im Raum Salzgitter angewendet wurde.
- Abbauverfahren mit nur kurzzeitigem Abstützen des Hangenden und gezieltem Absenken des Deckengewölbes. Der Raum des ausgekohlten Flözes wird/wurde über eine Breite von wenigen Metern im direkten Arbeitsbereich von Hauer oder Schrämmaschine abgestützt. Um Absenkbeträge an der Oberfläche zu minimieren, wird unter Siedlungs- und Verkehrsflächen das Versatzverfahren angewendet. Es ist das Ziel, Bergschäden möglichst gering zu halten. Hierzu wird/wurde im Flözbergbau (Strebbergbau) und auch im Pfeilerbergbau mit Versatz gearbeitet. Darunter versteht man das Verfüllen des durch den Abbau entstandenen Hohlraumes (abgebautes Flöz) mit taubem Gestein (Bergematerial), welches beim Abbau oder Vortrieb anfällt oder eigens für diesen Zweck untertägig in Blindorten abgebaut wird. Eingebaut wird/wurde das Versatzmaterial
  - als Handversatz per Hand und Schaufel, z. T. unter Benutzung fester Rutschen oder Schüttelrutschen;
  - als mechanischer Versatz durch Einsatz größerer Maschinen, z. B. zum Einlagern von Fässern und größeren Gebinden (big bags);
  - als Sturzversatz, bei welchem das Versatzmaterial ohne weitere mechanische Hilfsmittel und ohne Führungsrohre direkt in den geschaffen Hohlraum (Alter Mann) oder durch Rolllöcher bzw. Blindschächte in den zu verfüllenden Hohlraum fällt;
  - als Fließversatz, bei welchem das Versatzmaterial in einer geschlossenen Leitung, gegebenenfalls unter Einsatz von Wasser oder Druckluft, in das Versatzfeld gefördert wird;
  - als Blasversatz, bei dem das Versatzmaterial durch strömende Druckluft getragen und in Rohrleitungen „schwebend" zum Versatzort transportiert und dort eingeblasen wird;
  - als Schleuderversatz, bei dem das Versatzmaterial mit einer Versatzschleuder in den Hohlraum verbracht wird;
  - als Spülversatz, bei dem das Versatzmaterial durch in Rohren strömendes Wasser in den zu verfüllenden Abbauraum befördert wird,
  - als selbsterhärtender Spülversatz, bei dem ein Versatzmaterial eingebaut wird, welchem zum Aushärten und Erhöhen der Tragwirkung/Abstützung des Hangenden im nassen Zustand Bindemittel (Zement, Filterasche u. a.) beigegeben werden.
  - Die Methode des hydraulisch selbsthärtenden Spülversatzes wird/wurde auch im Örter-Bergbau-Verfahren eingesetzt, wenn die Lagerstätte möglichst vollständig abgebaut werden soll oder nachträglich, wenn die verbliebenen Festen zu schwach dimensioniert sind/waren.

Zu schwach dimensionierte Festen können zum Zusammenbruch von Teilen des Grubengebäudes führen (Grube Teutschenthal bei Halle). In solchen Fällen ist schnellstmöglicher Einbau von Versatzmaterial gefordert.

15.9.3 Verwerten von Abfällen als Versatzmaterial

Als Versatzmaterial wurde und wird auch Material von über Tage aus Sandgruben, Steinbrüchen, Schiefermühlen, Halden eingebaut. Das Einbauen von gefährlichen Abfallstoffen (Aschen, Filterstäube etc.), die dem selbsthärtenden Versatz dienen, ist innerhalb der EU als Verwertungsverfahren R 5 gemäß Anhang II der Richtlinie 2008/98 EG anerkannt (Wikipedia: Versatz). Zu beachten ist die Verordnung über den Versatz von Abfällen unter Tage vom 24.7.2002 mit Änderung vom 24.2.2012 (Versatzverordnung – VersatzV), Bundesministerium für Justiz und

Verbraucherschutz. In dieser Verordnung ist das Verwerten von Abfällen als Versatzmaterial geregelt. Feststoffgrenzwerte und Zuordnungswerte, die im jeweils verwendeten unvermischten Abfall nicht überschritten werden dürfen, sind dort tabellarisch für Elemente und organische Verbindungen für Feststoffe in mg/kg, für Eluate in µg/l aufgelistet. Abfälle, die diese Feststoffgrenzwerte und Zuordnungswerte überschreiten, sind demnach nach den Vorgaben der Deponieverordnung (DepV) in Deponien der Deponieklasse IV zu deponieren.

Gegen das Verwertungsverfahren von giftigen Abfällen als Versatz unter Tage gibt es Widerstand. Nach ZEIT ONLINE (http://www.zeit.de/2000) wurden Filterstäube mit Wasser vermischt und über Rohrleitungen in den unterirdischen Bruchhohlraum des Versatzbergwerkes Walsum eingepumpt. Die EU fordert für Versatzbergwerke die gleichen Umweltprüfungen wie für andere Deponien und Untertagedeponien. Neben untertägigen Hohlräumen, die aus bergbaulichen Zwecken geschaffen wurden, gibt es auch solche, die aus anderen Zwecken, z. B. militärischen Zwecken, Sicherheitszwecken oder speziell zum Entsorgen von Abfällen gegraben wurden oder werden. Diese können bei Zustimmung der zuständigen Behörde zum Einlagern von unbrauchbaren Massen genutzt werden. Soweit von solchen Massen keine Gefährdung für die Umwelt ausgeht, sie also den Kriterien für das Zuordnen zur Deponieklasse 0 (DK 0) entsprechen, können diese in Altbergwerke eingebaut werden.

Versatzbergwerke in Deutschland sind (laut Wikipedia):
- Grube Teutschenthal (Salz; Sachsen-Anhalt),
- Gersheim (Kalkstein, eingestellt; Saarland),
- Wohlverwahrt-Nammen (Eisenerz; Korallenoolith, Ob. Jura, Nordrhein-Westfahlen),
- Bleicherode (Salz; Zechstein, Thüringen),
- Bergwerk Kochendorf (Salz, Mittl. Muschelkalk, Baden-Württemberg),
- Hattorf (Salz, Zechstein, Hessen),
- Stetten (Salz, Mittl. Muschelkalk, Baden-Württemberg),
- Walsum, (Steinkohle, Nordrhein-Westfahlen),
- Erzbergwerk Meggen (Schwefelkies, Erzlager, Nordrhein-Westfahlen),
- Glückauf Sondershausen (Salz, Thüringen).

15.9.4 Anforderungen an das Einrichten von Untertagedeponien

Für Deponien der Klasse IV sind in DepV, Anhang 2 die Anforderungen an den Standort, an die geologische Barriere und an den Langzeitsicherheitsnachweis geregelt. Deponien der Klasse IV dürfen nur im Salzgestein eingerichtet werden. Das Salz bildet die geologische Barriere. Es kann die eingebrachten Abfälle allmählich umschließen. Das Ablagern soll so erfolgen, dass keine Nachsorgemaßnahmen erforderlich sind. Das umgebende Salzgebirge muss als geologische Barriere
- gegenüber Flüssigkeiten und Gasen dicht sein,
- eine ausreichende räumliche Ausdehnung haben,
- im ausgewählten Ablagerungsbereich eine ausreichendende unverritzte Salzmächtigkeit besitzen,
- die Abfälle allmählich umschließen.

Für die Sicherheitsbeurteilung bedarf es eines Nachweises zur Eignung des Gebirges für die Anlage einer Untertagedeponie. Nachgewiesen werden soll der:
- geotechnische Standsicherheitsnachweis,
- Sicherheitsnachweis für die Ablagerungs- und für die Stilllegungsphase,
- Langzeitsicherheitsnachweis.

Dem geotechnischen Sicherheitsnachweis kommt zur Beurteilung der langfristigen Wirksamkeit und Integrität der geologischen Barriere im Steinsalz eine entscheidende Bedeutung zu. Für das Beurteilen der Langzeitsicherheit sind detaillierte Basisinformationen zu den geologischen, geotechnischen, hydrogeologischen und geochemischen Parametern des Standortes sowie zur Konzentration und zum Mobilitätsverhalten der einzubringen Schadstoffe erforderlich. Im Einzelnen sind Aussagen zu treffen zu:

Geologische Verhältnisse
- Ausdehnung und Mächtigkeit des Salzgesteinkörpers,
- Aufschlussgrad der Lagerstätte,
- Aufschlussbohrungen,
- Stratigraphie, Stoffbestand/mineralogische Zusammensetzung der einzelnen Schichten,
- Mächtigkeit und Lagerung der einzelnen Schichten,
- Ausbildung der Flanken und der Oberfläche der Salzlagerstätte,
- überlagernde Schichten (Anhydrit, Gips, Tonstein),
- tektonische Beanspruchung der Salzstruktur, Halokinese,
- geologischer Schnitt durch Lagerstätte und Bergwerk,
- geothermischer Gradient,
- regionale seismische Aktivität,
- Subrosion, Ausbildung von Nachbrüchen, Tagbrüchen, Erdfällen.

Angaben zum Bergwerk
- Aufrisspläne für das Bergwerk mit Lage, Teufe und Querschnitt der Grubenbaue wie Schächte, Blindschächte, Strecken, Wendeln und Rampen sowie Tiefenlage und Abstand der Sohlen und Teilsohlen,
- Lage und Größe der geplanten Ablagerungsräume,
- Standsicherheit der Schächte, Blindschächte, Strecken und Abbauräume,
- Firstfälle, Stoßabschalungen, Liegendaufbrüche,
- Solezuflüsse mit Angaben zu Menge, Dichte, Sättigungsgrad, Temperatur, Ursache und Herkunft, Isotopenalter der Zuflüsse,
- Gasaustritte und Gefährdung, Ort, Menge, Zusammensetzung, Ursache, Herkunft,
- Vorkommen von Erdöl und/oder Erdgas,
- Ausbildung der Sicherheitspfeiler,
- Sicherheitsabstand zu Deckgebirge, Flanken, basalen wasserführenden Gesteinslagen (Kalkstein!) und zu Lösungsnestern, Bohrlöchern, Schächten und benachbarten Bergwerken,

15

- abgedämmte oder abzudämmende Teile des Bergwerks.

Hydrogeologische Verhältnisse
- Aussagen zum Deckgebirge mit Stratigraphie, Petrographie, Mächtigkeit, Lagerungsverhältnissen, tektonischer Beanspruchung der Gesteine,
- Lage und Fließrichtung des Grundwassers,
- Gesteinsdurchlässigkeit und Gebirgsdurchlässigkeit,
- Hydraulischer Gradient, Fließgeschwindigkeit,
- Mineralisation des Grundwassers,
- Temperatur des Grundwassers,
- Nutzung des Grundwassers, ausgewiesenes Schutzgebiet,
- Lage, Ausbildung und Beschaffenheit der Oberflächengewässer und wassererfüllter unterirdischer Kavernen oder Höhlen.

Einbringen von Abfällen
- Art, Menge und Beschaffenheit der Abfälle;
- Ablagerungskonzept, nach Möglichkeit mit getrenntem Ablagern von Abfällen;
- Ablagern in Behältern und oder Ablagern als schüttfähige Massen;
- Ablagern in einzelnen Kammern oder Strecken, die Abfälle sollen während der Betriebsphase rückholbar sein;
- geomechanische (bodenmechanische) Eigenschaften der Abfälle;
- Reaktionsverhalten der Abfälle bei Zutritt von Wasser oder Laugen bezüglich Löslichkeitsverhalten, Gasentwicklung und Wechselwirkung mit anderen Abfällen oder Wirtsgestein;
- der Verschluss der einzelnen Kammern und Strecken ist möglich.

Geotechnischer Standsicherheitsnachweis Um den dauerhaften Abschluss der Abfälle von der Biosphäre zu gewährleisten, ist die Standsicherheit der für das Verfüllen vorgesehenen Hohlräume zu gewährleisten. Es ist auszuschließen, dass
- die während und nach dem untertägigen Ausbruch eintretenden Verformungen die Funktionsfähigkeit des Bergwerkes beeinträchtigen;
- während und nach dem untertägigen Ausbruch kein Ausbrüche der Firste (Sargdeckel), keine Bergschläge, Verbrüche, Nachbrüche, Tagbrüche eintreten;
- die eingebauten Abfälle eine abstützende und tragende Wirkung übernehmen und langfristig Bestandteil des Gebirges werden.

Hierzu ist ein gebirgsmechanisches Gutachten zu erstellen. Die Aufgabenstellungen des Gutachtens sind:
- Einordnen und Bewerten der geologischen, tektonischen, hydrogeologischen, Daten im Hinblick auf ihre Relevanz für die angetroffene und prognostizierbare gebirgsmechanische Situation;
- Analyse der bergbaulichen Situation;
- Analyse des Gebirgsverhaltens auf Basis von Messwerten;
- Darlegen eventueller gebirgsmechanischer Gefährdungssituationen;
- Gebirgsmechanisches Bewerten zur Integrität der geologischen Barrieren und zur Langzeitsicherheit. Risiken sind zu beschreiben, Gefährdungsmöglichkeiten zu definieren;
- Festlegen der zu berücksichtigenden Einwirkungsfaktoren geologischer/tektonischer Art (primärer Spannungszustand), geogener Gefahren (Erdbeben, Änderung des Temperaturfeldes) und anthropogener Art (Bergbautätigkeit in der Nachbarschaft);
- Durchführen von Laborversuchen zum Ermitteln gesteinsmechanischer Eigenschaften;
- Durchführen von Versuchen im Gelände und unter Tage zum Ermitteln gesteinsmechanischer Eigenschaften. Insitu-Messungen zum Verformungs- und Spannungszustand und zur Gebirgspermeabilität;
- Erstellen eines gebirgsmechanischen Rechenmodells zur Simulation des Beanspruchungszustandes des Gebirges und zu dessen Langzeitverhalten;
- Bewerten der gebirgsmechanischen Gegebenheiten zu Fragen der Standsicherheit und zur Konvergenz des Grubengebäudes, zur Absenkung der Oberfläche und zur langfristigen Wirksamkeit der geologischen Barriere;
- Nennen erforderlicher Maßnahmen und betriebsbegleitende geotechnische Messungen aus gebirgsmechanischer Sicht während des Einlagerungsbetriebes und zum Betriebsabschluss.

Nachweis der Langzeitsicherheit In einem Langzeitsicherheitsnachweis sind für das Gesamtsystem Untertagedeponie/Abfall/Gebirge auf Grundlage eines Mehrbarrierensystems folgende Positionen zu bewerten:
- natürliche Barrierewirkung des Gebirges, des Wirtsgesteins, des Nebengesteins und des Deckgebirges;
- Veränderungen in der natürlichen Barrierewirkung des Gebirges durch die mit der Anlage des Bergwerks getätigten technischen Eingriffe im Gebirge beim Abteufen oder Ausbrechen der Schächte, Stollen, Strebe, Kammern, Kavernen, Bohrungen und der hieraus bedingten Auflockerungen;
- Barrierewirkung, beruhend auf der Abfallbeschaffenheit und deren Konditionierung, der Art des Einbringens der Abfälle, dem Abdämmen von Strecken und dem Verschließen von Schächten;
- geogene Einflüsse/Gefahren wie Erdbeben, Diapirismus;
- mögliche Gefahren durch Subrosion
- technisch bedingte Ereignisse und Prozesse, die den Einschluss der Abfälle gefährden, wie Verlust der Dichtwirkung in Bohrungen und Schächten, Versagen der Schachtverschlüsse; Wassereinbrüche, Laugeneinbrüche, Gaseinbrüche während der Ablagerungs- und Stilllegungsphase, bergbaubedingte Gebirgsauflockerung, Bohrungen und sonstige Eingriffe in der Nachbetriebsphase.

Stilllegen von Untertagedeponien Das Stilllegen setzt voraus, dass alle Hohlräume vollständig verfüllt sind, gegebenenfalls durch Einbauen von Versatzmaterial. Vor dem Stilllegen einer Deponie der Klasse IV sind Abschlussmaßnahmen zu vollziehen, die sicherstellen, dass die Abfälle der Biozone zuverlässig entzogen sind. Die Schächte sind unter Berücksichtigung der durchfahrenen Schichtenfolge so zu verfüllen, dass auch hier eine Verbindung zwischen Ablagerungsraum und Biosphäre dauerhaft verhindert wird.

Untertagedeponien (UTD) in Deutschland sind (Quelle: Wikipedia):

- UTD Herfa-Neurode (Salz, Zechstein, Hessen),
- UTD Heilbronn – Kochendorf (Salz, Mittl. Muschelkalk, Baden-Württemberg),
- UTD Zielitz – (Salz, Zechstein, Sachsen-Anhalt),
- UTD Sondershausen (Salz, Zechstein, Thüringen).

15.10 Zwischenlager von Öl und Gas in Salzstock-Speicherkavernen

In mächtigen Steinsalzlagern können von einer Bohrung aus große, etwa 100.000 m^3 umfassende Kavernen ausgesohlt werden. Dieser Hohlraum entspricht etwa einer 150 m tiefen Röhre mit 30 m Durchmesser. Für den Salzstock Etzel werden 300 bis 500 m tiefe Rohre mit bis 60 m Durchmesser angegeben. Die beim Aussohlen entstehende Sohle wird entweder der chemischen Weiterverarbeitung zugeführt oder verdünnt in das Meer abgegeben. Vor dem Befüllen mit Öl oder Gas ist die Kaverne mit konzentrierter Salzsole gefüllt. Diese wird beim Befüllen vom Fuß aus über Rohrleitungen abgepumpt. Das eingepumpte Öl schwimmt auf der Sole. Es reagiert weder mit dem umgebenden Salz noch vermischt es sich mit der Sole.

Gas wird hochverdichtet in die Kaverne eingepresst. Dabei ist ein gewisser, kavernenabhängiger Gasdruck (Kissengas) für die Standfestigkeit der Kaverne und für technische Belange beim Entleeren und Wiederbefüllen erforderlich. Dieser Anteil an Kissengas, welcher permanent im Speicher verbleibt, kann bis 50 % des maximalen Speichervolumens betragen (Wikipedia: Untergrundspeicher).

Im Jahr 2014 gab es in Deutschland, verteilt auf 51 Anlagen, Untergrundspeicher mit einem Fassungsvolumen von 53 Mrd. m^3 Gas. Dies entspricht etwa 25 % des Jahresbedarfs.

Neben der Speichermöglichkeit in Salzkavernen werden auch ausgebeutete ehemalige natürliche Gaslagerstätten als wiederbefüllbare Porenspeicher genutzt. Die Vorgehensweise ist folgende:

1. Lagerstättenprospektion der Gaslagerstätte,
2. Erschließen und Ausfördern der Gaslagerstätte,
3. Einpressen von importiertem Erdgas in die ausgebeutete Gaslagerstätte.

Gegen das weitere Herstellen und Betreiben von solchen Kavernenspeichern und Porenspeichern im Untergrund formt sich Widerstand in der Bevölkerung, besonders nach dem Bekanntwerden von Lecks (kleineren Ausmaßes), wie 2014 an der Kavernenanlage Amtsvenn bei Gronau. Es ist auch Aufgabe der Geowissenschaftler hierzu vertrauensbildende Erklärungen abzugeben. Bei natürlichen Porenlagerstätten, in denen Gas oder Öl über Jahrmillionen unter hohem Druck stand, ist deren Eignung als Speicher für technisch unter hohem Druck eingespeichertes Öl oder Gas von Natur aus gegeben und bewiesen.

Rekultivieren von Halden, Deponien und Tagebauen

Rüdiger Philipps, Wolfgang Dachroth

W. Dachroth, *Handbuch der Baugeologie und Geotechnik*, DOI 10.1007/978-3-662-46886-9_16

Im Braunkohletagebau, in Steinbrüchen, auf Halden und Deponien sowie bei zahlreichen Baumaßnahmen entstehen Flächen, deren Funktionen gestört sind und die aus diesem Grunde rekultiviert werden müssen. Das Bundesberggesetz (BBergG) verpflichtet z. B. Bergbautreibende, devastierte Landflächen durch technische und biologische Maßnahmen zu rekultivieren. Die Begriffsinhalte von Wiedernutzbarmachung und Rekultivierung sind nach Abo-Rady et al. (2000) folgende:

- *Wiedernutzbarmachung*
  Wiedernutzbarmachen ist das ordnungsgemäße Gestalten der vom Bergbau in Anspruch genommenen Oberfläche unter Beachtung des öffentlichen Interesses (§ 4, BBergG 1980).
- *technische Rekultivierung*
  Technisches Rekultivieren (Wiederurbarmachen) ist das Herrichten der vom Bergbau nicht mehr genutzten devastierten Flächen für das biologische Rekultivieren. Hierzu zählen das Neugestalten der Oberflächen mit Neuanlage von Böschungen im sicheren Neigungswinkel sowie das Ertüchtigen zu steil angelegter Altböschungen, soweit diese bestehen bleiben sollen. Weiterhin gehören hierzu die Grundmelioration, das Regulieren der Vorflut, der Bau von Zufahrtswegen und das Gestalten von Tagebaurestlöchern.
- *biologische Rekultivierung*
  Biologisches Rekultivieren ist das Herstellen und Fördern der Bodenfruchtbarkeit auf technisch vorgerichteten Flächen. Dies erfolgt durch Bodenbearbeiten, Anreichern der Humussubstanz im Oberboden, Düngen, Erstbepflanzen und rationelles land- oder forstwirtschaftliches Nutzen in Folge.

Ähnliches gilt auch für Deponien, die nach den Regeln der bis 2009 gültigen TA Siedlungsabfall aufgebaut sind und oberhalb der technischen Oberflächenabdichtung eine mindestens 1 m mächtige Rekultivierungsschicht aufweisen müssen.

Die auf devastierten Flächen und hierauf neu entstandenen Böden auftretenden Schäden sind vielfältig und haben oft Eines gemeinsam: Es fehlt der belebte humose Oberboden.

16

Das Anreichern von organischer Substanz im Oberboden ist daher in der Regel ein wichtiges Teilziel beim Rekultivieren. Neben Klärschlamm werden zunehmend auch Komposte aus Klärschlamm und der Bioabfallsammlung als Träger organischer Substanz angeboten. Aufgrund der teilweise hohen Nährstoff- und Schadstoffgehalte und der häufig nicht ausreichenden Strukturstabilität werden die organischen Stoffe häufig mit mineralischen Komponenten vermengt, um ein bodenähnliches Substrat (Bodenersatzsubstrat) zu schaffen.

Vom Anwenden der Komposte und Bodenersatzsubstrate sind im Rahmen von Rekultivierungsmaßnahmen u. a. folgende Effekte zu erwarten (Abo-Rady et al. 2000):

- Zufuhr von organischer Substanz und Nährstoffen;
- Erhöhen der Wasserspeicherfähigkeit, Durchlässigkeit und Bodenwärme;
- Stabilisieren des Bodengefüges und Schutz vor Verschlämmen und Erosion;
- Neutralisation bzw. Regulieren des *p*H-Wertes;
- Erhöhen der Sorptionsfähigkeit für Nährstoffe;
- Verbessern der Lebensbedingungen für Bodenlebewesen;
- phytosanitäre Wirkungen.

Das Anwenden von Substraten zum Rekultivieren sollte zumindest eine der obengenannten Bodeneigenschaften oder -funktionen nachhaltig positiv beeinflussen, ohne gleichzeitig andere Bodenfunktionen oder Umweltmedien zu schädigen oder zu gefährden.

Neben dem technisch-naturwissenschaftlichen Optimieren von Bodenersatzsubstraten müssen bei Rekultivierungsmaßnahmen auch die rechtlichen Rahmenbedingungen beachtet werden. Es hat sich gezeigt, dass in diesem Bereich deutliche Rechtsunsicherheiten bestehen, die darauf beruhen, dass auf Bundesebene keine fallspezifischen Regelungen vorhanden sind bzw. vorhandene Regelungen nur teilweise und regional begrenzt zutreffen.

16.1 Rechtliche Rahmenbedingungen für das Anwenden von Bodenersatzsubstraten

Folgende Gesetze und Regeln berühren den Einsatz von Komposten und Bodenersatzsubstraten bei Rekultivierungsmaßnahmen und im Landschaftsbau:

- Kreislaufwirtschafts-/Abfallgesetz (KrW-/AbfG) in der Fassung vom 24.02.2012;
- Düngegesetz (DüngG);
- Düngemittelverordnung (DümV) in der Fassung vom 05.12.2012;
- Düngeverordnung (DüV) in der Fassung vom 27.02.2007;
- Klärschlammverordnung (AbfKlärV) in der geänderten Fassung vom 24.02.2012;
- Bundesbodenschutzgesetz (BBodSchG) einschließlich der ressortabgestimmten Durchführungsverordnung vom 24.02.2012;
- LABO-/LAGA-Anforderungen an den Einsatz von Biokompost/Klärschlamm bei der Rekultivierung von langjährig devastierten Flächen der Braunkohlentagebaue in den neuen Bundesländern, Stand März 1995;
- Bioabfallverordnung (BioabfV) vom 04.04.2013;
- Wasserhaushaltsgesetz (WHG) in der Fassung vom 07.08.2013.

Die wichtigsten Leitsätze und Aussagen dieser Gesetze, Verordnungen, Anforderungen und Merkblätter sind (Philipps 2000):

- *Kreislaufwirtschaftsgesetz*
  Biokompost bzw. Klärschlamm als Abfall zur Verwertung kann als Sekundärrohstoffdünger im Bereich der landwirtschaftlichen Düngung eingesetzt werden, wenn dieser dem Düngemittelgesetz und den nachgeschalteten düngemittelrechtlichen Verordnungen genügt.
- *Düngegesetz (DüngG)*
  Klärschlamm fällt unter dieses Gesetz, wenn dieser zur landwirtschaftlichen Düngung vorgesehen ist.
- *Düngemittelverordnung*
  Stoffe, die als Ausgangsstoff Klärschlamm enthalten, dürfen Nutzpflanzen zum Zweck der landwirtschaftlichen Düngung nur dann zugeführt werden, wenn diese einem zuge-

lassenen Düngemitteltyp gemäß DümV entsprechen. Die bei Sekundärrohstoffdüngern eingesetzten Klärschlämme müssen den Anforderungen der Klärschlammverordnung genügen. Durch das Aufbereiten und Herstellen von Gemischen mit anderen organischen oder anorganischen Stoffen darf die Schadstoffgesamtfracht nicht erhöht werden. Düngemittel, Bodenhilfsstoffe, Kultursubstrate … zu deren Aufbereiten Klärschlämme verwendet werden, welche die Grenzwerte der DümV überschreiten, jedoch die Anforderungen der AbfKlärV erfüllen, durften noch bis 31.12.2016 in den Verkehr gebracht werden.

- *Düngeverordnung*
  Düngemittel auf Klärschlammbasis, die einem zugelassenen Düngemitteltyp gemäß DümV entsprechen, dürfen nur nach den Grundsätzen der guten fachlichen Praxis auf landwirtschaftlich genutzten Flächen ausgebracht werden (Düngebedarfsermittlung, Nährstoffvergleiche).
- *Klärschlammverordnung*
  Klärschlämme, Klärschlammkomposte und Klärschlammgemische unterliegen im Rahmen der landwirtschaftlichen Verwertung der AbfKlärV Gleichzeitig unterliegen die genannten Stoffe auch den düngemittelrechtlichen Vorschriften. Das Aufbringen von Klärschlamm auf Rekultivierungsflächen wird von der AbfKlärV nur dann geregelt, wenn diese Flächen anschließend auch landwirtschaftlich genutzt werden.
- *Bundesbodenschutzgesetz*
  Ziel ist das nachhaltige Sichern und Wiederherstellen von Bodenfunktionen sowie die Abwehr schädlicher Bodenveränderungen. Die Bereiche, in denen bereits Richtlinien (z. B. KrW-/AbfG, DüngG, AbfKlärV) das Aufbringen von Abfällen als Dünger oder Sekundärrohstoff regeln, werden vom BBodSchG nicht berührt.
- *Bioabfallverordnung*
  Klärschlamm fällt nicht unter diese Verordnung. Für Biokompost ist der Anwendungsbereich auf Land-, Garten- und Forstwirtschaft beschränkt.
- *LABO-/LAGA-Anforderungen*
  Ziel ist das Rekultivieren oder Renaturieren devastierter Flächen der Braunkohletagebaue in den neuen Bundesländern, um deren Funktionen wiederherzustellen bzw. zu verbessern. Das hierzu vorgesehene Verwerten von Klärschlamm und Biokompost soll anhand festgelegter nutzungsbezogener Kriterien und Güteanforderungen erfolgen.
- *Wasserhaushaltsgesetz*
  Stoffe dürfen nur so abgelagert werden, dass eine nachteilige Veränderung der Wasserbeschaffenheit nicht zu besorgen ist (§ 32.2).

Darüber hinaus existieren weitere, oft nur auf Länderebene gültige Regelwerke, die entweder per Erlass bindenden Charakter haben oder deren Einhaltung und Beachtung die zuständigen Behörden im Einzelfall fordern:

- *Klärschlammverwertung im Landschaftsbau.*
  Bericht des Landesamtes für Umweltschutz Sachsen-Anhalt, Halle 1993.

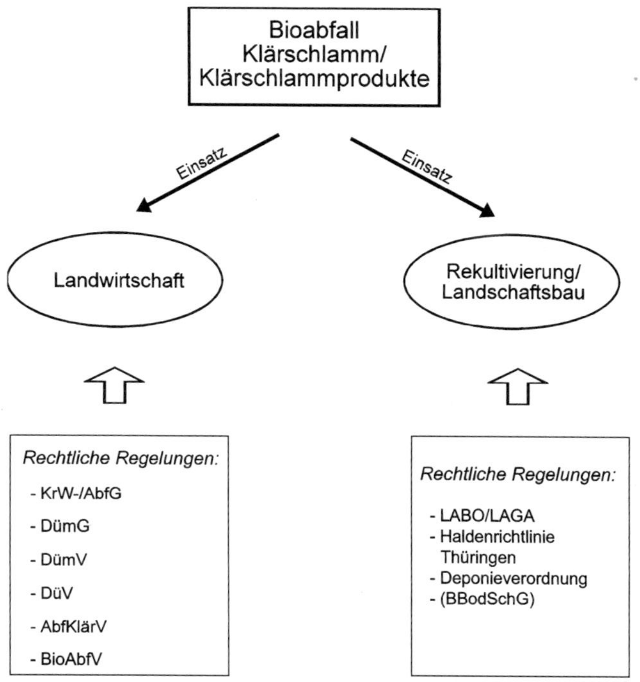

Abb. 16.1 Rechtliche Regelungen zum Einsatz von Klärschlamm und Klärschlammprodukten in der Landwirtschaft und bei Rekultivierung und Landschaftsbau

- *Richtlinie für die Verwertung von Reststoffen bei der Abdeckung und Rekultivierung von Halden des Steinkohlebergbaus auf Karbon.*
  Ministerium für Umwelt, Energie und Verkehr, Saarbrücken 1996 – seit 01.03.2009 ungültig.
- *Texte und Anforderungen des ANS.*
  Arbeitskreis für die Nutzbarmachung von Siedlungsabfällen e. V.

Die obengenannten gesetzlichen Regeln lassen sich wie in Abb. 16.1 grafisch darstellen. Hierzu lässt sich weiterhin erläutern:

Für den Einsatz von Klärschlamm als Dünger (Sekundärrohstoffdünger) in der Landwirtschaft bestehen verschiedene rechtliche Regeln, die vom Kreislaufwirtschaftsgesetz über das Düngemittelgesetz bis hin zur Klärschlammverordnung reichen. Im Rahmen dieser Gesetze und Verordnungen werden die Ausbringbedingungen für Klärschlamm bzw. klärschlammhaltige Bodenersatzsubstrate hinsichtlich der in ihnen enthaltenen Schad- und Nährstoffgehalte geregelt sowie dem Bedarf der jeweiligen Nutzpflanzen angepasst. Der Einsatz von Biokompost in der Landwirtschaft wird von der BioAbfV geregelt.

Von den obengenannten rechtlichen Regeln wird das Verwenden von Biokompost, Klärschlamm und Bodenersatzsubstraten für Rekultivierungszwecke und im Landschaftsbau lediglich im engbegrenzten Einsatz auf devastierten Flächen der Braunkohletagebaue in den neuen Bundesländern eindeutig definiert und reglementiert.

In allen anderen rechtlichen Regeln wird dieser Teilaspekt der Biokompost- und Klärschlammverwertung nicht behandelt bzw. sogar ausdrücklich ausgeschlossen (s. § 1, Abs. 1 AbfKlärV).

Lediglich aus einzelnen Abschnitten des Bundesbodenschutzgesetzes lassen sich noch Begründungen für den Einsatz von Biokompost, Klärschlamm oder klärschlammhaltigen Bodenersatzsubstraten beim Rekultivieren und im Landschaftsbau konstruieren. So ergibt sich aus § 1 BBodSchG, dass die Funktionen des Bodens zu sichern oder wiederherzustellen sowie schädliche Bodenveränderungen abzuwehren sind, was in dieser Form auch in den LABO-/LAGA-Anforderungen formuliert ist.

Der Einsatz von Biokompost, Klärschlamm oder klärschlammhaltigen Bodenersatzsubstraten für Rekultivierungszwecke wäre daher nach BBodSchG an den Nachweis der Nützlichkeit sowie der Schadlosigkeit gekoppelt. Bei Vorhandensein eines entsprechenden Produktes, welches die durch gültige Rechtsverordnung geregelten Werte und Anforderungen erfüllt, wäre eine Verwendung für die genannten Zwecke auch außerhalb der LABO-/LAGA-Anwendungsbereiche nach den Vorgaben des BBodSchG durchaus möglich. Nachdem deutlich gemacht wurde, dass für den Einsatz von Bodenersatzsubstraten beim Rekultivieren und im Landschaftsbau lediglich die rechtlichen Regeln der LABO/LAGA sowie das BBodSchG Anwendung finden, wird nachfolgend detailliert auf diese beiden Regelwerke eingegangen.

16.1.1 LABO/LAGA

In den LABO-/LAGA-Anforderungen werden die Randbedingungen der Biokompost- und Klärschlammverwertung anhand relevanter Nährstoff- und Schadstoffgrenzwerte vorgegeben.

Die Schadstoffgrenzwerte werden hierfür aus der AbfKlärV übernommen (Schwermetalle, PCB, PCDD/F), wobei sowohl die Boden- wie auch die Klärschlammwerte herangezogen werden. Der Schadstoffgehalt im Bodensubstrat bzw. Abfallgemisch darf die Gehalte der am Standort vorkommenden Böden nicht überschreiten (50er bzw. 90er Perzentil der regionalen Hintergrundwerte).

16

Die Nährstoffgrenzwerte (Stickstoff, Phosphat, Kalium) werden anhand von sogenannten Nutzungs- und Standortfaktoren festgelegt. Als Bemessungsgrundlage werden die Düngemittelvorschriften genannt.

Die Nutzungsklassen werden wie folgt gegliedert (wobei die Nutzungsklasse I von der AbfKlärV geregelt wird und für das Rekultivieren nicht relevant ist):

- Nutzungsklasse I: intensive Ackerkulturen, intensive Grünlandnutzung;
- Nutzungsklasse II: intensive Grünlandnutzung (Weide);
- Nutzungsklasse III: extensive Grünlandnutzung, Grünflächen;
- Nutzungsklasse IV: Aufforstungen, Gehölzflächen, Grünbrachen mit Einsaaten;
- Nutzungsklasse V: Grünbrache ohne Einsaat.

Die Einteilung in Nutzungsklassen soll eine bedarfsgerechte Versorgung mit Nährstoffen sicherstellen und Überdüngen vermeiden.

Zusätzlich wird bei Stickstoffverbindungen das standörtliche Verlagerungsrisiko (Schutz des Grundwassers vor ausgewaschenen N-Verbindungen) unterschieden. Das Bewerten erfolgt anhand der Austauschhäufigkeit des Bodenwassers bei Feldkapazität im effektiven Wurzelraum. (Das Ermitteln von Kenngrößen erfolgt nach DIN E 19732 anhand von Nomogrammen, Berechnungsmodellen und Messungen, z. B. mit Lysimetern.) Das standörtliche Verlagerungsrisiko wird wie folgt unterschieden:

- A: empfindliche Standorte,
  Austauschhäufigkeit > 200 %.
- B: mäßig empfindliche Standorte,
  Austauschhäufigkeit 100–200 %.
- C: unempfindliche Standorte,
  Austauschhäufigkeit < 100 %.

Anhand der Einteilung in Nutzungsklassen und hydrogeologische Standorttypen werden von der LABO/LAGA maximal zulässige Stickstofffrachten (verfügbarer N-Anteil) pro Hektar festgelegt.

In Bezug auf die Nährstoffe Phosphat und Kalium werden ebenfalls maximal zulässige Frachten vorgegeben, die sich an den obengenannten Nutzungsklassen sowie an der für den Standort relevanten Nährstoffversorgungsstufe gemäß VDLUFA-Düngeempfehlungen orientieren. Die im LABO-/LAGA-Papier zugrunde gelegten maximal zulässigen Frachten für Phosphat und Kalium basieren auf der Nährstoffversorgungsstufe C (Erhaltungsdüngung). Bei niedrigen (A) bzw. mittleren (B) Nährstoffgehalten im Boden sind die zulässigen Frachten mit dem Faktor 2 bzw. 1,5 zu multiplizieren. Bei sehr hohen Nährstoffgehalten im Boden (Versorgungsstufe D) ist die Fracht zu halbieren. Bei äußerst hohen Nährstoffgehalten (Versorgungsstufe E) ist das Ausbringen von Klärschlamm bzw. Bioabfallkompost nicht zulässig.

Mithilfe der obengenannten Differenzierungen hinsichtlich Nutzungsklassen, hydrogeologischen Standorttypen und Nährstoffversorgungsstufen soll erreicht werden, dass beim Ausbringen von Klärschlamm bzw. Bioabfallkompost die Nährstoffeinträge an die Bodenfunktionen und den Pflanzenbedarf angepasst und die Risiken insbesondere erhöhter Nitratausträge ins Grundwasser minimiert werden (s. auch Delschen et al. 1996).

Im Anhang der LABO-/LAGA-Anforderungen ist eine Beispielrechnung für die Kompostmenge angegeben, die auf einen Standort der Nutzungskategorie II (intensive Grünlandnutzung) mit dem hydrogeologischen Standorttyp C (unempfindlich) und der Nährstoffversorgungsstufe A (doppelte zulässige Nährstofffracht) auszubringen ist.

Wenn man in diese Beispielrechnung die für Klärschlammkomposte häufigen Nährstoffgehalte einsetzt, erhält man folgende Ausbringmengen:

Beispielrechnung

- Klärschlammkompost (häufig gemessene Werte):
  Wassergehalt 48 Gew.-%,
- Schüttdichte 730 kg m^{-3},
- ^{ges}N 1 % TS,
- ^{min}N 0,033 % TS,
- Phosphor (P^2O^5) 1,85 % TS,
- Kalium (^{ges}K) 0,48 % TS.
- Standort:
  Nutzungskategorie II,

hydrogeologischer Standorttyp C,
Versorgungsstufe A.

- Frachten (zulässig):Stickstoff 85 kg ha^{-1},
- Phosphor (P^2O^5) 160 kg ha^{-1},
- Kalium (K^2O) 300 kg ha^{-1}.

In 1 t Klärschlammkompost TM sind enthalten:

1. Stickstoff: ^{ges}N = 10 kg (1 % $^{ges}N \cdot$ 1000 kg)
   ^{min}N = 0,33 kg
   ^{org}N = (10 – 0,33) kg = 9,67 kg
   ^{verf}N = 0,33 kg + (9,67 kg · 0,15) = 1,8 kg
   (unter der Annahme, dass 15 % des ^{org}N im ersten Jahr verfügbar sind)
   Auszubringende einmalige Klärschlammkompostmenge (s. o. Annahme) nach N:
   85 kg/1,8 kg = 47 t TM ha^{-1}
2. Phosphor P^2O^5 = 18,5 kg (1,85 % · 1000 kg)
   Auszubringende Klärschlammkompostmenge nach P:
   160 kg/18,5 kg = 8,7 t TM ha^{-1}
   Erlaubte Zusammenfassung von 3 Jahresgaben:
   3 · 8,7 t = 26 t TM ha^{-1}
3. Kalium K^2O = 4,8 kg (0,48 % · 1000 kg)
   Auszubringende Klärschlammkompostmenge nach K:
   300 kg/4,8 kg = 62,5 t TM ha^{-1}

In dieser Beispielrechnung für Klärschlammkompost stellt Phosphor den limitierenden Faktor dar. Es dürften unter den angenommenen Bedingungen lediglich 26 t Klärschlammkompost (Trockenmasse) pro Hektar ausgebracht werden. Bei einem Wassergehalt von rund 48 Gew.-% wären dies rund 54 t Frischmasse. Unter Zugrundelegung einer Schüttdichte von 0,73 t m^{-3} ergibt sich daraus ein Volumen von 74 m^3 ha^{-1}.

Die resultierende „Aufbringstärke" beträgt damit rund 0,75 cm ha^{-1}, wobei nur einmaliges Aufbringen statthaft ist.

Mit diesem Resultat ist es auch unter den bereits vorausgesetzten günstigen Standortbedingungen (Nutzungsklasse II, Standorttyp C, Versorgungsstufe A) fraglich, ob das Anwenden von Bodenersatzsubstraten in solchen äußerst geringen Dosierungen überhaupt fachlich und wirtschaftlich sinnvoll ist. Bei Anwendung eines üblichen klärschlammhaltigen Bodenersatzsubstrates (s. Beispielrechnung) ist die Stärke der Rekultivierungsschicht mit 0,75 cm in jedem Falle zu gering. Um eine begrünungsfähige Rekultivierungsschicht von ca. 0,25 m Stärke zu erhalten, müssten dem klärschlammhaltigen Bodenersatzsubstrat daher große Mengen an schad- und nährstofffreiem Substrat zugesetzt werden (Gallenkemper und Flamme 1996).

Die Anforderungen der LABO/LAGA orientieren sich sehr stark an der landwirtschaftlichen Düngepraxis, was vor allem anhand der äußerst limitierten Nährstoffgehalte deutlich wird. Die Anwendungspraxis sollte beim Rekultivieren stärker berücksichtigt werden, da hier im Gegensatz zur Landwirtschaft in der Regel nur eine einmalige Anwendung erfolgt.

Zusammenfassend lässt sich feststellen, dass die LABO-/LAGA-Anforderungen in ihrer gegenwärtigen Form nahezu einen Ausschluss der Klärschlamm- bzw. Bioabfallkompostanwendung im Rahmen von Rekultivierungs- und Landschaftsbaumaßnahmen darstellen, da ein wirtschaftliches Ausbringen aufgrund der sehr restriktiven Nährstoffbegrenzung nicht möglich ist. Bemerkenswert ist in diesem Zusammenhang, dass nicht die Schadstoffe (z. B. Schwermetalle), sondern die Nährstoffe der begrenzende Faktor sind.

16.1.2 Bundesbodenschutzgesetz

Das Bundesbodenschutzgesetz (BBodSchG) weist zwar keine direkte Regel zum Aufbringen von Biokompost, Klärschlamm oder klärschlammhaltigen Bodenersatzsubstraten beim Rekultivieren und im Landschaftsbau auf, enthält jedoch Ansatzpunkte, die für diesen Verwendungsfall herangezogen werden könnten.

So wird z. B. in § 6 das „Auf- und Einbringen von Materialen auf oder in den Boden" angesprochen. Anhand von Merkmalen wie „Art und Beschaffenheit der Materiale und des Bodens, Aufbringungsort und -zeit sowie natürliche Standortverhältnisse" können „Untersuchungen der Materiale und/oder des Bodens" bestimmt werden.

In § 7 ist die Vorsorgepflicht des Grundstückseigentümers geregelt, die dann gegeben ist, wenn aufgrund der räumlichen, langfristigen oder komplexen Auswirkung einer Nutzung die Besorgnis einer schädlichen Bodenveränderung besteht.

Die landwirtschaftliche Bodennutzung richtet sich hierbei nach dem Grundsatz der „guten fachlichen Praxis", die forstwirtschaftliche Bodennutzung nach dem Bundeswaldgesetz bzw. nach den entsprechenden Vorschriften der Länder und der Schutz des Grundwassers nach den wasserwirtschaftlichen Vorschriften. Ein spezieller Hinweis auf den Bereich Rekultivieren und Landschaftsbau wird nicht gegeben.

In Anhang 2 der Bundes-Bodenschutz- und Altlastenverordnung (BBodSchV) vom 24.03.2012 werden in Vorsorge-, Prüf- und Maßnahmenwerte zu § 8 BBodSchG genannt in ◘ Tab. 1.15–1.23. Die einzelnen Wertegruppen werden wie folgt gegliedert, wobei lediglich die Prüf- und Maßnahmenwerte eine gewisse Hierarchie aufweisen und die Vorsorgewerte isoliert davon zu sehen sind (Schrader 1998):

- *Vorsorgewerte*
  Beim Überschreiten dieser Grenzwerte ist in der Regel von einer schädlichen Bodenveränderung auszugehen. Die Differenzierung orientiert sich wegen unterschiedlicher Schadstoffbindung bei Schwermetallen an den Anteilen von Ton, Lehm und Sand im Boden, bei organischen Stoffen (PCB, PAK) am Humusgehalt.
  Die Anwendung ist schadstoffbindungsbezogen.
- *Maßnahmenwerte*
  Beim Überschreiten dieser Grenzwerte ist in der Regel von einer schädlichen Bodenveränderung (oder Altlast) auszugehen. Entsprechende Maßnahmen sind erforderlich. Die Maßnahmenwerte markieren die Gefahrenschwelle.
  Die Anwendung ist nutzungs- und schutzgutbezogen.
- *Prüfwerte*
  Beim Überschreiten dieser Grenzwerte ist eine einzelfallbezogene Prüfung durchzuführen, ob eine schädliche Bodenveränderung (oder Altlast) vorliegt. Die Prüfwerte markieren nicht die Gefahrenschwelle, sondern verpflichten zur näheren Untersuchung, ob eine Gefahr vorliegt.
  Die Anwendung ist nutzungs- und schutzgutbezogen.

In § 12 der BBodSchV werden zur Rekultivierungsproblematik folgende Aussagen getroffen:

Als Kulturbodenschicht soll vorrangig Bodenmaterial aufgetragen werden. Dabei darf nach Art, Menge und Schadstoffgehalten dieses Bodenmaterials sowie der am Ort der Aufbringung anstehenden Böden nicht die Besorgnis des Entstehens schädlicher Bodenveränderungen hervorgerufen werden. Im Hinblick auf künftige unvermeidliche Schadstoffeinträge durch Bewirtschaftungsmaßnahmen sollen die Schadstoffgehalte in der entstandenen Kulturbodenschicht 70 % der Vorsorgewerte nicht überschreiten.

Beim Ausbringen von Biokompost, Klärschlamm oder klärschlammhaltigen Bodenersatzsubstraten im Rahmen von Rekultivierungs- und Landschaftsbaumaßnahmen sind die Vorsorgewerte für Metalle und organische Stoffe in Böden zu beachten. Während die organischen Stoffe im Klärschlamm in der Regel weniger problematisch sind, weisen die Metalle bekanntermaßen je nach Einzugsgebiet der Kläranlage bzw. Verunreinigungen der Bioabfallsammlung häufig erhöhte Gehalte auf.

Bei Rekultivierungsmaßnahmen sind für das Ausbringen klärschlammhaltiger Bodenersatzsubstrate Cadmium, Kupfer und vor allem Zink kritische, weil häufig erhöhte Parameter.

Die Zugabe von Bodenmaterial zum klärschlammhaltigen Bodenersatzsubstrat muss unter Einhaltung der Vorgabe des BBodSchG erfolgen (max. 70 % der Vorsorgewerte, z. B. Zink: 140 mg kg^{-1} TS). Außerdem ist vor jedem Ausbringen der Boden in der Ausbringfläche zu überprüfen.

Im Gegensatz zu den LABO-/LAGA-Anforderungen ist nach der obengenannten Auslegung des BBodSchG unter dem Gesichtspunkt der Schadstoffgehalte das Ausbringen von Bodenersatzsubstraten in beliebigen Mächtigkeiten möglich, sofern die Vorsorgewerte nicht überschritten werden.

Aus Rücksicht auf die Vegetation ist die Dicke der aufzutragenden Schichten auf ca. 0,2 m zu begrenzen. Beim Auftrag dickerer Schichten kann es zur Bildung von biologisch inaktivem Totboden kommen. Von Totböden ist bekannt, dass sie erhöhte Nitratmengen abgeben. Bei zu dickem Ausbringen von Biokompost, Klärschlamm oder klärschlammhaltigen Bodenersatzsubstraten kann der Gesichtspunkt einer Entsorgung zunehmend Bedeutung erlangen.

Bezüglich der in einem Produkt enthaltenen Schadstoffe ist beim Überschreiten der Vorsorgewerte eine Frachtbetrachtung vonnöten. Dies bedeutet, dass § 8 Abs. 2 BBodSchG greift, zu dem im ergänzenden Regelwerk der BBodSchV Werte tabellarisch aufgelistet sind, die stoffliche Begrenzungen des Eintrages in den Untergrund darstellen.

In der Praxis heißt dies, dass die Zugabe von Bioabfällen bzw. Klärschlamm zum Bodenersatzsubstrat zunächst durch den Vorsorgewert begrenzt wird. Überschreitet das Produkt durch eine erhöhte Zugabe von Bioabfall bzw. Klärschlamm den Vorsorgewert, heißt dies, dass die Aufbringstärke des Produktes, welche zuvor nicht begrenzt war, dann wegen zu hoher Frachten auf ein Minimum zu reduzieren ist. Hier hat der Gesetzgeber eine wohlüberlegte Hemmschwelle eingebaut, die überhöhte Zugaben von Bioabfall bzw. Klärschlamm verhindert.

Andererseits können naturwissenschaftlich gesicherte Ansätze zu wirtschaftlichen Problemlösungen führen, indem nachgewiesen wird, dass das Elutionsverhalten bzw. die eluierbare Fracht pro Jahr und Fläche durch entsprechende Produktreaktion, wie z. B. Emissionsneutralität durch Verglasen, Versintern oder Keramisieren, minimiert wird.

Hinsichtlich der Nährstoffsituation sind im BBodSchG und in der BBodschV keine begrenzenden Vorgaben enthalten. Allerdings gibt es diesbezüglich auch hier andere Einschränkungen, etwa die Forderungen zum Schutz des Grundwassers vor Verunreinigungen mit Nitrat, Phosphat etc.

Die LABO-/LAGA-Anforderungen berücksichtigen im Gegensatz zum BBodSchG zwar die Nährstoffsituation, jedoch ist der Anwendungsfall inhaltlich eng auf die Belange der Braunkohletagebaue in den ostdeutschen Bundesländern begrenzt. Auch andere Gründe sprechen gegen das bundesweite Anwenden der LABO-/LAGA-Anforderungen.

16.2 Abfall- und Wertstoffproblematik bei Rekultivierungssubstraten

Die Grundsätze des KrW-/AbfG vom 24.02.2012 sehen vor, dass Abfälle in erster Linie zu vermeiden sind. Ist dies nicht möglich (wie beim Klärschlamm), so sind die Abfälle stofflich oder energetisch zu verwerten. Erst wenn weiteres Verwerten ökologisch und ökonomisch nicht mehr sinnvoll durchführbar ist, sollen Abfälle beseitigt bzw. deponiert werden.

Gegenwärtig wird Klärschlamm bzw. Klärschlammkompost landwirtschaftlich und thermisch verwertet bzw. untergeordnet auch als Rekultivierungssubstrat aufbereitet. Das Ablagern von Klärschlamm auf Deponien ist seit 2005 nicht mehr möglich.

Das Verwenden von Klärschlamm als Dünger durch Aufbringen auf landwirtschaftlich, forstwirtschaftlich oder gärtnerisch genutzte Böden ist eine stoffliche Verwertung im Sinne von § 6 Abs. 1 KrW-/AbfG. Der Klärschlamm wird damit einem in Anlage 2 zum Kreislaufwirtschafts- und Abfallgesetz ausdrücklich genannten Verwertungsverfahren zugeführt, nämlich dem Verfahren gemäß R 10: „Aufbringung auf den Boden zum Nutzen der Landwirtschaft …" Dies ist ein stoffliches Verwerten, da nach einer wirtschaftlichen Betrachtungsweise, unter Berücksichtigung der im Klärschlamm enthaltenen Verunreinigungen, der Hauptzweck der Maßnahme in der Nutzung des Klärschlamms und nicht in der Beseitigung des Schadstoffpotentials liegt. Es geht darum, die konkreten Eigenschaften des Klärschlamms zu nutzen, um einen bestimmten Erfolg zu erzielen, zu dessen Erreichen der Aufbringende sich sonst eines anderen Stoffes hätte bedienen müssen (Wendt 1998).

Biokompost wird ebenfalls in der Landwirtschaft und im Gartenbau stofflich verwertet, wobei mit dem Aufbringen auf Böden die abfallrechtliche Verwertung abgeschlossen ist.

In § 11 und 12 nimmt das KrW-/AbfG Bezug auf die Anforderungen der Kreislaufwirtschaft für Bioabfälle und Klärschlämme sowie deren Qualitätssicherung.

Das Düngen landwirtschaftlich, forstwirtschaftlich oder gärtnerisch genutzter Böden mit Biokompost und Klärschlamm unterliegt daher dem Rechtsregime des Kreislaufwirtschafts- und Abfallgesetzes. Biokompost und Klärschlamm, die durch Rotte- und Kompostierverfahren oder durch Vermischen mit Grünschnittmaterial und Ton aufgearbeitet werden, können als Dünger für landwirtschaftlich, forstwirtschaftlich oder gärtnerisch genutzte Böden verwendet werden. Das Material kann aber auch als Mittel der Landschaftsgestaltung, z. B. für das Rekultivieren von verödeten Industrieflächen, sonstigem Ödland, Deponien und Halden, eingesetzt zu werden (Wendt 1998).

Das Klassifizieren zwischen Verwendung von Rekultivierungssubstraten im Sinne einer Verwertung oder im Sinne einer Beseitigung ist problematisch. Wenn ein Rekultivierungssubstrat als Dünger oder als Mittel der Landschaftsgestaltung verwendet wird, handelt es sich doch zum Zeitpunkt der entsprechenden Verwendung – also beim Einsatz – nicht mehr um Abfall im Sinne des Kreislaufwirtschafts- und Abfallgesetzes. Abfallverwertung und Abfallbeseitigung setzen begrifflich das Vorhandensein von Abfall voraus.

Durch Verrotten oder Kompostieren bzw. durch Vermischen mit Grünschnittmaterial oder Ton kann der Biokompost bzw. Klärschlamm seine Abfalleigenschaft verloren haben. Eine solche Aufarbeitung wäre dann ihrerseits als abschließende Verwertung, nämlich als Nutzung der stofflichen Eigenschaften des Klärschlamms (§ 6 KrW-/AbfG), zu begreifen.

Ob die grundsätzliche Pflicht zum stofflichen Verwerten erfüllt wird, lässt sich nicht allgemein, sondern nur im Hinblick auf die jeweiligen Eigenschaften des betreffenden Abfalls bestimmen. Als Indizien für eine nicht mehr vorhandene abfallspezifische Eigenschaft eines Rekultivierungssubstrats können nach Wendt (1998) folgende Punkte angesehen werden:

- Die gewonnenen Stoffe sind in ihren Eigenschaften den zu substituierenden Primärrohstoffen oder Produkten (natürliche Oberböden) vergleichbar.
- Es muss ausgeschlossen sein, dass von dem gewonnenen Stoff (Rekultivierungssubstrat) ein umweltgefährdender abfallspezifischer Schadstofftransfer bzw. eine Schadstoffanreicherung im Wertstoffkreislauf (vgl. § 5 Abs. 3 KrW-/AbfG) ausgehen kann.
- Schließlich ist im Allgemeinen ein positiver Marktwert des Bodenersatzsubstrates Voraussetzung. Andernfalls besteht die abfallspezifische Gefahr, dass das Substrat nicht genutzt sondern illegal beseitigt wird. Erforderlichenfalls ist durch geeignete Unterlagen, wie z. B. Abnahmeverträge, nachzuweisen, dass der gewonnene Stoff tatsächlich der weiteren Verwendung im Sinne seiner Zweckbestimmung zugeführt wird.

16.3 Regelungsbedarf für Bodenersatzsubstrate im Landschaftsbau

Wie erläutert, existiert für den Einsatz von Biokompost, Klärschlamm und Klärschlammkomposten in der Landwirtschaft und im Gartenbau ein umfassendes rechtliches Instrumentarium, in dessen Zentrum die Klärschlammverordnung (AbfKlärV) mit allen sich daraus ergebenden Vorschriften, Grenzwerten, Aufbringungsanforderungen und Nachweispflichten steht.

Bei einem Einsatz von Biokompost, Klärschlammkomposten und klärschlammhaltigen Bodenersatzsubstraten außerhalb von Landwirtschaft und Gartenbau, d. h. im Landschaftsbau und beim Rekultivieren scheidet die Anwendung der AbfKlärV/-BioKompV und der daraus abgeleiteten Vorschriften grundsätzlich aus.

Wie oben erläutert, bestehen gegenwärtig, abgesehen von einigen im Grundsatz wohl heranziehbaren Vorgaben im BBodSchG sowie regional begrenzt gültigen Regeln und Empfehlungen, keine rechtlich verbindlichen, bundeseinheitlichen Rahmenvorgaben. Somit ist für den Einsatz bioabfall- bzw. klärschlammhaltiger Bodenersatzsubstrate der Entscheidungsspielraum der zuständigen Fachbehörden sehr weit gefasst (Müsken 1996).

Üblicherweise wird gegenwärtig das Ausbringen von Biokompost, Klärschlammkompost und klärschlammhaltigen Bodenersatzsubstraten in Form von Einzelgenehmigungsverfahren behandelt, wobei die Genehmigungsauflagen von den zuständigen Umweltbehörden aufgestellt werden.

Für betriebswirtschaftlich lohnendes Verwerten von Klärschlammkomposten und Bodenersatzsubstraten sind Einzelgenehmigungsverfahren hingegen wenig förderlich. Aus diesem Grund haben sich 1988 zahlreiche Hersteller von Klärschlammkompost unter dem Dach des „Arbeitskreises für die Nutzbarmachung von Siedlungsabfällen (ANS) e.V." zusammengeschlossen und ein eigenes Gütesiegel entwickelt.

Die bisherigen Praxiserfahrungen bei der Bodenersatzsubstratanwendung im Bereich Rekultivieren und Landschaftsbau haben ergeben, dass gütegesicherter Kompost aus Bioabfall oder Abwasserschlamm ohne weitere behördliche und genehmigungsrechtliche Restriktionen entsprechend den Anwendungsempfehlungen der „Gütegemeinschaft Kompost im ANS e.V." eingesetzt werden kann. In der Regel werden dabei von den Kompost- oder Substratherstellern die abgegebenen Mengen per Wiegeschein mit Angaben über Gewicht, Hersteller, Kunde, Aufbringort und Lieferant dokumentiert. Abfallbegleitscheine oder spezielle Transportzulassungen sind bei diesem Verfahren nicht erforderlich. Inwieweit diese Vorgehensweise allerdings langfristig rechtlich akzeptiert wird, ist zumindest diskussionswürdig.

Insgesamt gesehen lassen sich mehrere Punkte hinsichtlich des noch bestehenden Regelungsbedarfs für Bodenersatzsubstrate im Landschaftsbau herausarbeiten, die schlaglichtartig zusammengefasst ergeben, dass

- das BBodSchG keine konkreten Aussagen (Zahlenwerte) zu den Nährstoffen in einem Substrat trifft;
- das LABO-/LAGA-Papier keinen rechtlich bindenden Charakter hat, nur für die neuen Bundesländer Gültigkeit hatte und auch dort wiederum nur für die Vorbereitung der landwirtschaftlichen Folgenutzung von Bergbaulandschaften;
- die Empfehlungen des ANS keinen rechtlich bindenden Charakter haben und in einigen Punkten fachlich zumindest strittig sind;
- Einzelfallentscheidungen häufig ohne konkrete Zahlenvorgaben bezüglich aller kritischen Inhaltsstoffe von Rekultivierungssubstraten (z. B. Nährstoffgehalte) formuliert sind.
- Neuere statistische Zahlen zeigen, dass das landwirtschaftliche Verwerten mit rund 30 % und das Verbrennen (thermisches Verwerten) mit 53 % die Hauptverwertungswege für Klärschlamm darstellen. Das Verwerten im Landschaftsbau ist hingegen von 2006 bis 2010 um 8 auf 14 % zurückgegangen (Destutis 2011).

16.4 Technisches Umsetzen von Rekultivierungsmaßnahmen

Rekultivieren bedeutet das Wiederherstellen der Bodenfunktionen einschließlich der belebten, begrünungsfähigen und künftig pflanzentragenden Bodenschicht auf Flächen, die von Baustellen betroffen waren bzw. durch Bodenentnahmen oder Ablagerungen verändert wurden. Folgende Bereiche sind in erster Linie für Rekultivierungsmaßnahmen vorgesehen:

- Rohstoffgewinnungsstätten und Bergbaufolgelandschaften:
  - Tagebaue,
  - Steinbrüche,
  - Kiesgruben.
- Ablagerungen:
  - Rückstandshalden,
  - Deponien.
- Erdbauwerke:
  - Böschungen, Hänge, Straßeneinschnitte,
  - Lärmschutzwälle.

Die Verpflichtung zum Rekultivieren ergibt sich aus den Grundsätzen des Bundesnaturschutzgesetzes (BNatSchG), die als Rahmenvorschriften für die Ländergesetzgebung vorsehen, dass nachteilig verändernde Eingriffe in den Landschaftshaushalt bzw. in das Landschaftsbild durch landschaftspflegerische Maßnahmen (z. B. Rekultivierungen) auszugleichen sind.

Das Durchführen von Rekultivierungsmaßnahmen ist nicht standardisiert, sondern muss angepasst an die jeweilige Standortsituation und die geplanten Folgenutzungen erfolgen.

Üblicherweise werden die Rahmenbedingungen bei anstehenden Rekultivierungsmaßnahmen in einem Rekultivierungsplan zusammengefasst und bedürfen einer behördlichen Zustimmung. Je nach Anwendungsfall und Region sind Untere Naturschutz- bzw. Wasserschutzbehörden, Straßenbauämter oder Bergämter zuständig.

Der Rekultivierungsplan gliedert sich in der Regel in folgende Elemente:

- *Vorbereiten der Fläche*
  Hierzu gehört der Abbruch evtl. vorhandener Hilfsbauwerke, das Planieren des Geländes und das Anlegen geeigneter Böschungen.
- *Andecken bzw. Aufbringen von Mutterboden*
  Hierzu kann bei Mangel an humosen Erdstoffen auch der Einbau von Bodenersatzsubstraten (Kompost, Klärschlamm, Kultursubstrate, Rindenmulchprodukte u. ä.) gehören.
- *Anpflanzen mit standortgerechter Vegetation*

16.4.1 Rohstoffgewinnungsstätten

Tagebaue (Bergbaufolgelandschaften) Rekultivierungsmaßnahmen auf Bergbaufolgeflächen unterscheiden sich deutlich von den Maßnahmen bei Rückstandshalden oder Abfalldeponien. Während bei Bergbaufolgeflächen die Wiedernutzbarmachung und die Veräußerung der behandelten Flächen im Zustand uneingeschränkter Nachnutzbarkeit im Vordergrund stehen, verlangen noch nicht abgedeckte Rückstandshalden oder Abfalldeponien eine Sicherung gegen den Zutritt der Atmosphärilien.

Tab. 16.1 Vergleich der Flächendevastierung und des Rekultivierungspotentials in den drei größten deutschen Braunkohlerevieren (*BKR*). (Aus: Bannick 1995)

	Rheinisches BKR	Mitteldeutsches BKR	Lausitzer BKR
Landinanspruchnahme [ha]	24.500	46.900	48.999
Wiedernutzbarmachung [ha]	15.600	22.000	24.655
Betriebsfläche [ha]	8900	24.900	24.344

Bergbaufolgeflächen (Tab. 16.1) werden aufgrund ihrer Ausdehnung unabhängig von der späteren Nutzungsart häufig zu ganzen Bergbaufolgelandschaften umgestaltet. Rückstandshalden und Abfalldeponien bleiben hingegen trotz mitunter beachtlicher Größe stets isolierte Punkte in einer ansonsten natürlich gewachsenen Landschaft. Daraus resultieren in vielen Fällen ganz unterschiedliche Ansprüche und Vorgaben für das Rekultivieren (LfU Sachsen-Anhalt 1993).

Tab. 16.1 zeigt, dass ein großes Rekultivierungspotential (Betriebsfläche) von rund 60.000 ha allein in den drei großen Braunkohlerevieren Deutschlands besteht. Auf den sogenannten Kipprohböden der Braunkohlereviere müssen Rekultivierungsmaßnahmen aufgrund ihrer im Gegensatz zu gewachsenen Kulturböden besonders empfindlichen chemischen und physikalischen Eigenschaften sehr sorgfältig geplant werden (Tab. 16.2).

Das Ziel der Rekultivierung devastierter Flächen der Braunkohletagebaue sollte dem Gebot von Nachhaltigkeit und Nützlichkeit folgen (LABO/LAGA 1995), was sich in Form einer Verbesserung der folgenden Eigenschaften ausdrückt:

- Erhöhen des Anteils an organischer Substanz im Oberboden;
- Zufuhr pflanzenverfügbarer Nährstoffe;
- Neutralisation bzw. Regulieren des *p*H-Wertes;
- Anregen des Bodenlebens;
- Verbessern des Wasserhaushaltes.

Zu vermeiden sind beim Rekultivieren Verschlechterungen der Bodenfunktionen durch:

- Schadstoffeintrag, der die geringe Belastbarkeit der Bodensubstrate übersteigt;
- nicht bedarfsgerechte Nährstoffzufuhr;
- Verdichten des Bodens.

In den vergangenen Jahren wurden u. a. aus Gründen der mangelnden Verfügbarkeit geeigneter natürlicher humoser Oberböden zunehmend Versuche unternommen, die obengenannten Positivziele der Rekultivierung durch den Einsatz organischer Abfälle zu erreichen. Neben der im Grundsatz sicherlich löblichen Verwertung der wertgebenden Inhaltsstoffe wie z. B. der

16

■ Tab. 16.2 Eigenschaften von gewachsenen Kulturböden im Vergleich zu Kipprohböden der Braunkohlereviere. (Nach Abo-Rady et al. 2000)

Eigenschaft	Gewachsene Kulturböden	Kipprohböden der Braunkohlentagebaue
1. Bodengefüge	Stabil	Sehr instabil
2. Oberboden	Homogen	Inhomogen durch Verkippen
3. Bodenleben	Intensiv	Nicht vorhanden
4. Grundwasserverhältnisse	Bekannt	In vielen Fällen unbekannt; aufgrund des Höhenniveaus können diese Flächen nach Beendigung der Wasserhaltung z. T. in den Grundwasserbereich gelangen
5. Gefahr von Setzungsfließen	Nicht vorhanden	Verstärkt vorhanden
6. Beeinträchtigung durch Säurebildner (Pyrit, Markasit)	Keine	Sehr hoch in den tertiären Substraten (Versauerungsgefahr)
7. Kulturtechnologische Eignung	Meistens gut	Meistens begrenzt
8. Sorptionskapazität	Meistens befriedigend bis hoch	In ca. 70 % dieser Böden sehr niedrig (d. h. Auswaschung von Nähr- und Schadstoffen)
9. Entwicklungsstand und Empfindlichkeit	Gut entwickelt, weniger empfindlich	Unentwickelt (Rohböden), sehr empfindlich
10. Erosivität	Gering	Sehr hoch
11. Humusgehalt, pflanzenverfügbare Nährstoffe (N, P, K)	Hoch	Gering bis nicht vorhanden

organischen Substanz und der Nährstoffe in organischen Abfällen müssen jedoch auch die „Schattenseiten" dieser Verwertung betrachtet werden. Im Gegensatz zu natürlichen Oberböden weisen Substrate aus organischen Abfällen teilweise hohe Nährstoff- und/oder Schadstoffgehalte auf, von denen bei nicht sachgerechter Anwendung aufgrund der teilweise ungünstigen Eigenschaften der „Kipprohböden" ein gewisses Umweltgefährdungspotential ausgehen kann (■ Tab. 16.2).

Für Biokomposte wie auch für Klärschlämme und Klärschlammkomposte wurden aus diesem Grund in den LABO-/LAGA-Richtlinien (1995) maximal zulässige Schadstoffkonzentrationen für das Verwenden im Bereich Rekultivieren und Landschaftsbau festgelegt (■ Tab. 16.3).

Das Anwenden von organischen Abfällen beim Rekultivieren ehemaliger Braunkohletagebaugebiete ist nur dann zulässig, wenn die Schadstoffgehalte im Bodenersatzsubstrat die Gehalte der vor dem Abbau vorhandenen Böden nicht überschreiten. (Maßgabe ist das 50er bzw. 90er Perzentil der regional vorkommenden Hintergrundwerte, d. h., dass 50 bzw. 90 % der natürlich gewachsenen Böden unter diesen statistisch ermittelten Werten liegen.)

■ Tab. 16.3 Maximal zulässige Schadstoffkonzentrationen in Biokomposten, Klärschlämmen und Klärschlammkomposten für den Einsatz bei Rekultivierungs- und Landschaftsbauvorhaben auf devastierten Flächen der ehemaligen Braunkohletagebaue in den neuen Bundesländern gemäß LABO-/LAGA-Richtlinien (1995)

Parameter	Einheit	Biokomposte	Klärschlämme/ Klärschlammkomposte
Blei	mg kg^{-1} TS	150	900
Cadmium	mg kg^{-1} TS	1,5	10
Chrom	mg kg^{-1} TS	100	900
Kupfer	mg kg^{-1} TS	100	800
Nickel	mg kg^{-1} TS	50	200
Quecksilber	mg kg^{-1} TS	1	8
Zink	mg kg^{-1} TS	400	2500
PCB	mg kg^{-1} TS	–[a]	0,2[b]
PCDD/F	ng TE kg^{-1} TS	–[a]	100

[a] Keine Grenzwertfestlegung, da üblicherweise nur geringe Grundbelastung in Biokomposten
[b] Pro Einzelkongener

Zusätzlich zum Schadstoffaspekt sind beim Verwerten organischer Abfälle im Zuge von Rekultivierungsmaßnahmen auch die Grundsätze der „guten fachlichen Praxis" zu beachten, die in den düngemittelrechtlichen Gesetzen und Verordnungen (DüngG, DümV, DüV) beschrieben werden.

Um Auswaschen von Nährstoffen (insbesondere von Nitrat) aus dem Rekultivierungssubstrat ins Grundwasser zu vermeiden, wurden standortspezifische Nährstofffrachten in den LABO-/LAGA-Richtlinien festgelegt (■ Tab. 16.4 und 16.5).

Gemäß den LABO-/LAGA-Richtlinien ist das Verwerten von organischen Abfällen beim Rekultivieren devastierter Flächen der Braunkohletagebaue in den neuen Bundesländern zu unterlassen, wenn

- die vorgesehene (Tagebau-)Fläche nicht ordnungsgemäß vorbereitet ist (z. B. Standsicherheit);
- das Bodensubstrat weniger als 5 % Ton aufweist;
- der *p*H-Wert der Grundmelioration nicht dauerhaft den Wert 5 unterschreitet;
- die Rekultivierungsfläche innerhalb der Wasserschutzzone I–II liegt;
- in weniger als 10 m Abstand vom Aufbringungsbereich Oberflächengewässer liegen.

Der Erfolg einer Rekultivierungsmaßnahme wird insbesondere an den verbesserten bodenphysikalischen Eigenschaften der neu hergestellten Böden deutlich. Durch die Zugabe von Kompost werden neben der gewünschten Nährstoffanreicherung auch die Bodengefügeeigenschaften wie Luftkapazität, nutzbare Feldkapazität und Bodendichte positiv beeinflusst, wie dies an Ergebnissen

Tab. 16.4 Maximal zulässige Stickstofffrachten (verfügbarer Anteil) bei Rekultivierungsmaßnahmen (in kg ha^{-1}; einmalige Anwendung)[a] gemäß LABO-/LAGA-Richtlinien (1995)

Nutzungskategorie		Hydrogeologische Standortverhältnisse[b]		
		A	B	C
I	Intensiv geführte Ackerkulturen, intensive Grünlandnutzung (Mehrschnitt-Wiesennutzung)	70	120	170
II	Intensive Grünlandnutzung (Weide), Flächen mit Einsaat von Gründüngungspflanzen	50	70	120
III	Exentensive Grünlandnutzung, Grünflächen, Gehölzflächen mit Untersaaten	35	50	70
IV	Aufforstungen, Gehölzflächen ohne Untersaaten, Grünbrachen mit Einsaaten	20	35	50
V	Grünbrachen ohne Einsaat	0	20	35

[a] Im ersten Jahr verfügbarer Stickstoff (verfügbar sind 20 % des organisch gebundenen Stickstoffs bei Klärschlamm und 15 % bei Biokompost)
[b] Es bedeuten:
A Empfindliche Standorte (Austauschhäufigkeit des Bodenwassers pro Jahr > 200 %); *B* Mäßig empfindliche Standorte (Austauschhäufigkeit des Bodenwassers pro Jahr 100–200 %); *C* Unempfindliche Standorte (Austauschhäufigkeit des Bodenwassers pro Jahr < 100 %)

Tab. 16.5 Maximal zulässige Phosphat- und Kaliumfrachten bei Rekultivierungsmaßnahmen (in kg ha^{-1}; einmalige Anwendung) gemäß LABO-/LAGA-Richtlinien (1995)

Nutzungskategorie[a]	Phosphat (P_2O_5)[b]	Kalium (K_2O)
I	100	200
II	80	150
III	60	120
IV	40	80
V	20	40

[a] Siehe Tab. 16.4
[b] Zusammenfassung der zulässigen Frachten von 3 Jahren möglich

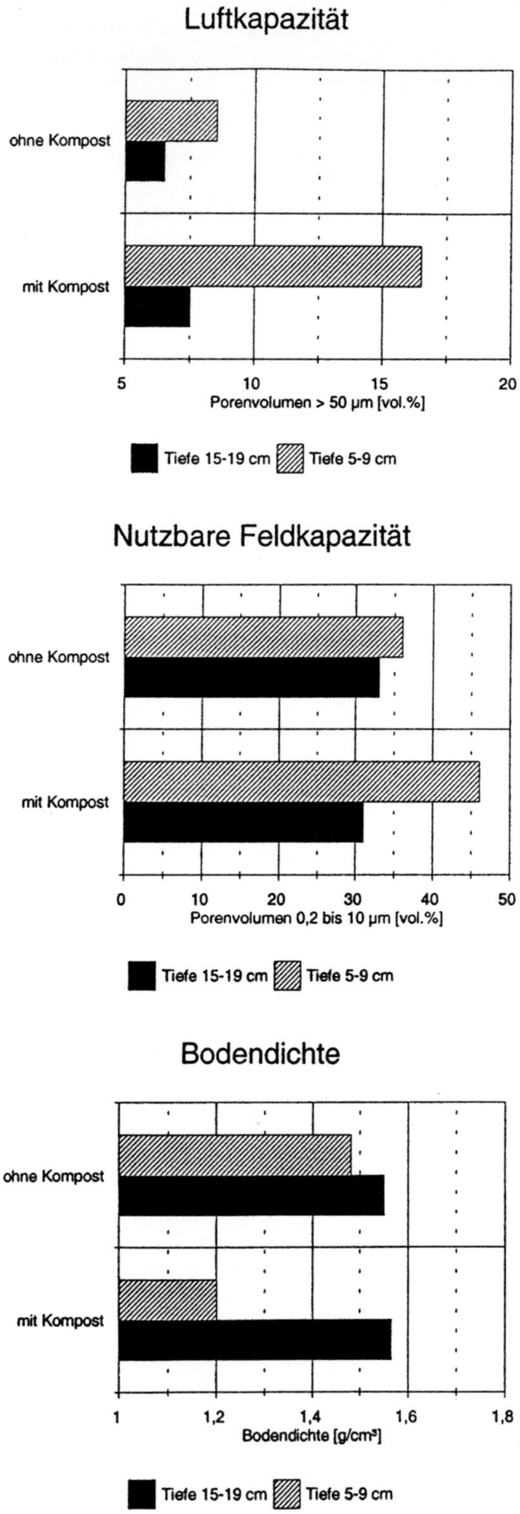

Abb. 16.2 Veränderung der bodenphysikalischen Eigenschaften eines Oberbodens nach der Kompostanwendung auf der Rekultivierungsfläche „Gustorfer Höhe" im Rheinischen Braunkohlerevier. (Nach Tenholtern et al. 1996)

von Rekultivierungsvorhaben im Rheinischen Braunkohlerevier deutlich wird (Abb. 16.2).

Im eher regenreichen mitteleuropäischen Klima ist der Erhalt eines grobporigen, lockeren Zustandes des Oberbodens bzw. der Rekultivierungsschicht notwendig, um Luftmangelerscheinungen und Staunässe zu vermeiden. Mit zunehmender Kompression, z. B. durch Befahren der Rekultivierungsflächen, nimmt der Grobporenanteil deutlich ab und die Verdichtung zu (Abb. 16.3).

Steinbrüche und Gruben Steinbrüche, Ton-, Sand- und Kiesgruben liegen in ihrer räumlichen Ausdehnung mehrere Größenordnungen unter den obengenannten Tagebaugebieten. Insbesondere ehemalige Steinbrüche können darüber hinaus abhängig von den Materialeigenschaften des abgebauten Gesteins steile bis nahezu saiger stehende Abbauwände (60–80°) aufweisen.

Rekultivierungspläne für abgebaute Gewinnungsflächen der Steine- und Erdenindustrie verfolgen heute in der überwie-

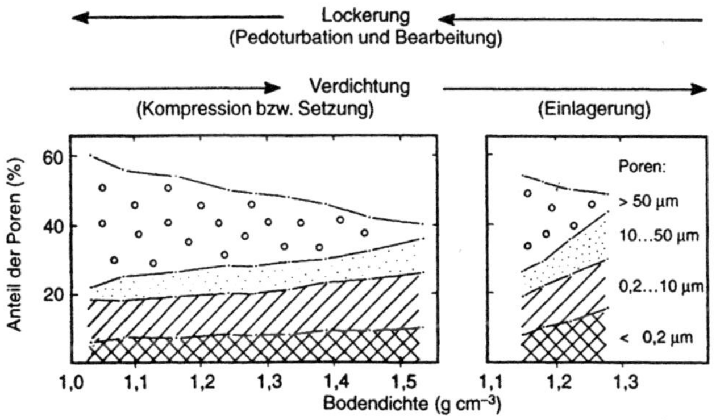

■ **Abb. 16.3** Porenverteilung in Abhängigkeit von der Bodendichte als Maß für den Verdichtungszustand. (Scheffer und Schachtschabel 1998)

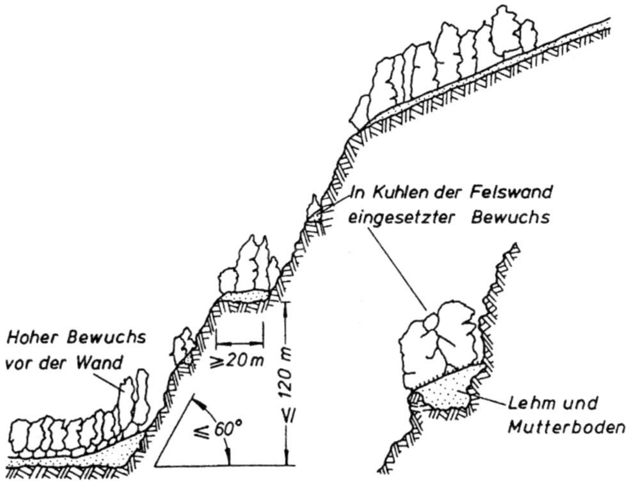

■ **Abb. 16.4** Beispiel für die Rekultivierung eines ehemaligen Steinbruches mit steilen Böschungswinkeln. (Pietzsch und Rosenheinrich 1998, 3 überarb. Auflage)

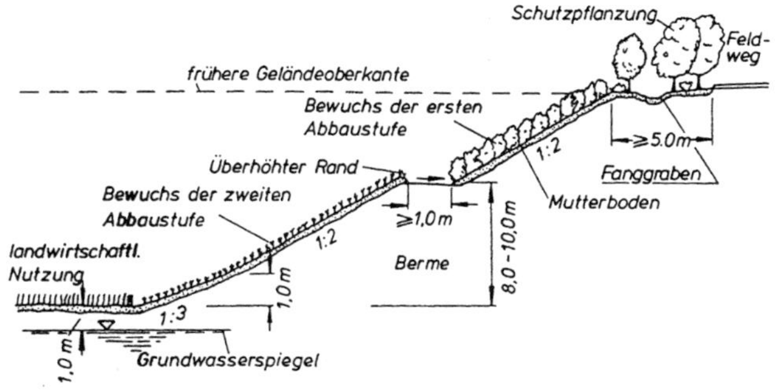

■ **Abb. 16.5** Beispiel für die Rekultivierung einer ehemaligen Sandgrube mit flachen Böschungswinkeln. (Pietzsch und Rosenheinrich 1998, 3 überarb. Auflage)

genden Zahl der Fälle nicht mehr das Ziel, verlorengegangene Nutzflächen für die Land- oder Forstwirtschaft zurückzugewinnen, sondern haben die Aufgabe, eine Initialbegrünung für die natürliche Sukzession bzw. Rückzugsgebiete für Tiere und Pflanzen in unzugänglichen Flachwasser- oder Steilwandbereichen zu schaffen.

Bedingt durch die begrenzte Flächenausdehnung, werden in zu rekultivierenden Steinbrüchen nur vergleichsweise geringe Mengen an Rekultivierungssubstraten benötigt. Häufig reicht der am Standort abgeschobene und zwischengelagerte humose Oberboden aus. Dies wird vor allem deutlich, wenn die Rekultivierungspläne für ehemalige Steinbrüche betrachtet werden. Für das Begrünen geeignet sind lediglich die Bermen zwischen den einzelnen Abbaustrossen und die Fußbereiche der Steilwände. Der Fußbereich vor der Fels- bzw. Steinbruchwand kann mit Abraummaterial aufgefüllt und angeböscht werden (Neigungen von 1: 2 bis 1:3 sind üblich; ■ Abb. 16.4 und 16.5).

16.4.2 Halden, Kippen, Deponien

Rückstandshalden Im Gegensatz zu den Bergbaufolgelandschaften, bei deren Rekultivierung das Wiederherstellen des naturnahen Zustandes im Vordergrund steht, sind die Ziele beim Rekultivieren von Rückstandshalden (u. a. des Steinkohlen- und Kalibergbaus) und Abfalldeponien vorrangig auf das Minimieren des Wassereintrages ausgerichtet. Die Halden des Kalibergbaus weisen ein hohes Potential an leicht löslichen Salzen auf. Durch das Abdecken und Begrünen solcher Halden sollen der Sickerwasseranfall und das Emissionspotential verringert werden. Über den verringerten Salzeintrag in das Grundwasser soll ein effektiver Beitrag zum Grundwasserschutz geleistet werden.

Darüber hinaus schreibt z. B. die Kali-Haldenrichtlinie (2002) des Landes Thüringen vor, dass neben der Niederschlagsspeicherung folgende Ziele mit dem Rekultivieren zu verbinden sind:

- Anlage flacher und standsicherer Böschungen;
- Neugestalten der Oberfläche durch konturgebende Maßnahmen;
- Anlage von begehbaren Bermen für Sicherungsarbeiten.

Für die Haldenabdeckung ist ein dreischichtiger Aufbau vorzusehen, wobei jede Schicht einem speziellen Zweck angepasst ist:

- *kapillarbrechende Schicht (Schicht 1)*
  Um kapillaren Aufstieg von Haldenlösungen in die überlagernden Schichten zu verhindern, wird auf das Haldenmaterial eine 1–2 m dicke Schicht aus grobporigem Schüttgut aufgebracht.
- *konturgebende Schicht (Schicht 2)*
  Um eine geeignete und angepasste Oberflächenkontur auszuformen und eine möglichst hohe Wasserspeicherfähigkeit zu gewährleisten, wird eine unterschiedlich starke, > 2 m dicke lehmreiche Schicht über der kapillarbrechenden Schicht aufgebaut.
- *Kulturschicht (Schicht 3)*
  Als Oberboden wird eine mind. 0,3 bis max. 0,7 m starke, leicht durchwurzelbare Schicht aufgetragen. Diese dient auch der Sicherung des Nährstoffangebotes und soll eine hohe Wasserspeicherfähigkeit besitzen. Eine Verdichtung ist nicht vorzunehmen.

Die für die obengenannten Schichten zur Verwendung kommenden Materiale müssen stofflich und geomechanisch geeignet sein. Die stoffliche Eignung erfüllen Reststoffe bzw. Abfälle bei Einhaltung der Zuordnungswerte Z 0 der „Anforderungen an die stoffliche Verwertung von mineralischen Reststoffen/Abfällen

■ **Tab. 16.6** Wasserspeichervermögen von Klärschlamm-Kompost-Substraten, aufgebracht auf Rückstandshalden der Solvay-Alkali in Bernburg/Saale; Auftragshöhe von Substrat 1 : 30 cm, von Substrat 2: 60 cm, von Substrat 3 : 80 cm. (Bargsten et al. 1995)

	Wassergehalt [Vol.-%]		**Wassergehalt [Vol.-%]**	
Substrat	nFK pF 1,8–4,2	nFK pF 2,5–4,2	nFK pF 1,8–4,2	nFK pF 2,5–4,2
Substrat 1	44,9	42,3	38,3	35,7
Substrat 2	50,4	39,8	41,3	32,7
Substrat 3	51,2	45,4	43,5	38,2
Bodentyp	nFK	FK [Vol.-%]	FK [Vol.-%]	
Sandboden	8	10	Substrat 1	63
Lehmboden	24	37	Substrat 2	68
Tonboden	10	42	Substrat 3	66

(Technische Regeln) der LAGA“ oder bei Einhaltung der Grenzwerte der AbfKlärV (im Falle eines Einsatzes von Klärschlamm im Kulturbodensubstrat). Es ist zu beachten, dass Klärschlamm oder Biokompost allein ohne die Zugabe und Vermischung mit anderen zugelassenen Reststoffen bzw. Abfällen nicht in die Kulturbodenschicht (Schicht 3) eingebaut werden darf (zu geringe Standsicherheit, zu hohe Nährstofffracht). Der Gesamtstickstoffgehalt in Schicht 2 und 3 ist auf maximal 10.000 kg N ha^{-1} begrenzt, wobei in Schicht 2 maximal 0,1 % ^{ges}N zulässig sind.

Beim Einbau der Schichten 1 und 2 sind diese aus Standsicherheitsgründen lagenweise zu verdichten. Das verwendete Material sollte für die kapillarbrechende Schicht eine enggestufte, für die Konturschicht eine entsprechend weitgestufte Korngrößenverteilung aufweisen. Die Schütthöhe beim Einbau in Schicht 1 und 2 sollte pro verdichteter Lage 1 m nicht überschreiten. Die Kulturbodenschicht (Schicht 3) darf nicht verdichtet werden.

Die Rekultivierungsmaßnahme zielt darauf ab, den Haldenkörper mit wechselnden Böschungsneigungen auszustatten, wobei eine Generalneigung > 1:2,5 festgelegt wird. Bei Böschungsneigungen > i:4 muss die Haldenaußenfläche durch über 4 m breite Bermen mit hangseitiger Entwässerungsmöglichkeit unterteilt werden.

Bargsten et al. (1995) zeigten im Rahmen der Abdeckung von Halden (Böschungsneigung 1:3) der Solvay-Alkali in Bernburg/Saale, dass durch das Aufbringen von Klärschlamm-Kompost-Gemischen in Schichtdicken von ca. 50 cm die Feldkapazität, so weit erhöht werden kann, dass das gesamte Niederschlagwasser eines Jahres gespeichert werden kann. Die Feldkapazität FK der aufgebrachten Substrate beträgt mehr als das Sechsfache eines natürlichen Sandbodens, nahezu das Zweifache eines Lehmbodens und das 1,5-Fache eines Tonbodens (■ Tab. 16.6).

Bei Begrünungsversuchen der Kalisalzhalde Bleicherode in Thüringen wurde von Minnich et al. (1996) auf der maximal 95 m hohen, mit sehr steilen Schütthängen (35°) versehenen Halde ein Bodenhilfsstoff aus einem Gemisch von 10 t Klärschlamm, 25 t Erdaushub und 10 t Kraftwerksasche aufgebracht. Das Einarbeiten (15 cm tief) erfolgte mit Pflügen und Rechen, wie sie im Steillagenweinbau Anwendung finden, 15 cm tief eingearbeitet. Standsicherheitsprobleme wie Rutschungen oder Gleitzonen wurden nicht beobachtet.

Die Rekultivierungsmaßnahme führte zu einer deutlichen Erhöhung des Wasserspeichervermögens, was anhand der Zunahme der nutzbaren Feldkapazität (nFK) von < 12 Vol.-% im Ausgangsmaterial auf > 20 Vol.-% in der Rekultivierungsschicht verdeutlicht wird (■ Tab. 16.7).

Deponien Ähnlich wie bei Rückstandshalden hat auch die Rekultivierungsschicht auf Abfalldeponien primär die Funktion eines Schutzes gegen erhöhte Niederschlagsinfiltration. Darüber hinaus soll durch Pflanzen eine Integration des Halden- wie auch des Deponiekörpers in die umgebende Landschaft erfolgen.

Seit der Neuordnung der Abfallbeseitigung durch Bund und Länder im Jahre 1972 sind in gleichem Maße wie an die Deponietechnik auch die Anforderungen an die Rekultivierungsplanung erheblich gestiegen. Dies wird in erster Linie am zunehmenden Kostenaufwand für die Rekultivierungsmaßnahmen auf Deponieflächen deutlich (■ Tab. 16.8).

Die Deponieverordnung (2013) schreibt sowohl für die Deponieklasse I (Mineralstoffdeponie) wie auch für die Deponieklasse II (Hausmülldeponie) das Aufbringen einer mindestens 1 m dicken Schicht aus kulturfähigem Boden als Rekultivierungsschicht oberhalb der mineralischen Dichtung bzw. der Kombinationsdichtung vor. Die Ausführung sollte so beschaffen sein, dass die unterlagernden Dichtungselemente vor Wurzel- und Frosteinwirkungen geschützt sind. Der Bewuchs der Rekultivierungsschicht muss ausreichenden Schutz gegen Wind- und Wassererosion bieten.

Die Rekultivierungsschicht bildet zusammen mit dem Bewuchs einen Teil des Deponieabdichtungskonzeptes und wird im Rahmen der Betriebsüberwachung in regelmäßigen Abständen auf ihre Funktionsfähigkeit überprüft (meteorologische Datenerfassung, Wasserhaushaltsberechnung). Das Ziel ist die Minimierung der Infiltration von Niederschlagwasser in das Entwässerungssystem der Deponie.

Als Substratschicht eignen sich für diesen Zweck genauso wie bei Rückstandshalden neben humosen Oberböden auch Bodenersatzsubstrate auf Biokompost- bzw. Klärschlamm-(Kompost-) Basis, welche u. a. sehr gute Wasserspeicherungseigenschaften aufweisen (■ Tab. 16.6 und 16.7).

In der Vergangenheit wurden bei Rekultivierungsmaßnahmen auf Deponien Aufbau und Zusammensetzung von Rekultivierungsschichten zu wenig beachtet. Zahlreiche Rekultivierungsmaßnahmen lieferten durch die Verwendung von Böden mit hohem Skelettanteil (> 60 %) wie z. B. reiner Sand und Kies bzw. mit hohem Feinkornanteil wie Ton- und Mergelböden unbefriedigende Begrünungsergebnisse.

Das pflanzfähige Substrat („Humus“) sollte für Rekultivierungszwecke und Deponien mindestens 4 % organische Substanz enthalten (was den Stufen „mäßig humos“ bis „humos“ nach DIN EN ISO 14688, Teil 1 entspricht) und zwischen 5 und 30 cm Stärke aufweisen. Die Gesamtstärke der Rekultivierungsschicht sollte bei Ausführung Wasserhaushaltsschicht mindestens 1,5 m betragen, um ein ausreichendes Bodenvolumen und damit eine ausreichende Wasserspeicherkapazität (FK > 220 mm) für die angepflanzte Vegetation bereitzustellen. Bei einer geringeren Gesamtmächtigkeit besteht die Gefahr des Wassermangels, da die unterlagernde Entwässerungsschicht

Tab. 16.7 Korngrößenverteilung, Porenvolumen und Porenverteilung der Ausgangsmateriale und Rekultivierungssubstrate auf der Kalihalde Bleicherode, Thüringen. (Nach Minnich et al. 1996)

	Lockermaterial	Reststoffmischung[a]	Rekultivierungssubstrate (RS)		
			RS-Variante „Wenig"	RS-Variante „Mittel"	RS-Variante „Viel"
Skelettanteil [Gew.%]	33,6	6,2	29,5		22,7
Korngrößenverteilung des Feinbodens [Gew.-%]					
Sand	91,4	38,0	82,7		67,5
Schlurf	7,5	58,5	16,0		30,6
Ton	1,1	3,5	1,3		1,9
Gesamtporenvolumen [Vol.%]	60,3		53,7	50,0	47,3
Porengrößenverteilung [Vol.-%]					
> 50 mm ~ LK[b]	45,7		36,4	27,3	21,4
50–10 mm ~ nFK[c]	2,6		3,6	5,2	3,1
10–0,2 mm ~ nFK[c]			10,3	14,8	17,7
< 0,2 mm ~ PWP[d]	2,9		3,6	3,7	5,8

[a] Vor Einarbeitung in die Lockerschicht
[b] Luftkapazität
[c] Nutzbare Feldkapazität
[d] Permanenter Welkepunkt

Tab. 16.8 Entwicklung der Rekultivierungsplanung und Rekultivierungspraxis seit 1970 am Beispiel von Deponien in Baden-Württemberg. (Aus Bönecke 1994)

Phase	Zeitraum	Zuständig	Deponieart	Zahl der Standorte/ mittlere Größe	Rekultivierungspläne	Maßnahmen für Rekultivierungsschicht und Aufforstung
I	Vor 1972	G	H, B, E	Rd. 3775/1–2 ha	I. d. R. nein	Bepflanzung mit Pionierbaumarten, z. T. Sukzession; 5–7 (10) Tsd. DM
II	1972–80	US	H	108/10–20 ha	I. d. R Ja	Bepflanzung nach vorangegangener Bodenlockerung mit Pionierbaumarten und/oder Pflanzung von Bäumen mit höheren Standortansprüchen: z. T. Düngung usw.; 45–60 (70) Tsd. DM ha^{-1}
		L, S, G	B	?/?	Z. T.	
		L, S, G	E	?/?	Z. T.	
III	1980–93	S. o.	H	63/10–30 ha	Ja	S. o.; 50–70 (80) Tsd. DM ha^{-1}
		S. o.	B	?/?	I. d. R Ja	
		S. o.	E	?/?	Z. T.	
IV	Ab 1993	S. o.	H	63/10–30 ha	Ja	Über Abdichtungssystem Einbau eines Flächendräns; Einbau einer Rekultivierungsschicht (3 m); Zwischenbegrünung; Vorwald; Wald; 250–300 Tsd. DM ha^{-1}
		S. o.	B	?/?	Ja	
		S. o.	E	?/?	Ja	S. III; 60–90 Tsd. DM ha^{-1}

[a] *L* Landkreis; *S* kreisfreie Stadt; *G* Gemeinde
[b] *H* Hausmülldeponie; *B* Bauschuttdeponie; *E* Erddeponie

(obligatorisch in Deponieklasse II) auf den Standort dränierend wirkt (Bönecke 1994).

Die größten Einflüsse auf die Qualität der Rekultivierungsschicht resultieren aus der Aufbring- und Bearbeitungstechnik. Beim Befahren der eingebauten Rekultivierungsschichten werden diese verdichtet. Dabei werden in diesen das Porenvolumen und die Porenvernetzung stark vermindert.

Die Folge sind Störungen im Bodensauerstoffhaushalt, wegen denen die Pflanzen nur flache Wurzelsysteme ausbilden können (Windwurfgefährdung, Trockenstress). Durch die Bodenverdich-

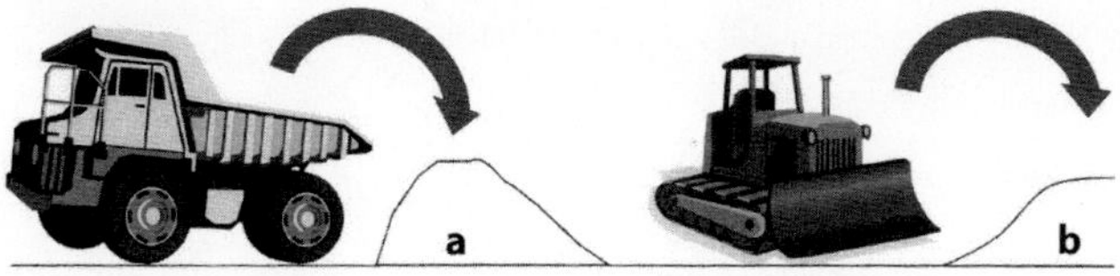

Abb. 16.6 Einbautechnik für den Auftrag von Rekultivierungsschichten mit Zwischenlagern und Verkippen (Bönecke 1994). **a** Zwischenlagern von Boden auf Wällen, **b** Verkippen von Boden ohne lagenweises Befahren durch Bagger oder Radlader

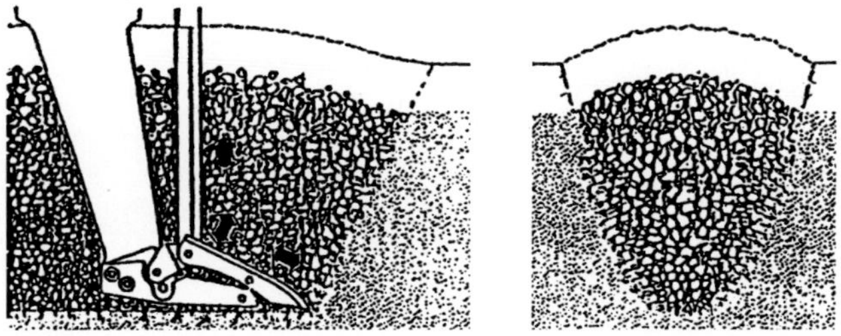

Abb. 16.7 Wirkungsweise eines Tiefenlockerungsgerätes (Wippscharlockerer). Die Eingreiftiefe liegt bei etwa 0,8 m, die durch den Lockerungseffekt erzielte Dicke des bearbeiteten Substrats bei etwa 1,1 m. (Bönecke 1994)

tung bilden sich zudem lokale Feuchtezonen und Staunässehorizonte, die wiederum zu Aufwuchsstörungen und im Extremfall zu Rutschungen führen können.

Es empfiehlt sich daher, die Aufbringtechnik so zu wählen, dass frisch eingebautes Rekultivierungssubstrat nicht befahren wird (Abb. 16.6). Für das Auflockern von verdichteten oder wasserstauenden Lagen sowie für das Einarbeiten von Bodenverbesserern (Kompost) in die Rekultivierungsschichten eignen sich Tiefenlockerungsgeräte (Abb. 16.7).

16.4.3 Erdbauwerke

Böschungen in Form von Geländeanschnitten und Aufschüttungen können zum Schutz vor Erosion und flachen Rutschungen begrünt werden. Die betreffenden Flächen sollen in der Regel in möglichst kurzer Zeit dicht bewachsen sein. Als Kulturschicht werden auch Bodenersatzsubstrate auf Klärschlamm- oder Kompostbasis aufgetragen. Sie eignen sich sowohl wegen ihres hohen Nährstoffgehaltes als auch wegen ihrer günstigen bodenmechanischen Eigenschaften und stellen aufgrund ihrer Strukturstabilität eine gute Alternative zu humosem Bodenmaterial dar (Tab. 16.9).

Tab. 16.9 Scherparameter als Maß für die Strukturstabilität eines Bodenersatzsubstrates (Orgabo, Darmstadt) im Vergleich zu einem organischen Boden (*OH*). (Aus: Produktinformationen der Firma Orgabo, Darmstadt 1993)

Scherparameter	Bodenersatzsubstrat (Orgabo, Darmstadt)		Organischer Boden (OH)
	Locker	Verdichtet	
Reibungswinkel φ' [°]	32,5	35–40	5–15
Kohäsion c' [kN m]	5	15–30	0–5

Oberflächennahe Geothermie

Marco Lichtenberger, Wolfgang Dachroth

W. Dachroth, *Handbuch der Baugeologie und Geotechnik,* DOI 10.1007/978-3-662-46886-9_17

17.1 Erdwärme

Als „Erdwärme" wird die in der Erdkruste gespeicherte und fließende Wärmeenergie bezeichnet. Sie stammt zum einen von der Sonneneinstrahlung, zum anderen vom aus dem Erdkern zur Oberfläche hin ausgerichteten Wärmestrom. Die überwiegende Wärmequelle ist der im Erdkern fortwährende Zerfall radioaktiver Isotope (vor allem Uran 238, Uran 235, Thorium 232 und Kalium 40) sowie Akkretionswärme aus der Zeit der Entstehung des Planeten.

Der solare Wärmeeintrag in den Boden beträgt bis zu 1000 W/m^{-2}, ist aber stark von Jahreszeit, Tageszeit, Bewölkung und anderweitiger Beschattung sowie Überbauung abhängig. Der ungestörte Wärmestrom aus dem Erdinneren beträgt außerhalb thermischer Anomalien in Deutschland nur etwa 60–65 mW/m^2, tritt jedoch weitgehend konstant und unabhängig von der Jahreszeit auf.

Da der Erdkern Temperaturen von 5000 bis 7000 °C aufweist, die Erdoberfläche in Deutschland aber mittlere Temperaturen von 7–11 °C hat, besteht ein ständiger Wärmestrom vom Erdinneren zur Oberfläche. Der Wärmetransport findet dabei sowohl als Wärmeleitung (Konduktion), als auch als Konvektion (Magmen und Thermalwässer) statt. Aus Temperaturunterschied und Wärmestrom ergibt sich ein geothermischer Gradient, der außerhalb thermischer Anomalien und ab einer Tiefe von etwa 30–50 m in Deutschland ca. 3 °C pro 100 m beträgt (◘ Abb. 17.1). Die oberen 10–15 m der Erdkruste unterliegen einem deutlichen saisonalen Einfluss. Die Temperatur des Untergrundes wird hier primär durch zyklische Sonneneinstrahlung, Sickerwasseraufkommen und in geringem Maß durch den Austausch der Bodenluft bestimmt. In Siedlungsgebieten weist dieser Tiefenbereich durch Bebauung, Energieverbrauch und unterirdische Infrastruktur teils um mehrere Grad Celsius erhöhte Temperaturen auf. Der intermediäre Tiefenbereich zwischen ca. 15 und ca. 50 m wird als „neutrale Zone" bezeichnet. In erster Linie wirkt hier der Wärmestrom aus dem Erdinneren, es sind aber auch geringe solare Einflüsse (0,01–0,10 K) bestimmbar (◘ Abb. 17.2).

Die Abgrenzung oberflächennaher Geothermie zu mitteltiefer Geothermie oder Tiefengeothermie wird nicht einheitlich gehandhabt. Typischerweise spricht man bei Tiefen bis zu 400 m und Temperaturen bis 25 °C von oberflächennaher Geothermie, da in diesem Bereich meist klassische Erdwärmesonden als Wärmequelle und Wärmepumpen als Heizsystem eingesetzt werden. Die meisten Wärmequellen erreichen Tiefen bis zu 100 m. Wärmequellen mit Tiefen jenseits von 200 m sind selten, Wärmequellen mit Tiefen jenseits von 300 m sogar sehr selten, da der Aufwand der Bohrtechnik mit der Tiefe exponentiell steigt. Typischerweise werden als mitteltiefe Geothermiesysteme geschlossene Rohrsysteme mit Tiefen > 400 m aufgefasst. Alternativ ist daher auch die Bezeichnung „Tiefe Erdwärmesonden" gebräuchlich. Bei einigen Projekten ist das Rohrsystem auch teilgeschlossen, das heißt der untere Teil der Bohrung verfügt nur über ein Innenrohr. Mitteltiefe Geothermieanlagen unterliegen im Gegensatz zu oberflächennahen Systemen den umfangreichen bergrechtlichen Genehmigungsverfahren.

Aufgaben von Geologen und geotechnischen Ingenieuren im Bereich der oberflächennahen Geologie sind das Planen von Anlagen, das Durchführen von Genehmigungsverfahren, das fachliche Betreuen des Anlagenbaus (insbesondere bei Bohrungen), das Beraten im Fall von Schäden und das Auswerten der Daten bestehender Anlagen.

17.2 Arten der Wärme- und Kältequellen

Die Wärme- bzw. Kältequelle ist die in den Untergrund eingebrachte technische Einrichtung zum Energieentzug. Unterschieden werden offene und geschlossene Systeme. Offene Systeme sind Brunnen, durch die Grundwasser entnommen wird. Dem Wasser wird die Wärme über einen Wärmetauscher in der Wärmepumpe entzogen. Dann wird das abgekühlte Wasser in der Regel über einen zweiten Brunnen dem Grundwasser wieder zugeführt. Dadurch, dass Grundwasser üblicherweise in Tiefen < 20 m bei ausreichend hohen Durchlässigkeiten des Untergrundes vorhanden sein muss, sind die Standortanforderungen bei offenen Systemen generell höher als bei geschlossenen Systemen, die auch ohne Grundwasser betrieben werden können, jedoch sind offene Systeme in Bezug auf die notwendige Investition bei gleicher Effizienz kostengünstiger. Offene Systeme werden auch als „grundwassergekoppelt" bezeichnet, geschlossene Systeme als „erdgekoppelt".

Geschlossene Systeme sind in den Untergrund eingebaute, geschlossene Rohre, in denen ein Wärmeträgermittel zirkuliert. Durch das Temperaturgefälle zwischen dem Untergrund und dem Wärmeträgermittel tritt die Wärmeenergie dem geschlossenen System zu und wird dann über einen Wärmetauscher in der Wärmepumpe entzogen. Bei geschlossenen Systemen unterscheidet man Erdwärmekollektoren, das sind flächig, in Gräben oder Spiralen angeordnete Rohrschlaufen, und Erdwärmesonden. Der Begriff „Erdwärmesonde" ist unpräzise gewählt, da es sich nicht um eine Sonde im eigentlichen Sinne, also eine mobile Messeinrichtung, handelt. Erdwärmesonden sind vielmehr in den Untergrund fest eingebaute Wärmetauscher, mit vertikaler oder schräger Ausrichtung, die aus mehreren Rohren bestehen. Zum Vergleich der Wärmequellensysteme ◘ Tab. 17.1 und ◘ Abb. 17.3.

Geschlossene Systeme besitzen einen Vor- und einen Rücklauf, das heißt eine Leitung, über die das Wärmeträgerfluid (oder das Arbeitsmittel der Wärmepumpe) in den Untergrund gelangt, und eine Leitung, über die es aus dem Untergrund zurückfließt. Die Bezeichnungen „Vor- und Rücklauf" werden nicht einheitlich gewählt. Auf Seiten der Heizungstechnik wird die wärmere Seite eines Flüssigkeitskreislaufs als „Vorlauf" bezeichnet, auf Seiten der Bohrtechnik wird in Bezug auf eine Erdwärmesonde in der Regel die aus der Wärmepumpe austretende, im typischen Heizfall kältere Leitung, „Vorlauf" genannt. Besser als eine Unterscheidung der Leitungsstränge anhand der Temperatur ist eine Differenzierung über die Richtung, z. B. „in den Boden" und „aus dem Boden".

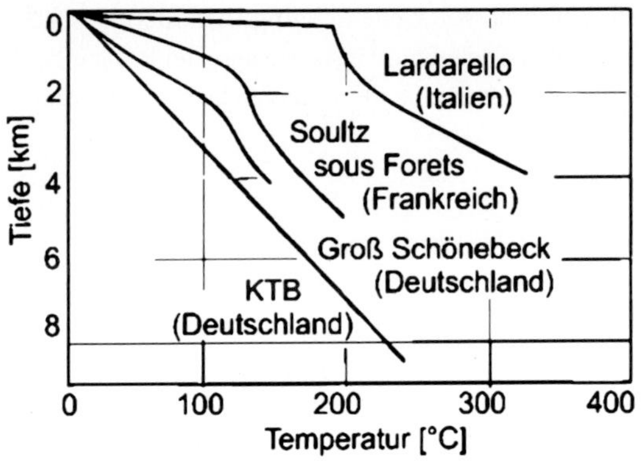

Abb. 17.1 Temperatur der Erdkruste aus verschiedenen Bohrungen. (Nach Huenges, 2000)

Tab. 17.1 Standortanforderungen und typische Kosten für verschiedene Wärmequellen

System	Standortanforderungen	Investitionskosten	Betriebskosten
Erdwärmesonden	Mäßig hoch	Hoch	Sehr gering
Erdwärmekollektor	Gering	Mäßig hoch	Gering
Erdwärmebrunnen	Hoch	Mäßig hoch	Gering bis sehr gering

17.3 Funktionsweise von Wärmepumpen

Eine Wärmepumpe ist ein technisches Gerät, das einem Energievorkommen auf niedrigem Temperaturniveau Energie entzieht und an ein Energievorkommen auf höherem Temperaturniveau überträgt. Es handelt sich um einen linksläufigen Carnot-Prozess. Wärmepumpen sind mit einem Arbeitsmittel mit niedrigem Siedepunkt gefüllt (Tab. 17.2). Das kalte, flüssige Arbeitsmittel nimmt über einen Wärmetauscher Energie aus dem Untergrund auf. Das kann Energie aus vorbei geleitetem Grundwasser oder umgewälzter Sole eines geschlossenen Systems sein. Das so erwärmte, gasförmige Arbeitsmittel wird mit einem Kompressor verdichtet. Dabei erhöht sich seine Temperatur. Das Arbeitsmittel gibt über einen zweiten Wärmetauscher Energie an den Heizkreislauf ab. Dann wird das Arbeitsmittel über ein Entspannungsventil entspannt, kühlt dabei wieder ab und der Kreislauf beginnt von Neuem.

Zum Betrieb der Wärmepumpe, insbesondere des Kompressors, ist neben dem Untergrund eine zusätzliche Energiequelle notwendig. In der Regel werden Wärmepumpen elektrisch betrieben, seltener werden Wärmepumpen mittels Verbrennungsmotoren auf Erdgasbasis eingesetzt. Das Verhältnis von durch die Wärmepumpe abgegebener Energie zu eingebrachter Energie wird als „Arbeitszahl" bezeichnet. Je höher die Arbeitszahl ist, desto effizienter ist die Wärmepumpe. Der COP (Coefficient Of Performance) ist die Arbeitszahl und wird meist als Laborwert nach DIN EN 14511 und DIN EN 255-3 bestimmt. Wird die Arbeitszahl an einer tatsächlichen Anlage gemessen und werden die über ein Jahr aufgezeichneten Energiemengen verwandt, spricht man von der Jahresarbeitszahl.

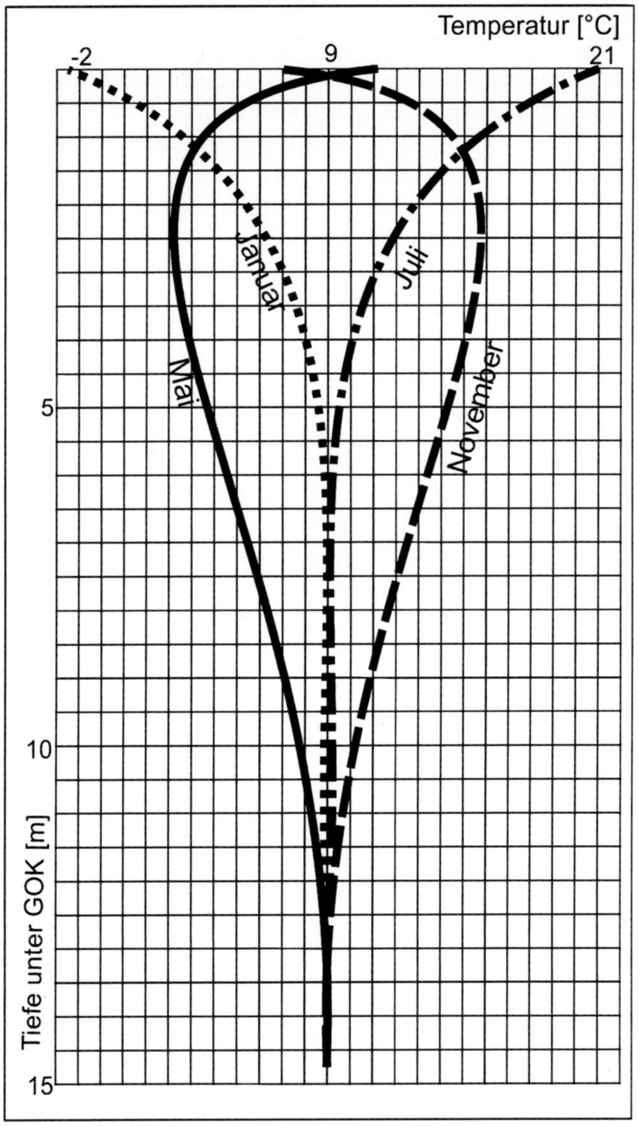

Abb. 17.2 Typische jahreszeitliche Temperaturänderungen in Mitteleuropa

Typische Angaben des COP sind:

B0/W35: B = Brine (engl. für Sole) mit 0 °C bei einer Temperatur von 35 °C des Heizungswassers (W = engl. water) am Austritt aus der Wärmepumpe (auch als „Heizungswasser-Vorlauftemperatur" bezeichnet). Diese Angabe ist für typische solegefüllte Kollektoren und Sonden relevant.

W10/W35: Temperatur des Grundwassers von 10 °C bei einer Temperatur des Heizungswassers am Austritt aus der Wärmepumpe von 35 °C. Diese Angabe ist für offene Systeme relevant.

E4/W35: E = Erdreich oder engl. earth mit 4 °C für direktverdampfendes Kältemittel bei einer Heizungswasservorlauftemperatur von 35 °C. Diese Angabe ist für Direktverdampferanlagen mit Sonden oder Kollektoren als Wärmequelle relevant.

COP, bzw. Jahresarbeitszahl sind stark abhängig von der durchschnittlichen Temperatur der Wärmequelle und des Heizkreislaufs. Weiterhin werden sie von zusätzlichen Energieeinträgen z. B. Umwälz- oder Förderpumpen auf Seiten der Wärmequelle mitbestimmt.

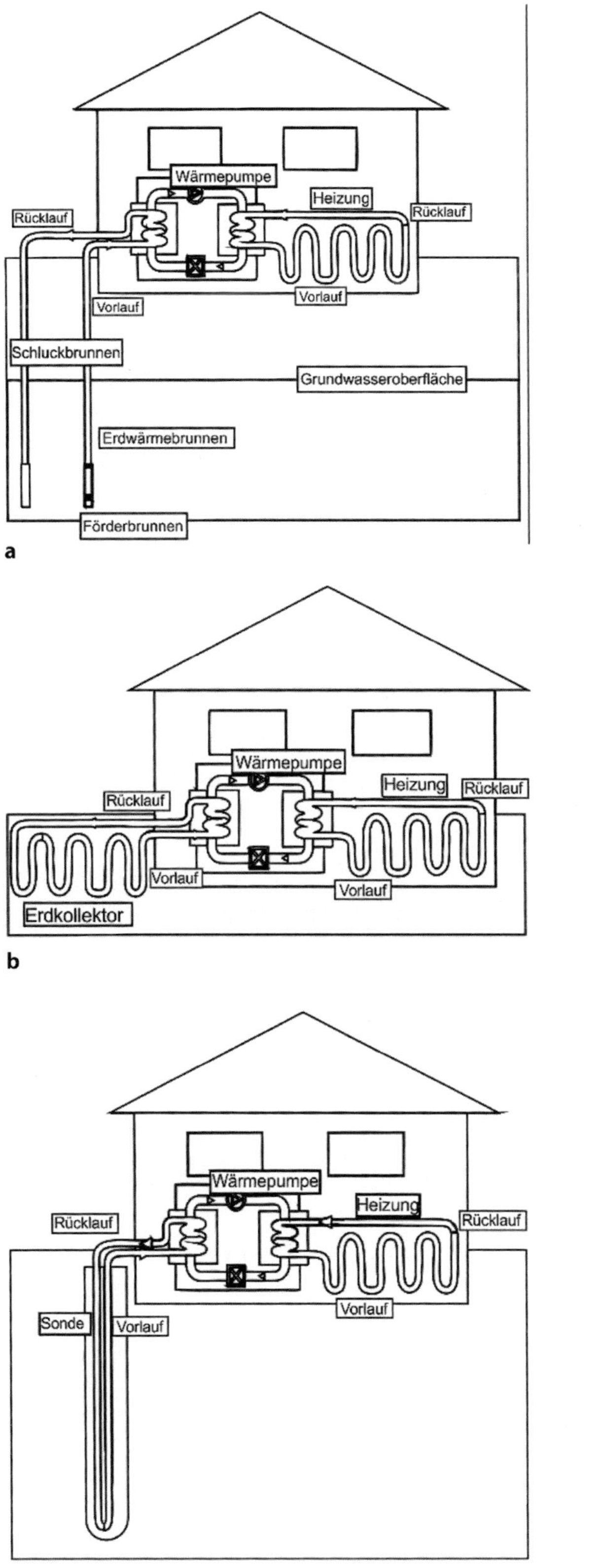

Abb. 17.3 Verbreitete Wärmequellen. **a** offenes System: Erdwärmebrunnen, **b** geschlossenes System: Erdwärmekollektor, **c** geschlossenes System: Erdwärmesonde

Tab. 17.2 Verbreitete Arbeitsmittel in erdgekoppelten Wärmepumpen *WGK* Wassergefährdungsklasse. *R32* Difluormethan, *R125* Pentafluorethan

R-Nummer	Name	Siedetemperatur in °C	WGK
R134a	Tetrafluorethan	−26	1
R407c	R32/R125/R134a im Verh. 23/25/52 %	−44	1
R410a	R32/R125 im Verhältnis 50/50 %	−51	1
R290	Propan	−42	–
R1270	Propen	−48	–
R717	Ammoniak	−33	2
R744	Kohlendioxid	−57	–

17.4 Rechtliche Vorgaben

17.4.1 Bergrecht

Erdwärme zählt entsprechend § 3, Abs. 3, Ziff. 2b Bundesberggesetz (BBergG) zu den bergfreien Bodenschätzen, gehört also nicht zum Grundeigentum. Daher darf sie grundsätzlich nur bei vorliegender bergrechtlicher Genehmigung aufgesucht und gewonnen werden. Eine Aufsuchung und Gewinnung von Erdwärme liegt nach § 4, Abs. 2, Ziff. 1 BBergG allerdings nicht vor, wenn sie „… in einem Grundstück auf Anlass oder im Zusammenhang mit dessen baulicher oder sonstiger städtebaulicher Nutzung stattfindet."

Die Lesart vorgenannter Vorgaben des BBergG ist in den einzelnen Bundesländern stark unterschiedlich. Die Einordnung von Erdwärme als bergfreier Bodenschatz wird in Niedersachsen und Schleswig-Holstein nicht anerkannt, wenn das natürliche Temperaturgefälle zu klein für eine direkte Nutzung ist und z. B. zur Gebäudebeheizung Wärmepumpen eingesetzt werden müssen. Die in herkömmlichen oberflächennahen Geothermieanlagen genutzte Erdwärme wird also nicht als Erdwärme im Sinne des BBergG aufgefasst, was das Genehmigungsverfahren unbürokratisch vereinfacht. In Hessen hingegen wird im vereinfachten Genehmigungsverfahren zum Nachweis, dass Erdwärme nur vom betreffenden Grundstück genutzt wird, und um ohne bergrechtliche Bewilligung auszukommen, ein Grenzabstand von Erdwärmebohrungen von mindestens 5 m gefordert. Andere Bundesländer fordern in den einfachsten Genehmigungsverfahren 3 m Grenzabstand, wobei einige Landkreise auf diese Forderung verzichten. In Hessen ist ein Nutzen von Erdwärme auch von Nachbarflurstücken des gleichen Eigentümers ohne bergrechtliches Verfahren nicht möglich. Manchmal ist es jedoch genehmigungsfähig, wenn durch einen rechnerischen Nachweis mittels Modellierung aufgezeigt wird, dass 5 m Grenzabstand unterschritten werden können, ohne Wärme vom Nachbargrundstück zu entziehen. In solchen Situationen, in denen der Ansatzpunkt einer Bohrung näher als 5 m an der Grundstücksgrenze liegt, werden in Hessen manchmal auch Schrägbohrungen anerkannt. Nordrhein-Westfalen hingegen kennt gar keine bergrechtlich bewilligungspflichtige Erdwärmenutzung bei Wärmequellen auf unterschiedlichen Flurstücken, wenn ein räumlicher oder betrieblicher Zusammenhang besteht. Ob das Gewinnen von Erdwärme auf benachbarte Flurstücke einen geothermischen oder hydrologischen Einfluss hat, spielt keine Rolle, da das BBergG nach der Lesart Nord-Rhein-Westfalens hierfür keine Rechtsgrundlage bietet. In Bayern unterliegen Erdwärmeanlagen bis 200 kW Wärmeleistung keinem bergrechtlichen Verfahren nach §§ 8, 51 BBergG.

17.4.2 Lagerstättengesetz

Alle Bohrungen, die mit mechanischer Kraft angetrieben werden, sind nach §4 Lagerstättengesetz durch den Bohrunternehmer dem zuständigen geologischen Landesamt mindestens 14 Tage im Voraus anzuzeigen. Mitarbeitern des Landesamtes ist Zugang zur Baustelle, zu Bohrproben und zu sonstigen Ergebnissen zu gewähren. Ein Abschlussbericht inklusive Bohrprotokoll, Schichtenverzeichnis, Bohrprofil und gegebenenfalls geophysikalischen Messungen ist nach Abschluss der Arbeiten einzureichen.

17.4.3 Wasserrecht

In Bezug auf das Wasserrecht gibt es Vorgaben durch das Wasserhaushaltsgesetz (WHG) und die Wassergesetze der einzelnen Bundesländer (WG).

Entsprechend § 8 WHG bedarf das Benutzen eines Gewässers einer Erlaubnis oder Bewilligung. Nach § 9, Abs. 2, Nr. 2 WHG liegt eine Benutzung vor, wenn eine Maßnahme geeignet ist, dauernd oder in einem nicht nur unerheblichen Ausmaß nachteilige Veränderungen der Wasserbeschaffenheit herbeizuführen. Der Eintrag von Stoffen aus der Baumaßnahme und möglichen Leckagen einer Erdwärmeanlage (Arbeitsmittel der Wärmepumpe oder Wärmeträgermittel) ins Grundwasser ist eine potenziell nachteilige Veränderung der Wasserbeschaffenheit, auch wenn fallweise diskutiert werden kann, ob diese nicht nur unerheblich sind. Abkühlungen werden generell nicht als nachteilige Veränderung der Wasserqualität gesehen, Erwärmungen können fallweise durch die Anregung mikrobiellen Wachstums als nachteilige Veränderung definiert werden. Alle Wärmequellen, die in einen Grundwasserleiter reichen oder die Schutzfunktion gegebenenfalls vorhandener, einen Grundwasserleiter nach oben abdichtender Schichten einschränken, sind daher erlaubnispflichtig.

Für Erdwärmebrunnen greifen neben § 9, Abs. 2, Nr. 2 WHG weiterhin § 9, Abs. 1, Nr. 1, 2 u. 5 WHG sowie § 9, Abs. 2, Nr. 1 WHG, da Grundwasser im Förderbrunnen entnommen und abgesenkt sowie im Schluckbrunnen aufgestaut wird.

Es besteht kein Rechtsanspruch auf eine wasserrechtliche Erlaubnis, selbst wenn kein zwingender Versagensgrund vorliegt. Fehlt eine wasserrechtliche Erlaubnis, wird eine möglicherweise bereits erteilte bergrechtliche Erlaubnis hinfällig.

Erdwärmesondenanlagen in der gewerblichen Wirtschaft und in öffentlichen Einrichtungen benötigen nach § 62, Abs. 1 WHG Abnahmeprüfungen durch einen anerkannten Sachverständigen, da sie der VAwS (Verordnung über Anlagen zum Umgang mit wassergefährdenden Stoffen) unterliegen. Die Prüfung ist bei wesentlichen Änderungen, Stilllegung oder alle fünf Jahre zu wiederholen. Diese Prüfungspflicht gilt sowohl für Erdwärmesonden, als auch für Erdwärmekollektoren und andere mit wassergefährdenden Stoffen gefüllten Rohrsysteme. In privaten Haushalten sind entsprechende Prüfungen in der Regel nicht vorgesehen, können aber durch die Wasserbehörde gefordert werden. Das Fachgebiet (oder Fachwissen) der hierfür zuständigen Sachverständigen ist nicht unbedingt identisch mit dem des zum Betreuen der Bohrungen bestellten Sachverständigen (vgl. 17.7.4).

17.4.4 Sonstige Rechte

Weitere rechtliche Vorgaben, die durch den Bau von Erdwärmeanlagen tangiert werden können, sind das Bundesnaturschutzgesetz, die jeweiligen Landesnaturschutzgesetze, die jeweilige Landesbauordnung (LBO), gegebenenfalls mit ihren Durchführungsverordnungen, örtliche Bauvorschriften (z. B. Ortsbausatzung und Bebauungsplan) sowie die Unfallverhütungsvorschriften der zuständigen Berufsgenossenschaft.

In Bezug auf potenzielle Bodenverunreinigungen durch die Anlage oder durch das Verschleppen vorhandener Altlasten bei Bohr- oder Erdarbeiten sind das Bundes-Bodenschutzgesetz (BBodSchG), die Bundes-Bodenschutz- und Altlastenverordnung (BBodSchV), das Umweltschadensgesetz und die jeweiligen Landes-Bodenschutz und -Altlastengesetze zu beachten.

Fällt durch Bohrarbeiten mit dem Bohrgut gefördertes Grundwasser an, so ist, soweit dies über die Abwasserleitung entsorgt werden soll, hierfür eine Einleitegenehmigung zu beantragen. Mögliche Auflagen können den Einsatz eines Absatzcontainers oder eine Begrenzung der Sedimentfracht umfassen.

17.5 Technische Normen und Richtlinien

Für das Planen und Erstellen von Erdwärmeanlagen, insbesondere Erdwärmesonden, existiert noch keine DIN-, ISO- oder EN-Norm.

Die gegenwärtig in Deutschland als maßgeblich geltende Richtlinie für Erdwärmeanlagen ist die Blattreihe des Vereins Deutscher Ingenieure (VDI) VDI 4640 mit den folgenden Blättern:

VDI 4640 Blatt 1: 2010-06 „Thermische Nutzung des Untergrundes – Grundlagen, Genehmigungen, Umweltaspekte" und die Erweiterung „Thermische Nutzung des Untergrunds – Grundlagen, Genehmigungen, Umweltaspekte, Berichtigung zur Richtlinie VDI 4640 Blatt 1:2010-06" von 2011-12. Dieses Blatt behandelt technische und rechtliche Grundlagen zur Erdwärmenutzung.

VDI 4640 Blatt 2: 2001-09 „Thermische Nutzung des Untergrundes – Erdgekoppelte Wärmepumpenanlagen". Dieses Blatt behandelt Erdwärmeanlagen, die mit Wärmepumpen betrieben werden. Dieser Anlagentyp stellt über 90 % aller in Deutschland bestehenden Erdwärmeanlagen. Beschrieben werden die unterschiedlichen Wärmequellen von Brunnen über diverse Kollektoren bis hin zu Erdwärmesonden. Blatt 2 wird aktuell überarbeitet. Mit einer Neuauflage ist 2017 zu rechnen.

VDI 4640 Blatt 3: 2001-06 „Thermische Nutzung des Untergrundes – Unterirdische thermische Energiespeicher". Dieses Blatt behandelt die unterirdische Speicherung von Wärmeenergie als Wärme oder Kälte. Speicherformen wie Aquifer-, Erdwärmesonden-, Kavernen- oder naturähnliche Speicher werden beschrieben.

VDI 4640 Blatt 4: 2004-09 „Thermische Nutzung des Untergrundes – Direkte Nutzungen". Dieses Blatt behandelt direkte thermische Nutzungen von Untergrund und Grundwasser, also Anlagen ohne Wärmepumpe, zur Vorerwärmung und Kühlung. Auch Luft-Erdwärmetauscher zur Luftvorerwärmung bzw. Kühlung mittels Luft werden thematisiert. VDI 4640 Blatt 5: 2016–08 „Thermal Response Test" liegt als Entwurfsfassung vor.

In der Schweiz ist die SIA-Norm 384/6: 2010 des Schweizerischen Ingenieur- und Architekten-Vereins (SIA) als Richtlinie für das Planen, Bauen und Betreiben von Erdwärmesonden vorgegeben. Teils, wie z. B. in Bayern, wird diese Richtlinie auch von deutschen Wasserbehörden als Vorgabe angesehen.

In Österreich gibt der Österreichische Wasser- und Abfallwirtschaftsverband (ÖWAV) das entsprechende ÖWAV-Regelblatt 207 (2., vollständig überarbeitete Auflage, 2009) „Thermische Nutzung des Grundwassers und des Untergrunds – Heizen und Kühlen" vor. Es nutzt die Vorgaben der SIA 384/6 z. B. für die Auslegung von Erdwärmesonden.

In Erdwärmeanlagen verwandte Wärmepumpen werden nach DIN 8901:2002-12 „Kälteanlagen und Wärmepumpen – Schutz von Erdreich, Grund- und Oberflächenwasser – Sicherheitstechnische und umweltrelevante Anforderungen und Prüfung" geplant, eingebaut und geprüft.

Zur Qualifikation von Bohrunternehmen gibt der Deutsche Verein des Gas- und Wasserfaches (DVGW) Richtlinien vor. Eine Zertifizierung entsprechend dieser Richtlinien ist in den meisten Wasserrechtsverfahren zur Genehmigung von Erdwärmebohrungen Voraussetzung für einen positiven Erlaubnisbescheid. Für Erdwärmebrunnen existiert das Arbeitsblatt DVGW W 120-1: 2012-08 „Qualifikationsanforderungen für die Bereiche Bohrtechnik, Brunnenbau, -regenerierung, -sanierung und -rückbau". Dieses Blatt, bzw. frühere Ausgaben waren in der Vergangenheit auch Grundlage für mit Sonden ausgebaute Bohrungen. 2013 wurde es für Erdwärmesonden durch das Arbeitsblatt DVGW W 120-2: 2013-07 „Qualifikationsanforderungen für die Bereiche Bohrtechnik und oberflächennahe Geothermie (Erdwärmesonden)" abgelöst.

Zudem existieren in jedem Bundesland, oft nur digital, auf den Internetseiten der Landesämter und zum Teil der Unteren Wasserbehörden erhältliche Leitfäden, mit von den Berg- und Wasserbehörden sowie den geologischen Landesämtern aufgestellten Anforderungen an Erstellung und Betrieb von Erdwärmeanlagen.

Weitere Richtlinien und Normen zu eingesetzten Werkstoffen und Prüftechniken finden sich in den Abschnitten „Sondenmaterial" (► Abschn. 17.7.1) und „Hinterfüllbaustoffe" (► Abschn. 17.7.4).

17.6 Geophysikalische Parameter

17.6.1 Wärmeleitfähigkeit λ

Die Wärmeleitfähigkeit beschreibt das Vermögen eines Körpers, thermische Energie als Wärme zu transportieren. Sie ist unter den im Untergrund verbreiteten Drücken und Temperaturen eine Materialkonstante und wird üblicherweise mit dem griechischen Buchstaben λ abgekürzt. Sie wird gemessen in W/(m K). Der Wärmestrom (gemessen in W) ist proportional zur Wärmeleitfähigkeit und dem Temperaturunterschied.

Die Wärmeleitfähigkeit eines Gesteins ist abhängig von: der mineralogischen Zusammensetzung und den Wärmeleitfähigkeiten der einzelnen Minerale, der Ausrichtung der Minerale in Bezug auf die Kristallachsen und dem Porenanteil (◘ Tab. 17.3).

Die Wärmeleitfähigkeit einer Schicht ist abhängig von: der Wärmeleitfähigkeit des Gesteins und dem Wassergehalt. Die Unterschiede zwischen trockenen und feuchten Gesteinen gleicher Zusammensetzung können im Bereich von bis zu 200 % liegen. Je größer der Porenraum des Gesteins, desto größer ist im Allgemeinen der Unterschied der Wärmeleitfähigkeit im trockenen und feuchten Zustand.

Wasser im Porenraum eines Gesteins erhöht die Wärmeleitfähigkeit auf zwei Weisen: Zum einen hat Wasser eine höhere Wärmeleitfähigkeit als Luft und erhöht dadurch die durchschnittliche Wärmeleitfähigkeit eines Volumens, zum anderen werden durch das Auffüllen des Porenraums Wärmebrücken geschaffen und thermische Widerstände beseitigt, wodurch für den Wärmestrom mehr Querschnittsfläche zur Verfügung steht.

Neben der Wärmeleitfähigkeit des Gesteins und der Wärmeleitfähigkeit einer Schicht kann die scheinbare Wärmeleitfähigkeit einer ausgebauten Erdwärmesonde von Bedeutung sein. Wird mittels In-situ-Verfahren eine Wärmeleitfähigkeit bestimmt, so wird neben dem Wärmestrom aus dem oder in den Untergrund weiterhin der Transport von Wärmeenergie über Grundwasserströmung gemessen. Die so bestimmte scheinbare Wärmeleitfähigkeit ist größer als die summierte Wärmeleitfähigkeit der durchteuften Schichten (bis zu über 300 % in Aquiferen mit hohen Abstandgeschwindigkeiten), stellt aber bei jahreszeitlich weitgehend konstanten hydrogeologischen Bedingungen einen für das Planen eines Erdwärmesondenfeldes nutzbaren Wert dar, da auch die durch das Grundwasser transportierte Wärme nutzbar ist.

17.6.2 Ermitteln der Wärmeleitfähigkeit

Das Ermitteln der Wärmeleitfähigkeit ist ex situ (im Labor) und in situ (mittels einer bestehenden Erdwärmesonde) möglich. Für das Planen kleiner Erdwärmeanlagen bis ca. 30 kW Heizleistung ist das Verwenden von Erfahrungswerten/Literaturwerten in der Regel am wirtschaftlichsten.

■ Laborverfahren

Für die Laborverfahren existieren verschiedene Typen von Wärmeleitfähigkeitsscannern und Sonden, die das Messen der Wärmeleitfähigkeit an vorbereiteten Proben von Festgesteinen,

Tab. 17.3 Wärmeleitfähigkeit und Wärmekapazität diverser Gesteine in Anlehnung an VDI 4640

Gestein	Wärmeleitfähigkeit W/(m · K)	Wärmekapazität MJ (m³ · K)
Lockergesteine		
Ton, Schluff, trocken	0,5[a] (0,4–1,0)	1,6[a] (1,5–1,6)
Ton, Schluff, wassergesättigt	1,3[a] (0,9–2,3)	2,4[a] (1,6–3,4)
Sand, trocken	0,4[a] (0,3–0,8)	1,6[a] (1,3–1,6)
Sand, wassergesättigt	2,7[a] (1,7–5,0)	2,5[a] (2,2–2,9)
Kies, trocken	0,4 (0,4–0,5)	1,5 (1,4–1,6)
Kies, wassergesättigt	1,8	2,4
Torf, Mudde	0,4 (0,2–0,7)	0,8 (0,5–3,8)
Geschiebelehm, Geschiebemergel	2,9[a]	2,0[a]
Moräne	2,0 (1,0–2,5)	2,0 (1,5–2,5)
Sedimentgesteine		
Sandstein, allg.	2,3 (1,3–5,1)	2,0 (1,6–2,8)
Sandstein, allg., trocken	1,4 (1,1–1,7)[c]	1,6 (1,3–2,0)[c]
Buntsandstein, allg.	3,7 (2,6–6,2)[b]	2,0[b]
Kalkstein	2,8 (2,5–4,0)	2,2 (2,1–2,4)
Kalkstein, trocken	1,3 (0,7–1,7)[c]	1,6 (1,4–1,8)[c]
Mergelstein	2,1 (1,5–3,5)	2,2 (2,2–2,3)
Tonstein, Siltstein	2,2 (1,1–3,5)	2,2 (2,1–2,4)
Steinkohle	0,3 (0,3–0,6)	1,4 (1,3–1,8)
Braunkohle	0,4[a]	0,8[a]
Salz	6,0 (5,3–6,4)	1,2
Magmatische Gesteine		
Granit, allg.	3,4 (2,1–4,1)	2,4 (2,1–3,0)
Granit, trocken	2,8[c]	2,2[c]
Diorit	2,6 (2,0–2,9)	2,9
Gabbro	1,9 (1,7–2,5)	2,6
Gabbro, trocken	3,0[c]	2,5[c]
Basalt	1,7 (1,3–2,3)	2,4 (2,3–2,6)
Rhyolit	3,3 (3,1–3,4)	2,1
Peridotit	4,0 (3,8–5,3)	2,7

[a] nach Henning (2010)
[b] nach Kleiner (2003)
[c] nach Szilagyi (1995)

Tab. 17.3 *(Fortsetzung)*

Gestein	Wärmeleitfähigkeit W/(m · K)	Wärmekapazität MJ (m³ · K)
Metamorphe Gesteine		
Gneis	2,9 (1,9–4,0)	1,8–2,4
Glimmerschiefer	2,0 (1,5–3,1)	2,2
Quarzit	5,8 (3,6–6,6)	2,1–2,2
Tonschiefer	2,1 (1,5–2,6)	2,2–2,5
Marmor	2,1 (1,3–3,1)	2,1
Sonstiges		
Beton	1,6 (0,7–2,0)	3,9
Bentonit	0,6 (0,5–0,8)	1,8
Wasser (10 °C)	0,6	4,2
Eis (−10 °C)	2,3	1,9
Luft (0–20 °C, trocken)	0,03	0,0012

[a] nach Henning (2010)
[b] nach Kleiner (2003)
[c] nach Szilagyi (1995)

und seltener Lockergesteinen, erlauben. Beim Planen von Erdwärmeanlagen ist zu beachten, dass im Labor ermittelte Kenngrößen der Wärmeleitfähigkeit λ von denen in mehreren Zehner- bis Hunderter Metern Tiefe abweichen können. Ursache hierfür können oberflächennahe Verwitterungserscheinungen an den Laborproben, seltener hydrothermale Verwitterungserscheinungen im tiefen Untergrund sein. Weiterhin hat der Wassergehalt w einen positiven Einfluss auf die Wärmeleitfähigkeit, weshalb Messwerte von trockenen Proben beim Planen von Geothermieanlagen nur bedingt verwendet werden können.

Geothermal Response Test

Bei einem Geothermal Response Test (GRT) wird mit einer definierten und auf das Vorhaben abgestimmten Wärmeleistung eine komplett ausgebaute und verpresste Erdwärmesonde oder auch ein Kollektor beheizt. Dabei werden die Temperaturen des Rücklaufs automatisiert aufgezeichnet. Durch den Wärmeeintrag erhöht sich die Temperatur im und um das ausgebaute Bohrloch. Aus der Auswertung der Temperaturanstiegskurve ergeben sich die mittlere, natürliche Untergrundtemperatur, die zu Beginn des GRT vorlag, der mittlere, thermische Bohrlochwiderstand und die mittlere scheinbare Wärmeleitfähigkeit. Der thermische Bohrlochwiderstand R_b ist das Maß für die Übertragungsverzögerung von Wärme aus dem Untergrund in die Sonde und hat die Einheit [m K W^{-1}]. Er wird maßgeblich beeinflusst von: Bohrlochdurchmesser, Sondenmaterial und Sondenwandstärke, Sondengeometrie und Verpressmaterial (Abb. 17.4). Je niedriger der thermische Bohrlochwiderstand ist, desto besser funktioniert die Wärmeübertragung vom Untergrund in die Sonde und desto niedriger ist der Temperaturunterschied zwischen Untergrund und Wärmeträgerfluid.

Die mittlere scheinbare Wärmeleitfähigkeit ist die mittlere Wärmeleitfähigkeit der durchteuften Schichten, zuzüglich dem

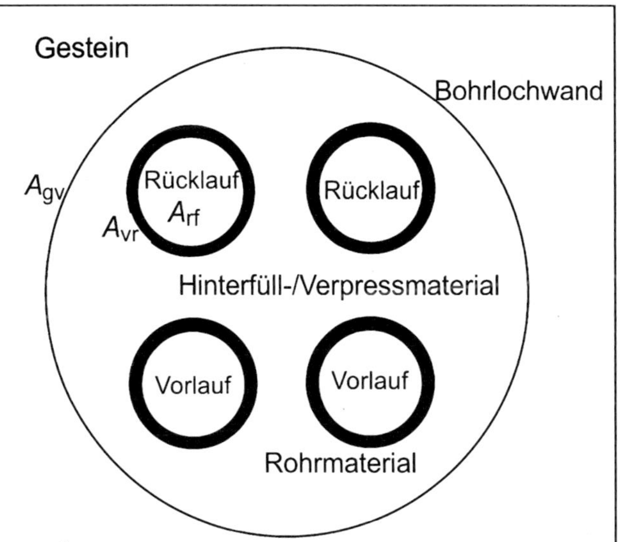

A: Übergangswiderstände:
A_{gv} = Gestein/Verpressmaterial
A_{vr} = Verpressmaterial/Rohrmaterial
A_{rf} = Rohrmaterial/Fluid

R: Materialwiderstände:
R_v = Verpressmaterial
R_r = Rohrmaterial

$$R_b = A_{gv} + R_v + A_{vr} + R_r + A_{rf}$$

Abb. 17.4 Zusammensetzung des thermischen Bohrlochwiderstandes Rb in einer ausgebauten Doppel-U-Sonde im Querschnitt

Einfluss von eventueller Grundwasserströmung, die die mittlere Wärmeleitfähigkeit scheinbar erhöht.

Beim Advanced Geothermal Response Test (AGRT) wird zusätzlich z. B. mittels Glasfasermesskabel die tiefenabhängige Temperatur gemessen und aufgezeichnet. So lassen sich thermischer Bohrlochwiderstand und scheinbare Wärmeleitfähigkeit horizontweise bestimmen. Der AGRT ist in der Auswertung zwar aufwendiger als ein gewöhnlicher GRT, liefert aber dafür in Abgleich mit dem Bohrprofil der untersuchten Erdwärmesonde Informationen zu Grundwasserströmungen oder deutlichen Fehlstellen in der Verpressung, die sich in erhöhten scheinbaren Wärmeleitfähigkeiten oder in letzterem Fall sehr hohen thermischen Bohrlochwiderständen äußern. Der AGRT kann daher auch bei der Untersuchung bei Verdacht auf einen Schadensfall Anwendung finden.

Normen zum Durchführen und Auswerten von GRT und AGRT sind in Vorbereitung (▶ Abschn. 17.5).

▪ Erfahrungswerte

Neben wissenschaftlichen Arbeiten finden sich Wärmeleitfähigkeitswerte für diverse Gesteine auch in technischen Regelwerken wie z. B. der VDI 4640 (Blatt 2) und der SIA 384/6. Bei der Übernahme von Werten zum Planen von Erdwärmeanlagen sind die Herkunft der Daten und die teils sehr hohen Schwankungsbreiten zu berücksichtigen. Konkrete Labormessungen in der jeweiligen Schichtenfolge und insbesondere Ergebnisse von GRTs sind generellen Werten üblicherweise vorzuziehen.

17.6.3 Wärmekapazität *C*

Als „Wärmekapazität" bezeichnet man die Fähigkeit eines Stoffes, Wärme aufzunehmen und wieder abzugeben. Man unterscheidet die Spezifische Wärmekapazität *c* bei konstantem Druck [kJ kg^{-1} K^{-1}] und die Volumenbezogene Spezifische Wärmekapazität [kJ m^{-3} K^{-1}]. Je höher die Wärmekapazität ist, desto mehr Energie wird benötigt, um die Temperatur eines Körpers um einen bestimmten Betrag zu erhöhen. Umgekehrt gibt ein Körper mit einer hohen Wärmekapazität, dessen Temperatur sich um einen bestimmten Betrag erniedrigt, mehr Wärmeenergie ab, als ein Körper mit einer geringen Wärmekapazität. Der Einfluss der Wärmekapazität des Untergrundes auf die Entzugsleistung ist gering, sie spielt vor allem beim Bemessen von Energiespeichern im Untergrund eine wichtige Rolle.

17.6.4 Entzugsleistung

Die Entzugsleistung ist die thermische Leistung, die dem Untergrund entnommen und mittels Wärmeträgermittel an das Heizsystem übergeben wird. Ihre Einheit im internationalen Einheitensystem ist Watt. Spezifische Entzugsleistungen, z. B. Entzugsleistungen pro Meter eingebauter Erdwärmesonde, werden in W/m angegeben. Spezifische Entzugsleistungen von Kollektoren werden in W/m Kollektorrohr oder in W/m^2 mit Bezug auf die Kollektorfläche angegeben.

Die Entzugsleistung einer Wärmequelle ist entgegen dem weit verbreiteten Gebrauch keine Materialeigenschaft, sondern eine Eigenschaft des Gesamtsystems. Sie hängt ab von: Wärmeleitfähigkeit des Untergrundes, Wärmekapazität des Untergrundes, Temperaturverteilung im Untergrund, Wärmetransport durch Grundwasserströmung, thermische Leistung und Arbeitszahl des Heizsystems (in der Regel der Wärmepumpe), zulässige Wärmeträgerfluidtemperatur, jährliche Nutzungsdauer, Verteilung der jährlichen Nutzungsdauer, thermischem Bohrlochwiderstand (bzw. bei anderen Wärmequellen dem thermischen Widerstand zwischen Untergrund und Wärmeträgermittel) und der geometrischen Anordnung der Wärmequelle.

17.7 Geschlossene Wärmequellen

17.7.1 Erdwärmesonden

▪ Sondenmaterial

Erdwärmesonden werden zu über 90 % aus dem Material PE 100 hergestellt. Dabei handelt sich um Polyethylen, einen thermoplastischen Kunststoff mit relativ einfachen Polymerketten. PE 100 ist eine Festigkeitsklasse nach DIN ISO 9080. Früher wurde auch das etwas weniger feste PE 80 als Sondenmaterial verwandt. Im Bereich der Anbindeleitungen kommt es immer noch zum Einsatz. Bei PE 80 liegt die Mindestfestigkeit nach DIN ISO 9080 bei 8,0 MPa, bei PE 100 ist die Mindestfestigkeit 10,0 MPa. Für Erdwärmesonden benutztes PE ist üblicherweise mit Ruß schwarz eingefärbt, um eine erhöhte UV-Stabilität zu erreichen. Seltener werden weniger UV-resistente, blau oder anderweitig

Tab. 17.4 Wärmeleitfähigkeit und Beständigkeit typischer Sondenmateriale

Sondenmaterial	Wärmeleitfähigkeit [W/(m K)]	Zeitstandfestigkeit 20 °C	40 °C	60 °C	90 °C	Rissbeständigkeit
Stahl	60	Korrosionsabhängig	Korrosionsabhängig	Korrosionsabhängig	Korrosionsabhängig	Ausgezeichnet
PE 80	0,42	40 a (10 bar)	20 a (9 bar)	Nicht beständig	Nicht beständig	Mäßig gut
PE 100	0,42	100 a (10 bar)	50 a (12 bar)	5 a (8 bar)	Nicht beständig	Gut
PE 100 RC	0,42	100 a (10 bar)	50 a (12 bar)	5 a (8 bar)	Nicht beständig	Sehr gut
PE-X	0,35	100 a (10 bar)	100 a (10 bar)	50 a (10 bar)	15 a (7 bar)	Ausgezeichnet

eingefärbte Rohre, wie sie zum Beispiel im Trinkwasser- und Gasleitungsbau angewandt werden, benutzt.

Um die Beständigkeit gegenüber Rissen zu erhöhen, kommt seit etwa 2010 vermehrt die Materialvariante PE 100 RC zum Einsatz. RC (resistance to crack) bedeutet, dass das Material aufgrund seiner Fertigung und Zusammensetzung einen höheren Widerstand gegen Risswachstum sowie gegen Punktlasten besitzt. Weitaus seltener werden PE-Rohre mit einem zusätzlichen Schutzmantel aus Polypropylen (PP) eingesetzt. Während PE-100-RC-Rohre die gleichen Rohrdicken und Wärmeleitfähigkeiten wie PE-100-Rohre aufweisen, dämmt ein PP-Mantel den Wärmestrom in die Sonde und erhöht so den thermischen Bohrlochwiderstand.

Neben den relativ einfach verketteten Materialen PE 80, PE 100 und PE 100 RC werden weiterhin Erdwärmesonden aus PE X benutzt. PE X ist ein dreidimensional vernetztes Polyethylen. Meist wird es mittels Peroxid-Vernetzung (PE Xa) gefertigt. PE X hat gegenüber PE 100 eine deutlich verbesserte Temperaturbeständigkeit sowie erhöhte Schlagzähigkeit und Spannungsrissbeständigkeit. Die PE-X-Sonden sind allerdings beim Schweißen und beim Durchführen von Druckprüfungen schwieriger zu handhaben, sie verformen sich beispielsweise bei Druckprüfungen im unverpressten Bereich eines Bohrlochs stark. Ihr Einsatz beschränkt sich daher in der Regel auf Anlagen, die erhöhte Anforderungen an die Temperaturbeständigkeit haben. Zum Vergleich verschiedener Sondenmaterialien ◘ Tab. 17.4.

▪ Sondenbauformen

In den Anfangszeiten der Nutzung von Erdwärmesonden wurden in erster Linie Einfach-U-Sonden verbaut. Diese bestehen aus einem Vorlauf, einem Rücklauf und einer entsprechenden U-förmigen Umlenkung, die als Sondenfuß angeschweißt wird. Ein Vorteil der Einfach-U-Sonden ist das einfachere Einbringen, da hier im Vergleich zu Sonden mit mehr Rohren und größerem Sondenfuß die Wahrscheinlichkeit des Verkantens am Bohrlochrand etwas vermindert ist. Da ein Bohrloch technikbedingt in der Regel einen kreisförmigen Querschnitt besitzt, wird es jedoch durch die zwei Rohre einer Einfach-U-Sonde nur suboptimal genutzt. Es ist relativ wenig Volumen der Wärmeträgerflüssigkeit pro Sondenmeter vorhanden und die Oberfläche zum Wärmeübertrag vom Untergrund zur Wärmeträgerflüssigkeit ist gering.

Aus diesem Grund wurden Doppel-U-Sonden (auch Duplex-Sonden genannt) entwickelt. Hier besitzt jede Sonde zwei Paar getrennte Vor- und Rücklaufrohre, die in einem gemeinsamen,

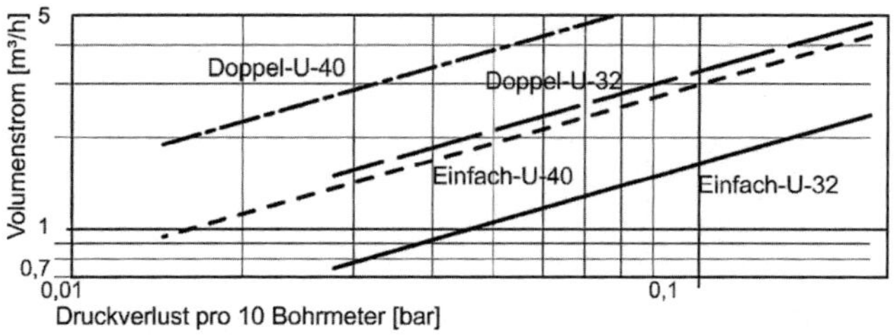

◘ **Abb. 17.5** Druckverluste typischer PE-Sonden bei Füllung mit ca. 25 % Ethylenglykol und –5 °C

angeschweißten Sondenfuß umgelenkt werden. Moderne Sondenfüße aus PE-Kunststoff werden im Spritzgussverfahren hergestellt, werkseitig an die Sondenrohre geschweißt und werkseitig druckgeprüft. Volumen und Oberfläche der Sonde ist im Vergleich zur Einfach-U-Sonde je nach betrachteten Rohrdurchmessern in etwa verdoppelt. Das Bohrlochvolumen wird besser ausgenutzt.

Marktübliche Doppel-U-Sonden bestehen meist aus PE-100-RC und haben aufgrund der Druckverluste bis 120 m Sondenlänge Außendurchmesser von 32 mm bei 2,9–3,0 mm Wandstärke (◘ Abb. 17.5). Doppel-U-Sonden über 120 m Sondenlänge haben typischerweise Außendurchmesser von 40 mm bei 3,7 mm Wandstärke (◘ Tab. 17.5).

Neben den vorgenannten Sondentypen mit einer nebeneinander ausgeführten Anordnung von Vor- und Rückläufen werden auch Koaxialsonden verwandt. Koaxialsonden sind Rohr-in-Rohrsysteme, bei denen ein Innenrohr in ein größeres Außenrohr eingebaut ist. Je nach Auslegung kann das Innenrohr als Vor- oder Rücklauf genutzt werden, während das Außenrohr den jeweiligen Gegenpart übernimmt.

Wird das Innenrohr als Vorlauf verwendet, ist der Wärmeentzug in der Tiefe ungleichmäßiger verteilt, als dies bei Doppel-U-Sonden der Fall ist. Das kalte Wärmeträgermedium erreicht den Sondenfuß relativ schnell und führt durch den großen Temperaturunterschied zum Untergrund dort zu einem starken Wärmeübergang in die Sonde. Der obere Bereich der so betriebenen Koaxialsonde liefert weniger Ertrag, da ein geringerer Temperaturunterschied vorhanden ist.

Wärmeträgerfluide. Wärmeträgerfluide sind die Füllung der geschlossenen Wärmequellen (◘ Tab. 17.6). Es handelt sich meist um:

- Mischungen von organischen Frostschutzmitteln mit Wasser,
- Mischungen von Salzen mit Wasser (Sole i. e. S.),

■ **Tab. 17.5** Eigenschaften üblicher Sondentypen. Der typische Bohrlochwiderstand und Bohrlochmindestdurchmesser ist für min. 3 cm Ringraum und Hinterfüllung mit Brunnendämmer (0,8 W/(m · K)) angegeben

Sondentyp	Wärmeträgermittel pro 10 m [l]	Oberfläche pro 10 m [m^2]	Typischer Bohrlochwiderstand [(m K)/W]	Innendurchmesser bzw. DN Innenrohr- u. Wandstärke	Wandstärke [mm]	Bohrlochmindestdurchmesser [mm]
32er-Einfach-U-Sonde	10,8	2,0	0,19	2 · 26 mm	2,9	150
32er-Doppel-U-Sonde	21,6	4,0	0,13	4 · 26 mm	2,9	150
40er-Doppel-U-Sonde	33,4	5,0	0,12	4 · 33 mm	3,7	170
63er-Koaxialsonden	18,0	2,0	0,22	32 · 2,9 mm	5,8	123
140er-Koaxialsonde	135,0	4,4	< 0,11	40 · 3,7 mm	5,4	200

■ **Tab. 17.6** Typische Wärmeträgerfluide

Fluid	Dyn. Viskosität [Pa s]	Wärmekapazität [J/(kg K)]	Dichte [kg/dm^3]	Wärmeleitfähigkeit [W/(m K)]	Gefriertemperatur	WGK
Wasser	0,0018	4217	1,000	0,56	0 °C	-
5 % Ethylenglykol	0,0025	4091	1,016	0,54	−4 °C	1
10 % Ethylenglykol	0,0032	3965	1,031	0,51	−8 °C	1
25 % Ethylenglykol	0,0052	3795	1,052	0,48	−13 °C	1
30 % Propylenglykol	0,0108	3735	1,038	0,45	−13 °C	1
20 % Calciumchlorid	0,0037	3050	1,2	0,53	−18 °C	1
25 % Kaliumcarbonat	0,0058	5662	1,25	0,92	−13 °C	1
25 % Methanol	0,0040	4000	0,96	0,45	−20 °C	1
25 % Ethanol	0,0046	4250	0,96	0,44	−15 °C	1

- reines Wasser,
- unter Druck gesetzte Gase in Sonden nach dem Prinzip des Wärmerohrs,
- Arbeitsmittel von Wärmepumpe in Systemen mit Direktverdampfung.

Die Funktion des Wärmeträgerfluides ist der Transport von Wärme, die im Untergrund aufgenommen wird, in das Heiz- oder Kühlsystem, in der Regel eine Wärmepumpe. In den meisten Anlagen muss das Wärmeträgermittel eine Betriebssicherheit von bis min. −5 °C gewährleisten. Umgangssprachlich werden auch Mischungen von organischen Frostschutzmitteln mit Wasser als „Sole" bezeichnet.

Als Füllung von geschlossenen Erdwärmequellen dürfen Wasser und nicht wassergefährdende Stoffe eingesetzt werden. Stoffe werden in den Anhängen 1 und 2 der Verwaltungsvorschrift wassergefährdender Stoffe (VwVwS) in folgende Wassergefährdungsklassen eingeteilt:
- 1: „schwach wassergefährdend",
- 2: „wassergefährdend",
- 3: „stark wassergefährdend".

Durch Korrosionsinhibitoren kann sich die Einstufung eines Stoffes ändern, da dann eine Mischung vorliegt. Die Wassergefährdungsklasse von Stoffmischungen ist nach Anhang 4 der VwVwS zu bestimmen. Das Verwenden nicht aufgeführter Stoffe liegt in der Eigenverantwortlichkeit von Hersteller und Inverkehrbringer und ist nach Anhang 3 der VwVwS auszuführen.

Neben nicht wassergefährdenden Stoffen wird je nach Bundesland und wasserwirtschaftlicher sowie hydrogeologischer Einstufung eines Bauvorhabens der Einsatz von Wärmeträgerfluiden der Wassergefährdungsklasse 1 erlaubt. In Wasserschutzgebieten, Heilquellenschutzgebieten und hydrogeologischen Problemgebieten ist dies oft nicht der Fall.

Wärmeträgerfluide auf Basis von Propylenglykol weisen eine deutlich geringere Toxizität auf als Fluide auf Basis von (Mono-) Ethylenglykol, allerdings sind sie wesentlich viskoser und erfordern somit stärkere Soleumwälzpumpen und konsequenterweise einen größeren Einsatz elektrischer Hilfsenergie. Fluide auf Basis von Ethylenglykol sind daher die mit Abstand am häufigsten in Deutschland eingesetzten Wärmeträgermittel.

Teilweise werden Sonden auch mit reinem Wasser gefüllt. Im Falle einer Leckage kann dann kein grundwassergefährdender Stoff austreten. Daher wird beim Einsatz in der Zone IIIb in manchen Trinkwasserschutzgebieten oder auch hydrogeologisch schwierigen Gebieten mit hohen Grundwasserabstandgeschwindigkeiten das Befüllen mit reinem Wasser behördlich gefordert. Wasser hat eine geringere Viskosität als Mischungen von Wasser mit Frostschutzmitteln, wodurch der Druckverlust in der Wärmequelle und damit der benötigte Stromverbrauch für die Umwälzpumpe geringer ausfällt. Auf den Betrieb mit reinem Wasser ausgelegte Sonden haben außerdem höhere Wärmequellentemperaturen, da hier um ein Einfrieren zu vermeiden, minimale Temperaturen von je nach Wärmepumpe > 2 bis > 4 °C (gemessen am Ausgang der Wärmepumpe) notwendig sind. Somit haben die Anlagen höhere Wärmequellentemperaturen und konsequenterweise bessere Effizienzen. Der Nachteil beim Verwenden von Wasser als Wärmeträgerfluid ist um 30–60 % deutlich größere, benötigte Menge an Bohrmetern.

Sonden nach dem Wärmerohrprinzip

Wärmerohrsonden sind mit einem Arbeitsmittel (in der Regel CO_2, seltener Ammoniak oder dem Arbeitsmittel der Wärmepumpe) gefüllt, welches bei den im Kältekreis der Wärmepumpe typischen Temperaturen einem Phasenwechsel unterliegt. Am Sondenfuß hat das Arbeitsmittel einen flüssigen Aggregatszustand. Nimmt es Wärme aus dem umliegenden Untergrund auf, geht es in den gasförmigen Aggregatzustand über und steigt dabei zum Sondenkopf auf. Am Sondenkopf wird dem Gas über einen mit der Wärmepumpe verbundenen Wärmetauscher Wärme entzogen, die dem Heizsystem zugeführt wird. Dabei kondensiert das Wärmeträgermittel am Wärmetauscher und das Kondensat fließt wieder nach unten. Das Umwälzen innerhalb der Sonde wird also durch den Phasenwechsel gewährleistet, eine Pumpe ist nicht erforderlich. Erdwärmeanlagen mit Sonden nach dem Wärmerohrprinzip benötigen ca. 5–15 % weniger Hilfsenergie als herkömmliche Systeme.

17.7.2 Dimensionieren von Erdwärmesonden

Hauptziel des Dimensionierens von Erdwärmesonden ist es, den Energiebedarf des zu temperierenden Objektes mit einem auf die anstehende Geologie und die regionalen Rechtsvorgaben basierenden Sondenfeld abzugleichen.

Gebäudedaten

Die Gebäudedaten sind von Haustechnikingenieuren nach einschlägigen Normen zu ermitteln oder bei Bestandsgebäuden auf Basis bekannter Energieverbräuche zu bestimmen und dem Planer des Sondenfeldes mitzuteilen. Bekannt sein sollten mindestens:

- Wärmeenergiebedarf pro Jahr, d. h. die Wärme, die zum Beheizen des Gebäudes und Erwärmen von Trinkwasser verwandt werden soll. Der Wärmeenergiebedarf ist das Produkt aus Heizlast und Jahresvolllaststunden. Er wird typischerweise in MWh/a angegeben.
- Die Heizlast (z. B. nach DIN EN 12.831), d. h. die zum Aufrechterhalten einer bestimmten Raumtemperatur zu erbringende thermische Leistung des geplanten Heizsystems. Die Heizlast des Neubaus eines Einfamilienhauses beträgt typischerweise zwischen 4 und 15 kW. Bei einem vergleichbaren Bestandsgebäude aus den 1980er-Jahren beträgt sie typischerweise zwischen 12 und 20 kW. Aus der Heizlast lässt sich mittels der angestrebten mittleren Temperaturen im Heizsystem, den mittleren Wärmequellentemperaturen und dem COP der geplanten Wärmepumpe die Entzugsleistung berechnen, die die Wärmequelle über die Volllaststundenzahl liefern muss.
- Zahl der Jahresvolllaststunden, d. h. die Anzahl der Stunden, in der das Heizsystem bei voller Heizlast laufen soll. Jahresvolllaststunden bewegen sich üblicherweise in einer Größenordnung von ca. 1600-2500 h.
- Ein eventueller Kühlenergiebedarf mit analog zum Wärmeenergiebedarf der Kühllast und der Zahl der Jahresvolllaststunden für die Kühlung

Die hausseitigen Parameter sind stark abhängig von der Gebäudegröße, der Gebäudehülle, dem klimatischen Standort, der Zahl der Bewohner (insbesondere wegen der Trinkwassererwärmung) sowie dem spezifischen Nutzerverhalten, bzw. dem Zweck des Gebäudes.

Sondenfeldplan und Haustechnik sind mit Hinblick auf Druckverluste in den Sondenrohren abzustimmen. Die teils in der Wärmepumpe verbaute Soleumwälzpumpe muss eine ausreichende Restförderhöhe besitzen, um Druckverluste in den Sondenrohren zu überwinden. Wesentlich sind hierbei der Sondendurchmesser und die Sondentiefe, weiterhin erzeugen Anschlussleitungen zwischen Bohrung und Wärmepumpe, Verteiler, Winkel sowie der Wärmetauscher in der Wärmepumpe Druckverluste, die zu berücksichtigen sind (◘ Abb. 17.5). Eine Berechnung der Druckverluste ist mittels Datenblättern der einzelnen Bauteile und Rohrkennlinienkurven möglich. Zum PC-gestützten Berechnen ist das Microsoft Excel-Arbeitsblatt EWS-Druck der Huber Energietechnik AG frei erhältlich.

Geodaten

Das zu erwartende Bohrprofil ist aus eventuellen benachbarten Bohrungen und geologischen Karten zu ermitteln. Aus den zu erwartenden Lithologien lassen sich tiefenspezifisch Wärmeleitfähigkeiten und Wärmekapazitäten abschätzen, die für das Dimensionieren genutzt werden.

Aus Bohrprofilen und hydrogeologischen Karten sind außerdem der Grundwasserspiegel und eventuell Grundwasserabstandsgeschwindigkeiten zu bestimmen (▶ Abschn. 1.10.5), da Wärmeleitfähigkeit und Wärmekapazität stark vom Wassergehalt abhängen.

Erkundungsbohrungen werden aus Wirtschaftlichkeitsgründen meist nur bei großen Anlagen mit Heizleistungen > 50 kW ausgeführt. Solche Bohrungen werden meist auf Basis einer Vorplanung dimensioniert und als vollständige Erdwärmesonden beantragt und erstellt. Mithilfe der aufgenommenen Schichtenfolge und eines GRT (▶ Abschn. 17.6.1) wird dann die Endplanung des Sondenfeldes durchgeführt.

Bekannte Wärmeanomalien im Untergrund sind zu beachten. So weist z. B. die Innenstadt von Frankfurt teilweise Temperaturen > 17 °C in Tiefen um 80 m auf. Auch an den Randverwerfungen des Oberrheingrabens können lokal hohe Temperaturen in wenigen Zehnermetern Tiefe gemessen werden. Die Wärmeleitfähigkeit des anstehenden Untergrundes ist auch in Wärmeanomalien der entscheidende Parameter in Bezug auf das Dimensionieren der Sondenlängen. Allerdings muss hierbei die Wärmepumpe entsprechend hohe Temperaturen im Vorlauf verarbeiten können. Bei sehr hohen Temperaturen ist außerdem ein entsprechend beständiges Sondenmaterial zu wählen. Erdwärmesonden sowie eventuell andere Bohrlöcher und Brunnen in der Umgebung sind zu recherchieren und soweit möglich in die Planung miteinzubeziehen, auch um die Funktion von Nachbaranlagen nicht zu beeinträchtigen.

Potenzielle Georisiken beim Bohren für das Einbringen von Sonden sind zu bestimmen und zu bewerten. Dazu zählen in erster Linie: Karsthohlräume, Altbergbau, Gasvorkommen, artesisch gespanntes Grundwasser, stockwerkübergreifend gespanntes Grundwasser, quellfähige Gesteine. Bohrprotokolle und Schichtenfolge aus umliegenden Bohrungen ergeben außerdem manchmal Hinweise auf außergewöhnlich stark ausgeprägte Klüftung und andere Erschwernisse der Bohrarbeiten und sollten miteinbezogen werden. Auch Rücksprache mit Bohrgeräteführern, die in der Umgebung bereits Bohrungen ausgeführt haben, sind sinnvoll.

Dimensionieren nach Faustformel

Sonden werden oft durch Heizungstechniker oder Bohrunternehmer mit 50 W/m Entzugsleistung bemessen. Bei einem solchen Vorgehen werden die geologisch, geotechnisch und heiztechnisch relevanten Einflüsse, wie Art der Gesteine und Gesteinsfolgen, Art der Schichten und Schichtenfolge und Art der hydrogeologischen Verhältnisse im Untergrund, Art des geplanten Ausbaus der Bohrlöcher, Typ der einzubauenden Erdwärmesonden, Abstände zu benachbarten Sonden und Zahl der einzuplanenden Volllaststunden nicht berücksichtigt. Dadurch können Anlagen in der Größenordnung von 30 % und mehr über- oder unterdimensioniert werden. Dies kann zu erhöhten Investitionskosten, höheren Betriebskosten sowie unter extremen klimatischen Bedingungen zum Ausfall einer so dimensionierten Anlage führen.

Dimensionieren nach detaillierteren Formeln

In der Literatur finden sich diverse einfache Berechnungsformeln für Erdwärmesonden. Zwei Beispiele sind in Folge aufgeführt (P_{EWS} = spezifische Entzugsleistung [W/m]; nach Kaltschmitt 1999):

$$P_{\text{EWS}} = 13\lambda + 10$$

1500 Jahresvolllaststunden $P_{\text{EWS}} = -1{,}02\,\lambda^2 + 13{,}21\lambda + 31{,}72$
1800 Jahresvolllaststunden $P_{\text{EWS}} = -0{,}96\,\lambda^2 + 13{,}00\lambda + 29{,}60$
2100 Jahresvolllaststunden $P_{\text{EWS}} = -0{,}91\,\lambda^2 + 12{,}73\lambda + 27{,}79$
2400 Jahresvolllaststunden $P_{\text{EWS}} = -0{,}85\,\lambda^2 + 12{,}39\lambda + 26{,}26$

nach Leitfaden des Sächsischen Landesamtes für Umwelt und Geologie.

Diese Formeln berücksichtigen zwar die Wärmeleitfähigkeiten und teilweise auch die Zahl der Jahresvolllaststunden, aber nicht den Sondentyp und den Ausbau des Bohrlochs.

Dimensionieren nach Tabellen

Die VDI 4640, Blatt 2: 2001 enthält in ◘ Tab. 2 (S. 16) typische spezifische Entzugsleistungen in W/m für verschiedene Gesteine. Diese Tabelle wird vielfach in Leitfäden oder technischen Handbüchern zum Dimensionieren von Sonden kopiert und empfohlen (◘ Tab. 17.7). Die dieser Tabelle zu entnehmenden typischen spezifischen Entzugsleistungen gelten:

- für Sonden zwischen 40 und 100 m Tiefe,
- ausschließlich bei Wärmeentzug,
- bei einem kleinsten Abstand von benachbarten Sonden von mindestens 5 m (bei Sonden zwischen 40 und 50 m Tiefe), bzw. von mindestens 6 m (bei Sonden zwischen 50 und 100 m Tiefe),
- bei Koaxialsonden mit Durchmessern > 60 mm und Doppel-U-Sonden mit DN 20, DN 25 oder DN 32,
- nicht für eine größere Zahl von Anlagen auf kleinem Areal.

◘ **Tab. 17.7** Spezifische Entzugsleistungen nach Bayerisches StMLU 2003 und VDI 4640. Einschränkungen s. Text

Gestein	Spezifische Entzugsleistung für 1800 h pro Jahr	Spezifische Entzugsleistung für 2400 h pro Jahr
Kies, Sand, trocken	< 25 W/m	< 20 W/m
Kies, Sand, wasserführend	65–80 W/m	55–65 W/m
Kies, Sand, Einzellagen mit starkem Grundwasserfluss	80–100 W/m	80–100 W/m
Ton, Lehm, feucht	35–50 W/m	30–40 W/m
Kalkstein (massiv)	55–70 W/m	45–60 W/m
Sandstein	65–80 W/m	55–65 W/m
Saure Magmatite (Granit)	65–85 W/m	55–70 W/m
Basische Magmatite (Basalt)	40–65 W/m	35–55 W/m
Gneis	70–85 W/m	60–70 W/m

Es lassen sich Werte für 1800 oder 2400 Volllaststunden pro Jahr ablesen, Zwischenwerte können interpoliert werden. Keine Berücksichtigung finden nach dieser Tabelle unter anderem Wassergehalte, Sondendurchmesser und Verpressmaterial. Insbesondere für das Dimensionieren mit Wasser gefüllter Sonden sind die dieser Tabelle zu entnehmenden Werte nicht geeignet.

Dimensionieren nach Nomogramm

In der Schweiz werden kleinere Erdwärmesondenanlagen (bis 8 kW Heizleistung) typischerweise mittels eines Nomogramms (SIA-Norm 384/6, VDI 4640, Blatt 2: 2001) dimensioniert (s. ◘ Abb. 17.6). Hierbei wird im Gegensatz zu den deutschen Berechnungsmethoden die Geländehöhe einbezogen. Der Sondendurchmesser und die Wärmeleitfähigkeit des Verpressmaterials werden im Nomogramm nicht berücksichtigt.

Zum Dimensionieren nach SIA-Norm 384/6 sind auch entsprechende Arbeitsblätter für Microsoft- Excel erhältlich. Dimensionieren nach SIA-Norm 384/6 wird in Teilen Bayerns im Rahmen der Genehmigung gefordert.

Der Parameter a des Nomogramms berechnet sich nach

$$a = Q_{\text{Ha}} / \left((Q_{\text{Ha}} / \beta_{\text{a}}) - Q_{\text{pa}} \right).$$

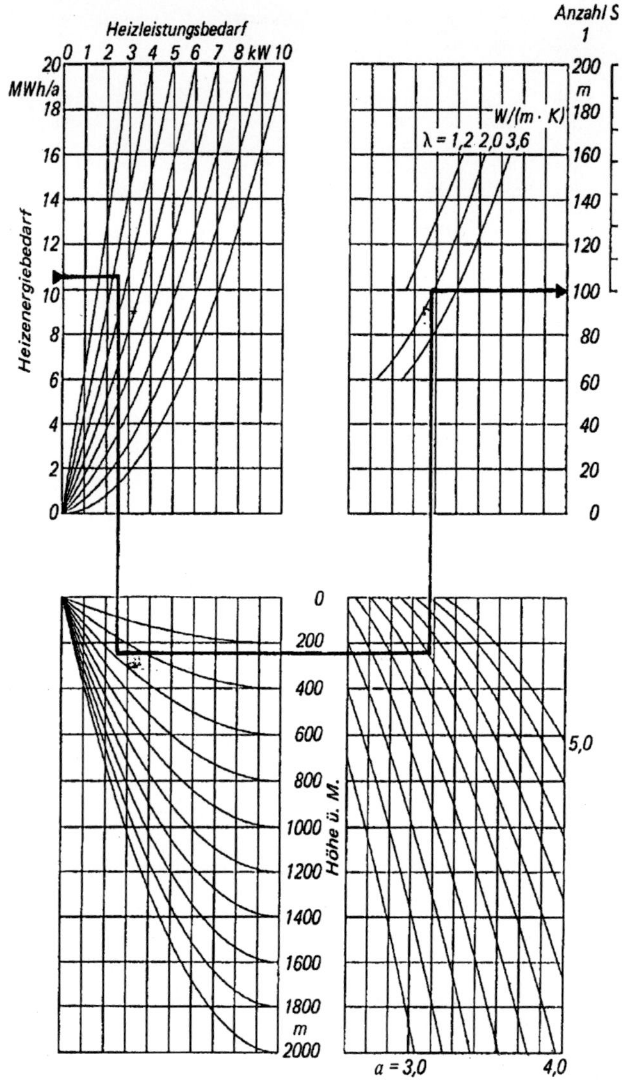

Abb. 17.6 Nomogramm zum Auslegen von Erdwärmesonden. (Nach Stadler et al. (1995) und VDI 4640, Blatt 2)

wobei Q_{Ha} der Jahreswärmeenergiebedarf in kWh/a ist, β_a die Jahresarbeitszahl und Q_{pa} der jährliche Energiebedarf der Nebenverbraucher (in erster Linie der Umwälzpumpe) in kWh/a. Ist die Jahresarbeitszahl des Gesamtsystems bereits bekannt, kann diese als Parameter a zum Auslesen des Nomogramms verwandt werden. Die weiteren Eingangsparameter sind die Wärmeleitfähigkeit des Untergrundes λ, der Heizleistungsbedarf und statt der Jahresvolllaststundenzahl die Höhe des Grundstücks über NN.

- **Dimensionieren mit analytischer Software**

Analytische Software zum Dimensionieren von Erdwärmesonden basiert zum einen auf den Linien- und Zylinderquellenverfahren für Wärmeströmung (z. B. Ingersoll et al., 1948, Guernsey, 1949), zum anderen auf sogenannten g-Funktionen für unterschiedliche Sondenfeldanordnungen (Eskilion, 1986).

Die am weitesten verbreiteten Programme sind EED (Earth Energy Designer, Vertrieb: Blocon Sweden) und EWS (Vertrieb: Huber Energietechnik AG). Analytische Software erlaubt das Berücksichtigen fast aller Parameter eines Sondenfeldes, insbesondere auch des Verpressmaterials, dessen Wärmeleitfähigkeit in den einfacheren Methoden keine Berücksichtigung findet.

Die VDI 4640, Blatt 2: 2001 nennt als Ziel für Temperaturen im Untergrund 11 K Unterschied zur ungestörten Bodentemperatur im Grundlastbetrieb. Das bedeutet bei 10 °C ungestörter Bodentemperatur minimal −1 °C im Heizbetrieb und 21 °C im Kühlbetrieb. Im Spitzenlastfall sollen 17 K Temperaturunterschied nicht überschritten werden. Grundlastbetrieb und Spitzenlastbetrieb sind nicht eindeutig definiert. Es scheint sinnvoll davon auszugehen, dass der Grundlastbetrieb ein Monatsmittel darstellt, während der Spitzenlastbetrieb von einem ununterbrochenen Betrieb von 8 h ausgeht. Manche Wasserbehörden sowie Baden-Württemberg und Bayern fordern auch absolute minimale Temperaturen von −3 °C im Zutritt zur Erdwärmesonde. Anlagen, die mit Wasser betrieben werden, dürfen je nach Wärmepumpe und diesbezüglichen Herstellerangaben nur minimale Temperaturen von ca. +2 bis +4 °C erreichen. All diese Temperaturvorgaben können beim Dimensionieren von Sonden mittels analytischer Software unter Einbeziehung der Temperaturspreizung der Wärmepumpe berücksichtigt werden.

In der analytischen Software ist jedoch die Grundwasserströmung nicht einbezogen. Hiermit ist es nur indirekt möglich, die scheinbare Wärmeleitfähigkeit aus z. B. einem Geothermal Response Test zu verwenden, wobei der konvektive Wärmetransport durch die Strömung allerdings nicht berücksichtigt wird, was insbesondere bei großen saisonal gespeicherten Energiemengen oder hohen Abstandsgeschwindigkeiten und Durchlässigkeiten zum Bau unterdimensionierter Anlagen führen kann.

- **Dimensionieren mit numerischer Software**

Sehr große Sondenfelder (mehr als ca. 30 Sonden oder ca. 150 kW Entzugsleistung) sollten mittels numerischer Software wie FEFLOW ausgelegt werden, die nach dem Prinzip der Finite Elemente Stoff- und Energieströme simulieren kann. Teilweise werden solche Simulationen bereits ab 30 kW Heizleistung behördlich gefordert. Numerische Software erlaubt die Prognose von Temperaturänderungen an jedem Punkt des Sondenfeldes in Abhängigkeit von der Zeit. So ist es z. B. möglich, Temperaturänderungen an der Grundstücksgrenze und damit bergrechtliche Relevanz zu prognostizieren. In numerischer Software lässt sich weiterhin die Grundwasserströmung miteinbeziehen. Dies ist vor allem wesentlich, wenn größere Mengen Wärmeenergie saisonal im Untergrund gespeichert werden sollen.

17.7.3 Genehmigungsverfahren

Das Genehmigen einfacher Erdwärmesondenanlagen stellt in Deutschland ein aufwendiges Verfahren dar. Beteiligt sind die Unteren Wasserbehörden, die geologischen Landesämter und bei zahlreichen Anlagen auch die Bergämter. Der Ablauf eines Genehmigungsverfahrens und das Beschaffen der benötigten Unterlagen sind von Bundesland zu Bundesland, aber teilweise auch von Landkreis zu Landkreis höchst unterschiedlich und verändern sich teilweise auch von Jahr zu Jahr. Die meisten Bundesländer verfügen mittlerweile über digital erhältliche Leitfäden zur Erdwärmenutzung, in denen länderspezifische Anforderungen

■ **Tab. 17.8** Eignung typischer Bohrverfahren für Erdwärmesondenbohrungen

Gestein	Imlochhammer	Rotary-Spülbohrung	Hohlbohrschnecke
Schluff, Ton	Schlecht	Sehr gut	Mäßig gut
Sand, Kies	Mäßig gut	Gut	Gut
Silt- und Tonstein	Mäßig gut bis schlecht	Gut	Mäßig gut bis ungeeignet
Sand- und Kalksteine	Gut bis sehr gut	Mäßig gut	Ungeeignet
Massige Magmatite	Gut bis sehr gut	Mäßig gut	Ungeeignet

aufgeführt sind. Diese sind jedoch nicht immer aktuell und vollständig. Anträge auf den Einbau von Erdwärmesondenanlagen sind bei der Unteren Wasserbehörde des jeweiligen Landkreises einzureichen. Daher ist zu empfehlen, sich bei der zuständigen Unteren Wasserbehörde vorab über die aktuellen Anforderungen zu informieren.

Die wasserrechtlichen Anträge auf den Einbau von Erdwärmesonden werden meist von den ausführenden Bohrfirmen oder geologischen Planungsbüros erstellt, da Bauherren und Heizungsbauer für gewöhnlich nicht über das notwendige Detailwissen, z. B. zum geplanten Bohrverfahren, dem Ausbau der Sonden und der erwarteten Geologie, verfügen. Erfüllt ein Antrag alle wasser- und bergrechtlichen Vorgaben, wird ein Bewilligungsbescheid erlassen.

Bei Erdwärmesondenbohrungen mit geplanten Teufen > 100 m werden in der Regel zusätzlich die Bergämter beteiligt, das bedeutet, die Antragsunterlagen werden je nach Landkreis entweder durch die Wasserbehörde oder den Antragsteller an das Bergamt übermittelt. Sind die länderspezifischen Anforderungen an die Anlage eingehalten, wird das Bergamt in der Regel auf ein bergrechtliches Verfahren und die Notwendigkeit eines Betriebsplanes verzichten. Die Bergbehörde prüft weiterhin auf die Lage des Vorhabens in einem bestehenden bergrechtlichen Konzessionsfeld, also einem reservierten Feld, in dem ein vorangegangener Antragsteller mittels bergrechtlichem Verfahren Aufsuchung und Nutzung von Erdwärme exklusiv bewilligt bekam. Zwar werden solche Felder meist im Rahmen von Tiefengeothermieprojekten vergeben, doch ist je nach zuständigem/zuständiger Bergamt/Wasserbehörde nicht auszuschließen, das auch oberflächennahe Anlagen eine Absprache mit dem Konzessionsinhaber erfordern.

Es ist sinnvoll, immer etwas mehr Bohrmeter und auch eine zusätzliche Bohrung zu beantragen, als in der Planung bemessen wurde, um vor Ort auf Bohrschwierigkeiten oder unerwartete Gesteine mit niedriger Wärmeleitfähigkeit reagieren zu können, ohne ggf. zeitaufwendige Änderungsanträge stellen zu müssen.

Zusätzlich zum wasserrechtlichen Antrag sind beabsichtigte Bohrvorhaben den geologischen Landesämtern in Form einer Bohranzeige mindestens 14 Tage im Voraus zu melden.

In Bayern sind bei Genehmigungen von Erdwärmeanlagen nicht nur Behörden, sondern auch private Sachverständige in der Wasserwirtschaft (PSW) beteiligt. Dabei handelt es sich um Geologen oder Bauingenieure, die vom bayerischen Landesamt für Umwelt (LfU) geprüft und anerkannt werden. Die wasserrechtlichen Anträge werden dann anstelle der Wasserbehörde zunächst einem PSW übergeben, der sie prüft, begutachtet und Vorschläge für wasserrechtliche Auflagen formuliert. Dann geht der Antrag inklusive des Gutachtens des PSW an die Wasserbehörde, die in der Regel die Vorschläge des PSW in einem Bewilligungsbescheid übernimmt. Auf diese Art und Weise kann zum einen auf Fachwissen der Sachverständigen zurückgegriffen werden, das so in den Wasserbehörden nicht immer vorhanden ist, zum anderen wird der Aufwand der Behörden beim Bearbeiten der Anträge vermindert. Neben dem Bearbeiten der Anträge haben die PSW die Aufgabe, das Einhalten der Auflagen des Bewilligungsbescheides zu dokumentieren. Daher werden entsprechende Bauabnahmen durchgeführt, die auch die Wärmepumpe und die Zuleitungen beinhalten müssen. Da Erdwärmesonden nach ihrer Erstellung für eine solche Bauabnahme nicht mehr einsehbar sind, hat eine baubegleitende Bauabnahme in Form einer Bohrbetreuung durch einen PSW zu erfolgen. Der PSW ist also mindestens während des Bohrens des ersten Bohrlochs (inkl. Sondeneinbau und Verpressung) vor Ort und begutachtet außerdem noch die Wärmepumpe mit ihren Zuleitungen im Rahmen einer Bauabnahme.

PSW bearbeiten in Bayern Anträge außerhalb von Wasserschutzgebieten (in wenigen Landkreisen auch innerhalb), außerhalb von Gebieten mit Altlasten und mit maximalen Anlagenleistungen von 50 kW. Alle anderen Anträge werden auf ähnliche Art und Weise durch die jeweiligen Wasserwirtschaftsämter bearbeitet. Die baubegleitende Bauabnahme ist dann in vielen Fällen aber wieder durch einen PSW durchzuführen.

17.7.4 Einbau von Erdwärmesonden

Bohrverfahren. Zum Einbau von Erdwärmesonden werden Bohrlöcher üblicherweise in zwei unterschiedlichen Bohrverfahren abgeteuft: Imlochhammerbohrungen mit Luftspülung oder Rotary-Spülbohrungen (▶ Abschn. 1.6.2 ■ Tab. 17.8). Beide Bohrverfahren werden in der Regel als direkte Spülbohrungen angewandt. Das Bohrgut wird also zwischen Innengestänge und Bohrlochwand nach oben gefördert, während bei den im Bereich der oberflächennahen Geothermie kaum verwandten indirekten Bohrverfahren das Bohrgut im Bohrgestänge gefördert wird.

■■ Imlochhammer-Verfahren

Bei Imlochhammerbohrungen (▶ Abschn. 1.6.1) wird das Bohrgut mittels durch einen Kompressor erzeugter Druckluft mit 10 bis etwa 40 bar gefördert. Die durch das Gestänge an den Bohrkopf gepresste Druckluft treibt außerdem den Imlochhammer als Bohrwerkzeug an. Eine eventuelle Wasserzugabe erfolgt zum Kühlen und Staubbinden. Imlochhammerbohrungen eignen sich am besten für homogene Festgesteine mit mittleren bis hohen Druckfestigkeiten und erreichen in diesen hohe Bohrfortschritte. Imlochhammerbohrungen eignen sich weniger für Lockgesteine und Ton- bis Schluffsteine mit niedrigen Druckfestigkeiten, da in solchen Gesteinen die Düsen des Bohrhammers verkleben können.

Eine Eigenheit von Imlochhammerbohrungen ist, dass durch die Druckluft als Fördermedium und den Stoffstrom zum Bohrloch hin auch angebohrte, nicht verfestigte Kluftfüllungen ausgetragen werden, wodurch sich ein Mehrverbrauch an Verpressmaterial einstellen kann. Liegen mehrere Imlochhammerbohrungen nahe bei einander, so haben die zuletzt gebohrten Löcher oft einen höheren Verpressmaterialverbrauch als die erste Bohrung. Minimieren lässt sich dieser Effekt durch Vollverrohrung, vollständig vermieden wird er allerdings nicht.

▪▪ Rotary-Spülbohr-Verfahren

Bei Rotary-Spülbohrungen (▶ Abschn. 1.6.1) wird das Bohrgut mittels einer Umwälzpumpe aus dem mit Bohrspülung gefüllten Bohrloch in einen Absetzcontainer oder einen Spülteich transportiert. Dieses Spülwasser wird im Kreislauf genutzt und in Abhängigkeit von der Geologie mit Tonmineralgemischen wie Bentonit verdickt sowie mit organischen Materialien zur Oberflächenstabilisierung von Tonen gemischt. Beim Verwenden von Spülungszusätzen sind das DVGW-Merkblatt W 116 und die Auflagen der jeweiligen unteren Wasserbehörde zu beachten. Als Werkzeuge kommen vor allem Flügelmeißel und Rollenmeißel zum Einsatz. Rotary-Spülbohrungen sind in praktisch allen zur Erdwärmenutzung geeigneten Gesteinen anwendbar, erreichen aber in Lockergesteinen sowie Ton- und Schluffsteinen im Vergleich zur Imlochhammerbohrung besseren Bohrfortschritt. In klüftigen Gesteinen ist mit Spülungsverlusten zu rechnen. Gesteinswechsel mit großen Unterschieden in der Druckfestigkeit führt in den zu durchbohrenden Gesteinen zu erhöhtem Werkzeugverschleiß und macht einen häufigen Werkzeugwechsel erforderlich. Das Ziehen und Wiedereinbauen der kompletten Rohrtour kann zu geringerem Bohrfortschritt führen.

Selten kommen andere Bohrverfahren zum Einsatz. In Lockerböden werden bisweilen Hohlbohrschnecken verwandt (▶ Abschn. 1.6.1). Gelegentlich wird in lockeren Deckschichten bis zum Übergang zum Festgestein mit Hohlbohrschnecken gearbeitet und das Bohrverfahren dann auf eine Imlochhammerbohrung umgestellt.

Bei großen Sondenfeldern in geologisch oder hydrogeologisch schwierigen oder unbekannten Gebieten werden bisweilen Kernbohrungen (Einfachkernrohr oder Seilkern) abgeteuft, um Bohrkerne höherer Qualität zu erhalten und damit offene Fragestellungen zu bearbeiten.

Eine typische Baustelleneinrichtung besteht aus dem Bohrgerät mit seinen Gestängen, der Außenverrohrung und ca. 1 bis 3 Containern für die Aufnahme des geförderten Bohrgutes und Grundwassers. Im Falle von Rotary-Bohrungen ist ein Spülungs-/Absetzcontainer vor Ort, bei Imlochhammerbohrungen kommen Kompressoren mit Leistungen von meist zwischen 20 und 50 bar zum Einsatz. Zunächst wird abwechselnd mit Innengestänge als auch mit Außenverrohrung gebohrt. Die üblichen Bohrgeräte mit Doppelbohrkopf erlauben den gleichzeitigen Vortrieb von Außenrohr und Innengestänge. Bei sehr standfestem, wenig geklüftetem Gebirge kann der Bohrfortschritt dann ab einer vor Ort anhand von Bohrproben, Bohrfortschritt und Druckverlusten bestimmten Tiefe optional ohne Außenrohr erfolgen. Nach Erreichen der Endteufe wird das Bohrloch gespült, das Innengestänge gezogen und die Sonde mit Verpresseinrichtung (Verpressschläuche oder Verpressgestänge) eingebaut. Dann wird das Bohrloch erfüllt.

Sonderfälle sind GRD-Bohrungen. Hierbei werden von einem zentralen Punkt geneigte Bohrungen sternförmig abgeteuft und mit Koaxialsonden ausgebaut. Selten werden Rammsonden aus Stahl verwendet, die ähnlich Rammpegeln für Grundwasserpegel mittels Rammbohrgeräten in den Untergrund niedergebracht werden. Letztere erfordern kein Verpressen und haben geringe thermische Bohrlochwiderstände, allerdings sind die Investitionskosten im Vergleich zu herkömmlichen Doppel-U-Sonden aus PE hoch.

▪ Gefördertes Bohrgut und Wasser

Das anfallende Bohrgut liegt unter Berücksichtigung des Auflockerungsfaktors (▶ Abschn. 8.8.2) im Größenordnungsbereich des Bohrlochvolumens. Durch einen Eintrag von Bohrgut in Klüfte und andere Hohlräume kann auch weniger Material anfallen. Meist ist das Volumen des Bohrgutes um ca. 20–30 % größer als das berechnete Bohrlochvolumen. Das Entsorgen des schadstofffreien Bohrgutes kann durch einen Auftrag auf Rekultivierungsflächen erfolgen. Meist muss ein Abtransport zu einer geeigneten Erdstoffdeponie (DK 0, ▶ Kap. 15) erfolgen. Je nach Geologie kann das Auftreten natürlich vorhandener Schadstoffe, z. B. Schwermetalle in Gesteinen des Grundgebirges, gegeben sein. Die Rechtsvorgaben der Umwelt-, Wasser- und Bodenschutzgesetzgebung sind in jedem Falle zu beachten.

In Abhängigkeit von behördlichen Vorgaben sind in Abständen von typischerweise 1–3 m Proben des Bohrgutes zur Dokumentation zu nehmen. Bohrproben erlauben den Vergleich der angetroffenen Schichten mit der Prognose und bei Abweichungen ein Anpassen des Sondenfeldes.

Das beim Bohren anfallende Wasser kann auf unterschiedliche Art und Weise behandelt werden (▶ Abschn. 6.7). Hierbei ist eine Abstimmung mit der Wasserbehörde geboten. Sauberes Wasser kann auf belebten Grünflächen versickert werden. Zu beachten ist die Versickerungsfähigkeit des Bodens, die örtliche Bebauung und Infrastruktur, die nicht beeinträchtigt werden darf. Das Wasser aus zermahlenem Gestein kann Stoffe wie Schwermetalle enthalten. Auch kann bei technisch nicht einwandfreier Bohrausrüstung ein unerwünschter Zutritt von Treib- und Schmierstoffen auftreten. Ist eine Versickerung vor Ort nicht zulässig, kann das Wasser mittels Pump- oder Güllewagen abtransportiert werden. Das Wasser kann alternativ in Absprache mit dem örtlichen Wasserentsorger nach entsprechender Prüfung und Behandlung der Kanalisation zugegeben werden. Zum Klären werden einfache Absetzcontainer, Absetzcontainer mit Sieben und Filtersysteme auf Zyklonbasis verwendet. Eine

Einleitung in Oberflächengewässer ist aufgrund der auch nach dem Absetzen noch enthaltenen Schluff- und Tonpartikel nicht möglich. Die anfallende Wassermenge ist von Bohrtiefe, Bohrlochdurchmesser, Bohrverfahren, Bohrfortschritt und vor allem der Hydrogeologie abhängig. Typischerweise fallen bei einer 100 m Bohrung mittels Imlochhammerverfahren etwa 10 m^3 Wasser an, wobei die Schwankungsbreite im Extremfall von 0 m^3 bis über 80 m^3 reichen kann.

■ Außenverrohrung

Die Außen- oder Standverrohrung hat die Funktion, die Bohrlochwand zu stabilisieren, Spülungs- oder Luftdruckverluste in das umliegende Gebirge zu verringern und laterale Wasserzutritte in die Bohrung zu mindern. Meist werden mit Gewinden versehene Stahlrohre mit Innendurchmessern von ca. 150–170 mm in Bohrungen für Standard-Doppel-U-Sonden mit 32 oder 40 mm Außendurchmesser eingesetzt. In Spezialanwendungen, z. B. bei großvolumigen Koaxialsonden, bei Sonden mit im Bohrloch eingebauter Messtechnik oder falls zur Abdichtung gegen das Gebirge eine höhere Mindestdicke der Ringraumhinterfüllung erforderlich ist, kommen Außenrohre mit Innendurchmessern bis zu ca. 220 mm zum Einsatz.

Theoretisch ist die Tiefe der eingesetzten Außenverrohrung abhängig von der anstehenden Geologie, und es müssen alle Schichten verrohrt werden, die dazu neigen ins Bohrloch einzubrechen oder die hydraulisch getrennte Grundwasserleiter darstellen. Außenverrohrung verhindert außerdem ein Abdriften der Bohrung längs von Spalten, Klüften oder schräggestelltem Schichtfallen. Vollverrohrte Bohrlöcher sind am stabilsten und weisen die geringsten Risikopotentiale auf. Auch das Einbringen einer Sonde ist hier am einfachsten. Allerdings ist der Einbau der Außenverrohrung einer der größten Zeitfaktoren während des Bohrfortschritts und wird aus Zeitgründen oft minimiert. Auch liefern vollverrohrte Bohrlöcher deutlich mehr Bohrgut und benötigen entsprechend mehr Verpressmaterial, wodurch die Gestehungskosten deutlich ansteigen. Die häufigste Ursache für Probleme und Schadensfälle bei Erdwärmebohrungen ist der aus Kostengründen gewählte, zu geringe Einsatz von Außenverrohrung.

Die Außenverrohrung wird vor oder nach dem Einbau der Erdwärmesonde wieder gezogen. Bei Bohrungen in hydrogeologischen Problemgebieten, in denen besonders hohe Vorgaben bezüglich einer dauerhaften Abdichtung der Bohrlochwand bestehen, kann ein Verbleib eines Teils der Außenverrohrung im Bohrloch sinnvoll oder zumindest von den Wasserbehörden gefordert sein. Besonders in Sandsteinen ist es in seltenen Fällen möglich, dass die Außenverrohrung mit der Bohrlochwand verkantet und dann nicht mehr ohne unverhältnismäßig hohen Aufwand geborgen werden kann.

Der optimale Zeitpunkt zum Ziehen der Außenverrohrung hängt von diversen geologischen und technischen Faktoren ab und wird von den Unternehmen unterschiedlich gehandhabt. Wird die Außenverrohrung vor dem Einbau der Sonde gezogen, ist die Bohrlochwand beim Einbau instabiler. Beim Einbringen der Sonde kann der Sondenfuß verkanten und der Einbau kann schwieriger sein oder scheitern. Wird die Außenverrohrung nach dem Einbau der Sonde, aber vor dem Hinterfüllen des Ringraumes gezogen, besteht das Risiko, die Sonde durch Abknicken zu beschädigen. Dies kann geschehen, wenn sich das Außenrohr an der Bohrlochwand verkantet und deutlich mehr Rotation zum Bergen erfordert. Wird die Außenverrohrung nach dem Hinterfüllen des Ringraumes gezogen, vermindert sich zwar durch das teilweise Abbinden des Verpressmaterials der geologiebedingte Mehrverbrauch, aber die Reibung an der Innenseite des Außenrohrs ist deutlich erhöht und erfordert stärkere Zugkräfte.

■ Sondeneinbau

Doppel-U-Sonden und manche Koaxialsonden werden als aufgerollte Stränge mit bereits verschweißten Sondenfüßen geliefert. Der Sondeneinbau hat von einer Haspel aus zu erfolgen, um das Abrollen der Sonde zu erleichtern. Eine am Kran des Bohrgerätes angebrachte Umlenkrolle erhöht den Radius der Sondenrohre und erleichtert den senkrechten Einbau. An der Außenverrohrung kann die Sonde beim Einbau beschädigt werden, wenn beim Kontakt zwischen Kunststoffrohr und der oft schartigen Oberkante des Außenrohrs Späne abgeschabt werden. Daher ist die Oberkante des Außenrohrs beim Sondeneinbau zu bedecken. In der Regel werden hierfür Bastellösungen wie z. B. umgekehrte und abgesägte Gummipylone aus der Straßensicherung benutzt. Das Einbringen der Sondenrohre wird durch den der Lieferung als Rolle geschuldeten Drang der Sonde, sich wieder einzurollen, erschwert. Auch das Aufschwimmen der Sonde im Grundwasser erschwert den Einbau. Verbliebenes Bohrgut am Fuß des Bohrlochs kann das vollständige Einbringen der Sonde unmöglich machen. Die Bohrlöcher sind vor dem Sondeneinbau ausreichend zu spülen.

Das Einbringen kann durch händisches Hinabschieben in das Bohrloch erfolgen. Über eine gebremste Haspel lässt sich der Einbauvorgang auch bei niedrigen Grundwasserständen weit genug verlangsamen, um immer noch kontrolliert erfolgen zu können. Die zum Hinterfüllen notwendigen Verpressrohre werden während des Einbringens an der Sonde befestigt. Sollen sie im Bohrloch verbleiben, können sie z. B. mehrfach mit Panzerband gesichert werden. Wenn sie später gezogen werden sollen, darf die Befestigung nur locker sein. Ein Nachschieben von Verpressrohren ist nach dem Ziehen der Außenverrohrung und der damit einhergehenden Destabilisierung der Bohrlochwand nicht immer möglich.

Zum leichteren Einbau von Doppel-U-Sonden wird oft eine ca. 2 m lange Metallstange oberhalb des Sondenfußes zwischen die vier Rohre mit Panzerband befestigt, um dem durch die Lieferung als Rolle geschuldeten Drang der Sonde, sich wieder einzurollen, zumindest an der Sondenspitze entgegenzuwirken. Metallgewichte von 20–50 kg können vor Einbringen am Sondenfuß befestigt werden. Zum einen wirken sie dem Auftrieb der Sonde entgegen, zum anderen begradigen sie die Sonde durch ihr Eigengewicht. Beim Einbau von Sonden unter die Grundwasseroberfläche sind die Sonden mit Wasser zu befüllen. Damit mindert sich der Auftrieb der Sonden wesentlich. Weiterhin wird das Zusammendrücken der Sonde durch hydrostatischen Druck verhindert.

Alternativ zum händischen Einbringen des Sondenbündels mit Verpressrohren kann der Einbau mittels Verpressgestänge erfolgen, das Außendurchmesser von ca. 32 cm und Rohrlängen von 2–3 m hat. Der Einbau mit Verpressgestänge ist zwar zeitlich aufwendiger und erfordert ein Mehr an Material auf der Baustelle, ermöglicht aber einen Einsatz des Bohrgerätes, um die Sonde entgegen ihrem Auftrieb einzubringen, zu zentrieren und zu begradigen. Auch wird das Rohrmaterial des Verpressschlauchs eingespart.

Großvolumige Koaxialsonden sind zu starr für eine Anlieferung auf Rolle, daher müssen sie vor Ort geschweißt und druckgeprüft werden. Nur am Sondenfuß und am Sondenkopf können die Schweißarbeiten werkseitig erfolgen. Die einzelnen Rohrteile werden mit LKW angeliefert und dann vor oder während des Einbaus im Spiegelschweißverfahren verbunden. Da das Schweißen auf der Baustelle unter schwierigeren Bedingungen stattfindet als im Werk, ist der Einsatz von Schweißgeräten mit automatischer Protokollierung zu empfehlen, um eine Information über die Qualität der Verbindung zu erhalten und um im Rahmen der Dokumentationspflicht diese an die Wasserbehörde weitergeben zu können.

▪ Abstandshalter

Abstandshalter sind starre Kunststoffbauteile, die in den Sondenstrang oder um den Sondenstrang montiert werden. Sie sind in verschiedenen Formen erhältlich und haben den Zweck, den Wärmeübertrag vom warmen zum kalten Rohr zu minimieren und einen konstanten Abstand zur Bohrlochwand einzuhalten, wodurch das allseitige Umhüllen der Sonde mit Verpressmaterial verbessert wird und die Sondenrohre nicht an der Wand des Bohrlochs anliegen. Manche der auf dem Markt erhältlichen Abstandshalter erfüllen nur eine der beiden Funktionen.

Im praktischen Gebrauch haben sich Abstandshalter nach wie vor nicht etabliert, da die Montage einen erhöhten personellen Aufwand erfordert. Das Einbringen der Sonden ist stark verlangsamt und das Material stellt einen zusätzlichen Kostenfaktor dar. Ein Hängenbleiben der Sonde beim langsameren Einbringen mit größerem Durchmesser des Sondenstranges wird wahrscheinlicher. Versuche an innerhalb von Rohren verpressten und später geborgenen Erdwärmesonden haben gezeigt, dass nur bei im Abstand von 2 m oder kleiner gesetzten Abstandshaltern die angestrebten Funktionen erfüllt werden. Bei größeren Abständen wird sich eine auf Rolle gelieferte Sonde immer in das Bohrloch eindrehen. Damit sind die Sinnhaftigkeit des Einsatzes von Abstandshaltern und die Forderung nach Aufnahme in das Leistungsverzeichnis und in den Bewilligungsbescheid fragwürdig.

▪ Durchflussprüfung

Bei einer Durchflussprüfung wird mit einer konstanten und definierten Pumpleistung die Wärmequelle durchspült. Mittels einer Durchflussprüfung können z. B. abgeknickte Sonden erkannt werden, die zwar eine Druckprüfung bestehen, aber dennoch nicht zu gebrauchen sind. Eine Durchflussprüfung im eigentlichen Sinne misst den Druckverlust im gespülten Kreis sowie den Durchsatz (vgl. Rohner, 2005). Zum Prüfen des Durchflusses gehört das Messen der Durchflussmengen. Ohne diese Angaben entspricht eine solche Durchflussprüfung lediglich dem Arbeitsschritt „Spülen der Sonde". Beim Spülen oder Prüfen des Durchflusses wird Luft aus dem Rohrsystem ausgetragen und eine Druckprüfung vor Inbetriebnahme einer Anlage erst korrekt durchgeführt. Auch werden beim Prüfen des Durchflusses eventuelle PE-Reste oder in die Rohre geratene Fremdpartikel ausgespült.

▪ Druckprüfungen

Sie dienen dem Überprüfen der Dichtheit geschlossener Erdwärmesysteme. Sie werden je nach Bundesland, Landkreis und ausführender Firma zu unterschiedlichen Zeitpunkten der Arbeiten ausgeführt.

Druckprüfungen werden optional durchgeführt:

- nach dem Verschweißen der Sondenrohre mit dem Sondenfuß (meist im Werk),
- vor dem Einbau der Sonde,
- nach dem Einbau, aber vor dem Verpressen der Sonde,
- während dem Verpressen der Sonde,
- nach dem Verpressen der Sonde,
- nach Abschluss der Anbindearbeiten.

Die VDI 4640, Blatt 2, 5.2.2 fordert, dass Sondenfuß und Sondenanschlüsse werkseitig herzustellen und einer Druckprüfung nach DIN 4279-7 zu unterziehen sind. Die Druckprüfung ist mit dem 1,5-fachen Nenndruck des Rohrmaterials durchzuführen, zusätzlich ist eine Durchflussprüfung durchzuführen.

Nach dem Einbringen, aber noch vor dem Verfüllen, wird eine Druck- und Durchflussprüfung empfohlen (VDI 4640, Blatt 2: Punkt 5.2.3). Eine Funktionsendprüfung findet nach dem Verfüllen statt:

- Der Prüfdruck der mit Wasser gefüllten Sonde soll mindestens 6 bar betragen.
- Die Vorbelastung soll 30 min., die Prüfdauer 60 min. betragen.
- Als tolerierbarer Druckabfall gelten 0,2 bar.
- Vor Inbetriebnahme ist das Gesamtsystem zusätzlich einer Druckprüfung mit 1,5-fachem Betriebsdruck (Betriebsdruck ist in der Regel 2-3 bar) zu unterziehen (VDI 4640, Blatt 2: 5.2.7).
- Das Protokoll ist dem Betreiber zu übergeben, eine gleichmäßige Durchströmung ist zu überprüfen.

Ein Vorteil selbst einer kurzen Druckprüfung vor dem Einbau einer Sonde ist, dass bei Versand und Lagerung der Sonden aufgetretene Schäden mit hoher Wahrscheinlichkeit erkannt werden und die Sonde noch ohne großen Arbeitsaufwand getauscht werden kann. Eine Druckprüfung vor dem Verpressen der Sonde kann Auskunft darüber geben, ob die Sonde fehlerfrei eingebaut wurde. Zu diesem Zeitpunkt kann sie im Zweifelsfall meist noch geborgen werden. Eine Druckprüfung während des Verpressvorgangs erlaubt ein einfaches Überwachen des Pegels der Verpresssuspension. Die Druckprüfung kurz nach dem Verpressen der Sonde ist nur bedingt sinnvoll, da die Sonde zu diesem Zeitpunkt nicht mehr geborgen werden kann und da nach Anschluss der Anbindearbeiten, aber vor dem Befüllen mit Wärmeträgerfluid ohnehin eine abschließende Druckprüfung der gesamten Wärmequelle notwendig ist.

Das Durchführen von Druckprüfungen wird in DIN V 4279-7 und in DIN EN 805 aufgezeigt. DIN V 4279-7 (1994) beschreibt als Innendruckprüfung von Druckrohrleitungen aus PE-HD

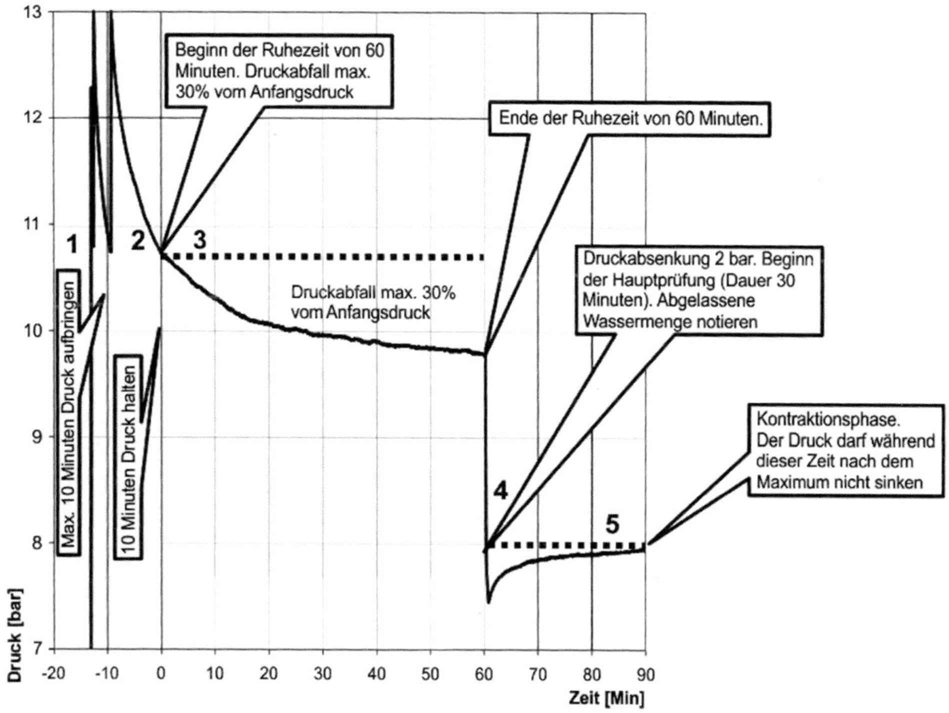

Abb. 17.7 Druckprüfung in Anlehnung an DIN V 4279-7 und DIN EN 805. (Verändert nach Rohner, 2005)

(PE 80 und PE 100) ein Kontraktionsverfahren. Wasserrechtliche Bescheide beziehen sich oft noch auf diese Norm. DIN EN 805: 2000 (Wasserversorgung – Anforderungen an Wasserversorgungssysteme und deren Bauteile außerhalb von Gebäuden) ersetzt die bisher geltenden Normen DIN 19630 für den Bau und DIN 4279 Teile 1, 2, 6–8 und 10 für das Prüfen und beschreibt ein vergleichbares Kontraktionsverfahren (Abb. 17.7).

Vor dem Druckprüfen sind die Sonden zu entlüften, zu spülen und vollständig mit Flüssigkeit zu füllen. Druckprüfungen nach DIN V 4279-7 und DIN EN 805 werden als 5-stufige Verfahren durchgeführt:

- Druckaufbauphase, der Innendruck der Sonden ist in max. 10 min. auf Prüfdruck bringen.
- Druckhaltephase, der Innendruck der Sonden ist durch Nachpumpen 10 min. lang auf Prüfdruck halten.
- Ruhezeit: 60 min. mit geschlossenen Hähnen, max. 30 % Druckabfall sind tolerierbar.
- Druckabsenkphase: Für das Absenken von 2 bar des Innendruckes ist Wasser abzulassen. Die Wassermenge ist zu messen und muss unter dem in der DIN aufgeführten Tabellenwert liegen. Bei Anwesenheit von Luft in der Sonde ist der Test fehlerhaft. Sehr lange Zuleitungen müssen mit Bezug auf die Wassermenge berücksichtigt werden.
- Kontraktionsphase über 30 min., alle 10 min. ist der Druck zu notieren. Bei einem Abfall von 0,2 bar oder mehr ist das Prüfergebnis negativ.

Für das DIN-Druckprüfungsverfahren wird eine Gesamtprüfdauer von etwa 100 min. vorgeschrieben. Die Vorprüfung (Vorbelastung) dauert 70–80 min. Die Mindestanforderung der VDI (1 h Prüfzeit nach 30 min. Vorbelastung) wird erfüllt.

Das Prüfverfahren bezieht sich auf vornehmlich horizontal oder über wenige Stockwerke verlegte PE-Druckleitungen. Erdwärmesonden mit typischen Tiefen von 100 m haben einen erheblichen zusätzlichen hydrostatischen Druck. Leckagen sollten sich daher deutlich schneller durch Druckverluste äußern. In der Praxis werden Druckprüfungen in der Regel sehr viel kürzer (ca. 30 min.) und ohne den 5-stufigen Aufbau durchgeführt. Sie sind daher meist nicht normgerecht. Auch das Durchführen nach Norm schließt nicht aus, dass Mikroleckagen existieren, die zu Verlusten von < 10 ml Sole pro Stunde führen können (Rohner, 2005), jedoch sind solche Schäden äußerst selten.

Hinterfüllbaustoffe für Erdwärmesonden

Der nach dem Einbringen der Erdwärmesonde im Bohrloch verbleibende Freiraum ist mit einem geeigneten Verpressmaterial zu hinterfüllen. Eine solche Hinterfüllung hat folgende Funktionen:

- Anbinden der Sonde an das Gestein,
- Verringern des thermischen Bohrlochwiderstandes R_b,
- Abdichten des Bohrlochs, um stockwerksübergreifenden Austausch von Grundwasser oder ein Versickern von Stoffen von der Oberfläche oder eventuellen Leckagen zu verhindern.

Die Abdichtungen sollen dauerhaft chemisch und physikalisch stabil sein. Früher wurden hierfür das Bohrgut oder auf der Baustelle erstellte Mischungen aus Sand, Hochofenzement und Bentonit genutzt. Das Hinterfüllmaterial wurde in der Regel von oben in das Bohrloch eingespült. Ein solches Vorgehen birgt mehrfache Gefahr für Undichtigkeiten und Hohlräume in der Hinterfüllung und ist als unzulänglich einzustufen.

Stand der Technik ist heute, einen Mörtel aus vorgemischten und abgepackten Spezialverfüllbaustoffen nach dem Kontraktorverfahren im Bohrloch von unten nach oben einzubauen. Es ist darauf zu achten, dass keine Zwischenräume durch Pfropfbildung verbleiben.

Als Verfüllbaustoffe kommen Mischungen aus Sand, Hochofenzement, Bentonit und verschiedenen Zuschlagstoffen zum

Einsatz. Durch die Vorabmischung und Abpackung der Verfüllbaustoffe werden eine gleichmäßigere Qualität und damit verlässlichere physikalische und chemische Eigenschaften erreicht. Je nach geologischer Gegebenheit und behördlicher Anforderung können Brunnendämmer und Füllbinder oder Spezialprodukte für Erdwärmeanlagen verwandt werden. Brunnendämmer und Füllbinder sind in der Investition günstiger, verfügen aber nur über geringe Wärmeleitfähigkeiten im Bereich von 0,8 W/(m K). Dadurch erhalten die ausgebauten Bohrlöcher einen hohen thermischen Bohrlochwiderstand und haben geringere Entzugsleistungen. Spezialbaustoffe für Erdwärmeanlagen sind zum Teil thermisch optimiert und weisen dann Wärmeleitfähigkeiten im Bereich von 2,0 W/(m K) auf. Dadurch lässt sich die Anzahl der benötigten Bohrmeter je nach Geologie und Anlagenplanung um bis ca. 25 % verringern.

Selten werden, wie auch beim Brunnenbau, Tonpellets als Verpressmaterial verwendet. Diese quellen im Bohrloch auf und bilden einen gleichmäßigen, geringdurchlässigen Verpresskörper, welcher alle Lücken und Risse ausfüllt und das Bohrloch, bzw. die Erdwärmesonde wasserdicht gegen den umgebenden Baugrund abschließt. Für das Einfüllen der Pellets in mehrere Zehnermeter Tiefe sind allerdings Hinterfüllrohre mit großem Durchmesser notwendig, die höhere und damit wesentlich teurere Bohrlochdurchmesser erfordern.

Die Frostsicherheit von Hinterfüllbaustoffen ist ein kontrovers diskutiertes Thema. Erdwärmesonden werden in Spitzenlastzeiten mit Temperaturen < 0 °C betrieben. Es ist noch nicht abschließend geklärt, ob und wenn ja, bei welchen Hinterfüllbaustoffen im Verpresskörper bei Frost um die Sonden Risse entstehen können, was zu unerwünschter Wasserwegsamkeit führen kann. Noch ist von den Wasserbehörden kein Verfahren zum Überprüfen der Frostsicherheit anerkannt. Genutzt werden ersatzweise die Normen und Verfahren für Natursteine und Beton (DIN 52104-A: Prüfung von Naturstein; Frost-Tau-Wechsel-Versuch, ÖNORM B 3303: Betonprüfung, DIN 1045-1: Tragwerke aus Beton, Stahlbeton und Spannbeton – Teil 1: Bemessung und Konstruktion, DIN EN 206-1: Beton – Teil 1: Festlegung, Eigenschaften, Herstellung und Konformität, DIN CEN/TS 12390-9: Prüfung von Festbeton – Teil 9: Frost- und Frost-Tausalz-Widerstand – Abwitterung).

Neben der Wärmeleitfähigkeit und Frostbeständigkeit ist außerdem beim Auftreten sulfathaltiger Grundwässer die Sulfatbeständigkeit der eingesetzten Hinterfüllbaustoffe zu berücksichtigen.

▪ Hinterfüllvorgang

Beim Hinterfüllen ist zu beachten, dass die zulässigen Innen- und Außendrücke der Sondenrohre, insbesondere vor dem Verpressen und nach dem Verpressen, nicht überschritten werden. Eine in ein Bohrloch ohne Grundwasser eingebrachte und mit Wasser gefüllte 200 m Sonde hat beispielsweise einen statischen Innendruck von 20 bar am Sondenfuß. Nach dem Einbringen des Verpressmaterials mit einer Dichte von 2 kg/l erfährt die Sonde einen Außendruck von 40 bar. Ist die Sonde mittels einer geschraubten Kappe verschlossen, wird ein Zusammendrücken verhindert. Daher sind Sonden nach dem Einbringen und vor oder spätestens während des Verpressens gefüllt zu verschließen. Bei zu hohen Außendrücken muss das Hinterfüllen abschnittsweise erfolgen, das heißt, der obere Bereich des Bohrloches wird erst hinterfüllt, wenn der Mörtel im tieferen Bereich abgebunden ist.

Beim Anmischen der Verpresssuspension kommen verschiedene Mischverfahren zum Einsatz. Es gibt einfache Mörtelmischer, ein Anmischen in den integrierten Spülwannen von Brunnenbohrmaschinen, Kolloidal-Chargenmischer und Durchlaufmischer. Kolloidalmischer zeigen in der Regel den besten Aufschluss des Verpressmaterials. Die Dichte der Verpresssuspension kann mittels Spülungswaage und dem Wiegen in einem definierten Gefäß überprüft werden. Zum Beurteilen der Fließfähigkeit kann ein Marsh-Zylinder eingesetzt werden. Dabei wird die Zeit gemessen, die die Suspension zum Auslaufen aus dem definierten Zylindergefäß benötigt. Zum Beurteilen des Absetzmaßes wird eine Probe von der angemischten Suspension ca. 1–2 h in einem zylindrischen Gefäß ruhend aufbewahrt. Die sich durch das Absetzen gröberer Bestandteile aus der Suspension auf dieser bildende Wassersäule sollte nicht mehr als 2 % der Zylinderhöhe betragen.

Der Verpressvorgang hat, um eine vollständige Abdichtung zu erreichen, von unten nach oben, also im Kontraktorverfahren zu erfolgen. Wird das Verpressrohr während des Verpressens gezogen, soll sich der Auslass immer unterhalb der Suspensionsoberfläche befinden.

Verbleibt das Verpressrohr im Bohrloch, baut sich in dem System kommunizierender Röhren ein Verpressdruck auf. Er wird meist am Mischer gemessen und setzt sich aus dem Winkel der inneren Reibung sowie dem Wandreibungswinkel am Rohr zusammen. Es handelt sich nicht um einen statischen Druck, da das Bohrloch nach oben offen ist. Der Verpressdruck ist nicht geeignet, um direkt die Höhe der Suspensionssäule quantitativ zu berechnen. Ein Ansteigen des Druckes zeigt aber qualitativ ein Ansteigen der Suspensionssäule an und zugleich, dass seitliche Verluste in Klüften und Spalten nicht so groß sind, als dass die Suspension nicht weiter ansteigen könnte. Bei Bohrlöchern mit Tiefen größer als ca. 80–150 m in Abhängigkeit vom eingesetzten Verpressmaterial und seiner Fließfähigkeit empfiehlt sich oft der Einsatz eines zweiten Verpressschlauches, da der Verpressdruck dann die Maximalbelastung üblicher Mischer von 25 bis 40 bar überschreiten kann.

Das automatische Überwachen von Verpressvorgängen ist mit verschiedenen Methoden in der Weiterentwicklung und Anwendung. Eine Übersicht über den Fortschritt der Hinterfüllung erhält man auch, wenn auf die beim Verpressen verschlossenen Sonden Manometer montiert sind. Da die Dichte des Verpressmaterials größer ist als die Dichte des im Bohrloch befindlichen Wassers und der Luft, steigt der Druck in der Sonde proportional zum Anstieg der Suspensionssäule im Bohrloch. Berücksichtigt man zusätzlich die gegebenenfalls ansteigende Grundwasseroberfläche oberhalb der Suspension, die sich z. B. im zweiten Verpressrohr mittels Lichtlot messen lässt, kann man die Oberfläche der Verpresssuspension ausreichend abschätzen und laterale Suspensionverluste frühzeitig erkennen.

Suspensionsverluste, also ein Mehrverbrauch von Verpresssuspension im Vergleich zum Volumen des eigentlichen Bohrlochs, können in Abhängigkeit von der Geologie 100 % und mehr betragen. Das erzeugt zum einen deutliche Mehrkosten, zum anderen werden durch den Verpressvorgang gegebenenfalls natürliche Wasserwegsamkeiten außerhalb des Bohrlochs verschlossen. Zum Mehrverbrauch von Verpressmaterial bei Imlochhammerbohrungen ▶ Abschn. 17.7.1. Auch irrtümlich angebohrte Infrastruktur, wie tiefe Abwasserkanäle, können so verfüllt werden. Steigt der Pegel des Verpressmaterials während des Verpressvorgangs nicht weiter an, fließt das Material in Klüfte oder andere Hohlräume ab, die natürlicherweise mit Luft oder Wasser gefüllt waren. Hier kann das Verpressrohr auf Höhe des Pegels gezogen werden, um z. B. Quarzsand oder Feinkies einzuspülen und den Verlust an Verpressmaterial zu minimieren. Alternativ kann ein zweites Verpressrohr auf Höhe des Pegels eingebracht werden. Solch eine gezielte Änderung des Verpressmaterials für einen oder mehrere Horizonte ist nur möglich, wenn der Pegel der Verpresssuspension z. B. über den Druck auf die verschlossenen Sonden während des Verpressvorgangs kontrolliert wird.

Eine weitere Möglichkeit zum Minimieren von Suspensionsverlusten bietet der Einbau der Sonden in einen dehnbaren Strumpf aus reißfestem Geotextil. Der Strumpf passt sich beim Verpressen an die Bohrlochwand an. Ein Abfließen von Verpressmaterial über Klüfte ist nicht möglich. Zwar lässt sich beim Verwenden von Verpressstrümpfen der Verbrauch an Verpressmaterial im klüftigen Gebirge deutlich mindern, jedoch stellt ein solcher Strumpf beim Einbringen der Sonde in das Bohrloch einen zusätzlichen Bestandteil des Sondenbündels dar, der sich an der Bohrlochwand verhaken kann. Verpressstrümpfe werden daher, insbesondere bei kleinen Bohrlochdurchmessern, ungern angewandt.

■ Anbinden von Erdwärmesonden

Anbindeleitungen verbinden den Sondenkopf mit der Wärmepumpe. Sie werden wie die meisten Sonden aus PE-Material hergestellt und vergleichbar zu Wasser- oder Gasleitungen verlegt. Meist wird PE-100 oder auch PE-80 eingesetzt. Die beiden Kreisläufe einer Doppel-U-Sonde werden meist am Sondenkopf mit Y- oder Hosenstücken verbunden. Zum Vermeiden von Druckverlusten ist es sinnvoll, die Rohrdurchmesser zu erhöhen, d. h. DN-32-Sonden erhalten einen DN-40-Vor- und -Rücklauf, DN-40-Sonden entsprechend einen DN-50-Rücklauf.

Vorteile der Verbindung der Sondenkreise am Sondenkopf zum nächst größeren Rohrdurchmesser sind die geringere Menge an Rohrmaterial in den Verbindungsgräben und bei einem parallelen Anschlussschema die geringere Größe des Verteilers. Ein Vorteil der getrennten Führung aller Kreise bis zum Verteiler ist, dass im Falle eines Schadens, wie z. B. einer Leckage, der defekte Sondenkreis ohne größeren Aufwand stillgelegt werden kann. Werden jedoch die Sondenkreise am Sondenkopf verbunden, lassen sich bei gleichem Schaden ein defekter Sondenkreis ohne Erdarbeiten und erneutes Freilegen des Sondenkopfes weder erkennen noch separat stilllegen.

Vor dem Anschweißen der Y-förmigen Hosenstücke ist zu gewährleisten, dass jeweils die Vorläufe und die Rückläufe der Doppel-U-Sonde miteinander verbunden werden. Im Fall einer Verwechslung ist kein Durchfluss durch die Sonde möglich.

Erdwärmesonden können in Reihe oder parallel miteinander verbunden werden. Bei einem parallelen Anschluss werden alle Vorläufe eines Sondenfeldes in einem Verteiler gesammelt oder nach Tichelmann angeschlossen und an die Wärmepumpe weitergegeben. Der Rücklauf der Wärmepumpe wird dann über einen weiteren Verteiler an die Rückläufe der einzelnen Sonden aufgeteilt. Bei einem Anschluss in Reihe geht der Rücklauf einer Sonde in den Vorlauf der nächsten über. Es werden auch Mischformen dieser beiden Anschlussschemata verwandt, in denen zum Beispiel in einem Sondenfeld mit sechs Sonden je zwei Sonden in Reihe geschaltet werden und die resultierenden drei Sondenreihen parallel über einen Verteiler verbunden sind. Bei einem Anschluss in Reihe kann meist auf einen Schacht verzichtet werden. Nachteile bei einem Anschluss in Reihe sind jedoch ein ungleichmäßiger Wärmeentzug im Untergrund, der Ausfall des gesamten Sondenfeldes im Falle einer Leckage und die fehlende Regulierbarkeit der Durchströmung.

Durch die in ▶ Abschn. 17.2 genannte, nicht einheitliche Verwendung der Bezeichnungen von „Vor- und Rücklauf" ist es bei in Reihe angeschlossenen Koaxialsonden beim Anbinden wichtig, die Fließrichtung des Wärmeträgerfluids zu beachten, da hier Vor- und Rücklauf, bzw. Innen- und Außenrohr unterschiedliche hydraulische Eigenschaften und Charakteristika des Wärmetransports aufweisen. Fehlerhafte Anschlüsse führen zu geminderten Sondenleistungen.

Anbindeleitungen sollten frostfrei in einem Sandbett oder in feinkörnigem Boden verlegt werden. Typische Tiefen sind 0,8 bis 1,2 m. Die Bereiche der Leitungen sind durch angemessene Abstände von Bäumen vor einem Verdrücken durch Wurzeln zu schützen. Ein Verlegen von Warnbändern oberhalb der Leitungen und eine fotografische Dokumentation mit Maßstab werden empfohlen.

Der Anschluss von Sonden an die Wärmepumpe kann nach Tichelmann erfolgen. Das bedeutet, dass die Längen der Anbindeleitungen der einzelnen Sonden gleich sind. Dadurch treten gleiche Druckverluste auf und die beiden Sonden werden mit gleichem Durchfluss durchströmt, wodurch auch der Wärmeentzug annähernd gleich ist.

Sind die Anbindeleitungen mehrerer Sonden unterschiedlich lang, müssen bei einem parallelen Anschlussschema Verteiler mit Durchflussmessern und Durchflussbegrenzern, sogenannte Takkosetter mit Kugelhähnen, verwendet werden, um bei allen Sonden einen gleichen Durchfluss und damit gleichmäßigen Wärmeentzug zu erreichen. Das ist bei unterschiedlich tiefen Sonden in gleicher Weise notwendig.

Verteiler werden entweder in Kontrollschächten außerhalb des Gebäudes oder innerhalb des Gebäudes angebracht. Ein Einbau im Innenraum benötigt mehr Platz und verlangt eine gute Wärmedämmung an den Rohren oder eine Möglichkeit, Kondenswasser schadlos abzuführen. Bei der Installation des Verteilers innerhalb eines Gebäudes sind weiterhin mehrere Wanddurchbrüche oder Leerrohre und eine entsprechende Abdichtung der Gebäudewand notwendig. Daher werden Verteiler meist in Schächten außerhalb der Gebäude montiert. Zum Teil kommen isolierte Lichtschächte und Betonringschächte zum Einsatz, es gibt aber auch speziell für Erdwärmesonden vorgefertigte Kunststoffschächte. In manchen Landkreisen (z. B. in Bayern) wird gefordert, dass die Schächte dicht sein müssen, um bei Leckagen ein Eindringen des Wärmeträgerfluids in den Boden zu verhindern.

Meist gibt es keine besonderen Anforderungen. Ebenso wie bei allen anderen Schächten z. B. aus dem Abwasserbereich ist auf einen fachgerechten Einbau und das Erreichen der notwendigen Tragfähigkeiten, insbesondere bei späterem Befahren, zu achten.

- **Bohrbetreuung**

Bei vielen Bohrungen, die für den Einbau von Erdwärmesonden niedergebracht werden, findet eine geologische Betreuung statt. Ein vom Bauherren und der ausführenden Bohrfirma unabhängiger Sachverständiger dokumentiert dabei die vor Ort durchgeführten Arbeiten. Der Nachweis der Qualifikation ist von Bundesland zu Bundesland unterschiedlich. Sehr klare Vorgaben inklusive entsprechender Prüfungen, Fortbildung und Anerkennung gibt es derzeit nur in Bayern in Form Privater Sachverständiger in der Wasserwirtschaft (PSW). Bei Sondenfeldern wird oft nur das erste Bohrloch überwacht, manchmal wird mit Behörden oder der Bauherrenschaft in Abhängigkeit von der lokalen Geologie ein Prozentsatz abgesprochen, z. B. zwei von zwanzig Bohrlöchern sollen überwacht werden. Seltener wird eine Bohrbetreuung ohne Ankündigung durchgeführt.

Die Aufgaben des Betreuers hängen auch von den Festlegungen der fordernden Instanz ab. Eine Bohrbetreuung kann auch zu Dokumentationszwecken von der Bauherrenschaft in Auftrag gegeben werden, um eine einwandfreie Ausführung der Arbeiten zu dokumentieren. Meist wird sie von der Unteren Wasserbehörde als Anforderung im Bewilligungsbescheid genannt, um das Einhalten der wasserrechtlichen Vorgaben zu dokumentieren.

Der Sachverständige, der eine Bohrung betreut, muss die vor Ort ausgeführten, wasserrechtlich und anlagentechnisch relevanten Arbeiten vollständig dokumentieren und die geförderten Bohrproben ansprechen. In der Regel ist er die einzige geologisch ausgebildete Fachkraft vor Ort und stellt für die ausführende Bohrfirma sowie für die Genehmigungsbehörden den Ansprechpartner in Bezug auf Geologie, Hydrogeologie und Sondenausbau dar.

Der eine Erdwärmeanlage betreuende Geologe oder Geotechniker muss über Fachkenntnisse zur regionalen Geologie und Hydrogeologie, zur Aufnahme von Bohrproben, zu regionalen wasser- und bergrechtlichen Vorgaben, zur Bohrtechnik und zum Beherrschen typischer Probleme, die beim Bohren und beim Installieren der Anlagentechnik von Erdwärmeanlagen auftreten können, verfügen.

Eine Weisungsbefugnis liegt bei einer amtlich geforderten Bohrbetreuung in der Regel nicht vor. Im Falle wasserrechtlich bedenklicher Abweichungen vom Bewilligungsbescheid hat er die zuständige Behörde zu informieren, die dann über den Bauherren als Antragsteller und Auftraggeber der ausführenden Firma Anweisungen vorgeben kann.

17.7.5 Gefahrenpotential

Typische potenzielle Risiken bei Erdwärmebohrungen sind:

- *Wassertrübung bei Bohrarbeiten*
  Das Grundwasser wird beim Bohren unterhalb des Grundwasserspiegels durch zerbohrtes Gesteinsmaterial verschmutzt. Solche Trübungen können in nahe gelegenen Brunnen Probleme bei der geforderten Wasserqualität erzeugen. Praktisch ist dieses Schadenspotential als gering einzustufen. Bei Imlochhammerbohrungen entsteht durch die Druckluftförderung ohnehin ein starker Stoffstrom auf die Bohrung zu. Bei Rotary-Bohrungen wird das Bohrloch über den Bohrkuchen seitlich abgedichtet. Um Trübungen herbeizuführen, sind offene Spalten oder große offene Porenräume mit sehr hohen Durchlässigkeitswerten und hohe Abstandsgeschwindigkeiten erforderlich.
- *Frosthebungen*
  Bei unterdimensionierten, geschlossenen Systemen können sich in frostempfindlichen Böden Eislinsen bilden, die den darüberliegenden Boden anheben und so kleinräumig Schäden verursachen. Vermeiden lassen sich Frosthebungen durch angemessenes Dimensionieren, z. B. nach den Temperaturvorgaben der VDI 4640. Als Mindestabstände zu Infrastruktur und Bauwerken werden für geschlossene Wärmequellen in der Regel 1,5 m empfohlen. Bei starkem Wärmeentzug kann sich um Einzelsonden ein großer Ab kühlungszylinder/Frostzylinder bilden. Dadurch können größere Abstände notwendig werden.
- *Artesisch gespanntes Grundwasser*
  Beim Anbohren artesisch gespannter Grundwasserleiter können große Wassermengen zu Tage treten und lokal Schäden an Gebäuden und Infrastruktur erzeugen. Beim Einsatz einer Außenverrohrung bis in den Grundwasserleiter kann vermieden werden, dass Grundwasser in größeren Mengen dem Bohrloch zufließt. Innerhalb der Verrohrung ist artesischer Überdruck z. B. mit hydraulischen Packern und Schwerspat beherrschbar.
- *Verbindung von Grundwasserstockwerken*
  Beim Durchteufen von Grundwasserhemmern, die Grundwasserstockwerke trennen, können vertikale Wasserbewegungen einsetzen, die bei nicht fachgerechtem Verpressen zu Schäden führen. Insbesondere, wenn aus einem oberen Grundwasserleiter Wasser in tiefere Horizonte abfließt, können Brunnen und Quellen versiegen und großräumige Setzungen auftreten. Auch kann die Wasserqualität der einzelnen Grundwasserleiter durch das Vermischen beeinträchtigt werden. Verbindungen zwischen Grundwasserstockwerken können durch eine Außenverrohrung und durch vollständiges Verpressen der Bohrlöcher verschlossen werden. Für Baden-Württemberg finden sich in den Leitlinien Qualitätssicherung Erdwärmesonden (LQS EWS) umfangreiche Vorgaben zum Umgang mit kritischem Stockwerksbau des Grundwassers.
- *Anhydrit im Untergrund*
  Bei anhydritführenden Gesteinen im Untergrund besteht die Gefahr, dass beim Bohren und beim fehlerhaften Hinterfüllen von Erdwärmesonden eine schwer beherrschbare Wasserwegsamkeit von Grund- oder Oberflächenwasser zu dem trockenen anhydritführenden Gebirge herbeigeführt wird. Dies führt zum Umkristallisieren von Anhydrit zu Gips, mit einer Volumenvermehrung von 60 % und damit zum Auftreten von Kristallisationsdruck, Blähdruck oder Schwelldruck und hieraus folgenden Verformungen und Hebungen, die zu schweren Schäden führen können (► Abschn. 11.5, 11.9 und 13.5.2). Daher ist in einigen Bundesländern (insbesondere

Baden-Württemberg) das Durchteufen sulfathaltigen Gesteins nicht mehr genehmigungsfähig. Verhindern lässt sich das Aufquellen von Gestein bei Erdwärmesondenbohrungen durch das ausreichende Mitführen von Verrohrung und das fachgerechte Verpressen der Bohrlöcher.

- *Verschließen von Wasserwegsamkeiten*
In Karst- und Kluftgrundwasserleitern mit wenigen wasserführenden Hohlräumen ist es möglich, durch unkontrolliertes Verpressen die Hohlräume im Querschnitt zu verkleinern oder zu verschließen und den natürlichen Wasserfluss zu behindern. Mit großen Druck- oder Spülungsverlusten werden solche Hohlräume angebohrt. Auch durch detailliertes Überwachen des Verpressvorganges können potenziell wasserdurchströmte Hohlräume erkannt und spezifisch z. B. mit Kies hinterfüllt werden. Durch den Einsatz von Verpressstrümpfen ist ebenfalls die Gefahr, wasserdurchströmte Hohlräume zu verschließen, stark gemindert.
- *Erzeugung von Hohlräumen*
Durch beim Bohren mit einem Imlochhammer eingesetzte Druckluft können wenig gebundene Böden aus Schluff und Sand kavernenartig ausgeblasen werden. Das Ausblasen von Lockergesteinen kann durch ein Außenrohr verhindert werden. Entstandene Kavernen müssen mit Boden- oder Verpressmaterial hinterfüllt werden.
- *Erdgas*
Austretendes Erdgas kann potenziell durch Explosion zu großen Schäden führen. In den Gebieten, in denen Erdgas in den durchteuften Tiefen auftreten kann, ist daher ein entsprechendes Monitoring durchzuführen. Durch die relativ geringen Tiefen oberflächennaher Geothermie bis meist unter 300 m, ist ein Auftreten von potenziell gefährlichen Erdgasvorkommen in Deutschland selten, wenngleich Kohlenwasserstoffe bereits bei Bohrungen für tiefengeothermische Projekte in Tiefen > 1 km angetroffen wurden.
- *Altlasten*
Beim Bohren in altlastenverdächtigen Flächen besteht die Gefahr, dass Schadstoffe verschleppt werden, z. B. dass sie in tiefere Bodenbereiche oder in das Grundwasser eindringen. In Gebieten mit bekannten Altlasten und beim Auffinden von Altlasten im Zuge von Arbeiten zum Einbau von Geothermieanlagen können Bohrungen untersagt oder die Bescheide mit entsprechenden Auflagen zum Vermeiden oder Sanieren versehen werden. Zu denken ist an eine Vollverrohrung der Bohrlöcher, die Beschränkung der Wärmeträgermitteltemperatur auf positive Werte, um Frost-Tau-Wechsel im Verpressmaterial gänzlich zu vermeiden, den Einbau verlorener Verrohrung oder die Forderung eines höheren Bohrlochdurchmessers, um die Wahrscheinlichkeit einer umfassenden Ringraumabdichtung zu erhöhen. Auch kostenintensives Sanieren oberflächennaher Altlasten durch Bodenaustausch kann eine Vorgabe für die Genehmigungsfähigkeit einer Erdwärmeanlage sein.
- *Migrierende Druckluft*
Beim Bohren mit einem Imlochhammer kann Druckluft in Wechsellagerungen mit tonreichen Schichten über Poren oder Klüfte mehrere Meter in die Deckschichten eindringen und durch die hohen Drücke von mehreren Zehner Bar zu kurzzeitigem Anheben und Auflockern der Erdoberfläche führen. Dadurch können Gebäude und befestigte Oberflächen innerhalb von Minuten beschädigt werden. Das Mitführen einer Außenverrohrung bis in Tiefen > 10 m mindert die Gefahr migrierender Druckluft deutlich. Vermieden wird die Gefahr migrierender Luft durch die Wahl anderer Bohrverfahren, so können bei Bedarf z. B. die Deckschichten mit einer Schneckenbohrung durchteuft und mit einer Außenverrohrung stabilisiert werden, bevor der Imlochhammer im Festgestein zum Einsatz kommt.
- *Leckagen*
Mit wassergefährdenden Wärmeträgermedien gefüllte Anlagen sind immer mit Druck-/Strömungswächtern auszurüsten, die im Falle eines Druckabfalls die Soleumwälzung sofort unterbrechen und ein optisches/akustisches Warnsignal ausgeben. Je nach Lage der Leckage kann so gegebenenfalls ein weiterer Austritt wassergefährdender Stoffe unterbunden oder zumindest früher erkannt und möglicher Schaden minimiert werden. Außerdem wird die Kälteseite der Wärmepumpe durch den Druck-/Strömungswächter vor dem Vereisen geschützt, wenn die Wärmepumpe bei einem Druckabfall abschaltet.
Ob im Falle einer Leckage geschlossener Systeme oder offener Systeme mit Zwischenwärmetauschern und beim Austritt von Wärmeträgerfluid eine schädliche Boden- und/oder Grundwasserverunreinigung auftreten kann, ist neben den Sicherungseinrichtungen der Wärmepumpe von der Geologie und Hydrogeologie, vom Ort der Leckage, von der Menge der ausgetretenen Flüssigkeit und deren chemischer Zusammensetzung abhängig. Generell ist das Potential einer schädlichen Boden- und/oder Grundwasserverunreinigung auch aufgrund der geringen Wassergefährdung der eingesetzten Wärmeträgerfluide und der Verdünnung sehr gering.
Eine Leckage offener Systeme ist möglich, wenn der Wärmetauscher in der Wärmepumpe zum Beispiel durch Korrosion undicht wird. In diesem Fall können das Arbeitsmittel der Wärmepumpe und das Kompressoröl über den Schluckbrunnen direkt dem Grundwasser und dem Boden zutreten. Daher sollen auch hier ebenso wie in eventuellen Zwischenkreisen nur Stoffe der Wassergefährdungsklasse WGK 1 eingesetzt werden. Das Bewerten einer solchen Leckage ist wie bei Leckagen geschlossener Systeme (s. o.) von diversen Faktoren abhängig.

17.7.6 Ursachenfindung bei Schadensfällen

Während in einem noch offenen Bohrloch eine Mehrzahl geophysikalischer Untersuchungsverfahren zum Untersuchen des Untergrundes angewendet werden kann, ist deren Einsatz innerhalb einer eingebauten Doppel-U-Erdwärmesonde, die meist mit Innendurchmessern von ca. 26 mm eingebracht werden, technikbedingt stark eingeschränkt.

Mit entsprechend kleinen Kameras lassen sich die Innenseite der Sondenrohre kontrollieren und eventuelle Quetschungen oder Ausbeulungen in ihrer Tiefenlage orten. Inklinometer geben Auskunft über die Neigung der Sonden und deren Abweichungen von der Vertikalen.

Ein AGRT kann über die Tiefe aufgelöst Informationen zur Temperaturverteilung, zum thermischen Bohrlochwiderstand und der scheinbaren Wärmeleitfähigkeit liefern. Dadurch können große Fehlstellen im verpressten Hinterfüllmaterial und starke Grundwasserbewegungen, die Hinweis auf einen Austrag von Verpressmaterial aus dem Bohrloch geben, erkannt werden.

Durch die definierte Zugabe von Markierstoffen zum Verpressmaterial lassen sich Fehlstellen im verpressten Hinterfüllmaterial mit höherer Auflösung feststellen. Dabei kann radioaktiv dotierter Zirkon eingesetzt werden, um später mittels einem Gamma-Log die Verteilung um die Sonde messen zu können. Analog kann durch Zugabe von Magnetit die Verteilung um die Sonde mittels Magnetometern kontrolliert werden.

Da ein nachträgliches Untersuchen von Erdwärmesonden aufwendig ist und nur wenige Daten bringt, kann dadurch das baubegleitende Protokollieren der Bohr-, Einbau- und Hinterfüllarbeiten nicht ersetzt werden. Insbesondere die Qualität der aufgenommenen Schichten- oder Gesteinsfolge ist für das Auffinden möglicher Ursachen für Schadensfälle wesentlich.

17.7.7 Sanieren und Stilllegen von Sonden

Technisch einwandfreie Erdwärmesonden, die nicht mehr genutzt werden sollen, dürfen unter Auflagen im Untergrund verbleiben. Es bestehen unterschiedliche Ansätze der Wasserbehörden, wie der Rückbau gehandhabt werden soll. Manchmal wird ein Verpressen der Sondenrohre gefordert, in anderen Fällen sollen diese mit Wasser gefüllt verschlossen werden, um sie für potenzielle, zukünftige Untersuchungen durchgängig zu halten. Grundsätzlich ist das Wärmeträgerfluid auszuspülen und fachgerecht zu entsorgen. Ein Verpressen einwandfreier Sonden ist nicht sinnvoll, da bei einer zukünftigen Nutzung neue Bohrungen niedergebracht werden müssten.

Müssen aufgrund eines Schadensfalles Sonden komplett entfernt werden, ist dies durch Überbohren des Bohrloches möglich. Sonden können weiterhin im Falle von Leckagen gespült und verpresst werden. Zusätzliches Verpressen von Bohrlöchern an Fehlstellen ist möglich, indem Sonden von innen in der entsprechenden Tiefe ausgefräst und als Verpressrohr genutzt werden.

17.8 Erdwärmekollektoren

Erdwärmekollektoren sind flächig oder in Gräben verlegte Rohrschlaufen von mehreren Zehn bis mehreren Hundert Metern Länge, durch die entweder ein Wärmeträgerfluid oder das Arbeitsmittel einer Wärmepumpe zirkuliert (◘ Abb. 17.8). Letzterer Typ wird auch als „Direktverdampfer" bezeichnet.

Geothermische Wärmequellen, die gezielt den saisonal beeinflussten Tiefenbereich nutzen, sollen für optimale Wärmeleistungen nicht beschattet oder versiegelt werden. Gezieltes Versickern von Niederschlagswässern über solchen Flächen kann deren Leistung deutlich erhöhen. Der zusätzliche Wärmeeintrag ist in Anlehnung an Versickerungsanlagen abzuschätzen. Das rechnerische Abschätzen soll monatsweise erfolgen, wenn der Wärmeentzug über das Jahr genutzt werden soll. Bei der Auslegung der Anlagen sind dann auch entsprechende Sicherheitszuschläge zu berücksichtigen, die von einem Ausbleiben der Niederschläge ausgehen.

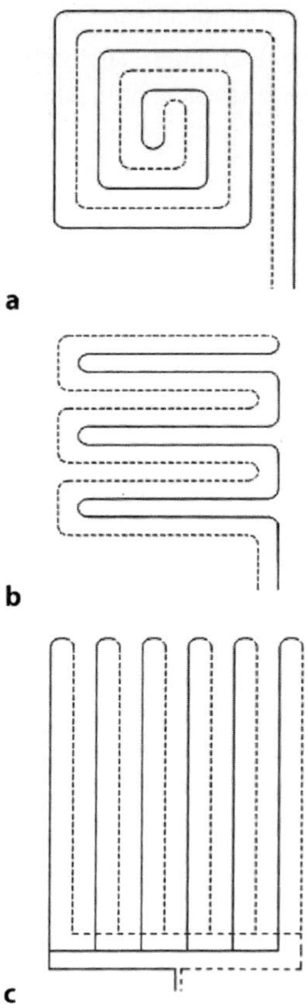

◘ **Abb. 17.8** Übliche Verlegeformen von Erdwärmekollektoren. **a** Schnecke, **b** Doppelmäander, **c** nach Tichelmann

Die erforderlichen Investitionen sind bei Erdwärmekollektoren geringer als bei Erdwärmesonden, da keine Bohrungen abgeteuft werden. Außerdem sind sie, sofern eine wasserrechtliche Genehmigung überhaupt notwendig ist, in der Regel einfacher zu genehmigen. Im Vergleich zu Sonden haben sie jedoch einen wesentlich größeren Platzbedarf, der im Mittel dem Doppelten der zu beheizenden Fläche entspricht. Entsprechend sind sie mit großflächigen Erdarbeiten verbunden. Späteres Bepflanzen mit großen Sträuchern und Bäumen ist ungünstig. Wurzeln deformieren die Rohre. Das Blattwerk beschattet den Boden. Durch die niedrigeren Bodentemperaturen während der Heizperiode weisen Anlagen mit Kollektoren als Wärmequelle im Schnitt niedrigere Arbeitszahlen auf als Anlagen mit Sonden. In Deutschland haben wahrscheinlich weniger als 10 % der betriebenen Erdwärmeanlagen Kollektoren als Wärmequelle.

17.8.1 Flächenkollektoren mit Solefüllung

Bodenfrost ist im Umfeld von Flächenkollektoren üblich und wird beim Dimensionieren der Anlagen berücksichtigt. Es können Minimaltemperaturen von ca. −5 °C auftreten. Daher werden Kollektoren mit frostsicheren Wärmeträgermitteln be-

■ Tab. 17.9 Typische Maße und Wärmeträgerfluidmengen für Kollektoren

Rohrdimension [mm Außendurchmesser · mm Wandstärke]	Innendurchmesser [mm]	Volumen pro 10 m [l]
25 · 2,3	20,4	3,27
32 · 2,9	26,2	5,39
40 · 3,7	32,6	8,35

füllt (■ Tab. 17.9). Wesentlich ist, dass die um die Kollektoren auftretenden Vereisungsradien benachbarter Rohrschlaufen sich nicht berühren, da ansonsten durchgehende Eisflächen entstehen können, die das Versickern von Niederschlagswasser behindern und so zum Vernässen und auch zu Frosthebungen führen. Auch die mögliche Eindringtiefe von Frost darf von den tieferliegenden Eisradien um die Kollektorrohre nicht berührt werden, da sonst der gefrorene Boden flächig angehoben werden kann.

17.8.2 Direktverdampfer-Kollektoren

Wärmequellen mit Direktverdampfer-Kollektoren haben eine höhere Effizienz. Sie benötigen keine Umwälzpumpe, wodurch beim Betrieb der Anlage ca. 5–10 % der elektrischen Hilfsenergie eingespart werden können. Auch durch das Fehlen eines kälteseitigen Wärmetauschers in der Wärmepumpe haben Direktverdampfersysteme eine höhere Effizienz. Durch die höheren Arbeitszahlen ist jedoch bei gleicher Heizleistung eine größere Entzugsleistung durch den Kollektor zu liefern. Da die Entzugsleistung die Größe des Kollektors maßgeblich mitbestimmt, sind Kollektoren für Direktverdampfer größer auszulegen als Kollektoren mit Solefüllung.

Rohrschlaufen für Direktverdampfer-Kollektoren bestehen aus kunststoffummanteltem Kupfer. Meist wird eine PE-Ummantelung verwendet. Die Rohrschlaufen haben Längen von ca. 75 m und werden luftdicht verschlossen geliefert. Ein Kürzen der Rohre ist vor dem Befüllen mit Arbeitsmittel durch Kältetechniker vorzunehmen. Das Verlegen der Rohrschlaufen geschieht analog zu Flächenkollektoren mit Solefüllung. Als Verteilerschächte kommen Schächte mit Venturiverteilern zum Einsatz, die am tiefsten Punkt der Anlage eingebaut werden. Der Höhenunterschied zwischen der Wärmepumpe und dem höchsten, bzw. tiefsten Punkt des Kollektorfeldes sowie des Verteilerschachtes sollte 3 m nicht überschreiten.

17.8.3 Sonderbauformen von Erdwärmekollektoren

Eine Sonderform des solegefüllten Flächenkollektors sind Kollektormatten. Diese Matten werden als fertige Rohrnetze mit Rohrdurchmessern < 1 cm gefertigt und flächig verlegt. Sie werden auch als „Kapillarrohrmatten" bezeichnet. Wie bei herkömmlichen Kollektoren sind zwischen den Matten Freiräume vorzusehen, um das Versickern von Niederschlagswasser zu erlauben.

■ Tab. 17.10 Entzugsleistungen für 2 Klimazonen für Grabenkollektoren (OK in 1 m Tiefe, 2 m tiefer Graben, Breite des Kollektors: 1,2 m, vertikaler Abstand der Rohre: 0,1 m) und Erdwärmekörbe (1,7 m Durchmesser oben, 0,9 m unten, Höhe 1,3 m, 5 Körbe mit je 4 m Abstand). (Nach Ramming 2007)

Grabenkollektor	Entzug [W/m] in Klimazone 12	Entzug [W/m] in Klimazone 13
Sand	90	58
Lehm	144	81
Schluff	154	82
Sandiger Ton	164	91
Erdwärmekorb	[W pro Korb]	[W pro Korb]
Sand	364	284
Lehm	564	452
Schluff	600	464
Sandiger Ton	658	522

Die Bauform eines Spiral- oder Künettenkollektors besteht aus Rohrspiralen mit einem Durchmesser von 80 cm, die in Gräben mit Abständen von 3 m bei Längen von 20–30 m verlegt werden. Pro Künettenkollektor wird eine Rohrlänge von 120 m eingebaut. Die Einbautiefe liegt zwischen 1,6 und 2,0 m. Entzugsleistungen für feuchte und wassergesättigte Böden können bei 100–125 W/m liegen.

Neben Künettenkollektoren sind auch andere Typen von Grabenkollektoren möglich, bei denen die Rohre z. B. parallel zur Grabenwand verlegt werden (■ Tab. 17.10).

Es ist auch möglich, Erdwärmekollektoren in Oberflächengewässern zu betreiben, die entweder als Fließgewässer über einen hohen Wasseraustausch oder als stehende Gewässer über eine ausreichende Wärmekapazität verfügen. Bei dieser Art von Wärmequelle sind vor allem lokale wasserrechtliche Vorgaben zu beachten.

17.8.4 Dimensionieren von Kollektoren

Das Abstimmen der Wärmequelle auf den hausseitigen Bedarf ist analog zu Erdwärmesonden vorzunehmen. Unterschiede gibt es lediglich beim Bemessen der Wärmequelle. Zwar sind numerische und analytische Auslegungsverfahren für Kollektoren möglich und erlauben das Optimieren jeglicher Kollektorfelder, allerdings sind Kollektoranlagen in der Regel so klein, dass eine numerische Auslegung unwirtschaftlich ist. Daher wird meist auf vereinfachte analytische Methoden und evidenzbasierte Tabellen zurückgegriffen.

Einfache spezifische Entzugsleistungen für Erdwärmekollektoren finden sich in Abhängigkeit vom anstehenden Boden und der Zahl der Jahresvolllaststunden sowohl in Bezug auf die Fläche (vgl. VDI 4640, Blatt 2) als auch auf die Rohrlänge (vgl. Öwav, 2007). Aus der Entzugsleistung der Wärmepumpe und den spezifischen Entzugsleistungen ergeben sich die notwendige Fläche und die notwendige Rohrlänge. Durch Division von Fläche durch Rohrlänge erhält man den Verlegeabstand. Typischerweise ergeben sich Abstände zwischen 40 und 80 cm. Auslegungen auf dieser Basis berücksichtigen die anstehenden Böden und Volllaststundenzahlen recht grob, das örtliche Klima und der Rohrdurchmesser wird nicht miteinbezogen.

Zum Dimensionieren von Kollektoren wird auf VDI 4640, Blatt 2 und auf das Informationsblatt Nr. 43 des BDH (Bundesindustrieverband Deutschland Haus-, Energie- und Umwelttechnik e. V.): „Auslegung von oberflächennahen Erdwärmekollektoren" verwiesen. Das BDH-Informationsblatt Nr. 43 enthält Auslegungsdiagramme, die das Auslegen und Optimieren von Kollektoren in Abhängigkeit von der Klimazone nach DIN 4710, Bodenarten und Rohrdurchmesser erlauben. Ergebnisse der Diagramme sind Verlegeabstand und spezifische Entzugsleistung in W/m^2. Daraus lässt sich mittels Division die erforderliche Rohrlänge bestimmen.

Das Bemessen von Kollektormatten ist neben den Angaben der jeweiligen Hersteller nach BDH-Informationsblatt Nr. 43 möglich. Analog zu herkömmlichen Kollektoren wird in Diagrammen die Auslegung und Optimierung in Abhängigkeit von Klimazone, Bodentypen und Rohrdurchmesser durchgeführt. Ergebnisse der Diagramme sind Verlegeabstand der Matten und spezifische Entzugsleistung in W/m^2.

Das Auslegen von Grabenkollektoren ist in Anlehnung an das BDH-Informationsblatt Nr. 43 möglich (◘ Tab. 17.10).

17.8.5 Einbau von Kollektoren

Die Verlegetiefe sollte ca. zwischen 1,2 und 1,5 m, aber mindestens immer 0,2 m unter der örtlichen Frosteindringtiefe liegen. In leichten Hanglagen sind die Rohrschlaufen parallel zum Hang zu verlegen.

Die Rohrschlaufen sollten aufgrund der Druckverluste Längen von 100 m nicht wesentlich überschreiten und zum leichteren hydraulischen Abgleich gleiche Längen aufweisen.

Das aufgefüllte Bodenmaterial darf nur mit leichtem Gerät verdichtet werden. Die Kollektorrohre sind während des Verdichtens befüllt und verschlossen zu halten. Oberhalb der Rohre sollte im Abstand von 50 cm ein Warnband verlegt werden, um bei späteren Erdarbeiten die Wahrscheinlichkeit einer Beschädigung zu vermindern.

17.9 Erdwärmekörbe und Spiralsonden

Hierbei handelt es sich um spiralig aufgedrehte PE-Rohre mit einem geraden, zentralen Rohr, das in der Regel als Vorlauf für die Wärmepumpe genutzt wird. Erdwärmekörbe haben maximale Durchmesser von über 40 cm, wobei der Durchmesser in die Tiefe abnimmt. Spiralsonden sind mehr als 2 m tief und haben einen über die Tiefe gleichbleibenden Durchmesser. Bei hohem Grundwasserstand und hohen Fließgeschwindigkeiten im Grundwasserstrom kann mit Spiralsonden ein guter Wirkungsgrad erreicht werden.

Das Dimensionieren von Erdwärmekörben nach BDH-Informationsblatt Nr. 43, Anhang 3 berücksichtigt 2 Korbgeometrien:

- Durchmesser 1,3 m und Höhe 1,3 m,
- Durchmesser 0,5 m und Höhe 2,0 m.

In den Tabellen (vgl. ◘ Tab. 17.10) sind hierzu maximale Entzugsleistungen für 4 Bodentypen in 15 Klimazonen nach DIN 4710 aufgeführt. Die Anlagenkonfiguration, für die die Tabellen gelten, besteht aus je 4 Körben mit je 4 m Abstand. Kleinere Abstände oder mehr Körbe führen zu geringeren maximalen Entzugsleistungen.

Für das Bemessen von Spiralsonden im Grundwasserfluss kann das in Loose (2007) veröffentlichte Verfahren verwandt werden, das auch die Grundwasserkonvektion miteinbezieht.

Erdwärmekörbe werden in der Regel in Gruben eingebaut und dann wieder mit dem Aushubmaterial überfüllt. Die Oberkante der Körbe sollte mindestens 0,8–1,2 m unter der Geländeoberkante liegen. Die Flächen über vergrabenen Erdwärmekörben sind frei zu halten (keine Bauwerke, Verkehrsflächen, Bäume oder Sträucher).

Spiralsonden werden in mit Hohlbohrschnecken erstellte Bohrlöcher eingebaut. Kurze Spiralsonden werden meist mit Bodenmaterial hinterfüllt, was mit der Unteren Wasserbehörde abzustimmen ist.

Für das Genehmigen von Erdwärmekörben gibt es bundesweit kein einheitliches Vorgehen. Da dieser Typ der Wärmequelle nur selten eingebaut wird, wird generell empfohlen, den Umfang der notwendigen Genehmigungen bei der zuständigen Unteren Wasserbehörde zu erfragen. Wenn die Körbe deutlich oberhalb des Grundwasserspiegels liegen, besteht nach Ansicht einiger Wasserbehörden, ähnlich zu Kollektoren, nur eine Anzeigepflicht.

Spiralsonden, die in Schachtbrunnen eingebaut werden, sind eine Zwischenform zwischen Erdwärmesonden und Erdwärmebrunnen. Ein Vereisen der Brunnen ist zu vermeiden. Um dieses zu erreichen, kann z. B. in der Wärmepumpensteuerung die minimale Rücklauftemperatur des Wärmeträgerfluids auf 0 °C begrenzt werden. Im Fall einer Füllung mit Wasser, können höhere Minimaltemperaturen sinnvoll sein.

17.10 Energiepfähle

Energiepfähle sind betonkernaktivierte Gründungspfähle. Hierbei werden PE-Rohrschlaufen z. B. mit Kabelbindern an den Innenseiten der Metallgitterkonstruktionen befestigt, die als Bohrpfähle in den Untergrund eingebracht werden. Der Einbau der PE-Rohre kann mäanderförmig, als parallele Schlaufen, als über Kreuz verlegte Schlaufen oder spiralförmig erfolgen (◘ Tab. 17.11). Die Metallgitter werden dann mit Beton aufgefüllt und haben neben ihrer grundbaustatischen Funktion dann noch die Funktion einer günstigen Wärmequelle.

Der Einbau in Energiepfähle ist für die PE-Rohre technikbedingt wenig schonend, weshalb mit Ausfallquoten von 5–10 % zu rechnen ist. Heizsysteme auf Basis von Energiepfählen sind in der Regel multivalente Systeme, wodurch es bei Ausfällen nicht zu Unterdimensionierungen kommt.

Energiepfähle sind mit Wärmequellentemperaturen oberhalb von 0 °C zu betreiben, um Frost-Tau-Wechsel bzw. Permafrost im Bereich der grundbaustatisch relevanten Pfähle zu vermeiden. Sie werden daher mit reinem Wasser oder mit Wärmeträgermitteln mit geringem Frostschutzmittelgehalt gefüllt.

17

Tab. 17.11 Anzahl vertikaler Rohrleitungen in Abhängigkeit des Pfahldurchmessers

Pfahldurchmesser [cm]	Anzahl vertikaler Rohre
20–70	2–6 mit U-Bögen verschweißt
70–90	4–6 mit Omega-Bögen verschweißt
90–130	6–8
130–180	8–12

17.11 Erdwärmebrunnen

Erdwärmebrunnen sind Wärmequellen bei denen dem geförderten Grundwasser Wärmeenergie entzogen wird. Der Entzug kann aktiv mit einer Wärmepumpe oder passiv mit Wärmetauschern erfolgen und zum Heizen oder Kühlen verwendet werden. Die kompletten Systeme inklusive Wärmepumpe heißen auch Grundwasserwärmepumpen, grundwassergekoppelte Wärmepumpen oder Wasser/Wasser-Anlagen, da Energie vom Grundwasser an das Wasser im Heizsystem transferiert wird.

Erdwärmebrunnen werden meist als Dubletten eingesetzt, bei denen über einen oder mehrere Förderbrunnen (auch Entnahmebrunnen) Grundwasser entnommen und das in seiner Temperatur veränderte Wasser über einen oder mehrere Schluckbrunnen (auch Rückgabebrunnen) dem Grundwasser wieder zugeführt wird. Selten wird aus wasserwirtschaftlichen und/oder wasserrechtlichen Gründen der Einsatz von Sickerschächten oder das Einleiten in Oberflächengewässer ausgeführt. Der Aufbau solcher Brunnen entspricht herkömmlichen Brunnen zur Wassergewinnung oder Versickerung.

Bei gespanntem Grundwasser müssen Schluckbrunnen gegebenenfalls mit einer Pumpe zur Druckerhöhung ausgestattet werden, um eine Rückgabe in den Aquifer zu ermöglichen. Zwischen Schluck- und Förderbrunnen ist ein vorher festgelegter Abstand einzuhalten, um hydraulische und thermische Kurzschlüsse zu vermeiden. Förderbrunnen und Schluckbrunnen sind in Richtung der Grundwasserströmung zu orientieren, wobei der Förderbrunnen stromaufwärts oder bei ausreichendem Abstand maximal parallel zum Schluckbrunnen liegt.

In der Regel muss nach wasserrechtlichen Vorgaben das dem Grundwasser entnommene Wasser wieder in den gleichen Aquifer eingeleitet werden, aus dem es entnommen wurde. Insbesondere bei kleinen Anlagen darf meist nur der oberste Grundwasserleiter genutzt werden. Das Nutzen mehrerer innerhalb eines Brunnens aufgeschlossener Aquifere ist im Allgemeinen nicht zulässig.

Im Umkreis von Förderbrunnen kann während der Betriebszeit der Grundwasserspiegel absinken. Über zusammendrückbaren Böden (▶ Abschn. 11.5.5) können Setzungen auftreten. Im Umkreis von Schluckbrunnen kann der Grundwasserspiegel ansteigen. Dadurch können bei hohen Grundwasserständen Vernässungen auftreten. Die thermischen und hydraulischen Auswirkungen von Absenkung und Anstauung auf benachbarte Anlagen zur Wassergewinnung sowie auf benachbarte Bauwerke sind beim Planen und Dimensionieren der Brunnen zu berücksichtigen. In einigen Bundesländern ist dieses im Rahmen der Genehmigung nachzuweisen.

Der Energieverbrauch der Förderpumpe ist ein wesentlicher Faktor bei der Wirtschaftlichkeitsbetrachtung von Erdwärmebrunnen. Zwar ist das Niederbringen von Erdwärmebrunnen typischerweise günstiger als das Erstellen von Sondenfeldern, und Brunnen weisen auch durchschnittlich höhere Wärmequellentemperaturen und somit niedrigere Betriebskosten auf, jedoch benötigen die Förderpumpen deutlich mehr elektrische Energie als die Umwälzpumpen in den geschlossenen Sonden. Die benötigte Energie steigt mit der Tiefe des Grundwasserspiegels stark an. Meist sind Brunnen nur bis max. 30 m Tiefe wirtschaftlich zu betreiben. Selten und in der Regel nur bei sehr großen Anlagen werden in den Schluckbrunnen kleine Turbinen eingesetzt, um zumindest einen Teil der aufgebrachten Energie wieder zu gewinnen. Ein Regenerieren der Brunnen kann in Abhängigkeit von Geologie, Hydrogeologie, Hydrochemie, technischen Spezifikationen des Brunnens, Nutzungsdauer und Nutzungsstärke durch Verockern, Versanden und Verschleimen notwendig werden. Im Gegensatz zu Erdwärmesonden und anderen geschlossenen Systemen ist die Wärmequelle also nicht immer wartungsfrei.

Zwischen dem Kreislauf des Grundwassers und dem Wärmepumpenkreislauf wird manchmal noch ein Zwischenkreislauf mit einem zusätzlichen Wärmetauscher eingebaut. Der Wärmetauscher in der Wärmepumpe kommt somit nur mit der Füllung des Zwischenkreislaufes in Berührung. Dabei handelt es sich in der Regel um Wasser-/Frostschutzmittelmischungen analog zu denen der Erdwärmesonden oder reines Wasser. Sinn eines Zwischenkreislaufes ist es, bei aggressivem Grundwasser, bei Grundwasser mit stark schwankender Qualität oder bei hoher Verschmutzung die Korrosion und/oder ein mikrobiologisches Verschleimen in der Wärmepumpe zu vermeiden. Wird ein Zwischenkreislauf eingesetzt, so wird bei Korrosion nur dieses Bauteil beschädigt. Durch den zusätzlichen Wärmetauscher gehen allerdings ca. 2 K Wärmequellentemperatur verloren. Wasser-Wasser-Anlagen mit Zwischenkreisen haben also eine geringere Effizienz als Systeme, bei denen die Energie aus dem Grundwasser direkt an den Wärmetauscher in der Wärmepumpe übergeben wird.

In Bezug auf den Grundwasserschutz haben solegefüllte Zwischenkreisläufe keinen maßgeblichen Vorteil, auch wenn ihr Einsatz bei Anlagen in Wasserschutzgebieten zum Teil behördlich gefordert wird (z. B. in Zone IIIB in Baden-Württemberg). Eine wasserrechtlich zulässige Solefüllung in einem solchen Kreislauf weist eine ähnliche Menge eines wassergefährdenden Stoffes der Wassergefährdungsklasse WGK 1 auf wie die im Fall einer Leckage freigesetzten Arbeitsmittel und Kompressoröle in einem System ohne Zwischenkreislauf. Ist der Zwischenkreislauf hingegen mit Wasser gefüllt, kann im Fall einer Leckage im Zwischenkreislauf kein wassergefährdender Stoff ins Grundwasser gelangen. Bei Wasserfüllung ist allerdings mittels Wärmepumpensteuerung die minimale Temperatur im Zwischenkreislauf auf Temperaturen deutlich über 0 °C (je nach Wärmepumpe minimal 3 °C) zu begrenzen, um Eisbildung am Wärmetauscher zu vermeiden.

Der Temperaturunterschied zwischen entnommenem und wieder eingeleitetem Wasser beträgt je nach Auslegung der Förderpumpe im Verhältnis zur Wärmepumpe etwa 3 bis 6 K. Ähnliche Temperaturunterschiede werden im Kühlbetrieb erreicht. Als Mindesttemperatur für eingeleitetes Grundwasser werden generell 5 °C behördlich vorgegeben, als Maximaltemperatur ca. 20 °C. Damit soll eine negative chemische, physikalische und biologische Änderung des Grundwassers vermieden werden.

Erdwärmebrunnen in den Nahzonen von Wasser- und Heilquellenschutzgebieten sind in der Regel nicht genehmigungsfähig. Da das Einleiten belasteten Grundwassers nach Wasserhaushaltsgesetz (§ 34, Abs. 1) unzulässig ist, ist der Bau von Erdwärmebrunnen in Gebieten mit bereits verunreinigtem Grundwasser meist nicht möglich. Vor dem Wiedereinleiten sind belastete Wässer zu behandeln.

17.11.1 Sonderbauformen von Erdwärmebrunnen

Anstelle von herkömmlichen Schluckbrunnen werden zur Rückgabe des thermisch genutzten Grundwassers zum Teil auch Sickerschächte verwendet. In manchen Bundesländern sind diese wasserrechtlich nicht gewünscht, in anderen werden sie bei entsprechenden Bedingungen empfohlen. Sickerschächte können da sinnvoll sein, wo schnelles Verockern der Schluckbrunnen zu befürchten ist und für das Versickern ausreichende Durchlässigkeiten in den anstehenden Schichten bis in den Aquifer vorliegen. Seltener werden aus der Versickerungs- und Entwässerungstechnik bekannte Bauwerke wie Rigolen und Sickerblöcke eingesetzt.

Eine Sonderbauform von Erdwärmebrunnen sind Koaxialbrunnen, die auch „offene Erdwärmesonden" genannt werden. Hier wird analog zu Koaxialsonden innerhalb eines Bohrlochs meist über ein Innenrohr Grundwasser gefördert, welches dann nach dem Wärmeentzug im Außenrohr oder im Ringraum zwischen Innenrohr und Bohrlochwand versickert wird. Koaxialbrunnen sind zwar platzsparend einzusetzen, bergen aber technikbedingt die Gefahr eines thermischen Kurzschlusses. Das geförderte Wasser hat dann eine niedrigere Temperatur als das natürliche Grundwasser, da diesem zu einem relevanten Teil abgekühltes Wasser beigemischt sein kann. Koaxialbrunnen erzeugen allerdings viel kleinere Absenkungstrichter und können in Gegenden eingesetzt werden, in denen z. B. aufgrund der vorhandenen Bebauung keine bei Dubletten üblichen Absenkungstrichter im Grundwasser auftreten dürfen. Neben der geringeren Temperatur und der Bemessung einer ausreichenden Sickerstrecke für das abgekühlte Wasser ist zu beachten, dass der Ringraum zwischen Innenrohr und Außenrohr, bzw. Bohrlochwand über eine ausreichende Durchlässigkeit verfügt. Wenn das abgekühlte Wasser oberhalb der Grundwasseroberfläche versickert wird, kann eine Verockerung auftreten und ist in diesem Fall als Minderung der Durchlässigkeit zu berücksichtigen Der Ringraum ist mittels Tonsperren und Außenrohren zur Oberfläche hin und gegenüber durchlässigen, von Natur aus grundwasserfreien Schichten abzudichten.

17.11.2 Dimensionieren von Erdwärmebrunnen

Erdwärmebrunnen werden analog zu herkömmlichen Brunnen dimensioniert. Die benötigte Wassermenge wird durch die den Hausdaten angepasste Wärmepumpe, durch die benötigte Entzugsleistung und durch den gewünschten Temperaturunterschied zwischen entnommenem und rückgeleitetem Wasser bestimmt.

17.11.3 Anforderungen an die Wasserqualität

Optimale hydrochemische Bedingungen für den Betrieb von Erdwärmebrunnen bieten weiche, nichtkorrosive Grundwässer mit einem hohen Sauerstoffgehalt ($[O_2] > 2$ mg/l). Problematisch können sein: anthropogene Verunreinigungen aus Altlasten oder Landwirtschaft, hohe Eisen- und Mangankonzentrationen bei niedrigem Sauerstoffgehalt, sehr geringe Mineralstoffgehalte, eine mangelnde Pufferkapazität, sehr hartes Wasser mit hohem Mineralstoffgehalt, hohe Chlorid- und hohe CO_2-Gehalte.

Untersuchungen zum Bewerten der Korrosivität gegenüber Metallen können nach DIN 50930, Teil 1 bis 5 (Korrosion metallischer Werkstoffe im Inneren von Rohrleitungen, Behältern und Apparaten bei Korrosionsbelastung durch Wässer) durchgeführt werden.

Folgende hydrochemische Parameter sollen bestimmt werden:

- Kationen: Calcium, Magnesium, Natrium, Kalium, Eisen, Mangan,
- Anionen: Nitrat, Phosphat, Sulfat, Chlorid, Hydrogencarbonat,
- Ammonium,
- Vor Ort sind folgende Parameter bei der Probenahme zu messen:
- Temperatur, *p*H-Wert, elektrische Leitfähigkeit, Redox-Potential, O_2-Gehalt.

Um Korrosionsschäden zu vermeiden, geben einige Wärmepumpenhersteller für ihre Produkte Grenzwerte der möglichen aggressiven Inhaltsstoffe und Eigenschaften des zu pumpenden Wassers an.

Um die Gefahr einer Verockerung auszuschließen, sollte eine hydrochemische Untersuchung mindestens auf Eisen und Mangan durchgeführt werden. Zusätzlich ist bei der Probenahme vor Ort der *p*H-Wert zu bestimmen.

Kalkausfällungen treten durch Temperaturänderungen von bis 6 K selten auf. Bei einer Druckentlastung in Verbindung mit einer Temperaturerhöhung kann es allerdings in Schluckbrunnen und/oder Rohrsystemen zum Ausfällen von Sinterkalk kommen.

17.11.4 Genehmigungsverfahren für Erdwärmebrunnen

Das Genehmigungsverfahren für eine Wasser/Wasser-Anlage ist im Allgemeinen zweistufig aufgebaut. Im ersten Schritt wird die Bohrgenehmigung beantragt. In einem zweiten Schritt, basierend auf den Ergebnissen der Bohrungen und der geologischen Auswertung, werden die Installation und das Nutzen einer Wärmepumpenanlage beantragt. In vielen Fällen lässt sich das Genehmigungsverfahren jedoch bereits vor Beginn aller Arbeiten komplett durchführen und die Ergebnisse der Brunnenbohrungen werden im Zuge des Abschlussberichtes mitgeteilt.

Der Umfang der erforderlichen Genehmigungsunterlagen und die spezifischen behördlichen Anforderungen sind örtlich sehr unterschiedlich, sodass sich, wie beim Genehmigen von Erdwärmesonden, eine Vorabinformation bei der zuständigen Wasserbehörde empfiehlt. Zum Teil sind entsprechende Sachverständigengutachten erforderlich. In Bayern unterliegen Erdwärmebrunnen inkl. Wärmepumpe einer Endabnahme durch einen PSW, die im Gegensatz zum Einbau von Erdwärmesonden nicht baubegleitend erfolgen muss.

17.11.5 Herstellen von Erdwärmebrunnen

Erdwärmebrunnen werden analog zu herkömmlichen Brunnen abgeteuft und eingebaut. Es kommen je nach Geologie und Hydrogeologie Filterbrunnen oder auch nur einfache Schachtbrunnen zur Anwendung. Die Funktion von Förder- und Schluckbrunnen soll vor der Installation einer Wärmepumpe mittels eines Pumpversuchs überprüft werden. Dabei werden der Absenkungstrichter des Förderbrunnens, der Anstau am Schluckbrunnen und die notwendige Förderrate mit den beim Planen verwendeten Werten verglichen.

17.12 Freihalten von Verkehrsflächen bei Eis und Schnee

In bisher noch wenigen Projektbeispielen wurde versucht, den geothermischen Wärmestrom zum Freihalten von sensiblen Verkehrsflächen zu nutzen. Dabei sollen sich im Betrieb deutliche Kostenersparnisse gegenüber herkömmlichen elektrischen Systemen erreichen lassen. Zu den fachlichen Hintergründen sei auf Fouad & Richter (2010) verwiesen.

17.13 Kühlen und Wärmespeichern

Beim passiven Kühlen wird die relativ kühle Untergrundtemperatur über einen Wärmetauscher an das Heizsystem abgegeben. Es handelt sich um ein einfaches Umwälzen im Heizkreis und im Wärmequellenkreis. Beim aktiven Kühlen werden in der Wärmepumpe Heizkreis und Wärmequelle vertauscht. Der Untergrund wird praktisch beheizt, indem dem Gebäude über das Heizsystem Energie entzogen wird. Hierfür ist die Wärmepumpe aktiv und verbraucht elektrische Energie, hat aber bei hohen Haustemperaturen und niedrigen Untergrundtemperaturen sehr hohe Arbeitszahlen. Passives Kühlen hat eine geringere Kühlleistung als aktives Kühlen, erzeugt aber außer dem Stromverbrauch der Umwälzpumpen kaum Betriebskosten.

Als zum Kühlen geeignetes Heizsystem kommen in erster Linie Flächenheizungen zum Einsatz. Die über herkömmliche Radiatoren erreichbaren Kühlleistungen sind aufgrund der niedrigen Temperaturunterschiede zwischen Heizsystem und Raumtemperatur beim Vermeiden von Kondensation sehr gering. Unter den Heizsystemen werden Deckenheizungen und Wandheizungen als am angenehmsten empfunden. Fußbodenheizungen werden zwar zum Kühlen eingesetzt, erzeugen aber einen kalten Boden. Die Luft unter der Zimmerdecke bleibt warm.

Die im Kühlfall an den Untergrund abgegebene Wärmeenergie kann teilweise vor Ort verbleiben und über die Wärmepumpe wieder genutzt werden. Das Speichern von Energie im Untergrund ist stark von der jeweiligen Geologie und Hydrogeologie abhängig.

Mittels Geothermie lassen sich jedoch nicht nur Gebäude kühlen. Ein Ableiten von Abwärme in den Untergrund ist auch aus anderen Wärmequellen wie z. B. der Kühlung von Photovoltaik-Modulen oder Restenergie von Solarthermiemodulen sowie technischer Prozesswärme möglich. Beim Dimensionieren sind immer die Temperaturbeständigkeit der eventuell eingesetzten Sondenmaterialien sowie die wasserrechtlichen Vorgaben zu maximalen Untergrund- bzw. Grundwassertemperaturen zu beachten.

17.14 Technische Regeln

DIN EN 206-1 „Beton – Teil 1: Festlegung, Eigenschaften, Herstellung und Konformität"

DIN EN 805: 2000-03 „Wasserversorgung – Anforderungen an Wasserversorgungssysteme und deren Bauteile außerhalb von Gebäuden"

DIN 1045-1 „Tragwerke aus Beton, Stahlbeton und Spannbeton – Teil 1: Bemessung und Konstruktion"

DIN V 4279-7: 1994-12 „Innendruckprüfung von Druckrohrleitungen für Wasser – Druckrohre aus Polyethylen geringer Dichte PE-LD, Druckrohre aus Polyethylen hoher Dichte PE-HD (PE 80 und PE 100), Druckrohre aus vernetztem Polyethylen PE-X, Druckrohre aus weichmacherfreiem Polyvinylchlorid PVC-U"

DIN 8901: 2002-12 „Kälteanlagen und Wärmepumpen – Schutz von Erdreich, Grund- und Oberflächenwasser – Sicherheitstechnische und umweltrelevante Anforderungen und Prüfung"

DIN CEN/TS 12390-9 „Prüfung von Festbeton – Teil 9: Frost- und Frost-Tausalz-Widerstand – Abwitterung"

DIN EN 12831: 2003-08 „Heizungsanlagen in Gebäuden – Verfahren zur Berechnung der Norm-Heizlast"

DIN 50930 „Korrosion metallischer Werkstoffe im Innern von Rohrleitungen, Behältern und Apparaten bei Korrosionsbelastung durch Wässer"

DIN 52104-A „Prüfung von Naturstein; Frost-Tau-Wechsel-Versuch"

DVGW W 120-1: 2012-08 „Qualifikationsanforderungen für die Bereiche Bohrtechnik, Brunnenbau, -regenerierung, -sanierung und -rückbau"

DVGW W 120-2: 2013-07 „Qualifikationsanforderungen für die Bereiche Bohrtechnik und oberflächennahe Geothermie (Erdwärmesonden)"

ÖNORM B 3303 „Betonprüfung"

ÖWAV-Regelblatt 207 (2., vollständig überarbeitete Auflage, 2009) „Thermische Nutzung des Grundwassers und des Untergrunds – Heizen und Kühlen"

SIA-Norm 384/6: 2010 „Richtlinie für das Planen, Bauen und Betreiben von Erdwärmesonden"

VDI 4640 Blatt 1: 2010-06 „Thermische Nutzung des Untergrundes – Grundlagen, Genehmigungen, Umweltaspekte“

Berichtigung zur Richtlinie VDI 4640 Blatt 1: 2010-06 von 2011-12

VDI 4640 Blatt 2: 2001-09 „Thermische Nutzung des Untergrundes – Erdgekoppelte Wärmepumpenanlagen“

VDI 4640 Blatt 3: 2001-06 „Thermische Nutzung des Untergrundes – Unterirdische thermische Energiespeicher“

VDI 4640 Blatt 4: 2004-09 „Thermische Nutzung des Untergrundes – Direkte Nutzungen“

Standardwerke und Fachbeiträge

Bayerisches Staatsministerium für Landesentwicklung und Umweltfragen StMLU (Hrsg.) (2003) Oberflächennahe Geothermie – Heizen und Kühlen mit Energie aus dem Untergrund. Weber Offset, München

Carslaw H, Jaeger J (1959) Conduction of Heat in Solids. Oxford

Claesson J, Eskilson P (1987) Conductive Heat Extraction by a Deep Borehole. Analytical Studies. Dep. of Mathematical Physics, University of Lund, Sweden

Claesson J, Eskilson P (1987) Conductive Heat Extraction by a Deep Borehole. Thermal Analysis and Dimensioning Rules. Dep. of Mathematical Physics, University of Lund, Sweden

Eskilson P (1986) Superposition Borehole Model. Manual for Computer Code. Dep. of Mathematical Physics, University of Lund, Sweden

Eugster W (1991) Erdwärmesonden – Funktionsweise und Wechselwirkung mit dem geologischen Untergrund. Feldmessungen und Modellsimulation. Diss. ETH Zürich Nr. 9524

Eugster W, Hopkirk J, Rybach L (1999) Ist untiefe Geothermie erneuerbar? Bundesamt für Energie, Programm Geothermie, Bern

Eskilson P (1987) Thermal Analysis of Heat Extraction Boreholes. Dep. of Mathematical Physics, University of Lund, Sweden

Fouad D, Richter T (2010) Verwendung von Erdwärme zur Schnee- und Eisfreihaltung von Freiflächen. Institut für Bauphysik, Leibniz-Universität Hannover

Fromentin A, Pahud D, Jaquier C, Morath M (1997) Recommandations pour la réalisation d'installation avec pieux échangeurs. Empfehlungen für Energiepfahlsysteme. Rapport final, décembre 1997. Office fédéral de l'énergie, Bern

Gehlin S, Hellström G (2000) Recent status of in-situ thermal response tests for BTES applications in Sweden. Proc. Terrastock 2000, August 28 – September 1, 2000, 159–164

Guernsey EN, Betz PL, Skan NH (1949) Earth as a heat source and storage medium for the heat pump. ASHVE Trans 55: 321–344

Hässig W, Suter D, Bigler R, Huber A (1998) Regeneration von Erdwärmesonden. Phase I: Potentialabschätzung. Bundesamt für Energie, Forschungsprogramm UAW, Bern. ENET-Nr. 9722601/1; 30897

Hellström G (1991) Ground Heat Storage. Thermal Analyses of Duct Storage Systems. Theory. Dep. of Mathematical Physics, University of Lund, Sweden

Hellström G, Sanner B (1994) PC-Programm zur Auslegung von Erdwärmesonden. Erdgekoppelte Wärmepumpen. IZW-Bericht 1/94. Fachinformationszentrum Karlsruhe

Henning A (2010) Zusammenfassung zur Potentialstudie Nutzung der geothermischen Ressourcen des Landes Berlin – Modul 1 Grundlagenermittlung, Berlin

Huber A, Schuler O (1997) Berechnungsmodul für Erdwärmesonden. Bundesamt für Energie, Forschungsprogramm UAW, Bern, ENET-Nr. 9658807

Huber A, Pahud D (1999) Untiefe Geothermie: Woher kommt die Energie? Bundesamt für Energie, Bern

Huber A (2009) Programm EWS Version 4.0 Berechnung von Erdwärmesonden. Huber Energietechnik AG, Zürich

Huenges E (2000): Nutzung der Erdwärme des tiefen Untergrundes. InfoForum Geothermie. Veranstaltung der Geoagentur Berlin-Brandenburg in der Technischen Universität Berlin am 25. 1. 2000

Ingersoll L, Zobel O, Ingersoll A (1948) Heat conduction with engineering and geological application. 278 p., McGraw-Hill, New York

Jordan H, Grimm R (2001) Abschlussbericht Grubenwasserpotential Sachsen. Im Auftrag des Sächsischen Landesamtes für Umwelt und Geologie, unveröff., HGC Hydro-Geo-Consult GmbH, Freiberg

Kaltschmitt M, Huenges E, Wolff H (1999) Energie aus Erdwärme. Deutscher Verlag für Grundstoffindustrie, Stuttgart

Kleiner S (2003) Untersuchungen zur Optimierung von Erdwärmesondenanlagen – petrophysikalische Messungen und numerische Simulationen. RWTH, Aachen

Königsdorff R (2011) Oberflächennahe Geothermie für Gebäude-Grundlagen und Anwendungen zukunftsfähiger Heizung und Kühlung. Fraunhofer IRB Verlag,

Leu W (1999) Geothermische Eigenschaften Schweizer Molassebecken (Tiefenbereich 0–500 m). Bundesamt für Energie, Programm Geothermie, Bern

Loose (2007) Erdwärmenutzung: Versorgungstechnische Planung und Berechnung, CF-Müller,

Okubo H, Fuji H, Itoi R (2006) Experimental study on thermal resistance of vertical ground heat exchangers. Geothermal Resources Council Transactions 30: 559–563

Pahud D, Fromentin A, Hadorn J (1996) The Superposition Borehole Model for TRNSYS (TRNSBM). User Manual for the November 1996 Version. Internal Report. LASEN – DGC – EPFL, Lausanne

Pahud D, Fromentin A (1998) Pieux echangeurs: outils de simulation, KWH – Energieforschung im Hochbau, Status-Seminar ETH, Zürich

Pahud D, Hubbuch M (1998) Response-Test für die Energiepfahlanlage Dock Midfield, Zürich Flughafen. Bundesamt für Energie, Forschungsprogramm Wärmespeicherung, Bern

Pahud D, Fromentin A, Hubbuch M (1999) Heat exchanger pile system for heating and cooling at Zürich airport. IEA Heat Pump Centre Newsletter 17(1) pp. 15–16

Pahud D, Fromentin A (1999) PILESIM: a Simulation Tool for Pile and Borehole Heat Exchanger Systems. Bulletin d'Hydrogéologie, Université de Neuchâtel, Suisse

Ramming K (2007) Bewertung und Optimierung oberflächennaher Erdwärmekollektoren für verschiedene Lastfälle. Dissertation an der Technischen Universität Dresden

Rohner E (2005) Anpassen der Druckprüfung nach DIN V 4279-7 für Erdwärmesonden aus Polyethylen. Energieforschungsprogramm Umgebungswärme, Wärme-Kraft-Kopplung, Kälte im Auftrag des Bundesamts für Energie (BFE)

Rumohr S, Schäfer I (2009) Planung und Bemessung von Erdwärmesondenanlagen – Einbindung der Erdwärmesonden in das System Typen, Wärmeübertragung und Optimierung. Idstein: Deutsche Gesellschaft für Geowissenschaften, Fachsektion Hydrogeologie

Sanner B (1992) Erdgekoppelte Wärmepumpen, Geschichte, System, Auslegung, Installation. IZW-Berichte 2/92. Fachinformationszentrum Karlsruhe

Sanner B, Bußmann W (2005) Erdwärme zum Heizen und Kühlen. Potentiale, Möglichkeiten und Techniken der Oberflächennahen Geothermie. Kleines Handbuch der Geothermie, Geothermische Vereinigung, Geeste

Sanner B (2009) Aufgaben für die oberflächennahe Geothermie im Jahr 2009. Geothermische Energie 60: 16–19

Stadler T, Hopkirk R, Hess K (1995) Auswirkungen von Klima, Bodentyp, Standorthöhe auf die Dimensionierung von Erdwärmesonden in der Schweiz. – Schlussbericht ET-FOER(93)033, BEW, Bern

Szilagyi J (1995) Untersuchung petrophysikalischer Eigenschaften an Leitgesteinen der Denkmalpflege. Technische Universität Dresden

Werner A, Bigler R, Niederhauser A (1996):Grundlagen für die Nutzung von Wärme aus Boden und Grundwasser im Kanton Bern, Thermoprogramm Erdwärmesonden, Burgdorf, Schlussbericht. Wasser- und Energiewirtschaft des Kt. Bern (WEA)

Wetter M, Huber A (1997) TRNSYS Type: Vertical Borehole Heat Exchanger, EWS Model. Zentralschweizerisches Technikum ZTL, Luzern

Wirtschaftsministerium Baden-Württemberg (2005) „Mittelgroße Wärmepumpenanlagen" und „Energie sparen durch Wärmepumpenanlagen", Stuttgart

Wolff G (2004) Technischer Heilquellenschutz in Stuttgart. Schriftenreihe des Amts für Umweltschutz. 4/2004, 98 S, Stuttgart

Zimmermann M (1999) Handbuch der passiven Kühlung. EMPA (ZEN)/Bundesamt für Energie BFE, Bern

17

Schriftenverzeichnis

Wolfgang Dachroth

W. Dachroth, *Handbuch der Baugeologie und Geotechnik*, DOI 10.1007/978-3-662-46886-9_18

18.1 Amtliche Werke

Die Anwendung der in den verschiedenen Teilen des Buches besprochenen geotechnischen Verfahren müssen die Vorgaben amtlicher Werke beachten. Hierzu gehören die Rechtsvorschriften der Europäischen Union, die Gesetze des Bundes und der Länder, Verordnungen, Richtlinien, Vorschriften, amtliche Erlasse und Bekanntmachungen sowie Gerichtsentscheidungen einschließlich der amtlich verfassten Leitsätze. Durch solche amtliche Werke sind auch die Anforderungen an Untersuchungen, Bewertungen, Maßnahmen sowie Grenzwerte geregelt. Für unterschiedliche Arbeitsbereiche bestehen Richtlinien und Vorschriften.

Daneben bestehen Regelwerke von Ämtern, Anstalten, Arbeitsgemeinschaften, Arbeitskreisen, Ausschüssen, Genossenschaften, Gesellschaften, Instituten, Komitees, Organisationen, Sozietäten, Verbänden, Vereinen, Vereinigungen. Solche Regelungen verfolgen ein Gemeinwohlziel von hohem Rang. Durch die Bezugnahme in einer amtlichen Verlautbarung kann der amtliche Charakter solcher Regelungen gegeben sein. Wenn solche Regelungen keinen amtlichen Charakter haben, kann ihre Anwendung durch Vertragsrecht bindend werden.

Alle Vorschriften, Richtlinien, Normen, Merkblätter und Empfehlungen werden in der zum Zeitpunkt der Drucklegung gültigen Fassung zitiert. Im Anwendungsfall muss die Aktualität z. B. per Internet; geprüft werden.

Europa – Rechtsvorschriften auf europäischer Ebene werden im Amtsblatt der Europäischen Union veröffentlicht.

Deutschland – Gesetze und Verordnungen des Bundes und der Länder Die im Text genannten Bundesgesetze werden im Bundesgesetzblatt (Deutschland) vom Bundesministerium der Justiz zu Bonn veröffentlicht. Die Herausgabe erfolgt durch den Bundesanzeigerverlag in den Formen BGBL Papierausgabe, BGBL CD-ROM und BGBL Online. Für die Online-Version besteht ein direkter kostenloser Zugriff auf das komplette Archiv.

Die deutschen Länder verkünden ihre Gesetze und Verordnungen in den Gesetz- und Verordnungsblättern bzw. Amtsblättern des jeweiligen Bundeslandes. Einige dieser Gesetz- und Verordnungsblätter sind als Leseausgabe im Internet verfügbar.

Deutschland – Nachgeordnete Behörden der Bundesministerien Bundesanstalt für Geowissenschaften und Rohstoffe (BGR), Hannover in Zusammenarbeit mit den geologischen Diensten der Länder: Geologische Fachinformationen, Kartenwerke, Standards und Methoden, Geodateninfrastruktur.

Bundesanstalt für Straßenwesen (BAST), Bergisch-Gladbach: Berichte, Regelwerke, Forschungsberichte, ZTV-ING, Teil 5 Tunnelbau.

Bundesanstalt für Materialforschung und Prüfung (BAM), Berlin: Forschungsberichte.

Deutschland – Bund/Länder-Arbeitsgemeinschaften Die Fachministerkonferenzen dienen dem Selbstkoordinieren der Länder. Baugeologische, hydrogeologische und geotechnische Themen werden von nachstehenden Konferenzen angesprochen oder geregelt:

Bund/Länder-Arbeitsgemeinschaft Bodenschutz (LABO): Jahresberichte, Veröffentlichungen, Gesetze zu Bodenschutz, Grundwasserschutz, Wasserrecht etc.;

Bund/Länder-Arbeitsgemeinschaft Abfall (LAGA): Merkblätter, Richtlinien;

Bund/Länder-Arbeitsgemeinschaft Wasser (LAWA): AQS-Merkblätter;

Bund/Länder-Arbeitsgemeinschaft Naturschutz, Landschaftspflege und Erholung (LANA): Grundsatzpapiere, Vorschläge zu bundeseinheitlichem Anwenden, Musterverwaltungsvorschriften, Untersuchungsergebnisse;

Umweltministerkonferenz: Ergebnisprotokolle, Beschlüsse z. B. zu Energiepolitik, Fracking etc.

Österreich – Bundesgesetze werden im Bundesgesetzblatt und im Amtsblatt der Republik Österreich veröffentlicht.

Schweiz – Bundesgesetze werden im Bundesblatt (BBl) und in der Amtlichen Sammlung des Bundesrechts (AS), kantonale Gesetze und Verordnungen in den Amtsblättern der Kantone oder Kantonsblättern veröffentlicht.

18.2 Regelwerke von Instituten, Vereinen, Fachverbänden

Normen Deutsche Normen werden vom Deutschen Institut für Normung (DIN) e. V., Berlin herausgegeben und vom Beuth-Verlag, Berlin, Wien, Zürich vertrieben.

Europäische Normen (EN) werden vom Europäischen Komitee für Normung (CEN) herausgegeben. Deutsche Versionen erscheinen unter DIN EN.

Internationale Normen (ISO) werden von der International Organization for Standardisation herausgegeben. Deutsche Versionen erscheinen unter DIN ISO oder DIN EN ISO.

Österreichische Normen werden vom Austrian Standards Institute (ASI), vormals Österreichisches Normungsinstitut, herausgegeben. Die das Bauwesen betreffenden Normen sind als ÖNORM B gekennzeichnet. Übernommene europäische Normen tragen die Bezeichnung „ÖNORM EN", die übernommenen internationale Normen die Bezeichnung „ÖNORM ISO" oder „ÖNORM EN ISO".

Die Schweizer Norm wird von der Schweizer Normen-Vereinigung (SNV) herausgegeben. Die SNV ist Vollmitglied bei ISO und CEN. Die Normen sind mit SN gekennzeichnet. Übernommene europäische Normen tragen die Bezeichnung „SN EN", die übernommenen internationalen Normen die Bezeichnung „SN ISO" oder „SN EN ISO".

Aktuelle Listen der derzeit gültigen Normen können über das Internet erfragt werden, z. B. Wikipedia: Liste der DIN-Normen

Technische Regelwerke für das Straßen- und Verkehrswesen Herausgeber für Deutschland ist die Forschungsgesellschaft für das Straßen- und Verkehrswesen (FGSV), für Österreich die Forschungsgesellschaft Straße-Schiene-Verkehr (RVS). In der Schweiz gilt die Liste der Normen für das Straßen- und Verkehrswesen in der Schweiz.

Es sind Allgemeine Technische Vertragsbedingungen (ATV), Anweisungen, Arbeitsanleitungen, Bedingungen, Begriffsbestimmungen, fachbezogene DIN, ÖNORM oder SN bzw. europäische EN oder internationale ISO, Empfehlungen, Grundsätze, Handbücher, Hinweise, Merkblätter, Richtlinien, Technische Lieferbedingungen, Technische Prüfvorschriften, zusätzliche Technische Vertragsbedingungen.

Aktuelle Listen der derzeit gültigen Regelwerke können über das Internet erfragt werden, z. B. FGSV – technisches Regelwerk oder Wikipedia: Liste der technischen Regelwerke für das Straßenwesen in Deutschland bzw. Liste der Richtlinien und Vorschriften für das Straßenwesen in Österreich.

- **Vorschriften der Deutschen Bahn**

Richtlinie 836 (Ril 836) der DB Netz AG, Deutsche Bahn Gruppe: Erdbauwerke planen, bauen und instand halten.

- **Deutscher Verein des Gas- und Wasserfaches (DVGW)**

Bonn: Richtlinien, Merkblätter, Arbeitsblätter.

- **Deutsche Vereinigung für Wasserwirtschaft, Abwasser und Abfall (DWA)**

Hennef, hervorgegangen aus dem Zusammenschluss des Deutschen Verbands für Wasserwirtschaft und Kulturbau (DVWK), Bonn und der Abwassertechnischen Vereinigung (ATV): Regelwerke, Merkblätter, Arbeitsblätter.

- **Deutsche Gesellschaft für Geotechnik (DGGT)**

Empfehlungen der Arbeitskreise/Fachsektionen Bodenmechanik, Erd- und Grundbau, Felsmechanik, Ingenieurgeologie, Kunststoffe in der Geotechnik, Umweltgeotechnik; Zeitschrift Geotechnik (Verlag Ernst & Sohn).

- **Deutscher Ausschuss für unterirdisches Bauen (DAUB)**

Köln: Empfehlungen zu Vortrieb, Ausbau, Arbeitsschutz, Vertragsrecht, Leistungsbeschreibung.

- **Studiengesellschaft für unterirdische Verkehrsanlagen (STUVA)**

Forschungsberichte; Zeitschrift TUNNEL.

- **Schweizer Ingenieur- und Architektenverein (SIA), Zürich**

SIA – Normen, Zeitschrift „Tec21".

18.3 Lehrbücher, Handbücher, Standardwerke

Ahnert F (1996) Einführung in die Geomorphologie. Eugen Ulmer, Stuttgart

Akin H, Siemes H (1988) Praktische Geostatistik. Springer, Berlin Heidelberg

Anagnostou G, Ehrbach H (eds) (2013) Tunneling Switzerland, vdf Hochschulverlag ETH, Zürich

Andreae C (1926) Der Bau tiefliegender Gebirgstunnel. Springer, Berlin Wien

Aqua-Bautechnik Ingenieurbüro für Wassertechnik und Infrastruktur (2007) Versickerungs-Handbuch Ratgeber für Planung, Bau und Genehmigung von Anlagen zur Versickerung von Regenwasser. http: www.Aqua-ing.de

Arz P, Schmidt HG, Seitz J, Semprich S (1994) Grundbau. Ernst & Sohn, Berlin

Bachmann H (1995) Erdbebensicherung von Bauwerken. Birkhäuser, Basel

Bayer H-J (2005) HDD-Praxis-Handbuch, Vulkan, Essen

Beer K (2012) Bewehren nach DIN EN 1992-1-1 (EC 2) Tabellen und Beispiele für Bauzeichner und Konstrukteure. Springer Vieweg

Bell FG (1980) Engineering geology and geotechnics. Butterworth, London Boston

Bendel L (1949) Ingenieurgeologie – ein Handbuch für Studium und Praxis. Springer, Berlin

Bender F (Hrsg) (1982) Angewandte Geowissenschaften, Bd I: Geologische Geländeaufnahme, Strukturgeologie, Gefügekunde, Bodenkunde. Enke, Stuttgart

Bender F (Hrsg) (1984) Angewandte Geowissenschaften, Bd III: Methoden der Hydrogeologie, Ingenieurgeologie, Raumplanung und Umweltschutz. Enke, Stuttgart

Bender F (Hrsg) (1985) Angewandte Geowissenschaften, Bd II: Methoden der Angewandten Geophysik. Enke, Stuttgart

Bender F (Hrsg) (1986) Angewandte Geowissenschaften, Bd IV: Untersuchungsmethoden für Metall- und Nichtmetallrohstoffe, Kernenergierohstoffe, feste fossile Brennstoffe und bituminöse Gesteine. Enke, Stuttgart

Bentz A (1961) Lehrbuch der Angewandten Geologie, Bd I: Allgemeine Methoden. Enke, Stuttgart

Bentz A, Martini HJ (1968) Lehrbuch der Angewandten Geologie Bd II, Teil 1: Methoden der Erforschung der Lagerstätten. Enke, Stuttgart

Bentz A, Martini HJ (1969) Lehrbuch der Angewandten Geologie, Bd II, Teil 2: Hydrogeologie, Talsperren und Wasserbaugeologie. Enke, Stuttgart

Beranek J (2013) Die Neue Österreichische Tunnelbauweise. Untersuchungen an feserbewehrtem und mattenbewehrtem Spritzbeton und deren Anwendungsmöglichkeiten, Akademieverlag, Saarbrücken

Bergmeister K, Suda J, Hüble J, Rudolf-Miklau F (2012) Schutzbauwerke gegen Wildbachgefahren. – Grundlagen, Entwurf und Bemessung, Beispiele. Ernst & Sohn, Berlin

BetonMarketing Deutschland GmbH (2007) Hersel O, Dürrwang R, Hotz C (Hrsg) Zementstabilisierte Böden – Anwendung, Planung, Ausführung. Erkrath

Bilitewski B, Härdtle G (2013) Abfallwirtschaft: Handbuch für Praxis und Lehre. Springer Vieweg, Berlin, Heidelberg

Böhme M (Hrsg) (1996) Baumaßnahmen in Grundwasser. Erich Schmidt, Berlin

Boley C (2012) Handbuch der Geotechnik – Grundlagen – Anwendungen – Praxisempfehlungen. Vieweg & Teubner/Springer Fachmedien, Wiesbaden

Bölling W (1971) Zusammendrückung und Scherfestigkeit von Böden. Springer, Berlin Heidelberg

Bölling W (1972a) Bodenmechanik der Stützbauwerke, Straßen und Flugpisten. Springer, Berlin Heidelberg

Bölling W (1972b) Setzungen, Standsicherheiten und Tragfähigkeiten von Grundbauwerken. Springer, Berlin Heidelberg

Bölling W (1972c) Sickerströmungen und Spannungen im Boden. Springer, Berlin Heidelberg

Bolt B (1984) Erdbeben. Springer, Berlin Heidelberg

Bolt B (1995) Erdbeben, Schlüssel zur Geodynamik. Spektrum, Heidelberg

Bonk M (2000) Lufsky – Bauwerksabdichtung (7. Aufl.) Vieweg + Teubner/Springer Fachmedien, Wiesbaden

Bremer H (1989) Allgemeine Geomorphologie. Gebr. Borntraeger, Berlin Stuttgart

Brüggemann K, Toussaint A (1989) Die Erkundung von Boden und Fels im Verkehrswege-, Grund- und Wasserbau. Werner, Düsseldorf

Buja HO (2012) Handbuch der Ramm-, Vibrations- und Einpresstechnik. Books on Demand (BoD), Norderstedt, Murrhardt

Buja HO (2013) Spezialtiefbau von A–Z, Grundlagen – Gerätetechnik – Anwendungstechnik, Selbstverlag, Murrhardt

Buja HO (2014) Ingenieurhandbuch Bergbautechnik. Beuth, Berlin, Wien, Zürich

Bundesanstalt für Geowissenschaften und Rohstoffe (BGR) (2003) Handbuch zur Erkundung des Untergrundes von Deponien, Bd 8. Springer, Berlin, Heidelberg

Busch KF, Luckner L (1974) Geohydraulik in Studium und Praxis. Enke, Stuttgart

Busch KF, Luckner L, Thiemer K (1993) Lehrbuch der Hydrogeologie, Bd 3: Geohydraulik. Gebr. Borntraeger, Berlin Stuttgart

Caquot A, Kerisel J (1967) Grundlagen der Bodenmechanik. Springer, Berlin Heidelberg

Coldewey WG, Krahn L (1991) Leitfaden zur Grundwasseruntersuchung in Festgesteinen bei Altablagerungen und Altstandorten. Ministerium für Umwelt, Raumordnung und Landwirtschaft des Landes Nordrhein-Westfalen, Düsseldorf

Dachler R (1936) Grundwasserströmung. Springer, Wien

Dachroth (1992) Baugeologie, 2. Aufl. Springer, Berlin Heidelberg New York

Dachroth W (1990) Baugeologie in der Praxis. Springer, Heidelberg

Dachroth W (2002) Handbuch der Baugeologie und Geotechnik. Springer, Heidelberg

Dachroth W, Wiltschko St (1986, 1994) Der Burgbrunnen und Brunnenstollen der Feste Dilsberg. Heidelberger Verlagsanstalt und Druckerei, Heidelberg

Darcy H (1856) Les fontaines publiques de la ville de Dijon. Ed. Dalmont, Paris

Davidenkoff R (1956) Angenäherte Ermittlung des Grundwasserzuflusses zu einer in einem durchlässigen Boden ausgehobenen Grube. Mitteilungsblatt der Bundesanstalt für Wasserbau 7, Karlsruhe

Davidenkoff R (1964) Deiche und Erddämme. Werner, Düsseldorf

Davidenkoff R (1970) Unterläufigkeit von Stauwerken. Werner, Düsseldorf

Dehne E (1982) Flächengründungen: Berechnung, Ausführung, Beispiele. Bauverlag, Wiesbaden Berlin

Deutsches Talsperren Komitee (Hrsg). Unter Mitwirkung von Köngeter J, Heimerls S, Kohler B, Ebert M, Libisch Chr. (2013) Talsperren in Deutschland, Springer Verlag Wiesbaden

Donel M (1995) Bodeninjektionstechnik. Glückauf, Essen

Dörken W, Dehne E (1993) Grundbau in Beispielen, Teil 1. Werner, Düsseldorf

Dörken W, Dehne E (1995) Grundbau in Beispielen, Teil 2. Werner, Düsseldorf

Dyck S, Peschke G (1995) Grundlagen der Hydrologie. Verlag für Bauwesen, Berlin

Eichler K (2007) Fels- und Tunnelbau II, expert, Renningen

Eichler K (2009) Spezialtiefbau, expert, Renningen

Engel J, Said A-A (2012) Einführung in den Grund-, Erd- und Dammbau -Konstruktion, Bauverfahren, Nachweise. Hauser, München

Fecker E, Reik G (1987) Baugeologie. Enke, Stuttgart

Fellenius W (1947) Erdstatische Berechnungen mit Reibung und Kohäsion unter Annahme kreiszylindrischer Gleitflächen, 3. Aufl. Ernst & Sohn, Berlin

Fendrich L (Hrsg) (2007) Handbuch Eisenbahninfrastruktur. Springer, Berlin, Heidelberg

Fischer R, Göbel CK (2013) Handbuch Erdbauwerke der Bahnen. Eurailpress, Hamburg

Floss R (1997) Zusätzliche technische Vertragsbedingungen und Richtlinien für Erdarbeiten im Straßenbau ZTVE-StB 94, Fassung 1997, Kommentar mit Kompendium Erd- und Felsbau. Kirschbaum, Bonn

Floss R (2006). Handbuch ZTVE StB (2011). Kirchbaum, Bonn-Bad Godesberg

Floss R (2006). Handbuch ZtVE-Kommentar (3. Aufl). Kirchbaum, Bonn-Bad Godesberg

Förster W (1996) Mechanische Eigenschaften der Lockergesteine. Teubner, Leipzig

Franke D (2009) Beiträge zur praktischen Erddruckberechnung. In: Witt KJ (Hrsg) Grundbautaschenbuch, Ernst & Sohn, Berlin

Freeth SJ (1992) Natural hazards in West and Central Africa. Vieweg & Sohn, Braunschweig

Fritzsche CH (1962) Lehrbuch der Bergbaukunde. Springer, Berlin, Göttingen, Heidelberg

Geiger W, Dreiseitl H (1995) Neue Wege für das Regenwasser. In: Emschergenossenschaft (Hrsg) Handbuch zum Rückhalt und zur Versickerung von Regenwasser in Baugebieten. Oldenbourg, München

Geiger WF, Dreiseitl H (2001) Neue Wege für das Regenwasser, Oldenburg, München

Gierloff-Emden HG (1980) Lehrbuch der Allgemeinen Geographie: Geographie des Meeres – Ozeane und Küsten, 2 Teile. Walter de Gruyter, Berlin New York

Girmscheid G (2008) Baubetrieb und Bauverfahren im Tunnelbau, Ernst & Sohn, Berlin

Girmscheid G (2013) Bauprozesse und Bauverfahren des Tunnelbaus, Ernst & Sohn, Berlin

Göbel C, Lieberenz K (2004) Handbuch Erdbauwerke der Bahnen, Eurailpress, Hamburg

Gocht OF, Zantrop H, Eggerte RG (1988) International mineral economics. Springer, Berlin Heidelberg

Grasshoff H, Siedek P, Kübler G (1967–1970) Erd- und Grundbau, Teil 1–4. Werner, Düsseldorf

Grunau E (1980) Lebenserwartung von Baustoffen. Vieweg & Sohn, Braunschweig

Gustafson A (1937) Conservation oft the soil, McGraw-Hill, New York, London

Habenicht H (1976) Anker und Ankerungen zur Stabilisierung des Gebirges. Springer, Berlin Heidelberg New York

Hacker E, Johannsen R (2012) Ingenieurbiologie, Ulmer, Stuttgart

Hapke F (1968) Der Ingenieur im Wasserbau. Werner, Düsseldorf

Haupt W (1988) Bodendynamik: Grundlagen und Anwendung. Vieweg & Sohn, Braunschweig

Heitfeld K-H (1991) Lehrbuch der Hydrogeologie, Bd 5: Talsperren. Gebr. Borntraeger, Stuttgart

Heitfeld K-H (Hrsg) (1985) Ingenieurgeologische Probleme im Grenzbereich zwischen Locker- und Festgestein. Springer, Berlin Heidelberg

Herdan G, Smith ML, Hardwick WH (1960) Small particle statistics, 2nd revised edn. Butterworth, London Toronto

Herth W, Arends E (1994) Theorie und Praxis der Grundwasserabsenkung, 3. Aufl. Ernst & Sohn, Berlin

Hilmer K (1991) Schäden im Gründungsbereich. Ernst & Sohn, Berlin

Hirschwald (1912) Handbuch der bautechnischen Gesteinsprüfung, Bd 1+2. Gebr. Borntraeger, Berlin

Hölting B (1996) Hydrogeologie, 5. Aufl. Enke, Stuttgart

Hölting B, Coldewey G (2013) Hydrogeologie – Einführung in die Allgemeine und Angewandte Hydrogeologie, 8. Aufl. Springer Spektrum, Heidelberg

Hütter LA (1990) Wasser und Wasseruntersuchung. Otto Salle, Frankfurt

Hüttle FJ (2011) Planet voller Überraschungen – Neue Einblicke in das System Erde, Springer Spektrum, Heidelberg

IG Bau – Berufsgenossenschaft der Bauwirtschaft (2013) D 208 Gründungen neben Fundamenten – Unterfangungen. http://www.bgbau-medien.de/bausteine d 208

Illich (2012) Geophysik – Zerstörungsfreie Prüfung – Dienstleistungen, Verfahren Beispiele. Gesellschaft für Geophysikalische Untersuchungen (GGU), Karlsruhe

Imhoff K, Imhoff KR (2007) Taschenbuch der Stadtentwässerung, 30. Aufl. Oldenburg, München

Jirka G, Lang C (2009) Einführung in die Gerinnehydraulik. Universitätsverlag Karlsruhe

John M (2004) Kritische Bemerkungen zur Entwicklung der Vertragsgestaltung im Tunnelbau. In: Leitner W, Wais A (Hrsg) Aktuelle Fragen der Vertragsgestaltung im Tief- und Tunnelbau – Beiträge aus Theorie und Praxis. – ICC 5 Tagungsband International Consulting and Construction. Books on Demand (BoD), Norderstedt

Kaczmarczyk C, Kuhr H, Strupp P, Schmidt J, Schmidt A (2010) Bautechnik für Bauzeichner: Zeichnen – Rechnen – Fachwissen, Vieweg-Teubner/Springer, Wiesbaden

Kany M (1974) Berechnungen von Flächengründungen, 2. Aufl, Bd 1. Ernst & Sohn, Berlin München

Kastner H (1971/2013) Statik des Tunnel- und Stollenbaus auf der Grundlage geomechanischer Erkenntnisse, 2. Aufl. Springer, Berlin Heidelberg New York

Keil K (1959) Geotechnik, 3. Aufl. Knapp, Halle

Keilhack K (1921/22) Lehrbuch der praktischen Geologie, Bd 1+2, 4. Aufl. Enke, Stuttgart

Kempfert HG (2009) Pfahlgründungen. In: Witt KJ (Hrsg) Grundbau-Taschenbuch T.3 Gründungen und geotechnische Bauwerke, Ernst & Sohn, Berlin, S. 73–278

Kern K (1994) Grundlagen naturnaher Gewässergestaltung: Geomorphologische Gestaltung von Fließgewässern. Springer, Berlin Heidelberg New York

Kézdi A (1969, 1969, 1973, 1976) Handbuch der Bodenmechanik, Bd 1–4. Verlag für Bauwesen, Berlin; Verlag der Ungarischen Akademie der Wissenschaften, Budapest

Kézdi A, Marko I (1969) Erdbauten, Standsicherheit, Entwässerung. Werner, Düsseldorf

Kilchert M, Karstedt J, Schad H, Bräutigam T, Bramm S (2008) Rohrvortrieb, Durchpressungen, begehbare Leitungen, Ernst & Sohn, Berlin

Kinzelbach W (1992) Numerische Methoden zur Modellierung des Transports von Schadstoffen im Grundwasser, 2. Aufl. Oldenbourg, München Wien

Kinzelbach W, Rausch R (1995) Grundwassermodellierung – eine Einführung mit Beispielen. Gebr. Borntraeger, Stuttgart

Klein G (1990) Bodendynamik und Erdbeben. In: Smoltczyk U (Hrsg) Grundbautaschenbuch T.1, Ernst & Sohn, Berlin

Klein J (1985) Handbuch des Gefrierschachtbaus im Bergbau. Glückauf, Essen

Knödel K, Krummel H, Lange G (1997) Handbuch zur Erkundung des Untergrundes von Deponien und Altlasten, Bd 3: Geophysik. Springer, Berlin Heidelberg

Koenig M (1984): Geologische Katastrophen. Ott, Thun

Kolymbas D (2011) Geotechnik – Bodenmechanik, Grundbau und Tunnelbau. Springer, Heidelberg

Köneke, Rolf (1985) Schäden am Haus, Ursachen, Beseitigung, Kosten. Rudolf Müller, Köln-Braunsfeld

König H (2011) Maschinen im Baubetrieb: Grundlagen und Anwendung, Vieweg-Teubner/Springer, Wiesbaden

Kranert M, Cord Landwehr (Hrsg) (2010) Einführung in die Abfallwirtschaft, Vieweg-Teubner/Springer, Wiesbaden

Kratzsch H (1974) Bergschadenkunde. Springer, Berlin Heidelberg New York

Kratzsch H (1983) Mining subsidence engineering. Springer, Berlin Heidelberg New York

Krey H (1936) Erddruck, Erdwiderstand und Tragfähigkeit des Baugrundes. Ernst & Sohn, Berlin

Krumbein WC, Pettijohn FJ (1938) Manual of sedimentary petrography. D. Appleton-Century Co., New York Menasha

Kühn F, Hörig B (1995) Handbuch zur Erkundung des Untergrundes von Deponien und Altlasten, Bd 1: Geofernerkundung – Grundlagen und Anwendung. Springer, Berlin Heidelberg

Lang HJ, Huder J (1985) Bodenmechanik und Grundbau, 3. Aufl. Springer, Berlin Heidelberg New York

Lang H-J, Huder J, Amann P, Puzrin A (2011) Bodenmechanik und Grundbau, Springer, Heidelberg

Lange G, Knödel K (2003) Erkundungspraxis. In: BGR – Bundesanstalt für Geowissenschaften und Rohstoffe (Hrsg) Handbuch zur Erkundung des Untergrundes von Deponien, Bd 8, Springer, Berlin, Heidelberg

Langguth HR, Voigt R (1980) Hydrogeologische Methoden. Springer, Berlin Heidelberg New York

Latter JH (1989) Volcanic hazards. Springer, Berlin Heidelberg New York

Lattermann E (2010) Wasserbau – Praxis mit Berechnungsbeispielen, Bauwerkverlag, Berlin

Letourneur J, Michel R (1971) Geologie du génie civil. Librairie Armand Colin, Paris

Louis H, Fischer K (1979) Allgemeine Geomorphologie, 4. Aufl. Walter de Gruyter, Berlin

Luvsky (2010) Bauwerksabdichtung: siehe Bonk

Maidl B (1984) Handbuch des Tunnel- und Stollenbaus, Bd 1: Konstruktionen und Verfahren. Glückauf, Essen

Maidl B (1988) Handbuch des Tunnel- und Stollenbaus, Bd 2: Grundlagen und Zusatzleistungen für Planung und Ausführung. Glückauf, Essen

Maidl B, Herrenknecht M, Maidl U, Wehrmeyer G (2013) Maschineller Tunnelbau im Schildvortrieb, Ernst & Sohn, Berlin

Maier J (2012) Handbuch Historisches Mauerwerk. Untersuchungsmethoden und Instantsetzungsmethoden, 2. Aufl. Springer-Vieweg, Berlin, Heidelberg

Malcharek A (2010) Gezeiten und Wellen: Die Hydromechanik der Küstengewässer, Vieweg-Teubner/Springer, Wiesbaden

Maniak U (1997): Hydrologie und Wasserwirtschaft, 4. Aufl. Springer, Berlin Heidelberg New York

Matschullat J, Tobschall HJ, Voigt HJ (Hrsg) Geochemie und Umwelt – Relevante Prozesse in Atmo-, Pedo- und Hydrosphäre. Springer, Berlin Heidelberg New York

Mattheß G (1990) Lehrbuch der Hydrogeologie, Bd 2: Die Beschaffenheit des Grundwassers. Gebr. Borntraeger, Berlin Stuttgart

Mattheß G, Ubell K (1983) Lehrbuch der Hydrogeologie, Bd 1: Allgemeine Hydrogeologie. Gebr. Borntraeger, Berlin Stuttgart

Mercalli G (1907) I volcani attivi della terra. Ulrico Hoepli, Milano

Meyer de Stadelhofen C (1991) Anwendung geophysikalischer Methoden in der Hydrogeologie. Springer, Berlin Heidelberg

Militzer H, Weber F (1984, 1985, 1987) Angewandte Geophysik, Bd 1–3. Springer, Wien New York; Akademie-Verlag, Berlin

Möller G (2012) Geotechnik, Ernst & Sohn, Berlin

Moos A von, Quervain F de (1948) Technische Gesteinskunde. Birkhäuser, Basel

Morgan RPC (1999) Bodenerosion und Bodenerhaltung. Enke, Stuttgart

Müller L (1963) Der Felsbau, Theoretischer Teil, Felsbau über Tage, Teil 1. Enke, Stuttgart

Müller-Salzburg L (1978) Der Felsbau, Bd 3: Tunnelbau. Enke, Stuttgart

Müller-Vonmoos (1988) Tonmineralogie und Bodenmechanik. Mitteilungen des Instituts für Grundbau und Bodenmechanik 133, ETH Zürich

Muth W (1974) Wasserbau. Werner-Ingenieur-Texte 35, Düsseldorf

Neroth G, Vollenschau D (Hrsg) (2011) Wendehorst Baustoffkunde – Grundlagen – Baustoffe – Oberflächenschutz, 27. Aufl. Vieweg-Teubner/Springer, Wiesbaden

Patt H (Hrsg) (2001) Hochwasserhandbuch: Auswirkung und Schutz, Springer, Berlin, Heidelberg, New York

Patt H, Gonsowski P (2011) Wasserbau – Grundlagen, Gestaltung von wasserbaulichen Bauwerken und Anlagen, 7. Aufl. Springer, Heidelberg

Patt H, Jürging P, Kraus W (1998) Naturnaher Wasserbau: Entwicklung und Gestaltung von Fließgewässern. Springer, Berlin Heidelberg New York

Patt H, Jürging P, Kraus W (2011) Naturnaher Wasserbau – Entwicklung und Gestaltung von Fließgewässern, Springer, Heidelberg

Pech A, Würger E (2005) Baukonstruktionen Gründungen, Springer, Wien

Pichler H (1988) Vulkanismus: Naturgewalt, Klimafaktor und kosmische Formkraft. Spektrum, Heidelberg

Pietzsch W, Rosenheinrich G (1983) Erdbau. Werner-IngenieurTexte, Bd 79

Pinneker EV (1992) Lehrbuch der Hydrogeologie, Bd 6: Das Wasser in der Litho- und Asthenosphäre. Gebr. Borntraeger, Berlin Stuttgart

Placzek D (2009) Gründungen in Bergbaugebieten. In: Witt KJ (Hrsg) Grundbau-Taschenbuch T.3 Gründungen und geotechnische Bauwerke, Ernst & Sohn, Berlin, S. 649–690

Press H (1966) Wasserwirtschaft, Wasserbau und Wasserrecht. Werner, Düsseldorf

Prinz E (1923) Handbuch der Hydrogeologie, 2. Aufl. Springer, Berlin

Prinz H (1997) Abriss der Ingenieurgeologie, 3. Aufl. Enke, Stuttgart

Prinz H (2011) Ingenieurgeologie, Spektrum, Heidelberg

Reuter F, Kleng KJ, Pasek J (1992) Ingenieurgeologie, 3. Aufl. Dt. Verlag für Grundstoffindustrie, Leipzig Stuttgart

Reuter F, Klengel J (1977) Ingenieurgeologie. Dt. Verlag für Grundstoffe, Leipzig

Reynolds JM (1997) An introduction to applied and environmental geology. Wiley, Chichester

Richter D (1989) Ingenieur- und Hydrogeologie. Walter de Gruyter, Berlin New York

Richter W, Lillich W (1975) Abriss der Hydrogeologie. Schweizerbart, Stuttgart

Rumpf H (1975) Mechanische Verfahrenstechnik, 3. Aufl. Carl Hanser, München Wien

Rybach, Busslinger (1999) Prognose der Felstemperatur Gotthard Basistunnel. In: Low S & Wyss R (Hrsg) Vorerkundung und Prognose des Basistunnels am Gotthard und am Lötschenberg, Balkema, Rotterdam

Schad H, Bräutigam T, Brahm S (2008) Rohrvortrieb: Durchpressen begehbarer Leitungen, Ernst & Sohn, Berlin

Schär U (1992) Geologie in der Baupraxis. Baufachverlag, Dietikon

Scheffer F, Schachtschabel P (1998) Lehrbuch der Bodenkunde, 14. Aufl. Enke, Stuttgart

Schiechtl M, Stern R (2002) Naturnaher Wasserbau – Anleitung für ingenieurbiologische Bauweisen, Ernst & Sohn, Berlin

Schmidt H (2005) Grundlagen der Geotechnik, Springer Vieweg, Wiesbaden

Schmidt P, Körber R, Coppers M (2003) Sieben und Siebmaschinen, Wiley-VCH, Weinheim

Schminke HU (2000) Vulkanismus. Wissenschaftl. Buchgesellschaft, Darmstadt

Schneider G (1992) Erdbebengefährdung. Wissenschaftl. Buchgesellschaft, Darmstadt

Schneider H (1988) Die Wassererschließung, 3. Aufl. Vulkan, Essen

Schreiner M, Kreysing K (1998) Handbuch zur Erkundung des Untergrundes von Deponien und Altlasten, Bd 4: Geotechnik, Hydrogeologie. Springer, Berlin Heidelberg New York

Schröder RCM (1994): Technische Hydraulik. Springer, Berlin Heidelberg New York

Schubert K (1972) Böschungen, Dämme – Halden – Kippen. Deutscher Verlag für Grundstoffindustrie, Leipzig

Schultze E, Muhs H (1967) Bodenuntersuchungen für Ingenieurbauten. Springer, Berlin Heidelberg

Schulze E, Simmer K (1977) Grundbau, 16. Aufl, Teil I. Teubner Stuttgart

Schulze E, Simmer K (1978) Grundbau, 15. Aufl, Teil II. Teubner, Stuttgart

Sharpe CFS (1938) Landslides and related phenomena. Columbia University Press, New York

Sichardt W (1928) Das Fassungsvermögen von Rohrbrunnen und seine Bedeutung für die Grundwasserabsenkung, insbesondere für größere Absenkungstiefen. Springer, Berlin
Singewald C (1992) Naturwerkstein – Exploration und Gewinnung. R. Müller, Köln
Smoltczyk U (Hrsg) (2001) Grundbau-Taschenbuch, Bd 1–3, 6. Aufl. Ernst & Sohn, Berlin
Stahr K, Kandeler E, Herrmann L, Streck T (2012) Bodenkunde und Standortlehre, Ulmer, Stuttgart
Stahr M, Hensen F (Hrsg) (2011) Bausanierung – Erkennen und Beheben von Bauschäden, 5. Aufl. Vieweg-Teubner/Springer, Wiesbaden
Stein D (2003) Grabenloser Leitungsbau, Ernst & Sohn, Berlin
Steinwachs M (1988) Ausbreitung von Erschütterungen im Boden und Bauwerk. Transtech Publications, Clausthal-Zellerfeld
Stiegler W (1968) Grundbau-Lehrbuch, 1. Aufl. Teil II: Gründungen und besondere Bauvorhaben. Werner, Düsseldorf
Stiegler W (1970) Baugrundlehre für Ingenieure. Werner-Ingenieur-Texte 12
Stini J (1950) Tunnelbaugeologie. Springer, Wien
Stiny J (1922) Technische Geologie. Enke, Stuttgart
Stoll RD, Niemann-Delius C, Drebenstedt C, Mullensiefen K (2009) Der Braunkohlentagebau, Springer, Berlin, Heidelberg
Straube E, Beckedahl H (1997) Straßenbau und Straßenerhaltung. Erich Schmidt, Berlin
Striegler W, Werner D (1969) Dammbau in Theorie und Praxis. Springer, Wien
Strobl T, Zunic F (2007) Wasserbau: Aktuelle Grundlagen – Neue Entwicklungen, Springer, Berlin, Heidelberg
Suda J, Rudolf-Miklau Fl (2012) Bauen und Naturgefahren – Handbuch für konstruktiven Gebäudeschutz, Springer, Wien, New York
Syvitski JPM (ed) (1991) Principles, methods, and application of particle size analysis. Cambridge University Press
Szechy K (1963, 1965) Der Grundbau, Bd 1+2. Springer, Wien
Szechy K (1969) Tunnelbau. Springer, Wien New York
Taylor DW (1948) Fundamentals of soil mechanics. Wiley, New York
Therzaghi K, Peck RD (1961) Die Bodenmechanik in der Baupraxis. Springer, Berlin Göttingen Heidelberg
Therzaghi K, Peck RD (1967) Soil mechanics in engineering practice, 2nd edn. Wiley, New York
Therzhagi K (1925) Erdbaumechanik auf bodenphysikalischer Grundlage. Leipzig
Thiem G (1906) Hydrologische Methoden. Gebhardt, Leipzig
Thum, W (1978) Sprengtechnik im Steinbruch- und Baubetrieb. Bauverlag, Wiesbaden Berlin
Tietze H-P (2007) Systeme der Versorgung und Entsorgung. Grundbau-Taschenbuch T.3 Gründungen und geotechnische Bauwerke, Teubner/Springer, Wiesbaden, S. 649–690
Türke H (1984) Statik im Erdbau. Ernst, Berlin
Türke H (2012) Statik im Erdbau, Ernst & Sohn, Berlin, Norderstedt
Veder C (1979) Rutschungen und ihre Sanierung. Springer, Berlin Heidelberg
Velske S, Mentlein H, Eymann P (2013) Straßenbautechnik, Werner-Verlag Düsseldorf.
Vischer HJ, Huber J (1982) Wasserbau. Springer, Berlin Heidelberg New York
Vogelsang D (1991) Geophysik an Altlasten. Springer, Berlin Heidelberg New York
Voth B (1976) Tiefbaupraxis. Bauverlag, Wiesbaden Berlin
Vrettos C (2008) Bodendynamik. In: Witt KJ (Hrsg) Grundbau-Taschenbuch T.3 Gründungen und geotechnische Bauwerke, Ernst & Sohn, Berlin, S. 691–746
Walter H (1950, 1962) Grundlagen des Pflanzenlebens und ihre Bedeutung, Ulmer, Stuttgart
Weber H (1952) Pliozän und Auslaugung im Gebiet der oberen Werra. Geologica 8, Berlin
Weißenbach A (1975a) Baugruben: Konstruktion und Bauausführung. Ernst & Sohn, Berlin München
Weißenbach A (1975b) Baugruben: Berechnungsgrundlagen. Ernst & Sohn, Berlin München
Weißenbach A, Hettler A (2009) Baugrubensicherung. In: Witt KJ (Hrsg) Grundbau-Taschenbuch T.3 Gründungen und geotechnische Bauwerke, Ernst & Sohn, Berlin, S. 427–571
Weißenbach A, Hettler A (2010) Baugruben: Berechnungsverfahren, Ernst & Sohn, Berlin
Wichter L, Spaun G, Kurz G, Nagel D, Paul A (1986) Tunnelbau. Kontakt & Studium, Bd 184. Expert, Sindelfingen
Wietek B (2011) Böschungen und Baugruben ohne und mit Verbau, Vieweg-Teubner/Springer, Wiesbaden
Wild HW (1984) Sprengtechnik im Bergbau, Tunnel- und Stollenbau sowie in Tagebauen und Steinbrüchen, 3. Aufl. Glückauf-Betriebsbücher Bd 10, Essen
Witt KJ (Hrsg) (2008) Grundbau Taschenbuch, Ernst & Sohn, Berlin
Wittke W (1984) Felsmechanik, Grundlagen für wirtschaftliches Bauen im Fels. Springer, Berlin Heidelberg New York
Wittke W (1999) Tunnelstatik: Grundlagen. Geotechnik in Forschung und Praxis. Glückauf, Essen
Zaruba Q, Mencl V (1961) Ingenieurgeologie. Akademieverlag, Berlin
Zaruba Q, Mencl V (1969) Landslides and their control. Elsevier, Amsterdam
Zeh Helgard (2007) EFIB – Europäische Föderation für Ingenieurbiologie: Ingenieurbiologie, Handbuch Bautypen, Hochschulverlag ETH, Zürich.
Ziegler M (2013) Geotechnische Nachweise nach EC 7 und DIN 1054: Einführung mit Beispielen, Ernst & Sohn, Berlin
Zilch K (Hrsg) (2013) Handbuch Eisenbahninfrastruktur, Springer, Berlin, Heidelberg
Zilch K, Diederichs CJ, Katzenbach R, Beckmann KJ (Hrsg) (2012) Handbuch für Bauingenieure – Technik Organisation und Wirtschaftlichkeit, 2. Aufl. Springer, Heidelberg
Zilch K, Diederichs CJ, Katzenbach R, Beckmann KJ (Hrsg) (2013) Wasserbau, Siedlungswasserwirtschaft, Abfalltechnik, Springer, Berlin, Heidelberg

18.4 Fachbeiträge

Abel PG, Bergmann A (1979) Gesichtspunkte für Entwurf und Betrieb von Klärteichen. Erzmetall 25:489–498
Abo-Rady M, Meyer-Steinbrenner H (1994) Klärschlammverwertung für die Rekultivierung von Kipprohböden in den Braunkohlenrevieren Mitteldeutschlands und der Lausitz. Wasser Boden 4:58–65
Aglassinger A, Schmitter M (1988) Tiefer Lotschacht im Raise-Boring-Verfahren. Felsbau 6:125–128
Ahting D, Swatek P (1977) Standfestigkeitsuntersuchungen auf Mülldeponien. Müll Abfall 1:1–5
Amos CL, Asprey KW, Rodgers NA (1981) Bedford Institute Sedimentation Tube (B.I.S.T). Bedford Institute of Oceanography, Report Series No. Bi-R-81-14
Anagnostou G (2007) Zur Problematik des Tunnelbaus in quellfähigem Gebirge. Schweizerischen Gesellschaft für Boden- und Felsmechanik, Frühjahrstagung 2007
Anderegg R (1997) Nichtlineare Schwingungen bei dynamischen Bodenverdichtern. Fortschrittberichte VDI, Reihe 4: Bauingenieurwesen, Nr. 146. VDI-Verlag, Düsseldorf
Anderegg R (2000) Die automatische Verdichtung und Verdichtungskontrolle auf Asphalt und im Erdbau. Straßen- und Tiefbau 1:6–10
Andersen JR, Dornbush JN (1967) A study of the influence of sanitary landfill on groundwater quality. J Amer Water Works Assoc 59:457–470
Andersen LJ, Madsen B (1985) Die Kapillarsperre, eine alternative Methode zur Deponiesicherung. Ber 5. Natl Tagung Ing Geol, Kiel, S 51–56
Andreasen AHM (1928) Zur Kenntnis des Mahlgutes. Kolloidchem Beihefte 27:349–458
Andreasen AHM, Lundberg I (1930) Ein Apparat zur Feinheitsbestimmung nach der Pipettenmethode mit besonderem Hinblick auf Betriebsuntersuchungen. Ber. der Dt. Keramischen Gesellschaft 11/5:312–323
Angerer H (1995) Risikozonen als Basismodul für die Landschaftsplanung – Beispiele Montafon und Klostertal/Vorarlberg. Felsbau 13/6:407–413
Angerer H, Sönser T, Spang RM (1998) Steinschlagrisiko und Investitionsentscheidung – Gibt es eine rationale Basis? Felsbau 16/3:168–176
Anonymus (1993) Vorläufiges Merkblatt für Einpressarbeiten mit Feinstbindemitteln in Lockergestein. Bautechnik 70/9:550–560
Appel DW (1953): An instrument for rapid size-frequency analysis of sediments. PhD thesis, State University of Iowa
Appelo CAJ, Postma D (1993) Geochemistry, groundwater and pollution. Balkema, Rotterdam

Armbruster H (1983) Messung von thermischen Feldern zur Überwachung von Dämmen. Symp. Messtechnik im Erd- und Grundbau München der Dt. Gesellschaft für Erd- und Grundbau e. V. Essen, S 249–255

Asadpour G (1993) Der Urmia-See, seine Hydrochemie und mögliche Folgen großräumiger Wassernutzung in seinem Einzugsgebiet. Dissertation, Fakultät für Geowissenschaft, Universität Heidelberg

Aust H (1984) Abwasserinjektion. In: Bender F (Hrsg) Angewandte Geowissenschaften, Bd 3. Enke, Stuttgart, S 353–356

Aust H (1985) Fragen des Umweltschutzes bei der Abwasserversenkung in tiefliegende Grundwasserleiter. Ber 5. Natl Tagung Ing Geol, Kiel, S 145–152

Aust H, Kreysing K (1978) Geologische und geotechnische Grundlagen zur Tiefenversenkung von flüssigen Abfällen und Abwässern. Geol Jahrb C, III-X:1–224

Aust H, Matuszczak B (1990) Statistische Auswertung geowissenschaftlicher Daten von Deponien in der Bundesrepublik Deutschland. Z dt geol Ges 141:201–214

Babenderede S, Haack A (1994) Empfehlungen zur Planung, Ausschreibung und Vergabe schildgestützter Tunnelvortriebe. Taschenbuch für den Tunnelbau 1994

Bachmann M (1999): Bodenverformung infolge Wassergehaltsänderungen als Schadensursache bei Bauwerken auf Ton – Untersuchungen an historischen Bauwerken im südöstlichen Niedersachsen. Geotechnik 22/4:284–290

Bahat D, Frid V, Rabinowitch A, Palchik V (2002) Exploration via electromagnetic radiation an fractgraphic methods of fracture properties induced by compression in glass-ceramic. International J of Fracture 116: 179–194 Bayer H-J, Powell B (2008) Entwässerung rutschgefährdeter Hänge mit Horizontalbohranlagen (HDD-Verfahren). Schad H (Hrsg) Technische Akademie Esslingen (TAE), Ostfildern, S. 323–333

Bannick CG (1995): Verwertung/Verwendung von organischen Abfällen bei der Rekultivierung devastierter Flächen. Mitt Dt Bodenkdl Ges 76:1285–1288

Barber LB, Thurman EM, Schroeder MP, Leblanc DR (1988) Longterm fate of organic micropollutants in sewage-contaminated groundwater. Envir Sci Technol 22/5:205–211

Barczewski B, Grimm-Strele J, Bisch G (1993) Überprüfung der Eignung von GrudwasserbeschaffenheitsMessstellen. Wasserwirtschaft 83/2:72–78

Bargsten J, Legat W, Styperek P (1995): Wasserrückhaltevermögen von Klärschlamm-Kompost-Gemischen und deren Begrünung und Bepflanzung nach Abdeckung von Kalihalden. Korrespondenz Abwasser 3:434–440

Barounig A, Köhler M (1996): Die Felstemperaturen des Inntaltunnels und ihre geologische Deutung. Felsbau 14/3:150–153

Bartels H, Malitz G, Asmus S (1998) Starkniederschlagshöhen für Deutschland, Kostra. Verlag Deutscher Wetterdienst, Offenbach/Main

Barton N, Lien R, Lunde J (1974) Engineering classification of rock for the design of tunnel support. Rock Mech 6:189–236

Baudendistel M (1974) Abschätzung der Seitendruckziffer und deren Einfluss auf den Tunnel. Rock Mech Suppl 3:89–96

Baumann J, Wagner W (1993) Geogene Grundwasserbeschaffenheit als Bemessungsgrundlage für den Grundwasserschutz. Umweltforschungsplan des Bundesministers für Umwelt, Naturschutz und Reaktorsicherheit, Forschungsbericht 10202617, Bundesanstalt für Geowissenschaften und Rohstoffe, Hannover

Baumann Th, Baumann M, Niessner R (1993) Hydrogeologische und hydrochemische Untersuchungen im Bereich einer Hausmülldeponie, Teil 1: Räumliche Erfassung der Kontamination. Vom Wasser 81:105–122

Baumgartner A, Liebscher H-J (1996) Allgemeine Hydrologie, Quantitative Hydrologie, 2. Aufl. Gebr. Borntraeger, Berlin Stuttgart

Bayer H-J (2013) Neue bohrtechnische Möglichkeiten zur Rutschungsentwässerung. bbr 03 2013, 40–45, Wirtschafts- und Verlagsgesellschaft Gas und Wasser (wvgw), Bonn

Bayer H-J, Koch E, Rameil M (2009) Orfeus – ein zukunftsweisendes Projekt zur Innenerkundung des Untergrundes. bbr 04 2009, 45–49, Wirtschafts- und Verlagsgesellschaft Gas und Wasser (wvgw), Bonn

Beck D (1998) Der Engelbergbasistunnel und der Umbau des Autobahndreiecks Leonberg. Tiefbau 10:692–699

Becker A, Werner D (1995) Bestimmen der Gebirgsspannung mit der Bohrlochschlitzsonde. Felsbau 13/3:134–138

Becker A, Werner D (1996) Ermittlung von Gebirgsspannungen in der Schweiz und deren Interpretation. Felsbau 14/3:154–156

Becker C (1998) Bau des Heinenoord-Tunnels bei Rotterdam. Tiefbau 10:704–706

Becker C (1999) Vorstoß ins Unbekannte. In: Haack H (Hrsg) Unterirdisches Bauen in Deutschland 2000. Bertelsmann, Gütersloh, S 120–121

Beljaew W (1995): Karstmonitoring als Maßnahme des Umweltschutzes. Geotechnik, Sonderheft 10. Natl Tagung Ing Geol, Freiberg/Sachsen, S 246–247. Glückauf, Essen

Bellin P (1988) Wiederverwendung von Altbaustoffen und alternativen Stoffen in Frostschutzschichten. In: Bundesanstalt für das Straßenwesen (Hrsg) 28. Erfahrungsaustausch über Erdarbeiten im Straßenbau, S 6–13

Bender K (1995) Herkunft und Entstehung der Mineral- und Thermalwässer im nördlichen Schwarzwald. Dissertation, Naturwissenschaftl.-Mathematische Gesamtfakultät, Universität Heidelberg. Heidelberger Geowissenschaftliche Abhandlungen, Bd 85

Berg S (1940) Studies on particle size distribution. Ingeniorvidenskabilige Skrifter Nr. 2, Copenhagen

Berger H (1969) Beurteilung des Gebirges beim Stollen- und Tunnelbau. Bautechnik 46/10:336–340

Bestmann L (1983) Uferzonen – lebende Baustoffe. Wasser Boden 3:129–134

Beyert J (1987) Neue Lösungswege beim unterirdischen Abwasserleitungsbau. Wasser Boden 11:556–560

Bhattacharya SK, Uberoi V, Dronamraju MM (1996) Interaction between acetate fed sulfate reducers and methanogenes. Wat Res 30/10:2239–2246

Bielecki (1999): Unterirdischer Leitungsbau. In: Haack H (Hrsg) Unterirdisches Bauen in Deutschland 2000. Bertelsmann, Gütersloh, S 364–377

Bieniawski ZT (1973) Engineering classifications of rock for the design of tunnel support. Rock Mech 6/4:89–236

Bieniawski ZT (1977) Rock mass classification of rock. Rock engineering, Proc Symp Explor Rock Eng 1. Johannesburg, S 97–106

Binder W (1987) Landschaftspflegerische Überlegungen bei Bau, Planung und Unterhaltung von Talsperren. Wasserwirtschaft 77/6:272–275

Bischler K (1991) Untersuchung des Tiefenprofils von löslichen Stoffen, Herbiziden und Aminosäuren in der ungesättigten Zone eines Lössbodens aus dem Kraichgau. Unveröff. Diplomarbeit, Universität Karlsruhe

Blind H (1981) Funktion von Kontrollgängen bei Staudämmen. Wasserwirtschaft 71/4:115–116

Bogusch W (1978) Neues Verfahren zur Abdichtung von Deponieböden mittels Wasserglas. Müll Abfall 3:74–84

Bönecke G (1994) Forstwirtschaftliche Belange bei der Oberflächenabdichtung und Rekultivierung von Deponien. In: Burkhardt G, Egloffstein T (Hrsg) Oberflächenabdichtungssysteme für Deponien und Altlasten. Schriftenreihe Angewandte Geologie Univ. Karlsruhe, Bd 34, S 409–424

Borchert K (1996) Einsatz und Grenzen von Unterwasserbetonsohlen und Zementinjektionen zur Sohlabdichtung. In: Böhme FM (Hrsg) Baumaßnahmen in Grundwasser, S 45–64

Boussinesq MJ (1885) Application des potentiels à l'étude de l'equilibre et du mouvement des solides élastiques. Daniel, Lille

Brandecker H (1971) Die Gestaltung von Böschungen in Lockermassen und im Fels. Forschungsberichte der Forschungsgesellschaft für Straßenwesen im Österreichischen Ingenieur- und Architektenverein, Heft 3

Brandl H (1979) Raumgitterkonstruktionen: Tragverhalten und Neuentwicklungen. Arbeitsgruppe Untergrund-Unterbau, Heft 3. Kirschbaum, Bonn-Bad Godesberg

Brandl H (1980) Tragverhalten und Dimensionierung von Raumgitterstützmauern (Krainerwände). Bundesministerium für Bauten und Technik, Straßenforschung, Heft 141, Wien

Brandl H (1987) Konstruktive Hangsicherungen. In: Smoltczyk U (Hrsg) Grundbau-Taschenbuch, 3. Aufl, Teil 3. Ernst & Sohn, Berlin München, S 317–426

Brandl H (1989a) Der Einsatz von Kunststoffen bei Stützbauwerken. Geotechnik 2:77–85

Brandl H (1989b) Dränsysteme in Deponie-Basisabdichtungen. Geotechnik 12/2:91–95

Bräuner G (1992) Gebirgsschläge und ihre Verhütung im Ruhrbergbau. Glückauf, Essen

Brauns J (1979) Wirksamkeit unvollkommener Untergrundabdichtungen. Wasser Boden 11:313–317

Brauns J. (1980) Spreizsicherheit von Böschungen auf geeignetem Gelände. Bauingenieur, 55, 433–435.

Brauns J, Blinde A (1985) Anlagen zur Ablagerung von Aufbereitungsrückständen der Rohstoffindustrie. Geotechnik 8/4:157–169

Brem G, Vogel U, Wooge M, Triantafyllidis T (1996) Tiefe Baugruben mit Schlitzwänden und Unterwasserbetonsohlen am Potsdamer Platz in Berlin. In: DGGT (Hrsg) Vorträge der Baugrundtagung 1996 in Berlin, S 55–76

Brendlin H (1968) Die Schubspannungsverteilung in der Sohlfuge von Dämmen und Böschungen. Veröffentlichungen des Instituts für Bodenmechanik und Felsmechanik der Universität Karlsruhe, Heft 10

Breth, H (1980) Der Staudammbau, Versuch einer Standortbestimmung anlässlich der Neufassung der DIN 19700. Wasserwirtschaft 3:116–120

Brezina J (1964) Ein Gerät für automatische Korngrößenanalyse von Sanden: ein Verbesserungsvorschlag Nr. ZN/64. Type-written manuscript in Czech, Archiv, Central Geological Survey, Praha

Brezina J (1967) Miozäne Sedimentgesteine der Karpathischen Vortiefe in Mittleren Mähren. PhD thesis, Naturwissenschaftlich Fakultät, Karls-Universität Prag

Brezina J (1971) Untersuchungen an einem Gerät zur Sedimentanalyse im Teilchengrößenbereich oberhalb 60 µm. Nicht veröffentl. Bericht über Forschungsarbeiten am Institut für Mechanische Verfahrenstechnik der Univ. Karlsruhe für die DFG

Brezina J (1979) Particle size and settling rate distributions of sand-sized materials. 2nd European Symposium on Particle Characterisation (PARTEC), Nürnberg, 24.–26. Sep. 1979

Brill V, Kerndorff H, Schleyer R, Friesel P, Milde G (1986) Erkennung, Charakterisierung und Beurteilung von Grundwasserkontaminationen durch Altablagerungen. Z dt geol Ges 137:211–240

Brosch FJ (1988) Über Gebirgsfestigkeit und Vortriebsleistung im konventionellen Tunnelbau. Geotechnik 1:33–37

Brux G (1998) Einschaliger Tunnelausbau mit Stahlbetontübbingen. Tiefbau 10:708–716

Büchner K-H (1991) Die Gefährdung von Bauwerken durch Erdfälle im Vorland des Westharzes. Geol Jahrbuch C59:3–40, Hannover

Büchner K-H (1996) Gefährdungsabschätzungen für die Planung von Bauwerken in Erdfallgebieten Niedersachsens. Zeitschrift für Angewandte Geologie 42:14–19

Buck W, Lee KK (1980) Effektiver Hochwasserschutz – Vorarbeiten und deren Anwendung. Wasser Boden 2:59–67

Buechi E, Karnelo E (1982) Pre-investigation and geological follow-up of a TBM project in Austria. In: Wittke W (Hrsg) Rock mechanics: Caverns and pressure shafts. ISRM Symp, Bd 2, Aachen. Balkema, Rotterdam, S 771–779

Buffle J (1988) Complexation reactions in aquatic systems: An analytical approach. Chichester

Busslinger A, Rybach L (1999) Felstemperaturprognose für tiefliegende Tunnel, TUNNEL 1: 24–32

Büttgenbach T, Höfflin C (1993) Geophysikalische Methoden zur Erkundung von Altlasten. Schriftenreihe des BDG, Heft 2, Bonn

BUWAL, WSL: Richtlinie über die Typenprüfung von Schutznetzen gegen Steinschlag. Bundesamt für Umwelt, Wald und Landschaft (BUWAL) und Eidgenössisches Forschungsamt WSL, 39 S., Bern

Casagrande A (1934a) Bodenuntersuchung im Dienste des neuzeitlichen Straßenbaues. Straßenbau, Heft 3

Casagrande A (1934b) Die Aräometer-Methode zur Bestimmung der Kornverteilung von Böden. Julius Springer, Berlin

Cevrim M, Heinz H, Müller L, Stolpe H (1990) Bewertung geogener und anthropogener Einflüsse auf den Grundwasserchemismus bei der Deponiestandorterkundung. Z dt geol Ges 141:408–414

Christow CK (1969): Anwendung der Methode spezifische Setzung zur Ermittlung der Setzung infolge einer Grundwasserabsenkung. Bautechnik 10:347–348

Coldewey WG, Schütz HG (1990) Untersuchungen der hydrologischen, hydrogeologischen und hydrochemischen Verhältnisse kontaminierter Standorte. Müll Abfall 1:29–41

Collins HJ, Münnich K (1991) Repräsentanz von Wasserproben aus Grundwasserleitern. Wasser Abwasser 132/10:546–550

Corey AT (1949) Influence of shape on the fall velocity of sand grains. PhD Thesis, Colorado Agricultural and Mechanical College, Fort Collins

Coulomb M (1773) Sur une application des règles des maximis et minimis à quelques problèmes de statique. Rélatius à l'architecture. Mémoires de Mathematique et de Physique, Paris

Crowther EM (1927) The direct determination of distribution curves of particle size in suspension. J Soc Chem Ind 46:105–107

Dachroth W (1970) Erdmagnetische Messungen im östlichen Saarland. Erdöl und Kohle 23 (7)

Dachroth W (1976) Gesteinsmagnetische Marken im Perm Mitteleuropas. Geologisches Jahrbuch, Reihe E, Heft 10

Dachroth W (1983) Bergsenkungsgebiet Leintal bei Frankenbach. Ber 4. Natl Tagung Ing Geol, Goslar, S 19–28

Dachroth W (1988) Gesteinsmagnetischer Vergleich permischer Schichtenfolgen in Mitteleuropa. Z geol Wiss 16, 10: 959–968

Dachroth W, Menzel E (1979) Alte Muren im Bliestal (östliches Saarland). Mitt. Pollichia, 67: 44–55

Dachroth W, Sonntag C (1983) Grundwasserneubildung und Isotopendatierung in Südwestafrika/Namibia. Z dt geol Ges 134:1013–1041

Dahmen ER, Hall MJ (1990) Screening of hydrological data. ILRI Publications No. 49, International Institute for Land Reclamation and Improvement, Wageningen

Davidenkoff R, Franke L (1966) Räumliche Sickerströmung in eine umspundete Baugrube in offenen Gewässern. Bautechnik 43:401–409

Davis JC (1986) Statistics and data analysis in geology. Wiley, New York

Deere DU (1973) Technical Description of Rock Cores for Engineering Purposes. Felsmech Ing Geol 1/1:16–22

Degro (1980) Erfahrungen mit der Verwendung von Abfallstoffen im Erdbau. 20. Erfahrungsaustausch über Erdarbeiten im Straßenbau. Bundesanstalt für das Straßenwesen (BASt), Abteilung Erd- und Grundbau, Köln, S 19–28

Delschen T, König W, Leuchs W, Bannick C (1996): Begrenzung von Nährstoffeineinträgen bei der Anwendung von Bioabfällen in Landschaftsbau und Rekultivierung. Entsorgungspraxis 12:19–24

Denk M, Roth A, Wendeler C, Volkwein A (2008) Feldversuche für flexible Schutznetze gegen Murgang – Versuche, Bemessung, Anwendung. Schad H (Hrsg) Technische Akademie Esslingen (TAE), Ostfildern, S. 419–423

Detzlhofer H (1968) Verbrüche in Druckstollen. Felsm Ing Geol Supp IV:158–180

Detzlhofer H (1979) 25 Jahre Gebirgsklassifizierung nach „Lauffer" im Wandel der Stollenbautechnik. Österr Wasserwirtsch 31:5–6

Deutsche Forschungsgemeinschaft (DFG) (1995) Schadstoffe im Grundwasser – Langzeitverhalten von Umweltchemikalien und Mikroorganismen aus Abfalldeponien im Grundwasser, Bd 2. We inh ei m

Deutsche Gesellschaft für Erd- und Grundbau (DGEB) (2000) Erdbebensituation in Deutschland – Gefährdung, Risiko, Forschungs- und Handlungsbedarf. Geotechnik 23/2:120–123

Deutscher Ausschuss für unterirdisches Bauen (DAUB), Arbeitskreis „Tübbingdesign" (2014) Empfehlungen für den Entwurf, die Herstellung und den Einbau von Tübbingringen, Tunnelbau 2014, Ernst & Sohn, Berlin

Dieckmann R (1988) Entwicklung der Vorländer an der nordfriesischen Festlandsküste. Wasser Boden 3:146–150

Dietz W (1999) Verfahrenstechnik des Tunnelbaus – 40 Jahre Entwicklung. In: Haack H (Hrsg) Unterirdisches Bauen in Deutschland 2000. Bertelsmann, Gütersloh, S 132–139

Doedens H, Cord-Landwehr K (1984) Sickerwasserkreislaufführung auf Deponien – neue Erkenntnisse und betriebliche Varianten. Müll Abfall 3:68–79

Doeglas DJ, Brezesinska-Smithuysen WC (1941) De interpretatie van de resultaten van korrelgrootte-analysen. Geol. en Mijnbow 3/8:273–285, 3/12:291–302

Dörhöfer G (1987) Geologische Standorttypen für Deponien – ein Ansatz zur Definition der geologischen Barriere. Vorträge 6. Natl Tagung Ing Geol, Aachen, S 21–38

Dörhöfer G, Huch KM (1998) Methodische und hydrochemische Aspekte der zonaren Grundwasserüberwachung an Deponien und Altlasten. Grundwasser 3/1:29–40

Dörr H, Schlosser P, Sonntag C (1992) Tritium and ^{3}He measurements as calibration data for ground water transport models. In: Matheß G (Hrsg) Progress in hydrogeochemistry. Springer, Berlin Heidelberg, pp 461–466

Dresen L (1974) Problematik, Methodik und Möglichkeiten geophysikalischer Verfahren zur Ortung oberflächennaher Hohlräume. In: DGEG (Hrsg) Vorträge der Baugrundtagung 1974 in Frankfurt-Höchst. Essen, S 147–174

18

Düllmann H (1985) Geotechnische Anforderungen an mineralische Deponiebasisabdichtungen. Abfallwirtschaft in Forschung und Praxis, Bd 15. Fortschr Deponietech. Schmidt, Berlin, S 39–65

Dupuit J (1863) Etudes théoretiques et practiques sur le mouvement des eaux dans le canaux découverts et à travers les terrains perméables. Dunod, Paris

Dürrast H, Siegesmund S, Prasad M (1999) Die Schadensanalyse von Natur-werksteinen mittels Ultraschalldiagnostik: Möglichkeiten und Grenzen. Z dt geol Ges 150:1359–1374

Dürrwang R (1997) Pfahltragfähigkeit im Grenzbereich Lockerboden-Fels. Geotechnik 20/3:168–175

Dussello H (1980) Die Beschäumung von Deponien als Verhalten zur Zwischenabdeckung. Müll Abfall 5:148–151

DVWK-Fachausschuss „Grundwasserchemie" (1990) Methodensammlung zur Auswertung und Darstellung von Grundwasserbeschaffenheitsdaten. DVWK-Publikationen, Heft 89, Bonn

DWA-Regelwerk Deutsche Vereinigung für Wasserwirtschaft, Abwasser und Abfall e.V. (2006) Arbeitsblatt DWA-A 117: Bemessung von Regenrückhalteräumen, Hennef

Eber A (1982) Vorschläge für Bauverfahren für das Auffahren sehr großer untertägiger Räume. In: Wittke W (Hrsg) Rock mechanics: Caverns and pressure shafts. ISRM Symp, Bd 1, Aachen. Balkema, Rotterdam, S 255–260

Ehrig H-J (1980a) Menge und Zusammensetzung von Sickerwasser aus Mülldeponien. Wasserwirtschaft 70/6:227–231

Ehrig H-J (1980b) Menge und Verteilung von Sickerwasser aus Mülldeponien. Müll Abfall 3:80–88

Ehrig H-J (1985) Sickerwasserbehandlung auf Deponien. Überprüfung und Korrektur von Planungsannahmen in der Praxis. Abfallwirtschaft in Forschung und Praxis, Bd 15. Fortschr Deponietech. Schmidt, Berlin, S 319–339

Eistert M (1982) Maschinelles Auffahren von horizontalen Tunnelstrecken größeren Durchmessers mit Tunnelbohrmaschinen an Beispielen in Frankreich, Guatemala und der Schweiz. In: Wittke W (Hrsg) Rock mechanics: Caverns and pressure shafts. ISRM Symp, Bd 2, Aachen. Balkema, Rotterdam, S 779–788

EKLS, BUWAL.: Berechnung der Restnutzhöhe/Prüfmethode für starre Systeme. – Eidgenössische Expertenkommission Lawinen und Steinschlagschutz – EKLS, 6 S., Bern

El Bassam N (1982) Kontamination von Pflanzen, Böden und Grundwasser durch Schwermetalle aus Industrie- und Siedlungsabfällen. gwf Wasser Abwasser 123/11:539–549

Emery KO (1938) Rapid method of mechanical analysis of sands. J Sediment Petrology 8/3:105–110

Engelmann F, Voigt HJ, Krüger D (1992) Laboruntersuchungen zum Migrationsverhalten von Ammonium in der wassergesättigten Zone am Beispiel der Deponie Vorketzkin. Z angew Geol 38/2:66–73

EOTA: ETAG 27: Draft Guideline for European Technical Approval of Falling Rock Protection Kits. Edition 02/2007, Brüssel

Erchinger HF (1995) Intaktes Deichvorland für Küstenschutz unverzichtbar. Wasser Boden 2:48–53

Estermann U (1992) Geotechnische Messungen nach dem Konzept der Linienbeobachtung im Tunnelbau. Taschenbuch für den Tunnelbau 1992

Evers P, Pasche E (1983) Untersuchungen zur Problematik der hydraulischen Berechnung natürlicher Fließgewässer. Wasser Boden 3:135–138

Ewert F-K (1977) Zur Ermittlung eines k-Wertes für Fels und Kriterien zur Abdichtung des Untergrundes von Talsperren. Ber 1. Nat Tagung Ing Geol, Paderborn, S 393–408

Ewert F-K (1979) Untersuchungen zu Felsinjektionen, Teil 1: Fallstudien, WD-Versuche, spezifische Durchlässigkeitskennwerte. Münster. Fortschr Geol Paläontol 49, Münster

Exler HJ (1979) Hydrogeologische Untersuchungsergebnisse im Unterstrom der Mülldeponie Großlappen. gwf Wasser Abwasser 120/1:13–21

Exler HJ (1983) Bohrloch-Messverfahren zur Erkundung von Baugrund – und Grundwasserleitern. Sy mposium Messtechnik im Erd- und Grundbau, Deutsche Gesellschaft für Geotechnik, Essen

Fecker E (1996) Untersuchung von Schwellvorgängen und Erprobung von Auskleidungskonzepten beim Freudensteintunnel. Taschenbuch für den Tunnelbau 1996

Felix DW (1969) An inexpensive recording settling tube for analysis of sands. J Sediment Petrology 39:377–380

Felkel K (1987) Acht Jahre Geschiebezugabe am Oberrhein. Wasserwirtschaft 77/4:181–185

Fellenius W (1926) Erdstatische Berechnungen. Ernst & Sohn, Berlin

Fellin W (2000) Empfehlungen zur Optimierung von Tiefenrüttlern. Geotechnik 23/2:112–114

Fernbahntunnel (1999): Fernbahntunnel Berlin, Projektlos 3, Rampenbauwerk im Senkkastenverfahren. In: Haack H (Hrsg) Unterirdisches Bauen in Deutschland 2000. Bertelsmann, Gütersloh, S 248–249

Fiechter I (1996) Einsatz von Organobentonit im Deponiebau und dessen geotechnische Eigenschaften. 2. Stuttgarter Geotechnik-Symposium, 23. Jan. 1996, Deponiebau und Geotechnik, Institut für Geotechnik, Heft 1, S 165–175

Fitzner B (1988) Untersuchungen und Zusammenhänge zwischen dem Hohlraumgefüge von Natursteinen und physikalischen Verwitterungsvorgängen. Mitteilungen zur Ingenieurgeologie und Hydrogeologie 29, RWTH Aachen

Flemming BW (1976) Construction and calibration of an automatically recording settling tube system for the hydraulic grain size analysis of sands. University of Cape Town, Dept. of Geology, Technical Report No. 8:47–59

Floss R (1971) Dämme auf weichem Untergrund – Möglichkeiten der Untergrundverbesserung. Straßen- und Tiefbau, Heft 2/71

Floss R (1974) Lösen, Einbau und Verdichten von Fels. Baumaschine Bautechnik 21:275–281

Floss R (1979) Zusätzliche technische Vorschriften und Richtlinien für Erdarbeiten im Straßenbau, Kommentar. Kirschbaum, Bonn-Bad Godesberg

Flügge F, Wick K (2000) Kombination von geokunststoffbewehrten Gründungssystemen und Böschungen für Dämme auf wenig tragfähigem Untergrund. Geotechnik 23/2:104–111

Formazin J (1987) Baugrunderkundungen mit dem Hohlbohrschnecken-Verfahren. Geotechnik 10/1:1–3

Först C, Stieglitz L, Roth W, Kuhnmünch S (1989) Bestimmung leichtflüchtiger organischer Komponenten im Sickerwasser verschiedener Mülldeponien. Vom Wasser 72:283–294

Fowler LC (1954): Preliminary report on the fall velocity of Missouri river sand. Corps of Engineers, U.S. Army, Missouri River Division, Omaha, Nebraska (unpublished report)

Francis P (1988) Riesencalderen: Zeugen verheerender Vulkanausbrüche. In: Pichler H (1988) Vulkanismus: Naturgewalt, Klimafaktor und kosmische Formkraft. Spektrum, Heidelberg

Franzius V (1985) Bedeutung von Oberflächenabdichtungen für Gas und Wasserhaushalt von Deponien. Abfallwirtschaft in Forschung und Praxis, Bd 15. Fortschr Deponietech. Schmidt, Berlin, S 167–173

Fraser-Smith AC, Bernardi A, McGill P R, Ladd M E, Helliwell A, Villar OG (1990) Low Frequency Magnetic Field Measurements near the Epicenter of the Ms 7.1 Loma Prieta Earthquake. Geophysical Research Letters17(9): 1465–1468

Frei W (1995) Zeitgemäße Refraktionsseismik. Felsbau 5:262–265

Frei W (2003) Steinbruch Eberstädter Tropfsteinhöhlen. Seismische Erkundung von vermuteten Karsthohlräumen. Unveröffentlichtes Gutachten für SHB Schotterwerke Hohenlohe-Bauland GmbH & Co. KG, GeoExpert ag, CH 8603 Schwerzenbach in Zusammenarbeit mit Ceres GmbH

Frei W, Keller L (2000) Hybride Seismik – eine verbesserte Methode zur Verwertung des Aussagepotentials seismischer Daten. Bull Angew Geol 5(2): 229–236

Friedrich G (1985) Erweiterte Aufgaben von Vorbecken an Trinkwassertalsperren. Wasserwirtschaft 75/4:162–169

Friedrich G, Lacombe J (1992) Ökologische Bewertung von Fließgewässern. Gustav Fischer, Stuttgart

Frik G, Gangl G, Halbmeyer H, Weiss H (1997) Die baugeologischen Verhältnisse des Kraftwerks Freudenau in Wien. Felsbau 15/4:239–254

Frimmel FH, Weis M (1988) Charakterisierung von polaren, höhermolekularen organischen Inhaltsstoffen aus Deponiesickerwasser. Vom Wasser 71:255–267

Frimmel FH, Weis M (1991) Distribution of highmolecular weight organic acids from landfill leachate in the liquid/solid phases of an anaerobic model aquifer. Z Wasser Abwasser Forsch 24:113–118

Führböter A (1985) Stabilität von Sandvorspülungen. Ber 5. Natl Tagung Ing Geol, Kiel, S 161–169

Führböter A (1986) Veränderungen des Säkularanstieges an der deutschen Nordseeküste. Wasser Boden 9:456–460

Gabriel B, Ziegler G (1997) Natürliche und anthropogen überprägte Grundwasserbeschaffenheit in Festgesteinsaquiferen. In: Matschullat J, Tobschall HJ, Voigt HJ (Hrsg) Geochemie und Umwelt – Relevante Prozesse in Atmo-, Pedo- und Hydrosphäre. Springer, Berlin Heidelberg New York, S 343–357

Gaertner H, Bauer M, Seitz R (1995) Reflexionsseismische Erkundung des Nahbereiches für Verkehrsbauten. Felsbau 5:266–271

Gaertner H, Seitz R (1995) Fortschritte in der Anwendung der Nahseismik. Z geol Wiss 1/2:119–229

Gallenkemper B, Flamme S (1996) Klärschlammkomposte und deren Einsatz zur Rekultivierung devastierter Flächen. Müll Abfall 10:665–670

Galvin RM, Mellado JMR (1994) Covariation between UV absorbance at 254 nm and organic matter in natural and treated waters of two Spanish reservoirs. European Water Pollution Control 4/3:29–35

Garbrecht G (1953) Wasserabfluss in gekrümmten Gerinnen. Wasserwirtschaft 44/2:66–71

Gehring K (1982) Untertagebau mit Teilschnittmaschinen, derzeitiger Einsatzbereich und Entwicklungen zu deren Erweiterungen. In: Wittke W (Hrsg) Rock mechanics: Caverns and pressure shafts. ISRM Symp, Bd 2, Aachen. Balkema, Rotterdam, S 789–799

Geldof HJ (1978) Ontwikkeling van een sedimentatiebalans. Delft Univ. of Technology, Dept. of Civil Engineering, Fluid Mechanics, Internal Report R 1978/O2/L

Geldof HJ, Slot RE (1979) Settling tube analysis of sand. Delft University of Technology, Department of Civil Engineering Internal Report No. 4–79

Gell K, Knops J (1996) Rohrvortriebe – jüngste Erfahrungen. Felsbau 14/4:184–189

Genser H, Mehl J (1977) Einsturzlöcher in silikatischen Gesteinen Venezuelas und Brasiliens. Z Geomorph NF 21/4:431–444

Gerber W (1996) Neue Konstruktionen zum Schutz gegen Steinschlag. Internationales Symposium Interpraevent 1996, Garmisch-Partenkirchen, Tagungspublikationen, Bd 5, S 5–14

Gerth J, Brümmer G (1983) Adsorption und Festlegung von Nickel, Zink und Cadmium durch Goethit (α-FeOOH). Fresenius Z Anal Chem 316:616–620

Gibbs RJ (1971) Automatic particle-size analyzer. Abstracts of the Analytical Chemistry Society Pittsburgh Conference, March 1969

Gibbs RJ (1974) A settling tube system for sand-size analysis. J Sediment Petrology 44:583–588

Gibbs RJ, Matthews MD, Link DA (1971) Relationship between sphere size and settling velocity. J Sediment Petrology 41:7–18

Giesecke J (1986) Entwicklungstendenzen im Wehrbau. Wasser Boden 4:182–188

Gläser E (1985) Bautechnische Lösungen für Abdichtungssysteme an Deponien. Stuttgarter Berichte zur Abfallwirtschaft Bd 19. Deponietechnik heute und morgen. Schmidt, Berlin, S 115–138

Goergen H (1987) Festgesteinstagebau. Trans Tech Publications, Clausthal-Zellerfeld

Goldscheider M, Kolymbas D (1980a) Berechnung der Standsicherheit verankerter Stützwände. Geotechnik 3:93–106

Goldscheider M, Kolymbas D (1980b) Berechnung der Standsicherheit mehrfach verankerter Stützwände. Geotechnik 4:156–165

Golser J (1973) Praktische Beispiele empirischer Dimensionierung von Tunneln. Rock Mech Suppl 2:243–256

Golwer A, Mattheß G, Schneider W (1969) Selbstreinigungsvorgänge im aeroben und anaeroben Grundwasserbereich. Vom Wasser 36:64–92

Görtz W, Pauly D, Anna H (1990) Bestimmung der Mobilisierbarkeit von Metallen in einer inhomogenen Altdeponie. Vom Wasser 74:27–34

Grabau J (1994) Grundwasserüberwachungssysteme und Grundwasserbeschaffenheit im Regierungsbezirk Detmold (Nordrhein-Westfalen). Wasserwirtschaft 84/9:468–471

Grasshoff H (1980) Praktische Fragen der Ermittlung des Erddruckes und Erdwiderstandes. Technische Akademie Wuppertal, Berichte, Heft 16

Grasshoff H, Kany M (1992) Berechnungen von Flächengründungen. In: Smoltczyk U (Hrsg) Grundbau-Taschenbuch, 4. Aufl, Teil 1. Ernst & Sohn, Berlin München, S 47–155

Green J, Short N (1971) Volcanic landforms and surface features. Springer, Berlin Heidelberg New York

Greiling R (1977) Über die Subrosionssenke „Der See" bei Kleinensee. Geol Jb Hessen 105:169–175

Greiling RO, Lichtenberger M, Obermeyer H (2006) Electromagnetic radiation (EMR) and its interpretation in terms of stress in the lithosphere. TSK 11 Göttingen, 2 p

Grimm WD (1999) Beobachtungen und Überlegungen zur Verformung von Marmorobjekten durch Gefügeauflockerung. Z dt geol Ges 150:195–235

Großkemper HJ, Tonscheidt HW (1986) Herstellen von Blindschächten und Bunkern mit dem Raise-Boring. Glückauf Tech Wirtsch Bergbaus 7: 483–490

Grotehusmann D (1993) Regenwasserentsorgung im Wohngebiet. Zeitschrift für Stadtentwässerung und Gewässerschutz, Heft 23

Gudehus G (1990) Erddruckermittlung. In: Smoltczyk U (Hrsg) Grundbau-Taschenbuch, 4. Aufl, Teil 1. Ernst & Sohn, Berlin, S 289–414

Gudehus G (2001) Erddruckermittlung. In: Smoltczyk U (Hrsg) Grundbau-Taschenbuch, 6. Aufl, Teil 1. Ernst & Sohn, Berlin München, S 401–430

Gudehus G, Kuntze W, Raju V, Warmbold U (1996) Sprengversuche zur Bodenverdichtung. In: DGGT (Hrsg) Vorträge der Baugrundtagung 1996 in Berlin, S 523–536

Günther M (2000) Grundwasserzufluss zu umschlossenen Baugruben. Geotechnik 23/3:170–181

Gußmann P (1987) Böschungsgleichgewicht im Lockergestein. In: Smoltczyk U (Hrsg) Grundbau-Taschenbuch, 3. Aufl, Teil 3. Ernst & Sohn, Berlin München, S 47–70

Gutheil F (1970) Zu den ingenieurgeologischen Grundlagen des mechanischen Felsreißens. Neues Jahrbuch für Geologie und Paläontologie, Monatshefte, S 513–526

Haack A, Emig KF (1991) Abdichtungen. In: Smoltczyk U (Hrsg) Grundbau-Taschenbuch, 4. Aufl, Teil 2. Ernst & Sohn, Berlin, S 415–488

Haas H (1997) Verbesserungen des Analyseverfahrens zur Ermittlung der Korngrößenverteilung feinkörniger Böden und Bodenanteile nach DIN 18123, Forschungsarbeiten aus dem Straßen- und Verkehrswesen 107. Kirschbaum, Bonn

Habetha E (1968) Über Groß-Scherversuche *in situ*. Geol Jb 85:717–730

Hagemann BP, de Mulder EFJ (1985) Entwicklung des Deichbaues in den Niederlanden. Ber 5. Natl Tagung Ing Geol, Kiel, S 179–181

Hahn F-V von (1928) Dispersoidanalyse. In: Steinkopf T (Hrsg) Handbuch der Kolloidwissenschaft in Einzeldarstellungen. Dresden Leipzig

Hahn HH, Hoffmann E (1991) Eigenständige Deponiesickerwasserbehandlung mittels einer Kombination physikochemischer und biologischer Verfahren. Vom Wasser 77:77–88

Hamberger M (2008) Neue Erkenntnisse aus Tests von dynamischen Seilsperren – Auswirkung auf die Baupraxis. Schad H (Hrsg) Technische Akademie Esslingen (TAE), Ostfildern, S. 425–431

Hanisch J, Koirala A, Grabs WE (1996) Gletscherausbrüche in Nepal und ihre mögliche Verhinderung. Z Angew Geol 42/1:8–13

Hansen UA (1981) Küstenentwässerung am Scheideweg – einige Bemerkungen zu den Problemen der tidebeeinflussten Entwässerung. Wasser Boden 3:116–119

Hantge E, Mergen H, Denne A, Ecker E (1986) Wasser- und abfallwirtschaftliche Aspekte beim Auftreten und beim Behandeln von Deponiesickerwasser. Müll Abfall 11:423–443

Harms RW (1994) Wo steht die entwässerungstechnische Versickerung? Wasser Boden 11:22

Hatzsch P (1994) Bohrlochmessungen. Enke, Stuttgart

Hayakawa M, Kawate R, Molchanov OA, Yumoto (1996) Results of ultra-low-frequency magnetic field measurements during the Guam earthquake of 8 August 1993. Geophysical Research Letters 23(3): 241–244

Hazen A (1892) Some physical properties of sands and gravels with special reference to their use in filtration. 24th annual report state board of health, Boston, pp 541–556

Hedemann HA (1967) Geologische Auswertung von Temperaturdaten aus Tiefbohrungen. Erdöl Kohle 20:337–344

Heerten G, Saathof F, Stelljes K (2000): Geotextile Bauweisen ermöglichen neue Strategien im Küstenschutz. Geotechnik 23/2:80–86

Heibaum M (2012) Die Umstellung auf Eurocode 7. BAW-Kolloquium „Neue Normen und Regelwerke in der Geotechnik" 8. 11. 2012 im HCC, Hannover

Heim A (1932) Bergsturz und Menschenleben. Beiblatt zur Vierteljahresschrift der Naturforschenden Gesellschaft in Zürich No. 20

Heinrichs G, Udluft P (1996) Geogenes Arsen in Grundwässern Deutschlands unter Berücksichtigung der Aquifergeologie. Z dt geol Ges 147/4:519–530

Heinz A (2009) Modifizierte Bentonitsuspension für geotechnische Bauverfahren in Böden hoher Durchlässigkeit. – Dissertation 16698, ETH Zürich

Heitfeld K-H (1979) Durchlässigkeitsuntersuchungen im Festgestein mittels WD-Testen. Mitt Ing Hydrogeol 5:175–218

Heitfeld K-H (1981) Ingenieurgeologische Probleme beim Talsperrenbau in Karstgebieten. Wasserwirtschaft 71/4:111

Heitfeld K-H, Koppelberg W (1981) Durchlässigkeitsuntersuchungen mittels WD-Versuchen. Ber Angew Geol Zentralbl Geol Paläontol Teil 1, 5/6:634–661

Heitfeld K-H, Oozem R (1982) Kriterien zur Auswahl von Standorten für Sonderabfalldeponien. Mitt Ing Hydrogeol 13:153–172

Henke HF, Müller L, Krause H, Kirchmayer M, Einfalt HC, Lippmann F (1975) Sohlhebungen beim Tunnelbau im Gipskeuper. Ministerium für Wirtschaft, Mittelstand und Verkehr, Stuttgart

Herrenknecht M, Bäppler K (1999) Entwicklung der Mixschilde von Hera bis zur 4. Röhre Elbtunnel. In: Haack H (Hrsg) Unterirdisches Bauen in Deutschland 2000. Bertelsmann, Gütersloh, S 146–151

Herrmann RA (1998) Bohrungen. In: Schreiner M, Kreysing K (1998) Handbuch zur Erkundung des Untergrundes von Deponien und Altlasten, Bd 4: Geotechnik, Hydrogeologie. Springer, Berlin Heidelberg New York, S 109–172

Herzhauser R (1988) Bodenmechanische Untersuchungen und Setzungsverhalten der westlichen Erweiterung der Deponie Flotzgrün. Diplomarbeit, Geologisch-Paläontologisches Institut, Universität Heidelberg

Hettler A, Berg J (1987) Zulässige Lasten bei Betonrüttelsäulen und vermörtelten Stopfsäulen auf statischer Grundlage. Geotechnik 10/4:169–179

Heun T, Schmidt HH (1989) TEXSOL – ein neuer Baustoff für den Erd- und Grundbau. Geotechnik 2:86–90

Heuze FE, Amadei B (1985) The NX-borehole jack: a lesson in trials and errors. Int J Rock Mech Mining Sci, Geomech Abstr 22:105–112

Hilmer K (1990) Dränung zum Schutz baulicher Anlagen. Planung, Bemessung und Ausführung; Kommentar zur DIN 4095 (Ausgabe Juni 1990). Geotechnik 13/4:196–211

Hirschberger H (1987) Böschungsherstellung durch Aufspülen. In: Smoltczyk U (Hrsg) Grundbau-Taschenbuch, 3. Aufl, Teil 1. Ernst & Sohn, Berlin München, S 495–512

Hohnecker HG, Biehler MJ (1991) Datenerfassung und Analytik bei Deponiesickerwässern zwecks Sickerwasserbehandlung und Gewässerschutz. Wasserwirtschaft 81/9:395–400

Homrighausen R (1993) Bohrungen für Erkundungen von Altlasten, Industriestandorten und Deponien. bbr 44/10:480–486

Horn A (1980) Räumlicher aktiver und passiver Erddruck. Berichte der Technischen Akademie Wuppertal, Heft 16. Vulkan, Essen

Horn A (1986) Bemessung und Prüfung mineralischer Deponie-Basisabdichtungen. Geotechnik 9/2:79–82

Hösel G, Lindner K-H (ergänzbare Sammlung) Technische Vorschriften für die Abfallbeseitigung, 2 Bände. Erich Schmidt, Berlin

Houben G, Weihe U (2011) Verockerung im Grundwasserleiter eines Brunnens nach 38 Jahren Laufzeit. bbr 11/2011, 42–47, Wirtschafts- und Verlagsgesellschaft Gas und Wasser mbH, Bonn

Huber B, Linsbauer H (1996) Erdbebenschäden an Talsperren – selektive Beurteilung. Felsbau 5:234–240

Idel H (1991) Injektionsverfahren. In: Smoltczyk U (Hrsg) Grundbau-Taschenbuch, 4. Aufl, Teil 2. Ernst & Sohn, Berlin, S 55–80

Imhoff KR (1984) Talsperren und Umwelt. Wasserwirtschaft 74/3:94–101

Inman DL (1952) Measures for describing the size distribution of sediments. J Sediment Petrology 22/3:125–145

Innerhofer G, Loacker H (1983) Der maschinelle Ausbruch des 1 km langen Walgaustollens. Int Soc Rock Mech, Melbourne

Irmer H (1997) Aus den Hochwässern lernen. Wasser Boden 49/9:1

ISRM-Commission on standardization of laboratory and field tests (ed) (1978) Suggested methods for determing the tensile strength of rock materials. Int J Rock Mech Mining Sci, Techn Abstr 15:99–103

Jacob G, Brasser T (1992) Schwermetallbindungsformen in ausgewählten Abfallarten. Müll Abfall 91/1:17–22

Jäger B, Reinhardt M (1990) Die geologische Barriere im Deponiekonzept – Wunsch oder Wirklichkeit. Z dt geol Ges 141:193–200

Jäger G (1966) Erfahrungen mit dem Mikrotunnelvortrieb unter geologisch schwierigen Bodenverhältnissen. Felsbau 6:304–308

Jahnel JB, Frimmel FH (1995) Enzymatic release of amino acids from different humic substances. Acta hydrochem hydrobiol 23:31–35

Janssen T (1988) Küstenschutz Leybucht, Ostfriesland. Wasser Boden 40/2:79–84

Jelinek R (1955) Eigenschaften des Bodens. Grundbau-Taschenbuch 1955. Ernst & Sohn, Berlin, S 4–36

Jenne EA (1968) Controls on Mn, Fe, Co, Ni, Cu and Zn concentrations in soils and water: the significant role of hydrous Mn and Fe oxides. Adv Chem Ser 73:337–387

Jessberger HL (1982) Bodenverfestigung durch Einpressen und Vereisung. In: Smoltczyk U (Hrsg) Grundbau-Taschenbuch, 3. Aufl, Teil 2. Ernst & Sohn, Berlin, S 175–195

Jessberger HL (1983) Herstellung von Basisabdichtungen für Mülldeponien mit Waschbergen. Müll Abfall 15/8:193–200

Jessberger HL (1985) Qualitätssicherung beim Einbau von Mineralischen Deponieabdichtungen. Abfallwirtschaft in Forschung und Praxis, Bd 15. Fortschr Deponietech Schmidt, Berlin, S 67–92

Jessberger HL (1987) Empfehlungen des Arbeitskreises „Geotechnik der Deponien und Altlasten" der Deutschen Gesellschaft für Erd- und Grundbau e. V. Bautechnik 64:289–303

Jessberger HL (1991) Bodenvereisung. In: Smoltczyk U (Hrsg) Grundbau-Taschenbuch, 4. Aufl, Teil 2. Ernst & Sohn, Berlin, S 103–130

John KW, Reuter G, Spang RM (1979) Kippen als Bruchmechanismus in Felsböschungen. Ber 2. Natl Tagung Ing Geol, Fellbach, S 183–198

Jourdan B (1987) Grundsätzliches zur Müllgärung. Müll Abfall 7:287–294

Kachholz K-D (1982) Statistische Bearbeitung von Probendaten aus Vorstrandbereichen sandiger Brandungsküsten mit verschiedener Intensität. Dissertation, Mathematisch-Naturwissenschaftl. Fakultät der Christian-Albrechts-Universität Kiel

Kaessaris NS, Falconnier A, Gottstein E (1965) Wasserverluste im Staudamm Perdikas (Griechenland) und ihre Ursachen und Möglichkeiten ihrer Behebung, Bd 3. Felsmech Ing Geol Wien, 1–23

Kalterherberg J (1968) Ingenieurgeologische Untersuchungen in Gefrierschächten. Fortschr Geol Rheinl Westfalen, Beitr Ingenieurgeol III: Natur-Bauwerk. Geol Landesamt NordrheinWestfalen, Krefeld 15:291–324

Kappelmeyer (1961) Geothermik. In: Benz A, Martini H (Hrsg) Lehrbuch der angewandten Geologie, Bd 1. Enke, Stuttgart, S 863–888

Kärchner K, Gottheil K-M, Klaiber D, Santo J (1997) Zur Standsicherheit, Auftriebssicherheit und Erosionsstabilität von Flussdeichen. Geotechnik 20/4:276–280

Karstedt J (1996) Nutzungsmöglichkeiten natürlicher Mergelschichten oder Weichgele als Baugrubensohlenabdichtung. In: Böhme M (Hrsg) Baumaßnahmen im Grundwasser. Erich Schmidt, Berlin, S 65–81

Katzenbach R, Breth H (1981) Kritische Zonen beim Auffahren oberflächennaher Tunnel nach der Neuen Österreichischen Tunnelbauweise (NÖT). Rock Mech Suppl 11:187–201

Kerndorff H, Milde G (1986) Grundwasserkontamination durch Altablagerung – Erfassung, Charakterisierung und Bewertung. Bundesgesundhbl. 29/10:327–331

Kerndorff H, Schleyer R, Arneth JD, Struppe T, Milde G (1990) Entwicklung von Methoden und Maßstäben zur standardisierten Bewertung von Altablagerungsstandorten und kontaminierten Betriebsgeländen insbesondere hinsichtlich ihrer Grundwasserverunreinigungspotentiale, Teil 1. BMFT

Kessler J, Förster W (1992) Sprengverdichtung zur Verbesserung setzungsfließgefährdeter Kippen. Freiberger Forschungshefte Nr. A 819

Kézdi A (1973) Handbuch der Bodenmechanik, Bd 3: Bodenmechanisches Versuchswesen. Verlag für Bauwesen, Berlin; Verlag der Ungarischen Akademie der Wissenschaften, Budapest

Kieslinger A (1958) Restspannungen und Entspannung im Gestein. Geologie Bauwesen 24/2:95–112

Kieslinger A (1959) Rahmenverwitterung. Geologie Bauwesen 24/3,4:172–186

Kieslinger A (1960) Gesteinsspannungen und ihre technischen Auswirkungen. Z dt Geol Ges 121/1:164–170

Kieslinger A (1962) Zur Kohäsion des Sandes – Unfälle und Unfallverhütung in Sandgruben. Geologie Bauwesen 28/1:1–30

Kille K (1980) Abschätzungen von Hochwasserscheitelabflüssen kleiner Einzugsgebiete. Wasser Boden 12:575–577

Kirschke D (1992) Dränage und Abdichtung bergmännisch aufgefahrener Tunnel. Taschenbuch für den Tunnelbau 1992

Kirschke D (1996) Neue Versuchstechniken und Erkenntnisse zum Anhydritschwellen. Taschenbuch für den Tunnelbau 1996

Kissin IG, Jasko WG (1992) Unterirdische Hydrosphäre und seismische Prozesse. In: Pinneker EV (Hrsg) Lehrbuch der Hydrogeologie, Bd 6: Das Wasser in der Litho- und Asthenosphäre. Gebr. Borntraeger, Berlin Stuttgart

Klein G (2001) Bodendynamik und Erdbeben. In: Smoltczyk U (Hrsg) Grundbau-Taschenbuch, 6. Aufl, Teil 1. Ernst & Sohn, Berlin München, S 347–399

Klein J (1983) Bautechnik in Tagesschächten im Steinkohlenbergbau. Geotechnik 3:113–122

Klein W, Held M, Schröder A (1985) Bauwerksverhalten bei Dauerverankerungen von Bauwerkspfeilern. Wasser Boden 9:434–440

Klotz G (1982) Einbringen von Leitungen in geschlossener Bauweise bei Lockergesteinen. Bauverlag, Wiesbaden Berlin

Knoll P, Thoma K, Hurtig E (1980) Gebirgsschläge in Bergbaugebieten. Rock Mech Suppl 10:85–102

Koch G (1996): Entwicklung von Baumaßnahmen im Grundwasser. In: Böhme (Hrsg) Baumaßnahmen im Grundwasser. Erich Schmidt, Berlin, S 11–28

Koch R (1989) Umweltchemikalien. VCH-Verlagsges., Weinheim

Kohli A (1999) Kolkschutz an Gebäuden in Überschwemmungsgebieten. Wasser Boden 51/3:40–45

Kolekova Y, Flesch R, Lenhardt W (1996) Erdbebensicherheit im Grundbau. Felsbau 5:248–257

Komodromos A, Göttner J-J (1986) Beeinflussung von Tonen durch Chemikalien. Müll Abfall 3:102–108

Königsberger J (1908) Versuche über primäre und sekundäre Beeinflussung der normalen geothermischen Tiefenstufe und über die Temperaturen im Albula-, Arlberg-, Simplon-, Ricken-, Tauern- und Bosrucktunnel. Eclogae Geologicae Helvetiae, Mitteilungen der Schweiz. geol. Gesellschaft, Tome X, Lausanne, S 506–525

Körner U (1971) Kritische Bemerkungen zur Gebirgsklassifizierung im Untertagebau aus geologischer Sicht. Bautechnik 9:318–319

Köster R (1985) Sandvorspülungen als küstengeologische Untersuchungsaufgabe. Ber 5. Natl Tagung Ing Geol, Kiel, S 153–161

Kovári K, Anagnostou G (1999) Zur Statik des Tunnelbaus in Störzonen. In: Haack H (Hrsg) Unterirdisches Bauen in Deutschland 2000. Bertelsmann, Gütersloh, S 156–164

Kovàri K, Armstad Ch, Anagnostou G (1987) Tunnel in quellfähigem Gebirge. – Mitteilungen der Schweizerischen Gesellschaft für Boden- und Felsmechanik, 115, 19- 26, Frühjahrstagung 1987

Kramer J, Ulrichs KR (1993) Der Einfluss des Baugrundes auf den Schildvortrieb im Lockergestein. Taschenbuch für den Tunnelbau 1993

Krämer-Wasserka T (1999) Nassspritztechnologie im Berg- und Tunnelbau. Felsbau 17/4:226–231

Krass K, Kellermann C, Gauer P, Schmalz M (1999) Verfahren zum Nachweis der erreichten Verdichtung bei Tragschichten ohne Bindemittel. Bundesministerium für Verkehr, Bau- und Wohnungswesen, Abt. Straßenbau und Straßenverkehr (Hrsg) Forschung Straßenbau und Straßenverkehrstechnik, Heft 768

Krause H (1966) Bericht über erdmagnetische Messungen im Saarland, Diplomarbeit, Clausthal

Krause H (1977) Zur Geologie und Statistik des Tunnelbaus in Baden-Württemberg unter besonderer Berücksichtigung der Keupertunnel. Jh Geol Landesamt 22:109–185

Krause H, Wurm F (1975) Geologische Grundlagen und Untersuchungen zum Problem der Sohlhebungen in Keupertunneln Baden-Württembergs. In: Henke KF (Hrsg) Sohlhebungen beim Tunnelbau im Gipskeuper. Stuttgart, S 7–43

Krauß P, Kümmerer K (1988) Verbesserung der Deponiefähigkeit von Klärschlamm durch Verfestigung. Müll Abfall 20/1:6–12

Krauss-Kalweit I (1987) Bestimmung der Durchlässigkeit im Untergrund und im Stauwerk von Talsperren mit dem Einschwingungsverfahren. Wasserwirtschaft 6:338–341

Krauter E (1990) Phänomenologie natürlicher Böschungen (Hänge) und ihrer Massenbewegungen. In: Smoltczyk U (Hrsg) Grundbau-Taschenbuch, 4. Aufl, Teil 1. Ernst & Sohn, Berlin München, S 515–614

Krauter E (1993). In: UNESCO-Arbeitsgruppe (Hrsg) Mehrsprachiges Glossar über Rutschungen. Kanadische Geotechnische Gesellschaft

Krauter E, Scholz W (1996) Langzeitverhalten von Schutznetzverhängungen gegen Steinschlag. Geotechnik 2:76–82

Kreuter H (1996) Ingenieurgeologische Aspekte geostatistischer Methoden. Veröffentlichungen des Instituts für Bodenmechanik und Felsmechanik der Universität Karlsruhe, Heft 139

Kreuzer H (1997) Bogenmauer Francisco Morazán in Honduras – Erweiterung des Dichtungsschleiers in Karstgestein. Felsbau 15:38–44

Kriele W, März K (1981) Durchlässigkeitsuntersuchungen und ihre Vergleichbarkeit im Buntsandstein von Rhön und Spessart. Ber 3. Natl Tagung Ing Geol, Ansbach, S 101–108

Krischke A, Weber J (1981) Erfahrungen bei der Erstellung großer Tunnelquerschnitte in Teilvortrieben beim Münchner U-Bahnbau. Rock Mech Supp 11:107–126

Krumbein WC (1934) Size frequency distribution of sediments. J Sediment Petrology 4/2:65–77

Krumbein WC (1964) Some remarks on the phinotation. J Sediment Petrology 34/1:195–197

Künstle B, Frey A (2011) Vertikalschachtbau am Pumpspeicherkraftwerk Vianden. bbr 10/2011, 29–31, Wirtschafts- und Verlagsgesellschaft Gas und Wasser mbH, Bonn

Kuntsche K (1996) Empfehlungen zum Einsatz von Mess- und Überwachungssystemen für Hänge, Böschungen und Stützbauwerke. Geotechnik 2:82–98

Kusnetzov V, Plotkin V, Khomutov S (1999) Acoustic, electromagnetic and ionospheric disturbances during the vibroseismic sounding. Geophysical Research Letters 26(13): 2017–2020

Kutzner C (1982) Injektionsmittel. Wasser Boden 10:444–449

Kutzner C (1987) Über die Wirksamkeit von Felsinjektionen. Wasserwirtschaft 77/6:317–320

Landesamt für Umweltschutz Sachsen-Anhalt (1993) Klärschlammverwertung im Landschaftsbau. Berichte des Landesamtes für Umweltschutz Sachsen-Anhalt, Heft 7

Landesamt für Wasserwirtschaft Rheinland-Pfalz (1996) Gewässerstrukturgütekartierung in der Bundesrepublik Deutschland – Verfahrensvorschlag für kleine und mittelgroße Gewässer. Landesamt für Wasserwirtschaft, Mainz

Landesanstalt für Umweltschutz Baden-Württemberg (1991) Leitlinien zur Geophysik an Altlasten. Karlsruhe

Lang F, Schmitt C (2008) Risikobewertung an Felsböschungen – Kartierung, Gefährdungseinschätzung und GIS-basierte Daten. Schad H (Hrsg)Technische Akademie (TAE) Esslingen, Ostfildern, S. 399–402

Lange D, Löckmann H (2002) Schäden an Straßentunneln und deren Instandsetzung.– Straße und Autobahn 9, 2002

Langer W (1963) Feste Abfallstoffe und Wasserhaushalt. Städtetag 7:1–4

Lauffer H (1958) Gebirgsklassifizierung für den Stollenbau. Geol Bauwesen 24/1:46–51

Lauffer H (1988) Zur Gebirgsklassifizierung bei Fräsvortrieben. Felsbau 6:137–149

Lauffer H (1995) Vo n der Standzeit abhängige Klassifizierung für TBM-Vortriebe nach ÖNORM B 2203. Felsbau 13/5:433–438

Lauterbach M (2006) Beurteilung der Eignung der NPEMFE (atural Pulsed Electromagnetic Field of Earth) mit dem Cereskop in Rutschungen und in Locker- und Festgesteinen mit Spannungsänderungen im Mittel- und Hochgebirge. Dissertation, Fachbereich Chemie, Pharmazie und Geowissenschaften, Johannes Gutenberg Universität, Mainz

Leitner W (2004) Aktuelle Fragen der Vertragsgestaltung im Tief- und Tunnelbau, ICC 5. Tagungsband (International Consulting and Construction) – Institut für Bauwirtschaft und Baumanagement, Fak. Ingenieurwesen, Universität Innsbruck, Books On Demand (BoD), Norderstedt

Lenhardt W (1996) Zur Abschätzung von Erdbebenbelastungen. Felsbau 5:241–247

Lenhardt W (1998) Zur Risikobewertung bergbauinduzierter Seismizität. Felsbau 16/1:48–55

Lepper J (1997) Naturwerksteine in Niedersachsen. Z angew Geol 43/1:3–10

Lepper J, Weber J (2001) Integratives Bewertungskonzept für eine siliziklastische Naturwerkstein-Lagerstätte im Roten Wesersandstein bei Bad Karlshafen. Z angew Geol 47/2:79–86

Lichtenberger M (2005) Determination of horizontal principal directions of stress in the Lower Muschelkalk (Northern Baden-Württemberg, Germany) by geogenic electromagnetic radiation. N Jb Geol. Paläont Abh 238(2): 279–312

18

Lichtenberger M (2005) Regional stress field as determined from electromagnetic radiation in a tunnel. J Structural Geology 27(12): 2150–2158
Lichtenberger M (2006) Bestimmen von Spannungen in der Lithosphäre aus geogener electromagnetischer Strahlung. – Dissertation, Universität Heidelberg, GAEA heidelbergensis, 16
Lichtenberger M (2006) Electromagnetic radiation in tunnels and its relation to local regional stress. Geophysical Research Abstracts 8: 00403
Lichtenberger M (2006) Underground Measurements of Electromagnetic Radiation Related to Stressinduced Fractures in the Odenwald Mountains (Germany). Pure and Applied Geophysics 163: 1661–1677
Lichtenberger M Greiling RO (2006) Electromagnetic radiation studies and its implications on the regional stress field in the Caledonides of northern Scandinavia. Geophysical Research Abstracts 8: 01478
Lichtenberger M, Obermeyer H, Noher H-P, Kister B (2008) Das Auffinden aktiver Zonen im Tunnelbau durch Messung der natürlichen elektromagnetischen Strahlung. – Felsbau Magazin, Sept. 2008, VGE, Essen
Linder R (1963) Spritzbeton im Felshohlraumbau. Bautechnik 40/10:326–331, 40/11:383–388
Lindner H, Pretzschner C, Rost L (1999) Ultraschalluntersuchungen an Bauwerken. Z dt geol Ges 150:375–386
Lingenfelser H (1992) Senkkästen. In: Smoltczyk U (Hrsg) Grundbau-Taschenbuch, 4. Aufl, Teil 3. Ernst & Sohn, Berlin München, S 333–378
Linkwitz K (1991) Messtechnische Überwachung von Hängen, Böschungen und Stützmauern. In: Smoltczyk U (Hrsg) Grundbau-Taschenbuch, 4. Aufl, Teil 2. Ernst & Sohn, Berlin München, S 677–742
Lippomann R, Kley G (1995) Flächenhafte Messüberwachung zur Früherkennung von Hohlraumbildung. Geotechnik, Sonderheft 10. Natl Tagung Ing Geol, Freiberg/Sachsen, S 18–21. Glückauf, Essen
List F (1982) Kontrollmessungen zur Beurteilung der Sicherheit des Staudammes Mathaus. Wasserwirtschaft 72/2:140–143
List F (1987) Geotextilien im Staudamm Frauenau als Sicherheitselement und für Mess- und Kontrollzwecke. Wasserwirtschaft 77:361–368
List F, Sadgorski W (1983) Über die Spannungsmessung in Staudämmen. Symp Messtechnik im Erd- und Grundbau, München, 277–283, Hrsg: Deutsche Gesellschaft für Erd- und Grundbau.
Loacker H (1988) Voruntersuchungen und geologische Betreuung von Frässtollen. Mitt Baugeol Geomech 1:105–114
Londong D, Stalmann V (1985) Erfahrungen mit naturnahem Wasserbau. Wasser Boden 37:394–399
Lorenz H, Walz B (1982) Ortswände. In: Smoltczyk U (Hrsg) Grundbau-Taschenbuch, 3. Aufl, Teil 1. Ernst & Sohn, Berlin München, S 687–717
Lorenz HG, Ibach HW (1999) Marble conservation by the IBACH-Total-Impregnation-Process: quality control and optimization by microscopic and petrophysical data. Z dt geol Ges 150:397–406
Louis C (1967) Strömungsvorgänge in klüftigen Medien und ihre Wirkung auf die Standsicherheit von Bauwerken und Böschungen im Fels. Dissertation, Universität Karlsruhe
Lucas HG (1992) Gips als historischer Außenbaustoff in der Windsheimer Bucht. Dissertation, Fakultät für Bergbau, Hüttenwesen und Geowissenschaften der RWTH Aachen
Lukas R (1990) Die Naturwerksteine Baden-Württembergs und ihre Wetterbeständigkeit sowie Verwitterungsprofile ausgewählter Carbonatgesteine. Dissertation, Fakultät für Geowissenschaften, Ludwig-Maximilans-Universität München
Maidl B (1995) Verfahren zum Auffahren von Tunneln unter Anwendung von Spritzbeton. Taschenbuch für den Tunnelbau 1995
Maidl B, Derbort M (1999) Entwicklung im konventionellen Tunnelbau in den letzten zwei Jahrzehnten. In: Haack H (Hrsg) Unterirdisches Bauen in Deutschland 2000. Bertelsmann, Gütersloh, S 30–52
Maidl B, Gipperich C (1994) Entwicklung von Vortriebsmaschinen für Microtunnel. Taschenbuch für den Tunnelbau 1994
Maidl B, Herrenknecht M, Anheuser L (1994) Maschineller Tunnelbau im Schildvortrieb. Ernst & Sohn, Berlin
Maidl B, Jonker J (1999) Neuentwicklungen für Schildvortriebe für besondere Anforderungen in Holland. In: Haack H (Hrsg) Unterirdisches Bauen in Deutschland 2000. Bertelsmann, Gütersloh, S 165–169
Maillet E (1905) Mécanique et physique du globe. Essais d'hydraulique souterraine et fluviale. A. Hermann, Paris
Marangos C (1988) Setzungsvorhersagen auf der Basis von Pressiometer- und Oedometerversuchen. Geotechnik 2:64–71
Markl SW (1986) Neue Erkenntnisse, Tendenzen und Probleme beim Schildvortrieb. Tiefbau 6:336–389
Martak L, Herzfeld T (2008) Auftauvorgang eines großen Vereisungskörpers im Zuge der Stationstunnelherstelllung unter dem Donaukanal für die U-Bahn-Linie U2 in Wien. Schad H (Hrsg) Technische Akademie Esslingen (TAE) Ostfildern, 71–81
Martin P (1992) Die Beeinflussung bodenmechanischer Kenngrößen feinkörniger Böden durch Salz. Inaugural-Dissertation, Naturwissenschaftl.-Mathematische Gesamtfakultät, Universität Heidelberg
Martin P, Dachroth W (1994) Alkalische Böden und die Messung ihres *p*H-Wertes. TIS 3/94:41–42
Mason MA (1949) A manometric settling velocity tube. Transactions Am Geophys Union 30:533–538
Matheron G (1965) Les variables regionalisées et leurs estimation. Mason, Paris
Matthesius HJ (1995) Neue Methoden zur Vorhersage von Rutschungsereignissen am Beispiel eines aktiven Rutschhanges in Rheinhessen. Geotechnik, Sonderheft 10. Natl Tagung Ing Geol, Freiberg/Sachsen, S 248–259. Glückauf, Essen
Mattheß G (1985) Hydrogeologische Aspekte der Abfalldeponien. Ber 5. Natl Tagung Ing Geol, Kiel, S 21–28
Meister J, Pfarre I, Peters J (1997) Großflächiger Erkundungsschurf zur Beurteilung der Gründungsverhältnisse einer Gewichtsstaumauer. Felsbau 15/1:32–37
Menzel W, Freyno P (1981) Teilschnitt-Vortriebsmaschinen mit Längs- und mit Querschneidkopf, Glückauf 5: 284–287
Miall AD (1996) The geology of fluvial deposits. Springer, Berlin Heidelberg
Middleton GV (1967) Experiments on density and turbidity currents, vol III: Deposition. Canadian Journal of Earth Sciences 4:475–505
Ministerium für Ernährung, Landwirtschaft, Umwelt und Forsten Baden-Württemberg (1987) Altlastenhandbuch, Teil 1: Altlastenbewertung, Teil 2: Untersuchungsgrundlagen. Wasserwirtschaftsverwaltung, Heft 18 u. 19
Ministerium für Umwelt Baden-Württemberg (1992) Naturnahe Umgestaltung von Fließgewässern – Leitfaden und Dokumentation ausgeführter Projekte. Handbuch Wasserbau 2, Stuttgart
Ministerium für Umwelt Baden-Württemberg (1993) Naturgemäße Bauweisen – Ufer- und Böschungssicherungen. Handbuch Wasserbau 5, Stuttgart
Ministerium für Umwelt Baden-Württemberg (1994) Gehölze an Fließgewässern – Gehölzverwendung für die Entwicklung naturnaher Ufergehölzsäume. Handbuch Wasserbau 6, Stuttgart
Ministerium für Umwelt und Forsten Rheinland-Pfalz (1996): Aktion Blau – Gewässerentwicklung in Rheinland-Pfalz, Heft 1, Mainz
Minnich M, Liebmann H, Schneider R, Schröder D (1996) Die Verwertung von Reststoffen zur Begrünung der Kalisalzhalde Bleicherode/Thüringen. VDLUFA-Schriftenreihe, Bd 44, S 289–292
Misiek R, Dombrowski BA (2008) Risikominimierung bei Tunnelvortrieb durch eine hochauflösende Vor- und Umfelderkundung. Schad H (Hrsg) Technische Akademie Esslingen (TAE), Ostfildern, S. 87–92 Müller W, Ischebeck EF, Herrmann RA (2008) DRILL-DRAIN-Abbau von Porenwasserüberdruck in schwach durchlässigen Böden mit gebohrten Drains und verpresstem Filterbaustoff. – Schad H (Hrsg) Technische Akademie Esslingen (TAE), Ostfildern, S. 335–341 Obermeyer H (2006) Cereskop. In: Forschungsgesellschaft für Straßen- und Verkehrswesen FGSV: H GeoMess – Hinweise zur Anwendung geotechnischer und geophysikalischer Messverfahren im Straßenbau, Köln
Moser H (1989) Umweltisotope in Karstwässern – Was sagen sie aus? Oberrhein geol Abh 35:73–85
Moser H, Rauert W (1989) Isotopenmethoden in der Hydrologie. In: Mattheß G (Hrsg) Lehrbuch der Hydrogeologie, Bd 8. Stuttgart 1980
Müller L (1964) The Rockslide in the Vajont Valley, Bd 2. Felsmech Ing Geol Wien, 148–212
Müller L (1968) New Consideration on the Vajont Slide, Bd 6. Felsmech Ing Geol Wien, 1–91
Müller O (1999) Sicherheitsprüfung von Deichen und Dämmen. Wasser Boden 51/6:15–18
Müller-Salzburg L (1979) Das Lauffer-Diagramm in Theorie und Praxis des Tunnelbaus. Österr Wasserwirtsch 5/6:95–99

Müller-Salzburg L, Fecker E (1978) Grundgedanken und Grundsätze der neuen österr. Tunnelbauweise. In: Grundlagen und Anwendung der Felsmechanik. Trans Tech Publ, Clausthal

Müsken J (1996) Unter Garantie – Güte und Prüfbestimmungen für Komposte aus Klärschlamm gewährleisten eine gleichbleibend hohe Produktqualität. Müllmagazin 3:31–36

Muth W (1981) Hochwasserrückhaltebecken DIN 19700, Teil 99. Wasser Boden 8:380–384

Nabert K, Schön G (1963/1980) Sicherheitstechnische Kennzahlen brennbarer Gase und Dämpfe, 2. erw. Aufl. 1963 mit 5. Nachtrag (Stand 01.06.1980), Deutscher Eichverlag, Braunschweig

Nachtweyh K, Rammensee W, Hoefs J (1991) Isotopengeochemische und geochemische Untersuchung der Kontamination von Deponiestandorten. Müll Abfall 91/7:421–435

Nakkel E (1988) 17. Weltkongreß in Brüssel, 2. Teil: Straßenbestandserhaltung. Weltweit wachsender Straßenverkehr, weltweiter Erfahrungsaustausch. Bitumen 3:98

NcNown JS, Malaika J (1950) Effects of particle shape on settling velocity at low Reynolds' number. Transactions Am Geophys Union 31/1:74–82

Niehoff N (1996) Ökologische Bewertung von Fließgewässerlandschaften. Springer, Heidelberg Berlin New York

Niewerth G (1986) Geschlossene Bauweise – Fortschritt durch Vortrieb mit Steinzeugrohren. bbr 5:179–180

Obermeyer H (1994) Hydrogeologische Methoden-Kombination zur Erkundung des Grundwasserschadens im Bereich der Kreismülldeponie Grötzingen. Unveröff. Diplomarbeit, Universität Karlsruhe

Obermeyer H (1998) Die Bewertung der Grundwasserqualität im Umfeld von Hausmülldeponien – Methoden und Kenngrößen. Inaugural-Dissertation, Naturwissenschaftl.-Mathematische Gesamtfakultät, Universität Heidelberg

Odén S (1915) Eine neue Methode mechanischen Bodenanalyse. Int Mitt f Bodenkunde 5:257–311

Odenwald B, Herten M (2008) Hydraulischer Grundbruch bei unterströmten, gering in den Untergrund einbindenden Wänden mit luftseitigem Auflastfilter. 6. Kolloquium, Bauen in Boden und Fels, Schad H (Hrsg) Technische Akademie Esslingen (TAE), Ostfildern, S. 203–212 ÖNORM B 2203-1 (2002) Untertagebauarbeiten Werkvertragsnorm, Teil 1 Zyklischer Vortrieb

Oldenburger Rohrleitungsforum (2013) Baustellenreport – Im Eiltempo: Wasserleitung mit Raketenpflug eingezogen. bbr 01 2013, 57, Wirtschafts- und Verlagsgesellschaft Gas und Wasser, Bonn

Oldenburger Rohrleitungsforum (2013) Baustellenreport – Neuer Stauraumkanal für Wolfersdorf. bbr 01 2013, 56, Wirtschafts- und Verlagsgesellschaft Gas und Wasser, Bonn

Olzem R (1985) Anforderungen an die Dichtigkeit von Deponiebasisabdichtungen. Abfallwirtschaft in Forschung und Praxis, Bd 15. Fortschr Deponietech. Schmidt, Berlin, S 9–37

ÖNORM B 2203-2 (2005) Untertagebauarbeiten Werkvertragsnorm, Teil 2 Kontinuierlicher Vortrieb

Ostermayer H (1991) Verpressanker. In: Smoltczyk U (Hrsg) Grundbau-Taschenbuch, 4. Aufl, Teil 2. Ernst & Sohn, Berlin München, S 131–172

Özbek T (1996) Zur Durchflussberechnung von geometrisch gegliederten Gerinnen. Mitteilung Nr. 134 des Instituts für Wasserbau und Wasserwirtschaft der TU Berlin

Pacher F, Martak L (1995) Die Neue Österreichische Tunnelbauweise (NATM) im U-Bahn-Bau aus heutiger Sicht. Felsbau 13/2:64–70

Palmström A (1997) Collection and use of geological data in rock engineering. News Journal, Internatl Ges Felsmechanik 4/2:21–25

Patt H, Jürging P, Kraus W (1998) Naturnaher Wasserbau: Entwicklung und Gestaltung von Fließgewässern. Springer, Heidelberg Berlin New York

Paul A (1996) Kriterien zur Felsklassifizierung gemäß DIN 18300. Straße Autobahn 10:585–592

Paul A, Wichter L (1996) Das Langzeitverhalten von Tunnelbauwerken im quellenden Gebirge – Neuere Messergebnisse vom Stuttgarter Wagenburgtunnel. Taschenbuch für den Tunnelbau 1996

Paul KF (1987) Neuere Erkenntnisse in der Brunnenregenerierung; Jahrbuch Wasserversorgungs- und Abwassertechnik, 2. Ausgabe. Vulkan, Essen

Pawellek C (1998) Die Modellierung von Georadardaten bei der Hohlraumerkundung. Zeitschrift für angewandte Geologie 44:46–51

Petersen K (1998) Küstenschutz und Naturschutz im Zielkonflikt – Ist der Küstenschutz am Ende? Wasser Boden 50/8:45–48

Petersen P (1988) Küsten- und Hochwasserschutz an der schleswigholsteinischen Ostseeküste. Wasser Boden 40/2:86–96

Philipp Holzmann AG (1975) S-Bahn Frankfurt am Main Baulos 6. Technischer Bericht April 1975, Frankfurt/Main. Nachdruck: Giese, Offenbach/Main

Philipp Holzmann AG (1979) Vereisungsverfahren: Erfahrungen bei großen Verkehrstunnelbauten. Technischer Bericht April 1979, Bauer, Hamburg

Philipps R (2000) Bewertung der geologisch-hydrogeologischen Randbedingungen von klärschlammhaltigen Bodenersatzsubstraten am Beispiel verschiedener saarländischer Standorte. Dissertation, Fachbereich Geowissenschaften, Universität Heidelberg

Pierau B, Wittke W (1996) Empfehlungen des AK 18 „Tunnelbau" der Deutschen Gesellschaft für Geotechnik e. V. Taschenbuch für den Tunnelbau 1996

Pircher W (1984) Der Einfluss von Geologie und Geotechnik auf den Entwurf von Talsperren. Wasserwirtschaft 74/5:275–282

Pirzer RW (1980) Die BASF-Deponie Flotzgrün. Müll Abfallbeseit 58/12: 1–9

Plankeel FH (1962) An improved sedimentation balance. Sedimentology 1/2:158–163

Poleschinski W, Müller P (1999) Geologische Dokumentation des Siebergtunnels und der Voreinschnitte. Felsbau 17/2:112–119

Poole DM (1957) Size analysis of sand by a sedimentation technique. J Sediment Petrology 27:460–468

Pregl O (1994) Handbuch der Geotechnik, Bd 19/2: Deponietechnik. Institut für Geotechnik, Uni. F. Bodenkultur, Wien

Prinz H, Reul K, Schulz N (1981) Neue Wege zur Erkundung tektonischer Strukturen im Tunnel. Rock Mech Suppl 11:9–32

Probst B (1985) Entwurf und Bau von Deichen über weichem Untergrund. Ber 5. Natl Tagung Ing Geol, Kiel, S 181–187

Probst B (1998) Leitbild und Ziele des Küstenschutzes in Schleswig-Holstein. Wasser Boden 50/12:19–24

Rabcewicz L v (1963) Bemessung von Hohlraumbauten. Die „Neue österreichische Bauweise" und ihr Einfluss auf Gebirgsdruckwirkungen und Dimensionierung. Felsmech Ing Geol 1/314:224–244

Rabcewicz L v (1965) Bemessung von Hohlraumbauten. Felsmech Ing Geol Suppl 2: 120–135

Rabcewicz L v, Pacher F (1975) Die Elemente der Neuen Österreichischen Tunnelbauweise und ihre geschichtliche Entwicklung. Österr Ing Z 18:315–323

Rabinovitch A, Bahat D, Frid V (2002) Similarity an dissimilaritay of electromagnetic radiation from carbonate rocks under compression, drilling and plasting. International Journal of Rock Mechanics & Mining Science 39: 125–129

Ramke HG, Gartung E (2000) Übersicht über die GDA-Empfehlungen – Geotechnik der Deponien und Altlasten. Geotechnik 23/1:16–24

Rammler E (1952) Zur Auswertung von Körnungsanalysen in Körnungsnetzen. Freiberger Forschungshefte 11:12–22

Rank D, Papesch W, Rajner V (1992) Environmental isotopes study at the Breitenau experimental landfill (Lower Austria). In: Hötzl H, Werner A (eds) Tracer hydrology. Balkema, Rotterdam, pp 173–177

Rappert C (1980) Grundwasserströmung – Grundwasserhaltung. In: Smoltczyk U (Hrsg) Grundbau-Taschenbuch, 4. Aufl, Teil 2. Ernst & Sohn, Berlin München, S 357–415

Raudschus M (1990) Abgestuftes Programm zur Grundwasseruntersuchung bei Altablagerungen und Altstandorten in Nordrhein-Westfalen. Vom Wasser 74:185–194

Rauh F, Pfeil F (2009) Untersuchungen zum Quellverhalten von Anhydrit und Tongestein im Tunnelbau, Reihe B Ingenieurgeologie Hydrogeologie, Pfeil, München

Regierungspräsidium Baden-Württemberg, Landesamt für Geologie, Rohstoffe und Bergbau (2010, 2012) Geologische Untersuchungen von Baugrundhebungen im Bereich des Erdwärmesondenfeldes beim Rathaus in der historischen Altstadt von Staufen i. Br. 1. Sachstandsbericht zum Schadensfall Staufen vom 1.3.2010, 2. Sachstandsbericht zum Schadensfall Staufen vom 1.6.2012. www.lgrb.uni-freiburg.de/lgrb home schadensfall staufen

Reichel H (1975) Die Natursteinverwitterung an Bauwerken. Tübinger Geographische Studien, Heft 62

Reik G, Schneider HJ (1979) Die Bestimmung quantitativer ingenieurgeologisch-felsmechanischer Gebirgskennwerte. Geol Jahrb Hannover C23:3–21

Reineck HE, Singh IB (1980) Depositional sedimentary environments. Springer, Berlin Heidelberg New York
Reinhold C, Kudla W (2008) Die Bemessung von Böschungen mit Erdbetonstützscheiben. Schad H (Hrsg) Technische Akademie Esslingen (TAE), Ostfildern S. 147–153
Rendulic L (1938) Der Erddruck im Straßenbau und Brückenbau. Forschungsarbeiten aus dem Straßenwesen, Bd 10, Forschungsgesellschaft für das Straßenwesen e. V.
Rettenberger G (1985) Entgasung und Oberflächenabdichtung am Beispiel der Sonderabfalldeponie Gerolsheim. Abfallwirtschaft in Forschung und Praxis, Bd 15. Fortschr Deponietech. Schmidt, Berlin, S 175–190
Reuter E (1985) Beständigkeit von mineralischen Dichtungen gegenüber anorganischen und organischen Lösungen – Empfehlungen zur Prüfung für mineralische Deponieabdichtungen. Abfallwirtschaft in Forschung und Praxis, Bd 15. Fortschr Deponietech. Schmidt, Berlin, S 121–165
Reuther CD, Obermeyer H, Reicherter K, Reiss St, Kaiser A, Buchmann T, Adam J, Lohrmann J, Grasso M (2002) Neotektonik und aktive Krustenspannungen in Südost Sizilien und ihre Beziehung zur regionalen Tektonik im Zentralen Mittelmeer. Mitt Geol-Paläont Inst Univ Hamburg, Heft 86: 1–24
Reuther EU (1989) Lehrbuch der Bergbaukunde, 11. Aufl. Glückauf, Essen
Reynolds O (1883): An experimental investigation of the circumstances which determine whether the motion of water shall be direct or sinuous, and of the law of resistance in parallel channels. Phil Trans Roy Soc 174/2:935–982
Riemer W (1995) Geologische Arbeitsweisen bei der Abschätzung des Seismischen Gefährdungspotentials. Geotechnik, Sonderheft 10. Natl Tagung Ing Geol, Freiberg/Sachsen, S 226–239. Glückauf, Essen
Rissler P (1984) Neuere Untersuchungsmethoden für die Gründung von Absperrbauwerken. Wasserwirtschaft 74/3:153–157
Rosenthal R (1995) Ingeniergeologische Beschreibung der gesteinstechnischen Eigenschaften des Unteren und Mittleren Buntsandsteins der Pfalz. Inaugural-Dissertation, Naturwissenschaftl.-Mathematische Gesamtfakultät, Universität Heidelberg
Rosenthal R, Wichter L, Krauter E (1988) Hangsicherung und Rutschungssanierung im Tertiärton Rheinhessens – eine Fallstudie. Straße Autobahn 3:102–106
Rosin P, Rammler E (1934) Die Kornzusammensetzung des Mahlgutes im Lichte der Wahrscheinlichkeitslehre. Kolloidchem Ztschr 67/1:16–26
Roth SE, Maier D (1989) Bedeutung der Aminosäureanalytik in der Wasserchemie. Vom Wasser 73:303–314
Röthlein B (1997) Beim Hochwasserschutz wird immer ein Restrisiko bleiben. Wasser Boden 49/9:7–8
Rukavina NA (1961) Mineral ratios in hydraulic sizes as indicators of near-shore sediment source. MS thesis, Faculty of Graduate Studies, University of Western Ontario, London
Rukavina NA, Duncan GA (1970) F.A.S.T. – fast analysis of sediment textures. Proceedings of the 13th Conference of the International Association Great Lakes Research, Ann Arbor, S 274–281
Russel RD, Tayler RE (1937) Roundness and shape of Mississippi river sands. J Geol 45:225–267
Rybach L, Busslinger A (1999) Prognose der Felstemperatur Gotthard Basistunnel in Low S, Wyss R (Hrsg) Vorerkundung und Prognose des Basistunnels am Gotthard und am Lötschenbergpass, Balkema, Rotterdam, S. 267–269
Sachwitz O, Sommer H, Lerch K, Gerhard H, Kille K (1982) Die Hochwasserereignisse von 1882/83 am Rhein in Hessen und die Hochwasserschutzmaßnahmen der Gegenwart. Wasser Boden 12:534–542
Saggau W (1988) Deichschluss Süd im Rahmen der Küstenschutzmaßnahmen in der Nordstrander Bucht. Wasser Boden 3:142–146
Saggau W (1991) Sohlsicherung an Sielein- und Ausläufen. Wasser Boden 43/1:28, 38–41
Salomo K-P (1985b) Probleme bei der Ermittlung der Standsicherheit von Mülldeponien. Müll Abfall 10:334–341
Sander B (1948) Einführung in die Gefügekunde der geologischen Körper, Teil 1: Allgemeine Gefügekunde und Arbeiten im Bereich Handstück bis Profil. Springer, Wien Innsbruck
Sathapani N (1975) A direct recording instrument for size analysis of coarse granular material. Nature 179/456611/4:913–914
Sauer H (1992) Zur Kultivierung roher Mineralböden (Kipprohböden) des Braunkohlenbergbaus der Lausitz unter Verwendung von Klärschlämmen. Unveröff. Vortrag beim Workshop „Einsatz von Klärschlamm zur Aufforstung und Bodenverbesserung", Bergakademie Freiberg am 05.11.1992
Schaad F (1979) Vorschläge zur Verminderung der Stauraumverlandung bei starker Schwebstoffzufuhr. Wasser Boden 12:347–352
Schanz T (2012/13) Übungen für Grundbau WS 2012/13. Fakultät für Bau- und Umweltingenieurwissenschaften, Lehrstuhl für Grundbau, Boden-und Felsmechanik, Prof. Dr. Ing. habil. Schanz, Schwergewichtsmauern. http://www.gbf.ruhr-uni-bochum.de/lehre/Schwergewichtsmauer.pdf
Schanz T, Arsic I, Arwanitaki A, Röchter L, Wichtmann T (2010) Übungsblätter für Grundbau. – Lehrstuhl für Grundbau, Boden- und Felsmechanik, Ruhr Universität Bochum: http://www.gbf.rub.de/lehre/UfG 102010
Scherelis G, Blümel WD (1988) Geostatistik und ihre Anwendungsperspektiven in der Geoökologie am Beispiel des Kriging-Verfahrens. Karlsruher Manuskripte zur Mathematischen und Theoretischen Wirtschafts- und Sozialgeographie, Heft 92
Scherenberg R (1988) Generalplan „Deichverstärkung, Deichverkürzung und Küstenschutz in Schleswig-Holstein". Wasser Boden 40/2:84–86
Scherle M (1977) Rohrvortriebtechnik: Maschinen, Geräte. Bauverlag, Wiesbaden Berlin
Schetelig K (1982) Entwurf eines Injektionsschleiers. Wasser Boden 10:449–453
Schetelig K (1987) Hydraulische Filterstabilität in Damm und Untergrund unter Berücksichtigung der mineralogischen Zusammensetzung des Feinanteils. Wasserwirtschaft 77/6:334–337
Schiechtl HM (1978) Umweltfreundliche Hangsicherung. Geotechnik 1:10–22
Schiechtl HM (1987) Böschungssicherung mit ingenieurbiologischen Bauweisen. In: Smoltczyk U (Hrsg) Grundbau-Taschenbuch, Teil 2. Ernst & Sohn, Berlin Düsseldorf, S 575–676
Schindler C, Riek B (1991) Ennetbaden – Konflikte zwischen Bauvorhaben, Hangwasser und Thermalwasser. Geotechnik 14:59–63
Schlee JS (1966) A modified Woods Hole rapid sediment analyzer. J Sediment Petrology 36:403–413
Schmidt M (1981) Talsperrenerfahrungen in Erdbebengebieten. Wasser Boden 8:393–396
Schneider A/Institut für Geotechnik (2002) Sicherheit gegen Niederbruch im Untertagebau. Dissertation Nr. 14556 ETH Zürich, vdf Hochschulverlag, ETH, Zürich
Schneider HJ (1981) Welche Aussagen ergeben sich aus dem Wasserabpressversuch nach Lugeon? Ber 3. Natl Tagung Ing Geol, Ansbach, S 93–101
Schneider J (1998) Die hydrogeologische Vorerkundung im Hohlraumbau. Felsbau 16/5:276–283
Schrader C (1998) Das neue Bodenschutzgesetz. Wasser Boden 5:8–13
Schubert A (1986) Erfahrungen bei der Anwendung des „Jet-Grouting"-Verfahrens bei Unterfangungen im süddeutschen Raum. Geotechnik 4:181–187
Schultze E (1959) Erläuterungen zu DIN 4019, Blatt 1. In: Flächengründungen und Fundamentsetzungen. Ernst & Sohn, Berlin
Schultze E (1966) Standsicherheit der Grundbauwerke. In: Smoltczyk U (Hrsg) Grundbau-Taschenbuch, 2. Aufl, Teil 1. Ernst & Sohn, Berlin Düsseldorf, S 64–90
Schultze E (1980) Grundbruchuntersuchungen. In: Smoltczyk U (Hrsg) Grundbau-Taschenbuch, 3. Aufl, Teil 1. Ernst & Sohn, Berlin München, S 201–214
Schulz H-D (1982) Regionalisierung geohydrochemischer Daten. In: Deutscher Verband für Wasserwirtschaft und Kulturbau e. V. (Hrsg) Auswertung hydrochemischer Daten. DVWK-Schriften Nr. 54, Parey, Berlin Hamburg, S 71–83
Schulz W, Edeling H (1973) Die neue Österreichische Tunnelbauweise beim U-Bahnbau in Frankfurt/M. Rock Mech Suppl 2:243–256
Schulze BM, Tietze G (1983) Neue Entwicklung in der Seismik zur Erkundung des oberflächennahen Untergrundes. In: Deutsche Gesellschaft für Erd- und Grundbau e. V. Symposium Messtechnik im Erd- und Grundbau, München 1983
Schumacher F (1995) Zur Durchflussberechnung gegliederter, naturnah gestalteter Fließgewässer. Mitteilung Nr. 127 des Instituts für Wasserbau und Wasserwirtschaft der TU Berlin
Schurecht HC (1921) Sedimentation as a means of classifying the extremely fine clay particles. J Am Ceram Soc 4:812–821
Schwab P (1999) Spritzbetontechnologie und -verfahren. Felsbau 17/2:90–97
Schwarz G (1981) Die Bristar Technologie. Schweitzer Sprengtechnik-Heft 5:1–5

Schwarz U (1986) Bestandaufnahme der Naturwerksteine und ihres Verwitterungszustandes in der Innenstadt Münchens. Dissertation, Fakultät für Geowissenschaften, Ludwig-Maximilians-Universität München

Seeber O, Vigl A (1988) Die Neue Österreichische Tunnelbaumethode und der mechanische Vortrieb mit Tunnelbaumaschinen. Felsbau 6/2:63–68

Seidel GU, Steiner W (1988) Baustein und Bauwerk in Weimar – Tradition und Gegenwart. Weimarer Schriften, Heft 32, Stadtmuseum Weimar

Siebenkorn G (2008) Die Bohrlochrammsondierung nach DIN 4094-2. bbr 07-08 2008, 26–35, Wirtschafts- und Verlagsgesellschaft Gas und Wasser, Bonn

Siedek P (1977) Frostschäden und Frostschutzmaßnahmen. Handbuch des Straßenbaues, Bd 2. Springer, Berlin Heidelberg New York, S 262–306

Siedek P, Diesler W (1969) Die Standsicherheit von Dämmen auf wenig tragfähigem Untergrund. Straßen- und Tiefbau 11:1039–1042

Simon W (1974) Verfall von Steinbauten – die besondere Umwelt der Bausteine. Ruperto Carolina 53:59–67

Simon W (1976) Landschaftsveränderungen durch Hangabspülungen. Aufschluss 27: 171–183

Simons K, Toepfer AC (1991) Herstellung von Geländeeinschnitten und Böschungen. In: Smoltczyk U (Hrsg) Grundbau-Taschenbuch, 4. Aufl, Teil 2. Ernst & Sohn, Berlin, S 489–534

Skowronek F, Fritsche J-G, Aragon U, Rambow D (1999) Die Versenkung und Ausbreitung von Salzabwasser im Untergrund des Werra-Kaligebietes. Geologische Abhandlungen Hessen, Bd 105, Wiesbaden

Smoltczyk U, Hilmer K (1991) Baugrundverbesserung. In: Smoltczyk U (Hrsg) Grundbau-Taschenbuch, 4. Aufl, Teil 2. Ernst & Sohn, Berlin München, S 1–54

Snethlage R (1984) Steinkonservierung. Forschungsprogramm des Zentrallabors für Denkmalpflege 1979–1983. Bericht für die Stiftung Volkswagenwerk, Arbeitsheft 22, Bayerisches Amt für Denkmalpflege, München

Snethlage R, Ettl H, Sattler L (1999) Ultraschallmessungen an PMMA-getränkten Marmorskulpturen. Z dt geol Ges 150:387–396

Soos P von (1990) Eigenschaften von Boden und Fels; ihre Ermittlung im Labor. In: Smoltczyk U (Hrsg) Grundbau-Taschenbuch, 4. Aufl, Teil 1. Ernst & Sohn, Berlin München, S 105–174

Spang J (1996) Die Geschichte des Spritzbetons und seine Anwendung beim untertätigen Hohlraumbau. Taschenbuch für den Tunnelbau 1996

Spaun G (1979) Über die Ursachen von Sohlhebungen im Gipskeuper. Ber 2. Natl Tagung Ing Geol, Fellbach, S 143–151

Spaun O (1985) Tunnelbau in instabilen Hängen. Geotechnik 1:8–15

Spillmann P (1980) Beitrag zur langzeitig standsicheren Konstruktion hoher Abfalldeponien. Müll Abfall 10:311–317

Stakne P (1999) Raise-Boring – eine Möglichkeit der mechanischen Schachtherstellung. Felsbau 17/4:260–263

Steffen H (1985) Feldprüfungen für mineralische Deponieabdichtungen in der Praxis. Abfallwirtschaft in Forschung und Praxis, Bd 15. Fortschr Deponietech. Schmidt, Berlin, S 93–107

Stegmann R, Ehrig HJ (1980) Entstehung von Gas und Sickerwasser in geordneten Deponien – Möglichkeiten der Beeinflussung biologischer Abbauprozesse. Müll Abfall 12: 41–51

Stein D, Falk C (1996) Stand der Technik und Zukunftschancen des Mikrotunnelbaus. Felsbau 14/6:296–303

Steinbrenner (1934) Tafeln zur Setzungsberechnung. Straße 1:121–124

Stephan F (1997) Vergleichende Untersuchungen von Leichter, Mittelschwerer und Schwerer Rammsondierung in Lockergesteinen. Unveröff. Diplomarbeit, Geologisch-Paläontologisches Institut, Universität Heidelberg

Stephan HJ (1984) Über Druckschlagkräfte im Seewasserbau. Wasser Boden 8:386–390

Stevenson FJ (1976) Stability constants of Cu^{2+}, Pb^{2+} and Cd^{2+} complexes with humic acids. J Soli Sci Soc Am 40:665–672

Stief K (1986) Das Multibarrierenkonzept als Grundlage von Planung, Bau, Betrieb und Nachsorge von Deponien. Müll Abfall 1:15–20

Stini J (1955) Die Begriffsbildung in der Gebirgsdrucklehre. Geol Bauwesen 21:169–177

Stocker M, Walz B (1992) Pfahlwände, Schlitzwände, Dichtwände. In: Smoltczyk U (Hrsg) Grundbau-Taschenbuch 4. Aufl, Teil 3. Ernst & Sohn, Berlin München, S 493–532

Stokes GG (1845) On the theories of the internal friction of fluids in motion of elastic solids. Trans Cambr Philos Soc 3:287

Stoll RD (1992) Gewinnungsverfahren für Kies und Sand. Aufbereitungstechnik 3:119–130, 6:301–308

Stork W (1985) Hydrogeologische und wasserwirtschaftliche Aspekte bei der Planung und Beurteilung von Deponiestandorten. Abfallwirtschaft in Forschung und Praxis, Bd 15. Fortschr Deponietech. Schmidt, Berlin, S 249–270

Stork W (1987) Hydrologische und wasserwirtschaftliche Anforderungen an Deponiestandorte. Vorträge 6. Natl Tagung Ing Geol, Aachen, S 45–50

Strayle G, Stober I, Schloz W (1994) Ergiebigkeitsuntersuchungen in Festgesteinsaquiferen. Geologisches Landesamt Baden-Württemberg, Informationen 6

Streif HJ (2001) Klima und Meeresspiegel-Schwankungen: Einflüsse der Erdgeschichte auf die Entwicklung des südlichen Nordseegebietes. In: Huch M, Warnecke G, German K (Hrsg) Klimazeugnisse der Erdgeschichte. Springer, Berlin Heidelberg New York, S 109–150

Temmler H (1985) Analyse von Grundbrüchen beim Deichbau in Schleswig-Holstein. Ber 5. Natl Tagung Ing Geol, Kiel, S 187–201

Tenholtern R, Dumbeck G, Luyten-Naujocks K (1996) Kompostanwendung bei der Rekultivierung im rheinischen Braunkohlenrevier. Braunkohle Surface Mining 5:527–531

Theis CV (1935) The relation between the lowering of the piezometric surface and the rate and duration of a well using ground-water storage. Transactions Am Geophys Union 16:519–524

Thurman EM, Malcolm RL (1985) Nitrogen and amino acids in fulvic and humic acids from Suwanee River. In: Humic substances in soil, sediment and water. Wiley, New York

Thut A (1983) Das Messprinzip des Gleitmikrometers ISETH und praktische Erfahrungen in der Geotechnik. Symp. Messtechnik im Erd- und Grundbau, München, S 173–180. Dt. Gesell. f. Erd- u. Grundbau e. V. Essen

Tietze R (1981) Ingeniergeologische, mineralogische und geochemische Untersuchungen zum Problem der Baugrundhebungen im Lias ε (Posidonienschiefer) Baden-Württembergs. Jh Geol Landesamt Baden-Württemberg 22:109–185

Tillmanns W (1993) UVP und Ökometrie: Statistische Anwendungen und Modelle. Z Umweltchem Ökotox 5/2:97–102

Tolmatschev U (1995) Die Bauschadenanalyse im Karstgebiet der Stadt Dzershinsk, Rußland. Geotechnik, Sonderheft 10. Natl Tagung Ing Geol, Freiberg/Sachsen, S 240–245. Glückauf, Essen

Tonscheidt HW, Großkemper HJ (1982) Raise-Bohren im bundesdeutschen Bergbau, Vorzüge und Grenzen der Anwendbarkeit. Nobel-Hefte 2/3:79–87

Toussaint B (1989) Anforderungen an GrundwasserMessstellen aus hydrogeologischer Sicht. Oberrhein geol Abh 35:111–128

Trischler J, Knopf S (1985) Erfahrungen mit dem Einsatz der Fernsehsonde im Rahmen der Baureifplanung der DB-NBS Hannover–Würzburg. Geotechnik 2:61–67

Trunk U (1995): Probabilistische Standsicherheitsanalyse für tetraedrische Felskeile. Felsbau 13/1:42–43

Tschegg EK, Widhalm C, Eppensteiner W (1999) Ursachen mangelnder Formbeständigkeit von Marmorplatten. Z dt geol Ges 150:283–297

Tsonis SP, Yannopoulos PC (1991) Groundwater pollution from landfills and wastewater disposal sites. In: Tsakiris (ed) Advances in water ressources technology. Balkema, Rotterdam, pp 331–337

Udden JA (1898) The mechanical composition of wind deposits. Augustana Library Publication, vol I

Uffmann H-P (1986a) Grabenverbau bei Kanälen nach den Richtlinien des ATV-Regelwerkes A127. bbr 1:12–15

Uffmann H-P (1986b) Fortentwicklung von Verbauverfahren für Rohrgräben. bbr 37/9:323–329

Uhlenbrook S, Leibundgut C (1997) Abflussbildung bei Hochwasser in verschiedenen Raumskalen. Wasser Boden 49/9:13–22

Ulrich G (1991) Bohrtechnik. In: Smoltczyk U (Hrsg) Grundbau-Taschenbuch, 4. Aufl, Teil 2. Ernst & Sohn, Berlin München, S 173–226

Veen J van (1936) Investigations of the Strait of Dover in relation to the Netherland coast (in Niederländisch). Thesis of the Leyden University

Vees E (1987) Baugrundhebungen in bitumenhaltigen Tonmergelstein – Ursachen und konstruktive Lösungen. Geotechnik 10/3:123–131

Verordnung über den Versatz von Abfällen unter Tage vom 1.3.2013, Outlock, Paderborn

Verworn HR, Harms RW (1984) Urbanisierung und Hochwasserabfluss. Wasser Boden 418–425

Vogt N (1996) Bauen auf einstürzenden Hohlräumen: Nachgeben oder hart bleiben? In: DGGT (Hrsg) Vorträge der Baugrundtagung 1996 in Berlin-
Wadell H (1932): Volume, shape, and roundness of rock particles. J Geology 40:443–451
Vorona, M (2012) Optimierung des Schneidprozesses und Prognose der relevanten Arbeitsgrößen bei der Gesteinszerstörung unter Berücksichtigung des Meißelverschleißes.– Dissertation Fakultät für Geowissenschaften, Geotechnik und Bergbau der Technischen Universität und Bergakademie Freiberg
Voss (1961) Lagerungsdichte und Tragwerte von Böden bei Straßenbauten. Straße Autobahn 4
Wadell H (1935) Volume, shape, and roundness of quartz particles. J Geology 43:250–279
Walger E (1966): Critical remarks on sedimentation balances. In: Vinogradov AP (ed) 2nd Internat. Oceanogr. Congress, 30 May–9 June 1966. Publishing house Nauka, Moskow
Walter H (1963) Über die Stoffproduktion der Pflanzen in ariden Gebieten und die Wasserversorgung von Wüstenpflanzen sowie über Bewässerungskulturen. Wasserwirtschaft in Afrika, S 83–95, Bonn
Walter L (1993) Moderner Grabenverbau. Amtliches Mitteilungsblatt der Tiefbaugenossenschaft
Wannik A (1987) Kontrollgänge von Staudämmen – technische und wirtschaftliche Lösungen. Wasserwirtschaft 77/6:350–352
Watzel R, Bertleff B (1992) Determination of groundwater components and detection of nitrate input by isotopic and hydro-chemical investigations. In: Hötzl H, Werner A (eds) Tracer hydrology. Balkema, Rotterdam, pp 179–184
Weber H (1930) Zur Systematik der Auslaugung. Z dt geol Ges 82:180–186
Weber H, Neumaier H (1993) Altlasten – Erkennen, Bewerten, Sanieren. Springer, Berlin Heidelberg
Weber J (2000) Kieselsäurediagenese und gekoppelte Sedimentarchitektur – eine Beckenanalyse des Reinhardswald-Troges (Norddeutsches Becken, Solling-Folge, Mittlerer Buntsandstein). Dissertation, Universität Köln, Forum für Geologie und Paläontologie 7
Weber J, Dehnhardt J, Lepper J (2001) Trennflächenanalyse zur Vorratsermittlung von Naturwerkstein-Lagerstätten. Z angew Geol 47/2:74–78
Weber L, Mikat H (2011) Grundwasseranreicherungsanlagen im Hessischen Ried. bbr 01 2011, 44–49, Wirtschafts- und Verlagsgesellschaft Gas und Wasser, Bonn
Wegner H (1992) Dezentraler Hochwasserschutz. Wasser Boden 44/1:6–9
Wehrli C, Anderegg R (1998) Nichtlineare Schwingungen bei Vibrationswalzen. Geotechnik 21/1:16–25
Wehrli C, Anderegg R (1999) Der Verdichtungsautomat und die flächendeckende Erfassung der Bodensteifigkeit (FDVK). Straßen- und Tiefbau 6:10–15
Weingart W (1998) Einfluss des Natursand- und Brechsandanteils auf die Standfestigkeit von Tragschichtgemischen ohne Bindemittel. Straße Autobahn 9:474–478
Weiss D (1991) Küstenschutzbauwerke an der Ostseeküste von Mecklenburg-Vorpommern. Wasser Boden 43/1:17–26
Weiss FH (1988) Flussbetteintiefungen unterhalb von Stauanlagen – Untersuchungsmethoden und Möglichkeiten der Sanierung. Wasser Boden 3:136–142
Weißenbach A (1982) Zuschriften. Geotechnik 2:91–93
Weißenbach A (1992) Baugrubensicherung. In: Smoltczyk U (Hrsg) Grundbau-Taschenbuch, 4. Aufl, Teil 3. Ernst & Sohn, Berlin, S 379–491
Weißenbach A, Gudehus G, Schuppener B (1999) Vorschläge zur Anwendung des Teilsicherheitskonzepts in der Geotechnik. Geotechnik Sonderheft 1999, S 4–31, Essen
Wendt R (1998) Zum rechtlichen Rahmen der Verwertung und Vermarktung von aufgearbeitetem Klärschlamm (Rekultivierungssubstrat, Bodenverbesserer). Unveröff. Rechtsgutachten des Lehrstuhls für Staats- und Verwaltungsrecht, Wirtschafts-, Finanz- und Steuerrecht der Univ. d. Saarlandes
Wentworth CK (1922) A scale of grade and class terms for clastic sediments. J Geol 30/5:377–392
Werken O (1931) Die Kölner Stollenvortriebsweise, ihr Entstehen und ihre Durchbildung. Bautechnik 9/8+9
Werth W (1987) Ökomorphologische Gewässerbewertungen in Oberösterreich (Gewässerzustandskartierungen). Österreichische Wasserwirtschaft 5/6:122–128
Whitney GGJ, Ziegler JM (1960) The Woods Hole Rapid Sediment Analyzer for sands. Technical Report of the Woods Hole Oceanographic Institution, Woods Hole, Mass., USA, Reference No. 60–36, unpublished manuscript
Wichter L, Reinschütz H (1988) Stützmauern aus gestapelten kastenförmigen Betonfertigteilen. Straße und Autobahn, Heft 7
Widmann R (1997) Zur Gründung von Staumauern. Felsbau 15/1:9–21
Wiegner G (1918): Über eine neue Methode der Schlämmanalyse. Landwirt. Versuchs-Stat. 91:41–79
Wilbertz J, Jäger B (1987) Anforderungen an die Abdichtung von Felswänden. Abfallwirtschaft in Forschung und Praxis, Bd 19. Fortschr Deponietech. Schmidt, Berlin, S 247–269
Wilmers W (1979) Einfluss der Abtragstechnik auf die Standsicherheit von Felsböschungen. Ber 2. Natl Tagung Ing Geol, Fellbach, S 121–125
Wilmers W (1982) Gebirgsschonendes Sprengen zum Herstellen von Felsböschungen Gräben und Baugruben. Nobel-Hefte 4:153–170
Wirth H (1968) Das Vorspaltschießen beim Streckenvortrieb. Glückauf 17:770–771
Wirtschaftsministerium Baden-Württemberg und Landesstelle für Baustatik Baden-Württemberg (1995): Erdbebensicher Bauen
Wittke W (1969) Durchströmung von klüftigem Fels – Theorie, Experiment und Anwendung. Mitt Vers Anst Wasserb Kulturtechn Karlsruhe 155, S 125–156
Wittke W (1982) Rock mechanics: Caverns and pressure shafts, vol 1–3. ISRM Symp, Aachen. Balkema, Rotterdam
Wittke W, Erichsen C (2001) Böschungsgleichgewicht im Fels. In: Smoltczyk U (Hrsg) Grundbau-Taschenbuch, 6. Aufl, Teil 1. Ernst & Sohn, Berlin Düsseldorf, S 683–770
Wittke W, Wittke M, Wittke W, Weinheim G (2014) Kunstharzinjektion zur Abdichtung beim Tunnelbau im quellfähigem Gebirge. Tunnelbau Ernst & Sohn, Berlin
Wittke-Gattermann P, Wittke W (2000) Bemessung von Tunneln in quellfähigem Gebirge. Taschenbuch für den Tunnelbau 2000. Glückauf, Essen, S 123–153
WLV (o. J.) WLV-Richtlinie für den Eignungsnachweis von Steinschlagnetzen. Geologische Stelle des Forsttechnischen Dienstes für Wildbach- und Lawinenverbauung, Innsbruck, 6 S.
Wolbring R, Schwarz H, Quick H, Vogler M (2000) Neue Erkenntnisse bei der Herstellung von HDI-Dichtblöcken am Beispiel U5 Berlin. Baugrundtagung, Hannover 2000, Deutsche Gesellschaft für Geotechnik (DGGT), Essen
Wudke RB, Witt KJ (2008) Einfluss von Bodenwiderständen beim Hydraulischen Grundbruch. 6. Kolloquium, Bauen in Boden und Fels. Schad H (Hrsg) Technische Akademie Esslingen (TAE), Ostfildern, S. 147–153
Wunderlich T (1995) Die geodätische Überwachung von Massenbewegungen. Felsbau 13/6:414–419
Yaalon DH (1957) Problems of soil testing on calcareous soils. Plant and soil 8:275–288
Zander-Hauck S, Klopp R, Iske U (1993) Zur Problematik von Toxizitätsgrenzwerten für Deponiesickerwasser. Korrespondenz Abwasser 40:340–349
Zanke U (1994) Kolkschutz durch integrierte Schütteinrichtungen. Wasser Boden 46/2:20–22
Zichner G (1980) Grundsätze für die Zusammensetzung von bituminösem Mischgut. Straße Autobahn 9:408–417
Ziegler G, Gabriel B (1992) Neue Aspekte zur Abschätzung von Verweilzeiten des Grundwassers und zur Geschütztheitsbewertung von Grundwasserleitern des Festgesteins. Neue Bergbautechnik 22/6:223–227
Zitscher F F, Heerten G, Saathoff F (1987) Geotextilien und Dichtungsbahnen. In: Smoltczyk U (Hrsg) Grundbau-Taschenbuch, 3. Aufl, Teil 3. Ernst & Sohn, Berlin Düsseldorf, S 513–549
Zitscher F F, Heerten G, Saathoff F (1991) Verfahren mit Geotextilien und Dichtungsbahnen. In: Smoltczyk U (Hrsg) Grundbau-Taschenbuch, 4. Aufl, Teil 2. Ernst & Sohn, Berlin Düsseldorf, S 535–574
Zumbroich T, Müller A, Friedrich G (1999) Strukturgüte von Fließgewässern. Springer, Berlin Heidelberg New York
Zur Linde L (2013) Sea Outfalls: Vorteile und Konzept des maschinellen Vortriebs. bbr 09 2013, 24–31, Wirtschafts- und Verlagsgesellschaft Gas und Wasser, Bonn
Zwittnig C (1964) Die Beeinflussung des Grundwassers durch Mülldeponien. Steir Beitr Hydrogeol 1963/64:91–101

Serviceteil

W. Dachroth, *Handbuch der Baugeologie und Geotechnik*, DOI 10.1007/978-3-662-46886-9

Stichwortverzeichnis

A

B

C

D

E

F

G

H

I

J

K

N

O

P

Q

R

S

T

U

V

W

Z

Printed by Printforce, the Netherlands